Walter Ropers

Mehrfeldrige zweistegige Plattenbalkenbrücken

Tafeln zur Bemessung durchlaufender Systeme unterschiedlicher Steifigkeits- und Stützweitenverhältnisse

Mit 45 Bildern und 11 Tabellen im Text sowie 499 Zahlentafeln

Springer-Verlag Berlin Heidelberg New York 1979

Dipl.-Ing. WALTER ROPERS
Beratender Ingenieur VBI, Prüfingenieur für Baustatik
Bremen

CIP-Kurztitelaufnahme der Deutschen Bibliothek
Ropers, Walter:
Mehrfeldrige zweistegige Plattenbalkenbrücken:
Taf. zur Bemessung durchlaufender Systeme unterschiedl.
Steifigkeits- u. Stützweitenverhältnisse /
W. Ropers. - Berlin, Heidelberg, New York : Springer, 1979.

ISBN-13: 978-3-642-93115-4   e-ISBN-13: 978-3-642-93114-7
DOI: 10.1007/978-3-642-93114-7

Vorwort

Der zweistegige Plattenbalken gehört zu
den häufigsten Brückensystemen in der
Bundesrepublik Deutschland. Dennoch gibt
es keine Literatur, die eine einfache
Bemessung durchlaufender Systeme ermög-
licht. Die Schnittkräfte werden in der
Regel mit vom Einfeldsystem abgeleite-
ten Hilfswerten berechnet, oder man vereinfacht das statische Modell, indem
man die unterschiedliche Durchbiegung
der Hauptträger vernachlässigt. Genauere
Ergebnisse erhält man, wenn man das
System nach der Finite-Element-Methode
untersucht. In den meisten Fällen führt
auch eine elektronische Trägerrostberechnung zum Ziel. Der Aufwand für die
Vorbereitung und Auswertung der Berechnung ist jedoch groß. In der Praxis
herrscht Unsicherheit darüber, ob die
Genauigkeit der Trägerrostberechnung
ausreicht oder ob grundsätzlich die
Platten- und die Scheibentheorie anzuwenden ist.

Dieses Buch verfolgt das Ziel, dem
Praktiker Hilfsmittel in die Hand zu
geben, durchlaufende zweistegige Plattenbalkensysteme der verschiedenen Stei-
figkeits- und Stützweitenverhältnisse
vollständig zu bemessen. Die Vielzahl
der auftretenden Systemabmessungen hat
Herr Dipl.-Ing. Frank Puller statistisch
eingegrenzt. Er hat die Ergebnisse von
Vorberechnungen systematisch ausgewertet und für das Tafelwerk die Parameter-
paarungen so ausgewählt, daß eine einfache Interpolation möglich ist. Herrn
Puller und den übrigen Mitarbeitern,
Herrn Ing. (grad.) Klaus-Jürgen Witschel
und Herrn Ing. (grad.) Heinz-Jürgen Jabs,
sowie Frau Sigrid Schulle, Frau Käte
Wenzel, Frau Erika Hoffmanns, Frau Ursel
Rippe, Fräulein Jutta Bredehorst und
Fräulein Angelika Trocha sei herzlich ge-
dankt.

Die vorliegende Arbeit entstand im Rahmen
eines Forschungsauftrages des Herrn Bun-
desminister für Verkehr.

Bremen, im März 1979   W. Ropers

Inhaltsverzeichnis

1. Erläuterungen zur Berechnung der Tafeln

1.1 Einführung

Der Querschnitt einer zweistegigen Plattenbalkenbrücke besteht aus der Fahrbahntafel und den beiden Stegen, s. Bild 1. Die Fahrbahntafel hat in der Regel eine veränderliche Dicke. Die Stege können schlank oder gedrungen sein und geneigte Außenflächen haben. Der Querschnitt kann symmetrisch oder unsymmetrisch sein. Über die Berechnungsmethoden des zweistegigen Plattenbalkens gibt es eine umfangreiche Literatur. Die genauesten Ergebnisse liefern die Verfahren, die die Verformungen der Fahrbahntafeln nach der Scheiben- und Plattentheorie und die Stegverformungen nach der Balkentheorie verfolgen.

Hierzu gehören die Arbeiten von Pucher [3], Köller [6], Sommerfeld [7] und Grasshoff [18], [19]. Die Ergebnisse setzen voraus, daß die Fahrbahnplatte und die Stege eine konstante Dicke besitzen und die Querkontraktion vernach-

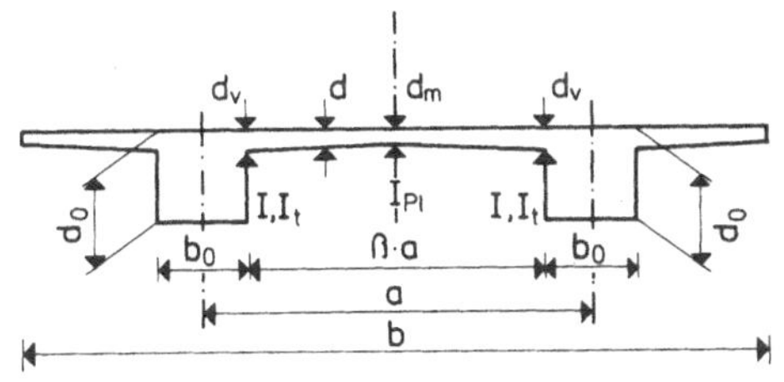

Bild 1. Querschnittsabmessungen einer zweistegigen Plattenbalkenbrücke

lässigt wird. Wegen des hohen Rechenaufwandes werden nur Einfeldsysteme behandelt.

Homberg [17] vereinfacht das Berechnungsverfahren insofern, als er die Durchbiegung der Stege vernachlässigt. Dadurch kann gleichzeitig auf die Anwendung der Scheibentheorie verzichtet werden. Homberg erfaßt auch die horizontale Verformung der Stege nach der Plattentheorie und bezeichnet das statische System als Plattenrahmen. Er setzt eine veränderliche Dicke für die Platte und die Stege voraus.

Neben Homberg verfolgen auch Grasshoff, Eibl/Iványi [21] und Diettrich [22] den Einfluß der horizontalen Biegesteifigkeit der Stege.

Beck [2] vereinfacht das Tragmodell weiter zu einem Trägerrostsystem, das aus 2 biege- und drillsteifen Hauptträgern und unendlich vielen, unendlich eng liegenden Querträgern besteht. Ähnliche Ansätze verwenden Bechert [5], Trost [8], Bieger [9] und Homberg/Trenks [10]. Zies [16] bringt auch Lösungen für schiefe Plattenbalkensysteme. Bretthauer/Kappei [13] behandeln unsymmetrische und gekrümmte Tragwerke. Andere Autoren wie Lindner [4], Liptak [11], Nötzold [14], Müller [15] vernachlässigen im Trägerrostmodell zusätzlich die Hauptträgerdurchbiegung.

Für den Anwender sind die Tafelwerke von besonderem Nutzen. Grasshoff bringt in [18] und [19] Einflußflächen für die Plattenbiegemomente von Einfeldsystemen und Auswertungen für die Verkehrslasten nach DIN 1072. Er berücksichtigt auch Endeinspannungen der Hauptträger, um den Einfluß der Durchlaufwirkung von Mehrfeldsystemen abzuschätzen.

Homberg [17] bringt ebenfalls Einflußflächen für Plattenbiegemomente. Die Tafeln sind für querträgerlose Durchlaufsysteme zu verwenden, soweit die Hauptträgerdurchbiegung keinen wesentlichen Einfluß auf die Plattenbiegemomente hat. Nach Homberg/Trenks [10] lassen sich auch alle anderen Schnittkräfte eines Einfeldsystemes berechnen.

In [23] hat der Verfasser dieses Buches die möglichen Berechnungsmethoden eines durchlaufenden zweistegigen Plattenbalkens untersucht. Er ist zu dem Ergebnis gekommen, daß man den zweistegigen Plattenbalken in der Regel durch ein Trägerrostsystem, bestehend aus zwei Hauptträgern und unendlich vielen, unendlich schmalen, drillweichen Querträgern ersetzen darf. Der Einfluß der unterschiedlichen Maße eines Querschnitts läßt sich durch zwei statische Parameter erfassen. Für die Berechnung dieser Querschnittsparameter sind bestimmte Vorschriften zu beachten, die in den folgenden Abschnitten genauer erläutert werden.

Auf Grund der in [23] erarbeiteten Erkenntnisse werden in diesem Buch Tafeln für die Schnittkräfte des symmetrischen zweistegigen Plattenbalkens zusammengestellt. Für am Hauptträger angreifende Torsionsmomente sind die Plattenbiegemomente im Bereich der Krafteinleitung nach der Trägerrosttheorie nicht exakt erfaßbar. Die Abweichungen sind nur von den Querschnittsabmessungen abhängig und unabhängig von der Art des Längssystemes. Sie werden nach der Plattentheorie berechnet und in besonderen Tafeln für Ergänzungsmomente zusammengestellt.

1.2 Berechnung von Einfluß- und Zustandslinien nach dem Trägerrostverfahren

1.2.1 Berechnungsgang

In diesem Buch werden die drei in Bild 2 dargestellten Systemtypen behandelt: Einfeldsystem, Endfeldsystem, Innenfeldsystem. Die End- und Innenfeldsysteme sind als Teile von Durchlaufsystemen zu betrachten.

Die Berechnung kann in 2 Einzelschritten erfolgen:

1.) Man denkt sich die Stege starr gegen Verschiebung und Verdrehung gehalten, s. Bild 3. Die Schnittkräfte der Kragplatte und der Innenplatte werden unabhängig voneinander an isotropen Platten berechnet. Bei der Berechnung der Innenplatte ist die elastische Einspannung der Platte in die Stege nach Bild 4 zu berücksichtigen.

Die Auflagerreaktionen können vereinfacht am quergespannten Plattenstreifen berechnet werden. Sie werden in einen symmetrischen Anteil und einen antimetrischen Anteil aufgespalten und als Belastung des Hauptträgers angesetzt, s. Bild 5. Die Einspannmomente des elastisch eingespannten Balkens mit Vouten können für Einzel- und Streckenlasten aus Tafel Nr. 1 entnommen werden.

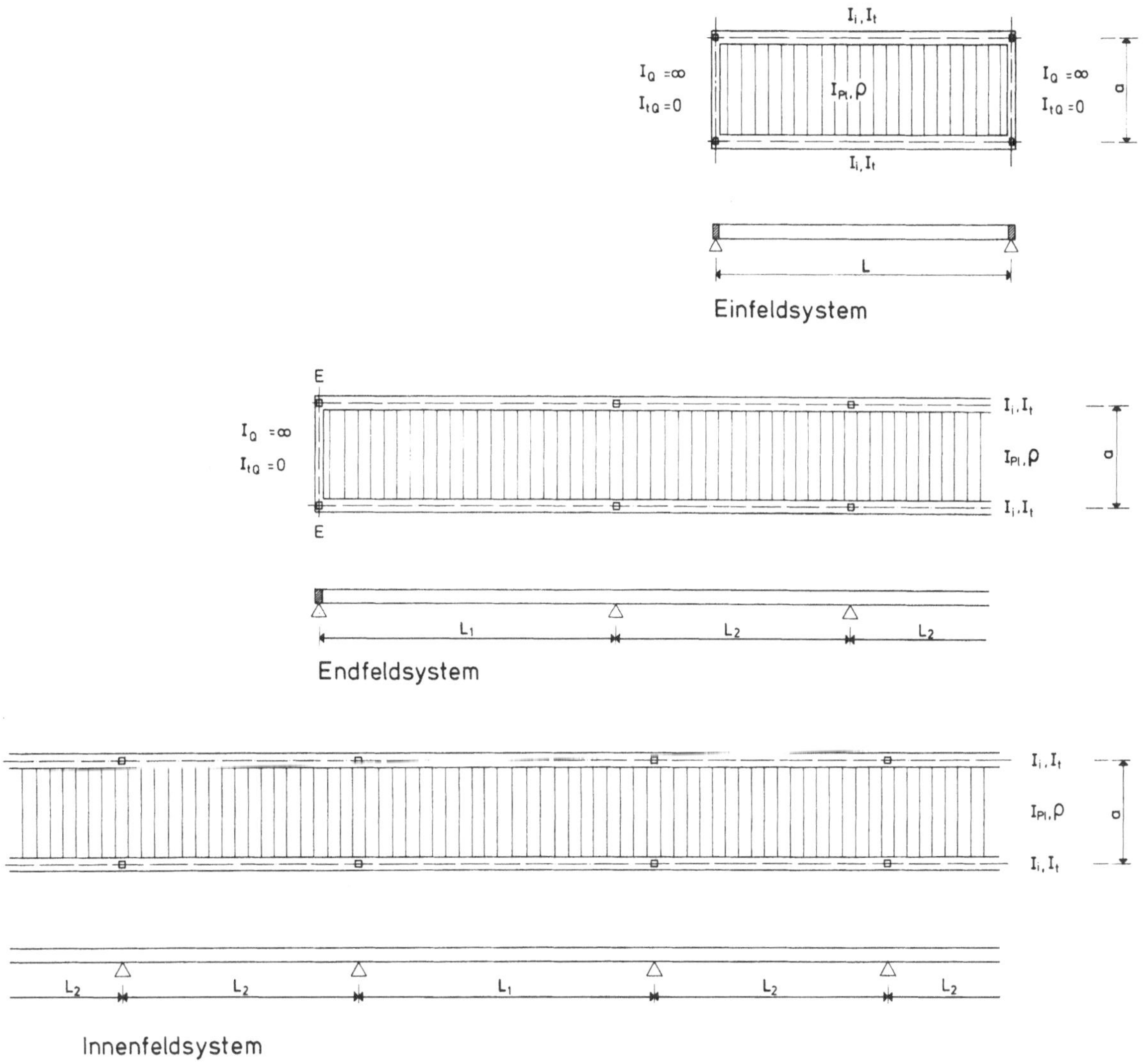

Einfeldsystem

Endfeldsystem

Innenfeldsystem

Bild 2. Überblick über die statischen Systeme des Tafelwerkes

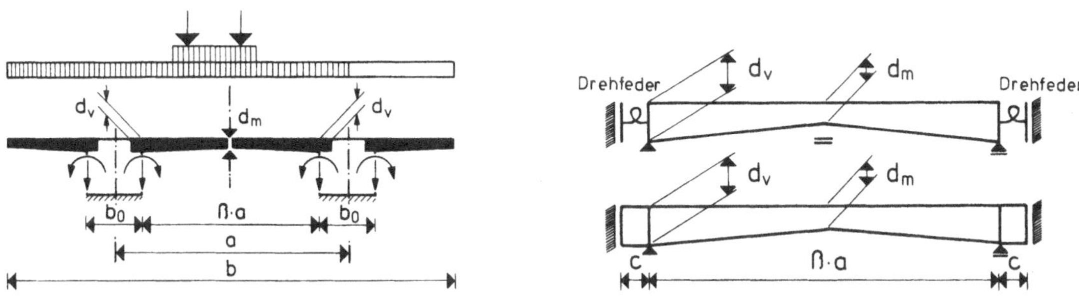

Bild 3. Starrknotensystem für die Last-
ermittlung

Bild 4. Statisches System der elastisch
eingespannten Innenplatte

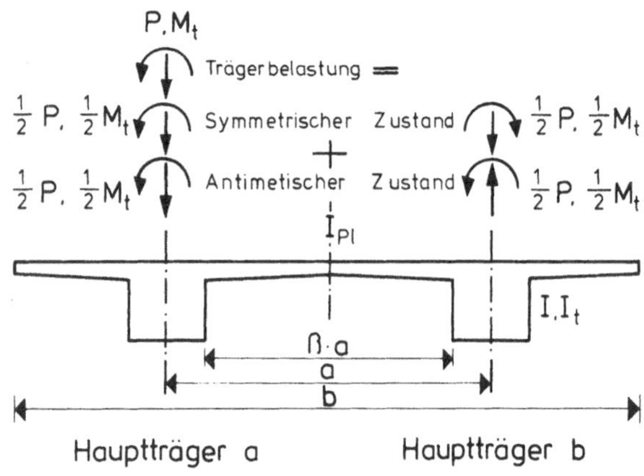

Bild 5. Aufspaltung der Trägerbelastung
in einen symmetrischen und einen
antimetrischen Anteil

2.) Die Schnittkräfte infolge symmetrischer und antimetrischer Belastung
werden aus den Tafeln Nr. 2 bis 495
entnommen. Für die Fahrbahnplatte
sind die Ergänzungsmomente aus den
Tafeln Nr. 496 bis 499 zu entnehmen.

Die Plattenbiegemomente nach 1.) und
2.) sind zu überlagern.

1.2.2 Symmetrischer Zustand

Die Berechnung des symmetrischen Zustan-
des ist allgemein bekannt, s. [4], [11],
[14], [15]. Infolge symmetrischer Vertikallasten auf dem Hauptträger senken
sich diese gleich durch. Es erfolgen
keine Verdrehungen. Die Beanspruchung
durch angreifende Torsionsmomente läßt
sich auf die eines Drillstabes reduzie-
ren, der in die Innenplatte wie in eine
gleichmäßige Drehfederbettung einge-
spannt ist. Die wesentlichen Ableitungen
erfolgen in Abschnitt 2.3, s. Bild 23.
Die Schnittkräfte werden unter Berücksichtigung von biegestarren Endquerträ-
gern in den Tafeln Nr. 2 und 3 als Funktion von $\omega_s L_s/a$ zusammengestellt.

Es ist

$$\omega_s^2 = \frac{EI_{Pl}a}{GI_t(1-\mu^2)\rho_s} \quad . \tag{1}$$

Darin sind

E, G   der Elastizitäts- und der
         Schubmodul des Werkstoffes,

$I_{Pl} = \dfrac{d_m^3}{12}$ das Trägheitsmoment der Platte
         in Brückenachse,

d_m die Plattendicke in Brücken-
         achse,

I_t die Torsionssteifigkeit des
         Steges und der Kragplatte,

a   der Achsabstand der Hauptträ-
         ger,

μ die Querkontraktionszahl,

ρ_s der Beiwert für die Platten-
         steifigkeit unter symmetri-
         scher Beanspruchung,

L_s die Brückenlänge zwischen
         zwei biegestarren Querträ-
         gern.

Der Wert ρ_s ist dem Bild 42, s. S. 78,
zu entnehmen. Er erfaßt den Dickenverlauf
der Platte und die elastische Einspannung
in den Stegkörper.

1.2.3 Antimetrischer Zustand am unend-
lich langen System

Die Einflußlinien des antimetrischen Zu-
standes lassen sich am unendlich langen
ungestützten Trägerrostsystem ableiten.
Dies System wird örtlich durch ein antimetrisches Kräfte- oder Momentenpaar be-
lastet. Am Lastangriff treten Spitzen-
werte der Verformungen und der Schnittgrößen auf. Diese klingen in Längsrichtung schnell ab. Im 5fachen Hauptträgerabstand geht die Beanspruchung in eine

gleichmäßige Torsion beider Träger über. Alle anderen Schnittkräfte werden zu Null. Dieser Zustand läßt sich in einfacher Form mit der von Beck [2] aufgestellten Differentialgleichung für die Plattenquerkraft beschreiben. Die Ableitungen werden im Abschnitt 2.2 wiedergegeben. In die Differentialgleichung gehen nur die beiden dimensionslosen Parameter EI_i/GI_t und ω_a^2 ein.

Darin ist

I_i das ideelle Trägheitsmoment der Hauptträger für antimetrische Beanspruchung. Nach [23] darf der Biegewiderstand der Hauptträger an einem Faltwerk unter der Voraussetzung ebener Verformungen berechnet werden. Als Faltwerk ist der idealisierte Brückenquerschnitt zu verstehen, der aus einer Fahrbahnscheibe und zwei Stegscheiben besteht. Als ideelle mitwirkende Breite des Einzelträgers ist

$$b_{mi} = \frac{2I_F}{d_M a^2} \tag{2}$$

anzusetzen.

Es sind

d_M die mittlere Dicke der Fahrbahntafel. Als Fahrbahntafel ist der volle Querschnitt oberhalb der Stege zu betrachten, vergl. Bild 29 und 36,

I_F das horizontale Trägheitsmoment der Fahrbahntafel unter Berücksichtigung des Dickenverlaufes, $I_F = db^3/12$ für

konstante Plattendicke, s. Bild 1,

$$\omega_a^2 \qquad \frac{EI_{Pl}a}{GI_t(1-\mu^2)\rho_a} , \tag{1a}$$

ρ_a der Beiwert für die Plattensteifigkeit unter antimetrischer Beanspruchung.

Der Wert ρ_a ist aus Bild 43, s. S. 78, zu entnehmen. Er erfaßt den Dickenverlauf der Platte und die elastische Einspannung in den Stegkörper.

Die Hauptträger werden außer durch Biegemomente, Querkräfte und Torsionsmomente durch Normalkräfte beansprucht. In [23] wird nachgewiesen, daß der Einfluß dieser Normalkräfte automatisch erfaßt wird, wenn die Spannungsnachweise für reine Biegung unter Berücksichtigung der mitwirkenden Breite für antimetrische Belastung durchgeführt werden, s. auch [20].

Die Normalkräfte beider Querschnittshälften stehen im Gleichgewicht und resultieren aus den Faltwerksverformungen. Wenn die Spannungsnachweise mit den in den DIN-Normen festgelegten mitwirkenden Breiten durchgeführt werden, liegen die Stegspannungen auf der sicheren Seite.

Da bei einem unendlich langen System der Lastpunkt und der Aufpunkt vertauscht werden können, sind die Zustandslinien unter den Einzellasten gleichzeitig Einflußlinien. Für die Schnittgrößen mit antimetrischem Verlauf in Längsrichtung sind die Vorzeichen zu vertauschen.

1.2.4 Einflußlinien von durchlaufenden Systemen ohne Zwischenquerträger

Aus dem Satz von Maxwell läßt sich ableiten, daß die Einflußlinien unter Vertikallasten wie Biegelinien zu betrachten sind, die durch Zwangsbedingungen am Aufpunkt entstanden sind. Wenn die Einflußlinien des unendlich langen Systems mit geeigneten Biegelinien überlagert werden, können an den Stützpunkten Nulldurchgänge zur Erfüllung der Auflagerbedingungen erzwungen werden. Die so erzeugten Kurven sind die Einflußlinien des Durchlaufsystems, s. auch Abschnitt 2.2.6 und Bild 20.

Bei einem Trägerrost kann man sich die Einflußlinie für ein angreifendes Torsionsmoment aus der Querneigung der Einflußfläche für angreifende Vertikallasten ermitteln. Dies läßt sich anschaulich erklären, wenn, wie in Bild 6 dargestellt, das Moment durch ein Kräftepaar ersetzt wird. Da die Einflußlinie für angreifende Vertikallasten als Biegelinie aufgefaßt werden kann, ist die Einflußlinie für angreifende Torsionsmomente als die zugehörige Verdrehungslinie zu betrachten.

Im Bild 7 werden Einflußlinien eines unendlich langen Durchlaufsystems infolge antimetrischer Belastung dargestellt.

Man erkennt, daß die Einflußlinie bereits im zweiten Feld neben dem Aufpunkt fast abgeklungen ist. Daher kann man die Einflußlinien eines unendlich langen Systems auch für das Mittelfeld eines Dreifeldsystems verwenden. Andererseits genügt es, bei der Berechnung der Einflußlinien jeweils nur die Stützbedingungen zweier Nachbarfelder neben dem Aufpunkt zu berücksichtigen.

1.2.5 Einflußlinien von Endfeldsystmen ohne Zwischenquerträger

Die Einflußlinien von Endfeldsystemen können aus denen der Innenfelder abgeleitet werden, wenn man die Lasten antimetrisch zur Endachse ansetzt. Dort entsteht am Hauptträger ein Momenten- und Verdrehungsnullpunkt. Der Verdrehungsnullpunkt erfüllt die Randbedingung eines biegestarren Endquerträgers, s. Abschnitt 2.2.7 und Bild 21.

Die Einflußlinien eines Endfeldsystems werden in Bild 8 dargestellt. Auch hier ist der Lasteinfluß nach einem Zwischenfeld fast abgeklungen. Einflußlinien für einseitig unendlich lange Systeme können daher auch auf Zweifeldsysteme übertragen werden.

1.2.6 Einflußlinien und Zustandslinien von Einfeldsystemen

Die Einfluß- und Zustandslinien von Einfeldsystemen werden mittels Fourier-Reihen berechnet. In Abschnitt 2.2.8 werden die Gleichungen aus der Differentialgleichung für die Plattenquerkraft abgeleitet. Am Hauptträgerende wird eine gelenkige Lagerung und eine starre Ein-

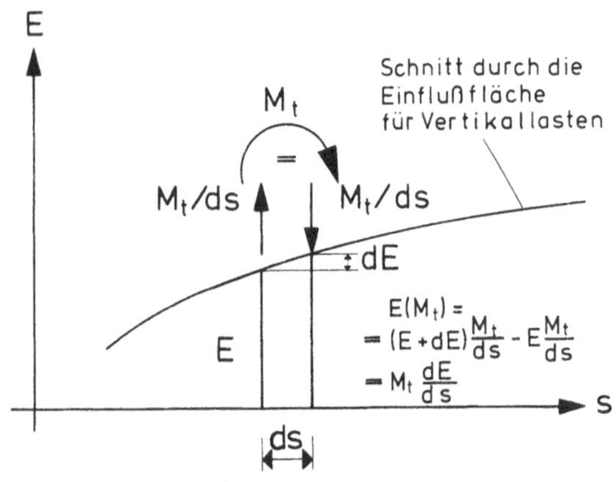

Bild 6. Bildungsgesetz für die Einflußlinie infolge eines wandernden Momentes

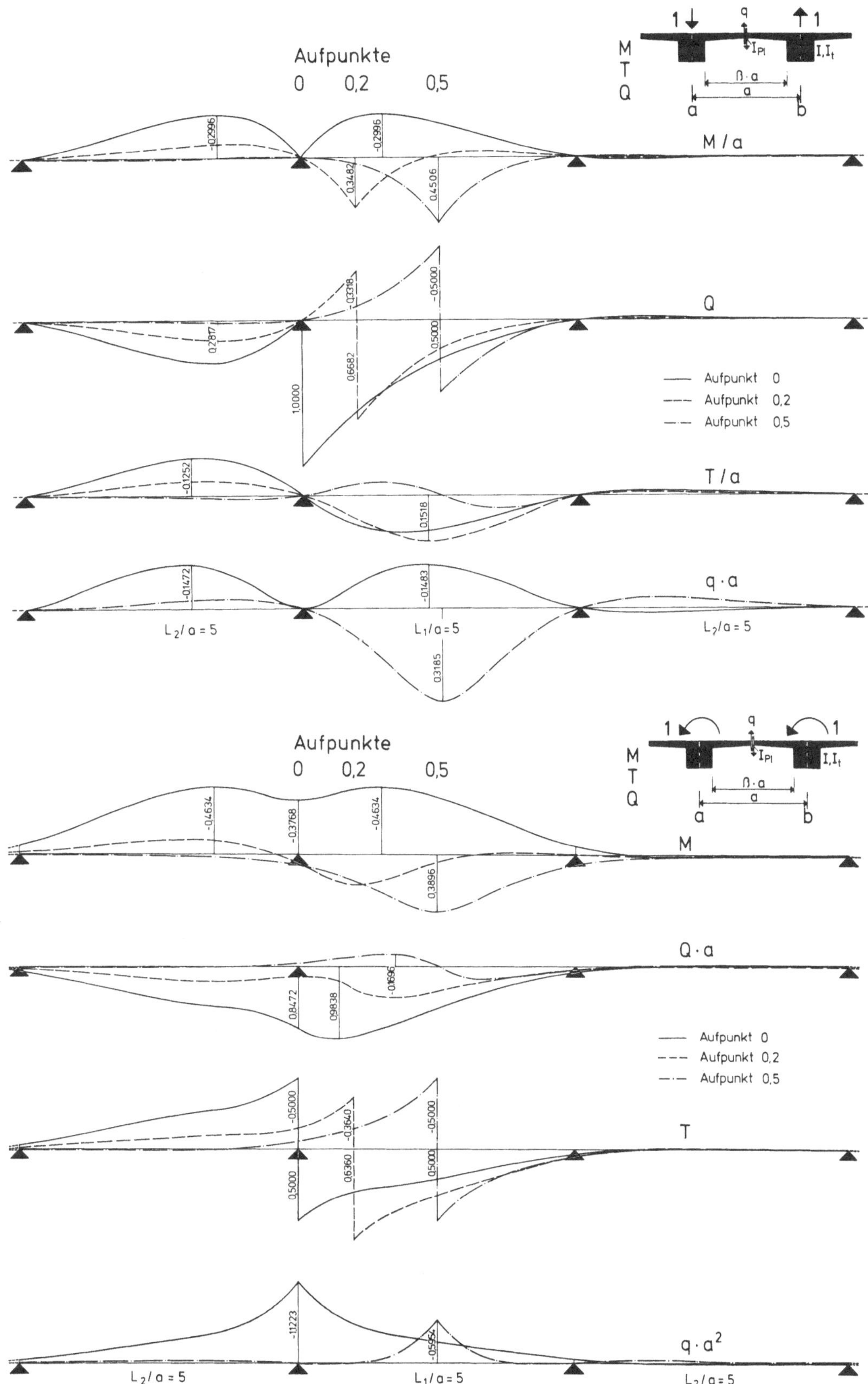

Bild 7. Einflußlinien eines unendlich langen Durchlaufsystems infolge antimetrischer Belastung. Querschnittsparameter: $\omega^2 = 1$, $EI_i/GI_t = 2$

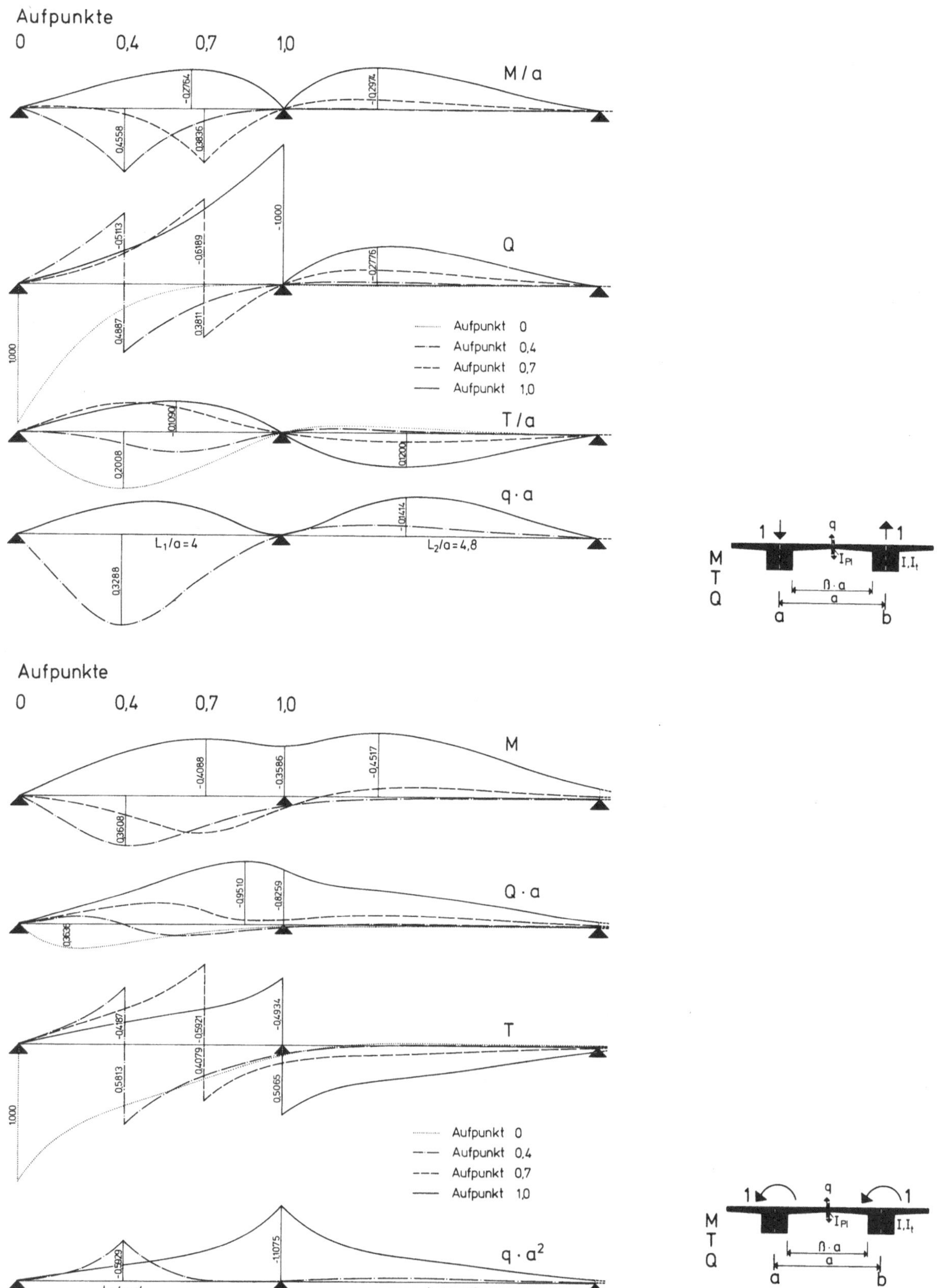

Bild 8. Einflußlinien eines einseitig unendlich langen Durchlaufsystems infolge antimetrischer Belastung. Querschnittsparameter: $\omega^2 = 1$, $EI_i/GI_t = 2$

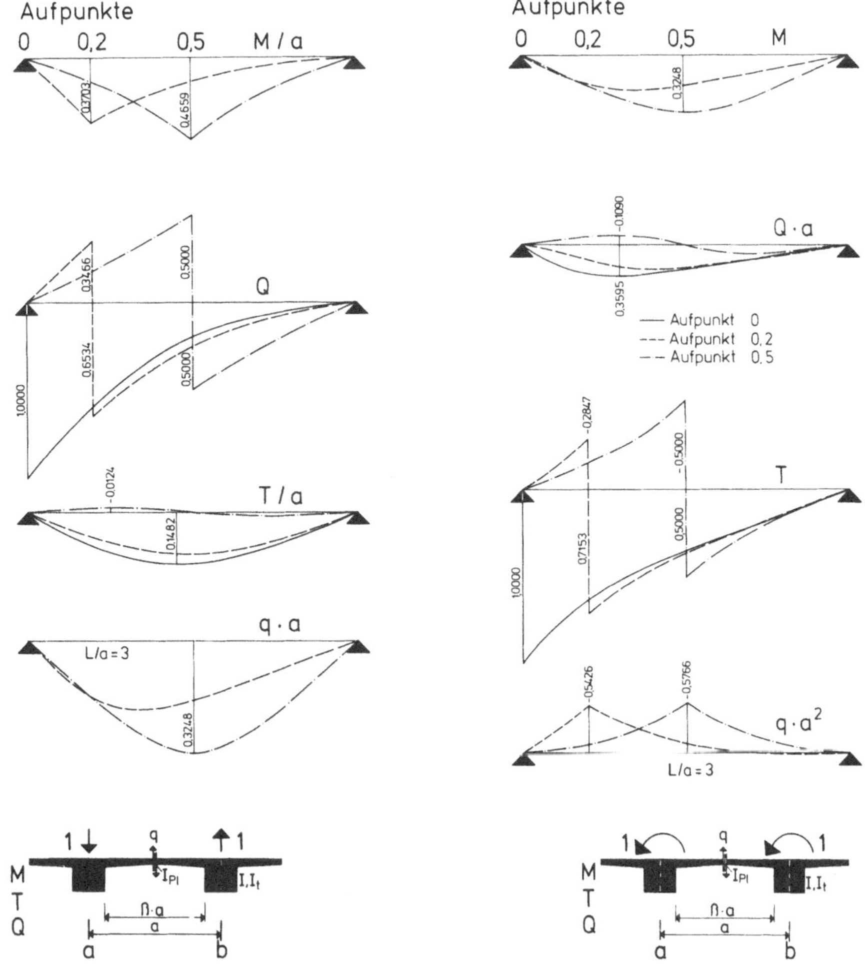

Bild 9. Einflußlinien eines Einfeldsystems infolge antimetrischer Belastung.
Querschnittsparameter: $\omega^2 = 1$, $EI_i/GI_t = 2$

spannung gegen Verdrehen berücksichtigt.
Die Einflußlinien eines Einfeldsystems
werden in Bild 9 dargestellt.

1.3 Hinweise zu der Aufstellung der Tafeln

1.3.1 Gliederung des Tafelwerkes

Das Tafelwerk gliedert sich in 4 Teile.

Teil 1
Tafel Nr. 1,
Stützmomente eines elastisch einge-
spannten Balkens mit Vouten.

Teil 2
Tafeln Nr. 2 und 3,
Schnittkräfte des zweistegigen Plattenbalkens infolge symmetrischer Belastung.

Teil 3
Tafeln Nr. 4 bis 495,
Schnittkräfte des zweistegigen Plattenbalkens infolge antimetrischer
Belastung mit den Untergruppen Einfeldsystem, Endfeldsystem, Innenfeldsystem.

Teil 4
Tafeln Nr. 496 bis 499,
Ergänzungsmomente der Fahrbahnplatte.

1.3.2 Teil 1, Tafel Nr. 1, Trägerbelastung

Mit Hilfe der Tafel Nr. 1 können die Auflagerreaktionen der inneren Platte berechnet werden. Es werden die Stützmomente infolge von Einzel- und Streckenlasten für verschiedene Voutenformen angegeben. Die elastische Einspannung der Platte in den Stegkörper wird als Drehfeder berücksichtigt. Dabei wird grundsätzlich die elastische Einwirkungslänge $c = 0,78 \, d_v$ entsprechend [23] angesetzt, siehe Bild 4. Die Dicke d_m in der Symmetrieachse wird einheitlich mit $\beta a/20$ angenommen. In der Praxis schwanken die Dickenverhältnisse zwischen $\beta a/15$ und $\beta a/25$. Die Stützmomente werden exakt unter Berücksichtigung eines stetig veränderlichen Trägheitsmomentes berechnet.

Bei Berücksichtigung der elastischen Einspannung sinken die Starreinspannmomente für auflagernahe Lasten um ca. 10 %, für symmetrische Lasten um ca. 5 %. Wenn die Plattendicke in der Symmetrieachse von $d_m = \beta a/20$ abweicht, wird die elastische Einwirkungslänge c entweder zu groß oder zu klein erfaßt. Der Fehler kann 2,5 % für auflagernahe Lasten und 1,25 % für symmetrische Lasten betragen. In der Regel ist eine Korrektur der Werte überflüssig.

1.3.3 Teil 2, Tafeln Nr. 2 und 3, symmetrische Lastfälle

Die Tafeln Nr. 2 und 3 enthalten Torsions- und Plattenbiegemomente des zweistegigen Plattenbalkens infolge symmetrischer Momentenbelastung an dem Hauptträger. An den Brückenenden werden biegestarre Querträger vorausgesetzt. Die Schnittkräfte werden als Funktion des Parameters $\omega_s L_s/a$ angegeben. Dieser Parameter variiert zwischen 0,5 und 10 mit der Schrittweite 0,5. Damit können alle Systeme berechnet werden. Für $\omega_s L_s/a = 0,5$ ist die Dreheinspannung der Hauptträger in die Platte fast vernachlässigbar, so daß die angreifenden Momente von der Endeinspannung aufgenommen werden müssen. Für $\omega_s L_s/a = 10$ ist die Dreheinspannung so groß, daß in Brückenmitte die angreifenden Momente quer über die Platte abgetragen werden.

Die Schnittkräfte infolge von Einzelmomenten sind in Tafel Nr. 2 zusammengestellt worden. Die Torsionsmomente werden für das Brückenende und die Brückenmitte angegeben, die Biegemomente nur für die Brückenmitte. Zwischenwerte können auf einfache Weise nach Abschnitt 1.4.1.2 b) aus dem Einspannmoment T_O am Brückenende errechnet werden. Die Schnittkräfte infolge von Streckenmomenten werden in Tafel Nr. 3 in allen Zehntelspunkten angegeben.

1.3.4 Teil 3, Tafeln Nr. 4 bis 495, antimetrische Lastfälle

Es werden Einfeld-, Endfeld- und Innenfeldsysteme behandelt, vgl. Bild 2. Alle Tafeln sind am Seitenrand mit einer Kenngruppe versehen, die alle statischen Daten enthält. Im oberen Teil der Kenngruppe werden die Stützweitenverhältnisse der Einzelfelder und im unteren Teil die Querschnittsparameter ω^2 und EI_i/GI_t angegeben. Zur Vereinfachung der Schreibweise wird in den Tafeln ω_a^2 durch ω^2 ersetzt. Als Stützweitenverhältnis L/a wird das Verhältnis der Hauptträgerstützweite L zum Hauptträgerabstand a verstanden. Dies Verhältnis variiert bei allen Tafeln zwischen 2 und 6. Die einfeldrigen Systeme, Tafeln Nr. 4 bis 79, werden nur durch ein Stützweitenverhältnis gekennzeichnet. Für die Endfeldsysteme, Tafeln Nr. 80 bis 316, werden **zwei** Stützweitenverhältnisse angegeben. Die Innenfeldsysteme, Tafeln Nr. 317 bis 495, sind durch **drei** Stützweitenverhältnisse gekennzeichnet. Das folgende Beispiel gibt einen Überblick über die Kenngruppen:

Einfeldsystem:

$$\frac{L/a}{\omega^2 \quad EI_i/GI_t} \qquad \text{z.B.} \qquad \frac{4}{2,0 \quad 5,0}$$

Endfeldsystem:

$$\frac{L_1/a : L_2/a}{\omega^2 \quad EI_i/GI_t} \qquad \text{z.B.} \qquad \frac{3 \quad : \quad 4}{0,5 \quad 2,5}$$

Innenfeldsystem:

$$\frac{L_2/a : L_1/a : L_2/a}{\omega^2 \qquad EI_i/GI_t} \qquad \text{z.B.} \qquad \frac{2 : 3 : 2}{1,0 \quad 1,5}$$

Das Stützweitenverhältnis des Bezugsfeldes ist hier durch Fettdruck gekennzeichnet. Es ist das Feld, für das die Schnittkräfte in den Tafeln angegeben werden. Für die Nachbarfelder wird nur ein Stützweitenverhältnis angegeben, weil sie grundsätzlich mit gleicher Länge in die Rechnung eingehen.

Stützweitenverhältnisse unter 2 werden nicht berücksichtigt, da in diesen Fällen die Fahrbahnplatte entsprechend [23] nach der Plattentheorie zu behandeln ist. Für Systeme mit einem Stützweitenverhältnis zwischen 6 und 7 ist eine lineare Extrapolation zulässig.

Die möglichen Stützweitenverhältnisse wurden statistisch ermittelt. Das Längenverhältnis der Endfelder und deren Nachbarfelder weicht in der Regel nur bis $\Delta L/a = 1$ nach unten und $\Delta L/a = 2$ nach oben ab. Bei den Innenfeldsystemen sind nur die nach oben hin abweichenden Verhältnisse der Bezugs- und Nachbarfelder, die in der Regel bis zu $\Delta L/a = 2$ betragen, für die Bemessung von Bedeutung.

Als Querschnittsparameter werden die ω^2-Werte 0,5; 1 und 2 und die EI_i/GI_t-Werte 1; 1,5; 2,5; 3,5; 5 und 10 in jeder wahrscheinlichen Paarung berücksichtigt. Diese Werte sind so ausgewählt worden, daß stets gleiche Interpolationsintervalle entstehen.

Die Schnittkräfte werden für am Hauptträger angreifende Vertikallasten und Momente angegeben. Die Tafeln enthalten Einflußlinien für Einzellasten und Zustandsgrößen für Streckenlasten. Die Ordinaten der Einflußlinien werden für alle Zehntelspunkte des Bezugsfeldes und eines Nachbarfeldes angegeben. Zusätzlich werden beim Innenfeldsystem in einem 2. Nachbarfeld die Ordinaten der Fünftelspunkte ausgedruckt.

Für die Hauptträger werden die Biegemomente M, die Querkräfte Q und die Torsionsmomente T in Schnitten an der Stütze, im mittleren Feldbereich und in einem Zwischenpunkt berücksichtigt. Die Plattenbiegemomente können aus der Plattenquerkraft errechnet werden. Diese wird jeweils für einen Feld- und einen Stützpunkt, beim Einfeldsystem auch in einem Zwischenpunkt angegeben. Bei den Durchlaufsystemen werden die Schnittkräfte infolge von Streckenlasten durch numerische Integration der Einflußlinien nach der Simpson'schen Regel errechnet. Um die Genauigkeit der Ergebnisse zu gewährleisten, werden im Bezugsfeld 20 und in den Seitenfeldern 10 Teilabschnitte berücksichtigt. Bei der Berechnung des Einfeldsystems bricht der Rechner die Reihenentwicklung ab, wenn sich die

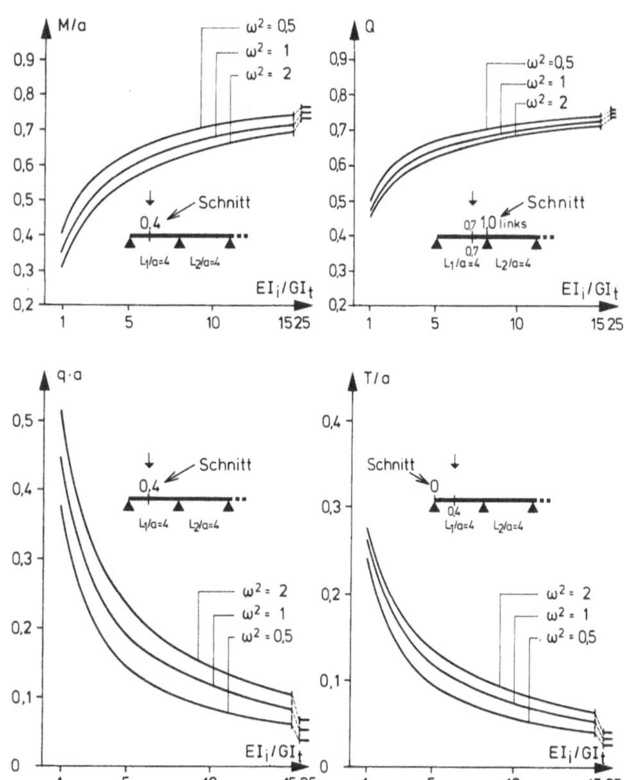

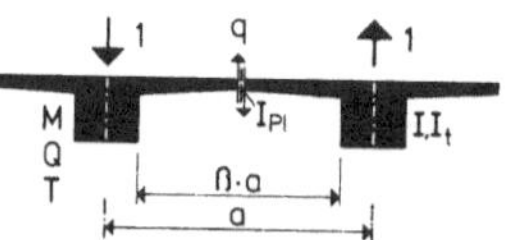

Bild 10.

Schnittkräfte eines Endfeldsystems infolge antimetrischer Vertikallasten als Funktion der Querschnittsparameter

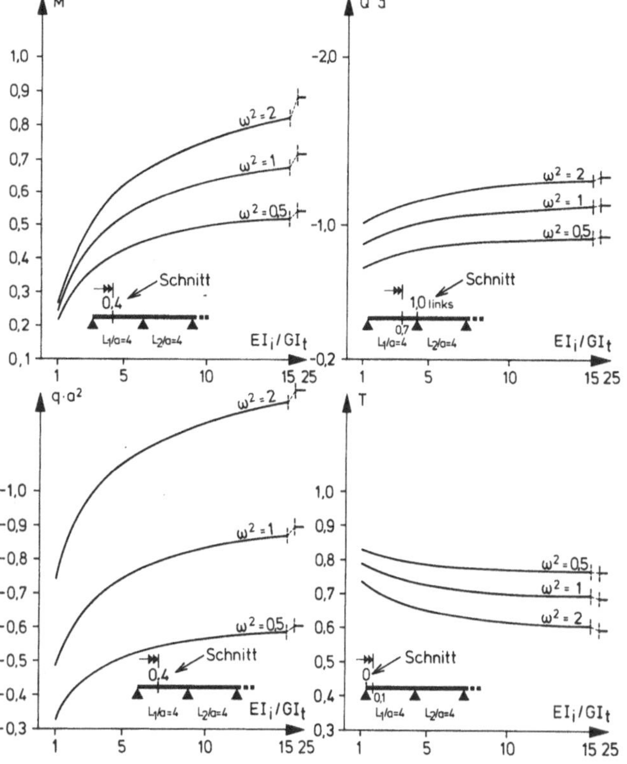

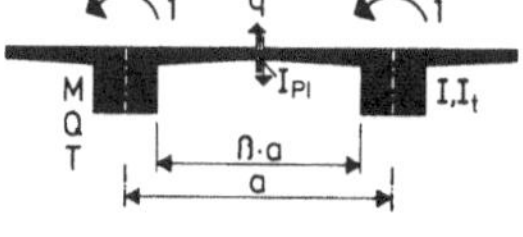

Bild 11.

Schnittkräfte eines Endfeldsystems infolge antimetrischer Momente als Funktion der Querschnittsparameter

letzte ausgedruckte Ziffer nicht mehr ändern kann.

Aus den Bildern 10 und 11 läßt sich das typische Verhalten der Schnittkräfte bei Variation der Parameter ablesen.

1.3.5 Teil 4, Tafeln Nr. 496 bis 499, Ergänzungsmomente

Die Ergänzungsmomente werden in Abhängigkeit von den Querschnittsmaßen angegeben. Der Einfluß der Kragplatte ist nach [23] vernachlässigbar. Die Abmessungen werden auf die Stegbreite b_O bezogen, s. Bild 12. In den Tafeln werden die relative Steghöhe d_O/b_O zwischen 1 und 3, die relative Plattendicke d/b_O zwischen 0,2 und 0,5 und der Hauptträgerabstand a/b_O zwischen 5 und 10 variiert.

Die Berechnung erfolgt am Plattenrahmen unter Berücksichtigung der Querkontraktionszahl $\mu = 0,2$. Der Steg wird mit einer verminderten Drillsteifigkeit berücksichtigt, da seine Torsionssteifigkeit geringer ist als die eines gleich hohen Plattenausschnittes, s. auch [23]. Zwischen dem Stegrand und der Platte wird ein Federgelenk eingefügt, um den elastischen Übergang in den Stegkörper zu erfassen.

Unter dem Angriff eines Momentes am Stegkopf entsteht am Plattenanschnitt eine Singularität in der Momentenfläche.

Für eine sinnvolle Erfassung des Momentes wird die Einzellast durch eine Teilstreckenlast ersetzt. Die Lastverteilungslänge t wird in den Tafeln konstant oder sinusförmig entsprechend Bild 12 angenommen. Der Quotient t/a wird zwischen den Werten 0,05 und 1,5 variiert.

Die Berechnung erfolgt am Einfeldsystem mittels Fourier-Reihen. Die Ergänzungsmomente werden für den inneren Trägeranschnitt und die Plattenmitte angegeben. Zusätzlich wird das Längsmoment in der Plattenmitte berechnet. Für die Anschnittsmomente wird ein Stützweitenverhältnis $L/a = 4$ und für die Mittenmomente das Verhältnis $L/a = 10$ der Berechnung zu Grunde gelegt. Die erforderliche Genauigkeit wird mit 50 bzw. 100 Reihengliedern erreicht.

1.4 Hinweise für die Anwendung der Tafeln

1.4.1 Plattenbalkensysteme ohne Drehbehinderungen an den Zwischenstützen

1.4.1.1 Allgemeines

Systeme ohne Drehbehinderungen an den Zwischenstützen können unmittelbar nach den Tafeln bemessen werden. Dabei handelt es sich um Tragwerke, die nicht durch Zwischenquerträger ausgesteift sind, und an allen Innenstützen querverschiebliche Lager haben. Nach Bestimmung

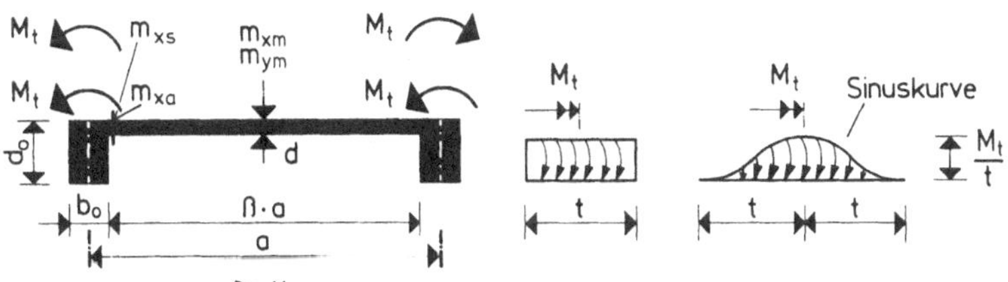

Bild 12.

Örtliche Hauptträgerbelastung durch ein symmetrisches oder antimetrisches Einzelmoment

der Systemparameter und der Belastungen
können die Schnittgrößen durch Interpolation aus den Tafeln ermittelt werden.
Die Tafeln enthalten für symmetrische
Belastung

    Torsionsmomente T des Hauptträgers a
und

    Plattenbiegemomente m,

für antimetrische Belastung

    Biegemomente M,

    Querkräfte Q und

    Torsionsmomente T des Hauptträgers a
und

    Plattenquerkräfte q.

In den nächsten Abschnitten werden Hin-
weise zur Vereinfachung der Tafelauswer-
tung gegeben.

1.4.1.2 Tafeln Nr. 2 und 3, symmetrische Lastfälle

a) Interpolation und Integration

Zwischen den Werten zweier benachbarter
Spalten ist eine lineare Interpolation
nach $\omega_s L_s/a$ zulässig. Sie ist aber wegen
der kleinen Differenzen oft überflüssig.
Zwischen den benachbarten Werten einer
Spalte darf linear interpoliert werden.
Genauere Zahlen erhält man jedoch bei
größeren Unterschieden durch eine logarithmische Interpolation nach Bild 13
und Gleichung (3). Die Durchführung ist
mit einem elektronischen Taschenrechner
unproblematisch.

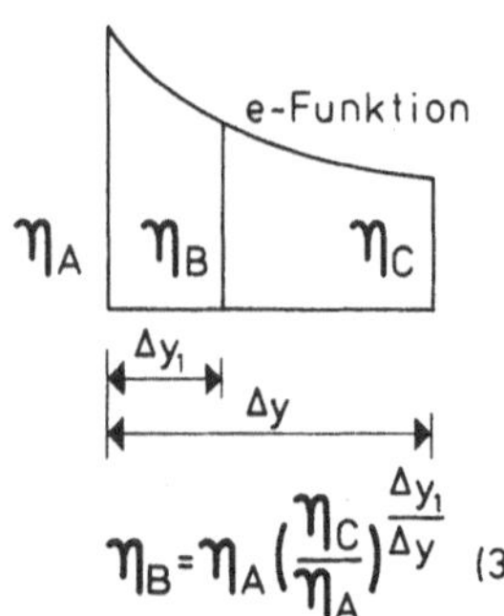

Bild 13.
Interpolation der
Tafeln Nr. 2 und 3

Das Integral der Funktion über die Länge
Δy ist nach Gleichung (4)

$$\int_{\Delta y} \eta \, d_y = \frac{\eta_C - \eta_A}{\ln(\eta_C/\eta_A)} \, \Delta y \; . \tag{4}$$

b) Beliebige Schnittkräfte infolge von Einzelmomenten

Für am Hauptträger angreifende Einzelmomente können Schnittkräfte an belie-
bigen Schnitten nach Bild 24, S. 31, und
den Gleichungen (5) und (6) aus den End-
einspannmomenten T_O berechnet werden.

Für $y < y_t$ ist das

Plattenbiegemoment

$$m = - T_O \, \frac{\omega_s}{a} \, \text{sh} \omega_s \, \frac{y}{a} \; , \tag{5}$$

das Torsionsmoment

$$T = T_O \, \text{ch} \omega_s \, \frac{y}{a} \; . \tag{6}$$

Für $y > y_t$ sind die Seiten zu vertauschen. T wird dann negativ.

Beispiel:

Systemparameter: $\omega_s L_s/a = 3{,}5$.

Lastangriff: $M_t = 1$ in $y_t = 0{,}44 \, L_s$.

Gesucht: T in $0{,}23 \, L_s$,

             m in $0{,}32 \, L_s$.

Das Endeinspannmoment T_O wird aus Tafel
Nr. 2 abgelesen.

Last in $0,4\,L_s$: $T_O = 0,2431$.

Last in $0,5\,L_s$: $T_O = 0,1687$.

Logarithmische Interpolation

für Last in $y_t = 0,44\,L_s$:

$$T_O = 0,2431 \; \left(\frac{0,1687}{0,2431}\right)^{\frac{0,04}{0,1}} = 0,2100.$$

Berechnung von T in $y = 0,23\,L_s$:

$$T = 0,2100 \cdot \mathrm{ch}\,0,23 \cdot 3,5 = 0,2818.$$

Berechnung von m in $y = 0,32\,L_s$:

$$m = -\,0,2100 \cdot 3,5 \cdot \frac{1}{L_s}\; \mathrm{sh}\,0,32 \cdot 3,5$$

$$= -\,1,006 \cdot \frac{1}{L_s}\,.$$

c) Beliebige Schnittkräfte infolge von
   Streckenlasten

Für am Hauptträger über die Brückenlänge
angreifende Streckenmomente sind die
Schnittkräfte in allen Zehntelspunkten
aus Tafel Nr. 3 zu entnehmen. Bei Teil-
streckenlasten kann man eine Integration
über die Einflußlinien der Tafel Nr. 2
vornehmen. Man kann auch entsprechend
Bild 14 zunächst mit einem verkürzten
System arbeiten und in einem zweiten
Schritt die Endeinspannmomente als Belastung auf das Grundsystem aufbringen.

Beispiel, verkürztes System nach
      Bild 14:

Systemparameter: $\omega_s L_s/a = 4,0$.

Lastanfang: $y_a = 0,10\,L_s$.

Lastende: $y_e = 0,60\,L_s$.

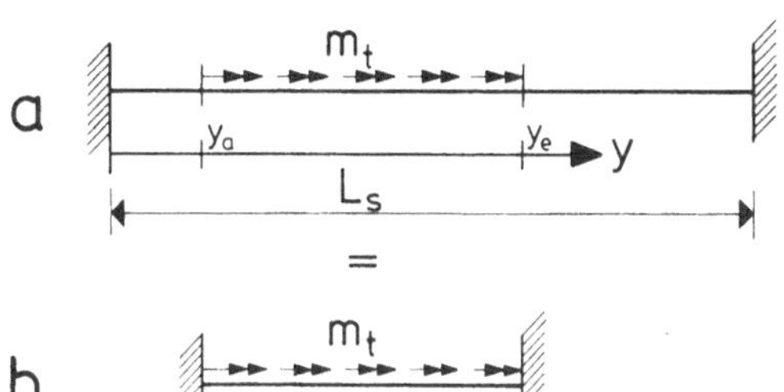
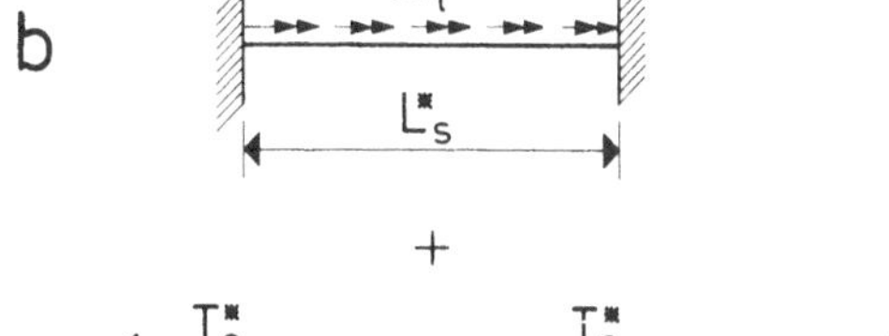

Bild 14. Teilstreckenbelastung durch symmetrische Momente

Ersatzstützweite: $L_s^{*}= y_e - y_a = 0,50\,L_s$.

$$\omega_s L_s^{*}/a = 0,50 \cdot 4,0 = 2,0$$

Aus Tafel Nr. 3 werden die Endeinspannmomente des verkürzten Systems für
$\omega_s L_s/a = 2,0$ entnommen.

$$T^{*}_O = 0,3808 \cdot L_s^{*} = 0,1904\,L_s.$$

Nach Tafel Nr. 2 werden die Endeinspannmomente des Gesamtsystems für $\omega_s L_s/a =$
$4,0$ infolge der beiden Momente T_O^{*} abgelesen.

$$y_t = 0,1\,L_s \text{ und } 0,6\,L_s:$$
$$T_O(\text{links}) = (0,6700 + 0,0870) \cdot$$
$$0,1904\,L_s = 0,1441\,L_s.$$

Seitentausch:
$$y_t = 0,9\,L_s \text{ und } 0,4\,L_s:$$
$$T_O(\text{rechts}) = -(0,0151 + 0,2003) \cdot$$
$$0,1904\,L_s = -\,0,0410\,L_s.$$

Die endgültigen Schnittkräfte ergeben
sich aus der Überlagerung von Zustand b
und c, s. Bild 14. In dem Schnitt $y =$
$0,3\,L_s$ ist:

Zustand b, $y^* = 0,4\ L_s^*$, $\omega_s L_s^*/a = 2,0$.
$$T = 0,0652\ L_s^* = 0,0326\ L_s.$$
$$m = -\ 0,3389.$$

Zustand c, $y = 0,3\ L_s$, $\omega_s L_s/a = 4,0$.
s. Beispiel zu b:
$$T_0^* \text{ in } y_t = 0,1\ L_s; \quad y > y_t.$$

Seitentausch:
$$y_t = 0,9\ L_s; \quad y = 0,7\ L_s:$$
$$T = -\ 0,0151\ T_0^* \cdot \text{ch}4,0 \cdot 0,7$$
$$= -\ 0,0237\ L_s.$$
$$m = -\ 0,0151\ T_0^* \cdot 4,0\ \frac{1}{L_s}\ \text{sh}2,8$$
$$= -\ 0,0942.$$
$$T_0^* \text{ in } y_t = 0,6\ L_s:$$
$$T = 0,0870\ T_0^* \cdot \text{ch}4,0 \cdot 0,3$$
$$= 0,0300\ L_s.$$
$$m = -\ 0,0870\ T_0^* \cdot 4,0\ \frac{1}{L_s}\ \text{sh}1,2$$
$$= -\ 0,1000.$$

Überlagerung:
$$T = (0,0326 - 0,0237 + 0,0300)\,L_s$$
$$= 0,0389\ L_s.$$
$$m = -\ 0,3389 - 0,0942 - 0,1000$$
$$= -\ 0,5331.$$

1.4.1.3 Tafeln Nr. 4 bis 495, antimetrische Lastfälle

1.4.1.3.1 Interpolation nach den Querschnittsparametern ω^2 und EI_i/GI_t

Zwischen allen Nachbarwerten ist eine lineare Interpolation zulässig. Es kann jedoch für die Hauptträgerschnittgrößen auf eine Interpolation verzichtet werden, wenn die Tafeln nach Bild 44 und 45 ausgewählt werden, s. S. 82 und S. 84. Für die Plattenquerkraft q gilt diese Vereinfachung nur für die Auswahl der EI_i/GI_t-Werte. Die Bilder sind so aufgestellt worden, daß für den Lastfall Verkehr ein Fehler zur ungünstigen Seite

von maximal 3 % hingenommen wird.

Das Bild 44 ist für die Biegemomente M und die Querkräfte Q der Hauptträger zu verwenden. Es wird vorausgesetzt, daß bei diesen Schnittkräften der antimetrische Anteil maximal 35 % der Gesamtschnittkraft beträgt.

Das Bild 45 gilt für die Torsionsmomente T der Hauptträger und die Plattenquerkraft q. In diesem Bild wird vorausgesetzt, daß das Torsionsmoment allein und die Plattenbiegemomente zu 50 % durch antimetrische Lasten verursacht sein können.

Bei Systemen mit $EI_i/GI_t \geq 10$ darf für die Berechnung der Biegemomente M und der Querkräfte Q die Belastung nach dem Hebelgesetz auf die Hauptträger verteilt werden. Dieser Lastansatz ist auch bei kleineren EI_i/GI_t-Werten zulässig, wenn auf eine größere Genauigkeit verzichtet wird. Für die Berechnung der Torsionsmomente und der Plattenbiegemomente müssen jedoch stets die aus der Plattenbelastung herrührenden Auflagerkräfte und Einspannmomente als Belastung am Trägerrost angesetzt werden.

1.4.1.3.2 Interpolation nach den Stützweitenverhältnissen

Die Schnittkräfte werden in erster Linie durch das Stützweitenverhältnis des Bezugsfeldes bestimmt, d.h. des Feldes, in dem oder an dessen Rand der betrachtete Schnitt liegt. Die Tafeln sind daher nach diesem Feld auszuwählen. Die Feldlänge des Nachbarfeldes braucht nur näherungsweise berücksichtigt zu werden. Die Interpolation erfolgt, abgesehen von den Stützmomenten, nach dem Bezugsfeld. Die

Einflüsse von entlastenden Streckenlasten sollten bei der Momentenberechnung durch Berücksichtigung der tatsächlichen Feldlänge korrigiert werden. Das Stützmoment wird für angreifende Einzellasten nach dem belasteten Feld und für angreifende Streckenlasten nach der Summe der angrenzenden Felder interpoliert.

Beispiel: Endfeldsystem unter antimetrischer Streckenlast:

$$\omega^2 = 2,0, \qquad EI_i/GI_t = 3,5,$$

$$\frac{L_1}{a} = 3,4 \qquad \frac{L_2}{a} = 4,3$$

           Tafel Nr.145   Tafel Nr.195

$$\frac{L_1}{a}:\frac{L_2}{a} = 3:4 \qquad \frac{L_1}{a}:\frac{L_2}{a} = 4:4$$

Schnitt 0,4;
max. M   = $0,578\ a^2$ $0,730\ a^2$

Schnitt 0,7;
min. M   = $-0,291\ a^2$ $-0,199\ a^2$

Schnitt 1,0;
min. M   = $-1,164\ a^2$ $-1,428\ a^2$

Interpolation:

Schnitt 0,4; max. M =

$$= \left(\frac{4-3,4}{4-3} \cdot 0,578 + \frac{3,4-3}{4-3} \cdot 0,730\right) a^2$$

$$= 0,639\ a^2$$

Schnitt 0,7; min. M =

$$= -\frac{4,3}{4,0}(0,6 \cdot 0,291 + 0,4 \cdot 0,199)\ a^2$$

$$= -0,273\ a^2$$

Schnitt 1,0; min. M =

$$= -\left[\frac{(4+4)-(3,4+4,3)}{(4+4)-(3+4)} \cdot 1,164\right.$$

$$\left. + \frac{(3,4+4,3)-(3+4)}{(4+4)-(3+4)} \cdot 1,428\right]a^2$$

$$= -1,349\ a^2$$

Eine weitergehende Interpolation liefert in der Regel keine genaueren Ergebnisse.

1.4.1.4 Tafeln Nr. 496 bis 499, Ergänzungsmomente

Die Ergänzungsmomente werden als Funktionen der Querschnittsabmessungen und des Parameters ω^2 angegeben. Bei kompakten Querschnitten, d. h. wenn $b_0/d_0 \geq 1$ ist, ist der horizontale Biegewiderstand des Steges von untergeordneter Bedeutung. In diesen Fällen ist ausschließlich nach ω^2 zu interpolieren. Für $b_0/d_0 < 1$ sind die Abmessungen des Querschnitts zu berücksichtigen. Da auch hier eine Grundabhängigkeit von ω^2 besteht, ist eine vereinfachte Interpolation nach diesem Parameter möglich.

Die Verteilungslänge eines am Hauptträger angreifenden Einzelmomentes kann näherungsweise nach Gleichung (7) berechnet werden:

$$t = \frac{\bar{M}}{\bar{m}} + \frac{b_0}{2} \tag{7}$$

Darin sind
$\bar{M}$ das gesamte Stützmoment der Platte am Starrknotensystem nach Tafel Nr. 1,
$\bar{m}$ das örtliche Plattenstützmoment am Starrknotensystem bei gleicher Laststellung,
b_0 die Stegbreite.

Zwischen den Verteilungslängen kann linear interpoliert werden.

1.4.2 Plattenbalkensysteme mit Drehbehinderungen in den Stützachsen

Durchlaufende Plattenbalkensysteme mit Zwischenquerträgern oder seitlicher Federstützung können nach den vorliegenden Tafeln berechnet werden, wenn die Drehbehinderungen statisch unbestimmt eingerechnet werden. Die bestehenden Beziehungen werden in Abschnitt 2.4 abgeleitet.

Beispiel: Durchlaufsýstem mit Stützquerträgern, s. Bild 27, s. S. 34:

Innenfeldsystem, Tafel Nr. 426:

$$\frac{L_2}{a} : \frac{L_1}{a} : \frac{L_2}{a} = 4 : 5 : 4,$$

$$\omega^2 : EI_i/GI_t = 2,0 : 5,0.$$

In allen Stützachsen sollen biegestarre Querträger eingerechnet werden. Es wird eine antimetrische Einzellast auf den Hauptträgern in Feld 1 in $0,4\,L_1$ angesetzt. Die Querträgermomente werden statisch unbestimmt nach Gleichung (104), S. 34, berechnet.

Die Gleichung besagt, daß die Plattenquerkräfte in den Stützenachsen infolge der äußeren Last und der Quereinspannmomente zu Null werden müssen. Die Berechnung kann sich auf 4 Stützachsen beschränken:

Die statisch Unbestimmten sind

$$X_1 = 0,0126\ a,$$
$$X_2 = -0,0757\ a,$$
$$X_3 = -0,0633\ a,$$
$$X_4 = 0,0091\ a.$$

Da die Werte der Hauptdiagonalen dominieren, ist näherungsweise $X_i \sim -q_i^0/q_{ii}$,

$$X_1 \sim 0,012\ a,$$
$$X_2 \sim -\,0,076\ a,$$
$$X_3 \sim -\,0,064\ a,$$
$$X_4 \sim 0,008\ a.$$

Die endgültigen Schnittkräfte ergeben sich aus der Überlagerung des Grundzustandes mit den Wirkungen der Quereinspannmomente X_k, z. B. ist das Biegemoment an der Stütze, Schnitt 0

$$M = (- 0,338 + 0,0757 \cdot 0,354 + 0,0633$$
$$\cdot\, 0,051 - 0,0126 \cdot 0,052)\ a$$
$$= - 0,309\ a.$$

1.4.3 Plattenbalkensysteme mit biegesteifen Endquerträgern

Bei der Aufstellung der Tafeln wurden biegestarre Endquerträger vorausgesetzt. Geringere Biegesteifigkeiten haben kleinere Torsionsmomente am Brückenende zur Folge. Die Tafelwerte können näherungsweise durch folgende Reduktionsfaktoren abgemindert werden:

$$\text{Symmetrie:} \quad \varepsilon_s = \cfrac{1}{1 - \cfrac{\omega_s^2\ GI_t}{4a\ m\ EI_Q}} .$$

Stütze	Tafel Nr.	$q_{i1}\,X_1$	$+\ q_{i2}\,X_2$	$+\ q_{i3}\,X_3$	$+\ q_{i4}\,X_4$	$=-q_i^0$	Lastordinate
$0, 0L_2$	392	$-1,472X_1$	$-0,022X_2$	$+\sim 0$		$=-0,017a$	Feld 2R; $0,4L_2$
$0, 0L_1$	426	$-0,021X_1$	$-1,479X_2$	$-0,021X_3$	$+\sim 0$	$=+0,113a$	Feld 1 ; $0,4L_1$
$1, 0L_1$	426	$+\sim 0$	$-0,021X_2$	$-1,479X_3$	$-0,021X_4$	$=+0,095a$	Feld 1 ; $0,6L_1$
$1, 0L_2$	392		$+\sim 0$	$-0,022X_3$	$-1,472X_4$	$=-0,012a$	Feld 2R; $0,6L_2$

Darin ist

m   das Plattenbiegemoment in Brückenmitte nach Tafel Nr. 2 für
$L_s' = 2L_s$,

I_Q das Trägheitsmoment des Endquerträgers.

Antimetrie: $\varepsilon_a = \dfrac{1}{1 - \dfrac{\omega_a^2\, GI_t}{6a^2 q\, EI_Q}}$.

Darin ist

q   die Plattenquerkraft an einer belie-
bigen Innenstütze infolge eines dort
angreifenden Torsionsmomentes nach
Tafel Nr. 80 bis 495.

Der Einfluß der Querträgerverformung auf
die übrigen Schnittkräfte ist in der Regel
vernachlässigbar.

1.4.4 Schiefe Systeme

Die Schnittkräfte von schiefen Platten-
balkensystemen werden in diesem Tafelwerk nicht erfaßt. Brücken mit in Träger-
richtung versetzten Stützen dürfen jedoch
nach dem Trägerrostverfahren berechnet
werden. Hierzu wird auf [16] verwiesen.
Die Beanspruchung von Innenfeldern können bei geringer Schiefe nach diesem Buch
abgeschätzt werden:

Man geht davon aus, daß die Auflagerkräfte des geraden und schiefen Systems
gleich sind. Dann können die Schnittkräfte am geraden System nach Bild 15
berechnet werden, wenn man den Einfluß
der versetzten Lagerkräfte überlagert.

Beispiel, Stützbereich eines unendlich
langen Durchlaufträgers:

Tafel Nr. 383:

$$\frac{L_2}{a} : \frac{L_1}{a} : \frac{L_2}{a} = 4 : 4 : 4,$$

$$\omega^2 : EI_i/GI_t = 1 : 1,5.$$

Schiefe: $\alpha = 21{,}8^\circ$.

Lagerversatz: $v = a\, tg\alpha = 0{,}4\,a = 0{,}1\,L_1$.

Belastung: $p = 1$ Mp/m auf beiden Hauptträgern,
Laststellung min. M, Schnitt 0.

Auflagerkräfte am geraden System:
$$A_1 = A_2 = 1{,}184\, L_1.$$

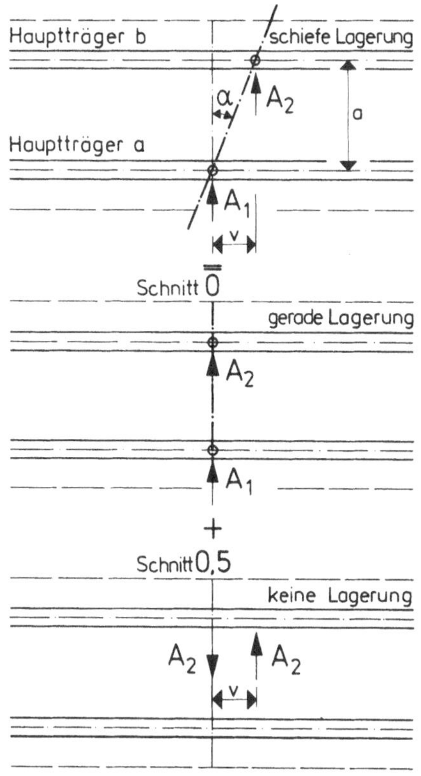

Bild 15. Abschätzung des Einflusses einer
schiefen Lagerung

Plattenquerkraft an der Stütze des Trägers a:

Infolge des antimetrischen Lastanteils von

$$A_2 \text{ in } 0,5\,L_1 \text{ ist}$$
$$q = - 0,5 \cdot 1,184\,L_1 \cdot 0,320$$
$$\cdot \frac{4}{L_1} = - 0,758.$$

Infolge des antimetrischen Anteils von A_2 in $0,6\,L_1 = 0,5\,L_1 + v$ ist
$$q = 0,5 \cdot 1,184 \cdot 0,281 \cdot 4 = 0,665$$

Der symmetrische Anteil verursacht keine Plattenquerkräfte.

Die Summe beträgt:
$$q = - 0,758 + 0,665 = - 0,093.$$

Stützmoment des Trägers a:

Am geraden System ist
$$M = - 0,114\,L_1^{\,2}.$$

Im Schnitt 0,5 ist infolge des antimetrischen Anteils von A_2
$$M = - 0,5 \cdot 1,184\,(0,404 - 0,235)\,L_1^{\,2}/4$$
$$= - 0,025\,L_1^{\,2},$$

infolge des symmetrischen Anteils
$$M = + 0,5 \cdot 1,184\,(0,1707 - 0,1239)\,L_1^{\,2}$$
$$= 0,028\,L_1^{\,2}.$$

Das Gesamtmoment ist
$$M = (- 0,114 - 0,025 + 0,028)\,L_1^{\,2}$$
$$= - 0,111\,L_1^{\,2}.$$

2. Theoretische Grundlagen

2.1 Einführung

In Abschnitt 1 wird erläutert, daß der
zweistegige Plattenbalken unter Beach-
tung gewisser Grundregeln sehr genau als
Trägerrost berechnet werden kann. Der
Trägerrost ist ein horizontales ebenes
Tragmodell, das aus 2 Hauptträgern und
unendlich vielen, unendlich eng liegenden Querträgern besteht, vgl. Bild 2.
Alle Stäbe sind biegesteif für Beanspruchungen quer zur Systemebene. Nur die
Hauptträger sind drillsteif. Der Drill-
ruhepunkt liegt in der Systemebene.

Die folgenden Ableitungen werden nur für
am Hauptträger angreifende Vertikallasten
und Momente durchgeführt, deren Dreh-
achse in Richtung der Träger verläuft.
Die Momente werden zur Vereinfachung der
Berechnung nach Bild 5 in einen symmetrischen und in einen antimetrischen Anteil aufgespalten.

2.2 Querträgerlose Systeme unter anti-
metrischer Belastung

2.2.1 Gleichgewichtsbedingungen

Da alle Beanspruchungen spiegelbildlich
zur Achse auftreten, genügt es, eine
Querschnittshälfte zu betrachten.

In Bild 16 werden die Schnittkräfte am
Element dargestellt. Es können folgende
drei Gleichgewichtsbeziehungen aufgestellt werden.

Gleichgewicht der vertikalen Kräfte:

$$\Sigma V = (p - q)\,dy + dQ = 0.$$

$$\frac{dQ}{dy} = q - p. \tag{8}$$

Gleichgewicht der Momente um die x-Achse:

$$\Sigma M_x = dM - Q\,dy = 0.$$

$$\frac{dM}{dy} = Q. \tag{9}$$

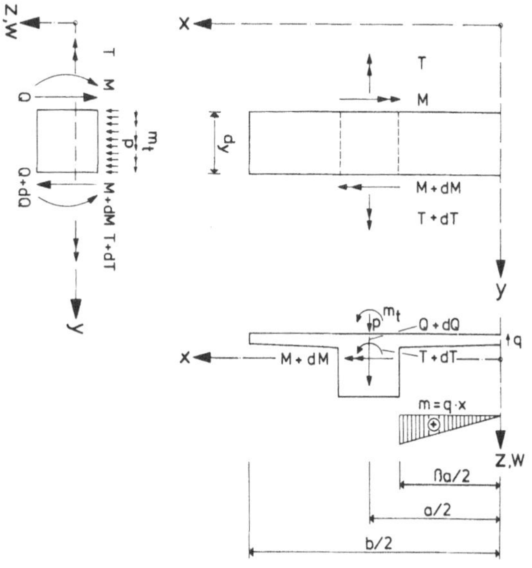

Bild 16. Lasten und Schnittkräfte am Plat-
tenbalkenelement

Gleichgewicht der Momente um die Träger-
achse:

$$\Sigma M_y = dT + (\frac{qa}{2} + m_t)\, dy = 0.$$

$$\frac{dT}{dy} = -\frac{qa}{2} - m_t. \tag{10}$$

2.2.2 Verformungsbedingungen

Mit den Definitionen nach Abschnitt
1.2.2 und 1.2.3 besteht zwischen den
Durchsenkungen und den Biegemomenten des
Hauptträgers die Beziehung

$$\frac{d^2w}{dy^2} = -\frac{M}{EI_i} \tag{11}$$

und zwischen der Verdrehung und dem Torsionsmoment des Hauptträgers die Beziehung

$$\frac{d\vartheta}{dy} = \frac{T}{GI_t}. \tag{12}$$

Aus (11) folgt mit (8) und (9)

$$\frac{d^4w}{dy^4} = -\frac{1}{EI_i}\frac{d^2M}{dy^2} = -\frac{1}{EI_i}\frac{dQ}{dy} = -\frac{q-p}{EI_i}. \tag{13}$$

Aus (12) folgt mit (10)

$$\frac{d^2\vartheta}{dy^2} = \frac{1}{GI_t}\frac{dT}{dy} = -\frac{1}{GI_t}(\frac{qa}{2} + m_t).$$

$$\frac{d^4\vartheta}{dy^4} = -\frac{1}{GI_t}(\frac{a}{2}\frac{d^2q}{dy^2} + \frac{d^2m_t}{dy^2}). \tag{14}$$

2.2.3 Differentialgleichung für die
Plattenquerkraft

Nach Bild 17 läßt sich die Hauptträgerverdrehung ϑ durch die Hauptträger-

durchbiegung w und die örtliche Platten-
verdrehung τ ausdrücken.

$$\vartheta = \frac{2w}{a} - \tau. \tag{15}$$

Unter Berücksichtigung der elastischen
Einspannung in den Stegkörpern ist

$$\tau = \frac{qa^2}{2}\frac{1 - \mu^2}{EI_{Pl}}\rho_a \tag{16}$$

mit

$$\rho_a = 4\int_0^{\frac{\beta}{2}} \frac{(x/a)^2}{(d/d_m)^3}\, d(x/a) + \frac{0{,}78\beta^2 d_v/a}{(d_v/d_m)^3}. \tag{17}$$

Damit wird

$$\vartheta = \frac{2}{a}w - \frac{1 - \mu^2}{EI_{Pl}}\frac{\rho_a a^2}{2}q. \tag{18}$$

Die 4. Ableitung von (18) ist

$$\frac{d^4\vartheta}{dy^4} = \frac{2}{a}\frac{d^4w}{dy^4} - \frac{1 - \mu^2}{EI_{Pl}}\frac{\rho_a a^2}{2}\frac{d^4q}{dy^4}. \tag{18a}$$

Aus (18a) folgt mit (13) und (14)

$$\frac{d^4q}{dy^4} - \frac{2EI_{Pl}}{GI_t(1 - \mu^2)\rho_a a^2}(\frac{a}{2}\frac{d^2q}{dy^2} + \frac{d^2m_t}{dy^2})$$

$$+ \frac{4EI_{Pl}}{EI_i(1 - \mu^2)\rho_a a^3}(q - p) = 0.$$

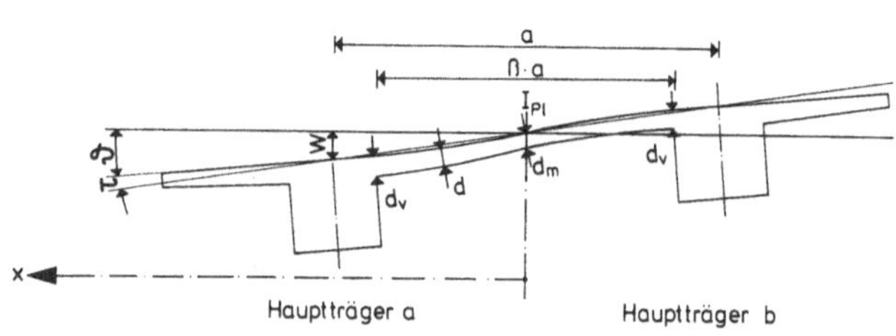

Bild 17. Querschnittverformung unter
antimetrischer Belastung

Setzt man

$$\frac{EI_{P1}a}{GI_t(1 - \mu^2)\rho_a} = \omega_a^2, \qquad (19)$$

so erhält man die Differentialgleichung für die Plattenquerkraft q in folgender Form:

$$\frac{d^4q}{dy^4} - \frac{\omega_a^2}{a^2}\left(\frac{dq^2}{dy^2} + \frac{2}{a}\frac{d^2m_t}{dy^2}\right) + 4\frac{GI_t}{EI_i}\frac{\omega_a^2}{a^4}$$

$$\cdot (q - p) = 0, \qquad (20)$$

vergl. auch [2] S. 14 und [16] S. 119.

Die homogene Form der Differentialgleichung ist

$$\frac{dq^4}{dy^4} - \frac{\omega_a^2}{a^2}\frac{dq^2}{dy^2} + 4\frac{GI_t}{EI_i}\frac{\omega_a^2}{a^4} q = 0. \qquad (21)$$

Je nach dem Verhältnis der Konstanten zueinander sind mehrere Lösungsformen möglich, von denen die folgenden zwei hier weiter behandelt werden sollen:

Fall a:

Für $\dfrac{16}{\omega_a^2}\dfrac{GI_t}{EI_i} > 1$ lautet die Lösung in Anlehnung an [1] S. 48 mit

$$\varepsilon = \frac{\omega_a}{2a}\sqrt{1 + \sqrt{\frac{16\,GI_t}{\omega_a^2 EI_i}}} \qquad (22)$$

und

$$\eta = \frac{\omega_a}{2a}\sqrt{-1 + \sqrt{\frac{16\,GI_t}{\omega_a^2 EI_i}}} \qquad (23)$$

$$q = C_1 e^{-\varepsilon y}\cos\eta y + C_2 e^{-\varepsilon y}\sin\eta y + C_3 e^{\varepsilon y}$$

$$\cdot \cos\eta y + C_4 e^{\varepsilon y}\sin\eta y. \qquad (24)$$

Fall b:

Für $\dfrac{16}{\omega_a^2}\dfrac{GI_t}{EI_i} < 1$ lautet die Lösung in Anlehnung an [1] S. 59 mit

$$\lambda = \frac{\omega_a}{a}\sqrt{\frac{1}{2}\left[1 + \sqrt{1 - \frac{16\,GI_t}{\omega_a^2 EI_i}}\right]} \qquad (25)$$

und

$$\varkappa = \frac{\omega_a}{a}\sqrt{\frac{1}{2}\left[1 - \sqrt{1 - \frac{16\,GI_t}{\omega_a^2 EI_i}}\right]} \qquad (26)$$

$$q = K_1 e^{-\lambda y} + K_2 e^{-\varkappa y} + K_3 e^{\lambda y} + K_4 e^{\varkappa y}. \qquad (27)$$

2.2.4 Unendlich langes Grundsystem ohne Stützen unter dem Angriff von vertikalen Einzellasten

Da die Plattenquerkraft q im Unendlichen zu Null werden muß, entfallen die Terme mit positiven Exponenten:

Fall a:

$$\frac{16}{\omega_a^2}\frac{GI_t}{EI_i} > 1:$$

$$q = e^{-\varepsilon y}(C_1\cos\eta y + C_2\sin\eta y). \qquad (28)$$

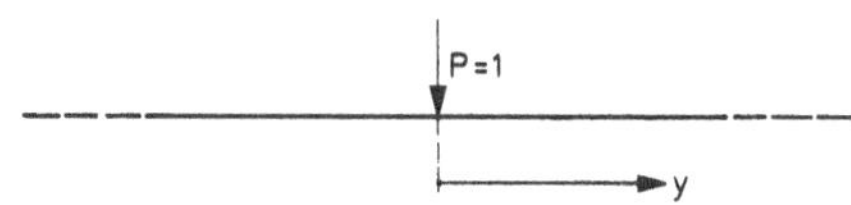

Bild 18. Unendlich langes Grundsystem ohne Stützen unter dem Angriff einer Einzellast

$$\frac{dq}{dy} = - e^{-\varepsilon y} \left[C_1(\varepsilon \cos y + \eta \sin \eta y) + C_2 \right.$$
$$\left. \cdot (\varepsilon \sin \eta y - \eta \cos \eta y) \right]. \tag{29}$$

1. Randbedingung:

$$y = 0; \quad \frac{dq}{dy} = 0. \tag{30}$$

Es folgt: $\quad C_2 = \dfrac{\varepsilon}{\eta} C_1,$

$$q = C_1 e^{-\varepsilon y}(\cos \eta y + \frac{\varepsilon}{\eta} \sin \eta y).$$

2. Randbedingung:

$$y = 0; \quad Q = - 0{,}5, \tag{31}$$

$$Q = \int q dy = - C_1 \frac{e^{-\varepsilon y}}{\varepsilon^2 + \eta^2} (2\varepsilon \cos \eta y$$
$$- \eta \sin \eta y + \frac{\varepsilon^2}{\eta} \sin y).$$

Es folgt für $y = 0$: $\quad C_1 = \dfrac{\varepsilon^2 + \eta^2}{4\varepsilon},$

$$q = \frac{\varepsilon^2 + \eta^2}{4\varepsilon} e^{-\varepsilon y}(\cos \eta y + \frac{\varepsilon}{\eta} \sin \eta y), \tag{32}$$

$$Q = \frac{1}{2} e^{-\varepsilon y}(\cos \eta y + \frac{\varepsilon^2 - \eta^2}{2\varepsilon \eta} \sin \eta y), \tag{33}$$

$$M = \frac{e^{-\varepsilon y}}{4(\varepsilon^2 + \eta^2)} (\frac{3\varepsilon^2 - \eta^2}{\varepsilon} \cos \eta y$$
$$- \frac{3\eta^2 - \varepsilon^2}{\eta} \sin \eta y). \tag{34}$$

Fall b:

$$\frac{16}{\omega_a^2} \frac{GI_t}{EI_i} < 1:$$

$$q = K_1 e^{-\lambda y} + K_2 e^{-\varkappa y}. \tag{35}$$

$$\frac{dq}{dy} = - \lambda K_1 e^{-\lambda y} - \varkappa K_2 e^{-\varkappa y}. \tag{36}$$

Aus (30) folgt:

$$K_2 = - \frac{\lambda}{\varkappa} K_1,$$

$$q = K_1 (e^{-\lambda y} - \frac{\lambda}{\varkappa} e^{-\varkappa y}).$$

Mit

$$Q = \int q dy = - K_1 (\frac{1}{\lambda} e^{-\lambda y} - \frac{\lambda}{\varkappa^2} e^{-\varkappa y})$$

folgt aus (31)

$$K_1 = \frac{\lambda \varkappa^2}{2(\varkappa^2 - \lambda^2)},$$

$$q = \frac{\lambda \varkappa}{2(\varkappa^2 - \lambda^2)} (\varkappa e^{-\lambda y} - e^{-\varkappa y}), \tag{37}$$

$$Q = - \frac{\lambda \varkappa}{2(\varkappa^2 - \lambda^2)} (\frac{\varkappa}{\lambda} e^{-\lambda y} - \frac{\lambda}{\varkappa} e^{-\varkappa y}), \tag{38}$$

$$M = \frac{\lambda \varkappa}{2(\varkappa^2 - \lambda^2)} (\frac{\varkappa}{\lambda^2} e^{-\lambda y} - \frac{\lambda}{\varkappa^2} e^{-\varkappa y}). \tag{39}$$

Für unbelastete Balkenabschnitte folgt aus (8) und (10)

$$q = \frac{dQ}{dy} = - \frac{2}{a} \frac{dT}{dy},$$

$$\frac{dT}{dy} = - \frac{a}{2} \frac{dQ}{dy}.$$

Durch Integration erhält man

$$T = - \frac{a}{2} Q + K. \tag{40}$$

Da aus Symmetriegründen für y = 0
T = 0 sein muß, folgt mit (31)

$$K = - \frac{a}{4},$$

$$T = - \frac{a}{2} (Q + \frac{1}{2}). \qquad (41)$$

Mit (41) erhält (12) die Form

$$\frac{d\vartheta}{dy} = \frac{T}{GI_t} = - \frac{a}{2GI_t} (Q + \frac{1}{2}).$$

$$\vartheta = - \frac{a}{2GI_t} [\int (Q + \frac{1}{2}) dy + z].$$

Es folgt mit (9)

$$\vartheta = - \frac{a}{2GI_t} (M + \frac{1}{2} y + z). \qquad (42)$$

Die Schnittgrößen q, Q, M gehen nach
(32) bis (34) und (37) bis (39) mit
wachsendem y gegen Null. Damit erreicht
das Torsionsmoment im Unendlichen nach
(41) den Grenzwert T = - a/4, d. h. das
durch das antimetrische Kräftepaar ein-
geleitete Moment a · 1 wird nach Beendi-
gung der Krafteinleitung allein durch
Torsion abgetragen. Am unendlich langen
Plattenbalken führt die konstante Tor-
sionsbeanspruchung zu unendlich großen
Verdrehungen. Es ist daher sinnvoll, das
rechnerische System nach beiden Seiten
mit y = $\pm$ s dort zu begrenzen, wo die
Krafteinleitung praktisch abgeschlossen
ist.

Es wird festgelegt:

y = s: ϑ = 0, M = 0. $\qquad (43)$

Aus (42) folgt

$$z = - \frac{s}{2},$$

$$\vartheta = - \frac{a}{2GI_t} [M + \frac{1}{2} (y - s)]. \qquad (44)$$

Aus (18) folgt mit (19) und (44)

$$w = \frac{a^2}{4GI_t} [\frac{a^2}{\omega_a^2} q - M - \frac{1}{2} (y - s)]. \qquad (45)$$

2.2.5 Unendlich langes Grundsystem ohne Stützen unter dem Angriff von Einzelmomenten

Fall a:

$$\frac{16}{\omega_a^2} \frac{GI_t}{EI_i} > 1$$

1. Randbedingung: y = 0; Q = 0. $\qquad (46)$

Mit (28) ist

$$Q = \int q\, dy = - \frac{e^{-\varepsilon y}}{\varepsilon^2 + \eta^2} [C_1 (\varepsilon\cos\eta y - \eta\sin\eta y) + C_2 (\eta\cos\eta y + \varepsilon\sin\eta y)].$$

Für y = 0 folgt:

$$C_2 = - \frac{\varepsilon}{\eta} C_1,$$

$$q = e^{-\varepsilon y} C_1 (\cos\eta y - \frac{\varepsilon}{\eta} \sin\eta y), \qquad (47)$$

$$Q = C_1 \frac{e^{-\varepsilon y}}{\eta} \sin\eta y. \qquad (48)$$

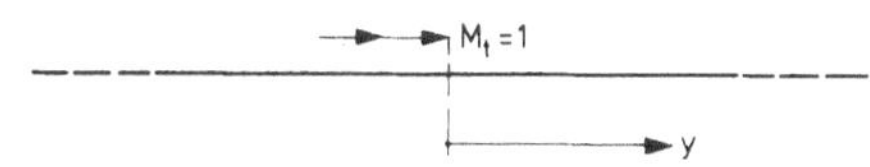

Bild 19. Unendlich langes Grundsystem ohne
Stützen unter dem Angriff eines
Einzelmomentes

2. Randbedingung: $y = 0$; $\dfrac{dw}{dy} = 0$. $\qquad$ (49)

$$M = \int Q\,dy = -\, C_1 \, \frac{e^{-\varepsilon y}}{\eta(\varepsilon^2 + \eta^2)}(\eta\cos\eta y + \varepsilon\sin\eta y). \qquad (50)$$

Nach (11) ist

$$EI_i \frac{dw}{dy} = -\int M\,dy + R$$
$$= -\, C_1 \, \frac{e^{-\varepsilon y}}{\eta(\varepsilon^2 + \eta^2)^2} \left[2\varepsilon\eta\cos\eta y + (\varepsilon^2 - \eta^2)\sin\eta y \right] + R.$$

Für $y = 0$ folgt

$$C_1 = R \, \frac{(\varepsilon^2 + \eta^2)^2}{2\varepsilon}.$$

$$EI_i \frac{dw}{dy} = R \left[1 - e^{-\varepsilon y}\left(\cos\eta y + \frac{\varepsilon^2 - \eta^2}{2\eta\varepsilon}\sin\eta y\right)\right].$$

Außerhalb des Krafteinleitungsbereiches ist nach dem Abklingen der e-Funktion

$$EI_i \frac{dw}{dy} = R = \text{const},$$

$$T = -\frac{1}{2},$$

$$\vartheta = \frac{2w}{a}.$$

$$\frac{d\vartheta}{dy} = \frac{2}{a}\frac{dw}{dy} = \frac{T}{GI_t} = -\frac{1}{2GI_t}.$$

$$EI_i \frac{dw}{dy}(y = \infty) = -\frac{a}{4}\frac{EI_i}{GI_t} = R. \qquad (51)$$

Es folgt

$$C_1 = -\frac{a}{4}\frac{EI_i}{GI_t}\frac{(\varepsilon^2 + \eta^2)^2}{2\varepsilon}.$$

Damit erhalten (47), (48) und (50) die Form

$$q = -\frac{a}{8}\frac{EI_i}{GI_t}\frac{(\varepsilon^2 + \eta^2)^2}{\varepsilon} e^{-\varepsilon y}\left(\cos\eta y - \frac{\varepsilon}{\eta}\sin\eta y\right), \qquad (52)$$

$$Q = -\frac{a}{8}\frac{EI_i}{GI_t}\frac{(\varepsilon^2 + \eta^2)^2}{\varepsilon\eta} e^{-\varepsilon y}\sin\eta y, \qquad (53)$$

$$M = \frac{a}{8}\frac{EI_i}{GI_t}(\varepsilon^2 + \eta^2)\, e^{-\varepsilon y}\left(\frac{1}{\varepsilon}\cos\eta y + \frac{1}{\eta}\sin\eta y\right). \qquad (54)$$

Fall b:

$$\frac{16}{\omega_a^2}\frac{GI_t}{EI_t} < 1$$

Aus (35) folgt mit (46) und (49)

$$Q = \int q\,dy = -\frac{K_1}{\lambda} e^{-\lambda y} - \frac{K_2}{\varkappa} e^{-\varkappa y},$$

$$K_2 = -\frac{\varkappa}{\lambda} K_1,$$

$$q = K_1 \left(e^{-\lambda y} - \frac{\varkappa}{\lambda} e^{-\varkappa y}\right), \qquad (55)$$

$$Q = -\frac{K_1}{\lambda}\left(e^{-\lambda y} - e^{-\varkappa y}\right), \qquad (56)$$

$$M = \int Q\,dy = \frac{K_1}{\lambda}\left(\frac{1}{\lambda} e^{-\lambda y} - \frac{1}{\varkappa} e^{-\varkappa y}\right), \qquad (57)$$

$$EI_i \frac{dw}{dy} = -\int M\,dy + R$$
$$= -\frac{K_1}{\lambda}\left(\frac{1}{\lambda^2} e^{-\lambda y} - \frac{1}{\varkappa^2} e^{-\varkappa y} + R,\right.$$

$$K_1 = R \, \frac{\lambda^3\varkappa^2}{\varkappa^2 - \lambda^2}.$$

Mit (51) folgt

$$K_1 = - \frac{a}{4} \frac{EI_i}{GI_t} \frac{\lambda^3 \varkappa^2}{\varkappa^2 - \lambda^2} \, .$$

Damit erhalten (55) bis (57) die Form:

$$q = - \frac{a}{4} \frac{EI_i}{GI_t} \frac{\lambda^2 \varkappa^2}{\varkappa^2 - \lambda^2} \, (\lambda e^{-\lambda y} - \varkappa e^{-\varkappa y}) , \tag{58}$$

$$Q = \frac{a}{4} \frac{EI_i}{GI_t} \frac{\lambda^2 \varkappa^2}{\varkappa^2 - \lambda^2} \, (e^{-\lambda y} - e^{-\varkappa y}) , \tag{59}$$

$$M = - \frac{a}{4} \frac{EI_i}{GI_t} \frac{\lambda^2 \varkappa^2}{\varkappa^2 - \lambda^2} \, (\frac{1}{\lambda} e^{-\lambda y} - \frac{1}{\varkappa} e^{-\varkappa y}) . \tag{60}$$

Die Trägerverdrehung ist nach (12)

$$\vartheta = \int \frac{T}{GI_t} \, dy + B.$$

Aus (40) folgt für y = O mit Q = O und

$$T = - \frac{1}{2}$$

$$K = - \frac{1}{2}, \text{ und}$$

$$\vartheta = - \frac{1}{2GI_t} \int (aQ + 1) dy + B$$

$$= - \frac{1}{2GI_t} \, (aM + y) + B.$$

Außerhalb der Krafteinleitung verhält
sich das System wie unter der Einwirkung
antimetrischer Einzellasten. Daher gilt
die Beziehung (43).

Es folgt

$$B = \frac{s}{2GI_t}$$

und

$$\vartheta = - \frac{1}{2GI_t} \, (aM + y - s). \tag{61}$$

Aus (18) folgt mit (19) und (61)

$$w = \frac{a^2}{4GI_t} \left[\frac{a^2}{\omega_a^2} q - M - \frac{1}{a} (y - s) \right] . \tag{62}$$

2.2.6 Einflußlinien am unendlich langen Durchlaufsystem

Nach Abschnitt 1.2.4 erhält man die Einflußlinien eines unendlich langen Durchlaufsystems infolge wandernder Einzellasten, wenn man die Einflußlinien am ungestützten Grundsystem mit Biegelinien so überlagert, daß an den Stützpunkten Nullpunkte entstehen. Die Biegelinien werden durch Kräfte in den Stützachsen erzeugt, deren Größe X_k statisch unbestimmt zu errechnen ist, s. Bild 20.

Für jede Stütze i ist die Bedingungsgleichung

$$E(y_i) = E^O(y_i) + \sum_k w^O(y_i - y_k) X_k = O \tag{63}$$

aufzustellen.

Darin sind

$E(y_i)$ die endgültige Einflußordinate an der Stütze i infolge wandernder Einzellasten,

$E^O(y_i)$ die Einflußordinate am Grundsystem infolge wandernder Einzellasten,

$w^O(y_i - y_k)$ die Durchbiegung des Hauptträgers an der Stütze i infolge einer Einzellast 1 an der Stelle k,

X_k die Größe der Korrekturkraft an der Stütze k.

Die Kennzahlen i und k stehen stellvertretend für alle Stützpunkte, die bei der Einrechnung der Einflußlinie zu berücksichtigen sind, s. Abschnitt 1.2.4. Für beliebige Einflußordinaten infolge wandernder Einzellasten lautet das Bildungsgesetz in Anlehnung an (63)

$$E(y) = E^O(y) + \sum_k w^O(y - y_k) X_k. \qquad (64)$$

Für beliebige Einflußordinaten infolge wandernder Einzelmomente lautet das Bildungsgesetz nach den Erläuterungen von Abschnitt 1.2.4

$$E_t(y) = E^O_t(y) + \sum_k \vartheta^O(y - y_k) X_k . \qquad (65)$$

Darin sind

$E_t(y)$ die endgültige Einflußordinate in y infolge eines wandernden Einzelmomentes,

$E^O_t(y)$ die Einflußordinate am Grundsystem in y infolge eines wandernden Einzelmomentes,

$\vartheta^O(y - y_k)$ die Verdrehungslinie des Hauptträgers am Grundsystem in y infolge einer Einzellast an der Stütze k,

X_k die statisch Unbestimmte nach (63).

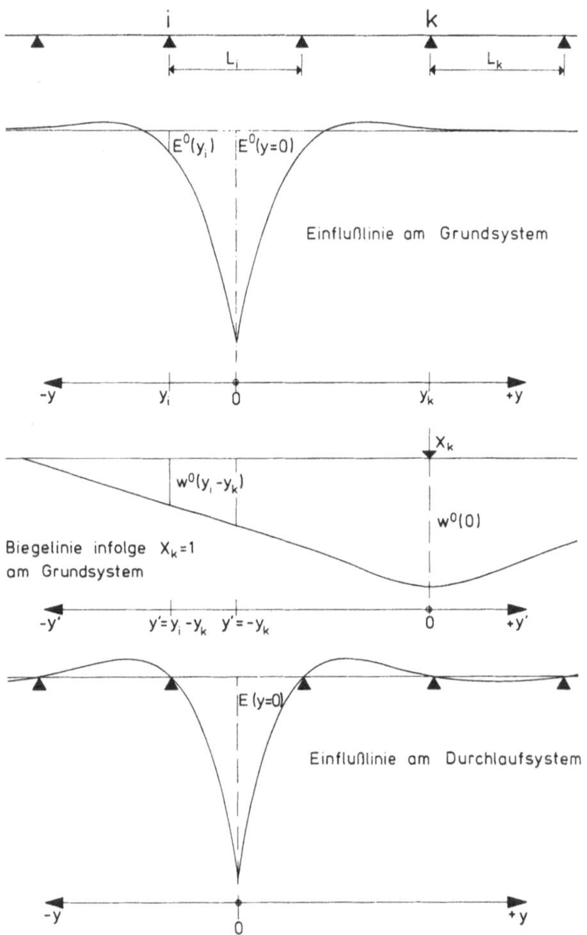

Bild 20. Bildung der Einflußlinie eines Durchlaufsystems

2.2.7 Einflußlinien von Endfeldern unendlich langer Durchlaufsysteme

Am Brückenende wird ein biegestarrer, aber drillweicher Endquerträger vorausgesetzt. In Abschnitt 1.2.5 wird dargelegt, daß für den Endbereich eines unendlich langen Durchlaufträgers die gleichen Bildungsgesetze gelten wie für Innenfelder, wenn man sich das System über die Endachse verlängert denkt und jeweils eine 2. entgegengesetzt gleiche Last spiegelbildlich zur Endachse berücksichtigt, s. Bild 21.

Das Bildungsgesetz für Einflußlinien im Endbereich eines Durchlaufsystems lautet:

$$E_e(y_p) = E(y_p) - E(- 2e - y_p) \qquad (66)$$

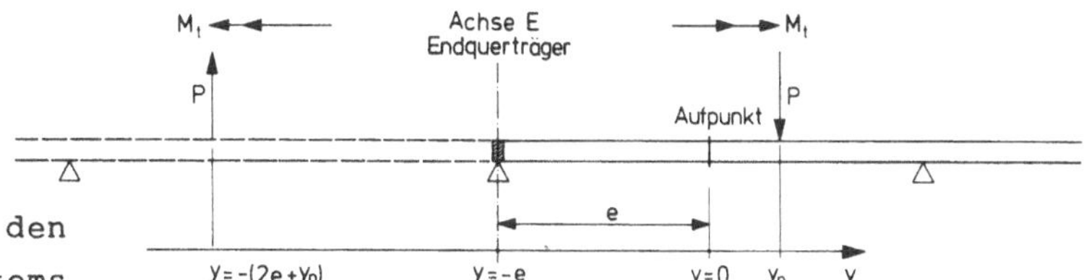

Bild 21.

Bildung der Einflußlinien für den
Endbereich eines Durchlaufsystems

Darin sind

$E_e(y_p)$ die Einflußordinate im Endbereich
eines Durchlaufsystems infolge einer wandernden Einzellast oder eines wandernden Momentes,

$E(y_p)$ die Einflußordinate eines beidseitig unendlich langen Durchlaufsystems infolge einer wandernden Einzellast oder eines wandernden Momentes,

e der Abstand des Aufpunktes von der
Endachse.

2.2.8 Einfluß- und Zustandslinien von Einfeldsystemen

Am Brückenende wird ein biegestarrer,
aber drillweicher Endquerträger vorausgesetzt.

Die Randbedingungen lauten für das in
Bild 22 dargestellte System:

$$y = 0, \quad y = L: \quad w = 0,$$
$$M = 0,$$
$$q = 0,$$
$$\vartheta = 0.$$

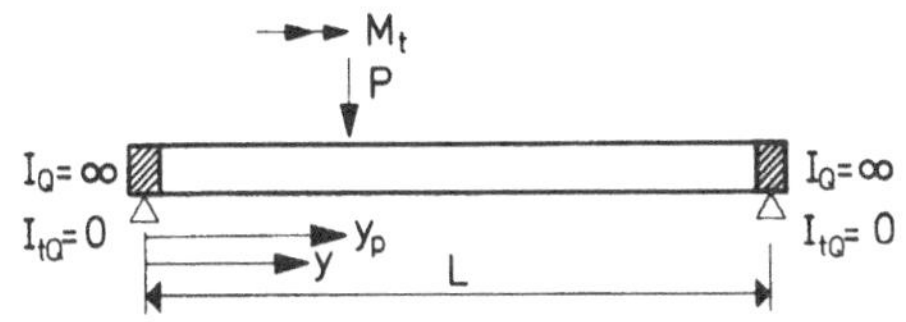

Bild 22. Längsschnitt eines
Einfeldsystems

Alle diese Randbedingungen werden erfüllt, wenn die statischen Größen als
Sinusreihen entwickelt werden.

Die äußere Last wird daher in Fourier-
Reihenentwicklung dargestellt:

$$p(y) = \sum_n A_n \sin\alpha_n y, \qquad (67)$$

$$m_t(y) = \sum_n B_n \sin\alpha_n y,$$

$$\alpha_n = \frac{n\pi}{L}. \qquad (68)$$

Für Einzellasten P und M_t ist

$$A_n = \frac{2P}{L} \sin\alpha_n y_p ,$$

$$\qquad (69)$$

$$B_n = \frac{2M_t}{L} \sin\alpha_n y_p .$$

Für Streckenlasten p und m_t über die
Feldlänge L ist
für n = 1, 3, 5... für n = 2, 4, 6 ...

$$A_n = \frac{4}{n\pi} p, \qquad A_n = 0,$$

$$\qquad (70)$$

$$B_n = \frac{4}{n\pi} m_t, \qquad B_n = 0.$$

Für die Plattenquerkraft wird ebenfalls
ein Sinusansatz gemacht:

$$q = \sum_n C_n \sin\alpha_n y,$$

$$\qquad (71)$$

$$q_n = C_n \sin\alpha_n y.$$

Es wird gefordert, daß die Differential-gleichung (20) für jedes Reihenglied erfüllt wird.

Mit (67) und (71) erhalten wir

$$C_n \alpha_n^4 + \frac{\omega_a^2}{a^2} \alpha_n^2 \left(C_n + \frac{2}{a} B_n\right) + 4 \frac{GI_t}{EI_i} \cdot \frac{\omega_a^2}{a^4}$$
$$\cdot (C_n - A_n) = 0.$$

$$C_n = \frac{4 \dfrac{GI_t}{EI_i} A_n - 2\alpha_n^2 a^2 \dfrac{B_n}{a}}{\dfrac{\alpha_n^4 a^4}{\omega_a^2} + \alpha_n^2 a^2 + 4 \dfrac{GI_t}{EI_i}} \cdot \qquad (72)$$

Die vertikale Trägerbelastung ist nach Bild 16

$$p - q = p - \sum_n C_n \sin\alpha_n y. \qquad (73)$$

Die Schnittkräfte des Balkens infolge der äußeren Last p können nach einfachen Gleichgewichtsbedingungen berechnet werden. Sie werden in den folgenden Ausdrücken formal abgespalten und erhalten den Index o. Die statischen Größen können dann wie folgt aus (73) berechnet werden:

$$Q = Q_o - \sum_n \frac{C_n}{\alpha_n} \cos\alpha_n y,$$

$$M = M_o - \sum_n \frac{C_n}{\alpha_n^2} \sin\alpha_n y,$$

$$\qquad (74)$$

$$EI_i \frac{dw}{dy} = EI_i\left(\frac{dw_o}{dy} - \sum_n \frac{C_n}{\alpha_n^3} \cos\alpha_n y\right),$$

$$EI_i w = EI_i\left(w_o - \sum_n \frac{C_n}{\alpha_n^4} \sin\alpha_n y\right).$$

Die Drillbelastung des Trägers ist nach Bild 16

$$m_p + \frac{qa}{2} = m_p + \frac{a}{2} \sum_n C_n \sin\alpha_n y. \qquad (75)$$

Daher ist

$$T = T_o + \frac{a}{2} \sum_n \frac{C_n}{\alpha_n} \cos\alpha_n y,$$

$$\qquad (76)$$

$$GI_t \vartheta = GI_t \vartheta_o + \frac{a}{2} \sum_n \frac{C_n}{\alpha_n^2} \sin\alpha_n y,$$

vergl. auch [10], S. 58, 59.

2.3 Querträgerlose Systeme unter symmetrischer Belastung

2.3.1 Differentialgleichung für das Plattenbiegemoment

Der symmetrische Fall ist als eine Vereinfachung des antimetrischen Falles zu betrachten, da die unterschiedliche Durchbiegung der Hauptträger und der Einfluß von Vertikallasten entfällt. Es braucht nur die Gleichgewichtsbedingung (10) beachtet zu werden. Wenn man berücksichtigt, daß beim antimetrischen Fall

$$m = \frac{qa}{2}$$

das am Hauptträger angreifende Plattenbiegemoment ist, lautet die Gleichgewichtsbedingung (10) für den symmetrischen Fall als Funktion von m

$$\frac{dT}{dy} = -(m_t + m). \qquad (77)$$

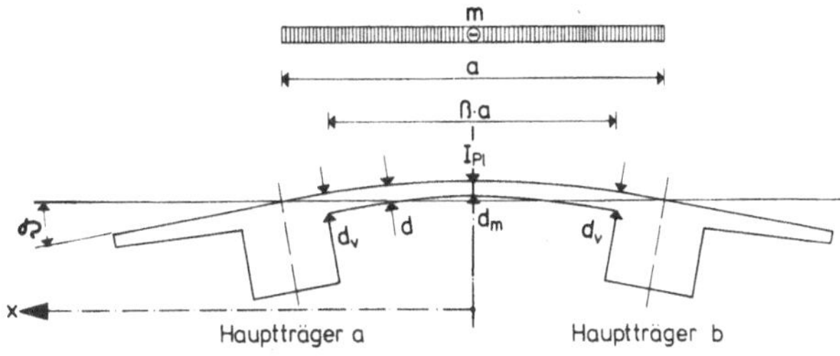

Bild 23. Querschnittsverformung unter symmetrischer Belastung

Zwischen dem Plattenbiegemoment und der Trägerverdrehung besteht nach Bild 23 unter Berücksichtigung der elastischen Einspannung in den Stegkörper die Beziehung:

$$\vartheta = - \, ma \, \frac{1 - \mu^2}{EI_{Pl}} \, \rho_s \tag{78}$$

mit

$$\rho_s = \int\limits_0^{\frac{\beta}{2}} \frac{1}{(d/d_m)^3} \, d(x/a) + \frac{0,78 \, d_v/a}{(d_v/d_m)^3}. \tag{79}$$

Aus Gleichung (12) und (78) folgt:

$$\frac{d\vartheta}{dy} = \frac{T}{GI_t} = - \, a \, \frac{1 - \mu^2}{EI_{Pl}} \, \rho_s \, \frac{dm}{dy} \; .$$

Setzt man analog (19)

$$\omega_s^{\,2} = \frac{EI_{Pl} a}{GI_t (1 - \mu^2) \rho_s} \; , \tag{80}$$

so wird

$$\frac{dm}{dy} = - \, \frac{\omega_s^{\,2}}{a^2} \, T \; . \tag{81}$$

Mit Gleichung (77) läßt sich T eliminieren, und die Differentialgleichung für m erhält die Form

$$\frac{d^2m}{dy^2} - \frac{\omega_s^{\,2}}{a^2} \, (m + m_t) = O, \tag{82}$$

vergl. auch [11].

2.3.2 System unter dem Angriff von Einzelmomenten

Die Berechnung wird an dem System Bild 24 durchgeführt. Am Brückenende wird ein biegestarrer, aber drillweicher Endquerträger vorausgesetzt.

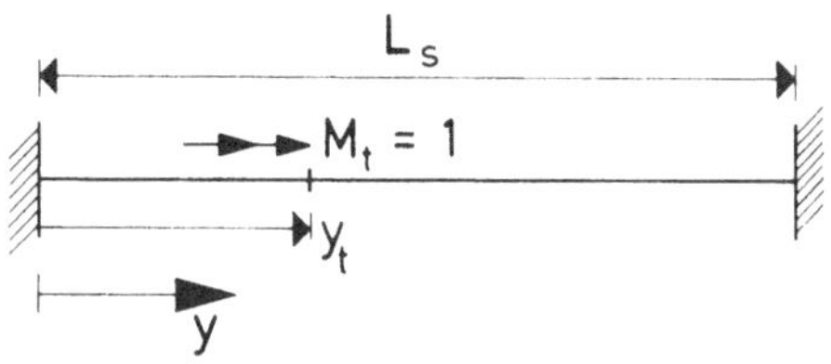

Bild 24. Beidseitig eingespanntes System unter dem Angriff eines Einzelmomentes

Die Lösung der homogenen Differentialgleichung lautet:

$$m = C_1 sh\omega_s \, \frac{y}{a} + C_2 ch\omega_s \, \frac{y}{a} \; . \tag{83}$$

$$\frac{dm}{dy} = \frac{\omega_s}{a} \, (C_1 ch\omega_s \, \frac{y}{a} + C_2 sh\omega_s \, \frac{y}{a}) \; . \tag{84}$$

Wenn man sich das System im Lastpunkt geteilt denkt, ist jeder Teilstab anteilig so durch M_t zu belasten, daß die Verdrehungen am Schnitt gleich sind. Die Ableitungen werden am linken Teilstab durchgeführt, s. Bild 25:

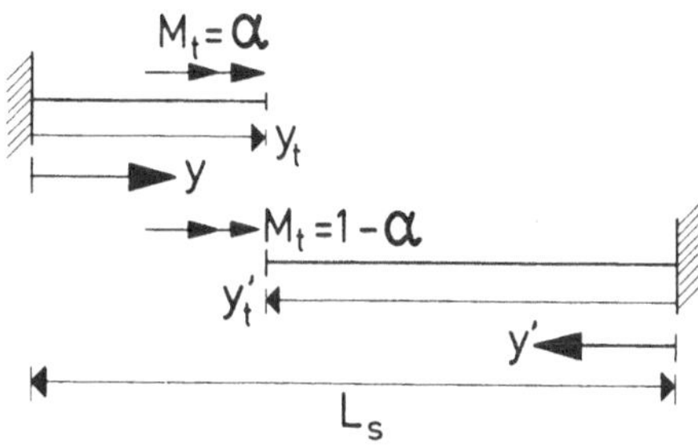

Bild 25. Geteiltes System unter dem Angriff eines Einzelmomentes

1. Randbedingung:

$$y = 0; \quad m = 0. \tag{85}$$

Daraus folgt

$$C_2 = 0 \tag{86}$$

und

$$m = C_1 \mathrm{sh}\omega_s \frac{y}{a} . \tag{87}$$

2. Randbedingung:

$$y = y_t; \quad T = \alpha. \tag{88}$$

Aus (81) und (84) folgt mit (86)

$$\frac{dm}{dy}(y = y_t) = - \frac{\omega_s^2}{a^2}\,\alpha = C_1 \frac{\omega_s}{a} \mathrm{ch}\omega_s \frac{y_t}{a},$$

$$C_1 = - \frac{\omega_s \alpha}{a}\, \frac{1}{\mathrm{ch}\omega_s \dfrac{y_t}{a}} . \tag{89}$$

Mit (87) folgt

$$m = - \frac{\omega_s \alpha}{a}\, \frac{\mathrm{sh}\omega_s \dfrac{y}{a}}{\mathrm{ch}\omega_s \dfrac{y_t}{a}} . \tag{90}$$

Aus (81) folgt

$$T = \alpha\, \frac{\mathrm{ch}\omega_s \dfrac{y}{a}}{\mathrm{ch}\omega_s \dfrac{y_t}{a}} . \tag{91}$$

Nach (78) stimmen die Endverdrehungen der Teilstäbe überein, wenn

$$m\,(y_t) = m(L_s - y_t) \text{ ist.}$$

Mit (90) folgt

$$\alpha\,\mathrm{th}\omega_s \frac{y_t}{a} = (1 - \alpha)\,\mathrm{th}\omega_s \frac{L_s - y_t}{a},$$

$$\alpha = \frac{\mathrm{th}\omega_s \dfrac{L_s - y_t}{a}}{\mathrm{th}\omega_s \dfrac{y_t}{a} + \mathrm{th}\omega_s \dfrac{L_s - y_t}{a}} . \tag{92}$$

Das Torsionsmoment an der Einspannstelle, $y = 0$, ist nach (91) und (92)

$$T_0 = \frac{\mathrm{th}\omega_s \dfrac{L_s}{a}\,(1 - \dfrac{y_t}{L_s})/\mathrm{ch}\omega_s \dfrac{L_s}{a}\dfrac{y_t}{L_s}}{\mathrm{th}\omega_s \dfrac{L_s}{a}\dfrac{y_t}{L_s} + \mathrm{th}\omega_s \dfrac{L_s}{a}\,(1 - \dfrac{y_t}{L_s})} . \tag{93}$$

Mit (93) erhalten (90) und (91) die Form

$$m = - T_0 \frac{\omega_s}{a} \mathrm{sh}\omega_s \frac{y}{a}, \quad y < y_t \tag{94}$$

$$T = T_0 \mathrm{ch}\omega_s \frac{y}{a} . \quad\quad y < y_t \tag{95}$$

Für $y > y_t$ sind (94) und (95) entsprechend Bild 25 für y' und y'_t anzuwenden, T wird jedoch negativ.

2.3.3 System unter dem Angriff von Streckenmomenten

Die inhomogene Lösung der Differentialgleichung (82) ist für die Belastung nach Bild 26:

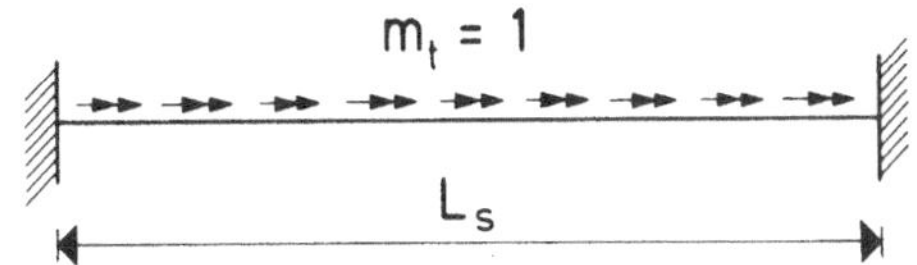

Bild 26. Beidseitig eingespanntes System unter dem Angriff eines Strekkenmomentes

$$m = C_1 sh\omega_s \frac{y}{a} + C_2 ch\omega_s \frac{y}{a} - 1. \qquad (96)$$

1. Randbedingung:

$$y = 0; \quad m = 0. \qquad (97)$$

Aus (96) folgt

$$C_2 = 1,$$

$$m = C_1 sh\omega_s \frac{y}{a} + ch\omega_s \frac{y}{a} - 1. \qquad (98)$$

2. Randbedingung:

$$y = L_s; \quad m = 0. \qquad (99)$$

Aus (98) folgt

$$C_1 = \frac{1 - ch\omega_s \frac{L_s}{a}}{sh\omega_s \frac{L_s}{a}},$$

$$m = \frac{1 - ch\omega_s \frac{L_s}{a}}{sh\omega_s \frac{L_s}{a}} sh\omega_s \frac{L_s}{a} \frac{y}{L_s} + ch\omega_s \frac{L_s}{a} \frac{y}{L_s}$$
$$- 1 . \qquad (100)$$

Aus (81) folgt

$$T = - \frac{a}{\omega_s} \left(\frac{1 - ch\omega_s \frac{L_s}{a}}{sh\omega_s \frac{L_s}{a}} ch\omega_s \frac{L_s}{a} \frac{y}{L_s} \right.$$
$$\left. + sh\omega_s \frac{L_s}{a} \frac{y}{L_s} \right) . \qquad (101)$$

2.4 Systeme mit Drehbehinderungen in den Stützenachsen

2.4.1 Verdrehung der Hauptträger in den Stützenachsen

Für den antimetrischen Fall ist die Hauptträgerverdrehung nach (18)

$$\vartheta = \frac{2w}{a} - \frac{1 - \mu^2}{EI_{Pl}} \frac{\rho_a a^2}{2} q.$$

Mit $w = 0$ erhält man unter Verwendung von (19) die Trägerverdrehung in den Stützenachsen in der Form

$$\vartheta_{St} = - \frac{a^2}{\omega_a^2 GI_t} \frac{aq}{2} . \qquad (102)$$

Für den symmetrischen Fall folgt analog aus (78)

$$\vartheta_{St} = - \frac{a^2}{\omega_s^2 GI_t} m. \qquad (102\ a)$$

Die beiden Gleichungen stimmen überein, da $m = \frac{aq}{2}$ das am Hauptträger angreifende Plattenbiegemoment ist.

Für die praktische Durchführung der Berechnung sind q und m aus den Tafeln

Nr. 2 - 495 zu entnehmen. Die Korrekturmomente nach den Tafeln Nr. 496 - 499 sind nicht zu beachten.

2.4.2 Quereinspannmomente bei völliger Drehbehinderung

Eine völlige Drehbehinderung kann nur durch starre Querträger an den Stützenachsen erfolgen, s. Bild 27.

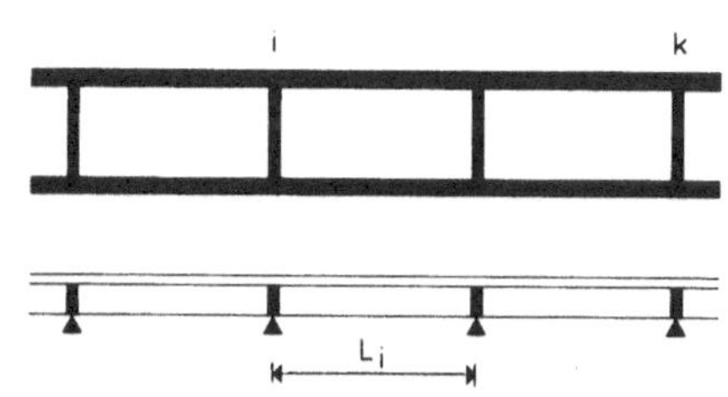

Bild 27. Durchlaufsystem mit Querträgern in den Stützachsen

In diesem Fall ist für den symmetrischen Fall die Systemlänge L_s gleich der Feldlänge L_i zu setzen. Die statischen Größen können nach 2.3.2 und 2.3.3 berechnet werden.

Im antimetrischen Fall sind die am querträgerlosen System in den Stützenachsen auftretenden Verdrehungen entsprechend Bild 28 durch statisch unbestimmte Einspannmomente X_k wieder rückgängig zu machen.

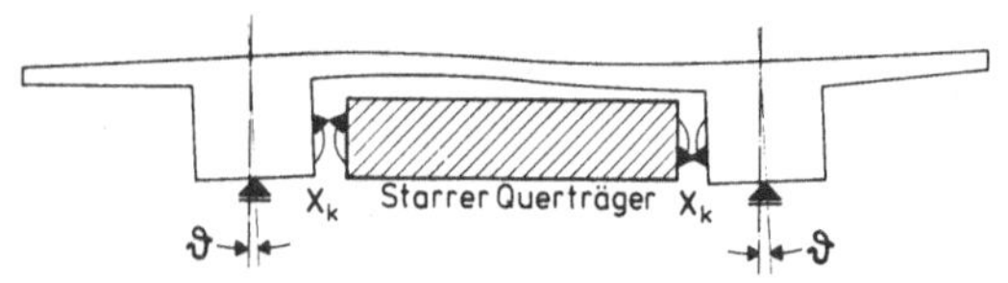

Bild 28. Stegverdrehung in den Stützenachsen unter antimetrischer Belastung

Die Verformungsbedingung lautet für die einzelnen Stützen nach Bild 27

$$\vartheta_i^{\,O} + \sum_k \vartheta_{ik} X_k = O. \qquad (103)$$

Mit (102) folgt

$$q_i^{\,O} + \sum_k q_{ik} X_k = O. \qquad (104)$$

Darin sind

$\vartheta_i^{\,O}$ und $q_i^{\,O}$ die Verdrehung des Hauptträgers und die Plattenquerkraft des querträgerlosen Plattenbalkensystems in Stützenachse i,

ϑ_{ik} und q_{ik} die Verdrehung des Hauptträgers und die Plattenquerkraft des querträgerlosen Plattenbalkensystems in Stützenachse i infolge eines in Achse k wirkenden Drehmoments $X_k = 1$,

X_k das Einspannmoment des Querträgers an der Stütze k.

Die endgültigen Schnittkräfte ergeben sich aus der Überlagerung des Grundzustandes mit den Wirkungen der Quereinspannmomente X_k am querträgerlosen System.

2.4.3 Quereinspannmomente bei elastischer Drehbehinderung

Die elastische Drehbehinderung kann durch elastische Querträger oder biegeelastische Stützen erfolgen, die unverschieblich mit den Stegen verbunden sind. In diesem Fall muß auch für den symmetrischen Fall eine statisch unbestimmte Rechnung durchgeführt werden. In den Elastizitätsgleichungen ist die Eigenverformung des behindernden Anteils zu berücksichtigen. Für den symmetrischen und den antimetrischen Fall sind die Quereinspannmomente getrennt nach folgendem Gleichungssystem zu berechnen:

$$\vartheta_i{}^o + (\vartheta_{ii} + \vartheta_{iE})X_i + \Sigma\,\vartheta_{ik}X_k = 0, \quad i \neq k. \tag{105}$$

Darin ist

ϑ_{iE} die Eigenverformung des behindernden Bauteils infolge der statisch Unbestimmten $X_i = 1$.

Sonderfälle können an Hand von [14] nachvollzogen werden.

3. Berechnungsbeispiele

3.1 Zweifeldbrücke ohne Zwischenquer-
    träger

3.1.1 Abmessungen und Erläuterungen

In diesem Abschnitt sollen die Schnittkräfte infolge Verkehrslast nach DIN 1072
für die in Bild 29 dargestellte Brücke
berechnet werden. Es wird ein sehr brei-
ter Querschnitt einer städtischen
Schnellstraße gewählt, weil daran die
Einflüsse der Kragplattenbelastung beson-
ders gut dargestellt werden können.
Die Biegemomente und die Querkräfte der
Hauptträger infolge symmetrischer Last
werden am einfachen Zweifeldträger berechnet. Die Torsionsmomente der Hauptträger und die Plattenbiegemomente sind
aus den Tafeln 2 und 3 zu entnehmen.
Für den antimetrischen Lastfall können
nach Abschnitt 1.2.5 die Tafeln des
Endfeldsystems verwendet werden.

3.1.2 Querschnittsparameter

Die Parameter werden nach Abschnitt
1.2.2 und 1.2.3 berechnet.

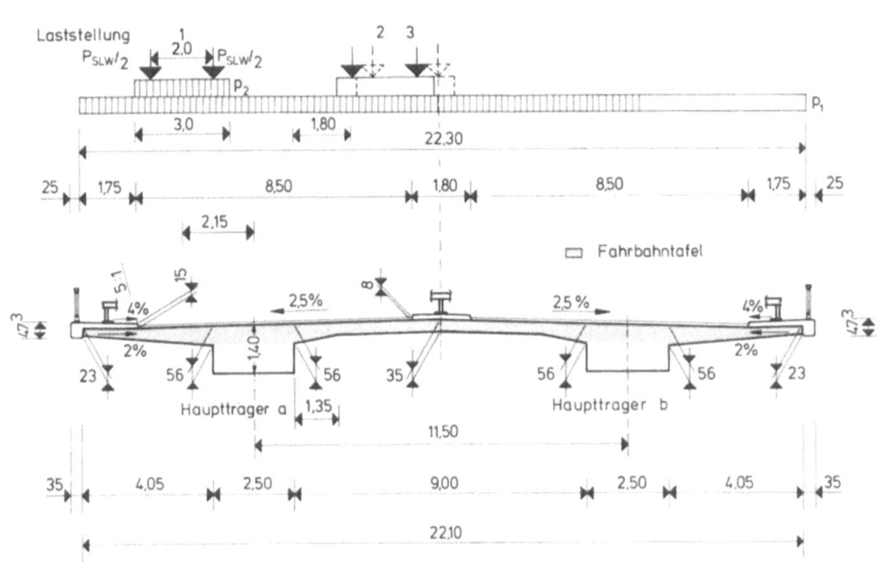

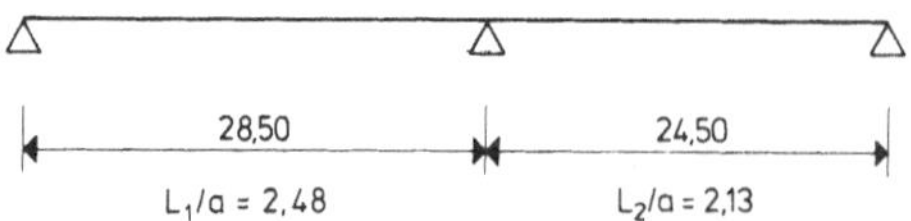

Bild 29.
Zweifeldbrücke, Systemmaße
und Lastansatz

Trägerabstand:
a = 11,5 m .

Breite der Fahrbahntafel:

b = 22,10 m .

Querschnittsfläche der Fahrbahntafel:
A_F = 9,25 m^2, s. Bild 29.

Trägheitsmoment der Fahrbahntafel als Scheibe:
I_F = 353 m^4.

Mittlere Dicke der Fahrbahntafel:

$$d_M = \frac{A_F}{b} = 0,419 \text{ m.}$$

Ideelle mitwirkende Breite nach (2):

$$b_{mi} = \frac{2\ I_F}{d_M a^2} = 12,74 \text{ m.}$$

Ideelle Querschnittsfläche:
A_i = 12,74 · 0,419 + 2,50 · 0,84
　 = 5,34 + 2,10 = 7,44 m^2.

Nullinienabstand von oben, s. Bild 29:

$$e_o = \frac{(5,34 \cdot 0,209 + 2,10 \cdot 0,98}{7,44}$$
$$= 0,427 \text{ m.}$$

Ideelles Trägheitsmoment für antimetrische Belastung:

$$I_i = \sim \frac{0,419^3}{12} (4,05 + 2,50 + \frac{4,50}{2})$$
$$+ 5,34 \cdot 0,218^2 + \frac{0,84^3}{12} \cdot 2,50$$
$$+ 2,10 \cdot 0,553^2 = 1,07 \text{ } m^4.$$

Das Eigenträgheitsmoment der Fahrbahntafel darf nur bis zur Symmetrieachse

berücksichtigt werden. Der Anteil der Innenplatte wird nur zur Hälfte angesetzt, weil die örtliche Biegung bei antimetrischer Belastung zur Achse gegen Null geht.

Torsionsträgheitsmoment von Steg und Kragplatte als Rechteckquerschnitte:

I_t = 1,486 + 0,070 = 1,556 m^4.

Plattendicke in der Symmetrieachse:
d_m = 0,35 m.

Plattendicke am Voutenende:
d_v = 0,56 m .

Plattenträgheitsmoment in der Symmetrieachse:

$$I_{Pl} = \frac{0,35^3}{12} = 0,00357 \text{ } m^4/m.$$

Plattenparameter nach Bild 42/43, s. S. 78:

$$\frac{d_v}{d_m} = 1,60, \qquad \frac{a_v}{\beta a} = 0,15.$$

Verhältnis der lichten Plattenweite zum Achsabstand der Träger:

$$\beta = \frac{9}{11,5} = 0,783.$$

Plattenbeiwert für antimetrische Belastung nach Bild 43:

$$\alpha_a = 0,108,$$
$$\rho_a = \alpha_a \beta^3 + \frac{0,78\ \beta^2 \cdot d_v/a}{(d_v/d_m)^3}$$
$$= 0,0518 + 0,0057 = 0,0575.$$

Plattenbeiwert für symmetrische Belastung nach Bild 42:

$$\alpha_s = 0,426,$$

$$\rho_s = \alpha_s\beta + \frac{0,78 \cdot d_v/a}{(d_v/d_m)^3}$$

$$= 0,334 + 0,009 = 0,343.$$

Querdehnungszahl:
$\mu = 0,2$.

Verhältnis des Elastizitätsmoduls zum Schubmodul:

$$\frac{E}{G} = 2(1 + \mu) = 2,4.$$

Querschnittsparameter:

Antimetrie:

$$\frac{EI_i}{GI_t} = \frac{2,4 \cdot 1,07}{1,556} = 1,65,$$

$$\omega_a^2 = \frac{EI_{P1}a}{GI_t(1 - \mu^2)\rho_a} \qquad (1\ a)$$

$$= \frac{2,4 \cdot 0,00357 \cdot 11,5}{1,556 \cdot 0,96 \cdot 0,0575} = 1,15.$$

Symmetrie:

$$\omega_s^2 = \frac{EI_{P1}a}{GI_t(1 - \mu^2)\rho_s} \qquad (1)$$

$$= \frac{2,4 \cdot 0,00357 \cdot 11,5}{1,556 \cdot 0,96 \cdot 0,343} = 0,192,$$

$$\omega_s = 0,439.$$

Abstand der Endquerträger:

$$L_s = 53,0 \text{ m,}$$

$$\frac{\omega_s L_s}{a} = \frac{0,439 \cdot 53,0}{11,5} = 2,02.$$

3.1.3 Lastansatz

Die Lasten werden entsprechend Bild 29 angesetzt. Es wird zweckmäßigerweise mit Überlasten gerechnet.

Schwingbeiwert:
$$\varphi = 1,4 - 0,008 \cdot 0,5(24,5 + 28,5)$$
$$= 1,19.$$

Flächenlast:
$$p_1 = 3 \text{ kN/m}^2.$$

Hauptspurüberlast:
$$p_2 = 1,19 \cdot 5 - 3 = 3,0 \text{ kN/m}^2.$$

SLW-Überlast:
$$P_{SLW} = 1,19 \cdot (600 - 18 \cdot 5) = 607 \text{ kN.}$$

Die SLW-Last wird als eine Einzellast betrachtet. Die positiven Feldmomente sind entsprechend Bild 30 zu korrigieren.

Für die Schubbemessung wird die SLW-Last nach Bild 31 berücksichtigt.

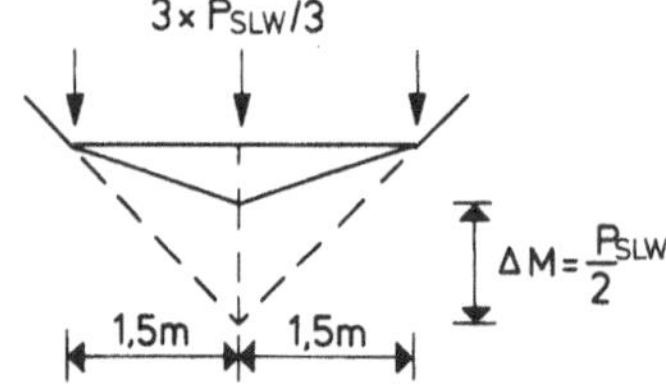

Bild 30. Korrektur der SLW-Momente bei Ansatz als Einzellast

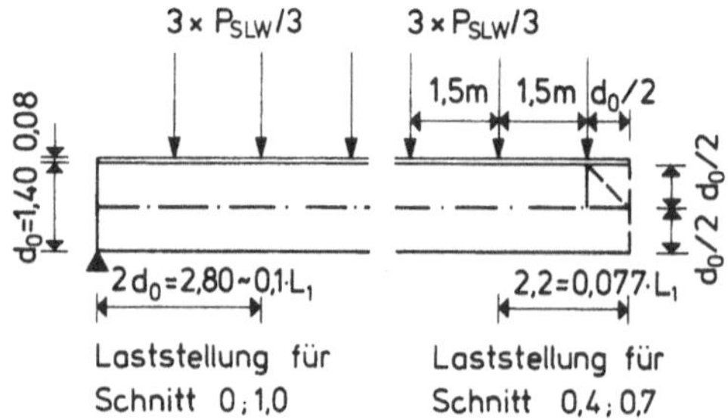

Bild 31.
SLW-Laststellung für die Berechnung der Querkräfte und Torsionsmomente

3.1.4 Trägerlasten

Die Quereinflußlinie für das Anschnittsmoment der Innenplatte kann aus Tafel
Nr. 1 entnommen werden. Danach lassen
sich entsprechend Bild 32 die Quereinflußlinien für die Trägerbelastung ableiten.

Die Quereinflußlinien werden für 3
Hauptspurstellungen nach Bild 29 ausgewertet. Die Belastung des linken und
des rechten Trägers wird durch den Index l bzw. r gekennzeichnet. Die antimetrischen Anteile werden grundsätzlich
durch den Index a, die symmetrischen
durch den Index s gekennzeichnet.

Laststellung 1:

	Vertikallasten	Momente
SLW	$P_1 = P_{SLW}$	$M_{tl} = 2{,}15\ P_{SLW}$
	$P_a = 0{,}5\ P_{SLW}$	$M_{ta} = \frac{2{,}15}{2}\ P_{SLW}$
	$P_s = 0{,}5\ P_{SLW}$	$M_{ts} = \frac{2{,}15}{2}\ P_{SLW}$
P_2	$P_1 = 3\ P_2$	$m_{tl} = 6{,}45\ P_2$
	$P_a = 1{,}5\ P_2$	$m_{ta} = \frac{6{,}45}{2}\ P_2$
	$P_s = 1{,}5\ P_2$	$m_{ts} = \frac{6{,}45}{2}\ P_2$

Laststellung 2:

	Vertikallasten	Momente
SLW	$P_1 = 0{,}77\ P_{SLW}$	$M_{tl} = -\ 2{,}31\ P_{SLW}$
	$P_r = 0{,}23\ P_{SLW}$	$M_{tr} = -\ 1{,}14\ P_{SLW}$
	$P_a = 0{,}27\ P_{SLW}$	$M_{ta} = -\ 0{,}58\ P_{SLW}$
	$P_s = 0{,}50\ P_{SLW}$	$M_{ts} = -\ 1{,}73\ P_{SLW}$
P_2	$P_1 = 2{,}31\ P_2$	$m_{tl} = -\ 7{,}04\ P_2$
	$P_r = 0{,}69\ P_2$	$m_{tr} = -\ 2{,}75\ P_2$
	$P_a = 0{,}81\ P_2$	$m_{ta} = -\ 2{,}14\ P_2$
	$P_s = 1{,}50\ P_2$	$m_{ts} = -\ 4{,}90\ P_2$

Laststellung 3:

	Vertikallasten	Momente
SLW	$P_1 = 0{,}66\ P_{SLW}$	$M_{tl} = -\ 2{,}18\ P_{SLW}$
	$P_r = 0{,}34\ P_{SLW}$	$M_{tr} = -\ 1{,}30\ P_{SLW}$
	$P_a = 0{,}16\ P_{SLW}$	$M_{ta} = -\ 0{,}44\ P_{SLW}$
	$P_s = 0{,}50\ P_{SLW}$	$M_{ts} = -\ 1{,}74\ P_{SLW}$
P_2	$P_1 = 2{,}00\ P_2$	$m_{tl} = -\ 6{,}76\ P_2$
	$P_r = 1{,}00\ P_2$	$m_{tr} = -\ 3{,}94\ P_2$
	$P_a = 0{,}50\ P_2$	$m_{ta} = -\ 1{,}41\ P_2$
	$P_s = 1{,}50\ P_2$	$m_{ts} = -\ 5{,}35\ P_2$

**Gleichlast p_1 zwischen den Trägerinnen-
kanten:**

$$P_s = 4{,}50\ p_1 \qquad m_{ts} = -12{,}92\ p_1$$

Gleichlast p_1 zwischen den Trägerachsen:

$$P_s = 5{,}75\ p_a \qquad m_{ts} = -13{,}70\ p_1$$

3.1.5 Schnittkräfte der Hauptträger

3.1.5.1 Tafelwerte

Die Interpolation erfolgt nach 1.4.1.2 und 1.4.1.3

Biegemomente M[kNm], großes Feld

$\omega^2:EI_i/GI_t = 1:1,5$, s. Bild 44			Antimetrie			Symmetrie	Antimetrie		
Tafel Nr.			84	111			84	111	
$L_1/a : L_2/a$			2:2	3:2	2,48:2,13		2:2	3:2	2,48:2,13
Schnitt	Last in Feld	in	infolge P = 1 kN				infolge M_t = 1 kNm		
0,4	1	$0,4 L_1$	0,354	0,408	4,37	5,81	0,163	0,270	0,214
	2	$0,4 L_2$	-0,037	-0,012	-0,29	-0,87	0,008	0,029	0,018
0,7	1	$0,7 L_1$	0,257	0,315	3,28	4,07	0,104	0,186	0,143
	2	$0,4 L_2$	-0,084	-0,053	-0,79	-1,52	-0,034	0,003	-0,016
1,0	1	$0,6 L_1$	-0,187	-0,255	-2,53	-2,94	-0,178	-0,305	-0,239
		Faktor	a	a					
0,4	1		0,305	0,458	50,0	75,6	0,234	0,529	4,32
	2		-0,046	-0,015	-4,4	-13,9	0,026	0,059	0,52
0,7	1		0,188	0,277	30,5	47,0	0,138	0,335	2,68
	2		-0,104	-0,066	-12,2	-24,3	-0,042	0,020	-0,15
1,0	1 + 2		-0,432	-0,666	-76,0	-89,3	-0,562	-0,995	-9,50
		Faktor	a^2	a^2			a	a	

Für den zweiten Tabellenabschnitt gilt: infolge p = 1 kN/m und infolge m_t = 1 kNm/m.

Biegemomente M[kNm], kleines Feld

$\omega^2:EI_i/GI_t = 1:1,5$,s. Bild 44			Antimetrie			Symmetrie	Antimetrie		
Tafel Nr.			93	121			93	121	
$L_1/a : L_2/a$			2:3	3:3	2,13:2,48		2:3	3:3	2,13:2,48
Schnitt	Last in Feld	in	infolge P = 1 kN				infolge M_t = 1 kNm		
0,4	1	0,4 L_1	0,357	0,409	4,19	5,12	0,163	0,270	0,177
	2	0,4 L_2	−0,050	−0,013	−0,52	−1,18	−0,029	0,011	−0,024
0,7	1	0,7 L_1	0,266	0,322	3,14	3,73	0,097	0,187	0,109
	2	0,4 L_2	−0,117	−0,072	−1,28	−2,06	−0,107	−0,048	−0,099
		Faktor	a	a					
			infolge p = 1 kN/m				infolge m_t = 1 kNm/m		
0,4	1		0,309	0,460	43,5	58,1	0,229	0,529	3,08
	2		−0,092	−0,025	−9,1	−21,8	−0,041	0,049	−0,28
0,7	1		0,200	0,289	27,9	38,7	0,127	0,335	1,77
	2		−0,217	−0,133	−22,4	−38,2	−0,217	−0,079	−1,90
		Faktor	a^2	a^2			a	a	

Querkräfte Q[kN], großes Feld

$\omega^2 : EI_i/GI_t = 1{:}1{,}5$			Antimetrie			Symmetrie	Antimetrie		
Tafel Nr.			84	111			84	111	
$L_1/a : L_2/a$			2:2	3:2	2,48:2,13		2:2	3:2	2,48:2,13
Schnitt	Last in Feld	in	infolge $P = 1$ kN				infolge $M_t = 1$ kNm		
0,0	1	0,0 L_1	1,000	1,000	1,000	1,000	O	O	
		0,1 L_1	0,836	0,770	0,804	0,873	0,148	0,215	0,016
0,4	1	0,3 L_1	−0,381	−0,380	−0,381	−0,373	−0,011	−0,055	−0,003
		0,4 L_1	−0,503	−0,515	−0,509	−0,490	0,032	0,023	0,002
0,7	1	0,6 L_1	−0,634	−0,538	−0,588	−0,703	−0,300	−0,325	−0,027
		0,7 L_1	−0,742	−0,674	−0,709	−0,796	−0,259	−0,245	−0,022
1,0	1	0,9 L_1	−0,917	−0,887	−0,903	−0,946	−0,671	−0,807	−0,064
		1,0 L_1	−1,000	−1,000	−1,000	−1,000	−0,604	−0,692	−0,056
		Faktor					1/a	1/a	
			infolge $p = 1$ kN/m				infolge $m_t = 1$ kNm/m		
0,0	1		0,744	0,842	9,1	12,3	0,413	0,629	0,517
0,4	1 bis Sprung + 2		−0,278	−0,332	−3,5	−4,1	−0,031	−0,026	−0,029
0,7	1 bis Sprung + 2		−0,632	−0,683	−7,5	−9,7	−0,526	−0,635	−0,578
1,0	1 + 2		−1,171	−1,464	−15,1	−17,4	−1,582	−2,343	−1,947
		Faktor	a	a					

Torsionsmomente $T[kNm]$, großes Feld

$\omega^2{:}EI_i/GI_t = 1{:}1{,}5 \quad \dfrac{\omega_s L_s}{a} = 2{,}0$			Antimetrie			Antimetrie			Symmetrie	
Tafel Nr.			84	111		84	111		2/3	
$L_1/a : L_2/a$			2:2	3:2	2,48:2,13	2:2	3:2	2,48:2,13	T_o	T
Schnitt	Last in Feld	in	infolge $P = 1$ kN			infolge $M_t = 1$ kNm				
O	1	$0,0\ L_1 = 0,0\ L_s$	O	O	O	1,000	1,000	1,000	1,000	1,000
		$0,1\ L_1 = 0,0538\ L_s$	0,023	0,061	0,47	0,831	0,791	0,812	0,894	0,894
		$0,4\ L_1 = 0,2151\ L_s$	0,062	0,152	1,21	0,488	0,446	0,468	0,634	0,634
0,4	rechts v. 0,4	$0,4\ L_1$	0,020	0,040	0,34	0,614	0,588	0,602	0,634	0,694
		$0,5\ L_1 = 0,2689\ L_s$	0,022	0,049	0,40	0,507	0,452	0,481	0,536	0,616
C,7	rechts v. 0,7	$0,7\ L_1 = 0,3764\ L_s$	-0,018	-0,042	-0,34	0,518	0,454	0,487	0,440	0,571
		$0,8\ L_1 = 0,4302\ L_s$	-0,012	-0,025	-0,21	0,425	0,333	0,381	0,386	0,501
	links v. 0,7	$0,6\ L_1 = 0,3226\ L_s$	-0,023	-0,058	-0,46	-0,386	-0,422	-0,403	-0,189	-0,356
		$0,7\ L_1 = 0,3764\ L_s$	-0,018	-0,042	-0,34	-0,482	-0,546	-0,513	-0,228	-0,429
1,0	links v. 1,0	$0,9\ L_1 = 0,4840\ L_s$	-0,012	-0,026	-0,22	-0,405	-0,406	-0,405	-0,310	-0,452
		$1,0\ L_1 = 0,5377\ L_s$	O	O	O	-0,491	-0,518	-0,504	-0,356	-0,519
		Faktor	a	a						

Schnitt	Last in Feld	$L_s^*[m]$	$\omega_s L_s^*/a$	infolge $p = 1$ kN/n			infolge $m_t = 1$ kNm/m			$T_o^* \cdot T(M_t{=}1) = T$
O	1 + 2	53,0	2,0	0,061	0,253	20,3	1,043	1,331	13,58	20,18 20,18
0,4	1 Rest + 2	41,6	1,588	0,015	0,053	4,4	0,597	0,615	6,96	17,23·0,694 = 11,96
0,7	1 Rest + 2	33,05	1,262	0,015	0,001	1,1	0,500	0,443	5,44	14,57·0,571 = 8,32
	1 bis Sprung	19,95	0,762	-0,026	-0,103	- 8,3	-0,299	-0,485	-4,47	- 9,60·0,429 =- 4,11
1,0	1	28,5	1,088	-0,046	-0,143	-12,2	-0,400	-0,605	-5,73	-12,97·0,519 =- 6,73
		Faktor		a^2	a^2		a	a		s. o.

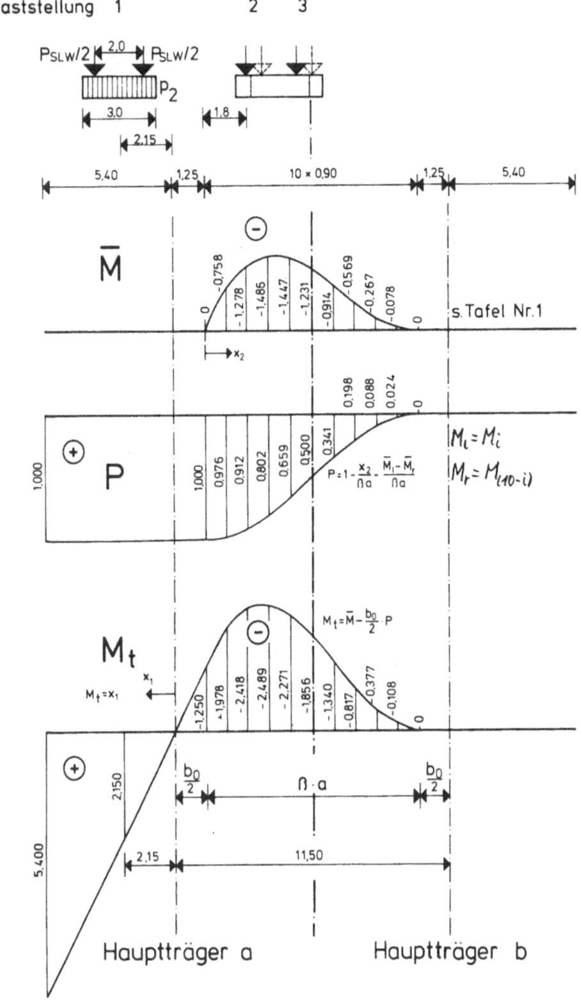

Bild 32. Quereinflußlinien für die Belastung des Hauptträgers a

Die Schnittkräfte infolge Streckenlasten
werden in Form von Quereinflußlinien in
Bild 33 aufgetragen. Um die Quereinflußlinien konstruieren zu können, benötigt
man für jede Laststellung die zugehörigen
Trägerlasten.

Beispiel, Einflußlinie für T, Schnitt 0:

Last $p = 1$ kN/m am linken Querschnittsrand:

$$p_l = 1 \quad \text{kN/m}, \quad m_{tl} = 5,4 \text{ kNm/m},$$

$$p_a = 0,5 \text{ kN/m}, \quad m_{ta} = 2,7 \text{ kNm/m},$$

$$p_s = 0,5 \text{ kN/m}, \quad m_{ts} = 2,7 \text{ kNm/m}.$$

$$T = 0,5 \cdot 20,3 + 2,7$$
$$\cdot (13,58 + 20,18) = 101,3 \text{ kNm}.$$

Last $p = 1$ kN/m auf Träger a:

$$p_l = 1 \quad \text{kN/m},$$

$$p_a = 0,5 \text{ kN/m},$$

$$p_s = 0,5 \text{ kN/m}.$$

$$T = 0,5 \cdot 20,3 = 10,2 \text{ kNm}.$$

Last $p = 1$ kN/m auf der Innenplatte
in $x_2 = 0,2 \beta a$, s. Bild 32:

$$p_l = 0,912 \text{ kN/m}, \quad m_{tl} = -2,418 \text{ kNm/m},$$

$$p_r = 0,088 \text{ kN/m}, \quad m_{tr} = -0,377 \text{ kNm/m},$$

$$p_a = 0,412 \text{ kN/m}, \quad m_{ta} = -1,021 \text{ kNm/m},$$

$$p_s = 0,500 \text{ kN/m}, \quad m_{ts} = -1,397 \text{ kNm/m}.$$

$$T = 0,412 \cdot 20,3 - 1,021 \cdot 13,58$$
$$- 1,397 \cdot 20,18 = -33,7 \text{ kNm}.$$

Last $p = 1$ kN/m am rechten Querschnittsrand:

$$p_r = 1 \quad \text{kN/m}, \quad m_{tr} = 5,4 \text{ kNm/m},$$

$$p_a = -0,5 \text{ kN/m}, \quad m_{ta} = -2,7 \text{ kNm/m},$$

$$p_s = 0,5 \text{ kN/m}, \quad m_{ts} = 2,7 \text{ kNm/m}.$$

$$T = -0,5 \cdot 20,3 - 2,7 \cdot 13,58$$
$$+ 2,7 \cdot 20,18 = 7,7 \text{ kNm}.$$

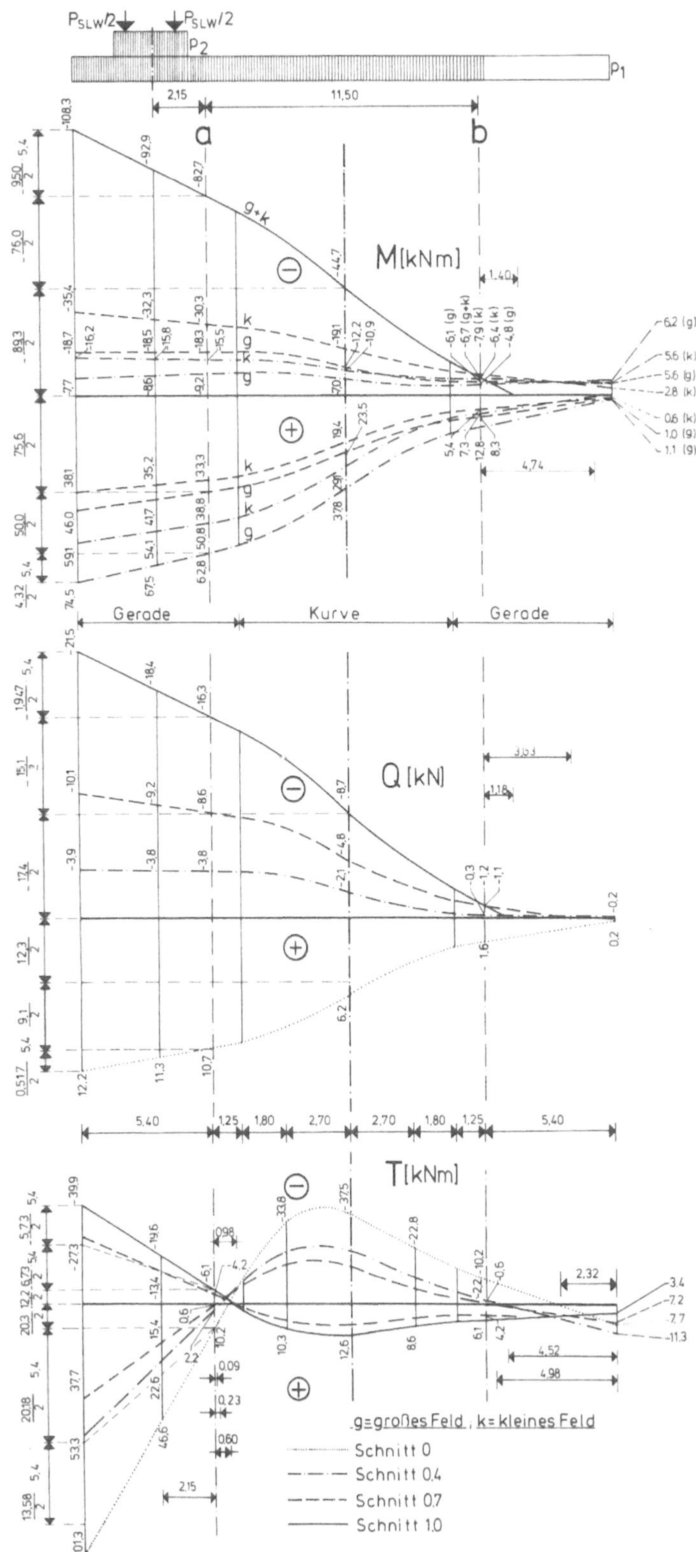

Bild 33.
Quereinflußlinien für die
Schnittgrößen des Hauptträgers
infolge Streckenlasten

Die Quereinflußlinien verlaufen zwischen Trägerinnenkante und Querschnittsrand geradlinig, im Bereich der Innenplatte als Kurve. In der Regel genügt die Darstellung für den Steg- und Kragplattenbereich.

3.1.5.2 Auswertung

Für die SLW-Last ist die Laststellung 1 maßgebend. Die Schnittkräfte infolge Flächenlasten werden nach Bild 33 ausgewertet.

Großes Feld

Schnitt O

max. Q =

$$= \frac{607}{2}(0,804 + 0,873 + 2,15 \cdot 0,016)$$

$$+ 3,0 \cdot 3,0 \cdot 11,3$$

$$+ 3,0 \left[\frac{5,4}{2}(12,1 + 10,7)\right.$$

$$+ 11,5 \cdot 6,2 + \frac{3,09}{2} \cdot 1,6\right]$$

$$= 519 + 102 + 406 = 1027 \text{ kN.}$$

max. T =

$$= \frac{607}{2}\left[0,47 + 2,15(0,812 + 0,894)\right]$$

$$+ 9,0 \cdot 46,6$$

$$+ 3,0 \left[\frac{5,4}{2}(101,3 + 10,2) + \frac{0,60}{2} \cdot 10,2\right.$$

$$+ \frac{2,32}{2} \cdot 7,7\right]$$

$$= 1256 + 419 + 939 = 2614 \text{ kNm.}$$

Schnitt O,4

max. M =

$$= \frac{607}{2}(4,37 + 5,81 + 2,15 \cdot 0,214 - 1) \quad [1]$$

$$+ 9,0 \cdot 67,5 + 3,0 \cdot 22,3 \cdot 37,8$$

$$= 2926 + 608 + 2528 = 6062 \text{ kNm.}$$

min. M =

$$= + \frac{607}{2}(- 0,29 - 0,87) - 9,0 \cdot 8,6$$

$$- 3,0 \cdot 22,3 \cdot 7,0$$

$$= - 352 - 77 - 468 = - 897 \text{ kNm.}$$

min. Q = [2]

$$= - \frac{607}{2}\left[0,77(0,381 + 0,373\right.$$

$$+ 2,15 \cdot 0,003)$$

$$+ \quad 0,23(0,509 + 0,490$$

$$- 2,15 \cdot 0,002)\right]$$

$$- 9,0 \cdot 3,8 - 3,0 \cdot 22,3 \cdot 2,1$$

$$= - 247 - 34 - 140 = - 421 \text{ kN}$$

max. T =

$$= \frac{607}{2}\left(0,23\left[0,34 + 2,15(0,602 + 0,694)\right]\right.$$

$$+ \quad 0,77\left[0,40 + 2,15(0,481 + 0,616)\right]\right)$$

---

[1] s. Bild 30

[2] s. Bild 31

$+ 9{,}0 \cdot 22{,}6$

$+ 3{,}0 \left[\dfrac{5{,}4}{2}(53{,}3 + 2{,}2) + \dfrac{0{,}23}{2} \cdot 2{,}2 \right.$

$\left. + \dfrac{4{,}52}{2} \cdot 11{,}3\right]$

$= 863 + 203 + 527 = 1593 \text{ kNm.}$

Schnitt 0,7

max. M =

$= \dfrac{607}{2}(3{,}28 + 4{,}07 + 2{,}15 \cdot 0{,}143 - 1)$

$+ 9{,}0 \cdot 41{,}7 + {\sim}3{,}0 \cdot 22{,}3 \cdot 23{,}5$

$= 2021 + 375 + 1572 = 3968 \text{ kNm.}$

min. M =

$= - \dfrac{607}{2}(0{,}79 + 1{,}52 + 2{,}15 \cdot 0{,}016)$

$- 9{,}0 \cdot 18{,}5 - 3{,}0 \cdot 22{,}3 \cdot 12{,}2$

$= - 712 - 167 - 816 = - 1695 \text{ kNm.}$

min. Q =

$= - \dfrac{607}{2}[0{,}77(0{,}588 + 0{,}703$

$+ 2{,}15 \cdot 0{,}027)$

$+ \quad 0{,}23(0{,}709 + 0{,}796$

$+ 2{,}15 \cdot 0{,}022)]$

$- 9{,}0 \cdot 9{,}2 - {\sim}3{,}0 \cdot 22{,}3 \cdot 4{,}8$

$= - 424 - 83 - 321 = - 828 \text{ kN.}$

max. T =

$= \dfrac{607}{2}\Big(0{,}23 \, [- 0{,}34 + 2{,}15(0{,}487$

$+ 0{,}571)]$

$+ \quad 0{,}77 \, [- 0{,}21 + 2{,}15(0{,}381$

$+ 0{,}501)]\Big)$

$+ 9{,}0 \cdot 15{,}4$

$+ 3{,}0 \left[\dfrac{5{,}4}{2}(37{,}7 + 0{,}6) + \dfrac{0{,}09}{2} \cdot 0{,}6 \right.$

$\left. + \dfrac{4{,}98}{2} \cdot 7{,}2\right]$

$= 529 + 139 + 364 = 1032 \text{ kNm.}$

min. T =

$= - \dfrac{607}{2}\Big(0{,}77[0{,}46 + 2{,}15(0{,}403 + 0{,}356)]$

$+ \quad 0{,}23[0{,}34 + 2{,}15(0{,}513 + 0{,}426)]\Big)$

$- 9{,}0 \cdot 13{,}4$

$- 3{,}0[\dfrac{5{,}4}{2}(27{,}3 + 4{,}2) + \dfrac{0{,}98}{2} \cdot 4{,}2]$

$= - 654 - 121 - 261 = - 1036 \text{ kNm.}$

Schnitt 1,0

min. M =

$= - \dfrac{607}{2}(2{,}53 + 2{,}94 + 2{,}15 \cdot 0{,}239)$

$- 9{,}0 \cdot 92{,}9$

$- 3{,}0[\dfrac{5{,}4}{2}(108{,}3 + 82{,}7) + 11{,}5 \cdot 44{,}7$

$+ \dfrac{1{,}40}{2} \cdot 6{,}7]$

$= - 1816 - 836 - 3103 = - 5755 \text{ kNm.}$

min. Q =

$= - \dfrac{607}{2}(0{,}903 + 0{,}946 + 2{,}15 \cdot 0{,}064)$

$- 9{,}0 \cdot 18{,}4$

$$- 3{,}0\left[\frac{5{,}4}{2}(21{,}5 + 16{,}3) + 11{,}5 \cdot 8{,}7 \right.$$

$$\left. + \frac{1{,}18}{2} \cdot 1{,}2\right]$$

$$= - 603 - 166 - 608 = - 1377 \text{ kN}.$$

$$\min. \ T =$$

$$= - \frac{607}{2}\left[0{,}22 + 2{,}15(0{,}405 + 0{,}452)\right]$$

$$- 9{,}0 \cdot 19{,}6$$

$$- 3{,}0\left[\frac{5{,}4}{2}(39{,}9 + 6{,}1) + \frac{0{,}98}{2} \cdot 6{,}1\right]$$

$$= - 626 - 176 - 382 = - 1184 \text{ kNm}.$$

Kleines Feld

Schnitt 0,4

$$\max. \ M =$$

$$= \frac{607}{2}(4{,}19 + 5{,}12 + 2{,}15 \cdot 0{,}177 - 1)$$

$$+ 9{,}0 \cdot 54{,}1 + {\sim}3{,}0 \cdot 22{,}3 \cdot 29{,}1$$

$$= 2638 + 487 + 1947 = 5072 \text{ kNm}.$$

$$\min. \ M =$$

$$= - \frac{607}{2}(0{,}52 + 1{,}18 + 2{,}15 \cdot 0{,}024)$$

$$- 9{,}0 \cdot 15{,}8 - 3{,}0 \cdot 22{,}3 \cdot 10{,}9$$

$$= - 532 - 142 - 729 = - 1403 \text{ kNm}.$$

Schnitt 0,7

$$\max. \ M =$$

$$= \frac{607}{2}(3{,}14 + 3{,}73 + 2{,}15 \cdot 0{,}109)$$

$$+ 9{,}0 \cdot 35{,}2 + 3{,}0 \cdot 22{,}3 \cdot 19{,}4$$

$$= 2156 + 317 + 1298 = 3771 \text{ kNm}.$$

$$\min. \ M =$$

$$= - \frac{607}{2}(- 1{,}28 - 2{,}06 - 2{,}15 \cdot 0{,}099)$$

$$- 9{,}0 \cdot 32{,}3 - 3{,}0 \cdot 22{,}3 \cdot 19{,}1$$

$$= - 1078 - 291 - 1278 = - 2647 \text{ kNm}.$$

3.1.6 Schnittkräfte der Fahrbahnplatte

3.1.6.1 Momente infolge direkter Belastung

Es wird nur die innere Platte untersucht. Die Momente werden nach [12], S. 11 - 14 ermittelt. Damit Grenzlinien dargestellt werden können, bleibt der Mittelstreifen vorläufig unbeachtet. Die vorhandene geknickte Unterkante wird durch eine Parabel angenähert. Die parabolische Ersatzplatte findet man durch Vergleich der α-Werte nach Bild 42 und 43.

Aus $\alpha_a = 0{,}108$ folgt $d_v/d_m = 1{,}27$,

aus $\alpha_s = 0{,}426$ folgt $d_v/d_m = 1{,}17$.

Die parabolische Ersatzplatte hat ein mittleres Dickenverhältnis von $d_v/d_m = 0{,}5(1{,}27 + 1{,}17) = 1{,}22$.

Schwingbeiwert:
$\varphi = 1{,}4 - 0{,}008 \cdot 11{,}5 = 1{,}31$.

$\beta a = 9{,}0$ m, $\quad d_5 : d_3 = 1 : 1{,}22$.

Die elastische Einspannung der Platte in den Stegkörper wird näherungsweise durch den Faktor 0,9 für das Stützmoment und 1,05 für das Feldmoment erfaßt.

Trägeranschnitt:

min. $m_{3,x}$ =

$= - 0{,}9\left[1{,}31(12{,}5 + 0{,}4)+ 1{,}1\right] \cdot 10$

$= - 162$ kNm/m.

Fünftelspunkt:

max. $m_{4,x}$ =

$= 1{,}05 \cdot 1{,}31 \cdot 1{,}9 \cdot 10 = 26$ kNm/m.

min. $m_{4,x}$ =

$= -(1{,}31 \cdot 2{,}2 + 0{,}3) \cdot 10 = - 32$ kNm/m.

Feldmitte:

max. $m_{5,x}$ =

$= 1{,}05\left[1{,}31(5{,}0 + 0{,}5) + 0{,}4\right] \cdot 10$

$= 80$ kNm/m.

max. $m_{5,y}$ =

$= (1{,}31 \cdot 2{,}6 + 0{,}2) \cdot 10 = 36$ kNm/m.

min. $m_{5,y}$ =

$= -(1{,}31 \cdot 1{,}0 + 0{,}3) \cdot 10 = - 16$ kNm/m.

Unter Berücksichtigung der Querkontraktionszahl $\mu = 0{,}2$ ist

max. $m_{5,x} = 80 + 0{,}2 \cdot 36 = 87$ kNm/m,

max. $m_{5,y} = 36 + 0{,}2 \cdot 80 = 52$ kNm/m.

3.1.6.2 Ergänzungsmomente

SLW-Last

Lastverteilungsbreite für Laststellung 2:

Nach 3.1.4 und Bild 32 ist das Gesamtplattenmoment am inneren Anschnitt des Trägers a für die volle SLW-Last

$$\bar{M} = M_t + \frac{b_o}{2} \cdot P$$

$$= \left(- 2{,}31 + \frac{2{,}5}{2} \cdot 0{,}77\right) \cdot 1{,}31 \cdot 600$$

$$= - 1059 \text{ kNm.}$$

Das örtliche Moment ist entsprechend 3.1.6.1

$$\bar{m} - \min. m_{3,x} = - 0{,}9 \cdot 1{,}31 \cdot 12{,}5 \cdot 10$$

$$= - 147 \text{ kNm/m.}$$

Nach (7) ist die Verteilungslänge

$$t = \frac{1059}{147} + \frac{2{,}5}{2} = 8{,}45 \text{ m.}$$

$$\frac{t}{a} = \frac{8{,}45}{11{,}5} = 0{,}735 \quad {\sim}0{,}75.$$

Näherungsweise kann diese Lastverteilungslänge für alle maßgebenden Laststellungen verwendet werden. Es wird ein sinusförmiger Momentverlauf vorausgesetzt.

Die Ergänzungsmomente für antimetrische Beanspruchungen werden nach Tafel Nr. 497 ermittelt:

d	: b_o : d_o : a	ω_a^2
0,25	: 1 : 1 : 5	0,985
0,30	: 1 : 1 : 5	1,560

ω_a^2	Δm_{xa}	Faktor
0,985	0,067	1/a
1,560	0,103	1/a
1,15	0,0067	

Die Ergänzungsmomente für symmetrische Beanspruchungen werden nach Tafel Nr. 496, 489 und 499 ermittelt:

d	:	b_o	:	d_o	:	a	ω_s^2
0,20	:	1	:	1	:	5	0,133
0,25	:	1	:	1	:	5	0,248

ω_s^2	Δm_{xs}	Δm_{xm}	m_{ym}	Faktor
0,133	0,002	0,022	- 0,039	1/a
0,248	0,006	0,041	- 0,055	1/a
0,192	0,0004	0,0028	- 0,0041	

Gleichlast auf der Länge 1,5 a

Das Einspannmoment infolge Teilflächenlast kann wie ein Einzelmoment betrachtet werden:

Antimetrische Rechtecklast:

ω_a^2	Δm_{xa}	Faktor
0,985	0,108	1/a
1,560	0,163	1/a
1,15	0,0108	

Symmetrische Rechtecklast:

ω_s^2	Δm_{xs}	Faktor
0,133	0,018	1/a
0,248	0,034	1/a
0,192	0,0023	

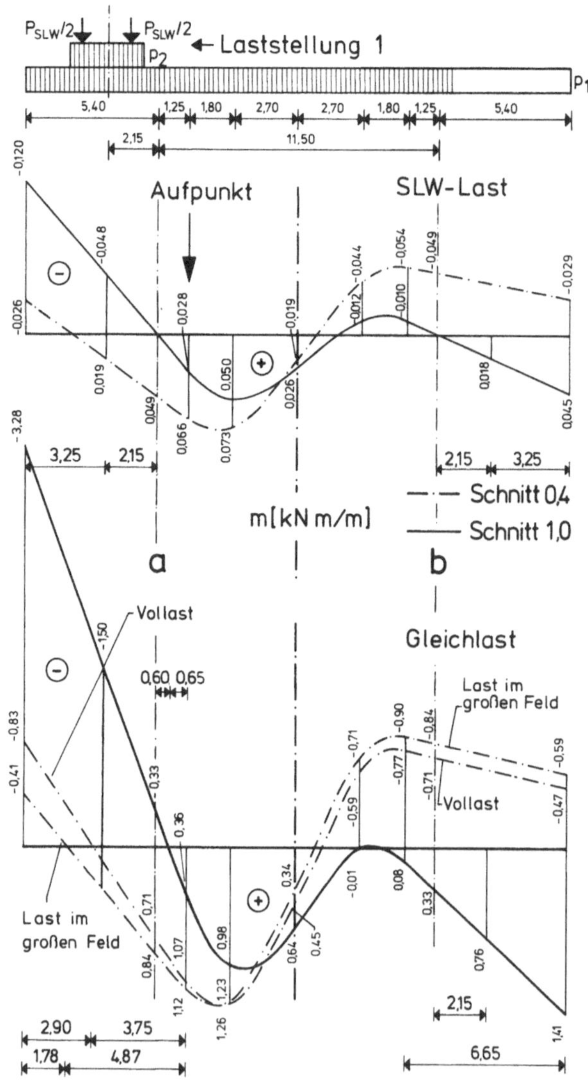

Bild 34. Quereinflußlinien für das Plattenbiegemoment am inneren Trägeranschnitt infolge indirekter Belastung

3.1.6.3 Momente infolge indirekter Belastung

Plattenquerkräfte q und Momente m_{xa} am Trägeranschnitt infolge antimetrischer Belastung, m[kNm/m]

Tafel Nr.	84	111	87	114		84	111	87	114		497	
$L_2/a : L_1/a : L_2/a$	2:2	3:2	2:2	3:2	2,48:2,13	2:2	3:2	2:2	3:2	2,48:2,13		
$\omega^2 : EI_i/GI_t$	1:1,5	1:1,5	2:1,5	2:1,5	1,15:1,5	1:1,5	1:1,5	2:1,5	2:1,5	1,15:1,5		
Schnittkraft	q	q	q	q	q·βa/2	q	q	q	q	q·βa/2	Δm_{xa}	m'_{xa}
Interpolationsfaktor	0,442	0,408	0,078	0,072		0,442	0,408	0,078	0,072			

Schnitt	Last in Feld	in	infolge P = 1 kN					infolge M_t (SLW) = 1 kNm					
0,4	1	0,4 L_1	0,174	0,307	0,254	0,386	0,0977	-0,695	-0,632	-1,048	-0,915	-0,0242	0,0067 - 0,0175
1,0	1	1,0 L_1	0	0	0	0	0	-1,004	-1,048	-1,457	-1,496	-0,0372	0,0067 - 0,0305
		Faktor	$\frac{1}{a}$					$\frac{1}{a^2}$					
			infolge p = 1 kN/m					infolge m_t = 1 kNm/m					
0,4	1		0,208	0,516	0,296	0,623	1,67	-0,710	-0,664	-0,883	-0,673	-0,275	
	1 + 2		0,146	0,470	0,218	0,580	1,42	-0,929	-0,747	-1,075	-0,622	-0,330	
1,0	1 + 2		-0,067	-0,200	-0,134	-0,328	-0,65	-1,678	-2,045	-2,018	-2,445	-0,747	
		Faktor						$\frac{1}{a}$					

Momente infolge symmetrischer Belastung , $m[\mathrm{kNm/m}]$, s. a. 1.4.1.2

Tafel Nr.			$2/3$	496		498	
$\omega_s L_s/a$			2				
Schnittkraft			m_{xs}	Δm_{xs}	m'_{xs}	Δm_{xm}	m'_{xm}
Schnitt	Last in Feld	in	infolge M_t (SLW) = 1 kNm				
0,4	1	$0,2151\ L_s$	$-0,0107$	$0,0004$	$-0,0103$	$0,0028$	$-0,0079$
1	1	$0,5377\ L_s$	$-0,0144$	$0,0004$	$-0,0140$	$0,0028$	$-0,0116$
			infolge m_t = 1 kNm/m				
0,4	1		$-0,185$				
	1 + 2		$-0,241$				
1,0	1 + 2		$-0,347$				

Die Momente werden in Form von Quereinflußlinien in Bild 34 aufgetragen.

3.1.6.4 Auswertung

Die Momente aus direkter und indirekter Belastung sind zu überlagern. Für die indirekte Belastung ist der Schwingbeiwert der Hauptträger anzusetzen.

Trägeranschnitt

Schnitt 0,4

min. m_3, Hauptspur Laststellung 2

direkte Belastung   - 162 kNm/m

indirekte Belastung, s. S. 39

SLW

$607 \cdot (0,27 \cdot 0,0977 + 0,58$
$\cdot\ 0,0175 + 1,73 \cdot 0,0103) = \quad 33$ kNm/m

p_1 links
$-\ 3 \cdot \dfrac{2,90}{2} \cdot 0,83 \qquad = -\ 4$ kNm/m

p_1 rechts
$-\ 3 \cdot \dfrac{6,65}{2}(0,90 + 0,59) \quad = -\ 15$ kNm/m

$p_1 + p_2$ zwischen den Trägern
innerhalb t/a = 1,5
$3,0 \cdot 1,5 \cdot 11,5[\sim 0,81$
$\cdot\ 0,0977 + 2,14\ (0,0242$
$-\ 0,0108) + (4,90 + 12,92)$
$\cdot\ (0,0107 - 0,0023)] \qquad = \quad 13$ kNm/m

min. m_3 = -135 kNm/m
===========================

max. m_3, Hauptspur über dem Hauptträger

indirekte Belastung nach Bild 34

SLW $\quad 607 \cdot 0{,}049 \quad = 30$ kNm/m

$p_2 \quad \sim 9 \cdot 0{,}84 \quad = 8$ kNm/m

p_1 links $\sim 3 \cdot \dfrac{4{,}87}{2} \cdot 1{,}12 \quad = 8$ kNm/m

p_1 zwischen den Trägern
    außerhalb t/a = 1,5
$3 \cdot 12{,}92 \left[0{,}241 - 1{,}5 \cdot 11{,}5 \right.$
$\left. \cdot (0{,}0107 - 0{,}0023)\right] \quad = 4$ kNm/m

$$\text{max. } m_3 \quad = 50 \text{ kNm/m}$$

Schnitt 1,0

min. m_3, Hauptspur Laststellung 2

direkte Belastung $\quad - 162$ kNm/m

indirekte Belastung

SLW

$607(0{,}58 \cdot 0{,}0305 + 1{,}73$
$\cdot 0{,}0140) \quad = 25$ kNm/m

p_1 links
$- 3 \cdot \dfrac{5{,}4 + 0{,}60}{2} \cdot 3{,}28 \quad = - 30$ kNm/m

$p_1 + p_2$ zwischen den Trägern
      innerhalb t/a = 1,5
$3{,}0 \cdot 1{,}5 \cdot 11{,}5[2{,}14 \cdot$
$(0{,}0372 - 0{,}0108) + 17{,}82$
$\cdot (0{,}0144 - 0{,}0023)] \quad = 14$ kNm/m

$$\text{min. } m_3 \quad = - 153 \text{ kNm/m}$$

max. m_3, Hauptspur am rechten Schrammbord

indirekte Belastung

SLW $\quad 607 \cdot 0{,}018 \quad = 11$ kNm/m

$p_2 \quad 9 \cdot 0{,}76 \quad = 7$ kNm/m

p_1 links $3 \cdot \dfrac{0{,}65}{2} \cdot 0{,}33 \quad = 0$ kNm/m

p_1 rechts
$\quad 3 \cdot \dfrac{6{,}65}{2}(0{,}08+1{,}41) = 15$ kNm/m

p_1 zwischen den Trägern
außerhalb t/a = 1,5

$3 \cdot 12{,}92 \left[0{,}347 - 1{,}5 \cdot 11{,}5\right.$
$\left. \cdot(0{,}0144 - 0{,}0023)\right] \quad = 5$ kNm/m

$$\text{max. } m_3 \quad = 38 \text{ kNm/m}$$

Fünftelspunkt

Schnitt 0,4

min. m_4

Hauptspur am rechten Schrammbord

indirekte Belastung

SLW
$- \dfrac{607}{2}\left[\dfrac{3}{5}(0{,}0977 - 2{,}15\right.$
$\left. \cdot 0{,}0175) + 2{,}15 \cdot 0{,}0103\right] = - 18$ kNm/m

p_2
$- \dfrac{9}{2}\left[\dfrac{3}{5}(1{,}67 - 2{,}15 \cdot 0{,}275)\right.$
$\left. + 2{,}15 \cdot 0{,}185\right] \quad = - 5$ kNm/m

p_1 außen

$$- 3 \frac{5,4^2}{2} \cdot 0,241 \qquad = - 11 \text{ kNm/m}$$

$$\text{min. } m_4 \qquad = - 34 \text{ kNm/m}$$

max. m_4

Hauptspur Laststellung 2

direkte Belastung $\qquad = 26$ kNm/m

indirekte Belastung

SLW

$$607\,[0,6\,(0,27 \cdot 0,0977 + 0,58 \\ \cdot 0,0175) + 1,73 \cdot 0,0103] = 24 \text{ kNm/m}$$

p_2

$$3\,[0,6\,(0,81 \cdot 1,42 + 2,14 \\ \cdot 0,330) + 4,90 \cdot 0,241] \qquad = 7 \text{ kNm/m}$$

p_1 links

$$\sim 0,6 \cdot 8 \quad (\text{s. max. } m_3) \qquad = 5 \text{ kNm/m}$$

p_1 zwischen den Trägern

$$3 \cdot 12,92 \cdot 0,241 \qquad = 9 \text{ kNm/m}$$

$$\text{max. } m_4 \qquad = 71 \text{ kNm/m}$$

Schnitt 1,0

min. m_4

Hauptspur am linken Schrammbord

indirekte Belastung

SLW

$$- \frac{607}{2} \cdot 2,15\,(0,6 \cdot 0,0305 \\ + 0,0140) \qquad = - 21 \text{ kNm/m}$$

p_2

$$- \frac{9}{2}\,[0,6\,(0,65 + 2,15 \\ \cdot 0,747) + 2,15 \cdot 0,347] \qquad = - 9 \text{ kNm/m}$$

p_1 links

$$- \frac{3 \cdot 5,4}{2}\,[0,6\,(0,65 + 2,7 \\ \cdot 0,747) + 2,7 \cdot 0,347] \qquad = - 21 \text{ kNm/m}$$

$$\text{min. } m_4 \qquad = - 51 \text{ kNm/m}$$

max. m_4

Hauptspur Laststellung 2

direkte Belastung $\qquad 26$ kNm/m

indirekte Belastung

SLW

$$607\,(0,6 \cdot 0,58 \cdot 0,0305 \\ + 1,73 \cdot 0,0140) \qquad = 21 \text{ kNm/m}$$

p_2

$$3\,[0,6\,(- 0,81 \cdot 0,65 + 2,14 \\ \cdot 0,747) + 4,90 \cdot 0,347] \qquad = 7 \text{ kNm/m}$$

p_1 zwischen den Trägerachsen

$$3 \cdot 13,7 \cdot 0,347 \qquad = 14 \text{ kNm/m}$$

$$\text{max. } m_4 \qquad = 68 \text{ kNm/m}$$

Plattenmitte

Schnitt 0,4

min. m_5

Hauptspur am Schrammbord

$$\text{SLW } -\frac{607}{2} \cdot 2{,}15 \cdot 0{,}0079 \quad = - \; 5 \text{ kNm/m}$$

$$p_2 \; -\frac{9}{2} \cdot 2{,}15 \cdot 0{,}241 \cdot \quad = - \; 2 \text{ kNm/m}$$

p_1 außen

$$- \; 3 \cdot \frac{5{,}4^2}{2} \cdot 0{,}241 \quad = - \; 11 \text{ kNm/m}$$

$$\text{min. } m_5 \quad = - \; 18 \text{ kNm/m}$$

max. m_5

Hauptspur Laststellung 3

direkte Belastung $\quad = 87 \text{ kNm/m}$

indirekte Belastung

$$\text{SLW } 607 \cdot 1{,}74 \cdot 0{,}0079 \quad = \; 8 \text{ kNm/m}$$

$$p_2 \quad 3 \cdot 5{,}35 \cdot 0{,}241 \quad = \; 4 \text{ kNm/m}$$

p_1 zwischen den Trägerachsen
$$3 \cdot 13{,}70 \cdot 0{,}241 \quad = 10 \text{ kNm/m}$$

$$\text{max. } m_5 \quad = 109 \text{ kNm/m}$$

Schnitt 1,0

min. m_5

Hauptspur am Schrammbord

$$\text{SLW } -\frac{607}{2} \cdot 2{,}15 \cdot 0{,}0116 \quad = - \; 8 \text{ kNm/m}$$

$$p_2 \quad -\frac{9}{2} \cdot 2{,}15 \cdot 0{,}347 \quad = - \; 3 \text{ kNm/m}$$

$$p_1 \quad - \; 3 \cdot \frac{5{,}4^2}{2} \cdot 0{,}347 \quad = - \; 15 \text{ kNm/m}$$

$$\text{min. } m_5 \quad = - \; 26 \text{ kNm/m}$$

max. m_5

Hauptspur Laststellung 3

direkte Belastung $\quad = \; 87 \text{ kNm/m}$

indirekte Belastung

$$\text{SLW } 607 \cdot 1{,}74 \cdot 0{,}0116 \quad = \; 12 \text{ kNm/m}$$

$$p_2 \quad 3 \cdot 5{,}35 \cdot 0{,}347 \quad = \; 6 \text{ kNm/m}$$

$$p_1 \quad 3 \cdot 13{,}70 \cdot 0{,}347 \quad = \; 14 \text{ kNm/m}$$

$$\text{max. } m_5 \quad = \; 119 \text{ kNm/m}$$

max. m_y

Hauptspur Laststellung 3

direkte Belastung $\quad = 52 \text{ kNm/m}$

indirekte Belastung

$$\frac{60}{51} \cdot 607 \cdot 1{,}74 \cdot 0{,}0041 \quad = \; 5 \text{ kNm/m}$$

$$\text{max. } m_y \quad = 57 \text{ kNm/m}$$

Die Grenzlinien der Plattenbiegemomente werden in Bild 35 aufgetragen.

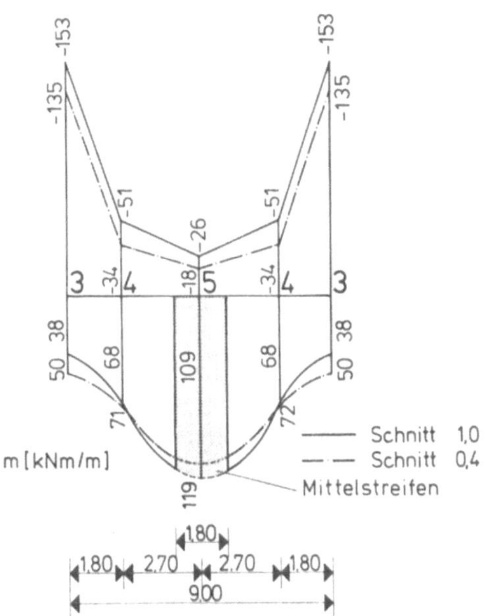

Bild 35. Grenzlinien für die Biegemomente der inneren Platte

3.2 Mehrfeldbrücke ohne Zwischenquerträger

3.2.1 Abmessungen und Erläuterungen

In diesem Abschnitt sollen die Schnittkräfte des großen Innenfeldes der in Bild 36 dargestellten Brücke infolge Verkehrslast berechnet werden. Es wird ein Querschnitt mit hohen Stegen innerhalb einer Fernstraße gewählt. Für den antimetrischen Zustand werden die Tafeln des Abschnittes 4 verwendet. Die Biegemomente und die Querkräfte der Hauptträger infolge symmetrischer Last werden am einfachen Durchlaufträger berechnet. Die Torsionsmomente der Hauptträger und die Plattenbiegemomente können aus den Tafeln Nr. 2 und 3 entnommen werden. Für den antimetrischen Lastfall sind die Tafeln der Innenfeldsysteme zu verwenden.

3.2.2 Querschnittsparameter

Die Parameter werden nach Abschnitt 1.2.2 und 1.2.3 berechnet.

Trägerabstand:
$a = 8,0$ m.

Breite der Fahrbahntafel:
$b = 15,30$ m.

Querschnittsfläche der Fahrbahntafel:
$A_F = 5,14$ m^2, s. Bild 36.

Trägheitsmoment der Fahrbahntafel als Scheibe:
$I_F = 94,3$ m^4.

Mittlere Dicke der Fahrbahntafel:
$$d_M = \frac{A_F}{b} = 0,336 \text{ m.}$$

Ideelle mitwirkende Breite nach (2):
$$b_{mi} = \frac{2 I_F}{d_M a^2} = 8,77 \text{ m.}$$

Ideelle Querschnittsfläche:
$$A_i = 8,77 \cdot 0,336 + 0,80 \cdot 1,80$$
$$= 2,95 + 1,44 = 4,39 \text{ m}^2.$$

Nullinienabstand von oben, s. Bild 36 :
$$e_o = \frac{(2,95 \cdot 0,168 + 1,44 \cdot 1,30)}{4,39}$$
$$= 0,539 \text{ m.}$$

Ideelles Trägheitsmoment für antimetrische Belastung:
$$I_i = \sim \frac{0,336^3}{12}(3,25 + 0,80 + \frac{3,60}{2})$$
$$+ 2,95 \cdot 0,371^2 + \frac{1,80^3}{12} \cdot 0,80$$
$$+ 1,44 \cdot 0,761^2 = 1,65 \text{ m}^4.$$

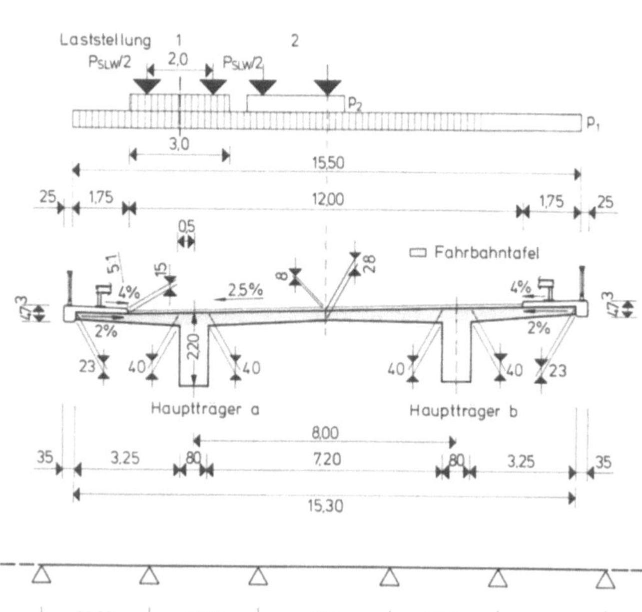

Bild 36. Mehrfeldbrücke, Belastung nach DIN 1072

Das Eigenträgheitsmoment der Fahrbahntafel darf nur bis zur Symmetrieachse berücksichtigt werden. Der Anteil der Innenplatte wird nur zur Hälfte angesetzt,
weil die örtliche Biegung bei der antimetrischen Beanspruchung zur Achse gegen
Null geht.

Torsionsträgheitsmoment des Steges und
der Kragplatte als Rechteckquerschnitte:

$$I_t = 0,290 + 0,034 = 0,324 \ m^4.$$

Plattendicke in der Symmetrieachse:

$$d_m = 0,28 \ m.$$

Plattendicke am Voutenende:

$$d_v = 0,40 \ m.$$

Plattenträgheitsmoment in der Symmetrieachse:

$$I_{P1} = \frac{0,28^3}{12} = 0,001829 \ m^4/m.$$

Plattenparameter nach Bild 42/43:

$$\frac{d_v}{d_m} = 1,43, \quad \frac{a_v}{\beta a} = 0,5 \ .$$

Verhältnis der lichten Plattenweite zum
Achsabstand der Träger:

$$\beta = \frac{7,2}{8,0} = 0,9.$$

Plattenbeiwert für antimetrische Belastung nach Bild 43:

$$\alpha_a = 0,073,$$

$$\rho_a = \alpha_a\beta^3 + \frac{0,78 \ \beta^2 \cdot d_v/a}{(d_v/d_m)^3}$$

$$= 0,0532 + 0,0108 = 0,0640.$$

Plattenbeiwert für symmetrische Belastung nach Bild 42:

$$\alpha_s = 0,296,$$

$$\rho_s = \alpha_s\beta + \frac{0,78 \ \cdot \ d_v/a}{(d_v/d_m)^3}$$

$$= 0,266 + 0,014 = 0,280.$$

Querdehnungszahl:

$$\mu = 0,2.$$

Verhältnis des Elastizitätsmoduls zum
Schubmodul:

$$\frac{E}{G} = 2(1 + \mu) = 2,4.$$

Querschnittsparameter:

Antimetrie:

$$\frac{EI_i}{GI_t} = \frac{2,4 \ \cdot \ 1,65}{0,324} = 12,2$$

$$\omega_a^2 = \frac{EI_{P1}a}{GI_t(1 - \mu^2)\rho_a} \qquad \text{nach (1 a)}$$

$$= \frac{2,4 \ \cdot \ 0,001829 \ \cdot \ 8,0}{0,324 \ \cdot \ 0,96 \ \cdot \ 0,064} = 1,76$$

Symmetrie:

$$\omega_s^2 = \frac{EI_{P1}a}{GI_t(1 - \mu^2)\rho_s} \qquad \text{nach (1)}$$

$$= \frac{2,4 \ \cdot \ 0,001829 \ \cdot \ 8,0}{0,324 \ \cdot \ 0,96 \ \cdot \ 0,280} = 0,403,$$

$$\omega_s = 0,635.$$

Der größte Tafelparameter der Tafeln
Nr. 2 und 3 ist

$$\frac{\omega_s L_s}{a} = 10.$$

Systeme dieses Parameters können für unendlich lange Brücken verwendet werden.

Die Berechnung ist jedoch mit der Ersatzstützweite

$$L_s = \frac{10\,a}{\omega_s} = \frac{10 \cdot 8}{0,635} = 126,0 \text{ m}$$

durchzuführen.

3.2.3 Lastansatz

Die Lasten werden entsprechend Bild 36 nach DIN 1072 angesetzt. Es wird zweckmäßigerweise mit Überlasten gerechnet.

Schwingbeiwert:

$$\varphi \leqq 1,4 - 0,008 \cdot 33 = 1,14.$$

Flächenlast:

$$p_1 = 3 \text{ kN/m}^2.$$

Hauptspurüberlast:

$$p_2 = 1,14 \cdot 5 - 3 = 2,7 \text{ kN/m}^2.$$

SLW-Überlast:

$$P_{SLW} = 1,14 \cdot (600 - 18 \cdot 5) = 581 \text{ kN}.$$

Die SLW-Last wird in der Regel als eine Einzellast zusammengefaßt. Die positiven Feldmomente sind entsprechend Bild 30 zu korrigieren. Für die Schubbemessung wird die SLW-Last entsprechend Bild 37 berücksichtigt.

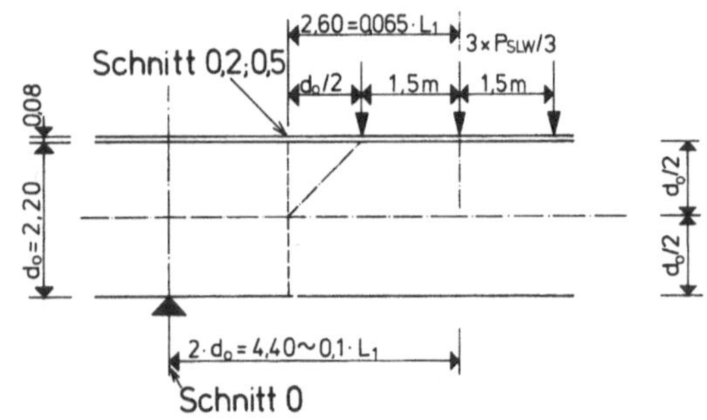

Bild 37.
SLW-Laststellung für die Berechnung der Querkräfte und Torsionsmomente

3.2.4 Trägerlasten

Die Quereinflußlinie für das Anschnittsmoment der Innenplatte kann aus Tafel Nr. 1 entnommen werden. Danach lassen sich entsprechend Bild 38 die Quereinflußlinien für die Trägerbelastung ableiten.

Die Quereinflußlinien werden für 2 Hauptspurstellungen nach Bild 36 ausgewertet. Die Belastung des linken und

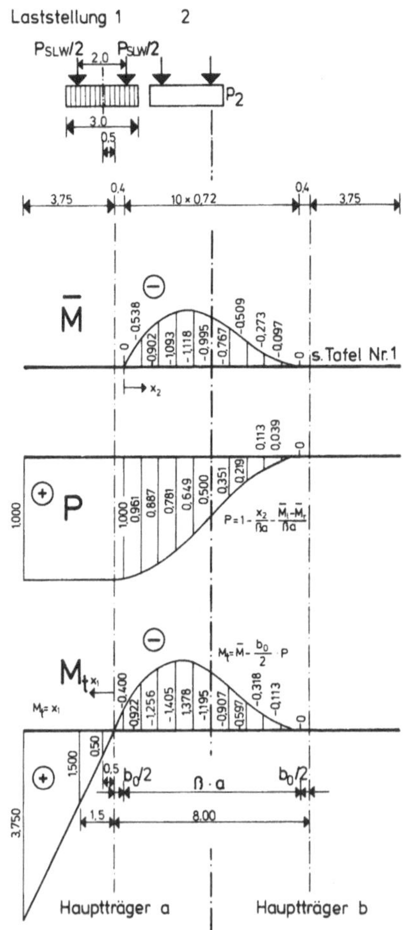

Bild 38. Quereinflußlinien für die Belastung des Hauptträgers a

rechten Trägers wird durch den Index l bzw. r gekennzeichnet. Die antimetrischen Anteile erhalten den Index a, die symmetrischen den Index s.

Laststellung 1

Die geringe Abweichung der Quereinflußlinie von der Geraden wird vernachlässigt.

Vertikallasten	Momente
SLW $\quad P_1 = P_{SLW}$	$M_{tl} = 0,5\ P_{SLW}$
$\quad P_a = 0,5\ P_{SLW}$	$M_{ta} = \dfrac{0,5}{2}\ P_{SLW}$
$\quad P_s = 0,5\ P_{SLW}$	$M_{ts} = \dfrac{0,5}{2}\ P_{SLW}$
$P_2 \quad P_1 = 3\ P_2$	$m_{tl} = 1,5\ P_2$
$\quad P_a = 1,5\ P_2$	$m_{ta} = \dfrac{1,5}{2}\ P_2$
$\quad P_s = 1,5\ P_2$	$m_{ts} = \dfrac{1,5}{2}\ P_2$

Laststellung 2

Vertikallasten	Momente
SLW $\quad P_1 = 0,684\ P_{SLW}$	$M_{tl} = -\ 1,251\ P_{SLW}$
$\quad P_r = 0,316\ P_{SLW}$	$M_{tr} = -\ 0,780\ P_{SLW}$
$\quad P_a = 0,184\ P_{SLW}$	$M_{ta} = -\ 0,236\ P_{SLW}$
$\quad P_s = 0,500\ P_{SLW}$	$M_{ts} = -\ 1,015\ P_{SLW}$

$$P_{SLW} = 581\ kN$$

$$P_a = 107\ kN \qquad M_{ta} = -\ 137\ kNm$$

Vertikallasten	Momente
$P_s = 291\ kN$	$M_{ts} = -\ 590\ kNm$
$P_2 \quad P_1 = 2,07\ p_2$	$m_{tl} = -\ 3,85\ p_2$
$\quad P_r = 0,93\ p_2$	$m_{tr} = -\ 2,35\ p_2$
$\quad P_a = 0,57\ p_2$	$m_{ta} = -\ 0,75\ p_2$
$\quad P_s = 1,50\ p_2$	$m_{ta} = -\ 3,10\ p_2$

$$p_2 = 2,7\ kN/m^2$$

$$P_a = 1,5\ kN/m \qquad m_{ta} = -\ 2,0\ kNm/m$$

$$P_s = 4,1\ kN/m \qquad m_{ts} = -\ 8,4\ kNm/m$$

Gleichlast p_1 zwischen den Trägerinnenkanten

$$\bar{m} = -\ 4,57\ p_1$$

$$P_s = 3,60\ p_1 \qquad m_{ts} = -\ 6,01\ p_1$$

$$p = 3\quad kN/m^2$$

$$P_s = 10,8\ kN/m \qquad m_{ts} = -18,0\ kNm/m$$

Gleichlast p_1 zwischen den Trägerachsen

$$P_s = 4,00\ p_1 \qquad m_{ts} = -\ 6,09\ p_1$$

$$P_s = 12,0\quad kN/m \qquad m_{ts} = -18,3\ kNm/m$$

3.2.5 Schnittkräfte der Hauptträger

3.2.5.1 Tafelwerte

Die Tafeln werden nach Bild 44 u. 45 ausgewählt

Biegemomente [kNm]

$\omega^2:EI_i/GI_t = 2:10$			Antimetrie			Symmetrie	Antimetrie		
Tafel Nr.			444	427			444	427	
$L_2/a : L_1/a : L_2/a$			5:5:5	4:5:4	4,13:5:4,13		5:5:5	4:5:4	4,13:5:4,13
Schnitt	Last in Feld	in	infolge P = 1 kN				infolge M_t = 1 kNm		
0	2 R	$0,4\ L_2$	0,063	0,054	0,44	0,74	0,101	0,075	0,078
	1	$0,4\ L_1$	−0,364	−0,384	−3,05	−3,65	−0,623	−0,654	−0,650
0,2	1	$0,2\ L_1$	0,423	0,413	3,31	3,76	0,377	0,365	0,367
	2 L	$0,6\ L_2$	−0,197	−0,160	−1,32	−1,90	−0,322	−0,233	−0,245
0,5	1	$0,5\ L_1$	0,653	0,647	5,18	6,62	0,799	0,788	0,789
	2 L	$0,6\ L_2$	−0,060	−0,048	−0,40	−0,90	−0,094	−0,064	−0,068
		Faktor	a	a					
			infolge p = 1 kN				infolge m_t = 1 kNm/m		
0	max		0,396	0,287	19,3	31,7	0,590	0,366	3,16
	min		−2,290	−1,935	−126,8	−151,0	−4,392	−3,680	−30,18
0,2	max		0,597	0,526	34,3	51,4	0,945	0,817	6,67
	min		−0,619	−0,403	−27,6	−43,1	−0,999	−0,581	−5,08
0,5	max		1,270	1,234	79,3	120,6	2,310	2,247	18,04
	min		−0,371	−0,240	−16,4	−39,9	−0,517	−0,266	2,39
		Faktor	a^2	a^2			a	a	

Querkräfte Q [kN]

ω^2 : EI_i/GI_t = 2:10			Antimetrie			Symmetrie	Antimetrie		
Tafel Nr.			444	427			444	427	
L_2/a : L_1/a : L_2/a			5:5:5	4:5:4	4,13:5:4,13		5:5:5	4:5:4	4,13:5:4,13
Schnitt	Last in Feld	in	infolge P = 1 kN				infolge M_t = 1 kNm		
0	1	0,0 L_1	keine Interpolation	1,000	1,000	1,000	keine Interpolation	0,912	0,114
	1	0,1 L_1		0,880	0,880	0,930		1,220	0,153
0,2	1	0,2 L_1		0,763	0,763	0,839		0,487	0,061
	1	0,3 L_1		0,619	0,619	0,734		0,750	0,094
0,5	1	0,5 L_1		0,500	0,500	0,500		0,000	0,000
	1	0,6 L_1		0,359	0,359	0,380		0,265	0,033
		Faktor						$\frac{1}{a}$	
			infolge p = 1 kN/m				infolge m_t = 1 kNm/m		
0	max		2,772	2,559	20,69	22,31	5,396	4,971	5,03
0,2	max		1,623	1,485	12,02	14,91	2,908	2,639	2,67
0,5	max		0,738	0,662	5,37	6,81	0,827	0,683	0,70
		Faktor	a	a					

Torsionsmomente T [kNm]

$\omega^2:EI_i/GI_t = 2:10$ $\dfrac{\omega_s L_s}{a} = 10$	Antimetrie			Antimetrie			Symmetrie
Tafel Nr.	444	427		444	427		2/3
$L_2/a : L_1/a : L_2/a$	5:5:5	4:5:4	4,13:5:4,13	5:5:5	4:5:4	4,13:5:4,13	

Schnitt	Last in Feld	in	infolge $P = 1$ kN			infolge $M_t = 1$ kNm			
O	1	$0,0\ L_1$	0,000	keine Interpolation	O	0,500	keine Interpolation	0,500	0,500
	1	$0,1\ L_1$	0,028		0,22	0,287		0,287	0,364
	1	$0,4\ L_1$	0,063		0,50	0,132		0,132	0,140
0,2	1	$0,2\ L_1$	0,040		0,32	0,571		0,571	0,500
	1	$0,3\ L_1$	0,060		0,48	0,344		0,344	0,364
	1	$0,5\ L_1$	0,071		0,57	0,177		0,177	0,192
0,5	1	$0,5\ L_1$	0,000		O	0,500		0,500	0,500
	1	$0,6\ L_1$	0,011		0,09	0,258		0,258	0,364
	1	$0,7\ L_1$	0,016		0,13	0,139		0,139	0,265
	Faktor		a						

Schnitt	Last in Feld	infolge $p = 1$ kN/m			infolge $m_t = 1$ kNm/m			
O	max	0,235	0,207	13,48	0,743	**0,694**	5,60	6,30
0,2	max	0,235	0,221	14,26	0,721	0,697	5,60	6,30
0,5	max	0,055	0,045	2,96	0,410	0,391	3,15	6,30
	Faktor	a^2	a^2		a	a		

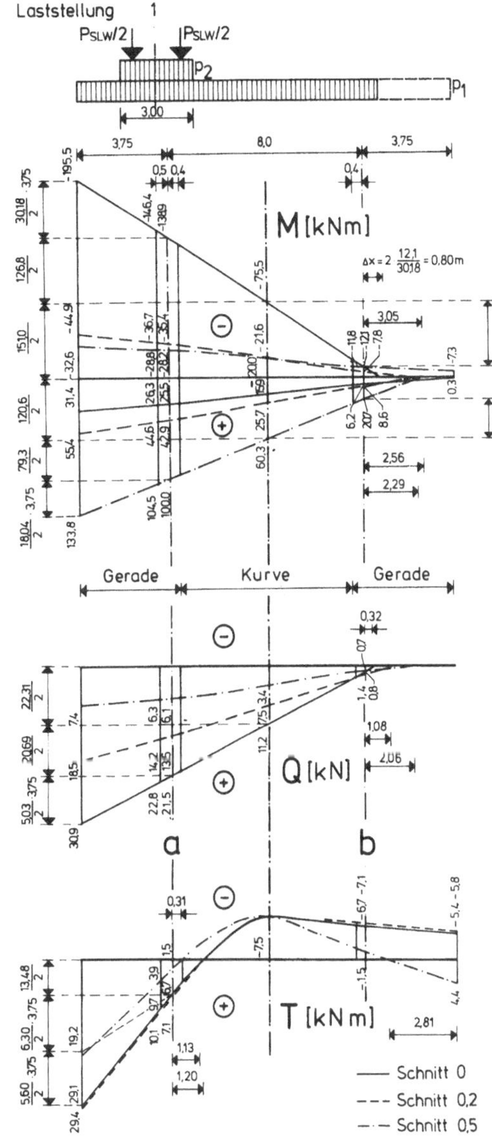

Bild 39.
Quereinflußlinien für die Schnitt-
größen des Hauptträgers a infolge
Streckenlasten

Die Schnittkräfte infolge Streckenlasten werden in Form von Quereinflußlinien in Bild 39 aufgetragen. Die Kon-
struktion der Quereinflußlinien wird auf
S. 44 näher erläutert.

3.2.5.2 Auswertung

Schnitt 0

max. M =

$$= \frac{581}{2}[0,44 + 0,74 + 0,5 \cdot 0,078]$$

$$+ 2,7 \cdot 3,0 \cdot 26,3 + 3 \cdot 15,5 \cdot 15,9$$

$$= 354 + 213 + 739 = 1306 \text{ kNm.}$$

min. M =

$$= - \frac{581}{2}[3,05 + 3,65 + 0,5 \cdot 0,650]$$

$$- 2,7 \cdot 3,0 \cdot 146,4$$

$$- 3[\frac{3,75}{2}(195,5 + 138,9) + 8,0 \cdot 75,5$$

$$+ \frac{0,80}{2} \cdot 12,1]$$

$$- = 2041 - 1186 - 3708 = - 6935 \text{ kNm.}$$

max. Q =

$$= \frac{581}{2}[0,880 + 0,930 + 0,5 \cdot 0,153]$$

$$+ 2,7 \cdot 3,0 \cdot 22,8$$

$$+ 3[\frac{3,75}{2}(30,9 + 21,5) + 8,0 \cdot 11,2$$

$$+ \frac{0,32}{2} \cdot 0,8]$$

$$= 548 + 185 + 564 = 1297 \text{ kN.}$$

zug. T =

$$= \frac{581}{2}[0,22 + 0,5(0,287 + 0,364)]$$

$$+ 2,7 \cdot 3,0 \cdot 9,7$$

$$+ 3[\frac{3,75}{2}(29,1 + 6,7) + \sim \frac{1,13}{2} \cdot 6,7]$$

$$= 158 + 79 + 213 = 450 \text{ kNm.}$$

max. T =

$$= \frac{581}{2}[0,50 + 0,5(0,132 + 0,140)]$$

$$+ 79 + 213$$

$$= 185 + 79 + 213 = 477 \text{ kNm.}$$

Schnitt 0,2

max. M =

$$= \frac{581}{2}[3,31 + 3,76 + 0,5 \cdot 0,367 - 1]\ ^{1)}$$

$$+ 2,7 \cdot 3,0 \cdot 44,6$$

$$+ 3[\frac{3,75}{2}(55,4 + 42,9) + 8,0 \cdot 25,7$$

$$+ \frac{2,56}{2} \cdot 8,6]$$

$$= 1817 + 361 + 1203 = 3381 \text{ kNm.}$$

min. M =

$$= - \frac{581}{2}[1,32 + 1,90 + 0,5 \cdot 0,245]$$

$$- 2,7 \cdot 3,0 \cdot 36,7$$

$$- 3[\frac{3,75}{2}(44,9 + 35,4) + 8,0 \cdot 21,6$$

$$+ \frac{3,05}{2} \cdot 7,8]$$

$$= - 971 - 297 - 1006 = - 2274 \text{ kNm.}$$

max. Q =

$$= \frac{581}{2}[0,35(0,763 + 0,839 + 0,5 \cdot 0,061)^{2)}$$

$$+ \quad 0,65(0,619 + 0,734 + 0,5 \cdot 0,094)]$$

$$+ 2,7 \cdot 3,0 \cdot 14,2$$

$$+ 3[\frac{3,75}{2}(18,5 + 13,5) + 8,0 \cdot 7,5$$

$$+ \frac{1,08}{2} \cdot 1,4]$$

$$= 430 + 115 + 362 = 907 \text{ kN.}$$

max. T =

$$= \frac{581}{2}\Big(0,35[0,32 + 0,5(0,571 + 0,500)]$$

$$+ \quad 0,65[0,48 + 0,5(0,344 + 0,364)]\Big)$$

$$+ 2,7 \cdot 3,0 \cdot 10,1$$

$$+ 3[\frac{3,75}{2}(29,4 + 7,1) + \sim \frac{1,20}{2} \cdot 7,1]$$

$$= 244 + 82 + 218 = 544 \text{ kNm.}$$

Schnitt 0,5

max. M =

$$= \frac{581}{2}[5,18 + 6,62 + 0,5 \cdot 0,789 - 1]$$

$$+ 2,7 \cdot 3,0 \cdot 104,5$$

$$+ 3[\frac{3,75}{2}(133,8 + 100,0) + 8,0 \cdot 60,3$$

$$+ \frac{2,29}{2} \cdot 20,7]$$

$$= 3252 + 846 + 2833 = 6931 \text{ kNm.}$$

min. M =

$$= - \frac{581}{2}[0,40 + 0,90 + 0,5 \cdot 0,068]$$

$$- 2,7 \cdot 3,0 \cdot 28,8 - 3 \cdot 15,5 \cdot 20,0$$

$$= - 387 - 233 - 930 = - 1550 \text{ kNm.}$$

max. Q =

$$= \frac{581}{2}[0,35(0,500 + 0,500)$$

$$+ \quad 0,65(0,359 + 0,380 + 0,5 \cdot 0,033)]$$

$$+ 2,7 \cdot 3,0 \cdot 6,3$$

$$+ 3[\frac{3,75}{2}(7,4 + 6,1) + 8,0 \cdot 3,4$$

$$+ \frac{2,06}{2} \cdot 0,7]$$

$$= 244 + 51 - 160 = 455 \text{ kN.}$$

zug. T =

$$= \frac{581}{2}\Big(0,35 \cdot 0,5(0,500 + 0,500)$$

$+ 0,65 [0,09 + 0,5 (0,258 + 0,364)])$

$+ 2,7 \cdot 3,0 \cdot 3,9$

$+ 3 [\frac{3,75}{2} (19,2 + 1,5) + \frac{0,31}{2} \cdot 1,5$

$+ \frac{2,81}{2} \cdot 4,4]$

$= 127 + 32 + 136 = 295 \text{ kNm.}$

Laststellung 2

min. T =

$= -581 [0,35 (0,236 \cdot 0,500 + 1,015 \cdot 0,500)$

$+ 0,65 (- 0,183 \cdot 0,09 + 0,236 \cdot 0,258$

$+ 1,015 \cdot 0,364)]$

$- 2,7 (- 0,57 \cdot 2,96 + 0,75 \cdot 3,15$

$+ 3,10 \cdot 6,30)$

$- \sim 3,0 \cdot 6,09 \cdot 6,30$

$= - 284 - 54 - 115 = - 453 \text{ kNm.}$

3.2.6 Schnittkräfte der Fahrbahnplatte

3.2.6.1 Momente infolge direkter Belastung

Es wird nur die innere Platte untersucht. Die Momente werden nach [12] S. 11 - 14 ermittelt. Der dachförmige Verlauf der Plattenunterkante wird durch eine Parabel angenähert. Die parabolische Ersatzplatte wird durch Vergleich der α-Werte nach Bild 42 und 43 gefunden.

Aus $\alpha_a = 0,073$ folgt $d_v/d_m = 1,6$,

aus $\alpha_s = 0,296$ folgt $d_v/d_m = 1,8$.

Die parabolische Ersatzplatte hat ein Dickenverhältnis von

$d_v/d_m \sim 0,5 (1,6 + 1,8) = 1,7.$

Schwingbeiwert:

$\varphi = 1,4 - 0,008 \cdot 8,0 = 1,34.$

$\beta a = 7,2 \text{ m}, \quad d_5 : d_3 = 1 : 1,7.$

Die elastische Einspannung der Platte in den Stegkörper wird näherungsweise durch den Faktor 0,9 für das Stützmoment und 1,05 für das Feldmoment erfaßt.

Trägeranschnitt:

min. $m_{3,x} =$

$= - 0,9 [1,34 (12,3 + 0,2) + 0,7] \cdot 10$

$= - 157 \text{ kNm/m.}$

Fünftelspunkt:

max. $m_{4,x} =$

$= 1,05 \cdot 1,34 \cdot 1,1 \cdot 10 = 15 \text{ kNm/m.}$

min. $m_{4,x} =$

$= -(1,34 \cdot 3,0 + 0,3) \cdot 10 = - 43 \text{ kNm/m.}$

Feldmitte:

max. $m_{5,x} =$

$= 1,05 [1,34 (3,5 + 0,3) + 0,2] \cdot 10$

$= 56 \text{ kNm/m.}$

max. $m_{5,y} =$

$= (1,34 \cdot 1,7 + 0,1) \cdot 10 = 24 \text{ kNm/m.}$

min. $m_{5,y} =$

$= -(1,34 \cdot 0,6 + 0,1) \cdot 10 = - 9 \text{ kNm/m.}$

Unter Berücksichtigung der Querkontraktionszahl $\mu = 0,2$ ist max. $m_{5,x}$ = 56 + 0,2 · 24 = 61 kNm/m,

max. $m_{5,y}$ = 24 + 0,2 · 56 = 35 kNm/m.

t/a	Δm_{xa}	Faktor
0,50	0,039	1/a
0,75	0,112	1/a
0,714	0,0127	

3.2.6.2 Ergänzungsmomente

SLW-Last

Lastverteilungsbreite für Laststellung 2:

Nach 3.2.4 und Bild 38 ist das Gesamt-plattenmoment am inneren Anschnitt des Trägers a für die volle SLW-Last

$$\bar{M} = M_t + \frac{b_o}{2} P$$

$$= (- 1,251 + \frac{0,8}{2} \cdot 0,684) \cdot 1,34 \cdot 600$$

$$= - 786 \text{ kNm}.$$

Das örtliche Moment ist entsprechend 3.2.6.1

$$\bar{m} = \text{min. } m_{3,x} = - 0,9 \cdot 1,34 \cdot 12,3 \cdot 10$$

$$= - 148 \text{ kNm/m}.$$

Nach (7) ist die Verteilungslänge

$$t = \frac{786}{148} + \frac{0,8}{2} = 5,71 \text{ m},$$

$$\frac{t}{a} = \frac{5,71}{8,0} = 0,714 .$$

Näherungsweise kann diese Lastvertei-lungslänge für alle maßgebenden Last-stellungen verwendet werden. Es wird ein sinusförmiger Momentverlauf voraus-gesetzt.

Die Ergänzungsmomente für antimetrische Beanspruchungen werden nach Tafel Nr. 497 ermittelt:

d	: b_o	: d_o	: a	ω_a^2
0,50	: 1	: 3	: 10	1,74 ~1,76

Die Ergänzungsmomente für symmetrische Beanspruchungen werden nach Tafel Nr. 496, 498 und 499 ermittelt:

d	: b_o	: d_o	: a	ω_s^2
0,40	: 1	: 3	: 10	0,316
0,50	: 1	: 3	: 10	0,545

ω_s^2	Δm_{xs}	Δm_{xm}	m_{ym}	Faktor
		t/a = 0,50		
0,316	-0,050	0,046	-0,077	1/a
0,545	-0,066	0,083	-0,105	1/a
0,403	-0,056	0,060	-0,088	1/a
		t/a = 0,75		
0,316	-0,013	0,051	-0,070	1/a
0,545	-0,007	0,090	-0,093	1/a
0,403	-0,011	0,066	-0,079	1/a
		t/a = 0,714		
0,403	-0,0022	0,0081	-0,0100	

Gleichlast auf der Länge 1,5 a

Das Einspannmoment infolge Teilflächen-last kann wie ein Einzelmoment betrach-tet werden:

Antimetrische Rechtecklast:

$$\Delta m_{xa} = 0,213/8 = 0,0267$$

Symmetrische Rechtecklast:

ω_s^2	Δm_{xs}	Faktor
0,316	0,036	1/a
0,545	0,071	1/a
0,403	0,0062	

3.2.6.3 Momente infolge indirekter Belastung

Plattenquerkräfte q und Momente m_{xa} am Trägeranschnitt infolge antimetrischer Belastung, $m[kNm/m]$

Tafel Nr. (s. Bild 45)			438	444		438	444		497	
$L_2/a : L_1/a : L_2:a$			5:5:5	5:5:5	5:5:5 [1]	5:5:5	5:5:5	5:5:5		
$\omega^2:EI_i/GI_t$			1:10	2:10	1,76:10	1:10	2:10	1,76:10		
Schnittkraft			q	q	$\frac{\beta a}{2}\cdot q$	q	q	$\frac{\beta a}{2}\cdot q$	Δm_{xa}	m'_{xa}
Schnitt	Last in Feld	in	infolge P = 1 kN			infolge M_t (SLW) = 1 kNm				
0	1	$0,0\ L_1$				-1,034	-1,454	-0,0761	0,0127	-0,0634
0,5	1	$0,5\ L_1$	0,117	0,144	0,062	-0,843	-1,195	-0,0625	0,0127	-0,0498
		$0,7\ L_1$	0,078	0,090	0,039	-0,245	-0,182	-0,0111		
		Faktor	1/a			$1/a^2$				
			infolge p = 1 kN/m			infolge m_t = 1 kNm/m				
0	min		-0,267	-0,373	-1,25	-2,467	-2,705	-1,192		
0,5	Vollast		0,170	0,228	0,77	-1,665	-1,547	-0,709		[2]
	max		0,345	0,396	1,38	-1,326	-1,281	-0,581		
		Faktor				1/a				

[1] Interpolation zwischen den Stützweiten ist nicht erforderlich

[2] m_t wird vereinfachend nur in Feld 1 angesetzt

Momente infolge symmetrischer Belastung, m kNm/m , s. a. 1.4.1.2

Tafel Nr.			1/2	496		498	
$\omega_s : L_s/a$			10				
Schnittkraft			m	Δm_{xs}	m'_{xs}	Δm_{xm}	m'_{xm}
Schnitt	Last in Feld	in	infolge M_t(SLW) = 1 kNm				
0	1	$0,5\ L_s \mathrel{\hat=} 0,0L_1$	-0,0397	-0,0022	-0,0419	0,0081	-0,0316
	1	$0,563\ L_s \mathrel{\hat=} 0,2L_1$	-0,0210				
0,5	1	$0,5\ L_s \mathrel{\hat=} 0,5L_1$	-0,0397	-0,0022	-0,0419	0,0081	-0,0316
	1	$0,563\ L_s \mathrel{\hat=} 0,7L_1$	-0,0210				
			infolge m_t = 1 kNm/m				
0	Vollast		-1,000				
0,5	Vollast		-1,000				
	1	$0,341\ bis$ $0,659\ L_s$	-0,796				

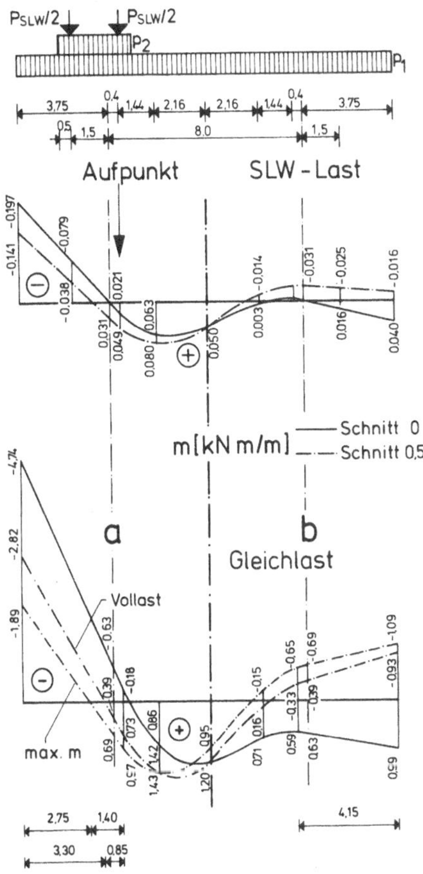

Bild 40.
Quereinflußlinien für das Plattenbiegemoment am inneren Trägeranschnitt infolge indirekter Belastung

Die Momente am Trägeranschnitt werden in
Form von Quereinflußlinien in Bild 40
aufgetragen.

3.2.6.4 Auswertung

Die Momente aus direkter und indirekter
Belastung sind zu überlagern. Für die
indirekte Belastung ist der Schwingbeiwert der Hauptträger anzusetzen.

Trägeranschnitt

Schnitt 0

min. m_3, Hauptspur Laststellung 2

direkte Belastung   − 157 kNm/m

indirekte Belastung, s. S. 59

SLW

$137 \cdot 0,0634$
$+ 590 \cdot 0,0419$ =   33 kNm/m

$p_1 + p_2$ zwischen den
Trägern innerhalb t/a = 1,5

$1,5 \cdot 8 [2,0 (0,0761 - 0,0267)$
$+ (18,0 + 8,4)(0,0397$
$- 0,0062)]$ =   12 kNm/m

p_1 links
$- 3 \cdot \dfrac{4,15}{2}(4,74 + 0,18)$ = −   31 kNm/m

____

min. m   = − 143 kNm/m
================================

max. m_3, Hauptspur mittig
SLW in $0,2\ L_1 = 0,563\ L_s$

indirekte Belastung

SLW

$\sim 590 \cdot 0,0210$ = 12 kNm/m

$p_1 + p_2$ zwischen den Trägern
außerhalb t/a = 1,5

$\sim (18,0 + 8,4)[1,000$
$- 1,5 \cdot 8(0,0397 - 0,0062)]$ = 16 kNm/m

p_1 außen
$3 \cdot \dfrac{4,15}{2}(0,59 + 0,99)$ = 10 kNm/m

____

max. m   = 38 kNm/m
=========================

Schnitt 0,5

min. m_3, Hauptspur Laststellung 2

direkte Belastung $\qquad$ = – 157 kNm/m

indirekte Belastung

SLW

$107 \cdot 0,062 + 137 \cdot 0,0498$

$+ 590 \cdot 0,0419 \qquad = \qquad 38$ kNm/m

$p_1 + p_2$ zwischen den Trägern
innerhalb $t/a = 1,5$

$1,5 \cdot 8 [1,5 \cdot 0,062$

$+ 2,0 (0,0625 - 0,0267)$

$+ 26,4 (0,0397 - 0,0062)] \qquad = \qquad 13$ kNm/m

p_1 außen

$- 3 [\dfrac{3,30}{2} \cdot 2,82$

$+ \dfrac{4,15}{2} (0,65 + 1,09)] \qquad = - \quad 25$ kNm/m

$$\text{min. } m_3 \qquad = - 131 \text{ kNm/m}$$

max. m_3, Hauptspur Laststellung 2
SLW in $0,7\, L_1 = 0,563\, L_s$

indirekte Belastung

SLW

$107 \cdot 0,039 + 137 \cdot 0,0111$

$+ 590 \cdot 0,0210 \qquad = 18$ kN/m

$p_1 + p_2$ in Feld 1 zwischen
den Trägern außerhalb
$t/a = 1,5$

$1,5 (0,77 - \sim 12,0 \cdot 0,062)$

$+ 2,0 [0,709 - 12,0 (0,0625$

$\qquad\qquad - 0,0267)]$

$+ 26,4 [1,000 - 12,0 (0,0397$

$\qquad\qquad - 0,0062)] = 16$ kNm/m

p_1 links

$3,0 \cdot \dfrac{1,40}{2} \cdot 0,97 \qquad = \quad 2$ kNm/m

$$\text{max. } m_3 \qquad = 36 \text{ kNm/m}$$

Fünftelspunkt

Schnitt 0

min. m_4, Hauptspur Laststellung 1

indirekte Belastung

$\dfrac{1}{2}$ SLW

$- \dfrac{581}{4} \cdot 1,50 (0,6 \cdot 0,0634$

$+ 0,0419) \qquad = - 17$ kNm/m

p_2 auf 2 m Breite

$- \dfrac{2,7}{2} [2,0 \cdot 0,6 \cdot 1,25$

$+ \dfrac{2,0^2}{2} (0,6 \cdot 1,192$

$\qquad\qquad + 1,000)] \qquad = - \quad 7$ kNm/m

p_1 außen

$- 3 \cdot \dfrac{3,75^2}{2} \qquad = - 21$ kNm/m

$$\text{min. } m_4 \qquad = - 45 \text{ kNm/m}$$

Schnitt 0,5

max. m_4, Hauptspur Laststellung 2

direkte Belastung $\qquad$ 15 kNm/m

indirekte Belastung

SLW

$107 \cdot 0,6 \cdot 0,062$

+ 137 · 0,6 · 0,0498

+ 590 · 0,0419   = 33 kNm/m

$p_1 + p_2$ in Feld 1 zwischen
den Trägerachsen

1,5 · 0,6 · 0,77

+ 2,0 · 0,6 · 0,709

+ 26,7 · 1,0   = 28 kNm/m
____

    max. m_4 = 76 kNm/m
========================

Feldmitte
____

min. m_5, Hauptspur Laststellung 1

indirekte Belastung

$\frac{1}{2}$ SLW

$- \frac{581}{4}$ · 1,5 · 0,0316   = − 7 kNm/m

p_2 auf 2 m Breite

$- \frac{2,7}{2} \cdot \frac{2,0^2}{2}$ = − 3 kNm/m

p_1 außen

$- 3 \cdot \frac{3,75^2}{2}$ = − 21 kNm/m
____

    min. m_5 = − 31 kNm/m
========================

max. m_5, Hauptspur Laststellung 2

direkte Belastung   61 kNm/m

indirekte Belastung

SLW

590 · 0,0316   = 19 kNm/m

$p_1 + p_2$

26,7 · 1,0   = 27 kNm/m
____

    max. m_5 = 107 kNm/m
========================

max. m_y, Hauptspur Laststellung 2

direkte Belastung   35 kNm/m

indirekte Belastung

SLW voll $\frac{60}{51}$ · 590 · 0,0100   = 7 kNm/m
____

    max. m_y = 41 kNm/m
========================

Die Grenzlinien der Plattenbiegemomente
werden in Bild 41 dargestellt.

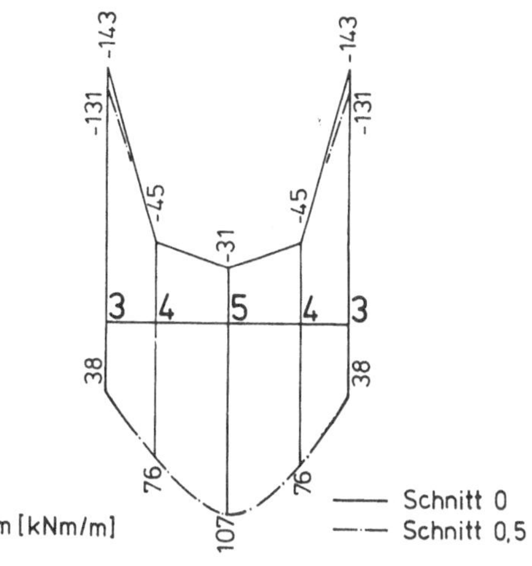

Bild 41. Grenzlinien für die Biegemomente
der inneren Platte

4. Tafeln

Tafelverzeichnis

4.1 Stützmomente des elastisch eingespannten Balkens mit
    Vouten   Tafel Nr. 1

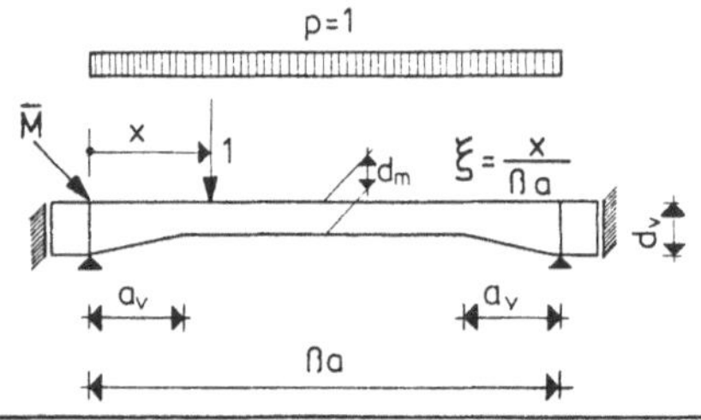 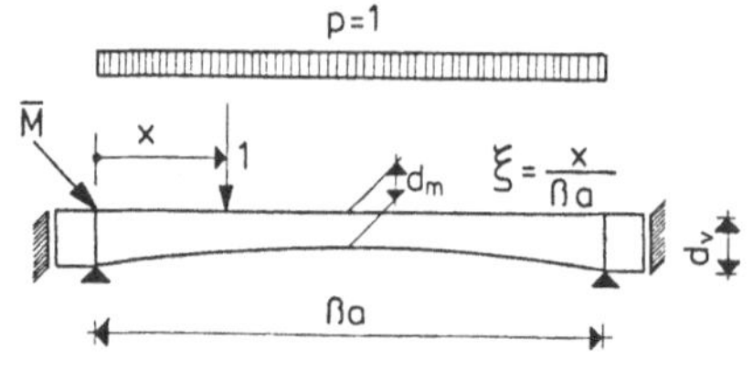

4.2 Schnittkräfte des zweistegigen Plattenbalkens infolge
    symmetrischer Belastung

        durch Einzelmomente   Tafel Nr. 2
        durch Streckenmomente   Tafel Nr. 3

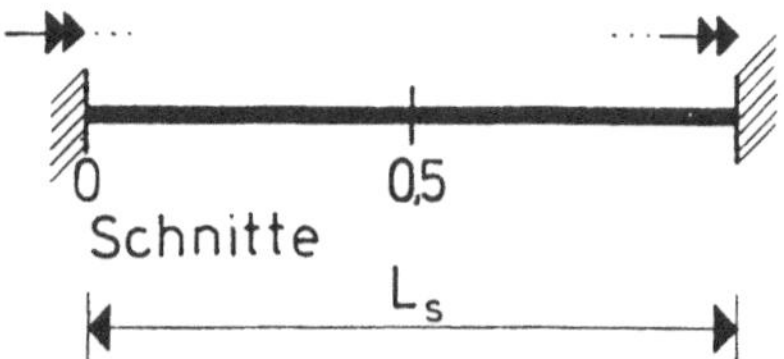 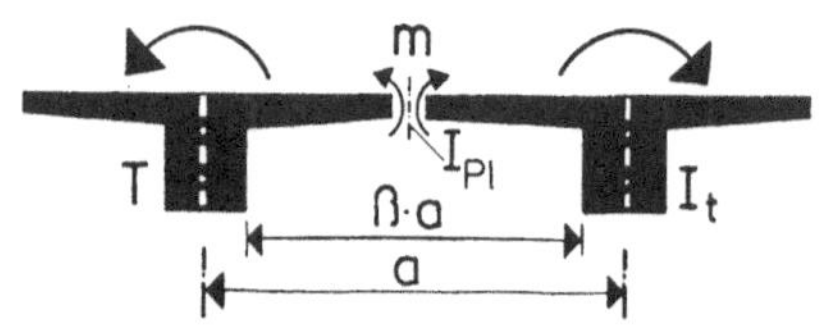

4.3 Schnittkräfte des zweistegigen Plattenbalkens infolge
    antimetrischer Belastung

    4.3.1 Einfeldsysteme

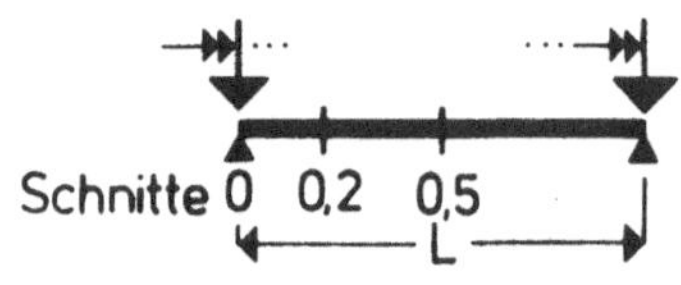 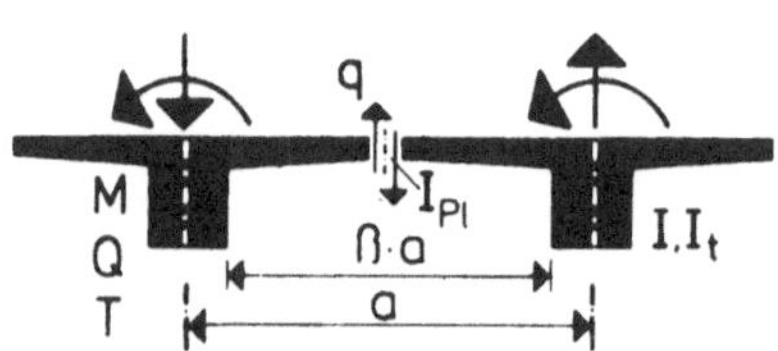

ω^2	0,5					1						2					
EI_i/GI_t	1	1,5	2,5	3,5	5	1	1,5	2,5	3,5	5	10	1	1,5	2,5	3,5	5	10
L/a	Tafel Nr.					Tafel Nr.						Tafel Nr.					
2	4	5	6			7	8	9				10	11	12			
3	13	14	15	16		17	18	19	20	21	22	23	24	25	26	27	28
4	29	30	31	32	33	34	35	36	37	38	39	40	41	42	43	44	45
5	46	47	48	49	50	51	52	53	54	55	56	57	58	59	60	61	62
6	63	64	65	66	67	68	69	70	71	72	73	74	75	76	77	78	79

4.3.2 Endfeldsysteme

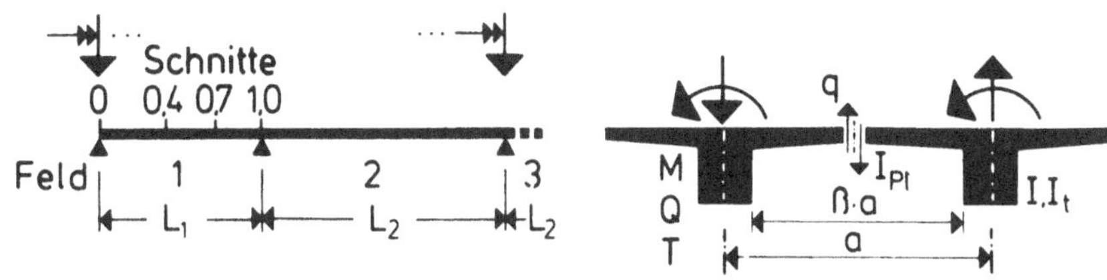

ω^2	0,5					1						2					
EI_i/GI_t	1	1,5	2,5	3,5	5	1	1,5	2,5	3,5	5	10	1	1,5	2,5	3,5	5	10
$L_1/a:L_2/a$	Tafel Nr.					Tafel Nr.						Tafel Nr.					
2 : 2	80	81	82			83	84	85				86	87	88			
2 : 3	89	90	91			92	93	94				95	96	97			
2 : 4	98	99	100			101	102	103				104	105	106			
3 : 2	107	108	109			110	111	112				113	114	115			
3 : 3	116	117	118	119		120	121	122	123	124	125	126	127	128	129	130	131
3 : 4	132	133	134	135		136	137	138	139	140	141	142	143	144	145	146	147
3 : 5	148	149	150	151		152	153	154	155	156	157	158	159	160	161	162	163
4 : 3	164	165	166	167	168	169	170	171	172	173	174	175	176	177	178	179	180
4 : 4	181	182	183	184	185	186	187	188	189	190	191	192	193	194	195	196	197
4 : 5	198	199	200	201	202	203	204	205	206	207	208	209	210	211	212	213	214
4 : 6	215	216	217	218	219	220	221	222	223	224	225	226	227	228	229	230	231
5 : 4	232	233	234	235	236	237	238	239	240	241	242	243	244	245	246	247	248
5 : 5	249	250	251	252	253	254	255	256	257	258	259	260	261	262	263	264	265
5 : 6	266	267	268	269	270	271	272	273	274	275	276	277	278	279	280	281	282
6 : 5	283	284	285	286	287	288	289	290	291	292	293	294	295	296	297	298	299
6 : 6	300	301	302	303	304	305	306	307	308	309	310	311	312	313	314	315	316

4.3.3 Innenfeldsysteme

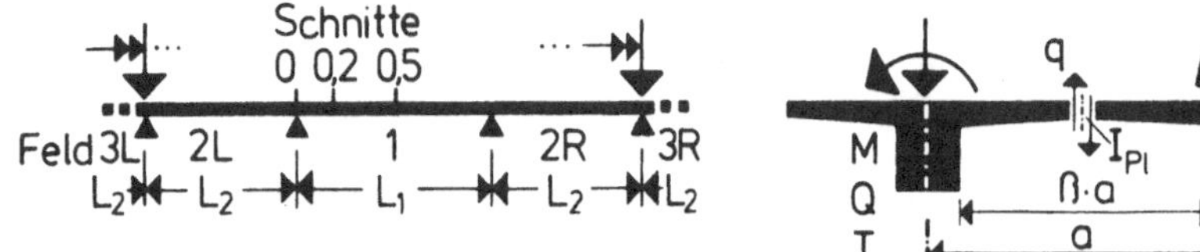

ω^2	0,5	1	2
EI_i/GI_t	1 1,5 2,5 3,5 5	1 1,5 2,5 3,5 5 10	1 1,5 2,5 3,5 5 10
$\dfrac{L_2}{a}:\dfrac{L_1}{a}:\dfrac{L_2}{a}$	Tafel Nr.	Tafel Nr.	Tafel Nr.
2 : 2 : 2	317 318 319	320 321 322	323 324 325
2 : 3 : 2	326 327 328	329 330 331	332 333 334
3 : 3 : 3	335 336 337 338	339 340 341 342 343 344	345 346 347 348 349 350
2 : 4 : 2	351 352 353	354 355 356	257 258 359
3 : 4 : 3	360 361 362 263 264	365 366 367 368 369 370	371 372 373 374 375 376
4 : 4 : 4	377 378 379 380 381	382 383 384 385 386 387	388 389 390 391 392 393
3 : 5 : 3	394 395 396 397 398	399 400 401 402 403 404	405 406 407 408 409 410
4 : 5 : 4	411 412 413 414 415	416 417 418 419 420 421	422 423 424 425 426 427
5 : 5 : 5	428 429 430 431 432	433 434 435 436 437 438	439 440 441 442 443 444
4 : 6 : 4	445 446 447 448 449	450 451 452 453 454 455	456 457 458 459 460 461
5 : 6 : 5	462 463 464 465 466	467 468 469 470 471 472	473 474 475 476 477 478
6 : 6 : 6	479 480 481 482 483	484 485 486 487 488 489	490 491 492 493 494 495

4.4 Ergänzungsmomente der Fahrbahnplatte

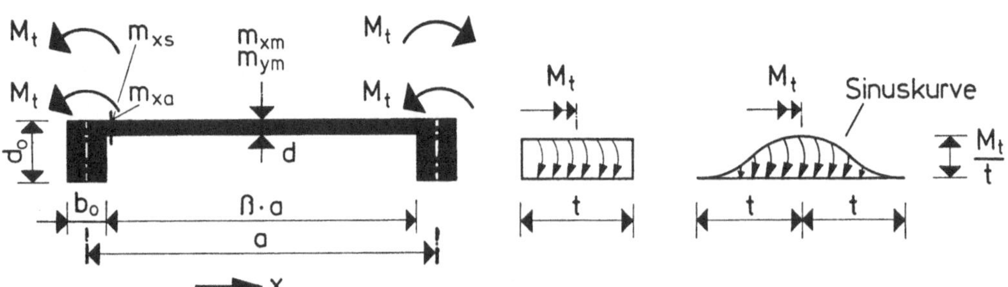

Plattenbiegemoment Δm_{xs} infolge symmetrischer Belastung   Tafel Nr. 496

Plattenbiegemoment Δm_{xa} infolge antimetrischer Belastung   Tafel Nr. 497

Plattenbiegemoment Δm_{xm} infolge symmetrischer Belastung   Tafel Nr. 498

Plattenbiegemoment m_{ym} infolge symmetrischer Belastung   Tafel Nr. 499

4.1 Stützmomente des elastisch eingespannten Balkens mit Vouten

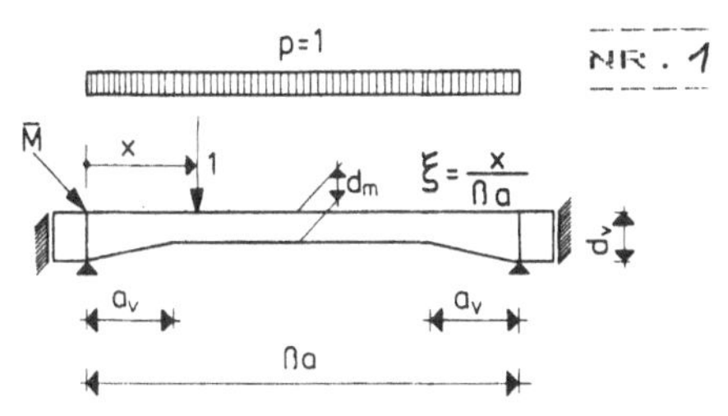

$a_v/\beta\,a$	d_v/d_m	$\xi =$ 0,1	0,2	0,3	0,4	0,5	0,6	0,7	0,8	0,9	p
	1,1	-0,0741	-0,1187	-0,1376	-0,1363	-0,1200	-0,0940	-0,0638	-0,0346	-0,0118	-0,0799
	1,2	-0,0768	-0,1235	-0,1430	-0,1410	-0,1233	-0,0957	-0,0639	-0,0338	-0,0110	-0,0820
	1,3	-0,0791	-0,1277	-0,1476	-0,1450	-0,1261	-0,0970	-0,0638	-0,0328	-0,0102	-0,0837
	1,4	-0,0811	-0,1314	-0,1517	-0,1485	-0,1284	-0,0979	-0,0636	-0,0319	-0,0094	-0,0852
0,10	1,5	-0,0829	-0,1346	-0,1552	-0,1515	-0,1304	-0,0987	-0,0633	-0,0310	-0,0088	-0,0864
	1,6	-0,0844	-0,1375	-0,1583	-0,1542	-0,1321	-0,0993	-0,0630	-0,0302	-0,0081	-0,0875
	1,7	-0,0858	-0,1400	-0,1611	-0,1565	-0,1336	-0,0998	-0,0626	-0,0294	-0,0075	-0,0884
	1,8	-0,0870	-0,1423	-0,1636	-0,1585	-0,1348	-0,1002	-0,0622	-0,0286	-0,0070	-0,0892
	1,9	-0,0880	-0,1443	-0,1658	-0,1604	-0,1360	-0,1005	-0,0618	-0,0279	-0,0065	-0,0899
	2,0	-0,0890	-0,1461	-0,1677	-0,1620	-0,1369	-0,1007	-0,0614	-0,0272	-0,0061	-0,0905
	1,1	-0,0740	-0,1194	-0,1388	-0,1375	-0,1210	-0,0947	-0,0641	-0,0347	-0,0120	-0,0804
	1,2	-0,0766	-0,1250	-0,1453	-0,1434	-0,1252	-0,0969	-0,0644	-0,0339	-0,0113	-0,0830
	1,3	-0,0789	-0,1300	-0,1511	-0,1485	-0,1288	-0,0986	-0,0644	-0,0329	-0,0106	-0,0852
	1,4	-0,0809	-0,1344	-0,1563	-0,1531	-0,1319	-0,0999	-0,0642	-0,0319	-0,0099	-0,0870
0,15	1,5	-0,0826	-0,1384	-0,1609	-0,1571	-0,1345	-0,1009	-0,0637	-0,0308	-0,0093	-0,0886
	1,6	-0,0842	-0,1420	-0,1651	-0,1607	-0,1368	-0,1016	-0,0632	-0,0297	-0,0087	-0,0900
	1,7	-0,0856	-0,1452	-0,1689	-0,1639	-0,1388	-0,1022	-0,0626	-0,0286	-0,0081	-0,0912
	1,8	-0,0868	-0,1482	-0,1723	-0,1667	-0,1406	-0,1027	-0,0620	-0,0275	-0,0076	-0,0922
	1,9	-0,0878	-0,1508	-0,1753	-0,1693	-0,1421	-0,1030	-0,0614	-0,0265	-0,0071	-0,0932
	2,0	-0,0888	-0,1533	-0,1782	-0,1717	-0,1435	-0,1033	-0,0607	-0,0255	-0,0066	-0,0940
	1,1	-0,0737	-0,1196	-0,1395	-0,1384	-0,1218	-0,0953	-0,0645	-0,0350	-0,0122	-0,0808
	1,2	-0,0761	-0,1254	-0,1468	-0,1451	-0,1268	-0,0980	-0,0651	-0,0344	-0,0117	-0,0837
	1,3	-0,0782	-0,1306	-0,1534	-0,1512	-0,1311	-0,1001	-0,0653	-0,0336	-0,0112	-0,0862
	1,4	-0,0800	-0,1353	-0,1594	-0,1566	-0,1348	-0,1018	-0,0651	-0,0326	-0,0107	-0,0884
0,20	1,5	-0,0817	-0,1397	-0,1648	0,1615	-0,1381	-0,1030	-0,0647	-0,0315	-0,0101	-0,0903
	1,6	-0,0831	-0,1436	-0,1698	-0,1659	-0,1410	-0,1040	-0,0641	-0,0304	-0,0096	-0,0919
	1,7	-0,0844	-0,1472	-0,1744	-0,1699	-0,1435	-0,1047	-0,0634	-0,0292	-0,0091	-0,0934
	1,8	-0,0856	-0,1505	-0,1786	-0,1736	-0,1457	-0,1052	-0,0626	-0,0280	-0,0086	-0,0946
	1,9	-0,0867	-0,1535	-0,1825	-0,1770	-0,1477	-0,1056	-0,0617	-0,0269	-0,0081	-0,0958
	2,0	-0,0876	-0,1562	-0,1861	-0,1800	-0,1494	-0,1059	-0,0608	-0,0257	-0,0077	-0,0968
	1,1	-0,0734	-0,1193	-0,1397	-0,1389	-0,1224	-0,0958	-0,0649	-0,0354	-0,0124	-0,0810
	1,2	-0,0755	-0,1248	-0,1473	-0,1463	-0,1280	-0,0990	-0,0659	-0,0351	-0,0121	-0,0842
	1,3	-0,0774	-0,1298	-0,1543	-0,1529	-0,1329	-0,1015	-0,0663	-0,0346	-0,0118	-0,0869
	1,4	-0,0790	-0,1344	-0,1607	-0,1590	-0,1372	-0,1036	-0,0664	-0,0339	-0,0114	-0,0894
0,25	1,5	-0,0805	-0,1385	-0,1667	-0,1646	-0,1410	-0,1052	-0,0662	-0,0330	-0,0110	-0,0915
	1,6	-0,0819	-0,1423	-0,1722	-0,1697	-0,1444	-0,1064	-0,0657	-0,0321	-0,0106	-0,0933
	1,7	-0,0831	-0,1458	-0,1773	-0,1744	-0,1474	-0,1073	-0,0650	-0,0311	-0,0102	-0,0950
	1,8	-0,0841	-0,1490	-0,1821	-0,1788	-0,1501	-0,1080	-0,0641	-0,0301	-0,0098	-0,0964
	1,9	-0,0851	-0,1520	-0,1865	-0,1828	-0,1525	-0,1084	-0,0632	-0,0290	-0,0094	-0,0977
	2,0	-0,0860	-0,1547	-0,1907	-0,1865	-0,1547	-0,1087	-0,0621	-0,0280	-0,0090	-0,0989
	1,1	-0,0721	-0,1166	-0,1370	-0,1373	-0,1219	-0,0960	-0,0655	-0,0361	-0,0128	-0,0803
	1,2	-0,0730	-0,1196	-0,1421	-0,1433	-0,1273	-0,0996	-0,0673	-0,0368	-0,0130	-0,0830
	1,3	-0,0739	-0,1223	-0,1466	-0,1488	-0,1323	-0,1029	-0,0689	-0,0374	-0,0132	-0,0854
	1,4	-0,0746	-0,1247	-0,1507	-0,1539	-0,1369	-0,1058	-0,0703	-0,0379	-0,0134	-0,0876
0,50	1,5	-0,0752	-0,1268	-0,1544	-0,1586	-0,1412	-0,1084	-0,0715	-0,0383	-0,0136	-0,0896
	1,6	-0,0757	-0,1287	-0,1578	-0,1629	-0,1451	-0,1108	-0,0725	-0,0387	-0,0137	-0,0914
	1,7	-0,0762	-0,1304	-0,1610	-0,1669	-0,1488	-0,1130	-0,0734	-0,0390	-0,0139	-0,0930
	1,8	-0,0766	-0,1319	-0,1638	-0,1707	-0,1522	-0,1149	-0,0742	-0,0393	-0,0140	-0,0946
	1,9	-0,0770	-0,1333	-0,1664	-0,1742	-0,1554	-0,1167	-0,0749	-0,0395	-0,0141	-0,0959
	2,0	-0,0773	-0,1345	-0,1689	-0,1774	-0,1584	-0,1183	-0,0756	-0,0397	-0,0143	-0,0972
	Faktor					$\beta\,a$					$\beta^2\,a^2$

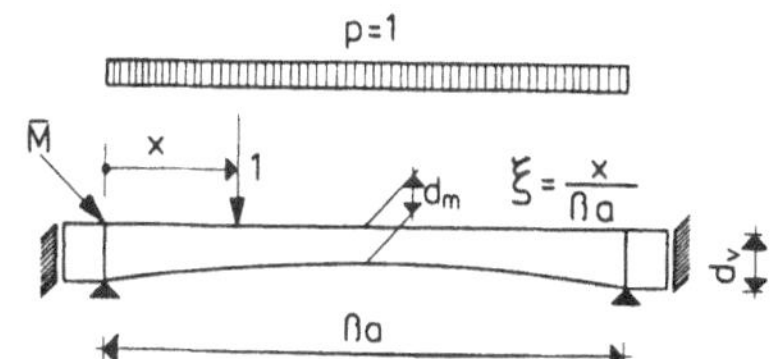

d_v/d_m	$\xi =$ 0,1	0,2	0,3	0,4	0,5	0,6	0,7	0,8	0,9	p
1,0	-0,0709	-0,1131	-0,1314	-0,1308	-0,1160	-0,0919	-0,0634	-0,0353	-0,0126	-0,0773
1,1	-0,0729	-0,1181	-0,1386	-0,1383	-0,1222	-0,0959	-0,0652	-0,0357	-0,0125	-0,0807
1,2	-0,0746	-0,1225	-0,1451	-0,1452	-0,1279	-0,0994	-0,0666	-0,0359	-0,0125	-0,0838
1,3	-0,0760	-0,1265	-0,1510	-0,1515	-0,1330	-0,1024	-0,0677	-0,0359	-0,0124	-0,0864
1,4	-0,0773	-0,1301	-0,1564	-0,1573	-0,1376	-0,1050	-0,0685	-0,0358	-0,0122	-0,0888
1,5	-0,0784	-0,1333	-0,1614	0,1627	-0,1418	-0,1072	-0,0690	-0,0356	-0,0121	-0,0910
1,6	-0,0794	-0,1362	-0,1660	-0,1677	-0,1457	-0,1091	-0,0693	-0,0353	-0,0119	-0,0929
1,7	-0,0803	-0,1388	-0,1702	-0,1724	-0,1492	-0,1108	-0,0695	-0,0350	-0,0118	-0,0946
1,8	-0,0812	-0,1413	-0,1742	-0,1768	-0,1525	-0,1122	-0,0695	-0,0346	-0,0116	-0,0962
1,9	-0,0819	-0,1435	-0,1779	-0,1809	-0,1555	-0,1133	-0,0694	-0,0342	-0,0114	-0,0976
2,0	-0,0826	-0,1456	-0,1814	-0,1848	-0,1582	-0,1143	-0,0692	-0,0338	-0,0113	-0,0989
Faktor					$\beta\,a$					$\beta^2\,a^2$

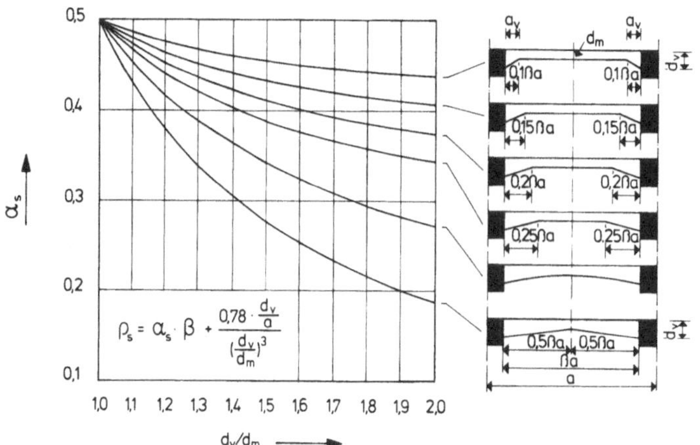

Bild 42. Plattenbeiwerte für symmetrische
Belastung zur Bildung des Parameters

$$\omega_s^{\,2} = \frac{EI_{Pl}\,a}{GI_t\,(1 - \mu^2)\rho_s}$$

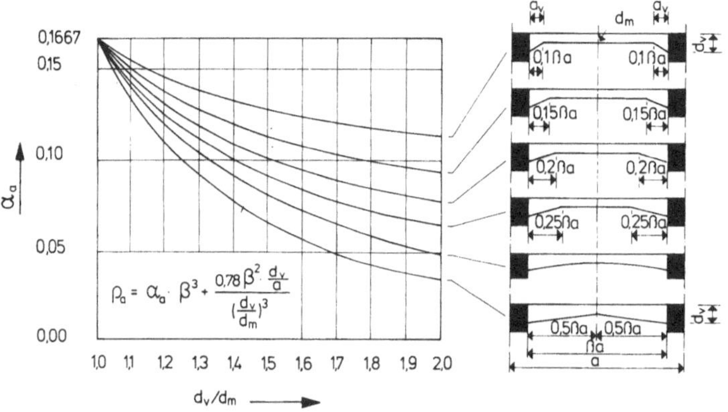

Bild 43. Plattenbeiwerte für antimetrische
Belastung zur Bildung des Parameters

$$\omega_a^{\,2} = \frac{EI_{Pl}\,a}{GI_t\,(1 - \mu^2)\rho_a}\ ,$$

EI_i/GI_t s. S. 4 und 5

4.2 Schnittkräfte des zweistegigen Plattenbalkens infolge symmetrischer Belastung

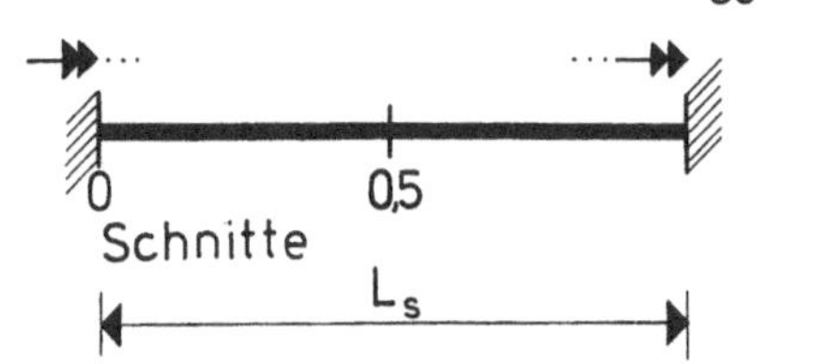

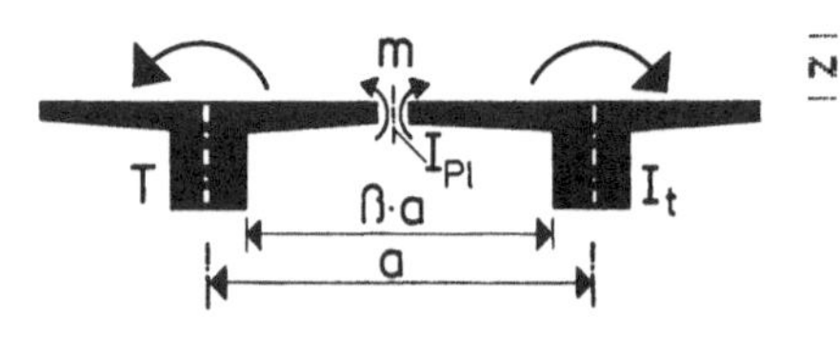

SCHNITTKRAEFTE INFOLGE EINZELMOMENT Mt=1

ω s*Ls/a	0.5	1.0	1.5	2.0	2.5	3.0	3.5	4.0	4.5	5.0

Torsionsmoment To am Brueckenende

LAST IN	0.5	1.0	1.5	2.0	2.5	3.0	3.5	4.0	4.5	5.0
0.0*Ls	1.0000	1.0000	1.0000	1.0000	1.0000	1.0000	1.0000	1.0000	1.0000	1.0000
0.1*Ls	0.8930	0.8735	0.8449	0.8112	0.7754	0.7393	0.7040	0.6700	0.6375	0.6065
0.2*Ls	0.7882	0.7557	0.7089	0.6550	0.5995	0.5456	0.4952	0.4487	0.4063	0.3678
0.3*Ls	0.6855	0.6455	0.5889	0.5251	0.4612	0.4015	0.3476	0.3002	0.2588	0.2229
0.4*Ls	0.5844	0.5417	0.4821	0.4162	0.3519	0.2937	0.2431	0.2003	0.1646	0.1350
0.5*Ls	0.4848	0.4434	0.3862	0.3240	0.2648	0.2125	0.1687	0.1329	0.1042	0.0815
0.6*Ls	0.3864	0.3495	0.2990	0.2449	0.1942	0.1507	0.1151	0.0870	0.0654	0.0489
0.7*Ls	0.2889	0.2591	0.2185	0.1755	0.1359	0.1025	0.0758	0.0553	0.0400	0.0287
0.8*Ls	0.1922	0.1713	0.1430	0.1133	0.0861	0.0636	0.0459	0.0325	0.0228	0.0158
0.9*Ls	0.0960	0.0852	0.0707	0.0555	0.0418	0.0304	0.0216	0.0151	0.0103	0.0070
1.0*Ls	0.0000	0.0000	0.0000	0.0000	0.0000	0.0000	0.0000	0.0000	0.0000	0.0000

Torsionsmoment T in Brueckenmitte

LAST IN	0.5	1.0	1.5	2.0	2.5	3.0	3.5	4.0	4.5	5.0
0.0*Ls	0.0000	0.0000	0.0000	0.0000	0.0000	0.0000	0.0000	0.0000	0.0000	0.0000
0.1*Ls	-0.0990	-0.0961	-0.0915	-0.0857	-0.0788	-0.0715	-0.0640	-0.0566	-0.0496	-0.0431
0.2*Ls	-0.1983	-0.1932	-0.1852	-0.1748	-0.1626	-0.1495	-0.1359	-0.1224	-0.1094	-0.0971
0.3*Ls	-0.2980	-0.2922	-0.2829	-0.2709	-0.2567	-0.2410	-0.2247	-0.2081	-0.1918	-0.1760
0.4*Ls	-0.3985	-0.3941	-0.3871	-0.3779	-0.3668	-0.3545	-0.3412	-0.3275	-0.3136	-0.2997
0.5*Ls	-0.5000	-0.5000	-0.5000	-0.5000	-0.5000	-0.5000	-0.5000	-0.5000	-0.5000	-0.5000
0.5*Ls	0.5000	0.5000	0.5000	0.5000	0.5000	0.5000	0.5000	0.5000	0.5000	0.5000
0.6*Ls	0.3985	0.3941	0.3871	0.3779	0.3668	0.3545	0.3412	0.3275	0.3136	0.2997
0.7*Ls	0.2980	0.2922	0.2829	0.2709	0.2567	0.2410	0.2247	0.2081	0.1918	0.1760
0.8*Ls	0.1983	0.1932	0.1852	0.1748	0.1626	0.1495	0.1359	0.1224	0.1094	0.0971
0.9*Ls	0.0990	0.0961	0.0915	0.0857	0.0788	0.0715	0.0640	0.0566	0.0496	0.0431
1.0*Ls	0.0000	0.0000	0.0000	0.0000	0.0000	0.0000	0.0000	0.0000	0.0000	0.0000

Plattenbiegemoment m in Brueckenmitte

LAST IN	0.5	1.0	1.5	2.0	2.5	3.0	3.5	4.0	4.5	5.0	
0.0*Ls	0.0000	0.0000	0.0000	0.0000	0.0000	0.0000	0.0000	0.0000	0.0000	0.0000	:Ls
0.1*Ls	-0.0121	-0.0444	-0.0872	-0.1305	-0.1672	-0.1942	-0.2109	-0.2184	-0.2183	-0.2124	:Ls
0.2*Ls	-0.0243	-0.0893	-0.1764	-0.2662	-0.3449	-0.4060	-0.4479	-0.4721	-0.4815	-0.4791	:Ls
0.3*Ls	-0.0365	-0.1350	-0.2696	-0.4126	-0.5443	-0.6546	-0.7403	-0.8024	-0.8439	-0.8681	:Ls
0.4*Ls	-0.0488	-0.1821	-0.3688	-0.5755	-0.7779	-0.9625	-1.1243	-1.2629	-1.3801	-1.4786	:Ls
0.5*Ls	-0.0612	-0.2311	-0.4764	-0.7616	-1.0604	-1.3577	-1.6474	-1.9281	-2.2006	-2.4665	:Ls
0.6*Ls	-0.0488	-0.1821	-0.3688	-0.5755	-0.7779	-0.9625	-1.1243	-1.2629	-1.3801	-1.4786	:Ls
0.7*Ls	-0.0365	-0.1350	-0.2696	-0.4126	-0.5443	-0.6546	-0.7403	-0.8024	-0.8439	-0.8681	:Ls
0.8*Ls	-0.0243	-0.0893	-0.1764	-0.2662	-0.3449	-0.4060	-0.4479	-0.4721	-0.4815	-0.4791	:Ls
0.9*Ls	-0.0121	-0.0444	-0.0872	-0.1305	-0.1672	-0.1942	-0.2109	-0.2184	-0.2183	-0.2124	:Ls
1.0*Ls	0.0000	0.0000	0.0000	0.0000	0.0000	0.0000	0.0000	0.0000	0.0000	0.0000	:Ls

ω s*Ls/a	5.5	6.0	6.5	7.0	7.5	8.0	8.5	9.0	9.5	10.0

Torsionsmoment To am Brueckenende

LAST IN	5.5	6.0	6.5	7.0	7.5	8.0	8.5	9.0	9.5	10.0
0.0*Ls	1.0000	1.0000	1.0000	1.0000	1.0000	1.0000	1.0000	1.0000	1.0000	1.0000
0.1*Ls	0.5769	0.5488	0.5220	0.4966	0.4724	0.4493	0.4274	0.4066	0.3867	0.3679
0.2*Ls	0.3328	0.3012	0.2725	0.2466	0.2231	0.2019	0.1827	0.1653	0.1496	0.1353
0.3*Ls	0.1920	0.1653	0.1423	0.1224	0.1054	0.0907	0.0781	0.0672	0.0578	0.0498
0.4*Ls	0.1107	0.0907	0.0742	0.0608	0.0498	0.0408	0.0334	0.0273	0.0224	0.0183
0.5*Ls	0.0637	0.0497	0.0387	0.0302	0.0235	0.0183	0.0143	0.0111	0.0087	0.0067
0.6*Ls	0.0364	0.0271	0.0201	0.0149	0.0111	0.0082	0.0061	0.0045	0.0033	0.0025
0.7*Ls	0.0205	0.0146	0.0104	0.0073	0.0052	0.0037	0.0026	0.0018	0.0013	0.0009
0.8*Ls	0.0109	0.0075	0.0051	0.0035	0.0024	0.0016	0.0011	0.0007	0.0005	0.0003
0.9*Ls	0.0047	0.0032	0.0021	0.0014	0.0009	0.0006	0.0004	0.0003	0.0002	0.0001
1.0*Ls	0.0000	0.0000	0.0000	0.0000	0.0000	0.0000	0.0000	0.0000	0.0000	0.0000

Torsionsmoment T in Brueckenmitte

LAST IN	5.5	6.0	6.5	7.0	7.5	8.0	8.5	9.0	9.5	10.0
0.0*Ls	0.0000	0.0000	0.0000	0.0000	0.0000	0.0000	0.0000	0.0000	0.0000	0.0000
0.1*Ls	-0.0371	-0.0318	-0.0271	-0.0229	-0.0193	-0.0163	-0.0136	-0.0114	-0.0095	-0.0079
0.2*Ls	-0.0857	-0.0753	-0.0660	-0.0576	-0.0501	-0.0435	-0.0377	-0.0327	-0.0283	-0.0244
0.3*Ls	-0.1610	-0.1468	-0.1337	-0.1216	-0.1104	-0.1002	-0.0908	-0.0823	-0.0745	-0.0675
0.4*Ls	-0.2861	-0.2728	-0.2600	-0.2476	-0.2357	-0.2244	-0.2135	-0.2032	-0.1933	-0.1839
0.5*Ls	-0.5000	-0.5000	-0.5000	-0.5000	-0.5000	-0.5000	-0.5000	-0.5000	-0.5000	-0.5000
0.5*Ls	0.5000	0.5000	0.5000	0.5000	0.5000	0.5000	0.5000	0.5000	0.5000	0.5000
0.6*Ls	0.2861	0.2728	0.2600	0.2476	0.2357	0.2244	0.2135	0.2032	0.1933	0.1839
0.7*Ls	0.1610	0.1468	0.1337	0.1216	0.1104	0.1002	0.0908	0.0823	0.0745	0.0675
0.8*Ls	0.0857	0.0753	0.0660	0.0576	0.0501	0.0435	0.0377	0.0327	0.0283	0.0244
0.9*Ls	0.0371	0.0318	0.0271	0.0229	0.0193	0.0163	0.0136	0.0114	0.0095	0.0079
1.0*Ls	0.0000	0.0000	0.0000	0.0000	0.0000	0.0000	0.0000	0.0000	0.0000	0.0000

Plattenbiegemoment m in Brueckenmitte

LAST IN	5.5	6.0	6.5	7.0	7.5	8.0	8.5	9.0	9.5	10.0	
0.0*Ls	0.0000	0.0000	0.0000	0.0000	0.0000	0.0000	0.0000	0.0000	0.0000	0.0000	:Ls
0.1*Ls	-0.2025	-0.1897	-0.1753	-0.1602	-0.1450	-0.1301	-0.1159	-0.1026	-0.0904	-0.0792	:Ls
0.2*Ls	-0.4677	-0.4498	-0.4274	-0.4022	-0.3754	-0.3480	-0.3207	-0.2941	-0.2686	-0.2444	:Ls
0.3*Ls	-0.8780	-0.8767	-0.8665	-0.8494	-0.8270	-0.8007	-0.7715	-0.7404	-0.7080	-0.6750	:Ls
0.4*Ls	-1.5608	-1.6288	-1.6848	-1.7300	-1.7660	-1.7937	-1.8141	-1.8280	-1.8360	-1.8387	:Ls
0.5*Ls	-2.7276	-2.9852	-3.2402	-3.4936	-3.7459	-3.9973	-4.2483	-4.4989	-4.7493	-4.9995	:Ls
0.6*Ls	-1.5608	-1.6288	-1.6848	-1.7300	-1.7660	-1.7937	-1.8141	-1.8280	-1.8360	-1.8387	:Ls
0.7*Ls	-0.8780	-0.8767	-0.8665	-0.8494	-0.8270	-0.8007	-0.7715	-0.7404	-0.7080	-0.6750	:Ls
0.8*Ls	-0.4677	-0.4498	-0.4274	-0.4022	-0.3754	-0.3480	-0.3207	-0.2941	-0.2686	-0.2444	:Ls
0.9*Ls	-0.2025	-0.1897	-0.1753	-0.1602	-0.1450	-0.1301	-0.1159	-0.1026	-0.0904	-0.0792	:Ls
1.0*Ls	0.0000	0.0000	0.0000	0.0000	0.0000	0.0000	0.0000	0.0000	0.0000	0.0000	:Ls

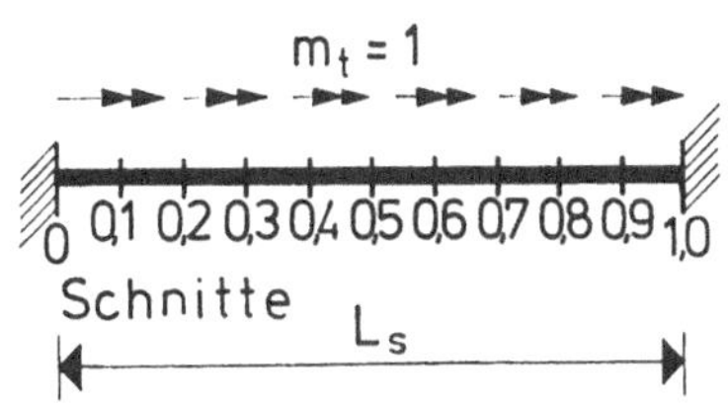

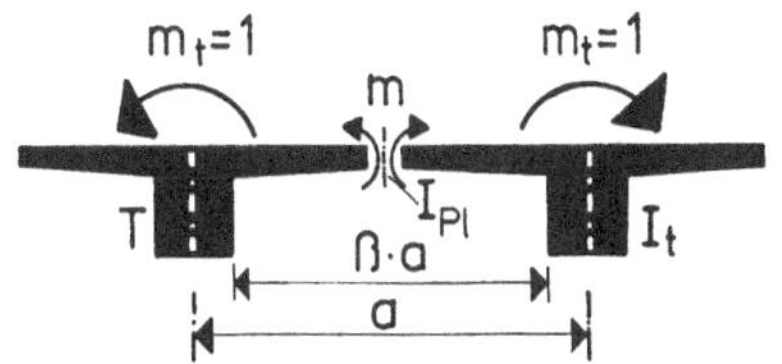

SCHNITTKRAEFTE INFOLGE STRECKENMOMENT m t=1

ω s*Ls/a	0.5	1.0	1.5	2.0	2.5	3.0	3.5	4.0	4.5	5.0	

Torsionsmoment   T

SCHNITT

	0.5	1.0	1.5	2.0	2.5	3.0	3.5	4.0	4.5	5.0	
0.0*Ls	0.4898	0.4621	0.4234	0.3808	0.3393	0.3017	0.2690	0.2410	0.2173	0.1973	*Ls
0.1*Ls	0.3904	0.3643	0.3278	0.2878	0.2489	0.2139	0.1836	0.1579	0.1363	0.1183	*Ls
0.2*Ls	0.2920	0.2701	0.2396	0.2063	0.1742	0.1455	0.1209	0.1003	0.0834	0.0694	*Ls
0.3*Ls	0.1942	0.1785	0.1568	0.1331	0.1104	0.0902	0.0731	0.0590	0.0476	0.0383	*Ls
0.4*Ls	0.0970	0.0888	0.0775	0.0652	0.0535	0.0432	0.0344	0.0273	0.0216	0.0170	*Ls
0.5*Ls	-0.0000	0.0000	0.0000	0.0000	-0.0000	-0.0000	0.0000	-0.0000	0.0000	-0.0000	*Ls
0.6*Ls	-0.0970	-0.0888	-0.0775	-0.0652	-0.0535	-0.0432	-0.0344	-0.0273	-0.0216	-0.0170	*Ls
0.7*Ls	-0.1942	-0.1785	-0.1568	-0.1331	-0.1104	-0.0902	-0.0731	-0.0590	-0.0476	-0.0383	*Ls
0.8*Ls	-0.2920	-0.2701	-0.2396	-0.2063	-0.1742	-0.1455	-0.1209	-0.1003	-0.0834	-0.0694	*Ls
0.9*Ls	-0.3904	-0.3643	-0.3278	-0.2878	-0.2489	-0.2139	-0.1836	-0.1579	-0.1363	-0.1183	*Ls
1.0*Ls	-0.4898	-0.4621	-0.4234	-0.3808	-0.3393	-0.3017	-0.2690	-0.2410	-0.2173	-0.1973	*Ls

Plattenbiegemoment   m

SCHNITT

	0.5	1.0	1.5	2.0	2.5	3.0	3.5	4.0	4.5	5.0
0.0*Ls	0.0000	0.0000	0.0000	0.0000	0.0000	0.0000	0.0000	0.0000	0.0000	0.0000
0.1*Ls	-0.0110	-0.0413	-0.0844	-0.1333	-0.1829	-0.2303	-0.2744	-0.3149	-0.3521	-0.3865
0.2*Ls	-0.0195	-0.0730	-0.1481	-0.2318	-0.3144	-0.3908	-0.4589	-0.5187	-0.5709	-0.6164
0.3*Ls	-0.0256	-0.0954	-0.1926	-0.2994	-0.4029	-0.4961	-0.5766	-0.6445	-0.7012	-0.7484
0.4*Ls	-0.0292	-0.1087	-0.2189	-0.3389	-0.4538	-0.5556	-0.6418	-0.7126	-0.7701	-0.8161
0.5*Ls	-0.0305	-0.1132	-0.2276	-0.3519	-0.4705	-0.5749	-0.6626	-0.7342	-0.7915	-0.8369
0.6*Ls	-0.0292	-0.1087	-0.2189	-0.3389	-0.4538	-0.5556	-0.6418	-0.7126	-0.7701	-0.8161
0.7*Ls	-0.0256	-0.0954	-0.1926	-0.2994	-0.4029	-0.4961	-0.5766	-0.6445	-0.7012	-0.7484
0.8*Ls	-0.0195	-0.0730	-0.1481	-0.2318	-0.3144	-0.3908	-0.4589	-0.5187	-0.5709	-0.6164
0.9*Ls	-0.0110	-0.0413	-0.0844	-0.1333	-0.1829	-0.2303	-0.2744	-0.3149	-0.3521	-0.3865
1.0*Ls	0.0000	0.0000	0.0000	0.0000	0.0000	0.0000	0.0000	0.0000	0.0000	0.0000

ω s*Ls/a	5.5	6.0	6.5	7.0	7.5	8.0	8.5	9.0	9.5	10.0	

Torsionsmoment   T

SCHNITT

	5.5	6.0	6.5	7.0	7.5	8.0	8.5	9.0	9.5	10.0	
0.0*Ls	0.1803	0.1658	0.1534	0.1426	0.1332	0.1249	0.1176	0.1111	0.1052	0.1000	*Ls
0.1*Ls	0.1032	0.0905	0.0798	0.0706	0.0628	0.0561	0.0502	0.0451	0.0407	0.0368	*Ls
0.2*Ls	0.0581	0.0487	0.0410	0.0347	0.0294	0.0250	0.0214	0.0183	0.0157	0.0135	*Ls
0.3*Ls	0.0309	0.0250	0.0202	0.0164	0.0133	0.0109	0.0089	0.0073	0.0060	0.0049	*Ls
0.4*Ls	0.0134	0.0105	0.0083	0.0065	0.0052	0.0041	0.0032	0.0025	0.0020	0.0016	*Ls
0.5*Ls	-0.0000	-0.0000	-0.0000	-0.0000	0.0000	-0.0000	-0.0000	-0.0000	0.0000	-0.0000	*Ls
0.6*Ls	-0.0134	-0.0105	-0.0083	-0.0065	-0.0052	-0.0041	-0.0032	-0.0025	-0.0020	-0.0016	*Ls
0.7*Ls	-0.0309	-0.0250	-0.0202	-0.0164	-0.0133	-0.0109	-0.0089	-0.0073	-0.0060	-0.0049	*Ls
0.8*Ls	-0.0581	-0.0487	-0.0410	-0.0347	-0.0294	-0.0250	-0.0214	-0.0183	-0.0157	-0.0135	*Ls
0.9*Ls	-0.1032	-0.0905	-0.0798	-0.0706	-0.0628	-0.0561	-0.0502	-0.0451	-0.0407	-0.0368	*Ls
1.0*Ls	-0.1803	-0.1658	-0.1534	-0.1426	-0.1332	-0.1249	-0.1176	-0.1111	-0.1052	-0.1000	*Ls

Plattenbiegemoment   m

SCHNITT

	5.5	6.0	6.5	7.0	7.5	8.0	8.5	9.0	9.5	10.0
0.0*Ls	0.0000	0.0000	0.0000	0.0000	0.0000	0.0000	0.0000	0.0000	0.0000	0.0000
0.1*Ls	-0.4183	-0.4480	-0.4759	-0.5020	-0.5267	-0.5501	-0.5722	-0.5932	-0.6131	-0.6320
0.2*Ls	-0.6563	-0.6913	-0.7224	-0.7499	-0.7745	-0.7965	-0.8162	-0.8340	-0.8499	-0.8643
0.3*Ls	-0.7875	-0.8202	-0.8474	-0.8702	-0.8894	-0.9056	-0.9193	-0.9310	-0.9409	-0.9493
0.4*Ls	-0.8529	-0.8823	-0.9056	-0.9243	-0.9391	-0.9510	-0.9605	-0.9682	-0.9743	-0.9792
0.5*Ls	-0.8727	-0.9007	-0.9226	-0.9397	-0.9530	-0.9634	-0.9715	-0.9778	-0.9827	-0.9865
0.6*Ls	-0.8529	-0.8823	-0.9056	-0.9243	-0.9391	-0.9510	-0.9605	-0.9682	-0.9743	-0.9792
0.7*Ls	-0.7875	-0.8202	-0.8474	-0.8702	-0.8894	-0.9056	-0.9193	-0.9310	-0.9409	-0.9493
0.8*Ls	-0.6563	-0.6913	-0.7224	-0.7499	-0.7745	-0.7965	-0.8162	-0.8340	-0.8499	-0.8643
0.9*Ls	-0.4183	-0.4480	-0.4759	-0.5020	-0.5267	-0.5501	-0.5722	-0.5932	-0.6131	-0.6320
1.0*Ls	0.0000	0.0000	0.0000	0.0000	0.0000	0.0000	0.0000	0.0000	0.0000	0.0000

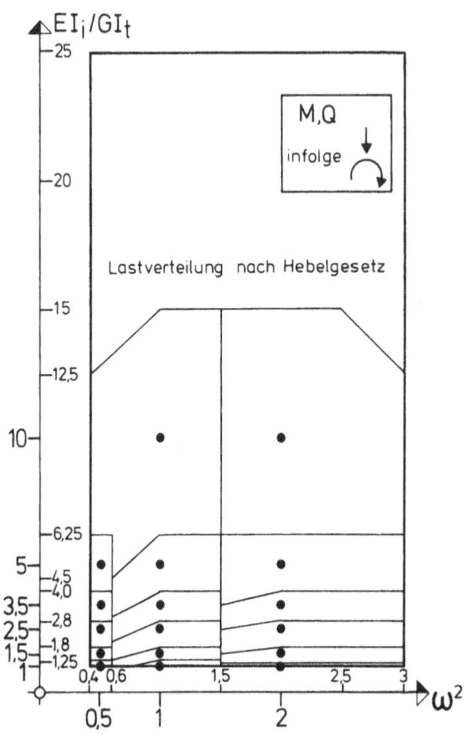

Bild 44. Auswahl der Querschnittsparameter
für die Schnittkräfte M und Q

4.3 Schnittkräfte des zweistegigen Plattenbalkens infolge antimetrischer Belastung

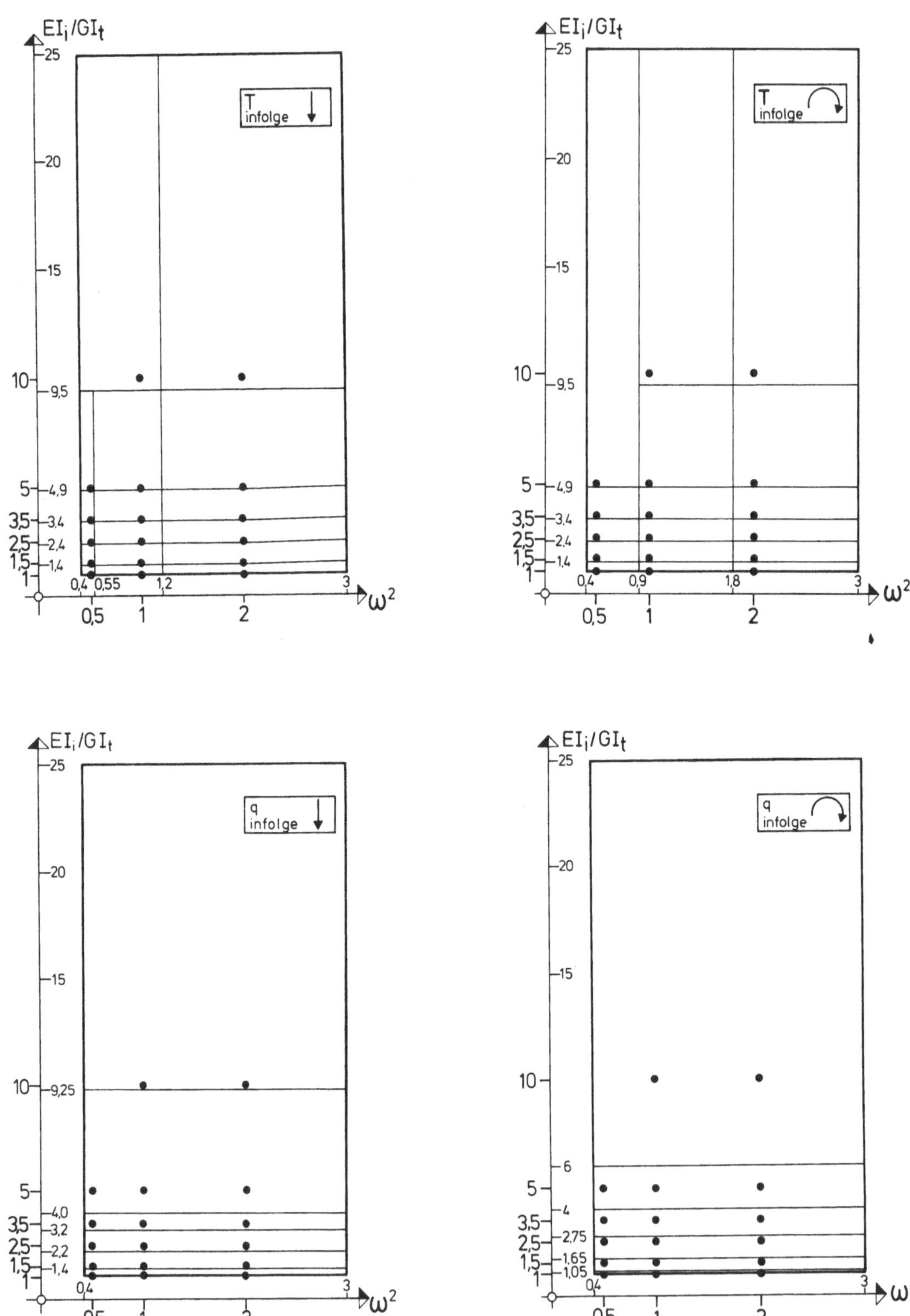

Bild 45. Auswahl der Querschnittsparameter
für die Schnittkräfte T und q

4.3.1 Einfeldsysteme

Schnitte 0 0.2 0.5 L

M Q T   q I_{Pl} $\beta \cdot a$ a I, I_t

L / a

$$\frac{2}{0.5 \quad 1.0}$$

$(.)^2$ EIi/GIt

	M		Q			T			q	
SCHNITT	0.2	0.5	0	0.2	0.5	0	0.2	0.5	0.2	0.5

INFOLGE EINZELLAST P=1

IN	M 0.2	M 0.5	Q 0	Q 0.2	Q 0.5	T 0	T 0.2	T 0.5	q 0.2	q 0.5
0.0×L	0.000	0.000	1.000	0.000	0.000	0.000	0.000	0.000	0.000	0.000
0.1×L	0.143	0.073	0.853	-0.135	-0.097	0.023	0.017	-0.002	0.053	0.064
0.2×L	0.288	0.149	0.713	-0.266	-0.194	0.043	0.033	-0.003	0.096	0.122
				0.734						
0.3×L	0.237	0.230	0.584	0.609	-0.294	0.058	0.046	-0.003	0.120	0.172
0.4×L	0.190	0.317	0.467	0.494	-0.396	0.066	0.053	-0.002	0.128	0.206
0.5×L	0.149	0.413	0.364	0.389	-0.500	0.068	0.055	-0.000	0.122	0.219
					0.500					
0.6×L	0.113	0.317	0.274	0.296	0.396	0.063	0.052	0.002	0.108	0.206
0.7×L	0.080	0.230	0.195	0.213	0.294	0.053	0.044	0.003	0.086	0.172
0.8×L	0.052	0.149	0.125	0.137	0.194	0.038	0.031	0.003	0.060	0.122
0.9×L	0.025	0.073	0.061	0.067	0.097	0.020	0.016	0.002	0.031	0.064
FAKTOR	a						a		1/a	

INFOLGE STRECKENLAST P=1

IM FELD	M 0.2	M 0.5	Q 0	Q 0.2	Q 0.5	T 0	T 0.2	T 0.5	q 0.2	q 0.5
BIS SPRUNG				-0.054	-0.746		0.007	-0.002		
AB SPRUNG				0.513	0.746		0.063	0.002		
SUMME	0.255	0.389	0.826	0.459	0.000	0.087	0.070	0.000	0.162	0.272
FAKTOR	a×a			a			a×a			

INFOLGE EINZELMOMENT Mt=1

IN	M 0.2	M 0.5	Q 0	Q 0.2	Q 0.5	T 0	T 0.2	T 0.5	q 0.2	q 0.5
0.0×L	0.000	0.000	0.000	0.000	0.000	1.000	0.000	0.000	0.000	0.000
0.1×L	0.027	0.032	0.085	0.039	-0.015	0.858	-0.120	-0.093	-0.129	-0.057
0.2×L	0.048	0.061	0.137	0.085	-0.026	0.731	-0.242	-0.187	-0.264	-0.118
							0.758			
0.3×L	0.060	0.086	0.163	0.123	-0.030	0.618	0.639	-0.285	-0.206	-0.187
0.4×L	0.064	0.103	0.170	0.139	-0.023	0.515	0.531	-0.389	-0.158	-0.265
0.5×L	0.061	0.110	0.161	0.138	-0.000	0.420	0.431	-0.500	-0.118	-0.358
								0.500		
0.6×L	0.054	0.103	0.140	0.124	0.023	0.330	0.338	0.389	-0.086	-0.265
0.7×L	0.043	0.086	0.112	0.100	0.030	0.244	0.250	0.285	-0.059	-0.187
0.8×L	0.030	0.061	0.077	0.070	0.026	0.161	0.165	0.187	-0.037	-0.118
0.9×L	0.015	0.032	0.039	0.036	0.015	0.080	0.082	0.093	-0.018	-0.057
FAKTOR				1/a					1/(a×a)	

INFOLGE STRECKENMOMENT mt=1

IM FELD	M 0.2	M 0.5	Q 0	Q 0.2	Q 0.5	T 0	T 0.2	T 0.5	q 0.2	q 0.5
BIS SPRUNG				0.016	-0.019		-0.048	-0.740		
AB SPRUNG				0.156	0.019		0.562	0.740		
SUMME	0.081	0.136	0.219	0.172	0.000	0.890	0.514	0.000	-0.214	-0.321
FAKTOR	a						a		1/a	

L / a

$$\frac{2}{0.5 \quad 1.5}$$

$(.)^2$ EIi/GIt

	M		Q			T			q	
SCHNITT	0.2	0.5	0	0.2	0.5	0	0.2	0.5	0.2	0.5

INFOLGE EINZELLAST P=1

IN	M 0.2	M 0.5	Q 0	Q 0.2	Q 0.5	T 0	T 0.2	T 0.5	q 0.2	q 0.5
0.0×L	0.000	0.000	1.000	0.000	0.000	0.000	0.000	0.000	0.000	0.000
0.1×L	0.148	0.081	0.867	-0.125	-0.098	0.017	0.012	-0.001	0.037	0.046
0.2×L	0.297	0.163	0.738	-0.248	-0.196	0.031	0.024	-0.002	0.068	0.088
				0.752						
0.3×L	0.249	0.250	0.617	0.635	-0.296	0.042	0.033	-0.002	0.085	0.123
0.4×L	0.204	0.341	0.505	0.524	-0.397	0.048	0.038	-0.001	0.091	0.148
0.5×L	0.163	0.437	0.402	0.421	-0.500	0.049	0.040	-0.000	0.088	0.157
					0.500					
0.6×L	0.126	0.341	0.309	0.325	0.397	0.045	0.037	0.001	0.078	0.148
0.7×L	0.091	0.250	0.224	0.237	0.296	0.038	0.031	0.002	0.063	0.123
0.8×L	0.060	0.163	0.146	0.155	0.196	0.027	0.023	0.002	0.044	0.088
0.9×L	0.029	0.081	0.072	0.076	0.098	0.014	0.012	0.001	0.022	0.046
FAKTOR	a						a		1/a	

INFOLGE STRECKENLAST P=1

IM FELD	M 0.2	M 0.5	Q 0	Q 0.2	Q 0.5	T 0	T 0.2	T 0.5	q 0.2	q 0.5
BIS SPRUNG				-0.050	-0.747		0.005	-0.001		
AB SPRUNG				0.549	0.747		0.046	0.001		
SUMME	0.273	0.421	0.875	0.499	0.000	0.063	0.050	0.000	0.116	0.195
FAKTOR	a×a			a			a×a			

INFOLGE EINZELMOMENT Mt=1

IN	M 0.2	M 0.5	Q 0	Q 0.2	Q 0.5	T 0	T 0.2	T 0.5	q 0.2	q 0.5
0.0×L	0.000	0.000	0.000	0.000	0.000	1.000	0.000	0.000	0.000	0.000
0.1×L	0.028	0.034	0.089	0.043	-0.015	0.856	-0.121	-0.093	-0.133	-0.064
0.2×L	0.051	0.066	0.145	0.091	-0.026	0.728	-0.246	-0.187	-0.272	-0.130
							0.754			
0.3×L	0.064	0.093	0.174	0.131	-0.030	0.613	0.634	-0.285	-0.217	-0.203
0.4×L	0.068	0.111	0.182	0.149	-0.023	0.509	0.526	-0.389	-0.170	-0.285
0.5×L	0.066	0.118	0.174	0.148	-0.000	0.413	0.426	-0.500	-0.130	-0.378
								0.500		
0.6×L	0.058	0.111	0.152	0.133	0.023	0.324	0.333	0.389	-0.097	-0.285
0.7×L	0.047	0.093	0.122	0.109	0.030	0.239	0.246	0.285	-0.068	-0.203
0.8×L	0.033	0.066	0.085	0.076	0.026	0.158	0.162	0.187	-0.043	-0.130
0.9×L	0.017	0.034	0.043	0.039	0.015	0.078	0.080	0.093	-0.021	-0.064
FAKTOR				1/a					1/(a×a)	

INFOLGE STRECKENMOMENT mt=1

IM FELD	M 0.2	M 0.5	Q 0	Q 0.2	Q 0.5	T 0	T 0.2	T 0.5	q 0.2	q 0.5
BIS SPRUNG				0.017	-0.020		-0.049	-0.740		
AB SPRUNG				0.168	0.020		0.556	0.740		
SUMME	0.087	0.146	0.236	0.185	0.000	0.882	0.507	0.000	-0.230	-0.347
FAKTOR	a						a		1/a	

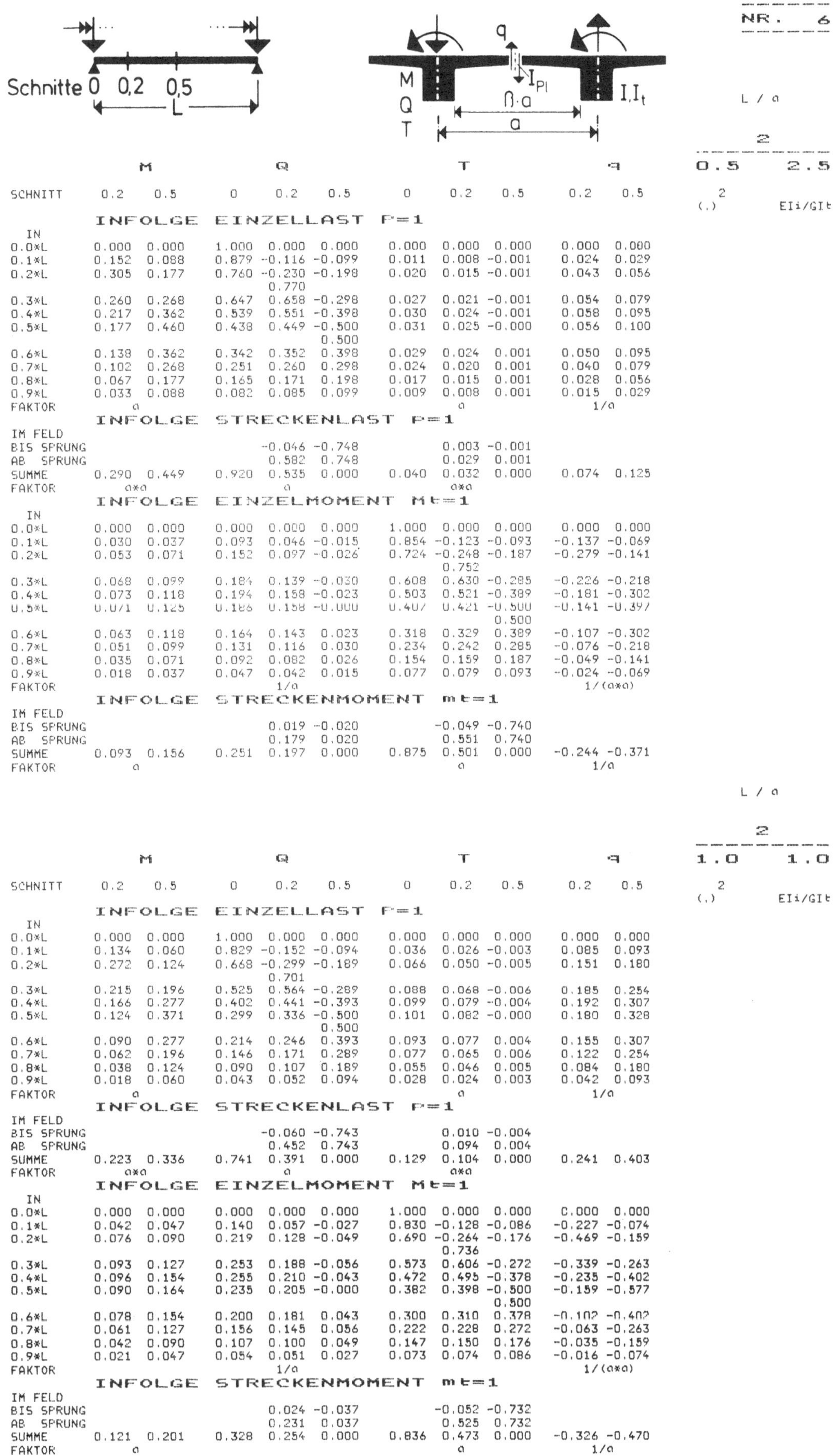

NR. 6

L / a

$$\frac{2}{0.5 \quad 2.5}$$

(.) EIi/GIt

INFOLGE EINZELLAST P=1

SCHNITT	M 0.2	M 0.5	Q 0	Q 0.2	Q 0.5	T 0	T 0.2	T 0.5	q 0.2	q 0.5
IN										
0.0*L	0.000	0.000	1.000	0.000	0.000	0.000	0.000	0.000	0.000	0.000
0.1*L	0.152	0.088	0.879	-0.116	-0.099	0.011	0.008	-0.001	0.024	0.029
0.2*L	0.305	0.177	0.760	-0.230	-0.198	0.020	0.015	-0.001	0.043	0.056
			0.770							
0.3*L	0.260	0.268	0.647	0.658	-0.298	0.027	0.021	-0.001	0.054	0.079
0.4*L	0.217	0.362	0.539	0.551	-0.398	0.030	0.024	-0.001	0.058	0.095
0.5*L	0.177	0.460	0.438	0.449	-0.500	0.031	0.025	-0.000	0.056	0.100
					0.500					
0.6*L	0.138	0.362	0.342	0.352	0.398	0.029	0.024	0.001	0.050	0.095
0.7*L	0.102	0.268	0.251	0.260	0.298	0.024	0.020	0.001	0.040	0.079
0.8*L	0.067	0.177	0.165	0.171	0.198	0.017	0.015	0.001	0.028	0.056
0.9*L	0.033	0.088	0.082	0.085	0.099	0.009	0.008	0.001	0.015	0.029
FAKTOR	a					a			1/a	

INFOLGE STRECKENLAST P=1

	M 0.2	M 0.5	Q 0	Q 0.2	Q 0.5	T 0	T 0.2	T 0.5	q 0.2	q 0.5
IM FELD										
BIS SPRUNG				-0.046	-0.748		0.003	-0.001		
AB SPRUNG				0.582	0.748		0.029	0.001		
SUMME	0.290	0.449	0.920	0.535	0.000	0.040	0.032	0.000	0.074	0.125
FAKTOR	a*a		a			a*a				

INFOLGE EINZELMOMENT Mt=1

SCHNITT	M 0.2	M 0.5	Q 0	Q 0.2	Q 0.5	T 0	T 0.2	T 0.5	q 0.2	q 0.5
IN										
0.0*L	0.000	0.000	0.000	0.000	0.000	1.000	0.000	0.000	0.000	0.000
0.1*L	0.030	0.037	0.093	0.046	-0.015	0.854	-0.123	-0.093	-0.137	-0.069
0.2*L	0.053	0.071	0.152	0.097	-0.026	0.724	-0.248	-0.187	-0.279	-0.141
						0.752				
0.3*L	0.068	0.099	0.184	0.139	-0.030	0.608	0.630	-0.285	-0.226	-0.218
0.4*L	0.073	0.118	0.194	0.158	-0.023	0.503	0.521	-0.389	-0.181	-0.302
0.5*L	0.071	0.125	0.186	0.158	-0.000	0.407	0.421	-0.500	-0.141	-0.397
								0.500		
0.6*L	0.063	0.118	0.164	0.143	0.023	0.318	0.329	0.389	-0.107	-0.302
0.7*L	0.051	0.099	0.131	0.116	0.030	0.234	0.242	0.285	-0.076	-0.218
0.8*L	0.035	0.071	0.092	0.082	0.026	0.154	0.159	0.187	-0.049	-0.141
0.9*L	0.018	0.037	0.047	0.042	0.015	0.077	0.079	0.093	-0.024	-0.069
FAKTOR			1/a						1/(a*a)	

INFOLGE STRECKENMOMENT mt=1

	M 0.2	M 0.5	Q 0	Q 0.2	Q 0.5	T 0	T 0.2	T 0.5	q 0.2	q 0.5
IM FELD										
BIS SPRUNG				0.019	-0.020		-0.049	-0.740		
AB SPRUNG				0.179	0.020		0.551	0.740		
SUMME	0.093	0.156	0.251	0.197	0.000	0.875	0.501	0.000	-0.244	-0.371
FAKTOR	a					a			1/a	

L / a

$$\frac{2}{1.0 \quad 1.0}$$

(.) EIi/GIt

INFOLGE EINZELLAST P=1

SCHNITT	M 0.2	M 0.5	Q 0	Q 0.2	Q 0.5	T 0	T 0.2	T 0.5	q 0.2	q 0.5
IN										
0.0*L	0.000	0.000	1.000	0.000	0.000	0.000	0.000	0.000	0.000	0.000
0.1*L	0.134	0.060	0.829	-0.152	-0.094	0.036	0.026	-0.003	0.085	0.093
0.2*L	0.272	0.124	0.668	-0.299	-0.189	0.066	0.050	-0.005	0.151	0.180
			0.701							
0.3*L	0.215	0.196	0.525	0.564	-0.289	0.088	0.068	-0.006	0.185	0.254
0.4*L	0.166	0.277	0.402	0.441	-0.393	0.099	0.079	-0.004	0.192	0.307
0.5*L	0.124	0.371	0.299	0.336	-0.500	0.101	0.082	-0.000	0.180	0.328
					0.500					
0.6*L	0.090	0.277	0.214	0.246	0.393	0.093	0.077	0.004	0.155	0.307
0.7*L	0.062	0.196	0.146	0.171	0.289	0.077	0.065	0.006	0.122	0.254
0.8*L	0.038	0.124	0.090	0.107	0.189	0.055	0.046	0.005	0.084	0.180
0.9*L	0.018	0.060	0.043	0.052	0.094	0.028	0.024	0.003	0.042	0.093
FAKTOR	a					a			1/a	

INFOLGE STRECKENLAST P=1

	M 0.2	M 0.5	Q 0	Q 0.2	Q 0.5	T 0	T 0.2	T 0.5	q 0.2	q 0.5
IM FELD										
BIS SPRUNG				-0.060	-0.743		0.010	-0.004		
AB SPRUNG				0.452	0.743		0.094	0.004		
SUMME	0.223	0.336	0.741	0.391	0.000	0.129	0.104	0.000	0.241	0.403
FAKTOR	a*a		a			a*a				

INFOLGE EINZELMOMENT Mt=1

SCHNITT	M 0.2	M 0.5	Q 0	Q 0.2	Q 0.5	T 0	T 0.2	T 0.5	q 0.2	q 0.5
IN										
0.0*L	0.000	0.000	0.000	0.000	0.000	1.000	0.000	0.000	0.000	0.000
0.1*L	0.042	0.047	0.140	0.057	-0.027	0.830	-0.128	-0.086	-0.227	-0.074
0.2*L	0.076	0.090	0.219	0.128	-0.049	0.690	-0.264	-0.176	-0.469	-0.159
						0.736				
0.3*L	0.093	0.127	0.253	0.188	-0.056	0.573	0.606	-0.272	-0.339	-0.263
0.4*L	0.096	0.154	0.255	0.210	-0.043	0.472	0.495	-0.378	-0.235	-0.402
0.5*L	0.090	0.164	0.235	0.205	-0.000	0.382	0.398	-0.500	-0.159	-0.577
								0.500		
0.6*L	0.078	0.154	0.200	0.181	0.043	0.300	0.310	0.378	-0.102	-0.402
0.7*L	0.061	0.127	0.156	0.145	0.056	0.222	0.228	0.272	-0.063	-0.263
0.8*L	0.042	0.090	0.107	0.100	0.049	0.147	0.150	0.176	-0.035	-0.159
0.9*L	0.021	0.047	0.054	0.051	0.027	0.073	0.074	0.086	-0.016	-0.074
FAKTOR			1/a						1/(a*a)	

INFOLGE STRECKENMOMENT mt=1

	M 0.2	M 0.5	Q 0	Q 0.2	Q 0.5	T 0	T 0.2	T 0.5	q 0.2	q 0.5
IM FELD										
BIS SPRUNG				0.024	-0.037		-0.052	-0.732		
AB SPRUNG				0.231	0.037		0.525	0.732		
SUMME	0.121	0.201	0.328	0.254	0.000	0.836	0.473	0.000	-0.326	-0.470
FAKTOR	a					a			1/a	

NR. 7

Schnitte 0 0,2 0,5   L

M Q T   q I_{Pl} $\beta \cdot a$ a I, I_t

L / a

$\dfrac{2}{1.0 \qquad 1.5}$

(.)   EIi/GIt

	M		Q			T			q	
SCHNITT	0.2	0.5	0	0.2	0.5	0	0.2	0.5	0.2	0.5

INFOLGE EINZELLAST P=1

IN	M 0.2	M 0.5	Q 0	Q 0.2	Q 0.5	T 0	T 0.2	T 0.5	q 0.2	q 0.5
0.0*L	0.000	0.000	1.000	0.000	0.000	0.000	0.000	0.000	0.000	0.000
0.1*L	0.141	0.070	0.847	-0.139	-0.096	0.026	0.019	-0.002	0.061	0.070
0.2*L	0.284	0.144	0.703	-0.274	-0.193	0.049	0.037	-0.004	0.110	0.135
			0.726							
0.3*L	0.232	0.222	0.570	0.599	-0.293	0.065	0.051	-0.004	0.136	0.190
0.4*L	0.185	0.308	0.452	0.482	-0.395	0.074	0.059	-0.002	0.142	0.229
0.5*L	0.144	0.403	0.350	0.377	-0.500	0.075	0.061	-0.000	0.135	0.244
					0.500					
0.6*L	0.108	0.308	0.261	0.285	0.395	0.069	0.058	0.002	0.117	0.229
0.7*L	0.076	0.222	0.185	0.203	0.293	0.058	0.048	0.004	0.093	0.190
0.8*L	0.049	0.144	0.118	0.131	0.193	0.041	0.035	0.004	0.064	0.135
0.9*L	0.024	0.070	0.057	0.064	0.096	0.021	0.018	0.002	0.033	0.070
FAKTOR	a						a		1/a	

INFOLGE STRECKENLAST P=1

IM FELD	M 0.2	M 0.5	Q 0	Q 0.2	Q 0.5	T 0	T 0.2	T 0.5	q 0.2	q 0.5
BIS SPRUNG				-0.055	-0.745		0.008	-0.002		
AB SPRUNG				0.500	0.745		0.070	0.002		
SUMME	0.248	0.377	0.807	0.444	0.000	0.097	0.078	0.000	0.180	0.301
FAKTOR	a*a			a			a*a			

INFOLGE EINZELMOMENT Mt=1

IN	M 0.2	M 0.5	Q 0	Q 0.2	Q 0.5	T 0	T 0.2	T 0.5	q 0.2	q 0.5
0.0*L	0.000	0.000	0.000	0.000	0.000	1.000	0.000	0.000	0.000	0.000
0.1*L	0.046	0.052	0.150	0.064	-0.028	0.825	-0.132	-0.086	-0.236	-0.088
0.2*L	0.082	0.101	0.237	0.142	-0.049	0.681	-0.271	-0.175	-0.487	-0.187
						0.729				
0.3*L	0.102	0.142	0.278	0.207	-0.057	0.561	0.596	-0.272	-0.363	-0.301
0.4*L	0.107	0.172	0.284	0.233	-0.043	0.458	0.484	-0.378	-0.262	-0.446
0.5*L	0.101	0.183	0.265	0.229	-0.000	0.368	0.386	-0.500	-0.187	-0.624
								0.500		
0.6*L	0.088	0.172	0.228	0.204	0.043	0.286	0.298	0.378	-0.127	-0.446
0.7*L	0.070	0.142	0.180	0.164	0.057	0.210	0.218	0.272	-0.083	-0.301
0.8*L	0.048	0.101	0.123	0.114	0.049	0.138	0.143	0.175	-0.049	-0.187
0.9*L	0.025	0.052	0.063	0.058	0.028	0.069	0.071	0.086	-0.023	-0.088
FAKTOR			1/a						1/(a*a)	

INFOLGE STRECKENMOMENT mt=1

IM FELD	M 0.2	M 0.5	Q 0	Q 0.2	Q 0.5	T 0	T 0.2	T 0.5	q 0.2	q 0.5
BIS SPRUNG				0.027	-0.037		-0.053	-0.732		
AB SPRUNG				0.258	0.037		0.511	0.732		
SUMME	0.135	0.225	0.366	0.285	0.000	0.817	0.458	0.000	-0.361	-0.530
FAKTOR	a						a		1/a	

L / a

$\dfrac{2}{1.0 \qquad 2.5}$

(.)   EIi/GIt

	M		Q			T			q	
SCHNITT	0.2	0.5	0	0.2	0.5	0	0.2	0.5	0.2	0.5

INFOLGE EINZELLAST P=1

IN	M 0.2	M 0.5	Q 0	Q 0.2	Q 0.5	T 0	T 0.2	T 0.5	q 0.2	q 0.5
0.0*L	0.000	0.000	1.000	0.000	0.000	0.000	0.000	0.000	0.000	0.000
0.1*L	0.147	0.080	0.865	-0.126	-0.097	0.017	0.013	-0.001	0.040	0.047
0.2*L	0.296	0.163	0.736	-0.249	-0.196	0.032	0.024	-0.002	0.071	0.090
			0.751							
0.3*L	0.248	0.248	0.614	0.633	-0.295	0.043	0.034	-0.002	0.089	0.126
0.4*L	0.204	0.339	0.502	0.522	-0.397	0.049	0.039	-0.001	0.094	0.152
0.5*L	0.163	0.436	0.400	0.419	-0.500	0.050	0.041	-0.000	0.090	0.161
					0.500					
0.6*L	0.125	0.339	0.308	0.324	0.397	0.046	0.038	0.001	0.079	0.152
0.7*L	0.091	0.248	0.223	0.236	0.295	0.038	0.032	0.002	0.063	0.126
0.8*L	0.059	0.163	0.145	0.154	0.196	0.028	0.023	0.002	0.044	0.090
0.9*L	0.029	0.080	0.071	0.076	0.097	0.014	0.012	0.001	0.022	0.047
FAKTOR	a						a		1/a	

INFOLGE STRECKENLAST P=1

IM FELD	M 0.2	M 0.5	Q 0	Q 0.2	Q 0.5	T 0	T 0.2	T 0.5	q 0.2	q 0.5
BIS SPRUNG				-0.050	-0.747		0.005	-0.001		
AB SPRUNG				0.547	0.747		0.047	0.001		
SUMME	0.272	0.419	0.872	0.497	0.000	0.064	0.052	0.000	0.119	0.199
FAKTOR	a*a			a			a*a			

INFOLGE EINZELMOMENT Mt=1

IN	M 0.2	M 0.5	Q 0	Q 0.2	Q 0.5	T 0	T 0.2	T 0.5	q 0.2	q 0.5
0.0*L	0.000	0.000	0.000	0.000	0.000	1.000	0.000	0.000	0.000	0.000
0.1*L	0.049	0.058	0.159	0.072	-0.028	0.820	-0.136	-0.086	-0.246	-0.102
0.2*L	0.089	0.112	0.255	0.156	-0.050	0.672	-0.278	-0.175	-0.505	-0.214
						0.722				
0.3*L	0.111	0.158	0.302	0.227	-0.057	0.549	0.587	-0.271	-0.386	-0.338
0.4*L	0.117	0.189	0.312	0.255	-0.044	0.444	0.472	-0.378	-0.289	-0.490
0.5*L	0.112	0.202	0.294	0.253	-0.000	0.353	0.374	-0.500	-0.214	-0.670
								0.500		
0.6*L	0.098	0.189	0.256	0.226	0.044	0.272	0.287	0.378	-0.151	-0.490
0.7*L	0.079	0.158	0.203	0.183	0.057	0.199	0.209	0.271	-0.104	-0.338
0.8*L	0.054	0.112	0.140	0.128	0.050	0.130	0.136	0.175	-0.064	-0.214
0.9*L	0.028	0.058	0.072	0.066	0.028	0.064	0.067	0.086	-0.031	-0.102
FAKTOR			1/a						1/(a*a)	

INFOLGE STRECKENMOMENT mt=1

IM FELD	M 0.2	M 0.5	Q 0	Q 0.2	Q 0.5	T 0	T 0.2	T 0.5	q 0.2	q 0.5
BIS SPRUNG				0.029	-0.037		-0.055	-0.731		
AB SPRUNG				0.286	0.037		0.497	0.731		
SUMME	0.149	0.249	0.403	0.315	0.000	0.798	0.442	0.000	-0.395	-0.588
FAKTOR	a						a		1/a	

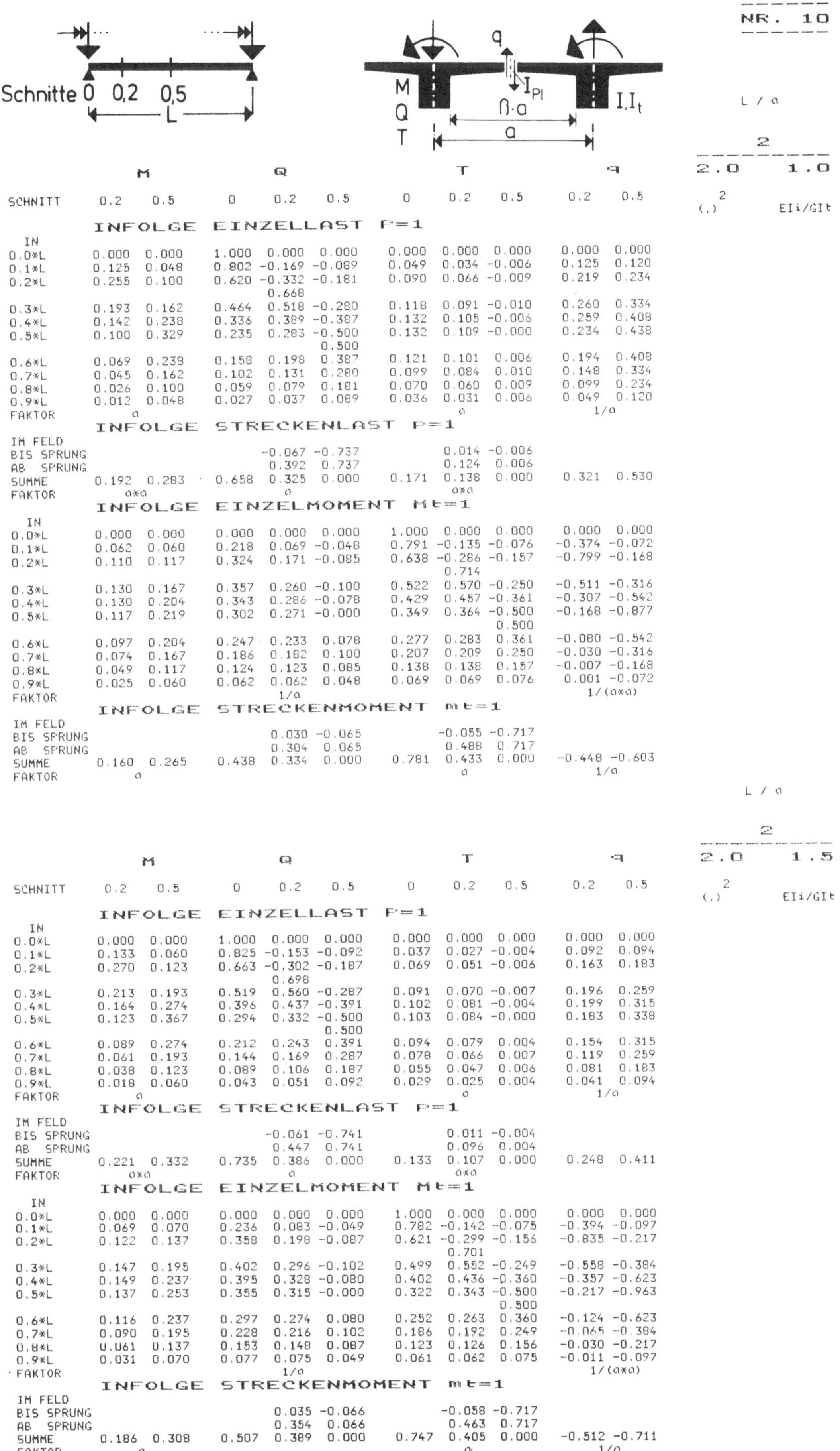

NR. 10

L / a = 2.0 / 1.0   (²)   EIi/GIt

SCHNITT	M 0.2	M 0.5	Q 0	Q 0.2	Q 0.5	T 0	T 0.2	T 0.5	q 0.2	q 0.5
INFOLGE EINZELLAST P=1 (IN)										
0.0*L	0.000	0.000	1.000	0.000	0.000	0.000	0.000	0.000	0.000	0.000
0.1*L	0.125	0.048	0.802	-0.169	-0.089	0.049	0.034	-0.006	0.125	0.120
0.2*L	0.255	0.100	0.620	-0.332	-0.181	0.090	0.066	-0.009	0.219	0.234
				0.668						
0.3*L	0.193	0.162	0.464	0.518	-0.280	0.118	0.091	-0.010	0.260	0.334
0.4*L	0.142	0.238	0.336	0.389	-0.387	0.132	0.105	-0.006	0.259	0.408
0.5*L	0.100	0.329	0.235	0.283	-0.500	0.132	0.109	-0.000	0.234	0.438
					0.500					
0.6*L	0.069	0.239	0.158	0.198	0.387	0.121	0.101	0.006	0.194	0.408
0.7*L	0.045	0.162	0.102	0.131	0.280	0.099	0.084	0.010	0.148	0.334
0.8*L	0.026	0.100	0.059	0.079	0.181	0.070	0.060	0.009	0.099	0.234
0.9*L	0.012	0.048	0.027	0.037	0.089	0.036	0.031	0.006	0.049	0.120
FAKTOR	a					a			1/a	
INFOLGE STRECKENLAST P=1 (IM FELD)										
BIS SPRUNG				-0.067	-0.737		0.014	-0.006		
AB SPRUNG				0.392	0.737		0.124	0.006		
SUMME	0.192	0.283	0.658	0.325	0.000	0.171	0.138	0.000	0.321	0.530
FAKTOR	a*a		a			a*a				
INFOLGE EINZELMOMENT Mt=1 (IN)										
0.0*L	0.000	0.000	0.000	0.000	0.000	1.000	0.000	0.000	0.000	0.000
0.1*L	0.062	0.060	0.218	0.069	-0.048	0.791	-0.135	-0.076	-0.374	-0.072
0.2*L	0.110	0.117	0.324	0.171	-0.085	0.638	-0.286	-0.157	-0.799	-0.168
							0.714			
0.3*L	0.130	0.167	0.357	0.260	-0.100	0.522	0.570	-0.250	-0.511	-0.316
0.4*L	0.130	0.204	0.343	0.286	-0.078	0.429	0.457	-0.361	-0.307	-0.542
0.5*L	0.117	0.219	0.302	0.271	-0.000	0.349	0.364	-0.500	-0.168	-0.877
								0.500		
0.6*L	0.097	0.204	0.247	0.233	0.078	0.277	0.283	0.361	-0.080	-0.542
0.7*L	0.074	0.167	0.186	0.182	0.100	0.207	0.209	0.250	-0.030	-0.316
0.8*L	0.049	0.117	0.124	0.123	0.085	0.138	0.138	0.157	-0.007	-0.168
0.9*L	0.025	0.060	0.062	0.062	0.048	0.069	0.069	0.076	0.001	-0.072
FAKTOR			1/a						1/(a*a)	
INFOLGE STRECKENMOMENT mt=1 (IM FELD)										
BIS SPRUNG				0.030	-0.065		-0.055	-0.717		
AB SPRUNG				0.304	0.065		0.488	0.717		
SUMME	0.160	0.265	0.438	0.334	0.000	0.781	0.433	0.000	-0.448	-0.603
FAKTOR	a					a			1/a	

NR. 11

L / a = 2.0 / 1.5   (²)   EIi/GIt

SCHNITT	M 0.2	M 0.5	Q 0	Q 0.2	Q 0.5	T 0	T 0.2	T 0.5	q 0.2	q 0.5
INFOLGE EINZELLAST P=1 (IN)										
0.0*L	0.000	0.000	1.000	0.000	0.000	0.000	0.000	0.000	0.000	0.000
0.1*L	0.133	0.060	0.825	-0.153	-0.092	0.037	0.027	-0.004	0.092	0.094
0.2*L	0.270	0.123	0.663	-0.302	-0.187	0.069	0.051	-0.006	0.163	0.183
				0.698						
0.3*L	0.213	0.193	0.519	0.560	-0.287	0.091	0.070	-0.007	0.196	0.259
0.4*L	0.164	0.274	0.396	0.437	-0.391	0.102	0.081	-0.004	0.199	0.315
0.5*L	0.123	0.367	0.294	0.332	-0.500	0.103	0.084	-0.000	0.183	0.338
					0.500					
0.6*L	0.089	0.274	0.212	0.243	0.391	0.094	0.079	0.004	0.154	0.315
0.7*L	0.061	0.193	0.144	0.169	0.287	0.078	0.066	0.007	0.119	0.259
0.8*L	0.038	0.123	0.089	0.106	0.187	0.055	0.047	0.006	0.081	0.183
0.9*L	0.018	0.060	0.043	0.051	0.092	0.029	0.025	0.004	0.041	0.094
FAKTOR	a					a			1/a	
INFOLGE STRECKENLAST P=1 (IM FELD)										
BIS SPRUNG				-0.061	-0.741		0.011	-0.004		
AB SPRUNG				0.447	0.741		0.096	0.004		
SUMME	0.221	0.332	0.735	0.386	0.000	0.133	0.107	0.000	0.248	0.411
FAKTOR	a*a		a			a*a				
INFOLGE EINZELMOMENT Mt=1 (IN)										
0.0*L	0.000	0.000	0.000	0.000	0.000	1.000	0.000	0.000	0.000	0.000
0.1*L	0.069	0.070	0.236	0.083	-0.049	0.782	-0.142	-0.075	-0.394	-0.097
0.2*L	0.122	0.137	0.358	0.198	-0.087	0.621	-0.299	-0.156	-0.835	-0.217
							0.701			
0.3*L	0.147	0.195	0.402	0.296	-0.102	0.499	0.552	-0.249	-0.558	-0.384
0.4*L	0.149	0.237	0.395	0.328	-0.080	0.402	0.436	-0.360	-0.357	-0.623
0.5*L	0.137	0.253	0.355	0.315	-0.000	0.322	0.343	-0.500	-0.217	-0.963
								0.500		
0.6*L	0.116	0.237	0.297	0.274	0.080	0.252	0.263	0.360	-0.124	-0.623
0.7*L	0.090	0.195	0.228	0.216	0.102	0.186	0.192	0.249	-0.065	-0.384
0.8*L	0.061	0.137	0.153	0.148	0.087	0.123	0.126	0.156	-0.030	-0.217
0.9*L	0.031	0.070	0.077	0.075	0.049	0.061	0.062	0.075	-0.011	-0.097
FAKTOR			1/a						1/(a*a)	
INFOLGE STRECKENMOMENT mt=1 (IM FELD)										
BIS SPRUNG				0.035	-0.066		-0.058	-0.717		
AB SPRUNG				0.354	0.066		0.463	0.717		
SUMME	0.186	0.308	0.507	0.389	0.000	0.747	0.405	0.000	-0.512	-0.711
FAKTOR	a					a			1/a	

Schnitte 0 0.2 0.5 — L

M Q T — q — $\beta \cdot a$ — a — $I.I_t$ — I_{Pl}

L / a

2

2.0   2.5

$(.)^2$ EIi/GIt

SCHNITT	M 0.2	M 0.5	Q 0	Q 0.2	Q 0.5	T 0	T 0.2	T 0.5	q 0.2	q 0.5
INFOLGE EINZELLAST P=1										
IN										
0.0*L	0.000	0.000	1.000	0.000	0.000	0.000	0.000	0.000	0.000	0.000
0.1*L	0.142	0.072	0.849	-0.137	-0.095	0.025	0.018	-0.002	0.061	0.065
0.2*L	0.286	0.147	0.706	-0.270	-0.192	0.047	0.035	-0.004	0.108	0.127
				0.730						
0.3*L	0.234	0.226	0.576	0.604	-0.292	0.062	0.048	-0.004	0.132	0.179
0.4*L	0.188	0.313	0.460	0.488	-0.395	0.070	0.056	-0.003	0.136	0.217
0.5*L	0.147	0.409	0.358	0.384	-0.500	0.071	0.058	-0.000	0.127	0.232
				0.500						
0.6*L	0.111	0.313	0.269	0.291	0.395	0.065	0.054	0.003	0.109	0.217
0.7*L	0.079	0.226	0.192	0.209	0.292	0.054	0.046	0.004	0.085	0.179
0.8*L	0.051	0.147	0.123	0.135	0.192	0.039	0.033	0.004	0.058	0.127
0.9*L	0.025	0.072	0.060	0.066	0.095	0.020	0.017	0.002	0.030	0.065
FAKTOR	a			a			a		1/a	
INFOLGE STRECKENLAST P=1										
IM FELD										
BIS SPRUNG				-0.054	-0.745		0.007	-0.003		
AB SPRUNG				0.507	0.745		0.066	0.003		
SUMME	0.252	0.384	0.817	0.453	0.000	0.091	0.074	0.000	0.171	0.284
FAKTOR	a*a			a			a*a			
INFOLGE EINZELMOMENT Mt=1										
IN										
0.0*L	0.000	0.000	0.000	0.000	0.000	1.000	0.000	0.000	0.000	0.000
0.1*L	0.076	0.082	0.255	0.098	-0.050	0.772	-0.149	-0.075	-0.414	-0.125
0.2*L	0.135	0.158	0.394	0.225	-0.089	0.603	-0.313	-0.155	-0.872	-0.270
							0.687			
0.3*L	0.165	0.224	0.451	0.334	-0.104	0.475	0.533	-0.248	-0.606	-0.457
0.4*L	0.170	0.272	0.451	0.372	-0.081	0.375	0.414	-0.360	-0.411	-0.709
0.5*L	0.158	0.290	0.413	0.362	-0.000	0.294	0.319	-0.500	-0.270	-1.054
								0.500		
0.6*L	0.136	0.272	0.350	0.318	0.081	0.225	0.241	0.360	-0.171	-0.709
0.7*L	0.107	0.224	0.273	0.253	0.104	0.164	0.173	0.248	-0.103	-0.457
0.8*L	0.073	0.158	0.186	0.175	0.089	0.107	0.112	0.155	-0.057	-0.270
0.9*L	0.037	0.082	0.094	0.089	0.050	0.053	0.055	0.075	-0.025	-0.125
FAKTOR			1/a						1/(a*a)	
INFOLGE STRECKENMOMENT mt=1										
IM FELD										
BIS SPRUNG				0.041	-0.068		-0.061	-0.716		
AB SPRUNG				0.407	0.068		0.436	0.716		
SUMME	0.213	0.355	0.580	0.448	0.000	0.710	0.376	0.000	-0.580	-0.826
FAKTOR	a						a		1/a	

L / a

3

0.5   1.0

$(.)^2$ EIi/GIt

SCHNITT	M 0.2	M 0.5	Q 0	Q 0.2	Q 0.5	T 0	T 0.2	T 0.5	q 0.2	q 0.5
INFOLGE EINZELLAST P=1										
IN										
0.0*L	0.000	0.000	1.000	0.000	0.000	0.000	0.000	0.000	0.000	0.000
0.1*L	0.173	0.051	0.774	-0.188	-0.085	0.063	0.044	-0.008	0.107	0.101
0.2*L	0.355	0.111	0.570	-0.368	-0.175	0.115	0.084	-0.013	0.188	0.197
				0.632						
0.3*L	0.254	0.188	0.399	0.469	-0.274	0.150	0.115	-0.013	0.223	0.282
0.4*L	0.172	0.291	0.264	0.333	-0.383	0.168	0.134	-0.009	0.221	0.345
0.5*L	0.111	0.424	0.164	0.224	-0.500	0.168	0.138	-0.000	0.197	0.371
					0.500					
0.6*L	0.067	0.291	0.095	0.144	0.383	0.153	0.128	0.009	0.162	0.345
0.7*L	0.037	0.188	0.050	0.086	0.274	0.125	0.107	0.013	0.123	0.282
0.8*L	0.019	0.111	0.023	0.047	0.175	0.089	0.076	0.013	0.081	0.197
0.9*L	0.008	0.051	0.009	0.021	0.085	0.046	0.040	0.008	0.040	0.101
FAKTOR	a			a			a		1/a	
INFOLGE STRECKENLAST P=1										
IM FELD										
BIS SPRUNG				-0.112	-1.099		0.026	-0.013		
AB SPRUNG				0.488	1.099		0.236	0.013		
SUMME	0.355	0.507	0.849	0.376	0.000	0.326	0.262	0.000	0.407	0.671
FAKTOR	a*a			a			a*a			
INFOLGE EINZELMOMENT Mt=1										
IN										
0.0*L	0.000	0.000	0.000	0.000	0.000	1.000	0.000	0.000	0.000	0.000
0.1*L	0.054	0.050	0.125	0.039	-0.029	0.837	-0.120	-0.086	-0.146	-0.026
0.2*L	0.094	0.099	0.186	0.097	-0.051	0.707	-0.249	-0.175	-0.308	-0.061
							0.751			
0.3*L	0.111	0.141	0.204	0.147	-0.059	0.598	0.626	-0.270	-0.198	-0.118
0.4*L	0.110	0.173	0.194	0.162	-0.046	0.503	0.519	-0.377	-0.117	-0.205
0.5*L	0.099	0.185	0.169	0.153	-0.000	0.415	0.423	-0.500	-0.061	-0.332
								0.500		
0.6*L	0.081	0.173	0.137	0.131	0.046	0.331	0.335	0.377	-0.026	-0.205
0.7*L	0.061	0.141	0.102	0.101	0.059	0.249	0.249	0.270	-0.007	-0.118
0.8*L	0.041	0.099	0.067	0.069	0.051	0.166	0.166	0.175	0.002	-0.061
0.9*L	0.020	0.050	0.033	0.034	0.029	0.083	0.083	0.086	0.003	-0.026
FAKTOR			1/a						1/(a*a)	
INFOLGE STRECKENMOMENT mt=1										
IM FELD										
BIS SPRUNG				0.025	-0.058		-0.073	-1.096		
AB SPRUNG				0.256	0.058		0.832	1.096		
SUMME	0.203	0.336	0.371	0.282	0.000	1.315	0.759	0.000	-0.254	-0.339
FAKTOR	a						a		1/a	

Schnitte 0 0,2 0,5 L

M Q T β·a a I_{Pl} q $I.I_t$

NR. 14

L / a

$\dfrac{3}{}$ 0.5   1.5

$(.)^2$ EIi/GIt

NR. 14

SCHNITT	M 0.2	M 0.5	Q 0	Q 0.2	Q 0.5	T 0	T 0.2	T 0.5	q 0.2	q 0.5
INFOLGE EINZELLAST P=1										
IN										
0.0*L	0.000	0.000	1.000	0.000	0.000	0.000	0.000	0.000	0.000	0.000
0.1*L	0.187	0.069	0.801	-0.171	-0.090	0.050	0.035	-0.005	0.082	0.083
0.2*L	0.380	0.146	0.618	-0.335	-0.183	0.091	0.068	-0.009	0.144	0.161
			0.665							
0.3*L	0.287	0.238	0.459	0.514	-0.282	0.120	0.093	-0.009	0.174	0.229
0.4*L	0.209	0.350	0.329	0.384	-0.388	0.135	0.108	-0.006	0.176	0.279
0.5*L	0.146	0.486	0.227	0.277	-0.500	0.136	0.112	-0.000	0.161	0.298
					0.500					
0.6*L	0.098	0.350	0.150	0.192	0.388	0.125	0.104	0.006	0.136	0.279
0.7*L	0.063	0.238	0.094	0.126	0.282	0.103	0.087	0.009	0.105	0.229
0.8*L	0.037	0.146	0.054	0.075	0.183	0.073	0.062	0.009	0.071	0.161
0.9*L	0.017	0.069	0.024	0.035	0.090	0.038	0.033	0.005	0.036	0.083
FAKTOR	a			a					1/a	
INFOLGE STRECKENLAST P=1										
IM FELD										
BIS SPRUNG				-0.102	-1.107		0.021	-0.009		
AB SPRUNG				0.577	1.107		0.191	0.009		
SUMME	0.424	0.624	0.973	0.475	0.000	0.264	0.212	0.000	0.329	0.545
FAKTOR	a*a			a					a*a	
INFOLGE EINZELMOMENT Mt=1										
IN										
0.0*L	0.000	0.000	0.000	0.000	0.000	1.000	0.000	0.000	0.000	0.000
0.1*L	0.061	0.062	0.139	0.050	-0.030	0.830	-0.125	-0.085	-0.156	-0.038
0.2*L	0.108	0.121	0.212	0.117	-0.053	0.694	-0.258	-0.174	-0.326	-0.086
						0.742				
0.3*L	0.130	0.172	0.238	0.174	-0.061	0.581	0.613	-0.269	-0.222	-0.152
0.4*L	0.132	0.209	0.234	0.193	-0.047	0.483	0.503	-0.376	-0.143	-0.245
0.5*L	0.121	0.224	0.210	0.186	-0.000	0.395	0.407	-0.500	-0.086	-0.374
								0.500		
0.6*L	0.102	0.209	0.174	0.161	0.047	0.313	0.319	0.376	-0.047	-0.245
0.7*L	0.079	0.172	0.133	0.127	0.061	0.233	0.236	0.269	-0.023	-0.152
0.8*L	0.053	0.121	0.089	0.087	0.053	0.155	0.156	0.174	-0.010	-0.086
0.9*L	0.027	0.062	0.045	0.044	0.030	0.078	0.078	0.085	-0.003	-0.038
FAKTOR				1/a					1/(a*a)	
INFOLGE STRECKENMOMENT mt=1										
IM FELD										
BIS SPRUNG				0.032	-0.060		-0.076	-1.095		
AB SPRUNG				0.313	0.060		0.804	1.095		
SUMME	0.246	0.409	0.448	0.344	0.000	1.276	0.728	0.000	-0.301	-0.419
FAKTOR	a			a					1/a	

L / a

$\dfrac{3}{}$ 0.5   2.5

$(.)^2$ EIi/GIt

SCHNITT	M 0.2	M 0.5	Q 0	Q 0.2	Q 0.5	T 0	T 0.2	T 0.5	q 0.2	q 0.5
INFOLGE EINZELLAST P=1										
IN										
0.0*L	0.000	0.000	1.000	0.000	0.000	0.000	0.000	0.000	0.000	0.000
0.1*L	0.202	0.091	0.830	-0.151	-0.094	0.035	0.026	-0.003	0.056	0.061
0.2*L	0.409	0.188	0.670	-0.298	-0.189	0.065	0.049	-0.005	0.100	0.118
				0.702						
0.3*L	0.324	0.296	0.527	0.566	-0.289	0.086	0.067	-0.006	0.122	0.167
0.4*L	0.251	0.418	0.405	0.444	-0.393	0.098	0.078	-0.004	0.126	0.202
0.5*L	0.188	0.559	0.302	0.338	-0.500	0.099	0.081	-0.000	0.118	0.215
					0.500					
0.6*L	0.137	0.418	0.217	0.248	0.393	0.091	0.076	0.004	0.102	0.202
0.7*L	0.094	0.296	0.149	0.173	0.289	0.076	0.064	0.006	0.080	0.167
0.8*L	0.059	0.188	0.092	0.109	0.189	0.054	0.046	0.005	0.055	0.118
0.9*L	0.028	0.091	0.044	0.052	0.094	0.028	0.024	0.003	0.028	0.061
FAKTOR	a			a					1/a	
INFOLGE STRECKENLAST P=1										
IM FELD										
BIS SPRUNG				-0.090	-1.114		0.015	-0.005		
AB SPRUNG				0.682	1.114		0.139	0.005		
SUMME	0.506	0.761	1.118	0.592	0.000	0.191	0.154	0.000	0.238	0.396
FAKTOR	a*a			a					a*a	
INFOLGE EINZELMOMENT Mt=1										
IN										
0.0*L	0.000	0.000	0.000	0.000	0.000	1.000	0.000	0.000	0.000	0.000
0.1*L	0.070	0.076	0.155	0.062	-0.030	0.823	-0.131	-0.085	-0.167	-0.053
0.2*L	0.125	0.148	0.241	0.140	-0.054	0.679	-0.270	-0.173	-0.346	-0.115
						0.730				
0.3*L	0.152	0.209	0.278	0.206	-0.063	0.561	0.597	-0.269	-0.248	-0.192
0.4*L	0.158	0.252	0.279	0.230	-0.048	0.460	0.485	-0.376	-0.172	-0.293
0.5*L	0.148	0.269	0.257	0.224	-0.000	0.372	0.388	-0.500	-0.115	-0.424
								0.500		
0.6*L	0.127	0.252	0.218	0.198	0.048	0.291	0.301	0.376	-0.073	-0.293
0.7*L	0.100	0.209	0.170	0.158	0.063	0.215	0.221	0.269	-0.044	-0.192
0.8*L	0.068	0.148	0.116	0.109	0.054	0.142	0.145	0.173	-0.025	-0.115
0.9*L	0.035	0.076	0.059	0.056	0.030	0.071	0.072	0.085	-0.011	-0.053
FAKTOR				1/a					1/(a*a)	
INFOLGE STRECKENMOMENT mt=1										
IM FELD										
BIS SPRUNG				0.039	-0.061		-0.079	-1.095		
AB SPRUNG				0.379	0.061		0.771	1.095		
SUMME	0.297	0.495	0.538	0.417	0.000	1.231	0.691	0.000	-0.357	-0.514
FAKTOR	a			a					1/a	

NR. 15

L / a

3
____
0.5   3.5

(.)   EIi/GIt

	M		Q			T			q	
SCHNITT	0.2	0.5	0	0.2	0.5	0	0.2	0.5	0.2	0.5

INFOLGE EINZELLAST P=1

IN	M		Q			T			q	
0.0*L	0.000	0.000	1.000	0.000	0.000	0.000	0.000	0.000	0.000	0.000
0.1*L	0.210	0.104	0.845	-0.140	-0.095	0.027	0.020	-0.002	0.043	0.048
0.2*L	0.424	0.212	0.699	-0.276	-0.192	0.051	0.038	-0.004	0.076	0.093
				0.724						
0.3*L	0.345	0.329	0.565	0.595	-0.292	0.067	0.053	-0.004	0.094	0.131
0.4*L	0.274	0.458	0.447	0.478	-0.395	0.076	0.061	-0.003	0.099	0.158
0.5*L	0.212	0.600	0.344	0.373	-0.500	0.078	0.064	-0.000	0.093	0.168
					0.500					
0.6*L	0.159	0.458	0.256	0.281	0.395	0.072	0.060	0.003	0.081	0.158
0.7*L	0.112	0.329	0.181	0.200	0.292	0.060	0.050	0.004	0.064	0.131
0.8*L	0.072	0.212	0.115	0.128	0.192	0.043	0.036	0.004	0.044	0.093
0.9*L	0.035	0.104	0.056	0.062	0.095	0.022	0.019	0.002	0.022	0.048
FAKTOR	a					a			1/a	

INFOLGE STRECKENLAST P=1

IM FELD	M		Q			T			q	
BIS SPRUNG				-0.084	-1.117		0.012	-0.004		
AB SPRUNG				0.742	1.117		0.109	0.004		
SUMME	0.552	0.840	1.200	0.658	0.000	0.150	0.121	0.000	0.186	0.311
FAKTOR	a*a		a			a*a				

INFOLGE EINZELMOMENT Mt=1

IN	M		Q			T			q	
0.0*L	0.000	0.000	0.000	0.000	0.000	1.000	0.000	0.000	0.000	0.000
0.1*L	0.075	0.084	0.163	0.068	-0.031	0.818	-0.134	-0.085	-0.173	-0.062
0.2*L	0.134	0.163	0.258	0.153	-0.055	0.671	-0.276	-0.173	-0.358	-0.131
							0.724			
0.3*L	0.165	0.229	0.300	0.224	-0.063	0.550	0.588	-0.268	-0.263	-0.214
0.4*L	0.172	0.277	0.305	0.251	-0.048	0.447	0.475	-0.376	-0.188	-0.319
0.5*L	0.163	0.295	0.284	0.246	-0.000	0.358	0.377	-0.500	-0.131	-0.453
								0.500		
0.6*L	0.141	0.277	0.244	0.218	0.048	0.278	0.291	0.376	-0.088	-0.319
0.7*L	0.112	0.229	0.191	0.175	0.063	0.204	0.212	0.268	-0.057	-0.214
0.8*L	0.077	0.163	0.131	0.122	0.055	0.134	0.139	0.173	-0.033	-0.131
0.9*L	0.039	0.084	0.067	0.062	0.031	0.067	0.069	0.085	-0.015	-0.062
FAKTOR			1/a						1/(a*a)	

INFOLGE STRECKENMOMENT mt=1

IM FELD	M		Q			T			q	
BIS SPRUNG				0.043	-0.062		-0.081	-1.094		
AB SPRUNG				0.416	0.062		0.752	1.094		
SUMME	0.326	0.544	0.590	0.459	0.000	1.205	0.671	0.000	-0.389	-0.567
FAKTOR	a					a			1/a	

L / a

3
____
1.0   1.0

(.)   EIi/GIt

	M		Q			T			q	
SCHNITT	0.2	0.5	0	0.2	0.5	0	0.2	0.5	0.2	0.5

INFOLGE EINZELLAST P=1

IN	M		Q			T			q	
0.0*L	0.000	0.000	1.000	0.000	0.000	0.000	0.000	0.000	0.000	0.000
0.1*L	0.155	0.033	0.739	-0.205	-0.075	0.081	0.053	-0.013	0.152	0.114
0.2*L	0.324	0.075	0.510	-0.403	-0.157	0.145	0.101	-0.021	0.260	0.227
				0.597						
0.3*L	0.216	0.139	0.329	0.421	-0.255	0.186	0.140	-0.022	0.292	0.332
0.4*L	0.134	0.231	0.194	0.278	-0.371	0.203	0.161	-0.015	0.272	0.416
0.5*L	0.075	0.361	0.103	0.171	-0.500	0.199	0.164	-0.000	0.227	0.452
					0.500					
0.6*L	0.038	0.231	0.045	0.097	0.371	0.177	0.151	0.015	0.174	0.416
0.7*L	0.015	0.139	0.014	0.050	0.255	0.143	0.125	0.022	0.123	0.332
0.8*L	0.004	0.075	0.000	0.023	0.157	0.100	0.089	0.021	0.078	0.227
0.9*L	0.001	0.033	-0.003	0.008	0.075	0.051	0.046	0.013	0.037	0.114
FAKTOR	a					a			1/a	

INFOLGE STRECKENLAST P=1

IM FELD	M		Q			T			q	
BIS SPRUNG				-0.122	-1.081		0.031	-0.022		
AB SPRUNG				0.400	1.081		0.280	0.022		
SUMME	0.285	0.389	0.723	0.277	0.000	0.389	0.311	0.000	0.489	0.794
FAKTOR	a*a		a			a*a				

INFOLGE EINZELMOMENT Mt=1

IN	M		Q			T			q	
0.0*L	0.000	0.000	0.000	0.000	0.000	1.000	0.000	0.000	0.000	0.000
0.1*L	0.076	0.057	0.191	0.039	-0.047	0.805	-0.119	-0.076	-0.235	-0.008
0.2*L	0.130	0.113	0.264	0.118	-0.085	0.668	-0.259	-0.158	-0.519	-0.038
							0.741			
0.3*L	0.146	0.166	0.269	0.191	-0.102	0.566	0.605	-0.249	-0.287	-0.112
0.4*L	0.136	0.208	0.237	0.203	-0.081	0.482	0.498	-0.360	-0.132	-0.256
0.5*L	0.113	0.226	0.191	0.184	-0.000	0.405	0.408	-0.500	-0.038	-0.497
								0.500		
0.6*L	0.087	0.208	0.143	0.149	0.081	0.329	0.325	0.360	0.012	-0.256
0.7*L	0.062	0.166	0.099	0.110	0.102	0.251	0.245	0.249	0.031	-0.112
0.8*L	0.039	0.113	0.061	0.071	0.085	0.169	0.164	0.158	0.030	-0.038
0.9*L	0.019	0.057	0.029	0.035	0.047	0.085	0.083	0.076	0.018	-0.008
FAKTOR			1/a						1/(a*a)	

INFOLGE STRECKENMOMENT mt=1

IM FELD	M		Q			T			q	
BIS SPRUNG				0.027	-0.099		-0.074	-1.076		
AB SPRUNG				0.304	0.099		0.808	1.076		
SUMME	0.245	0.397	0.452	0.332	0.000	1.274	0.734	0.000	-0.326	-0.381
FAKTOR	a					a			1/a	

NR. 18

SCHNITT	M 0.2	0.5	Q 0	0.2	0.5	T 0	0.2	0.5	q 0.2	0.5

INFOLGE EINZELLAST P=1

IN	M 0.2	0.5	Q 0	0.2	0.5	T 0	0.2	0.5	q 0.2	0.5
0.0*L	0.000	0.000	1.000	0.000	0.000	0.000	0.000	0.000	0.000	0.000
0.1*L	0.171	0.050	0.769	-0.188	-0.082	0.065	0.044	-0.009	0.117	0.099
0.2*L	0.352	0.110	0.563	-0.370	-0.170	0.119	0.085	-0.015	0.203	0.195
				0.630						
0.3*L	0.250	0.186	0.392	0.466	-0.269	0.154	0.117	-0.016	0.234	0.282
0.4*L	0.170	0.289	0.260	0.329	-0.380	0.170	0.135	-0.010	0.225	0.349
0.5*L	0.110	0.422	0.163	0.222	-0.500	0.169	0.139	-0.000	0.195	0.378
				0.500						
0.6*L	0.067	0.289	0.096	0.143	0.380	0.152	0.129	0.010	0.157	0.349
0.7*L	0.038	0.186	0.052	0.086	0.269	0.124	0.107	0.016	0.115	0.282
0.8*L	0.020	0.110	0.026	0.048	0.170	0.087	0.076	0.015	0.075	0.195
0.9*L	0.008	0.050	0.010	0.021	0.082	0.045	0.039	0.009	0.037	0.099
FAKTOR	a			a			a		1/a	

INFOLGE STRECKENLAST p=1

IM FELD	M 0.2	0.5	Q 0	0.2	0.5	T 0	0.2	0.5	q 0.2	0.5
BIS SPRUNG				-0.112	-1.094		0.026	-0.015		
AB SPRUNG				0.485	1.094		0.237	0.015		
SUMME	0.353	0.503	0.844	0.373	0.000	0.328	0.264	0.000	0.412	0.674
FAKTOR	a*a			a			a*a			

INFOLGE EINZELMOMENT Mt=1

IN	M 0.2	0.5	Q 0	0.2	0.5	T 0	0.2	0.5	q 0.2	0.5
0.0*L	0.000	0.000	0.000	0.000	0.000	1.000	0.000	0.000	0.000	0.000
0.1*L	0.088	0.075	0.213	0.055	-0.050	0.794	-0.127	-0.075	-0.254	-0.026
0.2*L	0.152	0.147	0.305	0.148	-0.090	0.648	-0.274	-0.155	-0.551	-0.073
							0.726			
0.3*L	0.175	0.212	0.322	0.231	-0.106	0.539	0.584	-0.247	-0.326	-0.162
0.4*L	0.169	0.262	0.296	0.250	-0.084	0.452	0.475	-0.358	-0.172	-0.316
0.5*L	0.147	0.283	0.250	0.232	-0.000	0.375	0.384	-0.500	-0.073	-0.560
								0.500		
0.6*L	0.117	0.262	0.196	0.194	0.084	0.302	0.303	0.358	-0.016	-0.316
0.7*L	0.087	0.212	0.142	0.147	0.106	0.229	0.226	0.247	0.011	-0.162
0.8*L	0.056	0.147	0.092	0.098	0.090	0.154	0.151	0.155	0.017	-0.073
0.9*L	0.028	0.075	0.045	0.049	0.050	0.078	0.076	0.075	0.012	-0.026
FAKTOR				1/a					1/(a*a)	

INFOLGE STRECKENMOMENT mt=1

IM FELD	M 0.2	0.5	Q 0	0.2	0.5	T 0	0.2	0.5	q 0.2	0.5
BIS SPRUNG				0.037	-0.103		-0.078	-1.073		
AB SPRUNG				0.387	0.103		0.767	1.073		
SUMME	0.309	0.506	0.566	0.424	0.000	1.217	0.688	0.000	-0.396	-0.499
FAKTOR	a						a		1/a	

NR. 19

SCHNITT	M 0.2	0.5	Q 0	0.2	0.5	T 0	0.2	0.5	q 0.2	0.5

INFOLGE EINZELLAST P=1

IN	M 0.2	0.5	Q 0	0.2	0.5	T 0	0.2	0.5	q 0.2	0.5
0.0*L	0.000	0.000	1.000	0.000	0.000	0.000	0.000	0.000	0.000	0.000
0.1*L	0.188	0.074	0.804	-0.167	-0.089	0.048	0.034	-0.006	0.082	0.078
0.2*L	0.384	0.154	0.624	-0.329	-0.181	0.088	0.064	-0.009	0.144	0.152
				0.671						
0.3*L	0.292	0.249	0.469	0.523	-0.280	0.115	0.089	-0.010	0.170	0.217
0.4*L	0.216	0.362	0.342	0.394	-0.387	0.129	0.103	-0.006	0.169	0.266
0.5*L	0.154	0.499	0.242	0.288	-0.500	0.129	0.106	-0.000	0.152	0.285
				0.500						
0.6*L	0.106	0.362	0.165	0.203	0.387	0.118	0.099	0.006	0.126	0.266
0.7*L	0.070	0.249	0.107	0.135	0.280	0.097	0.082	0.010	0.096	0.217
0.8*L	0.042	0.154	0.063	0.082	0.181	0.068	0.059	0.009	0.064	0.152
0.9*L	0.019	0.074	0.029	0.039	0.089	0.035	0.031	0.006	0.032	0.078
FAKTOR	a			a			a		1/a	

INFOLGE STRECKENLAST p=1

IM FELD	M 0.2	0.5	Q 0	0.2	0.5	T 0	0.2	0.5	q 0.2	0.5
BIS SPRUNG				-0.100	-1.106		0.020	-0.010		
AB SPRUNG				0.597	1.106		0.182	0.010		
SUMME	0.439	0.649	0.999	0.497	0.000	0.251	0.201	0.000	0.313	0.517
FAKTOR	a*a			a			a*a			

INFOLGE EINZELMOMENT Mt=1

IN	M 0.2	0.5	Q 0	0.2	0.5	T 0	0.2	0.5	q 0.2	0.5
0.0*L	0.000	0.000	0.000	0.000	0.000	1.000	0.000	0.000	0.000	0.000
0.1*L	0.102	0.097	0.239	0.074	-0.053	0.780	-0.137	-0.074	-0.275	-0.050
0.2*L	0.180	0.190	0.355	0.186	-0.094	0.623	-0.293	-0.153	-0.589	-0.119
							0.707			
0.3*L	0.212	0.271	0.388	0.283	-0.111	0.506	0.559	-0.245	-0.373	-0.226
0.4*L	0.211	0.332	0.372	0.310	-0.087	0.414	0.445	-0.357	-0.221	-0.393
0.5*L	0.190	0.357	0.326	0.294	-0.000	0.337	0.353	-0.500	-0.119	-0.642
								0.500		
0.6*L	0.157	0.332	0.266	0.252	0.087	0.267	0.274	0.357	-0.056	-0.393
0.7*L	0.120	0.271	0.200	0.196	0.111	0.200	0.202	0.245	-0.020	-0.226
0.8*L	0.080	0.190	0.133	0.133	0.094	0.133	0.133	0.153	-0.003	-0.119
0.9*L	0.040	0.097	0.066	0.067	0.053	0.067	0.066	0.074	0.001	-0.050
FAKTOR				1/a					1/(a*a)	

INFOLGE STRECKENMOMENT mt=1

IM FELD	M 0.2	0.5	Q 0	0.2	0.5	T 0	0.2	0.5	q 0.2	0.5
BIS SPRUNG				0.048	-0.108		-0.084	-1.071		
AB SPRUNG				0.494	0.108		0.713	1.071		
SUMME	0.391	0.646	0.713	0.542	0.000	1.143	0.629	0.000	-0.488	-0.653
FAKTOR	a						a		1/a	

NR. 19

NR. 20

L / a

3

1.0   3.5

2

(.)   EIi/GIt

SCHNITT	M 0.2	0.5	Q 0	0.2	0.5	T 0	0.2	0.5	q 0.2	0.5
INFOLGE EINZELLAST P=1										
IN										
0.0*L	0.000	0.000	1.000	0.000	0.000	0.000	0.000	0.000	0.000	0.000
0.1*L	0.199	0.088	0.823	-0.154	-0.092	0.038	0.027	-0.004	0.064	0.064
0.2*L	0.403	0.182	0.659	-0.304	-0.186	0.070	0.052	-0.007	0.112	0.124
				0.696						
0.3*L	0.318	0.287	0.515	0.557	-0.286	0.093	0.071	-0.007	0.134	0.176
0.4*L	0.244	0.408	0.392	0.434	-0.391	0.104	0.083	-0.005	0.135	0.214
0.5*L	0.182	0.547	0.291	0.328	-0.500	0.105	0.086	-0.000	0.124	0.230
				0.500						
0.6*L	0.131	0.408	0.208	0.240	0.391	0.096	0.080	0.005	0.104	0.214
0.7*L	0.090	0.287	0.142	0.166	0.286	0.079	0.067	0.007	0.080	0.176
0.8*L	0.056	0.182	0.088	0.104	0.186	0.056	0.048	0.007	0.054	0.124
0.9*L	0.027	0.088	0.042	0.050	0.092	0.029	0.025	0.004	0.027	0.064
FAKTOR	a					a			1/a	
INFOLGE STRECKENLAST P=1										
IM FELD										
BIS SPRUNG				-0.092	-1.111		0.016	-0.007		
AB SPRUNG				0.666	1.111		0.147	0.007		
SUMME	0.493	0.740	1.095	0.574	0.000	0.203	0.163	0.000	0.253	0.419
FAKTOR	a×a		a			a×a				
INFOLGE EINZELMOMENT Mt=1										
IN										
0.0*L	0.000	0.000	0.000	0.000	0.000	1.000	0.000	0.000	0.000	0.000
0.1*L	0.111	0.111	0.255	0.087	-0.054	0.772	-0.143	-0.073	-0.287	-0.065
0.2*L	0.196	0.216	0.385	0.209	-0.096	0.608	-0.304	-0.152	-0.610	-0.148
							0.696			
0.3*L	0.235	0.308	0.429	0.315	-0.113	0.486	0.543	-0.244	-0.401	-0.267
0.4*L	0.237	0.375	0.418	0.347	-0.088	0.391	0.426	-0.356	-0.251	-0.441
0.5*L	0.216	0.402	0.374	0.333	-0.000	0.313	0.334	-0.500	-0.148	-0.693
								0.500		
0.6*L	0.182	0.375	0.310	0.289	0.088	0.245	0.256	0.356	-0.081	-0.441
0.7*L	0.140	0.308	0.237	0.227	0.113	0.182	0.187	0.244	-0.040	-0.267
0.8*L	0.095	0.216	0.159	0.155	0.096	0.120	0.122	0.152	-0.017	-0.148
0.9*L	0.048	0.111	0.080	0.079	0.054	0.060	0.061	0.073	-0.006	-0.065
FAKTOR			1/a						1/(a×a)	
INFOLGE STRECKENMOMENT mt=1										
IM FELD										
BIS SPRUNG				0.056	-0.110		-0.088	-1.070		
AB SPRUNG				0.560	0.110		0.680	1.070		
SUMME	0.442	0.733	0.804	0.616	0.000	1.098	0.592	0.000	-0.544	-0.747
FAKTOR	a					a			1/a	

L / a

3

1.0   5.0

2

(.)   EIi/GIt

SCHNITT	M 0.2	0.5	Q 0	0.2	0.5	T 0	0.2	0.5	q 0.2	0.5
INFOLGE EINZELLAST P=1										
IN										
0.0*L	0.000	0.000	1.000	0.000	0.000	0.000	0.000	0.000	0.000	0.000
0.1*L	0.208	0.102	0.841	-0.142	-0.094	0.029	0.021	-0.003	0.048	0.050
0.2*L	0.421	0.208	0.692	-0.281	-0.190	0.054	0.040	-0.005	0.085	0.097
				0.719						
0.3*L	0.341	0.323	0.557	0.589	-0.290	0.071	0.055	-0.005	0.102	0.137
0.4*L	0.270	0.450	0.439	0.471	-0.393	0.081	0.064	-0.003	0.105	0.166
0.5*L	0.208	0.593	0.337	0.367	-0.500	0.081	0.067	-0.000	0.097	0.178
				0.500						
0.6*L	0.155	0.450	0.250	0.275	0.393	0.075	0.062	0.003	0.082	0.166
0.7*L	0.110	0.323	0.176	0.196	0.290	0.062	0.052	0.005	0.064	0.137
0.8*L	0.070	0.208	0.112	0.125	0.190	0.044	0.037	0.005	0.044	0.097
0.9*L	0.034	0.102	0.054	0.061	0.094	0.023	0.020	0.003	0.022	0.050
FAKTOR	a					a			1/a	
INFOLGE STRECKENLAST P=1										
IM FELD										
BIS SPRUNG				-0.085	-1.115		0.012	-0.005		
AB SPRUNG				0.731	1.115		0.114	0.005		
SUMME	0.544	0.826	1.185	0.646	0.000	0.157	0.127	0.000	0.196	0.326
FAKTOR	a×a		a			a×a				
INFOLGE EINZELMOMENT Mt=1										
IN										
0.0*L	0.000	0.000	0.000	0.000	0.000	1.000	0.000	0.000	0.000	0.000
0.1*L	0.119	0.124	0.270	0.098	-0.055	0.765	-0.149	-0.073	-0.298	-0.080
0.2*L	0.212	0.241	0.413	0.231	-0.097	0.594	-0.315	-0.151	-0.630	-0.175
							0.685			
0.3*L	0.256	0.343	0.467	0.344	-0.114	0.467	0.528	-0.243	-0.426	-0.304
0.4*L	0.261	0.416	0.461	0.382	-0.089	0.369	0.409	-0.356	-0.279	-0.486
0.5*L	0.241	0.445	0.418	0.369	-0.000	0.291	0.315	-0.500	-0.175	-0.740
								0.500		
0.6*L	0.206	0.416	0.352	0.323	0.089	0.224	0.239	0.356	-0.105	-0.486
0.7*L	0.160	0.343	0.272	0.256	0.114	0.164	0.172	0.243	-0.059	-0.304
0.8*L	0.109	0.241	0.184	0.176	0.097	0.108	0.112	0.151	-0.030	-0.175
0.9*L	0.055	0.124	0.093	0.089	0.055	0.054	0.055	0.073	-0.013	-0.080
FAKTOR			1/a						1/(a×a)	
INFOLGE STRECKENMOMENT mt=1										
IM FELD										
BIS SPRUNG				0.062	-0.111		-0.091	-1.069		
AB SPRUNG				0.623	0.111		0.649	1.069		
SUMME	0.490	0.814	0.890	0.685	0.000	1.055	0.557	0.000	-0.597	-0.837
FAKTOR	a					a			1/a	

NR. 21

NR. 22

L / a

1.0   10.0

(.)²   EIi/GIt

SCHNITT	M 0.2	M 0.5	Q 0	Q 0.2	Q 0.5	T 0	T 0.2	T 0.5	q 0.2	q 0.5
INFOLGE EINZELLAST F=1										
IN										
0.0*L	0.000	0.000	1.000	0.000	0.000	0.000	0.000	0.000	0.000	0.000
0.1*L	0.222	0.122	0.867	-0.124	-0.097	0.017	0.012	-0.001	0.026	0.029
0.2*L	0.446	0.247	0.739	-0.246	-0.195	0.031	0.023	-0.002	0.047	0.056
				0.754						
0.3*L	0.375	0.377	0.619	0.637	-0.295	0.041	0.032	-0.003	0.057	0.079
0.4*L	0.308	0.514	0.508	0.526	-0.397	0.046	0.037	-0.002	0.060	0.095
0.5*L	0.247	0.660	0.406	0.423	-0.500	0.047	0.038	-0.000	0.056	0.102
				0.500						
0.6*L	0.191	0.514	0.314	0.328	0.397	0.043	0.036	0.002	0.048	0.095
0.7*L	0.139	0.377	0.228	0.240	0.295	0.036	0.030	0.003	0.038	0.079
0.8*L	0.091	0.247	0.149	0.157	0.195	0.026	0.022	0.002	0.026	0.056
0.9*L	0.045	0.122	0.073	0.077	0.097	0.013	0.011	0.001	0.013	0.029
FAKTOR	a						a		1/a	
INFOLGE STRECKENLAST F=1										
IM FELD										
BIS SPRUNG				-0.074	-1.120		0.007	-0.003		
AB SPRUNG				0.829	1.120		0.066	0.003		
SUMME	0.619	0.953	1.319	0.754	0.000	0.090	0.073	0.000	0.112	0.187
FAKTOR	a*a			a			a*a			
INFOLGE EINZELMOMENT Mt=1										
IN										
0.0*L	0.000	0.000	0.000	0.000	0.000	1.000	0.000	0.000	0.000	0.000
0.1*L	0.132	0.144	0.292	0.115	-0.056	0.754	-0.158	-0.072	-0.313	-0.101
0.2*L	0.235	0.279	0.454	0.263	-0.099	0.573	-0.331	-0.150	-0.658	-0.216
				0.669						
0.3*L	0.287	0.394	0.522	0.389	-0.116	0.439	0.506	-0.242	-0.463	-0.361
0.4*L	0.298	0.477	0.526	0.434	-0.090	0.337	0.383	-0.355	-0.320	-0.552
0.5*L	0.279	0.509	0.485	0.623	-0.000	0.257	0.288	-0.500	-0.216	-0.810
				0.500						
0.6*L	0.241	0.477	0.414	0.374	0.090	0.193	0.213	0.355	-0.142	-0.552
0.7*L	0.189	0.394	0.324	0.299	0.116	0.138	0.151	0.242	-0.089	-0.361
0.8*L	0.130	0.279	0.222	0.207	0.099	0.089	0.096	0.150	-0.051	-0.216
0.9*L	0.066	0.144	0.112	0.106	0.056	0.044	0.047	0.072	-0.023	-0.101
FAKTOR			1/a						1/(a*a)	
INFOLGE STRECKENMOMENT mt=1										
IM FELD										
BIS SPRUNG				0.072	-0.113		-0.096	-1.069		
AB SPRUNG				0.716	0.113		0.602	1.069		
SUMME	0.562	0.936	1.018	0.788	0.000	0.991	0.506	0.000	-0.676	-0.970
FAKTOR	a			a					1/a	

L / a

2.0   1.0

(.)²   EIi/GIt

SCHNITT	M 0.2	M 0.5	Q 0	Q 0.2	Q 0.5	T 0	T 0.2	T 0.5	q 0.2	q 0.5
INFOLGE EINZELLAST F=1										
IN										
0.0*L	0.000	0.000	1.000	0.000	0.000	0.000	0.000	0.000	0.000	0.000
0.1*L	0.140	0.021	0.704	-0.217	-0.061	0.098	0.058	-0.019	0.205	0.115
0.2*L	0.298	0.053	0.456	-0.428	-0.135	0.172	0.114	-0.032	0.344	0.236
				0.572						
0.3*L	0.186	0.106	0.270	0.385	-0.231	0.215	0.158	-0.034	0.363	0.359
0.4*L	0.106	0.192	0.144	0.239	-0.354	0.228	0.181	-0.023	0.310	0.468
0.5*L	0.053	0.319	0.066	0.135	-0.500	0.217	0.182	-0.000	0.236	0.520
				0.500						
0.6*L	0.022	0.192	0.021	0.069	0.354	0.189	0.166	0.023	0.164	0.468
0.7*L	0.006	0.106	0.000	0.030	0.231	0.150	0.135	0.034	0.105	0.359
0.8*L	-0.001	0.053	-0.006	0.011	0.135	0.103	0.095	0.032	0.061	0.236
0.9*L	-0.002	0.021	-0.005	0.003	0.061	0.052	0.049	0.019	0.027	0.115
FAKTOR	a						a		1/a	
INFOLGE STRECKENLAST F=1										
IM FELD										
BIS SPRUNG				-0.130	-1.057		0.035	-0.034		
AB SPRUNG				0.342	1.057		0.309	0.034		
SUMME	0.238	0.313	0.637	0.213	0.000	0.431	0.344	0.000	0.551	0.869
FAKTOR	a*a			a			a*a			
INFOLGE EINZELMOMENT Mt=1										
IN										
0.0*L	0.000	0.000	0.000	0.000	0.000	1.000	0.000	0.000	0.000	0.000
0.1*L	0.102	0.058	0.283	0.024	-0.068	0.759	-0.112	-0.066	-0.354	0.030
0.2*L	0.172	0.118	0.359	0.132	-0.126	0.621	-0.266	-0.137	-0.847	0.023
				0.734						
0.3*L	0.181	0.180	0.331	0.237	-0.157	0.534	0.582	-0.221	-0.379	-0.066
0.4*L	0.155	0.234	0.264	0.243	-0.132	0.468	0.479	-0.334	-0.112	-0.298
0.5*L	0.118	0.260	0.191	0.205	-0.000	0.405	0.397	-0.500	0.023	-0.754
				0.500						
0.6*L	0.082	0.234	0.127	0.154	0.132	0.336	0.323	0.334	0.075	-0.298
0.7*L	0.053	0.180	0.079	0.105	0.157	0.261	0.247	0.221	0.081	-0.066
0.8*L	0.030	0.118	0.044	0.064	0.126	0.178	0.168	0.137	0.063	0.023
0.9*L	0.014	0.058	0.019	0.030	0.068	0.090	0.085	0.066	0.033	0.030
FAKTOR			1/a						1/(a*a)	
INFOLGE STRECKENMOMENT mt=1										
IM FELD										
BIS SPRUNG				0.023	-0.152		-0.071	-1.049		
AB SPRUNG				0.336	0.152		0.792	1.049		
SUMME	0.275	0.434	0.520	0.359	0.000	1.240	0.720	0.000	-0.403	-0.382
FAKTOR	a						a		1/a	

NR. 23

NR. 24

L / a

$\dfrac{3}{2.0 \quad 1.5}$

(.)²   EIi/GIt

SCHNITT	M 0.2	M 0.5	Q 0	Q 0.2	Q 0.5	T 0	T 0.2	T 0.5	q 0.2	q 0.5
INFOLGE EINZELLAST P=1										
IN										
0.0*L	0.000	0.000	1.000	0.000	0.000	0.000	0.000	0.000	0.000	0.000
0.1*L	0.156	0.037	0.739	-0.201	-0.072	0.081	0.051	-0.014	0.159	0.106
0.2*L	0.327	0.084	0.513	-0.396	-0.153	0.143	0.098	-0.023	0.270	0.213
			0.604							
0.3*L	0.221	0.151	0.336	0.429	-0.250	0.182	0.135	-0.025	0.295	0.316
0.4*L	0.141	0.245	0.208	0.288	-0.367	0.196	0.156	-0.016	0.264	0.403
0.5*L	0.084	0.375	0.120	0.183	-0.500	0.190	0.158	-0.000	0.213	0.443
					0.500					
0.6*L	0.047	0.245	0.063	0.110	0.367	0.168	0.145	0.016	0.158	0.403
0.7*L	0.024	0.151	0.030	0.062	0.250	0.135	0.119	0.025	0.109	0.316
0.8*L	0.011	0.084	0.012	0.032	0.153	0.094	0.084	0.023	0.067	0.213
0.9*L	0.004	0.037	0.004	0.013	0.072	0.048	0.043	0.014	0.032	0.106
FAKTOR	a		a						1/a	
INFOLGE STRECKENLAST P=1										
IM FELD										
BIS SPRUNG				-0.120	-1.076		0.030	-0.024		
AB SPRUNG				0.421	1.076		0.269	0.024		
SUMME	0.301	0.417	0.751	0.301	0.000	0.375	0.299	0.000	0.474	0.761
FAKTOR	a×a		a			a×a				
INFOLGE EINZELMOMENT Mt=1										
IN										
0.0*L	0.000	0.000	0.000	0.000	0.000	1.000	0.000	0.000	0.000	0.000
0.1*L	0.119	0.079	0.315	0.045	-0.075	0.743	-0.122	-0.062	-0.387	0.009
0.2*L	0.203	0.159	0.416	0.171	-0.138	0.592	-0.285	-0.131	-0.902	-0.019
						0.715				
0.3*L	0.221	0.237	0.404	0.289	-0.169	0.498	0.555	-0.215	-0.441	-0.128
0.4*L	0.198	0.302	0.341	0.303	-0.139	0.429	0.448	-0.330	-0.167	-0.375
0.5*L	0.159	0.332	0.264	0.266	-0.000	0.368	0.367	-0.500	-0.019	-0.838
								0.500		
0.6*L	0.118	0.302	0.191	0.209	0.139	0.305	0.295	0.330	0.048	-0.375
0.7*L	0.081	0.237	0.128	0.150	0.169	0.236	0.225	0.215	0.066	-0.128
0.8*L	0.050	0.159	0.077	0.095	0.138	0.161	0.152	0.131	0.055	-0.019
0.9*L	0.024	0.079	0.036	0.046	0.075	0.082	0.077	0.062	0.031	0.009
FAKTOR			1/a						1/(a×a)	
INFOLGE STRECKENMOMENT mt=1										
IM FELD										
BIS SPRUNG				0.035	-0.164		-0.077	-1.043		
AB SPRUNG				0.440	0.164		0.740	1.043		
SUMME	0.356	0.571	0.664	0.474	0.000	1.168	0.663	0.000	-0.493	-0.528
FAKTOR	a					a			1/a	

L / a

$\dfrac{3}{2.0 \quad 2.5}$

(.)²   EIi/GIt

SCHNITT	M 0.2	M 0.5	Q 0	Q 0.2	Q 0.5	T 0	T 0.2	T 0.5	q 0.2	q 0.5
INFOLGE EINZELLAST P=1										
IN										
0.0*L	0.000	0.000	1.000	0.000	0.000	0.000	0.000	0.000	0.000	0.000
0.1*L	0.176	0.060	0.779	-0.180	-0.082	0.061	0.040	-0.009	0.112	0.088
0.2*L	0.362	0.128	0.581	-0.354	-0.170	0.109	0.077	-0.015	0.194	0.174
			0.646							
0.3*L	0.265	0.212	0.419	0.487	-0.268	0.141	0.106	-0.016	0.218	0.254
0.4*L	0.188	0.318	0.292	0.354	-0.379	0.154	0.123	-0.010	0.205	0.317
0.5*L	0.128	0.453	0.196	0.249	-0.500	0.152	0.126	-0.000	0.174	0.345
					0.500					
0.6*L	0.085	0.318	0.127	0.168	0.379	0.136	0.116	0.010	0.136	0.317
0.7*L	0.053	0.212	0.079	0.108	0.268	0.111	0.096	0.016	0.099	0.254
0.8*L	0.031	0.128	0.045	0.064	0.170	0.078	0.068	0.015	0.064	0.174
0.9*L	0.014	0.060	0.020	0.029	0.082	0.040	0.035	0.009	0.031	0.088
FAKTOR	a					a			1/a	
INFOLGE STRECKENLAST P=1										
IM FELD										
BIS SPRUNG				-0.107	-1.094		0.024	-0.016		
AB SPRUNG				0.531	1.094		0.214	0.016		
SUMME	0.388	0.563	0.906	0.424	0.000	0.297	0.238	0.000	0.374	0.607
FAKTOR	a×a		a			a×a				
INFOLGE EINZELMOMENT Mt=1										
IN										
0.0*L	0.000	0.000	0.000	0.000	0.000	1.000	0.000	0.000	0.000	0.000
0.1*L	0.140	0.110	0.355	0.072	-0.082	0.723	-0.136	-0.059	-0.424	-0.022
0.2*L	0.242	0.217	0.489	0.223	-0.149	0.556	-0.311	-0.126	-0.965	-0.079
						0.689				
0.3*L	0.273	0.317	0.499	0.361	-0.180	0.451	0.520	-0.210	-0.515	-0.214
0.4*L	0.256	0.397	0.446	0.385	-0.146	0.377	0.407	-0.327	-0.238	-0.481
0.5*L	0.217	0.431	0.367	0.350	-0.000	0.317	0.325	-0.500	-0.079	-0.950
								0.500		
0.6*L	0.170	0.397	0.282	0.287	0.146	0.259	0.256	0.327	0.002	-0.481
0.7*L	0.124	0.317	0.201	0.214	0.180	0.199	0.193	0.210	0.034	-0.214
0.8*L	0.080	0.217	0.128	0.141	0.149	0.136	0.130	0.126	0.037	-0.079
0.9*L	0.039	0.110	0.062	0.070	0.082	0.069	0.065	0.059	0.022	-0.022
FAKTOR			1/a						1/(a×a)	
INFOLGE STRECKENMOMENT mt=1										
IM FELD										
BIS SPRUNG				0.051	-0.175		-0.086	-1.038		
AB SPRUNG				0.583	0.175		0.669	1.038		
SUMME	0.467	0.759	0.863	0.634	0.000	1.069	0.583	0.000	-0.617	-0.733
FAKTOR	a					a			1/a	

NR. 25

NR. 26

L / a

3

2.0   3.5

$(.)^2$ EIi/GIt

	M		Q			T			q	
SCHNITT	0.2	0.5	0	0.2	0.5	0	0.2	0.5	0.2	0.5

INFOLGE EINZELLAST F=1

IN	M 0.2	M 0.5	Q 0	Q 0.2	Q 0.5	T 0	T 0.2	T 0.5	q 0.2	q 0.5
0.0*L	0.000	0.000	1.000	0.000	0.000	0.000	0.000	0.000	0.000	0.000
0.1*L	0.188	0.075	0.802	-0.166	-0.087	0.049	0.033	-0.007	0.088	0.074
0.2*L	0.384	0.157	0.622	-0.327	-0.178	0.089	0.064	-0.011	0.153	0.146
				0.673						
0.3*L	0.293	0.253	0.470	0.525	-0.277	0.115	0.088	-0.012	0.175	0.211
0.4*L	0.218	0.367	0.346	0.397	-0.385	0.127	0.101	-0.008	0.168	0.262
0.5*L	0.157	0.504	0.248	0.292	-0.500	0.126	0.104	-0.000	0.146	0.284
					0.500					
0.6*L	0.110	0.367	0.172	0.207	0.385	0.114	0.096	0.008	0.117	0.262
0.7*L	0.074	0.253	0.114	0.140	0.277	0.093	0.080	0.012	0.087	0.211
0.8*L	0.045	0.157	0.069	0.086	0.178	0.065	0.057	0.011	0.057	0.146
0.9*L	0.021	0.075	0.032	0.041	0.087	0.034	0.030	0.007	0.028	0.074
FAKTOR	a					a			1/a	

INFOLGE STRECKENLAST P=1

IM FELD	M 0.2	M 0.5	Q 0	Q 0.2	Q 0.5	T 0	T 0.2	T 0.5	q 0.2	q 0.5
BIS SPRUNG				-0.099	-1.102		0.020	-0.011		
AB SPRUNG				0.604	1.102		0.178	0.011		
SUMME	0.445	0.659	1.008	0.505	0.000	0.246	0.197	0.000	0.309	0.505
FAKTOR	a*a		a			a*a				

INFOLGE EINZELMOMENT Mt=1

IN	M 0.2	M 0.5	Q 0	Q 0.2	Q 0.5	T 0	T 0.2	T 0.5	q 0.2	q 0.5
0.0*L	0.000	0.000	0.000	0.000	0.000	1.000	0.000	0.000	0.000	0.000
0.1*L	0.154	0.130	0.379	0.090	-0.085	0.710	-0.145	-0.057	-0.444	-0.042
0.2*L	0.267	0.255	0.535	0.257	-0.154	0.533	-0.328	-0.123	-1.002	-0.119
							0.672			
0.3*L	0.306	0.370	0.559	0.407	-0.185	0.420	0.497	-0.207	-0.560	-0.271
0.4*L	0.294	0.459	0.513	0.439	-0.149	0.343	0.381	-0.325	-0.283	-0.549
0.5*L	0.255	0.497	0.434	0.405	-0.000	0.283	0.297	-0.500	-0.119	-1.023
								0.500		
0.6*L	0.205	0.459	0.343	0.339	0.149	0.228	0.231	0.325	-0.030	-0.549
0.7*L	0.152	0.370	0.252	0.257	0.185	0.174	0.171	0.207	0.010	-0.271
0.8*L	0.100	0.255	0.164	0.172	0.154	0.118	0.114	0.123	0.021	-0.119
0.9*L	0.049	0.130	0.081	0.086	0.085	0.060	0.057	0.057	0.014	-0.042
FAKTOR			1/a						1/(a*a)	

INFOLGE STRECKENMOMENT mt=1

IM FELD	M 0.2	M 0.5	Q 0	Q 0.2	Q 0.5	T 0	T 0.2	T 0.5	q 0.2	q 0.5
BIS SPRUNG				0.062	-0.180		-0.091	-1.035		
AB SPRUNG				0.678	0.180		0.621	1.035		
SUMME	0.540	0.883	0.993	0.739	0.000	1.003	0.530	0.000	-0.698	-0.868
FAKTOR	a					a			1/a	

L / a

3

2.0   5.0

$(.)^2$ EIi/GIt

	M		Q			T			q	
SCHNITT	0.2	0.5	0	0.2	0.5	0	0.2	0.5	0.2	0.5

INFOLGE EINZELLAST F=1

IN	M 0.2	M 0.5	Q 0	Q 0.2	Q 0.5	T 0	T 0.2	T 0.5	q 0.2	q 0.5
0.0*L	0.000	0.000	1.000	0.000	0.000	0.000	0.000	0.000	0.000	0.000
0.1*L	0.199	0.091	0.823	-0.152	-0.091	0.038	0.026	-0.005	0.067	0.060
0.2*L	0.404	0.186	0.661	-0.301	-0.184	0.070	0.050	-0.008	0.116	0.117
				0.699						
0.3*L	0.320	0.293	0.519	0.561	-0.283	0.091	0.069	-0.008	0.135	0.169
0.4*L	0.247	0.414	0.398	0.439	-0.389	0.101	0.080	-0.005	0.132	0.208
0.5*L	0.186	0.554	0.299	0.334	-0.500	0.101	0.083	-0.000	0.117	0.224
					0.500					
0.6*L	0.136	0.414	0.217	0.246	0.389	0.091	0.077	0.005	0.096	0.208
0.7*L	0.095	0.293	0.150	0.172	0.283	0.075	0.064	0.008	0.072	0.169
0.8*L	0.059	0.186	0.094	0.109	0.184	0.053	0.046	0.008	0.048	0.117
0.9*L	0.029	0.091	0.045	0.052	0.091	0.027	0.024	0.005	0.024	0.060
FAKTOR	a					a			1/a	

INFOLGE STRECKENLAST P=1

IM FELD	M 0.2	M 0.5	Q 0	Q 0.2	Q 0.5	T 0	T 0.2	T 0.5	q 0.2	q 0.5
BIS SPRUNG				-0.091	-1.109		0.016	-0.008		
AB SPRUNG				0.677	1.109		0.142	0.008		
SUMME	0.501	0.754	1.109	0.586	0.000	0.196	0.157	0.000	0.245	0.402
FAKTOR	a*a		a			a*a				

INFOLGE EINZELMOMENT Mt=1

IN	M 0.2	M 0.5	Q 0	Q 0.2	Q 0.5	T 0	T 0.2	T 0.5	q 0.2	q 0.5
0.0*L	0.000	0.000	0.000	0.000	0.000	1.000	0.000	0.000	0.000	0.000
0.1*L	0.167	0.149	0.403	0.107	-0.087	0.698	-0.154	-0.056	-0.463	-0.063
0.2*L	0.291	0.293	0.579	0.290	-0.158	0.511	-0.345	-0.121	-1.035	-0.160
							0.655			
0.3*L	0.339	0.422	0.618	0.452	-0.189	0.391	0.474	-0.205	-0.602	-0.328
0.4*L	0.331	0.520	0.580	0.492	-0.152	0.310	0.354	-0.324	-0.327	-0.617
0.5*L	0.293	0.561	0.501	0.460	-0.000	0.249	0.270	-0.500	-0.160	-1.095
								0.500		
0.6*L	0.240	0.520	0.405	0.390	0.152	0.198	0.205	0.324	-0.064	-0.617
0.7*L	0.181	0.422	0.302	0.300	0.189	0.149	0.150	0.205	-0.016	-0.328
0.0*L	0.120	0.293	0.200	0.202	0.158	0.100	0.099	0.121	0.003	-0.160
0.9*L	0.060	0.149	0.099	0.102	0.087	0.050	0.049	0.056	0.006	-0.063
FAKTOR			1/a						1/(a*a)	

INFOLGE STRECKENMOMENT mt=1

IM FELD	M 0.2	M 0.5	Q 0	Q 0.2	Q 0.5	T 0	T 0.2	T 0.5	q 0.2	q 0.5
BIS SPRUNG				0.072	-0.184		-0.096	-1.033		
AB SPRUNG				0.771	0.184		0.574	1.033		
SUMME	0.613	1.006	1.122	0.843	0.000	0.939	0.478	0.000	-0.778	-1.002
FAKTOR	a					a			1/a	

NR. 27

Schnitte 0 0,2 0,5 — L

q M Q T I_{Pl} $\beta \cdot a$ a I, I_t

L / a

3

2.0   10.0

(.)   2   EIi/GIt

SCHNITT	M 0.2	M 0.5	Q 0	Q 0.2	Q 0.5	T 0	T 0.2	T 0.5	q 0.2	q 0.5
INFOLGE EINZELLAST P=1										
IN										
0.0*L	0.000	0.000	1.000	0.000	0.000	0.000	0.000	0.000	0.000	0.000
0.1*L	0.216	0.115	0.856	-0.131	-0.095	0.022	0.016	-0.002	0.037	0.036
0.2*L	0.436	0.232	0.719	-0.260	-0.192	0.041	0.030	-0.004	0.066	0.071
			0.740							
0.3*L	0.361	0.356	0.593	0.618	-0.291	0.053	0.041	-0.004	0.078	0.101
0.4*L	0.293	0.489	0.481	0.505	-0.394	0.060	0.048	-0.003	0.078	0.123
0.5*L	0.232	0.634	0.380	0.401	-0.500	0.060	0.049	-0.000	0.071	0.133
					0.500					
0.6*L	0.178	0.489	0.290	0.308	0.394	0.055	0.046	0.003	0.059	0.123
0.7*L	0.129	0.356	0.210	0.223	0.291	0.045	0.038	0.004	0.045	0.101
0.8*L	0.083	0.232	0.136	0.145	0.192	0.032	0.027	0.004	0.031	0.071
0.9*L	0.041	0.115	0.067	0.071	0.095	0.017	0.014	0.002	0.015	0.036
FAKTOR	a			a					1/a	
INFOLGE STRECKENLAST P=1										
IM FELD										
BIS SPRUNG				-0.078	-1.117		0.009	-0.004		
AB SPRUNG				0.791	1.117		0.084	0.004		
SUMME	0.590	0.904	1.267	0.713	0.000	0.116	0.094	0.000	0.145	0.240
FAKTOR	a*a			a			a*a			
INFOLGE EINZELMOMENT Mt=1										
IN										
0.0*L	0.000	0.000	0.000	0.000	0.000	1.000	0.000	0.000	0.000	0.000
0.1*L	0.187	0.181	0.440	0.135	-0.090	0.680	-0.167	-0.055	-0.491	-0.097
0.2*L	0.329	0.353	0.647	0.342	-0.163	0.477	-0.371	-0.119	-1.085	-0.224
						0.629				
0.3*L	0.389	0.504	0.709	0.523	-0.194	0.345	0.438	-0.203	-0.665	-0.418
0.4*L	0.389	0.617	0.684	0.575	-0.155	0.258	0.313	-0.322	-0.394	-0.724
0.5*L	0.353	0.663	0.607	0.546	-0.000	0.196	0.227	-0.500	-0.224	-1.208
								0.500		
0.6*L	0.296	0.617	0.503	0.471	0.155	0.149	0.165	0.322	-0.120	-0.724
0.7*L	0.227	0.504	0.384	0.368	0.194	0.108	0.116	0.203	-0.059	-0.418
0.8*L	0.154	0.353	0.258	0.251	0.163	0.071	0.074	0.119	-0.027	-0.224
0.9*L	0.077	0.181	0.129	0.127	0.090	0.035	0.036	0.055	-0.010	-0.097
FAKTOR			1/a						1/(a*a)	
INFOLGE STRECKENMOMENT mt=1										
IM FELD										
BIS SPRUNG				0.088	-0.189		-0.104	-1.031		
AB SPRUNG				0.920	0.189		0.500	1.031		
SUMME	0.727	1.200	1.326	1.008	0.000	0.837	0.396	0.000	-0.905	-1.215
FAKTOR	a						a		1/a	

L / a

4

0.5   1.0

(.)   2   EIi/GIt

SCHNITT	M 0.2	M 0.5	Q 0	Q 0.2	Q 0.5	T 0	T 0.2	T 0.5	q 0.2	q 0.5
INFOLGE EINZELLAST P=1										
IN										
0.0*L	0.000	0.000	1.000	0.000	0.000	0.000	0.000	0.000	0.000	0.000
0.1*L	0.182	0.018	0.699	-0.224	-0.062	0.100	0.062	-0.019	0.152	0.096
0.2*L	0.387	0.050	0.444	-0.440	-0.137	0.178	0.120	-0.031	0.257	0.193
			0.560							
0.3*L	0.233	0.114	0.251	0.368	-0.234	0.224	0.166	-0.033	0.278	0.288
0.4*L	0.122	0.224	0.119	0.219	-0.357	0.240	0.190	-0.022	0.246	0.369
0.5*L	0.050	0.392	0.038	0.114	-0.500	0.231	0.193	-0.000	0.193	0.406
					0.500					
0.6*L	0.010	0.224	-0.006	0.048	0.357	0.203	0.176	0.022	0.138	0.369
0.7*L	-0.009	0.114	-0.023	0.012	0.234	0.161	0.144	0.033	0.091	0.288
0.8*L	-0.013	0.050	-0.023	-0.003	0.137	0.112	0.101	0.031	0.053	0.193
0.9*L	-0.009	0.018	-0.014	-0.005	0.062	0.057	0.052	0.019	0.024	0.096
FAKTOR	a			a					1/a	
INFOLGE STRECKENLAST P=1										
IM FELD										
BIS SPRUNG				-0.178	-1.413		0.049	-0.044		
AB SPRUNG				0.406	1.413		0.437	0.044		
SUMME	0.374	0.469	0.783	0.228	0.000	0.608	0.486	0.000	0.579	0.925
FAKTOR	a*a			a			a*a			
INFOLGE EINZELMOMENT Mt=1										
IN										
0.0*L	0.000	0.000	0.000	0.000	0.000	1.000	0.000	0.000	0.000	0.000
0.1*L	0.076	0.048	0.150	0.021	-0.039	0.825	-0.110	-0.081	-0.144	0.006
0.2*L	0.129	0.096	0.199	0.079	-0.070	0.700	-0.240	-0.165	-0.323	-0.002
						0.760				
0.3*L	0.139	0.144	0.192	0.135	-0.085	0.604	0.633	-0.258	-0.163	-0.042
0.4*L	0.123	0.185	0.159	0.141	-0.069	0.521	0.530	-0.366	-0.061	-0.131
0.5*L	0.096	0.203	0.119	0.122	-0.000	0.441	0.439	-0.500	-0.002	-0.290
								0.500		
0.6*L	0.069	0.185	0.082	0.094	0.069	0.359	0.353	0.366	0.025	-0.131
0.7*L	0.045	0.144	0.052	0.066	0.085	0.274	0.267	0.258	0.032	-0.042
0.8*L	0.027	0.096	0.029	0.041	0.070	0.185	0.180	0.165	0.027	-0.002
0.9*L	0.012	0.048	0.013	0.019	0.039	0.093	0.090	0.081	0.015	0.006
FAKTOR			1/a						1/(a*a)	
INFOLGE STRECKENMOMENT mt=1										
IM FELD										
BIS SPRUNG				0.022	-0.110		-0.091	-1.445		
AB SPRUNG				0.266	0.110		1.147	1.445		
SUMME	0.289	0.462	0.406	0.288	0.000	1.797	1.056	0.000	-0.229	-0.238
FAKTOR	a						a		1/a	

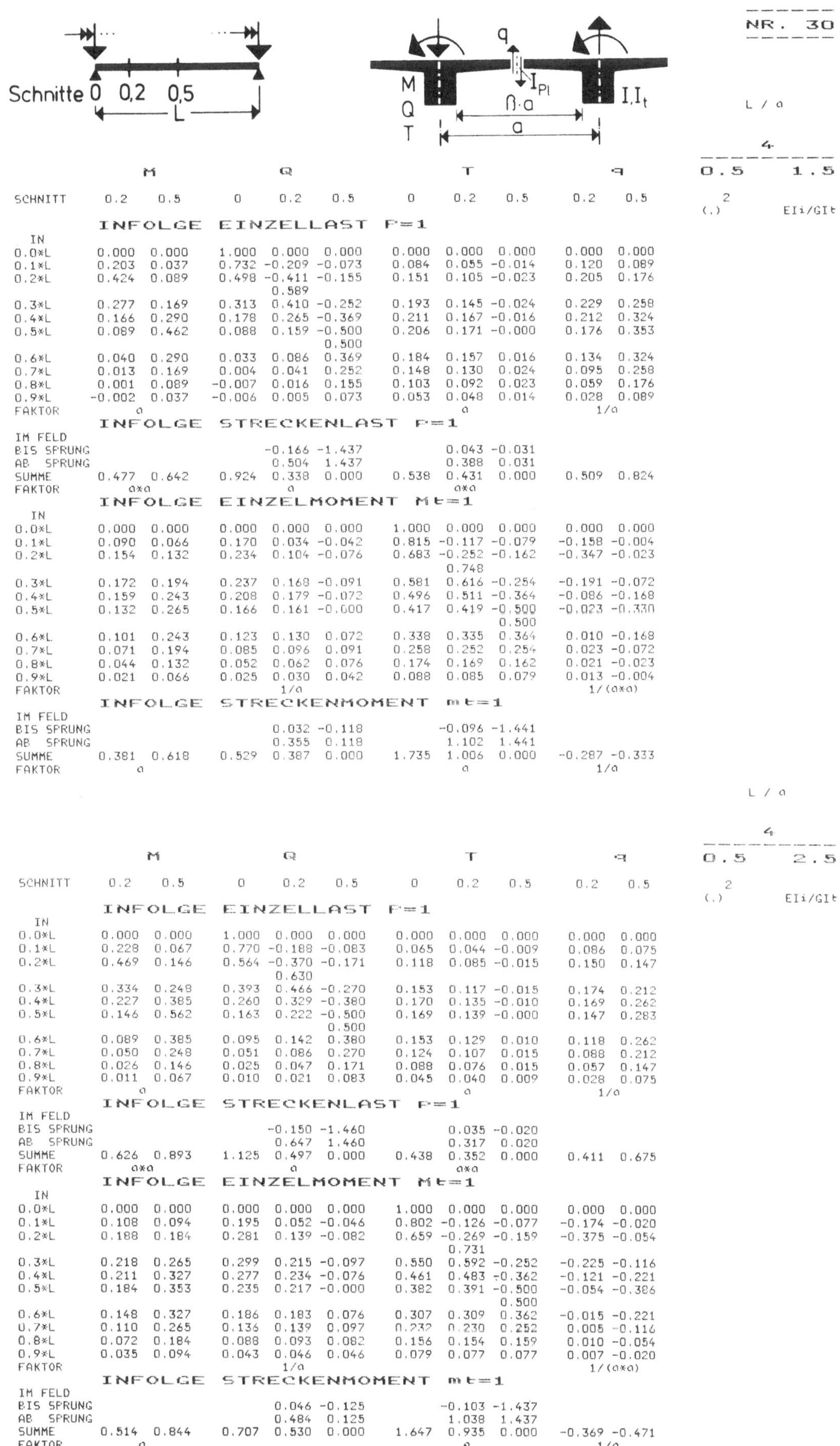

NR. 30
L / a
4
0.5   1.5
$(.)^2$ EIi/GIt

NR. 30 (L/a = 4; 0.5 1.5; $(.)^2$ EIi/GIt)

SCHNITT	M 0.2	M 0.5	Q 0	Q 0.2	Q 0.5	T 0	T 0.2	T 0.5	q 0.2	q 0.5
INFOLGE EINZELLAST P=1										
IN										
0.0*L	0.000	0.000	1.000	0.000	0.000	0.000	0.000	0.000	0.000	0.000
0.1*L	0.203	0.037	0.732	-0.209	-0.073	0.084	0.055	-0.014	0.120	0.089
0.2*L	0.424	0.089	0.498	-0.411	-0.155	0.151	0.105	-0.023	0.205	0.176
			0.589							
0.3*L	0.277	0.169	0.313	0.410	-0.252	0.193	0.145	-0.024	0.229	0.258
0.4*L	0.166	0.290	0.178	0.265	-0.369	0.211	0.167	-0.016	0.212	0.324
0.5*L	0.089	0.462	0.088	0.159	-0.500	0.206	0.171	-0.000	0.176	0.353
					0.500					
0.6*L	0.040	0.290	0.033	0.086	0.369	0.184	0.157	0.016	0.134	0.324
0.7*L	0.013	0.169	0.004	0.041	0.252	0.148	0.130	0.024	0.095	0.258
0.8*L	0.001	0.089	-0.007	0.016	0.155	0.103	0.092	0.023	0.059	0.176
0.9*L	-0.002	0.037	-0.006	0.005	0.073	0.053	0.048	0.014	0.028	0.089
FAKTOR	a					a			1/a	
INFOLGE STRECKENLAST P=1										
IM FELD										
BIS SPRUNG				-0.166	-1.437		0.043	-0.031		
AB SPRUNG				0.504	1.437		0.388	0.031		
SUMME	0.477	0.642	0.924	0.338	0.000	0.538	0.431	0.000	0.509	0.824
FAKTOR	a×a		a			a×a				
INFOLGE EINZELMOMENT Mt=1										
IN										
0.0*L	0.000	0.000	0.000	0.000	0.000	1.000	0.000	0.000	0.000	0.000
0.1*L	0.090	0.066	0.170	0.034	-0.042	0.815	-0.117	-0.079	-0.158	-0.004
0.2*L	0.154	0.132	0.234	0.104	-0.076	0.683	-0.252	-0.162	-0.347	-0.023
						0.748				
0.3*L	0.172	0.194	0.237	0.168	-0.091	0.581	0.616	-0.254	-0.191	-0.072
0.4*L	0.159	0.243	0.208	0.179	-0.072	0.496	0.511	-0.364	-0.086	-0.168
0.5*L	0.132	0.265	0.166	0.161	-0.000	0.417	0.419	-0.500	-0.023	-0.330
								0.500		
0.6*L	0.101	0.243	0.123	0.130	0.072	0.338	0.335	0.364	0.010	-0.168
0.7*L	0.071	0.194	0.085	0.096	0.091	0.258	0.252	0.254	0.023	-0.072
0.8*L	0.044	0.132	0.052	0.062	0.076	0.174	0.169	0.162	0.021	-0.023
0.9*L	0.021	0.066	0.025	0.030	0.042	0.088	0.085	0.079	0.013	-0.004
FAKTOR	a		1/a						1/(a×a)	
INFOLGE STRECKENMOMENT mt=1										
IM FELD										
BIS SPRUNG				0.032	-0.118		-0.096	-1.441		
AB SPRUNG				0.355	0.118		1.102	1.441		
SUMME	0.381	0.618	0.529	0.387	0.000	1.735	1.006	0.000	-0.287	-0.333
FAKTOR	a					a			1/a	

L / a
4
0.5   2.5
$(.)^2$ EIi/GIt

NR. 31 (L/a = 4; 0.5 2.5; $(.)^2$ EIi/GIt)

SCHNITT	M 0.2	M 0.5	Q 0	Q 0.2	Q 0.5	T 0	T 0.2	T 0.5	q 0.2	q 0.5
INFOLGE EINZELLAST P=1										
IN										
0.0*L	0.000	0.000	1.000	0.000	0.000	0.000	0.000	0.000	0.000	0.000
0.1*L	0.228	0.067	0.770	-0.188	-0.083	0.065	0.044	-0.009	0.086	0.075
0.2*L	0.469	0.146	0.564	-0.370	-0.171	0.118	0.085	-0.015	0.150	0.147
			0.630							
0.3*L	0.334	0.248	0.393	0.466	-0.270	0.153	0.117	-0.015	0.174	0.212
0.4*L	0.227	0.385	0.260	0.329	-0.380	0.170	0.135	-0.010	0.169	0.262
0.5*L	0.146	0.562	0.163	0.222	-0.500	0.169	0.139	-0.000	0.147	0.283
					0.500					
0.6*L	0.089	0.385	0.095	0.142	0.380	0.153	0.129	0.010	0.118	0.262
0.7*L	0.050	0.248	0.051	0.086	0.270	0.124	0.107	0.015	0.088	0.212
0.8*L	0.026	0.146	0.025	0.047	0.171	0.088	0.076	0.015	0.057	0.147
0.9*L	0.011	0.067	0.010	0.021	0.083	0.045	0.040	0.009	0.028	0.075
FAKTOR	a					a			1/a	
INFOLGE STRECKENLAST P=1										
IM FELD										
BIS SPRUNG				-0.150	-1.460		0.035	-0.020		
AB SPRUNG				0.647	1.460		0.317	0.020		
SUMME	0.626	0.893	1.125	0.497	0.000	0.438	0.352	0.000	0.411	0.675
FAKTOR	a×a		a			a×a				
INFOLGE EINZELMOMENT Mt=1										
IN										
0.0*L	0.000	0.000	0.000	0.000	0.000	1.000	0.000	0.000	0.000	0.000
0.1*L	0.108	0.094	0.195	0.052	-0.046	0.802	-0.126	-0.077	-0.174	-0.020
0.2*L	0.188	0.184	0.281	0.139	-0.082	0.659	-0.269	-0.159	-0.375	-0.054
						0.731				
0.3*L	0.218	0.265	0.299	0.215	-0.097	0.550	0.592	-0.252	-0.225	-0.116
0.4*L	0.211	0.327	0.277	0.234	-0.076	0.461	0.483	-0.362	-0.121	-0.221
0.5*L	0.184	0.353	0.235	0.217	-0.000	0.382	0.391	-0.500	-0.054	-0.386
								0.500		
0.6*L	0.148	0.327	0.186	0.183	0.076	0.307	0.309	0.362	-0.015	-0.221
0.7*L	0.110	0.265	0.136	0.139	0.097	0.232	0.230	0.252	0.005	-0.116
0.8*L	0.072	0.184	0.088	0.093	0.082	0.156	0.154	0.159	0.010	-0.054
0.9*L	0.035	0.094	0.043	0.046	0.046	0.079	0.077	0.077	0.007	-0.020
FAKTOR	a		1/a						1/(a×a)	
INFOLGE STRECKENMOMENT mt=1										
IM FELD										
BIS SPRUNG				0.046	-0.125		-0.103	-1.437		
AB SPRUNG				0.484	0.125		1.038	1.437		
SUMME	0.514	0.844	0.707	0.530	0.000	1.647	0.935	0.000	-0.369	-0.471
FAKTOR	a					a			1/a	

NR. 31

Schnitte 0 0,2 0,5   L

M Q T   q I_{Pl} ß·a   a I, I_t

NR. 32

L / a

4

0.5   3.5

2

(.)   EIi/GIt

```
                    M                Q                      T                   q

SCHNITT     0.2    0.5      0      0.2    0.5      0      0.2    0.5      0.2    0.5

            INFOLGE  EINZELLAST  P=1
  IN
0.0*L      0.000  0.000    1.000  0.000  0.000    0.000  0.000  0.000    0.000  0.000
0.1*L      0.244  0.088    0.793 -0.174 -0.087    0.053  0.037 -0.006    0.069  0.064
0.2*L      0.498  0.185    0.605 -0.343 -0.179    0.098  0.071 -0.011    0.120  0.126
                                  0.657
0.3*L      0.372  0.303    0.444  0.504 -0.278    0.128  0.098 -0.011    0.142  0.180
0.4*L      0.267  0.450    0.315  0.373 -0.385    0.143  0.114 -0.007    0.140  0.220
0.5*L      0.185  0.631    0.215  0.266 -0.500    0.143  0.117 -0.000    0.126  0.237
                                         0.500
0.6*L      0.123  0.450    0.140  0.182  0.385    0.130  0.109  0.007    0.103  0.220
0.7*L      0.078  0.303    0.087  0.118  0.278    0.106  0.091  0.011    0.078  0.180
0.8*L      0.045  0.185    0.049  0.070  0.179    0.075  0.065  0.011    0.052  0.126
0.9*L      0.020  0.088    0.022  0.032  0.087    0.039  0.034  0.006    0.026  0.064
FAKTOR        a                                      a                     1/a

            INFOLGE  STRECKENLAST  P=1
IM FELD
BIS SPRUNG                        -0.139 -1.471           0.029 -0.015
AB  SPRUNG                         0.745  1.471           0.267  0.015
SUMME      0.729  1.065    1.262  0.606  0.000    0.369  0.297  0.000    0.346  0.571
FAKTOR       a*a                    a                     a*a

            INFOLGE  EINZELMOMENT  Mt=1
  IN
0.0*L      0.000  0.000    0.000  0.000  0.000    1.000  0.000  0.000    0.000  0.000
0.1*L      0.120  0.112    0.212  0.065 -0.047    0.794 -0.132 -0.076   -0.184 -0.031
0.2*L      0.211  0.220    0.313  0.162 -0.084    0.644 -0.281 -0.158   -0.393 -0.076
                                  0.719
0.3*L      0.248  0.314    0.341  0.247 -0.100    0.530  0.576 -0.250   -0.247 -0.146
0.4*L      0.246  0.385    0.324  0.271 -0.078    0.438  0.464 -0.361   -0.144 -0.257
0.5*L      0.220  0.414    0.283  0.256 -0.000    0.358  0.372 -0.500   -0.076 -0.424
                                                                0.500
0.6*L      0.181  0.385    0.230  0.219  0.078    0.285  0.291  0.361   -0.033 -0.257
0.7*L      0.137  0.314    0.172  0.170  0.100    0.214  0.215  0.250   -0.009 -0.146
0.8*L      0.091  0.220    0.113  0.115  0.084    0.143  0.143  0.158    0.001 -0.076
0.9*L      0.045  0.112    0.056  0.058  0.047    0.072  0.071  0.076    0.002 -0.031
FAKTOR                            1/a                                   1/(a*a)

            INFOLGE  STRECKENMOMENT  mt=1
IM FELD
BIS SPRUNG                         0.056 -0.129          -0.108 -1.435
AB  SPRUNG                         0.573  0.129           0.994  1.435
SUMME      0.605  0.999    0.829  0.629  0.000    1.586  0.886  0.000   -0.426 -0.566
FAKTOR        a                     a                     1/a
```

L / a

4

0.5   5.0

2

(.)   EIi/GIt

```
                    M                Q                      T                   q

SCHNITT     0.2    0.5      0      0.2    0.5      0      0.2    0.5      0.2    0.5

            INFOLGE  EINZELLAST  P=1
  IN
0.0*L      0.000  0.000    1.000  0.000  0.000    0.000  0.000  0.000    0.000  0.000
0.1*L      0.259  0.109    0.815 -0.160 -0.091    0.042  0.030 -0.005    0.053  0.053
0.2*L      0.527  0.226    0.644 -0.315 -0.185    0.078  0.058 -0.008    0.093  0.103
                                  0.685
0.3*L      0.409  0.359    0.495  0.542 -0.284    0.103  0.079 -0.008    0.112  0.146
0.4*L      0.308  0.516    0.370  0.416 -0.390    0.115  0.092 -0.005    0.113  0.178
0.5*L      0.226  0.701    0.268  0.310 -0.500    0.116  0.095 -0.000    0.103  0.191
                                         0.500
0.6*L      0.160  0.516    0.188  0.223  0.390    0.106  0.088  0.005    0.086  0.178
0.7*L      0.108  0.359    0.126  0.152  0.284    0.087  0.074  0.008    0.066  0.146
0.8*L      0.066  0.226    0.076  0.094  0.185    0.062  0.053  0.008    0.045  0.103
0.9*L      0.031  0.109    0.036  0.045  0.091    0.032  0.028  0.005    0.022  0.053
FAKTOR        a                                      a                     1/a

            INFOLGE  STRECKENLAST  P=1
IM FELD
BIS SPRUNG                        -0.127 -1.479           0.024 -0.011
AB  SPRUNG                         0.846  1.479           0.217  0.011
SUMME      0.833  1.243    1.402  0.719  0.000    0.299  0.241  0.000    0.280  0.463
FAKTOR       a*a                    a                     a*a

            INFOLGE  EINZELMOMENT  Mt=1
  IN
0.0*L      0.000  0.000    0.000  0.000  0.000    1.000  0.000  0.000    0.000  0.000
0.1*L      0.132  0.132    0.228  0.077 -0.049    0.786 -0.139 -0.076   -0.193 -0.043
0.2*L      0.234  0.256    0.344  0.186 -0.087    0.628 -0.293 -0.157   -0.410 -0.098
                                  0.707
0.3*L      0.279  0.365    0.383  0.280 -0.102    0.509  0.560 -0.249   -0.269 -0.177
0.4*L      0.281  0.445    0.372  0.309 -0.079    0.414  0.445 -0.360   -0.168 -0.294
0.5*L      0.256  0.477    0.332  0.296 -0.000    0.334  0.352 -0.500   -0.098 -0.463
                                                                0.500
0.6*L      0.215  0.445    0.275  0.256  0.079    0.263  0.272  0.360   -0.052 -0.294
0.7*L      0.165  0.365    0.209  0.201  0.102    0.195  0.199  0.249   -0.025 -0.177
0.8*L      0.112  0.256    0.140  0.137  0.087    0.130  0.131  0.157   -0.010 -0.098
0.9*L      0.056  0.132    0.070  0.070  0.049    0.065  0.065  0.076   -0.003 -0.043
FAKTOR                            1/a                                   1/(a*a)

            INFOLGE  STRECKENMOMENT  mt=1
IM FELD
BIS SPRUNG                         0.066 -0.132          -0.113 -1.434
AB  SPRUNG                         0.664  0.132           0.948  1.434
SUMME      0.699  1.158    0.954  0.730  0.000    1.523  0.835  0.000   -0.484 -0.664
FAKTOR        a                     a                     1/a
```

NR. 33

Schnitte 0 0,2 0,5 L

M Q T q β·a a I,I_t I_{Pl}

L / a

4

1.0   1.0

2

(.)   EIi/GIt

INFOLGE EINZELLAST P=1

SCHNITT	M 0.2	M 0.5	Q 0	Q 0.2	Q 0.5	T 0	T 0.2	T 0.5	q 0.2	q 0.5
IN										
0.0*L	0.000	0.000	1.000	0.000	0.000	0.000	0.000	0.000	0.000	0.000
0.1*L	0.158	0.006	0.657	-0.234	-0.045	0.121	0.067	-0.027	0.205	0.090
0.2*L	0.349	0.027	0.382	-0.464	-0.107	0.209	0.132	-0.046	0.339	0.190
				0.536						
0.3*L	0.191	0.078	0.190	0.334	-0.201	0.255	0.183	-0.050	0.342	0.301
0.4*L	0.087	0.178	0.073	0.182	-0.334	0.264	0.209	-0.033	0.273	0.407
0.5*L	0.027	0.342	0.010	0.083	-0.500	0.245	0.208	-0.000	0.190	0.461
					0.500					
0.6*L	-0.003	0.178	-0.018	0.026	0.334	0.209	0.187	0.033	0.118	0.407
0.7*L	-0.013	0.078	-0.024	-0.001	0.201	0.162	0.150	0.050	0.066	0.301
0.8*L	-0.013	0.027	-0.020	-0.009	0.107	0.110	0.104	0.046	0.033	0.190
0.9*L	-0.008	0.006	-0.011	-0.007	0.045	0.055	0.053	0.027	0.013	0.090
FAKTOR	a			a			a		1/a	

INFOLGE STRECKENLAST P=1

SCHNITT	M 0.2	M 0.5	Q 0	Q 0.2	Q 0.5	T 0	T 0.2	T 0.5	q 0.2	q 0.5
IM FELD										
BIS SPRUNG				-0.186	-1.371		0.053	-0.065		
AB SPRUNG				0.343	1.371		0.468	0.065		
SUMME	0.302	0.355	0.683	0.157	0.000	0.658	0.522	0.000	0.638	0.980
FAKTOR	a×a			a			a×a			

INFOLGE EINZELMOMENT Mt=1

SCHNITT	M 0.2	M 0.5	Q 0	Q 0.2	Q 0.5	T 0	T 0.2	T 0.5	q 0.2	q 0.5
IN										
0.0*L	0.000	0.000	0.000	0.000	0.000	1.000	0.000	0.000	0.000	0.000
0.1*L	0.103	0.045	0.224	0.004	-0.053	0.788	-0.102	-0.073	-0.213	0.032
0.2*L	0.169	0.095	0.270	0.085	-0.100	0.665	-0.243	-0.150	-0.528	0.040
						0.757				
0.3*L	0.171	0.150	0.233	0.167	-0.128	0.584	0.616	-0.236	-0.210	-0.006
0.4*L	0.136	0.204	0.170	0.167	-0.110	0.515	0.517	-0.345	-0.038	-0.151
0.5*L	0.095	0.231	0.110	0.133	-0.000	0.445	0.434	-0.500	0.040	-0.453
								0.500		
0.6*L	0.059	0.204	0.064	0.092	0.110	0.368	0.354	0.345	0.064	-0.151
0.7*L	0.033	0.150	0.033	0.058	0.128	0.284	0.271	0.236	0.059	-0.006
0.8*L	0.016	0.095	0.015	0.032	0.100	0.193	0.184	0.150	0.043	0.040
0.9*L	0.006	0.045	0.005	0.014	0.053	0.097	0.093	0.073	0.022	0.032
FAKTOR				1/a					1/(a×a)	

INFOLGE STRECKENMOMENT mt=1

SCHNITT	M 0.2	M 0.5	Q 0	Q 0.2	Q 0.5	T 0	T 0.2	T 0.5	q 0.2	q 0.5
IM FELD										
BIS SPRUNG				0.014	-0.164		-0.087	-1.418		
AB SPRUNG				0.287	0.164		1.136	1.418		
SUMME	0.319	0.490	0.461	0.301	0.000	1.769	1.050	0.000	-0.284	-0.220
FAKTOR	a			a			a		1/a	

L / a

4

1.0   1.5

2

(.)   EIi/GIt

INFOLGE EINZELLAST P=1

SCHNITT	M 0.2	M 0.5	Q 0	Q 0.2	Q 0.5	T 0	T 0.2	T 0.5	q 0.2	q 0.5
IN										
0.0*L	0.000	0.000	1.000	0.000	0.000	0.000	0.000	0.000	0.000	0.000
0.1*L	0.181	0.022	0.695	-0.221	-0.059	0.103	0.061	-0.021	0.162	0.089
0.2*L	0.387	0.059	0.440	-0.437	-0.131	0.180	0.118	-0.035	0.272	0.182
				0.563						
0.3*L	0.235	0.125	0.252	0.372	-0.226	0.224	0.164	-0.037	0.286	0.279
0.4*L	0.127	0.235	0.127	0.225	-0.351	0.237	0.188	-0.024	0.243	0.365
0.5*L	0.059	0.404	0.050	0.122	-0.500	0.225	0.189	-0.000	0.182	0.406
					0.500					
0.6*L	0.020	0.235	0.009	0.057	0.351	0.195	0.171	0.024	0.125	0.365
0.7*L	0.001	0.125	-0.009	0.021	0.226	0.154	0.139	0.037	0.079	0.279
0.8*L	-0.005	0.059	-0.012	0.005	0.131	0.106	0.098	0.035	0.045	0.182
0.9*L	-0.004	0.022	-0.008	-0.000	0.059	0.054	0.050	0.021	0.020	0.089
FAKTOR	a			a			a		1/a	

INFOLGE STRECKENLAST P=1

SCHNITT	M 0.2	M 0.5	Q 0	Q 0.2	Q 0.5	T 0	T 0.2	T 0.5	q 0.2	q 0.5
IM FELD										
BIS SPRUNG				-0.176	-1.403		0.048	-0.048		
AB SPRUNG				0.426	1.403		0.427	0.048		
SUMME	0.392	0.503	0.807	0.250	0.000	0.596	0.475	0.000	0.572	0.900
FAKTOR	a×a			a			a×a			

INFOLGE EINZELMOMENT Mt=1.

SCHNITT	M 0.2	M 0.5	Q 0	Q 0.2	Q 0.5	T 0	T 0.2	T 0.5	q 0.2	q 0.5
IN										
0.0*L	0.000	0.000	0.000	0.000	0.000	1.000	0.000	0.000	0.000	0.000
0.1*L	0.122	0.067	0.253	0.021	-0.062	0.774	-0.110	-0.069	-0.239	0.022
0.2*L	0.204	0.137	0.320	0.116	-0.114	0.640	-0.258	-0.143	-0.569	0.018
						0.742				
0.3*L	0.214	0.209	0.294	0.209	-0.142	0.553	0.595	-0.229	-0.254	-0.041
0.4*L	0.182	0.273	0.232	0.214	-0.119	0.484	0.493	-0.341	-0.073	-0.196
0.5*L	0.137	0.304	0.165	0.180	-0.000	0.417	0.410	-0.500	0.018	-0.503
								0.500		
0.6*L	0.094	0.273	0.108	0.134	0.119	0.346	0.333	0.341	0.054	-0.196
0.7*L	0.059	0.209	0.066	0.090	0.142	0.267	0.255	0.229	0.058	-0.041
0.8*L	0.034	0.137	0.036	0.054	0.114	0.182	0.173	0.143	0.045	0.018
0.9*L	0.015	0.067	0.015	0.025	0.062	0.092	0.087	0.069	0.024	0.022
FAKTOR				1/a					1/(a×a)	

INFOLGE STRECKENMOMENT mt=1

SCHNITT	M 0.2	M 0.5	Q 0	Q 0.2	Q 0.5	T 0	T 0.2	T 0.5	q 0.2	q 0.5
IM FELD										
BIS SPRUNG				0.026	-0.183		-0.093	-1.409		
AB SPRUNG				0.392	0.183		1.084	1.409		
SUMME	0.429	0.675	0.609	0.418	0.000	1.696	0.991	0.000	-0.355	-0.331
FAKTOR	a			a			a		1/a	

NR. 36

L / a

$$\frac{4}{1.0 \quad 2.5}$$

(.) 2   EIi/GIt

NR. 36

SCHNITT	M 0.2	M 0.5	Q 0	Q 0.2	Q 0.5	T 0	T 0.2	T 0.5	q 0.2	q 0.5
INFOLGE EINZELLAST P=1										
IN										
0.0*L	0.000	0.000	1.000	0.000	0.000	0.000	0.000	0.000	0.000	0.000
0.1*L	0.208	0.049	0.739	-0.202	-0.072	0.081	0.051	-0.014	0.118	0.081
0.2*L	0.435	0.110	0.512	-0.398	-0.154	0.144	0.099	-0.023	0.201	0.162
			0.602							
0.3*L	0.293	0.197	0.335	0.427	-0.251	0.183	0.136	-0.024	0.221	0.240
0.4*L	0.186	0.323	0.205	0.286	-0.368	0.198	0.157	-0.016	0.200	0.304
0.5*L	0.110	0.497	0.116	0.181	-0.500	0.192	0.160	-0.000	0.162	0.334
					0.500					
0.6*L	0.060	0.323	0.060	0.107	0.368	0.170	0.146	0.016	0.121	0.304
0.7*L	0.030	0.197	0.027	0.059	0.251	0.137	0.120	0.024	0.083	0.240
0.8*L	0.013	0.110	0.010	0.030	0.154	0.095	0.085	0.023	0.052	0.162
0.9*L	0.005	0.049	0.003	0.012	0.072	0.049	0.044	0.014	0.024	0.081
FAKTOR	a			a					1/a	
INFOLGE STRECKENLAST P=1										
IM FELD										
BIS SPRUNG				-0.161	-1.436		0.040	-0.032		
AB SPRUNG				0.556	1.436		0.362	0.032		
SUMME	0.530	0.732	0.993	0.395	0.000	0.503	0.403	0.000	0.478	0.768
FAKTOR	a*a			a						
INFOLGE EINZELMOMENT Mt=1										
IN										
0.0*L	0.000	0.000	0.000	0.000	0.000	1.000	0.000	0.000	0.000	0.000
0.1*L	0.148	0.101	0.290	0.044	-0.070	0.755	-0.122	-0.065	-0.268	0.003
0.2*L	0.252	0.202	0.387	0.162	-0.128	0.606	-0.281	-0.136	-0.618	-0.018
						0.719				
0.3*L	0.276	0.299	0.379	0.271	-0.156	0.510	0.565	-0.222	-0.309	-0.095
0.4*L	0.249	0.380	0.323	0.285	-0.128	0.438	0.458	-0.336	-0.122	-0.265
0.5*L	0.202	0.417	0.252	0.251	-0.000	0.374	0.374	-0.500	-0.018	-0.576
								0.500		
0.6*L	0.151	0.380	0.183	0.199	0.128	0.309	0.301	0.336	0.030	-0.265
0.7*L	0.104	0.299	0.123	0.143	0.156	0.238	0.228	0.222	0.044	-0.095
0.8*L	0.064	0.202	0.075	0.091	0.128	0.163	0.154	0.136	0.038	-0.018
0.9*L	0.031	0.101	0.035	0.044	0.070	0.082	0.078	0.065	0.022	0.003
FAKTOR				1/a					1/(a*a)	
INFOLGE STRECKENMOMENT mt=1										
IM FELD										
BIS SPRUNG				0.045	-0.202		-0.103	-1.399		
AB SPRUNG				0.554	0.202		1.003	1.399		
SUMME	0.597	0.960	0.834	0.599	0.000	1.583	0.901	0.000	-0.462	-0.503
FAKTOR	a					a			1/a	

L / a

$$\frac{4}{1.0 \quad 3.5}$$

(.) 2   EIi/GIt

NR. 37

SCHNITT	M 0.2	M 0.5	Q 0	Q 0.2	Q 0.5	T 0	T 0.2	T 0.5	q 0.2	q 0.5
INFOLGE EINZELLAST P=1										
IN										
0.0*L	0.000	0.000	1.000	0.000	0.000	0.000	0.000	0.000	0.000	0.000
0.1*L	0.226	0.068	0.765	-0.188	-0.079	0.067	0.044	-0.010	0.095	0.072
0.2*L	0.466	0.148	0.558	-0.370	-0.165	0.121	0.085	-0.017	0.163	0.143
			0.630							
0.3*L	0.332	0.251	0.389	0.466	-0.264	0.156	0.117	-0.018	0.183	0.209
0.4*L	0.227	0.387	0.260	0.329	-0.376	0.170	0.135	-0.012	0.170	0.262
0.5*L	0.148	0.564	0.166	0.223	-0.500	0.167	0.138	-0.000	0.143	0.286
					0.500					
0.6*L	0.093	0.387	0.101	0.145	0.376	0.149	0.127	0.012	0.111	0.262
0.7*L	0.055	0.251	0.058	0.089	0.264	0.121	0.105	0.018	0.080	0.209
0.8*L	0.030	0.148	0.031	0.051	0.165	0.085	0.075	0.017	0.051	0.143
0.9*L	0.013	0.068	0.013	0.023	0.079	0.044	0.039	0.010	0.025	0.072
FAKTOR	a			a					1/a	
INFOLGE STRECKENLAST P=1										
IM FELD										
BIS SPRUNG				-0.150	-1.452		0.035	-0.024		
AB SPRUNG				0.651	1.452		0.314	0.024		
SUMME	0.630	0.900	1.128	0.502	0.000	0.436	0.349	0.000	0.412	0.668
FAKTOR	a*a			a			a*a			
INFOLGE EINZELMOMENT Mt=1										
IN										
0.0*L	0.000	0.000	0.000	0.000	0.000	1.000	0.000	0.000	0.000	0.000
0.1*L	0.166	0.126	0.315	0.062	-0.074	0.742	-0.131	-0.063	-0.285	-0.011
0.2*L	0.285	0.250	0.433	0.194	-0.135	0.584	-0.297	-0.133	-0.647	-0.047
						0.703				
0.3*L	0.320	0.366	0.439	0.315	-0.163	0.481	0.542	-0.218	-0.343	-0.136
0.4*L	0.298	0.459	0.388	0.336	-0.132	0.406	0.432	-0.334	-0.155	-0.314
0.5*L	0.250	0.500	0.316	0.304	-0.000	0.342	0.348	-0.500	-0.047	-0.629
								0.500		
0.6*L	0.194	0.459	0.240	0.247	0.132	0.280	0.276	0.334	0.009	-0.314
0.7*L	0.139	0.366	0.169	0.183	0.163	0.215	0.208	0.218	0.030	-0.136
0.8*L	0.089	0.250	0.107	0.120	0.135	0.147	0.140	0.133	0.030	-0.047
0.9*L	0.043	0.126	0.051	0.059	0.074	0.074	0.071	0.063	0.018	-0.011
FAKTOR				1/a					1/(a*a)	
INFOLGE STRECKENMOMENT mt=1										
IM FELD										
BIS SPRUNG				0.059	-0.211		-0.109	-1.395		
AB SPRUNG				0.673	0.211		0.943	1.395		
SUMME	0.720	1.169	0.999	0.732	0.000	1.500	0.834	0.000	-0.539	-0.631
FAKTOR	a			a					1/a	

NR. 37

Schnitte 0 0,2 0,5   L

M Q T   q I_{Pl} β·a   a I, I_t

NR. 38

L / a

4

1.0   5.0

2

(.)   EIi/GIt

| | M | | Q | | | T | | | q | |
SCHNITT	0.2	0.5	0	0.2	0.5	0	0.2	0.5	0.2	0.5
INFOLGE EINZELLAST F=1										
IN										
0.0*L	0.000	0.000	1.000	0.000	0.000	0.000	0.000	0.000	0.000	0.000
0.1*L	0.243	0.090	0.791	-0.173	-0.085	0.055	0.037	-0.008	0.074	0.061
0.2*L	0.498	0.190	0.603	-0.341	-0.175	0.099	0.070	-0.013	0.128	0.121
			0.659							
0.3*L	0.372	0.309	0.445	0.506	-0.274	0.128	0.097	-0.013	0.146	0.175
0.4*L	0.270	0.456	0.318	0.375	-0.383	0.141	0.112	-0.009	0.140	0.218
0.5*L	0.190	0.637	0.221	0.270	-0.500	0.140	0.115	-0.000	0.121	0.236
					0.500					
0.6*L	0.129	0.456	0.148	0.187	0.383	0.126	0.107	0.009	0.097	0.218
0.7*L	0.083	0.309	0.095	0.123	0.274	0.103	0.088	0.013	0.071	0.175
0.8*L	0.049	0.190	0.056	0.074	0.175	0.072	0.063	0.013	0.047	0.121
0.9*L	0.023	0.090	0.026	0.035	0.085	0.037	0.033	0.008	0.023	0.061
FAKTOR	a			a			a		1/a	
INFOLGE STRECKENLAST p=1										
IM FELD										
BIS SPRUNG				-0.138	-1.465		0.029	-0.017		
AB SPRUNG				0.755	1.465		0.262	0.017		
SUMME	0.738	1.083	1.274	0.618	0.000	0.363	0.291	0.000	0.342	0.558
FAKTOR	a×a			a			a×a			
INFOLGE EINZELMOMENT Mt=1										
IN										
0.0*L	0.000	0.000	0.000	0.000	0.000	1.000	0.000	0.000	0.000	0.000
0.1*L	0.184	0.153	0.341	0.080	-0.078	0.730	-0.140	-0.061	-0.301	-0.027
0.2*L	0.319	0.302	0.480	0.229	-0.140	0.560	-0.314	-0.130	-0.676	-0.078
						0.686				
0.3*L	0.365	0.438	0.501	0.363	-0.169	0.450	0.519	-0.216	-0.378	-0.179
0.4*L	0.350	0.544	0.458	0.391	-0.136	0.371	0.404	-0.332	-0.190	-0.367
0.5*L	0.302	0.589	0.385	0.361	-0.000	0.307	0.320	-0.500	-0.078	-0.685
								0.500		
0.6*L	0.242	0.544	0.302	0.300	0.136	0.249	0.250	0.332	-0.016	-0.367
0.7*L	0.178	0.438	0.220	0.227	0.169	0.190	0.186	0.216	0.011	-0.179
0.8*L	0.117	0.302	0.143	0.151	0.140	0.129	0.124	0.130	0.018	-0.078
0.9*L	0.057	0.153	0.070	0.075	0.078	0.065	0.062	0.061	0.012	-0.027
FAKTOR				1/a					1/(a×a)	
INFOLGE STRECKENMOMENT mt=1										
IM FELD										
BIS SPRUNG				0.073	-0.218		-0.117	-1.391		
AB SPRUNG				0.803	0.218		0.879	1.391		
SUMME	0.854	1.396	1.178	0.876	0.000	1.411	0.762	0.000	-0.623	-0.770
FAKTOR	a			a			a		1/a	

L / a

4

1.0   10.0

2

(.)   EIi/GIt

| | M | | Q | | | T | | | q | |
SCHNITT	0.2	0.5	0	0.2	0.5	0	0.2	0.5	0.2	0.5
INFOLGE EINZELLAST F=1										
IN										
0.0*L	0.000	0.000	1.000	0.000	0.000	0.000	0.000	0.000	0.000	0.000
0.1*L	0.272	0.129	0.833	-0.147	-0.092	0.034	0.023	-0.004	0.043	0.040
0.2*L	0.551	0.265	0.677	-0.290	-0.187	0.062	0.045	-0.007	0.076	0.079
			0.710							
0.3*L	0.441	0.413	0.539	0.576	-0.286	0.081	0.062	-0.007	0.089	0.113
0.4*L	0.346	0.579	0.420	0.456	-0.391	0.090	0.072	-0.005	0.088	0.139
0.5*L	0.265	0.767	0.320	0.352	-0.500	0.090	0.074	-0.000	0.079	0.150
					0.500					
0.6*L	0.196	0.579	0.236	0.262	0.391	0.082	0.069	0.005	0.066	0.139
0.7*L	0.138	0.413	0.165	0.185	0.286	0.067	0.057	0.007	0.050	0.113
0.8*L	0.087	0.265	0.105	0.118	0.187	0.048	0.041	0.007	0.033	0.079
0.9*L	0.042	0.129	0.051	0.057	0.092	0.025	0.021	0.004	0.017	0.040
FAKTOR	a			a					1/a	
INFOLGE STRECKENLAST p=1										
IM FELD										
BIS SPRUNG				-0.117	-1.482		0.018	-0.009		
AB SPRUNG				0.942	1.482		0.169	0.009		
SUMME	0.932	1.410	1.534	0.825	0.000	0.233	0.187	0.000	0.219	0.360
FAKTOR	a×a			a			a×a			
INFOLGE EINZELMOMENT Mt=1										
IN										
0.0*L	0.000	0.000	0.000	0.000	0.000	1.000	0.000	0.000	0.000	0.000
0.1*L	0.216	0.202	0.385	0.112	-0.082	0.708	-0.156	-0.059	-0.327	-0.056
0.2*L	0.379	0.396	0.562	0.290	-0.147	0.519	-0.345	-0.126	-0.722	-0.134
						0.655				
0.3*L	0.446	0.567	0.609	0.447	-0.176	0.395	0.476	-0.212	-0.436	-0.258
0.4*L	0.441	0.695	0.581	0.489	-0.140	0.310	0.355	-0.330	-0.250	-0.461
0.5*L	0.396	0.749	0.509	0.462	-0.000	0.245	0.269	-0.500	-0.134	-0.785
								0.500		
0.6*L	0.328	0.695	0.417	0.395	0.140	0.192	0.202	0.330	-0.064	-0.461
0.7*L	0.250	0.567	0.315	0.307	0.176	0.143	0.146	0.212	-0.025	-0.258
0.8*L	0.167	0.396	0.210	0.208	0.147	0.095	0.096	0.126	-0.007	-0.134
0.9*L	0.084	0.202	0.105	0.105	0.082	0.048	0.048	0.059	-0.000	-0.056
FAKTOR				1/a					1/(a×a)	
INFOLGE STRECKENMOMENT mt=1										
IM FELD										
BIS SPRUNG				0.099	-0.228		-0.129	-1.386		
AB SPRUNG				1.035	0.228		0.763	1.386		
SUMME	1.093	1.801	1.497	1.133	0.000	1.251	0.633	0.000	-0.771	-1.019
FAKTOR	a			a			a		1/a	

NR. 39

```
                                                                    NR. 40

Schnitte 0  0,2  0,5                M   q    I_Pl                    L / a
         |____L____|                Q       ∩·a      I.I_t
                                    T         a                        4
                                                                   ─────────
              M          Q              T            q             2.0   1.0
                                                                      2
SCHNITT   0.2   0.5    0    0.2   0.5    0    0.2   0.5    0.2  0.5  (.)   EIi/GIt
```

INFOLGE EINZELLAST P=1

SCHNITT	M 0.2	M 0.5	Q 0	Q 0.2	Q 0.5	T 0	T 0.2	T 0.5	q 0.2	q 0.5
IN										
0.0*L	0.000	0.000	1.000	0.000	0.000	0.000	0.000	0.000	0.000	0.000
0.1*L	0.137	0.002	0.615	-0.236	-0.030	0.143	0.068	-0.035	0.263	0.075
0.2*L	0.315	0.017	0.325	-0.477	-0.079	0.238	0.139	-0.060	0.428	0.171
				0.523						
0.3*L	0.159	0.060	0.144	0.308	-0.168	0.278	0.196	-0.066	0.398	0.298
0.4*L	0.065	0.150	0.046	0.156	-0.310	0.277	0.222	-0.045	0.284	0.438
0.5*L	0.017	0.310	0.001	0.064	-0.500	0.249	0.218	-0.000	0.171	0.518
					0.500					
0.6*L	-0.003	0.150	-0.014	0.017	0.310	0.207	0.191	0.045	0.090	0.438
0.7*L	-0.009	0.060	-0.015	-0.002	0.168	0.157	0.151	0.066	0.040	0.298
0.8*L	-0.008	0.017	-0.011	-0.007	0.079	0.105	0.103	0.060	0.014	0.171
0.9*L	-0.004	0.002	-0.005	-0.005	0.030	0.053	0.052	0.035	0.004	0.075
FAKTOR	a					a			1/a	

INFOLGE STRECKENLAST P=1

SCHNITT	M 0.2	M 0.5	Q 0	Q 0.2	Q 0.5	T 0	T 0.2	T 0.5	q 0.2	q 0.5
IM FELD										
BIS SPRUNG				-0.189	-1.329		0.055	-0.086		
AB SPRUNG				0.309	1.329		0.486	0.086		
SUMME	0.259	0.294	0.620	0.119	0.000	0.690	0.540	0.000	0.686	0.998
FAKTOR	a*a			a		a*a				

INFOLGE EINZELMOMENT Mt=1

SCHNITT	M 0.2	M 0.5	Q 0	Q 0.2	Q 0.5	T 0	T 0.2	T 0.5	q 0.2	q 0.5
IN										
0.0*L	0.000	0.000	0.000	0.000	0.000	1.000	0.000	0.000	0.000	0.000
0.1*L	0.132	0.038	0.324	-0.031	-0.062	0.738	-0.084	-0.069	-0.286	0.066
0.2*L	0.214	0.086	0.346	0.083	-0.123	0.627	-0.241	-0.138	-0.834	0.103
						0.759				
0.3*L	0.199	0.149	0.262	0.207	-0.171	0.569	0.596	-0.214	-0.238	0.059
0.4*L	0.142	0.219	0.165	0.194	-0.162	0.517	0.503	-0.319	0.022	-0.162
0.5*L	0.086	0.259	0.090	0.139	-0.000	0.455	0.431	-0.500	0.103	-0.722
								0.500		
0.6*L	0.045	0.219	0.041	0.084	0.162	0.379	0.358	0.319	0.102	-0.162
0.7*L	0.020	0.149	0.015	0.045	0.171	0.292	0.278	0.214	0.076	0.059
0.8*L	0.007	0.086	0.003	0.021	0.123	0.198	0.190	0.138	0.046	0.103
0.9*L	0.002	0.038	-0.000	0.008	0.062	0.100	0.096	0.069	0.021	0.066
FAKTOR			1/a						1/(a*a)	

INFOLGE STRECKENMOMENT mt=1

SCHNITT	M 0.2	M 0.5	Q 0	Q 0.2	Q 0.5	T 0	T 0.2	T 0.5	q 0.2	q 0.5
IM FELD										
BIS SPRUNG				-0.006	-0.219		-0.077	-1.390		
AB SPRUNG				0.304	0.219		1.128	1.390		
SUMME	0.343	0.499	0.518	0.298	0.000	1.741	1.051	0.000	-0.350	-0.179
FAKTOR	a					a			1/a	

```
                                                                    L / a

                                                                       4
                                                                   ─────────
              M          Q              T            q             2.0   1.5
                                                                      2
SCHNITT   0.2   0.5    0    0.2   0.5    0    0.2   0.5    0.2  0.5  (.)   EIi/GIt
```

INFOLGE EINZELLAST P=1

SCHNITT	M 0.2	M 0.5	Q 0	Q 0.2	Q 0.5	T 0	T 0.2	T 0.5	q 0.2	q 0.5
IN										
0.0*L	0.000	0.000	1.000	0.000	0.000	0.000	0.000	0.000	0.000	0.000
0.1*L	0.161	0.015	0.658	-0.226	-0.045	0.121	0.063	-0.028	0.210	0.081
0.2*L	0.355	0.044	0.389	-0.453	-0.106	0.206	0.127	-0.047	0.346	0.174
				0.547						
0.3*L	0.202	0.100	0.205	0.346	-0.198	0.247	0.177	-0.051	0.338	0.284
0.4*L	0.102	0.202	0.094	0.196	-0.331	0.253	0.202	-0.034	0.259	0.395
0.5*L	0.044	0.367	0.033	0.099	-0.500	0.233	0.200	-0.000	0.174	0.455
					0.500					
0.6*L	0.013	0.202	0.004	0.043	0.331	0.198	0.178	0.034	0.105	0.395
0.7*L	0.000	0.100	-0.006	0.014	0.198	0.153	0.143	0.051	0.058	0.284
0.8*L	-0.004	0.044	-0.008	0.002	0.106	0.104	0.099	0.047	0.028	0.174
0.9*L	-0.003	0.015	-0.005	-0.001	0.045	0.052	0.050	0.028	0.011	0.081
FAKTOR	a								1/a	

INFOLGE STRECKENLAST P=1

SCHNITT	M 0.2	M 0.5	Q 0	Q 0.2	Q 0.5	T 0	T 0.2	T 0.5	q 0.2	q 0.5
IM FELD										
BIS SPRUNG				-0.181	-1.367		0.051	-0.066		
AB SPRUNG				0.382	1.367		0.449	0.066		
SUMME	0.340	0.424	0.734	0.201	0.000	0.633	0.500	0.000	0.619	0.934
FAKTOR	a*a			a		a*a				

INFOLGE EINZELMOMENT Mt=1

SCHNITT	M 0.2	M 0.5	Q 0	Q 0.2	Q 0.5	T 0	T 0.2	T 0.5	q 0.2	q 0.5
IN										
0.0*L	0.000	0.000	0.000	0.000	0.000	1.000	0.000	0.000	0.000	0.000
0.1*L	0.158	0.061	0.365	-0.013	-0.077	0.717	-0.093	-0.062	-0.330	0.060
0.2*L	0.259	0.130	0.414	0.118	-0.148	0.593	-0.259	-0.126	-0.902	0.085
						0.741				
0.3*L	0.253	0.213	0.339	0.256	-0.198	0.530	0.572	-0.201	-0.302	0.024
0.4*L	0.195	0.296	0.237	0.249	-0.179	0.482	0.476	-0.310	-0.020	-0.216
0.5*L	0.130	0.341	0.147	0.191	-0.000	0.426	0.405	-0.500	0.085	-0.785
								0.500		
0.6*L	0.079	0.296	0.083	0.128	0.179	0.358	0.336	0.310	0.104	-0.216
0.7*L	0.043	0.213	0.042	0.077	0.198	0.279	0.261	0.201	0.086	0.024
0.8*L	0.021	0.130	0.019	0.042	0.148	0.190	0.179	0.126	0.057	0.085
0.9*L	0.008	0.061	0.007	0.018	0.077	0.097	0.091	0.062	0.028	0.060
FAKTOR			1/a						1/(a*a)	

INFOLGE STRECKENMOMENT mt=1

SCHNITT	M 0.2	M 0.5	Q 0	Q 0.2	Q 0.5	T 0	T 0.2	T 0.5	q 0.2	q 0.5
IM FELD										
BIS SPRUNG				0.009	-0.253		-0.084	-1.373		
AB SPRUNG				0.417	0.253		1.072	1.373		
SUMME	0.464	0.700	0.682	0.425	0.000	1.659	0.987	0.000	-0.433	-0.295
FAKTOR	a					a			1/a	

```
                                                                    NR. 41
```

Schnitte 0 0,2 0,5 — L

M Q T — q — I_{Pl} — $n \cdot a$ — $I.I_t$ — a

NR. 42

L / a = $\dfrac{4}{2.0 \quad 2.5}$

$(.)^2$ = EIi/GIt

SCHNITT	M 0.2	M 0.5	Q 0	Q 0.2	Q 0.5	T 0	T 0.2	T 0.5	q 0.2	q 0.5
INFOLGE EINZELLAST P=1										
IN										
0.0*L	0.000	0.000	1.000	0.000	0.000	0.000	0.000	0.000	0.000	0.000
0.1*L	0.191	0.038	0.709	-0.210	-0.061	0.096	0.055	-0.019	0.154	0.079
0.2*L	0.406	0.089	0.467	-0.416	-0.135	0.166	0.108	-0.033	0.257	0.163
			0.584							
0.3*L	0.261	0.166	0.289	0.400	-0.230	0.206	0.150	-0.035	0.265	0.252
0.4*L	0.158	0.284	0.168	0.256	-0.353	0.216	0.172	-0.023	0.220	0.335
0.5*L	0.089	0.454	0.091	0.154	-0.500	0.205	0.173	-0.000	0.163	0.377
					0.500					
0.6*L	0.047	0.284	0.045	0.088	0.353	0.178	0.156	0.023	0.111	0.335
0.7*L	0.023	0.166	0.020	0.046	0.230	0.140	0.127	0.035	0.070	0.252
0.8*L	0.010	0.089	0.007	0.022	0.135	0.096	0.089	0.033	0.040	0.163
0.9*L	0.003	0.038	0.002	0.009	0.061	0.049	0.046	0.019	0.018	0.079
FAKTOR	a		a			a			1/a	
INFOLGE STRECKENLAST P=1										
IM FELD										
BIS SPRUNG				-0.167	-1.409		0.044	-0.046		
AB SPRUNG				0.500	1.409		0.390	0.046		
SUMME	0.468	0.633	0.909	0.333	0.000	0.546	0.434	0.000	0.525	0.819
FAKTOR	a*a		a			a*a				
INFOLGE EINZELMOMENT Mt=1										
IN										
0.0*L	0.000	0.000	0.000	0.000	0.000	1.000	0.000	0.000	0.000	0.000
0.1*L	0.193	0.098	0.418	0.015	-0.093.	0.691	-0.107	-0.054	-0.379	0.044
0.2*L	0.322	0.203	0.505	0.173	-0.175	0.547	-0.286	-0.112	-0.981	0.050
						0.714				
0.3*L	0.331	0.315	0.448	0.331	-0.225	0.476	0.535	-0.187	-0.383	-0.036
0.4*L	0.275	0.419	0.345	0.332	-0.197	0.427	0.434	-0.301	-0.081	-0.298
0.5*L	0.203	0.471	0.243	0.273	-0.000	0.378	0.364	-0.500	0.050	-0.876
								0.500		
0.6*L	0.139	0.419	0.160	0.200	0.197	0.320	0.300	0.301	0.089	-0.298
0.7*L	0.088	0.315	0.098	0.134	0.225	0.251	0.233	0.187	0.085	-0.036
0.8*L	0.050	0.203	0.055	0.080	0.175	0.173	0.160	0.112	0.062	0.050
0.9*L	0.023	0.098	0.024	0.037	0.093	0.088	0.082	0.054	0.032	0.044
FAKTOR			1/a						1/(a*a)	
INFOLGE STRECKENMOMENT mt=1										
IM FELD										
BIS SPRUNG				0.031	-0.290		-0.095	-1.355		
AB SPRUNG				0.600	0.290		0.980	1.355		
SUMME	0.657	1.023	0.942	0.630	0.000	1.529	0.885	0.000	-0.560	-0.486
FAKTOR	a		a			a			1/a	

L / a = $\dfrac{4}{2.0 \quad 3.5}$

$(.)^2$ = EIi/GIt

SCHNITT	M 0.2	M 0.5	Q 0	Q 0.2	Q 0.5	T 0	T 0.2	T 0.5	q 0.2	q 0.5
INFOLGE EINZELLAST P=1										
IN										
0.0*L	0.000	0.000	1.000	0.000	0.000	0.000	0.000	0.000	0.000	0.000
0.1*L	0.210	0.057	0.739	-0.197	-0.070	0.080	0.048	-0.015	0.124	0.073
0.2*L	0.440	0.125	0.517	-0.389	-0.150	0.141	0.095	-0.025	0.209	0.148
			0.611							
0.3*L	0.302	0.217	0.346	0.438	-0.247	0.177	0.131	-0.027	0.221	0.225
0.4*L	0.198	0.345	0.222	0.299	-0.364	0.189	0.150	-0.018	0.191	0.293
0.5*L	0.125	0.520	0.137	0.196	-0.500	0.182	0.152	-0.000	0.148	0.325
					0.500					
0.6*L	0.076	0.345	0.081	0.123	0.364	0.159	0.139	0.018	0.107	0.293
0.7*L	0.044	0.217	0.046	0.074	0.247	0.127	0.113	0.027	0.072	0.225
0.8*L	0.023	0.125	0.024	0.041	0.150	0.088	0.080	0.025	0.044	0.148
0.9*L	0.010	0.057	0.010	0.018	0.070	0.045	0.041	0.015	0.020	0.073
FAKTOR	a		a			a			1/a	
INFOLGE STRECKENLAST P=1										
IM FELD										
BIS SPRUNG				-0.157	-1.430		0.038	-0.035		
AB SPRUNG				0.592	1.430		0.344	0.035		
SUMME	0.565	0.794	1.040	0.435	0.000	0.480	0.383	0.000	0.459	0.726
FAKTOR	a*a		a			a*a				
INFOLGE EINZELMOMENT Mt=1										
IN										
0.0*L	0.000	0.000	0.000	0.000	0.000	1.000	0.000	0.000	0.000	0.000
0.1*L	0.217	0.128	0.453	0.036	-0.101	0.673	-0.118	-0.049	-0.408	0.029
0.2*L	0.365	0.260	0.567	0.213	-0.189	0.516	-0.306	-0.105	-1.029	0.019
						0.694				
0.3*L	0.386	0.394	0.525	0.385	-0.240	0.438	0.507	-0.180	-0.434	-0.082
0.4*L	0.334	0.512	0.425	0.395	-0.206	0.387	0.403	-0.297	-0.125	-0.358
0.5*L	0.260	0.569	0.317	0.335	-0.000	0.341	0.332	-0.500	0.019	-0.942
								0.500		
0.6*L	0.187	0.512	0.222	0.256	0.206	0.289	0.272	0.297	0.071	-0.358
0.7*L	0.126	0.394	0.146	0.179	0.240	0.227	0.211	0.180	0.076	-0.082
0.8*L	0.076	0.260	0.087	0.111	0.189	0.157	0.144	0.105	0.058	0.019
0.9*L	0.036	0.128	0.040	0.053	0.101	0.080	0.074	0.049	0.031	0.029
FAKTOR			1/a						1/(a*a)	
INFOLGE STRECKENMOMENT mt=1										
IM FELD										
BIS SPRUNG				0.047	-0.309		-0.104	-1.345		
AB SPRUNG				0.740	0.309		0.910	1.345		
SUMME	0.803	1.271	1.138	0.787	0.000	1.431	0.806	0.000	-0.654	-0.635
FAKTOR	a		a			a			1/a	

NR. 43

Schnitte 0 0,2 0,5   L

M Q T $\beta \cdot a$ I_{Pl} q I,I_t a

L / a

$$\frac{4}{2.0 \quad 5.0}$$

$(.)^2$ EIi/GIt

Tabelle NR. 44

SCHNITT	M 0.2	0.5	Q 0	0.2	0.5	T 0	0.2	0.5	q 0.2	0.5
INFOLGE EINZELLAST P=1										
IN										
0.0*L	0.000	0.000	1.000	0.000	0.000	0.000	0.000	0.000	0.000	0.000
0.1*L	0.229	0.078	0.769	-0.182	-0.078	0.066	0.041	-0.011	0.097	0.064
0.2*L	0.474	0.166	0.567	-0.359	-0.163	0.116	0.080	-0.018	0.164	0.129
				0.641						
0.3*L	0.344	0.275	0.405	0.480	-0.261	0.148	0.110	-0.020	0.178	0.193
0.4*L	0.242	0.414	0.281	0.346	-0.374	0.159	0.127	-0.013	0.160	0.247
0.5*L	0.166	0.593	0.190	0.242	-0.500	0.155	0.129	-0.000	0.129	0.272
					0.500					
0.6*L	0.110	0.414	0.125	0.164	0.374	0.137	0.118	0.013	0.097	0.247
0.7*L	0.070	0.275	0.079	0.106	0.261	0.111	0.097	0.020	0.068	0.193
0.8*L	0.041	0.166	0.046	0.063	0.163	0.077	0.069	0.018	0.043	0.129
0.9*L	0.019	0.078	0.021	0.029	0.078	0.040	0.036	0.011	0.021	0.064
FAKTOR	a					a			1/a	
INFOLGE STRECKENLAST P=1										
IM FELD										
BIS SPRUNG				-0.145	-1.448		0.032	-0.026		
AB SPRUNG				0.695	1.448		0.293	0.026		
SUMME	0.673	0.975	1.186	0.550	0.000	0.407	0.325	0.000	0.387	0.619
FAKTOR	a*a		a			a*a				
INFOLGE EINZELMOMENT Mt=1										
IN										
0.0*L	0.000	0.000	0.000	0.000	0.000	1.000	0.000	0.000	0.000	0.000
0.1*L	0.242	0.161	0.489	0.059	-0.109	0.656	-0.129	-0.046	-0.435	0.011
0.2*L	0.411	0.323	0.631	0.257	-0.201	0.484	-0.328	-0.099	-1.074	-0.017
							0.672			
0.3*L	0.446	0.482	0.607	0.445	-0.252	0.397	0.477	-0.174	-0.485	-0.135
0.4*L	0.399	0.617	0.513	0.464	-0.214	0.343	0.368	-0.293	-0.171	-0.424
0.5*L	0.323	0.679	0.402	0.405	-0.000	0.299	0.297	-0.500	-0.017	-1.013
								0.500		
0.6*L	0.244	0.617	0.296	0.320	0.214	0.252	0.240	0.293	0.046	-0.424
0.7*L	0.171	0.482	0.204	0.231	0.252	0.198	0.184	0.174	0.061	-0.135
0.8*L	0.107	0.323	0.127	0.148	0.201	0.137	0.126	0.099	0.050	-0.017
0.9*L	0.051	0.161	0.060	0.072	0.109	0.070	0.064	0.046	0.027	0.011
FAKTOR			1/a						1/(a*a)	
INFOLGE STRECKENMOMENT mt=1										
IM FELD										
BIS SPRUNG				0.065	-0.326		-0.113	-1.337		
AB SPRUNG				0.898	0.326		0.831	1.337		
SUMME	0.968	1.549	1.359	0.964	0.000	1.321	0.718	0.000	-0.758	-0.804
FAKTOR	a					a			1/a	

L / a

$$\frac{4}{2.0 \quad 10.0}$$

$(.)^2$ EIi/GIt

Tabelle NR. 45

SCHNITT	M 0.2	0.5	Q 0	0.2	0.5	T 0	0.2	0.5	q 0.2	0.5
INFOLGE EINZELLAST P=1										
IN										
0.0*L	0.000	0.000	1.000	0.000	0.000	0.000	0.000	0.000	0.000	0.000
0.1*L	0.262	0.118	0.817	-0.154	-0.088	0.041	0.027	-0.006	0.057	0.045
0.2*L	0.533	0.244	0.651	-0.305	-0.180	0.074	0.053	-0.010	0.099	0.089
				0.695						
0.3*L	0.419	0.383	0.509	0.555	-0.279	0.096	0.072	-0.010	0.111	0.130
0.4*L	0.323	0.544	0.390	0.432	-0.386	0.105	0.084	-0.007	0.104	0.163
0.5*L	0.244	0.730	0.293	0.328	-0.500	0.104	0.086	-0.000	0.089	0.177
					0.500					
0.6*L	0.178	0.544	0.213	0.242	0.386	0.093	0.079	0.007	0.071	0.163
0.7*L	0.124	0.383	0.148	0.169	0.279	0.076	0.066	0.010	0.052	0.130
0.8*L	0.078	0.244	0.093	0.107	0.180	0.053	0.047	0.010	0.034	0.089
0.9*L	0.038	0.118	0.045	0.052	0.088	0.027	0.024	0.006	0.017	0.045
FAKTOR	a					a			1/a	
INFOLGE STRECKENLAST P=1										
IM FELD										
BIS SPRUNG				-0.123	-1.473		0.021	-0.014		
AB SPRUNG				0.890	1.473		0.195	0.014		
SUMME	0.877	1.317	1.459	0.767	0.000	0.270	0.217	0.000	0.255	0.415
FAKTOR	a*a		a			a*a				
INFOLGE EINZELMOMENT Mt=1										
IN										
0.0*L	0.000	0.000	0.000	0.000	0.000	1.000	0.000	0.000	0.000	0.000
0.1*L	0.286	0.224	0.551	0.102	-0.118	0.625	-0.151	-0.041	-0.477	-0.025
0.2*L	0.493	0.444	0.745	0.338	-0.217	0.428	-0.369	-0.091	-1.147	-0.087
							0.631			
0.3*L	0.554	0.648	0.754	0.556	-0.269	0.323	0.422	-0.166	-0.570	-0.236
0.4*L	0.520	0.813	0.676	0.592	-0.224	0.262	0.304	-0.288	-0.253	-0.548
0.5*L	0.444	0.886	0.562	0.537	-0.000	0.219	0.232	-0.500	-0.087	-1.146
								0.500		
0.6*L	0.353	0.813	0.439	0.442	0.224	0.180	0.179	0.288	-0.008	-0.548
0.7*L	0.259	0.648	0.320	0.332	0.269	0.140	0.134	0.166	0.022	-0.236
0.8*L	0.169	0.444	0.208	0.220	0.217	0.096	0.090	0.091	0.026	-0.087
0.9*L	0.083	0.224	0.102	0.109	0.118	0.049	0.046	0.041	0.016	-0.025
FAKTOR			1/a						1/(a*a)	
INFOLGE STRECKENMOMENT mt=1										
IM FELD										
BIS SPRUNG				0.099	-0.347		-0.130	-1.326		
AB SPRUNG				1.198	0.347		0.681	1.326		
SUMME	1.277	2.073	1.773	1.297	0.000	1.114	0.552	0.000	-0.952	-1.124
FAKTOR	a					a			1/a	

Schnitte 0 0,2 0,5 — L

M Q T   q   β·a   a   I,I_t I_{Pl}

L / a

5 / (0.5   1.0)

2 (.)   EIi/GIt

NR. 46

SCHNITT	M 0.2	M 0.5	Q 0	Q 0.2	Q 0.5	T 0	T 0.2	T 0.5	q 0.2	q 0.5
INFOLGE EINZELLAST P=1										
IN										
0.0*L	0.000	0.000	1.000	0.000	0.000	0.000	0.000	0.000	0.000	0.000
0.1*L	0.178	-0.006	0.630	-0.242	-0.035	0.135	0.071	-0.032	0.189	0.072
0.2*L	0.402	0.007	0.340	-0.482	-0.090	0.230	0.141	-0.055	0.310	0.155
			0.518							
0.3*L	0.201	0.058	0.146	0.307	-0.182	0.277	0.197	-0.059	0.306	0.252
0.4*L	0.074	0.173	0.036	0.153	-0.321	0.282	0.224	-0.039	0.235	0.350
0.5*L	0.007	0.374	-0.017	0.057	-0.500	0.259	0.222	-0.000	0.155	0.400
					0.500					
0.6*L	-0.022	0.173	-0.035	0.006	0.321	0.217	0.197	0.039	0.089	0.350
0.7*L	-0.028	0.058	-0.033	-0.015	0.182	0.167	0.157	0.059	0.044	0.252
0.8*L	-0.022	0.007	-0.024	-0.017	0.090	0.112	0.109	0.055	0.018	0.155
0.9*L	-0.012	-0.006	-0.012	-0.011	0.035	0.056	0.055	0.032	0.006	0.072
FAKTOR	a					a			1/a	
INFOLGE STRECKENLAST p=1										
IM FELD										
BIS SPRUNG				-0.242	-1.683		0.071	-0.096		
AB SPRUNG				0.359	1.683		0.621	0.096		
SUMME	0.375	0.398	0.748	0.117	0.000	0.876	0.692	0.000	0.684	1.034
FAKTOR	a*a		a			a*a				
INFOLGE EINZELMOMENT Mt=1										
IN										
0.0*L	0.000	0.000	0.000	0.000	0.000	1.000	0.000	0.000	0.000	0.000
0.1*L	0.095	0.036	0.169	-0.002	-0.040	0.815	-0.099	-0.080	-0.131	0.024
0.2*L	0.155	0.077	0.199	0.058	-0.076	0.700	-0.229	-0.162	-0.325	0.032
						0.771				
0.3*L	0.153	0.126	0.166	0.120	-0.097	0.617	0.640	-0.251	-0.124	0.005
0.4*L	0.118	0.175	0.116	0.118	-0.084	0.542	0.541	-0.358	-0.016	-0.086
0.5*L	0.077	0.200	0.070	0.091	-0.000	0.465	0.455	-0.500	0.032	-0.274
								0.500		
0.6*L	0.044	0.175	0.036	0.060	0.084	0.382	0.370	0.358	0.044	-0.086
0.7*L	0.022	0.126	0.015	0.035	0.097	0.292	0.282	0.251	0.039	0.005
0.8*L	0.009	0.077	0.005	0.018	0.076	0.198	0.191	0.162	0.027	0.032
0.9*L	0.003	0.036	0.001	0.007	0.040	0.100	0.096	0.080	0.013	0.024
FAKTOR			1/a						1/(a*a)	
INFOLGE STRECKENMOMENT mt=1										
IM FELD										
BIS SPRUNG				0.009	-0.156		-0.104	-1.797		
AB SPRUNG				0.244	0.156		1.478	1.797		
SUMME	0.342	0.517	0.400	0.252	0.000	2.300	1.374	0.000	-0.204	-0.139
FAKTOR	a					a			1/a	

L / a

5 / (0.5   1.5)

2 (.)   EIi/GIt

NR. 47

SCHNITT	M 0.2	M 0.5	Q 0	Q 0.2	Q 0.5	T 0	T 0.2	T 0.5	q 0.2	q 0.5
INFOLGE EINZELLAST P=1										
IN										
0.0*L	0.000	0.000	1.000	0.000	0.000	0.000	0.000	0.000	0.000	0.000
0.1*L	0.205	0.010	0.669	-0.232	-0.050	0.116	0.066	-0.025	0.152	0.074
0.2*L	0.448	0.038	0.398	-0.459	-0.116	0.201	0.130	-0.042	0.252	0.155
			0.541							
0.3*L	0.251	0.105	0.204	0.341	-0.210	0.248	0.179	-0.045	0.260	0.240
0.4*L	0.118	0.233	0.082	0.190	-0.341	0.259	0.205	-0.030	0.214	0.319
0.5*L	0.038	0.439	0.013	0.089	-0.500	0.243	0.206	-0.000	0.155	0.358
					0.500					
0.6*L	-0.003	0.233	-0.018	0.029	0.341	0.209	0.185	0.030	0.100	0.319
0.7*L	-0.018	0.105	-0.027	0.000	0.210	0.163	0.150	0.045	0.059	0.240
0.8*L	-0.019	0.038	-0.023	-0.009	0.116	0.111	0.105	0.042	0.031	0.155
0.9*L	-0.011	0.010	-0.013	-0.007	0.050	0.056	0.054	0.025	0.013	0.074
FAKTOR	a					a			1/a	
INFOLGE STRECKENLAST p=1										
IM FELD										
BIS SPRUNG				-0.231	-1.728		0.066	-0.073		
AB SPRUNG				0.442	1.728		0.579	0.073		
SUMME	0.492	0.585	0.878	0.211	0.000	0.811	0.645	0.000	0.625	0.973
FAKTOR	a*a		a			a*a				
INFOLGE EINZELMOMENT Mt=1										
IN										
0.0*L	0.000	0.000	0.000	0.000	0.000	1.000	0.000	0.000	0.000	0.000
0.1*L	0.114	0.056	0.193	0.011	-0.048	0.804	-0.105	-0.076	-0.149	0.018
0.2*L	0.189	0.116	0.239	0.081	-0.088	0.680	-0.241	-0.156	-0.353	0.020
						0.759				
0.3*L	0.195	0.180	0.214	0.151	-0.111	0.593	0.624	-0.245	-0.153	-0.015
0.4*L	0.161	0.239	0.163	0.153	-0.093	0.519	0.523	-0.354	-0.037	-0.113
0.5*L	0.116	0.268	0.110	0.126	-0.000	0.445	0.437	-0.500	0.020	-0.305
								0.500		
0.6*L	0.075	0.239	0.067	0.090	0.093	0.366	0.355	0.354	0.040	-0.113
0.7*L	0.044	0.180	0.037	0.059	0.111	0.281	0.271	0.245	0.040	-0.015
0.8*L	0.023	0.116	0.018	0.034	0.088	0.191	0.183	0.156	0.030	0.020
0.9*L	0.010	0.056	0.007	0.015	0.048	0.096	0.092	0.076	0.016	0.018
FAKTOR			1/a						1/(a*a)	
INFOLGE STRECKENMOMENT mt=1										
IM FELD										
BIS SPRUNG				0.021	-0.178		-0.110	-1.786		
AB SPRUNG				0.340	0.178		1.430	1.786		
SUMME	0.469	0.730	0.537	0.360	0.000	2.232	1.320	0.000	-0.257	-0.220
FAKTOR	a					a			1/a	

Schnitte 0 0,2 0,5 | L

M Q T | q | I_{Pl} | β·a | a | I, I_t

NR. 48

L / a

$$\frac{5}{0.5 \quad 2.5}$$

$(.)^2 \quad EI_i/GI_t$

INFOLGE EINZELLAST P=1

SCHNITT	M		Q			T			q	
	0.2	0.5	0	0.2	0.5	0	0.2	0.5	0.2	0.5
IN										
0.0×L	0.000	0.000	1.000	0.000	0.000	0.000	0.000	0.000	0.000	0.000
0.1×L	0.239	0.037	0.714	-0.215	-0.066	0.093	0.058	-0.017	0.113	0.071
0.2×L	0.506	0.092	0.469	-0.424	-0.143	0.165	0.112	-0.029	0.190	0.144
				0.576						
0.3×L	0.320	0.184	0.283	0.391	-0.239	0.209	0.154	-0.030	0.206	0.215
0.4×L	0.183	0.328	0.152	0.245	-0.360	0.224	0.177	-0.020	0.182	0.275
0.5×L	0.092	0.541	0.069	0.140	-0.500	0.216	0.180	-0.000	0.144	0.303
					0.500					
0.6×L	0.037	0.328	0.021	0.071	0.360	0.190	0.164	0.020	0.104	0.275
0.7×L	0.009	0.184	-0.002	0.031	0.239	0.151	0.135	0.030	0.069	0.215
0.8×L	-0.003	0.092	-0.009	0.010	0.143	0.105	0.095	0.029	0.041	0.144
0.9×L	-0.004	0.037	-0.007	0.002	0.066	0.053	0.049	0.017	0.019	0.071
FAKTOR	a					a			1/a	

INFOLGE STRECKENLAST P=1

SCHNITT	M		Q			T			q	
IM FELD										
BIS SPRUNG				-0.214	-1.776		0.057	-0.050		
AB SPRUNG				0.581	1.776		0.509	0.050		
SUMME	0.679	0.894	1.082	0.367	0.000	0.709	0.566	0.000	0.540	0.863
FAKTOR	a×a		a			a×a				

INFOLGE EINZELMOMENT Mt=1

SCHNITT	M		Q			T			q	
IN										
0.0×L	0.000	0.000	0.000	0.000	0.000	1.000	0.000	0.000	0.000	0.000
0.1×L	0.141	0.089	0.224	0.030	-0.056	0.788	-0.115	-0.072	-0.169	0.007
0.2×L	0.238	0.180	0.295	0.118	-0.102	0.653	-0.259	-0.149	-0.387	-0.003
							0.741			
0.3×L	0.258	0.269	0.284	0.201	-0.124	0.558	0.600	-0.238	-0.191	-0.049
0.4×L	0.228	0.344	0.235	0.209	-0.101	0.482	0.495	-0.349	-0.069	-0.156
0.5×L	0.180	0.379	0.177	0.182	-0.000	0.411	0.409	-0.500	-0.003	-0.351
								0.500		
0.6×L	0.130	0.344	0.124	0.141	0.101	0.338	0.330	0.349	0.027	-0.156
0.7×L	0.087	0.269	0.080	0.099	0.124	0.260	0.250	0.238	0.035	-0.049
0.8×L	0.052	0.180	0.046	0.062	0.102	0.177	0.169	0.149	0.029	-0.003
0.9×L	0.024	0.089	0.021	0.029	0.056	0.089	0.085	0.072	0.016	0.007
FAKTOR			1/a						1/(a×a)	

INFOLGE STRECKENMOMENT mt=1

SCHNITT	M		Q			T			q	
IM FELD										
BIS SPRUNG				0.039	-0.200		-0.120	-1.775		
AB SPRUNG				0.498	0.200		1.351	1.775		
SUMME	0.675	1.078	0.758	0.537	0.000	2.121	1.231	0.000	-0.341	-0.355
FAKTOR	a					a			1/a	

L / a

$$\frac{5}{0.5 \quad 3.5}$$

$(.)^2 \quad EI_i/GI_t$

INFOLGE EINZELLAST P=1

SCHNITT	M		Q			T			q	
	0.2	0.5	0	0.2	0.5	0	0.2	0.5	0.2	0.5
IN										
0.0×L	0.000	0.000	1.000	0.000	0.000	0.000	0.000	0.000	0.000	0.000
0.1×L	0.262	0.060	0.741	-0.202	-0.074	0.079	0.051	-0.013	0.091	0.066
0.2×L	0.545	0.136	0.515	-0.398	-0.156	0.142	0.099	-0.022	0.156	0.131
				0.602						
0.3×L	0.367	0.245	0.336	0.428	-0.254	0.182	0.136	-0.023	0.174	0.193
0.4×L	0.232	0.402	0.205	0.286	-0.370	0.198	0.157	-0.015	0.159	0.243
0.5×L	0.136	0.619	0.114	0.180	-0.500	0.193	0.160	-0.000	0.131	0.266
					0.500					
0.6×L	0.073	0.402	0.057	0.106	0.370	0.172	0.147	0.015	0.100	0.243
0.7×L	0.035	0.245	0.023	0.058	0.254	0.138	0.121	0.023	0.070	0.193
0.8×L	0.014	0.136	0.007	0.028	0.156	0.096	0.086	0.022	0.044	0.131
0.9×L	0.004	0.060	0.001	0.011	0.074	0.049	0.044	0.013	0.021	0.066
FAKTOR	a					a			1/a	

INFOLGE STRECKENLAST P=1

SCHNITT	M		Q			T			q	
IM FELD										
BIS SPRUNG				-0.201	-1.800		0.051	-0.038		
AB SPRUNG				0.691	1.800		0.454	0.038		
SUMME	0.824	1.136	1.239	0.490	0.000	0.631	0.505	0.000	0.478	0.772
FAKTOR	a×a		a			a×a				

INFOLGE EINZELMOMENT Mt=1

SCHNITT	M		Q			T			q	
IN										
0.0×L	0.000	0.000	0.000	0.000	0.000	1.000	0.000	0.000	0.000	0.000
0.1×L	0.160	0.115	0.246	0.044	-0.060	0.777	-0.122	-0.070	-0.182	-0.002
0.2×L	0.273	0.230	0.334	0.145	-0.109	0.637	-0.273	-0.146	-0.409	-0.021
							0.727			
0.3×L	0.304	0.338	0.334	0.238	-0.131	0.533	0.581	-0.234	-0.216	-0.076
0.4×L	0.279	0.426	0.290	0.252	-0.106	0.455	0.474	-0.347	-0.093	-0.189
0.5×L	0.230	0.465	0.231	0.226	-0.000	0.385	0.387	-0.500	-0.021	-0.387
								0.500		
0.6×L	0.174	0.426	0.170	0.181	0.106	0.315	0.309	0.347	0.014	-0.189
0.7×L	0.122	0.338	0.117	0.132	0.131	0.242	0.234	0.234	0.026	-0.076
0.8×L	0.076	0.230	0.072	0.085	0.109	0.164	0.157	0.146	0.024	-0.021
0.9×L	0.037	0.115	0.034	0.041	0.060	0.083	0.079	0.070	0.014	-0.002
FAKTOR			1/a						1/(a×a)	

INFOLGE STRECKENMOMENT mt=1

SCHNITT	M		Q			T			q	
IM FELD										
BIS SPRUNG				0.054	-0.212		-0.127	-1.769		
AB SPRUNG				0.622	0.212		1.289	1.769		
SUMME	0.836	1.351	0.930	0.676	0.000	2.035	1.162	0.000	-0.406	-0.461
FAKTOR	a					a			1/a	

NR. 49

NR. 50

L / a

5

0.5   5.0

2

(.)   EIi/GIt

	M		Q			T			q	
SCHNITT	0.2	0.5	0	0.2	0.5	0	0.2	0.5	0.2	0.5

INFOLGE EINZELLAST P=1

IN										
0.0×L	0.000	0.000	1.000	0.000	0.000	0.000	0.000	0.000	0.000	0.000
0.1×L	0.284	0.086	0.768	-0.188	-0.081	0.066	0.044	-0.010	0.072	0.058
0.2×L	0.586	0.187	0.562	-0.369	-0.168	0.119	0.084	-0.016	0.125	0.115
				0.631						
0.3×L	0.419	0.316	0.393	0.468	-0.266	0.153	0.116	-0.017	0.142	0.167
0.4×L	0.286	0.487	0.263	0.332	-0.378	0.169	0.134	-0.011	0.135	0.208
0.5×L	0.187	0.709	0.167	0.225	-0.500	0.166	0.137	-0.000	0.115	0.226
					0.500					
0.6×L	0.116	0.487	0.101	0.146	0.378	0.150	0.127	0.011	0.091	0.208
0.7×L	0.068	0.316	0.057	0.090	0.266	0.121	0.105	0.017	0.066	0.167
0.8×L	0.036	0.187	0.030	0.050	0.168	0.085	0.075	0.016	0.043	0.115
0.9×L	0.016	0.096	0.012	0.022	0.081	0.044	0.039	0.010	0.021	0.058
FAKTOR	a						a		1/a	

INFOLGE STRECKENLAST P=1

IM FELD										
BIS SPRUNG				-0.187	-1.820		0.043	-0.028		
AB SPRUNG				0.818	1.820		0.391	0.028		
SUMME	0.990	1.415	1.417	0.632	0.000	0.541	0.434	0.000	0.408	0.666
FAKTOR	a×a			a			a×a			

INFOLGE EINZELMOMENT Mt=1

IN										
0.0×L	0.000	0.000	0.000	0.000	0.000	1.000	0.000	0.000	0.000	0.000
0.1×L	0.181	0.145	0.269	0.061	-0.063	0.766	-0.130	-0.068	-0.194	-0.013
0.2×L	0.312	0.287	0.377	0.176	-0.114	0.611	-0.288	-0.143	-0.430	-0.043
							0.712			
0.3×L	0.355	0.417	0.390	0.280	-0.137	0.505	0.560	-0.231	-0.241	-0.107
0.4×L	0.336	0.520	0.352	0.301	-0.110	0.424	0.449	-0.345	-0.118	-0.227
0.5×L	0.287	0.564	0.292	0.276	-0.000	0.354	0.362	-0.500	-0.043	-0.427
								0.500		
0.6×L	0.227	0.520	0.225	0.228	0.110	0.287	0.286	0.345	-0.003	-0.227
0.7×L	0.165	0.417	0.161	0.171	0.137	0.219	0.215	0.231	0.014	-0.107
0.8×L	0.106	0.287	0.103	0.113	0.114	0.149	0.144	0.143	0.017	-0.043
0.9×L	0.052	0.145	0.050	0.056	0.063	0.075	0.072	0.068	0.010	-0.013
FAKTOR				1/a					1/(a×a)	

INFOLGE STRECKENMOMENT mt=1

IM FELD										
BIS SPRUNG				0.070	-0.222		-0.135	-1.764		
AB SPRUNG				0.765	0.222		1.217	1.764		
SUMME	1.020	1.664	1.128	0.835	0.000	1.936	1.083	0.000	-0.480	-0.584
FAKTOR	a						a		1/a	

L / a

5

1.0   1.0

2

(.)   EIi/GIt

	M		Q			T			q	
SCHNITT	0.2	0.5	0	0.2	0.5	0	0.2	0.5	0.2	0.5

INFOLGE EINZELLAST P=1

IN										
0.0×L	0.000	0.000	1.000	0.000	0.000	0.000	0.000	0.000	0.000	0.000
0.1×L	0.149	-0.008	0.581	-0.242	-0.018	0.160	0.071	-0.041	0.244	0.056
0.2×L	0.356	-0.002	0.276	-0.495	-0.058	0.262	0.148	-0.071	0.394	0.134
				0.505						
0.3×L	0.158	0.038	0.097	0.280	-0.144	0.302	0.210	-0.078	0.357	0.246
0.4×L	0.048	0.140	0.010	0.125	-0.293	0.295	0.237	-0.053	0.241	0.377
0.5×L	-0.002	0.335	-0.021	0.038	-0.500	0.261	0.231	-0.000	0.134	0.452
					0.500					
0.6×L	-0.018	0.140	-0.026	-0.001	0.293	0.213	0.201	0.053	0.061	0.377
0.7×L	-0.018	0.038	-0.020	-0.013	0.144	0.160	0.157	0.078	0.020	0.246
0.8×L	-0.013	-0.002	-0.012	-0.013	0.058	0.106	0.106	0.071	0.002	0.134
0.9×L	-0.006	-0.008	-0.005	-0.007	0.018	0.053	0.054	0.041	-0.002	0.056
FAKTOR	a						a		1/a	

INFOLGE STRECKENLAST P=1

IM FELD										
BIS SPRUNG				-0.244	-1.623		0.072	-0.126		
AB SPRUNG				0.320	1.623		0.640	0.126		
SUMME	0.311	0.313	0.671	0.076	0.000	0.915	0.712	0.000	0.736	1.043
FAKTOR	a×a			a			a×a			

INFOLGE EINZELMOMENT Mt=1

IN										
0.0×L	0.000	0.000	0.000	0.000	0.000	1.000	0.000	0.000	0.000	0.000
0.1×L	0.122	0.028	0.248	-0.031	-0.045	0.776	-0.085	-0.077	-0.175	0.045
0.2×L	0.197	0.067	0.257	0.054	-0.092	0.671	-0.227	-0.154	-0.516	0.072
							0.773			
0.3×L	0.178	0.123	0.186	0.150	-0.130	0.607	0.625	-0.235	-0.138	0.047
0.4×L	0.121	0.188	0.109	0.138	-0.125	0.546	0.531	-0.337	0.025	-0.092
0.5×L	0.067	0.226	0.052	0.094	-0.000	0.474	0.453	-0.500	0.072	-0.444
								0.500		
0.6×L	0.030	0.188	0.019	0.053	0.125	0.391	0.373	0.337	0.066	-0.092
0.7×L	0.010	0.123	0.003	0.025	0.130	0.299	0.288	0.235	0.046	0.047
0.8×L	0.001	0.067	-0.003	0.009	0.092	0.201	0.195	0.154	0.026	0.072
0.9×L	-0.001	0.028	-0.002	0.003	0.045	0.101	0.099	0.077	0.011	0.045
FAKTOR				1/a					1/(a×a)	

INFOLGE STRECKENMOMENT mt=1

IM FELD										
BIS SPRUNG				-0.012	-0.207		-0.094	-1.772		
AB SPRUNG				0.258	0.207		1.471	1.772		
SUMME	0.368	0.521	0.452	0.246	0.000	2.274	1.377	0.000	-0.255	-0.104
FAKTOR	a						a		1/a	

NR. 51

Schnitte 0 0,2 0,5 L

q M Q T $\beta \cdot a$ a I,I_t I_{Pl}

L / a

$$\frac{5}{1.0 \qquad 1.5}$$

$(.)^2 \qquad EIi/GIt$

SCHNITT	M 0.2	M 0.5	Q 0	Q 0.2	Q 0.5	T 0	T 0.2	T 0.5	q 0.2	q 0.5

INFOLGE EINZELLAST P=1

IN

SCHNITT	M 0.2	M 0.5	Q 0	Q 0.2	Q 0.5	T 0	T 0.2	T 0.5	q 0.2	q 0.5
0.0*L	0.000	0.000	1.000	0.000	0.000	0.000	0.000	0.000	0.000	0.000
0.1*L	0.178	0.002	0.625	-0.236	-0.033	0.137	0.068	-0.033	0.198	0.065
0.2*L	0.403	0.021	0.338	-0.476	-0.086	0.231	0.138	-0.057	0.323	0.143
				0.524						
0.3*L	0.207	0.077	0.152	0.313	-0.176	0.274	0.194	-0.062	0.308	0.241
0.4*L	0.086	0.192	0.049	0.160	-0.316	0.276	0.220	-0.042	0.227	0.346
0.5*L	0.021	0.393	-0.000	0.067	-0.500	0.250	0.217	-0.000	0.143	0.403
					0.500					
0.6*L	-0.007	0.192	-0.018	0.017	0.316	0.209	0.191	0.042	0.078	0.346
0.7*L	-0.014	0.077	-0.019	-0.004	0.176	0.160	0.152	0.062	0.037	0.241
0.8*L	-0.013	0.021	-0.014	-0.009	0.086	0.107	0.104	0.057	0.015	0.143
0.9*L	-0.007	0.002	-0.007	-0.006	0.033	0.054	0.053	0.033	0.004	0.065
FAKTOR	a					a			1/a	

INFOLGE STRECKENLAST P=1

IM FELD

SCHNITT	M 0.2	M 0.5	Q 0	Q 0.2	Q 0.5	T 0	T 0.2	T 0.5	q 0.2	q 0.5
BIS SPRUNG				-0.237	-1.674		0.069	-0.101		
AB SPRUNG				0.390	1.674		0.605	0.101		
SUMME	0.413	0.468	0.786	0.153	0.000	0.857	0.673	0.000	0.676	1.000
FAKTOR	a*a		a			a*a				

INFOLGE EINZELMOMENT Mt=1

IN

SCHNITT	M 0.2	M 0.5	Q 0	Q 0.2	Q 0.5	T 0	T 0.2	T 0.5	q 0.2	q 0.5
0.0*L	0.000	0.000	0.000	0.000	0.000	1.000	0.000	0.000	0.000	0.000
0.1*L	0.149	0.048	0.282	-0.018	-0.059	0.759	-0.091	-0.071	-0.206	0.043
0.2*L	0.243	0.107	0.313	0.081	-0.114	0.643	-0.241	-0.143	-0.564	0.065
							0.759			
0.3*L	0.231	0.181	0.247	0.188	-0.154	0.576	0.606	-0.223	-0.182	0.028
0.4*L	0.171	0.259	0.163	0.179	-0.141	0.519	0.510	-0.330	-0.001	-0.125
0.5*L	0.107	0.302	0.093	0.133	-0.000	0.454	0.434	-0.500	0.065	-0.484
								0.500		
0.6*L	0.059	0.259	0.046	0.084	0.141	0.377	0.358	0.330	0.072	-0.125
0.7*L	0.028	0.181	0.018	0.047	0.154	0.291	0.277	0.223	0.057	0.028
0.8*L	0.011	0.107	0.005	0.023	0.114	0.197	0.189	0.143	0.036	0.065
0.9*L	0.003	0.048	0.001	0.009	0.059	0.100	0.096	0.071	0.017	0.043
FAKTOR			1/a						1/(a*a)	

INFOLGE STRECKENMOMENT mt=1

IM FELD

SCHNITT	M 0.2	M 0.5	Q 0	Q 0.2	Q 0.5	T 0	T 0.2	T 0.5	q 0.2	q 0.5
BIS SPRUNG				0.002	-0.246		-0.101	-1.752		
AB SPRUNG				0.360	0.246		1.420	1.752		
SUMME	0.507	0.750	0.604	0.362	0.000	2.198	1.319	0.000	-0.318	-0.186
FAKTOR	a					a			1/a	

L / a

$$\frac{5}{1.0 \qquad 2.5}$$

$(.)^2 \qquad EIi/GIt$

INFOLGE EINZELLAST P=1

IN

SCHNITT	M 0.2	M 0.5	Q 0	Q 0.2	Q 0.5	T 0	T 0.2	T 0.5	q 0.2	q 0.5
0.0*L	0.000	0.000	1.000	0.000	0.000	0.000	0.000	0.000	0.000	0.000
0.1*L	0.214	0.025	0.677	-0.223	-0.052	0.111	0.062	-0.024	0.149	0.068
0.2*L	0.465	0.067	0.416	-0.444	-0.118	0.192	0.122	-0.041	0.246	0.142
				0.556						
0.3*L	0.275	0.144	0.231	0.361	-0.212	0.235	0.170	-0.044	0.249	0.224
0.4*L	0.146	0.277	0.112	0.212	-0.341	0.244	0.194	-0.029	0.200	0.302
0.5*L	0.067	0.485	0.044	0.113	-0.500	0.228	0.194	-0.000	0.142	0.342
					0.500					
0.6*L	0.023	0.277	0.009	0.052	0.341	0.196	0.174	0.029	0.091	0.302
0.7*L	0.003	0.144	-0.005	0.019	0.212	0.153	0.140	0.044	0.054	0.224
0.8*L	-0.004	0.067	-0.008	0.004	0.118	0.104	0.098	0.041	0.029	0.142
0.9*L	-0.004	0.025	-0.005	-0.000	0.052	0.053	0.050	0.024	0.012	0.068
FAKTOR	a					a			1/a	

INFOLGE STRECKENLAST P=1

IM FELD

SCHNITT	M 0.2	M 0.5	Q 0	Q 0.2	Q 0.5	T 0	T 0.2	T 0.5	q 0.2	q 0.5
BIS SPRUNG				-0.223	-1.732		0.062	-0.072		
AB SPRUNG				0.511	1.732		0.545	0.072		
SUMME	0.579	0.736	0.971	0.288	0.000	0.765	0.606	0.000	0.592	0.912
FAKTOR	a*a		a			a*a				

INFOLGE EINZELMOMENT Mt=1

IN

SCHNITT	M 0.2	M 0.5	Q 0	Q 0.2	Q 0.5	T 0	T 0.2	T 0.5	q 0.2	q 0.5
0.0*L	0.000	0.000	0.000	0.000	0.000	1.000	0.000	0.000	0.000	0.000
0.1*L	0.186	0.085	0.328	0.005	-0.074	0.736	-0.102	-0.063	-0.243	0.035
0.2*L	0.308	0.177	0.390	0.125	-0.140	0.605	-0.262	-0.130	-0.622	0.044
							0.738			
0.3*L	0.311	0.280	0.337	0.247	-0.181	0.531	0.577	-0.209	-0.238	-0.008
0.4*L	0.250	0.378	0.249	0.246	-0.158	0.475	0.477	-0.321	-0.041	-0.176
0.5*L	0.177	0.428	0.166	0.197	-0.000	0.417	0.402	-0.500	0.044	-0.543
								0.500		
0.6*L	0.114	0.378	0.101	0.139	0.158	0.350	0.331	0.321	0.068	-0.176
0.7*L	0.067	0.280	0.056	0.089	0.181	0.272	0.256	0.209	0.062	-0.008
0.8*L	0.036	0.177	0.028	0.050	0.140	0.186	0.175	0.130	0.044	0.044
0.9*L	0.015	0.085	0.011	0.022	0.074	0.094	0.089	0.063	0.022	0.035
FAKTOR			1/a						1/(a*a)	

INFOLGE STRECKENMOMENT mt=1

IM FELD

SCHNITT	M 0.2	M 0.5	Q 0	Q 0.2	Q 0.5	T 0	T 0.2	T 0.5	q 0.2	q 0.5
BIS SPRUNG				0.024	-0.291		-0.112	-1.730		
AB SPRUNG				0.536	0.291		1.332	1.730		
SUMME	0.740	1.140	0.856	0.560	0.000	2.072	1.220	0.000	-0.419	-0.332
FAKTOR	a					a			1/a	

Schnitte 0 0.2 0.5 — L

M Q T q I_{Pl} n·a a $I.I_t$

L / a

5 / 1.0   3.5

$(.)^2$ EIi/GIt

INFOLGE EINZELLAST P=1

SCHNITT	M 0.2	M 0.5	Q 0	Q 0.2	Q 0.5	T 0	T 0.2	T 0.5	q 0.2	q 0.5
IN										
0.0*L	0.000	0.000	1.000	0.000	0.000	0.000	0.000	0.000	0.000	0.000
0.1*L	0.238	0.044	0.709	-0.212	-0.062	0.095	0.056	-0.019	0.121	0.065
0.2*L	0.506	0.105	0.466	-0.419	-0.136	0.167	0.110	-0.032	0.203	0.134
			0.581							
0.3*L	0.323	0.200	0.285	0.396	-0.232	0.207	0.152	-0.034	0.211	0.206
0.4*L	0.192	0.345	0.162	0.252	-0.355	0.219	0.174	-0.023	0.179	0.271
0.5*L	0.105	0.558	0.083	0.149	-0.500	0.208	0.175	-0.000	0.134	0.303
					0.500					
0.6*L	0.052	0.345	0.037	0.082	0.355	0.181	0.159	0.023	0.093	0.271
0.7*L	0.022	0.200	0.013	0.041	0.232	0.143	0.129	0.034	0.060	0.206
0.8*L	0.008	0.105	0.003	0.019	0.136	0.099	0.091	0.032	0.034	0.134
0.9*L	0.002	0.044	-0.000	0.007	0.062	0.050	0.047	0.019	0.016	0.065
FAKTOR	a					a			1/a	

INFOLGE STRECKENLAST P=1

IM FELD	M 0.2	M 0.5	Q 0	Q 0.2	Q 0.5	T 0	T 0.2	T 0.5	q 0.2	q 0.5
BIS SPRUNG				-0.211	-1.764		0.056	-0.056		
AB SPRUNG				0.610	1.764		0.495	0.056		
SUMME	0.713	0.956	1.117	0.399	0.000	0.692	0.550	0.000	0.531	0.834
FAKTOR	a×a			a			a×a			

INFOLGE EINZELMOMENT Mt=1

SCHNITT	M 0.2	M 0.5	Q 0	Q 0.2	Q 0.5	T 0	T 0.2	T 0.5	q 0.2	q 0.5
IN										
0.0*L	0.000	0.000	0.000	0.000	0.000	1.000	0.000	0.000	0.000	0.000
0.1*L	0.212	0.115	0.359	0.022	-0.083	0.721	-0.111	-0.058	-0.265	0.026
0.2*L	0.355	0.235	0.445	0.158	-0.155	0.578	-0.279	-0.123	-0.657	0.025
						0.721				
0.3*L	0.370	0.361	0.403	0.293	-0.196	0.498	0.554	-0.202	-0.276	-0.039
0.4*L	0.313	0.474	0.317	0.298	-0.168	0.442	0.451	-0.316	-0.071	-0.216
0.5*L	0.235	0.530	0.227	0.248	-0.000	0.387	0.376	-0.500	0.025	-0.607
								0.500		
0.6*L	0.163	0.474	0.151	0.185	0.168	0.325	0.308	0.316	0.058	-0.216
0.7*L	0.104	0.361	0.093	0.125	0.196	0.253	0.237	0.202	0.060	-0.039
0.8*L	0.060	0.235	0.052	0.075	0.155	0.174	0.162	0.123	0.044	0.025
0.9*L	0.027	0.115	0.023	0.035	0.083	0.088	0.082	0.058	0.023	0.026
FAKTOR			1/a						1/(a×a)	

INFOLGE STRECKENMOMENT mt=1

IM FELD	M 0.2	M 0.5	Q 0	Q 0.2	Q 0.5	T 0	T 0.2	T 0.5	q 0.2	q 0.5
BIS SPRUNG				0.041	-0.316		-0.121	-1.717		
AB SPRUNG				0.680	0.316		1.260	1.717		
SUMME	0.930	1.459	1.059	0.721	0.000	1.970	1.139	0.000	-0.497	-0.454
FAKTOR	a			a					1/a	

L / a

5 / 1.0   5.0

$(.)^2$ EIi/GIt

INFOLGE EINZELLAST P=1

SCHNITT	M 0.2	M 0.5	Q 0	Q 0.2	Q 0.5	T 0	T 0.2	T 0.5	q 0.2	q 0.5
IN										
0.0*L	0.000	0.000	1.000	0.000	0.000	0.000	0.000	0.000	0.000	0.000
0.1*L	0.263	0.069	0.741	-0.198	-0.072	0.080	0.049	-0.014	0.096	0.060
0.2*L	0.550	0.152	0.518	-0.391	-0.152	0.141	0.095	-0.024	0.163	0.122
			0.609							
0.3*L	0.376	0.266	0.345	0.436	-0.249	0.178	0.132	-0.025	0.175	0.183
0.4*L	0.245	0.426	0.219	0.297	-0.366	0.191	0.152	-0.017	0.154	0.236
0.5*L	0.152	0.644	0.132	0.193	-0.500	0.184	0.154	-0.000	0.122	0.260
					0.500					
0.6*L	0.090	0.426	0.076	0.119	0.366	0.162	0.140	0.017	0.089	0.236
0.7*L	0.050	0.266	0.041	0.070	0.249	0.130	0.115	0.025	0.061	0.183
0.8*L	0.026	0.152	0.020	0.038	0.152	0.090	0.081	0.024	0.037	0.122
0.9*L	0.011	0.069	0.008	0.016	0.072	0.046	0.042	0.014	0.017	0.060
FAKTOR	a					a			1/a	

INFOLGE STRECKENLAST P=1

IM FELD	M 0.2	M 0.5	Q 0	Q 0.2	Q 0.5	T 0	T 0.2	T 0.5	q 0.2	q 0.5
BIS SPRUNG				-0.197	-1.792		0.049	-0.042		
AB SPRUNG				0.730	1.792		0.435	0.042		
SUMME	0.872	1.220	1.288	0.533	0.000	0.606	0.484	0.000	0.462	0.736
FAKTOR	a×a			a			a×a			

INFOLGE EINZELMOMENT Mt=1

SCHNITT	M 0.2	M 0.5	Q 0	Q 0.2	Q 0.5	T 0	T 0.2	T 0.5	q 0.2	q 0.5
IN										
0.0*L	0.000	0.000	0.000	0.000	0.000	1.000	0.000	0.000	0.000	0.000
0.1*L	0.240	0.151	0.392	0.043	-0.091	0.704	-0.121	-0.055	-0.286	0.014
0.2*L	0.407	0.305	0.504	0.198	-0.168	0.548	-0.299	-0.116	-0.692	0.000
						0.701				
0.3*L	0.437	0.457	0.477	0.346	-0.209	0.461	0.527	-0.195	-0.314	-0.076
0.4*L	0.385	0.589	0.395	0.359	-0.176	0.402	0.421	-0.312	-0.105	-0.263
0.5*L	0.305	0.650	0.300	0.310	-0.000	0.350	0.345	-0.500	0.000	-0.638
								0.500		
0.6*L	0.223	0.589	0.214	0.240	0.176	0.293	0.280	0.312	0.043	-0.263
0.7*L	0.152	0.457	0.142	0.170	0.209	0.229	0.215	0.195	0.051	0.076
0.8*L	0.093	0.305	0.085	0.107	0.168	0.157	0.147	0.116	0.041	0.000
0.9*L	0.044	0.151	0.040	0.051	0.091	0.080	0.074	0.055	0.022	0.014
FAKTOR			1/a						1/(a×a)	

INFOLGE STRECKENMOMENT mt=1

IM FELD	M 0.2	M 0.5	Q 0	Q 0.2	Q 0.5	T 0	T 0.2	T 0.5	q 0.2	q 0.5
BIS SPRUNG				0.061	-0.337		-0.131	-1.706		
AB SPRUNG				0.853	0.337		1.173	1.706		
SUMME	1.155	1.839	1.301	0.915	0.000	1.850	1.043	0.000	-0.589	-0.601
FAKTOR	a			a					1/a	

NR. 56

L / a

$$\frac{5}{1.0 \quad 10.0}$$

$(.)^2 \qquad EIi/GIt$

INFOLGE EINZELLAST P=1

SCHNITT	M 0.2	M 0.5	Q 0	Q 0.2	Q 0.5	T 0	T 0.2	T 0.5	q 0.2	q 0.5
IN										
0.0*L	0.000	0.000	1.000	0.000	0.000	0.000	0.000	0.000	0.000	0.000
0.1*L	0.308	0.120	0.794	-0.169	-0.084	0.053	0.035	-0.008	0.059	0.045
0.2*L	0.630	0.252	0.610	-0.334	-0.174	0.095	0.067	-0.013	0.101	0.090
			0.666							
0.3*L	0.476	0.406	0.456	0.516	-0.272	0.122	0.092	-0.014	0.114	0.132
0.4*L	0.351	0.593	0.333	0.387	-0.382	0.134	0.107	-0.009	0.106	0.165
0.5*L	0.252	0.821	0.237	0.282	-0.500	0.132	0.109	-0.000	0.090	0.180
					0.500					
0.6*L	0.176	0.593	0.164	0.199	0.382	0.118	0.100	0.009	0.071	0.165
0.7*L	0.117	0.406	0.108	0.134	0.272	0.096	0.083	0.014	0.051	0.132
0.8*L	0.071	0.252	0.065	0.082	0.174	0.067	0.059	0.013	0.033	0.090
0.9*L	0.033	0.120	0.031	0.039	0.084	0.035	0.031	0.008	0.016	0.045
FAKTOR	a			a					1/a	

INFOLGE STRECKENLAST P=1

	M 0.2	M 0.5	Q 0	Q 0.2	Q 0.5	T 0	T 0.2	T 0.5	q 0.2	q 0.5
IM FELD										
BIS SPRUNG				-0.168	-1.830		0.034	-0.023		
AB SPRUNG				0.981	1.830		0.310	0.023		
SUMME	1.200	1.771	1.642	0.812	0.000	0.429	0.344	0.000	0.324	0.526
FAKTOR	a*a		a			a				

INFOLGE EINZELMOMENT Mt=1

SCHNITT	M 0.2	M 0.5	Q 0	Q 0.2	Q 0.5	T 0	T 0.2	T 0.5	q 0.2	q 0.5
IN										
0.0*L	0.000	0.000	0.000	0.000	0.000	1.000	0.000	0.000	0.000	0.000
0.1*L	0.295	0.227	0.453	0.084	-0.101	0.673	-0.142	-0.049	-0.320	-0.014
0.2*L	0.507	0.450	0.615	0.277	-0.185	0.492	-0.338	-0.108	-0.751	-0.054
						0.662				
0.3*L	0.569	0.659	0.622	0.454	-0.227	0.389	0.473	-0.187	-0.383	-0.154
0.4*L	0.532	0.826	0.553	0.483	-0.187	0.323	0.358	-0.306	-0.170	-0.359
0.5*L	0.450	0.901	0.455	0.437	-0.000	0.273	0.281	-0.500	-0.054	-0.741
								0.500		
0.6*L	0.354	0.826	0.351	0.357	0.187	0.225	0.221	0.306	0.002	-0.359
0.7*L	0.257	0.659	0.252	0.267	0.227	0.174	0.167	0.187	0.024	-0.154
0.8*L	0.166	0.450	0.162	0.175	0.185	0.119	0.112	0.108	0.024	-0.054
0.9*L	0.081	0.227	0.079	0.087	0.101	0.061	0.057	0.049	0.015	-0.014
FAKTOR			1/a						1/(a*a)	

INFOLGE STRECKENMOMENT mt=1

	M 0.2	M 0.5	Q 0	Q 0.2	Q 0.5	T 0	T 0.2	T 0.5	q 0.2	q 0.5
IM FELD										
BIS SPRUNG				0.102	-0.367		-0.151	-1.692		
AB SPRUNG				1.215	0.367		0.993	1.692		
SUMME	1.622	2.632	1.802	1.317	0.000	1.599	0.841	0.000	-0.777	-0.910
FAKTOR	a		a			a			1/a	

L / a

$$\frac{5}{2.0 \quad 1.0}$$

$(.)^2 \qquad EIi/GIt$

INFOLGE EINZELLAST P=1

SCHNITT	M 0.2	M 0.5	Q 0	Q 0.2	Q 0.5	T 0	T 0.2	T 0.5	q 0.2	q 0.5
IN										
0.0*L	0.000	0.000	1.000	0.000	0.000	0.000	0.000	0.000	0.000	0.000
0.1*L	0.124	-0.006	0.532	-0.234	-0.007	0.184	0.067	-0.046	0.297	0.038
0.2*L	0.319	-0.002	0.222	-0.499	-0.036	0.289	0.150	-0.082	0.478	0.106
			0.501							
0.3*L	0.128	0.030	0.064	0.258	-0.113	0.318	0.221	-0.093	0.393	0.229
0.4*L	0.034	0.119	0.001	0.104	-0.267	0.299	0.248	-0.067	0.230	0.399
0.5*L	-0.002	0.308	-0.015	0.028	-0.500	0.257	0.236	-0.000	0.106	0.512
					0.500					
0.6*L	-0.010	0.119	-0.014	-0.001	0.267	0.207	0.201	0.067	0.036	0.399
0.7*L	-0.009	0.030	-0.008	-0.008	0.113	0.154	0.154	0.093	0.006	0.229
0.8*L	-0.005	-0.002	-0.004	-0.007	0.036	0.102	0.103	0.082	-0.003	0.106
0.9*L	-0.002	-0.006	-0.002	-0.003	0.007	0.051	0.052	0.046	-0.003	0.038
FAKTOR	a			a					1/a	

INFOLGE STRECKENLAST P=1

	M 0.2	M 0.5	Q 0	Q 0.2	Q 0.5	T 0	T 0.2	T 0.5	q 0.2	q 0.5
IM FELD										
BIS SPRUNG				-0.240	-1.576		0.070	-0.149		
AB SPRUNG				0.299	1.576		0.651	0.149		
SUMME	0.272	0.274	0.617	0.059	0.000	0.942	0.720	0.000	0.782	1.030
FAKTOR	a*a		a			a*a				

INFOLGE EINZELMOMENT Mt=1

SCHNITT	M 0.2	M 0.5	Q 0	Q 0.2	Q 0.5	T 0	T 0.2	T 0.5	q 0.2	q 0.5
IN										
0.0*L	0.000	0.000	0.000	0.000	0.000	1.000	0.000	0.000	0.000	0.000
0.1*L	0.148	0.019	0.348	-0.080	-0.042	0.726	-0.060	-0.079	-0.198	0.062
0.2*L	0.239	0.053	0.310	0.045	-0.095	0.645	-0.222	-0.152	-0.800	0.114
						0.778				
0.3*L	0.197	0.114	0.188	0.190	-0.157	0.606	0.605	-0.222	-0.119	0.110
0.4*L	0.115	0.200	0.089	0.158	-0.175	0.555	0.521	-0.312	0.094	-0.078
0.5*L	0.053	0.256	0.032	0.093	-0.000	0.484	0.454	-0.500	0.114	-0.721
								0.500		
0.6*L	0.018	0.200	0.006	0.043	0.175	0.397	0.379	0.312	0.078	-0.078
0.7*L	0.003	0.114	-0.002	0.015	0.157	0.301	0.292	0.222	0.041	0.110
0.8*L	-0.002	0.053	-0.004	0.003	0.095	0.202	0.198	0.152	0.018	0.114
0.9*L	-0.002	0.019	-0.002	-0.000	0.042	0.101	0.100	0.079	0.006	0.062
FAKTOR			1/a						1/(a*a)	

INFOLGE STRECKENMOMENT mt=1

	M 0.2	M 0.5	Q 0	Q 0.2	Q 0.5	T 0	T 0.2	T 0.5	q 0.2	q 0.5
IM FELD										
BIS SPRUNG				-0.047	-0.251		-0.077	-1.750		
AB SPRUNG				0.275	0.251		1.462	1.750		
SUMME	0.391	0.515	0.512	0.229	0.000	2.244	1.386	0.000	-0.306	-0.065
FAKTOR	a		a			a			1/a	

NR. 57

NR. 58

L / a

5

2.0   1.5

(.)²   EIi/GIt

SCHNITT	M 0.2	M 0.5	Q 0	Q 0.2	Q 0.5	T 0	T 0.2	T 0.5	q 0.2	q 0.5
INFOLGE EINZELLAST P=1										
IN										
0.0*L	0.000	0.000	1.000	0.000	0.000	0.000	0.000	0.000	0.000	0.000
0.1*L	0.154	0.002	0.583	-0.233	-0.021	0.159	0.067	-0.039	0.245	0.050
0.2*L	0.367	0.017	0.287	-0.484	-0.063	0.257	0.142	-0.069	0.396	0.122
			0.516							
0.3*L	0.174	0.063	0.116	0.291	-0.146	0.292	0.204	-0.077	0.347	0.232
0.4*L	0.067	0.168	0.033	0.139	-0.293	0.284	0.231	-0.054	0.226	0.367
0.5*L	0.017	0.363	-0.000	0.054	-0.500	0.250	0.223	-0.000	0.122	0.452
					0.500					
0.6*L	-0.002	0.169	-0.009	0.014	0.293	0.205	0.193	0.054	0.056	0.367
0.7*L	-0.007	0.063	-0.009	-0.002	0.146	0.154	0.151	0.077	0.021	0.232
0.8*L	-0.006	0.017	-0.006	-0.005	0.063	0.103	0.102	0.069	0.005	0.122
0.9*L	-0.003	0.002	-0.003	-0.003	0.021	0.051	0.052	0.039	0.001	0.050
FAKTOR	a		a			a			1/a	
INFOLGE STRECKENLAST P=1										
IM FELD										
BIS SPRUNG				-0.236	-1.628		0.068	-0.124		
AB SPRUNG				0.362	1.628		0.619	0.124		
SUMME	0.366	0.410	0.727	0.126	0.000	0.887	0.687	0.000	0.719	1.000
FAKTOR	a×a		a			a×a				
INFOLGE EINZELMOMENT Mt=1										
IN										
0.0*L	0.000	0.000	0.000	0.000	0.000	1.000	0.000	0.000	0.000	0.000
0.1*L	0.183	0.038	0.398	-0.068	-0.060	0.701	-0.066	-0.070	-0.249	0.068
0.2*L	0.297	0.092	0.384	0.073	-0.127	0.608	-0.237	-0.136	-0.874	0.117
						0.763				
0.3*L	0.260	0.174	0.261	0.233	-0.192	0.569	0.583	-0.204	-0.178	0.096
0.4*L	0.169	0.276	0.146	0.205	-0.199	0.527	0.497	-0.300	0.070	-0.119
0.5*L	0.092	0.339	0.069	0.134	-0.000	0.465	0.433	-0.500	0.117	-0.776
								0.500		
0.6*L	0.042	0.276	0.027	0.073	0.199	0.387	0.363	0.300	0.094	-0.119
0.7*L	0.016	0.174	0.007	0.034	0.192	0.297	0.283	0.204	0.059	0.096
0.8*L	0.004	0.092	-0.000	0.013	0.127	0.200	0.193	0.136	0.031	0.117
0.9*L	0.000	0.038	-0.001	0.004	0.060	0.101	0.098	0.070	0.013	0.068
FAKTOR			1/a						1/(a×a)	
INFOLGE STRECKENMOMENT mt=1										
IM FELD										
BIS SPRUNG				-0.034	-0.308		-0.083	-1.721		
AB SPRUNG				0.381	0.308		1.409	1.721		
SUMME	0.539	0.750	0.677	0.347	0.000	2.161	1.326	0.000	-0.384	-0.139
FAKTOR	a					a			1/a	

L / a

5

2.0   2.5

(.)²   EIi/GIt

SCHNITT	M 0.2	M 0.5	Q 0	Q 0.2	Q 0.5	T 0	T 0.2	T 0.5	q 0.2	q 0.5
INFOLGE EINZELLAST P=1										
IN										
0.0*L	0.000	0.000	1.000	0.000	0.000	0.000	0.000	0.000	0.000	0.000
0.1*L	0.193	0.020	0.642	-0.225	-0.040	0.129	0.062	-0.030	0.186	0.059
0.2*L	0.431	0.055	0.370	-0.455	-0.096	0.215	0.128	-0.052	0.304	0.131
			0.545							
0.3*L	0.242	0.123	0.193	0.339	-0.186	0.254	0.181	-0.057	0.284	0.222
0.4*L	0.123	0.247	0.090	0.190	-0.322	0.255	0.205	-0.039	0.207	0.323
0.5*L	0.055	0.451	0.035	0.096	-0.500	0.232	0.202	-0.000	0.131	0.381
					0.500					
0.6*L	0.021	0.247	0.010	0.043	0.322	0.195	0.178	0.039	0.074	0.323
0.7*L	0.005	0.123	-0.000	0.017	0.186	0.150	0.142	0.057	0.039	0.222
0.8*L	-0.000	0.055	-0.003	0.005	0.096	0.101	0.098	0.052	0.018	0.131
0.9*L	-0.001	0.020	-0.002	0.001	0.040	0.051	0.050	0.030	0.007	0.059
FAKTOR	a					a			1/a	
INFOLGE STRECKENLAST P=1										
IM FELD										
BIS SPRUNG				-0.226	-1.691		0.063	-0.092		
AB SPRUNG				0.472	1.691		0.564	0.092		
SUMME	0.521	0.651	0.902	0.246	0.000	0.799	0.627	0.000	0.633	0.929
FAKTOR	a×a		a			a×a				
INFOLGE EINZELMOMENT Mt=1										
IN										
0.0*L	0.000	0.000	0.000	0.000	0.000	1.000	0.000	0.000	0.000	0.000
0.1*L	0.232	0.074	0.462	-0.045	-0.084	0.669	-0.077	-0.058	-0.308	0.067
0.2*L	0.380	0.163	0.487	0.121	-0.169	0.557	-0.260	-0.116	-0.965	0.106
						0.740				
0.3*L	0.355	0.278	0.371	0.301	-0.236	0.514	0.549	-0.182	-0.257	0.063
0.4*L	0.258	0.404	0.242	0.281	-0.228	0.479	0.460	-0.286	0.026	-0.181
0.5*L	0.163	0.476	0.141	0.204	-0.000	0.429	0.398	-0.500	0.106	-0.851
								0.500		
0.6*L	0.093	0.404	0.075	0.129	0.228	0.363	0.336	0.286	0.104	-0.181
0.7*L	0.048	0.278	0.036	0.073	0.236	0.282	0.263	0.182	0.076	0.063
0.8*L	0.023	0.163	0.015	0.037	0.168	0.192	0.181	0.116	0.046	0.106
0.9*L	0.009	0.074	0.005	0.015	0.084	0.097	0.092	0.058	0.021	0.067
FAKTOR			1/a						1/(a×a)	
INFOLGE STRECKENMOMENT mt=1										
IM FELD										
BIS SPRUNG				-0.011	-0.378		-0.095	-1.686		
AB SPRUNG				0.566	0.378		1.317	1.686		
SUMME	0.791	1.162	0.952	0.555	0.000	2.024	1.222	0.000	-0.502	-0.282
FAKTOR	a					a			1/a	

NR. 60

L / a

5

2.0   3.5

2
(.)   EIi/GIt

	M		Q			T			q	
SCHNITT	0.2	0.5	0	0.2	0.5	0	0.2	0.5	0.2	0.5

INFOLGE EINZELLAST P=1

IN

	M		Q			T			q	
0.0*L	0.000	0.000	1.000	0.000	0.000	0.000	0.000	0.000	0.000	0.000
0.1*L	0.219	0.037	0.679	-0.215	-0.052	0.111	0.058	-0.024	0.152	0.060
0.2*L	0.475	0.090	0.425	-0.432	-0.117	0.188	0.116	-0.041	0.251	0.128
				0.568						
0.3*L	0.291	0.175	0.248	0.374	-0.210	0.226	0.163	-0.045	0.244	0.209
0.4*L	0.167	0.312	0.136	0.229	-0.339	0.232	0.186	-0.031	0.188	0.291
0.5*L	0.090	0.521	0.070	0.131	-0.500	0.215	0.184	-0.000	0.128	0.336
					0.500					
0.6*L	0.045	0.312	0.033	0.071	0.339	0.184	0.165	0.031	0.081	0.291
0.7*L	0.021	0.175	0.014	0.036	0.210	0.143	0.132	0.045	0.047	0.209
0.8*L	0.009	0.090	0.005	0.016	0.117	0.097	0.092	0.041	0.025	0.128
0.9*L	0.003	0.037	0.001	0.006	0.052	0.049	0.047	0.024	0.011	0.060
FAKTOR	a					a			1/a	

INFOLGE STRECKENLAST P=1

IM FELD

	M		Q			T			q	
BIS SPRUNG				-0.216	-1.729		0.058	-0.073		
AB SPRUNG				0.565	1.729		0.518	0.073		
SUMME	0.647	0.855	1.041	0.349	0.000	0.729	0.575	0.000	0.570	0.861
FAKTOR	a*a		a			a*a				

INFOLGE EINZELMOMENT Mt=1

IN

	M		Q			T			q	
0.0*L	0.000	0.000	0.000	0.000	0.000	1.000	0.000	0.000	0.000	0.000
0.1*L	0.266	0.105	0.504	-0.026	-0.098	0.648	-0.087	-0.051	-0.343	0.061
0.2*L	0.439	0.225	0.558	0.159	-0.192	0.521	-0.280	-0.104	-1.020	0.090
							0.720			
0.3*L	0.427	0.365	0.452	0.354	-0.261	0.474	0.523	-0.169	-0.309	0.032
0.4*L	0.329	0.509	0.318	0.340	-0.245	0.441	0.430	-0.278	-0.009	-0.228
0.5*L	0.225	0.588	0.205	0.260	-0.000	0.398	0.370	-0.500	0.090	-0.906
								0.500		
0.6*L	0.141	0.509	0.123	0.177	0.245	0.339	0.312	0.278	0.102	-0.228
0.7*L	0.082	0.365	0.069	0.110	0.261	0.266	0.245	0.169	0.081	0.032
0.8*L	0.044	0.225	0.035	0.061	0.192	0.182	0.169	0.104	0.053	0.090
0.9*L	0.019	0.105	0.015	0.027	0.098	0.093	0.086	0.051	0.026	0.061
FAKTOR			1/a						1/(a*a)	

INFOLGE STRECKENMOMENT mt=1

IM FELD

	M		Q			T			q	
BIS SPRUNG				0.009	-0.420		-0.104	-1.665		
AB SPRUNG				0.721	0.420		1.239	1.665		
SUMME	0.998	1.506	1.176	0.730	0.000	1.912	1.135	0.000	-0.593	-0.409
FAKTOR	a					a			1/a	

L / a

5

2.0   5.0

2
(.)   EIi/GIt

	M		Q			T			q	
SCHNITT	0.2	0.5	0	0.2	0.5	0	0.2	0.5	0.2	0.5

INFOLGE EINZELLAST P=1

IN

	M		Q			T			q	
0.0*L	0.000	0.000	1.000	0.000	0.000	0.000	0.000	0.000	0.000	0.000
0.1*L	0.246	0.060	0.715	-0.203	-0.063	0.093	0.051	-0.019	0.121	0.058
0.2*L	0.521	0.134	0.481	-0.404	-0.136	0.159	0.102	-0.032	0.202	0.120
				0.596						
0.3*L	0.345	0.238	0.309	0.415	-0.231	0.195	0.143	-0.034	0.203	0.189
0.4*L	0.219	0.389	0.191	0.274	-0.353	0.204	0.163	-0.023	0.165	0.255
0.5*L	0.134	0.604	0.114	0.173	-0.500	0.193	0.164	-0.000	0.120	0.290
					0.500					
0.6*L	0.079	0.389	0.066	0.105	0.353	0.167	0.147	0.023	0.082	0.255
0.7*L	0.045	0.238	0.037	0.061	0.231	0.132	0.119	0.034	0.052	0.189
0.8*L	0.024	0.134	0.019	0.033	0.136	0.091	0.083	0.032	0.030	0.120
0.9*L	0.010	0.060	0.008	0.014	0.063	0.046	0.043	0.019	0.014	0.058
FAKTOR	a					a			1/a	

INFOLGE STRECKENLAST P=1

IM FELD

	M		Q			T			q	
BIS SPRUNG				-0.203	-1.763		0.051	-0.056		
AB SPRUNG				0.679	1.763		0.461	0.056		
SUMME	0.800	1.106	1.208	0.476	0.000	0.646	0.512	0.000	0.500	0.771
FAKTOR	a*a		a			a*a				

INFOLGE EINZELMOMENT Mt=1

IN

	M		Q			T			q	
0.0*L	0.000	0.000	0.000	0.000	0.000	1.000	0.000	0.000	0.000	0.000
0.1*L	0.303	0.144	0.549	-0.003	-0.111	0.626	-0.099	-0.044	-0.377	0.051
0.2*L	0.505	0.301	0.634	0.204	-0.214	0.483	-0.302	-0.093	-1.074	0.067
							0.698			
0.3*L	0.508	0.472	0.543	0.417	-0.284	0.428	0.492	-0.158	-0.363	-0.007
0.4*L	0.413	0.638	0.409	0.410	-0.260	0.396	0.395	-0.270	-0.049	-0.282
0.5*L	0.301	0.724	0.284	0.329	-0.000	0.358	0.335	-0.500	0.067	-0.968
								0.500		
0.6*L	0.204	0.638	0.187	0.237	0.260	0.307	0.281	0.270	0.093	-0.282
0.7*L	0.129	0.472	0.116	0.157	0.284	0.242	0.222	0.158	0.080	-0.007
0.8*L	0.075	0.301	0.066	0.093	0.214	0.167	0.153	0.093	0.055	0.067
0.9*L	0.034	0.144	0.029	0.043	0.111	0.085	0.078	0.044	0.028	0.051
FAKTOR			1/a						1/(a*a)	

INFOLGE STRECKENMOMENT mt=1

IM FELD

	M		Q			T			q	
BIS SPRUNG				0.032	-0.458		-0.116	-1.646		
AB SPRUNG				0.913	0.458		1.144	1.646		
SUMME	1.250	1.928	1.448	0.944	0.000	1.776	1.028	0.000	-0.700	-0.569
FAKTOR	a					a			1/a	

NR. 61

Schnitte 0 0,2 0,5
L
M Q T   q I_{Pl} $\cap \cdot a$ a I, I_t

NR. 62

L / a

$$\frac{5}{2.0 \quad 10.0}$$

$(.)^{2}$ EIi/GIt

NR. 62

SCHNITT	M 0.2	M 0.5	Q 0	Q 0.2	Q 0.5	T 0	T 0.2	T 0.5	q 0.2	q 0.5
INFOLGE EINZELLAST F=1										
IN										
0.0*L	0.000	0.000	1.000	0.000	0.000	0.000	0.000	0.000	0.000	0.000
0.1*L	0.294	0.110	0.776	-0.175	-0.079	0.062	0.038	-0.011	0.075	0.046
0.2*L	0.607	0.231	0.582	-0.347	-0.164	0.109	0.073	-0.018	0.126	0.093
				0.653						
0.3*L	0.450	0.376	0.426	0.496	-0.261	0.137	0.102	-0.019	0.134	0.141
0.4*L	0.326	0.556	0.306	0.365	-0.374	0.147	0.117	-0.013	0.117	0.183
0.5*L	0.231	0.781	0.216	0.262	-0.500	0.142	0.119	-0.000	0.093	0.203
					0.500					
0.6*L	0.160	0.556	0.149	0.183	0.374	0.126	0.109	0.013	0.070	0.183
0.7*L	0.106	0.376	0.098	0.122	0.261	0.101	0.089	0.019	0.049	0.141
0.8*L	0.064	0.231	0.059	0.074	0.164	0.070	0.063	0.018	0.030	0.093
0.9*L	0.030	0.110	0.028	0.035	0.079	0.036	0.032	0.011	0.015	0.046
FAKTOR	a					a			1/a	
INFOLGE STRECKENLAST P=1										
IM FELD										
BIS SPRUNG				-0.175	-1.812		0.037	-0.032		
AB SPRUNG				0.926	1.812		0.337	0.032		
SUMME	1.127	1.651	1.562	0.752	0.000	0.469	0.374	0.000	0.358	0.568
FAKTOR	a×a		a			a×a				
INFOLGE EINZELMOMENT Mt=1										
IN										
0.0*L	0.000	0.000	0.000	0.000	0.000	1.000	0.000	0.000	0.000	0.000
0.1*L	0.373	0.231	0.631	0.046	-0.130	0.585	-0.123	-0.035	-0.431	0.023
0.2*L	0.632	0.467	0.779	0.298	-0.246	0.410	-0.349	-0.077	-1.163	0.010
							0.651			
0.3*L	0.671	0.704	0.723	0.546	-0.318	0.338	0.427	-0.141	-0.458	-0.095
0.4*L	0.587	0.913	0.597	0.558	-0.281	0.302	0.321	-0.259	-0.129	-0.397
0.5*L	0.467	1.015	0.460	0.477	-0.000	0.270	0.261	-0.500	0.010	-1.093
								0.500		
0.6*L	0.348	0.913	0.336	0.370	0.281	0.232	0.215	0.259	0.057	-0.397
0.7*L	0.243	0.704	0.231	0.264	0.318	0.184	0.168	0.141	0.061	-0.095
0.8*L	0.152	0.467	0.144	0.168	0.246	0.128	0.116	0.077	0.047	0.010
0.9*L	0.073	0.231	0.069	0.081	0.130	0.066	0.059	0.035	0.025	0.023
FAKTOR			1/a						1/(a×a)	
INFOLGE STRECKENMOMENT mt=1										
IM FELD										
BIS SPRUNG				0.080	-0.513		-0.140	-1.619		
AB SPRUNG				1.329	0.513		0.936	1.619		
SUMME	1.792	2.842	2.030	1.408	0.000	1.485	0.796	0.000	-0.923	-0.920
FAKTOR	a					a			1/a	

L / a

$$\frac{6}{0.5 \quad 1.0}$$

$(.)^{2}$ EIi/GIt

SCHNITT	M 0.2	M 0.5	Q 0	Q 0.2	Q 0.5	T 0	T 0.2	T 0.5	q 0.2	q 0.5
INFOLGE EINZELLAST F=1										
IN										
0.0*L	0.000	0.000	1.000	0.000	0.000	0.000	0.000	0.000	0.000	0.000
0.1*L	0.164	-0.018	0.565	-0.246	-0.011	0.168	0.073	-0.044	0.217	0.046
0.2*L	0.405	-0.019	0.252	-0.505	-0.047	0.274	0.152	-0.076	0.348	0.112
				0.495						
0.3*L	0.164	0.022	0.072	0.265	-0.132	0.314	0.217	-0.084	0.313	0.209
0.4*L	0.035	0.138	-0.009	0.110	-0.285	0.305	0.245	-0.057	0.209	0.325
0.5*L	-0.019	0.370	-0.034	0.025	-0.500	0.267	0.238	-0.000	0.112	0.392
					0.500					
0.6*L	-0.031	0.138	-0.032	-0.011	0.285	0.216	0.206	0.057	0.046	0.325
0.7*L	-0.027	0.022	-0.023	-0.020	0.132	0.161	0.160	0.084	0.011	0.209
0.8*L	-0.017	-0.019	-0.013	-0.016	0.047	0.106	0.108	0.076	-0.002	0.112
0.9*L	-0.008	-0.018	-0.005	-0.009	0.011	0.053	0.054	0.044	-0.004	0.046
FAKTOR	a					a			1/a	
INFOLGE STRECKENLAST P=1										
IM FELD										
BIS SPRUNG				-0.298	-1.924		0.089	-0.163		
AB SPRUNG				0.342	1.924		0.789	0.163		
SUMME	0.377	0.337	0.739	0.043	0.000	1.130	0.878	0.000	0.761	1.068
FAKTOR	a×a		a			a×a				
INFOLGE EINZELMOMENT Mt=1										
IN										
0.0*L	0.000	0.000	0.000	0.000	0.000	1.000	0.000	0.000	0.000	0.000
0.1*L	0.108	0.023	0.184	-0.024	-0.034	0.808	-0.088	-0.083	-0.110	0.029
0.2*L	0.174	0.056	0.191	0.039	-0.069	0.705	-0.219	-0.166	-0.317	0.047
							0.781			
0.3*L	0.157	0.105	0.136	0.109	-0.097	0.632	0.645	-0.251	-0.086	0.031
0.4*L	0.104	0.162	0.078	0.100	-0.093	0.561	0.550	-0.353	0.017	-0.057
0.5*L	0.056	0.196	0.035	0.068	-0.000	0.483	0.466	-0.500	0.047	-0.272
								0.500		
0.6*L	0.023	0.162	0.010	0.037	0.093	0.395	0.382	0.353	0.043	-0.057
0.7*L	0.006	0.105	-0.001	0.016	0.097	0.300	0.292	0.251	0.029	0.031
0.8*L	-0.001	0.056	-0.004	0.005	0.069	0.202	0.197	0.166	0.017	0.047
0.9*L	-0.002	0.023	-0.003	0.001	0.034	0.101	0.100	0.083	0.007	0.029
FAKTOR			1/a						1/(a×a)	
INFOLGE STRECKENMOMENT mt=1										
IM FELD										
BIS SPRUNG				-0.011	-0.185		-0.114	-2.157		
AB SPRUNG				0.221	0.185		1.810	2.157		
SUMME	0.381	0.534	0.392	0.209	0.000	2.804	1.695	0.000	-0.187	-0.070
FAKTOR	a					a			1/a	

NR. 63

L / a

$$\frac{6}{0.5 \qquad 1.5}$$

$(.)^{2} \qquad EIi/GIt$

SCHNITT	M 0.2	0.5	Q 0	0.2	0.5	T 0	0.2	0.5	q 0.2	0.5

INFOLGE EINZELLAST P=1

IN

	M 0.2	0.5	Q 0	0.2	0.5	T 0	0.2	0.5	q 0.2	0.5
0.0*L	0.000	0.000	1.000	0.000	0.000	0.000	0.000	0.000	0.000	0.000
0.1*L	0.198	-0.008	0.609	-0.243	-0.027	0.146	0.071	-0.037	0.178	0.054
0.2*L	0.458	0.003	0.311	-0.488	-0.075	0.244	0.144	-0.062	0.289	0.122
				0.512						
0.3*L	0.218	0.059	0.124	0.295	-0.165	0.288	0.203	-0.068	0.274	0.208
0.4*L	0.075	0.190	0.024	0.141	-0.309	0.288	0.230	-0.046	0.199	0.301
0.5*L	0.003	0.429	-0.019	0.049	-0.500	0.260	0.226	-0.000	0.122	0.352
					0.500					
0.6*L	-0.024	0.190	-0.030	0.003	0.309	0.215	0.199	0.046	0.063	0.301
0.7*L	-0.027	0.059	-0.027	-0.014	0.165	0.163	0.157	0.068	0.027	0.208
0.8*L	-0.021	0.003	-0.018	-0.015	0.075	0.109	0.108	0.062	0.008	0.122
0.9*L	-0.011	-0.008	-0.009	-0.009	0.027	0.054	0.054	0.037	0.001	0.054
FAKTOR	a						a		1/a	

INFOLGE STRECKENLAST P=1

IM FELD

	M 0.2	0.5	Q 0	0.2	0.5	T 0	0.2	0.5	q 0.2	0.5
BIS SPRUNG				-0.292	-1.986		0.086	-0.132		
AB SPRUNG				0.410	1.986		0.755	0.132		
SUMME	0.500	0.519	0.858	0.118	0.000	1.071	0.841	0.000	0.706	1.039
FAKTOR	a*a			a						

INFOLGE EINZELMOMENT Mt=1

IN

	M 0.2	0.5	Q 0	0.2	0.5	T 0	0.2	0.5	q 0.2	0.5
0.0*L	0.000	0.000	0.000	0.000	0.000	1.000	0.000	0.000	0.000	0.000
0.1*L	0.133	0.041	0.211	-0.014	-0.045	0.795	-0.093	-0.078	-0.131	0.029
0.2*L	0.217	0.091	0.234	0.059	-0.087	0.683	-0.230	-0.156	-0.350	0.043
						0.770				
0.3*L	0.206	0.156	0.184	0.138	-0.117	0.608	0.631	-0.242	-0.115	0.019
0.4*L	0.150	0.226	0.119	0.132	-0.106	0.541	0.534	-0.347	0.000	-0.077
0.5*L	0.091	0.264	0.065	0.096	-0.000	0.468	0.452	-0.500	0.043	-0.297
								0.500		
0.6*L	0.047	0.226	0.029	0.060	0.106	0.385	0.370	0.347	0.048	-0.077
0.7*L	0.020	0.156	0.009	0.032	0.117	0.295	0.284	0.242	0.038	0.019
0.8*L	0.006	0.091	0.001	0.015	0.087	0.200	0.193	0.156	0.024	0.043
0.9*L	0.001	0.041	-0.001	0.005	0.045	0.101	0.097	0.078	0.011	0.029
FAKTOR				1/a					1/(a*a)	

INFOLGE STRECKENMOMENT mt=1

IM FELD

	M 0.2	0.5	Q 0	0.2	0.5	T 0	0.2	0.5	q 0.2	0.5
BIS SPRUNG				0.001	-0.224		-0.120	-2.138		
AB SPRUNG				0.312	0.224		1.764	2.138		
SUMME	0.530	0.779	0.528	0.312	0.000	2.736	1.644	0.000	-0.235	-0.130
FAKTOR	a						a		1/a	

L / a

$$\frac{6}{0.5 \qquad 2.5}$$

$(.)^{2} \qquad EIi/GIt$

SCHNITT	M 0.2	0.5	Q 0	0.2	0.5	T 0	0.2	0.5	q 0.2	0.5

INFOLGE EINZELLAST P=1

IN

	M 0.2	0.5	Q 0	0.2	0.5	T 0	0.2	0.5	q 0.2	0.5
0.0*L	0.000	0.000	1.000	0.000	0.000	0.000	0.000	0.000	0.000	0.000
0.1*L	0.241	0.013	0.660	-0.232	-0.046	0.120	0.066	-0.027	0.135	0.059
0.2*L	0.529	0.048	0.387	-0.460	-0.109	0.206	0.130	-0.046	0.223	0.125
				0.540						
0.3*L	0.294	0.127	0.197	0.338	-0.202	0.251	0.181	-0.049	0.225	0.198
0.4*L	0.139	0.278	0.080	0.187	-0.335	0.260	0.206	-0.032	0.179	0.268
0.5*L	0.048	0.525	0.016	0.088	-0.500	0.242	0.206	-0.000	0.125	0.304
					0.500					
0.6*L	0.002	0.278	-0.012	0.031	0.335	0.206	0.184	0.032	0.078	0.268
0.7*L	-0.015	0.127	-0.020	0.003	0.202	0.160	0.148	0.049	0.044	0.198
0.8*L	-0.017	0.048	-0.018	-0.006	0.109	0.109	0.103	0.046	0.022	0.125
0.9*L	-0.010	0.013	-0.010	-0.005	0.046	0.055	0.053	0.027	0.009	0.059
FAKTOR	a						a		1/a	

INFOLGE STRECKENLAST P=1

IM FELD

	M 0.2	0.5	Q 0	0.2	0.5	T 0	0.2	0.5	q 0.2	0.5
BIS SPRUNG				-0.278	-2.059		0.079	-0.096		
AB SPRUNG				0.532	2.059		0.694	0.096		
SUMME	0.707	0.846	1.050	0.255	0.000	0.975	0.773	0.000	0.630	0.968
FAKTOR	a*a			a			a*a			

INFOLGE EINZELMOMENT Mt=1

IN

	M 0.2	0.5	Q 0	0.2	0.5	T 0	0.2	0.5	q 0.2	0.5
0.0*L	0.000	0.000	0.000	0.000	0.000	1.000	0.000	0.000	0.000	0.000
0.1*L	0.169	0.074	0.247	0.004	-0.058	0.776	-0.102	-0.071	-0.156	0.024
0.2*L	0.279	0.156	0.296	0.093	-0.109	0.652	-0.247	-0.145	-0.389	0.030
						0.753				
0.3*L	0.281	0.247	0.255	0.184	-0.140	0.573	0.608	-0.230	-0.153	-0.004
0.4*L	0.224	0.335	0.186	0.183	-0.121	0.507	0.508	-0.340	-0.027	-0.111
0.5*L	0.156	0.380	0.121	0.146	-0.000	0.440	0.427	-0.500	0.030	-0.335
								0.500		
0.6*L	0.097	0.335	0.070	0.101	0.121	0.365	0.349	0.340	0.047	-0.111
0.7*L	0.055	0.247	0.036	0.063	0.140	0.282	0.268	0.230	0.043	-0.004
0.8*L	0.027	0.156	0.017	0.035	0.109	0.192	0.182	0.145	0.030	0.030
0.9*L	0.011	0.074	0.006	0.015	0.058	0.097	0.092	0.071	0.015	0.024
FAKTOR				1/a					1/(a*a)	

INFOLGE STRECKENMOMENT mt=1

IM FELD

	M 0.2	0.5	Q 0	0.2	0.5	T 0	0.2	0.5	q 0.2	0.5
BIS SPRUNG				0.022	-0.269		-0.131	-2.115		
AB SPRUNG				0.473	0.269		1.683	2.115		
SUMME	0.788	1.210	0.760	0.495	0.000	2.620	1.553	0.000	-0.312	-0.241
FAKTOR	a						a		1/a	

L/a

$$\frac{6}{0.5 \quad 3.5}$$

$(.)^2 \quad EIi/GIt$

| | M | | Q | | | T | | | q | |
SCHNITT	0.2	0.5	0	0.2	0.5	0	0.2	0.5	0.2	0.5

INFOLGE EINZELLAST P=1

IN

SCHNITT	M 0.2	M 0.5	Q 0	Q 0.2	Q 0.5	T 0	T 0.2	T 0.5	q 0.2	q 0.5
0.0*L	0.000	0.000	1.000	0.000	0.000	0.000	0.000	0.000	0.000	0.000
0.1*L	0.269	0.033	0.692	-0.221	-0.057	0.104	0.061	-0.021	0.111	0.059
0.2*L	0.576	0.088	0.436	-0.438	-0.128	0.182	0.119	-0.036	0.186	0.121
				0.562						
0.3*L	0.349	0.186	0.249	0.371	-0.224	0.225	0.165	-0.038	0.193	0.186
0.4*L	0.189	0.351	0.125	0.223	-0.349	0.238	0.188	-0.025	0.162	0.244
0.5*L	0.088	0.603	0.050	0.121	-0.500	0.225	0.189	-0.000	0.121	0.273
					0.500					
0.6*L	0.031	0.351	0.010	0.057	0.349	0.195	0.171	0.025	0.082	0.244
0.7*L	0.003	0.186	-0.007	0.022	0.224	0.154	0.139	0.038	0.051	0.186
0.8*L	-0.007	0.088	-0.011	0.005	0.128	0.105	0.097	0.036	0.028	0.121
0.9*L	-0.006	0.033	-0.007	-0.000	0.057	0.053	0.050	0.021	0.013	0.059
FAKTOR	a		a						1/a	

INFOLGE STRECKENLAST P=1

IM FELD

SCHNITT	M 0.2	M 0.5	Q 0	Q 0.2	Q 0.5	T 0	T 0.2	T 0.5	q 0.2	q 0.5
BIS SPRUNG				-0.265	-2.100		0.072	-0.075		
AB SPRUNG				0.637	2.100		0.641	0.075		
SUMME	0.878	1.126	1.206	0.373	0.000	0.897	0.714	0.000	0.574	0.900
FAKTOR	a*a		a			a*a				

INFOLGE EINZELMOMENT Mt=1

IN

SCHNITT	M 0.2	M 0.5	Q 0	Q 0.2	Q 0.5	T 0	T 0.2	T 0.5	q 0.2	q 0.5
0.0*L	0.000	0.000	0.000	0.000	0.000	1.000	0.000	0.000	0.000	0.000
0.1*L	0.194	0.103	0.272	0.018	-0.066	0.764	-0.109	-0.067	-0.171	0.018
0.2*L	0.325	0.211	0.340	0.120	-0.122	0.630	-0.260	-0.139	-0.414	0.017
							0.740			
0.3*L	0.338	0.325	0.309	0.221	-0.153	0.546	0.590	-0.224	-0.179	-0.024
0.4*L	0.284	0.427	0.240	0.225	-0.129	0.480	0.488	-0.336	-0.047	-0.137
0.5*L	0.211	0.477	0.169	0.187	-0.000	0.415	0.407	-0.500	0.017	-0.364
								0.500		
0.6*L	0.143	0.427	0.109	0.138	0.129	0.345	0.331	0.336	0.041	-0.137
0.7*L	0.089	0.325	0.065	0.092	0.153	0.267	0.254	0.224	0.042	-0.024
0.8*L	0.050	0.211	0.035	0.055	0.122	0.183	0.173	0.139	0.032	0.017
0.9*L	0.022	0.103	0.015	0.025	0.066	0.093	0.087	0.067	0.017	0.018
FAKTOR			1/a						1/(a*a)	

INFOLGE STRECKENMOMENT mt=1

IM FELD

SCHNITT	M 0.2	M 0.5	Q 0	Q 0.2	Q 0.5	T 0	T 0.2	T 0.5	q 0.2	q 0.5
BIS SPRUNG				0.038	-0.295		-0.139	-2.103		
AB SPRUNG				0.611	0.295		1.615	2.103		
SUMME	1.005	1.575	0.955	0.649	0.000	2.523	1.475	0.000	-0.375	-0.338
FAKTOR	a					a			1/a	

L/a

$$\frac{6}{0.5 \quad 5.0}$$

$(.)^2 \quad EIi/GIt$

INFOLGE EINZELLAST P=1

IN

SCHNITT	M 0.2	M 0.5	Q 0	Q 0.2	Q 0.5	T 0	T 0.2	T 0.5	q 0.2	q 0.5
0.0*L	0.000	0.000	1.000	0.000	0.000	0.000	0.000	0.000	0.000	0.000
0.1*L	0.298	0.060	0.723	-0.208	-0.068	0.088	0.054	-0.016	0.089	0.055
0.2*L	0.627	0.140	0.488	-0.411	-0.146	0.156	0.105	-0.027	0.151	0.112
				0.589						
0.3*L	0.410	0.260	0.307	0.409	-0.242	0.197	0.146	-0.029	0.162	0.168
0.4*L	0.249	0.440	0.178	0.265	-0.362	0.211	0.167	-0.019	0.143	0.216
0.5*L	0.140	0.698	0.094	0.161	-0.500	0.203	0.169	-0.000	0.112	0.239
					0.500					
0.6*L	0.071	0.440	0.043	0.091	0.362	0.178	0.155	0.019	0.081	0.216
0.7*L	0.031	0.260	0.015	0.047	0.242	0.142	0.127	0.029	0.054	0.168
0.8*L	0.011	0.140	0.003	0.022	0.146	0.099	0.089	0.027	0.033	0.112
0.9*L	0.003	0.060	-0.001	0.008	0.068	0.050	0.046	0.016	0.015	0.055
FAKTOR	a		a						1/a	

INFOLGE STRECKENLAST P=1

IM FELD

SCHNITT	M 0.2	M 0.5	Q 0	Q 0.2	Q 0.5	T 0	T 0.2	T 0.5	q 0.2	q 0.5
BIS SPRUNG				-0.249	-2.137		0.064	-0.057		
AB SPRUNG				0.769	2.137		0.576	0.057		
SUMME	1.088	1.474	1.396	0.520	0.000	0.802	0.640	0.000	0.509	0.812
FAKTOR	a*a		a			a*a				

INFOLGE EINZELMOMENT Mt=1

IN

SCHNITT	M 0.2	M 0.5	Q 0	Q 0.2	Q 0.5	T 0	T 0.2	T 0.5	q 0.2	q 0.5
0.0*L	0.000	0.000	0.000	0.000	0.000	1.000	0.000	0.000	0.000	0.000
0.1*L	0.223	0.139	0.300	0.035	-0.072	0.750	-0.118	-0.064	-0.186	0.009
0.2*L	0.377	0.280	0.390	0.153	-0.133	0.605	-0.276	-0.133	-0.439	0.000
							0.724			
0.3*L	0.406	0.421	0.371	0.265	-0.164	0.515	0.567	-0.218	-0.207	-0.050
0.4*L	0.357	0.541	0.306	0.275	-0.136	0.447	0.462	-0.332	-0.071	-0.170
0.5*L	0.280	0.597	0.230	0.238	-0.000	0.385	0.381	-0.500	0.000	-0.400
								0.500		
0.6*L	0.203	0.541	0.161	0.184	0.136	0.320	0.308	0.332	0.031	-0.170
0.7*L	0.136	0.421	0.105	0.129	0.164	0.248	0.235	0.218	0.037	-0.050
0.8*L	0.081	0.280	0.061	0.080	0.133	0.169	0.160	0.133	0.030	0.000
0.9*L	0.038	0.139	0.028	0.038	0.072	0.086	0.081	0.064	0.016	0.009
FAKTOR			1/a						1/(a*a)	

INFOLGE STRECKENMOMENT mt=1

IM FELD

SCHNITT	M 0.2	M 0.5	Q 0	Q 0.2	Q 0.5	T 0	T 0.2	T 0.5	q 0.2	q 0.5
BIS SPRUNG				0.059	-0.318		-0.149	-2.091		
AB SPRUNG				0.783	0.318		1.529	2.091		
SUMME	1.274	2.029	1.195	0.841	0.000	2.403	1.379	0.000	-0.451	-0.460
FAKTOR	a					a			1/a	

Schnitte 0 0,2 0,5 L

M Q T   q I_{Pl} $\beta \cdot a$ a I, I_t

NR. 68

L / a

6

1.0   1.0

2

(.)   EIi/GIt

INFOLGE EINZELLAST P=1

SCHNITT	M 0.2	M 0.5	Q 0	Q 0.2	Q 0.5	T 0	T 0.2	T 0.5	q 0.2	q 0.5
IN										
0.0*L	0.000	0.000	1.000	0.000	0.000	0.000	0.000	0.000	0.000	0.000
0.1*L	0.131	-0.014	0.509	-0.237	-0.000	0.195	0.068	-0.050	0.267	0.027
0.2*L	0.355	-0.017	0.191	-0.509	-0.023	0.305	0.154	-0.089	0.428	0.084
				0.491						
0.3*L	0.125	0.012	0.036	0.242	-0.097	0.332	0.229	-0.101	0.348	0.193
0.4*L	0.018	0.112	-0.018	0.086	-0.255	0.309	0.257	-0.072	0.197	0.346
0.5*L	-0.017	0.335	-0.025	0.013	-0.500	0.263	0.243	-0.000	0.084	0.448
					0.500					
0.6*L	-0.020	0.112	-0.018	-0.011	0.255	0.209	0.205	0.072	0.023	0.346
0.7*L	-0.013	0.012	-0.009	-0.013	0.097	0.155	0.157	0.101	-0.002	0.193
0.8*L	-0.007	-0.017	-0.004	-0.009	0.023	0.102	0.104	0.089	-0.007	0.084
0.9*L	-0.003	-0.014	-0.001	-0.004	0.000	0.051	0.052	0.050	-0.005	0.027
FAKTOR	a					a			1/a	

INFOLGE STRECKENLAST P=1

SCHNITT	M 0.2	M 0.5	Q 0	Q 0.2	Q 0.5	T 0	T 0.2	T 0.5	q 0.2	q 0.5
IM FELD										
BIS SPRUNG				-0.292	-1.861		0.086	-0.194		
AB SPRUNG				0.316	1.861		0.802	0.194		
SUMME	0.318	0.281	0.669	0.024	0.000	1.165	0.888	0.000	0.813	1.051
FAKTOR	a*a		a			a*a				

INFOLGE EINZELMOMENT Mt=1

SCHNITT	M 0.2	M 0.5	Q 0	Q 0.2	Q 0.5	T 0	T 0.2	T 0.5	q 0.2	q 0.5
IN										
0.0*L	0.000	0.000	0.000	0.000	0.000	1.000	0.000	0.000	0.000	0.000
0.1*L	0.134	0.014	0.262	-0.062	-0.031	0.769	-0.069	-0.085	-0.129	0.041
0.2*L	0.214	0.042	0.233	0.031	-0.071	0.684	-0.215	-0.164	-0.496	0.076
							0.785			
0.3*L	0.174	0.096	0.138	0.140	-0.118	0.631	0.630	-0.241	-0.076	0.072
0.4*L	0.099	0.173	0.062	0.117	-0.132	0.569	0.542	-0.334	0.063	-0.051
0.5*L	0.042	0.224	0.019	0.067	-0.000	0.491	0.467	-0.500	0.076	-0.445
								0.500		
0.6*L	0.011	0.173	0.000	0.029	0.132	0.400	0.386	0.334	0.051	-0.051
0.7*L	-0.001	0.096	-0.005	0.008	0.118	0.302	0.296	0.241	0.026	0.072
0.8*L	-0.003	0.042	-0.004	0.000	0.071	0.202	0.200	0.164	0.010	0.076
0.9*L	-0.002	0.014	-0.002	-0.001	0.031	0.101	0.101	0.085	0.003	0.041
FAKTOR			1/a						1/(a*a)	

INFOLGE STRECKENMOMENT mt=1

SCHNITT	M 0.2	M 0.5	Q 0	Q 0.2	Q 0.5	T 0	T 0.2	T 0.5	q 0.2	q 0.5
IM FELD										
BIS SPRUNG				-0.044	-0.226		-0.098	-2.137		
AB SPRUNG				0.237	0.226		1.802	2.137		
SUMME	0.407	0.525	0.448	0.193	0.000	2.776	1.704	0.000	-0.229	-0.037
FAKTOR	a					a			1/a	

L / a

6

1.0   1.5

2

(.)   EIi/GIt

INFOLGE EINZELLAST P=1

SCHNITT	M 0.2	M 0.5	Q 0	Q 0.2	Q 0.5	T 0	T 0.2	T 0.5	q 0.2	q 0.5
IN										
0.0*L	0.000	0.000	1.000	0.000	0.000	0.000	0.000	0.000	0.000	0.000
0.1*L	0.165	-0.008	0.560	-0.239	-0.013	0.170	0.069	-0.044	0.223	0.040
0.2*L	0.408	-0.002	0.252	-0.497	-0.048	0.274	0.148	-0.076	0.359	0.101
				0.503						
0.3*L	0.174	0.043	0.082	0.271	-0.130	0.309	0.214	-0.085	0.311	0.199
0.4*L	0.051	0.159	0.007	0.117	-0.281	0.297	0.242	-0.059	0.197	0.322
0.5*L	-0.002	0.390	-0.018	0.034	-0.500	0.259	0.233	-0.000	0.101	0.398
					0.500					
0.6*L	-0.016	0.159	-0.019	-0.000	0.281	0.209	0.200	0.059	0.041	0.322
0.7*L	-0.015	0.043	-0.013	-0.010	0.130	0.157	0.155	0.085	0.011	0.199
0.8*L	-0.010	-0.002	-0.008	-0.009	0.048	0.104	0.105	0.076	-0.001	0.101
0.9*L	-0.005	-0.008	-0.003	-0.005	0.013	0.052	0.053	0.044	-0.002	0.040
FAKTOR	a					a			1/a	

INFOLGE STRECKENLAST P=1

SCHNITT	M 0.2	M 0.5	Q 0	Q 0.2	Q 0.5	T 0	T 0.2	T 0.5	q 0.2	q 0.5
IM FELD										
BIS SPRUNG				-0.291	-1.922		0.085	-0.164		
AB SPRUNG				0.376	1.922		0.772	0.164		
SUMME	0.428	0.433	0.780	0.085	0.000	1.110	0.857	0.000	0.755	1.035
FAKTOR	a*a		a			a*a				

INFOLGE EINZELMOMENT Mt=1

SCHNITT	M 0.2	M 0.5	Q 0	Q 0.2	Q 0.5	T 0	T 0.2	T 0.5	q 0.2	q 0.5
IN										
0.0*L	0.000	0.000	0.000	0.000	0.000	1.000	0.000	0.000	0.000	0.000
0.1*L	0.167	0.030	0.302	-0.053	-0.046	0.749	-0.073	-0.077	-0.164	0.046
0.2*L	0.269	0.076	0.293	0.052	-0.098	0.654	-0.226	-0.151	-0.548	0.079
							0.774			
0.3*L	0.233	0.149	0.196	0.173	-0.148	0.602	0.613	-0.226	-0.116	0.064
0.4*L	0.148	0.241	0.105	0.153	-0.152	0.548	0.524	-0.324	0.047	-0.077
0.5*L	0.076	0.298	0.045	0.098	-0.000	0.478	0.451	-0.500	0.079	-0.482
								0.500		
0.6*L	0.031	0.241	0.013	0.051	0.152	0.393	0.375	0.324	0.063	-0.077
0.7*L	0.008	0.149	-0.000	0.021	0.148	0.300	0.289	0.226	0.039	0.064
0.8*L	-0.000	0.076	-0.004	0.007	0.098	0.202	0.197	0.151	0.020	0.079
0.9*L	-0.002	0.030	-0.003	0.001	0.046	0.101	0.099	0.077	0.008	0.046
FAKTOR			1/a						1/(a*a)	

INFOLGE STRECKENMOMENT mt=1

SCHNITT	M 0.2	M 0.5	Q 0	Q 0.2	Q 0.5	T 0	T 0.2	T 0.5	q 0.2	q 0.5
IM FELD										
BIS SPRUNG				-0.033	-0.283		-0.104	-2.108		
AB SPRUNG				0.330	0.283		1.755	2.108		
SUMME	0.566	0.776	0.597	0.298	0.000	2.702	1.651	0.000	-0.289	-0.090
FAKTOR	a					a			1/a	

NR. 69

Schnitte 0 0,2 0,5   L

M Q T   q I_{Pl} $\beta \cdot a$ a I, I_t

NR. 70

L / a

$$\frac{6}{1.0 \quad 2.5}$$

$(.)^2$ EIi/GIt

	M		Q			T			q	
SCHNITT	0.2	0.5	0	0.2	0.5	0	0.2	0.5	0.2	0.5

INFOLGE EINZELLAST P=1

IN	M 0.2	M 0.5	Q 0	Q 0.2	Q 0.5	T 0	T 0.2	T 0.5	q 0.2	q 0.5
0.0*L	0.000	0.000	1.000	0.000	0.000	0.000	0.000	0.000	0.000	0.000
0.1*L	0.210	0.008	0.619	-0.233	-0.032	0.140	0.067	-0.034	0.172	0.050
0.2*L	0.481	0.033	0.333	-0.473	-0.082	0.234	0.137	-0.059	0.280	0.113
			0.527							
0.3*L	0.248	0.101	0.153	0.313	-0.171	0.274	0.193	-0.064	0.260	0.196
0.4*L	0.107	0.239	0.054	0.162	-0.312	0.273	0.219	-0.044	0.186	0.288
0.5*L	0.033	0.479	0.008	0.070	-0.500	0.246	0.215	-0.000	0.113	0.341
					0.500					
0.6*L	0.001	0.239	-0.009	0.022	0.312	0.205	0.189	0.044	0.060	0.288
0.7*L	-0.009	0.101	-0.012	0.002	0.171	0.156	0.149	0.064	0.028	0.196
0.8*L	-0.010	0.033	-0.009	-0.005	0.082	0.105	0.102	0.059	0.011	0.113
0.9*L	-0.005	0.008	-0.005	-0.004	0.032	0.052	0.052	0.034	0.003	0.050
FAKTOR	a						a		1/a	

INFOLGE STRECKENLAST P=1

IM FELD	M 0.2	M 0.5	Q 0	Q 0.2	Q 0.5	T 0	T 0.2	T 0.5	q 0.2	q 0.5
BIS SPRUNG				-0.282	-1.999		0.081	-0.125		
AB SPRUNG				0.483	1.999		0.719	0.125		
SUMME	0.614	0.714	0.959	0.201	0.000	1.021	0.799	0.000	0.676	0.984
FAKTOR	a*a		a			a*a				

INFOLGE EINZELMOMENT Mt=1

IN	M 0.2	M 0.5	Q 0	Q 0.2	Q 0.5	T 0	T 0.2	T 0.5	q 0.2	q 0.5
0.0*L	0.000	0.000	0.000	0.000	0.000	1.000	0.000	0.000	0.000	0.000
0.1*L	0.215	0.062	0.355	-0.035	-0.067	0.722	-0.082	-0.067	-0.206	0.047
0.2*L	0.350	0.141	0.377	0.090	-0.133	0.612	-0.245	-0.133	-0.612	0.074
						0.755				
0.3*L	0.326	0.245	0.285	0.227	-0.186	0.558	0.586	-0.207	-0.171	0.044
0.4*L	0.232	0.360	0.180	0.212	-0.177	0.510	0.494	-0.311	0.017	-0.118
0.5*L	0.141	0.426	0.099	0.152	-0.000	0.451	0.424	-0.500	0.074	-0.532
								0.500		
0.6*L	0.075	0.360	0.047	0.093	0.177	0.377	0.354	0.311	0.073	-0.118
0.7*L	0.034	0.245	0.018	0.050	0.186	0.291	0.275	0.207	0.053	0.044
0.8*L	0.013	0.141	0.005	0.023	0.133	0.197	0.188	0.133	0.032	0.074
0.9*L	0.004	0.062	0.001	0.009	0.067	0.100	0.096	0.067	0.015	0.047
FAKTOR			1/a						1/(a*a)	

INFOLGE STRECKENMOMENT mt=1

IM FELD	M 0.2	M 0.5	Q 0	Q 0.2	Q 0.5	T 0	T 0.2	T 0.5	q 0.2	q 0.5
BIS SPRUNG				-0.011	-0.357		-0.115	-2.072		
AB SPRUNG				0.500	0.357		1.670	2.072		
SUMME	0.845	1.230	0.852	0.489	0.000	2.574	1.555	0.000	-0.382	-0.198
FAKTOR	a					a			1/a	

L / a

$$\frac{6}{1.0 \quad 3.5}$$

$(.)^2$ EIi/GIt

	M		Q			T			q	
SCHNITT	0.2	0.5	0	0.2	0.5	0	0.2	0.5	0.2	0.5

INFOLGE EINZELLAST P=1

IN	M 0.2	M 0.5	Q 0	Q 0.2	Q 0.5	T 0	T 0.2	T 0.5	q 0.2	q 0.5
0.0*L	0.000	0.000	1.000	0.000	0.000	0.000	0.000	0.000	0.000	0.000
0.1*L	0.241	0.024	0.656	-0.226	-0.044	0.122	0.063	-0.028	0.143	0.053
0.2*L	0.531	0.068	0.386	-0.453	-0.104	0.207	0.126	-0.048	0.234	0.114
			0.547							
0.3*L	0.302	0.153	0.204	0.345	-0.196	0.248	0.177	-0.052	0.227	0.188
0.4*L	0.154	0.305	0.095	0.197	-0.330	0.253	0.202	-0.035	0.172	0.264
0.5*L	0.068	0.552	0.035	0.100	-0.500	0.232	0.200	-0.000	0.114	0.305
					0.500					
0.6*L	0.023	0.305	0.007	0.044	0.330	0.197	0.178	0.035	0.068	0.264
0.7*L	0.003	0.153	-0.004	0.016	0.196	0.152	0.142	0.052	0.037	0.188
0.8*L	-0.004	0.068	-0.006	0.003	0.104	0.103	0.098	0.048	0.018	0.114
0.9*L	-0.003	0.024	-0.004	-0.000	0.044	0.052	0.050	0.028	0.007	0.053
FAKTOR	a						a		1/a	

INFOLGE STRECKENLAST P=1

IM FELD	M 0.2	M 0.5	Q 0	Q 0.2	Q 0.5	T 0	T 0.2	T 0.5	q 0.2	q 0.5
BIS SPRUNG				-0.271	-2.047		0.076	-0.101		
AB SPRUNG				0.576	2.047		0.672	0.101		
SUMME	0.770	0.963	1.103	0.305	0.000	0.948	0.747	0.000	0.620	0.930
FAKTOR	a*a		a			a*a				

INFOLGE EINZELMOMENT Mt=1

IN	M 0.2	M 0.5	Q 0	Q 0.2	Q 0.5	T 0	T 0.2	T 0.5	q 0.2	q 0.5
0.0*L	0.000	0.000	0.000	0.000	0.000	1.000	0.000	0.000	0.000	0.000
0.1*L	0.249	0.092	0.391	-0.020	-0.080	0.704	-0.090	-0.060	-0.232	0.044
0.2*L	0.410	0.200	0.437	0.121	-0.155	0.582	-0.261	-0.122	-0.652	0.064
						0.739				
0.3*L	0.397	0.328	0.352	0.270	-0.209	0.524	0.565	-0.196	-0.209	0.023
0.4*L	0.301	0.461	0.242	0.260	-0.192	0.479	0.470	-0.304	-0.007	-0.149
0.5*L	0.200	0.534	0.149	0.197	-0.000	0.425	0.401	-0.500	0.064	-0.570
								0.500		
0.6*L	0.119	0.461	0.083	0.131	0.192	0.358	0.335	0.304	0.074	-0.149
0.7*L	0.065	0.328	0.042	0.070	0.209	0.279	0.261	0.196	0.059	0.023
0.8*L	0.032	0.200	0.019	0.042	0.155	0.191	0.179	0.122	0.039	0.064
0.9*L	0.012	0.092	0.007	0.018	0.080	0.097	0.091	0.060	0.019	0.044
FAKTOR			1/a						1/(a*a)	

INFOLGE STRECKENMOMENT mt=1

IM FELD	M 0.2	M 0.5	Q 0	Q 0.2	Q 0.5	T 0	T 0.2	T 0.5	q 0.2	q 0.5
BIS SPRUNG				0.008	-0.402		-0.124	-2.049		
AB SPRUNG				0.648	0.402		1.596	2.049		
SUMME	1.084	1.627	1.068	0.657	0.000	2.466	1.472	0.000	-0.456	-0.298
FAKTOR	a					a			1/a	

NR. 71

Schnitte 0 0,2 0,5 — L

M Q T — q — I_{Pl} — β·a — a — I, I_t

NR. 72

L / a

$$\dfrac{6}{1.0 \quad 5.0}$$

$(.)^2$ EIi/GIt

INFOLGE EINZELLAST P=1

SCHNITT	M 0.2	M 0.5	Q 0	Q 0.2	Q 0.5	T 0	T 0.2	T 0.5	q 0.2	q 0.5
IN										
0.0*L	0.000	0.000	1.000	0.000	0.000	0.000	0.000	0.000	0.000	0.000
0.1*L	0.272	0.047	0.692	-0.215	-0.056	0.104	0.057	-0.022	0.115	0.053
0.2*L	0.585	0.113	0.442	-0.427	-0.125	0.179	0.114	-0.037	0.191	0.110
			0.573							
0.3*L	0.364	0.220	0.263	0.383	-0.219	0.219	0.159	-0.040	0.192	0.174
0.4*L	0.211	0.388	0.145	0.238	-0.346	0.227	0.181	-0.027	0.154	0.236
0.5*L	0.113	0.641	0.073	0.138	-0.500	0.213	0.181	-0.000	0.110	0.268
					0.500					
0.6*L	0.056	0.388	0.033	0.074	0.346	0.183	0.163	0.027	0.072	0.236
0.7*L	0.024	0.220	0.012	0.037	0.219	0.144	0.132	0.040	0.044	0.174
0.8*L	0.009	0.113	0.003	0.017	0.125	0.098	0.092	0.037	0.024	0.110
0.9*L	0.003	0.047	0.000	0.006	0.056	0.050	0.047	0.022	0.011	0.053
FAKTOR	a					a			1/a	

INFOLGE STRECKENLAST P=1

IM FELD	M 0.2	M 0.5	Q 0	Q 0.2	Q 0.5	T 0	T 0.2	T 0.5	q 0.2	q 0.5
BIS SPRUNG				-0.257	-2.093		0.069	-0.079		
AB SPRUNG				0.697	2.093		0.612	0.079		
SUMME	0.966	1.282	1.283	0.439	0.000	0.859	0.680	0.000	0.555	0.853
FAKTOR	a*a		a			a*a				

INFOLGE EINZELMOMENT Mt=1

SCHNITT	M 0.2	M 0.5	Q 0	Q 0.2	Q 0.5	T 0	T 0.2	T 0.5	q 0.2	q 0.5
IN										
0.0*L	0.000	0.000	0.000	0.000	0.000	1.000	0.000	0.000	0.000	0.000
0.1*L	0.288	0.131	0.430	0.000	-0.092	0.685	-0.100	-0.054	-0.258	0.037
0.2*L	0.478	0.276	0.503	0.159	-0.176	0.548	-0.280	-0.112	-0.692	0.049
						0.720				
0.3*L	0.480	0.435	0.431	0.323	-0.231	0.485	0.539	-0.185	-0.249	-0.004
0.4*L	0.386	0.590	0.319	0.319	-0.206	0.441	0.440	-0.297	-0.036	-0.188
0.5*L	0.276	0.670	0.215	0.255	-0.000	0.392	0.373	-0.500	0.049	-0.613
								0.500		
0.6*L	0.181	0.590	0.135	0.180	0.206	0.333	0.310	0.297	0.069	-0.188
0.7*L	0.110	0.435	0.079	0.116	0.231	0.261	0.242	0.185	0.061	-0.004
0.8*L	0.060	0.276	0.042	0.067	0.176	0.179	0.166	0.112	0.042	0.049
0.9*L	0.026	0.131	0.018	0.030	0.092	0.091	0.085	0.054	0.021	0.037
FAKTOR			1/a						1/(a*a)	

INFOLGE STRECKENMOMENT mt=1

IM FELD	M 0.2	M 0.5	Q 0	Q 0.2	Q 0.5	T 0	T 0.2	T 0.5	q 0.2	q 0.5
BIS SPRUNG				0.032	-0.445		-0.136	-2.027		
AB SPRUNG				0.839	0.445		1.501	2.027		
SUMME	1.387	2.133	1.339	0.871	0.000	2.330	1.365	0.000	-0.545	-0.430
FAKTOR	a		a			a			1/a	

L / a

$$\dfrac{6}{1.0 \quad 10.0}$$

$(.)^2$ EIi/GIt

INFOLGE EINZELLAST P=1

SCHNITT	M 0.2	M 0.5	Q 0	Q 0.2	Q 0.5	T 0	T 0.2	T 0.5	q 0.2	q 0.5
IN										
0.0*L	0.000	0.000	1.000	0.000	0.000	0.000	0.000	0.000	0.000	0.000
0.1*L	0.332	0.104	0.756	-0.188	-0.074	0.072	0.044	-0.013	0.073	0.045
0.2*L	0.689	0.224	0.545	-0.372	-0.157	0.127	0.086	-0.022	0.123	0.091
			0.628							
0.3*L	0.489	0.377	0.380	0.462	-0.254	0.160	0.119	-0.023	0.131	0.137
0.4*L	0.336	0.579	0.257	0.327	-0.369	0.172	0.137	-0.015	0.115	0.177
0.5*L	0.224	0.844	0.169	0.223	-0.500	0.166	0.139	-0.000	0.091	0.197
					0.500					
0.6*L	0.145	0.579	0.108	0.147	0.369	0.146	0.126	0.015	0.067	0.177
0.7*L	0.090	0.377	0.066	0.093	0.254	0.117	0.104	0.023	0.046	0.137
0.8*L	0.051	0.224	0.038	0.054	0.157	0.081	0.073	0.022	0.028	0.091
0.9*L	0.023	0.104	0.017	0.025	0.074	0.042	0.038	0.013	0.013	0.045
FAKTOR	a					a			1/a	

INFOLGE STRECKENLAST P=1

IM FELD	M 0.2	M 0.5	Q 0	Q 0.2	Q 0.5	T 0	T 0.2	T 0.5	q 0.2	q 0.5
BIS SPRUNG				-0.225	-2.160		0.052	-0.045		
AB SPRUNG				0.979	2.160		0.471	0.045		
SUMME	1.415	2.028	1.689	0.754	0.000	0.656	0.523	0.000	0.417	0.662
FAKTOR	a*a		a			a*a				

INFOLGE EINZELMOMENT Mt=1

SCHNITT	M 0.2	M 0.5	Q 0	Q 0.2	Q 0.5	T 0	T 0.2	T 0.5	q 0.2	q 0.5
IN										
0.0*L	0.000	0.000	0.000	0.000	0.000	1.000	0.000	0.000	0.000	0.000
0.1*L	0.365	0.225	0.505	0.044	-0.111	0.647	-0.122	-0.045	-0.300	0.017
0.2*L	0.617	0.455	0.636	0.244	-0.207	0.482	-0.322	-0.096	-0.761	0.006
						0.678				
0.3*L	0.657	0.685	0.594	0.439	-0.263	0.403	0.481	-0.169	-0.322	-0.069
0.4*L	0.575	0.886	0.489	0.451	-0.227	0.356	0.374	-0.287	-0.097	-0.273
0.5*L	0.455	0.983	0.372	0.387	-0.000	0.314	0.306	-0.500	0.006	-0.706
								0.500		
0.6*L	0.334	0.886	0.267	0.299	0.227	0.266	0.250	0.287	0.044	-0.273
0.7*L	0.229	0.685	0.180	0.212	0.263	0.210	0.194	0.169	0.049	-0.069
0.8*L	0.141	0.455	0.110	0.134	0.207	0.145	0.133	0.096	0.038	0.006
0.9*L	0.067	0.225	0.052	0.064	0.111	0.074	0.068	0.045	0.020	0.017
FAKTOR			1/a						1/(a*a)	

INFOLGE STRECKENMOMENT mt=1

IM FELD	M 0.2	M 0.5	Q 0	Q 0.2	Q 0.5	T 0	T 0.2	T 0.5	q 0.2	q 0.5
BIS SPRUNG				0.084	-0.509		-0.162	-1.996		
AB SPRUNG				1.285	0.509		1.277	1.996		
SUMME	2.086	3.312	1.965	1.369	0.000	2.017	1.115	0.000	-0.745	-0.745
FAKTOR	a		a			a			1/a	

NR. 73

NR. 74

L / a

$$\frac{6}{2.0 \qquad 1.0}$$

(.) ^{2} EIi/GIt

	M		Q			T			q	
SCHNITT	0.2	0.5	0	0.2	0.5	0	0.2	0.5	0.2	0.5

INFOLGE EINZELLAST F=1

IN	M		Q			T			q	
0.0*L	0.000	0.000	1.000	0.000	0.000	0.000	0.000	0.000	0.000	0.000
0.1*L	0.105	-0.008	0.456	-0.219	0.003	0.222	0.059	-0.052	0.308	0.013
0.2*L	0.318	-0.010	0.144	-0.507	-0.011	0.328	0.153	-0.095	0.503	0.057
				0.493						
0.3*L	0.100	0.011	0.019	0.221	-0.072	0.341	0.239	-0.114	0.367	0.169
0.4*L	0.013	0.095	-0.014	0.068	-0.228	0.307	0.266	-0.086	0.173	0.362
0.5*L	-0.010	0.308	-0.014	0.008	-0.500	0.257	0.246	-0.000	0.057	0.511
					0.500					
0.6*L	-0.010	0.095	-0.007	-0.007	0.228	0.204	0.204	0.086	0.009	0.362
0.7*L	-0.005	0.011	-0.003	-0.007	0.072	0.151	0.153	0.114	-0.004	0.169
0.8*L	-0.002	-0.010	-0.001	-0.004	0.011	0.100	0.102	0.095	-0.005	0.057
0.9*L	-0.001	-0.008	-0.000	-0.001	-0.003	0.050	0.051	0.052	-0.002	0.013
FAKTOR	a					a			1/a	

INFOLGE STRECKENLAST F=1

IM FELD	M		Q			T			q	
BIS SPRUNG				-0.277	-1.819		0.079	-0.216		
AB SPRUNG				0.299	1.819		0.811	0.216		
SUMME	0.279	0.260	0.617	0.022	0.000	1.192	0.889	0.000	0.857	1.027
FAKTOR	a*a		a			a*a				

INFOLGE EINZELMOMENT Mt=1

IN	M		Q			T			q	
0.0*L	0.000	0.000	0.000	0.000	0.000	1.000	0.000	0.000	0.000	0.000
0.1*L	0.154	0.006	0.358	-0.117	-0.022	0.721	-0.042	-0.089	-0.112	0.043
0.2*L	0.252	0.028	0.262	0.020	-0.064	0.669	-0.210	-0.168	-0.768	0.096
							0.790			
0.3*L	0.183	0.085	0.124	0.182	-0.132	0.638	0.609	-0.234	-0.033	0.126
0.4*L	0.086	0.181	0.041	0.129	-0.179	0.580	0.535	-0.310	0.122	-0.016
0.5*L	0.028	0.256	0.006	0.060	-0.000	0.497	0.470	-0.500	0.096	-0.722
								0.500		
0.6*L	0.004	0.181	-0.003	0.019	0.179	0.402	0.390	0.310	0.047	-0.016
0.7*L	-0.002	0.085	-0.004	0.003	0.132	0.302	0.299	0.234	0.016	0.126
0.8*L	-0.002	0.028	-0.002	-0.002	0.064	0.201	0.201	0.168	0.003	0.096
0.9*L	-0.001	0.006	-0.001	-0.001	0.022	0.100	0.101	0.089	-0.000	0.043
FAKTOR			1/a						1/(a*a)	

INFOLGE STRECKENMOMENT mt=1

IM FELD	M		Q			T			q	
BIS SPRUNG				-0.091	-0.260		-0.074	-2.120		
AB SPRUNG				0.260	0.260		1.790	2.120		
SUMME	0.429	0.514	0.511	0.169	0.000	2.744	1.715	0.000	-0.260	-0.013
FAKTOR	a					a			1/a	

L / a

$$\frac{6}{2.0 \qquad 1.5}$$

(.) ^{2} EIi/GIt

	M		Q			T			q	
SCHNITT	0.2	0.5	0	0.2	0.5	0	0.2	0.5	0.2	0.5

INFOLGE EINZELLAST F=1

IN	M		Q			T			q	
0.0*L	0.000	0.000	1.000	0.000	0.000	0.000	0.000	0.000	0.000	0.000
0.1*L	0.139	-0.004	0.512	-0.227	-0.006	0.194	0.063	-0.047	0.262	0.026
0.2*L	0.370	0.002	0.205	-0.498	-0.032	0.297	0.149	-0.084	0.426	0.078
				0.502						
0.3*L	0.146	0.037	0.058	0.252	-0.104	0.321	0.224	-0.098	0.335	0.182
0.4*L	0.040	0.139	0.004	0.098	-0.257	0.298	0.251	-0.072	0.183	0.338
0.5*L	0.002	0.363	-0.009	0.027	-0.500	0.255	0.237	-0.000	0.078	0.449
					0.500					
0.6*L	-0.007	0.139	-0.008	0.001	0.257	0.204	0.200	0.072	0.025	0.338
0.7*L	-0.006	0.037	-0.005	-0.005	0.104	0.152	0.153	0.098	0.004	0.182
0.8*L	-0.004	0.002	-0.002	-0.004	0.032	0.101	0.102	0.084	-0.002	0.078
0.9*L	-0.001	-0.004	-0.001	-0.002	0.006	0.050	0.051	0.047	-0.002	0.026
FAKTOR	a					a			1/a	

INFOLGE STRECKENLAST F=1

IM FELD	M		Q			T			q	
BIS SPRUNG				-0.282	-1.875		0.081	-0.187		
AB SPRUNG				0.356	1.875		0.782	0.187		
SUMME	0.383	0.395	0.725	0.074	0.000	1.137	0.863	0.000	0.797	1.019
FAKTOR	a*a		a			a*a				

INFOLGE EINZELMOMENT Mt=1

IN	M		Q			T			q	
0.0*L	0.000	0.000	0.000	0.000	0.000	1.000	0.000	0.000	0.000	0.000
0.1*L	0.197	0.019	0.414	-0.113	-0.039	0.693	-0.044	-0.081	-0.164	0.055
0.2*L	0.319	0.058	0.339	0.041	-0.095	0.631	-0.220	-0.152	-0.843	0.111
							0.780			
0.3*L	0.251	0.136	0.188	0.220	-0.171	0.606	0.590	-0.215	-0.081	0.125
0.4*L	0.137	0.254	0.082	0.172	-0.208	0.559	0.514	-0.296	0.114	-0.050
0.5*L	0.058	0.337	0.027	0.093	-0.000	0.487	0.453	-0.500	0.111	-0.776
								0.500		
0.6*L	0.018	0.254	0.004	0.040	0.208	0.398	0.380	0.296	0.066	-0.050
0.7*L	0.003	0.136	-0.002	0.013	0.171	0.301	0.294	0.215	0.031	0.125
0.8*L	-0.002	0.050	-0.003	0.002	0.095	0.201	0.199	0.152	0.011	0.111
0.9*L	-0.001	0.019	-0.001	-0.000	0.039	0.101	0.100	0.081	0.003	0.055
FAKTOR			1/a						1/(a*a)	

INFOLGE STRECKENMOMENT mt=1

IM FELD	M		Q			T			q	
BIS SPRUNG				-0.084	-0.332		-0.078	-2.084		
AB SPRUNG				0.356	0.332		1.742	2.084		
SUMME	0.598	0.764	0.674	0.272	0.000	2.663	1.664	0.000	-0.336	-0.053
FAKTOR	a					a			1/a	

NR. 75

Schnitte 0 0,2 0,5 L

M Q T q $\beta \cdot a$ a I, I_t I_{Pl}

NR. 76

L / a

$\dfrac{6}{2.0 \quad 2.5}$

$(.)^2$ EIi/GIt

SCHNITT	M 0.2	M 0.5	Q 0	Q 0.2	Q 0.5	T 0	T 0.2	T 0.5	q 0.2	q 0.5
INFOLGE EINZELLAST P=1										
IN										
0.0*L	0.000	0.000	1.000	0.000	0.000	0.000	0.000	0.000	0.000	0.000
0.1*L	0.186	0.008	0.580	-0.228	-0.022	0.160	0.064	-0.039	0.206	0.039
0.2*L	0.444	0.030	0.289	-0.478	-0.064	0.256	0.139	-0.068	0.336	0.096
				0.522						
0.3*L	0.217	0.089	0.124	0.295	-0.146	0.288	0.203	-0.077	0.286	0.186
0.4*L	0.091	0.215	0.043	0.143	-0.291	0.278	0.228	-0.055	0.181	0.304
0.5*L	0.030	0.449	0.010	0.060	-0.500	0.245	0.220	-0.000	0.096	0.380
					0.500					
0.6*L	0.006	0.215	-0.002	0.020	0.291	0.201	0.190	0.055	0.044	0.304
0.7*L	-0.002	0.089	-0.004	0.004	0.146	0.152	0.148	0.077	0.017	0.186
0.8*L	-0.003	0.030	-0.003	-0.001	0.064	0.101	0.100	0.068	0.006	0.096
0.9*L	-0.002	0.008	-0.001	-0.001	0.022	0.051	0.051	0.039	0.001	0.039
FAKTOR	a			a			a		1/a	
INFOLGE STRECKENLAST P=1										
IM FELD										
BIS SPRUNG				-0.279	-1.953		0.079	-0.148		
AB SPRUNG				0.456	1.953		0.732	0.148		
SUMME	0.559	0.650	0.898	0.177	0.000	1.051	0.811	0.000	0.714	0.981
FAKTOR	a×a			a			a×a			
INFOLGE EINZELMOMENT Mt=1										
IN										
0.0*L	0.000	0.000	0.000	0.000	0.000	1.000	0.000	0.000	0.000	0.000
0.1*L	0.258	0.049	0.489	-0.099	-0.064	0.656	-0.051	-0.068	-0.228	0.065
0.2*L	0.419	0.120	0.447	0.079	-0.141	0.576	-0.240	-0.130	-0.937	0.118
						0.760				
0.3*L	0.358	0.233	0.291	0.281	-0.223	0.554	0.559	-0.189	-0.151	0.111
0.4*L	0.226	0.380	0.158	0.239	-0.244	0.521	0.481	-0.278	0.089	-0.100
0.5*L	0.120	0.475	0.074	0.150	-0.000	0.463	0.425	-0.500	0.118	-0.846
								0.500		
0.6*L	0.055	0.380	0.030	0.080	0.244	0.385	0.360	0.278	0.087	-0.100
0.7*L	0.022	0.233	0.009	0.037	0.223	0.295	0.281	0.189	0.051	0.111
0.8*L	0.007	0.120	0.002	0.015	0.141	0.199	0.193	0.130	0.026	0.118
0.9*L	0.002	0.049	-0.000	0.005	0.064	0.100	0.098	0.068	0.010	0.065
FAKTOR				1/a					1/(a×a)	
INFOLGE STRECKENMOMENT mt=1										
IM FELD										
BIS SPRUNG				-0.065	-0.431		-0.088	-2.034		
AB SPRUNG				0.530	0.431		1.655	2.034		
SUMME	0.893	1.226	0.950	0.466	0.000	2.525	1.567	0.000	-0.449	-0.149
FAKTOR	a						a		1/a	

L / a

$\dfrac{6}{2.0 \quad 3.5}$

$(.)^2$ EIi/GIt

SCHNITT	M 0.2	M 0.5	Q 0	Q 0.2	Q 0.5	T 0	T 0.2	T 0.5	q 0.2	q 0.5
INFOLGE EINZELLAST P=1										
IN										
0.0*L	0.000	0.000	1.000	0.000	0.000	0.000	0.000	0.000	0.000	0.000
0.1*L	0.218	0.022	0.622	-0.224	-0.035	0.139	0.062	-0.033	0.172	0.044
0.2*L	0.496	0.060	0.345	-0.460	-0.086	0.227	0.130	-0.057	0.282	0.102
				0.540						
0.3*L	0.270	0.136	0.174	0.327	-0.173	0.263	0.186	-0.064	0.252	0.182
0.4*L	0.134	0.278	0.080	0.178	-0.311	0.260	0.211	-0.044	0.172	0.279
0.5*L	0.060	0.519	0.032	0.088	-0.500	0.234	0.206	-0.000	0.102	0.338
					0.500					
0.6*L	0.024	0.278	0.011	0.040	0.311	0.195	0.180	0.044	0.055	0.279
0.7*L	0.008	0.136	0.002	0.016	0.173	0.149	0.142	0.064	0.027	0.182
0.8*L	0.002	0.060	-0.000	0.005	0.086	0.100	0.097	0.057	0.012	0.102
0.9*L	-0.000	0.022	-0.001	0.001	0.035	0.050	0.049	0.033	0.004	0.044
FAKTOR	a			a			a		1/a	
INFOLGE STRECKENLAST P=1										
IM FELD										
BIS SPRUNG				-0.271	-2.004		0.076	-0.123		
AB SPRUNG				0.544	2.004		0.688	0.123		
SUMME	0.707	0.879	1.039	0.272	0.000	0.981	0.764	0.000	0.655	0.935
FAKTOR	a×a			a			a×a			
INFOLGE EINZELMOMENT Mt=1										
IN										
0.0*L	0.000	0.000	0.000	0.000	0.000	1.000	0.000	0.000	0.000	0.000
0.1*L	0.301	0.077	0.538	-0.084	-0.082	0.631	-0.058	-0.059	-0.268	0.067
0.2*L	0.493	0.178	0.524	0.112	-0.172	0.538	-0.256	-0.114	-0.997	0.116
						0.744				
0.3*L	0.441	0.319	0.371	0.330	-0.257	0.515	0.535	-0.172	-0.200	0.094
0.4*L	0.301	0.488	0.225	0.293	-0.267	0.488	0.454	-0.266	0.065	-0.137
0.5*L	0.178	0.591	0.122	0.199	-0.000	0.439	0.400	-0.500	0.116	-0.895
								0.500		
0.6*L	0.096	0.488	0.061	0.118	0.267	0.370	0.341	0.266	0.096	-0.137
0.7*L	0.047	0.319	0.028	0.063	0.257	0.286	0.269	0.172	0.063	0.094
0.8*L	0.021	0.178	0.011	0.030	0.172	0.194	0.185	0.114	0.035	0.116
0.9*L	0.008	0.077	0.004	0.012	0.082	0.098	0.094	0.059	0.015	0.067
FAKTOR				1/a					1/(a×a)	
INFOLGE STRECKENMOMENT mt=1										
IM FELD										
BIS SPRUNG				-0.046	-0.497		-0.097	-2.002		
AB SPRUNG				0.684	0.497		1.578	2.002		
SUMME	1.147	1.637	1.183	0.638	0.000	2.409	1.481	0.000	-0.536	-0.245
FAKTOR	a						a		1/a	

NR. 77

NR. 78

L / a

6
———————
2.0   5.0

2
(.)   EIi/GIt

SCHNITT	M 0.2	M 0.5	Q 0	Q 0.2	Q 0.5	T 0	T 0.2	T 0.5	q 0.2	q 0.5

INFOLGE EINZELLAST F=1

IN	M 0.2	M 0.5	Q 0	Q 0.2	Q 0.5	T 0	T 0.2	T 0.5	q 0.2	q 0.5
0.0*L	0.000	0.000	1.000	0.000	0.000	0.000	0.000	0.000	0.000	0.000
0.1*L	0.252	0.042	0.663	-0.215	-0.047	0.118	0.058	-0.026	0.140	0.047
0.2*L	0.552	0.102	0.405	-0.437	-0.109	0.198	0.118	-0.046	0.231	0.103
				0.563						
0.3*L	0.332	0.199	0.233	0.365	-0.199	0.234	0.168	-0.050	0.215	0.173
0.4*L	0.189	0.358	0.127	0.219	-0.330	0.237	0.191	-0.035	0.158	0.250
0.5*L	0.102	0.606	0.066	0.124	-0.500	0.217	0.188	-0.000	0.103	0.295
					0.500					
0.6*L	0.052	0.358	0.033	0.067	0.330	0.184	0.167	0.035	0.062	0.250
0.7*L	0.026	0.199	0.015	0.034	0.199	0.142	0.133	0.050	0.035	0.173
0.8*L	0.012	0.102	0.007	0.016	0.109	0.097	0.092	0.046	0.018	0.103
0.9*L	0.004	0.042	0.002	0.006	0.047	0.049	0.047	0.026	0.008	0.047
FAKTOR	a					a			1/a	

INFOLGE STRECKENLAST F=1

IM FELD	M 0.2	M 0.5	Q 0	Q 0.2	Q 0.5	T 0	T 0.2	T 0.5	q 0.2	q 0.5
BIS SPRUNG				-0.260	-2.054		0.070	-0.098		
AB SPRUNG				0.657	2.054		0.631	0.098		
SUMME	0.895	1.179	1.213	0.397	0.000	0.894	0.701	0.000	0.588	0.868
FAKTOR	a×a		a			a×a				

INFOLGE EINZELMOMENT Mt=1

IN	M 0.2	M 0.5	Q 0	Q 0.2	Q 0.5	T 0	T 0.2	T 0.5	q 0.2	q 0.5
0.0*L	0.000	0.000	0.000	0.000	0.000	1.000	0.000	0.000	0.000	0.000
0.1*L	0.350	0.117	0.591	-0.064	-0.100	0.605	-0.068	-0.050	-0.307	0.064
0.2*L	0.576	0.256	0.609	0.154	-0.202	0.495	-0.277	-0.099	-1.057	0.105
						0.723				
0.3*L	0.538	0.432	0.463	0.390	-0.290	0.468	0.505	-0.155	-0.253	0.068
0.4*L	0.394	0.625	0.308	0.359	-0.289	0.446	0.421	-0.255	0.034	-0.182
0.5*L	0.256	0.738	0.188	0.261	-0.000	0.406	0.369	-0.500	0.105	-0.949
								0.500		
0.6*L	0.154	0.625	0.108	0.169	0.289	0.346	0.316	0.255	0.098	-0.182
0.7*L	0.087	0.432	0.059	0.100	0.290	0.271	0.250	0.155	0.071	0.068
0.8*L	0.045	0.256	0.030	0.054	0.202	0.185	0.173	0.099	0.043	0.105
0.9*L	0.019	0.117	0.012	0.023	0.100	0.094	0.088	0.050	0.020	0.064
FAKTOR			1/a						1/(a×a)	

INFOLGE STRECKENMOMENT mt=1

IM FELD	M 0.2	M 0.5	Q 0	Q 0.2	Q 0.5	T 0	T 0.2	T 0.5	q 0.2	q 0.5
BIS SPRUNG				-0.022	-0.561		-0.109	-1.969		
AB SPRUNG				0.885	0.561		1.478	1.969		
SUMME	1.471	2.170	1.477	0.863	0.000	2.262	1.368	0.000	-0.639	-0.377
FAKTOR	a					a			1/a	

L / a

6
———————
2.0   10.0

2
(.)   EIi/GIt

SCHNITT	M 0.2	M 0.5	Q 0	Q 0.2	Q 0.5	T 0	T 0.2	T 0.5	q 0.2	q 0.5

INFOLGE EINZELLAST F=1

IN	M 0.2	M 0.5	Q 0	Q 0.2	Q 0.5	T 0	T 0.2	T 0.5	q 0.2	q 0.5
0.0*L	0.000	0.000	1.000	0.000	0.000	0.000	0.000	0.000	0.000	0.000
0.1*L	0.316	0.096	0.735	-0.191	-0.068	0.082	0.046	-0.016	0.089	0.043
0.2*L	0.662	0.207	0.517	-0.382	-0.145	0.142	0.091	-0.027	0.149	0.090
				0.618						
0.3*L	0.461	0.351	0.353	0.445	-0.240	0.174	0.127	-0.030	0.149	0.140
0.4*L	0.312	0.545	0.236	0.308	-0.359	0.182	0.146	-0.020	0.121	0.190
0.5*L	0.207	0.807	0.155	0.208	-0.500	0.172	0.146	-0.000	0.090	0.217
					0.500					
0.6*L	0.134	0.545	0.100	0.136	0.359	0.150	0.132	0.020	0.062	0.190
0.7*L	0.084	0.351	0.062	0.086	0.240	0.119	0.107	0.030	0.041	0.140
0.8*L	0.049	0.207	0.036	0.050	0.145	0.082	0.075	0.027	0.024	0.090
0.9*L	0.022	0.096	0.017	0.023	0.068	0.042	0.039	0.016	0.011	0.043
FAKTOR	a					a			1/a	

INFOLGE STRECKENLAST F=1

IM FELD	M 0.2	M 0.5	Q 0	Q 0.2	Q 0.5	T 0	T 0.2	T 0.5	q 0.2	q 0.5
BIS SPRUNG				-0.230	-2.134		0.055	-0.058		
AB SPRUNG				0.931	2.134		0.495	0.058		
SUMME	1.335	1.901	1.614	0.701	0.000	0.693	0.549	0.000	0.447	0.690
FAKTOR	a×a		a			a×a				

INFOLGE EINZELMOMENT Mt=1

IN	M 0.2	M 0.5	Q 0	Q 0.2	Q 0.5	T 0	T 0.2	T 0.5	q 0.2	q 0.5
0.0*L	0.000	0.000	0.000	0.000	0.000	1.000	0.000	0.000	0.000	0.000
0.1*L	0.446	0.216	0.689	-0.016	-0.129	0.555	-0.092	-0.036	-0.371	0.048
0.2*L	0.746	0.448	0.776	0.249	-0.251	0.412	-0.325	-0.074	-1.158	0.068
						0.675				
0.3*L	0.746	0.702	0.658	0.522	-0.342	0.371	0.439	-0.129	-0.350	0.001
0.4*L	0.606	0.950	0.498	0.508	-0.323	0.351	0.346	-0.238	-0.035	-0.280
0.5*L	0.448	1.083	0.354	0.407	-0.000	0.323	0.297	-0.500	0.068	-1.062
								0.500		
0.6*L	0.311	0.950	0.240	0.295	0.323	0.280	0.252	0.238	0.085	-0.280
0.7*L	0.204	0.702	0.155	0.198	0.342	0.222	0.201	0.129	0.071	0.001
0.8*L	0.121	0.448	0.092	0.120	0.251	0.154	0.140	0.074	0.048	0.068
0.9*L	0.056	0.216	0.042	0.056	0.129	0.079	0.072	0.036	0.024	0.048
FAKTOR			1/a						1/(a×a)	

INFOLGE STRECKENMOMENT mt=1

IM FELD	M 0.2	M 0.5	Q 0	Q 0.2	Q 0.5	T 0	T 0.2	T 0.5	q 0.2	q 0.5
BIS SPRUNG				0.036	-0.663		-0.138	-1.918		
AB SPRUNG				1.368	0.663		1.236	1.918		
SUMME	2.236	3.448	2.166	1.403	0.000	1.917	1.098	0.000	-0.867	-0.708
FAKTOR	a					a			1/a	

NR. 79

4.3.2 Endfeldsysteme

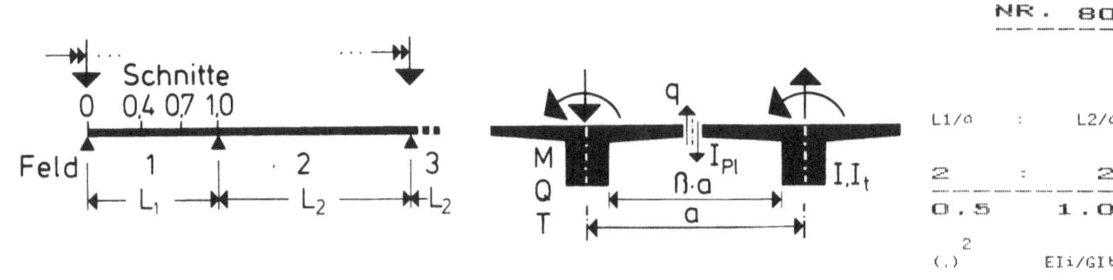

	M 0.4	M 0.7	M 1.0	Q 0	Q 0.4	Q 0.7	Q 1.0	T 0	T 0.4	T 0.7	T 1.0	q 0.4	q 1.0
IN SCHNITT	0.4	0.7	1.0	0	0.4	0.7	1.0	0	0.4	0.7	1.0	0.4	1.0

INFOLGE EINZELLAST F=1

IN	M 0.4	M 0.7	M 1.0	Q 0	Q 0.4	Q 0.7	Q 1.0	T 0	T 0.4	T 0.7	T 1.0	q 0.4	q 1.0
0.0*L1	0.000	0.000	-0.000	1.000	-0.000	-0.000	-0.000	0.000	0.000	-0.000	-0.000	0.000	-0.000
0.1*L1	0.082	0.013	-0.046	0.841	-0.128	-0.103	-0.098	0.021	0.006	-0.007	-0.009	0.053	-0.006
0.2*L1	0.168	0.030	-0.090	0.688	-0.256	-0.208	-0.197	0.039	0.011	-0.013	-0.018	0.100	-0.012
0.3*L1	0.259	0.052	-0.128	0.548	-0.381	-0.314	-0.298	0.052	0.017	-0.017	-0.025	0.136	-0.016
0.4*L1	0.359	0.084	-0.160	0.423	-0.503	-0.422	-0.402	0.058	0.021	-0.020	-0.030	0.155	-0.018
					0.497								
0.5*L1	0.270	0.127	-0.181	0.313	0.383	-0.532	-0.507	0.057	0.022	-0.020	-0.032	0.152	-0.018
0.6*L1	0.193	0.185	-0.188	0.221	0.279	-0.641	-0.614	0.051	0.021	-0.018	-0.032	0.132	-0.016
0.7*L1	0.127	0.260	-0.177	0.144	0.188	-0.747	-0.721	0.040	0.018	-0.015	-0.028	0.101	-0.012
						0.253							
0.8*L1	0.074	0.153	-0.146	0.082	0.111	0.154	-0.824	0.026	0.012	-0.010	-0.021	0.066	-0.007
0.9*L1	0.031	0.066	-0.088	0.035	0.048	0.069	-0.920	0.012	0.005	-0.005	-0.011	0.030	-0.002
1.0*L1	0.000	0.000	0.000	0.000	0.000	-0.000	-1.000	-0.000	-0.000	-0.000	0.000	0.000	-0.000
0.0*L2	-0.000	-0.000	-0.000	-0.000	-0.000	-0.000	-0.000	-0.000	-0.000	0.000	0.000	-0.000	-0.000
0.1*L2	-0.021	-0.045	-0.078	-0.023	-0.033	-0.048	-0.059	-0.007	-0.002	0.006	0.011	-0.022	-0.002
0.2*L2	-0.034	-0.073	-0.127	-0.037	-0.053	-0.079	-0.098	-0.010	-0.002	0.011	0.021	-0.037	-0.007
0.3*L2	-0.039	-0.086	-0.150	-0.043	-0.062	-0.093	-0.118	-0.010	-0.000	0.015	0.027	-0.045	-0.012
0.4*L2	-0.040	-0.087	-0.154	-0.043	-0.063	-0.096	-0.122	-0.009	0.001	0.018	0.031	-0.046	-0.016
0.5*L2	-0.036	-0.080	-0.142	-0.039	-0.058	-0.089	-0.114	-0.007	0.002	0.018	0.030	-0.043	-0.018
0.6*L2	-0.030	-0.067	-0.119	-0.033	-0.048	-0.075	-0.097	-0.005	0.003	0.016	0.027	-0.037	-0.017
0.7*L2	-0.023	-0.050	-0.089	-0.024	-0.036	-0.056	-0.073	-0.003	0.003	0.013	0.021	-0.028	-0.014
0.8*L2	-0.014	-0.032	-0.057	-0.015	-0.023	-0.036	-0.047	-0.002	0.002	0.008	0.014	-0.018	-0.009
0.9*L2	-0.007	-0.015	-0.026	-0.007	-0.010	-0.016	-0.021	-0.001	0.001	0.004	0.006	-0.008	-0.004
1.0*L2	0.000	-0.000	-0.000	-0.000	0.000	-0.000	0.000	-0.000	-0.000	-0.000	0.000	0.000	-0.000
FAKTOR	a				a				a			1/a	

INFOLGE STRECKENLAST F=1

IN FELD	M 0.4	M 0.7	M 1.0	Q 0	Q 0.4	Q 0.7	Q 1.0	T 0	T 0.4	T 0.7	T 1.0	q 0.4	q 1.0
1,BIS SPRUNG					-0.204	-0.519			0.009	-0.021			
1,REST	0.311	0.192	-0.243	0.757	0.250	0.069	-1.017	0.072	0.018	-0.005	-0.041	0.186	-0.022
2	-0.049	-0.108	-0.190	-0.053	-0.078	-0.119	-0.151	-0.011	0.001	0.022	0.038	-0.058	-0.020
3	0.011	0.025	0.043	0.013	0.018	0.027	0.033	0.003	0.001	-0.004	-0.007	0.013	0.003
SUMME(+)	0.323	0.217	0.043	0.769	0.268	0.096	0.033	0.075	0.029	0.022	0.038	0.199	0.003
SUMME(-)	-0.049	-0.108	-0.434	-0.053	-0.281	-0.637	-1.168	-0.011	0.000	-0.029	-0.049	-0.058	-0.042
SUMME	0.273	0.109	-0.390	0.716	-0.013	-0.542	-1.135	0.064	0.029	-0.007	-0.011	0.141	-0.039
FAKTOR	a*a				a				a*a			1/a	

INFOLGE EINZELMOMENT Mt=1

IN	M 0.4	M 0.7	M 1.0	Q 0	Q 0.4	Q 0.7	Q 1.0	T 0	T 0.4	T 0.7	T 1.0	q 0.4	q 1.0
0.0*L1	0.000	0.000	-0.000	0.000	-0.000	-0.000	-0.000	1.000	-0.000	-0.000	-0.000	-0.000	-0.000
0.1*L1	0.033	0.014	-0.029	0.086	-0.007	-0.053	-0.087	0.875	-0.078	-0.055	-0.038	-0.096	-0.052
0.2*L1	0.063	0.027	-0.056	0.141	-0.009	-0.103	-0.172	0.768	-0.157	-0.110	-0.076	-0.195	-0.104
0.3*L1	0.088	0.040	-0.081	0.171	-0.001	-0.147	-0.253	0.674	-0.241	-0.168	-0.115	-0.303	-0.158
0.4*L1	0.104	0.052	-0.102	0.182	0.022	-0.181	-0.327	0.591	-0.329	-0.228	-0.155	-0.422	-0.215
									0.671				
0.5*L1	0.109	0.061	-0.119	0.179	0.046	-0.202	-0.391	0.518	0.584	-0.292	-0.197	-0.355	-0.275
0.6*L1	0.105	0.067	-0.131	0.168	0.056	-0.205	-0.443	0.453	0.509	-0.360	-0.242	-0.301	-0.340
0.7*L1	0.096	0.066	-0.139	0.151	0.055	-0.187	-0.479	0.395	0.443	-0.436	-0.290	-0.259	-0.411
										0.564			
0.8*L1	0.084	0.057	-0.142	0.132	0.048	-0.163	-0.496	0.343	0.385	0.491	-0.343	-0.225	-0.490
0.9*L1	0.070	0.043	-0.142	0.111	0.037	-0.149	-0.489	0.298	0.335	0.428	-0.402	-0.199	-0.578
1.0*L1	0.056	0.028	-0.142	0.092	0.025	-0.140	-0.456	0.257	0.291	0.373	-0.469	-0.178	-0.678
0.0*L2	0.056	0.028	-0.142	0.092	0.025	-0.140	-0.456	0.257	0.291	0.373	0.531	-0.178	-0.678
0.1*L2	0.044	0.013	-0.143	0.074	0.014	-0.134	-0.412	0.222	0.253	0.326	0.465	-0.161	-0.590
0.2*L2	0.033	-0.000	-0.144	0.059	0.004	-0.129	-0.373	0.192	0.219	0.286	0.408	-0.145	-0.515
0.3*L2	0.024	-0.010	-0.143	0.046	-0.004	-0.123	-0.339	0.166	0.191	0.250	0.358	-0.132	-0.449
0.4*L2	0.017	-0.017	-0.139	0.036	-0.010	-0.116	-0.306	0.143	0.166	0.219	0.314	-0.119	-0.392
0.5*L2	0.012	-0.021	-0.132	0.028	-0.013	-0.108	-0.275	0.124	0.145	0.192	0.276	-0.107	-0.342
0.6*L2	0.009	-0.022	-0.122	0.023	-0.014	-0.098	-0.245	0.108	0.126	0.168	0.241	-0.095	-0.299
0.7*L2	0.007	-0.021	-0.109	0.019	-0.013	-0.087	-0.216	0.094	0.110	0.147	0.211	-0.084	-0.260
0.8*L2	0.006	-0.018	-0.095	0.016	-0.012	-0.076	-0.188	0.081	0.095	0.128	0.184	-0.073	-0.227
0.9*L2	0.006	-0.015	-0.081	0.015	-0.009	-0.065	-0.162	0.071	0.083	0.111	0.159	-0.063	-0.197
1.0*L2	0.006	-0.011	-0.067	0.014	-0.007	-0.054	-0.138	0.062	0.072	0.096	0.138	-0.054	-0.172
FAKTOR					1/a							1/(a*a)	

INFOLGE STRECKENMOMENT mt=1

IN FELD	M 0.4	M 0.7	M 1.0	Q 0	Q 0.4	Q 0.7	Q 1.0	T 0	T 0.4	T 0.7	T 1.0	q 0.4	q 1.0
1,BIS SPRUNG					-0.002	-0.198			-0.128	-0.286			
1,REST	0.157	0.089	-0.203	0.275	0.054	-0.095	-0.675	1.107	0.547	0.277	-0.418	-0.487	-0.591
2	0.037	-0.021	-0.243	0.073	-0.010	-0.207	-0.562	0.272	0.313	0.412	0.589	-0.219	-0.738
3	0.010	-0.004	-0.059	0.020	-0.001	-0.051	-0.143	0.070	0.081	0.106	0.152	-0.055	-0.190
SUMME(+)	0.204	0.089	0.000	0.369	0.054	0.000	0.000	1.449	0.941	0.795	0.741	0.000	0.000
SUMME(-)	0.000	-0.025	-0.505	0.000	-0.013	-0.551	-1.380	0.000	-0.128	-0.286	-0.418	-0.762	-1.520
SUMME	0.204	0.064	-0.505	0.369	0.041	-0.551	-1.380	1.449	0.813	0.509	0.323	-0.762	-1.520
FAKTOR	a				a				a			1/a	

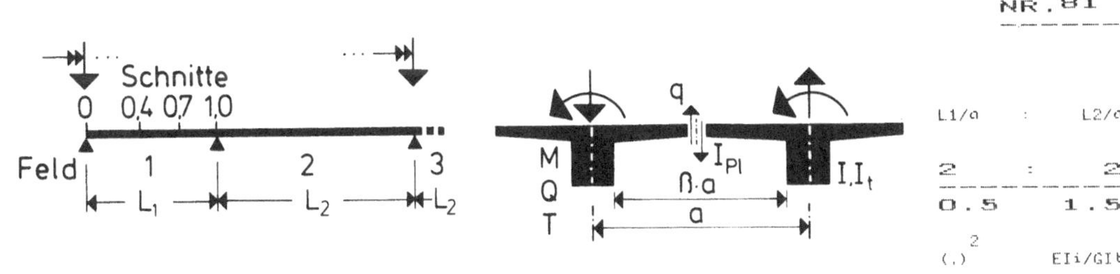

	M			Q				T				q	
IN SCHNITT	0.4	0.7	1.0	0	0.4	0.7	1.0	0	0.4	0.7	1.0	0.4	1.0

INFOLGE EINZELLAST F=1

IN	M 0.4	M 0.7	M 1.0	Q 0	Q 0.4	Q 0.7	Q 1.0	T 0	T 0.4	T 0.7	T 1.0	q 0.4	q 1.0
0.0*L1	0.000	0.000	-0.000	1.000	-0.000	-0.000	-0.000	0.000	0.000	-0.000	-0.000	0.000	-0.000
0.1*L1	0.087	0.016	-0.048	0.850	-0.128	-0.110	-0.106	0.015	0.004	-0.005	-0.007	0.037	-0.004
0.2*L1	0.177	0.035	-0.094	0.706	-0.255	-0.221	-0.213	0.028	0.008	-0.009	-0.013	0.070	-0.008
0.3*L1	0.272	0.060	-0.134	0.571	-0.379	-0.331	-0.320	0.036	0.012	-0.012	-0.018	0.096	-0.011
0.4*L1	0.374	0.093	-0.166	0.448	-0.499	-0.442	-0.427	0.041	0.014	-0.014	-0.021	0.109	-0.013
					0.501								
0.5*L1	0.285	0.137	-0.187	0.339	0.388	-0.552	-0.535	0.040	0.016	-0.014	-0.023	0.107	-0.013
0.6*L1	0.206	0.194	-0.193	0.243	0.285	-0.659	-0.640	0.036	0.015	-0.013	-0.023	0.093	-0.011
0.7*L1	0.138	0.267	-0.182	0.161	0.193	-0.761	-0.743	0.028	0.012	-0.011	-0.020	0.072	-0.008
						0.239							
0.8*L1	0.081	0.159	-0.148	0.094	0.114	0.145	-0.840	0.018	0.008	-0.007	-0.015	0.047	-0.005
0.9*L1	0.035	0.069	-0.089	0.040	0.050	0.064	-0.927	0.008	0.004	-0.004	-0.008	0.022	-0.001
1.0*L1	0.000	-0.000	-0.000	0.000	0.000	-0.000	-1.000	-0.000	-0.000	0.000	-0.000	0.000	0.000
0.0*L2	-0.000	-0.000	-0.000	-0.000	-0.000	-0.000	-0.000	-0.000	-0.000	0.000	0.000	-0.000	-0.000
0.1*L2	-0.024	-0.048	-0.078	-0.028	-0.035	-0.046	-0.053	-0.005	-0.001	0.004	0.008	-0.016	-0.002
0.2*L2	-0.039	-0.077	-0.127	-0.044	-0.056	-0.075	-0.088	-0.007	-0.001	0.008	0.015	-0.027	-0.005
0.3*L2	-0.045	-0.092	-0.151	-0.052	-0.066	-0.089	-0.106	-0.008	-0.001	0.011	0.019	-0.033	-0.008
0.4*L2	-0.046	-0.094	-0.155	-0.053	-0.068	-0.092	-0.110	-0.007	0.000	0.012	0.022	-0.034	-0.011
0.5*L2	-0.043	-0.087	-0.144	-0.049	-0.062	-0.085	-0.103	-0.006	0.001	0.013	0.022	-0.032	-0.012
0.6*L2	-0.036	-0.073	-0.121	-0.041	-0.052	-0.072	-0.088	-0.004	0.002	0.011	0.019	-0.027	-0.012
0.7*L2	-0.027	-0.055	-0.092	-0.031	-0.039	-0.054	-0.067	-0.003	0.002	0.009	0.015	-0.021	-0.009
0.8*L2	-0.017	-0.035	-0.059	-0.020	-0.025	-0.035	-0.043	-0.002	0.001	0.006	0.010	-0.013	-0.006
0.9*L2	-0.008	-0.016	-0.027	-0.009	-0.012	-0.016	-0.020	-0.001	0.001	0.003	0.005	-0.006	-0.003
1.0*L2	0.000	-0.000	-0.000	0.000	-0.000	-0.000	0.000	-0.000	-0.000	0.000	-0.000	0.000	0.000
FAKTOR	a							a				1/a	

INFOLGE STRECKENLAST F=1

IN FELD	M 0.4	M 0.7	M 1.0	Q 0	Q 0.4	Q 0.7	Q 1.0	T 0	T 0.4	T 0.7	T 1.0	q 0.4	q 1.0
1,BIS SPRUNG					-0.202	-0.539			0.006	-0.015			
1,REST	0.329	0.204	-0.251	0.789	0.255	0.065	-1.051	0.050	0.012	-0.003	-0.030	0.131	-0.015
2	-0.058	-0.117	-0.193	-0.066	-0.084	-0.114	-0.137	-0.008	0.001	0.016	0.027	-0.042	-0.014
3	0.014	0.029	0.048	0.016	0.021	0.028	0.033	0.002	0.000	-0.003	-0.006	0.010	0.002
SUMME(+)	0.344	0.233	0.048	0.805	0.276	0.093	0.033	0.053	0.020	0.016	0.027	0.142	0.002
SUMME(-)	-0.058	-0.117	-0.443	-0.066	-0.286	-0.653	-1.188	-0.008	0.000	-0.021	-0.036	-0.042	-0.029
SUMME	0.286	0.116	-0.396	0.739	-0.011	-0.560	-1.155	0.044	0.020	-0.006	-0.009	0.099	-0.026
FAKTOR	a*a			a				a*a					

INFOLGE EINZELMOMENT Mt=1

IN	M 0.4	M 0.7	M 1.0	Q 0	Q 0.4	Q 0.7	Q 1.0	T 0	T 0.4	T 0.7	T 1.0	q 0.4	q 1.0
0.0*L1	0.000	0.000	-0.000	0.000	-0.000	-0.000	-0.000	1.000	-0.000	-0.000	-0.000	-0.000	-0.000
0.1*L1	0.035	0.015	-0.029	0.090	-0.007	-0.056	-0.090	0.873	-0.079	-0.054	-0.037	-0.101	-0.051
0.2*L1	0.066	0.029	-0.058	0.147	-0.008	-0.108	-0.178	0.763	-0.159	-0.109	-0.074	-0.206	-0.102
0.3*L1	0.092	0.043	-0.083	0.179	0.000	-0.153	-0.261	0.668	-0.243	-0.166	-0.112	-0.317	-0.156
0.4*L1	0.109	0.055	-0.105	0.191	0.024	-0.189	-0.337	0.584	-0.332	-0.226	-0.152	-0.439	-0.212
								0.668					
0.5*L1	0.115	0.065	-0.122	0.189	0.048	-0.210	-0.402	0.510	0.581	-0.290	-0.194	-0.373	-0.271
0.6*L1	0.111	0.070	-0.135	0.178	0.057	-0.214	-0.454	0.445	0.506	-0.359	-0.239	-0.319	-0.336
0.7*L1	0.101	0.069	-0.142	0.160	0.056	-0.195	-0.489	0.388	0.440	-0.434	-0.288	-0.275	-0.407
									0.566				
0.8*L1	0.088	0.059	-0.145	0.139	0.049	-0.170	-0.504	0.337	0.382	0.492	-0.341	-0.239	-0.486
0.9*L1	0.073	0.045	-0.145	0.117	0.037	-0.154	-0.495	0.292	0.332	0.428	-0.401	-0.210	-0.574
1.0*L1	0.058	0.028	-0.144	0.096	0.025	-0.144	-0.460	0.253	0.288	0.373	-0.469	-0.186	-0.674
0.0*L2	0.058	0.028	-0.144	0.096	0.025	-0.144	-0.460	0.253	0.288	0.373	0.531	-0.186	-0.674
0.1*L2	0.044	0.012	-0.146	0.076	0.013	-0.137	-0.414	0.219	0.250	0.325	0.464	-0.166	-0.586
0.2*L2	0.033	-0.001	-0.147	0.059	0.002	-0.131	-0.373	0.189	0.217	0.284	0.405	-0.149	-0.511
0.3*L2	0.023	-0.012	-0.146	0.045	-0.006	-0.125	-0.337	0.163	0.189	0.248	0.355	-0.133	-0.445
0.4*L2	0.015	-0.020	-0.141	0.034	-0.012	-0.117	-0.304	0.141	0.164	0.217	0.310	-0.119	-0.388
0.5*L2	0.010	-0.024	-0.134	0.026	-0.015	-0.108	-0.272	0.123	0.143	0.190	0.272	-0.106	-0.338
0.6*L2	0.007	-0.025	-0.123	0.020	-0.016	-0.098	-0.241	0.106	0.124	0.166	0.237	-0.094	-0.295
0.7*L2	0.005	-0.024	-0.111	0.017	-0.015	-0.087	-0.212	0.092	0.108	0.144	0.207	-0.082	-0.256
0.8*L2	0.004	-0.021	-0.096	0.014	-0.013	-0.076	-0.185	0.080	0.094	0.126	0.180	-0.072	-0.223
0.9*L2	0.004	-0.016	-0.082	0.013	-0.011	-0.065	-0.159	0.070	0.082	0.109	0.156	-0.062	-0.194
1.0*L2	0.005	-0.012	-0.067	0.013	-0.008	-0.054	-0.136	0.061	0.071	0.095	0.136	-0.053	-0.169
FAKTOR	1/a							1/(a*a)					

INFOLGE STRECKENMOMENT mt=1

IN FELD	M 0.4	M 0.7	M 1.0	Q 0	Q 0.4	Q 0.7	Q 1.0	T 0	T 0.4	T 0.7	T 1.0	q 0.4	q 1.0
1,BIS SPRUNG					-0.001	-0.207			-0.129	-0.284			
1,REST	0.164	0.093	-0.208	0.290	0.055	-0.099	-0.690	1.096	0.543	0.277	-0.414	-0.513	-0.585
2	0.035	-0.025	-0.246	0.072	-0.013	-0.209	-0.559	0.268	0.310	0.408	0.583	-0.220	-0.730
3	0.010	-0.005	-0.061	0.019	-0.002	-0.052	-0.141	0.069	0.079	0.104	0.149	-0.056	-0.186
SUMME(+)	0.209	0.093	0.000	0.380	0.055	0.000	0.000	1.432	0.932	0.789	0.732	0.000	0.000
SUMME(-)	0.000	-0.030	-0.515	0.000	-0.017	-0.566	-1.390	0.000	-0.129	-0.284	-0.414	-0.790	-1.502
SUMME	0.209	0.063	-0.515	0.380	0.039	-0.566	-1.390	1.432	0.803	0.506	0.318	-0.790	-1.502
FAKTOR	a							a				1/a	

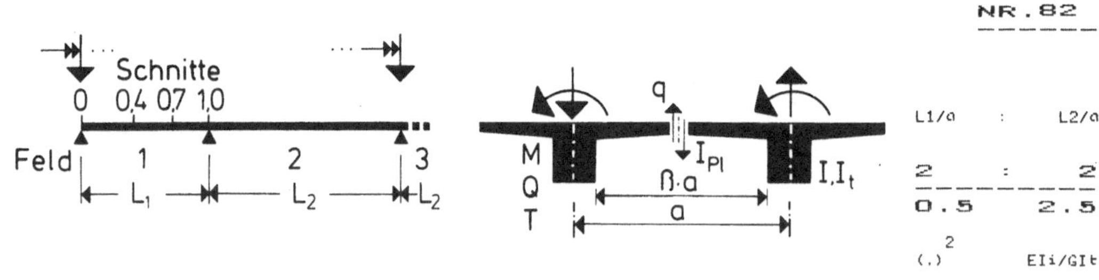

	M			Q				T				q	
IN SCHNITT	0.4	0.7	1.0	0	0.4	0.7	1.0	0	0.4	0.7	1.0	0.4	1.0

INFOLGE EINZELLAST F=1

IN	M 0.4	M 0.7	M 1.0	Q 0	Q 0.4	Q 0.7	Q 1.0	T 0	T 0.4	T 0.7	T 1.0	q 0.4	q 1.0
0.0*L1	0.000	0.000	-0.000	1.000	-0.000	-0.000	-0.000	0.000	0.000	-0.000	-0.000	0.000	-0.000
0.1*L1	0.091	0.019	-0.050	0.859	-0.127	-0.116	-0.114	0.009	0.003	-0.003	-0.004	0.023	-0.003
0.2*L1	0.185	0.040	-0.097	0.722	-0.254	-0.232	-0.227	0.017	0.005	-0.006	-0.008	0.044	-0.005
0.3*L1	0.283	0.066	-0.138	0.592	-0.377	-0.347	-0.340	0.023	0.007	-0.008	-0.011	0.060	-0.007
0.4*L1	0.386	0.100	-0.171	0.471	-0.496	-0.460	-0.450	0.026	0.009	-0.009	-0.014	0.069	-0.008
					0.504								
0.5*L1	0.298	0.145	-0.192	0.361	0.392	-0.570	-0.559	0.025	0.010	-0.009	-0.015	0.067	-0.008
0.6*L1	0.218	0.202	-0.198	0.263	0.289	-0.675	-0.663	0.023	0.009	-0.008	-0.014	0.059	-0.007
0.7*L1	0.147	0.274	-0.185	0.177	0.197	-0.774	-0.762	0.018	0.008	-0.007	-0.013	0.045	-0.005
						0.226							
0.8*L1	0.087	0.164	-0.150	0.105	0.118	0.137	-0.854	0.012	0.005	-0.005	-0.009	0.030	-0.003
0.9*L1	0.038	0.072	-0.090	0.045	0.051	0.061	-0.934	0.005	0.002	-0.002	-0.005	0.014	-0.001
1.0*L1	0.000	0.000	0.000	0.000	0.000	0.000	-1.000	0.000	0.000	0.000	-0.000	-0.000	0.000
0.0*L2	-0.000	-0.000	-0.000	-0.000	-0.000	-0.000	-0.000	-0.000	-0.000	0.000	0.000	-0.000	-0.000
0.1*L2	-0.027	-0.050	-0.078	-0.032	-0.036	-0.043	-0.048	-0.003	-0.001	0.003	0.005	-0.010	-0.001
0.2*L2	-0.043	-0.082	-0.127	-0.051	-0.059	-0.071	-0.079	-0.005	-0.001	0.005	0.009	-0.017	-0.003
0.3*L2	-0.051	-0.097	-0.152	-0.061	-0.070	-0.085	-0.095	-0.005	-0.000	0.007	0.012	-0.021	-0.005
0.4*L2	-0.052	-0.100	-0.157	-0.062	-0.072	-0.087	-0.099	-0.005	0.000	0.008	0.014	-0.022	-0.007
0.5*L2	-0.049	-0.093	-0.146	-0.058	-0.067	-0.081	-0.093	-0.004	0.001	0.008	0.014	-0.021	-0.007
0.6*L2	-0.041	-0.078	-0.123	-0.049	-0.056	-0.069	-0.079	-0.003	0.001	0.007	0.012	-0.018	-0.007
0.7*L2	-0.031	-0.059	-0.093	-0.037	-0.043	-0.052	-0.060	-0.002	0.001	0.006	0.010	-0.014	-0.006
0.8*L2	-0.020	-0.038	-0.060	-0.024	-0.027	-0.034	-0.039	-0.001	0.001	0.004	0.006	-0.009	-0.004
0.9*L2	-0.009	-0.018	-0.028	-0.011	-0.013	-0.016	-0.018	-0.001	0.000	0.002	0.003	-0.004	-0.002
1.0*L2	0.000	-0.000	0.000	0.000	0.000	0.000	0.000	0.000	0.000	0.000	-0.000	0.000	0.000
FAKTOR	a							a				1/a	

INFOLGE STRECKENLAST P=1

IN FELD	M 0.4	M 0.7	M 1.0	Q 0	Q 0.4	Q 0.7	Q 1.0	T 0	T 0.4	T 0.7	T 1.0	q 0.4	q 1.0
1,BIS SPRUNG					-0.201	-0.558			0.004	-0.009			
1,REST	0.345	0.214	-0.257	0.817	0.259	0.061	-1.082	0.032	0.008	-0.002	-0.019	0.083	-0.009
2	-0.065	-0.124	-0.195	-0.077	-0.089	-0.109	-0.123	-0.006	0.000	0.010	0.017	-0.028	-0.008
3	0.017	0.033	0.052	0.021	0.024	0.029	0.033	0.002	0.000	-0.002	-0.004	0.007	0.002
SUMME(+)	0.363	0.247	0.052	0.838	0.283	0.090	0.033	0.033	0.012	0.010	0.017	0.090	0.002
SUMME(-)	-0.065	-0.124	-0.452	-0.077	-0.291	-0.667	-1.205	-0.006	0.000	-0.014	-0.023	-0.028	-0.018
SUMME	0.297	0.123	-0.400	0.761	-0.008	-0.576	-1.172	0.028	0.012	-0.004	-0.006	0.062	-0.016
FAKTOR	a*a			a				a*a					

INFOLGE EINZELMOMENT Mt=1

IN	M 0.4	M 0.7	M 1.0	Q 0	Q 0.4	Q 0.7	Q 1.0	T 0	T 0.4	T 0.7	T 1.0	q 0.4	q 1.0
0.0*L1	0.000	0.000	-0.000	0.000	-0.000	-0.000	-0.000	1.000	-0.000	-0.000	-0.000	-0.000	-0.000
0.1*L1	0.036	0.016	-0.030	0.092	-0.006	-0.058	-0.093	0.871	-0.079	-0.054	-0.036	-0.106	-0.050
0.2*L1	0.069	0.031	-0.059	0.152	-0.008	-0.112	-0.184	0.760	-0.160	-0.108	-0.072	-0.215	-0.101
0.3*L1	0.096	0.045	-0.085	0.186	0.001	-0.159	-0.269	0.663	-0.245	-0.165	-0.110	-0.330	-0.154
0.4*L1	0.114	0.058	-0.107	0.199	0.025	-0.196	-0.346	0.578	-0.335	-0.224	-0.149	-0.454	-0.209
									0.665				
0.5*L1	0.119	0.067	-0.125	0.198	0.049	-0.218	-0.411	0.504	0.579	-0.288	-0.191	-0.389	-0.268
0.6*L1	0.116	0.073	-0.137	0.187	0.058	-0.221	-0.463	0.439	0.503	-0.357	-0.236	-0.335	-0.333
0.7*L1	0.105	0.071	-0.144	0.168	0.057	-0.202	-0.497	0.382	0.437	-0.433	-0.286	-0.289	-0.404
										0.567			
0.8*L1	0.091	0.061	-0.147	0.146	0.049	-0.176	-0.511	0.332	0.380	0.493	-0.340	-0.252	-0.483
0.9*L1	0.076	0.046	-0.147	0.122	0.038	-0.159	-0.501	0.288	0.330	0.428	-0.401	-0.220	-0.571
1.0*L1	0.060	0.029	-0.147	0.099	0.025	-0.148	-0.463	0.249	0.286	0.373	-0.470	-0.194	-0.671
0.0*L2	0.060	0.029	-0.147	0.099	0.025	-0.148	-0.463	0.249	0.286	0.373	0.530	-0.194	-0.671
0.1*L2	0.045	0.012	-0.148	0.078	0.012	-0.140	-0.415	0.216	0.249	0.325	0.462	-0.171	-0.583
0.2*L2	0.032	-0.003	-0.149	0.059	0.001	-0.133	-0.373	0.187	0.216	0.283	0.403	-0.151	-0.507
0.3*L2	0.022	-0.014	-0.147	0.044	-0.007	-0.126	-0.336	0.162	0.188	0.247	0.352	-0.134	-0.441
0.4*L2	0.014	-0.022	-0.143	0.032	-0.013	-0.118	-0.302	0.140	0.163	0.215	0.307	-0.119	-0.384
0.5*L2	0.008	-0.026	-0.136	0.024	-0.017	-0.109	-0.269	0.121	0.142	0.188	0.268	-0.105	-0.334
0.6*L2	0.005	-0.027	-0.125	0.018	-0.018	-0.098	-0.239	0.105	0.123	0.163	0.233	-0.092	-0.291
0.7*L2	0.003	-0.026	-0.112	0.014	-0.017	-0.087	-0.209	0.091	0.107	0.142	0.203	-0.081	-0.253
0.8*L2	0.003	-0.023	-0.098	0.012	-0.015	-0.076	-0.182	0.080	0.093	0.124	0.177	-0.070	-0.220
0.9*L2	0.003	-0.018	-0.083	0.012	-0.012	-0.065	-0.157	0.069	0.081	0.107	0.154	-0.061	-0.191
1.0*L2	0.004	-0.014	-0.068	0.011	-0.009	-0.054	-0.134	0.060	0.070	0.093	0.133	-0.052	-0.166
FAKTOR				1/a								1/(a*a)	

INFOLGE STRECKENMOMENT mt=1

IN FELD	M 0.4	M 0.7	M 1.0	Q 0	Q 0.4	Q 0.7	Q 1.0	T 0	T 0.4	T 0.7	T 1.0	q 0.4	q 1.0
1,BIS SPRUNG					-0.001	-0.214			-0.130	-0.282			
1,REST	0.171	0.097	-0.212	0.302	0.056	-0.102	-0.704	1.086	0.540	0.278	-0.411	-0.536	-0.581
2	0.033	-0.028	-0.250	0.069	-0.016	-0.211	-0.556	0.265	0.307	0.405	0.577	-0.221	-0.724
3	0.008	-0.008	-0.064	0.017	-0.004	-0.054	-0.141	0.067	0.078	0.102	0.146	-0.056	-0.183
SUMME(+)	0.212	0.097	0.000	0.389	0.056	0.000	0.000	1.418	0.925	0.785	0.723	0.000	0.000
SUMME(-)	0.000	-0.036	-0.525	0.000	-0.021	-0.580	-1.400	0.000	-0.130	-0.282	-0.411	-0.813	-1.487
SUMME	0.212	0.061	-0.525	0.389	0.035	-0.580	-1.400	1.418	0.795	0.502	0.312	-0.813	-1.487
FAKTOR	a							a				1/a	

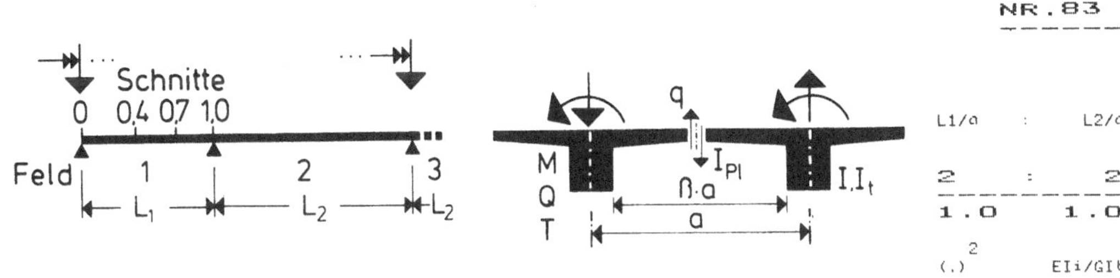

INFOLGE EINZELLAST P=1

IN SCHNITT	M 0.4	M 0.7	M 1.0	Q 0	Q 0.4	Q 0.7	Q 1.0	T 0	T 0.4	T 0.7	T 1.0	q 0.4	q 1.0
0.0*L1	0.000	0.000	-0.000	1.000	-0.000	-0.000	-0.000	0.000	0.000	-0.000	-0.000	0.000	-0.000
0.1*L1	0.073	0.009	-0.043	0.822	-0.128	-0.091	-0.086	0.032	0.007	-0.011	-0.014	0.082	-0.015
0.2*L1	0.151	0.022	-0.083	0.654	-0.256	-0.185	-0.175	0.059	0.014	-0.022	-0.026	0.156	-0.028
0.3*L1	0.237	0.041	-0.120	0.505	-0.383	-0.282	-0.267	0.077	0.021	-0.029	-0.037	0.212	-0.038
0.4*L1	0.334	0.070	-0.150	0.376	-0.507 (0.493)	-0.386	-0.364	0.085	0.027	-0.034	-0.045	0.241	-0.043
0.5*L1	0.245	0.112	-0.171	0.269	0.376	-0.495	-0.466	0.084	0.031	-0.034	-0.049	0.234	-0.044
0.6*L1	0.170	0.170	-0.179	0.182	0.270	-0.609	-0.574	0.074	0.030	-0.031	-0.048	0.200	-0.039
0.7*L1	0.109	0.246	-0.171	0.114	0.179	-0.722 (0.278)	-0.686	0.058	0.025	-0.024	-0.042	0.151	-0.030
0.8*L1	0.061	0.143	-0.142	0.063	0.104	0.170	-0.799	0.038	0.017	-0.016	-0.032	0.096	-0.018
0.9*L1	0.025	0.061	-0.086	0.026	0.044	0.075	-0.906	0.017	0.008	-0.008	-0.017	0.044	-0.006
1.0*L1	-0.000	0.000	-0.000	-0.000	-0.000	0.000	-1.000	-0.000	0.000	0.000	0.000	0.000	-0.000
0.0*L2	-0.000	-0.000	-0.000	-0.000	-0.000	-0.000	-0.000	-0.000	-0.000	0.000	0.000	-0.000	0.000
0.1*L2	-0.016	-0.041	-0.079	-0.016	-0.029	-0.053	-0.071	-0.010	-0.004	0.008	0.017	-0.032	-0.005
0.2*L2	-0.026	-0.064	-0.127	-0.025	-0.046	-0.085	-0.117	-0.015	-0.004	0.015	0.031	-0.053	-0.016
0.3*L2	-0.029	-0.075	-0.149	-0.028	-0.054	-0.100	-0.141	-0.017	-0.004	0.020	0.040	-0.063	-0.027
0.4*L2	-0.029	-0.075	-0.151	-0.027	-0.054	-0.102	-0.147	-0.015	-0.002	0.022	0.044	-0.065	-0.035
0.5*L2	-0.026	-0.068	-0.139	-0.024	-0.049	-0.094	-0.137	-0.013	-0.001	0.022	0.044	-0.060	-0.039
0.6*L2	-0.021	-0.056	-0.116	-0.019	-0.040	-0.079	-0.116	-0.010	0.000	0.020	0.030	-0.050	-0.037
0.7*L2	-0.016	-0.041	-0.086	-0.014	-0.030	-0.059	-0.088	-0.007	0.001	0.015	0.030	-0.038	-0.030
0.8*L2	-0.010	-0.026	-0.055	-0.009	-0.019	-0.037	-0.056	-0.004	0.001	0.010	0.020	-0.024	-0.020
0.9*L2	-0.004	-0.012	-0.025	-0.004	-0.008	-0.017	-0.025	-0.002	0.000	0.005	0.009	-0.011	-0.009
1.0*L2	-0.000	-0.000	-0.000	-0.000	-0.000	-0.000	-0.000	-0.000	-0.000	-0.000	0.000	0.000	-0.000
FAKTOR	a							a				1/a	

INFOLGE STRECKENLAST P=1

IN FELD	M 0.4	M 0.7	M 1.0	Q 0	Q 0.4	Q 0.7	Q 1.0	T 0	T 0.4	T 0.7	T 1.0	q 0.4	q 1.0
1,BIS SPRUNG						-0.204	-0.481			0.011	-0.035		
1,REST	0.279	0.172	-0.231	0.699	0.242	0.076	-0.965	0.106	0.025	-0.007	-0.062	0.285	-0.052
2	-0.036	-0.093	-0.187	-0.034	-0.066	-0.127	-0.181	-0.019	-0.003	0.027	0.055	-0.080	-0.044
3	0.007	0.018	0.037	0.007	0.013	0.025	0.035	0.004	0.001	-0.005	-0.010	0.016	0.008
SUMME(+)	0.287	0.191	0.037	0.706	0.256	0.101	0.035	0.110	0.037	0.027	0.055	0.301	0.008
SUMME(-)	-0.036	-0.093	-0.418	-0.034	-0.271	-0.608	-1.146	-0.019	-0.003	-0.047	-0.073	-0.080	-0.096
SUMME	0.251	0.098	-0.381	0.672	-0.015	-0.507	-1.111	0.091	0.034	-0.020	-0.018	0.221	-0.088
FAKTOR	a*a			a				a*a				1/a	

INFOLGE EINZELMOMENT Mt=1

IN SCHNITT	M 0.4	M 0.7	M 1.0	Q 0	Q 0.4	Q 0.7	Q 1.0	T 0	T 0.4	T 0.7	T 1.0	q 0.4	q 1.0
0.0*L1	0.000	0.000	-0.000	0.000	-0.000	-0.000	-0.000	1.000	-0.000	-0.000	-0.000	-0.000	-0.000
0.1*L1	0.048	0.019	-0.039	0.141	-0.017	-0.075	-0.116	0.836	-0.085	-0.056	-0.036	-0.135	-0.064
0.2*L1	0.093	0.038	-0.075	0.221	-0.025	-0.146	-0.229	0.703	-0.174	-0.113	-0.072	-0.281	-0.130
0.3*L1	0.129	0.056	-0.109	0.257	-0.013	-0.208	-0.338	0.594	-0.271	-0.173	-0.109	-0.451	-0.198
0.4*L1	0.151	0.074	-0.137	0.263	0.029	-0.256	-0.439	0.502	-0.381 (0.619)	-0.238	-0.147	-0.656	-0.272
0.5*L1	0.155	0.089	-0.158	0.250	0.073	-0.283	-0.528	0.424	0.512	-0.310	-0.187	-0.504	-0.353
0.6*L1	0.146	0.098	-0.172	0.224	0.089	-0.281	-0.601	0.356	0.424	-0.391	-0.231	-0.391	-0.445
0.7*L1	0.128	0.098	-0.179	0.193	0.087	-0.242	-0.652	0.297	0.349	-0.486 (0.514)	-0.281	-0.309	-0.551
0.8*L1	0.107	0.084	-0.179	0.160	0.074	-0.195	-0.674	0.244	0.287	0.422	-0.339	-0.252	-0.677
0.9*L1	0.085	0.062	-0.176	0.129	0.056	-0.169	-0.659	0.199	0.235	0.348	-0.407	-0.212	-0.829
1.0*L1	0.065	0.038	-0.173	0.101	0.037	-0.156	-0.598	0.160	0.192	0.288	-0.491	-0.185	-1.014
0.0*L2	0.065	0.038	-0.173	0.101	0.037	-0.156	-0.598	0.160	0.192	0.288	0.509	-0.185	-1.014
0.1*L2	0.047	0.015	-0.174	0.077	0.018	-0.150	-0.520	0.127	0.157	0.241	0.426	-0.165	-0.837
0.2*L2	0.032	-0.005	-0.176	0.057	0.003	-0.145	-0.459	0.101	0.128	0.202	0.358	-0.150	-0.693
0.3*L2	0.020	-0.019	-0.175	0.041	-0.009	-0.140	-0.406	0.080	0.104	0.170	0.303	-0.136	-0.575
0.4*L2	0.012	-0.028	-0.170	0.029	-0.016	-0.133	-0.358	0.063	0.085	0.143	0.256	-0.123	-0.478
0.5*L2	0.006	-0.033	-0.159	0.020	-0.020	-0.122	-0.313	0.050	0.070	0.121	0.217	-0.109	-0.398
0.6*L2	0.002	-0.033	-0.143	0.014	-0.021	-0.109	-0.270	0.040	0.057	0.101	0.182	-0.095	-0.331
0.7*L2	0.001	-0.031	-0.124	0.011	-0.020	-0.094	-0.229	0.032	0.047	0.084	0.152	-0.081	-0.274
0.8*L2	0.000	-0.026	-0.103	0.009	-0.016	-0.078	-0.189	0.026	0.039	0.069	0.125	-0.067	-0.225
0.9*L2	0.001	-0.020	-0.082	0.008	-0.013	-0.062	-0.152	0.022	0.032	0.057	0.102	-0.054	-0.184
1.0*L2	0.002	-0.014	-0.062	0.007	-0.009	-0.048	-0.120	0.018	0.026	0.046	0.082	-0.042	-0.150
FAKTOR				1/a								1/(a*a)	

INFOLGE STRECKENMOMENT mt=1

IN FELD	M 0.4	M 0.7	M 1.0	Q 0	Q 0.4	Q 0.7	Q 1.0	T 0	T 0.4	T 0.7	T 1.0	q 0.4	q 1.0
1,BIS SPRUNG						-0.009	-0.276			-0.143	-0.304		
1,REST	0.216	0.128	-0.263	0.381	0.084	-0.112	-0.910	0.945	0.441	0.233	-0.410	-0.653	-0.803
2	0.030	-0.034	-0.285	0.063	-0.016	-0.227	-0.650	0.125	0.165	0.270	0.482	-0.218	-0.912
3	0.006	-0.000	-0.031	0.011	0.001	-0.026	-0.083	0.019	0.024	0.037	0.065	-0.027	-0.127
SUMME(+)	0.252	0.128	0.000	0.455	0.085	0.000	0.000	1.089	0.630	0.541	0.547	0.000	0.000
SUMME(-)	0.000	-0.034	-0.579	0.000	-0.026	-0.641	-1.643	0.000	-0.143	-0.304	-0.410	-0.898	-1.843
SUMME	0.252	0.094	-0.579	0.455	0.059	-0.641	-1.643	1.089	0.487	0.236	0.138	-0.898	-1.843
FAKTOR	a							a				1/a	

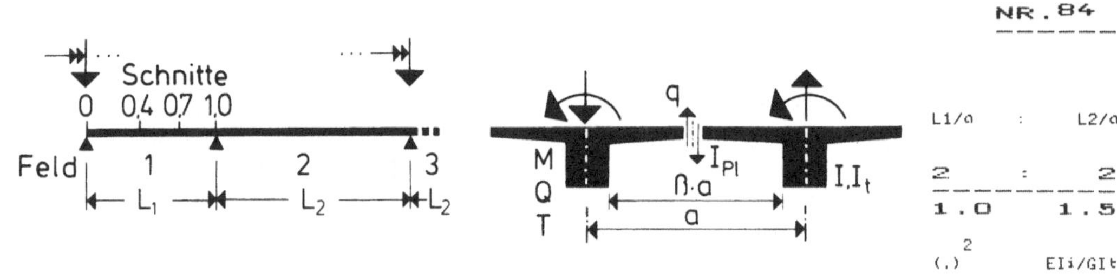

IN SCHNITT	M 0.4	0.7	1.0	Q 0	0.4	0.7	1.0	T 0	0.4	0.7	1.0	q 0.4	1.0

INFOLGE EINZELLAST P=1

IN	M 0.4	0.7	1.0	Q 0	0.4	0.7	1.0	T 0	0.4	0.7	1.0	q 0.4	1.0
0.0*L1	0.000	0.000	-0.000	1.000	-0.000	-0.000	-0.000	0.000	0.000	-0.000	-0.000	0.000	-0.000
0.1*L1	0.080	0.013	-0.046	0.836	-0.128	-0.101	-0.097	0.023	0.005	-0.008	-0.010	0.059	-0.010
0.2*L1	0.164	0.028	-0.089	0.681	-0.255	-0.203	-0.195	0.042	0.010	-0.016	-0.020	0.113	-0.020
0.3*L1	0.254	0.050	-0.127	0.538	-0.381	-0.307	-0.295	0.056	0.015	-0.021	-0.028	0.153	-0.027
0.4*L1	0.354	0.081	-0.159	0.412	-0.503	-0.415	-0.397	0.062	0.020	-0.025	-0.033	0.174	-0.031
0.4*L1 (Sprung)				0.497									
0.5*L1	0.265	0.124	-0.179	0.304	0.382	-0.524	-0.502	0.061	0.022	-0.025	-0.036	0.170	-0.031
0.6*L1	0.188	0.182	-0.187	0.213	0.278	-0.634	-0.609	0.054	0.021	-0.023	-0.035	0.146	-0.028
0.7*L1	0.124	0.257	-0.177	0.138	0.186	-0.742	-0.716	0.042	0.018	-0.018	-0.031	0.111	-0.021
0.7*L1 (Sprung)				0.258									
0.8*L1	0.071	0.151	-0.145	0.078	0.109	0.157	-0.820	0.028	0.012	-0.012	-0.023	0.071	-0.012
0.9*L1	0.030	0.065	-0.088	0.033	0.047	0.070	-0.917	0.013	0.006	-0.006	-0.012	0.033	-0.004
1.0*L1	0.000	0.000	0.000	0.000	0.000	0.000	-1.000	0.000	-0.000	0.000	-0.000	-0.000	-0.000
0.0*L2	-0.000	-0.000	-0.000	-0.000	-0.000	-0.000	-0.000	-0.000	-0.000	0.000	0.000	-0.000	0.000
0.1*L2	-0.020	-0.044	-0.079	-0.022	-0.032	-0.049	-0.062	-0.008	-0.003	0.006	0.012	-0.024	-0.003
0.2*L2	-0.032	-0.071	-0.127	-0.034	-0.051	-0.080	-0.103	-0.012	-0.004	0.011	0.022	-0.040	-0.011
0.3*L2	-0.037	-0.083	-0.150	-0.040	-0.060	-0.095	-0.124	-0.013	-0.003	0.015	0.029	-0.048	-0.018
0.4*L2	-0.037	-0.084	-0.154	-0.040	-0.061	-0.098	-0.130	-0.013	-0.002	0.016	0.032	-0.050	-0.024
0.5*L2	-0.034	-0.077	-0.142	-0.036	-0.055	-0.090	-0.121	-0.011	-0.001	0.016	0.032	-0.047	-0.026
0.6*L2	-0.028	-0.064	-0.119	-0.030	-0.046	-0.076	-0.103	-0.009	-0.000	0.014	0.028	-0.040	-0.025
0.7*L2	-0.021	-0.048	-0.089	-0.022	-0.034	-0.057	-0.078	-0.006	0.000	0.011	0.022	-0.030	-0.021
0.8*L2	-0.013	-0.031	-0.057	-0.014	-0.022	-0.036	-0.050	-0.004	0.000	0.007	0.014	-0.019	-0.014
0.9*L2	-0.006	-0.014	-0.026	-0.006	-0.010	-0.017	-0.023	-0.002	0.000	0.003	0.007	-0.009	-0.006
1.0*L2	0.000	0.000	0.000	0.000	0.000	0.000	0.000	0.000	-0.000	0.000	-0.000	-0.000	0.000
FAKTOR	a							a				1/a	

INFOLGE STRECKENLAST P=1

IN FELD	M 0.4	0.7	1.0	Q 0	0.4	0.7	1.0	T 0	0.4	0.7	1.0	q 0.4	1.0
1,BIS SPRUNG					-0.203	-0.511			0.008	-0.026			
1,REST	0.305	0.188	-0.242	0.744	0.249	0.070	-1.010	0.077	0.018	-0.005	-0.046	0.208	-0.037
2	-0.046	-0.104	-0.190	-0.049	-0.075	-0.121	-0.161	-0.016	-0.003	0.020	0.040	-0.062	-0.030
3	0.010	0.023	0.042	0.011	0.017	0.027	0.036	0.004	0.001	-0.004	-0.009	0.014	0.006
SUMME(+)	0.315	0.211	0.042	0.755	0.265	0.097	0.036	0.080	0.027	0.020	0.040	0.221	0.006
SUMME(-)	-0.046	-0.104	-0.432	-0.049	-0.278	-0.632	-1.171	-0.016	-0.003	-0.035	-0.055	-0.062	-0.067
SUMME	0.269	0.107	-0.390	0.706	-0.013	-0.535	-1.135	0.065	0.024	-0.015	-0.015	0.159	-0.060
FAKTOR	a*a			a				a*a					

INFOLGE EINZELMOMENT Mt=1

IN	M 0.4	0.7	1.0	Q 0	0.4	0.7	1.0	T 0	0.4	0.7	1.0	q 0.4	1.0
0.0*L1	0.000	0.000	-0.000	0.000	-0.000	-0.000	-0.000	1.000	-0.000	-0.000	-0.000	-0.000	-0.000
0.1*L1	0.052	0.021	-0.040	0.148	-0.017	-0.081	-0.123	0.831	-0.087	-0.054	-0.034	-0.147	-0.061
0.2*L1	0.100	0.042	-0.079	0.235	-0.024	-0.157	-0.242	0.694	-0.177	-0.110	-0.068	-0.305	-0.124
0.3*L1	0.139	0.062	-0.113	0.276	-0.011	-0.223	-0.356	0.581	-0.275	-0.169	-0.103	-0.485	-0.191
0.4*L1	0.163	0.081	-0.142	0.285	0.032	-0.274	-0.460	0.488	-0.386	-0.233	-0.140	-0.695	-0.263
0.4*L1 (Sprung)									0.614				
0.5*L1	0.168	0.096	-0.164	0.272	0.076	-0.302	-0.551	0.408	0.507	-0.305	-0.180	-0.545	-0.343
0.6*L1	0.158	0.106	-0.178	0.246	0.092	-0.300	-0.624	0.341	0.418	-0.386	-0.224	-0.430	-0.434
0.7*L1	0.139	0.104	-0.185	0.213	0.090	-0.259	-0.672	0.283	0.344	-0.482	-0.275	-0.345	-0.540
0.7*L1 (Sprung)										0.518			
0.8*L1	0.116	0.089	-0.185	0.177	0.077	-0.209	-0.691	0.232	0.282	0.425	-0.334	-0.281	-0.667
0.9*L1	0.092	0.065	-0.181	0.141	0.057	-0.180	-0.671	0.189	0.231	0.350	-0.405	-0.235	-0.819
1.0*L1	0.068	0.039	-0.177	0.108	0.036	-0.165	-0.604	0.153	0.189	0.289	-0.491	-0.201	-1.004
0.0*L2	0.068	0.039	-0.177	0.108	0.036	-0.165	-0.604	0.153	0.189	0.289	0.509	-0.201	-1.004
0.1*L2	0.048	0.014	-0.178	0.080	0.017	-0.156	-0.522	0.122	0.154	0.240	0.423	-0.176	-0.827
0.2*L2	0.031	-0.008	-0.179	0.057	0.000	-0.149	-0.456	0.097	0.126	0.200	0.354	-0.155	-0.682
0.3*L2	0.018	-0.023	-0.178	0.038	-0.012	-0.142	-0.400	0.077	0.102	0.167	0.296	-0.137	-0.564
0.4*L2	0.008	-0.034	-0.173	0.025	-0.020	-0.133	-0.351	0.061	0.084	0.140	0.249	-0.121	-0.467
0.5*L2	0.002	-0.039	-0.162	0.015	-0.025	-0.122	-0.305	0.049	0.068	0.117	0.209	-0.106	-0.386
0.6*L2	-0.002	-0.039	-0.146	0.009	-0.025	-0.109	-0.261	0.039	0.056	0.098	0.174	-0.091	-0.320
0.7*L2	-0.003	-0.035	-0.126	0.006	-0.023	-0.093	-0.220	0.031	0.046	0.081	0.144	-0.077	-0.264
0.8*L2	-0.003	-0.030	-0.105	0.005	-0.020	-0.077	-0.182	0.026	0.038	0.067	0.119	-0.064	-0.217
0.9*L2	-0.001	-0.023	-0.083	0.004	-0.015	-0.062	-0.147	0.021	0.031	0.054	0.097	-0.051	-0.177
1.0*L2	0.000	-0.016	-0.062	0.005	-0.010	-0.047	-0.115	0.018	0.025	0.044	0.078	-0.040	-0.144
FAKTOR				1/a								1/(a*a)	

INFOLGE STRECKENMOMENT mt=1

IN FELD	M 0.4	0.7	1.0	Q 0	0.4	0.7	1.0	T 0	0.4	0.7	1.0	q 0.4	1.0
1,BIS SPRUNG					-0.008	-0.296		-0.146	-0.299				
1,REST	0.234	0.138	-0.272	0.413	0.087	-0.119	-0.942	0.922	0.435	0.235	-0.400	-0.710	-0.786
2	0.026	-0.042	-0.290	0.059	-0.023	-0.230	-0.640	0.121	0.162	0.265	0.470	-0.219	-0.892
3	0.007	0.001	-0.029	0.011	0.001	-0.025	-0.080	0.018	0.023	0.036	0.063	-0.027	-0.123
SUMME(+)	0.266	0.139	0.000	0.483	0.088	0.000	0.000	1.061	0.620	0.536	0.534	0.000	0.000
SUMME(-)	0.000	-0.042	-0.591	0.000	-0.031	-0.669	-1.661	0.000	-0.146	-0.299	-0.400	-0.957	-1.802
SUMME	0.266	0.097	-0.591	0.483	0.057	-0.669	-1.661	1.061	0.474	0.237	0.133	-0.957	-1.802
FAKTOR	a							a				1/a	

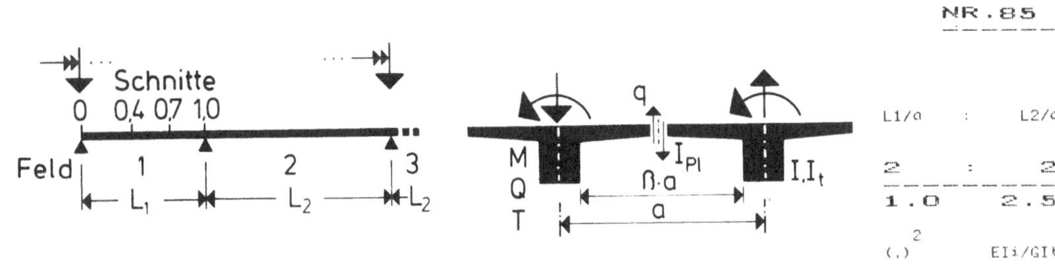


```
                    M                    Q                      T                     ⊣

IN SCHNITT  0.4   0.7   1.0      0    0.4   0.7   1.0      0    0.4   0.7   1.0     0.4   1.0

              INFOLGE  EINZELLAST  F=1
   IN
0.0*L1   0.000  0.000 -0.000   1.000 -0.000 -0.000 -0.000   0.000  0.000 -0.000 -0.000   0.000 -0.000
0.1*L1   0.087  0.016 -0.048   0.850 -0.128 -0.110 -0.107   0.015  0.003 -0.005 -0.007   0.038 -0.007
0.2*L1   0.176  0.035 -0.094   0.705 -0.254 -0.220 -0.215   0.027  0.007 -0.010 -0.013   0.072 -0.012
0.3*L1   0.271  0.060 -0.134   0.570 -0.379 -0.331 -0.322   0.036  0.010 -0.014 -0.018   0.099 -0.017
0.4*L1   0.373  0.092 -0.166   0.447 -0.499 -0.441 -0.430   0.040  0.013 -0.016 -0.022   0.112 -0.019
                                       0.501
0.5*L1   0.284  0.136 -0.187   0.337  0.388 -0.551 -0.537   0.039  0.014 -0.016 -0.024   0.110 -0.019
0.6*L1   0.205  0.194 -0.194   0.242  0.284 -0.659 -0.642   0.035  0.014 -0.015 -0.023   0.095 -0.017
0.7*L1   0.137  0.267 -0.182   0.161  0.193 -0.761 -0.744   0.027  0.011 -0.012 -0.020   0.072 -0.013
                                       0.239
0.8*L1   0.081  0.158 -0.148   0.094  0.114  0.145 -0.840   0.018  0.008 -0.008 -0.015   0.047 -0.008
0.9*L1   0.035  0.069 -0.089   0.040  0.050  0.064 -0.927   0.008  0.004 -0.004 -0.008   0.022 -0.003
1.0*L1  -0.000  0.000  0.000   0.000  0.000 -0.000 -1.000   0.000  0.000  0.000  0.000   0.000  0.000

0.0*L2  -0.000 -0.000 -0.000  -0.000 -0.000 -0.000 -0.000  -0.000 -0.000  0.000  0.000  -0.000  0.000
0.1*L2  -0.024 -0.048 -0.078  -0.027 -0.034 -0.046 -0.054  -0.005 -0.002  0.004  0.008  -0.016 -0.002
0.2*L2  -0.038 -0.077 -0.127  -0.044 -0.055 -0.075 -0.089  -0.008 -0.002  0.007  0.014  -0.027 -0.006
0.3*L2  -0.045 -0.091 -0.151  -0.052 -0.066 -0.089 -0.108  -0.009 -0.002  0.010  0.019  -0.033 -0.011
0.4*L2  -0.046 -0.093 -0.156  -0.053 -0.067 -0.092 -0.113  -0.009 -0.002  0.011  0.021  -0.034 -0.015
0.5*L2  -0.042 -0.086 -0.144  -0.048 -0.062 -0.085 -0.106  -0.008 -0.001  0.011  0.021  -0.032 -0.016
0.6*L2  -0.035 -0.072 -0.122  -0.040 -0.052 -0.072 -0.090  -0.006 -0.001  0.010  0.018  -0.028 -0.015
0.7*L2  -0.027 -0.055 -0.092  -0.030 -0.039 -0.055 -0.068  -0.005 -0.000  0.008  0.014  -0.021 -0.013
0.8*L2  -0.017 -0.035 -0.059  -0.019 -0.025 -0.035 -0.044  -0.003 -0.000  0.005  0.010  -0.014 -0.009
0.9*L2  -0.008 -0.016 -0.027  -0.009 -0.012 -0.016 -0.020  -0.001 -0.000  0.002  0.004  -0.006 -0.004
1.0*L2  -0.000  0.000  0.000   0.000 -0.000 -0.000 -0.000  -0.000  0.000  0.000 -0.000  -0.000  0.000
FAKTOR        a                                              a                          1/a

              INFOLGE  STRECKENLAST  P=1
IN FELD                                  -0.202 -0.539              0.005 -0.017
1,BIS SPRUNG
1,REST   0.328  0.203 -0.251   0.787  0.255  0.065 -1.053   0.049  0.011 -0.004 -0.030   0.134 -0.023
2       -0.057 -0.116 -0.193  -0.065 -0.083 -0.114 -0.140  -0.011 -0.002  0.013  0.026  -0.043 -0.018
3        0.014  0.029  0.048   0.016  0.021  0.028  0.035   0.003  0.001 -0.003 -0.006   0.011  0.004

SUMME(+) 0.343  0.232  0.048   0.803  0.275  0.094  0.035   0.052  0.017  0.013  0.026   0.145  0.004
SUMME(-) -0.057 -0.116 -0.444 -0.065 -0.285 -0.653 -1.193  -0.011 -0.002 -0.024 -0.037  -0.043 -0.041
SUMME    0.286  0.116 -0.396   0.738 -0.010 -0.559 -1.159   0.041  0.015 -0.010 -0.011   0.102 -0.037
FAKTOR        a×a                      a                        a×a

              INFOLGE  EINZELMOMENT  Mt=1
   IN
0.0*L1   0.000  0.000 -0.000   0.000 -0.000 -0.000 -0.000   1.000 -0.000 -0.000 -0.000  -0.000 -0.000
0.1*L1   0.056  0.023 -0.042   0.155 -0.016 -0.086 -0.129   0.827 -0.088 -0.053 -0.031  -0.159 -0.059
0.2*L1   0.107  0.046 -0.082   0.248 -0.022 -0.167 -0.254   0.686 -0.180 -0.107 -0.063  -0.328 -0.119
0.3*L1   0.149  0.068 -0.118   0.294 -0.009 -0.237 -0.373   0.570 -0.279 -0.165 -0.097  -0.516 -0.184
0.4*L1   0.175  0.088 -0.147   0.306  0.035 -0.290 -0.480   0.474 -0.391 -0.228 -0.133  -0.732 -0.254
                                                             0.609
0.5*L1   0.180  0.104 -0.170   0.294  0.079 -0.319 -0.573   0.394  0.501 -0.299 -0.173  -0.584 -0.333
0.6*L1   0.170  0.113 -0.184   0.267  0.096 -0.317 -0.645   0.327  0.412 -0.381 -0.217  -0.468 -0.424
0.7*L1   0.149  0.111 -0.190   0.231  0.093 -0.275 -0.691   0.270  0.339 -0.478 -0.269  -0.378 -0.531
                                                                          0.522
0.8*L1   0.124  0.094 -0.189   0.192  0.079 -0.222 -0.706   0.221  0.278  0.428 -0.330  -0.309 -0.658
0.9*L1   0.098  0.068 -0.185   0.152  0.058 -0.191 -0.682   0.180  0.227  0.352 -0.403  -0.256 -0.811
1.0*L1   0.072  0.040 -0.180   0.115  0.036 -0.172 -0.610   0.146  0.186  0.290 -0.491  -0.216 -0.996

0.0*L2   0.072  0.040 -0.180   0.115  0.036 -0.172 -0.610   0.146  0.186  0.290  0.509  -0.216 -0.996
0.1*L2   0.049  0.013 -0.181   0.083  0.015 -0.160 -0.523   0.118  0.152  0.239  0.421  -0.184 -0.818
0.2*L2   0.030 -0.010 -0.182   0.056 -0.002 -0.152 -0.453   0.094  0.124  0.198  0.349  -0.158 -0.673
0.3*L2   0.015 -0.028 -0.181   0.035 -0.016 -0.143 -0.395   0.075  0.101  0.165  0.290  -0.137 -0.554
0.4*L2   0.004 -0.039 -0.176   0.020 -0.024 -0.133 -0.343   0.060  0.083  0.137  0.242  -0.118 -0.457
0.5*L2  -0.002 -0.044 -0.164   0.010 -0.029 -0.121 -0.296   0.048  0.068  0.114  0.201  -0.101 -0.377
0.6*L2  -0.006 -0.044 -0.148   0.003 -0.029 -0.107 -0.253   0.039  0.055  0.094  0.167  -0.086 -0.310
0.7*L2  -0.007 -0.040 -0.128   0.000 -0.027 -0.092 -0.212   0.032  0.045  0.078  0.138  -0.072 -0.255
0.8*L2  -0.006 -0.034 -0.106  -0.000 -0.023 -0.076 -0.175   0.026  0.037  0.064  0.113  -0.059 -0.209
0.9*L2  -0.004 -0.026 -0.084   0.001 -0.017 -0.060 -0.141   0.021  0.030  0.052  0.092  -0.048 -0.171
1.0*L2  -0.001 -0.017 -0.063   0.003 -0.011 -0.046 -0.111   0.018  0.025  0.042  0.075  -0.038 -0.140
FAKTOR                                 1/a                                                1/(a×a)

              INFOLGE  STRECKENMOMENT  mt=1
IN FELD                                  -0.007 -0.313              -0.148 -0.294
1,BIS SPRUNG
1,REST   0.250  0.148 -0.280   0.443  0.089 -0.126 -0.971   0.902  0.430  0.236 -0.391  -0.764 -0.772
2        0.021 -0.049 -0.295   0.053 -0.029 -0.231 -0.629   0.119  0.159  0.261  0.460  -0.218 -0.876
3        0.007  0.001 -0.028   0.012  0.002 -0.024 -0.078   0.017  0.022  0.035  0.062  -0.027 -0.120

SUMME(+) 0.278  0.149  0.000   0.508  0.091  0.000  0.000   1.037  0.611  0.532  0.522   0.000  0.000
SUMME(-) 0.000 -0.049 -0.603   0.000 -0.036 -0.695 -1.678   0.000 -0.148 -0.294 -0.391  -1.009 -1.767
SUMME    0.278  0.100 -0.603   0.508  0.055 -0.695 -1.678   1.037  0.463  0.239  0.130  -1.009 -1.767
FAKTOR        a                        a                        a                        1/a
```

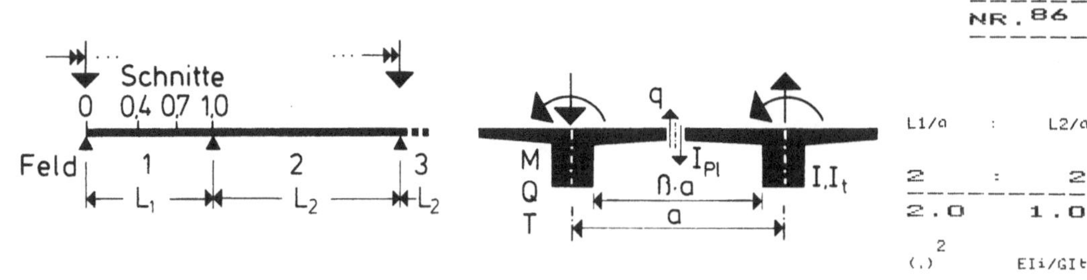

	M 0.4	M 0.7	M 1.0	Q 0	Q 0.4	Q 0.7	Q 1.0	T 0	T 0.4	T 0.7	T 1.0	q 0.4	q 1.0
IN SCHNITT	0.4	0.7	1.0	0	0.4	0.7	1.0	0	0.4	0.7	1.0	0.4	1.0

INFOLGE EINZELLAST P=1

IN	M 0.4	M 0.7	M 1.0	Q 0	Q 0.4	Q 0.7	Q 1.0	T 0	T 0.4	T 0.7	T 1.0	q 0.4	q 1.0
0.0*L1	0.000	0.000	-0.000	1.000	-0.000	-0.000	-0.000	0.000	0.000	-0.000	-0.000	0.000	-0.000
0.1*L1	0.064	0.005	-0.039	0.799	-0.125	-0.077	-0.077	0.044	0.006	-0.017	-0.018	0.115	-0.028
0.2*L1	0.133	0.014	-0.076	0.614	-0.252	-0.159	-0.156	0.081	0.014	-0.033	-0.034	0.220	-0.054
0.3*L1	0.212	0.030	-0.110	0.455	-0.381	-0.247	-0.240	0.104	0.022	-0.045	-0.048	0.301	-0.074
0.4*L1	0.306	0.056	-0.139	0.324	-0.510	-0.345	-0.330	0.114	0.031	-0.051	-0.059	0.342	-0.086
					0.490								
0.5*L1	0.218	0.096	-0.160	0.221	0.368	-0.454	-0.429	0.111	0.037	-0.052	-0.064	0.326	-0.089
0.6*L1	0.146	0.154	-0.170	0.142	0.260	-0.573	-0.536	0.097	0.038	-0.046	-0.064	0.272	-0.081
0.7*L1	0.091	0.232	-0.164	0.085	0.169	-0.696	-0.652	0.075	0.032	-0.035	-0.057	0.200	-0.063
						0.304							
0.8*L1	0.049	0.133	-0.137	0.044	0.096	0.185	-0.772	0.048	0.023	-0.022	-0.043	0.125	-0.038
0.9*L1	0.020	0.056	-0.085	0.017	0.040	0.082	-0.892	0.022	0.011	-0.010	-0.024	0.056	-0.013
1.0*L1	-0.000	0.000	0.000	-0.000	0.000	-0.000	-1.000	0.000	0.000	0.000	0.000	0.000	0.000
0.0*L2	-0.000	-0.000	-0.000	-0.000	-0.000	-0.000	-0.000	-0.000	-0.000	0.000	0.000	-0.000	0.000
0.1*L2	-0.012	-0.036	-0.079	-0.010	-0.025	-0.056	-0.083	-0.014	-0.006	0.010	0.023	-0.039	-0.010
0.2*L2	-0.018	-0.055	-0.126	-0.014	-0.039	-0.090	-0.138	-0.020	-0.008	0.017	0.042	-0.063	-0.032
0.3*L2	-0.020	-0.063	-0.147	-0.015	-0.044	-0.105	-0.167	-0.022	-0.008	0.022	0.054	-0.074	-0.054
0.4*L2	-0.019	-0.062	-0.148	-0.014	-0.044	-0.105	-0.174	-0.021	-0.006	0.024	0.059	-0.075	-0.069
0.5*L2	-0.017	-0.056	-0.134	-0.012	-0.039	-0.096	-0.162	-0.018	-0.005	0.024	0.057	-0.069	-0.074
0.6*L2	-0.013	-0.045	-0.111	-0.009	-0.032	-0.079	-0.137	-0.014	-0.003	0.021	0.050	-0.057	-0.070
0.7*L2	-0.010	-0.033	-0.082	-0.007	-0.023	-0.059	-0.103	-0.010	-0.002	0.016	0.038	-0.043	-0.056
0.8*L2	-0.006	-0.021	-0.052	-0.004	-0.014	-0.037	-0.066	-0.006	-0.001	0.010	0.025	-0.027	-0.038
0.9*L2	-0.003	-0.009	-0.023	-0.002	-0.006	-0.017	-0.030	-0.003	-0.000	0.005	0.011	-0.012	-0.017
1.0*L2	-0.000	0.000	0.000	0.000	0.000	-0.000	0.000	0.000	0.000	0.000	0.000	-0.000	0.000
FAKTOR	a				a				a			1/a	

INFOLGE STRECKENLAST P=1

IN FELD	M 0.4	M 0.7	M 1.0	Q 0	Q 0.4	Q 0.7	Q 1.0	T 0	T 0.4	T 0.7	T 1.0	q 0.4	q 1.0
1,BIS SPRUNG						-0.203	-0.440			0.012	-0.053		
1,REST	0.246	0.152	-0.219	0.637	0.234	0.083	-0.916	0.140	0.031	-0.010	-0.083	0.394	-0.106
2	-0.024	-0.077	-0.182	-0.018	-0.054	-0.130	-0.214	-0.026	-0.008	0.030	0.072	-0.093	-0.084
3	0.004	0.013	0.031	0.003	0.009	0.022	0.038	0.004	0.001	-0.006	-0.014	0.016	0.019
SUMME(+)	0.249	0.165	0.031	0.640	0.243	0.105	0.038	0.144	0.044	0.030	0.072	0.410	0.019
SUMME(-)	-0.024	-0.077	-0.401	-0.018	-0.257	-0.570	-1.131	-0.026	-0.008	-0.069	-0.097	-0.093	-0.190
SUMME	0.226	0.088	-0.370	0.622	-0.014	-0.465	-1.092	0.118	0.036	-0.039	-0.025	0.317	-0.171
FAKTOR	a*a			a				a*a				1/a	

INFOLGE EINZELMOMENT Mt=1

IN	M 0.4	M 0.7	M 1.0	Q 0	Q 0.4	Q 0.7	Q 1.0	T 0	T 0.4	T 0.7	T 1.0	q 0.4	q 1.0
0.0*L1	0.000	0.000	-0.000	0.000	-0.000	-0.000	-0.000	1.000	-0.000	-0.000	-0.000	-0.000	-0.000
0.1*L1	0.065	0.022	-0.048	0.218	-0.038	-0.096	-0.137	0.789	-0.084	-0.055	-0.034	-0.163	-0.075
0.2*L1	0.124	0.044	-0.093	0.324	-0.058	-0.187	-0.272	0.634	-0.175	-0.111	-0.068	-0.358	-0.151
0.3*L1	0.172	0.068	-0.134	0.357	-0.043	-0.268	-0.405	0.517	-0.283	-0.171	-0.102	-0.617	-0.231
0.4*L1	0.200	0.092	-0.167	0.345	0.030	-0.330	-0.531	0.425	-0.417	-0.237	-0.137	-0.973	-0.318
								0.583					
0.5*L1	0.199	0.115	-0.192	0.308	0.107	-0.363	-0.646	0.350	0.450	-0.314	-0.173	-0.652	-0.416
0.6*L1	0.179	0.131	-0.207	0.261	0.133	-0.353	-0.745	0.285	0.348	-0.409	-0.213	-0.434	-0.534
0.7*L1	0.150	0.133	-0.211	0.211	0.128	-0.278	-0.816	0.227	0.268	-0.529	-0.259	-0.296	-0.682
										0.471			
0.8*L1	0.118	0.112	-0.206	0.164	0.106	-0.194	-0.849	0.176	0.205	0.355	-0.318	-0.213	-0.875
0.9*L1	0.088	0.080	-0.196	0.123	0.076	-0.156	-0.825	0.131	0.154	0.270	-0.395	-0.168	-1.132
1.0*L1	0.061	0.044	-0.188	0.089	0.046	-0.144	-0.725	0.093	0.114	0.209	-0.500	-0.145	-1.478
0.0*L2	0.061	0.044	-0.188	0.089	0.046	-0.144	-0.725	0.093	0.114	0.209	0.500	-0.145	-1.478
0.1*L2	0.040	0.012	-0.191	0.062	0.020	-0.143	-0.602	0.063	0.084	0.165	0.395	-0.134	-1.132
0.2*L2	0.023	-0.013	-0.197	0.041	-0.001	-0.146	-0.515	0.040	0.061	0.133	0.318	-0.128	-0.875
0.3*L2	0.011	-0.031	-0.199	0.026	-0.015	-0.146	-0.448	0.023	0.043	0.109	0.260	-0.122	-0.684
0.4*L2	0.003	-0.042	-0.193	0.016	-0.024	-0.141	-0.390	0.011	0.031	0.090	0.214	-0.114	-0.540
0.5*L2	-0.002	-0.045	-0.180	0.009	-0.028	-0.131	-0.336	0.004	0.022	0.074	0.176	-0.104	-0.427
0.6*L2	-0.004	-0.044	-0.159	0.005	-0.028	-0.115	-0.283	-0.000	0.016	0.060	0.144	-0.090	-0.338
0.7*L2	-0.005	-0.038	-0.134	0.003	-0.025	-0.097	-0.230	-0.002	0.012	0.048	0.115	-0.075	-0.264
0.8*L2	-0.004	-0.031	-0.105	0.002	-0.020	-0.076	-0.180	-0.002	0.009	0.037	0.089	-0.059	-0.203
0.9*L2	-0.003	-0.022	-0.078	0.001	-0.014	-0.056	-0.133	-0.001	0.007	0.028	0.066	-0.044	-0.152
1.0*L2	-0.001	-0.014	-0.052	0.002	-0.009	-0.038	-0.093	-0.000	0.005	0.020	0.047	-0.030	-0.111
FAKTOR				1/a								1/(a*a)	

INFOLGE STRECKENMOMENT mt=1

IN FELD	M 0.4	M 0.7	M 1.0	Q 0	Q 0.4	Q 0.7	Q 1.0	T 0	T 0.4	T 0.7	T 1.0	q 0.4	q 1.0
1,BIS SPRUNG						-0.027	-0.351			-0.149	-0.311		
1,REST	0.267	0.165	-0.311	0.476	0.120	-0.110	-1.122	0.813	0.353	0.192	-0.388	-0.779	-1.025
2	0.017	-0.049	-0.312	0.042	-0.024	-0.228	-0.704	0.036	0.068	0.171	0.408	-0.192	-1.076
3	0.003	0.003	-0.004	0.004	0.003	-0.004	-0.025	0.004	0.005	0.008	0.018	-0.004	-0.056
SUMME(+)	0.287	0.168	0.000	0.521	0.123	0.000	0.000	0.852	0.426	0.370	0.427	0.000	0.000
SUMME(-)	0.000	-0.049	-0.627	0.000	-0.051	-0.693	-1.851	0.000	-0.149	-0.311	-0.388	-0.974	-2.157
SUMME	0.287	0.119	-0.627	0.521	0.071	-0.693	-1.851	0.852	0.277	0.059	0.038	-0.974	-2.157
FAKTOR	a							a				1/a	

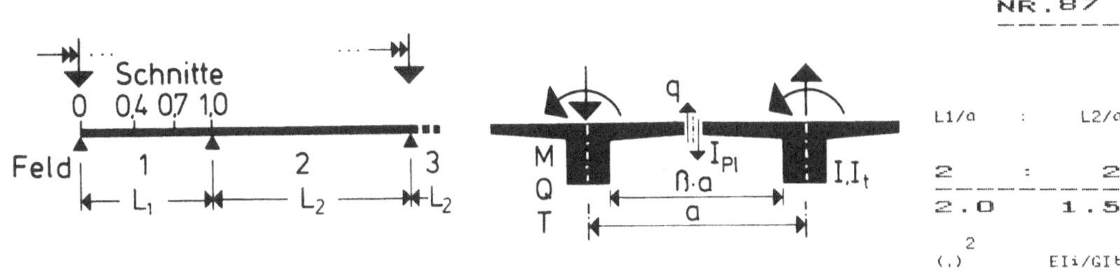

	M			Q				T				q	
IN SCHNITT	0.4	0.7	1.0	0	0.4	0.7	1.0	0	0.4	0.7	1.0	0.4	1.0

INFOLGE EINZELLAST F=1

IN	M 0.4	0.7	1.0	Q 0	0.4	0.7	1.0	T 0	0.4	0.7	1.0	q 0.4	1.0
0.0*L1	0.000	0.000	-0.000	1.000	-0.000	-0.000	-0.000	0.000	0.000	-0.000	-0.000	0.000	-0.000
0.1*L1	0.072	0.009	-0.043	0.818	-0.126	-0.090	-0.088	0.033	0.005	-0.013	-0.014	0.086	-0.021
0.2*L1	0.149	0.022	-0.083	0.649	-0.253	-0.182	-0.178	0.060	0.011	-0.025	-0.027	0.163	-0.039
0.3*L1	0.234	0.041	-0.120	0.499	-0.381	-0.279	-0.271	0.077	0.017	-0.034	-0.038	0.224	-0.054
0.4*L1	0.332	0.069	-0.150	0.371	-0.506	-0.382	-0.369	0.085	0.023	-0.039	-0.045	0.254	-0.062
					0.494								
0.5*L1	0.243	0.111	-0.171	0.265	0.376	-0.491	-0.470	0.083	0.027	-0.039	-0.050	0.244	-0.064
0.6*L1	0.168	0.169	-0.179	0.179	0.269	-0.606	-0.577	0.073	0.028	-0.035	-0.049	0.205	-0.058
0.7*L1	0.108	0.245	-0.171	0.113	0.178	-0.721	-0.688	0.056	0.024	-0.027	-0.043	0.153	-0.045
						0.279							
0.8*L1	0.061	0.142	-0.142	0.062	0.103	0.170	-0.799	0.037	0.017	-0.017	-0.033	0.097	-0.027
0.9*L1	0.025	0.061	-0.087	0.025	0.044	0.075	-0.906	0.017	0.008	-0.008	-0.018	0.044	-0.009
1.0*L1	0.000	0.000	-0.000	-0.000	0.000	-0.000	-1.000	0.000	0.000	0.000	0.000	-0.000	0.000
0.0*L2	-0.000	-0.000	-0.000	-0.000	-0.000	-0.000	-0.000	-0.000	-0.000	0.000	0.000	-0.000	0.000
0.1*L2	-0.016	-0.040	-0.079	-0.016	-0.029	-0.053	-0.072	-0.011	-0.004	0.007	0.017	-0.032	-0.007
0.2*L2	-0.025	-0.063	-0.127	-0.024	-0.045	-0.085	-0.120	-0.017	-0.006	0.013	0.031	-0.051	-0.022
0.3*L2	-0.029	-0.074	-0.149	-0.028	-0.052	-0.100	-0.146	-0.019	-0.006	0.017	0.040	-0.061	-0.037
0.4*L2	-0.028	-0.074	-0.151	-0.027	-0.052	-0.102	-0.152	-0.018	-0.006	0.019	0.044	-0.063	-0.047
0.5*L2	-0.026	-0.067	-0.139	-0.024	-0.047	-0.093	-0.143	-0.016	-0.005	0.018	0.043	-0.058	-0.051
0.6*L2	-0.021	-0.055	-0.116	-0.020	-0.039	-0.078	-0.121	-0.013	-0.003	0.016	0.038	-0.049	-0.048
0.7*L2	-0.015	-0.041	-0.086	-0.014	-0.029	-0.058	-0.092	-0.009	-0.002	0.013	0.029	-0.037	-0.040
0.8*L2	-0.010	-0.026	-0.055	-0.009	-0.018	-0.037	-0.059	-0.006	-0.001	0.008	0.019	-0.023	-0.027
0.9*L2	-0.004	-0.012	-0.025	-0.004	-0.008	-0.017	-0.027	-0.003	-0.001	0.004	0.009	-0.011	-0.012
1.0*L2	-0.000	-0.000	-0.000	-0.000	0.000	-0.000	0.000	0.000	0.000	0.000	0.000	-0.000	0.000
FAKTOR	a				a				a			1/a	

INFOLGE STRECKENLAST P=1

IN FELD	M 0.4	0.7	1.0	Q 0	0.4	0.7	1.0	T 0	0.4	0.7	1.0	q 0.4	1.0
1,BIS SPRUNG						-0.203	-0.478			0.009	-0.040		
1,REST	0.277	0.171	-0.232	0.693	0.242	0.076	-0.969	0.105	0.023	-0.008	-0.064	0.296	-0.076
2	-0.035	-0.091	-0.187	-0.034	-0.065	-0.126	-0.188	-0.023	-0.007	0.023	0.055	-0.078	-0.058
3	0.007	0.018	0.038	0.006	0.013	0.025	0.039	0.004	0.001	-0.005	-0.012	0.016	0.015
SUMME(+)	0.284	0.189	0.038	0.700	0.255	0.102	0.039	0.109	0.033	0.023	0.055	0.312	0.015
SUMME(-)	-0.035	-0.091	-0.419	-0.034	-0.268	-0.603	-1.157	-0.023	-0.007	-0.053	-0.076	-0.078	-0.134
SUMME	0.248	0.098	-0.381	0.666	-0.013	-0.502	-1.118	0.087	0.026	-0.029	-0.021	0.234	-0.119
FAKTOR	a*a				a				a*a			1/a	

INFOLGE EINZELMOMENT Mt=1

IN	M 0.4	0.7	1.0	Q 0	0.4	0.7	1.0	T 0	0.4	0.7	1.0	q 0.4	1.0
0.0*L1	0.000	0.000	-0.000	0.000	-0.000	-0.000	-0.000	1.000	-0.000	-0.000	-0.000	-0.000	-0.000
0.1*L1	0.072	0.026	-0.051	0.232	-0.037	-0.107	-0.148	0.780	-0.086	-0.051	-0.030	-0.188	-0.067
0.2*L1	0.138	0.052	-0.099	0.351	-0.057	-0.208	-0.294	0.617	-0.179	-0.104	-0.061	-0.405	-0.137
0.3*L1	0.192	0.079	-0.142	0.393	-0.040	-0.296	-0.435	0.494	-0.289	-0.161	-0.092	-0.681	-0.211
0.4*L1	0.222	0.105	-0.178	0.386	0.035	-0.364	-0.567	0.399	-0.425	-0.226	-0.124	-1.048	-0.294
									0.575				
0.5*L1	0.223	0.128	-0.203	0.350	0.113	-0.398	-0.685	0.323	0.442	-0.303	-0.159	-0.728	-0.390
0.6*L1	0.202	0.144	-0.217	0.300	0.140	-0.386	-0.783	0.259	0.339	-0.398	-0.199	-0.506	-0.507
0.7*L1	0.170	0.144	-0.221	0.245	0.134	-0.307	-0.851	0.205	0.260	-0.519	-0.248	-0.357	-0.657
										0.481			
0.8*L1	0.134	0.121	-0.214	0.191	0.110	-0.218	-0.876	0.158	0.198	0.362	-0.309	-0.262	-0.851
0.9*L1	0.098	0.085	-0.203	0.142	0.079	-0.174	-0.843	0.117	0.149	0.275	-0.390	-0.204	-1.111
1.0*L1	0.067	0.046	-0.194	0.100	0.046	-0.156	-0.733	0.084	0.111	0.212	-0.500	-0.169	-1.457
0.0*L2	0.067	0.046	-0.194	0.100	0.046	-0.156	-0.733	0.084	0.111	0.212	0.500	-0.169	-1.457
0.1*L2	0.041	0.010	-0.196	0.066	0.017	-0.151	-0.601	0.057	0.081	0.165	0.390	-0.148	-1.111
0.2*L2	0.021	-0.019	-0.202	0.040	-0.006	-0.150	-0.507	0.036	0.059	0.131	0.310	-0.134	-0.853
0.3*L2	0.006	-0.039	-0.204	0.021	-0.022	-0.148	-0.434	0.021	0.043	0.105	0.249	-0.122	-0.659
0.4*L2	-0.004	-0.051	-0.198	0.008	-0.032	-0.142	-0.373	0.011	0.031	0.085	0.201	-0.111	-0.513
0.5*L2	-0.009	-0.055	-0.185	-0.000	-0.036	-0.130	-0.318	0.004	0.022	0.069	0.163	-0.098	-0.401
0.6*L2	-0.011	-0.053	-0.164	-0.004	-0.035	-0.115	-0.266	0.000	0.016	0.056	0.131	-0.085	-0.313
0.7*L2	-0.011	-0.047	-0.137	-0.005	-0.031	-0.096	-0.215	-0.001	0.012	0.044	0.104	-0.070	-0.243
0.8*L2	-0.009	-0.037	-0.108	-0.005	-0.025	-0.076	-0.167	-0.001	0.009	0.034	0.080	-0.055	-0.186
0.9*L2	-0.006	-0.027	-0.079	-0.003	-0.018	-0.055	-0.124	-0.001	0.007	0.025	0.059	-0.040	-0.139
1.0*L2	-0.003	-0.017	-0.052	-0.001	-0.011	-0.037	-0.085	0.000	0.005	0.018	0.042	-0.027	-0.102
FAKTOR					1/a							1/(a*a)	

INFOLGE STRECKENMOMENT mt=1

IN FELD	M 0.4	0.7	1.0	Q 0	0.4	0.7	1.0	T 0	0.4	0.7	1.0	q 0.4	1.0
1,BIS SPRUNG						-0.026	-0.386			-0.152	-0.299		
1,REST	0.298	0.183	-0.326	0.533	0.126	-0.123	-1.175	0.775	0.344	0.195	-0.371	-0.883	-0.985
2	0.009	-0.062	-0.320	0.033	-0.035	-0.232	-0.681	0.033	0.067	0.165	0.390	-0.192	-1.033
3	0.004	0.006	0.001	0.005	0.005	-0.000	-0.020	0.004	0.005	0.007	0.017	-0.003	-0.053
SUMME(+)	0.312	0.189	0.001	0.571	0.130	0.000	0.000	0.812	0.415	0.368	0.406	0.000	0.000
SUMME(-)	0.000	-0.062	-0.646	0.000	-0.061	-0.742	-1.875	0.000	-0.152	-0.299	-0.371	-1.078	-2.072
SUMME	0.312	0.127	-0.645	0.571	0.069	-0.742	-1.875	0.812	0.263	0.069	0.035	-1.078	-2.072
FAKTOR		a			a				a			1/a	

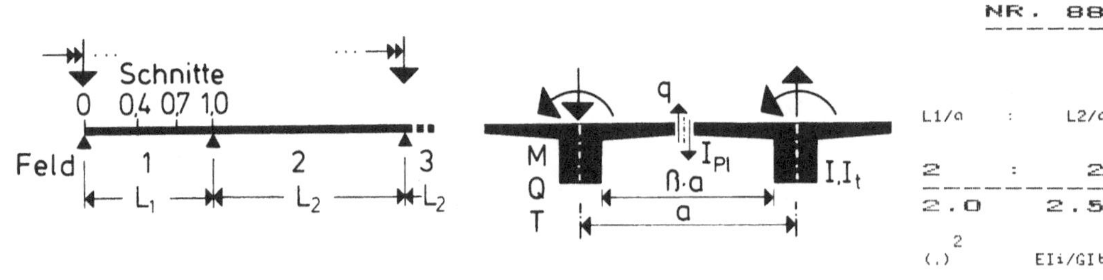

	M			Q				T				q	
IN SCHNITT	0.4	0.7	1.0	0	0.4	0.7	1.0	0	0.4	0.7	1.0	0.4	1.0

INFOLGE EINZELLAST P=1

IN	M 0.4	M 0.7	M 1.0	Q 0	Q 0.4	Q 0.7	Q 1.0	T 0	T 0.4	T 0.7	T 1.0	q 0.4	q 1.0
0.0*L1	0.000	0.000	-0.000	1.000	-0.000	-0.000	-0.000	0.000	0.000	-0.000	-0.000	0.000	-0.000
0.1*L1	0.081	0.013	-0.046	0.837	-0.127	-0.102	-0.101	0.022	0.004	-0.009	-0.010	0.057	-0.013
0.2*L1	0.166	0.030	-0.090	0.683	-0.254	-0.205	-0.202	0.039	0.007	-0.017	-0.018	0.108	-0.025
0.3*L1	0.257	0.052	-0.129	0.542	-0.379	-0.311	-0.304	0.051	0.012	-0.023	-0.026	0.148	-0.035
0.4*L1	0.357	0.083	-0.161	0.417	-0.501	-0.418	-0.408	0.056	0.016	-0.026	-0.031	0.168	-0.040
0.4*L1 (Sprung)					0.499								
0.5*L1	0.268	0.126	-0.181	0.309	0.383	-0.528	-0.513	0.055	0.018	-0.026	-0.034	0.163	-0.041
0.6*L1	0.191	0.184	-0.188	0.218	0.279	-0.638	-0.618	0.049	0.018	-0.024	-0.033	0.138	-0.037
0.7*L1	0.126	0.259	-0.178	0.142	0.187	-0.745	-0.723	0.038	0.016	-0.018	-0.029	0.104	-0.029
0.7*L1 (Sprung)						0.255							
0.8*L1	0.073	0.152	-0.146	0.081	0.110	0.155	-0.825	0.025	0.011	-0.012	-0.022	0.066	-0.017
0.9*L1	0.031	0.066	-0.088	0.034	0.047	0.069	-0.919	0.011	0.005	-0.006	-0.012	0.030	-0.006
1.0*L1	0.000	-0.000	-0.000	-0.000	-0.000	-0.000	-1.000	-0.000	-0.000	-0.000	0.000	-0.000	-0.000
0.0*L2	-0.000	-0.000	-0.000	-0.000	-0.000	-0.000	-0.000	-0.000	-0.000	0.000	0.000	-0.000	0.000
0.1*L2	-0.021	-0.045	-0.078	-0.023	-0.032	-0.049	-0.061	-0.008	-0.003	0.005	0.012	-0.022	-0.004
0.2*L2	-0.033	-0.072	-0.127	-0.036	-0.051	-0.079	-0.102	-0.012	-0.004	0.009	0.021	-0.037	-0.013
0.3*L2	-0.039	-0.084	-0.151	-0.042	-0.060	-0.094	-0.124	-0.014	-0.005	0.012	0.027	-0.044	-0.022
0.4*L2	-0.039	-0.085	-0.154	-0.042	-0.061	-0.096	-0.129	-0.014	-0.004	0.013	0.030	-0.046	-0.029
0.5*L2	-0.036	-0.078	-0.142	-0.039	-0.056	-0.089	-0.121	-0.012	-0.004	0.013	0.029	-0.043	-0.032
0.6*L2	-0.030	-0.065	-0.120	-0.032	-0.047	-0.075	-0.103	-0.010	-0.003	0.011	0.026	-0.036	-0.030
0.7*L2	-0.022	-0.049	-0.090	-0.024	-0.035	-0.056	-0.079	-0.007	-0.002	0.009	0.020	-0.028	-0.025
0.8*L2	-0.014	-0.031	-0.058	-0.015	-0.022	-0.036	-0.051	-0.005	-0.001	0.006	0.013	-0.018	-0.017
0.9*L2	-0.006	-0.014	-0.026	-0.007	-0.010	-0.016	-0.023	-0.002	-0.001	0.003	0.006	-0.008	-0.008
1.0*L2	0.000	-0.000	-0.000	-0.000	-0.000	-0.000	-0.000	-0.000	-0.000	-0.000	-0.000	-0.000	-0.000
FAKTOR	a							a				1/a	

INFOLGE STRECKENLAST P=1

IN FELD	M 0.4	M 0.7	M 1.0	Q 0	Q 0.4	Q 0.7	Q 1.0	T 0	T 0.4	T 0.7	T 1.0	q 0.4	q 1.0
1,BIS SPRUNG					-0.202	-0.515			0.006	-0.027			
1,REST	0.308	0.191	-0.244	0.750	0.250	0.069	-1.023	0.070	0.015	-0.005	-0.043	0.198	-0.049
2	-0.048	-0.106	-0.191	-0.053	-0.076	-0.119	-0.160	-0.017	-0.005	0.016	0.037	-0.057	-0.036
3	0.011	0.024	0.044	0.012	0.017	0.028	0.038	0.004	0.001	-0.004	-0.009	0.013	0.011
SUMME(+)	0.319	0.215	0.044	0.762	0.267	0.097	0.038	0.074	0.022	0.016	0.037	0.211	0.011
SUMME(-)	-0.048	-0.106	-0.435	-0.053	-0.278	-0.634	-1.183	-0.017	-0.005	-0.036	-0.053	-0.057	-0.085
SUMME	0.271	0.109	-0.391	0.710	-0.011	-0.537	-1.145	0.057	0.017	-0.020	-0.016	0.154	-0.074
FAKTOR	a*a			a				a*a					

INFOLGE EINZELMOMENT Mt=1

IN	M 0.4	M 0.7	M 1.0	Q 0	Q 0.4	Q 0.7	Q 1.0	T 0	T 0.4	T 0.7	T 1.0	q 0.4	q 1.0
0.0*L1	0.000	0.000	-0.000	0.000	-0.000	-0.000	-0.000	1.000	-0.000	-0.000	-0.000	-0.000	-0.000
0.1*L1	0.080	0.030	-0.054	0.246	-0.036	-0.118	-0.160	0.771	-0.088	-0.047	-0.026	-0.213	-0.060
0.2*L1	0.152	0.060	-0.105	0.377	-0.054	-0.228	-0.316	0.600	-0.184	-0.097	-0.053	-0.452	-0.123
0.3*L1	0.211	0.090	-0.151	0.429	-0.036	-0.324	-0.466	0.472	-0.295	-0.151	-0.081	-0.745	-0.192
0.4*L1	0.245	0.118	-0.187	0.427	0.040	-0.396	-0.604	0.374	-0.433	-0.215	-0.111	-1.121	-0.271
0.4*L1 (Sprung)									0.567				
0.5*L1	0.246	0.143	-0.213	0.393	0.119	-0.433	-0.725	0.296	0.433	-0.291	-0.145	-0.804	-0.366
0.6*L1	0.224	0.158	-0.227	0.340	0.146	-0.419	-0.822	0.234	0.331	-0.387	-0.186	-0.577	-0.483
0.7*L1	0.189	0.156	-0.230	0.279	0.140	-0.337	-0.885	0.182	0.252	-0.510	-0.236	-0.419	-0.634
0.7*L1 (Sprung)										0.490			
0.8*L1	0.149	0.131	-0.222	0.218	0.115	-0.242	-0.903	0.140	0.191	0.369	-0.300	-0.311	-0.831
0.9*L1	0.109	0.091	-0.209	0.160	0.081	-0.191	-0.861	0.104	0.144	0.280	-0.385	-0.239	-1.092
1.0*L1	0.072	0.047	-0.200	0.110	0.046	-0.168	-0.741	0.075	0.107	0.214	-0.500	-0.191	-1.440
0.0*L2	0.072	0.047	-0.200	0.110	0.046	-0.168	-0.741	0.075	0.107	0.214	0.500	-0.191	-1.440
0.1*L2	0.042	0.007	-0.201	0.069	0.014	-0.158	-0.600	0.052	0.079	0.165	0.386	-0.159	-1.093
0.2*L2	0.017	-0.025	-0.206	0.037	-0.011	-0.153	-0.498	0.034	0.058	0.129	0.301	-0.136	-0.833
0.3*L2	-0.000	-0.048	-0.208	0.013	-0.029	-0.148	-0.419	0.021	0.042	0.102	0.237	-0.118	-0.638
0.4*L2	-0.012	-0.061	-0.203	-0.002	-0.040	-0.140	-0.355	0.012	0.031	0.081	0.188	-0.103	-0.491
0.5*L2	-0.018	-0.066	-0.189	-0.011	-0.044	-0.128	-0.299	0.006	0.022	0.064	0.150	-0.089	-0.379
0.6*L2	-0.020	-0.064	-0.168	-0.015	-0.043	-0.112	-0.247	0.002	0.016	0.051	0.118	-0.074	-0.292
0.7*L2	-0.018	-0.056	-0.141	-0.015	-0.038	-0.094	-0.199	0.001	0.012	0.040	0.092	-0.061	-0.224
0.8*L2	-0.015	-0.044	-0.111	-0.013	-0.031	-0.074	-0.154	0.000	0.009	0.030	0.071	-0.047	-0.171
0.9*L2	-0.010	-0.032	-0.080	-0.009	-0.022	-0.053	-0.113	0.000	0.007	0.023	0.053	-0.034	-0.128
1.0*L2	-0.006	-0.019	-0.052	-0.004	-0.013	-0.035	-0.078	0.001	0.005	0.016	0.038	-0.023	-0.094
FAKTOR				1/a								1/(a*a)	

INFOLGE STRECKENMOMENT mt=1

IN FELD	M 0.4	M 0.7	M 1.0	Q 0	Q 0.4	Q 0.7	Q 1.0	T 0	T 0.4	T 0.7	T 1.0	q 0.4	q 1.0
1,BIS SPRUNG					-0.024	-0.421			-0.156	-0.287			
1,REST	0.330	0.201	-0.341	0.591	0.131	-0.135	-1.228	0.738	0.335	0.199	-0.353	-0.986	-0.949
2	-0.001	-0.076	-0.327	0.020	-0.046	-0.232	-0.657	0.033	0.066	0.159	0.371	-0.185	-0.997
3	0.006	0.010	0.007	0.008	0.007	0.002	-0.017	0.004	0.005	0.007	0.017	-0.003	-0.053
SUMME(+)	0.336	0.211	0.007	0.619	0.139	0.002	0.000	0.775	0.406	0.365	0.388	0.000	0.000
SUMME(-)	-0.001	-0.076	-0.667	0.000	-0.070	-0.789	-1.901	0.000	-0.156	-0.287	-0.353	-1.174	-1.999
SUMME	0.336	0.135	-0.661	0.619	0.069	-0.787	-1.901	0.775	0.250	0.078	0.035	-1.174	-1.999
FAKTOR	a			a				a				1/a	

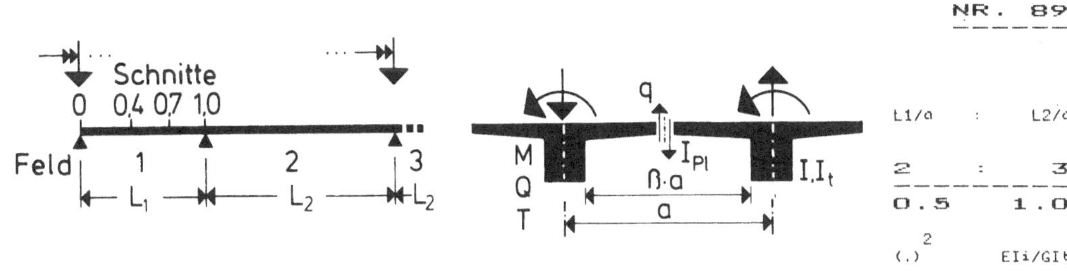

	M			Q				T				q	
IN SCHNITT	0.4	0.7	1.0	0	0.4	0.7	1.0	0	0.4	0.7	1.0	0.4	1.0

INFOLGE EINZELLAST P=1

IN	M 0.4	M 0.7	M 1.0	Q 0	Q 0.4	Q 0.7	Q 1.0	T 0	T 0.4	T 0.7	T 1.0	q 0.4	q 1.0
0.0*L1	0.000	0.000	-0.000	1.000	-0.000	-0.000	-0.000	0.000	0.000	-0.000	-0.000	0.000	-0.000
0.1*L1	0.083	0.016	-0.042	0.842	-0.127	-0.101	-0.094	0.021	0.005	-0.008	-0.011	0.054	-0.004
0.2*L1	0.169	0.034	-0.081	0.690	-0.253	-0.202	-0.189	0.039	0.010	-0.015	-0.022	0.103	-0.008
0.3*L1	0.262	0.059	-0.116	0.551	-0.377	-0.306	-0.286	0.051	0.015	-0.021	-0.031	0.141	-0.011
0.4*L1	0.363	0.092	-0.144	0.426	-0.497	-0.412	-0.387	0.057	0.018	-0.024	-0.037	0.161	-0.011
				0.503									
0.5*L1	0.274	0.136	-0.163	0.317	0.390	-0.520	-0.490	0.056	0.020	-0.025	-0.040	0.158	-0.011
0.6*L1	0.197	0.195	-0.169	0.225	0.286	-0.629	-0.596	0.049	0.019	-0.024	-0.040	0.139	-0.008
0.7*L1	0.131	0.269	-0.159	0.148	0.195	-0.735	-0.704	0.038	0.015	-0.020	-0.036	0.108	-0.004
						0.265							
0.8*L1	0.077	0.161	-0.130	0.086	0.116	0.164	-0.810	0.025	0.009	-0.015	-0.028	0.071	-0.000
0.9*L1	0.033	0.071	-0.079	0.037	0.051	0.075	-0.910	0.011	0.004	-0.008	-0.015	0.034	0.002
1.0*L1	0.000	0.000	0.000	-0.000	-0.000	0.000	-1.000	-0.000	-0.000	0.000	-0.000	0.000	0.000
0.0*L2	-0.000	-0.000	-0.000	-0.000	-0.000	-0.000	-0.000	-0.000	-0.000	0.000	0.000	-0.000	-0.000
0.1*L2	-0.033	-0.072	-0.127	-0.036	-0.052	-0.080	-0.101	-0.007	0.001	0.015	0.026	-0.039	-0.014
0.2*L2	-0.050	-0.111	-0.199	-0.053	-0.080	-0.125	-0.164	-0.006	0.007	0.029	0.049	-0.063	-0.033
0.3*L2	-0.055	-0.124	-0.227	-0.059	-0.089	-0.144	-0.194	-0.002	0.013	0.040	0.066	-0.074	-0.050
0.4*L2	-0.053	-0.121	-0.224	-0.056	-0.087	-0.143	-0.198	0.002	0.018	0.046	0.073	-0.075	-0.061
0.5*L2	-0.046	-0.106	-0.200	-0.048	-0.076	-0.128	-0.181	0.006	0.020	0.046	0.073	-0.069	-0.064
0.6*L2	-0.036	-0.085	-0.163	-0.037	-0.061	-0.105	-0.151	0.007	0.019	0.041	0.064	-0.058	-0.059
0.7*L2	-0.026	-0.061	-0.118	-0.026	-0.044	-0.076	-0.112	0.007	0.016	0.032	0.050	-0.043	-0.047
0.8*L2	-0.016	-0.038	-0.073	-0.016	-0.027	-0.047	-0.070	0.005	0.011	0.021	0.032	-0.027	-0.031
0.9*L2	-0.007	-0.016	-0.032	-0.007	-0.012	-0.021	-0.031	0.002	0.005	0.009	0.014	-0.012	-0.014
1.0*L2	-0.000	0.000	0.000	-0.000	-0.000	0.000	-0.000	-0.000	0.000	0.000	-0.000	0.000	0.000
FAKTOR	a							a				1/a	

INFOLGE STRECKENLAST P=1

IN FELD	M 0.4	M 0.7	M 1.0	Q 0	Q 0.4	Q 0.7	Q 1.0	T 0	T 0.4	T 0.7	T 1.0	q 0.4	q 1.0
1,BIS SPRUNG					-0.201	-0.507			0.008	-0.026			
1,REST	0.316	0.205	-0.219	0.762	0.257	0.074	-0.993	0.070	0.015	-0.007	-0.052	0.195	-0.011
2	-0.098	-0.223	-0.414	-0.103	-0.160	-0.264	-0.364	0.004	0.033	0.084	0.135	-0.139	-0.112
3	0.012	0.028	0.051	0.013	0.020	0.032	0.044	0.000	-0.003	-0.009	-0.015	0.017	0.012
SUMME(+)	0.329	0.232	0.051	0.775	0.277	0.106	0.044	0.074	0.056	0.084	0.135	0.212	0.012
SUMME(-)	-0.098	-0.223	-0.633	-0.103	-0.361	-0.771	-1.358	0.000	-0.003	-0.042	-0.068	-0.139	-0.123
SUMME	0.231	0.009	-0.581	0.672	-0.085	-0.665	-1.314	0.074	0.053	0.043	0.067	0.073	-0.111
FAKTOR	a*a			a				a*a				1	

INFOLGE EINZELMOMENT Mt=1

IN	M 0.4	M 0.7	M 1.0	Q 0	Q 0.4	Q 0.7	Q 1.0	T 0	T 0.4	T 0.7	T 1.0	q 0.4	q 1.0
0.0*L1	0.000	0.000	-0.000	0.000	-0.000	-0.000	-0.000	1.000	-0.000	-0.000	-0.000	-0.000	-0.000
0.1*L1	0.032	0.013	-0.030	0.086	-0.008	-0.054	-0.089	0.875	-0.078	-0.054	-0.037	-0.096	-0.052
0.2*L1	0.062	0.026	-0.059	0.140	-0.010	-0.105	-0.176	0.768	-0.157	-0.110	-0.074	-0.197	-0.105
0.3*L1	0.087	0.037	-0.086	0.169	-0.003	-0.151	-0.258	0.674	-0.240	-0.166	-0.112	-0.305	-0.160
0.4*L1	0.102	0.048	-0.111	0.180	0.019	-0.186	-0.335	0.591	-0.329	-0.226	-0.151	-0.425	-0.218
								0.671					
0.5*L1	0.106	0.055	-0.131	0.177	0.042	-0.210	-0.402	0.518	0.586	-0.288	-0.192	-0.359	-0.279
0.6*L1	0.102	0.058	-0.148	0.164	0.049	-0.216	-0.458	0.454	0.511	-0.356	-0.235	-0.307	-0.346
0.7*L1	0.091	0.054	-0.161	0.146	0.047	-0.202	-0.500	0.396	0.446	-0.430	-0.281	-0.267	-0.419
										0.570			
0.8*L1	0.077	0.042	-0.171	0.125	0.037	-0.182	-0.523	0.345	0.389	0.499	-0.331	-0.236	-0.501
0.9*L1	0.062	0.024	-0.180	0.103	0.023	-0.173	-0.524	0.300	0.340	0.438	-0.387	-0.212	-0.592
1.0*L1	0.046	0.004	-0.189	0.081	0.008	-0.170	-0.500	0.260	0.297	0.386	-0.450	-0.195	-0.696
0.0*L2	0.046	0.004	-0.189	0.081	0.008	-0.170	-0.500	0.260	0.297	0.386	0.550	-0.195	-0.696
0.1*L2	0.024	-0.026	-0.206	0.052	-0.015	-0.171	-0.450	0.210	0.243	0.322	0.461	-0.175	-0.575
0.2*L2	0.007	-0.051	-0.222	0.028	-0.033	-0.174	-0.412	0.170	0.201	0.271	0.391	-0.160	-0.480
0.3*L2	-0.006	-0.068	-0.230	0.011	-0.046	-0.173	-0.378	0.139	0.167	0.230	0.333	-0.146	-0.403
0.4*L2	-0.015	-0.077	-0.228	-0.001	-0.053	-0.166	-0.344	0.113	0.139	0.196	0.285	-0.133	-0.339
0.5*L2	-0.019	-0.079	-0.216	-0.008	-0.055	-0.155	-0.308	0.093	0.117	0.167	0.243	-0.119	-0.286
0.6*L2	-0.020	-0.075	-0.196	-0.012	-0.053	-0.139	-0.269	0.077	0.097	0.140	0.205	-0.104	-0.240
0.7*L2	-0.019	-0.067	-0.170	-0.012	-0.047	-0.120	-0.229	0.063	0.080	0.117	0.171	-0.088	-0.199
0.8*L2	-0.016	-0.056	-0.141	-0.010	-0.039	-0.100	-0.189	0.051	0.066	0.096	0.141	-0.073	-0.163
0.9*L2	-0.012	-0.044	-0.112	-0.008	-0.031	-0.079	-0.151	0.042	0.053	0.078	0.114	-0.058	-0.132
1.0*L2	-0.009	-0.033	-0.085	-0.005	-0.023	-0.061	-0.118	0.034	0.043	0.062	0.090	-0.045	-0.105
FAKTOR				1/a								1/(a*a)	

INFOLGE STRECKENMOMENT mt=1

IN FELD	M 0.4	M 0.7	M 1.0	Q 0	Q 0.4	Q 0.7	Q 1.0	T 0	T 0.4	T 0.7	T 1.0	q 0.4	q 1.0
1,BIS SPRUNG					-0.003	-0.206			-0.128	-0.283			
1,REST	0.150	0.072	-0.235	0.268	0.043	-0.108	-0.705	1.109	0.550	0.282	-0.405	-0.499	-0.603
2	-0.018	-0.169	-0.558	0.023	-0.115	-0.418	-0.911	0.330	0.399	0.551	0.797	-0.353	-0.962
3	-0.002	-0.020	-0.070	0.004	-0.014	-0.053	-0.117	0.043	0.052	0.072	0.104	-0.045	-0.126
SUMME(+)	0.150	0.072	0.000	0.295	0.043	0.000	0.000	1.482	1.001	0.905	0.901	0.000	0.000
SUMME(-)	-0.020	-0.189	-0.864	0.000	-0.131	-0.785	-1.733	0.000	-0.128	-0.283	-0.405	-0.897	-1.691
SUMME	0.130	-0.117	-0.864	0.295	-0.088	-0.785	-1.733	1.482	0.874	0.622	0.496	-0.897	-1.691
FAKTOR	a			a				a				1/a	

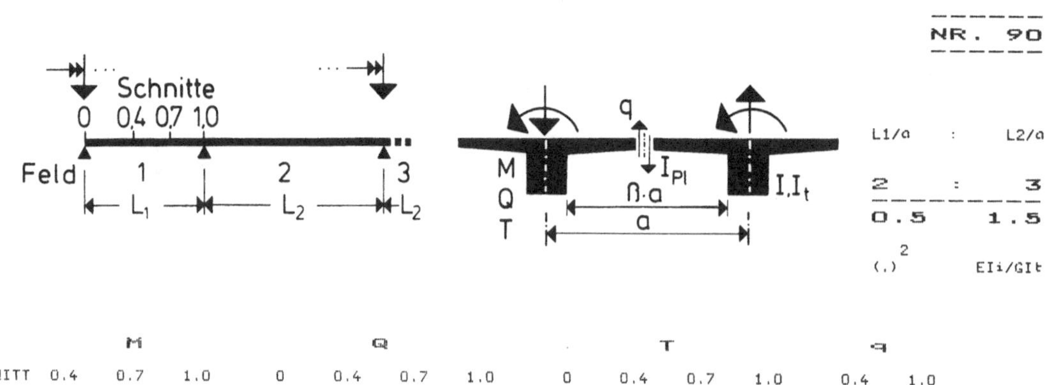

	M			Q				T				q	
IN SCHNITT	0.4	0.7	1.0	0	0.4	0.7	1.0	0	0.4	0.7	1.0	0.4	1.0

INFOLGE EINZELLAST P=1

IN	M 0.4	M 0.7	M 1.0	Q 0	Q 0.4	Q 0.7	Q 1.0	T 0	T 0.4	T 0.7	T 1.0	q 0.4	q 1.0
0.0*L1	0.000	0.000	-0.000	1.000	-0.000	-0.000	-0.000	0.000	0.000	-0.000	-0.000	0.000	-0.000
0.1*L1	0.089	0.019	-0.042	0.852	-0.126	-0.107	-0.102	0.015	0.004	-0.006	-0.008	0.039	-0.003
0.2*L1	0.180	0.041	-0.083	0.709	-0.250	-0.214	-0.204	0.027	0.007	-0.011	-0.016	0.073	-0.005
0.3*L1	0.276	0.069	-0.118	0.576	-0.373	-0.322	-0.307	0.036	0.010	-0.015	-0.023	0.100	-0.006
0.4*L1	0.379	0.104	-0.146	0.454	-0.491	-0.430	-0.411	0.040	0.012	-0.018	-0.028	0.114	-0.007
					0.509								
0.5*L1	0.291	0.149	-0.164	0.345	0.397	-0.538	-0.516	0.039	0.013	-0.019	-0.030	0.113	-0.006
0.6*L1	0.212	0.207	-0.170	0.250	0.294	-0.645	-0.621	0.035	0.013	-0.018	-0.030	0.099	-0.004
0.7*L1	0.144	0.280	-0.159	0.168	0.202	-0.748	-0.725	0.027	0.010	-0.015	-0.027	0.078	-0.002
						0.252							
0.8*L1	0.086	0.169	-0.130	0.099	0.122	0.156	-0.825	0.018	0.006	-0.011	-0.020	0.052	0.001
0.9*L1	0.038	0.075	-0.078	0.044	0.054	0.071	-0.918	0.008	0.003	-0.006	-0.011	0.025	0.002
1.0*L1	-0.000	-0.000	-0.000	0.000	0.000	0.000	-1.000	-0.000	-0.000	0.000	-0.000	0.000	-0.000
0.0*L2	-0.000	-0.000	-0.000	-0.000	-0.000	-0.000	-0.000	-0.000	-0.000	0.000	0.000	-0.000	-0.000
0.1*L2	-0.039	-0.079	-0.131	-0.044	-0.057	-0.077	-0.093	-0.005	0.001	0.011	0.019	-0.029	-0.010
0.2*L2	-0.060	-0.123	-0.207	-0.068	-0.089	-0.123	-0.152	-0.005	0.005	0.022	0.036	-0.048	-0.024
0.3*L2	-0.068	-0.141	-0.240	-0.077	-0.102	-0.143	-0.181	-0.003	0.009	0.030	0.049	-0.057	-0.037
0.4*L2	-0.067	-0.140	-0.240	-0.076	-0.101	-0.144	-0.185	0.000	0.013	0.034	0.055	-0.059	-0.045
0.5*L2	-0.060	-0.125	-0.217	-0.067	-0.090	-0.131	-0.171	0.003	0.014	0.035	0.055	-0.055	-0.047
0.6*L2	-0.049	-0.102	-0.178	-0.054	-0.073	-0.108	-0.143	0.004	0.014	0.031	0.049	-0.046	-0.043
0.7*L2	-0.035	-0.075	-0.131	-0.039	-0.054	-0.080	-0.107	0.004	0.011	0.024	0.038	-0.035	-0.035
0.8*L2	-0.022	-0.047	-0.082	-0.024	-0.033	-0.050	-0.068	0.003	0.008	0.016	0.025	-0.022	-0.023
0.9*L2	-0.010	-0.021	-0.037	-0.011	-0.015	-0.022	-0.030	0.001	0.003	0.007	0.011	-0.010	-0.010
1.0*L2	-0.000	-0.000	-0.000	-0.000	0.000	0.000	-0.000	-0.000	-0.000	0.000	-0.000	0.000	-0.000
FAKTOR	a							a				1/a	

INFOLGE STRECKENLAST P=1

IN FELD	M 0.4	M 0.7	M 1.0	Q 0	Q 0.4	Q 0.7	Q 1.0	T 0	T 0.4	T 0.7	T 1.0	q 0.4	q 1.0
1,BIS SPRUNG						-0.199	-0.526		0.005	-0.019			
1,REST	0.337	0.221	-0.220	0.798	0.264	0.070	-1.026	0.049	0.010	-0.005	-0.039	0.140	-0.006
2	-0.125	-0.259	-0.443	-0.140	-0.186	-0.266	-0.342	0.001	0.024	0.064	0.102	-0.109	-0.083
3	0.020	0.042	0.071	0.023	0.030	0.043	0.055	0.000	-0.003	-0.010	-0.016	0.017	0.012
SUMME(+)	0.357	0.263	0.071	0.820	0.294	0.113	0.055	0.050	0.039	0.064	0.102	0.157	0.012
SUMME(-)	-0.125	-0.259	-0.664	-0.140	-0.385	-0.792	-1.368	0.000	-0.003	-0.034	-0.055	-0.109	-0.089
SUMME	0.233	0.004	-0.592	0.680	-0.091	-0.679	-1.314	0.050	0.036	0.030	0.047	0.048	-0.076
FAKTOR	a*a			a				a*a					

INFOLGE EINZELMOMENT Mt=1

IN	M 0.4	M 0.7	M 1.0	Q 0	Q 0.4	Q 0.7	Q 1.0	T 0	T 0.4	T 0.7	T 1.0	q 0.4	q 1.0
0.0*L1	0.000	0.000	-0.000	0.000	-0.000	-0.000	-0.000	1.000	-0.000	-0.000	-0.000	-0.000	-0.000
0.1*L1	0.034	0.014	-0.031	0.089	-0.007	-0.056	-0.092	0.873	-0.079	-0.054	-0.036	-0.102	-0.051
0.2*L1	0.065	0.027	-0.061	0.146	-0.010	-0.110	-0.181	0.763	-0.159	-0.109	-0.073	-0.207	-0.103
0.3*L1	0.091	0.040	-0.089	0.177	-0.002	-0.157	-0.266	0.668	-0.243	-0.165	-0.111	-0.319	-0.157
0.4*L1	0.107	0.050	-0.113	0.188	0.020	-0.194	-0.344	0.584	-0.332	-0.225	-0.150	-0.441	-0.214
								0.668					
0.5*L1	0.111	0.057	-0.135	0.186	0.043	-0.218	-0.412	0.511	0.582	-0.288	-0.191	-0.376	-0.274
0.6*L1	0.106	0.060	-0.152	0.173	0.050	-0.224	-0.468	0.446	0.507	-0.356	-0.234	-0.324	-0.340
0.7*L1	0.095	0.055	-0.166	0.153	0.046	-0.210	-0.508	0.389	0.442	-0.430	-0.281	-0.281	-0.413
										0.570			
0.8*L1	0.079	0.041	-0.176	0.130	0.036	-0.189	-0.529	0.338	0.385	0.497	-0.333	-0.248	-0.494
0.9*L1	0.062	0.021	-0.186	0.105	0.021	-0.179	-0.528	0.293	0.335	0.435	-0.390	-0.221	-0.584
1.0*L1	0.044	-0.001	-0.195	0.080	0.004	-0.175	-0.501	0.254	0.293	0.382	-0.455	-0.200	-0.687
0.0*L2	0.044	-0.001	-0.195	0.080	0.004	-0.175	-0.501	0.254	0.293	0.382	0.545	-0.200	-0.687
0.1*L2	0.020	-0.034	-0.215	0.047	-0.021	-0.176	-0.448	0.205	0.239	0.317	0.453	-0.175	-0.565
0.2*L2	-0.000	-0.062	-0.232	0.019	-0.041	-0.177	-0.407	0.166	0.196	0.264	0.379	-0.156	-0.467
0.3*L2	-0.015	-0.081	-0.241	-0.001	-0.056	-0.176	-0.371	0.135	0.162	0.222	0.320	-0.140	-0.389
0.4*L2	-0.025	-0.092	-0.240	-0.015	-0.064	-0.169	-0.336	0.110	0.134	0.187	0.270	-0.125	-0.324
0.5*L2	-0.030	-0.094	-0.229	-0.023	-0.066	-0.158	-0.299	0.089	0.111	0.157	0.228	-0.110	-0.271
0.6*L2	-0.030	-0.089	-0.208	-0.025	-0.063	-0.142	-0.261	0.073	0.092	0.131	0.191	-0.095	-0.225
0.7*L2	-0.028	-0.079	-0.181	-0.024	-0.056	-0.122	-0.221	0.060	0.076	0.109	0.158	-0.080	-0.186
0.8*L2	-0.023	-0.066	-0.150	-0.020	-0.046	-0.101	-0.182	0.049	0.062	0.089	0.130	-0.066	-0.152
0.9*L2	-0.018	-0.051	-0.118	-0.015	-0.036	-0.080	-0.145	0.039	0.050	0.072	0.104	-0.053	-0.122
1.0*L2	-0.012	-0.037	-0.088	-0.010	-0.026	-0.060	-0.112	0.032	0.040	0.057	0.083	-0.041	-0.098
FAKTOR				1/a								1/(a*a)	

INFOLGE STRECKENMOMENT mt=1

IN FELD	M 0.4	M 0.7	M 1.0	Q 0	Q 0.4	Q 0.7	Q 1.0	T 0	T 0.4	T 0.7	T 1.0	q 0.4	q 1.0
1,BIS SPRUNG						-0.002	-0.214		-0.129	-0.282			
1,REST	0.155	0.074	-0.241	0.279	0.042	-0.112	-0.718	1.097	0.546	0.281	-0.405	-0.522	-0.594
2	-0.041	-0.201	-0.588	-0.008	-0.139	-0.425	-0.893	0.320	0.385	0.528	0.762	-0.335	-0.925
3	-0.001	-0.017	-0.060	0.004	-0.011	-0.045	-0.102	0.041	0.048	0.065	0.094	-0.039	-0.115
SUMME(+)	0.155	0.074	0.000	0.283	0.042	0.000	0.000	1.457	0.979	0.875	0.856	0.000	0.000
SUMME(-)	-0.042	-0.218	-0.889	-0.008	-0.152	-0.797	-1.712	0.000	-0.129	-0.282	-0.405	-0.896	-1.634
SUMME	0.114	-0.144	-0.889	0.276	-0.110	-0.797	-1.712	1.457	0.850	0.593	0.451	-0.896	-1.634
FAKTOR	a							a				1/a	

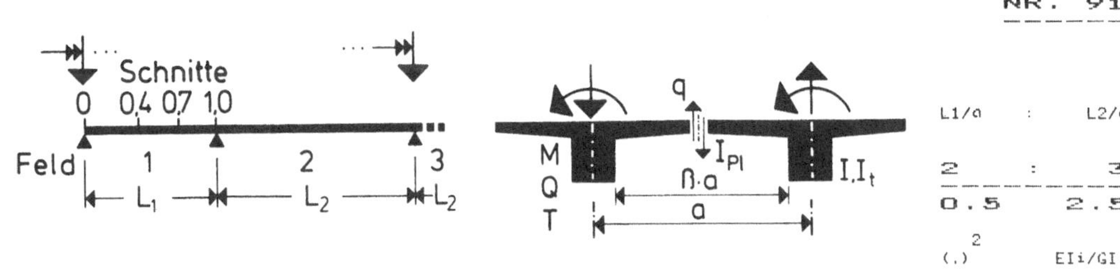

INFOLGE EINZELLAST P=1

IN	M 0.4	M 0.7	M 1.0	Q 0	Q 0.4	Q 0.7	Q 1.0	T 0	T 0.4	T 0.7	T 1.0	q 0.4	q 1.0
0.0*L1	0.000	0.000	-0.000	1.000	-0.000	-0.000	-0.000	0.000	0.000	-0.000	-0.000	0.000	-0.000
0.1*L1	0.094	0.023	-0.043	0.862	-0.124	-0.112	-0.109	0.009	0.002	-0.004	-0.006	0.025	-0.001
0.2*L1	0.189	0.048	-0.084	0.727	-0.248	-0.224	-0.218	0.017	0.004	-0.007	-0.011	0.047	-0.003
0.3*L1	0.289	0.078	-0.119	0.599	-0.368	-0.336	-0.326	0.022	0.006	-0.010	-0.015	0.064	-0.003
0.4*L1	0.394	0.115	-0.147	0.480	-0.485	-0.446	-0.433	0.025	0.008	-0.012	-0.018	0.073	-0.004
				0.515									
0.5*L1	0.306	0.162	-0.165	0.371	0.404	-0.554	-0.540	0.025	0.008	-0.012	-0.020	0.072	-0.003
0.6*L1	0.226	0.219	-0.170	0.273	0.302	-0.659	-0.644	0.022	0.008	-0.012	-0.020	0.064	-0.002
0.7*L1	0.156	0.291	-0.159	0.187	0.209	-0.759	-0.744	0.017	0.006	-0.010	-0.018	0.050	-0.000
					0.241								
0.8*L1	0.094	0.177	-0.129	0.112	0.127	0.149	-0.838	0.011	0.004	-0.007	-0.013	0.033	0.001
0.9*L1	0.042	0.080	-0.077	0.050	0.057	0.068	-0.925	0.005	0.002	-0.004	-0.007	0.016	0.001
1.0*L1	0.000	-0.000	-0.000	0.000	0.000	-0.000	-1.000	-0.000	-0.000	0.000	0.000	0.000	-0.000
0.0*L2	-0.000	-0.000	-0.000	-0.000	-0.000	-0.000	-0.000	-0.000	-0.000	0.000	0.000	-0.000	-0.000
0.1*L2	-0.045	-0.085	-0.134	-0.053	-0.061	-0.075	-0.085	-0.004	0.001	0.007	0.013	-0.019	-0.007
0.2*L2	-0.071	-0.136	-0.215	-0.084	-0.098	-0.120	-0.140	-0.004	0.003	0.015	0.024	-0.032	-0.016
0.3*L2	-0.082	-0.159	-0.252	-0.097	-0.114	-0.142	-0.167	-0.002	0.006	0.020	0.033	-0.039	-0.024
0.4*L2	-0.083	-0.160	-0.255	-0.097	-0.115	-0.144	-0.172	-0.001	0.008	0.023	0.037	-0.041	-0.029
0.5*L2	-0.075	-0.145	-0.234	-0.088	-0.104	-0.132	-0.159	0.001	0.009	0.023	0.037	-0.039	-0.031
0.6*L2	-0.062	-0.120	-0.194	-0.073	-0.086	-0.110	-0.134	0.002	0.009	0.021	0.033	-0.033	-0.029
0.7*L2	-0.046	-0.090	-0.145	-0.054	-0.064	-0.083	-0.101	0.002	0.007	0.017	0.026	-0.025	-0.023
0.8*L2	-0.029	-0.057	-0.092	-0.034	-0.041	-0.052	-0.065	0.002	0.005	0.011	0.017	-0.016	-0.015
0.9*L2	-0.013	-0.026	-0.042	-0.015	-0.018	-0.024	-0.029	0.001	0.002	0.005	0.008	-0.007	-0.007
1.0*L2	0.000	-0.000	-0.000	0.000	0.000	-0.000	-0.000	-0.000	-0.000	0.000	-0.000	0.000	-0.000
FAKTOR	a							a				1/a	

INFOLGE STRECKENLAST P=1

IN FELD	M 0.4	M 0.7	M 1.0	Q 0	Q 0.4	Q 0.7	Q 1.0	T 0	T 0.4	T 0.7	T 1.0	q 0.4	q 1.0
1,BIS SPRUNG					-0.197	-0.543			0.003	-0.013			
1,REST	0.357	0.237	-0.221	0.831	0.270	0.067	-1.056	0.031	0.006	-0.003	-0.026	0.089	-0.003
2	-0.153	-0.296	-0.474	-0.180	-0.213	-0.268	-0.319	-0.001	0.015	0.043	0.068	-0.076	-0.055
3	0.031	0.059	0.095	0.036	0.043	0.054	0.064	0.000	-0.003	-0.008	-0.014	0.015	0.011
SUMME(+)	0.387	0.296	0.095	0.867	0.313	0.121	0.064	0.031	0.025	0.043	0.068	0.104	0.011
SUMME(-)	-0.153	-0.296	-0.694	-0.180	-0.409	-0.810	-1.375	-0.001	-0.003	-0.024	-0.039	-0.076	-0.057
SUMME	0.234	-0.000	-0.600	0.686	-0.097	-0.690	-1.311	0.030	0.022	0.018	0.029	0.028	-0.047
FAKTOR	a*a			a				a*a				1/a	

INFOLGE EINZELMOMENT Mt=1

IN	M 0.4	M 0.7	M 1.0	Q 0	Q 0.4	Q 0.7	Q 1.0	T 0	T 0.4	T 0.7	T 1.0	q 0.4	q 1.0
0.0*L1	0.000	0.000	-0.000	0.000	-0.000	-0.000	-0.000	1.000	-0.000	-0.000	-0.000	-0.000	-0.000
0.1*L1	0.036	0.015	-0.031	0.092	-0.007	-0.059	-0.094	0.871	-0.079	-0.054	-0.036	-0.106	-0.050
0.2*L1	0.068	0.029	-0.062	0.151	-0.009	-0.114	-0.186	0.760	-0.160	-0.108	-0.072	-0.215	-0.101
0.3*L1	0.094	0.042	-0.090	0.184	-0.001	-0.162	-0.272	0.663	-0.245	-0.164	-0.109	-0.331	-0.154
0.4*L1	0.111	0.053	-0.116	0.196	0.021	-0.200	-0.351	0.578	-0.334	-0.224	-0.148	-0.455	-0.210
								0.666					
0.5*L1	0.115	0.060	-0.137	0.194	0.043	-0.225	-0.420	0.504	0.579	-0.287	-0.189	-0.391	-0.270
0.6*L1	0.110	0.061	-0.155	0.180	0.050	-0.232	-0.475	0.439	0.504	-0.355	-0.233	-0.338	-0.336
0.7*L1	0.097	0.055	-0.170	0.159	0.046	-0.217	-0.515	0.382	0.438	-0.430	-0.281	-0.294	-0.408
									0.570				
0.8*L1	0.081	0.040	-0.181	0.133	0.034	-0.196	-0.534	0.332	0.381	0.496	-0.334	-0.257	-0.488
0.9*L1	0.062	0.019	-0.191	0.106	0.018	-0.184	-0.531	0.288	0.332	0.433	-0.393	-0.228	-0.578
1.0*L1	0.042	-0.006	-0.202	0.078	0.000	-0.180	-0.502	0.250	0.289	0.379	-0.460	-0.203	-0.679
0.0*L2	0.042	-0.006	-0.202	0.078	0.000	-0.180	-0.502	0.250	0.289	0.379	0.540	-0.203	-0.679
0.1*L2	0.015	-0.042	-0.223	0.040	-0.027	-0.179	-0.446	0.202	0.235	0.311	0.445	-0.174	-0.555
0.2*L2	-0.008	-0.073	-0.242	0.009	-0.049	-0.180	-0.402	0.163	0.192	0.257	0.368	-0.150	-0.456
0.3*L2	-0.025	-0.095	-0.253	-0.014	-0.066	-0.178	-0.364	0.132	0.157	0.214	0.307	-0.131	-0.376
0.4*L2	-0.036	-0.107	-0.253	-0.030	-0.075	-0.171	-0.327	0.107	0.129	0.178	0.256	-0.114	-0.311
0.5*L2	-0.041	-0.109	-0.242	-0.038	-0.077	-0.160	-0.290	0.087	0.106	0.148	0.213	-0.098	-0.257
0.6*L2	-0.041	-0.104	-0.220	-0.040	-0.073	-0.143	-0.252	0.071	0.087	0.122	0.177	-0.084	-0.212
0.7*L2	-0.037	-0.092	-0.191	-0.037	-0.065	-0.123	-0.213	0.057	0.071	0.101	0.146	-0.070	-0.174
0.8*L2	-0.031	-0.076	-0.158	-0.031	-0.054	-0.102	-0.175	0.047	0.058	0.082	0.119	-0.057	-0.141
0.9*L2	-0.024	-0.059	-0.123	-0.023	-0.042	-0.080	-0.139	0.038	0.047	0.066	0.095	-0.046	-0.114
1.0*L2	-0.016	-0.042	-0.091	-0.015	-0.029	-0.059	-0.106	0.031	0.038	0.052	0.076	-0.036	-0.091
FAKTOR				1/a								1/(a*a)	

INFOLGE STRECKENMOMENT mt=1

IN FELD	M 0.4	M 0.7	M 1.0	Q 0	Q 0.4	Q 0.7	Q 1.0	T 0	T 0.4	T 0.7	T 1.0	q 0.4	q 1.0
1,BIS SPRUNG					-0.002	-0.221			-0.130	-0.281			
1,REST	0.160	0.075	-0.247	0.289	0.041	-0.115	-0.728	1.087	0.542	0.280	-0.405	-0.542	-0.586
2	-0.065	-0.235	-0.617	-0.041	-0.163	-0.431	-0.873	0.312	0.373	0.507	0.728	-0.313	-0.891
3	0.001	-0.012	-0.049	0.006	-0.008	-0.038	-0.090	0.039	0.046	0.061	0.087	-0.034	-0.100
SUMME(+)	0.161	0.075	0.000	0.294	0.041	0.000	0.000	1.437	0.960	0.847	0.814	0.000	0.000
SUMME(-)	-0.065	-0.247	-0.913	-0.041	-0.173	-0.805	-1.691	0.000	-0.130	-0.281	-0.405	-0.889	-1.585
SUMME	0.096	-0.172	-0.913	0.253	-0.132	-0.805	-1.691	1.437	0.830	0.567	0.410	-0.889	-1.585
FAKTOR	a			a				a				1/a	

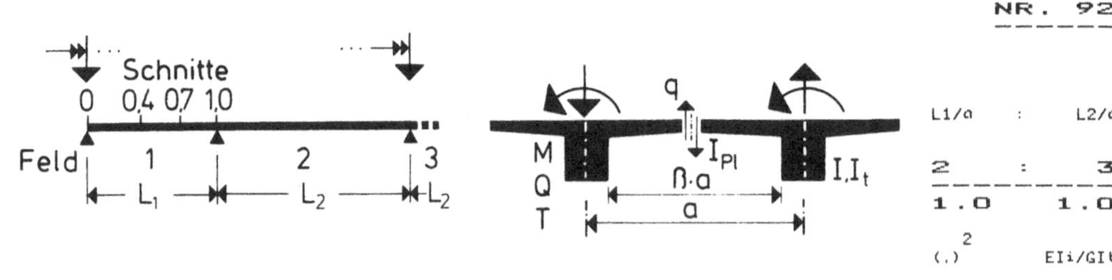

IN SCHNITT	M 0.4	M 0.7	M 1.0	Q 0	Q 0.4	Q 0.7	Q 1.0	T 0	T 0.4	T 0.7	T 1.0	q 0.4	q 1.0

INFOLGE EINZELLAST P=1

IN	M 0.4	M 0.7	M 1.0	Q 0	Q 0.4	Q 0.7	Q 1.0	T 0	T 0.4	T 0.7	T 1.0	q 0.4	q 1.0
0.0*L1	0.000	0.000	-0.000	1.000	-0.000	-0.000	-0.000	0.000	0.000	-0.000	-0.000	0.000	-0.000
0.1*L1	0.074	0.010	-0.040	0.822	-0.127	-0.089	-0.083	0.032	0.007	-0.012	-0.016	0.083	-0.012
0.2*L1	0.152	0.024	-0.077	0.655	-0.254	-0.180	-0.167	0.059	0.013	-0.023	-0.030	0.159	-0.023
0.3*L1	0.238	0.044	-0.111	0.506	-0.380	-0.276	-0.256	0.077	0.020	-0.032	-0.042	0.217	-0.031
0.4*L1	0.335	0.074	-0.139	0.377	-0.504	-0.378	-0.350	0.085	0.026	-0.037	-0.051	0.247	-0.034
					0.496								
0.5*L1	0.247	0.117	-0.158	0.270	0.380	-0.486	-0.450	0.084	0.029	-0.038	-0.056	0.240	-0.033
0.6*L1	0.172	0.176	-0.165	0.183	0.274	-0.599	-0.557	0.074	0.029	-0.035	-0.056	0.207	-0.028
0.7*L1	0.111	0.252	-0.157	0.116	0.183	-0.713	-0.669	0.058	0.024	-0.028	-0.050	0.158	-0.019
						0.287							
0.8*L1	0.063	0.148	-0.130	0.064	0.107	0.178	-0.784	0.038	0.016	-0.020	-0.038	0.102	-0.008
0.9*L1	0.026	0.064	-0.079	0.026	0.046	0.081	-0.897	0.017	0.007	-0.010	-0.021	0.048	0.000
1.0*L1	0.000	-0.000	-0.000	-0.000	0.000	0.000	-1.000	-0.000	-0.000	-0.000	0.000	0.000	-0.000
0.0*L2	-0.000	-0.000	-0.000	-0.000	-0.000	-0.000	-0.000	-0.000	-0.000	0.000	0.000	-0.000	-0.000
0.1*L2	-0.024	-0.062	-0.125	-0.023	-0.045	-0.084	-0.119	-0.013	-0.003	0.017	0.035	-0.053	-0.025
0.2*L2	-0.035	-0.093	-0.191	-0.032	-0.066	-0.130	-0.193	-0.016	0.001	0.032	0.064	-0.084	-0.061
0.3*L2	-0.037	-0.101	-0.215	-0.033	-0.072	-0.147	-0.227	-0.014	0.005	0.043	0.083	-0.097	-0.092
0.4*L2	-0.034	-0.096	-0.209	-0.029	-0.068	-0.144	-0.230	-0.010	0.009	0.047	0.090	-0.096	-0.110
0.5*L2	-0.028	-0.082	-0.184	-0.023	-0.058	-0.127	-0.209	-0.006	0.012	0.046	0.087	-0.087	-0.114
0.6*L2	-0.021	-0.064	-0.147	-0.017	-0.045	-0.103	-0.173	-0.003	0.012	0.040	0.075	-0.071	-0.103
0.7*L2	-0.015	-0.045	-0.106	-0.011	-0.032	-0.074	-0.128	-0.001	0.010	0.031	0.058	-0.052	-0.081
0.8*L2	-0.009	-0.027	-0.065	-0.007	-0.019	-0.045	-0.080	0.000	0.007	0.020	0.037	-0.032	-0.053
0.9*L2	-0.004	-0.012	-0.028	-0.003	-0.008	-0.020	-0.035	0.000	0.003	0.009	0.016	-0.014	-0.024
1.0*L2	0.000	0.000	-0.000	0.000	0.000	0.000	0.000	0.000	-0.000	-0.000	-0.000	0.000	-0.000
FAKTOR	a							a				1/a	

INFOLGE STRECKENLAST P=1

IN FELD	M 0.4	M 0.7	M 1.0	Q 0	Q 0.4	Q 0.7	Q 1.0	T 0	T 0.4	T 0.7	T 1.0	q 0.4	q 1.0
1,BIS SPRUNG					-0.203	-0.472			0.011	-0.039			
1,REST	0.282	0.180	-0.213	0.701	0.246	0.080	-0.942	0.106	0.024	-0.009	-0.073	0.294	-0.038
2	-0.063	-0.177	-0.385	-0.054	-0.126	-0.265	-0.422	-0.019	0.016	0.086	0.165	-0.177	-0.199
3	0.005	0.016	0.036	0.004	0.011	0.025	0.042	0.001	-0.003	-0.010	-0.018	0.017	0.025
SUMME(+)	0.287	0.195	0.036	0.705	0.257	0.105	0.042	0.106	0.051	0.086	0.165	0.311	0.025
SUMME(-)	-0.063	-0.177	-0.598	-0.054	-0.329	-0.738	-1.365	-0.019	-0.003	-0.057	-0.091	-0.177	-0.237
SUMME	0.224	0.018	-0.563	0.651	-0.071	-0.633	-1.322	0.087	0.048	0.029	0.073	0.134	-0.212
FAKTOR	a*a			a				a*a					

INFOLGE EINZELMOMENT Mt=1

IN	M 0.4	M 0.7	M 1.0	Q 0	Q 0.4	Q 0.7	Q 1.0	T 0	T 0.4	T 0.7	T 1.0	q 0.4	q 1.0
0.0*L1	0.000	0.000	-0.000	0.000	-0.000	-0.000	-0.000	1.000	-0.000	-0.000	-0.000	-0.000	-0.000
0.1*L1	0.048	0.019	-0.039	0.141	-0.017	-0.075	-0.116	0.836	-0.085	-0.056	-0.036	-0.135	-0.064
0.2*L1	0.093	0.038	-0.076	0.221	-0.025	-0.146	-0.230	0.703	-0.174	-0.113	-0.072	-0.281	-0.130
0.3*L1	0.129	0.056	-0.110	0.257	-0.013	-0.209	-0.339	0.594	-0.271	-0.173	-0.108	-0.452	-0.199
0.4*L1	0.151	0.073	-0.139	0.263	0.028	-0.258	-0.442	0.502	-0.380	-0.238	-0.145	-0.657	-0.274
									0.620				
0.5*L1	0.154	0.087	-0.163	0.249	0.071	-0.286	-0.534	0.424	0.513	-0.309	-0.184	-0.507	-0.357
0.6*L1	0.144	0.094	-0.181	0.223	0.086	-0.287	-0.612	0.356	0.424	-0.389	-0.227	-0.395	-0.451
0.7*L1	0.126	0.092	-0.194	0.191	0.083	-0.252	-0.669	0.296	0.351	-0.482	-0.273	-0.316	-0.562
										0.518			
0.8*L1	0.104	0.075	-0.201	0.158	0.068	-0.210	-0.700	0.244	0.289	0.428	-0.327	-0.262	-0.694
0.9*L1	0.081	0.049	-0.206	0.126	0.047	-0.190	-0.696	0.199	0.238	0.357	-0.391	-0.227	-0.852
1.0*L1	0.059	0.020	-0.214	0.096	0.024	-0.185	-0.647	0.160	0.196	0.300	-0.469	-0.205	-1.045
0.0*L2	0.059	0.020	-0.214	0.096	0.024	-0.185	-0.647	0.160	0.196	0.300	0.531	-0.205	-1.045
0.1*L2	0.030	-0.021	-0.235	0.059	-0.008	-0.190	-0.561	0.113	0.147	0.238	0.423	-0.187	-0.807
0.2*L2	0.009	-0.054	-0.257	0.032	-0.033	-0.197	-0.504	0.079	0.112	0.194	0.347	-0.176	-0.637
0.3*L2	-0.006	-0.075	-0.267	0.013	-0.050	-0.199	-0.458	0.055	0.086	0.161	0.291	-0.166	-0.514
0.4*L2	-0.014	-0.085	-0.263	0.001	-0.057	-0.193	-0.414	0.039	0.068	0.136	0.246	-0.153	-0.420
0.5*L2	-0.018	-0.085	-0.245	-0.005	-0.058	-0.178	-0.365	0.028	0.054	0.114	0.208	-0.138	-0.346
0.6*L2	-0.018	-0.078	-0.217	-0.008	-0.054	-0.156	-0.312	0.020	0.043	0.094	0.172	-0.119	-0.282
0.7*L2	-0.016	-0.067	-0.181	-0.008	-0.046	-0.130	-0.256	0.015	0.034	0.076	0.139	-0.098	-0.225
0.8*L2	-0.013	-0.053	-0.143	-0.007	-0.037	-0.102	-0.200	0.011	0.026	0.059	0.108	-0.077	-0.174
0.9*L2	-0.010	-0.039	-0.105	-0.005	-0.027	-0.075	-0.148	0.008	0.019	0.044	0.080	-0.057	-0.129
1.0*L2	-0.006	-0.026	-0.072	-0.003	-0.018	-0.052	-0.103	0.006	0.014	0.031	0.056	-0.039	-0.091
FAKTOR				1/a								1/(a*a)	

INFOLGE STRECKENMOMENT mt=1

IN FELD	M 0.4	M 0.7	M 1.0	Q 0	Q 0.4	Q 0.7	Q 1.0	T 0	T 0.4	T 0.7	T 1.0	q 0.4	q 1.0
1,BIS SPRUNG					-0.010	-0.280			-0.143	-0.303			
1,REST	0.213	0.119	-0.284	0.379	0.077	-0.123	-0.935	0.944	0.443	0.238	-0.399	-0.663	-0.819
2	-0.010	-0.169	-0.618	0.035	-0.111	-0.462	-1.077	0.134	0.207	0.382	0.690	-0.388	-1.224
3	-0.001	-0.009	-0.032	0.002	-0.006	-0.024	-0.055	0.007	0.010	0.019	0.035	-0.020	-0.062
SUMME(+)	0.213	0.119	0.000	0.415	0.077	0.000	0.000	1.085	0.661	0.640	0.725	0.000	0.000
SUMME(-)	-0.011	-0.179	-0.934	0.000	-0.127	-0.889	-2.067	0.000	-0.143	-0.303	-0.399	-1.070	-2.104
SUMME	0.202	-0.059	-0.934	0.415	-0.049	-0.889	-2.067	1.085	0.517	0.337	0.326	-1.070	-2.104
FAKTOR	a			a				a				1/a	

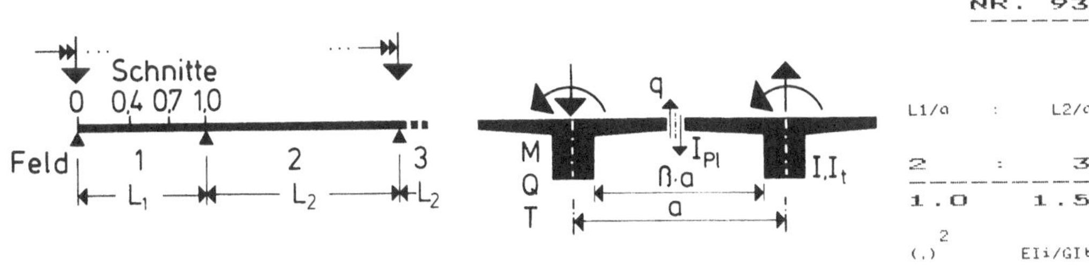

		M			Q				T			q	
IN SCHNITT	0.4	0.7	1.0	0	0.4	0.7	1.0	0	0.4	0.7	1.0	0.4	1.0

INFOLGE EINZELLAST P=1

IN	M 0.4	M 0.7	M 1.0	Q 0	Q 0.4	Q 0.7	Q 1.0	T 0	T 0.4	T 0.7	T 1.0	q 0.4	q 1.0
0.0*L1	0.000	0.000	-0.000	1.000	-0.000	-0.000	-0.000	0.000	0.000	-0.000	-0.000	0.000	-0.000
0.1*L1	0.081	0.015	-0.041	0.837	-0.126	-0.098	-0.093	0.023	0.005	-0.009	-0.012	0.061	-0.008
0.2*L1	0.166	0.033	-0.080	0.682	-0.252	-0.197	-0.186	0.043	0.010	-0.018	-0.023	0.116	-0.015
0.3*L1	0.257	0.056	-0.115	0.541	-0.377	-0.299	-0.282	0.056	0.014	-0.024	-0.033	0.158	-0.020
0.4*L1	0.357	0.089	-0.143	0.416	-0.498	-0.404	-0.381	0.062	0.019	-0.028	-0.040	0.180	-0.022
				0.502									
0.5*L1	0.269	0.133	-0.162	0.307	0.388	-0.512	-0.484	0.061	0.021	-0.029	-0.043	0.177	-0.021
0.6*L1	0.192	0.191	-0.168	0.216	0.284	-0.622	-0.590	0.054	0.020	-0.027	-0.043	0.153	-0.017
0.7*L1	0.127	0.266	-0.158	0.141	0.193	-0.730	-0.697	0.042	0.017	-0.022	-0.038	0.118	-0.011
						0.270							
0.8*L1	0.074	0.158	-0.130	0.081	0.114	0.167	-0.804	0.028	0.011	-0.015	-0.029	0.077	-0.004
0.9*L1	0.032	0.070	-0.078	0.035	0.050	0.076	-0.907	0.013	0.005	-0.008	-0.016	0.037	0.001
1.0*L1	0.000	-0.000	-0.000	-0.000	0.000	-0.000	-1.000	-0.000	-0.000	-0.000	0.000	-0.000	-0.000
0.0*L2	-0.000	-0.000	-0.000	-0.000	-0.000	-0.000	-0.000	-0.000	-0.000	0.000	0.000	-0.000	-0.000
0.1*L2	-0.031	-0.070	-0.128	-0.033	-0.051	-0.081	-0.107	-0.011	-0.002	0.013	0.026	-0.042	-0.019
0.2*L2	-0.047	-0.108	-0.200	-0.049	-0.077	-0.128	-0.175	-0.014	0.000	0.025	0.049	-0.067	-0.045
0.3*L2	-0.052	-0.121	-0.229	-0.054	-0.087	-0.147	-0.208	-0.013	0.003	0.033	0.064	-0.080	-0.069
0.4*L2	-0.050	-0.117	-0.226	-0.051	-0.084	-0.146	-0.213	-0.010	0.006	0.037	0.071	-0.081	-0.083
0.5*L2	-0.043	-0.103	-0.202	-0.044	-0.074	-0.131	-0.196	-0.007	0.008	0.036	0.069	-0.074	-0.086
0.6*L2	-0.034	-0.083	-0.164	-0.034	-0.059	-0.107	0.163	-0.005	0.008	0.032	0.060	-0.062	-0.078
0.7*L2	-0.024	-0.060	-0.120	-0.024	-0.043	-0.079	-0.121	-0.002	0.007	0.025	0.046	-0.046	-0.062
0.8*L2	-0.015	-0.037	-0.074	-0.015	-0.026	-0.049	-0.076	-0.001	0.005	0.016	0.030	-0.029	-0.041
0.9*L2	-0.006	-0.016	-0.033	-0.006	-0.011	-0.021	-0.034	-0.000	0.002	0.007	0.013	-0.013	-0.019
1.0*L2	-0.000	0.000	-0.000	-0.000	0.000	-0.000	-0.000	-0.000	-0.000	-0.000	-0.000	-0.000	-0.000
FAKTOR		a							a			1/a	

INFOLGE STRECKENLAST P=1

IN FELD	M 0.4	M 0.7	M 1.0	Q 0	Q 0.4	Q 0.7	Q 1.0	T 0	T 0.4	T 0.7	T 1.0	q 0.4	q 1.0
1,BIS SPRUNG					-0.201	-0.500			0.008	-0.029			
1,REST	0.309	0.200	-0.217	0.749	0.255	0.075	-0.985	0.077	0.017	-0.007	-0.056	0.217	-0.023
2	-0.092	-0.217	-0.418	-0.094	-0.155	-0.270	-0.392	-0.020	0.011	0.068	0.129	-0.149	-0.151
3	0.011	0.028	0.055	0.011	0.020	0.036	0.054	0.001	-0.003	-0.011	-0.020	0.021	0.026
SUMME(+)	0.321	0.228	0.055	0.760	0.275	0.111	0.054	0.078	0.035	0.068	0.129	0.237	0.026
SUMME(-)	-0.092	-0.217	-0.635	-0.094	-0.356	-0.769	-1.377	-0.020	-0.003	-0.047	-0.076	-0.149	-0.174
SUMME	0.229	0.011	-0.580	0.666	-0.082	-0.659	-1.323	0.059	0.033	0.021	0.053	0.088	-0.148
FAKTOR		a*a			a				a*a				

INFOLGE EINZELMOMENT Mt=1

IN	M 0.4	M 0.7	M 1.0	Q 0	Q 0.4	Q 0.7	Q 1.0	T 0	T 0.4	T 0.7	T 1.0	q 0.4	q 1.0
0.0*L1	0.000	0.000	-0.000	0.000	-0.000	-0.000	-0.000	1.000	-0.000	-0.000	-0.000	-0.000	-0.000
0.1*L1	0.052	0.021	-0.040	0.148	-0.016	-0.081	-0.122	0.831	-0.087	-0.054	-0.034	-0.147	-0.061
0.2*L1	0.100	0.042	-0.078	0.235	-0.023	-0.157	-0.241	0.694	-0.177	-0.110	-0.068	-0.305	-0.124
0.3*L1	0.139	0.062	-0.113	0.276	-0.011	-0.223	-0.356	0.581	-0.275	-0.169	-0.103	-0.484	-0.190
0.4*L1	0.163	0.080	-0.144	0.285	0.031	-0.274	-0.461	0.487	-0.386	-0.233	-0.139	-0.696	-0.263
									0.614				
0.5*L1	0.167	0.094	-0.168	0.272	0.074	-0.304	-0.555	0.408	0.507	-0.304	-0.178	-0.547	-0.344
0.6*L1	0.156	0.101	-0.187	0.244	0.089	-0.305	-0.632	0.341	0.418	-0.385	-0.221	-0.434	-0.438
0.7*L1	0.136	0.097	-0.200	0.210	0.085	-0.269	-0.687	0.282	0.345	-0.479	-0.269	-0.350	-0.548
										0.521			
0.8*L1	0.111	0.078	-0.208	0.172	0.068	-0.224	-0.714	0.232	0.284	0.430	-0.325	-0.290	-0.679
0.9*L1	0.085	0.049	-0.214	0.134	0.045	-0.202	-0.705	0.188	0.233	0.357	-0.392	-0.248	-0.836
1.0*L1	0.059	0.016	-0.223	0.099	0.020	-0.195	-0.651	0.152	0.191	0.299	-0.473	-0.219	-1.028
0.0*L2	0.059	0.016	-0.223	0.099	0.020	-0.195	-0.651	0.152	0.191	0.299	0.527	-0.219	-1.028
0.1*L2	0.025	-0.032	-0.247	0.054	-0.016	-0.197	-0.557	0.108	0.143	0.233	0.413	-0.191	-0.786
0.2*L2	-0.001	-0.070	-0.271	0.020	-0.045	-0.203	-0.494	0.075	0.108	0.186	0.332	-0.172	-0.611
0.3*L2	-0.019	-0.095	-0.284	-0.004	-0.064	-0.204	-0.445	0.052	0.082	0.152	0.272	-0.158	-0.484
0.4*L2	-0.029	-0.107	-0.282	-0.018	-0.074	-0.197	-0.398	0.036	0.064	0.125	0.226	-0.143	-0.389
0.5*L2	-0.033	-0.107	-0.265	-0.025	-0.075	-0.183	-0.350	0.025	0.050	0.104	0.187	-0.127	-0.314
0.6*L2	-0.033	-0.099	-0.235	-0.027	-0.069	-0.161	-0.298	0.018	0.039	0.085	0.153	-0.108	-0.252
0.7*L2	-0.029	-0.085	-0.197	-0.024	-0.059	-0.134	-0.244	0.013	0.030	0.067	0.123	-0.089	-0.199
0.8*L2	-0.023	-0.067	-0.155	-0.020	-0.047	-0.105	-0.190	0.009	0.023	0.052	0.094	-0.069	-0.152
0.9*L2	-0.017	-0.049	-0.113	-0.014	-0.034	-0.077	-0.139	0.007	0.017	0.038	0.070	-0.051	-0.112
1.0*L2	-0.011	-0.032	-0.076	-0.009	-0.022	-0.052	-0.095	0.005	0.012	0.027	0.048	-0.035	-0.079
FAKTOR					1/a							1/(a*a)	

INFOLGE STRECKENMOMENT mt=1

IN FELD	M 0.4	M 0.7	M 1.0	Q 0	Q 0.4	Q 0.7	Q 1.0	T 0	T 0.4	T 0.7	T 1.0	q 0.4	q 1.0
1,BIS SPRUNG					-0.008	-0.298			-0.146	-0.298			
1,REST	0.229	0.127	-0.293	0.409	0.079	-0.131	-0.963	0.922	0.436	0.238	-0.393	-0.718	-0.797
2	-0.041	-0.217	-0.661	-0.005	-0.147	-0.475	-1.045	0.125	0.196	0.360	0.645	-0.370	-1.149
3	0.002	-0.002	-0.015	0.003	-0.001	-0.012	-0.034	0.007	0.009	0.014	0.026	-0.012	-0.049
SUMME(+)	0.231	0.127	0.000	0.412	0.079	0.000	0.000	1.053	0.641	0.613	0.670	0.000	0.000
SUMME(-)	-0.041	-0.219	-0.969	-0.005	-0.156	-0.916	-2.042	0.000	-0.146	-0.298	-0.393	-1.100	-1.995
SUMME	0.189	-0.091	-0.969	0.407	-0.077	-0.916	-2.042	1.053	0.495	0.315	0.278	-1.100	-1.995
FAKTOR		a			a				a			1/a	

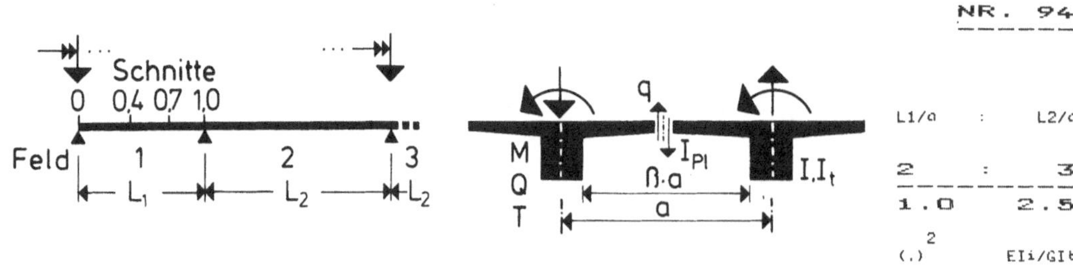

	M			Q				T				q	
IN SCHNITT	0.4	0.7	1.0	0	0.4	0.7	1.0	0	0.4	0.7	1.0	0.4	1.0

INFOLGE EINZELLAST P=1

IN	M			Q				T				q	
0.0*L1	0.000	0.000	-0.000	1.000	-0.000	-0.000	-0.000	0.000	0.000	-0.000	-0.000	0.000	-0.000
0.1*L1	0.088	0.019	-0.042	0.851	-0.125	-0.106	-0.102	0.015	0.003	-0.006	-0.008	0.040	-0.005
0.2*L1	0.179	0.042	-0.082	0.708	-0.250	-0.213	-0.205	0.027	0.006	-0.012	-0.016	0.076	-0.008
0.3*L1	0.275	0.069	-0.118	0.575	-0.372	-0.321	-0.308	0.036	0.009	-0.016	-0.023	0.103	-0.011
0.4*L1	0.378	0.104	-0.146	0.453	-0.490	-0.429	-0.412	0.040	0.012	-0.019	-0.027	0.118	-0.012
					0.510								
0.5*L1	0.290	0.150	-0.164	0.344	0.397	-0.537	-0.517	0.040	0.013	-0.020	-0.030	0.116	-0.012
0.6*L1	0.212	0.207	-0.169	0.249	0.294	-0.644	-0.621	0.035	0.013	-0.018	-0.029	0.101	-0.009
0.7*L1	0.144	0.280	-0.159	0.168	0.202	-0.747	-0.724	0.028	0.011	-0.015	-0.026	0.079	-0.005
					0.253								
0.8*L1	0.086	0.169	-0.129	0.099	0.122	0.157	-0.824	0.018	0.007	-0.010	-0.020	0.052	-0.001
0.9*L1	0.038	0.075	-0.078	0.044	0.054	0.072	-0.917	0.008	0.003	-0.005	-0.011	0.025	0.001
1.0*L1	0.000	-0.000	0.000	0.000	0.000	0.000	-1.000	-0.000	-0.000	0.000	-0.000	0.000	0.000
0.0*L2	-0.000	-0.000	-0.000	-0.000	-0.000	-0.000	-0.000	-0.000	-0.000	0.000	0.000	-0.000	-0.000
0.1*L2	-0.039	-0.079	-0.132	-0.044	-0.057	-0.078	-0.095	-0.008	-0.001	0.009	0.018	-0.029	-0.013
0.2*L2	-0.060	-0.124	-0.209	-0.069	-0.089	-0.124	-0.157	-0.010	0.000	0.017	0.034	-0.048	-0.030
0.3*L2	-0.069	-0.143	-0.243	-0.078	-0.102	-0.145	-0.187	-0.010	0.002	0.023	0.044	-0.058	-0.046
0.4*L2	-0.068	-0.142	-0.245	-0.077	-0.102	-0.147	-0.193	-0.009	0.004	0.026	0.049	-0.060	-0.056
0.5*L2	-0.061	-0.128	-0.222	-0.068	-0.091	-0.134	-0.179	-0.007	0.005	0.026	0.048	-0.056	-0.058
0.6*L2	-0.050	-0.105	-0.183	-0.055	-0.075	-0.111	-0.150	-0.005	0.005	0.023	0.043	-0.047	-0.053
0.7*L2	-0.036	-0.077	-0.136	-0.040	-0.055	-0.082	-0.113	-0.003	0.004	0.018	0.033	-0.035	-0.043
0.8*L2	-0.023	-0.048	-0.085	-0.025	-0.034	-0.052	-0.072	-0.002	0.003	0.012	0.022	-0.023	-0.028
0.9*L2	-0.010	-0.021	-0.038	-0.011	-0.015	-0.023	-0.032	-0.001	0.001	0.005	0.010	-0.010	-0.013
1.0*L2	0.000	0.000	0.000	0.000	0.000	0.000	-0.000	-0.000	-0.000	0.000	-0.000	0.000	-0.000
FAKTOR	a							a				1/a	

INFOLGE STRECKENLAST P=1

IN FELD	M			Q				T				q	
1,BIS SPRUNG						-0.199	-0.525		0.005	-0.020			
1,REST	0.337	0.221	-0.220	0.796	0.264	0.070	-1.027	0.050	0.011	-0.005	-0.038	0.143	-0.013
2	-0.126	-0.263	-0.453	-0.142	-0.188	-0.272	-0.357	-0.016	0.007	0.048	0.091	-0.111	-0.102
3	0.021	0.045	0.079	0.024	0.032	0.048	0.065	0.002	-0.002	-0.010	-0.018	0.020	0.023
SUMME(+)	0.358	0.266	0.079	0.820	0.296	0.118	0.065	0.052	0.022	0.048	0.091	0.163	0.023
SUMME(-)	-0.126	-0.263	-0.672	-0.142	-0.387	-0.796	-1.384	-0.016	-0.002	-0.034	-0.057	-0.111	-0.115
SUMME	0.232	0.004	-0.593	0.678	-0.091	-0.678	-1.319	0.036	0.020	0.014	0.034	0.052	-0.092
FAKTOR	a*a			a				a*a					

INFOLGE EINZELMOMENT Mt=1

IN	M			Q				T				q	
0.0*L1	0.000	0.000	-0.000	0.000	-0.000	-0.000	-0.000	1.000	-0.000	-0.000	-0.000	-0.000	-0.000
0.1*L1	0.056	0.024	-0.041	0.155	-0.015	-0.086	-0.128	0.827	-0.088	-0.053	-0.032	-0.159	-0.058
0.2*L1	0.108	0.047	-0.080	0.248	-0.021	-0.166	-0.253	0.686	-0.180	-0.107	-0.064	-0.327	-0.119
0.3*L1	0.149	0.069	-0.116	0.294	-0.008	-0.236	-0.371	0.570	-0.279	-0.165	-0.098	-0.515	-0.183
0.4*L1	0.175	0.088	-0.147	0.306	0.035	-0.290	-0.480	0.474	-0.391	-0.228	-0.133	-0.732	-0.254
									0.609				
0.5*L1	0.179	0.102	-0.172	0.293	0.078	-0.321	-0.575	0.394	0.501	-0.299	-0.172	-0.584	-0.334
0.6*L1	0.167	0.108	-0.192	0.265	0.092	-0.322	-0.651	0.326	0.412	-0.380	-0.216	-0.470	-0.426
0.7*L1	0.145	0.102	-0.205	0.227	0.087	-0.284	-0.704	0.269	0.339	-0.476	-0.266	-0.382	-0.535
										0.524			
0.8*L1	0.118	0.080	-0.214	0.184	0.069	-0.237	-0.727	0.221	0.279	0.431	-0.324	-0.315	-0.665
0.9*L1	0.088	0.047	-0.222	0.141	0.043	-0.213	-0.712	0.180	0.228	0.357	-0.394	-0.266	-0.822
1.0*L1	0.058	0.010	-0.232	0.100	0.015	-0.203	-0.653	0.145	0.187	0.297	-0.478	-0.229	-1.012
0.0*L2	0.058	0.010	-0.232	0.100	0.015	-0.203	-0.653	0.145	0.187	0.297	0.522	-0.229	-1.012
0.1*L2	0.018	-0.043	-0.259	0.046	-0.025	-0.203	-0.551	0.104	0.139	0.228	0.402	-0.191	-0.766
0.2*L2	-0.013	-0.087	-0.286	0.004	-0.058	-0.207	-0.482	0.073	0.104	0.179	0.316	-0.164	-0.587
0.3*L2	-0.035	-0.117	-0.302	-0.025	-0.081	-0.207	-0.428	0.051	0.079	0.142	0.253	-0.144	-0.456
0.4*L2	-0.047	-0.131	-0.302	-0.043	-0.092	-0.201	-0.380	0.035	0.060	0.114	0.204	-0.126	-0.358
0.5*L2	-0.052	-0.133	-0.285	-0.050	-0.093	-0.186	-0.332	0.025	0.046	0.092	0.165	-0.109	-0.283
0.6*L2	-0.050	-0.123	-0.254	-0.050	-0.087	-0.164	-0.281	0.017	0.035	0.074	0.133	-0.092	-0.223
0.7*L2	-0.044	-0.105	-0.213	-0.045	-0.074	-0.136	-0.229	0.012	0.027	0.058	0.105	-0.075	-0.173
0.8*L2	-0.035	-0.083	-0.167	-0.036	-0.059	-0.107	-0.178	0.009	0.020	0.044	0.080	-0.058	-0.131
0.9*L2	-0.025	-0.060	-0.121	-0.025	-0.042	-0.077	-0.129	0.007	0.015	0.032	0.059	-0.042	-0.097
1.0*L2	-0.015	-0.038	-0.078	-0.015	-0.027	-0.050	-0.086	0.005	0.011	0.023	0.041	-0.028	-0.068
FAKTOR				1/a								1/(a*a)	

INFOLGE STRECKENMOMENT mt=1

IN FELD	M			Q				T				q	
1,BIS SPRUNG						-0.007	-0.315		-0.148	-0.293			
1,REST	0.244	0.136	-0.302	0.436	0.080	-0.138	-0.989	0.901	0.430	0.239	-0.386	-0.769	-0.778
2	-0.079	-0.271	-0.705	-0.056	-0.187	-0.484	-1.006	0.121	0.186	0.335	0.596	-0.338	-1.077
3	0.007	0.010	0.007	0.010	0.008	0.001	-0.016	0.007	0.008	0.011	0.020	-0.006	-0.041
SUMME(+)	0.252	0.146	0.007	0.446	0.088	0.001	0.000	1.029	0.625	0.586	0.616	0.000	0.000
SUMME(-)	-0.079	-0.271	-1.007	-0.056	-0.193	-0.937	-2.011	0.000	-0.148	-0.293	-0.386	-1.114	-1.897
SUMME	0.172	-0.125	-1.000	0.390	-0.105	-0.936	-2.011	1.029	0.477	0.292	0.230	-1.114	-1.897
FAKTOR	a							a				1/a	

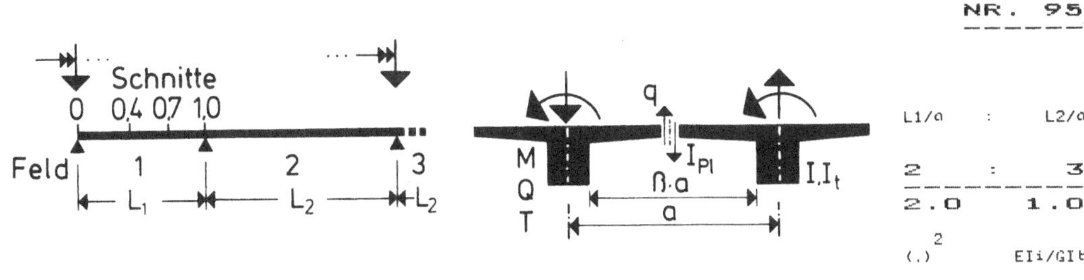

INFOLGE EINZELLAST P=1

	M 0.4	M 0.7	M 1.0	Q 0	Q 0.4	Q 0.7	Q 1.0	T 0	T 0.4	T 0.7	T 1.0	q 0.4	q 1.0
0.0*L1	0.000	0.000	-0.000	1.000	-0.000	-0.000	-0.000	0.000	0.000	-0.000	-0.000	0.000	-0.000
0.1*L1	0.064	0.006	-0.037	0.799	-0.125	-0.076	-0.074	0.045	0.006	-0.018	-0.019	0.116	-0.026
0.2*L1	0.133	0.016	-0.072	0.614	-0.251	-0.155	-0.150	0.081	0.014	-0.034	-0.037	0.222	-0.049
0.3*L1	0.213	0.032	-0.104	0.455	-0.380	-0.242	-0.230	0.105	0.022	-0.047	-0.053	0.305	-0.066
0.4*L1	0.307	0.059	-0.131	0.324	-0.508	-0.339	-0.318	0.115	0.031	-0.054	-0.064	0.346	-0.076
				0.492									
0.5*L1	0.218	0.099	-0.150	0.221	0.370	-0.447	-0.414	0.111	0.037	-0.055	-0.071	0.331	-0.076
0.6*L1	0.147	0.158	-0.159	0.143	0.262	-0.565	-0.520	0.097	0.037	-0.049	-0.071	0.278	-0.067
0.7*L1	0.091	0.236	-0.153	0.085	0.171	-0.688	-0.636	0.075	0.032	-0.038	-0.064	0.206	-0.049
				0.312									
0.8*L1	0.050	0.136	-0.128	0.045	0.098	0.192	-0.758	0.049	0.022	-0.025	-0.050	0.130	-0.026
0.9*L1	0.020	0.058	-0.078	0.017	0.041	0.086	-0.883	0.022	0.010	-0.012	-0.028	0.059	-0.005
1.0*L1	0.000	0.000	-0.000	0.000	0.000	0.000	-1.000	0.000	-0.000	0.000	0.000	0.000	-0.000
0.0*L2	-0.000	-0.000	-0.000	-0.000	-0.000	-0.000	-0.000	-0.000	-0.000	0.000	0.000	-0.000	-0.000
0.1*L2	-0.017	-0.053	-0.122	-0.013	-0.037	-0.087	-0.138	-0.019	-0.007	0.018	0.043	-0.062	-0.041
0.2*L2	-0.023	-0.076	-0.184	-0.017	-0.053	-0.131	-0.222	-0.025	-0.007	0.032	0.078	-0.094	-0.101
0.3*L2	-0.023	-0.081	-0.203	-0.015	-0.056	-0.145	-0.259	-0.024	-0.004	0.041	0.097	-0.106	-0.150
0.4*L2	-0.020	-0.075	-0.195	-0.012	-0.051	-0.139	-0.259	-0.021	-0.001	0.043	0.103	-0.102	-0.175
0.5*L2	-0.016	-0.063	-0.169	-0.009	-0.043	-0.121	-0.234	-0.016	0.001	0.040	0.096	-0.090	-0.175
0.6*L2	-0.012	-0.048	-0.134	-0.006	-0.033	-0.096	-0.191	-0.011	0.002	0.034	0.081	-0.072	-0.155
0.7*L2	-0.000	0.034	-0.096	-0.004	-0.023	-0.069	-0.140	-0.007	0.002	0.025	0.061	-0.052	-0.120
0.8*L2	-0.005	-0.020	-0.058	-0.002	-0.014	-0.042	-0.087	-0.004	0.002	0.016	0.038	-0.032	-0.077
0.9*L2	-0.002	-0.009	-0.025	-0.001	-0.006	-0.018	-0.037	-0.002	0.001	0.007	0.017	-0.014	-0.034
1.0*L2	0.000	0.000	-0.000	0.000	-0.000	0.000	-0.000	0.000	0.000	0.000	0.000	0.000	0.000
FAKTOR	a							a				1/a	

INFOLGE STRECKENLAST P=1

IN FELD

	M 0.4	M 0.7	M 1.0	Q 0	Q 0.4	Q 0.7	Q 1.0	T 0	T 0.4	T 0.7	T 1.0	q 0.4	q 1.0
1,BIS SPRUNG					-0.202	-0.433			0.011	-0.056			
1,REST	0.247	0.157	-0.205	0.637	0.236	0.086	-0.896	0.141	0.031	-0.011	-0.092	0.402	-0.088
2	-0.038	-0.140	-0.360	-0.024	-0.096	-0.258	-0.475	-0.040	-0.003	0.078	0.186	-0.189	-0.309
3	0.002	0.010	0.029	0.001	0.007	0.021	0.043	0.002	-0.001	-0.008	-0.019	0.016	0.039
SUMME(+)	0.249	0.167	0.029	0.638	0.243	0.107	0.043	0.143	0.043	0.078	0.186	0.417	0.039
SUMME(-)	-0.038	-0.140	-0.565	-0.024	-0.298	-0.691	-1.371	-0.040	-0.004	-0.075	-0.112	-0.189	-0.397
SUMME	0.211	0.028	-0.536	0.614	-0.055	-0.584	-1.328	0.103	0.038	0.003	0.075	0.228	-0.358
FAKTOR	a*a			a				a*a					

INFOLGE EINZELMOMENT Mt=1

	M 0.4	M 0.7	M 1.0	Q 0	Q 0.4	Q 0.7	Q 1.0	T 0	T 0.4	T 0.7	T 1.0	q 0.4	q 1.0
0.0*L1	0.000	0.000	-0.000	0.000	-0.000	-0.000	-0.000	1.000	-0.000	-0.000	-0.000	-0.000	-0.000
0.1*L1	0.065	0.022	-0.046	0.218	-0.037	-0.095	-0.135	0.789	-0.084	-0.055	-0.035	-0.162	-0.073
0.2*L1	0.124	0.045	-0.090	0.324	-0.058	-0.185	-0.268	0.634	-0.175	-0.111	-0.070	-0.357	-0.148
0.3*L1	0.173	0.069	-0.130	0.357	-0.042	-0.265	-0.400	0.517	-0.283	-0.172	-0.104	-0.615	-0.227
0.4*L1	0.200	0.093	-0.164	0.345	0.031	-0.328	-0.526	0.426	-0.417	-0.238	-0.139	-0.971	-0.313
									0.583				
0.5*L1	0.199	0.116	-0.190	0.308	0.107	-0.362	-0.643	0.350	0.450	-0.315	-0.174	-0.650	-0.413
0.6*L1	0.179	0.131	-0.207	0.260	0.133	-0.353	-0.745	0.285	0.348	-0.409	-0.213	-0.435	-0.534
0.7*L1	0.150	0.131	-0.216	0.210	0.127	-0.281	-0.823	0.227	0.269	-0.527	-0.257	-0.298	-0.687
										0.473			
0.8*L1	0.117	0.109	-0.217	0.163	0.103	-0.202	-0.865	0.175	0.205	0.358	-0.311	-0.219	-0.888
0.9*L1	0.086	0.073	-0.216	0.122	0.072	-0.170	-0.854	0.130	0.155	0.276	-0.382	-0.178	-1.156
1.0*L1	0.059	0.033	-0.220	0.088	0.039	-0.166	-0.770	0.091	0.115	0.218	-0.480	-0.162	-1.517
0.0*L2	0.059	0.033	-0.220	0.088	0.039	-0.166	-0.770	0.091	0.115	0.218	0.520	-0.162	-1.517
0.1*L2	0.026	-0.020	-0.247	0.049	-0.004	-0.183	-0.633	0.046	0.073	0.162	0.387	-0.159	-1.060
0.2*L2	0.004	-0.059	-0.277	0.023	-0.034	-0.202	-0.562	0.017	0.045	0.129	0.310	-0.164	-0.781
0.3*L2	-0.009	-0.081	-0.292	0.008	-0.052	-0.211	-0.515	-0.001	0.029	0.109	0.261	-0.165	-0.609
0.4*L2	-0.015	-0.089	-0.287	0.000	-0.058	-0.207	-0.468	-0.010	0.019	0.094	0.224	-0.159	-0.494
0.5*L2	-0.017	-0.086	-0.263	-0.003	-0.057	-0.189	-0.412	-0.013	0.014	0.080	0.191	-0.144	-0.407
0.6*L2	-0.015	-0.075	-0.226	-0.004	-0.050	-0.163	-0.347	-0.013	0.010	0.066	0.158	-0.123	-0.330
0.7*L2	-0.013	-0.061	-0.181	-0.004	-0.041	-0.130	-0.276	-0.011	0.007	0.052	0.125	-0.098	-0.258
0.8*L2	-0.010	-0.045	-0.134	-0.003	-0.030	-0.096	-0.203	-0.008	0.005	0.038	0.092	-0.073	-0.189
0.9*L2	-0.006	-0.030	-0.090	-0.002	-0.020	-0.065	-0.136	-0.006	0.004	0.026	0.062	-0.049	-0.127
1.0*L2	-0.004	-0.018	-0.053	-0.001	-0.012	-0.038	-0.080	-0.003	0.002	0.015	0.036	-0.029	-0.075
FAKTOR				1/a								1/(a*a)	

INFOLGE STRECKENMOMENT mt=1

IN FELD

	M 0.4	M 0.7	M 1.0	Q 0	Q 0.4	Q 0.7	Q 1.0	T 0	T 0.4	T 0.7	T 1.0	q 0.4	q 1.0
1,BIS SPRUNG					-0.027	-0.349			-0.149	-0.311			
1,REST	0.266	0.162	-0.318	0.476	0.118	-0.117	-1.133	0.812	0.353	0.194	-0.384	-0.783	-1.034
2	-0.009	-0.163	-0.641	0.031	-0.101	-0.465	-1.190	0.012	0.078	0.260	0.622	-0.369	-1.502
3	0.000	0.000	0.000	0.000	0.000	0.000	0.000	0.000	0.000	0.000	0.000	0.000	-0.001
SUMME(+)	0.266	0.162	0.000	0.506	0.118	0.000	0.000	0.824	0.432	0.455	0.623	0.000	0.000
SUMME(-)	-0.009	-0.163	-0.959	0.000	-0.128	-0.932	-2.323	0.000	-0.149	-0.311	-0.384	-1.152	-2.537
SUMME	0.257	-0.001	-0.959	0.506	-0.010	-0.931	-2.323	0.824	0.283	0.143	0.239	-1.152	-2.537
FAKTOR	a							a				1/a	

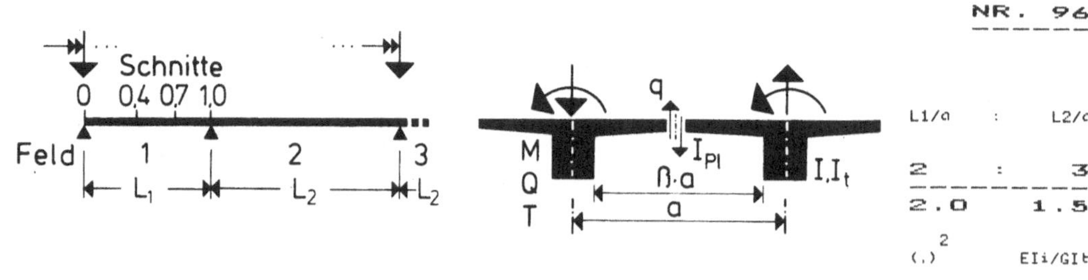

	M			Q				T				q	
IN SCHNITT	0.4	0.7	1.0	0	0.4	0.7	1.0	0	0.4	0.7	1.0	0.4	1.0

INFOLGE EINZELLAST P=1

IN	M 0.4	0.7	1.0	Q 0	0.4	0.7	1.0	T 0	0.4	0.7	1.0	q 0.4	1.0
0.0*L1	0.000	0.000	-0.000	1.000	-0.000	-0.000	-0.000	0.000	0.000	-0.000	-0.000	0.000	-0.000
0.1*L1	0.073	0.011	-0.039	0.819	-0.125	-0.088	-0.084	0.033	0.005	-0.014	-0.015	0.087	-0.018
0.2*L1	0.150	0.025	-0.077	0.650	-0.251	-0.178	-0.170	0.060	0.011	-0.026	-0.030	0.167	-0.033
0.3*L1	0.236	0.045	-0.110	0.500	-0.378	-0.272	-0.259	0.078	0.017	-0.036	-0.042	0.228	-0.045
0.4*L1	0.333	0.075	-0.138	0.372	-0.502	-0.374	-0.353	0.086	0.023	-0.041	-0.051	0.260	-0.051
				0.498									
0.5*L1	0.245	0.117	-0.157	0.266	0.380	-0.481	-0.453	0.084	0.027	-0.042	-0.056	0.250	-0.051
0.6*L1	0.171	0.175	-0.164	0.181	0.274	-0.595	-0.558	0.074	0.028	-0.038	-0.056	0.212	-0.044
0.7*L1	0.110	0.252	-0.156	0.115	0.183	-0.710	-0.669	0.058	0.024	-0.030	-0.051	0.160	-0.032
						0.290							
0.8*L1	0.063	0.148	-0.129	0.064	0.107	0.179	-0.783	0.038	0.016	-0.020	-0.039	0.102	-0.016
0.9*L1	0.026	0.064	-0.078	0.026	0.046	0.081	-0.896	0.017	0.008	-0.010	-0.022	0.048	-0.002
1.0*L1	-0.000	0.000	-0.000	0.000	-0.000	-0.000	-1.000	-0.000	-0.000	-0.000	-0.000	0.000	-0.000
0.0*L2	-0.000	-0.000	-0.000	-0.000	-0.000	-0.000	-0.000	-0.000	-0.000	-0.000	-0.000	-0.000	-0.000
0.1*L2	-0.024	-0.062	-0.126	-0.023	-0.044	-0.084	-0.123	-0.016	-0.005	0.015	0.034	-0.052	-0.031
0.2*L2	-0.035	-0.093	-0.194	-0.033	-0.066	-0.130	-0.201	-0.022	-0.006	0.026	0.061	-0.081	-0.076
0.3*L2	-0.038	-0.102	-0.218	-0.035	-0.072	-0.148	-0.237	-0.023	-0.004	0.033	0.078	-0.094	-0.113
0.4*L2	-0.035	-0.097	-0.213	-0.032	-0.069	-0.145	-0.240	-0.021	-0.002	0.036	0.083	-0.093	-0.133
0.5*L2	-0.030	-0.084	-0.189	-0.027	-0.059	-0.128	-0.219	-0.017	-0.001	0.034	0.079	-0.083	-0.135
0.6*L2	-0.023	-0.067	-0.152	-0.020	-0.047	-0.104	-0.181	-0.013	0.000	0.029	0.068	-0.068	-0.120
0.7*L2	-0.016	-0.048	-0.110	-0.014	-0.033	-0.075	-0.134	-0.009	0.001	0.022	0.051	-0.050	-0.094
0.8*L2	-0.010	-0.029	-0.068	-0.008	-0.020	-0.046	-0.084	-0.005	0.001	0.014	0.032	-0.031	-0.061
0.9*L2	-0.004	-0.013	-0.030	-0.004	-0.009	-0.020	-0.037	-0.002	0.000	0.006	0.014	-0.013	-0.027
1.0*L2	0.000	0.000	-0.000	0.000	0.000	-0.000	-0.000	-0.000	-0.000	-0.000	-0.000	0.000	-0.000
FAKTOR	a							a				1/a	

INFOLGE STRECKENLAST P=1

IN FELD	M 0.4	0.7	1.0	Q 0	0.4	0.7	1.0	T 0	0.4	0.7	1.0	q 0.4	1.0
1,BIS SPRUNG						-0.201	-0.468	0.009	-0.043				
1,REST	0.280	0.180	-0.212	0.696	0.246	0.080	-0.945	0.106	0.023	-0.009	-0.073	0.305	-0.059
2	-0.066	-0.181	-0.394	-0.060	-0.127	-0.267	-0.441	-0.039	-0.005	0.065	0.152	-0.171	-0.238
3	0.007	0.019	0.045	0.006	0.014	0.031	0.056	0.003	-0.001	-0.009	-0.022	0.021	0.042
SUMME(+)	0.286	0.199	0.045	0.701	0.260	0.111	0.056	0.110	0.032	0.065	0.152	0.326	0.042
SUMME(-)	-0.066	-0.181	-0.606	-0.060	-0.329	-0.736	-1.386	-0.039	-0.006	-0.061	-0.095	-0.171	-0.297
SUMME	0.220	0.019	-0.561	0.642	-0.069	-0.624	-1.330	0.071	0.026	0.004	0.056	0.154	-0.255
FAKTOR	a*a			a				a*a					

INFOLGE EINZELMOMENT Mt=1

IN	M 0.4	0.7	1.0	Q 0	0.4	0.7	1.0	T 0	0.4	0.7	1.0	q 0.4	1.0
0.0*L1	0.000	0.000	-0.000	0.000	-0.000	-0.000	-0.000	1.000	-0.000	-0.000	-0.000	-0.000	-0.000
0.1*L1	0.072	0.027	-0.049	0.232	-0.036	-0.105	-0.145	0.780	-0.086	-0.051	-0.031	-0.187	-0.065
0.2*L1	0.139	0.054	-0.095	0.351	-0.055	-0.205	-0.288	0.617	-0.179	-0.105	-0.063	-0.403	-0.133
0.3*L1	0.192	0.081	-0.136	0.394	-0.038	-0.292	-0.427	0.495	-0.289	-0.162	-0.095	-0.678	-0.206
0.4*L1	0.223	0.108	-0.171	0.387	0.036	-0.359	-0.559	0.400	-0.425	-0.227	-0.127	-1.045	-0.288
									0.575				
0.5*L1	0.223	0.131	-0.198	0.351	0.114	-0.395	-0.679	0.323	0.441	-0.304	-0.162	-0.726	-0.385
0.6*L1	0.202	0.145	-0.215	0.300	0.140	-0.385	-0.780	0.259	0.339	-0.398	-0.201	-0.505	-0.505
0.7*L1	0.169	0.143	-0.224	0.244	0.133	-0.309	-0.854	0.204	0.260	-0.519	-0.247	-0.359	-0.659
										0.481			
0.8*L1	0.132	0.117	-0.225	0.189	0.107	-0.226	-0.889	0.157	0.198	0.364	-0.304	-0.267	-0.860
0.9*L1	0.095	0.076	-0.225	0.139	0.072	-0.189	-0.870	0.116	0.149	0.279	-0.380	-0.213	-1.129
1.0*L1	0.062	0.030	-0.230	0.095	0.035	-0.180	-0.776	0.081	0.111	0.219	-0.483	-0.185	-1.488
0.0*L2	0.062	0.030	-0.230	0.095	0.035	-0.180	-0.776	0.081	0.111	0.219	0.517	-0.185	-1.488
0.1*L2	0.021	-0.032	-0.261	0.044	-0.014	-0.193	-0.625	0.041	0.070	0.159	0.376	-0.168	-1.025
0.2*L2	-0.008	-0.079	-0.295	0.009	-0.050	-0.210	-0.545	0.014	0.043	0.124	0.291	-0.163	-0.737
0.3*L2	-0.025	-0.107	-0.314	-0.012	-0.072	-0.220	-0.493	-0.003	0.027	0.101	0.237	-0.159	-0.557
0.4*L2	-0.033	-0.118	-0.312	-0.023	-0.080	-0.216	-0.445	-0.012	0.017	0.085	0.199	-0.151	-0.438
0.5*L2	-0.035	-0.114	-0.289	-0.027	-0.079	-0.199	-0.391	-0.015	0.011	0.071	0.167	-0.136	-0.351
0.6*L2	-0.032	-0.101	-0.250	-0.026	-0.070	-0.172	-0.329	-0.015	0.008	0.058	0.137	-0.116	-0.279
0.7*L2	-0.027	-0.083	-0.201	-0.021	-0.057	-0.138	-0.261	-0.013	0.005	0.046	0.107	-0.093	-0.215
0.8*L2	-0.020	-0.062	-0.149	-0.016	-0.043	-0.102	-0.192	-0.010	0.004	0.033	0.078	-0.069	-0.156
0.9*L2	-0.013	-0.041	-0.099	-0.011	-0.028	-0.068	-0.128	-0.006	0.002	0.022	0.052	-0.046	-0.104
1.0*L2	-0.007	-0.023	-0.056	-0.006	-0.016	-0.039	-0.073	-0.004	0.001	0.013	0.030	-0.026	-0.060
FAKTOR				1/a								1/(a*a)	

INFOLGE STRECKENMOMENT mt=1

IN FELD	M 0.4	0.7	1.0	Q 0	0.4	0.7	1.0	T 0	0.4	0.7	1.0	q 0.4	1.0
1,BIS SPRUNG						-0.025	-0.383	-0.152	-0.300				
1,REST	0.298	0.180	-0.331	0.533	0.123	-0.130	-1.181	0.774	0.344	0.197	-0.369	-0.885	-0.989
2	-0.045	-0.222	-0.695	-0.013	-0.147	-0.489	-1.146	0.005	0.072	0.243	0.572	-0.362	-1.378
3	0.003	0.010	0.021	0.003	0.007	0.014	0.024	0.002	0.000	-0.004	-0.008	0.009	0.013
SUMME(+)	0.301	0.190	0.021	0.536	0.130	0.014	0.024	0.781	0.416	0.440	0.572	0.009	0.013
SUMME(-)	-0.045	-0.222	-1.026	-0.013	-0.172	-1.002	-2.327	0.000	-0.152	-0.304	-0.377	-1.247	-2.367
SUMME	0.256	-0.032	-1.005	0.523	-0.042	-0.987	-2.303	0.781	0.264	0.137	0.194	-1.238	-2.354
FAKTOR	a							a				1/a	

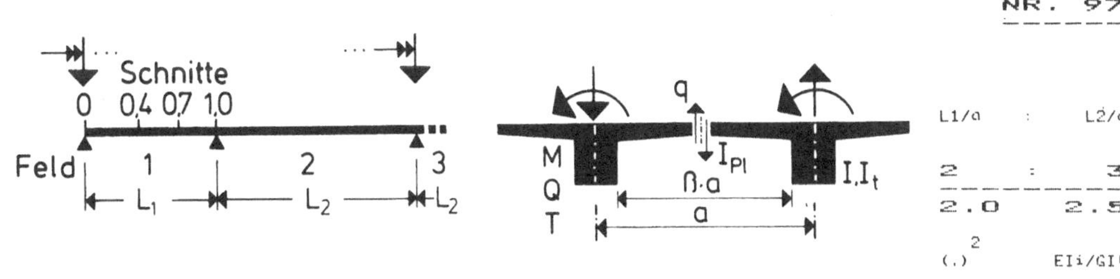

IN SCHNITT	M 0.4	M 0.7	M 1.0	Q 0	Q 0.4	Q 0.7	Q 1.0	T 0	T 0.4	T 0.7	T 1.0	q 0.4	q 1.0

INFOLGE EINZELLAST P=1

IN	M 0.4	M 0.7	M 1.0	Q 0	Q 0.4	Q 0.7	Q 1.0	T 0	T 0.4	T 0.7	T 1.0	q 0.4	q 1.0
0.0*L1	0.000	0.000	-0.000	1.000	-0.000	-0.000	-0.000	0.000	0.000	-0.000	-0.000	0.000	-0.000
0.1*L1	0.082	0.016	-0.041	0.838	-0.125	-0.099	-0.096	0.022	0.004	-0.009	-0.011	0.059	-0.011
0.2*L1	0.168	0.035	-0.080	0.685	-0.250	-0.199	-0.192	0.040	0.007	-0.018	-0.021	0.112	-0.020
0.3*L1	0.260	0.060	-0.115	0.545	-0.374	-0.302	-0.290	0.052	0.012	-0.025	-0.030	0.153	-0.027
0.4*L1	0.361	0.093	-0.143	0.421	-0.495	-0.407	-0.390	0.058	0.016	-0.028	-0.037	0.174	-0.030
					0.505								
0.5*L1	0.272	0.137	-0.161	0.314	0.391	-0.515	-0.493	0.057	0.018	-0.029	-0.040	0.169	-0.030
0.6*L1	0.196	0.195	-0.167	0.223	0.286	-0.625	-0.598	0.050	0.018	-0.026	-0.040	0.145	-0.025
0.7*L1	0.130	0.269	-0.158	0.147	0.194	-0.733	-0.703	0.039	0.016	-0.021	-0.036	0.110	-0.018
						0.267							
0.8*L1	0.077	0.161	-0.129	0.085	0.116	0.166	-0.808	0.026	0.011	-0.014	-0.027	0.072	-0.008
0.9*L1	0.033	0.071	-0.078	0.037	0.051	0.075	-0.909	0.012	0.005	-0.007	-0.015	0.034	-0.000
1.0*L1	0.000	0.000	-0.000	0.000	0.000	0.000	-1.000	-0.000	-0.000	-0.000	-0.000	0.000	-0.000
0.0*L2	-0.000	-0.000	-0.000	-0.000	-0.000	-0.000	-0.000	-0.000	-0.000	0.000	0.000	-0.000	-0.000
0.1*L2	-0.033	-0.072	-0.130	-0.036	-0.052	-0.081	-0.107	-0.012	-0.004	0.011	0.024	-0.038	-0.021
0.2*L2	-0.050	-0.112	-0.204	-0.055	-0.080	-0.128	-0.176	-0.017	-0.005	0.019	0.044	-0.062	-0.051
0.3*L2	-0.057	-0.127	-0.235	-0.061	-0.090	-0.147	-0.210	-0.019	-0.004	0.025	0.056	-0.073	-0.077
0.4*L2	-0.055	-0.125	-0.234	-0.059	-0.089	-0.147	-0.216	-0.018	-0.003	0.027	0.061	-0.074	-0.091
0.5*L2	-0.049	-0.111	-0.211	-0.052	-0.079	-0.133	-0.199	-0.015	-0.002	0.025	0.058	-0.068	-0.093
0.6*L2	-0.039	-0.090	-0.173	-0.041	-0.064	-0.109	-0.166	-0.012	-0.001	0.022	0.050	-0.056	-0.084
0.7*L2	-0.028	-0.066	-0.127	-0.030	-0.047	-0.081	-0.124	-0.009	-0.000	0.017	0.039	-0.042	-0.066
0.8*L2	-0.018	-0.041	-0.080	-0.018	-0.029	-0.050	-0.078	-0.005	0.000	0.011	0.025	-0.026	-0.044
0.9*L2	-0.008	-0.018	-0.035	-0.008	-0.013	-0.022	-0.035	-0.002	0.000	0.005	0.011	-0.012	-0.020
1.0*L2	0.000	0.000	0.000	0.000	0.000	0.000	0.000	-0.000	-0.000	-0.000	-0.000	0.000	0.000
FAKTOR	a							a				1/a	

INFOLGE STRECKENLAST P=1

IN FELD	M 0.4	M 0.7	M 1.0	Q 0	Q 0.4	Q 0.7	Q 1.0	T 0	T 0.4	T 0.7	T 1.0	q 0.4	q 1.0
1,BIS SPRUNG					-0.199	-0.502			0.006	-0.030			
1,REST	0.314	0.205	-0.217	0.757	0.257	0.074	-0.996	0.072	0.015	-0.006	-0.052	0.207	-0.034
2	-0.102	-0.231	-0.433	-0.109	-0.165	-0.273	-0.397	-0.033	-0.005	0.049	0.111	-0.137	-0.165
3	0.015	0.035	0.069	0.016	0.025	0.044	0.068	0.004	-0.000	-0.009	-0.021	0.023	0.038
SUMME(+)	0.329	0.240	0.069	0.773	0.282	0.118	0.068	0.076	0.021	0.049	0.111	0.230	0.038
SUMME(-)	-0.102	-0.231	-0.650	-0.109	-0.364	-0.775	-1.393	-0.033	-0.005	-0.045	-0.073	-0.137	-0.199
SUMME	0.227	0.009	-0.581	0.663	-0.082	-0.657	-1.326	0.043	0.016	0.003	0.038	0.093	-0.161
FAKTOR	a*a			a				a*a					

INFOLGE EINZELMOMENT Mt=1

IN	M 0.4	M 0.7	M 1.0	Q 0	Q 0.4	Q 0.7	Q 1.0	T 0	T 0.4	T 0.7	T 1.0	q 0.4	q 1.0
0.0*L1	0.000	0.000	-0.000	0.000	-0.000	-0.000	-0.000	1.000	-0.000	-0.000	-0.000	-0.000	-0.000
0.1*L1	0.080	0.032	-0.050	0.247	-0.035	-0.115	-0.156	0.771	-0.088	-0.048	-0.027	-0.212	-0.058
0.2*L1	0.154	0.063	-0.098	0.379	-0.052	-0.224	-0.309	0.601	-0.184	-0.098	-0.055	-0.449	-0.119
0.3*L1	0.213	0.095	-0.141	0.431	-0.033	-0.318	-0.456	0.473	-0.295	-0.153	-0.084	-0.741	-0.187
0.4*L1	0.247	0.124	-0.177	0.430	0.043	-0.390	-0.594	0.374	-0.433	-0.216	-0.114	-1.117	-0.266
									0.567				
0.5*L1	0.248	0.147	-0.204	0.395	0.122	-0.427	-0.716	0.297	0.433	-0.292	-0.148	-0.800	-0.361
0.6*L1	0.225	0.161	-0.222	0.341	0.148	-0.415	-0.816	0.234	0.330	-0.388	-0.188	-0.575	-0.480
0.7*L1	0.189	0.156	-0.230	0.279	0.140	-0.337	-0.885	0.182	0.252	-0.510	-0.236	-0.419	-0.634
										0.490			
0.8*L1	0.147	0.125	-0.233	0.215	0.111	-0.248	-0.913	0.139	0.191	0.370	-0.297	-0.314	-0.836
0.9*L1	0.104	0.078	-0.233	0.155	0.072	-0.206	-0.884	0.102	0.144	0.283	-0.378	-0.247	-1.104
1.0*L1	0.063	0.026	-0.240	0.101	0.031	-0.193	-0.780	0.072	0.107	0.219	-0.487	-0.205	-1.461
0.0*L2	0.063	0.026	-0.240	0.101	0.031	-0.193	-0.780	0.072	0.107	0.219	0.513	-0.205	-1.461
0.1*L2	0.013	-0.047	-0.275	0.035	-0.025	-0.200	-0.615	0.038	0.068	0.155	0.363	-0.170	-0.991
0.2*L2	-0.024	-0.103	-0.315	-0.012	-0.068	-0.216	-0.524	0.014	0.042	0.116	0.270	-0.154	-0.694
0.3*L2	-0.047	-0.138	-0.339	-0.041	-0.095	-0.225	-0.465	-0.001	0.026	0.091	0.211	-0.142	-0.506
0.4*L2	-0.058	-0.153	-0.340	-0.056	-0.106	-0.221	-0.415	-0.009	0.016	0.074	0.170	-0.131	-0.382
0.5*L2	-0.060	-0.150	-0.318	-0.060	-0.105	-0.205	-0.362	-0.013	0.010	0.060	0.139	-0.117	-0.295
0.6*L2	-0.055	-0.134	-0.277	-0.056	-0.094	-0.178	-0.304	-0.013	0.006	0.048	0.111	-0.099	-0.228
0.7*L2	-0.045	-0.110	-0.224	-0.046	-0.078	-0.144	-0.241	-0.011	0.004	0.037	0.086	-0.079	-0.172
0.8*L2	-0.034	-0.082	-0.166	-0.035	-0.058	-0.106	-0.177	-0.009	0.003	0.027	0.062	-0.058	-0.123
0.9*L2	-0.022	-0.054	-0.109	-0.023	-0.038	-0.070	-0.116	-0.006	0.002	0.018	0.041	-0.038	-0.081
1.0*L2	-0.012	-0.029	-0.059	-0.012	-0.020	-0.038	-0.064	-0.003	0.001	0.010	0.023	-0.021	-0.046
FAKTOR				1/a								1/(a*a)	

INFOLGE STRECKENMOMENT mt=1

IN FELD	M 0.4	M 0.7	M 1.0	Q 0	Q 0.4	Q 0.7	Q 1.0	T 0	T 0.4	T 0.7	T 1.0	q 0.4	q 1.0
1,BIS SPRUNG					-0.022	-0.415			-0.156	-0.288			
1,REST	0.330	0.200	-0.342	0.590	0.129	-0.142	-1.229	0.738	0.335	0.200	-0.352	-0.986	-0.949
2	-0.094	-0.294	-0.756	-0.077	-0.201	-0.505	-1.088	0.006	0.068	0.220	0.512	-0.330	-1.253
3	0.012	0.027	0.050	0.013	0.019	0.031	0.045	0.004	0.001	-0.005	-0.013	0.016	0.018
SUMME(+)	0.342	0.227	0.050	0.603	0.148	0.031	0.045	0.748	0.404	0.421	0.512	0.016	0.018
SUMME(-)	-0.094	-0.294	-1.098	-0.077	-0.223	-1.063	-2.317	0.000	-0.156	-0.294	-0.365	-1.316	-2.203
SUMME	0.248	-0.067	-1.048	0.526	-0.075	-1.031	-2.272	0.748	0.249	0.127	0.147	-1.300	-2.184
FAKTOR	a			a								1/a	

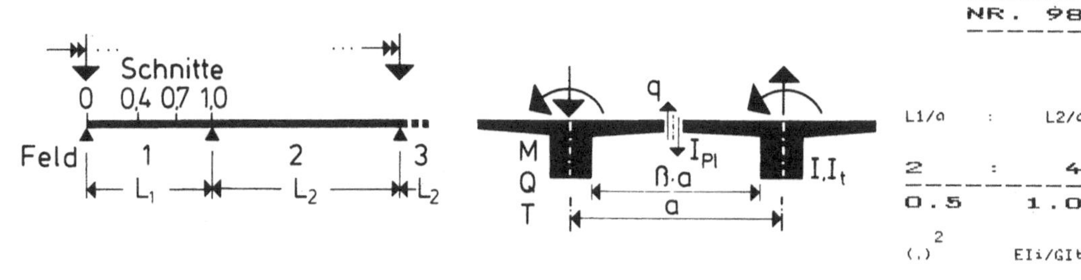

IN SCHNITT	M 0.4	M 0.7	M 1.0	Q 0	Q 0.4	Q 0.7	Q 1.0	T 0	T 0.4	T 0.7	T 1.0	q 0.4	q 1.0
INFOLGE EINZELLAST P=1													
IN													
0.0*L1	0.000	0.000	-0.000	1.000	-0.000	-0.000	-0.000	0.000	0.000	-0.000	-0.000	0.000	-0.000
0.1*L1	0.083	0.016	-0.040	0.842	-0.126	-0.100	-0.092	0.021	0.005	-0.009	-0.012	0.055	-0.003
0.2*L1	0.170	0.036	-0.078	0.691	-0.252	-0.200	-0.186	0.038	0.009	-0.017	-0.024	0.105	-0.006
0.3*L1	0.262	0.061	-0.112	0.551	-0.375	-0.303	-0.281	0.050	0.013	-0.023	-0.034	0.143	-0.007
0.4*L1	0.364	0.094	-0.139	0.427	-0.495	-0.408	-0.380	0.056	0.017	-0.027	-0.041	0.163	-0.007
					0.505								
0.5*L1	0.275	0.139	-0.156	0.318	0.392	-0.516	-0.483	0.055	0.018	-0.028	-0.045	0.161	-0.006
0.6*L1	0.198	0.198	-0.162	0.226	0.289	-0.624	-0.589	0.048	0.017	-0.027	-0.045	0.141	-0.003
0.7*L1	0.132	0.272	-0.153	0.149	0.197	-0.731	-0.696	0.037	0.013	-0.023	-0.040	0.110	0.001
						0.269							
0.8*L1	0.078	0.163	-0.125	0.086	0.118	0.168	-0.804	0.024	0.008	-0.017	-0.031	0.073	0.004
0.9*L1	0.034	0.072	-0.075	0.037	0.052	0.077	-0.907	0.010	0.003	-0.010	-0.018	0.035	0.005
1.0*L1	0.000	-0.000	-0.000	0.000	-0.000	0.000	-1.000	0.000	0.000	0.000	0.000	0.000	-0.000
0.0*L2	-0.000	-0.000	-0.000	-0.000	-0.000	-0.000	-0.000	-0.000	-0.000	0.000	0.000	-0.000	-0.000
0.1*L2	-0.042	-0.093	-0.168	-0.045	-0.067	-0.106	-0.139	-0.005	0.006	0.025	0.042	-0.053	-0.029
0.2*L2	-0.059	-0.135	-0.249	-0.062	-0.097	-0.159	-0.219	0.002	0.019	0.050	0.080	-0.083	-0.066
0.3*L2	-0.061	-0.142	-0.270	-0.063	-0.102	-0.174	-0.250	0.011	0.031	0.067	0.105	-0.095	-0.096
0.4*L2	-0.054	-0.130	-0.254	-0.054	-0.093	-0.165	-0.246	0.020	0.039	0.075	0.115	-0.094	-0.112
0.5*L2	-0.043	-0.108	-0.216	-0.043	-0.077	-0.142	-0.218	0.024	0.041	0.073	0.111	-0.083	-0.112
0.6*L2	-0.032	-0.082	-0.168	-0.031	-0.058	-0.111	-0.176	0.023	0.037	0.064	0.096	-0.068	-0.100
0.7*L2	-0.021	-0.056	-0.118	-0.020	-0.040	-0.079	-0.128	0.019	0.029	0.049	0.073	-0.049	-0.078
0.8*L2	-0.012	-0.033	-0.070	-0.011	-0.023	-0.047	-0.078	0.013	0.019	0.031	0.046	-0.030	-0.050
0.9*L2	-0.005	-0.013	-0.029	-0.004	-0.010	-0.020	-0.033	0.006	0.008	0.013	0.020	-0.013	-0.022
1.0*L2	-0.000	-0.000	-0.000	-0.000	-0.000	-0.000	-0.000	0.000	0.000	0.000	0.000	0.000	-0.000
FAKTOR		a							a			1/a	
INFOLGE STRECKENLAST P=1													
IN FELD													
1,BIS SPRUNG					-0.200	-0.503			0.007	-0.029			
1,REST	0.318	0.208	-0.210	0.763	0.259	0.075	-0.984	0.068	0.013	-0.008	-0.058	0.199	-0.005
2	-0.134	-0.321	-0.625	-0.136	-0.230	-0.406	-0.601	0.045	0.092	0.180	0.277	-0.230	-0.267
3	0.005	0.012	0.025	0.005	0.009	0.016	0.025	-0.003	-0.005	-0.009	-0.013	0.010	0.013
SUMME(+)	0.323	0.221	0.025	0.768	0.267	0.091	0.025	0.113	0.113	0.180	0.277	0.209	0.013
SUMME(-)	-0.134	-0.321	-0.835	-0.136	-0.430	-0.909	-1.584	-0.003	-0.005	-0.045	-0.072	-0.230	-0.271
SUMME	0.189	-0.101	-0.811	0.632	-0.163	-0.817	-1.559	0.110	0.108	0.135	0.206	-0.021	-0.258
FAKTOR		a*a			a				a*a			1/a	
INFOLGE EINZELMOMENT Mt=1													
IN													
0.0*L1	0.000	0.000	-0.000	0.000	-0.000	-0.000	-0.000	1.000	-0.000	-0.000	-0.000	-0.000	-0.000
0.1*L1	0.032	0.012	-0.032	0.086	-0.008	-0.055	-0.091	0.876	-0.077	-0.054	-0.036	-0.097	-0.053
0.2*L1	0.062	0.024	-0.063	0.139	-0.011	-0.108	-0.180	0.768	-0.156	-0.108	-0.072	-0.198	-0.108
0.3*L1	0.086	0.035	-0.092	0.168	-0.005	-0.154	-0.265	0.675	-0.239	-0.164	-0.109	-0.307	-0.164
0.4*L1	0.101	0.044	-0.119	0.178	0.017	-0.192	-0.344	0.593	-0.326	-0.222	-0.146	-0.428	-0.223
									0.674				
0.5*L1	0.104	0.050	-0.142	0.175	0.038	-0.217	-0.414	0.520	0.589	-0.284	-0.185	-0.364	-0.287
0.6*L1	0.099	0.051	-0.162	0.162	0.045	-0.225	-0.474	0.456	0.515	-0.350	-0.226	-0.313	-0.355
0.7*L1	0.088	0.046	-0.179	0.143	0.041	-0.214	-0.519	0.399	0.451	-0.422	-0.269	-0.274	-0.431
										0.578			
0.8*L1	0.073	0.032	-0.193	0.121	0.030	-0.197	-0.547	0.349	0.395	0.508	-0.317	-0.245	-0.516
0.9*L1	0.057	0.011	-0.206	0.099	0.014	-0.191	-0.554	0.305	0.347	0.449	-0.369	-0.224	-0.611
1.0*L1	0.040	-0.011	-0.221	0.076	-0.003	-0.192	-0.535	0.266	0.306	0.400	-0.428	-0.208	-0.719
0.0*L2	0.040	-0.011	-0.221	0.076	-0.003	-0.192	-0.535	0.266	0.306	0.400	0.572	-0.208	-0.719
0.1*L2	0.010	-0.056	-0.257	0.036	-0.037	-0.203	-0.487	0.204	0.241	0.324	0.466	-0.189	-0.573
0.2*L2	-0.013	-0.091	-0.288	0.006	-0.063	-0.214	-0.456	0.160	0.194	0.270	0.391	-0.177	-0.469
0.3*L2	-0.028	-0.113	-0.303	-0.013	-0.079	-0.217	-0.428	0.127	0.160	0.229	0.335	-0.165	-0.393
0.4*L2	-0.035	-0.120	-0.300	-0.024	-0.085	-0.210	-0.394	0.104	0.134	0.197	0.288	-0.152	-0.333
0.5*L2	-0.037	-0.117	-0.279	-0.028	-0.082	-0.194	-0.353	0.085	0.112	0.168	0.247	-0.136	-0.282
0.6*L2	-0.035	-0.106	-0.247	-0.028	-0.075	-0.170	-0.305	0.070	0.093	0.141	0.208	-0.117	-0.235
0.7*L2	-0.030	-0.090	-0.208	-0.025	-0.063	-0.143	-0.253	0.056	0.076	0.115	0.171	-0.097	-0.192
0.8*L2	-0.024	-0.072	-0.166	-0.020	-0.051	-0.114	-0.201	0.044	0.060	0.091	0.135	-0.077	-0.152
0.9*L2	-0.018	-0.055	-0.126	-0.015	-0.039	-0.087	-0.153	0.034	0.046	0.069	0.103	-0.059	-0.115
1.0*L2	-0.013	-0.040	-0.092	-0.011	-0.028	-0.063	-0.112	0.025	0.034	0.051	0.075	-0.043	-0.085
FAKTOR					1/a							1/(a*a)	
INFOLGE STRECKENMOMENT mt=1													
IN FELD													
1,BIS SPRUNG					-0.004	-0.213			-0.127	-0.278			
1,REST	0.145	0.060	-0.260	0.264	0.036	-0.118	-0.733	1.113	0.556	0.289	-0.388	-0.509	-0.621
2	-0.080	-0.340	-0.935	-0.033	-0.237	-0.673	-1.341	0.410	0.512	0.729	1.063	-0.518	-1.254
3	-0.013	-0.042	-0.101	-0.010	-0.030	-0.070	-0.129	0.031	0.041	0.062	0.091	-0.050	-0.103
SUMME(+)	0.145	0.060	0.000	0.264	0.036	0.000	0.000	1.554	1.109	1.080	1.154	0.000	0.000
SUMME(-)	-0.094	-0.383	-1.296	-0.043	-0.270	-1.074	-2.202	0.000	-0.127	-0.278	-0.388	-1.077	-1.978
SUMME	0.052	-0.322	-1.296	0.221	-0.235	-1.074	-2.202	1.554	0.982	0.802	0.766	-1.077	-1.978
FAKTOR		a			a				a			1/a	

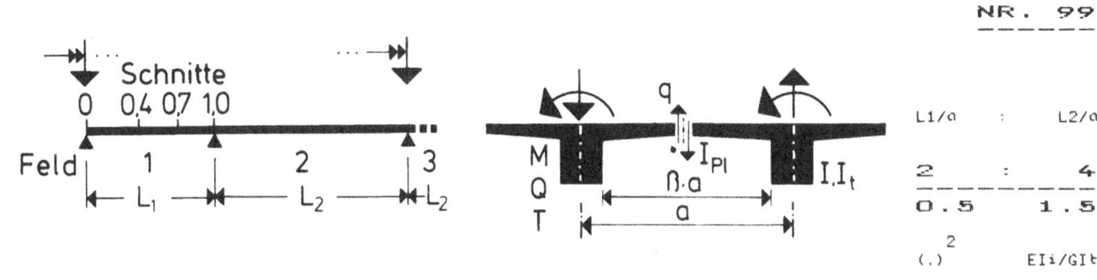

	M			Q				T				q	
IN SCHNITT	0.4	0.7	1.0	0	0.4	0.7	1.0	0	0.4	0.7	1.0	0.4	1.0

INFOLGE EINZELLAST P=1

IN	M 0.4	M 0.7	M 1.0	Q 0	Q 0.4	Q 0.7	Q 1.0	T 0	T 0.4	T 0.7	T 1.0	q 0.4	q 1.0
0.0*L1	0.000	0.000	-0.000	1.000	-0.000	-0.000	-0.000	0.000	0.000	-0.000	-0.000	0.000	-0.000
0.1*L1	0.089	0.021	-0.040	0.853	-0.125	-0.105	-0.100	0.014	0.003	-0.007	-0.010	0.039	-0.002
0.2*L1	0.181	0.044	-0.078	0.711	-0.249	-0.211	-0.200	0.027	0.006	-0.013	-0.018	0.075	-0.003
0.3*L1	0.277	0.072	-0.112	0.578	-0.370	-0.318	-0.301	0.035	0.009	-0.017	-0.026	0.102	-0.003
0.4*L1	0.381	0.108	-0.138	0.456	-0.488	-0.425	-0.404	0.039	0.011	-0.021	-0.031	0.117	-0.003
				0.512									
0.5*L1	0.293	0.154	-0.155	0.347	0.400	-0.533	-0.507	0.038	0.012	-0.022	-0.034	0.116	-0.001
0.6*L1	0.214	0.212	-0.160	0.252	0.298	-0.639	-0.612	0.034	0.011	-0.021	-0.034	0.102	0.001
0.7*L1	0.146	0.285	-0.150	0.170	0.205	-0.742	-0.716	0.026	0.008	-0.018	-0.031	0.081	0.003
				0.258									
0.8*L1	0.087	0.173	-0.122	0.101	0.125	0.161	-0.818	0.017	0.005	-0.013	-0.024	0.054	0.004
0.9*L1	0.039	0.078	-0.073	0.045	0.056	0.074	-0.914	0.007	0.002	-0.007	-0.014	0.026	0.004
1.0*L1	-0.000	0.000	-0.000	-0.000	-0.000	0.000	-1.000	0.000	-0.000	0.000	0.000	0.000	0.000
0.0*L2	-0.000	-0.000	-0.000	-0.000	-0.000	-0.000	-0.000	-0.000	-0.000	0.000	0.000	-0.000	-0.000
0.1*L2	-0.051	-0.105	-0.176	-0.058	-0.075	-0.105	-0.130	-0.004	0.005	0.020	0.032	-0.041	-0.022
0.2*L2	-0.075	-0.156	-0.268	-0.084	-0.112	-0.161	-0.207	0.001	0.015	0.039	0.062	-0.066	-0.051
0.3*L2	-0.081	-0.171	-0.298	-0.090	-0.123	-0.181	-0.240	0.008	0.024	0.053	0.083	-0.078	-0.074
0.4*L2	-0.075	-0.162	-0.287	-0.083	-0.116	-0.175	-0.240	0.014	0.030	0.060	0.092	-0.079	-0.087
0.5*L2	-0.064	-0.138	-0.250	-0.070	-0.099	-0.154	-0.215	0.017	0.032	0.059	0.090	-0.071	-0.089
0.6*L2	-0.049	-0.108	-0.198	-0.053	-0.078	-0.123	-0.176	0.017	0.029	0.052	0.078	-0.059	-0.080
0.7*L2	-0.034	-0.076	-0.142	-0.037	-0.055	-0.088	-0.129	0.014	0.023	0.040	0.060	-0.043	-0.063
0.8*L2	-0.020	-0.046	-0.086	-0.022	-0.033	-0.054	-0.079	0.010	0.015	0.026	0.039	-0.027	-0.041
0.9*L2	-0.009	-0.019	-0.037	-0.009	-0.014	-0.023	-0.034	0.004	0.007	0.011	0.017	-0.012	-0.018
1.0*L2	0.000	0.000	0.000	0.000	-0.000	0.000	0.000	0.000	0.000	0.000	0.000	0.000	0.000
FAKTOR	a							a				1/a	

INFOLGE STRECKENLAST P=1

IN FELD	M 0.4	M 0.7	M 1.0	Q 0	Q 0.4	Q 0.7	Q 1.0	T 0	T 0.4	T 0.7	T 1.0	q 0.4	q 1.0
1,BIS SPRUNG						-0.198	-0.521			0.005	-0.022		
1,REST	0.340	0.227	-0.208	0.801	0.267	0.072	-1.014	0.048	0.009	-0.006	-0.045	0.144	0.000
2	-0.186	-0.398	-0.705	-0.205	-0.285	-0.430	-0.587	0.032	0.072	0.144	0.223	-0.192	-0.211
3	0.014	0.031	0.056	0.015	0.022	0.035	0.049	-0.004	-0.008	-0.014	-0.021	0.016	0.021
SUMME(+)	0.354	0.258	0.056	0.816	0.289	0.107	0.049	0.080	0.085	0.144	0.223	0.160	0.022
SUMME(-)	-0.186	-0.398	-0.913	-0.205	-0.483	-0.951	-1.601	-0.004	-0.008	-0.042	-0.066	-0.192	-0.211
SUMME	0.168	-0.140	-0.857	0.611	-0.194	-0.844	-1.552	0.075	0.077	0.102	0.157	-0.032	-0.189
FAKTOR	a×a			a				a×a					

INFOLGE EINZELMOMENT Mt=1

IN	M 0.4	M 0.7	M 1.0	Q 0	Q 0.4	Q 0.7	Q 1.0	T 0	T 0.4	T 0.7	T 1.0	q 0.4	q 1.0
0.0*L1	0.000	0.000	-0.000	0.000	-0.000	-0.000	-0.000	1.000	-0.000	-0.000	-0.000	-0.000	-0.000
0.1*L1	0.034	0.013	-0.033	0.089	-0.008	-0.058	-0.093	0.873	-0.078	-0.053	-0.036	-0.102	-0.052
0.2*L1	0.064	0.025	-0.065	0.145	-0.011	-0.112	-0.185	0.764	-0.158	-0.108	-0.071	-0.208	-0.105
0.3*L1	0.089	0.036	-0.095	0.175	-0.005	-0.161	-0.272	0.669	-0.242	-0.163	-0.108	-0.321	-0.160
0.4*L1	0.105	0.045	-0.123	0.186	0.017	-0.200	-0.352	0.585	-0.330	-0.222	-0.146	-0.444	-0.218
								0.670					
0.5*L1	0.108	0.051	-0.147	0.182	0.038	-0.226	-0.423	0.512	0.584	-0.284	-0.185	-0.380	-0.280
0.6*L1	0.102	0.051	-0.169	0.168	0.044	-0.235	-0.483	0.448	0.510	-0.351	-0.227	-0.329	-0.348
0.7*L1	0.090	0.044	-0.187	0.148	0.038	-0.223	-0.527	0.391	0.446	-0.424	-0.272	-0.288	-0.423
								0.576					
0.8*L1	0.073	0.027	-0.203	0.123	0.026	-0.206	-0.554	0.341	0.390	0.505	-0.321	-0.256	-0.506
0.9*L1	0.054	0.004	-0.218	0.096	0.008	-0.200	-0.559	0.297	0.341	0.445	-0.375	-0.231	-0.600
1.0*L1	0.035	-0.022	-0.235	0.070	-0.011	-0.200	-0.538	0.259	0.300	0.394	-0.437	-0.212	-0.706
0.0*L2	0.035	-0.022	-0.235	0.070	-0.011	-0.200	-0.538	0.259	0.300	0.394	0.563	-0.212	-0.706
0.1*L2	-0.001	-0.074	-0.277	0.023	-0.049	-0.211	-0.486	0.198	0.234	0.315	0.452	-0.186	-0.557
0.2*L2	-0.029	-0.115	-0.314	-0.014	-0.080	-0.223	-0.453	0.153	0.186	0.258	0.372	-0.169	-0.449
0.3*L2	-0.047	-0.142	-0.334	-0.039	-0.100	-0.228	-0.423	0.120	0.151	0.215	0.313	-0.154	-0.369
0.4*L2	-0.056	-0.152	-0.333	-0.052	-0.107	-0.222	-0.389	0.096	0.124	0.181	0.265	-0.139	-0.307
0.5*L2	-0.058	-0.149	-0.314	-0.056	-0.105	-0.206	-0.348	0.078	0.102	0.152	0.224	-0.123	-0.256
0.6*L2	-0.054	-0.135	-0.279	-0.054	-0.096	-0.182	-0.301	0.062	0.084	0.127	0.186	-0.106	-0.211
0.7*L2	-0.047	-0.115	-0.235	-0.047	-0.082	-0.152	-0.250	0.050	0.067	0.103	0.151	-0.088	-0.170
0.8*L2	-0.038	-0.092	-0.188	-0.038	-0.066	-0.121	-0.198	0.039	0.053	0.081	0.119	-0.069	-0.133
0.9*L2	-0.028	-0.069	-0.141	-0.028	-0.049	-0.091	-0.149	0.029	0.040	0.061	0.090	-0.052	-0.101
1.0*L2	-0.020	-0.049	-0.100	-0.020	-0.035	-0.065	-0.106	0.022	0.029	0.044	0.065	-0.037	-0.073
FAKTOR				1/a								1/(a×a)	

INFOLGE STRECKENMOMENT mt=1

IN FELD	M 0.4	M 0.7	M 1.0	Q 0	Q 0.4	Q 0.7	Q 1.0	T 0	T 0.4	T 0.7	T 1.0	q 0.4	q 1.0
1,BIS SPRUNG						-0.004	-0.222			-0.128	-0.278		
1,REST	0.148	0.058	-0.272	0.272	0.032	-0.123	-0.746	1.100	0.550	0.287	-0.391	-0.532	-0.608
2	-0.142	-0.434	-1.036	-0.113	-0.305	-0.709	-1.326	0.384	0.480	0.682	0.990	-0.484	-1.172
3	-0.013	-0.035	-0.079	-0.011	-0.025	-0.053	-0.095	0.025	0.032	0.046	0.067	-0.034	-0.078
SUMME(+)	0.148	0.058	0.000	0.272	0.032	0.000	0.000	1.509	1.062	1.014	1.057	0.000	0.000
SUMME(-)	-0.154	-0.470	-1.386	-0.125	-0.334	-1.107	-2.167	0.000	-0.128	-0.278	-0.391	-1.050	-1.858
SUMME	-0.006	-0.412	-1.386	0.147	-0.302	-1.107	-2.167	1.509	0.933	0.736	0.666	-1.050	-1.858
FAKTOR	a							a				1/a	

NR.100

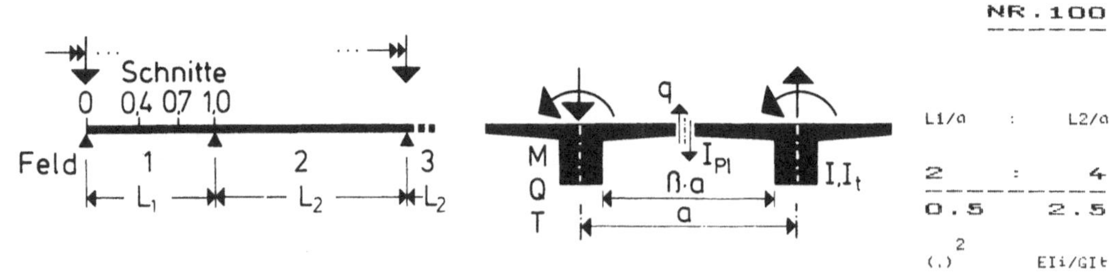

IN SCHNITT	M 0.4	M 0.7	M 1.0	Q 0	Q 0.4	Q 0.7	Q 1.0	T 0	T 0.4	T 0.7	T 1.0	q 0.4	q 1.0

INFOLGE EINZELLAST P=1

IN

IN	M 0.4	M 0.7	M 1.0	Q 0	Q 0.4	Q 0.7	Q 1.0	T 0	T 0.4	T 0.7	T 1.0	q 0.4	q 1.0
0.0*L1	0.000	0.000	-0.000	1.000	-0.000	-0.000	-0.000	0.000	0.000	-0.000	-0.000	0.000	-0.000
0.1*L1	0.095	0.025	-0.040	0.863	-0.123	-0.110	-0.106	0.009	0.002	-0.005	-0.007	0.025	-0.000
0.2*L1	0.191	0.052	-0.077	0.729	-0.245	-0.221	-0.213	0.016	0.004	-0.009	-0.013	0.048	-0.001
0.3*L1	0.291	0.084	-0.110	0.602	-0.365	-0.331	-0.319	0.022	0.005	-0.012	-0.018	0.065	-0.001
0.4*L1	0.397	0.122	-0.136	0.484	-0.480	-0.440	-0.425	0.024	0.006	-0.014	-0.022	0.075	-0.000
				0.520									
0.5*L1	0.310	0.169	-0.152	0.375	0.410	-0.547	-0.530	0.024	0.007	-0.015	-0.024	0.075	0.001
0.6*L1	0.230	0.227	-0.156	0.278	0.307	-0.652	-0.633	0.021	0.006	-0.014	-0.024	0.067	0.002
0.7*L1	0.159	0.298	-0.146	0.191	0.214	-0.752	-0.734	0.016	0.005	-0.012	-0.021	0.053	0.003
						0.248							
0.8*L1	0.097	0.183	-0.119	0.116	0.131	0.155	-0.830	0.010	0.003	-0.009	-0.016	0.036	0.004
0.9*L1	0.044	0.083	-0.071	0.052	0.060	0.072	-0.920	0.005	0.001	-0.005	-0.009	0.018	0.003
1.0*L1	0.000	0.000	-0.000	0.000	0.000	0.000	-1.000	-0.000	-0.000	0.000	0.000	0.000	-0.000
0.0*L2	-0.000	-0.000	-0.000	-0.000	-0.000	-0.000	-0.000	-0.000	0.000	0.000	0.000	-0.000	-0.000
0.1*L2	-0.061	-0.117	-0.186	-0.072	-0.084	-0.104	-0.122	-0.003	0.004	0.014	0.022	-0.028	-0.016
0.2*L2	-0.093	-0.180	-0.289	-0.110	-0.129	-0.164	-0.196	0.000	0.010	0.027	0.043	-0.047	-0.036
0.3*L2	-0.104	-0.204	-0.330	-0.122	-0.146	-0.188	-0.230	0.005	0.017	0.038	0.059	-0.057	-0.052
0.4*L2	-0.101	-0.199	-0.325	-0.118	-0.142	-0.186	-0.232	0.009	0.021	0.043	0.066	-0.059	-0.062
0.5*L2	-0.089	-0.175	-0.289	-0.103	-0.126	-0.166	-0.211	0.011	0.022	0.043	0.065	-0.054	-0.063
0.6*L2	-0.071	-0.141	-0.235	-0.082	-0.101	-0.136	-0.175	0.011	0.021	0.038	0.057	-0.046	-0.057
0.7*L2	-0.051	-0.102	-0.171	-0.059	-0.073	-0.099	-0.129	0.009	0.016	0.030	0.045	-0.034	-0.045
0.8*L2	-0.031	-0.063	-0.106	-0.036	-0.045	-0.062	-0.081	0.006	0.011	0.019	0.029	-0.022	-0.030
0.9*L2	-0.014	-0.028	-0.046	-0.016	-0.020	-0.027	-0.036	0.003	0.005	0.009	0.013	-0.010	-0.013
1.0*L2	0.000	0.000	0.000	0.000	0.000	0.000	-0.000	-0.000	-0.000	0.000	0.000	0.000	0.000
FAKTOR	a				a				a			1/a	

INFOLGE STRECKENLAST P=1

IN FELD

IN FELD	M 0.4	M 0.7	M 1.0	Q 0	Q 0.4	Q 0.7	Q 1.0	T 0	T 0.4	T 0.7	T 1.0	q 0.4	q 1.0
1,BIS SPRUNG						-0.195	-0.535			0.003	-0.015		
1,REST	0.362	0.247	-0.203	0.836	0.275	0.070	-1.042	0.030	0.005	-0.004	-0.031	0.093	0.003
2	-0.249	-0.489	-0.799	-0.291	-0.351	-0.458	-0.571	0.021	0.051	0.104	0.161	-0.144	-0.151
3	0.031	0.062	0.103	0.036	0.044	0.059	0.076	-0.005	-0.009	-0.016	-0.025	0.020	0.024
SUMME(+)	0.393	0.309	0.103	0.873	0.320	0.129	0.076	0.050	0.058	0.104	0.161	0.113	0.027
SUMME(-)	-0.249	-0.489	-1.003	-0.291	-0.545	-0.993	-1.613	-0.005	-0.009	-0.035	-0.055	-0.144	-0.151
SUMME	0.144	-0.180	-0.900	0.582	-0.225	-0.864	-1.537	0.046	0.050	0.069	0.105	-0.031	-0.124
FAKTOR	a*a				a				a*a				

INFOLGE EINZELMOMENT Mt=1

IN

IN	M 0.4	M 0.7	M 1.0	Q 0	Q 0.4	Q 0.7	Q 1.0	T 0	T 0.4	T 0.7	T 1.0	q 0.4	q 1.0
0.0*L1	0.000	0.000	-0.000	0.000	-0.000	-0.000	-0.000	1.000	-0.000	-0.000	-0.000	-0.000	-0.000
0.1*L1	0.035	0.014	-0.034	0.091	-0.008	-0.060	-0.096	0.871	-0.079	-0.053	-0.035	-0.107	-0.051
0.2*L1	0.067	0.026	-0.067	0.149	-0.011	-0.117	-0.189	0.760	-0.160	-0.107	-0.071	-0.216	-0.103
0.3*L1	0.092	0.037	-0.098	0.181	-0.005	-0.167	-0.278	0.663	-0.244	-0.163	-0.107	-0.332	-0.156
0.4*L1	0.108	0.046	-0.127	0.193	0.016	-0.207	-0.360	0.579	-0.333	-0.222	-0.145	-0.458	-0.213
									0.667				
0.5*L1	0.111	0.051	-0.152	0.188	0.037	-0.234	-0.432	0.505	0.581	-0.284	-0.185	-0.394	-0.275
0.6*L1	0.104	0.049	-0.175	0.173	0.042	-0.243	-0.491	0.440	0.506	-0.352	-0.228	-0.342	-0.341
0.7*L1	0.090	0.040	-0.195	0.150	0.035	-0.232	-0.534	0.384	0.441	-0.426	-0.274	-0.299	-0.415
										0.574			
0.8*L1	0.071	0.021	-0.214	0.122	0.021	-0.214	-0.559	0.334	0.385	0.502	-0.325	-0.264	-0.497
0.9*L1	0.050	-0.005	-0.232	0.092	0.001	-0.208	-0.562	0.291	0.336	0.441	-0.382	-0.236	-0.589
1.0*L1	0.028	-0.035	-0.251	0.062	-0.021	-0.208	-0.540	0.253	0.294	0.388	-0.446	-0.213	-0.693
0.0*L2	0.028	-0.035	-0.251	0.062	-0.021	-0.208	-0.540	0.253	0.294	0.388	0.554	-0.213	-0.693
0.1*L2	-0.014	-0.095	-0.300	0.005	-0.065	-0.220	-0.484	0.192	0.227	0.305	0.437	-0.180	-0.540
0.2*L2	-0.047	-0.144	-0.344	-0.039	-0.100	-0.233	-0.448	0.147	0.178	0.244	0.352	-0.156	-0.428
0.3*L2	-0.070	-0.176	-0.369	-0.069	-0.124	-0.239	-0.417	0.114	0.142	0.199	0.288	-0.138	-0.344
0.4*L2	-0.082	-0.189	-0.372	-0.086	-0.134	-0.234	-0.383	0.090	0.114	0.164	0.238	-0.122	-0.280
0.5*L2	-0.083	-0.187	-0.353	-0.090	-0.133	-0.218	-0.342	0.071	0.092	0.135	0.197	-0.106	-0.228
0.6*L2	-0.078	-0.171	-0.317	-0.085	-0.122	-0.194	-0.296	0.056	0.074	0.110	0.161	-0.090	-0.185
0.7*L2	-0.067	-0.146	-0.268	-0.074	-0.104	-0.163	-0.245	0.044	0.059	0.088	0.129	-0.073	-0.147
0.8*L2	-0.054	-0.117	-0.213	-0.060	-0.083	-0.129	-0.193	0.034	0.045	0.069	0.101	-0.058	-0.114
0.9*L2	-0.040	-0.086	-0.158	-0.044	-0.061	-0.096	-0.144	0.025	0.034	0.051	0.075	-0.043	-0.086
1.0*L2	-0.027	-0.058	-0.108	-0.029	-0.042	-0.066	-0.100	0.019	0.025	0.037	0.054	-0.030	-0.062
FAKTOR					1/a							1/(a*a)	

INFOLGE STRECKENMOMENT mt=1

IN FELD

IN FELD	M 0.4	M 0.7	M 1.0	Q 0	Q 0.4	Q 0.7	Q 1.0	T 0	T 0.4	T 0.7	T 1.0	q 0.4	q 1.0
1,BIS SPRUNG						-0.004	-0.230			-0.130	-0.278		
1,REST	0.149	0.053	-0.284	0.276	0.028	-0.128	-0.757	1.089	0.545	0.284	-0.395	-0.550	-0.596
2	-0.216	-0.545	-1.152	-0.213	-0.385	-0.747	-1.308	0.362	0.448	0.629	0.909	-0.433	-1.087
3	-0.005	-0.017	-0.043	-0.003	-0.012	-0.030	-0.059	0.021	0.025	0.034	0.049	-0.021	-0.059
SUMME(+)	0.149	0.053	0.000	0.276	0.028	0.000	0.000	1.471	1.017	0.947	0.958	0.000	0.000
SUMME(-)	-0.221	-0.562	-1.479	-0.216	-0.400	-1.134	-2.123	0.000	-0.130	-0.278	-0.395	-1.004	-1.742
SUMME	-0.072	-0.509	-1.479	0.060	-0.373	-1.134	-2.123	1.471	0.888	0.668	0.563	-1.004	-1.742
FAKTOR	a								a			1/a	

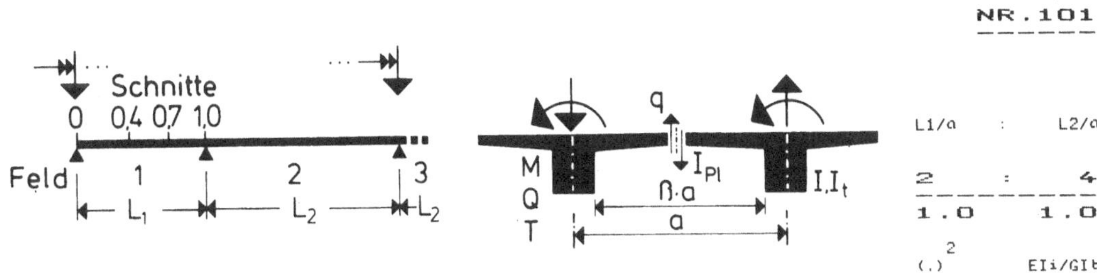

INFOLGE EINZELLAST P=1

IN	M 0.4	M 0.7	M 1.0	Q 0	Q 0.4	Q 0.7	Q 1.0	T 0	T 0.4	T 0.7	T 1.0	q 0.4	q 1.0
0.0*L1	0.000	0.000	-0.000	1.000	-0.000	-0.000	-0.000	0.000	0.000	-0.000	-0.000	0.000	-0.000
0.1*L1	0.074	0.011	-0.039	0.822	-0.127	-0.088	-0.081	0.032	0.006	-0.013	-0.016	0.084	-0.011
0.2*L1	0.152	0.025	-0.075	0.655	-0.253	-0.179	-0.165	0.059	0.013	-0.024	-0.031	0.160	-0.020
0.3*L1	0.238	0.045	-0.108	0.506	-0.379	-0.274	-0.252	0.077	0.019	-0.033	-0.044	0.218	-0.027
0.4*L1	0.336	0.076	-0.135	0.377	-0.503	-0.375	-0.345	0.085	0.025	-0.039	-0.054	0.249	-0.030
					0.497								
0.5*L1	0.247	0.119	-0.153	0.270	0.381	-0.483	-0.444	0.084	0.028	-0.040	-0.059	0.243	-0.028
0.6*L1	0.172	0.177	-0.160	0.184	0.276	-0.595	-0.550	0.074	0.028	-0.037	-0.059	0.209	-0.022
0.7*L1	0.111	0.254	-0.152	0.116	0.185	-0.709	-0.662	0.057	0.023	-0.030	-0.054	0.160	-0.013
						0.291							
0.8*L1	0.063	0.150	-0.125	0.064	0.108	0.181	-0.778	0.037	0.015	-0.021	-0.042	0.105	-0.003
0.9*L1	0.027	0.065	-0.076	0.026	0.047	0.083	-0.893	0.017	0.007	-0.011	-0.023	0.049	0.004
1.0*L1	0.000	-0.000	0.000	-0.000	0.000	0.000	-1.000	-0.000	0.000	-0.000	0.000	0.000	-0.000
0.0*L2	-0.000	-0.000	-0.000	-0.000	-0.000	-0.000	-0.000	-0.000	-0.000	0.000	0.000	-0.000	-0.000
0.1*L2	-0.030	-0.079	-0.162	-0.028	-0.057	-0.110	-0.162	-0.015	-0.000	0.027	0.052	-0.070	-0.048
0.2*L2	-0.039	-0.109	-0.235	-0.035	-0.078	-0.161	-0.252	-0.014	0.008	0.050	0.095	-0.107	-0.111
0.3*L2	-0.038	-0.111	-0.249	-0.031	-0.078	-0.172	-0.285	-0.007	0.016	0.063	0.120	-0.118	-0.157
0.4*L2	-0.031	-0.098	-0.229	-0.024	-0.069	-0.160	-0.277	-0.001	0.022	0.067	0.126	-0.112	-0.178
0.5*L2	-0.024	-0.079	-0.192	-0.017	-0.055	-0.135	-0.243	0.004	0.023	0.063	0.117	-0.097	-0.174
0.6*L2	-0.017	-0.059	-0.148	-0.011	0.041	0.105	-0.195	0.006	0.021	0.053	0.098	-0.077	-0.151
0.7*L2	-0.011	-0.040	-0.104	-0.006	-0.028	-0.074	-0.141	0.006	0.017	0.040	0.073	-0.055	-0.115
0.8*L2	-0.006	-0.023	-0.062	-0.003	-0.016	-0.044	-0.086	0.004	0.011	0.025	0.046	-0.033	-0.073
0.9*L2	-0.002	-0.009	-0.026	-0.001	-0.007	-0.018	-0.036	0.002	0.005	0.011	0.019	-0.014	-0.031
1.0*L2	0.000	-0.000	0.000	-0.000	0.000	0.000	-0.000	-0.000	0.000	-0.000	0.000	0.000	-0.000
FAKTOR	a							a				1/a	

INFOLGE STRECKENLAST P=1

IN FELD	M 0.4	M 0.7	M 1.0	Q 0	Q 0.4	Q 0.7	Q 1.0	T 0	T 0.4	T 0.7	T 1.0	q 0.4	q 1.0
1,BIS SPRUNG					-0.202	-0.469			0.010	-0.041			
1,REST	0.282	0.182	-0.207	0.701	0.248	0.081	-0.934	0.105	0.023	-0.010	-0.077	0.298	-0.030
2	-0.081	-0.246	-0.570	-0.064	-0.174	-0.397	-0.678	-0.006	0.049	0.160	0.301	-0.276	-0.417
3	0.001	0.006	0.018	0.000	0.004	0.013	0.026	-0.002	-0.004	-0.008	-0.015	0.010	0.024
SUMME(+)	0.284	0.189	0.018	0.702	0.252	0.094	0.026	0.105	0.082	0.160	0.301	0.307	0.024
SUMME(-)	-0.081	-0.246	-0.777	-0.064	-0.376	-0.867	-1.612	-0.008	-0.004	-0.058	-0.092	-0.276	-0.447
SUMME	0.203	-0.058	-0.759	0.638	-0.124	-0.773	-1.586	0.097	0.078	0.102	0.209	0.032	-0.423
FAKTOR	a*a			a				a*a					

INFOLGE EINZELMOMENT Mt=1

IN	M 0.4	M 0.7	M 1.0	Q 0	Q 0.4	Q 0.7	Q 1.0	T 0	T 0.4	T 0.7	T 1.0	q 0.4	q 1.0
0.0*L1	0.000	0.000	-0.000	0.000	-0.000	-0.000	-0.000	1.000	-0.000	-0.000	-0.000	-0.000	-0.000
0.1*L1	0.048	0.019	-0.039	0.141	-0.017	-0.076	-0.117	0.836	-0.085	-0.056	-0.035	-0.135	-0.065
0.2*L1	0.093	0.037	-0.077	0.221	-0.025	-0.147	-0.232	0.703	-0.174	-0.113	-0.071	-0.282	-0.131
0.3*L1	0.129	0.055	-0.112	0.257	-0.014	-0.211	-0.342	0.594	-0.271	-0.172	-0.106	-0.453	-0.202
0.4*L1	0.150	0.071	-0.143	0.263	0.027	-0.260	-0.447	0.502	-0.380	-0.236	-0.143	-0.659	-0.278
								0.620					
0.5*L1	0.154	0.085	-0.169	0.249	0.070	-0.290	-0.541	0.424	0.514	-0.306	-0.181	-0.509	-0.363
0.6*L1	0.143	0.092	-0.189	0.223	0.084	-0.293	-0.622	0.356	0.426	-0.386	-0.221	-0.399	-0.460
0.7*L1	0.125	0.088	-0.204	0.191	0.080	-0.259	-0.684	0.297	0.352	-0.478	-0.266	-0.322	-0.574
										0.522			
0.8*L1	0.103	0.070	-0.215	0.157	0.064	-0.220	-0.719	0.245	0.292	0.434	-0.317	-0.270	-0.710
0.9*L1	0.079	0.042	-0.225	0.125	0.042	-0.204	-0.721	0.200	0.241	0.364	-0.377	-0.237	-0.874
1.0*L1	0.056	0.011	-0.238	0.095	0.018	-0.202	-0.681	0.161	0.200	0.310	-0.451	-0.218	-1.074
0.0*L2	0.056	0.011	-0.238	0.095	0.018	-0.202	-0.681	0.161	0.200	0.310	0.549	-0.218	-1.074
0.1*L2	0.019	-0.048	-0.281	0.047	-0.027	-0.220	-0.592	0.103	0.140	0.237	0.423	-0.203	-0.788
0.2*L2	-0.007	-0.090	-0.320	0.016	-0.059	-0.239	-0.549	0.066	0.103	0.193	0.348	-0.199	-0.615
0.3*L2	-0.021	-0.113	-0.336	-0.003	-0.077	-0.245	-0.515	0.044	0.081	0.165	0.300	-0.192	-0.505
0.4*L2	-0.027	-0.118	-0.327	-0.011	-0.081	-0.236	-0.473	0.031	0.066	0.143	0.262	-0.180	-0.428
0.5*L2	-0.027	-0.110	-0.297	-0.014	-0.076	-0.213	-0.418	0.023	0.054	0.123	0.225	-0.161	-0.363
0.6*L2	-0.024	-0.095	-0.254	-0.013	-0.066	-0.182	-0.353	0.018	0.045	0.103	0.188	-0.136	-0.301
0.7*L2	-0.020	-0.077	-0.203	-0.011	-0.053	-0.145	-0.282	0.014	0.035	0.082	0.150	-0.109	-0.239
0.8*L2	-0.015	-0.057	-0.152	-0.008	-0.040	-0.109	-0.211	0.011	0.026	0.061	0.112	-0.081	-0.179
0.9*L2	-0.010	-0.040	-0.106	-0.006	-0.028	-0.075	-0.146	0.007	0.018	0.042	0.078	-0.056	-0.124
1.0*L2	-0.007	-0.025	-0.067	-0.004	-0.018	-0.048	-0.093	0.005	0.012	0.027	0.049	-0.036	-0.078
FAKTOR				1/a								1/(a*a)	

INFOLGE STRECKENMOMENT mt=1

IN FELD	M 0.4	M 0.7	M 1.0	Q 0	Q 0.4	Q 0.7	Q 1.0	T 0	T 0.4	T 0.7	T 1.0	q 0.4	q 1.0
1,BIS SPRUNG					-0.010	-0.283			-0.143	-0.301			
1,REST	0.212	0.113	-0.299	0.378	0.074	-0.130	-0.956	0.945	0.446	0.242	-0.388	-0.671	-0.836
2	-0.045	-0.304	-0.975	0.016	-0.205	-0.717	-1.568	0.158	0.268	0.524	0.949	-0.577	-1.636
3	-0.005	-0.018	-0.046	-0.003	-0.013	-0.033	-0.062	0.002	0.007	0.017	0.032	-0.024	-0.050
SUMME(+)	0.212	0.113	0.000	0.393	0.074	0.000	0.000	1.105	0.720	0.783	0.981	0.000	0.000
SUMME(-)	-0.050	-0.323	-1.320	-0.003	-0.227	-1.163	-2.586	0.000	-0.143	-0.301	-0.388	-1.272	-2.522
SUMME	0.161	-0.209	-1.320	0.390	-0.153	-1.163	-2.586	1.105	0.577	0.482	0.594	-1.272	-2.522
FAKTOR	a								a			1/a	

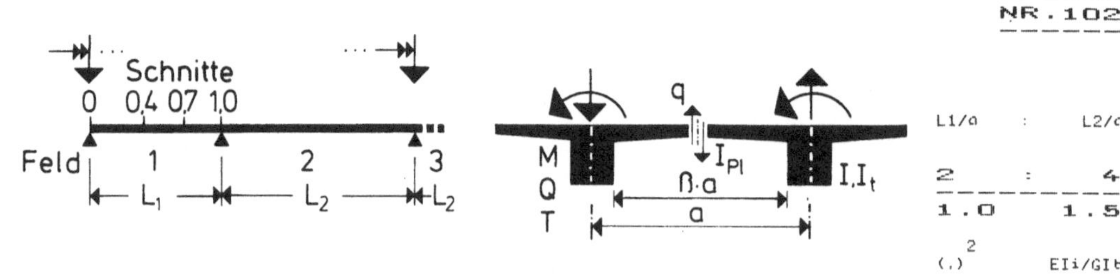

	M			Q				T				q	
IN SCHNITT	0.4	0.7	1.0	0	0.4	0.7	1.0	0	0.4	0.7	1.0	0.4	1.0

INFOLGE EINZELLAST P=1

IN

	M			Q				T				q	
0.0*L1	0.000	0.000	-0.000	1.000	-0.000	-0.000	-0.000	0.000	0.000	-0.000	-0.000	0.000	-0.000
0.1*L1	0.081	0.016	-0.040	0.837	-0.126	-0.097	-0.091	0.023	0.005	-0.010	-0.013	0.062	-0.007
0.2*L1	0.166	0.034	-0.077	0.683	-0.251	-0.195	-0.182	0.042	0.009	-0.019	-0.025	0.117	-0.012
0.3*L1	0.258	0.059	-0.110	0.542	-0.375	-0.296	-0.277	0.056	0.014	-0.026	-0.035	0.160	-0.016
0.4*L1	0.358	0.092	-0.137	0.416	-0.496	-0.400	-0.374	0.062	0.018	-0.030	-0.043	0.183	-0.017
					0.504								
0.5*L1	0.270	0.136	-0.155	0.308	0.390	-0.508	-0.476	0.061	0.020	-0.031	-0.047	0.180	-0.015
0.6*L1	0.193	0.195	-0.160	0.217	0.287	-0.617	-0.581	0.054	0.019	-0.029	-0.047	0.156	-0.011
0.7*L1	0.128	0.269	-0.151	0.143	0.195	-0.725	-0.689	0.042	0.016	-0.024	-0.042	0.121	-0.005
						0.274							
0.8*L1	0.075	0.161	-0.124	0.082	0.116	0.171	-0.797	0.028	0.011	-0.017	-0.033	0.080	0.001
0.9*L1	0.033	0.071	-0.075	0.035	0.051	0.079	-0.903	0.013	0.005	-0.009	-0.018	0.038	0.004
1.0*L1	-0.000	0.000	-0.000	-0.000	-0.000	0.000	-1.000	-0.000	-0.000	-0.000	0.000	0.000	0.000
0.0*L2	-0.000	-0.000	-0.000	-0.000	-0.000	-0.000	-0.000	-0.000	-0.000	0.000	0.000	-0.000	-0.000
0.1*L2	-0.040	-0.092	-0.170	-0.042	-0.066	-0.109	-0.149	-0.012	-0.000	0.021	0.041	-0.057	-0.038
0.2*L2	-0.056	-0.133	-0.254	-0.058	-0.095	-0.164	-0.236	-0.013	0.006	0.040	0.076	-0.090	-0.087
0.3*L2	-0.058	-0.141	-0.277	-0.059	-0.100	-0.180	-0.271	-0.009	0.012	0.052	0.098	-0.102	-0.124
0.4*L2	-0.052	-0.129	-0.262	-0.052	-0.092	-0.172	-0.268	-0.004	0.016	0.056	0.104	-0.101	-0.143
0.5*L2	-0.043	-0.109	-0.225	-0.041	-0.077	-0.148	-0.239	-0.000	0.018	0.053	0.099	-0.089	-0.141
0.6*L2	-0.032	-0.084	-0.177	-0.031	-0.059	-0.118	-0.194	0.002	0.016	0.045	0.084	-0.072	-0.124
0.7*L2	-0.022	-0.058	-0.126	-0.020	-0.041	-0.084	-0.141	0.003	0.013	0.034	0.063	-0.052	-0.095
0.8*L2	-0.013	-0.035	-0.076	-0.012	-0.025	-0.051	-0.087	0.002	0.009	0.022	0.040	-0.032	-0.061
0.9*L2	-0.005	-0.015	-0.032	-0.005	-0.010	-0.022	-0.037	0.001	0.004	0.009	0.017	-0.014	-0.027
1.0*L2	-0.000	0.000	-0.000	-0.000	0.000	0.000	-0.000	-0.000	-0.000	-0.000	0.000	0.000	-0.000
FAKTOR	a							a				1/a	

INFOLGE STRECKENLAST P=1

IN FELD

	M			Q				T				q	
1,BIS SPRUNG						-0.200	-0.495			0.007	-0.031		
1,REST	0.311	0.204	-0.208	0.751	0.257	0.077	-0.974	0.077	0.016	-0.008	-0.061	0.221	-0.015
2	-0.131	-0.322	-0.647	-0.130	-0.230	-0.424	-0.656	-0.013	0.037	0.134	0.251	-0.247	-0.338
3	0.007	0.019	0.042	0.006	0.013	0.028	0.049	-0.001	-0.005	-0.012	-0.023	0.018	0.035
SUMME(+)	0.318	0.223	0.042	0.757	0.271	0.105	0.049	0.077	0.061	0.134	0.251	0.239	0.035
SUMME(-)	-0.131	-0.322	-0.855	-0.130	-0.430	-0.919	-1.630	-0.014	-0.005	-0.051	-0.084	-0.247	-0.353
SUMME	0.187	-0.099	-0.813	0.627	-0.159	-0.814	-1.581	0.063	0.056	0.083	0.167	-0.008	-0.318
FAKTOR	a*a			a				a*a					

INFOLGE EINZELMOMENT Mt=1

IN

	M			Q				T				q	
0.0*L1	0.000	0.000	-0.000	0.000	-0.000	-0.000	-0.000	1.000	-0.000	-0.000	-0.000	-0.000	-0.000
0.1*L1	0.052	0.021	-0.040	0.148	-0.017	-0.081	-0.123	0.831	-0.087	-0.054	-0.034	-0.147	-0.061
0.2*L1	0.100	0.042	-0.079	0.234	-0.024	-0.157	-0.243	0.694	-0.177	-0.110	-0.067	-0.306	-0.125
0.3*L1	0.139	0.061	-0.115	0.276	-0.012	-0.225	-0.358	0.581	-0.275	-0.169	-0.102	-0.485	-0.192
0.4*L1	0.162	0.079	-0.147	0.284	0.030	-0.277	-0.465	0.488	-0.385	-0.232	-0.138	-0.697	-0.266
								0.615					
0.5*L1	0.166	0.092	-0.174	0.271	0.073	-0.308	-0.561	0.408	0.507	-0.302	-0.176	-0.549	-0.349
0.6*L1	0.155	0.097	-0.195	0.243	0.087	-0.311	-0.642	0.341	0.419	-0.382	-0.217	-0.437	-0.445
0.7*L1	0.134	0.091	-0.212	0.208	0.081	-0.277	-0.701	0.283	0.346	-0.475	-0.263	-0.355	-0.557
								0.525					
0.8*L1	0.108	0.070	-0.225	0.169	0.063	-0.236	-0.733	0.232	0.285	0.435	-0.317	-0.297	-0.692
0.9*L1	0.081	0.038	-0.237	0.131	0.038	-0.218	-0.731	0.189	0.236	0.363	-0.380	-0.258	-0.855
1.0*L1	0.054	0.002	-0.253	0.094	0.010	-0.215	-0.686	0.153	0.195	0.307	-0.457	-0.232	-1.052
0.0*L2	0.054	0.002	-0.253	0.094	0.010	-0.215	-0.686	0.153	0.195	0.307	0.543	-0.232	-1.052
0.1*L2	0.007	-0.068	-0.304	0.034	-0.042	-0.231	-0.588	0.097	0.135	0.230	0.408	-0.204	-0.760
0.2*L2	-0.026	-0.120	-0.351	-0.008	-0.081	-0.251	-0.540	0.061	0.098	0.182	0.327	-0.192	-0.578
0.3*L2	-0.045	-0.149	-0.374	-0.033	-0.104	-0.259	-0.504	0.039	0.074	0.152	0.274	-0.182	-0.463
0.4*L2	-0.053	-0.157	-0.369	-0.044	-0.110	-0.252	-0.463	0.025	0.058	0.129	0.235	-0.169	-0.383
0.5*L2	-0.052	-0.149	-0.340	-0.046	-0.105	-0.230	-0.410	0.018	0.047	0.110	0.200	-0.150	-0.318
0.6*L2	-0.047	-0.131	-0.293	-0.042	-0.092	-0.197	-0.347	0.013	0.038	0.091	0.166	-0.127	-0.261
0.7*L2	-0.038	-0.106	-0.236	-0.034	-0.075	-0.159	-0.277	0.009	0.030	0.072	0.131	-0.102	-0.205
0.8*L2	-0.029	-0.080	-0.177	-0.026	-0.056	-0.119	-0.207	0.007	0.022	0.053	0.097	-0.076	-0.152
0.9*L2	-0.020	-0.055	-0.121	-0.018	-0.039	-0.082	-0.142	0.005	0.015	0.037	0.067	-0.052	-0.104
1.0*L2	-0.012	-0.034	-0.075	-0.011	-0.024	-0.050	-0.088	0.003	0.009	0.023	0.041	-0.032	-0.064
FAKTOR				1/a								1/(a*a)	

INFOLGE STRECKENMOMENT mt=1

IN FELD

	M			Q				T				q	
1,BIS SPRUNG						-0.009	-0.302			-0.146	-0.297		
1,REST	0.226	0.119	-0.311	0.406	0.074	-0.139	-0.983	0.922	0.438	0.242	-0.383	-0.726	-0.811
2	-0.114	-0.415	-1.094	-0.072	-0.287	-0.766	-1.543	0.138	0.246	0.485	0.874	-0.554	-1.502
3	-0.003	-0.010	-0.022	-0.003	-0.007	-0.015	-0.026	0.001	0.003	0.007	0.012	-0.009	-0.020
SUMME(+)	0.226	0.119	0.000	0.406	0.074	0.000	0.000	1.061	0.687	0.734	0.886	0.000	0.000
SUMME(-)	-0.118	-0.424	-1.426	-0.075	-0.302	-1.221	-2.552	0.000	-0.146	-0.297	-0.383	-1.289	-2.333
SUMME	0.109	-0.305	-1.426	0.331	-0.229	-1.221	-2.552	1.061	0.541	0.437	0.503	-1.289	-2.333
FAKTOR	a							a				1/a	

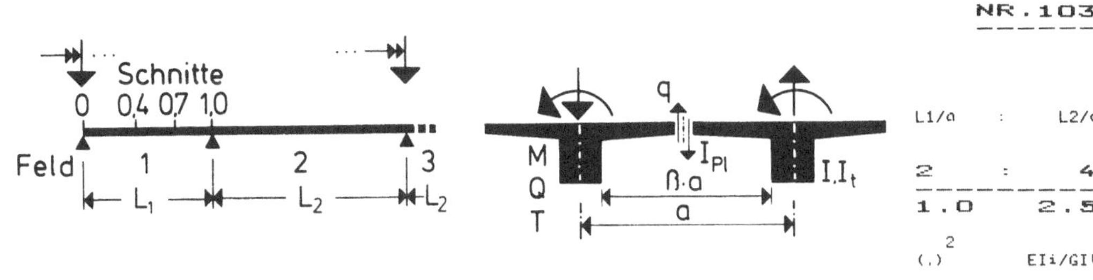

IN SCHNITT	M 0.4	M 0.7	M 1.0	Q 0	Q 0.4	Q 0.7	Q 1.0	T 0	T 0.4	T 0.7	T 1.0	q 0.4	q 1.0

INFOLGE EINZELLAST P=1

IN	M 0.4	M 0.7	M 1.0	Q 0	Q 0.4	Q 0.7	Q 1.0	T 0	T 0.4	T 0.7	T 1.0	q 0.4	q 1.0
0.0*L1	0.000	0.000	-0.000	1.000	-0.000	-0.000	-0.000	0.000	0.000	-0.000	-0.000	0.000	-0.000
0.1*L1	0.089	0.021	-0.040	0.852	-0.124	-0.105	-0.100	0.015	0.003	-0.007	-0.009	0.041	-0.003
0.2*L1	0.181	0.044	-0.077	0.710	-0.248	-0.210	-0.200	0.027	0.006	-0.013	-0.018	0.077	-0.006
0.3*L1	0.277	0.073	-0.110	0.577	-0.369	-0.316	-0.301	0.036	0.009	-0.018	-0.025	0.105	-0.007
0.4*L1	0.381	0.109	-0.136	0.455	-0.487	-0.423	-0.404	0.040	0.011	-0.021	-0.030	0.121	-0.008
					0.513								
0.5*L1	0.293	0.155	-0.153	0.347	0.401	-0.530	-0.507	0.040	0.013	-0.022	-0.033	0.119	-0.006
0.6*L1	0.215	0.213	-0.158	0.252	0.298	-0.637	-0.611	0.035	0.012	-0.020	-0.033	0.105	-0.003
0.7*L1	0.146	0.286	-0.148	0.170	0.206	-0.740	-0.715	0.028	0.010	-0.017	-0.030	0.082	0.000
						0.260							
0.8*L1	0.088	0.174	-0.121	0.102	0.125	0.162	-0.816	0.018	0.007	-0.012	-0.023	0.055	0.003
0.9*L1	0.039	0.078	-0.072	0.045	0.056	0.075	-0.912	0.008	0.003	-0.006	-0.013	0.027	0.004
1.0*L1	-0.000	0.000	-0.000	-0.000	-0.000	-0.000	-1.000	-0.000	-0.000	-0.000	-0.000	0.000	-0.000
0.0*L2	-0.000	-0.000	-0.000	-0.000	-0.000	-0.000	-0.000	-0.000	-0.000	0.000	0.000	-0.000	-0.000
0.1*L2	-0.052	-0.107	-0.180	-0.059	-0.076	-0.107	-0.135	-0.009	-0.000	0.015	0.029	-0.042	-0.027
0.2*L2	-0.077	-0.160	-0.276	-0.087	-0.115	-0.166	-0.218	-0.010	0.004	0.029	0.055	-0.068	-0.062
0.3*L2	-0.084	-0.177	-0.311	-0.094	-0.127	-0.188	-0.254	-0.008	0.008	0.038	0.072	-0.080	-0.089
0.4*L2	-0.080	-0.170	-0.302	-0.088	-0.121	-0.184	-0.255	-0.005	0.011	0.042	0.078	-0.080	-0.104
0.5*L2	-0.069	-0.148	-0.266	-0.076	-0.105	-0.162	-0.231	-0.003	0.012	0.041	0.075	-0.073	-0.104
0.6*L2	-0.054	-0.117	-0.214	-0.059	-0.084	-0.131	-0.190	-0.001	0.012	0.035	0.065	-0.060	-0.092
0.7*L2	-0.038	-0.084	-0.155	-0.042	-0.060	-0.095	-0.140	0.000	0.009	0.027	0.049	-0.045	-0.072
0.8*L2	-0.023	-0.051	-0.095	-0.025	-0.037	-0.059	-0.087	0.001	0.006	0.017	0.032	-0.028	-0.047
0.9*L2	-0.010	-0.022	-0.041	-0.011	-0.016	-0.026	-0.038	0.000	0.003	0.008	0.014	-0.012	-0.021
1.0*L2	-0.000	-0.000	-0.000	-0.000	0.000	0.000	-0.000	-0.000	0.000	-0.000	-0.000	0.000	-0.000
FAKTOR	a			a				a				1/a	

INFOLGE STRECKENLAST P=1

IN FELD	M 0.4	M 0.7	M 1.0	Q 0	Q 0.4	Q 0.7	Q 1.0	T 0	T 0.4	T 0.7	T 1.0	q 0.4	q 1.0
1,BIS SPRUNG						-0.197	-0.518		0.005	-0.022			
1,REST	0.340	0.229	-0.205	0.800	0.268	0.073	-1.014	0.050	0.010	-0.005	-0.043	0.147	-0.005
2	-0.197	-0.420	-0.745	-0.219	-0.300	-0.452	-0.626	-0.014	0.026	0.102	0.189	-0.197	-0.249
3	0.020	0.044	0.082	0.022	0.032	0.051	0.075	-0.001	-0.005	-0.015	-0.027	0.024	0.041
SUMME(+)	0.360	0.273	0.082	0.822	0.299	0.124	0.075	0.050	0.041	0.102	0.189	0.171	0.041
SUMME(-)	-0.197	-0.420	-0.950	-0.219	-0.497	-0.970	-1.640	-0.015	-0.005	-0.042	-0.071	-0.197	-0.254
SUMME	0.163	-0.147	-0.868	0.602	-0.198	-0.847	-1.564	0.035	0.035	0.060	0.119	-0.026	-0.213
FAKTOR	a*a			a				a*a					

INFOLGE EINZELMOMENT Mt=1

IN	M 0.4	M 0.7	M 1.0	Q 0	Q 0.4	Q 0.7	Q 1.0	T 0	T 0.4	T 0.7	T 1.0	q 0.4	q 1.0
0.0*L1	0.000	0.000	-0.000	0.000	-0.000	-0.000	-0.000	1.000	-0.000	-0.000	-0.000	-0.000	-0.000
0.1*L1	0.056	0.024	-0.041	0.155	-0.015	-0.086	-0.128	0.827	-0.088	-0.053	-0.032	-0.159	-0.058
0.2*L1	0.108	0.047	-0.081	0.248	-0.022	-0.167	-0.253	0.686	-0.180	-0.107	-0.064	-0.328	-0.119
0.3*L1	0.149	0.068	-0.118	0.294	-0.009	-0.237	-0.373	0.570	-0.279	-0.165	-0.097	-0.516	-0.184
0.4*L1	0.174	0.086	-0.151	0.305	0.033	-0.292	-0.483	0.474	-0.390	-0.228	-0.132	-0.733	-0.256
									0.610				
0.5*L1	0.178	0.099	-0.179	0.291	0.076	-0.325	-0.580	0.394	0.502	-0.298	-0.170	-0.586	-0.337
0.6*L1	0.165	0.103	-0.201	0.262	0.089	-0.328	-0.660	0.326	0.413	-0.379	-0.213	-0.472	-0.431
0.7*L1	0.142	0.094	-0.220	0.223	0.081	-0.293	-0.717	0.269	0.340	-0.473	-0.261	-0.386	-0.543
									0.527				
0.8*L1	0.113	0.069	-0.235	0.179	0.061	-0.250	-0.746	0.221	0.280	0.435	-0.317	-0.322	-0.676
0.9*L1	0.081	0.032	-0.250	0.133	0.032	-0.231	-0.739	0.180	0.230	0.362	-0.384	-0.274	-0.836
1.0*L1	0.049	-0.010	-0.270	0.090	0.000	-0.227	-0.688	0.145	0.190	0.304	-0.466	-0.241	-1.031
0.0*L2	0.049	-0.010	-0.270	0.090	0.000	-0.227	-0.688	0.145	0.190	0.304	0.534	-0.241	-1.031
0.1*L2	-0.008	-0.092	-0.330	0.014	-0.061	-0.242	-0.582	0.093	0.131	0.221	0.391	-0.199	-0.731
0.2*L2	-0.050	-0.156	-0.387	-0.040	-0.109	-0.263	-0.527	0.058	0.092	0.169	0.302	-0.176	-0.540
0.3*L2	-0.076	-0.195	-0.420	-0.074	-0.137	-0.273	-0.489	0.036	0.068	0.136	0.244	-0.161	-0.417
0.4*L2	-0.087	-0.208	-0.420	-0.089	-0.147	-0.268	-0.448	0.023	0.052	0.112	0.202	-0.146	-0.332
0.5*L2	-0.086	-0.200	-0.392	-0.091	-0.142	-0.247	-0.397	0.015	0.040	0.093	0.168	-0.129	-0.269
0.6*L2	-0.078	-0.177	-0.342	-0.082	-0.126	-0.214	-0.337	0.010	0.031	0.075	0.137	-0.109	-0.215
0.7*L2	-0.064	-0.145	-0.277	-0.068	-0.103	-0.173	-0.270	0.007	0.024	0.059	0.107	-0.087	-0.167
0.8*L2	-0.048	-0.109	-0.208	-0.052	-0.077	-0.130	-0.201	0.005	0.018	0.044	0.079	-0.065	-0.123
0.9*L2	-0.033	-0.074	-0.141	-0.035	-0.053	-0.088	-0.136	0.003	0.012	0.029	0.054	-0.044	-0.083
1.0*L2	-0.019	-0.043	-0.083	-0.020	-0.031	-0.052	-0.081	0.002	0.007	0.018	0.032	-0.026	-0.050
FAKTOR				1/a				1/a				1/(a*a)	

INFOLGE STRECKENMOMENT mt=1

IN FELD	M 0.4	M 0.7	M 1.0	Q 0	Q 0.4	Q 0.7	Q 1.0	T 0	T 0.4	T 0.7	T 1.0	q 0.4	q 1.0
1,BIS SPRUNG						-0.007	-0.318		-0.148	-0.292			
1,REST	0.239	0.124	-0.322	0.431	0.073	-0.147	-1.008	0.901	0.432	0.242	-0.379	-0.776	-0.788
2	-0.208	-0.557	-1.241	-0.196	-0.391	-0.816	-1.505	0.127	0.224	0.437	0.781	-0.497	-1.355
3	0.007	0.014	0.023	0.008	0.010	0.014	0.017	0.001	0.000	-0.002	-0.003	0.005	0.003
SUMME(+)	0.246	0.138	0.023	0.439	0.083	0.014	0.017	1.029	0.656	0.678	0.781	0.005	0.003
SUMME(-)	-0.208	-0.557	-1.563	-0.196	-0.398	-1.282	-2.513	0.000	-0.148	-0.294	-0.383	-1.273	-2.144
SUMME	0.038	-0.419	-1.540	0.242	-0.315	-1.268	-2.496	1.029	0.508	0.384	0.398	-1.268	-2.141
FAKTOR	a			a				a				1/a	

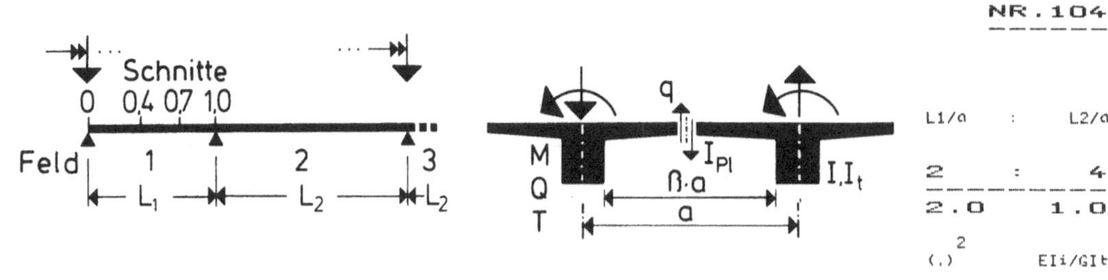

		M				Q				T				q	
IN SCHNITT	0.4	0.7	1.0	0	0.4	0.7	1.0	0	0.4	0.7	1.0	0.4	1.0

INFOLGE EINZELLAST P=1

IN	M 0.4	M 0.7	M 1.0	Q 0	Q 0.4	Q 0.7	Q 1.0	T 0	T 0.4	T 0.7	T 1.0	q 0.4	q 1.0
0.0*L1	0.000	0.000	-0.000	1.000	-0.000	-0.000	-0.000	0.000	0.000	-0.000	-0.000	0.000	-0.000
0.1*L1	0.064	0.006	-0.036	0.799	-0.124	-0.075	-0.072	0.045	0.006	-0.018	-0.020	0.117	-0.024
0.2*L1	0.133	0.016	-0.070	0.614	-0.251	-0.154	-0.147	0.081	0.013	-0.035	-0.038	0.223	-0.046
0.3*L1	0.213	0.033	-0.102	0.455	-0.379	-0.241	-0.227	0.105	0.022	-0.047	-0.054	0.306	-0.062
0.4*L1	0.307	0.060	-0.128	0.324	-0.507	-0.337	-0.313	0.115	0.031	-0.055	-0.066	0.348	-0.071
					0.493								
0.5*L1	0.219	0.101	-0.147	0.221	0.371	-0.444	-0.409	0.112	0.037	-0.056	-0.074	0.333	-0.071
0.6*L1	0.147	0.159	-0.155	0.143	0.263	-0.562	-0.514	0.098	0.037	-0.050	-0.074	0.280	-0.060
0.7*L1	0.092	0.237	-0.149	0.085	0.172	-0.685	-0.629	0.076	0.032	-0.039	-0.067	0.208	-0.042
						0.315							
0.8*L1	0.050	0.137	-0.124	0.045	0.099	0.195	-0.752	0.049	0.022	-0.026	-0.052	0.132	-0.020
0.9*L1	0.020	0.059	-0.076	0.017	0.042	0.088	-0.879	0.022	0.010	-0.013	-0.029	0.061	-0.001
1.0*L1	0.000	-0.000	-0.000	0.000	-0.000	-0.000	-1.000	-0.000	-0.000	-0.000	0.000	0.000	-0.000
0.0*L2	-0.000	-0.000	-0.000	-0.000	-0.000	-0.000	-0.000	-0.000	-0.000	0.000	0.000	-0.000	-0.000
0.1*L2	-0.020	-0.066	-0.157	-0.015	-0.046	-0.112	-0.186	-0.022	-0.007	0.026	0.063	-0.080	-0.075
0.2*L2	-0.025	-0.088	-0.222	-0.016	-0.061	-0.159	-0.286	-0.026	-0.004	0.045	0.109	-0.116	-0.170
0.3*L2	-0.022	-0.086	-0.230	-0.013	-0.059	-0.165	-0.316	-0.022	0.001	0.054	0.130	-0.122	-0.232
0.4*L2	-0.018	-0.074	-0.209	-0.008	-0.050	-0.150	-0.302	-0.017	0.004	0.054	0.130	-0.112	-0.252
0.5*L2	-0.013	-0.060	-0.174	-0.005	-0.040	-0.125	-0.261	-0.011	0.006	0.049	0.117	-0.094	-0.237
0.6*L2	-0.009	-0.045	-0.134	-0.002	-0.030	-0.097	-0.208	-0.008	0.006	0.040	0.095	-0.073	-0.199
0.7*L2	-0.006	-0.031	-0.095	-0.001	-0.020	-0.068	-0.149	-0.005	0.005	0.029	0.069	-0.052	-0.148
0.8*L2	-0.003	-0.018	-0.057	-0.000	-0.012	-0.041	-0.091	-0.003	0.003	0.018	0.043	-0.031	-0.092
0.9*L2	-0.001	-0.008	-0.024	-0.000	-0.005	-0.017	-0.038	-0.001	0.001	0.008	0.018	-0.013	-0.039
1.0*L2	0.000	-0.000	0.000	0.000	-0.000	0.000	-0.000	-0.000	-0.000	-0.000	0.000	0.000	-0.000
FAKTOR		a							a			1/a	

INFOLGE STRECKENLAST P=1

IN FELD	M 0.4	M 0.7	M 1.0	Q 0	Q 0.4	Q 0.7	Q 1.0	T 0	T 0.4	T 0.7	T 1.0	q 0.4	q 1.0
1,BIS SPRUNG						-0.202	-0.430		0.011	-0.057			
1,REST	0.247	0.159	-0.199	0.637	0.237	0.087	-0.888	0.141	0.031	-0.012	-0.096	0.404	-0.080
2	-0.048	-0.194	-0.529	-0.025	-0.132	-0.380	-0.743	-0.047	0.006	0.130	0.312	-0.281	-0.580
3	0.001	0.006	0.020	-0.000	0.004	0.015	0.034	0.001	-0.001	-0.007	-0.016	0.011	0.036
SUMME(+)	0.248	0.165	0.020	0.637	0.241	0.102	0.034	0.142	0.049	0.130	0.312	0.416	0.036
SUMME(-)	-0.048	-0.194	-0.728	-0.025	-0.333	-0.810	-1.631	-0.047	-0.001	-0.075	-0.112	-0.281	-0.660
SUMME	0.200	-0.028	-0.708	0.612	-0.092	-0.708	-1.597	0.095	0.047	0.055	0.200	0.134	-0.624
FAKTOR		a*a				a			a*a				

INFOLGE EINZELMOMENT Mt=1

IN	M 0.4	M 0.7	M 1.0	Q 0	Q 0.4	Q 0.7	Q 1.0	T 0	T 0.4	T 0.7	T 1.0	q 0.4	q 1.0
0.0*L1	0.000	0.000	-0.000	0.000	-0.000	-0.000	-0.000	1.000	-0.000	-0.000	-0.000	-0.000	-0.000
0.1*L1	0.065	0.022	-0.046	0.218	-0.037	-0.095	-0.134	0.789	-0.084	-0.055	-0.035	-0.162	-0.072
0.2*L1	0.125	0.045	-0.090	0.324	-0.058	-0.185	-0.267	0.634	-0.175	-0.112	-0.070	-0.356	-0.147
0.3*L1	0.173	0.069	-0.130	0.357	-0.042	-0.265	-0.399	0.517	-0.283	-0.172	-0.105	-0.615	-0.226
0.4*L1	0.200	0.094	-0.164	0.345	0.031	-0.328	-0.525	0.426	-0.417	-0.238	-0.139	-0.971	-0.313
									0.583				
0.5*L1	0.199	0.115	-0.190	0.308	0.107	-0.362	-0.643	0.350	0.450	-0.315	-0.174	-0.651	-0.414
0.6*L1	0.179	0.130	-0.209	0.260	0.133	-0.354	-0.747	0.285	0.349	-0.408	-0.211	-0.435	-0.537
0.7*L1	0.150	0.130	-0.219	0.210	0.126	-0.284	-0.829	0.227	0.269	-0.526	-0.254	-0.300	-0.693
										0.474			
0.8*L1	0.117	0.106	-0.224	0.163	0.102	-0.207	-0.876	0.175	0.206	0.360	-0.306	-0.223	-0.899
0.9*L1	0.086	0.069	-0.227	0.122	0.069	-0.178	-0.872	0.129	0.155	0.279	-0.374	-0.184	-1.174
1.0*L1	0.058	0.028	-0.236	0.087	0.035	-0.178	-0.796	0.090	0.116	0.223	-0.468	-0.171	-1.543
0.0*L2	0.058	0.028	-0.236	0.087	0.035	-0.178	-0.796	0.090	0.116	0.223	0.532	-0.171	-1.543
0.1*L2	0.016	-0.045	-0.289	0.039	-0.022	-0.212	-0.654	0.033	0.064	0.159	0.380	-0.178	-1.001
0.2*L2	-0.008	-0.091	-0.339	0.012	-0.058	-0.246	-0.609	0.002	0.036	0.130	0.312	-0.193	-0.738
0.3*L2	-0.019	-0.111	-0.357	-0.001	-0.073	-0.258	-0.580	-0.013	0.023	0.115	0.276	-0.198	-0.607
0.4*L2	-0.022	-0.112	-0.342	-0.005	-0.074	-0.247	-0.536	-0.017	0.017	0.104	0.248	-0.187	-0.526
0.5*L2	-0.020	-0.101	-0.304	-0.005	-0.067	-0.219	-0.471	-0.017	0.014	0.090	0.216	-0.166	-0.453
0.6*L2	-0.017	-0.083	-0.251	-0.004	-0.055	-0.181	-0.389	-0.014	0.012	0.075	0.179	-0.137	-0.376
0.7*L2	-0.013	-0.063	-0.192	-0.003	-0.042	-0.139	-0.300	-0.010	0.009	0.058	0.138	-0.105	-0.292
0.8*L2	-0.009	-0.044	-0.135	-0.002	-0.029	-0.097	-0.211	-0.007	0.007	0.041	0.097	-0.074	-0.207
0.9*L2	-0.005	-0.027	-0.083	-0.001	-0.018	-0.060	-0.131	-0.004	0.004	0.025	0.061	-0.046	-0.128
1.0*L2	-0.003	-0.014	-0.043	-0.001	-0.009	-0.031	-0.068	-0.002	0.002	0.013	0.031	-0.024	-0.066
FAKTOR					1/a							1/(a*a)	

INFOLGE STRECKENMOMENT mt=1

IN FELD	M 0.4	M 0.7	M 1.0	Q 0	Q 0.4	Q 0.7	Q 1.0	T 0	T 0.4	T 0.7	T 1.0	q 0.4	q 1.0
1,BIS SPRUNG						-0.027	-0.349		-0.149	-0.311			
1,REST	0.266	0.160	-0.324	0.476	0.116	-0.121	-1.142	0.812	0.354	0.196	-0.379	-0.786	-1.043
2	-0.029	-0.271	-0.976	0.027	-0.173	-0.707	-1.719	-0.004	0.096	0.363	0.869	-0.553	-2.030
3	-0.001	-0.001	-0.002	-0.001	-0.001	-0.001	0.000	-0.001	-0.001	-0.001	-0.001	-0.001	0.005
SUMME(+)	0.266	0.160	0.000	0.503	0.116	0.000	0.000	0.812	0.450	0.559	0.869	0.000	0.005
SUMME(-)	-0.030	-0.273	-1.301	-0.001	-0.201	-1.178	-2.861	-0.004	-0.150	-0.312	-0.381	-1.339	-3.074
SUMME	0.236	-0.113	-1.301	0.502	-0.084	-1.178	-2.861	0.807	0.300	0.247	0.489	-1.339	-3.068
FAKTOR		a							a			1/a	

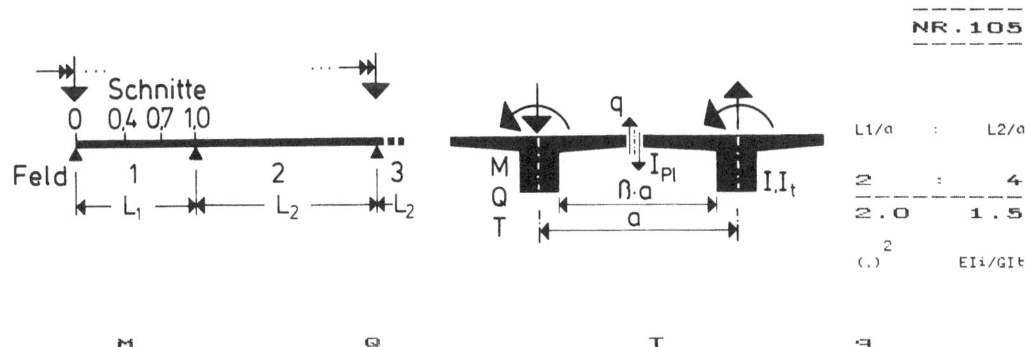

	M			Q				T				q	
IN SCHNITT	0.4	0.7	1.0	0	0.4	0.7	1.0	0	0.4	0.7	1.0	0.4	1.0

INFOLGE EINZELLAST P=1

IN

	M			Q				T				q	
0.0*L1	0.000	0.000	-0.000	1.000	-0.000	-0.000	-0.000	0.000	0.000	-0.000	-0.000	0.000	-0.000
0.1*L1	0.073	0.011	-0.038	0.819	-0.125	-0.087	-0.082	0.033	0.005	-0.014	-0.016	0.088	-0.016
0.2*L1	0.151	0.026	-0.074	0.650	-0.251	-0.176	-0.167	0.060	0.011	-0.027	-0.031	0.168	-0.030
0.3*L1	0.236	0.046	-0.106	0.500	-0.377	-0.270	-0.254	0.078	0.017	-0.037	-0.044	0.230	-0.041
0.4*L1	0.334	0.077	-0.133	0.373	-0.501	-0.370	-0.347	0.086	0.023	-0.042	-0.054	0.262	-0.046
				0.499									
0.5*L1	0.245	0.119	-0.151	0.267	0.381	-0.477	-0.445	0.084	0.027	-0.043	-0.060	0.253	-0.045
0.6*L1	0.171	0.178	-0.158	0.182	0.276	-0.591	-0.550	0.074	0.027	-0.039	-0.060	0.215	-0.037
0.7*L1	0.111	0.254	-0.150	0.115	0.184	-0.706	-0.661	0.058	0.023	-0.031	-0.054	0.163	-0.025
				0.294									
0.8*L1	0.063	0.150	-0.124	0.064	0.108	0.183	-0.776	0.038	0.016	-0.021	-0.042	0.105	-0.010
0.9*L1	0.027	0.065	-0.075	0.027	0.047	0.083	-0.891	0.018	0.008	-0.011	-0.023	0.049	0.002
1.0*L1	-0.000	0.000	-0.000	-0.000	-0.000	0.000	-1.000	-0.000	-0.000	-0.000	0.000	0.000	-0.000
0.0*L2	-0.000	-0.000	-0.000	-0.000	-0.000	-0.000	-0.000	-0.000	-0.000	0.000	0.000	-0.000	-0.000
0.1*L2	-0.031	-0.080	-0.166	-0.029	-0.057	-0.111	-0.169	-0.019	-0.006	0.022	0.051	-0.069	-0.059
0.2*L2	-0.041	-0.112	-0.242	-0.038	-0.079	-0.164	-0.266	-0.025	-0.004	0.038	0.089	-0.104	-0.134
0.3*L2	-0.041	-0.116	-0.259	-0.037	-0.081	-0.176	-0.301	-0.023	-0.001	0.046	0.109	-0.114	-0.185
0.4*L2	-0.036	-0.105	-0.242	-0.031	-0.073	-0.165	-0.293	-0.019	0.002	0.048	0.112	-0.109	-0.205
0.5*L2	-0.029	-0.087	-0.206	-0.024	-0.061	-0.141	-0.258	-0.015	0.003	0.043	0.102	-0.094	-0.196
0.6*L2	-0.022	-0.067	-0.162	-0.018	-0.046	-0.111	-0.207	-0.011	0.004	0.036	0.084	-0.074	-0.167
0.7*L2	-0.015	-0.047	-0.115	-0.012	-0.032	-0.079	-0.150	-0.007	0.003	0.026	0.062	-0.053	-0.126
0.8*L2	-0.009	-0.028	-0.069	-0.007	-0.019	-0.048	-0.092	-0.004	0.002	0.016	0.038	-0.032	-0.079
0.9*L2	-0.004	-0.012	-0.029	-0.003	-0.008	-0.020	-0.039	-0.002	0.001	0.007	0.017	-0.014	-0.034
1.0*L2	-0.000	0.000	-0.000	-0.000	0.000	0.000	0.000	-0.000	-0.000	-0.000	0.000	0.000	-0.000
FAKTOR	a							a				1/a	

INFOLGE STRECKENLAST P=1

IN FELD

	M			Q				T				q	
1,BIS SPRUNG						-0.201	-0.464		0.009	-0.044			
1,REST	0.281	0.183	-0.204	0.697	0.248	0.082	-0.934	0.107	0.023	-0.009	-0.078	0.309	-0.050
2	-0.092	-0.265	-0.604	-0.081	-0.186	-0.411	-0.718	-0.051	0.002	0.114	0.268	-0.269	-0.476
3	0.005	0.016	0.040	0.004	0.011	0.027	0.054	0.002	-0.002	-0.010	-0.023	0.019	0.048
SUMME(+)	0.285	0.199	0.040	0.700	0.259	0.109	0.054	0.109	0.033	0.114	0.268	0.327	0.048
SUMME(-)	-0.092	-0.265	-0.807	-0.081	-0.386	-0.876	-1.652	-0.051	-0.002	-0.063	-0.101	-0.269	-0.526
SUMME	0.193	-0.066	-0.768	0.620	-0.128	-0.766	-1.599	0.058	0.032	0.051	0.167	0.059	-0.477
FAKTOR	a*a			a				a*a					

INFOLGE EINZELMOMENT Mt=1

IN

	M			Q				T				q	
0.0*L1	0.000	0.000	-0.000	0.000	-0.000	-0.000	-0.000	1.000	-0.000	-0.000	-0.000	-0.000	-0.000
0.1*L1	0.073	0.027	-0.048	0.232	-0.036	-0.105	-0.144	0.780	-0.086	-0.052	-0.032	-0.187	-0.064
0.2*L1	0.139	0.054	-0.093	0.351	-0.055	-0.204	-0.287	0.617	-0.180	-0.105	-0.064	-0.403	-0.131
0.3*L1	0.193	0.082	-0.135	0.394	-0.038	-0.291	-0.425	0.495	-0.289	-0.163	-0.096	-0.678	-0.203
0.4*L1	0.223	0.108	-0.170	0.387	0.037	-0.358	-0.557	0.400	-0.425	-0.228	-0.128	-1.044	-0.286
								0.575					
0.5*L1	0.223	0.131	-0.197	0.351	0.115	-0.394	-0.678	0.323	0.441	-0.304	-0.162	-0.725	-0.384
0.6*L1	0.202	0.145	-0.216	0.300	0.140	-0.385	-0.781	0.259	0.339	-0.398	-0.200	-0.505	-0.506
0.7*L1	0.169	0.141	-0.227	0.244	0.132	-0.312	-0.859	0.204	0.260	-0.518	-0.245	-0.360	-0.663
								0.482					
0.8*L1	0.131	0.114	-0.233	0.188	0.105	-0.231	-0.899	0.156	0.198	0.366	-0.300	-0.271	-0.869
0.9*L1	0.094	0.070	-0.238	0.137	0.068	-0.198	-0.887	0.115	0.149	0.282	-0.373	-0.220	-1.144
1.0*L1	0.059	0.022	-0.250	0.093	0.030	-0.194	-0.803	0.080	0.111	0.223	-0.472	-0.194	-1.511
0.0*L2	0.059	0.022	-0.250	0.093	0.030	-0.194	-0.803	0.080	0.111	0.223	0.528	-0.194	-1.511
0.1*L2	0.005	-0.066	-0.312	0.027	-0.038	-0.226	-0.645	0.028	0.061	0.154	0.364	-0.184	-0.958
0.2*L2	-0.028	-0.125	-0.373	-0.013	-0.083	-0.261	-0.592	-0.002	0.033	0.122	0.288	-0.190	-0.680
0.3*L2	-0.045	-0.153	-0.400	-0.032	-0.105	-0.277	-0.562	-0.017	0.020	0.106	0.248	-0.192	-0.539
0.4*L2	-0.049	-0.157	-0.391	-0.038	-0.108	-0.269	-0.522	-0.022	0.013	0.094	0.220	-0.183	-0.455
0.5*L2	-0.046	-0.144	-0.352	-0.037	-0.100	-0.242	-0.461	-0.021	0.010	0.081	0.191	-0.164	-0.388
0.6*L2	-0.039	-0.121	-0.294	-0.031	-0.084	-0.202	-0.384	-0.018	0.008	0.067	0.158	-0.137	-0.320
0.7*L2	-0.030	-0.093	-0.227	-0.024	-0.064	-0.156	-0.297	-0.014	0.006	0.052	0.123	-0.106	-0.248
0.8*L2	-0.021	-0.065	-0.159	-0.017	-0.045	-0.110	-0.209	-0.010	0.005	0.037	0.086	-0.074	-0.175
0.9*L2	-0.013	-0.040	-0.098	-0.010	-0.028	-0.067	-0.128	-0.006	0.003	0.023	0.053	-0.046	-0.108
1.0*L2	-0.006	-0.020	-0.049	-0.005	-0.014	-0.034	-0.064	-0.003	0.001	0.011	0.026	-0.023	-0.053
FAKTOR				1/a								1/(a*a)	

INFOLGE STRECKENMOMENT mt=1

IN FELD

	M			Q				T				q	
1,BIS SPRUNG						-0.025	-0.382		-0.152	-0.300			
1,REST	0.297	0.178	-0.337	0.532	0.121	-0.134	-1.188	0.774	0.344	0.199	-0.366	-0.888	-0.995
2	-0.098	-0.389	-1.106	-0.055	-0.262	-0.771	-1.687	-0.019	0.084	0.339	0.797	-0.554	-1.838
3	0.003	0.009	0.025	0.002	0.006	0.017	0.035	0.001	-0.001	-0.007	-0.016	0.012	0.034
SUMME(+)	0.300	0.187	0.025	0.534	0.127	0.017	0.035	0.775	0.428	0.538	0.797	0.012	0.034
SUMME(-)	-0.098	-0.389	-1.443	-0.055	-0.287	-1.288	-2.875	-0.019	-0.154	-0.307	-0.381	-1.441	-2.833
SUMME	0.202	-0.201	-1.418	0.479	-0.159	-1.271	-2.840	0.756	0.275	0.231	0.415	-1.429	-2.798
FAKTOR	a							a				1/a	

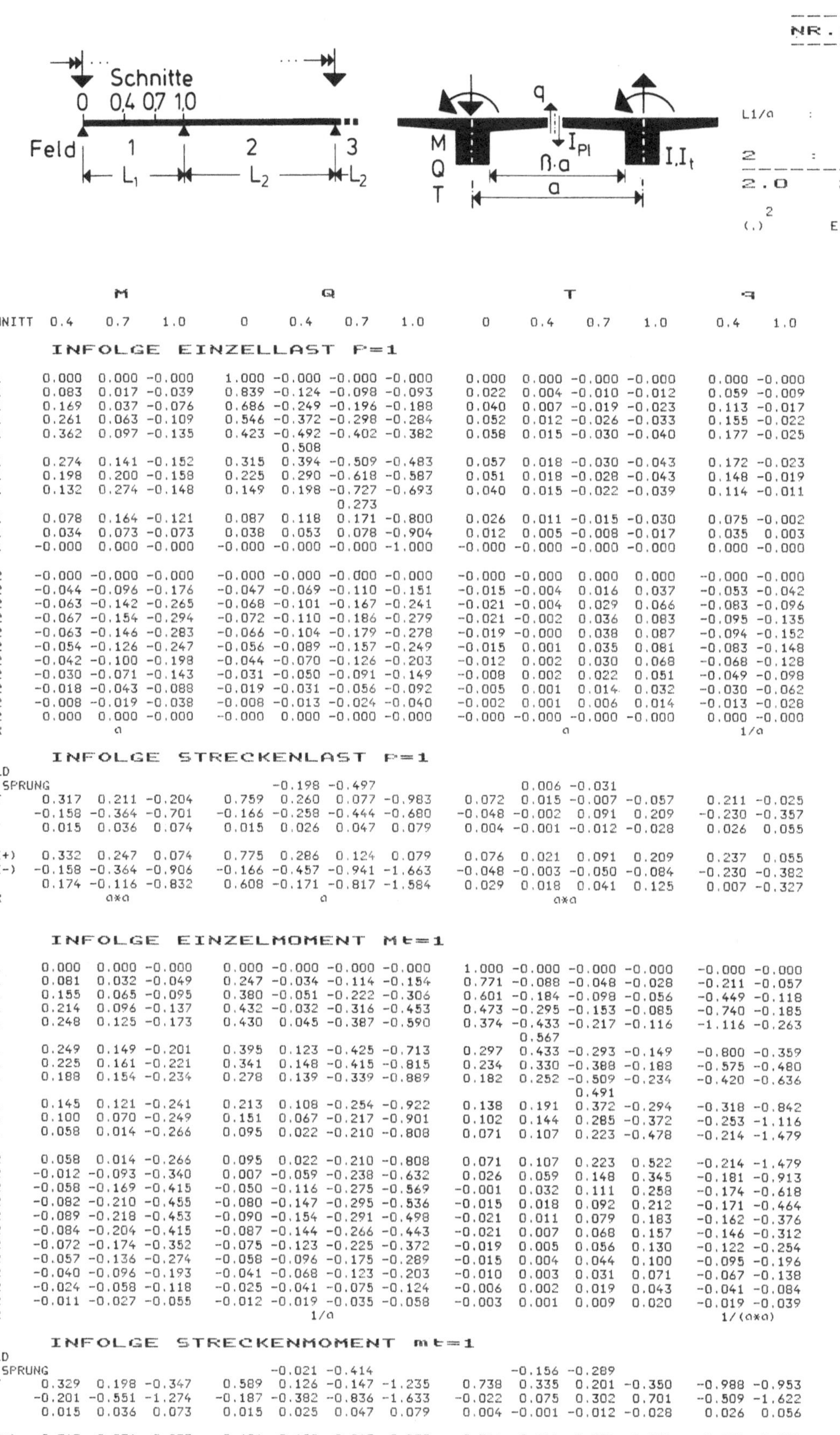

INFOLGE EINZELLAST P=1

IN	M 0.4	M 0.7	M 1.0	Q 0	Q 0.4	Q 0.7	Q 1.0	T 0	T 0.4	T 0.7	T 1.0	q 0.4	q 1.0
0.0*L1	0.000	0.000	-0.000	1.000	-0.000	-0.000	-0.000	0.000	0.000	-0.000	-0.000	0.000	-0.000
0.1*L1	0.083	0.017	-0.039	0.839	-0.124	-0.098	-0.093	0.022	0.004	-0.010	-0.012	0.059	-0.009
0.2*L1	0.169	0.037	-0.076	0.686	-0.249	-0.196	-0.188	0.040	0.007	-0.019	-0.023	0.113	-0.017
0.3*L1	0.261	0.063	-0.109	0.546	-0.372	-0.298	-0.284	0.052	0.012	-0.026	-0.033	0.155	-0.022
0.4*L1	0.362	0.097	-0.135	0.423	-0.492	-0.402	-0.382	0.058	0.015	-0.030	-0.040	0.177	-0.025
					0.508								
0.5*L1	0.274	0.141	-0.152	0.315	0.394	-0.509	-0.483	0.057	0.018	-0.030	-0.043	0.172	-0.023
0.6*L1	0.198	0.200	-0.158	0.225	0.290	-0.618	-0.587	0.051	0.018	-0.028	-0.043	0.148	-0.019
0.7*L1	0.132	0.274	-0.148	0.149	0.198	-0.727	-0.693	0.040	0.015	-0.022	-0.039	0.114	-0.011
						0.273							
0.8*L1	0.078	0.164	-0.121	0.087	0.118	0.171	-0.800	0.026	0.011	-0.015	-0.030	0.075	-0.002
0.9*L1	0.034	0.073	-0.073	0.038	0.053	0.078	-0.904	0.012	0.005	-0.008	-0.017	0.035	0.003
1.0*L1	-0.000	0.000	-0.000	-0.000	-0.000	-0.000	-1.000	-0.000	-0.000	-0.000	-0.000	0.000	-0.000
0.0*L2	-0.000	-0.000	-0.000	-0.000	-0.000	-0.000	-0.000	-0.000	-0.000	0.000	0.000	-0.000	-0.000
0.1*L2	-0.044	-0.096	-0.176	-0.047	-0.069	-0.110	-0.151	-0.015	-0.004	0.016	0.037	-0.053	-0.042
0.2*L2	-0.063	-0.142	-0.265	-0.068	-0.101	-0.167	-0.241	-0.021	-0.004	0.029	0.066	-0.083	-0.096
0.3*L2	-0.067	-0.154	-0.294	-0.072	-0.110	-0.186	-0.279	-0.021	-0.002	0.036	0.083	-0.095	-0.135
0.4*L2	-0.063	-0.146	-0.283	-0.066	-0.104	-0.179	-0.278	-0.019	-0.000	0.038	0.087	-0.094	-0.152
0.5*L2	-0.054	-0.126	-0.247	-0.056	-0.089	-0.157	-0.249	-0.015	0.001	0.035	0.081	-0.083	-0.148
0.6*L2	-0.042	-0.100	-0.198	-0.044	-0.070	-0.126	-0.203	-0.012	0.002	0.030	0.068	-0.068	-0.128
0.7*L2	-0.030	-0.071	-0.143	-0.031	-0.050	-0.091	-0.149	-0.008	0.002	0.022	0.051	-0.049	-0.098
0.8*L2	-0.018	-0.043	-0.088	-0.019	-0.031	-0.056	-0.092	-0.005	0.001	0.014	0.032	-0.030	-0.062
0.9*L2	-0.008	-0.019	-0.038	-0.008	-0.013	-0.024	-0.040	-0.002	0.001	0.006	0.014	-0.013	-0.028
1.0*L2	0.000	0.000	-0.000	-0.000	0.000	-0.000	-0.000	-0.000	-0.000	-0.000	-0.000	0.000	-0.000
FAKTOR	a							a				1/a	

INFOLGE STRECKENLAST P=1

IN FELD	M 0.4	M 0.7	M 1.0	Q 0	Q 0.4	Q 0.7	Q 1.0	T 0	T 0.4	T 0.7	T 1.0	q 0.4	q 1.0
1,BIS SPRUNG						-0.198	-0.497			0.006	-0.031		
1,REST	0.317	0.211	-0.204	0.759	0.260	0.077	-0.983	0.072	0.015	-0.007	-0.057	0.211	-0.025
2	-0.158	-0.364	-0.701	-0.166	-0.258	-0.444	-0.680	-0.048	-0.002	0.091	0.209	-0.230	-0.357
3	0.015	0.036	0.074	0.015	0.026	0.047	0.079	0.004	-0.001	-0.012	-0.028	0.026	0.055
SUMME(+)	0.332	0.247	0.074	0.775	0.286	0.124	0.079	0.076	0.021	0.091	0.209	0.237	0.055
SUMME(-)	-0.158	-0.364	-0.906	-0.166	-0.457	-0.941	-1.663	-0.048	-0.003	-0.050	-0.084	-0.230	-0.382
SUMME	0.174	-0.116	-0.832	0.608	-0.171	-0.817	-1.584	0.029	0.018	0.041	0.125	0.007	-0.327
FAKTOR	a×a			a				a×a					

INFOLGE EINZELMOMENT Mt=1

IN	M 0.4	M 0.7	M 1.0	Q 0	Q 0.4	Q 0.7	Q 1.0	T 0	T 0.4	T 0.7	T 1.0	q 0.4	q 1.0
0.0*L1	0.000	0.000	-0.000	0.000	-0.000	-0.000	-0.000	1.000	-0.000	-0.000	-0.000	-0.000	-0.000
0.1*L1	0.081	0.032	-0.049	0.247	-0.034	-0.114	-0.154	0.771	-0.088	-0.048	-0.028	-0.211	-0.057
0.2*L1	0.155	0.065	-0.095	0.380	-0.051	-0.222	-0.306	0.601	-0.184	-0.098	-0.056	-0.449	-0.118
0.3*L1	0.214	0.096	-0.137	0.432	-0.032	-0.316	-0.453	0.473	-0.295	-0.153	-0.085	-0.740	-0.185
0.4*L1	0.248	0.125	-0.173	0.430	0.045	-0.387	-0.590	0.374	-0.433	-0.217	-0.116	-1.116	-0.263
								0.567					
0.5*L1	0.249	0.149	-0.201	0.395	0.123	-0.425	-0.713	0.297	0.433	-0.293	-0.149	-0.800	-0.359
0.6*L1	0.225	0.161	-0.221	0.341	0.148	-0.415	-0.815	0.234	0.330	-0.388	-0.188	-0.575	-0.480
0.7*L1	0.188	0.154	-0.234	0.278	0.139	-0.339	-0.889	0.182	0.252	-0.509	-0.234	-0.420	-0.636
										0.491			
0.8*L1	0.145	0.121	-0.241	0.213	0.108	-0.254	-0.922	0.138	0.191	0.372	-0.294	-0.318	-0.842
0.9*L1	0.100	0.070	-0.249	0.151	0.067	-0.217	-0.901	0.102	0.144	0.285	-0.372	-0.253	-1.116
1.0*L1	0.058	0.014	-0.266	0.095	0.022	-0.210	-0.808	0.071	0.107	0.223	-0.478	-0.214	-1.479
0.0*L2	0.058	0.014	-0.266	0.095	0.022	-0.210	-0.808	0.071	0.107	0.223	0.522	-0.214	-1.479
0.1*L2	-0.012	-0.093	-0.340	0.007	-0.059	-0.238	-0.632	0.026	0.059	0.148	0.345	-0.181	-0.913
0.2*L2	-0.058	-0.169	-0.415	-0.050	-0.116	-0.275	-0.569	-0.001	0.032	0.111	0.258	-0.174	-0.618
0.3*L2	-0.082	-0.210	-0.455	-0.080	-0.147	-0.295	-0.536	-0.015	0.018	0.092	0.212	-0.171	-0.464
0.4*L2	-0.089	-0.218	-0.453	-0.090	-0.154	-0.291	-0.498	-0.021	0.011	0.079	0.183	-0.162	-0.376
0.5*L2	-0.084	-0.204	-0.415	-0.087	-0.144	-0.266	-0.443	-0.021	0.007	0.068	0.157	-0.146	-0.312
0.6*L2	-0.072	-0.174	-0.352	-0.075	-0.123	-0.225	-0.372	-0.019	0.005	0.056	0.130	-0.122	-0.254
0.7*L2	-0.057	-0.136	-0.274	-0.058	-0.096	-0.175	-0.289	-0.015	0.004	0.044	0.100	-0.095	-0.196
0.8*L2	-0.040	-0.096	-0.193	-0.041	-0.068	-0.123	-0.203	-0.010	0.003	0.031	0.071	-0.067	-0.138
0.9*L2	-0.024	-0.058	-0.118	-0.025	-0.041	-0.075	-0.124	-0.006	0.002	0.019	0.043	-0.041	-0.084
1.0*L2	-0.011	-0.027	-0.055	-0.012	-0.019	-0.035	-0.058	-0.003	0.001	0.009	0.020	-0.019	-0.039
FAKTOR				1/a								1/(a×a)	

INFOLGE STRECKENMOMENT mt=1

IN FELD	M 0.4	M 0.7	M 1.0	Q 0	Q 0.4	Q 0.7	Q 1.0	T 0	T 0.4	T 0.7	T 1.0	q 0.4	q 1.0
1,BIS SPRUNG						-0.021	-0.414			-0.156	-0.289		
1,REST	0.329	0.198	-0.347	0.589	0.126	-0.147	-1.235	0.738	0.335	0.201	-0.350	-0.988	-0.953
2	-0.201	-0.551	-1.274	-0.187	-0.382	-0.836	-1.633	-0.022	0.075	0.302	0.701	-0.509	-1.622
3	0.015	0.036	0.073	0.015	0.025	0.047	0.079	0.004	-0.001	-0.012	-0.028	0.026	0.056
SUMME(+)	0.343	0.234	0.073	0.604	0.152	0.047	0.079	0.741	0.411	0.504	0.701	0.026	0.056
SUMME(-)	-0.201	-0.551	-1.621	-0.187	-0.404	-1.397	-2.868	-0.022	-0.157	-0.301	-0.379	-1.498	-2.574
SUMME	0.143	-0.317	-1.548	0.417	-0.252	-1.350	-2.789	0.719	0.254	0.203	0.322	-1.472	-2.518
FAKTOR	a							a				1/a	

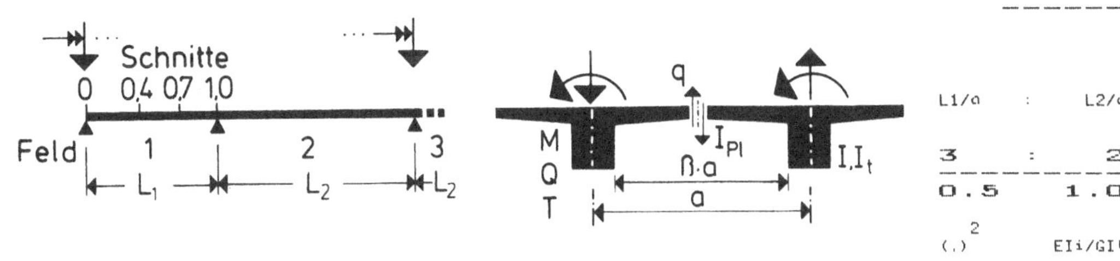

	M 0.4	0.7	1.0	Q 0	0.4	0.7	1.0	T 0	0.4	0.7	1.0	q 0.4	1.0

INFOLGE EINZELLAST P=1

IN

	M 0.4	0.7	1.0	Q 0	0.4	0.7	1.0	T 0	0.4	0.7	1.0	q 0.4	1.0
0.0*L1	0.000	-0.000	-0.000	1.000	-0.000	-0.000	-0.000	0.000	0.000	-0.000	-0.000	0.000	-0.000
0.1*L1	0.079	-0.001	-0.054	0.775	-0.125	-0.063	-0.062	0.061	0.011	-0.020	-0.021	0.100	-0.022
0.2*L1	0.168	0.003	-0.106	0.572	-0.253	-0.132	-0.127	0.110	0.023	-0.038	-0.040	0.190	-0.042
0.3*L1	0.277	0.019	-0.155	0.402	-0.385	-0.212	-0.201	0.143	0.036	-0.051	-0.056	0.261	-0.058
0.4*L1	0.412	0.053	-0.199	0.267 / 0.482	-0.518	-0.306	-0.285	0.156	0.049	-0.057	-0.068	0.294	-0.068
0.5*L1	0.279	0.110	-0.234	0.166	0.356	-0.416	-0.383	0.152	0.057	-0.057	-0.074	0.279	-0.071
0.6*L1	0.176	0.196	-0.253	0.096	0.245	-0.542	-0.495	0.132	0.057	-0.049	-0.072	0.231	-0.066
0.7*L1	0.102	0.317	-0.250	0.049	0.154	-0.675 / 0.325	-0.621	0.101	0.049	-0.036	-0.064	0.168	-0.054
0.8*L1	0.051	0.175	-0.215	0.021	0.084	0.195	-0.755	0.065	0.034	-0.022	-0.047	0.102	-0.035
0.9*L1	0.019	0.070	-0.136	0.007	0.033	0.083	-0.887	0.029	0.015	-0.010	-0.025	0.044	-0.014
1.0*L1	-0.000	0.000	0.000	-0.000	0.000	0.000	-1.000	0.000	0.000	-0.000	-0.000	0.000	0.000
0.0*L2	-0.000	-0.000	-0.000	-0.000	-0.000	-0.000	-0.000	-0.000	-0.000	0.000	0.000	-0.000	0.000
0.1*L2	-0.007	-0.029	-0.072	-0.002	-0.014	-0.037	-0.054	-0.012	-0.006	0.006	0.015	-0.020	0.002
0.2*L2	-0.011	-0.046	-0.117	-0.003	-0.022	-0.060	-0.090	-0.018	-0.008	0.011	0.026	-0.032	-0.001
0.3*L2	-0.012	-0.054	-0.139	-0.003	-0.025	-0.071	-0.109	-0.020	-0.009	0.014	0.033	-0.038	-0.005
0.4*L2	-0.012	-0.055	-0.142	-0.003	-0.026	-0.073	-0.114	-0.019	-0.008	0.016	0.036	-0.039	-0.009
0.5*L2	-0.011	-0.050	-0.132	-0.002	-0.023	-0.067	-0.107	-0.017	-0.006	0.016	0.036	-0.036	-0.012
0.6*L2	-0.009	-0.042	-0.111	-0.001	-0.019	-0.056	-0.091	-0.014	0.005	0.014	0.031	-0.031	-0.012
0.7*L2	-0.006	-0.031	-0.083	-0.001	-0.014	-0.043	-0.070	-0.010	-0.003	0.011	0.024	-0.023	-0.010
0.8*L2	-0.004	-0.020	-0.053	-0.001	-0.009	-0.027	-0.045	-0.006	-0.002	0.007	0.016	-0.015	-0.007
0.9*L2	-0.002	-0.009	-0.024	-0.000	-0.004	-0.012	-0.020	-0.003	-0.001	0.003	0.007	-0.007	-0.003
1.0*L2	-0.000	0.000	0.000	0.000	-0.000	0.000	-0.000	0.000	0.000	-0.000	-0.000	-0.000	-0.000
FAKTOR	a								a			1/a	

INFOLGE STRECKENLAST P=1

IN FELD

	M 0.4	0.7	1.0	Q 0	0.4	0.7	1.0	T 0	0.4	0.7	1.0	q 0.4	1.0
1,BIS SPRUNG					-0.306	-0.601			0.028	-0.088			
1,REST	0.464	0.276	-0.486	0.851	0.332	0.131	-1.294	0.287	0.072	-0.015	-0.141	0.504	-0.130
2	-0.015	-0.068	-0.176	-0.003	-0.032	-0.090	-0.142	-0.024	-0.010	0.019	0.045	-0.049	-0.012
3	0.004	0.016	0.040	0.001	0.007	0.020	0.031	0.006	0.003	-0.004	-0.009	0.011	0.001
SUMME(+)	0.467	0.292	0.040	0.852	0.339	0.151	0.031	0.293	0.103	0.019	0.045	0.515	0.001
SUMME(-)	-0.015	-0.068	-0.663	-0.003	-0.338	-0.691	-1.435	-0.024	-0.010	-0.106	-0.150	-0.049	-0.142
SUMME	0.452	0.224	-0.623	0.849	0.001	-0.540	-1.404	0.269	0.093	-0.087	-0.105	0.466	-0.141
FAKTOR	a*a			a				a*a					

INFOLGE EINZELMOMENT Mt=1

IN

	M 0.4	0.7	1.0	Q 0	0.4	0.7	1.0	T 0	0.4	0.7	1.0	q 0.4	1.0
0.0*L1	0.000	0.000	-0.000	0.000	-0.000	-0.000	-0.000	1.000	-0.000	-0.000	-0.000	-0.000	-0.000
0.1*L1	0.060	0.020	-0.053	0.130	-0.021	-0.062	-0.102	0.844	-0.081	-0.061	-0.040	-0.068	-0.052
0.2*L1	0.115	0.041	-0.103	0.195	-0.032	-0.121	-0.204	0.720	-0.167	-0.122	-0.081	-0.148	-0.104
0.3*L1	0.160	0.064	-0.149	0.218	-0.022	-0.174	-0.303	0.619	-0.262	-0.186	-0.121	-0.252	-0.157
0.4*L1	0.187	0.087	-0.187	0.213	0.023	-0.215	-0.397	0.533 / 0.628	-0.372	-0.253	-0.162	-0.391	-0.211
0.5*L1	0.189	0.110	-0.216	0.194	0.070	-0.239	-0.484	0.457	0.519	-0.327	-0.204	-0.271	-0.270
0.6*L1	0.175	0.127	-0.234	0.168	0.087	-0.235	-0.558	0.388	0.429	-0.410	-0.249	-0.188	-0.333
0.7*L1	0.152	0.132	-0.239	0.141	0.087	-0.193	-0.612	0.325	0.352	-0.508 / 0.492	-0.298	-0.135	-0.407
0.8*L1	0.127	0.119	-0.233	0.116	0.076	-0.144	-0.638	0.268	0.288	0.397	-0.356	-0.103	-0.493
0.9*L1	0.102	0.095	-0.218	0.094	0.061	-0.119	-0.624	0.216	0.233	0.323	-0.425	-0.085	-0.599
1.0*L1	0.081	0.068	-0.202	0.076	0.045	-0.107	-0.559	0.172	0.187	0.263	-0.511	-0.074	-0.731
0.0*L2	0.081	0.068	-0.202	0.076	0.045	-0.107	-0.559	0.172	0.187	0.263	0.489	-0.074	-0.731
0.1*L2	0.069	0.052	-0.194	0.065	0.036	-0.102	-0.500	0.147	0.161	0.231	0.429	-0.070	-0.635
0.2*L2	0.058	0.038	-0.187	0.057	0.028	-0.098	-0.449	0.125	0.139	0.202	0.378	-0.066	-0.553
0.3*L2	0.049	0.027	-0.179	0.049	0.021	-0.094	-0.404	0.106	0.120	0.178	0.333	-0.062	-0.482
0.4*L2	0.042	0.018	-0.169	0.042	0.016	-0.089	-0.362	0.091	0.104	0.156	0.293	-0.057	-0.420
0.5*L2	0.035	0.012	-0.157	0.037	0.012	-0.082	-0.323	0.078	0.090	0.137	0.257	-0.053	-0.366
0.6*L2	0.030	0.008	-0.143	0.032	0.010	-0.075	-0.286	0.067	0.078	0.120	0.225	-0.048	-0.319
0.7*L2	0.026	0.006	-0.127	0.028	0.008	-0.067	-0.251	0.058	0.068	0.105	0.197	-0.042	-0.278
0.8*L2	0.023	0.005	-0.111	0.024	0.007	-0.058	-0.219	0.050	0.059	0.091	0.172	-0.037	-0.242
0.9*L2	0.020	0.005	-0.095	0.021	0.006	-0.049	-0.189	0.044	0.051	0.079	0.149	-0.031	-0.211
1.0*L2	0.018	0.006	-0.079	0.018	0.006	-0.041	-0.162	0.039	0.045	0.069	0.129	-0.026	-0.183
FAKTOR				1/a								1/(a*a)	

INFOLGE STRECKENMOMENT mt=1

IN FELD

	M 0.4	0.7	1.0	Q 0	0.4	0.7	1.0	T 0	0.4	0.7	1.0	q 0.4	1.0
1,BIS SPRUNG					-0.021	-0.346			-0.208	-0.483			
1,REST	0.394	0.250	-0.522	0.457	0.126	-0.122	-1.266	1.483	0.666	0.328	-0.656	-0.498	-0.895
2	0.080	0.041	-0.301	0.080	0.034	-0.158	-0.668	0.174	0.197	0.293	0.548	-0.103	-0.791
3	0.021	0.012	-0.075	0.021	0.009	-0.039	-0.170	0.045	0.051	0.075	0.141	-0.026	-0.204
SUMME(+)	0.495	0.303	0.000	0.558	0.169	0.000	0.000	1.702	0.914	0.696	0.688	0.000	0.000
SUMME(-)	0.000	0.000	-0.897	0.000	-0.021	-0.665	-2.104	0.000	-0.208	-0.483	-0.656	-0.627	-1.890
SUMME	0.495	0.303	-0.897	0.558	0.148	-0.665	-2.104	1.702	0.707	0.213	0.032	-0.627	-1.890
FAKTOR	a			a				a				1/a	

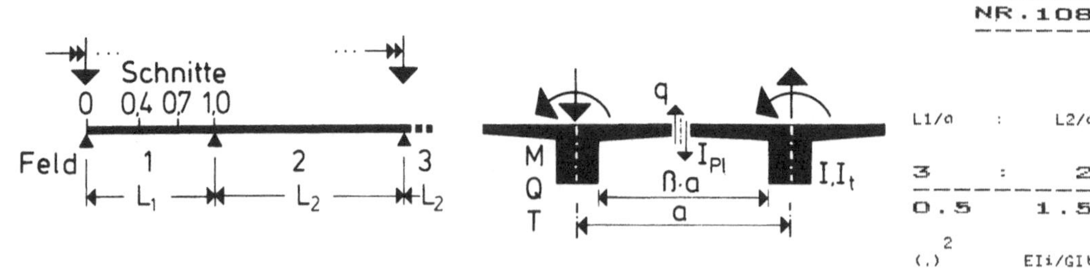

INFOLGE EINZELLAST P=1

IN	M 0.4	M 0.7	M 1.0	Q 0	Q 0.4	Q 0.7	Q 1.0	T 0	T 0.4	T 0.7	T 1.0	q 0.4	q 1.0
0.0*L1	0.000	0.000	-0.000	1.000	-0.000	-0.000	-0.000	0.000	0.000	-0.000	-0.000	0.000	-0.000
0.1*L1	0.094	0.004	-0.063	0.798	-0.128	-0.079	-0.077	0.046	0.009	-0.015	-0.016	0.076	-0.017
0.2*L1	0.196	0.014	-0.123	0.613	-0.257	-0.162	-0.156	0.084	0.019	-0.029	-0.032	0.146	-0.032
0.3*L1	0.314	0.034	-0.179	0.452	-0.387	-0.252	-0.242	0.109	0.028	-0.039	-0.044	0.199	-0.045
0.4*L1	0.454	0.071	-0.227	0.320	-0.516	-0.352	-0.335	0.120	0.038	-0.044	-0.053	0.225	-0.052
					0.484								
0.5*L1	0.320	0.130	-0.262	0.215	0.362	-0.463	-0.437	0.117	0.043	-0.044	-0.057	0.214	-0.054
0.6*L1	0.212	0.217	-0.279	0.136	0.254	-0.583	-0.548	0.102	0.043	-0.038	-0.056	0.179	-0.050
0.7*L1	0.129	0.335	-0.271	0.079	0.163	-0.707	-0.666	0.079	0.037	-0.028	-0.048	0.132	-0.040
						0.293							
0.8*L1	0.069	0.188	-0.229	0.040	0.091	0.176	-0.788	0.051	0.025	-0.017	-0.036	0.081	-0.026
0.9*L1	0.027	0.076	-0.142	0.015	0.037	0.075	-0.903	0.023	0.012	-0.008	-0.018	0.036	-0.011
1.0*L1	0.000	0.000	0.000	-0.000	-0.000	0.000	-1.000	0.000	0.000	0.000	-0.000	0.000	0.000
0.0*L2	-0.000	-0.000	-0.000	-0.000	-0.000	-0.000	-0.000	-0.000	-0.000	0.000	0.000	-0.000	0.000
0.1*L2	-0.011	-0.032	-0.070	-0.006	-0.016	-0.033	-0.046	-0.009	-0.004	0.005	0.011	-0.016	0.002
0.2*L2	-0.017	-0.052	-0.114	-0.009	-0.025	-0.055	-0.076	-0.015	-0.007	0.008	0.019	-0.026	0.000
0.3*L2	-0.020	-0.062	-0.135	-0.010	-0.029	-0.065	-0.093	-0.017	-0.007	0.011	0.025	-0.032	-0.002
0.4*L2	-0.020	-0.063	-0.139	-0.010	-0.030	-0.067	-0.097	-0.017	-0.007	0.012	0.027	-0.033	-0.005
0.5*L2	-0.018	-0.058	-0.129	-0.009	-0.028	-0.062	-0.091	-0.015	-0.006	0.012	0.026	-0.030	-0.007
0.6*L2	-0.015	-0.048	-0.109	-0.007	-0.023	-0.053	-0.078	-0.012	-0.004	0.011	0.023	-0.026	-0.007
0.7*L2	-0.011	-0.036	-0.083	-0.005	-0.017	-0.040	-0.059	-0.009	-0.003	0.008	0.018	-0.020	-0.006
0.8*L2	-0.007	-0.023	-0.053	-0.003	-0.011	-0.026	-0.038	-0.006	-0.002	0.005	0.012	-0.013	-0.004
0.9*L2	-0.003	-0.011	-0.024	-0.002	-0.005	-0.012	-0.018	-0.003	-0.001	0.002	0.005	-0.006	-0.002
1.0*L2	0.000	0.000	0.000	-0.000	0.000	0.000	0.000	0.000	0.000	0.000	-0.000	-0.000	0.000
FAKTOR	a							a				1/a	

INFOLGE STRECKENLAST P=1

IN FELD	M 0.4	M 0.7	M 1.0	Q 0	Q 0.4	Q 0.7	Q 1.0	T 0	T 0.4	T 0.7	T 1.0	q 0.4	q 1.0
1,BIS SPRUNG						-0.309	-0.672			0.022	-0.068		
1,REST	0.539	0.315	-0.539	0.946	0.342	0.118	-1.395	0.220	0.054	-0.012	-0.109	0.389	-0.099
2	-0.025	-0.078	-0.173	-0.012	-0.037	-0.083	-0.121	-0.020	-0.008	0.015	0.034	-0.041	-0.006
3	0.006	0.019	0.043	0.003	0.009	0.021	0.029	0.005	0.002	-0.003	-0.008	0.010	0.001
SUMME(+)	0.546	0.334	0.043	0.949	0.352	0.138	0.029	0.226	0.079	0.015	0.034	0.399	0.001
SUMME(-)	-0.025	-0.078	-0.712	-0.012	-0.346	-0.756	-1.516	-0.020	-0.008	-0.083	-0.117	-0.041	-0.105
SUMME	0.521	0.256	-0.669	0.936	0.006	-0.617	-1.487	0.205	0.071	-0.068	-0.083	0.358	-0.105
FAKTOR	a*a			a				a*a				1/a	

INFOLGE EINZELMOMENT Mt=1

IN	M 0.4	M 0.7	M 1.0	Q 0	Q 0.4	Q 0.7	Q 1.0	T 0	T 0.4	T 0.7	T 1.0	q 0.4	q 1.0
0.0*L1	0.000	0.000	-0.000	0.000	-0.000	-0.000	-0.000	1.000	-0.000	-0.000	-0.000	-0.000	-0.000
0.1*L1	0.069	0.024	-0.059	0.142	-0.021	-0.072	-0.113	0.835	-0.083	-0.058	-0.037	-0.082	-0.048
0.2*L1	0.132	0.049	-0.115	0.217	-0.031	-0.140	-0.225	0.704	-0.171	-0.117	-0.075	-0.175	-0.097
0.3*L1	0.183	0.075	-0.165	0.247	-0.020	-0.200	-0.332	0.598	-0.269	-0.178	-0.112	-0.289	-0.147
0.4*L1	0.214	0.101	-0.206	0.247	0.025	-0.246	-0.433	0.508	-0.381	-0.245	-0.152	-0.434	-0.199
									0.619				
0.5*L1	0.218	0.124	-0.237	0.229	0.073	-0.272	-0.523	0.431	0.509	-0.318	-0.193	-0.316	-0.256
0.6*L1	0.203	0.142	-0.254	0.202	0.092	-0.268	-0.597	0.363	0.419	-0.402	-0.237	-0.232	-0.320
0.7*L1	0.178	0.146	-0.258	0.172	0.091	-0.223	-0.648	0.302	0.343	-0.500	-0.288	-0.174	-0.394
										0.500			
0.8*L1	0.149	0.130	-0.249	0.142	0.080	-0.169	-0.669	0.248	0.279	0.404	-0.347	-0.136	-0.482
0.9*L1	0.120	0.104	-0.232	0.115	0.064	-0.139	-0.648	0.200	0.226	0.327	-0.418	-0.111	-0.589
1.0*L1	0.094	0.074	-0.212	0.091	0.047	-0.123	-0.576	0.160	0.182	0.267	-0.507	-0.095	-0.722
0.0*L2	0.094	0.074	-0.212	0.091	0.047	-0.123	-0.576	0.160	0.182	0.267	0.493	-0.095	-0.722
0.1*L2	0.079	0.056	-0.202	0.078	0.037	-0.115	-0.512	0.136	0.157	0.233	0.431	-0.087	-0.627
0.2*L2	0.066	0.041	-0.194	0.066	0.028	-0.109	-0.457	0.116	0.135	0.204	0.378	-0.079	-0.545
0.3*L2	0.055	0.028	-0.185	0.057	0.021	-0.103	-0.409	0.099	0.117	0.179	0.332	-0.073	-0.474
0.4*L2	0.046	0.018	-0.174	0.048	0.015	-0.096	-0.365	0.085	0.101	0.156	0.291	-0.066	-0.413
0.5*L2	0.038	0.012	-0.161	0.041	0.011	-0.088	-0.324	0.072	0.087	0.137	0.255	-0.060	-0.359
0.6*L2	0.033	0.007	-0.146	0.035	0.008	-0.079	-0.286	0.062	0.076	0.120	0.223	-0.054	-0.313
0.7*L2	0.028	0.005	-0.130	0.031	0.007	-0.070	-0.251	0.054	0.066	0.104	0.195	-0.047	-0.272
0.8*L2	0.024	0.004	-0.113	0.027	0.006	-0.061	-0.218	0.047	0.057	0.091	0.169	-0.041	-0.237
0.9*L2	0.021	0.005	-0.097	0.023	0.006	-0.052	-0.189	0.041	0.050	0.079	0.147	-0.035	-0.206
1.0*L2	0.019	0.006	-0.081	0.021	0.005	-0.044	-0.162	0.036	0.044	0.068	0.127	-0.030	-0.179
FAKTOR				1/a								1/(a*a)	

INFOLGE STRECKENMOMENT mt=1

IN FELD	M 0.4	M 0.7	M 1.0	Q 0	Q 0.4	Q 0.7	Q 1.0	T 0	T 0.4	T 0.7	T 1.0	q 0.4	q 1.0
1,BIS SPRUNG						-0.020	-0.397			-0.213	-0.469		
1,REST	0.456	0.281	-0.566	0.533	0.133	-0.143	-1.348	1.427	0.651	0.333	-0.632	-0.594	-0.865
2	0.089	0.043	-0.310	0.092	0.033	-0.171	-0.675	0.162	0.191	0.293	0.545	-0.121	-0.778
3	0.023	0.012	-0.077	0.024	0.009	-0.043	-0.171	0.042	0.049	0.075	0.139	-0.030	-0.199
SUMME(+)	0.568	0.336	0.000	0.649	0.174	0.000	0.000	1.631	0.891	0.701	0.684	0.000	0.000
SUMME(-)	0.000	0.000	-0.953	0.000	-0.020	-0.754	-2.195	0.000	-0.213	-0.469	-0.632	-0.746	-1.842
SUMME	0.568	0.336	-0.953	0.649	0.154	-0.754	-2.195	1.631	0.678	0.232	0.052	-0.746	-1.842
FAKTOR	a							a				1/a	

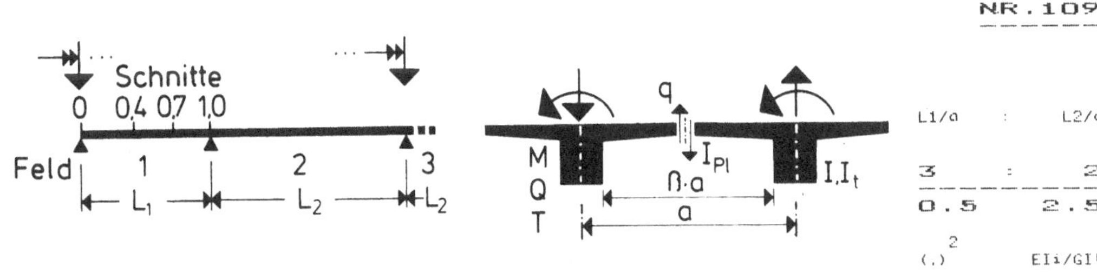

		M				Q				T				q	
IN SCHNITT		0.4	0.7	1.0	0	0.4	0.7	1.0	0	0.4	0.7	1.0		0.4	1.0

INFOLGE EINZELLAST P=1

IN	0.4	0.7	1.0	0	0.4	0.7	1.0	0	0.4	0.7	1.0	0.4	1.0
0.0*L1	0.000	0.000	-0.000	1.000	-0.000	-0.000	-0.000	0.000	0.000	-0.000	-0.000	0.000	-0.000
0.1*L1	0.109	0.010	-0.073	0.821	-0.129	-0.095	-0.093	0.031	0.007	-0.010	-0.012	0.052	-0.012
0.2*L1	0.225	0.025	-0.142	0.654	-0.259	-0.193	-0.188	0.057	0.013	-0.020	-0.022	0.099	-0.022
0.3*L1	0.352	0.051	-0.204	0.504	-0.388	-0.295	-0.286	0.074	0.020	-0.027	-0.031	0.135	-0.030
0.4*L1	0.497	0.091	-0.256	0.375	-0.514	-0.401	-0.388	0.082	0.026	-0.030	-0.037	0.153	-0.035
					0.486								
0.5*L1	0.363	0.152	-0.292	0.267	0.368	-0.512	-0.494	0.080	0.029	-0.030	-0.040	0.147	-0.037
0.6*L1	0.250	0.238	-0.306	0.180	0.262	-0.627	-0.603	0.070	0.029	-0.026	-0.038	0.124	-0.034
0.7*L1	0.159	0.353	-0.293	0.112	0.172	-0.740	-0.713	0.054	0.025	-0.020	-0.033	0.092	-0.027
						0.260							
0.8*L1	0.088	0.201	-0.243	0.061	0.097	0.155	-0.821	0.035	0.017	-0.012	-0.024	0.057	-0.018
0.9*L1	0.035	0.083	-0.149	0.024	0.040	0.066	-0.920	0.016	0.008	-0.006	-0.012	0.025	-0.007
1.0*L1	0.000	0.000	0.000	0.000	-0.000	-0.000	-1.000	0.000	-0.000	-0.000	0.000	0.000	0.000
0.0*L2	-0.000	-0.000	-0.000	-0.000	-0.000	-0.000	-0.000	-0.000	-0.000	0.000	0.000	-0.000	0.000
0.1*L2	-0.015	-0.036	-0.067	-0.010	-0.017	-0.030	-0.038	-0.007	-0.003	0.003	0.007	-0.012	0.001
0.2*L2	-0.024	-0.058	-0.110	-0.016	-0.028	-0.049	-0.063	-0.011	-0.005	0.006	0.013	-0.019	0.001
0.3*L2	-0.028	-0.069	-0.131	-0.019	-0.033	-0.058	-0.076	-0.012	-0.005	0.007	0.016	-0.023	-0.001
0.4*L2	-0.029	-0.071	-0.136	-0.019	-0.034	-0.060	-0.079	-0.012	-0.005	0.008	0.018	-0.024	-0.002
0.5*L2	-0.027	-0.066	-0.126	-0.018	-0.032	-0.056	-0.075	-0.011	-0.004	0.008	0.017	-0.022	-0.003
0.6*L2	-0.022	-0.055	-0.107	-0.016	-0.027	0.040	0.064	-0.009	-0.003	0.007	0.015	-0.019	-0.004
0.7*L2	-0.017	-0.042	-0.081	-0.011	-0.020	-0.036	-0.049	-0.007	-0.002	0.006	0.012	-0.015	-0.003
0.8*L2	-0.011	-0.027	-0.052	-0.007	-0.013	-0.023	-0.032	-0.004	-0.001	0.004	0.008	-0.009	-0.002
0.9*L2	-0.005	-0.012	-0.024	-0.003	-0.006	-0.011	-0.015	-0.002	-0.001	0.002	0.004	-0.004	-0.001
1.0*L2	0.000	0.000	0.000	0.000	-0.000	-0.000	0.000	-0.000	-0.000	-0.000	0.000	0.000	0.000
FAKTOR	a							a				1/a	

INFOLGE STRECKENLAST P=1

IN FELD	0.4	0.7	1.0	0	0.4	0.7	1.0	0	0.4	0.7	1.0	0.4	1.0
1,BIS SPRUNG					-0.310	-0.748			0.016	-0.047			
1,REST	0.620	0.356	-0.593	1.045	0.353	0.104	-1.502	0.151	0.036	-0.008	-0.075	0.267	-0.067
2	-0.036	-0.088	-0.169	-0.024	-0.042	-0.075	-0.099	-0.015	-0.006	0.010	0.022	-0.030	-0.003
3	0.010	0.024	0.045	0.006	0.011	0.020	0.026	0.004	0.002	-0.003	-0.006	0.008	0.000
SUMME(+)	0.629	0.380	0.045	1.052	0.364	0.124	0.026	0.155	0.054	0.010	0.022	0.275	0.000
SUMME(-)	-0.036	-0.088	-0.762	-0.024	-0.352	-0.822	-1.601	-0.015	-0.006	-0.057	-0.081	-0.030	-0.070
SUMME	0.593	0.291	-0.717	1.028	0.011	-0.698	-1.575	0.140	0.048	-0.047	-0.059	0.245	-0.070
FAKTOR	a*a							a*a					

INFOLGE EINZELMOMENT Mt=1

IN	0.4	0.7	1.0	0	0.4	0.7	1.0	0	0.4	0.7	1.0	0.4	1.0
0.0*L1	0.000	0.000	-0.000	0.000	-0.000	-0.000	-0.000	1.000	-0.000	-0.000	-0.000	-0.000	-0.000
0.1*L1	0.078	0.029	-0.065	0.154	-0.021	-0.083	-0.125	0.827	-0.086	-0.055	-0.034	-0.097	-0.044
0.2*L1	0.150	0.057	-0.127	0.240	-0.030	-0.160	-0.247	0.688	-0.176	-0.111	-0.068	-0.204	-0.089
0.3*L1	0.208	0.087	-0.182	0.278	-0.018	-0.228	-0.364	0.576	-0.276	-0.171	-0.103	-0.328	-0.136
0.4*L1	0.243	0.115	-0.226	0.283	0.028	-0.279	-0.471	0.483	-0.389	-0.236	-0.140	-0.479	-0.187
								0.611					
0.5*L1	0.249	0.140	-0.258	0.267	0.077	-0.307	-0.564	0.404	0.500	-0.309	-0.180	-0.364	-0.243
0.6*L1	0.233	0.157	-0.275	0.239	0.096	-0.302	-0.638	0.337	0.408	-0.393	-0.225	-0.278	-0.307
0.7*L1	0.205	0.160	-0.278	0.205	0.095	-0.254	-0.686	0.278	0.333	-0.492	-0.276	-0.215	-0.381
										0.508			
0.8*L1	0.172	0.143	-0.266	0.170	0.083	-0.196	-0.701	0.227	0.271	0.410	-0.337	-0.171	-0.470
0.9*L1	0.138	0.113	-0.245	0.137	0.066	-0.161	-0.673	0.184	0.219	0.332	-0.411	-0.139	-0.579
1.0*L1	0.107	0.081	-0.223	0.108	0.049	-0.139	-0.593	0.147	0.176	0.270	-0.503	-0.116	-0.713
0.0*L2	0.107	0.081	-0.223	0.108	0.049	-0.139	-0.593	0.147	0.176	0.270	0.497	-0.116	-0.713
0.1*L2	0.089	0.061	-0.211	0.091	0.038	-0.129	-0.525	0.126	0.152	0.236	0.434	-0.104	-0.619
0.2*L2	0.074	0.044	-0.201	0.077	0.028	-0.119	-0.466	0.108	0.132	0.206	0.379	-0.093	-0.538
0.3*L2	0.061	0.030	-0.190	0.064	0.021	-0.111	-0.415	0.092	0.114	0.180	0.331	-0.084	-0.468
0.4*L2	0.050	0.019	-0.179	0.054	0.015	-0.102	-0.368	0.079	0.098	0.157	0.290	-0.075	-0.407
0.5*L2	0.041	0.011	-0.165	0.046	0.010	-0.093	-0.325	0.068	0.085	0.137	0.253	-0.067	-0.354
0.6*L2	0.035	0.007	-0.150	0.039	0.007	-0.084	-0.287	0.058	0.074	0.119	0.221	-0.059	-0.307
0.7*L2	0.029	0.004	-0.133	0.033	0.006	-0.074	-0.251	0.050	0.064	0.104	0.192	-0.052	-0.267
0.8*L2	0.026	0.004	-0.116	0.029	0.005	-0.064	-0.218	0.044	0.056	0.090	0.167	-0.045	-0.233
0.9*L2	0.023	0.004	-0.099	0.025	0.005	-0.055	-0.189	0.038	0.049	0.079	0.145	-0.039	-0.202
1.0*L2	0.020	0.005	-0.083	0.023	0.005	-0.047	-0.162	0.034	0.042	0.068	0.126	-0.034	-0.176
FAKTOR					1/a							1/(a*a)	

INFOLGE STRECKENMOMENT mt=1

IN FELD	0.4	0.7	1.0	0	0.4	0.7	1.0	0	0.4	0.7	1.0	0.4	1.0
1,BIS SPRUNG					-0.019	-0.450			-0.219	-0.455			
1,REST	0.521	0.314	-0.613	0.614	0.139	-0.164	-1.435	1.369	0.635	0.338	-0.606	-0.695	-0.835
2	0.098	0.045	-0.319	0.104	0.032	-0.185	-0.683	0.150	0.186	0.295	0.544	-0.139	-0.767
3	0.025	0.011	-0.081	0.026	0.008	-0.047	-0.173	0.038	0.047	0.075	0.138	-0.035	-0.194
SUMME(+)	0.644	0.369	0.000	0.744	0.179	0.000	0.000	1.558	0.869	0.707	0.682	0.000	0.000
SUMME(-)	0.000	0.000	-1.013	0.000	-0.019	-0.846	-2.292	0.000	-0.219	-0.455	-0.606	-0.869	-1.796
SUMME	0.644	0.369	-1.013	0.744	0.160	-0.846	-2.292	1.558	0.650	0.253	0.076	-0.869	-1.796
FAKTOR	a							a				1/a	

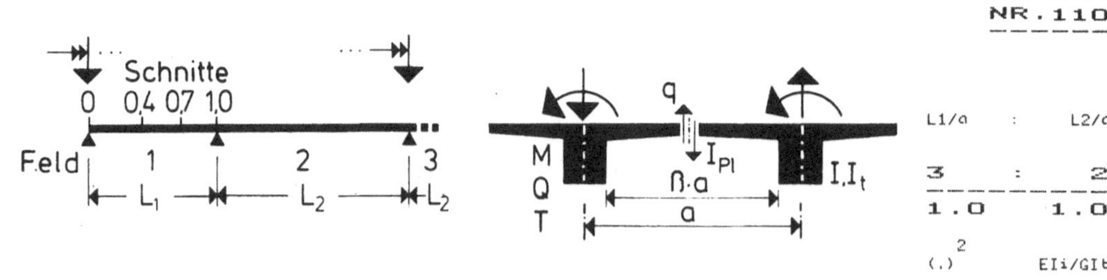

	M			Q				T				q	
IN SCHNITT	0.4	0.7	1.0	0	0.4	0.7	1.0	0	0.4	0.7	1.0	0.4	1.0

INFOLGE EINZELLAST P=1

IN	M 0.4	M 0.7	M 1.0	Q 0	Q 0.4	Q 0.7	Q 1.0	T 0	T 0.4	T 0.7	T 1.0	q 0.4	q 1.0
0.0*L1	0.000	-0.000	-0.000	1.000	-0.000	-0.000	-0.000	0.000	0.000	-0.000	-0.000	0.000	-0.000
0.1*L1	0.061	-0.005	-0.045	0.741	-0.116	-0.045	-0.054	0.078	0.007	-0.029	-0.024	0.129	-0.037
0.2*L1	0.135	-0.004	-0.089	0.515	-0.240	-0.097	-0.112	0.140	0.017	-0.054	-0.047	0.248	-0.071
0.3*L1	0.232	0.007	-0.132	0.335	-0.374	-0.164	-0.176	0.177	0.031	-0.074	-0.067	0.343	-0.099
0.4*L1	0.363	0.035	-0.172	0.202	-0.516	-0.250	-0.252	0.190	0.049	-0.084	-0.083	0.389	-0.119
					0.484								
0.5*L1	0.231	0.088	-0.206	0.111	0.348	-0.359	-0.343	0.181	0.063	-0.084	-0.092	0.360	-0.126
0.6*L1	0.136	0.172	-0.227	0.054	0.232	-0.492	-0.451	0.155	0.066	-0.072	-0.092	0.288	-0.120
0.7*L1	0.073	0.295	-0.230	0.021	0.140	-0.640	-0.578	0.117	0.058	-0.052	-0.083	0.201	-0.098
						0.360							
0.8*L1	0.033	0.158	-0.202	0.005	0.073	0.214	-0.720	0.074	0.040	-0.030	-0.063	0.118	-0.064
0.9*L1	0.011	0.062	-0.131	0.000	0.028	0.090	-0.867	0.033	0.019	-0.013	-0.034	0.049	-0.026
1.0*L1	-0.000	-0.000	-0.000	-0.000	0.000	0.000	-1.000	0.000	0.000	0.000	-0.000	0.000	0.000
0.0*L2	-0.000	-0.000	-0.000	0.000	-0.000	-0.000	-0.000	-0.000	-0.000	0.000	0.000	-0.000	0.000
0.1*L2	-0.003	-0.024	-0.074	0.001	-0.011	-0.039	-0.066	-0.013	-0.007	0.007	0.020	-0.021	0.001
0.2*L2	-0.005	-0.038	-0.119	0.002	-0.017	-0.062	-0.109	-0.020	-0.010	0.012	0.036	-0.034	-0.007
0.3*L2	-0.005	-0.044	-0.140	0.002	-0.019	-0.073	-0.133	-0.022	-0.011	0.016	0.046	-0.040	-0.017
0.4*L2	-0.005	-0.044	-0.143	0.003	-0.019	-0.074	-0.139	-0.021	-0.010	0.018	0.050	-0.040	-0.026
0.5*L2	-0.004	-0.039	-0.132	0.003	-0.017	-0.068	-0.131	-0.018	-0.009	0.017	0.049	-0.037	-0.030
0.6*L2	-0.003	-0.032	-0.110	0.003	-0.013	-0.057	-0.112	-0.015	-0.007	0.015	0.042	-0.031	-0.030
0.7*L2	-0.002	-0.024	-0.082	0.002	-0.010	-0.042	-0.085	-0.011	-0.005	0.012	0.033	-0.023	-0.025
0.8*L2	-0.001	-0.015	-0.052	0.001	-0.006	-0.027	-0.054	-0.007	-0.003	0.008	0.021	-0.014	-0.017
0.9*L2	-0.001	-0.007	-0.024	0.001	-0.003	-0.012	-0.025	-0.003	-0.001	0.003	0.010	-0.007	-0.008
1.0*L2	-0.000	-0.000	-0.000	0.000	0.000	0.000	0.000	0.000	-0.000	0.000	-0.000	0.000	0.000
FAKTOR	a							a				1/a	

INFOLGE STRECKENLAST P=1

IN FELD	M 0.4	M 0.7	M 1.0	Q 0	Q 0.4	Q 0.7	Q 1.0	T 0	T 0.4	T 0.7	T 1.0	q 0.4	q 1.0
1,BIS SPRUNG						-0.296	-0.516			0.024	-0.128		
1,REST	0.376	0.236	-0.435	0.739	0.316	0.143	-1.215	0.346	0.082	-0.020	-0.177	0.642	-0.230
2	-0.006	-0.054	-0.177	0.004	-0.023	-0.092	-0.172	-0.026	-0.013	0.022	0.062	-0.050	-0.032
3	0.001	0.011	0.035	-0.001	0.005	0.018	0.034	0.005	0.003	-0.004	-0.012	0.010	0.005
SUMME(+)	0.378	0.247	0.035	0.742	0.321	0.161	0.034	0.352	0.108	0.022	0.062	0.652	0.005
SUMME(-)	-0.006	-0.054	-0.612	-0.001	-0.319	-0.607	-1.387	-0.026	-0.013	-0.152	-0.189	-0.050	-0.261
SUMME	0.372	0.193	-0.577	0.742	0.002	-0.446	-1.353	0.326	0.095	-0.130	-0.127	0.602	-0.256
FAKTOR	a*a			a				a*a					

INFOLGE EINZELMOMENT Mt=1

IN	M 0.4	M 0.7	M 1.0	Q 0	Q 0.4	Q 0.7	Q 1.0	T 0	T 0.4	T 0.7	T 1.0	q 0.4	q 1.0
0.0*L1	0.000	0.000	-0.000	0.000	-0.000	-0.000	-0.000	1.000	-0.000	-0.000	-0.000	-0.000	-0.000
0.1*L1	0.072	0.019	-0.061	0.195	-0.042	-0.071	-0.115	0.804	-0.078	-0.063	-0.041	-0.066	-0.069
0.2*L1	0.140	0.040	-0.120	0.272	-0.068	-0.140	-0.230	0.667	-0.164	-0.127	-0.082	-0.162	-0.137
0.3*L1	0.196	0.066	-0.174	0.280	-0.055	-0.204	-0.346	0.565	-0.267	-0.193	-0.122	-0.317	-0.204
0.4*L1	0.227	0.096	-0.220	0.252	0.020	-0.256	-0.461	0.483	-0.401	-0.263	-0.161	-0.562	-0.272
								0.599					
0.5*L1	0.221	0.129	-0.254	0.210	0.100	-0.286	-0.572	0.410	0.465	-0.342	-0.199	-0.319	-0.344
0.6*L1	0.193	0.156	-0.274	0.166	0.126	-0.276	-0.672	0.342	0.362	-0.437	-0.239	-0.169	-0.424
0.7*L1	0.156	0.166	-0.279	0.127	0.120	-0.202	-0.751	0.277	0.280	-0.559	-0.284	-0.086	-0.521
										0.441			
0.8*L1	0.121	0.145	-0.267	0.095	0.100	-0.120	-0.794	0.216	0.214	0.324	-0.340	-0.048	-0.648
0.9*L1	0.091	0.109	-0.244	0.071	0.075	-0.089	-0.777	0.161	0.159	0.241	-0.415	-0.035	-0.822
1.0*L1	0.066	0.071	-0.219	0.053	0.051	-0.083	-0.674	0.114	0.115	0.182	-0.522	-0.035	-1.065
0.0*L2	0.066	0.071	-0.219	0.053	0.051	-0.083	-0.674	0.114	0.115	0.182	0.478	-0.035	-1.065
0.1*L2	0.053	0.049	-0.210	0.044	0.038	-0.084	-0.581	0.089	0.092	0.153	0.402	-0.037	-0.877
0.2*L2	0.042	0.030	-0.204	0.037	0.027	-0.085	-0.507	0.068	0.073	0.129	0.340	-0.039	-0.723
0.3*L2	0.034	0.016	-0.197	0.031	0.018	-0.085	-0.444	0.052	0.058	0.109	0.289	-0.041	-0.598
0.4*L2	0.027	0.006	-0.186	0.026	0.012	-0.082	-0.388	0.039	0.046	0.093	0.246	-0.040	-0.496
0.5*L2	0.022	-0.001	-0.171	0.022	0.007	-0.077	-0.337	0.029	0.036	0.079	0.209	-0.038	-0.411
0.6*L2	0.017	-0.004	-0.153	0.018	0.004	-0.070	-0.289	0.022	0.029	0.066	0.176	-0.035	-0.340
0.7*L2	0.014	-0.005	-0.132	0.015	0.003	-0.061	-0.244	0.017	0.024	0.055	0.147	-0.030	-0.281
0.8*L2	0.012	-0.005	-0.109	0.012	0.002	-0.050	-0.201	0.014	0.019	0.046	0.121	-0.025	-0.231
0.9*L2	0.010	-0.003	-0.087	0.010	0.002	-0.040	-0.163	0.012	0.016	0.037	0.098	-0.020	-0.189
1.0*L2	0.008	-0.001	-0.067	0.008	0.002	-0.030	-0.129	0.011	0.013	0.030	0.079	-0.015	-0.154
FAKTOR				1/a								1/(a*a)	

INFOLGE STRECKENMOMENT mt=1

IN FELD	M 0.4	M 0.7	M 1.0	Q 0	Q 0.4	Q 0.7	Q 1.0	T 0	T 0.4	T 0.7	T 1.0	q 0.4	q 1.0
1,BIS SPRUNG						-0.051	-0.405			-0.211	-0.510		
1,REST	0.437	0.290	-0.603	0.516	0.170	-0.103	-1.524	1.339	0.548	0.261	-0.641	-0.521	-1.187
2	0.053	0.023	-0.318	0.049	0.028	-0.138	-0.710	0.081	0.091	0.174	0.460	-0.066	-0.948
3	0.008	0.006	-0.036	0.007	0.005	-0.015	-0.092	0.013	0.014	0.024	0.062	-0.007	-0.133
SUMME(+)	0.498	0.319	0.000	0.572	0.203	0.000	0.000	1.433	0.653	0.458	0.522	0.000	0.000
SUMME(-)	0.000	0.000	-0.958	0.000	-0.051	-0.660	-2.325	0.000	-0.211	-0.510	-0.641	-0.594	-2.268
SUMME	0.498	0.319	-0.958	0.572	0.152	-0.660	-2.325	1.433	0.442	-0.051	-0.119	-0.594	-2.268
FAKTOR	a			a				a				1/a	

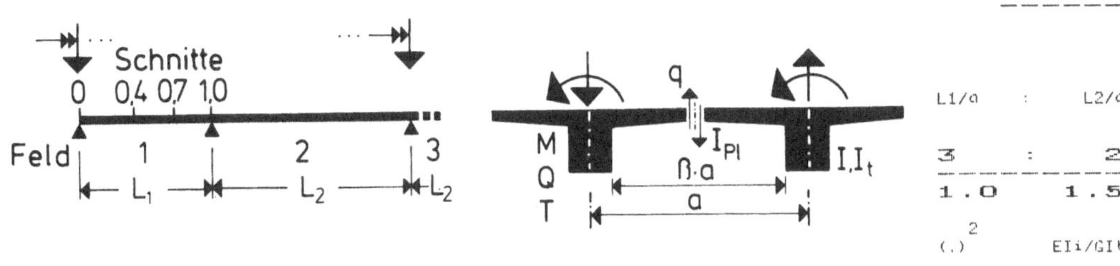

INFOLGE EINZELLAST F=1

IN	M 0.4	M 0.7	M 1.0	Q 0	Q 0.4	Q 0.7	Q 1.0	T 0	T 0.4	T 0.7	T 1.0	q 0.4	q 1.0
0.0*L1	0.000	-0.000	-0.000	1.000	-0.000	-0.000	-0.000	0.000	0.000	-0.000	-0.000	0.000	-0.000
0.1*L1	0.077	-0.000	-0.054	0.770	-0.122	-0.062	-0.067	0.061	0.007	-0.023	-0.020	0.103	-0.030
0.2*L1	0.165	0.005	-0.107	0.564	-0.248	-0.130	-0.138	0.110	0.016	-0.044	-0.040	0.197	-0.057
0.3*L1	0.273	0.021	-0.157	0.393	-0.380	-0.208	-0.214	0.140	0.027	-0.059	-0.056	0.271	-0.079
0.4*L1	0.408	0.054	-0.201	0.261	-0.515	-0.301	-0.300	0.152	0.040	-0.067	-0.068	0.307	-0.094
				0.485									
0.5*L1	0.276	0.110	-0.236	0.163	0.356	-0.412	-0.397	0.146	0.049	-0.067	-0.075	0.288	-0.099
0.6*L1	0.174	0.195	-0.255	0.095	0.244	-0.538	-0.506	0.126	0.051	-0.058	-0.074	0.234	-0.093
0.7*L1	0.101	0.315	-0.252	0.050	0.152	-0.674	-0.627	0.096	0.044	-0.042	-0.066	0.167	-0.076
					0.326								
0.8*L1	0.051	0.173	-0.217	0.023	0.083	0.195	-0.757	0.061	0.031	-0.025	-0.049	0.100	-0.050
0.9*L1	0.019	0.069	-0.137	0.007	0.032	0.083	-0.887	0.027	0.014	-0.011	-0.026	0.043	-0.021
1.0*L1	0.000	0.000	0.000	-0.000	0.000	-0.000	-1.000	-0.000	-0.000	-0.000	-0.000	-0.000	-0.000
0.0*L2	-0.000	-0.000	-0.000	-0.000	-0.000	-0.000	-0.000	-0.000	-0.000	0.000	0.000	-0.000	0.000
0.1*L2	-0.007	-0.028	-0.072	-0.002	-0.013	-0.036	-0.055	-0.011	-0.006	0.006	0.015	-0.019	0.002
0.2*L2	-0.011	-0.045	-0.116	-0.003	-0.021	-0.059	-0.093	-0.017	-0.009	0.010	0.027	-0.030	-0.003
0.3*L2	-0.012	-0.053	-0.138	-0.004	-0.024	-0.069	-0.113	-0.020	-0.009	0.013	0.035	-0.036	-0.009
0.4*L2	-0.012	-0.053	-0.141	-0.003	-0.024	-0.071	-0.118	-0.019	-0.009	0.014	0.038	-0.037	-0.015
0.5*L2	-0.011	-0.048	-0.131	-0.003	-0.022	-0.066	-0.112	-0.017	-0.008	0.014	0.037	-0.034	-0.018
0.6*L2	-0.009	-0.040	-0.110	-0.002	-0.018	-0.055	-0.095	-0.014	-0.006	0.012	0.032	-0.029	-0.018
0.7*L2	-0.006	-0.030	-0.003	0.001	-0.014	-0.041	-0.073	-0.010	-0.004	0.010	0.025	-0.022	-0.016
0.8*L2	-0.004	-0.019	-0.053	-0.001	-0.009	-0.026	-0.047	-0.007	-0.003	0.006	0.016	-0.014	-0.011
0.9*L2	-0.002	-0.009	-0.024	-0.000	-0.004	-0.012	-0.021	-0.003	-0.001	0.003	0.007	-0.006	-0.005
1.0*L2	0.000	0.000	0.000	-0.000	-0.000	-0.000	0.000	0.000	-0.000	-0.000	-0.000	-0.000	-0.000
FAKTOR	a			a				a				1/a	

INFOLGE STRECKENLAST P=1

IN FELD	M 0.4	M 0.7	M 1.0	Q 0	Q 0.4	Q 0.7	Q 1.0	T 0	T 0.4	T 0.7	T 1.0	q 0.4	q 1.0
1,BIS SPRUNG					-0.302	-0.595			0.021	-0.103			
1,REST	0.458	0.277	-0.491	0.842	0.330	0.130	-1.317	0.277	0.064	-0.017	-0.143	0.516	-0.181
2	-0.015	-0.066	-0.175	-0.004	-0.030	-0.089	-0.147	-0.024	-0.011	0.018	0.047	-0.046	-0.019
3	0.003	0.015	0.039	0.001	0.007	0.020	0.033	0.005	0.003	-0.004	-0.010	0.010	0.004
SUMME(+)	0.462	0.291	0.039	0.843	0.337	0.150	0.033	0.283	0.087	0.018	0.047	0.527	0.004
SUMME(-)	-0.015	-0.066	-0.666	-0.004	-0.332	-0.683	-1.464	-0.024	-0.011	-0.123	-0.154	-0.046	-0.199
SUMME	0.447	0.226	-0.627	0.839	0.005	-0.533	-1.431	0.259	0.076	-0.106	-0.106	0.481	-0.195
FAKTOR	a*a			a				a*a					

INFOLGE EINZELMOMENT Mt=1

IN	M 0.4	M 0.7	M 1.0	Q 0	Q 0.4	Q 0.7	Q 1.0	T 0	T 0.4	T 0.7	T 1.0	q 0.4	q 1.0
0.0*L1	0.000	0.000	-0.000	0.000	-0.000	-0.000	-0.000	1.000	-0.000	-0.000	-0.000	-0.000	-0.000
0.1*L1	0.087	0.025	-0.071	0.215	-0.043	-0.087	-0.130	0.791	-0.080	-0.058	-0.037	-0.090	-0.060
0.2*L1	0.168	0.052	-0.138	0.309	-0.068	-0.170	-0.259	0.642	-0.169	-0.118	-0.073	-0.207	-0.121
0.3*L1	0.233	0.082	-0.199	0.329	-0.055	-0.246	-0.387	0.533	-0.275	-0.180	-0.109	-0.378	-0.182
0.4*L1	0.270	0.116	-0.249	0.307	0.023	-0.305	-0.511	0.446	-0.412	-0.248	-0.145	-0.632	-0.246
									0.588				
0.5*L1	0.266	0.151	-0.285	0.264	0.106	-0.337	-0.627	0.373	0.452	-0.326	-0.182	-0.389	-0.315
0.6*L1	0.235	0.178	-0.305	0.216	0.133	-0.325	-0.728	0.307	0.349	-0.422	-0.221	-0.233	-0.395
0.7*L1	0.193	0.186	-0.306	0.169	0.128	-0.245	-0.802	0.247	0.267	-0.546	-0.268	-0.140	-0.494
										0.454			
0.8*L1	0.151	0.162	-0.289	0.129	0.106	-0.155	-0.835	0.191	0.203	0.333	-0.327	-0.091	-0.624
0.9*L1	0.112	0.121	-0.261	0.096	0.079	-0.116	-0.807	0.142	0.150	0.248	-0.406	-0.067	-0.802
1.0*L1	0.081	0.078	-0.232	0.071	0.053	-0.102	-0.692	0.101	0.109	0.187	-0.518	-0.058	-1.048
0.0*L2	0.081	0.078	-0.232	0.071	0.053	-0.102	-0.692	0.101	0.109	0.187	0.482	-0.058	-1.048
0.1*L2	0.063	0.052	-0.220	0.057	0.038	-0.098	-0.591	0.078	0.088	0.156	0.402	-0.056	-0.860
0.2*L2	0.049	0.031	-0.211	0.046	0.026	-0.096	-0.510	0.060	0.070	0.131	0.338	-0.054	-0.708
0.3*L2	0.038	0.014	-0.202	0.037	0.016	-0.093	-0.442	0.045	0.055	0.110	0.285	-0.052	-0.583
0.4*L2	0.029	0.003	-0.190	0.030	0.009	-0.089	-0.383	0.034	0.044	0.093	0.240	-0.049	-0.481
0.5*L2	0.022	-0.005	-0.174	0.024	0.005	-0.082	-0.330	0.025	0.035	0.078	0.202	-0.045	-0.397
0.6*L2	0.017	-0.008	-0.155	0.019	0.002	-0.074	-0.281	0.019	0.028	0.065	0.169	-0.040	-0.327
0.7*L2	0.014	-0.009	-0.134	0.016	0.000	-0.063	-0.236	0.015	0.023	0.054	0.141	-0.034	-0.270
0.8*L2	0.011	-0.008	-0.111	0.013	0.000	-0.053	-0.195	0.012	0.018	0.045	0.116	-0.028	-0.221
0.9*L2	0.009	-0.005	-0.088	0.011	0.001	-0.042	-0.157	0.010	0.015	0.036	0.094	-0.023	-0.181
1.0*L2	0.008	-0.002	-0.067	0.009	0.001	-0.032	-0.125	0.009	0.013	0.029	0.076	-0.017	-0.148
FAKTOR				1/a								1/(a*a)	

INFOLGE STRECKENMOMENT mt=1

IN FELD	M 0.4	M 0.7	M 1.0	Q 0	Q 0.4	Q 0.7	Q 1.0	T 0	T 0.4	T 0.7	T 1.0	q 0.4	q 1.0
1,BIS SPRUNG					-0.051	-0.483			-0.217	-0.485			
1,REST	0.529	0.335	-0.668	0.629	0.181	-0.130	-1.637	1.261	0.528	0.268	-0.605	-0.664	-1.123
2	0.059	0.020	-0.327	0.058	0.025	-0.152	-0.706	0.070	0.087	0.175	0.452	-0.083	-0.922
3	0.009	0.007	-0.035	0.008	0.005	-0.016	-0.090	0.011	0.013	0.023	0.060	-0.009	-0.128
SUMME(+)	0.598	0.362	0.000	0.696	0.211	0.000	0.000	1.343	0.628	0.467	0.512	0.000	0.000
SUMME(-)	0.000	0.000	-1.030	0.000	-0.051	-0.781	-2.432	0.000	-0.217	-0.485	-0.605	-0.756	-2.173
SUMME	0.598	0.362	-1.030	0.696	0.160	-0.781	-2.432	1.343	0.411	-0.019	-0.093	-0.756	-2.173
FAKTOR	a			a				a				1/a	

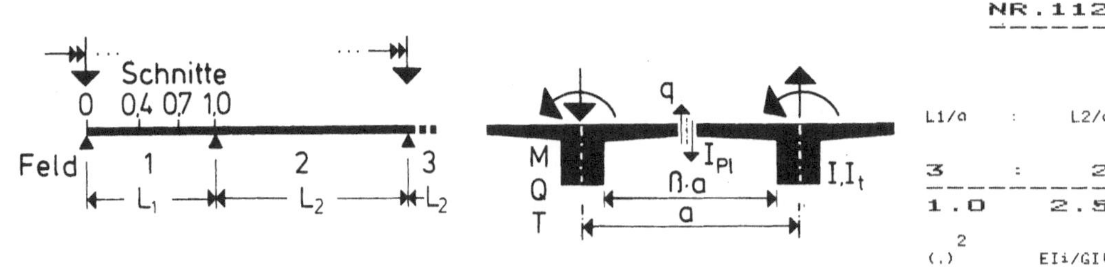

	M			Q				T				q	
IN SCHNITT	0.4	0.7	1.0	0	0.4	0.7	1.0	0	0.4	0.7	1.0	0.4	1.0

INFOLGE EINZELLAST P=1

IN	M			Q				T				q	
0.0*L1	0.000	0.000	-0.000	1.000	-0.000	-0.000	-0.000	0.000	0.000	-0.000	-0.000	0.000	-0.000
0.1*L1	0.096	0.006	-0.066	0.800	-0.126	-0.082	-0.084	0.043	0.006	-0.017	-0.015	0.073	-0.021
0.2*L1	0.200	0.017	-0.129	0.616	-0.254	-0.167	-0.170	0.077	0.012	-0.031	-0.029	0.140	-0.041
0.3*L1	0.320	0.039	-0.186	0.458	-0.384	-0.259	-0.261	0.099	0.020	-0.042	-0.041	0.192	-0.056
0.4*L1	0.461	0.076	-0.235	0.327	-0.514	-0.360	-0.356	0.108	0.029	-0.048	-0.050	0.217	-0.067
				0.486									
0.5*L1	0.327	0.135	-0.270	0.224	0.364	-0.471	-0.459	0.105	0.035	-0.048	-0.054	0.206	-0.070
0.6*L1	0.219	0.221	-0.287	0.145	0.255	-0.590	-0.568	0.091	0.035	-0.042	-0.053	0.170	-0.065
0.7*L1	0.135	0.338	-0.277	0.086	0.164	-0.713	-0.682	0.069	0.031	-0.031	-0.047	0.123	-0.053
						0.287							
0.8*L1	0.073	0.190	-0.233	0.045	0.091	0.171	-0.797	0.045	0.021	-0.019	-0.034	0.075	-0.035
0.9*L1	0.029	0.077	-0.144	0.017	0.037	0.073	-0.907	0.020	0.010	-0.008	-0.018	0.033	-0.014
1.0*L1	0.000	0.000	0.000	-0.000	0.000	0.000	-1.000	0.000	0.000	0.000	0.000	0.000	0.000
0.0*L2	-0.000	-0.000	-0.000	-0.000	-0.000	-0.000	-0.000	-0.000	-0.000	0.000	0.000	-0.000	0.000
0.1*L2	-0.012	-0.033	-0.069	-0.007	-0.016	-0.032	-0.045	-0.008	-0.004	0.004	0.011	-0.015	0.002
0.2*L2	-0.018	-0.053	-0.112	-0.011	-0.025	-0.053	-0.075	-0.013	-0.006	0.008	0.019	-0.024	-0.000
0.3*L2	-0.022	-0.062	-0.134	-0.012	-0.029	-0.063	-0.091	-0.016	-0.007	0.010	0.024	-0.029	-0.004
0.4*L2	-0.022	-0.063	-0.138	-0.012	-0.030	-0.065	-0.096	-0.016	-0.007	0.011	0.026	-0.030	-0.007
0.5*L2	-0.020	-0.058	-0.128	-0.011	-0.028	-0.060	-0.090	-0.014	-0.006	0.010	0.025	-0.028	-0.009
0.6*L2	-0.017	-0.049	-0.108	-0.009	-0.023	-0.051	-0.077	-0.012	-0.005	0.009	0.022	-0.023	-0.010
0.7*L2	-0.012	-0.037	-0.082	-0.007	-0.017	-0.039	-0.059	-0.009	-0.004	0.007	0.017	-0.018	-0.008
0.8*L2	-0.008	-0.024	-0.053	-0.004	-0.011	-0.025	-0.038	-0.006	-0.002	0.005	0.011	-0.011	-0.006
0.9*L2	-0.004	-0.011	-0.024	-0.002	-0.005	-0.011	-0.018	-0.003	-0.001	0.002	0.005	-0.005	-0.003
1.0*L2	0.000	0.000	0.000	-0.000	0.000	0.000	0.000	0.000	0.000	0.000	0.000	0.000	0.000
FAKTOR	a				a				a			1/a	

INFOLGE STRECKENLAST P=1

IN FELD	M			Q				T				q	
1,BIS SPRUNG					-0.306	-0.685			0.016	-0.074			
1,REST	0.553	0.324	-0.554	0.961	0.344	0.115	-1.435	0.199	0.044	-0.013	-0.103	0.371	-0.127
2	-0.027	-0.079	-0.171	-0.015	-0.037	-0.081	-0.119	-0.019	-0.008	0.013	0.032	-0.037	-0.009
3	0.007	0.020	0.043	0.004	0.009	0.020	0.030	0.005	0.002	-0.003	-0.008	0.009	0.002
SUMME(+)	0.560	0.344	0.043	0.964	0.353	0.135	0.030	0.203	0.062	0.013	0.032	0.380	0.002
SUMME(-)	-0.027	-0.079	-0.726	-0.015	-0.343	-0.765	-1.554	-0.019	-0.008	-0.089	-0.111	-0.037	-0.136
SUMME	0.533	0.265	-0.683	0.949	0.010	-0.630	-1.525	0.184	0.054	-0.076	-0.079	0.344	-0.134
FAKTOR	a*a				a				a*a			1/a	

INFOLGE EINZELMOMENT Mt=1

IN	M			Q				T				q	
0.0*L1	0.000	0.000	-0.000	0.000	-0.000	-0.000	-0.000	1.000	-0.000	-0.000	-0.000	-0.000	-0.000
0.1*L1	0.104	0.032	-0.081	0.237	-0.044	-0.105	-0.148	0.776	-0.083	-0.052	-0.031	-0.117	-0.052
0.2*L1	0.199	0.065	-0.159	0.351	-0.068	-0.205	-0.294	0.615	-0.175	-0.106	-0.062	-0.258	-0.104
0.3*L1	0.276	0.102	-0.227	0.384	-0.053	-0.293	-0.436	0.497	-0.285	-0.165	-0.093	-0.447	-0.159
0.4*L1	0.319	0.140	-0.282	0.369	0.027	-0.361	-0.570	0.405	-0.424	-0.230	-0.126	-0.711	-0.218
								0.576					
0.5*L1	0.317	0.176	-0.320	0.327	0.112	-0.396	-0.690	0.330	0.438	-0.308	-0.161	-0.470	-0.284
0.6*L1	0.284	0.204	-0.338	0.274	0.141	-0.381	-0.791	0.267	0.334	-0.405	-0.200	-0.308	-0.364
0.7*L1	0.236	0.209	-0.336	0.220	0.136	-0.294	-0.859	0.212	0.254	-0.531	-0.249	-0.204	-0.465
										0.469			
0.8*L1	0.185	0.181	-0.314	0.169	0.113	-0.195	-0.882	0.163	0.191	0.345	-0.311	-0.141	-0.599
0.9*L1	0.138	0.135	-0.279	0.126	0.084	-0.145	-0.841	0.121	0.142	0.256	-0.396	-0.105	-0.781
1.0*L1	0.097	0.085	-0.245	0.090	0.056	-0.122	-0.712	0.086	0.103	0.192	-0.513	-0.085	-1.031
0.0*L2	0.097	0.085	-0.245	0.090	0.056	-0.122	-0.712	0.086	0.103	0.192	0.487	-0.085	-1.031
0.1*L2	0.075	0.056	-0.230	0.071	0.039	-0.114	-0.603	0.067	0.083	0.160	0.404	-0.075	-0.845
0.2*L2	0.056	0.032	-0.219	0.056	0.025	-0.108	-0.515	0.051	0.067	0.133	0.336	-0.068	-0.694
0.3*L2	0.042	0.013	-0.207	0.043	0.015	-0.101	-0.441	0.039	0.053	0.111	0.281	-0.062	-0.570
0.4*L2	0.030	-0.000	-0.194	0.033	0.007	-0.094	-0.378	0.029	0.042	0.093	0.235	-0.056	-0.468
0.5*L2	0.022	-0.008	-0.177	0.026	0.002	-0.086	-0.323	0.022	0.034	0.078	0.196	-0.050	-0.385
0.6*L2	0.016	-0.012	-0.157	0.020	-0.001	-0.076	-0.273	0.017	0.027	0.065	0.163	-0.043	-0.317
0.7*L2	0.012	-0.013	-0.135	0.016	-0.002	-0.065	-0.228	0.013	0.022	0.053	0.135	-0.037	-0.260
0.8*L2	0.010	-0.011	-0.112	0.013	-0.002	-0.054	-0.188	0.010	0.018	0.044	0.111	-0.030	-0.213
0.9*L2	0.009	-0.008	-0.089	0.011	-0.001	-0.043	-0.152	0.009	0.015	0.036	0.090	-0.024	-0.175
1.0*L2	0.008	-0.004	-0.067	0.009	-0.000	-0.033	-0.121	0.008	0.012	0.029	0.073	-0.019	-0.143
FAKTOR					1/a							1/(a*a)	

INFOLGE STRECKENMOMENT mt=1

IN FELD	M			Q				T				q	
1,BIS SPRUNG					-0.050	-0.573			-0.225	-0.457			
1,REST	0.635	0.388	-0.740	0.760	0.192	-0.162	-1.768	1.173	0.506	0.277	-0.563	-0.829	-1.057
2	0.065	0.018	-0.335	0.067	0.021	-0.164	-0.702	0.060	0.083	0.176	0.445	-0.100	-0.900
3	0.011	0.008	-0.035	0.010	0.005	-0.017	-0.089	0.010	0.012	0.023	0.059	-0.011	-0.124
SUMME(+)	0.711	0.413	0.000	0.837	0.219	0.000	0.000	1.243	0.602	0.477	0.504	0.000	0.000
SUMME(-)	0.000	0.000	-1.110	0.000	-0.050	-0.916	-2.559	0.000	-0.225	-0.457	-0.563	-0.940	-2.080
SUMME	0.711	0.413	-1.110	0.837	0.169	-0.916	-2.559	1.243	0.377	0.020	-0.059	-0.940	-2.080
FAKTOR	a				a				a			1/a	

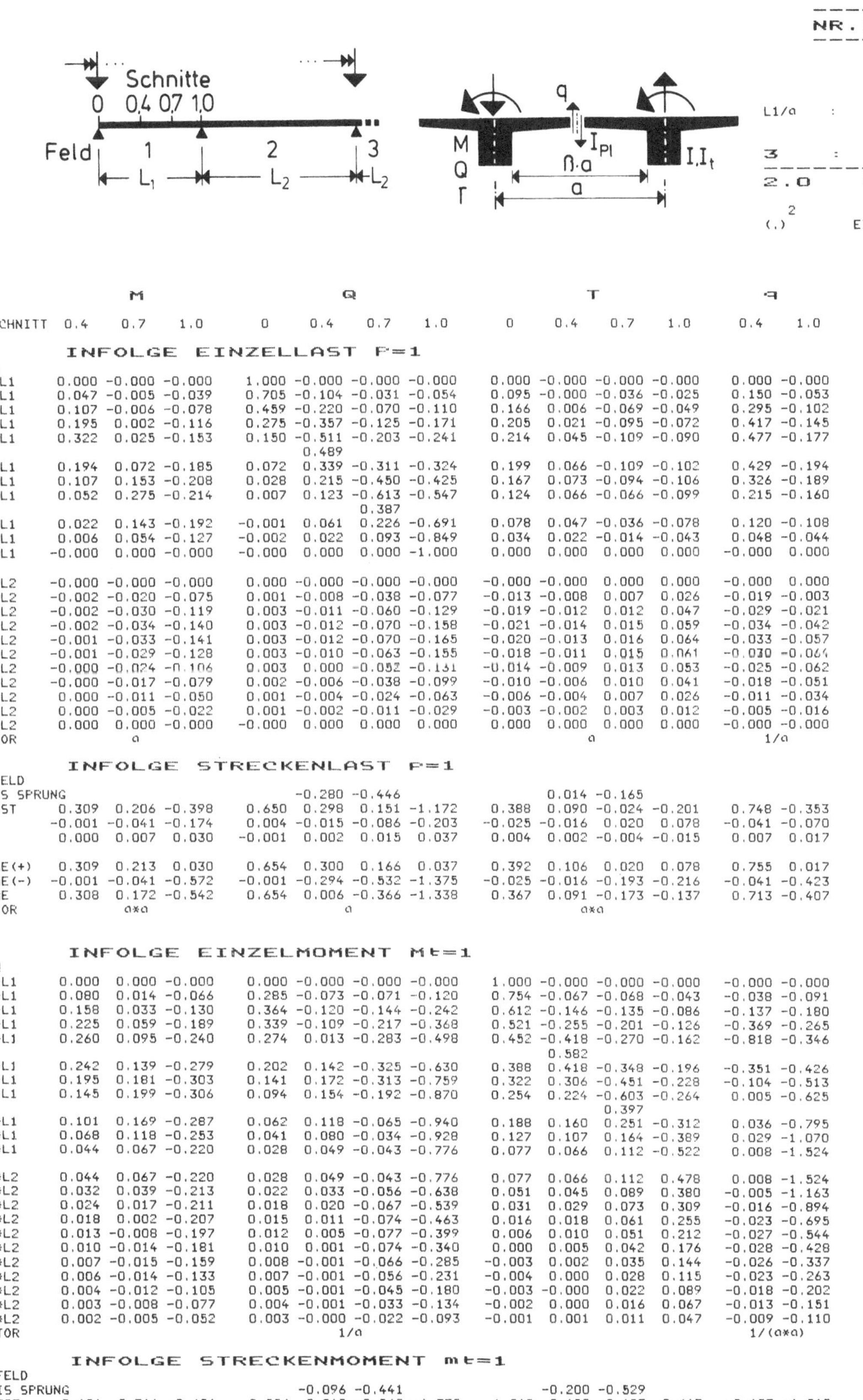

IN SCHNITT	M 0.4	M 0.7	M 1.0	Q 0	Q 0.4	Q 0.7	Q 1.0	T 0	T 0.4	T 0.7	T 1.0	q 0.4	q 1.0

INFOLGE EINZELLAST P=1

IN

IN	M 0.4	M 0.7	M 1.0	Q 0	Q 0.4	Q 0.7	Q 1.0	T 0	T 0.4	T 0.7	T 1.0	q 0.4	q 1.0
0.0*L1	0.000	-0.000	-0.000	1.000	-0.000	-0.000	-0.000	0.000	-0.000	-0.000	-0.000	0.000	-0.000
0.1*L1	0.047	-0.005	-0.039	0.705	-0.104	-0.031	-0.054	0.095	-0.000	-0.036	-0.025	0.150	-0.053
0.2*L1	0.107	-0.006	-0.078	0.459	-0.220	-0.070	-0.110	0.166	0.006	-0.069	-0.049	0.295	-0.102
0.3*L1	0.195	0.002	-0.116	0.275	-0.357	-0.125	-0.171	0.205	0.021	-0.095	-0.072	0.417	-0.145
0.4*L1	0.322	0.025	-0.153	0.150	-0.511	-0.203	-0.241	0.214	0.045	-0.109	-0.090	0.477	-0.177
					0.489								
0.5*L1	0.194	0.072	-0.185	0.072	0.339	-0.311	-0.324	0.199	0.066	-0.109	-0.102	0.429	-0.194
0.6*L1	0.107	0.153	-0.208	0.028	0.215	-0.450	-0.425	0.167	0.073	-0.094	-0.106	0.326	-0.189
0.7*L1	0.052	0.275	-0.214	0.007	0.123	-0.613	-0.547	0.124	0.066	-0.066	-0.099	0.215	-0.160
						0.387							
0.8*L1	0.022	0.143	-0.192	-0.001	0.061	0.226	-0.691	0.078	0.047	-0.036	-0.078	0.120	-0.108
0.9*L1	0.006	0.054	-0.127	-0.002	0.022	0.093	-0.849	0.034	0.022	-0.014	-0.043	0.048	-0.044
1.0*L1	-0.000	0.000	-0.000	-0.000	0.000	0.000	-1.000	0.000	0.000	0.000	0.000	-0.000	0.000
0.0*L2	-0.000	-0.000	-0.000	0.000	-0.000	-0.000	-0.000	-0.000	-0.000	0.000	0.000	-0.000	0.000
0.1*L2	-0.002	-0.020	-0.075	0.001	-0.008	-0.038	-0.077	-0.013	-0.008	0.007	0.026	-0.019	-0.003
0.2*L2	-0.002	-0.030	-0.119	0.003	-0.011	-0.060	-0.129	-0.019	-0.012	0.012	0.047	-0.029	-0.021
0.3*L2	-0.002	-0.034	-0.140	0.003	-0.012	-0.070	-0.158	-0.021	-0.014	0.015	0.059	-0.034	-0.042
0.4*L2	-0.001	-0.033	-0.141	0.003	-0.012	-0.070	-0.165	-0.020	-0.013	0.016	0.064	-0.033	-0.057
0.5*L2	-0.001	-0.029	-0.128	0.003	-0.010	-0.063	-0.155	-0.018	-0.011	0.015	0.061	-0.030	-0.064
0.6*L2	-0.000	-0.024	-0.106	0.003	0.000	-0.052	-0.131	-0.014	-0.009	0.013	0.053	-0.025	-0.062
0.7*L2	-0.000	-0.017	-0.079	0.002	-0.006	-0.038	-0.099	-0.010	-0.006	0.010	0.041	-0.018	-0.051
0.8*L2	0.000	-0.011	-0.050	0.001	-0.004	-0.024	-0.063	-0.006	-0.004	0.007	0.026	-0.011	-0.034
0.9*L2	0.000	-0.005	-0.022	0.001	-0.002	-0.011	-0.029	-0.003	-0.002	0.003	0.012	-0.005	-0.016
1.0*L2	0.000	0.000	-0.000	-0.000	0.000	0.000	0.000	0.000	0.000	0.000	0.000	-0.000	-0.000
FAKTOR		a							a			1/a	

INFOLGE STRECKENLAST P=1

IN FELD

IN FELD	M 0.4	M 0.7	M 1.0	Q 0	Q 0.4	Q 0.7	Q 1.0	T 0	T 0.4	T 0.7	T 1.0	q 0.4	q 1.0
1,BIS SPRUNG					-0.280	-0.446		0.014	-0.165				
1,REST	0.309	0.206	-0.398	0.650	0.298	0.151	-1.172	0.388	0.090	-0.024	-0.201	0.748	-0.353
2	-0.001	-0.041	-0.174	0.004	-0.015	-0.086	-0.203	-0.025	-0.016	0.020	0.078	-0.041	-0.070
3	0.000	0.007	0.030	-0.001	0.002	0.015	0.037	0.004	0.002	-0.004	-0.015	0.007	0.017
SUMME(+)	0.309	0.213	0.030	0.654	0.300	0.166	0.037	0.392	0.106	0.020	0.078	0.755	0.017
SUMME(-)	-0.001	-0.041	-0.572	-0.001	-0.294	-0.532	-1.375	-0.025	-0.016	-0.193	-0.216	-0.041	-0.423
SUMME	0.308	0.172	-0.542	0.654	0.006	-0.366	-1.338	0.367	0.091	-0.173	-0.137	0.713	-0.407
FAKTOR		a×a			a				a×a				

INFOLGE EINZELMOMENT Mt=1

IN

IN	M 0.4	M 0.7	M 1.0	Q 0	Q 0.4	Q 0.7	Q 1.0	T 0	T 0.4	T 0.7	T 1.0	q 0.4	q 1.0
0.0*L1	0.000	0.000	-0.000	0.000	-0.000	-0.000	-0.000	1.000	-0.000	-0.000	-0.000	-0.000	-0.000
0.1*L1	0.080	0.014	-0.066	0.285	-0.073	-0.071	-0.120	0.754	-0.067	-0.068	-0.043	-0.038	-0.091
0.2*L1	0.158	0.033	-0.130	0.364	-0.120	-0.144	-0.242	0.612	-0.146	-0.135	-0.086	-0.137	-0.180
0.3*L1	0.225	0.059	-0.189	0.339	-0.109	-0.217	-0.368	0.521	-0.255	-0.201	-0.126	-0.369	-0.265
0.4*L1	0.260	0.095	-0.240	0.274	0.013	-0.283	-0.498	0.452	-0.418	-0.270	-0.162	-0.818	-0.346
									0.582				
0.5*L1	0.242	0.139	-0.279	0.202	0.142	-0.325	-0.630	0.388	0.418	-0.348	-0.196	-0.351	-0.426
0.6*L1	0.195	0.181	-0.303	0.141	0.172	-0.313	-0.759	0.322	0.306	-0.451	-0.228	-0.104	-0.513
0.7*L1	0.145	0.199	-0.306	0.094	0.154	-0.192	-0.870	0.254	0.224	-0.603	-0.264	0.005	-0.625
										0.397			
0.8*L1	0.101	0.169	-0.287	0.062	0.118	-0.065	-0.940	0.188	0.160	0.251	-0.312	0.036	-0.795
0.9*L1	0.068	0.118	-0.253	0.041	0.080	-0.034	-0.928	0.127	0.107	0.164	-0.389	0.029	-1.070
1.0*L1	0.044	0.067	-0.220	0.028	0.049	-0.043	-0.776	0.077	0.066	0.112	-0.522	0.008	-1.524
0.0*L2	0.044	0.067	-0.220	0.028	0.049	-0.043	-0.776	0.077	0.066	0.112	0.478	0.008	-1.524
0.1*L2	0.032	0.039	-0.213	0.022	0.033	-0.056	-0.638	0.051	0.045	0.089	0.380	-0.005	-1.163
0.2*L2	0.024	0.017	-0.211	0.018	0.020	-0.067	-0.539	0.031	0.029	0.073	0.309	-0.016	-0.894
0.3*L2	0.018	0.002	-0.207	0.015	0.011	-0.074	-0.463	0.016	0.018	0.061	0.255	-0.023	-0.695
0.4*L2	0.013	-0.008	-0.197	0.012	0.005	-0.077	-0.399	0.006	0.010	0.051	0.212	-0.027	-0.544
0.5*L2	0.010	-0.014	-0.181	0.010	0.001	-0.074	-0.340	0.000	0.005	0.042	0.176	-0.028	-0.428
0.6*L2	0.007	-0.015	-0.159	0.008	-0.001	-0.066	-0.285	-0.003	0.002	0.035	0.144	-0.026	-0.337
0.7*L2	0.006	-0.014	-0.133	0.007	-0.001	-0.056	-0.231	-0.004	0.000	0.028	0.115	-0.023	-0.263
0.8*L2	0.004	-0.012	-0.105	0.005	-0.001	-0.045	-0.180	-0.003	-0.000	0.022	0.089	-0.018	-0.202
0.9*L2	0.003	-0.008	-0.077	0.004	-0.001	-0.033	-0.134	-0.002	0.000	0.016	0.067	-0.013	-0.151
1.0*L2	0.002	-0.005	-0.052	0.003	-0.000	-0.022	-0.093	-0.001	0.001	0.011	0.047	-0.009	-0.110
FAKTOR					1/a							1/(a×a)	

INFOLGE STRECKENMOMENT mt=1

IN FELD

IN FELD	M 0.4	M 0.7	M 1.0	Q 0	Q 0.4	Q 0.7	Q 1.0	T 0	T 0.4	T 0.7	T 1.0	q 0.4	q 1.0
1,BIS SPRUNG					-0.096	-0.441		-0.200	-0.529				
1,REST	0.451	0.314	-0.651	0.556	0.215	-0.060	-1.732	1.240	0.458	0.197	-0.617	-0.493	-1.510
2	0.028	0.003	-0.324	0.023	0.018	-0.117	-0.727	0.026	0.028	0.095	0.400	-0.036	-1.093
3	0.002	0.003	-0.006	0.001	0.002	-0.000	-0.027	0.003	0.003	0.004	0.017	0.001	-0.058
SUMME(+)	0.481	0.320	0.000	0.579	0.234	0.000	0.000	1.269	0.489	0.296	0.418	0.001	0.000
SUMME(-)	0.000	0.000	-0.981	0.000	-0.096	-0.618	-2.485	0.000	-0.200	-0.529	-0.617	-0.530	-2.661
SUMME	0.481	0.320	-0.981	0.579	0.139	-0.618	-2.485	1.269	0.289	-0.233	-0.199	-0.529	-2.661
FAKTOR		a							a			1/a	

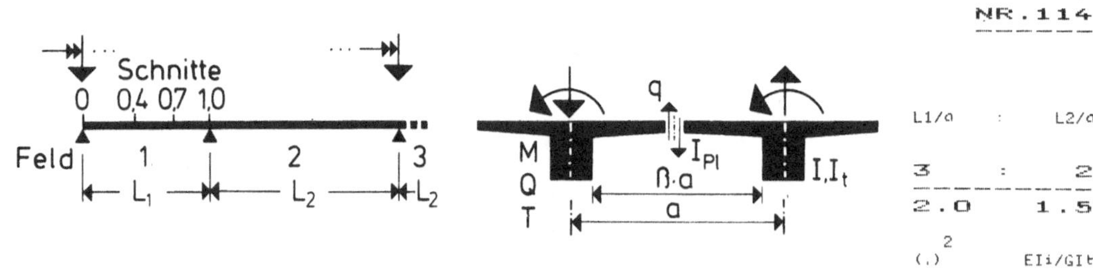

INFOLGE EINZELLAST F=1

IN	M 0.4	M 0.7	M 1.0	Q 0	Q 0.4	Q 0.7	Q 1.0	T 0	T 0.4	T 0.7	T 1.0	q 0.4	q 1.0
0.0*L1	0.000	-0.000	-0.000	1.000	-0.000	-0.000	-0.000	0.000	0.000	-0.000	-0.000	0.000	-0.000
0.1*L1	0.063	-0.002	-0.048	0.740	-0.113	-0.048	-0.064	0.076	0.002	-0.030	-0.022	0.125	-0.044
0.2*L1	0.139	0.001	-0.095	0.515	-0.234	-0.103	-0.131	0.134	0.008	-0.057	-0.043	0.243	-0.085
0.3*L1	0.238	0.013	-0.141	0.338	-0.368	-0.170	-0.203	0.167	0.020	-0.078	-0.062	0.340	-0.119
0.4*L1	0.369	0.042	-0.182	0.210	-0.512	-0.257	-0.282	0.177	0.038	-0.090	-0.077	0.386	-0.144
					0.488								
0.5*L1	0.239	0.094	-0.215	0.122	0.349	-0.366	-0.373	0.166	0.053	-0.090	-0.086	0.353	-0.155
0.6*L1	0.144	0.177	-0.236	0.065	0.231	-0.498	-0.478	0.141	0.058	-0.078	-0.088	0.276	-0.150
0.7*L1	0.080	0.297	-0.237	0.031	0.139	-0.647	-0.597	0.105	0.051	-0.056	-0.080	0.188	-0.125
						0.353							
0.8*L1	0.038	0.160	-0.207	0.013	0.073	0.208	-0.731	0.066	0.036	-0.031	-0.062	0.108	-0.084
0.9*L1	0.013	0.062	-0.133	0.004	0.028	0.087	-0.871	0.029	0.017	-0.013	-0.034	0.044	-0.035
1.0*L1	0.000	0.000	0.000	-0.000	0.000	0.000	-1.000	0.000	0.000	0.000	0.000	0.000	0.000
0.0*L2	-0.000	-0.000	-0.000	-0.000	-0.000	-0.000	-0.000	-0.000	-0.000	0.000	0.000	-0.000	0.000
0.1*L2	-0.005	-0.024	-0.073	-0.001	-0.011	-0.037	-0.065	-0.012	-0.007	0.006	0.020	-0.019	0.000
0.2*L2	-0.007	-0.038	-0.117	-0.001	-0.016	-0.059	-0.110	-0.018	-0.010	0.011	0.036	-0.029	-0.011
0.3*L2	-0.008	-0.044	-0.138	-0.001	-0.019	-0.069	-0.134	-0.021	-0.012	0.014	0.046	-0.034	-0.025
0.4*L2	-0.007	-0.044	-0.141	-0.000	-0.018	-0.070	-0.140	-0.020	-0.011	0.015	0.050	-0.035	-0.036
0.5*L2	-0.006	-0.039	-0.130	-0.000	-0.016	-0.064	-0.132	-0.018	-0.010	0.014	0.048	-0.032	-0.041
0.6*L2	-0.005	-0.032	-0.108	0.000	-0.013	-0.053	-0.113	-0.015	-0.008	0.012	0.042	-0.026	-0.040
0.7*L2	-0.004	-0.024	-0.081	0.000	-0.010	-0.040	-0.086	-0.011	-0.006	0.009	0.032	-0.020	-0.033
0.8*L2	-0.002	-0.015	-0.051	0.000	-0.006	-0.025	-0.055	-0.007	-0.004	0.006	0.021	-0.012	-0.023
0.9*L2	-0.001	-0.007	-0.023	0.000	-0.003	-0.011	-0.025	-0.003	-0.002	0.003	0.010	-0.006	-0.011
1.0*L2	0.000	0.000	0.000	-0.000	-0.000	-0.000	0.000	0.000	0.000	0.000	0.000	0.000	0.000
FAKTOR		a							a			1/a	

INFOLGE STRECKENLAST P=1

IN FELD

IN FELD	M 0.4	M 0.7	M 1.0	Q 0	Q 0.4	Q 0.7	Q 1.0	T 0	T 0.4	T 0.7	T 1.0	q 0.4	q 1.0
1,BIS SPRUNG						-0.290	-0.527			0.014	-0.137		
1,REST	0.391	0.247	-0.453	0.754	0.316	0.139	-1.268	0.321	0.071	-0.021	-0.168	0.623	-0.284
2	-0.009	-0.054	-0.174	-0.001	-0.023	-0.087	-0.173	-0.025	-0.014	0.018	0.061	-0.043	-0.044
3	0.002	0.011	0.035	0.000	0.004	0.017	0.036	0.005	0.003	-0.004	-0.013	0.009	0.013
SUMME(+)	0.393	0.257	0.035	0.754	0.320	0.157	0.036	0.326	0.088	0.018	0.061	0.631	0.013
SUMME(-)	-0.009	-0.054	-0.628	-0.001	-0.313	-0.614	-1.441	-0.025	-0.014	-0.162	-0.181	-0.043	-0.328
SUMME	0.384	0.203	-0.593	0.754	0.007	-0.457	-1.405	0.301	0.074	-0.144	-0.120	0.589	-0.315
FAKTOR		a*a			a				a*a				

INFOLGE EINZELMOMENT Mt=1

IN	M 0.4	M 0.7	M 1.0	Q 0	Q 0.4	Q 0.7	Q 1.0	T 0	T 0.4	T 0.7	T 1.0	q 0.4	q 1.0
0.0*L1	0.000	0.000	-0.000	0.000	-0.000	-0.000	-0.000	1.000	-0.000	-0.000	-0.000	-0.000	-0.000
0.1*L1	0.100	0.021	-0.078	0.316	-0.077	-0.093	-0.137	0.735	-0.068	-0.060	-0.038	-0.071	-0.078
0.2*L1	0.196	0.046	-0.153	0.419	-0.126	-0.186	-0.275	0.578	-0.150	-0.120	-0.075	-0.201	-0.154
0.3*L1	0.276	0.078	-0.221	0.408	-0.112	-0.274	-0.415	0.478	-0.262	-0.181	-0.110	-0.455	-0.228
0.4*L1	0.318	0.120	-0.278	0.347	0.016	-0.349	-0.556	0.405	-0.429	-0.247	-0.143	-0.915	-0.300
									0.571				
0.5*L1	0.300	0.168	-0.319	0.272	0.151	-0.394	-0.696	0.342	0.403	-0.325	-0.174	-0.445	-0.374
0.6*L1	0.249	0.210	-0.341	0.201	0.185	-0.377	-0.826	0.281	0.289	-0.430	-0.205	-0.183	-0.460
0.7*L1	0.189	0.226	-0.339	0.141	0.168	-0.245	-0.932	0.221	0.208	-0.586	-0.242	-0.056	-0.576
										0.414			
0.8*L1	0.135	0.191	-0.314	0.096	0.130	-0.105	-0.990	0.162	0.146	0.263	-0.294	-0.008	-0.753
0.9*L1	0.090	0.132	-0.271	0.064	0.088	-0.061	-0.962	0.109	0.097	0.172	-0.378	-0.001	-1.036
1.0*L1	0.057	0.073	-0.232	0.042	0.052	-0.061	-0.791	0.065	0.060	0.117	-0.519	-0.011	-1.496
0.0*L2	0.057	0.073	-0.232	0.042	0.052	-0.061	-0.791	0.065	0.060	0.117	0.481	-0.011	-1.496
0.1*L2	0.040	0.040	-0.221	0.031	0.033	-0.069	-0.641	0.042	0.041	0.093	0.378	-0.020	-1.136
0.2*L2	0.028	0.015	-0.217	0.023	0.018	-0.077	-0.532	0.024	0.027	0.075	0.302	-0.027	-0.867
0.3*L2	0.018	-0.004	-0.212	0.017	0.008	-0.082	-0.449	0.012	0.017	0.061	0.245	-0.032	-0.667
0.4*L2	0.012	-0.016	-0.201	0.013	0.000	-0.083	-0.381	0.003	0.009	0.051	0.200	-0.035	-0.516
0.5*L2	0.007	-0.022	-0.185	0.010	-0.004	-0.079	-0.321	-0.002	0.004	0.042	0.163	-0.034	-0.400
0.6*L2	0.005	-0.023	-0.162	0.007	-0.006	-0.070	-0.266	-0.005	0.002	0.034	0.132	-0.031	-0.311
0.7*L2	0.003	-0.021	-0.135	0.006	-0.006	-0.060	-0.215	-0.005	0.000	0.027	0.105	-0.027	-0.240
0.8*L2	0.002	-0.017	-0.107	0.004	-0.005	-0.047	-0.167	-0.005	-0.000	0.021	0.081	-0.021	-0.183
0.9*L2	0.002	-0.012	-0.078	0.003	-0.003	-0.034	-0.123	-0.003	0.000	0.016	0.060	-0.015	-0.137
1.0*L2	0.002	-0.007	-0.052	0.002	-0.002	-0.022	-0.086	-0.001	0.001	0.011	0.043	-0.010	-0.101
FAKTOR					1/a							1/(a*a)	

INFOLGE STRECKENMOMENT mt=1

IN FELD

IN FELD	M 0.4	M 0.7	M 1.0	Q 0	Q 0.4	Q 0.7	Q 1.0	T 0	T 0.4	T 0.7	T 1.0	q 0.4	q 1.0
1,BIS SPRUNG						-0.099	-0.546			-0.205	-0.493		
1,REST	0.567	0.370	-0.732	0.698	0.232	-0.091	-1.865	1.146	0.433	0.206	-0.573	-0.673	-1.400
2	0.029	-0.006	-0.332	0.027	0.012	-0.129	-0.705	0.018	0.026	0.096	0.384	-0.051	-1.045
3	0.003	0.005	-0.001	0.002	0.003	0.002	-0.022	0.004	0.003	0.004	0.016	0.002	-0.056
SUMME(+)	0.599	0.376	0.000	0.726	0.247	0.002	0.000	1.168	0.462	0.306	0.400	0.002	0.000
SUMME(-)	0.000	-0.006	-1.065	0.000	-0.099	-0.766	-2.592	0.000	-0.205	-0.493	-0.573	-0.724	-2.500
SUMME	0.599	0.369	-1.065	0.726	0.148	-0.764	-2.592	1.168	0.257	-0.187	-0.173	-0.723	-2.500
FAKTOR		a							a			1/a	

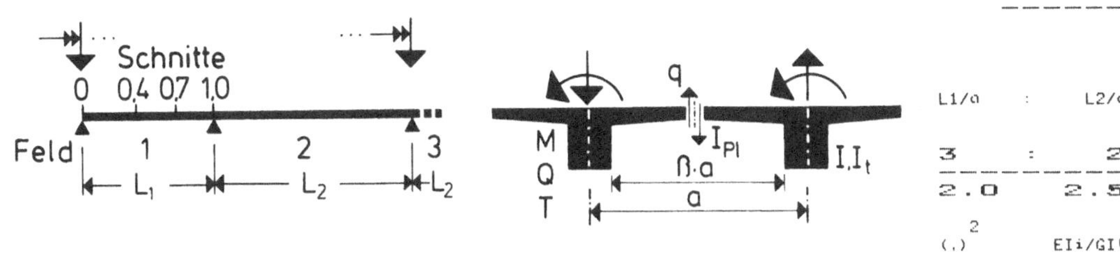

| | M | | | Q | | | | T | | | | q | |
IN SCHNITT	0.4	0.7	1.0	0	0.4	0.7	1.0	0	0.4	0.7	1.0	0.4	1.0

INFOLGE EINZELLAST P=1

IN

IN	M 0.4	0.7	1.0	Q 0	0.4	0.7	1.0	T 0	0.4	0.7	1.0	q 0.4	1.0
0.0*L1	0.000	0.000	-0.000	1.000	-0.000	-0.000	-0.000	0.000	0.000	-0.000	-0.000	0.000	-0.000
0.1*L1	0.084	0.004	-0.060	0.776	-0.120	-0.069	-0.079	0.055	0.003	-0.023	-0.018	0.093	-0.033
0.2*L1	0.177	0.012	-0.117	0.577	-0.245	-0.143	-0.160	0.097	0.008	-0.043	-0.034	0.179	-0.063
0.3*L1	0.289	0.030	-0.171	0.412	-0.377	-0.226	-0.245	0.123	0.017	-0.058	-0.048	0.249	-0.088
0.4*L1	0.427	0.065	-0.217	0.283	-0.512	-0.322	-0.336	0.131	0.029	-0.067	-0.059	0.282	-0.106
				0.488									
0.5*L1	0.294	0.121	-0.252	0.186	0.359	-0.432	-0.434	0.125	0.038	-0.067	-0.065	0.262	-0.113
0.6*L1	0.191	0.205	-0.270	0.115	0.246	-0.556	-0.541	0.106	0.041	-0.058	-0.066	0.209	-0.107
0.7*L1	0.115	0.323	-0.264	0.066	0.155	-0.689	-0.655	0.080	0.036	-0.042	-0.059	0.147	-0.089
						0.311							
0.8*L1	0.060	0.179	-0.224	0.033	0.084	0.185	-0.776	0.051	0.025	-0.025	-0.045	0.087	-0.059
0.9*L1	0.023	0.072	-0.140	0.012	0.033	0.078	-0.895	0.022	0.012	-0.010	-0.024	0.036	-0.025
1.0*L1	-0.000	-0.000	0.000	0.000	0.000	0.000	-1.000	0.000	0.000	0.000	0.000	0.000	0.000
0.0*L2	-0.000	-0.000	-0.000	-0.000	-0.000	-0.000	-0.000	-0.000	-0.000	0.000	0.000	-0.000	-0.000
0.1*L2	-0.009	-0.030	-0.070	-0.005	-0.014	-0.034	-0.052	-0.010	-0.005	0.005	0.014	-0.016	0.002
0.2*L2	-0.014	-0.047	-0.114	-0.007	-0.022	-0.055	-0.088	-0.015	-0.008	0.009	0.025	-0.026	-0.004
0.3*L2	-0.016	-0.055	-0.135	-0.008	-0.025	-0.065	-0.107	-0.017	-0.009	0.011	0.032	-0.030	-0.012
0.4*L2	-0.016	-0.056	-0.139	-0.008	-0.025	-0.067	-0.113	-0.018	-0.009	0.012	0.035	-0.031	-0.019
0.5*L2	-0.015	-0.051	-0.129	-0.007	-0.023	-0.061	-0.107	-0.016	-0.008	0.011	0.034	-0.029	-0.022
0.6*L2	-0.012	-0.042	-0.108	-0.006	-0.019	-0.052	-0.091	-0.013	-0.007	0.010	0.029	-0.024	-0.022
0.7*L2	-0.009	-0.032	-0.091	0.004	-0.014	-0.039	-0.070	-0.010	-0.005	0.007	0.023	-0.018	-0.019
0.8*L2	-0.006	-0.020	-0.052	-0.003	-0.009	-0.025	-0.045	-0.006	-0.003	0.005	0.015	-0.012	-0.013
0.9*L2	-0.003	-0.009	-0.024	-0.001	-0.004	-0.011	-0.021	-0.003	-0.001	0.002	0.007	-0.005	-0.006
1.0*L2	0.000	0.000	0.000	0.000	0.000	0.000	0.000	0.000	0.000	0.000	0.000	0.000	0.000
FAKTOR	a								a			1/a	

INFOLGE STRECKENLAST P=1

IN FELD

IN FELD	M 0.4	0.7	1.0	Q 0	0.4	0.7	1.0	T 0	0.4	0.7	1.0	q 0.4	1.0
1,BIS SPRUNG					-0.299	-0.626			0.013	-0.102			
1,REST	0.493	0.297	-0.520	0.883	0.334	0.124	-1.386	0.239	0.050	-0.017	-0.126	0.466	-0.206
2	-0.020	-0.069	-0.172	-0.010	-0.032	-0.082	-0.140	-0.022	-0.011	0.014	0.043	-0.039	-0.023
3	0.005	0.016	0.040	0.002	0.007	0.019	0.034	0.005	0.002	-0.004	-0.011	0.009	0.008
SUMME(+)	0.498	0.313	0.040	0.885	0.341	0.143	0.034	0.244	0.066	0.014	0.043	0.475	0.008
SUMME(-)	-0.020	-0.069	-0.693	-0.010	-0.331	-0.709	-1.526	-0.022	-0.011	-0.122	-0.137	-0.039	-0.229
SUMME	0.477	0.243	-0.653	0.875	0.010	-0.566	-1.493	0.222	0.055	-0.107	-0.094	0.437	-0.221
FAKTOR	a×a			a				a×a				1/a	

INFOLGE EINZELMOMENT Mt=1

IN

IN	M 0.4	0.7	1.0	Q 0	0.4	0.7	1.0	T 0	0.4	0.7	1.0	q 0.4	1.0
0.0*L1	0.000	0.000	-0.000	0.000	-0.000	-0.000	-0.000	1.000	-0.000	-0.000	-0.000	-0.000	-0.000
0.1*L1	0.125	0.030	-0.093	0.352	-0.080	-0.120	-0.159	0.714	-0.070	-0.050	-0.031	-0.112	-0.062
0.2*L1	0.242	0.063	-0.181	0.483	-0.130	-0.236	-0.318	0.538	-0.155	-0.102	-0.061	-0.277	-0.123
0.3*L1	0.338	0.104	-0.260	0.491	-0.114	-0.343	-0.476	0.426	-0.271	-0.156	-0.090	-0.559	-0.184
0.4*L1	0.389	0.151	-0.323	0.437	0.019	-0.430	-0.631	0.348	-0.443	-0.218	-0.118	-1.032	-0.247
									0.557				
0.5*L1	0.372	0.203	-0.367	0.359	0.160	-0.478	-0.778	0.286	0.385	-0.296	-0.146	-0.559	-0.316
0.6*L1	0.315	0.246	-0.387	0.277	0.198	-0.454	-0.908	0.230	0.270	-0.404	-0.177	-0.283	-0.403
0.7*L1	0.245	0.258	-0.379	0.204	0.182	-0.311	-1.007	0.179	0.190	-0.564	-0.216	-0.135	-0.524
										0.436			
0.8*L1	0.177	0.217	-0.345	0.142	0.142	-0.155	-1.049	0.130	0.131	0.279	-0.274	-0.066	-0.709
0.9*L1	0.118	0.149	-0.293	0.095	0.096	-0.095	-1.001	0.087	0.087	0.182	-0.365	-0.040	-1.002
1.0*L1	0.072	0.080	-0.245	0.060	0.055	-0.082	-0.808	0.052	0.054	0.123	-0.515	-0.036	-1.470
0.0*L2	0.072	0.080	-0.245	0.060	0.055	-0.082	-0.808	0.052	0.054	0.123	0.485	-0.036	-1.469
0.1*L2	0.049	0.042	-0.230	0.042	0.033	-0.084	-0.645	0.033	0.038	0.096	0.377	-0.037	-1.112
0.2*L2	0.031	0.012	-0.223	0.029	0.016	-0.087	-0.526	0.019	0.025	0.077	0.296	-0.039	-0.843
0.3*L2	0.018	-0.010	-0.216	0.019	0.003	-0.088	-0.435	0.008	0.016	0.062	0.235	-0.040	-0.643
0.4*L2	0.009	-0.024	-0.204	0.012	-0.005	-0.086	-0.362	0.001	0.009	0.050	0.188	-0.039	-0.491
0.5*L2	0.003	-0.031	-0.186	0.007	-0.010	-0.081	-0.300	-0.003	0.005	0.041	0.151	-0.037	-0.377
0.6*L2	-0.000	-0.032	-0.163	0.004	-0.011	-0.072	-0.246	-0.005	0.003	0.033	0.120	-0.033	-0.289
0.7*L2	-0.002	-0.029	-0.136	0.003	-0.011	-0.060	-0.196	-0.006	0.001	0.026	0.094	-0.028	-0.221
0.8*L2	-0.002	-0.024	-0.107	0.002	-0.009	-0.047	-0.152	-0.005	0.001	0.020	0.072	-0.022	-0.168
0.9*L2	-0.001	-0.017	-0.078	0.001	-0.006	-0.034	-0.112	-0.003	0.001	0.015	0.054	-0.016	-0.126
1.0*L2	0.000	-0.010	-0.051	0.002	-0.003	-0.022	-0.078	-0.001	0.001	0.010	0.038	-0.010	-0.093
FAKTOR				1/a								1/(a×a)	

INFOLGE STRECKENMOMENT mt=1

IN FELD

IN FELD	M 0.4	0.7	1.0	Q 0	0.4	0.7	1.0	T 0	0.4	0.7	1.0	q 0.4	1.0
1,BIS SPRUNG					-0.101	-0.674			-0.212	-0.449			
1,REST	0.711	0.441	-0.828	0.875	0.251	-0.128	-2.030	1.031	0.406	0.218	-0.517	-0.897	-1.279
2	0.028	-0.016	-0.338	0.030	0.005	-0.138	-0.681	0.012	0.025	0.096	0.368	-0.063	-1.004
3	0.004	0.008	0.003	0.003	0.004	0.003	-0.021	0.004	0.003	0.004	0.016	0.001	-0.055
SUMME(+)	0.743	0.449	0.003	0.907	0.260	0.003	0.000	1.047	0.434	0.319	0.383	0.001	0.000
SUMME(-)	0.000	-0.016	-1.166	0.000	-0.101	-0.941	-2.731	0.000	-0.212	-0.449	-0.517	-0.960	-2.338
SUMME	0.743	0.432	-1.163	0.907	0.158	-0.938	-2.731	1.047	0.222	-0.130	-0.133	-0.958	-2.338
FAKTOR	a			a				a				1/a	

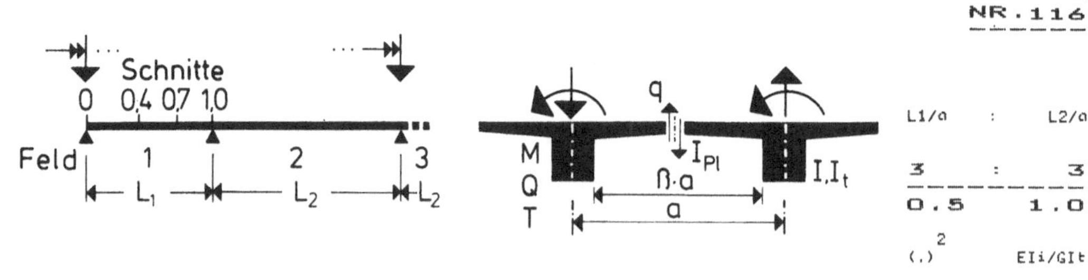

		M				Q				T			q	
IN SCHNITT		0.4	0.7	1.0	0	0.4	0.7	1.0	0	0.4	0.7	1.0	0.4	1.0

INFOLGE EINZELLAST P=1

IN	0.4	0.7	1.0	0	0.4	0.7	1.0	0	0.4	0.7	1.0	0.4	1.0
0.0*L1	0.000	-0.000	-0.000	1.000	-0.000	-0.000	-0.000	0.000	0.000	-0.000	-0.000	0.000	-0.000
0.1*L1	0.079	0.000	-0.050	0.775	-0.124	-0.061	-0.058	0.061	0.011	-0.021	-0.023	0.101	-0.020
0.2*L1	0.168	0.006	-0.098	0.572	-0.252	-0.128	-0.120	0.110	0.022	-0.039	-0.044	0.193	-0.039
0.3*L1	0.277	0.023	-0.144	0.402	-0.383	-0.206	-0.189	0.143	0.035	-0.053	-0.062	0.264	-0.053
0.4*L1	0.413	0.057	-0.184	0.267	-0.516	-0.298	-0.270	0.157	0.048	-0.061	-0.075	0.299	-0.062
				0.484									
0.5*L1	0.279	0.115	-0.215	0.166	0.358	-0.407	-0.364	0.152	0.056	-0.061	-0.083	0.284	-0.063
0.6*L1	0.177	0.202	-0.232	0.095	0.248	-0.531	-0.474	0.133	0.056	-0.054	-0.083	0.237	-0.057
0.7*L1	0.103	0.323	-0.229	0.049	0.157	-0.664	-0.599	0.102	0.048	-0.041	-0.074	0.174	-0.044
						0.336							
0.8*L1	0.052	0.181	-0.196	0.021	0.087	0.205	-0.735	0.066	0.033	-0.026	-0.057	0.108	-0.026
0.9*L1	0.019	0.074	-0.123	0.006	0.035	0.090	-0.874	0.029	0.015	-0.013	-0.031	0.048	-0.009
1.0*L1	0.000	0.000	0.000	-0.000	0.000	-0.000	-1.000	-0.000	-0.000	0.000	-0.000	0.000	0.000
0.0*L2	-0.000	-0.000	-0.000	-0.000	-0.000	-0.000	-0.000	-0.000	-0.000	0.000	0.000	-0.000	-0.000
0.1*L2	-0.010	-0.046	-0.118	-0.002	-0.021	-0.060	-0.096	-0.016	-0.006	0.013	0.031	-0.033	-0.009
0.2*L2	-0.014	-0.069	-0.186	-0.002	-0.032	-0.095	-0.157	-0.022	-0.006	0.025	0.056	-0.052	-0.026
0.3*L2	-0.014	-0.077	-0.214	-0.001	-0.035	-0.109	-0.188	-0.021	-0.004	0.033	0.073	-0.060	-0.043
0.4*L2	-0.013	-0.074	-0.213	0.001	-0.034	-0.109	-0.193	-0.017	-0.000	0.037	0.080	-0.060	-0.055
0.5*L2	-0.010	-0.064	-0.190	0.002	-0.029	-0.098	-0.179	-0.013	0.002	0.037	0.077	-0.054	-0.059
0.6*L2	-0.007	-0.051	-0.155	0.002	-0.023	-0.080	-0.150	-0.009	0.004	0.032	0.067	-0.044	-0.055
0.7*L2	-0.005	-0.036	-0.114	0.002	-0.016	-0.058	-0.112	-0.005	0.004	0.025	0.052	-0.032	-0.045
0.8*L2	-0.003	-0.022	-0.070	0.002	-0.010	-0.036	-0.070	-0.003	0.003	0.016	0.033	-0.020	-0.030
0.9*L2	-0.001	-0.010	-0.031	0.001	-0.004	-0.016	-0.031	-0.001	0.001	0.007	0.015	-0.009	-0.013
1.0*L2	0.000	0.000	0.000	-0.000	-0.000	-0.000	-0.000	-0.000	-0.000	0.000	-0.000	0.000	0.000
FAKTOR		a				a				a			1/a	

INFOLGE STRECKENLAST P=1

IN FELD	0.4	0.7	1.0	0	0.4	0.7	1.0	0	0.4	0.7	1.0	0.4	1.0
1,BIS SPRUNG					-0.305	-0.587			0.028	-0.094			
1,REST	0.465	0.289	-0.447	0.850	0.336	0.137	-1.254	0.288	0.070	-0.018	-0.160	0.516	-0.112
2	-0.023	-0.136	-0.392	0.001	-0.062	-0.200	-0.356	-0.032	-0.001	0.069	0.146	-0.110	-0.101
3	0.003	0.017	0.048	0.000	0.008	0.025	0.043	0.005	0.001	-0.008	-0.017	0.014	0.010
SUMME(+)	0.468	0.306	0.048	0.852	0.344	0.162	0.043	0.292	0.098	0.069	0.146	0.529	0.010
SUMME(-)	-0.023	-0.136	-0.839	0.000	-0.367	-0.788	-1.610	-0.032	-0.001	-0.120	-0.177	-0.110	-0.213
SUMME	0.445	0.170	-0.790	0.852	-0.024	-0.626	-1.567	0.260	0.098	-0.051	-0.031	0.419	-0.203
FAKTOR		a*a				a				a*a			1/a	

INFOLGE EINZELMOMENT Mt=1

IN	0.4	0.7	1.0	0	0.4	0.7	1.0	0	0.4	0.7	1.0	0.4	1.0
0.0*L1	0.000	0.000	-0.000	0.000	-0.000	-0.000	-0.000	1.000	-0.000	-0.000	-0.000	-0.000	-0.000
0.1*L1	0.060	0.020	-0.052	0.130	-0.021	-0.062	-0.101	0.843	-0.081	-0.061	-0.041	-0.068	-0.051
0.2*L1	0.115	0.042	-0.102	0.195	-0.032	-0.120	-0.202	0.720	-0.167	-0.123	-0.082	-0.148	-0.103
0.3*L1	0.160	0.064	-0.147	0.217	-0.022	-0.173	-0.301	0.619	-0.262	-0.186	-0.122	-0.252	-0.155
0.4*L1	0.187	0.087	-0.186	0.213	0.023	-0.215	-0.396	0.533	-0.372	-0.254	-0.163	-0.390	-0.210
								0.628					
0.5*L1	0.189	0.109	-0.217	0.194	0.069	-0.239	-0.485	0.457	0.519	-0.327	-0.204	-0.271	-0.269
0.6*L1	0.174	0.125	-0.239	0.168	0.087	-0.237	-0.562	0.388	0.428	-0.410	-0.247	-0.190	-0.334
0.7*L1	0.151	0.129	-0.250	0.141	0.085	-0.198	-0.622	0.324	0.352	-0.506	-0.294	-0.138	-0.410
										0.494			
0.8*L1	0.126	0.113	-0.252	0.116	0.073	-0.153	-0.656	0.266	0.288	0.401	-0.347	-0.108	-0.500
0.9*L1	0.101	0.085	-0.248	0.095	0.057	-0.134	-0.653	0.215	0.234	0.329	-0.412	-0.093	-0.610
1.0*L1	0.079	0.055	-0.245	0.077	0.039	-0.129	-0.601	0.170	0.189	0.273	-0.492	-0.087	-0.747
0.0*L2	0.079	0.055	-0.245	0.077	0.039	-0.129	-0.601	0.170	0.189	0.273	0.508	-0.087	-0.747
0.1*L2	0.061	0.026	-0.248	0.062	0.023	-0.130	-0.531	0.133	0.152	0.229	0.429	-0.084	-0.615
0.2*L2	0.046	0.003	-0.253	0.050	0.011	-0.132	-0.476	0.103	0.123	0.194	0.366	-0.083	-0.510
0.3*L2	0.035	-0.014	-0.252	0.041	0.001	-0.131	-0.429	0.080	0.099	0.166	0.314	-0.080	-0.426
0.4*L2	0.026	-0.025	-0.244	0.033	-0.005	-0.127	-0.385	0.062	0.081	0.142	0.271	-0.076	-0.357
0.5*L2	0.020	-0.030	-0.228	0.027	-0.009	-0.118	-0.340	0.048	0.066	0.121	0.232	-0.070	-0.300
0.6*L2	0.015	-0.031	-0.205	0.023	-0.010	-0.106	-0.295	0.038	0.054	0.102	0.197	-0.063	-0.251
0.7*L2	0.012	-0.028	-0.177	0.019	-0.010	-0.091	-0.250	0.030	0.045	0.085	0.165	-0.054	-0.208
0.8*L2	0.009	-0.024	-0.147	0.015	-0.008	-0.076	-0.207	0.025	0.036	0.070	0.136	-0.045	-0.170
0.9*L2	0.008	-0.019	-0.117	0.012	-0.006	-0.060	-0.166	0.020	0.030	0.057	0.109	-0.036	-0.138
1.0*L2	0.007	-0.013	-0.089	0.010	-0.004	-0.046	-0.129	0.017	0.024	0.045	0.087	-0.027	-0.110
FAKTOR						1/a							1/(a*a)	

INFOLGE STRECKENMOMENT mt=1

IN FELD	0.4	0.7	1.0	0	0.4	0.7	1.0	0	0.4	0.7	1.0	0.4	1.0
1,BIS SPRUNG					-0.021	-0.347			-0.208	-0.483			
1,REST	0.392	0.242	-0.546	0.457	0.123	-0.134	-1.288	1.481	0.667	0.333	-0.646	-0.505	-0.902
2	0.082	-0.037	-0.612	0.097	0.001	-0.318	-1.032	0.189	0.237	0.396	0.753	-0.194	-1.018
3	0.011	-0.004	-0.077	0.013	0.001	-0.040	-0.133	0.025	0.031	0.052	0.098	-0.025	-0.133
SUMME(+)	0.485	0.242	0.000	0.567	0.124	0.000	0.000	1.695	0.935	0.781	0.851	0.000	0.000
SUMME(-)	0.000	-0.041	-1.235	0.000	-0.021	-0.839	-2.453	0.000	-0.208	-0.483	-0.646	-0.724	-2.053
SUMME	0.485	0.201	-1.235	0.567	0.103	-0.839	-2.453	1.695	0.727	0.298	0.205	-0.724	-2.053
FAKTOR		a				a				a			1/a	

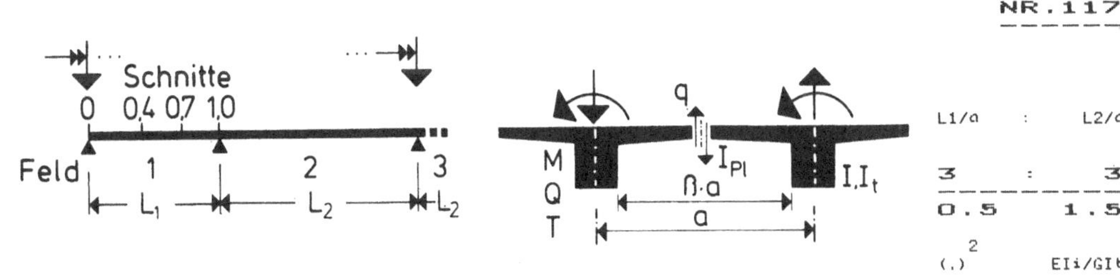

IN SCHNITT	M 0.4	M 0.7	M 1.0	Q 0	Q 0.4	Q 0.7	Q 1.0	T 0	T 0.4	T 0.7	T 1.0	q 0.4	q 1.0

INFOLGE EINZELLAST P=1

IN	M 0.4	M 0.7	M 1.0	Q 0	Q 0.4	Q 0.7	Q 1.0	T 0	T 0.4	T 0.7	T 1.0	q 0.4	q 1.0
0.0*L1	0.000	0.000	-0.000	1.000	-0.000	-0.000	-0.000	0.000	0.000	-0.000	-0.000	0.000	-0.000
0.1*L1	0.094	0.006	-0.057	0.799	-0.127	-0.076	-0.072	0.046	0.009	-0.016	-0.019	0.078	-0.015
0.2*L1	0.197	0.018	-0.112	0.613	-0.255	-0.156	-0.147	0.084	0.018	-0.031	-0.036	0.148	-0.029
0.3*L1	0.315	0.041	-0.162	0.453	-0.384	-0.244	-0.227	0.110	0.028	-0.042	-0.050	0.203	-0.040
0.4*L1	0.456	0.080	-0.205	0.320	-0.512	-0.342	-0.316	0.121	0.037	-0.048	-0.061	0.230	-0.046
					0.488								
0.5*L1	0.322	0.140	-0.236	0.216	0.367	-0.451	-0.415	0.118	0.043	-0.048	-0.066	0.221	-0.047
0.6*L1	0.215	0.228	-0.251	0.137	0.259	-0.569	-0.524	0.104	0.043	-0.043	-0.066	0.186	-0.042
0.7*L1	0.132	0.346	-0.243	0.080	0.168	-0.693	-0.642	0.080	0.036	-0.033	-0.059	0.139	-0.032
						0.307							
0.8*L1	0.071	0.197	-0.204	0.041	0.095	0.188	-0.767	0.052	0.025	-0.022	-0.044	0.088	-0.019
0.9*L1	0.028	0.083	-0.126	0.015	0.040	0.083	-0.890	0.023	0.011	-0.011	-0.024	0.040	-0.006
1.0*L1	-0.000	0.000	-0.000	-0.000	-0.000	0.000	-1.000	-0.000	0.000	-0.000	-0.000	-0.000	0.000
0.0*L2	-0.000	-0.000	-0.000	-0.000	-0.000	-0.000	-0.000	-0.000	-0.000	0.000	0.000	-0.000	0.000
0.1*L2	-0.017	-0.053	-0.119	-0.008	-0.025	-0.057	-0.083	-0.014	-0.005	0.011	0.024	-0.028	-0.006
0.2*L2	-0.025	-0.082	-0.188	-0.012	-0.039	-0.091	-0.138	-0.020	-0.006	0.020	0.043	-0.045	-0.018
0.3*L2	-0.028	-0.094	-0.219	-0.013	-0.044	-0.106	-0.166	-0.020	-0.004	0.027	0.056	-0.053	-0.030
0.4*L2	-0.026	-0.092	-0.221	-0.011	-0.043	-0.107	-0.172	-0.018	-0.002	0.030	0.062	-0.054	-0.039
0.5*L2	-0.023	-0.082	-0.200	-0.009	-0.039	-0.097	-0.160	-0.015	-0.000	0.029	0.061	-0.049	-0.042
0.6*L2	-0.018	-0.066	-0.165	-0.007	0.031	0.081	-0.135	-0.011	0.001	0.026	0.053	-0.041	-0.039
0.7*L2	-0.013	-0.048	-0.122	-0.005	-0.023	-0.060	-0.102	-0.007	0.002	0.020	0.041	-0.030	-0.032
0.8*L2	-0.008	-0.030	-0.077	-0.003	-0.014	-0.037	-0.064	-0.004	0.001	0.013	0.027	-0.019	-0.021
0.9*L2	-0.003	-0.013	-0.034	-0.001	-0.006	-0.017	-0.029	-0.002	0.001	0.006	0.012	-0.009	-0.010
1.0*L2	0.000	0.000	-0.000	-0.000	-0.000	0.000	-0.000	-0.000	0.000	-0.000	-0.000	0.000	0.000
FAKTOR	a							a				1/a	

INFOLGE STRECKENLAST P=1

IN FELD	M 0.4	M 0.7	M 1.0	Q 0	Q 0.4	Q 0.7	Q 1.0	T 0	T 0.4	T 0.7	T 1.0	q 0.4	q 1.0
1,BIS SPRUNG					-0.306	-0.654			0.022	-0.074			
1,REST	0.545	0.336	-0.484	0.947	0.350	0.126	-1.349	0.223	0.053	-0.015	-0.129	0.403	-0.083
2	-0.049	-0.170	-0.408	-0.021	-0.080	-0.198	-0.318	-0.034	-0.004	0.055	0.115	-0.099	-0.071
3	0.008	0.028	0.065	0.004	0.013	0.032	0.050	0.006	0.001	-0.008	-0.018	0.016	0.011
SUMME(+)	0.553	0.364	0.065	0.951	0.363	0.158	0.050	0.229	0.076	0.055	0.115	0.418	0.011
SUMME(-)	-0.049	-0.170	-0.892	-0.021	-0.387	-0.852	-1.667	-0.034	-0.004	-0.098	-0.146	-0.099	-0.154
SUMME	0.504	0.193	-0.827	0.930	-0.024	-0.694	-1.616	0.195	0.072	-0.043	-0.032	0.319	-0.144
FAKTOR	a*a			a				a*a				1/a	

INFOLGE EINZELMOMENT Mt=1

IN	M 0.4	M 0.7	M 1.0	Q 0	Q 0.4	Q 0.7	Q 1.0	T 0	T 0.4	T 0.7	T 1.0	q 0.4	q 1.0
0.0*L1	0.000	0.000	-0.000	0.000	-0.000	-0.000	-0.000	1.000	-0.000	-0.000	-0.000	-0.000	-0.000
0.1*L1	0.069	0.025	-0.057	0.142	-0.021	-0.071	-0.111	0.835	-0.083	-0.058	-0.038	-0.082	-0.047
0.2*L1	0.132	0.051	-0.111	0.217	-0.031	-0.138	-0.221	0.705	-0.171	-0.118	-0.076	-0.174	-0.095
0.3*L1	0.184	0.077	-0.160	0.247	-0.019	-0.198	-0.327	0.598	-0.269	-0.180	-0.115	-0.288	-0.145
0.4*L1	0.215	0.102	-0.201	0.247	0.026	-0.244	-0.428	0.509	-0.381	-0.246	-0.154	-0.433	-0.197
								0.619					
0.5*L1	0.218	0.126	-0.233	0.230	0.074	-0.270	-0.519	0.431	0.509	-0.319	-0.194	-0.315	-0.255
0.6*L1	0.203	0.141	-0.255	0.202	0.091	-0.268	-0.597	0.363	0.418	-0.402	-0.238	-0.232	-0.319
0.7*L1	0.177	0.143	-0.265	0.172	0.090	-0.226	-0.654	0.302	0.343	-0.500	-0.286	-0.176	-0.395
										0.500			
0.8*L1	0.147	0.124	-0.266	0.141	0.077	-0.177	-0.682	0.247	0.279	0.406	-0.342	-0.140	-0.485
0.9*L1	0.117	0.092	-0.261	0.114	0.058	-0.153	-0.672	0.198	0.226	0.332	-0.409	-0.118	-0.596
1.0*L1	0.089	0.057	-0.256	0.090	0.039	-0.144	-0.612	0.157	0.182	0.274	-0.493	-0.106	-0.733
0.0*L2	0.089	0.057	-0.256	0.090	0.039	-0.144	-0.612	0.157	0.182	0.274	0.507	-0.106	-0.733
0.1*L2	0.066	0.024	-0.259	0.070	0.021	-0.142	-0.534	0.122	0.146	0.228	0.424	-0.098	-0.600
0.2*L2	0.047	-0.003	-0.263	0.053	0.006	-0.141	-0.474	0.094	0.118	0.191	0.358	-0.092	-0.494
0.3*L2	0.032	-0.023	-0.262	0.041	-0.005	-0.138	-0.422	0.072	0.095	0.162	0.304	-0.087	-0.409
0.4*L2	0.021	-0.036	-0.254	0.031	-0.012	-0.132	-0.375	0.055	0.077	0.137	0.258	-0.080	-0.340
0.5*L2	0.014	-0.042	-0.237	0.024	-0.015	-0.122	-0.329	0.043	0.062	0.116	0.219	-0.073	-0.283
0.6*L2	0.009	-0.042	-0.213	0.018	-0.016	-0.109	-0.284	0.033	0.051	0.097	0.185	-0.064	-0.234
0.7*L2	0.006	-0.039	-0.184	0.015	-0.015	-0.094	-0.240	0.026	0.041	0.081	0.153	-0.055	-0.193
0.8*L2	0.005	-0.032	-0.152	0.012	-0.013	-0.078	-0.197	0.021	0.034	0.066	0.126	-0.045	-0.157
0.9*L2	0.004	-0.025	-0.120	0.010	-0.010	-0.061	-0.157	0.018	0.027	0.053	0.101	-0.036	-0.127
1.0*L2	0.004	-0.017	-0.091	0.008	-0.007	-0.047	-0.122	0.015	0.022	0.042	0.080	-0.027	-0.102
FAKTOR				1/a								1/(a*a)	

INFOLGE STRECKENMOMENT mt=1

IN FELD	M 0.4	M 0.7	M 1.0	Q 0	Q 0.4	Q 0.7	Q 1.0	T 0	T 0.4	T 0.7	T 1.0	q 0.4	q 1.0
1,BIS SPRUNG					-0.019	-0.394			-0.213	-0.470			
1,REST	0.454	0.274	-0.582	0.532	0.129	-0.153	-1.360	1.426	0.651	0.336	-0.628	-0.598	-0.867
2	0.074	-0.060	-0.636	0.096	-0.014	-0.334	-1.012	0.170	0.225	0.385	0.725	-0.209	-0.973
3	0.011	-0.002	-0.067	0.013	0.001	-0.036	-0.118	0.023	0.029	0.047	0.088	-0.023	-0.122
SUMME(+)	0.539	0.274	0.000	0.641	0.130	0.000	0.000	1.619	0.905	0.769	0.813	0.000	0.000
SUMME(-)	0.000	-0.062	-1.285	0.000	-0.033	-0.917	-2.491	0.000	-0.213	-0.470	-0.628	-0.830	-1.962
SUMME	0.539	0.212	-1.285	0.641	0.097	-0.917	-2.491	1.619	0.692	0.298	0.185	-0.830	-1.962
FAKTOR	a							a				1/a	

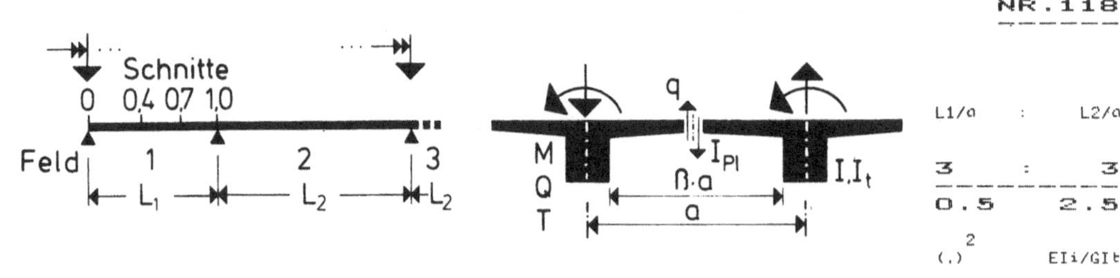

IN SCHNITT	M 0.4	M 0.7	M 1.0	Q 0	Q 0.4	Q 0.7	Q 1.0	T 0	T 0.4	T 0.7	T 1.0	q 0.4	q 1.0

INFOLGE EINZELLAST P=1

IN	M 0.4	M 0.7	M 1.0	Q 0	Q 0.4	Q 0.7	Q 1.0	T 0	T 0.4	T 0.7	T 1.0	q 0.4	q 1.0
0.0*L1	0.000	0.000	-0.000	1.000	-0.000	-0.000	-0.000	0.000	0.000	-0.000	-0.000	0.000	-0.000
0.1*L1	0.111	0.014	-0.064	0.822	-0.128	-0.092	-0.088	0.031	0.006	-0.011	-0.014	0.054	-0.010
0.2*L1	0.228	0.033	-0.126	0.656	-0.255	-0.186	-0.177	0.058	0.013	-0.022	-0.026	0.102	-0.019
0.3*L1	0.357	0.062	-0.181	0.507	-0.382	-0.284	-0.270	0.075	0.020	-0.029	-0.037	0.140	-0.026
0.4*L1	0.503	0.106	-0.226	0.378	-0.507	-0.388	-0.367	0.083	0.026	-0.034	-0.044	0.158	-0.030
					0.493								
0.5*L1	0.369	0.169	-0.257	0.271	0.376	-0.497	-0.470	0.082	0.029	-0.034	-0.048	0.153	-0.031
0.6*L1	0.257	0.256	-0.270	0.184	0.271	-0.610	-0.578	0.072	0.029	-0.031	-0.047	0.131	-0.027
0.7*L1	0.165	0.370	-0.257	0.116	0.180	-0.724	-0.689	0.056	0.024	-0.024	-0.041	0.099	-0.021
						0.276							
0.8*L1	0.093	0.215	-0.213	0.064	0.104	0.169	-0.801	0.037	0.017	-0.016	-0.031	0.063	-0.012
0.9*L1	0.039	0.092	-0.130	0.026	0.044	0.075	-0.907	0.017	0.008	-0.008	-0.017	0.029	-0.004
1.0*L1	0.000	0.000	0.000	0.000	-0.000	0.000	-1.000	-0.000	0.000	-0.000	0.000	-0.000	0.000
0.0*L2	-0.000	-0.000	-0.000	-0.000	-0.000	-0.000	-0.000	-0.000	-0.000	0.000	0.000	-0.000	0.000
0.1*L2	-0.025	-0.061	-0.118	-0.016	-0.029	-0.053	-0.070	-0.010	-0.004	0.008	0.017	-0.021	-0.003
0.2*L2	-0.039	-0.097	-0.190	-0.025	-0.047	-0.085	-0.116	-0.015	-0.005	0.014	0.030	-0.034	-0.011
0.3*L2	-0.045	-0.113	-0.224	-0.029	-0.054	-0.100	-0.141	-0.017	-0.004	0.019	0.039	-0.041	-0.019
0.4*L2	-0.044	-0.113	-0.227	-0.028	-0.054	-0.102	-0.146	-0.016	-0.003	0.021	0.043	-0.042	-0.024
0.5*L2	-0.040	-0.103	-0.208	-0.025	-0.049	-0.094	-0.137	-0.014	-0.001	0.021	0.043	-0.039	-0.026
0.6*L2	-0.032	-0.085	-0.174	-0.020	-0.040	-0.078	-0.116	-0.011	-0.000	0.019	0.037	-0.033	-0.025
0.7*L2	-0.024	-0.063	-0.130	-0.015	-0.030	-0.059	-0.088	-0.007	0.000	0.015	0.029	-0.025	-0.020
0.8*L2	-0.015	-0.040	-0.082	-0.009	-0.019	-0.037	-0.056	-0.005	0.000	0.009	0.019	-0.016	-0.014
0.9*L2	-0.007	-0.018	-0.037	-0.004	-0.009	-0.017	-0.026	-0.002	0.000	0.004	0.009	-0.007	-0.006
1.0*L2	0.000	0.000	0.000	0.000	-0.000	0.000	0.000	-0.000	0.000	-0.000	0.000	0.000	0.000
FAKTOR	a							a				1/a	

INFOLGE STRECKENLAST P=1

IN FELD	M 0.4	M 0.7	M 1.0	Q 0	Q 0.4	Q 0.7	Q 1.0	T 0	T 0.4	T 0.7	T 1.0	q 0.4	q 1.0
1,BIS SPRUNG						-0.306	-0.725			0.016	-0.052		
1,REST	0.632	0.390	-0.523	1.053	0.364	0.113	-1.454	0.155	0.036	-0.011	-0.092	0.281	-0.055
2	-0.082	-0.210	-0.422	-0.052	-0.100	-0.189	-0.272	-0.029	-0.005	0.039	0.080	-0.078	-0.045
3	0.016	0.042	0.084	0.010	0.020	0.038	0.054	0.006	0.001	-0.008	-0.016	0.016	0.009
SUMME(+)	0.649	0.432	0.084	1.063	0.384	0.151	0.054	0.161	0.053	0.039	0.080	0.296	0.009
SUMME(-)	-0.082	-0.210	-0.944	-0.052	-0.406	-0.914	-1.725	-0.029	-0.005	-0.071	-0.108	-0.078	-0.099
SUMME	0.567	0.222	-0.860	1.011	-0.022	-0.763	-1.671	0.131	0.048	-0.032	-0.028	0.218	-0.091
FAKTOR	a*a			a				a*a				1/a	

INFOLGE EINZELMOMENT Mt=1

IN	M 0.4	M 0.7	M 1.0	Q 0	Q 0.4	Q 0.7	Q 1.0	T 0	T 0.4	T 0.7	T 1.0	q 0.4	q 1.0
0.0*L1	0.000	0.000	-0.000	0.000	-0.000	-0.000	-0.000	1.000	-0.000	-0.000	-0.000	-0.000	-0.000
0.1*L1	0.079	0.030	-0.061	0.154	-0.020	-0.081	-0.122	0.827	-0.086	-0.055	-0.035	-0.097	-0.043
0.2*L1	0.151	0.061	-0.120	0.241	-0.029	-0.157	-0.242	0.689	-0.176	-0.112	-0.070	-0.202	-0.088
0.3*L1	0.209	0.091	-0.172	0.279	-0.016	-0.224	-0.357	0.576	-0.276	-0.172	-0.105	-0.326	-0.135
0.4*L1	0.245	0.120	-0.216	0.284	0.030	-0.274	-0.463	0.483	-0.390	-0.237	-0.143	-0.477	-0.185
									0.610				
0.5*L1	0.251	0.144	-0.249	0.268	0.079	-0.303	-0.557	0.405	0.499	-0.310	-0.183	-0.362	-0.241
0.6*L1	0.234	0.159	-0.271	0.239	0.097	-0.300	-0.634	0.337	0.408	-0.394	-0.226	-0.277	-0.305
0.7*L1	0.204	0.159	-0.281	0.204	0.095	-0.255	-0.688	0.278	0.333	-0.492	-0.276	-0.216	-0.381
										0.508			
0.8*L1	0.169	0.136	-0.280	0.168	0.080	-0.202	-0.710	0.227	0.270	0.411	-0.335	-0.173	-0.472
0.9*L1	0.133	0.100	-0.273	0.134	0.060	-0.173	-0.692	0.182	0.219	0.335	-0.405	-0.144	-0.583
1.0*L1	0.099	0.059	-0.267	0.103	0.038	-0.159	-0.623	0.144	0.176	0.275	-0.493	-0.125	-0.720
0.0*L2	0.099	0.059	-0.267	0.103	0.038	-0.159	-0.623	0.144	0.176	0.275	0.507	-0.125	-0.720
0.1*L2	0.070	0.021	-0.269	0.076	0.018	-0.152	-0.537	0.113	0.142	0.227	0.419	-0.110	-0.587
0.2*L2	0.046	-0.010	-0.272	0.055	0.002	-0.148	-0.470	0.087	0.114	0.189	0.350	-0.100	-0.480
0.3*L2	0.027	-0.034	-0.271	0.038	-0.011	-0.143	-0.413	0.067	0.092	0.157	0.293	-0.090	-0.394
0.4*L2	0.014	-0.048	-0.263	0.026	-0.019	-0.135	-0.363	0.052	0.074	0.132	0.246	-0.081	-0.325
0.5*L2	0.005	-0.055	-0.246	0.017	-0.023	-0.124	-0.315	0.040	0.060	0.110	0.206	-0.072	-0.267
0.6*L2	-0.000	-0.055	-0.221	0.011	-0.024	-0.110	-0.270	0.031	0.048	0.092	0.172	-0.062	-0.220
0.7*L2	-0.002	-0.050	-0.190	0.008	-0.022	-0.095	-0.227	0.024	0.039	0.075	0.142	-0.053	-0.180
0.8*L2	-0.002	-0.042	-0.157	0.006	-0.018	-0.078	-0.186	0.020	0.032	0.062	0.115	-0.043	-0.146
0.9*L2	-0.001	-0.032	-0.123	0.005	-0.014	-0.061	-0.148	0.016	0.026	0.049	0.093	-0.034	-0.118
1.0*L2	0.001	-0.022	-0.091	0.005	-0.009	-0.046	-0.114	0.014	0.021	0.039	0.073	-0.026	-0.095
FAKTOR				1/a								1/(a*a)	

INFOLGE STRECKENMOMENT mt=1

IN FELD	M 0.4	M 0.7	M 1.0	Q 0	Q 0.4	Q 0.7	Q 1.0	T 0	T 0.4	T 0.7	T 1.0	q 0.4	q 1.0
1,BIS SPRUNG						-0.017	-0.443			-0.219	-0.457		
1,REST	0.520	0.311	-0.618	0.613	0.136	-0.173	-1.438	1.369	0.635	0.340	-0.606	-0.696	-0.835
2	0.061	-0.087	-0.658	0.088	-0.029	-0.344	-0.988	0.158	0.216	0.374	0.695	-0.216	-0.934
3	0.012	0.002	-0.057	0.014	0.002	-0.032	-0.107	0.021	0.027	0.044	0.082	-0.022	-0.114
SUMME(+)	0.594	0.312	0.000	0.715	0.138	0.000	0.000	1.548	0.878	0.758	0.777	0.000	0.000
SUMME(-)	0.000	-0.087	-1.333	0.000	-0.046	-0.992	-2.533	0.000	-0.219	-0.457	-0.606	-0.934	-1.883
SUMME	0.594	0.225	-1.333	0.715	0.092	-0.992	-2.533	1.548	0.660	0.302	0.172	-0.934	-1.883
FAKTOR	a			a				a				1/a	

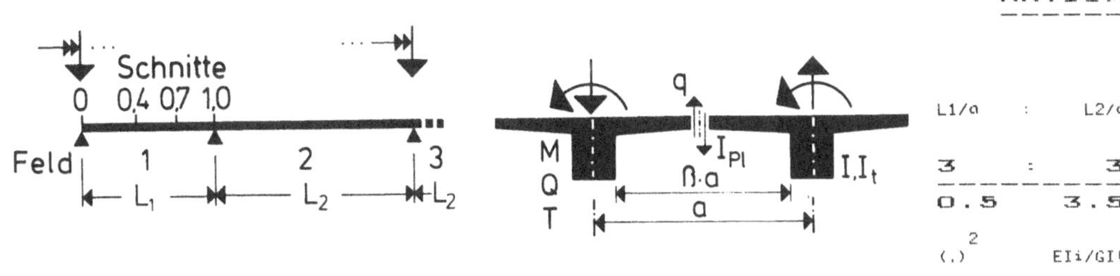

	M 0.4	M 0.7	M 1.0	Q 0	Q 0.4	Q 0.7	Q 1.0	T 0	T 0.4	T 0.7	T 1.0	q 0.4	q 1.0
IN SCHNITT	0.4	0.7	1.0	0	0.4	0.7	1.0	0	0.4	0.7	1.0	0.4	1.0

INFOLGE EINZELLAST P=1

IN	M 0.4	M 0.7	M 1.0	Q 0	Q 0.4	Q 0.7	Q 1.0	T 0	T 0.4	T 0.7	T 1.0	q 0.4	q 1.0
0.0*L1	0.000	0.000	-0.000	1.000	-0.000	-0.000	-0.000	0.000	0.000	-0.000	-0.000	0.000	-0.000
0.1*L1	0.119	0.019	-0.068	0.835	-0.128	-0.100	-0.096	0.024	0.005	-0.009	-0.011	0.041	-0.008
0.2*L1	0.244	0.042	-0.133	0.678	-0.255	-0.201	-0.194	0.044	0.010	-0.017	-0.020	0.078	-0.014
0.3*L1	0.379	0.074	-0.190	0.535	-0.381	-0.305	-0.293	0.057	0.015	-0.023	-0.029	0.107	-0.020
0.4*L1	0.528	0.120	-0.237	0.409	-0.503	-0.412	-0.395	0.064	0.020	-0.026	-0.034	0.121	-0.023
					0.497								
0.5*L1	0.394	0.184	-0.268	0.300	0.381	-0.521	-0.500	0.063	0.022	-0.026	-0.037	0.118	-0.023
0.6*L1	0.279	0.271	-0.279	0.210	0.277	-0.632	-0.606	0.055	0.022	-0.024	-0.037	0.101	-0.020
0.7*L1	0.183	0.384	-0.264	0.136	0.185	-0.740	-0.714	0.043	0.018	-0.019	-0.032	0.076	-0.016
					0.260								
0.8*L1	0.105	0.225	-0.217	0.077	0.109	0.158	-0.818	0.028	0.013	-0.012	-0.024	0.049	-0.009
0.9*L1	0.045	0.097	-0.132	0.032	0.047	0.070	-0.916	0.013	0.006	-0.006	-0.013	0.023	-0.003
1.0*L1	0.000	0.000	0.000	0.000	0.000	-0.000	-1.000	-0.000	-0.000	0.000	-0.000	0.000	0.000
0.0*L2	-0.000	-0.000	-0.000	-0.000	-0.000	-0.000	-0.000	-0.000	-0.000	0.000	0.000	-0.000	0.000
0.1*L2	-0.030	-0.066	-0.118	-0.021	-0.032	-0.050	-0.063	-0.008	-0.003	0.006	0.013	-0.017	-0.002
0.2*L2	-0.047	-0.105	-0.190	-0.033	-0.050	-0.081	-0.104	-0.013	-0.004	0.011	0.023	-0.028	-0.008
0.3*L2	-0.054	-0.123	-0.225	-0.038	-0.059	-0.096	-0.127	-0.014	-0.004	0.015	0.030	-0.033	-0.013
0.4*L2	-0.055	-0.125	-0.230	-0.038	-0.060	-0.098	-0.132	-0.013	-0.003	0.016	0.033	-0.034	-0.018
0.5*L2	-0.050	-0.114	-0.212	-0.035	-0.055	-0.091	-0.124	-0.012	-0.002	0.016	0.033	-0.032	-0.019
0.6*L2	-0.041	-0.095	-0.178	-0.029	-0.045	-0.076	-0.105	-0.009	-0.001	0.014	0.027	-0.027	-0.018
0.7*L2	-0.031	0.071	0.134	-0.021	-0.034	-0.057	-0.080	-0.007	-0.000	0.011	0.023	-0.021	-0.015
0.8*L2	-0.019	-0.045	-0.085	-0.013	-0.022	-0.037	-0.051	-0.004	-0.000	0.007	0.015	-0.013	-0.010
0.9*L2	-0.009	-0.021	-0.039	-0.006	-0.010	-0.017	-0.023	-0.002	-0.000	0.003	0.007	-0.006	-0.005
1.0*L2	0.000	-0.000	0.000	0.000	0.000	-0.000	0.000	-0.000	-0.000	-0.000	-0.000	0.000	0.000
FAKTOR	a							a				1/a	

INFOLGE STRECKENLAST P=1

IN FELD

IN FELD	M 0.4	M 0.7	M 1.0	Q 0	Q 0.4	Q 0.7	Q 1.0	T 0	T 0.4	T 0.7	T 1.0	q 0.4	q 1.0
1,BIS SPRUNG					-0.305	-0.762			0.012	-0.041			
1,REST	0.679	0.420	-0.542	1.110	0.372	0.106	-1.510	0.119	0.027	-0.008	-0.072	0.216	-0.041
2	-0.102	-0.232	-0.428	-0.071	-0.111	-0.182	-0.245	-0.025	-0.005	0.031	0.062	-0.064	-0.033
3	0.022	0.051	0.095	0.016	0.025	0.040	0.054	0.005	0.001	-0.007	-0.014	0.014	0.007
SUMME(+)	0.702	0.471	0.095	1.125	0.397	0.147	0.054	0.124	0.041	0.031	0.062	0.230	0.007
SUMME(-)	-0.102	-0.232	-0.970	-0.071	-0.416	-0.944	-1.755	-0.025	-0.005	-0.056	-0.085	-0.064	-0.073
SUMME	0.600	0.239	-0.875	1.054	-0.019	-0.797	-1.701	0.099	0.036	-0.025	-0.023	0.166	-0.066
FAKTOR	a*a			a				a*a				1/a	

INFOLGE EINZELMOMENT Mt=1

IN	M 0.4	M 0.7	M 1.0	Q 0	Q 0.4	Q 0.7	Q 1.0	T 0	T 0.4	T 0.7	T 1.0	q 0.4	q 1.0
0.0*L1	0.000	0.000	-0.000	0.000	-0.000	-0.000	-0.000	1.000	-0.000	-0.000	-0.000	-0.000	-0.000
0.1*L1	0.084	0.033	-0.064	0.161	-0.019	-0.086	-0.128	0.823	-0.087	-0.054	-0.033	-0.104	-0.042
0.2*L1	0.161	0.067	-0.124	0.254	-0.028	-0.167	-0.253	0.681	-0.179	-0.109	-0.066	-0.217	-0.084
0.3*L1	0.223	0.099	-0.178	0.296	-0.014	-0.237	-0.373	0.565	-0.279	-0.168	-0.100	-0.346	-0.130
0.4*L1	0.261	0.129	-0.224	0.304	0.033	-0.290	-0.482	0.470	-0.394	-0.232	-0.137	-0.501	-0.179
									0.606				
0.5*L1	0.268	0.154	-0.258	0.289	0.082	-0.320	-0.578	0.391	0.494	-0.305	-0.176	-0.387	-0.234
0.6*L1	0.250	0.169	-0.279	0.259	0.100	-0.316	-0.654	0.324	0.403	-0.389	-0.220	-0.300	-0.298
0.7*L1	0.219	0.167	-0.288	0.222	0.097	-0.270	-0.706	0.266	0.328	-0.488	-0.271	-0.237	-0.374
										0.512			
0.8*L1	0.181	0.143	-0.287	0.182	0.082	-0.214	-0.724	0.216	0.266	0.415	-0.331	-0.191	-0.465
0.9*L1	0.141	0.104	-0.279	0.144	0.061	-0.183	-0.702	0.174	0.215	0.337	-0.403	-0.158	-0.577
1.0*L1	0.104	0.061	-0.272	0.109	0.038	-0.166	-0.628	0.138	0.174	0.276	-0.493	-0.134	-0.714
0.0*L2	0.104	0.061	-0.272	0.109	0.038	-0.166	-0.628	0.138	0.174	0.276	0.507	-0.134	-0.714
0.1*L2	0.071	0.020	-0.273	0.079	0.017	-0.157	-0.538	0.108	0.140	0.227	0.417	-0.116	-0.581
0.2*L2	0.045	-0.014	-0.277	0.055	-0.001	-0.151	-0.467	0.084	0.112	0.187	0.345	-0.102	-0.474
0.3*L2	0.024	-0.039	-0.276	0.036	-0.014	-0.144	-0.408	0.065	0.090	0.155	0.287	-0.090	-0.387
0.4*L2	0.009	-0.055	-0.267	0.022	-0.023	-0.135	-0.355	0.050	0.073	0.129	0.239	-0.080	-0.317
0.5*L2	-0.001	-0.063	-0.249	0.012	-0.027	-0.124	-0.307	0.039	0.059	0.107	0.199	-0.070	-0.260
0.6*L2	-0.006	-0.063	-0.224	0.006	-0.027	-0.110	-0.262	0.030	0.047	0.089	0.165	-0.060	-0.213
0.7*L2	-0.007	-0.057	-0.193	0.003	-0.025	-0.094	-0.219	0.024	0.038	0.073	0.135	-0.050	-0.174
0.8*L2	-0.006	-0.047	-0.159	0.002	-0.021	-0.077	-0.179	0.019	0.031	0.059	0.110	-0.041	-0.141
0.9*L2	-0.004	-0.036	-0.124	0.003	-0.016	-0.060	-0.142	0.016	0.025	0.048	0.089	-0.033	-0.114
1.0*L2	-0.001	-0.024	-0.091	0.004	-0.010	-0.045	-0.110	0.013	0.021	0.038	0.070	-0.025	-0.092
FAKTOR	1/a											1/(a*a)	

INFOLGE STRECKENMOMENT mt=1

IN FELD

IN FELD	M 0.4	M 0.7	M 1.0	Q 0	Q 0.4	Q 0.7	Q 1.0	T 0	T 0.4	T 0.7	T 1.0	q 0.4	q 1.0
1,BIS SPRUNG					-0.016	-0.469			-0.222	-0.449			
1,REST	0.555	0.331	-0.637	0.656	0.140	-0.183	-1.480	1.339	0.627	0.342	-0.593	-0.748	-0.819
2	0.052	-0.102	-0.668	0.082	-0.038	-0.347	-0.973	0.153	0.213	0.368	0.680	-0.216	-0.916
3	0.014	0.004	-0.052	0.015	0.003	-0.030	-0.103	0.021	0.027	0.043	0.080	-0.022	-0.111
SUMME(+)	0.621	0.334	0.000	0.752	0.143	0.000	0.000	1.513	0.866	0.753	0.760	0.000	0.000
SUMME(-)	0.000	-0.102	-1.357	0.000	-0.053	-1.030	-2.555	0.000	-0.222	-0.449	-0.593	-0.986	-1.846
SUMME	0.621	0.232	-1.357	0.752	0.090	-1.030	-2.555	1.513	0.645	0.304	0.167	-0.986	-1.846
FAKTOR	a			a				a				1/a	

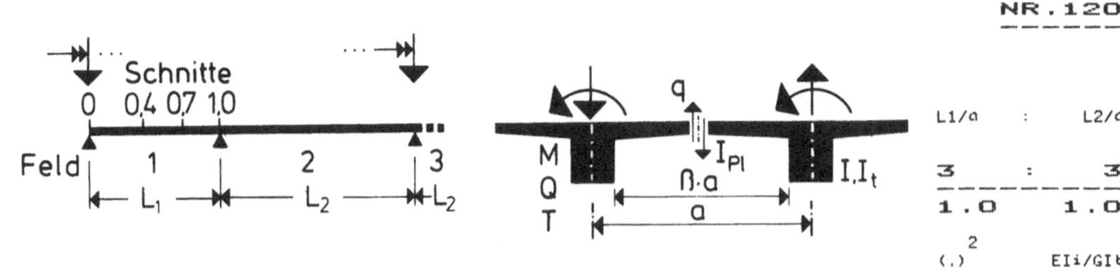

	M			Q				T				q	
IN SCHNITT	0.4	0.7	1.0	0	0.4	0.7	1.0	0	0.4	0.7	1.0	0.4	1.0

INFOLGE EINZELLAST P=1

IN	M 0.4	0.7	1.0	Q 0	0.4	0.7	1.0	T 0	0.4	0.7	1.0	q 0.4	1.0
0.0*L1	0.000	-0.000	-0.000	1.000	-0.000	-0.000	-0.000	0.000	0.000	-0.000	-0.000	0.000	-0.000
0.1*L1	0.061	-0.004	-0.043	0.741	-0.116	-0.044	-0.051	0.078	0.007	-0.029	-0.026	0.129	-0.035
0.2*L1	0.135	-0.003	-0.085	0.515	-0.239	-0.095	-0.106	0.140	0.017	-0.055	-0.050	0.249	-0.068
0.3*L1	0.232	0.008	-0.126	0.335	-0.373	-0.160	-0.168	0.177	0.031	-0.075	-0.071	0.345	-0.094
0.4*L1	0.362	0.037	-0.163	0.202	-0.515	-0.245	-0.241	0.191	0.049	-0.086	-0.088	0.391	-0.111
					0.485								
0.5*L1	0.231	0.090	-0.194	0.111	0.349	-0.354	-0.328	0.182	0.062	-0.086	-0.099	0.363	-0.117
0.6*L1	0.136	0.175	-0.214	0.053	0.233	-0.485	-0.434	0.156	0.066	-0.075	-0.101	0.291	-0.108
0.7*L1	0.072	0.298	-0.215	0.020	0.141	-0.633	-0.559	0.118	0.058	-0.055	-0.092	0.205	-0.086
						0.367							
0.8*L1	0.033	0.161	-0.187	0.005	0.074	0.221	-0.702	0.075	0.040	-0.033	-0.072	0.122	-0.053
0.9*L1	0.011	0.064	-0.120	-0.000	0.029	0.095	-0.854	0.033	0.019	-0.015	-0.040	0.052	-0.018
1.0*L1	-0.000	-0.000	-0.000	-0.000	-0.000	-0.000	-1.000	-0.000	-0.000	0.000	-0.000	-0.000	-0.000
0.0*L2	-0.000	-0.000	-0.000	0.000	-0.000	-0.000	-0.000	-0.000	-0.000	0.000	0.000	-0.000	0.000
0.1*L2	-0.004	-0.036	-0.118	0.002	-0.016	-0.061	-0.113	-0.018	-0.009	0.014	0.040	-0.033	-0.017
0.2*L2	-0.005	-0.053	-0.182	0.005	-0.022	-0.094	-0.185	-0.024	-0.011	0.025	0.071	-0.051	-0.050
0.3*L2	-0.004	-0.057	-0.206	0.006	-0.023	-0.106	-0.220	-0.024	-0.009	0.032	0.089	-0.057	-0.081
0.4*L2	-0.002	-0.053	-0.201	0.007	-0.021	-0.103	-0.225	-0.020	-0.006	0.035	0.096	-0.055	-0.101
0.5*L2	-0.000	-0.044	-0.178	0.007	-0.017	-0.090	-0.207	-0.015	-0.003	0.033	0.091	-0.048	-0.107
0.6*L2	0.000	-0.034	-0.143	0.006	-0.013	-0.072	-0.172	-0.011	-0.001	0.029	0.078	-0.038	-0.098
0.7*L2	0.001	-0.024	-0.104	0.005	-0.009	-0.052	-0.128	-0.007	0.000	0.022	0.060	-0.028	-0.078
0.8*L2	0.001	-0.014	-0.064	0.003	-0.005	-0.032	-0.080	-0.004	0.001	0.014	0.038	-0.017	-0.051
0.9*L2	0.000	-0.006	-0.027	0.001	-0.002	-0.014	-0.035	-0.001	0.000	0.006	0.017	-0.007	-0.023
1.0*L2	-0.000	-0.000	-0.000	-0.000	0.000	0.000	-0.000	-0.000	-0.000	-0.000	-0.000	-0.000	-0.000
FAKTOR		a							a			1/a	

INFOLGE STRECKENLAST P=1

IN FELD	M 0.4	0.7	1.0	Q 0	0.4	0.7	1.0	T 0	0.4	0.7	1.0	q 0.4	1.0
1,BIS SPRUNG					-0.295	-0.507			0.024	-0.132			
1,REST	0.376	0.242	-0.409	0.737	0.318	0.148	-1.181	0.348	0.082	-0.022	-0.193	0.649	-0.208
2	-0.004	-0.098	-0.371	0.013	-0.039	-0.189	-0.413	-0.038	-0.012	0.063	0.175	-0.101	-0.182
3	-0.000	0.008	0.035	-0.002	0.003	0.018	0.042	0.003	0.000	-0.007	-0.019	0.009	0.024
SUMME(+)	0.376	0.250	0.035	0.750	0.321	0.166	0.042	0.350	0.106	0.063	0.175	0.658	0.024
SUMME(-)	-0.004	-0.098	-0.780	-0.002	-0.335	-0.697	-1.595	-0.038	-0.012	-0.161	-0.212	-0.101	-0.390
SUMME	0.372	0.152	-0.745	0.749	-0.014	-0.531	-1.553	0.312	0.094	-0.098	-0.037	0.557	-0.366
FAKTOR		a*a				a			a*a			1/a	

INFOLGE EINZELMOMENT Mt=1

IN	M 0.4	0.7	1.0	Q 0	0.4	0.7	1.0	T 0	0.4	0.7	1.0	q 0.4	1.0
0.0*L1	0.000	0.000	-0.000	0.000	-0.000	-0.000	-0.000	1.000	-0.000	-0.000	-0.000	-0.000	-0.000
0.1*L1	0.072	0.019	-0.060	0.195	-0.042	-0.070	-0.113	0.804	-0.078	-0.064	-0.043	-0.066	-0.067
0.2*L1	0.140	0.041	-0.117	0.272	-0.067	-0.138	-0.226	0.667	-0.164	-0.128	-0.084	-0.161	-0.134
0.3*L1	0.196	0.067	-0.170	0.280	-0.055	-0.201	-0.340	0.565	-0.267	-0.194	-0.125	-0.316	-0.200
0.4*L1	0.227	0.097	-0.215	0.252	0.021	-0.254	-0.455	0.483	-0.401	-0.264	-0.164	-0.561	-0.268
									0.599				
0.5*L1	0.221	0.129	-0.250	0.210	0.100	-0.284	-0.567	0.410	0.465	-0.343	-0.202	-0.318	-0.340
0.6*L1	0.192	0.156	-0.273	0.166	0.126	-0.275	-0.670	0.342	0.362	-0.437	-0.240	-0.168	-0.422
0.7*L1	0.156	0.165	-0.282	0.127	0.120	-0.204	-0.756	0.277	0.280	-0.558	-0.282	-0.087	-0.523
										0.442			
0.8*L1	0.121	0.143	-0.279	0.096	0.099	-0.126	-0.808	0.215	0.214	0.326	-0.333	-0.051	-0.656
0.9*L1	0.091	0.104	-0.267	0.072	0.073	-0.101	-0.806	0.159	0.159	0.246	-0.402	-0.041	-0.839
1.0*L1	0.066	0.062	-0.258	0.055	0.048	-0.102	-0.722	0.112	0.115	0.190	-0.500	-0.045	-1.094
0.0*L2	0.066	0.062	-0.258	0.055	0.048	-0.102	-0.722	0.112	0.115	0.190	0.500	-0.045	-1.094
0.1*L2	0.048	0.026	-0.265	0.043	0.027	-0.114	-0.613	0.074	0.082	0.153	0.402	-0.054	-0.839
0.2*L2	0.034	-0.002	-0.275	0.035	0.011	-0.125	-0.541	0.046	0.058	0.126	0.334	-0.062	-0.657
0.3*L2	0.025	-0.021	-0.278	0.028	0.001	-0.130	-0.484	0.027	0.041	0.106	0.283	-0.066	-0.525
0.4*L2	0.018	-0.031	-0.269	0.023	-0.006	-0.128	-0.432	0.014	0.029	0.090	0.242	-0.066	-0.426
0.5*L2	0.014	-0.035	-0.249	0.019	-0.009	-0.120	-0.378	0.007	0.021	0.077	0.206	-0.062	-0.348
0.6*L2	0.010	-0.034	-0.218	0.016	-0.009	-0.106	-0.322	0.003	0.015	0.064	0.172	-0.055	-0.283
0.7*L2	0.008	-0.030	-0.182	0.013	-0.009	-0.089	-0.263	0.001	0.012	0.051	0.139	-0.046	-0.225
0.8*L2	0.006	-0.024	-0.143	0.010	-0.007	-0.070	-0.206	0.000	0.009	0.040	0.108	-0.036	-0.174
0.9*L2	0.004	-0.017	-0.106	0.007	-0.005	-0.052	-0.152	0.000	0.006	0.030	0.080	-0.027	-0.129
1.0*L2	0.003	-0.012	-0.073	0.005	-0.003	-0.035	-0.106	0.001	0.005	0.021	0.056	-0.018	-0.091
FAKTOR					1/a							1/(a*a)	

INFOLGE STRECKENMOMENT mt=1

IN FELD	M 0.4	0.7	1.0	Q 0	0.4	0.7	1.0	T 0	0.4	0.7	1.0	q 0.4	1.0
1,BIS SPRUNG					-0.050	-0.402			-0.211	-0.511			
1,REST	0.437	0.287	-0.614	0.516	0.169	-0.111	-1.536	1.338	0.548	0.264	-0.635	-0.524	-1.193
2	0.060	-0.044	-0.646	0.067	0.004	-0.301	-1.139	0.068	0.099	0.252	0.671	-0.152	-1.253
3	0.003	-0.003	-0.034	0.003	0.000	-0.016	-0.058	0.003	0.005	0.013	0.034	-0.008	-0.063
SUMME(+)	0.500	0.287	0.000	0.587	0.173	0.000	0.000	1.409	0.652	0.529	0.705	0.000	0.000
SUMME(-)	0.000	-0.047	-1.294	0.000	-0.050	-0.830	-2.734	0.000	-0.211	-0.511	-0.635	-0.683	-2.509
SUMME	0.500	0.241	-1.294	0.587	0.123	-0.830	-2.734	1.409	0.441	0.017	0.069	-0.683	-2.509
FAKTOR		a							a			1/a	

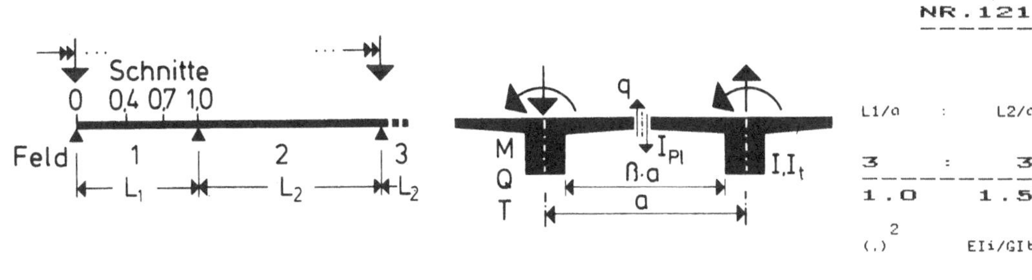

	M			Q				T				q	
IN SCHNITT	0.4	0.7	1.0	0	0.4	0.7	1.0	0	0.4	0.7	1.0	0.4	1.0

INFOLGE EINZELLAST F=1

IN	M			Q				T				q	
0.0*L1	0.000	0.000	-0.000	1.000	-0.000	-0.000	-0.000	0.000	0.000	-0.000	-0.000	0.000	-0.000
0.1*L1	0.078	0.001	-0.051	0.770	-0.121	-0.060	-0.063	0.061	0.007	-0.024	-0.022	0.104	-0.028
0.2*L1	0.166	0.008	-0.100	0.564	-0.247	-0.126	-0.130	0.110	0.016	-0.045	-0.043	0.199	-0.053
0.3*L1	0.274	0.025	-0.146	0.393	-0.378	-0.202	-0.202	0.141	0.027	-0.061	-0.061	0.274	-0.073
0.4*L1	0.409	0.059	-0.186	0.261	-0.513	-0.294	-0.284	0.153	0.040	-0.070	-0.075	0.311	-0.085
					0.487								
0.5*L1	0.276	0.116	-0.217	0.163	0.358	-0.403	-0.377	0.147	0.049	-0.070	-0.083	0.293	-0.089
0.6*L1	0.175	0.202	-0.234	0.095	0.246	-0.528	-0.484	0.127	0.051	-0.062	-0.084	0.239	-0.082
0.7*L1	0.102	0.322	-0.230	0.050	0.155	-0.663	-0.604	0.097	0.045	-0.046	-0.076	0.172	-0.064
						0.337							
0.8*L1	0.052	0.180	-0.197	0.022	0.085	0.204	-0.737	0.062	0.031	-0.029	-0.058	0.105	-0.039
0.9*L1	0.019	0.073	-0.124	0.007	0.034	0.089	-0.873	0.028	0.015	-0.013	-0.032	0.046	-0.013
1.0*L1	-0.000	-0.000	-0.000	-0.000	0.000	0.000	-1.000	0.000	-0.000	0.000	0.000	-0.000	-0.000
0.0*L2	-0.000	-0.000	-0.000	-0.000	-0.000	-0.000	-0.000	-0.000	-0.000	0.000	0.000	-0.000	0.000
0.1*L2	-0.010	-0.045	-0.118	-0.003	-0.020	-0.060	-0.098	-0.016	-0.008	0.012	0.031	-0.031	-0.011
0.2*L2	-0.014	-0.067	-0.186	-0.003	-0.030	-0.093	-0.163	-0.024	-0.010	0.021	0.056	-0.048	-0.035
0.3*L2	-0.015	-0.075	-0.214	-0.002	-0.033	-0.107	-0.196	-0.025	-0.009	0.027	0.072	-0.056	-0.057
0.4*L2	-0.013	-0.072	-0.212	-0.001	-0.032	-0.106	-0.202	-0.023	-0.007	0.030	0.078	-0.055	-0.072
0.5*L2	-0.011	-0.062	-0.191	-0.000	-0.027	-0.095	-0.187	-0.019	-0.005	0.029	0.075	-0.050	-0.077
0.6*L2	-0.008	-0.050	-0.156	0.001	-0.022	-0.077	0.157	-0.014	-0.003	0.025	0.065	-0.041	-0.072
0.7*L2	-0.005	-0.035	-0.114	0.001	-0.015	-0.057	-0.118	-0.010	-0.002	0.019	0.049	-0.030	-0.058
0.8*L2	-0.003	-0.022	-0.071	0.001	-0.009	-0.035	-0.074	-0.006	-0.001	0.012	0.032	-0.018	-0.038
0.9*L2	-0.001	-0.009	-0.031	0.000	-0.004	-0.015	-0.033	-0.002	-0.000	0.005	0.014	-0.008	-0.017
1.0*L2	-0.000	0.000	-0.000	-0.000	-0.000	0.000	0.000	-0.000	-0.000	-0.000	0.000	-0.000	-0.000
FAKTOR	a							a				1/a	

INFOLGE STRECKENLAST F=1

IN FELD	M			Q				T				q	
1,BIS SPRUNG						-0.301	-0.581			0.021	-0.107		
1,REST	0.460	0.289	-0.450	0.842	0.334	0.137	-1.274	0.281	0.064	-0.019	-0.161	0.527	-0.158
2	-0.025	-0.133	-0.392	-0.002	-0.059	-0.196	-0.372	-0.042	-0.014	0.055	0.143	-0.102	-0.132
3	0.003	0.016	0.052	-0.000	0.007	0.026	0.052	0.005	0.001	-0.008	-0.022	0.014	0.024
SUMME(+)	0.463	0.306	0.052	0.842	0.341	0.163	0.052	0.285	0.086	0.055	0.143	0.540	0.024
SUMME(-)	-0.025	-0.133	-0.842	-0.002	-0.360	-0.777	-1.647	-0.042	-0.014	-0.135	-0.183	-0.102	-0.290
SUMME	0.438	0.173	-0.791	0.839	-0.018	-0.614	-1.594	0.243	0.072	-0.080	-0.040	0.438	-0.266
FAKTOR	a*a			a				a*a					

INFOLGE EINZELMOMENT Mt=1

IN	M			Q				T				q	
0.0*L1	0.000	0.000	-0.000	0.000	-0.000	-0.000	-0.000	1.000	-0.000	-0.000	-0.000	-0.000	-0.000
0.1*L1	0.087	0.026	-0.067	0.215	-0.043	-0.085	-0.126	0.791	-0.080	-0.059	-0.038	-0.089	-0.058
0.2*L1	0.168	0.054	-0.131	0.309	-0.067	-0.167	-0.252	0.643	-0.169	-0.119	-0.076	-0.205	-0.117
0.3*L1	0.234	0.085	-0.189	0.329	-0.053	-0.241	-0.377	0.533	-0.275	-0.182	-0.114	-0.375	-0.177
0.4*L1	0.270	0.120	-0.238	0.307	0.025	-0.300	-0.499	0.447	-0.412	-0.250	-0.150	-0.629	-0.240
									0.588				
0.5*L1	0.266	0.154	-0.275	0.264	0.107	-0.332	-0.616	0.374	0.452	-0.328	-0.186	-0.386	-0.309
0.6*L1	0.235	0.180	-0.297	0.216	0.134	-0.322	-0.719	0.308	0.349	-0.424	-0.225	-0.231	-0.390
0.7*L1	0.193	0.187	-0.304	0.169	0.128	-0.244	-0.800	0.247	0.267	-0.547	-0.269	-0.140	-0.492
										0.453			
0.8*L1	0.150	0.160	-0.298	0.129	0.105	-0.160	-0.844	0.190	0.202	0.335	-0.323	-0.093	-0.627
0.9*L1	0.111	0.114	-0.283	0.096	0.076	-0.127	-0.830	0.140	0.150	0.252	-0.397	-0.073	-0.812
1.0*L1	0.079	0.065	-0.272	0.071	0.048	-0.122	-0.734	0.097	0.109	0.194	-0.501	-0.069	-1.068
0.0*L2	0.079	0.065	-0.272	0.071	0.048	-0.122	-0.734	0.097	0.109	0.194	0.499	-0.069	-1.068
0.1*L2	0.053	0.021	-0.278	0.052	0.023	-0.129	-0.613	0.063	0.077	0.153	0.396	-0.071	-0.812
0.2*L2	0.034	-0.013	-0.289	0.038	0.005	-0.137	-0.532	0.038	0.054	0.125	0.322	-0.074	-0.626
0.3*L2	0.020	-0.036	-0.292	0.027	-0.008	-0.140	-0.469	0.020	0.037	0.103	0.268	-0.075	-0.492
0.4*L2	0.011	-0.048	-0.284	0.020	-0.016	-0.137	-0.413	0.008	0.026	0.087	0.225	-0.073	-0.391
0.5*L2	0.006	-0.053	-0.263	0.015	-0.019	-0.128	-0.359	0.001	0.018	0.072	0.188	-0.068	-0.313
0.6*L2	0.002	-0.051	-0.232	0.011	-0.019	-0.113	-0.304	-0.003	0.013	0.060	0.155	-0.060	-0.250
0.7*L2	0.001	-0.044	-0.193	0.009	-0.017	-0.095	-0.247	-0.004	0.009	0.048	0.124	-0.050	-0.196
0.8*L2	0.000	-0.035	-0.152	0.006	-0.014	-0.074	-0.192	-0.003	0.007	0.037	0.096	-0.039	-0.150
0.9*L2	0.000	-0.026	-0.111	0.005	-0.010	-0.054	-0.141	-0.002	0.005	0.027	0.071	-0.029	-0.111
1.0*L2	0.001	-0.017	-0.074	0.004	-0.006	-0.036	-0.097	-0.001	0.004	0.019	0.049	-0.019	-0.078
FAKTOR				1/a								1/(a*a)	

INFOLGE STRECKENMOMENT mt=1

IN FELD	M			Q				T				q	
1,BIS SPRUNG						-0.050	-0.476			-0.217	-0.488		
1,REST	0.529	0.335	-0.667	0.629	0.180	-0.138	-1.636	1.261	0.528	0.271	-0.606	-0.664	-1.121
2	0.049	-0.079	-0.681	0.066	-0.017	-0.326	-1.103	0.048	0.090	0.244	0.633	-0.175	-1.168
3	0.003	0.001	-0.017	0.003	0.001	-0.008	-0.038	0.004	0.005	0.009	0.024	-0.004	-0.050
SUMME(+)	0.582	0.337	0.000	0.698	0.181	0.000	0.000	1.314	0.622	0.525	0.657	0.000	0.000
SUMME(-)	0.000	-0.079	-1.365	0.000	-0.067	-0.948	-2.777	0.000	-0.217	-0.488	-0.606	-0.844	-2.339
SUMME	0.582	0.257	-1.365	0.698	0.115	-0.948	-2.777	1.314	0.405	0.036	0.051	-0.844	-2.339
FAKTOR	a							a				1/a	

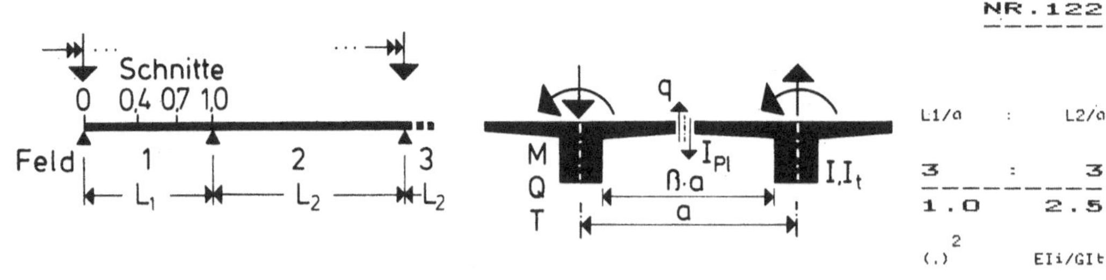

	M			Q				T				q	
IN SCHNITT	0.4	0.7	1.0	0	0.4	0.7	1.0	0	0.4	0.7	1.0	0.4	1.0

INFOLGE EINZELLAST P=1

IN	M 0.4	M 0.7	M 1.0	Q 0	Q 0.4	Q 0.7	Q 1.0	T 0	T 0.4	T 0.7	T 1.0	q 0.4	q 1.0
0.0*L1	0.000	0.000	-0.000	1.000	-0.000	-0.000	-0.000	0.000	0.000	-0.000	-0.000	0.000	-0.000
0.1*L1	0.097	0.009	-0.059	0.800	-0.125	-0.079	-0.079	0.043	0.006	-0.017	-0.017	0.075	-0.019
0.2*L1	0.202	0.023	-0.116	0.617	-0.252	-0.161	-0.160	0.078	0.013	-0.033	-0.033	0.143	-0.037
0.3*L1	0.322	0.047	-0.168	0.459	-0.380	-0.250	-0.245	0.101	0.021	-0.044	-0.047	0.196	-0.050
0.4*L1	0.464	0.086	-0.211	0.329	-0.509	-0.349	-0.336	0.110	0.029	-0.051	-0.057	0.223	-0.059
				0.491									
0.5*L1	0.330	0.147	-0.242	0.225	0.369	-0.458	-0.435	0.107	0.035	-0.051	-0.063	0.212	-0.060
0.6*L1	0.223	0.233	-0.256	0.146	0.261	-0.576	-0.542	0.093	0.036	-0.046	-0.063	0.176	-0.055
0.7*L1	0.139	0.350	-0.247	0.088	0.170	-0.699	-0.656	0.072	0.031	-0.035	-0.056	0.130	-0.043
						0.301							
0.8*L1	0.076	0.200	-0.207	0.046	0.096	0.184	-0.776	0.047	0.022	-0.022	-0.042	0.081	-0.026
0.9*L1	0.031	0.084	-0.128	0.018	0.040	0.081	-0.893	0.021	0.010	-0.010	-0.023	0.036	-0.009
1.0*L1	0.000	0.000	0.000	0.000	0.000	0.000	-1.000	0.000	-0.000	0.000	0.000	-0.000	-0.000
0.0*L2	-0.000	-0.000	-0.000	-0.000	-0.000	-0.000	-0.000	-0.000	-0.000	0.000	0.000	-0.000	0.000
0.1*L2	-0.019	-0.054	-0.118	-0.010	-0.026	-0.056	-0.082	-0.013	-0.006	0.009	0.023	-0.025	-0.007
0.2*L2	-0.028	-0.084	-0.189	-0.015	-0.040	-0.089	-0.137	-0.020	-0.008	0.017	0.041	-0.041	-0.022
0.3*L2	-0.031	-0.096	-0.220	-0.017	-0.045	-0.104	-0.166	-0.022	-0.008	0.021	0.052	-0.048	-0.036
0.4*L2	-0.030	-0.095	-0.222	-0.016	-0.044	-0.105	-0.172	-0.021	-0.007	0.023	0.057	-0.049	-0.046
0.5*L2	-0.027	-0.085	-0.202	-0.014	-0.040	-0.095	-0.161	-0.019	-0.006	0.022	0.055	-0.045	-0.050
0.6*L2	-0.021	-0.069	-0.167	-0.011	-0.032	-0.079	-0.136	-0.015	-0.004	0.019	0.048	-0.037	-0.046
0.7*L2	-0.015	-0.051	-0.124	-0.008	-0.024	-0.059	-0.103	-0.011	-0.003	0.015	0.037	-0.028	-0.038
0.8*L2	-0.010	-0.032	-0.078	-0.005	-0.015	-0.037	-0.065	-0.007	-0.001	0.010	0.024	-0.017	-0.025
0.9*L2	-0.004	-0.014	-0.035	-0.002	-0.007	-0.017	-0.030	-0.003	-0.001	0.004	0.011	-0.008	-0.012
1.0*L2	-0.000	0.000	-0.000	0.000	-0.000	0.000	0.000	0.000	-0.000	-0.000	0.000	0.000	-0.000
FAKTOR	a							a				1/a	

INFOLGE STRECKENLAST P=1

IN FELD	M 0.4	M 0.7	M 1.0	Q 0	Q 0.4	Q 0.7	Q 1.0	T 0	T 0.4	T 0.7	T 1.0	q 0.4	q 1.0
1,BIS SPRUNG					-0.303	-0.665			0.016	-0.079			
1,REST	0.560	0.348	-0.496	0.964	0.352	0.123	-1.386	0.203	0.045	-0.015	-0.122	0.384	-0.108
2	-0.056	-0.177	-0.411	-0.030	-0.082	-0.194	-0.319	-0.040	-0.013	0.042	0.105	-0.090	-0.085
3	0.009	0.030	0.072	0.005	0.014	0.034	0.059	0.006	0.002	-0.008	-0.021	0.016	0.020
SUMME(+)	0.569	0.378	0.072	0.969	0.366	0.157	0.059	0.210	0.063	0.042	0.105	0.400	0.020
SUMME(-)	-0.056	-0.177	-0.907	-0.030	-0.386	-0.859	-1.705	-0.040	-0.013	-0.102	-0.142	-0.090	-0.193
SUMME	0.513	0.201	-0.834	0.939	-0.020	-0.702	-1.646	0.170	0.050	-0.059	-0.037	0.310	-0.172
FAKTOR	a*a				a			a*a				1/a	

INFOLGE EINZELMOMENT Mt=1

IN	M 0.4	M 0.7	M 1.0	Q 0	Q 0.4	Q 0.7	Q 1.0	T 0	T 0.4	T 0.7	T 1.0	q 0.4	q 1.0
0.0*L1	0.000	0.000	-0.000	0.000	-0.000	-0.000	-0.000	1.000	-0.000	-0.000	-0.000	-0.000	-0.000
0.1*L1	0.104	0.034	-0.075	0.238	-0.042	-0.102	-0.143	0.777	-0.083	-0.053	-0.033	-0.115	-0.050
0.2*L1	0.200	0.070	-0.146	0.352	-0.066	-0.200	-0.284	0.616	-0.175	-0.108	-0.066	-0.255	-0.100
0.3*L1	0.278	0.108	-0.210	0.385	-0.050	-0.286	-0.422	0.498	-0.285	-0.167	-0.099	-0.443	-0.153
0.4*L1	0.322	0.147	-0.263	0.370	0.031	-0.352	-0.553	0.406	-0.424	-0.233	-0.132	-0.707	-0.211
									0.576				
0.5*L1	0.319	0.184	-0.301	0.328	0.115	-0.387	-0.674	0.332	0.438	-0.310	-0.167	-0.465	-0.278
0.6*L1	0.286	0.210	-0.323	0.275	0.144	-0.374	-0.777	0.268	0.334	-0.407	-0.206	-0.304	-0.358
0.7*L1	0.237	0.213	-0.327	0.220	0.137	-0.290	-0.852	0.212	0.254	-0.532	-0.252	-0.202	-0.462
										0.468			
0.8*L1	0.185	0.180	-0.318	0.169	0.113	-0.197	-0.885	0.162	0.191	0.345	-0.311	-0.142	-0.600
0.9*L1	0.135	0.126	-0.300	0.125	0.080	-0.155	-0.858	0.119	0.141	0.259	-0.390	-0.110	-0.787
1.0*L1	0.092	0.068	-0.286	0.088	0.048	-0.142	-0.746	0.082	0.102	0.197	-0.501	-0.094	-1.044
0.0*L2	0.092	0.068	-0.286	0.088	0.048	-0.142	-0.746	0.082	0.102	0.197	0.499	-0.094	-1.044
0.1*L2	0.057	0.016	-0.291	0.059	0.019	-0.142	-0.612	0.053	0.073	0.154	0.389	-0.087	-0.786
0.2*L2	0.030	-0.025	-0.301	0.037	-0.003	-0.146	-0.519	0.031	0.051	0.122	0.309	-0.083	-0.598
0.3*L2	0.011	-0.054	-0.305	0.022	-0.019	-0.147	-0.448	0.015	0.035	0.099	0.250	-0.080	-0.461
0.4*L2	-0.001	-0.070	-0.297	0.011	-0.028	-0.142	-0.389	0.005	0.024	0.081	0.205	-0.075	-0.359
0.5*L2	-0.008	-0.075	-0.276	0.005	-0.032	-0.132	-0.333	-0.002	0.017	0.067	0.167	-0.068	-0.281
0.6*L2	-0.011	-0.072	-0.244	0.001	-0.031	-0.116	-0.279	-0.005	0.011	0.054	0.136	-0.059	-0.220
0.7*L2	-0.011	-0.063	-0.204	-0.001	-0.027	-0.097	-0.226	-0.005	0.008	0.043	0.107	-0.049	-0.170
0.8*L2	-0.009	-0.050	-0.159	-0.001	-0.022	-0.076	-0.175	-0.005	0.006	0.033	0.082	-0.038	-0.129
0.9*L2	-0.006	-0.036	-0.115	-0.000	-0.016	-0.055	-0.127	-0.003	0.004	0.024	0.060	-0.028	-0.095
1.0*L2	-0.003	-0.022	-0.075	0.000	-0.010	-0.036	-0.086	-0.001	0.003	0.017	0.042	-0.018	-0.067
FAKTOR				1/a								1/(a*a)	

INFOLGE STRECKENMOMENT mt=1

IN FELD	M 0.4	M 0.7	M 1.0	Q 0	Q 0.4	Q 0.7	Q 1.0	T 0	T 0.4	T 0.7	T 1.0	q 0.4	q 1.0
1,BIS SPRUNG					-0.047	-0.560			-0.224	-0.461			
1,REST	0.637	0.394	-0.724	0.761	0.192	-0.167	-1.754	1.174	0.506	0.279	-0.569	-0.825	-1.050
2	0.028	-0.123	-0.713	0.052	-0.042	-0.343	-1.054	0.036	0.084	0.234	0.590	-0.186	-1.089
3	0.006	0.010	0.003	0.005	0.005	0.001	-0.022	0.005	0.005	0.007	0.018	-0.001	-0.044
SUMME(+)	0.671	0.404	0.003	0.818	0.198	0.001	0.000	1.216	0.595	0.520	0.608	0.000	0.000
SUMME(-)	0.000	-0.123	-1.437	0.000	-0.090	-1.070	-2.829	0.000	-0.224	-0.461	-0.569	-1.012	-2.183
SUMME	0.671	0.281	-1.434	0.818	0.108	-1.069	-2.829	1.216	0.371	0.059	0.039	-1.012	-2.183
FAKTOR	a							a				1/a	

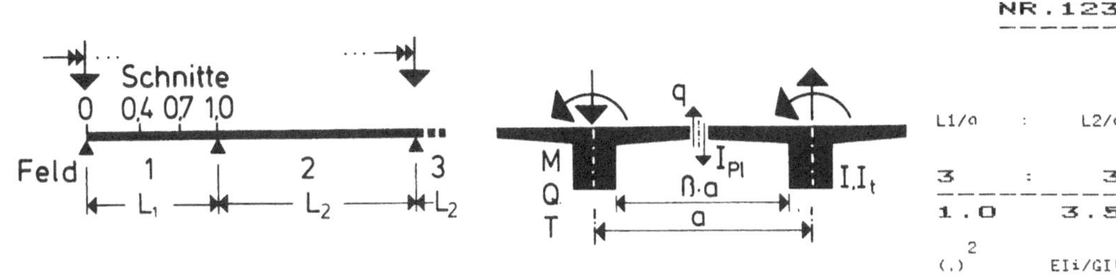

IN SCHNITT	M 0.4	0.7	1.0	Q 0	0.4	0.7	1.0	T 0	0.4	0.7	1.0	q 0.4	1.0

INFOLGE EINZELLAST F=1

IN	M 0.4	0.7	1.0	Q 0	0.4	0.7	1.0	T 0	0.4	0.7	1.0	q 0.4	1.0
0.0*L1	0.000	0.000	-0.000	1.000	-0.000	-0.000	-0.000	0.000	0.000	-0.000	-0.000	0.000	-0.000
0.1*L1	0.108	0.014	-0.064	0.817	-0.126	-0.089	-0.088	0.034	0.005	-0.014	-0.014	0.059	-0.015
0.2*L1	0.222	0.032	-0.125	0.646	-0.253	-0.181	-0.178	0.061	0.010	-0.026	-0.027	0.112	-0.028
0.3*L1	0.349	0.060	-0.179	0.495	-0.380	-0.277	-0.271	0.079	0.017	-0.035	-0.038	0.153	-0.038
0.4*L1	0.495	0.103	-0.224	0.367	-0.506	-0.379	-0.367	0.086	0.023	-0.040	-0.046	0.174	-0.045
				0.494									
0.5*L1	0.361	0.165	-0.256	0.262	0.375	-0.489	-0.469	0.084	0.027	-0.041	-0.050	0.167	-0.046
0.6*L1	0.250	0.252	-0.268	0.177	0.269	-0.603	-0.576	0.074	0.028	-0.036	-0.050	0.140	-0.042
0.7*L1	0.160	0.366	-0.256	0.111	0.177	-0.719	-0.686	0.057	0.024	-0.028	-0.044	0.104	-0.032
						0.281							
0.8*L1	0.090	0.212	-0.212	0.061	0.102	0.171	-0.797	0.037	0.017	-0.018	-0.034	0.065	-0.020
0.9*L1	0.037	0.090	-0.130	0.025	0.043	0.076	-0.905	0.017	0.008	-0.008	-0.018	0.030	-0.007
1.0*L1	0.000	0.000	0.000	-0.000	0.000	-0.000	-1.000	-0.000	-0.000	-0.000	-0.000	-0.000	0.000
0.0*L2	-0.000	-0.000	-0.000	-0.000	-0.000	-0.000	-0.000	0.000	0.000	0.000	0.000	-0.000	0.000
0.1*L2	-0.024	-0.060	-0.118	-0.016	-0.028	-0.053	-0.073	-0.011	-0.005	0.007	0.018	-0.021	-0.005
0.2*L2	-0.037	-0.094	-0.190	-0.024	-0.045	-0.085	-0.122	-0.017	-0.007	0.013	0.032	-0.034	-0.016
0.3*L2	-0.042	-0.109	-0.223	-0.027	-0.052	-0.100	-0.148	-0.019	-0.007	0.017	0.041	-0.041	-0.026
0.4*L2	-0.042	-0.109	-0.226	-0.027	-0.052	-0.102	-0.154	-0.019	-0.006	0.019	0.045	-0.042	-0.034
0.5*L2	-0.038	-0.099	-0.207	-0.024	-0.047	-0.093	-0.144	-0.017	-0.005	0.018	0.044	-0.039	-0.037
0.6*L2	-0.031	-0.082	-0.173	-0.019	-0.038	-0.078	-0.123	-0.013	-0.004	0.016	0.038	-0.032	-0.034
0.7*L2	-0.023	-0.060	-0.129	-0.014	-0.028	-0.058	-0.093	-0.010	-0.003	0.012	0.030	-0.024	-0.028
0.8*L2	-0.014	-0.038	-0.082	-0.009	-0.018	-0.037	-0.060	-0.006	-0.002	0.008	0.019	-0.016	-0.019
0.9*L2	-0.006	-0.017	-0.037	-0.004	-0.008	-0.017	-0.027	-0.003	-0.001	0.004	0.009	-0.007	-0.009
1.0*L2	-0.000	-0.000	0.000	-0.000	-0.000	-0.000	-0.000	-0.000	-0.000	-0.000	-0.000	0.000	0.000
FAKTOR	a								a			1/a	

INFOLGE STRECKENLAST F=1

IN FELD	M 0.4	0.7	1.0	Q 0	0.4	0.7	1.0	T 0	0.4	0.7	1.0	q 0.4	1.0
1,BIS SPRUNG					-0.304	-0.713			0.013	-0.062			
1,REST	0.618	0.383	-0.520	1.034	0.362	0.115	-1.451	0.160	0.035	-0.012	-0.097	0.303	-0.082
2	-0.078	-0.203	-0.420	-0.049	-0.096	-0.189	-0.286	-0.035	-0.012	0.035	0.083	-0.078	-0.062
3	0.015	0.040	0.084	0.009	0.019	0.038	0.060	0.007	0.002	-0.008	-0.019	0.016	0.017
SUMME(+)	0.633	0.423	0.084	1.044	0.381	0.153	0.060	0.166	0.050	0.035	0.083	0.319	0.017
SUMME(-)	-0.078	-0.203	-0.940	-0.049	-0.400	-0.901	-1.737	-0.035	-0.012	-0.082	-0.116	-0.078	-0.145
SUMME	0.555	0.220	-0.856	0.994	-0.019	-0.748	-1.677	0.132	0.038	-0.047	-0.033	0.241	-0.128
FAKTOR	a*a				a				a*a			1/a	

INFOLGE EINZELMOMENT Mt=1

IN	M 0.4	0.7	1.0	Q 0	0.4	0.7	1.0	T 0	0.4	0.7	1.0	q 0.4	1.0
0.0*L1	0.000	0.000	-0.000	0.000	-0.000	-0.000	-0.000	1.000	-0.000	-0.000	-0.000	-0.000	-0.000
0.1*L1	0.114	0.040	-0.080	0.251	-0.042	-0.112	-0.152	0.769	-0.085	-0.050	-0.030	-0.130	-0.045
0.2*L1	0.219	0.080	-0.155	0.375	-0.065	-0.218	-0.303	0.602	-0.178	-0.102	-0.059	-0.283	-0.091
0.3*L1	0.303	0.122	-0.221	0.417	-0.047	-0.311	-0.448	0.478	-0.290	-0.158	-0.089	-0.481	-0.141
0.4*L1	0.351	0.164	-0.276	0.406	0.035	-0.381	-0.585	0.384	-0.431	-0.223	-0.121	-0.750	-0.196
								0.569					
0.5*L1	0.350	0.202	-0.315	0.365	0.121	-0.418	-0.708	0.309	0.431	-0.300	-0.155	-0.510	-0.262
0.6*L1	0.315	0.228	-0.336	0.310	0.149	-0.403	-0.810	0.246	0.326	-0.397	-0.194	-0.345	-0.343
0.7*L1	0.263	0.228	-0.340	0.250	0.143	-0.316	-0.882	0.193	0.246	-0.524	-0.241	-0.238	-0.447
										0.476			
0.8*L1	0.205	0.192	-0.328	0.192	0.117	-0.218	-0.908	0.147	0.185	0.352	-0.303	-0.170	-0.586
0.9*L1	0.148	0.133	-0.308	0.141	0.082	-0.170	-0.873	0.107	0.137	0.263	-0.386	-0.130	-0.775
1.0*L1	0.099	0.070	-0.294	0.097	0.047	-0.152	-0.753	0.075	0.099	0.199	-0.501	-0.107	-1.032
0.0*L2	0.099	0.070	-0.294	0.097	0.047	-0.152	-0.753	0.075	0.099	0.199	0.499	-0.107	-1.032
0.1*L2	0.058	0.013	-0.297	0.062	0.017	-0.149	-0.611	0.048	0.071	0.154	0.385	-0.094	-0.774
0.2*L2	0.027	-0.033	-0.307	0.036	-0.008	-0.149	-0.511	0.028	0.050	0.121	0.302	-0.086	-0.585
0.3*L2	0.004	-0.065	-0.311	0.017	-0.025	-0.148	-0.436	0.014	0.035	0.097	0.240	-0.079	-0.446
0.4*L2	-0.010	-0.083	-0.304	0.004	-0.035	-0.143	-0.373	0.005	0.024	0.078	0.193	-0.072	-0.343
0.5*L2	-0.018	-0.089	-0.283	-0.003	-0.039	-0.132	-0.317	-0.001	0.016	0.063	0.156	-0.064	-0.266
0.6*L2	-0.020	-0.085	-0.250	-0.007	-0.038	-0.116	-0.264	-0.004	0.011	0.050	0.125	-0.055	-0.205
0.7*L2	-0.019	-0.074	-0.209	-0.008	-0.033	-0.096	-0.213	-0.005	0.008	0.040	0.098	-0.045	-0.157
0.8*L2	-0.016	-0.058	-0.163	-0.007	-0.026	-0.075	-0.164	-0.004	0.006	0.030	0.074	-0.035	-0.119
0.9*L2	-0.011	-0.042	-0.117	-0.004	-0.019	-0.054	-0.119	-0.003	0.004	0.022	0.054	-0.025	-0.087
1.0*L2	-0.006	-0.025	-0.075	-0.002	-0.011	-0.035	-0.080	-0.001	0.003	0.015	0.038	-0.017	-0.062
FAKTOR				1/a								1/(a*a)	

INFOLGE STRECKENMOMENT mt=1

IN FELD	M 0.4	0.7	1.0	Q 0	0.4	0.7	1.0	T 0	0.4	0.7	1.0	q 0.4	1.0
1,BIS SPRUNG					-0.045	-0.606			-0.229	-0.445			
1,REST	0.699	0.430	-0.754	0.836	0.200	-0.184	-1.822	1.126	0.495	0.283	-0.546	-0.916	-1.014
2	0.011	-0.150	-0.728	0.040	-0.057	-0.347	-1.024	0.034	0.082	0.227	0.566	-0.185	-1.052
3	0.009	0.016	0.014	0.008	0.008	0.005	-0.016	0.006	0.005	0.007	0.017	0.000	-0.042
SUMME(+)	0.720	0.446	0.014	0.883	0.208	0.005	0.000	1.165	0.582	0.517	0.583	0.000	0.000
SUMME(-)	0.000	-0.150	-1.482	0.000	-0.102	-1.136	-2.861	0.000	-0.229	-0.445	-0.546	-1.101	-2.108
SUMME	0.720	0.296	-1.469	0.883	0.106	-1.131	-2.861	1.165	0.354	0.072	0.037	-1.101	-2.108
FAKTOR	a				a				a			1/a	

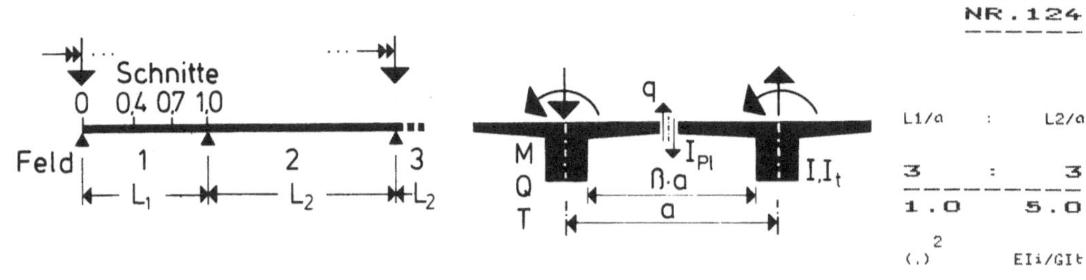

	M			Q				T				q	
IN SCHNITT	0.4	0.7	1.0	0	0.4	0.7	1.0	0	0.4	0.7	1.0	0.4	1.0

INFOLGE EINZELLAST P=1

IN	M 0.4	0.7	1.0	Q 0	0.4	0.7	1.0	T 0	0.4	0.7	1.0	q 0.4	1.0
0.0*L1	0.000	0.000	-0.000	1.000	-0.000	-0.000	-0.000	0.000	0.000	-0.000	-0.000	0.000	-0.000
0.1*L1	0.117	0.018	-0.068	0.831	-0.127	-0.098	-0.097	0.025	0.004	-0.010	-0.011	0.044	-0.011
0.2*L1	0.240	0.041	-0.132	0.671	-0.253	-0.198	-0.195	0.046	0.008	-0.020	-0.021	0.084	-0.021
0.3*L1	0.374	0.073	-0.189	0.527	-0.379	-0.300	-0.294	0.059	0.013	-0.027	-0.030	0.116	-0.028
0.4*L1	0.523	0.118	-0.236	0.402	-0.503	-0.406	-0.396	0.065	0.018	-0.031	-0.036	0.131	-0.033
					0.497								
0.5*L1	0.389	0.182	-0.267	0.294	0.381	-0.516	-0.500	0.064	0.021	-0.031	-0.039	0.126	-0.034
0.6*L1	0.275	0.269	-0.278	0.205	0.276	-0.627	-0.606	0.056	0.021	-0.028	-0.038	0.107	-0.031
0.7*L1	0.180	0.381	-0.264	0.133	0.184	-0.737	-0.712	0.044	0.018	-0.021	-0.034	0.080	-0.024
						0.263							
0.8*L1	0.103	0.223	-0.217	0.075	0.107	0.160	-0.817	0.029	0.013	-0.014	-0.026	0.051	-0.014
0.9*L1	0.044	0.096	-0.132	0.032	0.046	0.071	-0.915	0.013	0.006	-0.006	-0.014	0.023	-0.005
1.0*L1	0.000	0.000	0.000	0.000	0.000	0.000	-1.000	0.000	0.000	0.000	-0.000	0.000	0.000
0.0*L2	-0.000	-0.000	-0.000	-0.000	-0.000	-0.000	-0.000	-0.000	-0.000	0.000	0.000	-0.000	0.000
0.1*L2	-0.029	-0.065	-0.118	-0.021	-0.031	-0.050	-0.065	-0.009	-0.004	0.006	0.013	-0.017	-0.003
0.2*L2	-0.046	-0.103	-0.190	-0.032	-0.049	-0.081	-0.108	-0.014	-0.005	0.010	0.024	-0.028	-0.011
0.3*L2	-0.053	-0.121	-0.225	-0.037	-0.058	-0.096	-0.131	-0.016	-0.006	0.013	0.031	-0.033	-0.019
0.4*L2	-0.053	-0.122	-0.230	-0.037	-0.058	-0.098	-0.137	-0.016	-0.005	0.015	0.034	-0.034	-0.024
0.5*L2	-0.048	-0.112	-0.212	-0.034	-0.053	-0.090	-0.129	-0.014	-0.004	0.014	0.033	-0.032	-0.026
0.6*L2	-0.040	-0.093	-0.177	-0.028	-0.044	-0.076	-0.109	-0.011	-0.003	0.012	0.029	-0.027	-0.025
0.7*L2	-0.030	-0.069	-0.133	-0.021	-0.033	-0.057	-0.083	-0.008	-0.002	0.010	0.023	-0.020	-0.020
0.8*L2	-0.019	-0.044	-0.085	-0.013	-0.021	-0.036	-0.054	-0.005	-0.001	0.006	0.015	-0.013	-0.014
0.9*L2	-0.009	-0.020	-0.039	-0.006	-0.010	-0.017	-0.025	-0.002	-0.001	0.003	0.007	-0.006	-0.006
1.0*L2	0.000	-0.000	0.000	0.000	0.000	0.000	0.000	0.000	0.000	-0.000	-0.000	0.000	-0.000
FAKTOR		a								a			1/a

INFOLGE STRECKENLAST P=1

IN FELD	M 0.4	0.7	1.0	Q 0	0.4	0.7	1.0	T 0	0.4	0.7	1.0	q 0.4	1.0
1,BIS SPRUNG					-0.303	-0.754			0.010	-0.047			
1,REST	0.670	0.415	-0.541	1.098	0.371	0.107	-1.510	0.121	0.026	-0.009	-0.075	0.230	-0.060
2	-0.099	-0.227	-0.427	-0.070	-0.108	-0.182	-0.255	-0.029	-0.010	0.027	0.064	-0.063	-0.045
3	0.021	0.050	0.095	0.015	0.024	0.041	0.059	0.006	0.002	-0.007	-0.016	0.014	0.013
SUMME(+)	0.692	0.465	0.095	1.112	0.394	0.148	0.059	0.127	0.038	0.027	0.064	0.245	0.013
SUMME(-)	-0.099	-0.227	-0.968	-0.070	-0.412	-0.936	-1.765	-0.029	-0.010	-0.063	-0.091	-0.063	-0.105
SUMME	0.593	0.238	-0.873	1.043	-0.017	-0.788	-1.706	0.098	0.029	-0.036	-0.027	0.181	-0.092
FAKTOR		a*a				a				a*a			

INFOLGE EINZELMOMENT Mt=1

IN	M 0.4	0.7	1.0	Q 0	0.4	0.7	1.0	T 0	0.4	0.7	1.0	q 0.4	1.0
0.0*L1	0.000	0.000	-0.000	0.000	-0.000	-0.000	-0.000	1.000	-0.000	-0.000	-0.000	-0.000	-0.000
0.1*L1	0.123	0.044	-0.083	0.262	-0.041	-0.120	-0.161	0.762	-0.086	-0.047	-0.026	-0.143	-0.041
0.2*L1	0.236	0.089	-0.162	0.397	-0.063	-0.234	-0.320	0.589	-0.181	-0.096	-0.053	-0.307	-0.084
0.3*L1	0.326	0.135	-0.231	0.445	-0.045	-0.333	-0.472	0.461	-0.294	-0.150	-0.081	-0.514	-0.131
0.4*L1	0.378	0.180	-0.287	0.439	0.038	-0.407	-0.613	0.364	-0.436	-0.214	-0.110	-0.789	-0.184
								0.564					
0.5*L1	0.378	0.219	-0.327	0.398	0.125	-0.445	-0.739	0.288	0.424	-0.291	-0.144	-0.550	-0.249
0.6*L1	0.341	0.244	-0.348	0.341	0.155	-0.429	-0.840	0.227	0.320	-0.389	-0.183	-0.383	-0.329
0.7*L1	0.285	0.242	-0.350	0.276	0.148	-0.339	-0.908	0.176	0.240	-0.517	-0.232	-0.269	-0.434
										0.483			
0.8*L1	0.222	0.202	-0.337	0.213	0.120	-0.236	-0.929	0.133	0.179	0.357	-0.296	-0.195	-0.575
0.9*L1	0.160	0.140	-0.316	0.155	0.084	-0.184	-0.886	0.097	0.133	0.267	-0.382	-0.148	-0.764
1.0*L1	0.105	0.072	-0.300	0.105	0.047	-0.161	-0.759	0.068	0.097	0.201	-0.500	-0.118	-1.023
0.0*L2	0.105	0.072	-0.300	0.105	0.047	-0.161	-0.758	0.068	0.097	0.201	0.500	-0.118	-1.023
0.1*L2	0.059	0.010	-0.303	0.064	0.014	-0.154	-0.609	0.045	0.070	0.154	0.381	-0.099	-0.764
0.2*L2	0.023	-0.040	-0.312	0.033	-0.012	-0.151	-0.503	0.027	0.050	0.119	0.295	-0.087	-0.574
0.3*L2	-0.003	-0.075	-0.316	0.011	-0.030	-0.148	-0.424	0.014	0.035	0.094	0.232	-0.077	-0.435
0.4*L2	-0.019	-0.095	-0.309	-0.004	-0.041	-0.141	-0.359	0.006	0.024	0.075	0.183	-0.068	-0.331
0.5*L2	-0.027	-0.101	-0.288	-0.012	-0.045	-0.130	-0.302	0.000	0.017	0.059	0.145	-0.059	-0.253
0.6*L2	-0.030	-0.097	-0.255	-0.016	-0.044	-0.114	-0.250	-0.002	0.012	0.047	0.115	-0.050	-0.194
0.7*L2	-0.027	-0.084	-0.213	-0.015	-0.038	-0.095	-0.200	-0.003	0.008	0.036	0.089	-0.041	-0.147
0.8*L2	-0.022	-0.066	-0.166	-0.013	-0.030	-0.074	-0.153	-0.003	0.006	0.028	0.068	-0.032	-0.111
0.9*L2	-0.015	-0.047	-0.118	-0.009	-0.021	-0.053	-0.111	-0.002	0.005	0.020	0.049	-0.023	-0.081
1.0*L2	-0.008	-0.028	-0.075	-0.004	-0.013	-0.034	-0.074	-0.001	0.004	0.014	0.034	-0.015	-0.058
FAKTOR					1/a								1/(a*a)

INFOLGE STRECKENMOMENT mt=1

IN FELD	M 0.4	0.7	1.0	Q 0	0.4	0.7	1.0	T 0	0.4	0.7	1.0	q 0.4	1.0
1,BIS SPRUNG					-0.043	-0.648			-0.232	-0.431			
1,REST	0.755	0.462	-0.779	0.903	0.206	-0.198	-1.883	1.083	0.485	0.288	-0.524	-0.996	-0.984
2	-0.005	-0.174	-0.741	0.026	-0.070	-0.347	-0.995	0.034	0.082	0.221	0.544	-0.180	-1.023
3	0.013	0.023	0.023	0.011	0.012	0.008	-0.012	0.006	0.005	0.007	0.017	0.000	-0.042
SUMME(+)	0.768	0.485	0.023	0.940	0.218	0.008	0.000	1.122	0.572	0.515	0.561	0.000	0.000
SUMME(-)	-0.005	-0.174	-1.520	0.000	-0.113	-1.192	-2.890	0.000	-0.232	-0.431	-0.524	-1.177	-2.049
SUMME	0.763	0.311	-1.496	0.940	0.105	-1.184	-2.890	1.122	0.340	0.084	0.037	-1.177	-2.049
FAKTOR		a				a				a			1/a

NR.125

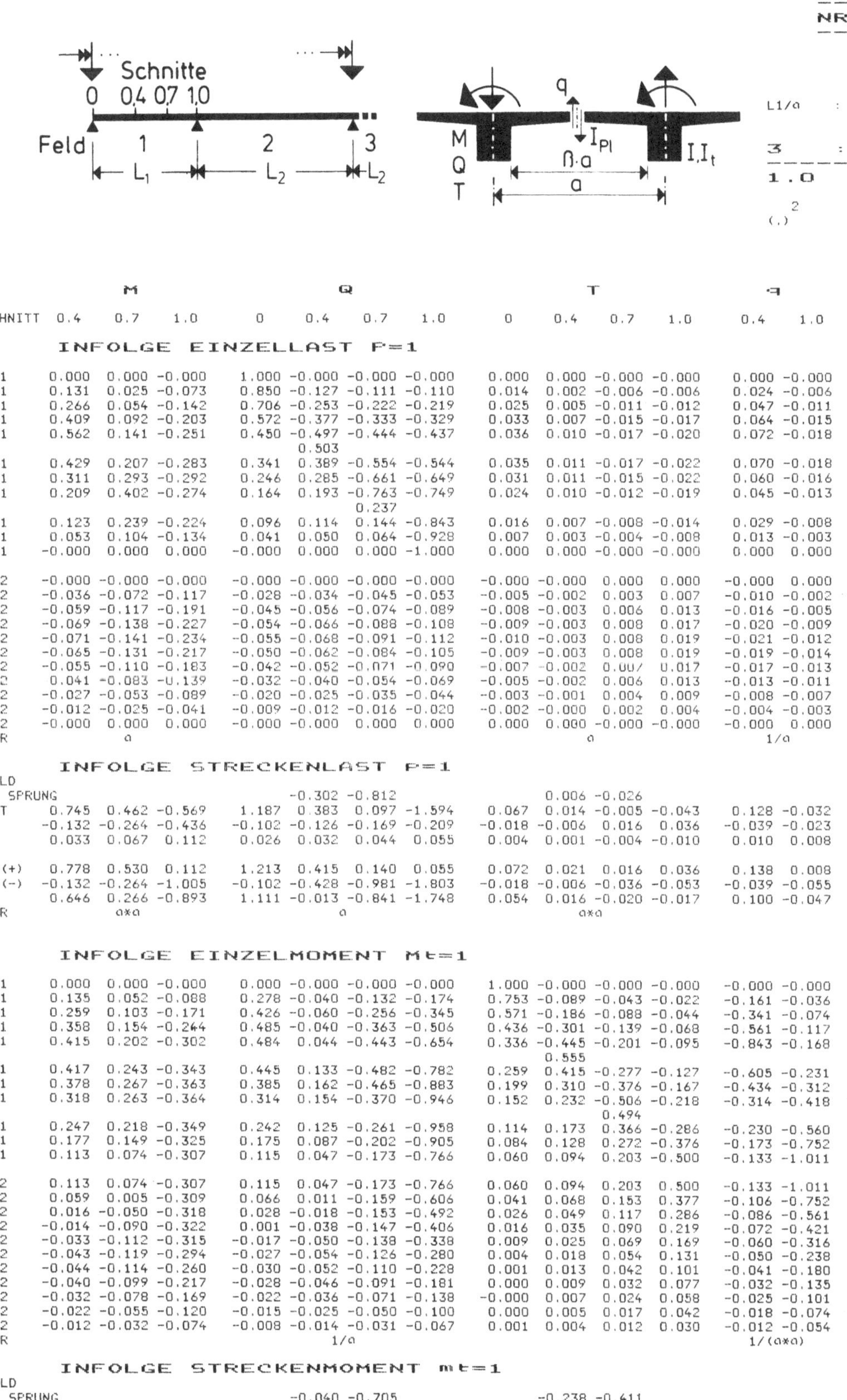

	M			Q				T				q	
IN SCHNITT	0.4	0.7	1.0	0	0.4	0.7	1.0	0	0.4	0.7	1.0	0.4	1.0

INFOLGE EINZELLAST P=1

IN	M 0.4	M 0.7	M 1.0	Q 0	Q 0.4	Q 0.7	Q 1.0	T 0	T 0.4	T 0.7	T 1.0	q 0.4	q 1.0
0.0*L1	0.000	0.000	-0.000	1.000	-0.000	-0.000	-0.000	0.000	0.000	-0.000	-0.000	0.000	-0.000
0.1*L1	0.131	0.025	-0.073	0.850	-0.127	-0.111	-0.110	0.014	0.002	-0.006	-0.006	0.024	-0.006
0.2*L1	0.266	0.054	-0.142	0.706	-0.253	-0.222	-0.219	0.025	0.005	-0.011	-0.012	0.047	-0.011
0.3*L1	0.409	0.092	-0.203	0.572	-0.377	-0.333	-0.329	0.033	0.007	-0.015	-0.017	0.064	-0.015
0.4*L1	0.562	0.141	-0.251	0.450	-0.497	-0.444	-0.437	0.036	0.010	-0.017	-0.020	0.072	-0.018
					0.503								
0.5*L1	0.429	0.207	-0.283	0.341	0.389	-0.554	-0.544	0.035	0.011	-0.017	-0.022	0.070	-0.018
0.6*L1	0.311	0.293	-0.292	0.246	0.285	-0.661	-0.649	0.031	0.011	-0.015	-0.022	0.060	-0.016
0.7*L1	0.209	0.402	-0.274	0.164	0.193	-0.763	-0.749	0.024	0.010	-0.012	-0.019	0.045	-0.013
						0.237							
0.8*L1	0.123	0.239	-0.224	0.096	0.114	0.144	-0.843	0.016	0.007	-0.008	-0.014	0.029	-0.008
0.9*L1	0.053	0.104	-0.134	0.041	0.050	0.064	-0.928	0.007	0.003	-0.004	-0.008	0.013	-0.003
1.0*L1	-0.000	0.000	0.000	-0.000	0.000	0.000	-1.000	0.000	0.000	-0.000	-0.000	0.000	0.000
0.0*L2	-0.000	-0.000	-0.000	-0.000	-0.000	-0.000	-0.000	-0.000	-0.000	0.000	0.000	-0.000	0.000
0.1*L2	-0.036	-0.072	-0.117	-0.028	-0.034	-0.045	-0.053	-0.005	-0.002	0.003	0.007	-0.010	-0.002
0.2*L2	-0.059	-0.117	-0.191	-0.045	-0.056	-0.074	-0.089	-0.008	-0.003	0.006	0.013	-0.016	-0.005
0.3*L2	-0.069	-0.138	-0.227	-0.054	-0.066	-0.088	-0.108	-0.009	-0.003	0.008	0.017	-0.020	-0.009
0.4*L2	-0.071	-0.141	-0.234	-0.055	-0.068	-0.091	-0.112	-0.010	-0.003	0.008	0.019	-0.021	-0.012
0.5*L2	-0.065	-0.131	-0.217	-0.050	-0.062	-0.084	-0.105	-0.009	-0.003	0.008	0.019	-0.019	-0.014
0.6*L2	-0.055	-0.110	-0.183	-0.042	-0.052	-0.071	-0.090	-0.007	-0.002	0.007	0.017	-0.017	-0.013
0.7*L2	0.041	-0.083	-0.139	-0.032	-0.040	-0.054	-0.069	-0.005	-0.002	0.006	0.013	-0.013	-0.011
0.8*L2	-0.027	-0.053	-0.089	-0.020	-0.025	-0.035	-0.044	-0.003	-0.001	0.004	0.009	-0.008	-0.007
0.9*L2	-0.012	-0.025	-0.041	-0.009	-0.012	-0.016	-0.020	-0.002	-0.000	0.002	0.004	-0.004	-0.003
1.0*L2	-0.000	0.000	0.000	-0.000	-0.000	0.000	0.000	0.000	0.000	-0.000	-0.000	-0.000	0.000
FAKTOR	a							a				1/a	

INFOLGE STRECKENLAST P=1

IN FELD	M 0.4	M 0.7	M 1.0	Q 0	Q 0.4	Q 0.7	Q 1.0	T 0	T 0.4	T 0.7	T 1.0	q 0.4	q 1.0
1,BIS SPRUNG						-0.302	-0.812			0.006	-0.026		
1,REST	0.745	0.462	-0.569	1.187	0.383	0.097	-1.594	0.067	0.014	-0.005	-0.043	0.128	-0.032
2	-0.132	-0.264	-0.436	-0.102	-0.126	-0.169	-0.209	-0.018	-0.006	0.016	0.036	-0.039	-0.023
3	0.033	0.067	0.112	0.026	0.032	0.044	0.055	0.004	0.001	-0.004	-0.010	0.010	0.008
SUMME(+)	0.778	0.530	0.112	1.213	0.415	0.140	0.055	0.072	0.021	0.016	0.036	0.138	0.008
SUMME(-)	-0.132	-0.264	-1.005	-0.102	-0.428	-0.981	-1.803	-0.018	-0.006	-0.036	-0.053	-0.039	-0.055
SUMME	0.646	0.266	-0.893	1.111	-0.013	-0.841	-1.748	0.054	0.016	-0.020	-0.017	0.100	-0.047
FAKTOR	a*a			a				a*a				1/a	

INFOLGE EINZELMOMENT Mt=1

IN	M 0.4	M 0.7	M 1.0	Q 0	Q 0.4	Q 0.7	Q 1.0	T 0	T 0.4	T 0.7	T 1.0	q 0.4	q 1.0
0.0*L1	0.000	0.000	-0.000	0.000	-0.000	-0.000	-0.000	1.000	-0.000	-0.000	-0.000	-0.000	-0.000
0.1*L1	0.135	0.052	-0.088	0.278	-0.040	-0.132	-0.174	0.753	-0.089	-0.043	-0.022	-0.161	-0.036
0.2*L1	0.259	0.103	-0.171	0.426	-0.060	-0.256	-0.345	0.571	-0.186	-0.088	-0.044	-0.341	-0.074
0.3*L1	0.358	0.154	-0.244	0.485	-0.040	-0.363	-0.506	0.436	-0.301	-0.139	-0.068	-0.561	-0.117
0.4*L1	0.415	0.202	-0.302	0.484	0.044	-0.443	-0.654	0.336	-0.445	-0.201	-0.095	-0.843	-0.168
									0.555				
0.5*L1	0.417	0.243	-0.343	0.445	0.133	-0.482	-0.782	0.259	0.415	-0.277	-0.127	-0.605	-0.231
0.6*L1	0.378	0.267	-0.363	0.385	0.162	-0.465	-0.883	0.199	0.310	-0.376	-0.167	-0.434	-0.312
0.7*L1	0.318	0.263	-0.364	0.314	0.154	-0.370	-0.946	0.152	0.232	-0.506	-0.218	-0.314	-0.418
										0.494			
0.8*L1	0.247	0.218	-0.349	0.242	0.125	-0.261	-0.958	0.114	0.173	0.366	-0.286	-0.230	-0.560
0.9*L1	0.177	0.149	-0.325	0.175	0.087	-0.202	-0.905	0.084	0.128	0.272	-0.376	-0.173	-0.752
1.0*L1	0.113	0.074	-0.307	0.115	0.047	-0.173	-0.766	0.060	0.094	0.203	-0.500	-0.133	-1.011
0.0*L2	0.113	0.074	-0.307	0.115	0.047	-0.173	-0.766	0.060	0.094	0.203	0.500	-0.133	-1.011
0.1*L2	0.059	0.005	-0.309	0.066	0.011	-0.159	-0.606	0.041	0.068	0.153	0.377	-0.106	-0.752
0.2*L2	0.016	-0.050	-0.318	0.028	-0.018	-0.153	-0.492	0.026	0.049	0.117	0.286	-0.086	-0.561
0.3*L2	-0.014	-0.090	-0.322	0.001	-0.038	-0.147	-0.406	0.016	0.035	0.090	0.219	-0.072	-0.421
0.4*L2	-0.033	-0.112	-0.315	-0.017	-0.050	-0.138	-0.338	0.009	0.025	0.069	0.169	-0.060	-0.316
0.5*L2	-0.043	-0.119	-0.294	-0.027	-0.054	-0.126	-0.280	0.004	0.018	0.054	0.131	-0.050	-0.238
0.6*L2	-0.044	-0.114	-0.260	-0.030	-0.052	-0.110	-0.228	0.001	0.013	0.042	0.101	-0.041	-0.180
0.7*L2	-0.040	-0.099	-0.217	-0.028	-0.046	-0.091	-0.181	0.000	0.009	0.032	0.077	-0.032	-0.135
0.8*L2	-0.032	-0.078	-0.169	-0.022	-0.036	-0.071	-0.138	-0.000	0.007	0.024	0.058	-0.025	-0.101
0.9*L2	-0.022	-0.055	-0.120	-0.015	-0.025	-0.050	-0.100	0.000	0.005	0.017	0.042	-0.018	-0.074
1.0*L2	-0.012	-0.032	-0.074	-0.008	-0.014	-0.031	-0.067	0.001	0.004	0.012	0.030	-0.012	-0.054
FAKTOR				1/a								1/(a*a)	

INFOLGE STRECKENMOMENT mt=1

IN FELD	M 0.4	M 0.7	M 1.0	Q 0	Q 0.4	Q 0.7	Q 1.0	T 0	T 0.4	T 0.7	T 1.0	q 0.4	q 1.0
1,BIS SPRUNG						-0.040	-0.705			-0.238	-0.411		
1,REST	0.833	0.509	-0.813	0.998	0.216	-0.217	-1.970	1.023	0.471	0.294	-0.493	-1.108	-0.946
2	-0.033	-0.210	-0.756	0.002	-0.089	-0.344	-0.952	0.038	0.083	0.210	0.514	-0.168	-0.986
3	0.021	0.034	0.037	0.017	0.017	0.012	-0.011	0.005	0.005	0.008	0.019	-0.002	-0.044
SUMME(+)	0.854	0.543	0.037	1.016	0.233	0.012	0.000	1.066	0.559	0.511	0.533	0.000	0.000
SUMME(-)	-0.033	-0.210	-1.569	0.000	-0.128	-1.266	-2.933	0.000	-0.238	-0.411	-0.493	-1.278	-1.976
SUMME	0.821	0.333	-1.532	1.016	0.105	-1.254	-2.933	1.066	0.322	0.101	0.040	-1.278	-1.976
FAKTOR	a							a				1/a	

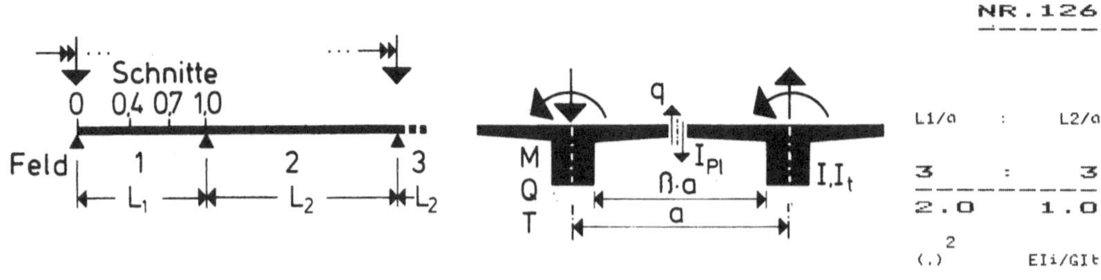

IN SCHNITT	M 0.4	0.7	1.0	Q 0	0.4	0.7	1.0	T 0	0.4	0.7	1.0	q 0.4	1.0

INFOLGE EINZELLAST P=1

IN	M 0.4	0.7	1.0	Q 0	0.4	0.7	1.0	T 0	0.4	0.7	1.0	q 0.4	1.0
0.0*L1	0.000	-0.000	-0.000	1.000	-0.000	-0.000	-0.000	0.000	-0.000	-0.000	-0.000	0.000	-0.000
0.1*L1	0.046	-0.005	-0.037	0.705	-0.104	-0.031	-0.052	0.095	-0.000	-0.037	-0.026	0.150	-0.051
0.2*L1	0.107	-0.006	-0.075	0.459	-0.220	-0.069	-0.106	0.166	0.006	-0.070	-0.051	0.296	-0.098
0.3*L1	0.195	0.002	-0.111	0.275	-0.357	-0.123	-0.165	0.206	0.021	-0.095	-0.075	0.418	-0.139
0.4*L1	0.322	0.026	-0.146	0.150	-0.510	-0.200	-0.232	0.215	0.045	-0.110	-0.094	0.478	-0.169
					0.490								
0.5*L1	0.194	0.074	-0.176	0.072	0.340	-0.307	-0.312	0.200	0.066	-0.111	-0.108	0.431	-0.183
0.6*L1	0.106	0.154	-0.197	0.028	0.216	-0.446	-0.410	0.168	0.074	-0.096	-0.113	0.328	-0.176
0.7*L1	0.052	0.276	-0.202	0.006	0.124	-0.608	-0.530	0.125	0.067	-0.068	-0.107	0.218	-0.145
						0.392							
0.8*L1	0.021	0.145	-0.180	-0.002	0.061	0.231	-0.674	0.079	0.047	-0.038	-0.085	0.122	-0.093
0.9*L1	0.006	0.055	-0.118	-0.002	0.022	0.097	-0.837	0.034	0.022	-0.015	-0.049	0.049	-0.033
1.0*L1	-0.000	-0.000	-0.000	0.000	0.000	0.000	-1.000	0.000	0.000	0.000	0.000	0.000	0.000
0.0*L2	-0.000	-0.000	-0.000	0.000	-0.000	-0.000	-0.000	-0.000	-0.000	0.000	0.000	-0.000	0.000
0.1*L2	-0.001	-0.029	-0.116	0.003	-0.011	-0.058	-0.130	-0.018	-0.012	0.012	0.048	-0.028	-0.031
0.2*L2	-0.001	-0.040	-0.176	0.005	-0.014	-0.087	-0.212	-0.024	-0.015	0.021	0.084	-0.041	-0.088
0.3*L2	0.000	-0.042	-0.196	0.006	-0.014	-0.094	-0.249	-0.024	-0.014	0.026	0.103	-0.044	-0.136
0.4*L2	0.001	-0.037	-0.188	0.006	-0.012	-0.089	-0.252	-0.021	-0.012	0.027	0.108	-0.041	-0.163
0.5*L2	0.002	-0.031	-0.164	0.006	-0.009	-0.077	-0.228	-0.016	-0.009	0.025	0.100	-0.035	-0.166
0.6*L2	0.002	-0.023	-0.131	0.005	-0.007	-0.060	-0.187	-0.012	-0.006	0.021	0.084	-0.027	-0.148
0.7*L2	0.002	-0.016	-0.094	0.004	-0.004	-0.043	-0.138	-0.008	-0.004	0.015	0.063	-0.019	-0.115
0.8*L2	0.001	-0.009	-0.057	0.002	-0.002	-0.026	-0.085	-0.004	-0.002	0.010	0.039	-0.011	-0.075
0.9*L2	0.001	-0.004	-0.024	0.001	-0.001	-0.011	-0.037	-0.002	-0.001	0.004	0.017	-0.005	-0.033
1.0*L2	0.000	-0.000	-0.000	-0.000	0.000	0.000	0.000	0.000	-0.000	0.000	0.000	-0.000	0.000
FAKTOR	a							a				1/a	

INFOLGE STRECKENLAST P=1

IN FELD	M 0.4	0.7	1.0	Q 0	0.4	0.7	1.0	T 0	0.4	0.7	1.0	q 0.4	1.0
1,BIS SPRUNG					-0.279	-0.440			0.014	-0.167			
1,REST	0.309	0.210	-0.378	0.649	0.299	0.155	-1.142	0.390	0.090	-0.026	-0.215	0.752	-0.328
2	0.002	-0.070	-0.348	0.011	-0.022	-0.166	-0.460	-0.039	-0.023	0.049	0.196	-0.077	-0.288
3	-0.001	0.004	0.028	-0.001	0.001	0.013	0.043	0.002	0.001	-0.005	-0.020	0.006	0.038
SUMME(+)	0.311	0.214	0.028	0.660	0.300	0.167	0.043	0.392	0.106	0.049	0.196	0.757	0.038
SUMME(-)	-0.001	-0.070	-0.726	-0.001	-0.302	-0.606	-1.602	-0.039	-0.023	-0.198	-0.234	-0.077	-0.615
SUMME	0.310	0.144	-0.698	0.659	-0.002	-0.439	-1.559	0.352	0.083	-0.149	-0.039	0.681	-0.577
FAKTOR	a*a			a				a*a					

INFOLGE EINZELMOMENT Mt=1

IN	M 0.4	0.7	1.0	Q 0	0.4	0.7	1.0	T 0	0.4	0.7	1.0	q 0.4	1.0
0.0*L1	0.000	0.000	-0.000	0.000	-0.000	-0.000	-0.000	1.000	-0.000	-0.000	-0.000	-0.000	-0.000
0.1*L1	0.080	0.014	-0.064	0.285	-0.073	-0.070	-0.116	0.754	-0.067	-0.068	-0.045	-0.037	-0.089
0.2*L1	0.158	0.033	-0.125	0.364	-0.120	-0.142	-0.235	0.612	-0.146	-0.135	-0.089	-0.136	-0.175
0.3*L1	0.225	0.060	-0.182	0.339	-0.109	-0.214	-0.358	0.522	-0.255	-0.202	-0.130	-0.367	-0.257
0.4*L1	0.260	0.097	-0.232	0.273	0.014	-0.279	-0.486	0.453	-0.418	-0.271	-0.168	-0.816	-0.336
									0.582				
0.5*L1	0.242	0.141	-0.271	0.202	0.143	-0.321	-0.617	0.388	0.418	-0.350	-0.202	-0.350	-0.414
0.6*L1	0.195	0.182	-0.295	0.141	0.172	-0.309	-0.747	0.322	0.307	-0.453	-0.234	-0.103	-0.503
0.7*L1	0.145	0.200	-0.301	0.094	0.154	-0.190	-0.863	0.254	0.224	-0.604	-0.267	0.006	-0.619
										0.396			
0.8*L1	0.101	0.169	-0.289	0.062	0.117	-0.066	-0.943	0.187	0.159	0.251	-0.311	0.035	-0.797
0.9*L1	0.068	0.115	-0.266	0.041	0.079	-0.040	-0.947	0.126	0.106	0.166	-0.380	0.026	-1.086
1.0*L1	0.044	0.062	-0.250	0.029	0.047	-0.057	-0.820	0.074	0.065	0.117	-0.502	0.002	-1.560
0.0*L2	0.044	0.062	-0.250	0.029	0.047	-0.057	-0.820	0.074	0.065	0.117	0.498	0.002	-1.560
0.1*L2	0.029	0.019	-0.263	0.022	0.024	-0.085	-0.660	0.036	0.035	0.089	0.376	-0.021	-1.081
0.2*L2	0.019	-0.011	-0.283	0.017	0.008	-0.109	-0.575	0.010	0.015	0.073	0.306	-0.039	-0.788
0.3*L2	0.013	-0.029	-0.292	0.015	-0.002	-0.122	-0.518	-0.005	0.003	0.063	0.261	-0.049	-0.607
0.4*L2	0.009	-0.036	-0.284	0.013	-0.006	-0.123	-0.467	-0.013	-0.003	0.055	0.227	-0.052	-0.488
0.5*L2	0.007	-0.037	-0.259	0.011	-0.008	-0.115	-0.409	-0.015	-0.006	0.047	0.195	-0.049	-0.399
0.6*L2	0.006	-0.033	-0.222	0.009	-0.008	-0.099	-0.343	-0.015	-0.006	0.040	0.162	-0.043	-0.322
0.7*L2	0.004	-0.027	-0.178	0.007	-0.007	-0.080	-0.272	-0.012	-0.005	0.031	0.128	-0.035	-0.251
0.8*L2	0.003	-0.020	-0.131	0.005	-0.005	-0.059	-0.201	-0.009	-0.004	0.023	0.094	-0.026	-0.184
0.9*L2	0.002	-0.014	-0.088	0.004	-0.003	-0.040	-0.135	-0.006	-0.003	0.015	0.063	-0.017	-0.123
1.0*L2	0.001	-0.008	-0.052	0.002	-0.002	-0.023	-0.079	-0.004	-0.002	0.009	0.037	-0.010	-0.073
FAKTOR				1/a								1/(a*a)	

INFOLGE STRECKENMOMENT mt=1

IN FELD	M 0.4	0.7	1.0	Q 0	0.4	0.7	1.0	T 0	0.4	0.7	1.0	q 0.4	1.0
1,BIS SPRUNG					-0.095	-0.436			-0.200	-0.531			
1,REST	0.451	0.314	-0.647	0.555	0.215	-0.063	-1.725	1.240	0.457	0.198	-0.620	-0.493	-1.504
2	0.034	-0.050	-0.646	0.035	0.004	-0.263	-1.205	0.000	0.016	0.149	0.620	-0.101	-1.505
3	0.000	0.000	0.000	0.000	0.000	0.000	0.000	0.000	0.000	0.000	0.000	0.000	-0.001
SUMME(+)	0.485	0.314	0.000	0.591	0.218	0.000	0.000	1.240	0.473	0.348	0.620	0.000	0.000
SUMME(-)	0.000	-0.050	-1.293	0.000	-0.095	-0.762	-2.930	0.000	-0.200	-0.531	-0.620	-0.593	-3.009
SUMME	0.485	0.264	-1.292	0.591	0.123	-0.762	-2.930	1.240	0.274	-0.184	0.000	-0.593	-3.009
FAKTOR	a							a				1/a	

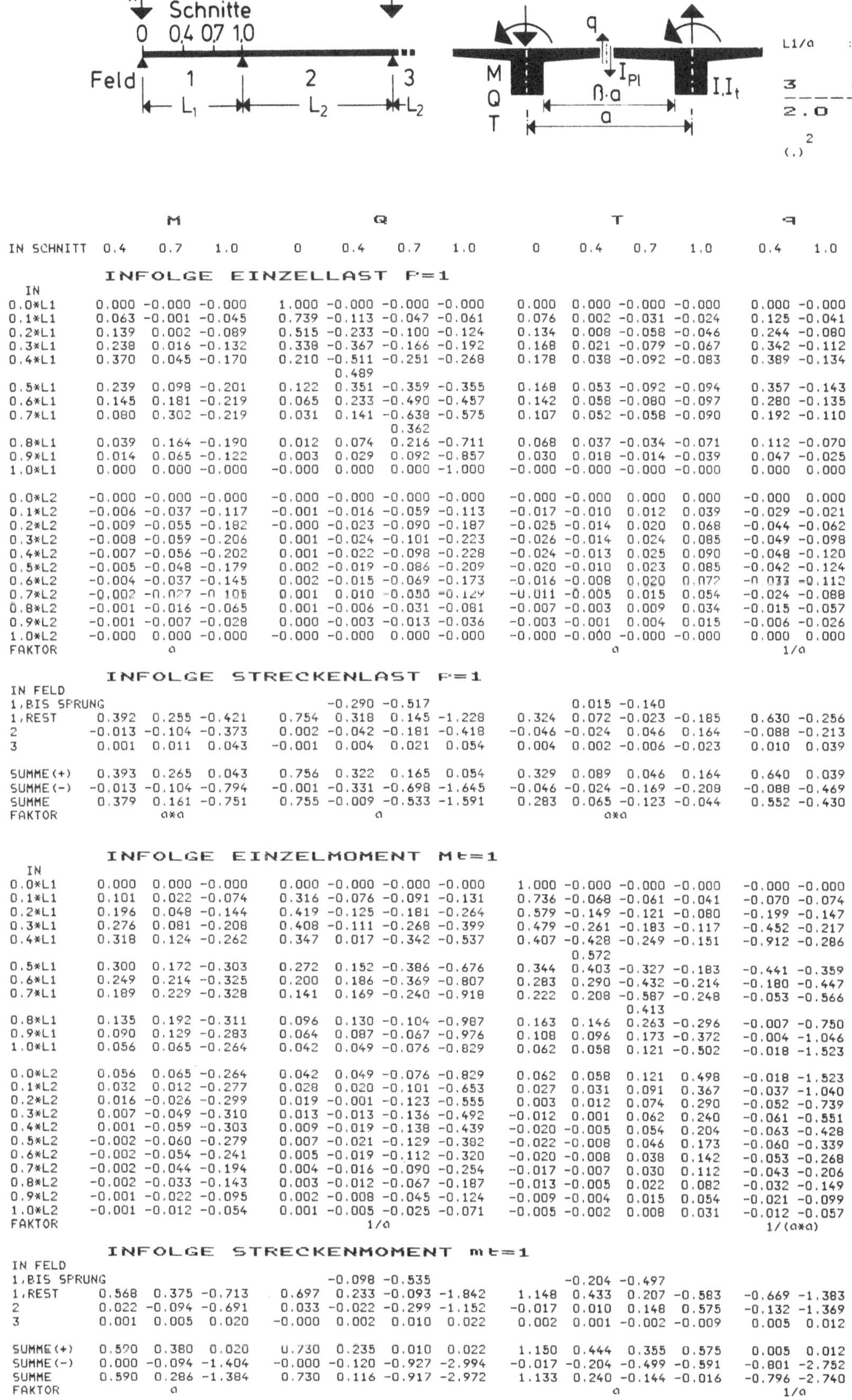

| | | M | | | | Q | | | | T | | | q |
IN SCHNITT	0.4	0.7	1.0	0	0.4	0.7	1.0	0	0.4	0.7	1.0	0.4	1.0

INFOLGE EINZELLAST P=1

IN	M 0.4	M 0.7	M 1.0	Q 0	Q 0.4	Q 0.7	Q 1.0	T 0	T 0.4	T 0.7	T 1.0	q 0.4	q 1.0
0.0*L1	0.000	-0.000	-0.000	1.000	-0.000	-0.000	-0.000	0.000	0.000	-0.000	-0.000	0.000	-0.000
0.1*L1	0.063	-0.001	-0.045	0.739	-0.113	-0.047	-0.061	0.076	0.002	-0.031	-0.024	0.125	-0.041
0.2*L1	0.139	0.002	-0.089	0.515	-0.233	-0.100	-0.124	0.134	0.008	-0.058	-0.046	0.244	-0.080
0.3*L1	0.238	0.016	-0.132	0.338	-0.367	-0.166	-0.192	0.168	0.021	-0.079	-0.067	0.342	-0.112
0.4*L1	0.370	0.045	-0.170	0.210	-0.511	-0.251	-0.268	0.178	0.038	-0.092	-0.083	0.389	-0.134
					0.489								
0.5*L1	0.239	0.098	-0.201	0.122	0.351	-0.359	-0.355	0.168	0.053	-0.092	-0.094	0.357	-0.143
0.6*L1	0.145	0.181	-0.219	0.065	0.233	-0.490	-0.457	0.142	0.058	-0.080	-0.097	0.280	-0.135
0.7*L1	0.080	0.302	-0.219	0.031	0.141	-0.638	-0.575	0.107	0.052	-0.058	-0.090	0.192	-0.110
						0.362							
0.8*L1	0.039	0.164	-0.190	0.012	0.074	0.216	-0.711	0.068	0.037	-0.034	-0.071	0.112	-0.070
0.9*L1	0.014	0.065	-0.122	0.003	0.029	0.092	-0.857	0.030	0.018	-0.014	-0.039	0.047	-0.025
1.0*L1	0.000	0.000	-0.000	-0.000	0.000	0.000	-1.000	-0.000	-0.000	-0.000	-0.000	0.000	0.000
0.0*L2	-0.000	-0.000	-0.000	-0.000	-0.000	-0.000	-0.000	-0.000	-0.000	0.000	0.000	-0.000	0.000
0.1*L2	-0.006	-0.037	-0.117	-0.001	-0.016	-0.059	-0.113	-0.017	-0.010	0.012	0.039	-0.029	-0.021
0.2*L2	-0.009	-0.055	-0.182	-0.000	-0.023	-0.090	-0.187	-0.025	-0.014	0.020	0.068	-0.044	-0.062
0.3*L2	-0.008	-0.059	-0.206	0.001	-0.024	-0.101	-0.223	-0.026	-0.014	0.024	0.085	-0.049	-0.098
0.4*L2	-0.007	-0.056	-0.202	0.001	-0.022	-0.098	-0.228	-0.024	-0.013	0.025	0.090	-0.048	-0.120
0.5*L2	-0.005	-0.048	-0.179	0.002	-0.019	-0.086	-0.209	-0.020	-0.010	0.023	0.085	-0.042	-0.124
0.6*L2	-0.004	-0.037	-0.145	0.002	-0.015	-0.069	-0.173	-0.016	-0.008	0.020	0.072	-0.033	-0.112
0.7*L2	-0.002	-0.027	-0.105	0.001	0.010	-0.050	-0.129	-0.011	-0.005	0.015	0.054	-0.024	-0.088
0.8*L2	-0.001	-0.016	-0.065	0.001	-0.006	-0.031	-0.081	-0.007	-0.003	0.009	0.034	-0.015	-0.057
0.9*L2	-0.001	-0.007	-0.028	0.000	-0.003	-0.013	-0.036	-0.003	-0.001	0.004	0.015	-0.006	-0.026
1.0*L2	-0.000	0.000	-0.000	-0.000	-0.000	0.000	-0.000	-0.000	-0.000	-0.000	-0.000	0.000	0.000
FAKTOR		a				a				a		1/a	

INFOLGE STRECKENLAST P=1

IN FELD	M 0.4	M 0.7	M 1.0	Q 0	Q 0.4	Q 0.7	Q 1.0	T 0	T 0.4	T 0.7	T 1.0	q 0.4	q 1.0
1,BIS SPRUNG					-0.290	-0.517			0.015	-0.140			
1,REST	0.392	0.255	-0.421	0.754	0.318	0.145	-1.228	0.324	0.072	-0.023	-0.185	0.630	-0.256
2	-0.013	-0.104	-0.373	0.002	-0.042	-0.181	-0.418	-0.046	-0.024	0.046	0.164	-0.088	-0.213
3	0.001	0.011	0.043	-0.001	0.004	0.021	0.054	0.004	0.002	-0.006	-0.023	0.010	0.039
SUMME(+)	0.393	0.265	0.043	0.756	0.322	0.165	0.054	0.329	0.089	0.046	0.164	0.640	0.039
SUMME(-)	-0.013	-0.104	-0.794	-0.001	-0.331	-0.698	-1.645	-0.046	-0.024	-0.169	-0.208	-0.088	-0.469
SUMME	0.379	0.161	-0.751	0.755	-0.009	-0.533	-1.591	0.283	0.065	-0.123	-0.044	0.552	-0.430
FAKTOR		a*a				a				a*a		1/a	

INFOLGE EINZELMOMENT Mt=1

IN	M 0.4	M 0.7	M 1.0	Q 0	Q 0.4	Q 0.7	Q 1.0	T 0	T 0.4	T 0.7	T 1.0	q 0.4	q 1.0
0.0*L1	0.000	0.000	-0.000	0.000	-0.000	-0.000	-0.000	1.000	-0.000	-0.000	-0.000	-0.000	-0.000
0.1*L1	0.101	0.022	-0.074	0.316	-0.076	-0.091	-0.131	0.736	-0.068	-0.061	-0.041	-0.070	-0.074
0.2*L1	0.196	0.048	-0.144	0.419	-0.125	-0.181	-0.264	0.579	-0.149	-0.121	-0.080	-0.199	-0.147
0.3*L1	0.276	0.081	-0.208	0.408	-0.111	-0.268	-0.399	0.479	-0.261	-0.183	-0.117	-0.452	-0.217
0.4*L1	0.318	0.124	-0.262	0.347	0.017	-0.342	-0.537	0.407	-0.428	-0.249	-0.151	-0.912	-0.286
									0.572				
0.5*L1	0.300	0.172	-0.303	0.272	0.152	-0.386	-0.676	0.344	0.403	-0.327	-0.183	-0.441	-0.359
0.6*L1	0.249	0.214	-0.325	0.200	0.186	-0.369	-0.807	0.283	0.290	-0.432	-0.214	-0.180	-0.447
0.7*L1	0.189	0.229	-0.328	0.141	0.169	-0.240	-0.918	0.222	0.208	-0.587	-0.248	-0.053	-0.566
										0.413			
0.8*L1	0.135	0.192	-0.311	0.096	0.130	-0.104	-0.987	0.163	0.146	0.263	-0.296	-0.007	-0.750
0.9*L1	0.090	0.129	-0.283	0.064	0.087	-0.067	-0.976	0.108	0.096	0.173	-0.372	-0.004	-1.046
1.0*L1	0.056	0.065	-0.264	0.042	0.049	-0.076	-0.829	0.062	0.058	0.121	-0.502	-0.018	-1.523
0.0*L2	0.056	0.065	-0.264	0.042	0.049	-0.076	-0.829	0.062	0.058	0.121	0.498	-0.018	-1.523
0.1*L2	0.032	0.012	-0.277	0.028	0.020	-0.101	-0.653	0.027	0.031	0.091	0.367	-0.037	-1.040
0.2*L2	0.016	-0.026	-0.299	0.019	-0.001	-0.123	-0.555	0.003	0.012	0.074	0.290	-0.052	-0.739
0.3*L2	0.007	-0.049	-0.310	0.013	-0.013	-0.136	-0.492	-0.012	0.001	0.062	0.240	-0.061	-0.551
0.4*L2	0.001	-0.059	-0.303	0.009	-0.019	-0.138	-0.439	-0.020	-0.005	0.054	0.204	-0.063	-0.428
0.5*L2	-0.002	-0.060	-0.279	0.007	-0.021	-0.129	-0.382	-0.022	-0.008	0.046	0.173	-0.060	-0.339
0.6*L2	-0.002	-0.054	-0.241	0.005	-0.019	-0.112	-0.320	-0.020	-0.008	0.038	0.142	-0.053	-0.268
0.7*L2	-0.002	-0.044	-0.194	0.004	-0.016	-0.090	-0.254	-0.017	-0.007	0.030	0.112	-0.043	-0.206
0.8*L2	-0.002	-0.033	-0.143	0.003	-0.012	-0.067	-0.187	-0.013	-0.005	0.022	0.082	-0.032	-0.149
0.9*L2	-0.001	-0.022	-0.095	0.002	-0.008	-0.045	-0.124	-0.009	-0.004	0.015	0.054	-0.021	-0.099
1.0*L2	-0.001	-0.012	-0.054	0.001	-0.005	-0.025	-0.071	-0.005	-0.002	0.008	0.031	-0.012	-0.057
FAKTOR					1/a							1/(a*a)	

INFOLGE STRECKENMOMENT mt=1

IN FELD	M 0.4	M 0.7	M 1.0	Q 0	Q 0.4	Q 0.7	Q 1.0	T 0	T 0.4	T 0.7	T 1.0	q 0.4	q 1.0
1,BIS SPRUNG					-0.098	-0.535			-0.204	-0.497			
1,REST	0.568	0.375	-0.713	0.697	0.233	-0.093	-1.842	1.148	0.433	0.207	-0.583	-0.669	-1.383
2	0.022	-0.094	-0.691	0.033	-0.022	-0.299	-1.152	-0.017	0.010	0.148	0.575	-0.132	-1.369
3	0.001	0.005	0.020	-0.000	0.002	0.010	0.022	0.002	0.001	-0.002	-0.009	0.005	0.012
SUMME(+)	0.590	0.380	0.020	0.730	0.235	0.010	0.022	1.150	0.444	0.355	0.575	0.005	0.012
SUMME(-)	0.000	-0.094	-1.404	-0.000	-0.120	-0.927	-2.994	-0.017	-0.204	-0.499	-0.591	-0.801	-2.752
SUMME	0.590	0.286	-1.384	0.730	0.116	-0.917	-2.972	1.133	0.240	-0.144	-0.016	-0.796	-2.740
FAKTOR		a				a				a		1/a	

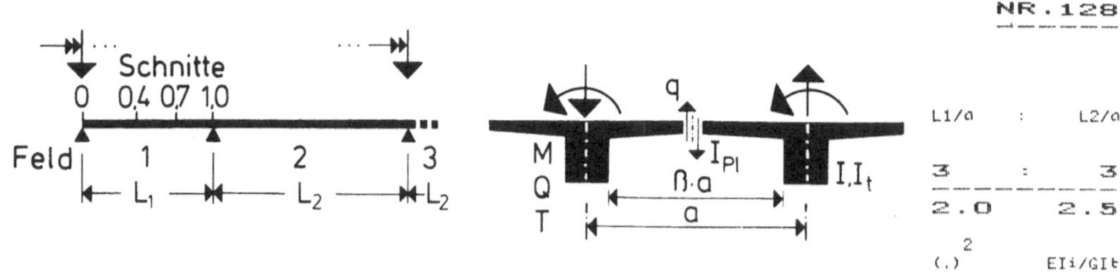

| | | M | | | | Q | | | | T | | | q |
IN SCHNITT	0.4	0.7	1.0	0	0.4	0.7	1.0	0	0.4	0.7	1.0	0.4	1.0

INFOLGE EINZELLAST P=1

IN	M 0.4	M 0.7	M 1.0	Q 0	Q 0.4	Q 0.7	Q 1.0	T 0	T 0.4	T 0.7	T 1.0	q 0.4	q 1.0
0.0*L1	0.000	0.000	-0.000	1.000	-0.000	-0.000	-0.000	0.000	0.000	-0.000	-0.000	0.000	-0.000
0.1*L1	0.084	0.005	-0.054	0.777	-0.120	-0.067	-0.074	0.055	0.003	-0.023	-0.020	0.094	-0.030
0.2*L1	0.178	0.016	-0.107	0.577	-0.244	-0.138	-0.150	0.098	0.009	-0.044	-0.038	0.182	-0.058
0.3*L1	0.290	0.036	-0.155	0.413	-0.374	-0.219	-0.230	0.124	0.018	-0.060	-0.054	0.252	-0.080
0.4*L1	0.428	0.072	-0.197	0.284	-0.509	-0.312	-0.317	0.133	0.029	-0.069	-0.067	0.287	-0.095
					0.491								
0.5*L1	0.296	0.129	-0.228	0.187	0.362	-0.421	-0.411	0.127	0.039	-0.069	-0.074	0.267	-0.100
0.6*L1	0.194	0.214	-0.244	0.116	0.250	-0.544	-0.515	0.109	0.042	-0.061	-0.075	0.215	-0.094
0.7*L1	0.117	0.332	-0.238	0.067	0.159	-0.677	-0.630	0.083	0.037	-0.045	-0.068	0.152	-0.075
						0.323							
0.8*L1	0.062	0.187	-0.202	0.034	0.088	0.195	-0.753	0.053	0.026	-0.027	-0.053	0.092	-0.047
0.9*L1	0.024	0.077	-0.126	0.013	0.036	0.085	-0.881	0.024	0.013	-0.012	-0.029	0.040	-0.017
1.0*L1	0.000	0.000	0.000	0.000	0.000	0.000	-1.000	0.000	0.000	0.000	0.000	0.000	-0.000
0.0*L2	-0.000	-0.000	-0.000	-0.000	-0.000	-0.000	-0.000	-0.000	-0.000	0.000	0.000	-0.000	0.000
0.1*L2	-0.014	-0.048	-0.118	-0.007	-0.022	-0.057	-0.094	-0.015	-0.008	0.010	0.029	-0.026	-0.013
0.2*L2	-0.021	-0.073	-0.186	-0.010	-0.033	-0.089	-0.157	-0.023	-0.011	0.017	0.051	-0.041	-0.039
0.3*L2	-0.023	-0.082	-0.215	-0.011	-0.037	-0.102	-0.189	-0.025	-0.012	0.020	0.064	-0.048	-0.063
0.4*L2	-0.022	-0.080	-0.215	-0.010	-0.036	-0.102	-0.195	-0.024	-0.011	0.022	0.068	-0.047	-0.078
0.5*L2	-0.019	-0.071	-0.194	-0.008	-0.032	-0.091	-0.181	-0.021	-0.010	0.020	0.065	-0.043	-0.082
0.6*L2	-0.015	-0.057	-0.159	-0.007	-0.025	-0.075	-0.152	-0.017	-0.008	0.017	0.056	-0.035	-0.075
0.7*L2	-0.011	-0.042	-0.118	-0.005	-0.018	-0.055	-0.114	-0.012	-0.005	0.013	0.042	-0.026	-0.060
0.8*L2	-0.007	-0.026	-0.074	-0.003	-0.011	-0.035	-0.072	-0.008	-0.003	0.008	0.027	-0.016	-0.039
0.9*L2	-0.003	-0.011	-0.033	-0.001	-0.005	-0.015	-0.032	-0.003	-0.001	0.004	0.012	-0.007	-0.018
1.0*L2	-0.000	0.000	0.000	-0.000	0.000	0.000	-0.000	-0.000	-0.000	0.000	0.000	0.000	-0.000
FAKTOR		a								a			1/a

INFOLGE STRECKENLAST P=1

IN FELD	M 0.4	M 0.7	M 1.0	Q 0	Q 0.4	Q 0.7	Q 1.0	T 0	T 0.4	T 0.7	T 1.0	q 0.4	q 1.0
1,BIS SPRUNG					-0.297	-0.610			0.013	-0.106			
1,REST	0.498	0.314	-0.471	0.885	0.340	0.131	-1.338	0.244	0.052	-0.018	-0.145	0.477	-0.179
2	-0.041	-0.149	-0.398	-0.019	-0.067	-0.188	-0.360	-0.045	-0.021	0.040	0.125	-0.088	-0.140
3	0.006	0.022	0.064	0.002	0.010	0.030	0.063	0.007	0.003	-0.007	-0.024	0.014	0.034
SUMME(+)	0.503	0.337	0.064	0.887	0.349	0.161	0.063	0.251	0.068	0.040	0.125	0.491	0.034
SUMME(-)	-0.041	-0.149	-0.868	-0.019	-0.364	-0.798	-1.697	-0.045	-0.021	-0.131	-0.168	-0.088	-0.320
SUMME	0.462	0.188	-0.805	0.869	-0.014	-0.638	-1.635	0.205	0.047	-0.092	-0.043	0.403	-0.286
FAKTOR		a*a				a				a*a			

INFOLGE EINZELMOMENT Mt=1

IN	M 0.4	M 0.7	M 1.0	Q 0	Q 0.4	Q 0.7	Q 1.0	T 0	T 0.4	T 0.7	T 1.0	q 0.4	q 1.0
0.0*L1	0.000	0.000	-0.000	0.000	-0.000	-0.000	-0.000	1.000	-0.000	-0.000	-0.000	-0.000	-0.000
0.1*L1	0.126	0.032	-0.085	0.352	-0.078	-0.116	-0.151	0.715	-0.070	-0.051	-0.034	-0.110	-0.058
0.2*L1	0.243	0.069	-0.166	0.484	-0.127	-0.229	-0.303	0.540	-0.154	-0.103	-0.067	-0.274	-0.115
0.3*L1	0.339	0.111	-0.238	0.492	-0.110	-0.333	-0.454	0.429	-0.270	-0.159	-0.098	-0.554	-0.173
0.4*L1	0.391	0.161	-0.297	0.438	0.023	-0.418	-0.605	0.351	-0.442	-0.221	-0.128	-1.026	-0.233
									0.558				
0.5*L1	0.375	0.213	-0.339	0.360	0.164	-0.465	-0.750	0.289	0.386	-0.299	-0.156	-0.553	-0.301
0.6*L1	0.317	0.255	-0.360	0.278	0.202	-0.442	-0.882	0.233	0.271	-0.407	-0.187	-0.277	-0.389
0.7*L1	0.247	0.266	-0.358	0.204	0.185	-0.301	-0.986	0.181	0.191	-0.566	-0.224	-0.131	-0.513
										0.434			
0.8*L1	0.177	0.220	-0.335	0.143	0.143	-0.150	-1.040	0.131	0.131	0.278	-0.277	-0.064	-0.704
0.9*L1	0.117	0.146	-0.302	0.094	0.095	-0.099	-1.009	0.086	0.086	0.183	-0.362	-0.042	-1.007
1.0*L1	0.069	0.069	-0.279	0.058	0.050	-0.098	-0.840	0.048	0.052	0.126	-0.502	-0.043	-1.486
0.0*L2	0.069	0.069	-0.279	0.058	0.050	-0.098	-0.840	0.048	0.052	0.126	0.498	-0.043	-1.486
0.1*L2	0.033	0.003	-0.290	0.033	0.014	-0.115	-0.643	0.019	0.028	0.093	0.357	-0.052	-1.001
0.2*L2	0.009	-0.045	-0.314	0.015	-0.012	-0.134	-0.530	-0.002	0.012	0.073	0.271	-0.061	-0.693
0.3*L2	-0.007	-0.075	-0.327	0.004	-0.028	-0.145	-0.458	-0.015	0.001	0.060	0.216	-0.067	-0.497
0.4*L2	-0.015	-0.089	-0.323	-0.002	-0.036	-0.146	-0.400	-0.022	-0.005	0.050	0.177	-0.068	-0.370
0.5*L2	-0.018	-0.090	-0.299	-0.005	-0.038	-0.137	-0.345	-0.024	-0.007	0.042	0.146	-0.064	-0.282
0.6*L2	-0.018	-0.082	-0.260	-0.006	-0.035	-0.120	-0.287	-0.022	-0.008	0.035	0.118	-0.056	-0.215
0.7*L2	-0.015	-0.068	-0.210	-0.005	-0.029	-0.097	-0.227	-0.019	-0.007	0.027	0.092	-0.045	-0.161
0.8*L2	-0.012	-0.051	-0.155	-0.004	-0.022	-0.072	-0.166	-0.014	-0.005	0.020	0.067	-0.033	-0.115
0.9*L2	-0.008	-0.033	-0.102	-0.003	-0.014	-0.047	-0.109	-0.009	-0.004	0.013	0.044	-0.022	-0.076
1.0*L2	-0.004	-0.018	-0.055	-0.001	-0.008	-0.026	-0.060	-0.005	-0.002	0.007	0.024	-0.012	-0.043
FAKTOR						1/a							1/(a*a)

INFOLGE STRECKENMOMENT mt=1

IN FELD	M 0.4	M 0.7	M 1.0	Q 0	Q 0.4	Q 0.7	Q 1.0	T 0	T 0.4	T 0.7	T 1.0	q 0.4	q 1.0
1,BIS SPRUNG					-0.099	-0.655			-0.211	-0.453			
1,REST	0.714	0.454	-0.788	0.876	0.254	-0.129	-1.991	1.035	0.407	0.219	-0.531	-0.888	-1.257
2	-0.006	-0.153	-0.735	0.016	-0.055	-0.324	-1.079	-0.027	0.008	0.143	0.520	-0.149	-1.238
3	0.005	0.017	0.046	0.002	0.008	0.022	0.041	0.005	0.002	-0.004	-0.014	0.010	0.015
SUMME(+)	0.719	0.472	0.046	0.894	0.262	0.022	0.041	1.041	0.418	0.361	0.520	0.010	0.015
SUMME(-)	-0.006	-0.153	-1.523	0.000	-0.154	-1.108	-3.070	-0.027	-0.211	-0.458	-0.545	-1.037	-2.496
SUMME	0.713	0.318	-1.478	0.894	0.108	-1.086	-3.029	1.013	0.207	-0.097	-0.025	-1.027	-2.480
FAKTOR		a				a				a			1/a

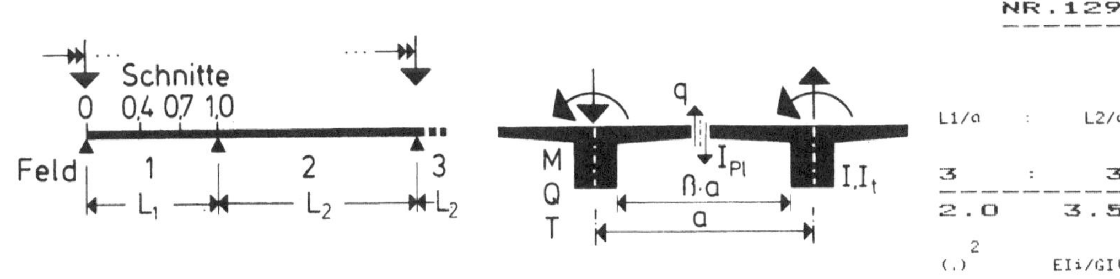

	M			Q				T				q	
IN SCHNITT	0.4	0.7	1.0	0	0.4	0.7	1.0	0	0.4	0.7	1.0	0.4	1.0

INFOLGE EINZELLAST F=1

IN	M 0.4	M 0.7	M 1.0	Q 0	Q 0.4	Q 0.7	Q 1.0	T 0	T 0.4	T 0.7	T 1.0	q 0.4	q 1.0
0.0*L1	0.000	0.000	-0.000	1.000	-0.000	-0.000	-0.000	0.000	0.000	-0.000	-0.000	0.000	-0.000
0.1*L1	0.097	0.010	-0.060	0.797	-0.122	-0.079	-0.083	0.043	0.003	-0.019	-0.016	0.075	-0.024
0.2*L1	0.202	0.025	-0.117	0.613	-0.247	-0.161	-0.168	0.078	0.008	-0.035	-0.032	0.145	-0.045
0.3*L1	0.322	0.050	-0.169	0.456	-0.376	-0.250	-0.256	0.099	0.015	-0.048	-0.045	0.201	-0.063
0.4*L1	0.464	0.089	-0.213	0.328	-0.507	-0.348	-0.348	0.107	0.024	-0.055	-0.055	0.228	-0.074
				0.493									
0.5*L1	0.331	0.149	-0.244	0.227	0.369	-0.457	-0.446	0.102	0.031	-0.056	-0.061	0.214	-0.077
0.6*L1	0.224	0.234	-0.258	0.150	0.260	-0.576	-0.551	0.088	0.033	-0.049	-0.061	0.174	-0.072
0.7*L1	0.141	0.351	-0.248	0.092	0.168	-0.700	-0.662	0.068	0.029	-0.037	-0.055	0.125	-0.057
						0.300							
0.8*L1	0.078	0.200	-0.208	0.049	0.095	0.182	-0.778	0.044	0.021	-0.023	-0.043	0.077	-0.036
0.9*L1	0.032	0.084	-0.128	0.020	0.040	0.080	-0.894	0.020	0.010	-0.010	-0.023	0.034	-0.013
1.0*L1	0.000	-0.000	0.000	0.000	0.000	0.000	-1.000	0.000	0.000	0.000	-0.000	0.000	-0.000
0.0*L2	-0.000	-0.000	-0.000	-0.000	-0.000	-0.000	-0.000	-0.000	-0.000	0.000	0.000	-0.000	0.000
0.1*L2	-0.020	-0.054	-0.118	-0.012	-0.025	-0.054	-0.083	-0.013	-0.006	0.008	0.023	-0.023	-0.009
0.2*L2	-0.030	-0.084	-0.188	-0.018	-0.039	-0.086	-0.139	-0.020	-0.009	0.014	0.041	-0.037	-0.028
0.3*L2	-0.034	-0.097	-0.219	-0.020	-0.045	-0.100	-0.168	-0.023	-0.010	0.017	0.051	-0.043	-0.046
0.4*L2	-0.033	-0.096	-0.221	-0.020	-0.044	-0.101	-0.175	-0.022	-0.010	0.018	0.055	-0.043	-0.058
0.5*L2	-0.029	-0.086	-0.201	-0.017	-0.040	-0.092	-0.163	-0.020	-0.009	0.017	0.053	-0.039	-0.061
0.6*L2	-0.024	-0.070	-0.167	-0.014	-0.032	-0.076	-0.137	0.016	0.007	0.015	0.046	-0.033	-0.056
0.7*L2	-0.017	-0.052	-0.124	-0.010	-0.024	-0.056	-0.103	-0.012	-0.005	0.011	0.035	-0.024	-0.045
0.8*L2	-0.011	-0.033	-0.078	-0.006	-0.015	-0.036	-0.066	-0.007	-0.003	0.007	0.023	-0.015	-0.030
0.9*L2	-0.005	-0.015	-0.035	-0.003	-0.007	-0.016	-0.030	-0.003	-0.001	0.003	0.010	-0.007	-0.014
1.0*L2	0.000	-0.000	-0.000	-0.000	0.000	-0.000	-0.000	0.000	-0.000	0.000	-0.000	-0.000	-0.000
FAKTOR	a							a				1/a	

INFOLGE STRECKENLAST F=1

IN FELD	M 0.4	M 0.7	M 1.0	Q 0	Q 0.4	Q 0.7	Q 1.0	T 0	T 0.4	T 0.7	T 1.0	q 0.4	q 1.0
1,BIS SPRUNG					-0.300	-0.665			0.011	-0.085			
1,REST	0.562	0.352	-0.499	0.965	0.351	0.122	-1.406	0.196	0.041	-0.015	-0.119	0.385	-0.139
2	-0.062	-0.178	-0.410	-0.036	-0.082	-0.187	-0.323	-0.041	-0.019	0.034	0.102	-0.080	-0.105
3	0.011	0.032	0.076	0.006	0.014	0.035	0.064	0.007	0.003	-0.007	-0.022	0.015	0.029
SUMME(+)	0.573	0.384	0.076	0.971	0.366	0.157	0.064	0.203	0.056	0.034	0.102	0.400	0.029
SUMME(-)	-0.062	-0.178	-0.908	-0.036	-0.382	-0.852	-1.728	-0.041	-0.019	-0.107	-0.141	-0.080	-0.244
SUMME	0.511	0.206	-0.832	0.934	-0.016	-0.695	-1.664	0.162	0.037	-0.073	-0.039	0.319	-0.214
FAKTOR	a*a			a				a*a					

INFOLGE EINZELMOMENT Mt=1

IN	M 0.4	M 0.7	M 1.0	Q 0	Q 0.4	Q 0.7	Q 1.0	T 0	T 0.4	T 0.7	T 1.0	q 0.4	q 1.0
0.0*L1	0.000	0.000	-0.000	0.000	-0.000	-0.000	-0.000	1.000	-0.000	-0.000	-0.000	-0.000	-0.000
0.1*L1	0.141	0.039	-0.092	0.373	-0.079	-0.131	-0.164	0.702	-0.072	-0.046	-0.029	-0.133	-0.049
0.2*L1	0.272	0.082	-0.178	0.522	-0.127	-0.258	-0.328	0.517	-0.158	-0.093	-0.058	-0.318	-0.098
0.3*L1	0.378	0.131	-0.255	0.542	-0.109	-0.372	-0.490	0.399	-0.276	-0.144	-0.085	-0.614	-0.149
0.4*L1	0.435	0.184	-0.317	0.493	0.028	-0.463	-0.648	0.318	-0.450	-0.204	-0.112	-1.094	-0.205
									0.550				
0.5*L1	0.420	0.238	-0.360	0.414	0.172	-0.511	-0.797	0.256	0.377	-0.282	-0.139	-0.620	-0.271
0.6*L1	0.359	0.281	-0.379	0.327	0.211	-0.485	-0.928	0.203	0.261	-0.391	-0.169	-0.337	-0.358
0.7*L1	0.282	0.288	-0.375	0.244	0.194	-0.337	-1.027	0.156	0.181	-0.554	-0.208	-0.179	-0.485
										0.446			
0.8*L1	0.204	0.237	-0.349	0.172	0.150	-0.178	-1.072	0.112	0.123	0.287	-0.265	-0.099	-0.680
0.9*L1	0.134	0.156	-0.312	0.113	0.099	-0.118	-1.028	0.074	0.081	0.189	-0.356	-0.066	-0.987
1.0*L1	0.077	0.071	-0.287	0.068	0.050	-0.110	-0.846	0.041	0.050	0.129	-0.502	-0.057	-1.469
0.0*L2	0.077	0.071	-0.287	0.068	0.050	-0.110	-0.846	0.041	0.050	0.129	0.498	-0.057	-1.469
0.1*L2	0.033	-0.003	-0.297	0.034	0.010	-0.122	-0.637	0.015	0.027	0.093	0.351	-0.059	-0.982
0.2*L2	0.002	-0.057	-0.321	0.011	-0.019	-0.138	-0.514	-0.003	0.012	0.071	0.259	-0.063	-0.670
0.3*L2	-0.017	-0.092	-0.335	-0.004	-0.037	-0.147	-0.435	-0.015	0.002	0.057	0.201	-0.066	-0.471
0.4*L2	-0.028	-0.108	-0.332	-0.012	-0.047	-0.148	-0.375	-0.021	-0.004	0.047	0.161	-0.065	-0.341
0.5*L2	-0.031	-0.110	-0.309	-0.016	-0.048	-0.138	-0.320	-0.022	-0.006	0.039	0.130	-0.061	-0.253
0.6*L2	-0.030	-0.100	-0.269	-0.016	-0.045	-0.121	-0.265	-0.021	-0.007	0.031	0.104	-0.053	-0.189
0.7*L2	-0.026	-0.083	-0.218	-0.014	-0.037	-0.098	-0.209	-0.018	-0.006	0.024	0.080	-0.043	-0.139
0.8*L2	-0.019	-0.062	-0.161	-0.010	-0.028	-0.073	-0.152	-0.013	-0.005	0.018	0.057	-0.032	-0.098
0.9*L2	-0.013	-0.040	-0.105	-0.007	-0.018	-0.048	-0.099	-0.009	-0.003	0.012	0.038	-0.021	-0.064
1.0*L2	-0.006	-0.021	-0.056	-0.003	-0.009	-0.025	-0.054	-0.004	-0.001	0.006	0.021	-0.011	-0.037
FAKTOR				1/a								1/(a*a)	

INFOLGE STRECKENMOMENT mt=1

IN FELD	M 0.4	M 0.7	M 1.0	Q 0	Q 0.4	Q 0.7	Q 1.0	T 0	T 0.4	T 0.7	T 1.0	q 0.4	q 1.0
1,BIS SPRUNG					-0.098	-0.725			-0.216	-0.427			
1,REST	0.804	0.505	-0.831	0.985	0.266	-0.150	-2.082	0.968	0.392	0.226	-0.498	-1.020	-1.191
2	-0.029	-0.191	-0.757	-0.002	-0.076	-0.331	-1.032	-0.027	0.010	0.137	0.488	-0.149	-1.174
3	0.010	0.027	0.062	0.006	0.013	0.028	0.048	0.006	0.003	-0.005	-0.015	0.012	0.013
SUMME(+)	0.813	0.532	0.062	0.990	0.279	0.028	0.048	0.975	0.405	0.363	0.488	0.012	0.013
SUMME(-)	-0.029	-0.191	-1.587	-0.002	-0.174	-1.206	-3.114	-0.027	-0.216	-0.432	-0.513	-1.169	-2.365
SUMME	0.784	0.341	-1.525	0.989	0.105	-1.177	-3.066	0.948	0.189	-0.070	-0.025	-1.157	-2.352
FAKTOR	a			a				a				1/a	

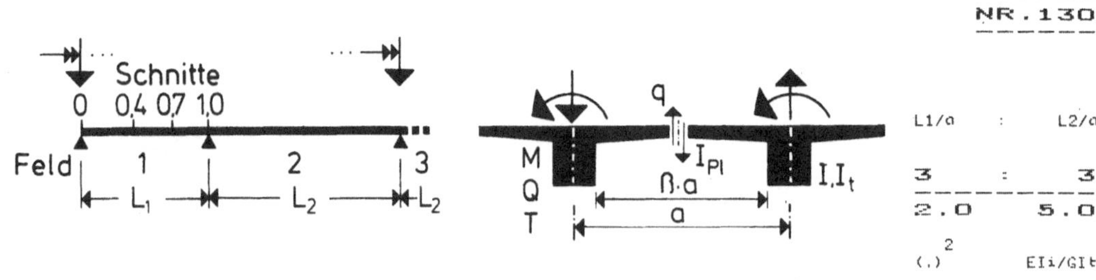

	M			**Q**				**T**				**q**	
IN SCHNITT	0.4	0.7	1.0	0	0.4	0.7	1.0	0	0.4	0.7	1.0	0.4	1.0

INFOLGE EINZELLAST P=1

IN	M 0.4	M 0.7	M 1.0	Q 0	Q 0.4	Q 0.7	Q 1.0	T 0	T 0.4	T 0.7	T 1.0	q 0.4	q 1.0
0.0*L1	0.000	0.000	-0.000	1.000	-0.000	-0.000	-0.000	0.000	0.000	-0.000	-0.000	0.000	-0.000
0.1*L1	0.108	0.015	-0.064	0.815	-0.124	-0.090	-0.092	0.033	0.003	-0.014	-0.013	0.058	-0.018
0.2*L1	0.223	0.035	-0.126	0.645	-0.250	-0.182	-0.185	0.059	0.007	-0.027	-0.025	0.112	-0.034
0.3*L1	0.351	0.063	-0.181	0.495	-0.377	-0.278	-0.280	0.076	0.012	-0.037	-0.036	0.154	-0.047
0.4*L1	0.497	0.106	-0.226	0.369	-0.504	-0.381	-0.378	0.082	0.019	-0.043	-0.044	0.175	-0.055
					0.496								
0.5*L1	0.364	0.168	-0.258	0.265	0.376	-0.490	-0.480	0.079	0.024	-0.043	-0.048	0.165	-0.058
0.6*L1	0.253	0.254	-0.270	0.181	0.269	-0.605	-0.585	0.069	0.025	-0.038	-0.048	0.136	-0.053
0.7*L1	0.163	0.368	-0.258	0.115	0.177	-0.721	-0.692	0.053	0.022	-0.029	-0.043	0.099	-0.042
						0.279							
0.8*L1	0.092	0.213	-0.213	0.065	0.102	0.169	-0.801	0.034	0.016	-0.018	-0.033	0.061	-0.026
0.9*L1	0.039	0.091	-0.130	0.027	0.043	0.074	-0.906	0.016	0.008	-0.008	-0.018	0.027	-0.010
1.0*L1	0.000	0.000	0.000	0.000	0.000	0.000	-1.000	-0.000	0.000	0.000	0.000	0.000	0.000
0.0*L2	-0.000	-0.000	-0.000	-0.000	-0.000	-0.000	-0.000	-0.000	-0.000	0.000	0.000	-0.000	0.000
0.1*L2	-0.025	-0.060	-0.118	-0.017	-0.028	-0.051	-0.073	-0.011	-0.005	0.007	0.018	-0.019	-0.006
0.2*L2	-0.039	-0.095	-0.189	-0.027	-0.045	-0.083	-0.122	-0.017	-0.007	0.011	0.031	-0.031	-0.020
0.3*L2	-0.045	-0.110	-0.222	-0.030	-0.052	-0.097	-0.148	-0.019	-0.008	0.014	0.040	-0.037	-0.033
0.4*L2	-0.045	-0.111	-0.226	-0.030	-0.052	-0.099	-0.155	-0.019	-0.008	0.015	0.043	-0.037	-0.042
0.5*L2	-0.041	-0.101	-0.207	-0.027	-0.047	-0.090	-0.144	-0.017	-0.007	0.014	0.041	-0.034	-0.044
0.6*L2	-0.033	-0.083	-0.173	-0.022	-0.039	-0.075	-0.122	-0.014	-0.006	0.012	0.036	-0.029	-0.041
0.7*L2	-0.025	-0.062	-0.129	-0.017	-0.029	-0.056	-0.093	-0.011	-0.004	0.009	0.028	-0.021	-0.033
0.8*L2	-0.016	-0.039	-0.082	-0.010	-0.018	-0.036	-0.059	-0.007	-0.003	0.006	0.018	-0.014	-0.022
0.9*L2	-0.007	-0.018	-0.037	-0.005	-0.008	-0.016	-0.027	-0.003	-0.001	0.003	0.008	-0.006	-0.010
1.0*L2	0.000	-0.000	0.000	0.000	0.000	-0.000	0.000	-0.000	0.000	0.000	0.000	0.000	-0.000
FAKTOR	a							a				1/a	

INFOLGE STRECKENLAST P=1

IN FELD	M 0.4	M 0.7	M 1.0	Q 0	Q 0.4	Q 0.7	Q 1.0	T 0	T 0.4	T 0.7	T 1.0	q 0.4	q 1.0
1,BIS SPRUNG						-0.301	-0.715			0.009	-0.066		
1,REST	0.623	0.389	-0.523	1.039	0.362	0.114	-1.470	0.152	0.031	-0.012	-0.094	0.298	-0.104
2	-0.083	-0.206	-0.420	-0.056	-0.097	-0.183	-0.286	-0.035	-0.015	0.028	0.079	-0.069	-0.076
3	0.017	0.042	0.088	0.011	0.020	0.038	0.064	0.007	0.003	-0.006	-0.019	0.015	0.024
SUMME(+)	0.640	0.431	0.088	1.050	0.382	0.152	0.064	0.159	0.044	0.028	0.079	0.313	0.024
SUMME(-)	-0.083	-0.206	-0.943	-0.056	-0.397	-0.898	-1.756	-0.035	-0.015	-0.085	-0.113	-0.069	-0.180
SUMME	0.557	0.225	-0.855	0.994	-0.016	-0.746	-1.692	0.123	0.028	-0.057	-0.033	0.244	-0.156
FAKTOR	a*a			a				a*a					

INFOLGE EINZELMOMENT Mt=1

IN	M 0.4	M 0.7	M 1.0	Q 0	Q 0.4	Q 0.7	Q 1.0	T 0	T 0.4	T 0.7	T 1.0	q 0.4	q 1.0
0.0*L1	0.000	0.000	-0.000	0.000	-0.000	-0.000	-0.000	1.000	-0.000	-0.000	-0.000	-0.000	-0.000
0.1*L1	0.155	0.046	-0.098	0.392	-0.079	-0.145	-0.177	0.691	-0.073	-0.040	-0.024	-0.155	-0.041
0.2*L1	0.298	0.096	-0.190	0.557	-0.127	-0.283	-0.352	0.497	-0.161	-0.083	-0.049	-0.359	-0.083
0.3*L1	0.414	0.150	-0.270	0.588	-0.106	-0.407	-0.524	0.372	-0.281	-0.131	-0.073	-0.669	-0.129
0.4*L1	0.477	0.207	-0.335	0.545	0.033	-0.504	-0.689	0.287	-0.457	-0.189	-0.096	-1.157	-0.180
								0.543					
0.5*L1	0.463	0.263	-0.378	0.465	0.179	-0.553	-0.841	0.225	0.368	-0.266	-0.122	-0.682	-0.244
0.6*L1	0.399	0.306	-0.396	0.373	0.220	-0.524	-0.971	0.175	0.252	-0.376	-0.153	-0.393	-0.333
0.7*L1	0.315	0.310	-0.390	0.282	0.203	-0.370	-1.066	0.132	0.172	-0.541	-0.194	-0.224	-0.462
										0.459			
0.8*L1	0.229	0.254	-0.361	0.200	0.157	-0.203	-1.102	0.095	0.116	0.296	-0.254	-0.133	-0.661
0.9*L1	0.150	0.165	-0.321	0.131	0.102	-0.135	-1.046	0.062	0.076	0.195	-0.349	-0.088	-0.970
1.0*L1	0.083	0.072	-0.294	0.076	0.050	-0.120	-0.852	0.034	0.047	0.132	-0.502	-0.069	-1.454
0.0*L2	0.083	0.072	-0.294	0.076	0.050	-0.120	-0.852	0.034	0.047	0.132	0.498	-0.069	-1.454
0.1*L2	0.032	-0.008	-0.303	0.034	0.007	-0.127	-0.631	0.013	0.027	0.093	0.345	-0.063	-0.966
0.2*L2	-0.005	-0.069	-0.327	0.005	-0.025	-0.139	-0.499	-0.003	0.013	0.069	0.249	-0.063	-0.652
0.3*L2	-0.029	-0.108	-0.342	-0.014	-0.046	-0.147	-0.414	-0.013	0.004	0.054	0.187	-0.062	-0.450
0.4*L2	-0.041	-0.127	-0.339	-0.024	-0.056	-0.146	-0.351	-0.018	-0.002	0.043	0.146	-0.060	-0.319
0.5*L2	-0.046	-0.129	-0.317	-0.028	-0.058	-0.137	-0.296	-0.019	-0.004	0.035	0.115	-0.055	-0.230
0.6*L2	-0.043	-0.118	-0.277	-0.027	-0.054	-0.120	-0.243	-0.018	-0.005	0.028	0.090	-0.047	-0.168
0.7*L2	-0.037	-0.098	-0.224	-0.023	-0.045	-0.097	-0.190	-0.016	-0.005	0.021	0.068	-0.038	-0.121
0.8*L2	-0.028	-0.073	-0.166	-0.018	-0.034	-0.072	-0.138	-0.012	-0.004	0.015	0.049	-0.028	-0.084
0.9*L2	-0.018	-0.047	-0.108	-0.012	-0.022	-0.047	-0.090	-0.008	-0.002	0.010	0.032	-0.018	-0.055
1.0*L2	-0.009	-0.024	-0.055	-0.006	-0.011	-0.024	-0.048	-0.004	-0.001	0.005	0.017	-0.009	-0.032
FAKTOR				1/a								1/(a*a)	

INFOLGE STRECKENMOMENT mt=1

IN FELD	M 0.4	M 0.7	M 1.0	Q 0	Q 0.4	Q 0.7	Q 1.0	T 0	T 0.4	T 0.7	T 1.0	q 0.4	q 1.0
1,BIS SPRUNG						-0.096	-0.790			-0.220	-0.403		
1,REST	0.888	0.553	-0.868	1.086	0.277	-0.169	-2.169	0.907	0.379	0.232	-0.465	-1.142	-1.135
2	-0.055	-0.228	-0.774	-0.023	-0.096	-0.332	-0.985	-0.024	0.012	0.130	0.457	-0.142	-1.122
3	0.016	0.039	0.078	0.011	0.018	0.034	0.051	0.007	0.003	-0.005	-0.013	0.013	0.009
SUMME(+)	0.903	0.592	0.078	1.097	0.296	0.034	0.051	0.914	0.394	0.363	0.457	0.013	0.009
SUMME(-)	-0.055	-0.228	-1.642	-0.023	-0.192	-1.291	-3.154	-0.024	-0.220	-0.408	-0.479	-1.284	-2.257
SUMME	0.849	0.364	-1.564	1.074	0.104	-1.257	-3.103	0.889	0.175	-0.045	-0.022	-1.271	-2.248
FAKTOR	a							a				1/a	

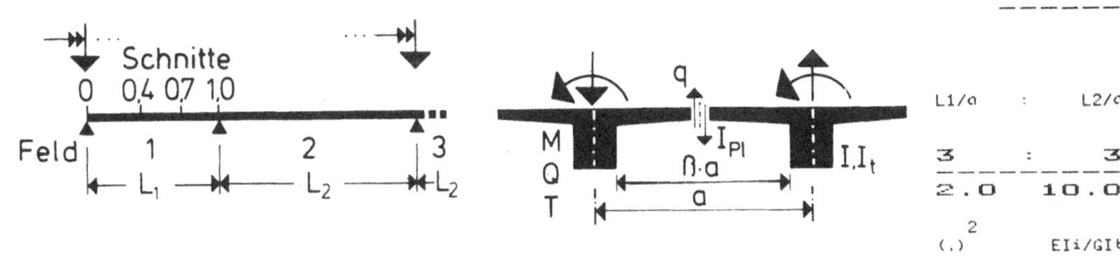

	M 0.4	M 0.7	M 1.0	Q 0	Q 0.4	Q 0.7	Q 1.0	T 0	T 0.4	T 0.7	T 1.0	q 0.4	q 1.0
IN SCHNITT	0.4	0.7	1.0	0	0.4	0.7	1.0	0	0.4	0.7	1.0	0.4	1.0

INFOLGE EINZELLAST F=1

IN	M 0.4	M 0.7	M 1.0	Q 0	Q 0.4	Q 0.7	Q 1.0	T 0	T 0.4	T 0.7	T 1.0	q 0.4	q 1.0
0.0*L1	0.000	0.000	-0.000	1.000	-0.000	-0.000	-0.000	0.000	0.000	-0.000	-0.000	0.000	-0.000
0.1*L1	0.125	0.023	-0.071	0.841	-0.126	-0.106	-0.106	0.019	0.002	-0.008	-0.008	0.033	-0.010
0.2*L1	0.255	0.050	-0.138	0.690	-0.252	-0.212	-0.213	0.033	0.004	-0.016	-0.015	0.063	-0.019
0.3*L1	0.394	0.085	-0.198	0.552	-0.376	-0.319	-0.319	0.043	0.007	-0.021	-0.021	0.087	-0.026
0.4*L1	0.546	0.133	-0.246	0.429	-0.499	-0.428	-0.425	0.047	0.011	-0.024	-0.026	0.099	-0.030
					0.501								
0.5*L1	0.413	0.198	-0.277	0.322	0.386	-0.538	-0.530	0.045	0.014	-0.025	-0.028	0.094	-0.031
0.6*L1	0.297	0.283	-0.287	0.230	0.281	-0.647	-0.634	0.040	0.014	-0.022	-0.028	0.079	-0.029
0.7*L1	0.198	0.394	-0.270	0.152	0.189	-0.753	-0.736	0.031	0.012	-0.017	-0.025	0.058	-0.023
						0.247							
0.8*L1	0.115	0.232	-0.221	0.088	0.111	0.150	-0.833	0.020	0.009	-0.011	-0.019	0.036	-0.014
0.9*L1	0.050	0.100	-0.133	0.038	0.048	0.066	-0.923	0.009	0.004	-0.005	-0.010	0.016	-0.005
1.0*L1	0.000	0.000	0.000	0.000	0.000	0.000	-1.000	0.000	0.000	0.000	-0.000	0.000	0.000
0.0*L2	-0.000	-0.000	-0.000	-0.000	-0.000	-0.000	-0.000	-0.000	-0.000	0.000	0.000	-0.000	0.000
0.1*L2	-0.034	-0.069	-0.117	-0.026	-0.033	-0.047	-0.059	-0.006	-0.003	0.004	0.010	-0.012	-0.003
0.2*L2	-0.054	-0.111	-0.190	-0.041	-0.053	-0.076	-0.098	-0.010	-0.004	0.007	0.018	-0.020	-0.010
0.3*L2	-0.063	-0.131	-0.226	-0.048	-0.062	-0.090	-0.118	-0.012	-0.005	0.009	0.023	-0.023	-0.017
0.4*L2	-0.065	-0.134	-0.232	-0.049	-0.064	-0.092	-0.124	-0.012	-0.005	0.009	0.025	-0.024	-0.022
0.5*L2	-0.059	-0.123	-0.215	-0.045	-0.058	-0.085	-0.116	-0.011	-0.005	0.009	0.024	-0.022	-0.023
0.6*L2	-0.050	-0.103	-0.181	-0.038	-0.049	-0.072	-0.099	-0.009	-0.004	0.008	0.021	-0.019	-0.022
0.7*L2	0.037	-0.078	-0.136	-0.028	-0.037	-0.054	-0.075	-0.007	-0.003	0.006	0.016	-0.014	-0.018
0.8*L2	-0.024	-0.050	-0.088	-0.018	-0.024	-0.035	-0.049	-0.005	-0.002	0.004	0.011	-0.009	-0.012
0.9*L2	-0.011	-0.023	-0.040	-0.008	-0.011	-0.016	-0.022	-0.002	-0.001	0.002	0.005	-0.004	-0.006
1.0*L2	0.000	0.000	0.000	0.000	0.000	0.000	0.000	0.000	0.000	0.000	0.000	0.000	-0.000
FAKTOR	a							a				1/a	

INFOLGE STRECKENLAST F=1

IN FELD	M 0.4	M 0.7	M 1.0	Q 0	Q 0.4	Q 0.7	Q 1.0	T 0	T 0.4	T 0.7	T 1.0	q 0.4	q 1.0
1,BIS SPRUNG					-0.301	-0.789			0.006	-0.038			
1,REST	0.715	0.445	-0.558	1.150	0.378	0.101	-1.567	0.087	0.018	-0.007	-0.055	0.171	-0.056
2	-0.120	-0.249	-0.432	-0.091	-0.118	-0.172	-0.230	-0.023	-0.010	0.017	0.046	-0.045	-0.040
3	0.029	0.061	0.107	0.022	0.029	0.043	0.059	0.006	0.002	-0.005	-0.013	0.011	0.014
SUMME(+)	0.744	0.506	0.107	1.172	0.407	0.143	0.059	0.092	0.026	0.017	0.046	0.182	0.014
SUMME(-)	-0.120	-0.249	-0.990	-0.091	-0.419	-0.959	-1.797	-0.023	-0.010	-0.050	-0.068	-0.045	-0.096
SUMME	0.624	0.256	-0.883	1.081	-0.013	-0.816	-1.737	0.069	0.016	-0.032	-0.022	0.137	-0.082
FAKTOR	a*a			a				a*a				1/a	

INFOLGE EINZELMOMENT Mt=1

IN	M 0.4	M 0.7	M 1.0	Q 0	Q 0.4	Q 0.7	Q 1.0	T 0	T 0.4	T 0.7	T 1.0	q 0.4	q 1.0
0.0*L1	0.000	0.000	-0.000	0.000	-0.000	-0.000	-0.000	1.000	-0.000	-0.000	-0.000	-0.000	-0.000
0.1*L1	0.176	0.057	-0.106	0.420	-0.078	-0.165	-0.196	0.675	-0.076	-0.033	-0.017	-0.186	-0.031
0.2*L1	0.338	0.117	-0.205	0.608	-0.124	-0.321	-0.389	0.467	-0.167	-0.068	-0.034	-0.417	-0.063
0.3*L1	0.468	0.179	-0.291	0.655	-0.101	-0.459	-0.575	0.332	-0.290	-0.111	-0.053	-0.748	-0.101
0.4*L1	0.539	0.243	-0.359	0.620	0.041	-0.563	-0.750	0.242	-0.468	-0.166	-0.072	-1.247	-0.147
									0.532				
0.5*L1	0.526	0.302	-0.403	0.541	0.190	-0.614	-0.907	0.180	0.355	-0.243	-0.096	-0.773	-0.209
0.6*L1	0.458	0.343	-0.420	0.442	0.233	-0.581	-1.036	0.134	0.238	-0.355	-0.127	-0.475	-0.298
0.7*L1	0.365	0.343	-0.410	0.339	0.215	-0.418	-1.123	0.098	0.160	-0.523	-0.171	-0.291	-0.431
										0.477			
0.8*L1	0.266	0.278	-0.377	0.243	0.166	-0.239	-1.145	0.069	0.107	0.310	-0.237	-0.183	-0.635
0.9*L1	0.173	0.179	-0.333	0.158	0.108	-0.159	-1.073	0.045	0.070	0.203	-0.340	-0.120	-0.949
1.0*L1	0.093	0.075	-0.303	0.088	0.050	-0.133	-0.859	0.025	0.044	0.136	-0.501	-0.086	-1.435
0.0*L2	0.093	0.075	-0.303	0.088	0.050	-0.133	-0.859	0.025	0.044	0.136	0.499	-0.086	-1.435
0.1*L2	0.029	-0.017	-0.311	0.033	0.002	-0.132	-0.621	0.010	0.026	0.093	0.338	-0.068	-0.946
0.2*L2	-0.018	-0.087	-0.334	-0.006	-0.035	-0.138	-0.475	-0.000	0.014	0.066	0.234	-0.058	-0.630
0.3*L2	-0.048	-0.133	-0.350	-0.032	-0.059	-0.143	-0.381	-0.007	0.006	0.048	0.167	-0.052	-0.424
0.4*L2	-0.065	-0.155	-0.349	-0.046	-0.071	-0.141	-0.314	-0.011	0.002	0.037	0.123	-0.046	-0.290
0.5*L2	-0.070	-0.158	-0.327	-0.051	-0.073	-0.132	-0.259	-0.012	-0.001	0.028	0.092	-0.041	-0.201
0.6*L2	-0.065	-0.145	-0.286	-0.048	-0.068	-0.115	-0.209	-0.012	-0.002	0.021	0.069	-0.034	-0.141
0.7*L2	-0.055	-0.121	-0.233	-0.041	-0.057	-0.093	-0.162	-0.010	-0.002	0.016	0.050	-0.027	-0.098
0.8*L2	-0.042	-0.090	-0.172	-0.031	-0.042	-0.069	-0.117	-0.008	-0.002	0.011	0.035	-0.020	-0.067
0.9*L2	-0.027	-0.058	-0.111	-0.020	-0.027	-0.044	-0.075	-0.005	-0.001	0.007	0.023	-0.013	-0.043
1.0*L2	-0.013	-0.028	-0.055	-0.009	-0.013	-0.022	-0.040	-0.002	-0.000	0.004	0.013	-0.007	-0.026
FAKTOR				1/a								1/(a*a)	

INFOLGE STRECKENMOMENT mt=1

IN FELD	M 0.4	M 0.7	M 1.0	Q 0	Q 0.4	Q 0.7	Q 1.0	T 0	T 0.4	T 0.7	T 1.0	q 0.4	q 1.0
1,BIS SPRUNG					-0.092	-0.884			-0.227	-0.367			
1,REST	1.012	0.628	-0.920	1.237	0.294	-0.196	-2.300	0.817	0.361	0.242	-0.415	-1.320	-1.060
2	-0.098	-0.285	-0.796	-0.062	-0.125	-0.326	-0.912	-0.014	0.018	0.118	0.411	-0.121	-1.057
3	0.029	0.060	0.102	0.022	0.029	0.040	0.050	0.006	0.003	-0.003	-0.008	0.010	0.001
SUMME(+)	1.042	0.688	0.102	1.259	0.323	0.040	0.050	0.822	0.381	0.360	0.411	0.010	0.001
SUMME(-)	-0.098	-0.285	-1.716	-0.062	-0.217	-1.406	-3.212	-0.014	-0.227	-0.370	-0.423	-1.441	-2.117
SUMME	0.943	0.403	-1.615	1.197	0.105	-1.366	-3.162	0.809	0.155	-0.010	-0.012	-1.431	-2.116
FAKTOR	a			a				a				1/a	

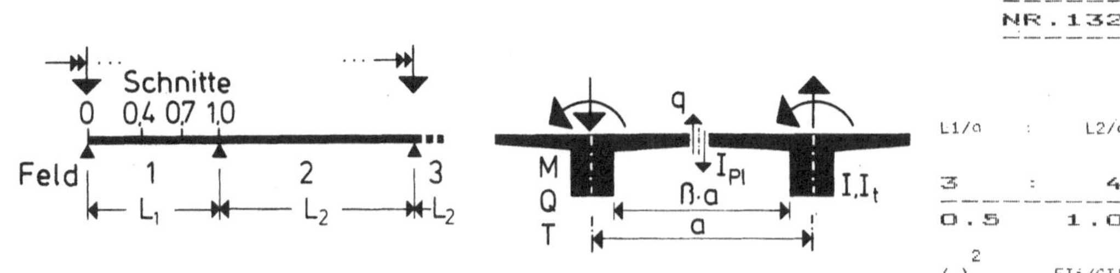

	M			Q				T				q	
IN SCHNITT	0.4	0.7	1.0	0	0.4	0.7	1.0	0	0.4	0.7	1.0	0.4	1.0

INFOLGE EINZELLAST P=1

IN	M 0.4	M 0.7	M 1.0	Q 0	Q 0.4	Q 0.7	Q 1.0	T 0	T 0.4	T 0.7	T 1.0	q 0.4	q 1.0
0.0*L1	0.000	-0.000	-0.000	1.000	-0.000	-0.000	-0.000	0.000	0.000	-0.000	-0.000	0.000	-0.000
0.1*L1	0.079	0.000	-0.049	0.775	-0.124	-0.061	-0.057	0.061	0.011	-0.021	-0.023	0.101	-0.020
0.2*L1	0.168	0.006	-0.097	0.572	-0.252	-0.127	-0.118	0.110	0.022	-0.040	-0.045	0.193	-0.037
0.3*L1	0.277	0.024	-0.141	0.401	-0.383	-0.204	-0.186	0.143	0.035	-0.054	-0.064	0.265	-0.051
0.4*L1	0.413	0.058	-0.180	0.266	-0.516	-0.296	-0.265	0.156	0.047	-0.063	-0.078	0.300	-0.058
					0.484								
0.5*L1	0.279	0.116	-0.210	0.166	0.359	-0.404	-0.358	0.152	0.055	-0.063	-0.086	0.286	-0.059
0.6*L1	0.177	0.204	-0.226	0.095	0.249	-0.528	-0.466	0.132	0.055	-0.057	-0.087	0.239	-0.052
0.7*L1	0.102	0.325	-0.222	0.048	0.158	-0.661	-0.590	0.102	0.047	-0.044	-0.079	0.176	-0.038
					0.339								
0.8*L1	0.052	0.183	-0.189	0.021	0.088	0.208	-0.727	0.065	0.032	-0.029	-0.061	0.110	-0.021
0.9*L1	0.019	0.075	-0.119	0.006	0.036	0.092	-0.868	0.029	0.014	-0.014	-0.034	0.049	-0.005
1.0*L1	0.000	0.000	0.000	-0.000	0.000	-0.000	-1.000	0.000	0.000	0.000	0.000	0.000	0.000
0.0*L2	-0.000	-0.000	-0.000	-0.000	-0.000	-0.000	-0.000	-0.000	-0.000	0.000	0.000	-0.000	-0.000
0.1*L2	-0.012	-0.058	-0.158	-0.001	-0.027	-0.081	-0.133	-0.018	-0.005	0.022	0.048	-0.044	-0.023
0.2*L2	-0.014	-0.082	-0.236	0.001	-0.038	-0.121	-0.213	-0.020	-0.001	0.041	0.087	-0.066	-0.059
0.3*L2	-0.012	-0.085	-0.258	0.004	-0.038	-0.132	-0.248	-0.015	0.006	0.053	0.111	-0.073	-0.090
0.4*L2	-0.008	-0.076	-0.245	0.006	-0.034	-0.126	-0.248	-0.008	0.012	0.058	0.119	-0.070	-0.108
0.5*L2	-0.005	-0.061	-0.210	0.007	-0.027	-0.108	-0.223	-0.001	0.015	0.056	0.113	-0.061	-0.111
0.6*L2	-0.002	-0.045	-0.165	0.007	-0.020	-0.085	-0.182	0.002	0.016	0.048	0.097	-0.048	-0.100
0.7*L2	-0.000	-0.030	-0.116	0.006	-0.013	-0.060	-0.133	0.004	0.013	0.037	0.073	-0.034	-0.079
0.8*L2	0.000	-0.017	-0.070	0.004	-0.007	-0.036	-0.081	0.003	0.009	0.023	0.046	-0.020	-0.051
0.9*L2	0.000	-0.007	-0.029	0.002	-0.003	-0.015	-0.035	0.002	0.004	0.010	0.020	-0.009	-0.022
1.0*L2	0.000	-0.000	0.000	-0.000	0.000	-0.000	0.000	0.000	-0.000	0.000	0.000	0.000	0.000
FAKTOR	a			a				a				1/a	

INFOLGE STRECKENLAST P=1

IN FELD	M 0.4	M 0.7	M 1.0	Q 0	Q 0.4	Q 0.7	Q 1.0	T 0	T 0.4	T 0.7	T 1.0	q 0.4	q 1.0
1,BIS SPRUNG					-0.305	-0.583			0.027	-0.097			
1,REST	0.465	0.291	-0.434	0.849	0.337	0.140	-1.239	0.287	0.069	-0.020	-0.169	0.519	-0.103
2	-0.022	-0.188	-0.602	0.014	-0.084	-0.309	-0.605	-0.021	0.028	0.140	0.288	-0.172	-0.258
3	0.000	0.007	0.024	-0.001	0.003	0.012	0.026	-0.000	-0.002	-0.007	-0.013	0.007	0.013
SUMME(+)	0.465	0.298	0.024	0.863	0.340	0.152	0.026	0.287	0.123	0.140	0.288	0.526	0.013
SUMME(-)	-0.022	-0.188	-1.037	-0.001	-0.389	-0.892	-1.843	-0.021	-0.002	-0.123	-0.182	-0.172	-0.361
SUMME	0.443	0.110	-1.013	0.862	-0.049	-0.740	-1.818	0.266	0.122	0.017	0.106	0.354	-0.348
FAKTOR	a*a			a				a*a				1/a	

INFOLGE EINZELMOMENT Mt=1

IN	M 0.4	M 0.7	M 1.0	Q 0	Q 0.4	Q 0.7	Q 1.0	T 0	T 0.4	T 0.7	T 1.0	q 0.4	q 1.0
0.0*L1	0.000	0.000	-0.000	0.000	-0.000	-0.000	-0.000	1.000	-0.000	-0.000	-0.000	-0.000	-0.000
0.1*L1	0.060	0.020	-0.053	0.130	-0.021	-0.062	-0.102	0.844	-0.081	-0.061	-0.041	-0.068	-0.052
0.2*L1	0.115	0.041	-0.103	0.195	-0.032	-0.121	-0.204	0.720	-0.167	-0.122	-0.081	-0.148	-0.104
0.3*L1	0.160	0.063	-0.150	0.218	-0.022	-0.175	-0.304	0.619	-0.262	-0.185	-0.121	-0.252	-0.157
0.4*L1	0.187	0.086	-0.190	0.213	0.022	-0.217	-0.401	0.533	-0.372	-0.252	-0.160	-0.392	-0.213
									0.628				
0.5*L1	0.189	0.107	-0.223	0.194	0.069	-0.242	-0.492	0.457	0.520	-0.325	-0.200	-0.273	-0.273
0.6*L1	0.174	0.123	-0.248	0.169	0.086	-0.242	-0.573	0.388	0.430	-0.407	-0.241	-0.192	-0.341
0.7*L1	0.151	0.125	-0.263	0.142	0.084	-0.205	-0.637	0.325	0.354	-0.502	-0.286	-0.142	-0.419
									0.498				
0.8*L1	0.126	0.108	-0.270	0.117	0.071	-0.163	-0.677	0.267	0.290	0.407	-0.336	-0.114	-0.513
0.9*L1	0.101	0.079	-0.273	0.096	0.054	-0.147	-0.682	0.216	0.237	0.337	-0.395	-0.100	-0.628
1.0*L1	0.079	0.046	-0.278	0.078	0.036	-0.146	-0.639	0.171	0.193	0.284	-0.470	-0.096	-0.771
0.0*L2	0.079	0.046	-0.278	0.078	0.036	-0.146	-0.639	0.171	0.193	0.284	0.530	-0.096	-0.770
0.1*L2	0.056	0.006	-0.296	0.060	0.014	-0.154	-0.564	0.124	0.147	0.231	0.436	-0.097	-0.611
0.2*L2	0.038	-0.024	-0.314	0.047	-0.002	-0.163	-0.515	0.090	0.114	0.194	0.370	-0.099	-0.496
0.3*L2	0.026	-0.044	-0.319	0.038	-0.013	-0.165	-0.473	0.065	0.091	0.167	0.320	-0.098	-0.412
0.4*L2	0.018	-0.053	-0.310	0.031	-0.019	-0.160	-0.429	0.049	0.073	0.144	0.279	-0.094	-0.347
0.5*L2	0.013	-0.055	-0.286	0.025	-0.020	-0.148	-0.381	0.037	0.060	0.124	0.240	-0.086	-0.292
0.6*L2	0.010	-0.051	-0.252	0.021	-0.019	-0.130	-0.327	0.029	0.049	0.104	0.203	-0.075	-0.243
0.7*L2	0.007	-0.044	-0.211	0.017	-0.017	-0.109	-0.271	0.023	0.039	0.085	0.167	-0.063	-0.198
0.8*L2	0.006	-0.035	-0.168	0.013	-0.014	-0.087	-0.216	0.018	0.031	0.067	0.132	-0.050	-0.156
0.9*L2	0.004	-0.027	-0.128	0.010	-0.010	-0.066	-0.164	0.013	0.024	0.051	0.100	-0.038	-0.119
1.0*L2	0.003	-0.019	-0.093	0.007	-0.007	-0.048	-0.120	0.010	0.017	0.038	0.074	-0.028	-0.088
FAKTOR	1/a			1/a				1/a				1/(a*a)	

INFOLGE STRECKENMOMENT mt=1

IN FELD	M 0.4	M 0.7	M 1.0	Q 0	Q 0.4	Q 0.7	Q 1.0	T 0	T 0.4	T 0.7	T 1.0	q 0.4	q 1.0
1,BIS SPRUNG					-0.021	-0.352			-0.208	-0.480			
1,REST	0.393	0.234	-0.575	0.458	0.120	-0.144	-1.322	1.482	0.670	0.339	-0.628	-0.513	-0.923
2	0.087	-0.126	-0.989	0.121	-0.036	-0.512	-1.486	0.213	0.292	0.530	1.017	-0.306	-1.316
3	0.005	-0.020	-0.104	0.009	-0.007	-0.054	-0.139	0.014	0.022	0.045	0.088	-0.031	-0.107
SUMME(+)	0.484	0.234	0.000	0.589	0.120	0.000	0.000	1.710	0.984	0.914	1.105	0.000	0.000
SUMME(-)	0.000	-0.146	-1.668	0.000	-0.064	-1.061	-2.946	0.000	-0.208	-0.480	-0.628	-0.850	-2.346
SUMME	0.484	0.088	-1.668	0.589	0.055	-1.061	-2.946	1.710	0.776	0.435	0.477	-0.850	-2.346
FAKTOR	a			a				a				1/a	

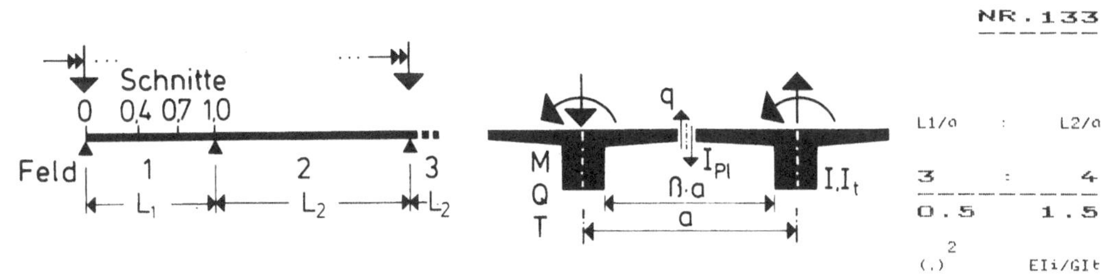

IN SCHNITT	M 0.4	M 0.7	M 1.0	Q 0	Q 0.4	Q 0.7	Q 1.0	T 0	T 0.4	T 0.7	T 1.0	q 0.4	q 1.0

INFOLGE EINZELLAST P=1

IN	M 0.4	M 0.7	M 1.0	Q 0	Q 0.4	Q 0.7	Q 1.0	T 0	T 0.4	T 0.7	T 1.0	q 0.4	q 1.0
0.0*L1	0.000	0.000	-0.000	1.000	-0.000	-0.000	-0.000	0.000	0.000	-0.000	-0.000	0.000	-0.000
0.1*L1	0.094	0.007	-0.055	0.799	-0.126	-0.075	-0.070	0.046	0.009	-0.017	-0.020	0.078	-0.014
0.2*L1	0.197	0.020	-0.108	0.613	-0.254	-0.154	-0.142	0.084	0.018	-0.032	-0.038	0.150	-0.027
0.3*L1	0.316	0.043	-0.156	0.453	-0.383	-0.241	-0.221	0.110	0.028	-0.044	-0.053	0.205	-0.036
0.4*L1	0.456	0.082	-0.197	0.320	-0.511	-0.338	-0.308	0.121	0.036	-0.050	-0.065	0.232	-0.041
					0.489								
0.5*L1	0.323	0.143	-0.226	0.216	0.368	-0.446	-0.405	0.118	0.042	-0.051	-0.072	0.224	-0.041
0.6*L1	0.215	0.231	-0.240	0.137	0.261	-0.564	-0.513	0.103	0.042	-0.046	-0.072	0.189	-0.036
0.7*L1	0.133	0.350	-0.232	0.080	0.170	-0.687	-0.631	0.080	0.035	-0.036	-0.064	0.142	-0.026
						0.313							
0.8*L1	0.072	0.201	-0.194	0.041	0.097	0.193	-0.757	0.052	0.024	-0.024	-0.049	0.090	-0.014
0.9*L1	0.029	0.085	-0.120	0.015	0.041	0.086	-0.883	0.023	0.011	-0.012	-0.027	0.041	-0.003
1.0*L1	0.000	-0.000	0.000	0.000	-0.000	0.000	-1.000	0.000	0.000	-0.000	-0.000	-0.000	0.000
0.0*L2	-0.000	-0.000	-0.000	-0.000	-0.000	-0.000	-0.000	-0.000	-0.000	0.000	0.000	-0.000	-0.000
0.1*L2	-0.021	-0.070	-0.161	-0.010	-0.033	-0.078	-0.119	-0.016	-0.005	0.018	0.038	-0.039	-0.017
0.2*L2	-0.029	-0.103	-0.247	-0.013	-0.049	-0.120	-0.193	-0.020	-0.002	0.034	0.070	-0.060	-0.044
0.3*L2	-0.030	-0.111	-0.277	-0.011	-0.052	-0.135	-0.228	-0.018	0.003	0.044	0.091	-0.069	-0.068
0.4*L2	-0.026	-0.104	-0.268	-0.008	-0.048	-0.131	-0.231	-0.013	0.007	0.049	0.098	-0.068	-0.083
0.5*L2	-0.020	-0.088	-0.235	-0.005	-0.040	-0.116	-0.210	-0.008	0.010	0.047	0.095	-0.060	-0.086
0.6*L2	-0.015	-0.068	-0.188	-0.003	-0.031	-0.093	-0.174	-0.004	0.010	0.041	0.082	-0.049	-0.078
0.7*L2	0.009	-0.047	-0.135	-0.001	-0.022	-0.067	-0.128	-0.001	0.009	0.031	0.062	-0.035	-0.062
0.8*L2	-0.005	-0.028	-0.082	-0.000	-0.013	-0.041	-0.079	-0.000	0.006	0.020	0.040	-0.022	-0.040
0.9*L2	-0.002	-0.012	-0.035	-0.000	-0.005	-0.017	-0.034	0.000	0.003	0.009	0.017	-0.009	-0.018
1.0*L2	0.000	0.000	0.000	0.000	-0.000	0.000	-0.000	0.000	0.000	-0.000	-0.000	0.000	0.000
FAKTOR	a							a				1/a	

INFOLGE STRECKENLAST P=1

IN FELD	M 0.4	M 0.7	M 1.0	Q 0	Q 0.4	Q 0.7	Q 1.0	T 0	T 0.4	T 0.7	T 1.0	q 0.4	q 1.0
1,BIS SPRUNG						-0.306	-0.647			0.022	-0.078		
1,REST	0.546	0.343	-0.463	0.947	0.352	0.129	-1.328	0.223	0.052	-0.016	-0.139	0.408	-0.072
2	-0.064	-0.255	-0.659	-0.021	-0.119	-0.323	-0.564	-0.033	0.016	0.118	0.239	-0.166	-0.200
3	0.004	0.019	0.053	0.001	0.009	0.026	0.048	0.001	-0.003	-0.011	-0.022	0.014	0.021
SUMME(+)	0.550	0.362	0.053	0.948	0.361	0.156	0.048	0.224	0.090	0.118	0.239	0.422	0.021
SUMME(-)	-0.064	-0.255	-1.123	-0.021	-0.425	-0.970	-1.892	-0.033	-0.003	-0.106	-0.162	-0.166	-0.271
SUMME	0.486	0.107	-1.070	0.927	-0.064	-0.814	-1.844	0.192	0.087	0.012	0.077	0.256	-0.250
FAKTOR	a×a			a				a×a				1/a	

INFOLGE EINZELMOMENT Mt=1

IN	M 0.4	M 0.7	M 1.0	Q 0	Q 0.4	Q 0.7	Q 1.0	T 0	T 0.4	T 0.7	T 1.0	q 0.4	q 1.0
0.0*L1	0.000	0.000	-0.000	0.000	-0.000	-0.000	-0.000	1.000	-0.000	-0.000	-0.000	-0.000	-0.000
0.1*L1	0.069	0.025	-0.057	0.142	-0.021	-0.071	-0.111	0.835	-0.083	-0.058	-0.038	-0.082	-0.047
0.2*L1	0.132	0.050	-0.111	0.217	-0.031	-0.139	-0.222	0.705	-0.171	-0.118	-0.076	-0.174	-0.095
0.3*L1	0.183	0.076	-0.161	0.247	-0.019	-0.198	-0.329	0.598	-0.269	-0.179	-0.114	-0.288	-0.145
0.4*L1	0.214	0.101	-0.204	0.247	0.026	-0.245	-0.431	0.508	-0.381	-0.245	-0.152	-0.433	-0.198
									0.619				
0.5*L1	0.218	0.124	-0.238	0.229	0.073	-0.273	-0.524	0.431	0.509	-0.318	-0.192	-0.317	-0.257
0.6*L1	0.202	0.138	-0.263	0.202	0.090	-0.272	-0.605	0.363	0.419	-0.400	-0.234	-0.234	-0.323
0.7*L1	0.176	0.138	-0.279	0.171	0.087	-0.233	-0.667	0.302	0.344	-0.496	-0.279	-0.179	-0.401
										0.504			
0.8*L1	0.145	0.117	-0.286	0.141	0.073	-0.187	-0.701	0.247	0.281	0.411	-0.332	-0.145	-0.495
0.9*L1	0.115	0.082	-0.289	0.114	0.054	-0.167	-0.699	0.198	0.228	0.339	-0.395	-0.126	-0.609
1.0*L1	0.087	0.044	-0.294	0.089	0.033	-0.163	-0.649	0.157	0.185	0.283	-0.474	-0.116	-0.751
0.0*L2	0.087	0.044	-0.294	0.089	0.033	-0.163	-0.649	0.157	0.185	0.283	0.526	-0.116	-0.751
0.1*L2	0.055	-0.004	-0.314	0.064	0.007	-0.168	-0.565	0.112	0.140	0.228	0.427	-0.110	-0.589
0.2*L2	0.032	-0.042	-0.335	0.044	-0.012	-0.175	-0.508	0.079	0.108	0.189	0.356	-0.108	-0.471
0.3*L2	0.015	-0.066	-0.344	0.031	-0.026	-0.176	-0.462	0.055	0.084	0.159	0.302	-0.104	-0.384
0.4*L2	0.005	-0.079	-0.336	0.021	-0.033	-0.171	-0.417	0.039	0.066	0.135	0.258	-0.098	-0.318
0.5*L2	-0.001	-0.081	-0.312	0.015	-0.034	-0.158	-0.368	0.028	0.053	0.115	0.220	-0.089	-0.263
0.6*L2	-0.004	-0.075	-0.276	0.011	-0.033	-0.139	-0.316	0.021	0.042	0.096	0.184	-0.078	-0.216
0.7*L2	-0.004	-0.065	-0.232	0.008	-0.028	-0.116	-0.261	0.015	0.034	0.078	0.150	-0.065	-0.174
0.8*L2	-0.004	-0.052	-0.184	0.006	-0.023	-0.093	-0.206	0.012	0.026	0.061	0.118	-0.051	-0.136
0.9*L2	-0.003	-0.039	-0.139	0.005	-0.017	-0.070	-0.155	0.009	0.020	0.046	0.089	-0.039	-0.103
1.0*L2	-0.002	-0.027	-0.098	0.004	-0.012	-0.049	-0.111	0.007	0.015	0.033	0.064	-0.028	-0.075
FAKTOR				1/a								1/(a×a)	

INFOLGE STRECKENMOMENT mt=1

IN FELD	M 0.4	M 0.7	M 1.0	Q 0	Q 0.4	Q 0.7	Q 1.0	T 0	T 0.4	T 0.7	T 1.0	q 0.4	q 1.0
1,BIS SPRUNG						-0.020	-0.398			-0.213	-0.469		
1,REST	0.452	0.264	-0.612	0.532	0.124	-0.164	-1.389	1.426	0.653	0.341	-0.614	-0.606	-0.881
2	0.052	-0.200	-1.069	0.100	-0.076	-0.549	-1.453	0.179	0.267	0.504	0.956	-0.326	-1.222
3	0.002	-0.018	-0.080	0.006	-0.007	-0.041	-0.103	0.011	0.017	0.034	0.065	-0.024	-0.081
SUMME(+)	0.506	0.264	0.000	0.638	0.124	0.000	0.000	1.616	0.937	0.879	1.021	0.000	0.000
SUMME(-)	0.000	-0.218	-1.761	0.000	-0.103	-1.152	-2.945	0.000	-0.213	-0.469	-0.614	-0.955	-2.185
SUMME	0.506	0.046	-1.761	0.638	0.021	-1.152	-2.945	1.616	0.724	0.411	0.407	-0.955	-2.185
FAKTOR	a							a				1/a	

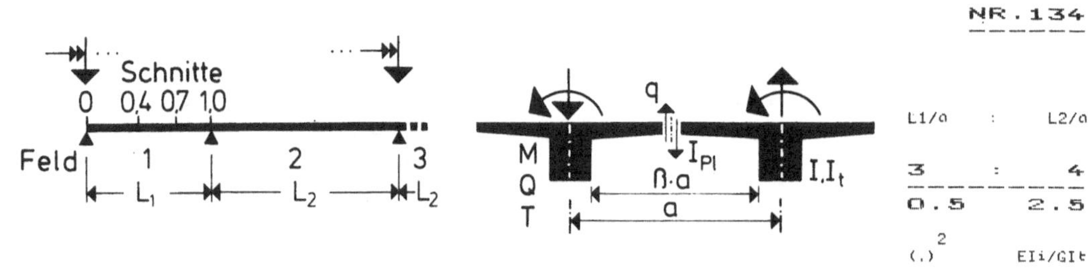

IN SCHNITT	M 0.4	0.7	1.0	Q 0	0.4	0.7	1.0	T 0	0.4	0.7	1.0	q 0.4	1.0

INFOLGE EINZELLAST P=1

IN	M 0.4	0.7	1.0	Q 0	0.4	0.7	1.0	T 0	0.4	0.7	1.0	q 0.4	1.0
0.0*L1	0.000	0.000	-0.000	1.000	-0.000	-0.000	-0.000	0.000	0.000	-0.000	-0.000	0.000	-0.000
0.1*L1	0.111	0.016	-0.061	0.823	-0.127	-0.090	-0.085	0.032	0.006	-0.012	-0.015	0.055	-0.009
0.2*L1	0.229	0.036	-0.118	0.656	-0.254	-0.182	-0.171	0.058	0.013	-0.023	-0.029	0.104	-0.017
0.3*L1	0.358	0.067	-0.170	0.507	-0.380	-0.279	-0.261	0.076	0.019	-0.031	-0.040	0.142	-0.023
0.4*L1	0.505	0.112	-0.212	0.379	-0.504	-0.381	-0.356	0.084	0.025	-0.036	-0.049	0.161	-0.026
				0.496									
0.5*L1	0.371	0.176	-0.241	0.272	0.379	-0.489	-0.457	0.082	0.029	-0.037	-0.053	0.157	-0.025
0.6*L1	0.259	0.263	-0.252	0.185	0.274	-0.602	-0.564	0.073	0.028	-0.034	-0.053	0.134	-0.022
0.7*L1	0.168	0.378	-0.240	0.117	0.183	-0.716	-0.675	0.057	0.024	-0.027	-0.047	0.102	-0.015
					0.284								
0.8*L1	0.095	0.222	-0.198	0.065	0.107	0.176	-0.789	0.037	0.016	-0.018	-0.036	0.066	-0.008
0.9*L1	0.040	0.096	-0.121	0.027	0.046	0.079	-0.900	0.017	0.007	-0.009	-0.020	0.031	-0.001
1.0*L1	-0.000	0.000	-0.000	0.000	-0.000	0.000	-1.000	0.000	0.000	0.000	0.000	-0.000	0.000
0.0*L2	-0.000	-0.000	-0.000	-0.000	-0.000	-0.000	-0.000	-0.000	-0.000	0.000	0.000	-0.000	-0.000
0.1*L2	-0.033	-0.084	-0.166	-0.022	-0.040	-0.074	-0.103	-0.013	-0.004	0.013	0.028	-0.030	-0.012
0.2*L2	-0.050	-0.128	-0.259	-0.031	-0.061	-0.117	-0.169	-0.017	-0.002	0.025	0.051	-0.049	-0.030
0.3*L2	-0.054	-0.144	-0.297	-0.034	-0.068	-0.134	-0.201	-0.017	0.000	0.033	0.067	-0.057	-0.047
0.4*L2	-0.051	-0.139	-0.294	-0.031	-0.066	-0.134	-0.206	-0.014	0.003	0.037	0.073	-0.058	-0.057
0.5*L2	-0.044	-0.122	-0.263	-0.026	-0.058	-0.120	-0.190	-0.011	0.005	0.036	0.071	-0.052	-0.060
0.6*L2	-0.035	-0.098	-0.214	-0.020	-0.046	-0.098	-0.159	-0.007	0.006	0.032	0.062	-0.043	-0.055
0.7*L2	-0.024	-0.070	-0.156	-0.014	-0.033	-0.072	-0.119	-0.004	0.005	0.024	0.048	-0.032	-0.044
0.8*L2	-0.015	-0.043	-0.097	-0.008	-0.020	-0.045	-0.075	-0.002	0.004	0.016	0.031	-0.020	-0.029
0.9*L2	-0.006	-0.019	-0.043	-0.004	-0.009	-0.020	-0.033	-0.001	0.002	0.007	0.014	-0.009	-0.013
1.0*L2	-0.000	0.000	-0.000	0.000	-0.000	0.000	-0.000	0.000	0.000	0.000	0.000	-0.000	0.000
FAKTOR	a								a			1/a	

INFOLGE STRECKENLAST P=1

IN FELD	M 0.4	0.7	1.0	Q 0	0.4	0.7	1.0	T 0	0.4	0.7	1.0	q 0.4	1.0
1,BIS SPRUNG					-0.304	-0.714			0.015	-0.057			
1,REST	0.637	0.404	-0.489	1.056	0.369	0.118	-1.427	0.155	0.035	-0.012	-0.103	0.288	-0.044
2	-0.127	-0.343	-0.724	-0.077	-0.163	-0.329	-0.507	-0.036	0.007	0.090	0.179	-0.142	-0.139
3	0.015	0.043	0.094	0.009	0.020	0.043	0.069	0.003	-0.002	-0.014	-0.027	0.019	0.023
SUMME(+)	0.652	0.447	0.094	1.065	0.390	0.161	0.069	0.159	0.058	0.090	0.179	0.307	0.023
SUMME(-)	-0.127	-0.343	-1.213	-0.077	-0.467	-1.043	-1.934	-0.036	-0.002	-0.083	-0.130	-0.142	-0.183
SUMME	0.525	0.104	-1.119	0.987	-0.077	-0.882	-1.865	0.123	0.055	0.008	0.049	0.165	-0.160
FAKTOR	a*a			a				a*a					

INFOLGE EINZELMOMENT Mt=1

IN	M 0.4	0.7	1.0	Q 0	0.4	0.7	1.0	T 0	0.4	0.7	1.0	q 0.4	1.0
0.0*L1	0.000	0.000	-0.000	0.000	-0.000	-0.000	-0.000	1.000	-0.000	-0.000	-0.000	-0.000	-0.000
0.1*L1	0.079	0.031	-0.061	0.154	-0.020	-0.081	-0.122	0.827	-0.086	-0.055	-0.035	-0.096	-0.043
0.2*L1	0.151	0.061	-0.119	0.241	-0.029	-0.157	-0.241	0.689	-0.176	-0.112	-0.070	-0.202	-0.087
0.3*L1	0.209	0.091	-0.171	0.279	-0.016	-0.223	-0.356	0.576	-0.276	-0.172	-0.106	-0.326	-0.134
0.4*L1	0.245	0.119	-0.217	0.284	0.030	-0.275	-0.463	0.483	-0.390	-0.237	-0.143	-0.477	-0.185
								0.610					
0.5*L1	0.250	0.143	-0.252	0.268	0.078	-0.304	-0.560	0.405	0.499	-0.310	-0.182	-0.363	-0.242
0.6*L1	0.233	0.156	-0.278	0.239	0.095	-0.303	-0.640	0.337	0.408	-0.393	-0.224	-0.278	-0.307
0.7*L1	0.202	0.153	-0.294	0.203	0.092	-0.261	-0.697	0.278	0.333	-0.490	-0.272	-0.218	-0.385
										0.510			
0.8*L1	0.166	0.126	-0.301	0.166	0.076	-0.212	-0.726	0.226	0.271	0.415	-0.328	-0.178	-0.478
0.9*L1	0.128	0.086	-0.304	0.131	0.053	-0.188	-0.716	0.181	0.220	0.340	-0.395	-0.151	-0.592
1.0*L1	0.093	0.040	-0.311	0.099	0.029	-0.179	-0.657	0.143	0.178	0.282	-0.479	-0.134	-0.733
0.0*L2	0.093	0.040	-0.311	0.099	0.029	-0.179	-0.657	0.143	0.178	0.282	0.521	-0.134	-0.733
0.1*L2	0.052	-0.018	-0.334	0.063	-0.001	-0.180	-0.563	0.102	0.134	0.224	0.415	-0.120	-0.568
0.2*L2	0.020	-0.065	-0.358	0.036	-0.025	-0.184	-0.497	0.071	0.102	0.181	0.338	-0.111	-0.447
0.3*L2	-0.002	-0.096	-0.370	0.017	-0.041	-0.184	-0.446	0.049	0.078	0.149	0.280	-0.103	-0.357
0.4*L2	-0.016	-0.112	-0.364	0.004	-0.050	-0.178	-0.398	0.033	0.060	0.124	0.234	-0.095	-0.289
0.5*L2	-0.023	-0.115	-0.341	-0.003	-0.052	-0.164	-0.349	0.023	0.047	0.103	0.195	-0.085	-0.234
0.6*L2	-0.025	-0.107	-0.303	-0.007	-0.049	-0.145	-0.297	0.016	0.037	0.085	0.161	-0.073	-0.189
0.7*L2	-0.023	-0.093	-0.255	-0.007	-0.043	-0.121	-0.244	0.011	0.029	0.068	0.130	-0.061	-0.150
0.8*L2	-0.019	-0.074	-0.202	-0.006	-0.034	-0.096	-0.192	0.008	0.022	0.053	0.101	-0.048	-0.116
0.9*L2	-0.014	-0.055	-0.150	-0.005	-0.025	-0.071	-0.143	0.006	0.017	0.040	0.076	-0.036	-0.087
1.0*L2	-0.009	-0.037	-0.103	-0.002	-0.017	-0.049	-0.100	0.005	0.012	0.029	0.054	-0.025	-0.063
FAKTOR				1/a								1/(a*a)	

INFOLGE STRECKENMOMENT mt=1

IN FELD	M 0.4	0.7	1.0	Q 0	0.4	0.7	1.0	T 0	0.4	0.7	1.0	q 0.4	1.0
1,BIS SPRUNG					-0.017	-0.445			-0.219	-0.456			
1,REST	0.516	0.298	-0.647	0.610	0.129	-0.184	-1.460	1.368	0.636	0.344	-0.597	-0.702	-0.843
2	-0.005	-0.296	-1.155	0.055	-0.127	-0.576	-1.400	0.156	0.247	0.472	0.884	-0.324	-1.129
3	0.004	-0.007	-0.045	0.006	-0.002	-0.024	-0.067	0.010	0.014	0.025	0.046	-0.015	-0.062
SUMME(+)	0.519	0.298	0.000	0.671	0.129	0.000	0.000	1.535	0.897	0.841	0.930	0.000	0.000
SUMME(-)	-0.005	-0.302	-1.848	0.000	-0.146	-1.229	-2.927	0.000	-0.219	-0.456	-0.597	-1.041	-2.034
SUMME	0.515	-0.005	-1.848	0.671	-0.017	-1.229	-2.927	1.535	0.678	0.384	0.333	-1.041	-2.034
FAKTOR	a			a					a			1/a	

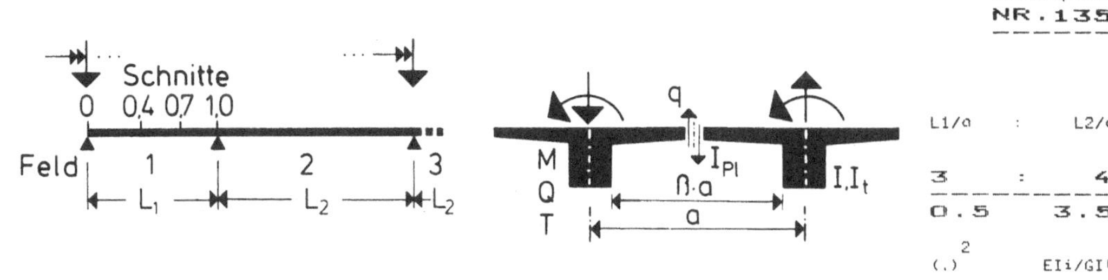


```
                   M                    Q                        T                 q
IN SCHNITT 0.4   0.7   1.0     0     0.4   0.7   1.0     0     0.4   0.7   1.0    0.4   1.0

           INFOLGE EINZELLAST P=1
   IN
0.0*L1   0.000  0.000 -0.000   1.000 -0.000 -0.000 -0.000   0.000  0.000 -0.000 -0.000   0.000 -0.000
0.1*L1   0.120  0.021 -0.063   0.835 -0.127 -0.098 -0.093   0.024  0.005 -0.010 -0.012   0.042 -0.006
0.2*L1   0.246  0.046 -0.123   0.679 -0.253 -0.197 -0.187   0.044  0.010 -0.018 -0.023   0.080 -0.012
0.3*L1   0.382  0.081 -0.176   0.537 -0.378 -0.299 -0.283   0.058  0.015 -0.025 -0.032   0.109 -0.016
0.4*L1   0.531  0.129 -0.219   0.411 -0.499 -0.404 -0.383   0.064  0.019 -0.028 -0.039   0.124 -0.018
                                     0.501
0.5*L1   0.398  0.194 -0.248   0.303  0.386 -0.512 -0.486   0.063  0.022 -0.029 -0.042   0.121 -0.018
0.6*L1   0.284  0.282 -0.258   0.212  0.282 -0.622 -0.592   0.056  0.021 -0.027 -0.042   0.105 -0.015
0.7*L1   0.187  0.394 -0.244   0.138  0.190 -0.731 -0.699   0.044  0.018 -0.021 -0.037   0.080 -0.011
                                                  0.269
0.8*L1   0.109  0.234 -0.200   0.079  0.113  0.166 -0.806   0.029  0.012 -0.015 -0.028   0.052 -0.005
0.9*L1   0.047  0.102 -0.121   0.034  0.049  0.075 -0.909   0.013  0.005 -0.007 -0.016   0.025 -0.001
1.0*L1  -0.000  0.000  0.000  -0.000 -0.000  0.000 -1.000  -0.000 -0.000 -0.000  0.000  -0.000  0.000

0.0*L2  -0.000 -0.000 -0.000  -0.000 -0.000 -0.000 -0.000  -0.000 -0.000 -0.000  0.000  -0.000 -0.000
0.1*L2  -0.041 -0.092 -0.168  -0.029 -0.044 -0.071 -0.094  -0.011 -0.003  0.011  0.022  -0.025 -0.009
0.2*L2  -0.063 -0.143 -0.266  -0.044 -0.069 -0.114 -0.154  -0.015 -0.002  0.020  0.041  -0.040 -0.023
0.3*L2  -0.070 -0.164 -0.308  -0.049 -0.078 -0.132 -0.185  -0.015 -0.000  0.027  0.053  -0.048 -0.036
0.4*L2  -0.068 -0.161 -0.309  -0.047 -0.077 -0.133 -0.191  -0.013  0.002  0.030  0.059  -0.049 -0.044
0.5*L2  -0.060 -0.144 -0.279  -0.041 -0.068 -0.121 -0.177  -0.011  0.003  0.029  0.057  -0.045 -0.046
0.6*L2  -0.048 -0.117 -0.229  -0.033 -0.056 -0.099 -0.148  -0.008  0.004  0.026  0.050  -0.038  0.043
0.7*L2  -0.035 -0.085 -0.169  -0.023 -0.041  0.074 -0.111  -0.005  0.003  0.020  0.039  -0.028 -0.034
0.8*L2  -0.022 -0.053 -0.106  -0.014 -0.025 -0.046 -0.071  -0.003  0.003  0.013  0.025  -0.018 -0.023
0.9*L2  -0.010 -0.024 -0.047  -0.006 -0.011 -0.021 -0.032  -0.001  0.001  0.006  0.011  -0.008 -0.010
1.0*L2  -0.000  0.000 -0.000   0.000 -0.000  0.000 -0.000  -0.000 -0.000 -0.000  0.000   0.000  0.000
FAKTOR         a                        a                          a                        1/a

           INFOLGE STRECKENLAST P=1
IN FELD
1,BIS SPRUNG                   -0.302 -0.749                  0.012 -0.045
1,REST   0.688  0.440 -0.500   1.115  0.379  0.112 -1.482    0.119  0.027 -0.010 -0.082   0.223 -0.031
2       -0.169 -0.398 -0.761  -0.116 -0.190 -0.328 -0.470   -0.033  0.004  0.073  0.144  -0.120 -0.108
3        0.026  0.062  0.121   0.017  0.030  0.053  0.078    0.004 -0.002 -0.013 -0.026   0.020  0.022

SUMME(+) 0.713  0.502  0.121   1.132  0.409  0.164  0.078    0.124  0.042  0.073  0.144   0.243  0.022
SUMME(-) -0.169 -0.398 -1.261  -0.116 -0.492 -1.077 -1.951  -0.033 -0.002 -0.068 -0.108  -0.120 -0.139
SUMME    0.545  0.104 -1.140   1.017 -0.083 -0.912 -1.873    0.091  0.041  0.005  0.036   0.122 -0.117
FAKTOR         a*a                      a                          a*a

           INFOLGE EINZELMOMENT Mt=1
   IN
0.0*L1   0.000  0.000 -0.000   0.000 -0.000 -0.000 -0.000   1.000 -0.000 -0.000 -0.000  -0.000 -0.000
0.1*L1   0.084  0.034 -0.062   0.161 -0.019 -0.085 -0.127   0.823 -0.087 -0.054 -0.033  -0.104 -0.041
0.2*L1   0.161  0.068 -0.122   0.254 -0.027 -0.166 -0.252   0.681 -0.179 -0.109 -0.067  -0.216 -0.084
0.3*L1   0.224  0.100 -0.176   0.297 -0.014 -0.236 -0.371   0.565 -0.280 -0.168 -0.101  -0.346 -0.129
0.4*L1   0.261  0.130 -0.222   0.304  0.033 -0.290 -0.481   0.470 -0.394 -0.233 -0.137  -0.501 -0.179
                                                                    0.606
0.5*L1   0.267  0.153 -0.259   0.288  0.081 -0.320 -0.578   0.391  0.494 -0.305 -0.176  -0.387 -0.235
0.6*L1   0.249  0.166 -0.285   0.258  0.098 -0.319 -0.658   0.323  0.403 -0.388 -0.219  -0.301 -0.300
0.7*L1   0.217  0.161 -0.301   0.220  0.094 -0.276 -0.714   0.265  0.328 -0.487 -0.268  -0.239 -0.377
                                                                    0.513
0.8*L1   0.177  0.132 -0.309   0.179  0.077 -0.224 -0.739   0.216  0.267  0.417 -0.325  -0.194 -0.470
0.9*L1   0.135  0.087 -0.312   0.140  0.053 -0.198 -0.724   0.173  0.216  0.341 -0.395  -0.163 -0.584
1.0*L1   0.094  0.037 -0.320   0.103  0.027 -0.187 -0.660   0.137  0.175  0.282 -0.482  -0.142 -0.724

0.0*L2   0.094  0.037 -0.320   0.103  0.027 -0.187 -0.660   0.137  0.175  0.282  0.518  -0.142 -0.724
0.1*L2   0.048 -0.027 -0.344   0.061 -0.006 -0.185 -0.560   0.098  0.132  0.221  0.408  -0.123 -0.558
0.2*L2   0.011 -0.079 -0.370   0.029 -0.032 -0.187 -0.489   0.069  0.099  0.177  0.328  -0.110 -0.435
0.3*L2  -0.015 -0.114 -0.384   0.006 -0.050 -0.186 -0.434   0.047  0.076  0.144  0.268  -0.100 -0.343
0.4*L2  -0.031 -0.133 -0.380  -0.009 -0.060 -0.180 -0.384   0.032  0.058  0.118  0.220  -0.090 -0.274
0.5*L2  -0.038 -0.136 -0.357  -0.017 -0.063 -0.166 -0.335   0.022  0.045  0.096  0.181  -0.079 -0.219
0.6*L2  -0.039 -0.127 -0.318  -0.019 -0.059 -0.146 -0.285   0.015  0.035  0.078  0.148  -0.068 -0.175
0.7*L2  -0.035 -0.110 -0.268  -0.019 -0.051 -0.123 -0.233   0.010  0.027  0.062  0.118  -0.056 -0.138
0.8*L2  -0.029 -0.088 -0.212  -0.015 -0.041 -0.097 -0.183   0.008  0.020  0.048  0.091  -0.044 -0.106
0.9*L2  -0.021 -0.064 -0.156  -0.011 -0.030 -0.071 -0.135   0.006  0.015  0.036  0.068  -0.032 -0.079
1.0*L2  -0.013 -0.042 -0.105  -0.006 -0.020 -0.048 -0.094   0.005  0.011  0.026  0.049  -0.022 -0.057
FAKTOR                                  1/a                                              1/(a*a)

           INFOLGE STRECKENMOMENT mt=1
IN FELD
1,BIS SPRUNG                   -0.015 -0.470                 -0.222 -0.449
1,REST   0.550  0.317 -0.664   0.652  0.133 -0.194 -1.498    1.338  0.627  0.345 -0.587  -0.752 -0.825
2       -0.045 -0.355 -1.203   0.020 -0.157 -0.584 -1.364    0.150  0.238  0.452  0.842  -0.313 -1.081
3        0.008  0.004 -0.022   0.008  0.003 -0.013 -0.049    0.011  0.014  0.022  0.040  -0.011 -0.056

SUMME(+) 0.558  0.321  0.000   0.680  0.135  0.000  0.000    1.499  0.880  0.819  0.881   0.000  0.000
SUMME(-) -0.045 -0.355 -1.889   0.000 -0.172 -1.262 -2.911   0.000 -0.222 -0.449 -0.587  -1.076 -1.962
SUMME    0.513 -0.034 -1.889   0.680 -0.037 -1.262 -2.911    1.499  0.658  0.370  0.295  -1.076 -1.962
FAKTOR         a                        a                          a                        1/a
```

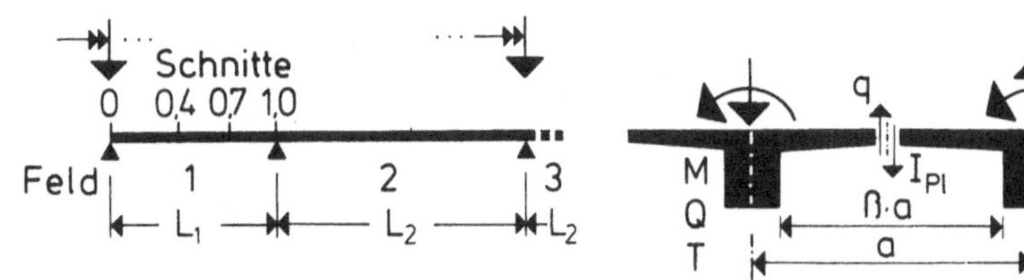

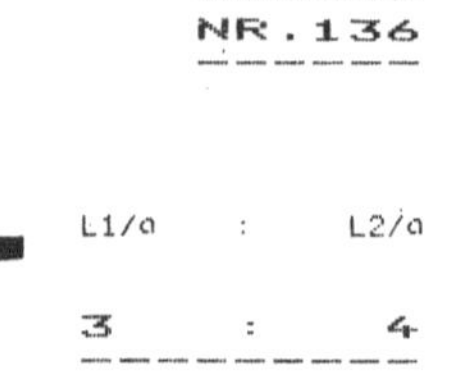

Schnitte
0 0.4 0.7 1.0
Feld   1   2   3
L₁   L₂   L₂

	M			Q				T				q	
IN SCHNITT	0.4	0.7	1.0	0	0.4	0.7	1.0	0	0.4	0.7	1.0	0.4	1.0

INFOLGE EINZELLAST F=1

IN	M 0.4	M 0.7	M 1.0	Q 0	Q 0.4	Q 0.7	Q 1.0	T 0	T 0.4	T 0.7	T 1.0	q 0.4	q 1.0
0.0*L1	0.000	-0.000	-0.000	1.000	-0.000	-0.000	-0.000	0.000	0.000	-0.000	-0.000	0.000	-0.000
0.1*L1	0.061	-0.004	-0.042	0.741	-0.116	-0.044	-0.051	0.078	0.007	-0.029	-0.026	0.130	-0.035
0.2*L1	0.134	-0.003	-0.084	0.515	-0.239	-0.095	-0.105	0.140	0.017	-0.055	-0.050	0.250	-0.067
0.3*L1	0.232	0.009	-0.124	0.334	-0.373	-0.160	-0.166	0.177	0.031	-0.076	-0.072	0.345	-0.092
0.4*L1	0.362	0.038	-0.161	0.202	-0.515	-0.244	-0.238	0.191	0.049	-0.087	-0.090	0.391	-0.109
					0.485								
0.5*L1	0.231	0.091	-0.191	0.110	0.349	-0.352	-0.324	0.182	0.062	-0.087	-0.101	0.364	-0.113
0.6*L1	0.136	0.176	-0.209	0.053	0.233	-0.483	-0.428	0.156	0.066	-0.076	-0.104	0.292	-0.103
0.7*L1	0.072	0.299	-0.210	0.020	0.142	-0.630	-0.552	0.118	0.058	-0.056	-0.096	0.206	-0.080
						0.370							
0.8*L1	0.033	0.162	-0.182	0.004	0.075	0.224	-0.694	0.075	0.040	-0.034	-0.075	0.123	-0.047
0.9*L1	0.011	0.064	-0.117	-0.001	0.029	0.097	-0.849	0.033	0.018	-0.016	-0.043	0.053	-0.014
1.0*L1	0.000	0.000	0.000	-0.000	0.000	-0.000	-1.000	-0.000	-0.000	0.000	0.000	0.000	-0.000
0.0*L2	-0.000	-0.000	-0.000	0.000	-0.000	-0.000	-0.000	-0.000	-0.000	0.000	0.000	-0.000	-0.000
0.1*L2	-0.004	-0.045	-0.154	0.004	-0.019	-0.080	-0.155	-0.021	-0.010	0.021	0.058	-0.043	-0.039
0.2*L2	-0.003	-0.061	-0.225	0.007	-0.025	-0.115	-0.246	-0.025	-0.009	0.037	0.102	-0.062	-0.100
0.3*L2	-0.000	-0.059	-0.241	0.010	-0.023	-0.122	-0.282	-0.020	-0.004	0.045	0.125	-0.065	-0.148
0.4*L2	0.002	-0.050	-0.224	0.011	-0.019	-0.112	-0.277	-0.014	0.001	0.047	0.130	-0.059	-0.171
0.5*L2	0.004	-0.039	-0.189	0.010	-0.014	-0.094	-0.245	-0.008	0.004	0.044	0.119	-0.050	-0.170
0.6*L2	0.004	-0.028	-0.147	0.009	-0.010	-0.073	-0.198	-0.004	0.005	0.037	0.099	-0.038	-0.149
0.7*L2	0.003	-0.019	-0.103	0.007	-0.006	-0.051	-0.143	-0.002	0.005	0.027	0.073	-0.027	-0.114
0.8*L2	0.002	-0.011	-0.062	0.004	-0.003	-0.030	-0.088	-0.000	0.003	0.017	0.046	-0.016	-0.072
0.9*L2	0.001	-0.004	-0.026	0.002	-0.001	-0.013	-0.037	0.000	0.002	0.007	0.019	-0.007	-0.031
1.0*L2	0.000	-0.000	0.000	-0.000	0.000	-0.000	-0.000	-0.000	-0.000	0.000	0.000	0.000	-0.000
FAKTOR	a							a				1/a	

INFOLGE STRECKENLAST P=1

IN FELD	M 0.4	M 0.7	M 1.0	Q 0	Q 0.4	Q 0.7	Q 1.0	T 0	T 0.4	T 0.7	T 1.0	q 0.4	q 1.0
1,BIS SPRUNG						-0.295	-0.505		0.024	-0.133			
1,REST	0.376	0.243	-0.401	0.737	0.318	0.150	-1.170	0.348	0.081	-0.023	-0.199	0.651	-0.198
2	0.003	-0.129	-0.556	0.025	-0.049	-0.280	-0.675	-0.039	-0.002	0.114	0.312	-0.148	-0.399
3	-0.001	0.003	0.018	-0.001	0.001	0.009	0.027	-0.000	-0.001	-0.005	-0.014	0.004	0.024
SUMME(+)	0.379	0.246	0.018	0.762	0.319	0.159	0.027	0.348	0.105	0.114	0.312	0.655	0.024
SUMME(-)	-0.001	-0.129	-0.957	-0.001	-0.344	-0.785	-1.845	-0.039	-0.003	-0.162	-0.213	-0.148	-0.597
SUMME	0.378	0.117	-0.939	0.761	-0.025	-0.626	-1.818	0.309	0.102	-0.048	0.098	0.507	-0.573
FAKTOR	a*a			a				a*a				1/a	

INFOLGE EINZELMOMENT Mt=1

IN	M 0.4	M 0.7	M 1.0	Q 0	Q 0.4	Q 0.7	Q 1.0	T 0	T 0.4	T 0.7	T 1.0	q 0.4	q 1.0
0.0*L1	0.000	0.000	-0.000	0.000	-0.000	-0.000	-0.000	1.000	-0.000	-0.000	-0.000	-0.000	-0.000
0.1*L1	0.072	0.019	-0.060	0.195	-0.042	-0.070	-0.112	0.804	-0.078	-0.064	-0.043	-0.066	-0.067
0.2*L1	0.140	0.041	-0.117	0.272	-0.067	-0.138	-0.226	0.667	-0.164	-0.128	-0.084	-0.161	-0.134
0.3*L1	0.196	0.067	-0.170	0.280	-0.055	-0.201	-0.340	0.565	-0.267	-0.194	-0.125	-0.316	-0.200
0.4*L1	0.227	0.097	-0.216	0.252	0.020	-0.254	-0.456	0.483	-0.401	-0.264	-0.163	-0.561	-0.269
									0.599				
0.5*L1	0.221	0.129	-0.252	0.210	0.100	-0.285	-0.569	0.410	0.465	-0.343	-0.200	-0.318	-0.342
0.6*L1	0.193	0.156	-0.276	0.166	0.125	-0.277	-0.675	0.342	0.362	-0.437	-0.238	-0.169	-0.426
0.7*L1	0.157	0.164	-0.288	0.127	0.119	-0.207	-0.764	0.277	0.281	-0.556	-0.278	-0.088	-0.530
									0.444				
0.8*L1	0.122	0.141	-0.289	0.096	0.098	-0.131	-0.822	0.215	0.214	0.329	-0.326	-0.053	-0.668
0.9*L1	0.091	0.101	-0.283	0.073	0.072	-0.109	-0.828	0.159	0.160	0.250	-0.390	-0.045	-0.857
1.0*L1	0.067	0.058	-0.283	0.057	0.046	-0.114	-0.756	0.112	0.117	0.197	-0.482	-0.052	-1.122
0.0*L2	0.067	0.058	-0.283	0.057	0.046	-0.114	-0.756	0.112	0.117	0.197	0.518	-0.052	-1.122
0.1*L2	0.044	0.009	-0.307	0.042	0.019	-0.136	-0.640	0.064	0.075	0.153	0.405	-0.066	-0.816
0.2*L2	0.030	-0.025	-0.333	0.034	0.001	-0.156	-0.580	0.032	0.049	0.127	0.339	-0.079	-0.628
0.3*L2	0.021	-0.044	-0.342	0.028	-0.010	-0.164	-0.535	0.014	0.033	0.110	0.296	-0.084	-0.511
0.4*L2	0.016	-0.051	-0.330	0.024	-0.014	-0.160	-0.487	0.004	0.024	0.097	0.260	-0.083	-0.429
0.5*L2	0.012	-0.049	-0.298	0.021	-0.015	-0.146	-0.429	0.000	0.018	0.083	0.225	-0.076	-0.363
0.6*L2	0.010	-0.043	-0.254	0.017	-0.013	-0.124	-0.362	-0.001	0.014	0.070	0.188	-0.065	-0.300
0.7*L2	0.008	-0.035	-0.203	0.014	-0.011	-0.100	-0.289	-0.001	0.011	0.056	0.150	-0.052	-0.238
0.8*L2	0.006	-0.026	-0.152	0.010	-0.008	-0.075	-0.216	-0.001	0.008	0.042	0.112	-0.039	-0.178
0.9*L2	0.004	-0.018	-0.106	0.007	-0.006	-0.052	-0.150	-0.001	0.006	0.029	0.078	-0.027	-0.123
1.0*L2	0.003	-0.012	-0.067	0.005	-0.004	-0.033	-0.095	-0.000	0.004	0.018	0.049	-0.017	-0.078
FAKTOR				1/a								1/(a*a)	

INFOLGE STRECKENMOMENT mt=1

IN FELD	M 0.4	M 0.7	M 1.0	Q 0	Q 0.4	Q 0.7	Q 1.0	T 0	T 0.4	T 0.7	T 1.0	q 0.4	q 1.0
1,BIS SPRUNG						-0.050	-0.403		-0.211	-0.511			
1,REST	0.438	0.285	-0.629	0.517	0.168	-0.117	-1.557	1.338	0.549	0.267	-0.625	-0.527	-1.210
2	0.073	-0.106	-1.002	0.091	-0.015	-0.476	-1.642	0.065	0.118	0.348	0.931	-0.243	-1.663
3	0.001	-0.009	-0.046	0.003	-0.003	-0.023	-0.063	-0.001	0.002	0.012	0.032	-0.012	-0.049
SUMME(+)	0.512	0.285	0.000	0.611	0.168	0.000	0.000	1.403	0.669	0.627	0.963	0.000	0.000
SUMME(-)	0.000	-0.115	-1.677	0.000	-0.068	-1.018	-3.262	-0.001	-0.211	-0.511	-0.625	-0.782	-2.922
SUMME	0.512	0.170	-1.677	0.611	0.100	-1.018	-3.262	1.402	0.458	0.117	0.338	-0.782	-2.922
FAKTOR	a							a				1/a	

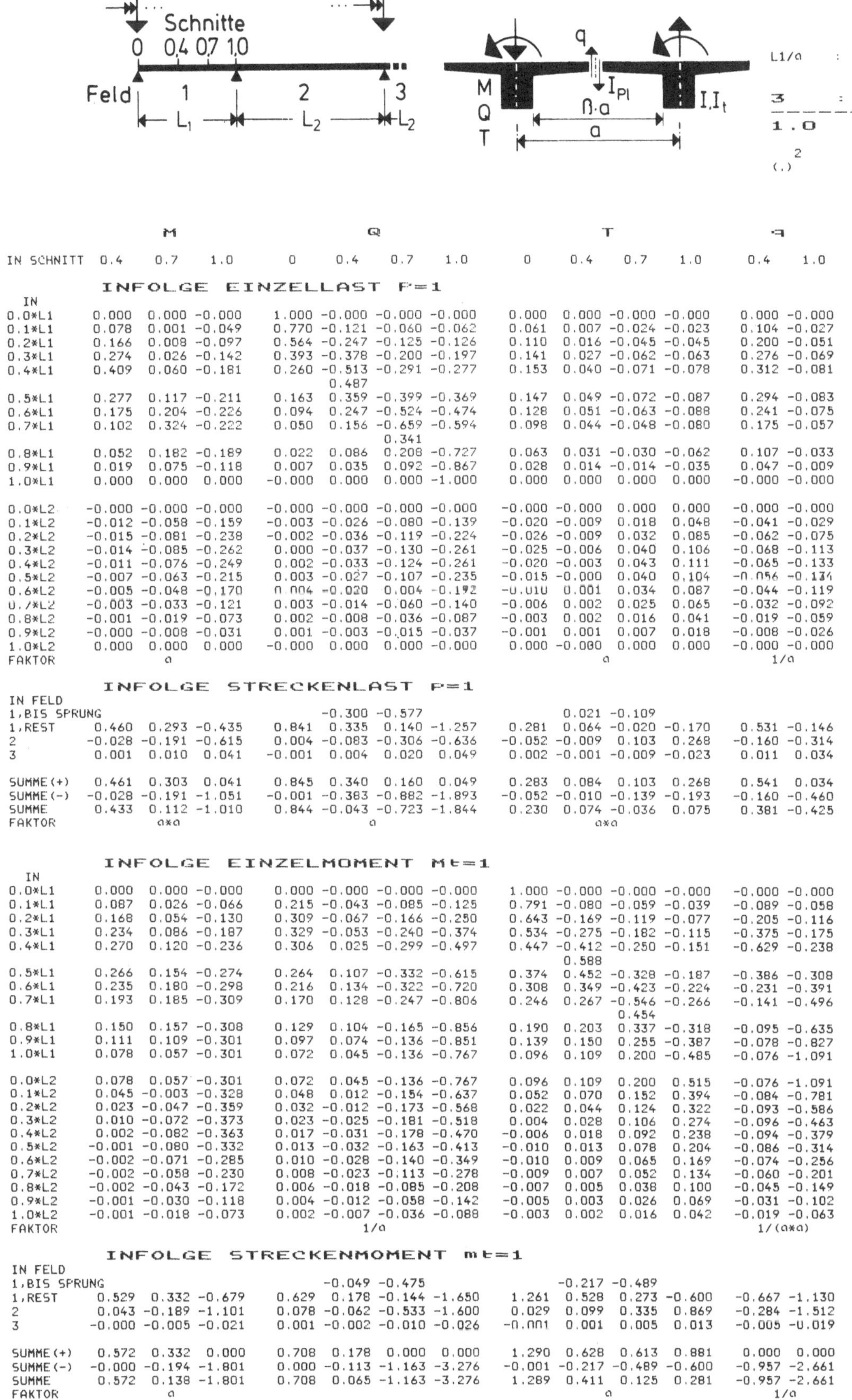

IN SCHNITT	M 0.4	M 0.7	M 1.0	Q 0	Q 0.4	Q 0.7	Q 1.0	T 0	T 0.4	T 0.7	T 1.0	q 0.4	q 1.0

INFOLGE EINZELLAST P=1

IN	M 0.4	M 0.7	M 1.0	Q 0	Q 0.4	Q 0.7	Q 1.0	T 0	T 0.4	T 0.7	T 1.0	q 0.4	q 1.0
0.0*L1	0.000	0.000	-0.000	1.000	-0.000	-0.000	-0.000	0.000	0.000	-0.000	-0.000	0.000	-0.000
0.1*L1	0.078	0.001	-0.049	0.770	-0.121	-0.060	-0.062	0.061	0.007	-0.024	-0.023	0.104	-0.027
0.2*L1	0.166	0.008	-0.097	0.564	-0.247	-0.125	-0.126	0.110	0.016	-0.045	-0.045	0.200	-0.051
0.3*L1	0.274	0.026	-0.142	0.393	-0.378	-0.200	-0.197	0.141	0.027	-0.062	-0.063	0.276	-0.069
0.4*L1	0.409	0.060	-0.181	0.260	-0.513	-0.291	-0.277	0.153	0.040	-0.071	-0.078	0.312	-0.081
					0.487								
0.5*L1	0.277	0.117	-0.211	0.163	0.359	-0.399	-0.369	0.147	0.049	-0.072	-0.087	0.294	-0.083
0.6*L1	0.175	0.204	-0.226	0.094	0.247	-0.524	-0.474	0.128	0.051	-0.063	-0.088	0.241	-0.075
0.7*L1	0.102	0.324	-0.222	0.050	0.156	-0.659	-0.594	0.098	0.044	-0.048	-0.080	0.175	-0.057
						0.341							
0.8*L1	0.052	0.182	-0.189	0.022	0.086	0.208	-0.727	0.063	0.031	-0.030	-0.062	0.107	-0.033
0.9*L1	0.019	0.075	-0.118	0.007	0.035	0.092	-0.867	0.028	0.014	-0.014	-0.035	0.047	-0.009
1.0*L1	0.000	0.000	0.000	-0.000	0.000	0.000	-1.000	0.000	0.000	0.000	0.000	-0.000	-0.000
0.0*L2	-0.000	-0.000	-0.000	-0.000	-0.000	-0.000	-0.000	-0.000	-0.000	0.000	0.000	-0.000	-0.000
0.1*L2	-0.012	-0.058	-0.159	-0.003	-0.026	-0.080	-0.139	-0.020	-0.009	0.018	0.048	-0.041	-0.029
0.2*L2	-0.015	-0.081	-0.238	-0.002	-0.036	-0.119	-0.224	-0.026	-0.009	0.032	0.085	-0.062	-0.075
0.3*L2	-0.014	-0.085	-0.262	0.000	-0.037	-0.130	-0.261	-0.025	-0.006	0.040	0.106	-0.068	-0.113
0.4*L2	-0.011	-0.076	-0.249	0.002	-0.033	-0.124	-0.261	-0.020	-0.003	0.043	0.111	-0.065	-0.133
0.5*L2	-0.007	-0.063	-0.215	0.003	-0.027	-0.107	-0.235	-0.015	-0.000	0.040	0.104	-0.056	-0.134
0.6*L2	-0.005	-0.048	-0.170	0.004	-0.020	0.004	-0.192	-0.010	0.001	0.034	0.087	-0.044	-0.119
0.7*L2	-0.003	-0.033	-0.121	0.003	-0.014	-0.060	-0.140	-0.006	0.002	0.025	0.065	-0.032	-0.092
0.8*L2	-0.001	-0.019	-0.073	0.002	-0.008	-0.036	-0.087	-0.003	0.002	0.016	0.041	-0.019	-0.059
0.9*L2	-0.000	-0.008	-0.031	0.001	-0.003	-0.015	-0.037	-0.001	0.001	0.007	0.018	-0.008	-0.026
1.0*L2	0.000	0.000	0.000	-0.000	0.000	0.000	-0.000	0.000	-0.000	0.000	0.000	-0.000	-0.000
FAKTOR	a							a				1/a	

INFOLGE STRECKENLAST P=1

IN FELD	M 0.4	M 0.7	M 1.0	Q 0	Q 0.4	Q 0.7	Q 1.0	T 0	T 0.4	T 0.7	T 1.0	q 0.4	q 1.0
1,BIS SPRUNG						-0.300	-0.577			0.021	-0.109		
1,REST	0.460	0.293	-0.435	0.841	0.335	0.140	-1.257	0.281	0.064	-0.020	-0.170	0.531	-0.146
2	-0.028	-0.191	-0.615	0.004	-0.083	-0.306	-0.636	-0.052	-0.009	0.103	0.268	-0.160	-0.314
3	0.001	0.010	0.041	-0.001	0.004	0.020	0.049	0.002	-0.001	-0.009	-0.023	0.011	0.034
SUMME(+)	0.461	0.303	0.041	0.845	0.340	0.160	0.049	0.283	0.084	0.103	0.268	0.541	0.034
SUMME(-)	-0.028	-0.191	-1.051	-0.001	-0.383	-0.882	-1.893	-0.052	-0.010	-0.139	-0.193	-0.160	-0.460
SUMME	0.433	0.112	-1.010	0.844	-0.043	-0.723	-1.844	0.230	0.074	-0.036	0.075	0.381	-0.425
FAKTOR	a*a			a				a*a				1/a	

INFOLGE EINZELMOMENT Mt=1

IN	M 0.4	M 0.7	M 1.0	Q 0	Q 0.4	Q 0.7	Q 1.0	T 0	T 0.4	T 0.7	T 1.0	q 0.4	q 1.0
0.0*L1	0.000	0.000	-0.000	0.000	-0.000	-0.000	-0.000	1.000	-0.000	-0.000	-0.000	-0.000	-0.000
0.1*L1	0.087	0.026	-0.066	0.215	-0.043	-0.085	-0.125	0.791	-0.080	-0.059	-0.039	-0.089	-0.058
0.2*L1	0.168	0.054	-0.130	0.309	-0.067	-0.166	-0.250	0.643	-0.169	-0.119	-0.077	-0.205	-0.116
0.3*L1	0.234	0.086	-0.187	0.329	-0.053	-0.240	-0.374	0.534	-0.275	-0.182	-0.115	-0.375	-0.175
0.4*L1	0.270	0.120	-0.236	0.306	0.025	-0.299	-0.497	0.447	-0.412	-0.250	-0.151	-0.629	-0.238
								0.588					
0.5*L1	0.266	0.154	-0.274	0.264	0.107	-0.332	-0.615	0.374	0.452	-0.328	-0.187	-0.386	-0.308
0.6*L1	0.235	0.180	-0.298	0.216	0.134	-0.322	-0.720	0.308	0.349	-0.423	-0.224	-0.231	-0.391
0.7*L1	0.193	0.185	-0.309	0.170	0.128	-0.247	-0.806	0.246	0.267	-0.546	-0.266	-0.141	-0.496
										0.454			
0.8*L1	0.150	0.157	-0.308	0.129	0.104	-0.165	-0.856	0.190	0.203	0.337	-0.318	-0.095	-0.635
0.9*L1	0.111	0.109	-0.301	0.097	0.074	-0.136	-0.851	0.139	0.150	0.255	-0.387	-0.078	-0.827
1.0*L1	0.078	0.057	-0.301	0.072	0.045	-0.136	-0.767	0.096	0.109	0.200	-0.485	-0.076	-1.091
0.0*L2	0.078	0.057	-0.301	0.072	0.045	-0.136	-0.767	0.096	0.109	0.200	0.515	-0.076	-1.091
0.1*L2	0.045	-0.003	-0.328	0.048	0.012	-0.154	-0.637	0.052	0.070	0.152	0.394	-0.084	-0.781
0.2*L2	0.023	-0.047	-0.359	0.032	-0.012	-0.173	-0.568	0.022	0.044	0.124	0.322	-0.093	-0.586
0.3*L2	0.010	-0.072	-0.373	0.023	-0.025	-0.181	-0.518	0.004	0.028	0.106	0.274	-0.096	-0.463
0.4*L2	0.002	-0.082	-0.363	0.017	-0.031	-0.178	-0.470	-0.006	0.018	0.092	0.238	-0.094	-0.379
0.5*L2	-0.001	-0.080	-0.332	0.013	-0.032	-0.163	-0.413	-0.010	0.013	0.078	0.204	-0.086	-0.314
0.6*L2	-0.002	-0.071	-0.285	0.010	-0.028	-0.140	-0.349	-0.010	0.009	0.065	0.169	-0.074	-0.256
0.7*L2	-0.002	-0.058	-0.230	0.008	-0.023	-0.113	-0.278	-0.009	0.007	0.052	0.134	-0.060	-0.201
0.8*L2	-0.002	-0.043	-0.172	0.006	-0.018	-0.085	-0.208	-0.007	0.005	0.038	0.100	-0.045	-0.149
0.9*L2	-0.001	-0.030	-0.118	0.004	-0.012	-0.058	-0.142	-0.005	0.003	0.026	0.069	-0.031	-0.102
1.0*L2	-0.001	-0.018	-0.073	0.002	-0.007	-0.036	-0.088	-0.003	0.002	0.016	0.042	-0.019	-0.063
FAKTOR				1/a								1/(a*a)	

INFOLGE STRECKENMOMENT mt=1

IN FELD	M 0.4	M 0.7	M 1.0	Q 0	Q 0.4	Q 0.7	Q 1.0	T 0	T 0.4	T 0.7	T 1.0	q 0.4	q 1.0
1,BIS SPRUNG						-0.049	-0.475			-0.217	-0.489		
1,REST	0.529	0.332	-0.679	0.629	0.178	-0.144	-1.650	1.261	0.528	0.273	-0.600	-0.667	-1.130
2	0.043	-0.189	-1.101	0.078	-0.062	-0.533	-1.600	0.029	0.099	0.335	0.869	-0.284	-1.512
3	-0.000	-0.005	-0.021	0.001	-0.002	-0.010	-0.026	-0.001	0.001	0.005	0.013	-0.005	-0.019
SUMME(+)	0.572	0.332	0.000	0.708	0.178	0.000	0.000	1.290	0.628	0.613	0.881	0.000	0.000
SUMME(-)	-0.000	-0.194	-1.801	0.000	-0.113	-1.163	-3.276	-0.001	-0.217	-0.489	-0.600	-0.957	-2.661
SUMME	0.572	0.138	-1.801	0.708	0.065	-1.163	-3.276	1.289	0.411	0.125	0.281	-0.957	-2.661
FAKTOR	a							a				1/a	

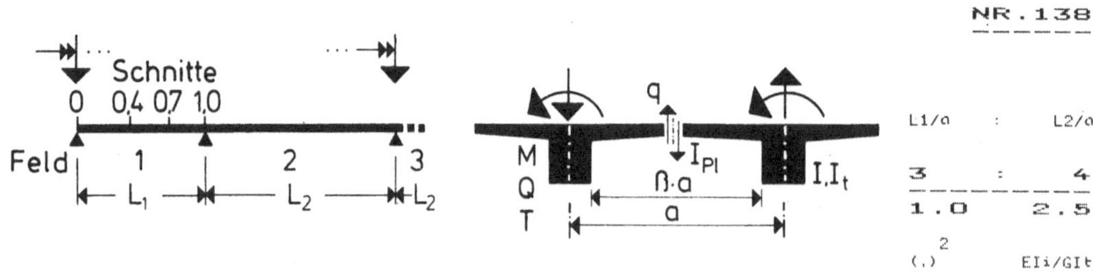

| | M | | | Q | | | | T | | | | q | |
IN SCHNITT	0.4	0.7	1.0	0	0.4	0.7	1.0	0	0.4	0.7	1.0	0.4	1.0

INFOLGE EINZELLAST P=1

IN

IN	M 0.4	M 0.7	M 1.0	Q 0	Q 0.4	Q 0.7	Q 1.0	T 0	T 0.4	T 0.7	T 1.0	q 0.4	q 1.0
0.0*L1	0.000	0.000	-0.000	1.000	-0.000	-0.000	-0.000	0.000	0.000	-0.000	-0.000	0.000	-0.000
0.1*L1	0.097	0.010	-0.056	0.800	-0.124	-0.077	-0.076	0.043	0.006	-0.018	-0.018	0.076	-0.018
0.2*L1	0.202	0.025	-0.110	0.617	-0.251	-0.158	-0.154	0.079	0.013	-0.034	-0.036	0.144	-0.034
0.3*L1	0.323	0.050	-0.159	0.459	-0.379	-0.246	-0.237	0.101	0.021	-0.046	-0.050	0.198	-0.046
0.4*L1	0.465	0.090	-0.201	0.329	-0.507	-0.344	-0.326	0.111	0.029	-0.053	-0.061	0.225	-0.053
					0.493								
0.5*L1	0.332	0.151	-0.230	0.226	0.371	-0.452	-0.423	0.108	0.035	-0.053	-0.068	0.215	-0.054
0.6*L1	0.224	0.238	-0.243	0.147	0.263	-0.570	-0.529	0.094	0.036	-0.048	-0.068	0.180	-0.048
0.7*L1	0.140	0.355	-0.233	0.088	0.172	-0.692	-0.644	0.073	0.031	-0.037	-0.061	0.133	-0.036
						0.308							
0.8*L1	0.077	0.205	-0.195	0.047	0.098	0.189	-0.764	0.047	0.022	-0.024	-0.047	0.084	-0.020
0.9*L1	0.031	0.087	-0.120	0.018	0.041	0.085	-0.886	0.022	0.010	-0.011	-0.026	0.038	-0.005
1.0*L1	-0.000	0.000	-0.000	0.000	-0.000	0.000	-1.000	-0.000	-0.000	-0.000	-0.000	-0.000	0.000
0.0*L2	-0.000	-0.000	-0.000	-0.000	-0.000	-0.000	-0.000	-0.000	-0.000	0.000	0.000	-0.000	-0.000
0.1*L2	-0.024	-0.073	-0.163	-0.013	-0.034	-0.077	-0.119	-0.017	-0.007	0.015	0.036	-0.035	-0.020
0.2*L2	-0.035	-0.108	-0.252	-0.018	-0.051	-0.119	-0.195	-0.024	-0.008	0.026	0.064	-0.055	-0.052
0.3*L2	-0.036	-0.118	-0.285	-0.018	-0.055	-0.134	-0.231	-0.025	-0.007	0.033	0.081	-0.063	-0.079
0.4*L2	-0.033	-0.112	-0.278	-0.016	-0.052	-0.131	-0.235	-0.023	-0.005	0.035	0.087	-0.062	-0.094
0.5*L2	-0.028	-0.097	-0.246	-0.013	-0.044	-0.116	-0.215	-0.019	-0.003	0.033	0.082	-0.055	-0.096
0.6*L2	-0.021	-0.076	-0.199	-0.009	-0.035	-0.094	-0.178	-0.014	-0.001	0.028	0.070	-0.045	-0.086
0.7*L2	-0.015	-0.054	-0.144	-0.006	-0.025	-0.068	-0.132	-0.010	-0.000	0.021	0.053	-0.033	-0.068
0.8*L2	-0.009	-0.033	-0.089	-0.004	-0.015	-0.042	-0.082	-0.006	0.000	0.014	0.034	-0.020	-0.044
0.9*L2	-0.004	-0.014	-0.039	-0.001	-0.006	-0.018	-0.036	-0.002	0.000	0.006	0.015	-0.009	-0.020
1.0*L2	-0.000	0.000	-0.000	0.000	0.000	0.000	-0.000	-0.000	-0.000	-0.000	-0.000	0.000	0.000
FAKTOR	a							a				1/a	

INFOLGE STRECKENLAST P=1

IN FELD

IN FELD	M 0.4	M 0.7	M 1.0	Q 0	Q 0.4	Q 0.7	Q 1.0	T 0	T 0.4	T 0.7	T 1.0	q 0.4	q 1.0
1,BIS SPRUNG						-0.302	-0.657			0.016	-0.082		
1,REST	0.563	0.357	-0.469	0.965	0.355	0.127	-1.361	0.205	0.045	-0.016	-0.132	0.390	-0.094
2	-0.083	-0.278	-0.685	-0.040	-0.129	-0.324	-0.575	-0.057	-0.013	0.085	0.211	-0.153	-0.224
3	0.007	0.028	0.077	0.003	0.013	0.036	0.071	0.005	-0.000	-0.012	-0.029	0.018	0.038
SUMME(+)	0.570	0.386	0.077	0.968	0.368	0.163	0.071	0.210	0.061	0.085	0.211	0.408	0.038
SUMME(-)	-0.083	-0.278	-1.155	-0.040	-0.431	-0.980	-1.937	-0.057	-0.013	-0.109	-0.161	-0.153	-0.318
SUMME	0.487	0.108	-1.078	0.928	-0.063	-0.817	-1.865	0.153	0.048	-0.024	0.050	0.255	-0.280
FAKTOR	a*a			a				a*a					

INFOLGE EINZELMOMENT Mt=1

IN

IN	M 0.4	M 0.7	M 1.0	Q 0	Q 0.4	Q 0.7	Q 1.0	T 0	T 0.4	T 0.7	T 1.0	q 0.4	q 1.0
0.0*L1	0.000	0.000	-0.000	0.000	-0.000	-0.000	-0.000	1.000	-0.000	-0.000	-0.000	-0.000	-0.000
0.1*L1	0.105	0.035	-0.073	0.238	-0.042	-0.101	-0.140	0.777	-0.083	-0.053	-0.034	-0.115	-0.048
0.2*L1	0.201	0.072	-0.142	0.352	-0.065	-0.198	-0.280	0.617	-0.175	-0.109	-0.068	-0.254	-0.098
0.3*L1	0.278	0.110	-0.204	0.385	-0.049	-0.283	-0.416	0.498	-0.285	-0.168	-0.101	-0.442	-0.150
0.4*L1	0.322	0.150	-0.256	0.370	0.032	-0.349	-0.547	0.407	-0.424	-0.234	-0.134	-0.705	-0.208
								0.576					
0.5*L1	0.320	0.186	-0.295	0.329	0.116	-0.385	-0.669	0.332	0.438	-0.311	-0.169	-0.464	-0.275
0.6*L1	0.286	0.211	-0.320	0.275	0.144	-0.373	-0.774	0.268	0.334	-0.407	-0.207	-0.303	-0.357
0.7*L1	0.237	0.212	-0.330	0.220	0.137	-0.291	-0.854	0.212	0.254	-0.532	-0.251	-0.203	-0.463
										0.468			
0.8*L1	0.184	0.176	-0.327	0.169	0.111	-0.201	-0.894	0.162	0.191	0.347	-0.307	-0.144	-0.604
0.9*L1	0.133	0.119	-0.320	0.124	0.077	-0.164	-0.876	0.118	0.141	0.262	-0.382	-0.114	-0.797
1.0*L1	0.089	0.056	-0.320	0.087	0.042	-0.158	-0.778	0.080	0.102	0.202	-0.488	-0.102	-1.061
0.0*L2	0.089	0.056	-0.320	0.087	0.042	-0.158	-0.778	0.080	0.102	0.202	0.512	-0.102	-1.061
0.1*L2	0.041	-0.020	-0.351	0.049	0.001	-0.170	-0.630	0.041	0.065	0.151	0.381	-0.098	-0.745
0.2*L2	0.009	-0.076	-0.388	0.023	-0.028	-0.186	-0.548	0.014	0.040	0.119	0.300	-0.100	-0.544
0.3*L2	-0.012	-0.111	-0.407	0.007	-0.046	-0.194	-0.491	-0.002	0.024	0.098	0.247	-0.100	-0.414
0.4*L2	-0.023	-0.125	-0.402	-0.002	-0.054	-0.191	-0.441	-0.011	0.015	0.083	0.208	-0.096	-0.327
0.5*L2	-0.026	-0.123	-0.371	-0.006	-0.055	-0.176	-0.386	-0.015	0.009	0.070	0.175	-0.087	-0.262
0.6*L2	-0.025	-0.111	-0.322	-0.008	-0.049	-0.153	-0.325	-0.015	0.006	0.057	0.144	-0.075	-0.208
0.7*L2	-0.021	-0.091	-0.261	-0.007	-0.041	-0.124	-0.259	-0.013	0.004	0.045	0.113	-0.061	-0.161
0.8*L2	-0.016	-0.069	-0.195	-0.005	-0.031	-0.092	-0.193	-0.010	0.003	0.033	0.083	-0.045	-0.118
0.9*L2	-0.011	-0.047	-0.132	-0.004	-0.021	-0.063	-0.130	-0.007	0.002	0.023	0.057	-0.031	-0.080
1.0*L2	-0.006	-0.027	-0.078	-0.002	-0.012	-0.037	-0.077	-0.004	0.001	0.014	0.034	-0.018	-0.048
FAKTOR				1/a								1/(a*a)	

INFOLGE STRECKENMOMENT mt=1

IN FELD

IN FELD	M 0.4	M 0.7	M 1.0	Q 0	Q 0.4	Q 0.7	Q 1.0	T 0	T 0.4	T 0.7	T 1.0	q 0.4	q 1.0
1,BIS SPRUNG						-0.046	-0.556			-0.224	-0.462		
1,REST	0.637	0.392	-0.730	0.760	0.191	-0.174	-1.759	1.174	0.506	0.281	-0.567	-0.827	-1.052
2	-0.019	-0.307	-1.213	0.034	-0.126	-0.580	-1.528	0.006	0.086	0.313	0.787	-0.301	-1.354
3	0.003	0.010	0.021	0.002	0.005	0.010	0.015	0.002	0.001	-0.002	-0.004	0.005	0.002
SUMME(+)	0.640	0.402	0.021	0.796	0.195	0.010	0.015	1.182	0.593	0.594	0.787	0.005	0.002
SUMME(-)	-0.019	-0.307	-1.943	0.000	-0.172	-1.309	-3.287	0.000	-0.224	-0.464	-0.571	-1.128	-2.406
SUMME	0.620	0.095	-1.922	0.796	0.023	-1.300	-3.272	1.182	0.369	0.130	0.216	-1.123	-2.405
FAKTOR	a							a				1/a	

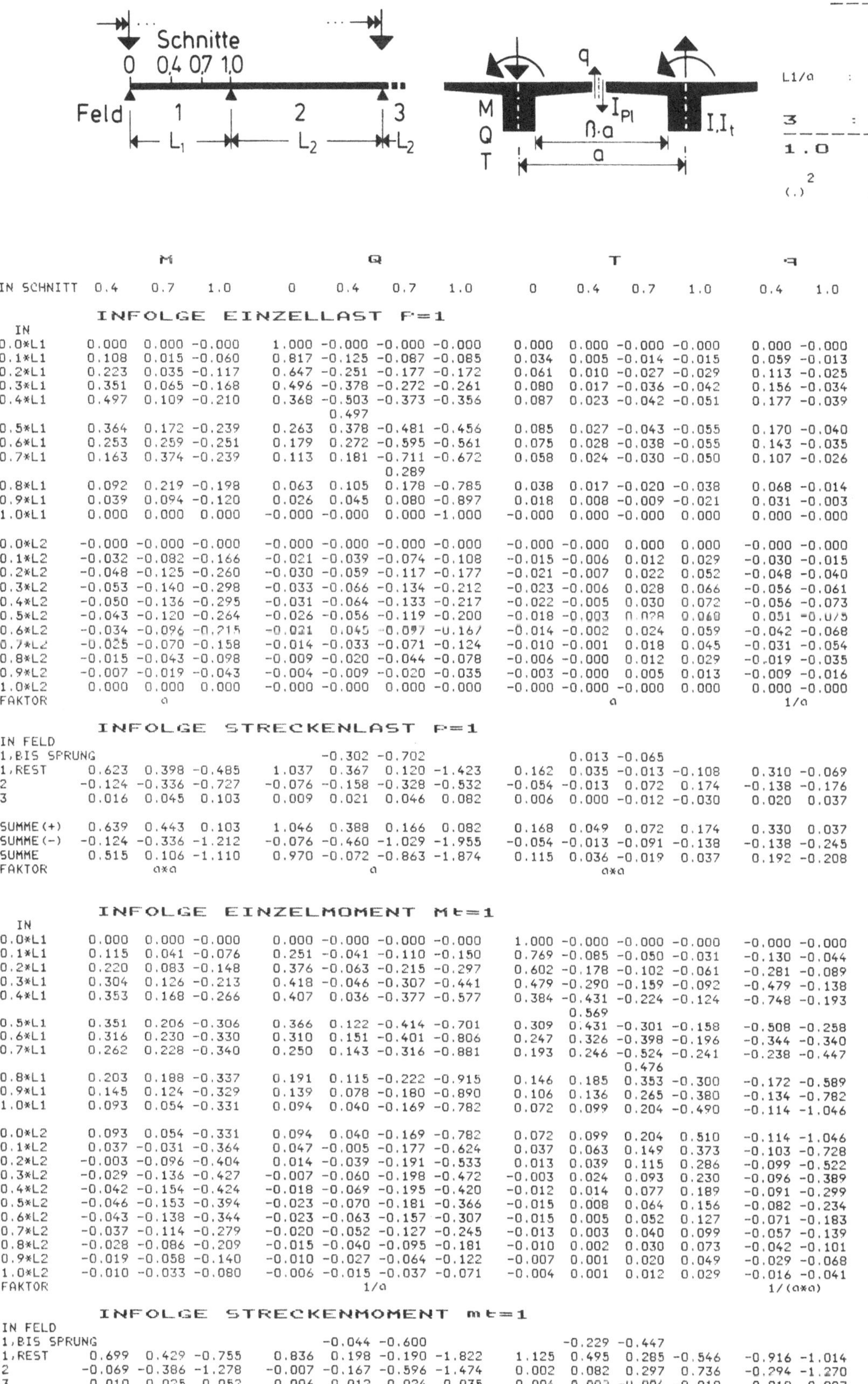

		M				Q				T			q
IN SCHNITT	0.4	0.7	1.0	0	0.4	0.7	1.0	0	0.4	0.7	1.0	0.4	1.0

INFOLGE EINZELLAST P=1

IN

	M 0.4	M 0.7	M 1.0	Q 0	Q 0.4	Q 0.7	Q 1.0	T 0	T 0.4	T 0.7	T 1.0	q 0.4	q 1.0
0.0*L1	0.000	0.000	-0.000	1.000	-0.000	-0.000	-0.000	0.000	0.000	-0.000	-0.000	0.000	-0.000
0.1*L1	0.108	0.015	-0.060	0.817	-0.125	-0.087	-0.085	0.034	0.005	-0.014	-0.015	0.059	-0.013
0.2*L1	0.223	0.035	-0.117	0.647	-0.251	-0.177	-0.172	0.061	0.010	-0.027	-0.029	0.113	-0.025
0.3*L1	0.351	0.065	-0.168	0.496	-0.378	-0.272	-0.261	0.080	0.017	-0.036	-0.042	0.156	-0.034
0.4*L1	0.497	0.109	-0.210	0.368	-0.503	-0.373	-0.356	0.087	0.023	-0.042	-0.051	0.177	-0.039
					0.497								
0.5*L1	0.364	0.172	-0.239	0.263	0.378	-0.481	-0.456	0.085	0.027	-0.043	-0.055	0.170	-0.040
0.6*L1	0.253	0.259	-0.251	0.179	0.272	-0.595	-0.561	0.075	0.028	-0.038	-0.055	0.143	-0.035
0.7*L1	0.163	0.374	-0.239	0.113	0.181	-0.711	-0.672	0.058	0.024	-0.030	-0.050	0.107	-0.026
						0.289							
0.8*L1	0.092	0.219	-0.198	0.063	0.105	0.178	-0.785	0.038	0.017	-0.020	-0.038	0.068	-0.014
0.9*L1	0.039	0.094	-0.120	0.026	0.045	0.080	-0.897	0.018	0.008	-0.009	-0.021	0.031	-0.003
1.0*L1	0.000	0.000	0.000	-0.000	-0.000	0.000	-1.000	-0.000	0.000	-0.000	0.000	0.000	-0.000
0.0*L2	-0.000	-0.000	-0.000	-0.000	-0.000	-0.000	-0.000	-0.000	-0.000	0.000	0.000	-0.000	-0.000
0.1*L2	-0.032	-0.082	-0.166	-0.021	-0.039	-0.074	-0.108	-0.015	-0.006	0.012	0.029	-0.030	-0.015
0.2*L2	-0.048	-0.125	-0.260	-0.030	-0.059	-0.117	-0.177	-0.021	-0.007	0.022	0.052	-0.048	-0.040
0.3*L2	-0.053	-0.140	-0.298	-0.033	-0.066	-0.134	-0.212	-0.023	-0.006	0.028	0.066	-0.056	-0.061
0.4*L2	-0.050	-0.136	-0.295	-0.031	-0.064	-0.133	-0.217	-0.022	-0.005	0.030	0.072	-0.056	-0.073
0.5*L2	-0.043	-0.120	-0.264	-0.026	-0.056	-0.119	-0.200	-0.018	-0.003	0.028	0.060	-0.051	-0.075
0.6*L2	-0.034	-0.096	-0.215	-0.021	0.045	-0.097	-0.167	-0.014	-0.002	0.024	0.059	-0.042	-0.068
0.7*L2	-0.025	-0.070	-0.158	-0.014	-0.033	-0.071	-0.124	-0.010	-0.001	0.018	0.045	-0.031	-0.054
0.8*L2	-0.015	-0.043	-0.098	-0.009	-0.020	-0.044	-0.078	-0.006	-0.000	0.012	0.029	-0.019	-0.035
0.9*L2	-0.007	-0.019	-0.043	-0.004	-0.009	-0.020	-0.035	-0.003	-0.000	0.005	0.013	-0.009	-0.016
1.0*L2	0.000	0.000	0.000	-0.000	-0.000	0.000	-0.000	-0.000	-0.000	-0.000	0.000	0.000	-0.000
FAKTOR		a								a			1/a

INFOLGE STRECKENLAST P=1

IN FELD

	M 0.4	M 0.7	M 1.0	Q 0	Q 0.4	Q 0.7	Q 1.0	T 0	T 0.4	T 0.7	T 1.0	q 0.4	q 1.0
1,BIS SPRUNG					-0.302	-0.702			0.013	-0.065			
1,REST	0.623	0.398	-0.485	1.037	0.367	0.120	-1.423	0.162	0.035	-0.013	-0.108	0.310	-0.069
2	-0.124	-0.336	-0.727	-0.076	-0.158	-0.328	-0.532	-0.054	-0.013	0.072	0.174	-0.138	-0.176
3	0.016	0.045	0.103	0.009	0.021	0.046	0.082	0.006	0.000	-0.012	-0.030	0.020	0.037
SUMME(+)	0.639	0.443	0.103	1.046	0.388	0.166	0.082	0.168	0.049	0.072	0.174	0.330	0.037
SUMME(-)	-0.124	-0.336	-1.212	-0.076	-0.460	-1.029	-1.955	-0.054	-0.013	-0.091	-0.138	-0.138	-0.245
SUMME	0.515	0.106	-1.110	0.970	-0.072	-0.863	-1.874	0.115	0.036	-0.019	0.037	0.192	-0.208
FAKTOR		a×a				a				a×a			

INFOLGE EINZELMOMENT Mt=1

IN

	M 0.4	M 0.7	M 1.0	Q 0	Q 0.4	Q 0.7	Q 1.0	T 0	T 0.4	T 0.7	T 1.0	q 0.4	q 1.0
0.0*L1	0.000	0.000	-0.000	0.000	-0.000	-0.000	-0.000	1.000	-0.000	-0.000	-0.000	-0.000	-0.000
0.1*L1	0.115	0.041	-0.076	0.251	-0.041	-0.110	-0.150	0.769	-0.085	-0.050	-0.031	-0.130	-0.044
0.2*L1	0.220	0.083	-0.148	0.376	-0.063	-0.215	-0.297	0.602	-0.178	-0.102	-0.061	-0.281	-0.089
0.3*L1	0.304	0.126	-0.213	0.418	-0.046	-0.307	-0.441	0.479	-0.290	-0.159	-0.092	-0.479	-0.138
0.4*L1	0.353	0.168	-0.266	0.407	0.036	-0.377	-0.577	0.384	-0.431	-0.224	-0.124	-0.748	-0.193
									0.569				
0.5*L1	0.351	0.206	-0.306	0.366	0.122	-0.414	-0.701	0.309	0.431	-0.301	-0.158	-0.508	-0.258
0.6*L1	0.316	0.230	-0.330	0.310	0.151	-0.401	-0.806	0.247	0.326	-0.398	-0.196	-0.344	-0.340
0.7*L1	0.262	0.228	-0.340	0.250	0.143	-0.316	-0.881	0.193	0.246	-0.524	-0.241	-0.238	-0.447
										0.476			
0.8*L1	0.203	0.188	-0.337	0.191	0.115	-0.222	-0.915	0.146	0.185	0.353	-0.300	-0.172	-0.589
0.9*L1	0.145	0.124	-0.329	0.139	0.078	-0.180	-0.890	0.106	0.136	0.265	-0.380	-0.134	-0.782
1.0*L1	0.093	0.054	-0.331	0.094	0.040	-0.169	-0.782	0.072	0.099	0.204	-0.490	-0.114	-1.046
0.0*L2	0.093	0.054	-0.331	0.094	0.040	-0.169	-0.782	0.072	0.099	0.204	0.510	-0.114	-1.046
0.1*L2	0.037	-0.031	-0.364	0.047	-0.005	-0.177	-0.624	0.037	0.063	0.149	0.373	-0.103	-0.728
0.2*L2	-0.003	-0.096	-0.404	0.014	-0.039	-0.191	-0.533	0.013	0.039	0.115	0.286	-0.099	-0.522
0.3*L2	-0.029	-0.136	-0.427	-0.007	-0.060	-0.198	-0.472	-0.003	0.024	0.093	0.230	-0.096	-0.389
0.4*L2	-0.042	-0.154	-0.424	-0.018	-0.069	-0.195	-0.420	-0.012	0.014	0.077	0.189	-0.091	-0.299
0.5*L2	-0.046	-0.153	-0.394	-0.023	-0.070	-0.181	-0.366	-0.015	0.008	0.064	0.156	-0.082	-0.234
0.6*L2	-0.043	-0.138	-0.344	-0.023	-0.063	-0.157	-0.307	-0.015	0.005	0.052	0.127	-0.071	-0.183
0.7*L2	-0.037	-0.114	-0.279	-0.020	-0.052	-0.127	-0.245	-0.013	0.003	0.040	0.099	-0.057	-0.139
0.8*L2	-0.028	-0.086	-0.209	-0.015	-0.040	-0.095	-0.181	-0.010	0.002	0.030	0.073	-0.042	-0.101
0.9*L2	-0.019	-0.058	-0.140	-0.010	-0.027	-0.064	-0.122	-0.007	0.001	0.020	0.049	-0.029	-0.068
1.0*L2	-0.010	-0.033	-0.080	-0.006	-0.015	-0.037	-0.071	-0.004	0.001	0.012	0.029	-0.016	-0.041
FAKTOR					1/a								1/(a×a)

INFOLGE STRECKENMOMENT mt=1

IN FELD

	M 0.4	M 0.7	M 1.0	Q 0	Q 0.4	Q 0.7	Q 1.0	T 0	T 0.4	T 0.7	T 1.0	q 0.4	q 1.0
1,BIS SPRUNG					-0.044	-0.600			-0.229	-0.447			
1,REST	0.699	0.429	-0.755	0.836	0.198	-0.190	-1.822	1.125	0.495	0.285	-0.546	-0.916	-1.014
2	-0.069	-0.386	-1.278	-0.007	-0.167	-0.596	-1.474	0.002	0.082	0.297	0.736	-0.294	-1.270
3	0.010	0.025	0.052	0.006	0.012	0.024	0.035	0.004	0.002	-0.004	-0.010	0.010	0.007
SUMME(+)	0.709	0.454	0.052	0.842	0.210	0.024	0.035	1.132	0.578	0.582	0.736	0.010	0.007
SUMME(-)	-0.069	-0.386	-2.033	-0.007	-0.211	-1.387	-3.296	0.000	-0.229	-0.451	-0.556	-1.210	-2.284
SUMME	0.639	0.069	-1.981	0.835	-0.001	-1.363	-3.261	1.132	0.350	0.131	0.180	-1.201	-2.277
FAKTOR		a				a				a			1/a

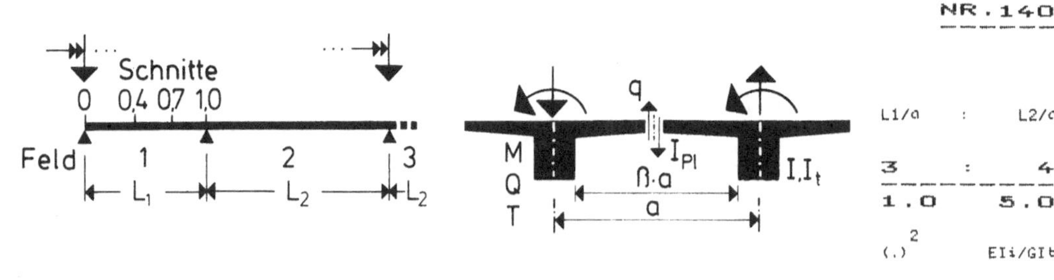

IN SCHNITT	M 0.4	M 0.7	M 1.0	Q 0	Q 0.4	Q 0.7	Q 1.0	T 0	T 0.4	T 0.7	T 1.0	q 0.4	q 1.0

INFOLGE EINZELLAST P=1

IN	M 0.4	M 0.7	M 1.0	Q 0	Q 0.4	Q 0.7	Q 1.0	T 0	T 0.4	T 0.7	T 1.0	q 0.4	q 1.0
0.0*L1	0.000	0.000	-0.000	1.000	-0.000	-0.000	-0.000	0.000	0.000	-0.000	-0.000	0.000	-0.000
0.1*L1	0.118	0.021	-0.063	0.831	-0.125	-0.096	-0.093	0.025	0.004	-0.011	-0.012	0.045	-0.010
0.2*L1	0.242	0.046	-0.122	0.673	-0.251	-0.193	-0.188	0.046	0.008	-0.021	-0.023	0.086	-0.018
0.3*L1	0.377	0.080	-0.175	0.529	-0.376	-0.294	-0.284	0.060	0.013	-0.028	-0.033	0.118	-0.024
0.4*L1	0.526	0.127	-0.218	0.404	-0.499	-0.399	-0.383	0.066	0.018	-0.032	-0.040	0.134	-0.028
				0.501									
0.5*L1	0.394	0.193	-0.246	0.297	0.386	-0.507	-0.485	0.065	0.021	-0.033	-0.044	0.130	-0.028
0.6*L1	0.280	0.279	-0.256	0.208	0.281	-0.618	-0.590	0.057	0.021	-0.030	-0.043	0.110	-0.025
0.7*L1	0.185	0.392	-0.243	0.136	0.189	-0.728	-0.697	0.045	0.018	-0.023	-0.039	0.083	-0.018
				0.272									
0.8*L1	0.107	0.232	-0.199	0.078	0.111	0.168	-0.804	0.029	0.013	-0.015	-0.030	0.053	-0.009
0.9*L1	0.046	0.101	-0.121	0.033	0.049	0.076	-0.907	0.014	0.006	-0.008	-0.016	0.025	-0.002
1.0*L1	-0.000	-0.000	0.000	0.000	0.000	0.000	-1.000	-0.000	-0.000	-0.000	-0.000	-0.000	-0.000
0.0*L2	-0.000	-0.000	-0.000	-0.000	-0.000	-0.000	-0.000	-0.000	-0.000	0.000	0.000	-0.000	-0.000
0.1*L2	-0.040	-0.091	-0.169	-0.028	-0.044	-0.072	-0.097	-0.012	-0.004	0.010	0.022	-0.025	-0.012
0.2*L2	-0.062	-0.142	-0.267	-0.043	-0.067	-0.114	-0.160	-0.018	-0.006	0.017	0.041	-0.040	-0.030
0.3*L2	-0.069	-0.162	-0.309	-0.048	-0.077	-0.132	-0.192	-0.020	-0.006	0.022	0.052	-0.047	-0.046
0.4*L2	-0.068	-0.160	-0.310	-0.047	-0.076	-0.133	-0.198	-0.019	-0.005	0.024	0.057	-0.048	-0.055
0.5*L2	-0.060	-0.143	-0.280	-0.041	-0.068	-0.120	-0.184	-0.016	-0.003	0.023	0.055	-0.044	-0.057
0.6*L2	-0.049	-0.117	-0.231	-0.033	-0.055	-0.099	-0.154	-0.013	-0.002	0.020	0.047	-0.036	-0.052
0.7*L2	-0.036	-0.086	-0.171	-0.024	-0.040	-0.074	-0.116	-0.009	-0.001	0.015	0.036	-0.027	-0.041
0.8*L2	-0.022	-0.053	-0.107	-0.015	-0.025	-0.046	-0.073	-0.006	-0.001	0.010	0.023	-0.017	-0.027
0.9*L2	-0.010	-0.024	-0.048	-0.007	-0.011	-0.021	-0.033	-0.003	-0.000	0.004	0.011	-0.008	-0.013
1.0*L2	0.000	-0.000	-0.000	0.000	0.000	0.000	0.000	-0.000	-0.000	-0.000	-0.000	-0.000	-0.000
FAKTOR		a				a				a			1/a

INFOLGE STRECKENLAST P=1

IN FELD	M 0.4	M 0.7	M 1.0	Q 0	Q 0.4	Q 0.7	Q 1.0	T 0	T 0.4	T 0.7	T 1.0	q 0.4	q 1.0
1,BIS SPRUNG					-0.301	-0.741			0.010	-0.050			
1,REST	0.679	0.436	-0.498	1.103	0.378	0.113	-1.480	0.123	0.026	-0.010	-0.085	0.237	-0.049
2	-0.168	-0.395	-0.765	-0.116	-0.187	-0.328	-0.488	-0.047	-0.012	0.059	0.139	-0.118	-0.134
3	0.027	0.065	0.130	0.018	0.031	0.056	0.089	0.007	0.001	-0.012	-0.028	0.021	0.033
SUMME(+)	0.706	0.501	0.130	1.122	0.408	0.169	0:089	0.131	0.037	0.059	0.139	0.258	0.033
SUMME(-)	-0.168	-0.395	-1.263	-0.116	-0.488	-1.069	-1.968	-0.047	-0.012	-0.073	-0.113	-0.118	-0.183
SUMME	0.538	0.106	-1.133	1.005	-0.080	-0.900	-1.879	0.084	0.026	-0.014	0.026	0.140	-0.150
FAKTOR		a*a				a				a*a			1/a

INFOLGE EINZELMOMENT Mt=1

IN	M 0.4	M 0.7	M 1.0	Q 0	Q 0.4	Q 0.7	Q 1.0	T 0	T 0.4	T 0.7	T 1.0	q 0.4	q 1.0
0.0*L1	0.000	0.000	-0.000	0.000	-0.000	-0.000	-0.000	1.000	-0.000	-0.000	-0.000	-0.000	-0.000
0.1*L1	0.124	0.047	-0.079	0.262	-0.040	-0.118	-0.158	0.762	-0.086	-0.047	-0.027	-0.142	-0.040
0.2*L1	0.237	0.094	-0.153	0.398	-0.061	-0.230	-0.314	0.589	-0.181	-0.097	-0.055	-0.306	-0.082
0.3*L1	0.328	0.141	-0.220	0.447	-0.042	-0.328	-0.464	0.461	-0.294	-0.151	-0.083	-0.513	-0.128
0.4*L1	0.380	0.186	-0.274	0.440	0.041	-0.402	-0.604	0.364	-0.436	-0.215	-0.113	-0.787	-0.181
								0.564					
0.5*L1	0.380	0.225	-0.314	0.400	0.128	-0.439	-0.730	0.288	0.424	-0.292	-0.146	-0.548	-0.245
0.6*L1	0.343	0.248	-0.339	0.342	0.157	-0.425	-0.834	0.227	0.320	-0.389	-0.185	-0.381	-0.327
0.7*L1	0.286	0.243	-0.348	0.277	0.148	-0.338	-0.906	0.176	0.240	-0.517	-0.233	-0.269	-0.434
										0.483			
0.8*L1	0.221	0.198	-0.345	0.212	0.118	-0.239	-0.934	0.133	0.179	0.358	-0.294	-0.196	-0.577
0.9*L1	0.156	0.129	-0.337	0.152	0.079	-0.193	-0.901	0.096	0.133	0.269	-0.377	-0.151	-0.770
1.0*L1	0.097	0.052	-0.339	0.099	0.038	-0.178	-0.786	0.066	0.097	0.205	-0.491	-0.125	-1.033
0.0*L2	0.097	0.052	-0.339	0.099	0.038	-0.178	-0.786	0.066	0.097	0.205	0.509	-0.125	-1.033
0.1*L2	0.031	-0.043	-0.375	0.043	-0.011	-0.182	-0.618	0.035	0.062	0.147	0.365	-0.106	-0.713
0.2*L2	-0.016	-0.116	-0.418	0.003	-0.049	-0.194	-0.519	0.013	0.039	0.111	0.274	-0.096	-0.504
0.3*L2	-0.047	-0.162	-0.445	-0.023	-0.073	-0.200	-0.453	-0.002	0.023	0.087	0.213	-0.090	-0.367
0.4*L2	-0.063	-0.183	-0.444	-0.037	-0.084	-0.197	-0.399	-0.010	0.014	0.070	0.171	-0.083	-0.275
0.5*L2	-0.067	-0.182	-0.415	-0.042	-0.085	-0.182	-0.345	-0.013	0.008	0.057	0.138	-0.074	-0.210
0.6*L2	-0.063	-0.165	-0.364	-0.040	-0.077	-0.159	-0.289	-0.014	0.005	0.046	0.110	-0.063	-0.161
0.7*L2	-0.053	-0.137	-0.296	-0.034	-0.064	-0.129	-0.229	-0.012	0.003	0.035	0.085	-0.051	-0.121
0.8*L2	-0.040	-0.103	-0.221	-0.026	-0.048	-0.096	-0.169	-0.009	0.002	0.026	0.062	-0.038	-0.087
0.9*L2	-0.027	-0.069	-0.148	-0.018	-0.032	-0.064	-0.113	-0.006	0.001	0.017	0.042	-0.025	-0.058
1.0*L2	-0.015	-0.038	-0.082	-0.009	-0.018	-0.036	-0.064	-0.003	0.001	0.010	0.024	-0.014	-0.035
FAKTOR					1/a								1/(a*a)

INFOLGE STRECKENMOMENT mt=1

IN FELD	M 0.4	M 0.7	M 1.0	Q 0	Q 0.4	Q 0.7	Q 1.0	T 0	T 0.4	T 0.7	T 1.0	q 0.4	q 1.0
1,BIS SPRUNG					-0.041	-0.640			-0.232	-0.433			
1,REST	0.756	0.464	-0.775	0.904	0.205	-0.204	-1.880	1.083	0.485	0.289	-0.525	-0.996	-0.983
2	-0.124	-0.465	-1.338	-0.054	-0.207	-0.605	-1.417	0.004	0.081	0.279	0.686	-0.278	-1.199
3	0.020	0.046	0.086	0.014	0.022	0.037	0.051	0.006	0.002	-0.005	-0.012	0.013	0.008
SUMME(+)	0.776	0.510	0.086	0.918	0.227	0.037	0.051	1.093	0.567	0.568	0.686	0.013	0.008
SUMME(-)	-0.124	-0.465	-2.113	-0.054	-0.248	-1.449	-3.297	0.000	-0.232	-0.438	-0.538	-1.273	-2.182
SUMME	0.652	0.044	-2.027	0.864	-0.021	-1.412	-3.247	1.093	0.335	0.130	0.148	-1.261	-2.174
FAKTOR		a				a				a			1/a

IN SCHNITT	M 0.4	M 0.7	M 1.0	Q 0	Q 0.4	Q 0.7	Q 1.0	T 0	T 0.4	T 0.7	T 1.0	q 0.4	q 1.0

INFOLGE EINZELLAST P=1

IN	M 0.4	M 0.7	M 1.0	Q 0	Q 0.4	Q 0.7	Q 1.0	T 0	T 0.4	T 0.7	T 1.0	q 0.4	q 1.0
0.0*L1	0.000	0.000	-0.000	1.000	-0.000	-0.000	-0.000	0.000	0.000	-0.000	-0.000	0.000	-0.000
0.1*L1	0.133	0.029	-0.066	0.852	-0.125	-0.108	-0.106	0.014	0.002	-0.006	-0.007	0.025	-0.005
0.2*L1	0.270	0.063	-0.128	0.709	-0.249	-0.216	-0.212	0.026	0.005	-0.012	-0.014	0.048	-0.009
0.3*L1	0.414	0.103	-0.183	0.576	-0.372	-0.325	-0.318	0.033	0.007	-0.016	-0.019	0.066	-0.012
0.4*L1	0.569	0.156	-0.226	0.455	-0.491	-0.434	-0.424	0.037	0.010	-0.018	-0.024	0.075	-0.014
				0.509									
0.5*L1	0.437	0.223	-0.254	0.347	0.397	-0.543	-0.529	0.036	0.012	-0.019	-0.026	0.073	-0.014
0.6*L1	0.319	0.310	-0.263	0.252	0.293	-0.649	-0.633	0.032	0.012	-0.017	-0.025	0.062	-0.012
0.7*L1	0.217	0.419	-0.246	0.170	0.201	-0.752	-0.734	0.025	0.010	-0.014	-0.023	0.048	-0.009
						0.248							
0.8*L1	0.129	0.252	-0.201	0.101	0.121	0.153	-0.831	0.017	0.007	-0.009	-0.017	0.031	-0.004
0.9*L1	0.057	0.112	-0.120	0.044	0.054	0.069	-0.921	0.008	0.003	-0.004	-0.009	0.015	-0.001
1.0*L1	0.000	0.000	0.000	0.000	0.000	0.000	-1.000	-0.000	-0.000	-0.000	-0.000	0.000	0.000
0.0*L2	-0.000	-0.000	-0.000	-0.000	-0.000	-0.000	-0.000	-0.000	-0.000	0.000	0.000	-0.000	-0.000
0.1*L2	-0.053	-0.105	-0.173	-0.041	-0.050	-0.067	-0.081	-0.007	-0.003	0.006	0.013	-0.015	-0.006
0.2*L2	-0.084	-0.168	-0.278	-0.065	-0.080	-0.108	-0.134	-0.011	-0.004	0.010	0.024	-0.025	-0.016
0.3*L2	-0.097	-0.196	-0.327	-0.075	-0.093	-0.127	-0.162	-0.013	-0.004	0.013	0.031	-0.030	-0.025
0.4*L2	-0.098	-0.198	-0.333	-0.075	-0.094	-0.130	-0.168	-0.013	-0.003	0.015	0.034	-0.031	-0.031
0.5*L2	-0.089	-0.181	-0.306	-0.068	-0.086	-0.119	-0.157	-0.011	-0.003	0.014	0.033	-0.029	-0.032
0.6*L2	-0.074	-0.150	-0.255	0.057	-0.072	-0.100	-0.133	-0.009	-0.002	0.012	0.029	-0.024	-0.029
0.7*L2	-0.055	-0.112	-0.191	-0.042	-0.053	-0.075	-0.100	-0.007	-0.001	0.010	0.022	-0.018	-0.024
0.8*L2	-0.035	-0.071	-0.122	-0.027	-0.034	-0.048	-0.064	-0.004	-0.001	0.006	0.014	-0.012	-0.016
0.9*L2	-0.016	-0.032	-0.055	-0.012	-0.015	-0.022	-0.029	-0.002	-0.000	0.003	0.007	-0.005	-0.007
1.0*L2	0.000	-0.000	0.000	0.000	-0.000	0.000	0.000	-0.000	-0.000	-0.000	-0.000	0.000	0.000
FAKTOR	a							a				1/a	

INFOLGE STRECKENLAST P=1

IN FELD	M 0.4	M 0.7	M 1.0	Q 0	Q 0.4	Q 0.7	Q 1.0	T 0	T 0.4	T 0.7	T 1.0	q 0.4	q 1.0
1,BIS SPRUNG						-0.298	-0.796			0.006	-0.029		
1,REST	0.761	0.496	-0.512	1.199	0.394	0.103	-1.563	0.069	0.015	-0.006	-0.050	0.134	-0.024
2	-0.243	-0.490	-0.825	-0.187	-0.234	-0.322	-0.416	-0.031	-0.008	0.036	0.083	-0.076	-0.075
3	0.052	0.106	0.180	0.040	0.050	0.071	0.095	0.006	0.001	-0.009	-0.021	0.017	0.023
SUMME(+)	0.813	0.601	0.180	1.239	0.444	0.173	0.095	0.076	0.022	0.036	0.083	0.151	0.023
SUMME(-)	-0.243	-0.490	-1.336	-0.187	-0.531	-1.117	-1.979	-0.031	-0.008	-0.044	-0.071	-0.076	-0.099
SUMME	0.570	0.111	-1.156	1.052	-0.087	-0.944	-1.884	0.044	0.013	-0.008	0.012	0.075	-0.077
FAKTOR	a*a							a*a				1/a	

INFOLGE EINZELMOMENT Mt=1

IN	M 0.4	M 0.7	M 1.0	Q 0	Q 0.4	Q 0.7	Q 1.0	T 0	T 0.4	T 0.7	T 1.0	q 0.4	q 1.0
0.0*L1	0.000	0.000	-0.000	0.000	-0.000	-0.000	-0.000	1.000	-0.000	-0.000	-0.000	-0.000	-0.000
0.1*L1	0.137	0.055	-0.082	0.279	-0.038	-0.130	-0.171	0.753	-0.089	-0.043	-0.022	-0.161	-0.035
0.2*L1	0.263	0.110	-0.159	0.429	-0.057	-0.251	-0.338	0.571	-0.186	-0.089	-0.045	-0.340	-0.073
0.3*L1	0.363	0.164	-0.227	0.489	-0.036	-0.357	-0.497	0.437	-0.301	-0.140	-0.070	-0.559	-0.115
0.4*L1	0.421	0.213	-0.283	0.488	0.050	-0.435	-0.644	0.336	-0.444	-0.202	-0.098	-0.841	-0.166
								0.556					
0.5*L1	0.422	0.253	-0.324	0.449	0.138	-0.475	-0.772	0.260	0.415	-0.278	-0.130	-0.603	-0.229
0.6*L1	0.383	0.276	-0.349	0.388	0.166	-0.459	-0.875	0.200	0.311	-0.377	-0.169	-0.433	-0.310
0.7*L1	0.319	0.266	-0.358	0.315	0.156	-0.367	-0.942	0.152	0.232	-0.506	-0.219	-0.313	-0.417
										0.494			
0.8*L1	0.246	0.214	-0.355	0.241	0.124	-0.263	-0.962	0.114	0.172	0.366	-0.285	-0.231	-0.561
0.9*L1	0.170	0.135	-0.348	0.170	0.081	-0.211	-0.917	0.083	0.127	0.273	-0.374	-0.175	-0.755
1.0*L1	0.100	0.048	-0.352	0.106	0.035	-0.190	-0.790	0.058	0.093	0.206	-0.494	-0.137	-1.017
0.0*L2	0.100	0.048	-0.352	0.106	0.035	-0.190	-0.790	0.058	0.093	0.206	0.506	-0.137	-1.016
0.1*L2	0.021	-0.061	-0.391	0.035	-0.021	-0.188	-0.606	0.033	0.061	0.144	0.353	-0.106	-0.693
0.2*L2	-0.039	-0.147	-0.440	-0.017	-0.065	-0.195	-0.495	0.015	0.039	0.104	0.254	-0.087	-0.479
0.3*L2	-0.078	-0.204	-0.471	-0.051	-0.093	-0.200	-0.421	0.003	0.024	0.077	0.188	-0.075	-0.337
0.4*L2	-0.099	-0.230	-0.474	-0.070	-0.107	-0.196	-0.363	-0.004	0.015	0.059	0.143	-0.065	-0.242
0.5*L2	-0.104	-0.230	-0.447	-0.076	-0.108	-0.182	-0.310	-0.007	0.009	0.046	0.110	-0.056	-0.177
0.6*L2	-0.097	-0.210	-0.394	-0.072	-0.099	-0.159	-0.257	-0.008	0.005	0.035	0.084	-0.046	-0.130
0.7*L2	-0.082	-0.175	-0.322	-0.061	-0.082	-0.129	-0.203	-0.008	0.003	0.027	0.063	-0.037	-0.094
0.8*L2	-0.062	-0.132	-0.241	-0.046	-0.062	-0.096	-0.149	-0.006	0.002	0.019	0.045	-0.027	-0.066
0.9*L2	-0.041	-0.087	-0.159	-0.030	-0.041	-0.063	-0.098	-0.004	0.001	0.013	0.030	-0.018	-0.044
1.0*L2	-0.021	-0.045	-0.084	-0.015	-0.021	-0.034	-0.054	-0.002	0.001	0.007	0.018	-0.010	-0.027
FAKTOR				1/a								1/(a*a)	

INFOLGE STRECKENMOMENT mt=1

IN FELD	M 0.4	M 0.7	M 1.0	Q 0	Q 0.4	Q 0.7	Q 1.0	T 0	T 0.4	T 0.7	T 1.0	q 0.4	q 1.0
1,BIS SPRUNG						-0.036	-0.694			-0.237	-0.412		
1,REST	0.837	0.517	-0.800	1.000	0.216	-0.222	-1.963	1.024	0.471	0.294	-0.495	-1.107	-0.944
2	-0.219	-0.595	-1.426	-0.140	-0.272	-0.608	-1.323	0.016	0.082	0.250	0.607	-0.235	-1.101
3	0.045	0.089	0.146	0.035	0.043	0.056	0.067	0.006	0.002	-0.004	-0.010	0.012	0.003
SUMME(+)	0.882	0.606	0.146	1.035	0.259	0.056	0.067	1.046	0.555	0.544	0.607	0.012	0.003
SUMME(-)	-0.219	-0.595	-2.226	-0.140	-0.307	-1.525	-3.286	0.000	-0.237	-0.416	-0.504	-1.343	-2.045
SUMME	0.663	0.011	-2.081	0.895	-0.049	-1.468	-3.219	1.046	0.318	0.128	0.103	-1.330	-2.042
FAKTOR	a							a				1/a	

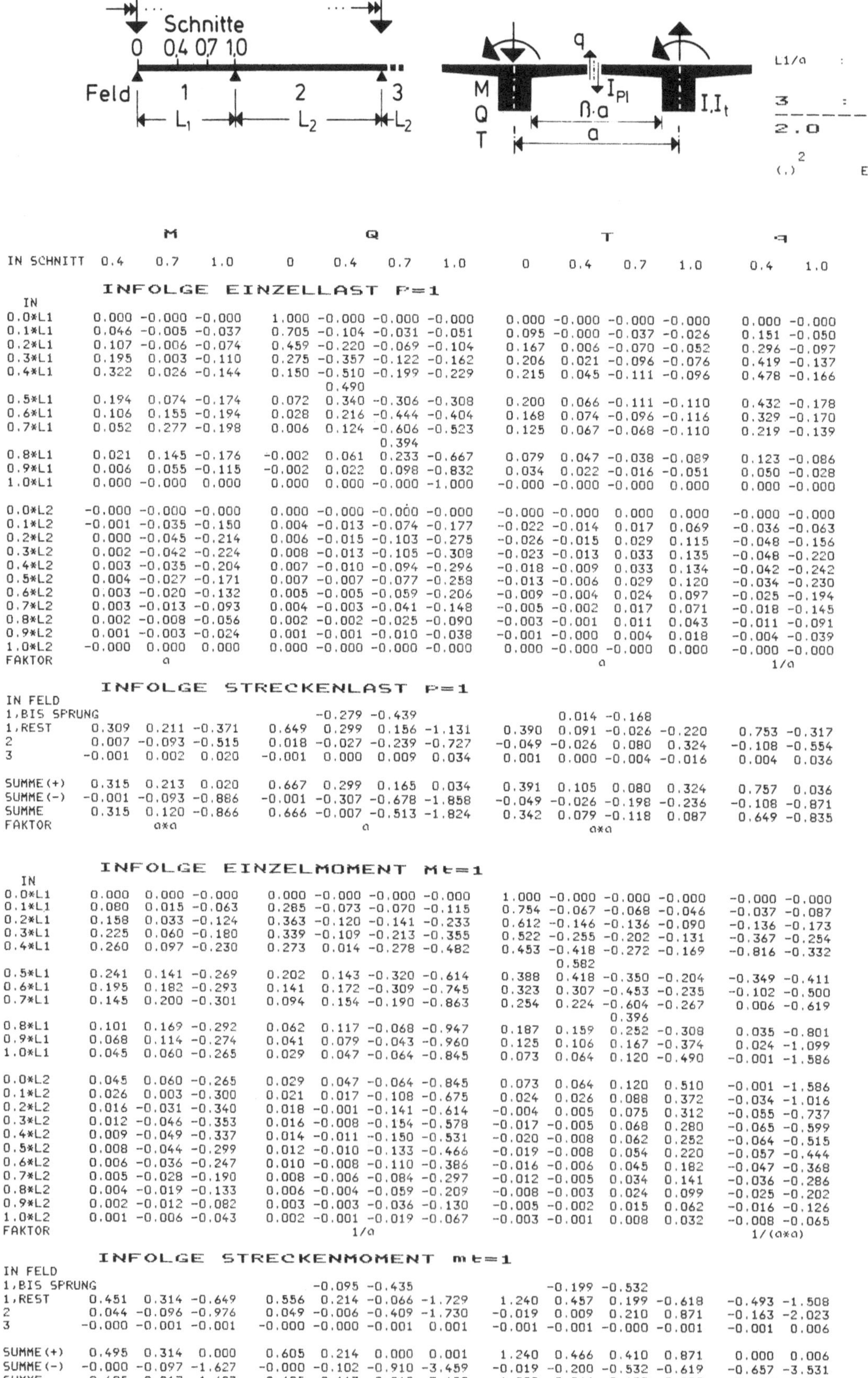

	M			Q				T				q	
IN SCHNITT	0.4	0.7	1.0	0	0.4	0.7	1.0	0	0.4	0.7	1.0	0.4	1.0

INFOLGE EINZELLAST P=1

IN	M 0.4	M 0.7	M 1.0	Q 0	Q 0.4	Q 0.7	Q 1.0	T 0	T 0.4	T 0.7	T 1.0	q 0.4	q 1.0
0.0*L1	0.000	-0.000	-0.000	1.000	-0.000	-0.000	-0.000	0.000	-0.000	-0.000	-0.000	0.000	-0.000
0.1*L1	0.046	-0.005	-0.037	0.705	-0.104	-0.031	-0.051	0.095	-0.000	-0.037	-0.026	0.151	-0.050
0.2*L1	0.107	-0.006	-0.074	0.459	-0.220	-0.069	-0.104	0.167	0.006	-0.070	-0.052	0.296	-0.097
0.3*L1	0.195	0.003	-0.110	0.275	-0.357	-0.122	-0.162	0.206	0.021	-0.096	-0.076	0.419	-0.137
0.4*L1	0.322	0.026	-0.144	0.150	-0.510	-0.199	-0.229	0.215	0.045	-0.111	-0.096	0.478	-0.166
					0.490								
0.5*L1	0.194	0.074	-0.174	0.072	0.340	-0.306	-0.308	0.200	0.066	-0.111	-0.110	0.432	-0.178
0.6*L1	0.106	0.155	-0.194	0.028	0.216	-0.444	-0.404	0.168	0.074	-0.096	-0.116	0.329	-0.170
0.7*L1	0.052	0.277	-0.198	0.006	0.124	-0.606	-0.523	0.125	0.067	-0.068	-0.110	0.219	-0.139
						0.394							
0.8*L1	0.021	0.145	-0.176	-0.002	0.061	0.233	-0.667	0.079	0.047	-0.038	-0.089	0.123	-0.086
0.9*L1	0.006	0.055	-0.115	-0.002	0.022	0.098	-0.832	0.034	0.022	-0.016	-0.051	0.050	-0.028
1.0*L1	0.000	-0.000	0.000	0.000	0.000	-0.000	-1.000	-0.000	-0.000	-0.000	0.000	0.000	-0.000
0.0*L2	-0.000	-0.000	-0.000	0.000	-0.000	-0.000	-0.000	-0.000	-0.000	0.000	0.000	-0.000	-0.000
0.1*L2	-0.001	-0.035	-0.150	0.004	-0.013	-0.074	-0.177	-0.022	-0.014	0.017	0.069	-0.036	-0.063
0.2*L2	0.000	-0.045	-0.214	0.006	-0.015	-0.103	-0.275	-0.026	-0.015	0.029	0.115	-0.048	-0.156
0.3*L2	0.002	-0.042	-0.224	0.008	-0.013	-0.105	-0.308	-0.023	-0.013	0.033	0.135	-0.048	-0.220
0.4*L2	0.003	-0.035	-0.204	0.007	-0.010	-0.094	-0.296	-0.018	-0.009	0.033	0.134	-0.042	-0.242
0.5*L2	0.004	-0.027	-0.171	0.007	-0.007	-0.077	-0.258	-0.013	-0.006	0.029	0.120	-0.034	-0.230
0.6*L2	0.003	-0.020	-0.132	0.005	-0.005	-0.059	-0.206	-0.009	-0.004	0.024	0.097	-0.025	-0.194
0.7*L2	0.003	-0.013	-0.093	0.004	-0.003	-0.041	-0.148	-0.005	-0.002	0.017	0.071	-0.018	-0.145
0.8*L2	0.002	-0.008	-0.056	0.002	-0.002	-0.025	-0.090	-0.003	-0.001	0.011	0.043	-0.011	-0.091
0.9*L2	0.001	-0.003	-0.024	0.001	-0.001	-0.010	-0.038	-0.001	-0.000	0.004	0.018	-0.004	-0.039
1.0*L2	-0.000	0.000	0.000	0.000	-0.000	-0.000	-0.000	0.000	-0.000	-0.000	0.000	-0.000	-0.000
FAKTOR	a							a				1/a	

INFOLGE STRECKENLAST P=1

IN FELD	M 0.4	M 0.7	M 1.0	Q 0	Q 0.4	Q 0.7	Q 1.0	T 0	T 0.4	T 0.7	T 1.0	q 0.4	q 1.0
1,BIS SPRUNG					-0.279	-0.439			0.014	-0.168			
1,REST	0.309	0.211	-0.371	0.649	0.299	0.156	-1.131	0.390	0.091	-0.026	-0.220	0.753	-0.317
2	0.007	-0.093	-0.515	0.018	-0.027	-0.239	-0.727	-0.049	-0.026	0.080	0.324	-0.108	-0.554
3	-0.001	0.002	0.020	-0.001	0.000	0.009	0.034	0.001	0.000	-0.004	-0.016	0.004	0.036
SUMME(+)	0.315	0.213	0.020	0.667	0.299	0.165	0.034	0.391	0.105	0.080	0.324	0.757	0.036
SUMME(-)	-0.001	-0.093	-0.886	-0.001	-0.307	-0.678	-1.858	-0.049	-0.026	-0.198	-0.236	-0.108	-0.871
SUMME	0.315	0.120	-0.866	0.666	-0.007	-0.513	-1.824	0.342	0.079	-0.118	0.087	0.649	-0.835
FAKTOR	a*a			a				a*a					

INFOLGE EINZELMOMENT Mt=1

IN	M 0.4	M 0.7	M 1.0	Q 0	Q 0.4	Q 0.7	Q 1.0	T 0	T 0.4	T 0.7	T 1.0	q 0.4	q 1.0
0.0*L1	0.000	0.000	-0.000	0.000	-0.000	-0.000	-0.000	1.000	-0.000	-0.000	-0.000	-0.000	-0.000
0.1*L1	0.080	0.015	-0.063	0.285	-0.073	-0.070	-0.115	0.754	-0.067	-0.068	-0.046	-0.037	-0.087
0.2*L1	0.158	0.033	-0.124	0.363	-0.120	-0.141	-0.233	0.612	-0.146	-0.136	-0.090	-0.136	-0.173
0.3*L1	0.225	0.060	-0.180	0.339	-0.109	-0.213	-0.355	0.522	-0.255	-0.202	-0.131	-0.367	-0.254
0.4*L1	0.260	0.097	-0.230	0.273	0.014	-0.278	-0.482	0.453	-0.418	-0.272	-0.169	-0.816	-0.332
								0.582					
0.5*L1	0.241	0.141	-0.269	0.202	0.143	-0.320	-0.614	0.388	0.418	-0.350	-0.204	-0.349	-0.411
0.6*L1	0.195	0.182	-0.293	0.141	0.172	-0.309	-0.745	0.323	0.307	-0.453	-0.235	-0.102	-0.500
0.7*L1	0.145	0.200	-0.301	0.094	0.154	-0.190	-0.863	0.254	0.224	-0.604	-0.267	0.006	-0.619
										0.396			
0.8*L1	0.101	0.169	-0.292	0.062	0.117	-0.068	-0.947	0.187	0.159	0.252	-0.308	0.035	-0.801
0.9*L1	0.068	0.114	-0.274	0.041	0.079	-0.043	-0.960	0.125	0.106	0.167	-0.374	0.024	-1.099
1.0*L1	0.045	0.060	-0.265	0.029	0.047	-0.064	-0.845	0.073	0.064	0.120	-0.490	-0.001	-1.586
0.0*L2	0.045	0.060	-0.265	0.029	0.047	-0.064	-0.845	0.073	0.064	0.120	0.510	-0.001	-1.586
0.1*L2	0.026	0.003	-0.300	0.021	0.017	-0.108	-0.675	0.024	0.026	0.088	0.372	-0.034	-1.016
0.2*L2	0.016	-0.031	-0.340	0.018	-0.001	-0.141	-0.614	-0.004	0.005	0.075	0.312	-0.055	-0.737
0.3*L2	0.012	-0.046	-0.353	0.016	-0.008	-0.154	-0.578	-0.017	-0.005	0.068	0.280	-0.065	-0.599
0.4*L2	0.009	-0.049	-0.337	0.014	-0.011	-0.150	-0.531	-0.020	-0.008	0.062	0.252	-0.064	-0.515
0.5*L2	0.008	-0.044	-0.299	0.012	-0.010	-0.133	-0.466	-0.019	-0.008	0.054	0.220	-0.057	-0.444
0.6*L2	0.006	-0.036	-0.247	0.010	-0.008	-0.110	-0.386	-0.016	-0.006	0.045	0.182	-0.047	-0.368
0.7*L2	0.005	-0.028	-0.190	0.008	-0.006	-0.084	-0.297	-0.012	-0.005	0.034	0.141	-0.036	-0.286
0.8*L2	0.004	-0.019	-0.133	0.006	-0.004	-0.059	-0.209	-0.008	-0.003	0.024	0.099	-0.025	-0.202
0.9*L2	0.002	-0.012	-0.082	0.003	-0.003	-0.036	-0.130	-0.005	-0.002	0.015	0.062	-0.016	-0.126
1.0*L2	0.001	-0.006	-0.043	0.002	-0.001	-0.019	-0.067	-0.003	-0.001	0.008	0.032	-0.008	-0.065
FAKTOR				1/a								1/(a*a)	

INFOLGE STRECKENMOMENT mt=1

IN FELD	M 0.4	M 0.7	M 1.0	Q 0	Q 0.4	Q 0.7	Q 1.0	T 0	T 0.4	T 0.7	T 1.0	q 0.4	q 1.0
1,BIS SPRUNG					-0.095	-0.435			-0.199	-0.532			
1,REST	0.451	0.314	-0.649	0.556	0.214	-0.066	-1.729	1.240	0.457	0.199	-0.618	-0.493	-1.508
2	0.044	-0.096	-0.976	0.049	-0.006	-0.409	-1.730	-0.019	0.009	0.210	0.871	-0.163	-2.023
3	-0.000	-0.001	-0.001	-0.000	-0.000	-0.001	0.001	-0.001	-0.001	-0.000	-0.001	-0.001	0.006
SUMME(+)	0.495	0.314	0.000	0.605	0.214	0.000	0.001	1.240	0.466	0.410	0.871	0.000	0.006
SUMME(-)	-0.000	-0.097	-1.627	-0.000	-0.102	-0.910	-3.459	-0.019	-0.200	-0.532	-0.619	-0.657	-3.531
SUMME	0.495	0.217	-1.627	0.605	0.113	-0.910	-3.458	1.220	0.266	-0.122	0.252	-0.657	-3.525
FAKTOR	a			a				a				1/a	

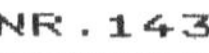

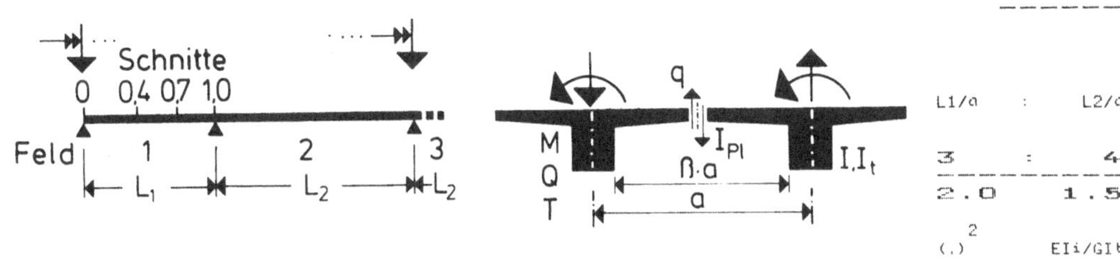

	M 0.4	M 0.7	M 1.0	Q 0	Q 0.4	Q 0.7	Q 1.0	T 0	T 0.4	T 0.7	T 1.0	q 0.4	q 1.0
IN SCHNITT	0.4	0.7	1.0	0	0.4	0.7	1.0	0	0.4	0.7	1.0	0.4	1.0

INFOLGE EINZELLAST P=1

IN

	M 0.4	M 0.7	M 1.0	Q 0	Q 0.4	Q 0.7	Q 1.0	T 0	T 0.4	T 0.7	T 1.0	q 0.4	q 1.0
0.0*L1	0.000	-0.000	-0.000	1.000	-0.000	-0.000	-0.000	0.000	0.000	-0.000	-0.000	0.000	-0.000
0.1*L1	0.063	-0.001	-0.044	0.739	-0.112	-0.046	-0.059	0.076	0.002	-0.031	-0.024	0.126	-0.040
0.2*L1	0.139	0.003	-0.087	0.515	-0.233	-0.099	-0.121	0.135	0.008	-0.059	-0.048	0.245	-0.077
0.3*L1	0.238	0.016	-0.128	0.338	-0.367	-0.165	-0.187	0.169	0.021	-0.080	-0.069	0.342	-0.108
0.4*L1	0.370	0.046	-0.165	0.210	-0.510	-0.249	-0.262	0.178	0.038	-0.092	-0.086	0.390	-0.129
					0.490								
0.5*L1	0.239	0.099	-0.195	0.121	0.351	-0.356	-0.347	0.168	0.053	-0.093	-0.097	0.358	-0.136
0.6*L1	0.145	0.182	-0.213	0.065	0.233	-0.487	-0.448	0.143	0.059	-0.081	-0.101	0.281	-0.128
0.7*L1	0.080	0.303	-0.212	0.031	0.141	-0.635	-0.566	0.108	0.052	-0.059	-0.094	0.194	-0.102
						0.365							
0.8*L1	0.039	0.165	-0.184	0.012	0.075	0.219	-0.702	0.068	0.037	-0.035	-0.074	0.113	-0.062
0.9*L1	0.014	0.066	-0.117	0.003	0.029	0.094	-0.851	0.031	0.018	-0.015	-0.042	0.048	-0.020
1.0*L1	-0.000	0.000	-0.000	0.000	0.000	0.000	-1.000	-0.000	-0.000	0.000	0.000	0.000	-0.000
0.0*L2	-0.000	-0.000	-0.000	-0.000	-0.000	-0.000	-0.000	-0.000	-0.000	0.000	0.000	-0.000	-0.000
0.1*L2	-0.008	-0.048	-0.155	-0.000	-0.020	-0.077	-0.158	-0.022	-0.012	0.016	0.057	-0.038	-0.047
0.2*L2	-0.009	-0.065	-0.229	0.001	-0.026	-0.111	-0.251	-0.029	-0.015	0.027	0.097	-0.054	-0.118
0.3*L2	-0.007	-0.066	-0.246	0.002	-0.026	-0.118	-0.287	-0.028	-0.014	0.032	0.117	-0.057	-0.170
0.4*L2	-0.005	-0.058	-0.231	0.003	-0.022	-0.110	-0.282	-0.024	-0.011	0.032	0.118	-0.053	-0.192
0.5*L2	-0.004	-0.048	-0.197	0.003	-0.018	-0.093	-0.249	-0.019	-0.008	0.029	0.107	-0.044	-0.186
0.6*L2	-0.002	-0.036	-0.155	0.003	-0.013	-0.073	-0.201	-0.014	0.006	0.024	0.088	-0.034	-0.160
0.7*L2	-0.001	-0.025	0.111	0.002	-0.009	-0.051	-0.146	-0.010	-0.004	0.017	0.065	-0.024	-0.121
0.8*L2	-0.001	-0.015	-0.067	0.002	-0.005	-0.031	-0.090	-0.006	-0.002	0.011	0.040	-0.015	-0.076
0.9*L2	-0.000	-0.006	-0.028	0.001	-0.002	-0.013	-0.038	-0.002	-0.001	0.005	0.017	-0.006	-0.033
1.0*L2	0.000	-0.000	-0.000	0.000	0.000	0.000	-0.000	-0.000	-0.000	0.000	0.000	-0.000	-0.000
FAKTOR	a							a				1/a	

INFOLGE STRECKENLAST P=1

IN FELD

	M 0.4	M 0.7	M 1.0	Q 0	Q 0.4	Q 0.7	Q 1.0	T 0	T 0.4	T 0.7	T 1.0	q 0.4	q 1.0
1,BIS SPRUNG						-0.289	-0.514			0.015	-0.141		
1,REST	0.392	0.259	-0.408	0.754	0.319	0.147	-1.211	0.325	0.072	-0.024	-0.192	0.633	-0.241
2	-0.015	-0.149	-0.576	0.007	-0.058	-0.275	-0.688	-0.062	-0.030	0.078	0.285	-0.132	-0.443
3	0.000	0.008	0.038	-0.001	0.003	0.018	0.053	0.003	0.001	-0.006	-0.024	0.008	0.047
SUMME(+)	0.392	0.266	0.038	0.760	0.322	0.165	0.053	0.328	0.088	0.078	0.285	0.641	0.047
SUMME(−)	-0.015	-0.149	-0.984	-0.001	-0.347	-0.788	-1.899	-0.062	-0.030	-0.171	-0.216	-0.132	-0.684
SUMME	0.377	0.117	-0.946	0.759	-0.025	-0.624	-1.847	0.266	0.058	-0.093	0.069	0.509	-0.637
FAKTOR	a*a			a				a*a					

INFOLGE EINZELMOMENT Mt=1

IN

	M 0.4	M 0.7	M 1.0	Q 0	Q 0.4	Q 0.7	Q 1.0	T 0	T 0.4	T 0.7	T 1.0	q 0.4	q 1.0
0.0*L1	0.000	0.000	-0.000	0.000	-0.000	-0.000	-0.000	1.000	-0.000	-0.000	-0.000	-0.000	-0.000
0.1*L1	0.101	0.022	-0.072	0.316	-0.076	-0.090	-0.129	0.736	-0.068	-0.061	-0.042	-0.070	-0.072
0.2*L1	0.196	0.049	-0.141	0.419	-0.125	-0.180	-0.259	0.579	-0.149	-0.122	-0.082	-0.198	-0.143
0.3*L1	0.276	0.082	-0.204	0.408	-0.111	-0.266	-0.393	0.480	-0.261	-0.183	-0.120	-0.451	-0.212
0.4*L1	0.318	0.125	-0.257	0.347	0.018	-0.340	-0.530	0.407	-0.428	-0.250	-0.154	-0.910	-0.280
									0.572				
0.5*L1	0.300	0.173	-0.297	0.271	0.153	-0.384	-0.668	0.344	0.404	-0.328	-0.186	-0.440	-0.353
0.6*L1	0.249	0.215	-0.321	0.200	0.187	-0.367	-0.800	0.283	0.290	-0.433	-0.216	-0.179	-0.441
0.7*L1	0.189	0.229	-0.325	0.141	0.169	-0.239	-0.915	0.222	0.208	-0.588	-0.250	-0.053	-0.563
										0.412			
0.8*L1	0.135	0.192	-0.313	0.096	0.130	-0.105	-0.989	0.162	0.146	0.263	-0.295	-0.008	-0.752
0.9*L1	0.090	0.127	-0.292	0.064	0.086	-0.071	-0.987	0.107	0.096	0.175	-0.367	-0.005	-1.055
1.0*L1	0.056	0.061	-0.283	0.042	0.047	-0.085	-0.854	0.060	0.058	0.124	-0.491	-0.022	-1.544
0.0*L2	0.056	0.061	-0.283	0.042	0.047	-0.085	-0.854	0.060	0.058	0.124	0.509	-0.022	-1.544
0.1*L2	0.026	-0.011	-0.322	0.025	0.009	-0.127	-0.664	0.014	0.023	0.090	0.359	-0.051	-0.966
0.2*L2	0.009	-0.056	-0.369	0.016	-0.015	-0.161	-0.592	-0.013	0.002	0.075	0.291	-0.072	-0.673
0.3*L2	0.000	-0.078	-0.389	0.011	-0.026	-0.177	-0.553	-0.027	-0.008	0.068	0.255	-0.082	-0.525
0.4*L2	-0.003	-0.083	-0.378	0.009	-0.030	-0.175	-0.509	-0.031	-0.012	0.061	0.228	-0.082	-0.439
0.5*L2	-0.004	-0.077	-0.340	0.007	-0.028	-0.158	-0.449	-0.029	-0.012	0.053	0.199	-0.074	-0.372
0.6*L2	-0.003	-0.064	-0.284	0.006	-0.023	-0.132	-0.374	-0.025	-0.010	0.044	0.165	-0.062	-0.307
0.7*L2	-0.003	-0.050	-0.219	0.005	-0.018	-0.102	-0.289	-0.019	-0.008	0.034	0.128	-0.048	-0.238
0.8*L2	-0.002	-0.035	-0.154	0.003	-0.013	-0.072	-0.203	-0.013	-0.005	0.024	0.090	-0.034	-0.168
0.9*L2	-0.001	-0.021	-0.094	0.002	-0.008	-0.044	-0.125	-0.008	-0.003	0.015	0.055	-0.021	-0.104
1.0*L2	-0.001	-0.011	-0.047	0.001	-0.004	-0.022	-0.062	-0.004	-0.002	0.007	0.027	-0.010	-0.051
FAKTOR				1/a								1/(a*a)	

INFOLGE STRECKENMOMENT mt=1

IN FELD

	M 0.4	M 0.7	M 1.0	Q 0	Q 0.4	Q 0.7	Q 1.0	T 0	T 0.4	T 0.7	T 1.0	q 0.4	q 1.0
1,BIS SPRUNG						-0.098	-0.531			-0.204	-0.498		
1,REST	0.568	0.376	-0.710	0.697	0.233	-0.096	-1.838	1.148	0.433	0.208	-0.584	-0.669	-1.380
2	0.017	-0.183	-1.087	0.042	-0.054	-0.483	-1.680	-0.051	-0.003	0.211	0.810	-0.218	-1.811
3	-0.000	0.005	0.024	-0.001	0.002	0.011	0.035	0.002	0.000	-0.004	-0.016	0.005	0.034
SUMME(+)	0.585	0.380	0.024	0.739	0.235	0.011	0.035	1.150	0.434	0.419	0.810	0.005	0.034
SUMME(−)	-0.000	-0.183	-1.797	-0.001	-0.152	-1.110	-3.518	-0.051	-0.208	-0.502	-0.600	-0.887	-3.191
SUMME	0.585	0.197	-1.773	0.739	0.083	-1.099	-3.483	1.099	0.226	-0.083	0.209	-0.882	-3.157
FAKTOR	a							a				1/a	

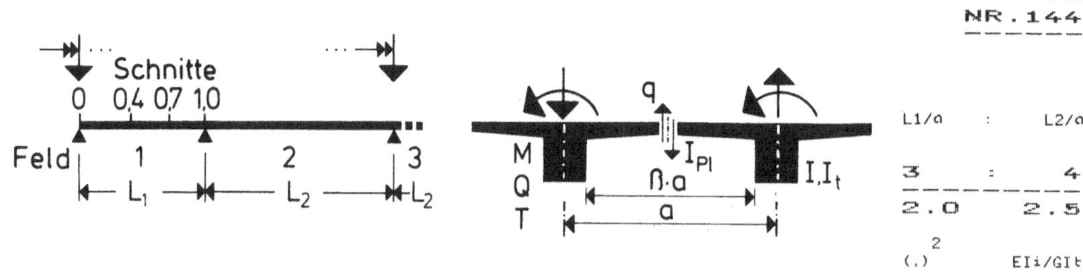

Column groups — M (Schnitt 0.4, 0.7, 1.0), Q (0, 0.4, 0.7, 1.0), T (0, 0.4, 0.7, 1.0), q (0.4, 1.0):

IN SCHNITT	M 0.4	M 0.7	M 1.0	Q 0	Q 0.4	Q 0.7	Q 1.0	T 0	T 0.4	T 0.7	T 1.0	q 0.4	q 1.0

INFOLGE EINZELLAST P=1

IN	M 0.4	M 0.7	M 1.0	Q 0	Q 0.4	Q 0.7	Q 1.0	T 0	T 0.4	T 0.7	T 1.0	q 0.4	q 1.0
0.0*L1	0.000	0.000	-0.000	1.000	-0.000	-0.000	-0.000	0.000	0.000	-0.000	-0.000	0.000	-0.000
0.1*L1	0.084	0.006	-0.052	0.777	-0.119	-0.066	-0.072	0.055	0.003	-0.023	-0.021	0.095	-0.028
0.2*L1	0.178	0.017	-0.102	0.578	-0.243	-0.136	-0.145	0.099	0.009	-0.045	-0.040	0.183	-0.054
0.3*L1	0.291	0.038	-0.149	0.413	-0.373	-0.216	-0.223	0.125	0.018	-0.061	-0.057	0.254	-0.075
0.4*L1	0.429	0.075	-0.188	0.284	-0.508	-0.308	-0.307	0.134	0.030	-0.070	-0.070	0.289	-0.089
				0.492									
0.5*L1	0.297	0.132	-0.218	0.187	0.364	-0.416	-0.400	0.128	0.039	-0.071	-0.079	0.269	-0.092
0.6*L1	0.195	0.218	-0.232	0.117	0.252	-0.539	-0.503	0.110	0.042	-0.062	-0.080	0.217	-0.085
0.7*L1	0.118	0.336	-0.226	0.068	0.160	-0.671	-0.618	0.084	0.038	-0.047	-0.073	0.155	-0.066
				0.329									
0.8*L1	0.063	0.190	-0.191	0.035	0.089	0.200	-0.742	0.054	0.027	-0.029	-0.057	0.094	-0.039
0.9*L1	0.025	0.079	-0.119	0.013	0.037	0.088	-0.873	0.025	0.013	-0.013	-0.032	0.041	-0.012
1.0*L1	-0.000	0.000	0.000	-0.000	-0.000	0.000	-1.000	-0.000	-0.000	-0.000	-0.000	-0.000	0.000
0.0*L2	-0.000	-0.000	-0.000	-0.000	-0.000	-0.000	-0.000	-0.000	-0.000	0.000	0.000	-0.000	-0.000
0.1*L2	-0.018	-0.063	-0.161	-0.009	-0.029	-0.077	-0.135	-0.020	-0.010	0.014	0.043	-0.036	-0.032
0.2*L2	-0.025	-0.092	-0.244	-0.012	-0.041	-0.116	-0.219	-0.028	-0.013	0.024	0.075	-0.054	-0.081
0.3*L2	-0.026	-0.099	-0.272	-0.012	-0.044	-0.128	-0.256	-0.030	-0.013	0.029	0.093	-0.060	-0.119
0.4*L2	-0.024	-0.093	-0.263	-0.010	-0.041	-0.123	-0.257	-0.027	-0.012	0.029	0.096	-0.057	-0.138
0.5*L2	-0.020	-0.079	-0.230	-0.008	-0.035	-0.108	-0.231	-0.023	-0.010	0.027	0.089	-0.050	-0.136
0.6*L2	-0.015	-0.062	-0.185	-0.006	-0.027	-0.086	-0.190	-0.018	-0.007	0.022	0.074	-0.040	-0.119
0.7*L2	-0.011	-0.044	-0.133	-0.004	-0.019	-0.062	-0.139	-0.013	-0.005	0.016	0.055	-0.029	-0.091
0.8*L2	-0.006	-0.027	-0.082	-0.002	-0.012	-0.038	-0.087	-0.008	-0.003	0.010	0.034	-0.018	-0.058
0.9*L2	-0.003	-0.012	-0.035	-0.001	-0.005	-0.016	-0.038	-0.003	-0.001	0.004	0.015	-0.008	-0.026
1.0*L2	-0.000	0.000	-0.000	-0.000	0.000	0.000	-0.000	-0.000	-0.000	-0.000	-0.000	-0.000	0.000
FAKTOR		a								a		1/a	

INFOLGE STRECKENLAST P=1

IN FELD	M 0.4	M 0.7	M 1.0	Q 0	Q 0.4	Q 0.7	Q 1.0	T 0	T 0.4	T 0.7	T 1.0	q 0.4	q 1.0
1,BIS SPRUNG					-0.296	-0.603			0.013	-0.108			
1,REST	0.499	0.322	-0.448	0.886	0.342	0.134	-1.314	0.246	0.053	-0.019	-0.154	0.482	-0.163
2	-0.060	-0.232	-0.650	-0.026	-0.103	-0.305	-0.627	-0.069	-0.030	0.071	0.232	-0.142	-0.321
3	0.005	0.022	0.069	0.002	0.010	0.032	0.074	0.006	0.002	-0.009	-0.030	0.015	0.052
SUMME(+)	0.504	0.344	0.069	0.887	0.352	0.166	0.074	0.252	0.068	0.071	0.232	0.497	0.052
SUMME(-)	-0.060	-0.232	-1.098	-0.026	-0.399	-0.908	-1.941	-0.069	-0.030	-0.136	-0.184	-0.142	-0.485
SUMME	0.444	0.112	-1.029	0.862	-0.047	-0.742	-1.867	0.184	0.038	-0.064	0.048	0.355	-0.433
FAKTOR		a*a			a					a*a			

INFOLGE EINZELMOMENT Mt=1

IN	M 0.4	M 0.7	M 1.0	Q 0	Q 0.4	Q 0.7	Q 1.0	T 0	T 0.4	T 0.7	T 1.0	q 0.4	q 1.0
0.0*L1	0.000	0.000	-0.000	0.000	-0.000	-0.000	-0.000	1.000	-0.000	-0.000	-0.000	-0.000	-0.000
0.1*L1	0.126	0.033	-0.082	0.352	-0.078	-0.115	-0.147	0.715	-0.070	-0.052	-0.035	-0.109	-0.055
0.2*L1	0.244	0.071	-0.159	0.484	-0.126	-0.226	-0.296	0.541	-0.154	-0.104	-0.070	-0.273	-0.111
0.3*L1	0.340	0.114	-0.229	0.492	-0.109	-0.329	-0.445	0.429	-0.270	-0.160	-0.102	-0.552	-0.166
0.4*L1	0.392	0.164	-0.286	0.439	0.025	-0.413	-0.593	0.352	-0.441	-0.222	-0.132	-1.024	-0.225
									0.559				
0.5*L1	0.375	0.216	-0.327	0.360	0.166	-0.459	-0.738	0.290	0.387	-0.301	-0.161	-0.551	-0.293
0.6*L1	0.318	0.259	-0.349	0.279	0.204	-0.437	-0.871	0.234	0.272	-0.408	-0.191	-0.275	-0.381
0.7*L1	0.247	0.268	-0.351	0.205	0.186	-0.297	-0.979	0.182	0.191	-0.567	-0.227	-0.129	-0.508
										0.433			
0.8*L1	0.177	0.221	-0.334	0.143	0.143	-0.150	-1.039	0.131	0.131	0.278	-0.278	-0.064	-0.703
0.9*L1	0.117	0.143	-0.311	0.094	0.093	-0.103	-1.018	0.086	0.086	0.184	-0.358	-0.044	-1.013
1.0*L1	0.067	0.061	-0.301	0.058	0.047	-0.108	-0.864	0.046	0.052	0.129	-0.493	-0.048	-1.503
0.0*L2	0.067	0.061	-0.301	0.058	0.047	-0.108	-0.864	0.046	0.052	0.129	0.507	-0.048	-1.503
0.1*L2	0.021	-0.030	-0.345	0.025	-0.003	-0.144	-0.649	0.006	0.020	0.091	0.343	-0.066	-0.916
0.2*L2	-0.008	-0.092	-0.401	0.005	-0.035	-0.178	-0.560	-0.019	0.001	0.073	0.264	-0.082	-0.608
0.3*L2	-0.023	-0.125	-0.431	-0.005	-0.052	-0.197	-0.515	-0.032	-0.009	0.064	0.223	-0.091	-0.447
0.4*L2	-0.029	-0.134	-0.426	-0.009	-0.057	-0.196	-0.472	-0.037	-0.013	0.057	0.195	-0.091	-0.357
0.5*L2	-0.029	-0.126	-0.389	-0.010	-0.054	-0.180	-0.418	-0.035	-0.013	0.050	0.169	-0.084	-0.293
0.6*L2	-0.025	-0.108	-0.329	-0.009	-0.047	-0.153	-0.349	-0.030	-0.012	0.041	0.140	-0.071	-0.238
0.7*L2	-0.020	-0.085	-0.256	-0.007	-0.037	-0.119	-0.271	-0.024	-0.009	0.032	0.108	-0.055	-0.183
0.8*L2	-0.014	-0.060	-0.181	-0.005	-0.026	-0.084	-0.191	-0.017	-0.006	0.023	0.076	-0.039	-0.129
0.9*L2	-0.008	-0.036	-0.110	-0.003	-0.016	-0.051	-0.116	-0.010	-0.004	0.014	0.046	-0.024	-0.079
1.0*L2	-0.004	-0.017	-0.052	-0.001	-0.007	-0.024	-0.055	-0.005	-0.002	0.006	0.022	-0.011	-0.037
FAKTOR					1/a							1/(a*a)	

INFOLGE STRECKENMOMENT mt=1

IN FELD	M 0.4	M 0.7	M 1.0	Q 0	Q 0.4	Q 0.7	Q 1.0	T 0	T 0.4	T 0.7	T 1.0	q 0.4	q 1.0
1,BIS SPRUNG					-0.098	-0.647			-0.211	-0.455			
1,REST	0.715	0.459	-0.776	0.876	0.255	-0.131	-1.977	1.037	0.407	0.219	-0.537	-0.886	-1.248
2	-0.044	-0.313	-1.220	0.002	-0.124	-0.549	-1.592	-0.072	-0.009	0.203	0.725	-0.254	-1.583
3	0.005	0.022	0.069	0.002	0.010	0.032	0.074	0.006	0.002	-0.009	-0.030	0.015	0.053
SUMME(+)	0.720	0.481	0.069	0.880	0.264	0.032	0.074	1.043	0.409	0.422	0.725	0.015	0.053
SUMME(-)	-0.044	-0.313	-1.996	0.000	-0.222	-1.327	-3.569	-0.072	-0.220	-0.464	-0.567	-1.139	-2.831
SUMME	0.676	0.167	-1.927	0.880	0.042	-1.295	-3.495	0.970	0.189	-0.042	0.158	-1.125	-2.778
FAKTOR		a								a		1/a	

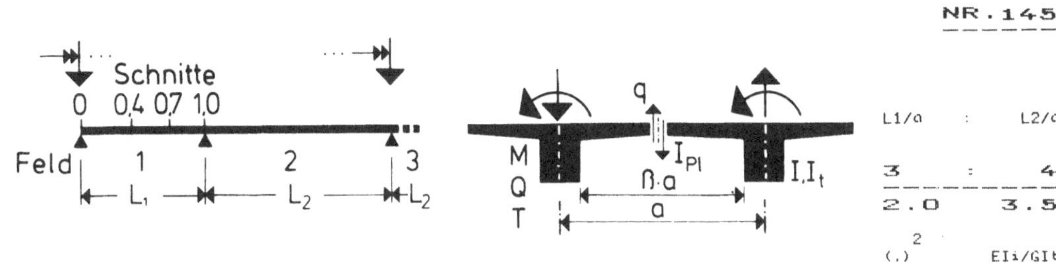

| | M | | | Q | | | | T | | | | q | |
IN SCHNITT	0.4	0.7	1.0	0	0.4	0.7	1.0	0	0.4	0.7	1.0	0.4	1.0

INFOLGE EINZELLAST P=1

IN	M 0.4	M 0.7	M 1.0	Q 0	Q 0.4	Q 0.7	Q 1.0	T 0	T 0.4	T 0.7	T 1.0	q 0.4	q 1.0
0.0*L1	0.000	0.000	-0.000	1.000	-0.000	-0.000	-0.000	0.000	0.000	-0.000	-0.000	0.000	-0.000
0.1*L1	0.097	0.011	-0.056	0.797	-0.122	-0.077	-0.080	0.044	0.003	-0.019	-0.018	0.076	-0.022
0.2*L1	0.202	0.028	-0.110	0.613	-0.246	-0.158	-0.162	0.078	0.008	-0.036	-0.034	0.146	-0.042
0.3*L1	0.323	0.053	-0.159	0.457	-0.375	-0.245	-0.247	0.100	0.016	-0.049	-0.048	0.203	-0.057
0.4*L1	0.465	0.094	-0.200	0.329	-0.504	-0.342	-0.337	0.108	0.024	-0.057	-0.059	0.231	-0.067
				0.496									
0.5*L1	0.333	0.155	-0.229	0.228	0.372	-0.450	-0.433	0.104	0.032	-0.057	-0.066	0.217	-0.070
0.6*L1	0.226	0.241	-0.242	0.151	0.263	-0.569	-0.537	0.090	0.034	-0.051	-0.067	0.178	-0.064
0.7*L1	0.143	0.357	-0.233	0.093	0.171	-0.693	-0.648	0.069	0.030	-0.038	-0.061	0.128	-0.049
				0.307									
0.8*L1	0.079	0.206	-0.195	0.050	0.098	0.188	-0.766	0.045	0.021	-0.024	-0.047	0.079	-0.029
0.9*L1	0.033	0.087	-0.120	0.020	0.041	0.083	-0.886	0.021	0.010	-0.011	-0.026	0.035	-0.008
1.0*L1	-0.000	0.000	-0.000	-0.000	-0.000	0.000	-1.000	-0.000	-0.000	0.000	0.000	-0.000	0.000
0.0*L2	-0.000	-0.000	-0.000	-0.000	-0.000	-0.000	-0.000	-0.000	-0.000	0.000	0.000	-0.000	-0.000
0.1*L2	-0.026	-0.074	-0.164	-0.016	-0.034	-0.075	-0.121	-0.017	-0.008	0.012	0.035	-0.032	-0.025
0.2*L2	-0.038	-0.110	-0.253	-0.023	-0.051	-0.116	-0.198	-0.026	-0.012	0.021	0.062	-0.050	-0.063
0.3*L2	-0.041	-0.122	-0.287	-0.024	-0.056	-0.131	-0.235	-0.028	-0.012	0.025	0.077	-0.056	-0.093
0.4*L2	-0.039	-0.117	-0.281	-0.023	-0.054	-0.128	-0.238	-0.027	-0.011	0.026	0.081	-0.055	-0.108
0.5*L2	-0.034	-0.102	-0.250	-0.019	-0.047	-0.113	-0.216	-0.023	-0.009	0.024	0.076	-0.049	-0.108
0.6*L2	-0.027	-0.082	-0.203	-0.015	-0.037	-0.092	-0.179	-0.018	-0.007	0.020	0.064	-0.040	-0.095
0.7*L2	-0.019	-0.059	-0.140	-0.011	-0.027	-0.067	-0.132	-0.013	-0.005	0.015	0.048	-0.029	-0.074
0.8*L2	-0.012	-0.036	-0.092	-0.007	-0.016	-0.042	-0.083	-0.008	-0.003	0.009	0.030	-0.018	-0.048
0.9*L2	-0.005	-0.016	-0.040	-0.003	-0.007	-0.018	-0.037	-0.004	-0.001	0.004	0.013	-0.008	-0.022
1.0*L2	-0.000	0.000	0.000	-0.000	0.000	0.000	0.000	0.000	0.000	0.000	0.000	-0.000	0.000
FAKTOR		a							a			1/a	

INFOLGE STRECKENLAST P=1

IN FELD	M 0.4	M 0.7	M 1.0	Q 0	Q 0.4	Q 0.7	Q 1.0	T 0	T 0.4	T 0.7	T 1.0	q 0.4	q 1.0
1,BIS SPRUNG						-0.298	-0.655			0.012	-0.087		
1,REST	0.566	0.364	-0.468	0.967	0.355	0.126	-1.378	0.199	0.042	-0.016	-0.129	0.391	-0.123
2	-0.098	-0.291	-0.695	-0.057	-0.133	-0.316	-0.581	-0.066	-0.028	0.064	0.196	-0.136	-0.255
3	0.012	0.037	0.093	0.006	0.017	0.042	0.085	0.008	0.003	-0.010	-0.031	0.018	0.050
SUMME(+)	0.578	0.401	0.093	0.973	0.372	0.168	0.085	0.207	0.057	0.064	0.196	0.409	0.050
SUMME(-)	-0.098	-0.291	-1.164	-0.057	-0.432	-0.972	-1.959	-0.066	-0.028	-0.113	-0.160	-0.136	-0.377
SUMME	0.480	0.110	-1.071	0.917	-0.060	-0.803	-1.875	0.140	0.029	-0.050	0.036	0.272	-0.327
FAKTOR		a*a			a				a*a				

INFOLGE EINZELMOMENT Mt=1

IN	M 0.4	M 0.7	M 1.0	Q 0	Q 0.4	Q 0.7	Q 1.0	T 0	T 0.4	T 0.7	T 1.0	q 0.4	q 1.0
0.0*L1	0.000	0.000	-0.000	0.000	-0.000	-0.000	-0.000	1.000	-0.000	-0.000	-0.000	-0.000	-0.000
0.1*L1	0.141	0.041	-0.087	0.373	-0.078	-0.129	-0.160	0.703	-0.072	-0.046	-0.031	-0.132	-0.046
0.2*L1	0.273	0.086	-0.169	0.523	-0.126	-0.253	-0.319	0.518	-0.158	-0.094	-0.061	-0.316	-0.093
0.3*L1	0.380	0.136	-0.242	0.543	-0.106	-0.366	-0.478	0.400	-0.275	-0.145	-0.090	-0.611	-0.142
0.4*L1	0.437	0.190	-0.302	0.494	0.031	-0.456	-0.634	0.319	-0.449	-0.206	-0.117	-1.091	-0.196
									0.551				
0.5*L1	0.422	0.245	-0.343	0.415	0.175	-0.503	-0.782	0.257	0.377	-0.284	-0.145	-0.617	-0.262
0.6*L1	0.361	0.287	-0.364	0.328	0.214	-0.478	-0.914	0.204	0.261	-0.393	-0.174	-0.334	-0.350
0.7*L1	0.283	0.293	-0.364	0.245	0.196	-0.332	-1.017	0.157	0.181	-0.555	-0.212	-0.177	-0.479
									0.445				
0.8*L1	0.204	0.239	-0.346	0.173	0.151	-0.176	-1.069	0.113	0.123	0.287	-0.267	-0.098	-0.679
0.9*L1	0.133	0.152	-0.320	0.113	0.097	-0.122	-1.036	0.073	0.081	0.190	-0.353	-0.067	-0.991
1.0*L1	0.074	0.061	-0.312	0.066	0.046	-0.121	-0.869	0.039	0.049	0.132	-0.494	-0.062	-1.482
0.0*L2	0.074	0.061	-0.312	0.066	0.046	-0.121	-0.869	0.039	0.049	0.132	0.506	-0.062	-1.482
0.1*L2	0.015	-0.044	-0.359	0.021	-0.010	-0.152	-0.637	0.004	0.020	0.090	0.333	-0.071	-0.890
0.2*L2	-0.023	-0.117	-0.420	-0.006	-0.048	-0.185	-0.538	-0.019	0.002	0.070	0.247	-0.083	-0.574
0.3*L2	-0.043	-0.157	-0.455	-0.021	-0.069	-0.204	-0.487	-0.031	-0.008	0.060	0.202	-0.089	-0.406
0.4*L2	-0.051	-0.170	-0.454	-0.027	-0.076	-0.204	-0.444	-0.036	-0.012	0.053	0.173	-0.089	-0.312
0.5*L2	-0.051	-0.162	-0.418	-0.028	-0.073	-0.189	-0.393	-0.035	-0.013	0.046	0.147	-0.082	-0.250
0.6*L2	-0.044	-0.140	-0.357	-0.024	-0.063	-0.161	-0.329	-0.031	-0.011	0.038	0.122	-0.070	-0.199
0.7*L2	-0.035	-0.110	-0.280	-0.019	-0.050	-0.127	-0.256	-0.024	-0.009	0.029	0.094	-0.055	-0.152
0.8*L2	-0.025	-0.078	-0.197	-0.014	-0.035	-0.089	-0.180	-0.017	-0.006	0.021	0.066	-0.039	-0.106
0.9*L2	-0.015	-0.047	-0.120	-0.008	-0.021	-0.054	-0.109	-0.010	-0.004	0.012	0.040	-0.023	-0.064
1.0*L2	-0.007	-0.021	-0.054	-0.004	-0.010	-0.024	-0.049	-0.005	-0.002	0.006	0.018	-0.011	-0.029
FAKTOR					1/a							1/(a*a)	

INFOLGE STRECKENMOMENT mt=1

IN FELD	M 0.4	M 0.7	M 1.0	Q 0	Q 0.4	Q 0.7	Q 1.0	T 0	T 0.4	T 0.7	T 1.0	q 0.4	q 1.0
1,BIS SPRUNG						-0.096	-0.714			-0.215	-0.430		
1,REST	0.806	0.513	-0.810	0.986	0.268	-0.151	-2.063	0.970	0.393	0.226	-0.505	-1.016	-1.180
2	-0.098	-0.407	-1.300	-0.040	-0.174	-0.577	-1.524	-0.075	-0.008	0.193	0.667	-0.255	-1.459
3	0.013	0.041	0.104	0.007	0.019	0.047	0.095	0.009	0.003	-0.011	-0.035	0.020	0.056
SUMME(+)	0.819	0.554	0.104	0.993	0.287	0.047	0.095	0.979	0.396	0.419	0.667	0.020	0.056
SUMME(-)	-0.098	-0.407	-2.109	-0.040	-0.269	-1.442	-3.587	-0.075	-0.223	-0.441	-0.540	-1.271	-2.639
SUMME	0.721	0.148	-2.005	0.953	0.017	-1.395	-3.492	0.904	0.172	-0.022	0.127	-1.251	-2.583
FAKTOR		a							a			1/a	

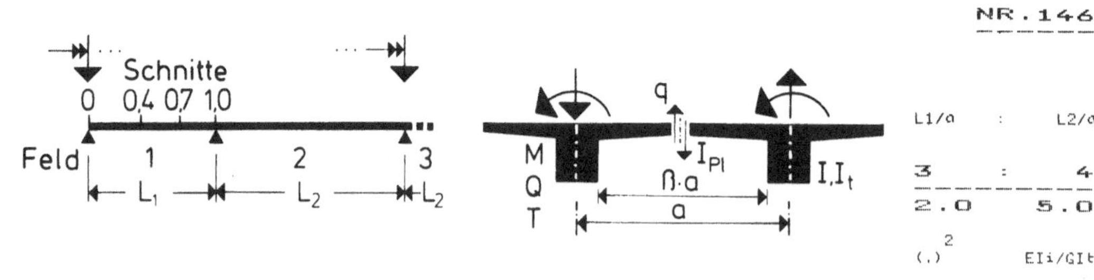

	M			Q				T				q	
IN SCHNITT	0.4	0.7	1.0	0	0.4	0.7	1.0	0	0.4	0.7	1.0	0.4	1.0

INFOLGE EINZELLAST P=1

IN

IN	M 0.4	M 0.7	M 1.0	Q 0	Q 0.4	Q 0.7	Q 1.0	T 0	T 0.4	T 0.7	T 1.0	q 0.4	q 1.0
0.0*L1	0.000	0.000	-0.000	1.000	-0.000	-0.000	-0.000	0.000	0.000	-0.000	-0.000	0.000	-0.000
0.1*L1	0.109	0.017	-0.060	0.816	-0.123	-0.088	-0.089	0.033	0.003	-0.015	-0.014	0.059	-0.016
0.2*L1	0.225	0.039	-0.117	0.646	-0.248	-0.178	-0.178	0.060	0.007	-0.028	-0.028	0.113	-0.031
0.3*L1	0.353	0.069	-0.168	0.497	-0.374	-0.272	-0.270	0.077	0.013	-0.038	-0.039	0.156	-0.042
0.4*L1	0.500	0.114	-0.210	0.371	-0.500	-0.374	-0.366	0.084	0.019	-0.044	-0.048	0.178	-0.049
					0.500								
0.5*L1	0.367	0.177	-0.239	0.267	0.380	-0.482	-0.465	0.081	0.024	-0.045	-0.053	0.168	-0.051
0.6*L1	0.257	0.263	-0.250	0.184	0.273	-0.596	-0.569	0.070	0.026	-0.040	-0.053	0.139	-0.046
0.7*L1	0.167	0.377	-0.238	0.118	0.181	-0.713	-0.677	0.054	0.023	-0.030	-0.048	0.102	-0.035
						0.287							
0.8*L1	0.095	0.221	-0.197	0.066	0.105	0.176	-0.788	0.036	0.016	-0.019	-0.037	0.064	-0.020
0.9*L1	0.040	0.095	-0.120	0.028	0.045	0.079	-0.898	0.017	0.008	-0.009	-0.021	0.029	-0.006
1.0*L1	-0.000	-0.000	0.000	0.000	0.000	-0.000	-1.000	-0.000	-0.000	0.000	-0.000	-0.000	-0.000
0.0*L2	-0.000	-0.000	-0.000	-0.000	-0.000	-0.000	-0.000	-0.000	-0.000	0.000	0.000	-0.000	-0.000
0.1*L2	-0.034	-0.084	-0.167	-0.023	-0.039	-0.073	-0.108	-0.015	-0.007	0.010	0.028	-0.027	-0.018
0.2*L2	-0.052	-0.128	-0.262	-0.035	-0.060	-0.114	-0.178	-0.022	-0.010	0.017	0.049	-0.043	-0.047
0.3*L2	-0.058	-0.145	-0.301	-0.039	-0.068	-0.131	-0.212	-0.025	-0.010	0.021	0.062	-0.050	-0.070
0.4*L2	-0.057	-0.142	-0.299	-0.038	-0.066	-0.130	-0.217	-0.024	-0.010	0.022	0.066	-0.050	-0.082
0.5*L2	-0.050	-0.126	-0.269	-0.033	-0.059	-0.117	-0.199	-0.021	-0.008	0.021	0.062	-0.045	-0.083
0.6*L2	-0.040	-0.103	-0.220	-0.027	-0.048	-0.096	-0.166	-0.017	-0.007	0.017	0.052	-0.037	-0.074
0.7*L2	-0.029	-0.075	-0.162	-0.019	-0.035	-0.071	-0.124	-0.013	-0.005	0.013	0.040	-0.027	-0.058
0.8*L2	-0.018	-0.047	-0.102	-0.012	-0.022	-0.044	-0.078	-0.008	-0.003	0.008	0.025	-0.017	-0.038
0.9*L2	-0.008	-0.021	-0.045	-0.005	-0.010	-0.020	-0.035	-0.003	-0.001	0.004	0.011	-0.008	-0.017
1.0*L2	0.000	-0.000	0.000	0.000	0.000	0.000	0.000	-0.000	-0.000	0.000	-0.000	-0.000	-0.000
FAKTOR		a								a		1/a	

INFOLGE STRECKENLAST P=1

IN FELD

IN FELD	M 0.4	M 0.7	M 1.0	Q 0	Q 0.4	Q 0.7	Q 1.0	T 0	T 0.4	T 0.7	T 1.0	q 0.4	q 1.0
1,BIS SPRUNG						-0.299	-0.703			0.010	-0.068		
1,REST	0.630	0.406	-0.485	1.044	0.368	0.118	-1.440	0.155	0.032	-0.013	-0.103	0.305	-0.089
2	-0.141	-0.353	-0.738	-0.094	-0.165	-0.322	-0.532	-0.060	-0.024	0.054	0.159	-0.122	-0.196
3	0.021	0.055	0.120	0.014	0.026	0.052	0.093	0.009	0.003	-0.010	-0.030	0.020	0.046
SUMME(+)	0.652	0.461	0.120	1.058	0.394	0.170	0.093	0.164	0.045	0.054	0.159	0.325	0.046
SUMME(-)	-0.141	-0.353	-1.223	-0.094	-0.463	-1.025	-1.973	-0.060	-0.024	-0.091	-0.134	-0.122	-0.285
SUMME	0.511	0.109	-1.104	0.964	-0.070	-0.854	-1.880	0.104	0.021	-0.037	0.026	0.202	-0.239
FAKTOR		axa			a				axa			1/a	

INFOLGE EINZELMOMENT Mt=1

IN

IN	M 0.4	M 0.7	M 1.0	Q 0	Q 0.4	Q 0.7	Q 1.0	T 0	T 0.4	T 0.7	T 1.0	q 0.4	q 1.0
0.0*L1	0.000	0.000	-0.000	0.000	-0.000	-0.000	-0.000	1.000	-0.000	-0.000	-0.000	-0.000	-0.000
0.1*L1	0.156	0.049	-0.091	0.393	-0.077	-0.142	-0.172	0.692	-0.073	-0.041	-0.026	-0.154	-0.039
0.2*L1	0.300	0.101	-0.177	0.559	-0.124	-0.278	-0.342	0.498	-0.161	-0.084	-0.052	-0.357	-0.079
0.3*L1	0.417	0.158	-0.253	0.590	-0.102	-0.400	-0.510	0.373	-0.281	-0.132	-0.077	-0.666	-0.122
0.4*L1	0.480	0.217	-0.314	0.547	0.037	-0.495	-0.673	0.289	-0.457	-0.191	-0.102	-1.153	-0.172
									0.543				
0.5*L1	0.466	0.274	-0.356	0.468	0.184	-0.544	-0.824	0.227	0.369	-0.268	-0.128	-0.679	-0.236
0.6*L1	0.403	0.315	-0.376	0.375	0.224	-0.515	-0.956	0.177	0.252	-0.378	-0.158	-0.389	-0.325
0.7*L1	0.318	0.317	-0.374	0.284	0.206	-0.363	-1.054	0.134	0.173	-0.543	-0.197	-0.221	-0.456
										0.457			
0.8*L1	0.230	0.256	-0.355	0.201	0.158	-0.200	-1.097	0.095	0.117	0.296	-0.256	-0.132	-0.658
0.9*L1	0.148	0.161	-0.329	0.130	0.101	-0.138	-1.053	0.061	0.076	0.196	-0.347	-0.089	-0.973
1.0*L1	0.078	0.060	-0.321	0.073	0.044	-0.131	-0.873	0.032	0.046	0.134	-0.495	-0.074	-1.464
0.0*L2	0.078	0.060	-0.321	0.073	0.044	-0.131	-0.873	0.032	0.046	0.134	0.505	-0.074	-1.464
0.1*L2	0.007	-0.058	-0.371	0.016	-0.018	-0.157	-0.626	0.002	0.020	0.089	0.323	-0.073	-0.868
0.2*L2	-0.040	-0.142	-0.437	-0.020	-0.061	-0.188	-0.515	-0.017	0.003	0.067	0.230	-0.079	-0.545
0.3*L2	-0.066	-0.191	-0.478	-0.041	-0.086	-0.207	-0.458	-0.028	-0.006	0.055	0.180	-0.083	-0.371
0.4*L2	-0.077	-0.207	-0.481	-0.049	-0.095	-0.209	-0.414	-0.033	-0.010	0.047	0.150	-0.082	-0.273
0.5*L2	-0.076	-0.199	-0.446	-0.049	-0.092	-0.194	-0.365	-0.032	-0.011	0.040	0.126	-0.075	-0.211
0.6*L2	-0.067	-0.173	-0.383	-0.044	-0.080	-0.167	-0.306	-0.028	-0.010	0.033	0.103	-0.065	-0.164
0.7*L2	-0.053	-0.138	-0.302	-0.035	-0.064	-0.131	-0.238	-0.023	-0.008	0.026	0.079	-0.051	-0.124
0.8*L2	-0.038	-0.098	-0.214	-0.025	-0.045	-0.093	-0.168	-0.016	-0.006	0.018	0.055	-0.036	-0.086
0.9*L2	-0.023	-0.059	-0.129	-0.015	-0.027	-0.056	-0.101	-0.010	-0.004	0.011	0.033	-0.022	-0.051
1.0*L2	-0.010	-0.026	-0.056	-0.006	-0.012	-0.024	-0.044	-0.004	-0.002	0.005	0.015	-0.009	-0.023
FAKTOR					1/a							1/(axa)	

INFOLGE STRECKENMOMENT mt=1

IN FELD

IN FELD	M 0.4	M 0.7	M 1.0	Q 0	Q 0.4	Q 0.7	Q 1.0	T 0	T 0.4	T 0.7	T 1.0	q 0.4	q 1.0
1,BIS SPRUNG						-0.093	-0.776			-0.219	-0.405		
1,REST	0.893	0.567	-0.838	1.090	0.281	-0.170	-2.146	0.909	0.380	0.232	-0.473	-1.137	-1.124
2	-0.162	-0.504	-1.375	-0.094	-0.224	-0.593	-1.450	-0.070	-0.005	0.180	0.608	-0.243	-1.350
3	0.026	0.066	0.144	0.017	0.031	0.063	0.111	0.011	0.004	-0.012	-0.036	0.024	0.054
SUMME(+)	0.919	0.633	0.144	1.107	0.312	0.063	0.111	0.920	0.384	0.412	0.608	0.024	0.054
SUMME(-)	-0.162	-0.504	-2.213	-0.094	-0.317	-1.539	-3.596	-0.070	-0.224	-0.417	-0.509	-1.379	-2.474
SUMME	0.757	0.129	-2.069	1.013	-0.005	-1.476	-3.485	0.850	0.160	-0.005	0.099	-1.355	-2.419
FAKTOR		a			a				a			1/a	

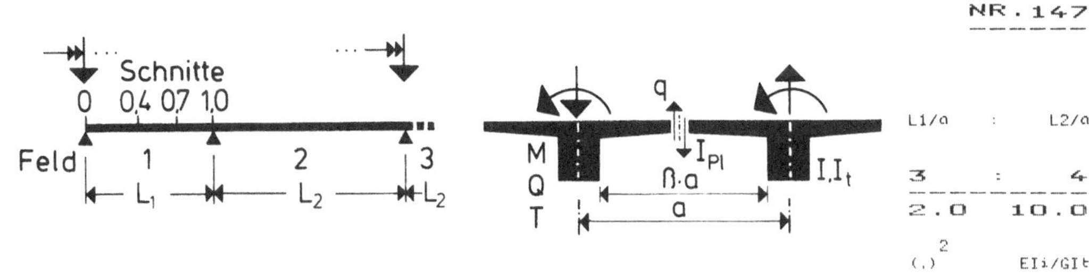

	M 0.4	M 0.7	M 1.0	Q 0	Q 0.4	Q 0.7	Q 1.0	T 0	T 0.4	T 0.7	T 1.0	q 0.4	q 1.0

INFOLGE EINZELLAST P=1

IN	M 0.4	M 0.7	M 1.0	Q 0	Q 0.4	Q 0.7	Q 1.0	T 0	T 0.4	T 0.7	T 1.0	q 0.4	q 1.0
0.0*L1	0.000	0.000	-0.000	1.000	-0.000	-0.000	-0.000	0.000	0.000	-0.000	-0.000	0.000	-0.000
0.1*L1	0.127	0.027	-0.064	0.842	-0.124	-0.103	-0.102	0.019	0.002	-0.009	-0.009	0.034	-0.009
0.2*L1	0.259	0.057	-0.125	0.693	-0.248	-0.207	-0.205	0.034	0.005	-0.016	-0.017	0.065	-0.016
0.3*L1	0.399	0.096	-0.179	0.556	-0.372	-0.312	-0.308	0.044	0.008	-0.022	-0.024	0.089	-0.022
0.4*L1	0.552	0.146	-0.222	0.434	-0.492	-0.419	-0.411	0.048	0.011	-0.026	-0.029	0.101	-0.026
					0.508								
0.5*L1	0.420	0.212	-0.251	0.327	0.393	-0.527	-0.515	0.047	0.014	-0.026	-0.032	0.097	-0.026
0.6*L1	0.304	0.299	-0.260	0.235	0.288	-0.636	-0.618	0.041	0.015	-0.023	-0.032	0.082	-0.023
0.7*L1	0.205	0.408	-0.244	0.157	0.196	-0.742	-0.721	0.032	0.013	-0.018	-0.029	0.061	-0.018
						0.258							
0.8*L1	0.121	0.244	-0.200	0.093	0.117	0.158	-0.821	0.021	0.009	-0.012	-0.022	0.039	-0.010
0.9*L1	0.053	0.108	-0.120	0.040	0.051	0.071	-0.915	0.010	0.004	-0.005	-0.012	0.018	-0.003
1.0*L1	-0.000	0.000	-0.000	0.000	-0.000	-0.000	-1.000	0.000	0.000	0.000	0.000	0.000	-0.000
0.0*L2	-0.000	-0.000	-0.000	-0.000	-0.000	-0.000	-0.000	-0.000	-0.000	0.000	0.000	-0.000	-0.000
0.1*L2	-0.049	-0.100	-0.172	-0.037	-0.048	-0.068	-0.089	-0.009	-0.004	0.006	0.017	-0.018	-0.010
0.2*L2	-0.076	-0.158	-0.274	-0.058	-0.075	-0.109	-0.146	-0.015	-0.006	0.011	0.030	-0.029	-0.026
0.3*L2	-0.088	-0.184	-0.321	-0.067	-0.087	-0.128	-0.176	-0.017	-0.007	0.014	0.038	-0.034	-0.039
0.4*L2	-0.089	-0.185	-0.325	-0.067	-0.088	-0.130	-0.181	-0.017	-0.007	0.014	0.040	-0.035	-0.047
0.5*L2	-0.080	-0.168	-0.298	-0.061	-0.080	-0.119	-0.168	-0.015	-0.006	0.014	0.039	-0.032	-0.047
0.6*L2	-0.067	-0.140	-0.248	-0.050	-0.066	-0.099	-0.142	-0.013	-0.005	0.012	0.033	-0.027	-0.043
0.7*L2	-0.050	-0.104	-0.105	0.037	-0.049	-0.074	-0.107	-0.009	-0.003	0.009	0.025	-0.020	-0.034
0.8*L2	-0.031	-0.066	-0.118	-0.024	-0.031	-0.047	-0.068	-0.006	-0.002	0.006	0.016	-0.013	-0.022
0.9*L2	-0.014	-0.030	-0.053	-0.011	-0.014	-0.021	-0.031	-0.003	-0.001	0.003	0.008	-0.006	-0.010
1.0*L2	-0.000	-0.000	0.000	0.000	-0.000	0.000	-0.000	0.000	0.000	0.000	0.000	0.000	-0.000
FAKTOR	a							a				1/a	

INFOLGE STRECKENLAST P=1

IN FELD	M 0.4	M 0.7	M 1.0	Q 0	Q 0.4	Q 0.7	Q 1.0	T 0	T 0.4	T 0.7	T 1.0	q 0.4	q 1.0
1,BIS SPRUNG					-0.297	-0.772			0.006	-0.040			
1,REST	0.729	0.474	-0.505	1.160	0.388	0.107	-1.536	0.089	0.018	-0.008	-0.062	0.177	-0.046
2	-0.220	-0.459	-0.806	-0.166	-0.217	-0.321	-0.448	-0.042	-0.016	0.036	0.099	-0.085	-0.112
3	0.045	0.095	0.170	0.034	0.045	0.068	0.099	0.009	0.003	-0.008	-0.024	0.018	0.033
SUMME(+)	0.774	0.570	0.170	1.195	0.433	0.174	0.099	0.098	0.027	0.036	0.099	0.195	0.033
SUMME(-)	-0.220	-0.459	-1.311	-0.166	-0.515	-1.093	-1.983	-0.042	-0.016	-0.056	-0.086	-0.085	-0.158
SUMME	0.554	0.111	-1.141	1.028	-0.082	-0.919	-1.884	0.056	0.011	-0.020	0.012	0.110	-0.125
FAKTOR	a*a			a				a*a				1/a	

INFOLGE EINZELMOMENT Mt=1

IN	M 0.4	M 0.7	M 1.0	Q 0	Q 0.4	Q 0.7	Q 1.0	T 0	T 0.4	T 0.7	T 1.0	q 0.4	q 1.0
0.0*L1	0.000	0.000	-0.000	0.000	-0.000	-0.000	-0.000	1.000	-0.000	-0.000	-0.000	-0.000	-0.000
0.1*L1	0.178	0.063	-0.097	0.421	-0.075	-0.161	-0.191	0.676	-0.076	-0.033	-0.018	-0.185	-0.029
0.2*L1	0.342	0.127	-0.187	0.612	-0.119	-0.314	-0.379	0.468	-0.167	-0.069	-0.037	-0.415	-0.060
0.3*L1	0.474	0.193	-0.267	0.660	-0.094	-0.449	-0.561	0.333	-0.289	-0.112	-0.056	-0.745	-0.096
0.4*L1	0.546	0.259	-0.329	0.626	0.049	-0.551	-0.733	0.244	-0.468	-0.167	-0.077	-1.244	-0.141
									0.532				
0.5*L1	0.534	0.319	-0.372	0.547	0.199	-0.602	-0.889	0.181	0.356	-0.244	-0.101	-0.770	-0.203
0.6*L1	0.466	0.359	-0.391	0.448	0.241	-0.570	-1.019	0.135	0.239	-0.356	-0.131	-0.471	-0.292
0.7*L1	0.371	0.355	-0.387	0.344	0.221	-0.409	-1.109	0.099	0.161	-0.524	-0.174	-0.289	-0.427
										0.476			
0.8*L1	0.269	0.284	-0.366	0.245	0.169	-0.235	-1.139	0.069	0.107	0.309	-0.239	-0.181	-0.633
0.9*L1	0.171	0.175	-0.340	0.157	0.106	-0.162	-1.077	0.044	0.070	0.204	-0.339	-0.121	-0.950
1.0*L1	0.084	0.058	-0.333	0.082	0.042	-0.145	-0.877	0.024	0.043	0.137	-0.497	-0.090	-1.441
0.0*L2	0.084	0.058	-0.333	0.082	0.042	-0.145	-0.877	0.024	0.043	0.137	0.503	-0.090	-1.441
0.1*L2	-0.007	-0.082	-0.389	0.004	-0.031	-0.162	-0.606	0.003	0.020	0.086	0.308	-0.072	-0.839
0.2*L2	-0.071	-0.185	-0.463	-0.048	-0.083	-0.189	-0.476	-0.011	0.006	0.059	0.203	-0.066	-0.506
0.3*L2	-0.108	-0.247	-0.513	-0.079	-0.115	-0.207	-0.409	-0.019	-0.001	0.045	0.146	-0.064	-0.322
0.4*L2	-0.124	-0.271	-0.522	-0.092	-0.127	-0.209	-0.362	-0.023	-0.005	0.036	0.112	-0.061	-0.218
0.5*L2	-0.123	-0.263	-0.490	-0.092	-0.124	-0.196	-0.316	-0.023	-0.007	0.029	0.089	-0.055	-0.156
0.6*L2	-0.109	-0.232	-0.425	-0.082	-0.109	-0.170	-0.264	-0.020	-0.007	0.024	0.071	-0.047	-0.114
0.7*L2	-0.088	-0.186	-0.338	-0.066	-0.088	-0.135	-0.205	-0.016	-0.006	0.018	0.053	-0.037	-0.083
0.8*L2	-0.063	-0.132	-0.240	-0.047	-0.063	-0.096	-0.145	-0.012	-0.004	0.013	0.037	-0.026	-0.056
0.9*L2	-0.037	-0.079	-0.143	-0.028	-0.037	-0.057	-0.086	-0.007	-0.002	0.007	0.022	-0.016	-0.033
1.0*L2	-0.015	-0.032	-0.058	-0.011	-0.015	-0.023	-0.035	-0.003	-0.001	0.003	0.009	-0.006	-0.014
FAKTOR				1/a								1/(a*a)	

INFOLGE STRECKENMOMENT mt=1

IN FELD	M 0.4	M 0.7	M 1.0	Q 0	Q 0.4	Q 0.7	Q 1.0	T 0	T 0.4	T 0.7	T 1.0	q 0.4	q 1.0
1,BIS SPRUNG					-0.087	-0.865			-0.226	-0.369			
1,REST	1.025	0.654	-0.873	1.246	0.301	-0.196	-2.272	0.819	0.361	0.242	-0.422	-1.315	-1.051
2	-0.283	-0.673	-1.491	-0.201	-0.308	-0.603	-1.319	-0.048	0.005	0.153	0.511	-0.197	-1.197
3	0.059	0.124	0.220	0.044	0.058	0.088	0.127	0.011	0.004	-0.011	-0.030	0.024	0.040
SUMME(+)	1.084	0.777	0.220	1.291	0.360	0.088	0.127	0.830	0.371	0.395	0.511	0.024	0.040
SUMME(-)	-0.283	-0.673	-2.364	-0.201	-0.395	-1.665	-3.592	-0.048	-0.226	-0.380	-0.452	-1.512	-2.248
SUMME	0.801	0.105	-2.144	1.090	-0.036	-1.577	-3.464	0.782	0.144	0.015	0.059	-1.488	-2.207
FAKTOR	a							a				1/a	

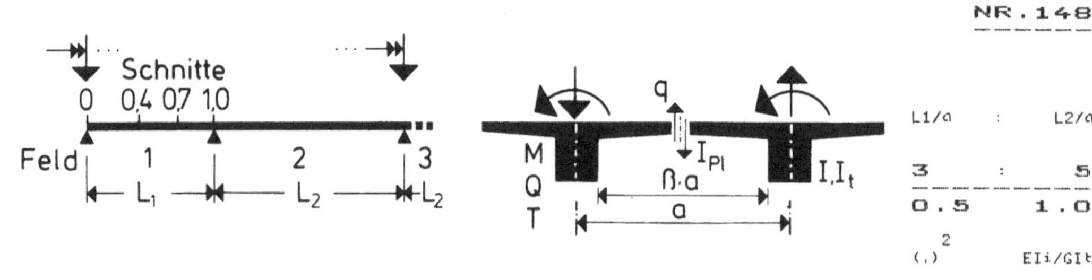

	M			Q				T				q	
IN SCHNITT	0.4	0.7	1.0	0	0.4	0.7	1.0	0	0.4	0.7	1.0	0.4	1.0

INFOLGE EINZELLAST P=1

IN													
0.0*L1	0.000	-0.000	-0.000	1.000	-0.000	-0.000	-0.000	0.000	0.000	-0.000	-0.000	0.000	-0.000
0.1*L1	0.079	0.000	-0.049	0.775	-0.124	-0.061	-0.057	0.061	0.011	-0.021	-0.023	0.101	-0.019
0.2*L1	0.168	0.006	-0.096	0.572	-0.252	-0.127	-0.117	0.110	0.022	-0.040	-0.045	0.193	-0.037
0.3*L1	0.277	0.024	-0.140	0.401	-0.383	-0.204	-0.185	0.143	0.035	-0.055	-0.064	0.265	-0.050
0.4*L1	0.413	0.058	-0.179	0.266	-0.516	-0.295	-0.263	0.156	0.047	-0.063	-0.079	0.300	-0.057
					0.484								
0.5*L1	0.279	0.117	-0.208	0.165	0.359	-0.403	-0.356	0.152	0.055	-0.064	-0.088	0.286	-0.057
0.6*L1	0.177	0.204	-0.224	0.095	0.249	-0.526	-0.463	0.132	0.055	-0.057	-0.089	0.239	-0.050
0.7*L1	0.102	0.326	-0.219	0.048	0.158	-0.659	-0.587	0.101	0.046	-0.045	-0.081	0.177	-0.036
						0.341							
0.8*L1	0.051	0.183	-0.186	0.020	0.088	0.210	-0.723	0.065	0.031	-0.030	-0.063	0.111	-0.018
0.9*L1	0.019	0.076	-0.117	0.006	0.036	0.093	-0.865	0.029	0.014	-0.015	-0.036	0.050	-0.003
1.0*L1	0.000	-0.000	0.000	-0.000	0.000	-0.000	-1.000	0.000	0.000	0.000	0.000	0.000	0.000
0.0*L2	-0.000	-0.000	-0.000	-0.000	-0.000	-0.000	-0.000	-0.000	-0.000	0.000	0.000	-0.000	-0.000
0.1*L2	-0.013	-0.068	-0.190	-0.001	-0.031	-0.097	-0.167	-0.019	-0.003	0.030	0.064	-0.053	-0.038
0.2*L2	-0.013	-0.089	-0.269	0.003	-0.040	-0.138	-0.257	-0.016	0.006	0.055	0.114	-0.076	-0.092
0.3*L2	-0.008	-0.084	-0.279	0.008	-0.037	-0.143	-0.287	-0.006	0.016	0.069	0.141	-0.080	-0.133
0.4*L2	-0.003	-0.069	-0.251	0.011	-0.030	-0.129	-0.276	0.003	0.024	0.073	0.147	-0.073	-0.152
0.5*L2	0.001	-0.052	-0.206	0.011	-0.022	-0.106	-0.240	0.010	0.026	0.068	0.135	-0.060	-0.149
0.6*L2	0.003	-0.036	-0.157	0.010	-0.015	-0.081	-0.192	0.012	0.024	0.057	0.113	-0.046	-0.129
0.7*L2	0.003	-0.023	-0.109	0.008	-0.009	-0.056	-0.138	0.011	0.019	0.043	0.084	-0.032	-0.098
0.8*L2	0.002	-0.013	-0.064	0.005	-0.005	-0.033	-0.083	0.007	0.012	0.027	0.052	-0.019	-0.062
0.9*L2	0.001	-0.005	-0.026	0.002	-0.002	-0.013	-0.034	0.003	0.005	0.011	0.022	-0.008	-0.026
1.0*L2	0.000	-0.000	0.000	-0.000	0.000	-0.000	0.000	0.000	0.000	0.000	0.000	-0.000	-0.000
FAKTOR		a				a				a			1/a	

INFOLGE STRECKENLAST P=1

IN FELD	M			Q				T				q	
1,BIS SPRUNG					-0.305	-0.582			0.027	-0.098			
1,REST	0.464	0.292	-0.430	0.849	0.337	0.141	-1.233	0.287	0.068	-0.020	-0.172	0.520	-0.098
2	-0.014	-0.224	-0.787	0.029	-0.097	-0.404	-0.847	0.001	0.065	0.218	0.440	-0.227	-0.441
3	-0.001	-0.002	-0.003	-0.000	-0.001	-0.001	-0.001	-0.001	-0.001	-0.000	-0.001	-0.001	0.002
SUMME(+)	0.464	0.292	0.000	0.878	0.337	0.141	0.000	0.288	0.160	0.218	0.440	0.520	0.002
SUMME(-)	-0.015	-0.226	-1.220	-0.000	-0.403	-0.988	-2.081	-0.001	-0.001	-0.119	-0.173	-0.228	-0.540
SUMME	0.450	0.066	-1.220	0.878	-0.066	-0.847	-2.081	0.287	0.159	0.099	0.267	0.292	-0.538
FAKTOR		a*a				a				a*a			1/a	

INFOLGE EINZELMOMENT Mt=1

IN													
0.0*L1	0.000	0.000	-0.000	0.000	-0.000	-0.000	-0.000	1.000	-0.000	-0.000	-0.000	-0.000	-0.000
0.1*L1	0.060	0.020	-0.053	0.130	-0.021	-0.062	-0.103	0.844	-0.081	-0.060	-0.040	-0.068	-0.052
0.2*L1	0.115	0.041	-0.105	0.195	-0.032	-0.122	-0.206	0.720	-0.166	-0.121	-0.080	-0.149	-0.105
0.3*L1	0.160	0.063	-0.152	0.218	-0.022	-0.176	-0.307	0.619	-0.261	-0.184	-0.119	-0.253	-0.159
0.4*L1	0.187	0.085	-0.194	0.213	0.022	-0.219	-0.405	0.533	-0.371	-0.251	-0.157	-0.393	-0.216
									0.629				
0.5*L1	0.189	0.107	-0.228	0.195	0.068	-0.245	-0.498	0.457	0.521	-0.323	-0.196	-0.275	-0.278
0.6*L1	0.175	0.122	-0.254	0.169	0.085	-0.246	-0.581	0.389	0.431	-0.404	-0.236	-0.194	-0.347
0.7*L1	0.152	0.123	-0.272	0.143	0.083	-0.210	-0.649	0.326	0.356	-0.498	-0.278	-0.145	-0.428
										0.502			
0.8*L1	0.126	0.106	-0.282	0.118	0.070	-0.169	-0.692	0.269	0.293	0.412	-0.326	-0.117	-0.524
0.9*L1	0.102	0.076	-0.288	0.097	0.053	-0.155	-0.702	0.218	0.240	0.344	-0.383	-0.105	-0.643
1.0*L1	0.080	0.042	-0.298	0.080	0.034	-0.156	-0.665	0.174	0.197	0.292	-0.454	-0.102	-0.790
0.0*L2	0.080	0.042	-0.298	0.080	0.034	-0.156	-0.665	0.174	0.197	0.292	0.546	-0.102	-0.790
0.1*L2	0.052	-0.008	-0.330	0.059	0.007	-0.172	-0.589	0.118	0.144	0.233	0.442	-0.106	-0.607
0.2*L2	0.033	-0.043	-0.359	0.045	-0.011	-0.186	-0.547	0.081	0.110	0.197	0.377	-0.111	-0.491
0.3*L2	0.022	-0.062	-0.367	0.037	-0.022	-0.190	-0.510	0.059	0.088	0.172	0.332	-0.111	-0.414
0.4*L2	0.016	-0.068	-0.352	0.031	-0.025	-0.181	-0.467	0.045	0.073	0.151	0.293	-0.106	-0.356
0.5*L2	0.012	-0.064	-0.318	0.026	-0.025	-0.164	-0.412	0.036	0.061	0.131	0.255	-0.095	-0.306
0.6*L2	0.009	-0.056	-0.272	0.022	-0.022	-0.140	-0.350	0.029	0.051	0.110	0.215	-0.081	-0.256
0.7*L2	0.008	-0.046	-0.220	0.017	-0.018	-0.113	-0.283	0.024	0.041	0.089	0.174	-0.066	-0.207
0.8*L2	0.006	-0.035	-0.169	0.013	-0.014	-0.087	-0.217	0.018	0.032	0.068	0.134	-0.050	-0.159
0.9*L2	0.004	-0.025	-0.123	0.010	-0.010	-0.063	-0.158	0.013	0.023	0.050	0.097	-0.037	-0.116
1.0*L2	0.003	-0.018	-0.085	0.007	-0.007	-0.044	-0.109	0.009	0.016	0.034	0.067	-0.025	-0.080
FAKTOR					1/a								1/(a*a)	

INFOLGE STRECKENMOMENT mt=1

IN FELD	M			Q				T				q	
1,BIS SPRUNG					-0.022	-0.355			-0.207	-0.477			
1,REST	0.393	0.230	-0.594	0.460	0.118	-0.150	-1.347	1.485	0.674	0.344	-0.612	-0.519	-0.942
2	0.100	-0.201	-1.353	0.150	-0.064	-0.700	-1.958	0.254	0.362	0.679	1.309	-0.414	-1.665
3	0.004	-0.028	-0.128	0.009	-0.011	-0.066	-0.161	0.012	0.022	0.050	0.097	-0.038	-0.114
SUMME(+)	0.497	0.230	0.000	0.620	0.118	0.000	0.000	1.751	1.058	1.074	1.406	0.000	0.000
SUMME(-)	0.000	-0.228	-2.075	0.000	-0.097	-1.271	-3.466	0.000	-0.207	-0.477	-0.612	-0.972	-2.721
SUMME	0.497	0.002	-2.075	0.620	0.022	-1.271	-3.466	1.751	0.850	0.597	0.794	-0.972	-2.721
FAKTOR		a				a				a			1/a	

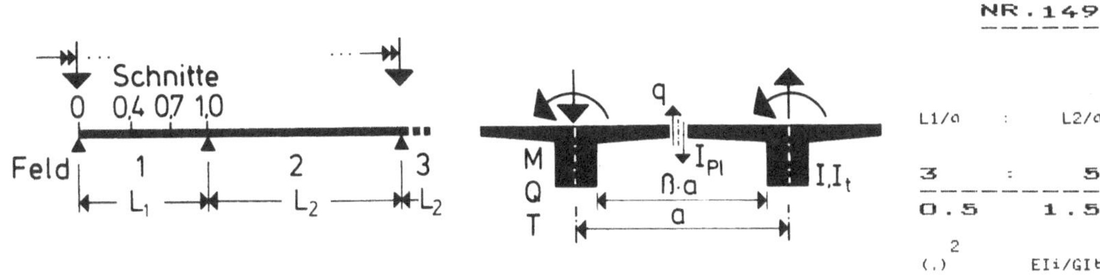

Column key for the tables below:

IN SCHNITT	M 0.4	M 0.7	M 1.0	Q 0	Q 0.4	Q 0.7	Q 1.0	T 0	T 0.4	T 0.7	T 1.0	q 0.4	q 1.0

INFOLGE EINZELLAST P=1

IN

IN	M 0.4	M 0.7	M 1.0	Q 0	Q 0.4	Q 0.7	Q 1.0	T 0	T 0.4	T 0.7	T 1.0	q 0.4	q 1.0
0.0*L1	0.000	0.000	-0.000	1.000	-0.000	-0.000	-0.000	0.000	0.000	-0.000	-0.000	0.000	-0.000
0.1*L1	0.094	0.007	-0.054	0.799	-0.126	-0.075	-0.069	0.046	0.009	-0.017	-0.020	0.079	-0.014
0.2*L1	0.197	0.020	-0.106	0.613	-0.254	-0.153	-0.141	0.084	0.018	-0.032	-0.039	0.150	-0.026
0.3*L1	0.316	0.044	-0.154	0.453	-0.383	-0.240	-0.218	0.110	0.027	-0.044	-0.055	0.205	-0.034
0.4*L1	0.456	0.083	-0.194	0.320	-0.511	-0.336	-0.304	0.121	0.036	-0.051	-0.067	0.233	-0.039
					0.489								
0.5*L1	0.323	0.145	-0.223	0.216	0.369	-0.444	-0.400	0.118	0.041	-0.052	-0.074	0.225	-0.038
0.6*L1	0.216	0.232	-0.236	0.137	0.261	-0.562	-0.508	0.103	0.041	-0.048	-0.074	0.190	-0.033
0.7*L1	0.133	0.351	-0.227	0.080	0.171	-0.685	-0.626	0.080	0.034	-0.038	-0.067	0.143	-0.023
						0.315							
0.8*L1	0.072	0.202	-0.190	0.041	0.098	0.195	-0.752	0.052	0.023	-0.026	-0.052	0.091	-0.011
0.9*L1	0.029	0.086	-0.117	0.015	0.041	0.088	-0.880	0.023	0.010	-0.013	-0.029	0.042	-0.001
1.0*L1	0.000	0.000	0.000	-0.000	0.000	-0.000	-1.000	0.000	0.000	0.000	0.000	0.000	0.000
0.0*L2	-0.000	-0.000	-0.000	-0.000	-0.000	-0.000	-0.000	-0.000	-0.000	0.000	0.000	-0.000	-0.000
0.1*L2	-0.025	-0.084	-0.198	-0.011	-0.040	-0.096	-0.152	-0.018	-0.003	0.025	0.053	-0.048	-0.030
0.2*L2	-0.031	-0.116	-0.290	-0.012	-0.054	-0.141	-0.239	-0.018	0.003	0.047	0.095	-0.072	-0.073
0.3*L2	-0.028	-0.117	-0.310	-0.008	-0.054	-0.152	-0.273	-0.012	0.011	0.060	0.120	-0.079	-0.106
0.4*L2	-0.022	-0.103	-0.288	-0.004	-0.047	-0.142	-0.268	-0.005	0.017	0.064	0.127	-0.075	-0.123
0.5*L2	-0.015	-0.082	-0.243	-0.001	-0.037	-0.120	-0.237	0.001	0.019	0.061	0.119	-0.064	0.123
0.6*L2	-0.009	-0.061	-0.188	0.001	-0.027	-0.094	-0.192	0.004	0.018	0.051	0.100	-0.051	-0.108
0.7*L2	-0.005	-0.041	-0.132	0.002	-0.018	-0.066	-0.139	0.005	0.015	0.039	0.075	-0.036	-0.083
0.8*L2	-0.003	-0.023	-0.078	0.002	-0.010	-0.039	-0.084	0.004	0.010	0.024	0.047	-0.022	-0.053
0.9*L2	-0.001	-0.009	-0.032	0.001	-0.004	-0.016	-0.036	0.002	0.004	0.010	0.020	-0.009	-0.023
1.0*L2	0.000	-0.000	0.000	0.000	0.000	-0.000	0.000	0.000	0.000	0.000	0.000	0.000	0.000
FAKTOR	a							a				1/a	

INFOLGE STRECKENLAST P=1

IN FELD

IN FELD	M 0.4	M 0.7	M 1.0	Q 0	Q 0.4	Q 0.7	Q 1.0	T 0	T 0.4	T 0.7	T 1.0	q 0.4	q 1.0
1,BIS SPRUNG						-0.305	-0.644			0.021	-0.080		
1,REST	0.546	0.345	-0.455	0.947	0.353	0.131	-1.319	0.223	0.051	-0.017	-0.145	0.411	-0.065
2	-0.071	-0.323	-0.891	-0.015	-0.149	-0.439	-0.818	-0.020	0.046	0.192	0.381	-0.230	-0.362
3	0.001	0.007	0.025	-0.001	0.003	0.013	0.028	-0.002	-0.004	-0.008	-0.016	0.007	0.019
SUMME(+)	0.547	0.353	0.025	0.947	0.356	0.144	0.028	0.223	0.119	0.192	0.381	0.418	0.019
SUMME(-)	-0.071	-0.323	-1.346	-0.016	-0.454	-1.083	-2.136	-0.022	-0.004	-0.106	-0.161	-0.230	-0.427
SUMME	0.476	0.029	-1.321	0.931	-0.098	-0.940	-2.108	0.200	0.115	0.086	0.220	0.188	-0.408
FAKTOR	a*a			a				a*a					

INFOLGE EINZELMOMENT Mt=1

IN

IN	M 0.4	M 0.7	M 1.0	Q 0	Q 0.4	Q 0.7	Q 1.0	T 0	T 0.4	T 0.7	T 1.0	q 0.4	q 1.0
0.0*L1	0.000	0.000	-0.000	0.000	-0.000	-0.000	-0.000	1.000	-0.000	-0.000	-0.000	-0.000	-0.000
0.1*L1	0.069	0.025	-0.057	0.142	-0.021	-0.071	-0.112	0.835	-0.083	-0.058	-0.038	-0.082	-0.048
0.2*L1	0.132	0.050	-0.113	0.217	-0.031	-0.139	-0.223	0.705	-0.171	-0.117	-0.075	-0.175	-0.096
0.3*L1	0.183	0.076	-0.163	0.247	-0.020	-0.199	-0.331	0.598	-0.268	-0.179	-0.113	-0.289	-0.147
0.4*L1	0.214	0.100	-0.207	0.247	0.025	-0.247	-0.434	0.509	-0.380	-0.244	-0.150	-0.434	-0.201
									0.620				
0.5*L1	0.218	0.122	-0.244	0.230	0.072	-0.275	-0.530	0.431	0.510	-0.316	-0.189	-0.318	-0.260
0.6*L1	0.202	0.136	-0.271	0.202	0.089	-0.276	-0.613	0.363	0.420	-0.398	-0.229	-0.236	-0.328
0.7*L1	0.176	0.135	-0.289	0.172	0.086	-0.238	-0.678	0.302	0.345	-0.493	-0.273	-0.182	-0.408
										0.507			
0.8*L1	0.145	0.113	-0.300	0.142	0.072	-0.194	-0.716	0.247	0.282	0.415	-0.324	-0.149	-0.504
0.9*L1	0.114	0.077	-0.308	0.114	0.051	-0.177	-0.720	0.199	0.231	0.345	-0.384	-0.131	-0.623
1.0*L1	0.086	0.037	-0.319	0.090	0.030	-0.176	-0.676	0.158	0.188	0.291	-0.459	-0.123	-0.769
0.0*L2	0.086	0.037	-0.319	0.090	0.030	-0.176	-0.676	0.158	0.188	0.291	0.541	-0.123	-0.769
0.1*L2	0.048	-0.026	-0.358	0.059	-0.003	-0.189	-0.590	0.105	0.136	0.229	0.429	-0.120	-0.582
0.2*L2	0.021	-0.071	-0.394	0.038	-0.027	-0.203	-0.542	0.069	0.101	0.189	0.359	-0.121	-0.461
0.3*L2	0.005	-0.097	-0.407	0.025	-0.040	-0.207	-0.503	0.046	0.079	0.162	0.310	-0.119	-0.380
0.4*L2	-0.004	-0.105	-0.395	0.017	-0.045	-0.199	-0.459	0.032	0.064	0.141	0.270	-0.112	-0.321
0.5*L2	-0.007	-0.101	-0.361	0.012	-0.044	-0.182	-0.406	0.024	0.052	0.121	0.233	-0.101	-0.271
0.6*L2	-0.008	-0.090	-0.311	0.009	-0.039	-0.156	-0.345	0.018	0.043	0.101	0.195	-0.087	-0.225
0.7*L2	-0.007	-0.074	-0.254	0.007	-0.032	-0.127	-0.279	0.014	0.034	0.081	0.157	-0.070	-0.180
0.8*L2	-0.005	-0.057	-0.194	0.005	-0.025	-0.097	-0.214	0.011	0.026	0.062	0.120	-0.054	-0.137
0.9*L2	-0.004	-0.041	-0.140	0.004	-0.018	-0.070	-0.154	0.008	0.019	0.045	0.086	-0.039	-0.099
1.0*L2	-0.003	-0.028	-0.094	0.003	-0.012	-0.047	-0.104	0.005	0.013	0.030	0.058	-0.026	-0.067
FAKTOR	1/a			1/a								1/(a*a)	

INFOLGE STRECKENMOMENT mt=1

IN FELD

IN FELD	M 0.4	M 0.7	M 1.0	Q 0	Q 0.4	Q 0.7	Q 1.0	T 0	T 0.4	T 0.7	T 1.0	q 0.4	q 1.0
1,BIS SPRUNG						-0.020	-0.401			-0.213	-0.466		
1,REST	0.451	0.257	-0.634	0.533	0.121	-0.172	-1.413	1.427	0.655	0.346	-0.600	-0.612	-0.897
2	0.039	-0.331	-1.514	0.111	-0.134	-0.772	-1.937	0.202	0.324	0.643	1.226	-0.448	-1.529
3	-0.003	-0.031	-0.105	0.003	-0.014	-0.053	-0.114	0.005	0.014	0.033	0.064	-0.029	-0.073
SUMME(+)	0.490	0.257	0.000	0.646	0.121	0.000	0.000	1.634	0.993	1.023	1.290	0.000	0.000
SUMME(-)	-0.003	-0.362	-2.253	0.000	-0.168	-1.398	-3.464	0.000	-0.213	-0.466	-0.600	-1.089	-2.498
SUMME	0.487	-0.105	-2.253	0.646	-0.046	-1.398	-3.464	1.634	0.780	0.556	0.690	-1.089	-2.498
FAKTOR	a			a				a				1/a	

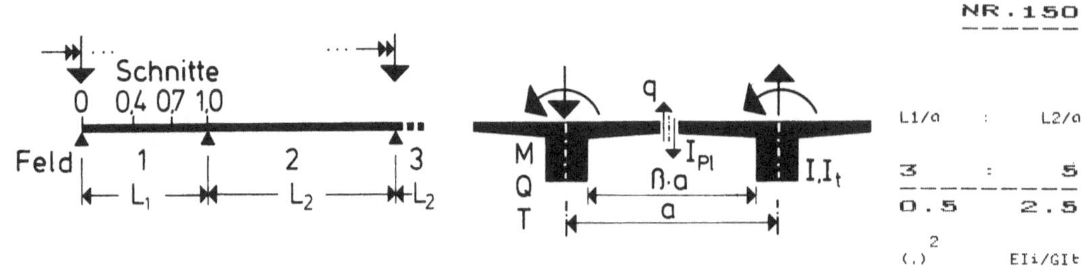

	M			Q				T				q	
IN SCHNITT	0.4	0.7	1.0	0	0.4	0.7	1.0	0	0.4	0.7	1.0	0.4	1.0

INFOLGE EINZELLAST P=1

IN	M 0.4	0.7	1.0	Q 0	0.4	0.7	1.0	T 0	0.4	0.7	1.0	q 0.4	1.0
0.0*L1	0.000	0.000	-0.000	1.000	-0.000	-0.000	-0.000	0.000	0.000	-0.000	-0.000	0.000	-0.000
0.1*L1	0.111	0.016	-0.059	0.823	-0.126	-0.089	-0.083	0.032	0.006	-0.013	-0.016	0.055	-0.008
0.2*L1	0.229	0.038	-0.115	0.656	-0.253	-0.181	-0.168	0.058	0.012	-0.024	-0.030	0.105	-0.015
0.3*L1	0.359	0.069	-0.165	0.508	-0.379	-0.276	-0.257	0.075	0.019	-0.032	-0.042	0.143	-0.020
0.4*L1	0.506	0.114	-0.206	0.379	-0.503	-0.378	-0.350	0.084	0.025	-0.038	-0.052	0.163	-0.023
				0.497									
0.5*L1	0.372	0.179	-0.234	0.272	0.381	-0.486	-0.450	0.082	0.028	-0.039	-0.056	0.159	-0.022
0.6*L1	0.260	0.267	-0.244	0.186	0.276	-0.598	-0.557	0.072	0.027	-0.036	-0.056	0.136	-0.018
0.7*L1	0.169	0.381	-0.232	0.118	0.185	-0.712	-0.668	0.056	0.023	-0.029	-0.051	0.104	-0.012
				0.288									
0.8*L1	0.096	0.225	-0.191	0.065	0.108	0.179	-0.783	0.037	0.015	-0.020	-0.039	0.068	-0.004
0.9*L1	0.041	0.098	-0.116	0.027	0.047	0.081	-0.896	0.017	0.007	-0.010	-0.022	0.032	0.001
1.0*L1	0.000	0.000	0.000	0.000	0.000	0.000	-1.000	0.000	0.000	0.000	0.000	-0.000	0.000
0.0*L2	-0.000	-0.000	-0.000	-0.000	-0.000	-0.000	-0.000	-0.000	-0.000	0.000	0.000	-0.000	-0.000
0.1*L2	-0.040	-0.104	-0.208	-0.026	-0.049	-0.093	-0.134	-0.014	-0.003	0.019	0.040	-0.039	-0.022
0.2*L2	-0.057	-0.151	-0.314	-0.035	-0.072	-0.142	-0.215	-0.017	0.001	0.036	0.073	-0.061	-0.053
0.3*L2	-0.059	-0.162	-0.348	-0.035	-0.077	-0.158	-0.251	-0.015	0.006	0.047	0.093	-0.069	-0.078
0.4*L2	-0.052	-0.150	-0.333	-0.030	-0.071	-0.153	-0.251	-0.010	0.010	0.051	0.100	-0.068	-0.091
0.5*L2	-0.043	-0.127	-0.289	-0.024	-0.060	-0.133	-0.226	-0.006	0.012	0.049	0.096	-0.060	-0.092
0.6*L2	-0.032	-0.098	-0.229	-0.017	-0.046	-0.106	-0.185	-0.002	0.012	0.042	0.082	-0.049	-0.082
0.7*L2	-0.022	-0.069	-0.164	-0.011	-0.032	-0.076	-0.136	-0.000	0.010	0.032	0.062	-0.036	-0.064
0.8*L2	-0.013	-0.041	-0.099	-0.006	-0.019	-0.046	-0.084	0.000	0.007	0.020	0.039	-0.022	-0.041
0.9*L2	-0.005	-0.017	-0.042	-0.003	-0.008	-0.020	-0.036	0.000	0.003	0.009	0.017	-0.009	-0.018
1.0*L2	0.000	-0.000	-0.000	-0.000	-0.000	0.000	0.000	0.000	0.000	0.000	0.000	-0.000	0.000
FAKTOR	a							a				1/a	

INFOLGE STRECKENLAST P=1

IN FELD	M 0.4	0.7	1.0	Q 0	0.4	0.7	1.0	T 0	0.4	0.7	1.0	q 0.4	1.0
1,BIS SPRUNG				-0.303	-0.709			0.015	-0.059				
1,REST	0.639	0.411	-0.473	1.056	0.372	0.120	-1.413	0.155	0.034	-0.013	-0.110	0.291	-0.036
2	-0.164	-0.465	-1.026	-0.095	-0.220	-0.470	-0.767	-0.033	0.030	0.155	0.303	-0.209	-0.272
3	0.010	0.032	0.076	0.005	0.015	0.036	0.064	-0.000	-0.005	-0.015	-0.030	0.017	0.031
SUMME(+)	0.649	0.442	0.076	1.061	0.386	0.156	0.064	0.155	0.079	0.155	0.303	0.308	0.031
SUMME(-)	-0.164	-0.465	-1.499	-0.095	-0.523	-1.178	-2.180	-0.033	-0.005	-0.088	-0.140	-0.209	-0.308
SUMME	0.485	-0.023	-1.423	0.967	-0.137	-1.023	-2.116	0.122	0.074	0.067	0.163	0.099	-0.277
FAKTOR	a*a			a				a*a					

INFOLGE EINZELMOMENT Mt=1

IN	M 0.4	0.7	1.0	Q 0	0.4	0.7	1.0	T 0	0.4	0.7	1.0	q 0.4	1.0
0.0*L1	0.000	0.000	-0.000	0.000	-0.000	-0.000	-0.000	1.000	-0.000	-0.000	-0.000	-0.000	-0.000
0.1*L1	0.079	0.031	-0.061	0.154	-0.020	-0.081	-0.122	0.827	-0.086	-0.055	-0.035	-0.096	-0.043
0.2*L1	0.151	0.061	-0.119	0.241	-0.029	-0.157	-0.242	0.689	-0.176	-0.112	-0.070	-0.202	-0.088
0.3*L1	0.209	0.091	-0.173	0.279	-0.016	-0.224	-0.357	0.576	-0.276	-0.172	-0.105	-0.326	-0.135
0.4*L1	0.244	0.118	-0.219	0.284	0.030	-0.276	-0.466	0.483	-0.389	-0.237	-0.142	-0.478	-0.186
								0.611					
0.5*L1	0.249	0.141	-0.257	0.267	0.077	-0.306	-0.564	0.405	0.500	-0.309	-0.180	-0.364	-0.244
0.6*L1	0.232	0.153	-0.286	0.238	0.094	-0.307	-0.646	0.337	0.409	-0.391	-0.221	-0.280	-0.310
0.7*L1	0.201	0.148	-0.306	0.202	0.089	-0.267	-0.708	0.278	0.334	-0.488	-0.267	-0.221	-0.390
										0.512			
0.8*L1	0.164	0.119	-0.318	0.165	0.072	-0.220	-0.741	0.226	0.273	0.419	-0.321	-0.181	-0.485
0.9*L1	0.125	0.076	-0.328	0.130	0.049	-0.199	-0.736	0.181	0.222	0.346	-0.386	-0.156	-0.603
1.0*L1	0.089	0.027	-0.343	0.097	0.023	-0.194	-0.685	0.143	0.180	0.289	-0.466	-0.141	-0.747
0.0*L2	0.089	0.027	-0.343	0.097	0.023	-0.194	-0.685	0.143	0.180	0.289	0.534	-0.141	-0.747
0.1*L2	0.037	-0.051	-0.389	0.053	-0.017	-0.204	-0.586	0.094	0.129	0.222	0.414	-0.128	-0.556
0.2*L2	-0.001	-0.110	-0.435	0.021	-0.047	-0.217	-0.530	0.060	0.094	0.179	0.335	-0.122	-0.429
0.3*L2	-0.024	-0.146	-0.457	0.001	-0.065	-0.222	-0.486	0.038	0.071	0.149	0.281	-0.117	-0.343
0.4*L2	-0.036	-0.159	-0.450	-0.010	-0.073	-0.215	-0.442	0.024	0.055	0.126	0.240	-0.109	-0.281
0.5*L2	-0.040	-0.155	-0.416	-0.015	-0.071	-0.198	-0.391	0.015	0.044	0.107	0.203	-0.098	-0.232
0.6*L2	-0.038	-0.139	-0.363	-0.015	-0.064	-0.171	-0.332	0.010	0.035	0.088	0.169	-0.084	-0.189
0.7*L2	-0.032	-0.115	-0.297	-0.013	-0.053	-0.140	-0.268	0.007	0.027	0.070	0.135	-0.068	-0.150
0.8*L2	-0.025	-0.089	-0.227	-0.011	-0.041	-0.107	-0.204	0.005	0.020	0.053	0.102	-0.052	-0.113
0.9*L2	-0.018	-0.063	-0.161	-0.008	-0.029	-0.076	-0.145	0.004	0.014	0.038	0.072	-0.037	-0.080
1.0*L2	-0.011	-0.041	-0.105	-0.005	-0.019	-0.049	-0.095	0.002	0.010	0.025	0.047	-0.024	-0.053
FAKTOR				1/a								1/(a*a)	

INFOLGE STRECKENMOMENT mt=1

IN FELD	M 0.4	0.7	1.0	Q 0	0.4	0.7	1.0	T 0	0.4	0.7	1.0	q 0.4	1.0
1,BIS SPRUNG				-0.017	-0.449			-0.219	-0.455				
1,REST	0.512	0.287	-0.673	0.609	0.125	-0.193	-1.482	1.368	0.638	0.348	-0.586	-0.708	-0.854
2	-0.072	-0.521	-1.714	0.023	-0.232	-0.837	-1.884	0.162	0.290	0.592	1.116	-0.449	-1.378
3	-0.004	-0.019	-0.056	-0.001	-0.009	-0.027	-0.056	0.003	0.007	0.016	0.031	-0.014	-0.037
SUMME(+)	0.512	0.287	0.000	0.632	0.125	0.000	0.000	1.534	0.935	0.957	1.147	0.000	0.000
SUMME(-)	-0.076	-0.540	-2.443	-0.001	-0.257	-1.506	-3.422	0.000	-0.219	-0.455	-0.586	-1.170	-2.269
SUMME	0.437	-0.253	-2.443	0.631	-0.133	-1.506	-3.422	1.534	0.716	0.502	0.561	-1.170	-2.269
FAKTOR	a							a				1/a	

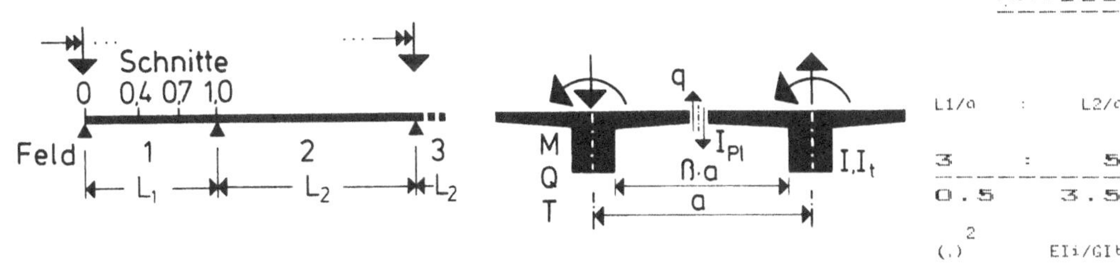

IN SCHNITT	M 0.4	M 0.7	M 1.0	Q 0	Q 0.4	Q 0.7	Q 1.0	T 0	T 0.4	T 0.7	T 1.0	q 0.4	q 1.0

INFOLGE EINZELLAST P=1

IN

IN	M 0.4	M 0.7	M 1.0	Q 0	Q 0.4	Q 0.7	Q 1.0	T 0	T 0.4	T 0.7	T 1.0	q 0.4	q 1.0
0.0*L1	0.000	0.000	-0.000	1.000	-0.000	-0.000	-0.000	0.000	0.000	-0.000	-0.000	0.000	-0.000
0.1*L1	0.121	0.022	-0.060	0.835	-0.126	-0.097	-0.091	0.024	0.005	-0.010	-0.013	0.042	-0.006
0.2*L1	0.247	0.049	-0.118	0.679	-0.252	-0.195	-0.183	0.044	0.010	-0.019	-0.025	0.081	-0.010
0.3*L1	0.383	0.084	-0.169	0.537	-0.376	-0.295	-0.278	0.058	0.014	-0.026	-0.035	0.110	-0.014
0.4*L1	0.533	0.133	-0.210	0.412	-0.497	-0.400	-0.376	0.064	0.019	-0.030	-0.042	0.126	-0.015
(Sprung)					0.503								
0.5*L1	0.400	0.199	-0.237	0.304	0.388	-0.508	-0.478	0.063	0.021	-0.031	-0.046	0.123	-0.014
0.6*L1	0.286	0.287	-0.246	0.214	0.284	-0.617	-0.583	0.056	0.021	-0.029	-0.046	0.107	-0.012
0.7*L1	0.189	0.399	-0.233	0.139	0.193	-0.726	-0.691	0.044	0.017	-0.023	-0.041	0.082	-0.007
(Sprung)						0.274							
0.8*L1	0.110	0.238	-0.191	0.080	0.115	0.170	-0.799	0.029	0.012	-0.016	-0.031	0.054	-0.002
0.9*L1	0.048	0.105	-0.115	0.034	0.050	0.078	-0.904	0.013	0.005	-0.008	-0.017	0.026	0.001
1.0*L1	-0.000	0.000	-0.000	-0.000	0.000	0.000	-1.000	-0.000	0.000	0.000	0.000	0.000	0.000
0.0*L2	-0.000	-0.000	-0.000	-0.000	-0.000	-0.000	-0.000	-0.000	-0.000	0.000	0.000	-0.000	-0.000
0.1*L2	-0.051	-0.116	-0.214	-0.035	-0.055	-0.091	-0.124	-0.012	-0.002	0.016	0.032	-0.032	-0.018
0.2*L2	-0.074	-0.174	-0.329	-0.051	-0.083	-0.141	-0.200	-0.015	0.001	0.030	0.059	-0.051	-0.042
0.3*L2	-0.080	-0.191	-0.371	-0.054	-0.091	-0.160	-0.235	-0.014	0.004	0.039	0.077	-0.060	-0.062
0.4*L2	-0.075	-0.182	-0.361	-0.050	-0.087	-0.157	-0.238	-0.011	0.008	0.043	0.083	-0.060	-0.073
0.5*L2	-0.063	-0.158	-0.318	-0.042	-0.075	-0.139	-0.217	-0.007	0.009	0.041	0.080	-0.054	-0.075
0.6*L2	-0.049	-0.125	-0.256	-0.032	-0.059	-0.113	-0.179	-0.004	0.009	0.036	0.069	-0.045	-0.067
0.7*L2	0.035	-0.089	-0.185	-0.022	-0.042	-0.082	-0.132	-0.002	0.008	0.027	0.053	-0.033	-0.052
0.8*L2	-0.021	-0.054	-0.114	-0.013	-0.025	-0.050	-0.082	-0.001	0.005	0.018	0.034	-0.020	-0.034
0.9*L2	-0.009	-0.023	-0.049	-0.006	-0.011	-0.022	-0.036	-0.000	0.002	0.008	0.015	-0.009	-0.015
1.0*L2	-0.000	0.000	0.000	-0.000	0.000	0.000	0.000	-0.000	0.000	0.000	0.000	0.000	0.000
FAKTOR	a							a				1/a	

INFOLGE STRECKENLAST P=1

IN FELD

IN FELD	M 0.4	M 0.7	M 1.0	Q 0	Q 0.4	Q 0.7	Q 1.0	T 0	T 0.4	T 0.7	T 1.0	q 0.4	q 1.0
1,BIS SPRUNG					-0.301	-0.742			0.011	-0.047			
1,REST	0.691	0.450	-0.479	1.117	0.383	0.114	-1.465	0.119	0.026	-0.011	-0.089	0.227	-0.024
2	-0.231	-0.562	-1.112	-0.155	-0.267	-0.483	-0.729	-0.034	0.022	0.130	0.253	-0.184	-0.220
3	0.022	0.056	0.117	0.014	0.027	0.052	0.084	0.001	-0.005	-0.018	-0.034	0.021	0.034
SUMME(+)	0.713	0.506	0.117	1.131	0.409	0.166	0.084	0.121	0.059	0.130	0.253	0.248	0.034
SUMME(-)	-0.231	-0.562	-1.591	-0.155	-0.568	-1.225	-2.194	-0.034	-0.005	-0.076	-0.123	-0.184	-0.244
SUMME	0.482	-0.056	-1.473	0.976	-0.159	-1.059	-2.110	0.086	0.054	0.054	0.129	0.063	-0.210
FAKTOR	a*a			a				a*a				1/a	

INFOLGE EINZELMOMENT Mt=1

IN

IN	M 0.4	M 0.7	M 1.0	Q 0	Q 0.4	Q 0.7	Q 1.0	T 0	T 0.4	T 0.7	T 1.0	q 0.4	q 1.0
0.0*L1	0.000	0.000	-0.000	0.000	-0.000	-0.000	-0.000	1.000	-0.000	-0.000	-0.000	-0.000	-0.000
0.1*L1	0.084	0.034	-0.062	0.161	-0.019	-0.085	-0.127	0.823	-0.087	-0.054	-0.033	-0.104	-0.041
0.2*L1	0.161	0.068	-0.122	0.254	-0.027	-0.166	-0.252	0.681	-0.179	-0.109	-0.066	-0.217	-0.084
0.3*L1	0.224	0.100	-0.177	0.297	-0.014	-0.236	-0.372	0.565	-0.280	-0.168	-0.101	-0.346	-0.129
0.4*L1	0.261	0.129	-0.225	0.304	0.033	-0.291	-0.483	0.470	-0.394	-0.232	-0.136	-0.501	-0.179
(Sprung)									0.606				
0.5*L1	0.266	0.151	-0.264	0.288	0.080	-0.322	-0.582	0.391	0.494	-0.304	-0.174	-0.388	-0.236
0.6*L1	0.248	0.162	-0.293	0.257	0.097	-0.322	-0.664	0.323	0.404	-0.387	-0.216	-0.303	-0.302
0.7*L1	0.214	0.155	-0.314	0.219	0.091	-0.281	-0.723	0.265	0.329	-0.485	-0.264	-0.241	-0.381
(Sprung)										0.515			
0.8*L1	0.173	0.123	-0.328	0.177	0.073	-0.233	-0.753	0.215	0.268	0.420	-0.320	-0.198	-0.476
0.9*L1	0.130	0.074	-0.340	0.136	0.047	-0.210	-0.744	0.173	0.217	0.346	-0.387	-0.168	-0.593
1.0*L1	0.088	0.019	-0.357	0.099	0.019	-0.203	-0.688	0.137	0.177	0.288	-0.470	-0.149	-0.736
0.0*L2	0.088	0.019	-0.357	0.099	0.019	-0.203	-0.688	0.137	0.177	0.288	0.530	-0.149	-0.736
0.1*L2	0.027	-0.068	-0.408	0.046	-0.026	-0.211	-0.582	0.090	0.126	0.218	0.404	-0.130	-0.542
0.2*L2	-0.018	-0.136	-0.460	0.007	-0.060	-0.223	-0.520	0.057	0.091	0.172	0.321	-0.119	-0.412
0.3*L2	-0.046	-0.179	-0.487	-0.018	-0.082	-0.228	-0.474	0.035	0.067	0.140	0.263	-0.111	-0.323
0.4*L2	-0.061	-0.196	-0.484	-0.031	-0.091	-0.222	-0.429	0.021	0.051	0.117	0.220	-0.102	-0.259
0.5*L2	-0.064	-0.192	-0.451	-0.036	-0.090	-0.205	-0.378	0.013	0.040	0.097	0.184	-0.091	-0.210
0.6*L2	-0.060	-0.173	-0.395	-0.035	-0.081	-0.178	-0.321	0.008	0.031	0.080	0.151	-0.078	-0.169
0.7*L2	-0.051	-0.144	-0.325	-0.030	-0.067	-0.146	-0.259	0.005	0.024	0.063	0.120	-0.063	-0.132
0.8*L2	-0.040	-0.111	-0.249	-0.024	-0.052	-0.112	-0.197	0.003	0.018	0.047	0.090	-0.048	-0.099
0.9*L2	-0.028	-0.078	-0.175	-0.017	-0.037	-0.079	-0.139	0.002	0.012	0.033	0.063	-0.034	-0.070
1.0*L2	-0.017	-0.049	-0.110	-0.010	-0.023	-0.050	-0.088	0.002	0.008	0.022	0.041	-0.021	-0.045
FAKTOR				1/a								1/(a*a)	

INFOLGE STRECKENMOMENT mt=1

IN FELD

IN FELD	M 0.4	M 0.7	M 1.0	Q 0	Q 0.4	Q 0.7	Q 1.0	T 0	T 0.4	T 0.7	T 1.0	q 0.4	q 1.0
1,BIS SPRUNG					-0.015	-0.473			-0.222	-0.448		-0.757	-0.834
1,REST	0.545	0.304	-0.692	0.649	0.126	-0.204	-1.518	1.338	0.629	0.349	-0.578		
2	-0.156	-0.650	-1.838	-0.049	-0.296	-0.866	-1.840	0.149	0.273	0.558	1.045	-0.430	-1.294
3	0.002	-0.001	-0.014	0.002	-0.000	-0.008	-0.023	0.004	0.005	0.009	0.017	-0.005	-0.023
SUMME(+)	0.547	0.304	0.000	0.651	0.126	0.000	0.000	1.492	0.907	0.916	1.061	0.000	0.000
SUMME(-)	-0.156	-0.652	-2.544	-0.049	-0.312	-1.551	-3.381	0.000	-0.222	-0.448	-0.578	-1.192	-2.150
SUMME	0.391	-0.348	-2.544	0.602	-0.185	-1.551	-3.381	1.492	0.685	0.468	0.483	-1.192	-2.150
FAKTOR				a								1/a	

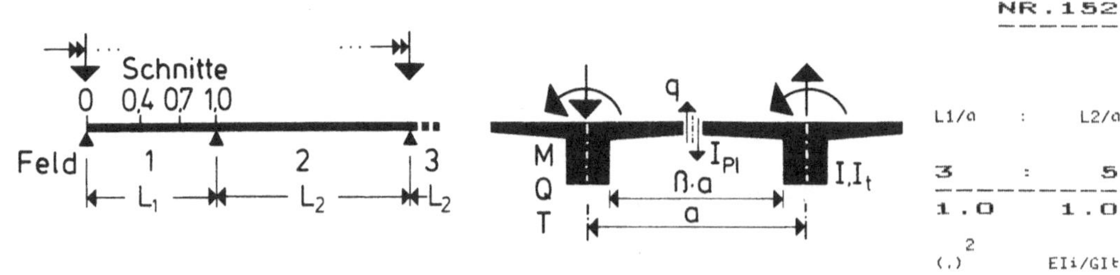

	M			Q				T				q	
IN SCHNITT	0.4	0.7	1.0	0	0.4	0.7	1.0	0	0.4	0.7	1.0	0.4	1.0

INFOLGE EINZELLAST P=1

IN	M 0.4	M 0.7	M 1.0	Q 0	Q 0.4	Q 0.7	Q 1.0	T 0	T 0.4	T 0.7	T 1.0	q 0.4	q 1.0
0.0*L1	0.000	-0.000	-0.000	1.000	-0.000	-0.000	-0.000	0.000	0.000	-0.000	-0.000	0.000	-0.000
0.1*L1	0.061	-0.004	-0.042	0.741	-0.116	-0.044	-0.051	0.078	0.007	-0.029	-0.026	0.130	-0.035
0.2*L1	0.134	-0.003	-0.084	0.515	-0.239	-0.095	-0.105	0.140	0.017	-0.056	-0.051	0.250	-0.066
0.3*L1	0.232	0.009	-0.124	0.334	-0.373	-0.159	-0.165	0.177	0.031	-0.076	-0.073	0.345	-0.092
0.4*L1	0.362	0.038	-0.160	0.201	-0.515	-0.244	-0.237	0.191	0.049	-0.087	-0.091	0.392	-0.107
					0.485								
0.5*L1	0.231	0.091	-0.190	0.110	0.350	-0.351	-0.322	0.182	0.062	-0.087	-0.102	0.365	-0.111
0.6*L1	0.136	0.176	-0.208	0.053	0.233	-0.482	-0.425	0.156	0.066	-0.077	-0.105	0.293	-0.101
0.7*L1	0.072	0.299	-0.208	0.020	0.142	-0.629	-0.549	0.118	0.057	-0.057	-0.097	0.207	-0.077
						0.371							
0.8*L1	0.033	0.163	-0.180	0.004	0.075	0.225	-0.691	0.075	0.040	-0.035	-0.077	0.124	-0.044
0.9*L1	0.011	0.065	-0.115	-0.001	0.029	0.098	-0.847	0.033	0.018	-0.016	-0.044	0.054	-0.011
1.0*L1	0.000	0.000	0.000	-0.000	-0.000	-0.000	-1.000	0.000	0.000	0.000	0.000	0.000	-0.000
0.0*L2	-0.000	-0.000	-0.000	0.000	-0.000	-0.000	-0.000	-0.000	-0.000	0.000	0.000	-0.000	-0.000
0.1*L2	-0.004	-0.052	-0.185	0.005	-0.022	-0.095	-0.193	-0.023	-0.010	0.027	0.076	-0.051	-0.062
0.2*L2	-0.001	-0.064	-0.254	0.010	-0.025	-0.129	-0.292	-0.023	-0.005	0.047	0.128	-0.069	-0.147
0.3*L2	0.003	-0.057	-0.255	0.013	-0.021	-0.128	-0.319	-0.015	0.002	0.055	0.150	-0.068	-0.202
0.4*L2	0.005	-0.045	-0.225	0.013	-0.015	-0.112	-0.299	-0.008	0.007	0.055	0.149	-0.059	-0.219
0.5*L2	0.006	-0.033	-0.184	0.012	-0.011	-0.090	-0.256	-0.002	0.009	0.049	0.132	-0.047	-0.205
0.6*L2	0.006	-0.023	-0.141	0.010	-0.007	-0.069	-0.203	0.000	0.009	0.040	0.107	-0.036	-0.172
0.7*L2	0.005	-0.015	-0.099	0.007	-0.004	-0.048	-0.145	0.001	0.007	0.029	0.078	-0.025	-0.128
0.8*L2	0.003	-0.009	-0.059	0.004	-0.002	-0.029	-0.089	0.001	0.005	0.018	0.048	-0.015	-0.080
0.9*L2	0.001	-0.004	-0.024	0.002	-0.001	-0.012	-0.037	0.001	0.002	0.007	0.020	-0.006	-0.034
1.0*L2	0.000	0.000	0.000	-0.000	-0.000	-0.000	0.000	0.000	0.000	0.000	0.000	-0.000	0.000
FAKTOR	a							a				1/a	

INFOLGE STRECKENLAST P=1

IN FELD	M 0.4	M 0.7	M 1.0	Q 0	Q 0.4	Q 0.7	Q 1.0	T 0	T 0.4	T 0.7	T 1.0	q 0.4	q 1.0
1,BIS SPRUNG					-0.295	-0.504			0.024	-0.133			
1,REST	0.375	0.244	-0.398	0.737	0.318	0.151	-1.165	0.348	0.081	-0.024	-0.201	0.652	-0.194
2	0.012	-0.154	-0.724	0.038	-0.056	-0.361	-0.928	-0.035	0.011	0.164	0.448	-0.190	-0.626
3	-0.001	0.000	0.006	-0.001	-0.000	0.003	0.011	-0.001	-0.001	-0.003	-0.007	0.001	0.013
SUMME(+)	0.387	0.244	0.006	0.775	0.318	0.154	0.011	0.348	0.116	0.164	0.448	0.653	0.013
SUMME(-)	-0.001	-0.154	-1.122	-0.001	-0.351	-0.866	-2.093	-0.036	-0.001	-0.160	-0.208	-0.190	-0.820
SUMME	0.387	0.090	-1.116	0.774	-0.033	-0.712	-2.082	0.311	0.115	0.005	0.239	0.463	-0.808
FAKTOR	a*a			a				a*a				1/a	

INFOLGE EINZELMOMENT Mt=1

IN	M 0.4	M 0.7	M 1.0	Q 0	Q 0.4	Q 0.7	Q 1.0	T 0	T 0.4	T 0.7	T 1.0	q 0.4	q 1.0
0.0*L1	0.000	0.000	-0.000	0.000	-0.000	-0.000	-0.000	1.000	-0.000	-0.000	-0.000	-0.000	-0.000
0.1*L1	0.072	0.019	-0.060	0.195	-0.042	-0.070	-0.113	0.804	-0.078	-0.064	-0.042	-0.066	-0.067
0.2*L1	0.140	0.041	-0.117	0.272	-0.067	-0.138	-0.226	0.667	-0.164	-0.128	-0.084	-0.161	-0.134
0.3*L1	0.196	0.067	-0.170	0.280	-0.055	-0.202	-0.341	0.565	-0.267	-0.194	-0.124	-0.316	-0.201
0.4*L1	0.227	0.097	-0.216	0.252	0.020	-0.254	-0.457	0.483	-0.401	-0.264	-0.163	-0.561	-0.270
									0.599				
0.5*L1	0.221	0.129	-0.253	0.210	0.100	-0.285	-0.571	0.410	0.465	-0.342	-0.199	-0.318	-0.344
0.6*L1	0.193	0.155	-0.279	0.166	0.125	-0.278	-0.679	0.342	0.362	-0.436	-0.236	-0.170	-0.429
0.7*L1	0.157	0.163	-0.292	0.128	0.119	-0.209	-0.770	0.277	0.281	-0.555	-0.275	-0.089	-0.535
										0.445			
0.8*L1	0.122	0.140	-0.295	0.097	0.098	-0.134	-0.831	0.215	0.215	0.331	-0.321	-0.055	-0.676
0.9*L1	0.092	0.099	-0.293	0.074	0.071	-0.113	-0.843	0.159	0.161	0.253	-0.382	-0.048	-0.870
1.0*L1	0.068	0.056	-0.296	0.058	0.046	-0.121	-0.777	0.112	0.118	0.201	-0.471	-0.055	-1.141
0.0*L2	0.068	0.056	-0.296	0.058	0.046	-0.121	-0.777	0.112	0.118	0.201	0.529	-0.055	-1.141
0.1*L2	0.041	-0.005	-0.338	0.042	0.013	-0.154	-0.658	0.055	0.069	0.152	0.404	-0.076	-0.792
0.2*L2	0.027	-0.042	-0.377	0.034	-0.007	-0.180	-0.612	0.022	0.043	0.129	0.345	-0.092	-0.613
0.3*L2	0.019	-0.057	-0.386	0.029	-0.015	-0.187	-0.577	0.007	0.030	0.115	0.310	-0.097	-0.517
0.4*L2	0.016	-0.059	-0.364	0.026	-0.017	-0.177	-0.528	0.002	0.023	0.103	0.278	-0.092	-0.451
0.5*L2	0.013	-0.053	-0.320	0.022	-0.016	-0.156	-0.461	0.000	0.020	0.090	0.242	-0.081	-0.390
0.6*L2	0.011	-0.043	-0.265	0.019	-0.013	-0.129	-0.382	0.001	0.016	0.075	0.201	-0.067	-0.325
0.7*L2	0.009	-0.033	-0.205	0.015	-0.010	-0.100	-0.297	0.001	0.013	0.058	0.157	-0.052	-0.255
0.8*L2	0.006	-0.023	-0.147	0.011	-0.007	-0.071	-0.214	0.001	0.010	0.042	0.113	-0.037	-0.185
0.9*L2	0.004	-0.015	-0.096	0.007	-0.004	-0.047	-0.140	0.001	0.006	0.027	0.074	-0.024	-0.121
1.0*L2	0.002	-0.009	-0.056	0.004	-0.003	-0.027	-0.082	0.000	0.004	0.016	0.043	-0.014	-0.070
FAKTOR				1/a								1/(a*a)	

INFOLGE STRECKENMOMENT mt=1

IN FELD	M 0.4	M 0.7	M 1.0	Q 0	Q 0.4	Q 0.7	Q 1.0	T 0	T 0.4	T 0.7	T 1.0	q 0.4	q 1.0
1,BIS SPRUNG					-0.050	-0.404			-0.211	-0.510			
1,REST	0.438	0.283	-0.639	0.518	0.168	-0.121	-1.571	1.338	0.550	0.270	-0.617	-0.530	-1.223
2	0.089	-0.157	-1.340	0.116	-0.029	-0.639	-2.143	0.070	0.143	0.448	1.200	-0.328	-2.109
3	0.002	-0.009	-0.052	0.003	-0.003	-0.025	-0.072	-0.001	0.002	0.014	0.037	-0.013	-0.057
SUMME(+)	0.529	0.283	0.000	0.638	0.168	0.000	0.000	1.408	0.695	0.731	1.237	0.000	0.000
SUMME(-)	0.000	-0.166	-2.030	0.000	-0.082	-1.190	-3.787	-0.001	-0.211	-0.510	-0.617	-0.871	-3.389
SUMME	0.529	0.117	-2.030	0.638	0.085	-1.190	-3.787	1.408	0.484	0.221	0.620	-0.871	-3.389
FAKTOR	a							a				1/a	

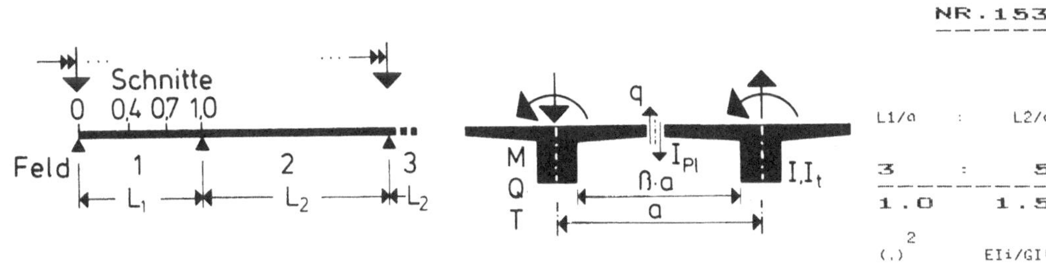

IN SCHNITT	M 0.4	M 0.7	M 1.0	Q 0	Q 0.4	Q 0.7	Q 1.0	T 0	T 0.4	T 0.7	T 1.0	q 0.4	q 1.0

INFOLGE EINZELLAST P=1

IN	M 0.4	M 0.7	M 1.0	Q 0	Q 0.4	Q 0.7	Q 1.0	T 0	T 0.4	T 0.7	T 1.0	q 0.4	q 1.0
0.0*L1	0.000	0.000	-0.000	1.000	-0.000	-0.000	-0.000	0.000	0.000	-0.000	-0.000	0.000	-0.000
0.1*L1	0.078	0.002	-0.049	0.770	-0.121	-0.059	-0.061	0.061	0.007	-0.024	-0.023	0.104	-0.026
0.2*L1	0.166	0.008	-0.096	0.564	-0.246	-0.124	-0.125	0.110	0.015	-0.046	-0.045	0.200	-0.049
0.3*L1	0.274	0.026	-0.140	0.393	-0.378	-0.200	-0.195	0.141	0.027	-0.062	-0.065	0.276	-0.068
0.4*L1	0.409	0.061	-0.178	0.260	-0.512	-0.290	-0.274	0.153	0.040	-0.072	-0.080	0.313	-0.079
					0.488								
0.5*L1	0.277	0.118	-0.208	0.162	0.359	-0.398	-0.365	0.148	0.049	-0.072	-0.089	0.295	-0.080
0.6*L1	0.175	0.204	-0.223	0.094	0.248	-0.522	-0.470	0.128	0.051	-0.064	-0.090	0.242	-0.072
0.7*L1	0.102	0.325	-0.218	0.049	0.156	-0.657	-0.590	0.098	0.044	-0.049	-0.083	0.176	-0.053
						0.343							
0.8*L1	0.052	0.182	-0.185	0.022	0.086	0.210	-0.723	0.063	0.031	-0.031	-0.065	0.108	-0.029
0.9*L1	0.019	0.075	-0.116	0.007	0.035	0.093	-0.864	0.028	0.014	-0.015	-0.036	0.048	-0.007
1.0*L1	0.000	-0.000	0.000	-0.000	0.000	0.000	-1.000	0.000	0.000	0.000	0.000	-0.000	0.000
0.0*L2	-0.000	-0.000	-0.000	-0.000	-0.000	-0.000	-0.000	-0.000	-0.000	0.000	0.000	-0.000	-0.000
0.1*L2	-0.014	-0.068	-0.193	-0.002	-0.031	-0.097	-0.175	-0.023	-0.009	0.024	0.063	-0.050	-0.048
0.2*L2	-0.015	-0.089	-0.275	0.000	-0.039	-0.137	-0.272	-0.027	-0.007	0.042	0.109	-0.072	-0.115
0.3*L2	-0.012	-0.087	-0.288	0.003	-0.037	-0.143	-0.305	-0.022	-0.002	0.050	0.132	-0.075	-0.162
0.4*L2	-0.007	-0.074	-0.262	0.005	-0.031	-0.130	-0.293	-0.016	0.002	0.051	0.133	-0.068	-0.180
0.5*L2	-0.004	-0.058	-0.219	0.006	-0.024	-0.108	-0.256	-0.011	0.004	0.046	0.120	-0.057	-0.173
0.6*L2	-0.002	-0.043	-0.169	0.006	-0.017	-0.083	-0.204	-0.007	0.005	0.038	0.098	-0.044	-0.147
0.7*L2	-0.001	-0.029	-0.119	0.005	-0.011	-0.058	-0.147	-0.004	0.004	0.028	0.072	-0.031	-0.110
0.8*L2	-0.000	-0.017	-0.071	0.003	-0.007	-0.035	-0.090	-0.002	0.003	0.017	0.044	-0.018	-0.069
0.9*L2	-0.000	-0.007	-0.030	0.001	-0.003	-0.015	-0.038	-0.001	0.001	0.007	0.019	-0.008	-0.030
1.0*L2	-0.000	-0.000	0.000	-0.000	0.000	0.000	-0.000	0.000	0.000	0.000	0.000	-0.000	0.000
FAKTOR	a			a				a				1/a	

INFOLGE STRECKENLAST p=1

IN FELD	M 0.4	M 0.7	M 1.0	Q 0	Q 0.4	Q 0.7	Q 1.0	T 0	T 0.4	T 0.7	T 1.0	q 0.4	q 1.0
1,BIS SPRUNG					-0.300	-0.574			0.021	-0.110			
1,REST	0.460	0.295	-0.429	0.841	0.336	0.141	-1.248	0.281	0.063	-0.021	-0.174	0.533	-0.139
2	-0.028	-0.240	-0.824	0.013	-0.102	-0.408	-0.900	-0.057	0.000	0.153	0.399	-0.214	-0.519
3	-0.000	0.006	0.027	-0.001	0.002	0.013	0.036	0.000	-0.002	-0.007	-0.018	0.007	0.030
SUMME(+)	0.460	0.300	0.027	0.854	0.338	0.154	0.036	0.282	0.084	0.153	0.399	0.540	0.030
SUMME(-)	-0.028	-0.240	-1.253	-0.001	-0.402	-0.983	-2.148	-0.057	-0.002	-0.139	-0.193	-0.214	-0.659
SUMME	0.432	0.060	-1.226	0.853	-0.064	-0.829	-2.113	0.224	0.082	0.015	0.207	0.325	-0.628
FAKTOR	a*a			a				a*a					

INFOLGE EINZELMOMENT Mt=1

IN	M 0.4	M 0.7	M 1.0	Q 0	Q 0.4	Q 0.7	Q 1.0	T 0	T 0.4	T 0.7	T 1.0	q 0.4	q 1.0
0.0*L1	0.000	0.000	-0.000	0.000	-0.000	-0.000	-0.000	1.000	-0.000	-0.000	-0.000	-0.000	-0.000
0.1*L1	0.087	0.026	-0.066	0.215	-0.043	-0.085	-0.125	0.791	-0.080	-0.059	-0.039	-0.089	-0.057
0.2*L1	0.168	0.054	-0.129	0.309	-0.067	-0.166	-0.249	0.643	-0.169	-0.119	-0.078	-0.205	-0.115
0.3*L1	0.234	0.086	-0.187	0.329	-0.053	-0.240	-0.374	0.534	-0.275	-0.182	-0.115	-0.375	-0.175
0.4*L1	0.270	0.120	-0.236	0.306	0.025	-0.299	-0.497	0.447	-0.412	-0.250	-0.151	-0.629	-0.238
									0.588				
0.5*L1	0.266	0.154	-0.274	0.264	0.107	-0.332	-0.615	0.374	0.452	-0.328	-0.187	-0.386	-0.308
0.6*L1	0.235	0.180	-0.300	0.216	0.134	-0.323	-0.723	0.308	0.349	-0.423	-0.223	-0.232	-0.393
0.7*L1	0.193	0.184	-0.313	0.170	0.127	-0.249	-0.810	0.246	0.268	-0.545	-0.264	-0.142	-0.500
										0.455			
0.8*L1	0.150	0.155	-0.315	0.130	0.104	-0.168	-0.864	0.190	0.203	0.339	-0.313	-0.097	-0.642
0.9*L1	0.111	0.107	-0.312	0.097	0.073	-0.141	-0.866	0.139	0.151	0.258	-0.380	-0.081	-0.838
1.0*L1	0.078	0.053	-0.318	0.072	0.043	-0.144	-0.789	0.096	0.110	0.204	-0.474	-0.081	-1.108
0.0*L2	0.078	0.053	-0.318	0.072	0.043	-0.144	-0.789	0.096	0.110	0.204	0.526	-0.081	-1.108
0.1*L2	0.039	-0.023	-0.367	0.044	0.002	-0.174	-0.654	0.042	0.063	0.151	0.391	-0.094	-0.753
0.2*L2	0.015	-0.072	-0.416	0.029	-0.024	-0.201	-0.601	0.010	0.037	0.125	0.325	-0.107	-0.564
0.3*L2	0.004	-0.096	-0.433	0.021	-0.036	-0.212	-0.564	-0.006	0.023	0.111	0.287	-0.112	-0.461
0.4*L2	-0.001	-0.099	-0.415	0.017	-0.039	-0.204	-0.518	-0.012	0.016	0.098	0.256	-0.108	-0.395
0.5*L2	-0.002	-0.091	-0.371	0.014	-0.036	-0.182	-0.456	-0.012	0.013	0.086	0.222	-0.096	-0.338
0.6*L2	-0.002	-0.076	-0.309	0.011	-0.031	-0.152	-0.379	-0.010	0.010	0.071	0.185	-0.080	-0.280
0.7*L2	-0.002	-0.059	-0.240	0.009	-0.024	-0.118	-0.296	-0.008	0.008	0.056	0.144	-0.062	-0.219
0.8*L2	-0.001	-0.042	-0.172	0.006	-0.017	-0.085	-0.212	-0.006	0.006	0.040	0.104	-0.045	-0.158
0.9*L2	-0.001	-0.027	-0.111	0.004	-0.011	-0.055	-0.137	-0.004	0.004	0.026	0.067	-0.029	-0.103
1.0*L2	-0.000	-0.016	-0.063	0.002	-0.006	-0.031	-0.078	-0.002	0.002	0.015	0.038	-0.016	-0.058
FAKTOR				1/a								1/(a*a)	

INFOLGE STRECKENMOMENT mt=1

IN FELD	M 0.4	M 0.7	M 1.0	Q 0	Q 0.4	Q 0.7	Q 1.0	T 0	T 0.4	T 0.7	T 1.0	q 0.4	q 1.0
1,BIS SPRUNG					-0.049	-0.476			-0.217	-0.488			
1,REST	0.529	0.330	-0.689	0.630	0.177	-0.148	-1.662	1.260	0.528	0.276	-0.594	-0.669	-1.140
2	0.042	-0.288	-1.515	0.095	-0.101	-0.737	-2.119	0.018	0.116	0.434	1.125	-0.392	-1.909
3	-0.001	-0.008	-0.028	0.000	-0.003	-0.014	-0.030	-0.002	-0.000	0.005	0.013	-0.007	-0.017
SUMME(+)	0.571	0.330	0.000	0.725	0.177	0.000	0.000	1.279	0.644	0.715	1.139	0.000	0.000
SUMME(-)	-0.001	-0.296	-2.232	0.000	-0.154	-1.375	-3.811	-0.002	-0.217	-0.488	-0.594	-1.068	-3.066
SUMME	0.570	0.034	-2.232	0.725	0.024	-1.375	-3.811	1.277	0.427	0.226	0.545	-1.068	-3.066
FAKTOR	a			a				a				1/a	

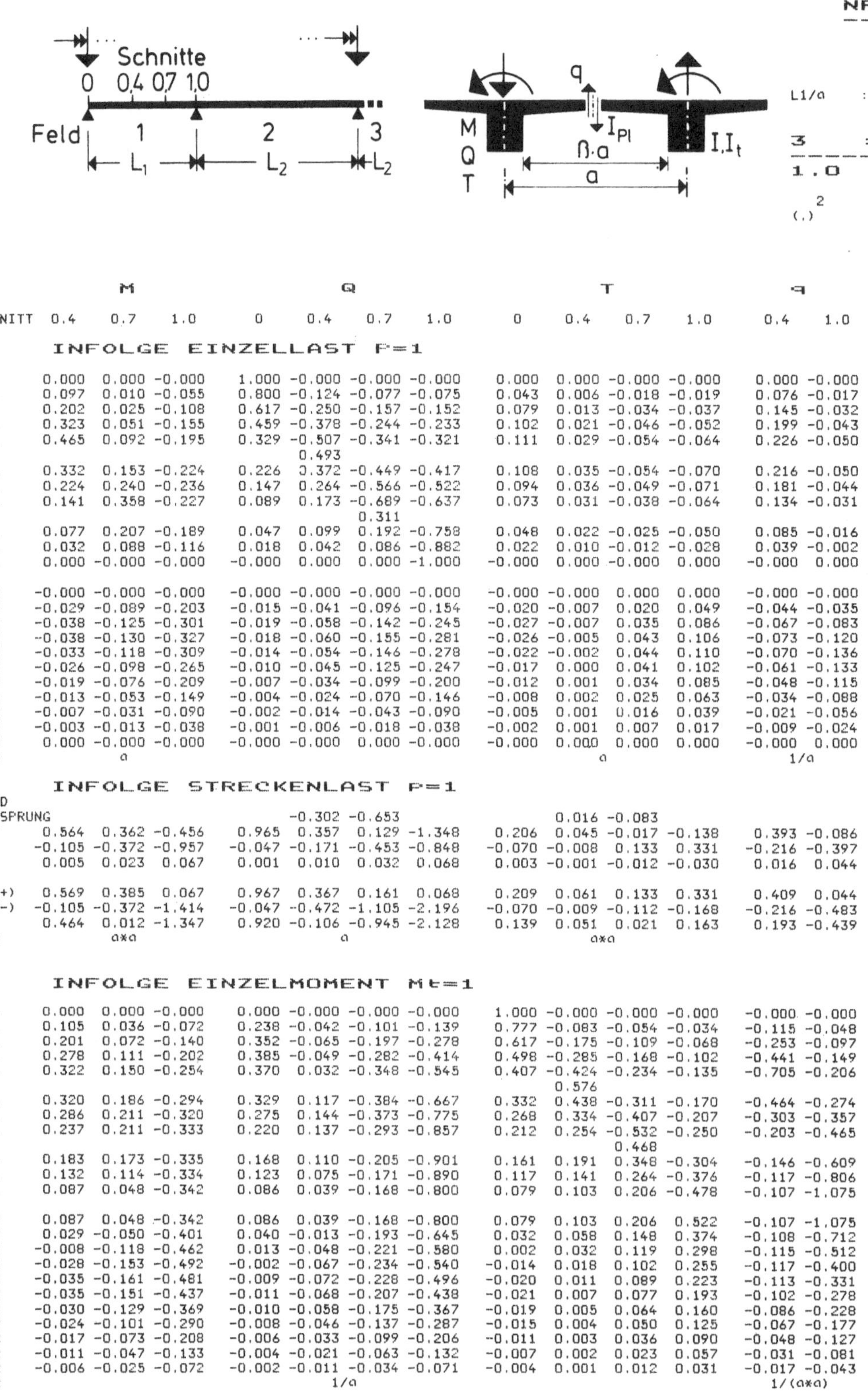

	M 0.4	M 0.7	M 1.0	Q 0	Q 0.4	Q 0.7	Q 1.0	T 0	T 0.4	T 0.7	T 1.0	q 0.4	q 1.0

INFOLGE EINZELLAST P=1

IN

IN	M 0.4	M 0.7	M 1.0	Q 0	Q 0.4	Q 0.7	Q 1.0	T 0	T 0.4	T 0.7	T 1.0	q 0.4	q 1.0
0.0*L1	0.000	0.000	-0.000	1.000	-0.000	-0.000	-0.000	0.000	0.000	-0.000	-0.000	0.000	-0.000
0.1*L1	0.097	0.010	-0.055	0.800	-0.124	-0.077	-0.075	0.043	0.006	-0.018	-0.019	0.076	-0.017
0.2*L1	0.202	0.025	-0.108	0.617	-0.250	-0.157	-0.152	0.079	0.013	-0.034	-0.037	0.145	-0.032
0.3*L1	0.323	0.051	-0.155	0.459	-0.378	-0.244	-0.233	0.102	0.021	-0.046	-0.052	0.199	-0.043
0.4*L1	0.465	0.092	-0.195	0.329	-0.507	-0.341	-0.321	0.111	0.029	-0.054	-0.064	0.226	-0.050
					0.493								
0.5*L1	0.332	0.153	-0.224	0.226	0.372	-0.449	-0.417	0.108	0.035	-0.054	-0.070	0.216	-0.050
0.6*L1	0.224	0.240	-0.236	0.147	0.264	-0.566	-0.522	0.094	0.036	-0.049	-0.071	0.181	-0.044
0.7*L1	0.141	0.358	-0.227	0.089	0.173	-0.689	-0.637	0.073	0.031	-0.038	-0.064	0.134	-0.031
						0.311							
0.8*L1	0.077	0.207	-0.189	0.047	0.099	0.192	-0.758	0.048	0.022	-0.025	-0.050	0.085	-0.016
0.9*L1	0.032	0.088	-0.116	0.018	0.042	0.086	-0.882	0.022	0.010	-0.012	-0.028	0.039	-0.002
1.0*L1	0.000	-0.000	-0.000	-0.000	0.000	0.000	-1.000	-0.000	0.000	-0.000	0.000	-0.000	0.000
0.0*L2	-0.000	-0.000	-0.000	-0.000	-0.000	-0.000	-0.000	-0.000	-0.000	0.000	0.000	-0.000	-0.000
0.1*L2	-0.029	-0.089	-0.203	-0.015	-0.041	-0.096	-0.154	-0.020	-0.007	0.020	0.049	-0.044	-0.035
0.2*L2	-0.038	-0.125	-0.301	-0.019	-0.058	-0.142	-0.245	-0.027	-0.007	0.035	0.086	-0.067	-0.083
0.3*L2	-0.038	-0.130	-0.327	-0.018	-0.060	-0.155	-0.281	-0.026	-0.005	0.043	0.106	-0.073	-0.120
0.4*L2	-0.033	-0.118	-0.309	-0.014	-0.054	-0.146	-0.278	-0.022	-0.002	0.044	0.110	-0.070	-0.136
0.5*L2	-0.026	-0.098	-0.265	-0.010	-0.045	-0.125	-0.247	-0.017	0.000	0.041	0.102	-0.061	-0.133
0.6*L2	-0.019	-0.076	-0.209	-0.007	-0.034	-0.099	-0.200	-0.012	0.001	0.034	0.085	-0.048	-0.115
0.7*L2	-0.013	-0.053	-0.149	-0.004	-0.024	-0.070	-0.146	-0.008	0.002	0.025	0.063	-0.034	-0.088
0.8*L2	-0.007	-0.031	-0.090	-0.002	-0.014	-0.043	-0.090	-0.005	0.001	0.016	0.039	-0.021	-0.056
0.9*L2	-0.003	-0.013	-0.038	-0.001	-0.006	-0.018	-0.038	-0.002	0.001	0.007	0.017	-0.009	-0.024
1.0*L2	0.000	-0.000	-0.000	-0.000	-0.000	0.000	-0.000	-0.000	0.000	0.000	0.000	-0.000	0.000
FAKTOR	a							a				1/a	

INFOLGE STRECKENLAST P=1

IN FELD

IN FELD	M 0.4	M 0.7	M 1.0	Q 0	Q 0.4	Q 0.7	Q 1.0	T 0	T 0.4	T 0.7	T 1.0	q 0.4	q 1.0
1,BIS SPRUNG						-0.302	-0.653			0.016	-0.083		
1,REST	0.564	0.362	-0.456	0.965	0.357	0.129	-1.348	0.206	0.045	-0.017	-0.138	0.393	-0.086
2	-0.105	-0.372	-0.957	-0.047	-0.171	-0.453	-0.848	-0.070	-0.008	0.133	0.331	-0.216	-0.397
3	0.005	0.023	0.067	0.001	0.010	0.032	0.068	0.003	-0.001	-0.012	-0.030	0.016	0.044
SUMME(+)	0.569	0.385	0.067	0.967	0.367	0.161	0.068	0.209	0.061	0.133	0.331	0.409	0.044
SUMME(-)	-0.105	-0.372	-1.414	-0.047	-0.472	-1.105	-2.196	-0.070	-0.009	-0.112	-0.168	-0.216	-0.483
SUMME	0.464	0.012	-1.347	0.920	-0.106	-0.945	-2.128	0.139	0.051	0.021	0.163	0.193	-0.439
FAKTOR	a*a			a				a*a				1/a	

INFOLGE EINZELMOMENT Mt=1

IN

IN	M 0.4	M 0.7	M 1.0	Q 0	Q 0.4	Q 0.7	Q 1.0	T 0	T 0.4	T 0.7	T 1.0	q 0.4	q 1.0
0.0*L1	0.000	0.000	-0.000	0.000	-0.000	-0.000	-0.000	1.000	-0.000	-0.000	-0.000	-0.000	-0.000
0.1*L1	0.105	0.036	-0.072	0.238	-0.042	-0.101	-0.139	0.777	-0.083	-0.054	-0.034	-0.115	-0.048
0.2*L1	0.201	0.072	-0.140	0.352	-0.065	-0.197	-0.278	0.617	-0.175	-0.109	-0.068	-0.253	-0.097
0.3*L1	0.278	0.111	-0.202	0.385	-0.049	-0.282	-0.414	0.498	-0.285	-0.168	-0.102	-0.441	-0.149
0.4*L1	0.322	0.150	-0.254	0.370	0.032	-0.348	-0.545	0.407	-0.424	-0.234	-0.135	-0.705	-0.206
									0.576				
0.5*L1	0.320	0.186	-0.294	0.329	0.117	-0.384	-0.667	0.332	0.438	-0.311	-0.170	-0.464	-0.274
0.6*L1	0.286	0.211	-0.320	0.275	0.144	-0.373	-0.775	0.268	0.334	-0.407	-0.207	-0.303	-0.357
0.7*L1	0.237	0.211	-0.333	0.220	0.137	-0.293	-0.857	0.212	0.254	-0.532	-0.250	-0.203	-0.465
										0.468			
0.8*L1	0.183	0.173	-0.335	0.168	0.110	-0.205	-0.901	0.161	0.191	0.348	-0.304	-0.146	-0.609
0.9*L1	0.132	0.114	-0.334	0.123	0.075	-0.171	-0.890	0.117	0.141	0.264	-0.376	-0.117	-0.806
1.0*L1	0.087	0.048	-0.342	0.086	0.039	-0.168	-0.800	0.079	0.103	0.206	-0.478	-0.107	-1.075
0.0*L2	0.087	0.048	-0.342	0.086	0.039	-0.168	-0.800	0.079	0.103	0.206	0.522	-0.107	-1.075
0.1*L2	0.029	-0.050	-0.401	0.040	-0.013	-0.193	-0.645	0.032	0.058	0.148	0.374	-0.108	-0.712
0.2*L2	-0.008	-0.118	-0.462	0.013	-0.048	-0.221	-0.580	0.002	0.032	0.119	0.298	-0.115	-0.512
0.3*L2	-0.028	-0.153	-0.492	-0.002	-0.067	-0.234	-0.540	-0.014	0.018	0.102	0.255	-0.117	-0.400
0.4*L2	-0.035	-0.161	-0.481	-0.009	-0.072	-0.228	-0.496	-0.020	0.011	0.089	0.223	-0.113	-0.331
0.5*L2	-0.035	-0.151	-0.437	-0.011	-0.068	-0.207	-0.438	-0.021	0.007	0.077	0.193	-0.102	-0.278
0.6*L2	-0.030	-0.129	-0.369	-0.010	-0.058	-0.175	-0.367	-0.019	0.005	0.064	0.160	-0.086	-0.228
0.7*L2	-0.024	-0.101	-0.290	-0.008	-0.046	-0.137	-0.287	-0.015	0.004	0.050	0.125	-0.067	-0.177
0.8*L2	-0.017	-0.073	-0.208	-0.006	-0.033	-0.099	-0.206	-0.011	0.003	0.036	0.090	-0.048	-0.127
0.9*L2	-0.011	-0.047	-0.133	-0.004	-0.021	-0.063	-0.132	-0.007	0.002	0.023	0.057	-0.031	-0.081
1.0*L2	-0.006	-0.025	-0.072	-0.002	-0.011	-0.034	-0.071	-0.004	0.001	0.012	0.031	-0.017	-0.043
FAKTOR				1/a								1/(a*a)	

INFOLGE STRECKENMOMENT mt=1

IN FELD

IN FELD	M 0.4	M 0.7	M 1.0	Q 0	Q 0.4	Q 0.7	Q 1.0	T 0	T 0.4	T 0.7	T 1.0	q 0.4	q 1.0
1,BIS SPRUNG						-0.046	-0.555			-0.224	-0.463		
1,REST	0.636	0.389	-0.738	0.760	0.189	-0.179	-1.767	1.173	0.506	0.283	-0.563	-0.828	-1.057
2	-0.063	-0.491	-1.743	0.021	-0.208	-0.831	-2.056	-0.020	0.094	0.406	1.018	-0.424	-1.684
3	0.001	0.007	0.023	0.000	0.003	0.011	0.026	0.001	-0.001	-0.005	-0.012	0.006	0.019
SUMME(+)	0.637	0.396	0.023	0.781	0.192	0.011	0.026	1.174	0.600	0.688	1.018	0.006	0.019
SUMME(-)	-0.063	-0.491	-2.481	0.000	-0.254	-1.565	-3.823	-0.020	-0.225	-0.467	-0.576	-1.253	-2.742
SUMME	0.575	-0.095	-2.458	0.781	-0.062	-1.554	-3.797	1.154	0.375	0.221	0.443	-1.247	-2.722
FAKTOR	a			a				a				1/a	

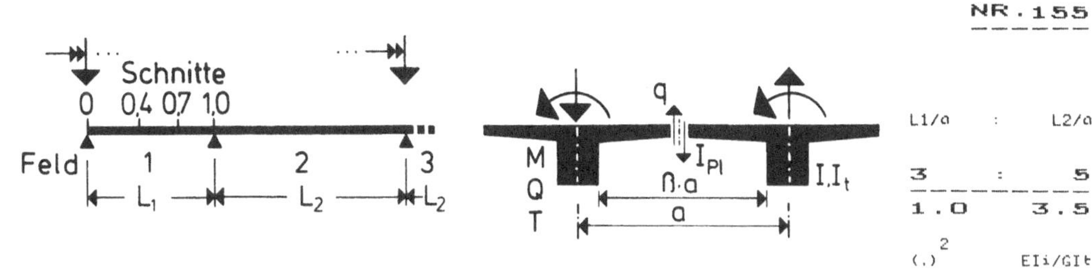

	M			Q				T				q	
IN SCHNITT	0.4	0.7	1.0	0	0.4	0.7	1.0	0	0.4	0.7	1.0	0.4	1.0

INFOLGE EINZELLAST F=1

IN	M 0.4	M 0.7	M 1.0	Q 0	Q 0.4	Q 0.7	Q 1.0	T 0	T 0.4	T 0.7	T 1.0	q 0.4	q 1.0
0.0*L1	0.000	0.000	-0.000	1.000	-0.000	-0.000	-0.000	0.000	0.000	-0.000	-0.000	0.000	-0.000
0.1*L1	0.109	0.016	-0.058	0.817	-0.125	-0.086	-0.083	0.034	0.005	-0.014	-0.016	0.060	-0.012
0.2*L1	0.224	0.037	-0.113	0.647	-0.251	-0.175	-0.168	0.062	0.010	-0.027	-0.031	0.114	-0.023
0.3*L1	0.352	0.067	-0.162	0.497	-0.377	-0.269	-0.256	0.080	0.017	-0.037	-0.044	0.157	-0.031
0.4*L1	0.498	0.112	-0.203	0.369	-0.502	-0.370	-0.349	0.088	0.023	-0.043	-0.053	0.178	-0.036
					0.498								
0.5*L1	0.365	0.176	-0.230	0.264	0.380	-0.477	-0.448	0.086	0.027	-0.044	-0.058	0.172	-0.035
0.6*L1	0.254	0.263	-0.241	0.179	0.274	-0.591	-0.553	0.075	0.028	-0.040	-0.059	0.145	-0.030
0.7*L1	0.164	0.378	-0.230	0.113	0.183	-0.707	-0.664	0.059	0.024	-0.031	-0.053	0.109	-0.021
						0.293							
0.8*L1	0.093	0.222	-0.190	0.063	0.107	0.182	-0.778	0.038	0.017	-0.021	-0.041	0.070	-0.010
0.9*L1	0.039	0.096	-0.115	0.026	0.046	0.082	-0.893	0.018	0.008	-0.010	-0.023	0.032	-0.001
1.0*L1	-0.000	0.000	-0.000	0.000	-0.000	0.000	-1.000	-0.000	-0.000	0.000	-0.000	-0.000	0.000
0.0*L2	-0.000	-0.000	-0.000	-0.000	-0.000	-0.000	-0.000	-0.000	-0.000	0.000	0.000	-0.000	-0.000
0.1*L2	-0.039	-0.102	-0.209	-0.025	-0.048	-0.094	-0.141	-0.018	-0.006	0.017	0.040	-0.039	-0.028
0.2*L2	-0.056	-0.149	-0.317	-0.035	-0.070	-0.143	-0.226	-0.024	-0.007	0.030	0.072	-0.060	-0.067
0.3*L2	-0.058	-0.160	-0.352	-0.036	-0.075	-0.159	-0.264	-0.025	-0.005	0.037	0.089	-0.068	-0.096
0.4*L2	-0.053	-0.150	-0.338	-0.032	-0.070	-0.153	-0.264	-0.022	-0.003	0.039	0.094	-0.066	-0.111
0.5*L2	-0.045	-0.129	-0.295	-0.026	-0.060	-0.134	-0.237	-0.018	-0.001	0.036	0.088	-0.058	-0.109
0.6*L2	-0.034	-0.101	-0.236	-0.020	-0.047	-0.107	-0.194	-0.014	0.000	0.030	0.074	-0.047	-0.096
0.7*L2	-0.024	-0.072	-0.170	-0.014	-0.033	-0.077	-0.142	-0.009	0.001	0.023	0.055	-0.034	-0.074
0.8*L2	-0.014	-0.043	-0.104	-0.008	-0.020	-0.047	-0.088	-0.005	0.001	0.014	0.035	-0.021	-0.047
0.9*L2	-0.006	-0.019	-0.045	-0.003	-0.009	-0.020	-0.038	-0.002	0.000	0.006	0.015	-0.009	-0.021
1.0*L2	-0.000	0.000	-0.000	0.000	0.000	0.000	-0.000	-0.000	-0.000	-0.000	-0.000	-0.000	0.000
FAKTOR	a							a				1/a	

INFOLGE STRECKENLAST F=1

IN FELD

IN FELD	M 0.4	M 0.7	M 1.0	Q 0	Q 0.4	Q 0.7	Q 1.0	T 0	T 0.4	T 0.7	T 1.0	q 0.4	q 1.0
1,BIS SPRUNG					-0.301	-0.696			0.013	-0.067			
1,REST	0.626	0.405	-0.467	1.039	0.369	0.122	-1.408	0.163	0.035	-0.014	-0.114	0.313	-0.060
2	-0.167	-0.469	-1.046	-0.100	-0.219	-0.473	-0.806	-0.070	-0.010	0.116	0.283	-0.203	-0.325
3	0.014	0.042	0.102	0.008	0.019	0.046	0.088	0.005	-0.001	-0.014	-0.035	0.021	0.048
SUMME(+)	0.639	0.447	0.102	1.046	0.389	0.168	0.088	0.168	0.048	0.116	0.283	0.334	0.048
SUMME(-)	-0.167	-0.469	-1.513	-0.100	-0.520	-1.169	-2.214	-0.070	-0.011	-0.095	-0.149	-0.203	-0.386
SUMME	0.472	-0.021	-1.411	0.946	-0.131	-1.000	-2.126	0.098	0.037	0.021	0.134	0.131	-0.337
FAKTOR	a*a			a				a*a					

INFOLGE EINZELMOMENT Mt=1

IN	M 0.4	M 0.7	M 1.0	Q 0	Q 0.4	Q 0.7	Q 1.0	T 0	T 0.4	T 0.7	T 1.0	q 0.4	q 1.0
0.0*L1	0.000	0.000	-0.000	0.000	-0.000	-0.000	-0.000	1.000	-0.000	-0.000	-0.000	-0.000	-0.000
0.1*L1	0.115	0.042	-0.075	0.251	-0.041	-0.110	-0.148	0.769	-0.085	-0.050	-0.031	-0.129	-0.043
0.2*L1	0.220	0.084	-0.145	0.376	-0.063	-0.214	-0.295	0.602	-0.178	-0.103	-0.062	-0.281	-0.087
0.3*L1	0.305	0.127	-0.209	0.418	-0.045	-0.305	-0.438	0.479	-0.290	-0.160	-0.093	-0.479	-0.136
0.4*L1	0.353	0.170	-0.262	0.407	0.037	-0.375	-0.574	0.384	-0.431	-0.224	-0.125	-0.748	-0.191
									0.569				
0.5*L1	0.352	0.207	-0.303	0.366	0.123	-0.412	-0.698	0.309	0.431	-0.302	-0.159	-0.507	-0.257
0.6*L1	0.316	0.231	-0.329	0.310	0.151	-0.400	-0.804	0.247	0.326	-0.398	-0.196	-0.344	-0.340
0.7*L1	0.262	0.227	-0.342	0.250	0.142	-0.317	-0.883	0.193	0.246	-0.524	-0.241	-0.238	-0.448
										0.476			
0.8*L1	0.202	0.184	-0.345	0.191	0.113	-0.225	-0.922	0.146	0.185	0.354	-0.298	-0.174	-0.593
0.9*L1	0.143	0.117	-0.345	0.138	0.075	-0.187	-0.903	0.105	0.137	0.268	-0.374	-0.137	-0.790
1.0*L1	0.090	0.043	-0.356	0.092	0.035	-0.181	-0.804	0.071	0.099	0.207	-0.481	-0.120	-1.058
0.0*L2	0.090	0.043	-0.356	0.092	0.035	-0.181	-0.804	0.071	0.099	0.207	0.519	-0.120	-1.058
0.1*L2	0.019	-0.069	-0.421	0.034	-0.024	-0.202	-0.638	0.028	0.057	0.146	0.363	-0.111	-0.690
0.2*L2	-0.028	-0.150	-0.492	-0.003	-0.065	-0.229	-0.564	0.000	0.031	0.113	0.281	-0.113	-0.483
0.3*L2	-0.053	-0.194	-0.529	-0.024	-0.088	-0.243	-0.521	-0.015	0.017	0.095	0.233	-0.113	-0.366
0.4*L2	-0.063	-0.206	-0.523	-0.033	-0.094	-0.240	-0.477	-0.022	0.009	0.082	0.200	-0.108	-0.295
0.5*L2	-0.063	-0.195	-0.480	-0.034	-0.090	-0.219	-0.422	-0.023	0.005	0.070	0.171	-0.098	-0.242
0.6*L2	-0.055	-0.169	-0.409	-0.030	-0.078	-0.187	-0.354	-0.020	0.003	0.058	0.141	-0.083	-0.196
0.7*L2	-0.044	-0.134	-0.323	-0.024	-0.062	-0.147	-0.277	-0.016	0.002	0.045	0.110	-0.065	-0.152
0.8*L2	-0.032	-0.096	-0.232	-0.017	-0.044	-0.106	-0.199	-0.012	0.002	0.032	0.079	-0.047	-0.108
0.9*L2	-0.020	-0.061	-0.147	-0.011	-0.028	-0.067	-0.126	-0.008	0.001	0.020	0.050	-0.030	-0.069
1.0*L2	-0.010	-0.032	-0.077	-0.006	-0.015	-0.035	-0.066	-0.004	0.001	0.011	0.026	-0.015	-0.036
FAKTOR				1/a								1/(a*a)	

INFOLGE STRECKENMOMENT mt=1

IN FELD

IN FELD	M 0.4	M 0.7	M 1.0	Q 0	Q 0.4	Q 0.7	Q 1.0	T 0	T 0.4	T 0.7	T 1.0	q 0.4	q 1.0
1,BIS SPRUNG					-0.043	-0.598			-0.229	-0.447			
1,REST	0.698	0.426	-0.761	0.835	0.196	-0.195	-1.828	1.125	0.495	0.287	-0.544	-0.917	-1.017
2	-0.153	-0.640	-1.891	-0.053	-0.285	-0.876	-1.999	-0.030	0.086	0.382	0.944	-0.418	-1.555
3	0.009	0.029	0.070	0.005	0.013	0.032	0.061	0.003	-0.001	-0.010	-0.024	0.014	0.034
SUMME(+)	0.707	0.455	0.070	0.840	0.209	0.032	0.061	1.128	0.581	0.668	0.944	0.014	0.034
SUMME(-)	-0.153	-0.640	-2.653	-0.053	-0.328	-1.669	-3.827	-0.030	-0.229	-0.457	-0.568	-1.336	-2.572
SUMME	0.554	-0.186	-2.583	0.787	-0.118	-1.637	-3.766	1.099	0.352	0.211	0.376	-1.321	-2.538
FAKTOR	a			a								1/a	

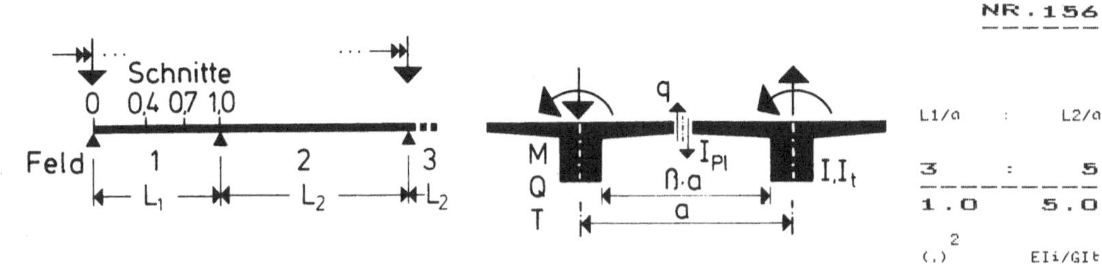

INFOLGE EINZELLAST P=1

IN	M 0.4	M 0.7	M 1.0	Q 0	Q 0.4	Q 0.7	Q 1.0	T 0	T 0.4	T 0.7	T 1.0	q 0.4	q 1.0
0.0*L1	0.000	0.000	-0.000	1.000	-0.000	-0.000	-0.000	0.000	0.000	-0.000	-0.000	0.000	-0.000
0.1*L1	0.119	0.022	-0.060	0.832	-0.125	-0.095	-0.091	0.026	0.004	-0.011	-0.013	0.046	-0.009
0.2*L1	0.244	0.049	-0.116	0.673	-0.250	-0.191	-0.184	0.047	0.008	-0.021	-0.025	0.087	-0.016
0.3*L1	0.379	0.084	-0.167	0.530	-0.374	-0.291	-0.278	0.061	0.013	-0.029	-0.035	0.119	-0.022
0.4*L1	0.528	0.132	-0.207	0.405	-0.496	-0.394	-0.376	0.067	0.018	-0.033	-0.043	0.136	-0.024
(max)				0.504									
0.5*L1	0.396	0.198	-0.235	0.299	0.388	-0.502	-0.477	0.066	0.021	-0.034	-0.047	0.132	-0.024
0.6*L1	0.282	0.285	-0.244	0.210	0.283	-0.612	-0.581	0.058	0.021	-0.031	-0.047	0.112	-0.020
0.7*L1	0.187	0.397	-0.231	0.137	0.192	-0.723	-0.688	0.045	0.018	-0.025	-0.042	0.085	-0.014
(max)				0.277									
0.8*L1	0.109	0.237	-0.189	0.079	0.114	0.172	-0.797	0.030	0.013	-0.017	-0.032	0.055	-0.006
0.9*L1	0.047	0.104	-0.114	0.034	0.050	0.078	-0.902	0.014	0.006	-0.008	-0.018	0.026	0.000
1.0*L1	-0.000	0.000	-0.000	0.000	-0.000	0.000	-1.000	-0.000	-0.000	0.000	0.000	-0.000	0.000
0.0*L2	-0.000	-0.000	-0.000	-0.000	-0.000	-0.000	-0.000	-0.000	-0.000	0.000	0.000	-0.000	-0.000
0.1*L2	-0.050	-0.115	-0.216	-0.035	-0.055	-0.092	-0.128	-0.015	-0.005	0.014	0.032	-0.032	-0.022
0.2*L2	-0.074	-0.173	-0.333	-0.052	-0.082	-0.142	-0.208	-0.021	-0.006	0.024	0.057	-0.051	-0.052
0.3*L2	-0.081	-0.192	-0.376	-0.056	-0.091	-0.161	-0.245	-0.022	-0.005	0.031	0.073	-0.059	-0.075
0.4*L2	-0.077	-0.185	-0.368	-0.052	-0.087	-0.158	-0.248	-0.021	-0.003	0.032	0.077	-0.058	-0.087
0.5*L2	-0.066	-0.161	-0.326	-0.045	-0.076	-0.141	-0.225	-0.017	-0.002	0.030	0.073	-0.052	-0.087
0.6*L2	-0.053	-0.129	-0.264	-0.035	-0.061	-0.114	-0.186	-0.013	-0.001	0.026	0.062	-0.043	-0.077
0.7*L2	-0.038	-0.093	-0.192	-0.025	-0.044	-0.083	-0.138	-0.009	-0.000	0.019	0.047	-0.031	-0.060
0.8*L2	-0.023	-0.057	-0.119	-0.015	-0.027	-0.051	-0.086	-0.006	0.000	0.012	0.030	-0.020	-0.039
0.9*L2	-0.010	-0.025	-0.052	-0.007	-0.012	-0.023	-0.038	-0.002	0.000	0.005	0.013	-0.009	-0.017
1.0*L2	0.000	0.000	0.000	-0.000	-0.000	0.000	0.000	-0.000	-0.000	0.000	0.000	-0.000	0.000
FAKTOR	a							a				1/a	

INFOLGE STRECKENLAST P=1

IN FELD	M 0.4	M 0.7	M 1.0	Q 0	Q 0.4	Q 0.7	Q 1.0	T 0	T 0.4	T 0.7	T 1.0	q 0.4	q 1.0
1,BIS SPRUNG						-0.299	-0.733			0.010	-0.052		
1,REST	0.684	0.448	-0.474	1.106	0.382	0.116	-1.462	0.125	0.026	-0.011	-0.091	0.241	-0.040
2	-0.239	-0.572	-1.136	-0.164	-0.271	-0.489	-0.759	-0.064	-0.011	0.098	0.233	-0.179	-0.259
3	0.028	0.069	0.144	0.018	0.032	0.063	0.106	0.007	-0.000	-0.015	-0.037	0.024	0.048
SUMME(+)	0.711	0.517	0.144	1.125	0.414	0.178	0.106	0.131	0.037	0.098	0.233	0.265	0.048
SUMME(-)	-0.239	-0.572	-1.610	-0.164	-0.570	-1.222	-2.222	-0.064	-0.011	-0.079	-0.128	-0.179	-0.299
SUMME	0.472	-0.055	-1.465	0.961	-0.156	-1.043	-2.116	0.067	0.025	0.019	0.106	0.086	-0.251
FAKTOR	a*a			a				a*a				1/a	

INFOLGE EINZELMOMENT Mt=1

IN	M 0.4	M 0.7	M 1.0	Q 0	Q 0.4	Q 0.7	Q 1.0	T 0	T 0.4	T 0.7	T 1.0	q 0.4	q 1.0
0.0*L1	0.000	0.000	-0.000	0.000	-0.000	-0.000	-0.000	1.000	-0.000	-0.000	-0.000	-0.000	-0.000
0.1*L1	0.124	0.048	-0.076	0.263	-0.040	-0.117	-0.157	0.762	-0.086	-0.047	-0.028	-0.142	-0.039
0.2*L1	0.238	0.096	-0.149	0.398	-0.060	-0.228	-0.311	0.589	-0.181	-0.097	-0.056	-0.305	-0.080
0.3*L1	0.329	0.144	-0.214	0.448	-0.041	-0.325	-0.460	0.461	-0.294	-0.152	-0.085	-0.512	-0.126
0.4*L1	0.382	0.189	-0.268	0.441	0.043	-0.399	-0.600	0.365	-0.436	-0.216	-0.115	-0.786	-0.178
(max)								0.564					
0.5*L1	0.381	0.227	-0.309	0.401	0.129	-0.437	-0.726	0.289	0.424	-0.292	-0.148	-0.547	-0.243
0.6*L1	0.344	0.250	-0.336	0.342	0.157	-0.424	-0.832	0.227	0.320	-0.390	-0.186	-0.381	-0.326
0.7*L1	0.285	0.243	-0.349	0.276	0.148	-0.338	-0.907	0.176	0.240	-0.517	-0.232	-0.269	-0.434
(max)										0.483			
0.8*L1	0.219	0.194	-0.353	0.211	0.117	-0.243	-0.940	0.132	0.179	0.359	-0.292	-0.198	-0.579
0.9*L1	0.153	0.120	-0.355	0.150	0.075	-0.201	-0.914	0.095	0.133	0.270	-0.373	-0.154	-0.776
1.0*L1	0.091	0.038	-0.369	0.096	0.031	-0.191	-0.808	0.065	0.097	0.208	-0.484	-0.130	-1.043
0.0*L2	0.091	0.038	-0.369	0.096	0.031	-0.191	-0.808	0.065	0.097	0.208	0.516	-0.130	-1.043
0.1*L2	0.007	-0.090	-0.442	0.025	-0.034	-0.209	-0.628	0.026	0.055	0.143	0.352	-0.112	-0.670
0.2*L2	-0.050	-0.183	-0.521	-0.022	-0.082	-0.235	-0.546	0.001	0.030	0.107	0.263	-0.107	-0.457
0.3*L2	-0.083	-0.237	-0.566	-0.050	-0.109	-0.250	-0.499	-0.014	0.016	0.087	0.211	-0.105	-0.335
0.4*L2	-0.096	-0.255	-0.566	-0.061	-0.118	-0.248	-0.456	-0.020	0.008	0.073	0.177	-0.099	-0.261
0.5*L2	-0.095	-0.243	-0.524	-0.062	-0.114	-0.228	-0.403	-0.022	0.004	0.062	0.149	-0.089	-0.209
0.6*L2	-0.084	-0.212	-0.450	-0.055	-0.099	-0.196	-0.338	-0.020	0.002	0.051	0.122	-0.076	-0.166
0.7*L2	-0.067	-0.169	-0.357	-0.044	-0.079	-0.155	-0.266	-0.016	0.001	0.039	0.094	-0.060	-0.127
0.8*L2	-0.049	-0.122	-0.257	-0.032	-0.057	-0.112	-0.191	-0.012	0.001	0.028	0.067	-0.043	-0.090
0.9*L2	-0.031	-0.077	-0.162	-0.020	-0.036	-0.070	-0.120	-0.007	0.001	0.018	0.042	-0.027	-0.057
1.0*L2	-0.015	-0.039	-0.081	-0.010	-0.018	-0.035	-0.060	-0.004	0.000	0.009	0.021	-0.014	-0.029
FAKTOR				1/a								1/(a*a)	

INFOLGE STRECKENMOMENT mt=1

IN FELD	M 0.4	M 0.7	M 1.0	Q 0	Q 0.4	Q 0.7	Q 1.0	T 0	T 0.4	T 0.7	T 1.0	q 0.4	q 1.0
1,BIS SPRUNG						-0.040	-0.636			-0.232	-0.433		
1,REST	0.755	0.462	-0.779	0.903	0.203	-0.209	-1.883	1.083	0.485	0.290	-0.524	-0.996	-0.984
2	-0.258	-0.802	-2.041	-0.143	-0.365	-0.910	-1.932	-0.029	0.082	0.354	0.865	-0.394	-1.436
3	0.025	0.062	0.128	0.017	0.029	0.056	0.093	0.006	-0.000	-0.013	-0.032	0.021	0.042
SUMME(+)	0.780	0.524	0.128	0.920	0.232	0.056	0.093	1.089	0.566	0.644	0.865	0.021	0.042
SUMME(-)	-0.258	-0.802	-2.820	-0.143	-0.405	-1.755	-3.815	-0.029	-0.232	-0.447	-0.556	-1.391	-2.420
SUMME	0.521	-0.278	-2.692	0.776	-0.173	-1.700	-3.722	1.060	0.334	0.198	0.309	-1.369	-2.378
FAKTOR	a							a				1/a	

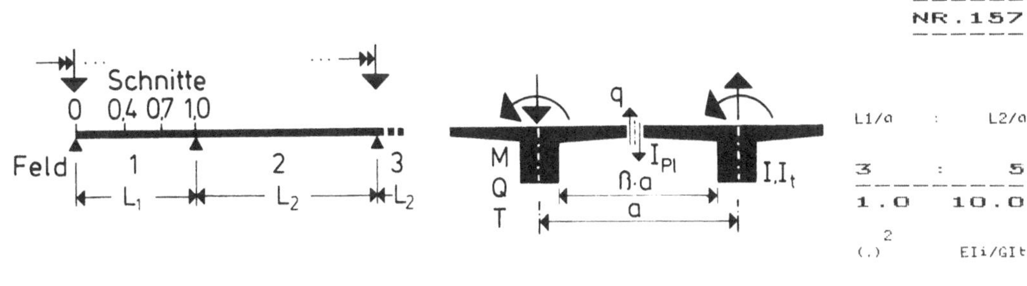

 M (0.4, 0.7, 1.0) · Q (0, 0.4, 0.7, 1.0) · T (0, 0.4, 0.7, 1.0) · q (0.4, 1.0)

INFOLGE EINZELLAST P=1

IN	M 0.4	M 0.7	M 1.0	Q 0	Q 0.4	Q 0.7	Q 1.0	T 0	T 0.4	T 0.7	T 1.0	q 0.4	q 1.0
0.0*L1	0.000	0.000	-0.000	1.000	-0.000	-0.000	-0.000	0.000	0.000	-0.000	-0.000	0.000	-0.000
0.1*L1	0.134	0.032	-0.061	0.853	-0.124	-0.106	-0.103	0.014	0.002	-0.006	-0.008	0.026	-0.004
0.2*L1	0.273	0.068	-0.119	0.711	-0.247	-0.213	-0.207	0.026	0.005	-0.012	-0.015	0.049	-0.008
0.3*L1	0.418	0.111	-0.170	0.579	-0.368	-0.320	-0.311	0.034	0.007	-0.017	-0.021	0.067	-0.010
0.4*L1	0.574	0.165	-0.211	0.459	-0.486	-0.428	-0.415	0.037	0.010	-0.019	-0.026	0.076	-0.011
(extremwert)					0.514								
0.5*L1	0.442	0.234	-0.237	0.351	0.402	-0.536	-0.519	0.037	0.012	-0.020	-0.028	0.075	-0.011
0.6*L1	0.325	0.321	-0.244	0.256	0.298	-0.642	-0.622	0.033	0.012	-0.018	-0.028	0.064	-0.009
0.7*L1	0.222	0.429	-0.229	0.174	0.206	-0.745	-0.724	0.026	0.010	-0.015	-0.025	0.049	-0.006
(extremwert)					0.255								
0.8*L1	0.133	0.260	-0.186	0.104	0.125	0.158	-0.823	0.017	0.007	-0.010	-0.019	0.033	-0.002
0.9*L1	0.059	0.117	-0.111	0.046	0.056	0.073	-0.916	0.008	0.003	-0.005	-0.011	0.016	0.001
1.0*L1	-0.000	-0.000	-0.000	-0.000	-0.000	-0.000	-1.000	-0.000	-0.000	-0.000	-0.000	-0.000	0.000
0.0*L2	-0.000	-0.000	-0.000	-0.000	-0.000	-0.000	-0.000	-0.000	-0.000	0.000	0.000	-0.000	-0.000
0.1*L2	-0.069	-0.137	-0.227	-0.053	-0.065	-0.088	-0.109	-0.009	-0.003	0.008	0.019	-0.020	-0.013
0.2*L2	-0.106	-0.214	-0.359	-0.082	-0.102	-0.140	-0.179	-0.014	-0.004	0.015	0.035	-0.033	-0.030
0.3*L2	-0.121	-0.246	-0.416	-0.093	-0.117	-0.163	-0.214	-0.015	-0.003	0.019	0.045	-0.039	-0.044
0.4*L2	-0.120	-0.245	-0.417	-0.092	-0.116	-0.164	-0.219	-0.015	-0.003	0.021	0.049	-0.040	-0.052
0.5*L2	-0.108	-0.220	-0.378	-0.082	-0.105	-0.148	-0.202	-0.013	-0.002	0.020	0.047	-0.037	-0.052
0.6*L2	-0.088	-0.181	-0.312	-0.067	-0.086	-0.123	-0.169	-0.011	-0.001	0.017	0.040	-0.031	-0.047
0.7*L2	-0.065	-0.134	-0.231	-0.049	-0.063	-0.091	-0.126	-0.008	-0.001	0.013	0.031	-0.023	-0.037
0.8*L2	-0.041	-0.084	-0.146	-0.031	-0.040	-0.057	-0.080	-0.005	-0.000	0.008	0.020	-0.015	-0.024
0.9*L2	-0.018	-0.038	-0.065	-0.014	-0.018	-0.026	-0.036	-0.002	-0.000	0.004	0.009	-0.007	-0.011
1.0*L2	0.000	-0.000	0.000	0.000	0.000	-0.000	-0.000	-0.000	-0.000	0.000	-0.000	-0.000	0.000
FAKTOR	a							a				1/a	

INFOLGE STRECKENLAST p=1

IN FELD	M 0.4	M 0.7	M 1.0	Q 0	Q 0.4	Q 0.7	Q 1.0	T 0	T 0.4	T 0.7	T 1.0	q 0.4	q 1.0
1,BIS SPRUNG						-0.295	-0.785			0.006	-0.030		
1,REST	0.771	0.516	-0.476	1.207	0.401	0.107	-1.543	0.070	0.015	-0.007	-0.055	0.137	-0.018
2	-0.372	-0.757	-1.291	-0.285	-0.360	-0.505	-0.674	-0.046	-0.009	0.064	0.148	-0.124	-0.156
3	0.065	0.135	0.235	0.050	0.064	0.093	0.130	0.008	0.000	-0.014	-0.032	0.024	0.040
SUMME(+)	0.836	0.651	0.235	1.257	0.465	0.199	0.130	0.078	0.021	0.064	0.148	0.161	0.040
SUMME(-)	-0.372	-0.757	-1.766	-0.285	-0.655	-1.291	-2.217	-0.046	-0.009	-0.051	-0.087	-0.124	-0.174
SUMME	0.464	-0.106	-1.531	0.971	-0.190	-1.091	-2.087	0.032	0.012	0.013	0.061	0.037	-0.134
FAKTOR	a*a			a				a*a				1/a	

INFOLGE EINZELMOMENT Mt=1

IN	M 0.4	M 0.7	M 1.0	Q 0	Q 0.4	Q 0.7	Q 1.0	T 0	T 0.4	T 0.7	T 1.0	q 0.4	q 1.0
0.0*L1	0.000	0.000	-0.000	0.000	-0.000	-0.000	-0.000	1.000	-0.000	-0.000	-0.000	-0.000	-0.000
0.1*L1	0.138	0.057	-0.078	0.280	-0.037	-0.128	-0.169	0.753	-0.089	-0.043	-0.023	-0.160	-0.034
0.2*L1	0.265	0.114	-0.152	0.430	-0.055	-0.249	-0.334	0.571	-0.186	-0.089	-0.046	-0.339	-0.071
0.3*L1	0.366	0.169	-0.218	0.491	-0.033	-0.353	-0.492	0.437	-0.301	-0.141	-0.071	-0.558	-0.113
0.4*L1	0.424	0.219	-0.273	0.490	0.053	-0.431	-0.638	0.337	-0.444	-0.203	-0.099	-0.840	-0.164
(extremwert)									0.556				
0.5*L1	0.425	0.259	-0.315	0.451	0.140	-0.471	-0.767	0.260	0.415	-0.279	-0.131	-0.602	-0.227
0.6*L1	0.384	0.279	-0.342	0.389	0.168	-0.457	-0.871	0.200	0.311	-0.377	-0.170	-0.432	-0.309
0.7*L1	0.319	0.267	-0.357	0.316	0.156	-0.367	-0.942	0.152	0.232	-0.506	-0.219	-0.313	-0.417
(extremwert)										0.494			
0.8*L1	0.243	0.209	-0.363	0.239	0.121	-0.266	-0.966	0.114	0.172	0.366	-0.284	-0.232	-0.562
0.9*L1	0.165	0.123	-0.369	0.165	0.075	-0.219	-0.929	0.082	0.127	0.274	-0.371	-0.177	-0.758
1.0*L1	0.090	0.027	-0.388	0.098	0.025	-0.204	-0.810	0.057	0.093	0.208	-0.489	-0.141	-1.023
0.0*L2	0.090	0.027	-0.388	0.098	0.025	-0.204	-0.810	0.057	0.093	0.208	0.511	-0.141	-1.023
0.1*L2	-0.016	-0.125	-0.474	0.005	-0.052	-0.217	-0.612	0.025	0.054	0.137	0.334	-0.108	-0.643
0.2*L2	-0.091	-0.242	-0.569	-0.059	-0.111	-0.241	-0.516	0.005	0.031	0.096	0.233	-0.092	-0.420
0.3*L2	-0.137	-0.313	-0.628	-0.099	-0.146	-0.257	-0.461	-0.007	0.017	0.072	0.174	-0.083	-0.289
0.4*L2	-0.157	-0.340	-0.638	-0.116	-0.160	-0.257	-0.416	-0.013	0.009	0.057	0.137	-0.075	-0.210
0.5*L2	-0.155	-0.329	-0.599	-0.116	-0.156	-0.239	-0.366	-0.015	0.004	0.046	0.110	-0.066	-0.158
0.6*L2	-0.138	-0.291	-0.521	-0.104	-0.138	-0.207	-0.308	-0.015	0.002	0.037	0.087	-0.056	-0.120
0.7*L2	-0.112	-0.234	-0.417	-0.085	-0.111	-0.165	-0.242	-0.012	0.001	0.028	0.066	-0.044	-0.089
0.8*L2	-0.082	-0.170	-0.301	-0.062	-0.081	-0.119	-0.173	-0.009	0.000	0.020	0.047	-0.032	-0.062
0.9*L2	-0.051	-0.106	-0.187	-0.038	-0.050	-0.074	-0.108	-0.006	0.000	0.012	0.029	-0.020	-0.038
1.0*L2	-0.024	-0.049	-0.088	-0.018	-0.023	-0.035	-0.051	-0.003	0.000	0.006	0.014	-0.009	-0.019
FAKTOR				1/a								1/(a*a)	

INFOLGE STRECKENMOMENT mt=1

IN FELD	M 0.4	M 0.7	M 1.0	Q 0	Q 0.4	Q 0.7	Q 1.0	T 0	T 0.4	T 0.7	T 1.0	q 0.4	q 1.0
1,BIS SPRUNG						-0.034	-0.688			-0.237	-0.413		
1,REST	0.837	0.517	-0.799	1.001	0.214	-0.228	-1.962	1.024	0.471	0.295	-0.495	-1.107	-0.944
2	-0.459	-1.090	-2.292	-0.322	-0.506	-0.950	-1.807	-0.012	0.081	0.302	0.731	-0.324	-1.256
3	0.072	0.147	0.254	0.055	0.070	0.100	0.138	0.009	0.001	0.014	-0.033	0.025	0.039
SUMME(+)	0.909	0.664	0.254	1.055	0.284	0.100	0.138	1.032	0.553	0.598	0.731	0.025	0.039
SUMME(-)	-0.459	-1.090	-3.091	-0.322	-0.540	-1.866	-3.769	-0.012	-0.237	-0.427	-0.528	-1.431	-2.200
SUMME	0.450	-0.425	-2.837	0.733	-0.256	-1.766	-3.631	1.021	0.315	0.170	0.203	-1.406	-2.161
FAKTOR	a			a				a				1/a	

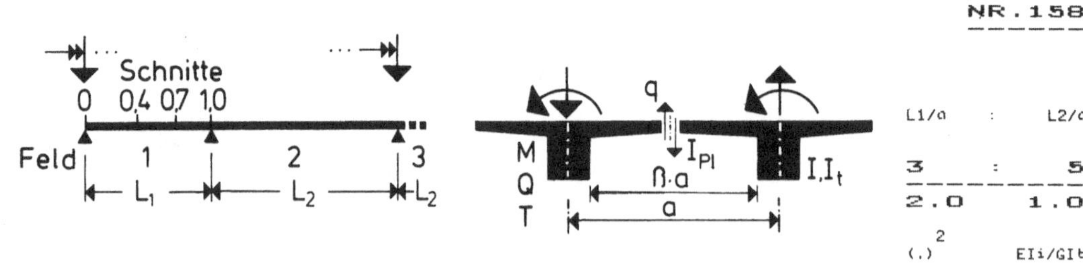

IN SCHNITT	M 0.4	M 0.7	M 1.0	Q 0	Q 0.4	Q 0.7	Q 1.0	T 0	T 0.4	T 0.7	T 1.0	q 0.4	q 1.0

INFOLGE EINZELLAST F=1

IN	M 0.4	M 0.7	M 1.0	Q 0	Q 0.4	Q 0.7	Q 1.0	T 0	T 0.4	T 0.7	T 1.0	q 0.4	q 1.0
0.0*L1	0.000	-0.000	-0.000	1.000	-0.000	-0.000	-0.000	0.000	-0.000	-0.000	-0.000	0.000	-0.000
0.1*L1	0.046	-0.005	-0.037	0.705	-0.104	-0.030	-0.051	0.095	-0.000	-0.037	-0.027	0.151	-0.050
0.2*L1	0.107	-0.006	-0.073	0.459	-0.220	-0.069	-0.104	0.167	0.006	-0.070	-0.052	0.296	-0.096
0.3*L1	0.195	0.003	-0.109	0.275	-0.357	-0.122	-0.161	0.206	0.021	-0.096	-0.076	0.419	-0.136
0.4*L1	0.322	0.027	-0.143	0.149	-0.510	-0.199	-0.227	0.215	0.045	-0.111	-0.097	0.479	-0.164
(0.4*L1)					0.490								
0.5*L1	0.194	0.074	-0.172	0.071	0.340	-0.305	-0.305	0.200	0.066	-0.111	-0.111	0.432	-0.176
0.6*L1	0.106	0.155	-0.192	0.027	0.216	-0.443	-0.401	0.168	0.074	-0.097	-0.117	0.329	-0.167
0.7*L1	0.052	0.277	-0.196	0.006	0.124	-0.605	-0.520	0.126	0.067	-0.069	-0.112	0.219	-0.135
(0.7*L1)						0.395							
0.8*L1	0.021	0.145	-0.174	-0.002	0.061	0.234	-0.663	0.079	0.047	-0.039	-0.090	0.123	-0.083
0.9*L1	0.006	0.056	-0.113	-0.002	0.022	0.099	-0.829	0.035	0.022	-0.016	-0.052	0.050	-0.026
1.0*L1	0.000	-0.000	0.000	0.000	0.000	-0.000	-1.000	-0.000	-0.000	0.000	-0.000	-0.000	-0.000
0.0*L2	-0.000	-0.000	-0.000	0.000	-0.000	-0.000	-0.000	-0.000	-0.000	0.000	0.000	-0.000	-0.000
0.1*L2	-0.001	-0.040	-0.179	0.005	-0.014	-0.088	-0.219	-0.024	-0.015	0.022	0.088	-0.042	-0.098
0.2*L2	0.002	-0.046	-0.239	0.008	-0.014	-0.113	-0.323	-0.025	-0.014	0.035	0.140	-0.052	-0.218
0.3*L2	0.004	-0.040	-0.235	0.009	-0.011	-0.108	-0.342	-0.020	-0.010	0.038	0.155	-0.048	-0.281
0.4*L2	0.005	-0.032	-0.205	0.008	-0.008	-0.092	-0.313	-0.014	-0.006	0.036	0.146	-0.040	-0.287
0.5*L2	0.005	-0.024	-0.167	0.007	-0.005	-0.074	-0.264	-0.010	-0.004	0.031	0.126	-0.032	-0.258
0.6*L2	0.004	-0.017	-0.129	0.006	-0.003	-0.057	-0.207	-0.007	-0.002	0.024	0.100	-0.024	-0.209
0.7*L2	0.003	-0.012	-0.092	0.004	-0.002	-0.040	-0.149	-0.005	-0.001	0.017	0.072	-0.017	-0.153
0.8*L2	0.002	-0.007	-0.056	0.002	-0.001	-0.024	-0.091	-0.003	-0.001	0.011	0.044	-0.010	-0.094
0.9*L2	0.001	-0.003	-0.024	0.001	-0.001	-0.010	-0.039	-0.001	-0.000	0.005	0.019	-0.004	-0.040
1.0*L2	0.000	-0.000	0.000	0.000	0.000	-0.000	-0.000	-0.000	-0.000	0.000	-0.000	-0.000	-0.000
FAKTOR	a							a				1/a	

INFOLGE STRECKENLAST p=1

IN FELD	M 0.4	M 0.7	M 1.0	Q 0	Q 0.4	Q 0.7	Q 1.0	T 0	T 0.4	T 0.7	T 1.0	q 0.4	q 1.0
1,BIS SPRUNG					-0.279	-0.438			0.014	-0.168			
1,REST	0.308	0.211	-0.368	0.649	0.299	0.157	-1.125	0.390	0.091	-0.026	-0.223	0.754	-0.311
2	0.012	-0.114	-0.673	0.025	-0.031	-0.308	-0.986	-0.056	-0.028	0.110	0.449	-0.137	-0.822
3	-0.001	0.002	0.016	-0.001	0.000	0.007	0.027	0.001	0.000	-0.003	-0.013	0.003	0.029
SUMME(+)	0.320	0.213	0.016	0.674	0.299	0.164	0.027	0.391	0.105	0.110	0.449	0.757	0.029
SUMME(-)	-0.001	-0.114	-1.041	-0.001	-0.310	-0.746	-2.111	-0.056	-0.028	-0.198	-0.236	-0.137	-1.133
SUMME	0.320	0.099	-1.025	0.673	-0.011	-0.582	-2.084	0.335	0.077	-0.088	0.213	0.620	-1.104
FAKTOR	a*a			a				a*a				1/a	

INFOLGE EINZELMOMENT Mt=1

IN	M 0.4	M 0.7	M 1.0	Q 0	Q 0.4	Q 0.7	Q 1.0	T 0	T 0.4	T 0.7	T 1.0	q 0.4	q 1.0
0.0*L1	0.000	0.000	-0.000	0.000	-0.000	-0.000	-0.000	1.000	-0.000	-0.000	-0.000	-0.000	-0.000
0.1*L1	0.080	0.015	-0.063	0.285	-0.073	-0.070	-0.115	0.754	-0.067	-0.068	-0.046	-0.037	-0.087
0.2*L1	0.158	0.034	-0.123	0.363	-0.120	-0.141	-0.232	0.612	-0.146	-0.136	-0.090	-0.136	-0.172
0.3*L1	0.225	0.061	-0.179	0.339	-0.109	-0.213	-0.354	0.522	-0.255	-0.203	-0.132	-0.367	-0.253
0.4*L1	0.260	0.097	-0.229	0.273	0.014	-0.278	-0.481	0.453	-0.418	-0.272	-0.170	-0.816	-0.331
(0.4*L1)								0.582					
0.5*L1	0.241	0.141	-0.268	0.202	0.143	-0.320	-0.612	0.389	0.418	-0.351	-0.204	-0.349	-0.409
0.6*L1	0.195	0.183	-0.293	0.140	0.172	-0.308	-0.744	0.323	0.307	-0.453	-0.235	-0.102	-0.499
0.7*L1	0.145	0.200	-0.301	0.094	0.154	-0.190	-0.863	0.254	0.224	-0.604	-0.267	0.006	-0.620
(0.7*L1)										0.396			
0.8*L1	0.101	0.168	-0.294	0.062	0.117	-0.068	-0.950	0.187	0.159	0.252	-0.307	0.034	-0.805
0.9*L1	0.068	0.114	-0.279	0.042	0.079	-0.045	-0.968	0.125	0.106	0.168	-0.370	0.023	-1.107
1.0*L1	0.045	0.058	-0.274	0.030	0.047	-0.068	-0.859	0.073	0.064	0.121	-0.483	-0.002	-1.601
0.0*L2	0.045	0.058	-0.274	0.030	0.047	-0.068	-0.859	0.073	0.064	0.121	0.517	-0.002	-1.601
0.1*L2	0.023	-0.010	-0.331	0.021	0.011	-0.126	-0.685	0.014	0.019	0.088	0.367	-0.044	-0.958
0.2*L2	0.014	-0.045	-0.384	0.018	-0.006	-0.165	-0.650	-0.014	-0.001	0.078	0.321	-0.068	-0.713
0.3*L2	0.011	-0.055	-0.393	0.017	-0.012	-0.174	-0.625	-0.023	-0.008	0.073	0.298	-0.074	-0.617
0.4*L2	0.010	-0.053	-0.365	0.015	-0.012	-0.162	-0.573	-0.022	-0.009	0.066	0.272	-0.069	-0.554
0.5*L2	0.009	-0.045	-0.314	0.013	-0.010	-0.139	-0.496	-0.019	-0.007	0.058	0.236	-0.059	-0.484
0.6*L2	0.007	-0.035	-0.253	0.011	-0.007	-0.111	-0.402	-0.014	-0.005	0.047	0.192	-0.047	-0.398
0.7*L2	0.006	-0.026	-0.189	0.008	-0.005	-0.083	-0.302	-0.010	-0.004	0.035	0.145	-0.035	-0.303
0.8*L2	0.004	-0.017	-0.127	0.006	-0.003	-0.056	-0.205	-0.007	-0.002	0.024	0.099	-0.024	-0.207
0.9*L2	0.002	-0.010	-0.074	0.003	-0.002	-0.032	-0.119	-0.004	-0.001	0.014	0.057	-0.014	-0.121
1.0*L2	0.001	-0.005	-0.034	0.001	-0.001	-0.015	-0.054	-0.002	-0.001	0.006	0.026	-0.006	-0.055
FAKTOR				1/a								1/(a*a)	

INFOLGE STRECKENMOMENT mt=1

IN FELD	M 0.4	M 0.7	M 1.0	Q 0	Q 0.4	Q 0.7	Q 1.0	T 0	T 0.4	T 0.7	T 1.0	q 0.4	q 1.0
1,BIS SPRUNG					-0.095	-0.434			-0.199	-0.532			
1,REST	0.451	0.314	-0.651	0.556	0.214	-0.067	-1.732	1.240	0.457	0.200	-0.616	-0.493	-1.511
2	0.054	-0.139	-1.295	0.063	-0.014	-0.548	-2.248	-0.034	0.004	0.271	1.121	-0.222	-2.555
3	-0.000	-0.000	0.000	-0.000	-0.000	-0.000	0.002	-0.000	-0.000	-0.000	-0.001	-0.000	0.004
SUMME(+)	0.505	0.314	0.000	0.619	0.214	0.000	0.002	1.240	0.461	0.471	1.121	0.000	0.004
SUMME(-)	-0.000	-0.139	-1.946	-0.000	-0.109	-1.049	-3.980	-0.035	-0.200	-0.532	-0.618	-0.715	-4.066
SUMME	0.505	0.175	-1.946	0.619	0.105	-1.049	-3.978	1.205	0.262	-0.061	0.503	-0.715	-4.062
FAKTOR	a							a				1/a	

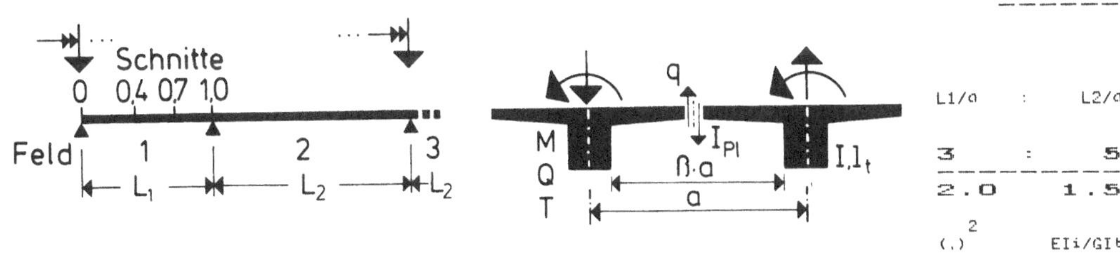

INFOLGE EINZELLAST P=1

IN	M 0.4	M 0.7	M 1.0	Q 0	Q 0.4	Q 0.7	Q 1.0	T 0	T 0.4	T 0.7	T 1.0	q 0.4	q 1.0
0.0*L1	0.000	-0.000	-0.000	1.000	-0.000	-0.000	-0.000	0.000	0.000	-0.000	-0.000	0.000	-0.000
0.1*L1	0.063	-0.001	-0.044	0.739	-0.112	-0.046	-0.058	0.076	0.002	-0.031	-0.025	0.126	-0.040
0.2*L1	0.139	0.003	-0.086	0.514	-0.233	-0.099	-0.119	0.135	0.008	-0.059	-0.048	0.245	-0.076
0.3*L1	0.238	0.017	-0.127	0.338	-0.367	-0.164	-0.185	0.169	0.021	-0.080	-0.070	0.343	-0.106
0.4*L1	0.370	0.047	-0.163	0.210	-0.510	-0.248	-0.259	0.179	0.038	-0.093	-0.087	0.391	-0.126
					0.490								
0.5*L1	0.239	0.099	-0.192	0.121	0.351	-0.355	-0.344	0.168	0.053	-0.093	-0.099	0.359	-0.133
0.6*L1	0.145	0.183	-0.210	0.065	0.233	-0.486	-0.444	0.143	0.059	-0.082	-0.103	0.282	-0.124
0.7*L1	0.080	0.304	-0.208	0.031	0.142	-0.634	-0.561	0.108	0.053	-0.060	-0.096	0.194	-0.097
						0.366							
0.8*L1	0.039	0.166	-0.180	0.012	0.075	0.220	-0.697	0.069	0.037	-0.035	-0.077	0.114	-0.058
0.9*L1	0.014	0.066	-0.115	0.003	0.029	0.095	-0.848	0.031	0.018	-0.015	-0.044	0.048	-0.017
1.0*L1	-0.000	0.000	0.000	-0.000	0.000	-0.000	-1.000	0.000	0.000	0.000	0.000	0.000	-0.000
0.0*L2	-0.000	-0.000	-0.000	-0.000	-0.000	-0.000	-0.000	-0.000	-0.000	0.000	0.000	-0.000	-0.000
0.1*L2	-0.008	-0.056	-0.188	0.000	-0.023	-0.092	-0.198	-0.025	-0.014	0.021	0.074	-0.045	-0.075
0.2*L2	-0.008	-0.071	-0.261	0.002	-0.028	-0.126	-0.301	-0.030	-0.015	0.034	0.121	-0.061	-0.171
0.3*L2	-0.006	-0.067	-0.268	0.004	-0.026	-0.127	-0.328	-0.028	-0.013	0.038	0.139	-0.061	-0.227
0.4*L2	-0.004	-0.057	-0.241	0.004	-0.021	-0.113	-0.309	-0.022	-0.010	0.036	0.134	-0.054	-0.239
0.5*L2	-0.002	-0.045	-0.200	0.004	-0.016	-0.093	-0.265	-0.017	-0.007	0.031	0.117	-0.044	-0.220
0.6*L2	-0.001	-0.034	-0.155	0.004	-0.012	-0.072	-0.209	-0.013	-0.005	0.025	0.094	0.034	-0.181
0.7*L2	-0.001	-0.024	-0.110	0.003	-0.008	-0.051	-0.150	-0.009	-0.003	0.018	0.068	-0.024	-0.133
0.8*L2	-0.000	-0.014	-0.067	0.002	-0.005	-0.031	-0.092	-0.005	-0.002	0.011	0.042	-0.014	-0.082
0.9*L2	-0.000	-0.006	-0.028	0.001	-0.002	-0.013	-0.039	-0.002	-0.001	0.005	0.018	-0.006	-0.035
1.0*L2	0.000	0.000	0.000	0.000	0.000	-0.000	-0.000	0.000	0.000	0.000	0.000	0.000	-0.000
FAKTOR	a			a				a				1/a	

INFOLGE STRECKENLAST P=1

IN FELD	M 0.4	M 0.7	M 1.0	Q 0	Q 0.4	Q 0.7	Q 1.0	T 0	T 0.4	T 0.7	T 1.0	q 0.4	q 1.0
1,BIS SPRUNG					-0.289	-0.512			0.015	-0.142			
1,REST	0.392	0.259	-0.402	0.753	0.319	0.148	-1.202	0.326	0.073	-0.024	-0.196	0.634	-0.234
2	-0.016	-0.190	-0.771	0.012	-0.072	-0.365	-0.957	-0.077	-0.035	0.111	0.407	-0.174	-0.684
3	0.000	0.007	0.034	-0.001	0.002	0.015	0.047	0.002	0.001	-0.006	-0.022	0.007	0.043
SUMME(+)	0.392	0.266	0.034	0.765	0.322	0.163	0.047	0.328	0.088	0.111	0.407	0.642	0.043
SUMME(-)	-0.016	-0.190	-1.173	-0.001	-0.362	-0.876	-2.159	-0.077	-0.035	-0.171	-0.218	-0.174	-0.918
SUMME	0.376	0.076	-1.139	0.764	-0.040	-0.713	-2.112	0.251	0.053	-0.060	0.189	0.468	-0.874
FAKTOR	a*a			a				a*a				1/a	

INFOLGE EINZELMOMENT Mt=1

IN	M 0.4	M 0.7	M 1.0	Q 0	Q 0.4	Q 0.7	Q 1.0	T 0	T 0.4	T 0.7	T 1.0	q 0.4	q 1.0
0.0*L1	0.000	0.000	-0.000	0.000	-0.000	-0.000	-0.000	1.000	-0.000	-0.000	-0.000	-0.000	-0.000
0.1*L1	0.101	0.022	-0.071	0.316	-0.076	-0.090	-0.128	0.736	-0.068	-0.061	-0.042	-0.070	-0.071
0.2*L1	0.196	0.049	-0.139	0.418	-0.125	-0.179	-0.257	0.579	-0.149	-0.122	-0.083	-0.198	-0.141
0.3*L1	0.276	0.083	-0.202	0.408	-0.110	-0.265	-0.390	0.480	-0.261	-0.184	-0.121	-0.451	-0.209
0.4*L1	0.318	0.126	-0.254	0.347	0.018	-0.339	-0.527	0.407	-0.428	-0.250	-0.156	-0.910	-0.277
									0.572				
0.5*L1	0.300	0.173	-0.294	0.271	0.153	-0.383	-0.664	0.344	0.404	-0.329	-0.188	-0.439	-0.350
0.6*L1	0.249	0.216	-0.318	0.200	0.187	-0.366	-0.797	0.283	0.290	-0.433	-0.218	-0.178	-0.438
0.7*L1	0.189	0.230	-0.324	0.141	0.169	-0.239	-0.914	0.222	0.208	-0.588	-0.250	-0.053	-0.562
										0.412			
0.8*L1	0.135	0.191	-0.314	0.096	0.130	-0.106	-0.991	0.162	0.146	0.263	-0.294	-0.008	-0.754
0.9*L1	0.090	0.126	-0.297	0.064	0.086	-0.073	-0.994	0.107	0.096	0.176	-0.364	-0.007	-1.062
1.0*L1	0.056	0.059	-0.293	0.043	0.047	-0.090	-0.869	0.060	0.058	0.126	-0.484	-0.025	-1.557
0.0*L2	0.056	0.059	-0.293	0.043	0.047	-0.090	-0.869	0.060	0.058	0.126	0.515	-0.025	-1.557
0.1*L2	0.020	-0.030	-0.359	0.023	-0.000	-0.148	-0.673	0.004	0.016	0.089	0.352	-0.062	-0.902
0.2*L2	0.004	-0.078	-0.425	0.014	-0.025	-0.191	-0.630	-0.025	-0.005	0.078	0.297	-0.088	-0.639
0.3*L2	-0.003	-0.096	-0.445	0.011	-0.034	-0.206	-0.607	-0.035	-0.013	0.073	0.274	-0.096	-0.534
0.4*L2	-0.004	-0.094	-0.422	0.009	-0.034	-0.196	-0.563	-0.036	-0.014	0.067	0.251	-0.092	-0.474
0.5*L2	-0.004	-0.082	-0.369	0.008	-0.030	-0.171	-0.492	-0.031	-0.012	0.059	0.219	-0.080	-0.414
0.6*L2	-0.003	-0.066	-0.299	0.007	-0.024	-0.139	-0.402	-0.025	-0.009	0.048	0.179	-0.065	-0.342
0.7*L2	-0.002	-0.049	-0.224	0.005	-0.017	-0.104	-0.303	-0.018	-0.007	0.036	0.136	-0.049	-0.262
0.8*L2	-0.001	-0.033	-0.151	0.004	-0.012	-0.070	-0.205	-0.012	-0.004	0.025	0.092	-0.033	-0.179
0.9*L2	-0.001	-0.019	-0.087	0.002	-0.007	-0.040	-0.118	-0.007	-0.003	0.014	0.053	-0.019	-0.104
1.0*L2	-0.000	-0.008	-0.038	0.001	-0.003	-0.018	-0.052	-0.003	-0.001	0.006	0.023	-0.008	-0.045
FAKTOR	1/a			1/a				1/a				1/(a*a)	

INFOLGE STRECKENMOMENT mt=1

IN FELD	M 0.4	M 0.7	M 1.0	Q 0	Q 0.4	Q 0.7	Q 1.0	T 0	T 0.4	T 0.7	T 1.0	q 0.4	q 1.0
1,BIS SPRUNG					-0.098	-0.530			-0.204	-0.499			
1,REST	0.568	0.376	-0.710	0.697	0.233	-0.097	-1.837	1.148	0.433	0.209	-0.585	-0.668	-1.379
2	0.016	-0.266	-1.477	0.051	-0.083	-0.662	-2.215	-0.081	-0.014	0.276	1.052	-0.302	-2.289
3	-0.000	0.005	0.026	-0.001	0.002	0.012	0.038	0.002	0.000	-0.005	-0.018	0.005	0.037
SUMME(+)	0.583	0.381	0.026	0.749	0.235	0.012	0.038	1.150	0.434	0.484	1.052	0.005	0.037
SUMME(-)	-0.000	-0.266	-2.187	-0.001	-0.181	-1.289	-4.053	-0.081	-0.218	-0.503	-0.602	-0.971	-3.668
SUMME	0.583	0.115	-2.161	0.748	0.054	-1.277	-4.015	1.069	0.215	-0.019	0.450	-0.965	-3.631
FAKTOR	a			a				a				1/a	

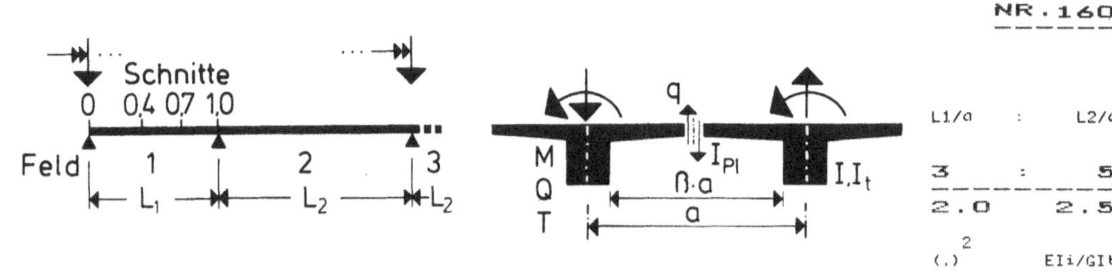

	M			Q				T				q	
IN SCHNITT	0.4	0.7	1.0	0	0.4	0.7	1.0	0	0.4	0.7	1.0	0.4	1.0

INFOLGE EINZELLAST P=1

IN													
0.0*L1	0.000	0.000	-0.000	1.000	-0.000	-0.000	-0.000	0.000	0.000	-0.000	-0.000	0.000	-0.000
0.1*L1	0.085	0.007	-0.051	0.777	-0.119	-0.065	-0.070	0.055	0.003	-0.024	-0.021	0.095	-0.027
0.2*L1	0.179	0.018	-0.100	0.578	-0.243	-0.135	-0.142	0.099	0.009	-0.045	-0.041	0.183	-0.052
0.3*L1	0.291	0.039	-0.145	0.413	-0.373	-0.214	-0.219	0.125	0.018	-0.061	-0.059	0.254	-0.072
0.4*L1	0.429	0.076	-0.184	0.284	-0.507	-0.306	-0.302	0.134	0.030	-0.071	-0.072	0.290	-0.085
					0.493								
0.5*L1	0.298	0.134	-0.212	0.187	0.365	-0.413	-0.394	0.128	0.040	-0.071	-0.081	0.271	-0.088
0.6*L1	0.195	0.220	-0.226	0.117	0.253	-0.536	-0.496	0.111	0.043	-0.063	-0.083	0.219	-0.080
0.7*L1	0.119	0.338	-0.220	0.068	0.161	-0.668	-0.611	0.085	0.038	-0.047	-0.076	0.156	-0.061
						0.332							
0.8*L1	0.063	0.192	-0.186	0.035	0.090	0.203	-0.736	0.055	0.027	-0.029	-0.060	0.095	-0.035
0.9*L1	0.025	0.080	-0.115	0.013	0.037	0.090	-0.869	0.025	0.013	-0.013	-0.034	0.042	-0.009
1.0*L1	0.000	-0.000	-0.000	-0.000	-0.000	0.000	-1.000	-0.000	-0.000	-0.000	0.000	0.000	0.000
0.0*L2	-0.000	-0.000	-0.000	-0.000	-0.000	-0.000	-0.000	-0.000	-0.000	0.000	0.000	-0.000	-0.000
0.1*L2	-0.022	-0.077	-0.199	-0.010	-0.035	-0.094	-0.172	-0.024	-0.011	0.019	0.057	-0.044	-0.053
0.2*L2	-0.028	-0.106	-0.289	-0.012	-0.047	-0.136	-0.270	-0.032	-0.014	0.030	0.097	-0.064	-0.123
0.3*L2	-0.028	-0.108	-0.309	-0.011	-0.048	-0.145	-0.305	-0.032	-0.014	0.035	0.115	-0.067	-0.169
0.4*L2	-0.024	-0.098	-0.288	-0.009	-0.043	-0.134	-0.295	-0.028	-0.011	0.034	0.115	-0.062	-0.183
0.5*L2	-0.019	-0.081	-0.246	-0.007	-0.035	-0.114	-0.259	-0.023	-0.009	0.031	0.103	-0.053	-0.173
0.6*L2	-0.014	-0.063	-0.193	-0.005	-0.027	-0.090	-0.207	-0.018	-0.007	0.025	0.084	-0.042	-0.145
0.7*L2	-0.010	-0.044	-0.138	-0.003	-0.019	-0.064	-0.150	-0.012	-0.004	0.018	0.061	-0.030	-0.108
0.8*L2	-0.006	-0.027	-0.084	-0.002	-0.011	-0.039	-0.092	-0.007	-0.003	0.011	0.038	-0.018	-0.067
0.9*L2	-0.003	-0.011	-0.036	-0.001	-0.005	-0.017	-0.040	-0.003	-0.001	0.005	0.016	-0.008	-0.029
1.0*L2	0.000	-0.000	-0.000	0.000	-0.000	0.000	-0.000	-0.000	-0.000	-0.000	0.000	0.000	0.000
FAKTOR	a							a				1/a	

INFOLGE STRECKENLAST P=1

IN FELD													
1,BIS SPRUNG					-0.296	-0.599			0.013	-0.109			
1,REST	0.500	0.325	-0.436	0.886	0.343	0.136	-1.301	0.247	0.053	-0.020	-0.160	0.485	-0.154
2	-0.078	-0.312	-0.903	-0.032	-0.137	-0.422	-0.905	-0.091	-0.038	0.105	0.346	-0.196	-0.527
3	0.005	0.021	0.067	0.001	0.009	0.031	0.075	0.006	0.002	-0.009	-0.031	0.014	0.056
SUMME(+)	0.505	0.347	0.067	0.887	0.352	0.167	0.075	0.253	0.068	0.105	0.346	0.499	0.056
SUMME(-)	-0.078	-0.312	-1.339	-0.032	-0.433	-1.022	-2.206	-0.091	-0.038	-0.137	-0.190	-0.196	-0.681
SUMME	0.427	0.034	-1.272	0.856	-0.081	-0.854	-2.131	0.162	0.030	-0.033	0.156	0.303	-0.624
FAKTOR	a*a			a				a*a				1/a	

INFOLGE EINZELMOMENT Mt=1

IN													
0.0*L1	0.000	0.000	-0.000	0.000	-0.000	-0.000	-0.000	1.000	-0.000	-0.000	-0.000	-0.000	-0.000
0.1*L1	0.126	0.034	-0.080	0.352	-0.078	-0.114	-0.146	0.715	-0.070	-0.052	-0.036	-0.109	-0.054
0.2*L1	0.244	0.072	-0.156	0.484	-0.126	-0.225	-0.292	0.541	-0.154	-0.105	-0.071	-0.272	-0.108
0.3*L1	0.341	0.116	-0.224	0.493	-0.108	-0.327	-0.439	0.430	-0.270	-0.160	-0.104	-0.551	-0.162
0.4*L1	0.392	0.166	-0.281	0.439	0.026	-0.410	-0.587	0.352	-0.441	-0.223	-0.135	-1.023	-0.221
									0.559				
0.5*L1	0.376	0.218	-0.322	0.360	0.167	-0.457	-0.731	0.290	0.387	-0.301	-0.164	-0.549	-0.288
0.6*L1	0.319	0.261	-0.344	0.279	0.204	-0.435	-0.865	0.235	0.272	-0.409	-0.193	-0.274	-0.377
0.7*L1	0.247	0.269	-0.347	0.205	0.187	-0.296	-0.975	0.182	0.191	-0.568	-0.228	-0.129	-0.505
										0.432			
0.8*L1	0.177	0.220	-0.335	0.143	0.143	-0.150	-1.039	0.131	0.131	0.278	-0.277	-0.064	-0.703
0.9*L1	0.116	0.141	-0.316	0.094	0.093	-0.106	-1.024	0.085	0.086	0.185	-0.356	-0.045	-1.017
1.0*L1	0.066	0.057	-0.315	0.057	0.045	-0.115	-0.879	0.045	0.051	0.131	-0.487	-0.051	-1.514
0.0*L2	0.066	0.057	-0.315	0.057	0.045	-0.115	-0.879	0.045	0.051	0.131	0.513	-0.051	-1.514
0.1*L2	0.010	-0.059	-0.392	0.018	-0.017	-0.168	-0.654	-0.004	0.013	0.089	0.332	-0.077	-0.845
0.2*L2	-0.021	-0.129	-0.476	-0.002	-0.053	-0.216	-0.597	-0.032	-0.006	0.075	0.266	-0.100	-0.561
0.3*L2	-0.034	-0.159	-0.513	-0.011	-0.068	-0.236	-0.574	-0.043	-0.015	0.070	0.239	-0.110	-0.442
0.4*L2	-0.037	-0.161	-0.498	-0.013	-0.069	-0.230	-0.537	-0.045	-0.017	0.064	0.218	-0.107	-0.382
0.5*L2	-0.033	-0.144	-0.443	-0.012	-0.062	-0.206	-0.475	-0.040	-0.015	0.056	0.191	-0.096	-0.331
0.6*L2	-0.027	-0.119	-0.365	-0.010	-0.051	-0.169	-0.392	-0.033	-0.012	0.047	0.158	-0.079	-0.274
0.7*L2	-0.020	-0.089	-0.276	-0.007	-0.038	-0.128	-0.298	-0.025	-0.009	0.035	0.120	-0.059	-0.211
0.8*L2	-0.014	-0.060	-0.187	-0.005	-0.026	-0.086	-0.202	-0.017	-0.006	0.024	0.082	-0.040	-0.144
0.9*L2	-0.008	-0.034	-0.107	-0.003	-0.015	-0.049	-0.116	-0.010	-0.003	0.014	0.047	-0.023	-0.083
1.0*L2	-0.003	-0.014	-0.044	-0.001	-0.006	-0.020	-0.047	-0.004	-0.001	0.006	0.019	-0.009	-0.034
FAKTOR				1/a								1/(a*a)	

INFOLGE STRECKENMOMENT mt=1

IN FELD													
1,BIS SPRUNG					-0.097	-0.643			-0.211	-0.457			
1,REST	0.716	0.460	-0.770	0.877	0.255	-0.132	-1.971	1.037	0.407	0.219	-0.539	-0.884	-1.244
2	-0.080	-0.474	-1.722	-0.010	-0.193	-0.781	-2.142	-0.117	-0.025	0.269	0.949	-0.362	-1.986
3	0.005	0.024	0.079	0.002	0.010	0.036	0.088	0.007	0.002	-0.011	-0.037	0.017	0.068
SUMME(+)	0.721	0.485	0.079	0.878	0.265	0.036	0.088	1.044	0.409	0.489	0.949	0.017	0.068
SUMME(-)	-0.080	-0.474	-2.492	-0.010	-0.290	-1.557	-4.113	-0.117	-0.236	-0.467	-0.576	-1.246	-3.230
SUMME	0.641	0.011	-2.414	0.868	-0.025	-1.520	-4.025	0.927	0.174	0.021	0.373	-1.229	-3.162
FAKTOR	a							a				1/a	

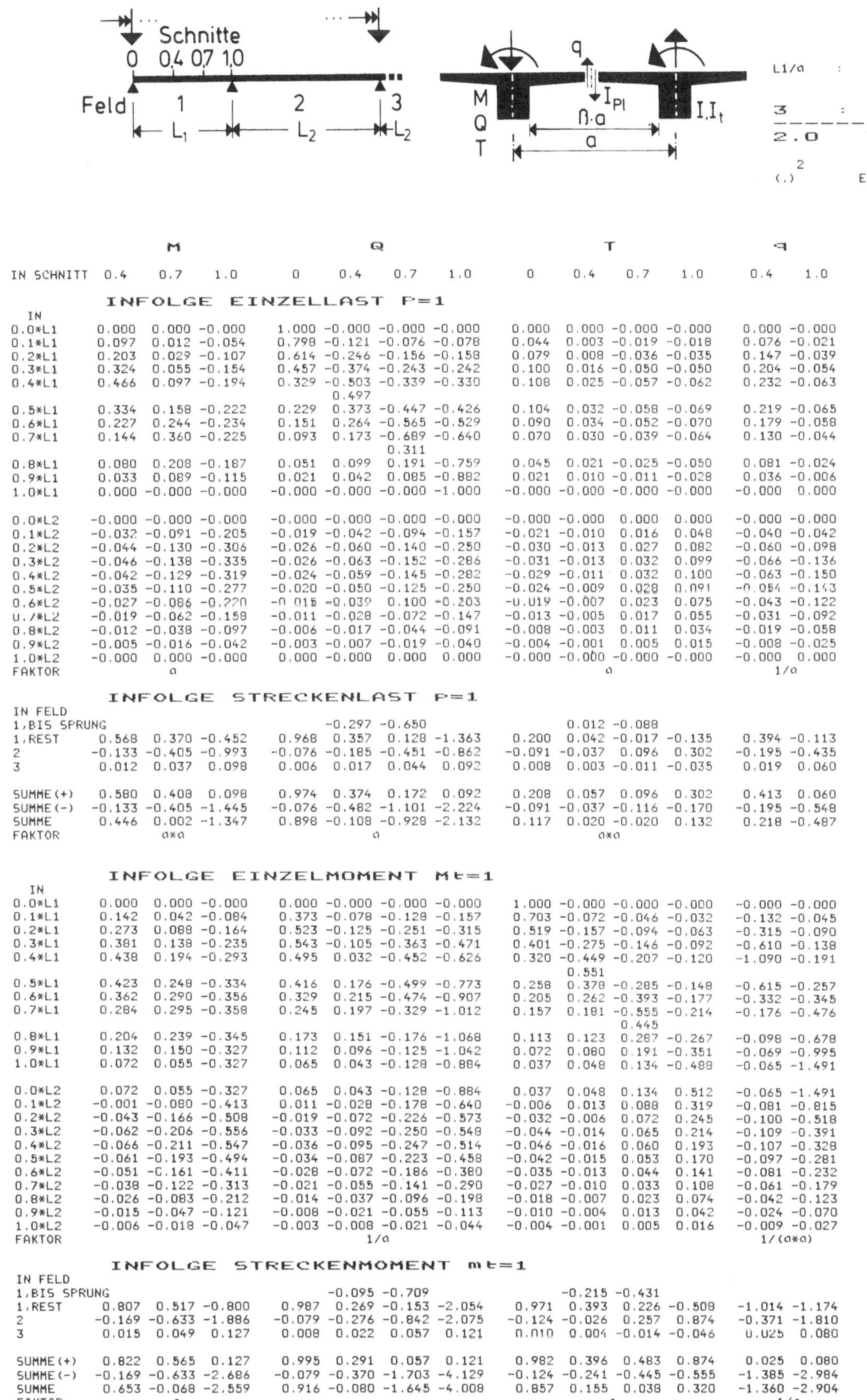

	M			Q				T				q	
IN SCHNITT	0.4	0.7	1.0	0	0.4	0.7	1.0	0	0.4	0.7	1.0	0.4	1.0

INFOLGE EINZELLAST P=1

IN	M 0.4	0.7	1.0	Q 0	0.4	0.7	1.0	T 0	0.4	0.7	1.0	q 0.4	1.0
0.0*L1	0.000	0.000	-0.000	1.000	-0.000	-0.000	-0.000	0.000	0.000	-0.000	-0.000	0.000	-0.000
0.1*L1	0.097	0.012	-0.054	0.798	-0.121	-0.076	-0.078	0.044	0.003	-0.019	-0.018	0.076	-0.021
0.2*L1	0.203	0.029	-0.107	0.614	-0.246	-0.156	-0.158	0.079	0.008	-0.036	-0.035	0.147	-0.039
0.3*L1	0.324	0.055	-0.154	0.457	-0.374	-0.243	-0.242	0.100	0.016	-0.050	-0.050	0.204	-0.054
0.4*L1	0.466	0.097	-0.194	0.329	-0.503	-0.339	-0.330	0.108	0.025	-0.057	-0.062	0.232	-0.063
0.5*L1	0.334	0.158	-0.222	0.229	0.373	-0.447	-0.426	0.104	0.032	-0.058	-0.069	0.219	-0.065
0.6*L1	0.227	0.244	-0.234	0.151	0.264	-0.565	-0.529	0.090	0.034	-0.052	-0.070	0.179	-0.058
0.7*L1	0.144	0.360	-0.225	0.093	0.173	-0.689	-0.640	0.070	0.030	-0.039	-0.064	0.130	-0.044
0.8*L1	0.080	0.208	-0.187	0.051	0.099	0.191	-0.759	0.045	0.021	-0.025	-0.050	0.081	-0.024
0.9*L1	0.033	0.089	-0.115	0.021	0.042	0.085	-0.882	0.021	0.010	-0.011	-0.028	0.036	-0.006
1.0*L1	0.000	-0.000	-0.000	-0.000	-0.000	-0.000	-1.000	-0.000	-0.000	-0.000	-0.000	-0.000	0.000
0.0*L2	-0.000	-0.000	-0.000	-0.000	-0.000	-0.000	-0.000	-0.000	-0.000	0.000	0.000	-0.000	-0.000
0.1*L2	-0.032	-0.091	-0.205	-0.019	-0.042	-0.094	-0.157	-0.021	-0.010	0.016	0.048	-0.040	-0.042
0.2*L2	-0.044	-0.130	-0.306	-0.026	-0.060	-0.140	-0.250	-0.030	-0.013	0.027	0.082	-0.060	-0.098
0.3*L2	-0.046	-0.138	-0.335	-0.026	-0.063	-0.152	-0.286	-0.031	-0.013	0.032	0.099	-0.066	-0.136
0.4*L2	-0.042	-0.129	-0.319	-0.024	-0.059	-0.145	-0.282	-0.029	-0.011	0.032	0.100	-0.063	-0.150
0.5*L2	-0.035	-0.110	-0.277	-0.020	-0.050	-0.125	-0.250	-0.024	-0.009	0.028	0.091	-0.054	-0.143
0.6*L2	-0.027	-0.086	-0.220	-0.015	-0.039	-0.100	-0.203	-0.019	-0.007	0.023	0.075	-0.043	-0.122
0.7*L2	-0.019	-0.062	-0.158	-0.011	-0.028	-0.072	-0.147	-0.013	-0.005	0.017	0.055	-0.031	-0.092
0.8*L2	-0.012	-0.038	-0.097	-0.006	-0.017	-0.044	-0.091	-0.008	-0.003	0.011	0.034	-0.019	-0.058
0.9*L2	-0.005	-0.016	-0.042	-0.003	-0.007	-0.019	-0.040	-0.004	-0.001	0.005	0.015	-0.008	-0.025
1.0*L2	-0.000	0.000	-0.000	0.000	-0.000	0.000	0.000	-0.000	-0.000	-0.000	-0.000	-0.000	0.000
FAKTOR	a							a				1/a	

(Zusätzliche Extremwerte in Spalte Q: bei 0.4*L1: 0.497; bei 0.7*L1: 0.311)

INFOLGE STRECKENLAST P=1

IN FELD	M 0.4	0.7	1.0	Q 0	0.4	0.7	1.0	T 0	0.4	0.7	1.0	q 0.4	1.0
1,BIS SPRUNG					-0.297	-0.650			0.012	-0.088			
1,REST	0.568	0.370	-0.452	0.968	0.357	0.128	-1.363	0.200	0.042	-0.017	-0.135	0.394	-0.113
2	-0.133	-0.405	-0.993	-0.076	-0.185	-0.451	-0.862	-0.091	-0.037	0.096	0.302	-0.195	-0.435
3	0.012	0.037	0.098	0.006	0.017	0.044	0.092	0.008	0.003	-0.011	-0.035	0.019	0.060
SUMME(+)	0.580	0.408	0.098	0.974	0.374	0.172	0.092	0.208	0.057	0.096	0.302	0.413	0.060
SUMME(-)	-0.133	-0.405	-1.445	-0.076	-0.482	-1.101	-2.224	-0.091	-0.037	-0.116	-0.170	-0.195	-0.548
SUMME	0.446	0.002	-1.347	0.898	-0.108	-0.928	-2.132	0.117	0.020	-0.020	0.132	0.218	-0.487
FAKTOR	a*a			a				a*a					

INFOLGE EINZELMOMENT Mt=1

IN	M 0.4	0.7	1.0	Q 0	0.4	0.7	1.0	T 0	0.4	0.7	1.0	q 0.4	1.0
0.0*L1	0.000	0.000	-0.000	0.000	-0.000	-0.000	-0.000	1.000	-0.000	-0.000	-0.000	-0.000	-0.000
0.1*L1	0.142	0.042	-0.084	0.373	-0.078	-0.128	-0.157	0.703	-0.072	-0.046	-0.032	-0.132	-0.045
0.2*L1	0.273	0.088	-0.164	0.523	-0.125	-0.251	-0.315	0.519	-0.157	-0.094	-0.063	-0.315	-0.090
0.3*L1	0.381	0.138	-0.235	0.543	-0.105	-0.363	-0.471	0.401	-0.275	-0.146	-0.092	-0.610	-0.138
0.4*L1	0.438	0.194	-0.293	0.495	0.032	-0.452	-0.626	0.320	-0.449	-0.207	-0.120	-1.090	-0.191
0.5*L1	0.423	0.248	-0.334	0.416	0.176	-0.499	-0.773	0.258	0.378	-0.285	-0.148	-0.615	-0.257
0.6*L1	0.362	0.290	-0.356	0.329	0.215	-0.474	-0.907	0.205	0.262	-0.393	-0.177	-0.332	-0.345
0.7*L1	0.284	0.295	-0.358	0.245	0.197	-0.329	-1.012	0.157	0.181	-0.555	-0.214	-0.176	-0.476
0.8*L1	0.204	0.239	-0.345	0.173	0.151	-0.176	-1.068	0.113	0.123	0.287	-0.267	-0.098	-0.678
0.9*L1	0.132	0.150	-0.327	0.112	0.096	-0.125	-1.042	0.072	0.080	0.191	-0.351	-0.069	-0.995
1.0*L1	0.072	0.055	-0.327	0.065	0.043	-0.128	-0.884	0.037	0.048	0.134	-0.488	-0.065	-1.491
0.0*L2	0.072	0.055	-0.327	0.065	0.043	-0.128	-0.884	0.037	0.048	0.134	0.512	-0.065	-1.491
0.1*L2	-0.001	-0.080	-0.413	0.011	-0.028	-0.178	-0.640	-0.006	0.013	0.088	0.319	-0.081	-0.815
0.2*L2	-0.043	-0.166	-0.508	-0.019	-0.072	-0.226	-0.573	-0.032	-0.006	0.072	0.245	-0.100	-0.518
0.3*L2	-0.062	-0.206	-0.556	-0.033	-0.092	-0.250	-0.548	-0.044	-0.014	0.065	0.214	-0.109	-0.391
0.4*L2	-0.066	-0.211	-0.547	-0.036	-0.095	-0.247	-0.514	-0.046	-0.016	0.060	0.193	-0.107	-0.328
0.5*L2	-0.061	-0.193	-0.494	-0.034	-0.087	-0.223	-0.458	-0.042	-0.015	0.053	0.170	-0.097	-0.281
0.6*L2	-0.051	-0.161	-0.411	-0.028	-0.072	-0.186	-0.380	-0.035	-0.013	0.044	0.141	-0.081	-0.232
0.7*L2	-0.038	-0.122	-0.313	-0.021	-0.055	-0.141	-0.290	-0.027	-0.010	0.033	0.108	-0.061	-0.179
0.8*L2	-0.026	-0.083	-0.212	-0.014	-0.037	-0.096	-0.198	-0.018	-0.007	0.023	0.074	-0.042	-0.123
0.9*L2	-0.015	-0.047	-0.121	-0.008	-0.021	-0.055	-0.113	-0.010	-0.004	0.013	0.042	-0.024	-0.070
1.0*L2	-0.006	-0.018	-0.047	-0.003	-0.008	-0.021	-0.044	-0.004	-0.001	0.005	0.016	-0.009	-0.027
FAKTOR				1/a								1/(a*a)	

(Zusätzliche Extremwerte in Spalte T: bei 0.4*L1: 0.551; bei 0.7*L1: 0.445)

INFOLGE STRECKENMOMENT mt=1

IN FELD	M 0.4	0.7	1.0	Q 0	0.4	0.7	1.0	T 0	0.4	0.7	1.0	q 0.4	1.0
1,BIS SPRUNG					-0.095	-0.709			-0.215	-0.431			
1,REST	0.807	0.517	-0.800	0.987	0.269	-0.153	-2.054	0.971	0.393	0.226	-0.508	-1.014	-1.174
2	-0.169	-0.633	-1.886	-0.079	-0.276	-0.842	-2.075	-0.124	-0.026	0.257	0.874	-0.371	-1.810
3	0.015	0.049	0.127	0.008	0.022	0.057	0.121	0.010	0.004	-0.014	-0.046	0.025	0.080
SUMME(+)	0.822	0.565	0.127	0.995	0.291	0.057	0.121	0.982	0.396	0.483	0.874	0.025	0.080
SUMME(-)	-0.169	-0.633	-2.686	-0.079	-0.370	-1.703	-4.129	-0.124	-0.241	-0.445	-0.555	-1.385	-2.984
SUMME	0.653	-0.068	-2.559	0.916	-0.080	-1.645	-4.008	0.857	0.155	0.038	0.320	-1.360	-2.904
FAKTOR	a							a				1/a	

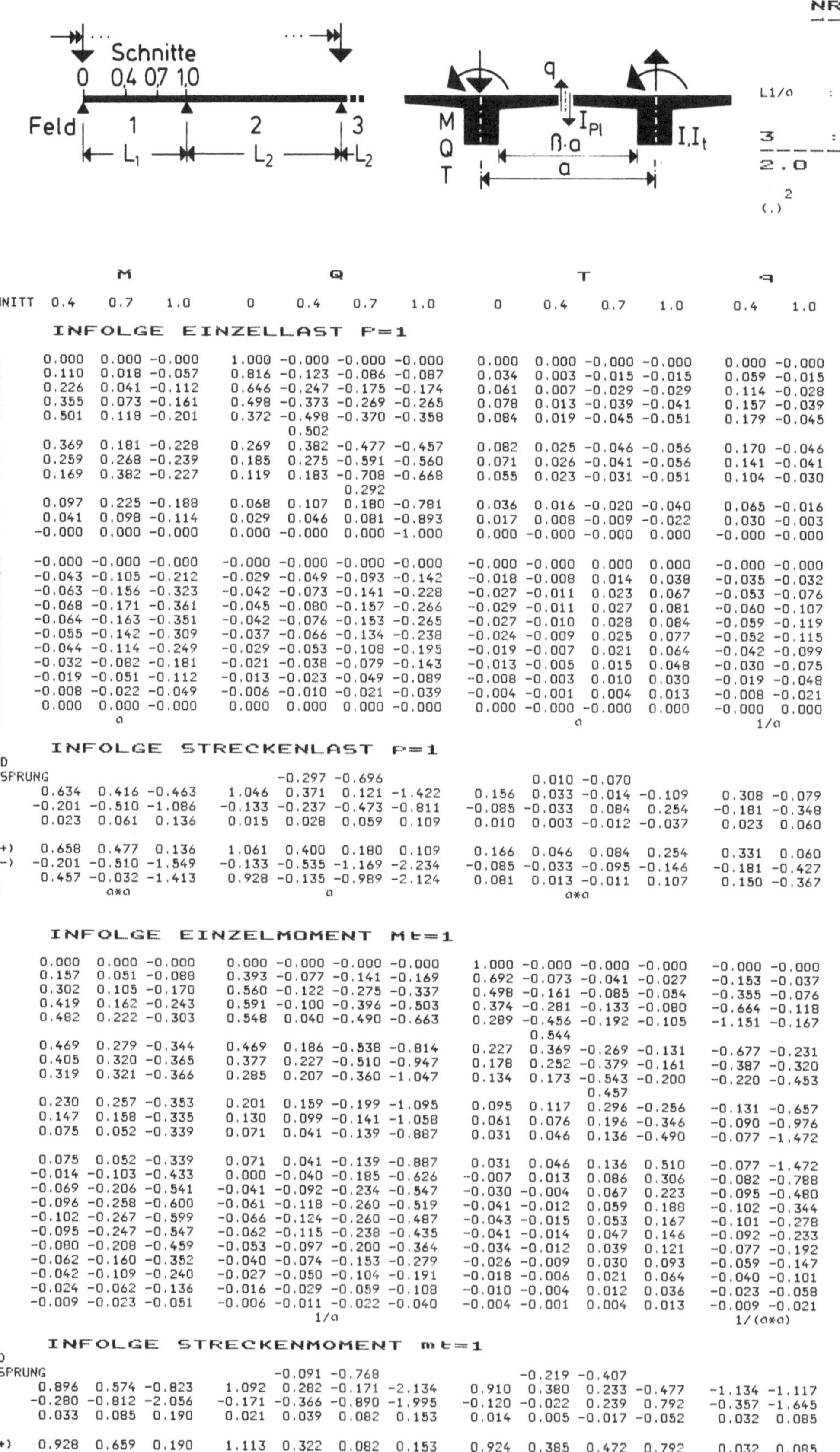

	M			Q				T				q	
IN SCHNITT	0.4	0.7	1.0	0	0.4	0.7	1.0	0	0.4	0.7	1.0	0.4	1.0

INFOLGE EINZELLAST P=1

IN	M 0.4	M 0.7	M 1.0	Q 0	Q 0.4	Q 0.7	Q 1.0	T 0	T 0.4	T 0.7	T 1.0	q 0.4	q 1.0
0.0*L1	0.000	0.000	-0.000	1.000	-0.000	-0.000	-0.000	0.000	0.000	-0.000	-0.000	0.000	-0.000
0.1*L1	0.110	0.018	-0.057	0.816	-0.123	-0.086	-0.087	0.034	0.003	-0.015	-0.015	0.059	-0.015
0.2*L1	0.226	0.041	-0.112	0.646	-0.247	-0.175	-0.174	0.061	0.007	-0.029	-0.029	0.114	-0.028
0.3*L1	0.355	0.073	-0.161	0.498	-0.373	-0.269	-0.265	0.078	0.013	-0.039	-0.041	0.157	-0.039
0.4*L1	0.501	0.118	-0.201	0.372	-0.498	-0.370	-0.358	0.084	0.019	-0.045	-0.051	0.179	-0.045
					0.502								
0.5*L1	0.369	0.181	-0.228	0.269	0.382	-0.477	-0.457	0.082	0.025	-0.046	-0.056	0.170	-0.046
0.6*L1	0.259	0.268	-0.239	0.185	0.275	-0.591	-0.560	0.071	0.026	-0.041	-0.056	0.141	-0.041
0.7*L1	0.169	0.382	-0.227	0.119	0.183	-0.708	-0.668	0.055	0.023	-0.031	-0.051	0.104	-0.030
						0.292							
0.8*L1	0.097	0.225	-0.188	0.068	0.107	0.180	-0.781	0.036	0.016	-0.020	-0.040	0.065	-0.016
0.9*L1	0.041	0.098	-0.114	0.029	0.046	0.081	-0.893	0.017	0.008	-0.009	-0.022	0.030	-0.003
1.0*L1	-0.000	0.000	-0.000	0.000	-0.000	0.000	-1.000	0.000	-0.000	-0.000	0.000	-0.000	-0.000
0.0*L2	-0.000	-0.000	-0.000	-0.000	-0.000	-0.000	-0.000	-0.000	-0.000	0.000	0.000	-0.000	-0.000
0.1*L2	-0.043	-0.105	-0.212	-0.029	-0.049	-0.093	-0.142	-0.018	-0.008	0.014	0.038	-0.035	-0.032
0.2*L2	-0.063	-0.156	-0.323	-0.042	-0.073	-0.141	-0.228	-0.027	-0.011	0.023	0.067	-0.053	-0.076
0.3*L2	-0.068	-0.171	-0.361	-0.045	-0.080	-0.157	-0.266	-0.029	-0.011	0.027	0.081	-0.060	-0.107
0.4*L2	-0.064	-0.163	-0.351	-0.042	-0.076	-0.153	-0.265	-0.027	-0.010	0.028	0.084	-0.059	-0.119
0.5*L2	-0.055	-0.142	-0.309	-0.037	-0.066	-0.134	-0.238	-0.024	-0.009	0.025	0.077	-0.052	-0.115
0.6*L2	-0.044	-0.114	-0.249	-0.029	-0.053	-0.108	-0.195	-0.019	-0.007	0.021	0.064	-0.042	-0.099
0.7*L2	-0.032	-0.082	-0.181	-0.021	-0.038	-0.079	-0.143	-0.013	-0.005	0.015	0.048	-0.030	-0.075
0.8*L2	-0.019	-0.051	-0.112	-0.013	-0.023	-0.049	-0.089	-0.008	-0.003	0.010	0.030	-0.019	-0.048
0.9*L2	-0.008	-0.022	-0.049	-0.006	-0.010	-0.021	-0.039	-0.004	-0.001	0.004	0.013	-0.008	-0.021
1.0*L2	0.000	0.000	-0.000	0.000	0.000	0.000	-0.000	0.000	-0.000	-0.000	0.000	-0.000	0.000
FAKTOR		a							a			1/a	

INFOLGE STRECKENLAST P=1

IN FELD	M 0.4	M 0.7	M 1.0	Q 0	Q 0.4	Q 0.7	Q 1.0	T 0	T 0.4	T 0.7	T 1.0	q 0.4	q 1.0
1,BIS SPRUNG					-0.297	-0.696			0.010	-0.070			
1,REST	0.634	0.416	-0.463	1.046	0.371	0.121	-1.422	0.156	0.033	-0.014	-0.109	0.308	-0.079
2	-0.201	-0.510	-1.086	-0.133	-0.237	-0.473	-0.811	-0.085	-0.033	0.084	0.254	-0.181	-0.348
3	0.023	0.061	0.136	0.015	0.028	0.059	0.109	0.010	0.003	-0.012	-0.037	0.023	0.060
SUMME(+)	0.658	0.477	0.136	1.061	0.400	0.180	0.109	0.166	0.046	0.084	0.254	0.331	0.060
SUMME(-)	-0.201	-0.510	-1.549	-0.133	-0.535	-1.169	-2.234	-0.085	-0.033	-0.095	-0.146	-0.181	-0.427
SUMME	0.457	-0.032	-1.413	0.928	-0.135	-0.989	-2.124	0.081	0.013	-0.011	0.107	0.150	-0.367
FAKTOR		a*a			a				a*a				

INFOLGE EINZELMOMENT Mt=1

IN	M 0.4	M 0.7	M 1.0	Q 0	Q 0.4	Q 0.7	Q 1.0	T 0	T 0.4	T 0.7	T 1.0	q 0.4	q 1.0
0.0*L1	0.000	0.000	-0.000	0.000	-0.000	-0.000	-0.000	1.000	-0.000	-0.000	-0.000	-0.000	-0.000
0.1*L1	0.157	0.051	-0.088	0.393	-0.077	-0.141	-0.169	0.692	-0.073	-0.041	-0.027	-0.153	-0.037
0.2*L1	0.302	0.105	-0.170	0.560	-0.122	-0.275	-0.337	0.498	-0.161	-0.085	-0.054	-0.355	-0.076
0.3*L1	0.419	0.162	-0.243	0.591	-0.100	-0.396	-0.503	0.374	-0.281	-0.133	-0.080	-0.664	-0.118
0.4*L1	0.482	0.222	-0.303	0.548	0.040	-0.490	-0.663	0.289	-0.456	-0.192	-0.105	-1.151	-0.167
									0.544				
0.5*L1	0.469	0.279	-0.344	0.469	0.186	-0.538	-0.814	0.227	0.369	-0.269	-0.131	-0.677	-0.231
0.6*L1	0.405	0.320	-0.365	0.377	0.227	-0.510	-0.947	0.178	0.252	-0.379	-0.161	-0.387	-0.320
0.7*L1	0.319	0.321	-0.366	0.285	0.207	-0.360	-1.047	0.134	0.173	-0.543	-0.200	-0.220	-0.453
										0.457			
0.8*L1	0.230	0.257	-0.353	0.201	0.159	-0.199	-1.095	0.095	0.117	0.296	-0.256	-0.131	-0.657
0.9*L1	0.147	0.158	-0.335	0.130	0.099	-0.141	-1.058	0.061	0.076	0.196	-0.346	-0.090	-0.976
1.0*L1	0.075	0.052	-0.339	0.071	0.041	-0.139	-0.887	0.031	0.046	0.136	-0.490	-0.077	-1.472
0.0*L2	0.075	0.052	-0.339	0.071	0.041	-0.139	-0.887	0.031	0.046	0.136	0.510	-0.077	-1.472
0.1*L2	-0.014	-0.103	-0.433	0.000	-0.040	-0.185	-0.626	-0.007	0.013	0.086	0.306	-0.082	-0.788
0.2*L2	-0.069	-0.206	-0.541	-0.041	-0.092	-0.234	-0.547	-0.030	-0.004	0.067	0.223	-0.095	-0.480
0.3*L2	-0.096	-0.258	-0.600	-0.061	-0.118	-0.260	-0.519	-0.041	-0.012	0.059	0.188	-0.102	-0.344
0.4*L2	-0.102	-0.267	-0.599	-0.066	-0.124	-0.260	-0.487	-0.043	-0.015	0.053	0.167	-0.101	-0.278
0.5*L2	-0.095	-0.247	-0.547	-0.062	-0.115	-0.238	-0.435	-0.041	-0.014	0.047	0.146	-0.092	-0.233
0.6*L2	-0.080	-0.208	-0.459	-0.053	-0.097	-0.200	-0.364	-0.034	-0.012	0.039	0.121	-0.077	-0.192
0.7*L2	-0.062	-0.160	-0.352	-0.040	-0.074	-0.153	-0.279	-0.026	-0.009	0.030	0.093	-0.059	-0.147
0.8*L2	-0.042	-0.109	-0.240	-0.027	-0.050	-0.104	-0.191	-0.018	-0.006	0.021	0.064	-0.040	-0.101
0.9*L2	-0.024	-0.062	-0.136	-0.016	-0.029	-0.059	-0.108	-0.010	-0.004	0.012	0.036	-0.023	-0.058
1.0*L2	-0.009	-0.023	-0.051	-0.006	-0.011	-0.022	-0.040	-0.004	-0.001	0.004	0.013	-0.009	-0.021
FAKTOR					1/a							1/(a*a)	

INFOLGE STRECKENMOMENT mt=1

IN FELD	M 0.4	M 0.7	M 1.0	Q 0	Q 0.4	Q 0.7	Q 1.0	T 0	T 0.4	T 0.7	T 1.0	q 0.4	q 1.0
1,BIS SPRUNG					-0.091	-0.768			-0.219	-0.407			
1,REST	0.896	0.574	-0.823	1.092	0.282	-0.171	-2.134	0.910	0.380	0.233	-0.477	-1.134	-1.117
2	-0.280	-0.812	-2.056	-0.171	-0.366	-0.890	-1.995	-0.120	-0.022	0.239	0.792	-0.357	-1.645
3	0.033	0.085	0.190	0.021	0.039	0.082	0.153	0.014	0.005	-0.017	-0.052	0.032	0.085
SUMME(+)	0.928	0.659	0.190	1.113	0.322	0.082	0.153	0.924	0.385	0.472	0.792	0.032	0.085
SUMME(-)	-0.280	-0.812	-2.879	-0.171	-0.458	-1.829	-4.129	-0.120	-0.242	-0.424	-0.529	-1.492	-2.762
SUMME	0.648	-0.153	-2.690	0.942	-0.136	-1.746	-3.976	0.804	0.143	0.048	0.263	-1.460	-2.677
FAKTOR		a			a				a			1/a	

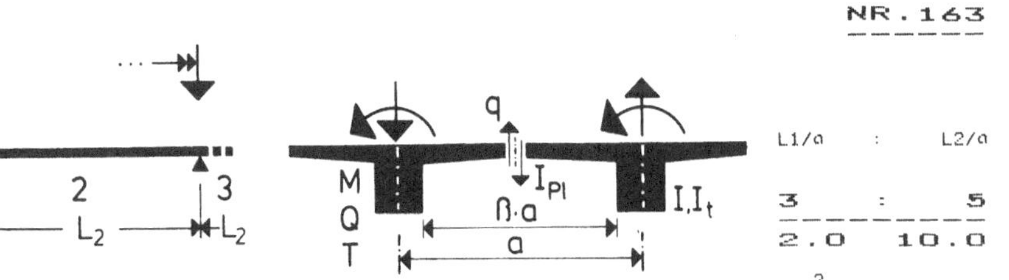

	M 0.4	M 0.7	M 1.0	Q 0	Q 0.4	Q 0.7	Q 1.0	T 0	T 0.4	T 0.7	T 1.0	q 0.4	q 1.0
IN SCHNITT	0.4	0.7	1.0	0	0.4	0.7	1.0	0	0.4	0.7	1.0	0.4	1.0

INFOLGE EINZELLAST P=1

IN

	M 0.4	M 0.7	M 1.0	Q 0	Q 0.4	Q 0.7	Q 1.0	T 0	T 0.4	T 0.7	T 1.0	q 0.4	q 1.0
0.0*L1	0.000	0.000	-0.000	1.000	-0.000	-0.000	-0.000	0.000	0.000	-0.000	-0.000	0.000	-0.000
0.1*L1	0.128	0.029	-0.060	0.843	-0.123	-0.101	-0.100	0.019	0.002	-0.009	-0.009	0.034	-0.008
0.2*L1	0.261	0.062	-0.117	0.694	-0.246	-0.203	-0.200	0.034	0.005	-0.017	-0.018	0.066	-0.014
0.3*L1	0.402	0.102	-0.167	0.558	-0.368	-0.307	-0.301	0.045	0.008	-0.023	-0.026	0.090	-0.019
0.4*L1	0.556	0.154	-0.208	0.437	-0.489	-0.413	-0.402	0.049	0.012	-0.026	-0.032	0.103	-0.022
					0.511								
0.5*L1	0.424	0.222	-0.234	0.331	0.397	-0.520	-0.505	0.048	0.014	-0.027	-0.035	0.099	-0.022
0.6*L1	0.309	0.308	-0.242	0.239	0.293	-0.629	-0.608	0.042	0.015	-0.024	-0.035	0.083	-0.019
0.7*L1	0.209	0.417	-0.228	0.161	0.200	-0.736	-0.711	0.033	0.013	-0.019	-0.031	0.063	-0.014
						0.264							
0.8*L1	0.125	0.252	-0.186	0.095	0.120	0.164	-0.813	0.022	0.009	-0.012	-0.024	0.040	-0.007
0.9*L1	0.055	0.112	-0.112	0.042	0.054	0.075	-0.910	0.010	0.005	-0.006	-0.013	0.019	-0.001
1.0*L1	0.000	-0.000	-0.000	-0.000	-0.000	-0.000	-1.000	-0.000	-0.000	-0.000	-0.000	-0.000	0.000
0.0*L2	-0.000	-0.000	-0.000	-0.000	-0.000	-0.000	-0.000	-0.000	-0.000	0.000	0.000	-0.000	-0.000
0.1*L2	-0.063	-0.130	-0.224	-0.048	-0.062	-0.089	-0.118	-0.012	-0.005	0.009	0.023	-0.023	-0.019
0.2*L2	-0.097	-0.201	-0.352	-0.073	-0.095	-0.140	-0.193	-0.018	-0.007	0.015	0.042	-0.037	-0.044
0.3*L2	-0.110	-0.229	-0.406	-0.083	-0.109	-0.162	-0.229	-0.021	-0.008	0.018	0.052	-0.043	-0.063
0.4*L2	-0.108	-0.227	-0.404	-0.082	-0.108	-0.161	-0.232	-0.021	-0.008	0.019	0.055	-0.043	-0.072
0.5*L2	-0.097	-0.204	-0.365	-0.073	-0.096	-0.146	-0.213	-0.018	-0.007	0.018	0.051	-0.039	-0.071
0.6*L2	-0.079	-0.167	-0.300	-0.060	-0.079	-0.120	-0.177	-0.015	-0.005	0.015	0.044	-0.033	-0.062
0.7*L2	-0.058	-0.123	-0.222	-0.044	-0.058	-0.089	-0.132	-0.011	-0.004	0.011	0.033	-0.024	-0.048
0.8*L2	-0.037	-0.077	-0.140	-0.028	-0.037	-0.056	-0.083	-0.007	-0.002	0.007	0.021	-0.015	-0.031
0.9*L2	-0.016	-0.035	-0.063	-0.012	-0.016	-0.025	-0.037	-0.003	-0.001	0.003	0.009	-0.007	-0.014
1.0*L2	0.000	-0.000	-0.000	0.000	0.000	-0.000	-0.000	-0.000	-0.000	-0.000	-0.000	0.000	0.000
FAKTOR	a							a				1/a	

INFOLGE STRECKENLAST P=1

IN FELD

	M 0.4	M 0.7	M 1.0	Q 0	Q 0.4	Q 0.7	Q 1.0	T 0	T 0.4	T 0.7	T 1.0	q 0.4	q 1.0
1,BIS SPRUNG						-0.295	-0.762			0.006	-0.041		
1,REST	0.738	0.493	-0.471	1.167	0.394	0.110	-1.515	0.091	0.019	-0.008	-0.068	0.180	-0.038
2	-0.337	-0.705	-1.252	-0.254	-0.334	-0.499	-0.715	-0.064	-0.024	0.059	0.167	-0.134	-0.213
3	0.058	0.123	0.223	0.044	0.058	0.089	0.134	0.011	0.004	-0.012	-0.034	0.024	0.051
SUMME(+)	0.796	0.616	0.223	1.211	0.452	0.199	0.134	0.102	0.029	0.059	0.167	0.205	0.051
SUMME(-)	-0.337	-0.705	-1.723	-0.254	-0.628	-1.261	-2.230	-0.064	-0.024	-0.061	-0.102	-0.134	-0.251
SUMME	0.459	-0.089	-1.500	0.957	-0.176	-1.062	-2.097	0.038	0.005	-0.002	0.065	0.071	-0.201
FAKTOR	a×a			a				a×a					

INFOLGE EINZELMOMENT Mt=1

IN

	M 0.4	M 0.7	M 1.0	Q 0	Q 0.4	Q 0.7	Q 1.0	T 0	T 0.4	T 0.7	T 1.0	q 0.4	q 1.0
0.0*L1	0.000	0.000	-0.000	0.000	-0.000	-0.000	-0.000	1.000	-0.000	-0.000	-0.000	-0.000	-0.000
0.1*L1	0.180	0.066	-0.091	0.423	-0.074	-0.159	-0.187	0.676	-0.076	-0.033	-0.019	-0.184	-0.027
0.2*L1	0.345	0.133	-0.176	0.614	-0.116	-0.309	-0.372	0.468	-0.166	-0.070	-0.039	-0.414	-0.057
0.3*L1	0.478	0.202	-0.251	0.663	-0.090	-0.442	-0.551	0.334	-0.289	-0.113	-0.058	-0.744	-0.092
0.4*L1	0.551	0.270	-0.311	0.630	0.054	-0.544	-0.722	0.245	-0.467	-0.168	-0.079	-1.242	-0.137
									0.533				
0.5*L1	0.539	0.330	-0.352	0.551	0.204	-0.594	-0.877	0.182	0.356	-0.245	-0.104	-0.768	-0.198
0.6*L1	0.471	0.369	-0.373	0.451	0.245	-0.562	-1.008	0.136	0.239	-0.357	-0.134	-0.469	-0.288
0.7*L1	0.375	0.363	-0.374	0.347	0.224	-0.404	-1.101	0.100	0.161	-0.525	-0.176	-0.287	-0.424
										0.475			
0.8*L1	0.270	0.287	-0.361	0.246	0.171	-0.233	-1.136	0.069	0.107	0.309	-0.240	-0.181	-0.631
0.9*L1	0.169	0.171	-0.347	0.155	0.104	-0.165	-1.081	0.044	0.070	0.204	-0.338	-0.122	-0.952
1.0*L1	0.078	0.045	-0.356	0.077	0.036	-0.155	-0.891	0.023	0.043	0.138	-0.493	-0.092	-1.446
0.0*L2	0.078	0.045	-0.356	0.077	0.036	-0.155	-0.891	0.023	0.043	0.138	0.507	-0.092	-1.446
0.1*L2	-0.041	-0.144	-0.467	-0.022	-0.061	-0.192	-0.599	-0.004	0.015	0.081	0.284	-0.076	-0.750
0.2*L2	-0.120	-0.278	-0.596	-0.086	-0.128	-0.241	-0.500	-0.021	0.000	0.056	0.186	-0.076	-0.424
0.3*L2	-0.161	-0.352	-0.675	-0.120	-0.165	-0.270	-0.464	-0.030	-0.007	0.046	0.142	-0.078	-0.274
0.4*L2	-0.174	-0.372	-0.687	-0.130	-0.175	-0.275	-0.434	-0.033	-0.010	0.040	0.119	-0.077	-0.201
0.5*L2	-0.165	-0.351	-0.638	-0.124	-0.165	-0.255	-0.390	-0.031	-0.010	0.034	0.102	-0.070	-0.159
0.6*L2	-0.142	-0.301	-0.545	-0.107	-0.142	-0.218	-0.328	-0.027	-0.009	0.029	0.084	-0.060	-0.127
0.7*L2	-0.111	-0.234	-0.423	-0.083	-0.111	-0.169	-0.253	-0.021	-0.007	0.022	0.064	-0.046	-0.096
0.8*L2	-0.076	-0.161	-0.291	-0.057	-0.076	-0.116	-0.174	-0.014	-0.005	0.015	0.044	-0.032	-0.066
0.9*L2	-0.043	-0.091	-0.164	-0.032	-0.043	-0.065	-0.098	-0.008	-0.003	0.008	0.025	-0.018	-0.037
1.0*L2	-0.015	-0.031	-0.056	-0.011	-0.015	-0.022	-0.034	-0.003	-0.001	0.003	0.008	-0.006	-0.013
FAKTOR				1/a								1/(a×a)	

INFOLGE STRECKENMOMENT mt=1

IN FELD

	M 0.4	M 0.7	M 1.0	Q 0	Q 0.4	Q 0.7	Q 1.0	T 0	T 0.4	T 0.7	T 1.0	q 0.4	q 1.0
1,BIS SPRUNG						-0.084	-0.854			-0.226	-0.371		
1,REST	1.032	0.669	-0.846	1.252	0.305	-0.197	-2.256	0.820	0.361	0.242	-0.426	-1.312	-1.045
2	-0.508	-1.149	-2.353	-0.370	-0.533	-0.947	-1.836	-0.091	-0.009	0.197	0.642	-0.291	-1.393
3	0.087	0.183	0.331	0.065	0.086	0.132	0.199	0.016	0.006	-0.017	-0.050	0.036	0.076
SUMME(+)	1.118	0.852	0.331	1.317	0.391	0.132	0.199	0.837	0.367	0.439	0.642	0.036	0.076
SUMME(-)	-0.508	-1.149	-3.199	-0.370	-0.617	-1.998	-4.092	-0.091	-0.235	-0.388	-0.476	-1.603	-2.437
SUMME	0.610	-0.297	-2.867	0.946	-0.226	-1.866	-3.893	0.746	0.132	0.052	0.165	-1.567	-2.361
FAKTOR	a							a				1/a	

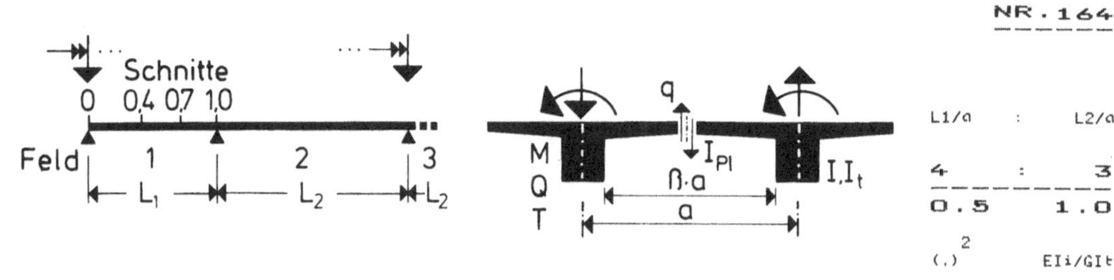

	M			Q				T				q	
IN SCHNITT	0.4	0.7	1.0	0	0.4	0.7	1.0	0	0.4	0.7	1.0	0.4	1.0

INFOLGE EINZELLAST P=1

IN	M 0.4	M 0.7	M 1.0	Q 0	Q 0.4	Q 0.7	Q 1.0	T 0	T 0.4	T 0.7	T 1.0	q 0.4	q 1.0
0.0*L1	0.000	-0.000	-0.000	1.000	-0.000	-0.000	-0.000	0.000	0.000	-0.000	-0.000	0.000	-0.000
0.1*L1	0.054	-0.013	-0.043	0.702	-0.107	-0.024	-0.038	0.102	0.006	-0.035	-0.028	0.121	-0.033
0.2*L1	0.128	-0.019	-0.087	0.449	-0.226	-0.057	-0.079	0.180	0.018	-0.067	-0.056	0.234	-0.063
0.3*L1	0.240	-0.012	-0.132	0.259	-0.363	-0.107	-0.128	0.226	0.037	-0.091	-0.080	0.327	-0.089
0.4*L1	0.407	0.018	-0.177	0.129	-0.515	-0.184	-0.190	0.240	0.062	-0.104	-0.100	0.371	-0.107
(max)					0.485								
0.5*L1	0.234	0.081	-0.219	0.049	0.337	-0.292	-0.270	0.227	0.083	-0.103	-0.114	0.339	-0.115
0.6*L1	0.119	0.190	-0.251	0.007	0.214	-0.433	-0.374	0.193	0.089	-0.088	-0.117	0.263	-0.109
0.7*L1	0.051	0.356	-0.263	-0.011	0.121	-0.598	-0.504	0.145	0.079	-0.062	-0.108	0.178	-0.090
(max)						0.402							
0.8*L1	0.016	0.184	-0.239	-0.013	0.059	0.238	-0.662	0.091	0.055	-0.034	-0.085	0.102	-0.058
0.9*L1	0.002	0.069	-0.160	-0.007	0.021	0.100	-0.835	0.039	0.025	-0.014	-0.047	0.041	-0.022
1.0*L1	-0.000	0.000	0.000	-0.000	-0.000	0.000	-1.000	-0.000	-0.000	0.000	0.000	0.000	0.000
0.0*L2	0.000	-0.000	-0.000	0.000	-0.000	-0.000	-0.000	-0.000	-0.000	0.000	0.000	-0.000	0.000
0.1*L2	0.001	-0.028	-0.116	0.004	-0.008	-0.046	-0.093	-0.015	-0.009	0.010	0.033	-0.019	-0.005
0.2*L2	0.003	-0.042	-0.183	0.007	-0.011	-0.072	-0.154	-0.021	-0.012	0.019	0.059	-0.029	-0.022
0.3*L2	0.004	-0.046	-0.211	0.009	-0.012	-0.083	-0.185	-0.021	-0.011	0.025	0.076	-0.033	-0.039
0.4*L2	0.005	-0.043	-0.210	0.009	-0.011	-0.082	-0.191	-0.018	-0.008	0.027	0.082	-0.032	-0.051
0.5*L2	0.006	-0.037	-0.189	0.009	-0.009	-0.073	-0.178	-0.014	-0.005	0.027	0.079	-0.028	-0.057
0.6*L2	0.005	-0.028	-0.154	0.007	-0.006	-0.059	-0.149	-0.010	-0.003	0.024	0.069	-0.023	-0.054
0.7*L2	0.004	-0.020	-0.113	0.005	-0.004	-0.043	-0.112	-0.006	-0.001	0.018	0.053	-0.016	-0.044
0.8*L2	0.003	-0.012	-0.070	0.003	-0.003	-0.027	-0.070	-0.003	-0.000	0.012	0.034	-0.010	-0.029
0.9*L2	0.001	-0.005	-0.031	0.002	-0.001	-0.012	-0.031	-0.001	-0.000	0.005	0.015	-0.004	-0.013
1.0*L2	-0.000	0.000	0.000	-0.000	-0.000	0.000	-0.000	0.000	0.000	-0.000	-0.000	-0.000	0.000
FAKTOR	a							a				1/a	

INFOLGE STRECKENLAST P=1

IN FELD	M 0.4	M 0.7	M 1.0	Q 0	Q 0.4	Q 0.7	Q 1.0	T 0	T 0.4	T 0.7	T 1.0	q 0.4	q 1.0
1,BIS SPRUNG					-0.380	-0.553			0.036	-0.209			
1,REST	0.489	0.330	-0.636	0.815	0.393	0.212	-1.429	0.582	0.147	-0.031	-0.296	0.796	-0.276
2	0.010	-0.079	-0.387	0.017	-0.020	-0.151	-0.352	-0.033	-0.015	0.050	0.151	-0.059	-0.094
3	-0.001	0.010	0.048	-0.002	0.003	0.019	0.042	0.005	0.002	-0.006	-0.017	0.007	0.009
SUMME(+)	0.499	0.340	0.048	0.832	0.396	0.231	0.042	0.587	0.185	0.050	0.151	0.803	0.009
SUMME(-)	-0.001	-0.079	-1.023	-0.002	-0.399	-0.704	-1.781	-0.033	-0.015	-0.246	-0.314	-0.059	-0.370
SUMME	0.498	0.261	-0.976	0.830	-0.004	-0.473	-1.739	0.553	0.170	-0.196	-0.163	0.744	-0.360
FAKTOR	a*a			a				a*a					

INFOLGE EINZELMOMENT Mt=1

IN	M 0.4	M 0.7	M 1.0	Q 0	Q 0.4	Q 0.7	Q 1.0	T 0	T 0.4	T 0.7	T 1.0	q 0.4	q 1.0
0.0*L1	0.000	0.000	-0.000	0.000	-0.000	-0.000	-0.000	1.000	-0.000	-0.000	-0.000	-0.000	-0.000
0.1*L1	0.068	0.016	-0.063	0.154	-0.036	-0.048	-0.094	0.829	-0.076	-0.070	-0.047	-0.027	-0.057
0.2*L1	0.133	0.036	-0.125	0.207	-0.058	-0.096	-0.189	0.709	-0.158	-0.139	-0.093	-0.076	-0.113
0.3*L1	0.187	0.061	-0.183	0.204	-0.048	-0.143	-0.286	0.617	-0.257	-0.209	-0.138	-0.168	-0.169
0.4*L1	0.217	0.093	-0.234	0.174	0.017	-0.183	-0.386	0.539	-0.382	-0.282	-0.181	-0.326	-0.223
(max)									0.618				
0.5*L1	0.209	0.129	-0.275	0.137	0.086	-0.208	-0.485	0.467	0.492	-0.360	-0.222	-0.163	-0.279
0.6*L1	0.179	0.161	-0.303	0.103	0.107	-0.203	-0.580	0.395	0.393	-0.452	-0.263	-0.068	-0.338
0.7*L1	0.144	0.175	-0.316	0.076	0.102	-0.144	-0.661	0.325	0.312	-0.566	-0.307	-0.020	-0.408
(max)										0.434			
0.8*L1	0.111	0.156	-0.312	0.056	0.085	-0.080	-0.714	0.257	0.243	0.325	-0.358	-0.003	-0.496
0.9*L1	0.085	0.119	-0.296	0.043	0.065	-0.062	-0.718	0.195	0.184	0.248	-0.425	-0.003	-0.615
1.0*L1	0.065	0.080	-0.279	0.035	0.046	-0.065	-0.644	0.143	0.137	0.193	-0.518	-0.009	-0.779
0.0*L2	0.065	0.080	-0.279	0.035	0.046	-0.065	-0.644	0.143	0.137	0.193	0.482	-0.009	-0.779
0.1*L2	0.054	0.054	-0.275	0.030	0.035	-0.072	-0.565	0.111	0.109	0.162	0.408	-0.015	-0.640
0.2*L2	0.045	0.033	-0.274	0.027	0.025	-0.079	-0.504	0.085	0.085	0.137	0.350	-0.020	-0.530
0.3*L2	0.038	0.017	-0.269	0.024	0.018	-0.082	-0.451	0.065	0.068	0.118	0.302	-0.023	-0.441
0.4*L2	0.032	0.006	-0.257	0.021	0.013	-0.081	-0.402	0.050	0.054	0.101	0.261	-0.025	-0.369
0.5*L2	0.027	-0.001	-0.238	0.018	0.009	-0.077	-0.354	0.038	0.043	0.086	0.225	-0.025	-0.309
0.6*L2	0.022	-0.004	-0.213	0.016	0.007	-0.070	-0.307	0.030	0.034	0.073	0.191	-0.023	-0.258
0.7*L2	0.019	-0.005	-0.184	0.013	0.005	-0.061	-0.260	0.024	0.028	0.061	0.160	-0.020	-0.213
0.8*L2	0.015	-0.005	-0.152	0.011	0.004	-0.051	-0.214	0.019	0.023	0.050	0.132	-0.017	-0.175
0.9*L2	0.012	-0.003	-0.121	0.009	0.003	-0.040	-0.172	0.016	0.019	0.040	0.106	-0.013	-0.141
1.0*L2	0.010	-0.002	-0.093	0.007	0.003	-0.031	-0.134	0.013	0.015	0.032	0.084	-0.010	-0.113
FAKTOR				1/a								1/(a*a)	

INFOLGE STRECKENMOMENT mt=1

IN FELD	M 0.4	M 0.7	M 1.0	Q 0	Q 0.4	Q 0.7	Q 1.0	T 0	T 0.4	T 0.7	T 1.0	q 0.4	q 1.0
1,BIS SPRUNG					-0.058	-0.386			-0.270	-0.716			
1,REST	0.549	0.396	-0.901	0.477	0.194	-0.095	-1.781	1.956	0.797	0.352	-0.915	-0.331	-1.231
2	0.090	0.039	-0.652	0.057	0.043	-0.199	-1.084	0.154	0.160	0.281	0.724	-0.057	-1.053
3	0.012	0.006	-0.083	0.007	0.006	-0.025	-0.140	0.020	0.021	0.037	0.094	-0.007	-0.138
SUMME(+)	0.651	0.440	0.000	0.541	0.242	0.000	0.000	2.131	0.979	0.670	0.818	0.000	0.000
SUMME(-)	0.000	0.000	-1.635	0.000	-0.058	-0.706	-3.005	0.000	-0.270	-0.716	-0.915	-0.395	-2.422
SUMME	0.651	0.440	-1.635	0.541	0.184	-0.706	-3.005	2.131	0.709	-0.046	-0.097	-0.395	-2.422
FAKTOR	a			a								1/a	

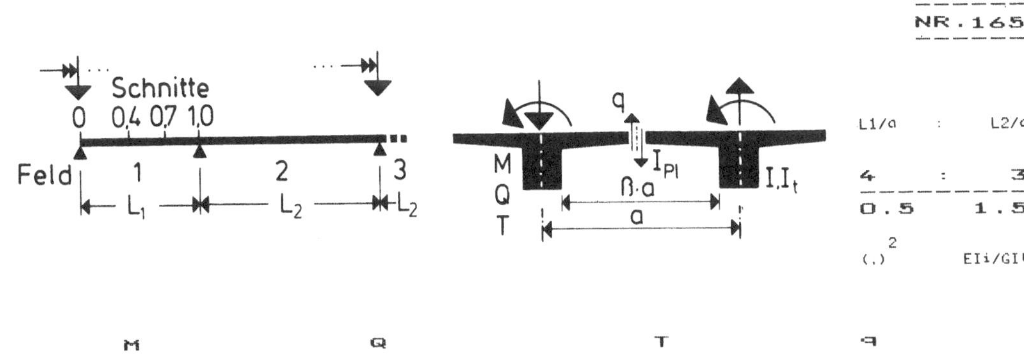

	M			Q				T				q	
IN SCHNITT	0.4	0.7	1.0	0	0.4	0.7	1.0	0	0.4	0.7	1.0	0.4	1.0

INFOLGE EINZELLAST F=1

IN	M 0.4	M 0.7	M 1.0	Q 0	Q 0.4	Q 0.7	Q 1.0	T 0	T 0.4	T 0.7	T 1.0	q 0.4	q 1.0
0.0*L1	0.000	-0.000	-0.000	1.000	-0.000	-0.000	-0.000	0.000	0.000	-0.000	-0.000	0.000	-0.000
0.1*L1	0.076	-0.008	-0.055	0.734	-0.115	-0.040	-0.048	0.083	0.008	-0.030	-0.026	0.102	-0.028
0.2*L1	0.169	-0.009	-0.110	0.503	-0.238	-0.088	-0.101	0.148	0.019	-0.056	-0.050	0.196	-0.053
0.3*L1	0.295	0.004	-0.164	0.320	-0.373	-0.151	-0.161	0.188	0.034	-0.076	-0.072	0.271	-0.074
0.4*L1	0.468	0.041	-0.214	0.187	-0.516	-0.235	-0.233	0.202	0.053	-0.087	-0.088	0.307	-0.088
					0.484								
0.5*L1	0.293	0.110	-0.257	0.098	0.347	-0.344	-0.321	0.192	0.068	-0.087	-0.099	0.284	-0.093
0.6*L1	0.168	0.223	-0.286	0.043	0.229	-0.478	-0.428	0.165	0.072	-0.075	-0.100	0.227	-0.088
0.7*L1	0.087	0.387	-0.291	0.013	0.138	-0.629	-0.556	0.125	0.063	-0.054	-0.090	0.159	-0.071
						0.371							
0.8*L1	0.038	0.207	-0.257	0.001	0.071	0.222	-0.703	0.079	0.044	-0.031	-0.069	0.093	-0.046
0.9*L1	0.012	0.081	-0.167	-0.002	0.027	0.094	-0.858	0.035	0.020	-0.013	-0.038	0.039	-0.018
1.0*L1	-0.000	0.000	0.000	-0.000	0.000	0.000	-1.000	0.000	-0.000	-0.000	-0.000	0.000	0.000
0.0*L2	-0.000	-0.000	-0.000	0.000	-0.000	-0.000	-0.000	-0.000	-0.000	0.000	0.000	-0.000	0.000
0.1*L2	-0.003	-0.035	-0.115	0.002	-0.011	-0.046	-0.080	-0.015	-0.008	0.009	0.026	-0.019	-0.002
0.2*L2	-0.004	-0.054	-0.183	0.004	-0.017	-0.072	-0.134	-0.022	-0.011	0.017	0.047	-0.030	-0.013
0.3*L2	-0.004	-0.061	-0.213	0.005	-0.019	-0.084	-0.162	-0.023	-0.011	0.021	0.060	-0.034	-0.025
0.4*L2	-0.003	-0.059	-0.215	0.006	-0.018	-0.084	-0.168	-0.021	-0.009	0.024	0.066	-0.034	-0.034
0.5*L2	-0.002	-0.052	-0.196	0.006	-0.016	-0.076	-0.157	-0.018	-0.007	0.023	0.064	-0.031	-0.038
0.6*L2	-0.001	-0.042	-0.162	0.005	0.013	0.063	-0.133	-0.014	-0.005	0.020	0.055	-0.026	-0.036
0.7*L2	-0.000	-0.030	-0.120	0.004	-0.009	-0.046	-0.100	-0.009	-0.003	0.016	0.043	-0.019	-0.030
0.8*L2	0.000	-0.019	-0.075	0.003	-0.006	-0.029	-0.064	-0.006	-0.002	0.010	0.028	-0.012	-0.020
0.9*L2	0.000	-0.008	-0.034	0.001	-0.002	-0.013	-0.029	-0.002	-0.001	0.005	0.012	-0.005	-0.009
1.0*L2	-0.000	0.000	0.000	-0.000	0.000	0.000	0.000	-0.000	-0.000	-0.000	-0.000	0.000	0.000
FAKTOR	a							a				1/a	

INFOLGE STRECKENLAST p=1

IN FELD	M 0.4	M 0.7	M 1.0	Q 0	Q 0.4	Q 0.7	Q 1.0	T 0	T 0.4	T 0.7	T 1.0	q 0.4	q 1.0
1,BIS SPRUNG					-0.393	-0.657			0.035	-0.177			
1,REST	0.631	0.403	-0.729	0.950	0.417	0.198	-1.560	0.490	0.118	-0.028	-0.255	0.675	-0.225
2	-0.005	-0.110	-0.398	0.011	-0.034	-0.156	-0.311	-0.039	-0.017	0.044	0.121	-0.064	-0.062
3	0.001	0.018	0.064	-0.002	0.006	0.025	0.049	0.007	0.003	-0.007	-0.019	0.010	0.009
SUMME(+)	0.632	0.421	0.064	0.960	0.423	0.223	0.049	0.497	0.156	0.044	0.121	0.686	0.009
SUMME(-)	-0.005	-0.110	-1.127	-0.002	-0.427	-0.813	-1.872	-0.039	-0.017	-0.212	-0.274	-0.064	-0.287
SUMME	0.627	0.311	-1.063	0.959	-0.004	-0.590	-1.822	0.457	0.139	-0.169	-0.152	0.622	-0.278
FAKTOR	a*a			a				a*a					

INFOLGE EINZELMOMENT Mt=1

IN	M 0.4	M 0.7	M 1.0	Q 0	Q 0.4	Q 0.7	Q 1.0	T 0	T 0.4	T 0.7	T 1.0	q 0.4	q 1.0
0.0*L1	0.000	0.000	-0.000	0.000	-0.000	-0.000	-0.000	1.000	-0.000	-0.000	-0.000	-0.000	-0.000
0.1*L1	0.086	0.023	-0.075	0.174	-0.038	-0.063	-0.107	0.816	-0.078	-0.065	-0.043	-0.044	-0.051
0.2*L1	0.167	0.049	-0.146	0.243	-0.060	-0.125	-0.214	0.686	-0.163	-0.131	-0.086	-0.108	-0.102
0.3*L1	0.234	0.080	-0.212	0.250	-0.048	-0.182	-0.322	0.586	-0.264	-0.198	-0.128	-0.211	-0.152
0.4*L1	0.271	0.117	-0.269	0.225	0.020	-0.229	-0.430	0.505	-0.393	-0.268	-0.168	-0.375	-0.203
									0.607				
0.5*L1	0.264	0.156	-0.313	0.187	0.092	-0.257	-0.535	0.431	0.479	-0.347	-0.208	-0.212	-0.256
0.6*L1	0.231	0.190	-0.341	0.148	0.115	-0.249	-0.631	0.362	0.378	-0.439	-0.248	-0.112	-0.315
0.7*L1	0.189	0.202	-0.350	0.114	0.111	-0.185	-0.709	0.295	0.297	-0.555	-0.293	-0.057	-0.385
										0.445			
0.8*L1	0.148	0.178	-0.341	0.087	0.092	-0.114	-0.754	0.233	0.230	0.333	-0.347	-0.032	-0.475
0.9*L1	0.113	0.134	-0.319	0.066	0.070	-0.088	-0.746	0.176	0.174	0.253	-0.418	-0.025	-0.595
1.0*L1	0.084	0.087	-0.297	0.051	0.049	-0.086	-0.660	0.128	0.129	0.196	-0.517	-0.027	-0.761
0.0*L2	0.084	0.087	-0.297	0.051	0.049	-0.086	-0.660	0.128	0.129	0.196	0.483	-0.027	-0.761
0.1*L2	0.067	0.056	-0.291	0.043	0.035	-0.089	-0.573	0.098	0.102	0.164	0.406	-0.030	-0.622
0.2*L2	0.054	0.031	-0.288	0.036	0.024	-0.093	-0.504	0.074	0.080	0.138	0.344	-0.032	-0.511
0.3*L2	0.043	0.012	-0.281	0.030	0.015	-0.094	-0.446	0.055	0.063	0.117	0.293	-0.034	-0.422
0.4*L2	0.034	-0.001	-0.268	0.026	0.009	-0.092	-0.394	0.041	0.049	0.100	0.251	-0.034	-0.349
0.5*L2	0.028	-0.009	-0.248	0.022	0.005	-0.086	-0.344	0.030	0.039	0.085	0.213	-0.032	-0.289
0.6*L2	0.022	-0.013	-0.222	0.018	0.002	-0.078	-0.296	0.023	0.031	0.071	0.180	-0.030	-0.239
0.7*L2	0.018	-0.013	-0.191	0.015	0.001	-0.067	-0.249	0.018	0.025	0.059	0.150	-0.026	-0.197
0.8*L2	0.015	-0.011	-0.158	0.012	0.001	-0.056	-0.205	0.014	0.020	0.048	0.123	-0.021	-0.161
0.9*L2	0.012	-0.008	-0.125	0.010	0.001	-0.044	-0.164	0.012	0.016	0.039	0.099	-0.017	-0.130
1.0*L2	0.010	-0.005	-0.094	0.008	0.001	-0.033	-0.127	0.010	0.014	0.031	0.078	-0.012	-0.104
FAKTOR				1/a								1/(a*a)	

INFOLGE STRECKENMOMENT mt=1

IN FELD	M 0.4	M 0.7	M 1.0	Q 0	Q 0.4	Q 0.7	Q 1.0	T 0	T 0.4	T 0.7	T 1.0	q 0.4	q 1.0
1,BIS SPRUNG					-0.059	-0.485			-0.278	-0.688			
1,REST	0.702	0.472	-1.009	0.616	0.210	-0.131	-1.919	1.856	0.767	0.360	-0.877	-0.464	-1.161
2	0.102	0.025	-0.680	0.072	0.035	-0.228	-1.069	0.129	0.148	0.279	0.700	-0.083	-1.002
3	0.013	0.007	-0.073	0.009	0.006	-0.024	-0.125	0.018	0.019	0.034	0.085	-0.008	-0.126
SUMME(+)	0.817	0.503	0.000	0.697	0.250	0.000	0.000	2.003	0.935	0.673	0.785	0.000	0.000
SUMME(-)	0.000	0.000	-1.762	0.000	-0.059	-0.868	-3.113	0.000	-0.278	-0.688	-0.877	-0.555	-2.288
SUMME	0.817	0.503	-1.762	0.697	0.191	-0.868	-3.113	2.003	0.656	-0.014	-0.092	-0.555	-2.288
FAKTOR	a							a				1/a	

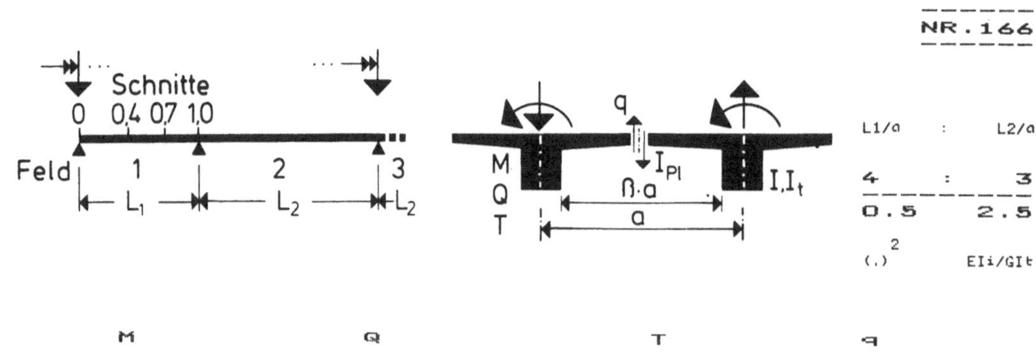

INFOLGE EINZELLAST P=1

IN	M 0.4	M 0.7	M 1.0	Q 0	Q 0.4	Q 0.7	Q 1.0	T 0	T 0.4	T 0.7	T 1.0	q 0.4	q 1.0
0.0*L1	0.000	-0.000	-0.000	1.000	-0.000	-0.000	-0.000	0.000	0.000	-0.000	-0.000	0.000	-0.000
0.1*L1	0.104	0.000	-0.070	0.771	-0.122	-0.062	-0.065	0.061	0.008	-0.023	-0.021	0.077	-0.021
0.2*L1	0.221	0.008	-0.139	0.565	-0.248	-0.129	-0.133	0.110	0.017	-0.043	-0.041	0.148	-0.040
0.3*L1	0.365	0.029	-0.204	0.395	-0.380	-0.206	-0.207	0.141	0.029	-0.058	-0.058	0.203	-0.055
0.4*L1	0.545	0.074	-0.261	0.261	-0.515	-0.299	-0.291	0.153	0.041	-0.067	-0.071	0.230	-0.065
				0.485									
0.5*L1	0.368	0.149	-0.305	0.163	0.357	-0.409	-0.387	0.147	0.051	-0.066	-0.077	0.216	-0.069
0.6*L1	0.233	0.263	-0.330	0.095	0.245	-0.535	-0.496	0.127	0.052	-0.058	-0.077	0.177	-0.064
0.7*L1	0.135	0.424	-0.325	0.050	0.154	-0.670	-0.618	0.097	0.045	-0.043	-0.069	0.127	-0.052
				0.330									
0.8*L1	0.068	0.235	-0.279	0.022	0.084	0.198	-0.750	0.062	0.031	-0.026	-0.052	0.077	-0.033
0.9*L1	0.025	0.094	-0.176	0.007	0.033	0.085	-0.882	0.028	0.015	-0.011	-0.028	0.033	-0.013
1.0*L1	-0.000	0.000	0.000	-0.000	0.000	0.000	-1.000	0.000	0.000	0.000	0.000	0.000	0.000
0.0*L2	-0.000	-0.000	-0.000	-0.000	-0.000	-0.000	-0.000	-0.000	-0.000	0.000	0.000	-0.000	0.000
0.1*L2	-0.011	-0.044	-0.112	-0.002	-0.015	-0.042	-0.066	-0.013	-0.006	0.007	0.019	-0.017	-0.000
0.2*L2	-0.016	-0.069	-0.180	-0.003	-0.024	-0.068	-0.110	-0.019	-0.009	0.013	0.034	-0.027	-0.006
0.3*L2	-0.018	-0.080	-0.213	-0.003	-0.027	-0.081	-0.134	-0.022	-0.010	0.017	0.044	-0.032	-0.013
0.4*L2	-0.017	-0.080	-0.217	-0.003	-0.027	-0.082	-0.140	-0.021	-0.009	0.019	0.048	-0.032	-0.019
0.5*L2	-0.015	-0.072	-0.199	-0.002	-0.024	-0.075	-0.132	-0.018	-0.007	0.018	0.046	-0.030	-0.022
0.6*L2	-0.012	-0.059	-0.166	-0.001	-0.020	-0.063	-0.112	-0.015	-0.005	0.016	0.041	-0.025	-0.021
0.7*L2	-0.008	-0.044	-0.124	-0.001	-0.015	-0.047	-0.085	-0.011	-0.004	0.012	0.031	-0.019	-0.018
0.8*L2	-0.005	-0.027	-0.079	-0.000	-0.009	-0.030	-0.055	-0.007	-0.002	0.008	0.020	-0.012	-0.012
0.9*L2	-0.002	-0.012	-0.036	-0.000	-0.004	-0.013	-0.025	-0.003	-0.001	0.004	0.009	-0.005	-0.006
1.0*L2	-0.000	0.000	0.000	-0.000	-0.000	0.000	0.000	0.000	0.000	0.000	0.000	0.000	0.000
FAKTOR	a								a			1/a	

INFOLGE STRECKENLAST P=1

IN FELD	M 0.4	M 0.7	M 1.0	Q 0	Q 0.4	Q 0.7	Q 1.0	T 0	T 0.4	T 0.7	T 1.0	q 0.4	q 1.0
1,BIS SPRUNG					-0.403	-0.787			0.029	-0.136			
1,REST	0.817	0.500	-0.845	1.124	0.443	0.177	-1.731	0.374	0.087	-0.023	-0.199	0.519	-0.166
2	-0.032	-0.147	-0.402	-0.005	-0.050	-0.152	-0.260	-0.039	-0.016	0.035	0.088	-0.060	-0.036
3	0.006	0.030	0.080	0.001	0.010	0.030	0.052	0.008	0.003	-0.007	-0.018	0.012	0.007
SUMME(+)	0.823	0.529	0.080	1.125	0.453	0.208	0.052	0.382	0.119	0.035	0.088	0.531	0.007
SUMME(-)	-0.032	-0.147	-1.248	-0.005	-0.453	-0.939	-1.991	-0.039	-0.016	-0.166	-0.216	-0.060	-0.201
SUMME	0.792	0.382	-1.167	1.120	-0.001	-0.732	-1.939	0.343	0.103	-0.131	-0.128	0.471	-0.194
FAKTOR	a*a			a				a*a					

INFOLGE EINZELMOMENT Mt=1

IN	M 0.4	M 0.7	M 1.0	Q 0	Q 0.4	Q 0.7	Q 1.0	T 0	T 0.4	T 0.7	T 1.0	q 0.4	q 1.0
0.0*L1	0.000	0.000	-0.000	0.000	-0.000	-0.000	-0.000	1.000	-0.000	-0.000	-0.000	-0.000	-0.000
0.1*L1	0.109	0.033	-0.089	0.198	-0.038	-0.082	-0.124	0.801	-0.081	-0.059	-0.038	-0.065	-0.044
0.2*L1	0.211	0.068	-0.173	0.287	-0.060	-0.161	-0.248	0.657	-0.169	-0.119	-0.076	-0.147	-0.088
0.3*L1	0.293	0.107	-0.249	0.308	-0.047	-0.231	-0.370	0.548	-0.274	-0.182	-0.113	-0.265	-0.133
0.4*L1	0.340	0.150	-0.312	0.290	0.024	-0.287	-0.489	0.461	-0.406	-0.251	-0.150	-0.437	-0.180
									0.594				
0.5*L1	0.336	0.193	-0.359	0.252	0.099	-0.317	-0.599	0.387	0.463	-0.329	-0.188	-0.275	-0.230
0.6*L1	0.300	0.227	-0.386	0.208	0.125	-0.307	-0.696	0.320	0.362	-0.422	-0.228	-0.169	-0.289
0.7*L1	0.249	0.236	-0.391	0.166	0.120	-0.236	-0.768	0.258	0.281	-0.541	-0.275	-0.106	-0.360
										0.459			
0.8*L1	0.196	0.205	-0.376	0.128	0.101	-0.156	-0.803	0.202	0.216	0.344	-0.333	-0.071	-0.452
0.9*L1	0.148	0.153	-0.347	0.097	0.076	-0.121	-0.781	0.152	0.163	0.261	-0.409	-0.055	-0.576
1.0*L1	0.108	0.097	-0.318	0.072	0.051	-0.109	-0.680	0.110	0.121	0.201	-0.514	-0.049	-0.743
0.0*L2	0.108	0.097	-0.318	0.072	0.051	-0.109	-0.680	0.110	0.121	0.201	0.486	-0.049	-0.743
0.1*L2	0.083	0.060	-0.308	0.058	0.035	-0.108	-0.582	0.084	0.095	0.166	0.404	-0.047	-0.605
0.2*L2	0.063	0.029	-0.301	0.046	0.021	-0.107	-0.505	0.063	0.075	0.139	0.338	-0.046	-0.493
0.3*L2	0.047	0.006	-0.292	0.037	0.011	-0.105	-0.440	0.046	0.059	0.117	0.284	-0.044	-0.404
0.4*L2	0.035	-0.010	-0.278	0.029	0.004	-0.100	-0.383	0.033	0.046	0.098	0.240	-0.042	-0.331
0.5*L2	0.026	-0.019	-0.256	0.023	-0.001	-0.093	-0.331	0.024	0.036	0.083	0.202	-0.039	-0.272
0.6*L2	0.020	-0.023	-0.229	0.019	-0.003	-0.083	-0.283	0.018	0.029	0.069	0.168	-0.034	-0.223
0.7*L2	0.015	-0.023	-0.196	0.015	-0.004	-0.072	-0.236	0.013	0.023	0.057	0.139	-0.030	-0.182
0.8*L2	0.012	-0.019	-0.162	0.012	-0.003	-0.059	-0.193	0.011	0.019	0.046	0.114	-0.024	-0.148
0.9*L2	0.010	-0.014	-0.127	0.010	-0.002	-0.046	-0.154	0.009	0.015	0.037	0.091	-0.019	-0.120
1.0*L2	0.009	-0.008	-0.095	0.008	-0.001	-0.035	-0.120	0.008	0.013	0.029	0.072	-0.014	-0.096
FAKTOR				1/a								1/(a*a)	

INFOLGE STRECKENMOMENT mt=1

IN FELD	M 0.4	M 0.7	M 1.0	Q 0	Q 0.4	Q 0.7	Q 1.0	T 0	T 0.4	T 0.7	T 1.0	q 0.4	q 1.0
1,BIS SPRUNG					-0.058	-0.608			-0.289	-0.651			
1,REST	0.899	0.571	-1.140	0.798	0.228	-0.176	-2.097	1.730	0.733	0.371	-0.823	-0.635	-1.084
2	0.111	0.008	-0.707	0.087	0.025	-0.254	-1.051	0.107	0.138	0.278	0.676	-0.107	-0.956
3	0.016	0.010	-0.064	0.011	0.006	-0.023	-0.115	0.016	0.018	0.032	0.079	-0.010	-0.117
SUMME(+)	1.026	0.589	0.000	0.895	0.258	0.000	0.000	1.853	0.889	0.681	0.755	0.000	0.000
SUMME(-)	0.000	0.000	-1.911	0.000	-0.058	-1.060	-3.262	0.000	-0.289	-0.651	-0.823	-0.752	-2.158
SUMME	1.026	0.589	-1.911	0.895	0.200	-1.060	-3.262	1.853	0.601	0.031	-0.068	-0.752	-2.158
FAKTOR	a			a				a				1/a	

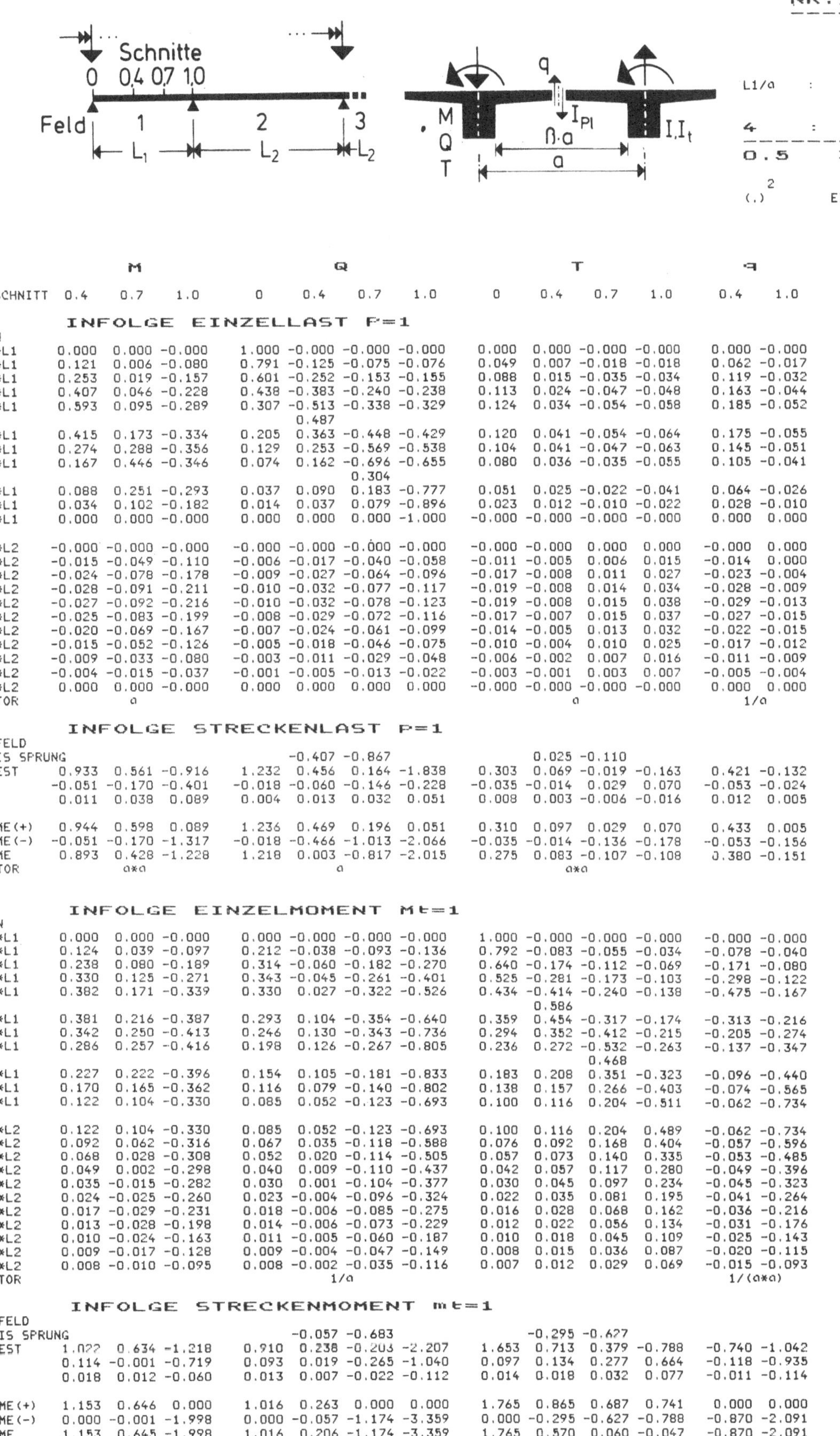

| | M | M | M | Q | Q | Q | Q | T | T | T | T | q | q |
IN SCHNITT	0.4	0.7	1.0	0	0.4	0.7	1.0	0	0.4	0.7	1.0	0.4	1.0

INFOLGE EINZELLAST P=1

IN	M 0.4	M 0.7	M 1.0	Q 0	Q 0.4	Q 0.7	Q 1.0	T 0	T 0.4	T 0.7	T 1.0	q 0.4	q 1.0
0.0*L1	0.000	0.000	-0.000	1.000	-0.000	-0.000	-0.000	0.000	0.000	-0.000	-0.000	0.000	-0.000
0.1*L1	0.121	0.006	-0.080	0.791	-0.125	-0.075	-0.076	0.049	0.007	-0.018	-0.018	0.062	-0.017
0.2*L1	0.253	0.019	-0.157	0.601	-0.252	-0.153	-0.155	0.088	0.015	-0.035	-0.034	0.119	-0.032
0.3*L1	0.407	0.046	-0.228	0.438	-0.383	-0.240	-0.238	0.113	0.024	-0.047	-0.048	0.163	-0.044
0.4*L1	0.593	0.095	-0.289	0.307	-0.513	-0.338	-0.329	0.124	0.034	-0.054	-0.058	0.185	-0.052
					0.487								
0.5*L1	0.415	0.173	-0.334	0.205	0.363	-0.448	-0.429	0.120	0.041	-0.054	-0.064	0.175	-0.055
0.6*L1	0.274	0.288	-0.356	0.129	0.253	-0.569	-0.538	0.104	0.041	-0.047	-0.063	0.145	-0.051
0.7*L1	0.167	0.446	-0.346	0.074	0.162	-0.696	-0.655	0.080	0.036	-0.035	-0.055	0.105	-0.041
						0.304							
0.8*L1	0.088	0.251	-0.293	0.037	0.090	0.183	-0.777	0.051	0.025	-0.022	-0.041	0.064	-0.026
0.9*L1	0.034	0.102	-0.182	0.014	0.037	0.079	-0.896	0.023	0.012	-0.010	-0.022	0.028	-0.010
1.0*L1	0.000	0.000	-0.000	0.000	0.000	0.000	-1.000	-0.000	-0.000	-0.000	-0.000	0.000	0.000
0.0*L2	-0.000	-0.000	-0.000	-0.000	-0.000	-0.000	-0.000	-0.000	-0.000	0.000	0.000	-0.000	0.000
0.1*L2	-0.015	-0.049	-0.110	-0.006	-0.017	-0.040	-0.058	-0.011	-0.005	0.006	0.015	-0.014	0.000
0.2*L2	-0.024	-0.078	-0.178	-0.009	-0.027	-0.064	-0.096	-0.017	-0.008	0.011	0.027	-0.023	-0.004
0.3*L2	-0.028	-0.091	-0.211	-0.010	-0.032	-0.077	-0.117	-0.019	-0.008	0.014	0.034	-0.028	-0.009
0.4*L2	-0.027	-0.092	-0.216	-0.010	-0.032	-0.078	-0.123	-0.019	-0.008	0.015	0.038	-0.029	-0.013
0.5*L2	-0.025	-0.083	-0.199	-0.008	-0.029	-0.072	-0.116	-0.017	-0.007	0.015	0.037	-0.027	-0.015
0.6*L2	-0.020	-0.069	-0.167	-0.007	-0.024	-0.061	-0.099	-0.014	-0.005	0.013	0.032	-0.022	-0.015
0.7*L2	-0.015	-0.052	-0.126	-0.005	-0.018	-0.046	-0.075	-0.010	-0.004	0.010	0.025	-0.017	-0.012
0.8*L2	-0.009	-0.033	-0.080	-0.003	-0.011	-0.029	-0.048	-0.006	-0.002	0.007	0.016	-0.011	-0.009
0.9*L2	-0.004	-0.015	-0.037	-0.001	-0.005	-0.013	-0.022	-0.003	-0.001	0.003	0.007	-0.005	-0.004
1.0*L2	0.000	0.000	-0.000	0.000	0.000	0.000	0.000	-0.000	-0.000	-0.000	-0.000	0.000	0.000
FAKTOR	a							a				1/a	

INFOLGE STRECKENLAST P=1

IN FELD	M 0.4	M 0.7	M 1.0	Q 0	Q 0.4	Q 0.7	Q 1.0	T 0	T 0.4	T 0.7	T 1.0	q 0.4	q 1.0
1,BIS SPRUNG					-0.407	-0.867		0.025	-0.110				
1,REST	0.933	0.561	-0.916	1.232	0.456	0.164	-1.838	0.303	0.069	-0.019	-0.163	0.421	-0.132
2	-0.051	-0.170	-0.401	-0.018	-0.060	-0.146	-0.228	-0.035	-0.014	0.029	0.070	-0.053	-0.024
3	0.011	0.038	0.089	0.004	0.013	0.032	0.051	0.008	0.003	-0.006	-0.016	0.012	0.005
SUMME(+)	0.944	0.598	0.089	1.236	0.469	0.196	0.051	0.310	0.097	0.029	0.070	0.433	0.005
SUMME(-)	-0.051	-0.170	-1.317	-0.018	-0.466	-1.013	-2.066	-0.035	-0.014	-0.136	-0.178	-0.053	-0.156
SUMME	0.893	0.428	-1.228	1.218	0.003	-0.817	-2.015	0.275	0.083	-0.107	-0.108	0.380	-0.151
FAKTOR	a*a			a				a*a					

INFOLGE EINZELMOMENT Mt=1

IN	M 0.4	M 0.7	M 1.0	Q 0	Q 0.4	Q 0.7	Q 1.0	T 0	T 0.4	T 0.7	T 1.0	q 0.4	q 1.0
0.0*L1	0.000	0.000	-0.000	0.000	-0.000	-0.000	-0.000	1.000	-0.000	-0.000	-0.000	-0.000	-0.000
0.1*L1	0.124	0.039	-0.097	0.212	-0.038	-0.093	-0.136	0.792	-0.083	-0.055	-0.034	-0.078	-0.040
0.2*L1	0.238	0.080	-0.189	0.314	-0.060	-0.182	-0.270	0.640	-0.174	-0.112	-0.069	-0.171	-0.080
0.3*L1	0.330	0.125	-0.271	0.343	-0.045	-0.261	-0.401	0.525	-0.281	-0.173	-0.103	-0.298	-0.122
0.4*L1	0.382	0.171	-0.339	0.330	0.027	-0.322	-0.526	0.434	-0.414	-0.240	-0.138	-0.475	-0.167
									0.586				
0.5*L1	0.381	0.216	-0.387	0.293	0.104	-0.354	-0.640	0.359	0.454	-0.317	-0.174	-0.313	-0.216
0.6*L1	0.342	0.250	-0.413	0.246	0.130	-0.343	-0.736	0.294	0.352	-0.412	-0.215	-0.205	-0.274
0.7*L1	0.286	0.257	-0.416	0.198	0.126	-0.267	-0.805	0.236	0.272	-0.532	-0.263	-0.137	-0.347
										0.468			
0.8*L1	0.227	0.222	-0.396	0.154	0.105	-0.181	-0.833	0.183	0.208	0.351	-0.323	-0.096	-0.440
0.9*L1	0.170	0.165	-0.362	0.116	0.079	-0.140	-0.802	0.138	0.157	0.266	-0.403	-0.074	-0.565
1.0*L1	0.122	0.104	-0.330	0.085	0.052	-0.123	-0.693	0.100	0.116	0.204	-0.511	-0.062	-0.734
0.0*L2	0.122	0.104	-0.330	0.085	0.052	-0.123	-0.693	0.100	0.116	0.204	0.489	-0.062	-0.734
0.1*L2	0.092	0.062	-0.316	0.067	0.035	-0.118	-0.588	0.076	0.092	0.168	0.404	-0.057	-0.596
0.2*L2	0.068	0.028	-0.308	0.052	0.020	-0.114	-0.505	0.057	0.073	0.140	0.335	-0.053	-0.485
0.3*L2	0.049	0.002	-0.298	0.040	0.009	-0.110	-0.437	0.042	0.057	0.117	0.280	-0.049	-0.396
0.4*L2	0.035	-0.015	-0.282	0.030	0.001	-0.104	-0.377	0.030	0.045	0.097	0.234	-0.045	-0.323
0.5*L2	0.024	-0.025	-0.260	0.023	-0.004	-0.096	-0.324	0.022	0.035	0.081	0.195	-0.041	-0.264
0.6*L2	0.017	-0.029	-0.231	0.018	-0.006	-0.085	-0.275	0.016	0.028	0.068	0.162	-0.036	-0.216
0.7*L2	0.013	-0.028	-0.198	0.014	-0.006	-0.073	-0.229	0.012	0.022	0.056	0.134	-0.031	-0.176
0.8*L2	0.010	-0.024	-0.163	0.011	-0.005	-0.060	-0.187	0.010	0.018	0.045	0.109	-0.025	-0.143
0.9*L2	0.009	-0.017	-0.128	0.009	-0.004	-0.047	-0.149	0.008	0.015	0.036	0.087	-0.020	-0.115
1.0*L2	0.008	-0.010	-0.095	0.008	-0.002	-0.035	-0.116	0.007	0.012	0.029	0.069	-0.015	-0.093
FAKTOR				1/a								1/(a*a)	

INFOLGE STRECKENMOMENT mt=1

IN FELD	M 0.4	M 0.7	M 1.0	Q 0	Q 0.4	Q 0.7	Q 1.0	T 0	T 0.4	T 0.7	T 1.0	q 0.4	q 1.0
1,BIS SPRUNG					-0.057	-0.683		-0.295	-0.627				
1,REST	1.022	0.634	-1.218	0.910	0.238	-0.203	-2.207	1.653	0.713	0.379	-0.788	-0.740	-1.042
2	0.114	-0.001	-0.719	0.093	0.019	-0.265	-1.040	0.097	0.134	0.277	0.664	-0.118	-0.935
3	0.018	0.012	-0.060	0.013	0.007	-0.022	-0.112	0.014	0.018	0.032	0.077	-0.011	-0.114
SUMME(+)	1.153	0.646	0.000	1.016	0.263	0.000	0.000	1.765	0.865	0.687	0.741	0.000	0.000
SUMME(-)	0.000	-0.001	-1.998	0.000	-0.057	-1.174	-3.359	0.000	-0.295	-0.627	-0.788	-0.870	-2.091
SUMME	1.153	0.645	-1.998	1.016	0.206	-1.174	-3.359	1.765	0.570	0.060	-0.047	-0.870	-2.091
FAKTOR	a							a				1/a	

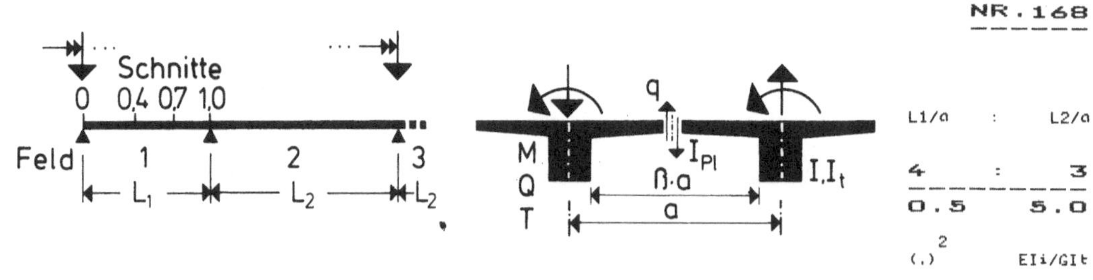

	M			Q				T				q	
IN SCHNITT	0.4	0.7	1.0	0	0.4	0.7	1.0	0	0.4	0.7	1.0	0.4	1.0

INFOLGE EINZELLAST P=1

IN	M			Q				T				q	
0.0*L1	0.000	0.000	-0.000	1.000	-0.000	-0.000	-0.000	0.000	0.000	-0.000	-0.000	0.000	-0.000
0.1*L1	0.136	0.012	-0.089	0.810	-0.127	-0.087	-0.087	0.037	0.006	-0.014	-0.014	0.048	-0.013
0.2*L1	0.283	0.031	-0.174	0.633	-0.255	-0.177	-0.176	0.068	0.012	-0.027	-0.027	0.092	-0.025
0.3*L1	0.447	0.064	-0.251	0.479	-0.384	-0.272	-0.269	0.088	0.019	-0.037	-0.038	0.126	-0.034
0.4*L1	0.638	0.116	-0.315	0.349	-0.511	-0.375	-0.366	0.096	0.026	-0.042	-0.046	0.143	-0.040
					0.489								
0.5*L1	0.460	0.197	-0.361	0.244	0.368	-0.485	-0.469	0.093	0.031	-0.042	-0.050	0.136	-0.042
0.6*L1	0.313	0.312	-0.380	0.162	0.261	-0.602	-0.577	0.081	0.032	-0.037	-0.049	0.113	-0.039
0.7*L1	0.197	0.466	-0.365	0.099	0.170	-0.720	-0.690	0.063	0.027	-0.028	-0.043	0.083	-0.031
						0.280							
0.8*L1	0.108	0.265	-0.305	0.053	0.096	0.168	-0.802	0.040	0.019	-0.017	-0.032	0.052	-0.020
0.9*L1	0.043	0.110	-0.187	0.021	0.040	0.073	-0.909	0.018	0.009	-0.008	-0.017	0.023	-0.008
1.0*L1	0.000	0.000	0.000	0.000	0.000	0.000	-1.000	0.000	-0.000	-0.000	0.000	0.000	0.000
0.0*L2	-0.000	-0.000	-0.000	-0.000	-0.000	-0.000	-0.000	-0.000	-0.000	0.000	0.000	-0.000	0.000
0.1*L2	-0.020	-0.053	-0.108	-0.010	-0.019	-0.037	-0.050	-0.009	-0.004	0.005	0.011	-0.012	0.001
0.2*L2	-0.032	-0.086	-0.175	-0.015	-0.031	-0.060	-0.084	-0.014	-0.006	0.009	0.020	-0.019	-0.002
0.3*L2	-0.038	-0.101	-0.208	-0.017	-0.036	-0.072	-0.102	-0.016	-0.007	0.011	0.026	-0.023	-0.005
0.4*L2	-0.038	-0.103	-0.214	-0.017	-0.037	-0.074	-0.107	-0.016	-0.006	0.012	0.029	-0.024	-0.008
0.5*L2	-0.035	-0.094	-0.198	-0.016	-0.034	-0.068	-0.101	-0.014	-0.006	0.012	0.028	-0.022	-0.010
0.6*L2	-0.029	-0.079	-0.167	-0.013	-0.028	-0.058	-0.086	-0.012	-0.004	0.010	0.025	-0.019	-0.010
0.7*L2	-0.021	-0.059	-0.126	-0.010	-0.021	-0.044	-0.066	-0.009	-0.003	0.008	0.019	-0.014	-0.008
0.8*L2	-0.014	-0.038	-0.081	-0.006	-0.013	-0.028	-0.042	-0.006	-0.002	0.005	0.013	-0.009	-0.006
0.9*L2	-0.006	-0.017	-0.037	-0.003	-0.006	-0.013	-0.019	-0.003	-0.001	0.002	0.006	-0.004	-0.003
1.0*L2	0.000	-0.000	-0.000	-0.000	-0.000	0.000	0.000	0.000	-0.000	-0.000	0.000	-0.000	0.000
FAKTOR		a							a			1/a	

INFOLGE STRECKENLAST P=1

IN FELD	M			Q				T				q	
1,BIS SPRUNG					-0.409	-0.942			0.020	-0.086			
1,REST	1.043	0.619	-0.982	1.334	0.468	0.150	-1.939	0.236	0.053	-0.015	-0.128	0.329	-0.102
2	-0.071	-0.191	-0.399	-0.032	-0.068	-0.137	-0.199	-0.030	-0.012	0.023	0.054	-0.045	-0.016
3	0.017	0.046	0.096	0.008	0.016	0.033	0.048	0.007	0.003	-0.005	-0.013	0.011	0.004
SUMME(+)	1.060	0.665	0.096	1.342	0.485	0.183	0.048	0.243	0.076	0.023	0.054	0.340	0.004
SUMME(-)	-0.071	-0.191	-1.380	-0.032	-0.477	-1.079	-2.138	-0.030	-0.012	-0.107	-0.141	-0.045	-0.117
SUMME	0.989	0.474	-1.284	1.309	0.008	-0.896	-2.090	0.213	0.064	-0.084	-0.087	0.295	-0.113
FAKTOR		a*a				a				a*a			

INFOLGE EINZELMOMENT Mt=1

IN	M			Q				T				q	
0.0*L1	0.000	0.000	-0.000	0.000	-0.000	-0.000	-0.000	1.000	-0.000	-0.000	-0.000	-0.000	-0.000
0.1*L1	0.137	0.045	-0.105	0.226	-0.038	-0.104	-0.147	0.783	-0.085	-0.052	-0.031	-0.089	-0.036
0.2*L1	0.263	0.092	-0.204	0.339	-0.059	-0.203	-0.291	0.623	-0.178	-0.106	-0.062	-0.194	-0.073
0.3*L1	0.365	0.142	-0.292	0.377	-0.044	-0.289	-0.431	0.503	-0.287	-0.164	-0.093	-0.329	-0.112
0.4*L1	0.423	0.192	-0.363	0.368	0.030	-0.355	-0.561	0.410	-0.422	-0.229	-0.126	-0.510	-0.155
								0.578					
0.5*L1	0.423	0.238	-0.413	0.331	0.108	-0.389	-0.678	0.334	0.445	-0.306	-0.162	-0.350	-0.203
0.6*L1	0.382	0.272	-0.438	0.282	0.135	-0.376	-0.774	0.269	0.343	-0.401	-0.202	-0.239	-0.262
0.7*L1	0.322	0.276	-0.438	0.230	0.131	-0.297	-0.839	0.214	0.264	-0.523	-0.252	-0.166	-0.335
										0.477			
0.8*L1	0.255	0.238	-0.415	0.179	0.109	-0.205	-0.861	0.166	0.201	0.358	-0.314	-0.120	-0.430
0.9*L1	0.191	0.176	-0.377	0.135	0.081	-0.158	-0.822	0.125	0.151	0.271	-0.397	-0.091	-0.556
1.0*L1	0.136	0.110	-0.340	0.098	0.053	-0.136	-0.704	0.090	0.113	0.207	-0.509	-0.074	-0.726
0.0*L2	0.136	0.110	-0.340	0.098	0.053	-0.136	-0.704	0.090	0.113	0.207	0.491	-0.074	-0.726
0.1*L2	0.101	0.065	-0.324	0.075	0.034	-0.127	-0.594	0.069	0.090	0.170	0.404	-0.066	-0.589
0.2*L2	0.072	0.028	-0.314	0.057	0.019	-0.120	-0.506	0.052	0.071	0.140	0.333	-0.059	-0.478
0.3*L2	0.050	-0.001	-0.302	0.042	0.007	-0.114	-0.433	0.039	0.056	0.116	0.276	-0.053	-0.389
0.4*L2	0.033	-0.020	-0.285	0.031	-0.001	-0.106	-0.371	0.028	0.044	0.097	0.229	-0.047	-0.317
0.5*L2	0.022	-0.031	-0.262	0.022	-0.006	-0.097	-0.317	0.021	0.035	0.080	0.190	-0.042	-0.258
0.6*L2	0.014	-0.035	-0.233	0.016	-0.009	-0.086	-0.267	0.015	0.028	0.066	0.157	-0.036	-0.210
0.7*L2	0.009	-0.033	-0.200	0.013	-0.009	-0.073	-0.222	0.012	0.022	0.054	0.129	-0.031	-0.171
0.8*L2	0.007	-0.028	-0.164	0.010	-0.007	-0.060	-0.181	0.009	0.018	0.044	0.105	-0.025	-0.139
0.9*L2	0.007	-0.020	-0.128	0.008	-0.005	-0.047	-0.144	0.008	0.015	0.035	0.084	-0.020	-0.112
1.0*L2	0.007	-0.012	-0.095	0.008	-0.003	-0.035	-0.112	0.007	0.012	0.028	0.067	-0.015	-0.090
FAKTOR					1/a							1/(a*a)	

INFOLGE STRECKENMOMENT mt=1

IN FELD	M			Q				T				q	
1,BIS SPRUNG					-0.056	-0.754			-0.302	-0.605			
1,REST	1.138	0.694	-1.291	1.017	0.247	-0.228	-2.313	1.581	0.696	0.386	-0.754	-0.840	-1.005
2	0.115	-0.010	-0.729	0.097	0.014	-0.274	-1.030	0.090	0.131	0.276	0.654	-0.127	-0.918
3	0.020	0.014	-0.058	0.014	0.007	-0.023	-0.111	0.013	0.017	0.032	0.076	-0.012	-0.111
SUMME(+)	1.273	0.708	0.000	1.129	0.268	0.000	0.000	1.684	0.844	0.693	0.730	0.000	0.000
SUMME(-)	0.000	-0.010	-2.078	0.000	-0.056	-1.279	-3.454	0.000	-0.302	-0.605	-0.754	-0.979	-2.034
SUMME	1.273	0.698	-2.078	1.129	0.212	-1.279	-3.454	1.684	0.543	0.088	-0.024	-0.979	-2.034
FAKTOR		a				a				a			1/a

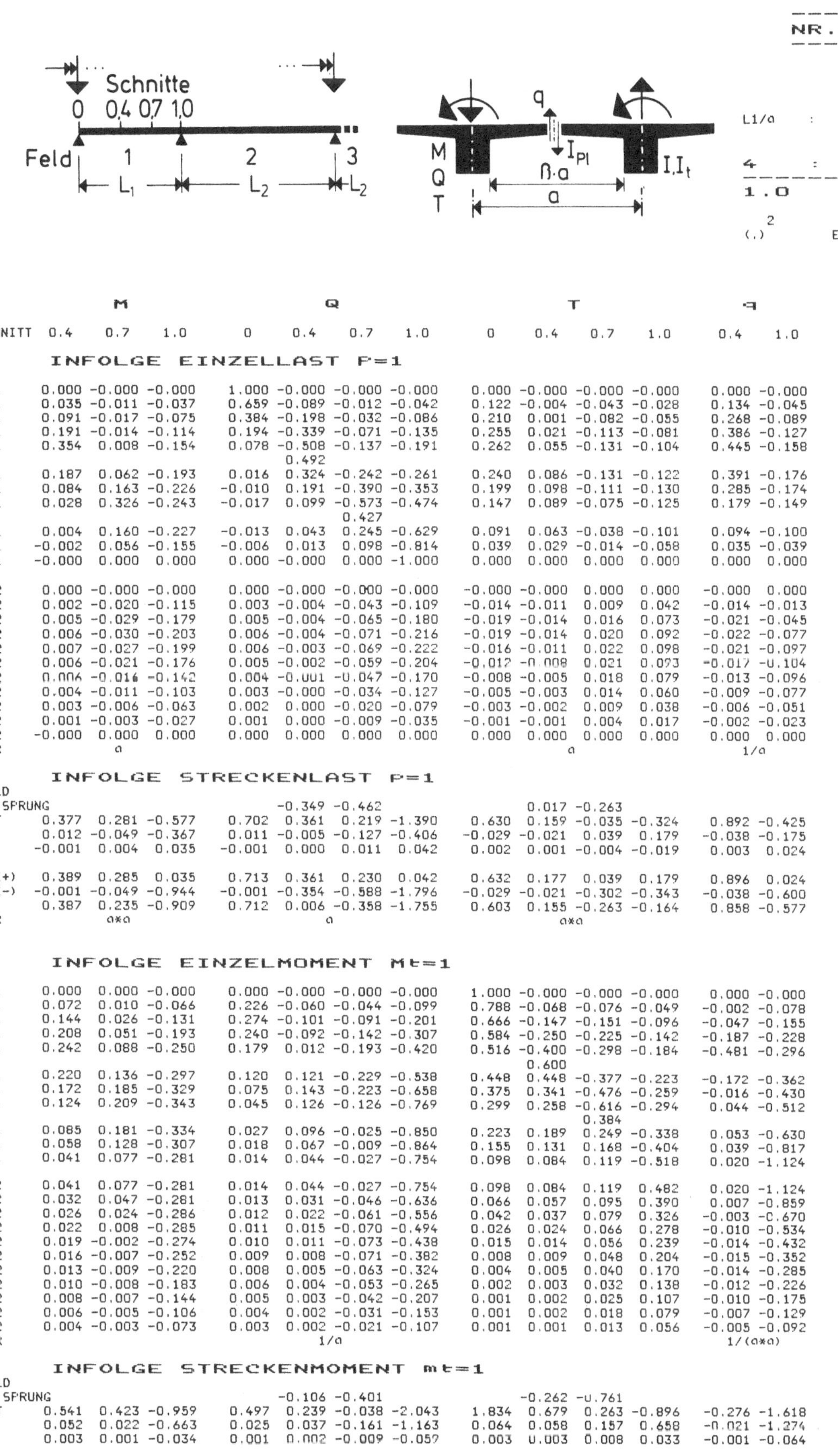

	M			Q				T				q	
IN SCHNITT	0.4	0.7	1.0	0	0.4	0.7	1.0	0	0.4	0.7	1.0	0.4	1.0

INFOLGE EINZELLAST P=1

IN

	M 0.4	M 0.7	M 1.0	Q 0	Q 0.4	Q 0.7	Q 1.0	T 0	T 0.4	T 0.7	T 1.0	q 0.4	q 1.0
0.0*L1	0.000	-0.000	-0.000	1.000	-0.000	-0.000	-0.000	0.000	-0.000	-0.000	-0.000	0.000	-0.000
0.1*L1	0.035	-0.011	-0.037	0.659	-0.089	-0.012	-0.042	0.122	-0.004	-0.043	-0.028	0.134	-0.045
0.2*L1	0.091	-0.017	-0.075	0.384	-0.198	-0.032	-0.086	0.210	0.001	-0.082	-0.055	0.268	-0.089
0.3*L1	0.191	-0.014	-0.114	0.194	-0.339	-0.071	-0.135	0.255	0.021	-0.113	-0.081	0.386	-0.127
0.4*L1	0.354	0.008	-0.154	0.078	-0.508	-0.137	-0.191	0.262	0.055	-0.131	-0.104	0.445	-0.158
					0.492								
0.5*L1	0.187	0.062	-0.193	0.016	0.324	-0.242	-0.261	0.240	0.086	-0.131	-0.122	0.391	-0.176
0.6*L1	0.084	0.163	-0.226	-0.010	0.191	-0.390	-0.353	0.199	0.098	-0.111	-0.130	0.285	-0.174
0.7*L1	0.028	0.326	-0.243	-0.017	0.099	-0.573	-0.474	0.147	0.089	-0.075	-0.125	0.179	-0.149
						0.427							
0.8*L1	0.004	0.160	-0.227	-0.013	0.043	0.245	-0.629	0.091	0.063	-0.038	-0.101	0.094	-0.100
0.9*L1	-0.002	0.056	-0.155	-0.006	0.013	0.098	-0.814	0.039	0.029	-0.014	-0.058	0.035	-0.039
1.0*L1	-0.000	0.000	0.000	0.000	-0.000	0.000	-1.000	0.000	0.000	0.000	0.000	0.000	0.000
0.0*L2	0.000	-0.000	-0.000	0.000	-0.000	-0.000	-0.000	-0.000	-0.000	0.000	0.000	-0.000	0.000
0.1*L2	0.002	-0.020	-0.115	0.003	-0.004	-0.043	-0.109	-0.014	-0.011	0.009	0.042	-0.014	-0.013
0.2*L2	0.005	-0.029	-0.179	0.005	-0.004	-0.065	-0.180	-0.019	-0.014	0.016	0.073	-0.021	-0.045
0.3*L2	0.006	-0.030	-0.203	0.006	-0.004	-0.071	-0.216	-0.019	-0.014	0.020	0.092	-0.022	-0.077
0.4*L2	0.007	-0.027	-0.199	0.006	-0.003	-0.069	-0.222	-0.016	-0.011	0.022	0.098	-0.021	-0.097
0.5*L2	0.006	-0.021	-0.176	0.005	-0.002	-0.059	-0.204	-0.012	-0.008	0.021	0.093	-0.017	-0.104
0.6*L2	0.006	-0.016	-0.142	0.004	-0.001	-0.047	-0.170	-0.008	-0.005	0.018	0.079	-0.013	-0.096
0.7*L2	0.004	-0.011	-0.103	0.003	-0.000	-0.034	-0.127	-0.005	-0.003	0.014	0.060	-0.009	-0.077
0.8*L2	0.003	-0.006	-0.063	0.002	0.000	-0.020	-0.079	-0.003	-0.002	0.009	0.038	-0.006	-0.051
0.9*L2	0.001	-0.003	-0.027	0.001	0.000	-0.009	-0.035	-0.001	-0.001	0.004	0.017	-0.002	-0.023
1.0*L2	-0.000	0.000	0.000	0.000	0.000	0.000	0.000	-0.000	0.000	0.000	0.000	0.000	0.000
FAKTOR	a							a				1/a	

INFOLGE STRECKENLAST P=1

IN FELD

	M 0.4	M 0.7	M 1.0	Q 0	Q 0.4	Q 0.7	Q 1.0	T 0	T 0.4	T 0.7	T 1.0	q 0.4	q 1.0
1,BIS SPRUNG					-0.349	-0.462			0.017	-0.263			
1,REST	0.377	0.281	-0.577	0.702	0.361	0.219	-1.390	0.630	0.159	-0.035	-0.324	0.892	-0.425
2	0.012	-0.049	-0.367	0.011	-0.005	-0.127	-0.406	-0.029	-0.021	0.039	0.179	-0.038	-0.175
3	-0.001	0.004	0.035	-0.001	0.000	0.011	0.042	0.002	0.001	-0.004	-0.019	0.003	0.024
SUMME(+)	0.389	0.285	0.035	0.713	0.361	0.230	0.042	0.632	0.177	0.039	0.179	0.896	0.024
SUMME(-)	-0.001	-0.049	-0.944	-0.001	-0.354	-0.588	-1.796	-0.029	-0.021	-0.302	-0.343	-0.038	-0.600
SUMME	0.387	0.235	-0.909	0.712	0.006	-0.358	-1.755	0.603	0.155	-0.263	-0.164	0.858	-0.577
FAKTOR	a*a				a				a*a			1/a	

INFOLGE EINZELMOMENT Mt=1

IN

	M 0.4	M 0.7	M 1.0	Q 0	Q 0.4	Q 0.7	Q 1.0	T 0	T 0.4	T 0.7	T 1.0	q 0.4	q 1.0
0.0*L1	0.000	0.000	-0.000	0.000	-0.000	-0.000	-0.000	1.000	-0.000	-0.000	-0.000	0.000	-0.000
0.1*L1	0.072	0.010	-0.066	0.226	-0.060	-0.044	-0.099	0.788	-0.068	-0.076	-0.049	-0.002	-0.078
0.2*L1	0.144	0.026	-0.131	0.274	-0.101	-0.091	-0.201	0.666	-0.147	-0.151	-0.096	-0.047	-0.155
0.3*L1	0.208	0.051	-0.193	0.240	-0.092	-0.142	-0.307	0.584	-0.250	-0.225	-0.142	-0.187	-0.228
0.4*L1	0.242	0.088	-0.250	0.179	0.012	-0.193	-0.420	0.516	-0.400	-0.298	-0.184	-0.481	-0.296
									0.600				
0.5*L1	0.220	0.136	-0.297	0.120	0.121	-0.229	-0.538	0.448	0.448	-0.377	-0.223	-0.172	-0.362
0.6*L1	0.172	0.185	-0.329	0.075	0.143	-0.223	-0.658	0.375	0.341	-0.476	-0.259	-0.016	-0.430
0.7*L1	0.124	0.209	-0.343	0.045	0.126	-0.126	-0.769	0.299	0.258	-0.616	-0.294	0.044	-0.512
										0.384			
0.8*L1	0.085	0.181	-0.334	0.027	0.096	-0.025	-0.850	0.223	0.189	0.249	-0.338	0.053	-0.630
0.9*L1	0.058	0.128	-0.307	0.018	0.067	-0.009	-0.864	0.155	0.131	0.168	-0.404	0.039	-0.817
1.0*L1	0.041	0.077	-0.281	0.014	0.044	-0.027	-0.754	0.098	0.084	0.119	-0.518	0.020	-1.124
0.0*L2	0.041	0.077	-0.281	0.014	0.044	-0.027	-0.754	0.098	0.084	0.119	0.482	0.020	-1.124
0.1*L2	0.032	0.047	-0.281	0.013	0.031	-0.046	-0.636	0.066	0.057	0.095	0.390	0.007	-0.859
0.2*L2	0.026	0.024	-0.286	0.012	0.022	-0.061	-0.556	0.042	0.037	0.079	0.326	-0.003	-0.670
0.3*L2	0.022	0.008	-0.285	0.011	0.015	-0.070	-0.494	0.026	0.024	0.066	0.278	-0.010	-0.534
0.4*L2	0.019	-0.002	-0.274	0.010	0.011	-0.073	-0.438	0.015	0.014	0.056	0.239	-0.014	-0.432
0.5*L2	0.016	-0.007	-0.252	0.009	0.008	-0.071	-0.382	0.008	0.009	0.048	0.204	-0.015	-0.352
0.6*L2	0.013	-0.009	-0.220	0.008	0.005	-0.063	-0.324	0.004	0.005	0.040	0.170	-0.014	-0.285
0.7*L2	0.010	-0.008	-0.183	0.006	0.004	-0.053	-0.265	0.002	0.003	0.032	0.138	-0.012	-0.226
0.8*L2	0.008	-0.007	-0.144	0.005	0.003	-0.042	-0.207	0.001	0.002	0.025	0.107	-0.010	-0.175
0.9*L2	0.006	-0.005	-0.106	0.004	0.002	-0.031	-0.153	0.001	0.002	0.018	0.079	-0.007	-0.129
1.0*L2	0.004	-0.003	-0.073	0.003	0.002	-0.021	-0.107	0.001	0.001	0.013	0.056	-0.005	-0.092
FAKTOR					1/a							1/(a*a)	

INFOLGE STRECKENMOMENT mt=1

IN FELD

	M 0.4	M 0.7	M 1.0	Q 0	Q 0.4	Q 0.7	Q 1.0	T 0	T 0.4	T 0.7	T 1.0	q 0.4	q 1.0
1,BIS SPRUNG					-0.106	-0.401			-0.262	-0.761			
1,REST	0.541	0.423	-0.959	0.497	0.239	-0.038	-2.043	1.834	0.679	0.263	-0.896	-0.276	-1.618
2	0.052	0.022	-0.663	0.025	0.037	-0.161	-1.163	0.064	0.058	0.157	0.658	-0.021	-1.274
3	0.003	0.001	-0.034	0.001	0.002	-0.009	-0.052	0.003	0.003	0.008	0.033	-0.001	-0.064
SUMME(+)	0.596	0.446	0.000	0.523	0.277	0.000	0.000	1.901	0.739	0.428	0.691	0.000	0.000
SUMME(-)	0.000	0.000	-1.656	0.000	-0.106	-0.609	-3.265	0.000	-0.262	-0.761	-0.896	-0.299	-2.956
SUMME	0.596	0.446	-1.656	0.523	0.170	-0.609	-3.265	1.901	0.477	-0.333	-0.205	-0.299	-2.956
FAKTOR	a				a				a			1/a	

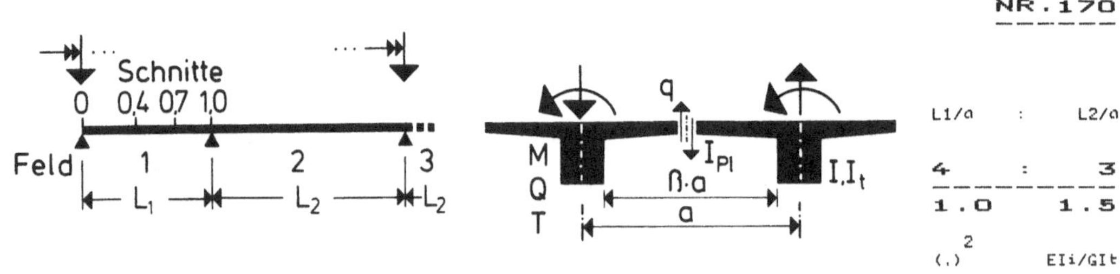

	M			Q				T				q	
IN SCHNITT	0.4	0.7	1.0	0	0.4	0.7	1.0	0	0.4	0.7	1.0	0.4	1.0

INFOLGE EINZELLAST P=1

IN	M 0.4	M 0.7	M 1.0	Q 0	Q 0.4	Q 0.7	Q 1.0	T 0	T 0.4	T 0.7	T 1.0	q 0.4	q 1.0
0.0*L1	0.000	-0.000	-0.000	1.000	-0.000	-0.000	-0.000	0.000	-0.000	-0.000	-0.000	0.000	-0.000
0.1*L1	0.056	-0.009	-0.047	0.697	-0.102	-0.026	-0.049	0.101	0.000	-0.038	-0.027	0.118	-0.040
0.2*L1	0.131	-0.012	-0.095	0.444	-0.217	-0.061	-0.100	0.176	0.006	-0.072	-0.052	0.232	-0.077
0.3*L1	0.244	-0.003	-0.142	0.257	-0.355	-0.112	-0.157	0.217	0.023	-0.098	-0.076	0.329	-0.109
0.4*L1	0.412	0.027	-0.189	0.133	-0.511	-0.187	-0.223	0.227	0.048	-0.113	-0.095	0.376	-0.134
					0.489								
0.5*L1	0.241	0.088	-0.230	0.057	0.337	-0.294	-0.303	0.211	0.071	-0.113	-0.109	0.338	-0.146
0.6*L1	0.127	0.195	-0.261	0.017	0.211	-0.435	-0.401	0.177	0.080	-0.097	-0.114	0.256	-0.142
0.7*L1	0.059	0.358	-0.271	-0.001	0.119	-0.602	-0.524	0.132	0.072	-0.068	-0.107	0.169	-0.119
						0.398							
0.8*L1	0.022	0.184	-0.244	-0.006	0.057	0.233	-0.672	0.082	0.051	-0.037	-0.085	0.093	-0.079
0.9*L1	0.005	0.069	-0.162	-0.004	0.020	0.096	-0.838	0.036	0.024	-0.014	-0.047	0.037	-0.031
1.0*L1	-0.000	-0.000	0.000	0.000	-0.000	0.000	-1.000	-0.000	-0.000	-0.000	-0.000	-0.000	-0.000
0.0*L2	-0.000	-0.000	-0.000	0.000	-0.000	-0.000	-0.000	-0.000	-0.000	0.000	0.000	-0.000	0.000
0.1*L2	-0.001	-0.028	-0.115	0.003	-0.007	-0.044	-0.094	-0.015	-0.010	0.009	0.034	-0.016	-0.007
0.2*L2	-0.000	-0.041	-0.181	0.004	-0.011	-0.068	-0.157	-0.021	-0.014	0.015	0.060	-0.025	-0.029
0.3*L2	0.001	-0.045	-0.209	0.005	-0.011	-0.078	-0.190	-0.022	-0.014	0.019	0.075	-0.028	-0.052
0.4*L2	0.002	-0.043	-0.208	0.006	-0.010	-0.076	-0.197	-0.020	-0.013	0.021	0.081	-0.027	-0.067
0.5*L2	0.002	-0.036	-0.187	0.005	-0.008	-0.068	-0.183	-0.017	-0.010	0.020	0.077	-0.024	-0.073
0.6*L2	0.002	-0.029	-0.153	0.004	-0.006	-0.055	-0.154	-0.013	-0.007	0.017	0.066	-0.019	-0.068
0.7*L2	0.002	-0.020	-0.112	0.003	-0.004	-0.040	-0.115	-0.009	-0.005	0.013	0.051	-0.014	-0.055
0.8*L2	0.001	-0.012	-0.070	0.002	-0.002	-0.025	-0.073	-0.005	-0.003	0.008	0.032	-0.008	-0.037
0.9*L2	0.001	-0.005	-0.031	0.001	-0.001	-0.011	-0.032	-0.002	-0.001	0.004	0.014	-0.004	-0.017
1.0*L2	-0.000	-0.000	-0.000	-0.000	-0.000	0.000	0.000	-0.000	-0.000	-0.000	-0.000	-0.000	-0.000
FAKTOR	a							a				1/a	

INFOLGE STRECKENLAST P=1

IN FELD	M 0.4	M 0.7	M 1.0	Q 0	Q 0.4	Q 0.7	Q 1.0	T 0	T 0.4	T 0.7	T 1.0	q 0.4	q 1.0
1,BIS SPRUNG						-0.370	-0.561			0.021	-0.229		
1,REST	0.507	0.347	-0.665	0.827	0.391	0.208	-1.504	0.547	0.130	-0.033	-0.287	0.784	-0.352
2	0.003	-0.079	-0.383	0.010	-0.019	-0.141	-0.362	-0.038	-0.023	0.038	0.149	-0.050	-0.122
3	-0.001	0.009	0.051	-0.001	0.002	0.018	0.051	0.004	0.002	-0.006	-0.022	0.006	0.023
SUMME(+)	0.511	0.357	0.051	0.837	0.393	0.226	0.051	0.552	0.153	0.038	0.149	0.791	0.023
SUMME(-)	-0.001	-0.079	-1.048	-0.001	-0.389	-0.702	-1.866	-0.038	-0.023	-0.268	-0.310	-0.050	-0.474
SUMME	0.510	0.278	-0.997	0.836	0.004	-0.476	-1.814	0.514	0.130	-0.230	-0.161	0.741	-0.451
FAKTOR	a*a			a				a*a					

INFOLGE EINZELMOMENT Mt=1

IN	M 0.4	M 0.7	M 1.0	Q 0	Q 0.4	Q 0.7	Q 1.0	T 0	T 0.4	T 0.7	T 1.0	q 0.4	q 1.0
0.0*L1	0.000	0.000	-0.000	0.000	-0.000	-0.000	-0.000	1.000	-0.000	-0.000	-0.000	-0.000	-0.000
0.1*L1	0.095	0.017	-0.080	0.256	-0.065	-0.063	-0.112	0.771	-0.069	-0.070	-0.045	-0.024	-0.069
0.2*L1	0.188	0.039	-0.157	0.325	-0.108	-0.127	-0.226	0.635	-0.149	-0.139	-0.090	-0.090	-0.136
0.3*L1	0.267	0.072	-0.230	0.302	-0.097	-0.192	-0.344	0.545	-0.255	-0.208	-0.132	-0.245	-0.200
0.4*L1	0.309	0.116	-0.293	0.243	0.014	-0.252	-0.467	0.475	-0.411	-0.278	-0.171	-0.546	-0.261
									0.589				
0.5*L1	0.288	0.170	-0.343	0.178	0.131	-0.290	-0.593	0.408	0.432	-0.357	-0.206	-0.232	-0.322
0.6*L1	0.233	0.221	-0.375	0.123	0.158	-0.280	-0.716	0.340	0.322	-0.458	-0.240	-0.065	-0.388
0.7*L1	0.174	0.243	-0.383	0.082	0.142	-0.173	-0.825	0.270	0.240	-0.603	-0.277	0.008	-0.471
										0.397			
0.8*L1	0.123	0.209	-0.366	0.054	0.110	-0.061	-0.896	0.201	0.173	0.259	-0.323	0.028	-0.593
0.9*L1	0.084	0.147	-0.331	0.037	0.076	-0.035	-0.895	0.138	0.119	0.174	-0.396	0.022	-0.785
1.0*L1	0.057	0.085	-0.300	0.026	0.048	-0.047	-0.767	0.086	0.075	0.123	-0.517	0.006	-1.094
0.0*L2	0.057	0.085	-0.300	0.026	0.048	-0.047	-0.767	0.086	0.075	0.123	0.483	0.006	-1.094
0.1*L2	0.042	0.047	-0.297	0.021	0.031	-0.062	-0.636	0.056	0.051	0.098	0.385	-0.005	-0.829
0.2*L2	0.032	0.018	-0.300	0.018	0.019	-0.076	-0.546	0.033	0.032	0.080	0.315	-0.015	-0.637
0.3*L2	0.024	-0.002	-0.299	0.015	0.011	-0.084	-0.478	0.017	0.020	0.067	0.264	-0.021	-0.498
0.4*L2	0.019	-0.015	-0.288	0.013	0.005	-0.087	-0.419	0.007	0.011	0.057	0.223	-0.024	-0.394
0.5*L2	0.015	-0.021	-0.265	0.011	0.001	-0.083	-0.362	0.001	0.005	0.048	0.187	-0.024	-0.314
0.6*L2	0.011	-0.022	-0.232	0.009	-0.000	-0.074	-0.305	-0.002	0.002	0.039	0.155	-0.022	-0.250
0.7*L2	0.009	-0.020	-0.193	0.008	-0.001	-0.063	-0.248	-0.003	0.001	0.032	0.124	-0.019	-0.196
0.8*L2	0.007	-0.016	-0.152	0.006	-0.001	-0.049	-0.193	-0.003	0.000	0.024	0.096	-0.015	-0.150
0.9*L2	0.005	-0.012	-0.111	0.004	-0.001	-0.036	-0.141	-0.002	0.000	0.018	0.071	-0.011	-0.111
1.0*L2	0.004	-0.007	-0.075	0.003	-0.000	-0.024	-0.097	-0.001	0.001	0.012	0.049	-0.007	-0.078
FAKTOR				1/a								1/(a*a)	

INFOLGE STRECKENMOMENT mt=1

IN FELD	M 0.4	M 0.7	M 1.0	Q 0	Q 0.4	Q 0.7	Q 1.0	T 0	T 0.4	T 0.7	T 1.0	q 0.4	q 1.0
1,BIS SPRUNG						-0.114	-0.524			-0.267	-0.721		
1,REST	0.720	0.513	-1.087	0.658	0.266	-0.076	-2.194	1.722	0.642	0.273	-0.852	-0.430	-1.498
2	0.058	-0.003	-0.698	0.036	0.026	-0.196	-1.125	0.043	0.048	0.158	0.623	-0.047	-1.182
3	0.003	0.003	-0.018	0.001	0.002	-0.004	-0.039	0.003	0.003	0.006	0.024	-0.000	-0.051
SUMME(+)	0.780	0.516	0.000	0.696	0.294	0.000	0.000	1.768	0.693	0.437	0.647	0.000	0.000
SUMME(-)	0.000	-0.003	-1.803	0.000	-0.114	-0.800	-3.358	0.000	-0.267	-0.721	-0.852	-0.478	-2.731
SUMME	0.780	0.513	-1.803	0.696	0.180	-0.800	-3.358	1.768	0.426	-0.284	-0.205	-0.478	-2.731
FAKTOR	a							a				1/a	

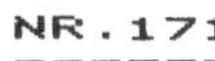

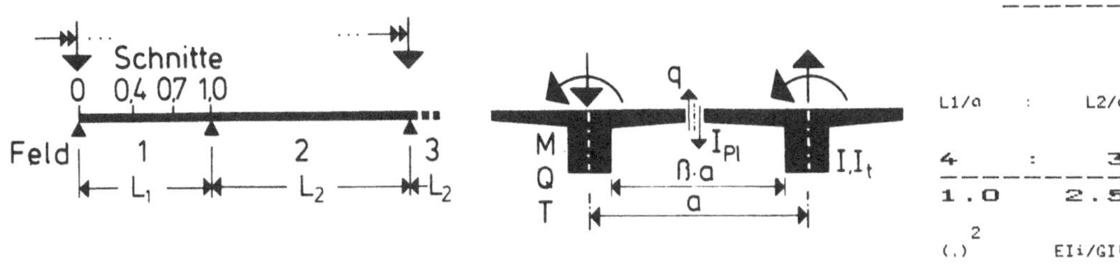

| | **M** | | | **Q** | | | | **T** | | | | **q** | |
IN SCHNITT	0.4	0.7	1.0	0	0.4	0.7	1.0	0	0.4	0.7	1.0	0.4	1.0

INFOLGE EINZELLAST P=1

IN	M 0.4	M 0.7	M 1.0	Q 0	Q 0.4	Q 0.7	Q 1.0	T 0	T 0.4	T 0.7	T 1.0	q 0.4	q 1.0
0.0*L1	0.000	-0.000	-0.000	1.000	-0.000	-0.000	-0.000	0.000	0.000	-0.000	-0.000	0.000	-0.000
0.1*L1	0.084	-0.003	-0.062	0.740	-0.113	-0.047	-0.061	0.076	0.003	-0.030	-0.023	0.095	-0.032
0.2*L1	0.184	0.001	-0.123	0.514	-0.235	-0.101	-0.125	0.135	0.010	-0.057	-0.045	0.183	-0.061
0.3*L1	0.315	0.017	-0.181	0.337	-0.369	-0.167	-0.194	0.169	0.022	-0.078	-0.065	0.256	-0.086
0.4*L1	0.491	0.056	-0.234	0.208	-0.512	-0.253	-0.272	0.180	0.040	-0.090	-0.080	0.291	-0.103
					0.488								
0.5*L1	0.316	0.125	-0.278	0.119	0.350	-0.362	-0.362	0.169	0.054	-0.090	-0.090	0.267	-0.110
0.6*L1	0.190	0.236	-0.305	0.063	0.232	-0.494	-0.466	0.144	0.059	-0.078	-0.092	0.210	-0.105
0.7*L1	0.104	0.398	-0.306	0.029	0.140	-0.643	-0.587	0.108	0.053	-0.056	-0.084	0.144	-0.087
						0.357							
0.8*L1	0.050	0.214	-0.267	0.011	0.073	0.212	-0.722	0.068	0.037	-0.032	-0.065	0.084	-0.057
0.9*L1	0.017	0.084	-0.171	0.003	0.028	0.089	-0.866	0.030	0.017	-0.013	-0.036	0.035	-0.023
1.0*L1	-0.000	0.000	0.000	-0.000	0.000	0.000	-1.000	-0.000	-0.000	-0.000	-0.000	0.000	-0.000
0.0*L2	-0.000	-0.000	-0.000	-0.000	-0.000	-0.000	-0.000	-0.000	-0.000	0.000	0.000	-0.000	0.000
0.1*L2	-0.006	-0.037	-0.113	-0.000	-0.012	-0.043	-0.078	-0.014	-0.008	0.008	0.025	-0.016	-0.003
0.2*L2	-0.009	-0.057	-0.181	-0.000	-0.018	-0.068	-0.130	-0.020	-0.011	0.014	0.044	-0.026	-0.016
0.3*L2	-0.010	-0.065	-0.211	0.000	-0.020	-0.079	-0.158	-0.023	-0.012	0.017	0.056	-0.030	-0.030
0.4*L2	-0.009	-0.064	-0.213	0.001	-0.020	-0.080	-0.165	-0.022	-0.012	0.018	0.061	-0.030	-0.040
0.5*L2	-0.008	-0.057	-0.195	0.001	-0.017	-0.072	-0.154	-0.019	-0.010	0.017	0.058	-0.027	-0.044
0.6*L2	-0.006	-0.046	-0.161	0.001	-0.014	-0.060	-0.131	-0.015	-0.008	0.015	0.051	-0.022	-0.042
0.7*L2	-0.004	-0.034	-0.120	0.001	-0.010	-0.044	-0.099	-0.011	-0.006	0.011	0.039	-0.016	-0.035
0.8*L2	-0.002	-0.021	-0.076	0.001	-0.006	-0.028	-0.063	-0.007	-0.003	0.007	0.025	-0.010	-0.023
0.9*L2	-0.001	-0.009	-0.034	0.000	-0.003	-0.012	-0.029	-0.003	-0.001	0.003	0.011	-0.005	-0.011
1.0*L2	0.000	0.000	0.000	-0.000	0.000	0.000	0.000	-0.000	-0.000	-0.000	-0.000	0.000	-0.000
FAKTOR	a							a				1/a	

INFOLGE STRECKENLAST P=1

IN FELD	M 0.4	M 0.7	M 1.0	Q 0	Q 0.4	Q 0.7	Q 1.0	T 0	T 0.4	T 0.7	T 1.0	q 0.4	q 1.0
1,BIS SPRUNG						-0.388	-0.695			0.021	-0.182		
1,REST	0.690	0.440	-0.780	1.001	0.422	0.189	-1.660	0.435	0.097	-0.029	-0.234	0.630	-0.267
2	-0.017	-0.118	-0.395	0.001	-0.037	-0.148	-0.305	-0.041	-0.022	0.034	0.112	-0.055	-0.073
3	0.002	0.020	0.070	-0.000	0.006	0.026	0.057	0.007	0.003	-0.006	-0.022	0.010	0.018
SUMME(+)	0.693	0.460	0.070	1.002	0.428	0.215	0.057	0.442	0.122	0.034	0.112	0.640	0.018
SUMME(-)	-0.017	-0.118	-1.176	-0.000	-0.425	-0.843	-1.965	-0.041	-0.022	-0.218	-0.256	-0.055	-0.341
SUMME	0.676	0.342	-1.106	1.002	0.004	-0.627	-1.909	0.401	0.100	-0.184	-0.144	0.584	-0.322
FAKTOR	a*a			a				a*a					

INFOLGE EINZELMOMENT Mt=1

IN	M 0.4	M 0.7	M 1.0	Q 0	Q 0.4	Q 0.7	Q 1.0	T 0	T 0.4	T 0.7	T 1.0	q 0.4	q 1.0
0.0*L1	0.000	0.000	-0.000	0.000	-0.000	-0.000	-0.000	1.000	-0.000	-0.000	-0.000	-0.000	-0.000
0.1*L1	0.128	0.028	-0.098	0.292	-0.070	-0.089	-0.131	0.749	-0.070	-0.061	-0.040	-0.054	-0.057
0.2*L1	0.248	0.061	-0.193	0.391	-0.114	-0.177	-0.264	0.594	-0.153	-0.122	-0.078	-0.146	-0.112
0.3*L1	0.348	0.104	-0.278	0.385	-0.100	-0.260	-0.399	0.493	-0.264	-0.184	-0.114	-0.322	-0.166
0.4*L1	0.402	0.157	-0.351	0.331	0.017	-0.331	-0.535	0.418	-0.425	-0.251	-0.149	-0.632	-0.219
								0.575					
0.5*L1	0.381	0.217	-0.404	0.262	0.141	-0.372	-0.670	0.353	0.413	-0.330	-0.181	-0.316	-0.275
0.6*L1	0.319	0.270	-0.433	0.195	0.174	-0.356	-0.795	0.291	0.301	-0.434	-0.214	-0.136	-0.340
0.7*L1	0.248	0.288	-0.434	0.140	0.160	-0.237	-0.898	0.229	0.219	-0.583	-0.252	-0.047	-0.426
								0.417					
0.8*L1	0.177	0.245	-0.407	0.097	0.125	-0.109	-0.956	0.170	0.156	0.273	-0.304	-0.012	-0.553
0.9*L1	0.121	0.170	-0.362	0.066	0.086	-0.070	-0.934	0.116	0.106	0.184	-0.384	-0.006	-0.752
1.0*L1	0.078	0.094	-0.321	0.044	0.052	-0.071	-0.784	0.071	0.067	0.128	-0.515	-0.013	-1.065
0.0*L2	0.078	0.094	-0.321	0.044	0.051	-0.071	-0.784	0.071	0.067	0.128	0.485	-0.013	-1.065
0.1*L2	0.054	0.047	-0.314	0.033	0.031	-0.081	-0.637	0.044	0.045	0.101	0.379	-0.021	-0.799
0.2*L2	0.037	0.010	-0.315	0.024	0.015	-0.091	-0.535	0.024	0.029	0.082	0.304	-0.027	-0.606
0.3*L2	0.024	-0.016	-0.312	0.018	0.004	-0.097	-0.457	0.010	0.017	0.067	0.248	-0.031	-0.464
0.4*L2	0.015	-0.032	-0.300	0.014	-0.003	-0.097	-0.393	0.001	0.009	0.056	0.204	-0.032	-0.359
0.5*L2	0.009	-0.039	-0.276	0.011	-0.007	-0.092	-0.335	-0.005	0.004	0.046	0.168	-0.032	-0.280
0.6*L2	0.005	-0.040	-0.242	0.008	-0.009	-0.082	-0.279	-0.007	0.001	0.038	0.137	-0.029	-0.218
0.7*L2	0.003	-0.036	-0.202	0.006	-0.008	-0.069	-0.225	-0.007	-0.000	0.030	0.108	-0.024	-0.168
0.8*L2	0.002	-0.029	-0.158	0.005	-0.007	-0.054	-0.174	-0.006	-0.000	0.023	0.083	-0.019	-0.127
0.9*L2	0.002	-0.020	-0.114	0.003	-0.005	-0.039	-0.127	-0.004	-0.000	0.017	0.061	-0.014	-0.094
1.0*L2	0.002	-0.012	-0.075	0.002	-0.003	-0.025	-0.086	-0.002	0.000	0.012	0.042	-0.009	-0.067
FAKTOR	1/a			1/a								1/(a*a)	

INFOLGE STRECKENMOMENT mt=1

IN FELD	M 0.4	M 0.7	M 1.0	Q 0	Q 0.4	Q 0.7	Q 1.0	T 0	T 0.4	T 0.7	T 1.0	q 0.4	q 1.0
1,BIS SPRUNG						-0.119	-0.690			-0.276	-0.665		
1,REST	0.969	0.638	-1.252	0.887	0.295	-0.126	-2.403	1.570	0.601	0.287	-0.785	-0.646	-1.362
2	0.057	-0.036	-0.729	0.043	0.010	-0.225	-1.076	0.024	0.041	0.159	0.584	-0.072	-1.097
3	0.004	0.009	0.000	0.002	0.004	0.002	-0.024	0.005	0.004	0.004	0.018	0.001	-0.045
SUMME(+)	1.030	0.646	0.000	0.932	0.309	0.002	0.000	1.599	0.646	0.450	0.601	0.001	0.000
SUMME(-)	0.000	-0.036	-1.982	0.000	-0.119	-1.042	-3.502	0.000	-0.276	-0.665	-0.785	-0.718	-2.504
SUMME	1.030	0.610	-1.981	0.932	0.190	-1.039	-3.502	1.599	0.370	-0.215	-0.184	-0.716	-2.504
FAKTOR	a			a								1/a	

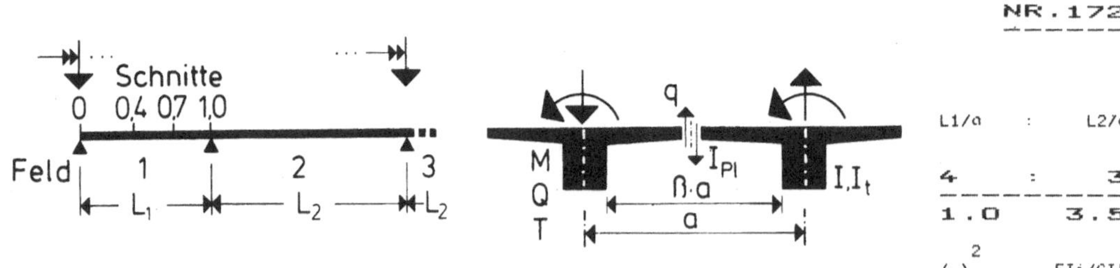

IN SCHNITT	M 0.4	M 0.7	M 1.0	Q 0	Q 0.4	Q 0.7	Q 1.0	T 0	T 0.4	T 0.7	T 1.0	q 0.4	q 1.0

INFOLGE EINZELLAST P=1

IN	M 0.4	M 0.7	M 1.0	Q 0	Q 0.4	Q 0.7	Q 1.0	T 0	T 0.4	T 0.7	T 1.0	q 0.4	q 1.0
0.0*L1	0.000	0.000	-0.000	1.000	-0.000	-0.000	-0.000	0.000	0.000	-0.000	-0.000	0.000	-0.000
0.1*L1	0.102	0.002	-0.072	0.765	-0.118	-0.061	-0.071	0.062	0.004	-0.025	-0.020	0.079	-0.026
0.2*L1	0.218	0.011	-0.141	0.557	-0.242	-0.127	-0.144	0.110	0.010	-0.048	-0.039	0.152	-0.051
0.3*L1	0.361	0.033	-0.207	0.387	-0.374	-0.204	-0.222	0.139	0.020	-0.065	-0.056	0.211	-0.071
0.4*L1	0.542	0.077	-0.264	0.257	-0.512	-0.296	-0.308	0.149	0.033	-0.075	-0.069	0.239	-0.084
				0.488									
0.5*L1	0.366	0.150	-0.308	0.162	0.357	-0.405	-0.402	0.141	0.044	-0.075	-0.076	0.222	-0.090
0.6*L1	0.233	0.263	-0.333	0.096	0.243	-0.532	-0.508	0.121	0.048	-0.065	-0.077	0.177	-0.085
0.7*L1	0.136	0.422	-0.328	0.053	0.151	-0.670	-0.626	0.091	0.042	-0.047	-0.070	0.124	-0.070
						0.330							
0.8*L1	0.070	0.233	-0.281	0.025	0.082	0.197	-0.753	0.058	0.030	-0.028	-0.053	0.073	-0.046
0.9*L1	0.026	0.093	-0.177	0.009	0.032	0.084	-0.882	0.026	0.014	-0.012	-0.029	0.031	-0.018
1.0*L1	0.000	0.000	0.000	0.000	0.000	0.000	-1.000	0.000	0.000	0.000	-0.000	0.000	0.000
0.0*L2	-0.000	-0.000	-0.000	-0.000	-0.000	-0.000	-0.000	-0.000	-0.000	0.000	0.000	-0.000	0.000
0.1*L2	-0.011	-0.043	-0.111	-0.003	-0.015	-0.041	-0.068	-0.012	-0.006	0.007	0.020	-0.015	-0.001
0.2*L2	-0.017	-0.067	-0.179	-0.005	-0.023	-0.066	-0.113	-0.019	-0.010	0.012	0.036	-0.024	-0.010
0.3*L2	-0.019	-0.078	-0.211	-0.005	-0.026	-0.078	-0.138	-0.021	-0.011	0.015	0.045	-0.028	-0.020
0.4*L2	-0.018	-0.077	-0.215	-0.005	-0.026	-0.079	-0.145	-0.021	-0.010	0.016	0.049	-0.029	-0.028
0.5*L2	-0.016	-0.070	-0.197	-0.004	-0.023	-0.072	-0.136	-0.019	-0.009	0.015	0.047	-0.026	-0.031
0.6*L2	-0.013	-0.057	-0.164	-0.003	-0.019	-0.060	-0.116	-0.015	-0.007	0.013	0.041	-0.022	-0.030
0.7*L2	-0.009	-0.042	-0.123	-0.002	-0.014	-0.045	-0.088	-0.011	-0.005	0.010	0.032	-0.016	-0.025
0.8*L2	-0.006	-0.027	-0.078	-0.001	-0.009	-0.028	-0.056	-0.007	-0.003	0.007	0.021	-0.010	-0.017
0.9*L2	-0.003	-0.012	-0.035	-0.001	-0.004	-0.013	-0.026	-0.003	-0.001	0.003	0.009	-0.005	-0.008
1.0*L2	0.000	0.000	0.000	0.000	0.000	0.000	0.000	-0.000	0.000	0.000	-0.000	0.000	-0.000
FAKTOR	a							a				1/a	

INFOLGE STRECKENLAST P=1

IN FELD	M 0.4	M 0.7	M 1.0	Q 0	Q 0.4	Q 0.7	Q 1.0	T 0	T 0.4	T 0.7	T 1.0	q 0.4	q 1.0
1,BIS SPRUNG					-0.396	-0.782			0.020	-0.152			
1,REST	0.813	0.503	-0.854	1.116	0.440	0.176	-1.765	0.362	0.079	-0.025	-0.197	0.526	-0.217
2	-0.034	-0.144	-0.398	-0.009	-0.048	-0.146	-0.268	-0.039	-0.019	0.030	0.091	-0.054	-0.051
3	0.006	0.028	0.080	0.001	0.009	0.029	0.056	0.007	0.004	-0.006	-0.020	0.011	0.015
SUMME(+)	0.819	0.531	0.080	1.118	0.449	0.205	0.056	0.370	0.102	0.030	0.091	0.537	0.015
SUMME(-)	-0.034	-0.144	-1.252	-0.009	-0.444	-0.927	-2.033	-0.039	-0.019	-0.183	-0.217	-0.054	-0.268
SUMME	0.785	0.387	-1.172	1.109	0.005	-0.722	-1.977	0.331	0.082	-0.154	-0.126	0.483	-0.253
FAKTOR	a*a			a				a*a					

INFOLGE EINZELMOMENT Mt=1

IN	M 0.4	M 0.7	M 1.0	Q 0	Q 0.4	Q 0.7	Q 1.0	T 0	T 0.4	T 0.7	T 1.0	q 0.4	q 1.0
0.0*L1	0.000	0.000	-0.000	0.000	-0.000	-0.000	-0.000	1.000	-0.000	-0.000	-0.000	-0.000	-0.000
0.1*L1	0.149	0.036	-0.110	0.315	-0.071	-0.106	-0.145	0.735	-0.072	-0.055	-0.035	-0.073	-0.049
0.2*L1	0.288	0.077	-0.215	0.432	-0.116	-0.209	-0.291	0.569	-0.157	-0.110	-0.069	-0.183	-0.098
0.3*L1	0.402	0.126	-0.310	0.438	-0.101	-0.304	-0.438	0.460	-0.270	-0.169	-0.102	-0.372	-0.146
0.4*L1	0.463	0.185	-0.387	0.389	0.020	-0.382	-0.583	0.382	-0.434	-0.233	-0.133	-0.688	-0.195
									0.566				
0.5*L1	0.444	0.248	-0.442	0.318	0.148	-0.425	-0.722	0.317	0.402	-0.312	-0.163	-0.371	-0.248
0.6*L1	0.377	0.302	-0.470	0.245	0.183	-0.405	-0.848	0.258	0.289	-0.417	-0.196	-0.184	-0.313
0.7*L1	0.294	0.317	-0.466	0.180	0.169	-0.278	-0.946	0.202	0.207	-0.569	-0.235	-0.085	-0.401
										0.431			
0.8*L1	0.214	0.268	-0.433	0.127	0.133	-0.141	-0.994	0.149	0.146	0.283	-0.291	-0.040	-0.532
0.9*L1	0.146	0.185	-0.380	0.086	0.091	-0.092	-0.959	0.101	0.099	0.190	-0.376	-0.026	-0.734
1.0*L1	0.092	0.100	-0.334	0.056	0.053	-0.085	-0.794	0.061	0.063	0.132	-0.513	-0.026	-1.050
0.0*L2	0.092	0.100	-0.334	0.056	0.053	-0.085	-0.794	0.061	0.063	0.132	0.487	-0.026	-1.050
0.1*L2	0.061	0.047	-0.323	0.040	0.030	-0.091	-0.638	0.038	0.043	0.103	0.377	-0.029	-0.785
0.2*L2	0.038	0.005	-0.321	0.028	0.012	-0.098	-0.527	0.020	0.028	0.082	0.297	-0.033	-0.591
0.3*L2	0.022	-0.025	-0.317	0.019	-0.000	-0.101	-0.445	0.007	0.017	0.067	0.239	-0.035	-0.448
0.4*L2	0.010	-0.043	-0.304	0.012	-0.008	-0.100	-0.377	-0.001	0.009	0.055	0.193	-0.035	-0.343
0.5*L2	0.003	-0.051	-0.280	0.008	-0.013	-0.094	-0.318	-0.006	0.004	0.045	0.157	-0.033	-0.264
0.6*L2	-0.001	-0.051	-0.246	0.005	-0.014	-0.084	-0.263	-0.008	0.001	0.037	0.126	-0.030	-0.203
0.7*L2	-0.002	-0.046	-0.205	0.004	-0.013	-0.070	-0.211	-0.008	0.000	0.029	0.099	-0.025	-0.155
0.8*L2	-0.002	-0.036	-0.160	0.003	-0.010	-0.055	-0.162	-0.007	-0.000	0.022	0.076	-0.020	-0.117
0.9*L2	-0.001	-0.026	-0.115	0.002	-0.007	-0.039	-0.118	-0.005	-0.000	0.016	0.055	-0.014	-0.086
1.0*L2	-0.000	-0.015	-0.074	0.002	-0.004	-0.025	-0.079	-0.002	0.000	0.011	0.038	-0.009	-0.062
FAKTOR				1/a								1/(a*a)	

INFOLGE STRECKENMOMENT mt=1

IN FELD	M 0.4	M 0.7	M 1.0	Q 0	Q 0.4	Q 0.7	Q 1.0	T 0	T 0.4	T 0.7	T 1.0	q 0.4	q 1.0
1,BIS SPRUNG					-0.120	-0.797			-0.282	-0.628			
1,REST	1.135	0.722	-1.357	1.039	0.312	-0.159	-2.542	1.471	0.577	0.297	-0.738	-0.790	-1.285
2	0.052	-0.057	-0.743	0.044	-0.000	-0.237	-1.045	0.017	0.039	0.158	0.562	-0.082	-1.057
3	0.006	0.014	0.010	0.003	0.005	0.005	-0.019	0.005	0.004	0.004	0.016	0.002	-0.044
SUMME(+)	1.193	0.735	0.010	1.087	0.317	0.005	0.000	1.494	0.621	0.459	0.578	0.002	0.000
SUMME(-)	0.000	-0.057	-2.100	0.000	-0.120	-1.193	-3.605	0.000	-0.282	-0.628	-0.738	-0.871	-2.386
SUMME	1.193	0.678	-2.090	1.087	0.197	-1.188	-3.605	1.494	0.338	-0.169	-0.160	-0.869	-2.386
FAKTOR	a							a				1/a	

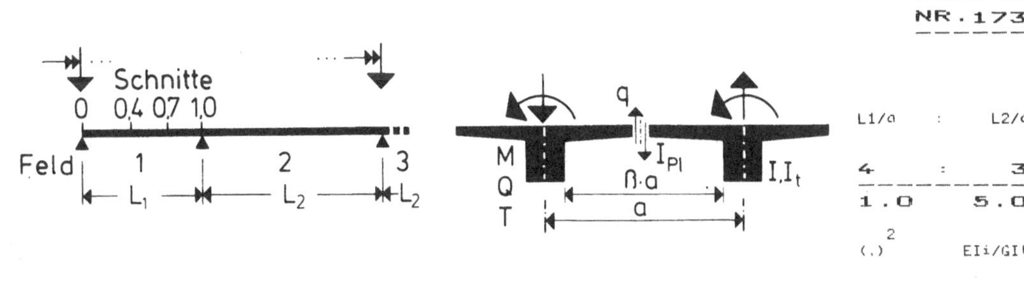

	M			Q				T				q	
IN SCHNITT	0.4	0.7	1.0	0	0.4	0.7	1.0	0	0.4	0.7	1.0	0.4	1.0

INFOLGE EINZELLAST P=1

IN	M 0.4	0.7	1.0	Q 0	0.4	0.7	1.0	T 0	0.4	0.7	1.0	q 0.4	1.0
0.0*L1	0.000	0.000	-0.000	1.000	-0.000	-0.000	-0.000	0.000	0.000	-0.000	-0.000	0.000	-0.000
0.1*L1	0.120	0.008	-0.081	0.788	-0.122	-0.075	-0.082	0.049	0.004	-0.020	-0.017	0.063	-0.021
0.2*L1	0.252	0.022	-0.160	0.596	-0.248	-0.154	-0.165	0.087	0.009	-0.038	-0.033	0.121	-0.040
0.3*L1	0.407	0.050	-0.232	0.435	-0.378	-0.240	-0.252	0.110	0.017	-0.052	-0.046	0.167	-0.056
0.4*L1	0.593	0.099	-0.293	0.306	-0.511	-0.338	-0.344	0.119	0.027	-0.059	-0.056	0.189	-0.066
					0.489								
0.5*L1	0.416	0.176	-0.338	0.206	0.363	-0.448	-0.443	0.114	0.035	-0.060	-0.062	0.177	-0.070
0.6*L1	0.276	0.289	-0.360	0.132	0.252	-0.569	-0.550	0.097	0.037	-0.052	-0.062	0.143	-0.066
0.7*L1	0.169	0.446	-0.349	0.078	0.161	-0.697	-0.663	0.074	0.033	-0.038	-0.055	0.102	-0.054
					0.303								
0.8*L1	0.090	0.250	-0.295	0.040	0.089	0.181	-0.781	0.047	0.023	-0.023	-0.042	0.061	-0.035
0.9*L1	0.036	0.102	-0.183	0.015	0.036	0.078	-0.897	0.021	0.011	-0.010	-0.023	0.026	-0.014
1.0*L1	0.000	-0.000	0.000	0.000	-0.000	0.000	-1.000	-0.000	-0.000	-0.000	-0.000	0.000	-0.000
0.0*L2	-0.000	-0.000	-0.000	-0.000	-0.000	-0.000	-0.000	-0.000	-0.000	0.000	0.000	-0.000	0.000
0.1*L2	-0.016	-0.048	-0.109	-0.007	-0.017	-0.039	-0.058	-0.010	-0.005	0.006	0.016	-0.013	-0.000
0.2*L2	-0.025	-0.077	-0.177	-0.010	-0.027	-0.063	-0.098	-0.016	-0.008	0.010	0.028	-0.021	-0.006
0.3*L2	-0.029	-0.090	-0.209	-0.012	-0.031	-0.074	-0.119	-0.019	-0.009	0.013	0.035	-0.025	-0.013
0.4*L2	-0.029	-0.090	-0.214	-0.012	-0.031	-0.076	-0.125	-0.019	-0.009	0.013	0.038	-0.026	-0.019
0.5*L2	-0.026	-0.082	-0.197	-0.010	-0.028	-0.070	-0.118	-0.017	-0.008	0.013	0.037	-0.024	-0.021
0.6*L2	-0.021	-0.068	-0.166	-0.008	-0.024	-0.058	0.101	-0.014	-0.006	0.011	0.032	-0.020	-0.021
0.7*L2	-0.016	-0.051	-0.124	-0.006	-0.018	-0.044	-0.077	-0.010	-0.005	0.009	0.025	-0.015	-0.017
0.8*L2	-0.010	-0.032	-0.080	-0.004	-0.011	-0.028	-0.049	-0.007	-0.003	0.006	0.016	-0.010	-0.012
0.9*L2	-0.005	-0.015	-0.036	-0.002	-0.005	-0.013	-0.023	-0.003	-0.001	0.003	0.007	-0.004	-0.006
1.0*L2	0.000	-0.000	-0.000	0.000	0.000	0.000	-0.000	-0.000	-0.000	-0.000	-0.000	0.000	-0.000
FAKTOR	a							a				1/a	

INFOLGE STRECKENLAST p=1

IN FELD	M 0.4	0.7	1.0	Q 0	0.4	0.7	1.0	T 0	0.4	0.7	1.0	q 0.4	1.0
1,BIS SPRUNG					-0.401	-0.867			0.017	-0.122			
1,REST	0.936	0.567	-0.927	1.231	0.455	0.162	-1.870	0.290	0.061	-0.021	-0.159	0.422	-0.170
2	-0.054	-0.168	-0.398	-0.022	-0.058	-0.141	-0.233	-0.035	-0.016	0.025	0.071	-0.048	-0.034
3	0.011	0.037	0.089	0.005	0.013	0.031	0.054	0.007	0.003	-0.006	-0.017	0.011	0.011
SUMME(+)	0.947	0.603	0.089	1.236	0.468	0.193	0.054	0.297	0.082	0.025	0.071	0.433	0.011
SUMME(-)	-0.054	-0.168	-1.325	-0.022	-0.459	-1.007	-2.103	-0.035	-0.016	-0.148	-0.177	-0.048	-0.204
SUMME	0.893	0.435	-1.236	1.214	0.008	-0.814	-2.049	0.263	0.066	-0.123	-0.106	0.385	-0.193
FAKTOR	a*a			a				a*a					

INFOLGE EINZELMOMENT Mt=1

IN	M 0.4	0.7	1.0	Q 0	0.4	0.7	1.0	T 0	0.4	0.7	1.0	q 0.4	1.0
0.0*L1	0.000	0.000	-0.000	0.000	-0.000	-0.000	-0.000	1.000	-0.000	-0.000	-0.000	-0.000	-0.000
0.1*L1	0.169	0.045	-0.122	0.337	-0.073	-0.122	-0.160	0.721	-0.074	-0.049	-0.030	-0.092	-0.042
0.2*L1	0.327	0.094	-0.238	0.473	-0.117	-0.240	-0.320	0.544	-0.161	-0.099	-0.059	-0.219	-0.084
0.3*L1	0.455	0.150	-0.340	0.491	-0.100	-0.347	-0.477	0.428	-0.277	-0.153	-0.088	-0.420	-0.126
0.4*L1	0.524	0.214	-0.423	0.446	0.023	-0.432	-0.631	0.345	-0.443	-0.216	-0.116	-0.743	-0.171
									0.557				
0.5*L1	0.506	0.280	-0.480	0.375	0.154	-0.477	-0.774	0.281	0.391	-0.294	-0.145	-0.425	-0.223
0.6*L1	0.435	0.334	-0.506	0.296	0.192	-0.454	-0.900	0.225	0.277	-0.400	-0.177	-0.233	-0.288
0.7*L1	0.343	0.346	-0.497	0.222	0.178	-0.319	-0.992	0.174	0.196	-0.555	-0.219	-0.125	-0.378
										0.445			
0.8*L1	0.252	0.290	-0.457	0.159	0.140	-0.173	-1.031	0.128	0.137	0.293	-0.278	-0.070	-0.513
0.9*L1	0.171	0.199	-0.398	0.107	0.096	-0.114	-0.983	0.086	0.092	0.197	-0.368	-0.046	-0.719
1.0*L1	0.106	0.106	-0.345	0.068	0.055	-0.099	-0.805	0.052	0.059	0.136	-0.511	-0.039	-1.037
0.0*L2	0.106	0.106	-0.345	0.068	0.055	-0.099	-0.805	0.052	0.059	0.136	0.489	-0.039	-1.037
0.1*L2	0.068	0.047	-0.330	0.046	0.029	-0.100	-0.639	0.032	0.041	0.105	0.375	-0.038	-0.773
0.2*L2	0.039	-0.000	-0.327	0.030	0.010	-0.103	-0.521	0.017	0.027	0.083	0.292	-0.038	-0.579
0.3*L2	0.018	-0.034	-0.321	0.018	-0.004	-0.104	-0.432	0.005	0.017	0.066	0.231	-0.038	-0.436
0.4*L2	0.004	-0.054	-0.307	0.010	-0.013	-0.102	-0.362	-0.002	0.010	0.054	0.184	-0.036	-0.330
0.5*L2	-0.004	-0.063	-0.283	0.004	-0.018	-0.095	-0.301	-0.006	0.005	0.043	0.147	-0.033	-0.251
0.6*L2	-0.008	-0.062	-0.248	0.001	-0.019	-0.084	-0.247	-0.008	0.002	0.035	0.116	-0.029	-0.191
0.7*L2	-0.009	-0.055	-0.206	-0.000	-0.017	-0.070	-0.197	-0.008	0.001	0.027	0.091	-0.025	-0.145
0.8*L2	-0.007	-0.044	-0.160	-0.001	-0.014	-0.055	-0.151	-0.006	0.000	0.021	0.069	-0.019	-0.109
0.9*L2	-0.005	-0.031	-0.115	-0.000	-0.009	-0.039	-0.109	-0.004	0.000	0.015	0.050	-0.014	-0.080
1.0*L2	-0.002	-0.018	-0.073	0.000	-0.005	-0.025	-0.073	-0.002	0.001	0.010	0.035	-0.009	-0.058
FAKTOR				1/a								1/(a*a)	

INFOLGE STRECKENMOMENT mt=1

IN FELD	M 0.4	0.7	1.0	Q 0	0.4	0.7	1.0	T 0	0.4	0.7	1.0	q 0.4	1.0
1,BIS SPRUNG					-0.120	-0.904			-0.289	-0.591			
1,REST	1.301	0.807	-1.459	1.193	0.327	-0.191	-2.682	1.373	0.555	0.308	-0.689	-0.933	-1.213
2	0.044	-0.078	-0.752	0.042	-0.010	-0.244	-1.015	0.013	0.039	0.156	0.542	-0.088	-1.026
3	0.009	0.019	0.019	0.005	0.008	0.008	-0.016	0.005	0.004	0.004	0.016	0.002	-0.044
SUMME(+)	1.354	0.826	0.019	1.240	0.335	0.008	0.000	1.391	0.598	0.468	0.558	0.002	0.000
SUMME(-)	0.000	-0.078	-2.211	0.000	-0.130	-1.339	-3.714	0.000	-0.289	-0.591	-0.689	-1.021	-2.283
SUMME	1.354	0.748	-2.192	1.240	0.205	-1.331	-3.714	1.391	0.309	-0.123	-0.132	-1.019	-2.283
FAKTOR	a			a				a				1/a	

NR.174

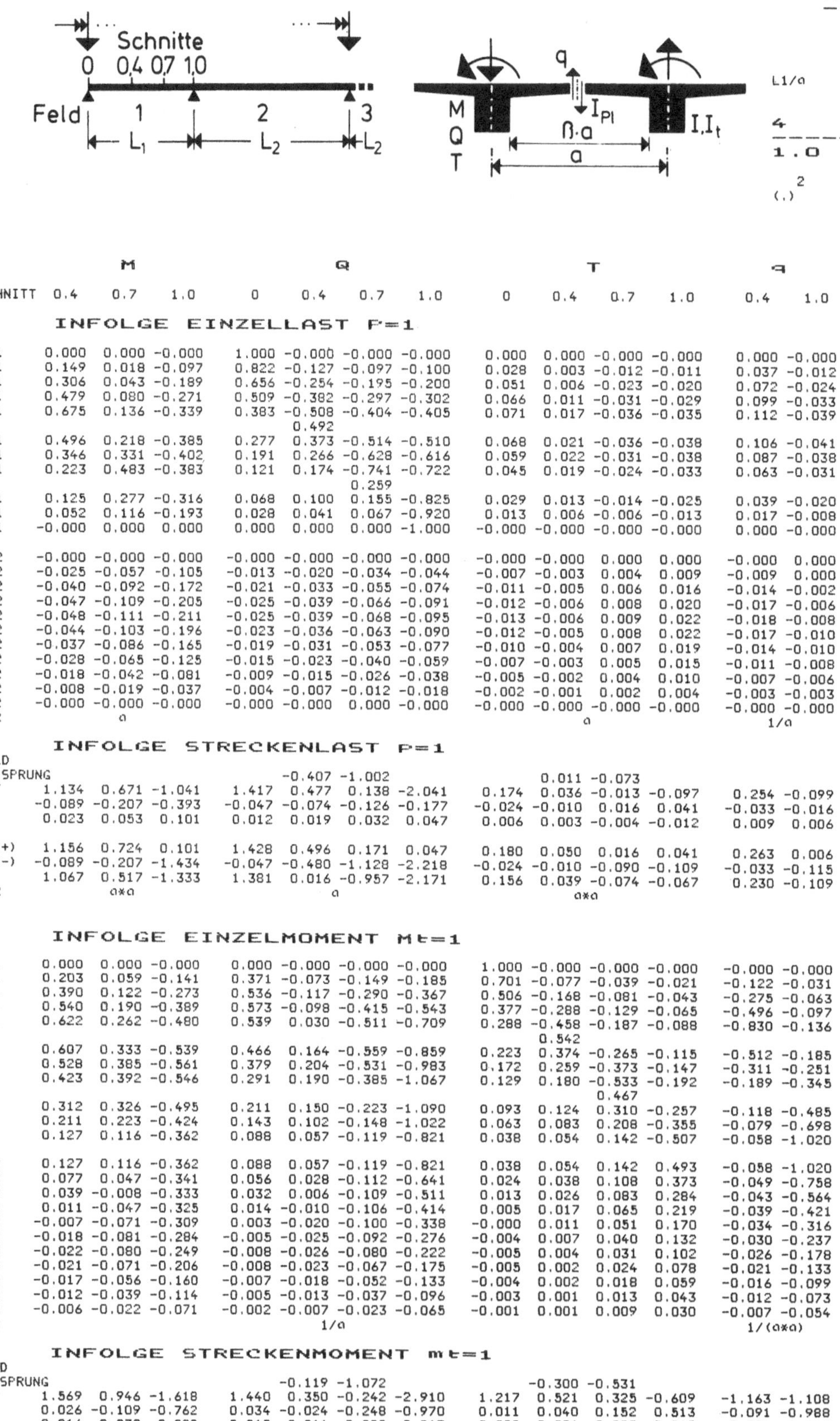

INFOLGE EINZELLAST P=1

IN SCHNITT	M 0.4	M 0.7	M 1.0	Q 0	Q 0.4	Q 0.7	Q 1.0	T 0	T 0.4	T 0.7	T 1.0	q 0.4	q 1.0
IN													
0.0*L1	0.000	0.000	-0.000	1.000	-0.000	-0.000	-0.000	0.000	0.000	-0.000	-0.000	0.000	-0.000
0.1*L1	0.149	0.018	-0.097	0.822	-0.127	-0.097	-0.100	0.028	0.003	-0.012	-0.011	0.037	-0.012
0.2*L1	0.306	0.043	-0.189	0.656	-0.254	-0.195	-0.200	0.051	0.006	-0.023	-0.020	0.072	-0.024
0.3*L1	0.479	0.080	-0.271	0.509	-0.382	-0.297	-0.302	0.066	0.011	-0.031	-0.029	0.099	-0.033
0.4*L1	0.675	0.136	-0.339	0.383	-0.508	-0.404	-0.405	0.071	0.017	-0.036	-0.035	0.112	-0.039
					0.492								
0.5*L1	0.496	0.218	-0.385	0.277	0.373	-0.514	-0.510	0.068	0.021	-0.036	-0.038	0.106	-0.041
0.6*L1	0.346	0.331	-0.402	0.191	0.266	-0.628	-0.616	0.059	0.022	-0.031	-0.038	0.087	-0.038
0.7*L1	0.223	0.483	-0.383	0.121	0.174	-0.741	-0.722	0.045	0.019	-0.024	-0.033	0.063	-0.031
					0.259								
0.8*L1	0.125	0.277	-0.316	0.068	0.100	0.155	-0.825	0.029	0.013	-0.014	-0.025	0.039	-0.020
0.9*L1	0.052	0.116	-0.193	0.028	0.041	0.067	-0.920	0.013	0.006	-0.006	-0.013	0.017	-0.008
1.0*L1	-0.000	0.000	0.000	0.000	0.000	0.000	-1.000	-0.000	-0.000	-0.000	-0.000	0.000	-0.000
0.0*L2	-0.000	-0.000	-0.000	-0.000	-0.000	-0.000	-0.000	-0.000	-0.000	0.000	0.000	-0.000	0.000
0.1*L2	-0.025	-0.057	-0.105	-0.013	-0.020	-0.034	-0.044	-0.007	-0.003	0.004	0.009	-0.009	0.000
0.2*L2	-0.040	-0.092	-0.172	-0.021	-0.033	-0.055	-0.074	-0.011	-0.005	0.006	0.016	-0.014	-0.002
0.3*L2	-0.047	-0.109	-0.205	-0.025	-0.039	-0.066	-0.091	-0.012	-0.006	0.008	0.020	-0.017	-0.006
0.4*L2	-0.048	-0.111	-0.211	-0.025	-0.039	-0.068	-0.095	-0.013	-0.006	0.009	0.022	-0.018	-0.008
0.5*L2	-0.044	-0.103	-0.196	-0.023	-0.036	-0.063	-0.090	-0.012	-0.005	0.008	0.022	-0.017	-0.010
0.6*L2	-0.037	-0.086	-0.165	-0.019	-0.031	-0.053	-0.077	-0.010	-0.004	0.007	0.019	-0.014	-0.010
0.7*L2	-0.028	-0.065	-0.125	-0.015	-0.023	-0.040	-0.059	-0.007	-0.003	0.005	0.015	-0.011	-0.008
0.8*L2	-0.018	-0.042	-0.081	-0.009	-0.015	-0.026	-0.038	-0.005	-0.002	0.004	0.010	-0.007	-0.006
0.9*L2	-0.008	-0.019	-0.037	-0.004	-0.007	-0.012	-0.018	-0.002	-0.001	0.002	0.004	-0.003	-0.003
1.0*L2	-0.000	-0.000	-0.000	-0.000	-0.000	0.000	-0.000	-0.000	-0.000	-0.000	-0.000	-0.000	-0.000
FAKTOR	a							a				1/a	

INFOLGE STRECKENLAST P=1

IN FELD	M 0.4	M 0.7	M 1.0	Q 0	Q 0.4	Q 0.7	Q 1.0	T 0	T 0.4	T 0.7	T 1.0	q 0.4	q 1.0
1,BIS SPRUNG						-0.407	-1.002		0.011	-0.073			
1,REST	1.134	0.671	-1.041	1.417	0.477	0.138	-2.041	0.174	0.036	-0.013	-0.097	0.254	-0.099
2	-0.089	-0.207	-0.393	-0.047	-0.074	-0.126	-0.177	-0.024	-0.010	0.016	0.041	-0.033	-0.016
3	0.023	0.053	0.101	0.012	0.019	0.032	0.047	0.006	0.003	-0.004	-0.012	0.009	0.006
SUMME(+)	1.156	0.724	0.101	1.428	0.496	0.171	0.047	0.180	0.050	0.016	0.041	0.263	0.006
SUMME(-)	-0.089	-0.207	-1.434	-0.047	-0.480	-1.128	-2.218	-0.024	-0.010	-0.090	-0.109	-0.033	-0.115
SUMME	1.067	0.517	-1.333	1.381	0.016	-0.957	-2.171	0.156	0.039	-0.074	-0.067	0.230	-0.109
FAKTOR	a*a			a				a*a					

INFOLGE EINZELMOMENT Mt=1

IN	M 0.4	M 0.7	M 1.0	Q 0	Q 0.4	Q 0.7	Q 1.0	T 0	T 0.4	T 0.7	T 1.0	q 0.4	q 1.0
0.0*L1	0.000	0.000	-0.000	0.000	-0.000	-0.000	-0.000	1.000	-0.000	-0.000	-0.000	-0.000	-0.000
0.1*L1	0.203	0.059	-0.141	0.371	-0.073	-0.149	-0.185	0.701	-0.077	-0.039	-0.021	-0.122	-0.031
0.2*L1	0.390	0.122	-0.273	0.536	-0.117	-0.290	-0.367	0.506	-0.168	-0.081	-0.043	-0.275	-0.063
0.3*L1	0.540	0.190	-0.389	0.573	-0.098	-0.415	-0.543	0.377	-0.288	-0.129	-0.065	-0.496	-0.097
0.4*L1	0.622	0.262	-0.480	0.539	0.030	-0.511	-0.709	0.288	-0.458	-0.187	-0.088	-0.830	-0.136
									0.542				
0.5*L1	0.607	0.333	-0.539	0.466	0.164	-0.559	-0.859	0.223	0.374	-0.265	-0.115	-0.512	-0.185
0.6*L1	0.528	0.385	-0.561	0.379	0.204	-0.531	-0.983	0.172	0.259	-0.373	-0.147	-0.311	-0.251
0.7*L1	0.423	0.392	-0.546	0.291	0.190	-0.385	-1.067	0.129	0.180	-0.533	-0.192	-0.189	-0.345
										0.467			
0.8*L1	0.312	0.326	-0.495	0.211	0.150	-0.223	-1.090	0.093	0.124	0.310	-0.257	-0.118	-0.485
0.9*L1	0.211	0.223	-0.424	0.143	0.102	-0.148	-1.022	0.063	0.083	0.208	-0.355	-0.079	-0.698
1.0*L1	0.127	0.116	-0.362	0.088	0.057	-0.119	-0.821	0.038	0.054	0.142	-0.507	-0.058	-1.020
0.0*L2	0.127	0.116	-0.362	0.088	0.057	-0.119	-0.821	0.038	0.054	0.142	0.493	-0.058	-1.020
0.1*L2	0.077	0.047	-0.341	0.056	0.028	-0.112	-0.641	0.024	0.038	0.108	0.373	-0.049	-0.758
0.2*L2	0.039	-0.008	-0.333	0.032	0.006	-0.109	-0.511	0.013	0.026	0.083	0.284	-0.043	-0.564
0.3*L2	0.011	-0.047	-0.325	0.014	-0.010	-0.106	-0.414	0.005	0.017	0.065	0.219	-0.039	-0.421
0.4*L2	-0.007	-0.071	-0.309	0.003	-0.020	-0.100	-0.338	-0.000	0.011	0.051	0.170	-0.034	-0.316
0.5*L2	-0.018	-0.081	-0.284	-0.005	-0.025	-0.092	-0.276	-0.004	0.007	0.040	0.132	-0.030	-0.237
0.6*L2	-0.022	-0.080	-0.249	-0.008	-0.026	-0.080	-0.222	-0.005	0.004	0.031	0.102	-0.026	-0.178
0.7*L2	-0.021	-0.071	-0.206	-0.008	-0.023	-0.067	-0.175	-0.005	0.002	0.024	0.078	-0.021	-0.133
0.8*L2	-0.017	-0.056	-0.160	-0.007	-0.018	-0.052	-0.133	-0.004	0.002	0.018	0.059	-0.016	-0.099
0.9*L2	-0.012	-0.039	-0.114	-0.005	-0.013	-0.037	-0.096	-0.003	0.001	0.013	0.043	-0.012	-0.073
1.0*L2	-0.006	-0.022	-0.071	-0.002	-0.007	-0.023	-0.065	-0.001	0.001	0.009	0.030	-0.007	-0.054
FAKTOR				1/a								1/(a*a)	

INFOLGE STRECKENMOMENT mt=1

IN FELD	M 0.4	M 0.7	M 1.0	Q 0	Q 0.4	Q 0.7	Q 1.0	T 0	T 0.4	T 0.7	T 1.0	q 0.4	q 1.0
1,BIS SPRUNG						-0.119	-1.072		-0.300	-0.531			
1,REST	1.569	0.946	-1.618	1.440	0.350	-0.242	-2.910	1.217	0.521	0.325	-0.609	-1.163	-1.108
2	0.026	-0.109	-0.762	0.034	-0.024	-0.248	-0.970	0.011	0.040	0.152	0.513	-0.091	-0.988
3	0.016	0.030	0.029	0.010	0.011	0.009	-0.017	0.005	0.004	0.005	0.018	0.001	-0.045
SUMME(+)	1.611	0.975	0.029	1.483	0.361	0.009	0.000	1.232	0.565	0.481	0.531	0.001	0.000
SUMME(-)	0.000	-0.109	-2.379	0.000	-0.143	-1.562	-3.897	0.000	-0.300	-0.531	-0.609	-1.253	-2.141
SUMME	1.611	0.866	-2.350	1.483	0.218	-1.552	-3.897	1.232	0.265	-0.050	-0.078	-1.252	-2.141
FAKTOR	a							a				1/a	

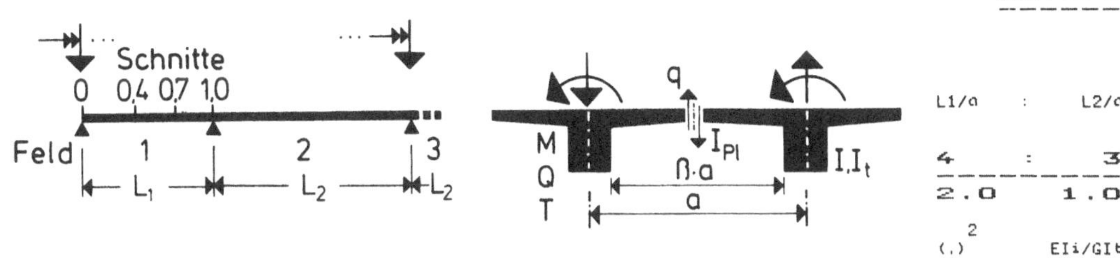

INFOLGE EINZELLAST P=1

IN SCHNITT	M 0.4	M 0.7	M 1.0	Q 0	Q 0.4	Q 0.7	Q 1.0	T 0	T 0.4	T 0.7	T 1.0	q 0.4	q 1.0
0.0*L1	0.000	-0.000	-0.000	1.000	-0.000	-0.000	-0.000	0.000	-0.000	-0.000	-0.000	0.000	-0.000
0.1*L1	0.023	-0.007	-0.034	0.615	-0.070	-0.006	-0.049	0.142	-0.016	-0.048	-0.026	0.134	-0.056
0.2*L1	0.067	-0.011	-0.068	0.326	-0.168	-0.019	-0.098	0.235	-0.018	-0.092	-0.052	0.282	-0.110
0.3*L1	0.158	-0.010	-0.103	0.145	-0.313	-0.047	-0.149	0.275	0.004	-0.129	-0.078	0.431	-0.162
0.4*L1	0.316	0.006	-0.140	0.047	-0.503	-0.103	-0.204	0.272	0.047	-0.153	-0.102	0.513	-0.208
				0.497									
0.5*L1	0.155	0.050	-0.176	0.003	0.307	-0.201	-0.268	0.241	0.089	-0.156	-0.123	0.432	-0.240
0.6*L1	0.063	0.141	-0.208	-0.011	0.165	-0.354	-0.348	0.195	0.107	-0.133	-0.136	0.289	-0.249
0.7*L1	0.018	0.300	-0.226	-0.012	0.076	-0.555	-0.456	0.142	0.098	-0.087	-0.136	0.164	-0.225
						0.445							
0.8*L1	0.001	0.138	-0.216	-0.008	0.029	0.244	-0.604	0.087	0.069	-0.039	-0.115	0.077	-0.160
0.9*L1	-0.002	0.045	-0.152	-0.003	0.007	0.093	-0.793	0.037	0.032	-0.011	-0.068	0.026	-0.065
1.0*L1	-0.000	-0.000	0.000	-0.000	-0.000	0.000	-1.000	0.000	0.000	-0.000	0.000	0.000	0.000
0.0*L2	0.000	-0.000	-0.000	0.000	-0.000	-0.000	-0.000	-0.000	-0.000	0.000	0.000	-0.000	0.000
0.1*L2	0.002	-0.015	-0.113	0.002	-0.001	-0.036	-0.125	-0.013	-0.012	0.006	0.050	-0.008	-0.026
0.2*L2	0.003	-0.019	-0.173	0.002	-0.001	-0.053	-0.206	-0.018	-0.016	0.010	0.087	-0.011	-0.082
0.3*L2	0.004	-0.019	-0.192	0.003	-0.000	-0.057	-0.244	-0.017	-0.016	0.012	0.106	-0.011	-0.131
0.4*L2	0.004	-0.016	-0.185	0.002	0.001	-0.052	-0.247	-0.015	-0.014	0.013	0.110	-0.010	-0.159
0.5*L2	0.004	-0.013	-0.162	0.002	0.001	-0.044	-0.224	-0.011	-0.011	0.012	0.102	-0.008	-0.163
0.6*L2	0.003	-0.009	-0.129	0.002	0.001	-0.034	-0.185	-0.008	-0.008	0.010	0.005	-0.006	-0.146
0.7*L2	0.002	-0.006	-0.093	0.001	0.001	-0.024	-0.136	-0.005	-0.005	0.008	0.064	-0.004	-0.114
0.8*L2	0.002	-0.003	-0.057	0.001	0.001	-0.014	-0.085	-0.003	-0.003	0.005	0.040	-0.002	-0.074
0.9*L2	0.001	-0.001	-0.024	0.000	0.000	-0.006	-0.037	-0.001	-0.001	0.002	0.017	-0.001	-0.033
1.0*L2	0.000	-0.000	0.000	0.000	0.000	-0.000	-0.000	-0.000	-0.000	-0.000	0.000	-0.000	0.000
FAKTOR	a							a				1/a	

INFOLGE STRECKENLAST P=1

IN FELD	M 0.4	M 0.7	M 1.0	Q 0	Q 0.4	Q 0.7	Q 1.0	T 0	T 0.4	T 0.7	T 1.0	q 0.4	q 1.0
1,BIS SPRUNG					-0.316	-0.397			-0.005	-0.305			
1,REST	0.307	0.249	-0.537	0.627	0.326	0.219	-1.383	0.656	0.170	-0.036	-0.339	0.944	-0.592
2	0.008	-0.031	-0.343	0.005	0.001	-0.098	-0.451	-0.028	-0.026	0.024	0.200	-0.019	-0.279
3	-0.001	0.002	0.028	-0.000	-0.000	0.007	0.042	0.001	0.001	-0.002	-0.020	0.001	0.038
SUMME(+)	0.315	0.250	0.028	0.632	0.327	0.226	0.042	0.658	0.171	0.024	0.200	0.945	0.038
SUMME(-)	-0.001	-0.031	-0.880	-0.000	-0.317	-0.495	-1.834	-0.028	-0.031	-0.344	-0.359	-0.019	-0.871
SUMME	0.314	0.219	-0.852	0.631	0.011	-0.269	-1.792	0.630	0.140	-0.320	-0.159	0.926	-0.833
FAKTOR	a*a			a				a*a					

INFOLGE EINZELMOMENT Mt=1

IN	M 0.4	M 0.7	M 1.0	Q 0	Q 0.4	Q 0.7	Q 1.0	T 0	T 0.4	T 0.7	T 1.0	q 0.4	q 1.0
0.0*L1	0.000	0.000	-0.000	0.000	-0.000	-0.000	-0.000	1.000	-0.000	-0.000	-0.000	0.000	-0.000
0.1*L1	0.070	0.004	-0.066	0.325	-0.085	-0.035	-0.104	0.736	-0.059	-0.084	-0.050	0.046	-0.103
0.2*L1	0.146	0.014	-0.131	0.348	-0.150	-0.076	-0.211	0.622	-0.129	-0.166	-0.098	0.018	-0.203
0.3*L1	0.223	0.036	-0.195	0.265	-0.151	-0.130	-0.322	0.562	-0.230	-0.241	-0.145	-0.189	-0.297
0.4*L1	0.266	0.076	-0.255	0.168	0.006	-0.193	-0.440	0.508	-0.411	-0.312	-0.188	-0.739	-0.382
								0.589					
0.5*L1	0.228	0.135	-0.307	0.094	0.168	-0.249	-0.568	0.443	0.406	-0.385	-0.225	-0.172	-0.458
0.6*L1	0.159	0.202	-0.344	0.046	0.180	-0.252	-0.707	0.367	0.300	-0.484	-0.257	0.058	-0.527
0.7*L1	0.099	0.240	-0.358	0.020	0.139	-0.103	-0.848	0.283	0.224	-0.655	-0.283	0.115	-0.608
										0.345			
0.8*L1	0.057	0.199	-0.343	0.008	0.092	0.048	-0.965	0.200	0.157	0.179	-0.314	0.100	-0.742
0.9*L1	0.033	0.127	-0.301	0.004	0.056	0.053	-1.000	0.124	0.098	0.100	-0.374	0.065	-1.018
1.0*L1	0.020	0.066	-0.264	0.003	0.032	0.010	-0.842	0.065	0.050	0.061	-0.513	0.033	-1.584
0.0*L2	0.020	0.066	-0.264	0.003	0.032	0.010	-0.842	0.065	0.050	0.061	0.487	0.033	-1.584
0.1*L2	0.015	0.033	-0.270	0.003	0.021	-0.023	-0.672	0.033	0.024	0.046	0.370	0.015	-1.094
0.2*L2	0.012	0.011	-0.286	0.004	0.013	-0.047	-0.579	0.012	0.007	0.037	0.303	0.004	-0.793
0.3*L2	0.010	-0.002	-0.293	0.004	0.009	-0.060	-0.519	-0.000	-0.003	0.032	0.261	-0.003	-0.608
0.4*L2	0.009	-0.009	-0.283	0.004	0.007	-0.065	-0.465	-0.007	-0.008	0.027	0.227	-0.007	-0.486
0.5*L2	0.008	-0.011	-0.258	0.003	0.005	-0.062	-0.406	-0.009	-0.010	0.024	0.196	-0.008	-0.396
0.6*L2	0.006	-0.011	-0.220	0.003	0.004	-0.054	-0.341	-0.009	-0.009	0.020	0.163	-0.007	-0.320
0.7*L2	0.005	-0.009	-0.176	0.002	0.003	-0.044	-0.270	-0.008	-0.008	0.015	0.129	-0.006	-0.249
0.8*L2	0.004	-0.007	-0.130	0.002	0.002	-0.032	-0.199	-0.006	-0.006	0.011	0.095	-0.005	-0.182
0.9*L2	0.002	-0.005	-0.088	0.001	0.001	-0.022	-0.134	-0.004	-0.004	0.008	0.064	-0.003	-0.122
1.0*L2	0.001	-0.003	-0.052	0.001	0.001	-0.013	-0.079	-0.002	-0.002	0.004	0.037	-0.002	-0.072
FAKTOR				1/a								1/(a*a)	

INFOLGE STRECKENMOMENT mt=1

IN FELD	M 0.4	M 0.7	M 1.0	Q 0	Q 0.4	Q 0.7	Q 1.0	T 0	T 0.4	T 0.7	T 1.0	q 0.4	q 1.0
1,BIS SPRUNG					-0.165	-0.405			-0.243	-0.795			
1,REST	0.519	0.429	-0.975	0.530	0.271	0.032	-2.248	1.740	0.595	0.186	-0.871	-0.217	-2.030
2	0.025	0.006	-0.649	0.008	0.024	-0.124	-1.209	0.009	0.001	0.075	0.618	-0.002	-1.510
3	0.000	0.000	0.000	-0.000	0.000	0.000	0.000	0.000	0.000	0.000	0.000	0.000	-0.001
SUMME(+)	0.543	0.434	0.000	0.539	0.296	0.033	0.000	1.749	0.597	0.261	0.618	0.000	0.000
SUMME(-)	0.000	0.000	-1.624	-0.000	-0.165	-0.529	-3.457	0.000	-0.243	-0.795	-0.871	-0.219	-3.540
SUMME	0.543	0.434	-1.624	0.539	0.130	-0.496	-3.457	1.749	0.353	-0.534	-0.253	-0.219	-3.540
FAKTOR	a			a				a				1/a	

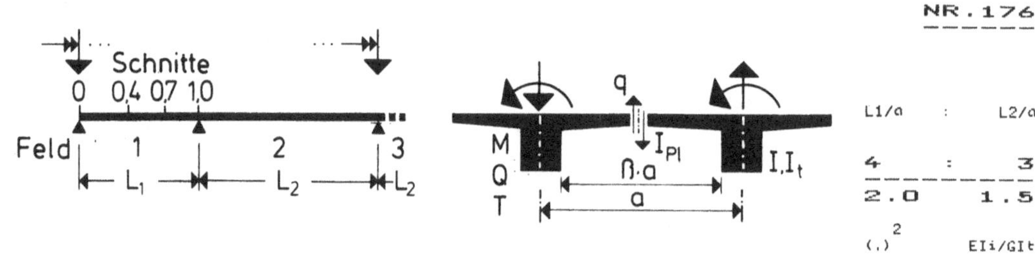

	M			**Q**				**T**				**q**	
IN SCHNITT	0.4	0.7	1.0	0	0.4	0.7	1.0	0	0.4	0.7	1.0	0.4	1.0

INFOLGE EINZELLAST P=1

IN	M 0.4	M 0.7	M 1.0	Q 0	Q 0.4	Q 0.7	Q 1.0	T 0	T 0.4	T 0.7	T 1.0	q 0.4	q 1.0
0.0*L1	0.000	-0.000	-0.000	1.000	-0.000	-0.000	-0.000	0.000	-0.000	-0.000	-0.000	0.000	-0.000
0.1*L1	0.042	-0.006	-0.043	0.659	-0.086	-0.018	-0.053	0.118	-0.009	-0.043	-0.026	0.125	-0.050
0.2*L1	0.104	-0.009	-0.086	0.390	-0.193	-0.044	-0.108	0.200	-0.008	-0.083	-0.051	0.254	-0.098
0.3*L1	0.207	-0.003	-0.129	0.207	-0.333	-0.084	-0.165	0.239	0.009	-0.115	-0.075	0.375	-0.142
0.4*L1	0.372	0.021	-0.171	0.097	-0.506	-0.151	-0.228	0.241	0.043	-0.135	-0.096	0.438	-0.179
					0.494								
0.5*L1	0.206	0.074	-0.211	0.036	0.324	-0.254	-0.301	0.218	0.074	-0.137	-0.113	0.379	-0.202
0.6*L1	0.102	0.173	-0.242	0.008	0.190	-0.400	-0.390	0.179	0.088	-0.117	-0.122	0.269	-0.204
0.7*L1	0.044	0.333	-0.255	-0.003	0.099	-0.583	-0.504	0.131	0.080	-0.079	-0.119	0.163	-0.179
						0.417							
0.8*L1	0.015	0.165	-0.234	-0.004	0.044	0.236	-0.647	0.081	0.056	-0.039	-0.098	0.084	-0.125
0.9*L1	0.003	0.059	-0.159	-0.002	0.014	0.093	-0.820	0.035	0.026	-0.013	-0.057	0.031	-0.050
1.0*L1	-0.000	-0.000	0.000	-0.000	0.000	0.000	-1.000	0.000	0.000	0.000	0.000	0.000	0.000
0.0*L2	-0.000	-0.000	-0.000	0.000	-0.000	-0.000	-0.000	-0.000	0.000	0.000	0.000	-0.000	0.000
0.1*L2	-0.000	-0.022	-0.114	0.001	-0.005	-0.040	-0.109	-0.014	-0.011	0.007	0.041	-0.012	-0.017
0.2*L2	0.000	-0.032	-0.177	0.002	-0.006	-0.060	-0.180	-0.020	-0.016	0.011	0.072	-0.018	-0.056
0.3*L2	0.001	-0.033	-0.201	0.003	-0.006	-0.067	-0.216	-0.021	-0.016	0.014	0.089	-0.019	-0.092
0.4*L2	0.002	-0.031	-0.197	0.003	-0.005	-0.064	-0.221	-0.019	-0.015	0.014	0.093	-0.018	-0.114
0.5*L2	0.002	-0.026	-0.175	0.003	-0.004	-0.056	-0.203	-0.016	-0.012	0.013	0.087	-0.015	-0.119
0.6*L2	0.002	-0.020	-0.142	0.002	-0.003	-0.044	-0.169	-0.012	-0.010	0.011	0.074	-0.012	-0.108
0.7*L2	0.001	-0.014	-0.103	0.002	-0.002	-0.032	-0.126	-0.008	-0.007	0.008	0.055	-0.008	-0.085
0.8*L2	0.001	-0.008	-0.064	0.001	-0.001	-0.020	-0.079	-0.005	-0.004	0.005	0.035	-0.005	-0.056
0.9*L2	0.000	-0.004	-0.028	0.000	-0.000	-0.008	-0.035	-0.002	-0.002	0.002	0.016	-0.002	-0.025
1.0*L2	-0.000	-0.000	-0.000	-0.000	-0.000	0.000	0.000	0.000	0.000	0.000	0.000	-0.000	-0.000
FAKTOR	a							a				1/a	

INFOLGE STRECKENLAST P=1

IN FELD

IN FELD	M 0.4	M 0.7	M 1.0	Q 0	Q 0.4	Q 0.7	Q 1.0	T 0	T 0.4	T 0.7	T 1.0	q 0.4	q 1.0
1,BIS SPRUNG						-0.343	-0.491			0.004	-0.271		
1,REST	0.426	0.310	-0.620	0.743	0.362	0.211	-1.482	0.582	0.140	-0.036	-0.306	0.851	-0.494
2	0.003	-0.058	-0.364	0.005	-0.010	-0.119	-0.406	-0.036	-0.028	0.026	0.170	-0.033	-0.202
3	-0.001	0.006	0.043	-0.001	0.001	0.013	0.053	0.003	0.003	-0.004	-0.024	0.003	0.038
SUMME(+)	0.428	0.316	0.043	0.748	0.362	0.224	0.053	0.585	0.146	0.026	0.170	0.855	0.038
SUMME(-)	-0.001	-0.058	-0.984	-0.001	-0.353	-0.610	-1.888	-0.036	-0.028	-0.310	-0.329	-0.033	-0.696
SUMME	0.428	0.258	-0.942	0.747	0.010	-0.386	-1.835	0.550	0.118	-0.284	-0.159	0.822	-0.658
FAKTOR	a*a			a				a*a					

INFOLGE EINZELMOMENT Mt=1

IN	M 0.4	M 0.7	M 1.0	Q 0	Q 0.4	Q 0.7	Q 1.0	T 0	T 0.4	T 0.7	T 1.0	q 0.4	q 1.0
0.0*L1	0.000	0.000	-0.000	0.000	-0.000	-0.000	-0.000	1.000	-0.000	-0.000	-0.000	0.000	-0.000
0.1*L1	0.097	0.009	-0.081	0.367	-0.097	-0.055	-0.115	0.712	-0.056	-0.077	-0.047	0.022	-0.090
0.2*L1	0.198	0.025	-0.160	0.417	-0.167	-0.117	-0.232	0.583	-0.125	-0.151	-0.093	-0.031	-0.177
0.3*L1	0.292	0.055	-0.236	0.343	-0.164	-0.187	-0.354	0.515	-0.231	-0.220	-0.136	-0.261	-0.258
0.4*L1	0.344	0.104	-0.304	0.241	0.007	-0.262	-0.485	0.462	-0.421	-0.286	-0.175	-0.820	-0.331
									0.579				
0.5*L1	0.303	0.172	-0.360	0.153	0.183	-0.321	-0.624	0.403	0.388	-0.359	-0.208	-0.242	-0.396
0.6*L1	0.224	0.246	-0.395	0.090	0.204	-0.318	-0.770	0.334	0.277	-0.462	-0.236	0.010	-0.459
0.7*L1	0.148	0.283	-0.403	0.049	0.166	-0.153	-0.911	0.259	0.201	-0.640	-0.261	0.089	-0.541
										0.360			
0.8*L1	0.091	0.234	-0.378	0.026	0.114	0.015	-1.019	0.182	0.139	0.188	-0.295	0.087	-0.684
0.9*L1	0.054	0.149	-0.326	0.015	0.069	0.032	-1.035	0.113	0.085	0.104	-0.362	0.058	-0.971
1.0*L1	0.031	0.073	-0.281	0.009	0.037	-0.005	-0.852	0.057	0.043	0.064	-0.513	0.026	-1.543
0.0*L2	0.031	0.073	-0.281	0.009	0.037	-0.005	-0.852	0.057	0.043	0.064	0.487	0.026	-1.543
0.1*L2	0.021	0.031	-0.285	0.007	0.021	-0.037	-0.664	0.026	0.019	0.049	0.362	0.007	-1.050
0.2*L2	0.014	0.001	-0.301	0.006	0.011	-0.062	-0.559	0.006	0.003	0.040	0.288	-0.006	-0.742
0.3*L2	0.010	-0.017	-0.309	0.006	0.004	-0.077	-0.491	-0.007	-0.006	0.034	0.241	-0.014	-0.549
0.4*L2	0.007	-0.026	-0.301	0.005	0.000	-0.082	-0.435	-0.014	-0.011	0.030	0.206	-0.018	-0.424
0.5*L2	0.006	-0.028	-0.276	0.005	-0.001	-0.078	-0.378	-0.016	-0.013	0.026	0.175	-0.018	-0.335
0.6*L2	0.004	-0.026	-0.237	0.004	-0.002	-0.069	-0.316	-0.015	-0.012	0.021	0.145	-0.016	-0.264
0.7*L2	0.003	-0.022	-0.191	0.003	-0.002	-0.056	-0.250	-0.013	-0.010	0.017	0.114	-0.014	-0.202
0.8*L2	0.002	-0.017	-0.141	0.002	-0.002	-0.042	-0.184	-0.010	-0.008	0.012	0.083	-0.010	-0.147
0.9*L2	0.002	-0.011	-0.094	0.001	-0.001	-0.028	-0.122	-0.006	-0.005	0.008	0.055	-0.007	-0.097
1.0*L2	0.001	-0.006	-0.053	0.001	-0.001	-0.016	-0.070	-0.004	-0.003	0.005	0.032	-0.004	-0.056
FAKTOR				1/a								1/(a*a)	

INFOLGE STRECKENMOMENT mt=1

IN FELD

IN FELD	M 0.4	M 0.7	M 1.0	Q 0	Q 0.4	Q 0.7	Q 1.0	T 0	T 0.4	T 0.7	T 1.0	q 0.4	q 1.0
1,BIS SPRUNG						-0.183	-0.546			-0.243	-0.745		
1,REST	0.710	0.528	-1.116	0.703	0.314	-0.002	-2.403	1.625	0.553	0.195	-0.822	-0.375	-1.849
2	0.025	-0.026	-0.691	0.014	0.013	-0.164	-1.152	-0.008	-0.008	0.081	0.575	-0.026	-1.369
3	-0.000	0.003	0.019	-0.000	0.001	0.006	0.022	0.002	0.001	-0.001	-0.009	0.002	0.011
SUMME(+)	0.735	0.531	0.019	0.716	0.328	0.006	0.022	1.627	0.555	0.276	0.575	0.002	0.011
SUMME(-)	-0.000	-0.026	-1.807	-0.000	-0.183	-0.712	-3.555	-0.008	-0.250	-0.746	-0.832	-0.400	-3.218
SUMME	0.735	0.506	-1.788	0.716	0.145	-0.705	-3.534	1.619	0.304	-0.470	-0.256	-0.399	-3.207
FAKTOR	a			a								1/a	

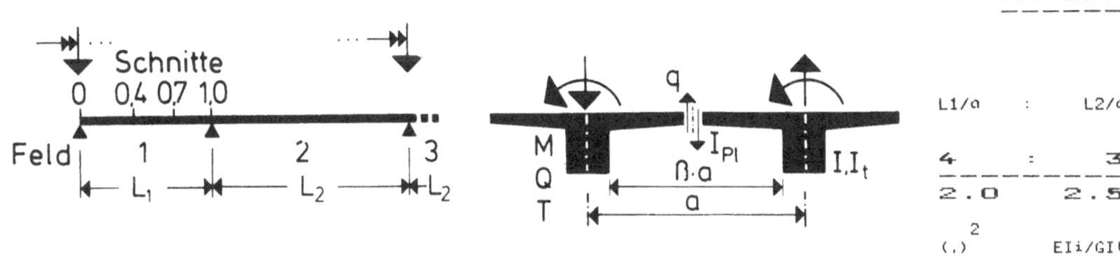

	M			Q				T				q	
IN SCHNITT	0.4	0.7	1.0	0	0.4	0.7	1.0	0	0.4	0.7	1.0	0.4	1.0

INFOLGE EINZELLAST P=1

IN	M			Q				T				q	
0.0*L1	0.000	-0.000	-0.000	1.000	-0.000	-0.000	-0.000	0.000	-0.000	-0.000	-0.000	0.000	-0.000
0.1*L1	0.069	-0.003	-0.056	0.709	-0.102	-0.037	-0.062	0.091	-0.003	-0.036	-0.023	0.105	-0.041
0.2*L1	0.156	-0.001	-0.112	0.468	-0.217	-0.081	-0.126	0.157	-0.000	-0.068	-0.046	0.208	-0.080
0.3*L1	0.278	0.013	-0.166	0.290	-0.353	-0.139	-0.194	0.191	0.013	-0.094	-0.067	0.300	-0.115
0.4*L1	0.449	0.046	-0.216	0.169	-0.508	-0.217	-0.268	0.197	0.036	-0.110	-0.084	0.346	-0.141
					0.492								
0.5*L1	0.279	0.109	-0.258	0.092	0.341	-0.324	-0.352	0.182	0.057	-0.111	-0.097	0.308	-0.156
0.6*L1	0.161	0.215	-0.286	0.046	0.216	-0.461	-0.449	0.151	0.066	-0.096	-0.101	0.229	-0.154
0.7*L1	0.085	0.375	-0.291	0.020	0.125	-0.622	-0.565	0.112	0.060	-0.067	-0.096	0.148	-0.132
						0.378							
0.8*L1	0.039	0.197	-0.257	0.008	0.062	0.219	-0.700	0.070	0.042	-0.036	-0.077	0.081	-0.090
0.9*L1	0.013	0.075	-0.168	0.002	0.023	0.090	-0.851	0.030	0.020	-0.014	-0.043	0.032	-0.036
1.0*L1	0.000	0.000	0.000	-0.000	0.000	0.000	-1.000	0.000	0.000	0.000	-0.000	0.000	0.000
0.0*L2	-0.000	-0.000	-0.000	-0.000	-0.000	-0.000	-0.000	-0.000	-0.000	0.000	0.000	-0.000	0.000
0.1*L2	-0.005	-0.032	-0.113	-0.000	-0.009	-0.041	-0.089	-0.013	-0.009	0.007	0.031	-0.014	-0.008
0.2*L2	-0.007	-0.048	-0.179	-0.000	-0.014	-0.064	-0.149	-0.020	-0.013	0.012	0.054	-0.022	-0.032
0.3*L2	-0.007	-0.053	-0.207	-0.000	-0.015	-0.073	-0.180	-0.022	-0.015	0.014	0.068	-0.024	-0.056
0.4*L2	-0.006	-0.052	-0.207	0.000	-0.014	-0.072	-0.187	-0.022	-0.014	0.015	0.072	-0.024	-0.071
0.5*L2	-0.005	-0.046	-0.187	0.000	-0.012	-0.065	-0.174	-0.019	-0.012	0.014	0.068	-0.021	-0.076
0.6*L2	-0.004	-0.037	-0.154	0.000	-0.010	-0.053	-0.146	-0.015	-0.010	0.012	0.058	-0.017	-0.070
0.7*L2	-0.003	-0.026	-0.113	0.000	-0.007	-0.039	-0.110	-0.011	-0.007	0.009	0.044	-0.013	-0.056
0.8*L2	-0.002	-0.016	-0.071	0.000	-0.004	-0.024	-0.070	-0.007	-0.004	0.006	0.028	-0.008	-0.037
0.9*L2	-0.001	-0.007	-0.032	0.000	-0.002	-0.011	-0.031	-0.003	-0.002	0.002	0.013	-0.003	-0.017
1.0*L2	-0.000	-0.000	-0.000	-0.000	-0.000	0.000	0.000	-0.000	0.000	-0.000	-0.000	0.000	-0.000
FAKTOR	a								a			1/a	

INFOLGE STRECKENLAST p=1

IN FELD	M			Q				T				q	
1,BIS SPRUNG					-0.369	-0.624			0.010	-0.221			
1,REST	0.601	0.399	-0.733	0.911	0.400	0.196	-1.625	0.477	0.106	-0.032	-0.256	0.707	-0.380
2	-0.012	-0.096	-0.383	0.000	-0.027	-0.134	-0.344	-0.040	-0.027	0.027	0.132	-0.044	-0.128
3	0.001	0.014	0.061	-0.000	0.004	0.021	0.060	0.006	0.004	-0.005	-0.024	0.007	0.032
SUMME(+)	0.602	0.413	0.061	0.912	0.404	0.217	0.060	0.482	0.120	0.027	0.132	0.714	0.032
SUMME(-)	-0.012	-0.096	-1.115	-0.000	-0.395	-0.758	-1.968	-0.040	-0.027	-0.259	-0.280	-0.044	-0.507
SUMME	0.590	0.317	-1.054	0.911	0.009	-0.541	-1.908	0.442	0.094	-0.231	-0.148	0.669	-0.475
FAKTOR	a*a			a				a*a				1/a	

INFOLGE EINZELMOMENT Mt=1

IN	M			Q				T				q	
0.0*L1	0.000	0.000	-0.000	0.000	-0.000	-0.000	-0.000	1.000	-0.000	-0.000	-0.000	-0.000	-0.000
0.1*L1	0.137	0.019	-0.102	0.419	-0.108	-0.086	-0.133	0.682	-0.054	-0.065	-0.042	-0.014	-0.073
0.2*L1	0.272	0.046	-0.201	0.507	-0.183	-0.176	-0.268	0.531	-0.124	-0.128	-0.082	-0.102	-0.144
0.3*L1	0.391	0.088	-0.293	0.450	-0.176	-0.269	-0.408	0.452	-0.236	-0.189	-0.119	-0.360	-0.209
0.4*L1	0.455	0.149	-0.371	0.348	0.008	-0.358	-0.554	0.397	-0.434	-0.251	-0.152	-0.930	-0.268
									0.566				
0.5*L1	0.412	0.227	-0.431	0.246	0.199	-0.421	-0.706	0.343	0.367	-0.323	-0.180	-0.341	-0.323
0.6*L1	0.320	0.305	-0.463	0.163	0.231	-0.407	-0.858	0.284	0.251	-0.430	-0.205	-0.065	-0.383
0.7*L1	0.224	0.340	-0.461	0.103	0.194	-0.224	-0.996	0.220	0.175	-0.617	-0.230	0.039	-0.469
										0.383			
0.8*L1	0.145	0.279	-0.422	0.062	0.138	-0.033	-1.089	0.155	0.117	0.203	-0.269	0.057	-0.623
0.9*L1	0.086	0.177	-0.356	0.036	0.084	0.001	-1.079	0.095	0.071	0.113	-0.347	0.040	-0.924
1.0*L1	0.046	0.082	-0.300	0.020	0.043	-0.025	-0.864	0.046	0.035	0.069	-0.512	0.014	-1.503
0.0*L2	0.046	0.082	-0.300	0.020	0.043	-0.025	-0.864	0.046	0.035	0.069	0.488	0.014	-1.503
0.1*L2	0.027	0.026	-0.300	0.013	0.020	-0.053	-0.654	0.019	0.015	0.052	0.353	-0.003	-1.008
0.2*L2	0.014	-0.013	-0.315	0.009	0.005	-0.077	-0.532	-0.000	0.002	0.042	0.270	-0.016	-0.693
0.3*L2	0.005	-0.038	-0.323	0.006	-0.005	-0.091	-0.454	-0.012	-0.007	0.036	0.217	-0.024	-0.494
0.4*L2	0.000	-0.051	-0.316	0.004	-0.010	-0.096	-0.394	-0.019	-0.012	0.031	0.180	-0.028	-0.364
0.5*L2	-0.002	-0.053	-0.292	0.003	-0.012	-0.092	-0.337	-0.021	-0.013	0.027	0.149	-0.028	-0.275
0.6*L2	-0.003	-0.050	-0.253	0.002	-0.012	-0.081	-0.280	-0.020	-0.013	0.022	0.121	-0.025	-0.209
0.7*L2	-0.003	-0.041	-0.204	0.001	-0.010	-0.066	-0.220	-0.016	-0.011	0.017	0.095	-0.021	-0.156
0.8*L2	-0.002	-0.031	-0.151	0.001	-0.008	-0.049	-0.161	-0.012	-0.008	0.013	0.069	-0.015	-0.111
0.9*L2	-0.002	-0.020	-0.099	0.001	-0.005	-0.032	-0.106	-0.008	-0.005	0.008	0.045	-0.010	-0.073
1.0*L2	-0.001	-0.011	-0.054	0.000	-0.003	-0.017	-0.059	-0.004	-0.003	0.005	0.025	-0.005	-0.042
FAKTOR				1/a								1/(a*a)	

INFOLGE STRECKENMOMENT mt=1

IN FELD	M			Q				T				q	
1,BIS SPRUNG					-0.199	-0.745			-0.245	-0.672			
1,REST	0.991	0.671	-1.305	0.960	0.360	-0.051	-2.626	1.460	0.505	0.209	-0.747	-0.614	-1.644
2	0.016	-0.073	-0.729	0.015	-0.006	-0.199	-1.075	-0.022	-0.011	0.086	0.523	-0.050	-1.233
3	0.001	0.011	0.044	-0.000	0.003	0.016	0.039	0.005	0.003	-0.003	-0.015	0.005	0.014
SUMME(+)	1.009	0.682	0.044	0.975	0.363	0.016	0.039	1.464	0.508	0.295	0.523	0.005	0.014
SUMME(-)	0.000	-0.073	-2.034	-0.000	-0.205	-0.995	-3.701	-0.022	-0.257	-0.675	-0.762	-0.664	-2.877
SUMME	1.009	0.610	-1.990	0.975	0.158	-0.979	-3.661	1.443	0.251	-0.380	-0.239	-0.659	-2.863
FAKTOR	a			a				a				1/a	

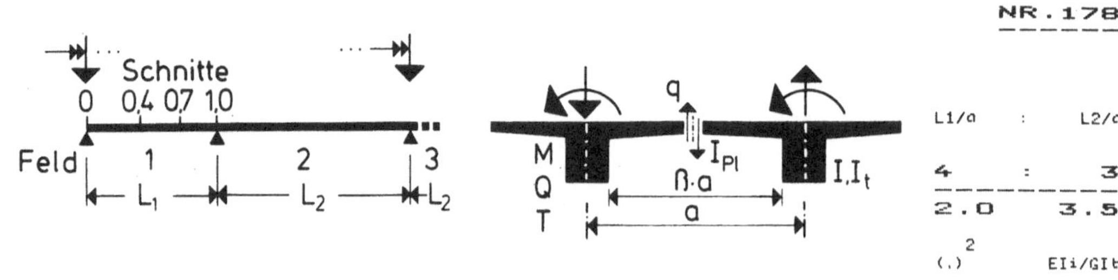

IN SCHNITT	M 0.4	M 0.7	M 1.0	Q 0	Q 0.4	Q 0.7	Q 1.0	T 0	T 0.4	T 0.7	T 1.0	q 0.4	q 1.0

INFOLGE EINZELLAST P=1

IN

IN	M 0.4	M 0.7	M 1.0	Q 0	Q 0.4	Q 0.7	Q 1.0	T 0	T 0.4	T 0.7	T 1.0	q 0.4	q 1.0
0.0*L1	0.000	0.000	-0.000	1.000	-0.000	-0.000	-0.000	0.000	-0.000	-0.000	-0.000	0.000	-0.000
0.1*L1	0.088	0.001	-0.066	0.738	-0.110	-0.051	-0.070	0.075	-0.001	-0.031	-0.021	0.090	-0.035
0.2*L1	0.191	0.008	-0.130	0.516	-0.229	-0.108	-0.142	0.130	0.002	-0.058	-0.041	0.176	-0.068
0.3*L1	0.325	0.027	-0.191	0.344	-0.363	-0.176	-0.218	0.160	0.013	-0.080	-0.059	0.251	-0.096
0.4*L1	0.502	0.066	-0.246	0.219	-0.509	-0.262	-0.299	0.167	0.031	-0.093	-0.074	0.288	-0.117
					0.491								
0.5*L1	0.329	0.134	-0.289	0.133	0.349	-0.370	-0.389	0.155	0.047	-0.093	-0.084	0.260	-0.128
0.6*L1	0.203	0.243	-0.315	0.077	0.230	-0.501	-0.490	0.130	0.053	-0.081	-0.087	0.198	-0.125
0.7*L1	0.116	0.402	-0.313	0.041	0.139	-0.650	-0.604	0.097	0.048	-0.058	-0.080	0.132	-0.106
					0.350								
0.8*L1	0.058	0.217	-0.272	0.019	0.073	0.205	-0.732	0.061	0.034	-0.032	-0.063	0.075	-0.071
0.9*L1	0.021	0.085	-0.174	0.007	0.028	0.085	-0.869	0.027	0.016	-0.013	-0.035	0.030	-0.029
1.0*L1	-0.000	0.000	0.000	0.000	-0.000	0.000	-1.000	0.000	0.000	0.000	0.000	0.000	-0.000
0.0*L2	-0.000	-0.000	-0.000	-0.000	-0.000	-0.000	-0.000	-0.000	-0.000	0.000	0.000	-0.000	0.000
0.1*L2	-0.009	-0.038	-0.111	-0.003	-0.012	-0.041	-0.077	-0.012	-0.008	0.007	0.025	-0.014	-0.005
0.2*L2	-0.013	-0.059	-0.178	-0.004	-0.019	-0.064	-0.130	-0.019	-0.012	0.011	0.044	-0.022	-0.022
0.3*L2	-0.015	-0.067	-0.208	-0.004	-0.021	-0.074	-0.158	-0.022	-0.013	0.014	0.055	-0.025	-0.039
0.4*L2	-0.014	-0.066	-0.210	-0.004	-0.021	-0.074	-0.164	-0.021	-0.013	0.014	0.059	-0.025	-0.051
0.5*L2	-0.012	-0.059	-0.191	-0.003	-0.018	-0.067	-0.154	-0.019	-0.011	0.013	0.056	-0.023	-0.055
0.6*L2	-0.010	-0.048	-0.159	-0.003	-0.015	-0.055	-0.130	-0.015	-0.009	0.011	0.048	-0.019	-0.051
0.7*L2	-0.007	-0.035	-0.118	-0.002	-0.011	-0.041	-0.098	-0.011	-0.007	0.008	0.037	-0.014	-0.042
0.8*L2	-0.005	-0.022	-0.075	-0.001	-0.007	-0.026	-0.063	-0.007	-0.004	0.005	0.024	-0.009	-0.028
0.9*L2	-0.002	-0.010	-0.034	-0.000	-0.003	-0.012	-0.028	-0.003	-0.002	0.002	0.011	-0.004	-0.013
1.0*L2	-0.000	0.000	-0.000	0.000	0.000	0.000	-0.000	-0.000	0.000	0.000	0.000	-0.000	-0.000
FAKTOR	a							a				1/a	

INFOLGE STRECKENLAST P=1

IN FELD

IN FELD	M 0.4	M 0.7	M 1.0	Q 0	Q 0.4	Q 0.7	Q 1.0	T 0	T 0.4	T 0.7	T 1.0	q 0.4	q 1.0
1,BIS SPRUNG						-0.381	-0.713			0.011	-0.188		
1,REST	0.724	0.462	-0.808	1.028	0.422	0.183	-1.724	0.404	0.087	-0.029	-0.220	0.604	-0.312
2	-0.026	-0.123	-0.389	-0.007	-0.038	-0.138	-0.303	-0.039	-0.024	0.026	0.109	-0.047	-0.092
3	0.004	0.022	0.073	0.001	0.007	0.025	0.061	0.007	0.004	-0.005	-0.023	0.008	0.027
SUMME(+)	0.728	0.483	0.073	1.029	0.428	0.209	0.061	0.411	0.102	0.026	0.109	0.612	0.027
SUMME(-)	-0.026	-0.123	-1.197	-0.007	-0.419	-0.851	-2.027	-0.039	-0.024	-0.222	-0.243	-0.047	-0.404
SUMME	0.701	0.361	-1.125	1.022	0.009	-0.642	-1.966	0.372	0.078	-0.196	-0.134	0.565	-0.377
FAKTOR	a*a			a				a*a					

INFOLGE EINZELMOMENT Mt=1

IN

IN	M 0.4	M 0.7	M 1.0	Q 0	Q 0.4	Q 0.7	Q 1.0	T 0	T 0.4	T 0.7	T 1.0	q 0.4	q 1.0
0.0*L1	0.000	0.000	-0.000	0.000	-0.000	-0.000	-0.000	1.000	-0.000	-0.000	-0.000	-0.000	-0.000
0.1*L1	0.164	0.027	-0.117	0.452	-0.113	-0.107	-0.147	0.663	-0.054	-0.057	-0.037	-0.039	-0.062
0.2*L1	0.322	0.063	-0.229	0.565	-0.191	-0.216	-0.296	0.497	-0.125	-0.113	-0.073	-0.150	-0.122
0.3*L1	0.459	0.113	-0.331	0.521	-0.181	-0.325	-0.449	0.409	-0.240	-0.168	-0.106	-0.425	-0.178
0.4*L1	0.532	0.182	-0.417	0.421	0.010	-0.423	-0.606	0.352	-0.443	-0.226	-0.135	-1.004	-0.230
									0.557				
0.5*L1	0.489	0.265	-0.478	0.313	0.209	-0.488	-0.765	0.301	0.353	-0.298	-0.160	-0.410	-0.280
0.6*L1	0.388	0.345	-0.508	0.219	0.245	-0.468	-0.919	0.248	0.235	-0.408	-0.183	-0.121	-0.339
0.7*L1	0.279	0.377	-0.499	0.145	0.210	-0.272	-1.053	0.192	0.159	-0.600	-0.209	-0.001	-0.428
									0.400				
0.8*L1	0.184	0.308	-0.451	0.091	0.151	-0.067	-1.134	0.135	0.105	0.214	-0.252	0.032	-0.590
0.9*L1	0.110	0.195	-0.375	0.053	0.092	-0.020	-1.107	0.083	0.063	0.119	-0.337	0.025	-0.899
1.0*L1	0.057	0.087	-0.311	0.029	0.045	-0.038	-0.872	0.039	0.031	0.073	-0.510	0.005	-1.483
0.0*L2	0.057	0.087	-0.311	0.029	0.045	-0.038	-0.872	0.039	0.031	0.073	0.490	0.005	-1.483
0.1*L2	0.030	0.023	-0.308	0.017	0.019	-0.062	-0.648	0.015	0.014	0.054	0.347	-0.009	-0.987
0.2*L2	0.011	-0.023	-0.321	0.009	0.000	-0.083	-0.516	-0.003	0.002	0.043	0.259	-0.021	-0.670
0.3*L2	-0.001	-0.053	-0.329	0.004	-0.011	-0.096	-0.430	-0.014	-0.006	0.036	0.203	-0.028	-0.467
0.4*L2	-0.008	-0.067	-0.322	0.001	-0.018	-0.101	-0.367	-0.020	-0.010	0.031	0.164	-0.031	-0.335
0.5*L2	-0.010	-0.071	-0.298	-0.001	-0.020	-0.096	-0.311	-0.021	-0.012	0.026	0.134	-0.030	-0.246
0.6*L2	-0.011	-0.066	-0.259	-0.002	-0.019	-0.085	-0.256	-0.020	-0.012	0.022	0.107	-0.027	-0.183
0.7*L2	-0.010	-0.055	-0.209	-0.002	-0.016	-0.070	-0.201	-0.017	-0.010	0.017	0.083	-0.023	-0.134
0.8*L2	-0.007	-0.041	-0.155	-0.001	-0.012	-0.052	-0.146	-0.013	-0.007	0.012	0.060	-0.017	-0.094
0.9*L2	-0.005	-0.027	-0.101	-0.001	-0.008	-0.034	-0.096	-0.008	-0.005	0.008	0.039	-0.011	-0.062
1.0*L2	-0.002	-0.014	-0.053	-0.000	-0.004	-0.018	-0.052	-0.004	-0.002	0.004	0.021	-0.006	-0.035
FAKTOR				1/a								1/(a*a)	

INFOLGE STRECKENMOMENT mt=1

IN FELD

IN FELD	M 0.4	M 0.7	M 1.0	Q 0	Q 0.4	Q 0.7	Q 1.0	T 0	T 0.4	T 0.7	T 1.0	q 0.4	q 1.0
1,BIS SPRUNG						-0.207	-0.880			-0.249	-0.622		
1,REST	1.189	0.771	-1.429	1.142	0.386	-0.085	-2.782	1.346	0.476	0.220	-0.692	-0.783	-1.524
2	0.004	-0.105	-0.746	0.011	-0.020	-0.213	-1.024	-0.026	-0.010	0.086	0.491	-0.060	-1.167
3	0.004	0.019	0.059	0.001	0.006	0.021	0.045	0.006	0.004	-0.004	-0.016	0.007	0.011
SUMME(+)	1.197	0.790	0.059	1.154	0.392	0.021	0.045	1.352	0.480	0.307	0.491	0.007	0.011
SUMME(-)	0.000	-0.105	-2.175	0.000	-0.227	-1.177	-3.805	-0.026	-0.259	-0.626	-0.708	-0.843	-2.691
SUMME	1.197	0.685	-2.116	1.154	0.165	-1.156	-3.761	1.326	0.220	-0.319	-0.217	-0.836	-2.680
FAKTOR	a							a				1/a	

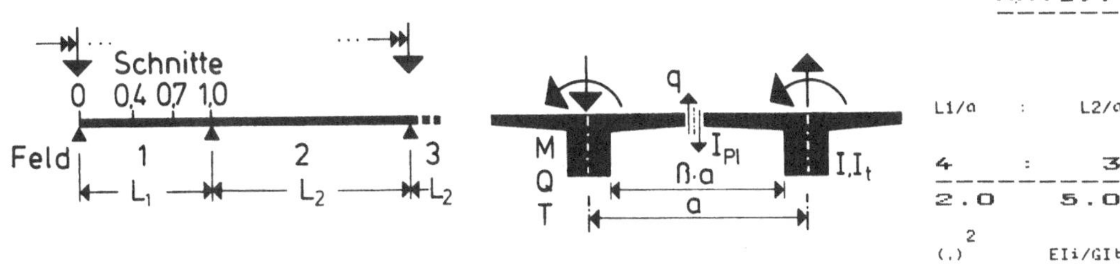

	M			Q				T				q	
IN SCHNITT	0.4	0.7	1.0	0	0.4	0.7	1.0	0	0.4	0.7	1.0	0.4	1.0

INFOLGE EINZELLAST F=1

IN	M 0.4	0.7	1.0	Q 0	0.4	0.7	1.0	T 0	0.4	0.7	1.0	q 0.4	1.0
0.0*L1	0.000	0.000	-0.000	1.000	-0.000	-0.000	-0.000	0.000	-0.000	-0.000	-0.000	0.000	-0.000
0.1*L1	0.107	0.006	-0.076	0.766	-0.116	-0.065	-0.080	0.059	0.000	-0.025	-0.018	0.073	-0.029
0.2*L1	0.228	0.018	-0.149	0.562	-0.238	-0.135	-0.161	0.104	0.004	-0.048	-0.035	0.143	-0.055
0.3*L1	0.374	0.043	-0.217	0.397	-0.370	-0.214	-0.245	0.129	0.013	-0.065	-0.050	0.202	-0.078
0.4*L1	0.557	0.087	-0.276	0.271	-0.509	-0.307	-0.333	0.136	0.026	-0.075	-0.062	0.231	-0.094
					0.491								
0.5*L1	0.382	0.160	-0.320	0.178	0.357	-0.416	-0.428	0.127	0.038	-0.076	-0.070	0.211	-0.101
0.6*L1	0.248	0.271	-0.344	0.111	0.243	-0.542	-0.531	0.108	0.042	-0.066	-0.071	0.164	-0.098
0.7*L1	0.149	0.428	-0.336	0.065	0.151	-0.678	-0.643	0.081	0.038	-0.048	-0.065	0.112	-0.082
						0.322							
0.8*L1	0.078	0.236	-0.287	0.033	0.082	0.190	-0.763	0.051	0.027	-0.027	-0.051	0.065	-0.055
0.9*L1	0.030	0.095	-0.180	0.013	0.033	0.080	-0.886	0.023	0.013	-0.011	-0.028	0.027	-0.022
1.0*L1	0.000	-0.000	0.000	-0.000	0.000	-0.000	-1.000	-0.000	-0.000	0.000	0.000	0.000	-0.000
0.0*L2	-0.000	-0.000	-0.000	-0.000	-0.000	-0.000	-0.000	-0.000	-0.000	0.000	0.000	-0.000	0.000
0.1*L2	-0.014	-0.044	-0.110	-0.005	-0.015	-0.039	-0.066	-0.011	-0.006	0.006	0.020	-0.013	-0.003
0.2*L2	-0.021	-0.069	-0.176	-0.008	-0.023	-0.062	-0.112	-0.017	-0.010	0.010	0.035	-0.021	-0.014
0.3*L2	-0.024	-0.080	-0.208	-0.010	-0.027	-0.073	-0.136	-0.020	-0.011	0.012	0.044	-0.024	-0.027
0.4*L2	-0.024	-0.080	-0.211	-0.009	-0.027	-0.074	-0.142	-0.020	-0.011	0.013	0.047	-0.024	-0.035
0.5*L2	-0.021	-0.073	-0.194	-0.008	-0.024	-0.067	-0.133	-0.018	-0.010	0.012	0.045	-0.022	-0.038
0.6*L2	-0.018	-0.060	-0.162	-0.007	-0.020	-0.056	-0.113	-0.015	-0.008	0.010	0.039	0.010	0.036
0.7*L2	-0.013	-0.045	-0.121	-0.005	-0.015	-0.042	-0.086	-0.011	-0.006	0.008	0.030	-0.014	-0.030
0.8*L2	-0.008	-0.028	-0.077	-0.003	-0.009	-0.027	-0.055	-0.007	-0.004	0.005	0.019	-0.009	-0.020
0.9*L2	-0.004	-0.013	-0.035	-0.001	-0.004	-0.012	-0.025	-0.003	-0.002	0.002	0.009	-0.004	-0.009
1.0*L2	-0.000	-0.000	-0.000	-0.000	-0.000	-0.000	-0.000	-0.000	-0.000	-0.000	0.000	-0.000	-0.000
FAKTOR	a							a				1/a	

INFOLGE STRECKENLAST P=1

IN FELD	M 0.4	0.7	1.0	Q 0	0.4	0.7	1.0	T 0	0.4	0.7	1.0	q 0.4	1.0
1,BIS SPRUNG						-0.390	-0.805			0.011	-0.153		
1,REST	0.852	0.528	-0.884	1.150	0.441	0.170	-1.827	0.330	0.068	-0.024	-0.181	0.495	-0.247
2	-0.044	-0.149	-0.393	-0.018	-0.050	-0.137	-0.263	-0.036	-0.020	0.023	0.086	-0.045	-0.064
3	0.009	0.030	0.083	0.003	0.010	0.028	0.059	0.007	0.004	-0.005	-0.021	0.009	0.021
SUMME(+)	0.861	0.558	0.083	1.154	0.451	0.198	0.059	0.337	0.084	0.023	0.086	0.504	0.021
SUMME(-)	-0.044	-0.149	-1.277	-0.018	-0.440	-0.942	-2.091	-0.036	-0.020	-0.183	-0.202	-0.045	-0.311
SUMME	0.817	0.409	-1.194	1.136	0.011	-0.744	-2.031	0.301	0.064	-0.159	-0.115	0.459	-0.290
FAKTOR	a*a			a				a*a				1/a	

INFOLGE EINZELMOMENT Mt=1

IN	M 0.4	0.7	1.0	Q 0	0.4	0.7	1.0	T 0	0.4	0.7	1.0	q 0.4	1.0
0.0*L1	0.000	0.000	-0.000	0.000	-0.000	-0.000	-0.000	1.000	-0.000	-0.000	-0.000	-0.000	-0.000
0.1*L1	0.191	0.037	-0.132	0.484	-0.117	-0.129	-0.163	0.645	-0.055	-0.049	-0.032	-0.065	-0.051
0.2*L1	0.375	0.082	-0.258	0.622	-0.197	-0.258	-0.327	0.463	-0.128	-0.097	-0.062	-0.199	-0.101
0.3*L1	0.530	0.141	-0.370	0.593	-0.184	-0.382	-0.494	0.366	-0.245	-0.146	-0.090	-0.492	-0.148
0.4*L1	0.611	0.217	-0.463	0.497	0.012	-0.490	-0.661	0.306	-0.452	-0.201	-0.115	-1.078	-0.193
									0.548				
0.5*L1	0.568	0.305	-0.526	0.384	0.218	-0.556	-0.827	0.257	0.340	-0.273	-0.138	-0.481	-0.239
0.6*L1	0.459	0.387	-0.553	0.279	0.259	-0.530	-0.982	0.210	0.220	-0.386	-0.160	-0.179	-0.298
0.7*L1	0.337	0.414	-0.537	0.191	0.224	-0.322	-1.110	0.162	0.145	-0.582	-0.188	-0.044	-0.391
										0.418			
0.8*L1	0.225	0.337	-0.479	0.123	0.163	-0.102	-1.179	0.114	0.094	0.226	-0.235	0.003	-0.560
0.9*L1	0.135	0.212	-0.393	0.073	0.100	-0.042	-1.134	0.069	0.056	0.127	-0.327	0.007	-0.876
1.0*L1	0.068	0.092	-0.322	0.038	0.047	-0.050	-0.879	0.032	0.028	0.076	-0.509	-0.005	-1.466
0.0*L2	0.068	0.092	-0.322	0.038	0.047	-0.050	-0.879	0.032	0.028	0.076	0.491	-0.005	-1.466
0.1*L2	0.032	0.020	-0.314	0.020	0.017	-0.069	-0.642	0.011	0.013	0.056	0.343	-0.015	-0.970
0.2*L2	0.007	-0.033	-0.326	0.008	-0.004	-0.087	-0.499	-0.004	0.002	0.043	0.250	-0.024	-0.651
0.3*L2	-0.009	-0.067	-0.333	-0.000	-0.018	-0.099	-0.407	-0.014	-0.005	0.036	0.190	-0.029	-0.446
0.4*L2	-0.018	-0.085	-0.326	-0.005	-0.025	-0.102	-0.340	-0.019	-0.009	0.030	0.149	-0.031	-0.312
0.5*L2	-0.021	-0.088	-0.302	-0.007	-0.027	-0.098	-0.284	-0.020	-0.010	0.025	0.118	-0.031	-0.223
0.6*L2	-0.021	-0.082	-0.263	-0.007	-0.026	-0.086	-0.232	-0.019	-0.010	0.020	0.093	-0.027	-0.161
0.7*L2	-0.018	-0.069	-0.213	-0.007	-0.022	-0.070	-0.181	-0.016	-0.008	0.016	0.071	-0.023	-0.116
0.8*L2	-0.014	-0.051	-0.157	-0.005	-0.016	-0.052	-0.131	-0.012	-0.006	0.012	0.051	-0.017	-0.080
0.9*L2	-0.009	-0.033	-0.102	-0.003	-0.011	-0.034	-0.085	-0.008	-0.004	0.008	0.033	-0.011	-0.052
1.0*L2	-0.004	-0.017	-0.053	-0.002	-0.005	-0.017	-0.046	-0.004	-0.002	0.004	0.018	-0.006	-0.031
FAKTOR				1/a								1/(a*a)	

INFOLGE STRECKENMOMENT mt=1

IN FELD	M 0.4	0.7	1.0	Q 0	0.4	0.7	1.0	T 0	0.4	0.7	1.0	q 0.4	1.0
1,BIS SPRUNG						-0.212	-1.018			-0.254	-0.570		
1,REST	1.394	0.875	-1.554	1.332	0.409	-0.120	-2.945	1.228	0.449	0.232	-0.633	-0.961	-1.412
2	-0.012	-0.138	-0.757	0.003	-0.034	-0.220	-0.973	-0.026	-0.008	0.085	0.461	-0.064	-1.114
3	0.009	0.028	0.073	0.003	0.009	0.025	0.046	0.007	0.004	-0.004	-0.014	0.008	0.007
SUMME(+)	1.403	0.904	0.073	1.338	0.419	0.025	0.046	1.235	0.453	0.317	0.461	0.008	0.007
SUMME(-)	-0.012	-0.138	-2.312	0.000	-0.246	-1.357	-3.918	-0.026	-0.262	-0.574	-0.648	-1.025	-2.526
SUMME	1.391	0.766	-2.239	1.338	0.173	-1.332	-3.872	1.208	0.191	-0.257	-0.187	-1.017	-2.519
FAKTOR	a			a								1/a	

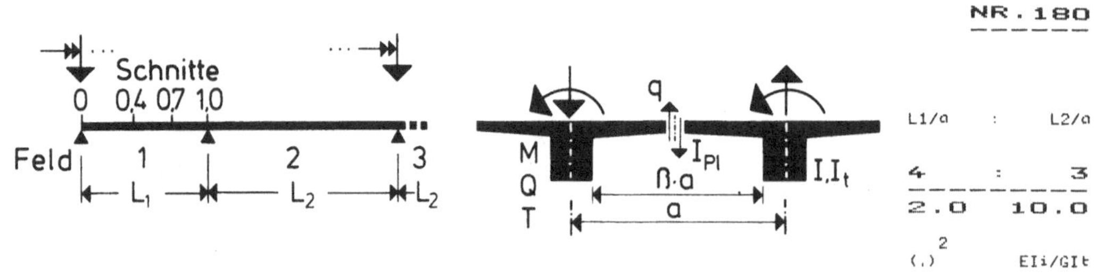

	M			Q				T				q	
IN SCHNITT	0.4	0.7	1.0	0	0.4	0.7	1.0	0	0.4	0.7	1.0	0.4	1.0

INFOLGE EINZELLAST P=1

IN	M 0.4	0.7	1.0	Q 0	0.4	0.7	1.0	T 0	0.4	0.7	1.0	q 0.4	1.0
0.0*L1	0.000	0.000	-0.000	1.000	-0.000	-0.000	-0.000	0.000	0.000	-0.000	-0.000	0.000	-0.000
0.1*L1	0.140	0.016	-0.093	0.808	-0.123	-0.090	-0.097	0.035	0.001	-0.016	-0.012	0.046	-0.018
0.2*L1	0.288	0.038	-0.181	0.633	-0.249	-0.182	-0.195	0.063	0.004	-0.030	-0.023	0.088	-0.034
0.3*L1	0.455	0.073	-0.261	0.483	-0.378	-0.279	-0.294	0.079	0.009	-0.040	-0.033	0.123	-0.047
0.4*L1	0.648	0.126	-0.326	0.357	-0.507	-0.382	-0.394	0.084	0.016	-0.046	-0.040	0.141	-0.057
					0.493								
0.5*L1	0.471	0.206	-0.372	0.255	0.369	-0.492	-0.497	0.080	0.023	-0.047	-0.044	0.130	-0.061
0.6*L1	0.325	0.318	-0.390	0.174	0.260	-0.608	-0.601	0.068	0.025	-0.041	-0.045	0.104	-0.058
0.7*L1	0.207	0.471	-0.373	0.110	0.169	-0.727	-0.707	0.051	0.022	-0.030	-0.040	0.073	-0.048
						0.273							
0.8*L1	0.116	0.268	-0.310	0.061	0.095	0.162	-0.812	0.033	0.016	-0.018	-0.031	0.043	-0.032
0.9*L1	0.047	0.111	-0.190	0.025	0.039	0.069	-0.913	0.015	0.007	-0.007	-0.017	0.019	-0.013
1.0*L1	0.000	-0.000	0.000	0.000	0.000	0.000	-1.000	0.000	0.000	-0.000	-0.000	0.000	0.000
0.0*L2	-0.000	-0.000	-0.000	-0.000	-0.000	-0.000	-0.000	-0.000	-0.000	0.000	0.000	-0.000	0.000
0.1*L2	-0.023	-0.054	-0.106	-0.012	-0.019	-0.035	-0.050	-0.007	-0.004	0.004	0.012	-0.009	-0.000
0.2*L2	-0.036	-0.086	-0.172	-0.019	-0.030	-0.056	-0.083	-0.012	-0.006	0.007	0.020	-0.015	-0.006
0.3*L2	-0.042	-0.102	-0.205	-0.022	-0.036	-0.066	-0.102	-0.014	-0.007	0.008	0.026	-0.018	-0.012
0.4*L2	-0.043	-0.104	-0.210	-0.022	-0.036	-0.068	-0.106	-0.014	-0.007	0.009	0.028	-0.018	-0.017
0.5*L2	-0.040	-0.096	-0.195	-0.020	-0.033	-0.063	-0.100	-0.013	-0.006	0.008	0.027	-0.017	-0.019
0.6*L2	-0.033	-0.080	-0.164	-0.017	-0.028	-0.053	-0.085	-0.011	-0.005	0.007	0.023	-0.014	-0.018
0.7*L2	-0.025	-0.060	-0.124	-0.013	-0.021	-0.040	-0.065	-0.008	-0.004	0.005	0.018	-0.011	-0.015
0.8*L2	-0.016	-0.039	-0.080	-0.008	-0.013	-0.026	-0.042	-0.005	-0.003	0.004	0.012	-0.007	-0.010
0.9*L2	-0.007	-0.018	-0.037	-0.004	-0.006	-0.012	-0.019	-0.002	-0.001	0.002	0.005	-0.003	-0.005
1.0*L2	-0.000	-0.000	0.000	0.000	0.000	0.000	0.000	-0.000	-0.000	-0.000	-0.000	-0.000	-0.000
FAKTOR		a							a			1/a	

INFOLGE STRECKENLAST P=1

IN FELD	M 0.4	0.7	1.0	Q 0	0.4	0.7	1.0	T 0	0.4	0.7	1.0	q 0.4	1.0
1,BIS SPRUNG					-0.401	-0.957			0.009	-0.095			
1,REST	1.071	0.641	-1.009	1.356	0.468	0.145	-2.005	0.205	0.041	-0.016	-0.115	0.309	-0.148
2	-0.080	-0.194	-0.392	-0.042	-0.068	-0.127	-0.198	-0.026	-0.013	0.016	0.052	-0.034	-0.030
3	0.019	0.047	0.097	0.010	0.017	0.031	0.052	0.006	0.003	-0.004	-0.014	0.008	0.012
SUMME(+)	1.091	0.688	0.097	1.366	0.485	0.176	0.052	0.211	0.053	0.016	0.052	0.317	0.012
SUMME(-)	-0.080	-0.194	-1.401	-0.042	-0.469	-1.084	-2.202	-0.026	-0.013	-0.115	-0.129	-0.034	-0.178
SUMME	1.010	0.494	-1.304	1.325	0.016	-0.908	-2.151	0.185	0.039	-0.099	-0.077	0.283	-0.166
FAKTOR		a×a			a				a×a			1/a	

INFOLGE EINZELMOMENT Mt=1

IN	M 0.4	0.7	1.0	Q 0	0.4	0.7	1.0	T 0	0.4	0.7	1.0	q 0.4	1.0
0.0*L1	0.000	0.000	-0.000	0.000	-0.000	-0.000	-0.000	1.000	-0.000	-0.000	-0.000	-0.000	-0.000
0.1*L1	0.238	0.055	-0.157	0.536	-0.122	-0.166	-0.192	0.615	-0.057	-0.035	-0.021	-0.107	-0.034
0.2*L1	0.462	0.117	-0.305	0.715	-0.202	-0.328	-0.384	0.408	-0.133	-0.070	-0.042	-0.280	-0.067
0.3*L1	0.648	0.191	-0.435	0.712	-0.186	-0.477	-0.573	0.296	-0.255	-0.110	-0.062	-0.602	-0.100
0.4*L1	0.745	0.279	-0.538	0.624	0.018	-0.600	-0.758	0.229	-0.468	-0.159	-0.080	-1.201	-0.134
									0.532				
0.5*L1	0.704	0.374	-0.604	0.506	0.232	-0.668	-0.933	0.183	0.320	-0.230	-0.098	-0.600	-0.176
0.6*L1	0.582	0.456	-0.626	0.385	0.278	-0.633	-1.088	0.144	0.197	-0.347	-0.120	-0.281	-0.236
0.7*L1	0.437	0.476	-0.598	0.275	0.245	-0.405	-1.204	0.109	0.124	-0.551	-0.152	-0.122	-0.337
										0.449			
0.8*L1	0.297	0.384	-0.525	0.182	0.180	-0.162	-1.252	0.076	0.077	0.248	-0.207	-0.051	-0.517
0.9*L1	0.179	0.240	-0.422	0.108	0.110	-0.079	-1.178	0.046	0.045	0.139	-0.311	-0.025	-0.845
1.0*L1	0.086	0.100	-0.337	0.054	0.050	-0.068	-0.892	0.021	0.023	0.082	-0.506	-0.021	-1.443
0.0*L2	0.086	0.100	-0.337	0.054	0.050	-0.068	-0.892	0.021	0.023	0.082	0.494	-0.021	-1.443
0.1*L2	0.035	0.015	-0.323	0.024	0.015	-0.078	-0.634	0.007	0.012	0.058	0.336	-0.023	-0.949
0.2*L2	-0.001	-0.049	-0.330	0.003	-0.011	-0.089	-0.474	-0.004	0.004	0.043	0.235	-0.025	-0.628
0.3*L2	-0.025	-0.091	-0.335	-0.011	-0.028	-0.097	-0.370	-0.010	-0.002	0.033	0.170	-0.027	-0.421
0.4*L2	-0.039	-0.113	-0.328	-0.018	-0.037	-0.099	-0.298	-0.014	-0.005	0.026	0.126	-0.027	-0.285
0.5*L2	-0.043	-0.118	-0.304	-0.021	-0.039	-0.093	-0.241	-0.015	-0.006	0.021	0.095	-0.025	-0.196
0.6*L2	-0.042	-0.109	-0.265	-0.021	-0.037	-0.082	-0.192	-0.014	-0.006	0.017	0.072	-0.022	-0.136
0.7*L2	-0.036	-0.091	-0.215	-0.018	-0.031	-0.067	-0.148	-0.012	-0.005	0.013	0.053	-0.018	-0.094
0.8*L2	-0.027	-0.069	-0.158	-0.014	-0.023	-0.050	-0.106	-0.009	-0.004	0.009	0.037	-3.014	-0.064
0.9*L2	-0.017	-0.044	-0.102	-0.009	-0.015	-0.032	-0.069	-0.006	-0.003	0.006	0.024	-0.009	-0.041
1.0*L2	-0.008	-0.021	-0.051	-0.004	-0.007	-0.016	-0.036	-0.003	-0.001	0.003	0.013	-0.004	-0.025
FAKTOR		1/a										1/(a×a)	

INFOLGE STRECKENMOMENT mt=1

IN FELD	M 0.4	0.7	1.0	Q 0	0.4	0.7	1.0	T 0	0.4	0.7	1.0	q 0.4	1.0
1,BIS SPRUNG					-0.216	-1.247			-0.264	-0.483			
1,REST	1.744	1.055	-1.759	1.656	0.444	-0.178	-3.224	1.030	0.408	0.253	-0.530	-1.262	-1.242
2	-0.048	-0.192	-0.766	-0.019	-0.057	-0.220	-0.892	-0.021	-0.002	0.080	0.416	-0.061	-1.049
3	0.020	0.047	0.092	0.010	0.017	0.030	0.042	0.006	0.003	-0.003	-0.009	0.008	-0.002
SUMME(+)	1.764	1.102	0.092	1.666	0.461	0.030	0.042	1.036	0.411	0.333	0.416	0.008	0.000
SUMME(-)	-0.048	-0.192	-2.525	-0.019	-0.273	-1.645	-4.116	-0.021	-0.266	-0.486	-0.539	-1.323	-2.293
SUMME	1.716	0.910	-2.433	1.647	0.188	-1.615	-4.074	1.016	0.145	-0.153	-0.124	-1.314	-2.293
FAKTOR		a			a				a			1/a	

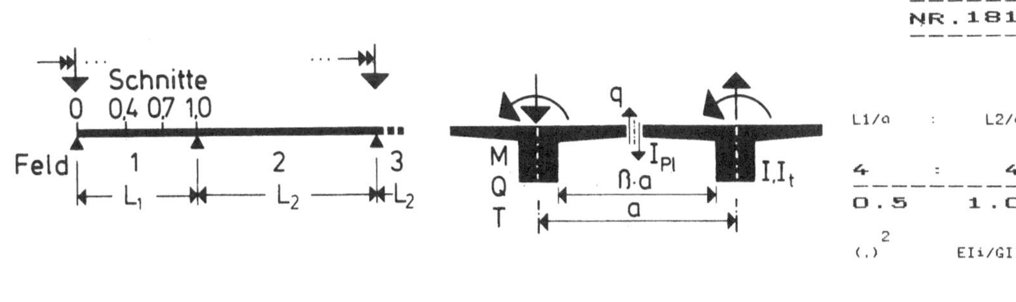

IN SCHNITT	M 0.4	M 0.7	M 1.0	Q 0	Q 0.4	Q 0.7	Q 1.0	T 0	T 0.4	T 0.7	T 1.0	q 0.4	q 1.0

INFOLGE EINZELLAST P=1

IN	M 0.4	M 0.7	M 1.0	Q 0	Q 0.4	Q 0.7	Q 1.0	T 0	T 0.4	T 0.7	T 1.0	q 0.4	q 1.0
0.0*L1	0.000	-0.000	-0.000	1.000	-0.000	-0.000	-0.000	0.000	0.000	-0.000	-0.000	0.000	-0.000
0.1*L1	0.054	-0.013	-0.043	0.702	-0.107	-0.024	-0.038	0.102	0.006	-0.035	-0.028	0.121	-0.033
0.2*L1	0.128	-0.019	-0.087	0.449	-0.226	-0.057	-0.079	0.180	0.018	-0.067	-0.056	0.234	-0.063
0.3*L1	0.240	-0.012	-0.132	0.259	-0.363	-0.107	-0.128	0.226	0.037	-0.091	-0.080	0.327	-0.088
0.4*L1	0.407	0.018	-0.176	0.129	-0.515	-0.183	-0.189	0.240	0.062	-0.104	-0.101	0.371	-0.106
					0.485								
0.5*L1	0.234	0.081	-0.216	0.049	0.337	-0.291	-0.267	0.227	0.083	-0.103	-0.115	0.339	-0.112
0.6*L1	0.119	0.191	-0.246	0.006	0.214	-0.431	-0.368	0.193	0.089	-0.089	-0.120	0.264	-0.106
0.7*L1	0.050	0.357	-0.257	-0.011	0.121	-0.595	-0.497	0.145	0.079	-0.063	-0.112	0.179	-0.085
						0.405							
0.8*L1	0.015	0.185	-0.232	-0.013	0.059	0.240	-0.653	0.091	0.055	-0.036	-0.089	0.102	-0.053
0.9*L1	0.002	0.069	-0.154	-0.008	0.021	0.101	-0.829	0.039	0.025	-0.016	-0.050	0.042	-0.018
1.0*L1	-0.000	-0.000	0.000	-0.000	-0.000	0.000	-1.000	0.000	0.000	0.000	0.000	0.000	0.000
0.0*L2	0.000	-0.000	-0.000	0.000	-0.000	-0.000	-0.000	-0.000	-0.000	0.000	0.000	-0.000	-0.000
0.1*L2	0.002	-0.035	-0.155	0.006	-0.009	-0.061	-0.131	-0.018	-0.010	0.016	0.051	-0.024	-0.019
0.2*L2	0.006	-0.048	-0.233	0.010	-0.012	-0.091	-0.211	-0.020	-0.010	0.030	0.090	-0.036	-0.055
0.3*L2	0.009	-0.048	-0.257	0.012	-0.011	-0.098	-0.247	-0.016	-0.005	0.039	0.113	-0.038	-0.087
0.4*L2	0.010	-0.041	-0.244	0.012	-0.008	-0.092	-0.248	-0.010	0.000	0.042	0.120	-0.035	-0.107
0.5*L2	0.010	-0.032	-0.211	0.011	-0.006	-0.078	-0.224	-0.004	0.004	0.041	0.114	-0.029	-0.111
0.6*L2	0.009	-0.022	-0.166	0.009	-0.003	-0.061	0.104	0.000	0.006	0.035	0.096	-0.022	-0.101
0.7*L2	0.007	-0.014	-0.118	0.007	-0.002	-0.043	-0.135	0.002	0.006	0.026	0.073	-0.016	-0.079
0.8*L2	0.005	-0.008	-0.071	0.004	-0.001	-0.025	-0.083	0.002	0.004	0.017	0.045	-0.009	-0.051
0.9*L2	0.002	-0.003	-0.030	0.002	-0.000	-0.011	-0.035	0.001	0.002	0.007	0.020	-0.004	-0.023
1.0*L2	-0.000	-0.000	0.000	-0.000	-0.000	-0.000	0.000	0.000	0.000	0.000	0.000	0.000	0.000
FAKTOR	a							a				1/a	

INFOLGE STRECKENLAST P=1

IN FELD	M 0.4	M 0.7	M 1.0	Q 0	Q 0.4	Q 0.7	Q 1.0	T 0	T 0.4	T 0.7	T 1.0	q 0.4	q 1.0
1,BIS SPRUNG						-0.380	-0.552		0.036	-0.210			
1,REST	0.488	0.331	-0.625	0.814	0.393	0.215	-1.415	0.581	0.146	-0.033	-0.304	0.797	-0.267
2	0.024	-0.102	-0.601	0.030	-0.021	-0.227	-0.605	-0.026	-0.001	0.102	0.291	-0.086	-0.253
3	-0.001	0.003	0.024	-0.001	0.001	0.009	0.026	0.000	-0.001	-0.005	-0.013	0.003	0.013
SUMME(+)	0.512	0.334	0.024	0.844	0.394	0.224	0.026	0.582	0.182	0.102	0.291	0.800	0.013
SUMME(-)	-0.001	-0.102	-1.226	-0.001	-0.401	-0.779	-2.020	-0.026	-0.002	-0.248	-0.317	-0.086	-0.520
SUMME	0.511	0.232	-1.202	0.843	-0.007	-0.555	-1.994	0.555	0.180	-0.146	-0.026	0.714	-0.507
FAKTOR	a*a			a				a*a					

INFOLGE EINZELMOMENT Mt=1

IN	M 0.4	M 0.7	M 1.0	Q 0	Q 0.4	Q 0.7	Q 1.0	T 0	T 0.4	T 0.7	T 1.0	q 0.4	q 1.0
0.0*L1	0.000	0.000	-0.000	0.000	-0.000	-0.000	-0.000	1.000	-0.000	-0.000	-0.000	-0.000	-0.000
0.1*L1	0.068	0.016	-0.064	0.154	-0.036	-0.048	-0.094	0.829	-0.076	-0.069	-0.047	-0.027	-0.057
0.2*L1	0.133	0.036	-0.126	0.207	-0.058	-0.097	-0.190	0.709	-0.158	-0.139	-0.092	-0.076	-0.114
0.3*L1	0.187	0.061	-0.185	0.204	-0.048	-0.144	-0.288	0.617	-0.257	-0.209	-0.137	-0.168	-0.170
0.4*L1	0.217	0.092	-0.237	0.175	0.017	-0.184	-0.389	0.539	-0.382	-0.281	-0.179	-0.326	-0.225
								0.618					
0.5*L1	0.209	0.128	-0.279	0.138	0.086	-0.210	-0.490	0.467	0.493	-0.359	-0.219	-0.164	-0.282
0.6*L1	0.179	0.160	-0.310	0.104	0.107	-0.205	-0.588	0.395	0.394	-0.450	-0.259	-0.069	-0.343
0.7*L1	0.144	0.174	-0.326	0.077	0.101	-0.147	-0.673	0.325	0.312	-0.563	-0.300	-0.022	-0.415
										0.437			
0.8*L1	0.112	0.154	-0.328	0.057	0.084	-0.086	-0.732	0.257	0.244	0.329	-0.348	-0.005	-0.507
0.9*L1	0.087	0.116	-0.319	0.044	0.064	-0.070	-0.745	0.196	0.186	0.253	-0.410	-0.006	-0.631
1.0*L1	0.067	0.076	-0.313	0.037	0.046	-0.078	-0.684	0.144	0.139	0.201	-0.496	-0.014	-0.803
0.0*L2	0.067	0.076	-0.313	0.037	0.046	-0.078	-0.684	0.144	0.139	0.201	0.504	-0.014	-0.803
0.1*L2	0.054	0.041	-0.322	0.032	0.031	-0.091	-0.598	0.103	0.103	0.164	0.417	-0.023	-0.634
0.2*L2	0.044	0.015	-0.333	0.028	0.020	-0.103	-0.540	0.073	0.077	0.138	0.357	-0.030	-0.513
0.3*L2	0.037	-0.002	-0.334	0.025	0.012	-0.109	-0.492	0.052	0.058	0.119	0.310	-0.035	-0.424
0.4*L2	0.031	-0.012	-0.321	0.023	0.007	-0.108	-0.444	0.037	0.045	0.103	0.271	-0.036	-0.356
0.5*L2	0.026	-0.017	-0.295	0.020	0.004	-0.101	-0.393	0.028	0.036	0.088	0.234	-0.034	-0.299
0.6*L2	0.022	-0.017	-0.258	0.017	0.003	-0.089	-0.337	0.021	0.029	0.074	0.198	-0.031	-0.249
0.7*L2	0.018	-0.015	-0.216	0.014	0.002	-0.075	-0.279	0.017	0.023	0.061	0.163	-0.026	-0.202
0.8*L2	0.014	-0.013	-0.172	0.011	0.001	-0.060	-0.221	0.013	0.018	0.048	0.129	-0.021	-0.160
0.9*L2	0.011	-0.010	-0.131	0.009	0.001	-0.046	-0.169	0.010	0.014	0.037	0.098	-0.016	-0.122
1.0*L2	0.008	-0.007	-0.096	0.006	0.001	-0.033	-0.123	0.007	0.010	0.027	0.072	-0.011	-0.090
FAKTOR	1/a											1/(a*a)	

INFOLGE STRECKENMOMENT mt=1

IN FELD	M 0.4	M 0.7	M 1.0	Q 0	Q 0.4	Q 0.7	Q 1.0	T 0	T 0.4	T 0.7	T 1.0	q 0.4	q 1.0
1,BIS SPRUNG						-0.058	-0.390		-0.270	-0.714			
1,REST	0.551	0.392	-0.935	0.479	0.193	-0.104	-1.819	1.957	0.799	0.357	-0.894	-0.335	-1.254
2	0.117	0.000	-1.036	0.080	0.041	-0.336	-1.548	0.170	0.189	0.378	0.984	-0.106	-1.356
3	0.010	-0.006	-0.107	0.007	0.002	-0.037	-0.143	0.010	0.013	0.032	0.086	-0.012	-0.110
SUMME(+)	0.678	0.392	0.000	0.566	0.236	0.000	0.000	2.137	1.001	0.767	1.070	0.000	0.000
SUMME(-)	0.000	-0.006	-2.077	0.000	-0.058	-0.866	-3.511	0.000	-0.270	-0.714	-0.894	-0.453	-2.720
SUMME	0.678	0.386	-2.077	0.566	0.178	-0.866	-3.511	2.137	0.731	0.053	0.176	-0.453	-2.720
FAKTOR								a				1/a	

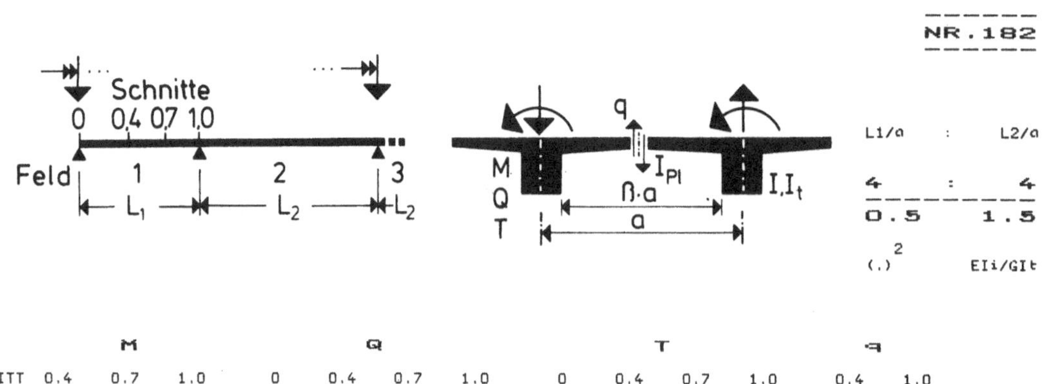

		M				Q				T			q	
IN SCHNITT	0.4	0.7	1.0	0	0.4	0.7	1.0	0	0.4	0.7	1.0	0.4	1.0

INFOLGE EINZELLAST P=1

IN		M				Q				T			q	
0.0*L1	0.000	-0.000	-0.000	1.000	-0.000	-0.000	-0.000	0.000	0.000	-0.000	-0.000	0.000	-0.000
0.1*L1	0.076	-0.008	-0.054	0.734	-0.115	-0.040	-0.047	0.083	0.008	-0.030	-0.026	0.102	-0.027
0.2*L1	0.169	-0.009	-0.108	0.503	-0.238	-0.087	-0.098	0.148	0.019	-0.057	-0.051	0.196	-0.052
0.3*L1	0.295	0.005	-0.160	0.320	-0.373	-0.150	-0.157	0.188	0.034	-0.077	-0.074	0.271	-0.072
0.4*L1	0.468	0.042	-0.208	0.187	-0.516	-0.233	-0.227	0.202	0.053	-0.088	-0.091	0.307	-0.085
					0.484								
0.5*L1	0.293	0.112	-0.250	0.097	0.347	-0.341	-0.313	0.192	0.068	-0.088	-0.103	0.285	-0.089
0.6*L1	0.168	0.225	-0.277	0.042	0.230	-0.474	-0.418	0.165	0.071	-0.077	-0.105	0.228	-0.082
0.7*L1	0.086	0.389	-0.280	0.013	0.138	-0.625	-0.545	0.125	0.062	-0.056	-0.096	0.160	-0.065
						0.375							
0.8*L1	0.037	0.209	-0.246	-0.000	0.072	0.226	-0.691	0.079	0.043	-0.034	-0.075	0.095	-0.040
0.9*L1	0.011	0.082	-0.159	-0.002	0.027	0.097	-0.849	0.035	0.020	-0.015	-0.042	0.040	-0.014
1.0*L1	-0.000	0.000	0.000	-0.000	0.000	-0.000	-1.000	0.000	0.000	-0.000	0.000	0.000	0.000
0.0*L2	-0.000	-0.000	-0.000	0.000	-0.000	-0.000	-0.000	-0.000	-0.000	0.000	0.000	-0.000	0.000
0.1*L2	-0.003	-0.046	-0.157	0.003	-0.014	-0.062	-0.116	-0.018	-0.009	0.015	0.042	-0.025	-0.013
0.2*L2	-0.003	-0.066	-0.241	0.006	-0.020	-0.094	-0.189	-0.024	-0.010	0.027	0.074	-0.039	-0.039
0.3*L2	-0.001	-0.070	-0.272	0.008	-0.021	-0.105	-0.225	-0.022	-0.008	0.035	0.094	-0.043	-0.063
0.4*L2	0.001	-0.064	-0.264	0.009	-0.019	-0.102	-0.229	-0.018	-0.004	0.038	0.101	-0.041	-0.079
0.5*L2	0.003	-0.053	-0.232	0.009	-0.015	-0.089	-0.210	-0.013	-0.001	0.036	0.097	-0.036	-0.083
0.6*L2	0.003	-0.040	-0.186	0.008	-0.011	-0.071	-0.174	-0.008	0.001	0.031	0.083	-0.028	-0.076
0.7*L2	0.003	-0.028	-0.134	0.006	-0.007	-0.051	-0.129	-0.005	0.002	0.024	0.063	-0.020	-0.061
0.8*L2	0.002	-0.016	-0.082	0.004	-0.004	-0.031	-0.080	-0.002	0.002	0.015	0.040	-0.012	-0.040
0.9*L2	0.001	-0.007	-0.035	0.002	-0.002	-0.013	-0.035	-0.001	0.001	0.007	0.017	-0.005	-0.018
1.0*L2	-0.000	-0.000	0.000	-0.000	0.000	-0.000	0.000	0.000	-0.000	-0.000	0.000	-0.000	0.000
FAKTOR		a								a			1/a	

INFOLGE STRECKENLAST P=1

IN FELD		M				Q				T			q	
1,BIS SPRUNG					-0.393	-0.651			0.034	-0.180				
1,REST	0.630	0.407	-0.705	0.949	0.418	0.202	-1.535	0.490	0.117	-0.030	-0.268	0.679	-0.211
2	0.002	-0.158	-0.649	0.023	-0.046	-0.250	-0.560	-0.045	-0.011	0.091	0.246	-0.101	-0.190
3	-0.001	0.012	0.052	-0.002	0.003	0.020	0.048	0.003	-0.000	-0.009	-0.023	0.008	0.020
SUMME(+)	0.633	0.419	0.052	0.971	0.421	0.222	0.048	0.493	0.152	0.091	0.246	0.687	0.020
SUMME(-)	-0.001	-0.158	-1.354	-0.002	-0.439	-0.902	-2.096	-0.045	-0.011	-0.219	-0.290	-0.101	-0.401
SUMME	0.632	0.261	-1.301	0.969	-0.017	-0.680	-2.047	0.448	0.141	-0.128	-0.044	0.586	-0.380
FAKTOR		a*a				a				a*a				

INFOLGE EINZELMOMENT Mt=1

IN		M				Q				T			q	
0.0*L1	0.000	0.000	-0.000	0.000	-0.000	-0.000	-0.000	1.000	-0.000	-0.000	-0.000	-0.000	-0.000
0.1*L1	0.086	0.023	-0.074	0.174	-0.038	-0.063	-0.106	0.816	-0.078	-0.065	-0.044	-0.044	-0.051
0.2*L1	0.167	0.049	-0.145	0.243	-0.060	-0.124	-0.213	0.686	-0.163	-0.131	-0.087	-0.107	-0.101
0.3*L1	0.234	0.081	-0.211	0.250	-0.048	-0.182	-0.321	0.586	-0.265	-0.198	-0.128	-0.211	-0.151
0.4*L1	0.271	0.117	-0.268	0.225	0.020	-0.229	-0.429	0.505	-0.393	-0.268	-0.168	-0.375	-0.202
									0.607				
0.5*L1	0.264	0.156	-0.314	0.187	0.092	-0.257	-0.535	0.431	0.479	-0.347	-0.208	-0.212	-0.256
0.6*L1	0.231	0.189	-0.344	0.148	0.115	-0.251	-0.634	0.362	0.378	-0.439	-0.247	-0.112	-0.316
0.7*L1	0.190	0.200	-0.358	0.114	0.110	-0.188	-0.716	0.295	0.297	-0.554	-0.290	-0.058	-0.388
										0.446			
0.8*L1	0.149	0.175	-0.356	0.087	0.092	-0.120	-0.768	0.232	0.230	0.336	-0.340	-0.034	-0.482
0.9*L1	0.113	0.129	-0.344	0.067	0.069	-0.098	-0.770	0.175	0.174	0.258	-0.406	-0.029	-0.607
1.0*L1	0.085	0.080	-0.335	0.053	0.047	-0.100	-0.697	0.127	0.130	0.203	-0.498	-0.032	-0.779
0.0*L2	0.085	0.080	-0.335	0.053	0.047	-0.100	-0.697	0.127	0.130	0.203	0.502	-0.032	-0.779
0.1*L2	0.064	0.037	-0.343	0.043	0.028	-0.111	-0.601	0.088	0.095	0.164	0.410	-0.039	-0.609
0.2*L2	0.048	0.004	-0.355	0.035	0.014	-0.121	-0.535	0.059	0.070	0.137	0.344	-0.044	-0.484
0.3*L2	0.037	-0.019	-0.358	0.030	0.004	-0.125	-0.482	0.039	0.051	0.116	0.294	-0.047	-0.393
0.4*L2	0.029	-0.032	-0.345	0.025	-0.002	-0.124	-0.431	0.025	0.038	0.099	0.253	-0.047	-0.323
0.5*L2	0.023	-0.037	-0.319	0.022	-0.005	-0.116	-0.379	0.016	0.029	0.085	0.216	-0.045	-0.267
0.6*L2	0.018	-0.036	-0.281	0.018	-0.006	-0.102	-0.324	0.011	0.022	0.071	0.182	-0.040	-0.219
0.7*L2	0.014	-0.032	-0.235	0.015	-0.006	-0.086	-0.267	0.007	0.017	0.058	0.148	-0.034	-0.176
0.8*L2	0.011	-0.026	-0.187	0.012	-0.005	-0.069	-0.211	0.005	0.013	0.045	0.117	-0.027	-0.138
0.9*L2	0.008	-0.019	-0.141	0.009	-0.004	-0.052	-0.159	0.004	0.010	0.034	0.088	-0.020	-0.104
1.0*L2	0.006	-0.013	-0.100	0.006	-0.002	-0.037	-0.114	0.003	0.008	0.025	0.064	-0.014	-0.076
FAKTOR					1/a							1/(a*a)		

INFOLGE STRECKENMOMENT mt=1

IN FELD		M				Q				T			q	
1,BIS SPRUNG					-0.059	-0.485			-0.278	-0.688				
1,REST	0.703	0.466	-1.035	0.618	0.208	-0.141	-1.944	1.855	0.767	0.364	-0.864	-0.468	-1.172
2	0.118	-0.052	-1.114	0.095	0.016	-0.390	-1.516	0.126	0.165	0.368	0.931	-0.147	-1.250
3	0.007	-0.006	-0.083	0.006	0.000	-0.030	-0.107	0.007	0.010	0.025	0.064	-0.011	-0.083
SUMME(+)	0.828	0.466	0.000	0.719	0.225	0.000	0.000	1.988	0.943	0.757	0.995	0.000	0.000
SUMME(-)	0.000	-0.059	-2.233	0.000	-0.059	-1.046	-3.566	0.000	-0.278	-0.688	-0.864	-0.626	-2.505
SUMME	0.828	0.407	-2.233	0.719	0.166	-1.046	-3.566	1.988	0.664	0.070	0.130	-0.626	-2.505
FAKTOR		a				a				a			1/a	

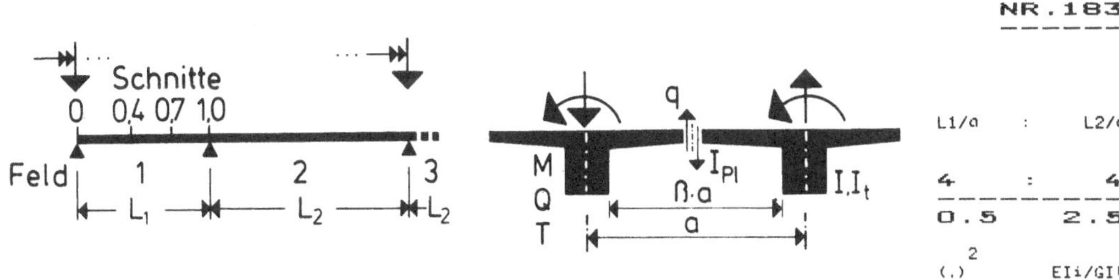

		M			Q				T				q	
IN SCHNITT		0.4	0.7	1.0	0	0.4	0.7	1.0	0	0.4	0.7	1.0	0.4	1.0

INFOLGE EINZELLAST P=1

IN

IN	M			Q				T				q	
0.0*L1	0.000	-0.000	-0.000	1.000	-0.000	-0.000	-0.000	0.000	0.000	-0.000	-0.000	0.000	-0.000
0.1*L1	0.104	0.001	-0.067	0.771	-0.122	-0.060	-0.062	0.061	0.008	-0.023	-0.022	0.078	-0.020
0.2*L1	0.221	0.009	-0.133	0.565	-0.248	-0.126	-0.128	0.110	0.017	-0.044	-0.043	0.149	-0.038
0.3*L1	0.365	0.032	-0.194	0.394	-0.379	-0.203	-0.200	0.142	0.028	-0.060	-0.061	0.205	-0.052
0.4*L1	0.546	0.078	-0.248	0.261	-0.514	-0.294	-0.281	0.154	0.041	-0.068	-0.075	0.232	-0.061
				0.486									
0.5*L1	0.369	0.154	-0.289	0.163	0.358	-0.403	-0.374	0.148	0.050	-0.069	-0.083	0.219	-0.063
0.6*L1	0.234	0.269	-0.312	0.094	0.247	-0.528	-0.482	0.128	0.052	-0.060	-0.084	0.180	-0.058
0.7*L1	0.136	0.429	-0.307	0.049	0.156	-0.663	-0.603	0.098	0.045	-0.045	-0.075	0.130	-0.045
				0.337									
0.8*L1	0.069	0.240	-0.262	0.022	0.085	0.205	-0.736	0.063	0.031	-0.028	-0.058	0.079	-0.028
0.9*L1	0.026	0.098	-0.165	0.007	0.034	0.089	-0.873	0.028	0.015	-0.013	-0.032	0.035	-0.009
1.0*L1	-0.000	0.000	0.000	-0.000	0.000	0.000	-1.000	0.000	0.000	0.000	0.000	0.000	0.000
0.0*L2	-0.000	-0.000	-0.000	-0.000	-0.000	-0.000	-0.000	-0.000	-0.000	0.000	0.000	-0.000	0.000
0.1*L2	-0.013	-0.060	-0.158	-0.003	-0.021	-0.060	-0.098	-0.016	-0.007	0.012	0.031	-0.023	-0.008
0.2*L2	-0.019	-0.090	-0.248	-0.003	-0.031	-0.094	-0.162	-0.023	-0.009	0.022	0.056	-0.037	-0.025
0.3*L2	-0.019	-0.100	-0.285	-0.002	-0.034	-0.108	-0.195	-0.024	-0.008	0.028	0.072	-0.042	-0.041
0.4*L2	-0.017	-0.096	-0.283	-0.001	-0.032	-0.107	-0.201	-0.022	-0.006	0.031	0.078	-0.042	-0.052
0.5*L2	-0.014	-0.083	-0.254	0.000	-0.028	-0.096	-0.186	-0.018	-0.004	0.030	0.075	-0.038	-0.056
0.6*L2	-0.010	-0.066	-0.208	0.001	-0.022	-0.078	-0.156	0.014	-0.002	0.026	0.065	-0.031	-0.052
0.7*L2	-0.007	-0.047	-0.152	0.001	-0.015	-0.057	-0.117	-0.009	-0.001	0.020	0.050	-0.023	-0.042
0.8*L2	-0.004	-0.029	-0.094	0.001	-0.009	-0.035	-0.074	-0.005	-0.000	0.013	0.032	-0.014	-0.028
0.9*L2	-0.002	-0.013	-0.041	0.000	-0.004	-0.016	-0.033	-0.002	-0.000	0.006	0.014	-0.006	-0.013
1.0*L2	-0.000	0.000	-0.000	-0.000	0.000	-0.000	-0.000	-0.000	0.000	0.000	0.000	-0.000	0.000
FAKTOR		a							a			1/a	

INFOLGE STRECKENLAST P=1

IN FELD

IN FELD	M			Q				T				q	
1,BIS SPRUNG					-0.402	-0.776			0.029	-0.140			
1,REST	0.818	0.513	-0.799	1.123	0.446	0.183	-1.694	0.376	0.087	-0.025	-0.215	0.526	-0.150
2	-0.043	-0.236	-0.697	-0.002	-0.079	-0.263	-0.493	-0.055	-0.016	0.076	0.191	-0.104	-0.126
3	0.005	0.029	0.091	-0.000	0.010	0.034	0.068	0.006	0.001	-0.011	-0.028	0.014	0.022
SUMME(+)	0.823	0.542	0.091	1.123	0.456	0.217	0.068	0.382	0.117	0.076	0.191	0.539	0.022
SUMME(-)	-0.043	-0.236	-1.497	-0.002	-0.481	-1.039	-2.187	-0.055	-0.016	-0.177	-0.243	-0.104	-0.277
SUMME	0.780	0.306	-1.406	1.121	-0.026	-0.821	-2.119	0.327	0.101	-0.101	-0.052	0.435	-0.255
FAKTOR		a*a			a				a*a			1/a	

INFOLGE EINZELMOMENT Mt=1

IN

IN	M			Q				T				q	
0.0*L1	0.000	0.000	-0.000	0.000	-0.000	-0.000	-0.000	1.000	-0.000	-0.000	-0.000	-0.000	-0.000
0.1*L1	0.109	0.033	-0.086	0.198	-0.038	-0.081	-0.122	0.801	-0.081	-0.059	-0.039	-0.064	-0.043
0.2*L1	0.211	0.069	-0.168	0.287	-0.060	-0.159	-0.244	0.657	-0.170	-0.120	-0.077	-0.147	-0.086
0.3*L1	0.293	0.109	-0.243	0.308	-0.046	-0.229	-0.365	0.548	-0.275	-0.183	-0.115	-0.264	-0.131
0.4*L1	0.340	0.152	-0.306	0.290	0.025	-0.284	-0.483	0.461	-0.406	-0.252	-0.152	-0.436	-0.177
								0.594					
0.5*L1	0.336	0.195	-0.353	0.252	0.100	-0.315	-0.594	0.387	0.463	-0.329	-0.190	-0.274	-0.228
0.6*L1	0.300	0.227	-0.383	0.208	0.125	-0.306	-0.693	0.320	0.362	-0.423	-0.229	-0.169	-0.287
0.7*L1	0.249	0.235	-0.394	0.166	0.120	-0.237	-0.770	0.258	0.281	-0.541	-0.274	-0.106	-0.361
										0.459			
0.8*L1	0.196	0.202	-0.388	0.128	0.100	-0.160	-0.812	0.201	0.216	0.346	-0.329	-0.073	-0.456
0.9*L1	0.147	0.146	-0.371	0.097	0.073	-0.130	-0.800	0.151	0.163	0.264	-0.401	-0.059	-0.583
1.0*L1	0.106	0.085	-0.359	0.073	0.047	-0.125	-0.713	0.108	0.121	0.206	-0.500	-0.055	-0.755
0.0*L2	0.106	0.085	-0.359	0.073	0.047	-0.125	-0.713	0.108	0.121	0.206	0.500	-0.055	-0.755
0.1*L2	0.074	0.031	-0.366	0.054	0.024	-0.130	-0.602	0.073	0.088	0.165	0.401	-0.056	-0.583
0.2*L2	0.049	-0.012	-0.378	0.040	0.006	-0.137	-0.525	0.047	0.064	0.135	0.329	-0.057	-0.456
0.3*L2	0.031	-0.042	-0.382	0.030	-0.006	-0.139	-0.465	0.028	0.046	0.113	0.275	-0.057	-0.362
0.4*L2	0.019	-0.058	-0.370	0.023	-0.014	-0.136	-0.411	0.015	0.033	0.095	0.232	-0.056	-0.291
0.5*L2	0.011	-0.065	-0.343	0.018	-0.017	-0.127	-0.358	0.007	0.024	0.079	0.195	-0.052	-0.235
0.6*L2	0.006	-0.063	-0.303	0.014	-0.017	-0.112	-0.303	0.003	0.018	0.065	0.161	-0.045	-0.189
0.7*L2	0.004	-0.055	-0.254	0.010	-0.016	-0.094	-0.249	0.000	0.013	0.053	0.130	-0.038	-0.150
0.8*L2	0.002	-0.045	-0.202	0.008	-0.013	-0.075	-0.195	-0.000	0.010	0.041	0.101	-0.030	-0.116
0.9*L2	0.002	-0.033	-0.150	0.006	-0.009	-0.056	-0.146	0.000	0.008	0.031	0.076	-0.022	-0.087
1.0*L2	0.002	-0.022	-0.103	0.004	-0.006	-0.038	-0.103	0.001	0.006	0.022	0.054	-0.015	-0.063
FAKTOR					1/a							1/(a*a)	

INFOLGE STRECKENMOMENT mt=1

IN FELD

IN FELD	M			Q				T				q	
1,BIS SPRUNG					-0.058	-0.604			-0.289	-0.652			
1,REST	0.899	0.567	-1.152	0.797	0.226	-0.185	-2.105	1.729	0.733	0.374	-0.820	-0.637	-1.086
2	0.100	-0.126	-1.193	0.096	-0.018	-0.435	-1.462	0.089	0.146	0.355	0.868	-0.180	-1.145
3	0.007	-0.000	-0.048	0.006	0.001	-0.017	-0.071	0.007	0.009	0.019	0.045	-0.007	-0.064
SUMME(+)	1.005	0.567	0.000	0.899	0.227	0.000	0.000	1.825	0.888	0.748	0.913	0.000	0.000
SUMME(-)	0.000	-0.126	-2.394	0.000	-0.076	-1.241	-3.637	0.000	-0.289	-0.652	-0.820	-0.824	-2.295
SUMME	1.005	0.441	-2.394	0.899	0.151	-1.241	-3.637	1.825	0.599	0.095	0.093	-0.824	-2.295
FAKTOR		a			a				a			1/a	

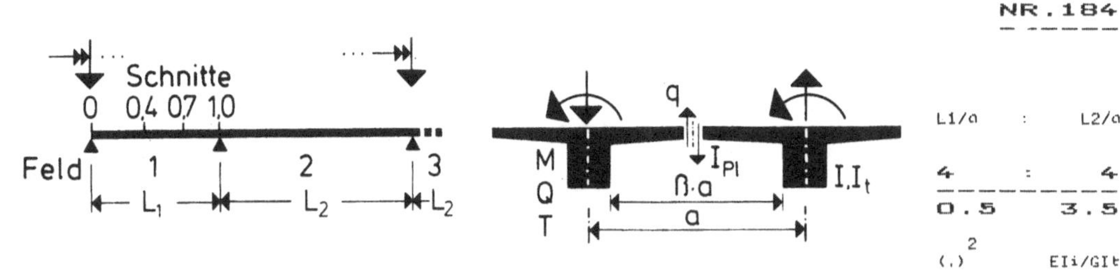

Column groups (header): **M** at sections 0.4 / 0.7 / 1.0 — **Q** at 0 / 0.4 / 0.7 / 1.0 — **T** at 0 / 0.4 / 0.7 / 1.0 — **q** at 0.4 / 1.0

INFOLGE EINZELLAST P=1

IN	M 0.4	M 0.7	M 1.0	Q 0	Q 0.4	Q 0.7	Q 1.0	T 0	T 0.4	T 0.7	T 1.0	q 0.4	q 1.0
0.0*L1	0.000	0.000	-0.000	1.000	-0.000	-0.000	-0.000	0.000	0.000	-0.000	-0.000	0.000	-0.000
0.1*L1	0.121	0.008	-0.075	0.791	-0.124	-0.073	-0.073	0.049	0.007	-0.019	-0.019	0.063	-0.016
0.2*L1	0.254	0.023	-0.147	0.601	-0.251	-0.150	-0.148	0.089	0.015	-0.036	-0.037	0.120	-0.030
0.3*L1	0.409	0.052	-0.214	0.439	-0.381	-0.235	-0.229	0.114	0.024	-0.049	-0.052	0.165	-0.041
0.4*L1	0.595	0.102	-0.270	0.307	-0.511	-0.331	-0.317	0.125	0.034	-0.056	-0.064	0.187	-0.048
(Sprung)				0.489									
0.5*L1	0.417	0.181	-0.312	0.205	0.365	-0.440	-0.414	0.121	0.041	-0.056	-0.070	0.178	-0.049
0.6*L1	0.276	0.297	-0.332	0.129	0.256	-0.561	-0.521	0.105	0.042	-0.050	-0.070	0.148	-0.045
0.7*L1	0.169	0.455	-0.322	0.075	0.165	-0.687	-0.639	0.081	0.036	-0.038	-0.062	0.108	-0.035
(Sprung)					0.313								
0.8*L1	0.090	0.258	-0.271	0.038	0.093	0.191	-0.763	0.052	0.025	-0.024	-0.047	0.067	-0.021
0.9*L1	0.036	0.107	-0.168	0.014	0.038	0.084	-0.887	0.024	0.012	-0.011	-0.026	0.030	-0.007
1.0*L1	0.000	-0.000	0.000	-0.000	0.000	0.000	-1.000	0.000	0.000	0.000	0.000	-0.000	0.000
0.0*L2	-0.000	-0.000	-0.000	-0.000	-0.000	-0.000	-0.000	-0.000	-0.000	0.000	0.000	-0.000	0.000
0.1*L2	-0.021	-0.068	-0.158	-0.008	-0.024	-0.057	-0.087	-0.015	-0.006	0.010	0.025	-0.021	-0.006
0.2*L2	-0.031	-0.105	-0.251	-0.011	-0.037	-0.091	-0.145	-0.021	-0.008	0.019	0.046	-0.033	-0.018
0.3*L2	-0.034	-0.119	-0.291	-0.011	-0.042	-0.106	-0.175	-0.023	-0.008	0.024	0.059	-0.039	-0.030
0.4*L2	-0.032	-0.117	-0.292	-0.010	-0.041	-0.106	-0.181	-0.022	-0.007	0.026	0.064	-0.039	-0.039
0.5*L2	-0.028	-0.104	-0.265	-0.008	-0.036	-0.096	-0.169	-0.019	-0.005	0.025	0.062	-0.036	-0.042
0.6*L2	-0.022	-0.084	-0.218	-0.006	-0.029	-0.079	-0.143	-0.014	-0.003	0.022	0.054	-0.030	-0.039
0.7*L2	-0.015	-0.061	-0.161	-0.004	-0.021	-0.059	-0.107	-0.010	-0.002	0.017	0.041	-0.022	-0.032
0.8*L2	-0.009	-0.038	-0.101	-0.002	-0.013	-0.037	-0.068	-0.006	-0.001	0.011	0.027	-0.014	-0.021
0.9*L2	-0.004	-0.017	-0.045	-0.001	-0.006	-0.016	-0.031	-0.003	-0.000	0.005	0.012	-0.006	-0.010
1.0*L2	0.000	0.000	0.000	-0.000	0.000	0.000	-0.000	-0.000	-0.000	-0.000	0.000	0.000	0.000
FAKTOR	a							a				1/a	

INFOLGE STRECKENLAST P=1

IN FELD	M 0.4	M 0.7	M 1.0	Q 0	Q 0.4	Q 0.7	Q 1.0	T 0	T 0.4	T 0.7	T 1.0	q 0.4	q 1.0
1,BIS SPRUNG					-0.405	-0.852			0.025	-0.115			
1,REST	0.938	0.583	-0.854	1.233	0.462	0.171	-1.795	0.306	0.069	-0.022	-0.180	0.430	-0.117
2	-0.079	-0.288	-0.721	-0.025	-0.100	-0.262	-0.447	-0.054	-0.016	0.065	0.157	-0.097	-0.095
3	0.012	0.045	0.115	0.003	0.015	0.042	0.075	0.008	0.002	-0.012	-0.028	0.016	0.020
SUMME(+)	0.949	0.627	0.115	1.236	0.477	0.212	0.075	0.314	0.096	0.065	0.157	0.445	0.020
SUMME(-)	-0.079	-0.288	-1.576	-0.025	-0.505	-1.114	-2.242	-0.054	-0.016	-0.148	-0.208	-0.097	-0.212
SUMME	0.870	0.339	-1.460	1.211	-0.027	-0.901	-2.167	0.260	0.079	-0.084	-0.051	0.348	-0.192
FAKTOR	a*a			a				a*a					

INFOLGE EINZELMOMENT Mt=1

IN	M 0.4	M 0.7	M 1.0	Q 0	Q 0.4	Q 0.7	Q 1.0	T 0	T 0.4	T 0.7	T 1.0	q 0.4	q 1.0
0.0*L1	0.000	0.000	-0.000	0.000	-0.000	-0.000	-0.000	1.000	-0.000	-0.000	-0.000	-0.000	-0.000
0.1*L1	0.124	0.041	-0.093	0.212	-0.038	-0.092	-0.133	0.792	-0.083	-0.056	-0.036	-0.077	-0.039
0.2*L1	0.238	0.083	-0.182	0.314	-0.059	-0.180	-0.265	0.640	-0.174	-0.113	-0.071	-0.170	-0.078
0.3*L1	0.331	0.128	-0.261	0.344	-0.044	-0.257	-0.394	0.525	-0.281	-0.174	-0.106	-0.297	-0.119
0.4*L1	0.383	0.176	-0.327	0.330	0.028	-0.318	-0.518	0.435	-0.414	-0.241	-0.141	-0.473	-0.164
(Sprung)								0.586					
0.5*L1	0.381	0.220	-0.376	0.293	0.105	-0.350	-0.632	0.360	0.454	-0.318	-0.178	-0.312	-0.213
0.6*L1	0.343	0.252	-0.406	0.246	0.131	-0.340	-0.731	0.294	0.352	-0.413	-0.217	-0.204	-0.272
0.7*L1	0.286	0.257	-0.415	0.198	0.126	-0.267	-0.804	0.236	0.272	-0.532	-0.263	-0.137	-0.346
(Sprung)										0.468			
0.8*L1	0.226	0.219	-0.406	0.154	0.104	-0.185	-0.839	0.183	0.208	0.352	-0.321	-0.097	-0.442
0.9*L1	0.168	0.156	-0.387	0.116	0.075	-0.149	-0.819	0.136	0.157	0.269	-0.396	-0.077	-0.570
1.0*L1	0.118	0.088	-0.372	0.084	0.047	-0.139	-0.722	0.097	0.116	0.209	-0.500	-0.068	-0.743
0.0*L2	0.118	0.088	-0.372	0.084	0.047	-0.139	-0.722	0.097	0.116	0.209	0.500	-0.068	-0.743
0.1*L2	0.078	0.026	-0.378	0.060	0.021	-0.140	-0.602	0.065	0.085	0.165	0.397	-0.064	-0.570
0.2*L2	0.047	-0.023	-0.390	0.041	0.001	-0.144	-0.518	0.041	0.061	0.134	0.321	-0.062	-0.442
0.3*L2	0.024	-0.057	-0.394	0.028	-0.013	-0.144	-0.453	0.024	0.044	0.110	0.264	-0.061	-0.347
0.4*L2	0.009	-0.076	-0.382	0.018	-0.021	-0.140	-0.396	0.012	0.032	0.091	0.219	-0.057	-0.275
0.5*L2	0.000	-0.083	-0.355	0.012	-0.025	-0.130	-0.342	0.004	0.023	0.075	0.181	-0.052	-0.219
0.6*L2	-0.004	-0.081	-0.315	0.008	-0.025	-0.115	-0.289	0.000	0.017	0.062	0.148	-0.046	-0.174
0.7*L2	-0.006	-0.071	-0.264	0.005	-0.022	-0.096	-0.236	-0.001	0.012	0.049	0.119	-0.038	-0.137
0.8*L2	-0.005	-0.057	-0.209	0.004	-0.018	-0.076	-0.184	-0.002	0.009	0.038	0.092	-0.030	-0.105
0.9*L2	-0.004	-0.042	-0.154	0.003	-0.013	-0.056	-0.137	-0.001	0.007	0.029	0.069	-0.022	-0.079
1.0*L2	-0.001	-0.027	-0.104	0.003	-0.008	-0.038	-0.095	0.000	0.005	0.020	0.049	-0.015	-0.057
FAKTOR				1/a								1/(a*a)	

INFOLGE STRECKENMOMENT mt=1

IN FELD	M 0.4	M 0.7	M 1.0	Q 0	Q 0.4	Q 0.7	Q 1.0	T 0	T 0.4	T 0.7	T 1.0	q 0.4	q 1.0
1,BIS SPRUNG					-0.056	-0.675			-0.295	-0.630			
1,REST	1.021	0.633	-1.218	0.910	0.236	-0.211	-2.206	1.653	0.713	0.381	-0.789	-0.740	-1.041
2	0.078	-0.175	-1.233	0.088	-0.039	-0.453	-1.423	0.075	0.139	0.345	0.831	-0.190	-1.093
3	0.010	0.008	-0.026	0.007	0.004	-0.010	-0.054	0.008	0.009	0.016	0.038	-0.005	-0.057
SUMME(+)	1.109	0.641	0.000	1.004	0.240	0.000	0.000	1.736	0.861	0.742	0.869	0.000	0.000
SUMME(-)	0.000	-0.175	-2.478	0.000	-0.095	-1.349	-3.683	0.000	-0.295	-0.630	-0.789	-0.935	-2.192
SUMME	1.109	0.466	-2.478	1.004	0.145	-1.349	-3.683	1.736	0.566	0.112	0.080	-0.935	-2.192
FAKTOR	a							a				1/a	

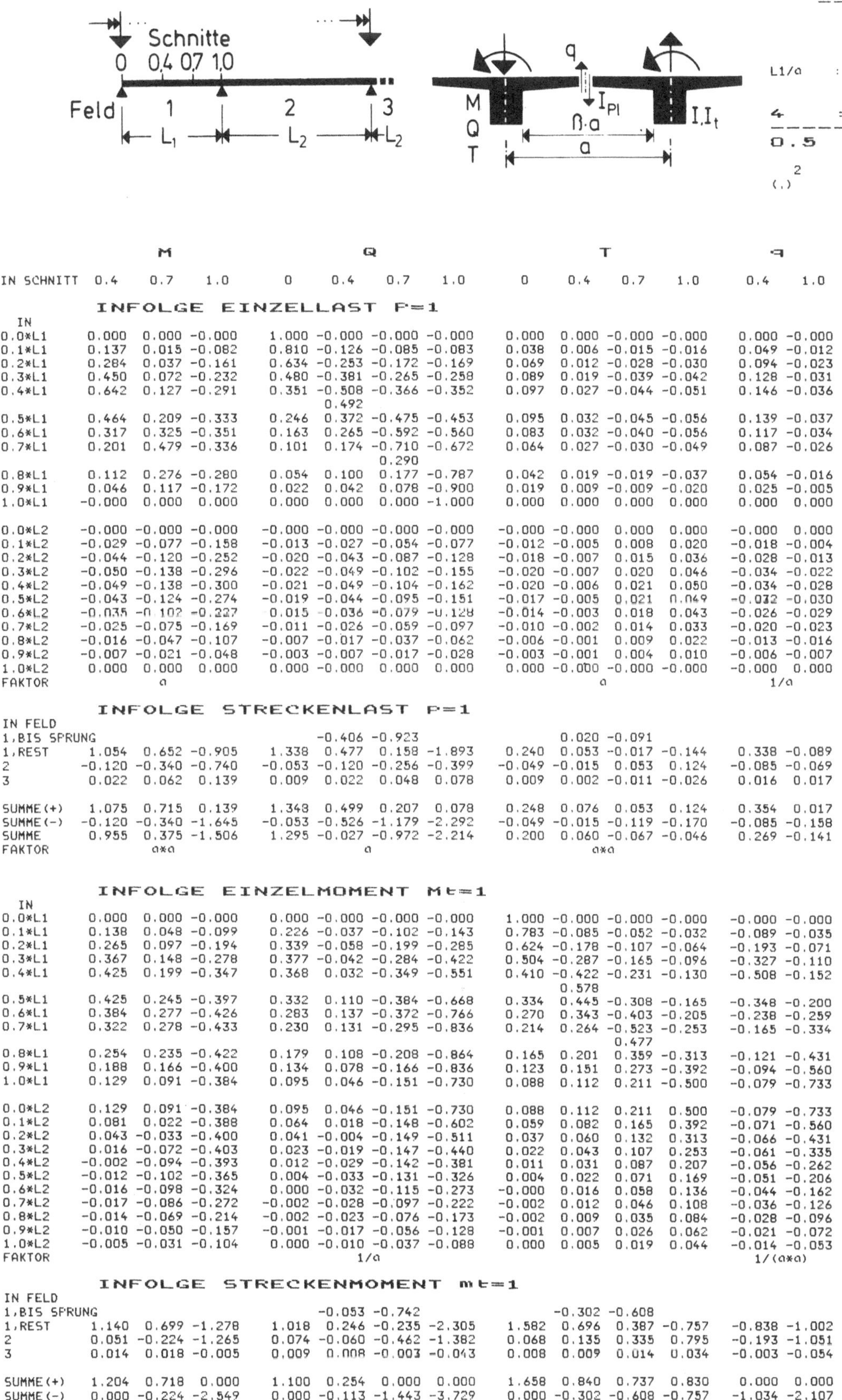

	M			Q				T				q	
IN SCHNITT	0.4	0.7	1.0	0	0.4	0.7	1.0	0	0.4	0.7	1.0	0.4	1.0

INFOLGE EINZELLAST P=1

IN	M 0.4	0.7	1.0	Q 0	0.4	0.7	1.0	T 0	0.4	0.7	1.0	q 0.4	1.0
0.0*L1	0.000	0.000	-0.000	1.000	-0.000	-0.000	-0.000	0.000	0.000	-0.000	-0.000	0.000	-0.000
0.1*L1	0.137	0.015	-0.082	0.810	-0.126	-0.085	-0.083	0.038	0.006	-0.015	-0.016	0.049	-0.012
0.2*L1	0.284	0.037	-0.161	0.634	-0.253	-0.172	-0.169	0.069	0.012	-0.028	-0.030	0.094	-0.023
0.3*L1	0.450	0.072	-0.232	0.480	-0.381	-0.265	-0.258	0.089	0.019	-0.039	-0.042	0.128	-0.031
0.4*L1	0.642	0.127	-0.291	0.351	-0.508	-0.366	-0.352	0.097	0.027	-0.044	-0.051	0.146	-0.036
					0.492								
0.5*L1	0.464	0.209	-0.333	0.246	0.372	-0.475	-0.453	0.095	0.032	-0.045	-0.056	0.139	-0.037
0.6*L1	0.317	0.325	-0.351	0.163	0.265	-0.592	-0.560	0.083	0.032	-0.040	-0.056	0.117	-0.034
0.7*L1	0.201	0.479	-0.336	0.101	0.174	-0.710	-0.672	0.064	0.027	-0.030	-0.049	0.087	-0.026
						0.290							
0.8*L1	0.112	0.276	-0.280	0.054	0.100	0.177	-0.787	0.042	0.019	-0.019	-0.037	0.054	-0.016
0.9*L1	0.046	0.117	-0.172	0.022	0.042	0.078	-0.900	0.019	0.009	-0.009	-0.020	0.025	-0.005
1.0*L1	-0.000	0.000	0.000	0.000	0.000	0.000	-1.000	0.000	0.000	0.000	0.000	0.000	0.000
0.0*L2	-0.000	-0.000	-0.000	-0.000	-0.000	-0.000	-0.000	-0.000	-0.000	0.000	0.000	-0.000	0.000
0.1*L2	-0.029	-0.077	-0.158	-0.013	-0.027	-0.054	-0.077	-0.012	-0.005	0.008	0.020	-0.018	-0.004
0.2*L2	-0.044	-0.120	-0.252	-0.020	-0.043	-0.087	-0.128	-0.018	-0.007	0.015	0.036	-0.028	-0.013
0.3*L2	-0.050	-0.138	-0.296	-0.022	-0.049	-0.102	-0.155	-0.020	-0.007	0.020	0.046	-0.034	-0.022
0.4*L2	-0.049	-0.138	-0.300	-0.021	-0.049	-0.104	-0.162	-0.020	-0.006	0.021	0.050	-0.034	-0.028
0.5*L2	-0.043	-0.124	-0.274	-0.019	-0.044	-0.095	-0.151	-0.017	-0.005	0.021	0.049	-0.032	-0.030
0.6*L2	-0.035	-0.102	-0.227	0.015	-0.036	-0.079	-0.128	-0.014	-0.003	0.018	0.043	-0.026	-0.029
0.7*L2	-0.025	-0.075	-0.169	-0.011	-0.026	-0.059	-0.097	-0.010	-0.002	0.014	0.033	-0.020	-0.023
0.8*L2	-0.016	-0.047	-0.107	-0.007	-0.017	-0.037	-0.062	-0.006	-0.001	0.009	0.022	-0.013	-0.016
0.9*L2	-0.007	-0.021	-0.048	-0.003	-0.007	-0.017	-0.028	-0.003	-0.001	0.004	0.010	-0.006	-0.007
1.0*L2	0.000	0.000	0.000	0.000	-0.000	0.000	0.000	0.000	-0.000	-0.000	-0.000	-0.000	0.000
FAKTOR	a							a				1/a	

INFOLGE STRECKENLAST P=1

IN FELD	M 0.4	0.7	1.0	Q 0	0.4	0.7	1.0	T 0	0.4	0.7	1.0	q 0.4	1.0
1,BIS SPRUNG				-0.406	-0.923			0.020	-0.091				
1,REST	1.054	0.652	-0.905	1.338	0.477	0.158	-1.893	0.240	0.053	-0.017	-0.144	0.338	-0.089
2	-0.120	-0.340	-0.740	-0.053	-0.120	-0.256	-0.399	-0.049	-0.015	0.053	0.124	-0.085	-0.069
3	0.022	0.062	0.139	0.009	0.022	0.048	0.078	0.009	0.002	-0.011	-0.026	0.016	0.017
SUMME(+)	1.075	0.715	0.139	1.348	0.499	0.207	0.078	0.248	0.076	0.053	0.124	0.354	0.017
SUMME(-)	-0.120	-0.340	-1.645	-0.053	-0.526	-1.179	-2.292	-0.049	-0.015	-0.119	-0.170	-0.085	-0.158
SUMME	0.955	0.375	-1.506	1.295	-0.027	-0.972	-2.214	0.200	0.060	-0.067	-0.046	0.269	-0.141
FAKTOR	a*a			a				a*a					

INFOLGE EINZELMOMENT Mt=1

IN	M 0.4	0.7	1.0	Q 0	0.4	0.7	1.0	T 0	0.4	0.7	1.0	q 0.4	1.0
0.0*L1	0.000	0.000	-0.000	0.000	-0.000	-0.000	-0.000	1.000	-0.000	-0.000	-0.000	-0.000	-0.000
0.1*L1	0.138	0.048	-0.099	0.226	-0.037	-0.102	-0.143	0.783	-0.085	-0.052	-0.032	-0.089	-0.035
0.2*L1	0.265	0.097	-0.194	0.339	-0.058	-0.199	-0.285	0.624	-0.178	-0.107	-0.064	-0.193	-0.071
0.3*L1	0.367	0.148	-0.278	0.377	-0.042	-0.284	-0.422	0.504	-0.287	-0.165	-0.096	-0.327	-0.110
0.4*L1	0.425	0.199	-0.347	0.368	0.032	-0.349	-0.551	0.410	-0.422	-0.231	-0.130	-0.508	-0.152
								0.578					
0.5*L1	0.425	0.245	-0.397	0.332	0.110	-0.384	-0.668	0.334	0.445	-0.308	-0.165	-0.348	-0.200
0.6*L1	0.384	0.277	-0.426	0.283	0.137	-0.372	-0.766	0.270	0.343	-0.403	-0.205	-0.238	-0.259
0.7*L1	0.322	0.278	-0.433	0.230	0.131	-0.295	-0.836	0.214	0.264	-0.523	-0.253	-0.165	-0.334
								0.477					
0.8*L1	0.254	0.235	-0.422	0.179	0.108	-0.208	-0.864	0.165	0.201	0.359	-0.313	-0.121	-0.431
0.9*L1	0.188	0.166	-0.400	0.134	0.078	-0.166	-0.836	0.123	0.151	0.273	-0.392	-0.094	-0.560
1.0*L1	0.129	0.091	-0.384	0.095	0.046	-0.151	-0.730	0.088	0.112	0.211	-0.500	-0.079	-0.733
0.0*L2	0.129	0.091	-0.384	0.095	0.046	-0.151	-0.730	0.088	0.112	0.211	0.500	-0.079	-0.733
0.1*L2	0.081	0.022	-0.388	0.064	0.018	-0.148	-0.602	0.059	0.082	0.165	0.392	-0.071	-0.560
0.2*L2	0.043	-0.033	-0.400	0.041	-0.004	-0.149	-0.511	0.037	0.060	0.132	0.313	-0.066	-0.431
0.3*L2	0.016	-0.072	-0.403	0.023	-0.019	-0.147	-0.440	0.022	0.043	0.107	0.253	-0.061	-0.335
0.4*L2	-0.002	-0.094	-0.393	0.012	-0.029	-0.142	-0.381	0.011	0.031	0.087	0.207	-0.056	-0.262
0.5*L2	-0.012	-0.102	-0.365	0.004	-0.033	-0.131	-0.326	0.004	0.022	0.071	0.169	-0.051	-0.206
0.6*L2	-0.016	-0.098	-0.324	0.000	-0.032	-0.115	-0.273	-0.000	0.016	0.058	0.136	-0.044	-0.162
0.7*L2	-0.017	-0.086	-0.272	-0.002	-0.028	-0.097	-0.222	-0.002	0.012	0.046	0.108	-0.036	-0.126
0.8*L2	-0.014	-0.069	-0.214	-0.002	-0.023	-0.076	-0.173	-0.002	0.009	0.035	0.084	-0.028	-0.096
0.9*L2	-0.010	-0.050	-0.157	-0.001	-0.017	-0.056	-0.128	-0.001	0.007	0.026	0.062	-0.021	-0.072
1.0*L2	-0.005	-0.031	-0.104	0.000	-0.010	-0.037	-0.088	0.000	0.005	0.019	0.044	-0.014	-0.053
FAKTOR				1/a								1/(a*a)	

INFOLGE STRECKENMOMENT mt=1

IN FELD	M 0.4	0.7	1.0	Q 0	0.4	0.7	1.0	T 0	0.4	0.7	1.0	q 0.4	1.0
1,BIS SPRUNG				-0.053	-0.742			-0.302	-0.608				
1,REST	1.140	0.699	-1.278	1.018	0.246	-0.235	-2.305	1.582	0.696	0.387	-0.757	-0.838	-1.002
2	0.051	-0.224	-1.265	0.074	-0.060	-0.462	-1.382	0.068	0.135	0.335	0.795	-0.193	-1.051
3	0.014	0.018	-0.005	0.009	0.008	-0.003	-0.043	0.008	0.009	0.014	0.034	-0.003	-0.054
SUMME(+)	1.204	0.718	0.000	1.100	0.254	0.000	0.000	1.658	0.840	0.737	0.830	0.000	0.000
SUMME(-)	0.000	-0.224	-2.549	0.000	-0.113	-1.443	-3.729	0.000	-0.302	-0.608	-0.757	-1.034	-2.107
SUMME	1.204	0.493	-2.549	1.100	0.140	-1.443	-3.729	1.658	0.538	0.129	0.073	-1.034	-2.107
FAKTOR	a			a				a				1/a	

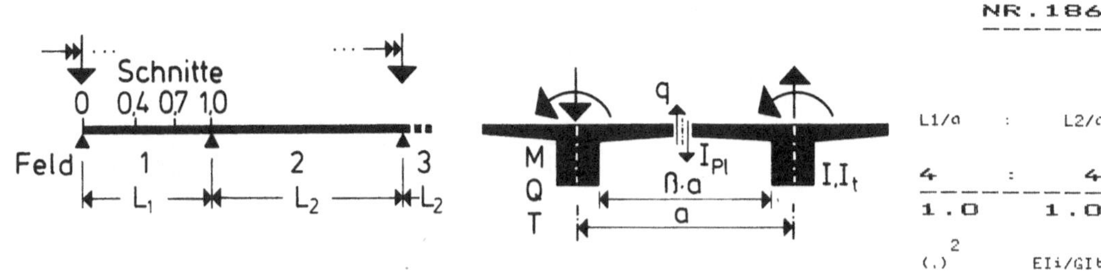

INFOLGE EINZELLAST P=1

IN SCHNITT	M 0.4	M 0.7	M 1.0	Q 0	Q 0.4	Q 0.7	Q 1.0	T 0	T 0.4	T 0.7	T 1.0	q 0.4	q 1.0
0.0*L1	0.000	-0.000	-0.000	1.000	-0.000	-0.000	-0.000	0.000	-0.000	-0.000	-0.000	0.000	-0.000
0.1*L1	0.035	-0.011	-0.037	0.659	-0.089	-0.012	-0.042	0.122	-0.004	-0.043	-0.028	0.134	-0.045
0.2*L1	0.091	-0.017	-0.075	0.384	-0.198	-0.032	-0.086	0.210	0.001	-0.082	-0.055	0.268	-0.089
0.3*L1	0.191	-0.014	-0.114	0.194	-0.339	-0.070	-0.134	0.255	0.021	-0.113	-0.081	0.386	-0.127
0.4*L1	0.354	0.009	-0.154	0.078	-0.508	-0.137	-0.190	0.262	0.055	-0.131	-0.104	0.445	-0.157
					0.492								
0.5*L1	0.187	0.062	-0.192	0.016	0.324	-0.241	-0.259	0.240	0.086	-0.132	-0.123	0.392	-0.174
0.6*L1	0.084	0.163	-0.224	-0.010	0.191	-0.389	-0.349	0.199	0.098	-0.112	-0.132	0.285	-0.171
0.7*L1	0.028	0.326	-0.239	-0.017	0.099	-0.571	-0.468	0.147	0.089	-0.076	-0.128	0.179	-0.145
						0.429							
0.8*L1	0.004	0.160	-0.222	-0.013	0.043	0.246	-0.622	0.091	0.063	-0.039	-0.105	0.094	-0.095
0.9*L1	-0.002	0.056	-0.151	-0.006	0.013	0.100	-0.808	0.039	0.029	-0.014	-0.061	0.035	-0.034
1.0*L1	-0.000	0.000	0.000	-0.000	-0.000	0.000	-1.000	-0.000	0.000	-0.000	0.000	0.000	0.000
0.0*L2	0.000	-0.000	-0.000	0.000	-0.000	-0.000	-0.000	-0.000	-0.000	0.000	0.000	-0.000	-0.000
0.1*L2	0.004	-0.025	-0.151	0.004	-0.004	-0.055	-0.151	-0.017	-0.013	0.013	0.061	-0.018	-0.034
0.2*L2	0.007	-0.031	-0.222	0.007	-0.004	-0.078	-0.241	-0.019	-0.014	0.023	0.105	-0.024	-0.095
0.3*L2	0.009	-0.029	-0.239	0.007	-0.002	-0.080	-0.278	-0.016	-0.011	0.028	0.127	-0.023	-0.144
0.4*L2	0.009	-0.023	-0.222	0.007	-0.000	-0.072	-0.275	-0.010	-0.007	0.030	0.131	-0.020	-0.169
0.5*L2	0.009	-0.016	-0.189	0.006	0.001	-0.060	-0.244	-0.006	-0.003	0.027	0.120	-0.016	-0.169
0.6*L2	0.007	-0.011	-0.147	0.005	0.002	-0.045	-0.198	-0.002	-0.001	0.023	0.099	-0.011	-0.149
0.7*L2	0.005	-0.006	-0.104	0.004	0.002	-0.031	-0.144	-0.000	0.000	0.017	0.073	-0.008	-0.114
0.8*L2	0.003	-0.003	-0.062	0.002	0.001	-0.018	-0.088	0.000	0.001	0.011	0.045	-0.004	-0.073
0.9*L2	0.001	-0.001	-0.026	0.001	0.001	-0.008	-0.037	0.000	0.000	0.004	0.019	-0.002	-0.031
1.0*L2	0.000	0.000	0.000	0.000	-0.000	0.000	-0.000	-0.000	0.000	-0.000	0.000	0.000	0.000
FAKTOR	a							a				1/a	

INFOLGE STRECKENLAST P=1

IN FELD	M 0.4	M 0.7	M 1.0	Q 0	Q 0.4	Q 0.7	Q 1.0	T 0	T 0.4	T 0.7	T 1.0	q 0.4	q 1.0
1,BIS SPRUNG						-0.349	-0.461			0.017	-0.263		
1,REST	0.376	0.281	-0.570	0.701	0.361	0.220	-1.380	0.630	0.159	-0.036	-0.329	0.893	-0.416
2	0.022	-0.059	-0.552	0.017	-0.002	-0.182	-0.670	-0.029	-0.019	0.071	0.315	-0.051	-0.392
3	-0.001	0.001	0.018	-0.001	-0.001	0.005	0.027	-0.000	-0.001	-0.003	-0.014	0.001	0.024
SUMME(+)	0.399	0.282	0.018	0.719	0.361	0.225	0.027	0.630	0.175	0.071	0.315	0.894	0.024
SUMME(-)	-0.001	-0.059	-1.122	-0.001	-0.351	-0.643	-2.049	-0.029	-0.020	-0.302	-0.344	-0.051	-0.809
SUMME	0.398	0.223	-1.104	0.718	0.009	-0.417	-2.022	0.601	0.155	-0.231	-0.029	0.843	-0.784
FAKTOR	a*a							a				a*a	

INFOLGE EINZELMOMENT Mt=1

IN SCHNITT	M 0.4	M 0.7	M 1.0	Q 0	Q 0.4	Q 0.7	Q 1.0	T 0	T 0.4	T 0.7	T 1.0	q 0.4	q 1.0
0.0*L1	0.000	0.000	-0.000	0.000	-0.000	-0.000	-0.000	1.000	-0.000	-0.000	-0.000	0.000	-0.000
0.1*L1	0.072	0.010	-0.066	0.226	-0.060	-0.044	-0.099	0.788	-0.068	-0.076	-0.049	-0.002	-0.078
0.2*L1	0.144	0.026	-0.131	0.274	-0.101	-0.091	-0.201	0.666	-0.147	-0.151	-0.096	-0.047	-0.155
0.3*L1	0.208	0.051	-0.193	0.240	-0.092	-0.142	-0.308	0.584	-0.250	-0.225	-0.142	-0.187	-0.228
0.4*L1	0.242	0.088	-0.250	0.179	0.012	-0.193	-0.420	0.516	-0.400	-0.298	-0.184	-0.481	-0.297
									0.600				
0.5*L1	0.220	0.136	-0.297	0.120	0.121	-0.229	-0.539	0.448	0.448	-0.377	-0.223	-0.172	-0.363
0.6*L1	0.172	0.185	-0.331	0.075	0.143	-0.223	-0.660	0.375	0.341	-0.476	-0.258	-0.016	-0.432
0.7*L1	0.124	0.209	-0.346	0.045	0.126	-0.127	-0.774	0.299	0.258	-0.615	-0.292	0.044	-0.516
										0.385			
0.8*L1	0.085	0.180	-0.341	0.028	0.096	-0.027	-0.860	0.223	0.189	0.251	-0.333	0.052	-0.638
0.9*L1	0.059	0.128	-0.321	0.019	0.067	-0.013	-0.884	0.155	0.131	0.171	-0.394	0.038	-0.834
1.0*L1	0.042	0.076	-0.306	0.015	0.044	-0.035	-0.789	0.098	0.084	0.123	-0.500	0.018	-1.152
0.0*L2	0.042	0.076	-0.306	0.015	0.044	-0.035	-0.789	0.098	0.084	0.123	0.500	0.018	-1.152
0.1*L2	0.032	0.036	-0.321	0.014	0.028	-0.063	-0.660	0.057	0.050	0.096	0.394	0.000	-0.834
0.2*L2	0.026	0.009	-0.342	0.013	0.018	-0.084	-0.591	0.031	0.028	0.079	0.333	-0.012	-0.639
0.3*L2	0.023	-0.006	-0.347	0.012	0.012	-0.095	-0.542	0.015	0.015	0.069	0.292	-0.019	-0.517
0.4*L2	0.020	-0.013	-0.333	0.012	0.008	-0.096	-0.491	0.007	0.008	0.060	0.258	-0.021	-0.433
0.5*L2	0.017	-0.015	-0.300	0.010	0.006	-0.088	-0.432	0.003	0.005	0.052	0.224	-0.020	-0.365
0.6*L2	0.014	-0.014	-0.256	0.009	0.005	-0.076	-0.363	0.001	0.003	0.044	0.187	-0.018	-0.301
0.7*L2	0.011	-0.011	-0.205	0.007	0.004	-0.061	-0.290	0.001	0.002	0.035	0.149	-0.014	-0.239
0.8*L2	0.008	-0.008	-0.153	0.005	0.003	-0.045	-0.217	0.001	0.002	0.026	0.112	-0.011	-0.179
0.9*L2	0.006	-0.006	-0.106	0.004	0.002	-0.031	-0.150	0.000	0.001	0.018	0.077	-0.007	-0.124
1.0*L2	0.004	-0.004	-0.068	0.002	0.001	-0.020	-0.096	0.000	0.001	0.011	0.049	-0.005	-0.078
FAKTOR	1/a											1/(a*a)	

INFOLGE STRECKENMOMENT mt=1

IN FELD	M 0.4	M 0.7	M 1.0	Q 0	Q 0.4	Q 0.7	Q 1.0	T 0	T 0.4	T 0.7	T 1.0	q 0.4	q 1.0
1,BIS SPRUNG						-0.106	-0.402			-0.262	-0.761		
1,REST	0.542	0.422	-0.974	0.497	0.239	-0.042	-2.065	1.834	0.679	0.266	-0.885	-0.277	-1.636
2	0.072	0.002	-1.021	0.038	0.043	-0.268	-1.668	0.064	0.062	0.217	0.917	-0.047	-1.686
3	0.002	-0.003	-0.046	0.002	0.001	-0.014	-0.063	-0.000	0.000	0.007	0.032	-0.003	-0.049
SUMME(+)	0.616	0.424	0.000	0.536	0.283	0.000	0.000	1.898	0.740	0.490	0.949	0.000	0.000
SUMME(-)	0.000	-0.003	-2.042	0.000	-0.106	-0.726	-3.796	-0.000	-0.262	-0.761	-0.885	-0.327	-3.371
SUMME	0.616	0.421	-2.042	0.536	0.176	-0.726	-3.796	1.898	0.478	-0.271	0.064	-0.327	-3.371
FAKTOR	a							a				1/a	

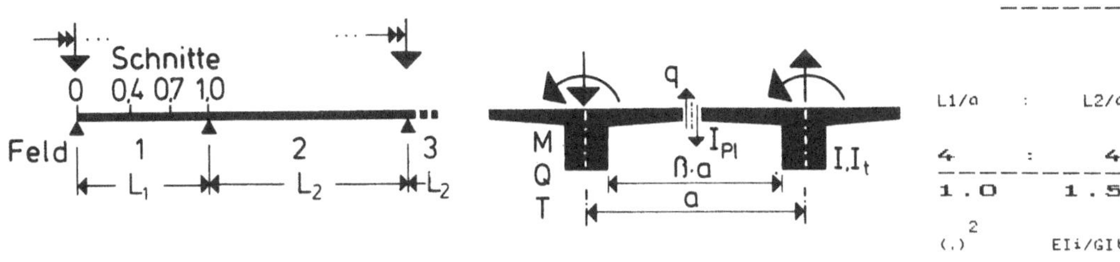

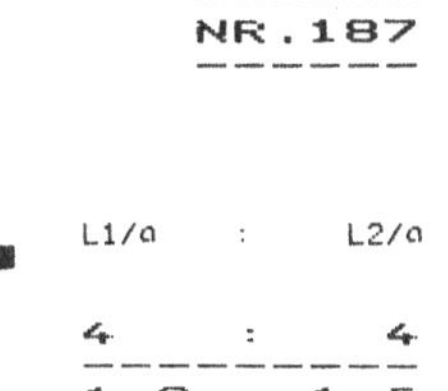

	M			Q				T				q	
IN SCHNITT	0.4	0.7	1.0	0	0.4	0.7	1.0	0	0.4	0.7	1.0	0.4	1.0

INFOLGE EINZELLAST F=1

IN	0.4	0.7	1.0	0	0.4	0.7	1.0	0	0.4	0.7	1.0	0.4	1.0
0.0*L1	0.000	-0.000	-0.000	1.000	-0.000	-0.000	-0.000	0.000	-0.000	-0.000	-0.000	0.000	-0.000
0.1*L1	0.056	-0.009	-0.047	0.697	-0.102	-0.026	-0.048	0.101	0.000	-0.038	-0.027	0.118	-0.039
0.2*L1	0.131	-0.012	-0.093	0.444	-0.217	-0.060	-0.098	0.176	0.006	-0.072	-0.053	0.233	-0.076
0.3*L1	0.244	-0.003	-0.140	0.257	-0.355	-0.111	-0.154	0.217	0.023	-0.099	-0.077	0.329	-0.107
0.4*L1	0.412	0.027	-0.185	0.133	-0.511	-0.186	-0.218	0.227	0.049	-0.114	-0.098	0.376	-0.131
					0.489								
0.5*L1	0.241	0.089	-0.225	0.057	0.337	-0.292	-0.296	0.211	0.071	-0.114	-0.112	0.338	-0.141
0.6*L1	0.127	0.196	-0.254	0.017	0.211	-0.433	-0.393	0.177	0.080	-0.098	-0.118	0.257	-0.136
0.7*L1	0.058	0.359	-0.263	-0.001	0.119	-0.599	-0.514	0.132	0.072	-0.069	-0.112	0.169	-0.112
						0.401							
0.8*L1	0.022	0.186	-0.236	-0.006	0.058	0.235	-0.662	0.082	0.051	-0.038	-0.090	0.094	-0.072
0.9*L1	0.005	0.070	-0.156	-0.004	0.020	0.098	-0.831	0.036	0.024	-0.015	-0.051	0.038	-0.026
1.0*L1	-0.000	0.000	0.000	-0.000	0.000	0.000	-1.000	-0.000	-0.000	-0.000	-0.000	1.000	0.000
0.0*L2	-0.000	-0.000	-0.000	0.000	-0.000	-0.000	-0.000	-0.000	-0.000	0.000	0.000	-0.000	0.000
0.1*L2	-0.000	-0.035	-0.154	0.004	-0.009	-0.058	-0.134	-0.018	-0.012	0.013	0.051	-0.021	-0.024
0.2*L2	0.002	-0.049	-0.233	0.006	-0.012	-0.086	-0.218	-0.023	-0.015	0.023	0.088	-0.031	-0.069
0.3*L2	0.004	-0.049	-0.257	0.007	-0.011	-0.093	-0.255	-0.022	-0.013	0.028	0.109	-0.032	-0.108
0.4*L2	0.005	-0.043	-0.245	0.007	-0.009	-0.087	-0.257	-0.018	-0.010	0.029	0.114	-0.030	-0.129
0.5*L2	0.005	-0.034	-0.213	0.007	-0.006	-0.074	-0.232	-0.014	-0.007	0.027	0.106	-0.025	-0.131
0.6*L2	0.005	-0.025	-0.169	0.006	-0.004	-0.058	-0.190	-0.009	-0.004	0.023	0.089	-0.019	-0.117
0.7*L2	0.004	-0.017	-0.120	0.004	0.003	-0.041	-0.139	-0.006	-0.002	0.017	0.066	-0.013	-0.091
0.8*L2	0.003	-0.010	-0.073	0.003	-0.001	-0.025	-0.086	-0.003	-0.001	0.011	0.041	-0.008	-0.059
0.9*L2	0.001	-0.004	-0.031	0.001	-0.001	-0.010	-0.037	-0.001	-0.000	0.005	0.018	-0.003	-0.026
1.0*L2	-0.000	-0.000	0.000	-0.000	0.000	0.000	0.000	-0.000	-0.000	-0.000	-0.000	0.000	-0.000
FAKTOR	a							a				1/a	

INFOLGE STRECKENLAST P=1

IN FELD	0.4	0.7	1.0	0	0.4	0.7	1.0	0	0.4	0.7	1.0	0.4	1.0
1,BIS SPRUNG					-0.370	-0.558			0.021	-0.230			
1,REST	0.507	0.349	-0.647	0.827	0.391	0.210	-1.483	0.548	0.130	-0.035	-0.297	0.786	-0.337
2	0.011	-0.108	-0.606	0.018	-0.023	-0.216	-0.625	-0.047	-0.026	0.070	0.275	-0.074	-0.302
3	-0.001	0.005	0.041	-0.001	0.001	0.014	0.049	0.002	0.000	-0.006	-0.023	0.004	0.034
SUMME(+)	0.518	0.355	0.041	0.845	0.392	0.224	0.049	0.550	0.151	0.070	0.275	0.790	0.034
SUMME(-)	-0.001	-0.108	-1.253	-0.001	-0.392	-0.774	-2.108	-0.047	-0.026	-0.271	-0.321	-0.074	-0.640
SUMME	0.516	0.246	-1.212	0.843	-0.001	-0.550	-2.059	0.503	0.125	-0.201	-0.046	0.717	-0.606
FAKTOR	a*a			a				a*a				1/a	

INFOLGE EINZELMOMENT Mt=1

IN	0.4	0.7	1.0	0	0.4	0.7	1.0	0	0.4	0.7	1.0	0.4	1.0
0.0*L1	0.000	0.000	-0.000	0.000	-0.000	-0.000	-0.000	1.000	-0.000	-0.000	-0.000	-0.000	-0.000
0.1*L1	0.095	0.017	-0.079	0.256	-0.065	-0.063	-0.111	0.771	-0.069	-0.070	-0.046	-0.024	-0.068
0.2*L1	0.188	0.040	-0.155	0.325	-0.108	-0.127	-0.223	0.635	-0.149	-0.139	-0.091	-0.089	-0.134
0.3*L1	0.267	0.072	-0.227	0.302	-0.097	-0.191	-0.340	0.545	-0.255	-0.208	-0.133	-0.245	-0.197
0.4*L1	0.309	0.116	-0.290	0.243	0.014	-0.251	-0.462	0.475	-0.411	-0.279	-0.173	-0.545	-0.258
									0.589				
0.5*L1	0.288	0.170	-0.340	0.178	0.131	-0.289	-0.588	0.408	0.432	-0.358	-0.208	-0.232	-0.318
0.6*L1	0.233	0.221	-0.372	0.123	0.158	-0.279	-0.713	0.340	0.323	-0.459	-0.242	-0.065	-0.385
0.7*L1	0.174	0.243	-0.383	0.082	0.142	-0.173	-0.825	0.270	0.240	-0.603	-0.277	0.008	-0.471
										0.397			
0.8*L1	0.123	0.208	-0.372	0.054	0.110	-0.063	-0.903	0.201	0.173	0.259	-0.320	0.027	-0.597
0.9*L1	0.084	0.145	-0.346	0.037	0.076	-0.040	-0.912	0.138	0.118	0.176	-0.387	0.020	-0.797
1.0*L1	0.058	0.081	-0.328	0.027	0.047	-0.056	-0.800	0.085	0.075	0.127	-0.501	0.003	-1.117
0.0*L2	0.058	0.081	-0.328	0.027	0.047	-0.056	-0.800	0.085	0.075	0.127	0.499	0.003	-1.117
0.1*L2	0.040	0.030	-0.344	0.022	0.026	-0.083	-0.657	0.046	0.043	0.098	0.385	-0.014	-0.795
0.2*L2	0.029	-0.006	-0.367	0.018	0.012	-0.105	-0.578	0.019	0.022	0.081	0.317	-0.026	-0.593
0.3*L2	0.022	-0.027	-0.376	0.016	0.003	-0.116	-0.523	0.003	0.010	0.069	0.273	-0.033	-0.465
0.4*L2	0.017	-0.036	-0.364	0.014	-0.001	-0.117	-0.471	-0.005	0.003	0.060	0.237	-0.036	-0.379
0.5*L2	0.014	-0.038	-0.332	0.013	-0.003	-0.109	-0.414	-0.009	-0.001	0.052	0.204	-0.034	-0.312
0.6*L2	0.011	-0.035	-0.285	0.010	-0.004	-0.094	-0.348	-0.009	-0.002	0.043	0.170	-0.030	-0.254
0.7*L2	0.009	-0.028	-0.229	0.008	-0.003	-0.076	-0.278	-0.008	-0.002	0.034	0.135	-0.024	-0.199
0.8*L2	0.006	-0.021	-0.171	0.006	-0.003	-0.057	-0.207	-0.006	-0.002	0.026	0.101	-0.018	-0.148
0.9*L2	0.004	-0.015	-0.117	0.004	-0.002	-0.039	-0.142	-0.004	-0.001	0.018	0.069	-0.012	-0.101
1.0*L2	0.003	-0.009	-0.072	0.003	-0.001	-0.024	-0.088	-0.003	-0.001	0.011	0.043	-0.008	-0.063
FAKTOR				1/a								1/(a*a)	

INFOLGE STRECKENMOMENT mt=1

IN FELD	0.4	0.7	1.0	0	0.4	0.7	1.0	0	0.4	0.7	1.0	0.4	1.0
1,BIS SPRUNG					-0.114	-0.522			-0.267	-0.722			
1,REST	0.720	0.512	-1.094	0.659	0.266	-0.080	-2.202	1.722	0.642	0.275	-0.848	-0.431	-1.502
2	0.072	-0.058	-1.115	0.051	0.018	-0.336	-1.620	0.025	0.042	0.219	0.861	-0.092	-1.522
3	0.001	-0.002	-0.021	0.001	-0.000	-0.007	-0.026	-0.001	-0.000	0.003	0.013	-0.002	-0.019
SUMME(+)	0.793	0.512	0.000	0.710	0.284	0.000	0.000	1.747	0.684	0.497	0.873	0.000	0.000
SUMME(-)	0.000	-0.060	-2.230	0.000	-0.114	-0.945	-3.847	-0.001	-0.267	-0.722	-0.848	-0.525	-3.044
SUMME	0.793	0.451	-2.230	0.710	0.170	-0.945	-3.847	1.747	0.417	-0.226	0.025	-0.525	-3.044
FAKTOR	a			a				a				1/a	

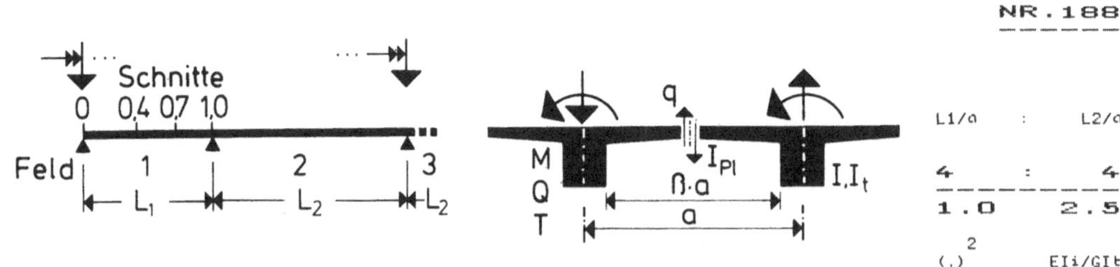


```
                    M                 Q                 T                 q

IN SCHNITT  0.4    0.7    1.0    0      0.4    0.7    1.0    0      0.4    0.7    1.0    0.4    1.0

            INFOLGE  EINZELLAST  P=1
   IN
0.0*L1    0.000 -0.000 -0.000   1.000 -0.000 -0.000 -0.000   0.000  0.000 -0.000 -0.000   0.000 -0.000
0.1*L1    0.084 -0.002 -0.060   0.740 -0.113 -0.046 -0.059   0.077  0.003 -0.031 -0.024   0.095 -0.030
0.2*L1    0.184  0.002 -0.118   0.514 -0.234 -0.099 -0.121   0.135  0.010 -0.058 -0.047   0.184 -0.059
0.3*L1    0.315  0.019 -0.174   0.337 -0.368 -0.165 -0.188   0.170  0.022 -0.079 -0.068   0.257 -0.082
0.4*L1    0.491  0.058 -0.225   0.208 -0.511 -0.250 -0.263   0.180  0.040 -0.091 -0.084   0.292 -0.098
                                      0.489
0.5*L1    0.317  0.128 -0.266   0.119  0.350 -0.358 -0.350   0.170  0.055 -0.091 -0.095   0.269 -0.104
0.6*L1    0.190  0.240 -0.291   0.063  0.233 -0.489 -0.453   0.145  0.060 -0.079 -0.098   0.212 -0.098
0.7*L1    0.105  0.401 -0.291   0.029  0.141 -0.637 -0.573   0.109  0.053 -0.058 -0.090   0.146 -0.079
                                      0.363
0.8*L1    0.050  0.218 -0.253   0.011  0.074  0.217 -0.709   0.069  0.038 -0.034 -0.071   0.085 -0.050
0.9*L1    0.017  0.086 -0.162   0.003  0.029  0.093 -0.857   0.031  0.018 -0.014 -0.040   0.036 -0.018
1.0*L1   -0.000 -0.000  0.000  -0.000  0.000  0.000 -1.000  -0.000  0.000 -0.000  0.000   0.000  0.000

0.0*L2   -0.000 -0.000 -0.000  -0.000 -0.000 -0.000 -0.000  -0.000 -0.000  0.000  0.000  -0.000  0.000
0.1*L2   -0.008 -0.049 -0.157  -0.000 -0.016 -0.059 -0.113  -0.018 -0.010  0.012  0.039  -0.022 -0.015
0.2*L2   -0.010 -0.073 -0.242   0.001 -0.023 -0.091 -0.187  -0.025 -0.013  0.021  0.069  -0.034 -0.045
0.3*L2   -0.010 -0.078 -0.275   0.002 -0.024 -0.102 -0.223  -0.026 -0.013  0.025  0.086  -0.038 -0.072
0.4*L2   -0.008 -0.073 -0.269   0.002 -0.022 -0.099 -0.228  -0.024 -0.012  0.027  0.091  -0.037 -0.088
0.5*L2   -0.006 -0.063 -0.239   0.003 -0.018 -0.087 -0.209  -0.020 -0.009  0.025  0.086  -0.032 -0.091
0.6*L2   -0.004 -0.049 -0.193   0.003 -0.014 -0.070 -0.174  -0.015 -0.007  0.021  0.073  -0.026 -0.082
0.7*L2   -0.002 -0.035 -0.140   0.002 -0.010 -0.050 -0.129  -0.010 -0.004  0.016  0.055  -0.018 -0.065
0.8*L2   -0.001 -0.021 -0.086   0.001 -0.006 -0.031 -0.081  -0.006 -0.003  0.010  0.035  -0.011 -0.043
0.9*L2   -0.000 -0.009 -0.038   0.001 -0.003 -0.013 -0.036  -0.003 -0.001  0.004  0.015  -0.005 -0.019
1.0*L2   -0.000 -0.000  0.000   0.000  0.000 -0.000 -0.000  -0.000 -0.000 -0.000  0.000  -0.000  0.000
FAKTOR          a                       a                                          1/a

            INFOLGE  STRECKENLAST  P=1
IN FELD
1,BIS SPRUNG                   -0.387 -0.687          0.022 -0.185
1,REST    0.691  0.448 -0.745   1.000  0.424  0.194 -1.627   0.438  0.098 -0.030 -0.249   0.635 -0.249
2        -0.021 -0.182 -0.663   0.006 -0.055 -0.243 -0.557  -0.060 -0.029  0.065  0.222  -0.090 -0.208
3         0.001  0.018  0.075  -0.001  0.005  0.027  0.070   0.005  0.002 -0.009 -0.030   0.010  0.037

SUMME(+)  0.692  0.466  0.075   1.006  0.429  0.221  0.070   0.443  0.122  0.065  0.222   0.644  0.037
SUMME(-) -0.021 -0.182 -1.408  -0.001 -0.442 -0.930 -2.183  -0.060 -0.029 -0.224 -0.279  -0.090 -0.457
SUMME     0.671  0.284 -1.333   1.005 -0.013 -0.710 -2.114   0.383  0.092 -0.159 -0.057   0.554 -0.420
FAKTOR          a*a                     a                           a*a

            INFOLGE  EINZELMOMENT  Mt=1
   IN
0.0*L1    0.000  0.000 -0.000   0.000 -0.000 -0.000 -0.000   1.000 -0.000 -0.000 -0.000  -0.000 -0.000
0.1*L1    0.128  0.029 -0.095   0.292 -0.070 -0.088 -0.128   0.749 -0.070 -0.061 -0.041  -0.053 -0.055
0.2*L1    0.248  0.063 -0.186   0.391 -0.113 -0.174 -0.258   0.595 -0.153 -0.123 -0.081  -0.146 -0.109
0.3*L1    0.349  0.106 -0.269   0.385 -0.099 -0.257 -0.390   0.494 -0.264 -0.185 -0.118  -0.321 -0.161
0.4*L1    0.402  0.159 -0.339   0.331  0.018 -0.327 -0.525   0.419 -0.425 -0.252 -0.153  -0.631 -0.213
                                                                  0.575
0.5*L1    0.382  0.219 -0.392   0.261  0.142 -0.368 -0.659   0.354  0.414 -0.331 -0.186  -0.314 -0.269
0.6*L1    0.319  0.272 -0.423   0.195  0.175 -0.352 -0.785   0.291  0.302 -0.435 -0.218  -0.135 -0.334
0.7*L1    0.246  0.290 -0.428   0.139  0.160 -0.234 -0.892   0.230  0.219 -0.583 -0.255  -0.046 -0.423
                                                                  0.417
0.8*L1    0.177  0.244 -0.409   0.097  0.125 -0.110 -0.957   0.170  0.156  0.273 -0.303  -0.012 -0.554
0.9*L1    0.121  0.167 -0.376   0.066  0.085 -0.075 -0.948   0.115  0.105  0.185 -0.378  -0.008 -0.759
1.0*L1    0.078  0.087 -0.353   0.045  0.049 -0.082 -0.814   0.069  0.066  0.132 -0.502  -0.017 -1.081

0.0*L2    0.078  0.087 -0.353   0.045  0.049 -0.082 -0.814   0.069  0.066  0.132  0.498  -0.017 -1.081
0.1*L2    0.047  0.020 -0.368   0.031  0.021 -0.104 -0.650   0.033  0.038  0.100  0.374  -0.030 -0.755
0.2*L2    0.026 -0.028 -0.394   0.022  0.002 -0.124 -0.557   0.008  0.018  0.081  0.297  -0.040 -0.547
0.3*L2    0.013 -0.058 -0.407   0.016 -0.011 -0.135 -0.494  -0.007  0.006  0.068  0.248  -0.046 -0.413
0.4*L2    0.006 -0.072 -0.397   0.012 -0.017 -0.136 -0.439  -0.015 -0.001  0.059  0.210  -0.048 -0.323
0.5*L2    0.002 -0.074 -0.366   0.009 -0.019 -0.127 -0.383  -0.018 -0.004  0.050  0.178  -0.045 -0.257
0.6*L2   -0.000 -0.067 -0.316   0.007 -0.018 -0.111 -0.321  -0.018 -0.005  0.041  0.147  -0.040 -0.204
0.7*L2   -0.001 -0.056 -0.256   0.005 -0.015 -0.090 -0.256  -0.015 -0.005  0.033  0.116  -0.032 -0.157
0.8*L2   -0.001 -0.042 -0.191   0.004 -0.011 -0.067 -0.190  -0.012 -0.004  0.024  0.085  -0.024 -0.115
0.9*L2   -0.001 -0.029 -0.130   0.003 -0.008 -0.046 -0.129  -0.008 -0.003  0.016  0.058  -0.016 -0.078
1.0*L2   -0.000 -0.017 -0.076   0.002 -0.004 -0.027 -0.076  -0.004 -0.001  0.010  0.035  -0.010 -0.047
FAKTOR                                 1/a                                          1/(a*a)

            INFOLGE  STRECKENMOMENT  mt=1
IN FELD
1,BIS SPRUNG                   -0.118 -0.682          -0.276 -0.668
1,REST    0.969  0.640 -1.241   0.886  0.295 -0.130 -2.391   1.571  0.601  0.288 -0.790  -0.644 -1.355
2         0.051 -0.151 -1.217   0.052 -0.022 -0.399 -1.540  -0.009  0.028  0.217  0.787  -0.135 -1.353
3         0.001  0.007  0.020   0.000  0.002  0.008  0.014   0.002  0.001 -0.001 -0.005   0.003  0.001

SUMME(+)  1.021  0.647  0.020   0.938  0.298  0.008  0.014   1.574  0.630  0.505  0.787   0.003  0.001
SUMME(-)  0.000 -0.151 -2.458   0.000 -0.140 -1.212 -3.931  -0.009 -0.276 -0.669 -0.795  -0.780 -2.708
SUMME     1.021  0.496 -2.438   0.938  0.157 -1.204 -3.917   1.564  0.355 -0.164 -0.008  -0.777 -2.707
FAKTOR          a                       a                           a                     1/a
```

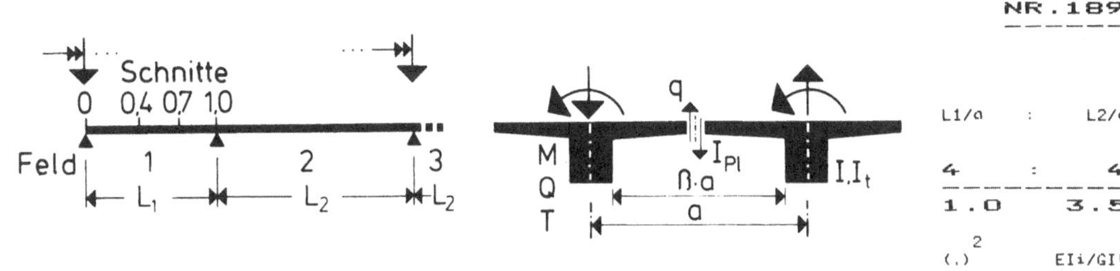

IN SCHNITT	M 0.4	0.7	1.0	Q 0	0.4	0.7	1.0	T 0	0.4	0.7	1.0	q 0.4	1.0

INFOLGE EINZELLAST P=1

IN	M 0.4	0.7	1.0	Q 0	0.4	0.7	1.0	T 0	0.4	0.7	1.0	q 0.4	1.0
0.0*L1	0.000	0.000	-0.000	1.000	-0.000	-0.000	-0.000	0.000	0.000	-0.000	-0.000	0.000	-0.000
0.1*L1	0.102	0.003	-0.068	0.765	-0.118	-0.060	-0.068	0.062	0.004	-0.026	-0.021	0.079	-0.025
0.2*L1	0.219	0.013	-0.134	0.557	-0.242	-0.125	-0.138	0.111	0.010	-0.049	-0.042	0.153	-0.048
0.3*L1	0.362	0.037	-0.196	0.387	-0.373	-0.200	-0.213	0.140	0.020	-0.066	-0.060	0.212	-0.066
0.4*L1	0.543	0.081	-0.250	0.257	-0.510	-0.291	-0.296	0.150	0.034	-0.076	-0.073	0.241	-0.079
					0.490								
0.5*L1	0.367	0.156	-0.291	0.162	0.358	-0.399	-0.388	0.143	0.045	-0.076	-0.082	0.224	-0.083
0.6*L1	0.234	0.269	-0.314	0.096	0.245	-0.525	-0.492	0.122	0.048	-0.067	-0.083	0.179	-0.077
0.7*L1	0.137	0.428	-0.308	0.053	0.153	-0.663	-0.609	0.093	0.043	-0.049	-0.076	0.127	-0.062
						0.337							
0.8*L1	0.071	0.238	-0.263	0.025	0.083	0.203	-0.738	0.059	0.030	-0.030	-0.059	0.076	-0.039
0.9*L1	0.027	0.097	-0.165	0.009	0.033	0.088	-0.873	0.027	0.014	-0.013	-0.033	0.033	-0.014
1.0*L1	0.000	0.000	-0.000	-0.000	0.000	0.000	-1.000	-0.000	0.000	0.000	0.000	0.000	0.000
0.0*L2	-0.000	-0.000	-0.000	-0.000	-0.000	-0.000	-0.000	-0.000	-0.000	0.000	0.000	-0.000	0.000
0.1*L2	-0.015	-0.059	-0.157	-0.004	-0.020	-0.058	-0.101	-0.016	-0.008	0.011	0.032	-0.021	-0.011
0.2*L2	-0.021	-0.089	-0.247	-0.005	-0.030	-0.090	-0.167	-0.024	-0.012	0.018	0.057	-0.033	-0.033
0.3*L2	-0.022	-0.098	-0.283	-0.005	-0.032	-0.103	-0.201	-0.026	-0.012	0.023	0.072	-0.038	-0.054
0.4*L2	-0.020	-0.095	-0.281	-0.004	-0.031	-0.102	-0.207	-0.025	-0.011	0.024	0.077	-0.037	-0.066
0.5*L2	-0.017	-0.083	-0.252	-0.003	-0.027	-0.091	-0.191	-0.021	-0.009	0.023	0.073	-0.033	-0.069
0.6*L2	-0.013	-0.066	-0.206	-0.002	-0.021	-0.074	-0.160	-0.017	-0.007	0.019	0.062	-0.027	-0.064
0.7*L2	-0.009	-0.048	-0.151	-0.001	-0.015	-0.054	-0.120	-0.012	-0.005	0.015	0.047	-0.020	-0.051
0.8*L2	-0.006	-0.029	-0.094	-0.001	-0.009	-0.034	-0.076	-0.007	-0.003	0.009	0.030	-0.012	-0.033
0.9*L2	-0.002	-0.013	-0.042	-0.000	-0.004	-0.015	-0.034	-0.003	-0.001	0.004	0.014	-0.005	-0.015
1.0*L2	0.000	-0.000	-0.000	-0.000	0.000	0.000	0.000	-0.000	-0.000	0.000	0.000	0.000	0.000
FAKTOR	a							a				1/a	

INFOLGE STRECKENLAST P=1

IN FELD	M 0.4	0.7	1.0	Q 0	0.4	0.7	1.0	T 0	0.4	0.7	1.0	q 0.4	1.0
1,BIS SPRUNG					-0.395	-0.770			0.020	-0.155			
1,REST	0.815	0.518	-0.805	1.117	0.443	0.182	-1.724	0.366	0.080	-0.027	-0.214	0.533	-0.198
2	-0.051	-0.235	-0.694	-0.011	-0.077	-0.252	-0.507	-0.061	-0.028	0.059	0.187	-0.092	-0.159
3	0.006	0.031	0.098	0.001	0.010	0.035	0.079	0.008	0.003	-0.010	-0.031	0.013	0.035
SUMME(+)	0.821	0.549	0.098	1.117	0.453	0.217	0.079	0.373	0.103	0.059	0.187	0.545	0.035
SUMME(-)	-0.051	-0.235	-1.498	-0.011	-0.471	-1.021	-2.232	-0.061	-0.028	-0.192	-0.245	-0.092	-0.357
SUMME	0.770	0.314	-1.400	1.106	-0.018	-0.804	-2.153	0.312	0.075	-0.133	-0.058	0.454	-0.322
FAKTOR	a*a			a				a*a					

INFOLGE EINZELMOMENT Mt=1

IN	M 0.4	0.7	1.0	Q 0	0.4	0.7	1.0	T 0	0.4	0.7	1.0	q 0.4	1.0
0.0*L1	0.000	0.000	-0.000	0.000	-0.000	-0.000	-0.000	1.000	-0.000	-0.000	-0.000	-0.000	-0.000
0.1*L1	0.149	0.038	-0.105	0.315	-0.071	-0.104	-0.141	0.735	-0.072	-0.055	-0.037	-0.072	-0.047
0.2*L1	0.288	0.080	-0.205	0.432	-0.115	-0.205	-0.283	0.570	-0.156	-0.112	-0.072	-0.182	-0.094
0.3*L1	0.403	0.131	-0.295	0.438	-0.099	-0.299	-0.426	0.461	-0.270	-0.170	-0.106	-0.370	-0.140
0.4*L1	0.464	0.190	-0.370	0.389	0.022	-0.375	-0.568	0.383	-0.434	-0.235	-0.139	-0.686	-0.188
									0.566				
0.5*L1	0.445	0.254	-0.424	0.318	0.150	-0.418	-0.707	0.318	0.402	-0.314	-0.169	-0.368	-0.241
0.6*L1	0.378	0.307	-0.453	0.245	0.185	-0.399	-0.834	0.259	0.289	-0.419	-0.201	-0.182	-0.306
0.7*L1	0.295	0.321	-0.454	0.180	0.170	-0.274	-0.936	0.203	0.208	-0.570	-0.239	-0.084	-0.396
										0.430			
0.8*L1	0.214	0.268	-0.431	0.127	0.133	-0.141	-0.992	0.149	0.146	0.283	-0.291	-0.040	-0.531
0.9*L1	0.145	0.181	-0.393	0.086	0.090	-0.096	-0.970	0.100	0.098	0.191	-0.372	-0.028	-0.739
1.0*L1	0.090	0.090	-0.367	0.056	0.050	-0.097	-0.821	0.059	0.062	0.135	-0.502	-0.030	-1.062
0.0*L2	0.090	0.090	-0.367	0.056	0.050	-0.097	-0.821	0.059	0.062	0.135	0.498	-0.030	-1.062
0.1*L2	0.050	0.013	-0.381	0.035	0.018	-0.114	-0.645	0.027	0.035	0.101	0.367	-0.038	-0.735
0.2*L2	0.021	-0.044	-0.408	0.021	-0.005	-0.132	-0.542	0.004	0.017	0.081	0.285	-0.046	-0.523
0.3*L2	0.004	-0.080	-0.423	0.012	-0.020	-0.143	-0.473	-0.010	0.005	0.067	0.232	-0.051	-0.386
0.4*L2	-0.007	-0.097	-0.415	0.006	-0.028	-0.143	-0.416	-0.018	-0.001	0.056	0.193	-0.051	-0.294
0.5*L2	-0.011	-0.099	-0.384	0.003	-0.030	-0.134	-0.360	-0.021	-0.005	0.048	0.161	-0.048	-0.228
0.6*L2	-0.012	-0.091	-0.333	0.001	-0.028	-0.117	-0.301	-0.020	-0.006	0.039	0.131	-0.042	-0.177
0.7*L2	-0.011	-0.076	-0.270	0.000	-0.023	-0.095	-0.239	-0.017	-0.005	0.031	0.102	-0.034	-0.135
0.8*L2	-0.009	-0.057	-0.202	0.000	-0.018	-0.071	-0.177	-0.013	-0.004	0.023	0.075	-0.026	-0.098
0.9*L2	-0.006	-0.038	-0.136	0.000	-0.012	-0.048	-0.119	-0.009	-0.003	0.015	0.051	-0.017	-0.066
1.0*L2	-0.003	-0.022	-0.078	0.000	-0.007	-0.027	-0.069	-0.005	-0.001	0.009	0.030	-0.010	-0.039
FAKTOR				1/a								1/(a*a)	

INFOLGE STRECKENMOMENT mt=1

IN FELD	M 0.4	0.7	1.0	Q 0	0.4	0.7	1.0	T 0	0.4	0.7	1.0	q 0.4	1.0
1,BIS SPRUNG					-0.119	-0.785			-0.282	-0.632			
1,REST	1.137	0.730	-1.330	1.039	0.313	-0.162	-2.519	1.473	0.577	0.298	-0.747	-0.786	-1.273
2	0.023	-0.217	-1.271	0.041	-0.051	-0.425	-1.480	-0.021	0.025	0.212	0.739	-0.150	-1.265
3	0.004	0.018	0.050	0.001	0.006	0.018	0.033	0.005	0.002	-0.004	-0.011	0.007	0.006
SUMME(+)	1.164	0.748	0.050	1.082	0.319	0.018	0.033	1.478	0.604	0.510	0.739	0.007	0.006
SUMME(-)	0.000	-0.217	-2.601	0.000	-0.169	-1.372	-3.999	-0.021	-0.282	-0.635	-0.758	-0.936	-2.538
SUMME	1.164	0.531	-2.551	1.082	0.150	-1.354	-3.966	1.457	0.323	-0.125	-0.019	-0.930	-2.532
FAKTOR	a			a				a				1/a	

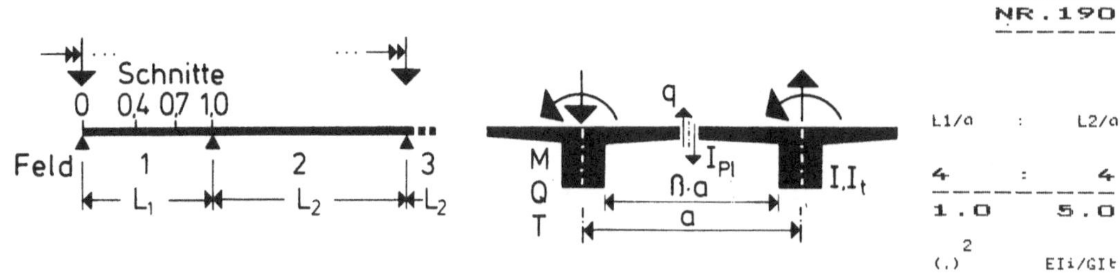

IN SCHNITT	M 0.4	0.7	1.0	Q 0	0.4	0.7	1.0	T 0	0.4	0.7	1.0	q 0.4	1.0

INFOLGE EINZELLAST P=1

IN	M 0.4	0.7	1.0	Q 0	0.4	0.7	1.0	T 0	0.4	0.7	1.0	q 0.4	1.0
0.0*L1	0.000	0.000	-0.000	1.000	-0.000	-0.000	-0.000	0.000	0.000	-0.000	-0.000	0.000	-0.000
0.1*L1	0.121	0.010	-0.076	0.788	-0.122	-0.073	-0.078	0.049	0.004	-0.021	-0.018	0.063	-0.019
0.2*L1	0.253	0.026	-0.149	0.597	-0.247	-0.150	-0.158	0.088	0.009	-0.039	-0.035	0.122	-0.037
0.3*L1	0.409	0.056	-0.216	0.436	-0.376	-0.235	-0.241	0.112	0.018	-0.053	-0.050	0.169	-0.052
0.4*L1	0.595	0.106	-0.273	0.306	-0.508	-0.331	-0.330	0.120	0.028	-0.061	-0.061	0.192	-0.061
					0.492								
0.5*L1	0.419	0.185	-0.315	0.207	0.366	-0.440	-0.427	0.115	0.036	-0.062	-0.068	0.180	-0.064
0.6*L1	0.279	0.299	-0.335	0.133	0.256	-0.560	-0.532	0.099	0.038	-0.054	-0.068	0.146	-0.059
0.7*L1	0.172	0.455	-0.324	0.079	0.164	-0.688	-0.646	0.076	0.033	-0.041	-0.062	0.105	-0.047
						0.312							
0.8*L1	0.093	0.258	-0.273	0.041	0.092	0.189	-0.766	0.049	0.024	-0.025	-0.048	0.064	-0.029
0.9*L1	0.037	0.107	-0.169	0.016	0.038	0.082	-0.887	0.022	0.011	-0.011	-0.026	0.028	-0.010
1.0*L1	0.000	0.000	0.000	0.000	-0.000	0.000	-1.000	-0.000	-0.000	-0.000	-0.000	0.000	0.000
0.0*L2	-0.000	-0.000	-0.000	-0.000	-0.000	-0.000	-0.000	-0.000	-0.000	0.000	0.000	-0.000	0.000
0.1*L2	-0.022	-0.068	-0.157	-0.009	-0.024	-0.056	-0.089	-0.014	-0.007	0.009	0.026	-0.019	-0.008
0.2*L2	-0.033	-0.105	-0.250	-0.013	-0.036	-0.088	-0.147	-0.022	-0.010	0.016	0.045	-0.030	-0.024
0.3*L2	-0.037	-0.119	-0.290	-0.015	-0.041	-0.102	-0.178	-0.024	-0.011	0.020	0.058	-0.035	-0.039
0.4*L2	-0.036	-0.117	-0.291	-0.014	-0.040	-0.102	-0.185	-0.023	-0.010	0.021	0.062	-0.035	-0.049
0.5*L2	-0.031	-0.105	-0.264	-0.012	-0.036	-0.093	-0.172	-0.021	-0.009	0.020	0.059	-0.032	-0.051
0.6*L2	-0.025	-0.085	-0.218	-0.009	-0.029	-0.076	-0.145	-0.017	-0.007	0.017	0.051	-0.026	-0.047
0.7*L2	-0.018	-0.062	-0.161	-0.007	-0.021	-0.056	-0.109	-0.012	-0.005	0.013	0.039	-0.019	-0.038
0.8*L2	-0.011	-0.039	-0.101	-0.004	-0.013	-0.035	-0.069	-0.007	-0.003	0.008	0.025	-0.012	-0.025
0.9*L2	-0.005	-0.017	-0.045	-0.002	-0.006	-0.016	-0.031	-0.003	-0.001	0.004	0.011	-0.005	-0.012
1.0*L2	-0.000	-0.000	-0.000	0.000	-0.000	0.000	0.000	-0.000	-0.000	-0.000	-0.000	0.000	0.000
FAKTOR	a							a				1/a	

INFOLGE STRECKENLAST P=1

IN FELD	M 0.4	0.7	1.0	Q 0	0.4	0.7	1.0	T 0	0.4	0.7	1.0	q 0.4	1.0
1,BIS SPRUNG					-0.399	-0.851			0.018	-0.125			
1,REST	0.943	0.591	-0.862	1.234	0.461	0.169	-1.825	0.294	0.063	-0.022	-0.176	0.430	-0.152
2	-0.089	-0.290	-0.719	-0.034	-0.099	-0.253	-0.454	-0.058	-0.026	0.051	0.152	-0.087	-0.117
3	0.014	0.047	0.123	0.005	0.016	0.043	0.084	0.009	0.004	-0.010	-0.030	0.015	0.030
SUMME(+)	0.956	0.639	0.123	1.239	0.477	0.212	0.084	0.303	0.084	0.051	0.152	0.445	0.030
SUMME(-)	-0.089	-0.290	-1.581	-0.034	-0.499	-1.104	-2.279	-0.058	-0.026	-0.158	-0.206	-0.087	-0.270
SUMME	0.867	0.348	-1.458	1.205	-0.021	-0.892	-2.195	0.245	0.058	-0.106	-0.055	0.358	-0.239
FAKTOR	a*a			a				a*a				1/a	

INFOLGE EINZELMOMENT Mt=1

IN	M 0.4	0.7	1.0	Q 0	0.4	0.7	1.0	T 0	0.4	0.7	1.0	q 0.4	1.0
0.0*L1	0.000	0.000	-0.000	0.000	-0.000	-0.000	-0.000	1.000	-0.000	-0.000	-0.000	-0.000	-0.000
0.1*L1	0.170	0.047	-0.115	0.337	-0.072	-0.120	-0.155	0.722	-0.074	-0.049	-0.032	-0.091	-0.040
0.2*L1	0.328	0.099	-0.223	0.473	-0.115	-0.235	-0.310	0.545	-0.160	-0.100	-0.063	-0.217	-0.080
0.3*L1	0.457	0.158	-0.320	0.491	-0.097	-0.340	-0.463	0.429	-0.276	-0.155	-0.093	-0.418	-0.121
0.4*L1	0.527	0.223	-0.399	0.447	0.027	-0.423	-0.614	0.347	-0.443	-0.218	-0.122	-0.740	-0.165
									0.557				
0.5*L1	0.509	0.290	-0.454	0.376	0.157	-0.468	-0.756	0.282	0.391	-0.296	-0.152	-0.422	-0.216
0.6*L1	0.437	0.343	-0.482	0.297	0.195	-0.445	-0.883	0.226	0.278	-0.402	-0.184	-0.230	-0.281
0.7*L1	0.345	0.353	-0.480	0.223	0.180	-0.313	-0.980	0.175	0.197	-0.557	-0.223	-0.123	-0.373
										0.443			
0.8*L1	0.252	0.293	-0.451	0.159	0.141	-0.171	-1.027	0.128	0.137	0.293	-0.279	-0.069	-0.511
0.9*L1	0.170	0.195	-0.409	0.107	0.094	-0.118	-0.991	0.086	0.092	0.198	-0.365	-0.047	-0.722
1.0*L1	0.102	0.093	-0.380	0.067	0.050	-0.111	-0.829	0.050	0.058	0.139	-0.502	-0.043	-1.046
0.0*L2	0.102	0.093	-0.380	0.067	0.050	-0.111	-0.829	0.050	0.058	0.139	0.498	-0.043	-1.046
0.1*L2	0.050	0.005	-0.393	0.038	0.014	-0.123	-0.639	0.022	0.034	0.102	0.360	-0.045	-0.718
0.2*L2	0.014	-0.061	-0.420	0.018	-0.013	-0.138	-0.526	0.002	0.017	0.079	0.273	-0.049	-0.504
0.3*L2	-0.010	-0.103	-0.436	0.004	-0.030	-0.147	-0.450	-0.011	0.006	0.064	0.216	-0.052	-0.364
0.4*L2	-0.023	-0.123	-0.429	-0.003	-0.039	-0.146	-0.390	-0.018	-0.001	0.053	0.175	-0.051	-0.270
0.5*L2	-0.028	-0.126	-0.399	-0.007	-0.041	-0.137	-0.335	-0.021	-0.004	0.044	0.143	-0.048	-0.204
0.6*L2	-0.028	-0.116	-0.348	-0.008	-0.038	-0.120	-0.278	-0.020	-0.005	0.036	0.115	-0.042	-0.155
0.7*L2	-0.024	-0.097	-0.283	-0.008	-0.032	-0.098	-0.220	-0.017	-0.005	0.028	0.089	-0.034	-0.116
0.8*L2	-0.019	-0.073	-0.211	-0.006	-0.024	-0.073	-0.162	-0.013	-0.004	0.021	0.065	-0.025	-0.083
0.9*L2	-0.012	-0.049	-0.141	-0.004	-0.016	-0.049	-0.108	-0.009	-0.003	0.014	0.044	-0.017	-0.055
1.0*L2	-0.007	-0.027	-0.078	-0.002	-0.009	-0.027	-0.062	-0.005	-0.001	0.008	0.025	-0.009	-0.033
FAKTOR				1/a								1/(a*a)	

INFOLGE STRECKENMOMENT mt=1

IN FELD	M 0.4	0.7	1.0	Q 0	0.4	0.7	1.0	T 0	0.4	0.7	1.0	q 0.4	1.0
1,BIS SPRUNG					-0.117	-0.886			-0.288	-0.595			
1,REST	1.306	0.824	-1.413	1.194	0.330	-0.193	-2.651	1.376	0.555	0.308	-0.701	-0.928	-1.200
2	-0.015	-0.287	-1.317	0.021	-0.080	-0.441	-1.415	-0.027	0.024	0.205	0.692	-0.156	-1.191
3	0.011	0.034	0.080	0.004	0.012	0.028	0.047	0.007	0.003	-0.005	-0.014	0.010	0.006
SUMME(+)	1.317	0.858	0.080	1.220	0.342	0.028	0.047	1.383	0.583	0.513	0.692	0.010	0.006
SUMME(-)	-0.015	-0.287	-2.731	0.000	-0.198	-1.520	-4.066	-0.027	-0.288	-0.600	-0.715	-1.083	-2.391
SUMME	1.302	0.570	-2.650	1.220	0.144	-1.491	-4.019	1.357	0.295	-0.087	-0.024	-1.074	-2.385
FAKTOR	a			a				a				1/a	

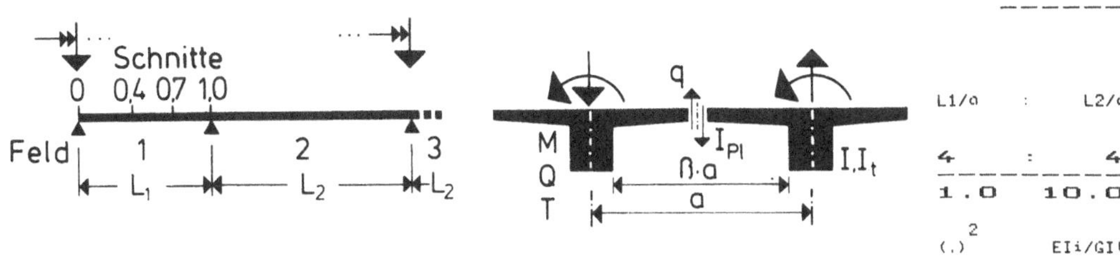

		M			Q				T			q	
IN SCHNITT	0.4	0.7	1.0	0	0.4	0.7	1.0	0	0.4	0.7	1.0	0.4	1.0

INFOLGE EINZELLAST P=1

IN

Schnitt	M 0.4	M 0.7	M 1.0	Q 0	Q 0.4	Q 0.7	Q 1.0	T 0	T 0.4	T 0.7	T 1.0	q 0.4	q 1.0
0.0*L1	0.000	0.000	-0.000	1.000	-0.000	-0.000	-0.000	0.000	0.000	-0.000	-0.000	0.000	-0.000
0.1*L1	0.151	0.023	-0.088	0.823	-0.125	-0.094	-0.096	0.029	0.003	-0.013	-0.012	0.038	-0.011
0.2*L1	0.310	0.051	-0.172	0.658	-0.251	-0.190	-0.192	0.052	0.007	-0.024	-0.023	0.073	-0.022
0.3*L1	0.484	0.092	-0.248	0.512	-0.378	-0.290	-0.290	0.067	0.012	-0.032	-0.032	0.101	-0.030
0.4*L1	0.681	0.151	-0.309	0.386	-0.503	-0.394	-0.390	0.073	0.017	-0.037	-0.039	0.115	-0.035
					0.497								
0.5*L1	0.504	0.235	-0.351	0.281	0.379	-0.503	-0.493	0.070	0.021	-0.038	-0.043	0.109	-0.036
0.6*L1	0.354	0.349	-0.366	0.194	0.272	-0.617	-0.598	0.061	0.022	-0.033	-0.043	0.090	-0.033
0.7*L1	0.230	0.500	-0.348	0.125	0.181	-0.730	-0.704	0.047	0.020	-0.025	-0.038	0.066	-0.026
						0.270							
0.8*L1	0.131	0.291	-0.287	0.071	0.105	0.164	-0.810	0.031	0.014	-0.016	-0.029	0.041	-0.016
0.9*L1	0.055	0.124	-0.175	0.030	0.045	0.072	-0.911	0.014	0.007	-0.007	-0.016	0.018	-0.006
1.0*L1	0.000	0.000	0.000	0.000	0.000	-0.000	-1.000	-0.000	-0.000	-0.000	-0.000	0.000	0.000
0.0*L2	-0.000	-0.000	-0.000	-0.000	-0.000	-0.000	-0.000	-0.000	-0.000	0.000	0.000	-0.000	0.000
0.1*L2	-0.036	-0.083	-0.157	-0.019	-0.030	-0.050	-0.069	-0.010	-0.004	0.006	0.015	-0.013	-0.004
0.2*L2	-0.057	-0.133	-0.253	-0.030	-0.047	-0.081	-0.115	-0.015	-0.007	0.011	0.028	-0.021	-0.012
0.3*L2	-0.066	-0.155	-0.298	-0.035	-0.055	-0.096	-0.140	-0.017	-0.007	0.013	0.035	-0.025	-0.020
0.4*L2	-0.066	-0.156	-0.304	-0.035	-0.055	-0.098	-0.146	-0.017	-0.007	0.014	0.038	-0.026	-0.026
0.5*L2	-0.060	-0.142	-0.279	-0.031	-0.050	-0.090	-0.137	-0.016	-0.006	0.013	0.037	-0.024	-0.028
0.6*L2	-0.050	-0.118	-0.234	-0.026	-0.042	-0.075	-0.116	-0.013	-0.005	0.012	0.032	-0.020	-0.026
0.7*L2	-0.037	-0.088	-0.175	-0.019	-0.031	-0.056	-0.000	-0.010	-0.004	0.009	0.025	-0.015	-0.021
0.8*L2	-0.023	-0.056	-0.112	-0.012	-0.020	-0.036	-0.057	-0.006	-0.002	0.006	0.016	-0.010	-0.014
0.9*L2	-0.011	-0.025	-0.051	-0.005	-0.009	-0.016	-0.026	-0.003	-0.001	0.003	0.007	-0.004	-0.007
1.0*L2	0.000	0.000	0.000	0.000	0.000	-0.000	-0.000	-0.000	-0.000	-0.000	-0.000	0.000	0.000
FAKTOR	a					a						1/a	

INFOLGE STRECKENLAST P=1

IN FELD

Feld	M 0.4	M 0.7	M 1.0	Q 0	Q 0.4	Q 0.7	Q 1.0	T 0	T 0.4	T 0.7	T 1.0	q 0.4	q 1.0
1,BIS SPRUNG						-0.402	-0.981			0.012	-0.077		
1,REST	1.153	0.717	-0.948	1.427	0.489	0.147	-1.993	0.179	0.037	-0.014	-0.111	0.263	-0.087
2	-0.165	-0.387	-0.753	-0.086	-0.137	-0.242	-0.361	-0.043	-0.018	0.035	0.094	-0.064	-0.063
3	0.035	0.083	0.165	0.018	0.029	0.053	0.083	0.009	0.003	-0.008	-0.024	0.014	0.020
SUMME(+)	1.188	0.800	0.165	1.445	0.518	0.200	0.083	0.188	0.052	0.035	0.094	0.277	0.020
SUMME(-)	-0.165	-0.387	-1.701	-0.086	-0.539	-1.222	-2.354	-0.043	-0.018	-0.099	-0.135	-0.064	-0.149
SUMME	1.023	0.413	-1.536	1.359	-0.021	-1.023	-2.270	0.145	0.035	-0.065	-0.041	0.212	-0.129
FAKTOR	a*a					a				a*a			

INFOLGE EINZELMOMENT Mt=1

IN

Schnitt	M 0.4	M 0.7	M 1.0	Q 0	Q 0.4	Q 0.7	Q 1.0	T 0	T 0.4	T 0.7	T 1.0	q 0.4	q 1.0
0.0*L1	0.000	0.000	-0.000	0.000	-0.000	-0.000	-0.000	1.000	-0.000	-0.000	-0.000	-0.000	-0.000
0.1*L1	0.205	0.065	-0.129	0.372	-0.071	-0.145	-0.179	0.701	-0.077	-0.040	-0.023	-0.121	-0.029
0.2*L1	0.394	0.133	-0.251	0.538	-0.113	-0.283	-0.355	0.507	-0.167	-0.082	-0.046	-0.273	-0.060
0.3*L1	0.546	0.205	-0.358	0.577	-0.092	-0.406	-0.527	0.379	-0.287	-0.130	-0.070	-0.494	-0.093
0.4*L1	0.630	0.281	-0.443	0.542	0.036	-0.500	-0.691	0.290	-0.457	-0.189	-0.094	-0.827	-0.131
									0.543				
0.5*L1	0.615	0.352	-0.500	0.470	0.171	-0.547	-0.839	0.225	0.375	-0.267	-0.120	-0.509	-0.180
0.6*L1	0.536	0.404	-0.525	0.383	0.210	-0.519	-0.965	0.174	0.260	-0.375	-0.153	-0.308	-0.246
0.7*L1	0.428	0.406	-0.517	0.294	0.195	-0.375	-1.052	0.131	0.180	-0.534	-0.196	-0.187	-0.341
										0.466			
0.8*L1	0.315	0.333	-0.482	0.212	0.153	-0.219	-1.082	0.094	0.124	0.309	-0.259	-0.117	-0.483
0.9*L1	0.210	0.219	-0.432	0.142	0.101	-0.151	-1.025	0.062	0.083	0.209	-0.354	-0.080	-0.698
1.0*L1	0.120	0.098	-0.398	0.084	0.050	-0.131	-0.840	0.036	0.053	0.144	-0.502	-0.061	-1.025
0.0*L2	0.120	0.098	-0.398	0.084	0.050	-0.131	-0.840	0.036	0.053	0.144	0.498	-0.061	-1.025
0.1*L2	0.049	-0.008	-0.408	0.040	0.008	-0.133	-0.629	0.016	0.032	0.103	0.350	-0.053	-0.696
0.2*L2	-0.003	-0.089	-0.436	0.008	-0.025	-0.141	-0.498	0.001	0.018	0.076	0.254	-0.049	-0.478
0.3*L2	-0.037	-0.142	-0.453	-0.013	-0.046	-0.147	-0.411	-0.008	0.008	0.058	0.191	-0.047	-0.334
0.4*L2	-0.056	-0.169	-0.448	-0.025	-0.057	-0.145	-0.346	-0.014	0.002	0.046	0.147	-0.044	-0.238
0.5*L2	-0.063	-0.173	-0.419	-0.030	-0.059	-0.135	-0.290	-0.016	-0.001	0.037	0.114	-0.040	-0.172
0.6*L2	-0.060	-0.160	-0.367	-0.030	-0.055	-0.118	-0.238	-0.015	-0.003	0.029	0.089	-0.034	-0.125
0.7*L2	-0.052	-0.134	-0.299	-0.026	-0.046	-0.096	-0.186	-0.013	-0.003	0.022	0.067	-0.027	-0.090
0.8*L2	-0.039	-0.101	-0.223	-0.020	-0.035	-0.072	-0.136	-0.010	-0.002	0.016	0.048	-0.020	-0.063
0.9*L2	-0.026	-0.066	-0.147	-0.013	-0.023	-0.047	-0.090	-0.007	-0.002	0.011	0.032	-0.013	-0.042
1.0*L2	-0.013	-0.034	-0.078	-0.006	-0.012	-0.025	-0.050	-0.003	-0.001	0.006	0.018	-0.007	-0.026
FAKTOR						1/a						1/(a*a)	

INFOLGE STRECKENMOMENT mt=1

IN FELD

Feld	M 0.4	M 0.7	M 1.0	Q 0	Q 0.4	Q 0.7	Q 1.0	T 0	T 0.4	T 0.7	T 1.0	q 0.4	q 1.0
1,BIS SPRUNG						-0.113	-1.047			-0.300	-0.535		
1,REST	1.585	0.984	-1.539	1.448	0.357	-0.242	-2.869	1.221	0.522	0.324	-0.621	-1.156	-1.097
2	-0.097	-0.409	-1.377	-0.030	-0.129	-0.446	-1.300	-0.021	0.029	0.187	0.615	-0.145	-1.093
3	0.031	0.071	0.132	0.016	0.025	0.042	0.056	0.008	0.004	-0.005	-0.012	0.011	0.000
SUMME(+)	1.616	1.055	0.132	1.464	0.383	0.042	0.056	1.229	0.555	0.512	0.615	0.011	0.000
SUMME(-)	-0.097	-0.409	-2.917	-0.030	-0.242	-1.735	-4.169	-0.021	-0.300	-0.540	-0.632	-1.301	-2.190
SUMME	1.519	0.646	-2.785	1.435	0.141	-1.692	-4.113	1.208	0.255	-0.028	-0.018	-1.290	-2.190
FAKTOR	a					a						1/a	

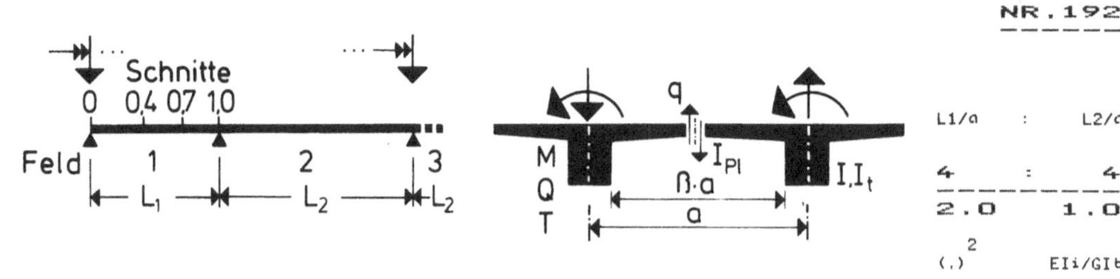

IN SCHNITT	M 0.4	0.7	1.0	Q 0	0.4	0.7	1.0	T 0	0.4	0.7	1.0	q 0.4	1.0

INFOLGE EINZELLAST P=1

IN	M 0.4	0.7	1.0	Q 0	0.4	0.7	1.0	T 0	0.4	0.7	1.0	q 0.4	1.0
0.0*L1	0.000	-0.000	-0.000	1.000	-0.000	-0.000	-0.000	0.000	-0.000	-0.000	-0.000	0.000	-0.000
0.1*L1	0.023	-0.007	-0.033	0.615	-0.070	-0.006	-0.049	0.142	-0.015	-0.048	-0.026	0.134	-0.055
0.2*L1	0.067	-0.011	-0.067	0.326	-0.168	-0.019	-0.098	0.235	-0.018	-0.092	-0.053	0.282	-0.110
0.3*L1	0.158	-0.010	-0.102	0.145	-0.313	-0.047	-0.148	0.275	0.004	-0.129	-0.079	0.431	-0.161
0.4*L1	0.316	0.006	-0.138	0.047	-0.503	-0.103	-0.202	0.272	0.047	-0.153	-0.103	0.513	-0.206
					0.497								
0.5*L1	0.155	0.050	-0.174	0.003	0.307	-0.201	-0.265	0.241	0.089	-0.157	-0.125	0.432	-0.237
0.6*L1	0.063	0.141	-0.205	-0.011	0.165	-0.353	-0.344	0.195	0.107	-0.134	-0.139	0.290	-0.245
0.7*L1	0.018	0.300	-0.223	-0.012	0.076	-0.554	-0.450	0.142	0.098	-0.087	-0.139	0.164	-0.219
						0.446							
0.8*L1	0.001	0.139	-0.212	-0.008	0.028	0.245	-0.597	0.087	0.069	-0.039	-0.119	0.077	-0.153
0.9*L1	-0.002	0.046	-0.148	-0.003	0.007	0.094	-0.787	0.037	0.032	-0.012	-0.071	0.026	-0.059
1.0*L1	-0.000	-0.000	0.000	-0.000	-0.000	0.000	-1.000	-0.000	-0.000	-0.000	-0.000	0.000	0.000
0.0*L2	0.000	-0.000	-0.000	-0.000	-0.000	0.000	-0.000	-0.000	-0.000	-0.000	-0.000	-0.000	0.000
0.1*L2	0.003	-0.017	-0.147	0.002	-0.001	-0.046	-0.172	-0.016	-0.014	0.008	0.071	-0.010	-0.058
0.2*L2	0.004	-0.020	-0.211	0.003	0.000	-0.061	-0.270	-0.018	-0.017	0.014	0.118	-0.012	-0.150
0.3*L2	0.005	-0.018	-0.221	0.003	0.001	-0.061	-0.303	-0.016	-0.015	0.016	0.138	-0.011	-0.215
0.4*L2	0.005	-0.013	-0.202	0.003	0.002	-0.053	-0.293	-0.012	-0.011	0.016	0.136	-0.008	-0.239
0.5*L2	0.005	-0.009	-0.169	0.002	0.003	-0.043	-0.255	-0.008	-0.008	0.014	0.121	-0.006	-0.228
0.6*L2	0.004	-0.006	-0.131	0.002	0.002	-0.032	-0.204	-0.005	-0.006	0.012	0.098	-0.004	-0.193
0.7*L2	0.003	-0.004	-0.093	0.001	0.002	-0.022	-0.147	-0.003	-0.004	0.009	0.071	-0.003	-0.144
0.8*L2	0.002	-0.002	-0.056	0.001	0.001	-0.013	-0.090	-0.002	-0.002	0.005	0.044	-0.002	-0.090
0.9*L2	0.001	-0.001	-0.024	0.000	0.001	-0.005	-0.038	-0.001	-0.001	0.002	0.018	-0.001	-0.039
1.0*L2	0.000	-0.000	0.000	0.000	0.000	-0.000	-0.000	-0.000	-0.000	-0.000	-0.000	-0.000	0.000
FAKTOR	a				a				a			1/a	

INFOLGE STRECKENLAST P=1

IN FELD	M 0.4	0.7	1.0	Q 0	0.4	0.7	1.0	T 0	0.4	0.7	1.0	q 0.4	1.0
1,BIS SPRUNG					-0.316	-0.396			-0.005	-0.306			
1,REST	0.307	0.249	-0.529	0.627	0.326	0.220	-1.370	0.657	0.170	-0.036	-0.345	0.944	-0.580
2	0.013	-0.037	-0.509	0.007	0.004	-0.137	-0.716	-0.033	-0.032	0.039	0.329	-0.023	-0.544
3	-0.001	0.001	0.020	-0.000	-0.000	0.005	0.033	0.000	0.001	-0.002	-0.016	0.000	0.036
SUMME(+)	0.320	0.250	0.020	0.634	0.331	0.224	0.033	0.657	0.170	0.039	0.329	0.945	0.036
SUMME(-)	-0.001	-0.037	-1.038	-0.000	-0.317	-0.533	-2.087	-0.033	-0.036	-0.344	-0.361	-0.023	-1.124
SUMME	0.319	0.212	-1.017	0.633	0.014	-0.309	-2.053	0.624	0.134	-0.305	-0.033	0.921	-1.088
FAKTOR	a*a				a				a*a			1/a	

INFOLGE EINZELMOMENT Mt=1

IN	M 0.4	0.7	1.0	Q 0	0.4	0.7	1.0	T 0	0.4	0.7	1.0	q 0.4	1.0
0.0*L1	0.000	0.000	-0.000	0.000	-0.000	-0.000	-0.000	1.000	-0.000	-0.000	-0.000	0.000	-0.000
0.1*L1	0.070	0.004	-0.065	0.325	-0.085	-0.035	-0.104	0.736	-0.059	-0.084	-0.050	0.046	-0.102
0.2*L1	0.146	0.014	-0.130	0.348	-0.150	-0.076	-0.209	0.622	-0.129	-0.166	-0.099	0.018	-0.201
0.3*L1	0.223	0.037	-0.193	0.265	-0.151	-0.129	-0.319	0.562	-0.230	-0.241	-0.146	-0.189	-0.294
0.4*L1	0.266	0.076	-0.253	0.168	0.006	-0.192	-0.437	0.508	-0.411	-0.312	-0.190	-0.739	-0.379
								0.589					
0.5*L1	0.228	0.135	-0.304	0.094	0.168	-0.249	-0.564	0.444	0.406	-0.385	-0.228	-0.172	-0.453
0.6*L1	0.159	0.202	-0.341	0.046	0.180	-0.252	-0.703	0.367	0.300	-0.484	-0.259	0.058	-0.523
0.7*L1	0.099	0.240	-0.356	0.020	0.139	-0.103	-0.844	0.283	0.224	-0.655	-0.285	0.115	-0.604
										0.345			
0.8*L1	0.057	0.199	-0.343	0.008	0.092	0.048	-0.966	0.200	0.157	0.179	-0.314	0.100	-0.743
0.9*L1	0.033	0.127	-0.307	0.004	0.056	0.051	-1.010	0.124	0.098	0.100	-0.369	0.065	-1.028
1.0*L1	0.021	0.065	-0.280	0.003	0.032	0.006	-0.867	0.064	0.050	0.062	-0.501	0.032	-1.609
0.0*L2	0.021	0.065	-0.280	0.003	0.032	0.006	-0.867	0.064	0.050	0.062	0.499	0.032	-1.609
0.1*L2	0.015	0.023	-0.306	0.004	0.018	-0.039	-0.683	0.024	0.017	0.045	0.367	0.010	-1.025
0.2*L2	0.012	-0.001	-0.341	0.004	0.011	-0.069	-0.615	0.001	-0.002	0.038	0.311	-0.003	-0.738
0.3*L2	0.011	-0.011	-0.352	0.005	0.008	-0.081	-0.575	-0.009	-0.011	0.034	0.281	-0.009	-0.596
0.4*L2	0.010	-0.015	-0.335	0.004	0.006	-0.081	-0.528	-0.012	-0.013	0.030	0.254	-0.010	-0.512
0.5*L2	0.009	-0.014	-0.297	0.004	0.005	-0.072	-0.463	-0.012	-0.012	0.027	0.222	-0.009	-0.440
0.6*L2	0.007	-0.011	-0.246	0.003	0.004	-0.060	-0.383	-0.009	-0.010	0.022	0.184	-0.008	-0.365
0.7*L2	0.006	-0.008	-0.188	0.002	0.004	-0.046	-0.295	-0.007	-0.008	0.017	0.142	-0.006	-0.284
0.8*L2	0.004	-0.006	-0.132	0.002	0.003	-0.032	-0.207	-0.005	-0.005	0.012	0.100	-0.004	-0.201
0.9*L2	0.002	-0.004	-0.082	0.001	0.002	-0.020	-0.129	-0.003	-0.003	0.007	0.062	-0.002	-0.125
1.0*L2	0.001	-0.002	-0.042	0.001	0.001	-0.010	-0.067	-0.002	-0.002	0.004	0.032	-0.001	-0.064
FAKTOR					1/a							1/(a*a)	

INFOLGE STRECKENMOMENT mt=1

IN FELD	M 0.4	0.7	1.0	Q 0	0.4	0.7	1.0	T 0	0.4	0.7	1.0	q 0.4	1.0
1,BIS SPRUNG					-0.165	-0.404			-0.243	-0.795			
1,REST	0.519	0.429	-0.975	0.530	0.271	0.031	-2.248	1.740	0.595	0.186	-0.871	-0.217	-2.030
2	0.035	-0.008	-0.977	0.013	0.031	-0.202	-1.731	-0.002	-0.011	0.106	0.870	-0.011	-2.025
3	-0.000	-0.001	-0.001	0.000	-0.000	-0.001	0.001	-0.001	-0.000	-0.000	-0.001	-0.000	0.006
SUMME(+)	0.553	0.429	0.000	0.543	0.302	0.031	0.001	1.740	0.595	0.292	0.870	0.000	0.006
SUMME(-)	-0.000	-0.008	-1.954	0.000	-0.165	-0.607	-3.979	-0.002	-0.255	-0.795	-0.872	-0.229	-4.055
SUMME	0.553	0.420	-1.954	0.543	0.137	-0.576	-3.979	1.737	0.340	-0.503	-0.002	-0.229	-4.049
FAKTOR	a				a				a			1/a	

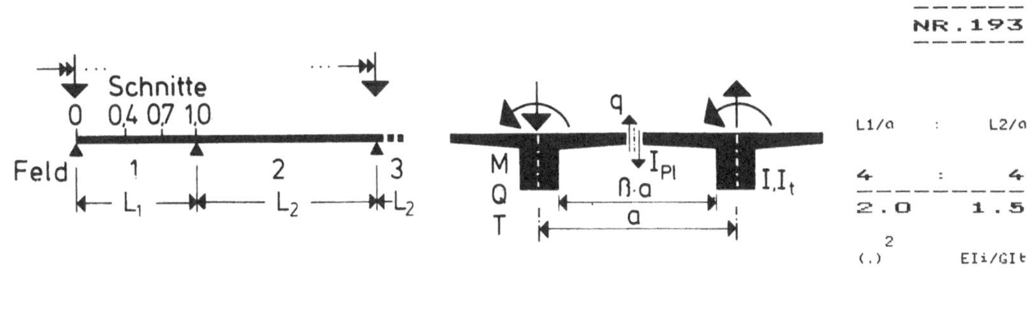

INFOLGE EINZELLAST P=1

IN

IN	M 0.4	M 0.7	M 1.0	Q 0	Q 0.4	Q 0.7	Q 1.0	T 0	T 0.4	T 0.7	T 1.0	q 0.4	q 1.0
0.0*L1	0.000	-0.000	-0.000	1.000	-0.000	-0.000	-0.000	0.000	-0.000	-0.000	-0.000	0.000	-0.000
0.1*L1	0.042	-0.006	-0.042	0.659	-0.086	-0.018	-0.052	0.118	-0.009	-0.043	-0.026	0.125	-0.049
0.2*L1	0.104	-0.009	-0.084	0.390	-0.193	-0.043	-0.105	0.201	-0.008	-0.083	-0.052	0.254	-0.096
0.3*L1	0.207	-0.002	-0.126	0.207	-0.333	-0.084	-0.161	0.239	0.010	-0.115	-0.076	0.375	-0.139
0.4*L1	0.371	0.021	-0.168	0.097	-0.506	-0.150	-0.223	0.242	0.043	-0.135	-0.099	0.439	-0.175
				0.494									
0.5*L1	0.205	0.075	-0.206	0.036	0.324	-0.252	-0.294	0.218	0.075	-0.137	-0.116	0.380	-0.196
0.6*L1	0.102	0.173	-0.236	0.008	0.190	-0.398	-0.382	0.179	0.088	-0.118	-0.126	0.269	-0.197
0.7*L1	0.044	0.334	-0.248	-0.003	0.099	-0.581	-0.494	0.131	0.080	-0.080	-0.123	0.164	-0.171
				0.419									
0.8*L1	0.015	0.165	-0.227	-0.004	0.044	0.238	-0.638	0.081	0.057	-0.040	-0.102	0.084	-0.116
0.9*L1	0.003	0.059	-0.153	-0.003	0.014	0.095	-0.813	0.035	0.026	-0.014	-0.060	0.031	-0.044
1.0*L1	-0.000	-0.000	-0.000	-0.000	0.000	-0.000	-1.000	-0.000	0.000	-0.000	-0.000	0.000	-0.000
0.0*L2	-0.000	-0.000	-0.000	0.000	-0.000	-0.000	-0.000	-0.000	-0.000	0.000	0.000	-0.000	0.000
0.1*L2	0.000	-0.027	-0.151	0.002	-0.005	-0.052	-0.152	-0.017	-0.014	0.010	0.060	-0.015	-0.042
0.2*L2	0.001	-0.036	-0.223	0.003	-0.006	-0.073	-0.243	-0.022	-0.018	0.016	0.101	-0.021	-0.111
0.3*L2	0.002	-0.036	-0.241	0.004	-0.005	-0.077	-0.280	-0.022	-0.017	0.018	0.120	-0.021	-0.164
0.4*L2	0.003	-0.031	-0.227	0.003	-0.004	-0.070	-0.276	-0.018	-0.015	0.018	0.121	-0.018	-0.186
0.5*L2	0.003	-0.024	-0.194	0.003	-0.003	-0.059	-0.245	-0.014	-0.012	0.016	0.109	-0.015	-0.182
0.6*L2	0.003	-0.018	-0.153	0.002	-0.002	-0.045	-0.198	-0.011	-0.000	0.013	0.090	-0.011	-0.156
0.7*L2	0.002	-0.012	-0.109	0.002	-0.001	-0.032	-0.144	-0.007	-0.006	0.010	0.066	-0.008	-0.118
0.8*L2	0.001	-0.007	-0.066	0.001	-0.001	-0.019	-0.088	-0.004	-0.003	0.006	0.041	-0.005	-0.075
0.9*L2	0.001	-0.003	-0.028	0.000	-0.000	-0.008	-0.038	-0.002	-0.001	0.003	0.017	-0.002	-0.033
1.0*L2	-0.000	-0.000	-0.000	0.000	-0.000	0.000	0.000	-0.000	0.000	-0.000	-0.000	0.000	-0.000
FAKTOR	a							a				1/a	

INFOLGE STRECKENLAST P=1

IN FELD

IN FELD	M 0.4	M 0.7	M 1.0	Q 0	Q 0.4	Q 0.7	Q 1.0	T 0	T 0.4	T 0.7	T 1.0	q 0.4	q 1.0
1,BIS SPRUNG						-0.343	-0.488			0.004	-0.272		
1,REST	0.425	0.312	-0.604	0.743	0.362	0.213	-1.461	0.583	0.141	-0.036	-0.315	0.853	-0.476
2	0.006	-0.080	-0.564	0.008	-0.011	-0.176	-0.673	-0.048	-0.038	0.044	0.293	-0.047	-0.428
3	-0.001	0.004	0.038	-0.001	0.000	0.011	0.052	0.002	0.002	-0.004	-0.024	0.002	0.046
SUMME(+)	0.432	0.316	0.038	0.751	0.362	0.224	0.052	0.585	0.146	0.044	0.293	0.855	0.046
SUMME(-)	-0.001	-0.080	-1.168	-0.001	-0.354	-0.665	-2.133	-0.048	-0.038	-0.312	-0.340	-0.047	-0.904
SUMME	0.431	0.237	-1.130	0.750	0.008	-0.441	-2.081	0.537	0.108	-0.267	-0.047	0.808	-0.858
FAKTOR	a*a			a				a*a					

INFOLGE EINZELMOMENT Mt=1

IN

IN	M 0.4	M 0.7	M 1.0	Q 0	Q 0.4	Q 0.7	Q 1.0	T 0	T 0.4	T 0.7	T 1.0	q 0.4	q 1.0
0.0*L1	0.000	0.000	-0.000	0.000	-0.000	-0.000	-0.000	1.000	-0.000	-0.000	-0.000	0.000	-0.000
0.1*L1	0.097	0.009	-0.079	0.367	-0.097	-0.055	-0.112	0.712	-0.056	-0.077	-0.048	0.022	-0.088
0.2*L1	0.197	0.026	-0.157	0.417	-0.167	-0.116	-0.228	0.583	-0.125	-0.151	-0.095	-0.031	-0.174
0.3*L1	0.292	0.056	-0.231	0.343	-0.164	-0.186	-0.348	0.516	-0.231	-0.220	-0.139	-0.260	-0.253
0.4*L1	0.343	0.105	-0.298	0.241	0.007	-0.260	-0.476	0.462	-0.420	-0.287	-0.179	-0.819	-0.324
									0.580				
0.5*L1	0.303	0.173	-0.352	0.153	0.183	-0.319	-0.614	0.404	0.389	-0.360	-0.213	-0.241	-0.388
0.6*L1	0.223	0.247	-0.388	0.089	0.204	-0.315	-0.760	0.335	0.278	-0.463	-0.240	0.011	-0.451
0.7*L1	0.148	0.284	-0.397	0.049	0.166	-0.151	-0.903	0.259	0.201	-0.641	-0.265	0.089	-0.534
										0.359			
0.8*L1	0.091	0.234	-0.375	0.026	0.114	0.016	-1.016	0.183	0.139	0.188	-0.296	0.087	-0.681
0.9*L1	0.054	0.149	-0.331	0.015	0.069	0.030	-1.042	0.112	0.085	0.105	-0.359	0.058	-0.977
1.0*L1	0.031	0.071	-0.299	0.010	0.037	-0.011	-0.876	0.056	0.042	0.066	-0.502	0.025	-1.564
0.0*L2	0.031	0.071	-0.299	0.010	0.037	-0.011	-0.876	0.056	0.042	0.066	0.498	0.025	-1.564
0.1*L2	0.019	0.015	-0.327	0.008	0.017	-0.057	-0.672	0.016	0.011	0.049	0.356	-0.000	-0.972
0.2*L2	0.012	-0.019	-0.368	0.007	0.005	-0.091	-0.591	-0.007	-0.007	0.041	0.292	-0.016	-0.672
0.3*L2	0.009	-0.035	-0.385	0.007	-0.000	-0.106	-0.548	-0.019	-0.015	0.038	0.258	-0.023	-0.519
0.4*L2	0.007	-0.040	-0.373	0.006	-0.003	-0.107	-0.503	-0.023	-0.018	0.034	0.232	-0.025	-0.432
0.5*L2	0.006	-0.038	-0.335	0.005	-0.003	-0.098	-0.443	-0.022	-0.017	0.030	0.202	-0.023	-0.366
0.6*L2	0.005	-0.032	-0.279	0.005	-0.003	-0.082	-0.368	-0.018	-0.015	0.025	0.168	-0.020	-0.301
0.7*L2	0.004	-0.024	-0.216	0.003	-0.002	-0.063	-0.285	-0.014	-0.011	0.019	0.130	-0.015	-0.234
0.8*L2	0.003	-0.017	-0.151	0.002	-0.001	-0.044	-0.200	-0.010	-0.008	0.014	0.091	-0.011	-0.165
0.9*L2	0.002	-0.010	-0.093	0.002	-0.001	-0.027	-0.123	-0.006	-0.005	0.008	0.056	-0.007	-0.102
1.0*L2	0.001	-0.005	-0.046	0.001	-0.000	-0.014	-0.061	-0.003	-0.002	0.004	0.028	-0.003	-0.050
FAKTOR				1/a								1/(a*a)	

INFOLGE STRECKENMOMENT mt=1

IN FELD

IN FELD	M 0.4	M 0.7	M 1.0	Q 0	Q 0.4	Q 0.7	Q 1.0	T 0	T 0.4	T 0.7	T 1.0	q 0.4	q 1.0
1,BIS SPRUNG						-0.183	-0.542			-0.243	-0.746		
1,REST	0.710	0.530	-1.106	0.703	0.314	-0.003	-2.389	1.625	0.554	0.195	-0.829	-0.374	-1.837
2	0.033	-0.069	-1.081	0.020	0.010	-0.277	-1.672	-0.032	-0.027	0.116	0.813	-0.053	-1.803
3	-0.001	0.002	0.024	-0.000	-0.000	0.006	0.034	0.001	0.001	-0.002	-0.016	0.001	0.033
SUMME(+)	0.742	0.532	0.024	0.722	0.324	0.006	0.034	1.626	0.554	0.311	0.813	0.001	0.033
SUMME(-)	-0.001	-0.069	-2.187	-0.000	-0.183	-0.822	-4.061	-0.032	-0.270	-0.748	-0.845	-0.427	-3.640
SUMME	0.742	0.462	-2.163	0.722	0.141	-0.816	-4.027	1.594	0.284	-0.437	-0.032	-0.425	-3.607
FAKTOR	a							a				1/a	

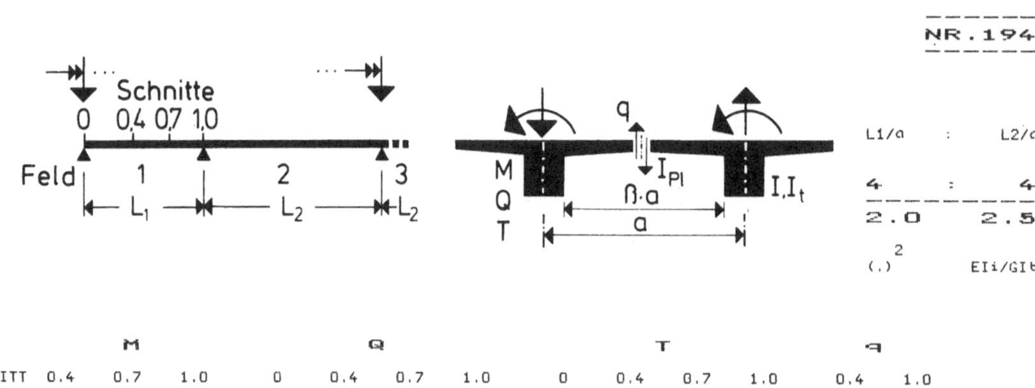

	M			Q				T				q	
IN SCHNITT	0.4	0.7	1.0	0	0.4	0.7	1.0	0	0.4	0.7	1.0	0.4	1.0

INFOLGE EINZELLAST P=1

IN

	M:0.4	M:0.7	M:1.0	Q:0	Q:0.4	Q:0.7	Q:1.0	T:0	T:0.4	T:0.7	T:1.0	q:0.4	q:1.0
0.0*L1	0.000	-0.000	-0.000	1.000	-0.000	-0.000	-0.000	0.000	-0.000	-0.000	-0.000	0.000	-0.000
0.1*L1	0.069	-0.002	-0.054	0.709	-0.102	-0.037	-0.060	0.091	-0.003	-0.036	-0.024	0.105	-0.040
0.2*L1	0.156	0.000	-0.108	0.468	-0.217	-0.080	-0.122	0.157	-0.000	-0.069	-0.048	0.209	-0.077
0.3*L1	0.278	0.014	-0.159	0.290	-0.353	-0.137	-0.187	0.192	0.013	-0.095	-0.069	0.300	-0.110
0.4*L1	0.449	0.048	-0.207	0.169	-0.508	-0.214	-0.259	0.198	0.036	-0.110	-0.088	0.347	-0.135
					0.492								
0.5*L1	0.279	0.112	-0.247	0.092	0.341	-0.320	-0.341	0.182	0.058	-0.112	-0.101	0.309	-0.148
0.6*L1	0.161	0.218	-0.274	0.046	0.217	-0.457	-0.436	0.152	0.066	-0.097	-0.107	0.230	-0.145
0.7*L1	0.085	0.378	-0.278	0.020	0.125	-0.618	-0.551	0.113	0.060	-0.068	-0.102	0.150	-0.122
						0.382							
0.8*L1	0.039	0.199	-0.245	0.008	0.063	0.223	-0.687	0.071	0.043	-0.037	-0.082	0.083	-0.081
0.9*L1	0.013	0.077	-0.159	0.002	0.023	0.093	-0.842	0.031	0.020	-0.014	-0.047	0.033	-0.030
1.0*L1	0.000	0.000	0.000	-0.000	0.000	0.000	-1.000	-0.000	-0.000	0.000	-0.000	0.000	0.000
0.0*L2	-0.000	-0.000	-0.000	-0.000	-0.000	-0.000	-0.000	-0.000	-0.000	0.000	0.000	-0.000	0.000
0.1*L2	-0.006	-0.042	-0.154	-0.000	-0.012	-0.056	-0.128	-0.018	-0.012	0.010	0.046	-0.019	-0.026
0.2*L2	-0.008	-0.060	-0.235	0.000	-0.017	-0.083	-0.209	-0.025	-0.017	0.017	0.080	-0.027	-0.074
0.3*L2	-0.007	-0.063	-0.263	0.001	-0.017	-0.091	-0.246	-0.026	-0.017	0.020	0.097	-0.030	-0.111
0.4*L2	-0.006	-0.059	-0.254	0.001	-0.016	-0.086	-0.248	-0.024	-0.016	0.020	0.100	-0.028	-0.130
0.5*L2	-0.005	-0.050	-0.223	0.001	-0.013	-0.075	-0.224	-0.020	-0.013	0.018	0.092	-0.024	-0.130
0.6*L2	-0.003	-0.039	-0.179	0.001	-0.010	-0.060	-0.184	-0.016	-0.010	0.015	0.077	-0.019	-0.114
0.7*L2	-0.002	-0.028	-0.129	0.001	-0.007	-0.043	-0.135	-0.011	-0.007	0.011	0.057	-0.013	-0.088
0.8*L2	-0.001	-0.017	-0.079	0.000	-0.004	-0.026	-0.084	-0.007	-0.004	0.007	0.036	-0.008	-0.056
0.9*L2	-0.001	-0.007	-0.034	0.000	-0.002	-0.011	-0.037	-0.003	-0.002	0.003	0.016	-0.004	-0.025
1.0*L2	0.000	-0.000	0.000	0.000	0.000	-0.000	0.000	-0.000	-0.000	-0.000	-0.000	-0.000	0.000
FAKTOR	a							a				1/a	

INFOLGE STRECKENLAST P=1

IN FELD

	M:0.4	M:0.7	M:1.0	Q:0	Q:0.4	Q:0.7	Q:1.0	T:0	T:0.4	T:0.7	T:1.0	q:0.4	q:1.0
1,BIS SPRUNG						-0.368	-0.617			0.010	-0.223		
1,REST	0.601	0.406	-0.701	0.911	0.402	0.199	-1.591	0.479	0.108	-0.033	-0.270	0.710	-0.357
2	-0.016	-0.148	-0.628	0.002	-0.040	-0.215	-0.604	-0.061	-0.040	0.048	0.242	-0.070	-0.303
3	0.001	0.014	0.067	-0.000	0.003	0.022	0.072	0.005	0.004	-0.006	-0.031	0.007	0.050
SUMME(+)	0.602	0.420	0.067	0.913	0.405	0.221	0.072	0.485	0.122	0.048	0.242	0.717	0.050
SUMME(-)	-0.016	-0.148	-1.329	-0.000	-0.408	-0.832	-2.195	-0.061	-0.040	-0.262	-0.301	-0.070	-0.660
SUMME	0.586	0.272	-1.262	0.912	-0.003	-0.610	-2.123	0.424	0.082	-0.214	-0.058	0.648	-0.610
FAKTOR	a*a			a				a*a					

INFOLGE EINZELMOMENT Mt=1

IN

	M:0.4	M:0.7	M:1.0	Q:0	Q:0.4	Q:0.7	Q:1.0	T:0	T:0.4	T:0.7	T:1.0	q:0.4	q:1.0
0.0*L1	0.000	0.000	-0.000	0.000	-0.000	-0.000	-0.000	1.000	-0.000	-0.000	-0.000	-0.000	-0.000
0.1*L1	0.137	0.020	-0.098	0.419	-0.108	-0.085	-0.129	0.683	-0.054	-0.065	-0.044	-0.014	-0.071
0.2*L1	0.272	0.048	-0.194	0.507	-0.183	-0.173	-0.260	0.531	-0.124	-0.129	-0.086	-0.101	-0.138
0.3*L1	0.392	0.090	-0.282	0.450	-0.175	-0.265	-0.396	0.452	-0.235	-0.190	-0.124	-0.358	-0.201
0.4*L1	0.455	0.152	-0.357	0.347	0.009	-0.354	-0.539	0.398	-0.433	-0.252	-0.159	-0.928	-0.258
									0.567				
0.5*L1	0.413	0.230	-0.415	0.246	0.200	-0.416	-0.689	0.345	0.368	-0.325	-0.188	-0.340	-0.312
0.6*L1	0.320	0.309	-0.447	0.163	0.232	-0.402	-0.841	0.286	0.252	-0.432	-0.212	-0.064	-0.371
0.7*L1	0.224	0.342	-0.447	0.103	0.195	-0.219	-0.981	0.221	0.175	-0.618	-0.237	0.040	-0.459
										0.382			
0.8*L1	0.145	0.280	-0.414	0.062	0.138	-0.030	-1.081	0.156	0.118	0.202	-0.273	0.058	-0.617
0.9*L1	0.086	0.176	-0.359	0.036	0.084	0.000	-1.082	0.095	0.071	0.113	-0.346	0.040	-0.926
1.0*L1	0.046	0.077	-0.321	0.021	0.042	-0.032	-0.886	0.044	0.034	0.071	-0.502	0.012	-1.518
0.0*L2	0.046	0.077	-0.321	0.021	0.042	-0.032	-0.886	0.044	0.034	0.071	0.498	0.012	-1.518
0.1*L2	0.021	0.002	-0.350	0.012	0.012	-0.077	-0.654	0.008	0.008	0.052	0.341	-0.013	-0.919
0.2*L2	0.006	-0.047	-0.397	0.007	-0.006	-0.112	-0.556	-0.015	-0.009	0.044	0.266	-0.030	-0.604
0.3*L2	-0.001	-0.073	-0.422	0.005	-0.016	-0.131	-0.505	-0.028	-0.017	0.040	0.227	-0.038	-0.439
0.4*L2	-0.005	-0.081	-0.415	0.003	-0.019	-0.133	-0.461	-0.032	-0.020	0.037	0.200	-0.041	-0.347
0.5*L2	-0.006	-0.077	-0.378	0.003	-0.019	-0.123	-0.406	-0.031	-0.020	0.032	0.174	-0.038	-0.284
0.6*L2	-0.005	-0.067	-0.320	0.002	-0.017	-0.105	-0.339	-0.027	-0.017	0.027	0.144	-0.033	-0.230
0.7*L2	-0.004	-0.052	-0.249	0.002	-0.013	-0.082	-0.263	-0.021	-0.014	0.021	0.112	-0.026	-0.177
0.8*L2	-0.003	-0.037	-0.175	0.001	-0.009	-0.058	-0.185	-0.015	-0.010	0.015	0.079	-0.018	-0.124
0.9*L2	-0.002	-0.022	-0.107	0.001	-0.006	-0.035	-0.113	-0.009	-0.006	0.009	0.048	-0.011	-0.076
1.0*L2	-0.001	-0.011	-0.050	0.000	-0.003	-0.017	-0.053	-0.004	-0.003	0.004	0.022	-0.005	-0.035
FAKTOR				1/a								1/(a*a)	

INFOLGE STRECKENMOMENT mt=1

IN FELD

	M:0.4	M:0.7	M:1.0	Q:0	Q:0.4	Q:0.7	Q:1.0	T:0	T:0.4	T:0.7	T:1.0	q:0.4	q:1.0
1,BIS SPRUNG						-0.199	-0.735			-0.245	-0.675		
1,REST	0.992	0.678	-1.273	0.960	0.361	-0.050	-2.592	1.462	0.506	0.209	-0.762	-0.611	-1.621
2	0.009	-0.172	-1.201	0.018	-0.031	-0.355	-1.573	-0.061	-0.037	0.125	0.734	-0.099	-1.566
3	0.001	0.014	0.067	-0.000	0.003	0.022	0.072	0.005	0.003	-0.006	-0.031	0.007	0.051
SUMME(+)	1.001	0.691	0.067	0.977	0.365	0.022	0.072	1.468	0.509	0.334	0.734	0.007	0.051
SUMME(-)	0.000	-0.172	-2.474	-0.000	-0.230	-1.140	-4.165	-0.061	-0.282	-0.680	-0.793	-0.709	-3.187
SUMME	1.001	0.520	-2.407	0.977	0.135	-1.118	-4.093	1.407	0.228	-0.346	-0.059	-0.703	-3.136
FAKTOR	a							a				1/a	

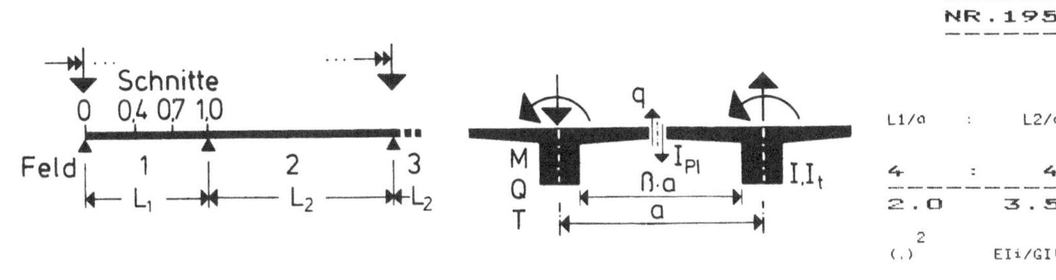

Column groups: **M** (0.4, 0.7, 1.0) · **Q** (0, 0.4, 0.7, 1.0) · **T** (0, 0.4, 0.7, 1.0) · **q** (0.4, 1.0)

INFOLGE EINZELLAST P=1

IN	M 0.4	M 0.7	M 1.0	Q 0	Q 0.4	Q 0.7	Q 1.0	T 0	T 0.4	T 0.7	T 1.0	q 0.4	q 1.0
0.0*L1	0.000	0.000	-0.000	1.000	-0.000	-0.000	-0.000	0.000	-0.000	-0.000	-0.000	0.000	-0.000
0.1*L1	0.088	0.002	-0.063	0.738	-0.110	-0.050	-0.067	0.075	-0.001	-0.031	-0.022	0.090	-0.033
0.2*L1	0.192	0.010	-0.124	0.516	-0.228	-0.105	-0.136	0.131	0.003	-0.059	-0.043	0.177	-0.065
0.3*L1	0.326	0.029	-0.181	0.344	-0.362	-0.173	-0.209	0.161	0.014	-0.081	-0.063	0.252	-0.091
0.4*L1	0.503	0.069	-0.233	0.219	-0.508	-0.257	-0.287	0.168	0.032	-0.093	-0.078	0.289	-0.111
(max)				0.492									
0.5*L1	0.330	0.138	-0.274	0.133	0.351	-0.364	-0.375	0.157	0.048	-0.095	-0.089	0.261	-0.120
0.6*L1	0.204	0.248	-0.298	0.077	0.232	-0.495	-0.474	0.132	0.054	-0.082	-0.093	0.200	-0.116
0.7*L1	0.117	0.407	-0.296	0.041	0.140	-0.644	-0.588	0.098	0.049	-0.059	-0.087	0.134	-0.096
(max)				0.356									
0.8*L1	0.059	0.221	-0.256	0.019	0.074	0.211	-0.718	0.062	0.035	-0.033	-0.069	0.076	-0.063
0.9*L1	0.022	0.088	-0.163	0.007	0.029	0.089	-0.859	0.028	0.017	-0.013	-0.039	0.032	-0.023
1.0*L1	0.000	0.000	0.000	0.000	-0.000	0.000	-1.000	0.000	-0.000	-0.000	0.000	0.000	-0.000
0.0*L2	-0.000	-0.000	-0.000	-0.000	-0.000	-0.000	-0.000	-0.000	-0.000	0.000	0.000	-0.000	0.000
0.1*L2	-0.012	-0.051	-0.156	-0.003	-0.016	-0.056	-0.114	-0.017	-0.010	0.010	0.039	-0.019	-0.019
0.2*L2	-0.017	-0.076	-0.241	-0.004	-0.024	-0.085	-0.187	-0.025	-0.015	0.016	0.067	-0.029	-0.055
0.3*L2	-0.018	-0.084	-0.274	-0.004	-0.026	-0.096	-0.222	-0.027	-0.016	0.019	0.082	-0.032	-0.085
0.4*L2	-0.016	-0.080	-0.269	-0.004	-0.024	-0.093	-0.226	-0.025	-0.015	0.019	0.086	-0.031	-0.100
0.5*L2	-0.014	-0.069	-0.239	-0.003	-0.021	-0.082	-0.206	-0.022	-0.013	0.018	0.080	-0.027	-0.101
0.6*L2	-0.011	-0.055	-0.194	-0.002	-0.017	-0.066	-0.171	-0.017	-0.010	0.015	0.067	0.022	-0.090
0.7*L2	-0.008	-0.040	-0.142	-0.002	-0.012	0.048	-0.127	-0.013	-0.007	0.011	0.050	-0.016	-0.070
0.8*L2	-0.005	-0.024	-0.088	-0.001	-0.007	-0.030	-0.080	-0.008	-0.005	0.007	0.032	-0.010	-0.045
0.9*L2	-0.002	-0.011	-0.039	-0.000	-0.003	-0.013	-0.035	-0.003	-0.002	0.003	0.014	-0.004	-0.020
1.0*L2	0.000	0.000	0.000	0.000	-0.000	0.000	0.000	-0.000	-0.000	-0.000	0.000	-0.000	-0.000
FAKTOR	a							a				1/a	

INFOLGE STRECKENLAST P=1

IN FELD	M 0.4	M 0.7	M 1.0	Q 0	Q 0.4	Q 0.7	Q 1.0	T 0	T 0.4	T 0.7	T 1.0	q 0.4	q 1.0
1,BIS SPRUNG						-0.380	-0.703			0.012	-0.190		
1,REST	0.726	0.474	-0.764	1.029	0.424	0.188	-1.683	0.408	0.088	-0.030	-0.236	0.609	-0.288
2	-0.041	-0.199	-0.664	-0.010	-0.061	-0.231	-0.553	-0.063	-0.038	0.047	0.208	-0.077	-0.235
3	0.005	0.025	0.089	0.001	0.007	0.030	0.081	0.008	0.005	-0.007	-0.033	0.010	0.048
SUMME(+)	0.730	0.499	0.089	1.030	0.432	0.219	0.081	0.416	0.105	0.047	0.208	0.618	0.048
SUMME(-)	-0.041	-0.199	-1.428	-0.010	-0.441	-0.934	-2.236	-0.063	-0.038	-0.227	-0.268	-0.077	-0.523
SUMME	0.690	0.300	-1.339	1.020	-0.009	-0.716	-2.155	0.352	0.067	-0.180	-0.060	0.541	-0.476
FAKTOR	a*a			a				a*a				1/a	

INFOLGE EINZELMOMENT Mt=1

IN	M 0.4	M 0.7	M 1.0	Q 0	Q 0.4	Q 0.7	Q 1.0	T 0	T 0.4	T 0.7	T 1.0	q 0.4	q 1.0
0.0*L1	0.000	0.000	-0.000	0.000	-0.000	-0.000	-0.000	1.000	-0.000	-0.000	-0.000	-0.000	-0.000
0.1*L1	0.164	0.029	-0.111	0.452	-0.113	-0.105	-0.142	0.664	-0.054	-0.058	-0.039	-0.039	-0.059
0.2*L1	0.323	0.066	-0.218	0.565	-0.190	-0.212	-0.286	0.498	-0.125	-0.114	-0.077	-0.149	-0.116
0.3*L1	0.460	0.118	-0.315	0.521	-0.179	-0.319	-0.434	0.411	-0.239	-0.169	-0.112	-0.424	-0.169
0.4*L1	0.533	0.187	-0.396	0.421	0.011	-0.416	-0.587	0.354	-0.442	-0.228	-0.142	-1.001	-0.219
(max)								0.558					
0.5*L1	0.490	0.272	-0.455	0.313	0.211	-0.480	-0.744	0.303	0.355	-0.300	-0.168	-0.408	-0.268
0.6*L1	0.389	0.352	-0.484	0.219	0.247	-0.460	-0.897	0.250	0.236	-0.410	-0.191	-0.118	-0.327
0.7*L1	0.280	0.382	-0.479	0.145	0.212	-0.265	-1.034	0.194	0.160	-0.601	-0.217	0.002	-0.417
(max)										0.399			
0.8*L1	0.184	0.311	-0.438	0.091	0.152	-0.063	-1.123	0.136	0.106	0.213	-0.257	0.033	-0.583
0.9*L1	0.110	0.194	-0.376	0.053	0.092	-0.020	-1.108	0.083	0.063	0.119	-0.337	0.025	-0.899
1.0*L1	0.056	0.081	-0.334	0.029	0.043	-0.045	-0.892	0.037	0.030	0.074	-0.502	0.003	-1.495
0.0*L2	0.056	0.081	-0.334	0.029	0.043	-0.045	-0.892	0.037	0.030	0.074	0.498	0.003	-1.495
0.1*L2	0.020	-0.008	-0.363	0.013	0.008	-0.087	-0.643	0.004	0.007	0.054	0.332	-0.019	-0.892
0.2*L2	-0.002	-0.068	-0.412	0.004	-0.015	-0.122	-0.532	-0.018	-0.008	0.045	0.250	-0.035	-0.569
0.3*L2	-0.014	-0.100	-0.441	-0.001	-0.028	-0.141	-0.475	-0.030	-0.017	0.040	0.207	-0.044	-0.397
0.4*L2	-0.019	-0.112	-0.438	-0.003	-0.032	-0.145	-0.429	-0.034	-0.020	0.036	0.179	-0.047	-0.301
0.5*L2	-0.019	-0.108	-0.402	-0.004	-0.032	-0.135	-0.378	-0.033	-0.019	0.032	0.154	-0.044	-0.239
0.6*L2	-0.017	-0.094	-0.343	-0.003	-0.028	-0.116	-0.316	-0.029	-0.017	0.027	0.127	-0.038	-0.190
0.7*L2	-0.014	-0.074	-0.269	-0.003	-0.022	-0.091	-0.246	-0.023	-0.014	0.021	0.098	-0.030	-0.145
0.8*L2	-0.010	-0.052	-0.190	-0.002	-0.016	-0.064	-0.173	-0.016	-0.010	0.015	0.069	-0.021	-0.101
0.9*L2	-0.006	-0.032	-0.115	-0.001	-0.009	-0.039	-0.105	-0.010	-0.006	0.009	0.042	-0.013	-0.061
1.0*L2	-0.003	-0.014	-0.052	-0.001	-0.004	-0.018	-0.047	-0.004	-0.003	0.004	0.019	-0.006	-0.028
FAKTOR				1/a								1/(a*a)	

INFOLGE STRECKENMOMENT mt=1

IN FELD	M 0.4	M 0.7	M 1.0	Q 0	Q 0.4	Q 0.7	Q 1.0	T 0	T 0.4	T 0.7	T 1.0	q 0.4	q 1.0
1,BIS SPRUNG						-0.205	-0.864			-0.248	-0.625		
1,REST	1.191	0.785	-1.379	1.142	0.389	-0.083	-2.736	1.350	0.478	0.220	-0.711	-0.778	-1.498
2	-0.023	-0.250	-1.268	0.005	-0.063	-0.390	-1.496	-0.071	-0.037	0.126	0.680	-0.118	-1.438
3	0.005	0.027	0.100	0.001	0.008	0.034	0.091	0.009	0.005	-0.008	-0.037	0.011	0.054
SUMME(+)	1.196	0.812	0.100	1.148	0.397	0.034	0.091	1.359	0.483	0.346	0.680	0.011	0.054
SUMME(-)	-0.023	-0.250	-2.647	0.000	-0.268	-1.337	-4.233	-0.071	-0.285	-0.633	-0.747	-0.896	-2.936
SUMME	1.173	0.563	-2.547	1.148	0.128	-1.303	-4.141	1.288	0.198	-0.287	-0.068	-0.885	-2.882
FAKTOR	a							a				1/a	

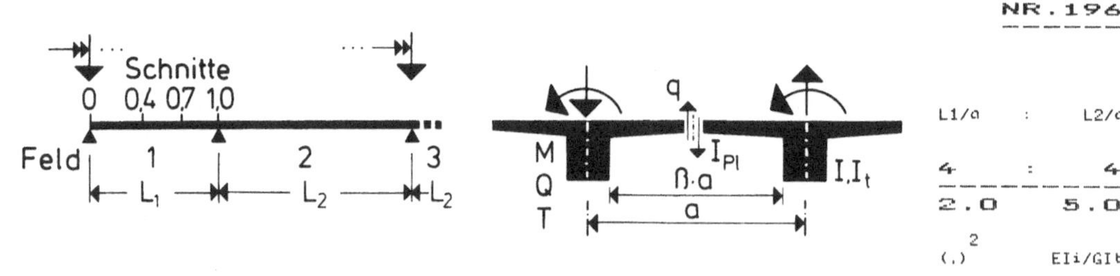

	M			Q				T				q	
IN SCHNITT	0.4	0.7	1.0	0	0.4	0.7	1.0	0	0.4	0.7	1.0	0.4	1.0

INFOLGE EINZELLAST P=1

IN	M 0.4	0.7	1.0	Q 0	0.4	0.7	1.0	T 0	0.4	0.7	1.0	q 0.4	1.0
0.0*L1	0.000	0.000	-0.000	1.000	-0.000	-0.000	-0.000	0.000	-0.000	-0.000	-0.000	0.000	-0.000
0.1*L1	0.108	0.008	-0.071	0.766	-0.115	-0.064	-0.076	0.060	0.000	-0.025	-0.019	0.074	-0.027
0.2*L1	0.229	0.021	-0.140	0.562	-0.237	-0.132	-0.153	0.105	0.004	-0.048	-0.038	0.144	-0.052
0.3*L1	0.375	0.048	-0.203	0.397	-0.368	-0.210	-0.234	0.130	0.013	-0.066	-0.054	0.204	-0.072
0.4*L1	0.558	0.094	-0.258	0.271	-0.507	-0.301	-0.319	0.138	0.027	-0.076	-0.067	0.233	-0.087
					0.493								
0.5*L1	0.384	0.168	-0.299	0.179	0.360	-0.409	-0.412	0.129	0.039	-0.077	-0.076	0.213	-0.094
0.6*L1	0.250	0.279	-0.321	0.112	0.245	-0.534	-0.514	0.109	0.043	-0.068	-0.078	0.167	-0.089
0.7*L1	0.151	0.436	-0.314	0.066	0.154	-0.671	-0.626	0.083	0.039	-0.049	-0.072	0.115	-0.074
						0.329							
0.8*L1	0.080	0.243	-0.267	0.034	0.084	0.197	-0.748	0.053	0.028	-0.029	-0.056	0.067	-0.048
0.9*L1	0.032	0.100	-0.167	0.013	0.034	0.084	-0.876	0.024	0.013	-0.012	-0.032	0.028	-0.018
1.0*L1	0.000	0.000	0.000	0.000	0.000	0.000	-1.000	0.000	-0.000	-0.000	-0.000	0.000	0.000
0.0*L2	-0.000	-0.000	-0.000	-0.000	-0.000	-0.000	-0.000	-0.000	-0.000	0.000	0.000	-0.000	0.000
0.1*L2	-0.019	-0.061	-0.156	-0.007	-0.021	-0.055	-0.099	-0.015	-0.008	0.009	0.031	-0.018	-0.014
0.2*L2	-0.028	-0.094	-0.246	-0.011	-0.031	-0.086	-0.165	-0.023	-0.013	0.015	0.054	-0.028	-0.040
0.3*L2	-0.031	-0.105	-0.283	-0.012	-0.035	-0.098	-0.197	-0.025	-0.014	0.017	0.067	-0.032	-0.062
0.4*L2	-0.030	-0.103	-0.282	-0.012	-0.034	-0.097	-0.202	-0.025	-0.014	0.018	0.071	-0.032	-0.075
0.5*L2	-0.026	-0.091	-0.253	-0.010	-0.030	-0.087	-0.186	-0.022	-0.012	0.016	0.066	-0.028	-0.076
0.6*L2	-0.021	-0.074	-0.208	-0.008	-0.024	-0.071	-0.156	-0.018	-0.010	0.014	0.056	-0.023	-0.068
0.7*L2	-0.015	-0.054	-0.153	-0.006	-0.018	-0.052	-0.116	-0.013	-0.007	0.010	0.042	-0.017	-0.054
0.8*L2	-0.009	-0.034	-0.096	-0.004	-0.011	-0.033	-0.073	-0.008	-0.004	0.006	0.027	-0.011	-0.035
0.9*L2	-0.004	-0.015	-0.043	-0.002	-0.005	-0.014	-0.033	-0.004	-0.002	0.003	0.012	-0.005	-0.016
1.0*L2	0.000	0.000	0.000	0.000	-0.000	0.000	-0.000	0.000	-0.000	-0.000	-0.000	0.000	0.000
FAKTOR	a							a				1/a	

INFOLGE STRECKENLAST P=1

IN FELD	M 0.4	0.7	1.0	Q 0	0.4	0.7	1.0	T 0	0.4	0.7	1.0	q 0.4	1.0
1,BIS SPRUNG					-0.389	-0.791			0.012	-0.156			
1,REST	0.858	0.548	-0.825	1.152	0.446	0.176	-1.782	0.335	0.070	-0.026	-0.198	0.501	-0.225
2	-0.074	-0.255	-0.696	-0.029	-0.084	-0.240	-0.496	-0.062	-0.034	0.044	0.172	-0.078	-0.176
3	0.011	0.039	0.113	0.004	0.013	0.038	0.087	0.009	0.005	-0.008	-0.032	0.012	0.043
SUMME(+)	0.869	0.587	0.113	1.156	0.458	0.214	0.087	0.344	0.088	0.044	0.172	0.514	0.043
SUMME(-)	-0.074	-0.255	-1.521	-0.029	-0.473	-1.031	-2.278	-0.062	-0.034	-0.189	-0.230	-0.078	-0.401
SUMME	0.795	0.332	-1.408	1.128	-0.014	-0.817	-2.191	0.283	0.054	-0.145	-0.058	0.435	-0.358
FAKTOR	a*a			a				a*a					

INFOLGE EINZELMOMENT Mt=1

IN	M 0.4	0.7	1.0	Q 0	0.4	0.7	1.0	T 0	0.4	0.7	1.0	q 0.4	1.0
0.0*L1	0.000	0.000	-0.000	0.000	-0.000	-0.000	-0.000	1.000	-0.000	-0.000	-0.000	-0.000	-0.000
0.1*L1	0.192	0.040	-0.124	0.484	-0.116	-0.126	-0.157	0.645	-0.054	-0.049	-0.034	-0.064	-0.048
0.2*L1	0.376	0.087	-0.242	0.623	-0.195	-0.252	-0.315	0.464	-0.127	-0.098	-0.067	-0.197	-0.095
0.3*L1	0.532	0.149	-0.347	0.594	-0.181	-0.374	-0.476	0.368	-0.244	-0.148	-0.097	-0.490	-0.139
0.4*L1	0.614	0.227	-0.434	0.498	0.015	-0.480	-0.639	0.308	-0.451	-0.203	-0.123	-1.075	-0.182
									0.549				
0.5*L1	0.572	0.316	-0.494	0.385	0.221	-0.545	-0.802	0.260	0.342	-0.275	-0.147	-0.478	-0.227
0.6*L1	0.463	0.398	-0.521	0.280	0.262	-0.519	-0.957	0.213	0.222	-0.388	-0.169	-0.176	-0.286
0.7*L1	0.339	0.424	-0.509	0.192	0.227	-0.312	-1.088	0.164	0.147	-0.584	-0.196	-0.041	-0.381
										0.416			
0.8*L1	0.227	0.343	-0.461	0.124	0.165	-0.096	-1.165	0.115	0.095	0.225	-0.240	0.005	-0.553
0.9*L1	0.135	0.212	-0.392	0.073	0.100	-0.042	-1.133	0.069	0.056	0.127	-0.328	0.007	-0.876
1.0*L1	0.066	0.084	-0.346	0.037	0.044	-0.058	-0.898	0.030	0.027	0.078	-0.502	-0.007	-1.475
0.0*L2	0.066	0.084	-0.346	0.037	0.044	-0.058	-0.898	0.030	0.027	0.078	0.498	-0.007	-1.475
0.1*L2	0.018	-0.019	-0.374	0.013	0.003	-0.094	-0.630	0.001	0.006	0.055	0.323	-0.024	-0.869
0.2*L2	-0.013	-0.090	-0.425	-0.002	-0.025	-0.127	-0.506	-0.019	-0.007	0.044	0.234	-0.038	-0.540
0.3*L2	-0.031	-0.131	-0.458	-0.010	-0.040	-0.147	-0.442	-0.030	-0.015	0.039	0.186	-0.046	-0.362
0.4*L2	-0.038	-0.145	-0.457	-0.014	-0.046	-0.151	-0.395	-0.034	-0.018	0.035	0.157	-0.048	-0.262
0.5*L2	-0.038	-0.141	-0.424	-0.014	-0.045	-0.142	-0.346	-0.033	-0.018	0.030	0.133	-0.046	-0.200
0.6*L2	-0.034	-0.124	-0.363	-0.013	-0.040	-0.122	-0.289	-0.029	-0.016	0.025	0.109	-0.039	-0.155
0.7*L2	-0.027	-0.098	-0.286	-0.010	-0.032	-0.097	-0.225	-0.023	-0.013	0.020	0.084	-0.031	-0.116
0.8*L2	-0.019	-0.070	-0.202	-0.007	-0.023	-0.068	-0.158	-0.017	-0.009	0.014	0.059	-0.022	-0.081
0.9*L2	-0.012	-0.042	-0.122	-0.004	-0.014	-0.041	-0.095	-0.010	-0.005	0.008	0.035	-0.013	-0.048
1.0*L2	-0.005	-0.018	-0.053	-0.002	-0.006	-0.018	-0.042	-0.004	-0.002	0.004	0.015	-0.006	-0.021
FAKTOR				1/a								1/(a*a)	

INFOLGE STRECKENMOMENT mt=1

IN FELD	M 0.4	0.7	1.0	Q 0	0.4	0.7	1.0	T 0	0.4	0.7	1.0	q 0.4	1.0
1,BIS SPRUNG					-0.209	-0.996			-0.253	-0.574			
1,REST	1.401	0.900	-1.483	1.334	0.415	-0.117	-2.890	1.234	0.451	0.232	-0.654	-0.953	-1.385
2	-0.068	-0.336	-1.327	-0.018	-0.099	-0.413	-1.411	-0.074	-0.034	0.124	0.623	-0.127	-1.327
3	0.013	0.048	0.136	0.005	0.015	0.046	0.105	0.011	0.006	-0.009	-0.039	0.015	0.051
SUMME(+)	1.415	0.948	0.136	1.340	0.430	0.046	0.105	1.245	0.457	0.355	0.623	0.015	0.051
SUMME(-)	-0.068	-0.336	-2.809	-0.018	-0.308	-1.526	-4.301	-0.074	-0.286	-0.583	-0.692	-1.080	-2.712
SUMME	1.347	0.612	-2.673	1.321	0.123	-1.480	-4.197	1.172	0.171	-0.228	-0.070	-1.065	-2.661
FAKTOR	a							a				1/a	

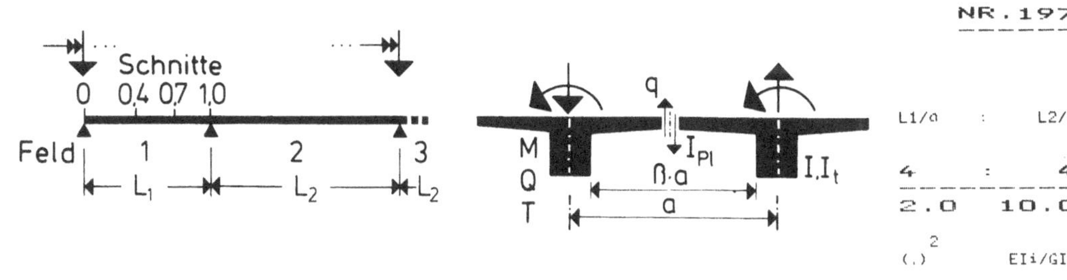

	M			Q				T				q	
IN SCHNITT	0.4	0.7	1.0	0	0.4	0.7	1.0	0	0.4	0.7	1.0	0.4	1.0

INFOLGE EINZELLAST P=1

IN

	M			Q				T				q	
0.0*L1	0.000	0.000	-0.000	1.000	-0.000	-0.000	-0.000	0.000	0.000	-0.000	-0.000	0.000	-0.000
0.1*L1	0.141	0.020	-0.085	0.809	-0.122	-0.087	-0.093	0.036	0.001	-0.016	-0.013	0.046	-0.016
0.2*L1	0.291	0.046	-0.166	0.635	-0.246	-0.177	-0.186	0.064	0.004	-0.030	-0.026	0.090	-0.031
0.3*L1	0.460	0.083	-0.238	0.485	-0.374	-0.271	-0.281	0.080	0.010	-0.041	-0.036	0.125	-0.043
0.4*L1	0.653	0.139	-0.298	0.360	-0.503	-0.373	-0.379	0.086	0.017	-0.048	-0.045	0.143	-0.051
				0.497									
0.5*L1	0.477	0.221	-0.340	0.258	0.374	-0.482	-0.479	0.082	0.024	-0.048	-0.050	0.133	-0.054
0.6*L1	0.331	0.334	-0.357	0.177	0.266	-0.598	-0.582	0.070	0.026	-0.043	-0.050	0.107	-0.051
0.7*L1	0.213	0.486	-0.341	0.113	0.174	-0.717	-0.689	0.054	0.023	-0.032	-0.046	0.076	-0.042
							0.283						
0.8*L1	0.121	0.280	-0.283	0.063	0.100	0.171	-0.797	0.035	0.016	-0.019	-0.035	0.046	-0.027
0.9*L1	0.050	0.119	-0.173	0.026	0.042	0.074	-0.903	0.016	0.008	-0.008	-0.020	0.020	-0.010
1.0*L1	0.000	0.000	0.000	0.000	0.000	-0.000	-1.000	0.000	0.000	-0.000	1.000	0.000	0.000
0.0*L2	-0.000	-0.000	-0.000	-0.000	-0.000	-0.000	-0.000	-0.000	-0.000	0.000	0.000	-0.000	0.000
0.1*L2	-0.033	-0.078	-0.157	-0.017	-0.028	-0.051	-0.076	-0.011	-0.005	0.006	0.019	-0.014	-0.007
0.2*L2	-0.051	-0.124	-0.251	-0.027	-0.043	-0.081	-0.127	-0.017	-0.008	0.011	0.034	-0.022	-0.021
0.3*L2	-0.059	-0.144	-0.294	-0.031	-0.050	-0.095	-0.154	-0.019	-0.010	0.013	0.042	-0.026	-0.033
0.4*L2	-0.059	-0.144	-0.298	-0.031	-0.050	-0.096	-0.159	-0.019	-0.010	0.013	0.045	-0.026	-0.040
0.5*L2	-0.054	-0.131	-0.273	-0.028	-0.046	-0.088	-0.148	-0.018	-0.009	0.012	0.043	-0.024	-0.042
0.6*L2	-0.044	-0.109	-0.228	-0.023	-0.038	-0.073	-0.125	-0.015	-0.007	0.010	0.037	-0.020	-0.038
0.7*L2	-0.033	-0.081	-0.170	0.017	-0.028	-0.055	-0.095	-0.011	-0.005	0.008	0.028	-0.015	-0.030
0.8*L2	-0.021	-0.051	-0.108	-0.011	-0.018	-0.035	-0.061	-0.007	-0.003	0.005	0.018	-0.009	-0.020
0.9*L2	-0.009	-0.023	-0.049	-0.005	-0.008	-0.016	-0.028	-0.003	-0.002	0.002	0.008	-0.004	-0.009
1.0*L2	0.000	0.000	-0.000	0.000	0.000	-0.000	-0.000	0.000	0.000	-0.000	0.000	-0.000	-0.000
FAKTOR	a							a				1/a	

INFOLGE STRECKENLAST P=1

IN FELD

	M			Q				T				q	
1,BIS SPRUNG					-0.397	-0.937			0.009	-0.098			
1,REST	1.088	0.682	-0.922	1.365	0.479	0.153	-1.956	0.210	0.043	-0.017	-0.129	0.316	-0.131
2	-0.147	-0.358	-0.739	-0.076	-0.125	-0.238	-0.393	-0.048	-0.024	0.033	0.110	-0.064	-0.096
3	0.030	0.074	0.156	0.015	0.026	0.050	0.088	0.010	0.005	-0.007	-0.026	0.014	0.030
SUMME(+)	1.118	0.756	0.156	1.380	0.504	0.203	0.088	0.220	0.057	0.033	0.110	0.330	0.030
SUMME(-)	-0.147	-0.358	-1.661	-0.076	-0.522	-1.176	-2.349	-0.048	-0.024	-0.122	-0.156	-0.064	-0.227
SUMME	0.971	0.398	-1.505	1.304	-0.018	-0.973	-2.261	0.172	0.033	-0.089	-0.045	0.266	-0.197
FAKTOR	a×a			a				a×a					

INFOLGE EINZELMOMENT Mt=1

IN

	M			Q				T				q	
0.0*L1	0.000	0.000	-0.000	0.000	-0.000	-0.000	-0.000	1.000	-0.000	-0.000	-0.000	-0.000	-0.000
0.1*L1	0.241	0.061	-0.144	0.537	-0.120	-0.162	-0.185	0.615	-0.056	-0.035	-0.024	-0.106	-0.031
0.2*L1	0.467	0.129	-0.280	0.718	-0.198	-0.319	-0.369	0.410	-0.132	-0.071	-0.046	-0.277	-0.062
0.3*L1	0.655	0.208	-0.399	0.716	-0.180	-0.465	-0.553	0.298	-0.254	-0.111	-0.068	-0.598	-0.093
0.4*L1	0.754	0.300	-0.494	0.629	0.025	-0.585	-0.733	0.232	-0.466	-0.161	-0.087	-1.197	-0.126
									0.534				
0.5*L1	0.713	0.397	-0.555	0.511	0.240	-0.653	-0.905	0.186	0.321	-0.233	-0.106	-0.596	-0.167
0.6*L1	0.591	0.479	-0.577	0.389	0.286	-0.617	-1.060	0.147	0.199	-0.349	-0.128	-0.277	-0.227
0.7*L1	0.445	0.496	-0.556	0.279	0.252	-0.392	-1.181	0.112	0.125	-0.553	-0.159	-0.118	-0.329
										0.447			
0.8*L1	0.303	0.398	-0.497	0.185	0.184	-0.153	-1.236	0.078	0.078	0.246	-0.212	-0.048	-0.511
0.9*L1	0.180	0.243	-0.416	0.109	0.111	-0.077	-1.175	0.046	0.045	0.139	-0.312	-0.025	-0.844
1.0*L1	0.081	0.088	-0.363	0.051	0.046	-0.076	-0.906	0.019	0.022	0.083	-0.502	-0.023	-1.447
0.0*L2	0.081	0.088	-0.363	0.051	0.046	-0.076	-0.906	0.019	0.022	0.083	0.498	-0.023	-1.447
0.1*L2	0.009	-0.040	-0.389	0.010	-0.006	-0.103	-0.608	-0.001	0.007	0.055	0.308	-0.029	-0.839
0.2*L2	-0.040	-0.131	-0.443	-0.018	-0.041	-0.130	-0.461	-0.015	-0.004	0.041	0.207	-0.036	-0.501
0.3*L2	-0.068	-0.185	-0.480	-0.034	-0.062	-0.148	-0.384	-0.024	-0.009	0.033	0.151	-0.040	-0.314
0.4*L2	-0.080	-0.207	-0.484	-0.041	-0.071	-0.152	-0.332	-0.027	-0.012	0.029	0.119	-0.041	-0.209
0.5*L2	-0.080	-0.203	-0.453	-0.041	-0.070	-0.143	-0.286	-0.027	-0.013	0.024	0.096	-0.039	-0.147
0.6*L2	-0.072	-0.179	-0.392	-0.037	-0.062	-0.125	-0.237	-0.024	-0.011	0.020	0.076	-0.034	-0.107
0.7*L2	-0.058	-0.144	-0.311	-0.030	-0.050	-0.099	-0.184	-0.019	-0.009	0.016	0.058	-0.027	-0.076
0.8*L2	-0.041	-0.103	-0.221	-0.021	-0.036	-0.071	-0.129	-0.014	-0.007	0.011	0.040	-0.019	-0.052
0.9*L2	-0.025	-0.061	-0.132	-0.013	-0.021	-0.042	-0.077	-0.008	-0.004	0.006	0.024	-0.011	-0.030
1.0*L2	-0.010	-0.025	-0.054	-0.005	-0.009	-0.017	-0.032	-0.003	-0.002	0.003	0.010	-0.005	-0.013
FAKTOR	1/a			1/a				1/(a×a)					

INFOLGE STRECKENMOMENT mt=1

IN FELD

	M			Q				T				q	
1,BIS SPRUNG					-0.210	-1.216			-0.263	-0.487			
1,REST	1.766	1.108	-1.646	1.667	0.456	-0.173	-3.161	1.037	0.410	0.253	-0.549	-1.252	-1.220
2	-0.171	-0.494	-1.407	-0.082	-0.162	-0.425	-1.255	-0.061	-0.021	0.110	0.525	-0.116	-1.177
3	0.039	0.096	0.202	0.020	0.033	0.065	0.113	0.013	0.006	-0.009	-0.033	0.018	0.036
SUMME(+)	1.005	1.204	0.202	1.687	0.490	0.065	0.113	1.050	0.416	0.363	0.525	0.018	0.036
SUMME(-)	-0.171	-0.494	-3.053	-0.082	-0.372	-1.814	-4.416	-0.061	-0.284	-0.497	-0.583	-1.368	-2.397
SUMME	1.634	0.710	-2.851	1.605	0.118	-1.749	-4.303	0.989	0.132	-0.134	-0.057	-1.351	-2.360
FAKTOR	a			a				a				1/a	

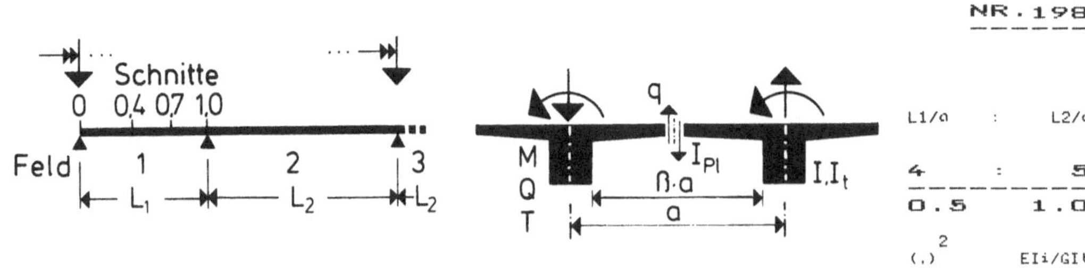


```
                    M                      Q                          T                           q
IN SCHNITT  0.4   0.7   1.0       0     0.4   0.7   1.0       0     0.4    0.7   1.0       0.4    1.0

              INFOLGE EINZELLAST P=1
   IN
0.0*L1    0.000 -0.000 -0.000    1.000 -0.000 -0.000 -0.000    0.000  0.000 -0.000 -0.000    0.000 -0.000
0.1*L1    0.054 -0.013 -0.044    0.702 -0.107 -0.024 -0.038    0.102  0.006 -0.035 -0.028    0.121 -0.033
0.2*L1    0.128 -0.019 -0.088    0.449 -0.226 -0.057 -0.080    0.180  0.018 -0.067 -0.055    0.234 -0.063
0.3*L1    0.240 -0.012 -0.132    0.259 -0.363 -0.107 -0.129    0.226  0.037 -0.091 -0.080    0.327 -0.089
0.4*L1    0.407  0.018 -0.176    0.129 -0.515 -0.183 -0.189    0.240  0.062 -0.104 -0.101    0.371 -0.106
                                       0.485
0.5*L1    0.234  0.081 -0.216    0.049  0.337 -0.291 -0.267    0.227  0.083 -0.104 -0.116    0.339 -0.112
0.6*L1    0.119  0.191 -0.245    0.006  0.214 -0.431 -0.367    0.192  0.089 -0.089 -0.121    0.264 -0.105
0.7*L1    0.050  0.357 -0.255   -0.011  0.121 -0.595 -0.495    0.145  0.078 -0.064 -0.114    0.179 -0.083
                                              0.405
0.8*L1    0.015  0.185 -0.230   -0.013  0.059  0.241 -0.650    0.090  0.054 -0.037 -0.091    0.103 -0.050
0.9*L1    0.002  0.069 -0.152   -0.008  0.021  0.102 -0.826    0.039  0.025 -0.016 -0.052    0.042 -0.016
1.0*L1   -0.000  0.000  0.000    0.000  0.000 -0.000 -1.000    0.000  0.000  0.000  0.000   -0.000  0.000

0.0*L2    0.000 -0.000 -0.000    0.000 -0.000 -0.000 -0.000   -0.000 -0.000  0.000  0.000   -0.000 -0.000
0.1*L2    0.004 -0.041 -0.187    0.008 -0.010 -0.074 -0.164   -0.019 -0.010  0.022  0.067   -0.029 -0.034
0.2*L2    0.009 -0.050 -0.267    0.012 -0.011 -0.102 -0.256   -0.017 -0.006  0.040  0.117   -0.040 -0.088
0.3*L2    0.012 -0.045 -0.279    0.014 -0.009 -0.104 -0.288   -0.009  0.002  0.050  0.142   -0.039 -0.131
0.4*L2    0.014 -0.034 -0.252    0.014 -0.005 -0.093 -0.279   -0.001  0.009  0.053  0.146   -0.034 -0.152
0.5*L2    0.014 -0.024 -0.209    0.012 -0.002 -0.075 -0.245    0.005  0.013  0.049  0.134   -0.027 -0.150
0.6*L2    0.012 -0.015 -0.160    0.010 -0.000 -0.057 -0.196    0.008  0.013  0.041  0.111   -0.020 -0.131
0.7*L2    0.009 -0.009 -0.111    0.007  0.001 -0.039 -0.142    0.008  0.011  0.031  0.082   -0.014 -0.100
0.8*L2    0.006 -0.004 -0.066    0.004  0.001 -0.023 -0.086    0.005  0.007  0.019  0.051   -0.008 -0.063
0.9*L2    0.002 -0.002 -0.027    0.002  0.000 -0.009 -0.036    0.002  0.003  0.008  0.021   -0.003 -0.027
1.0*L2   -0.000 -0.000 -0.000    0.000  0.000 -0.000  0.000    0.000  0.000  0.000  0.000   -0.000  0.000
FAKTOR          a                                                     a                           1/a

              INFOLGE STRECKENLAST P=1
IN FELD
1,BIS SPRUNG                             -0.380 -0.552                    0.036 -0.210
1,REST    0.488  0.331 -0.623    0.814  0.393  0.216 -1.412    0.581  0.145 -0.033 -0.306    0.797 -0.264
2         0.041 -0.114 -0.791    0.042 -0.019 -0.292 -0.855   -0.010  0.021  0.157  0.439   -0.109 -0.440
3        -0.000 -0.001 -0.003    0.000 -0.000 -0.001 -0.001   -0.001 -0.001 -0.000 -0.000   -0.001  0.002

SUMME(+)  0.528  0.331  0.000    0.856  0.393  0.216  0.000    0.581  0.202  0.157  0.439    0.797  0.002
SUMME(-) -0.000 -0.115 -1.416    0.000 -0.399 -0.845 -2.268   -0.011 -0.001 -0.244 -0.306   -0.109 -0.705
SUMME     0.528  0.216 -1.416    0.856 -0.006 -0.629 -2.268    0.570  0.202 -0.087  0.133    0.688 -0.702
FAKTOR          a*a                      a                             a*a

              INFOLGE EINZELMOMENT Mt=1
   IN
0.0*L1    0.000  0.000 -0.000    0.000 -0.000 -0.000 -0.000    1.000 -0.000 -0.000 -0.000   -0.000 -0.000
0.1*L1    0.068  0.016 -0.065    0.154 -0.036 -0.049 -0.095    0.829 -0.075 -0.069 -0.046   -0.027 -0.058
0.2*L1    0.133  0.035 -0.128    0.208 -0.058 -0.097 -0.192    0.709 -0.158 -0.138 -0.091   -0.076 -0.115
0.3*L1    0.187  0.061 -0.187    0.204 -0.048 -0.144 -0.291    0.618 -0.256 -0.208 -0.135   -0.169 -0.172
0.4*L1    0.218  0.092 -0.240    0.175  0.017 -0.186 -0.393    0.540 -0.381 -0.280 -0.176   -0.327 -0.228
                                                                     0.619
0.5*L1    0.210  0.128 -0.284    0.138  0.086 -0.212 -0.496    0.467  0.493 -0.358 -0.216   -0.164 -0.286
0.6*L1    0.180  0.160 -0.316    0.104  0.107 -0.207 -0.595    0.396  0.394 -0.449 -0.255   -0.069 -0.349
0.7*L1    0.145  0.173 -0.334    0.077  0.101 -0.150 -0.683    0.325  0.313 -0.561 -0.294   -0.022 -0.423
                                                                            0.439
0.8*L1    0.113  0.153 -0.339    0.058  0.084 -0.090 -0.746    0.258  0.245  0.332 -0.340   -0.006 -0.518
0.9*L1    0.088  0.115 -0.335    0.045  0.064 -0.076 -0.765    0.197  0.187  0.258 -0.398   -0.007 -0.646
1.0*L1    0.069  0.074 -0.334    0.038  0.046 -0.085 -0.711    0.145  0.141  0.207 -0.480   -0.016 -0.824

0.0*L2    0.069  0.074 -0.334    0.038  0.046 -0.085 -0.711    0.145  0.141  0.207  0.520   -0.016 -0.824
0.1*L2    0.054  0.032 -0.356    0.033  0.028 -0.105 -0.622    0.097  0.099  0.166  0.424   -0.029 -0.630
0.2*L2    0.044  0.003 -0.377    0.029  0.016 -0.121 -0.571    0.065  0.071  0.140  0.365   -0.038 -0.507
0.3*L2    0.037 -0.014 -0.380    0.027  0.009 -0.128 -0.529    0.045  0.054  0.123  0.323   -0.042 -0.425
0.4*L2    0.032 -0.021 -0.362    0.024  0.005 -0.124 -0.481    0.034  0.043  0.108  0.286   -0.042 -0.365
0.5*L2    0.027 -0.022 -0.326    0.022  0.003 -0.113 -0.424    0.027  0.036  0.094  0.250   -0.039 -0.312
0.6*L2    0.023 -0.020 -0.279    0.018  0.002 -0.097 -0.360    0.021  0.029  0.079  0.211   -0.033 -0.262
0.7*L2    0.019 -0.016 -0.226    0.015  0.002 -0.078 -0.291    0.017  0.024  0.064  0.170   -0.027 -0.211
0.8*L2    0.014 -0.012 -0.173    0.011  0.001 -0.060 -0.224    0.013  0.018  0.049  0.131   -0.021 -0.162
0.9*L2    0.010 -0.009 -0.126    0.008  0.001 -0.044 -0.162    0.010  0.013  0.036  0.095   -0.015 -0.118
1.0*L2    0.007 -0.006 -0.087    0.006  0.001 -0.030 -0.113    0.007  0.009  0.025  0.066   -0.010 -0.081
FAKTOR                                   1/a                                                 1/(a*a)

              INFOLGE STRECKENMOMENT mt=1
IN FELD
1,BIS SPRUNG                             -0.058 -0.393                   -0.270 -0.711
1,REST    0.553  0.390 -0.959    0.481  0.194 -0.110 -1.852    1.959  0.802  0.362 -0.875   -0.338 -1.278
2         0.148 -0.025 -1.410    0.105  0.045 -0.465 -2.035    0.200  0.230  0.485  1.270   -0.150 -1.714
3         0.010 -0.011 -0.131    0.008  0.001 -0.046 -0.165    0.009  0.012  0.036  0.095   -0.016 -0.116

SUMME(+)  0.712  0.390  0.000    0.593  0.239  0.000  0.000    2.168  1.044  0.882  1.365    0.000  0.000
SUMME(-)  0.000 -0.035 -2.500    0.000 -0.058 -1.013 -4.052    0.000 -0.270 -0.711 -0.875   -0.504 -3.108
SUMME     0.712  0.355 -2.500    0.593  0.181 -1.013 -4.052    2.168  0.774  0.171  0.490   -0.504 -3.108
FAKTOR          a                                                     a                           1/a
```

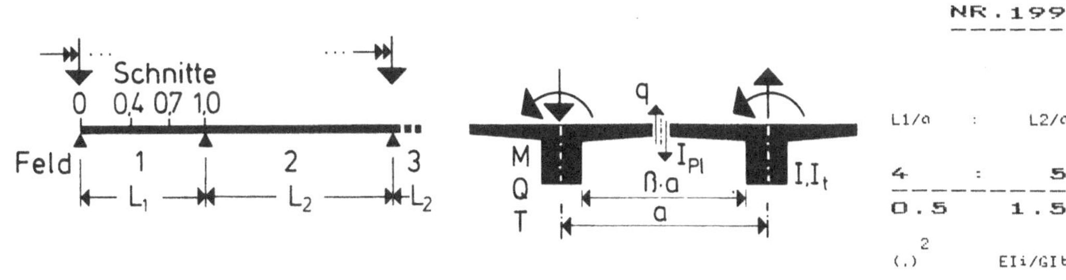

Column groups: **M** (0.4, 0.7, 1.0) · **Q** (0, 0.4, 0.7, 1.0) · **T** (0, 0.4, 0.7, 1.0) · **q** (0.4, 1.0)

INFOLGE EINZELLAST P=1

IN SCHNITT	M 0.4	M 0.7	M 1.0	Q 0	Q 0.4	Q 0.7	Q 1.0	T 0	T 0.4	T 0.7	T 1.0	q 0.4	q 1.0
0.0*L1	0.000	-0.000	-0.000	1.000	-0.000	-0.000	-0.000	0.000	0.000	-0.000	-0.000	0.000	-0.000
0.1*L1	0.076	-0.008	-0.054	0.734	-0.115	-0.040	-0.047	0.083	0.008	-0.030	-0.027	0.102	-0.027
0.2*L1	0.169	-0.008	-0.107	0.503	-0.238	-0.087	-0.098	0.148	0.019	-0.057	-0.052	0.196	-0.051
0.3*L1	0.295	0.005	-0.159	0.320	-0.373	-0.149	-0.156	0.188	0.034	-0.077	-0.074	0.272	-0.071
0.4*L1	0.468	0.042	-0.207	0.187	-0.516	-0.232	-0.225	0.202	0.053	-0.089	-0.092	0.308	-0.084
					0.484								
0.5*L1	0.292	0.112	-0.247	0.097	0.347	-0.340	-0.310	0.192	0.067	-0.089	-0.104	0.286	-0.087
0.6*L1	0.168	0.225	-0.273	0.042	0.230	-0.473	-0.414	0.165	0.071	-0.078	-0.107	0.229	-0.080
0.7*L1	0.086	0.390	-0.275	0.012	0.138	-0.623	-0.540	0.125	0.062	-0.057	-0.099	0.161	-0.062
						0.377							
0.8*L1	0.037	0.210	-0.242	-0.000	0.072	0.227	-0.686	0.079	0.043	-0.035	-0.078	0.096	-0.037
0.9*L1	0.011	0.083	-0.155	-0.003	0.027	0.098	-0.846	0.035	0.020	-0.016	-0.044	0.041	-0.011
1.0*L1	-0.000	0.000	0.000	-0.000	-0.000	-0.000	-1.000	0.000	0.000	0.000	0.000	0.000	0.000
0.0*L2	-0.000	-0.000	-0.000	0.000	-0.000	-0.000	-0.000	-0.000	-0.000	0.000	0.000	-0.000	-0.000
0.1*L2	-0.003	-0.054	-0.193	0.005	-0.017	-0.076	-0.148	-0.020	-0.009	0.020	0.056	-0.031	-0.026
0.2*L2	-0.001	-0.073	-0.284	0.009	-0.022	-0.110	-0.236	-0.023	-0.008	0.036	0.099	-0.045	-0.068
0.3*L2	0.003	-0.072	-0.306	0.011	-0.020	-0.117	-0.272	-0.018	-0.002	0.046	0.123	-0.047	-0.102
0.4*L2	0.006	-0.061	-0.285	0.012	-0.016	-0.108	-0.269	-0.012	0.003	0.049	0.129	-0.043	-0.120
0.5*L2	0.007	-0.047	-0.242	0.011	-0.012	-0.091	-0.239	-0.006	0.006	0.046	0.120	-0.036	-0.121
0.6*L2	0.007	-0.034	-0.189	0.010	-0.008	-0.071	-0.194	0.002	0.007	0.039	0.100	-0.028	-0.107
0.7*L2	0.006	-0.022	0.133	0.007	-0.005	-0.049	-0.141	0.001	0.007	0.029	0.075	-0.019	-0.083
0.8*L2	0.004	-0.012	-0.079	0.005	-0.003	-0.029	-0.086	0.001	0.005	0.018	0.046	-0.011	-0.053
0.9*L2	0.002	-0.005	-0.033	0.002	-0.001	-0.012	-0.036	0.001	0.002	0.008	0.020	-0.005	-0.023
1.0*L2	0.000	-0.000	0.000	-0.000	-0.000	-0.000	0.000	0.000	0.000	0.000	0.000	-0.000	0.000
FAKTOR	a			a				a				1/a	

INFOLGE STRECKENLAST P=1

IN FELD	M 0.4	M 0.7	M 1.0	Q 0	Q 0.4	Q 0.7	Q 1.0	T 0	T 0.4	T 0.7	T 1.0	q 0.4	q 1.0
1,BIS SPRUNG						-0.393	-0.650			0.034	-0.181		
1,REST	0.630	0.409	-0.696	0.948	0.418	0.203	-1.525	0.490	0.117	-0.031	-0.273	0.680	-0.205
2	0.015	-0.193	-0.883	0.036	-0.053	-0.337	-0.819	-0.040	0.004	0.146	0.387	-0.135	-0.353
3	-0.002	0.004	0.026	-0.002	0.001	0.009	0.029	-0.001	-0.002	-0.006	-0.016	0.004	0.019
SUMME(+)	0.645	0.412	0.026	0.985	0.419	0.213	0.029	0.490	0.156	0.146	0.387	0.684	0.019
SUMME(-)	-0.002	-0.193	-1.579	-0.002	-0.446	-0.986	-2.345	-0.041	-0.002	-0.219	-0.289	-0.135	-0.557
SUMME	0.643	0.219	-1.553	0.983	-0.027	-0.774	-2.316	0.449	0.154	-0.073	0.098	0.549	-0.538
FAKTOR	a*a			a				a*a					

INFOLGE EINZELMOMENT Mt=1

IN SCHNITT	M 0.4	M 0.7	M 1.0	Q 0	Q 0.4	Q 0.7	Q 1.0	T 0	T 0.4	T 0.7	T 1.0	q 0.4	q 1.0
0.0*L1	0.000	0.000	-0.000	0.000	-0.000	-0.000	-0.000	1.000	-0.000	-0.000	-0.000	-0.000	-0.000
0.1*L1	0.086	0.023	-0.074	0.174	-0.038	-0.063	-0.106	0.816	-0.078	-0.065	-0.043	-0.044	-0.051
0.2*L1	0.167	0.049	-0.146	0.243	-0.060	-0.125	-0.213	0.686	-0.163	-0.131	-0.086	-0.108	-0.101
0.3*L1	0.234	0.080	-0.212	0.250	-0.048	-0.182	-0.322	0.586	-0.264	-0.198	-0.128	-0.211	-0.152
0.4*L1	0.271	0.117	-0.270	0.225	0.020	-0.230	-0.431	0.505	-0.393	-0.268	-0.167	-0.375	-0.203
								0.607					
0.5*L1	0.264	0.156	-0.317	0.187	0.092	-0.258	-0.539	0.431	0.479	-0.346	-0.206	-0.213	-0.258
0.6*L1	0.232	0.188	-0.349	0.149	0.115	-0.252	-0.639	0.362	0.379	-0.438	-0.244	-0.113	-0.319
0.7*L1	0.190	0.199	-0.366	0.115	0.110	-0.190	-0.725	0.295	0.298	-0.552	-0.285	-0.059	-0.394
								0.448					
0.8*L1	0.149	0.173	-0.368	0.088	0.091	-0.124	-0.781	0.232	0.231	0.338	-0.333	-0.036	-0.490
0.9*L1	0.114	0.126	-0.362	0.068	0.068	-0.104	-0.789	0.175	0.176	0.262	-0.396	-0.031	-0.619
1.0*L1	0.087	0.076	-0.361	0.054	0.046	-0.109	-0.725	0.127	0.131	0.209	-0.483	-0.036	-0.797
0.0*L2	0.087	0.076	-0.361	0.054	0.046	-0.109	-0.725	0.127	0.131	0.209	0.517	-0.036	-0.797
0.1*L2	0.061	0.022	-0.385	0.043	0.023	-0.127	-0.624	0.080	0.090	0.166	0.414	-0.046	-0.600
0.2*L2	0.045	-0.017	-0.411	0.036	0.007	-0.143	-0.565	0.049	0.063	0.138	0.349	-0.054	-0.472
0.3*L2	0.034	-0.039	-0.419	0.030	-0.002	-0.150	-0.520	0.029	0.045	0.119	0.304	-0.058	-0.386
0.4*L2	0.027	-0.049	-0.403	0.026	-0.007	-0.147	-0.472	0.017	0.034	0.104	0.267	-0.057	-0.324
0.5*L2	0.022	-0.050	-0.367	0.023	-0.009	-0.134	-0.416	0.011	0.027	0.090	0.231	-0.052	-0.273
0.6*L2	0.018	-0.045	-0.316	0.019	-0.009	-0.116	-0.353	0.008	0.021	0.075	0.194	-0.045	-0.227
0.7*L2	0.014	-0.037	-0.257	0.015	-0.007	-0.094	-0.285	0.006	0.017	0.060	0.156	-0.037	-0.181
0.8*L2	0.011	-0.029	-0.197	0.012	-0.006	-0.072	-0.218	0.004	0.013	0.046	0.119	-0.028	-0.138
0.9*L2	0.008	-0.021	-0.142	0.008	-0.004	-0.052	-0.157	0.003	0.009	0.033	0.086	-0.020	-0.099
1.0*L2	0.005	-0.014	-0.096	0.006	-0.003	-0.035	-0.106	0.002	0.006	0.022	0.058	-0.014	-0.067
FAKTOR				1/a								1/(a*a)	

INFOLGE STRECKENMOMENT mt=1

IN FELD	M 0.4	M 0.7	M 1.0	Q 0	Q 0.4	Q 0.7	Q 1.0	T 0	T 0.4	T 0.7	T 1.0	q 0.4	q 1.0
1,BIS SPRUNG						-0.059	-0.488			-0.278	-0.686		
1,REST	0.704	0.462	-1.060	0.619	0.208	-0.148	-1.971	1.855	0.769	0.369	-0.850	-0.471	-1.189
2	0.141	-0.120	-1.564	0.121	0.003	-0.556	-2.009	0.134	0.193	0.472	1.199	-0.212	-1.558
3	0.006	-0.016	-0.106	0.006	-0.003	-0.039	-0.117	0.002	0.007	0.025	0.064	-0.015	-0.073
SUMME(+)	0.851	0.462	0.000	0.746	0.210	0.000	0.000	1.991	0.968	0.865	1.262	0.000	0.000
SUMME(-)	0.000	-0.136	-2.730	0.000	-0.062	-1.230	-4.097	0.000	-0.278	-0.686	-0.850	-0.699	-2.820
SUMME	0.851	0.326	-2.730	0.746	0.148	-1.230	-4.097	1.991	0.690	0.179	0.412	-0.699	-2.820
FAKTOR	a			a				a				1/a	

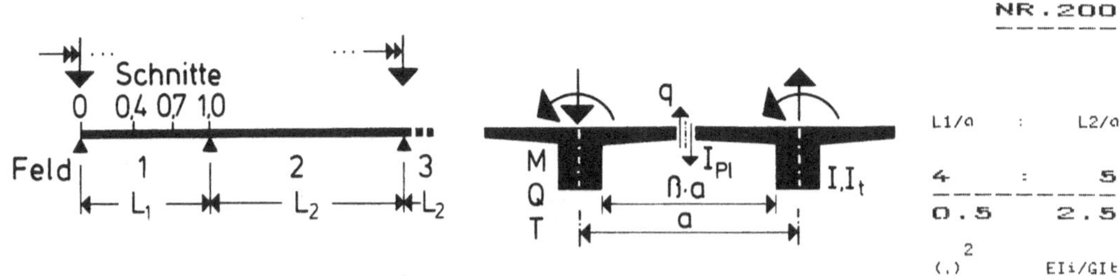

	M 0.4	M 0.7	M 1.0	Q 0	Q 0.4	Q 0.7	Q 1.0	T 0	T 0.4	T 0.7	T 1.0	q 0.4	q 1.0
IN SCHNITT	0.4	0.7	1.0	0	0.4	0.7	1.0	0	0.4	0.7	1.0	0.4	1.0

INFOLGE EINZELLAST P=1

IN	M 0.4	M 0.7	M 1.0	Q 0	Q 0.4	Q 0.7	Q 1.0	T 0	T 0.4	T 0.7	T 1.0	q 0.4	q 1.0
0.0*L1	0.000	0.000	-0.000	1.000	-0.000	-0.000	-0.000	0.000	0.000	-0.000	-0.000	0.000	-0.000
0.1*L1	0.104	0.001	-0.066	0.771	-0.122	-0.060	-0.061	0.061	0.007	-0.024	-0.023	0.078	-0.019
0.2*L1	0.221	0.010	-0.130	0.565	-0.248	-0.125	-0.125	0.110	0.017	-0.045	-0.044	0.149	-0.037
0.3*L1	0.365	0.033	-0.190	0.394	-0.379	-0.201	-0.196	0.142	0.028	-0.061	-0.063	0.205	-0.050
0.4*L1	0.546	0.079	-0.242	0.261	-0.513	-0.292	-0.276	0.154	0.041	-0.069	-0.078	0.233	-0.058
					0.487								
0.5*L1	0.369	0.156	-0.282	0.163	0.359	-0.400	-0.368	0.148	0.050	-0.070	-0.086	0.220	-0.060
0.6*L1	0.234	0.271	-0.304	0.094	0.247	-0.525	-0.474	0.129	0.052	-0.062	-0.087	0.181	-0.054
0.7*L1	0.136	0.432	-0.298	0.049	0.156	-0.660	-0.595	0.099	0.045	-0.047	-0.079	0.131	-0.041
						0.340							
0.8*L1	0.069	0.242	-0.254	0.022	0.086	0.208	-0.729	0.063	0.031	-0.030	-0.061	0.081	-0.024
0.9*L1	0.026	0.099	-0.159	0.007	0.035	0.092	-0.868	0.028	0.014	-0.014	-0.034	0.036	-0.007
1.0*L1	-0.000	-0.000	0.000	0.000	0.000	-0.000	-1.000	0.000	0.000	0.000	0.000	-0.000	0.000
0.0*L2	-0.000	-0.000	-0.000	-0.000	-0.000	-0.000	-0.000	-0.000	-0.000	0.000	0.000	-0.000	-0.000
0.1*L2	-0.016	-0.073	-0.199	-0.002	-0.025	-0.075	-0.128	-0.019	-0.008	0.017	0.044	-0.030	-0.018
0.2*L2	-0.020	-0.105	-0.302	-0.002	-0.035	-0.114	-0.208	-0.025	-0.008	0.031	0.078	-0.045	-0.047
0.3*L2	-0.019	-0.110	-0.336	0.000	-0.037	-0.126	-0.245	-0.024	-0.006	0.039	0.099	-0.050	-0.072
0.4*L2	-0.015	-0.101	-0.323	0.002	-0.033	-0.121	-0.247	-0.020	-0.002	0.042	0.105	-0.048	-0.086
0.5*L2	-0.010	-0.084	-0.282	0.003	-0.027	-0.106	-0.224	-0.015	0.001	0.040	0.099	-0.042	-0.089
0.6*L2	-0.007	-0.064	-0.224	0.004	-0.021	-0.084	-0.185	-0.010	0.002	0.034	0.084	-0.034	-0.080
0.7*L2	-0.004	-0.044	-0.161	0.003	-0.014	-0.060	-0.136	-0.006	0.003	0.026	0.063	-0.024	-0.062
0.8*L2	-0.002	-0.026	-0.097	0.002	-0.008	-0.036	-0.084	-0.003	0.002	0.016	0.040	-0.015	-0.040
0.9*L2	-0.001	-0.011	-0.042	0.001	-0.003	-0.016	-0.036	-0.001	0.001	0.007	0.017	-0.006	-0.018
1.0*L2	0.000	-0.000	-0.000	0.000	0.000	-0.000	0.000	0.000	0.000	0.000	0.000	-0.000	0.000
FAKTOR	a							a				1/a	

INFOLGE STRECKENLAST P=1

IN FELD	M 0.4	M 0.7	M 1.0	Q 0	Q 0.4	Q 0.7	Q 1.0	T 0	T 0.4	T 0.7	T 1.0	q 0.4	q 1.0
1,BIS SPRUNG					-0.402	-0.771			0.029	-0.143			
1,REST	0.819	0.519	-0.778	1.123	0.447	0.186	-1.675	0.377	0.086	-0.027	-0.225	0.529	-0.141
2	-0.047	-0.314	-0.995	0.006	-0.103	-0.374	-0.755	-0.063	-0.009	0.127	0.317	-0.148	-0.257
3	0.001	0.020	0.075	-0.002	0.006	0.028	0.064	0.003	-0.001	-0.012	-0.030	0.011	0.030
SUMME(+)	0.820	0.539	0.075	1.128	0.454	0.214	0.064	0.379	0.115	0.127	0.317	0.540	0.030
SUMME(-)	-0.047	-0.314	-1.773	-0.002	-0.505	-1.144	-2.429	-0.063	-0.010	-0.182	-0.255	-0.148	-0.398
SUMME	0.773	0.225	-1.698	1.127	-0.051	-0.931	-2.365	0.316	0.105	-0.055	0.062	0.392	-0.367
FAKTOR	a*a			a				a*a					

INFOLGE EINZELMOMENT Mt=1

IN	M 0.4	M 0.7	M 1.0	Q 0	Q 0.4	Q 0.7	Q 1.0	T 0	T 0.4	T 0.7	T 1.0	q 0.4	q 1.0
0.0*L1	0.000	0.000	-0.000	0.000	-0.000	-0.000	-0.000	1.000	-0.000	-0.000	-0.000	-0.000	-0.000
0.1*L1	0.109	0.034	-0.085	0.198	-0.038	-0.081	-0.121	0.801	-0.081	-0.060	-0.039	-0.064	-0.043
0.2*L1	0.211	0.070	-0.167	0.287	-0.060	-0.158	-0.243	0.657	-0.170	-0.120	-0.078	-0.146	-0.086
0.3*L1	0.293	0.109	-0.241	0.308	-0.046	-0.228	-0.364	0.548	-0.275	-0.184	-0.116	-0.264	-0.130
0.4*L1	0.340	0.152	-0.305	0.290	0.025	-0.284	-0.482	0.461	-0.406	-0.252	-0.153	-0.436	-0.177
									0.594				
0.5*L1	0.336	0.194	-0.354	0.252	0.100	-0.315	-0.595	0.387	0.463	-0.329	-0.190	-0.274	-0.228
0.6*L1	0.299	0.227	-0.386	0.208	0.125	-0.307	-0.695	0.320	0.362	-0.422	-0.228	-0.169	-0.288
0.7*L1	0.249	0.233	-0.401	0.166	0.119	-0.239	-0.776	0.258	0.281	-0.540	-0.271	-0.107	-0.363
										0.460			
0.8*L1	0.196	0.198	-0.400	0.128	0.099	-0.165	-0.823	0.201	0.216	0.348	-0.323	-0.075	-0.461
0.9*L1	0.147	0.140	-0.392	0.098	0.071	-0.138	-0.818	0.150	0.163	0.268	-0.392	-0.062	-0.592
1.0*L1	0.106	0.077	-0.390	0.074	0.044	-0.137	-0.740	0.107	0.121	0.212	-0.487	-0.060	-0.769
0.0*L2	0.106	0.077	-0.390	0.074	0.044	-0.137	-0.740	0.107	0.121	0.212	0.513	-0.060	-0.769
0.1*L2	0.066	0.006	-0.417	0.052	0.015	-0.150	-0.623	0.064	0.082	0.165	0.401	-0.063	-0.569
0.2*L2	0.038	-0.046	-0.449	0.037	-0.006	-0.164	-0.553	0.034	0.056	0.135	0.329	-0.068	-0.435
0.3*L2	0.020	-0.078	-0.463	0.027	-0.019	-0.170	-0.501	0.015	0.038	0.114	0.279	-0.069	-0.345
0.4*L2	0.009	-0.093	-0.451	0.020	-0.026	-0.167	-0.451	0.004	0.027	0.097	0.240	-0.068	-0.281
0.5*L2	0.004	-0.094	-0.415	0.016	-0.027	-0.154	-0.397	-0.002	0.020	0.083	0.204	-0.062	-0.231
0.6*L2	0.001	-0.085	-0.360	0.012	-0.025	-0.134	-0.336	-0.004	0.015	0.069	0.170	-0.054	-0.188
0.7*L2	-0.000	-0.071	-0.294	0.009	-0.021	-0.109	-0.271	-0.004	0.011	0.055	0.136	-0.044	-0.148
0.8*L2	-0.001	-0.055	-0.225	0.007	-0.017	-0.084	-0.206	-0.004	0.008	0.042	0.103	-0.034	-0.112
0.9*L2	-0.000	-0.039	-0.160	0.005	-0.012	-0.059	-0.147	-0.003	0.006	0.030	0.073	-0.024	-0.079
1.0*L2	-0.000	-0.025	-0.104	0.003	-0.008	-0.039	-0.096	-0.002	0.004	0.019	0.048	-0.016	-0.052
FAKTOR				1/a								1/(a*a)	

INFOLGE STRECKENMOMENT mt=1

IN FELD	M 0.4	M 0.7	M 1.0	Q 0	Q 0.4	Q 0.7	Q 1.0	T 0	T 0.4	T 0.7	T 1.0	q 0.4	q 1.0
1,BIS SPRUNG					-0.058	-0.604			-0.289	-0.652			
1,REST	0.898	0.561	-1.173	0.798	0.224	-0.193	-2.123	1.728	0.733	0.378	-0.811	-0.640	-1.095
2	0.093	-0.269	-1.743	0.110	-0.062	-0.640	-1.947	0.075	0.161	0.450	1.103	-0.262	-1.391
3	0.002	-0.011	-0.057	0.003	-0.003	-0.021	-0.058	0.001	0.004	0.013	0.031	-0.008	-0.037
SUMME(+)	0.993	0.561	0.000	0.911	0.224	0.000	0.000	1.804	0.897	0.840	1.135	0.000	0.000
SUMME(-)	0.000	-0.280	-2.972	0.000	-0.122	-1.458	-4.128	0.000	-0.289	-0.652	-0.811	-0.910	-2.523
SUMME	0.993	0.281	-2.972	0.911	0.101	-1.458	-4.128	1.804	0.608	0.188	0.323	-0.910	-2.523
FAKTOR	a							a				1/a	

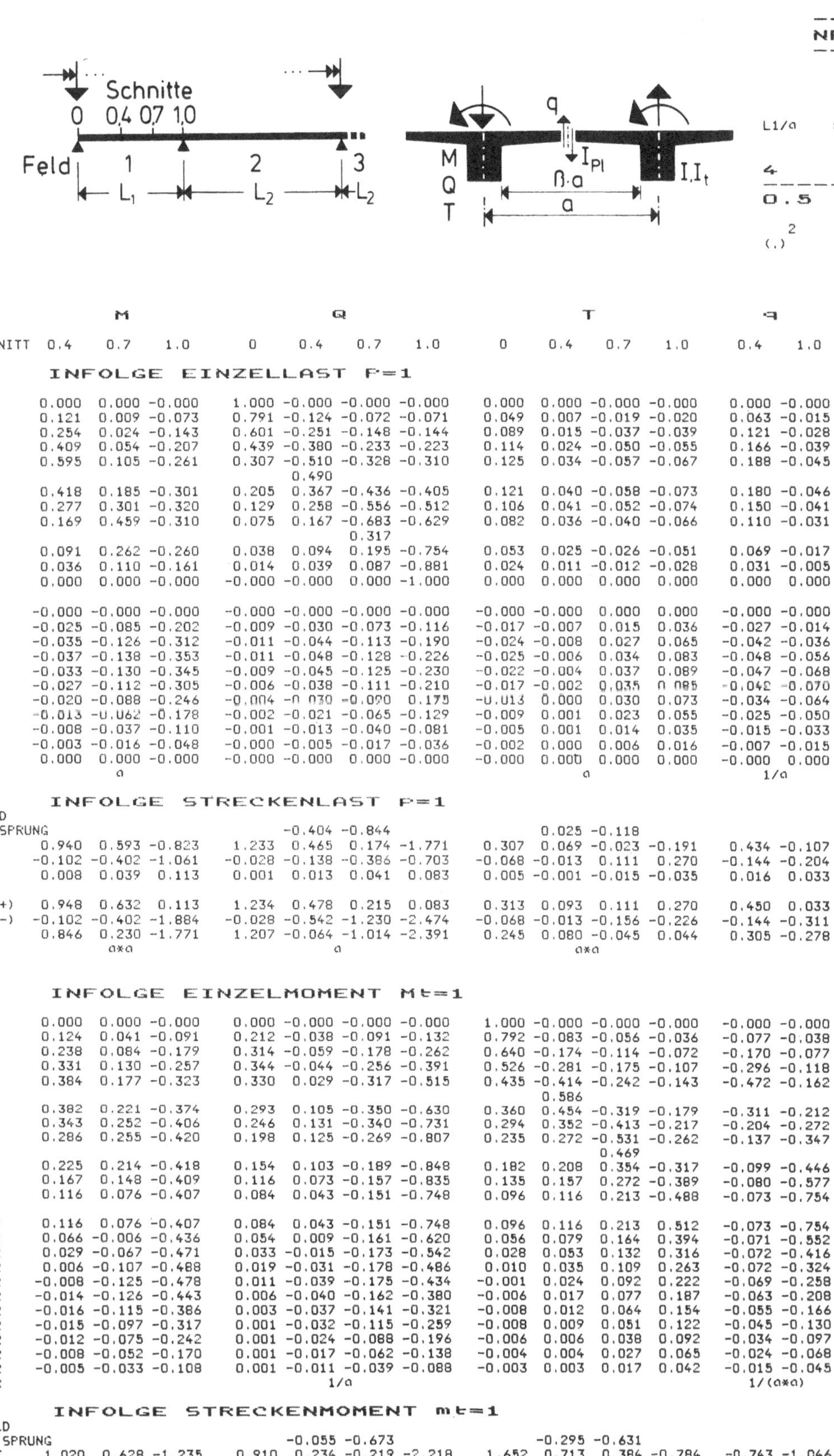

		M			Q				T			q	
IN SCHNITT	0.4	0.7	1.0	0	0.4	0.7	1.0	0	0.4	0.7	1.0	0.4	1.0

INFOLGE EINZELLAST P=1

IN	M 0.4	M 0.7	M 1.0	Q 0	Q 0.4	Q 0.7	Q 1.0	T 0	T 0.4	T 0.7	T 1.0	q 0.4	q 1.0
0.0*L1	0.000	0.000	-0.000	1.000	-0.000	-0.000	-0.000	0.000	0.000	-0.000	-0.000	0.000	-0.000
0.1*L1	0.121	0.009	-0.073	0.791	-0.124	-0.072	-0.071	0.049	0.007	-0.019	-0.020	0.063	-0.015
0.2*L1	0.254	0.024	-0.143	0.601	-0.251	-0.148	-0.144	0.089	0.015	-0.037	-0.039	0.121	-0.028
0.3*L1	0.409	0.054	-0.207	0.439	-0.380	-0.233	-0.223	0.114	0.024	-0.050	-0.055	0.166	-0.039
0.4*L1	0.595	0.105	-0.261	0.307	-0.510	-0.328	-0.310	0.125	0.034	-0.057	-0.067	0.188	-0.045
				0.490									
0.5*L1	0.418	0.185	-0.301	0.205	0.367	-0.436	-0.405	0.121	0.040	-0.058	-0.073	0.180	-0.046
0.6*L1	0.277	0.301	-0.320	0.129	0.258	-0.556	-0.512	0.106	0.041	-0.052	-0.074	0.150	-0.041
0.7*L1	0.169	0.459	-0.310	0.075	0.167	-0.683	-0.629	0.082	0.036	-0.040	-0.066	0.110	-0.031
						0.317							
0.8*L1	0.091	0.262	-0.260	0.038	0.094	0.195	-0.754	0.053	0.025	-0.026	-0.051	0.069	-0.017
0.9*L1	0.036	0.110	-0.161	0.014	0.039	0.087	-0.881	0.024	0.011	-0.012	-0.028	0.031	-0.005
1.0*L1	0.000	0.000	-0.000	-0.000	-0.000	0.000	-1.000	0.000	0.000	0.000	0.000	0.000	0.000
0.0*L2	-0.000	-0.000	-0.000	-0.000	-0.000	-0.000	-0.000	-0.000	-0.000	0.000	0.000	-0.000	-0.000
0.1*L2	-0.025	-0.085	-0.202	-0.009	-0.030	-0.073	-0.116	-0.017	-0.007	0.015	0.036	-0.027	-0.014
0.2*L2	-0.035	-0.126	-0.312	-0.011	-0.044	-0.113	-0.190	-0.024	-0.008	0.027	0.065	-0.042	-0.036
0.3*L2	-0.037	-0.138	-0.353	-0.011	-0.048	-0.128	-0.226	-0.025	-0.006	0.034	0.083	-0.048	-0.056
0.4*L2	-0.033	-0.130	-0.345	-0.009	-0.045	-0.125	-0.230	-0.022	-0.004	0.037	0.089	-0.047	-0.068
0.5*L2	-0.027	-0.112	-0.305	-0.006	-0.038	-0.111	-0.210	-0.017	-0.002	0.035	0.085	-0.042	-0.070
0.6*L2	-0.020	-0.088	-0.246	-0.004	-0.030	-0.090	0.175	-0.013	0.000	0.030	0.073	-0.034	-0.064
0.7*L2	-0.013	-0.062	-0.178	-0.002	-0.021	-0.065	-0.129	-0.009	0.001	0.023	0.055	-0.025	-0.050
0.8*L2	-0.008	-0.037	-0.110	-0.001	-0.013	-0.040	-0.081	-0.005	0.001	0.014	0.035	-0.015	-0.033
0.9*L2	-0.003	-0.016	-0.048	-0.000	-0.005	-0.017	-0.036	-0.002	0.000	0.006	0.016	-0.007	-0.015
1.0*L2	0.000	0.000	-0.000	-0.000	-0.000	0.000	-0.000	-0.000	0.000	0.000	0.000	-0.000	0.000
FAKTOR		a							a			1/a	

INFOLGE STRECKENLAST P=1

IN FELD	M 0.4	M 0.7	M 1.0	Q 0	Q 0.4	Q 0.7	Q 1.0	T 0	T 0.4	T 0.7	T 1.0	q 0.4	q 1.0
1,BIS SPRUNG					-0.404	-0.844			0.025	-0.118			
1,REST	0.940	0.593	-0.823	1.233	0.465	0.174	-1.771	0.307	0.069	-0.023	-0.191	0.434	-0.107
2	-0.102	-0.402	-1.061	-0.028	-0.138	-0.386	-0.703	-0.068	-0.013	0.111	0.270	-0.144	-0.204
3	0.008	0.039	0.113	0.001	0.013	0.041	0.083	0.005	-0.001	-0.015	-0.035	0.016	0.033
SUMME(+)	0.948	0.632	0.113	1.234	0.478	0.215	0.083	0.313	0.093	0.111	0.270	0.450	0.033
SUMME(-)	-0.102	-0.402	-1.884	-0.028	-0.542	-1.230	-2.474	-0.068	-0.013	-0.156	-0.226	-0.144	-0.311
SUMME	0.846	0.230	-1.771	1.207	-0.064	-1.014	-2.391	0.245	0.080	-0.045	0.044	0.305	-0.278
FAKTOR		a*a			a				a*a				

INFOLGE EINZELMOMENT Mt=1

IN	M 0.4	M 0.7	M 1.0	Q 0	Q 0.4	Q 0.7	Q 1.0	T 0	T 0.4	T 0.7	T 1.0	q 0.4	q 1.0
0.0*L1	0.000	0.000	-0.000	0.000	-0.000	-0.000	-0.000	1.000	-0.000	-0.000	-0.000	-0.000	-0.000
0.1*L1	0.124	0.041	-0.091	0.212	-0.038	-0.091	-0.132	0.792	-0.083	-0.056	-0.036	-0.077	-0.038
0.2*L1	0.238	0.084	-0.179	0.314	-0.059	-0.178	-0.262	0.640	-0.174	-0.114	-0.072	-0.170	-0.077
0.3*L1	0.331	0.130	-0.257	0.344	-0.044	-0.256	-0.391	0.526	-0.281	-0.175	-0.107	-0.296	-0.118
0.4*L1	0.384	0.177	-0.323	0.330	0.029	-0.317	-0.515	0.435	-0.414	-0.242	-0.143	-0.472	-0.162
								0.586					
0.5*L1	0.382	0.221	-0.374	0.293	0.105	-0.350	-0.630	0.360	0.454	-0.319	-0.179	-0.311	-0.212
0.6*L1	0.343	0.252	-0.406	0.246	0.131	-0.340	-0.731	0.294	0.352	-0.413	-0.217	-0.204	-0.272
0.7*L1	0.286	0.255	-0.420	0.198	0.125	-0.269	-0.807	0.235	0.272	-0.531	-0.262	-0.137	-0.347
										0.469			
0.8*L1	0.225	0.214	-0.418	0.154	0.103	-0.189	-0.848	0.182	0.208	0.354	-0.317	-0.099	-0.446
0.9*L1	0.167	0.148	-0.409	0.116	0.073	-0.157	-0.835	0.135	0.157	0.272	-0.389	-0.080	-0.577
1.0*L1	0.116	0.076	-0.407	0.084	0.043	-0.151	-0.748	0.096	0.116	0.213	-0.488	-0.073	-0.754
0.0*L2	0.116	0.076	-0.407	0.084	0.043	-0.151	-0.748	0.096	0.116	0.213	0.512	-0.073	-0.754
0.1*L2	0.066	-0.006	-0.436	0.054	0.009	-0.161	-0.620	0.056	0.079	0.164	0.394	-0.071	-0.552
0.2*L2	0.029	-0.067	-0.471	0.033	-0.015	-0.173	-0.542	0.028	0.053	0.132	0.316	-0.072	-0.416
0.3*L2	0.006	-0.107	-0.488	0.019	-0.031	-0.178	-0.486	0.010	0.035	0.109	0.263	-0.072	-0.324
0.4*L2	-0.008	-0.125	-0.478	0.011	-0.039	-0.175	-0.434	-0.001	0.024	0.092	0.222	-0.069	-0.258
0.5*L2	-0.014	-0.126	-0.443	0.006	-0.040	-0.162	-0.380	-0.006	0.017	0.077	0.187	-0.063	-0.208
0.6*L2	-0.016	-0.115	-0.386	0.003	-0.037	-0.141	-0.321	-0.008	0.012	0.064	0.154	-0.055	-0.166
0.7*L2	-0.015	-0.097	-0.317	0.001	-0.032	-0.115	-0.259	-0.008	0.009	0.051	0.122	-0.045	-0.130
0.8*L2	-0.012	-0.075	-0.242	0.001	-0.024	-0.088	-0.196	-0.006	0.006	0.038	0.092	-0.034	-0.097
0.9*L2	-0.008	-0.052	-0.170	0.001	-0.017	-0.062	-0.138	-0.004	0.004	0.027	0.065	-0.024	-0.068
1.0*L2	-0.005	-0.033	-0.108	0.001	-0.011	-0.039	-0.088	-0.003	0.003	0.017	0.042	-0.015	-0.045
FAKTOR					1/a							1/(a*a)	

INFOLGE STRECKENMOMENT mt=1

IN FELD	M 0.4	M 0.7	M 1.0	Q 0	Q 0.4	Q 0.7	Q 1.0	T 0	T 0.4	T 0.7	T 1.0	q 0.4	q 1.0
1,BIS SPRUNG					-0.055	-0.673			-0.295	-0.631			
1,REST	1.020	0.628	-1.235	0.910	0.234	-0.219	-2.218	1.652	0.713	0.384	-0.784	-0.743	-1.046
2	0.039	-0.378	-1.848	0.084	-0.107	-0.676	-1.892	0.052	0.147	0.432	1.040	-0.276	-1.300
3	0.003	0.001	-0.015	0.002	0.001	-0.006	-0.024	0.003	0.003	0.007	0.016	-0.003	-0.023
SUMME(+)	1.063	0.629	0.000	0.996	0.235	0.000	0.000	1.707	0.864	0.823	1.056	0.000	0.000
SUMME(-)	0.000	-0.378	-3.098	0.000	-0.162	-1.574	-4.135	0.000	-0.295	-0.631	-0.784	-1.021	-2.368
SUMME	1.063	0.251	-3.098	0.996	0.072	-1.574	-4.135	1.707	0.569	0.192	0.272	-1.021	-2.368
FAKTOR		a							a			1/a	

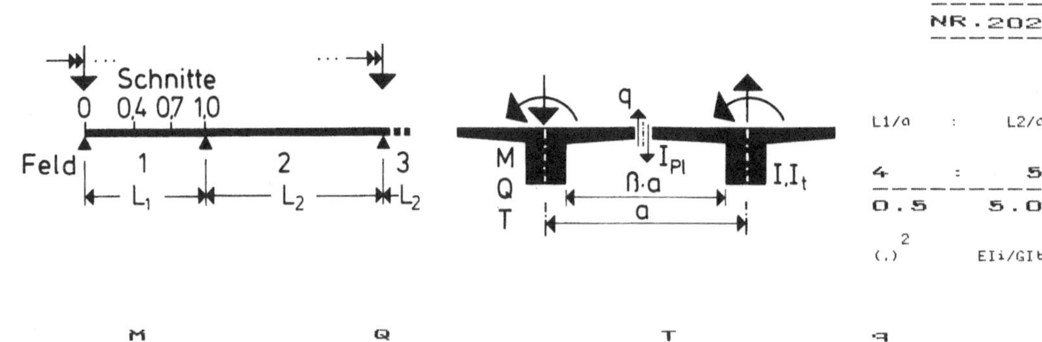

	M			Q				T				q	
IN SCHNITT	0.4	0.7	1.0	0	0.4	0.7	1.0	0	0.4	0.7	1.0	0.4	1.0

INFOLGE EINZELLAST P=1

IN	M 0.4	M 0.7	M 1.0	Q 0	Q 0.4	Q 0.7	Q 1.0	T 0	T 0.4	T 0.7	T 1.0	q 0.4	q 1.0
0.0*L1	0.000	0.000	-0.000	1.000	-0.000	-0.000	-0.000	0.000	0.000	-0.000	-0.000	0.000	-0.000
0.1*L1	0.138	0.016	-0.079	0.810	-0.125	-0.083	-0.081	0.038	0.006	-0.015	-0.017	0.050	-0.011
0.2*L1	0.285	0.040	-0.154	0.634	-0.252	-0.170	-0.164	0.069	0.012	-0.029	-0.032	0.095	-0.021
0.3*L1	0.451	0.076	-0.222	0.481	-0.380	-0.262	-0.251	0.089	0.019	-0.040	-0.045	0.130	-0.029
0.4*L1	0.643	0.132	-0.278	0.351	-0.506	-0.362	-0.343	0.098	0.026	-0.046	-0.055	0.147	-0.033
					0.494								
0.5*L1	0.466	0.215	-0.317	0.246	0.375	-0.470	-0.442	0.095	0.031	-0.046	-0.060	0.141	-0.033
0.6*L1	0.319	0.331	-0.334	0.164	0.268	-0.586	-0.549	0.084	0.032	-0.041	-0.060	0.119	-0.030
0.7*L1	0.203	0.486	-0.319	0.101	0.176	-0.704	-0.661	0.065	0.027	-0.032	-0.054	0.089	-0.022
						0.296							
0.8*L1	0.113	0.282	-0.266	0.055	0.102	0.182	-0.778	0.042	0.019	-0.021	-0.041	0.056	-0.012
0.9*L1	0.047	0.120	-0.162	0.022	0.043	0.081	-0.894	0.019	0.009	-0.010	-0.023	0.026	-0.003
1.0*L1	0.000	0.000	0.000	-0.000	-0.000	0.000	-1.000	-0.000	0.000	0.000	-0.000	-0.000	0.000
0.0*L2	-0.000	-0.000	-0.000	-0.000	-0.000	-0.000	-0.000	-0.000	-0.000	0.000	0.000	-0.000	-0.000
0.1*L2	-0.036	-0.097	-0.205	-0.016	-0.035	-0.071	-0.104	-0.015	-0.006	0.012	0.029	-0.023	-0.010
0.2*L2	-0.053	-0.148	-0.321	-0.023	-0.053	-0.111	-0.171	-0.022	-0.007	0.022	0.052	-0.037	-0.027
0.3*L2	-0.058	-0.166	-0.368	-0.025	-0.059	-0.128	-0.205	-0.023	-0.006	0.028	0.067	-0.043	-0.043
0.4*L2	-0.054	-0.161	-0.365	-0.023	-0.057	-0.127	-0.210	-0.021	-0.004	0.031	0.072	-0.043	-0.052
0.5*L2	-0.047	-0.141	-0.327	-0.019	-0.050	-0.114	-0.194	-0.018	-0.003	0.029	0.070	-0.039	-0.054
0.6*L2	-0.037	-0.113	-0.267	-0.015	-0.040	-0.093	-0.162	-0.014	-0.001	0.025	0.060	-0.032	-0.049
0.7*L2	-0.026	-0.082	-0.196	-0.010	-0.029	-0.068	-0.121	-0.010	-0.000	0.019	0.046	-0.024	-0.039
0.8*L2	-0.016	-0.050	-0.122	-0.006	-0.018	-0.042	-0.076	-0.006	0.000	0.012	0.029	-0.015	-0.026
0.9*L2	-0.007	-0.022	-0.054	-0.003	-0.008	-0.019	-0.034	-0.002	0.000	0.006	0.013	-0.006	-0.012
1.0*L2	0.000	0.000	0.000	0.000	-0.000	0.000	0.000	-0.000	0.000	0.000	-0.000	0.000	0.000
FAKTOR	a							a				1/a	

INFOLGE STRECKENLAST P=1

IN FELD	M 0.4	M 0.7	M 1.0	Q 0	Q 0.4	Q 0.7	Q 1.0	T 0	T 0.4	T 0.7	T 1.0	q 0.4	q 1.0
1,BIS SPRUNG					-0.404	-0.912			0.020	-0.094			
1,REST	1.059	0.670	-0.861	1.340	0.481	0.163	-1.865	0.242	0.053	-0.019	-0.156	0.343	-0.078
2	-0.169	-0.497	-1.125	-0.071	-0.175	-0.390	-0.645	-0.066	-0.014	0.094	0.221	-0.132	-0.157
3	0.021	0.065	0.156	0.008	0.023	0.054	0.097	0.008	0.000	-0.016	-0.037	0.019	0.032
SUMME(+)	1.079	0.735	0.156	1.349	0.504	0.217	0.097	0.249	0.073	0.094	0.221	0.362	0.032
SUMME(-)	-0.169	-0.497	-1.986	-0.071	-0.579	-1.303	-2.510	-0.066	-0.014	-0.129	-0.193	-0.132	-0.235
SUMME	0.911	0.238	-1.830	1.277	-0.075	-1.085	-2.413	0.183	0.059	-0.035	0.029	0.230	-0.203
FAKTOR	a*a			a				a*a				1/a	

INFOLGE EINZELMOMENT Mt=1

IN	M 0.4	M 0.7	M 1.0	Q 0	Q 0.4	Q 0.7	Q 1.0	T 0	T 0.4	T 0.7	T 1.0	q 0.4	q 1.0
0.0*L1	0.000	0.000	-0.000	0.000	-0.000	-0.000	-0.000	1.000	-0.000	-0.000	-0.000	-0.000	-0.000
0.1*L1	0.138	0.049	-0.097	0.226	-0.037	-0.101	-0.142	0.784	-0.085	-0.053	-0.033	-0.088	-0.035
0.2*L1	0.265	0.099	-0.189	0.339	-0.057	-0.197	-0.281	0.624	-0.178	-0.107	-0.065	-0.192	-0.070
0.3*L1	0.367	0.151	-0.271	0.378	-0.041	-0.282	-0.418	0.504	-0.287	-0.166	-0.098	-0.326	-0.108
0.4*L1	0.426	0.202	-0.340	0.369	0.033	-0.347	-0.547	0.411	-0.422	-0.231	-0.132	-0.507	-0.150
								0.578					
0.5*L1	0.426	0.247	-0.391	0.333	0.111	-0.381	-0.665	0.335	0.445	-0.308	-0.167	-0.347	-0.199
0.6*L1	0.384	0.278	-0.423	0.283	0.137	-0.371	-0.765	0.270	0.343	-0.403	-0.206	-0.237	-0.258
0.7*L1	0.322	0.277	-0.436	0.230	0.131	-0.296	-0.838	0.214	0.264	-0.523	-0.252	-0.166	-0.334
										0.477			
0.8*L1	0.253	0.230	-0.433	0.178	0.107	-0.212	-0.872	0.165	0.201	0.360	-0.310	-0.122	-0.433
0.9*L1	0.185	0.156	-0.423	0.132	0.074	-0.174	-0.851	0.122	0.151	0.275	-0.386	-0.097	-0.565
1.0*L1	0.124	0.075	-0.422	0.093	0.041	-0.164	-0.754	0.086	0.112	0.215	-0.490	-0.084	-0.742
0.0*L2	0.124	0.075	-0.422	0.093	0.041	-0.164	-0.754	0.086	0.112	0.215	0.510	-0.084	-0.742
0.1*L2	0.063	-0.018	-0.453	0.055	0.004	-0.169	-0.616	0.050	0.076	0.163	0.386	-0.077	-0.538
0.2*L2	0.017	-0.090	-0.491	0.027	-0.025	-0.179	-0.530	0.025	0.051	0.128	0.303	-0.074	-0.399
0.3*L2	-0.013	-0.137	-0.511	0.009	-0.043	-0.183	-0.468	0.008	0.034	0.104	0.246	-0.072	-0.304
0.4*L2	-0.030	-0.159	-0.504	-0.003	-0.052	-0.179	-0.414	-0.002	0.022	0.086	0.204	-0.067	-0.237
0.5*L2	-0.037	-0.161	-0.469	-0.008	-0.054	-0.166	-0.360	-0.008	0.015	0.071	0.168	-0.061	-0.187
0.6*L2	-0.037	-0.147	-0.411	-0.010	-0.050	-0.145	-0.303	-0.010	0.010	0.058	0.137	-0.053	-0.147
0.7*L2	-0.032	-0.124	-0.338	-0.010	-0.042	-0.119	-0.244	-0.009	0.007	0.046	0.108	-0.043	-0.113
0.8*L2	-0.025	-0.096	-0.258	-0.008	-0.033	-0.091	-0.184	-0.007	0.005	0.034	0.081	-0.033	-0.084
0.9*L2	-0.018	-0.067	-0.180	-0.005	-0.023	-0.063	-0.129	-0.005	0.004	0.024	0.057	-0.023	-0.059
1.0*L2	-0.010	-0.040	-0.111	-0.003	-0.014	-0.039	-0.081	-0.003	0.003	0.015	0.036	-0.014	-0.038
FAKTOR	1/a											1/(a*a)	

INFOLGE STRECKENMOMENT mt=1

IN FELD	M 0.4	M 0.7	M 1.0	Q 0	Q 0.4	Q 0.7	Q 1.0	T 0	T 0.4	T 0.7	T 1.0	q 0.4	q 1.0
1,BIS SPRUNG					-0.052	-0.738			-0.302	-0.609			
1,REST	1.138	0.695	-1.289	1.017	0.244	-0.243	-2.311	1.581	0.696	0.390	-0.755	-0.840	-1.004
2	-0.031	-0.495	-1.944	0.044	-0.154	-0.699	-1.827	0.040	0.139	0.412	0.976	-0.276	-1.220
3	0.010	0.021	0.032	0.005	0.008	0.010	0.003	0.005	0.004	0.003	0.006	0.003	-0.015
SUMME(+)	1.148	0.716	0.032	1.066	0.252	0.010	0.003	1.627	0.839	0.804	0.982	0.003	0.000
SUMME(-)	-0.031	-0.495	-3.233	0.000	-0.206	-1.680	-4.138	0.000	-0.302	-0.609	-0.755	-1.115	-2.239
SUMME	1.118	0.221	-3.201	1.066	0.046	-1.670	-4.134	1.627	0.537	0.195	0.227	-1.113	-2.239
FAKTOR	a							a				1/a	

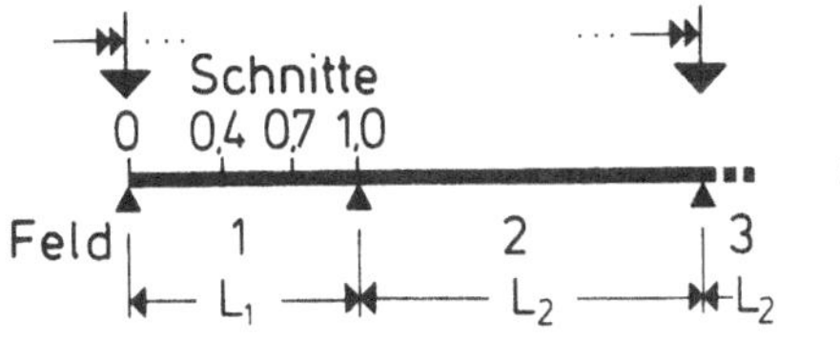

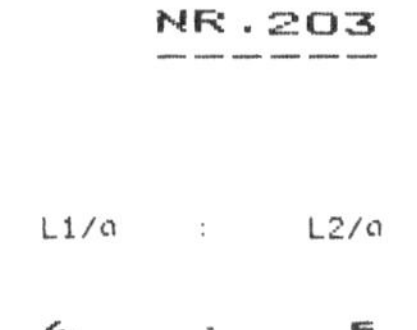

	M			Q				T				q	
IN SCHNITT	0.4	0.7	1.0	0	0.4	0.7	1.0	0	0.4	0.7	1.0	0.4	1.0

INFOLGE EINZELLAST F=1

IN	M 0.4	M 0.7	M 1.0	Q 0	Q 0.4	Q 0.7	Q 1.0	T 0	T 0.4	T 0.7	T 1.0	q 0.4	q 1.0
0.0*L1	0.000	-0.000	-0.000	1.000	-0.000	-0.000	-0.000	0.000	-0.000	-0.000	-0.000	0.000	-0.000
0.1*L1	0.035	-0.011	-0.037	0.659	-0.089	-0.012	-0.043	0.122	-0.004	-0.043	-0.028	0.134	-0.046
0.2*L1	0.091	-0.017	-0.075	0.384	-0.198	-0.032	-0.087	0.210	0.001	-0.082	-0.055	0.268	-0.089
0.3*L1	0.191	-0.014	-0.114	0.194	-0.339	-0.071	-0.135	0.255	0.021	-0.113	-0.081	0.386	-0.128
0.4*L1	0.354	0.009	-0.154	0.078	-0.508	-0.137	-0.190	0.262	0.055	-0.131	-0.104	0.445	-0.157
					0.492								
0.5*L1	0.187	0.062	-0.192	0.016	0.324	-0.241	-0.259	0.240	0.086	-0.132	-0.123	0.392	-0.173
0.6*L1	0.083	0.163	-0.223	-0.010	0.191	-0.389	-0.348	0.199	0.098	-0.112	-0.133	0.286	-0.170
0.7*L1	0.028	0.326	-0.237	-0.017	0.099	-0.571	-0.466	0.147	0.089	-0.076	-0.129	0.179	-0.142
						0.429							
0.8*L1	0.004	0.160	-0.220	-0.013	0.043	0.247	-0.619	0.091	0.063	-0.039	-0.106	0.094	-0.092
0.9*L1	-0.002	0.056	-0.149	-0.007	0.013	0.100	-0.805	0.039	0.029	-0.015	-0.062	0.036	-0.032
1.0*L1	-0.000	0.000	0.000	-0.000	-0.000	0.000	-1.000	0.000	0.000	0.000	0.000	0.000	0.000
0.0*L2	0.000	-0.000	-0.000	0.000	-0.000	-0.000	-0.000	-0.000	-0.000	0.000	0.000	-0.000	-0.000
0.1*L2	0.005	-0.028	-0.182	0.005	-0.004	-0.065	-0.188	-0.018	-0.014	0.017	0.079	-0.020	-0.057
0.2*L2	0.009	-0.031	-0.251	0.008	-0.003	-0.085	-0.288	-0.017	-0.012	0.029	0.131	-0.025	-0.142
0.3*L2	0.011	-0.025	-0.254	0.008	0.000	-0.082	-0.317	-0.011	-0.007	0.034	0.151	-0.022	-0.200
0.4*L2	0.011	-0.017	-0.225	0.007	0.002	-0.070	-0.299	-0.005	-0.002	0.034	0.149	-0.018	-0.218
0.5*L2	0.010	-0.011	-0.185	0.006	0.003	-0.055	-0.257	-0.000	0.001	0.030	0.131	-0.013	-0.206
0.6*L2	0.008	-0.007	-0.142	0.005	0.003	-0.041	-0.204	0.002	0.002	0.025	0.106	-0.009	-0.173
0.7*L2	0.006	-0.004	-0.099	0.003	0.002	-0.029	-0.147	0.002	0.002	0.018	0.077	-0.006	-0.129
0.8*L2	0.004	-0.002	-0.060	0.002	0.002	-0.017	-0.089	0.002	0.002	0.011	0.047	-0.004	-0.080
0.9*L2	0.002	-0.001	-0.025	0.001	0.001	-0.007	-0.037	0.001	0.001	0.005	0.020	-0.001	-0.034
1.0*L2	0.000	-0.000	0.000	0.000	0.000	-0.000	-0.000	0.000	0.000	0.000	0.000	-0.000	-0.000
FAKTOR	a							a				1/a	

INFOLGE STRECKENLAST F=1

IN FELD	M 0.4	M 0.7	M 1.0	Q 0	Q 0.4	Q 0.7	Q 1.0	T 0	T 0.4	T 0.7	T 1.0	q 0.4	q 1.0
1,BIS SPRUNG					-0.349	-0.461			0.017	-0.263			
1,REST	0.376	0.281	-0.568	0.701	0.360	0.221	-1.376	0.630	0.158	-0.036	-0.331	0.893	-0.413
2	0.032	-0.065	-0.723	0.023	0.003	-0.230	-0.925	-0.024	-0.014	0.102	0.450	-0.061	-0.622
3	-0.001	-0.000	0.006	-0.000	-0.000	0.001	0.011	-0.001	-0.001	-0.002	-0.007	0.000	0.013
SUMME(+)	0.409	0.281	0.006	0.725	0.363	0.222	0.011	0.630	0.175	0.102	0.450	0.893	0.013
SUMME(-)	-0.001	-0.065	-1.290	-0.000	-0.350	-0.691	-2.301	-0.025	-0.015	-0.301	-0.338	-0.061	-1.035
SUMME	0.408	0.216	-1.284	0.725	0.014	-0.469	-2.289	0.605	0.160	-0.198	0.112	0.832	-1.022
FAKTOR	a*a			a				a*a				1/a	

INFOLGE EINZELMOMENT Mt=1

IN	M 0.4	M 0.7	M 1.0	Q 0	Q 0.4	Q 0.7	Q 1.0	T 0	T 0.4	T 0.7	T 1.0	q 0.4	q 1.0
0.0*L1	0.000	0.000	-0.000	0.000	-0.000	-0.000	-0.000	1.000	-0.000	-0.000	-0.000	0.000	-0.000
0.1*L1	0.072	0.010	-0.067	0.227	-0.060	-0.044	-0.100	0.788	-0.068	-0.076	-0.049	-0.002	-0.079
0.2*L1	0.144	0.026	-0.132	0.274	-0.100	-0.091	-0.202	0.666	-0.147	-0.151	-0.096	-0.047	-0.155
0.3*L1	0.208	0.051	-0.194	0.240	-0.092	-0.143	-0.309	0.585	-0.250	-0.224	-0.141	-0.187	-0.229
0.4*L1	0.242	0.088	-0.251	0.179	0.012	-0.193	-0.421	0.516	-0.400	-0.298	-0.184	-0.481	-0.298
									0.600				
0.5*L1	0.221	0.136	-0.299	0.120	0.121	-0.230	-0.540	0.448	0.448	-0.377	-0.222	-0.172	-0.364
0.6*L1	0.172	0.185	-0.333	0.075	0.143	-0.224	-0.662	0.375	0.341	-0.475	-0.256	-0.016	-0.434
0.7*L1	0.124	0.209	-0.349	0.045	0.126	-0.127	-0.778	0.299	0.258	-0.615	-0.290	0.044	-0.520
										0.385			
0.8*L1	0.086	0.180	-0.346	0.028	0.096	-0.029	-0.868	0.224	0.189	0.252	-0.329	0.052	-0.645
0.9*L1	0.059	0.127	-0.329	0.019	0.067	-0.015	-0.897	0.155	0.131	0.172	-0.387	0.038	-0.845
1.0*L1	0.043	0.076	-0.320	0.015	0.044	-0.039	-0.810	0.099	0.084	0.126	-0.489	0.017	-1.171
0.0*L2	0.043	0.076	-0.320	0.015	0.044	-0.039	-0.810	0.099	0.084	0.126	0.511	0.017	-1.171
0.1*L2	0.032	0.027	-0.351	0.014	0.026	-0.076	-0.676	0.050	0.044	0.095	0.395	-0.005	-0.808
0.2*L2	0.027	-0.001	-0.384	0.014	0.016	-0.102	-0.622	0.023	0.022	0.080	0.340	-0.018	-0.621
0.3*L2	0.023	-0.014	-0.390	0.014	0.011	-0.111	-0.582	0.010	0.011	0.072	0.307	-0.024	-0.521
0.4*L2	0.021	-0.017	-0.367	0.013	0.008	-0.107	-0.531	0.005	0.007	0.064	0.276	-0.024	-0.454
0.5*L2	0.018	-0.016	-0.323	0.011	0.007	-0.095	-0.464	0.003	0.005	0.056	0.241	-0.022	-0.392
0.6*L2	0.015	-0.013	-0.267	0.009	0.006	-0.078	-0.385	0.003	0.005	0.046	0.200	-0.018	-0.327
0.7*L2	0.012	-0.009	-0.206	0.007	0.005	-0.060	-0.299	0.003	0.004	0.036	0.156	-0.014	-0.256
0.8*L2	0.009	-0.007	-0.148	0.005	0.003	-0.043	-0.215	0.002	0.003	0.026	0.112	-0.010	-0.186
0.9*L2	0.006	-0.004	-0.097	0.003	0.002	-0.028	-0.141	0.001	0.002	0.017	0.074	-0.006	-0.122
1.0*L2	0.003	-0.003	-0.057	0.002	0.001	-0.016	-0.082	0.001	0.001	0.010	0.043	-0.004	-0.071
FAKTOR				1/a								1/(a*a)	

INFOLGE STRECKENMOMENT mt=1

IN FELD	M 0.4	M 0.7	M 1.0	Q 0	Q 0.4	Q 0.7	Q 1.0	T 0	T 0.4	T 0.7	T 1.0	q 0.4	q 1.0
1,BIS SPRUNG					-0.106	-0.402			-0.262	-0.761			
1,REST	0.542	0.422	-0.986	0.498	0.239	-0.044	-2.082	1.834	0.679	0.267	-0.876	-0.278	-1.651
2	0.092	-0.010	-1.362	0.050	0.052	-0.366	-2.174	0.072	0.071	0.279	1.184	-0.068	-2.135
3	0.003	-0.003	-0.052	0.002	0.001	-0.016	-0.072	-0.000	0.000	0.009	0.037	0.004	-0.057
SUMME(+)	0.637	0.422	0.000	0.549	0.292	0.000	0.000	1.906	0.750	0.555	1.220	0.000	0.000
SUMME(-)	0.000	-0.014	-2.400	0.000	-0.106	-0.828	-4.328	-0.000	-0.262	-0.761	-0.876	-0.349	-3.844
SUMME	0.637	0.408	-2.400	0.549	0.185	-0.828	-4.328	1.906	0.488	-0.206	0.344	-0.349	-3.844
FAKTOR	a							a				1/a	

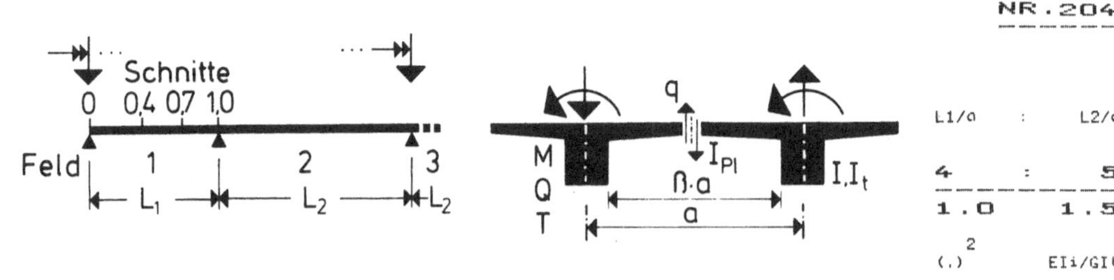

	M			Q				T				q	
IN SCHNITT	0.4	0.7	1.0	0	0.4	0.7	1.0	0	0.4	0.7	1.0	0.4	1.0

INFOLGE EINZELLAST P=1

IN	M 0.4	M 0.7	M 1.0	Q 0	Q 0.4	Q 0.7	Q 1.0	T 0	T 0.4	T 0.7	T 1.0	q 0.4	q 1.0
0.0*L1	0.000	-0.000	-0.000	1.000	-0.000	-0.000	-0.000	0.000	-0.000	-0.000	-0.000	0.000	-0.000
0.1*L1	0.056	-0.009	-0.046	0.697	-0.102	-0.026	-0.048	0.101	0.000	-0.038	-0.027	0.118	-0.039
0.2*L1	0.131	-0.012	-0.093	0.444	-0.217	-0.060	-0.098	0.176	0.006	-0.072	-0.053	0.233	-0.075
0.3*L1	0.244	-0.002	-0.139	0.257	-0.355	-0.110	-0.153	0.217	0.023	-0.099	-0.078	0.329	-0.107
0.4*L1	0.412	0.027	-0.183	0.133	-0.511	-0.185	-0.217	0.227	0.049	-0.114	-0.098	0.376	-0.129
					0.489								
0.5*L1	0.241	0.089	-0.223	0.057	0.337	-0.292	-0.294	0.211	0.071	-0.115	-0.114	0.339	-0.139
0.6*L1	0.127	0.196	-0.251	0.017	0.211	-0.432	-0.390	0.177	0.080	-0.099	-0.120	0.257	-0.133
0.7*L1	0.058	0.360	-0.259	-0.001	0.119	-0.598	-0.510	0.132	0.072	-0.070	-0.114	0.170	-0.109
						0.402							
0.8*L1	0.021	0.186	-0.232	-0.006	0.058	0.237	-0.657	0.083	0.051	-0.039	-0.092	0.095	-0.068
0.9*L1	0.005	0.070	-0.153	-0.004	0.020	0.099	-0.827	0.036	0.024	-0.016	-0.053	0.038	-0.023
1.0*L1	-0.000	0.000	0.000	0.000	-0.000	0.000	-1.000	0.000	0.000	0.000	0.000	0.000	0.000
0.0*L2	-0.000	-0.000	-0.000	0.000	-0.000	-0.000	-0.000	-0.000	-0.000	0.000	0.000	-0.000	-0.000
0.1*L2	0.001	-0.041	-0.188	0.005	-0.010	-0.070	-0.170	-0.020	-0.013	0.017	0.067	-0.025	-0.043
0.2*L2	0.003	-0.052	-0.270	0.008	-0.012	-0.098	-0.266	-0.024	-0.014	0.029	0.113	-0.034	-0.109
0.3*L2	0.006	-0.048	-0.283	0.009	-0.010	-0.100	-0.300	-0.020	-0.011	0.034	0.134	-0.034	-0.157
0.4*L2	0.007	-0.040	-0.259	0.009	-0.007	-0.089	-0.291	-0.015	-0.007	0.034	0.135	-0.030	-0.177
0.5*L2	0.007	-0.030	-0.217	0.008	-0.004	-0.073	-0.254	-0.010	-0.004	0.031	0.121	-0.024	-0.170
0.6*L2	0.006	-0.021	-0.168	0.006	-0.002	-0.056	-0.204	-0.006	-0.002	0.025	0.099	-0.018	-0.146
0.7*L2	0.005	-0.014	-0.119	0.004	-0.001	-0.039	-0.147	-0.003	-0.000	0.018	0.072	-0.012	-0.110
0.8*L2	0.003	-0.008	-0.071	0.003	-0.001	-0.023	-0.090	-0.002	-0.000	0.011	0.045	-0.007	-0.069
0.9*L2	0.001	-0.003	-0.030	0.001	-0.000	-0.010	-0.038	-0.001	0.000	0.005	0.019	-0.003	-0.030
1.0*L2	-0.000	0.000	0.000	0.000	-0.000	0.000	-0.000	0.000	0.000	0.000	0.000	0.000	0.000
FAKTOR		a								a			1/a

INFOLGE STRECKENLAST P=1

IN FELD	M 0.4	M 0.7	M 1.0	Q 0	Q 0.4	Q 0.7	Q 1.0	T 0	T 0.4	T 0.7	T 1.0	q 0.4	q 1.0
1,BIS SPRUNG					-0.370	-0.557			0.021	-0.231			
1,REST	0.506	0.350	-0.640	0.826	0.391	0.212	-1.473	0.548	0.130	-0.035	-0.302	0.787	-0.330
2	0.020	-0.131	-0.815	0.026	-0.024	-0.284	-0.890	-0.051	-0.026	0.103	0.406	-0.095	-0.507
3	-0.001	0.002	0.027	-0.001	-0.000	0.009	0.036	0.000	-0.000	-0.005	-0.018	0.003	0.030
SUMME(+)	0.527	0.353	0.027	0.852	0.391	0.220	0.036	0.548	0.151	0.103	0.406	0.789	0.030
SUMME(-)	-0.001	-0.131	-1.455	-0.001	-0.394	-0.841	-2.363	-0.051	-0.027	-0.271	-0.320	-0.095	-0.837
SUMME	0.525	0.221	-1.428	0.851	-0.003	-0.621	-2.327	0.497	0.124	-0.167	0.086	0.695	-0.807
FAKTOR		a*a			a					a*a			

INFOLGE EINZELMOMENT Mt=1

IN	M 0.4	M 0.7	M 1.0	Q 0	Q 0.4	Q 0.7	Q 1.0	T 0	T 0.4	T 0.7	T 1.0	q 0.4	q 1.0
0.0*L1	0.000	0.000	-0.000	0.000	-0.000	-0.000	-0.000	1.000	-0.000	-0.000	-0.000	-0.000	-0.000
0.1*L1	0.095	0.017	-0.079	0.256	-0.065	-0.063	-0.110	0.771	-0.069	-0.070	-0.046	-0.024	-0.067
0.2*L1	0.188	0.040	-0.155	0.325	-0.108	-0.127	-0.223	0.635	-0.149	-0.139	-0.091	-0.089	-0.133
0.3*L1	0.267	0.072	-0.226	0.302	-0.097	-0.191	-0.339	0.545	-0.255	-0.208	-0.134	-0.245	-0.196
0.4*L1	0.309	0.117	-0.289	0.243	0.014	-0.250	-0.461	0.475	-0.411	-0.279	-0.173	-0.545	-0.257
									0.589				
0.5*L1	0.288	0.170	-0.339	0.178	0.131	-0.289	-0.587	0.408	0.432	-0.358	-0.209	-0.232	-0.318
0.6*L1	0.233	0.221	-0.372	0.123	0.158	-0.279	-0.713	0.340	0.323	-0.459	-0.242	-0.065	-0.385
0.7*L1	0.174	0.243	-0.385	0.082	0.142	-0.173	-0.827	0.270	0.240	-0.602	-0.276	0.008	-0.472
										0.398			
0.8*L1	0.123	0.207	-0.377	0.054	0.110	-0.064	-0.909	0.201	0.173	0.260	-0.317	0.027	-0.601
0.9*L1	0.085	0.144	-0.356	0.037	0.076	-0.043	-0.925	0.138	0.118	0.178	-0.381	0.019	-0.806
1.0*L1	0.058	0.079	-0.345	0.028	0.047	-0.062	-0.822	0.085	0.075	0.129	-0.491	0.001	-1.133
0.0*L2	0.058	0.079	-0.345	0.028	0.047	-0.062	-0.822	0.085	0.075	0.129	0.509	0.001	-1.133
0.1*L2	0.038	0.016	-0.380	0.022	0.022	-0.099	-0.671	0.037	0.037	0.097	0.384	-0.020	-0.764
0.2*L2	0.027	-0.023	-0.421	0.019	0.007	-0.127	-0.608	0.009	0.015	0.082	0.322	-0.035	-0.568
0.3*L2	0.021	-0.042	-0.434	0.017	-0.001	-0.139	-0.567	-0.005	0.004	0.073	0.287	-0.042	-0.461
0.4*L2	0.018	-0.047	-0.415	0.016	-0.004	-0.136	-0.518	-0.011	-0.001	0.065	0.256	-0.042	-0.393
0.5*L2	0.015	-0.044	-0.370	0.014	-0.004	-0.122	-0.455	-0.011	-0.002	0.057	0.223	-0.038	-0.336
0.6*L2	0.012	-0.037	-0.308	0.011	-0.004	-0.102	-0.379	-0.009	-0.002	0.047	0.186	-0.032	-0.278
0.7*L2	0.010	-0.029	-0.240	0.009	-0.003	-0.079	-0.295	-0.007	-0.001	0.037	0.145	-0.025	-0.218
0.8*L2	0.007	-0.020	-0.172	0.006	-0.002	-0.057	-0.212	-0.005	-0.001	0.027	0.104	-0.018	-0.158
0.9*L2	0.005	-0.013	-0.111	0.004	-0.001	-0.037	-0.137	-0.003	-0.000	0.017	0.068	-0.011	-0.102
1.0*L2	0.003	-0.007	-0.063	0.002	-0.001	-0.021	-0.077	-0.002	-0.000	0.010	0.038	-0.007	-0.057
FAKTOR					1/a								1/(a*a)

INFOLGE STRECKENMOMENT mt=1

IN FELD	M 0.4	M 0.7	M 1.0	Q 0	Q 0.4	Q 0.7	Q 1.0	T 0	T 0.4	T 0.7	T 1.0	q 0.4	q 1.0
1,BIS SPRUNG					-0.114	-0.522			-0.267	-0.722			
1,REST	0.720	0.511	-1.102	0.659	0.266	-0.083	-2.212	1.722	0.642	0.276	-0.843	-0.431	-1.510
2	0.090	-0.104	-1.530	0.067	0.015	-0.472	-2.139	0.015	0.041	0.284	1.118	-0.134	-1.918
3	0.001	-0.004	-0.027	0.001	-0.001	-0.010	-0.030	-0.002	-0.001	0.003	0.014	-0.003	-0.017
SUMME(+)	0.811	0.511	0.000	0.726	0.280	0.000	0.000	1.737	0.683	0.564	1.132	0.000	0.000
SUMME(-)	0.000	-0.109	-2.659	0.000	-0.114	-1.086	-4.381	-0.002	-0.268	-0.722	-0.843	-0.569	-3.445
SUMME	0.811	0.402	-2.659	0.726	0.166	-1.086	-4.381	1.735	0.415	-0.159	0.289	-0.569	-3.445
FAKTOR		a			a					a			1/a

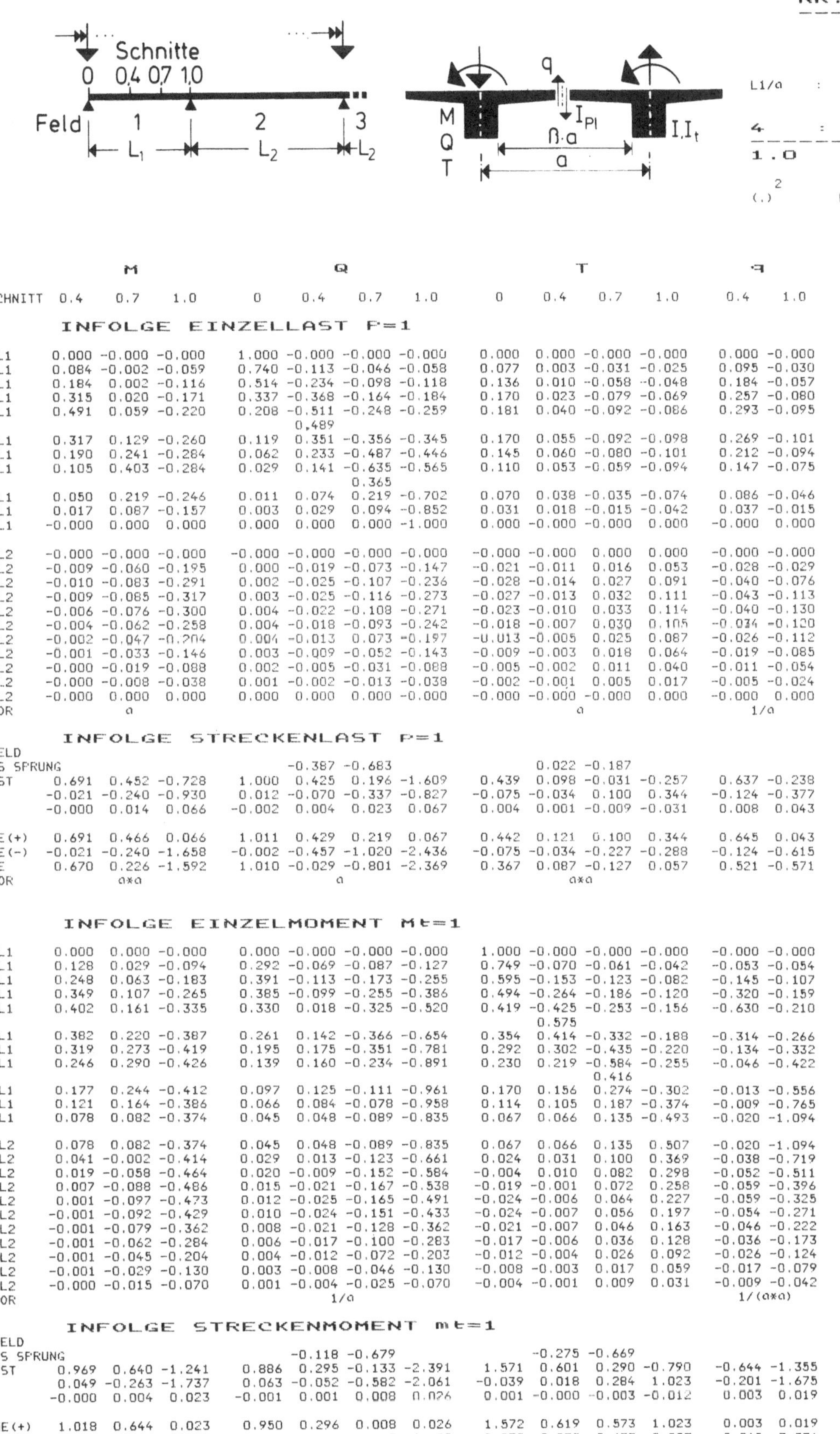

IN SCHNITT	M 0.4	M 0.7	M 1.0	Q 0	Q 0.4	Q 0.7	Q 1.0	T 0	T 0.4	T 0.7	T 1.0	q 0.4	q 1.0

INFOLGE EINZELLAST P=1

IN

	M 0.4	M 0.7	M 1.0	Q 0	Q 0.4	Q 0.7	Q 1.0	T 0	T 0.4	T 0.7	T 1.0	q 0.4	q 1.0
0.0*L1	0.000	-0.000	-0.000	1.000	-0.000	-0.000	-0.000	0.000	0.000	-0.000	-0.000	0.000	-0.000
0.1*L1	0.084	-0.002	-0.059	0.740	-0.113	-0.046	-0.058	0.077	0.003	-0.031	-0.025	0.095	-0.030
0.2*L1	0.184	0.002	-0.116	0.514	-0.234	-0.098	-0.118	0.136	0.010	-0.058	-0.048	0.184	-0.057
0.3*L1	0.315	0.020	-0.171	0.337	-0.368	-0.164	-0.184	0.170	0.023	-0.079	-0.069	0.257	-0.080
0.4*L1	0.491	0.059	-0.220	0.208	-0.511 (0.489)	-0.248	-0.259	0.181	0.040	-0.092	-0.086	0.293	-0.095
0.5*L1	0.317	0.129	-0.260	0.119	0.351	-0.356	-0.345	0.170	0.055	-0.092	-0.098	0.269	-0.101
0.6*L1	0.190	0.241	-0.284	0.062	0.233	-0.487	-0.446	0.145	0.060	-0.080	-0.101	0.212	-0.094
0.7*L1	0.105	0.403	-0.284	0.029	0.141	-0.635 (0.365)	-0.565	0.110	0.053	-0.059	-0.094	0.147	-0.075
0.8*L1	0.050	0.219	-0.246	0.011	0.074	0.219	-0.702	0.070	0.038	-0.035	-0.074	0.086	-0.046
0.9*L1	0.017	0.087	-0.157	0.003	0.029	0.094	-0.852	0.031	0.018	-0.015	-0.042	0.037	-0.015
1.0*L1	-0.000	0.000	0.000	0.000	0.000	0.000	-1.000	0.000	-0.000	-0.000	0.000	-0.000	0.000
0.0*L2	-0.000	-0.000	-0.000	-0.000	-0.000	-0.000	-0.000	-0.000	-0.000	0.000	0.000	-0.000	-0.000
0.1*L2	-0.009	-0.060	-0.195	0.000	-0.019	-0.073	-0.147	-0.021	-0.011	0.016	0.053	-0.028	-0.029
0.2*L2	-0.010	-0.083	-0.291	0.002	-0.025	-0.107	-0.236	-0.028	-0.014	0.027	0.091	-0.040	-0.076
0.3*L2	-0.009	-0.085	-0.317	0.003	-0.025	-0.116	-0.273	-0.027	-0.013	0.032	0.111	-0.043	-0.113
0.4*L2	-0.006	-0.076	-0.300	0.004	-0.022	-0.108	-0.271	-0.023	-0.010	0.033	0.114	-0.040	-0.130
0.5*L2	-0.004	-0.062	-0.258	0.004	-0.018	-0.093	-0.242	-0.018	-0.007	0.030	0.105	-0.034	-0.120
0.6*L2	-0.002	-0.047	-0.204	0.004	-0.013	0.073	-0.197	-0.013	-0.005	0.025	0.087	-0.026	-0.112
0.7*L2	-0.001	-0.033	-0.146	0.003	-0.009	-0.052	-0.143	-0.009	-0.003	0.018	0.064	-0.019	-0.085
0.8*L2	-0.000	-0.019	-0.088	0.002	-0.005	-0.031	-0.088	-0.005	-0.002	0.011	0.040	-0.011	-0.054
0.9*L2	-0.000	-0.008	-0.038	0.001	-0.002	-0.013	-0.038	-0.002	-0.001	0.005	0.017	-0.005	-0.024
1.0*L2	-0.000	0.000	0.000	0.000	0.000	0.000	-0.000	-0.000	-0.000	-0.000	0.000	-0.000	0.000
FAKTOR	a							a				1/a	

INFOLGE STRECKENLAST P=1

IN FELD

	M 0.4	M 0.7	M 1.0	Q 0	Q 0.4	Q 0.7	Q 1.0	T 0	T 0.4	T 0.7	T 1.0	q 0.4	q 1.0
1,BIS SPRUNG						-0.387	-0.683			0.022	-0.187		
1,REST	0.691	0.452	-0.728	1.000	0.425	0.196	-1.609	0.439	0.098	-0.031	-0.257	0.637	-0.238
2	-0.021	-0.240	-0.930	0.012	-0.070	-0.337	-0.827	-0.075	-0.034	0.100	0.344	-0.124	-0.377
3	-0.000	0.014	0.066	-0.002	0.004	0.023	0.067	0.004	0.001	-0.009	-0.031	0.008	0.043
SUMME(+)	0.691	0.466	0.066	1.011	0.429	0.219	0.067	0.442	0.121	0.100	0.344	0.645	0.043
SUMME(-)	-0.021	-0.240	-1.658	-0.002	-0.457	-1.020	-2.436	-0.075	-0.034	-0.227	-0.288	-0.124	-0.615
SUMME	0.670	0.226	-1.592	1.010	-0.029	-0.801	-2.369	0.367	0.087	-0.127	0.057	0.521	-0.571
FAKTOR	a×a			a				a×a					

INFOLGE EINZELMOMENT Mt=1

IN

	M 0.4	M 0.7	M 1.0	Q 0	Q 0.4	Q 0.7	Q 1.0	T 0	T 0.4	T 0.7	T 1.0	q 0.4	q 1.0
0.0*L1	0.000	0.000	-0.000	0.000	-0.000	-0.000	-0.000	1.000	-0.000	-0.000	-0.000	-0.000	-0.000
0.1*L1	0.128	0.029	-0.094	0.292	-0.069	-0.087	-0.127	0.749	-0.070	-0.061	-0.042	-0.053	-0.054
0.2*L1	0.248	0.063	-0.183	0.391	-0.113	-0.173	-0.255	0.595	-0.153	-0.123	-0.082	-0.145	-0.107
0.3*L1	0.349	0.107	-0.265	0.385	-0.099	-0.255	-0.386	0.494	-0.264	-0.186	-0.120	-0.320	-0.159
0.4*L1	0.402	0.161	-0.335	0.330	0.018	-0.325	-0.520	0.419 (0.575)	-0.425	-0.253	-0.156	-0.630	-0.210
0.5*L1	0.382	0.220	-0.387	0.261	0.142	-0.366	-0.654	0.354	0.414	-0.332	-0.188	-0.314	-0.266
0.6*L1	0.319	0.273	-0.419	0.195	0.175	-0.351	-0.781	0.292	0.302	-0.435	-0.220	-0.134	-0.332
0.7*L1	0.246	0.290	-0.426	0.139	0.160	-0.234	-0.891	0.230	0.219	-0.584 (0.416)	-0.255	-0.046	-0.422
0.8*L1	0.177	0.244	-0.412	0.097	0.125	-0.111	-0.961	0.170	0.156	0.274	-0.302	-0.013	-0.556
0.9*L1	0.121	0.164	-0.386	0.066	0.084	-0.078	-0.958	0.114	0.105	0.187	-0.374	-0.009	-0.765
1.0*L1	0.078	0.082	-0.374	0.045	0.048	-0.089	-0.835	0.067	0.066	0.135	-0.493	-0.020	-1.094
0.0*L2	0.078	0.082	-0.374	0.045	0.048	-0.089	-0.835	0.067	0.066	0.135	0.507	-0.020	-1.094
0.1*L2	0.041	-0.002	-0.414	0.029	0.013	-0.123	-0.661	0.024	0.031	0.100	0.369	-0.038	-0.719
0.2*L2	0.019	-0.058	-0.464	0.020	-0.009	-0.152	-0.584	-0.004	0.010	0.082	0.298	-0.052	-0.511
0.3*L2	0.007	-0.088	-0.486	0.015	-0.021	-0.167	-0.538	-0.019	-0.001	0.072	0.258	-0.059	-0.396
0.4*L2	0.001	-0.097	-0.473	0.012	-0.025	-0.165	-0.491	-0.024	-0.006	0.064	0.227	-0.059	-0.325
0.5*L2	-0.001	-0.092	-0.429	0.010	-0.024	-0.151	-0.433	-0.024	-0.007	0.056	0.197	-0.054	-0.271
0.6*L2	-0.001	-0.079	-0.362	0.008	-0.021	-0.128	-0.362	-0.021	-0.007	0.046	0.163	-0.046	-0.222
0.7*L2	-0.001	-0.062	-0.284	0.006	-0.017	-0.100	-0.283	-0.017	-0.006	0.036	0.128	-0.036	-0.173
0.8*L2	-0.001	-0.045	-0.204	0.004	-0.012	-0.072	-0.203	-0.012	-0.004	0.026	0.092	-0.026	-0.124
0.9*L2	-0.001	-0.029	-0.130	0.003	-0.008	-0.046	-0.130	-0.008	-0.003	0.017	0.059	-0.017	-0.079
1.0*L2	-0.000	-0.015	-0.070	0.001	-0.004	-0.025	-0.070	-0.004	-0.001	0.009	0.031	-0.009	-0.042
FAKTOR				1/a								1/(a×a)	

INFOLGE STRECKENMOMENT mt=1

IN FELD

	M 0.4	M 0.7	M 1.0	Q 0	Q 0.4	Q 0.7	Q 1.0	T 0	T 0.4	T 0.7	T 1.0	q 0.4	q 1.0
1,BIS SPRUNG						-0.118	-0.679			-0.275	-0.669		
1,REST	0.969	0.640	-1.241	0.886	0.295	-0.133	-2.391	1.571	0.601	0.290	-0.790	-0.644	-1.355
2	0.049	-0.263	-1.737	0.063	-0.052	-0.582	-2.061	-0.039	0.018	0.284	1.023	-0.201	-1.675
3	-0.000	0.004	0.023	-0.001	0.001	0.008	0.026	0.001	-0.000	-0.003	-0.012	0.003	0.019
SUMME(+)	1.018	0.644	0.023	0.950	0.296	0.008	0.026	1.572	0.619	0.573	1.023	0.003	0.019
SUMME(-)	-0.000	-0.263	-2.978	-0.001	-0.170	-1.395	-4.452	-0.039	-0.275	-0.673	-0.803	-0.845	-3.031
SUMME	1.018	0.381	-2.955	0.949	0.126	-1.387	-4.427	1.533	0.344	-0.100	0.220	-0.843	-3.011
FAKTOR	a							a				1/a	

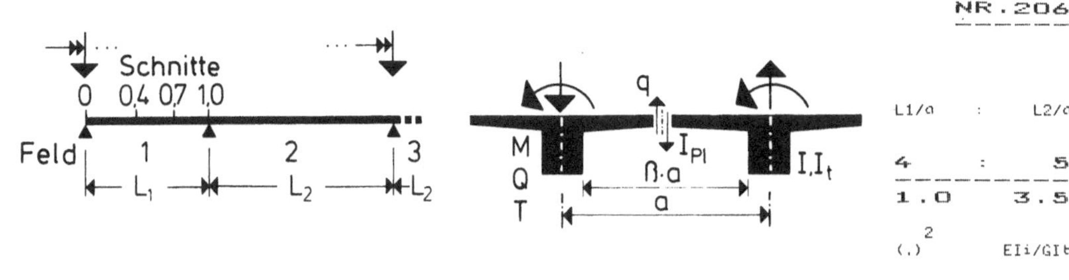

	M			Q				T				q	
IN SCHNITT	0.4	0.7	1.0	0	0.4	0.7	1.0	0	0.4	0.7	1.0	0.4	1.0

INFOLGE EINZELLAST F=1

IN	M 0.4	M 0.7	M 1.0	Q 0	Q 0.4	Q 0.7	Q 1.0	T 0	T 0.4	T 0.7	T 1.0	q 0.4	q 1.0
0.0*L1	0.000	0.000	-0.000	1.000	-0.000	-0.000	-0.000	0.000	0.000	-0.000	-0.000	0.000	-0.000
0.1*L1	0.102	0.004	-0.066	0.765	-0.118	-0.059	-0.066	0.062	0.004	-0.026	-0.022	0.079	-0.024
0.2*L1	0.219	0.014	-0.130	0.557	-0.241	-0.123	-0.135	0.111	0.010	-0.049	-0.043	0.153	-0.046
0.3*L1	0.362	0.038	-0.190	0.387	-0.373	-0.198	-0.208	0.141	0.021	-0.067	-0.062	0.213	-0.064
0.4*L1	0.543	0.083	-0.242	0.257	-0.510	-0.288	-0.289	0.151	0.034	-0.077	-0.076	0.242	-0.075
					0.490								
0.5*L1	0.368	0.158	-0.282	0.162	0.359	-0.396	-0.380	0.143	0.045	-0.077	-0.085	0.225	-0.079
0.6*L1	0.234	0.272	-0.303	0.096	0.245	-0.522	-0.483	0.123	0.048	-0.068	-0.087	0.181	-0.073
0.7*L1	0.138	0.431	-0.298	0.053	0.154	-0.659	-0.600	0.094	0.043	-0.051	-0.080	0.128	-0.057
						0.341							
0.8*L1	0.071	0.241	-0.254	0.025	0.084	0.207	-0.730	0.060	0.030	-0.031	-0.063	0.077	-0.034
0.9*L1	0.027	0.099	-0.159	0.009	0.034	0.090	-0.867	0.027	0.014	-0.014	-0.035	0.033	-0.011
1.0*L1	0.000	0.000	0.000	-0.000	0.000	0.000	-1.000	-0.000	-0.000	-0.000	-0.000	0.000	0.000
0.0*L2	-0.000	-0.000	-0.000	-0.000	-0.000	-0.000	-0.000	-0.000	-0.000	0.000	0.000	-0.000	-0.000
0.1*L2	-0.017	-0.072	-0.199	-0.005	-0.024	-0.073	-0.132	-0.020	-0.010	0.014	0.044	-0.027	-0.023
0.2*L2	-0.023	-0.105	-0.302	-0.005	-0.034	-0.110	-0.215	-0.028	-0.013	0.025	0.077	-0.040	-0.059
0.3*L2	-0.023	-0.112	-0.337	-0.005	-0.036	-0.122	-0.253	-0.029	-0.013	0.030	0.095	-0.044	-0.089
0.4*L2	-0.020	-0.104	-0.325	-0.003	-0.033	-0.117	-0.254	-0.026	-0.011	0.031	0.099	-0.043	-0.104
0.5*L2	-0.016	-0.088	-0.284	-0.002	-0.028	-0.102	-0.229	-0.022	-0.009	0.028	0.092	-0.037	-0.104
0.6*L2	-0.012	-0.068	-0.227	-0.001	-0.022	-0.081	-0.188	-0.016	-0.006	0.024	0.077	-0.029	-0.091
0.7*L2	-0.008	-0.048	-0.164	-0.001	-0.015	-0.058	-0.138	-0.011	-0.004	0.017	0.058	-0.021	-0.071
0.8*L2	-0.005	-0.029	-0.100	-0.000	-0.009	-0.036	-0.086	-0.007	-0.002	0.011	0.036	-0.013	-0.045
0.9*L2	-0.002	-0.012	-0.043	-0.000	-0.004	-0.015	-0.037	-0.003	-0.001	0.005	0.016	-0.006	-0.020
1.0*L2	0.000	0.000	-0.000	-0.000	-0.000	0.000	0.000	-0.000	-0.000	-0.000	-0.000	0.000	0.000
FAKTOR	a				a				a			1/a	

INFOLGE STRECKENLAST P=1

IN FELD	M 0.4	M 0.7	M 1.0	Q 0	Q 0.4	Q 0.7	Q 1.0	T 0	T 0.4	T 0.7	T 1.0	q 0.4	q 1.0
1,BIS SPRUNG						-0.394	-0.763			0.020	-0.157		
1,REST	0.817	0.526	-0.779	1.117	0.445	0.185	-1.702	0.368	0.080	-0.028	-0.223	0.536	-0.186
2	-0.065	-0.323	-1.003	-0.011	-0.104	-0.361	-0.775	-0.082	-0.035	0.093	0.300	-0.132	-0.303
3	0.004	0.028	0.098	0.000	0.009	0.035	0.086	0.006	0.002	-0.011	-0.036	0.013	0.047
SUMME(+)	0.821	0.554	0.098	1.117	0.454	0.220	0.086	0.374	0.102	0.093	0.300	0.549	0.047
SUMME(-)	-0.065	-0.323	-1.781	-0.011	-0.498	-1.125	-2.477	-0.082	-0.035	-0.196	-0.259	-0.132	-0.489
SUMME	0.756	0.230	-1.683	1.105	-0.045	-0.905	-2.391	0.292	0.067	-0.103	0.041	0.417	-0.442
FAKTOR	a×a				a				a×a				

INFOLGE EINZELMOMENT Mt=1

IN	M 0.4	M 0.7	M 1.0	Q 0	Q 0.4	Q 0.7	Q 1.0	T 0	T 0.4	T 0.7	T 1.0	q 0.4	q 1.0
0.0*L1	0.000	0.000	-0.000	0.000	-0.000	-0.000	-0.000	1.000	-0.000	-0.000	-0.000	-0.000	-0.000
0.1*L1	0.149	0.038	-0.102	0.315	-0.071	-0.103	-0.139	0.735	-0.072	-0.056	-0.038	-0.072	-0.046
0.2*L1	0.288	0.081	-0.200	0.432	-0.115	-0.203	-0.279	0.570	-0.156	-0.112	-0.074	-0.181	-0.091
0.3*L1	0.403	0.133	-0.288	0.438	-0.099	-0.296	-0.420	0.462	-0.270	-0.171	-0.109	-0.369	-0.137
0.4*L1	0.464	0.193	-0.362	0.389	0.023	-0.372	-0.561	0.383	-0.434	-0.236	-0.142	-0.685	-0.184
									0.566				
0.5*L1	0.445	0.256	-0.415	0.318	0.150	-0.415	-0.699	0.319	0.402	-0.315	-0.173	-0.367	-0.237
0.6*L1	0.378	0.309	-0.446	0.245	0.186	-0.396	-0.827	0.260	0.289	-0.420	-0.204	-0.181	-0.303
0.7*L1	0.295	0.322	-0.450	0.180	0.171	-0.272	-0.932	0.203	0.208	-0.571	-0.241	-0.083	-0.394
										0.429			
0.8*L1	0.214	0.268	-0.433	0.127	0.133	-0.141	-0.994	0.149	0.146	0.283	-0.291	-0.040	-0.532
0.9*L1	0.144	0.178	-0.404	0.086	0.089	-0.100	-0.979	0.099	0.098	0.193	-0.368	-0.029	-0.744
1.0*L1	0.089	0.083	-0.391	0.056	0.048	-0.106	-0.842	0.057	0.061	0.138	-0.494	-0.033	-1.073
0.0*L2	0.089	0.083	-0.391	0.056	0.048	-0.106	-0.842	0.057	0.061	0.138	0.506	-0.033	-1.073
0.1*L2	0.039	-0.016	-0.433	0.031	0.007	-0.135	-0.653	0.017	0.029	0.100	0.359	-0.046	-0.694
0.2*L2	0.008	-0.085	-0.489	0.016	-0.020	-0.164	-0.566	-0.009	0.009	0.081	0.282	-0.058	-0.481
0.3*L2	-0.009	-0.122	-0.518	0.007	-0.035	-0.179	-0.515	-0.023	-0.002	0.070	0.238	-0.064	-0.360
0.4*L2	-0.017	-0.135	-0.509	0.003	-0.041	-0.178	-0.468	-0.029	-0.007	0.061	0.206	-0.064	-0.287
0.5*L2	-0.019	-0.130	-0.465	0.001	-0.040	-0.164	-0.412	-0.029	-0.009	0.053	0.177	-0.059	-0.234
0.6*L2	-0.017	-0.113	-0.396	-0.000	-0.035	-0.140	-0.345	-0.026	-0.008	0.044	0.147	-0.051	-0.189
0.7*L2	-0.014	-0.089	-0.312	-0.000	-0.028	-0.111	-0.270	-0.021	-0.007	0.034	0.114	-0.040	-0.146
0.8*L2	-0.010	-0.064	-0.224	-0.000	-0.020	-0.080	-0.194	-0.015	-0.005	0.025	0.082	-0.029	-0.104
0.9*L2	-0.006	-0.041	-0.142	-0.000	-0.013	-0.050	-0.123	-0.009	-0.003	0.016	0.052	-0.018	-0.066
1.0*L2	-0.003	-0.021	-0.074	-0.000	-0.007	-0.026	-0.064	-0.005	-0.002	0.008	0.027	-0.010	-0.034
FAKTOR					1/a							1/(a×a)	

INFOLGE STRECKENMOMENT mt=1

IN FELD	M 0.4	M 0.7	M 1.0	Q 0	Q 0.4	Q 0.7	Q 1.0	T 0	T 0.4	T 0.7	T 1.0	q 0.4	q 1.0
1,BIS SPRUNG						-0.118	-0.779			-0.282	-0.634		
1,REST	1.137	0.732	-1.321	1.039	0.313	-0.165	-2.512	1.474	0.577	0.299	-0.750	-0.785	-1.269
2	-0.004	-0.388	-1.864	0.041	-0.104	-0.636	-1.992	-0.061	0.011	0.277	0.955	-0.226	-1.539
3	0.003	0.019	0.067	-0.000	0.006	0.024	0.059	0.004	0.001	-0.008	-0.025	0.009	0.033
SUMME(+)	1.140	0.751	0.067	1.080	0.319	0.024	0.059	1.478	0.590	0.576	0.955	0.009	0.033
SUMME(-)	-0.004	-0.388	-3.186	-0.000	-0.222	-1.579	-4.504	-0.061	-0.282	-0.641	-0.776	-1.011	-2.808
SUMME	1.136	0.363	-3.118	1.080	0.097	-1.556	-4.445	1.417	0.308	-0.065	0.179	-1.003	-2.775
FAKTOR	a				a				a			1/a	

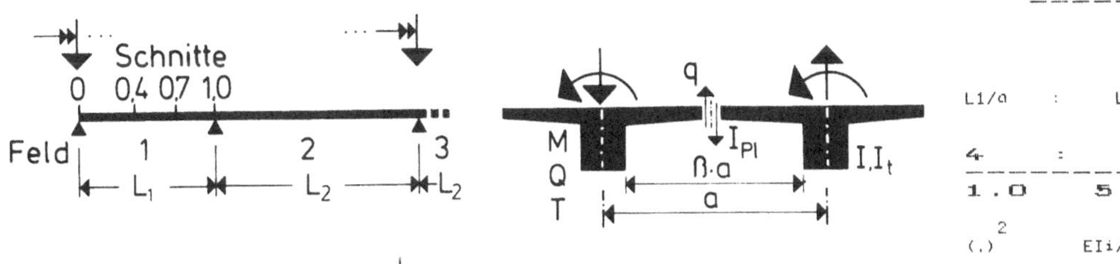

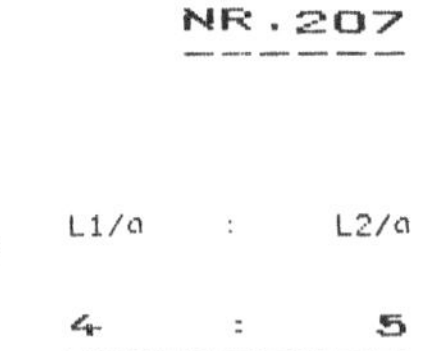

	m			Q				T				q	
IN SCHNITT	0.4	0.7	1.0	0	0.4	0.7	1.0	0	0.4	0.7	1.0	0.4	1.0

INFOLGE EINZELLAST P=1

IN

	m			Q				T				q	
0.0*L1	0.000	0.000	-0.000	1.000	-0.000	-0.000	-0.000	0.000	0.000	-0.000	-0.000	0.000	-0.000
0.1*L1	0.121	0.011	-0.073	0.788	-0.121	-0.072	-0.076	0.049	0.004	-0.021	-0.019	0.064	-0.018
0.2*L1	0.254	0.029	-0.143	0.597	-0.246	-0.148	-0.153	0.088	0.009	-0.040	-0.037	0.123	-0.035
0.3*L1	0.409	0.059	-0.208	0.436	-0.375	-0.232	-0.235	0.112	0.018	-0.054	-0.053	0.170	-0.049
0.4*L1	0.596	0.110	-0.262	0.307	-0.507	-0.327	-0.322	0.121	0.028	-0.062	-0.065	0.193	-0.057
				0.493									
0.5*L1	0.420	0.189	-0.302	0.207	0.368	-0.435	-0.417	0.116	0.036	-0.063	-0.072	0.181	-0.059
0.6*L1	0.280	0.304	-0.320	0.133	0.257	-0.555	-0.521	0.100	0.038	-0.056	-0.073	0.148	-0.054
0.7*L1	0.173	0.461	-0.310	0.079	0.166	-0.683	-0.635	0.077	0.034	-0.042	-0.066	0.106	-0.042
					0.317								
0.8*L1	0.094	0.263	-0.260	0.042	0.093	0.193	-0.757	0.050	0.024	-0.026	-0.051	0.065	-0.025
0.9*L1	0.038	0.110	-0.161	0.016	0.039	0.085	-0.881	0.023	0.011	-0.012	-0.028	0.029	-0.008
1.0*L1	0.000	0.000	0.000	0.000	0.000	0.000	-1.000	-0.000	-0.000	-0.000	-0.000	0.000	0.000
0.0*L2	-0.000	-0.000	-0.000	-0.000	-0.000	-0.000	-0.000	-0.000	-0.000	0.000	0.000	-0.000	-0.000
0.1*L2	-0.027	-0.086	-0.202	-0.011	-0.030	-0.072	-0.118	-0.018	-0.008	0.013	0.036	-0.024	-0.017
0.2*L2	-0.040	-0.128	-0.313	-0.016	-0.044	-0.110	-0.194	-0.026	-0.012	0.022	0.063	-0.038	-0.045
0.3*L2	-0.042	-0.141	-0.355	-0.016	-0.048	-0.125	-0.230	-0.028	-0.012	0.026	0.079	-0.043	-0.068
0.4*L2	-0.039	-0.135	-0.348	-0.015	-0.046	-0.122	-0.233	-0.026	-0.011	0.027	0.083	-0.042	-0.080
0.5*L2	-0.034	-0.117	-0.309	-0.012	-0.040	-0.108	-0.213	-0.022	-0.009	0.025	0.078	-0.037	-0.081
0.6*L2	-0.026	-0.093	-0.250	-0.009	-0.031	-0.087	-0.177	-0.018	-0.007	0.021	0.068	-0.030	-0.072
0.7*L2	-0.019	-0.067	-0.182	-0.006	-0.022	-0.064	-0.131	-0.013	-0.005	0.016	0.050	-0.022	-0.056
0.8*L2	-0.011	-0.041	-0.113	-0.004	-0.014	-0.039	-0.082	-0.008	-0.003	0.010	0.031	-0.014	-0.036
0.9*L2	-0.005	-0.018	-0.049	-0.002	-0.006	-0.017	-0.036	-0.003	-0.001	0.004	0.014	-0.006	-0.016
1.0*L2	-0.000	-0.000	0.000	-0.000	-0.000	0.000	-0.000	-0.000	-0.000	-0.000	0.000	-0.000	0.000
FAKTOR	a								a			1/a	

INFOLGE STRECKENLAST P=1

IN FELD

	m			Q				T				q	
1,BIS SPRUNG					-0.398	-0.842			0.018	-0.128			
1,REST	0.946	0.605	-0.825	1.235	0.464	0.173	-1.798	0.297	0.063	-0.023	-0.187	0.434	-0.140
2	-0.123	-0.418	-1.073	-0.046	-0.142	-0.376	-0.714	-0.082	-0.034	0.083	0.252	-0.129	-0.236
3	0.013	0.050	0.137	0.005	0.017	0.048	0.101	0.009	0.003	-0.012	-0.039	0.016	0.046
SUMME(+)	0.960	0.654	0.137	1.240	0.481	0.221	0.101	0.306	0.084	0.083	0.252	0.451	0.046
SUMME(-)	-0.123	-0.418	-1.898	-0.046	-0.540	-1.218	-2.512	-0.082	-0.034	-0.163	-0.226	-0.129	-0.376
SUMME	0.836	0.236	-1.761	1.194	-0.059	-0.998	-2.411	0.224	0.051	-0.080	0.027	0.322	-0.330
FAKTOR	a*a			a				a*a				1/a	

INFOLGE EINZELMOMENT Mt=1

IN

	m			Q				T				q	
0.0*L1	0.000	0.000	-0.000	0.000	-0.000	-0.000	-0.000	1.000	-0.000	-0.000	-0.000	-0.000	-0.000
0.1*L1	0.171	0.049	-0.111	0.337	-0.071	-0.118	-0.152	0.722	-0.073	-0.050	-0.033	-0.091	-0.038
0.2*L1	0.329	0.102	-0.216	0.473	-0.114	-0.232	-0.304	0.546	-0.160	-0.101	-0.065	-0.216	-0.077
0.3*L1	0.458	0.162	-0.309	0.492	-0.096	-0.336	-0.455	0.430	-0.276	-0.156	-0.096	-0.416	-0.117
0.4*L1	0.528	0.228	-0.386	0.448	0.028	-0.419	-0.604	0.348	-0.442	-0.219	-0.126	-0.739	-0.160
								0.558					
0.5*L1	0.510	0.295	-0.441	0.376	0.159	-0.463	-0.746	0.283	0.392	-0.297	-0.156	-0.420	-0.211
0.6*L1	0.438	0.347	-0.470	0.297	0.196	-0.441	-0.874	0.227	0.278	-0.404	-0.187	-0.229	-0.277
0.7*L1	0.346	0.356	-0.472	0.223	0.181	-0.310	-0.974	0.176	0.197	-0.557	-0.226	-0.122	-0.371
									0.443				
0.8*L1	0.252	0.293	-0.451	0.159	0.141	-0.171	-1.026	0.128	0.137	0.293	-0.279	-0.069	-0.511
0.9*L1	0.168	0.191	-0.420	0.107	0.093	-0.121	-0.999	0.085	0.092	0.199	-0.362	-0.049	-0.725
1.0*L1	0.099	0.084	-0.406	0.066	0.047	-0.120	-0.848	0.048	0.058	0.141	-0.495	-0.046	-1.055
0.0*L2	0.099	0.084	-0.406	0.066	0.047	-0.120	-0.848	0.048	0.058	0.141	0.505	-0.046	-1.055
0.1*L2	0.035	-0.032	-0.452	0.030	0.000	-0.145	-0.644	0.013	0.028	0.100	0.350	-0.053	-0.673
0.2*L2	-0.007	-0.114	-0.513	0.008	-0.032	-0.172	-0.545	-0.011	0.009	0.079	0.265	-0.061	-0.454
0.3*L2	-0.031	-0.161	-0.547	-0.006	-0.051	-0.187	-0.489	-0.025	-0.002	0.066	0.217	-0.065	-0.328
0.4*L2	-0.042	-0.178	-0.543	-0.012	-0.058	-0.187	-0.441	-0.030	-0.007	0.057	0.184	-0.065	-0.252
0.5*L2	-0.044	-0.172	-0.501	-0.014	-0.057	-0.173	-0.387	-0.031	-0.009	0.049	0.156	-0.060	-0.200
0.6*L2	-0.040	-0.151	-0.429	-0.013	-0.050	-0.149	-0.324	-0.027	-0.009	0.041	0.128	-0.051	-0.159
0.7*L2	-0.032	-0.121	-0.340	-0.011	-0.040	-0.118	-0.254	-0.022	-0.007	0.032	0.100	-0.041	-0.121
0.8*L2	-0.023	-0.087	-0.245	-0.008	-0.029	-0.085	-0.182	-0.016	-0.005	0.023	0.071	-0.029	-0.086
0.9*L2	-0.015	-0.055	-0.154	-0.005	-0.018	-0.054	-0.115	-0.010	-0.003	0.014	0.045	-0.019	-0.054
1.0*L2	-0.007	-0.028	-0.077	-0.002	-0.009	-0.027	-0.058	-0.005	-0.002	0.007	0.023	-0.009	-0.027
FAKTOR				1/a							1/(a*a)		

INFOLGE STRECKENMOMENT mt=1

IN FELD

	m			Q				T				q	
1,BIS SPRUNG					-0.116	-0.877			-0.288	-0.598			
1,REST	1.308	0.830	-1.395	1.195	0.331	-0.196	-2.637	1.377	0.555	0.309	-0.707	-0.925	-1.194
2	-0.080	-0.529	-1.987	-0.001	-0.161	-0.674	-1.907	-0.071	0.009	0.265	0.882	-0.236	-1.415
3	0.012	0.044	0.122	0.004	0.015	0.042	0.089	0.008	0.003	-0.011	-0.034	0.015	0.039
SUMME(+)	1.320	0.875	0.122	1.199	0.346	0.042	0.089	1.386	0.567	0.574	0.882	0.015	0.039
SUMME(-)	-0.080	-0.529	-3.382	-0.001	-0.277	-1.746	-4.543	-0.071	-0.288	-0.608	-0.741	-1.161	-2.609
SUMME	1.240	0.346	-3.260	1.199	0.069	-1.704	-4.455	1.315	0.279	-0.034	0.141	-1.147	-2.570
FAKTOR	a			a				a				1/a	

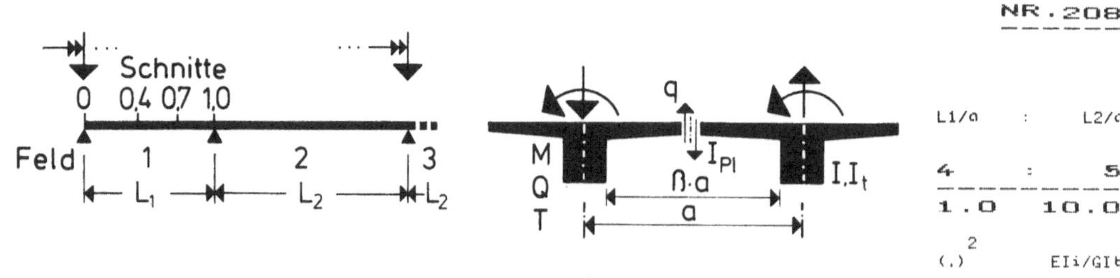

	M			Q				T				q	
IN SCHNITT	0.4	0.7	1.0	0	0.4	0.7	1.0	0	0.4	0.7	1.0	0.4	1.0

INFOLGE EINZELLAST P=1

IN	M			Q				T				q	
0.0*L1	0.000	0.000	-0.000	1.000	-0.000	-0.000	-0.000	0.000	0.000	-0.000	-0.000	0.000	-0.000
0.1*L1	0.152	0.025	-0.083	0.824	-0.124	-0.092	-0.093	0.029	0.003	-0.013	-0.013	0.039	-0.010
0.2*L1	0.312	0.056	-0.162	0.659	-0.249	-0.187	-0.186	0.053	0.007	-0.024	-0.025	0.074	-0.020
0.3*L1	0.487	0.099	-0.233	0.513	-0.375	-0.285	-0.282	0.068	0.012	-0.033	-0.035	0.102	-0.027
0.4*L1	0.685	0.160	-0.290	0.388	-0.500	-0.388	-0.380	0.074	0.017	-0.038	-0.042	0.116	-0.031
					0.500								
0.5*L1	0.508	0.245	-0.329	0.283	0.382	-0.496	-0.481	0.071	0.022	-0.039	-0.047	0.111	-0.032
0.6*L1	0.358	0.360	-0.343	0.197	0.276	-0.609	-0.585	0.062	0.023	-0.035	-0.047	0.092	-0.029
0.7*L1	0.235	0.511	-0.326	0.127	0.184	-0.723	-0.692	0.048	0.020	-0.027	-0.042	0.068	-0.022
						0.277							
0.8*L1	0.135	0.300	-0.269	0.073	0.108	0.170	-0.800	0.032	0.014	-0.017	-0.032	0.043	-0.013
0.9*L1	0.058	0.130	-0.163	0.031	0.046	0.076	-0.904	0.015	0.007	-0.008	-0.018	0.020	-0.004
1.0*L1	0.000	-0.000	0.000	-0.000	-0.000	-0.000	-1.000	-0.000	-0.000	0.000	-0.000	0.000	0.000
0.0*L2	-0.000	-0.000	-0.000	-0.000	-0.000	-0.000	-0.000	-0.000	-0.000	0.000	0.000	-0.000	-0.000
0.1*L2	-0.047	-0.109	-0.208	-0.025	-0.039	-0.067	-0.094	-0.012	-0.005	0.009	0.022	-0.018	-0.009
0.2*L2	-0.072	-0.170	-0.329	-0.038	-0.060	-0.106	-0.156	-0.019	-0.008	0.015	0.040	-0.028	-0.025
0.3*L2	-0.082	-0.195	-0.383	-0.043	-0.069	-0.123	-0.188	-0.022	-0.009	0.018	0.051	-0.033	-0.038
0.4*L2	-0.081	-0.193	-0.384	-0.042	-0.068	-0.123	-0.193	-0.021	-0.008	0.019	0.054	-0.033	-0.046
0.5*L2	-0.072	-0.173	-0.349	-0.037	-0.061	-0.112	-0.179	-0.019	-0.007	0.018	0.052	-0.030	-0.047
0.6*L2	-0.059	-0.142	-0.288	-0.030	-0.050	-0.093	-0.150	-0.015	-0.006	0.016	0.044	-0.025	-0.043
0.7*L2	-0.043	-0.105	-0.214	-0.022	-0.037	-0.069	-0.113	-0.011	-0.004	0.012	0.034	-0.019	-0.034
0.8*L2	-0.027	-0.066	-0.135	-0.014	-0.023	-0.043	-0.072	-0.007	-0.002	0.008	0.022	-0.012	-0.022
0.9*L2	-0.012	-0.029	-0.060	-0.006	-0.010	-0.019	-0.032	-0.003	-0.001	0.003	0.010	-0.005	-0.010
1.0*L2	0.000	-0.000	-0.000	-0.000	-0.000	-0.000	0.000	-0.000	-0.000	0.000	-0.000	-0.000	0.000
FAKTOR		a								a			1/a

INFOLGE STRECKENLAST P=1

IN FELD	M			Q				T				q	
1,BIS SPRUNG					-0.399	-0.967			0.012	-0.079			
1,REST	1.165	0.746	-0.889	1.433	0.496	0.152	-1.961	0.182	0.038	-0.015	-0.121	0.268	-0.076
2	-0.251	-0.598	-1.187	-0.130	-0.211	-0.382	-0.595	-0.066	-0.026	0.060	0.166	-0.103	-0.138
3	0.044	0.106	0.217	0.022	0.037	0.070	0.116	0.011	0.004	-0.012	-0.036	0.019	0.037
SUMME(+)	1.208	0.852	0.217	1.455	0.533	0.222	0.116	0.193	0.054	0.060	0.166	0.287	0.037
SUMME(-)	-0.251	-0.598	-2.076	-0.130	-0.610	-1.349	-2.555	-0.066	-0.026	-0.107	-0.157	-0.103	-0.214
SUMME	0.957	0.254	-1.859	1.325	-0.077	-1.126	-2.439	0.128	0.028	-0.047	0.009	0.184	-0.177
FAKTOR		a*a			a				a*a				

INFOLGE EINZELMOMENT Mt=1

IN	M			Q				T				q	
0.0*L1	0.000	0.000	-0.000	0.000	-0.000	-0.000	-0.000	1.000	-0.000	-0.000	-0.000	-0.000	-0.000
0.1*L1	0.206	0.068	-0.122	0.373	-0.070	-0.143	-0.175	0.702	-0.077	-0.040	-0.024	-0.120	-0.028
0.2*L1	0.397	0.139	-0.238	0.539	-0.111	-0.279	-0.348	0.508	-0.167	-0.083	-0.049	-0.272	-0.057
0.3*L1	0.550	0.214	-0.339	0.579	-0.089	-0.399	-0.517	0.379	-0.287	-0.131	-0.073	-0.492	-0.089
0.4*L1	0.634	0.292	-0.420	0.545	0.040	-0.492	-0.678	0.291	-0.457	-0.190	-0.097	-0.825	-0.127
									0.543				
0.5*L1	0.620	0.363	-0.476	0.473	0.175	-0.539	-0.827	0.226	0.375	-0.268	-0.124	-0.507	-0.175
0.6*L1	0.540	0.414	-0.503	0.385	0.214	-0.512	-0.953	0.175	0.260	-0.377	-0.156	-0.306	-0.242
0.7*L1	0.432	0.414	-0.501	0.296	0.198	-0.370	-1.044	0.132	0.181	-0.535	-0.199	-0.185	-0.338
										0.465			
0.8*L1	0.316	0.336	-0.476	0.213	0.154	-0.217	-1.079	0.094	0.124	0.309	-0.260	-0.117	-0.482
0.9*L1	0.208	0.214	-0.442	0.141	0.099	-0.154	-1.031	0.062	0.083	0.209	-0.352	-0.081	-0.700
1.0*L1	0.113	0.083	-0.429	0.081	0.045	-0.141	-0.857	0.035	0.053	0.146	-0.496	-0.064	-1.030
0.0*L2	0.113	0.083	-0.429	0.081	0.045	-0.141	-0.857	0.035	0.053	0.146	0.504	-0.064	-1.030
0.1*L2	0.021	-0.062	-0.479	0.024	-0.012	-0.156	-0.625	0.009	0.027	0.099	0.333	-0.058	-0.644
0.2*L2	-0.043	-0.169	-0.549	-0.014	-0.054	-0.178	-0.506	-0.009	0.010	0.072	0.236	-0.057	-0.417
0.3*L2	-0.081	-0.233	-0.594	-0.037	-0.079	-0.191	-0.438	-0.020	0.001	0.057	0.180	-0.057	-0.283
0.4*L2	-0.098	-0.260	-0.597	-0.048	-0.089	-0.192	-0.386	-0.025	-0.004	0.047	0.144	-0.055	-0.203
0.5*L2	-0.100	-0.254	-0.557	-0.050	-0.088	-0.179	-0.335	-0.026	-0.007	0.039	0.117	-0.051	-0.151
0.6*L2	-0.090	-0.226	-0.483	-0.046	-0.079	-0.155	-0.280	-0.023	-0.007	0.032	0.094	-0.043	-0.114
0.7*L2	-0.074	-0.183	-0.386	-0.037	-0.064	-0.124	-0.219	-0.019	-0.006	0.024	0.072	-0.034	-0.084
0.8*L2	-0.054	-0.132	-0.279	-0.027	-0.046	-0.090	-0.156	-0.014	-0.004	0.017	0.051	-0.025	-0.058
0.9*L2	-0.033	-0.083	-0.174	-0.017	-0.029	-0.056	-0.097	-0.009	-0.003	0.011	0.031	-0.015	-0.036
1.0*L2	-0.015	-0.038	-0.081	-0.008	-0.013	-0.026	-0.046	-0.004	-0.001	0.005	0.015	-0.007	-0.018
FAKTOR		1/a							1/(a*a)				

INFOLGE STRECKENMOMENT mt=1

IN FELD	M			Q				T				q	
1,BIS SPRUNG					-0.109	-1.032			-0.299	-0.538			
1,REST	1.594	1.005	-1.497	1.452	0.361	-0.243	-2.846	1.223	0.522	0.325	-0.628	-1.152	-1.089
2	-0.257	-0.798	-2.180	-0.111	-0.266	-0.704	-1.736	-0.062	0.015	0.234	0.750	-0.216	-1.238
3	0.048	0.116	0.235	0.025	0.041	0.075	0.123	0.013	0.005	-0.013	-0.037	0.021	0.036
SUMME(+)	1.641	1.120	0.235	1.477	0.402	0.075	0.123	1.235	0.542	0.559	0.750	0.021	0.036
SUMME(-)	-0.257	-0.798	-3.678	-0.111	-0.375	-1.979	-4.582	-0.062	-0.299	-0.551	-0.665	-1.368	-2.327
SUMME	1.385	0.322	-3.443	1.366	0.027	-1.904	-4.459	1.173	0.243	0.008	0.086	-1.347	-2.291
FAKTOR		a			a				a				1/a

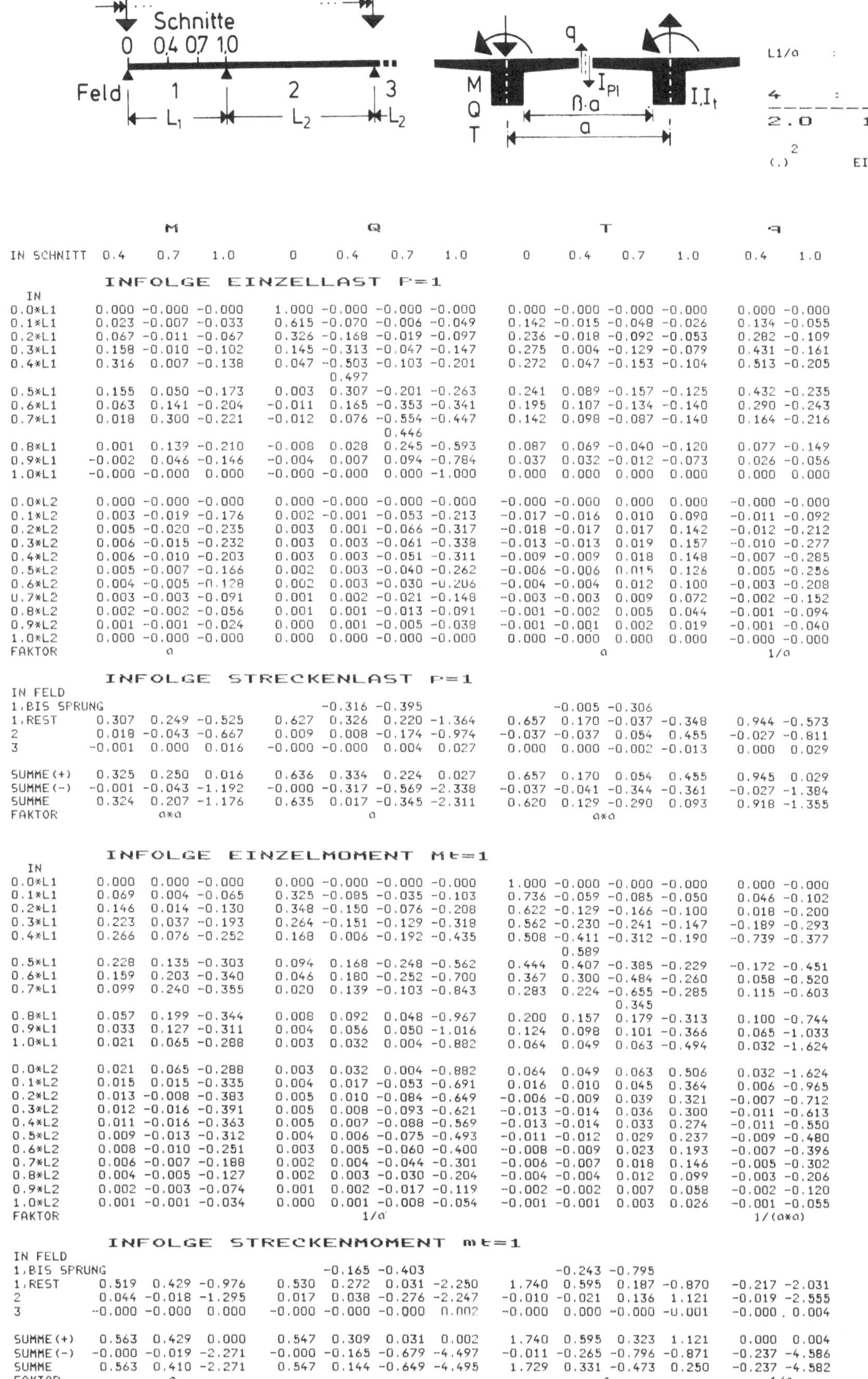

	M 0.4	M 0.7	M 1.0	Q 0	Q 0.4	Q 0.7	Q 1.0	T 0	T 0.4	T 0.7	T 1.0	q 0.4	q 1.0
IN SCHNITT	0.4	0.7	1.0	0	0.4	0.7	1.0	0	0.4	0.7	1.0	0.4	1.0

INFOLGE EINZELLAST P=1

IN	M 0.4	M 0.7	M 1.0	Q 0	Q 0.4	Q 0.7	Q 1.0	T 0	T 0.4	T 0.7	T 1.0	q 0.4	q 1.0
0.0*L1	0.000	-0.000	-0.000	1.000	-0.000	-0.000	-0.000	0.000	-0.000	-0.000	-0.000	0.000	-0.000
0.1*L1	0.023	-0.007	-0.033	0.615	-0.070	-0.006	-0.049	0.142	-0.015	-0.048	-0.026	0.134	-0.055
0.2*L1	0.067	-0.011	-0.067	0.326	-0.168	-0.019	-0.097	0.236	-0.018	-0.092	-0.053	0.282	-0.109
0.3*L1	0.158	-0.010	-0.102	0.145	-0.313	-0.047	-0.147	0.275	0.004	-0.129	-0.079	0.431	-0.161
0.4*L1	0.316	0.007	-0.138	0.047	-0.503	-0.103	-0.201	0.272	0.047	-0.153	-0.104	0.513	-0.205
(Sprung)					0.497								
0.5*L1	0.155	0.050	-0.173	0.003	0.307	-0.201	-0.263	0.241	0.089	-0.157	-0.125	0.432	-0.235
0.6*L1	0.063	0.141	-0.204	-0.011	0.165	-0.353	-0.341	0.195	0.107	-0.134	-0.140	0.290	-0.243
0.7*L1	0.018	0.300	-0.221	-0.012	0.076	-0.554	-0.447	0.142	0.098	-0.087	-0.140	0.164	-0.216
(Sprung)						0.446							
0.8*L1	0.001	0.139	-0.210	-0.008	0.028	0.245	-0.593	0.087	0.069	-0.040	-0.120	0.077	-0.149
0.9*L1	-0.002	0.046	-0.146	-0.004	0.007	0.094	-0.784	0.037	0.032	-0.012	-0.073	0.026	-0.056
1.0*L1	-0.000	-0.000	0.000	-0.000	-0.000	0.000	-1.000	0.000	0.000	0.000	0.000	0.000	0.000
0.0*L2	0.000	-0.000	-0.000	0.000	-0.000	-0.000	-0.000	-0.000	-0.000	0.000	0.000	-0.000	-0.000
0.1*L2	0.003	-0.019	-0.176	0.002	-0.001	-0.053	-0.213	-0.017	-0.016	0.010	0.090	-0.011	-0.092
0.2*L2	0.005	-0.020	-0.235	0.003	0.001	-0.066	-0.317	-0.018	-0.017	0.017	0.142	-0.012	-0.212
0.3*L2	0.006	-0.015	-0.232	0.003	0.003	-0.061	-0.338	-0.013	-0.013	0.019	0.157	-0.010	-0.277
0.4*L2	0.006	-0.010	-0.203	0.003	0.003	-0.051	-0.311	-0.009	-0.009	0.018	0.148	-0.007	-0.285
0.5*L2	0.005	-0.007	-0.166	0.002	0.003	-0.040	-0.262	-0.006	-0.006	0.015	0.126	0.005	-0.256
0.6*L2	0.004	-0.005	-0.128	0.002	0.003	-0.030	-0.206	-0.004	-0.004	0.012	0.100	-0.003	-0.208
0.7*L2	0.003	-0.003	-0.091	0.001	0.002	-0.021	-0.148	-0.003	-0.003	0.009	0.072	-0.002	-0.152
0.8*L2	0.002	-0.002	-0.056	0.001	0.001	-0.013	-0.091	-0.001	-0.002	0.005	0.044	-0.001	-0.094
0.9*L2	0.001	-0.001	-0.024	0.000	0.001	-0.005	-0.038	-0.001	-0.001	0.002	0.019	-0.001	-0.040
1.0*L2	0.000	-0.000	-0.000	0.000	0.000	-0.000	-0.000	0.000	-0.000	0.000	0.000	-0.000	-0.000
FAKTOR	a							a				1/a	

INFOLGE STRECKENLAST p=1

IN FELD	M 0.4	M 0.7	M 1.0	Q 0	Q 0.4	Q 0.7	Q 1.0	T 0	T 0.4	T 0.7	T 1.0	q 0.4	q 1.0
1,BIS SPRUNG						-0.316	-0.395			-0.005	-0.306		
1,REST	0.307	0.249	-0.525	0.627	0.326	0.220	-1.364	0.657	0.170	-0.037	-0.348	0.944	-0.573
2	0.018	-0.043	-0.667	0.009	0.008	-0.174	-0.974	-0.037	-0.037	0.054	0.455	-0.027	-0.811
3	-0.001	0.000	0.016	-0.000	-0.000	0.004	0.027	0.000	0.000	-0.002	-0.013	0.000	0.029
SUMME(+)	0.325	0.250	0.016	0.636	0.334	0.224	0.027	0.657	0.170	0.054	0.455	0.945	0.029
SUMME(-)	-0.001	-0.043	-1.192	-0.000	-0.317	-0.569	-2.338	-0.037	-0.041	-0.344	-0.361	-0.027	-1.384
SUMME	0.324	0.207	-1.176	0.635	0.017	-0.345	-2.311	0.620	0.129	-0.290	0.093	0.918	-1.355
FAKTOR	a×a			a				a×a					

INFOLGE EINZELMOMENT Mt=1

IN	M 0.4	M 0.7	M 1.0	Q 0	Q 0.4	Q 0.7	Q 1.0	T 0	T 0.4	T 0.7	T 1.0	q 0.4	q 1.0
0.0*L1	0.000	0.000	-0.000	0.000	-0.000	-0.000	-0.000	1.000	-0.000	-0.000	-0.000	0.000	-0.000
0.1*L1	0.069	0.004	-0.065	0.325	-0.085	-0.035	-0.103	0.736	-0.059	-0.085	-0.050	0.046	-0.102
0.2*L1	0.146	0.014	-0.130	0.348	-0.150	-0.076	-0.208	0.622	-0.129	-0.166	-0.100	0.018	-0.200
0.3*L1	0.223	0.037	-0.193	0.264	-0.151	-0.129	-0.318	0.562	-0.230	-0.241	-0.147	-0.189	-0.293
0.4*L1	0.266	0.076	-0.252	0.168	0.006	-0.192	-0.435	0.508	-0.411	-0.312	-0.190	-0.739	-0.377
(Sprung)								0.589					
0.5*L1	0.228	0.135	-0.303	0.094	0.168	-0.248	-0.562	0.444	0.407	-0.385	-0.229	-0.172	-0.451
0.6*L1	0.159	0.203	-0.340	0.046	0.180	-0.252	-0.700	0.367	0.300	-0.484	-0.260	0.058	-0.520
0.7*L1	0.099	0.240	-0.355	0.020	0.139	-0.103	-0.843	0.283	0.224	-0.655	-0.285	0.115	-0.603
(Sprung)										0.345			
0.8*L1	0.057	0.199	-0.344	0.008	0.092	0.048	-0.967	0.200	0.157	0.179	-0.313	0.100	-0.744
0.9*L1	0.033	0.127	-0.311	0.004	0.056	0.050	-1.016	0.124	0.098	0.101	-0.366	0.065	-1.033
1.0*L1	0.021	0.065	-0.288	0.003	0.032	0.004	-0.882	0.064	0.049	0.063	-0.494	0.032	-1.624
0.0*L2	0.021	0.065	-0.288	0.003	0.032	0.004	-0.882	0.064	0.049	0.063	0.506	0.032	-1.624
0.1*L2	0.015	0.015	-0.335	0.004	0.017	-0.053	-0.691	0.016	0.010	0.045	0.364	0.006	-0.965
0.2*L2	0.013	-0.008	-0.383	0.005	0.010	-0.084	-0.649	-0.006	-0.009	0.039	0.321	-0.007	-0.712
0.3*L2	0.012	-0.016	-0.391	0.005	0.008	-0.093	-0.621	-0.013	-0.014	0.036	0.300	-0.011	-0.613
0.4*L2	0.011	-0.016	-0.363	0.005	0.007	-0.088	-0.569	-0.013	-0.014	0.033	0.274	-0.011	-0.550
0.5*L2	0.009	-0.013	-0.312	0.004	0.006	-0.075	-0.493	-0.011	-0.012	0.029	0.237	-0.009	-0.480
0.6*L2	0.008	-0.010	-0.251	0.003	0.005	-0.060	-0.400	-0.008	-0.009	0.023	0.193	-0.007	-0.396
0.7*L2	0.006	-0.007	-0.188	0.002	0.004	-0.044	-0.301	-0.006	-0.007	0.018	0.146	-0.005	-0.302
0.8*L2	0.004	-0.005	-0.127	0.002	0.003	-0.030	-0.204	-0.004	-0.004	0.012	0.099	-0.003	-0.206
0.9*L2	0.002	-0.003	-0.074	0.001	0.002	-0.017	-0.119	-0.002	-0.002	0.007	0.058	-0.002	-0.120
1.0*L2	0.001	-0.001	-0.034	0.000	0.001	-0.008	-0.054	-0.001	-0.001	0.003	0.026	-0.001	-0.055
FAKTOR				1/a								1/(a×a)	

INFOLGE STRECKENMOMENT mt=1

IN FELD	M 0.4	M 0.7	M 1.0	Q 0	Q 0.4	Q 0.7	Q 1.0	T 0	T 0.4	T 0.7	T 1.0	q 0.4	q 1.0
1,BIS SPRUNG						-0.165	-0.403			-0.243	-0.795		
1,REST	0.519	0.429	-0.976	0.530	0.272	0.031	-2.250	1.740	0.595	0.187	-0.870	-0.217	-2.031
2	0.044	-0.018	-1.295	0.017	0.038	-0.276	-2.247	-0.010	-0.021	0.136	1.121	-0.019	-2.555
3	-0.000	-0.000	0.000	-0.000	-0.000	-0.000	0.002	0.000	0.000	-0.002	-0.001	-0.000	0.004
SUMME(+)	0.563	0.429	0.000	0.547	0.309	0.031	0.002	1.740	0.595	0.323	1.121	0.000	0.004
SUMME(-)	-0.000	-0.019	-2.271	-0.000	-0.165	-0.679	-4.497	-0.011	-0.265	-0.796	-0.871	-0.237	-4.586
SUMME	0.563	0.410	-2.271	0.547	0.144	-0.649	-4.495	1.729	0.331	-0.473	0.250	-0.237	-4.582
FAKTOR	a							a				1/a	

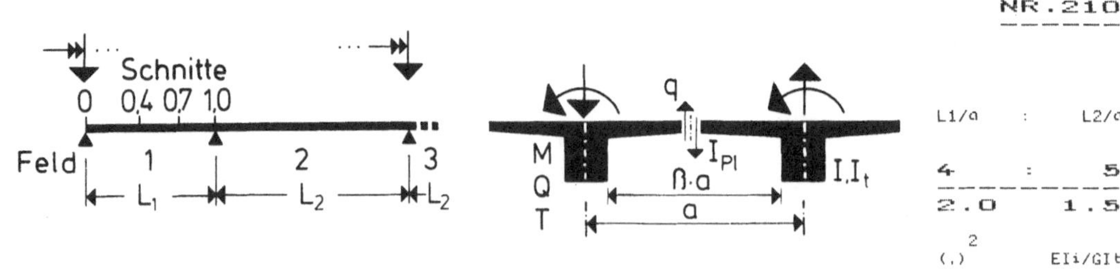

NR.210

		M				Q				T			q	
IN SCHNITT	0.4	0.7	1.0	0	0.4	0.7	1.0	0	0.4	0.7	1.0	0.4	1.0	

INFOLGE EINZELLAST P=1

IN	M 0.4	M 0.7	M 1.0	Q 0	Q 0.4	Q 0.7	Q 1.0	T 0	T 0.4	T 0.7	T 1.0	q 0.4	q 1.0
0.0*L1	0.000	-0.000	-0.000	1.000	-0.000	-0.000	-0.000	0.000	-0.000	-0.000	-0.000	0.000	-0.000
0.1*L1	0.042	-0.006	-0.042	0.659	-0.086	-0.018	-0.052	0.118	-0.009	-0.043	-0.026	0.125	-0.049
0.2*L1	0.104	-0.009	-0.083	0.390	-0.193	-0.043	-0.104	0.201	-0.008	-0.083	-0.052	0.254	-0.095
0.3*L1	0.207	-0.002	-0.125	0.207	-0.333	-0.083	-0.160	0.239	0.010	-0.115	-0.077	0.375	-0.138
0.4*L1	0.371	0.022	-0.166	0.096	-0.506	-0.149	-0.220	0.242	0.043	-0.135	-0.100	0.439	-0.172
					0.494								
0.5*L1	0.205	0.075	-0.203	0.036	0.324	-0.252	-0.291	0.218	0.075	-0.137	-0.118	0.380	-0.193
0.6*L1	0.102	0.174	-0.233	0.008	0.190	-0.398	-0.378	0.179	0.088	-0.118	-0.128	0.269	-0.194
0.7*L1	0.044	0.335	-0.244	-0.003	0.099	-0.580	-0.489	0.131	0.080	-0.080	-0.125	0.164	-0.167
					0.420								
0.8*L1	0.015	0.166	-0.223	-0.004	0.044	0.239	-0.632	0.081	0.057	-0.040	-0.105	0.084	-0.112
0.9*L1	0.003	0.060	-0.150	-0.003	0.014	0.096	-0.809	0.035	0.027	-0.014	-0.062	0.031	-0.041
1.0*L1	-0.000	0.000	0.000	-0.000	0.000	0.000	-1.000	0.000	-0.000	-0.000	-0.000	0.000	0.000
0.0*L2	-0.000	-0.000	-0.000	0.000	-0.000	-0.000	-0.000	-0.000	-0.000	0.000	0.000	-0.000	-0.000
0.1*L2	0.001	-0.032	-0.183	0.002	-0.006	-0.062	-0.191	-0.020	-0.016	0.012	0.077	-0.018	-0.069
0.2*L2	0.002	-0.039	-0.256	0.004	-0.006	-0.082	-0.293	-0.024	-0.019	0.019	0.125	-0.022	-0.163
0.3*L2	0.003	-0.035	-0.263	0.004	-0.005	-0.081	-0.322	-0.021	-0.017	0.021	0.142	-0.021	-0.221
0.4*L2	0.004	-0.029	-0.237	0.004	-0.003	-0.071	-0.304	-0.017	-0.013	0.020	0.137	-0.018	-0.234
0.5*L2	0.004	-0.022	-0.197	0.003	-0.002	-0.058	-0.261	-0.013	-0.010	0.018	0.119	-0.014	-0.216
0.6*L2	0.003	-0.016	-0.153	0.003	-0.001	-0.044	-0.207	-0.009	-0.007	0.014	0.095	-0.010	-0.178
0.7*L2	0.002	-0.011	-0.109	0.002	-0.001	-0.031	-0.148	-0.006	-0.005	0.010	0.069	-0.007	-0.131
0.8*L2	0.001	-0.007	-0.066	0.001	-0.000	-0.019	-0.091	-0.004	-0.003	0.006	0.042	-0.004	-0.081
0.9*L2	0.001	-0.003	-0.028	0.000	-0.000	-0.008	-0.038	-0.002	-0.001	0.003	0.018	-0.002	-0.035
1.0*L2	0.000	0.000	0.000	0.000	0.000	-0.000	-0.000	-0.000	-0.000	-0.000	-0.000	0.000	-0.000
FAKTOR	a							a				1/a	

INFOLGE STRECKENLAST P=1

IN FELD	M 0.4	M 0.7	M 1.0	Q 0	Q 0.4	Q 0.7	Q 1.0	T 0	T 0.4	T 0.7	T 1.0	q 0.4	q 1.0
1,BIS SPRUNG				-0.343	-0.487			0.004	-0.272				
1,REST	0.425	0.313	-0.596	0.743	0.362	0.214	-1.450	0.583	0.141	-0.037	-0.321	0.853	-0.466
2	0.011	-0.099	-0.757	0.012	-0.012	-0.231	-0.939	-0.059	-0.047	0.063	0.416	-0.059	-0.666
3	-0.001	0.003	0.033	-0.001	0.000	0.009	0.047	0.002	0.001	-0.003	-0.022	0.002	0.043
SUMME(+)	0.436	0.316	0.033	0.754	0.362	0.223	0.047	0.585	0.146	0.063	0.416	0.855	0.043
SUMME(-)	-0.001	-0.099	-1.353	-0.001	-0.355	-0.718	-2.388	-0.059	-0.047	-0.312	-0.342	-0.059	-1.132
SUMME	0.435	0.217	-1.319	0.754	0.007	-0.495	-2.342	0.526	0.100	-0.249	0.074	0.796	-1.089
FAKTOR	a*a				a			a*a				a	

INFOLGE EINZELMOMENT M t=1

IN	M 0.4	M 0.7	M 1.0	Q 0	Q 0.4	Q 0.7	Q 1.0	T 0	T 0.4	T 0.7	T 1.0	q 0.4	q 1.0
0.0*L1	0.000	0.000	-0.000	0.000	-0.000	-0.000	-0.000	1.000	-0.000	-0.000	-0.000	0.000	-0.000
0.1*L1	0.097	0.009	-0.078	0.367	-0.097	-0.055	-0.111	0.712	-0.056	-0.077	-0.049	0.022	-0.087
0.2*L1	0.197	0.026	-0.155	0.417	-0.167	-0.115	-0.225	0.583	-0.125	-0.151	-0.096	-0.031	-0.172
0.3*L1	0.292	0.056	-0.229	0.343	-0.164	-0.185	-0.345	0.516	-0.231	-0.220	-0.141	-0.260	-0.250
0.4*L1	0.343	0.105	-0.295	0.241	0.007	-0.259	-0.472	0.463	-0.420	-0.287	-0.181	-0.819	-0.320
									0.580				
0.5*L1	0.303	0.174	-0.349	0.153	0.183	-0.318	-0.610	0.404	0.389	-0.360	-0.215	-0.241	-0.383
0.6*L1	0.223	0.247	-0.384	0.089	0.204	-0.314	-0.755	0.335	0.278	-0.463	-0.243	0.011	-0.446
0.7*L1	0.148	0.284	-0.394	0.049	0.166	-0.150	-0.899	0.259	0.201	-0.641	-0.267	0.089	-0.530
										0.359			
0.8*L1	0.091	0.234	-0.375	0.026	0.114	0.016	-1.015	0.183	0.139	0.188	-0.297	0.087	-0.680
0.9*L1	0.054	0.148	-0.334	0.015	0.069	0.029	-1.047	0.112	0.085	0.105	-0.357	0.057	-0.981
1.0*L1	0.031	0.070	-0.309	0.010	0.037	-0.014	-0.891	0.055	0.041	0.067	-0.495	0.024	-1.577
0.0*L2	0.031	0.070	-0.309	0.010	0.037	-0.014	-0.891	0.055	0.041	0.067	0.505	0.024	-1.577
0.1*L2	0.017	0.003	-0.362	0.008	0.013	-0.074	-0.677	0.007	0.005	0.048	0.350	-0.006	-0.906
0.2*L2	0.011	-0.033	-0.422	0.007	0.002	-0.112	-0.625	-0.017	-0.014	0.043	0.299	-0.023	-0.634
0.3*L2	0.009	-0.046	-0.440	0.007	-0.003	-0.126	-0.599	-0.026	-0.021	0.041	0.278	-0.029	-0.526
0.4*L2	0.008	-0.046	-0.416	0.007	-0.004	-0.121	-0.555	-0.026	-0.021	0.038	0.254	-0.029	-0.466
0.5*L2	0.007	-0.040	-0.363	0.006	-0.003	-0.106	-0.485	-0.023	-0.018	0.033	0.222	-0.025	-0.407
0.6*L2	0.006	-0.032	-0.295	0.005	-0.002	-0.085	-0.396	-0.018	-0.015	0.027	0.182	-0.020	-0.337
0.7*L2	0.004	-0.024	-0.221	0.004	-0.002	-0.064	-0.299	-0.013	-0.011	0.020	0.138	-0.015	-0.258
0.8*L2	0.003	-0.016	-0.149	0.002	-0.001	-0.043	-0.203	-0.009	-0.007	0.014	0.094	-0.010	-0.177
0.9*L2	0.002	-0.009	-0.086	0.001	-0.001	-0.025	-0.117	-0.005	-0.004	0.008	0.054	-0.006	-0.102
1.0*L2	0.001	-0.004	-0.037	0.001	-0.000	-0.011	-0.051	-0.002	-0.002	0.003	0.023	-0.003	-0.044
FAKTOR					1/a							1/(a*a)	

INFOLGE STRECKENMOMENT m t=1

IN FELD	M 0.4	M 0.7	M 1.0	Q 0	Q 0.4	Q 0.7	Q 1.0	T 0	T 0.4	T 0.7	T 1.0	q 0.4	q 1.0
1,BIS SPRUNG				-0.183	-0.540			-0.242	-0.746				
1,REST	0.710	0.530	-1.102	0.702	0.314	-0.003	-2.383	1.626	0.554	0.195	-0.832	-0.374	-1.832
2	0.041	-0.108	-1.467	0.026	0.008	-0.387	-2.201	-0.054	-0.045	0.152	1.059	-0.078	-2.275
3	-0.001	0.002	0.026	-0.000	-0.000	0.007	0.038	0.001	0.001	-0.003	-0.018	0.002	0.037
SUMME(+)	0.750	0.532	0.026	0.729	0.322	0.007	0.038	1.627	0.555	0.347	1.059	0.002	0.037
SUMME(-)	-0.001	-0.108	-2.568	-0.000	-0.183	-0.930	-4.584	-0.054	-0.288	-0.749	-0.849	-0.452	-4.107
SUMME	0.750	0.424	-2.542	0.728	0.139	-0.923	-4.547	1.572	0.267	-0.402	0.210	-0.450	-4.070
FAKTOR	a							a				1/a	

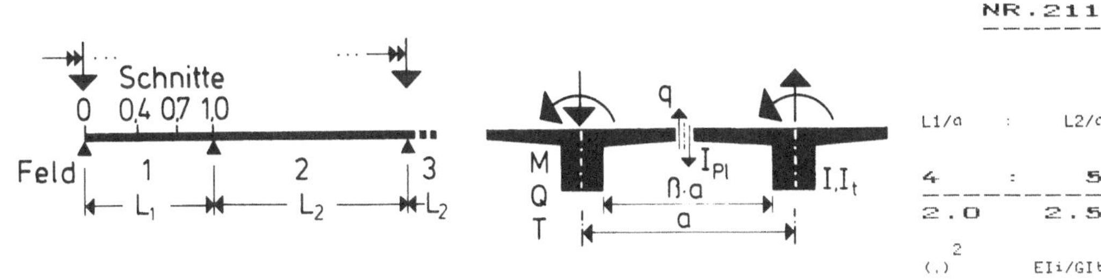

	M 0.4	M 0.7	M 1.0	Q 0	Q 0.4	Q 0.7	Q 1.0	T 0	T 0.4	T 0.7	T 1.0	q 0.4	q 1.0
IN SCHNITT	0.4	0.7	1.0	0	0.4	0.7	1.0	0	0.4	0.7	1.0	0.4	1.0

INFOLGE EINZELLAST P=1

	M 0.4	M 0.7	M 1.0	Q 0	Q 0.4	Q 0.7	Q 1.0	T 0	T 0.4	T 0.7	T 1.0	q 0.4	q 1.0
0.0*L1	0.000	-0.000	-0.000	1.000	-0.000	-0.000	-0.000	0.000	-0.000	-0.000	-0.000	0.000	-0.000
0.1*L1	0.069	-0.002	-0.053	0.709	-0.102	-0.036	-0.059	0.091	-0.003	-0.036	-0.025	0.105	-0.039
0.2*L1	0.156	0.001	-0.106	0.468	-0.217	-0.079	-0.119	0.158	-0.000	-0.069	-0.049	0.209	-0.076
0.3*L1	0.278	0.015	-0.156	0.290	-0.353	-0.135	-0.184	0.192	0.014	-0.095	-0.071	0.301	-0.108
0.4*L1	0.449	0.049	-0.203	0.169	-0.508	-0.213	-0.254	0.198	0.037	-0.111	-0.090	0.347	-0.132
					0.492								
0.5*L1	0.279	0.113	-0.242	0.092	0.341	-0.318	-0.335	0.183	0.058	-0.112	-0.104	0.309	-0.144
0.6*L1	0.161	0.219	-0.268	0.046	0.217	-0.455	-0.430	0.152	0.067	-0.097	-0.110	0.231	-0.140
0.7*L1	0.085	0.379	-0.271	0.020	0.126	-0.616	-0.544	0.113	0.061	-0.069	-0.105	0.150	-0.117
						0.384							
0.8*L1	0.039	0.201	-0.239	0.007	0.063	0.225	-0.680	0.071	0.043	-0.038	-0.085	0.083	-0.076
0.9*L1	0.013	0.078	-0.155	0.002	0.024	0.094	-0.837	0.031	0.021	-0.015	-0.049	0.033	-0.027
1.0*L1	0.000	0.000	0.000	-0.000	0.000	-0.000	-1.000	-0.000	-0.000	-0.000	-0.000	-0.000	0.000
0.0*L2	-0.000	-0.000	-0.000	-0.000	-0.000	-0.000	-0.000	-0.000	-0.000	0.000	0.000	-0.000	-0.000
0.1*L2	-0.007	-0.050	-0.191	-0.000	-0.014	-0.068	-0.164	-0.021	-0.014	0.013	0.061	-0.023	-0.046
0.2*L2	-0.008	-0.068	-0.279	0.001	-0.018	-0.097	-0.260	-0.028	-0.018	0.021	0.102	-0.032	-0.114
0.3*L2	-0.007	-0.069	-0.299	0.001	-0.018	-0.101	-0.294	-0.028	-0.018	0.023	0.120	-0.033	-0.160
0.4*L2	-0.006	-0.061	-0.279	0.001	-0.016	-0.093	-0.286	-0.025	-0.016	0.023	0.119	-0.030	-0.176
0.5*L2	-0.004	-0.050	-0.239	0.001	-0.013	-0.079	-0.251	-0.020	-0.013	0.020	0.106	-0.025	-0.166
0.6*L2	-0.003	-0.039	-0.188	0.001	-0.010	0.062	-0.202	-0.015	-0.010	0.016	0.086	-0.019	-0.140
0.7*L2	-0.002	-0.027	-0.134	0.001	-0.007	-0.044	-0.146	-0.011	-0.007	0.012	0.063	-0.013	-0.105
0.8*L2	-0.001	-0.016	-0.082	0.001	-0.004	-0.026	-0.090	-0.006	-0.004	0.007	0.039	-0.008	-0.066
0.9*L2	-0.000	-0.007	-0.035	0.000	-0.002	-0.011	-0.039	-0.003	-0.002	0.003	0.017	-0.003	-0.029
1.0*L2	0.000	-0.000	-0.000	-0.000	0.000	0.000	-0.000	-0.000	-0.000	-0.000	0.000	-0.000	0.000
FAKTOR	a							a				1/a	

INFOLGE STRECKENLAST P=1

	M 0.4	M 0.7	M 1.0	Q 0	Q 0.4	Q 0.7	Q 1.0	T 0	T 0.4	T 0.7	T 1.0	q 0.4	q 1.0
IN FELD													
1,BIS SPRUNG						-0.368	-0.614			0.010	-0.224		
1,REST	0.601	0.409	-0.685	0.911	0.402	0.201	-1.573	0.480	0.108	-0.034	-0.278	0.712	-0.344
2	-0.019	-0.197	-0.875	0.004	-0.051	-0.295	-0.876	-0.080	-0.052	0.069	0.360	-0.094	-0.503
3	0.001	0.013	0.066	-0.001	0.003	0.021	0.073	0.005	0.003	-0.006	-0.032	0.006	0.055
SUMME(+)	0.602	0.422	0.066	0.915	0.405	0.223	0.073	0.485	0.122	0.069	0.360	0.718	0.055
SUMME(-)	-0.019	-0.197	-1.560	-0.001	-0.419	-0.908	-2.449	-0.080	-0.052	-0.264	-0.309	-0.094	-0.847
SUMME	0.583	0.225	-1.494	0.914	-0.014	-0.686	-2.376	0.406	0.070	-0.194	0.051	0.624	-0.792
FAKTOR	a×a							a				a×a	

INFOLGE EINZELMOMENT Mt=1

	M 0.4	M 0.7	M 1.0	Q 0	Q 0.4	Q 0.7	Q 1.0	T 0	T 0.4	T 0.7	T 1.0	q 0.4	q 1.0
0.0*L1	0.000	0.000	-0.000	0.000	-0.000	-0.000	-0.000	1.000	-0.000	-0.000	-0.000	-0.000	-0.000
0.1*L1	0.137	0.020	-0.096	0.419	-0.108	-0.084	-0.126	0.683	-0.054	-0.066	-0.045	-0.014	-0.069
0.2*L1	0.272	0.048	-0.190	0.507	-0.183	-0.172	-0.256	0.531	-0.124	-0.129	-0.087	-0.101	-0.135
0.3*L1	0.392	0.091	-0.276	0.450	-0.175	-0.263	-0.390	0.453	-0.235	-0.191	-0.127	-0.358	-0.197
0.4*L1	0.455	0.153	-0.350	0.347	0.009	-0.351	-0.532	0.398	-0.433	-0.252	-0.162	-0.928	-0.252
									0.567				
0.5*L1	0.413	0.232	-0.407	0.246	0.201	-0.413	-0.680	0.345	0.368	-0.325	-0.192	-0.339	-0.305
0.6*L1	0.320	0.310	-0.439	0.163	0.232	-0.399	-0.832	0.286	0.252	-0.432	-0.216	-0.063	-0.365
0.7*L1	0.224	0.344	-0.440	0.103	0.195	-0.217	-0.974	0.222	0.176	-0.618	-0.240	0.041	-0.453
										0.382			
0.8*L1	0.145	0.281	-0.411	0.062	0.138	-0.029	-1.077	0.156	0.118	0.202	-0.275	0.058	-0.614
0.9*L1	0.086	0.176	-0.362	0.036	0.084	-0.001	-1.085	0.095	0.071	0.113	-0.344	0.039	-0.928
1.0*L1	0.046	0.075	-0.334	0.021	0.041	-0.036	-0.900	0.043	0.033	0.072	-0.496	0.011	-1.529
0.0*L2	0.046	0.075	-0.334	0.021	0.041	-0.036	-0.900	0.043	0.033	0.072	0.504	0.011	-1.529
0.1*L2	0.016	-0.019	-0.393	0.011	0.005	-0.097	-0.656	-0.002	0.001	0.052	0.332	-0.021	-0.845
0.2*L2	0.001	-0.073	-0.467	0.006	-0.015	-0.141	-0.588	-0.027	-0.017	0.047	0.270	-0.040	-0.553
0.3*L2	-0.005	-0.096	-0.500	0.004	-0.023	-0.160	-0.561	-0.038	-0.024	0.045	0.245	-0.049	-0.431
0.4*L2	-0.007	-0.098	-0.484	0.003	-0.024	-0.158	-0.523	-0.039	-0.025	0.042	0.224	-0.049	-0.370
0.5*L2	-0.007	-0.089	-0.431	0.003	-0.022	-0.141	-0.462	-0.035	-0.023	0.037	0.197	-0.044	-0.320
0.6*L2	-0.005	-0.073	-0.355	0.002	-0.018	-0.116	-0.382	-0.029	-0.019	0.030	0.163	-0.036	-0.266
0.7*L2	-0.004	-0.055	-0.269	0.002	-0.014	-0.088	-0.290	-0.022	-0.014	0.023	0.124	-0.027	-0.204
0.8*L2	-0.003	-0.037	-0.182	0.001	-0.009	-0.059	-0.197	-0.015	-0.009	0.016	0.085	-0.018	-0.140
0.9*L2	-0.001	-0.021	-0.104	0.001	-0.005	-0.034	-0.113	-0.008	-0.005	0.009	0.048	-0.010	-0.081
1.0*L2	-0.001	-0.009	-0.043	0.000	-0.002	-0.014	-0.046	-0.003	-0.002	0.004	0.020	-0.004	-0.033
FAKTOR				1/a								1/(a×a)	

INFOLGE STRECKENMOMENT mt=1

	M 0.4	M 0.7	M 1.0	Q 0	Q 0.4	Q 0.7	Q 1.0	T 0	T 0.4	T 0.7	T 1.0	q 0.4	q 1.0
IN FELD													
1,BIS SPRUNG						-0.198	-0.730			-0.245	-0.676		
1,REST	0.992	0.681	-1.258	0.960	0.362	-0.051	-2.576	1.463	0.506	0.209	-0.769	-0.609	-1.609
2	0.002	-0.269	-1.690	0.021	-0.055	-0.513	-2.109	-0.100	-0.062	0.168	0.966	-0.147	-1.958
3	0.001	0.015	0.077	-0.001	0.004	0.025	0.086	0.006	0.004	0.007	-0.038	0.007	0.066
SUMME(+)	0.995	0.695	0.077	0.981	0.365	0.025	0.086	1.469	0.510	0.377	0.966	0.007	0.066
SUMME(-)	0.000	-0.269	-2.948	-0.001	-0.253	-1.293	-4.685	-0.100	-0.306	-0.683	-0.806	-0.757	-3.567
SUMME	0.995	0.426	-2.872	0.980	0.112	-1.269	-4.599	1.370	0.204	-0.306	0.159	-0.749	-3.500
FAKTOR	a							a				1/a	

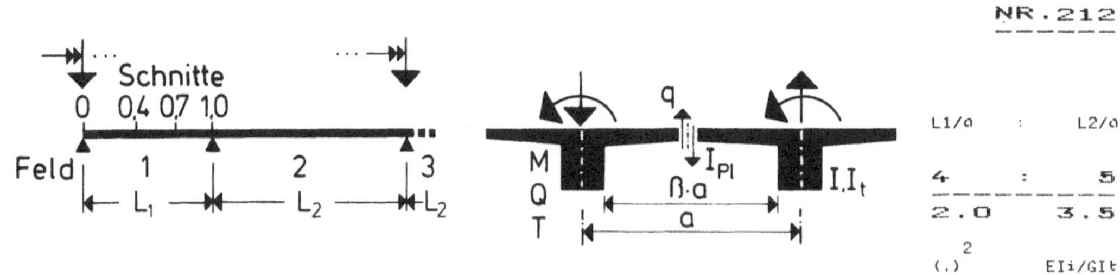

	M 0.4	M 0.7	M 1.0	Q 0	Q 0.4	Q 0.7	Q 1.0	T 0	T 0.4	T 0.7	T 1.0	q 0.4	q 1.0
IN SCHNITT	0.4	0.7	1.0	0	0.4	0.7	1.0	0	0.4	0.7	1.0	0.4	1.0

INFOLGE EINZELLAST P=1

IN	M 0.4	M 0.7	M 1.0	Q 0	Q 0.4	Q 0.7	Q 1.0	T 0	T 0.4	T 0.7	T 1.0	q 0.4	q 1.0
0.0*L1	0.000	0.000	-0.000	1.000	-0.000	-0.000	-0.000	0.000	-0.000	-0.000	-0.000	0.000	-0.000
0.1*L1	0.088	0.002	-0.061	0.738	-0.109	-0.049	-0.065	0.075	-0.001	-0.031	-0.023	0.090	-0.032
0.2*L1	0.192	0.011	-0.120	0.516	-0.228	-0.104	-0.133	0.131	0.003	-0.059	-0.045	0.177	-0.062
0.3*L1	0.326	0.031	-0.176	0.344	-0.361	-0.171	-0.204	0.162	0.014	-0.081	-0.065	0.253	-0.088
0.4*L1	0.503	0.071	-0.226	0.219	-0.507	-0.255	-0.281	0.169	0.032	-0.094	-0.081	0.290	-0.106
				0.493									
0.5*L1	0.330	0.141	-0.265	0.133	0.351	-0.362	-0.367	0.157	0.048	-0.095	-0.092	0.262	-0.115
0.6*L1	0.204	0.250	-0.288	0.077	0.233	-0.492	-0.465	0.132	0.055	-0.083	-0.096	0.201	-0.110
0.7*L1	0.117	0.409	-0.286	0.041	0.141	-0.641	-0.579	0.099	0.049	-0.060	-0.091	0.135	-0.091
				0.359									
0.8*L1	0.059	0.224	-0.247	0.019	0.075	0.213	-0.710	0.063	0.035	-0.034	-0.073	0.077	-0.058
0.9*L1	0.022	0.090	-0.157	0.007	0.029	0.091	-0.854	0.028	0.017	-0.014	-0.041	0.032	-0.020
1.0*L1	0.000	0.000	0.000	0.000	-0.000	-0.000	-1.000	-0.000	-0.000	0.000	0.000	0.000	0.000
0.0*L2	-0.000	-0.000	-0.000	-0.000	-0.000	-0.000	-0.000	-0.000	-0.000	0.000	0.000	-0.000	-0.000
0.1*L2	-0.014	-0.063	-0.196	-0.004	-0.020	-0.070	-0.148	-0.020	-0.012	0.013	0.052	-0.024	-0.036
0.2*L2	-0.019	-0.089	-0.293	-0.005	-0.028	-0.102	-0.237	-0.029	-0.017	0.020	0.087	-0.034	-0.089
0.3*L2	-0.019	-0.094	-0.321	-0.004	-0.029	-0.111	-0.273	-0.030	-0.018	0.023	0.104	-0.037	-0.127
0.4*L2	-0.017	-0.087	-0.306	-0.004	-0.026	-0.105	-0.270	-0.027	-0.016	0.023	0.105	-0.035	-0.142
0.5*L2	-0.014	-0.074	-0.266	-0.003	-0.022	-0.090	-0.240	-0.023	-0.014	0.020	0.095	-0.030	-0.136
0.6*L2	-0.011	-0.058	-0.212	-0.002	-0.017	-0.072	-0.195	-0.018	-0.011	0.017	0.078	-0.023	-0.117
0.7*L2	-0.007	-0.041	-0.152	-0.001	-0.012	-0.051	-0.142	-0.013	-0.007	0.012	0.057	-0.017	-0.088
0.8*L2	-0.004	-0.025	-0.093	-0.001	-0.007	-0.031	-0.088	-0.008	-0.005	0.007	0.036	-0.010	-0.056
0.9*L2	-0.002	-0.011	-0.040	-0.000	-0.003	-0.014	-0.038	-0.003	-0.002	0.003	0.016	-0.004	-0.024
1.0*L2	0.000	-0.000	-0.000	-0.000	-0.000	-0.000	0.000	-0.000	-0.000	0.000	0.000	-0.000	0.000
FAKTOR	a							a				1/a	

INFOLGE STRECKENLAST P=1

IN FELD

IN FELD	M 0.4	M 0.7	M 1.0	Q 0	Q 0.4	Q 0.7	Q 1.0	T 0	T 0.4	T 0.7	T 1.0	q 0.4	q 1.0
1,BIS SPRUNG						-0.380	-0.698		0.012	-0.191			
1,REST	0.727	0.480	-0.740	1.029	0.426	0.191	-1.661	0.410	0.089	-0.031	-0.245	0.611	-0.274
2	-0.054	-0.275	-0.951	-0.013	-0.083	-0.327	-0.824	-0.087	-0.052	0.070	0.318	-0.109	-0.408
3	0.004	0.025	0.094	0.001	0.007	0.031	0.089	0.008	0.004	-0.008	-0.036	0.010	0.058
SUMME(+)	0.731	0.505	0.094	1.030	0.433	0.222	0.089	0.418	0.106	0.070	0.318	0.621	0.058
SUMME(-)	-0.054	-0.275	-1.691	-0.013	-0.463	-1.025	-2.484	-0.087	-0.052	-0.229	-0.281	-0.109	-0.682
SUMME	0.677	0.230	-1.597	1.017	-0.030	-0.803	-2.395	0.331	0.054	-0.159	0.037	0.513	-0.624
FAKTOR	a*a			a				a*a					

INFOLGE EINZELMOMENT Mt=1

IN	M 0.4	M 0.7	M 1.0	Q 0	Q 0.4	Q 0.7	Q 1.0	T 0	T 0.4	T 0.7	T 1.0	q 0.4	q 1.0
0.0*L1	0.000	0.000	-0.000	0.000	-0.000	-0.000	-0.000	1.000	-0.000	-0.000	-0.000	-0.000	-0.000
0.1*L1	0.164	0.030	-0.108	0.452	-0.113	-0.104	-0.139	0.664	-0.054	-0.058	-0.041	-0.038	-0.057
0.2*L1	0.323	0.068	-0.211	0.565	-0.190	-0.210	-0.280	0.498	-0.125	-0.114	-0.080	-0.148	-0.113
0.3*L1	0.461	0.120	-0.306	0.522	-0.179	-0.316	-0.425	0.411	-0.239	-0.170	-0.115	-0.423	-0.164
0.4*L1	0.533	0.190	-0.385	0.421	0.012	-0.412	-0.576	0.355	-0.441	-0.229	-0.147	-1.000	-0.212
									0.559				
0.5*L1	0.491	0.275	-0.442	0.313	0.212	-0.475	-0.732	0.304	0.355	-0.301	-0.173	-0.406	-0.260
0.6*L1	0.390	0.355	-0.472	0.219	0.248	-0.456	-0.886	0.251	0.237	-0.411	-0.196	-0.117	-0.319
0.7*L1	0.280	0.385	-0.468	0.145	0.212	-0.261	-1.024	0.195	0.161	-0.602	-0.221	0.003	-0.411
										0.398			
0.8*L1	0.185	0.313	-0.432	0.091	0.152	-0.060	-1.117	0.137	0.106	0.212	-0.259	0.034	-0.579
0.9*L1	0.110	0.194	-0.378	0.053	0.092	-0.021	-1.110	0.082	0.063	0.120	-0.336	0.024	-0.900
1.0*L1	0.055	0.077	-0.349	0.029	0.042	-0.050	-0.906	0.036	0.029	0.075	-0.497	0.001	-1.504
0.0*L2	0.055	0.077	-0.349	0.029	0.042	-0.050	-0.906	0.036	0.029	0.075	0.503	0.001	-1.504
0.1*L2	0.012	-0.036	-0.412	0.010	-0.002	-0.109	-0.641	-0.006	0.000	0.054	0.320	-0.028	-0.813
0.2*L2	-0.012	-0.104	-0.495	0.001	-0.027	-0.155	-0.561	-0.030	-0.016	0.047	0.250	-0.048	-0.509
0.3*L2	-0.022	-0.136	-0.537	-0.003	-0.039	-0.177	-0.531	-0.042	-0.024	0.045	0.222	-0.057	-0.378
0.4*L2	-0.025	-0.141	-0.527	-0.005	-0.041	-0.177	-0.496	-0.044	-0.025	0.042	0.202	-0.058	-0.315
0.5*L2	-0.024	-0.129	-0.475	-0.005	-0.038	-0.160	-0.440	-0.040	-0.023	0.037	0.178	-0.052	-0.269
0.6*L2	-0.020	-0.107	-0.395	-0.004	-0.032	-0.133	-0.366	-0.034	-0.020	0.031	0.147	-0.044	-0.222
0.7*L2	-0.015	-0.082	-0.301	-0.003	-0.024	-0.101	-0.279	-0.025	-0.015	0.024	0.113	-0.033	-0.171
0.8*L2	-0.010	-0.055	-0.204	-0.002	-0.016	-0.069	-0.190	-0.017	-0.010	0.016	0.077	-0.022	-0.117
0.9*L2	-0.006	-0.031	-0.116	-0.001	-0.009	-0.039	-0.108	-0.010	-0.006	0.009	0.044	-0.013	-0.067
1.0*L2	-0.002	-0.012	-0.046	-0.000	-0.004	-0.015	-0.042	-0.004	-0.002	0.004	0.017	-0.005	-0.026
FAKTOR				1/a								1/(a*a)	

INFOLGE STRECKENMOMENT mt=1

IN FELD

IN FELD	M 0.4	M 0.7	M 1.0	Q 0	Q 0.4	Q 0.7	Q 1.0	T 0	T 0.4	T 0.7	T 1.0	q 0.4	q 1.0
1,BIS SPRUNG						-0.205	-0.856		-0.248	-0.627			
1,REST	1.192	0.791	-1.354	1.142	0.390	-0.083	-2.712	1.352	0.478	0.220	-0.720	-0.775	-1.482
2	-0.050	-0.401	-1.833	0.000	-0.108	-0.579	-2.028	-0.118	-0.064	0.172	0.896	-0.180	-1.775
3	0.006	0.032	0.122	0.001	0.009	0.041	0.117	0.010	0.006	-0.010	-0.048	0.013	0.077
SUMME(+)	1.198	0.824	0.122	1.143	0.399	0.041	0.117	1.362	0.484	0.392	0.896	0.013	0.077
SUMME(-)	-0.050	-0.401	-3.187	0.000	-0.312	-1.518	-4.740	-0.118	-0.312	-0.637	-0.768	-0.955	-3.258
SUMME	1.148	0.423	-3.065	1.143	0.087	-1.477	-4.624	1.244	0.172	-0.246	0.127	-0.942	-3.180
FAKTOR	a							a				1/a	

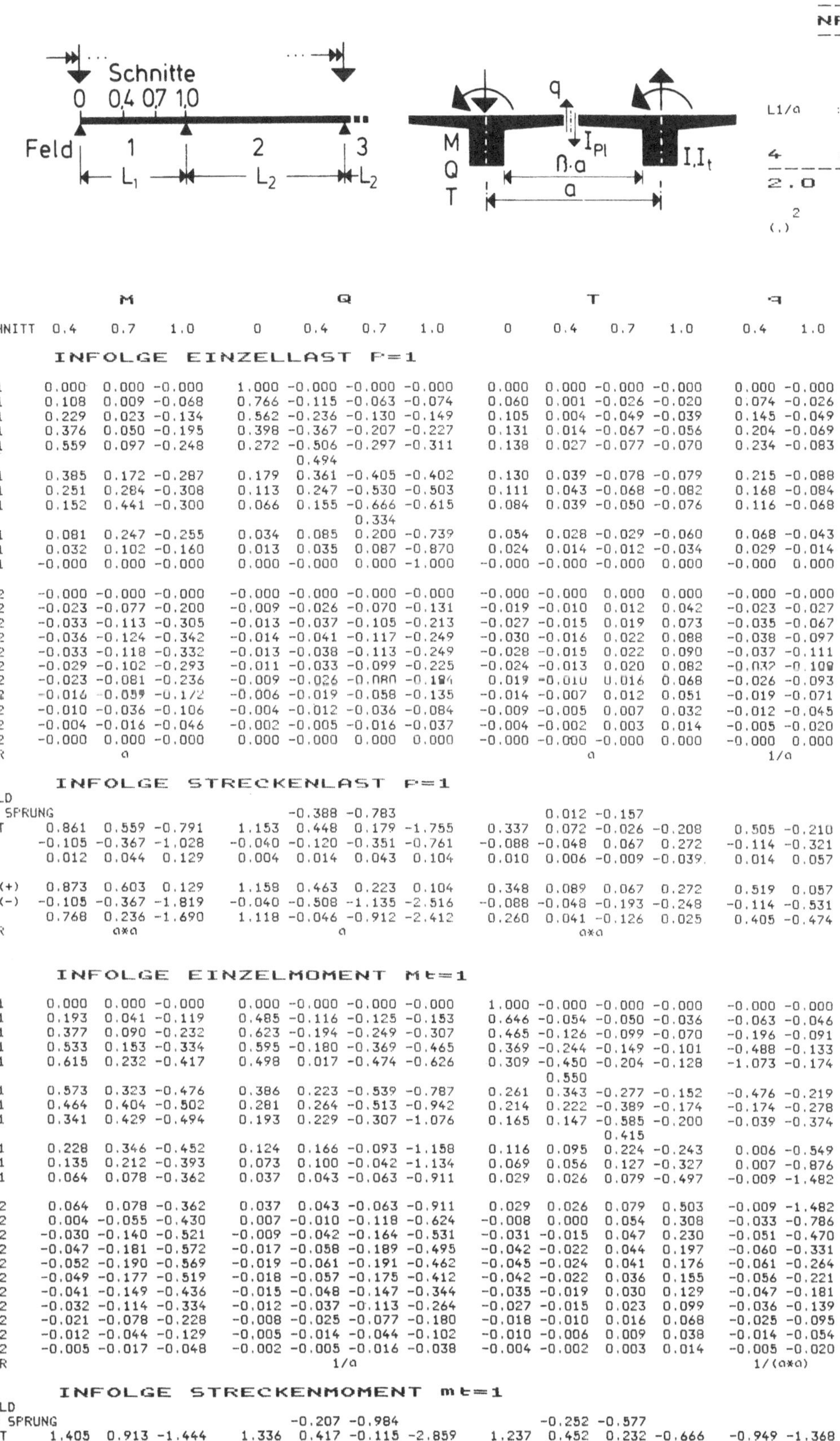

IN SCHNITT	M 0.4	M 0.7	M 1.0	Q 0	Q 0.4	Q 0.7	Q 1.0	T 0	T 0.4	T 0.7	T 1.0	q 0.4	q 1.0

INFOLGE EINZELLAST P=1

IN	M 0.4	M 0.7	M 1.0	Q 0	Q 0.4	Q 0.7	Q 1.0	T 0	T 0.4	T 0.7	T 1.0	q 0.4	q 1.0
0.0*L1	0.000	0.000	-0.000	1.000	-0.000	-0.000	-0.000	0.000	0.000	-0.000	-0.000	0.000	-0.000
0.1*L1	0.108	0.009	-0.068	0.766	-0.115	-0.063	-0.074	0.060	0.001	-0.026	-0.020	0.074	-0.026
0.2*L1	0.229	0.023	-0.134	0.562	-0.236	-0.130	-0.149	0.105	0.004	-0.049	-0.039	0.145	-0.049
0.3*L1	0.376	0.050	-0.195	0.398	-0.367	-0.207	-0.227	0.131	0.014	-0.067	-0.056	0.204	-0.069
0.4*L1	0.559	0.097	-0.248	0.272	-0.506	-0.297	-0.311	0.138	0.027	-0.077	-0.070	0.234	-0.083
					0.494								
0.5*L1	0.385	0.172	-0.287	0.179	0.361	-0.405	-0.402	0.130	0.039	-0.078	-0.079	0.215	-0.088
0.6*L1	0.251	0.284	-0.308	0.113	0.247	-0.530	-0.503	0.111	0.043	-0.068	-0.082	0.168	-0.084
0.7*L1	0.152	0.441	-0.300	0.066	0.155	-0.666	-0.615	0.084	0.039	-0.050	-0.076	0.116	-0.068
						0.334							
0.8*L1	0.081	0.247	-0.255	0.034	0.085	0.200	-0.739	0.054	0.028	-0.029	-0.060	0.068	-0.043
0.9*L1	0.032	0.102	-0.160	0.013	0.035	0.087	-0.870	0.024	0.014	-0.012	-0.034	0.029	-0.014
1.0*L1	-0.000	0.000	-0.000	0.000	-0.000	0.000	-1.000	-0.000	-0.000	-0.000	0.000	-0.000	0.000
0.0*L2	-0.000	-0.000	-0.000	-0.000	-0.000	-0.000	-0.000	-0.000	-0.000	0.000	0.000	-0.000	-0.000
0.1*L2	-0.023	-0.077	-0.200	-0.009	-0.026	-0.070	-0.131	-0.019	-0.010	0.012	0.042	-0.023	-0.027
0.2*L2	-0.033	-0.113	-0.305	-0.013	-0.037	-0.105	-0.213	-0.027	-0.015	0.019	0.073	-0.035	-0.067
0.3*L2	-0.036	-0.124	-0.342	-0.014	-0.041	-0.117	-0.249	-0.030	-0.016	0.022	0.088	-0.038	-0.097
0.4*L2	-0.033	-0.118	-0.332	-0.013	-0.038	-0.113	-0.249	-0.028	-0.015	0.022	0.090	-0.037	-0.111
0.5*L2	-0.029	-0.102	-0.293	-0.011	-0.033	-0.099	-0.225	-0.024	-0.013	0.020	0.082	-0.032	-0.108
0.6*L2	-0.023	-0.081	-0.236	-0.009	-0.026	-0.080	-0.184	0.019	-0.010	0.016	0.068	-0.026	-0.093
0.7*L2	-0.016	-0.059	-0.172	-0.006	-0.019	-0.058	-0.135	-0.014	-0.007	0.012	0.051	-0.019	-0.071
0.8*L2	-0.010	-0.036	-0.106	-0.004	-0.012	-0.036	-0.084	-0.009	-0.005	0.007	0.032	-0.012	-0.045
0.9*L2	-0.004	-0.016	-0.046	-0.002	-0.005	-0.016	-0.037	-0.004	-0.002	0.003	0.014	-0.005	-0.020
1.0*L2	-0.000	0.000	-0.000	0.000	-0.000	0.000	0.000	-0.000	-0.000	-0.000	0.000	-0.000	0.000
FAKTOR	a							a				1/a	

INFOLGE STRECKENLAST P=1

IN FELD	M 0.4	M 0.7	M 1.0	Q 0	Q 0.4	Q 0.7	Q 1.0	T 0	T 0.4	T 0.7	T 1.0	q 0.4	q 1.0
1,BIS SPRUNG						-0.388	-0.783			0.012	-0.157		
1,REST	0.861	0.559	-0.791	1.153	0.448	0.179	-1.755	0.337	0.072	-0.026	-0.208	0.505	-0.210
2	-0.105	-0.367	-1.028	-0.040	-0.120	-0.351	-0.761	-0.088	-0.048	0.067	0.272	-0.114	-0.321
3	0.012	0.044	0.129	0.004	0.014	0.043	0.104	0.010	0.006	-0.009	-0.039	0.014	0.057
SUMME(+)	0.873	0.603	0.129	1.158	0.463	0.223	0.104	0.348	0.089	0.067	0.272	0.519	0.057
SUMME(-)	-0.105	-0.367	-1.819	-0.040	-0.508	-1.135	-2.516	-0.088	-0.048	-0.193	-0.248	-0.114	-0.531
SUMME	0.768	0.236	-1.690	1.118	-0.046	-0.912	-2.412	0.260	0.041	-0.126	0.025	0.405	-0.474
FAKTOR	a×a				a			a×a				1/a	

INFOLGE EINZELMOMENT Mt=1

IN	M 0.4	M 0.7	M 1.0	Q 0	Q 0.4	Q 0.7	Q 1.0	T 0	T 0.4	T 0.7	T 1.0	q 0.4	q 1.0
0.0*L1	0.000	0.000	-0.000	0.000	-0.000	-0.000	-0.000	1.000	-0.000	-0.000	-0.000	-0.000	-0.000
0.1*L1	0.193	0.041	-0.119	0.485	-0.116	-0.125	-0.153	0.646	-0.054	-0.050	-0.036	-0.063	-0.046
0.2*L1	0.377	0.090	-0.232	0.623	-0.194	-0.249	-0.307	0.465	-0.126	-0.099	-0.070	-0.196	-0.091
0.3*L1	0.533	0.153	-0.334	0.595	-0.180	-0.369	-0.465	0.369	-0.244	-0.149	-0.101	-0.488	-0.133
0.4*L1	0.615	0.232	-0.417	0.498	0.017	-0.474	-0.626	0.309	-0.450	-0.204	-0.128	-1.073	-0.174
									0.550				
0.5*L1	0.573	0.323	-0.476	0.386	0.223	-0.539	-0.787	0.261	0.343	-0.277	-0.152	-0.476	-0.219
0.6*L1	0.464	0.404	-0.502	0.281	0.264	-0.513	-0.942	0.214	0.222	-0.389	-0.174	-0.174	-0.278
0.7*L1	0.341	0.429	-0.494	0.193	0.229	-0.307	-1.076	0.165	0.147	-0.585	-0.200	-0.039	-0.374
										0.415			
0.8*L1	0.228	0.346	-0.452	0.124	0.166	-0.093	-1.158	0.116	0.095	0.224	-0.243	0.006	-0.549
0.9*L1	0.135	0.212	-0.393	0.073	0.100	-0.042	-1.134	0.069	0.056	0.127	-0.327	0.007	-0.876
1.0*L1	0.064	0.078	-0.362	0.037	0.043	-0.063	-0.911	0.029	0.026	0.079	-0.497	-0.009	-1.482
0.0*L2	0.064	0.078	-0.362	0.037	0.043	-0.063	-0.911	0.029	0.026	0.079	0.503	-0.009	-1.482
0.1*L2	0.004	-0.055	-0.430	0.007	-0.010	-0.118	-0.624	-0.008	0.000	0.054	0.308	-0.033	-0.786
0.2*L2	-0.030	-0.140	-0.521	-0.009	-0.042	-0.164	-0.531	-0.031	-0.015	0.047	0.230	-0.051	-0.470
0.3*L2	-0.047	-0.181	-0.572	-0.017	-0.058	-0.189	-0.495	-0.042	-0.022	0.044	0.197	-0.060	-0.331
0.4*L2	-0.052	-0.190	-0.569	-0.019	-0.061	-0.191	-0.462	-0.045	-0.024	0.041	0.176	-0.061	-0.264
0.5*L2	-0.049	-0.177	-0.519	-0.018	-0.057	-0.175	-0.412	-0.042	-0.022	0.036	0.155	-0.056	-0.221
0.6*L2	-0.041	-0.149	-0.436	-0.015	-0.048	-0.147	-0.344	-0.035	-0.019	0.030	0.129	-0.047	-0.181
0.7*L2	-0.032	-0.114	-0.334	-0.012	-0.037	-0.113	-0.264	-0.027	-0.015	0.023	0.099	-0.036	-0.139
0.8*L2	-0.021	-0.078	-0.228	-0.008	-0.025	-0.077	-0.180	-0.018	-0.010	0.016	0.068	-0.025	-0.095
0.9*L2	-0.012	-0.044	-0.129	-0.005	-0.014	-0.044	-0.102	-0.010	-0.006	0.009	0.038	-0.014	-0.054
1.0*L2	-0.005	-0.017	-0.048	-0.002	-0.005	-0.016	-0.038	-0.004	-0.002	0.003	0.014	-0.005	-0.020
FAKTOR	1/a											1/(a×a)	

INFOLGE STRECKENMOMENT mt=1

IN FELD	M 0.4	M 0.7	M 1.0	Q 0	Q 0.4	Q 0.7	Q 1.0	T 0	T 0.4	T 0.7	T 1.0	q 0.4	q 1.0
1,BIS SPRUNG						-0.207	-0.984			-0.252	-0.577		
1,REST	1.405	0.913	-1.444	1.336	0.417	-0.115	-2.859	1.237	0.452	0.232	-0.666	-0.949	-1.368
2	-0.128	-0.556	-1.975	-0.041	-0.170	-0.631	-1.929	-0.126	-0.062	0.169	0.818	-0.197	-1.608
3	0.017	0.061	0.180	0.006	0.020	0.060	0.145	0.014	0.008	-0.013	0.055	0.019	0.081
SUMME(+)	1.421	0.974	0.180	1.342	0.437	0.060	0.145	1.251	0.460	0.401	0.818	0.019	0.081
SUMME(-)	-0.128	-0.556	-3.419	-0.041	-0.377	-1.731	-4.787	-0.126	-0.314	-0.589	-0.721	-1.146	-2.975
SUMME	1.293	0.418	-3.239	1.301	0.060	-1.671	-4.642	1.125	0.146	-0.189	0.097	-1.126	-2.895
FAKTOR	a				a							1/a	

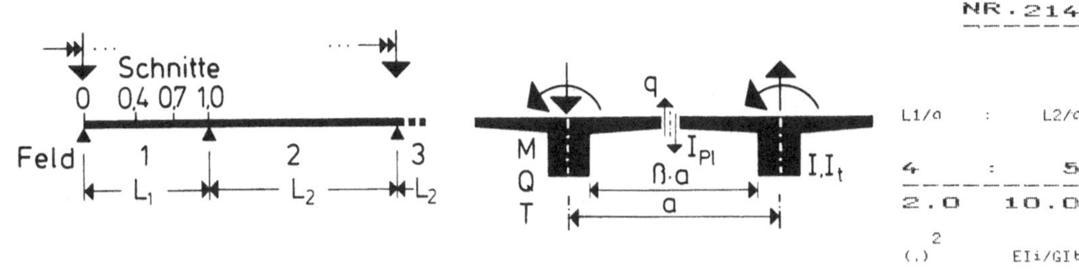

IN SCHNITT	M 0.4	M 0.7	M 1.0	Q 0	Q 0.4	Q 0.7	Q 1.0	T 0	T 0.4	T 0.7	T 1.0	q 0.4	q 1.0

INFOLGE EINZELLAST P=1

IN	M 0.4	M 0.7	M 1.0	Q 0	Q 0.4	Q 0.7	Q 1.0	T 0	T 0.4	T 0.7	T 1.0	q 0.4	q 1.0
0.0*L1	0.000	0.000	-0.000	1.000	-0.000	-0.000	-0.000	0.000	0.000	-0.000	-0.000	0.000	-0.000
0.1*L1	0.142	0.022	-0.080	0.809	-0.121	-0.086	-0.090	0.036	0.002	-0.016	-0.014	0.047	-0.015
0.2*L1	0.293	0.050	-0.156	0.636	-0.245	-0.174	-0.181	0.064	0.005	-0.031	-0.027	0.090	-0.029
0.3*L1	0.462	0.090	-0.224	0.486	-0.372	-0.267	-0.273	0.081	0.010	-0.042	-0.039	0.126	-0.040
0.4*L1	0.657	0.148	-0.281	0.362	-0.500	-0.367	-0.368	0.087	0.018	-0.049	-0.048	0.145	-0.047
					0.500								
0.5*L1	0.481	0.230	-0.320	0.260	0.378	-0.475	-0.467	0.083	0.024	-0.049	-0.053	0.135	-0.050
0.6*L1	0.335	0.344	-0.335	0.179	0.269	-0.591	-0.570	0.071	0.026	-0.044	-0.054	0.109	-0.046
0.7*L1	0.217	0.495	-0.320	0.115	0.177	-0.710	-0.677	0.055	0.024	-0.033	-0.049	0.078	-0.037
						0.290							
0.8*L1	0.124	0.289	-0.266	0.065	0.102	0.176	-0.787	0.036	0.017	-0.020	-0.039	0.047	-0.023
0.9*L1	0.052	0.124	-0.162	0.027	0.044	0.078	-0.897	0.016	0.008	-0.009	-0.022	0.021	-0.007
1.0*L1	0.000	0.000	0.000	0.000	-0.000	0.000	-1.000	-0.000	-0.000	-0.000	-0.000	0.000	0.000
0.0*L2	-0.000	-0.000	-0.000	-0.000	-0.000	-0.000	-0.000	-0.000	-0.000	0.000	0.000	-0.000	-0.000
0.1*L2	-0.042	-0.102	-0.206	-0.022	-0.036	-0.067	-0.103	-0.014	-0.007	0.009	0.027	-0.018	-0.015
0.2*L2	-0.065	-0.158	-0.324	-0.034	-0.055	-0.105	-0.170	-0.021	-0.011	0.014	0.047	-0.028	-0.038
0.3*L2	-0.074	-0.180	-0.374	-0.038	-0.063	-0.120	-0.203	-0.024	-0.012	0.017	0.058	-0.032	-0.056
0.4*L2	-0.073	-0.178	-0.373	-0.037	-0.062	-0.120	-0.207	-0.024	-0.012	0.017	0.061	-0.032	-0.065
0.5*L2	-0.065	-0.159	-0.337	-0.033	-0.055	-0.108	-0.190	-0.021	-0.010	0.016	0.057	-0.029	-0.064
0.6*L2	-0.053	-0.130	-0.277	-0.027	-0.045	-0.089	-0.158	-0.018	-0.008	0.013	0.048	-0.024	-0.057
0.7*L2	-0.039	-0.096	-0.205	-0.020	-0.033	-0.066	-0.118	-0.013	-0.006	0.010	0.036	-0.018	-0.044
0.8*L2	-0.024	-0.060	-0.129	-0.013	-0.021	-0.041	-0.075	-0.008	-0.004	0.006	0.023	-0.011	-0.029
0.9*L2	-0.011	-0.027	-0.058	-0.006	-0.009	-0.018	-0.034	-0.004	-0.002	0.003	0.010	-0.005	-0.013
1.0*L2	0.000	0.000	0.000	0.000	0.000	0.000	0.000	-0.000	-0.000	-0.000	-0.000	0.000	0.000
FAKTOR	a							a				1/a	

INFOLGE STRECKENLAST P=1

IN FELD	M 0.4	M 0.7	M 1.0	Q 0	Q 0.4	Q 0.7	Q 1.0	T 0	T 0.4	T 0.7	T 1.0	q 0.4	q 1.0
1,BIS SPRUNG					-0.395	-0.925			0.010	-0.100			
1,REST	1.098	0.708	-0.867	1.370	0.485	0.158	-1.923	0.214	0.044	-0.018	-0.139	0.321	-0.118
2	-0.225	-0.551	-1.155	-0.116	-0.192	-0.371	-0.635	-0.074	-0.036	0.053	0.185	-0.100	-0.191
3	0.039	0.096	0.206	0.020	0.033	0.066	0.120	0.013	0.006	-0.010	-0.037	0.018	0.047
SUMME(+)	1.137	0.803	0.206	1.390	0.518	0.224	0.120	0.227	0.060	0.053	0.185	0.339	0.047
SUMME(-)	-0.225	-0.551	-2.022	-0.116	-0.587	-1.296	-2.558	-0.074	-0.036	-0.128	-0.177	-0.100	-0.309
SUMME	0.912	0.252	-1.816	1.274	-0.068	-1.072	-2.438	0.152	0.024	-0.075	0.009	0.239	-0.262
FAKTOR	a*a			a				a*a				1/a	

INFOLGE EINZELMOMENT Mt=1

IN	M 0.4	M 0.7	M 1.0	Q 0	Q 0.4	Q 0.7	Q 1.0	T 0	T 0.4	T 0.7	T 1.0	q 0.4	q 1.0
0.0*L1	0.000	0.000	-0.000	0.000	-0.000	-0.000	-0.000	1.000	-0.000	-0.000	-0.000	-0.000	-0.000
0.1*L1	0.242	0.065	-0.136	0.538	-0.118	-0.159	-0.180	0.616	-0.056	-0.036	-0.025	-0.105	-0.029
0.2*L1	0.470	0.136	-0.264	0.719	-0.196	-0.314	-0.360	0.411	-0.132	-0.072	-0.049	-0.276	-0.058
0.3*L1	0.659	0.219	-0.376	0.718	-0.176	-0.458	-0.540	0.300	-0.253	-0.113	-0.072	-0.596	-0.087
0.4*L1	0.759	0.313	-0.466	0.631	0.030	-0.576	-0.717	0.234	-0.466	-0.163	-0.092	-1.195	-0.119
									0.534				
0.5*L1	0.719	0.412	-0.525	0.514	0.245	-0.643	-0.887	0.188	0.322	-0.234	-0.112	-0.593	-0.160
0.6*L1	0.597	0.493	-0.547	0.392	0.291	-0.607	-1.043	0.149	0.200	-0.351	-0.133	-0.274	-0.220
0.7*L1	0.450	0.508	-0.530	0.281	0.256	-0.383	-1.165	0.113	0.126	-0.555	-0.163	-0.116	-0.323
										0.445			
0.8*L1	0.306	0.405	-0.480	0.186	0.187	-0.147	-1.227	0.079	0.078	0.245	-0.215	-0.047	-0.507
0.9*L1	0.180	0.244	-0.415	0.109	0.111	-0.076	-1.174	0.046	0.045	0.139	-0.312	-0.025	-0.844
1.0*L1	0.078	0.079	-0.382	0.049	0.042	-0.083	-0.918	0.018	0.022	0.084	-0.498	-0.025	-1.452
0.0*L2	0.078	0.079	-0.382	0.049	0.042	-0.083	-0.918	0.018	0.022	0.084	0.502	-0.025	-1.452
0.1*L2	-0.015	-0.091	-0.457	-0.003	-0.025	-0.127	-0.594	-0.009	0.002	0.053	0.286	-0.036	-0.747
0.2*L2	-0.074	-0.207	-0.562	-0.036	-0.069	-0.171	-0.474	-0.026	-0.010	0.041	0.193	-0.047	-0.416
0.3*L2	-0.105	-0.270	-0.628	-0.053	-0.092	-0.197	-0.427	-0.036	-0.016	0.037	0.151	-0.054	-0.263
0.4*L2	-0.115	-0.288	-0.637	-0.059	-0.099	-0.202	-0.393	-0.038	-0.018	0.033	0.129	-0.055	-0.189
0.5*L2	-0.110	-0.273	-0.591	-0.056	-0.094	-0.188	-0.351	-0.036	-0.017	0.030	0.111	-0.051	-0.148
0.6*L2	-0.095	-0.234	-0.504	-0.049	-0.081	-0.161	-0.294	-0.031	-0.015	0.025	0.092	-0.044	-0.117
0.7*L2	-0.074	-0.182	-0.391	-0.038	-0.063	-0.125	-0.227	-0.024	-0.012	0.019	0.070	-0.034	-0.089
0.8*L2	-0.051	-0.125	-0.269	-0.026	-0.044	-0.086	-0.156	-0.017	-0.008	0.013	0.048	-0.023	-0.060
0.9*L2	-0.029	-0.071	-0.152	-0.015	-0.025	-0.048	-0.088	-0.009	-0.005	0.007	0.027	-0.013	-0.034
1.0*L2	-0.010	-0.024	-0.052	-0.005	-0.008	-0.017	-0.030	-0.003	-0.002	0.003	0.009	-0.004	-0.012
FAKTOR				1/a								1/(a*a)	

INFOLGE STRECKENMOMENT mt=1

IN FELD	M 0.4	M 0.7	M 1.0	Q 0	Q 0.4	Q 0.7	Q 1.0	T 0	T 0.4	T 0.7	T 1.0	q 0.4	q 1.0
1,BIS SPRUNG					-0.206	-1.197			-0.262	-0.490			
1,REST	1.779	1.141	-1.576	1.674	0.464	-0.170	-3.120	1.041	0.411	0.252	-0.562	-1.246	-1.203
2	-0.322	-0.867	-2.209	-0.160	-0.292	-0.681	-1.721	-0.111	-0.045	0.149	0.669	-0.186	-1.359
3	0.058	0.143	0.306	0.030	0.049	0.098	0.178	0.019	0.009	-0.015	-0.055	0.026	0.070
SUMME(+)	1.837	1.283	0.306	1.703	0.513	0.098	0.178	1.061	0.420	0.402	0.669	0.026	0.070
SUMME(-)	-0.322	-0.867	-3.785	-0.160	-0.497	-2.048	-4.841	-0.111	-0.307	-0.505	-0.617	-1.432	-2.562
SUMME	1.514	0.416	-3.478	1.544	0.016	-1.950	-4.663	0.949	0.113	-0.104	0.052	-1.405	-2.492
FAKTOR	a			a				a				1/a	

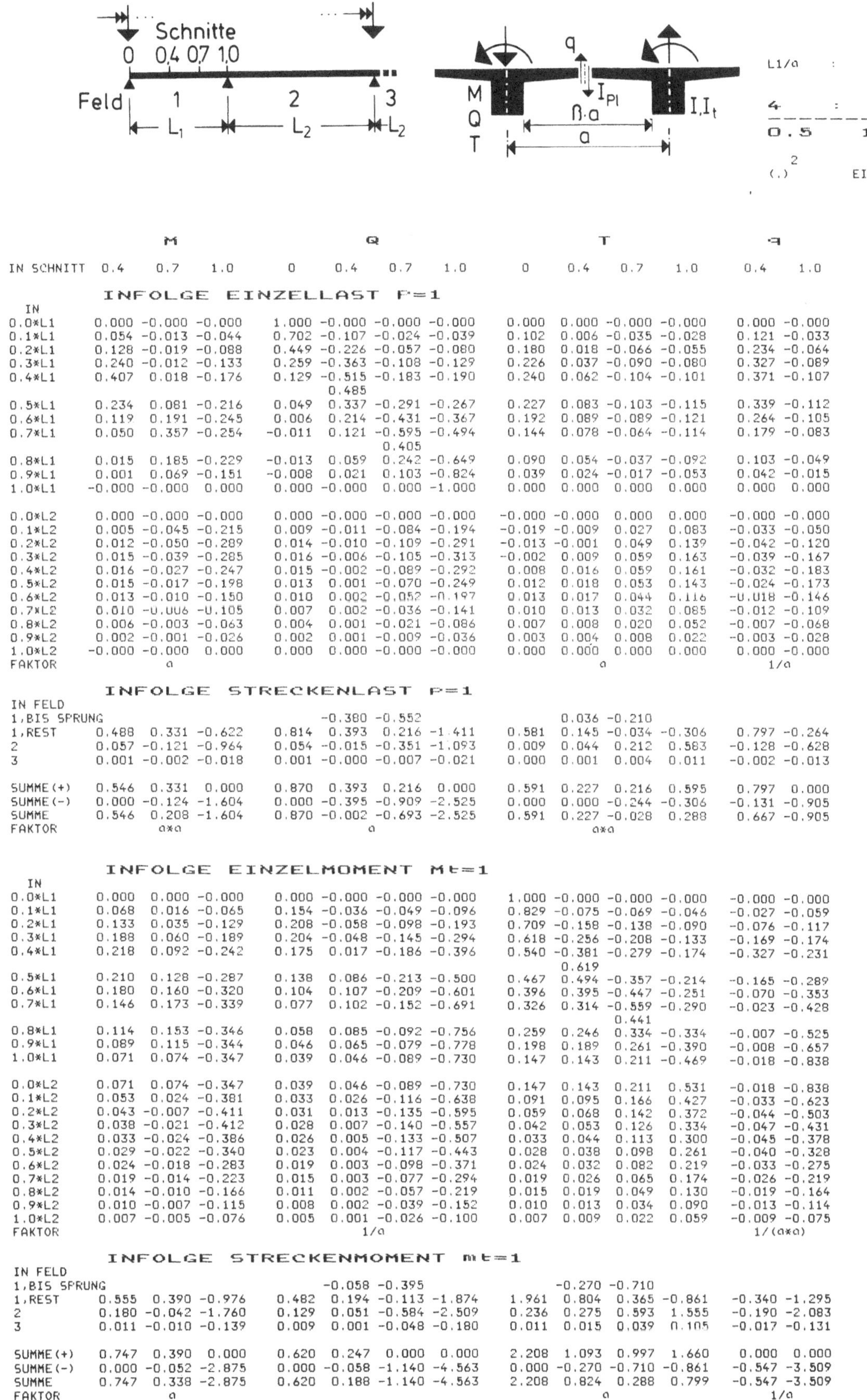

| | M | | | Q | | | | T | | | | q | |
IN SCHNITT	0.4	0.7	1.0	0	0.4	0.7	1.0	0	0.4	0.7	1.0	0.4	1.0

INFOLGE EINZELLAST P=1

IN	M 0.4	M 0.7	M 1.0	Q 0	Q 0.4	Q 0.7	Q 1.0	T 0	T 0.4	T 0.7	T 1.0	q 0.4	q 1.0
0.0*L1	0.000	-0.000	-0.000	1.000	-0.000	-0.000	-0.000	0.000	0.000	-0.000	-0.000	0.000	-0.000
0.1*L1	0.054	-0.013	-0.044	0.702	-0.107	-0.024	-0.039	0.102	0.006	-0.035	-0.028	0.121	-0.033
0.2*L1	0.128	-0.019	-0.088	0.449	-0.226	-0.057	-0.080	0.180	0.018	-0.066	-0.055	0.234	-0.064
0.3*L1	0.240	-0.012	-0.133	0.259	-0.363	-0.108	-0.129	0.226	0.037	-0.090	-0.080	0.327	-0.089
0.4*L1	0.407	0.018	-0.176	0.129	-0.515 0.485	-0.183	-0.190	0.240	0.062	-0.104	-0.101	0.371	-0.107
0.5*L1	0.234	0.081	-0.216	0.049	0.337	-0.291	-0.267	0.227	0.083	-0.103	-0.115	0.339	-0.112
0.6*L1	0.119	0.191	-0.245	0.006	0.214	-0.431	-0.367	0.192	0.089	-0.089	-0.121	0.264	-0.105
0.7*L1	0.050	0.357	-0.254	-0.011	0.121	-0.595 0.405	-0.494	0.144	0.078	-0.064	-0.114	0.179	-0.083
0.8*L1	0.015	0.185	-0.229	-0.013	0.059	0.242	-0.649	0.090	0.054	-0.037	-0.092	0.103	-0.049
0.9*L1	0.001	0.069	-0.151	-0.008	0.021	0.103	-0.824	0.039	0.024	-0.017	-0.053	0.042	-0.015
1.0*L1	-0.000	-0.000	0.000	0.000	-0.000	0.000	-1.000	0.000	0.000	0.000	0.000	0.000	0.000
0.0*L2	0.000	-0.000	-0.000	0.000	-0.000	-0.000	-0.000	-0.000	-0.000	0.000	0.000	-0.000	-0.000
0.1*L2	0.005	-0.045	-0.215	0.009	-0.011	-0.084	-0.194	-0.019	-0.009	0.027	0.083	-0.033	-0.050
0.2*L2	0.012	-0.050	-0.289	0.014	-0.010	-0.109	-0.291	-0.013	-0.001	0.049	0.139	-0.042	-0.120
0.3*L2	0.015	-0.039	-0.285	0.016	-0.006	-0.105	-0.313	-0.002	0.009	0.059	0.163	-0.039	-0.167
0.4*L2	0.016	-0.027	-0.247	0.015	-0.002	-0.089	-0.292	0.008	0.016	0.059	0.161	-0.032	-0.183
0.5*L2	0.015	-0.017	-0.198	0.013	0.001	-0.070	-0.249	0.012	0.018	0.053	0.143	-0.024	-0.173
0.6*L2	0.013	-0.010	-0.150	0.010	0.002	-0.052	-0.197	0.013	0.017	0.044	0.116	-0.018	-0.146
0.7*L2	0.010	-0.006	-0.105	0.007	0.002	-0.036	-0.141	0.010	0.013	0.032	0.085	-0.012	-0.109
0.8*L2	0.006	-0.003	-0.063	0.004	0.001	-0.021	-0.086	0.007	0.008	0.020	0.052	-0.007	-0.068
0.9*L2	0.002	-0.001	-0.026	0.002	0.001	-0.009	-0.036	0.003	0.004	0.008	0.022	-0.003	-0.028
1.0*L2	-0.000	-0.000	0.000	0.000	0.000	-0.000	-0.000	0.000	0.000	0.000	0.000	-0.000	-0.000
FAKTOR	a							a				1/a	

INFOLGE STRECKENLAST P=1

IN FELD

IN FELD	M 0.4	M 0.7	M 1.0	Q 0	Q 0.4	Q 0.7	Q 1.0	T 0	T 0.4	T 0.7	T 1.0	q 0.4	q 1.0
1,BIS SPRUNG					-0.380	-0.552			0.036	-0.210			
1,REST	0.488	0.331	-0.622	0.814	0.393	0.216	-1.411	0.581	0.145	-0.034	-0.306	0.797	-0.264
2	0.057	-0.121	-0.964	0.054	-0.015	-0.351	-1.093	0.009	0.044	0.212	0.583	-0.128	-0.628
3	0.001	-0.002	-0.018	0.001	-0.000	-0.007	-0.021	0.000	0.001	0.004	0.011	-0.002	-0.013
SUMME(+)	0.546	0.331	0.000	0.870	0.393	0.216	0.000	0.591	0.227	0.216	0.595	0.797	0.000
SUMME(-)	0.000	-0.124	-1.604	0.000	-0.395	-0.909	-2.525	0.000	0.000	-0.244	-0.306	-0.131	-0.905
SUMME	0.546	0.208	-1.604	0.870	-0.002	-0.693	-2.525	0.591	0.227	-0.028	0.288	0.667	-0.905
FAKTOR	a*a			a				a*a				1/a	

INFOLGE EINZELMOMENT Mt=1

IN	M 0.4	M 0.7	M 1.0	Q 0	Q 0.4	Q 0.7	Q 1.0	T 0	T 0.4	T 0.7	T 1.0	q 0.4	q 1.0
0.0*L1	0.000	0.000	-0.000	0.000	-0.000	-0.000	-0.000	1.000	-0.000	-0.000	-0.000	-0.000	-0.000
0.1*L1	0.068	0.016	-0.065	0.154	-0.036	-0.049	-0.096	0.829	-0.075	-0.069	-0.046	-0.027	-0.059
0.2*L1	0.133	0.035	-0.129	0.208	-0.058	-0.098	-0.193	0.709	-0.158	-0.138	-0.090	-0.076	-0.117
0.3*L1	0.188	0.060	-0.189	0.204	-0.048	-0.145	-0.294	0.618	-0.256	-0.208	-0.133	-0.169	-0.174
0.4*L1	0.218	0.092	-0.242	0.175	0.017	-0.186	-0.396	0.540	-0.381 0.619	-0.279	-0.174	-0.327	-0.231
0.5*L1	0.210	0.128	-0.287	0.138	0.086	-0.213	-0.500	0.467	0.494	-0.357	-0.214	-0.165	-0.289
0.6*L1	0.180	0.160	-0.320	0.104	0.107	-0.209	-0.601	0.396	0.395	-0.447	-0.251	-0.070	-0.353
0.7*L1	0.146	0.173	-0.339	0.077	0.102	-0.152	-0.691	0.326	0.314	-0.559 0.441	-0.290	-0.023	-0.428
0.8*L1	0.114	0.153	-0.346	0.058	0.085	-0.092	-0.756	0.259	0.246	0.334	-0.334	-0.007	-0.525
0.9*L1	0.089	0.115	-0.344	0.046	0.065	-0.079	-0.778	0.198	0.189	0.261	-0.390	-0.008	-0.657
1.0*L1	0.071	0.074	-0.347	0.039	0.046	-0.089	-0.730	0.147	0.143	0.211	-0.469	-0.018	-0.838
0.0*L2	0.071	0.074	-0.347	0.039	0.046	-0.089	-0.730	0.147	0.143	0.211	0.531	-0.018	-0.838
0.1*L2	0.053	0.024	-0.381	0.033	0.026	-0.116	-0.638	0.091	0.095	0.166	0.427	-0.033	-0.623
0.2*L2	0.043	-0.007	-0.411	0.031	0.013	-0.135	-0.595	0.059	0.068	0.142	0.372	-0.044	-0.503
0.3*L2	0.038	-0.021	-0.412	0.028	0.007	-0.140	-0.557	0.042	0.053	0.126	0.334	-0.047	-0.431
0.4*L2	0.033	-0.024	-0.386	0.026	0.005	-0.133	-0.507	0.033	0.044	0.113	0.300	-0.045	-0.378
0.5*L2	0.029	-0.022	-0.340	0.023	0.004	-0.117	-0.443	0.028	0.038	0.098	0.261	-0.040	-0.328
0.6*L2	0.024	-0.018	-0.283	0.019	0.003	-0.098	-0.371	0.024	0.032	0.082	0.219	-0.033	-0.275
0.7*L2	0.019	-0.014	-0.223	0.015	0.003	-0.077	-0.294	0.019	0.026	0.065	0.174	-0.026	-0.219
0.8*L2	0.014	-0.010	-0.166	0.011	0.002	-0.057	-0.219	0.015	0.019	0.049	0.130	-0.019	-0.164
0.9*L2	0.010	-0.007	-0.115	0.008	0.002	-0.039	-0.152	0.010	0.013	0.034	0.090	-0.013	-0.114
1.0*L2	0.007	-0.005	-0.076	0.005	0.001	-0.026	-0.100	0.007	0.009	0.022	0.059	-0.009	-0.075
FAKTOR				1/a								1/(a*a)	

INFOLGE STRECKENMOMENT mt=1

IN FELD

IN FELD	M 0.4	M 0.7	M 1.0	Q 0	Q 0.4	Q 0.7	Q 1.0	T 0	T 0.4	T 0.7	T 1.0	q 0.4	q 1.0
1,BIS SPRUNG					-0.058	-0.395			-0.270	-0.710			
1,REST	0.555	0.390	-0.976	0.482	0.194	-0.113	-1.874	1.961	0.804	0.365	-0.861	-0.340	-1.295
2	0.180	-0.042	-1.760	0.129	0.051	-0.584	-2.509	0.236	0.275	0.593	1.555	-0.190	-2.083
3	0.011	-0.010	-0.139	0.009	0.001	-0.048	-0.180	0.011	0.015	0.039	0.105	-0.017	-0.131
SUMME(+)	0.747	0.390	0.000	0.620	0.247	0.000	0.000	2.208	1.093	0.997	1.660	0.000	0.000
SUMME(-)	0.000	-0.052	-2.875	0.000	-0.058	-1.140	-4.563	0.000	-0.270	-0.710	-0.861	-0.547	-3.509
SUMME	0.747	0.338	-2.875	0.620	0.188	-1.140	-4.563	2.208	0.824	0.288	0.799	-0.547	-3.509
FAKTOR	a			a				a				1/a	

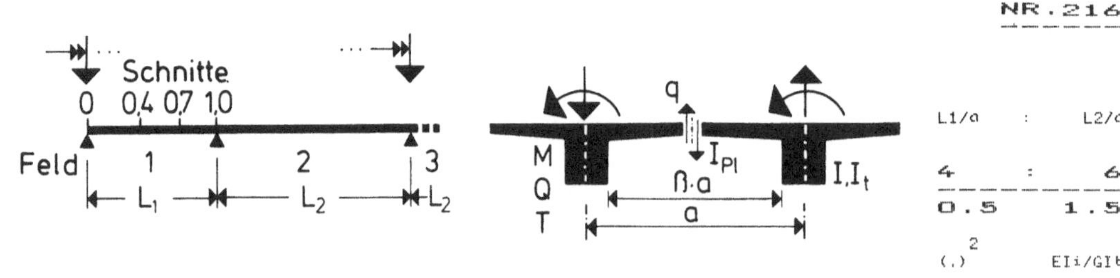

IN SCHNITT	M 0.4	0.7	1.0	Q 0	0.4	0.7	1.0	T 0	0.4	0.7	1.0	q 0.4	1.0

INFOLGE EINZELLAST P=1

IN	M 0.4	0.7	1.0	Q 0	0.4	0.7	1.0	T 0	0.4	0.7	1.0	q 0.4	1.0
0.0*L1	0.000	-0.000	-0.000	1.000	-0.000	-0.000	-0.000	0.000	0.000	-0.000	-0.000	0.000	-0.000
0.1*L1	0.076	-0.008	-0.054	0.734	-0.115	-0.040	-0.047	0.083	0.008	-0.030	-0.027	0.102	-0.027
0.2*L1	0.169	-0.008	-0.107	0.503	-0.238	-0.087	-0.098	0.148	0.019	-0.057	-0.052	0.196	-0.051
0.3*L1	0.295	0.005	-0.159	0.320	-0.373	-0.149	-0.155	0.188	0.034	-0.077	-0.074	0.272	-0.071
0.4*L1	0.468	0.042	-0.206	0.187	-0.516	-0.232	-0.224	0.202	0.053	-0.089	-0.093	0.308	-0.083
				0.484									
0.5*L1	0.292	0.112	-0.246	0.097	0.347	-0.340	-0.309	0.192	0.067	-0.089	-0.105	0.286	-0.086
0.6*L1	0.168	0.225	-0.272	0.042	0.230	-0.473	-0.412	0.165	0.071	-0.078	-0.108	0.229	-0.079
0.7*L1	0.086	0.390	-0.273	0.012	0.138	-0.623	-0.538	0.125	0.062	-0.058	-0.100	0.161	-0.061
						0.377							
0.8*L1	0.037	0.210	-0.239	-0.000	0.072	0.228	-0.684	0.079	0.043	-0.035	-0.079	0.096	-0.035
0.9*L1	0.011	0.083	-0.154	-0.003	0.027	0.099	-0.843	0.035	0.020	-0.016	-0.045	0.041	-0.010
1.0*L1	-0.000	0.000	0.000	-0.000	0.000	0.000	-1.000	0.000	0.000	0.000	0.000	0.000	0.000
0.0*L2	-0.000	-0.000	-0.000	0.000	-0.000	-0.000	-0.000	-0.000	-0.000	0.000	0.000	-0.000	-0.000
0.1*L2	-0.003	-0.061	-0.224	0.006	-0.019	-0.088	-0.178	-0.021	-0.009	0.025	0.070	-0.036	-0.039
0.2*L2	0.001	-0.076	-0.314	0.011	-0.022	-0.121	-0.273	-0.021	-0.005	0.045	0.121	-0.049	-0.095
0.3*L2	0.006	-0.069	-0.323	0.014	-0.019	-0.123	-0.303	-0.013	0.003	0.055	0.145	-0.049	-0.136
0.4*L2	0.009	-0.054	-0.289	0.014	-0.014	-0.109	-0.290	-0.005	0.009	0.056	0.147	-0.043	-0.152
0.5*L2	0.010	-0.040	-0.238	0.013	-0.009	-0.088	-0.251	0.000	0.011	0.051	0.133	-0.035	-0.147
0.6*L2	0.010	-0.027	-0.182	0.011	-0.005	-0.067	-0.200	0.003	0.011	0.042	0.109	-0.026	-0.125
0.7*L2	0.008	-0.017	-0.127	0.008	-0.003	-0.046	-0.144	0.004	0.009	0.031	0.080	-0.018	-0.094
0.8*L2	0.005	-0.010	-0.075	0.005	-0.002	-0.027	-0.087	0.003	0.006	0.019	0.049	-0.011	-0.059
0.9*L2	0.002	-0.004	-0.031	0.002	-0.001	-0.011	-0.036	0.001	0.003	0.008	0.021	-0.004	-0.025
1.0*L2	0.000	0.000	0.000	-0.000	0.000	-0.000	-0.000	0.000	0.000	-0.000	0.000	0.000	0.000
FAKTOR	a							a				1/a	

INFOLGE STRECKENLAST P=1

IN FELD

	M 0.4	0.7	1.0	Q 0	0.4	0.7	1.0	T 0	0.4	0.7	1.0	q 0.4	1.0
1,BIS SPRUNG						-0.393	-0.649			0.034	-0.182		
1,REST	0.630	0.409	-0.692	0.948	0.418	0.204	-1.521	0.490	0.117	-0.032	-0.276	0.681	-0.201
2	0.029	-0.219	-1.098	0.051	-0.057	-0.415	-1.070	-0.031	0.022	0.201	0.529	-0.165	-0.525
3	-0.001	-0.001	0.005	-0.001	-0.000	0.001	0.009	-0.001	-0.001	-0.002	-0.006	0.000	0.009
SUMME(+)	0.659	0.409	0.005	0.998	0.418	0.205	0.009	0.490	0.173	0.201	0.529	0.681	0.009
SUMME(-)	-0.001	-0.220	-1.790	-0.001	-0.450	-1.064	-2.591	-0.033	-0.001	-0.216	-0.282	-0.165	-0.726
SUMME	0.658	0.189	-1.785	0.998	-0.032	-0.858	-2.582	0.457	0.172	-0.015	0.247	0.516	-0.717
FAKTOR	a*a			a				a*a				1/a	

INFOLGE EINZELMOMENT Mt=1

IN	M 0.4	0.7	1.0	Q 0	0.4	0.7	1.0	T 0	0.4	0.7	1.0	q 0.4	1.0
0.0*L1	0.000	0.000	-0.000	0.000	-0.000	-0.000	-0.000	1.000	-0.000	-0.000	-0.000	-0.000	-0.000
0.1*L1	0.086	0.023	-0.075	0.174	-0.038	-0.063	-0.107	0.816	-0.078	-0.065	-0.043	-0.044	-0.051
0.2*L1	0.167	0.049	-0.147	0.243	-0.060	-0.125	-0.214	0.686	-0.163	-0.130	-0.086	-0.108	-0.102
0.3*L1	0.234	0.080	-0.214	0.250	-0.048	-0.183	-0.323	0.586	-0.264	-0.197	-0.127	-0.211	-0.153
0.4*L1	0.271	0.117	-0.272	0.225	0.020	-0.230	-0.433	0.505	-0.393	-0.268	-0.166	-0.376	-0.205
								0.607					
0.5*L1	0.265	0.155	-0.319	0.188	0.092	-0.259	-0.542	0.431	0.479	-0.345	-0.204	-0.213	-0.260
0.6*L1	0.232	0.188	-0.353	0.149	0.115	-0.254	-0.644	0.362	0.379	-0.347	-0.242	-0.114	-0.322
0.7*L1	0.190	0.198	-0.371	0.115	0.110	-0.192	-0.731	0.295	0.298	-0.551	-0.281	-0.060	-0.398
										0.449			
0.8*L1	0.150	0.172	-0.376	0.089	0.091	-0.127	-0.791	0.233	0.231	0.340	-0.328	-0.037	-0.496
0.9*L1	0.115	0.125	-0.373	0.069	0.068	-0.109	-0.803	0.176	0.177	0.265	-0.388	-0.033	-0.629
1.0*L1	0.088	0.074	-0.377	0.055	0.046	-0.115	-0.745	0.128	0.133	0.213	-0.472	-0.038	-0.810
0.0*L2	0.088	0.074	-0.377	0.055	0.046	-0.115	-0.745	0.128	0.133	0.213	0.528	-0.038	-0.810
0.1*L2	0.059	0.010	-0.417	0.043	0.019	-0.141	-0.641	0.074	0.086	0.166	0.416	-0.051	-0.590
0.2*L2	0.042	-0.032	-0.455	0.036	0.002	-0.161	-0.591	0.041	0.058	0.140	0.355	-0.061	-0.464
0.3*L2	0.033	-0.053	-0.464	0.031	-0.007	-0.168	-0.552	0.023	0.043	0.123	0.315	-0.065	-0.389
0.4*L2	0.027	-0.058	-0.440	0.028	-0.010	-0.161	-0.504	0.015	0.034	0.109	0.281	-0.063	-0.335
0.5*L2	0.023	-0.055	-0.393	0.024	-0.010	-0.144	-0.443	0.011	0.028	0.095	0.244	-0.056	-0.288
0.6*L2	0.019	-0.046	-0.330	0.020	-0.009	-0.121	-0.371	0.009	0.023	0.079	0.204	-0.047	-0.240
0.7*L2	0.015	-0.036	-0.261	0.016	-0.007	-0.096	-0.294	0.007	0.019	0.063	0.162	-0.037	-0.191
0.8*L2	0.011	-0.027	-0.193	0.012	-0.005	-0.071	-0.218	0.006	0.014	0.047	0.121	-0.028	-0.142
0.9*L2	0.008	-0.018	-0.133	0.008	-0.003	-0.049	-0.150	0.004	0.010	0.032	0.083	-0.019	-0.098
1.0*L2	0.005	-0.012	-0.085	0.005	-0.002	-0.031	-0.096	0.002	0.006	0.020	0.053	-0.012	-0.062
FAKTOR				1/a								1/(a*a)	

INFOLGE STRECKENMOMENT mt=1

IN FELD

	M 0.4	0.7	1.0	Q 0	0.4	0.7	1.0	T 0	0.4	0.7	1.0	q 0.4	1.0
1,BIS SPRUNG						-0.059	-0.490			-0.278	-0.685		
1,REST	0.705	0.460	-1.078	0.620	0.207	-0.152	-1.991	1.856	0.770	0.372	-0.838	-0.474	-1.203
2	0.169	-0.175	-1.992	0.148	-0.006	-0.712	-2.505	0.150	0.227	0.580	1.476	-0.273	-1.892
3	0.006	-0.019	-0.121	0.007	-0.004	-0.045	-0.131	0.002	0.007	0.027	0.071	-0.018	-0.081
SUMME(+)	0.880	0.460	0.000	0.775	0.207	0.000	0.000	2.007	1.004	0.979	1.547	0.000	0.000
SUMME(-)	0.000	-0.194	-3.191	0.000	-0.069	-1.398	-4.627	0.000	-0.278	-0.685	-0.838	-0.764	-3.176
SUMME	0.880	0.266	-3.191	0.775	0.138	-1.398	-4.627	2.007	0.726	0.294	0.709	-0.764	-3.176
FAKTOR	a			a				a				1/a	

NR.217

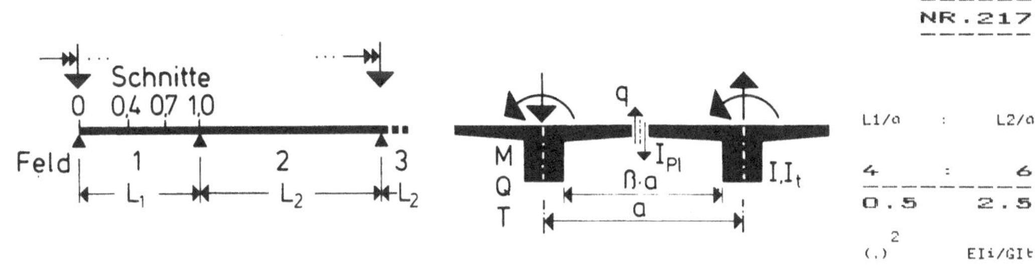

	M			Q				T				q	
IN SCHNITT	0.4	0.7	1.0	0	0.4	0.7	1.0	0	0.4	0.7	1.0	0.4	1.0

INFOLGE EINZELLAST P=1

IN	M 0.4	M 0.7	M 1.0	Q 0	Q 0.4	Q 0.7	Q 1.0	T 0	T 0.4	T 0.7	T 1.0	q 0.4	q 1.0
0.0*L1	0.000	0.000	-0.000	1.000	-0.000	-0.000	-0.000	0.000	0.000	-0.000	-0.000	0.000	-0.000
0.1*L1	0.104	0.002	-0.065	0.771	-0.122	-0.060	-0.060	0.061	0.007	-0.024	-0.023	0.078	-0.019
0.2*L1	0.221	0.010	-0.128	0.565	-0.247	-0.125	-0.124	0.110	0.017	-0.045	-0.045	0.149	-0.036
0.3*L1	0.365	0.034	-0.188	0.394	-0.379	-0.200	-0.194	0.142	0.028	-0.061	-0.064	0.206	-0.049
0.4*L1	0.546	0.080	-0.239	0.261	-0.513	-0.291	-0.273	0.154	0.041	-0.070	-0.079	0.233	-0.057
0.4*L1 (n. Sprung)					0.487								
0.5*L1	0.369	0.156	-0.278	0.163	0.359	-0.399	-0.365	0.148	0.050	-0.071	-0.088	0.220	-0.058
0.6*L1	0.234	0.272	-0.299	0.094	0.248	-0.523	-0.470	0.129	0.052	-0.063	-0.089	0.181	-0.052
0.7*L1	0.136	0.433	-0.293	0.049	0.157	-0.658	-0.591	0.099	0.045	-0.048	-0.081	0.132	-0.039
0.7*L1 (n. Sprung)						0.342							
0.8*L1	0.069	0.243	-0.249	0.022	0.086	0.209	-0.725	0.063	0.031	-0.031	-0.064	0.081	-0.021
0.9*L1	0.026	0.100	-0.156	0.007	0.035	0.093	-0.865	0.028	0.014	-0.015	-0.036	0.036	-0.005
1.0*L1	-0.000	0.000	0.000	0.000	0.000	-0.000	-1.000	0.000	0.000	0.000	0.000	-0.000	0.000
0.0*L2	-0.000	-0.000	-0.000	-0.000	-0.000	-0.000	-0.000	-0.000	-0.000	0.000	0.000	-0.000	-0.000
0.1*L2	-0.017	-0.084	-0.235	-0.002	-0.029	-0.089	-0.156	-0.021	-0.008	0.022	0.056	-0.035	-0.028
0.2*L2	-0.020	-0.114	-0.344	-0.000	-0.038	-0.129	-0.248	-0.026	-0.007	0.039	0.098	-0.051	-0.069
0.3*L2	-0.016	-0.114	-0.368	0.003	-0.037	-0.138	-0.283	-0.022	-0.002	0.048	0.121	-0.055	-0.101
0.4*L2	-0.011	-0.100	-0.342	0.005	-0.032	-0.128	-0.278	-0.016	0.002	0.050	0.125	-0.051	-0.116
0.5*L2	-0.006	-0.080	-0.290	0.006	-0.025	-0.108	-0.246	-0.011	0.005	0.046	0.115	-0.043	-0.114
0.6*L2	-0.003	-0.059	-0.226	0.006	-0.010	-0.084	-0.199	-0.006	0.006	0.039	0.096	-0.034	-0.100
0.7*L2	-0.001	-0.040	-0.159	0.005	-0.012	-0.059	-0.144	-0.003	0.005	0.029	0.071	-0.024	-0.076
0.8*L2	-0.000	-0.023	-0.095	0.003	-0.007	-0.035	-0.088	-0.001	0.004	0.018	0.044	-0.014	-0.048
0.9*L2	0.000	-0.009	-0.040	0.001	-0.003	-0.015	-0.037	-0.000	0.002	0.008	0.019	-0.006	-0.021
1.0*L2	-0.000	0.000	0.000	0.000	0.000	-0.000	0.000	0.000	0.000	0.000	0.000	-0.000	0.000
FAKTOR		a						a				1/a	

INFOLGE STRECKENLAST P=1

IN FELD	M 0.4	M 0.7	M 1.0	Q 0	Q 0.4	Q 0.7	Q 1.0	T 0	T 0.4	T 0.7	T 1.0	q 0.4	q 1.0
1,BIS SPRUNG					-0.401	-0.768			0.029	-0.144			
1,REST	0.819	0.521	-0.767	1.122	0.448	0.187	-1.665	0.377	0.086	-0.028	-0.230	0.531	-0.135
2	-0.046	-0.380	-1.276	0.015	-0.123	-0.478	-1.019	-0.066	0.003	0.181	0.451	-0.191	-0.405
3	-0.001	0.012	0.052	-0.002	0.003	0.019	0.050	0.000	-0.003	-0.010	-0.026	0.008	0.029
SUMME(+)	0.819	0.533	0.052	1.138	0.451	0.207	0.050	0.377	0.118	0.181	0.451	0.538	0.029
SUMME(-)	-0.046	-0.380	-2.043	-0.002	-0.524	-1.246	-2.683	-0.066	-0.003	-0.182	-0.256	-0.191	-0.540
SUMME	0.772	0.152	-1.992	1.136	-0.073	-1.040	-2.633	0.311	0.115	-0.001	0.195	0.348	-0.511
FAKTOR		a×a				a			a×a				

INFOLGE EINZELMOMENT Mt=1

IN	M 0.4	M 0.7	M 1.0	Q 0	Q 0.4	Q 0.7	Q 1.0	T 0	T 0.4	T 0.7	T 1.0	q 0.4	q 1.0
0.0*L1	0.000	0.000	-0.000	0.000	-0.000	-0.000	-0.000	1.000	-0.000	-0.000	-0.000	-0.000	-0.000
0.1*L1	0.109	0.034	-0.085	0.198	-0.038	-0.081	-0.121	0.801	-0.081	-0.060	-0.039	-0.064	-0.043
0.2*L1	0.211	0.070	-0.167	0.287	-0.060	-0.158	-0.243	0.657	-0.170	-0.120	-0.078	-0.146	-0.086
0.3*L1	0.293	0.109	-0.241	0.308	-0.046	-0.228	-0.364	0.548	-0.275	-0.184	-0.116	-0.264	-0.130
0.4*L1	0.340	0.152	-0.305	0.290	0.025	-0.284	-0.482	0.461	-0.406	-0.252	-0.153	-0.436	-0.177
0.4*L1 (n. Sprung)									0.594				
0.5*L1	0.336	0.194	-0.355	0.252	0.100	-0.316	-0.596	0.387	0.463	-0.329	-0.189	-0.274	-0.229
0.6*L1	0.299	0.226	-0.389	0.208	0.124	-0.309	-0.698	0.320	0.362	-0.422	-0.227	-0.170	-0.290
0.7*L1	0.249	0.231	-0.406	0.166	0.119	-0.242	-0.781	0.258	0.281	-0.538	-0.269	-0.108	-0.366
0.7*L1 (n. Sprung)										0.462			
0.8*L1	0.196	0.196	-0.410	0.129	0.098	-0.169	-0.831	0.201	0.216	0.349	-0.319	-0.076	-0.466
0.9*L1	0.147	0.137	-0.407	0.098	0.070	-0.143	-0.832	0.150	0.164	0.271	-0.385	-0.064	-0.599
1.0*L1	0.106	0.072	-0.412	0.074	0.043	-0.144	-0.760	0.106	0.122	0.216	-0.476	-0.063	-0.780
0.0*L2	0.106	0.072	-0.412	0.074	0.043	-0.144	-0.760	0.106	0.122	0.216	0.524	-0.063	-0.780
0.1*L2	0.060	-0.014	-0.459	0.049	0.008	-0.166	-0.639	0.057	0.078	0.164	0.401	-0.069	-0.556
0.2*L2	0.030	-0.074	-0.509	0.034	-0.016	-0.187	-0.579	0.025	0.050	0.135	0.332	-0.076	-0.422
0.3*L2	0.013	-0.105	-0.528	0.025	-0.029	-0.195	-0.537	0.007	0.034	0.117	0.288	-0.079	-0.341
0.4*L2	0.005	-0.115	-0.510	0.019	-0.033	-0.189	-0.490	-0.002	0.024	0.102	0.253	-0.076	-0.286
0.5*L2	0.001	-0.109	-0.462	0.016	-0.033	-0.172	-0.432	-0.005	0.019	0.088	0.218	-0.069	-0.241
0.6*L2	-0.000	-0.095	-0.393	0.013	-0.028	-0.146	-0.363	-0.006	0.015	0.074	0.182	-0.059	-0.199
0.7*L2	-0.000	-0.076	-0.312	0.010	-0.023	-0.116	-0.288	-0.005	0.012	0.058	0.144	-0.047	-0.157
0.8*L2	-0.000	-0.056	-0.231	0.007	-0.017	-0.086	-0.213	-0.004	0.009	0.043	0.107	-0.035	-0.116
0.9*L2	-0.000	-0.038	-0.157	0.005	-0.011	-0.058	-0.145	-0.002	0.006	0.029	0.072	-0.023	-0.079
1.0*L2	-0.000	-0.024	-0.096	0.003	-0.007	-0.036	-0.089	-0.002	0.004	0.018	0.044	-0.014	-0.048
FAKTOR						1/a						1/(a×a)	

INFOLGE STRECKENMOMENT mt=1

IN FELD	M 0.4	M 0.7	M 1.0	Q 0	Q 0.4	Q 0.7	Q 1.0	T 0	T 0.4	T 0.7	T 1.0	q 0.4	q 1.0
1,BIS SPRUNG					-0.058	-0.605			-0.289	-0.652			
1,REST	0.898	0.557	-1.190	0.799	0.222	-0.198	-2.139	1.728	0.734	0.381	-0.803	-0.642	-1.104
2	0.093	-0.401	-2.294	0.129	-0.101	-0.845	-2.459	0.068	0.182	0.554	1.361	-0.344	-1.674
3	-0.001	-0.019	-0.072	0.002	-0.006	-0.027	-0.063	-0.002	0.002	0.012	0.030	-0.011	-0.031
SUMME(+)	0.992	0.557	0.000	0.929	0.222	0.000	0.000	1.796	0.918	0.947	1.392	0.000	0.000
SUMME(-)	-0.001	-0.419	-3.556	0.000	-0.164	-1.675	-4.661	-0.002	-0.289	-0.652	-0.803	-0.998	-2.810
SUMME	0.991	0.138	-3.556	0.929	0.058	-1.675	-4.661	1.793	0.629	0.295	0.588	-0.998	-2.810
FAKTOR		a							a			1/a	

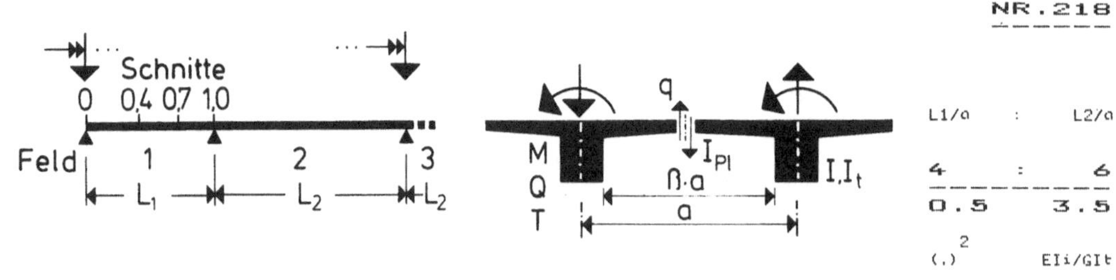


```
                  M                      Q                         T                    q
IN SCHNITT  0.4   0.7   1.0     0    0.4   0.7   1.0     0    0.4   0.7   1.0     0.4   1.0

              INFOLGE  EINZELLAST  P=1
IN
0.0*L1     0.000  0.000 -0.000   1.000 -0.000 -0.000 -0.000   0.000  0.000 -0.000 -0.000   0.000 -0.000
0.1*L1     0.121  0.009 -0.071   0.791 -0.124 -0.071 -0.070   0.049  0.007 -0.020 -0.020   0.063 -0.014
0.2*L1     0.254  0.025 -0.140   0.601 -0.250 -0.147 -0.142   0.089  0.014 -0.037 -0.039   0.121 -0.027
0.3*L1     0.409  0.055 -0.203   0.439 -0.380 -0.231 -0.220   0.115  0.024 -0.051 -0.056   0.167 -0.037
0.4*L1     0.596  0.107 -0.256   0.307 -0.510 -0.326 -0.306   0.125  0.033 -0.058 -0.069   0.189 -0.043
                                        0.490
0.5*L1     0.418  0.187 -0.295   0.205  0.367 -0.434 -0.401   0.121  0.040 -0.059 -0.076   0.180 -0.043
0.6*L1     0.277  0.303 -0.313   0.129  0.258 -0.554 -0.507   0.106  0.041 -0.053 -0.076   0.151 -0.038
0.7*L1     0.170  0.461 -0.303   0.075  0.167 -0.680 -0.623   0.082  0.035 -0.041 -0.069   0.111 -0.028
                                               0.320
0.8*L1     0.091  0.264 -0.254   0.038  0.095  0.197 -0.749   0.053  0.025 -0.027 -0.054   0.070 -0.015
0.9*L1     0.036  0.111 -0.157   0.014  0.040  0.088 -0.878   0.024  0.011 -0.013 -0.030   0.032 -0.003
1.0*L1    -0.000  0.000  0.000  -0.000  0.000 -0.000 -1.000   0.000  0.000  0.000  0.000   0.000  0.000

0.0*L2    -0.000 -0.000 -0.000  -0.000 -0.000 -0.000 -0.000  -0.000 -0.000  0.000  0.000  -0.000 -0.000
0.1*L2    -0.029 -0.100 -0.241  -0.010 -0.035 -0.088 -0.143  -0.020 -0.007  0.019  0.047  -0.032 -0.022
0.2*L2    -0.038 -0.142 -0.361  -0.011 -0.049 -0.131 -0.229  -0.026 -0.007  0.034  0.083  -0.049 -0.055
0.3*L2    -0.037 -0.148 -0.396  -0.010 -0.051 -0.144 -0.266  -0.024 -0.004  0.043  0.104  -0.054 -0.082
0.4*L2    -0.031 -0.135 -0.376  -0.007 -0.046 -0.137 -0.265  -0.020 -0.000  0.045  0.109  -0.052 -0.095
0.5*L2    -0.024 -0.112 -0.324  -0.004 -0.038 -0.118 -0.238  -0.015  0.002  0.042  0.102  -0.045 -0.095
0.6*L2    -0.017 -0.086 -0.256  -0.002 -0.029 -0.093 -0.194  -0.010  0.003  0.035  0.086  -0.036 -0.083
0.7*L2    -0.011 -0.059 -0.183  -0.001 -0.020 -0.067 -0.142  -0.006  0.003  0.027  0.064  -0.026 -0.064
0.8*L2    -0.006 -0.035 -0.110  -0.000 -0.012 -0.040 -0.087  -0.003  0.002  0.017  0.040  -0.016 -0.041
0.9*L2    -0.002 -0.015 -0.047   0.000 -0.005 -0.017 -0.038  -0.001  0.001  0.007  0.017  -0.007 -0.018
1.0*L2    -0.000  0.000  0.000  -0.000  0.000 -0.000  0.000  -0.000 -0.000  0.000  0.000  -0.000  0.000
FAKTOR        a                      a                          a                       1/a

              INFOLGE  STRECKENLAST  P=1
IN FELD
1,BIS SPRUNG                            -0.403 -0.840            0.025 -0.120
1,REST     0.941  0.599 -0.806   1.233  0.466  0.176 -1.757   0.308  0.068 -0.024 -0.197   0.437 -0.100
2         -0.119 -0.506 -1.395  -0.027 -0.172 -0.507 -0.971  -0.077 -0.005  0.163  0.395  -0.192 -0.335
3          0.005  0.029  0.095  -0.000  0.010  0.035  0.077   0.003 -0.002 -0.015 -0.036   0.013  0.037

SUMME(+)   0.945  0.628  0.095   1.233  0.476  0.211  0.077   0.310  0.093  0.163  0.395   0.450  0.037
SUMME(-)  -0.119 -0.506 -2.200  -0.027 -0.576 -1.347 -2.728  -0.077 -0.007 -0.159 -0.233  -0.192 -0.435
SUMME      0.826  0.122 -2.105   1.206 -0.100 -1.136 -2.652   0.233  0.086  0.004  0.162   0.259 -0.397
FAKTOR       a*a                     a                         a*a

              INFOLGE  EINZELMOMENT  Mt=1
IN
0.0*L1     0.000  0.000 -0.000   0.000 -0.000 -0.000 -0.000   1.000 -0.000 -0.000 -0.000  -0.000 -0.000
0.1*L1     0.124  0.041 -0.091   0.212 -0.038 -0.091 -0.131   0.792 -0.083 -0.056 -0.036  -0.077 -0.038
0.2*L1     0.239  0.084 -0.177   0.314 -0.059 -0.178 -0.261   0.640 -0.174 -0.114 -0.072  -0.170 -0.077
0.3*L1     0.331  0.130 -0.256   0.344 -0.044 -0.256 -0.390   0.526 -0.281 -0.175 -0.108  -0.296 -0.118
0.4*L1     0.384  0.177 -0.322   0.330  0.029 -0.316 -0.514   0.435 -0.414 -0.242 -0.143  -0.472 -0.162
                                                                     0.586
0.5*L1     0.382  0.221 -0.374   0.293  0.105 -0.350 -0.630   0.360  0.454 -0.319 -0.179  -0.311 -0.212
0.6*L1     0.342  0.252 -0.408   0.246  0.131 -0.341 -0.732   0.294  0.352 -0.412 -0.217  -0.204 -0.273
0.7*L1     0.286  0.253 -0.425   0.198  0.120 -0.271 -0.812   0.235  0.272 -0.530 -0.260  -0.138 -0.349
                                                                            0.470
0.8*L1     0.224  0.211 -0.428   0.154  0.102 -0.193 -0.856   0.182  0.208  0.355 -0.313  -0.101 -0.450
0.9*L1     0.166  0.143 -0.425   0.116  0.071 -0.163 -0.848   0.135  0.157  0.274 -0.383  -0.082 -0.584
1.0*L1     0.115  0.068 -0.432   0.084  0.040 -0.161 -0.768   0.095  0.117  0.217 -0.479  -0.076 -0.764

0.0*L2     0.115  0.068 -0.432   0.084  0.040 -0.161 -0.768   0.095  0.117  0.217  0.521  -0.076 -0.764
0.1*L2     0.055 -0.033 -0.485   0.050 -0.000 -0.179 -0.635   0.049  0.074  0.163  0.391  -0.077 -0.537
0.2*L2     0.016 -0.105 -0.542   0.027 -0.029 -0.198 -0.568   0.018  0.046  0.131  0.316  -0.081 -0.399
0.3*L2    -0.008 -0.145 -0.568   0.014 -0.045 -0.208 -0.522   0.001  0.030  0.111  0.268  -0.083 -0.314
0.4*L2    -0.019 -0.159 -0.556   0.007 -0.051 -0.203 -0.475  -0.008  0.020  0.096  0.232  -0.079 -0.258
0.5*L2    -0.022 -0.153 -0.508   0.003 -0.050 -0.185 -0.418  -0.012  0.015  0.082  0.199  -0.072 -0.213
0.6*L2    -0.021 -0.134 -0.435   0.001 -0.044 -0.159 -0.352  -0.011  0.011  0.068  0.165  -0.061 -0.174
0.7*L2    -0.017 -0.108 -0.348   0.001 -0.035 -0.127 -0.280  -0.010  0.008  0.054  0.130  -0.049 -0.136
0.8*L2    -0.013 -0.080 -0.257   0.000 -0.026 -0.094 -0.206  -0.007  0.006  0.040  0.096  -0.036 -0.100
0.9*L2    -0.009 -0.054 -0.173   0.000 -0.018 -0.063 -0.139  -0.005  0.004  0.027  0.065  -0.024 -0.067
1.0*L2    -0.005 -0.032 -0.103   0.000 -0.011 -0.038 -0.083  -0.003  0.002  0.016  0.039  -0.015 -0.040
FAKTOR                               1/a                                                  1/(a*a)

              INFOLGE  STRECKENMOMENT  mt=1
IN FELD
1,BIS SPRUNG                            -0.055 -0.673           -0.296 -0.631
1,REST     1.019  0.623 -1.251   0.910  0.232 -0.225 -2.232   1.652  0.714  0.386 -0.778  -0.745 -1.052
2          0.006 -0.578 -2.489   0.085 -0.173 -0.910 -2.405   0.033  0.162  0.531  1.279  -0.366 -1.548
3         -0.001 -0.007 -0.022  -0.000 -0.002 -0.008 -0.017  -0.001  0.000  0.003  0.008  -0.003 -0.008

SUMME(+)   1.026  0.623  0.000   0.995  0.232  0.000  0.000   1.685  0.876  0.920  1.286   0.000  0.000
SUMME(-)  -0.001 -0.585 -3.762  -0.000 -0.230 -1.816 -4.654  -0.001 -0.296 -0.631 -0.778  -1.114 -2.608
SUMME      1.024  0.037 -3.762   0.995  0.002 -1.816 -4.654   1.684  0.581  0.290  0.509  -1.114 -2.608
FAKTOR        a                                                  a                         1/a
```

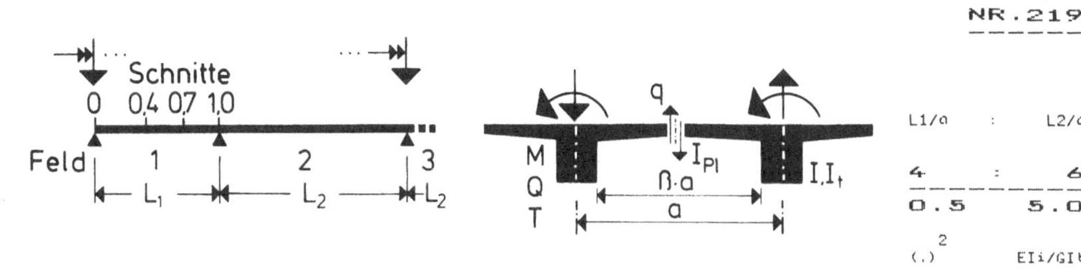

	M			Q				T				q	
IN SCHNITT	0.4	0.7	1.0	0	0.4	0.7	1.0	0	0.4	0.7	1.0	0.4	1.0

INFOLGE EINZELLAST F=1

IN	M 0.4	M 0.7	M 1.0	Q 0	Q 0.4	Q 0.7	Q 1.0	T 0	T 0.4	T 0.7	T 1.0	q 0.4	q 1.0
0.0*L1	0.000	0.000	-0.000	1.000	-0.000	-0.000	-0.000	0.000	0.000	-0.000	-0.000	0.000	-0.000
0.1*L1	0.138	0.017	-0.076	0.810	-0.125	-0.083	-0.080	0.038	0.006	-0.016	-0.017	0.050	-0.010
0.2*L1	0.286	0.041	-0.150	0.635	-0.251	-0.168	-0.161	0.069	0.012	-0.030	-0.033	0.095	-0.020
0.3*L1	0.452	0.078	-0.216	0.481	-0.379	-0.260	-0.247	0.089	0.019	-0.040	-0.047	0.130	-0.027
0.4*L1	0.644	0.135	-0.270	0.352	-0.505	-0.359	-0.338	0.098	0.026	-0.047	-0.057	0.148	-0.031
					0.495								
0.5*L1	0.467	0.219	-0.308	0.247	0.376	-0.467	-0.436	0.096	0.031	-0.047	-0.063	0.142	-0.031
0.6*L1	0.321	0.335	-0.324	0.165	0.269	-0.582	-0.542	0.084	0.032	-0.043	-0.063	0.120	-0.027
0.7*L1	0.204	0.490	-0.309	0.102	0.178	-0.701	-0.655	0.065	0.027	-0.033	-0.057	0.090	-0.019
						0.299							
0.8*L1	0.114	0.285	-0.257	0.055	0.103	0.185	-0.772	0.043	0.019	-0.022	-0.044	0.057	-0.010
0.9*L1	0.047	0.123	-0.157	0.022	0.044	0.083	-0.890	0.020	0.009	-0.011	-0.024	0.026	-0.002
1.0*L1	0.000	0.000	0.000	-0.000	0.000	0.000	-1.000	0.000	0.000	0.000	0.000	0.000	0.000
0.0*L2	-0.000	-0.000	-0.000	-0.000	-0.000	-0.000	-0.000	-0.000	-0.000	0.000	0.000	-0.000	-0.000
0.1*L2	-0.042	-0.116	-0.248	-0.019	-0.041	-0.086	-0.129	-0.017	-0.006	0.016	0.038	-0.028	-0.017
0.2*L2	-0.059	-0.171	-0.379	-0.026	-0.060	-0.131	-0.210	-0.024	-0.006	0.029	0.068	-0.044	-0.043
0.3*L2	-0.062	-0.185	-0.424	-0.026	-0.065	-0.147	-0.247	-0.024	-0.004	0.037	0.087	-0.050	-0.064
0.4*L2	-0.056	-0.174	-0.410	-0.023	-0.061	-0.143	-0.249	-0.021	-0.002	0.039	0.092	-0.049	-0.075
0.5*L2	-0.047	-0.149	-0.360	-0.018	-0.052	-0.126	-0.226	-0.017	-0.000	0.037	0.087	-0.043	-0.076
0.6*L2	-0.036	-0.117	-0.289	-0.013	-0.041	-0.101	-0.186	-0.012	0.001	0.031	0.074	-0.035	-0.068
0.7*L2	-0.025	-0.083	-0.200	-0.009	-0.029	-0.073	-0.137	-0.008	0.001	0.024	0.056	-0.026	-0.053
0.8*L2	-0.015	-0.050	-0.127	-0.005	-0.017	-0.045	-0.085	-0.005	0.001	0.015	0.035	-0.016	-0.034
0.9*L2	-0.006	-0.021	-0.055	-0.002	-0.007	-0.019	-0.037	-0.002	0.001	0.007	0.016	-0.007	-0.015
1.0*L2	0.000	0.000	0.000	-0.000	-0.000	0.000	0.000	0.000	0.000	0.000	0.000	-0.000	0.000
FAKTOR	a							a				1/a	

INFOLGE STRECKENLAST F=1

IN FELD

IN FELD	M 0.4	M 0.7	M 1.0	Q 0	Q 0.4	Q 0.7	Q 1.0	T 0	T 0.4	T 0.7	T 1.0	q 0.4	q 1.0
1,BIS SPRUNG						-0.403	-0.906			0.020	-0.097		
1,REST	1.062	0.680	-0.836	1.341	0.484	0.166	-1.847	0.243	0.053	-0.020	-0.163	0.346	-0.071
2	-0.212	-0.648	-1.518	-0.086	-0.227	-0.528	-0.913	-0.080	-0.009	0.141	0.334	-0.180	-0.268
3	0.017	0.059	0.151	0.006	0.020	0.053	0.102	0.006	-0.002	-0.018	-0.042	0.019	0.041
SUMME(+)	1.079	0.738	0.151	1.347	0.504	0.218	0.102	0.248	0.073	0.141	0.334	0.365	0.041
SUMME(-)	-0.212	-0.648	-2.353	-0.086	-0.630	-1.434	-2.761	-0.080	-0.011	-0.134	-0.205	-0.180	-0.339
SUMME	0.867	0.090	-2.203	1.261	-0.126	-1.216	-2.659	0.168	0.062	0.007	0.129	0.185	-0.298
FAKTOR	a*a			a				a*a					

INFOLGE EINZELMOMENT Mt=1

IN	M 0.4	M 0.7	M 1.0	Q 0	Q 0.4	Q 0.7	Q 1.0	T 0	T 0.4	T 0.7	T 1.0	q 0.4	q 1.0
0.0*L1	0.000	0.000	-0.000	0.000	-0.000	-0.000	-0.000	1.000	-0.000	-0.000	-0.000	-0.000	-0.000
0.1*L1	0.138	0.049	-0.095	0.226	-0.037	-0.101	-0.141	0.784	-0.085	-0.053	-0.033	-0.088	-0.034
0.2*L1	0.265	0.100	-0.186	0.340	-0.057	-0.197	-0.280	0.624	-0.178	-0.108	-0.066	-0.192	-0.069
0.3*L1	0.368	0.152	-0.268	0.378	-0.040	-0.281	-0.415	0.504	-0.287	-0.166	-0.099	-0.326	-0.107
0.4*L1	0.426	0.203	-0.337	0.369	0.034	-0.346	-0.545	0.411	-0.422	-0.232	-0.132	-0.507	-0.149
								0.578					
0.5*L1	0.426	0.248	-0.389	0.333	0.111	-0.381	-0.663	0.335	0.445	-0.309	-0.167	-0.347	-0.198
0.6*L1	0.384	0.278	-0.424	0.283	0.137	-0.371	-0.765	0.270	0.343	-0.403	-0.206	-0.237	-0.259
0.7*L1	0.322	0.275	-0.441	0.230	0.130	-0.297	-0.841	0.214	0.264	-0.523	-0.251	-0.166	-0.335
										0.477			
0.8*L1	0.251	0.226	-0.444	0.178	0.105	-0.216	-0.879	0.165	0.201	0.361	-0.307	-0.123	-0.436
0.9*L1	0.183	0.149	-0.442	0.132	0.072	-0.181	-0.863	0.121	0.151	0.278	-0.381	-0.099	-0.570
1.0*L1	0.121	0.064	-0.451	0.092	0.037	-0.174	-0.774	0.085	0.113	0.218	-0.482	-0.088	-0.750
0.0*L2	0.121	0.064	-0.451	0.092	0.037	-0.174	-0.774	0.085	0.113	0.218	0.518	-0.088	-0.750
0.1*L2	0.047	-0.054	-0.510	0.047	-0.009	-0.189	-0.629	0.043	0.071	0.161	0.381	-0.082	-0.520
0.2*L2	-0.004	-0.140	-0.575	0.016	-0.043	-0.207	-0.553	0.015	0.044	0.126	0.299	-0.082	-0.378
0.3*L2	-0.035	-0.191	-0.609	-0.003	-0.063	-0.217	-0.503	-0.002	0.028	0.105	0.248	-0.082	-0.290
0.4*L2	-0.050	-0.209	-0.601	-0.012	-0.070	-0.212	-0.455	-0.011	0.018	0.089	0.210	-0.078	-0.231
0.5*L2	-0.053	-0.203	-0.555	-0.016	-0.069	-0.195	-0.401	-0.015	0.012	0.075	0.178	-0.070	-0.187
0.6*L2	-0.049	-0.179	-0.478	-0.016	-0.061	-0.168	-0.337	-0.014	0.008	0.062	0.147	-0.060	-0.151
0.7*L2	-0.040	-0.146	-0.384	-0.013	-0.050	-0.135	-0.268	-0.012	0.006	0.049	0.115	-0.048	-0.117
0.8*L2	-0.030	-0.108	-0.285	-0.010	-0.037	-0.100	-0.197	-0.009	0.004	0.036	0.084	-0.036	-0.085
0.9*L2	-0.020	-0.072	-0.190	-0.007	-0.025	-0.067	-0.132	-0.006	0.003	0.024	0.056	-0.024	-0.057
1.0*L2	-0.012	-0.042	-0.110	-0.004	-0.014	-0.038	-0.076	-0.004	0.002	0.014	0.033	-0.014	-0.033
FAKTOR	1/a											1/(a*a)	

INFOLGE STRECKENMOMENT mt=1

IN FELD

IN FELD	M 0.4	M 0.7	M 1.0	Q 0	Q 0.4	Q 0.7	Q 1.0	T 0	T 0.4	T 0.7	T 1.0	q 0.4	q 1.0
1,BIS SPRUNG						-0.052	-0.737			-0.302	-0.610		
1,REST	1.136	0.689	-1.303	1.016	0.241	-0.249	-2.320	1.581	0.696	0.392	-0.751	-0.841	-1.007
2	-0.112	-0.782	-2.686	0.016	-0.253	-0.959	-2.333	0.014	0.148	0.502	1.189	-0.368	-1.431
3	0.006	0.019	0.045	0.003	0.007	0.016	0.027	0.002	0.000	-0.004	-0.010	0.005	0.000
SUMME(+)	1.143	0.709	0.045	1.035	0.248	0.016	0.027	1.597	0.844	0.894	1.189	0.005	0.008
SUMME(-)	-0.112	-0.782	-3.989	0.000	-0.304	-1.946	-4.654	0.000	-0.302	-0.614	-0.761	-1.209	-2.438
SUMME	1.030	-0.073	-3.944	1.035	-0.056	-1.930	-4.626	1.597	0.543	0.280	0.428	-1.204	-2.430
FAKTOR	a			a								1/a	

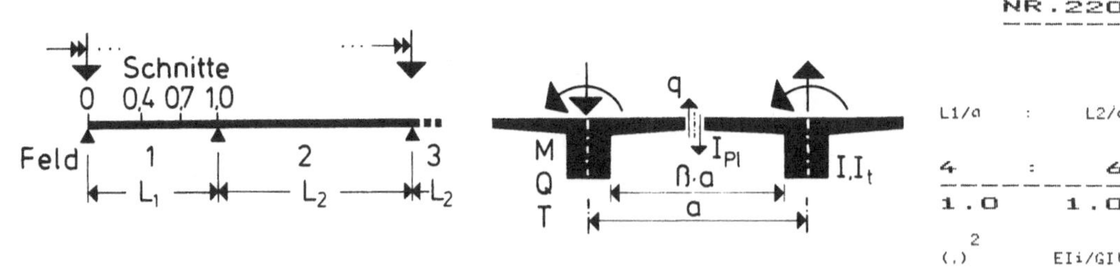

	M			Q				T				q	
IN SCHNITT	0.4	0.7	1.0	0	0.4	0.7	1.0	0	0.4	0.7	1.0	0.4	1.0

INFOLGE EINZELLAST P=1

IN	M 0.4	M 0.7	M 1.0	Q 0	Q 0.4	Q 0.7	Q 1.0	T 0	T 0.4	T 0.7	T 1.0	q 0.4	q 1.0
0.0*L1	0.000	-0.000	-0.000	1.000	-0.000	-0.000	-0.000	0.000	-0.000	-0.000	-0.000	0.000	-0.000
0.1*L1	0.035	-0.011	-0.037	0.659	-0.089	-0.012	-0.043	0.122	-0.004	-0.043	-0.028	0.134	-0.046
0.2*L1	0.091	-0.017	-0.075	0.384	-0.198	-0.032	-0.087	0.210	0.001	-0.082	-0.055	0.268	-0.089
0.3*L1	0.192	-0.014	-0.114	0.194	-0.339	-0.071	-0.135	0.255	0.021	-0.113	-0.081	0.386	-0.128
0.4*L1	0.354	0.009	-0.154	0.078	-0.508	-0.137	-0.190	0.262	0.055	-0.131	-0.104	0.445	-0.158
					0.492								
0.5*L1	0.187	0.062	-0.192	0.016	0.324	-0.241	-0.259	0.240	0.086	-0.132	-0.123	0.392	-0.173
0.6*L1	0.083	0.163	-0.222	-0.010	0.191	-0.389	-0.347	0.199	0.098	-0.112	-0.133	0.286	-0.169
0.7*L1	0.028	0.326	-0.236	-0.017	0.099	-0.571	-0.465	0.147	0.089	-0.076	-0.129	0.179	-0.141
						0.429							
0.8*L1	0.004	0.160	-0.218	-0.013	0.043	0.247	-0.617	0.091	0.063	-0.040	-0.107	0.094	-0.090
0.9*L1	-0.002	0.056	-0.148	-0.007	0.013	0.101	-0.803	0.039	0.029	-0.015	-0.063	0.036	-0.030
1.0*L1	0.000	-0.000	0.000	0.000	-0.000	0.000	-1.000	0.000	0.000	0.000	0.000	0.000	0.000
0.0*L2	0.000	-0.000	-0.000	0.000	-0.000	-0.000	-0.000	-0.000	-0.000	0.000	0.000	-0.000	-0.000
0.1*L2	0.006	-0.030	-0.208	0.006	-0.004	-0.073	-0.222	-0.019	-0.014	0.021	0.095	-0.022	-0.082
0.2*L2	0.011	-0.030	-0.269	0.008	-0.001	-0.089	-0.324	-0.015	-0.010	0.034	0.152	-0.025	-0.186
0.3*L2	0.012	-0.021	-0.258	0.008	0.002	-0.081	-0.339	-0.006	-0.003	0.038	0.167	-0.021	-0.241
0.4*L2	0.012	-0.013	-0.220	0.007	0.004	-0.066	-0.307	-0.000	0.002	0.036	0.157	-0.016	-0.247
0.5*L2	0.010	-0.008	-0.177	0.006	0.004	-0.051	-0.257	0.003	0.004	0.031	0.134	-0.012	-0.221
0.6*L2	0.008	-0.005	-0.136	0.005	0.004	-0.039	-0.202	0.003	0.004	0.025	0.107	-0.008	-0.180
0.7*L2	0.006	-0.003	-0.097	0.003	0.003	-0.027	-0.146	0.003	0.003	0.018	0.077	-0.006	-0.132
0.8*L2	0.004	-0.002	-0.060	0.002	0.002	-0.017	-0.090	0.002	0.002	0.011	0.048	-0.004	-0.082
0.9*L2	0.002	-0.001	-0.025	0.001	0.001	-0.007	-0.038	0.001	0.001	0.005	0.020	-0.001	-0.035
1.0*L2	0.000	-0.000	0.000	0.000	-0.000	-0.000	-0.000	0.000	0.000	0.000	0.000	-0.000	0.000
FAKTOR	a							a				1/a	

INFOLGE STRECKENLAST P=1

IN FELD	M 0.4	M 0.7	M 1.0	Q 0	Q 0.4	Q 0.7	Q 1.0	T 0	T 0.4	T 0.7	T 1.0	q 0.4	q 1.0
1,BIS SPRUNG					-0.349	-0.461			0.017	-0.263			
1,REST	0.376	0.281	-0.566	0.701	0.360	0.221	-1.374	0.630	0.158	-0.036	-0.333	0.893	-0.411
2	0.042	-0.070	-0.886	0.029	0.008	-0.276	-1.171	-0.020	-0.009	0.133	0.581	-0.071	-0.846
3	-0.000	-0.000	0.001	-0.000	-0.000	-0.000	0.003	-0.000	-0.000	-0.000	-0.002	-0.000	0.004
SUMME(+)	0.419	0.281	0.001	0.731	0.368	0.221	0.003	0.630	0.175	0.133	0.581	0.893	0.004
SUMME(-)	-0.000	-0.070	-1.452	-0.000	-0.349	-0.737	-2.545	-0.020	-0.009	-0.300	-0.334	-0.071	-1.257
SUMME	0.419	0.211	-1.451	0.731	0.019	-0.515	-2.542	0.610	0.166	-0.167	0.246	0.822	-1.254
FAKTOR	a*a			a				a*a					

INFOLGE EINZELMOMENT Mt=1

IN	M 0.4	M 0.7	M 1.0	Q 0	Q 0.4	Q 0.7	Q 1.0	T 0	T 0.4	T 0.7	T 1.0	q 0.4	q 1.0
0.0*L1	0.000	0.000	-0.000	0.000	-0.000	-0.000	-0.000	1.000	-0.000	-0.000	-0.000	0.000	-0.000
0.1*L1	0.072	0.010	-0.067	0.227	-0.060	-0.044	-0.100	0.788	-0.068	-0.076	-0.048	-0.002	-0.079
0.2*L1	0.144	0.026	-0.132	0.274	-0.100	-0.092	-0.202	0.666	-0.147	-0.151	-0.096	-0.047	-0.156
0.3*L1	0.208	0.051	-0.195	0.240	-0.092	-0.143	-0.309	0.585	-0.250	-0.224	-0.141	-0.187	-0.229
0.4*L1	0.242	0.088	-0.251	0.179	0.012	-0.193	-0.422	0.516	-0.400	-0.297	-0.183	-0.481	-0.298
									0.600				
0.5*L1	0.221	0.136	-0.299	0.120	0.121	-0.230	-0.541	0.448	0.448	-0.377	-0.221	-0.172	-0.365
0.6*L1	0.172	0.185	-0.334	0.075	0.143	-0.224	-0.664	0.375	0.341	-0.475	-0.255	-0.017	-0.436
0.7*L1	0.124	0.208	-0.351	0.045	0.126	-0.128	-0.781	0.299	0.258	-0.615	-0.288	0.044	-0.523
										0.385			
0.8*L1	0.086	0.180	-0.349	0.028	0.096	-0.029	-0.873	0.224	0.189	0.252	-0.326	0.052	-0.650
0.9*L1	0.060	0.127	-0.335	0.019	0.067	-0.017	-0.905	0.155	0.131	0.173	-0.383	0.037	-0.853
1.0*L1	0.043	0.075	-0.329	0.016	0.045	-0.041	-0.823	0.099	0.084	0.127	-0.482	0.017	-1.183
0.0*L2	0.043	0.075	-0.329	0.016	0.045	-0.041	-0.823	0.099	0.084	0.127	0.518	0.017	-1.183
0.1*L2	0.032	0.020	-0.376	0.015	0.024	-0.087	-0.687	0.043	0.039	0.094	0.394	-0.009	-0.783
0.2*L2	0.027	-0.008	-0.417	0.015	0.014	-0.115	-0.647	0.017	0.017	0.082	0.348	-0.023	-0.612
0.3*L2	0.024	-0.018	-0.418	0.015	0.010	-0.121	-0.612	0.007	0.009	0.075	0.321	-0.027	-0.533
0.4*L2	0.022	-0.018	-0.384	0.013	0.009	-0.112	-0.557	0.005	0.007	0.067	0.290	-0.025	-0.476
0.5*L2	0.019	-0.015	-0.330	0.011	0.008	-0.096	-0.481	0.005	0.007	0.058	0.251	-0.022	-0.414
0.6*L2	0.016	-0.011	-0.267	0.009	0.006	-0.077	-0.392	0.005	0.006	0.048	0.205	-0.017	-0.342
0.7*L2	0.012	-0.008	-0.203	0.007	0.005	-0.058	-0.299	0.004	0.005	0.037	0.157	-0.013	-0.264
0.8*L2	0.008	-0.005	-0.141	0.005	0.004	-0.040	-0.209	0.003	0.004	0.026	0.110	-0.009	-0.186
0.9*L2	0.005	-0.003	-0.087	0.003	0.002	-0.025	-0.130	0.002	0.002	0.016	0.068	-0.005	-0.116
1.0*L2	0.003	-0.002	-0.047	0.002	0.001	-0.013	-0.070	0.001	0.001	0.009	0.037	-0.003	-0.062
FAKTOR				1/a								1/(a*a)	

INFOLGE STRECKENMOMENT mt=1

IN FELD	M 0.4	M 0.7	M 1.0	Q 0	Q 0.4	Q 0.7	Q 1.0	T 0	T 0.4	T 0.7	T 1.0	q 0.4	q 1.0
1,BIS SPRUNG					-0.106	-0.403			-0.262	-0.760			
1,REST	0.543	0.421	-0.993	0.498	0.239	-0.046	-2.092	1.835	0.679	0.268	-0.870	-0.278	-1.661
2	0.112	-0.021	-1.691	0.061	0.061	-0.459	-2.668	0.081	0.081	0.341	1.445	-0.088	-2.582
3	0.003	-0.002	-0.050	0.002	0.001	-0.015	-0.073	0.001	0.001	0.009	0.038	-0.003	-0.063
SUMME(+)	0.657	0.421	0.000	0.561	0.302	0.000	0.000	1.916	0.761	0.618	1.483	0.000	0.000
SUMME(-)	0.000	-0.023	-2.734	0.000	-0.106	-0.922	-4.834	0.000	-0.262	-0.760	-0.870	-0.369	-4.306
SUMME	0.657	0.398	-2.734	0.561	0.195	-0.922	-4.834	1.916	0.499	-0.143	0.613	-0.369	-4.306
FAKTOR	a							a				1/a	

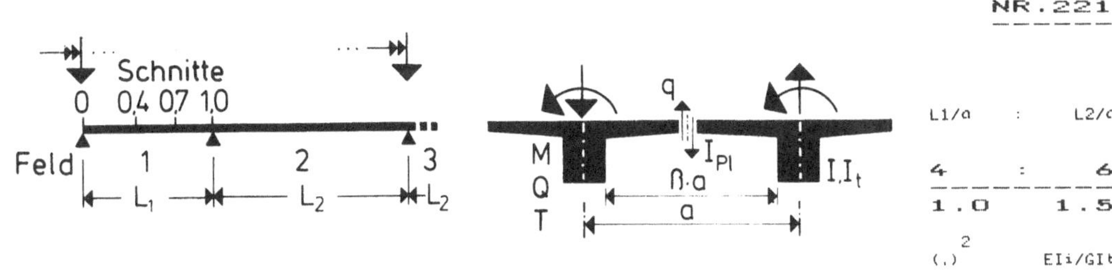

INFOLGE EINZELLAST P=1

IN SCHNITT	M 0.4	M 0.7	M 1.0	Q 0	Q 0.4	Q 0.7	Q 1.0	T 0	T 0.4	T 0.7	T 1.0	q 0.4	q 1.0
0.0*L1	0.000	-0.000	-0.000	1.000	-0.000	-0.000	-0.000	0.000	-0.000	-0.000	-0.000	0.000	-0.000
0.1*L1	0.056	-0.008	-0.046	0.697	-0.102	-0.026	-0.048	0.101	0.000	-0.038	-0.027	0.118	-0.039
0.2*L1	0.131	-0.012	-0.093	0.444	-0.217	-0.060	-0.098	0.176	0.006	-0.072	-0.053	0.233	-0.075
0.3*L1	0.244	-0.002	-0.139	0.257	-0.355	-0.110	-0.152	0.217	0.023	-0.099	-0.078	0.329	-0.106
0.4*L1	0.412	0.027	-0.183	0.133	-0.511	-0.185	-0.216	0.227	0.049	-0.114	-0.099	0.376	-0.128
(0.489)					0.489								
0.5*L1	0.241	0.089	-0.222	0.057	0.337	-0.291	-0.292	0.211	0.071	-0.115	-0.114	0.339	-0.138
0.6*L1	0.127	0.196	-0.250	0.017	0.211	-0.432	-0.388	0.177	0.080	-0.099	-0.121	0.257	-0.132
0.7*L1	0.058	0.360	-0.257	-0.001	0.119	-0.597	-0.507	0.132	0.072	-0.070	-0.115	0.170	-0.107
(0.403)						0.403							
0.8*L1	0.021	0.186	-0.230	-0.006	0.058	0.237	-0.654	0.083	0.051	-0.039	-0.093	0.095	-0.066
0.9*L1	0.005	0.070	-0.151	-0.004	0.020	0.100	-0.825	0.036	0.024	-0.016	-0.054	0.038	-0.021
1.0*L1	0.000	0.000	0.000	0.000	-0.000	0.000	-1.000	0.000	0.000	-0.000	0.000	0.000	0.000
0.0*L2	-0.000	-0.000	-0.000	0.000	-0.000	-0.000	-0.000	-0.000	-0.000	0.000	0.000	-0.000	-0.000
0.1*L2	0.001	-0.046	-0.218	0.006	-0.011	-0.081	-0.203	-0.022	-0.014	0.021	0.082	-0.029	-0.063
0.2*L2	0.005	-0.053	-0.296	0.009	-0.011	-0.105	-0.305	-0.023	-0.013	0.034	0.134	-0.036	-0.147
0.3*L2	0.008	-0.046	-0.296	0.010	-0.008	-0.102	-0.329	-0.017	-0.008	0.039	0.152	-0.034	-0.197
0.4*L2	0.009	-0.035	-0.260	0.009	-0.005	-0.088	-0.307	-0.011	-0.004	0.037	0.147	-0.028	-0.208
0.5*L2	0.008	-0.026	-0.213	0.008	-0.003	-0.070	-0.261	-0.007	-0.001	0.033	0.128	-0.022	-0.192
0.6*L2	0.007	-0.018	-0.164	0.006	-0.001	-0.053	-0.206	-0.004	-0.000	0.024	0.102	-0.017	-0.158
0.7*L2	0.005	-0.012	-0.116	0.005	-0.001	-0.037	-0.148	-0.002	0.000	0.019	0.074	-0.011	-0.116
0.8*L2	0.003	-0.007	-0.070	0.003	-0.000	-0.023	-0.090	-0.001	0.000	0.012	0.045	-0.007	-0.072
0.9*L2	0.001	-0.003	-0.029	0.001	-0.000	-0.009	-0.038	-0.000	0.000	0.005	0.019	-0.003	-0.030
1.0*L2	-0.000	0.000	0.000	0.000	-0.000	-0.000	0.000	0.000	0.000	-0.000	-0.000	0.000	0.000
FAKTOR	a							a				1/a	

INFOLGE STRECKENLAST P=1

IN FELD	M 0.4	M 0.7	M 1.0	Q 0	Q 0.4	Q 0.7	Q 1.0	T 0	T 0.4	T 0.7	T 1.0	q 0.4	q 1.0
1,BIS SPRUNG						-0.370	-0.556			0.021	-0.231		
1,REST	0.506	0.351	-0.636	0.826	0.391	0.212	-1.468	0.548	0.130	-0.036	-0.305	0.787	-0.326
2	0.029	-0.151	-1.013	0.034	-0.025	-0.348	-1.146	-0.055	-0.025	0.136	0.536	-0.114	-0.712
3	-0.001	0.002	0.019	-0.001	-0.000	0.006	0.026	-0.000	-0.000	-0.003	-0.013	0.002	0.023
SUMME(+)	0.536	0.352	0.019	0.860	0.391	0.218	0.026	0.548	0.151	0.136	0.536	0.789	0.023
SUMME(-)	-0.001	-0.151	-1.649	-0.001	-0.395	-0.904	-2.615	-0.055	-0.025	-0.270	-0.318	-0.114	-1.038
SUMME	0.535	0.201	-1.630	0.859	-0.004	-0.686	-2.588	0.494	0.125	-0.134	0.217	0.675	-1.016
FAKTOR	a*a							a*a					

INFOLGE EINZELMOMENT Mt=1

IN	M 0.4	M 0.7	M 1.0	Q 0	Q 0.4	Q 0.7	Q 1.0	T 0	T 0.4	T 0.7	T 1.0	q 0.4	q 1.0
0.0*L1	0.000	0.000	-0.000	0.000	-0.000	-0.000	-0.000	1.000	-0.000	-0.000	-0.000	-0.000	-0.000
0.1*L1	0.095	0.017	-0.078	0.256	-0.065	-0.062	-0.110	0.771	-0.069	-0.070	-0.046	-0.024	-0.067
0.2*L1	0.188	0.040	-0.154	0.325	-0.108	-0.126	-0.222	0.635	-0.149	-0.139	-0.092	-0.089	-0.133
0.3*L1	0.267	0.072	-0.226	0.302	-0.097	-0.191	-0.339	0.545	-0.255	-0.208	-0.134	-0.245	-0.196
0.4*L1	0.309	0.117	-0.288	0.243	0.014	-0.250	-0.461	0.475	-0.411	-0.279	-0.174	-0.545	-0.257
(0.589)						0.589							
0.5*L1	0.288	0.170	-0.339	0.178	0.131	-0.289	-0.587	0.408	0.432	-0.358	-0.209	-0.232	-0.318
0.6*L1	0.233	0.221	-0.372	0.123	0.158	-0.279	-0.713	0.340	0.323	-0.459	-0.242	-0.065	-0.386
0.7*L1	0.174	0.243	-0.386	0.082	0.142	-0.174	-0.829	0.270	0.240	-0.602	-0.275	0.008	-0.474
(0.398)							0.398						
0.8*L1	0.123	0.207	-0.380	0.055	0.110	-0.065	-0.913	0.201	0.173	0.261	-0.315	0.027	-0.605
0.9*L1	0.085	0.143	-0.362	0.038	0.076	-0.045	-0.933	0.137	0.118	0.179	-0.377	0.018	-0.812
1.0*L1	0.059	0.078	-0.356	0.028	0.047	-0.065	-0.836	0.084	0.075	0.131	-0.484	0.000	-1.144
0.0*L2	0.059	0.078	-0.356	0.028	0.047	-0.065	-0.836	0.084	0.075	0.131	0.516	0.000	-1.144
0.1*L2	0.036	0.004	-0.410	0.022	0.018	-0.112	-0.681	0.030	0.032	0.097	0.381	-0.026	-0.736
0.2*L2	0.026	-0.036	-0.464	0.020	0.003	-0.145	-0.635	0.001	0.010	0.084	0.328	-0.042	-0.553
0.3*L2	0.021	-0.051	-0.475	0.018	-0.003	-0.155	-0.603	-0.010	0.001	0.076	0.300	-0.048	-0.468
0.4*L2	0.018	-0.052	-0.445	0.017	-0.005	-0.146	-0.552	-0.012	-0.002	0.069	0.272	-0.046	-0.414
0.5*L2	0.016	-0.045	-0.387	0.015	-0.004	-0.127	-0.481	-0.011	-0.001	0.060	0.237	-0.040	-0.360
0.6*L2	0.013	-0.036	-0.315	0.012	-0.003	-0.103	-0.394	-0.008	-0.001	0.050	0.195	-0.032	-0.298
0.7*L2	0.010	-0.027	-0.239	0.009	-0.002	-0.078	-0.301	-0.006	-0.000	0.038	0.149	-0.024	-0.230
0.8*L2	0.007	-0.018	-0.166	0.006	-0.001	-0.054	-0.210	-0.004	0.000	0.027	0.104	-0.017	-0.162
0.9*L2	0.004	-0.011	-0.102	0.004	-0.001	-0.033	-0.129	-0.002	0.000	0.016	0.064	-0.010	-0.100
1.0*L2	0.002	-0.006	-0.053	0.002	-0.000	-0.017	-0.066	-0.001	0.000	0.008	0.033	-0.005	-0.051
FAKTOR				1/a								1/(a*a)	

INFOLGE STRECKENMOMENT mt=1

IN FELD	M 0.4	M 0.7	M 1.0	Q 0	Q 0.4	Q 0.7	Q 1.0	T 0	T 0.4	T 0.7	T 1.0	q 0.4	q 1.0
1,BIS SPRUNG						-0.114	-0.522			-0.267	-0.722		
1,REST	0.721	0.510	-1.108	0.659	0.266	-0.085	-2.219	1.722	0.642	0.277	-0.839	-0.432	-1.516
2	0.109	-0.145	-1.929	0.082	0.013	-0.600	-2.652	0.008	0.043	0.350	1.375	-0.174	-2.324
3	0.001	-0.004	-0.028	0.001	-0.001	-0.009	-0.032	-0.001	-0.001	0.004	0.015	-0.003	-0.021
SUMME(+)	0.830	0.510	0.000	0.742	0.278	0.000	0.000	1.730	0.685	0.631	1.391	0.000	0.000
SUMME(-)	0.000	-0.149	-3.064	0.000	-0.114	-1.217	-4.903	-0.001	-0.268	-0.722	-0.839	-0.609	-3.862
SUMME	0.830	0.361	-3.064	0.742	0.164	-1.217	-4.903	1.729	0.418	-0.092	0.551	-0.609	-3.862
FAKTOR	a							a				1/a	

NR.222

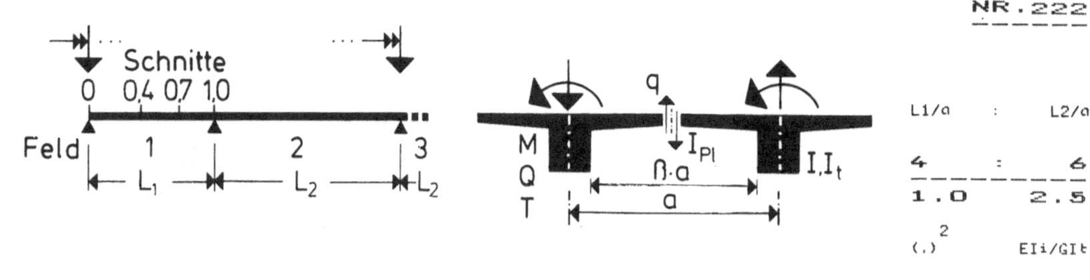

	M			Q				T				q	
IN SCHNITT	0.4	0.7	1.0	0	0.4	0.7	1.0	0	0.4	0.7	1.0	0.4	1.0

INFOLGE EINZELLAST F=1

IN	M 0.4	M 0.7	M 1.0	Q 0	Q 0.4	Q 0.7	Q 1.0	T 0	T 0.4	T 0.7	T 1.0	q 0.4	q 1.0
0.0*L1	0.000	-0.000	-0.000	1.000	-0.000	-0.000	-0.000	0.000	0.000	-0.000	-0.000	0.000	-0.000
0.1*L1	0.084	-0.002	-0.058	0.740	-0.113	-0.046	-0.057	0.077	0.003	-0.031	-0.025	0.095	-0.029
0.2*L1	0.184	0.002	-0.115	0.514	-0.234	-0.098	-0.117	0.136	0.010	-0.058	-0.049	0.184	-0.056
0.3*L1	0.315	0.020	-0.169	0.337	-0.368	-0.163	-0.182	0.170	0.023	-0.080	-0.070	0.258	-0.079
0.4*L1	0.491	0.060	-0.218	0.208	-0.511	-0.247	-0.256	0.181	0.040	-0.092	-0.088	0.293	-0.093
0.4*L1 (max)				0.489									
0.5*L1	0.317	0.130	-0.257	0.119	0.351	-0.355	-0.341	0.171	0.055	-0.093	-0.099	0.270	-0.098
0.6*L1	0.190	0.242	-0.281	0.062	0.233	-0.486	-0.442	0.145	0.060	-0.081	-0.103	0.213	-0.091
0.7*L1	0.105	0.404	-0.280	0.029	0.142	-0.633	-0.561	0.110	0.053	-0.059	-0.095	0.147	-0.072
0.7*L1 (max)				0.367									
0.8*L1	0.050	0.220	-0.242	0.011	0.075	0.221	-0.698	0.070	0.038	-0.035	-0.076	0.087	-0.043
0.9*L1	0.017	0.088	-0.154	0.002	0.029	0.095	-0.849	0.031	0.018	-0.015	-0.043	0.037	-0.013
1.0*L1	-0.000	0.000	0.000	-0.000	0.000	0.000	-1.000	0.000	0.000	0.000	0.000	0.000	0.000
0.0*L2	-0.000	-0.000	-0.000	-0.000	-0.000	-0.000	-0.000	-0.000	-0.000	0.000	0.000	-0.000	-0.000
0.1*L2	-0.010	-0.068	-0.229	0.001	-0.021	-0.086	-0.178	-0.024	-0.013	0.020	0.066	-0.032	-0.044
0.2*L2	-0.010	-0.089	-0.327	0.003	-0.027	-0.120	-0.277	-0.029	-0.014	0.032	0.111	-0.045	-0.106
0.3*L2	-0.007	-0.087	-0.343	0.005	-0.025	-0.124	-0.310	-0.027	-0.012	0.038	0.130	-0.046	-0.148
0.4*L2	-0.004	-0.074	-0.314	0.005	-0.021	-0.112	-0.298	-0.022	-0.009	0.037	0.130	-0.041	-0.162
0.5*L2	-0.002	-0.059	-0.264	0.005	-0.016	-0.093	-0.259	-0.016	-0.006	0.033	0.116	-0.034	-0.153
0.6*L2	-0.000	-0.044	-0.205	0.005	-0.012	-0.072	-0.207	-0.012	-0.004	0.027	0.094	-0.026	-0.129
0.7*L2	0.000	-0.030	-0.145	0.003	-0.008	-0.051	-0.149	-0.008	-0.002	0.019	0.068	-0.018	-0.096
0.8*L2	0.000	-0.018	-0.088	0.002	-0.005	-0.031	-0.091	-0.005	-0.001	0.012	0.042	-0.011	-0.060
0.9*L2	0.000	-0.007	-0.037	0.001	-0.002	-0.013	-0.039	-0.002	-0.000	0.005	0.018	-0.005	-0.026
1.0*L2	-0.000	0.000	0.000	0.000	0.000	0.000	0.000	0.000	0.000	0.000	0.000	0.000	0.000
FAKTOR		a							a			1/a	

INFOLGE STRECKENLAST P=1

IN FELD	M 0.4	M 0.7	M 1.0	Q 0	Q 0.4	Q 0.7	Q 1.0	T 0	T 0.4	T 0.7	T 1.0	q 0.4	q 1.0
1,BIS SPRUNG						-0.387	-0.681			0.022	-0.187		
1,REST	0.691	0.454	-0.718	1.000	0.425	0.197	-1.599	0.439	0.098	-0.032	-0.261	0.638	-0.231
2	-0.020	-0.292	-1.188	0.018	-0.083	-0.427	-1.096	-0.088	-0.037	0.135	0.469	-0.156	-0.557
3	-0.000	0.011	0.056	-0.002	0.003	0.019	0.060	0.003	0.000	-0.008	-0.028	0.007	0.041
SUMME(+)	0.691	0.465	0.056	1.018	0.428	0.217	0.060	0.442	0.120	0.135	0.469	0.645	0.041
SUMME(-)	-0.021	-0.292	-1.906	-0.002	-0.470	-1.108	-2.695	-0.088	-0.037	-0.227	-0.289	-0.156	-0.787
SUMME	0.670	0.173	-1.850	1.016	-0.042	-0.891	-2.635	0.354	0.083	-0.092	0.179	0.489	-0.746
FAKTOR		a*a			a				a*a				

INFOLGE EINZELMOMENT Mt=1

IN	M 0.4	M 0.7	M 1.0	Q 0	Q 0.4	Q 0.7	Q 1.0	T 0	T 0.4	T 0.7	T 1.0	q 0.4	q 1.0
0.0*L1	0.000	0.000	-0.000	0.000	-0.000	-0.000	-0.000	1.000	-0.000	-0.000	-0.000	-0.000	-0.000
0.1*L1	0.128	0.029	-0.093	0.292	-0.069	-0.087	-0.126	0.749	-0.070	-0.062	-0.042	-0.053	-0.053
0.2*L1	0.248	0.064	-0.182	0.391	-0.113	-0.173	-0.253	0.595	-0.153	-0.123	-0.083	-0.145	-0.106
0.3*L1	0.349	0.107	-0.263	0.385	-0.099	-0.254	-0.384	0.494	-0.264	-0.186	-0.121	-0.320	-0.157
0.4*L1	0.402	0.161	-0.332	0.330	0.018	-0.324	-0.517	0.419	-0.425	-0.253	-0.157	-0.630	-0.209
0.4*L1 (max)								0.575					
0.5*L1	0.382	0.221	-0.385	0.261	0.142	-0.365	-0.651	0.354	0.414	-0.332	-0.189	-0.313	-0.264
0.6*L1	0.319	0.273	-0.417	0.195	0.175	-0.350	-0.780	0.292	0.302	-0.436	-0.221	-0.134	-0.331
0.7*L1	0.246	0.290	-0.426	0.139	0.160	-0.234	-0.890	0.230	0.219	-0.584	-0.255	-0.046	-0.422
0.7*L1 (max)								0.416					
0.8*L1	0.177	0.243	-0.415	0.097	0.124	-0.112	-0.963	0.169	0.156	0.274	-0.300	-0.013	-0.558
0.9*L1	0.121	0.163	-0.394	0.066	0.084	-0.081	-0.966	0.114	0.105	0.187	-0.370	-0.010	-0.770
1.0*L1	0.078	0.080	-0.388	0.045	0.047	-0.094	-0.849	0.067	0.066	0.137	-0.486	-0.022	-1.104
0.0*L2	0.078	0.080	-0.388	0.045	0.047	-0.094	-0.849	0.067	0.066	0.137	0.514	-0.022	-1.104
0.1*L2	0.036	-0.021	-0.452	0.027	0.007	-0.139	-0.670	0.016	0.026	0.099	0.364	-0.044	-0.686
0.2*L2	0.013	-0.082	-0.522	0.018	-0.017	-0.176	-0.612	-0.013	0.004	0.084	0.302	-0.061	-0.489
0.3*L2	0.003	-0.108	-0.548	0.014	-0.027	-0.190	-0.580	-0.026	-0.005	0.076	0.271	-0.068	-0.396
0.4*L2	-0.000	-0.111	-0.526	0.012	-0.029	-0.184	-0.535	-0.029	-0.008	0.069	0.245	-0.066	-0.341
0.5*L2	-0.001	-0.100	-0.466	0.010	-0.027	-0.164	-0.470	-0.027	-0.008	0.060	0.214	-0.059	-0.294
0.6*L2	-0.001	-0.082	-0.385	0.009	-0.022	-0.135	-0.388	-0.022	-0.007	0.050	0.177	-0.049	-0.244
0.7*L2	-0.000	-0.062	-0.293	0.007	-0.016	-0.103	-0.298	-0.016	-0.005	0.038	0.136	-0.037	-0.189
0.8*L2	-0.000	-0.043	-0.203	0.005	-0.011	-0.071	-0.207	-0.011	-0.003	0.027	0.095	-0.026	-0.132
0.9*L2	0.000	-0.026	-0.123	0.003	-0.007	-0.043	-0.126	-0.007	-0.002	0.016	0.058	-0.015	-0.081
1.0*L2	-0.000	-0.013	-0.061	0.001	-0.003	-0.021	-0.062	-0.003	-0.001	0.008	0.028	-0.008	-0.039
FAKTOR					1/a							1/(a*a)	

INFOLGE STRECKENMOMENT mt=1

IN FELD	M 0.4	M 0.7	M 1.0	Q 0	Q 0.4	Q 0.7	Q 1.0	T 0	T 0.4	T 0.7	T 1.0	q 0.4	q 1.0
1,BIS SPRUNG						-0.118	-0.677			-0.275	-0.670		
1,REST	0.969	0.640	-1.242	0.886	0.295	-0.136	-2.393	1.571	0.601	0.290	-0.789	-0.645	-1.356
2	0.051	-0.369	-2.251	0.076	-0.079	-0.762	-2.594	-0.066	0.012	0.353	1.269	-0.265	-2.027
3	-0.001	0.003	0.023	-0.001	0.001	0.008	0.028	0.000	-0.000	-0.004	-0.014	0.003	0.023
SUMME(+)	1.020	0.643	0.023	0.962	0.296	0.008	0.028	1.572	0.613	0.643	1.269	0.003	0.023
SUMME(-)	-0.001	-0.369	-3.493	-0.001	-0.197	-1.575	-4.987	-0.066	-0.276	-0.674	-0.803	-0.910	-3.383
SUMME	1.019	0.274	-3.470	0.961	0.099	-1.567	-4.959	1.506	0.337	-0.030	0.466	-0.907	-3.360
FAKTOR		a							a			1/a	

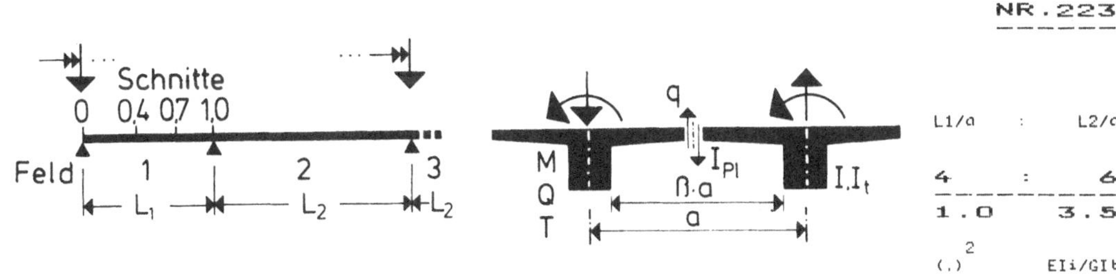

IN SCHNITT	M 0.4	M 0.7	M 1.0	Q 0	Q 0.4	Q 0.7	Q 1.0	T 0	T 0.4	T 0.7	T 1.0	q 0.4	q 1.0
INFOLGE EINZELLAST P=1													
IN													
0.0*L1	0.000	0.000	-0.000	1.000	-0.000	-0.000	-0.000	0.000	0.000	-0.000	-0.000	0.000	-0.000
0.1*L1	0.103	0.004	-0.065	0.765	-0.118	-0.059	-0.065	0.062	0.004	-0.026	-0.023	0.079	-0.023
0.2*L1	0.219	0.015	-0.128	0.557	-0.241	-0.122	-0.133	0.111	0.010	-0.049	-0.044	0.153	-0.045
0.3*L1	0.362	0.039	-0.187	0.387	-0.372	-0.197	-0.205	0.141	0.021	-0.067	-0.063	0.213	-0.062
0.4*L1	0.543	0.085	-0.238	0.257	-0.509	-0.287	-0.285	0.151	0.034	-0.077	-0.078	0.242	-0.073
					0.491								
0.5*L1	0.368	0.160	-0.277	0.162	0.360	-0.394	-0.376	0.144	0.045	-0.078	-0.087	0.226	-0.076
0.6*L1	0.235	0.273	-0.298	0.096	0.246	-0.520	-0.478	0.123	0.049	-0.069	-0.089	0.182	-0.070
0.7*L1	0.138	0.433	-0.292	0.053	0.154	-0.657	-0.595	0.094	0.043	-0.051	-0.082	0.129	-0.054
						0.343							
0.8*L1	0.071	0.242	-0.248	0.025	0.085	0.209	-0.725	0.060	0.031	-0.031	-0.065	0.078	-0.031
0.9*L1	0.027	0.100	-0.155	0.009	0.034	0.092	-0.864	0.027	0.015	-0.014	-0.036	0.034	-0.009
1.0*L1	-0.000	-0.000	-0.000	-0.000	0.000	-0.000	-1.000	0.000	0.000	-0.000	0.000	0.000	0.000
0.0*L2	-0.000	-0.000	-0.000	-0.000	-0.000	-0.000	-0.000	-0.000	-0.000	0.000	0.000	-0.000	-0.000
0.1*L2	-0.020	-0.084	-0.236	-0.005	-0.028	-0.087	-0.162	-0.023	-0.011	0.018	0.056	-0.032	-0.035
0.2*L2	-0.025	-0.116	-0.347	-0.005	-0.038	-0.126	-0.257	-0.030	-0.014	0.030	0.096	-0.046	-0.085
0.3*L2	-0.023	-0.119	-0.373	-0.004	-0.038	-0.134	-0.293	-0.030	-0.013	0.035	0.115	-0.049	-0.120
0.4*L2	-0.019	-0.107	-0.350	-0.002	-0.034	-0.125	-0.286	-0.026	-0.010	0.035	0.116	-0.045	-0.134
0.5*L2	-0.015	-0.088	-0.299	-0.001	-0.028	-0.106	-0.252	-0.021	-0.007	0.032	0.105	-0.038	-0.129
0.6*L2	-0.011	-0.067	-0.235	-0.000	-0.021	-0.083	-0.203	-0.016	-0.005	0.026	0.086	-0.030	-0.110
0.7*L2	-0.007	-0.047	-0.167	0.000	-0.014	-0.059	-0.147	-0.011	-0.003	0.019	0.063	-0.021	-0.083
0.8*L2	-0.004	-0.028	-0.102	0.000	-0.009	-0.036	-0.091	-0.006	-0.002	0.012	0.039	-0.013	-0.052
0.9*L2	-0.002	-0.012	-0.043	0.000	-0.004	-0.015	-0.039	-0.003	-0.001	0.005	0.017	-0.005	-0.023
1.0*L2	0.000	-0.000	-0.000	-0.000	0.000	0.000	0.000	0.000	0.000	-0.000	0.000	-0.000	0.000
FAKTOR	a							a				1/a	
INFOLGE STRECKENLAST P=1													
IN FELD													
1.BIS SPRUNG					-0.394	-0.760			0.020	-0.158			
1.REST	0.817	0.530	-0.764	1.116	0.446	0.187	-1.688	0.369	0.080	-0.028	-0.229	0.538	-0.178
2	-0.077	-0.407	-1.308	-0.010	-0.130	-0.469	-1.049	-0.100	-0.041	0.129	0.419	-0.170	-0.464
3	0.003	0.025	0.091	-0.000	0.007	0.032	0.083	0.005	0.001	-0.011	-0.036	0.012	0.050
SUMME(+)	0.820	0.554	0.091	1.116	0.454	0.219	0.083	0.374	0.102	0.129	0.419	0.549	0.050
SUMME(-)	-0.077	-0.407	-2.072	-0.011	-0.524	-1.229	-2.738	-0.100	-0.041	-0.197	-0.265	-0.170	-0.641
SUMME	0.744	0.147	-1.980	1.106	-0.070	-1.010	-2.654	0.274	0.061	-0.069	0.154	0.379	-0.592
FAKTOR	a*a			a				a*a				1/a	
INFOLGE EINZELMOMENT Mt=1													
IN													
0.0*L1	0.000	0.000	-0.000	0.000	-0.000	-0.000	-0.000	1.000	-0.000	-0.000	-0.000	-0.000	-0.000
0.1*L1	0.149	0.039	-0.101	0.315	-0.071	-0.102	-0.138	0.735	-0.072	-0.056	-0.038	-0.072	-0.045
0.2*L1	0.289	0.082	-0.197	0.432	-0.114	-0.202	-0.276	0.570	-0.156	-0.112	-0.075	-0.181	-0.090
0.3*L1	0.403	0.134	-0.284	0.438	-0.098	-0.295	-0.416	0.462	-0.270	-0.171	-0.111	-0.368	-0.135
0.4*L1	0.465	0.194	-0.357	0.389	0.023	-0.371	-0.557	0.384	-0.433	-0.237	-0.143	-0.684	-0.181
									0.567				
0.5*L1	0.445	0.258	-0.411	0.318	0.151	-0.414	-0.695	0.319	0.403	-0.315	-0.175	-0.366	-0.234
0.6*L1	0.378	0.310	-0.442	0.245	0.186	-0.395	-0.824	0.260	0.289	-0.420	-0.206	-0.181	-0.301
0.7*L1	0.295	0.323	-0.448	0.180	0.171	-0.272	-0.931	0.203	0.208	-0.571	-0.242	-0.083	-0.393
										0.429			
0.8*L1	0.214	0.267	-0.434	0.127	0.133	-0.142	-0.995	0.149	0.146	0.283	-0.290	-0.041	-0.533
0.9*L1	0.144	0.176	-0.412	0.086	0.088	-0.103	-0.986	0.099	0.098	0.194	-0.365	-0.030	-0.748
1.0*L1	0.088	0.079	-0.407	0.056	0.046	-0.111	-0.856	0.056	0.061	0.140	-0.487	-0.035	-1.082
0.0*L2	0.088	0.079	-0.407	0.056	0.046	-0.111	-0.856	0.056	0.061	0.140	0.513	-0.035	-1.082
0.1*L2	0.031	-0.042	-0.478	0.027	-0.002	-0.153	-0.660	0.009	0.024	0.099	0.353	-0.053	-0.659
0.2*L2	-0.002	-0.118	-0.559	0.012	-0.032	-0.191	-0.593	-0.019	0.003	0.082	0.283	-0.068	-0.453
0.3*L2	-0.018	-0.154	-0.596	0.004	-0.046	-0.208	-0.559	-0.032	-0.007	0.074	0.249	-0.075	-0.354
0.4*L2	-0.023	-0.160	-0.579	0.001	-0.049	-0.204	-0.517	-0.036	-0.011	0.067	0.223	-0.074	-0.298
0.5*L2	-0.022	-0.147	-0.520	0.000	-0.045	-0.184	-0.456	-0.033	-0.011	0.059	0.195	-0.066	-0.254
0.6*L2	-0.019	-0.122	-0.433	0.000	-0.038	-0.153	-0.379	-0.028	-0.009	0.049	0.162	-0.055	-0.210
0.7*L2	-0.014	-0.094	-0.332	0.000	-0.029	-0.117	-0.292	-0.021	-0.007	0.037	0.125	-0.042	-0.162
0.8*L2	-0.010	-0.065	-0.231	0.000	-0.020	-0.082	-0.203	-0.015	-0.005	0.026	0.087	-0.029	-0.114
0.9*L2	-0.006	-0.039	-0.139	0.000	-0.012	-0.049	-0.123	-0.009	-0.003	0.016	0.052	-0.018	-0.069
1.0*L2	-0.003	-0.019	-0.066	0.000	-0.006	-0.023	-0.058	-0.004	-0.001	0.007	0.025	-0.008	-0.032
FAKTOR				1/a								1/(a*a)	
INFOLGE STRECKENMOMENT mt=1													
IN FELD													
1.BIS SPRUNG					-0.118	-0.776			-0.281	-0.635			
1.REST	1.137	0.733	-1.319	1.039	0.313	-0.167	-2.510	1.474	0.577	0.300	-0.751	-0.785	-1.268
2	-0.028	-0.554	-2.468	0.042	-0.155	-0.848	-2.531	-0.098	0.000	0.347	1.188	-0.303	-1.850
3	0.002	0.019	0.074	-0.001	0.006	0.026	0.070	0.004	0.001	-0.009	-0.031	0.009	0.044
SUMME(+)	1.139	0.752	0.074	1.081	0.319	0.026	0.070	1.478	0.578	0.647	1.188	0.009	0.044
SUMME(-)	-0.028	-0.554	-3.787	-0.001	-0.272	-1.791	-5.041	-0.098	-0.281	-0.644	-0.782	-1.088	-3.118
SUMME	1.111	0.198	-3.713	1.081	0.047	-1.765	-4.972	1.380	0.297	0.003	0.406	-1.079	-3.074
FAKTOR	a							a				1/a	

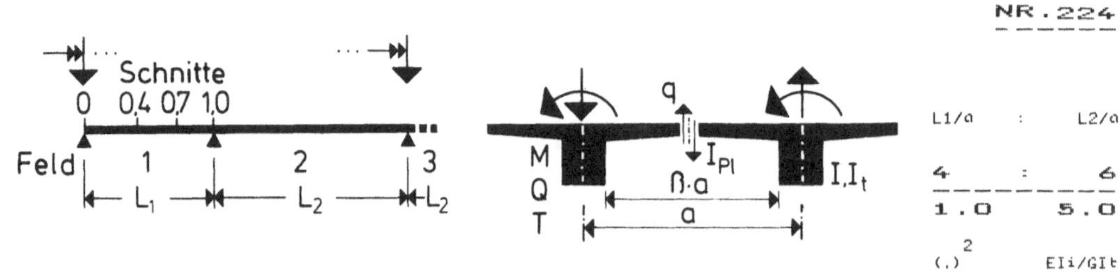

	M			Q				T				q	
IN SCHNITT	0.4	0.7	1.0	0	0.4	0.7	1.0	0	0.4	0.7	1.0	0.4	1.0

INFOLGE EINZELLAST P=1

IN	M 0.4	M 0.7	M 1.0	Q 0	Q 0.4	Q 0.7	Q 1.0	T 0	T 0.4	T 0.7	T 1.0	q 0.4	q 1.0
0.0*L1	0.000	0.000	-0.000	1.000	-0.000	-0.000	-0.000	0.000	0.000	-0.000	-0.000	0.000	-0.000
0.1*L1	0.121	0.012	-0.071	0.788	-0.121	-0.071	-0.074	0.049	0.004	-0.021	-0.020	0.064	-0.018
0.2*L1	0.254	0.030	-0.140	0.597	-0.245	-0.147	-0.150	0.088	0.009	-0.040	-0.038	0.123	-0.034
0.3*L1	0.410	0.061	-0.202	0.436	-0.375	-0.230	-0.231	0.112	0.018	-0.055	-0.054	0.170	-0.047
0.4*L1	0.597	0.113	-0.255	0.307	-0.506	-0.325	-0.317	0.121	0.028	-0.063	-0.067	0.194	-0.055
				0.494									
0.5*L1	0.421	0.192	-0.294	0.207	0.368	-0.432	-0.411	0.117	0.036	-0.064	-0.074	0.182	-0.056
0.6*L1	0.281	0.307	-0.312	0.133	0.258	-0.553	-0.515	0.101	0.038	-0.056	-0.075	0.149	-0.051
0.7*L1	0.174	0.464	-0.301	0.080	0.167	-0.680	-0.628	0.077	0.034	-0.043	-0.069	0.108	-0.039
				0.320									
0.8*L1	0.095	0.265	-0.253	0.042	0.094	0.196	-0.751	0.050	0.024	-0.027	-0.053	0.066	-0.022
0.9*L1	0.038	0.112	-0.156	0.016	0.039	0.087	-0.878	0.023	0.012	-0.012	-0.030	0.030	-0.006
1.0*L1	0.000	0.000	-0.000	0.000	0.000	0.000	-1.000	-0.000	-0.000	0.000	-0.000	0.000	0.000
0.0*L2	-0.000	-0.000	-0.000	-0.000	-0.000	-0.000	-0.000	-0.000	-0.000	0.000	0.000	-0.000	-0.000
0.1*L2	-0.032	-0.101	-0.244	-0.013	-0.035	-0.086	-0.146	-0.021	-0.010	0.016	0.046	-0.029	-0.027
0.2*L2	-0.044	-0.146	-0.366	-0.017	-0.050	-0.129	-0.235	-0.029	-0.013	0.027	0.080	-0.044	-0.066
0.3*L2	-0.045	-0.156	-0.403	-0.017	-0.053	-0.141	-0.272	-0.030	-0.012	0.032	0.097	-0.049	-0.095
0.4*L2	-0.041	-0.145	-0.386	-0.015	-0.049	-0.135	-0.270	-0.027	-0.010	0.033	0.100	-0.046	-0.108
0.5*L2	-0.034	-0.123	-0.335	-0.012	-0.041	-0.117	-0.242	-0.023	-0.008	0.030	0.092	-0.040	-0.105
0.6*L2	-0.026	-0.096	-0.268	-0.009	-0.032	-0.093	-0.197	-0.018	-0.006	0.024	0.076	-0.032	-0.090
0.7*L2	-0.018	-0.068	-0.192	-0.006	-0.023	-0.067	-0.144	-0.012	-0.004	0.018	0.056	-0.023	-0.069
0.8*L2	-0.011	-0.041	-0.118	-0.004	-0.014	-0.041	-0.089	-0.007	-0.002	0.011	0.035	-0.014	-0.044
0.9*L2	-0.005	-0.018	-0.051	-0.001	-0.006	-0.018	-0.039	-0.003	-0.001	0.005	0.015	-0.006	-0.019
1.0*L2	0.000	0.000	-0.000	-0.000	-0.000	0.000	-0.000	-0.000	-0.000	0.000	-0.000	-0.000	0.000
FAKTOR	a							a				1/a	

INFOLGE STRECKENLAST P=1

IN FELD

	M 0.4	M 0.7	M 1.0	Q 0	Q 0.4	Q 0.7	Q 1.0	T 0	T 0.4	T 0.7	T 1.0	q 0.4	q 1.0
1,BIS SPRUNG					-0.397	-0.837			0.018	-0.129			
1,REST	0.948	0.612	-0.803	1.236	0.466	0.175	-1.781	0.298	0.064	-0.024	-0.194	0.437	-0.131
2	-0.156	-0.544	-1.435	-0.057	-0.184	-0.501	-0.990	-0.104	-0.041	0.118	0.363	-0.172	-0.375
3	0.012	0.048	0.139	0.004	0.016	0.048	0.106	0.009	0.003	-0.013	-0.043	0.017	0.054
SUMME(+)	0.960	0.660	0.139	1.240	0.482	0.223	0.106	0.307	0.084	0.118	0.363	0.454	0.054
SUMME(-)	-0.156	-0.544	-2.238	-0.057	-0.581	-1.338	-2.771	-0.104	-0.041	-0.167	-0.236	-0.172	-0.506
SUMME	0.805	0.116	-2.099	1.183	-0.099	-1.115	-2.665	0.203	0.044	-0.048	0.126	0.281	-0.452
FAKTOR	a*a			a				a*a					

INFOLGE EINZELMOMENT Mt=1

IN	M 0.4	M 0.7	M 1.0	Q 0	Q 0.4	Q 0.7	Q 1.0	T 0	T 0.4	T 0.7	T 1.0	q 0.4	q 1.0
0.0*L1	0.000	0.000	-0.000	0.000	-0.000	-0.000	-0.000	1.000	-0.000	-0.000	-0.000	-0.000	-0.000
0.1*L1	0.171	0.050	-0.108	0.337	-0.071	-0.118	-0.150	0.722	-0.073	-0.050	-0.034	-0.090	-0.037
0.2*L1	0.330	0.103	-0.211	0.474	-0.114	-0.231	-0.300	0.546	-0.160	-0.102	-0.067	-0.216	-0.075
0.3*L1	0.459	0.164	-0.303	0.492	-0.095	-0.334	-0.450	0.430	-0.276	-0.157	-0.098	-0.416	-0.115
0.4*L1	0.529	0.231	-0.379	0.448	0.029	-0.416	-0.598	0.348	-0.442	-0.220	-0.128	-0.738	-0.157
									0.558				
0.5*L1	0.511	0.297	-0.433	0.376	0.160	-0.460	-0.741	0.284	0.392	-0.298	-0.158	-0.419	-0.208
0.6*L1	0.439	0.349	-0.463	0.297	0.197	-0.439	-0.869	0.228	0.278	-0.404	-0.189	-0.228	-0.274
0.7*L1	0.346	0.357	-0.468	0.223	0.181	-0.309	-0.971	0.176	0.197	-0.558	-0.227	-0.121	-0.369
										0.442			
0.8*L1	0.252	0.293	-0.452	0.159	0.141	-0.171	-1.027	0.128	0.137	0.293	-0.279	-0.069	-0.511
0.9*L1	0.168	0.188	-0.428	0.106	0.092	-0.124	-1.005	0.084	0.092	0.200	-0.360	-0.050	-0.729
1.0*L1	0.098	0.077	-0.425	0.066	0.045	-0.127	-0.863	0.047	0.057	0.143	-0.489	-0.048	-1.062
0.0*L2	0.098	0.077	-0.425	0.066	0.045	-0.127	-0.863	0.047	0.057	0.143	0.511	-0.048	-1.062
0.1*L2	0.021	-0.065	-0.504	0.024	-0.012	-0.165	-0.649	0.004	0.022	0.099	0.341	-0.059	-0.634
0.2*L2	-0.025	-0.160	-0.597	-0.001	-0.049	-0.202	-0.570	-0.022	0.002	0.079	0.263	-0.071	-0.421
0.3*L2	-0.048	-0.207	-0.644	-0.013	-0.067	-0.222	-0.532	-0.035	-0.008	0.070	0.225	-0.077	-0.315
0.4*L2	-0.055	-0.218	-0.635	-0.017	-0.072	-0.220	-0.492	-0.039	-0.011	0.063	0.199	-0.076	-0.257
0.5*L2	-0.053	-0.203	-0.577	-0.017	-0.067	-0.200	-0.436	-0.037	-0.012	0.055	0.173	-0.069	-0.215
0.6*L2	-0.045	-0.171	-0.485	-0.015	-0.057	-0.168	-0.364	-0.031	-0.010	0.046	0.143	-0.058	-0.176
0.7*L2	-0.035	-0.133	-0.375	-0.011	-0.044	-0.130	-0.281	-0.024	-0.008	0.035	0.111	-0.045	-0.136
0.8*L2	-0.024	-0.092	-0.261	-0.008	-0.031	-0.091	-0.196	-0.017	-0.005	0.025	0.077	-0.031	-0.095
0.9*L2	-0.015	-0.055	-0.156	-0.005	-0.018	-0.054	-0.118	-0.010	-0.003	0.015	0.046	-0.019	-0.057
1.0*L2	-0.007	-0.025	-0.071	-0.002	-0.008	-0.025	-0.053	-0.005	-0.002	0.007	0.021	-0.009	-0.026
FAKTOR				1/a								1/(a*a)	

INFOLGE STRECKENMOMENT mt=1

IN FELD

	M 0.4	M 0.7	M 1.0	Q 0	Q 0.4	Q 0.7	Q 1.0	T 0	T 0.4	T 0.7	T 1.0	q 0.4	q 1.0
1,BIS SPRUNG					-0.115	-0.872			-0.288	-0.599			
1,REST	1.309	0.833	-1.386	1.195	0.331	-0.198	-2.630	1.378	0.556	0.309	-0.710	-0.924	-1.190
2	-0.145	-0.777	-2.696	-0.021	-0.243	-0.919	-2.445	-0.116	-0.005	0.333	1.096	-0.321	-1.683
3	0.013	0.050	0.145	0.004	0.016	0.050	0.112	0.009	0.003	-0.014	-0.045	0.017	0.058
SUMME(+)	1.321	0.883	0.145	1.199	0.347	0.050	0.112	1.387	0.558	0.642	1.096	0.017	0.058
SUMME(-)	-0.145	-0.777	-4.081	-0.021	-0.358	-1.989	-5.075	-0.116	-0.293	-0.613	-0.755	-1.245	-2.874
SUMME	1.177	0.106	-3.937	1.178	-0.011	-1.939	-4.963	1.271	0.265	0.029	0.341	-1.228	-2.815
FAKTOR	a							a				1/a	

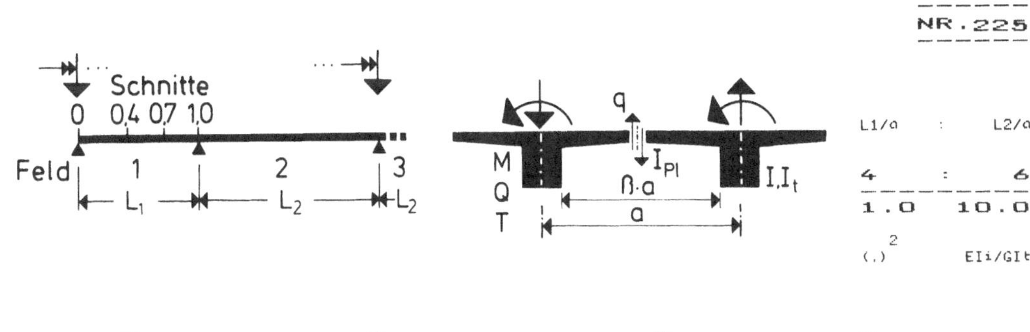

	M			Q				T				q	
IN SCHNITT	0.4	0.7	1.0	0	0.4	0.7	1.0	0	0.4	0.7	1.0	0.4	1.0

INFOLGE EINZELLAST P=1

IN	M 0.4	M 0.7	M 1.0	Q 0	Q 0.4	Q 0.7	Q 1.0	T 0	T 0.4	T 0.7	T 1.0	q 0.4	q 1.0
0.0*L1	0.000	0.000	-0.000	1.000	-0.000	-0.000	-0.000	0.000	0.000	-0.000	-0.000	0.000	-0.000
0.1*L1	0.153	0.027	-0.080	0.824	-0.124	-0.091	-0.091	0.029	0.003	-0.013	-0.013	0.039	-0.010
0.2*L1	0.313	0.059	-0.155	0.660	-0.248	-0.185	-0.182	0.053	0.007	-0.025	-0.026	0.075	-0.018
0.3*L1	0.489	0.104	-0.223	0.514	-0.373	-0.282	-0.276	0.068	0.012	-0.034	-0.037	0.103	-0.025
0.4*L1	0.687	0.166	-0.278	0.389	-0.497	-0.384	-0.373	0.074	0.018	-0.039	-0.045	0.117	-0.029
					0.503								
0.5*L1	0.511	0.252	-0.315	0.284	0.385	-0.492	-0.473	0.072	0.022	-0.040	-0.049	0.112	-0.029
0.6*L1	0.361	0.367	-0.328	0.198	0.279	-0.604	-0.577	0.063	0.023	-0.036	-0.049	0.094	-0.026
0.7*L1	0.237	0.518	-0.311	0.129	0.187	-0.718	-0.684	0.049	0.020	-0.028	-0.045	0.069	-0.019
						0.282							
0.8*L1	0.137	0.306	-0.257	0.074	0.110	0.174	-0.793	0.032	0.014	-0.018	-0.034	0.044	-0.010
0.9*L1	0.059	0.134	-0.156	0.031	0.048	0.078	-0.900	0.015	0.007	-0.008	-0.019	0.020	-0.002
1.0*L1	0.000	-0.000	0.000	0.000	0.000	0.000	-1.000	-0.000	-0.000	-0.000	-0.000	0.000	0.000
0.0*L2	-0.000	-0.000	-0.000	-0.000	-0.000	-0.000	-0.000	-0.000	-0.000	0.000	0.000	-0.000	-0.000
0.1*L2	-0.057	-0.133	-0.256	-0.030	-0.047	-0.082	-0.119	-0.015	-0.006	0.011	0.030	-0.022	-0.016
0.2*L2	-0.086	-0.203	-0.398	-0.045	-0.072	-0.128	-0.195	-0.023	-0.009	0.019	0.053	-0.034	-0.039
0.3*L2	-0.095	-0.228	-0.455	-0.049	-0.080	-0.146	-0.231	-0.025	-0.010	0.023	0.066	-0.039	-0.057
0.4*L2	-0.092	-0.222	-0.449	-0.048	-0.078	-0.144	-0.234	-0.024	-0.009	0.024	0.069	-0.039	-0.066
0.5*L2	-0.081	-0.196	-0.402	-0.042	-0.069	-0.129	-0.214	-0.021	-0.007	0.023	0.065	-0.035	-0.066
0.6*L2	-0.065	-0.159	-0.328	-0.033	-0.056	-0.105	-0.177	0.017	-0.006	0.019	0.055	-0.029	-0.058
0.7*L2	-0.047	-0.116	-0.240	-0.024	-0.041	-0.077	-0.132	-0.012	-0.004	0.014	0.041	-0.021	-0.045
0.8*L2	-0.029	-0.072	-0.150	-0.015	-0.025	-0.048	-0.083	-0.008	-0.003	0.009	0.026	-0.013	-0.029
0.9*L2	-0.013	-0.032	-0.066	-0.007	-0.011	-0.021	-0.037	-0.003	-0.001	0.004	0.012	-0.006	-0.013
1.0*L2	0.000	-0.000	0.000	0.000	-0.000	0.000	0.000	-0.000	-0.000	-0.000	-0.000	0.000	0.000
FAKTOR		a				a				a		1/a	

INFOLGE STRECKENLAST p=1

IN FELD	M 0.4	M 0.7	M 1.0	Q 0	Q 0.4	Q 0.7	Q 1.0	T 0	T 0.4	T 0.7	T 1.0	q 0.4	q 1.0
1,BIS SPRUNG						-0.398	-0.958			0.012	-0.081		
1,REST	1.172	0.765	-0.850	1.436	0.501	0.156	-1.939	0.184	0.038	-0.016	-0.128	0.271	-0.068
2	-0.344	-0.826	-1.666	-0.178	-0.291	-0.535	-0.861	-0.090	-0.033	0.089	0.252	-0.145	-0.235
3	0.049	0.121	0.253	0.025	0.042	0.081	0.141	0.013	0.004	-0.015	-0.045	0.022	0.051
SUMME(+)	1.221	0.885	0.253	1.461	0.543	0.237	0.141	0.197	0.055	0.089	0.252	0.294	0.051
SUMME(-)	-0.344	-0.826	-2.515	-0.178	-0.688	-1.493	-2.800	-0.090	-0.033	-0.112	-0.173	-0.145	-0.303
SUMME	0.877	0.060	-2.262	1.284	-0.145	-1.256	-2.660	0.107	0.021	-0.023	0.079	0.148	-0.252
FAKTOR		a*a				a				a*a		1/a	

INFOLGE EINZELMOMENT Mt=1

IN	M 0.4	M 0.7	M 1.0	Q 0	Q 0.4	Q 0.7	Q 1.0	T 0	T 0.4	T 0.7	T 1.0	q 0.4	q 1.0
0.0*L1	0.000	0.000	-0.000	0.000	-0.000	-0.000	-0.000	1.000	-0.000	-0.000	-0.000	-0.000	-0.000
0.1*L1	0.207	0.070	-0.118	0.374	-0.069	-0.141	-0.172	0.702	-0.077	-0.041	-0.025	-0.120	-0.027
0.2*L1	0.399	0.144	-0.229	0.540	-0.110	-0.276	-0.343	0.508	-0.167	-0.084	-0.050	-0.271	-0.055
0.3*L1	0.553	0.220	-0.327	0.580	-0.087	-0.396	-0.510	0.380	-0.286	-0.132	-0.075	-0.491	-0.087
0.4*L1	0.637	0.298	-0.406	0.546	0.042	-0.488	-0.670	0.292	-0.456	-0.191	-0.100	-0.823	-0.124
									0.544				
0.5*L1	0.623	0.371	-0.461	0.474	0.177	-0.534	-0.818	0.227	0.375	-0.269	-0.127	-0.505	-0.172
0.6*L1	0.543	0.420	-0.490	0.387	0.216	-0.508	-0.945	0.175	0.261	-0.378	-0.159	-0.305	-0.239
0.7*L1	0.433	0.418	-0.492	0.297	0.199	-0.367	-1.038	0.132	0.181	-0.536	-0.200	-0.185	-0.336
										0.464			
0.8*L1	0.316	0.337	-0.474	0.213	0.154	-0.216	-1.078	0.094	0.124	0.309	-0.260	-0.116	-0.482
0.9*L1	0.206	0.209	-0.452	0.140	0.098	-0.157	-1.036	0.061	0.083	0.210	-0.351	-0.081	-0.702
1.0*L1	0.109	0.071	-0.453	0.079	0.041	-0.149	-0.870	0.034	0.052	0.147	-0.492	-0.066	-1.035
0.0*L2	0.109	0.071	-0.453	0.079	0.041	-0.149	-0.870	0.034	0.052	0.147	0.508	-0.066	-1.035
0.1*L2	-0.004	-0.112	-0.547	0.010	-0.031	-0.177	-0.624	0.002	0.022	0.095	0.319	-0.062	-0.599
0.2*L2	-0.078	-0.242	-0.660	-0.034	-0.081	-0.213	-0.525	-0.019	0.004	0.071	0.226	-0.065	-0.373
0.3*L2	-0.118	-0.314	-0.728	-0.058	-0.108	-0.235	-0.477	-0.030	-0.005	0.058	0.180	-0.068	-0.257
0.4*L2	-0.133	-0.336	-0.733	-0.066	-0.117	-0.236	-0.438	-0.034	-0.009	0.051	0.151	-0.066	-0.193
0.5*L2	-0.128	-0.319	-0.679	-0.065	-0.111	-0.218	-0.389	-0.033	-0.010	0.044	0.129	-0.061	-0.153
0.6*L2	-0.111	-0.275	-0.580	-0.057	-0.096	-0.187	-0.326	-0.029	-0.009	0.036	0.106	-0.052	-0.122
0.7*L2	-0.088	-0.217	-0.454	-0.045	-0.076	-0.146	-0.253	-0.023	-0.007	0.028	0.081	-0.040	-0.092
0.8*L2	-0.062	-0.152	-0.318	-0.031	-0.053	-0.102	-0.177	-0.016	-0.005	0.019	0.057	-0.028	-0.064
0.9*L2	-0.037	-0.090	-0.189	-0.019	-0.032	-0.061	-0.105	-0.010	-0.003	0.012	0.034	-0.017	-0.038
1.0*L2	-0.015	-0.038	-0.079	-0.008	-0.013	-0.025	-0.044	-0.004	-0.001	0.005	0.014	-0.007	-0.016
FAKTOR						1/a						1/(a*a)	

INFOLGE STRECKENMOMENT mt=1

IN FELD	M 0.4	M 0.7	M 1.0	Q 0	Q 0.4	Q 0.7	Q 1.0	T 0	T 0.4	T 0.7	T 1.0	q 0.4	q 1.0
1,BIS SPRUNG						-0.107	-1.022			-0.299	-0.540		
1,REST	1.598	1.016	-1.473	1.455	0.363	-0.245	-2.832	1.224	0.522	0.325	-0.632	-1.150	-1.084
2	-0.435	-1.237	-3.100	-0.202	-0.420	-1.000	-2.248	-0.109	0.000	0.290	0.914	-0.298	-1.423
3	0.062	0.152	0.319	0.032	0.053	0.102	0.177	0.016	0.005	-0.019	-0.057	0.020	0.064
SUMME(+)	1.660	1.168	0.319	1.486	0.416	0.102	0.177	1.240	0.528	0.615	0.914	0.028	0.064
SUMME(-)	-0.435	-1.237	-4.573	-0.202	-0.527	-2.267	-5.080	-0.109	-0.299	-0.559	-0.689	-1.448	-2.507
SUMME	1.225	-0.069	-4.255	1.284	-0.110	-2.165	-4.903	1.132	0.229	0.056	0.225	-1.419	-2.443
FAKTOR		a				a				a		1/a	

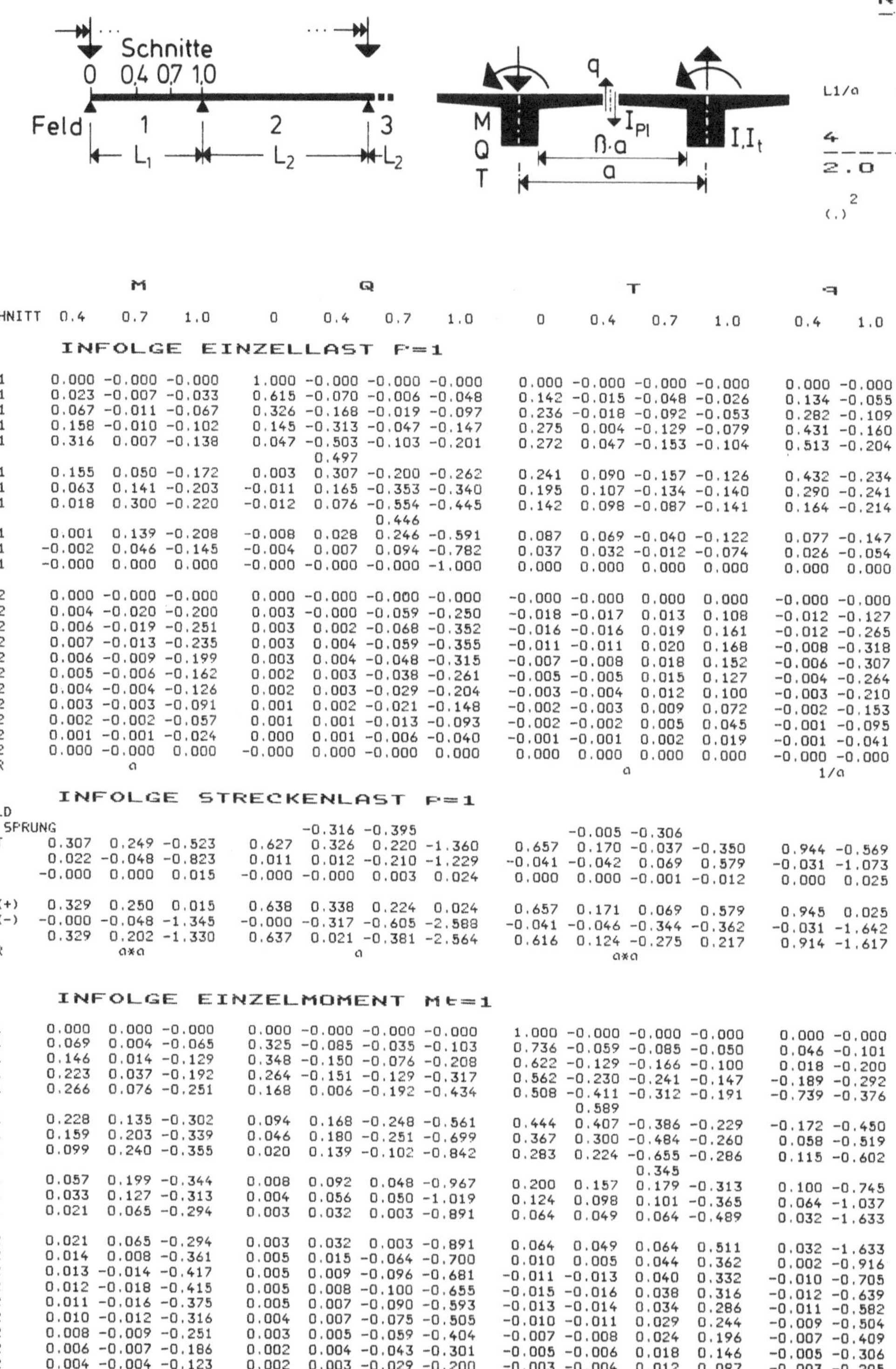

	M 0.4	M 0.7	M 1.0	Q 0	Q 0.4	Q 0.7	Q 1.0	T 0	T 0.4	T 0.7	T 1.0	q 0.4	q 1.0
IN SCHNITT	0.4	0.7	1.0	0	0.4	0.7	1.0	0	0.4	0.7	1.0	0.4	1.0

INFOLGE EINZELLAST P=1

IN	M 0.4	M 0.7	M 1.0	Q 0	Q 0.4	Q 0.7	Q 1.0	T 0	T 0.4	T 0.7	T 1.0	q 0.4	q 1.0
0.0*L1	0.000	-0.000	-0.000	1.000	-0.000	-0.000	-0.000	0.000	-0.000	-0.000	-0.000	0.000	-0.000
0.1*L1	0.023	-0.007	-0.033	0.615	-0.070	-0.006	-0.048	0.142	-0.015	-0.048	-0.026	0.134	-0.055
0.2*L1	0.067	-0.011	-0.067	0.326	-0.168	-0.019	-0.097	0.236	-0.018	-0.092	-0.053	0.282	-0.109
0.3*L1	0.158	-0.010	-0.102	0.145	-0.313	-0.047	-0.147	0.275	0.004	-0.129	-0.079	0.431	-0.160
0.4*L1	0.316	0.007	-0.138	0.047	-0.503	-0.103	-0.201	0.272	0.047	-0.153	-0.104	0.513	-0.204
					0.497								
0.5*L1	0.155	0.050	-0.172	0.003	0.307	-0.200	-0.262	0.241	0.090	-0.157	-0.126	0.432	-0.234
0.6*L1	0.063	0.141	-0.203	-0.011	0.165	-0.353	-0.340	0.195	0.107	-0.134	-0.140	0.290	-0.241
0.7*L1	0.018	0.300	-0.220	-0.012	0.076	-0.554	-0.445	0.142	0.098	-0.087	-0.141	0.164	-0.214
						0.446							
0.8*L1	0.001	0.139	-0.208	-0.008	0.028	0.246	-0.591	0.087	0.069	-0.040	-0.122	0.077	-0.147
0.9*L1	-0.002	0.046	-0.145	-0.004	0.007	0.094	-0.782	0.037	0.032	-0.012	-0.074	0.026	-0.054
1.0*L1	-0.000	0.000	0.000	-0.000	-0.000	-0.000	-1.000	0.000	0.000	0.000	0.000	0.000	0.000
0.0*L2	0.000	-0.000	-0.000	0.000	-0.000	-0.000	-0.000	-0.000	-0.000	0.000	0.000	-0.000	-0.000
0.1*L2	0.004	-0.020	-0.200	0.003	-0.000	-0.059	-0.250	-0.018	-0.017	0.013	0.108	-0.012	-0.127
0.2*L2	0.006	-0.019	-0.251	0.003	0.002	-0.068	-0.352	-0.016	-0.016	0.019	0.161	-0.012	-0.265
0.3*L2	0.007	-0.013	-0.235	0.003	0.004	-0.059	-0.355	-0.011	-0.011	0.020	0.168	-0.008	-0.318
0.4*L2	0.006	-0.009	-0.199	0.003	0.004	-0.048	-0.315	-0.007	-0.008	0.018	0.152	-0.006	-0.307
0.5*L2	0.005	-0.006	-0.162	0.002	0.003	-0.038	-0.261	-0.005	-0.005	0.015	0.127	-0.004	-0.264
0.6*L2	0.004	-0.004	-0.126	0.002	0.003	-0.029	-0.204	-0.003	-0.004	0.012	0.100	-0.003	-0.210
0.7*L2	0.003	-0.003	-0.091	0.001	0.002	-0.021	-0.148	-0.002	-0.003	0.009	0.072	-0.002	-0.153
0.8*L2	0.002	-0.002	-0.057	0.001	0.001	-0.013	-0.093	-0.002	-0.002	0.005	0.045	-0.001	-0.095
0.9*L2	0.001	-0.001	-0.024	0.000	0.001	-0.006	-0.040	-0.001	-0.001	0.002	0.019	-0.001	-0.041
1.0*L2	0.000	-0.000	0.000	-0.000	0.000	-0.000	0.000	0.000	0.000	0.000	0.000	-0.000	-0.000
FAKTOR	a							a				1/a	

INFOLGE STRECKENLAST P=1

IN FELD	M 0.4	M 0.7	M 1.0	Q 0	Q 0.4	Q 0.7	Q 1.0	T 0	T 0.4	T 0.7	T 1.0	q 0.4	q 1.0
1,BIS SPRUNG					-0.316	-0.395			-0.005	-0.306			
1,REST	0.307	0.249	-0.523	0.627	0.326	0.220	-1.360	0.657	0.170	-0.037	-0.350	0.944	-0.569
2	0.022	-0.048	-0.823	0.011	0.012	-0.210	-1.229	-0.041	-0.042	0.069	0.579	-0.031	-1.073
3	-0.000	0.000	0.015	-0.000	-0.000	0.003	0.024	0.000	0.000	-0.001	-0.012	0.000	0.025
SUMME(+)	0.329	0.250	0.015	0.638	0.338	0.224	0.024	0.657	0.171	0.069	0.579	0.945	0.025
SUMME(-)	-0.000	-0.048	-1.345	-0.000	-0.317	-0.605	-2.588	-0.041	-0.046	-0.344	-0.362	-0.031	-1.642
SUMME	0.329	0.202	-1.330	0.637	0.021	-0.381	-2.564	0.616	0.124	-0.275	0.217	0.914	-1.617
FAKTOR	a*a			a				a*a					

INFOLGE EINZELMOMENT Mt=1

IN	M 0.4	M 0.7	M 1.0	Q 0	Q 0.4	Q 0.7	Q 1.0	T 0	T 0.4	T 0.7	T 1.0	q 0.4	q 1.0
0.0*L1	0.000	0.000	-0.000	0.000	-0.000	-0.000	-0.000	1.000	-0.000	-0.000	-0.000	0.000	-0.000
0.1*L1	0.069	0.004	-0.065	0.325	-0.085	-0.035	-0.103	0.736	-0.059	-0.085	-0.050	0.046	-0.101
0.2*L1	0.146	0.014	-0.129	0.348	-0.150	-0.076	-0.208	0.622	-0.129	-0.166	-0.100	0.018	-0.200
0.3*L1	0.223	0.037	-0.192	0.264	-0.151	-0.129	-0.317	0.562	-0.230	-0.241	-0.147	-0.189	-0.292
0.4*L1	0.266	0.076	-0.251	0.168	0.006	-0.192	-0.434	0.508	-0.411	-0.312	-0.191	-0.739	-0.376
									0.589				
0.5*L1	0.228	0.135	-0.302	0.094	0.168	-0.248	-0.561	0.444	0.407	-0.386	-0.229	-0.172	-0.450
0.6*L1	0.159	0.203	-0.339	0.046	0.180	-0.251	-0.699	0.367	0.300	-0.484	-0.260	0.058	-0.519
0.7*L1	0.099	0.240	-0.355	0.020	0.139	-0.102	-0.842	0.283	0.224	-0.655	-0.286	0.115	-0.602
										0.345			
0.8*L1	0.057	0.199	-0.344	0.008	0.092	0.048	-0.967	0.200	0.157	0.179	-0.313	0.100	-0.745
0.9*L1	0.033	0.127	-0.313	0.004	0.056	0.050	-1.019	0.124	0.098	0.101	-0.365	0.064	-1.037
1.0*L1	0.021	0.065	-0.294	0.003	0.032	0.003	-0.891	0.064	0.049	0.064	-0.489	0.032	-1.633
0.0*L2	0.021	0.065	-0.294	0.003	0.032	0.003	-0.891	0.064	0.049	0.064	0.511	0.032	-1.633
0.1*L2	0.014	0.008	-0.361	0.005	0.015	-0.064	-0.700	0.010	0.005	0.044	0.362	0.002	-0.916
0.2*L2	0.013	-0.014	-0.417	0.005	0.009	-0.096	-0.681	-0.011	-0.013	0.040	0.332	-0.010	-0.705
0.3*L2	0.012	-0.018	-0.415	0.005	0.008	-0.100	-0.655	-0.015	-0.016	0.038	0.316	-0.012	-0.639
0.4*L2	0.011	-0.016	-0.375	0.005	0.007	-0.090	-0.593	-0.013	-0.014	0.034	0.286	-0.011	-0.582
0.5*L2	0.010	-0.012	-0.316	0.004	0.007	-0.075	-0.505	-0.010	-0.011	0.029	0.244	-0.009	-0.504
0.6*L2	0.008	-0.009	-0.251	0.003	0.005	-0.059	-0.404	-0.007	-0.008	0.024	0.196	-0.007	-0.409
0.7*L2	0.006	-0.007	-0.186	0.002	0.004	-0.043	-0.301	-0.005	-0.006	0.018	0.146	-0.005	-0.306
0.8*L2	0.004	-0.004	-0.123	0.002	0.003	-0.029	-0.200	-0.003	-0.004	0.012	0.097	-0.003	-0.205
0.9*L2	0.002	-0.002	-0.068	0.001	0.002	-0.016	-0.111	-0.002	-0.002	0.007	0.054	-0.002	-0.114
1.0*L2	0.001	-0.001	-0.027	0.000	0.001	-0.006	-0.045	-0.001	-0.001	0.003	0.022	-0.001	-0.046
FAKTOR				1/a								1/(a*a)	

INFOLGE STRECKENMOMENT mt=1

IN FELD	M 0.4	M 0.7	M 1.0	Q 0	Q 0.4	Q 0.7	Q 1.0	T 0	T 0.4	T 0.7	T 1.0	q 0.4	q 1.0
1,BIS SPRUNG					-0.165	-0.403			-0.243	-0.796			
1,REST	0.519	0.429	-0.977	0.530	0.272	0.030	-2.251	1.740	0.595	0.187	-0.870	-0.217	-2.032
2	0.054	-0.029	-1.608	0.021	0.045	-0.349	-2.756	-0.019	-0.031	0.166	1.369	-0.027	-3.078
3	-0.000	0.000	0.003	-0.000	-0.000	0.001	0.005	0.000	0.000	-0.000	-0.003	0.000	0.006
SUMME(+)	0.573	0.429	0.003	0.551	0.316	0.031	0.005	1.740	0.595	0.353	1.369	0.000	0.006
SUMME(-)	-0.000	-0.029	-2.585	-0.000	-0.165	-0.752	-5.007	-0.019	-0.274	-0.796	-0.872	-0.244	-5.110
SUMME	0.573	0.400	-2.582	0.551	0.151	-0.721	-5.001	1.721	0.321	-0.443	0.497	-0.244	-5.105
FAKTOR	a			a				a				1/a	

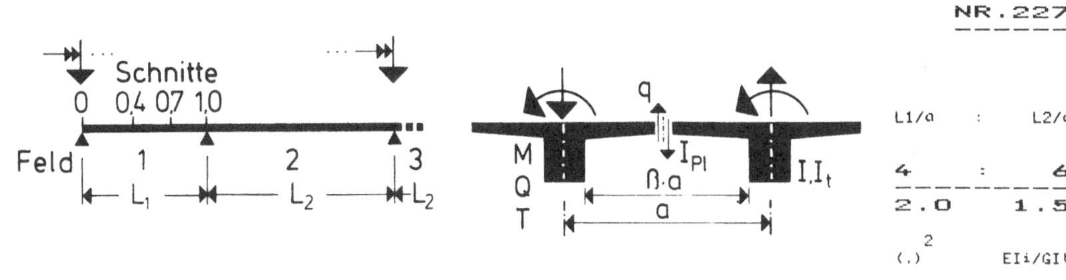

	M			Q				T				q	
IN SCHNITT	0.4	0.7	1.0	0	0.4	0.7	1.0	0	0.4	0.7	1.0	0.4	1.0

INFOLGE EINZELLAST P=1

IN	M 0.4	M 0.7	M 1.0	Q 0	Q 0.4	Q 0.7	Q 1.0	T 0	T 0.4	T 0.7	T 1.0	q 0.4	q 1.0
0.0*L1	0.000	-0.000	-0.000	1.000	-0.000	-0.000	-0.000	0.000	-0.000	-0.000	-0.000	0.000	-0.000
0.1*L1	0.042	-0.006	-0.041	0.659	-0.086	-0.018	-0.051	0.119	-0.009	-0.043	-0.026	0.125	-0.048
0.2*L1	0.104	-0.009	-0.083	0.390	-0.193	-0.043	-0.104	0.201	-0.008	-0.083	-0.053	0.254	-0.095
0.3*L1	0.207	-0.002	-0.124	0.207	-0.333	-0.083	-0.159	0.239	0.010	-0.115	-0.078	0.375	-0.137
0.4*L1	0.371	0.022	-0.165	0.096	-0.506	-0.149	-0.219	0.242	0.043	-0.135	-0.100	0.439	-0.171
					0.494								
0.5*L1	0.205	0.075	-0.202	0.036	0.324	-0.251	-0.289	0.219	0.075	-0.138	-0.119	0.380	-0.191
0.6*L1	0.102	0.174	-0.231	0.008	0.190	-0.397	-0.375	0.179	0.088	-0.118	-0.129	0.269	-0.191
0.7*L1	0.043	0.335	-0.242	-0.003	0.099	-0.579	-0.486	0.131	0.080	-0.080	-0.127	0.164	-0.164
						0.421							
0.8*L1	0.015	0.166	-0.221	-0.004	0.044	0.240	-0.629	0.081	0.057	-0.041	-0.106	0.085	-0.109
0.9*L1	0.003	0.060	-0.148	-0.003	0.014	0.096	-0.806	0.035	0.027	-0.014	-0.063	0.031	-0.038
1.0*L1	-0.000	0.000	0.000	-0.000	0.000	0.000	-1.000	0.000	0.000	0.000	0.000	0.000	0.000
0.0*L2	-0.000	-0.000	-0.000	0.000	-0.000	-0.000	-0.000	-0.000	-0.000	0.000	0.000	-0.000	-0.000
0.1*L2	0.001	-0.035	-0.211	0.003	-0.006	-0.070	-0.227	-0.022	-0.017	0.015	0.093	-0.020	-0.096
0.2*L2	0.003	-0.039	-0.278	0.004	-0.006	-0.087	-0.331	-0.024	-0.019	0.022	0.144	-0.023	-0.210
0.3*L2	0.004	-0.034	-0.273	0.004	-0.004	-0.082	-0.347	-0.020	-0.016	0.023	0.156	-0.020	-0.262
0.4*L2	0.004	-0.027	-0.238	0.004	-0.002	-0.069	-0.316	-0.015	-0.012	0.021	0.144	-0.017	-0.262
0.5*L2	0.004	-0.020	-0.195	0.003	-0.001	-0.056	-0.265	-0.012	-0.009	0.018	0.122	-0.013	-0.231
0.6*L2	0.003	-0.015	-0.151	0.003	-0.001	-0.043	-0.208	-0.009	-0.007	0.014	0.096	-0.010	-0.185
0.7*L2	0.002	-0.011	-0.108	0.002	-0.000	-0.031	-0.149	-0.006	-0.005	0.010	0.070	-0.007	-0.134
0.8*L2	0.001	-0.007	-0.066	0.001	-0.000	-0.019	-0.092	-0.004	-0.003	0.006	0.043	-0.004	-0.083
0.9*L2	0.001	-0.003	-0.028	0.000	-0.000	-0.008	-0.039	-0.002	-0.001	0.003	0.018	-0.002	-0.035
1.0*L2	-0.000	0.000	0.000	-0.000	-0.000	0.000	-0.000	0.000	0.000	0.000	1.000	0.000	0.000
FAKTOR	a							a				1/a	

INFOLGE STRECKENLAST P=1

IN FELD	M 0.4	M 0.7	M 1.0	Q 0	Q 0.4	Q 0.7	Q 1.0	T 0	T 0.4	T 0.7	T 1.0	q 0.4	q 1.0
1,BIS SPRUNG					-0.343	-0.486				0.004	-0.272		
1,REST	0.425	0.313	-0.591	0.743	0.362	0.215	-1.443	0.584	0.141	-0.037	-0.324	0.853	-0.460
2	0.015	-0.118	-0.946	0.015	-0.013	-0.284	-1.200	-0.069	-0.055	0.080	0.538	-0.071	-0.903
3	-0.001	0.003	0.031	-0.001	0.000	0.009	0.043	0.002	0.001	-0.003	-0.020	0.002	0.040
SUMME(+)	0.440	0.316	0.031	0.757	0.362	0.223	0.043	0.585	0.147	0.080	0.538	0.855	0.040
SUMME(-)	-0.001	-0.118	-1.537	-0.001	-0.356	-0.771	-2.643	-0.069	-0.055	-0.312	-0.344	-0.071	-1.363
SUMME	0.439	0.199	-1.505	0.757	0.006	-0.547	-2.599	0.516	0.091	-0.232	0.194	0.784	-1.323
FAKTOR	a*a			a				a*a					

INFOLGE EINZELMOMENT Mt=1

IN	M 0.4	M 0.7	M 1.0	Q 0	Q 0.4	Q 0.7	Q 1.0	T 0	T 0.4	T 0.7	T 1.0	q 0.4	q 1.0
0.0*L1	0.000	0.000	-0.000	0.000	-0.000	-0.000	-0.000	1.000	-0.000	-0.000	-0.000	0.000	-0.000
0.1*L1	0.097	0.009	-0.078	0.367	-0.097	-0.055	-0.111	0.712	-0.056	-0.077	-0.049	0.022	-0.087
0.2*L1	0.197	0.026	-0.154	0.417	-0.167	-0.115	-0.224	0.583	-0.125	-0.151	-0.097	-0.031	-0.171
0.3*L1	0.292	0.056	-0.227	0.343	-0.164	-0.185	-0.343	0.516	-0.231	-0.221	-0.141	-0.260	-0.248
0.4*L1	0.343	0.106	-0.293	0.241	0.007	-0.259	-0.470	0.463	-0.420	-0.287	-0.182	-0.819	-0.318
									0.580				
0.5*L1	0.303	0.174	-0.347	0.153	0.183	-0.318	-0.607	0.404	0.389	-0.361	-0.216	-0.241	-0.381
0.6*L1	0.223	0.247	-0.382	0.089	0.204	-0.314	-0.752	0.335	0.278	-0.463	-0.244	0.011	-0.444
0.7*L1	0.148	0.284	-0.392	0.049	0.166	-0.150	-0.896	0.259	0.201	-0.641	-0.268	0.089	-0.528
										0.359			
0.8*L1	0.091	0.234	-0.374	0.026	0.114	0.016	-1.014	0.183	0.139	0.187	-0.297	0.087	-0.680
0.9*L1	0.054	0.148	-0.337	0.015	0.069	0.029	-1.050	0.112	0.085	0.105	-0.356	0.057	-0.984
1.0*L1	0.032	0.069	-0.316	0.010	0.037	-0.015	-0.900	0.055	0.041	0.067	-0.491	0.024	-1.585
0.0*L2	0.032	0.069	-0.316	0.010	0.037	-0.015	-0.900	0.055	0.041	0.067	0.509	0.024	-1.585
0.1*L2	0.016	-0.009	-0.393	0.008	0.010	-0.089	-0.684	0.000	-0.001	0.048	0.346	-0.012	-0.851
0.2*L2	0.011	-0.043	-0.466	0.008	-0.001	-0.129	-0.658	-0.023	-0.019	0.045	0.310	-0.029	-0.619
0.3*L2	0.009	-0.052	-0.477	0.008	-0.004	-0.138	-0.641	-0.029	-0.024	0.043	0.295	-0.033	-0.547
0.4*L2	0.008	-0.048	-0.439	0.007	-0.003	-0.127	-0.589	-0.027	-0.022	0.040	0.271	-0.030	-0.500
0.5*L2	0.007	-0.040	-0.375	0.006	-0.003	-0.108	-0.506	-0.023	-0.018	0.034	0.234	-0.025	-0.437
0.6*L2	0.006	-0.031	-0.299	0.005	-0.002	-0.085	-0.407	-0.018	-0.014	0.028	0.189	-0.020	-0.357
0.7*L2	0.005	-0.023	-0.221	0.004	-0.001	-0.063	-0.302	-0.013	-0.010	0.021	0.140	-0.014	-0.268
0.8*L2	0.003	-0.015	-0.146	0.002	-0.001	-0.041	-0.200	-0.008	-0.007	0.014	0.093	-0.009	-0.179
0.9*L2	0.002	-0.008	-0.080	0.001	-0.000	-0.023	-0.110	-0.004	-0.004	0.007	0.051	-0.005	-0.098
1.0*L2	0.001	-0.003	-0.031	0.001	-0.000	-0.009	-0.042	-0.002	-0.001	0.003	0.020	-0.002	-0.038
FAKTOR				1/a								1/(a*a)	

INFOLGE STRECKENMOMENT mt=1

IN FELD	M 0.4	M 0.7	M 1.0	Q 0	Q 0.4	Q 0.7	Q 1.0	T 0	T 0.4	T 0.7	T 1.0	q 0.4	q 1.0
1,BIS SPRUNG					-0.183	-0.539				-0.242	-0.747		
1,REST	0.710	0.530	-1.099	0.702	0.314	-0.004	-2.380	1.626	0.554	0.195	-0.833	-0.373	-1.829
2	0.049	-0.146	-1.846	0.033	0.006	-0.494	-2.725	-0.075	-0.062	0.188	1.303	-0.102	-2.747
3	-0.001	0.003	0.029	-0.000	0.000	0.008	0.041	0.002	0.001	-0.003	-0.019	0.002	0.038
SUMME(+)	0.759	0.533	0.029	0.735	0.320	0.008	0.041	1.627	0.555	0.383	1.303	0.002	0.038
SUMME(-)	-0.001	-0.146	-2.945	-0.000	-0.183	-1.037	-5.105	-0.075	-0.305	-0.750	-0.852	-0.476	-4.576
SUMME	0.758	0.387	-2.915	0.735	0.138	-1.028	-5.063	1.552	0.250	-0.367	0.451	-0.474	-4.538
FAKTOR	a			a				a				1/a	

NR.228

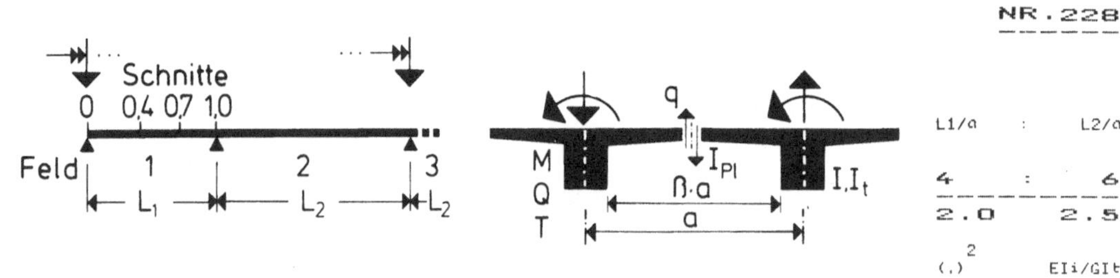

		M				Q				T			q
IN SCHNITT	0.4	0.7	1.0	0	0.4	0.7	1.0	0	0.4	0.7	1.0	0.4	1.0

INFOLGE EINZELLAST P=1

IN		M				Q				T			q
0.0*L1	0.000	-0.000	-0.000	1.000	-0.000	-0.000	-0.000	0.000	-0.000	-0.000	-0.000	0.000	-0.000
0.1*L1	0.069	-0.002	-0.053	0.709	-0.102	-0.036	-0.058	0.091	-0.003	-0.036	-0.025	0.105	-0.038
0.2*L1	0.156	0.001	-0.104	0.468	-0.217	-0.079	-0.118	0.158	-0.000	-0.069	-0.049	0.209	-0.075
0.3*L1	0.278	0.015	-0.154	0.290	-0.353	-0.135	-0.181	0.192	0.014	-0.095	-0.072	0.301	-0.106
0.4*L1	0.449	0.049	-0.200	0.169	-0.507	-0.212	-0.251	0.199	0.037	-0.111	-0.091	0.348	-0.129
					0.493								
0.5*L1	0.279	0.113	-0.239	0.092	0.341	-0.317	-0.331	0.183	0.058	-0.112	-0.106	0.310	-0.141
0.6*L1	0.161	0.220	-0.264	0.046	0.217	-0.454	-0.425	0.153	0.067	-0.098	-0.112	0.231	-0.137
0.7*L1	0.085	0.380	-0.267	0.020	0.126	-0.615	-0.539	0.114	0.061	-0.069	-0.107	0.151	-0.114
						0.385							
0.8*L1	0.039	0.201	-0.235	0.007	0.064	0.226	-0.676	0.071	0.043	-0.038	-0.087	0.084	-0.072
0.9*L1	0.013	0.078	-0.152	0.002	0.024	0.095	-0.834	0.032	0.021	-0.015	-0.051	0.034	-0.024
1.0*L1	0.000	0.000	0.000	-0.000	-0.000	-0.000	-1.000	0.000	0.000	0.000	0.000	0.000	0.000
0.0*L2	-0.000	-0.000	-0.000	-0.000	-0.000	-0.000	-0.000	-0.000	-0.000	0.000	0.000	-0.000	-0.000
0.1*L2	-0.007	-0.057	-0.224	0.000	-0.016	-0.079	-0.198	-0.024	-0.016	0.016	0.075	-0.026	-0.067
0.2*L2	-0.008	-0.073	-0.312	0.001	-0.020	-0.107	-0.301	-0.030	-0.020	0.024	0.121	-0.035	-0.152
0.3*L2	-0.006	-0.071	-0.322	0.002	-0.018	-0.108	-0.328	-0.029	-0.019	0.026	0.136	-0.034	-0.199
0.4*L2	-0.005	-0.061	-0.291	0.002	-0.015	-0.096	-0.308	-0.024	-0.016	0.024	0.131	-0.030	-0.207
0.5*L2	-0.003	-0.049	-0.244	0.002	-0.012	-0.079	-0.264	-0.020	-0.013	0.021	0.113	-0.025	-0.187
0.6*L2	-0.002	-0.038	-0.190	0.001	-0.009	-0.062	-0.209	-0.015	-0.010	0.017	0.090	-0.019	-0.153
0.7*L2	-0.002	-0.027	-0.135	0.001	-0.006	-0.044	-0.150	-0.010	-0.007	0.012	0.065	-0.013	-0.112
0.8*L2	-0.001	-0.016	-0.083	0.001	-0.004	-0.027	-0.092	-0.006	-0.004	0.007	0.040	-0.008	-0.069
0.9*L2	-0.000	-0.007	-0.035	0.000	-0.002	-0.011	-0.039	-0.003	-0.002	0.003	0.017	-0.003	-0.030
1.0*L2	-0.000	-0.000	0.000	-0.000	-0.000	-0.000	-0.000	-0.000	0.000	0.000	0.000	0.000	0.000
FAKTOR		a								a			1/a

INFOLGE STRECKENLAST P=1

IN FELD		M				Q				T			q
1,BIS SPRUNG					-0.368	-0.612			0.011	-0.225			
1,REST	0.601	0.411	-0.675	0.911	0.403	0.203	-1.562	0.481	0.109	-0.034	-0.282	0.713	-0.336
2	-0.022	-0.244	-1.118	0.006	-0.063	-0.373	-1.147	-0.098	-0.064	0.091	0.478	-0.118	-0.708
3	0.001	0.012	0.064	-0.001	0.003	0.020	0.071	0.005	0.003	-0.006	-0.031	0.006	0.054
SUMME(+)	0.602	0.423	0.064	0.917	0.406	0.223	0.071	0.486	0.122	0.091	0.478	0.719	0.054
SUMME(-)	-0.022	-0.244	-1.794	-0.001	-0.431	-0.985	-2.709	-0.098	-0.064	-0.265	-0.313	-0.118	-1.044
SUMME	0.580	0.180	-1.730	0.916	-0.025	-0.762	-2.638	0.388	0.058	-0.174	0.164	0.601	-0.989
FAKTOR		a*a				a				a*a			1/a

INFOLGE EINZELMOMENT Mt=1

IN		M				Q				T			q
0.0*L1	0.000	0.000	-0.000	0.000	-0.000	-0.000	-0.000	1.000	-0.000	-0.000	-0.000	-0.000	-0.000
0.1*L1	0.137	0.020	-0.095	0.419	-0.108	-0.084	-0.125	0.683	-0.054	-0.066	-0.045	-0.014	-0.068
0.2*L1	0.272	0.049	-0.187	0.507	-0.183	-0.171	-0.253	0.532	-0.124	-0.130	-0.089	-0.101	-0.133
0.3*L1	0.392	0.092	-0.272	0.450	-0.175	-0.262	-0.386	0.453	-0.235	-0.191	-0.129	-0.357	-0.194
0.4*L1	0.455	0.154	-0.346	0.347	0.009	-0.350	-0.527	0.399	-0.432	-0.253	-0.164	-0.927	-0.249
									0.568				
0.5*L1	0.413	0.233	-0.402	0.246	0.201	-0.411	-0.675	0.346	0.368	-0.326	-0.194	-0.339	-0.301
0.6*L1	0.320	0.311	-0.434	0.163	0.232	-0.398	-0.826	0.287	0.252	-0.433	-0.218	-0.062	-0.360
0.7*L1	0.225	0.345	-0.436	0.103	0.195	-0.215	-0.969	0.222	0.176	-0.619	-0.242	0.041	-0.450
										0.381			
0.8*L1	0.145	0.281	-0.409	0.062	0.138	-0.029	-1.074	0.156	0.118	0.201	-0.276	0.059	-0.613
0.9*L1	0.086	0.175	-0.364	0.036	0.084	-0.001	-1.088	0.095	0.071	0.113	-0.344	0.039	-0.930
1.0*L1	0.046	0.073	-0.342	0.021	0.041	-0.039	-0.910	0.043	0.033	0.073	-0.492	0.010	-1.536
0.0*L2	0.046	0.073	-0.342	0.021	0.041	-0.039	-0.910	0.043	0.033	0.073	0.508	0.010	-1.536
0.1*L2	0.012	-0.037	-0.432	0.010	-0.001	-0.115	-0.659	-0.010	-0.004	0.052	0.325	-0.028	-0.784
0.2*L2	-0.003	-0.093	-0.528	0.005	-0.021	-0.165	-0.622	-0.036	-0.023	0.049	0.278	-0.049	-0.526
0.3*L2	-0.007	-0.112	-0.558	0.004	-0.027	-0.181	-0.611	-0.044	-0.028	0.048	0.263	-0.056	-0.444
0.4*L2	-0.008	-0.108	-0.529	0.004	-0.027	-0.173	-0.570	-0.043	-0.028	0.045	0.244	-0.053	-0.402
0.5*L2	-0.007	-0.093	-0.460	0.003	-0.023	-0.150	-0.498	-0.037	-0.024	0.040	0.214	-0.046	-0.354
0.6*L2	-0.005	-0.074	-0.371	0.003	-0.018	-0.120	-0.405	-0.029	-0.019	0.032	0.174	-0.037	-0.292
0.7*L2	-0.004	-0.055	-0.275	0.002	-0.013	-0.089	-0.301	-0.022	-0.014	0.024	0.130	-0.027	-0.221
0.8*L2	-0.002	-0.036	-0.181	0.001	-0.009	-0.058	-0.199	-0.014	-0.009	0.016	0.086	-0.018	-0.147
0.9*L2	-0.001	-0.019	-0.098	0.001	-0.005	-0.032	-0.108	-0.008	-0.005	0.009	0.047	-0.010	-0.081
1.0*L2	-0.000	-0.007	-0.035	0.000	-0.002	-0.011	-0.039	-0.003	-0.002	0.003	0.017	-0.003	-0.029
FAKTOR						1/a							1/(a*a)

INFOLGE STRECKENMOMENT mt=1

IN FELD		M				Q				T			q
1,BIS SPRUNG					-0.198	-0.727			-0.244	-0.677			
1,REST	0.992	0.682	-1.250	0.960	0.362	-0.051	-2.566	1.464	0.506	0.209	-0.773	-0.608	-1.601
2	-0.003	-0.364	-2.177	0.025	-0.077	-0.670	-2.651	-0.137	-0.086	0.211	1.201	-0.195	-2.366
3	0.001	0.016	0.083	-0.001	0.004	0.027	0.093	0.006	0.004	-0.007	-0.041	0.008	0.072
SUMME(+)	0.993	0.698	0.083	0.985	0.366	0.027	0.093	1.470	0.510	0.420	1.201	0.008	0.072
SUMME(-)	-0.003	-0.364	-3.427	-0.001	-0.276	-1.447	-5.217	-0.137	-0.330	-0.684	-0.814	-0.804	-3.968
SUMME	0.990	0.334	-3.344	0.984	0.090	-1.421	-5.124	1.333	0.181	-0.264	0.387	-0.795	-3.896
FAKTOR		a				a				a			1/a

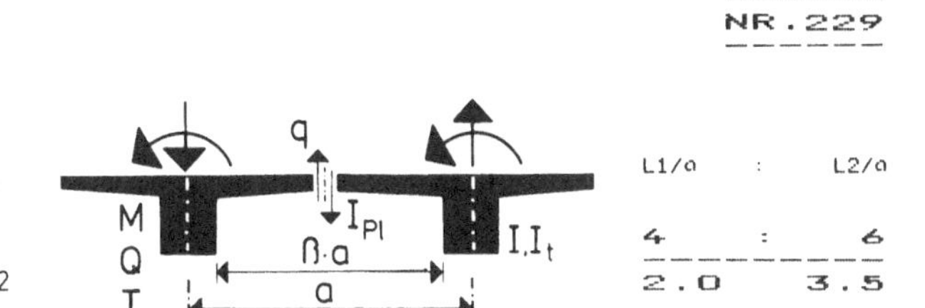

IN SCHNITT	M 0.4	0.7	1.0	Q 0	0.4	0.7	1.0	T 0	0.4	0.7	1.0	q 0.4	1.0
INFOLGE EINZELLAST P=1													
IN													
0.0*L1	0.000	0.000	-0.000	1.000	-0.000	-0.000	-0.000	0.000	-0.000	-0.000	-0.000	0.000	-0.000
0.1*L1	0.088	0.003	-0.060	0.738	-0.109	-0.049	-0.064	0.075	-0.001	-0.031	-0.023	0.090	-0.032
0.2*L1	0.192	0.011	-0.118	0.516	-0.228	-0.103	-0.131	0.131	0.003	-0.059	-0.046	0.178	-0.061
0.3*L1	0.326	0.032	-0.173	0.344	-0.361	-0.170	-0.201	0.162	0.014	-0.081	-0.066	0.253	-0.086
0.4*L1	0.503	0.072	-0.222	0.219	-0.507	-0.254	-0.277	0.169	0.032	-0.094	-0.083	0.291	-0.104
				0.493									
0.5*L1	0.331	0.142	-0.260	0.134	0.352	-0.360	-0.362	0.158	0.049	-0.096	-0.094	0.263	-0.112
0.6*L1	0.205	0.252	-0.283	0.077	0.233	-0.490	-0.460	0.133	0.055	-0.083	-0.099	0.202	-0.107
0.7*L1	0.117	0.411	-0.280	0.041	0.141	-0.639	-0.574	0.100	0.050	-0.060	-0.093	0.136	-0.087
					0.361								
0.8*L1	0.059	0.225	-0.242	0.019	0.075	0.215	-0.705	0.063	0.036	-0.035	-0.075	0.078	-0.054
0.9*L1	0.022	0.091	-0.154	0.007	0.030	0.092	-0.851	0.028	0.017	-0.014	-0.043	0.033	-0.017
1.0*L1	0.000	-0.000	-0.000	0.000	0.000	-0.000	-1.000	-0.000	-0.000	0.000	-0.000	0.000	0.000
0.0*L2	-0.000	-0.000	-0.000	-0.000	-0.000	-0.000	-0.000	-0.000	-0.000	0.000	0.000	-0.000	-0.000
0.1*L2	-0.016	-0.073	-0.232	-0.004	-0.023	-0.082	-0.180	-0.024	-0.014	0.015	0.064	-0.028	-0.053
0.2*L2	-0.020	-0.099	-0.333	-0.005	-0.030	-0.116	-0.279	-0.032	-0.019	0.024	0.105	-0.039	-0.121
0.3*L2	-0.020	-0.101	-0.353	-0.004	-0.030	-0.121	-0.311	-0.032	-0.019	0.026	0.121	-0.040	-0.162
0.4*L2	-0.017	-0.091	-0.328	-0.004	-0.027	-0.111	-0.298	-0.028	-0.017	0.025	0.119	-0.036	-0.172
0.5*L2	-0.014	-0.075	-0.279	-0.003	-0.022	-0.094	-0.259	-0.024	-0.014	0.022	0.105	-0.031	-0.159
0.6*L2	-0.010	-0.059	-0.219	-0.002	-0.017	-0.073	-0.207	-0.010	0.011	0.018	0.084	-0.024	-0.132
0.7*L2	-0.007	-0.041	-0.157	-0.001	-0.012	-0.052	-0.149	-0.013	-0.007	0.013	0.061	-0.017	-0.097
0.8*L2	-0.004	-0.025	-0.096	-0.001	-0.007	-0.032	-0.092	-0.008	-0.005	0.008	0.038	-0.010	-0.060
0.9*L2	-0.002	-0.011	-0.041	-0.000	-0.003	-0.014	-0.039	-0.003	-0.002	0.003	0.016	-0.004	-0.026
1.0*L2	0.000	0.000	0.000	-0.000	0.000	-0.000	0.000	-0.000	-0.000	0.000	-0.000	-0.000	0.000
FAKTOR	a							a				1/a	
INFOLGE STRECKENLAST P=1													
IN FELD													
1,BIS SPRUNG					-0.379	-0.695			0.012	-0.192			
1,REST	0.728	0.484	-0.725	1.029	0.427	0.193	-1.647	0.411	0.090	-0.031	-0.251	0.613	-0.264
2	-0.068	-0.351	-1.239	-0.015	-0.105	-0.423	-1.100	-0.110	-0.065	0.094	0.432	-0.140	-0.592
3	0.004	0.025	0.095	0.001	0.007	0.032	0.091	0.008	0.004	-0.008	-0.038	0.010	0.061
SUMME(+)	0.732	0.509	0.095	1.030	0.434	0.224	0.091	0.419	0.107	0.094	0.432	0.623	0.061
SUMME(-)	-0.068	-0.351	-1.965	-0.015	-0.485	-1.118	-2.747	-0.110	-0.065	-0.231	-0.288	-0.140	-0.857
SUMME	0.664	0.158	-1.870	1.015	-0.051	-0.894	-2.656	0.308	0.041	-0.137	0.144	0.483	-0.796
FAKTOR	a*a				a				a*a				
INFOLGE EINZELMOMENT Mt=1													
IN													
0.0*L1	0.000	0.000	-0.000	0.000	-0.000	-0.000	-0.000	1.000	-0.000	-0.000	-0.000	-0.000	-0.000
0.1*L1	0.164	0.030	-0.106	0.452	-0.112	-0.104	-0.137	0.664	-0.054	-0.058	-0.041	-0.038	-0.056
0.2*L1	0.323	0.069	-0.208	0.565	-0.189	-0.209	-0.276	0.499	-0.124	-0.115	-0.081	-0.148	-0.110
0.3*L1	0.461	0.121	-0.300	0.522	-0.178	-0.314	-0.420	0.412	-0.238	-0.170	-0.117	-0.422	-0.161
0.4*L1	0.533	0.192	-0.378	0.421	0.013	-0.410	-0.570	0.355	-0.441	-0.229	-0.149	-0.999	-0.208
								0.559					
0.5*L1	0.491	0.277	-0.435	0.313	0.212	-0.473	-0.724	0.305	0.355	-0.302	-0.176	-0.405	-0.255
0.6*L1	0.390	0.357	-0.464	0.219	0.249	-0.453	-0.878	0.252	0.237	-0.412	-0.199	-0.116	-0.314
0.7*L1	0.281	0.387	-0.462	0.145	0.213	-0.259	-1.018	0.195	0.161	-0.603	-0.223	0.003	-0.407
									0.397				
0.8*L1	0.185	0.314	-0.429	0.091	0.153	-0.059	-1.113	0.137	0.106	0.212	-0.261	0.034	-0.577
0.9*L1	0.110	0.193	-0.380	0.053	0.092	-0.022	-1.111	0.082	0.063	0.120	-0.335	0.024	-0.901
1.0*L1	0.055	0.074	-0.358	0.028	0.041	-0.053	-0.915	0.035	0.029	0.076	-0.493	-0.000	-1.510
0.0*L2	0.055	0.074	-0.358	0.028	0.041	-0.053	-0.915	0.035	0.029	0.076	0.507	-0.000	-1.510
0.1*L2	0.004	-0.060	-0.457	0.007	-0.010	-0.129	-0.642	-0.014	-0.005	0.054	0.310	-0.036	-0.748
0.2*L2	-0.020	-0.134	-0.567	-0.002	-0.037	-0.183	-0.595	-0.040	-0.023	0.050	0.256	-0.058	-0.475
0.3*L2	-0.028	-0.161	-0.612	-0.005	-0.047	-0.204	-0.584	-0.050	-0.029	0.050	0.240	-0.066	-0.384
0.4*L2	-0.029	-0.159	-0.590	-0.006	-0.047	-0.198	-0.550	-0.050	-0.029	0.047	0.223	-0.065	-0.343
0.5*L2	-0.025	-0.140	-0.520	-0.005	-0.041	-0.175	-0.485	-0.044	-0.025	0.041	0.197	-0.057	-0.302
0.6*L2	-0.020	-0.113	-0.423	-0.004	-0.033	-0.142	-0.397	-0.035	-0.021	0.034	0.161	-0.046	-0.251
0.7*L2	-0.015	-0.084	-0.315	-0.003	-0.025	-0.105	-0.297	-0.026	-0.015	0.025	0.121	-0.034	-0.191
0.8*L2	-0.010	-0.055	-0.208	-0.002	-0.016	-0.069	-0.197	-0.017	-0.010	0.017	0.081	-0.023	-0.128
0.9*L2	-0.005	-0.030	-0.112	-0.001	-0.009	-0.038	-0.107	-0.009	-0.005	0.009	0.044	-0.012	-0.070
1.0*L2	-0.002	-0.010	-0.038	-0.000	-0.003	-0.013	-0.036	-0.003	-0.002	0.003	0.015	-0.004	-0.024
FAKTOR				1/a								1/(a*a)	
INFOLGE STRECKENMOMENT mt=1													
IN FELD													
1,BIS SPRUNG					-0.204	-0.851			-0.247	-0.628			
1,REST	1.193	0.795	-1.339	1.143	0.391	-0.083	-2.698	1.353	0.479	0.220	-0.726	-0.774	-1.473
2	-0.076	-0.552	-2.408	-0.005	-0.152	-0.771	-2.578	-0.165	-0.091	0.218	1.122	-0.242	-2.140
3	0.006	0.035	0.135	0.001	0.010	0.045	0.131	0.011	0.006	-0.011	-0.054	0.015	0.008
SUMME(+)	1.199	0.830	0.135	1.144	0.401	0.045	0.131	1.364	0.485	0.438	1.122	0.015	0.088
SUMME(-)	-0.076	-0.552	-3.747	-0.005	-0.356	-1.705	-5.276	-0.165	-0.339	-0.640	-0.780	-1.015	-3.613
SUMME	1.123	0.279	-3.612	1.139	0.045	-1.660	-5.146	1.199	0.146	-0.201	0.342	-1.001	-3.524
FAKTOR	a				a				a				1/a

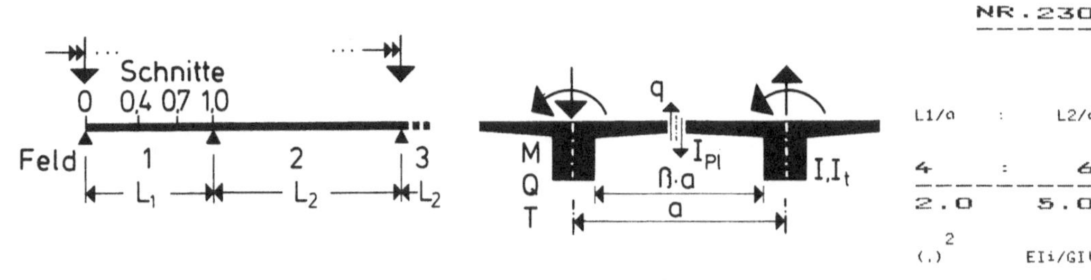

Column groups: **M** (0.4, 0.7, 1.0) · **Q** (0, 0.4, 0.7, 1.0) · **T** (0, 0.4, 0.7, 1.0) · **q** (0.4, 1.0)

INFOLGE EINZELLAST P=1

IN SCHNITT	M 0.4	M 0.7	M 1.0	Q 0	Q 0.4	Q 0.7	Q 1.0	T 0	T 0.4	T 0.7	T 1.0	q 0.4	q 1.0
0.0*L1	0.000	0.000	-0.000	1.000	-0.000	-0.000	-0.000	0.000	0.000	-0.000	-0.000	0.000	-0.000
0.1*L1	0.108	0.009	-0.067	0.766	-0.115	-0.062	-0.072	0.060	0.001	-0.026	-0.021	0.074	-0.025
0.2*L1	0.229	0.024	-0.131	0.562	-0.236	-0.129	-0.146	0.106	0.005	-0.049	-0.040	0.145	-0.048
0.3*L1	0.377	0.052	-0.190	0.398	-0.367	-0.205	-0.223	0.132	0.014	-0.067	-0.058	0.205	-0.067
0.4*L1	0.560	0.099	-0.242	0.272	-0.505	-0.295	-0.306	0.139	0.027	-0.078	-0.072	0.235	-0.080
					0.495								
0.5*L1	0.386	0.174	-0.280	0.179	0.362	-0.402	-0.396	0.131	0.039	-0.079	-0.081	0.215	-0.085
0.6*L1	0.252	0.286	-0.299	0.113	0.248	-0.527	-0.497	0.111	0.044	-0.069	-0.084	0.169	-0.080
0.7*L1	0.153	0.443	-0.292	0.066	0.156	-0.664	-0.609	0.084	0.039	-0.051	-0.078	0.117	-0.064
						0.336							
0.8*L1	0.082	0.250	-0.248	0.035	0.086	0.203	-0.733	0.054	0.028	-0.030	-0.062	0.069	-0.039
0.9*L1	0.033	0.104	-0.155	0.014	0.035	0.088	-0.867	0.025	0.014	-0.013	-0.035	0.030	-0.012
1.0*L1	-0.000	0.000	0.000	0.000	-0.000	0.000	-1.000	-0.000	-0.000	-0.000	0.000	-0.000	0.000
0.0*L2	-0.000	-0.000	-0.000	-0.000	-0.000	-0.000	-0.000	-0.000	-0.000	0.000	0.000	-0.000	-0.000
0.1*L2	-0.027	-0.091	-0.239	-0.011	-0.030	-0.083	-0.161	-0.022	-0.012	0.014	0.053	-0.027	-0.040
0.2*L2	-0.037	-0.129	-0.354	-0.015	-0.043	-0.122	-0.255	-0.031	-0.017	0.023	0.089	-0.040	-0.094
0.3*L2	-0.039	-0.137	-0.385	-0.015	-0.045	-0.131	-0.290	-0.033	-0.018	0.026	0.105	-0.043	-0.129
0.4*L2	-0.035	-0.127	-0.365	-0.013	-0.041	-0.124	-0.283	-0.030	-0.016	0.025	0.104	-0.040	-0.139
0.5*L2	-0.030	-0.108	-0.316	-0.011	-0.035	-0.107	-0.249	-0.026	-0.014	0.022	0.093	-0.034	-0.131
0.6*L2	-0.023	-0.085	-0.252	-0.009	-0.028	-0.085	-0.201	-0.020	-0.011	0.018	0.076	-0.027	-0.110
0.7*L2	-0.017	-0.061	-0.181	-0.006	-0.020	-0.061	-0.146	-0.014	-0.008	0.013	0.056	-0.020	-0.082
0.8*L2	-0.010	-0.037	-0.111	-0.004	-0.012	-0.037	-0.090	-0.009	-0.005	0.008	0.034	-0.012	-0.051
0.9*L2	-0.004	-0.016	-0.048	-0.002	-0.005	-0.016	-0.039	-0.004	-0.002	0.003	0.015	-0.005	-0.023
1.0*L2	0.000	0.000	0.000	0.000	-0.000	0.000	-0.000	-0.000	-0.000	-0.000	0.000	-0.000	0.000
FAKTOR		a								a		1/a	

INFOLGE STRECKENLAST p=1

IN FELD	M 0.4	M 0.7	M 1.0	Q 0	Q 0.4	Q 0.7	Q 1.0	T 0	T 0.4	T 0.7	T 1.0	q 0.4	q 1.0
1,BIS SPRUNG						-0.387	-0.779			0.013	-0.158		
1,REST	0.863	0.566	-0.770	1.154	0.450	0.182	-1.738	0.339	0.072	-0.027	-0.215	0.507	-0.200
2	-0.136	-0.482	-1.370	-0.052	-0.157	-0.466	-1.040	-0.115	-0.063	0.092	0.379	-0.151	-0.482
3	0.012	0.046	0.137	0.005	0.015	0.046	0.112	0.011	0.006	-0.010	-0.043	0.015	0.065
SUMME(+)	0.875	0.612	0.137	1.159	0.465	0.227	0.112	0.350	0.091	0.092	0.379	0.522	0.065
SUMME(-)	-0.136	-0.482	-2.140	-0.052	-0.544	-1.244	-2.778	-0.115	-0.063	-0.195	-0.258	-0.151	-0.682
SUMME	0.740	0.131	-2.003	1.107	-0.080	-1.017	-2.666	0.235	0.028	-0.103	0.121	0.371	-0.617
FAKTOR		a*a				a				a*a			

INFOLGE EINZELMOMENT Mt=1

IN SCHNITT	M 0.4	M 0.7	M 1.0	Q 0	Q 0.4	Q 0.7	Q 1.0	T 0	T 0.4	T 0.7	T 1.0	q 0.4	q 1.0
0.0*L1	0.000	0.000	-0.000	0.000	-0.000	-0.000	-0.000	1.000	-0.000	-0.000	-0.000	-0.000	-0.000
0.1*L1	0.193	0.042	-0.116	0.485	-0.116	-0.124	-0.150	0.646	-0.054	-0.050	-0.036	-0.063	-0.045
0.2*L1	0.378	0.092	-0.227	0.623	-0.193	-0.247	-0.303	0.466	-0.126	-0.099	-0.071	-0.196	-0.088
0.3*L1	0.534	0.156	-0.326	0.595	-0.179	-0.367	-0.458	0.370	-0.243	-0.149	-0.103	-0.487	-0.129
0.4*L1	0.616	0.236	-0.407	0.499	0.018	-0.471	-0.618	0.310	-0.449	-0.205	-0.132	-1.072	-0.170
									0.551				
0.5*L1	0.574	0.326	-0.464	0.386	0.225	-0.535	-0.778	0.262	0.343	-0.277	-0.156	-0.474	-0.214
0.6*L1	0.465	0.408	-0.491	0.281	0.266	-0.509	-0.933	0.215	0.223	-0.390	-0.178	-0.173	-0.273
0.7*L1	0.342	0.432	-0.484	0.193	0.230	-0.304	-1.068	0.166	0.148	-0.586	-0.203	-0.038	-0.370
									0.414				
0.8*L1	0.228	0.348	-0.446	0.124	0.166	-0.091	-1.153	0.116	0.095	0.224	-0.245	0.006	-0.546
0.9*L1	0.135	0.212	-0.394	0.073	0.100	-0.042	-1.135	0.069	0.056	0.127	-0.327	0.007	-0.877
1.0*L1	0.063	0.074	-0.373	0.036	0.041	-0.067	-0.920	0.028	0.026	0.080	-0.494	-0.010	-1.487
0.0*L2	0.063	0.074	-0.373	0.036	0.041	-0.067	-0.920	0.028	0.026	0.080	0.506	-0.010	-1.487
0.1*L2	-0.007	-0.086	-0.482	0.002	-0.021	-0.140	-0.622	-0.017	-0.005	0.054	0.296	-0.041	-0.716
0.2*L2	-0.044	-0.181	-0.608	-0.015	-0.056	-0.197	-0.563	-0.042	-0.021	0.049	0.232	-0.062	-0.429
0.3*L2	-0.059	-0.220	-0.667	-0.022	-0.071	-0.223	-0.551	-0.052	-0.028	0.048	0.213	-0.071	-0.329
0.4*L2	-0.061	-0.221	-0.654	-0.023	-0.072	-0.220	-0.523	-0.053	-0.028	0.046	0.198	-0.071	-0.286
0.5*L2	-0.055	-0.199	-0.585	-0.020	-0.064	-0.197	-0.465	-0.047	-0.025	0.041	0.175	-0.063	-0.251
0.6*L2	-0.045	-0.163	-0.481	-0.017	-0.053	-0.162	-0.384	-0.039	-0.021	0.034	0.145	-0.052	-0.209
0.7*L2	-0.033	-0.122	-0.361	-0.012	-0.039	-0.121	-0.289	-0.029	-0.015	0.025	0.110	-0.039	-0.160
0.8*L2	-0.022	-0.081	-0.239	-0.008	-0.026	-0.080	-0.192	-0.019	-0.010	0.017	0.073	-0.026	-0.107
0.9*L2	-0.012	-0.043	-0.129	-0.004	-0.014	-0.043	-0.104	-0.010	-0.005	0.009	0.040	-0.014	-0.058
1.0*L2	-0.004	-0.014	-0.042	-0.001	-0.005	-0.014	-0.034	-0.003	-0.002	0.003	0.013	-0.005	-0.019
FAKTOR						1/a						1/(a*a)	

INFOLGE STRECKENMOMENT mt=1

IN FELD	M 0.4	M 0.7	M 1.0	Q 0	Q 0.4	Q 0.7	Q 1.0	T 0	T 0.4	T 0.7	T 1.0	q 0.4	q 1.0
1,BIS SPRUNG						-0.206	-0.977			-0.252	-0.578		
1,REST	1.407	0.921	-1.420	1.337	0.419	-0.115	-2.839	1.239	0.453	0.231	-0.673	-0.946	-1.356
2	-0.190	-0.783	-2.654	-0.063	-0.243	-0.859	-2.481	-0.180	-0.090	0.218	1.029	-0.270	-1.924
3	0.019	0.069	0.207	0.007	0.022	0.069	0.170	0.016	0.009	-0.015	-0.065	0.022	0.099
SUMME(+)	1.426	0.990	0.207	1.344	0.441	0.069	0.170	1.255	0.462	0.449	1.029	0.022	0.099
SUMME(-)	-0.190	-0.783	-4.075	-0.063	-0.449	-1.951	-5.320	-0.180	-0.342	-0.593	-0.738	-1.216	-3.281
SUMME	1.236	0.207	-3.867	1.280	-0.008	-1.881	-5.151	1.075	0.120	-0.144	0.291	-1.194	-3.182
FAKTOR		a								a		1/a	

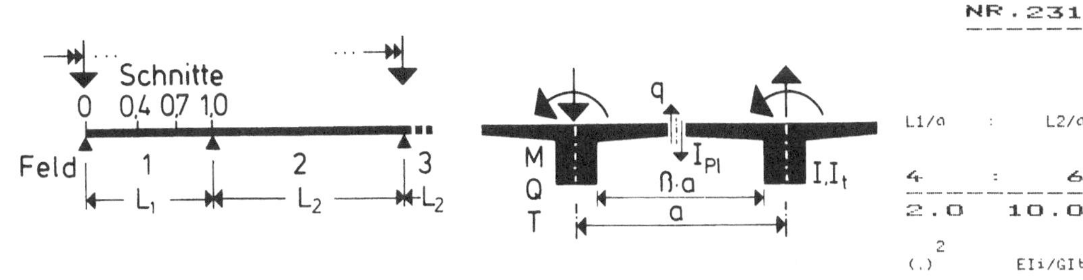

	M			Q				T				q	
IN SCHNITT	0.4	0.7	1.0	0	0.4	0.7	1.0	0	0.4	0.7	1.0	0.4	1.0

INFOLGE EINZELLAST P=1

IN	0.4	0.7	1.0	0	0.4	0.7	1.0	0	0.4	0.7	1.0	0.4	1.0
0.0*L1	0.000	0.000	-0.000	1.000	-0.000	-0.000	-0.000	0.000	0.000	-0.000	-0.000	0.000	-0.000
0.1*L1	0.143	0.024	-0.077	0.810	-0.121	-0.085	-0.088	0.036	0.002	-0.016	-0.015	0.047	-0.014
0.2*L1	0.294	0.053	-0.149	0.636	-0.244	-0.172	-0.177	0.065	0.005	-0.031	-0.029	0.091	-0.027
0.3*L1	0.464	0.094	-0.215	0.487	-0.370	-0.264	-0.268	0.082	0.011	-0.043	-0.041	0.127	-0.038
0.4*L1	0.659	0.153	-0.269	0.363	-0.498	-0.363	-0.361	0.088	0.018	-0.049	-0.050	0.146	-0.044
				0.502									
0.5*L1	0.483	0.236	-0.306	0.262	0.380	-0.471	-0.459	0.084	0.025	-0.050	-0.056	0.136	-0.046
0.6*L1	0.338	0.351	-0.321	0.180	0.271	-0.586	-0.561	0.072	0.027	-0.044	-0.057	0.110	-0.043
0.7*L1	0.220	0.502	-0.306	0.116	0.180	-0.706	-0.668	0.056	0.024	-0.033	-0.052	0.079	-0.033
				0.294									
0.8*L1	0.126	0.294	-0.254	0.066	0.104	0.180	-0.780	0.036	0.017	-0.021	-0.041	0.048	-0.020
0.9*L1	0.054	0.127	-0.155	0.028	0.045	0.080	-0.892	0.017	0.009	-0.009	-0.023	0.022	-0.006
1.0*L1	-0.000	-0.000	-0.000	0.000	-0.000	0.000	-1.000	-0.000	0.000	0.000	-0.000	-0.000	0.000
0.0*L2	-0.000	-0.000	-0.000	-0.000	-0.000	-0.000	-0.000	-0.000	-0.000	0.000	0.000	-0.000	-0.000
0.1*L2	-0.051	-0.124	-0.253	-0.027	-0.043	-0.082	-0.130	-0.017	-0.008	0.011	0.035	-0.022	-0.024
0.2*L2	-0.077	-0.188	-0.390	-0.040	-0.066	-0.126	-0.210	-0.025	-0.012	0.018	0.060	-0.034	-0.056
0.3*L2	-0.086	-0.210	-0.441	-0.044	-0.073	-0.142	-0.245	-0.028	-0.014	0.021	0.072	-0.038	-0.078
0.4*L2	-0.083	-0.204	-0.433	-0.043	-0.071	-0.139	-0.246	-0.027	-0.013	0.021	0.074	-0.038	-0.087
0.5*L2	-0.073	-0.180	-0.386	-0.038	-0.063	-0.123	-0.222	-0.024	-0.012	0.019	0.068	-0.033	-0.084
0.6*L2	-0.059	-0.146	-0.314	-0.030	-0.051	-0.100	-0.183	-0.020	-0.009	0.015	0.057	-0.027	-0.072
0.7*L2	-0.043	-0.107	-0.230	-0.022	-0.037	-0.074	-0.135	-0.014	-0.007	0.011	0.042	-0.020	-0.055
0.8*L2	-0.027	-0.067	-0.144	-0.014	-0.023	-0.046	-0.085	-0.009	-0.004	0.007	0.027	-0.012	-0.035
0.9*L2	-0.012	-0.029	-0.064	-0.006	-0.010	-0.020	-0.038	-0.004	-0.002	0.003	0.012	-0.005	-0.016
1.0*L2	0.000	-0.000	0.000	0.000	0.000	0.000	0.000	-0.000	0.000	0.000	0.000	0.000	0.000
FAKTOR	a							a				1/a	

INFOLGE STRECKENLAST p=1

IN FELD	0.4	0.7	1.0	0	0.4	0.7	1.0	0	0.4	0.7	1.0	0.4	1.0
1.BIS SPRUNG					-0.393	-0.916			0.010	-0.101			
1.REST	1.105	0.725	-0.830	1.374	0.489	0.161	-1.901	0.216	0.045	-0.018	-0.146	0.324	-0.109
2	-0.311	-0.762	-1.612	-0.160	-0.265	-0.517	-0.906	-0.102	-0.050	0.076	0.271	-0.140	-0.305
3	0.045	0.112	0.243	0.023	0.039	0.078	0.144	0.015	0.007	-0.012	-0.045	0.021	0.060
SUMME(+)	1.150	0.837	0.243	1.397	0.528	0.239	0.144	0.231	0.062	0.076	0.271	0.345	0.060
SUMME(-)	-0.311	-0.762	-2.442	-0.160	-0.658	-1.433	-2.807	-0.102	-0.050	-0.132	-0.192	-0.140	-0.413
SUMME	0.840	0.074	-2.199	1.237	-0.130	-1.194	-2.663	0.129	0.012	-0.056	0.079	0.206	-0.353
FAKTOR	a*a			a				a*a				1/a	

INFOLGE EINZELMOMENT Mt=1

IN	0.4	0.7	1.0	0	0.4	0.7	1.0	0	0.4	0.7	1.0	0.4	1.0
0.0*L1	0.000	0.000	-0.000	0.000	-0.000	-0.000	-0.000	1.000	-0.000	-0.000	-0.000	-0.000	-0.000
0.1*L1	0.243	0.067	-0.130	0.538	-0.117	-0.157	-0.177	0.616	-0.056	-0.036	-0.026	-0.105	-0.028
0.2*L1	0.472	0.141	-0.253	0.720	-0.194	-0.311	-0.354	0.412	-0.131	-0.073	-0.051	-0.275	-0.055
0.3*L1	0.662	0.226	-0.361	0.719	-0.174	-0.453	-0.531	0.300	-0.253	-0.113	-0.075	-0.595	-0.084
0.4*L1	0.762	0.322	-0.447	0.633	0.033	-0.571	-0.706	0.235	-0.465	-0.163	-0.096	-1.193	-0.115
								0.535					
0.5*L1	0.722	0.421	-0.504	0.515	0.248	-0.636	-0.875	0.189	0.323	-0.235	-0.116	-0.591	-0.154
0.6*L1	0.601	0.502	-0.527	0.394	0.295	-0.601	-1.031	0.150	0.200	-0.352	-0.137	-0.272	-0.215
0.7*L1	0.453	0.516	-0.513	0.283	0.259	-0.378	-1.155	0.114	0.126	-0.555	-0.167	-0.114	-0.318
										0.445			
0.8*L1	0.308	0.410	-0.469	0.187	0.189	-0.144	-1.220	0.079	0.079	0.245	-0.217	-0.046	-0.504
0.9*L1	0.180	0.244	-0.414	0.109	0.111	-0.076	-1.174	0.046	0.045	0.139	-0.312	-0.025	-0.843
1.0*L1	0.075	0.073	-0.397	0.048	0.040	-0.087	-0.926	0.017	0.021	0.085	-0.495	-0.025	-1.455
0.0*L2	0.075	0.073	-0.397	0.048	0.040	-0.087	-0.926	0.017	0.021	0.085	0.505	-0.026	-1.455
0.1*L2	-0.038	-0.140	-0.523	-0.016	-0.042	-0.151	-0.585	-0.016	-0.002	0.052	0.269	-0.042	-0.671
0.2*L2	-0.105	-0.277	-0.678	-0.052	-0.094	-0.211	-0.500	-0.036	-0.015	0.043	0.188	-0.057	-0.361
0.3*L2	-0.136	-0.343	-0.765	-0.070	-0.118	-0.242	-0.481	-0.046	-0.021	0.041	0.160	-0.066	-0.244
0.4*L2	-0.143	-0.354	-0.769	-0.073	-0.123	-0.245	-0.458	-0.047	-0.023	0.039	0.145	-0.066	-0.196
0.5*L2	-0.132	-0.327	-0.704	-0.068	-0.113	-0.225	-0.413	-0.044	-0.021	0.035	0.129	-0.061	-0.167
0.6*L2	-0.111	-0.274	-0.591	-0.057	-0.095	-0.189	-0.346	-0.037	-0.018	0.029	0.108	-0.051	-0.139
0.7*L2	-0.084	-0.209	-0.450	-0.043	-0.072	-0.144	-0.264	-0.028	-0.013	0.022	0.082	-0.039	-0.106
0.8*L2	-0.056	-0.140	-0.301	-0.029	-0.048	-0.096	-0.177	-0.019	-0.009	0.015	0.055	-0.026	-0.072
0.9*L2	-0.030	-0.075	-0.162	-0.016	-0.026	-0.052	-0.095	-0.010	-0.005	0.008	0.030	-0.014	-0.039
1.0*L2	-0.009	-0.022	-0.048	-0.005	-0.008	-0.015	-0.028	-0.003	-0.001	0.002	0.009	-0.004	-0.011
FAKTOR				1/a								1/(a*a)	

INFOLGE STRECKENMOMENT mt=1

IN FELD	0.4	0.7	1.0	0	0.4	0.7	1.0	0	0.4	0.7	1.0	0.4	1.0
1.BIS SPRUNG					-0.203	-1.184			-0.262	-0.492			
1.REST	1.787	1.162	-1.530	1.678	0.468	-0.168	-3.093	1.044	0.412	0.252	-0.570	-1.242	-1.192
2	-0.490	-1.283	-3.108	-0.245	-0.435	-0.968	-2.254	-0.167	-0.072	0.194	0.837	-0.263	-1.582
3	0.073	0.180	0.390	0.037	0.062	0.125	0.232	0.024	0.011	-0.020	-0.073	0.034	0.098
SUMME(+)	1.860	1.342	0.390	1.715	0.531	0.125	0.232	1.068	0.424	0.446	0.837	0.034	0.098
SUMME(-)	-0.490	-1.283	-4.639	-0.245	-0.638	-2.321	-5.347	-0.167	-0.333	-0.512	-0.644	-1.505	-2.774
SUMME	1.370	0.059	-4.248	1.470	-0.108	-2.196	-5.115	0.901	0.090	-0.066	0.194	-1.472	-2.677
FAKTOR	a							a				1/a	

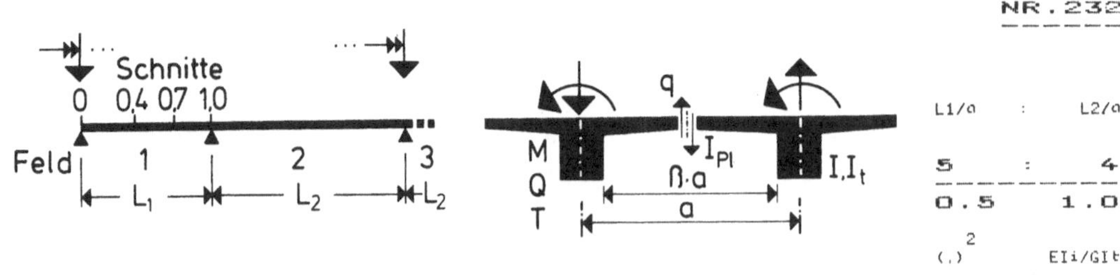

		M			Q				T			q	
IN SCHNITT	0.4	0.7	1.0	0	0.4	0.7	1.0	0	0.4	0.7	1.0	0.4	1.0

INFOLGE EINZELLAST F=1

IN	M 0.4	M 0.7	M 1.0	Q 0	Q 0.4	Q 0.7	Q 1.0	T 0	T 0.4	T 0.7	T 1.0	q 0.4	q 1.0
0.0*L1	0.000	-0.000	-0.000	1.000	-0.000	-0.000	-0.000	0.000	-0.000	-0.000	-0.000	0.000	-0.000
0.1*L1	0.025	-0.015	-0.036	0.631	-0.080	-0.002	-0.036	0.138	-0.006	-0.045	-0.028	0.116	-0.037
0.2*L1	0.080	-0.026	-0.073	0.342	-0.184	-0.013	-0.072	0.236	-0.001	-0.087	-0.057	0.234	-0.072
0.3*L1	0.193	-0.027	-0.114	0.149	-0.328	-0.042	-0.112	0.285	0.023	-0.120	-0.084	0.341	-0.105
0.4*L1	0.391	-0.006	-0.158	0.039	-0.507	-0.102	-0.160	0.291	0.064	-0.139	-0.110	0.394	-0.131
				0.493									
0.5*L1	0.185	0.053	-0.204	-0.012	0.315	-0.205	-0.222	0.265	0.102	-0.139	-0.130	0.343	-0.147
0.6*L1	0.066	0.173	-0.247	-0.028	0.175	-0.358	-0.307	0.219	0.117	-0.116	-0.141	0.244	-0.147
0.7*L1	0.009	0.378	-0.273	-0.027	0.083	-0.552	-0.428	0.161	0.107	-0.076	-0.138	0.148	-0.127
						0.448							
0.8*L1	-0.010	0.176	-0.263	-0.018	0.031	0.254	-0.591	0.100	0.075	-0.036	-0.114	0.074	-0.085
0.9*L1	-0.008	0.058	-0.186	-0.008	0.008	0.100	-0.792	0.042	0.034	-0.012	-0.066	0.027	-0.032
1.0*L1	-0.000	-0.000	0.000	-0.000	-0.000	0.000	-1.000	0.000	0.000	0.000	0.000	0.000	0.000
0.0*L2	0.000	-0.000	-0.000	0.000	-0.000	-0.000	-0.000	-0.000	-0.000	0.000	0.000	-0.000	0.000
0.1*L2	0.006	-0.020	-0.153	0.004	-0.001	-0.044	-0.128	-0.014	-0.011	0.010	0.052	-0.010	-0.017
0.2*L2	0.010	-0.025	-0.231	0.006	0.000	-0.064	-0.208	-0.015	-0.013	0.019	0.091	-0.014	-0.053
0.3*L2	0.012	-0.023	-0.255	0.006	0.002	-0.068	-0.245	-0.012	-0.009	0.025	0.114	-0.014	-0.086
0.4*L2	0.012	-0.018	-0.244	0.006	0.003	-0.062	-0.247	-0.006	-0.005	0.028	0.120	-0.012	-0.106
0.5*L2	0.011	-0.012	-0.211	0.005	0.004	-0.052	-0.225	-0.002	-0.001	0.027	0.113	-0.009	-0.111
0.6*L2	0.009	-0.008	-0.167	0.004	0.004	-0.040	-0.185	0.001	0.002	0.024	0.096	-0.007	-0.101
0.7*L2	0.007	-0.004	-0.118	0.003	0.003	-0.028	-0.136	0.003	0.003	0.018	0.072	-0.004	-0.080
0.8*L2	0.004	-0.002	-0.071	0.002	0.002	-0.016	-0.084	0.002	0.002	0.011	0.045	-0.002	-0.052
0.9*L2	0.002	-0.001	-0.030	0.001	0.001	-0.007	-0.036	0.001	0.001	0.005	0.019	-0.001	-0.023
1.0*L2	0.000	-0.000	0.000	-0.000	0.000	0.000	0.000	0.000	-0.000	0.000	0.000	0.000	0.000
FAKTOR		a							a			1/a	

INFOLGE STRECKENLAST P=1

IN FELD	M 0.4	M 0.7	M 1.0	Q 0	Q 0.4	Q 0.7	Q 1.0	T 0	T 0.4	T 0.7	T 1.0	q 0.4	q 1.0
1,BIS SPRUNG						-0.418	-0.490			0.022	-0.345		
1,REST	0.445	0.362	-0.789	0.768	0.421	0.283	-1.603	0.876	0.236	-0.042	-0.439	0.966	-0.443
2	0.030	-0.046	-0.600	0.015	0.007	-0.154	-0.603	-0.017	-0.013	0.068	0.292	-0.030	-0.252
3	-0.001	0.001	0.024	-0.001	-0.000	0.006	0.026	0.000	-0.000	-0.003	-0.013	0.001	0.013
SUMME(+)	0.475	0.363	0.024	0.783	0.428	0.289	0.026	0.876	0.258	0.068	0.292	0.967	0.013
SUMME(-)	-0.001	-0.046	-1.389	-0.001	-0.418	-0.644	-2.207	-0.017	-0.013	-0.390	-0.452	-0.030	-0.695
SUMME	0.473	0.317	-1.365	0.783	0.009	-0.355	-2.181	0.859	0.245	-0.323	-0.160	0.937	-0.682
FAKTOR		a*a			a				a*a				

INFOLGE EINZELMOMENT Mt=1

IN	M 0.4	M 0.7	M 1.0	Q 0	Q 0.4	Q 0.7	Q 1.0	T 0	T 0.4	T 0.7	T 1.0	q 0.4	q 1.0
0.0*L1	0.000	0.000	-0.000	0.000	-0.000	-0.000	-0.000	1.000	-0.000	-0.000	-0.000	0.000	-0.000
0.1*L1	0.063	0.009	-0.067	0.171	-0.046	-0.029	-0.087	0.820	-0.071	-0.079	-0.050	0.005	-0.063
0.2*L1	0.127	0.024	-0.132	0.203	-0.076	-0.062	-0.176	0.711	-0.150	-0.157	-0.100	-0.018	-0.126
0.3*L1	0.185	0.047	-0.196	0.171	-0.069	-0.099	-0.269	0.632	-0.248	-0.233	-0.148	-0.103	-0.186
0.4*L1	0.217	0.083	-0.256	0.122	0.012	-0.137	-0.368	0.562	-0.383	-0.309	-0.193	-0.286	-0.243
									0.617				
0.5*L1	0.196	0.131	-0.309	0.077	0.098	-0.166	-0.472	0.490	0.480	-0.389	-0.235	-0.092	-0.298
0.6*L1	0.152	0.180	-0.348	0.045	0.115	-0.162	-0.579	0.413	0.379	-0.483	-0.274	0.005	-0.353
0.7*L1	0.108	0.206	-0.370	0.025	0.101	-0.089	-0.682	0.334	0.296	-0.609	-0.313	0.041	-0.417
										0.391			
0.8*L1	0.075	0.182	-0.370	0.014	0.078	-0.013	-0.761	0.256	0.224	0.270	-0.356	0.044	-0.501
0.9*L1	0.054	0.135	-0.352	0.010	0.057	-0.004	-0.786	0.186	0.162	0.192	-0.416	0.033	-0.628
1.0*L1	0.041	0.089	-0.333	0.009	0.041	-0.021	-0.711	0.127	0.111	0.142	-0.513	0.019	-0.825
0.0*L2	0.041	0.089	-0.333	0.009	0.041	-0.021	-0.711	0.127	0.111	0.142	0.487	0.019	-0.825
0.1*L2	0.035	0.059	-0.337	0.009	0.031	-0.039	-0.618	0.092	0.081	0.116	0.405	0.010	-0.650
0.2*L2	0.031	0.037	-0.344	0.009	0.024	-0.053	-0.554	0.066	0.058	0.097	0.348	0.003	-0.525
0.3*L2	0.027	0.022	-0.342	0.009	0.019	-0.061	-0.502	0.048	0.043	0.083	0.304	-0.002	-0.433
0.4*L2	0.024	0.012	-0.327	0.008	0.016	-0.063	-0.452	0.036	0.032	0.071	0.266	-0.005	-0.362
0.5*L2	0.021	0.007	-0.300	0.008	0.013	-0.060	-0.399	0.027	0.024	0.061	0.230	-0.006	-0.304
0.6*L2	0.018	0.004	-0.262	0.007	0.011	-0.054	-0.342	0.021	0.019	0.051	0.195	-0.006	-0.253
0.7*L2	0.015	0.002	-0.219	0.006	0.009	-0.046	-0.283	0.016	0.015	0.042	0.161	-0.005	-0.206
0.8*L2	0.012	0.001	-0.175	0.004	0.007	-0.037	-0.224	0.013	0.012	0.033	0.127	-0.004	-0.162
0.9*L2	0.009	0.001	-0.133	0.003	0.005	-0.028	-0.171	0.010	0.009	0.025	0.097	-0.003	-0.123
1.0*L2	0.007	0.001	-0.097	0.002	0.004	-0.020	-0.125	0.007	0.007	0.019	0.071	-0.002	-0.091
FAKTOR					1/a							1/(a*a)	

INFOLGE STRECKENMOMENT mt=1

IN FELD	M 0.4	M 0.7	M 1.0	Q 0	Q 0.4	Q 0.7	Q 1.0	T 0	T 0.4	T 0.7	T 1.0	q 0.4	q 1.0
1,BIS SPRUNG						-0.100	-0.356			-0.326	-0.974		
1,REST	0.602	0.522	-1.286	0.433	0.244	-0.030	-2.278	2.476	0.947	0.360	-1.169	-0.160	-1.606
2	0.087	0.075	-1.063	0.027	0.062	-0.185	-1.583	0.157	0.140	0.263	0.962	-0.004	-1.385
3	0.008	0.003	-0.109	0.003	0.005	-0.022	-0.146	0.010	0.009	0.022	0.084	-0.002	-0.112
SUMME(+)	0.696	0.600	0.000	0.462	0.311	0.000	0.000	2.644	1.096	0.645	1.046	0.000	0.000
SUMME(-)	0.000	0.000	-2.458	0.000	-0.100	-0.593	-4.006	0.000	-0.326	-0.974	-1.169	-0.166	-3.102
SUMME	0.696	0.600	-2.458	0.462	0.210	-0.593	-4.006	2.644	0.769	-0.329	-0.122	-0.166	-3.102
FAKTOR		a							a			1/a	

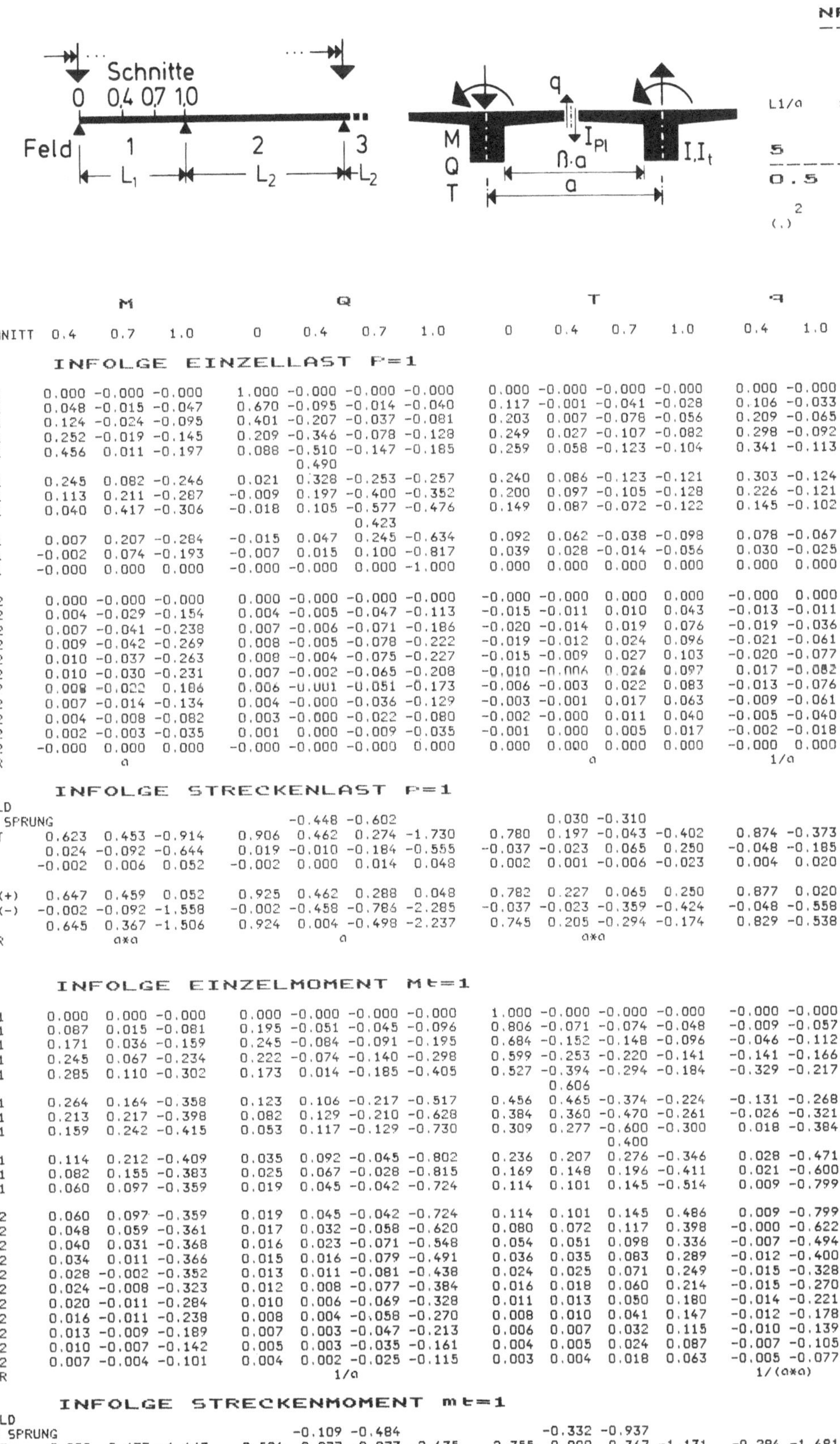

IN SCHNITT	M 0.4	M 0.7	M 1.0	Q 0	Q 0.4	Q 0.7	Q 1.0	T 0	T 0.4	T 0.7	T 1.0	q 0.4	q 1.0

INFOLGE EINZELLAST P=1

IN	M 0.4	M 0.7	M 1.0	Q 0	Q 0.4	Q 0.7	Q 1.0	T 0	T 0.4	T 0.7	T 1.0	q 0.4	q 1.0
0.0*L1	0.000	-0.000	-0.000	1.000	-0.000	-0.000	-0.000	0.000	-0.000	-0.000	-0.000	0.000	-0.000
0.1*L1	0.048	-0.015	-0.047	0.670	-0.095	-0.014	-0.040	0.117	-0.001	-0.041	-0.028	0.106	-0.033
0.2*L1	0.124	-0.024	-0.095	0.401	-0.207	-0.037	-0.081	0.203	0.007	-0.078	-0.056	0.209	-0.065
0.3*L1	0.252	-0.019	-0.145	0.209	-0.346	-0.078	-0.128	0.249	0.027	-0.107	-0.082	0.298	-0.092
0.4*L1	0.456	0.011	-0.197	0.088	-0.510	-0.147	-0.185	0.259	0.058	-0.123	-0.104	0.341	-0.113
	0.490												
0.5*L1	0.245	0.082	-0.246	0.021	0.328	-0.253	-0.257	0.240	0.086	-0.123	-0.121	0.303	-0.124
0.6*L1	0.113	0.211	-0.287	-0.009	0.197	-0.400	-0.352	0.200	0.097	-0.105	-0.128	0.226	-0.121
0.7*L1	0.040	0.417	-0.306	-0.018	0.105	-0.577	-0.476	0.149	0.087	-0.072	-0.122	0.145	-0.102
						0.423							
0.8*L1	0.007	0.207	-0.284	-0.015	0.047	0.245	-0.634	0.092	0.062	-0.038	-0.098	0.078	-0.067
0.9*L1	-0.002	0.074	-0.193	-0.007	0.015	0.100	-0.817	0.039	0.028	-0.014	-0.056	0.030	-0.025
1.0*L1	-0.000	0.000	0.000	-0.000	-0.000	0.000	-1.000	0.000	0.000	0.000	0.000	0.000	0.000
0.0*L2	0.000	-0.000	-0.000	0.000	-0.000	-0.000	-0.000	-0.000	-0.000	0.000	0.000	-0.000	0.000
0.1*L2	0.004	-0.029	-0.154	0.004	-0.005	-0.047	-0.113	-0.015	-0.011	0.010	0.043	-0.013	-0.011
0.2*L2	0.007	-0.041	-0.238	0.007	-0.006	-0.071	-0.186	-0.020	-0.014	0.019	0.076	-0.019	-0.036
0.3*L2	0.009	-0.042	-0.269	0.008	-0.005	-0.078	-0.222	-0.019	-0.012	0.024	0.096	-0.021	-0.061
0.4*L2	0.010	-0.037	-0.263	0.008	-0.004	-0.075	-0.227	-0.015	-0.009	0.027	0.103	-0.020	-0.077
0.5*L2	0.010	-0.030	-0.231	0.007	-0.002	-0.065	-0.208	-0.010	-0.006	0.026	0.097	0.017	-0.082
0.6*L2	0.008	-0.022	0.186	0.006	-0.001	-0.051	-0.173	-0.006	-0.003	0.022	0.083	-0.013	-0.076
0.7*L2	0.007	-0.014	-0.134	0.004	-0.000	-0.036	-0.129	-0.003	-0.001	0.017	0.063	-0.009	-0.061
0.8*L2	0.004	-0.008	-0.082	0.003	-0.000	-0.022	-0.080	-0.002	-0.000	0.011	0.040	-0.005	-0.040
0.9*L2	0.002	-0.003	-0.035	0.001	0.000	-0.009	-0.035	-0.001	0.000	0.005	0.017	-0.002	-0.018
1.0*L2	-0.000	0.000	0.000	-0.000	-0.000	-0.000	0.000	0.000	0.000	0.000	0.000	-0.000	0.000
FAKTOR	a							a				1/a	

INFOLGE STRECKENLAST P=1

IN FELD	M 0.4	M 0.7	M 1.0	Q 0	Q 0.4	Q 0.7	Q 1.0	T 0	T 0.4	T 0.7	T 1.0	q 0.4	q 1.0
1,BIS SPRUNG					-0.448	-0.602			0.030	-0.310			
1,REST	0.623	0.453	-0.914	0.906	0.462	0.274	-1.730	0.780	0.197	-0.043	-0.402	0.874	-0.373
2	0.024	-0.092	-0.644	0.019	-0.010	-0.184	-0.555	-0.037	-0.023	0.065	0.250	-0.048	-0.185
3	-0.002	0.006	0.052	-0.002	0.000	0.014	0.048	0.002	0.001	-0.006	-0.023	0.004	0.020
SUMME(+)	0.647	0.459	0.052	0.925	0.462	0.288	0.048	0.782	0.227	0.065	0.250	0.877	0.020
SUMME(-)	-0.002	-0.092	-1.558	-0.002	-0.458	-0.786	-2.285	-0.037	-0.023	-0.359	-0.424	-0.048	-0.558
SUMME	0.645	0.367	-1.506	0.924	0.004	-0.498	-2.237	0.745	0.205	-0.294	-0.174	0.829	-0.538
FAKTOR	a*a			a				a*a				1/a	

INFOLGE EINZELMOMENT Mt=1

IN	M 0.4	M 0.7	M 1.0	Q 0	Q 0.4	Q 0.7	Q 1.0	T 0	T 0.4	T 0.7	T 1.0	q 0.4	q 1.0
0.0*L1	0.000	0.000	-0.000	0.000	-0.000	-0.000	-0.000	1.000	-0.000	-0.000	-0.000	-0.000	-0.000
0.1*L1	0.087	0.015	-0.081	0.195	-0.051	-0.045	-0.096	0.806	-0.071	-0.074	-0.048	-0.009	-0.057
0.2*L1	0.171	0.036	-0.159	0.245	-0.084	-0.091	-0.195	0.684	-0.152	-0.148	-0.096	-0.046	-0.112
0.3*L1	0.245	0.067	-0.234	0.222	-0.074	-0.140	-0.298	0.599	-0.253	-0.220	-0.141	-0.141	-0.166
0.4*L1	0.285	0.110	-0.302	0.173	0.014	-0.185	-0.405	0.527	-0.394	-0.294	-0.184	-0.329	-0.217
									0.606				
0.5*L1	0.264	0.164	-0.358	0.123	0.106	-0.217	-0.517	0.456	0.465	-0.374	-0.224	-0.131	-0.268
0.6*L1	0.213	0.217	-0.398	0.082	0.129	-0.210	-0.628	0.384	0.360	-0.470	-0.261	-0.026	-0.321
0.7*L1	0.159	0.242	-0.415	0.053	0.117	-0.129	-0.730	0.309	0.277	-0.600	-0.300	0.018	-0.384
									0.400				
0.8*L1	0.114	0.212	-0.409	0.035	0.092	-0.045	-0.802	0.236	0.207	0.276	-0.346	0.028	-0.471
0.9*L1	0.082	0.155	-0.383	0.025	0.067	-0.028	-0.815	0.169	0.148	0.196	-0.411	0.021	-0.600
1.0*L1	0.060	0.097	-0.359	0.019	0.045	-0.042	-0.724	0.114	0.101	0.145	-0.514	0.009	-0.799
0.0*L2	0.060	0.097	-0.359	0.019	0.045	-0.042	-0.724	0.114	0.101	0.145	0.486	0.009	-0.799
0.1*L2	0.048	0.059	-0.361	0.017	0.032	-0.058	-0.620	0.080	0.072	0.117	0.398	-0.000	-0.622
0.2*L2	0.040	0.031	-0.368	0.016	0.023	-0.071	-0.548	0.054	0.051	0.098	0.336	-0.007	-0.494
0.3*L2	0.034	0.011	-0.366	0.015	0.016	-0.079	-0.491	0.036	0.035	0.083	0.289	-0.012	-0.400
0.4*L2	0.028	-0.002	-0.352	0.013	0.011	-0.081	-0.438	0.024	0.025	0.071	0.249	-0.015	-0.328
0.5*L2	0.024	-0.008	-0.323	0.012	0.008	-0.077	-0.384	0.016	0.018	0.060	0.214	-0.015	-0.270
0.6*L2	0.020	-0.011	-0.284	0.010	0.006	-0.069	-0.328	0.011	0.013	0.050	0.180	-0.014	-0.221
0.7*L2	0.016	-0.011	-0.238	0.008	0.004	-0.058	-0.270	0.008	0.010	0.041	0.147	-0.012	-0.178
0.8*L2	0.013	-0.009	-0.189	0.007	0.003	-0.047	-0.213	0.006	0.007	0.032	0.115	-0.010	-0.139
0.9*L2	0.010	-0.007	-0.142	0.005	0.003	-0.035	-0.161	0.004	0.005	0.024	0.087	-0.007	-0.105
1.0*L2	0.007	-0.004	-0.101	0.004	0.002	-0.025	-0.115	0.003	0.004	0.018	0.063	-0.005	-0.077
FAKTOR				1/a								1/(a*a)	

INFOLGE STRECKENMOMENT mt=1

IN FELD	M 0.4	M 0.7	M 1.0	Q 0	Q 0.4	Q 0.7	Q 1.0	T 0	T 0.4	T 0.7	T 1.0	q 0.4	q 1.0
1,BIS SPRUNG					-0.109	-0.484			-0.332	-0.937			
1,REST	0.829	0.637	-1.463	0.594	0.277	-0.073	-2.435	2.355	0.900	0.367	-1.131	-0.284	-1.491
2	0.106	0.038	-1.143	0.046	0.052	-0.244	-1.546	0.117	0.114	0.262	0.913	-0.037	-1.271
3	0.007	0.001	-0.085	0.003	0.003	-0.019	-0.108	0.007	0.007	0.018	0.063	-0.003	-0.084
SUMME(+)	0.943	0.676	0.000	0.643	0.331	0.000	0.000	2.479	1.021	0.647	0.976	0.000	0.000
SUMME(-)	0.000	0.000	-2.691	0.000	-0.109	-0.819	-4.090	0.000	-0.332	-0.937	-1.131	-0.324	-2.846
SUMME	0.943	0.676	-2.691	0.643	0.222	-0.819	-4.090	2.479	0.689	-0.290	-0.155	-0.324	-2.846
FAKTOR	a							a				1/a	

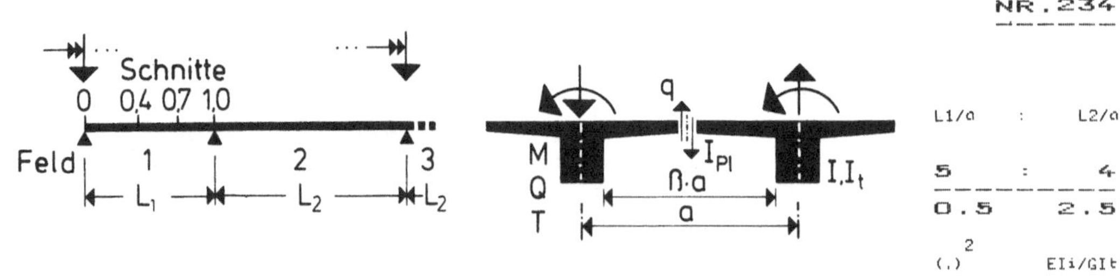

		M			Q				T			q	
IN SCHNITT	0.4	0.7	1.0	0	0.4	0.7	1.0	0	0.4	0.7	1.0	0.4	1.0

INFOLGE EINZELLAST P=1

IN	M 0.4	M 0.7	M 1.0	Q 0	Q 0.4	Q 0.7	Q 1.0	T 0	T 0.4	T 0.7	T 1.0	q 0.4	q 1.0
0.0*L1	0.000	-0.000	-0.000	1.000	-0.000	-0.000	-0.000	0.000	0.000	-0.000	-0.000	0.000	-0.000
0.1*L1	0.082	-0.010	-0.064	0.716	-0.109	-0.033	-0.049	0.091	0.003	-0.034	-0.026	0.088	-0.027
0.2*L1	0.187	-0.013	-0.128	0.473	-0.228	-0.074	-0.101	0.161	0.012	-0.065	-0.051	0.172	-0.053
0.3*L1	0.337	0.002	-0.191	0.289	-0.364	-0.131	-0.160	0.202	0.028	-0.089	-0.074	0.240	-0.075
0.4*L1	0.550	0.043	-0.251	0.160	-0.513	-0.211	-0.229	0.213	0.049	-0.102	-0.093	0.273	-0.090
					0.487								
0.5*L1	0.334	0.125	-0.304	0.077	0.342	-0.319	-0.312	0.200	0.068	-0.102	-0.105	0.249	-0.097
0.6*L1	0.185	0.262	-0.340	0.030	0.221	-0.456	-0.415	0.170	0.074	-0.088	-0.108	0.194	-0.092
0.7*L1	0.091	0.467	-0.349	0.006	0.129	-0.615	-0.539	0.127	0.066	-0.062	-0.100	0.131	-0.076
						0.385							
0.8*L1	0.037	0.246	-0.311	-0.003	0.065	0.228	-0.686	0.080	0.046	-0.035	-0.078	0.075	-0.049
0.9*L1	0.011	0.094	-0.204	-0.003	0.024	0.096	-0.846	0.035	0.022	-0.014	-0.043	0.031	-0.019
1.0*L1	-0.000	0.000	0.000	-0.000	0.000	0.000	-1.000	-0.000	-0.000	-0.000	0.000	0.000	0.000
0.0*L2	-0.000	-0.000	-0.000	0.000	-0.000	-0.000	-0.000	-0.000	-0.000	0.000	0.000	-0.000	0.000
0.1*L2	-0.002	-0.042	-0.154	0.003	-0.010	-0.048	-0.095	-0.016	-0.009	0.010	0.033	-0.015	-0.006
0.2*L2	-0.002	-0.063	-0.243	0.005	-0.014	-0.075	-0.158	-0.022	-0.013	0.017	0.059	-0.023	-0.022
0.3*L2	-0.001	-0.068	-0.280	0.006	-0.015	-0.085	-0.191	-0.023	-0.013	0.022	0.075	-0.026	-0.038
0.4*L2	0.000	-0.065	-0.279	0.006	-0.014	-0.084	-0.197	-0.021	-0.011	0.024	0.081	-0.026	-0.049
0.5*L2	0.001	-0.056	-0.251	0.006	-0.012	-0.075	-0.183	-0.017	-0.009	0.023	0.077	-0.023	-0.053
0.6*L2	0.002	-0.044	-0.205	0.005	-0.009	-0.061	-0.154	-0.013	-0.006	0.020	0.067	-0.018	-0.050
0.7*L2	0.002	-0.031	-0.150	0.004	-0.006	-0.044	-0.116	-0.009	-0.004	0.015	0.051	-0.013	-0.040
0.8*L2	0.001	-0.019	-0.093	0.002	-0.004	-0.027	-0.073	-0.005	-0.002	0.010	0.033	-0.008	-0.027
0.9*L2	0.001	-0.008	-0.041	0.001	-0.002	-0.012	-0.032	-0.002	-0.001	0.004	0.015	-0.004	-0.012
1.0*L2	-0.000	-0.000	0.000	-0.000	0.000	-0.000	-0.000	-0.000	-0.000	-0.000	0.000	-0.000	0.000
FAKTOR	a							a				1/a	

INFOLGE STRECKENLAST p=1

IN FELD	M 0.4	M 0.7	M 1.0	Q 0	Q 0.4	Q 0.7	Q 1.0	T 0	T 0.4	T 0.7	T 1.0	q 0.4	q 1.0
1,BIS SPRUNG						-0.476	-0.760			0.033	-0.258		
1,REST	0.889	0.589	-1.084	1.110	0.506	0.255	-1.915	0.645	0.152	-0.040	-0.343	0.732	-0.291
2	0.001	-0.160	-0.686	0.015	-0.035	-0.207	-0.484	-0.052	-0.027	0.059	0.197	-0.063	-0.119
3	-0.001	0.019	0.090	-0.002	0.004	0.027	0.067	0.006	0.003	-0.009	-0.029	0.008	0.021
SUMME(+)	0.890	0.609	0.090	1.125	0.510	0.281	0.067	0.651	0.188	0.059	0.197	0.740	0.021
SUMME(-)	-0.001	-0.160	-1.770	-0.002	-0.511	-0.967	-2.399	-0.052	-0.027	-0.306	-0.371	-0.063	-0.409
SUMME	0.889	0.448	-1.680	1.123	-0.001	-0.686	-2.332	0.598	0.160	-0.247	-0.174	0.677	-0.389
FAKTOR	a*a				a			a*a				1/a	

INFOLGE EINZELMOMENT Mt=1

IN	M 0.4	M 0.7	M 1.0	Q 0	Q 0.4	Q 0.7	Q 1.0	T 0	T 0.4	T 0.7	T 1.0	q 0.4	q 1.0
0.0*L1	0.000	0.000	-0.000	0.000	-0.000	-0.000	-0.000	1.000	-0.000	-0.000	-0.000	-0.000	-0.000
0.1*L1	0.121	0.026	-0.100	0.227	-0.055	-0.067	-0.112	0.786	-0.073	-0.067	-0.044	-0.030	-0.048
0.2*L1	0.236	0.058	-0.197	0.302	-0.090	-0.133	-0.226	0.648	-0.156	-0.134	-0.087	-0.085	-0.096
0.3*L1	0.332	0.100	-0.287	0.294	-0.078	-0.198	-0.343	0.553	-0.262	-0.201	-0.129	-0.194	-0.142
0.4*L1	0.384	0.153	-0.365	0.248	0.017	-0.254	-0.463	0.477	-0.408	-0.272	-0.168	-0.388	-0.187
									0.592				
0.5*L1	0.364	0.215	-0.425	0.193	0.117	-0.288	-0.583	0.407	0.446	-0.352	-0.204	-0.188	-0.233
0.6*L1	0.305	0.270	-0.463	0.142	0.144	-0.277	-0.698	0.340	0.339	-0.451	-0.241	-0.075	-0.285
0.7*L1	0.237	0.292	-0.474	0.101	0.133	-0.186	-0.795	0.272	0.256	-0.584	-0.280	-0.019	-0.349
										0.415			
0.8*L1	0.175	0.253	-0.458	0.071	0.107	-0.089	-0.856	0.206	0.189	0.287	-0.330	0.000	-0.439
0.9*L1	0.125	0.182	-0.422	0.051	0.076	-0.062	-0.852	0.147	0.134	0.203	-0.402	0.001	-0.572
1.0*L1	0.087	0.108	-0.390	0.037	0.049	-0.068	-0.741	0.097	0.091	0.149	-0.514	-0.007	-0.771
0.0*L2	0.087	0.108	-0.390	0.037	0.049	-0.068	-0.741	0.097	0.091	0.149	0.486	-0.007	-0.771
0.1*L2	0.065	0.059	-0.388	0.030	0.032	-0.080	-0.623	0.065	0.064	0.120	0.391	-0.014	-0.594
0.2*L2	0.049	0.020	-0.393	0.025	0.019	-0.091	-0.539	0.041	0.044	0.099	0.323	-0.020	-0.464
0.3*L2	0.037	-0.007	-0.391	0.021	0.010	-0.097	-0.474	0.024	0.029	0.083	0.271	-0.024	-0.367
0.4*L2	0.029	-0.023	-0.376	0.018	0.003	-0.097	-0.417	0.012	0.019	0.070	0.229	-0.025	-0.294
0.5*L2	0.022	-0.031	-0.347	0.015	-0.000	-0.092	-0.361	0.005	0.013	0.059	0.193	-0.025	-0.236
0.6*L2	0.017	-0.033	-0.305	0.012	-0.002	-0.083	-0.306	0.001	0.008	0.049	0.160	-0.022	-0.189
0.7*L2	0.013	-0.030	-0.256	0.010	-0.003	-0.070	-0.250	-0.001	0.006	0.039	0.130	-0.019	-0.150
0.8*L2	0.010	-0.024	-0.203	0.008	-0.002	-0.055	-0.197	-0.001	0.004	0.031	0.101	-0.015	-0.116
0.9*L2	0.008	-0.018	-0.150	0.006	-0.002	-0.041	-0.147	-0.001	0.003	0.023	0.076	-0.011	-0.087
1.0*L2	0.006	-0.011	-0.104	0.004	-0.001	-0.028	-0.103	0.000	0.003	0.016	0.054	-0.008	-0.063
FAKTOR					1/a							1/(a*a)	

INFOLGE STRECKENMOMENT mt=1

IN FELD	M 0.4	M 0.7	M 1.0	Q 0	Q 0.4	Q 0.7	Q 1.0	T 0	T 0.4	T 0.7	T 1.0	q 0.4	q 1.0
1,BIS SPRUNG						-0.116	-0.664			-0.343	-0.881		
1,REST	1.167	0.805	-1.698	0.839	0.312	-0.133	-2.662	2.183	0.847	0.381	-1.067	-0.471	-1.360
2	0.118	-0.017	-1.223	0.066	0.031	-0.302	-1.491	0.077	0.094	0.261	0.855	-0.073	-1.159
3	0.007	0.004	-0.051	0.003	0.003	-0.011	-0.073	0.006	0.006	0.014	0.044	-0.002	-0.065
SUMME(+)	1.292	0.809	0.000	0.907	0.346	0.000	0.000	2.266	0.947	0.656	0.899	0.000	0.000
SUMME(-)	0.000	-0.017	-2.972	0.000	-0.116	-1.110	-4.226	0.000	-0.343	-0.881	-1.067	-0.547	-2.584
SUMME	1.292	0.792	-2.972	0.907	0.230	-1.110	-4.226	2.266	0.604	-0.225	-0.168	-0.547	-2.584
FAKTOR	a				a			a				1/a	

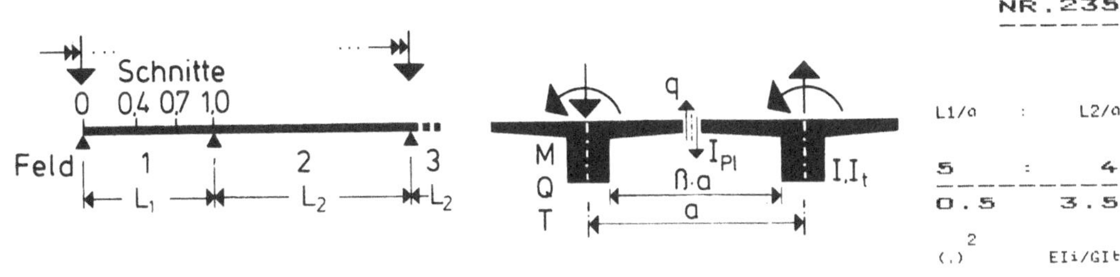

IN SCHNITT	M			Q				T				q	
	0.4	0.7	1.0	0	0.4	0.7	1.0	0	0.4	0.7	1.0	0.4	1.0

INFOLGE EINZELLAST F=1

IN	0.4	0.7	1.0	0	0.4	0.7	1.0	0	0.4	0.7	1.0	0.4	1.0
0.0*L1	0.000	-0.000	-0.000	1.000	-0.000	-0.000	-0.000	0.000	0.000	-0.000	-0.000	0.000	-0.000
0.1*L1	0.105	-0.005	-0.076	0.743	-0.115	-0.047	-0.058	0.076	0.005	-0.029	-0.024	0.075	-0.023
0.2*L1	0.231	-0.001	-0.151	0.518	-0.237	-0.101	-0.119	0.135	0.013	-0.056	-0.047	0.146	-0.045
0.3*L1	0.396	0.020	-0.223	0.340	-0.371	-0.168	-0.186	0.170	0.026	-0.076	-0.067	0.203	-0.063
0.4*L1	0.615	0.069	-0.288	0.209	-0.513	-0.254	-0.263	0.182	0.043	-0.087	-0.082	0.230	-0.075
					0.487								
0.5*L1	0.396	0.157	-0.342	0.119	0.350	-0.363	-0.352	0.172	0.057	-0.087	-0.092	0.212	-0.080
0.6*L1	0.238	0.297	-0.375	0.061	0.233	-0.494	-0.458	0.147	0.061	-0.075	-0.094	0.169	-0.075
0.7*L1	0.130	0.499	-0.376	0.027	0.142	-0.641	-0.580	0.111	0.054	-0.055	-0.085	0.117	-0.062
						0.359							
0.8*L1	0.061	0.270	-0.328	0.010	0.074	0.214	-0.718	0.070	0.038	-0.032	-0.066	0.069	-0.040
0.9*L1	0.021	0.106	-0.211	0.002	0.029	0.091	-0.864	0.031	0.018	-0.014	-0.036	0.029	-0.015
1.0*L1	-0.000	0.000	0.000	-0.000	0.000	0.000	-1.000	-0.000	-0.000	-0.000	0.000	0.000	0.000
0.0*L2	-0.000	-0.000	-0.000	-0.000	-0.000	-0.000	-0.000	-0.000	-0.000	0.000	0.000	-0.000	0.000
0.1*L2	-0.008	-0.050	-0.153	0.000	-0.013	-0.047	-0.084	-0.015	-0.008	0.009	0.027	-0.015	-0.004
0.2*L2	-0.011	-0.077	-0.243	0.001	-0.020	-0.075	-0.140	-0.022	-0.012	0.016	0.049	-0.023	-0.015
0.3*L2	-0.011	-0.086	-0.284	0.002	-0.022	-0.086	-0.170	-0.024	-0.012	0.020	0.062	-0.027	-0.027
0.4*L2	-0.010	-0.084	-0.285	0.002	-0.021	-0.086	-0.177	-0.023	-0.011	0.022	0.067	-0.027	-0.035
0.5*L2	-0.008	-0.074	-0.259	0.002	-0.018	-0.078	-0.165	-0.019	-0.009	0.021	0.064	-0.024	-0.039
0.6*L2	-0.006	-0.060	-0.214	0.002	-0.015	-0.064	-0.140	-0.015	0.007	0.018	0.056	-0.020	-0.037
0.7*L2	-0.004	0.043	-0.158	0.002	-0.010	-0.047	-0.105	-0.011	-0.005	0.014	0.043	-0.015	-0.030
0.8*L2	-0.002	-0.027	-0.099	0.001	-0.006	-0.030	-0.067	-0.007	-0.003	0.009	0.028	-0.009	-0.020
0.9*L2	-0.001	-0.012	-0.044	0.001	-0.003	-0.013	-0.030	-0.003	-0.001	0.004	0.012	-0.004	-0.009
1.0*L2	0.000	0.000	-0.000	-0.000	0.000	0.000	-0.000	-0.000	-0.000	-0.000	0.000	0.000	0.000
FAKTOR		a							a			1/a	

INFOLGE STRECKENLAST p=1

IN FELD	0.4	0.7	1.0	0	0.4	0.7	1.0	0	0.4	0.7	1.0	0.4	1.0
1,BIS SPRUNG						-0.489	-0.869		0.032	-0.221			
1,REST	1.080	0.688	-1.199	1.254	0.531	0.239	-2.046	0.551	0.126	-0.036	-0.299	0.629	-0.240
2	-0.025	-0.208	-0.703	0.005	-0.052	-0.213	-0.435	-0.056	-0.027	0.053	0.164	-0.066	-0.086
3	0.003	0.032	0.113	-0.001	0.008	0.034	0.073	0.008	0.004	-0.009	-0.029	0.010	0.019
SUMME(+)	1.083	0.720	0.113	1.259	0.538	0.273	0.073	0.559	0.161	0.053	0.164	0.640	0.019
SUMME(-)	-0.025	-0.208	-1.902	-0.001	-0.541	-1.082	-2.481	-0.056	-0.027	-0.266	-0.328	-0.066	-0.327
SUMME	1.058	0.512	-1.789	1.258	-0.002	-0.809	-2.408	0.504	0.134	-0.213	-0.163	0.574	-0.308
FAKTOR		a*a							a*a			a	

INFOLGE EINZELMOMENT Mt=1

IN	0.4	0.7	1.0	0	0.4	0.7	1.0	0	0.4	0.7	1.0	0.4	1.0
0.0*L1	0.000	0.000	-0.000	0.000	-0.000	-0.000	-0.000	1.000	-0.000	-0.000	-0.000	-0.000	-0.000
0.1*L1	0.145	0.035	-0.114	0.248	-0.057	-0.082	-0.125	0.773	-0.074	-0.062	-0.040	-0.044	-0.043
0.2*L1	0.281	0.076	-0.223	0.340	-0.092	-0.163	-0.251	0.625	-0.159	-0.124	-0.080	-0.112	-0.085
0.3*L1	0.393	0.125	-0.323	0.342	-0.078	-0.238	-0.378	0.522	-0.268	-0.188	-0.118	-0.231	-0.126
0.4*L1	0.453	0.186	-0.407	0.301	0.020	-0.301	-0.506	0.442	-0.417	-0.257	-0.154	-0.429	-0.168
									0.583				
0.5*L1	0.436	0.251	-0.470	0.244	0.123	-0.337	-0.631	0.373	0.434	-0.336	-0.189	-0.229	-0.213
0.6*L1	0.372	0.307	-0.506	0.188	0.153	-0.323	-0.746	0.308	0.326	-0.436	-0.225	-0.110	-0.264
0.7*L1	0.293	0.326	-0.512	0.138	0.143	-0.225	-0.840	0.245	0.243	-0.573	-0.266	-0.048	-0.329
										0.427			
0.8*L1	0.218	0.280	-0.489	0.100	0.115	-0.120	-0.892	0.185	0.178	0.295	-0.319	-0.021	-0.421
0.9*L1	0.155	0.199	-0.446	0.071	0.082	-0.085	-0.876	0.131	0.126	0.209	-0.395	-0.015	-0.556
1.0*L1	0.106	0.116	-0.408	0.050	0.051	-0.084	-0.753	0.086	0.085	0.153	-0.513	-0.018	-0.757
0.0*L2	0.106	0.116	-0.408	0.050	0.051	-0.084	-0.753	0.086	0.085	0.153	0.487	-0.018	-0.757
0.1*L2	0.076	0.058	-0.403	0.038	0.031	-0.092	-0.624	0.056	0.060	0.122	0.388	-0.023	-0.580
0.2*L2	0.053	0.013	-0.406	0.030	0.016	-0.101	-0.533	0.034	0.041	0.099	0.315	-0.027	-0.448
0.3*L2	0.037	-0.018	-0.403	0.023	0.005	-0.105	-0.462	0.018	0.027	0.082	0.261	-0.029	-0.350
0.4*L2	0.025	-0.038	-0.388	0.018	-0.002	-0.104	-0.402	0.007	0.018	0.069	0.217	-0.030	-0.277
0.5*L2	0.017	-0.047	-0.358	0.014	-0.006	-0.098	-0.345	0.001	0.011	0.057	0.181	-0.029	-0.219
0.6*L2	0.012	-0.048	-0.315	0.011	-0.008	-0.088	-0.291	-0.002	0.007	0.047	0.148	-0.026	-0.174
0.7*L2	0.008	-0.043	-0.264	0.009	-0.008	-0.074	-0.237	-0.004	0.005	0.038	0.119	-0.022	-0.136
0.8*L2	0.006	-0.035	-0.209	0.007	-0.006	-0.059	-0.185	-0.003	0.003	0.029	0.093	-0.017	-0.105
0.9*L2	0.005	-0.025	-0.154	0.005	-0.005	-0.043	-0.137	-0.002	0.003	0.022	0.069	-0.013	-0.079
1.0*L2	0.004	-0.016	-0.104	0.004	-0.003	-0.029	-0.096	-0.001	0.002	0.016	0.049	-0.009	-0.057
FAKTOR		1/a							1/a			1/(a*a)	

INFOLGE STRECKENMOMENT mt=1

IN FELD	0.4	0.7	1.0	0	0.4	0.7	1.0	0	0.4	0.7	1.0	0.4	1.0
1,BIS SPRUNG						-0.118	-0.788		-0.351	-0.841			
1,REST	1.407	0.926	-1.853	1.014	0.333	-0.173	-2.823	2.064	0.815	0.392	-1.017	-0.604	-1.283
2	0.117	-0.056	-1.263	0.073	0.016	-0.329	-1.452	0.058	0.087	0.259	0.820	-0.091	-1.104
3	0.008	0.010	-0.029	0.004	0.004	-0.006	-0.057	0.007	0.007	0.012	0.037	0.001	-0.058
SUMME(+)	1.532	0.936	0.000	1.091	0.353	0.000	0.000	2.129	0.908	0.663	0.858	0.000	0.000
SUMME(-)	0.000	-0.056	-3.145	0.000	-0.118	-1.296	-4.332	0.000	-0.351	-0.841	-1.017	-0.697	-2.445
SUMME	1.532	0.880	-3.145	1.091	0.235	-1.296	-4.332	2.129	0.557	-0.178	-0.159	-0.697	-2.445
FAKTOR		a							a			1/a	

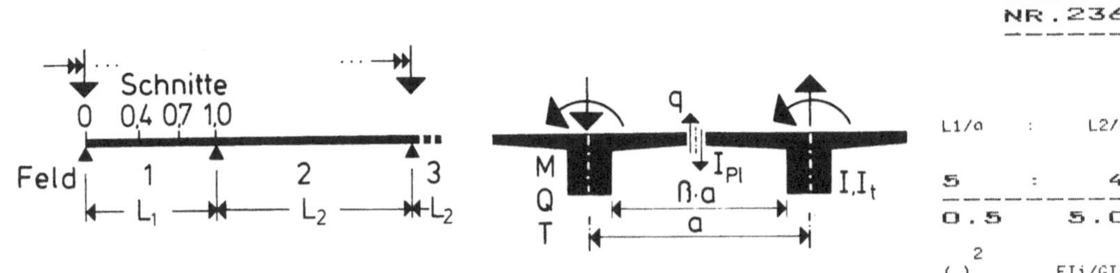

	M			Q				T				q	
IN SCHNITT	0.4	0.7	1.0	0	0.4	0.7	1.0	0	0.4	0.7	1.0	0.4	1.0

INFOLGE EINZELLAST P=1

IN

	M			Q				T				q	
0.0*L1	0.000	0.000	-0.000	1.000	-0.000	-0.000	-0.000	0.000	0.000	-0.000	-0.000	0.000	-0.000
0.1*L1	0.130	0.003	-0.089	0.768	-0.120	-0.061	-0.069	0.061	0.005	-0.024	-0.021	0.062	-0.019
0.2*L1	0.277	0.014	-0.175	0.562	-0.245	-0.128	-0.140	0.109	0.012	-0.046	-0.040	0.119	-0.037
0.3*L1	0.457	0.042	-0.255	0.392	-0.376	-0.206	-0.217	0.138	0.023	-0.062	-0.057	0.165	-0.051
0.4*L1	0.683	0.098	-0.326	0.261	-0.512	-0.298	-0.301	0.149	0.036	-0.071	-0.070	0.187	-0.060
					0.488								
0.5*L1	0.462	0.191	-0.381	0.165	0.358	-0.407	-0.396	0.142	0.046	-0.072	-0.077	0.174	-0.064
0.6*L1	0.294	0.333	-0.411	0.097	0.245	-0.533	-0.502	0.122	0.049	-0.062	-0.078	0.141	-0.060
0.7*L1	0.172	0.532	-0.404	0.053	0.153	-0.670	-0.621	0.093	0.043	-0.046	-0.070	0.100	-0.048
						0.330							
0.8*L1	0.088	0.295	-0.346	0.025	0.083	0.198	-0.750	0.059	0.030	-0.027	-0.053	0.060	-0.031
0.9*L1	0.033	0.119	-0.218	0.008	0.033	0.085	-0.881	0.026	0.014	-0.012	-0.029	0.026	-0.012
1.0*L1	0.000	0.000	0.000	-0.000	0.000	0.000	-1.000	-0.000	0.000	0.000	0.000	0.000	0.000
0.0*L2	-0.000	-0.000	-0.000	-0.000	-0.000	-0.000	-0.000	-0.000	-0.000	0.000	0.000	-0.000	0.000
0.1*L2	-0.015	-0.059	-0.151	-0.003	-0.016	-0.045	-0.073	-0.013	-0.007	0.008	0.022	-0.014	-0.002
0.2*L2	-0.022	-0.092	-0.242	-0.005	-0.025	-0.072	-0.122	-0.020	-0.010	0.014	0.039	-0.022	-0.010
0.3*L2	-0.025	-0.105	-0.285	-0.005	-0.028	-0.085	-0.149	-0.022	-0.011	0.017	0.049	-0.025	-0.018
0.4*L2	-0.024	-0.104	-0.289	-0.004	-0.028	-0.085	-0.155	-0.022	-0.010	0.019	0.054	-0.026	-0.025
0.5*L2	-0.021	-0.093	-0.264	-0.003	-0.025	-0.078	-0.146	-0.019	-0.009	0.018	0.052	-0.023	-0.027
0.6*L2	-0.016	-0.076	-0.220	-0.002	-0.020	-0.065	-0.124	-0.016	-0.007	0.016	0.045	-0.019	-0.026
0.7*L2	-0.012	-0.056	-0.164	-0.002	-0.015	-0.048	-0.094	-0.011	-0.005	0.012	0.035	-0.015	-0.021
0.8*L2	-0.007	-0.035	-0.104	-0.001	-0.009	-0.030	-0.060	-0.007	-0.003	0.008	0.023	-0.009	-0.014
0.9*L2	-0.003	-0.016	-0.047	-0.000	-0.004	-0.014	-0.027	-0.003	-0.001	0.004	0.010	-0.004	-0.007
1.0*L2	0.000	0.000	0.000	-0.000	0.000	0.000	-0.000	-0.000	0.000	-0.000	0.000	0.000	0.000
FAKTOR		a							a			1/a	

INFOLGE STRECKENLAST P=1

IN FELD

	M			Q				T				q	
1,BIS SPRUNG					-0.498	-0.981			0.029	-0.182			
1,REST	1.283	0.796	-1.317	1.406	0.553	0.221	-2.186	0.454	0.100	-0.031	-0.250	0.520	-0.192
2	-0.058	-0.257	-0.713	-0.010	-0.069	-0.211	-0.383	-0.054	-0.025	0.046	0.132	-0.064	-0.060
3	0.010	0.047	0.135	0.002	0.012	0.040	0.075	0.010	0.004	-0.009	-0.027	0.012	0.015
SUMME(+)	1.294	0.843	0.135	1.408	0.566	0.261	0.075	0.463	0.133	0.046	0.132	0.532	0.015
SUMME(-)	-0.058	-0.257	-2.030	-0.010	-0.567	-1.193	-2.570	-0.054	-0.025	-0.223	-0.277	-0.064	-0.252
SUMME	1.235	0.586	-1.896	1.398	-0.001	-0.931	-2.495	0.409	0.108	-0.176	-0.145	0.468	-0.237
FAKTOR		a*a			a				a*a				

INFOLGE EINZELMOMENT Mt=1

IN

	M			Q				T				q	
0.0*L1	0.000	0.000	-0.000	0.000	-0.000	-0.000	-0.000	1.000	-0.000	-0.000	-0.000	-0.000	-0.000
0.1*L1	0.170	0.045	-0.128	0.270	-0.058	-0.098	-0.139	0.760	-0.076	-0.056	-0.036	-0.058	-0.037
0.2*L1	0.328	0.096	-0.250	0.379	-0.093	-0.193	-0.278	0.601	-0.164	-0.114	-0.071	-0.139	-0.074
0.3*L1	0.457	0.154	-0.359	0.393	-0.078	-0.279	-0.416	0.490	-0.275	-0.174	-0.106	-0.268	-0.112
0.4*L1	0.527	0.221	-0.450	0.357	0.023	-0.349	-0.552	0.407	-0.426	-0.240	-0.139	-0.472	-0.150
								0.574					
0.5*L1	0.511	0.290	-0.515	0.299	0.129	-0.387	-0.682	0.338	0.422	-0.319	-0.172	-0.271	-0.193
0.6*L1	0.442	0.347	-0.550	0.237	0.162	-0.371	-0.797	0.275	0.313	-0.421	-0.208	-0.148	-0.244
0.7*L1	0.354	0.362	-0.551	0.179	0.152	-0.266	-0.886	0.217	0.231	-0.560	-0.250	-0.079	-0.311
									0.440				
0.8*L1	0.265	0.308	-0.520	0.131	0.122	-0.152	-0.929	0.163	0.168	0.305	-0.306	-0.045	-0.405
0.9*L1	0.188	0.218	-0.470	0.093	0.086	-0.108	-0.901	0.115	0.118	0.216	-0.388	-0.032	-0.542
1.0*L1	0.125	0.123	-0.425	0.064	0.053	-0.100	-0.764	0.075	0.080	0.156	-0.512	-0.030	-0.745
0.0*L2	0.125	0.123	-0.425	0.064	0.053	-0.100	-0.764	0.075	0.080	0.156	0.488	-0.030	-0.745
0.1*L2	0.086	0.058	-0.416	0.047	0.030	-0.104	-0.626	0.049	0.057	0.124	0.385	-0.031	-0.568
0.2*L2	0.056	0.006	-0.417	0.033	0.013	-0.109	-0.526	0.029	0.039	0.100	0.309	-0.032	-0.436
0.3*L2	0.034	-0.031	-0.413	0.024	0.000	-0.111	-0.450	0.014	0.026	0.082	0.251	-0.033	-0.337
0.4*L2	0.019	-0.053	-0.396	0.017	-0.008	-0.109	-0.386	0.004	0.017	0.067	0.206	-0.033	-0.263
0.5*L2	0.009	-0.064	-0.366	0.012	-0.012	-0.102	-0.329	-0.001	0.011	0.055	0.169	-0.031	-0.206
0.6*L2	0.004	-0.064	-0.322	0.009	-0.014	-0.091	-0.274	-0.004	0.007	0.045	0.137	-0.027	-0.161
0.7*L2	0.001	-0.057	-0.270	0.006	-0.013	-0.076	-0.222	-0.005	0.004	0.036	0.109	-0.023	-0.125
0.8*L2	0.000	-0.046	-0.213	0.005	-0.010	-0.060	-0.173	-0.004	0.003	0.028	0.084	-0.018	-0.096
0.9*L2	0.000	-0.033	-0.156	0.004	-0.007	-0.044	-0.128	-0.003	0.002	0.021	0.063	-0.013	-0.072
1.0*L2	0.001	-0.020	-0.104	0.003	-0.004	-0.029	-0.089	-0.001	0.002	0.015	0.044	-0.009	-0.052
FAKTOR					1/a							1/(a*a)	

INFOLGE STRECKENMOMENT mt=1

IN FELD

	M			Q				T				q	
1,BIS SPRUNG					-0.118	-0.916			-0.360	-0.798			
1,REST	1.661	1.057	-2.009	1.201	0.352	-0.215	-2.995	1.941	0.784	0.405	-0.961	-0.744	-1.212
2	0.108	-0.096	-1.294	0.075	0.000	-0.348	-1.412	0.045	0.082	0.256	0.788	-0.104	-1.058
3	0.012	0.018	-0.009	0.005	0.006	-0.001	-0.046	0.008	0.007	0.011	0.033	-0.000	-0.055
SUMME(+)	1.781	1.075	0.000	1.282	0.359	0.000	0.000	1.993	0.873	0.671	0.821	0.000	0.000
SUMME(-)	0.000	-0.096	-3.312	0.000	-0.118	-1.480	-4.453	0.000	-0.360	-0.798	-0.961	-0.849	-2.325
SUMME	1.781	0.979	-3.312	1.282	0.241	-1.480	-4.453	1.993	0.513	-0.126	-0.140	-0.849	-2.325
FAKTOR		a			a				a			1/a	

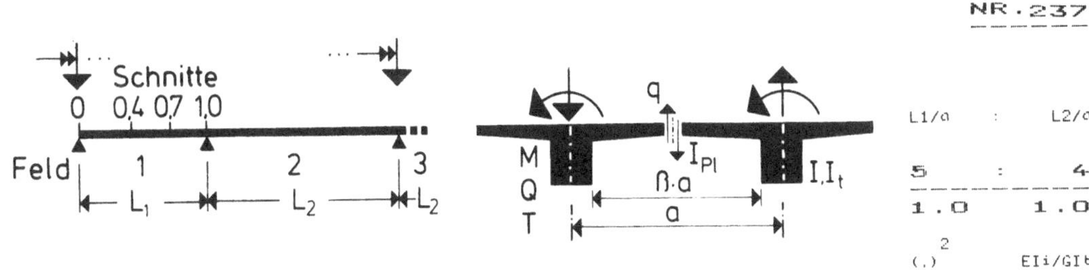

IN SCHNITT	M 0.4	M 0.7	M 1.0	Q 0	Q 0.4	Q 0.7	Q 1.0	T 0	T 0.4	T 0.7	T 1.0	q 0.4	q 1.0

INFOLGE EINZELLAST P=1

IN	M 0.4	M 0.7	M 1.0	Q 0	Q 0.4	Q 0.7	Q 1.0	T 0	T 0.4	T 0.7	T 1.0	q 0.4	q 1.0
0.0*L1	0.000	-0.000	-0.000	1.000	-0.000	0.000	-0.000	0.000	-0.000	-0.000	-0.000	0.000	-0.000
0.1*L1	0.011	-0.009	-0.033	0.581	-0.058	0.002	-0.044	0.161	-0.020	-0.050	-0.027	0.113	-0.046
0.2*L1	0.050	-0.016	-0.067	0.277	-0.148	-0.002	-0.088	0.264	-0.023	-0.097	-0.053	0.242	-0.091
0.3*L1	0.150	-0.018	-0.103	0.097	-0.297	-0.020	-0.133	0.305	0.002	-0.137	-0.080	0.379	-0.135
0.4*L1	0.343	-0.006	-0.142	0.011	-0.501	-0.067	-0.180	0.298	0.054	-0.163	-0.107	0.455	-0.175
(max)					0.499								
0.5*L1	0.147	0.039	-0.183	-0.020	0.294	-0.162	-0.234	0.262	0.105	-0.167	-0.131	0.377	-0.205
0.6*L1	0.043	0.145	-0.223	-0.024	0.144	-0.319	-0.306	0.211	0.127	-0.141	-0.148	0.243	-0.216
0.7*L1	-0.000	0.342	-0.252	-0.018	0.057	-0.535	-0.410	0.153	0.116	-0.088	-0.150	0.130	-0.197
(max)						0.465							
0.8*L1	-0.010	0.147	-0.249	-0.010	0.016	0.250	-0.562	0.094	0.081	-0.036	-0.130	0.056	-0.141
0.9*L1	-0.007	0.044	-0.181	-0.004	0.002	0.092	-0.768	0.039	0.037	-0.008	-0.078	0.017	-0.057
1.0*L1	-0.000	-0.000	0.000	-0.000	-0.000	0.000	-1.000	0.000	0.000	0.000	-0.000	-0.000	0.000
0.0*L2	0.000	-0.000	-0.000	0.000	0.000	-0.000	-0.000	-0.000	-0.000	0.000	0.000	-0.000	0.000
0.1*L2	0.004	-0.011	-0.149	0.001	0.002	-0.035	-0.148	-0.012	-0.013	0.006	0.062	-0.004	-0.032
0.2*L2	0.007	-0.013	-0.220	0.002	0.003	-0.048	-0.238	-0.014	-0.015	0.011	0.106	-0.005	-0.092
0.3*L2	0.007	-0.010	-0.237	0.002	0.005	-0.048	-0.276	-0.011	-0.012	0.015	0.128	-0.004	-0.142
0.4*L2	0.007	-0.006	-0.222	0.002	0.005	-0.042	-0.273	-0.006	-0.008	0.016	0.131	-0.002	-0.168
0.5*L2	0.006	-0.003	-0.188	0.002	0.005	-0.034	-0.244	-0.003	-0.004	0.015	0.120	-0.001	-0.169
0.6*L2	0.005	-0.000	-0.147	0.001	0.004	-0.025	0.178	-0.000	-0.002	0.013	0.099	-0.000	-0.149
0.7*L2	0.004	0.001	-0.104	0.001	0.003	-0.017	-0.144	0.001	-0.001	0.010	0.073	0.000	-0.114
0.8*L2	0.002	0.001	-0.062	0.000	0.002	-0.010	-0.088	0.001	0.000	0.006	0.045	0.000	-0.073
0.9*L2	0.001	0.000	-0.026	0.000	0.001	-0.004	-0.037	0.000	0.000	0.003	0.019	0.000	-0.032
1.0*L2	-0.000	-0.000	0.000	0.000	0.000	0.000	0.000	0.000	-0.000	0.000	0.000	-0.000	-0.000
FAKTOR	a			a				a				1/a	

INFOLGE STRECKENLAST P=1

IN FELD	M 0.4	M 0.7	M 1.0	Q 0	Q 0.4	Q 0.7	Q 1.0	T 0	T 0.4	T 0.7	T 1.0	q 0.4	q 1.0
1,BIS SPRUNG					-0.370	-0.408			-0.011	-0.404			
1,REST	0.342	0.314	-0.729	0.677	0.372	0.280	-1.606	0.902	0.250	-0.042	-0.457	1.010	-0.634
2	0.018	-0.017	-0.550	0.005	0.012	-0.107	-0.666	-0.018	-0.022	0.038	0.317	-0.007	-0.389
3	-0.001	-0.001	0.018	-0.000	-0.001	0.003	0.027	-0.001	-0.000	-0.002	-0.014	-0.000	0.025
SUMME(+)	0.360	0.314	0.018	0.681	0.384	0.283	0.027	0.902	0.250	0.038	0.317	1.010	0.025
SUMME(-)	-0.001	-0.017	-1.278	-0.000	-0.370	-0.515	-2.272	-0.019	-0.033	-0.448	-0.471	-0.007	-1.023
SUMME	0.359	0.296	-1.260	0.681	0.014	-0.232	-2.244	0.883	0.217	-0.410	-0.154	1.003	-0.999
FAKTOR	a*a			a				a*a				1/a	

INFOLGE EINZELMOMENT Mt=1

IN	M 0.4	M 0.7	M 1.0	Q 0	Q 0.4	Q 0.7	Q 1.0	T 0	T 0.4	T 0.7	T 1.0	q 0.4	q 1.0
0.0*L1	0.000	0.000	-0.000	0.000	-0.000	-0.000	-0.000	1.000	-0.000	-0.000	-0.000	0.000	-0.000
0.1*L1	0.059	0.004	-0.066	0.248	-0.064	-0.020	-0.095	0.778	-0.066	-0.088	-0.051	0.038	-0.085
0.2*L1	0.126	0.013	-0.132	0.258	-0.114	-0.047	-0.190	0.675	-0.139	-0.173	-0.101	0.026	-0.168
0.3*L1	0.196	0.033	-0.197	0.187	-0.116	-0.084	-0.290	0.611	-0.237	-0.253	-0.150	-0.102	-0.247
0.4*L1	0.237	0.071	-0.261	0.111	0.008	-0.131	-0.396	0.551	-0.398	-0.328	-0.196	-0.448	-0.321
(max)								0.602					
0.5*L1	0.200	0.128	-0.318	0.055	0.134	-0.176	-0.510	0.480	0.440	-0.405	-0.238	-0.090	-0.388
0.6*L1	0.135	0.196	-0.363	0.021	0.141	-0.180	-0.634	0.398	0.338	-0.501	-0.274	0.054	-0.450
0.7*L1	0.081	0.236	-0.386	0.005	0.109	-0.065	-0.763	0.310	0.259	-0.654	-0.305	0.087	-0.518
(max)										0.346			
0.8*L1	0.046	0.199	-0.382	-0.000	0.072	0.052	-0.875	0.224	0.187	0.198	-0.339	0.074	-0.619
0.9*L1	0.027	0.134	-0.350	-0.001	0.046	0.052	-0.921	0.146	0.123	0.120	-0.394	0.050	-0.806
1.0*L1	0.019	0.078	-0.319	0.000	0.029	0.015	-0.809	0.085	0.070	0.078	-0.511	0.029	-1.170
0.0*L2	0.019	0.078	-0.319	0.000	0.029	0.015	-0.809	0.085	0.070	0.078	0.489	0.029	-1.170
0.1*L2	0.016	0.047	-0.329	0.001	0.022	-0.014	-0.672	0.051	0.041	0.059	0.388	0.017	-0.845
0.2*L2	0.015	0.026	-0.347	0.002	0.017	-0.035	-0.598	0.029	0.021	0.047	0.329	0.010	-0.645
0.3*L2	0.014	0.015	-0.350	0.002	0.014	-0.046	-0.546	0.016	0.010	0.040	0.290	0.005	-0.520
0.4*L2	0.013	0.008	-0.334	0.002	0.012	-0.049	-0.494	0.009	0.004	0.035	0.257	0.003	-0.435
0.5*L2	0.011	0.005	-0.301	0.002	0.010	-0.046	-0.433	0.005	0.001	0.030	0.223	0.002	-0.366
0.6*L2	0.009	0.003	-0.256	0.002	0.009	-0.040	-0.364	0.004	0.000	0.025	0.187	0.001	-0.302
0.7*L2	0.008	0.002	-0.205	0.001	0.007	-0.032	-0.291	0.003	0.000	0.020	0.149	0.001	-0.240
0.8*L2	0.006	0.002	-0.154	0.001	0.005	-0.024	-0.217	0.002	0.000	0.015	0.111	0.001	-0.179
0.9*L2	0.004	0.001	-0.106	0.001	0.004	-0.017	-0.151	0.001	0.000	0.010	0.077	0.000	-0.124
1.0*L2	0.002	0.001	-0.068	0.000	0.002	-0.011	-0.096	0.001	-0.000	0.006	0.049	0.000	-0.079
FAKTOR				1/a								1/(a*a)	

INFOLGE STRECKENMOMENT mt=1

IN FELD	M 0.4	M 0.7	M 1.0	Q 0	Q 0.4	Q 0.7	Q 1.0	T 0	T 0.4	T 0.7	T 1.0	q 0.4	q 1.0
1,BIS SPRUNG					-0.157	-0.345			-0.315	-1.033			
1,REST	0.561	0.528	-1.310	0.460	0.270	0.050	-2.553	2.347	0.835	0.258	-1.147	-0.104	-2.077
2	0.042	0.058	-1.032	0.006	0.046	-0.122	-1.683	0.064	0.044	0.128	0.908	0.021	-1.700
3	0.002	0.000	-0.046	0.000	0.001	-0.008	-0.064	0.000	-0.000	0.004	0.032	-0.000	-0.049
SUMME(+)	0.605	0.587	0.000	0.467	0.317	0.050	0.000	2.410	0.879	0.390	0.941	0.021	0.000
SUMME(-)	0.000	0.000	-2.388	0.000	-0.157	-0.475	-4.299	0.000	-0.315	-1.033	-1.147	-0.104	-3.827
SUMME	0.605	0.587	-2.388	0.467	0.160	-0.426	-4.299	2.410	0.564	-0.643	-0.206	-0.083	-3.827
FAKTOR	a			a				a				1/a	

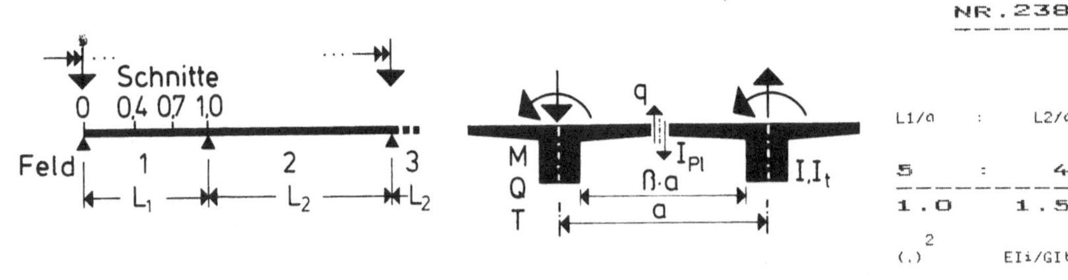

	M			Q				T				q	
IN SCHNITT	0.4	0.7	1.0	0	0.4	0.7	1.0	0	0.4	0.7	1.0	0.4	1.0

INFOLGE EINZELLAST P=1

IN	M			Q				T				q	
0.0*L1	0.000	-0.000	-0.000	1.000	-0.000	-0.000	-0.000	0.000	-0.000	-0.000	-0.000	0.000	-0.000
0.1*L1	0.031	-0.010	-0.042	0.626	-0.075	-0.007	-0.046	0.137	-0.012	-0.047	-0.027	0.109	-0.042
0.2*L1	0.089	-0.017	-0.085	0.339	-0.176	-0.020	-0.093	0.230	-0.012	-0.090	-0.054	0.226	-0.083
0.3*L1	0.204	-0.015	-0.130	0.154	-0.320	-0.051	-0.142	0.272	0.009	-0.126	-0.080	0.338	-0.122
0.4*L1	0.403	0.007	-0.176	0.051	-0.504	-0.109	-0.196	0.272	0.050	-0.148	-0.104	0.397	-0.154
					0.496								
0.5*L1	0.200	0.064	-0.222	0.003	0.312	-0.209	-0.260	0.244	0.089	-0.150	-0.124	0.339	-0.176
0.6*L1	0.082	0.181	-0.262	-0.014	0.172	-0.362	-0.343	0.199	0.106	-0.127	-0.137	0.233	-0.180
0.7*L1	0.023	0.382	-0.285	-0.015	0.081	-0.558	-0.455	0.145	0.097	-0.084	-0.135	0.136	-0.159
						0.442							
0.8*L1	0.001	0.179	-0.271	-0.010	0.031	0.246	-0.606	0.089	0.068	-0.039	-0.113	0.066	-0.111
0.9*L1	-0.003	0.060	-0.189	-0.005	0.008	0.095	-0.796	0.038	0.031	-0.012	-0.067	0.023	-0.044
1.0*L1	-0.000	0.000	0.000	-0.000	-0.000	0.000	-1.000	0.000	0.000	0.000	0.000	0.000	0.000
0.0*L2	0.000	-0.000	-0.000	0.000	-0.000	-0.000	-0.000	-0.000	-0.000	0.000	0.000	-0.000	0.000
0.1*L2	0.003	-0.020	-0.152	0.002	-0.001	-0.041	-0.131	-0.014	-0.012	0.007	0.052	-0.008	-0.022
0.2*L2	0.006	-0.027	-0.230	0.003	-0.001	-0.059	-0.214	-0.018	-0.016	0.013	0.090	-0.011	-0.066
0.3*L2	0.007	-0.026	-0.254	0.004	0.000	-0.062	-0.252	-0.017	-0.015	0.016	0.111	-0.011	-0.105
0.4*L2	0.007	-0.021	-0.243	0.004	0.001	-0.058	-0.254	-0.013	-0.012	0.017	0.115	-0.010	-0.127
0.5*L2	0.007	-0.016	-0.211	0.003	0.002	-0.048	-0.230	-0.010	-0.009	0.016	0.107	-0.008	-0.130
0.6*L2	0.006	-0.011	-0.168	0.002	0.002	-0.037	-0.189	-0.006	-0.006	0.013	0.089	-0.006	-0.116
0.7*L2	0.004	-0.007	-0.120	0.002	0.002	-0.026	-0.139	-0.004	-0.004	0.010	0.066	-0.004	-0.090
0.8*L2	0.003	-0.004	-0.073	0.001	0.001	-0.016	-0.086	-0.002	-0.002	0.006	0.041	-0.002	-0.058
0.9*L2	0.001	-0.002	-0.031	0.000	0.000	-0.007	-0.037	-0.001	-0.001	0.003	0.018	-0.001	-0.026
1.0*L2	-0.000	-0.000	-0.000	0.000	-0.000	0.000	-0.000	0.000	0.000	0.000	0.000	-0.000	0.000
FAKTOR	a								a			1/a	

INFOLGE STRECKENLAST P=1

IN FELD	M			Q				T				q	
1,BIS SPRUNG				-0.406	-0.510			0.002	-0.369				
1,REST	0.495	0.396	-0.843	0.799	0.419	0.275	-1.713	0.820	0.211	-0.045	-0.424	0.939	-0.538
2	0.017	-0.055	-0.600	0.009	0.002	-0.143	-0.618	-0.035	-0.031	0.041	0.279	-0.025	-0.296
3	-0.001	0.002	0.040	-0.001	-0.001	0.008	0.048	0.001	0.001	-0.004	-0.024	0.001	0.034
SUMME(+)	0.512	0.398	0.040	0.807	0.420	0.284	0.048	0.821	0.214	0.041	0.279	0.940	0.034
SUMME(-)	-0.001	-0.055	-1.443	-0.001	-0.407	-0.653	-2.331	-0.035	-0.031	-0.417	-0.447	-0.025	-0.834
SUMME	0.511	0.343	-1.403	0.807	0.013	-0.369	-2.283	0.786	0.183	-0.376	-0.169	0.916	-0.800
FAKTOR	a*a			a				a*a					

INFOLGE EINZELMOMENT Mt=1

IN	M			Q				T				q	
0.0*L1	0.000	0.000	-0.000	0.000	-0.000	-0.000	-0.000	1.000	-0.000	-0.000	-0.000	0.000	-0.000
0.1*L1	0.086	0.007	-0.081	0.283	-0.075	-0.037	-0.102	0.758	-0.063	-0.082	-0.050	0.023	-0.076
0.2*L1	0.177	0.022	-0.161	0.315	-0.131	-0.079	-0.205	0.641	-0.136	-0.162	-0.098	-0.004	-0.150
0.3*L1	0.265	0.050	-0.239	0.251	-0.127	-0.130	-0.314	0.573	-0.238	-0.237	-0.145	-0.148	-0.220
0.4*L1	0.313	0.098	-0.311	0.167	0.008	-0.187	-0.429	0.514	-0.407	-0.309	-0.188	-0.500	-0.284
								0.593					
0.5*L1	0.274	0.166	-0.374	0.098	0.148	-0.235	-0.554	0.448	0.423	-0.386	-0.226	-0.134	-0.342
0.6*L1	0.198	0.241	-0.418	0.052	0.165	-0.234	-0.686	0.372	0.316	-0.485	-0.259	0.026	-0.398
0.7*L1	0.129	0.282	-0.437	0.025	0.134	-0.106	-0.817	0.290	0.236	-0.644	-0.289	0.074	-0.465
										0.356			
0.8*L1	0.079	0.237	-0.422	0.011	0.093	0.024	-0.923	0.209	0.168	0.203	-0.324	0.069	-0.570
0.9*L1	0.049	0.159	-0.380	0.006	0.060	0.032	-0.953	0.135	0.109	0.122	-0.385	0.047	-0.765
1.0*L1	0.032	0.088	-0.343	0.005	0.036	-0.002	-0.820	0.076	0.061	0.080	-0.511	0.025	-1.132
0.0*L2	0.032	0.088	-0.343	0.005	0.036	-0.002	-0.820	0.076	0.061	0.080	0.489	0.025	-1.132
0.1*L2	0.025	0.046	-0.353	0.005	0.024	-0.032	-0.668	0.043	0.033	0.061	0.379	0.011	-0.804
0.2*L2	0.020	0.017	-0.372	0.005	0.016	-0.054	-0.583	0.020	0.014	0.050	0.314	0.002	-0.598
0.3*L2	0.017	0.000	-0.378	0.006	0.011	-0.067	-0.525	0.006	0.003	0.042	0.271	-0.004	-0.467
0.4*L2	0.015	-0.009	-0.364	0.005	0.008	-0.070	-0.472	-0.001	-0.003	0.037	0.237	-0.007	-0.379
0.5*L2	0.013	-0.012	-0.331	0.005	0.006	-0.067	-0.413	-0.004	-0.005	0.031	0.204	-0.008	-0.312
0.6*L2	0.011	-0.012	-0.284	0.004	0.005	-0.058	-0.347	-0.005	-0.006	0.026	0.171	-0.007	-0.253
0.7*L2	0.009	-0.010	-0.228	0.003	0.004	-0.047	-0.277	-0.005	-0.005	0.021	0.135	-0.006	-0.199
0.8*L2	0.006	-0.008	-0.171	0.003	0.003	-0.036	-0.206	-0.004	-0.004	0.015	0.101	-0.004	-0.147
0.9*L2	0.004	-0.005	-0.117	0.002	0.002	-0.024	-0.142	-0.002	-0.003	0.011	0.069	-0.003	-0.101
1.0*L2	0.003	-0.003	-0.072	0.001	0.001	-0.015	-0.087	-0.002	-0.002	0.007	0.043	-0.002	-0.062
FAKTOR				1/a								1/(a*a)	

INFOLGE STRECKENMOMENT mt=1

IN FELD	M			Q				T				q	
1,BIS SPRUNG				-0.178	-0.489			-0.314	-0.986				
1,REST	0.796	0.656	-1.502	0.626	0.322	0.012	-2.711	2.227	0.782	0.264	-1.104	-0.223	-1.901
2	0.055	0.018	-1.124	0.017	0.039	-0.187	-1.629	0.032	0.021	0.134	0.855	-0.007	-1.530
3	0.001	-0.001	-0.021	0.000	0.000	-0.004	-0.026	-0.000	-0.000	0.002	0.013	-0.000	-0.019
SUMME(+)	0.852	0.674	0.000	0.643	0.361	0.012	0.000	2.259	0.803	0.400	0.868	0.000	0.000
SUMME(-)	0.000	-0.001	-2.646	0.000	-0.178	-0.680	-4.367	-0.000	-0.314	-0.986	-1.104	-0.230	-3.450
SUMME	0.852	0.673	-2.646	0.643	0.183	-0.668	-4.367	2.259	0.489	-0.586	-0.236	-0.230	-3.450
FAKTOR	a			a				a				1/a	

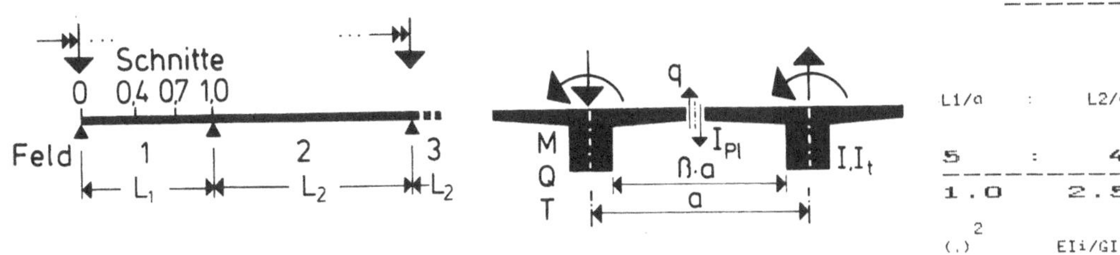

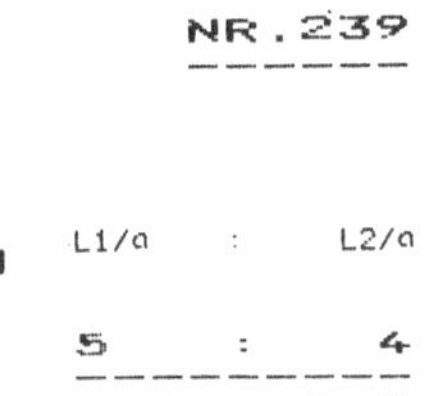

IN SCHNITT	M 0.4	M 0.7	M 1.0	Q 0	Q 0.4	Q 0.7	Q 1.0	T 0	T 0.4	T 0.7	T 1.0	q 0.4	q 1.0

INFOLGE EINZELLAST P=1

IN	M 0.4	M 0.7	M 1.0	Q 0	Q 0.4	Q 0.7	Q 1.0	T 0	T 0.4	T 0.7	T 1.0	q 0.4	q 1.0
0.0*L1	0.000	-0.000	-0.000	1.000	-0.000	-0.000	-0.000	0.109	-0.005	-0.041	-0.026	0.097	-0.036
0.1*L1	0.062	-0.009	-0.057	0.678	-0.094	-0.023	-0.052	0.187	-0.002	-0.078	-0.051	0.194	-0.071
0.2*L1	0.148	-0.012	-0.114	0.418	-0.205	-0.053	-0.106	0.226	0.015	-0.107	-0.075	0.281	-0.102
0.3*L1	0.284	-0.002	-0.171	0.234	-0.344	-0.099	-0.164	0.232	0.044	-0.125	-0.096	0.324	-0.126
0.4*L1	0.492	0.032	-0.226	0.116	-0.508	-0.170	-0.228						
					0.492								
0.5*L1	0.282	0.104	-0.276	0.048	0.331	-0.275	-0.305	0.212	0.071	-0.126	-0.111	0.286	-0.140
0.6*L1	0.146	0.232	-0.314	0.014	0.201	-0.419	-0.398	0.175	0.082	-0.108	-0.119	0.209	-0.139
0.7*L1	0.066	0.434	-0.328	-0.000	0.110	-0.593	-0.515	0.129	0.074	-0.074	-0.113	0.132	-0.119
						0.407							
0.8*L1	0.024	0.220	-0.298	-0.004	0.051	0.234	-0.659	0.080	0.053	-0.039	-0.092	0.070	-0.081
0.9*L1	0.006	0.080	-0.199	-0.003	0.017	0.095	-0.828	0.035	0.025	-0.014	-0.053	0.027	-0.032
1.0*L1	-0.000	0.000	0.000	-0.000	0.000	0.000	-1.000	-0.000	-0.000	-0.000	0.000	0.000	0.000
0.0*L2	-0.000	-0.000	-0.000	0.000	-0.000	-0.000	-0.000	-0.000	-0.000	0.000	0.000	-0.000	0.000
0.1*L2	-0.001	-0.033	-0.153	0.002	-0.006	-0.045	-0.110	-0.015	-0.011	0.008	0.041	-0.012	-0.013
0.2*L2	-0.000	-0.048	-0.237	0.003	-0.009	-0.068	-0.182	-0.021	-0.015	0.014	0.071	-0.017	-0.041
0.3*L2	0.001	-0.051	-0.270	0.004	-0.009	-0.075	-0.218	-0.022	-0.016	0.017	0.089	-0.019	-0.068
0.4*L2	0.002	-0.047	-0.265	0.004	-0.007	-0.072	-0.223	-0.020	-0.014	0.018	0.093	-0.018	-0.084
0.5*L2	0.002	-0.039	-0.235	0.004	-0.006	-0.063	-0.205	-0.016	-0.012	0.017	0.088	-0.015	-0.088
0.6*L2	0.002	-0.030	-0.190	0.003	-0.004	-0.050	-0.171	-0.012	-0.009	0.014	0.074	-0.012	-0.080
0.7*L2	0.002	-0.021	-0.138	0.002	-0.003	-0.036	-0.127	-0.009	-0.006	0.011	0.056	-0.009	-0.064
0.8*L2	0.001	-0.013	-0.085	0.001	-0.002	-0.022	-0.080	-0.005	-0.004	0.007	0.035	-0.005	-0.042
0.9*L2	0.001	-0.005	-0.037	0.001	-0.001	-0.010	-0.035	-0.002	-0.001	0.003	0.016	-0.002	-0.019
1.0*L2	-0.000	-0.000	0.000	-0.000	0.000	-0.000	-0.000	-0.000	-0.000	-0.000	0.000	0.000	0.000
FAKTOR	a							a				1/a	

INFOLGE STRECKENLAST P=1

IN FELD	M 0.4	M 0.7	M 1.0	Q 0	Q 0.4	Q 0.7	Q 1.0	T 0	T 0.4	T 0.7	T 1.0	q 0.4	q 1.0
1,BIS SPRUNG				-0.445	-0.661			0.013	-0.314			0.815	-0.425
1,REST	0.737	0.521	-1.005	0.987	0.472	0.262	-1.873	0.699	0.165	-0.044	-0.371		
2	0.004	-0.117	-0.652	0.009	-0.019	-0.179	-0.545	-0.050	-0.036	0.044	0.227	-0.044	-0.200
3	-0.001	0.011	0.074	-0.001	0.001	0.019	0.069	0.004	0.003	-0.006	-0.031	0.004	0.036
SUMME(+)	0.741	0.532	0.074	0.996	0.473	0.281	0.069	0.703	0.182	0.044	0.227	0.820	0.036
SUMME(-)	-0.001	-0.117	-1.657	-0.001	-0.464	-0.839	-2.419	-0.050	-0.036	-0.364	-0.402	-0.044	-0.624
SUMME	0.740	0.415	-1.583	0.995	0.009	-0.559	-2.350	0.653	0.146	-0.320	-0.175	0.775	-0.588
FAKTOR	a*a			a				a*a				1/a	

INFOLGE EINZELMOMENT Mt=1

IN	M 0.4	M 0.7	M 1.0	Q 0	Q 0.4	Q 0.7	Q 1.0	T 0	T 0.4	T 0.7	T 1.0	q 0.4	q 1.0
0.0*L1	0.000	0.000	-0.000	0.000	-0.000	-0.000	-0.000	1.000	-0.000	-0.000	-0.000	0.000	-0.000
0.1*L1	0.127	0.016	-0.104	0.329	-0.087	-0.062	-0.115	0.731	-0.061	-0.073	-0.046	-0.001	-0.064
0.2*L1	0.255	0.041	-0.205	0.394	-0.147	-0.128	-0.233	0.595	-0.134	-0.144	-0.091	-0.052	-0.126
0.3*L1	0.370	0.082	-0.300	0.342	-0.139	-0.200	-0.356	0.517	-0.242	-0.212	-0.134	-0.215	-0.184
0.4*L1	0.430	0.144	-0.385	0.256	0.009	-0.270	-0.486	0.457	-0.419	-0.280	-0.172	-0.575	-0.237
									0.581				
0.5*L1	0.388	0.224	-0.452	0.174	0.164	-0.321	-0.623	0.396	0.401	-0.356	-0.205	-0.201	-0.287
0.6*L1	0.299	0.306	-0.494	0.110	0.191	-0.312	-0.762	0.329	0.289	-0.459	-0.234	-0.023	-0.338
0.7*L1	0.208	0.345	-0.503	0.066	0.162	-0.168	-0.892	0.257	0.209	-0.626	-0.263	0.043	-0.407
										0.374			
0.8*L1	0.136	0.289	-0.475	0.039	0.117	-0.020	-0.986	0.185	0.146	0.214	-0.302	0.051	-0.519
0.9*L1	0.085	0.191	-0.419	0.024	0.075	0.003	-0.994	0.119	0.093	0.129	-0.373	0.036	-0.723
1.0*L1	0.052	0.099	-0.372	0.016	0.043	-0.024	-0.833	0.064	0.051	0.084	-0.511	0.015	-1.094
0.0*L2	0.052	0.099	-0.372	0.016	0.043	-0.024	-0.833	0.064	0.051	0.084	0.489	0.015	-1.094
0.1*L2	0.035	0.041	-0.378	0.012	0.024	-0.052	-0.661	0.032	0.026	0.064	0.369	0.001	-0.762
0.2*L2	0.024	0.001	-0.398	0.010	0.012	-0.075	-0.561	0.010	0.009	0.053	0.296	-0.009	-0.550
0.3*L2	0.017	-0.024	-0.407	0.009	0.004	-0.089	-0.494	-0.004	-0.001	0.045	0.248	-0.016	-0.413
0.4*L2	0.013	-0.037	-0.396	0.008	-0.001	-0.092	-0.437	-0.011	-0.007	0.039	0.211	-0.019	-0.321
0.5*L2	0.010	-0.041	-0.363	0.007	-0.003	-0.088	-0.380	-0.014	-0.009	0.033	0.179	-0.019	-0.255
0.6*L2	0.007	-0.038	-0.313	0.006	-0.003	-0.077	-0.318	-0.014	-0.010	0.028	0.148	-0.017	-0.202
0.7*L2	0.006	-0.032	-0.253	0.004	-0.003	-0.063	-0.253	-0.012	-0.008	0.022	0.117	-0.014	-0.155
0.8*L2	0.004	-0.025	-0.189	0.003	-0.002	-0.047	-0.188	-0.009	-0.006	0.016	0.086	-0.011	-0.114
0.9*L2	0.003	-0.017	-0.128	0.002	-0.002	-0.032	-0.127	-0.006	-0.004	0.011	0.059	-0.007	-0.077
1.0*L2	0.002	-0.010	-0.076	0.001	-0.001	-0.019	-0.076	-0.004	-0.002	0.007	0.035	-0.004	-0.046
FAKTOR				1/a								1/(a*a)	

INFOLGE STRECKENMOMENT mt=1

IN FELD	M 0.4	M 0.7	M 1.0	Q 0	Q 0.4	Q 0.7	Q 1.0	T 0	T 0.4	T 0.7	T 1.0	q 0.4	q 1.0
1,BIS SPRUNG				-0.199	-0.702			-0.316	-0.912			-0.422	-1.698
1,REST	1.168	0.847	-1.766	0.894	0.380	-0.044	-2.949	2.046	0.719	0.279	-1.032		
2	0.057	-0.053	-1.221	0.028	0.018	-0.256	-1.544	-0.001	0.004	0.142	0.785	-0.042	-1.355
3	0.000	0.004	0.020	-0.000	0.001	0.006	0.014	0.002	0.001	-0.001	-0.005	0.002	0.001
SUMME(+)	1.226	0.852	0.020	0.922	0.398	0.006	0.014	2.048	0.725	0.420	0.785	0.002	0.001
SUMME(-)	0.000	-0.053	-2.988	-0.000	-0.199	-1.003	-4.493	-0.001	-0.316	-0.913	-1.037	-0.465	-3.053
SUMME	1.226	0.798	-2.968	0.921	0.200	-0.997	-4.479	2.048	0.408	-0.493	-0.252	-0.463	-3.052
FAKTOR	a			a				a				1/a	

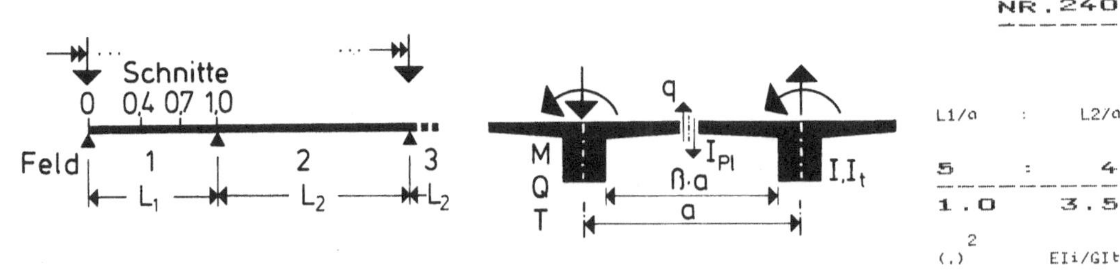

IN SCHNITT	M 0.4	M 0.7	M 1.0	Q 0	Q 0.4	Q 0.7	Q 1.0	T 0	T 0.4	T 0.7	T 1.0	q 0.4	q 1.0

INFOLGE EINZELLAST P=1

IN

IN	M 0.4	M 0.7	M 1.0	Q 0	Q 0.4	Q 0.7	Q 1.0	T 0	T 0.4	T 0.7	T 1.0	q 0.4	q 1.0
0.0*L1	0.000	-0.000	-0.000	1.000	-0.000	-0.000	-0.000	0.000	-0.000	-0.000	-0.000	0.000	-0.000
0.1*L1	0.084	-0.005	-0.068	0.710	-0.104	-0.036	-0.059	0.091	-0.002	-0.036	-0.024	0.086	-0.032
0.2*L1	0.191	-0.004	-0.135	0.468	-0.219	-0.078	-0.119	0.159	0.002	-0.068	-0.048	0.169	-0.062
0.3*L1	0.343	0.012	-0.201	0.288	-0.356	-0.135	-0.184	0.195	0.016	-0.094	-0.069	0.241	-0.088
0.4*L1	0.557	0.054	-0.262	0.165	-0.509	-0.214	-0.256	0.202	0.039	-0.109	-0.087	0.277	-0.107
				0.491									
0.5*L1	0.343	0.133	-0.314	0.086	0.341	-0.320	-0.339	0.187	0.060	-0.109	-0.100	0.248	-0.117
0.6*L1	0.195	0.267	-0.350	0.041	0.217	-0.458	-0.437	0.156	0.068	-0.094	-0.105	0.187	-0.115
0.7*L1	0.101	0.468	-0.356	0.016	0.126	-0.619	-0.555	0.116	0.061	-0.067	-0.098	0.123	-0.097
						0.381							
0.8*L1	0.045	0.246	-0.316	0.005	0.063	0.223	-0.693	0.073	0.044	-0.036	-0.078	0.068	-0.065
0.9*L1	0.015	0.094	-0.206	0.001	0.023	0.092	-0.848	0.032	0.020	-0.014	-0.044	0.027	-0.025
1.0*L1	-0.000	0.000	0.000	-0.000	0.000	0.000	-1.000	0.000	0.000	-0.000	0.000	0.000	0.000
0.0*L2	-0.000	-0.000	-0.000	0.000	-0.000	-0.000	-0.000	-0.000	-0.000	0.000	0.000	-0.000	0.000
0.1*L2	-0.005	-0.042	-0.153	0.000	-0.010	-0.045	-0.097	-0.015	-0.010	0.008	0.034	-0.013	-0.008
0.2*L2	-0.007	-0.063	-0.240	0.001	-0.014	-0.070	-0.161	-0.022	-0.014	0.014	0.060	-0.020	-0.029
0.3*L2	-0.007	-0.069	-0.276	0.002	-0.015	-0.080	-0.195	-0.023	-0.015	0.017	0.075	-0.022	-0.050
0.4*L2	-0.006	-0.066	-0.275	0.002	-0.014	-0.078	-0.201	-0.022	-0.014	0.018	0.079	-0.021	-0.063
0.5*L2	-0.004	-0.057	-0.247	0.002	-0.012	-0.069	-0.186	-0.019	-0.012	0.017	0.075	-0.019	-0.066
0.6*L2	-0.003	-0.045	-0.202	0.002	-0.009	-0.056	-0.156	-0.015	-0.009	0.014	0.064	-0.015	-0.061
0.7*L2	-0.002	-0.032	-0.148	0.001	-0.007	-0.041	-0.117	-0.011	-0.007	0.011	0.049	-0.011	-0.049
0.8*L2	-0.001	-0.020	-0.092	0.001	-0.004	-0.025	-0.074	-0.006	-0.004	0.007	0.031	-0.007	-0.032
0.9*L2	-0.000	-0.009	-0.041	0.000	-0.002	-0.011	-0.033	-0.003	-0.002	0.003	0.014	-0.003	-0.015
1.0*L2	0.000	-0.000	-0.000	-0.000	0.000	0.000	0.000	0.000	-0.000	-0.000	0.000	-0.000	0.000
FAKTOR	a				a				a			1/a	

INFOLGE STRECKENLAST P=1

IN FELD

	M 0.4	M 0.7	M 1.0	Q 0	Q 0.4	Q 0.7	Q 1.0	T 0	T 0.4	T 0.7	T 1.0	q 0.4	q 1.0
1,BIS SPRUNG					-0.464	-0.770			0.017	-0.275			
1,REST	0.920	0.615	-1.118	1.127	0.502	0.249	-1.992	0.610	0.138	-0.041	-0.330	0.718	-0.356
2	-0.014	-0.163	-0.677	0.005	-0.035	-0.193	-0.493	-0.055	-0.035	0.044	0.194	-0.053	-0.149
3	0.001	0.021	0.096	-0.001	0.004	0.027	0.077	0.007	0.004	-0.007	-0.032	0.007	0.034
SUMME(+)	0.921	0.635	0.096	1.131	0.506	0.275	0.077	0.617	0.159	0.044	0.194	0.725	0.034
SUMME(-)	-0.014	-0.163	-1.794	-0.001	-0.499	-0.962	-2.484	-0.055	-0.035	-0.323	-0.363	-0.053	-0.505
SUMME	0.907	0.472	-1.698	1.130	0.007	-0.687	-2.407	0.562	0.124	-0.279	-0.169	0.673	-0.471
FAKTOR	a*a				a				a*a				

INFOLGE EINZELMOMENT Mt=1

IN

IN	M 0.4	M 0.7	M 1.0	Q 0	Q 0.4	Q 0.7	Q 1.0	T 0	T 0.4	T 0.7	T 1.0	q 0.4	q 1.0
0.0*L1	0.000	0.000	-0.000	0.000	-0.000	-0.000	-0.000	1.000	-0.000	-0.000	-0.000	-0.000	-0.000
0.1*L1	0.158	0.025	-0.120	0.360	-0.093	-0.081	-0.127	0.714	-0.060	-0.066	-0.043	-0.019	-0.056
0.2*L1	0.312	0.059	-0.236	0.447	-0.155	-0.165	-0.257	0.564	-0.135	-0.130	-0.084	-0.087	-0.110
0.3*L1	0.446	0.109	-0.343	0.407	-0.145	-0.250	-0.391	0.478	-0.246	-0.193	-0.123	-0.263	-0.160
0.4*L1	0.517	0.180	-0.436	0.322	0.011	-0.329	-0.531	0.416	-0.428	-0.258	-0.157	-0.629	-0.207
								0.572					
0.5*L1	0.474	0.267	-0.506	0.233	0.174	-0.382	-0.675	0.358	0.388	-0.334	-0.188	-0.251	-0.253
0.6*L1	0.375	0.352	-0.546	0.159	0.206	-0.368	-0.818	0.296	0.273	-0.440	-0.215	-0.062	-0.303
0.7*L1	0.270	0.388	-0.548	0.103	0.178	-0.213	-0.945	0.231	0.193	-0.611	-0.245	0.015	-0.374
										0.389			
0.8*L1	0.181	0.323	-0.510	0.064	0.131	-0.052	-1.029	0.166	0.133	0.224	-0.287	0.033	-0.490
0.9*L1	0.113	0.212	-0.444	0.040	0.084	-0.018	-1.021	0.106	0.084	0.135	-0.364	0.024	-0.699
1.0*L1	0.066	0.105	-0.389	0.025	0.046	-0.038	-0.841	0.056	0.046	0.088	-0.511	0.007	-1.074
0.0*L2	0.066	0.105	-0.389	0.025	0.046	-0.038	-0.841	0.056	0.046	0.088	0.489	0.007	-1.074
0.1*L2	0.041	0.037	-0.393	0.017	0.023	-0.064	-0.655	0.026	0.023	0.067	0.362	-0.006	-0.741
0.2*L2	0.024	-0.012	-0.412	0.012	0.008	-0.085	-0.545	0.005	0.008	0.054	0.284	-0.016	-0.525
0.3*L2	0.013	-0.043	-0.422	0.009	-0.002	-0.099	-0.472	-0.008	-0.002	0.046	0.232	-0.022	-0.385
0.4*L2	0.007	-0.059	-0.411	0.007	-0.008	-0.102	-0.413	-0.016	-0.008	0.039	0.194	-0.024	-0.292
0.5*L2	0.003	-0.063	-0.379	0.006	-0.010	-0.097	-0.356	-0.018	-0.010	0.033	0.163	-0.024	-0.225
0.6*L2	0.001	-0.059	-0.328	0.004	-0.010	-0.086	-0.297	-0.018	-0.010	0.028	0.133	-0.022	-0.174
0.7*L2	0.000	-0.049	-0.266	0.003	-0.009	-0.070	-0.235	-0.015	-0.009	0.022	0.104	-0.018	-0.132
0.8*L2	-0.000	-0.037	-0.199	0.002	-0.007	-0.053	-0.174	-0.012	-0.007	0.016	0.077	-0.013	-0.096
0.9*L2	-0.000	-0.025	-0.134	0.002	-0.005	-0.035	-0.117	-0.008	-0.005	0.011	0.052	-0.009	-0.064
1.0*L2	0.000	-0.014	-0.077	0.001	-0.003	-0.020	-0.068	-0.004	-0.003	0.006	0.030	-0.005	-0.039
FAKTOR				1/a								1/(a*a)	

INFOLGE STRECKENMOMENT mt=1

IN FELD

	M 0.4	M 0.7	M 1.0	Q 0	Q 0.4	Q 0.7	Q 1.0	T 0	T 0.4	T 0.7	T 1.0	q 0.4	q 1.0
1,BIS SPRUNG					-0.209	-0.855			-0.320	-0.857			
1,REST	1.448	0.989	-1.948	1.098	0.413	-0.086	-3.125	1.914	0.681	0.291	-0.975	-0.576	-1.577
2	0.048	-0.108	-1.271	0.030	-0.001	-0.290	-1.481	-0.016	-0.000	0.144	0.740	-0.061	-1.264
3	0.001	0.013	0.048	-0.000	0.003	0.014	0.032	0.004	0.003	-0.003	-0.012	0.004	0.005
SUMME(+)	1.497	1.002	0.048	1.128	0.416	0.014	0.032	1.918	0.684	0.435	0.740	0.004	0.005
SUMME(-)	0.000	-0.108	-3.219	-0.000	-0.209	-1.231	-4.606	-0.016	-0.321	-0.860	-0.986	-0.637	-2.841
SUMME	1.497	0.894	-3.171	1.128	0.207	-1.217	-4.574	1.902	0.363	-0.425	-0.247	-0.633	-2.836
FAKTOR	a				a				a			1/a	

NR.241

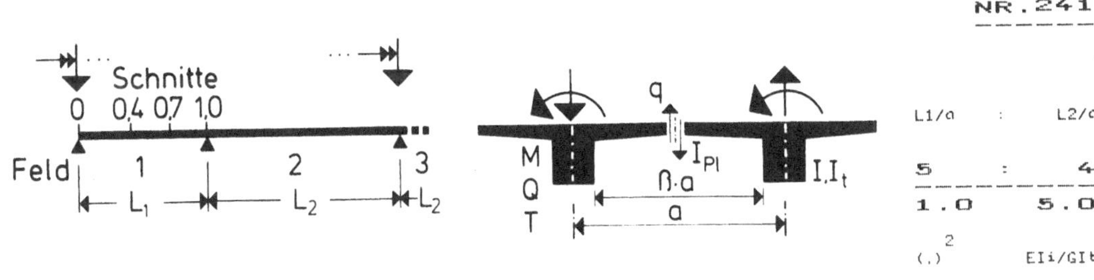

L1/a : L2/a

5 : 4

1.0 5.0

(.)² EIi/GIt

	M	M	M	Q	Q	Q	Q	T	T	T	T	q	q
IN SCHNITT	0.4	0.7	1.0	0	0.4	0.7	1.0	0	0.4	0.7	1.0	0.4	1.0

INFOLGE EINZELLAST P=1

IN	M 0.4	M 0.7	M 1.0	Q 0	Q 0.4	Q 0.7	Q 1.0	T 0	T 0.4	T 0.7	T 1.0	q 0.4	q 1.0
0.0*L1	0.000	-0.000	-0.000	1.000	-0.000	-0.000	-0.000	0.000	-0.000	-0.000	-0.000	0.000	-0.000
0.1*L1	0.109	0.000	-0.080	0.740	-0.111	-0.050	-0.067	0.074	0.000	-0.030	-0.022	0.073	-0.027
0.2*L1	0.238	0.008	-0.159	0.518	-0.231	-0.106	-0.136	0.130	0.005	-0.058	-0.043	0.142	-0.052
0.3*L1	0.406	0.031	-0.234	0.344	-0.365	-0.174	-0.209	0.162	0.016	-0.079	-0.061	0.200	-0.073
0.4*L1	0.627	0.080	-0.301	0.218	-0.510	-0.260	-0.289	0.170	0.034	-0.091	-0.077	0.229	-0.088
					0.490								
0.5*L1	0.410	0.167	-0.354	0.131	0.350	-0.368	-0.379	0.159	0.049	-0.092	-0.087	0.208	-0.095
0.6*L1	0.251	0.304	-0.386	0.074	0.232	-0.500	-0.480	0.134	0.055	-0.080	-0.089	0.161	-0.092
0.7*L1	0.142	0.504	-0.385	0.038	0.140	-0.647	-0.597	0.100	0.049	-0.057	-0.082	0.109	-0.077
						0.353							
0.8*L1	0.070	0.273	-0.334	0.017	0.074	0.208	-0.727	0.063	0.035	-0.032	-0.065	0.062	-0.051
0.9*L1	0.026	0.108	-0.213	0.006	0.028	0.088	-0.867	0.028	0.016	-0.013	-0.036	0.026	-0.020
1.0*L1	0.000	0.000	0.000	0.000	0.000	0.000	-1.000	0.000	0.000	-0.000	0.000	0.000	-0.000
0.0*L2	-0.000	-0.000	-0.000	-0.000	-0.000	-0.000	-0.000	-0.000	-0.000	0.000	0.000	-0.000	0.000
0.1*L2	-0.011	-0.051	-0.151	-0.002	-0.013	-0.045	-0.084	-0.014	-0.008	0.008	0.027	-0.013	-0.005
0.2*L2	-0.016	-0.078	-0.241	-0.003	-0.020	-0.070	-0.141	-0.021	-0.012	0.013	0.048	-0.020	-0.020
0.3*L2	-0.017	-0.088	-0.280	-0.003	-0.022	-0.081	-0.171	-0.023	-0.013	0.016	0.061	-0.023	-0.035
0.4*L2	-0.017	-0.086	-0.282	-0.002	-0.021	-0.081	-0.177	-0.022	-0.013	0.017	0.065	-0.023	-0.045
0.5*L2	-0.014	-0.077	-0.255	-0.002	-0.019	-0.073	-0.165	-0.020	-0.011	0.016	0.062	-0.020	-0.048
0.6*L2	-0.011	-0.062	-0.211	-0.001	-0.015	-0.060	0.140	-0.016	-0.009	0.013	0.053	-0.017	-0.044
0.7*L2	-0.008	-0.045	-0.156	-0.001	-0.011	-0.044	-0.105	-0.012	-0.007	0.010	0.041	-0.012	-0.036
0.8*L2	-0.005	-0.028	-0.098	-0.001	-0.007	-0.028	-0.067	-0.007	-0.004	0.006	0.026	-0.008	-0.024
0.9*L2	-0.002	-0.012	-0.044	-0.000	-0.003	-0.012	-0.030	-0.003	-0.002	0.003	0.012	-0.003	-0.011
1.0*L2	0.000	-0.000	-0.000	0.000	0.000	0.000	-0.000	0.000	0.000	-0.000	0.000	-0.000	-0.000
FAKTOR		a							a			1/a	

INFOLGE STRECKENLAST P=1

IN FELD	M 0.4	M 0.7	M 1.0	Q 0	Q 0.4	Q 0.7	Q 1.0	T 0	T 0.4	T 0.7	T 1.0	q 0.4	q 1.0
1,BIS SPRUNG					-0.480	-0.887			0.018	-0.232			
1,REST	1.124	0.720	-1.238	1.281	0.530	0.233	-2.123	0.514	0.112	-0.036	-0.283	0.609	-0.288
2	-0.041	-0.214	-0.695	-0.006	-0.053	-0.200	-0.436	-0.056	-0.032	0.041	0.159	-0.056	-0.107
3	0.006	0.034	0.119	0.001	0.008	0.034	0.081	0.009	0.005	-0.008	-0.031	0.009	0.029
SUMME(+)	1.130	0.754	0.119	1.282	0.538	0.266	0.081	0.523	0.135	0.041	0.159	0.618	0.029
SUMME(-)	-0.041	-0.214	-1.933	-0.006	-0.533	-1.086	-2.559	-0.056	-0.032	-0.276	-0.315	-0.056	-0.396
SUMME	1.089	0.540	-1.813	1.276	0.005	-0.820	-2.478	0.467	0.103	-0.235	-0.155	0.562	-0.367
FAKTOR		a*a			a				a*a				

INFOLGE EINZELMOMENT Mt=1

IN	M 0.4	M 0.7	M 1.0	Q 0	Q 0.4	Q 0.7	Q 1.0	T 0	T 0.4	T 0.7	T 1.0	q 0.4	q 1.0
0.0*L1	0.000	0.000	-0.000	0.000	-0.000	-0.000	-0.000	1.000	-0.000	-0.000	-0.000	-0.000	-0.000
0.1*L1	0.191	0.036	-0.138	0.391	-0.097	-0.102	-0.142	0.695	-0.061	-0.058	-0.038	-0.039	-0.047
0.2*L1	0.375	0.081	-0.270	0.503	-0.161	-0.205	-0.286	0.531	-0.137	-0.115	-0.075	-0.125	-0.093
0.3*L1	0.530	0.142	-0.390	0.477	-0.149	-0.305	-0.433	0.436	-0.251	-0.173	-0.109	-0.315	-0.137
0.4*L1	0.612	0.222	-0.490	0.395	0.013	-0.393	-0.583	0.371	-0.438	-0.235	-0.140	-0.686	-0.178
									0.562				
0.5*L1	0.570	0.316	-0.563	0.301	0.183	-0.448	-0.734	0.315	0.374	-0.310	-0.167	-0.305	-0.220
0.6*L1	0.461	0.403	-0.600	0.215	0.220	-0.428	-0.878	0.259	0.257	-0.419	-0.194	-0.107	-0.270
0.7*L1	0.340	0.435	-0.594	0.147	0.193	-0.262	-1.001	0.202	0.178	-0.594	-0.225	-0.018	-0.343
										0.406			
0.8*L1	0.232	0.360	-0.545	0.095	0.143	-0.087	-1.074	0.144	0.120	0.235	-0.271	0.011	-0.465
0.9*L1	0.145	0.235	-0.468	0.059	0.092	-0.042	-1.049	0.092	0.075	0.142	-0.354	0.010	-0.679
1.0*L1	0.082	0.112	-0.406	0.035	0.048	-0.053	-0.850	0.048	0.041	0.092	-0.510	-0.002	-1.056
0.0*L2	0.082	0.112	-0.406	0.035	0.048	-0.053	-0.850	0.048	0.041	0.092	0.490	-0.002	-1.056
0.1*L2	0.047	0.033	-0.405	0.022	0.022	-0.074	-0.650	0.021	0.021	0.069	0.357	-0.012	-0.723
0.2*L2	0.022	-0.025	-0.423	0.013	0.003	-0.093	-0.529	0.001	0.007	0.055	0.273	-0.020	-0.505
0.3*L2	0.006	-0.063	-0.433	0.008	-0.010	-0.105	-0.448	-0.011	-0.002	0.046	0.217	-0.026	-0.362
0.4*L2	-0.003	-0.082	-0.423	0.004	-0.016	-0.109	-0.386	-0.018	-0.007	0.039	0.177	-0.028	-0.267
0.5*L2	-0.008	-0.087	-0.391	0.002	-0.019	-0.103	-0.329	-0.020	-0.010	0.033	0.146	-0.027	-0.200
0.6*L2	-0.010	-0.081	-0.340	0.001	-0.018	-0.091	-0.273	-0.019	-0.010	0.027	0.117	-0.024	-0.151
0.7*L2	-0.009	-0.068	-0.276	0.000	-0.016	-0.075	-0.215	-0.016	-0.009	0.021	0.091	-0.020	-0.113
0.8*L2	-0.007	-0.052	-0.206	0.000	-0.012	-0.056	-0.159	-0.013	-0.007	0.016	0.067	-0.015	-0.081
0.9*L2	-0.005	-0.034	-0.137	0.000	-0.008	-0.037	-0.106	-0.008	-0.004	0.010	0.045	-0.010	-0.054
1.0*L2	-0.002	-0.019	-0.077	0.000	-0.004	-0.021	-0.060	-0.004	-0.002	0.006	0.026	-0.006	-0.032
FAKTOR		1/a										1/(a*a)	

INFOLGE STRECKENMOMENT mt=1

IN FELD	M 0.4	M 0.7	M 1.0	Q 0	Q 0.4	Q 0.7	Q 1.0	T 0	T 0.4	T 0.7	T 1.0	q 0.4	q 1.0
1,BIS SPRUNG					-0.216	-1.021			-0.326	-0.797			
1,REST	1.758	1.148	-2.138	1.326	0.444	-0.131	-3.321	1.769	0.644	0.305	-0.907	-0.746	-1.462
2	0.028	-0.169	-1.311	0.027	-0.022	-0.314	-1.413	-0.026	-0.001	0.144	0.694	-0.075	-1.187
3	0.005	0.026	0.077	0.001	0.006	0.023	0.044	0.007	0.004	-0.004	0.015	0.006	0.005
SUMME(+)	1.792	1.174	0.077	1.354	0.450	0.023	0.044	1.776	0.648	0.450	0.694	0.006	0.005
SUMME(-)	0.000	-0.169	-3.450	0.000	-0.237	-1.465	-4.734	-0.026	-0.328	-0.801	-0.922	-0.821	-2.649
SUMME	1.792	1.005	-3.372	1.354	0.213	-1.443	-4.689	1.750	0.321	-0.352	-0.228	-0.815	-2.644
FAKTOR		a							a			1/a	

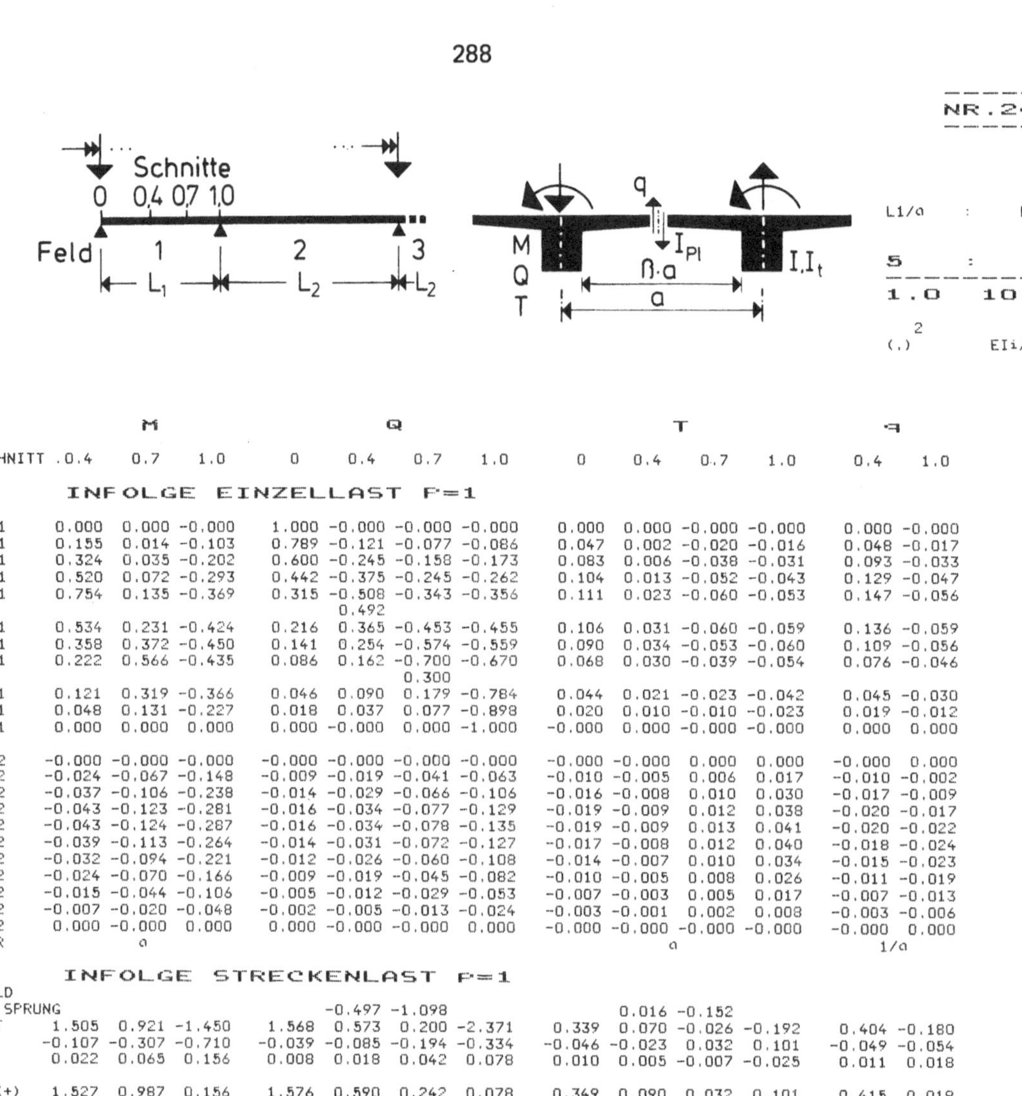

	M			Q				T				q	
IN SCHNITT	.0.4	0.7	1.0	0	0.4	0.7	1.0	0	0.4	0.7	1.0	0.4	1.0

INFOLGE EINZELLAST P=1

IN	M 0.4	0.7	1.0	Q 0	0.4	0.7	1.0	T 0	0.4	0.7	1.0	q 0.4	1.0
0.0*L1	0.000	0.000	-0.000	1.000	-0.000	-0.000	-0.000	0.000	0.000	-0.000	-0.000	0.000	-0.000
0.1*L1	0.155	0.014	-0.103	0.789	-0.121	-0.077	-0.086	0.047	0.002	-0.020	-0.016	0.048	-0.017
0.2*L1	0.324	0.035	-0.202	0.600	-0.245	-0.158	-0.173	0.083	0.006	-0.038	-0.031	0.093	-0.033
0.3*L1	0.520	0.072	-0.293	0.442	-0.375	-0.245	-0.262	0.104	0.013	-0.052	-0.043	0.129	-0.047
0.4*L1	0.754	0.135	-0.369	0.315	-0.508	-0.343	-0.356	0.111	0.023	-0.060	-0.053	0.147	-0.056
					0.492								
0.5*L1	0.534	0.231	-0.424	0.216	0.365	-0.453	-0.455	0.106	0.031	-0.060	-0.059	0.136	-0.059
0.6*L1	0.358	0.372	-0.450	0.141	0.254	-0.574	-0.559	0.090	0.034	-0.053	-0.060	0.109	-0.056
0.7*L1	0.222	0.566	-0.435	0.086	0.162	-0.700	-0.670	0.068	0.030	-0.039	-0.054	0.076	-0.046
						0.300							
0.8*L1	0.121	0.319	-0.366	0.046	0.090	0.179	-0.784	0.044	0.021	-0.023	-0.042	0.045	-0.030
0.9*L1	0.048	0.131	-0.227	0.018	0.037	0.077	-0.898	0.020	0.010	-0.010	-0.023	0.019	-0.012
1.0*L1	0.000	0.000	0.000	0.000	-0.000	0.000	-1.000	-0.000	0.000	-0.000	-0.000	0.000	0.000
0.0*L2	-0.000	-0.000	-0.000	-0.000	-0.000	-0.000	-0.000	-0.000	-0.000	0.000	0.000	-0.000	0.000
0.1*L2	-0.024	-0.067	-0.148	-0.009	-0.019	-0.041	-0.063	-0.010	-0.005	0.006	0.017	-0.010	-0.002
0.2*L2	-0.037	-0.106	-0.238	-0.014	-0.029	-0.066	-0.106	-0.016	-0.008	0.010	0.030	-0.017	-0.009
0.3*L2	-0.043	-0.123	-0.281	-0.016	-0.034	-0.077	-0.129	-0.019	-0.009	0.012	0.038	-0.020	-0.017
0.4*L2	-0.043	-0.124	-0.287	-0.016	-0.034	-0.078	-0.135	-0.019	-0.009	0.013	0.041	-0.020	-0.022
0.5*L2	-0.039	-0.113	-0.264	-0.014	-0.031	-0.072	-0.127	-0.017	-0.008	0.012	0.040	-0.018	-0.024
0.6*L2	-0.032	-0.094	-0.221	-0.012	-0.026	-0.060	-0.108	-0.014	-0.007	0.010	0.034	-0.015	-0.023
0.7*L2	-0.024	-0.070	-0.166	-0.009	-0.019	-0.045	-0.082	-0.010	-0.005	0.008	0.026	-0.011	-0.019
0.8*L2	-0.015	-0.044	-0.106	-0.005	-0.012	-0.029	-0.053	-0.007	-0.003	0.005	0.017	-0.007	-0.013
0.9*L2	-0.007	-0.020	-0.048	-0.002	-0.005	-0.013	-0.024	-0.003	-0.001	0.002	0.008	-0.003	-0.006
1.0*L2	0.000	-0.000	0.000	0.000	-0.000	-0.000	0.000	-0.000	-0.000	-0.000	-0.000	-0.000	0.000
FAKTOR		a				a				a			1/a

INFOLGE STRECKENLAST P=1

IN FELD	M 0.4	0.7	1.0	Q 0	0.4	0.7	1.0	T 0	0.4	0.7	1.0	q 0.4	1.0
1,BIS SPRUNG					-0.497	-1.098			0.016	-0.152			
1,REST	1.505	0.921	-1.450	1.568	0.573	0.200	-2.371	0.339	0.070	-0.026	-0.192	0.404	-0.180
2	-0.107	-0.307	-0.710	-0.039	-0.085	-0.194	-0.334	-0.046	-0.023	0.032	0.101	-0.049	-0.054
3	0.022	0.065	0.156	0.008	0.018	0.042	0.078	0.010	0.005	-0.007	-0.025	0.011	0.018
SUMME(+)	1.527	0.987	0.156	1.576	0.590	0.242	0.078	0.349	0.090	0.032	0.101	0.415	0.018
SUMME(-)	-0.107	-0.307	-2.160	-0.039	-0.582	-1.292	-2.705	-0.046	-0.023	-0.186	-0.217	-0.049	-0.233
SUMME	1.420	0.679	-2.004	1.538	0.009	-1.050	-2.627	0.302	0.067	-0.154	-0.115	0.365	-0.215
FAKTOR		a*a				a				a*a			1/a

INFOLGE EINZELMOMENT Mt=1

IN	M 0.4	0.7	1.0	Q 0	0.4	0.7	1.0	T 0	0.4	0.7	1.0	q 0.4	1.0
0.0*L1	0.000	0.000	-0.000	0.000	-0.000	-0.000	-0.000	1.000	-0.000	-0.000	-0.000	-0.000	-0.000
0.1*L1	0.252	0.059	-0.170	0.445	-0.102	-0.140	-0.172	0.664	-0.063	-0.044	-0.028	-0.074	-0.033
0.2*L1	0.489	0.127	-0.331	0.601	-0.167	-0.277	-0.344	0.473	-0.143	-0.088	-0.055	-0.192	-0.065
0.3*L1	0.685	0.208	-0.473	0.601	-0.151	-0.404	-0.515	0.362	-0.262	-0.136	-0.080	-0.406	-0.097
0.4*L1	0.788	0.304	-0.587	0.528	0.020	-0.508	-0.684	0.290	-0.456	-0.192	-0.104	-0.789	-0.130
								0.544					
0.5*L1	0.747	0.408	-0.664	0.428	0.199	-0.565	-0.845	0.236	0.351	-0.267	-0.127	-0.404	-0.168
0.6*L1	0.623	0.496	-0.694	0.326	0.242	-0.536	-0.990	0.189	0.231	-0.380	-0.153	-0.191	-0.218
0.7*L1	0.473	0.519	-0.674	0.234	0.216	-0.350	-1.102	0.145	0.154	-0.563	-0.187	-0.083	-0.296
										0.437			
0.8*L1	0.329	0.425	-0.607	0.158	0.163	-0.151	-1.153	0.103	0.101	0.258	-0.242	-0.035	-0.426
0.9*L1	0.206	0.274	-0.510	0.099	0.103	-0.084	-1.098	0.065	0.062	0.156	-0.337	-0.019	-0.649
1.0*L1	0.110	0.124	-0.432	0.054	0.051	-0.077	-0.865	0.033	0.034	0.099	-0.507	-0.018	-1.032
0.0*L2	0.110	0.124	-0.432	0.054	0.051	-0.077	-0.865	0.033	0.034	0.099	0.493	-0.018	-1.032
0.1*L2	0.053	0.024	-0.423	0.029	0.018	-0.088	-0.641	0.013	0.019	0.072	0.348	-0.022	-0.699
0.2*L2	0.012	-0.050	-0.436	0.011	-0.006	-0.101	-0.500	-0.001	0.007	0.055	0.254	-0.025	-0.478
0.3*L2	-0.015	-0.099	-0.445	-0.001	-0.022	-0.109	-0.407	-0.011	-0.000	0.043	0.192	-0.027	-0.332
0.4*L2	-0.030	-0.125	-0.435	-0.008	-0.031	-0.111	-0.338	-0.016	-0.004	0.035	0.149	-0.028	-0.235
0.5*L2	-0.036	-0.131	-0.403	-0.011	-0.034	-0.105	-0.281	-0.018	-0.007	0.029	0.117	-0.026	-0.169
0.6*L2	-0.036	-0.122	-0.352	-0.012	-0.032	-0.092	-0.229	-0.017	-0.007	0.023	0.091	-0.023	-0.122
0.7*L2	-0.032	-0.103	-0.286	-0.010	-0.027	-0.076	-0.178	-0.015	-0.006	0.018	0.069	-0.019	-0.087
0.8*L2	-0.024	-0.078	-0.213	-0.008	-0.021	-0.056	-0.130	-0.011	-0.005	0.013	0.050	-0.014	-0.061
0.9*L2	-0.016	-0.051	-0.141	-0.005	-0.014	-0.037	-0.086	-0.007	-0.003	0.009	0.033	-0.009	-0.041
1.0*L2	-0.008	-0.026	-0.075	-0.003	-0.007	-0.020	-0.048	-0.004	-0.002	0.005	0.019	-0.005	-0.025
FAKTOR					1/a								1/(a*a)

INFOLGE STRECKENMOMENT mt=1

IN FELD	M 0.4	0.7	1.0	Q 0	0.4	0.7	1.0	T 0	0.4	0.7	1.0	q 0.4	1.0
1,BIS SPRUNG					-0.221	-1.320			-0.340	-0.686			
1,REST	2.337	1.449	-2.472	1.752	0.493	-0.212	-3.689	1.504	0.585	0.333	-0.775	-1.063	-1.279
2	-0.031	-0.280	-1.355	0.003	-0.060	-0.331	-1.291	-0.028	0.003	0.139	0.619	-0.082	-1.088
3	0.021	0.057	0.124	0.008	0.016	0.034	0.051	0.009	0.005	-0.005	-0.013	0.009	-0.001
SUMME(+)	2.358	1.506	0.124	1.763	0.509	0.034	0.051	1.513	0.593	0.471	0.619	0.009	0.000
SUMME(-)	-0.031	-0.280	-3.827	0.000	-0.281	-1.863	-4.980	-0.028	-0.340	-0.691	-0.788	-1.145	-2.368
SUMME	2.327	1.227	-3.703	1.763	0.227	-1.828	-4.929	1.485	0.253	-0.219	-0.169	-1.137	-2.368
FAKTOR		a				a				a			1/a

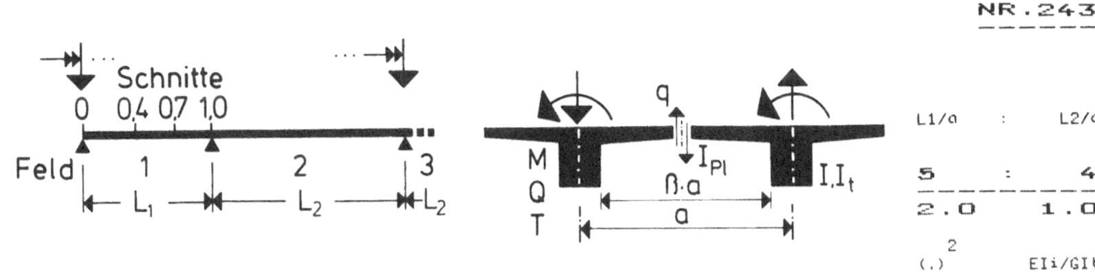

Column groups and section points (IN SCHNITT):

IN SCHNITT	M 0.4	M 0.7	M 1.0	Q 0	Q 0.4	Q 0.7	Q 1.0	T 0	T 0.4	T 0.7	T 1.0	q 0.4	q 1.0

INFOLGE EINZELLAST P=1

IN	M 0.4	M 0.7	M 1.0	Q 0	Q 0.4	Q 0.7	Q 1.0	T 0	T 0.4	T 0.7	T 1.0	q 0.4	q 1.0
0.0*L1	0.000	-0.000	-0.000	1.000	-0.000	0.000	-0.000	0.000	-0.000	-0.000	-0.000	0.000	-0.000
0.1*L1	0.005	-0.004	-0.032	0.532	-0.039	0.002	-0.050	0.184	-0.031	-0.051	-0.025	0.097	-0.054
0.2*L1	0.035	-0.008	-0.064	0.222	-0.116	0.000	-0.100	0.288	-0.043	-0.101	-0.051	0.231	-0.108
0.3*L1	0.123	-0.010	-0.097	0.064	-0.268	-0.011	-0.149	0.316	-0.018	-0.146	-0.077	0.404	-0.162
0.4*L1	0.311	-0.003	-0.132	0.001	-0.499	-0.045	-0.199	0.297	0.047	-0.180	-0.103	0.516	-0.215
(0.4*L1 Sprung)				0.501									
0.5*L1	0.122	0.031	-0.168	-0.015	0.269	-0.127	-0.251	0.254	0.112	-0.190	-0.128	0.402	-0.260
0.6*L1	0.032	0.122	-0.205	-0.013	0.115	-0.286	-0.314	0.201	0.136	-0.163	-0.149	0.229	-0.288
0.7*L1	-0.001	0.312	-0.233	-0.008	0.037	-0.524	-0.403	0.145	0.122	-0.098	-0.158	0.104	-0.279
(0.7*L1 Sprung)				0.476									
0.8*L1	-0.007	0.123	-0.236	-0.004	0.007	0.238	-0.540	0.089	0.084	-0.032	-0.143	0.037	-0.214
0.9*L1	-0.004	0.033	-0.176	-0.001	-0.001	0.080	-0.745	0.038	0.037	-0.003	-0.090	0.009	-0.093
1.0*L1	-0.000	-0.000	0.000	-0.000	-0.000	0.000	-1.000	-0.000	-0.000	-0.000	-0.000	-0.000	-0.000
0.0*L2	0.000	-0.000	-0.000	0.000	0.000	-0.000	-0.000	-0.000	-0.000	0.000	0.000	-0.000	0.000
0.1*L2	0.002	-0.007	-0.146	0.000	0.002	-0.026	-0.169	-0.012	-0.013	0.001	0.073	-0.001	-0.055
0.2*L2	0.003	-0.006	-0.209	0.000	0.003	-0.033	-0.266	-0.014	-0.015	0.003	0.120	-0.000	-0.147
0.3*L2	0.003	-0.004	-0.219	0.000	0.004	-0.032	-0.300	-0.011	-0.013	0.005	0.139	0.001	-0.212
0.4*L2	0.003	-0.002	-0.200	0.000	0.004	-0.026	-0.290	-0.008	-0.010	0.005	0.137	0.001	-0.237
0.5*L2	0.003	-0.000	-0.168	0.000	0.003	-0.021	-0.254	-0.006	-0.007	0.005	0.121	0.002	-0.226
0.6*L2	0.002	0.001	-0.131	0.000	0.003	-0.015	-0.203	-0.004	-0.005	0.004	0.098	0.002	-0.192
0.7*L2	0.001	0.001	-0.093	0.000	0.002	-0.010	-0.147	-0.002	-0.003	0.003	0.071	0.001	-0.144
0.8*L2	0.001	0.001	-0.056	0.000	0.001	-0.006	-0.090	-0.001	-0.002	0.002	0.044	0.001	-0.090
0.9*L2	0.000	0.000	-0.023	0.000	0.001	-0.002	-0.038	-0.000	-0.001	0.001	0.019	0.000	-0.039
1.0*L2	0.000	0.000	0.000	-0.000	0.000	0.000	-0.000	-0.000	-0.000	-0.000	-0.000	0.000	-0.000
FAKTOR	a							a				1/a	

INFOLGE STRECKENLAST P=1

IN FELD	M 0.4	M 0.7	M 1.0	Q 0	Q 0.4	Q 0.7	Q 1.0	T 0	T 0.4	T 0.7	T 1.0	q 0.4	q 1.0
1,BIS SPRUNG						-0.327	-0.354			-0.039	-0.446		
1,REST	0.288	0.278	-0.683	0.617	0.328	0.269	-1.618	0.915	0.262	-0.039	-0.467	1.018	-0.839
2	0.008	-0.007	-0.505	0.001	0.009	-0.070	-0.710	-0.024	-0.028	0.011	0.332	0.003	-0.538
3	-0.000	-0.000	0.020	-0.000	-0.000	0.002	0.033	0.000	0.000	-0.001	-0.016	-0.000	0.036
SUMME(+)	0.295	0.278	0.020	0.618	0.336	0.271	0.033	0.915	0.262	0.011	0.332	1.020	0.036
SUMME(-)	-0.000	-0.007	-1.188	-0.000	-0.327	-0.424	-2.328	-0.024	-0.067	-0.485	-0.484	-0.000	-1.376
SUMME	0.295	0.271	-1.168	0.618	0.009	-0.152	-2.295	0.891	0.196	-0.474	-0.152	1.020	-1.341
FAKTOR	a*a			a				a*a				1/a	

INFOLGE EINZELMOMENT Mt=1

IN	M 0.4	M 0.7	M 1.0	Q 0	Q 0.4	Q 0.7	Q 1.0	T 0	T 0.4	T 0.7	T 1.0	q 0.4	q 1.0
0.0*L1	0.000	-0.000	-0.000	0.000	-0.000	-0.000	-0.000	1.000	-0.000	-0.000	-0.000	0.000	-0.000
0.1*L1	0.049	0.000	-0.064	0.348	-0.076	-0.012	-0.101	0.725	-0.063	-0.095	-0.050	0.080	-0.106
0.2*L1	0.117	0.005	-0.128	0.310	-0.149	-0.031	-0.203	0.643	-0.128	-0.187	-0.101	0.096	-0.210
0.3*L1	0.204	0.019	-0.193	0.188	-0.171	-0.065	-0.307	0.602	-0.218	-0.271	-0.150	-0.081	-0.311
0.4*L1	0.261	0.054	-0.257	0.090	0.004	-0.121	-0.415	0.550	-0.407	-0.345	-0.198	-0.719	-0.406
(0.4*L1 Sprung)								0.593					
0.5*L1	0.205	0.117	-0.316	0.033	0.180	-0.188	-0.532	0.476	0.403	-0.413	-0.241	-0.074	-0.489
0.6*L1	0.119	0.204	-0.366	0.007	0.162	-0.214	-0.665	0.388	0.310	-0.502	-0.276	0.117	-0.556
0.7*L1	0.058	0.262	-0.393	-0.002	0.103	-0.046	-0.813	0.293	0.240	-0.685	-0.302	0.125	-0.617
(0.7*L1 Sprung)										0.315			
0.8*L1	0.025	0.206	-0.385	-0.003	0.056	0.122	-0.961	0.199	0.169	0.136	-0.322	0.085	-0.714
0.9*L1	0.011	0.120	-0.336	-0.002	0.028	0.099	-1.040	0.116	0.101	0.065	-0.365	0.047	-0.966
1.0*L1	0.007	0.058	-0.288	-0.001	0.015	0.038	-0.881	0.053	0.045	0.034	-0.507	0.024	-1.623
0.0*L2	0.007	0.058	-0.288	-0.001	0.015	0.038	-0.881	0.053	0.045	0.034	0.493	0.024	-1.623
0.1*L2	0.006	0.029	-0.309	-0.000	0.011	-0.002	-0.689	0.021	0.015	0.021	0.365	0.013	-1.030
0.2*L2	0.006	0.013	-0.341	0.000	0.009	-0.025	-0.616	0.003	-0.002	0.015	0.311	0.008	-0.739
0.3*L2	0.006	0.005	-0.351	0.000	0.008	-0.036	-0.574	-0.006	-0.009	0.012	0.282	0.006	-0.595
0.4*L2	0.005	0.003	-0.334	0.000	0.007	-0.037	-0.526	-0.008	-0.011	0.011	0.255	0.004	-0.510
0.5*L2	0.005	0.002	-0.296	0.000	0.006	-0.034	-0.461	-0.008	-0.011	0.009	0.223	0.004	-0.438
0.6*L2	0.004	0.001	-0.245	0.000	0.005	-0.028	-0.381	-0.006	-0.009	0.008	0.184	0.003	-0.363
0.7*L2	0.003	0.001	-0.188	0.000	0.004	-0.021	-0.294	-0.005	-0.007	0.006	0.142	0.002	-0.282
0.8*L2	0.002	0.001	-0.131	0.000	0.003	-0.015	-0.207	-0.003	-0.004	0.004	0.100	0.002	-0.200
0.9*L2	0.001	0.001	-0.081	0.000	0.002	-0.009	-0.128	-0.002	-0.003	0.003	0.062	0.001	-0.125
1.0*L2	0.001	0.000	-0.042	0.000	0.001	-0.005	-0.066	-0.001	-0.001	0.001	0.032	0.001	-0.064
FAKTOR				1/a								1/(a*a)	

INFOLGE STRECKENMOMENT mt=1

IN FELD	M 0.4	M 0.7	M 1.0	Q 0	Q 0.4	Q 0.7	Q 1.0	T 0	T 0.4	T 0.7	T 1.0	q 0.4	q 1.0
1,BIS SPRUNG						-0.215	-0.342			-0.297	-1.071		
1,REST	0.528	0.509	-1.294	0.513	0.284	0.126	-2.759	2.242	0.761	0.177	-1.122	-0.070	-2.557
2	0.017	0.033	-0.978	0.001	0.025	-0.078	-1.732	0.003	-0.009	0.042	0.869	0.022	-2.026
3	0.000	-0.000	-0.001	0.000	-0.000	-0.001	0.001	-0.000	-0.000	-0.000	-0.001	-0.000	0.006
SUMME(+)	0.544	0.542	0.000	0.514	0.309	0.126	0.001	2.245	0.761	0.220	0.869	0.022	0.006
SUMME(-)	0.000	-0.000	-2.273	0.000	-0.215	-0.420	-4.491	-0.000	-0.307	-1.071	-1.123	-0.070	-4.583
SUMME	0.544	0.541	-2.273	0.514	0.094	-0.294	-4.490	2.245	0.455	-0.851	-0.254	-0.048	-4.577
FAKTOR	a							a				1/a	

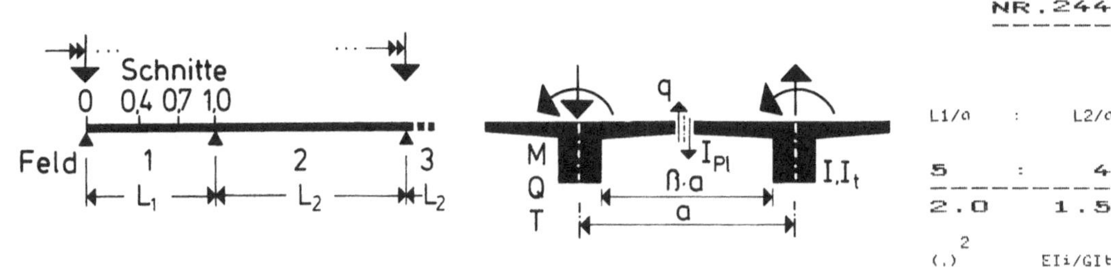

| | M | | | Q | | | | T | | | | q | |
IN SCHNITT	0.4	0.7	1.0	0	0.4	0.7	1.0	0	0.4	0.7	1.0	0.4	1.0

INFOLGE EINZELLAST P=1

IN	M 0.4	M 0.7	M 1.0	Q 0	Q 0.4	Q 0.7	Q 1.0	T 0	T 0.4	T 0.7	T 1.0	q 0.4	q 1.0
0.0*L1	0.000	-0.000	-0.000	1.000	-0.000	-0.000	-0.000	0.000	-0.000	-0.000	-0.000	0.000	-0.000
0.1*L1	0.021	-0.006	-0.040	0.583	-0.058	-0.005	-0.052	0.157	-0.023	-0.049	-0.025	0.102	-0.050
0.2*L1	0.069	-0.010	-0.080	0.287	-0.147	-0.014	-0.104	0.253	-0.030	-0.096	-0.051	0.225	-0.099
0.3*L1	0.173	-0.008	-0.121	0.117	-0.294	-0.036	-0.156	0.287	-0.008	-0.137	-0.077	0.366	-0.147
0.4*L1	0.367	0.007	-0.163	0.034	-0.501	-0.083	-0.211	0.276	0.044	-0.165	-0.101	0.451	-0.191
(Sprung)					0.499								
0.5*L1	0.171	0.054	-0.205	0.001	0.292	-0.175	-0.271	0.240	0.095	-0.172	-0.124	0.365	-0.226
0.6*L1	0.065	0.158	-0.242	-0.008	0.146	-0.329	-0.345	0.192	0.115	-0.147	-0.140	0.228	-0.242
0.7*L1	0.018	0.353	-0.267	-0.008	0.061	-0.545	-0.444	0.138	0.104	-0.093	-0.144	0.118	-0.226
(Sprung)						0.455							
0.8*L1	0.001	0.155	-0.259	-0.005	0.020	0.240	-0.584	0.085	0.072	-0.038	-0.126	0.051	-0.167
0.9*L1	-0.002	0.048	-0.185	-0.002	0.004	0.087	-0.776	0.036	0.033	-0.009	-0.077	0.015	-0.070
1.0*L1	-0.000	0.000	-0.000	-0.000	-0.000	0.000	-1.000	0.000	-0.000	0.000	0.000	0.000	0.000
0.0*L2	0.000	-0.000	-0.000	0.000	-0.000	-0.000	-0.000	-0.000	-0.000	0.000	0.000	-0.000	0.000
0.1*L2	0.002	-0.015	-0.149	0.001	-0.000	-0.033	-0.148	-0.013	-0.013	0.004	0.061	-0.004	-0.039
0.2*L2	0.003	-0.019	-0.220	0.001	0.000	-0.046	-0.239	-0.017	-0.017	0.006	0.103	-0.005	-0.107
0.3*L2	0.003	-0.017	-0.238	0.001	0.001	-0.047	-0.276	-0.016	-0.016	0.008	0.122	-0.005	-0.160
0.4*L2	0.003	-0.014	-0.224	0.001	0.001	-0.042	-0.272	-0.014	-0.014	0.008	0.123	-0.004	-0.183
0.5*L2	0.003	-0.011	-0.192	0.001	0.002	-0.035	-0.242	-0.011	-0.011	0.007	0.111	-0.003	-0.179
0.6*L2	0.002	-0.007	-0.151	0.001	0.001	-0.026	-0.196	-0.008	-0.008	0.006	0.091	-0.002	-0.155
0.7*L2	0.002	-0.005	-0.108	0.000	0.001	-0.018	-0.142	-0.005	-0.006	0.004	0.066	-0.001	-0.117
0.8*L2	0.001	-0.003	-0.066	0.000	0.001	-0.011	-0.088	-0.003	-0.003	0.003	0.041	-0.001	-0.074
0.9*L2	0.000	-0.001	-0.028	0.000	0.000	-0.005	-0.038	-0.001	-0.001	0.001	0.018	-0.000	-0.032
1.0*L2	0.000	0.000	-0.000	-0.000	-0.000	0.000	-0.000	0.000	-0.000	0.000	0.000	0.000	0.000
FAKTOR	a							a				1/a	

INFOLGE STRECKENLAST P=1

IN FELD	M 0.4	M 0.7	M 1.0	Q 0	Q 0.4	Q 0.7	Q 1.0	T 0	T 0.4	T 0.7	T 1.0	q 0.4	q 1.0
1,BIS SPRUNG						-0.368	-0.448			-0.023	-0.411		
1,REST	0.422	0.356	-0.792	0.730	0.377	0.270	-1.714	0.841	0.224	-0.044	-0.437	0.964	-0.711
2	0.008	-0.037	-0.557	0.003	0.003	-0.107	-0.663	-0.036	-0.036	0.019	0.297	-0.010	-0.420
3	-0.001	0.001	0.038	-0.000	-0.000	0.006	0.051	0.002	0.002	-0.002	-0.024	0.000	0.046
SUMME(+)	0.430	0.358	0.038	0.733	0.380	0.276	0.051	0.843	0.226	0.019	0.297	0.965	0.046
SUMME(-)	-0.001	-0.037	-1.350	-0.000	-0.368	-0.554	-2.378	-0.036	-0.059	-0.456	-0.461	-0.010	-1.131
SUMME	0.429	0.320	-1.312	0.733	0.013	-0.278	-2.326	0.807	0.167	-0.438	-0.164	0.954	-1.085
FAKTOR	a*a			a				a*a					

INFOLGE EINZELMOMENT Mt=1

IN	M 0.4	M 0.7	M 1.0	Q 0	Q 0.4	Q 0.7	Q 1.0	T 0	T 0.4	T 0.7	T 1.0	q 0.4	q 1.0
0.0*L1	0.000	0.000	-0.000	0.000	-0.000	-0.000	-0.000	1.000	-0.000	-0.000	-0.000	0.000	-0.000
0.1*L1	0.078	0.002	-0.079	0.398	-0.095	-0.026	-0.107	0.698	-0.056	-0.090	-0.050	0.070	-0.095
0.2*L1	0.172	0.010	-0.158	0.385	-0.177	-0.061	-0.215	0.601	-0.118	-0.176	-0.099	0.068	-0.188
0.3*L1	0.279	0.032	-0.236	0.262	-0.193	-0.112	-0.326	0.559	-0.213	-0.254	-0.147	-0.134	-0.277
0.4*L1	0.344	0.079	-0.310	0.148	0.003	-0.181	-0.444	0.513	-0.415	-0.322	-0.191	-0.784	-0.357
(Sprung)									0.585				
0.5*L1	0.282	0.158	-0.377	0.071	0.202	-0.255	-0.573	0.448	0.382	-0.389	-0.230	-0.123	-0.425
0.6*L1	0.180	0.257	-0.427	0.029	0.197	-0.274	-0.716	0.367	0.283	-0.482	-0.260	0.096	-0.480
0.7*L1	0.100	0.318	-0.448	0.009	0.137	-0.086	-0.872	0.278	0.214	-0.675	-0.282	0.126	-0.537
(Sprung)										0.325			
0.8*L1	0.050	0.252	-0.427	0.002	0.080	0.103	-1.017	0.189	0.149	0.138	-0.302	0.093	-0.641
0.9*L1	0.025	0.149	-0.364	-0.000	0.043	0.090	-1.078	0.109	0.088	0.064	-0.352	0.054	-0.909
1.0*L1	0.013	0.067	-0.308	0.000	0.021	0.027	-0.889	0.048	0.037	0.034	-0.508	0.025	-1.575
0.0*L2	0.013	0.067	-0.308	0.000	0.021	0.027	-0.889	0.048	0.037	0.034	0.492	0.025	-1.575
0.1*L2	0.010	0.025	-0.330	0.001	0.013	-0.016	-0.676	0.015	0.010	0.024	0.354	0.010	-0.976
0.2*L2	0.008	0.001	-0.367	0.001	0.008	-0.045	-0.590	-0.004	-0.007	0.019	0.292	0.002	-0.671
0.3*L2	0.007	-0.011	-0.383	0.002	0.005	-0.059	-0.544	-0.013	-0.015	0.017	0.260	-0.002	-0.516
0.4*L2	0.006	-0.015	-0.370	0.002	0.004	-0.061	-0.498	-0.016	-0.018	0.015	0.234	-0.003	-0.428
0.5*L2	0.006	-0.015	-0.332	0.002	0.004	-0.056	-0.438	-0.016	-0.017	0.013	0.204	-0.004	-0.362
0.6*L2	0.005	-0.013	-0.277	0.001	0.003	-0.047	-0.365	-0.013	-0.014	0.011	0.169	-0.003	-0.298
0.7*L2	0.004	-0.010	-0.214	0.001	0.002	-0.036	-0.282	-0.010	-0.011	0.008	0.131	-0.002	-0.231
0.8*L2	0.002	-0.007	-0.150	0.001	0.002	-0.025	-0.198	-0.007	-0.008	0.006	0.092	-0.002	-0.164
0.9*L2	0.002	-0.004	-0.092	0.000	0.001	-0.016	-0.122	-0.004	-0.005	0.004	0.057	-0.001	-0.101
1.0*L2	0.001	-0.002	-0.046	0.000	0.000	-0.008	-0.060	-0.002	-0.002	0.002	0.028	-0.001	-0.050
FAKTOR				1/a								1/(a*a)	

INFOLGE STRECKENMOMENT mt=1

IN FELD	M 0.4	M 0.7	M 1.0	Q 0	Q 0.4	Q 0.7	Q 1.0	T 0	T 0.4	T 0.7	T 1.0	q 0.4	q 1.0
1,BIS SPRUNG						-0.251	-0.493			-0.287	-1.017		
1,REST	0.762	0.647	-1.494	0.683	0.352	0.100	-2.917	2.125	0.703	0.180	-1.076	-0.174	-2.312
2	0.022	-0.008	-1.078	0.004	0.021	-0.143	-1.667	-0.020	-0.028	0.054	0.816	0.003	-1.799
3	-0.000	0.001	0.024	-0.000	-0.000	0.004	0.034	0.001	0.001	-0.001	-0.016	0.000	0.033
SUMME(+)	0.784	0.648	0.024	0.688	0.373	0.103	0.034	2.125	0.704	0.233	0.816	0.003	0.033
SUMME(-)	-0.000	-0.008	-2.572	-0.000	-0.252	-0.635	-4.584	-0.020	-0.315	-1.018	-1.092	-0.174	-4.111
SUMME	0.783	0.640	-2.548	0.688	0.121	-0.532	-4.549	2.105	0.389	-0.785	-0.276	-0.171	-4.078
FAKTOR	a							a				1/a	

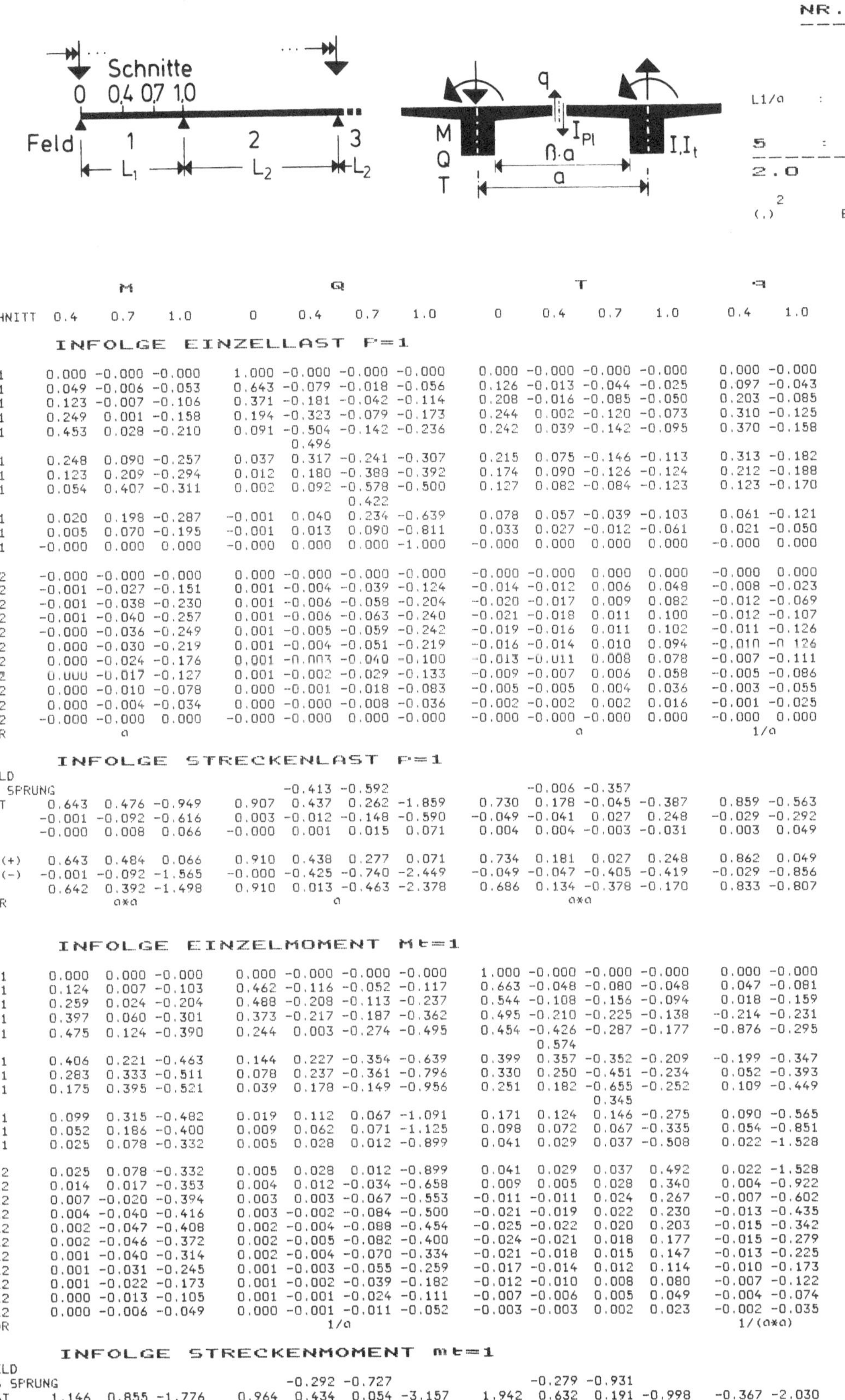

| | M | | | Q | | | | T | | | | q | |
IN SCHNITT	0.4	0.7	1.0	0	0.4	0.7	1.0	0	0.4	0.7	1.0	0.4	1.0

INFOLGE EINZELLAST P=1

IN	M 0.4	M 0.7	M 1.0	Q 0	Q 0.4	Q 0.7	Q 1.0	T 0	T 0.4	T 0.7	T 1.0	q 0.4	q 1.0
0.0*L1	0.000	-0.000	-0.000	1.000	-0.000	-0.000	-0.000	0.000	-0.000	-0.000	-0.000	0.000	-0.000
0.1*L1	0.049	-0.006	-0.053	0.643	-0.079	-0.018	-0.056	0.126	-0.013	-0.044	-0.025	0.097	-0.043
0.2*L1	0.123	-0.007	-0.106	0.371	-0.181	-0.042	-0.114	0.208	-0.016	-0.085	-0.050	0.203	-0.085
0.3*L1	0.249	0.001	-0.158	0.194	-0.323	-0.079	-0.173	0.244	0.002	-0.120	-0.073	0.310	-0.125
0.4*L1	0.453	0.028	-0.210	0.091	-0.504	-0.142	-0.236	0.242	0.039	-0.142	-0.095	0.370	-0.158
					0.496								
0.5*L1	0.248	0.090	-0.257	0.037	0.317	-0.241	-0.307	0.215	0.075	-0.146	-0.113	0.313	-0.182
0.6*L1	0.123	0.209	-0.294	0.012	0.180	-0.388	-0.392	0.174	0.090	-0.126	-0.124	0.212	-0.188
0.7*L1	0.054	0.407	-0.311	0.002	0.092	-0.578	-0.500	0.127	0.082	-0.084	-0.123	0.123	-0.170
						0.422							
0.8*L1	0.020	0.198	-0.287	-0.001	0.040	0.234	-0.639	0.078	0.057	-0.039	-0.103	0.061	-0.121
0.9*L1	0.005	0.070	-0.195	-0.001	0.013	0.090	-0.811	0.033	0.027	-0.012	-0.061	0.021	-0.050
1.0*L1	-0.000	0.000	0.000	-0.000	0.000	0.000	-1.000	-0.000	0.000	0.000	0.000	-0.000	0.000
0.0*L2	-0.000	-0.000	-0.000	0.000	-0.000	-0.000	-0.000	-0.000	-0.000	0.000	0.000	-0.000	0.000
0.1*L2	-0.001	-0.027	-0.151	0.001	-0.004	-0.039	-0.124	-0.014	-0.012	0.006	0.048	-0.008	-0.023
0.2*L2	-0.001	-0.038	-0.230	0.001	-0.006	-0.058	-0.204	-0.020	-0.017	0.009	0.082	-0.012	-0.069
0.3*L2	-0.001	-0.040	-0.257	0.001	-0.006	-0.063	-0.240	-0.021	-0.018	0.011	0.100	-0.012	-0.107
0.4*L2	-0.000	-0.036	-0.249	0.001	-0.005	-0.059	-0.242	-0.019	-0.016	0.011	0.102	-0.011	-0.126
0.5*L2	0.000	-0.030	-0.219	0.001	-0.004	-0.051	-0.219	-0.016	-0.014	0.010	0.094	-0.010	-0.126
0.6*L2	0.000	-0.024	-0.176	0.001	-0.003	-0.040	-0.100	-0.013	-0.011	0.008	0.078	-0.007	-0.111
0.7*L2	0.000	-0.017	-0.127	0.001	-0.002	-0.029	-0.133	-0.009	-0.007	0.006	0.058	-0.005	-0.086
0.8*L2	0.000	-0.010	-0.078	0.000	-0.001	-0.018	-0.083	-0.005	-0.005	0.004	0.036	-0.003	-0.055
0.9*L2	0.000	-0.004	-0.034	0.000	-0.000	-0.008	-0.036	-0.002	-0.002	0.002	0.016	-0.001	-0.025
1.0*L2	-0.000	-0.000	0.000	-0.000	-0.000	0.000	-0.000	-0.000	-0.000	-0.000	0.000	-0.000	0.000
FAKTOR	a							a				1/a	

INFOLGE STRECKENLAST p=1

IN FELD	M 0.4	M 0.7	M 1.0	Q 0	Q 0.4	Q 0.7	Q 1.0	T 0	T 0.4	T 0.7	T 1.0	q 0.4	q 1.0
1,BIS SPRUNG						-0.413	-0.592			-0.006	-0.357		
1,REST	0.643	0.476	-0.949	0.907	0.437	0.262	-1.859	0.730	0.178	-0.045	-0.387	0.859	-0.563
2	-0.001	-0.092	-0.616	0.003	-0.012	-0.148	-0.590	-0.049	-0.041	0.027	0.248	-0.029	-0.292
3	-0.000	0.008	0.066	-0.000	0.001	0.015	0.071	0.004	0.004	-0.003	-0.031	0.003	0.049
SUMME(+)	0.643	0.484	0.066	0.910	0.438	0.277	0.071	0.734	0.181	0.027	0.248	0.862	0.049
SUMME(-)	-0.001	-0.092	-1.565	-0.000	-0.425	-0.740	-2.449	-0.049	-0.047	-0.405	-0.419	-0.029	-0.856
SUMME	0.642	0.392	-1.498	0.910	0.013	-0.463	-2.378	0.686	0.134	-0.378	-0.170	0.833	-0.807
FAKTOR	a*a			a				a*a					

INFOLGE EINZELMOMENT Mt=1

IN	M 0.4	M 0.7	M 1.0	Q 0	Q 0.4	Q 0.7	Q 1.0	T 0	T 0.4	T 0.7	T 1.0	q 0.4	q 1.0
0.0*L1	0.000	0.000	-0.000	0.000	-0.000	-0.000	-0.000	1.000	-0.000	-0.000	-0.000	0.000	-0.000
0.1*L1	0.124	0.007	-0.103	0.462	-0.116	-0.052	-0.117	0.663	-0.048	-0.080	-0.048	0.047	-0.081
0.2*L1	0.259	0.024	-0.204	0.488	-0.208	-0.113	-0.237	0.544	-0.108	-0.156	-0.094	0.018	-0.159
0.3*L1	0.397	0.060	-0.301	0.373	-0.217	-0.187	-0.362	0.495	-0.210	-0.225	-0.138	-0.214	-0.231
0.4*L1	0.475	0.124	-0.390	0.244	0.003	-0.274	-0.495	0.454	-0.426	-0.287	-0.177	-0.876	-0.295
									0.574				
0.5*L1	0.406	0.221	-0.463	0.144	0.227	-0.354	-0.639	0.399	0.357	-0.352	-0.209	-0.199	-0.347
0.6*L1	0.283	0.333	-0.511	0.078	0.237	-0.361	-0.796	0.330	0.250	-0.451	-0.234	0.052	-0.393
0.7*L1	0.175	0.395	-0.521	0.039	0.178	-0.149	-0.956	0.251	0.182	-0.655	-0.252	0.109	-0.449
										0.345			
0.8*L1	0.099	0.315	-0.482	0.019	0.112	0.067	-1.091	0.171	0.124	0.146	-0.275	0.090	-0.565
0.9*L1	0.052	0.186	-0.400	0.009	0.062	0.071	-1.125	0.098	0.072	0.067	-0.335	0.054	-0.851
1.0*L1	0.025	0.078	-0.332	0.005	0.028	0.012	-0.899	0.041	0.029	0.037	-0.508	0.022	-1.528
0.0*L2	0.025	0.078	-0.332	0.005	0.028	0.012	-0.899	0.041	0.029	0.037	0.492	0.022	-1.528
0.1*L2	0.014	0.017	-0.353	0.004	0.012	-0.034	-0.658	0.009	0.005	0.028	0.340	0.004	-0.922
0.2*L2	0.007	-0.020	-0.394	0.003	0.003	-0.067	-0.553	-0.011	-0.011	0.024	0.267	-0.007	-0.602
0.3*L2	0.004	-0.040	-0.416	0.003	-0.002	-0.084	-0.500	-0.021	-0.019	0.022	0.230	-0.013	-0.435
0.4*L2	0.002	-0.047	-0.408	0.002	-0.004	-0.088	-0.454	-0.025	-0.022	0.020	0.203	-0.015	-0.342
0.5*L2	0.002	-0.046	-0.372	0.002	-0.005	-0.082	-0.400	-0.024	-0.021	0.018	0.177	-0.015	-0.279
0.6*L2	0.001	-0.040	-0.314	0.002	-0.004	-0.070	-0.334	-0.021	-0.018	0.015	0.147	-0.013	-0.225
0.7*L2	0.001	-0.031	-0.245	0.001	-0.003	-0.055	-0.259	-0.017	-0.014	0.012	0.114	-0.010	-0.173
0.8*L2	0.001	-0.022	-0.173	0.001	-0.002	-0.039	-0.182	-0.012	-0.010	0.008	0.080	-0.007	-0.122
0.9*L2	0.000	-0.013	-0.105	0.001	-0.001	-0.024	-0.111	-0.007	-0.006	0.005	0.049	-0.004	-0.074
1.0*L2	0.000	-0.006	-0.049	0.000	-0.001	-0.011	-0.052	-0.003	-0.003	0.002	0.023	-0.002	-0.035
FAKTOR				1/a								1/(a*a)	

INFOLGE STRECKENMOMENT mt=1

IN FELD	M 0.4	M 0.7	M 1.0	Q 0	Q 0.4	Q 0.7	Q 1.0	T 0	T 0.4	T 0.7	T 1.0	q 0.4	q 1.0
1,BIS SPRUNG						-0.292	-0.727			-0.279	-0.931		
1,REST	1.146	0.855	-1.776	0.964	0.434	0.054	-3.157	1.942	0.632	0.191	-0.998	-0.367	-2.030
2	0.017	-0.085	-1.190	0.009	0.002	-0.219	-1.561	-0.045	-0.042	0.068	0.739	-0.028	-1.557
3	-0.000	0.008	0.066	-0.000	0.001	0.014	0.071	0.004	0.004	-0.003	0.031	0.003	0.050
SUMME(+)	1.163	0.863	0.066	0.972	0.436	0.069	0.071	1.946	0.635	0.259	0.739	0.003	0.050
SUMME(-)	-0.000	-0.085	-2.966	-0.000	-0.292	-0.945	-4.717	-0.045	-0.321	-0.934	-1.029	-0.396	-3.587
SUMME	1.163	0.778	-2.900	0.972	0.144	-0.877	-4.646	1.901	0.315	-0.675	-0.290	-0.393	-3.536
FAKTOR	a							a				1/a	

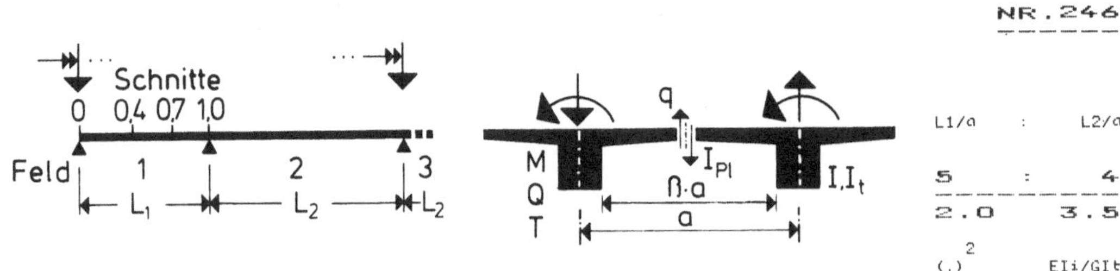

IN SCHNITT	M 0.4	M 0.7	M 1.0	Q 0	Q 0.4	Q 0.7	Q 1.0	T 0	T 0.4	T 0.7	T 1.0	q 0.4	q 1.0

INFOLGE EINZELLAST P=1

IN	M 0.4	M 0.7	M 1.0	Q 0	Q 0.4	Q 0.7	Q 1.0	T 0	T 0.4	T 0.7	T 1.0	q 0.4	q 1.0
0.0*L1	0.000	-0.000	-0.000	1.000	-0.000	-0.000	-0.000	0.000	-0.000	-0.000	-0.000	0.000	-0.000
0.1*L1	0.071	-0.004	-0.063	0.679	-0.091	-0.029	-0.061	0.106	-0.009	-0.040	-0.024	0.089	-0.038
0.2*L1	0.165	-0.002	-0.126	0.425	-0.200	-0.065	-0.124	0.179	-0.009	-0.076	-0.047	0.181	-0.075
0.3*L1	0.306	0.012	-0.187	0.248	-0.339	-0.114	-0.189	0.212	0.006	-0.106	-0.069	0.270	-0.109
0.4*L1	0.516	0.047	-0.244	0.136	-0.506	-0.185	-0.259	0.214	0.035	-0.125	-0.088	0.318	-0.136
					0.494								
0.5*L1	0.307	0.119	-0.294	0.070	0.330	-0.288	-0.337	0.193	0.063	-0.128	-0.103	0.275	-0.154
0.6*L1	0.169	0.244	-0.330	0.033	0.200	-0.429	-0.428	0.158	0.075	-0.111	-0.111	0.194	-0.156
0.7*L1	0.086	0.443	-0.340	0.014	0.110	-0.603	-0.539	0.116	0.068	-0.075	-0.108	0.119	-0.138
						0.397							
0.8*L1	0.038	0.226	-0.305	0.005	0.053	0.225	-0.674	0.072	0.048	-0.038	-0.089	0.062	-0.097
0.9*L1	0.012	0.084	-0.203	0.001	0.019	0.090	-0.833	0.031	0.022	-0.013	-0.052	0.023	-0.039
1.0*L1	0.000	0.000	0.000	-0.000	0.000	0.000	-1.000	0.000	0.000	0.000	0.000	0.000	-0.000
0.0*L2	-0.000	-0.000	-0.000	-0.000	-0.000	-0.000	-0.000	-0.000	-0.000	0.000	0.000	-0.000	0.000
0.1*L2	-0.004	-0.036	-0.151	-0.000	-0.007	-0.042	-0.109	-0.014	-0.011	0.007	0.040	-0.010	-0.016
0.2*L2	-0.006	-0.052	-0.235	-0.000	-0.011	-0.063	-0.181	-0.021	-0.016	0.011	0.069	-0.015	-0.051
0.3*L2	-0.006	-0.057	-0.267	-0.000	-0.011	-0.070	-0.215	-0.023	-0.017	0.012	0.085	-0.016	-0.080
0.4*L2	-0.006	-0.054	-0.262	0.000	-0.011	-0.068	-0.219	-0.021	-0.016	0.012	0.088	-0.016	-0.096
0.5*L2	-0.005	-0.047	-0.233	0.000	-0.009	-0.059	-0.201	-0.019	-0.014	0.011	0.082	-0.014	-0.097
0.6*L2	-0.004	-0.037	-0.189	0.000	-0.007	-0.048	-0.167	-0.015	-0.011	0.009	0.069	-0.011	-0.087
0.7*L2	-0.002	-0.027	-0.138	0.000	-0.005	-0.035	-0.124	-0.011	-0.008	0.007	0.051	-0.008	-0.068
0.8*L2	-0.001	-0.016	-0.086	0.000	-0.003	-0.021	-0.078	-0.006	-0.005	0.004	0.032	-0.005	-0.044
0.9*L2	-0.001	-0.007	-0.038	0.000	-0.001	-0.009	-0.034	-0.003	-0.002	0.002	0.014	-0.002	-0.020
1.0*L2	-0.000	0.000	0.000	0.000	-0.000	0.000	0.000	0.000	0.000	0.000	0.000	-0.000	-0.000
FAKTOR		a								a			1/a

INFOLGE STRECKENLAST p=1

IN FELD	M 0.4	M 0.7	M 1.0	Q 0	Q 0.4	Q 0.7	Q 1.0	T 0	T 0.4	T 0.7	T 1.0	q 0.4	q 1.0
1,BIS SPRUNG					-0.438	-0.699			0.001	-0.315			
1,REST	0.817	0.566	-1.060	1.042	0.473	0.252	-1.967	0.647	0.149	-0.043	-0.349	0.770	-0.474
2	-0.014	-0.135	-0.647	0.000	-0.026	-0.168	-0.536	-0.054	-0.040	0.030	0.215	-0.039	-0.224
3	0.001	0.016	0.087	-0.000	0.003	0.022	0.079	0.006	0.005	-0.004	-0.033	0.005	0.046
SUMME(+)	0.819	0.583	0.087	1.042	0.476	0.273	0.079	0.653	0.155	0.030	0.215	0.775	0.046
SUMME(-)	-0.014	-0.135	-1.707	-0.000	-0.464	-0.867	-2.504	-0.054	-0.040	-0.363	-0.382	-0.039	-0.698
SUMME	0.804	0.448	-1.620	1.042	0.011	-0.594	-2.424	0.600	0.115	-0.333	-0.167	0.736	-0.651
FAKTOR		a*a				a				a*a			

INFOLGE EINZELMOMENT M t=1

IN	M 0.4	M 0.7	M 1.0	Q 0	Q 0.4	Q 0.7	Q 1.0	T 0	T 0.4	T 0.7	T 1.0	q 0.4	q 1.0
0.0*L1	0.000	0.000	-0.000	0.000	-0.000	-0.000	-0.000	1.000	-0.000	-0.000	-0.000	0.000	-0.000
0.1*L1	0.159	0.014	-0.121	0.504	-0.128	-0.073	-0.128	0.639	-0.045	-0.072	-0.045	0.028	-0.071
0.2*L1	0.325	0.039	-0.238	0.558	-0.225	-0.153	-0.258	0.504	-0.104	-0.140	-0.088	-0.022	-0.139
0.3*L1	0.485	0.085	-0.349	0.453	-0.229	-0.245	-0.394	0.449	-0.210	-0.203	-0.128	-0.272	-0.201
0.4*L1	0.573	0.161	-0.448	0.319	0.003	-0.343	-0.538	0.408	-0.433	-0.261	-0.163	-0.942	-0.254
									0.567				
0.5*L1	0.501	0.269	-0.525	0.206	0.242	-0.425	-0.692	0.360	0.342	-0.325	-0.191	-0.256	-0.299
0.6*L1	0.365	0.388	-0.570	0.124	0.260	-0.425	-0.855	0.298	0.230	-0.428	-0.213	0.014	-0.341
0.7*L1	0.237	0.448	-0.571	0.070	0.202	-0.196	-1.015	0.228	0.162	-0.639	-0.230	0.087	-0.399
										0.361			
0.8*L1	0.140	0.357	-0.518	0.038	0.132	0.038	-1.140	0.155	0.108	0.155	-0.255	0.080	-0.523
0.9*L1	0.075	0.212	-0.424	0.019	0.073	0.054	-1.156	0.089	0.062	0.071	-0.323	0.049	-0.820
1.0*L1	0.035	0.084	-0.347	0.010	0.032	0.002	-0.905	0.036	0.024	0.040	-0.507	0.018	-1.503
0.0*L2	0.035	0.084	-0.347	0.010	0.032	0.002	-0.905	0.036	0.024	0.040	0.493	0.018	-1.503
0.1*L2	0.015	0.010	-0.365	0.005	0.011	-0.044	-0.645	0.005	0.003	0.030	0.331	-0.000	-0.894
0.2*L2	0.004	-0.037	-0.408	0.003	-0.003	-0.078	-0.528	-0.014	-0.011	0.026	0.252	-0.012	-0.566
0.3*L2	-0.002	-0.063	-0.434	0.002	-0.010	-0.096	-0.468	-0.025	-0.019	0.024	0.210	-0.019	-0.392
0.4*L2	-0.005	-0.073	-0.429	0.001	-0.013	-0.101	-0.421	-0.029	-0.022	0.023	0.182	-0.022	-0.296
0.5*L2	-0.006	-0.071	-0.393	0.001	-0.013	-0.096	-0.370	-0.028	-0.021	0.020	0.157	-0.021	-0.234
0.6*L2	-0.005	-0.062	-0.335	0.001	-0.011	-0.082	-0.308	-0.024	-0.019	0.017	0.130	-0.018	-0.185
0.7*L2	-0.004	-0.049	-0.262	0.000	-0.009	-0.065	-0.240	-0.019	-0.015	0.013	0.101	-0.014	-0.141
0.8*L2	-0.003	-0.035	-0.185	0.000	-0.006	-0.046	-0.169	-0.014	-0.010	0.009	0.071	-0.010	-0.098
0.9*L2	-0.002	-0.021	-0.112	0.000	-0.004	-0.028	-0.102	-0.008	-0.006	0.006	0.043	-0.006	-0.059
1.0*L2	-0.001	-0.010	-0.051	0.000	-0.002	-0.013	-0.046	-0.004	-0.003	0.003	0.019	-0.003	-0.027
FAKTOR					1/a								1/(a*a)

INFOLGE STRECKENMOMENT m t=1

IN FELD	M 0.4	M 0.7	M 1.0	Q 0	Q 0.4	Q 0.7	Q 1.0	T 0	T 0.4	T 0.7	T 1.0	q 0.4	q 1.0
1,BIS SPRUNG					-0.314	-0.901			-0.276	-0.864			
1,REST	1.447	1.012	-1.975	1.185	0.482	0.018	-3.339	1.803	0.588	0.202	-0.935	-0.527	-1.862
2	0.003	-0.149	-1.250	0.007	-0.018	-0.259	-1.480	-0.057	-0.045	0.076	0.686	-0.047	-1.427
3	0.002	0.018	0.098	-0.000	0.003	0.024	0.089	0.007	0.005	-0.005	-0.037	0.005	0.052
SUMME(+)	1.451	1.030	0.098	1.192	0.486	0.042	0.089	1.811	0.593	0.277	0.686	0.005	0.052
SUMME(-)	0.000	-0.149	-3.225	-0.000	-0.332	-1.160	-4.819	-0.057	-0.321	-0.869	-0.972	-0.574	-3.288
SUMME	1.451	0.881	-3.128	1.191	0.154	-1.118	-4.730	1.753	0.272	-0.592	-0.286	-0.568	-3.236
FAKTOR		a								a			1/a

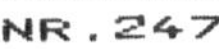

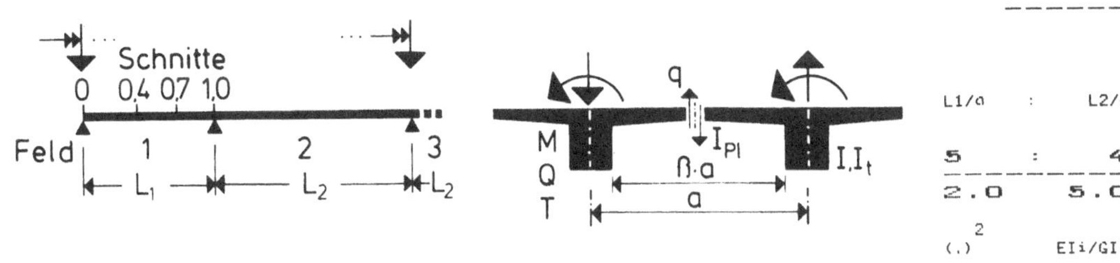

	M			Q				T				q	
IN SCHNITT	0.4	0.7	1.0	0	0.4	0.7	1.0	0	0.4	0.7	1.0	0.4	1.0

INFOLGE EINZELLAST P=1

IN	M 0.4	0.7	1.0	Q 0	0.4	0.7	1.0	T 0	0.4	0.7	1.0	q 0.4	1.0
0.0*L1	0.000	-0.000	-0.000	1.000	-0.000	-0.000	-0.000	0.000	-0.000	-0.000	-0.000	0.000	-0.000
0.1*L1	0.096	0.001	-0.075	0.714	-0.102	-0.043	-0.068	0.087	-0.005	-0.034	-0.022	0.077	-0.033
0.2*L1	0.212	0.007	-0.149	0.480	-0.216	-0.092	-0.138	0.148	-0.004	-0.066	-0.043	0.156	-0.064
0.3*L1	0.369	0.028	-0.219	0.307	-0.352	-0.152	-0.210	0.179	0.009	-0.091	-0.062	0.228	-0.092
0.4*L1	0.586	0.072	-0.283	0.189 / 0.493	-0.507	-0.232	-0.287	0.183	0.031	-0.107	-0.079	0.266	-0.113
0.5*L1	0.373	0.152	-0.335	0.111	0.342	-0.338	-0.372	0.167	0.052	-0.108	-0.091	0.233	-0.126
0.6*L1	0.224	0.283	-0.368	0.062	0.218	-0.473	-0.469	0.138	0.060	-0.094	-0.096	0.171	-0.126
0.7*L1	0.124	0.481	-0.370	0.033	0.127	-0.632 / 0.368	-0.580	0.102	0.055	-0.066	-0.091	0.109	-0.109
0.8*L1	0.061	0.255	-0.325	0.015	0.065	0.212	-0.709	0.064	0.039	-0.035	-0.074	0.059	-0.075
0.9*L1	0.022	0.098	-0.210	0.005	0.024	0.087	-0.854	0.028	0.018	-0.013	-0.042	0.023	-0.031
1.0*L1	0.000	-0.000	0.000	0.000	-0.000	-0.000	-1.000	0.000	-0.000	-0.000	-0.000	0.000	0.000
0.0*L2	-0.000	-0.000	-0.000	-0.000	-0.000	-0.000	-0.000	-0.000	-0.000	0.000	0.000	-0.000	0.000
0.1*L2	-0.009	-0.045	-0.151	-0.002	-0.011	-0.042	-0.095	-0.013	-0.009	0.007	0.033	-0.011	-0.011
0.2*L2	-0.014	-0.068	-0.237	-0.003	-0.016	-0.065	-0.157	-0.020	-0.014	0.011	0.057	-0.017	-0.035
0.3*L2	-0.015	-0.077	-0.273	-0.003	-0.018	-0.074	-0.189	-0.023	-0.015	0.013	0.070	-0.019	-0.057
0.4*L2	-0.015	-0.075	-0.272	-0.003	-0.017	-0.073	-0.195	-0.022	-0.015	0.013	0.074	-0.018	-0.070
0.5*L2	-0.013	-0.066	-0.245	-0.003	-0.015	-0.065	-0.179	-0.020	-0.013	0.012	0.069	-0.016	-0.072
0.6*L2	-0.010	-0.053	-0.201	-0.002	-0.012	-0.053	-0.150	-0.016	-0.011	0.010	0.058	-0.013	-0.065
0.7*L2	-0.007	-0.039	-0.140	-0.002	-0.009	-0.039	-0.112	-0.012	-0.008	0.007	0.044	-0.010	-0.051
0.8*L2	-0.005	-0.024	-0.093	-0.001	-0.006	-0.024	-0.071	-0.007	-0.005	0.005	0.028	-0.006	-0.034
0.9*L2	-0.002	-0.011	-0.041	-0.000	-0.002	-0.011	-0.032	-0.003	-0.002	0.002	0.013	-0.003	-0.015
1.0*L2	-0.000	-0.000	-0.000	0.000	-0.000	-0.000	0.000	0.000	-0.000	-0.000	-0.000	0.000	-0.000
FAKTOR	a							a				1/a	

INFOLGE STRECKENLAST P=1

IN FELD	M 0.4	0.7	1.0	Q 0	0.4	0.7	1.0	T 0	0.4	0.7	1.0	q 0.4	1.0
1,BIS SPRUNG					-0.459	-0.818			0.006	-0.269			
1,REST	1.017	0.670	-1.180	1.196	0.506	0.238	-2.091	0.553	0.122	-0.039	-0.303	0.665	-0.387
2	-0.037	-0.185	-0.672	-0.008	-0.043	-0.182	-0.477	-0.055	-0.037	0.032	0.179	-0.046	-0.165
3	0.005	0.028	0.109	0.001	0.006	0.029	0.084	0.008	0.006	-0.005	-0.033	0.007	0.041
SUMME(+)	1.023	0.698	0.109	1.197	0.512	0.266	0.084	0.562	0.134	0.032	0.179	0.672	0.041
SUMME(-)	-0.037	-0.185	-1.852	-0.008	-0.502	-0.999	-2.568	-0.055	-0.037	-0.314	-0.336	-0.046	-0.551
SUMME	0.986	0.513	-1.743	1.189	0.010	-0.733	-2.483	0.507	0.096	-0.282	-0.157	0.627	-0.510
FAKTOR	a*a			a				a*a					

INFOLGE EINZELMOMENT Mt=1

IN	M 0.4	0.7	1.0	Q 0	0.4	0.7	1.0	T 0	0.4	0.7	1.0	q 0.4	1.0
0.0*L1	0.000	0.000	-0.000	0.000	-0.000	-0.000	-0.000	1.000	-0.000	-0.000	-0.000	0.000	-0.000
0.1*L1	0.199	0.024	-0.141	0.548	-0.138	-0.097	-0.141	0.615	-0.042	-0.063	-0.040	0.006	-0.060
0.2*L1	0.400	0.060	-0.277	0.632	-0.240	-0.199	-0.285	0.462	-0.102	-0.122	-0.079	-0.067	-0.117
0.3*L1	0.585	0.118	-0.403	0.540	-0.240	-0.309	-0.434	0.398	-0.212	-0.177	-0.115	-0.336	-0.169
0.4*L1	0.685	0.206	-0.511	0.404	0.003	-0.419	-0.590	0.358	-0.442 / 0.558	-0.231	-0.145	-1.014	-0.214
0.5*L1	0.610	0.324	-0.591	0.279	0.255	-0.503	-0.754	0.314	0.326	-0.295	-0.170	-0.320	-0.252
0.6*L1	0.459	0.448	-0.632	0.181	0.282	-0.495	-0.921	0.261	0.210	-0.401	-0.188	-0.033	-0.291
0.7*L1	0.310	0.505	-0.623	0.111	0.225	-0.249	-1.079	0.200	0.143	-0.620 / 0.380	-0.205	0.058	-0.353
0.8*L1	0.190	0.402	-0.556	0.064	0.150	0.004	-1.193	0.137	0.094	0.167	-0.235	0.064	-0.485
0.9*L1	0.103	0.238	-0.447	0.034	0.084	0.035	-1.188	0.078	0.053	0.077	-0.311	0.041	-0.793
1.0*L1	0.045	0.090	-0.361	0.016	0.035	-0.009	-0.911	0.030	0.021	0.043	-0.507	0.013	-1.482
0.0*L2	0.045	0.090	-0.361	0.016	0.035	-0.009	-0.911	0.030	0.021	0.043	0.493	0.013	-1.482
0.1*L2	0.016	0.002	-0.376	0.007	0.008	-0.052	-0.632	0.003	0.002	0.032	0.322	-0.004	-0.870
0.2*L2	-0.003	-0.057	-0.419	0.001	-0.009	-0.086	-0.501	-0.016	-0.011	0.028	0.236	-0.017	-0.537
0.3*L2	-0.013	-0.090	-0.447	-0.002	-0.019	-0.105	-0.433	-0.026	-0.018	0.026	0.190	-0.024	-0.356
0.4*L2	-0.017	-0.103	-0.445	-0.003	-0.023	-0.111	-0.385	-0.030	-0.020	0.024	0.161	-0.026	-0.256
0.5*L2	-0.018	-0.101	-0.411	-0.003	-0.023	-0.105	-0.335	-0.030	-0.020	0.021	0.136	-0.025	-0.194
0.6*L2	-0.016	-0.088	-0.352	-0.003	-0.020	-0.091	-0.280	-0.026	-0.018	0.018	0.112	-0.022	-0.150
0.7*L2	-0.013	-0.070	-0.277	-0.003	-0.016	-0.072	-0.217	-0.021	-0.014	0.014	0.087	-0.018	-0.112
0.8*L2	-0.009	-0.050	-0.196	-0.002	-0.011	-0.051	-0.153	-0.015	-0.010	0.010	0.061	-0.013	-0.077
0.9*L2	-0.006	-0.030	-0.118	-0.001	-0.007	-0.031	-0.092	-0.009	-0.006	0.006	0.037	-0.008	-0.046
1.0*L2	-0.002	-0.013	-0.051	-0.000	-0.003	-0.013	-0.040	-0.004	-0.003	0.003	0.016	-0.003	-0.020
FAKTOR				1/a								1/(a*a)	

INFOLGE STRECKENMOMENT mt=1

IN FELD	M 0.4	0.7	1.0	Q 0	0.4	0.7	1.0	T 0	0.4	0.7	1.0	q 0.4	1.0
1,BIS SPRUNG					-0.332	-1.095			-0.277	-0.790			
1,REST	1.791	1.190	-2.188	1.439	0.528	-0.024	-3.547	1.647	0.545	0.216	-0.860	-0.712	-1.699
2	-0.025	-0.223	-1.300	-0.001	-0.042	-0.288	-1.390	-0.064	-0.043	0.080	0.631	-0.061	-1.314
3	0.006	0.034	0.132	0.001	0.008	0.035	0.101	0.010	0.007	-0.007	-0.040	0.009	0.048
SUMME(+)	1.798	1.224	0.132	1.440	0.536	0.035	0.101	1.657	0.552	0.295	0.631	0.009	0.048
SUMME(-)	-0.025	-0.223	-3.489	-0.001	-0.374	-1.408	-4.937	-0.064	-0.320	-0.796	-0.900	-0.774	-3.014
SUMME	1.773	1.000	-3.357	1.439	0.162	-1.373	-4.836	1.593	0.232	-0.501	-0.269	-0.765	-2.965
FAKTOR	a							a				1/a	

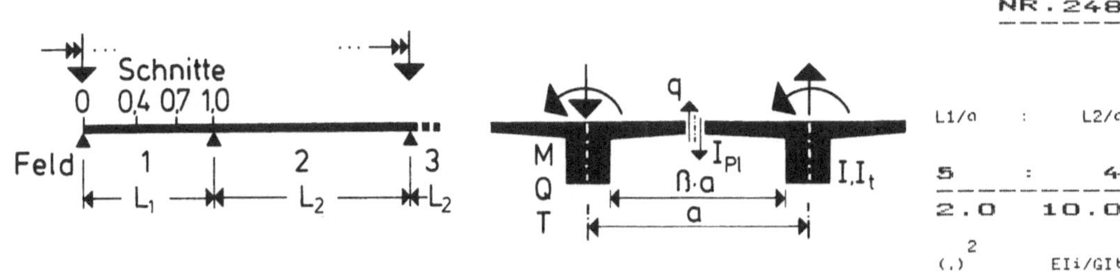

		M				Q				T		q	
IN SCHNITT	0.4	0.7	1.0	0	0.4	0.7	1.0	0	0.4	0.7	1.0	0.4	1.0

INFOLGE EINZELLAST F=1

IN	M 0.4	M 0.7	M 1.0	Q 0	Q 0.4	Q 0.7	Q 1.0	T 0	T 0.4	T 0.7	T 1.0	q 0.4	q 1.0
0.0*L1	0.000	0.000	-0.000	1.000	-0.000	-0.000	-0.000	0.000	-0.000	-0.000	-0.000	0.000	-0.000
0.1*L1	0.143	0.012	-0.098	0.772	-0.115	-0.070	-0.085	0.055	-0.001	-0.024	-0.016	0.053	-0.022
0.2*L1	0.301	0.032	-0.193	0.573	-0.237	-0.145	-0.170	0.096	0.001	-0.045	-0.032	0.105	-0.043
0.3*L1	0.489	0.066	-0.279	0.413	-0.368	-0.227	-0.258	0.119	0.009	-0.062	-0.046	0.150	-0.060
0.4*L1	0.720	0.124	-0.353	0.289	-0.507	-0.320	-0.349	0.124	0.022	-0.072	-0.057	0.174	-0.074
				0.493									
0.5*L1	0.502	0.217	-0.408	0.196	-0.360	-0.429	-0.445	0.115	0.033	-0.073	-0.064	0.157	-0.080
0.6*L1	0.332	0.354	-0.435	0.127	-0.245	-0.552	-0.547	0.097	0.038	-0.063	-0.066	0.120	-0.078
0.7*L1	0.204	0.548	-0.423	0.077	-0.154	-0.687	-0.655	0.072	0.034	-0.046	-0.061	0.081	-0.066
				0.313									
0.8*L1	0.110	0.305	-0.358	0.041	0.084	0.184	-0.770	0.046	0.024	-0.026	-0.048	0.046	-0.045
0.9*L1	0.044	0.124	-0.224	0.016	0.034	0.078	-0.889	0.020	0.012	-0.010	-0.027	0.019	-0.018
1.0*L1	-0.000	0.000	-0.000	0.000	-0.000	-0.000	-1.000	0.000	0.000	-0.000	-0.000	0.000	-0.000
0.0*L2	-0.000	-0.000	-0.000	-0.000	-0.000	-0.000	-0.000	-0.000	-0.000	0.000	0.000	-0.000	0.000
0.1*L2	-0.022	-0.062	-0.148	-0.008	-0.017	-0.040	-0.070	-0.011	-0.006	0.006	0.021	-0.010	-0.004
0.2*L2	-0.034	-0.098	-0.237	-0.012	-0.026	-0.064	-0.118	-0.017	-0.010	0.009	0.036	-0.016	-0.017
0.3*L2	-0.039	-0.113	-0.278	-0.014	-0.031	-0.075	-0.143	-0.019	-0.011	0.011	0.045	-0.018	-0.029
0.4*L2	-0.039	-0.114	-0.282	-0.014	-0.031	-0.075	-0.148	-0.019	-0.011	0.011	0.048	-0.018	-0.036
0.5*L2	-0.035	-0.103	-0.258	-0.013	-0.028	-0.069	-0.138	-0.017	-0.010	0.011	0.045	-0.017	-0.038
0.6*L2	-0.029	-0.085	-0.215	-0.011	-0.023	-0.057	-0.117	-0.014	-0.008	0.009	0.039	-0.014	-0.035
0.7*L2	-0.022	-0.064	-0.161	-0.008	-0.017	-0.043	-0.088	-0.011	-0.006	0.007	0.030	-0.010	-0.028
0.8*L2	-0.014	-0.040	-0.102	-0.005	-0.011	-0.027	-0.057	-0.007	-0.004	0.004	0.019	-0.007	-0.019
0.9*L2	-0.006	-0.018	-0.046	-0.002	-0.005	-0.012	-0.026	-0.003	-0.002	0.002	0.009	-0.003	-0.009
1.0*L2	-0.000	-0.000	-0.000	-0.000	-0.000	-0.000	0.000	-0.000	-0.000	-0.000	-0.000	-0.000	-0.000
FAKTOR		a								a		1/a	

INFOLGE STRECKENLAST P=1

IN FELD	M 0.4	M 0.7	M 1.0	Q 0	Q 0.4	Q 0.7	Q 1.0	T 0	T 0.4	T 0.7	T 1.0	q 0.4	q 1.0
1,BIS SPRUNG					-0.486	-1.040			0.009	-0.182			
1,REST	1.409	0.875	-1.401	1.493	0.557	0.206	-2.333	0.376	0.077	-0.029	-0.211	0.456	-0.245
2	-0.097	-0.282	-0.699	-0.035	-0.076	-0.187	-0.366	-0.048	-0.028	0.028	0.117	-0.045	-0.086
3	0.020	0.058	0.148	0.007	0.016	0.039	0.082	0.010	0.006	-0.006	-0.028	0.009	0.028
SUMME(+)	1.429	0.933	0.148	1.500	0.573	0.245	0.082	0.385	0.092	0.028	0.117	0.465	0.028
SUMME(-)	-0.097	-0.282	-2.100	-0.035	-0.562	-1.227	-2.699	-0.048	-0.028	-0.217	-0.239	-0.045	-0.330
SUMME	1.332	0.651	-1.952	1.465	0.011	-0.982	-2.617	0.337	0.064	-0.189	-0.122	0.420	-0.303
FAKTOR		a*a			a					a*a		1/a	

INFOLGE EINZELMOMENT Mt=1

IN	M 0.4	M 0.7	M 1.0	Q 0	Q 0.4	Q 0.7	Q 1.0	T 0	T 0.4	T 0.7	T 1.0	q 0.4	q 1.0
0.0*L1	0.000	0.000	-0.000	0.000	-0.000	-0.000	-0.000	1.000	-0.000	-0.000	-0.000	-0.000	-0.000
0.1*L1	0.274	0.048	-0.179	0.623	-0.150	-0.143	-0.172	0.573	-0.041	-0.044	-0.030	-0.038	-0.040
0.2*L1	0.542	0.108	-0.350	0.763	-0.257	-0.288	-0.345	0.388	-0.102	-0.087	-0.058	-0.151	-0.078
0.3*L1	0.775	0.189	-0.503	0.699	-0.251	-0.430	-0.521	0.306	-0.219	-0.129	-0.084	-0.453	-0.113
0.4*L1	0.899	0.299	-0.627	0.567	0.008	-0.560	-0.699	0.261	-0.459	-0.175	-0.106	-1.145	-0.144
									0.541				
0.5*L1	0.822	0.432	-0.712	0.427	0.278	-0.648	-0.878	0.224	0.299	-0.239	-0.124	-0.441	-0.175
0.6*L1	0.646	0.561	-0.745	0.303	0.316	-0.624	-1.049	0.185	0.178	-0.352	-0.139	-0.128	-0.213
0.7*L1	0.458	0.609	-0.716	0.202	0.261	-0.350	-1.198	0.142	0.112	-0.583	-0.159	-0.008	-0.282
										0.417			
0.8*L1	0.292	0.483	-0.624	0.124	0.179	-0.063	-1.287	0.097	0.070	0.191	-0.198	0.024	-0.429
0.9*L1	0.161	0.284	-0.489	0.067	0.101	-0.003	-1.243	0.055	0.038	0.090	-0.290	0.019	-0.754
1.0*L1	0.065	0.100	-0.383	0.028	0.039	-0.028	-0.921	0.020	0.015	0.049	-0.505	0.003	-1.452
0.0*L2	0.065	0.100	-0.383	0.028	0.039	-0.028	-0.921	0.020	0.015	0.049	0.495	0.003	-1.452
0.1*L2	0.013	-0.014	-0.390	0.007	0.003	-0.063	-0.610	-0.001	0.002	0.034	0.308	-0.010	-0.839
0.2*L2	-0.022	-0.094	-0.431	-0.007	-0.021	-0.092	-0.454	-0.015	-0.008	0.028	0.209	-0.019	-0.498
0.3*L2	-0.042	-0.141	-0.461	-0.015	-0.036	-0.110	-0.371	-0.023	-0.013	0.024	0.155	-0.025	-0.309
0.4*L2	-0.051	-0.160	-0.462	-0.018	-0.042	-0.116	-0.317	-0.027	-0.015	0.022	0.123	-0.027	-0.204
0.5*L2	-0.052	-0.158	-0.431	-0.019	-0.042	-0.111	-0.271	-0.027	-0.015	0.019	0.100	-0.026	-0.142
0.6*L2	-0.047	-0.140	-0.372	-0.017	-0.037	-0.097	-0.224	-0.024	-0.014	0.016	0.080	-0.023	-0.102
0.7*L2	-0.038	-0.113	-0.295	-0.014	-0.030	-0.077	-0.173	-0.019	-0.011	0.013	0.061	-0.018	-0.072
0.8*L2	-0.027	-0.080	-0.209	-0.010	-0.021	-0.055	-0.121	-0.014	-0.008	0.009	0.042	-0.013	-0.049
0.9*L2	-0.016	-0.048	-0.125	-0.006	-0.013	-0.033	-0.072	-0.008	-0.005	0.005	0.025	-0.008	-0.029
1.0*L2	-0.006	-0.019	-0.051	-0.002	-0.005	-0.013	-0.030	-0.003	-0.002	0.002	0.010	-0.003	-0.013
FAKTOR					1/a							1/(a*a)	

INFOLGE STRECKENMOMENT mt=1

IN FELD	M 0.4	M 0.7	M 1.0	Q 0	Q 0.4	Q 0.7	Q 1.0	T 0	T 0.4	T 0.7	T 1.0	q 0.4	q 1.0
1,BIS SPRUNG					-0.353	-1.460			-0.283	-0.647			
1,REST	2.465	1.540	-2.577	1.937	0.600	-0.106	-3.956	1.345	0.474	0.245	-0.708	-1.078	-1.439
2	-0.104	-0.368	-1.359	-0.035	-0.091	-0.311	-1.223	-0.060	-0.032	0.078	0.534	-0.069	-1.164
3	0.026	0.076	0.192	0.009	0.020	0.051	0.105	0.013	0.007	-0.008	-0.035	0.012	0.034
SUMME(+)	2.491	1.616	0.192	1.947	0.620	0.051	0.105	1.358	0.482	0.323	0.534	0.012	0.034
SUMME(-)	-0.104	-0.368	-3.936	-0.035	-0.444	-1.877	-5.179	-0.060	-0.316	-0.655	-0.743	-1.147	-2.603
SUMME	2.387	1.247	-3.744	1.912	0.176	-1.827	-5.073	1.298	0.166	-0.333	-0.209	-1.135	-2.569
FAKTOR		a			1/a					a		1/a	

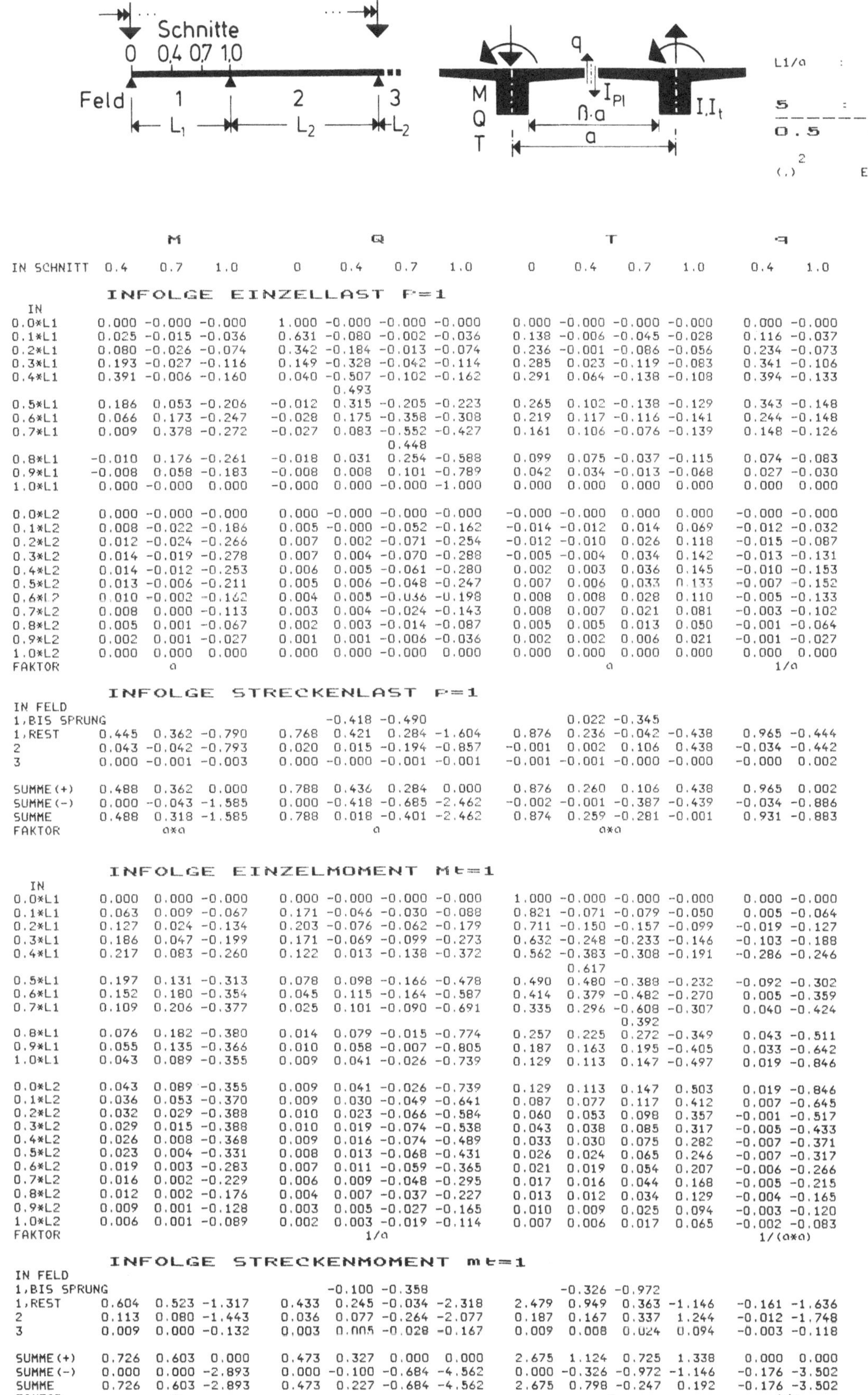

IN SCHNITT	M 0.4	M 0.7	M 1.0	Q 0	Q 0.4	Q 0.7	Q 1.0	T 0	T 0.4	T 0.7	T 1.0	q 0.4	q 1.0

INFOLGE EINZELLAST F=1

IN	M 0.4	M 0.7	M 1.0	Q 0	Q 0.4	Q 0.7	Q 1.0	T 0	T 0.4	T 0.7	T 1.0	q 0.4	q 1.0
0.0*L1	0.000	-0.000	-0.000	1.000	-0.000	-0.000	-0.000	0.000	-0.000	-0.000	-0.000	0.000	-0.000
0.1*L1	0.025	-0.015	-0.036	0.631	-0.080	-0.002	-0.036	0.138	-0.006	-0.045	-0.028	0.116	-0.037
0.2*L1	0.080	-0.026	-0.074	0.342	-0.184	-0.013	-0.074	0.236	-0.001	-0.086	-0.056	0.234	-0.073
0.3*L1	0.193	-0.027	-0.116	0.149	-0.328	-0.042	-0.114	0.285	0.023	-0.119	-0.083	0.341	-0.106
0.4*L1	0.391	-0.006	-0.160	0.040	-0.507	-0.102	-0.162	0.291	0.064	-0.138	-0.108	0.394	-0.133
					0.493								
0.5*L1	0.186	0.053	-0.206	-0.012	0.315	-0.205	-0.223	0.265	0.102	-0.138	-0.129	0.343	-0.148
0.6*L1	0.066	0.173	-0.247	-0.028	0.175	-0.358	-0.308	0.219	0.117	-0.116	-0.141	0.244	-0.148
0.7*L1	0.009	0.378	-0.272	-0.027	0.083	-0.552	-0.427	0.161	0.106	-0.076	-0.139	0.148	-0.126
						0.448							
0.8*L1	-0.010	0.176	-0.261	-0.018	0.031	0.254	-0.588	0.099	0.075	-0.037	-0.115	0.074	-0.083
0.9*L1	-0.008	0.058	-0.183	-0.008	0.008	0.101	-0.789	0.042	0.034	-0.013	-0.068	0.027	-0.030
1.0*L1	0.000	-0.000	0.000	-0.000	0.000	-0.000	-1.000	0.000	0.000	0.000	0.000	0.000	0.000
0.0*L2	0.000	-0.000	-0.000	0.000	-0.000	-0.000	-0.000	-0.000	-0.000	0.000	0.000	-0.000	-0.000
0.1*L2	0.008	-0.022	-0.186	0.005	-0.000	-0.052	-0.162	-0.014	-0.012	0.014	0.069	-0.012	-0.032
0.2*L2	0.012	-0.024	-0.266	0.007	0.002	-0.071	-0.254	-0.012	-0.010	0.026	0.118	-0.015	-0.087
0.3*L2	0.014	-0.019	-0.278	0.007	0.004	-0.070	-0.288	-0.005	-0.004	0.034	0.142	-0.013	-0.131
0.4*L2	0.014	-0.012	-0.253	0.006	0.005	-0.061	-0.280	0.002	0.003	0.036	0.145	-0.010	-0.153
0.5*L2	0.013	-0.006	-0.211	0.005	0.006	-0.048	-0.247	0.007	0.006	0.033	0.133	-0.007	-0.152
0.6*L2	0.010	-0.002	-0.162	0.004	0.005	-0.036	-0.198	0.008	0.008	0.028	0.110	-0.005	-0.133
0.7*L2	0.008	0.000	-0.113	0.003	0.004	-0.024	-0.143	0.008	0.007	0.021	0.081	-0.003	-0.102
0.8*L2	0.005	0.001	-0.067	0.002	0.003	-0.014	-0.087	0.005	0.005	0.013	0.050	-0.001	-0.064
0.9*L2	0.002	0.001	-0.027	0.001	0.001	-0.006	-0.036	0.002	0.002	0.006	0.021	-0.001	-0.027
1.0*L2	0.000	0.000	0.000	0.000	0.000	-0.000	0.000	0.000	0.000	0.000	0.000	0.000	0.000
FAKTOR	a			a				a				1/a	

INFOLGE STRECKENLAST F=1

IN FELD	M 0.4	M 0.7	M 1.0	Q 0	Q 0.4	Q 0.7	Q 1.0	T 0	T 0.4	T 0.7	T 1.0	q 0.4	q 1.0
1,BIS SPRUNG					-0.418	-0.490			0.022	-0.345			
1,REST	0.445	0.362	-0.790	0.768	0.421	0.284	-1.604	0.876	0.236	-0.042	-0.438	0.965	-0.444
2	0.043	-0.042	-0.793	0.020	0.015	-0.194	-0.857	-0.001	0.002	0.106	0.438	-0.034	-0.442
3	0.000	-0.001	-0.003	0.000	-0.000	-0.001	-0.001	-0.001	-0.001	-0.000	-0.000	-0.000	0.002
SUMME(+)	0.488	0.362	0.000	0.788	0.436	0.284	0.000	0.876	0.260	0.106	0.438	0.965	0.002
SUMME(-)	0.000	-0.043	-1.585	0.000	-0.418	-0.685	-2.462	-0.002	-0.001	-0.387	-0.439	-0.034	-0.886
SUMME	0.488	0.318	-1.585	0.788	0.018	-0.401	-2.462	0.874	0.259	-0.281	-0.001	0.931	-0.883
FAKTOR	a*a			a				a*a					

INFOLGE EINZELMOMENT Mt=1

IN	M 0.4	M 0.7	M 1.0	Q 0	Q 0.4	Q 0.7	Q 1.0	T 0	T 0.4	T 0.7	T 1.0	q 0.4	q 1.0
0.0*L1	0.000	0.000	-0.000	0.000	-0.000	-0.000	-0.000	1.000	-0.000	-0.000	-0.000	0.000	-0.000
0.1*L1	0.063	0.009	-0.067	0.171	-0.046	-0.030	-0.088	0.821	-0.071	-0.079	-0.050	0.005	-0.064
0.2*L1	0.127	0.024	-0.134	0.203	-0.076	-0.062	-0.179	0.711	-0.150	-0.157	-0.099	-0.019	-0.127
0.3*L1	0.186	0.047	-0.199	0.171	-0.069	-0.099	-0.273	0.632	-0.248	-0.233	-0.146	-0.103	-0.188
0.4*L1	0.217	0.083	-0.260	0.122	0.013	-0.138	-0.372	0.562	-0.383	-0.308	-0.191	-0.286	-0.246
									0.617				
0.5*L1	0.197	0.131	-0.313	0.078	0.098	-0.166	-0.478	0.490	0.480	-0.388	-0.232	-0.092	-0.302
0.6*L1	0.152	0.180	-0.354	0.045	0.115	-0.164	-0.587	0.414	0.379	-0.482	-0.270	0.005	-0.359
0.7*L1	0.109	0.206	-0.377	0.025	0.101	-0.090	-0.691	0.335	0.296	-0.608	-0.307	0.040	-0.424
									0.392				
0.8*L1	0.076	0.182	-0.380	0.014	0.079	-0.015	-0.774	0.257	0.225	0.272	-0.349	0.043	-0.511
0.9*L1	0.055	0.135	-0.366	0.010	0.058	-0.007	-0.805	0.187	0.163	0.195	-0.405	0.033	-0.642
1.0*L1	0.043	0.089	-0.355	0.009	0.041	-0.026	-0.739	0.129	0.113	0.147	-0.497	0.019	-0.846
0.0*L2	0.043	0.089	-0.355	0.009	0.041	-0.026	-0.739	0.129	0.113	0.147	0.503	0.019	-0.846
0.1*L2	0.036	0.053	-0.370	0.009	0.030	-0.049	-0.641	0.087	0.077	0.117	0.412	0.007	-0.645
0.2*L2	0.032	0.029	-0.388	0.010	0.023	-0.066	-0.584	0.060	0.053	0.098	0.357	-0.001	-0.517
0.3*L2	0.029	0.015	-0.388	0.010	0.019	-0.074	-0.538	0.043	0.038	0.085	0.317	-0.005	-0.433
0.4*L2	0.026	0.008	-0.368	0.009	0.016	-0.074	-0.489	0.033	0.030	0.075	0.282	-0.007	-0.371
0.5*L2	0.023	0.004	-0.331	0.008	0.013	-0.068	-0.431	0.026	0.024	0.065	0.246	-0.007	-0.317
0.6*L2	0.019	0.003	-0.283	0.007	0.011	-0.059	-0.365	0.021	0.019	0.054	0.207	-0.006	-0.266
0.7*L2	0.016	0.002	-0.229	0.006	0.009	-0.048	-0.295	0.017	0.016	0.044	0.168	-0.005	-0.215
0.8*L2	0.012	0.002	-0.176	0.004	0.007	-0.037	-0.227	0.013	0.012	0.034	0.129	-0.004	-0.165
0.9*L2	0.009	0.001	-0.128	0.003	0.005	-0.027	-0.165	0.010	0.009	0.025	0.094	-0.003	-0.120
1.0*L2	0.006	0.001	-0.089	0.002	0.003	-0.019	-0.114	0.007	0.006	0.017	0.065	-0.002	-0.083
FAKTOR	1/a			1/a				1/a				1/(a*a)	

INFOLGE STRECKENMOMENT mt=1

IN FELD	M 0.4	M 0.7	M 1.0	Q 0	Q 0.4	Q 0.7	Q 1.0	T 0	T 0.4	T 0.7	T 1.0	q 0.4	q 1.0
1,BIS SPRUNG					-0.100	-0.358			-0.326	-0.972			
1,REST	0.604	0.523	-1.317	0.433	0.245	-0.034	-2.318	2.479	0.949	0.363	-1.146	-0.161	-1.636
2	0.113	0.080	-1.443	0.036	0.077	-0.264	-2.077	0.187	0.167	0.337	1.244	-0.012	-1.748
3	0.009	0.000	-0.132	0.003	0.005	-0.028	-0.167	0.009	0.008	0.024	0.094	-0.003	-0.118
SUMME(+)	0.726	0.603	0.000	0.473	0.327	0.000	0.000	2.675	1.124	0.725	1.338	0.000	0.000
SUMME(-)	0.000	0.000	-2.893	0.000	-0.100	-0.684	-4.562	0.000	-0.326	-0.972	-1.146	-0.176	-3.502
SUMME	0.726	0.603	-2.893	0.473	0.227	-0.684	-4.562	2.675	0.798	-0.247	0.192	-0.176	-3.502
FAKTOR	a			a				a				1/a	

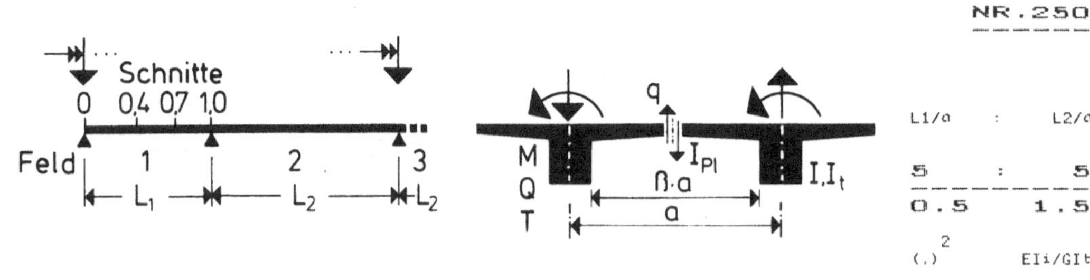

	M			Q				T				q	
IN SCHNITT	0.4	0.7	1.0	0	0.4	0.7	1.0	0	0.4	0.7	1.0	0.4	1.0

INFOLGE EINZELLAST P=1

IN	0.4	0.7	1.0	0	0.4	0.7	1.0	0	0.4	0.7	1.0	0.4	1.0
0.0*L1	0.000	-0.000	-0.000	1.000	-0.000	-0.000	-0.000	0.000	-0.000	-0.000	-0.000	0.000	-0.000
0.1*L1	0.048	-0.015	-0.047	0.670	-0.095	-0.014	-0.040	0.117	-0.001	-0.041	-0.028	0.106	-0.033
0.2*L1	0.124	-0.024	-0.096	0.401	-0.207	-0.037	-0.082	0.203	0.007	-0.078	-0.056	0.209	-0.065
0.3*L1	0.252	-0.019	-0.146	0.209	-0.346	-0.078	-0.129	0.249	0.027	-0.107	-0.082	0.298	-0.092
0.4*L1	0.456	0.011	-0.197	0.088	-0.510	-0.147	-0.185	0.259	0.058	-0.123	-0.105	0.341	-0.113
					0.490								
0.5*L1	0.245	0.082	-0.246	0.021	0.328	-0.253	-0.256	0.240	0.086	-0.123	-0.122	0.304	-0.123
0.6*L1	0.113	0.211	-0.285	-0.009	0.197	-0.399	-0.350	0.200	0.097	-0.105	-0.130	0.226	-0.120
0.7*L1	0.039	0.417	-0.303	-0.018	0.105	-0.576	-0.473	0.148	0.087	-0.072	-0.124	0.146	-0.100
						0.424							
0.8*L1	0.007	0.207	-0.280	-0.015	0.047	0.246	-0.629	0.092	0.061	-0.038	-0.101	0.079	-0.064
0.9*L1	-0.002	0.074	-0.189	-0.007	0.015	0.101	-0.813	0.039	0.028	-0.015	-0.058	0.030	-0.023
1.0*L1	-0.000	-0.000	0.000	0.000	0.000	0.000	-1.000	0.000	0.000	0.000	1.000	-0.000	0.000
0.0*L2	0.000	-0.000	-0.000	0.000	-0.000	-0.000	-0.000	-0.000	-0.000	0.000	0.000	-0.000	-0.000
0.1*L2	0.005	-0.034	-0.190	0.005	-0.005	-0.057	-0.145	-0.017	-0.012	0.014	0.058	-0.016	-0.023
0.2*L2	0.009	-0.044	-0.281	0.008	-0.005	-0.082	-0.233	-0.019	-0.012	0.026	0.101	-0.022	-0.065
0.3*L2	0.012	-0.041	-0.304	0.009	-0.004	-0.086	-0.270	-0.015	-0.009	0.033	0.124	-0.022	-0.100
0.4*L2	0.013	-0.033	-0.285	0.009	-0.002	-0.078	-0.268	-0.009	-0.004	0.035	0.129	-0.019	-0.120
0.5*L2	0.013	-0.024	-0.242	0.008	0.000	-0.065	-0.239	-0.004	-0.000	0.032	0.120	-0.015	-0.121
0.6*L2	0.011	-0.016	-0.189	0.006	0.001	-0.050	-0.195	-0.001	0.002	0.027	0.100	-0.011	-0.108
0.7*L2	0.008	-0.009	-0.133	0.005	0.001	-0.034	-0.142	0.001	0.003	0.020	0.074	-0.008	-0.083
0.8*L2	0.005	-0.005	-0.080	0.003	0.001	-0.020	-0.087	0.001	0.002	0.013	0.046	-0.004	-0.053
0.9*L2	0.002	-0.002	-0.033	0.001	0.000	-0.008	-0.037	0.001	0.001	0.005	0.020	-0.002	-0.023
1.0*L2	-0.000	-0.000	0.000	0.000	0.000	0.000	0.000	0.000	0.000	0.000	1.000	-0.000	0.000
FAKTOR	a							a				1/a	

INFOLGE STRECKENLAST P=1

IN FELD	0.4	0.7	1.0	0	0.4	0.7	1.0	0	0.4	0.7	1.0	0.4	1.0
1,BIS SPRUNG						-0.448	-0.601		0.030	-0.310			
1,REST	0.622	0.453	-0.906	0.906	0.462	0.275	-1.722	0.780	0.197	-0.044	-0.406	0.874	-0.368
2	0.040	-0.105	-0.881	0.027	-0.006	-0.243	-0.816	-0.032	-0.015	0.104	0.390	-0.061	-0.349
3	-0.002	0.001	0.026	-0.001	-0.000	0.006	0.029	-0.001	-0.001	-0.004	-0.016	0.001	0.019
SUMME(+)	0.662	0.454	0.026	0.933	0.462	0.281	0.029	0.780	0.226	0.104	0.390	0.875	0.019
SUMME(-)	-0.002	-0.105	-1.787	-0.001	-0.455	-0.845	-2.538	-0.033	-0.016	-0.358	-0.422	-0.061	-0.718
SUMME	0.660	0.349	-1.761	0.932	0.007	-0.563	-2.508	0.747	0.210	-0.255	-0.032	0.815	-0.698
FAKTOR	a*a			a				a*a					

INFOLGE EINZELMOMENT Mt=1

IN	0.4	0.7	1.0	0	0.4	0.7	1.0	0	0.4	0.7	1.0	0.4	1.0
0.0*L1	0.000	0.000	-0.000	0.000	-0.000	-0.000	-0.000	1.000	-0.000	-0.000	-0.000	-0.000	-0.000
0.1*L1	0.087	0.015	-0.081	0.195	-0.051	-0.045	-0.097	0.806	-0.071	-0.074	-0.048	-0.009	-0.057
0.2*L1	0.171	0.036	-0.160	0.245	-0.084	-0.091	-0.196	0.684	-0.152	-0.148	-0.095	-0.046	-0.113
0.3*L1	0.245	0.067	-0.236	0.222	-0.074	-0.140	-0.299	0.599	-0.253	-0.220	-0.141	-0.141	-0.167
0.4*L1	0.285	0.110	-0.304	0.173	0.014	-0.186	-0.407	0.527	-0.394	-0.294	-0.183	-0.329	-0.219
								0.606					
0.5*L1	0.264	0.164	-0.361	0.123	0.106	-0.217	-0.520	0.456	0.465	-0.374	-0.222	-0.131	-0.269
0.6*L1	0.213	0.217	-0.401	0.082	0.129	-0.211	-0.632	0.384	0.360	-0.470	-0.259	-0.027	-0.324
0.7*L1	0.159	0.242	-0.421	0.053	0.117	-0.131	-0.736	0.309	0.277	-0.599	-0.296	0.018	-0.389
										0.401			
0.8*L1	0.115	0.212	-0.419	0.035	0.092	-0.047	-0.813	0.236	0.208	0.277	-0.340	0.028	-0.478
0.9*L1	0.083	0.154	-0.400	0.025	0.067	-0.032	-0.833	0.170	0.149	0.199	-0.401	0.020	-0.612
1.0*L1	0.062	0.096	-0.385	0.020	0.046	-0.048	-0.753	0.115	0.102	0.149	-0.499	0.008	-0.816
0.0*L2	0.062	0.096	-0.385	0.020	0.046	-0.048	-0.753	0.115	0.102	0.149	0.501	0.008	-0.816
0.1*L2	0.048	0.049	-0.401	0.018	0.030	-0.071	-0.642	0.073	0.067	0.118	0.403	-0.004	-0.613
0.2*L2	0.040	0.016	-0.422	0.017	0.020	-0.089	-0.577	0.045	0.044	0.098	0.342	-0.013	-0.480
0.3*L2	0.034	-0.003	-0.426	0.016	0.013	-0.098	-0.528	0.028	0.029	0.085	0.300	-0.018	-0.392
0.4*L2	0.029	-0.013	-0.408	0.015	0.009	-0.098	-0.477	0.017	0.020	0.074	0.263	-0.020	-0.328
0.5*L2	0.025	-0.017	-0.371	0.013	0.007	-0.091	-0.420	0.012	0.015	0.064	0.228	-0.019	-0.276
0.6*L2	0.021	-0.016	-0.319	0.011	0.005	-0.079	-0.356	0.008	0.011	0.053	0.192	-0.017	-0.229
0.7*L2	0.017	-0.014	-0.259	0.009	0.004	-0.065	-0.288	0.006	0.009	0.043	0.155	-0.014	-0.183
0.8*L2	0.013	-0.011	-0.199	0.007	0.003	-0.050	-0.220	0.005	0.007	0.033	0.118	-0.011	-0.140
0.9*L2	0.009	-0.008	-0.143	0.005	0.002	-0.036	-0.158	0.003	0.005	0.024	0.085	-0.008	-0.100
1.0*L2	0.006	-0.005	-0.096	0.003	0.001	-0.024	-0.107	0.002	0.003	0.016	0.057	-0.005	-0.068
FAKTOR				1/a								1/(a*a)	

INFOLGE STRECKENMOMENT mt=1

IN FELD	0.4	0.7	1.0	0	0.4	0.7	1.0	0	0.4	0.7	1.0	0.4	1.0
1,BIS SPRUNG						-0.109	-0.485		-0.332	-0.936			
1,REST	0.831	0.635	-1.491	0.595	0.277	-0.078	-2.465	2.355	0.901	0.371	-1.115	-0.285	-1.509
2	0.135	0.012	-1.596	0.062	0.058	-0.358	-2.044	0.126	0.128	0.336	1.179	-0.061	-1.582
3	0.007	-0.006	-0.107	0.004	0.002	-0.027	-0.118	0.002	0.003	0.017	0.063	-0.006	-0.074
SUMME(+)	0.973	0.647	0.000	0.660	0.336	0.000	0.000	2.484	1.032	0.724	1.242	0.000	0.000
SUMME(-)	0.000	-0.006	-3.194	0.000	-0.109	-0.948	-4.627	0.000	-0.332	-0.936	-1.115	-0.352	-3.165
SUMME	0.973	0.641	-3.194	0.660	0.228	-0.948	-4.627	2.484	0.700	-0.212	0.127	-0.352	-3.165
FAKTOR	a							a				1/a	

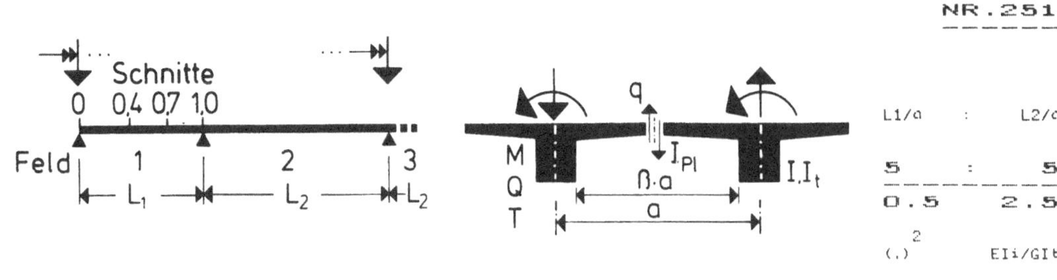

	M			Q				T				q	
IN SCHNITT	0.4	0.7	1.0	0	0.4	0.7	1.0	0	0.4	0.7	1.0	0.4	1.0

INFOLGE EINZELLAST P=1

IN

	M			Q				T				q	
0.0*L1	0.000	-0.000	-0.000	1.000	-0.000	-0.000	-0.000	0.000	0.000	-0.000	-0.000	0.000	-0.000
0.1*L1	0.082	-0.010	-0.063	0.716	-0.109	-0.033	-0.049	0.091	0.003	-0.034	-0.027	0.088	-0.027
0.2*L1	0.187	-0.012	-0.126	0.473	-0.228	-0.074	-0.100	0.161	0.012	-0.065	-0.052	0.172	-0.052
0.3*L1	0.337	0.002	-0.188	0.289	-0.364	-0.130	-0.158	0.202	0.028	-0.089	-0.075	0.241	-0.073
0.4*L1	0.550	0.044	-0.247	0.160	-0.513	-0.209	-0.225	0.213	0.049	-0.102	-0.095	0.274	-0.088
				0.487									
0.5*L1	0.334	0.126	-0.298	0.077	0.342	-0.317	-0.307	0.201	0.068	-0.102	-0.107	0.250	-0.094
0.6*L1	0.185	0.263	-0.333	0.029	0.221	-0.454	-0.408	0.170	0.074	-0.088	-0.112	0.194	-0.089
0.7*L1	0.090	0.468	-0.340	0.006	0.129	-0.612	-0.532	0.128	0.066	-0.063	-0.104	0.132	-0.072
					0.388								
0.8*L1	0.037	0.247	-0.302	-0.003	0.065	0.231	-0.678	0.080	0.046	-0.036	-0.082	0.076	-0.045
0.9*L1	0.010	0.095	-0.197	-0.003	0.024	0.098	-0.841	0.035	0.022	-0.015	-0.046	0.031	-0.016
1.0*L1	-0.000	0.000	0.000	0.000	-0.000	-0.000	-1.000	0.000	0.000	0.000	0.000	0.000	0.000
0.0*L2	-0.000	-0.000	-0.000	0.000	-0.000	-0.000	-0.000	-0.000	-0.000	0.000	0.000	-0.000	0.000
0.1*L2	-0.002	-0.051	-0.194	0.004	-0.012	-0.060	-0.125	-0.018	-0.011	0.014	0.046	-0.019	-0.015
0.2*L2	-0.001	-0.072	-0.297	0.006	-0.016	-0.090	-0.204	-0.024	-0.013	0.024	0.081	-0.028	-0.043
0.3*L2	0.002	-0.074	-0.331	0.008	-0.016	-0.099	-0.241	-0.023	-0.012	0.030	0.101	-0.030	-0.069
0.4*L2	0.004	-0.067	-0.319	0.008	-0.013	-0.095	-0.244	-0.019	-0.008	0.032	0.107	-0.028	-0.084
0.5*L2	0.005	-0.054	-0.279	0.008	-0.010	-0.082	-0.222	-0.014	-0.005	0.030	0.101	-0.024	-0.087
0.6*L2	0.005	-0.041	-0.223	0.007	-0.007	-0.065	-0.184	-0.010	-0.003	0.026	0.085	-0.019	-0.078
0.7*L2	0.004	-0.020	0.160	0.005	-0.005	-0.046	-0.135	-0.006	-0.001	0.019	0.064	-0.013	-0.062
0.8*L2	0.003	-0.016	-0.097	0.003	-0.003	-0.028	-0.084	-0.003	-0.000	0.012	0.040	-0.008	-0.040
0.9*L2	0.001	-0.007	-0.041	0.001	-0.001	-0.012	-0.036	-0.001	-0.000	0.005	0.018	-0.003	-0.018
1.0*L2	-0.000	0.000	-0.000	0.000	-0.000	-0.000	0.000	0.000	0.000	0.000	0.000	0.000	0.000
FAKTOR	a							a				1/a	

INFOLGE STRECKENLAST P=1

IN FELD

	M			Q				T				q	
1,BIS SPRUNG					-0.476	-0.756			0.033	-0.260			
1,REST	0.889	0.593	-1.061	1.109	0.506	0.257	-1.894	0.645	0.152	-0.041	-0.353	0.734	-0.280
2	0.010	-0.207	-0.982	0.025	-0.042	-0.292	-0.745	-0.061	-0.027	0.097	0.324	-0.087	-0.248
3	-0.002	0.013	0.075	-0.002	0.002	0.021	0.064	0.003	0.000	-0.009	-0.031	0.006	0.030
SUMME(+)	0.899	0.605	0.075	1.134	0.509	0.279	0.064	0.648	0.185	0.097	0.324	0.740	0.030
SUMME(-)	-0.002	-0.207	-2.043	-0.002	-0.518	-1.048	-2.639	-0.061	-0.027	-0.310	-0.384	-0.087	-0.528
SUMME	0.897	0.398	-1.968	1.131	-0.010	-0.769	-2.575	0.587	0.158	-0.213	-0.060	0.653	-0.498
FAKTOR	a×a			a				a×a				1/a	

INFOLGE EINZELMOMENT Mt=1

IN

	M			Q				T				q	
0.0*L1	0.000	0.000	-0.000	0.000	-0.000	-0.000	-0.000	1.000	-0.000	-0.000	-0.000	-0.000	-0.000
0.1*L1	0.121	0.026	-0.100	0.227	-0.055	-0.067	-0.112	0.786	-0.073	-0.067	-0.045	-0.029	-0.048
0.2*L1	0.235	0.059	-0.196	0.302	-0.090	-0.133	-0.225	0.648	-0.156	-0.134	-0.088	-0.085	-0.095
0.3*L1	0.332	0.100	-0.285	0.294	-0.078	-0.197	-0.341	0.553	-0.262	-0.202	-0.130	-0.194	-0.140
0.4*L1	0.383	0.154	-0.362	0.248	0.017	-0.253	-0.461	0.477	-0.408	-0.273	-0.169	-0.388	-0.186
								0.592					
0.5*L1	0.364	0.215	-0.423	0.193	0.117	-0.287	-0.581	0.408	0.446	-0.352	-0.205	-0.188	-0.232
0.6*L1	0.305	0.270	-0.462	0.142	0.144	-0.277	-0.697	0.340	0.339	-0.451	-0.241	-0.075	-0.284
0.7*L1	0.237	0.292	-0.477	0.101	0.133	-0.187	-0.797	0.272	0.256	-0.584	-0.279	-0.020	-0.350
										0.416			
0.8*L1	0.175	0.251	-0.466	0.072	0.106	-0.092	-0.864	0.206	0.189	0.288	-0.326	-0.000	-0.442
0.9*L1	0.125	0.179	-0.440	0.051	0.076	-0.067	-0.867	0.146	0.134	0.205	-0.394	-0.001	-0.579
1.0*L1	0.088	0.103	-0.421	0.038	0.049	-0.076	-0.768	0.096	0.091	0.153	-0.501	-0.009	-0.785
0.0*L2	0.088	0.103	-0.421	0.038	0.049	-0.076	-0.768	0.096	0.091	0.153	0.499	-0.009	-0.785
0.1*L2	0.062	0.040	-0.437	0.030	0.027	-0.096	-0.641	0.057	0.058	0.120	0.393	-0.019	-0.578
0.2*L2	0.045	-0.005	-0.460	0.025	0.012	-0.113	-0.564	0.030	0.036	0.099	0.324	-0.027	-0.441
0.3*L2	0.033	-0.034	-0.469	0.021	0.002	-0.123	-0.508	0.012	0.022	0.084	0.277	-0.032	-0.348
0.4*L2	0.026	-0.048	-0.454	0.018	-0.003	-0.123	-0.455	0.002	0.013	0.072	0.239	-0.033	-0.282
0.5*L2	0.020	-0.052	-0.416	0.016	-0.006	-0.114	-0.399	-0.003	0.007	0.062	0.204	-0.032	-0.231
0.6*L2	0.016	-0.049	-0.361	0.013	-0.006	-0.100	-0.337	-0.005	0.004	0.051	0.170	-0.028	-0.187
0.7*L2	0.012	-0.041	-0.294	0.010	-0.005	-0.082	-0.272	-0.005	0.003	0.041	0.136	-0.023	-0.148
0.8*L2	0.009	-0.032	-0.225	0.008	-0.004	-0.063	-0.207	-0.004	0.002	0.031	0.103	-0.018	-0.111
0.9*L2	0.006	-0.023	-0.160	0.006	-0.003	-0.045	-0.147	-0.003	0.001	0.022	0.073	-0.013	-0.079
1.0*L2	0.004	-0.015	-0.104	0.004	-0.002	-0.029	-0.096	-0.002	0.001	0.015	0.048	-0.008	-0.052
FAKTOR				1/a								1/(a×a)	

INFOLGE STRECKENMOMENT mt=1

IN FELD

	M			Q				T				q	
1,BIS SPRUNG					-0.116	-0.663			-0.343	-0.882			
1,REST	1.167	0.802	-1.715	0.839	0.312	-0.139	-2.676	2.182	0.846	0.384	-1.060	-0.473	-1.366
2	0.137	-0.103	-1.771	0.084	0.018	-0.457	-1.976	0.062	0.095	0.332	1.091	-0.118	-1.403
3	0.003	-0.006	-0.057	0.002	-0.000	-0.015	-0.058	0.001	0.002	0.009	0.031	-0.004	-0.037
SUMME(+)	1.307	0.802	0.000	0.925	0.329	0.000	0.000	2.244	0.943	0.726	1.122	0.000	0.000
SUMME(-)	0.000	-0.109	-3.543	0.000	-0.116	-1.274	-4.710	0.000	-0.343	-0.882	-1.060	-0.594	-2.806
SUMME	1.307	0.693	-3.543	0.925	0.214	-1.274	-4.710	2.244	0.600	-0.156	0.062	-0.594	-2.806
FAKTOR	a			a				a				1/a	

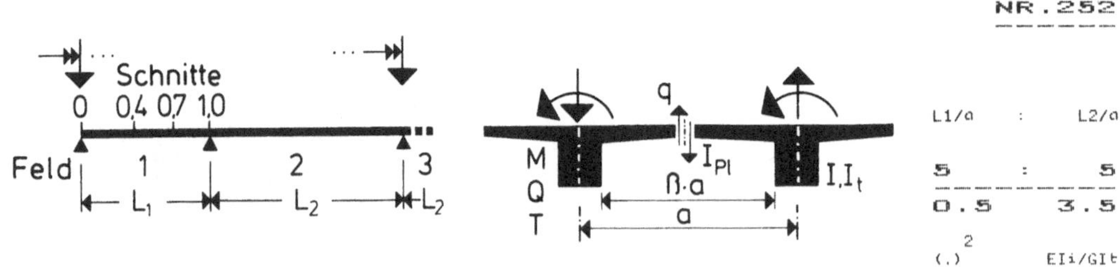

	M			Q				T				q	
IN SCHNITT	0.4	0.7	1.0	0	0.4	0.7	1.0	0	0.4	0.7	1.0	0.4	1.0

INFOLGE EINZELLAST P=1

IN	M 0.4	0.7	1.0	Q 0	0.4	0.7	1.0	T 0	0.4	0.7	1.0	q 0.4	1.0
0.0*L1	0.000	-0.000	-0.000	1.000	-0.000	-0.000	-0.000	0.000	0.000	-0.000	-0.000	0.000	-0.000
0.1*L1	0.105	-0.004	-0.074	0.743	-0.115	-0.046	-0.057	0.076	0.005	-0.030	-0.025	0.076	-0.023
0.2*L1	0.231	-0.000	-0.147	0.518	-0.237	-0.100	-0.116	0.135	0.013	-0.056	-0.048	0.146	-0.044
0.3*L1	0.396	0.021	-0.217	0.340	-0.371	-0.166	-0.182	0.170	0.026	-0.077	-0.069	0.203	-0.061
0.4*L1	0.615	0.070	-0.280	0.209	-0.513	-0.251	-0.257	0.182	0.043	-0.088	-0.085	0.231	-0.072
				0.487									
0.5*L1	0.396	0.159	-0.332	0.119	0.351	-0.360	-0.345	0.173	0.057	-0.088	-0.096	0.213	-0.076
0.6*L1	0.238	0.299	-0.363	0.061	0.234	-0.491	-0.448	0.147	0.061	-0.077	-0.098	0.170	-0.071
0.7*L1	0.130	0.502	-0.363	0.027	0.142	-0.637	-0.570	0.112	0.054	-0.056	-0.090	0.118	-0.057
						0.362							
0.8*L1	0.061	0.273	-0.316	0.009	0.075	0.218	-0.709	0.071	0.038	-0.033	-0.070	0.070	-0.036
0.9*L1	0.021	0.108	-0.202	0.002	0.029	0.094	-0.857	0.031	0.018	-0.014	-0.039	0.030	-0.012
1.0*L1	0.000	-0.000	0.000	0.000	-0.000	-0.000	-1.000	-0.000	-0.000	-0.000	-0.000	0.000	0.000
0.0*L2	-0.000	-0.000	-0.000	-0.000	-0.000	-0.000	-0.000	-0.000	-0.000	0.000	0.000	-0.000	0.000
0.1*L2	-0.009	-0.062	-0.196	0.001	-0.016	-0.060	-0.112	-0.018	-0.009	0.013	0.039	-0.019	-0.011
0.2*L2	-0.012	-0.091	-0.304	0.002	-0.023	-0.092	-0.185	-0.025	-0.012	0.022	0.068	-0.029	-0.032
0.3*L2	-0.011	-0.098	-0.345	0.003	-0.024	-0.104	-0.220	-0.026	-0.012	0.028	0.086	-0.032	-0.052
0.4*L2	-0.008	-0.092	-0.338	0.004	-0.022	-0.101	-0.225	-0.023	-0.010	0.030	0.092	-0.031	-0.065
0.5*L2	-0.005	-0.078	-0.300	0.004	-0.019	-0.089	-0.207	-0.019	-0.007	0.028	0.087	-0.027	-0.068
0.6*L2	-0.003	-0.061	-0.242	0.004	-0.014	-0.072	-0.172	-0.014	-0.005	0.024	0.074	-0.022	-0.062
0.7*L2	-0.002	-0.043	-0.176	0.003	-0.010	-0.052	-0.128	-0.009	-0.003	0.018	0.056	-0.016	-0.049
0.8*L2	-0.001	-0.026	-0.108	0.002	-0.006	-0.032	-0.080	-0.005	-0.001	0.011	0.036	-0.010	-0.032
0.9*L2	-0.000	-0.011	-0.047	0.001	-0.002	-0.014	-0.035	-0.002	-0.001	0.005	0.016	-0.004	-0.014
1.0*L2	0.000	-0.000	-0.000	0.000	-0.000	-0.000	-0.000	-0.000	-0.000	-0.000	-0.000	-0.000	0.000
FAKTOR	a								a			1/a	

INFOLGE STRECKENLAST P=1

IN FELD	M 0.4	0.7	1.0	Q 0	0.4	0.7	1.0	T 0	0.4	0.7	1.0	q 0.4	1.0
1,BIS SPRUNG					-0.489	-0.862			0.032	-0.224			
1,REST	1.080	0.697	-1.161	1.253	0.532	0.243	-2.017	0.553	0.126	-0.038	-0.312	0.632	-0.227
2	-0.026	-0.285	-1.039	0.012	-0.069	-0.311	-0.689	-0.071	-0.031	0.090	0.279	-0.096	-0.193
3	0.001	0.027	0.111	-0.002	0.006	0.033	0.082	0.006	0.002	-0.012	-0.036	0.010	0.032
SUMME(+)	1.081	0.724	0.111	1.265	0.538	0.276	0.082	0.559	0.159	0.090	0.279	0.642	0.032
SUMME(-)	-0.026	-0.285	-2.200	-0.002	-0.558	-1.173	-2.706	-0.071	-0.031	-0.273	-0.348	-0.096	-0.420
SUMME	1.055	0.439	-2.088	1.263	-0.019	-0.897	-2.624	0.487	0.129	-0.183	-0.069	0.547	-0.389
FAKTOR	a*a				a				a*a			1/a	

INFOLGE EINZELMOMENT Mt=1

IN	M 0.4	0.7	1.0	Q 0	0.4	0.7	1.0	T 0	0.4	0.7	1.0	q 0.4	1.0
0.0*L1	0.000	0.000	-0.000	0.000	-0.000	-0.000	-0.000	1.000	-0.000	-0.000	-0.000	-0.000	-0.000
0.1*L1	0.145	0.036	-0.112	0.248	-0.057	-0.081	-0.123	0.773	-0.074	-0.062	-0.041	-0.043	-0.042
0.2*L1	0.281	0.076	-0.219	0.340	-0.092	-0.161	-0.247	0.625	-0.159	-0.125	-0.082	-0.111	-0.083
0.3*L1	0.393	0.127	-0.317	0.342	-0.078	-0.236	-0.373	0.522	-0.268	-0.189	-0.120	-0.230	-0.124
0.4*L1	0.453	0.187	-0.400	0.301	0.020	-0.299	-0.500	0.443	-0.417	-0.258	-0.157	-0.429	-0.166
								0.583					
0.5*L1	0.436	0.252	-0.463	0.244	0.123	-0.335	-0.625	0.374	0.434	-0.337	-0.192	-0.228	-0.210
0.6*L1	0.371	0.308	-0.501	0.187	0.153	-0.322	-0.742	0.309	0.326	-0.437	-0.227	-0.110	-0.262
0.7*L1	0.293	0.326	-0.511	0.138	0.143	-0.225	-0.839	0.245	0.243	-0.573	-0.266	-0.048	-0.329
										0.427			
0.8*L1	0.218	0.278	-0.496	0.100	0.114	-0.122	-0.897	0.185	0.178	0.296	-0.316	-0.022	-0.423
0.9*L1	0.155	0.195	-0.464	0.071	0.081	-0.090	-0.890	0.130	0.126	0.211	-0.389	-0.017	-0.562
1.0*L1	0.106	0.108	-0.442	0.051	0.049	-0.094	-0.778	0.084	0.085	0.156	-0.502	-0.021	-0.768
0.0*L2	0.106	0.108	-0.442	0.051	0.049	-0.094	-0.778	0.084	0.085	0.156	0.498	-0.021	-0.768
0.1*L2	0.070	0.033	-0.457	0.037	0.024	-0.110	-0.639	0.048	0.054	0.121	0.386	-0.028	-0.560
0.2*L2	0.044	-0.022	-0.482	0.028	0.006	-0.126	-0.553	0.022	0.033	0.099	0.312	-0.035	-0.420
0.3*L2	0.027	-0.057	-0.492	0.021	-0.006	-0.134	-0.491	0.005	0.019	0.083	0.261	-0.039	-0.325
0.4*L2	0.017	-0.075	-0.479	0.017	-0.013	-0.134	-0.437	-0.005	0.010	0.070	0.222	-0.039	-0.257
0.5*L2	0.010	-0.079	-0.441	0.013	-0.015	-0.125	-0.381	-0.010	0.005	0.060	0.188	-0.037	-0.206
0.6*L2	0.006	-0.074	-0.384	0.011	-0.015	-0.110	-0.321	-0.011	0.002	0.049	0.155	-0.033	-0.165
0.7*L2	0.004	-0.063	-0.315	0.008	-0.013	-0.090	-0.258	-0.010	0.001	0.039	0.123	-0.027	-0.128
0.8*L2	0.003	-0.049	-0.240	0.006	-0.010	-0.069	-0.196	-0.008	0.000	0.030	0.093	-0.021	-0.096
0.9*L2	0.002	-0.034	-0.169	0.004	-0.007	-0.049	-0.138	-0.006	0.000	0.021	0.065	-0.015	-0.068
1.0*L2	0.001	-0.021	-0.107	0.003	-0.004	-0.031	-0.088	-0.003	0.000	0.013	0.042	-0.009	-0.044
FAKTOR				1/a								1/(a*a)	

INFOLGE STRECKENMOMENT mt=1

IN FELD	M 0.4	0.7	1.0	Q 0	0.4	0.7	1.0	T 0	0.4	0.7	1.0	q 0.4	1.0
1,BIS SPRUNG					-0.117	-0.783			-0.351	-0.842			
1,REST	1.407	0.925	-1.857	1.014	0.332	-0.179	-2.825	2.064	0.814	0.395	-1.016	-0.605	-1.284
2	0.117	-0.192	-1.870	0.086	-0.014	-0.506	-1.918	0.031	0.081	0.327	1.033	-0.145	-1.306
3	0.003	0.002	-0.016	0.002	0.001	-0.004	-0.025	0.002	0.002	0.005	0.016	-0.001	-0.023
SUMME(+)	1.526	0.927	0.000	1.102	0.333	0.000	0.000	2.097	0.898	0.727	1.049	0.000	0.000
SUMME(-)	0.000	-0.192	-3.743	0.000	-0.132	-1.471	-4.769	0.000	-0.351	-0.842	-1.016	-0.750	-2.613
SUMME	1.526	0.735	-3.743	1.102	0.202	-1.471	-4.769	2.097	0.547	-0.116	0.033	-0.750	-2.613
FAKTOR	a				1/a				a			1/a	

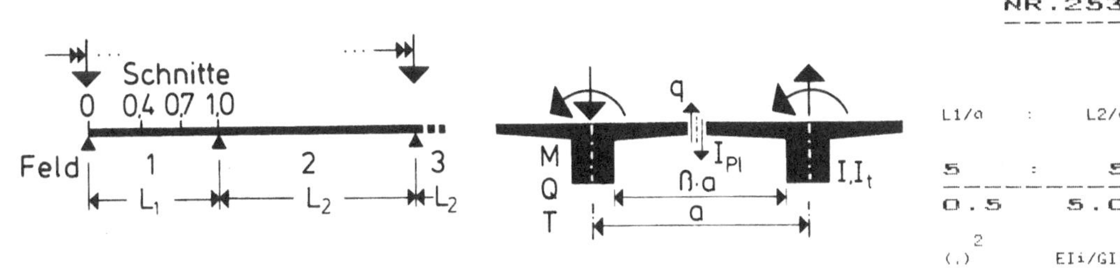

	M			Q				T				q	
IN SCHNITT	0.4	0.7	1.0	0	0.4	0.7	1.0	0	0.4	0.7	1.0	0.4	1.0

INFOLGE EINZELLAST P=1

IN	M 0.4	M 0.7	M 1.0	Q 0	Q 0.4	Q 0.7	Q 1.0	T 0	T 0.4	T 0.7	T 1.0	q 0.4	q 1.0
0.0*L1	0.000	0.000	-0.000	1.000	-0.000	-0.000	-0.000	0.000	0.000	-0.000	-0.000	0.000	-0.000
0.1*L1	0.130	0.004	-0.085	0.768	-0.120	-0.061	-0.066	0.061	0.005	-0.025	-0.022	0.062	-0.018
0.2*L1	0.277	0.016	-0.168	0.562	-0.244	-0.126	-0.136	0.109	0.012	-0.047	-0.042	0.120	-0.035
0.3*L1	0.457	0.045	-0.245	0.392	-0.376	-0.203	-0.210	0.139	0.023	-0.063	-0.060	0.166	-0.049
0.4*L1	0.684	0.101	-0.313	0.261	-0.511	-0.294	-0.292	0.150	0.036	-0.073	-0.074	0.188	-0.057
					0.489								
0.5*L1	0.463	0.196	-0.365	0.165	0.359	-0.403	-0.385	0.143	0.046	-0.073	-0.082	0.176	-0.060
0.6*L1	0.295	0.338	-0.393	0.097	0.246	-0.528	-0.491	0.123	0.049	-0.064	-0.083	0.142	-0.056
0.7*L1	0.173	0.538	-0.386	0.053	0.155	-0.664	-0.609	0.094	0.043	-0.048	-0.075	0.101	-0.044
					0.336								
0.8*L1	0.089	0.300	-0.329	0.025	0.085	0.203	-0.739	0.060	0.030	-0.029	-0.058	0.061	-0.027
0.9*L1	0.034	0.122	-0.207	0.008	0.034	0.088	-0.874	0.027	0.014	-0.013	-0.032	0.027	-0.010
1.0*L1	0.000	0.000	0.000	-0.000	0.000	-0.000	-1.000	0.000	-0.000	-0.000	0.000	0.000	0.000
0.0*L2	-0.000	-0.000	-0.000	-0.000	-0.000	-0.000	-0.000	-0.000	-0.000	0.000	0.000	-0.000	0.000
0.1*L2	-0.018	-0.074	-0.197	-0.004	-0.020	-0.059	-0.099	-0.016	-0.008	0.011	0.031	-0.018	-0.008
0.2*L2	-0.026	-0.112	-0.309	-0.005	-0.030	-0.092	-0.164	-0.024	-0.011	0.020	0.056	-0.028	-0.024
0.3*L2	-0.027	-0.125	-0.356	-0.004	-0.033	-0.105	-0.198	-0.026	-0.011	0.025	0.071	-0.032	-0.038
0.4*L2	-0.025	-0.120	-0.354	-0.003	-0.032	-0.104	-0.204	-0.024	-0.010	0.026	0.076	-0.031	-0.048
0.5*L2	-0.021	-0.105	-0.318	-0.002	-0.028	-0.093	-0.189	-0.020	-0.008	0.025	0.073	-0.029	-0.051
0.6*L2	-0.016	-0.084	-0.260	0.001	0.022	-0.076	-0.158	-0.016	-0.006	0.021	0.063	-0.023	-0.047
0.7*L2	-0.011	-0.060	-0.190	-0.001	-0.016	-0.056	-0.118	-0.011	-0.004	0.016	0.048	-0.017	-0.037
0.8*L2	-0.006	-0.037	-0.119	-0.000	-0.010	-0.035	-0.075	-0.007	-0.002	0.010	0.031	-0.010	-0.025
0.9*L2	-0.003	-0.016	-0.052	-0.000	-0.004	-0.015	-0.033	-0.003	-0.001	0.005	0.014	-0.005	-0.011
1.0*L2	-0.000	-0.000	0.000	0.000	-0.000	-0.000	-0.000	0.000	-0.000	-0.000	0.000	0.000	0.000
FAKTOR	a				a							1/a	

INFOLGE STRECKENLAST P=1

IN FELD	M 0.4	M 0.7	M 1.0	Q 0	Q 0.4	Q 0.7	Q 1.0	T 0	T 0.4	T 0.7	T 1.0	q 0.4	q 1.0
1,BIS SPRUNG					-0.497	-0.970			0.029	-0.186			
1,REST	1.286	0.813	-1.260	1.406	0.557	0.227	-2.149	0.457	0.101	-0.033	-0.266	0.525	-0.179
2	-0.077	-0.372	-1.089	-0.011	-0.098	-0.320	-0.625	-0.075	-0.031	0.080	0.233	-0.096	-0.145
3	0.009	0.048	0.152	0.000	0.012	0.044	0.095	0.009	0.003	-0.013	-0.038	0.013	0.030
SUMME(+)	1.295	0.861	0.152	1.407	0.569	0.271	0.095	0.465	0.133	0.080	0.233	0.538	0.030
SUMME(-)	-0.077	-0.372	-2.349	-0.011	-0.595	-1.291	-2.775	-0.075	-0.031	-0.232	-0.304	-0.096	-0.323
SUMME	1.217	0.489	-2.197	1.396	-0.026	-1.020	-2.680	0.391	0.102	-0.151	-0.071	0.442	-0.293
FAKTOR	a*a				a				a*a				

INFOLGE EINZELMOMENT Mt=1

IN	M 0.4	M 0.7	M 1.0	Q 0	Q 0.4	Q 0.7	Q 1.0	T 0	T 0.4	T 0.7	T 1.0	q 0.4	q 1.0
0.0*L1	0.000	0.000	-0.000	0.000	-0.000	-0.000	-0.000	1.000	-0.000	-0.000	-0.000	-0.000	-0.000
0.1*L1	0.170	0.047	-0.124	0.270	-0.058	-0.097	-0.136	0.760	-0.076	-0.057	-0.037	-0.058	-0.036
0.2*L1	0.328	0.098	-0.242	0.379	-0.092	-0.191	-0.272	0.601	-0.163	-0.114	-0.074	-0.139	-0.072
0.3*L1	0.457	0.157	-0.348	0.393	-0.077	-0.276	-0.409	0.490	-0.275	-0.175	-0.109	-0.267	-0.109
0.4*L1	0.528	0.225	-0.437	0.357	0.024	-0.345	-0.544	0.407	-0.426	-0.242	-0.142	-0.471	-0.147
									0.574				
0.5*L1	0.512	0.294	-0.502	0.299	0.130	-0.383	-0.673	0.338	0.423	-0.321	-0.176	-0.270	-0.190
0.6*L1	0.443	0.350	-0.539	0.237	0.162	-0.367	-0.790	0.276	0.313	-0.422	-0.211	-0.147	-0.241
0.7*L1	0.354	0.364	-0.545	0.179	0.152	-0.264	-0.882	0.218	0.231	-0.560	-0.252	-0.078	-0.309
										0.440			
0.8*L1	0.265	0.307	-0.524	0.131	0.122	-0.153	-0.932	0.163	0.168	0.305	-0.305	-0.045	-0.406
0.9*L1	0.187	0.212	-0.487	0.093	0.085	-0.113	-0.912	0.114	0.118	0.217	-0.383	-0.033	-0.546
1.0*L1	0.123	0.112	-0.462	0.064	0.050	-0.110	-0.787	0.073	0.080	0.160	-0.502	-0.033	-0.753
0.0*L2	0.123	0.112	-0.462	0.064	0.050	-0.110	-0.787	0.073	0.080	0.160	0.498	-0.033	-0.753
0.1*L2	0.075	0.025	-0.475	0.043	0.021	-0.122	-0.636	0.040	0.051	0.122	0.379	-0.036	-0.544
0.2*L2	0.040	-0.040	-0.501	0.028	-0.001	-0.135	-0.541	0.016	0.031	0.098	0.301	-0.040	-0.402
0.3*L2	0.017	-0.083	-0.513	0.018	-0.015	-0.142	-0.473	0.000	0.017	0.081	0.246	-0.043	-0.304
0.4*L2	0.003	-0.105	-0.501	0.012	-0.023	-0.141	-0.415	-0.009	0.009	0.068	0.205	-0.042	-0.236
0.5*L2	-0.005	-0.110	-0.464	0.008	-0.026	-0.132	-0.359	-0.013	0.003	0.057	0.170	-0.040	-0.185
0.6*L2	-0.008	-0.103	-0.405	0.005	-0.025	-0.116	-0.301	-0.014	0.001	0.046	0.139	-0.035	-0.145
0.7*L2	-0.008	-0.087	-0.332	0.003	-0.021	-0.095	-0.242	-0.013	-0.000	0.037	0.110	-0.029	-0.111
0.8*L2	-0.007	-0.068	-0.254	0.002	-0.016	-0.073	-0.182	-0.010	-0.001	0.028	0.082	-0.022	-0.082
0.9*L2	-0.005	-0.047	-0.177	0.002	-0.011	-0.051	-0.127	-0.007	-0.000	0.019	0.058	-0.015	-0.058
1.0*L2	-0.003	-0.028	-0.109	0.001	-0.007	-0.031	-0.080	-0.004	-0.000	0.012	0.037	-0.009	-0.037
FAKTOR					1/a							1/(a*a)	

INFOLGE STRECKENMOMENT mt=1

IN FELD	M 0.4	M 0.7	M 1.0	Q 0	Q 0.4	Q 0.7	Q 1.0	T 0	T 0.4	T 0.7	T 1.0	q 0.4	q 1.0
1,BIS SPRUNG					-0.117	-0.907			-0.359	-0.801			
1,REST	1.662	1.061	-1.996	1.201	0.352	-0.220	-2.985	1.941	0.784	0.406	-0.965	-0.743	-1.208
2	0.078	-0.293	-1.956	0.076	-0.050	-0.540	-1.849	0.011	0.074	0.319	0.973	-0.162	-1.222
3	0.007	0.018	0.029	0.002	0.005	0.009	0.002	0.005	0.003	0.001	0.005	0.003	-0.016
SUMME(+)	1.746	1.078	0.029	1.280	0.357	0.009	0.002	1.957	0.861	0.727	0.979	0.003	0.000
SUMME(-)	0.000	-0.293	-3.952	0.000	-0.166	-1.667	-4.834	0.000	-0.359	-0.801	-0.965	-0.905	-2.446
SUMME	1.746	0.786	-3.923	1.280	0.191	-1.658	-4.833	1.957	0.501	-0.074	0.013	-0.902	-2.446
FAKTOR	a				a				a			1/a	

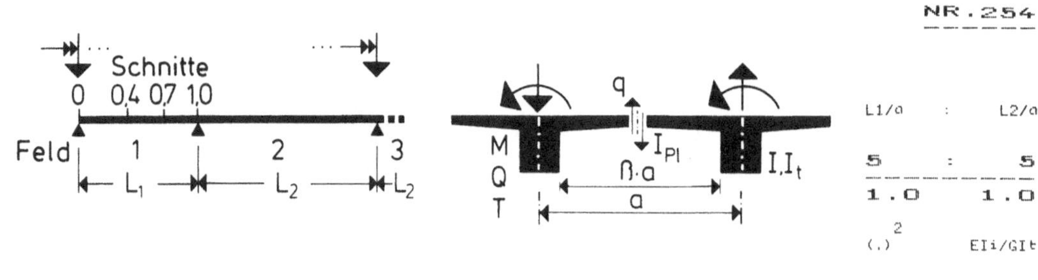


```
                    M                    Q                        T                  q
IN SCHNITT  0.4    0.7    1.0    0    0.4    0.7    1.0    0    0.4    0.7    1.0    0.4    1.0

            INFOLGE  EINZELLAST  P=1
   IN
0.0*L1    0.000 -0.000 -0.000    1.000 -0.000  0.000 -0.000    0.000 -0.000 -0.000 -0.000    0.000 -0.000
0.1*L1    0.011 -0.009 -0.033    0.581 -0.058  0.002 -0.045    0.161 -0.020 -0.050 -0.026    0.113 -0.046
0.2*L1    0.050 -0.016 -0.067    0.277 -0.148 -0.002 -0.089    0.264 -0.023 -0.097 -0.053    0.242 -0.092
0.3*L1    0.150 -0.018 -0.103    0.097 -0.297 -0.020 -0.134    0.305  0.002 -0.137 -0.080    0.379 -0.136
0.4*L1    0.343 -0.006 -0.142    0.011 -0.501 -0.067 -0.180    0.298  0.054 -0.163 -0.106    0.455 -0.176
                                       0.499
0.5*L1    0.147  0.039 -0.184   -0.020  0.294 -0.162 -0.235    0.262  0.105 -0.167 -0.130    0.377 -0.206
0.6*L1    0.043  0.145 -0.223   -0.024  0.144 -0.319 -0.306    0.211  0.127 -0.141 -0.148    0.243 -0.216
0.7*L1   -0.000  0.342 -0.251   -0.018  0.057 -0.535 -0.409    0.153  0.116 -0.088 -0.151    0.130 -0.196
                                       0.465
0.8*L1   -0.011  0.147 -0.248   -0.010  0.016  0.250 -0.560    0.094  0.081 -0.036 -0.131    0.056 -0.139
0.9*L1   -0.007  0.044 -0.179   -0.004  0.001  0.092 -0.765    0.039  0.037 -0.009 -0.080    0.017 -0.054
1.0*L1    0.000 -0.000  0.000   -0.000 -0.000  0.000 -1.000    0.000  0.000  0.000  0.000   -0.000  0.000

0.0*L2    0.000 -0.000 -0.000    0.000  0.000 -0.000 -0.000   -0.000 -0.000  0.000  0.000   -0.000 -0.000
0.1*L2    0.005 -0.012 -0.180    0.002  0.002 -0.041 -0.185   -0.013 -0.014  0.008  0.080   -0.005 -0.055
0.2*L2    0.008 -0.011 -0.249    0.002  0.005 -0.052 -0.286   -0.012 -0.013  0.015  0.132   -0.004 -0.140
0.3*L2    0.008 -0.006 -0.253    0.002  0.006 -0.048 -0.315   -0.007 -0.009  0.018  0.152   -0.003 -0.198
0.4*L2    0.008 -0.001 -0.225    0.002  0.006 -0.039 -0.299   -0.002 -0.004  0.019  0.149   -0.001 -0.218
0.5*L2    0.007  0.001 -0.185    0.001  0.006 -0.030 -0.258    0.001 -0.001  0.017  0.131    0.000 -0.206
0.6*L2    0.005  0.002 -0.142    0.001  0.005 -0.022 -0.205    0.003  0.001  0.014  0.106    0.001 -0.174
0.7*L2    0.004  0.002 -0.100    0.001  0.004 -0.015 -0.147    0.003  0.001  0.010  0.077    0.001 -0.130
0.8*L2    0.002  0.002 -0.060    0.000  0.002 -0.009 -0.090    0.002  0.001  0.006  0.047    0.001 -0.081
0.9*L2    0.001  0.001 -0.025    0.000  0.001 -0.004 -0.038    0.001  0.000  0.003  0.020    0.000 -0.034
1.0*L2    0.000  0.000  0.000    0.000  0.000  0.000  0.000    0.000  0.000  0.000  0.000   -0.000  0.000
FAKTOR        a                          a                          a                        1/a

            INFOLGE  STRECKENLAST  P=1
IN FELD
1,BIS SPRUNG                       -0.369 -0.408              -0.011 -0.404
1,REST    0.342  0.314 -0.727    0.677  0.372  0.280 -1.604    0.902  0.250 -0.042 -0.458    1.010 -0.632
2         0.024 -0.012 -0.721    0.006  0.019 -0.132 -0.922   -0.013 -0.019  0.056  0.451   -0.005 -0.620
3        -0.000 -0.001  0.006   -0.000 -0.000  0.001  0.012   -0.001 -0.001 -0.001 -0.007   -0.000  0.013

SUMME(+)  0.367  0.314  0.006    0.682  0.390  0.281  0.012    0.902  0.250  0.056  0.451    1.010  0.013
SUMME(-) -0.000 -0.013 -1.448   -0.000 -0.370 -0.540 -2.526   -0.014 -0.031 -0.447 -0.464   -0.006 -1.252
SUMME     0.366  0.301 -1.442    0.682  0.020 -0.259 -2.514    0.889  0.220 -0.391 -0.013    1.005 -1.239
FAKTOR        a*a                        a                          a*a                      1/a

            INFOLGE  EINZELMOMENT  Mt=1
   IN
0.0*L1    0.000  0.000 -0.000    0.000 -0.000 -0.000 -0.000    1.000 -0.000 -0.000 -0.000    0.000 -0.000
0.1*L1    0.059  0.004 -0.066    0.248 -0.064 -0.021 -0.095    0.778 -0.066 -0.088 -0.051    0.038 -0.085
0.2*L1    0.126  0.013 -0.133    0.258 -0.114 -0.047 -0.191    0.675 -0.139 -0.173 -0.101    0.026 -0.169
0.3*L1    0.197  0.033 -0.198    0.187 -0.116 -0.084 -0.291    0.611 -0.237 -0.253 -0.149   -0.102 -0.249
0.4*L1    0.237  0.071 -0.262    0.111  0.008 -0.132 -0.397    0.551 -0.398 -0.328 -0.195   -0.448 -0.323
                                                                     0.602
0.5*L1    0.200  0.128 -0.319    0.055  0.134 -0.176 -0.512    0.480  0.440 -0.405 -0.237   -0.090 -0.390
0.6*L1    0.135  0.196 -0.364    0.021  0.141 -0.180 -0.637    0.398  0.338 -0.501 -0.273    0.054 -0.452
0.7*L1    0.081  0.236 -0.389    0.005  0.109 -0.065 -0.766    0.311  0.259 -0.654 -0.304    0.087 -0.521
                                                                            0.346
0.8*L1    0.046  0.199 -0.386   -0.000  0.073  0.051 -0.881    0.224  0.188  0.198 -0.336    0.074 -0.624
0.9*L1    0.028  0.134 -0.357   -0.001  0.046  0.050 -0.933    0.146  0.123  0.121 -0.388    0.050 -0.817
1.0*L1    0.020  0.078 -0.333    0.000  0.030  0.013 -0.830    0.085  0.071  0.079 -0.499    0.029 -1.189

0.0*L2    0.020  0.078 -0.333    0.000  0.030  0.013 -0.830    0.085  0.071  0.079  0.501    0.029 -1.189
0.1*L2    0.017  0.041 -0.359    0.002  0.021 -0.024 -0.686    0.045  0.035  0.058  0.389    0.015 -0.818
0.2*L2    0.016  0.021 -0.388    0.002  0.017 -0.047 -0.627    0.023  0.015  0.047  0.337    0.007 -0.626
0.3*L2    0.015  0.011 -0.392    0.003  0.015 -0.056 -0.585    0.012  0.006  0.041  0.306    0.004 -0.524
0.4*L2    0.014  0.007 -0.368    0.003  0.013 -0.056 -0.533    0.007  0.002  0.037  0.275    0.002 -0.456
0.5*L2    0.012  0.005 -0.324    0.002  0.011 -0.050 -0.466    0.006  0.001  0.032  0.240    0.002 -0.394
0.6*L2    0.010  0.005 -0.268    0.002  0.009 -0.041 -0.386    0.005  0.001  0.027  0.199    0.001 -0.328
0.7*L2    0.008  0.004 -0.207    0.001  0.007 -0.031 -0.300    0.004  0.001  0.021  0.155    0.001 -0.257
0.8*L2    0.006  0.003 -0.149    0.001  0.005 -0.022 -0.216    0.003  0.001  0.015  0.112    0.001 -0.187
0.9*L2    0.004  0.002 -0.097    0.001  0.003 -0.015 -0.141    0.002  0.001  0.010  0.073    0.001 -0.122
1.0*L2    0.002  0.001 -0.057    0.000  0.002 -0.009 -0.083    0.001  0.000  0.006  0.043    0.000 -0.071
FAKTOR                                   1/a                                                 1/(a*a)

            INFOLGE  STRECKENMOMENT  mt=1
IN FELD
1,BIS SPRUNG                       -0.157 -0.346              -0.315 -1.033
1,REST    0.561  0.528 -1.323    0.461  0.270  0.048 -2.572    2.347  0.835  0.259 -1.137   -0.104 -2.095
2         0.055  0.067 -1.375    0.008  0.059 -0.172 -2.192    0.074  0.049  0.164  1.174    0.024 -2.152
3         0.002  0.000 -0.052    0.000  0.002 -0.008 -0.072    0.000 -0.000  0.005  0.037    0.000 -0.058

SUMME(+)  0.619  0.596  0.000    0.469  0.330  0.048  0.000    2.421  0.884  0.427  1.211    0.024  0.000
SUMME(-)  0.000  0.000 -2.750    0.000 -0.157 -0.527 -4.837    0.000 -0.315 -1.033 -1.137   -0.104 -4.305
SUMME     0.619  0.596 -2.750    0.469  0.173 -0.478 -4.837    2.421  0.569 -0.605  0.074   -0.080 -4.305
FAKTOR        a                          a                          a                        1/a
```

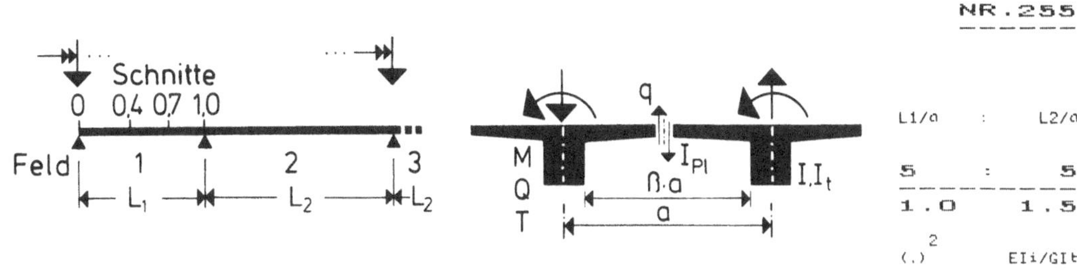

IN SCHNITT	M 0.4	M 0.7	M 1.0	Q 0	Q 0.4	Q 0.7	Q 1.0	T 0	T 0.4	T 0.7	T 1.0	q 0.4	q 1.0

INFOLGE EINZELLAST F=1

IN	M 0.4	M 0.7	M 1.0	Q 0	Q 0.4	Q 0.7	Q 1.0	T 0	T 0.4	T 0.7	T 1.0	q 0.4	q 1.0
0.0*L1	0.000	-0.000	-0.000	1.000	-0.000	-0.000	-0.000	0.000	-0.000	-0.000	-0.000	0.000	-0.000
0.1*L1	0.031	-0.010	-0.042	0.626	-0.075	-0.007	-0.046	0.137	-0.012	-0.047	-0.027	0.109	-0.042
0.2*L1	0.089	-0.017	-0.085	0.339	-0.176	-0.020	-0.093	0.230	-0.012	-0.090	-0.054	0.226	-0.083
0.3*L1	0.204	-0.015	-0.129	0.154	-0.320	-0.050	-0.142	0.272	0.009	-0.126	-0.080	0.338	-0.121
0.4*L1	0.403	0.007	-0.175	0.051	-0.504	-0.109	-0.195	0.272	0.050	-0.148	-0.104	0.397	-0.154
					0.496								
0.5*L1	0.200	0.064	-0.221	0.003	0.312	-0.209	-0.259	0.244	0.089	-0.150	-0.125	0.339	-0.175
0.6*L1	0.082	0.181	-0.260	-0.014	0.172	-0.361	-0.341	0.199	0.106	-0.128	-0.138	0.233	-0.178
0.7*L1	0.023	0.382	-0.282	-0.015	0.081	-0.557	-0.451	0.145	0.097	-0.084	-0.137	0.137	-0.157
						0.443							
0.8*L1	0.001	0.179	-0.267	-0.010	0.031	0.247	-0.601	0.089	0.068	-0.039	-0.115	0.066	-0.107
0.9*L1	-0.003	0.060	-0.186	-0.005	0.008	0.096	-0.792	0.038	0.031	-0.013	-0.069	0.023	-0.041
1.0*L1	-0.000	0.000	0.000	-0.000	-0.000	0.000	-1.000	0.000	0.000	0.000	0.000	0.000	0.000
0.0*L2	0.000	-0.000	-0.000	0.000	-0.000	-0.000	-0.000	-0.000	-0.000	0.000	0.000	-0.000	0.000
0.1*L2	0.004	-0.023	-0.185	0.003	-0.001	-0.049	-0.166	-0.016	-0.014	0.010	0.069	-0.010	-0.040
0.2*L2	0.007	-0.028	-0.267	0.004	-0.000	-0.066	-0.262	-0.018	-0.016	0.017	0.115	-0.012	-0.106
0.3*L2	0.008	-0.024	-0.281	0.004	0.001	-0.066	-0.297	-0.015	-0.013	0.020	0.136	-0.011	-0.155
0.4*L2	0.009	-0.018	-0.258	0.004	0.003	-0.058	-0.289	-0.010	-0.010	0.021	0.136	-0.009	-0.175
0.5*L2	0.008	-0.012	-0.216	0.003	0.003	-0.046	-0.253	-0.006	-0.006	0.019	0.122	-0.006	-0.170
0.6*L2	0.006	-0.008	-0.168	0.002	0.003	-0.035	-0.203	-0.004	-0.006	0.016	0.077	-0.004	-0.145
0.7*L2	0.005	-0.005	-0.118	0.002	0.002	-0.024	-0.147	-0.002	-0.002	0.011	0.072	-0.003	-0.110
0.8*L2	0.003	-0.002	-0.071	0.001	0.001	-0.014	-0.090	-0.001	-0.001	0.007	0.045	-0.002	-0.069
0.9*L2	0.001	-0.001	-0.030	0.000	0.001	-0.006	-0.038	-0.000	-0.000	0.003	0.019	-0.001	-0.030
1.0*L2	-0.000	0.000	0.000	-0.000	0.000	0.000	-0.000	0.000	0.000	0.000	0.000	0.000	0.000
FAKTOR	a							a				1/a	

INFOLGE STRECKENLAST P=1

IN FELD	M 0.4	M 0.7	M 1.0	Q 0	Q 0.4	Q 0.7	Q 1.0	T 0	T 0.4	T 0.7	T 1.0	q 0.4	q 1.0
1,BIS SPRUNG					-0.406	-0.509			0.002	-0.369			
1,REST	0.494	0.396	-0.836	0.798	0.418	0.276	-1.704	0.820	0.211	-0.045	-0.429	0.939	-0.531
2	0.026	-0.061	-0.809	0.012	0.006	-0.185	-0.882	-0.037	-0.034	0.062	0.410	-0.029	-0.501
3	-0.001	0.000	0.027	-0.000	-0.001	0.005	0.036	-0.000	0.000	-0.003	-0.018	0.000	0.030
SUMME(+)	0.520	0.396	0.027	0.810	0.425	0.281	0.036	0.820	0.214	0.062	0.410	0.940	0.030
SUMME(-)	-0.001	-0.061	-1.645	-0.000	-0.407	-0.694	-2.586	-0.037	-0.034	-0.417	-0.447	-0.029	-1.032
SUMME	0.519	0.335	-1.617	0.810	0.017	-0.413	-2.550	0.783	0.180	-0.355	-0.037	0.911	-1.001
FAKTOR	a*a				a				a*a				

INFOLGE EINZELMOMENT Mt=1

IN	M 0.4	M 0.7	M 1.0	Q 0	Q 0.4	Q 0.7	Q 1.0	T 0	T 0.4	T 0.7	T 1.0	q 0.4	q 1.0
0.0*L1	0.000	0.000	-0.000	0.000	-0.000	-0.000	-0.000	1.000	-0.000	-0.000	-0.000	0.000	-0.000
0.1*L1	0.086	0.007	-0.081	0.283	-0.075	-0.037	-0.101	0.758	-0.063	-0.082	-0.050	0.023	-0.076
0.2*L1	0.177	0.022	-0.161	0.315	-0.131	-0.079	-0.205	0.641	-0.136	-0.162	-0.099	-0.004	-0.150
0.3*L1	0.265	0.050	-0.238	0.251	-0.127	-0.130	-0.313	0.573	-0.238	-0.237	-0.145	-0.148	-0.219
0.4*L1	0.313	0.098	-0.311	0.167	0.008	-0.187	-0.428	0.514	-0.407	-0.309	-0.189	-0.500	-0.283
									0.593				
0.5*L1	0.274	0.166	-0.373	0.098	0.148	-0.235	-0.553	0.448	0.423	-0.386	-0.227	-0.134	-0.341
0.6*L1	0.198	0.241	-0.418	0.052	0.165	-0.234	-0.685	0.372	0.316	-0.485	-0.259	0.026	-0.397
0.7*L1	0.129	0.282	-0.437	0.025	0.134	-0.106	-0.818	0.290	0.236	-0.644	-0.288	0.074	-0.465
										0.356			
0.8*L1	0.079	0.237	-0.425	0.012	0.093	0.023	-0.927	0.209	0.168	0.203	-0.322	0.069	-0.573
0.9*L1	0.049	0.158	-0.388	0.006	0.060	0.031	-0.963	0.135	0.109	0.123	-0.380	0.047	-0.773
1.0*L1	0.033	0.087	-0.360	0.005	0.037	-0.005	-0.841	0.076	0.061	0.081	-0.501	0.025	-1.149
0.0*L2	0.033	0.087	-0.360	0.005	0.037	-0.005	-0.841	0.076	0.061	0.081	0.499	0.025	-1.149
0.1*L2	0.024	0.036	-0.388	0.006	0.022	-0.044	-0.680	0.036	0.027	0.061	0.379	0.008	-0.772
0.2*L2	0.020	0.006	-0.424	0.006	0.015	-0.071	-0.611	0.012	0.007	0.050	0.320	-0.003	-0.571
0.3*L2	0.018	-0.009	-0.435	0.006	0.010	-0.083	-0.567	-0.000	-0.002	0.044	0.286	-0.008	-0.462
0.4*L2	0.016	-0.015	-0.414	0.006	0.008	-0.083	-0.518	-0.005	-0.006	0.039	0.257	-0.009	-0.392
0.5*L2	0.014	-0.015	-0.369	0.005	0.007	-0.075	-0.454	-0.006	-0.007	0.034	0.224	-0.009	-0.335
0.6*L2	0.012	-0.013	-0.308	0.005	0.006	-0.063	-0.378	-0.005	-0.006	0.029	0.186	-0.008	-0.278
0.7*L2	0.009	-0.010	-0.239	0.004	0.004	-0.049	-0.295	-0.004	-0.004	0.022	0.145	-0.006	-0.218
0.8*L2	0.007	-0.007	-0.172	0.003	0.003	-0.035	-0.212	-0.003	-0.003	0.016	0.104	-0.004	-0.157
0.9*L2	0.004	-0.004	-0.111	0.002	0.002	-0.023	-0.137	-0.002	-0.002	0.010	0.068	-0.003	-0.102
1.0*L2	0.002	-0.003	-0.063	0.001	0.001	-0.013	-0.077	-0.001	-0.001	0.006	0.038	-0.002	-0.057
FAKTOR					1/a							1/(a*a)	

INFOLGE STRECKENMOMENT mt=1

IN FELD	M 0.4	M 0.7	M 1.0	Q 0	Q 0.4	Q 0.7	Q 1.0	T 0	T 0.4	T 0.7	T 1.0	q 0.4	q 1.0
1,BIS SPRUNG					-0.178	-0.488			-0.314	-0.986			
1,REST	0.797	0.656	-1.509	0.626	0.322	0.010	-2.721	2.227	0.781	0.265	-1.100	-0.223	-1.908
2	0.071	0.004	-1.538	0.023	0.047	-0.270	-2.148	0.028	0.015	0.174	1.113	-0.016	-1.926
3	0.001	-0.002	-0.027	0.000	0.000	-0.006	-0.030	-0.001	-0.001	0.002	0.014	-0.001	-0.017
SUMME(+)	0.869	0.652	0.000	0.649	0.369	0.010	0.000	2.254	0.797	0.441	1.127	0.000	0.000
SUMME(-)	0.000	-0.002	-3.074	0.000	-0.178	-0.765	-4.899	-0.001	-0.315	-0.986	-1.100	-0.240	-3.851
SUMME	0.869	0.657	-3.074	0.649	0.191	-0.754	-4.899	2.253	0.482	-0.545	0.027	-0.240	-3.851
FAKTOR	a				a				a			1/a	

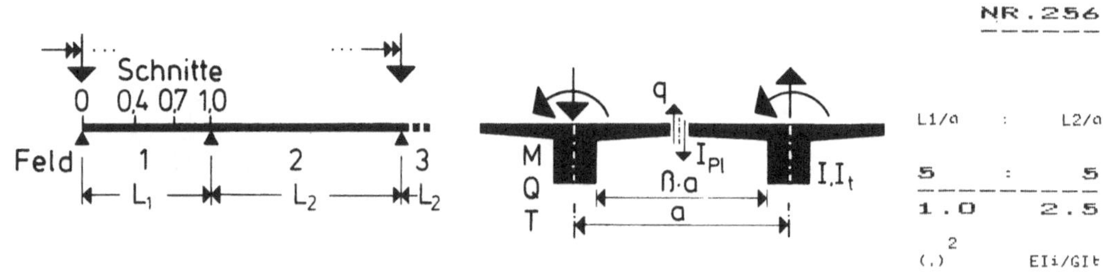

INFOLGE EINZELLAST P=1

IN SCHNITT	M 0.4	M 0.7	M 1.0	Q 0	Q 0.4	Q 0.7	Q 1.0	T 0	T 0.4	T 0.7	T 1.0	q 0.4	q 1.0
0.0*L1	0.000	-0.000	-0.000	1.000	-0.000	-0.000	-0.000	0.000	-0.000	-0.000	-0.000	0.000	-0.000
0.1*L1	0.062	-0.009	-0.056	0.678	-0.094	-0.022	-0.051	0.109	-0.005	-0.041	-0.026	0.097	-0.036
0.2*L1	0.148	-0.012	-0.112	0.418	-0.205	-0.053	-0.105	0.187	-0.002	-0.078	-0.052	0.194	-0.070
0.3*L1	0.284	-0.001	-0.168	0.234	-0.344	-0.098	-0.161	0.226	0.015	-0.108	-0.076	0.281	-0.100
0.4*L1	0.492	0.032	-0.223	0.116	-0.508	-0.169	-0.225	0.232	0.044	-0.125	-0.097	0.325	-0.124
				0.492									
0.5*L1	0.282	0.104	-0.272	0.048	0.331	-0.274	-0.300	0.212	0.071	-0.126	-0.114	0.286	-0.137
0.6*L1	0.145	0.233	-0.308	0.014	0.201	-0.417	-0.392	0.176	0.082	-0.109	-0.121	0.209	-0.135
0.7*L1	0.066	0.435	-0.321	-0.001	0.110	-0.591	-0.508	0.130	0.075	-0.075	-0.117	0.133	-0.115
					0.409								
0.8*L1	0.024	0.220	-0.291	-0.004	0.051	0.236	-0.652	0.081	0.053	-0.039	-0.095	0.071	-0.076
0.9*L1	0.006	0.081	-0.194	-0.003	0.017	0.096	-0.823	0.035	0.025	-0.015	-0.055	0.027	-0.028
1.0*L1	-0.000	0.000	0.000	-0.000	0.000	0.000	-1.000	0.000	0.000	0.000	-0.000	0.000	0.000
0.0*L2	-0.000	-0.000	-0.000	0.000	-0.000	-0.000	-0.000	-0.000	-0.000	0.000	0.000	-0.000	0.000
0.1*L2	-0.000	-0.040	-0.191	0.002	-0.007	-0.055	-0.143	-0.018	-0.013	0.011	0.055	-0.014	-0.026
0.2*L2	0.001	-0.054	-0.285	0.004	-0.009	-0.079	-0.231	-0.023	-0.017	0.018	0.094	-0.020	-0.072
0.3*L2	0.003	-0.054	-0.312	0.005	-0.008	-0.084	-0.268	-0.023	-0.016	0.022	0.114	-0.021	-0.109
0.4*L2	0.004	-0.047	-0.296	0.005	-0.007	-0.078	-0.267	-0.019	-0.014	0.022	0.116	-0.019	-0.127
0.5*L2	0.004	-0.038	-0.255	0.004	-0.005	-0.066	-0.239	-0.015	-0.011	0.020	0.106	-0.015	-0.126
0.6*L2	0.004	-0.028	-0.202	0.003	-0.003	-0.051	-0.195	-0.011	-0.008	0.017	0.088	-0.012	-0.110
0.7*L2	0.003	-0.019	-0.144	0.003	-0.002	-0.036	-0.142	-0.007	-0.005	0.012	0.065	-0.008	-0.084
0.8*L2	0.002	-0.011	-0.087	0.002	-0.001	-0.022	-0.088	-0.004	-0.003	0.008	0.040	-0.005	-0.054
0.9*L2	0.001	-0.005	-0.037	0.001	-0.000	-0.009	-0.038	-0.002	-0.001	0.003	0.017	-0.002	-0.024
1.0*L2	0.000	-0.000	0.000	0.000	0.000	0.000	-0.000	-0.000	-0.000	0.000	0.000	0.000	0.000
FAKTOR	a							a				1/a	

INFOLGE STRECKENLAST P=1

IN FELD	M 0.4	M 0.7	M 1.0	Q 0	Q 0.4	Q 0.7	Q 1.0	T 0	T 0.4	T 0.7	T 1.0	q 0.4	q 1.0
1,BIS SPRUNG					-0.445	-0.658			0.013	-0.315			
1,REST	0.736	0.523	-0.985	0.986	0.472	0.264	-1.853	0.700	0.166	-0.045	-0.381	0.816	-0.412
2	0.010	-0.150	-0.917	0.014	-0.022	-0.244	-0.813	-0.062	-0.044	0.067	0.351	-0.059	-0.367
3	-0.002	0.008	0.065	-0.001	0.001	0.016	0.067	0.003	0.002	-0.006	-0.031	0.003	0.043
SUMME(+)	0.747	0.531	0.065	1.000	0.472	0.280	0.067	0.702	0.181	0.067	0.351	0.820	0.043
SUMME(-)	-0.002	-0.150	-1.901	-0.001	-0.467	-0.902	-2.665	-0.062	-0.044	-0.366	-0.412	-0.059	-0.779
SUMME	0.745	0.381	-1.836	0.999	0.006	-0.622	-2.599	0.640	0.137	-0.299	-0.061	0.761	-0.736
FAKTOR	a*a			a				a*a					

INFOLGE EINZELMOMENT Mt=1

IN	M 0.4	M 0.7	M 1.0	Q 0	Q 0.4	Q 0.7	Q 1.0	T 0	T 0.4	T 0.7	T 1.0	q 0.4	q 1.0
0.0*L1	0.000	0.000	-0.000	0.000	-0.000	-0.000	-0.000	1.000	-0.000	-0.000	-0.000	0.000	-0.000
0.1*L1	0.127	0.017	-0.102	0.329	-0.087	-0.062	-0.114	0.731	-0.060	-0.073	-0.047	-0.001	-0.063
0.2*L1	0.255	0.042	-0.202	0.394	-0.147	-0.128	-0.230	0.595	-0.134	-0.144	-0.093	-0.052	-0.124
0.3*L1	0.369	0.082	-0.296	0.342	-0.139	-0.198	-0.352	0.517	-0.242	-0.212	-0.136	-0.215	-0.181
0.4*L1	0.430	0.144	-0.379	0.256	0.010	-0.269	-0.480	0.457	-0.419	-0.280	-0.174	-0.575	-0.233
									0.581				
0.5*L1	0.388	0.225	-0.446	0.174	0.165	-0.320	-0.616	0.397	0.401	-0.356	-0.208	-0.201	-0.283
0.6*L1	0.298	0.307	-0.488	0.110	0.191	-0.311	-0.756	0.330	0.289	-0.460	-0.237	-0.022	-0.335
0.7*L1	0.208	0.345	-0.499	0.066	0.162	-0.167	-0.888	0.257	0.209	-0.626	-0.265	0.043	-0.404
									0.374				
0.8*L1	0.136	0.289	-0.475	0.039	0.117	-0.020	-0.986	0.185	0.146	0.214	-0.302	0.051	-0.519
0.9*L1	0.085	0.190	-0.427	0.024	0.075	0.001	-1.002	0.118	0.093	0.130	-0.369	0.035	-0.728
1.0*L1	0.052	0.096	-0.393	0.016	0.042	-0.029	-0.854	0.063	0.050	0.086	-0.502	0.014	-1.107
0.0*L2	0.052	0.096	-0.393	0.016	0.042	-0.029	-0.854	0.063	0.050	0.086	0.498	0.014	-1.107
0.1*L2	0.033	0.025	-0.422	0.012	0.020	-0.068	-0.670	0.024	0.020	0.064	0.365	-0.004	-0.724
0.2*L2	0.022	-0.021	-0.465	0.011	0.007	-0.098	-0.586	-0.001	0.001	0.054	0.298	-0.016	-0.512
0.3*L2	0.016	-0.045	-0.484	0.010	-0.001	-0.113	-0.536	-0.014	-0.009	0.048	0.259	-0.023	-0.394
0.4*L2	0.012	-0.054	-0.470	0.009	-0.004	-0.115	-0.488	-0.019	-0.013	0.042	0.229	-0.025	-0.322
0.5*L2	0.010	-0.053	-0.425	0.008	-0.005	-0.105	-0.429	-0.019	-0.013	0.037	0.199	-0.023	-0.268
0.6*L2	0.008	-0.046	-0.359	0.006	-0.004	-0.090	-0.358	-0.017	-0.012	0.031	0.165	-0.020	-0.219
0.7*L2	0.006	-0.036	-0.281	0.005	-0.004	-0.070	-0.280	-0.014	-0.009	0.024	0.129	-0.016	-0.171
0.8*L2	0.004	-0.026	-0.202	0.004	-0.003	-0.050	-0.201	-0.010	-0.007	0.017	0.093	-0.011	-0.123
0.9*L2	0.003	-0.017	-0.129	0.002	-0.002	-0.032	-0.129	-0.006	-0.004	0.011	0.059	-0.007	-0.078
1.0*L2	0.001	-0.009	-0.070	0.001	-0.001	-0.017	-0.069	-0.003	-0.002	0.006	0.032	-0.004	-0.042
FAKTOR				1/a								1/(a*a)	

INFOLGE STRECKENMOMENT mt=1

IN FELD	M 0.4	M 0.7	M 1.0	Q 0	Q 0.4	Q 0.7	Q 1.0	T 0	T 0.4	T 0.7	T 1.0	q 0.4	q 1.0
1,BIS SPRUNG					-0.199	-0.698			-0.316	-0.914			
1,REST	1.168	0.848	-1.759	0.893	0.380	-0.046	-2.942	2.047	0.719	0.279	-1.036	-0.422	-1.693
2	0.069	-0.118	-1.736	0.037	0.012	-0.385	-2.060	-0.025	-0.012	0.186	1.024	-0.071	-1.674
3	-0.001	0.002	0.023	-0.000	-0.000	0.005	0.026	0.001	0.000	-0.002	-0.012	0.001	0.019
SUMME(+)	1.237	0.850	0.023	0.931	0.391	0.005	0.026	2.047	0.719	0.465	1.024	0.001	0.019
SUMME(-)	-0.001	-0.118	-3.496	-0.000	-0.199	-1.129	-5.002	-0.025	-0.328	-0.916	-1.048	-0.493	-3.367
SUMME	1.236	0.732	-3.473	0.930	0.193	-1.124	-4.976	2.022	0.391	-0.450	-0.024	-0.492	-3.348
FAKTOR	a			a				a				1/a	

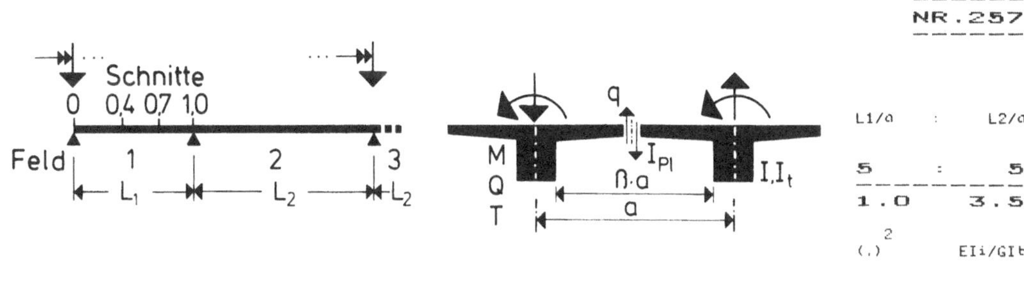

INFOLGE EINZELLAST F=1

IN	M 0.4	M 0.7	M 1.0	Q 0	Q 0.4	Q 0.7	Q 1.0	T 0	T 0.4	T 0.7	T 1.0	q 0.4	q 1.0
0.0*L1	0.000	-0.000	-0.000	1.000	-0.000	-0.000	-0.000	0.000	-0.000	-0.000	-0.000	0.000	-0.000
0.1*L1	0.084	-0.005	-0.066	0.710	-0.103	-0.035	-0.057	0.091	-0.002	-0.036	-0.025	0.086	-0.031
0.2*L1	0.191	-0.003	-0.132	0.468	-0.219	-0.077	-0.116	0.159	0.002	-0.069	-0.049	0.170	-0.060
0.3*L1	0.343	0.013	-0.196	0.288	-0.355	-0.134	-0.180	0.195	0.017	-0.094	-0.071	0.242	-0.085
0.4*L1	0.557	0.055	-0.255	0.165	-0.509	-0.212	-0.250	0.203	0.039	-0.109	-0.090	0.278	-0.104
(Sprung)					0.491								
0.5*L1	0.343	0.135	-0.306	0.086	0.341	-0.318	-0.332	0.188	0.060	-0.110	-0.103	0.249	-0.113
0.6*L1	0.195	0.269	-0.340	0.040	0.218	-0.455	-0.429	0.157	0.068	-0.095	-0.109	0.188	-0.110
0.7*L1	0.101	0.471	-0.345	0.016	0.126	-0.616	-0.545	0.117	0.062	-0.067	-0.103	0.124	-0.092
(Sprung)						0.384							
0.8*L1	0.045	0.248	-0.305	0.004	0.063	0.225	-0.684	0.073	0.044	-0.037	-0.082	0.069	-0.060
0.9*L1	0.015	0.095	-0.199	0.000	0.023	0.094	-0.841	0.032	0.021	-0.015	-0.047	0.028	-0.022
1.0*L1	-0.000	-0.000	0.000	-0.000	0.000	0.000	-1.000	-0.000	0.000	-0.000	-0.000	0.000	0.000
0.0*L2	-0.000	-0.000	-0.000	0.000	-0.000	-0.000	-0.000	-0.000	-0.000	0.000	0.000	-0.000	0.000
0.1*L2	-0.006	-0.051	-0.193	0.001	-0.012	-0.057	-0.128	-0.018	-0.012	0.011	0.046	-0.016	-0.019
0.2*L2	-0.007	-0.073	-0.295	0.002	-0.016	-0.085	-0.209	-0.025	-0.016	0.018	0.080	-0.023	-0.055
0.3*L2	-0.006	-0.077	-0.329	0.002	-0.016	-0.093	-0.246	-0.026	-0.016	0.022	0.099	-0.025	-0.084
0.4*L2	-0.004	-0.071	-0.318	0.003	-0.015	-0.088	-0.248	-0.023	-0.015	0.022	0.102	-0.024	-0.100
0.5*L2	-0.003	-0.059	-0.278	0.003	-0.012	-0.076	-0.225	-0.019	-0.012	0.020	0.095	-0.020	-0.100
0.6*L2	-0.002	-0.046	-0.223	0.002	-0.009	-0.061	-0.105	-0.015	-0.009	0.017	0.079	-0.016	-0.089
0.7*L2	0.001	-0.032	-0.161	0.002	-0.006	-0.043	-0.136	-0.010	-0.006	0.012	0.059	-0.011	-0.069
0.8*L2	-0.000	-0.019	-0.099	0.001	-0.004	-0.026	-0.085	-0.006	-0.004	0.008	0.037	-0.007	-0.044
0.9*L2	-0.000	-0.008	-0.043	0.001	-0.002	-0.011	-0.037	-0.003	-0.002	0.003	0.016	-0.003	-0.020
1.0*L2	-0.000	-0.000	-0.000	-0.000	-0.000	-0.000	-0.000	-0.000	-0.000	-0.000	-0.000	0.000	0.000
FAKTOR	a							a				1/a	

INFOLGE STRECKENLAST F=1

IN FELD

IN FELD	M 0.4	M 0.7	M 1.0	Q 0	Q 0.4	Q 0.7	Q 1.0	T 0	T 0.4	T 0.7	T 1.0	q 0.4	q 1.0
1,BIS SPRUNG						-0.464	-0.764			0.017	-0.276		
1,REST	0.920	0.621	-1.085	1.126	0.503	0.252	-1.963	0.612	0.139	-0.042	-0.343	0.720	-0.340
2	-0.015	-0.221	-0.981	0.008	-0.046	-0.274	-0.756	-0.073	-0.046	0.068	0.309	-0.073	-0.291
3	0.000	0.018	0.097	-0.001	0.003	0.026	0.084	0.006	0.003	-0.008	-0.037	0.007	0.046
SUMME(+)	0.920	0.639	0.097	1.134	0.506	0.278	0.084	0.618	0.159	0.068	0.309	0.727	0.046
SUMME(-)	-0.015	-0.221	-2.066	-0.001	-0.510	-1.038	-2.720	-0.073	-0.046	-0.326	-0.380	-0.073	-0.631
SUMME	0.905	0.418	-1.970	1.133	-0.004	-0.760	-2.636	0.545	0.114	-0.258	-0.071	0.653	-0.585
FAKTOR	a*a			a				a*a					

INFOLGE EINZELMOMENT Mt=1

IN	M 0.4	M 0.7	M 1.0	Q 0	Q 0.4	Q 0.7	Q 1.0	T 0	T 0.4	T 0.7	T 1.0	q 0.4	q 1.0
0.0*L1	0.000	0.000	-0.000	0.000	-0.000	-0.000	-0.000	1.000	-0.000	-0.000	-0.000	-0.000	-0.000
0.1*L1	0.158	0.026	-0.117	0.360	-0.092	-0.081	-0.125	0.714	-0.060	-0.066	-0.044	-0.019	-0.054
0.2*L1	0.312	0.060	-0.231	0.447	-0.155	-0.163	-0.252	0.564	-0.135	-0.131	-0.086	-0.087	-0.107
0.3*L1	0.446	0.111	-0.335	0.407	-0.145	-0.248	-0.384	0.478	-0.246	-0.194	-0.126	-0.263	-0.156
0.4*L1	0.517	0.182	-0.426	0.322	0.011	-0.327	-0.522	0.417	-0.428	-0.259	-0.161	-0.628	-0.202
(Sprung)									0.572				
0.5*L1	0.474	0.269	-0.495	0.233	0.174	-0.379	-0.665	0.359	0.388	-0.335	-0.192	-0.250	-0.247
0.6*L1	0.375	0.354	-0.535	0.158	0.206	-0.365	-0.808	0.297	0.273	-0.441	-0.220	-0.061	-0.298
0.7*L1	0.270	0.390	-0.539	0.103	0.179	-0.211	-0.937	0.232	0.194	-0.612	-0.248	0.016	-0.369
(Sprung)										0.388			
0.8*L1	0.181	0.324	-0.507	0.064	0.131	-0.051	-1.026	0.166	0.133	0.224	-0.289	0.034	-0.489
0.9*L1	0.113	0.211	-0.451	0.040	0.084	-0.020	-1.027	0.105	0.083	0.135	-0.361	0.024	-0.703
1.0*L1	0.066	0.101	-0.412	0.025	0.045	-0.044	-0.861	0.055	0.045	0.089	-0.502	0.006	-1.084
0.0*L2	0.066	0.101	-0.412	0.025	0.045	-0.044	-0.861	0.055	0.045	0.089	0.498	0.006	-1.084
0.1*L2	0.036	0.015	-0.442	0.016	0.017	-0.082	-0.661	0.018	0.017	0.067	0.356	-0.011	-0.698
0.2*L2	0.018	-0.043	-0.489	0.012	-0.001	-0.112	-0.566	-0.007	-0.001	0.055	0.282	-0.024	-0.480
0.3*L2	0.008	-0.074	-0.513	0.009	-0.010	-0.128	-0.511	-0.020	-0.010	0.049	0.240	-0.031	-0.357
0.4*L2	0.003	-0.086	-0.502	0.007	-0.015	-0.130	-0.462	-0.026	-0.015	0.043	0.209	-0.033	-0.283
0.5*L2	0.000	-0.084	-0.458	0.006	-0.015	-0.121	-0.406	-0.026	-0.015	0.038	0.180	-0.031	-0.230
0.6*L2	-0.001	-0.074	-0.390	0.005	-0.014	-0.104	-0.340	-0.023	-0.014	0.031	0.149	-0.027	-0.185
0.7*L2	-0.001	-0.059	-0.307	0.004	-0.011	-0.082	-0.266	-0.018	-0.011	0.025	0.117	-0.021	-0.143
0.8*L2	-0.001	-0.042	-0.221	0.003	-0.008	-0.059	-0.191	-0.013	-0.008	0.018	0.084	-0.015	-0.102
0.9*L2	-0.000	-0.027	-0.140	0.002	-0.005	-0.037	-0.121	-0.008	-0.005	0.011	0.053	-0.010	-0.065
1.0*L2	-0.000	-0.014	-0.073	0.001	-0.003	-0.019	-0.063	-0.004	-0.003	0.006	0.028	-0.005	-0.034
FAKTOR				1/a								1/(a*a)	

INFOLGE STRECKENMOMENT mt=1

IN FELD

IN FELD	M 0.4	M 0.7	M 1.0	Q 0	Q 0.4	Q 0.7	Q 1.0	T 0	T 0.4	T 0.7	T 1.0	q 0.4	q 1.0
1,BIS SPRUNG						-0.208	-0.848			-0.320	-0.860		
1,REST	1.448	0.993	-1.926	1.097	0.413	-0.087	-3.106	1.915	0.681	0.291	-0.983	-0.574	-1.566
2	0.046	-0.220	-1.854	0.037	-0.022	-0.446	-1.984	-0.051	-0.021	0.191	0.960	-0.101	-1.532
3	0.000	0.012	0.066	-0.001	0.002	0.018	0.058	0.004	0.002	-0.005	-0.026	0.004	0.032
SUMME(+)	1.494	1.006	0.066	1.135	0.415	0.018	0.058	1.919	0.684	0.482	0.960	0.004	0.032
SUMME(-)	0.000	-0.220	-3.780	-0.001	-0.230	-1.381	-5.090	-0.051	-0.341	-0.865	-1.009	-0.676	-3.098
SUMME	1.494	0.785	-3.714	1.134	0.186	-1.364	-5.031	1.868	0.342	-0.383	-0.049	-0.671	-3.066
FAKTOR	a							a				1/a	

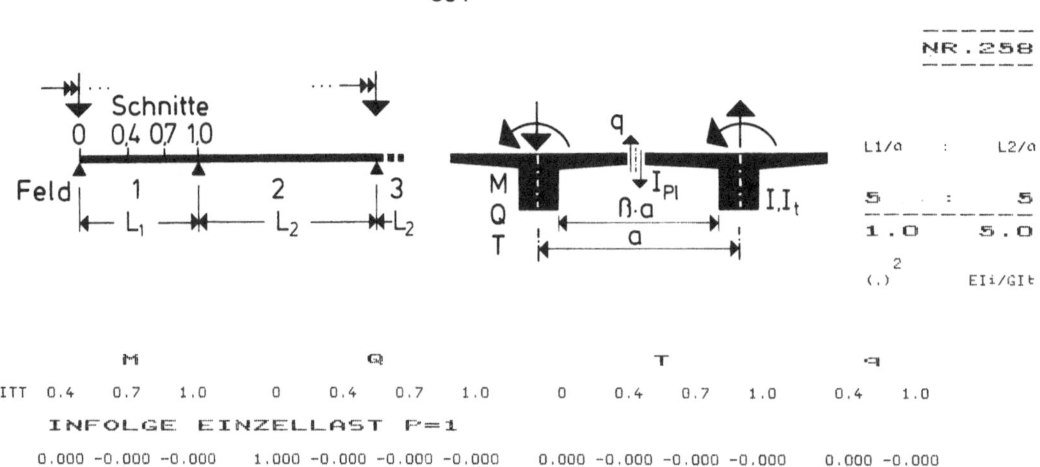

INFOLGE EINZELLAST P=1

IN	M 0.4	M 0.7	M 1.0	Q 0	Q 0.4	Q 0.7	Q 1.0	T 0	T 0.4	T 0.7	T 1.0	q 0.4	q 1.0
0.0*L1	0.000	-0.000	-0.000	1.000	-0.000	-0.000	-0.000	0.000	-0.000	-0.000	-0.000	0.000	-0.000
0.1*L1	0.110	0.001	-0.078	0.740	-0.111	-0.049	-0.065	0.075	0.000	-0.031	-0.023	0.073	-0.026
0.2*L1	0.239	0.009	-0.154	0.518	-0.231	-0.105	-0.132	0.131	0.005	-0.058	-0.044	0.142	-0.050
0.3*L1	0.406	0.033	-0.225	0.344	-0.364	-0.172	-0.203	0.162	0.017	-0.080	-0.064	0.201	-0.070
0.4*L1	0.627	0.083	-0.290	0.218	-0.509	-0.257	-0.281	0.171	0.034	-0.092	-0.080	0.230	-0.084
					0.491								
0.5*L1	0.410	0.171	-0.341	0.131	0.351	-0.365	-0.369	0.160	0.049	-0.093	-0.091	0.209	-0.091
0.6*L1	0.252	0.308	-0.371	0.074	0.233	-0.495	-0.469	0.135	0.055	-0.081	-0.094	0.162	-0.087
0.7*L1	0.143	0.508	-0.369	0.038	0.141	-0.643	-0.585	0.101	0.050	-0.058	-0.087	0.110	-0.071
						0.357							
0.8*L1	0.071	0.277	-0.320	0.017	0.075	0.212	-0.717	0.064	0.035	-0.033	-0.069	0.063	-0.046
0.9*L1	0.026	0.110	-0.204	0.006	0.029	0.090	-0.860	0.028	0.017	-0.014	-0.039	0.026	-0.017
1.0*L1	0.000	0.000	0.000	-0.000	0.000	-0.000	-1.000	0.000	0.000	0.000	0.000	0.000	0.000
0.0*L2	-0.000	-0.000	-0.000	-0.000	-0.000	-0.000	-0.000	-0.000	-0.000	0.000	0.000	-0.000	0.000
0.1*L2	-0.013	-0.064	-0.195	-0.002	-0.016	-0.057	-0.113	-0.017	-0.010	0.010	0.038	-0.016	-0.014
0.2*L2	-0.019	-0.095	-0.303	-0.003	-0.024	-0.087	-0.186	-0.025	-0.014	0.017	0.067	-0.025	-0.040
0.3*L2	-0.019	-0.103	-0.344	-0.003	-0.026	-0.098	-0.222	-0.027	-0.015	0.021	0.083	-0.027	-0.063
0.4*L2	-0.017	-0.098	-0.337	-0.002	-0.024	-0.095	-0.226	-0.025	-0.014	0.022	0.087	-0.026	-0.076
0.5*L2	-0.014	-0.085	-0.300	-0.001	-0.020	-0.084	-0.207	-0.022	-0.012	0.020	0.081	-0.023	-0.077
0.6*L2	-0.011	-0.067	-0.243	-0.001	-0.016	-0.068	-0.172	-0.017	-0.009	0.017	0.068	-0.019	-0.069
0.7*L2	-0.008	-0.048	-0.177	-0.001	-0.011	-0.049	-0.127	-0.012	-0.007	0.012	0.051	-0.013	-0.054
0.8*L2	-0.005	-0.029	-0.110	-0.000	-0.007	-0.030	-0.080	-0.007	-0.004	0.008	0.032	-0.008	-0.035
0.9*L2	-0.002	-0.013	-0.048	-0.000	-0.003	-0.013	-0.035	-0.003	-0.002	0.003	0.014	-0.004	-0.016
1.0*L2	0.000	0.000	0.000	-0.000	-0.000	0.000	0.000	-0.000	0.000	0.000	0.000	0.000	0.000
FAKTOR	a							a				1/a	

INFOLGE STRECKENLAST P=1

IN FELD	M 0.4	M 0.7	M 1.0	Q 0	Q 0.4	Q 0.7	Q 1.0	T 0	T 0.4	T 0.7	T 1.0	q 0.4	q 1.0
1,BIS SPRUNG					-0.479	-0.878			0.019	-0.234			
1,REST	1.126	0.733	-1.189	1.281	0.532	0.237	-2.087	0.518	0.113	-0.038	-0.298	0.612	-0.272
2	-0.055	-0.306	-1.040	-0.007	-0.075	-0.295	-0.690	-0.078	-0.044	0.066	0.263	-0.082	-0.222
3	0.005	0.035	0.134	0.000	0.008	0.037	0.098	0.009	0.005	-0.010	-0.040	0.010	0.044
SUMME(+)	1.131	0.768	0.134	1.282	0.540	0.274	0.098	0.526	0.136	0.066	0.263	0.622	0.044
SUMME(-)	-0.055	-0.306	-2.230	-0.007	-0.554	-1.173	-2.778	-0.078	-0.044	-0.281	-0.338	-0.082	-0.494
SUMME	1.076	0.463	-2.096	1.275	-0.013	-0.899	-2.679	0.448	0.092	-0.215	-0.075	0.540	-0.450
FAKTOR	a*a			a				a*a				1/a	

INFOLGE EINZELMOMENT Mt=1

IN	M 0.4	M 0.7	M 1.0	Q 0	Q 0.4	Q 0.7	Q 1.0	T 0	T 0.4	T 0.7	T 1.0	q 0.4	q 1.0
0.0*L1	0.000	0.000	-0.000	0.000	-0.000	-0.000	-0.000	1.000	-0.000	-0.000	-0.000	-0.000	-0.000
0.1*L1	0.191	0.037	-0.133	0.391	-0.097	-0.101	-0.138	0.696	-0.060	-0.058	-0.040	-0.039	-0.046
0.2*L1	0.375	0.083	-0.261	0.503	-0.161	-0.202	-0.279	0.531	-0.137	-0.116	-0.078	-0.124	-0.090
0.3*L1	0.531	0.145	-0.377	0.477	-0.148	-0.301	-0.423	0.437	-0.251	-0.174	-0.113	-0.314	-0.132
0.4*L1	0.613	0.226	-0.474	0.395	0.014	-0.388	-0.571	0.372	-0.437	-0.236	-0.145	-0.685	-0.172
									0.563				
0.5*L1	0.570	0.321	-0.545	0.301	0.184	-0.443	-0.720	0.317	0.375	-0.312	-0.173	-0.303	-0.214
0.6*L1	0.462	0.408	-0.582	0.215	0.221	-0.423	-0.865	0.260	0.258	-0.420	-0.199	-0.105	-0.264
0.7*L1	0.341	0.439	-0.580	0.147	0.194	-0.258	-0.990	0.203	0.179	-0.595	-0.229	-0.017	-0.338
										0.405			
0.8*L1	0.232	0.362	-0.538	0.095	0.144	-0.085	-1.069	0.145	0.120	0.235	-0.273	0.011	-0.462
0.9*L1	0.145	0.233	-0.474	0.059	0.091	-0.043	-1.053	0.091	0.075	0.142	-0.353	0.010	-0.681
1.0*L1	0.081	0.106	-0.431	0.035	0.046	-0.060	-0.868	0.046	0.040	0.093	-0.502	-0.004	-1.064
0.0*L2	0.081	0.106	-0.431	0.035	0.046	-0.060	-0.868	0.046	0.040	0.093	0.498	-0.004	-1.064
0.1*L2	0.037	0.003	-0.460	0.019	0.013	-0.093	-0.651	0.012	0.015	0.068	0.347	-0.018	-0.676
0.2*L2	0.010	-0.068	-0.510	0.010	-0.009	-0.123	-0.544	-0.011	-0.001	0.056	0.266	-0.029	-0.453
0.3*L2	-0.006	-0.108	-0.539	0.005	-0.022	-0.139	-0.483	-0.024	-0.010	0.048	0.220	-0.036	-0.324
0.4*L2	-0.014	-0.124	-0.531	0.002	-0.027	-0.142	-0.433	-0.029	-0.015	0.043	0.188	-0.038	-0.247
0.5*L2	-0.016	-0.122	-0.489	0.000	-0.028	-0.133	-0.379	-0.030	-0.015	0.037	0.160	-0.036	-0.195
0.6*L2	-0.015	-0.108	-0.419	-0.000	-0.025	-0.115	-0.316	-0.026	-0.014	0.031	0.132	-0.031	-0.154
0.7*L2	-0.013	-0.086	-0.332	-0.000	-0.020	-0.091	-0.248	-0.021	-0.011	0.024	0.102	-0.025	-0.117
0.8*L2	-0.009	-0.062	-0.239	-0.000	-0.015	-0.066	-0.178	-0.015	-0.008	0.017	0.073	-0.018	-0.083
0.9*L2	-0.006	-0.039	-0.150	-0.000	-0.009	-0.041	-0.112	-0.010	-0.005	0.011	0.046	-0.011	-0.052
1.0*L2	-0.003	-0.020	-0.075	-0.000	-0.005	-0.021	-0.056	-0.005	-0.003	0.005	0.023	-0.006	-0.026
FAKTOR				1/a								1/(a*a)	

INFOLGE STRECKENMOMENT mt=1

IN FELD	M 0.4	M 0.7	M 1.0	Q 0	Q 0.4	Q 0.7	Q 1.0	T 0	T 0.4	T 0.7	T 1.0	q 0.4	q 1.0
1,BIS SPRUNG					-0.214	-1.009			-0.326	-0.800			
1,REST	1.760	1.159	-2.096	1.326	0.445	-0.131	-3.289	1.772	0.645	0.305	-0.920	-0.743	-1.447
2	0.002	-0.342	-1.963	0.025	-0.063	-0.494	-1.892	-0.069	-0.025	0.191	0.890	-0.124	-1.405
3	0.005	0.032	0.119	0.000	0.008	0.033	0.086	0.008	0.004	-0.008	-0.035	0.009	0.038
SUMME(+)	1.767	1.191	0.119	1.352	0.453	0.033	0.086	1.780	0.650	0.496	0.890	0.009	0.038
SUMME(-)	0.000	-0.342	-4.059	0.000	-0.277	-1.634	-5.181	-0.069	-0.350	-0.808	-0.955	-0.867	-2.851
SUMME	1.767	0.850	-3.940	1.352	0.176	-1.601	-5.095	1.711	0.299	-0.312	-0.065	-0.858	-2.813
FAKTOR	a							a				1/a	

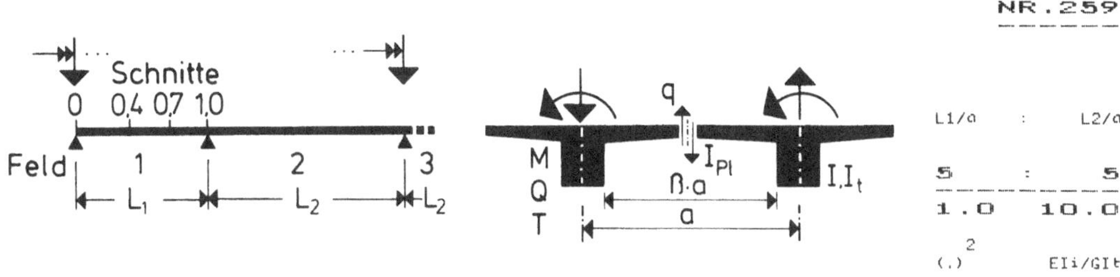

	M			Q				T				q	
IN SCHNITT	0.4	0.7	1.0	0	0.4	0.7	1.0	0	0.4	0.7	1.0	0.4	1.0

INFOLGE EINZELLAST P=1

IN

	M			Q				T				q	
0.0*L1	0.000	0.000	-0.000	1.000	-0.000	-0.000	-0.000	0.000	0.000	-0.000	-0.000	0.000	-0.000
0.1*L1	0.156	0.016	-0.097	0.790	-0.120	-0.075	-0.083	0.047	0.002	-0.020	-0.017	0.048	-0.016
0.2*L1	0.325	0.040	-0.191	0.601	-0.244	-0.155	-0.167	0.084	0.006	-0.039	-0.033	0.093	-0.031
0.3*L1	0.522	0.079	-0.276	0.443	-0.374	-0.241	-0.253	0.105	0.014	-0.053	-0.047	0.130	-0.044
0.4*L1	0.757	0.143	-0.348	0.316	-0.506	-0.338	-0.345	0.113	0.023	-0.061	-0.057	0.148	-0.052
					0.494								
0.5*L1	0.537	0.241	-0.400	0.217	0.367	-0.446	-0.442	0.107	0.032	-0.061	-0.064	0.138	-0.055
0.6*L1	0.361	0.382	-0.424	0.142	0.257	-0.567	-0.545	0.092	0.034	-0.054	-0.065	0.111	-0.052
0.7*L1	0.226	0.576	-0.409	0.087	0.165	-0.694	-0.656	0.070	0.031	-0.040	-0.059	0.078	-0.042
						0.306							
0.8*L1	0.124	0.328	-0.344	0.047	0.093	0.185	-0.772	0.045	0.022	-0.024	-0.046	0.047	-0.027
0.9*L1	0.050	0.137	-0.213	0.019	0.038	0.080	-0.890	0.020	0.011	-0.010	-0.025	0.020	-0.010
1.0*L1	0.000	-0.000	0.000	-0.000	0.000	0.000	-1.000	0.000	0.000	0.000	0.000	-0.000	0.000
0.0*L2	-0.000	-0.000	-0.000	-0.000	-0.000	-0.000	-0.000	-0.000	-0.000	0.000	0.000	-0.000	0.000
0.1*L2	-0.031	-0.087	-0.196	-0.011	-0.024	-0.054	-0.087	-0.013	-0.007	0.008	0.025	-0.014	-0.007
0.2*L2	-0.047	-0.136	-0.312	-0.017	-0.037	-0.085	-0.145	-0.020	-0.010	0.014	0.044	-0.022	-0.021
0.3*L2	-0.053	-0.155	-0.363	-0.019	-0.042	-0.099	-0.175	-0.023	-0.012	0.017	0.055	-0.025	-0.034
0.4*L2	-0.052	-0.153	-0.364	-0.019	-0.042	-0.099	-0.181	-0.023	-0.011	0.017	0.058	-0.025	-0.042
0.5*L2	-0.047	-0.137	-0.331	-0.017	-0.038	-0.090	-0.168	-0.020	-0.010	0.016	0.055	-0.023	-0.044
0.6*L2	-0.038	-0.112	-0.274	-0.013	-0.031	-0.074	-0.141	-0.017	-0.008	0.014	0.047	-0.019	-0.040
0.7*L2	-0.028	-0.083	-0.207	-0.010	-0.023	-0.055	-0.106	-0.012	-0.006	0.010	0.036	-0.014	-0.031
0.8*L2	-0.017	-0.052	-0.128	-0.006	-0.014	-0.035	-0.068	-0.008	-0.004	0.007	0.023	-0.009	-0.021
0.9*L2	-0.008	-0.023	-0.057	-0.003	-0.006	-0.016	-0.031	-0.003	-0.002	0.003	0.010	-0.004	-0.010
1.0*L2	0.000	-0.000	-0.000	-0.000	0.000	0.000	0.000	-0.000	-0.000	-0.000	0.000	-0.000	0.000
FAKTOR	a			a				a				1/a	

INFOLGE STRECKENLAST P=1

IN FELD

	M			Q				T				q	
1,BIS SPRUNG					-0.495	-1.082			0.016	-0.156			
1,REST	1.516	0.955	-1.366	1.572	0.579	0.207	-2.325	0.344	0.071	-0.027	-0.207	0.410	-0.165
2	-0.163	-0.475	-1.126	-0.058	-0.130	-0.307	-0.556	-0.071	-0.035	0.053	0.178	-0.078	-0.125
3	0.028	0.083	0.207	0.010	0.023	0.056	0.110	0.012	0.006	-0.011	-0.038	0.014	0.034
SUMME(+)	1.544	1.038	0.207	1.582	0.602	0.262	0.110	0.356	0.094	0.053	0.178	0.424	0.034
SUMME(-)	-0.163	-0.475	-2.492	-0.058	-0.625	-1.388	-2.882	-0.071	-0.035	-0.193	-0.245	-0.078	-0.290
SUMME	1.381	0.564	-2.286	1.524	-0.023	-1.126	-2.772	0.285	0.058	-0.140	-0.067	0.346	-0.255
FAKTOR	a×a			a				a×a				1/a	

INFOLGE EINZELMOMENT Mt=1

IN

	M			Q				T				q	
0.0*L1	0.000	0.000	-0.000	0.000	-0.000	-0.000	-0.000	1.000	-0.000	-0.000	-0.000	-0.000	-0.000
0.1*L1	0.253	0.063	-0.161	0.446	-0.101	-0.138	-0.167	0.664	-0.063	-0.044	-0.030	-0.074	-0.031
0.2*L1	0.491	0.134	-0.313	0.601	-0.166	-0.272	-0.334	0.474	-0.142	-0.089	-0.058	-0.191	-0.062
0.3*L1	0.688	0.218	-0.448	0.602	-0.148	-0.397	-0.501	0.363	-0.262	-0.137	-0.085	-0.404	-0.092
0.4*L1	0.792	0.317	-0.556	0.530	0.023	-0.499	-0.667	0.292	-0.455	-0.194	-0.110	-0.787	-0.124
									0.545				
0.5*L1	0.752	0.422	-0.630	0.430	0.203	-0.556	-0.827	0.238	0.352	-0.269	-0.133	-0.402	-0.162
0.6*L1	0.627	0.509	-0.661	0.328	0.246	-0.527	-0.972	0.191	0.232	-0.381	-0.159	-0.189	-0.212
0.7*L1	0.477	0.530	-0.647	0.236	0.219	-0.343	-1.087	0.147	0.155	-0.564	-0.192	-0.081	-0.291
										0.436			
0.8*L1	0.331	0.431	-0.591	0.159	0.164	-0.147	-1.144	0.104	0.101	0.257	-0.245	-0.034	-0.423
0.9*L1	0.206	0.273	-0.512	0.098	0.103	-0.084	-1.099	0.064	0.062	0.156	-0.337	-0.019	-0.649
1.0*L1	0.107	0.113	-0.460	0.053	0.048	-0.085	-0.880	0.031	0.034	0.100	-0.502	-0.020	-1.037
0.0*L2	0.107	0.113	-0.460	0.053	0.048	-0.085	-0.880	0.031	0.034	0.100	0.498	-0.020	-1.037
0.1*L2	0.034	-0.021	-0.486	0.021	0.005	-0.108	-0.632	0.005	0.014	0.070	0.332	-0.027	-0.645
0.2*L2	-0.016	-0.117	-0.540	-0.000	-0.026	-0.132	-0.502	-0.012	0.000	0.054	0.238	-0.033	-0.415
0.3*L2	-0.045	-0.175	-0.574	-0.013	-0.044	-0.148	-0.427	-0.023	-0.007	0.044	0.184	-0.037	-0.279
0.4*L2	-0.059	-0.200	-0.573	-0.019	-0.052	-0.150	-0.372	-0.028	-0.011	0.038	0.148	-0.038	-0.198
0.5*L2	-0.062	-0.198	-0.533	-0.021	-0.053	-0.142	-0.321	-0.028	-0.012	0.032	0.122	-0.036	-0.146
0.6*L2	-0.056	-0.176	-0.461	-0.019	-0.047	-0.123	-0.266	-0.026	-0.012	0.026	0.098	-0.031	-0.109
0.7*L2	-0.046	-0.143	-0.368	-0.016	-0.039	-0.099	-0.208	-0.021	-0.010	0.021	0.075	-0.025	-0.080
0.8*L2	-0.034	-0.104	-0.266	-0.012	-0.028	-0.071	-0.148	-0.015	-0.007	0.015	0.053	-0.018	-0.055
0.9*L2	-0.021	-0.065	-0.165	-0.007	-0.017	-0.044	-0.092	-0.009	-0.004	0.009	0.033	-0.011	-0.034
1.0*L2	-0.010	-0.030	-0.078	-0.003	-0.008	-0.021	-0.044	-0.004	-0.002	0.004	0.016	-0.005	-0.017
FAKTOR	1/a			1/a				1/a				1/(a×a)	

INFOLGE STRECKENMOMENT mt=1

IN FELD

	M			Q				T				q	
1,BIS SPRUNG					-0.217	-1.298			-0.339	-0.690			
1,REST	2.349	1.486	-2.381	1.757	0.499	-0.210	-3.640	1.510	0.587	0.332	-0.792	-1.057	-1.263
2	-0.133	-0.586	-2.121	-0.032	-0.143	-0.537	-1.703	-0.074	-0.018	0.179	0.762	-0.135	-1.224
3	0.031	0.091	0.223	0.011	0.025	0.060	0.116	0.014	0.007	-0.011	-0.039	0.015	0.033
SUMME(+)	2.380	1.577	0.223	1.768	0.524	0.060	0.116	1.523	0.593	0.511	0.762	0.015	0.033
SUMME(-)	-0.133	-0.586	-4.502	-0.032	-0.361	-2.045	-5.344	-0.074	-0.357	-0.701	-0.831	-1.191	-2.487
SUMME	2.247	0.991	-4.279	1.735	0.163	-1.984	-5.228	1.450	0.236	-0.190	-0.069	-1.176	-2.454
FAKTOR	a			a				a				1/a	

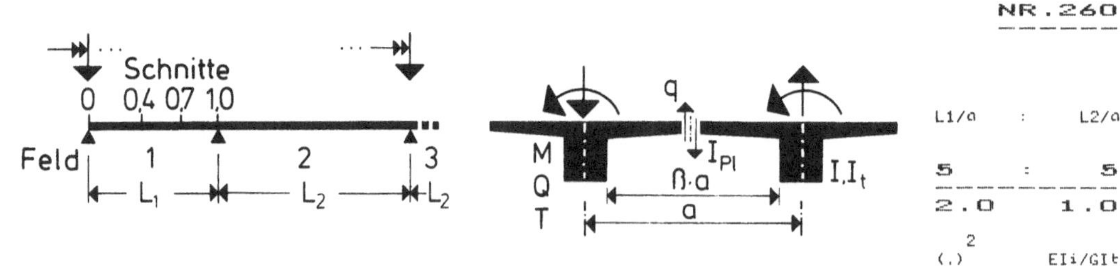

		M				Q				T				q	
IN SCHNITT	0.4	0.7	1.0		0	0.4	0.7	1.0		0	0.4	0.7	1.0		0.4	1.0

INFOLGE EINZELLAST P=1

IN	M 0.4	M 0.7	M 1.0	Q 0	Q 0.4	Q 0.7	Q 1.0	T 0	T 0.4	T 0.7	T 1.0	q 0.4	q 1.0
0.0*L1	0.000	-0.000	-0.000	1.000	-0.000	0.000	-0.000	0.000	-0.000	-0.000	-0.000	0.000	-0.000
0.1*L1	0.005	-0.004	-0.032	0.532	-0.039	0.002	-0.050	0.184	-0.031	-0.051	-0.025	0.097	-0.054
0.2*L1	0.035	-0.008	-0.064	0.222	-0.116	0.000	-0.100	0.288	-0.043	-0.101	-0.051	0.231	-0.108
0.3*L1	0.123	-0.010	-0.097	0.064	-0.268	-0.011	-0.149	0.316	-0.018	-0.146	-0.077	0.404	-0.162
0.4*L1	0.311	-0.003	-0.131	0.001	-0.499	-0.045	-0.198	0.297	0.047	-0.180	-0.103	0.516	-0.214
				0.501									
0.5*L1	0.122	0.031	-0.168	-0.015	0.269	-0.127	-0.250	0.254	0.112	-0.190	-0.129	0.402	-0.259
0.6*L1	0.032	0.122	-0.204	-0.013	0.115	-0.286	-0.313	0.201	0.136	-0.163	-0.150	0.229	-0.286
0.7*L1	-0.001	0.312	-0.232	-0.008	0.037	-0.524	-0.401	0.145	0.122	-0.098	-0.159	0.104	-0.276
						0.476							
0.8*L1	-0.007	0.123	-0.234	-0.004	0.006	0.239	-0.537	0.089	0.084	-0.032	-0.144	0.037	-0.210
0.9*L1	-0.004	0.033	-0.174	-0.001	-0.001	0.080	-0.742	0.038	0.038	-0.003	-0.092	0.009	-0.089
1.0*L1	-0.000	-0.000	0.000	-0.000	-0.000	0.000	-1.000	-0.000	-0.000	0.000	0.000	-0.000	0.000
0.0*L2	0.000	-0.000	-0.000	0.000	0.000	-0.000	-0.000	-0.000	-0.000	0.000	0.000	-0.000	0.000
0.1*L2	0.003	-0.007	-0.174	0.000	0.002	-0.030	-0.210	-0.013	-0.014	0.002	0.092	-0.001	-0.088
0.2*L2	0.004	-0.005	-0.233	0.000	0.004	-0.035	-0.314	-0.013	-0.015	0.004	0.144	0.001	-0.209
0.3*L2	0.004	-0.002	-0.231	0.000	0.004	-0.030	-0.335	-0.010	-0.011	0.006	0.158	0.002	-0.274
0.4*L2	0.003	0.000	-0.202	0.000	0.004	-0.024	-0.309	-0.006	-0.008	0.006	0.148	0.002	-0.283
0.5*L2	0.003	0.001	-0.165	0.000	0.003	-0.018	-0.261	-0.004	-0.006	0.005	0.127	0.002	-0.255
0.6*L2	0.002	0.002	-0.128	0.000	0.003	-0.014	-0.205	-0.002	-0.004	0.004	0.100	0.002	-0.207
0.7*L2	0.001	0.001	-0.091	0.000	0.002	-0.009	-0.148	-0.002	-0.003	0.003	0.072	0.001	-0.151
0.8*L2	0.001	0.001	-0.056	0.000	0.001	-0.006	-0.091	-0.001	-0.001	0.002	0.044	0.001	-0.094
0.9*L2	0.000	0.000	-0.023	0.000	0.001	-0.002	-0.038	-0.000	-0.001	0.001	0.019	0.000	-0.040
1.0*L2	0.000	-0.000	0.000	-0.000	-0.000	0.000	-0.000	-0.000	-0.000	-0.000	0.000	-0.000	0.000
FAKTOR		a							a			1/a	

INFOLGE STRECKENLAST P=1

IN FELD	M 0.4	M 0.7	M 1.0	Q 0	Q 0.4	Q 0.7	Q 1.0	T 0	T 0.4	T 0.7	T 1.0	q 0.4	q 1.0
1,BIS SPRUNG					-0.327	-0.353			-0.039	-0.446			
1,REST	0.288	0.278	-0.679	0.617	0.327	0.270	-1.611	0.915	0.262	-0.039	-0.471	1.017	-0.832
2	0.010	-0.005	-0.663	0.001	0.012	-0.086	-0.968	-0.027	-0.032	0.017	0.458	0.005	-0.804
3	-0.000	-0.000	0.016	-0.000	-0.000	0.002	0.027	0.000	0.000	-0.001	-0.013	-0.000	0.029
SUMME(+)	0.298	0.278	0.016	0.618	0.340	0.271	0.027	0.915	0.262	0.017	0.458	1.022	0.029
SUMME(-)	-0.000	-0.005	-1.342	-0.000	-0.327	-0.440	-2.579	-0.027	-0.071	-0.485	-0.484	-0.000	-1.635
SUMME	0.298	0.273	-1.325	0.618	0.012	-0.168	-2.552	0.889	0.192	-0.468	-0.026	1.022	-1.607
FAKTOR		a*a				a			a*a			1	

INFOLGE EINZELMOMENT Mt=1

IN	M 0.4	M 0.7	M 1.0	Q 0	Q 0.4	Q 0.7	Q 1.0	T 0	T 0.4	T 0.7	T 1.0	q 0.4	q 1.0
0.0*L1	0.000	-0.000	-0.000	0.000	-0.000	-0.000	-0.000	1.000	-0.000	-0.000	-0.000	0.000	-0.000
0.1*L1	0.049	0.000	-0.064	0.348	-0.076	-0.012	-0.101	0.725	-0.063	-0.095	-0.051	0.080	-0.105
0.2*L1	0.117	0.005	-0.128	0.310	-0.149	-0.031	-0.203	0.643	-0.128	-0.187	-0.101	0.096	-0.209
0.3*L1	0.204	0.019	-0.192	0.188	-0.171	-0.065	-0.306	0.602	-0.218	-0.271	-0.151	-0.081	-0.310
0.4*L1	0.261	0.054	-0.256	0.090	0.004	-0.121	-0.414	0.550	-0.407	-0.345	-0.198	-0.719	-0.404
								0.593					
0.5*L1	0.205	0.117	-0.315	0.033	0.180	-0.188	-0.531	0.476	0.403	-0.413	-0.242	-0.074	-0.487
0.6*L1	0.119	0.204	-0.364	0.007	0.162	-0.214	-0.662	0.388	0.310	-0.502	-0.278	0.117	-0.554
0.7*L1	0.058	0.262	-0.392	-0.002	0.103	-0.046	-0.811	0.293	0.240	-0.685	-0.303	0.125	-0.615
										0.315			
0.8*L1	0.025	0.206	-0.384	-0.003	0.056	0.123	-0.960	0.199	0.169	0.136	-0.323	0.085	-0.714
0.9*L1	0.011	0.120	-0.338	-0.002	0.028	0.099	-1.045	0.116	0.101	0.065	-0.363	0.047	-0.970
1.0*L1	0.007	0.058	-0.297	-0.001	0.015	0.037	-0.895	0.053	0.045	0.034	-0.500	0.024	-1.637
0.0*L2	0.007	0.058	-0.297	-0.001	0.015	0.037	-0.895	0.053	0.045	0.034	0.500	0.024	-1.637
0.1*L2	0.006	0.024	-0.338	-0.000	0.011	-0.011	-0.695	0.015	0.009	0.020	0.362	0.012	-0.969
0.2*L2	0.006	0.009	-0.383	0.000	0.009	-0.035	-0.648	-0.003	-0.007	0.015	0.321	0.007	-0.711
0.3*L2	0.006	0.004	-0.390	0.000	0.008	-0.043	-0.619	-0.009	-0.013	0.013	0.301	0.005	-0.611
0.4*L2	0.006	0.003	-0.361	0.000	0.008	-0.040	-0.567	-0.009	-0.012	0.012	0.275	0.005	-0.548
0.5*L2	0.005	0.003	-0.311	0.000	0.007	-0.034	-0.491	-0.007	-0.010	0.010	0.238	0.004	-0.479
0.6*L2	0.004	0.002	-0.250	0.000	0.005	-0.027	-0.398	-0.005	-0.008	0.008	0.194	0.003	-0.395
0.7*L2	0.003	0.002	-0.187	0.000	0.004	-0.020	-0.300	-0.004	-0.006	0.006	0.146	0.003	-0.301
0.8*L2	0.002	0.002	-0.126	0.000	0.003	-0.013	-0.204	-0.002	-0.004	0.004	0.099	0.002	-0.206
0.9*L2	0.001	0.001	-0.073	0.000	0.002	-0.008	-0.118	-0.001	-0.002	0.003	0.058	0.001	-0.120
1.0*L2	0.001	0.000	-0.034	0.000	0.001	-0.004	-0.054	-0.001	-0.001	0.001	0.026	0.000	-0.054
FAKTOR					1/a							1/(a*a)	

INFOLGE STRECKENMOMENT mt=1

IN FELD	M 0.4	M 0.7	M 1.0	Q 0	Q 0.4	Q 0.7	Q 1.0	T 0	T 0.4	T 0.7	T 1.0	q 0.4	q 1.0
1,BIS SPRUNG					-0.215	-0.341			-0.297	-1.071			
1,REST	0.528	0.509	-1.294	0.513	0.284	0.125	-2.759	2.242	0.761	0.177	-1.122	-0.070	-2.557
2	0.022	0.037	-1.294	0.001	0.031	-0.110	-2.246	-0.002	-0.017	0.053	1.121	0.026	-2.554
3	-0.000	-0.000	0.000	0.000	-0.000	-0.000	0.002	-0.000	-0.000	-0.000	-0.001	-0.000	0.004
SUMME(+)	0.550	0.546	0.000	0.514	0.316	0.125	0.002	2.242	0.761	0.231	1.121	0.026	0.004
SUMME(-)	-0.000	-0.000	-2.588	0.000	-0.215	-0.452	-5.005	-0.002	-0.315	-1.071	-1.123	-0.070	-5.111
SUMME	0.549	0.546	-2.588	0.514	0.101	-0.326	-5.004	2.240	0.446	-0.840	-0.002	-0.043	-5.107
FAKTOR		a				a			a			1/a	

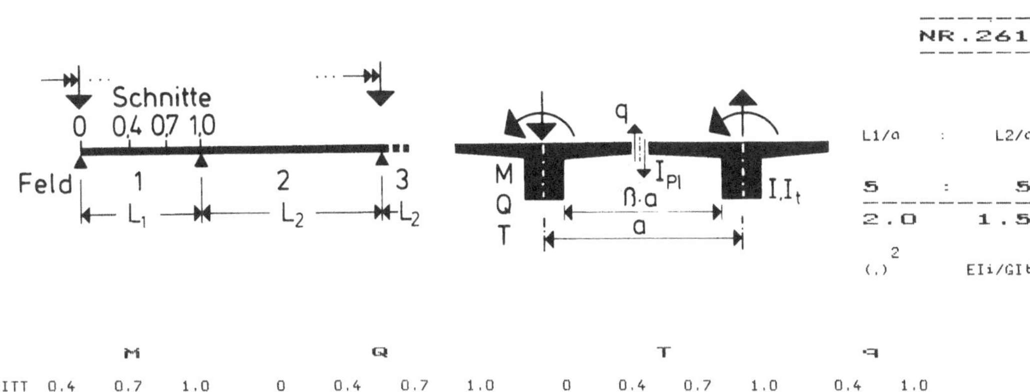

	M				Q				T			q	
IN SCHNITT	0.4	0.7	1.0	0	0.4	0.7	1.0	0	0.4	0.7	1.0	0.4	1.0

INFOLGE EINZELLAST P=1

IN	M 0.4	M 0.7	M 1.0	Q 0	Q 0.4	Q 0.7	Q 1.0	T 0	T 0.4	T 0.7	T 1.0	q 0.4	q 1.0
0.0*L1	0.000	-0.000	-0.000	1.000	-0.000	-0.000	-0.000	0.000	-0.000	-0.000	-0.000	0.000	-0.000
0.1*L1	0.021	-0.006	-0.039	0.583	-0.058	-0.005	-0.052	0.157	-0.023	-0.049	-0.026	0.102	-0.049
0.2*L1	0.069	-0.010	-0.079	0.287	-0.147	-0.014	-0.103	0.253	-0.029	-0.096	-0.051	0.225	-0.098
0.3*L1	0.173	-0.008	-0.120	0.117	-0.294	-0.036	-0.155	0.287	-0.008	-0.137	-0.077	0.366	-0.145
0.4*L1	0.367	0.007	-0.161	0.034	-0.501	-0.083	-0.209	0.276	0.044	-0.165	-0.102	0.451	-0.189
					0.499								
0.5*L1	0.171	0.054	-0.203	0.001	0.292	-0.175	-0.268	0.241	0.095	-0.172	-0.125	0.365	-0.223
0.6*L1	0.065	0.158	-0.240	-0.008	0.146	-0.329	-0.341	0.192	0.115	-0.148	-0.142	0.228	-0.239
0.7*L1	0.018	0.353	-0.264	-0.008	0.061	-0.544	-0.439	0.139	0.104	-0.093	-0.146	0.118	-0.222
						0.456							
0.8*L1	0.001	0.156	-0.255	-0.005	0.020	0.241	-0.579	0.085	0.072	-0.038	-0.128	0.051	-0.162
0.9*L1	-0.002	0.049	-0.182	-0.002	0.004	0.088	-0.771	0.036	0.033	-0.009	-0.079	0.015	-0.067
1.0*L1	-0.000	0.000	0.000	-0.000	-0.000	0.000	-1.000	-0.000	0.000	-0.000	-0.000	0.000	0.000
0.0*L2	0.000	-0.000	-0.000	0.000	-0.000	-0.000	-0.000	-0.000	-0.000	0.000	0.000	-0.000	0.000
0.1*L2	0.002	-0.017	-0.180	0.001	-0.000	-0.039	-0.187	-0.015	-0.015	0.005	0.079	-0.005	-0.065
0.2*L2	0.003	-0.019	-0.252	0.001	0.001	-0.050	-0.289	-0.018	-0.018	0.008	0.127	-0.005	-0.159
0.3*L2	0.004	-0.016	-0.260	0.001	0.002	-0.048	-0.318	-0.016	-0.016	0.009	0.144	-0.004	-0.217
0.4*L2	0.004	-0.012	-0.235	0.001	0.002	-0.041	-0.301	-0.012	-0.013	0.009	0.138	-0.003	-0.232
0.5*L2	0.003	-0.009	-0.195	0.001	0.002	-0.033	-0.259	-0.009	-0.010	0.008	0.120	-0.002	-0.214
0.6*L2	0.003	-0.006	-0.152	0.001	0.002	-0.025	-0.205	-0.007	-0.007	0.006	0.096	-0.001	-0.177
0.7*L2	0.002	-0.004	-0.108	0.000	0.001	-0.017	-0.147	-0.005	-0.005	0.004	0.069	-0.001	-0.130
0.8*L2	0.001	-0.002	-0.065	0.000	0.001	-0.011	-0.090	-0.003	-0.003	0.003	0.043	-0.000	-0.081
0.9*L2	0.000	-0.001	-0.028	0.000	0.000	-0.004	-0.038	-0.001	-0.001	0.001	0.018	-0.000	-0.034
1.0*L2	-0.000	0.000	0.000	0.000	0.000	-0.000	0.000	-0.000	0.000	-0.000	-0.000	0.000	-0.000
FAKTOR	a							a				1/a	

INFOLGE STRECKENLAST P=1

IN FELD	M 0.4	M 0.7	M 1.0	Q 0	Q 0.4	Q 0.7	Q 1.0	T 0	T 0.4	T 0.7	T 1.0	q 0.4	q 1.0
1,BIS SPRUNG					-0.368	-0.447			-0.022	-0.411			
1,REST	0.421	0.357	-0.783	0.730	0.377	0.271	-1.701	0.842	0.224	-0.044	-0.443	0.964	-0.699
2	0.011	-0.044	-0.749	0.004	0.006	-0.137	-0.927	-0.044	-0.045	0.027	0.422	-0.012	-0.656
3	-0.001	0.001	0.033	-0.000	-0.000	0.005	0.046	0.001	0.001	-0.001	-0.022	0.000	0.043
SUMME(+)	0.433	0.358	0.033	0.734	0.383	0.276	0.046	0.843	0.226	0.027	0.422	0.965	0.043
SUMME(-)	-0.001	-0.044	-1.532	-0.000	-0.368	-0.584	-2.628	-0.044	-0.067	-0.457	-0.465	-0.012	-1.356
SUMME	0.432	0.314	-1.499	0.734	0.015	-0.308	-2.582	0.799	0.158	-0.430	-0.043	0.953	-1.313
FAKTOR	a*a			a				a*a					

INFOLGE EINZELMOMENT Mt=1

IN	M 0.4	M 0.7	M 1.0	Q 0	Q 0.4	Q 0.7	Q 1.0	T 0	T 0.4	T 0.7	T 1.0	q 0.4	q 1.0
0.0*L1	0.000	0.000	-0.000	0.000	-0.000	-0.000	-0.000	1.000	-0.000	-0.000	-0.000	0.000	-0.000
0.1*L1	0.078	0.002	-0.078	0.398	-0.095	-0.026	-0.106	0.698	-0.056	-0.090	-0.050	0.070	-0.094
0.2*L1	0.172	0.010	-0.156	0.385	-0.177	-0.061	-0.213	0.601	-0.118	-0.176	-0.100	0.068	-0.187
0.3*L1	0.279	0.032	-0.233	0.262	-0.193	-0.112	-0.323	0.559	-0.213	-0.254	-0.148	-0.134	-0.274
0.4*L1	0.344	0.080	-0.307	0.148	0.003	-0.181	-0.440	0.513	-0.415	-0.323	-0.193	-0.784	-0.353
								0.585					
0.5*L1	0.282	0.158	-0.373	0.071	0.202	-0.254	-0.568	0.448	0.383	-0.389	-0.232	-0.123	-0.420
0.6*L1	0.180	0.257	-0.423	0.029	0.197	-0.273	-0.711	0.367	0.283	-0.482	-0.263	0.096	-0.475
0.7*L1	0.100	0.318	-0.444	0.009	0.137	-0.086	-0.867	0.278	0.214	-0.675	-0.284	0.126	-0.532
								0.325					
0.8*L1	0.050	0.252	-0.425	0.002	0.080	0.103	-1.013	0.189	0.149	0.138	-0.304	0.093	-0.638
0.9*L1	0.025	0.149	-0.366	0.000	0.043	0.090	-1.081	0.109	0.088	0.064	-0.351	0.054	-0.911
1.0*L1	0.014	0.067	-0.319	0.000	0.022	0.026	-0.903	0.047	0.037	0.035	-0.501	0.025	-1.588
0.0*L2	0.014	0.067	-0.319	0.000	0.022	0.026	-0.903	0.047	0.037	0.035	0.499	0.025	-1.588
0.1*L2	0.009	0.017	-0.364	0.001	0.011	-0.029	-0.680	0.008	0.003	0.023	0.349	0.008	-0.908
0.2*L2	0.008	-0.007	-0.420	0.002	0.007	-0.060	-0.622	-0.011	-0.014	0.020	0.301	-0.001	-0.632
0.3*L2	0.008	-0.017	-0.436	0.002	0.005	-0.071	-0.595	-0.019	-0.020	0.018	0.280	-0.004	-0.522
0.4*L2	0.007	-0.018	-0.413	0.002	0.005	-0.069	-0.550	-0.019	-0.020	0.016	0.257	-0.004	-0.462
0.5*L2	0.006	-0.015	-0.360	0.002	0.004	-0.060	-0.480	-0.017	-0.018	0.014	0.224	-0.004	-0.403
0.6*L2	0.005	-0.012	-0.293	0.001	0.003	-0.049	-0.393	-0.013	-0.014	0.012	0.184	-0.003	-0.334
0.7*L2	0.004	-0.009	-0.219	0.001	0.003	-0.036	-0.296	-0.010	-0.010	0.009	0.139	-0.002	-0.256
0.8*L2	0.003	-0.006	-0.148	0.001	0.002	-0.024	-0.201	-0.006	-0.007	0.006	0.094	-0.001	-0.175
0.9*L2	0.001	-0.003	-0.085	0.000	0.001	-0.014	-0.116	-0.004	-0.004	0.004	0.055	-0.001	-0.101
1.0*L2	0.001	-0.001	-0.037	0.000	0.000	-0.006	-0.050	-0.002	-0.002	0.002	0.024	-0.000	-0.044
FAKTOR				1/a								1/(a*a)	

INFOLGE STRECKENMOMENT mt=1

IN FELD	M 0.4	M 0.7	M 1.0	Q 0	Q 0.4	Q 0.7	Q 1.0	T 0	T 0.4	T 0.7	T 1.0	q 0.4	q 1.0
1,BIS SPRUNG					-0.251	-0.491			-0.287	-1.018			
1,REST	0.761	0.647	-1.486	0.683	0.352	0.100	-2.906	2.125	0.703	0.180	-1.080	-0.174	-2.303
2	0.029	-0.021	-1.460	0.006	0.025	-0.204	-2.192	-0.036	-0.045	0.069	1.063	-0.000	-2.267
3	-0.000	0.001	0.026	-0.000	-0.000	0.004	0.037	0.001	0.001	-0.001	-0.018	0.000	0.036
SUMME(+)	0.790	0.648	0.026	0.689	0.377	0.104	0.037	2.126	0.704	0.249	1.063	0.000	0.036
SUMME(-)	-0.000	-0.021	-2.947	-0.000	-0.252	-0.696	-5.099	-0.036	-0.333	-1.019	-1.098	-0.174	-4.570
SUMME	0.790	0.627	-2.921	0.689	0.126	-0.592	-5.061	2.090	0.372	-0.769	-0.035	-0.174	-4.533
FAKTOR	a			a				a				1/a	

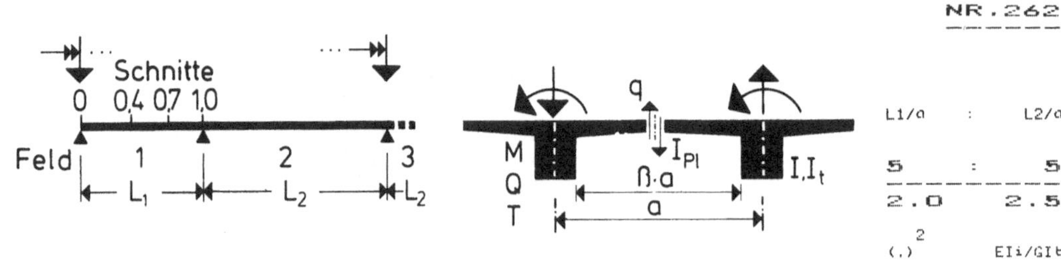

		M			Q				T				q	
IN SCHNITT	0.4	0.7	1.0	0	0.4	0.7	1.0	0	0.4	0.7	1.0	0.4	1.0

INFOLGE EINZELLAST P=1

IN	M 0.4	M 0.7	M 1.0	Q 0	Q 0.4	Q 0.7	Q 1.0	T 0	T 0.4	T 0.7	T 1.0	q 0.4	q 1.0
0.0*L1	0.000	-0.000	-0.000	1.000	-0.000	-0.000	-0.000	0.000	-0.000	-0.000	-0.000	0.000	-0.000
0.1*L1	0.049	-0.006	-0.052	0.643	-0.079	-0.018	-0.055	0.126	-0.013	-0.044	-0.025	0.097	-0.042
0.2*L1	0.123	-0.007	-0.104	0.371	-0.181	-0.041	-0.111	0.208	-0.016	-0.086	-0.050	0.203	-0.084
0.3*L1	0.249	0.001	-0.155	0.194	-0.323	-0.079	-0.169	0.244	0.002	-0.120	-0.075	0.310	-0.122
0.4*L1	0.453	0.029	-0.206	0.091	-0.504	-0.141	-0.231	0.242	0.039	-0.142	-0.097	0.370	-0.155
					0.496								
0.5*L1	0.248	0.091	-0.252	0.037	0.317	-0.240	-0.301	0.215	0.075	-0.146	-0.116	0.313	-0.178
0.6*L1	0.123	0.210	-0.288	0.011	0.180	-0.387	-0.385	0.175	0.090	-0.126	-0.127	0.212	-0.183
0.7*L1	0.054	0.408	-0.304	0.001	0.092	-0.576	-0.492	0.127	0.082	-0.084	-0.126	0.124	-0.164
					0.424								
0.8*L1	0.020	0.199	-0.280	-0.001	0.040	0.235	-0.631	0.078	0.058	-0.040	-0.107	0.061	-0.115
0.9*L1	0.005	0.070	-0.190	-0.001	0.013	0.092	-0.806	0.034	0.027	-0.013	-0.064	0.022	-0.046
1.0*L1	-0.000	0.000	0.000	-0.000	0.000	0.000	-1.000	0.000	0.000	0.000	0.000	0.000	0.000
0.0*L2	-0.000	-0.000	-0.000	0.000	-0.000	-0.000	-0.000	-0.000	-0.000	0.000	0.000	-0.000	0.000
0.1*L2	-0.001	-0.032	-0.187	0.001	-0.005	-0.048	-0.160	-0.017	-0.014	0.007	0.063	-0.010	-0.043
0.2*L2	-0.001	-0.043	-0.274	0.001	-0.006	-0.067	-0.254	-0.023	-0.019	0.012	0.105	-0.013	-0.110
0.3*L2	0.000	-0.042	-0.294	0.002	-0.005	-0.069	-0.288	-0.022	-0.019	0.013	0.123	-0.013	-0.156
0.4*L2	0.000	-0.037	-0.275	0.002	-0.004	-0.063	-0.281	-0.020	-0.017	0.013	0.121	-0.012	-0.172
0.5*L2	0.001	-0.030	-0.235	0.001	-0.003	-0.053	-0.247	-0.016	-0.014	0.011	0.108	-0.010	-0.163
0.6*L2	0.001	-0.023	-0.185	0.001	-0.002	-0.041	-0.199	-0.012	-0.010	0.009	0.088	-0.007	-0.138
0.7*L2	0.001	-0.016	-0.132	0.001	-0.002	-0.029	-0.144	-0.008	-0.007	0.006	0.064	-0.005	-0.103
0.8*L2	0.000	-0.010	-0.081	0.000	-0.001	-0.018	-0.088	-0.005	-0.004	0.004	0.039	-0.003	-0.065
0.9*L2	0.000	-0.004	-0.034	0.000	-0.000	-0.007	-0.038	-0.002	-0.002	0.002	0.017	-0.001	-0.028
1.0*L2	-0.000	0.000	0.000	-0.000	-0.000	0.000	0.000	-0.000	-0.000	0.000	0.000	0.000	0.000
FAKTOR	a				a				a			1/a	

INFOLGE STRECKENLAST P=1

IN FELD	M 0.4	M 0.7	M 1.0	Q 0	Q 0.4	Q 0.7	Q 1.0	T 0	T 0.4	T 0.7	T 1.0	q 0.4	q 1.0
1,BIS SPRUNG					-0.413	-0.589			-0.006	-0.357			
1,REST	0.643	0.478	-0.928	0.907	0.437	0.264	-1.836	0.731	0.178	-0.045	-0.397	0.860	-0.546
2	0.001	-0.120	-0.859	0.005	-0.015	-0.201	-0.858	-0.064	-0.054	0.039	0.368	-0.038	-0.490
3	-0.000	0.007	0.065	-0.000	0.001	0.014	0.072	0.004	0.003	-0.003	-0.032	0.002	0.054
SUMME(+)	0.644	0.486	0.065	0.911	0.438	0.278	0.072	0.735	0.182	0.039	0.368	0.862	0.054
SUMME(-)	-0.000	-0.120	-1.787	-0.000	-0.428	-0.790	-2.694	-0.064	-0.060	-0.406	-0.430	-0.038	-1.036
SUMME	0.643	0.365	-1.723	0.911	0.010	-0.512	-2.622	0.671	0.122	-0.367	-0.062	0.824	-0.982
FAKTOR	a*a				a				a*a			1/a	

INFOLGE EINZELMOMENT Mt=1

IN	M 0.4	M 0.7	M 1.0	Q 0	Q 0.4	Q 0.7	Q 1.0	T 0	T 0.4	T 0.7	T 1.0	q 0.4	q 1.0
0.0*L1	0.000	0.000	-0.000	0.000	-0.000	-0.000	-0.000	1.000	-0.000	-0.000	-0.000	0.000	-0.000
0.1*L1	0.124	0.007	-0.101	0.462	-0.116	-0.052	-0.115	0.663	-0.048	-0.080	-0.048	0.048	-0.079
0.2*L1	0.259	0.024	-0.200	0.488	-0.208	-0.112	-0.233	0.544	-0.108	-0.156	-0.096	0.018	-0.156
0.3*L1	0.397	0.060	-0.295	0.373	-0.216	-0.186	-0.356	0.495	-0.210	-0.225	-0.140	-0.213	-0.227
0.4*L1	0.475	0.125	-0.382	0.244	0.003	-0.273	-0.487	0.454	-0.425	-0.287	-0.181	-0.876	-0.288
									0.575				
0.5*L1	0.406	0.222	-0.454	0.144	0.228	-0.352	-0.629	0.400	0.358	-0.353	-0.214	-0.199	-0.340
0.6*L1	0.283	0.334	-0.502	0.078	0.237	-0.359	-0.785	0.330	0.251	-0.451	-0.239	0.053	-0.385
0.7*L1	0.175	0.396	-0.512	0.039	0.178	-0.147	-0.946	0.251	0.182	-0.656	-0.256	0.109	-0.441
										0.344			
0.8*L1	0.099	0.316	-0.475	0.019	0.112	0.069	-1.084	0.171	0.124	0.146	-0.278	0.091	-0.560
0.9*L1	0.052	0.186	-0.401	0.009	0.062	0.071	-1.126	0.098	0.072	0.067	-0.335	0.054	-0.852
1.0*L1	0.025	0.076	-0.345	0.005	0.028	0.010	-0.912	0.040	0.028	0.038	-0.501	0.022	-1.538
0.0*L2	0.025	0.076	-0.345	0.005	0.028	0.010	-0.912	0.040	0.028	0.038	0.499	0.022	-1.538
0.1*L2	0.012	0.002	-0.394	0.004	0.009	-0.050	-0.657	0.001	-0.002	0.028	0.331	-0.000	-0.846
0.2*L2	0.006	-0.038	-0.463	0.003	-0.001	-0.089	-0.583	-0.020	-0.018	0.026	0.273	-0.013	-0.549
0.3*L2	0.003	-0.056	-0.493	0.003	-0.005	-0.105	-0.553	-0.030	-0.026	0.025	0.249	-0.018	-0.425
0.4*L2	0.002	-0.058	-0.477	0.003	-0.006	-0.105	-0.515	-0.031	-0.026	0.023	0.228	-0.019	-0.364
0.5*L2	0.002	-0.053	-0.424	0.002	-0.006	-0.094	-0.455	-0.028	-0.024	0.020	0.201	-0.017	-0.315
0.6*L2	0.001	-0.043	-0.350	0.002	-0.005	-0.077	-0.375	-0.023	-0.020	0.017	0.166	-0.014	-0.261
0.7*L2	0.001	-0.032	-0.264	0.002	-0.003	-0.058	-0.285	-0.017	-0.015	0.013	0.126	-0.010	-0.201
0.8*L2	0.001	-0.022	-0.179	0.001	-0.002	-0.039	-0.194	-0.012	-0.010	0.009	0.086	-0.007	-0.138
0.9*L2	0.000	-0.012	-0.102	0.001	-0.001	-0.022	-0.111	-0.007	-0.006	0.005	0.049	-0.004	-0.079
1.0*L2	0.000	-0.005	-0.042	0.000	-0.001	-0.009	-0.045	-0.003	-0.002	0.002	0.020	-0.002	-0.032
FAKTOR					1/a							1/(a*a)	

INFOLGE STRECKENMOMENT mt=1

IN FELD	M 0.4	M 0.7	M 1.0	Q 0	Q 0.4	Q 0.7	Q 1.0	T 0	T 0.4	T 0.7	T 1.0	q 0.4	q 1.0
1,BIS SPRUNG					-0.292	-0.722			-0.278	-0.932			
1,REST	1.146	0.858	-1.752	0.964	0.434	0.055	-3.130	1.943	0.633	0.191	-1.010	-0.367	-2.010
2	0.020	-0.142	-1.672	0.011	-0.004	-0.324	-2.089	-0.076	-0.068	0.092	0.975	-0.047	-1.943
3	-0.000	0.009	0.076	-0.000	0.001	0.016	0.085	0.005	0.004	-0.004	-0.038	0.003	0.065
SUMME(+)	1.166	0.866	0.076	0.975	0.435	0.071	0.085	1.948	0.637	0.282	0.975	0.003	0.065
SUMME(-)	-0.000	-0.142	-3.424	-0.000	-0.296	-1.046	-5.219	-0.076	-0.347	-0.935	-1.048	-0.413	-3.953
SUMME	1.165	0.724	-3.349	0.975	0.139	-0.975	-5.134	1.872	0.290	-0.653	-0.073	-0.410	-3.888
FAKTOR	a				a				a			1/a	

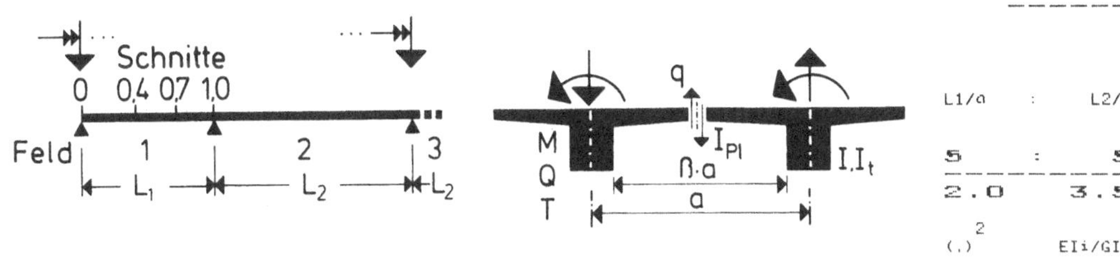

| | M | | | Q | | | | T | | | | q | |
IN SCHNITT	0.4	0.7	1.0	0	0.4	0.7	1.0	0	0.4	0.7	1.0	0.4	1.0

INFOLGE EINZELLAST P=1

IN														
0.0*L1	0.000	-0.000	-0.000	1.000	-0.000	-0.000	-0.000	0.000	-0.000	-0.000	-0.000	0.000	-0.000
0.1*L1	0.071	-0.003	-0.062	0.679	-0.091	-0.029	-0.060	0.106	-0.009	-0.040	-0.024	0.089	-0.037
0.2*L1	0.165	-0.001	-0.123	0.425	-0.200	-0.064	-0.120	0.179	-0.009	-0.077	-0.048	0.181	-0.073
0.3*L1	0.306	0.013	-0.182	0.248	-0.338	-0.112	-0.184	0.213	0.006	-0.107	-0.071	0.271	-0.106
0.4*L1	0.516	0.049	-0.238	0.136	-0.506	-0.183	-0.252	0.215	0.036	-0.126	-0.091	0.319	-0.132
					0.494								
0.5*L1	0.307	0.120	-0.286	0.070	0.330	-0.286	-0.329	0.194	0.064	-0.128	-0.107	0.275	-0.149
0.6*L1	0.170	0.246	-0.320	0.033	0.201	-0.427	-0.419	0.159	0.075	-0.111	-0.115	0.195	-0.150
0.7*L1	0.086	0.445	-0.329	0.014	0.110	-0.601	-0.529	0.117	0.068	-0.076	-0.112	0.120	-0.132
						0.399							
0.8*L1	0.038	0.228	-0.296	0.005	0.053	0.227	-0.665	0.072	0.048	-0.039	-0.093	0.062	-0.091
0.9*L1	0.013	0.085	-0.196	0.001	0.019	0.091	-0.827	0.032	0.023	-0.013	-0.055	0.024	-0.035
1.0*L1	-0.000	-0.000	0.000	0.000	-0.000	-0.000	-1.000	-0.000	-0.000	-0.000	0.000	0.000	0.000
0.0*L2	-0.000	-0.000	-0.000	-0.000	-0.000	-0.000	-0.000	-0.000	-0.000	0.000	0.000	-0.000	0.000
0.1*L2	-0.005	-0.044	-0.190	-0.000	-0.009	-0.052	-0.143	-0.017	-0.013	0.008	0.054	-0.012	-0.032
0.2*L2	-0.007	-0.061	-0.285	-0.000	-0.012	-0.075	-0.230	-0.024	-0.018	0.013	0.091	-0.018	-0.084
0.3*L2	-0.007	-0.064	-0.313	0.000	-0.012	-0.080	-0.266	-0.025	-0.019	0.015	0.108	-0.018	-0.122
0.4*L2	-0.006	-0.059	-0.299	0.000	-0.011	-0.075	-0.263	-0.023	-0.017	0.015	0.108	-0.017	-0.137
0.5*L2	-0.004	-0.049	-0.260	0.000	-0.009	-0.065	-0.234	-0.019	-0.015	0.013	0.098	-0.014	-0.132
0.6*L2	-0.003	-0.039	-0.207	0.000	-0.007	-0.051	-0.190	-0.016	-0.011	0.010	0.080	-0.011	-0.113
0.7*L2	-0.002	-0.027	-0.149	0.000	-0.005	-0.036	-0.139	-0.011	-0.008	0.008	0.059	-0.008	-0.086
0.8*L2	-0.001	-0.017	-0.091	0.000	-0.003	-0.022	-0.086	-0.007	-0.005	0.005	0.037	-0.005	-0.054
0.9*L2	-0.001	-0.007	-0.040	0.000	-0.001	-0.010	-0.037	-0.003	-0.002	0.002	0.016	-0.002	-0.024
1.0*L2	-0.000	-0.000	-0.000	0.000	-0.000	-0.000	0.000	-0.000	-0.000	-0.000	0.000	-0.000	0.000
FAKTOR	a								a			1/a	

INFOLGE STRECKENLAST P=1

IN FELD														
1,BIS SPRUNG					-0.438	-0.694			0.002	-0.316			
1,REST	0.818	0.572	-1.029	1.042	0.473	0.254	-1.938	0.649	0.150	-0.044	-0.361	0.772	-0.455
2	-0.018	-0.186	-0.929	0.001	-0.036	-0.236	-0.802	-0.073	-0.055	0.045	0.328	-0.054	-0.393
3	0.001	0.016	0.092	-0.000	0.003	0.022	0.087	0.006	0.005	-0.005	-0.037	0.005	0.057
SUMME(+)	0.819	0.588	0.092	1.043	0.476	0.277	0.087	0.655	0.157	0.045	0.328	0.777	0.057
SUMME(-)	-0.018	-0.186	-1.957	-0.000	-0.473	-0.930	-2.740	-0.073	-0.055	-0.365	-0.398	-0.054	-0.848
SUMME	0.800	0.402	-1.865	1.042	0.003	-0.654	-2.652	0.582	0.102	-0.320	-0.071	0.723	-0.792
FAKTOR	a*a				a				a*a				

INFOLGE EINZELMOMENT Mt=1

IN														
0.0*L1	0.000	0.000	-0.000	0.000	-0.000	-0.000	-0.000	1.000	-0.000	-0.000	-0.000	0.000	-0.000
0.1*L1	0.159	0.015	-0.117	0.504	-0.128	-0.072	-0.125	0.640	-0.044	-0.072	-0.046	0.028	-0.069
0.2*L1	0.325	0.040	-0.232	0.558	-0.225	-0.152	-0.252	0.505	-0.104	-0.141	-0.090	-0.021	-0.135
0.3*L1	0.485	0.087	-0.340	0.453	-0.229	-0.242	-0.385	0.449	-0.210	-0.203	-0.132	-0.271	-0.195
0.4*L1	0.574	0.163	-0.435	0.319	0.003	-0.340	-0.526	0.409	-0.433	-0.261	-0.168	-0.942	-0.247
								0.567					
0.5*L1	0.501	0.271	-0.511	0.206	0.242	-0.421	-0.679	0.361	0.342	-0.326	-0.197	-0.255	-0.290
0.6*L1	0.365	0.390	-0.555	0.124	0.261	-0.421	-0.840	0.299	0.231	-0.428	-0.219	0.015	-0.331
0.7*L1	0.237	0.450	-0.556	0.070	0.203	-0.193	-1.002	0.229	0.163	-0.640	-0.235	0.088	-0.390
										0.360			
0.8*L1	0.140	0.359	-0.508	0.038	0.132	0.040	-1.131	0.156	0.109	0.155	-0.260	0.081	-0.517
0.9*L1	0.075	0.212	-0.422	0.019	0.073	0.055	-1.155	0.089	0.062	0.071	-0.324	0.049	-0.820
1.0*L1	0.034	0.081	-0.361	0.010	0.032	-0.002	-0.918	0.035	0.024	0.040	-0.502	0.018	-1.511
0.0*L2	0.034	0.081	-0.361	0.010	0.032	-0.002	-0.918	0.035	0.024	0.040	0.498	0.018	-1.511
0.1*L2	0.011	-0.010	-0.412	0.005	0.006	-0.062	-0.641	-0.003	-0.003	0.031	0.320	-0.006	-0.813
0.2*L2	-0.001	-0.064	-0.488	0.002	-0.009	-0.104	-0.554	-0.025	-0.019	0.029	0.253	-0.020	-0.504
0.3*L2	-0.006	-0.089	-0.526	0.001	-0.015	-0.124	-0.520	-0.035	-0.026	0.028	0.226	-0.026	-0.371
0.4*L2	-0.008	-0.093	-0.516	0.001	-0.017	-0.125	-0.485	-0.037	-0.028	0.026	0.206	-0.027	-0.307
0.5*L2	-0.007	-0.086	-0.465	0.001	-0.016	-0.114	-0.430	-0.034	-0.026	0.024	0.182	-0.025	-0.262
0.6*L2	-0.006	-0.071	-0.386	0.001	-0.013	-0.095	-0.357	-0.028	-0.021	0.020	0.151	-0.021	-0.217
0.7*L2	-0.005	-0.054	-0.294	0.000	-0.010	-0.072	-0.273	-0.021	-0.016	0.015	0.115	-0.016	-0.167
0.8*L2	-0.003	-0.037	-0.200	0.000	-0.007	-0.049	-0.186	-0.014	-0.011	0.010	0.079	-0.011	-0.115
0.9*L2	-0.002	-0.021	-0.114	0.000	-0.004	-0.028	-0.106	-0.008	-0.006	0.006	0.045	-0.006	-0.066
1.0*L2	-0.001	-0.008	-0.045	0.000	-0.001	-0.011	-0.041	-0.003	-0.002	0.002	0.017	-0.002	-0.025
FAKTOR				1/a								1/(a*a)	

INFOLGE STRECKENMOMENT mt=1

IN FELD														
1,BIS SPRUNG					-0.313	-0.893			-0.276	-0.866			
1,REST	1.447	1.019	-1.934	1.185	0.483	0.019	-3.300	1.806	0.589	0.201	-0.951	-0.524	-1.837
2	-0.005	-0.249	-1.804	0.008	-0.036	-0.393	-2.001	-0.097	-0.075	0.104	0.908	-0.076	-1.756
3	0.002	0.021	0.120	-0.000	0.004	0.029	0.114	0.008	0.006	-0.006	-0.049	0.006	0.075
SUMME(+)	1.449	1.040	0.120	1.193	0.487	0.048	0.114	1.815	0.596	0.305	0.908	0.006	0.075
SUMME(-)	-0.005	-0.249	-3.738	-0.000	-0.349	-1.286	-5.301	-0.097	-0.350	-0.872	-1.000	-0.601	-3.593
SUMME	1.443	0.791	-3.619	1.192	0.138	-1.238	-5.187	1.718	0.245	-0.567	-0.093	-0.595	-3.518
FAKTOR	a				a				a			1/a	

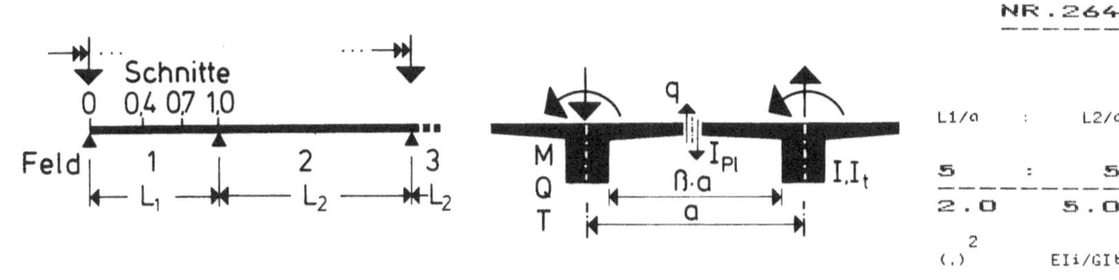

| | | M | | | Q | | | | T | | | q | |
IN SCHNITT	0.4	0.7	1.0	0	0.4	0.7	1.0	0	0.4	0.7	1.0	0.4	1.0

INFOLGE EINZELLAST P=1

IN	M 0.4	M 0.7	M 1.0	Q 0	Q 0.4	Q 0.7	Q 1.0	T 0	T 0.4	T 0.7	T 1.0	q 0.4	q 1.0
0.0*L1	0.000	0.000	-0.000	1.000	-0.000	-0.000	-0.000	0.000	-0.000	-0.000	-0.000	0.000	-0.000
0.1*L1	0.096	0.001	-0.072	0.714	-0.102	-0.042	-0.066	0.087	-0.005	-0.035	-0.023	0.078	-0.032
0.2*L1	0.212	0.009	-0.144	0.480	-0.216	-0.090	-0.133	0.149	-0.003	-0.066	-0.045	0.156	-0.062
0.3*L1	0.370	0.030	-0.211	0.307	-0.351	-0.150	-0.204	0.180	0.009	-0.092	-0.065	0.228	-0.088
0.4*L1	0.587	0.074	-0.272	0.189	-0.506	-0.229	-0.279	0.184	0.031	-0.107	-0.082	0.266	-0.109
				0.494									
0.5*L1	0.374	0.155	-0.322	0.111	0.342	-0.334	-0.362	0.168	0.053	-0.109	-0.095	0.234	-0.121
0.6*L1	0.224	0.286	-0.353	0.062	0.219	-0.469	-0.458	0.139	0.061	-0.095	-0.101	0.172	-0.120
0.7*L1	0.125	0.485	-0.355	0.033	0.128	-0.628	-0.569	0.103	0.055	-0.066	-0.096	0.110	-0.103
						0.372							
0.8*L1	0.062	0.258	-0.311	0.015	0.066	0.216	-0.699	0.065	0.039	-0.036	-0.078	0.060	-0.070
0.9*L1	0.023	0.101	-0.201	0.005	0.025	0.089	-0.847	0.029	0.019	-0.013	-0.045	0.024	-0.027
1.0*L1	0.000	-0.000	0.000	0.000	-0.000	0.000	-1.000	0.000	0.000	-0.000	0.000	-0.000	0.000
0.0*L2	-0.000	-0.000	-0.000	-0.000	-0.000	-0.000	-0.000	-0.000	-0.000	0.000	0.000	-0.000	0.000
0.1*L2	-0.012	-0.056	-0.193	-0.003	-0.013	-0.054	-0.125	-0.017	-0.011	0.009	0.045	-0.014	-0.023
0.2*L2	-0.017	-0.083	-0.295	-0.004	-0.019	-0.080	-0.204	-0.025	-0.017	0.014	0.076	-0.020	-0.062
0.3*L2	-0.018	-0.090	-0.331	-0.004	-0.021	-0.089	-0.240	-0.027	-0.018	0.016	0.091	-0.022	-0.092
0.4*L2	-0.016	-0.085	-0.321	-0.003	-0.020	-0.085	-0.241	-0.025	-0.017	0.016	0.093	-0.021	-0.106
0.5*L2	-0.014	-0.074	-0.284	-0.003	-0.017	-0.074	-0.217	-0.022	-0.015	0.014	0.085	-0.018	-0.104
0.6*L2	-0.011	-0.059	-0.229	-0.002	-0.013	-0.060	-0.178	-0.017	-0.012	0.011	0.071	-0.015	-0.090
0.7*L2	-0.008	-0.042	-0.166	-0.002	-0.010	-0.043	-0.131	-0.012	-0.008	0.008	0.052	-0.011	-0.069
0.8*L2	-0.005	-0.026	-0.103	-0.001	-0.006	-0.027	-0.082	-0.008	-0.005	0.005	0.033	-0.006	-0.044
0.9*L2	-0.002	-0.011	-0.045	-0.000	-0.003	-0.012	-0.036	-0.003	-0.002	0.002	0.014	-0.003	-0.020
1.0*L2	0.000	-0.000	-0.000	-0.000	-0.000	-0.000	0.000	0.000	-0.000	-0.000	0.000	-0.000	0.000
FAKTOR	a							a				1/a	

INFOLGE STRECKENLAST P=1

IN FELD	M 0.4	M 0.7	M 1.0	Q 0	Q 0.4	Q 0.7	Q 1.0	T 0	T 0.4	T 0.7	T 1.0	q 0.4	q 1.0
1,BIS SPRUNG					-0.458	-0.810			0.007	-0.271			
1,REST	1.019	0.681	-1.135	1.196	0.508	0.242	-2.055	0.557	0.123	-0.040	-0.318	0.668	-0.367
2	-0.051	-0.266	-0.995	-0.011	-0.062	-0.265	-0.735	-0.079	-0.053	0.048	0.283	-0.066	-0.305
3	0.006	0.031	0.125	0.001	0.007	0.032	0.101	0.009	0.006	-0.006	-0.041	0.008	0.055
SUMME(+)	1.025	0.713	0.125	1.197	0.515	0.274	0.101	0.566	0.136	0.048	0.283	0.676	0.055
SUMME(-)	-0.051	-0.266	-2.130	-0.011	-0.520	-1.075	-2.789	-0.079	-0.053	-0.317	-0.358	-0.066	-0.672
SUMME	0.974	0.447	-2.004	1.187	-0.005	-0.801	-2.689	0.487	0.083	-0.269	-0.075	0.610	-0.616
FAKTOR	a*a			a				a*a				1/a	

INFOLGE EINZELMOMENT Mt=1

IN	M 0.4	M 0.7	M 1.0	Q 0	Q 0.4	Q 0.7	Q 1.0	T 0	T 0.4	T 0.7	T 1.0	q 0.4	q 1.0
0.0*L1	0.000	0.000	-0.000	0.000	-0.000	-0.000	-0.000	1.000	-0.000	-0.000	-0.000	0.000	-0.000
0.1*L1	0.199	0.025	-0.136	0.548	-0.137	-0.096	-0.137	0.615	-0.042	-0.063	-0.042	0.006	-0.058
0.2*L1	0.400	0.062	-0.267	0.632	-0.239	-0.197	-0.277	0.463	-0.102	-0.123	-0.082	-0.066	-0.113
0.3*L1	0.586	0.121	-0.388	0.540	-0.239	-0.305	-0.422	0.399	-0.211	-0.178	-0.119	-0.335	-0.162
0.4*L1	0.686	0.211	-0.492	0.404	0.005	-0.414	-0.575	0.359	-0.441	-0.232	-0.151	-1.013	-0.205
								0.559					
0.5*L1	0.611	0.329	-0.570	0.279	0.257	-0.497	-0.737	0.316	0.327	-0.296	-0.176	-0.318	-0.242
0.6*L1	0.460	0.453	-0.610	0.181	0.283	-0.489	-0.903	0.262	0.211	-0.403	-0.195	-0.032	-0.281
0.7*L1	0.311	0.510	-0.602	0.111	0.226	-0.244	-1.062	0.201	0.144	-0.621	-0.212	0.059	-0.344
										0.379			
0.8*L1	0.191	0.406	-0.541	0.064	0.151	0.008	-1.181	0.138	0.094	0.166	-0.240	0.065	-0.479
0.9*L1	0.103	0.239	-0.444	0.034	0.084	0.036	-1.185	0.078	0.053	0.077	-0.312	0.041	-0.792
1.0*L1	0.045	0.086	-0.376	0.015	0.034	-0.013	-0.923	0.029	0.020	0.043	-0.502	0.012	-1.488
0.0*L2	0.045	0.086	-0.376	0.015	0.034	-0.013	-0.923	0.029	0.020	0.043	0.498	0.012	-1.488
0.1*L2	0.008	-0.026	-0.428	0.005	0.001	-0.073	-0.623	-0.006	-0.004	0.033	0.308	-0.011	-0.785
0.2*L2	-0.012	-0.095	-0.510	-0.001	-0.019	-0.116	-0.522	-0.027	-0.018	0.030	0.233	-0.025	-0.465
0.3*L2	-0.022	-0.128	-0.557	-0.004	-0.028	-0.139	-0.483	-0.038	-0.025	0.030	0.202	-0.033	-0.323
0.4*L2	-0.025	-0.136	-0.552	-0.005	-0.031	-0.142	-0.448	-0.040	-0.027	0.028	0.182	-0.034	-0.256
0.5*L2	-0.023	-0.127	-0.503	-0.005	-0.029	-0.130	-0.399	-0.037	-0.025	0.025	0.160	-0.032	-0.213
0.6*L2	-0.020	-0.107	-0.423	-0.004	-0.024	-0.110	-0.333	-0.032	-0.021	0.021	0.133	-0.027	-0.175
0.7*L2	-0.015	-0.082	-0.324	-0.003	-0.019	-0.084	-0.256	-0.024	-0.016	0.016	0.102	-0.021	-0.134
0.8*L2	-0.010	-0.056	-0.221	-0.002	-0.013	-0.057	-0.175	-0.016	-0.011	0.011	0.070	-0.014	-0.092
0.9*L2	-0.006	-0.032	-0.125	-0.001	-0.007	-0.032	-0.099	-0.009	-0.006	0.006	0.040	-0.008	-0.052
1.0*L2	-0.002	-0.012	-0.047	-0.000	-0.003	-0.012	-0.037	-0.004	-0.002	0.002	0.015	-0.003	-0.019
FAKTOR				1/a								1/(a*a)	

INFOLGE STRECKENMOMENT mt=1

IN FELD	M 0.4	M 0.7	M 1.0	Q 0	Q 0.4	Q 0.7	Q 1.0	T 0	T 0.4	T 0.7	T 1.0	q 0.4	q 1.0
1,BIS SPRUNG					-0.331	-1.082			-0.276	-0.792			
1,REST	1.794	1.206	-2.125	1.440	0.530	-0.022	-3.496	1.651	0.547	0.215	-0.881	-0.708	-1.671
2	-0.054	-0.382	-1.931	-0.007	-0.078	-0.451	-1.893	-0.111	-0.075	0.112	0.833	-0.101	-1.586
3	0.008	0.043	0.175	0.002	0.010	0.045	0.141	0.013	0.009	-0.009	-0.057	0.011	0.078
SUMME(+)	1.802	1.249	0.175	1.441	0.540	0.045	0.141	1.664	0.556	0.327	0.833	0.011	0.078
SUMME(-)	-0.054	-0.382	-4.056	-0.007	-0.409	-1.554	-5.389	-0.111	-0.350	-0.801	-0.938	-0.809	-3.257
SUMME	1.749	0.867	-3.881	1.435	0.131	-1.509	-5.248	1.554	0.205	-0.474	-0.105	-0.798	-3.179
FAKTOR	a							a				1/a	

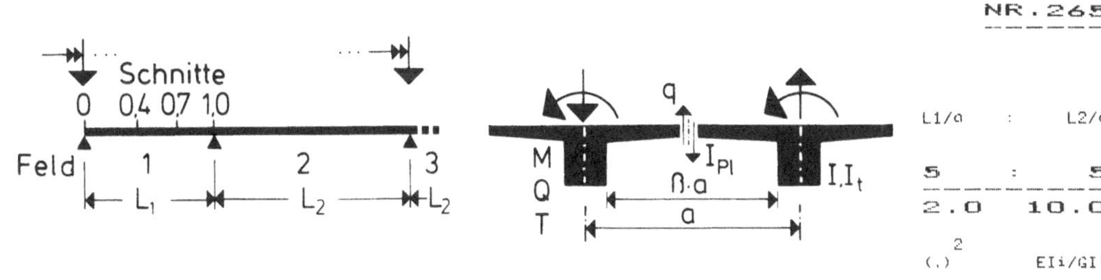

IN SCHNITT	M 0.4	M 0.7	M 1.0	Q 0	Q 0.4	Q 0.7	Q 1.0	T 0	T 0.4	T 0.7	T 1.0	q 0.4	q 1.0

INFOLGE EINZELLAST P=1

IN	M 0.4	M 0.7	M 1.0	Q 0	Q 0.4	Q 0.7	Q 1.0	T 0	T 0.4	T 0.7	T 1.0	q 0.4	q 1.0
0.0*L1	0.000	0.000	-0.000	1.000	-0.000	-0.000	-0.000	0.000	-0.000	-0.000	-0.000	0.000	-0.000
0.1*L1	0.143	0.014	-0.093	0.772	-0.115	-0.069	-0.081	0.056	-0.001	-0.024	-0.017	0.054	-0.021
0.2*L1	0.302	0.036	-0.182	0.574	-0.236	-0.142	-0.164	0.097	0.002	-0.045	-0.034	0.106	-0.040
0.3*L1	0.491	0.072	-0.264	0.414	-0.366	-0.222	-0.249	0.120	0.010	-0.062	-0.049	0.151	-0.057
0.4*L1	0.723	0.132	-0.334	0.290	-0.505	-0.315	-0.338	0.125	0.023	-0.072	-0.061	0.175	-0.069
					0.495								
0.5*L1	0.505	0.225	-0.385	0.197	0.362	-0.423	-0.432	0.117	0.034	-0.073	-0.069	0.158	-0.075
0.6*L1	0.335	0.364	-0.410	0.128	0.248	-0.546	-0.532	0.098	0.039	-0.064	-0.071	0.122	-0.073
0.7*L1	0.207	0.558	-0.399	0.078	0.156	-0.681	-0.641	0.074	0.035	-0.047	-0.066	0.082	-0.061
					0.319								
0.8*L1	0.113	0.313	-0.338	0.042	0.087	0.190	-0.758	0.047	0.025	-0.027	-0.053	0.048	-0.040
0.9*L1	0.046	0.129	-0.211	0.017	0.035	0.081	-0.881	0.021	0.012	-0.011	-0.030	0.020	-0.015
1.0*L1	0.000	-0.000	0.000	0.000	0.000	0.000	-1.000	0.000	-0.000	0.000	-0.000	0.000	0.000
0.0*L2	-0.000	-0.000	-0.000	-0.000	-0.000	-0.000	-0.000	-0.000	-0.000	0.000	0.000	-0.000	0.000
0.1*L2	-0.028	-0.081	-0.195	-0.010	-0.022	-0.053	-0.096	-0.014	-0.008	0.008	0.029	-0.013	-0.012
0.2*L2	-0.043	-0.125	-0.307	-0.016	-0.034	-0.083	-0.159	-0.021	-0.012	0.012	0.050	-0.020	-0.033
0.3*L2	-0.048	-0.142	-0.355	-0.018	-0.039	-0.095	-0.190	-0.024	-0.014	0.014	0.062	-0.023	-0.051
0.4*L2	-0.048	-0.140	-0.354	-0.017	-0.038	-0.094	-0.194	-0.024	-0.014	0.015	0.065	-0.023	-0.060
0.5*L2	-0.042	-0.126	-0.320	-0.016	-0.034	-0.085	-0.178	-0.021	-0.012	0.013	0.060	-0.020	-0.060
0.6*L2	-0.035	-0.103	-0.264	-0.013	-0.027	-0.070	-0.169	-0.017	0.010	0.011	0.051	-0.017	-0.053
0.7*L2	0.025	-0.076	-0.195	-0.009	-0.020	-0.051	-0.111	-0.013	-0.007	0.008	0.038	-0.012	-0.041
0.8*L2	-0.016	-0.047	-0.123	-0.006	-0.013	-0.032	-0.070	-0.008	-0.005	0.005	0.024	-0.008	-0.027
0.9*L2	-0.007	-0.021	-0.055	-0.003	-0.006	-0.014	-0.032	-0.004	-0.002	0.002	0.011	-0.003	-0.012
1.0*L2	0.000	-0.000	0.000	0.000	0.000	0.000	-0.000	-0.000	-0.000	0.000	-0.000	0.000	0.000
FAKTOR		a							a			1/a	

INFOLGE STRECKENLAST P=1

IN FELD	M 0.4	M 0.7	M 1.0	Q 0	Q 0.4	Q 0.7	Q 1.0	T 0	T 0.4	T 0.7	T 1.0	q 0.4	q 1.0
1,BIS SPRUNG						-0.483	-1.026			0.010	-0.184		
1,REST	1.419	0.905	-1.322	1.497	0.563	0.212	-2.287	0.381	0.079	-0.030	-0.227	0.461	-0.227
2	-0.148	-0.435	-1.096	-0.054	-0.117	-0.291	-0.595	-0.074	-0.042	0.045	0.197	-0.070	-0.175
3	0.025	0.075	0.196	0.009	0.020	0.051	0.113	0.013	0.007	-0.008	-0.039	0.012	0.044
SUMME(+)	1.445	0.981	0.196	1.506	0.583	0.264	0.113	0.393	0.097	0.045	0.197	0.473	0.044
SUMME(-)	-0.148	-0.435	-2.418	-0.054	-0.600	-1.317	-2.883	-0.074	-0.042	-0.223	-0.266	-0.070	-0.402
SUMME	1.297	0.545	-2.223	1.452	-0.017	-1.053	-2.770	0.320	0.054	-0.178	-0.070	0.403	-0.358
FAKTOR		a×a			a				a×a				

INFOLGE EINZELMOMENT Mt=1

IN	M 0.4	M 0.7	M 1.0	Q 0	Q 0.4	Q 0.7	Q 1.0	T 0	T 0.4	T 0.7	T 1.0	q 0.4	q 1.0
0.0*L1	0.000	0.000	-0.000	0.000	-0.000	-0.000	-0.000	1.000	-0.000	-0.000	-0.000	-0.000	-0.000
0.1*L1	0.276	0.052	-0.169	0.623	-0.149	-0.141	-0.166	0.573	-0.041	-0.045	-0.032	-0.037	-0.038
0.2*L1	0.544	0.115	-0.331	0.763	-0.255	-0.283	-0.334	0.389	-0.102	-0.088	-0.062	-0.150	-0.074
0.3*L1	0.779	0.200	-0.475	0.701	-0.249	-0.423	-0.505	0.307	-0.218	-0.131	-0.090	-0.451	-0.107
0.4*L1	0.904	0.312	-0.593	0.569	0.011	-0.551	-0.679	0.263	-0.458	-0.177	-0.113	-1.143	-0.136
									0.542				
0.5*L1	0.827	0.447	-0.673	0.429	0.281	-0.638	-0.855	0.227	0.300	-0.240	-0.131	-0.439	-0.166
0.6*L1	0.652	0.577	-0.705	0.304	0.320	-0.614	-1.026	0.187	0.180	-0.353	-0.147	-0.126	-0.204
0.7*L1	0.462	0.623	-0.680	0.203	0.264	-0.340	-1.177	0.144	0.114	-0.584	-0.166	-0.006	-0.274
										0.416			
0.8*L1	0.295	0.493	-0.597	0.125	0.182	-0.056	-1.272	0.099	0.071	0.189	-0.203	0.025	-0.423
0.9*L1	0.162	0.287	-0.480	0.068	0.102	-0.001	-1.238	0.056	0.039	0.090	-0.291	0.019	-0.752
1.0*L1	0.063	0.093	-0.400	0.027	0.037	-0.033	-0.931	0.019	0.014	0.049	-0.502	0.002	-1.456
0.0*L2	0.063	0.093	-0.400	0.027	0.037	-0.033	-0.931	0.019	0.014	0.049	0.498	0.002	-1.456
0.1*L2	-0.004	-0.058	-0.452	0.000	-0.010	-0.085	-0.591	-0.008	-0.003	0.034	0.287	-0.016	-0.746
0.2*L2	-0.046	-0.157	-0.542	-0.016	-0.039	-0.127	-0.461	-0.026	-0.014	0.030	0.197	-0.028	-0.411
0.3*L2	-0.068	-0.210	-0.601	-0.024	-0.055	-0.151	-0.408	-0.035	-0.020	0.028	0.157	-0.035	-0.256
0.4*L2	-0.075	-0.226	-0.607	-0.027	-0.060	-0.157	-0.373	-0.038	-0.022	0.027	0.135	-0.037	-0.182
0.5*L2	-0.072	-0.214	-0.562	-0.026	-0.057	-0.147	-0.331	-0.036	-0.021	0.024	0.116	-0.035	-0.141
0.6*L2	-0.062	-0.184	-0.479	-0.023	-0.049	-0.126	-0.278	-0.031	-0.018	0.020	0.096	-0.030	-0.111
0.7*L2	-0.048	-0.143	-0.372	-0.018	-0.038	-0.098	-0.214	-0.024	-0.014	0.016	0.074	-0.023	-0.084
0.8*L2	-0.033	-0.099	-0.256	-0.012	-0.026	-0.067	-0.147	-0.017	-0.010	0.011	0.051	-0.016	-0.057
0.9*L2	-0.019	-0.056	-0.144	-0.007	-0.015	-0.038	-0.083	-0.009	-0.005	0.006	0.029	-0.009	-0.032
1.0*L2	-0.006	-0.019	-0.049	-0.002	-0.005	-0.013	-0.028	-0.003	-0.002	0.002	0.010	-0.003	-0.011
FAKTOR					1/a							1/(a×a)	

INFOLGE STRECKENMOMENT mt=1

IN FELD	M 0.4	M 0.7	M 1.0	Q 0	Q 0.4	Q 0.7	Q 1.0	T 0	T 0.4	T 0.7	T 1.0	q 0.4	q 1.0
1,BIS SPRUNG						-0.349	-1.435			-0.282	-0.651		
1,REST	2.480	1.585	-2.460	1.943	0.608	-0.100	-3.888	1.353	0.477	0.244	-0.731	-1.071	-1.412
2	-0.203	-0.663	-2.123	-0.071	-0.169	-0.512	-1.664	-0.110	-0.061	0.111	0.686	-0.117	-1.337
3	0.038	0.112	0.291	0.014	0.030	0.076	0.168	0.019	0.011	-0.012	-0.058	0.018	0.066
SUMME(+)	2.518	1.697	0.291	1.957	0.638	0.076	0.168	1.372	0.488	0.354	0.686	0.018	0.066
SUMME(-)	-0.203	-0.663	-4.583	-0.071	-0.518	-2.047	-5.552	-0.110	-0.343	-0.664	-0.790	-1.188	-2.748
SUMME	2.315	1.034	-4.292	1.886	0.119	-1.971	-5.384	1.262	0.145	-0.310	-0.103	-1.169	-2.682
FAKTOR		a			a							1/a	

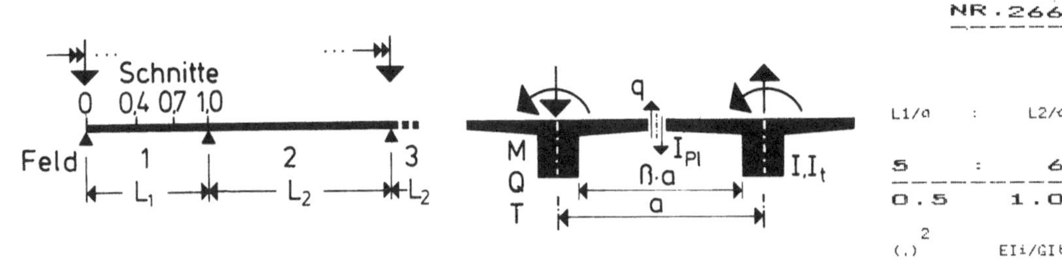

INFOLGE EINZELLAST P=1

IN	M 0.4	M 0.7	M 1.0	Q 0	Q 0.4	Q 0.7	Q 1.0	T 0	T 0.4	T 0.7	T 1.0	q 0.4	q 1.0
0.0*L1	0.000	-0.000	-0.000	1.000	-0.000	-0.000	-0.000	0.000	-0.000	-0.000	-0.000	0.000	-0.000
0.1*L1	0.025	-0.015	-0.037	0.631	-0.080	-0.002	-0.037	0.138	-0.006	-0.045	-0.028	0.116	-0.038
0.2*L1	0.080	-0.026	-0.075	0.342	-0.184	-0.013	-0.075	0.236	-0.001	-0.086	-0.055	0.234	-0.074
0.3*L1	0.193	-0.027	-0.117	0.149	-0.328	-0.042	-0.116	0.285	0.024	-0.119	-0.082	0.341	-0.107
0.4*L1	0.391	-0.006	-0.161	0.040	-0.507	-0.102	-0.164	0.291	0.064	-0.138	-0.108	0.394	-0.134
				0.493									
0.5*L1	0.186	0.053	-0.207	-0.012	0.315	-0.205	-0.225	0.265	0.102	-0.138	-0.128	0.343	-0.149
0.6*L1	0.066	0.173	-0.248	-0.028	0.175	-0.358	-0.309	0.219	0.117	-0.116	-0.141	0.244	-0.148
0.7*L1	0.009	0.377	-0.272	-0.027	0.083	-0.552	-0.427	0.161	0.106	-0.076	-0.139	0.148	-0.126
						0.448							
0.8*L1	-0.010	0.176	-0.260	-0.018	0.031	0.254	-0.587	0.099	0.075	-0.037	-0.116	0.074	-0.082
0.9*L1	-0.008	0.058	-0.182	-0.008	0.008	0.101	-0.787	0.041	0.034	-0.013	-0.069	0.027	-0.029
1.0*L1	-0.000	0.000	0.000	-0.000	0.000	0.000	-1.000	0.000	0.000	-0.000	0.000	0.000	0.000
0.0*L2	0.000	-0.000	-0.000	0.000	-0.000	-0.000	-0.000	-0.000	-0.000	0.000	0.000	-0.000	-0.000
0.1*L2	0.009	-0.023	-0.214	0.005	0.000	-0.059	-0.192	-0.014	-0.012	0.018	0.084	-0.013	-0.048
0.2*L2	0.014	-0.022	-0.289	0.007	0.003	-0.074	-0.289	-0.009	-0.007	0.032	0.140	-0.015	-0.120
0.3*L2	0.016	-0.014	-0.286	0.007	0.006	-0.069	-0.314	0.001	0.002	0.040	0.162	-0.012	-0.168
0.4*L2	0.015	-0.006	-0.249	0.006	0.007	-0.057	-0.294	0.009	0.009	0.040	0.159	-0.008	-0.185
0.5*L2	0.013	-0.000	-0.201	0.005	0.007	-0.043	-0.252	0.012	0.011	0.037	0.141	-0.005	-0.175
0.6*L2	0.011	0.002	-0.153	0.004	0.006	-0.031	-0.200	0.012	0.011	0.030	0.114	-0.003	-0.148
0.7*L2	0.008	0.003	-0.107	0.003	0.005	-0.021	-0.144	0.010	0.009	0.022	0.083	-0.002	-0.111
0.8*L2	0.005	0.002	-0.064	0.002	0.003	-0.013	-0.088	0.007	0.006	0.014	0.051	-0.001	-0.069
0.9*L2	0.002	0.001	-0.026	0.001	0.001	-0.005	-0.036	0.003	0.003	0.006	0.021	-0.000	-0.029
1.0*L2	-0.000	0.000	0.000	0.000	0.000	0.000	0.000	0.000	0.000	-0.000	0.000	0.000	0.000

FAKTOR: a (M) · a (T) · 1/a (q)

INFOLGE STRECKENLAST P=1

IN FELD	M 0.4	M 0.7	M 1.0	Q 0	Q 0.4	Q 0.7	Q 1.0	T 0	T 0.4	T 0.7	T 1.0	q 0.4	q 1.0
1,BIS SPRUNG					-0.418	-0.491			0.022	-0.344			
1,REST	0.445	0.362	-0.791	0.768	0.421	0.284	-1.606	0.876	0.236	-0.043	-0.437	0.965	-0.445
2	0.056	-0.037	-0.969	0.024	0.023	-0.228	-1.099	0.018	0.018	0.144	0.579	-0.037	-0.633
3	0.001	-0.001	-0.018	0.000	0.000	-0.004	-0.021	0.000	0.000	0.003	0.011	-0.001	-0.013
SUMME(+)	0.503	0.362	0.000	0.793	0.445	0.284	0.000	0.894	0.277	0.147	0.591	0.965	0.000
SUMME(-)	0.000	-0.037	-1.779	0.000	-0.418	-0.723	-2.726	0.000	0.000	-0.387	-0.437	-0.037	-1.091
SUMME	0.503	0.325	-1.779	0.793	0.027	-0.439	-2.726	0.894	0.277	-0.240	0.153	0.928	-1.091

FAKTOR: a*a (M) · a (Q) · a*a (T)

INFOLGE EINZELMOMENT Mt=1

IN	M 0.4	M 0.7	M 1.0	Q 0	Q 0.4	Q 0.7	Q 1.0	T 0	T 0.4	T 0.7	T 1.0	q 0.4	q 1.0
0.0*L1	0.000	0.000	-0.000	0.000	-0.000	-0.000	-0.000	1.000	-0.000	-0.000	-0.000	0.000	-0.000
0.1*L1	0.063	0.009	-0.068	0.171	-0.046	-0.030	-0.089	0.821	-0.071	-0.079	-0.049	0.005	-0.065
0.2*L1	0.127	0.024	-0.136	0.203	-0.076	-0.063	-0.180	0.711	-0.150	-0.156	-0.098	-0.019	-0.129
0.3*L1	0.186	0.047	-0.201	0.171	-0.069	-0.100	-0.275	0.632	-0.247	-0.232	-0.144	-0.103	-0.190
0.4*L1	0.217	0.083	-0.262	0.122	0.013	-0.138	-0.376	0.562	-0.383	-0.307	-0.189	-0.286	-0.249
								0.617					
0.5*L1	0.197	0.131	-0.316	0.078	0.098	-0.167	-0.482	0.491	0.481	-0.387	-0.230	-0.092	-0.305
0.6*L1	0.152	0.180	-0.358	0.045	0.115	-0.164	-0.592	0.414	0.379	-0.481	-0.267	0.005	-0.363
0.7*L1	0.109	0.206	-0.382	0.025	0.102	-0.091	-0.698	0.335	0.297	-0.607	-0.303	0.040	-0.429
										0.393			
0.8*L1	0.076	0.182	-0.387	0.014	0.079	-0.016	-0.783	0.258	0.225	0.273	-0.343	0.043	-0.518
0.9*L1	0.056	0.135	-0.376	0.010	0.058	-0.009	-0.819	0.188	0.164	0.197	-0.398	0.033	-0.652
1.0*L1	0.044	0.089	-0.369	0.009	0.042	-0.028	-0.758	0.131	0.114	0.150	-0.486	0.019	-0.861
0.0*L2	0.044	0.089	-0.369	0.009	0.042	-0.028	-0.758	0.131	0.114	0.150	0.514	0.019	-0.861
0.1*L2	0.037	0.048	-0.396	0.010	0.030	-0.057	-0.656	0.083	0.073	0.117	0.416	0.005	-0.638
0.2*L2	0.033	0.024	-0.421	0.011	0.023	-0.077	-0.607	0.055	0.049	0.099	0.364	-0.003	-0.513
0.3*L2	0.030	0.012	-0.420	0.011	0.019	-0.083	-0.566	0.040	0.036	0.087	0.329	-0.007	-0.439
0.4*L2	0.027	0.007	-0.392	0.010	0.016	-0.080	-0.515	0.033	0.030	0.078	0.295	-0.008	-0.384
0.5*L2	0.024	0.005	-0.345	0.009	0.014	-0.071	-0.450	0.028	0.025	0.068	0.257	-0.007	-0.333
0.6*L2	0.020	0.004	-0.288	0.007	0.012	-0.059	-0.376	0.024	0.021	0.057	0.215	-0.006	-0.280
0.7*L2	0.016	0.004	-0.227	0.006	0.009	-0.046	-0.298	0.019	0.017	0.045	0.171	-0.005	-0.223
0.8*L2	0.012	0.003	-0.168	0.004	0.007	-0.034	-0.222	0.014	0.013	0.034	0.128	-0.003	-0.167
0.9*L2	0.008	0.002	-0.117	0.003	0.005	-0.024	-0.154	0.010	0.009	0.023	0.089	-0.002	-0.116
1.0*L2	0.005	0.001	-0.077	0.002	0.003	-0.016	-0.101	0.007	0.006	0.015	0.058	-0.002	-0.076

FAKTOR: 1/a (Q) · 1/(a*a) (q)

INFOLGE STRECKENMOMENT mt=1

IN FELD	M 0.4	M 0.7	M 1.0	Q 0	Q 0.4	Q 0.7	Q 1.0	T 0	T 0.4	T 0.7	T 1.0	q 0.4	q 1.0
1,BIS SPRUNG					-0.100	-0.360			-0.326	-0.970			
1,REST	0.606	0.524	-1.338	0.434	0.246	-0.036	-2.346	2.481	0.951	0.366	-1.129	-0.161	-1.658
2	0.139	0.090	-1.800	0.045	0.094	-0.335	-2.560	0.222	0.198	0.412	1.525	-0.018	-2.124
3	0.010	0.001	-0.141	0.004	0.006	-0.029	-0.182	0.011	0.010	0.027	0.104	-0.003	-0.133
SUMME(+)	0.754	0.615	0.000	0.483	0.345	0.000	0.000	2.714	1.159	0.805	1.628	0.000	0.000
SUMME(-)	0.000	0.000	-3.279	0.000	-0.100	-0.760	-5.088	0.000	-0.326	-0.970	-1.129	-0.182	-3.915
SUMME	0.754	0.615	-3.279	0.483	0.245	-0.760	-5.088	2.714	0.833	-0.165	0.499	-0.182	-3.915

FAKTOR: a (M) · a (T) · 1/a (q)

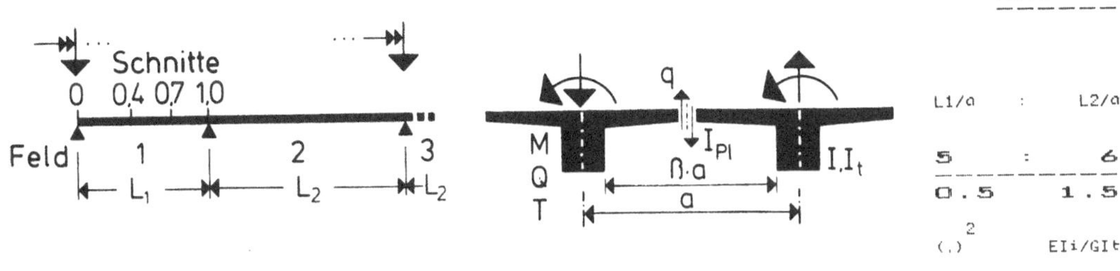

IN SCHNITT	M 0.4	M 0.7	M 1.0	Q 0	Q 0.4	Q 0.7	Q 1.0	T 0	T 0.4	T 0.7	T 1.0	q 0.4	q 1.0

INFOLGE EINZELLAST P=1

IN	M 0.4	M 0.7	M 1.0	Q 0	Q 0.4	Q 0.7	Q 1.0	T 0	T 0.4	T 0.7	T 1.0	q 0.4	q 1.0
0.0*L1	0.000	-0.000	-0.000	1.000	-0.000	-0.000	-0.000	0.000	-0.000	-0.000	-0.000	0.000	-0.000
0.1*L1	0.049	-0.015	-0.048	0.670	-0.095	-0.014	-0.040	0.117	-0.001	-0.041	-0.028	0.106	-0.034
0.2*L1	0.124	-0.024	-0.096	0.401	-0.207	-0.037	-0.082	0.203	0.007	-0.078	-0.055	0.209	-0.065
0.3*L1	0.252	-0.019	-0.146	0.209	-0.346	-0.078	-0.129	0.249	0.027	-0.107	-0.081	0.298	-0.093
0.4*L1	0.456	0.011	-0.197	0.088	-0.510	-0.147	-0.185	0.259	0.058	-0.123	-0.104	0.341	-0.113
					0.490								
0.5*L1	0.245	0.082	-0.246	0.021	0.328	-0.253	-0.256	0.240	0.086	-0.123	-0.122	0.304	-0.123
0.6*L1	0.113	0.211	-0.284	-0.009	0.197	-0.399	-0.349	0.200	0.097	-0.105	-0.130	0.226	-0.119
0.7*L1	0.039	0.417	-0.301	-0.018	0.105	-0.576	-0.471	0.148	0.087	-0.072	-0.125	0.146	-0.098
						0.424							
0.8*L1	0.007	0.207	-0.278	-0.015	0.047	0.247	-0.626	0.092	0.061	-0.039	-0.102	0.079	-0.062
0.9*L1	-0.002	0.074	-0.187	-0.008	0.015	0.101	-0.811	0.039	0.028	-0.015	-0.059	0.031	-0.021
1.0*L1	-0.000	0.000	0.000	0.000	0.000	0.000	-1.000	0.000	-0.000	0.000	0.000	-0.000	0.000
0.0*L2	0.000	-0.000	-0.000	0.000	-0.000	-0.000	-0.000	-0.000	-0.000	0.000	0.000	-0.000	-0.000
0.1*L2	0.006	-0.038	-0.222	0.006	-0.005	-0.066	-0.174	-0.018	-0.012	0.018	0.072	-0.018	-0.036
0.2*L2	0.012	-0.044	-0.312	0.009	-0.004	-0.089	-0.271	-0.017	-0.010	0.032	0.123	-0.023	-0.093
0.3*L2	0.015	-0.037	-0.322	0.010	-0.002	-0.088	-0.302	-0.010	-0.004	0.039	0.146	-0.022	-0.135
0.4*L2	0.015	-0.027	-0.290	0.009	0.001	-0.077	-0.290	-0.003	0.001	0.040	0.147	-0.018	-0.152
0.5*L2	0.014	-0.017	-0.239	0.008	0.002	-0.061	-0.253	0.002	0.005	0.036	0.132	-0.014	-0.147
0.6*L2	0.012	-0.010	-0.183	0.006	0.003	-0.046	-0.202	0.004	0.006	0.030	0.108	-0.010	-0.126
0.7*L2	0.009	-0.006	-0.128	0.005	0.002	-0.031	-0.145	0.004	0.005	0.022	0.079	-0.007	-0.095
0.8*L2	0.005	-0.003	-0.076	0.003	0.002	-0.018	-0.088	0.003	0.004	0.014	0.048	-0.004	-0.060
0.9*L2	0.002	-0.001	-0.031	0.001	0.001	-0.008	-0.037	0.001	0.002	0.006	0.020	-0.001	-0.025
1.0*L2	-0.000	-0.000	0.000	0.000	0.000	-0.000	0.000	0.000	-0.000	0.000	0.000	-0.000	0.000
FAKTOR	a							a				1/a	

INFOLGE STRECKENLAST P=1

IN FELD	M 0.4	M 0.7	M 1.0	Q 0	Q 0.4	Q 0.7	Q 1.0	T 0	T 0.4	T 0.7	T 1.0	q 0.4	q 1.0
1,BIS SPRUNG					-0.448	-0.601			0.030	-0.310			
1,REST	0.622	0.453	-0.904	0.906	0.462	0.276	-1.719	0.780	0.196	-0.044	-0.408	0.874	-0.366
2	0.055	-0.112	-1.098	0.035	-0.001	-0.296	-1.070	-0.023	-0.004	0.143	0.530	-0.071	-0.524
3	-0.001	-0.001	0.005	-0.000	-0.001	0.001	0.009	-0.001	-0.001	-0.002	-0.006	-0.000	0.009
SUMME(+)	0.677	0.453	0.005	0.941	0.462	0.276	0.009	0.780	0.226	0.143	0.530	0.874	0.009
SUMME(-)	-0.001	-0.113	-2.002	-0.000	-0.450	-0.897	-2.789	-0.024	-0.006	-0.356	-0.413	-0.071	-0.890
SUMME	0.677	0.340	-1.997	0.941	0.012	-0.621	-2.780	0.756	0.221	-0.213	0.116	0.803	-0.880
FAKTOR	a*a			a				a*a					

INFOLGE EINZELMOMENT Mt=1

IN	M 0.4	M 0.7	M 1.0	Q 0	Q 0.4	Q 0.7	Q 1.0	T 0	T 0.4	T 0.7	T 1.0	q 0.4	q 1.0
0.0*L1	0.000	0.000	-0.000	0.000	-0.000	-0.000	-0.000	1.000	-0.000	-0.000	-0.000	-0.000	-0.000
0.1*L1	0.087	0.015	-0.081	0.195	-0.051	-0.045	-0.097	0.806	-0.071	-0.074	-0.048	-0.009	-0.057
0.2*L1	0.171	0.036	-0.161	0.245	-0.084	-0.092	-0.197	0.684	-0.152	-0.148	-0.095	-0.046	-0.114
0.3*L1	0.245	0.067	-0.237	0.222	-0.074	-0.140	-0.301	0.599	-0.253	-0.220	-0.140	-0.141	-0.168
0.4*L1	0.285	0.110	-0.306	0.173	0.014	-0.186	-0.409	0.527	-0.394	-0.293	-0.182	-0.329	-0.220
									0.606				
0.5*L1	0.264	0.164	-0.363	0.123	0.107	-0.218	-0.522	0.456	0.465	-0.373	-0.221	-0.131	-0.271
0.6*L1	0.213	0.217	-0.405	0.082	0.129	-0.212	-0.636	0.384	0.360	-0.469	-0.257	-0.027	-0.326
0.7*L1	0.160	0.242	-0.426	0.053	0.117	-0.132	-0.742	0.309	0.277	-0.598	-0.293	0.018	-0.392
										0.402			
0.8*L1	0.116	0.211	-0.426	0.035	0.092	-0.049	-0.821	0.236	0.208	0.279	-0.335	0.027	-0.484
0.9*L1	0.084	0.154	-0.411	0.026	0.067	-0.035	-0.846	0.170	0.150	0.201	-0.394	0.020	-0.620
1.0*L1	0.063	0.095	-0.402	0.021	0.046	-0.052	-0.772	0.115	0.103	0.152	-0.488	0.007	-0.830
0.0*L2	0.063	0.095	-0.402	0.021	0.046	-0.052	-0.772	0.115	0.103	0.152	0.512	0.007	-0.830
0.1*L2	0.048	0.041	-0.433	0.019	0.028	-0.082	-0.658	0.068	0.063	0.118	0.406	-0.008	-0.603
0.2*L2	0.040	0.006	-0.465	0.018	0.018	-0.103	-0.602	0.039	0.039	0.099	0.349	-0.017	-0.472
0.3*L2	0.035	-0.012	-0.470	0.017	0.012	-0.112	-0.559	0.023	0.026	0.088	0.311	-0.022	-0.393
0.4*L2	0.031	-0.019	-0.445	0.016	0.009	-0.109	-0.509	0.015	0.019	0.078	0.278	-0.022	-0.339
0.5*L2	0.027	-0.019	-0.397	0.014	0.007	-0.098	-0.447	0.011	0.015	0.067	0.242	-0.021	-0.291
0.6*L2	0.022	-0.016	-0.333	0.012	0.006	-0.082	-0.374	0.009	0.012	0.056	0.202	-0.017	-0.243
0.7*L2	0.018	-0.013	-0.263	0.009	0.005	-0.065	-0.297	0.008	0.010	0.045	0.161	-0.014	-0.193
0.8*L2	0.013	-0.009	-0.195	0.007	0.003	-0.048	-0.220	0.006	0.008	0.033	0.119	-0.010	-0.144
0.9*L2	0.009	-0.006	-0.134	0.005	0.002	-0.033	-0.151	0.004	0.005	0.023	0.082	-0.007	-0.099
1.0*L2	0.006	-0.004	-0.086	0.003	0.001	-0.021	-0.097	0.002	0.003	0.015	0.052	-0.004	-0.063
FAKTOR				1/a								1/(a*a)	

INFOLGE STRECKENMOMENT mt=1

IN FELD	M 0.4	M 0.7	M 1.0	Q 0	Q 0.4	Q 0.7	Q 1.0	T 0	T 0.4	T 0.7	T 1.0	q 0.4	q 1.0
1,BIS SPRUNG					-0.109	-0.487			-0.332	-0.935			
1,REST	0.832	0.634	-1.512	0.595	0.277	-0.081	-2.489	2.356	0.902	0.373	-1.102	-0.286	-1.526
2	0.166	-0.004	-2.030	0.077	0.067	-0.463	-2.545	0.142	0.147	0.413	1.454	-0.083	-1.920
3	0.008	-0.007	-0.122	0.004	0.002	-0.031	-0.132	0.002	0.003	0.019	0.070	-0.007	-0.081
SUMME(+)	1.006	0.634	0.000	0.677	0.346	0.000	0.000	2.501	1.053	0.805	1.524	0.000	0.000
SUMME(-)	0.000	-0.012	-3.664	0.000	-0.109	-1.062	-5.167	0.000	-0.332	-0.935	-1.102	-0.376	-3.527
SUMME	1.006	0.623	-3.664	0.677	0.237	-1.062	-5.167	2.501	0.720	-0.130	0.422	-0.376	-3.527
FAKTOR	a			a				a				1/a	

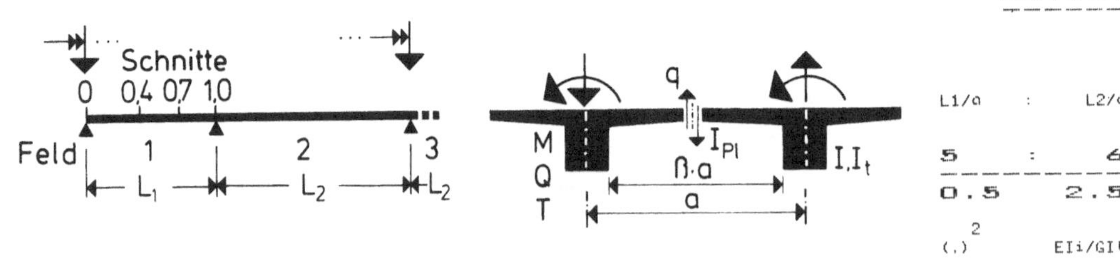

	M			Q				T				q	
IN SCHNITT	0.4	0.7	1.0	0	0.4	0.7	1.0	0	0.4	0.7	1.0	0.4	1.0

INFOLGE EINZELLAST P=1

IN	M 0.4	M 0.7	M 1.0	Q 0	Q 0.4	Q 0.7	Q 1.0	T 0	T 0.4	T 0.7	T 1.0	q 0.4	q 1.0
0.0*L1	0.000	-0.000	-0.000	1.000	-0.000	-0.000	-0.000	0.000	0.000	-0.000	-0.000	0.000	-0.000
0.1*L1	0.082	-0.010	-0.063	0.716	-0.109	-0.033	-0.048	0.091	0.003	-0.034	-0.027	0.088	-0.027
0.2*L1	0.187	-0.012	-0.126	0.473	-0.228	-0.074	-0.099	0.161	0.012	-0.065	-0.053	0.172	-0.052
0.3*L1	0.337	0.002	-0.187	0.288	-0.363	-0.130	-0.156	0.202	0.028	-0.089	-0.076	0.241	-0.073
0.4*L1	0.550	0.044	-0.245	0.159	-0.513	-0.209	-0.223	0.213	0.049	-0.103	-0.095	0.274	-0.087
				0.487									
0.5*L1	0.333	0.126	-0.295	0.077	0.342	-0.316	-0.305	0.201	0.068	-0.103	-0.109	0.250	-0.093
0.6*L1	0.184	0.264	-0.329	0.029	0.221	-0.453	-0.405	0.170	0.074	-0.089	-0.113	0.195	-0.087
0.7*L1	0.090	0.469	-0.336	0.005	0.129	-0.611	-0.527	0.128	0.066	-0.064	-0.106	0.132	-0.070
						0.389							
0.8*L1	0.037	0.248	-0.298	-0.003	0.065	0.232	-0.674	0.080	0.046	-0.037	-0.084	0.076	-0.043
0.9*L1	0.010	0.095	-0.194	-0.003	0.024	0.099	-0.837	0.035	0.022	-0.016	-0.048	0.032	-0.014
1.0*L1	-0.000	0.000	0.000	0.000	-0.000	-0.000	-1.000	0.000	0.000	0.000	0.000	0.000	0.000
0.0*L2	-0.000	-0.000	-0.000	0.000	-0.000	-0.000	-0.000	-0.000	-0.000	0.000	0.000	-0.000	-0.000
0.1*L2	-0.002	-0.058	-0.230	0.004	-0.013	-0.071	-0.153	-0.020	-0.011	0.017	0.058	-0.022	-0.025
0.2*L2	0.001	-0.077	-0.338	0.008	-0.016	-0.102	-0.243	-0.025	-0.012	0.030	0.101	-0.031	-0.066
0.3*L2	0.005	-0.075	-0.364	0.009	-0.015	-0.108	-0.280	-0.021	-0.009	0.037	0.123	-0.032	-0.098
0.4*L2	0.007	-0.064	-0.339	0.010	-0.012	-0.099	-0.276	-0.016	-0.005	0.038	0.127	-0.029	-0.114
0.5*L2	0.008	-0.049	-0.288	0.009	-0.008	-0.083	-0.245	-0.011	-0.002	0.035	0.116	-0.024	-0.113
0.6*L2	0.008	-0.036	-0.225	0.007	-0.006	-0.064	-0.199	-0.006	0.000	0.029	0.097	-0.018	-0.099
0.7*L2	0.006	-0.023	-0.159	0.005	-0.003	-0.045	-0.144	-0.003	0.001	0.022	0.071	-0.013	-0.076
0.8*L2	0.004	-0.013	-0.095	0.003	-0.002	-0.027	-0.088	-0.002	0.001	0.013	0.044	-0.007	-0.048
0.9*L2	0.002	-0.005	-0.040	0.001	-0.001	-0.011	-0.037	-0.001	0.001	0.006	0.019	-0.003	-0.021
1.0*L2	-0.000	0.000	0.000	-0.000	0.000	-0.000	-0.000	0.000	0.000	0.000	0.000	0.000	0.000
FAKTOR	a			a				a				1/a	

INFOLGE STRECKENLAST P=1

IN FELD

	M 0.4	M 0.7	M 1.0	Q 0	Q 0.4	Q 0.7	Q 1.0	T 0	T 0.4	T 0.7	T 1.0	q 0.4	q 1.0
1,BIS SPRUNG					-0.476	-0.755			0.033	-0.260			
1,REST	0.888	0.594	-1.049	1.109	0.507	0.259	-1.883	0.646	0.152	-0.042	-0.359	0.734	-0.274
2	0.023	-0.245	-1.264	0.035	-0.047	-0.370	-1.010	-0.065	-0.024	0.138	0.458	-0.109	-0.397
3	-0.003	0.006	0.052	-0.002	0.001	0.014	0.050	0.000	-0.001	-0.008	-0.026	0.004	0.030
SUMME(+)	0.911	0.601	0.052	1.144	0.507	0.273	0.050	0.646	0.185	0.138	0.458	0.738	0.030
SUMME(-)	-0.003	-0.245	-2.314	-0.002	-0.523	-1.124	-2.893	-0.065	-0.025	-0.310	-0.385	-0.109	-0.670
SUMME	0.908	0.356	-2.262	1.142	-0.016	-0.851	-2.843	0.581	0.160	-0.172	0.073	0.630	-0.641
FAKTOR	a*a			a				a*a					

INFOLGE EINZELMOMENT Mt=1

IN	M 0.4	M 0.7	M 1.0	Q 0	Q 0.4	Q 0.7	Q 1.0	T 0	T 0.4	T 0.7	T 1.0	q 0.4	q 1.0
0.0*L1	0.000	0.000	-0.000	0.000	-0.000	-0.000	-0.000	1.000	-0.000	-0.000	-0.000	-0.000	-0.000
0.1*L1	0.121	0.026	-0.099	0.227	-0.055	-0.066	-0.111	0.786	-0.073	-0.067	-0.045	-0.029	-0.048
0.2*L1	0.235	0.058	-0.195	0.302	-0.090	-0.133	-0.224	0.648	-0.156	-0.134	-0.088	-0.085	-0.094
0.3*L1	0.332	0.100	-0.284	0.294	-0.078	-0.197	-0.341	0.553	-0.262	-0.202	-0.130	-0.194	-0.140
0.4*L1	0.383	0.154	-0.362	0.248	0.017	-0.253	-0.460	0.477	-0.408	-0.273	-0.169	-0.388	-0.185
								0.592					
0.5*L1	0.364	0.215	-0.423	0.193	0.117	-0.287	-0.581	0.408	0.446	-0.352	-0.205	-0.188	-0.232
0.6*L1	0.305	0.270	-0.464	0.142	0.144	-0.278	-0.698	0.339	0.339	-0.451	-0.240	-0.075	-0.285
0.7*L1	0.237	0.291	-0.480	0.101	0.133	-0.188	-0.801	0.272	0.256	-0.584	-0.277	-0.020	-0.352
										0.416			
0.8*L1	0.175	0.250	-0.474	0.072	0.106	-0.094	-0.870	0.206	0.189	0.289	-0.323	-0.001	-0.446
0.9*L1	0.126	0.177	-0.453	0.052	0.076	-0.071	-0.880	0.146	0.134	0.207	-0.388	-0.002	-0.586
1.0*L1	0.089	0.101	-0.442	0.039	0.048	-0.082	-0.789	0.095	0.091	0.156	-0.491	-0.011	-0.796
0.0*L2	0.089	0.101	-0.442	0.039	0.048	-0.082	-0.789	0.095	0.091	0.156	0.509	-0.011	-0.796
0.1*L2	0.060	0.025	-0.477	0.030	0.023	-0.110	-0.656	0.050	0.054	0.120	0.393	-0.024	-0.564
0.2*L2	0.042	-0.025	-0.518	0.025	0.007	-0.133	-0.588	0.021	0.030	0.100	0.328	-0.034	-0.426
0.3*L2	0.031	-0.053	-0.532	0.022	-0.002	-0.143	-0.541	0.004	0.017	0.087	0.286	-0.039	-0.343
0.4*L2	0.025	-0.064	-0.512	0.019	-0.007	-0.141	-0.492	-0.004	0.009	0.076	0.252	-0.039	-0.286
0.5*L2	0.020	-0.063	-0.463	0.017	-0.008	-0.129	-0.433	-0.007	0.006	0.066	0.218	-0.036	-0.241
0.6*L2	0.016	-0.055	-0.393	0.014	-0.007	-0.110	-0.364	-0.007	0.004	0.055	0.182	-0.031	-0.198
0.7*L2	0.013	-0.044	-0.313	0.011	-0.006	-0.087	-0.289	-0.005	0.003	0.044	0.144	-0.025	-0.157
0.8*L2	0.010	-0.033	-0.231	0.008	-0.004	-0.065	-0.213	-0.004	0.002	0.032	0.107	-0.018	-0.116
0.9*L2	0.006	-0.022	-0.157	0.006	-0.003	-0.044	-0.145	-0.003	0.001	0.022	0.072	-0.012	-0.079
1.0*L2	0.004	-0.014	-0.096	0.003	-0.002	-0.027	-0.089	-0.002	0.001	0.013	0.044	-0.008	-0.048
FAKTOR				1/a								1/(a*a)	

INFOLGE STRECKENMOMENT mt=1

IN FELD

	M 0.4	M 0.7	M 1.0	Q 0	Q 0.4	Q 0.7	Q 1.0	T 0	T 0.4	T 0.7	T 1.0	q 0.4	q 1.0
1,BIS SPRUNG					-0.116	-0.663			-0.343	-0.882			
1,REST	1.168	0.800	-1.731	0.840	0.311	-0.143	-2.691	2.182	0.847	0.386	-1.052	-0.474	-1.375
2	0.160	-0.179	-2.323	0.103	0.008	-0.611	-2.489	0.053	0.101	0.410	1.350	-0.161	-1.686
3	0.002	-0.012	-0.071	0.002	-0.002	-0.020	-0.063	-0.002	-0.000	0.009	0.030	-0.006	-0.031
SUMME(+)	1.331	0.800	0.000	0.945	0.320	0.000	0.000	2.235	0.948	0.806	1.380	0.000	0.000
SUMME(-)	0.000	-0.190	-4.125	0.000	-0.117	-1.437	-5.243	-0.002	-0.343	-0.882	-1.052	-0.640	-3.091
SUMME	1.331	0.610	-4.125	0.945	0.202	-1.437	-5.243	2.233	0.605	-0.076	0.327	-0.640	-3.091
FAKTOR	a			a				a				1/a	

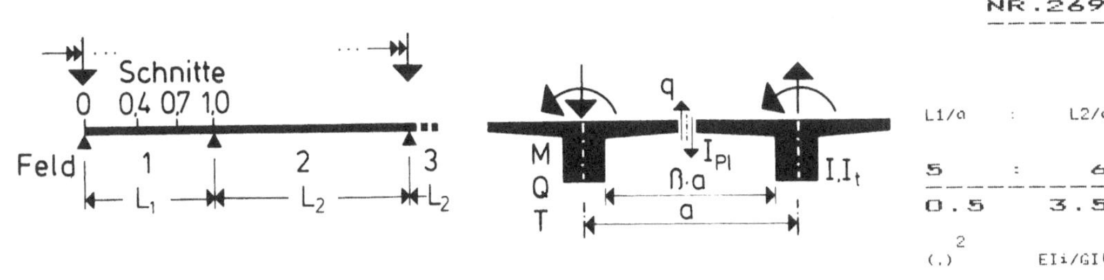

IN SCHNITT	M			Q				T				�	
	0.4	0.7	1.0	0	0.4	0.7	1.0	0	0.4	0.7	1.0	0.4	1.0

INFOLGE EINZELLAST F=1

IN	M 0.4	0.7	1.0	Q 0	0.4	0.7	1.0	T 0	0.4	0.7	1.0	0.4	1.0
0.0*L1	0.000	-0.000	-0.000	1.000	-0.000	-0.000	-0.000	0.000	0.000	-0.000	-0.000	0.000	-0.000
0.1*L1	0.105	-0.004	-0.073	0.742	-0.115	-0.046	-0.056	0.076	0.005	-0.030	-0.025	0.076	-0.022
0.2*L1	0.231	0.000	-0.145	0.518	-0.237	-0.099	-0.115	0.135	0.013	-0.056	-0.049	0.146	-0.043
0.3*L1	0.396	0.022	-0.214	0.340	-0.371	-0.165	-0.179	0.170	0.026	-0.077	-0.070	0.203	-0.060
0.4*L1	0.615	0.071	-0.276	0.209	-0.513	-0.250	-0.253	0.182	0.043	-0.088	-0.087	0.231	-0.071
					0.487								
0.5*L1	0.396	0.160	-0.326	0.119	0.351	-0.358	-0.340	0.173	0.057	-0.089	-0.098	0.214	-0.074
0.6*L1	0.238	0.301	-0.357	0.061	0.234	-0.489	-0.443	0.148	0.061	-0.077	-0.100	0.170	-0.069
0.7*L1	0.130	0.504	-0.356	0.027	0.143	-0.635	-0.564	0.112	0.054	-0.057	-0.093	0.119	-0.054
						0.365							
0.8*L1	0.061	0.274	-0.309	0.009	0.075	0.220	-0.703	0.071	0.038	-0.034	-0.073	0.071	-0.033
0.9*L1	0.021	0.109	-0.197	0.002	0.029	0.095	-0.853	0.032	0.018	-0.015	-0.041	0.030	-0.010
1.0*L1	-0.000	0.000	0.000	-0.000	0.000	0.000	-1.000	0.000	0.000	0.000	0.000	0.000	0.000
0.0*L2	-0.000	-0.000	-0.000	-0.000	-0.000	-0.000	-0.000	-0.000	-0.000	0.000	0.000	-0.000	-0.000
0.1*L2	-0.010	-0.073	-0.235	0.001	-0.018	-0.072	-0.139	-0.020	-0.010	0.016	0.050	-0.022	-0.019
0.2*L2	-0.011	-0.102	-0.353	0.003	-0.025	-0.106	-0.224	-0.027	-0.012	0.028	0.087	-0.033	-0.051
0.3*L2	-0.009	-0.105	-0.388	0.005	-0.025	-0.116	-0.262	-0.026	-0.011	0.035	0.108	-0.036	-0.078
0.4*L2	-0.005	-0.094	-0.370	0.006	-0.022	-0.109	-0.262	-0.022	-0.008	0.036	0.112	-0.033	-0.092
0.5*L2	-0.002	-0.077	-0.320	0.006	-0.018	-0.094	-0.235	-0.016	-0.005	0.033	0.104	-0.028	-0.092
0.6*L2	-0.000	-0.058	-0.253	0.005	-0.013	-0.074	-0.193	-0.012	-0.003	0.028	0.087	-0.022	-0.082
0.7*L2	0.001	0.040	-0.181	0.004	-0.009	-0.052	-0.141	-0.007	-0.001	0.021	0.065	-0.016	-0.063
0.8*L2	0.001	-0.023	-0.109	0.003	-0.005	-0.032	-0.087	-0.004	-0.000	0.013	0.041	-0.009	-0.041
0.9*L2	0.000	-0.010	-0.047	0.001	-0.002	-0.013	-0.037	-0.002	-0.000	0.006	0.018	-0.004	-0.018
1.0*L2	0.000	-0.000	-0.000	-0.000	0.000	-0.000	0.000	0.000	-0.000	0.000	0.000	0.000	0.000
FAKTOR	a							a				1/a	

INFOLGE STRECKENLAST F=1

IN FELD

	M 0.4	0.7	1.0	Q 0	0.4	0.7	1.0	T 0	0.4	0.7	1.0	0.4	1.0
1,BIS SPRUNG				-0.488	-0.858			0.032	-0.225				
1,REST	1.080	0.701	-1.140	1.253	0.533	0.245	-2.000	0.554	0.126	-0.038	-0.320	0.634	-0.219
2	-0.023	-0.353	-1.370	0.021	-0.083	-0.406	-0.957	-0.083	-0.031	0.131	0.406	-0.124	-0.323
3	-0.001	0.019	0.094	-0.002	0.004	0.027	0.076	0.003	0.000	-0.012	-0.036	0.008	0.037
SUMME(+)	1.080	0.720	0.094	1.273	0.537	0.273	0.076	0.557	0.158	0.131	0.406	0.642	0.037
SUMME(-)	-0.024	-0.353	-2.510	-0.002	-0.572	-1.264	-2.957	-0.083	-0.031	-0.275	-0.356	-0.124	-0.542
SUMME	1.057	0.367	-2.416	1.271	-0.035	-0.992	-2.881	0.474	0.127	-0.145	0.050	0.518	-0.505
FAKTOR	a×a				a			a×a					

INFOLGE EINZELMOMENT Mt=1

IN	M 0.4	0.7	1.0	Q 0	0.4	0.7	1.0	T 0	0.4	0.7	1.0	0.4	1.0
0.0*L1	0.000	0.000	-0.000	0.000	-0.000	-0.000	-0.000	1.000	-0.000	-0.000	-0.000	-0.000	-0.000
0.1*L1	0.145	0.036	-0.111	0.248	-0.057	-0.081	-0.122	0.773	-0.074	-0.062	-0.042	-0.043	-0.041
0.2*L1	0.281	0.077	-0.217	0.340	-0.092	-0.161	-0.246	0.625	-0.159	-0.125	-0.082	-0.111	-0.083
0.3*L1	0.393	0.127	-0.314	0.342	-0.078	-0.235	-0.371	0.522	-0.268	-0.189	-0.121	-0.230	-0.123
0.4*L1	0.453	0.188	-0.397	0.301	0.020	-0.298	-0.498	0.443	-0.417	-0.258	-0.158	-0.428	-0.165
								0.583					
0.5*L1	0.436	0.253	-0.460	0.244	0.123	-0.334	-0.623	0.374	0.434	-0.337	-0.193	-0.228	-0.209
0.6*L1	0.371	0.309	-0.500	0.187	0.153	-0.321	-0.741	0.309	0.326	-0.437	-0.227	-0.110	-0.261
0.7*L1	0.293	0.326	-0.513	0.138	0.143	-0.226	-0.840	0.245	0.243	-0.573	-0.265	-0.048	-0.329
									0.427				
0.8*L1	0.218	0.277	-0.502	0.100	0.114	-0.124	-0.903	0.185	0.178	0.297	-0.314	-0.022	-0.426
0.9*L1	0.155	0.192	-0.478	0.071	0.080	-0.094	-0.901	0.130	0.126	0.213	-0.384	-0.018	-0.567
1.0*L1	0.106	0.103	-0.467	0.052	0.048	-0.101	-0.798	0.083	0.085	0.159	-0.492	-0.023	-0.777
0.0*L2	0.106	0.103	-0.467	0.052	0.048	-0.101	-0.798	0.083	0.085	0.159	0.508	-0.023	-0.777
0.1*L2	0.064	0.012	-0.503	0.036	0.018	-0.125	-0.652	0.040	0.049	0.121	0.384	-0.033	-0.543
0.2*L2	0.037	-0.051	-0.549	0.026	-0.002	-0.148	-0.576	0.012	0.026	0.099	0.313	-0.042	-0.401
0.3*L2	0.021	-0.087	-0.570	0.021	-0.014	-0.159	-0.525	-0.004	0.013	0.085	0.268	-0.046	-0.314
0.4*L2	0.012	-0.101	-0.554	0.017	-0.019	-0.157	-0.475	-0.013	0.005	0.074	0.234	-0.047	-0.256
0.5*L2	0.007	-0.099	-0.505	0.014	-0.020	-0.144	-0.418	-0.015	0.002	0.064	0.201	-0.043	-0.211
0.6*L2	0.005	-0.088	-0.432	0.011	-0.018	-0.124	-0.351	-0.014	0.000	0.053	0.167	-0.037	-0.172
0.7*L2	0.003	-0.071	-0.345	0.009	-0.015	-0.099	-0.279	-0.012	-0.000	0.042	0.132	-0.030	-0.135
0.8*L2	0.002	-0.053	-0.255	0.006	-0.011	-0.073	-0.206	-0.009	-0.000	0.031	0.097	-0.022	-0.099
0.9*L2	0.002	-0.036	-0.172	0.004	-0.007	-0.049	-0.139	-0.006	-0.000	0.021	0.065	-0.015	-0.067
1.0*L2	0.001	-0.021	-0.102	0.003	-0.004	-0.029	-0.083	-0.004	-0.000	0.012	0.039	-0.009	-0.040
FAKTOR				1/a				1/(a×a)					

INFOLGE STRECKENMOMENT mt=1

IN FELD

	M 0.4	0.7	1.0	Q 0	0.4	0.7	1.0	T 0	0.4	0.7	1.0	0.4	1.0
1,BIS SPRUNG				-0.117	-0.781			-0.351	-0.843				
1,REST	1.407	0.923	-1.867	1.015	0.331	-0.184	-2.834	2.063	0.814	0.397	-1.012	-0.605	-1.288
2	0.122	-0.324	-2.505	0.102	-0.042	-0.689	-2.429	0.009	0.081	0.404	1.274	-0.199	-1.551
3	0.000	-0.005	-0.021	0.000	-0.001	-0.006	-0.017	-0.001	-0.000	0.002	0.008	-0.002	-0.008
SUMME(+)	1.529	0.923	0.000	1.117	0.331	0.000	0.000	2.072	0.895	0.803	1.282	0.000	0.000
SUMME(-)	0.000	-0.329	-4.394	0.000	-0.160	-1.660	-5.280	-0.001	-0.351	-0.843	-1.012	-0.807	-2.846
SUMME	1.529	0.594	-4.394	1.117	0.171	-1.660	-5.280	2.071	0.544	-0.040	0.270	-0.807	-2.846
FAKTOR	a				a			a				1/a	

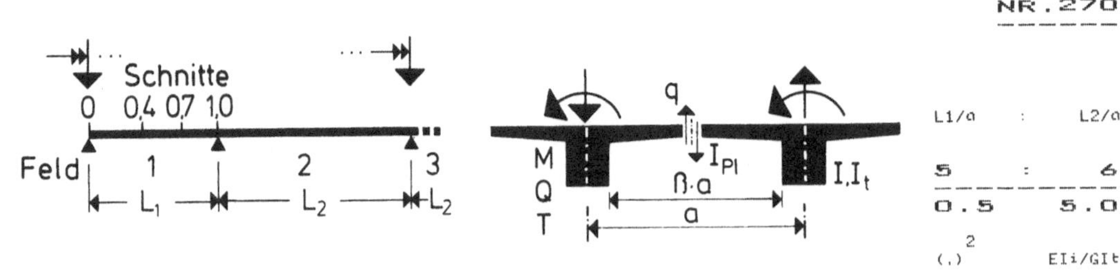

INFOLGE EINZELLAST P=1

IN SCHNITT	M 0.4	M 0.7	M 1.0	Q 0	Q 0.4	Q 0.7	Q 1.0	T 0	T 0.4	T 0.7	T 1.0	q 0.4	q 1.0
0.0*L1	0.000	0.000	-0.000	1.000	-0.000	-0.000	-0.000	0.000	0.000	-0.000	-0.000	0.000	-0.000
0.1*L1	0.130	0.004	-0.083	0.768	-0.120	-0.060	-0.065	0.061	0.005	-0.025	-0.022	0.062	-0.018
0.2*L1	0.277	0.017	-0.164	0.562	-0.244	-0.125	-0.133	0.109	0.012	-0.047	-0.043	0.120	-0.034
0.3*L1	0.457	0.046	-0.240	0.392	-0.375	-0.201	-0.206	0.139	0.023	-0.064	-0.062	0.166	-0.047
0.4*L1	0.684	0.104	-0.306	0.261	-0.511	-0.292	-0.287	0.150	0.036	-0.073	-0.076	0.189	-0.055
					0.489								
0.5*L1	0.464	0.198	-0.356	0.165	0.359	-0.400	-0.379	0.143	0.046	-0.074	-0.085	0.177	-0.057
0.6*L1	0.296	0.341	-0.383	0.097	0.247	-0.525	-0.484	0.124	0.049	-0.065	-0.086	0.143	-0.053
0.7*L1	0.174	0.541	-0.375	0.053	0.155	-0.661	-0.602	0.094	0.043	-0.049	-0.078	0.102	-0.041
						0.339							
0.8*L1	0.089	0.302	-0.320	0.025	0.085	0.206	-0.732	0.061	0.030	-0.030	-0.061	0.062	-0.024
0.9*L1	0.034	0.124	-0.200	0.008	0.034	0.090	-0.869	0.027	0.014	-0.014	-0.034	0.027	-0.008
1.0*L1	-0.000	0.000	0.000	-0.000	0.000	0.000	-1.000	0.000	0.000	0.000	-0.000	0.000	0.000
0.0*L2	-0.000	-0.000	-0.000	-0.000	-0.000	-0.000	-0.000	-0.000	-0.000	0.000	0.000	-0.000	-0.000
0.1*L2	-0.021	-0.088	-0.239	-0.004	-0.024	-0.071	-0.124	-0.019	-0.009	0.014	0.041	-0.021	-0.014
0.2*L2	-0.028	-0.129	-0.366	-0.005	-0.034	-0.108	-0.203	-0.027	-0.012	0.025	0.073	-0.033	-0.039
0.3*L2	-0.028	-0.138	-0.411	-0.003	-0.036	-0.121	-0.240	-0.027	-0.011	0.031	0.091	-0.036	-0.060
0.4*L2	-0.024	-0.129	-0.399	-0.002	-0.034	-0.117	-0.243	-0.025	-0.009	0.033	0.096	-0.035	-0.072
0.5*L2	-0.019	-0.109	-0.351	-0.001	-0.028	-0.102	-0.221	-0.020	-0.006	0.031	0.090	-0.031	-0.073
0.6*L2	-0.014	-0.085	-0.282	0.000	-0.022	-0.082	-0.183	-0.015	-0.004	0.026	0.076	-0.025	-0.065
0.7*L2	-0.009	-0.060	-0.203	0.000	-0.015	-0.059	-0.135	-0.010	-0.003	0.019	0.057	-0.018	-0.051
0.8*L2	-0.005	-0.036	-0.125	0.000	-0.009	-0.036	-0.084	-0.006	-0.001	0.012	0.036	-0.011	-0.033
0.9*L2	-0.002	-0.015	-0.054	0.000	-0.004	-0.016	-0.037	-0.003	-0.000	0.005	0.016	-0.005	-0.015
1.0*L2	0.000	0.000	0.000	-0.000	0.000	0.000	0.000	0.000	0.000	0.000	-0.000	-0.000	0.000
FAKTOR	a							a				1/a	

INFOLGE STRECKENLAST P=1

IN FELD	M 0.4	M 0.7	M 1.0	Q 0	Q 0.4	Q 0.7	Q 1.0	T 0	T 0.4	T 0.7	T 1.0	q 0.4	q 1.0
1,BIS SPRUNG						-0.497	-0.964			0.029	-0.188		
1,REST	1.287	0.822	-1.227	1.406	0.559	0.230	-2.127	0.458	0.101	-0.034	-0.276	0.528	-0.169
2	-0.092	-0.481	-1.474	-0.009	-0.126	-0.432	-0.890	-0.092	-0.034	0.119	0.348	-0.130	-0.254
3	0.006	0.042	0.147	-0.001	0.011	0.043	0.100	0.007	0.001	-0.015	-0.043	0.013	0.040
SUMME(+)	1.293	0.864	0.147	1.406	0.569	0.273	0.100	0.465	0.131	0.119	0.348	0.541	0.040
SUMME(-)	-0.092	-0.481	-2.702	-0.009	-0.622	-1.396	-3.017	-0.092	-0.034	-0.236	-0.319	-0.130	-0.423
SUMME	1.202	0.383	-2.554	1.397	-0.053	-1.123	-2.917	0.373	0.098	-0.117	0.029	0.411	-0.383
FAKTOR	a*a			a				a*a					

INFOLGE EINZELMOMENT Mt=1

IN SCHNITT	M 0.4	M 0.7	M 1.0	Q 0	Q 0.4	Q 0.7	Q 1.0	T 0	T 0.4	T 0.7	T 1.0	q 0.4	q 1.0
0.0*L1	0.000	0.000	-0.000	0.000	-0.000	-0.000	-0.000	1.000	-0.000	-0.000	-0.000	-0.000	-0.000
0.1*L1	0.170	0.047	-0.122	0.270	-0.058	-0.096	-0.135	0.760	-0.076	-0.057	-0.038	-0.058	-0.036
0.2*L1	0.328	0.099	-0.238	0.379	-0.092	-0.190	-0.270	0.601	-0.163	-0.115	-0.075	-0.138	-0.071
0.3*L1	0.457	0.159	-0.343	0.393	-0.077	-0.275	-0.405	0.491	-0.275	-0.175	-0.110	-0.267	-0.107
0.4*L1	0.528	0.226	-0.431	0.357	0.024	-0.344	-0.539	0.408	-0.426	-0.242	-0.144	-0.470	-0.145
									0.574				
0.5*L1	0.512	0.296	-0.496	0.299	0.131	-0.381	-0.669	0.338	0.423	-0.321	-0.178	-0.269	-0.188
0.6*L1	0.443	0.351	-0.535	0.237	0.163	-0.366	-0.787	0.276	0.313	-0.422	-0.212	-0.146	-0.240
0.7*L1	0.354	0.364	-0.545	0.179	0.152	-0.264	-0.882	0.218	0.231	-0.561	-0.252	-0.078	-0.309
										0.439			
0.8*L1	0.265	0.305	-0.530	0.131	0.121	-0.155	-0.935	0.163	0.168	0.306	-0.304	-0.046	-0.407
0.9*L1	0.186	0.208	-0.502	0.093	0.084	-0.118	-0.922	0.113	0.118	0.219	-0.379	-0.035	-0.550
1.0*L1	0.122	0.104	-0.489	0.064	0.048	-0.118	-0.806	0.071	0.079	0.162	-0.494	-0.035	-0.761
0.0*L2	0.122	0.104	-0.489	0.064	0.048	-0.118	-0.806	0.071	0.079	0.162	0.506	-0.035	-0.761
0.1*L2	0.065	-0.003	-0.528	0.040	0.012	-0.139	-0.646	0.032	0.046	0.121	0.375	-0.041	-0.525
0.2*L2	0.027	-0.080	-0.580	0.024	-0.012	-0.159	-0.561	0.006	0.024	0.098	0.298	-0.048	-0.379
0.3*L2	0.004	-0.126	-0.606	0.015	-0.027	-0.171	-0.504	-0.010	0.011	0.082	0.249	-0.051	-0.288
0.4*L2	-0.009	-0.144	-0.594	0.009	-0.034	-0.169	-0.454	-0.018	0.003	0.071	0.213	-0.051	-0.228
0.5*L2	-0.014	-0.143	-0.546	0.006	-0.035	-0.156	-0.398	-0.021	-0.000	0.060	0.181	-0.047	-0.184
0.6*L2	-0.014	-0.127	-0.470	0.004	-0.031	-0.135	-0.334	-0.019	-0.002	0.050	0.150	-0.041	-0.148
0.7*L2	-0.012	-0.104	-0.377	0.003	-0.026	-0.109	-0.265	-0.016	-0.002	0.039	0.118	-0.033	-0.114
0.8*L2	-0.009	-0.077	-0.279	0.002	-0.019	-0.080	-0.195	-0.012	-0.002	0.029	0.086	-0.024	-0.083
0.9*L2	-0.006	-0.052	-0.186	0.001	-0.013	-0.054	-0.130	-0.008	-0.001	0.019	0.058	-0.016	-0.055
1.0*L2	-0.004	-0.030	-0.108	0.001	-0.007	-0.031	-0.075	-0.005	-0.001	0.011	0.033	-0.009	-0.032
FAKTOR				1/a								1/(a*a)	

INFOLGE STRECKENMOMENT mt=1

IN FELD	M 0.4	M 0.7	M 1.0	Q 0	Q 0.4	Q 0.7	Q 1.0	T 0	T 0.4	T 0.7	T 1.0	q 0.4	q 1.0
1,BIS SPRUNG						-0.116	-0.903			-0.359	-0.802		
1,REST	1.662	1.060	-1.997	1.201	0.351	-0.225	-2.986	1.941	0.784	0.408	-0.965	-0.743	-1.208
2	0.051	-0.498	-2.683	0.080	-0.101	-0.750	-2.348	-0.023	0.068	0.392	1.191	-0.225	-1.427
3	0.003	0.014	0.044	0.000	0.004	0.013	0.027	0.003	0.001	-0.004	-0.010	0.004	0.008
SUMME(+)	1.715	1.074	0.044	1.281	0.355	0.013	0.027	1.944	0.852	0.800	1.191	0.004	0.008
SUMME(-)	0.000	-0.498	-4.680	0.000	-0.217	-1.877	-5.335	-0.023	-0.359	-0.806	-0.975	-0.968	-2.635
SUMME	1.715	0.576	-4.636	1.281	0.138	-1.865	-5.308	1.921	0.493	-0.006	0.216	-0.965	-2.628
FAKTOR	a							a				1/a	

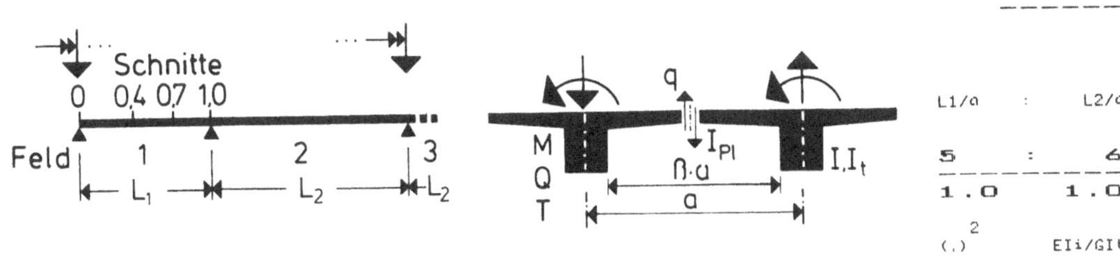

INFOLGE EINZELLAST P=1

IN SCHNITT	M 0.4	M 0.7	M 1.0	Q 0	Q 0.4	Q 0.7	Q 1.0	T 0	T 0.4	T 0.7	T 1.0	q 0.4	q 1.0
0.0*L1	0.000	-0.000	-0.000	1.000	-0.000	0.000	-0.000	0.000	-0.000	-0.000	-0.000	0.000	-0.000
0.1*L1	0.011	-0.009	-0.033	0.581	-0.058	0.002	-0.045	0.161	-0.020	-0.050	-0.026	0.113	-0.046
0.2*L1	0.050	-0.016	-0.068	0.277	-0.148	-0.002	-0.090	0.264	-0.023	-0.097	-0.053	0.242	-0.092
0.3*L1	0.150	-0.018	-0.104	0.097	-0.297	-0.020	-0.134	0.305	0.002	-0.137	-0.080	0.379	-0.136
0.4*L1	0.343	-0.006	-0.143	0.011	-0.501 / 0.499	-0.067	-0.181	0.298	0.054	-0.163	-0.106	0.455	-0.176
0.5*L1	0.147	0.039	-0.184	-0.020	0.294	-0.162	-0.235	0.262	0.105	-0.167	-0.130	0.377	-0.206
0.6*L1	0.043	0.145	-0.223	-0.024	0.144	-0.319	-0.306	0.211	0.127	-0.141	-0.148	0.243	-0.216
0.7*L1	-0.000	0.342	-0.251	-0.018	0.057	-0.535 / 0.465	-0.408	0.153	0.116	-0.088	-0.151	0.130	-0.196
0.8*L1	-0.011	0.147	-0.247	-0.010	0.016	0.250	-0.558	0.094	0.081	-0.036	-0.132	0.056	-0.137
0.9*L1	-0.007	0.044	-0.178	-0.004	0.001	0.092	-0.763	0.039	0.037	-0.009	-0.081	0.017	-0.052
1.0*L1	-0.000	-0.000	0.000	-0.000	0.000	0.000	-1.000	0.000	0.000	0.000	0.000	-0.000	0.000
0.0*L2	0.000	-0.000	-0.000	0.000	0.000	-0.000	-0.000	-0.000	-0.000	0.000	0.000	-0.000	-0.000
0.1*L2	0.006	-0.013	-0.206	0.002	0.003	-0.046	-0.219	-0.014	-0.014	0.010	0.097	-0.005	-0.079
0.2*L2	0.009	-0.009	-0.268	0.002	0.006	-0.053	-0.322	-0.010	-0.011	0.018	0.153	-0.004	-0.184
0.3*L2	0.009	-0.003	-0.258	0.002	0.007	-0.046	-0.338	-0.003	-0.005	0.021	0.167	-0.001	-0.241
0.4*L2	0.008	0.002	-0.220	0.002	0.007	-0.036	-0.308	0.002	-0.001	0.020	0.157	-0.001	-0.247
0.5*L2	0.007	0.004	-0.178	0.001	0.006	-0.027	-0.258	0.004	0.001	0.018	0.134	0.001	-0.222
0.6*L2	0.005	0.004	-0.136	0.001	0.005	-0.020	-0.203	0.004	0.002	0.014	0.106	0.001	-0.101
0.7*L2	0.004	0.003	-0.098	0.001	0.004	0.014	-0.147	0.003	0.002	0.010	0.077	0.001	-0.133
0.8*L2	0.002	0.002	-0.060	0.000	0.002	-0.008	-0.091	0.002	0.001	0.006	0.048	0.001	-0.083
0.9*L2	0.001	0.001	-0.025	0.000	0.001	-0.004	-0.038	0.001	0.000	0.003	0.020	0.000	-0.035
1.0*L2	0.000	0.000	0.000	0.000	-0.000	0.000	0.000	0.000	0.000	0.000	0.000	-0.000	0.000
FAKTOR	a							a				1/a	

INFOLGE STRECKENLAST P=1

IN FELD	M 0.4	M 0.7	M 1.0	Q 0	Q 0.4	Q 0.7	Q 1.0	T 0	T 0.4	T 0.7	T 1.0	q 0.4	q 1.0
1,BIS SPRUNG					-0.369	-0.408			-0.011	-0.404			
1,REST	0.342	0.314	-0.726	0.677	0.372	0.281	-1.602	0.902	0.250	-0.042	-0.458	1.010	-0.631
2	0.031	-0.007	-0.885	0.007	0.025	-0.155	-1.170	-0.007	-0.016	0.073	0.581	-0.004	-0.846
3	-0.000	-0.000	0.001	-0.000	-0.000	-0.000	0.003	-0.000	-0.000	-0.000	-0.002	-0.000	0.004
SUMME(+)	0.373	0.314	0.001	0.683	0.396	0.281	0.003	0.902	0.250	0.073	0.581	1.010	0.004
SUMME(-)	-0.000	-0.007	-1.611	-0.000	-0.370	-0.563	-2.772	-0.008	-0.027	-0.446	-0.460	-0.004	-1.477
SUMME	0.373	0.306	-1.610	0.683	0.027	-0.282	-2.770	0.895	0.223	-0.373	0.121	1.007	-1.473
FAKTOR	a*a			a				a*a					

INFOLGE EINZELMOMENT Mt=1

IN	M 0.4	M 0.7	M 1.0	Q 0	Q 0.4	Q 0.7	Q 1.0	T 0	T 0.4	T 0.7	T 1.0	q 0.4	q 1.0
0.0*L1	0.000	0.000	-0.000	0.000	-0.000	-0.000	-0.000	1.000	-0.000	-0.000	-0.000	0.000	-0.000
0.1*L1	0.059	0.004	-0.067	0.248	-0.064	-0.021	-0.095	0.778	-0.066	-0.088	-0.050	0.038	-0.086
0.2*L1	0.126	0.013	-0.133	0.258	-0.114	-0.047	-0.192	0.675	-0.139	-0.173	-0.100	0.026	-0.169
0.3*L1	0.197	0.033	-0.199	0.187	-0.116	-0.084	-0.292	0.611	-0.237	-0.253	-0.149	-0.102	-0.249
0.4*L1	0.237	0.071	-0.262	0.111	0.008	-0.132	-0.398	0.551	-0.398 / 0.602	-0.328	-0.195	-0.448	-0.324
0.5*L1	0.200	0.128	-0.320	0.055	0.134	-0.176	-0.513	0.480	0.440	-0.405	-0.236	-0.090	-0.391
0.6*L1	0.135	0.196	-0.365	0.021	0.141	-0.181	-0.638	0.398	0.338	-0.501	-0.272	0.054	-0.454
0.7*L1	0.081	0.236	-0.390	0.005	0.109	-0.065	-0.769	0.311	0.259	-0.654 / 0.346	-0.302	0.087	-0.523
0.8*L1	0.046	0.199	-0.388	-0.000	0.073	0.051	-0.885	0.224	0.188	0.199	-0.334	0.074	-0.628
0.9*L1	0.028	0.134	-0.362	-0.001	0.046	0.050	-0.940	0.147	0.123	0.121	-0.384	0.050	-0.823
1.0*L1	0.020	0.079	-0.342	0.000	0.030	0.011	-0.844	0.086	0.071	0.080	-0.492	0.029	-1.202
0.0*L2	0.020	0.079	-0.342	0.000	0.030	0.011	-0.844	0.086	0.071	0.080	0.508	0.029	-1.202
0.1*L2	0.017	0.037	-0.383	0.002	0.021	-0.032	-0.696	0.040	0.031	0.057	0.389	0.013	-0.792
0.2*L2	0.017	0.017	-0.421	0.003	0.017	-0.056	-0.652	0.018	0.011	0.048	0.345	0.006	-0.616
0.3*L2	0.016	0.009	-0.420	0.003	0.015	-0.063	-0.615	0.010	0.004	0.043	0.319	0.003	-0.535
0.4*L2	0.014	0.007	-0.386	0.003	0.013	-0.059	-0.559	0.008	0.002	0.038	0.289	0.002	-0.478
0.5*L2	0.012	0.007	-0.332	0.002	0.012	-0.050	-0.482	0.007	0.003	0.033	0.250	0.002	-0.416
0.6*L2	0.010	0.006	-0.269	0.002	0.010	-0.040	-0.394	0.007	0.003	0.027	0.204	0.002	-0.344
0.7*L2	0.008	0.005	-0.204	0.001	0.007	-0.030	-0.301	0.005	0.002	0.021	0.157	0.002	-0.265
0.8*L2	0.005	0.004	-0.142	0.001	0.005	-0.021	-0.210	0.004	0.002	0.015	0.110	0.001	-0.187
0.9*L2	0.003	0.002	-0.088	0.001	0.003	-0.013	-0.131	0.003	0.001	0.009	0.068	0.001	-0.116
1.0*L2	0.002	0.001	-0.047	0.000	0.002	-0.007	-0.070	0.001	0.001	0.005	0.036	0.000	-0.062
FAKTOR				1/a								1/(a*a)	

INFOLGE STRECKENMOMENT mt=1

IN FELD	M 0.4	M 0.7	M 1.0	Q 0	Q 0.4	Q 0.7	Q 1.0	T 0	T 0.4	T 0.7	T 1.0	q 0.4	q 1.0
1,BIS SPRUNG					-0.157	-0.346			-0.315	-1.032			
1,REST	0.562	0.529	-1.331	0.461	0.271	0.047	-2.585	2.347	0.835	0.259	-1.130	-0.104	-2.106
2	0.068	0.077	-1.705	0.011	0.071	-0.219	-2.689	0.084	0.054	0.199	1.434	0.027	-2.601
3	0.002	0.001	-0.051	0.000	0.002	-0.008	-0.074	0.001	0.000	0.005	0.038	0.000	-0.063
SUMME(+)	0.632	0.607	0.000	0.472	0.343	0.047	0.000	2.433	0.890	0.464	1.472	0.027	0.000
SUMME(-)	0.000	0.000	-3.087	0.000	-0.157	-0.573	-5.347	0.000	-0.315	-1.032	-1.130	-0.104	-4.771
SUMME	0.632	0.607	-3.087	0.472	0.186	-0.526	-5.347	2.433	0.575	-0.569	0.342	-0.077	-4.771
FAKTOR	a							a				1/a	

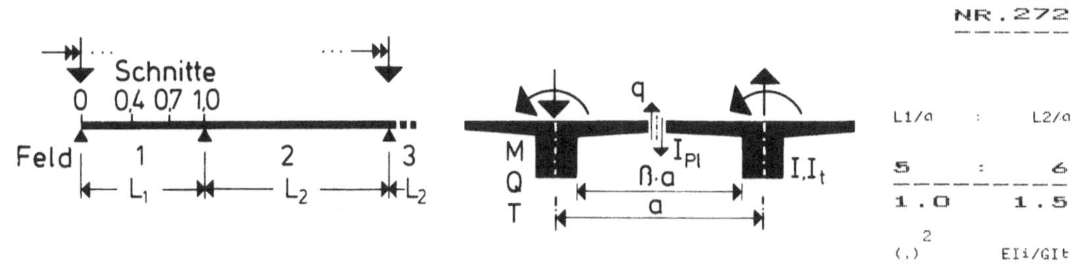

	M 0.4	M 0.7	M 1.0	Q 0	Q 0.4	Q 0.7	Q 1.0	T 0	T 0.4	T 0.7	T 1.0	q 0.4	q 1.0
IN SCHNITT	0.4	0.7	1.0	0	0.4	0.7	1.0	0	0.4	0.7	1.0	0.4	1.0

INFOLGE EINZELLAST F=1

IN	M 0.4	M 0.7	M 1.0	Q 0	Q 0.4	Q 0.7	Q 1.0	T 0	T 0.4	T 0.7	T 1.0	q 0.4	q 1.0
0.0*L1	0.000	-0.000	-0.000	1.000	-0.000	-0.000	-0.000	0.000	-0.000	-0.000	-0.000	0.000	-0.000
0.1*L1	0.031	-0.010	-0.042	0.626	-0.075	-0.007	-0.046	0.137	-0.012	-0.047	-0.027	0.109	-0.042
0.2*L1	0.089	-0.017	-0.085	0.339	-0.176	-0.020	-0.093	0.230	-0.012	-0.090	-0.054	0.226	-0.083
0.3*L1	0.204	-0.015	-0.129	0.154	-0.320	-0.050	-0.142	0.272	0.009	-0.126	-0.080	0.338	-0.121
0.4*L1	0.403	0.007	-0.175	0.051	-0.504	-0.109	-0.195	0.272	0.050	-0.148	-0.105	0.397	-0.153
					0.496								
0.5*L1	0.200	0.064	-0.220	0.003	0.312	-0.209	-0.258	0.244	0.089	-0.150	-0.125	0.339	-0.174
0.6*L1	0.081	0.181	-0.259	-0.014	0.172	-0.361	-0.339	0.199	0.106	-0.128	-0.139	0.233	-0.177
0.7*L1	0.023	0.382	-0.280	-0.015	0.081	-0.557	-0.449	0.145	0.097	-0.084	-0.138	0.137	-0.155
						0.443							
0.8*L1	0.000	0.179	-0.265	-0.010	0.031	0.247	-0.598	0.089	0.068	-0.040	-0.117	0.066	-0.105
0.9*L1	-0.003	0.060	-0.184	-0.005	0.008	0.096	-0.789	0.038	0.031	-0.013	-0.070	0.023	-0.039
1.0*L1	0.000	-0.000	0.000	-0.000	-0.000	0.000	-1.000	0.000	0.000	0.000	0.000	0.000	0.000
0.0*L2	0.000	-0.000	-0.000	0.000	-0.000	-0.000	-0.000	-0.000	-0.000	0.000	0.000	-0.000	-0.000
0.1*L2	0.005	-0.025	-0.215	0.003	-0.001	-0.055	-0.199	-0.017	-0.015	0.012	0.084	-0.011	-0.059
0.2*L2	0.008	-0.027	-0.293	0.004	0.001	-0.070	-0.301	-0.017	-0.015	0.020	0.136	-0.012	-0.144
0.3*L2	0.010	-0.021	-0.294	0.004	0.003	-0.066	-0.327	-0.012	-0.011	0.023	0.154	-0.010	-0.195
0.4*L2	0.009	-0.014	-0.259	0.004	0.004	-0.055	-0.306	-0.007	-0.007	0.022	0.148	-0.007	-0.207
0.5*L2	0.008	-0.009	-0.213	0.003	0.004	-0.044	-0.261	-0.004	-0.004	0.020	0.128	-0.005	-0.191
0.6*L2	0.006	-0.005	-0.164	0.002	0.003	-0.033	-0.206	-0.002	-0.002	0.016	0.102	-0.004	-0.158
0.7*L2	0.005	-0.003	-0.116	0.002	0.003	-0.023	-0.148	-0.001	-0.001	0.011	0.074	-0.002	-0.116
0.8*L2	0.003	-0.002	-0.070	0.001	0.002	-0.014	-0.090	-0.000	-0.001	0.007	0.045	-0.001	-0.072
0.9*L2	0.001	-0.001	-0.029	0.000	0.001	-0.006	-0.038	-0.000	-0.000	0.003	0.019	-0.001	-0.030
1.0*L2	0.000	-0.000	0.000	-0.000	0.000	0.000	0.000	0.000	0.000	0.000	0.000	-0.000	-0.000
FAKTOR	a							a				1/a	

INFOLGE STRECKENLAST P=1

IN FELD	M 0.4	M 0.7	M 1.0	Q 0	Q 0.4	Q 0.7	Q 1.0	T 0	T 0.4	T 0.7	T 1.0	q 0.4	q 1.0
1,BIS SPRUNG					-0.406	-0.509			0.002	-0.369			
1,REST	0.494	0.396	-0.832	0.798	0.418	0.277	-1.699	0.820	0.211	-0.046	-0.431	0.939	-0.527
2	0.034	-0.066	-1.008	0.015	0.011	-0.223	-1.139	-0.038	-0.036	0.082	0.539	-0.033	-0.706
3	-0.001	0.000	0.019	-0.000	-0.001	0.004	0.026	-0.000	-0.000	-0.002	-0.013	0.000	0.023
SUMME(+)	0.528	0.396	0.019	0.813	0.429	0.280	0.026	0.820	0.214	0.082	0.539	0.940	0.023
SUMME(-)	-0.001	-0.066	-1.840	-0.000	-0.407	-0.732	-2.838	-0.038	-0.036	-0.417	-0.445	-0.033	-1.233
SUMME	0.527	0.330	-1.820	0.813	0.022	-0.452	-2.811	0.783	0.178	-0.335	0.095	0.907	-1.210
FAKTOR	a*a			a				a*a					

INFOLGE EINZELMOMENT Mt=1

IN	M 0.4	M 0.7	M 1.0	Q 0	Q 0.4	Q 0.7	Q 1.0	T 0	T 0.4	T 0.7	T 1.0	q 0.4	q 1.0
0.0*L1	0.000	0.000	-0.000	0.000	-0.000	-0.000	-0.000	1.000	-0.000	-0.000	-0.000	0.000	-0.000
0.1*L1	0.086	0.007	-0.081	0.283	-0.075	-0.037	-0.101	0.758	-0.063	-0.082	-0.050	0.023	-0.076
0.2*L1	0.177	0.022	-0.161	0.315	-0.131	-0.079	-0.205	0.641	-0.136	-0.162	-0.099	-0.004	-0.149
0.3*L1	0.265	0.050	-0.238	0.251	-0.127	-0.130	-0.313	0.573	-0.238	-0.237	-0.146	-0.148	-0.219
0.4*L1	0.313	0.098	-0.310	0.167	0.008	-0.187	-0.428	0.514	-0.407	-0.309	-0.189	-0.500	-0.283
									0.593				
0.5*L1	0.274	0.166	-0.372	0.098	0.148	-0.235	-0.552	0.448	0.423	-0.386	-0.227	-0.134	-0.340
0.6*L1	0.198	0.241	-0.417	0.052	0.165	-0.234	-0.685	0.372	0.316	-0.485	-0.260	0.026	-0.397
0.7*L1	0.129	0.282	-0.437	0.025	0.134	-0.107	-0.818	0.290	0.236	-0.644	-0.288	0.074	-0.466
										0.356			
0.8*L1	0.079	0.237	-0.427	0.012	0.093	0.023	-0.929	0.209	0.168	0.203	-0.321	0.069	-0.575
0.9*L1	0.049	0.158	-0.394	0.006	0.060	0.030	-0.970	0.135	0.109	0.124	-0.376	0.047	-0.779
1.0*L1	0.033	0.087	-0.371	0.006	0.037	-0.007	-0.855	0.076	0.061	0.082	-0.494	0.024	-1.160
0.0*L2	0.033	0.087	-0.371	0.006	0.037	-0.007	-0.855	0.076	0.061	0.082	0.506	0.024	-1.160
0.1*L2	0.024	0.028	-0.417	0.006	0.021	-0.055	-0.689	0.029	0.022	0.060	0.377	0.005	-0.742
0.2*L2	0.021	-0.003	-0.466	0.007	0.013	-0.084	-0.637	0.005	0.002	0.051	0.327	-0.006	-0.555
0.3*L2	0.019	-0.015	-0.475	0.007	0.010	-0.094	-0.602	-0.004	-0.006	0.046	0.300	-0.010	-0.468
0.4*L2	0.017	-0.017	-0.444	0.007	0.008	-0.090	-0.551	-0.006	-0.007	0.042	0.273	-0.010	-0.413
0.5*L2	0.015	-0.015	-0.387	0.006	0.007	-0.078	-0.480	-0.006	-0.006	0.036	0.237	-0.009	-0.359
0.6*L2	0.012	-0.011	-0.315	0.005	0.006	-0.063	-0.393	-0.004	-0.005	0.030	0.195	-0.007	-0.298
0.7*L2	0.009	-0.008	-0.239	0.004	0.005	-0.048	-0.301	-0.003	-0.003	0.023	0.149	-0.005	-0.230
0.8*L2	0.007	-0.005	-0.166	0.002	0.003	-0.033	-0.209	-0.002	-0.002	0.016	0.104	-0.004	-0.162
0.9*L2	0.004	-0.003	-0.102	0.001	0.002	-0.020	-0.129	-0.001	-0.001	0.010	0.064	-0.002	-0.100
1.0*L2	0.002	-0.002	-0.053	0.001	0.001	-0.010	-0.066	-0.001	-0.001	0.005	0.033	-0.001	-0.051
FAKTOR				1/a								1/(a*a)	

INFOLGE STRECKENMOMENT mt=1

IN FELD	M 0.4	M 0.7	M 1.0	Q 0	Q 0.4	Q 0.7	Q 1.0	T 0	T 0.4	T 0.7	T 1.0	q 0.4	q 1.0
1,BIS SPRUNG					-0.178	-0.488			-0.314	-0.986			
1,REST	0.797	0.655	-1.515	0.626	0.322	0.009	-2.728	2.227	0.781	0.266	-1.096	-0.223	-1.914
2	0.087	-0.007	-1.937	0.028	0.056	-0.348	-2.661	0.025	0.011	0.214	1.370	-0.024	-2.333
3	0.001	-0.002	-0.028	0.000	0.000	-0.006	-0.032	-0.001	-0.001	0.002	0.015	-0.001	-0.021
SUMME(+)	0.885	0.655	0.000	0.655	0.378	0.009	0.000	2.252	0.793	0.482	1.385	0.000	0.000
SUMME(-)	0.000	-0.009	-3.480	0.000	-0.178	-0.842	-5.421	-0.001	-0.314	-0.986	-1.096	-0.248	-4.268
SUMME	0.885	0.647	-3.480	0.655	0.201	-0.833	-5.421	2.251	0.478	-0.505	0.289	-0.248	-4.268
FAKTOR	a			a								1/a	

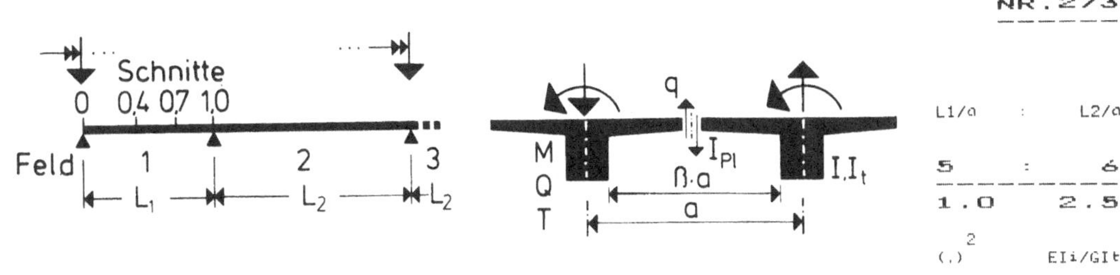

	M			Q				T				q	
IN SCHNITT	0.4	0.7	1.0	0	0.4	0.7	1.0	0	0.4	0.7	1.0	0.4	1.0

INFOLGE EINZELLAST P=1

IN

	M			Q				T				q	
0.0*L1	0.000	-0.000	-0.000	1.000	-0.000	-0.000	-0.000	0.000	-0.000	-0.000	-0.000	0.000	-0.000
0.1*L1	0.062	-0.009	-0.056	0.678	-0.094	-0.022	-0.051	0.109	-0.005	-0.041	-0.026	0.097	-0.036
0.2*L1	0.148	-0.011	-0.111	0.418	-0.205	-0.052	-0.104	0.187	-0.002	-0.078	-0.052	0.194	-0.069
0.3*L1	0.284	-0.001	-0.167	0.234	-0.344	-0.098	-0.160	0.226	0.015	-0.108	-0.077	0.281	-0.099
0.4*L1	0.492	0.033	-0.221	0.116	-0.508	-0.169	-0.223	0.232	0.044	-0.125	-0.098	0.325	-0.122
				0.492									
0.5*L1	0.282	0.105	-0.269	0.048	0.331	-0.273	-0.297	0.212	0.071	-0.127	-0.115	0.286	-0.135
0.6*L1	0.145	0.233	-0.305	0.014	0.201	-0.416	-0.388	0.176	0.082	-0.109	-0.123	0.210	-0.133
0.7*L1	0.066	0.435	-0.317	-0.001	0.110	-0.590	-0.503	0.130	0.075	-0.075	-0.119	0.133	-0.112
				0.410									
0.8*L1	0.024	0.221	-0.286	-0.004	0.051	0.237	-0.648	0.081	0.053	-0.040	-0.098	0.071	-0.073
0.9*L1	0.006	0.081	-0.190	-0.003	0.017	0.097	-0.819	0.035	0.025	-0.015	-0.057	0.027	-0.026
1.0*L1	0.000	0.000	0.000	0.000	0.000	-0.000	-1.000	0.000	0.000	0.000	0.000	-0.000	0.000
0.0*L2	-0.000	-0.000	-0.000	0.000	-0.000	-0.000	-0.000	-0.000	-0.000	0.000	0.000	-0.000	-0.000
0.1*L2	0.000	-0.045	-0.225	0.003	-0.008	-0.064	-0.173	-0.020	-0.014	0.014	0.068	-0.016	-0.041
0.2*L2	0.002	-0.057	-0.322	0.005	-0.009	-0.088	-0.271	-0.024	-0.017	0.022	0.114	-0.022	-0.102
0.3*L2	0.004	-0.054	-0.338	0.005	-0.008	-0.090	-0.305	-0.022	-0.016	0.025	0.133	-0.021	-0.144
0.4*L2	0.005	-0.045	-0.310	0.005	-0.006	-0.080	-0.294	-0.018	-0.012	0.025	0.132	-0.018	-0.159
0.5*L2	0.005	-0.035	-0.261	0.005	-0.004	-0.066	-0.256	-0.013	-0.009	0.022	0.117	-0.015	-0.151
0.6*L2	0.005	-0.025	-0.203	0.004	-0.002	-0.050	-0.205	-0.009	-0.006	0.010	0.095	-0.011	-0.127
0.7*L2	0.004	-0.017	-0.144	0.003	-0.001	-0.035	-0.148	-0.006	-0.004	0.013	0.069	-0.008	-0.095
0.8*L2	0.002	-0.010	-0.087	0.002	-0.001	-0.021	-0.090	-0.004	-0.002	0.008	0.042	-0.005	-0.059
0.9*L2	0.001	-0.004	-0.037	0.001	-0.000	-0.009	-0.038	-0.001	-0.001	0.003	0.018	-0.002	-0.026
1.0*L2	0.000	0.000	0.000	0.000	0.000	-0.000	-0.000	0.000	0.000	0.000	0.000	-0.000	0.000
FAKTOR	a					a						1/a	

INFOLGE STRECKENLAST P=1

IN FELD

	M			Q				T				q	
1,BIS SPRUNG					-0.445	-0.656			0.013	-0.316			
1,REST	0.736	0.524	-0.973	0.986	0.472	0.265	-1.841	0.700	0.166	-0.045	-0.386	0.817	-0.404
2	0.017	-0.179	-1.173	0.019	-0.024	-0.307	-1.080	-0.072	-0.051	0.090	0.477	-0.072	-0.545
3	-0.002	0.006	0.056	-0.001	0.000	0.013	0.059	0.002	0.001	-0.005	-0.028	0.003	0.041
SUMME(+)	0.753	0.530	0.056	1.005	0.472	0.278	0.059	0.702	0.181	0.090	0.477	0.820	0.041
SUMME(-)	-0.002	-0.179	-2.146	-0.001	-0.469	-0.963	-2.921	-0.072	-0.051	-0.367	-0.415	-0.072	-0.949
SUMME	0.751	0.352	-2.090	1.004	0.003	-0.685	-2.861	0.630	0.130	-0.276	0.062	0.748	-0.907
FAKTOR	a*a					a				a*a			1/a	

INFOLGE EINZELMOMENT Mt=1

IN

	M			Q				T				q	
0.0*L1	0.000	0.000	-0.000	0.000	-0.000	-0.000	-0.000	1.000	-0.000	-0.000	-0.000	0.000	-0.000
0.1*L1	0.127	0.017	-0.101	0.329	-0.087	-0.062	-0.113	0.731	-0.060	-0.073	-0.047	-0.001	-0.063
0.2*L1	0.255	0.042	-0.200	0.394	-0.147	-0.127	-0.228	0.595	-0.134	-0.144	-0.094	-0.052	-0.123
0.3*L1	0.369	0.083	-0.293	0.342	-0.139	-0.198	-0.349	0.517	-0.242	-0.212	-0.137	-0.215	-0.179
0.4*L1	0.430	0.145	-0.376	0.256	0.010	-0.268	-0.477	0.457	-0.419	-0.280	-0.176	-0.575	-0.231
								0.581					
0.5*L1	0.388	0.225	-0.443	0.174	0.165	-0.319	-0.613	0.397	0.402	-0.357	-0.210	-0.201	-0.280
0.6*L1	0.298	0.307	-0.485	0.110	0.191	-0.310	-0.753	0.330	0.289	-0.460	-0.239	-0.022	-0.332
0.7*L1	0.208	0.346	-0.497	0.066	0.162	-0.167	-0.886	0.258	0.209	-0.626	-0.266	0.043	-0.403
										0.374			
0.8*L1	0.136	0.289	-0.476	0.039	0.117	-0.020	-0.987	0.185	0.146	0.214	-0.302	0.051	-0.519
0.9*L1	0.085	0.189	-0.432	0.024	0.075	-0.000	-1.008	0.118	0.092	0.130	-0.366	0.035	-0.731
1.0*L1	0.053	0.094	-0.406	0.016	0.042	-0.032	-0.868	0.063	0.050	0.087	-0.495	0.013	-1.116
0.0*L2	0.053	0.094	-0.406	0.016	0.042	-0.032	-0.868	0.063	0.050	0.087	0.505	0.013	-1.116
0.1*L2	0.031	0.011	-0.458	0.012	0.017	-0.082	-0.676	0.017	0.015	0.064	0.361	-0.008	-0.690
0.2*L2	0.020	-0.038	-0.522	0.011	0.003	-0.117	-0.611	-0.009	-0.005	0.055	0.302	-0.022	-0.488
0.3*L2	0.015	-0.059	-0.545	0.010	-0.003	-0.131	-0.576	-0.020	-0.013	0.050	0.273	-0.028	-0.393
0.4*L2	0.012	-0.063	-0.521	0.009	-0.005	-0.129	-0.531	-0.023	-0.016	0.046	0.247	-0.028	-0.337
0.5*L2	0.011	-0.058	-0.462	0.008	-0.005	-0.115	-0.466	-0.021	-0.014	0.040	0.216	-0.025	-0.291
0.6*L2	0.009	-0.047	-0.381	0.007	-0.004	-0.095	-0.385	-0.017	-0.012	0.033	0.178	-0.021	-0.241
0.7*L2	0.007	-0.036	-0.291	0.005	-0.003	-0.072	-0.295	-0.013	-0.009	0.026	0.137	-0.016	-0.187
0.8*L2	0.005	-0.024	-0.202	0.004	-0.002	-0.050	-0.205	-0.009	-0.006	0.018	0.096	-0.011	-0.131
0.9*L2	0.003	-0.015	-0.122	0.002	-0.001	-0.030	-0.125	-0.005	-0.004	0.011	0.058	-0.007	-0.080
1.0*L2	0.001	-0.007	-0.060	0.001	-0.001	-0.015	-0.061	-0.003	-0.002	0.005	0.028	-0.003	-0.039
FAKTOR					1/a								1/(a*a)

INFOLGE STRECKENMOMENT mt=1

IN FELD

	M			Q				T				q	
1,BIS SPRUNG					-0.199	-0.696			-0.316	-0.914			
1,REST	1.168	0.848	-1.757	0.893	0.380	-0.048	-2.940	2.047	0.719	0.280	-1.037	-0.422	-1.692
2	0.082	-0.177	-2.246	0.047	0.008	-0.509	-2.589	-0.046	-0.026	0.232	1.272	-0.097	-2.022
3	-0.001	0.001	0.023	-0.000	-0.000	0.005	0.028	0.000	0.000	-0.003	-0.014	0.001	0.023
SUMME(+)	1.250	0.850	0.023	0.940	0.387	0.005	0.028	2.047	0.719	0.512	1.272	0.001	0.023
SUMME(-)	-0.001	-0.177	-4.004	-0.000	-0.199	-1.253	-5.529	-0.046	-0.342	-0.917	-1.050	-0.519	-3.714
SUMME	1.249	0.672	-3.981	0.939	0.188	-1.248	-5.501	2.001	0.377	-0.405	0.222	-0.519	-3.691
FAKTOR	a					a				a			1/a

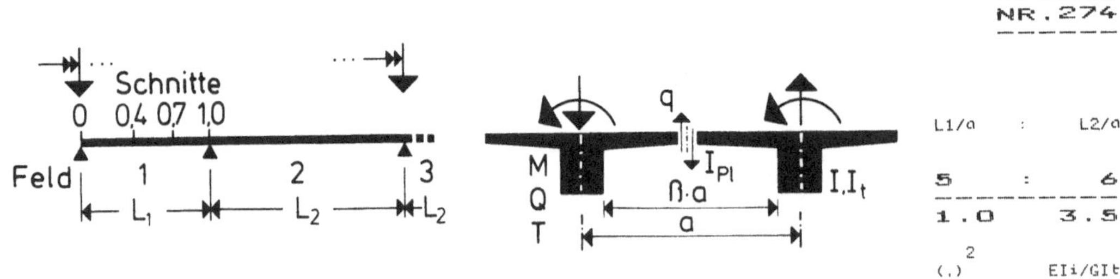

	M			Q				T				q	
IN SCHNITT	0.4	0.7	1.0	0	0.4	0.7	1.0	0	0.4	0.7	1.0	0.4	1.0

INFOLGE EINZELLAST P=1

IN	M			Q				T				q	
0.0*L1	0.000	-0.000	-0.000	1.000	-0.000	-0.000	-0.000	0.000	-0.000	-0.000	-0.000	0.000	-0.000
0.1*L1	0.084	-0.005	-0.066	0.710	-0.103	-0.035	-0.056	0.092	-0.002	-0.036	-0.025	0.086	-0.031
0.2*L1	0.191	-0.003	-0.130	0.468	-0.219	-0.077	-0.115	0.159	0.003	-0.069	-0.050	0.170	-0.059
0.3*L1	0.343	0.014	-0.193	0.288	-0.355	-0.133	-0.177	0.195	0.017	-0.094	-0.072	0.242	-0.084
0.4*L1	0.557	0.056	-0.252	0.164	-0.509	-0.211	-0.247	0.203	0.039	-0.110	-0.092	0.278	-0.102
				0.491									
0.5*L1	0.343	0.136	-0.301	0.086	0.342	-0.317	-0.327	0.188	0.060	-0.111	-0.105	0.249	-0.111
0.6*L1	0.195	0.270	-0.334	0.040	0.218	-0.454	-0.423	0.157	0.068	-0.096	-0.111	0.188	-0.107
0.7*L1	0.101	0.472	-0.339	0.016	0.126	-0.614	-0.540	0.117	0.062	-0.068	-0.105	0.124	-0.088
				0.386									
0.8*L1	0.045	0.249	-0.299	0.004	0.063	0.227	-0.679	0.074	0.044	-0.038	-0.085	0.069	-0.057
0.9*L1	0.015	0.096	-0.194	0.000	0.023	0.095	-0.837	0.032	0.021	-0.015	-0.049	0.028	-0.020
1.0*L1	0.000	0.000	0.000	-0.000	-0.000	0.000	-1.000	0.000	0.000	0.000	0.000	0.000	0.000
0.0*L2	-0.000	-0.000	-0.000	0.000	-0.000	-0.000	-0.000	-0.000	-0.000	0.000	0.000	-0.000	-0.000
0.1*L2	-0.006	-0.059	-0.230	0.001	-0.013	-0.067	-0.157	-0.020	-0.013	0.014	0.058	-0.019	-0.031
0.2*L2	-0.007	-0.081	-0.339	0.002	-0.017	-0.096	-0.250	-0.027	-0.017	0.022	0.099	-0.026	-0.080
0.3*L2	-0.005	-0.081	-0.365	0.003	-0.017	-0.102	-0.286	-0.027	-0.017	0.026	0.118	-0.027	-0.116
0.4*L2	-0.003	-0.072	-0.343	0.004	-0.014	-0.094	-0.280	-0.023	-0.014	0.026	0.119	-0.025	-0.130
0.5*L2	-0.001	-0.058	-0.293	0.003	-0.011	-0.079	-0.248	-0.018	-0.011	0.023	0.107	-0.020	-0.126
0.6*L2	-0.001	-0.044	-0.231	0.003	-0.008	-0.062	-0.200	-0.014	-0.008	0.018	0.088	-0.016	-0.108
0.7*L2	-0.000	-0.031	-0.165	0.002	-0.006	-0.044	-0.145	-0.009	-0.006	0.013	0.064	-0.011	-0.081
0.8*L2	0.000	-0.018	-0.100	0.001	-0.003	-0.026	-0.089	-0.006	-0.003	0.008	0.040	-0.007	-0.051
0.9*L2	0.000	-0.008	-0.043	0.001	-0.001	-0.011	-0.038	-0.002	-0.001	0.004	0.017	-0.003	-0.022
1.0*L2	0.000	-0.000	0.000	0.000	-0.000	-0.000	-0.000	0.000	0.000	0.000	0.000	0.000	0.000
FAKTOR	a							a				1/a	

INFOLGE STRECKENLAST P=1

IN FELD	M			Q				T				q	
1,BIS SPRUNG					-0.464	-0.761			0.017	-0.277			
1,REST	0.920	0.624	-1.067	1.126	0.503	0.254	-1.947	0.613	0.139	-0.043	-0.350	0.722	-0.330
2	-0.014	-0.276	-1.282	0.012	-0.056	-0.353	-1.027	-0.090	-0.055	0.093	0.430	-0.093	-0.449
3	-0.000	0.016	0.090	-0.001	0.003	0.024	0.082	0.005	0.003	-0.008	-0.037	0.006	0.049
SUMME(+)	0.920	0.640	0.090	1.138	0.506	0.277	0.082	0.618	0.159	0.093	0.430	0.727	0.049
SUMME(-)	-0.014	-0.276	-2.349	-0.001	-0.520	-1.114	-2.974	-0.090	-0.055	-0.328	-0.387	-0.093	-0.779
SUMME	0.905	0.364	-2.259	1.137	-0.014	-0.837	-2.892	0.529	0.104	-0.234	0.043	0.634	-0.730
FAKTOR	a*a			a				a*a					

INFOLGE EINZELMOMENT Mt=1

IN	M			Q				T				q	
0.0*L1	0.000	0.000	-0.000	0.000	-0.000	-0.000	-0.000	1.000	-0.000	-0.000	-0.000	-0.000	-0.000
0.1*L1	0.158	0.026	-0.116	0.360	-0.092	-0.080	-0.123	0.714	-0.060	-0.066	-0.045	-0.019	-0.054
0.2*L1	0.312	0.060	-0.227	0.447	-0.155	-0.163	-0.249	0.564	-0.135	-0.131	-0.088	-0.087	-0.105
0.3*L1	0.446	0.111	-0.331	0.407	-0.144	-0.247	-0.380	0.479	-0.245	-0.194	-0.128	-0.263	-0.154
0.4*L1	0.517	0.183	-0.420	0.322	0.011	-0.325	-0.517	0.417	-0.428	-0.260	-0.164	-0.628	-0.199
								0.572					
0.5*L1	0.474	0.270	-0.488	0.233	0.175	-0.378	-0.659	0.359	0.388	-0.336	-0.195	-0.249	-0.244
0.6*L1	0.375	0.356	-0.529	0.158	0.207	-0.363	-0.802	0.297	0.273	-0.442	-0.222	-0.061	-0.295
0.7*L1	0.270	0.391	-0.535	0.102	0.179	-0.209	-0.933	0.232	0.194	-0.612	-0.250	0.016	-0.367
										0.388			
0.8*L1	0.181	0.324	-0.506	0.064	0.131	-0.051	-1.026	0.166	0.133	0.224	-0.289	0.034	-0.488
0.9*L1	0.113	0.210	-0.456	0.040	0.083	-0.022	-1.032	0.105	0.083	0.136	-0.359	0.024	-0.706
1.0*L1	0.066	0.098	-0.428	0.025	0.044	-0.049	-0.875	0.054	0.044	0.091	-0.496	0.005	-1.092
0.0*L2	0.066	0.098	-0.428	0.025	0.044	-0.049	-0.875	0.054	0.044	0.091	0.504	0.005	-1.092
0.1*L2	0.032	-0.005	-0.484	0.016	0.012	-0.097	-0.665	0.010	0.012	0.066	0.350	-0.017	-0.661
0.2*L2	0.013	-0.068	-0.556	0.011	-0.007	-0.134	-0.590	-0.016	-0.007	0.057	0.285	-0.031	-0.451
0.3*L2	0.004	-0.098	-0.588	0.009	-0.016	-0.152	-0.552	-0.028	-0.016	0.052	0.252	-0.037	-0.349
0.4*L2	0.001	-0.104	-0.571	0.008	-0.019	-0.158	-0.510	-0.032	-0.018	0.047	0.227	-0.038	-0.293
0.5*L2	-0.000	-0.096	-0.512	0.006	-0.018	-0.136	-0.450	-0.030	-0.017	0.042	0.199	-0.035	-0.249
0.6*L2	-0.000	-0.080	-0.426	0.005	-0.015	-0.113	-0.373	-0.025	-0.015	0.035	0.165	-0.029	-0.206
0.7*L2	-0.000	-0.061	-0.327	0.004	-0.011	-0.087	-0.287	-0.019	-0.011	0.027	0.127	-0.022	-0.159
0.8*L2	-0.000	-0.042	-0.227	0.003	-0.008	-0.060	-0.200	-0.013	-0.008	0.019	0.088	-0.015	-0.112
0.9*L2	-0.000	-0.025	-0.137	0.002	-0.005	-0.036	-0.121	-0.008	-0.005	0.011	0.053	-0.009	-0.067
1.0*L2	-0.000	-0.012	-0.065	0.001	-0.002	-0.017	-0.057	-0.004	-0.002	0.005	0.025	-0.004	-0.032
FAKTOR				1/a								1/(a*a)	

INFOLGE STRECKENMOMENT mt=1

IN FELD	M			Q				T				q	
1,BIS SPRUNG					-0.208	-0.844			-0.320	-0.861			
1,REST	1.448	0.995	-1.915	1.097	0.413	-0.088	-3.096	1.916	0.682	0.292	-0.987	-0.573	-1.561
2	0.047	-0.329	-2.449	0.045	-0.041	-0.603	-2.516	-0.084	-0.041	0.240	1.197	-0.141	-1.838
3	-0.001	0.012	0.073	-0.001	0.002	0.019	0.069	0.004	0.002	-0.006	-0.031	0.005	0.044
SUMME(+)	1.495	1.007	0.073	1.143	0.415	0.019	0.069	1.919	0.684	0.532	1.197	0.005	0.044
SUMME(-)	-0.001	-0.329	-4.365	-0.001	-0.249	-1.535	-5.612	-0.084	-0.360	-0.867	-1.019	-0.714	-3.399
SUMME	1.494	0.679	-4.292	1.142	0.166	-1.516	-5.544	1.836	0.323	-0.335	0.178	-0.710	-3.355
FAKTOR	a			a				a				1/a	

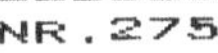

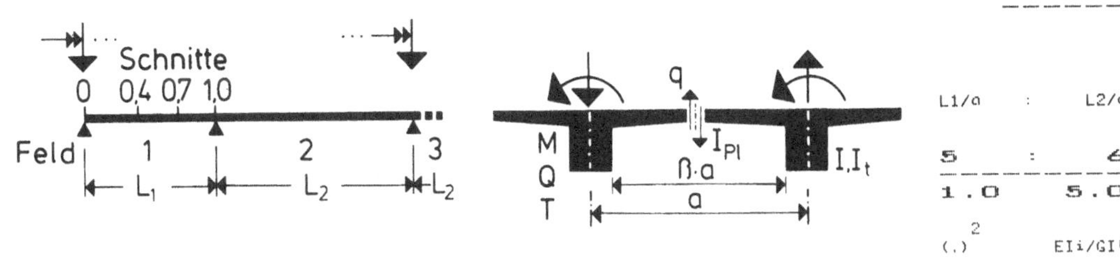

INFOLGE EINZELLAST P=1

IN SCHNITT	M 0.4	M 0.7	M 1.0	Q 0	Q 0.4	Q 0.7	Q 1.0	T 0	T 0.4	T 0.7	T 1.0	q 0.4	q 1.0
0.0*L1	0.000	0.000	-0.000	1.000	-0.000	-0.000	-0.000	0.000	-0.000	-0.000	-0.000	0.000	-0.000
0.1*L1	0.110	0.001	-0.076	0.740	-0.111	-0.049	-0.064	0.075	0.000	-0.031	-0.023	0.073	-0.025
0.2*L1	0.239	0.010	-0.150	0.518	-0.231	-0.104	-0.129	0.131	0.005	-0.058	-0.045	0.143	-0.048
0.3*L1	0.406	0.035	-0.220	0.344	-0.364	-0.171	-0.199	0.163	0.017	-0.080	-0.066	0.201	-0.068
0.4*L1	0.627	0.085	-0.283	0.218	-0.509	-0.255	-0.276	0.171	0.034	-0.092	-0.082	0.230	-0.082
0.5*L1	0.410	0.173	-0.333	0.131	0.352	-0.362	-0.363	0.160	0.050	-0.093	-0.093	0.210	-0.088
0.6*L1	0.252	0.310	-0.362	0.074	0.233	-0.493	-0.462	0.135	0.055	-0.081	-0.097	0.163	-0.083
0.7*L1	0.143	0.510	-0.360	0.038	0.142	-0.640	-0.578	0.102	0.050	-0.059	-0.090	0.111	-0.068
0.8*L1	0.071	0.279	-0.311	0.017	0.075	0.214	-0.710	0.065	0.036	-0.034	-0.072	0.064	-0.043
0.9*L1	0.026	0.112	-0.198	0.006	0.029	0.092	-0.855	0.029	0.017	-0.014	-0.041	0.027	-0.014
1.0*L1	-0.000	-0.000	-0.000	0.000	0.000	0.000	-1.000	-0.000	-0.000	-0.000	0.000	-0.000	0.000
0.0*L2	-0.000	-0.000	-0.000	-0.000	-0.000	-0.000	-0.000	-0.000	-0.000	0.000	0.000	-0.000	-0.000
0.1*L2	-0.015	-0.075	-0.235	-0.003	-0.019	-0.068	-0.140	-0.020	-0.012	0.013	0.049	-0.019	-0.024
0.2*L2	-0.020	-0.108	-0.354	-0.003	-0.027	-0.101	-0.226	-0.028	-0.016	0.021	0.084	-0.028	-0.061
0.3*L2	-0.020	-0.113	-0.391	-0.002	-0.028	-0.111	-0.263	-0.029	-0.016	0.025	0.102	-0.031	-0.090
0.4*L2	-0.017	-0.105	-0.375	-0.002	-0.025	-0.105	-0.262	-0.026	-0.015	0.025	0.104	-0.029	-0.103
0.5*L2	-0.014	-0.088	-0.326	-0.001	-0.021	-0.091	-0.235	-0.022	-0.012	0.023	0.095	-0.025	-0.101
0.6*L2	-0.010	-0.069	-0.261	-0.000	-0.016	-0.072	-0.192	-0.017	-0.009	0.019	0.079	-0.020	-0.088
0.7*L2	-0.007	-0.049	-0.188	-0.000	-0.011	-0.051	-0.140	-0.012	-0.006	0.014	0.058	-0.014	-0.067
0.8*L2	-0.004	-0.029	-0.115	-0.000	-0.007	-0.031	-0.087	-0.007	-0.004	0.008	0.036	-0.008	-0.043
0.9*L2	-0.002	-0.013	-0.050	-0.000	-0.003	-0.014	-0.038	-0.003	-0.002	0.004	0.016	-0.004	-0.019
1.0*L2	-0.000	0.000	-0.000	0.000	0.000	-0.000	-0.000	-0.000	-0.000	0.000	0.000	-0.000	0.000
FAKTOR	a							a				1/a	

Sprungwerte (Q 0.4): bei 0.4*L1 = 0.491; bei 0.7*L1 = 0.360.

INFOLGE STRECKENLAST P=1

IN FELD	M 0.4	M 0.7	M 1.0	Q 0	Q 0.4	Q 0.7	Q 1.0	T 0	T 0.4	T 0.7	T 1.0	q 0.4	q 1.0
1,BIS SPRUNG						-0.479	-0.873			0.019	-0.235		
1,REST	1.127	0.740	-1.160	1.281	0.533	0.240	-2.065	0.519	0.114	-0.038	-0.307	0.615	-0.260
2	-0.067	-0.395	-1.394	-0.007	-0.095	-0.392	-0.960	-0.100	-0.056	0.092	0.377	-0.108	-0.358
3	0.005	0.034	0.135	-0.000	0.008	0.037	0.104	0.008	0.004	-0.010	-0.044	0.010	0.053
SUMME(+)	1.131	0.774	0.135	1.281	0.541	0.277	0.104	0.528	0.137	0.092	0.377	0.625	0.053
SUMME(-)	-0.067	-0.395	-2.554	-0.007	-0.574	-1.264	-3.026	-0.100	-0.056	-0.284	-0.351	-0.108	-0.618
SUMME	1.064	0.379	-2.419	1.275	-0.033	-0.987	-2.922	0.427	0.081	-0.192	0.025	0.516	-0.566
FAKTOR	a*a			a				a*a					

INFOLGE EINZELMOMENT Mt=1

IN SCHNITT	M 0.4	M 0.7	M 1.0	Q 0	Q 0.4	Q 0.7	Q 1.0	T 0	T 0.4	T 0.7	T 1.0	q 0.4	q 1.0
0.0*L1	0.000	0.000	-0.000	0.000	-0.000	-0.000	-0.000	1.000	-0.000	-0.000	-0.000	-0.000	-0.000
0.1*L1	0.192	0.038	-0.130	0.391	-0.097	-0.100	-0.136	0.696	-0.060	-0.059	-0.040	-0.038	-0.045
0.2*L1	0.375	0.085	-0.255	0.503	-0.161	-0.201	-0.274	0.532	-0.136	-0.116	-0.080	-0.124	-0.088
0.3*L1	0.531	0.147	-0.369	0.477	-0.147	-0.299	-0.417	0.438	-0.250	-0.175	-0.116	-0.313	-0.129
0.4*L1	0.613	0.229	-0.464	0.395	0.015	-0.386	-0.563	0.373	-0.437	-0.237	-0.148	-0.684	-0.168
0.5*L1	0.571	0.323	-0.534	0.301	0.185	-0.440	-0.712	0.317	0.375	-0.313	-0.176	-0.303	-0.210
0.6*L1	0.462	0.410	-0.572	0.215	0.222	-0.420	-0.857	0.261	0.258	-0.421	-0.203	-0.105	-0.260
0.7*L1	0.341	0.441	-0.571	0.147	0.195	-0.255	-0.984	0.203	0.179	-0.596	-0.232	-0.016	-0.335
0.8*L1	0.232	0.363	-0.535	0.095	0.144	-0.084	-1.066	0.145	0.121	0.235	-0.274	0.012	-0.461
0.9*L1	0.145	0.232	-0.479	0.059	0.091	-0.045	-1.057	0.091	0.075	0.143	-0.351	0.009	-0.683
1.0*L1	0.081	0.101	-0.449	0.035	0.045	-0.065	-0.882	0.045	0.040	0.095	-0.497	-0.005	-1.071
0.0*L2	0.081	0.101	-0.449	0.035	0.045	-0.065	-0.882	0.045	0.040	0.095	0.503	-0.005	-1.071
0.1*L2	0.029	-0.024	-0.509	0.017	0.005	-0.110	-0.653	0.004	0.010	0.068	0.339	-0.024	-0.636
0.2*L2	0.000	-0.104	-0.590	0.007	-0.019	-0.149	-0.566	-0.021	-0.008	0.057	0.266	-0.037	-0.418
0.3*L2	-0.015	-0.144	-0.631	0.003	-0.031	-0.168	-0.523	-0.034	-0.016	0.052	0.229	-0.044	-0.310
0.4*L2	-0.020	-0.154	-0.620	0.001	-0.035	-0.168	-0.482	-0.037	-0.019	0.047	0.204	-0.045	-0.251
0.5*L2	-0.020	-0.144	-0.563	-0.000	-0.033	-0.154	-0.426	-0.035	-0.019	0.042	0.178	-0.042	-0.209
0.6*L2	-0.017	-0.122	-0.473	-0.000	-0.028	-0.130	-0.356	-0.030	-0.016	0.035	0.148	-0.035	-0.171
0.7*L2	-0.014	-0.095	-0.366	-0.000	-0.022	-0.100	-0.275	-0.023	-0.012	0.027	0.114	-0.027	-0.132
0.8*L2	-0.009	-0.066	-0.255	-0.000	-0.015	-0.070	-0.192	-0.016	-0.009	0.019	0.080	-0.019	-0.092
0.9*L2	-0.006	-0.039	-0.153	-0.000	-0.009	-0.042	-0.115	-0.010	-0.005	0.011	0.048	-0.011	-0.055
1.0*L2	-0.003	-0.018	-0.069	-0.000	-0.004	-0.019	-0.052	-0.004	-0.002	0.005	0.022	-0.005	-0.025
FAKTOR				1/a								1/(a*a)	

Sprungwerte (T): bei 0.4*L1 = 0.563; bei 0.7*L1 = 0.404.

INFOLGE STRECKENMOMENT mt=1

IN FELD	M 0.4	M 0.7	M 1.0	Q 0	Q 0.4	Q 0.7	Q 1.0	T 0	T 0.4	T 0.7	T 1.0	q 0.4	q 1.0
1,BIS SPRUNG						-0.214	-1.002			-0.325	-0.802		
1,REST	1.761	1.165	-2.073	1.326	0.446	-0.132	-3.271	1.774	0.646	0.305	-0.928	-0.741	-1.438
2	-0.023	-0.518	-2.655	0.025	-0.103	-0.683	-2.419	-0.112	-0.047	0.242	1.110	-0.175	-1.665
3	0.005	0.035	0.141	-0.000	0.008	0.038	0.110	0.008	0.004	-0.011	-0.046	0.010	0.057
SUMME(+)	1.766	1.200	0.141	1.351	0.454	0.038	0.110	1.782	0.650	0.548	1.110	0.010	0.057
SUMME(-)	-0.023	-0.518	-4.728	-0.000	-0.317	-1.816	-5.690	-0.112	-0.373	-0.813	-0.974	-0.916	-3.103
SUMME	1.743	0.682	-4.587	1.351	0.137	-1.778	-5.580	1.670	0.277	-0.265	0.136	-0.906	-3.046
FAKTOR	a							a				1/a	

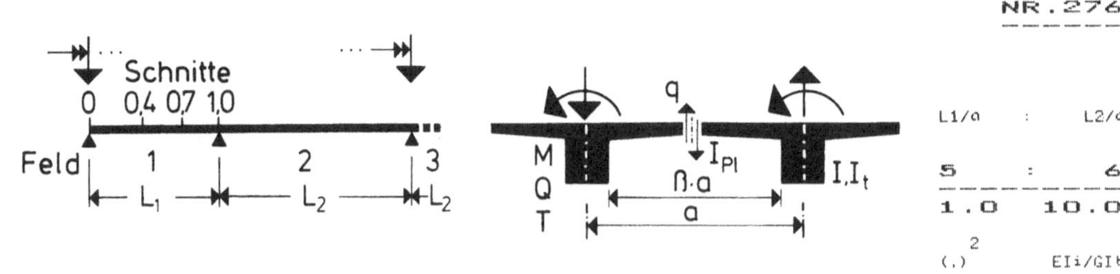

IN	M 0.4	M 0.7	M 1.0	Q 0	Q 0.4	Q 0.7	Q 1.0	T 0	T 0.4	T 0.7	T 1.0	q 0.4	q 1.0

INFOLGE EINZELLAST F=1

IN	M 0.4	M 0.7	M 1.0	Q 0	Q 0.4	Q 0.7	Q 1.0	T 0	T 0.4	T 0.7	T 1.0	q 0.4	q 1.0
0.0*L1	0.000	0.000	-0.000	1.000	-0.000	-0.000	-0.000	0.000	0.000	-0.000	-0.000	0.000	-0.000
0.1*L1	0.156	0.017	-0.094	0.790	-0.120	-0.074	-0.080	0.047	0.002	-0.021	-0.018	0.048	-0.016
0.2*L1	0.324	0.042	-0.184	0.601	-0.243	-0.153	-0.162	0.084	0.006	-0.039	-0.034	0.094	-0.030
0.3*L1	0.523	0.083	-0.265	0.443	-0.372	-0.238	-0.247	0.106	0.014	-0.053	-0.049	0.131	-0.041
0.4*L1	0.759	0.148	-0.334	0.316	-0.505	-0.334	-0.337	0.113	0.024	-0.062	-0.060	0.149	-0.049
					0.495								
0.5*L1	0.539	0.247	-0.384	0.218	0.369	-0.442	-0.433	0.108	0.032	-0.062	-0.067	0.139	-0.052
0.6*L1	0.364	0.389	-0.407	0.143	0.258	-0.562	-0.536	0.093	0.035	-0.055	-0.068	0.112	-0.048
0.7*L1	0.228	0.583	-0.393	0.088	0.167	-0.689	-0.646	0.071	0.031	-0.041	-0.062	0.079	-0.038
						0.311							
0.8*L1	0.126	0.333	-0.329	0.047	0.094	0.189	-0.764	0.046	0.022	-0.025	-0.049	0.048	-0.024
0.9*L1	0.051	0.140	-0.203	0.019	0.039	0.083	-0.885	0.021	0.011	-0.011	-0.027	0.021	-0.008
1.0*L1	-0.000	0.000	0.000	-0.000	0.000	0.000	-1.000	-0.000	-0.000	-0.000	-0.000	0.000	0.000
0.0*L2	-0.000	-0.000	-0.000	-0.000	-0.000	-0.000	-0.000	-0.000	-0.000	0.000	0.000	-0.000	-0.000
0.1*L2	-0.037	-0.107	-0.243	-0.014	-0.029	-0.067	-0.111	-0.016	-0.008	0.010	0.032	-0.017	-0.013
0.2*L2	-0.056	-0.162	-0.378	-0.020	-0.044	-0.103	-0.182	-0.024	-0.012	0.017	0.057	-0.026	-0.035
0.3*L2	-0.062	-0.181	-0.432	-0.022	-0.049	-0.118	-0.217	-0.027	-0.013	0.021	0.070	-0.030	-0.052
0.4*L2	-0.059	-0.176	-0.428	-0.021	-0.048	-0.116	-0.221	-0.026	-0.013	0.021	0.074	-0.029	-0.062
0.5*L2	-0.052	-0.155	-0.383	-0.018	-0.042	-0.103	-0.202	-0.023	-0.011	0.020	0.069	-0.026	-0.062
0.6*L2	-0.042	-0.125	-0.313	-0.015	-0.034	-0.084	-0.168	-0.019	-0.009	0.016	0.058	-0.021	-0.055
0.7*L2	-0.030	-0.091	-0.229	-0.011	-0.025	-0.062	-0.125	-0.013	-0.006	0.012	0.044	-0.016	-0.043
0.8*L2	-0.019	-0.057	-0.143	-0.006	-0.015	-0.039	-0.079	-0.008	-0.004	0.008	0.028	-0.010	-0.028
0.9*L2	-0.008	-0.025	-0.063	-0.003	-0.007	-0.017	-0.035	-0.004	-0.002	0.003	0.012	-0.004	-0.013
1.0*L2	-0.000	0.000	0.000	-0.000	0.000	0.000	-0.000	-0.000	-0.000	-0.000	-0.000	-0.000	0.000
FAKTOR	a							a				1/a	

INFOLGE STRECKENLAST F=1

IN FELD

IN FELD	M 0.4	M 0.7	M 1.0	Q 0	Q 0.4	Q 0.7	Q 1.0	T 0	T 0.4	T 0.7	T 1.0	q 0.4	q 1.0
1,BIS SPRUNG						-0.493	-1.071			0.017	-0.158		
1,REST	1.523	0.976	-1.311	1.575	0.584	0.211	-2.295	0.347	0.073	-0.028	-0.218	0.413	-0.153
2	-0.221	-0.655	-1.585	-0.079	-0.179	-0.430	-0.811	-0.097	-0.047	0.078	0.269	-0.109	-0.218
3	0.031	0.095	0.241	0.011	0.026	0.065	0.133	0.014	0.006	-0.013	-0.047	0.016	0.048
SUMME(+)	1.554	1.071	0.241	1.585	0.609	0.276	0.133	0.361	0.096	0.078	0.269	0.430	0.048
SUMME(-)	-0.221	-0.655	-2.896	-0.079	-0.672	-1.501	-3.105	-0.097	-0.047	-0.199	-0.266	-0.109	-0.371
SUMME	1.333	0.417	-2.654	1.507	-0.063	-1.225	-2.972	0.263	0.048	-0.120	0.003	0.321	-0.323
FAKTOR	a*a			a				a*a				1/a	

INFOLGE EINZELMOMENT Mt=1

IN	M 0.4	M 0.7	M 1.0	Q 0	Q 0.4	Q 0.7	Q 1.0	T 0	T 0.4	T 0.7	T 1.0	q 0.4	q 1.0
0.0*L1	0.000	0.000	-0.000	0.000	-0.000	-0.000	-0.000	1.000	-0.000	-0.000	-0.000	-0.000	-0.000
0.1*L1	0.254	0.065	-0.155	0.446	-0.100	-0.136	-0.163	0.664	-0.062	-0.044	-0.031	-0.073	-0.030
0.2*L1	0.493	0.139	-0.301	0.602	-0.164	-0.269	-0.328	0.475	-0.142	-0.090	-0.060	-0.190	-0.059
0.3*L1	0.690	0.225	-0.431	0.603	-0.146	-0.392	-0.492	0.364	-0.261	-0.138	-0.088	-0.403	-0.089
0.4*L1	0.794	0.325	-0.536	0.530	0.025	-0.494	-0.656	0.293	-0.454	-0.195	-0.114	-0.785	-0.120
									0.546				
0.5*L1	0.754	0.430	-0.608	0.431	0.205	-0.550	-0.815	0.240	0.352	-0.270	-0.138	-0.400	-0.157
0.6*L1	0.630	0.518	-0.640	0.329	0.248	-0.521	-0.960	0.193	0.233	-0.383	-0.163	-0.188	-0.208
0.7*L1	0.479	0.537	-0.629	0.237	0.221	-0.338	-1.077	0.148	0.155	-0.565	-0.196	-0.080	-0.287
										0.435			
0.8*L1	0.332	0.435	-0.581	0.159	0.165	-0.145	-1.139	0.104	0.101	0.256	-0.247	-0.033	-0.421
0.9*L1	0.206	0.272	-0.516	0.098	0.103	-0.085	-1.101	0.064	0.062	0.156	-0.336	-0.019	-0.650
1.0*L1	0.104	0.104	-0.481	0.052	0.046	-0.091	-0.892	0.030	0.033	0.101	-0.498	-0.022	-1.041
0.0*L2	0.104	0.104	-0.481	0.052	0.046	-0.091	-0.892	0.030	0.033	0.101	0.502	-0.022	-1.041
0.1*L2	0.015	-0.063	-0.547	0.014	-0.008	-0.127	-0.627	-0.002	0.009	0.069	0.319	-0.031	-0.599
0.2*L2	-0.041	-0.178	-0.643	-0.010	-0.044	-0.163	-0.515	-0.022	-0.006	0.054	0.230	-0.041	-0.369
0.3*L2	-0.071	-0.242	-0.701	-0.023	-0.063	-0.184	-0.461	-0.034	-0.013	0.047	0.185	-0.046	-0.251
0.4*L2	-0.082	-0.262	-0.702	-0.028	-0.070	-0.187	-0.419	-0.038	-0.017	0.042	0.158	-0.047	-0.187
0.5*L2	-0.081	-0.250	-0.649	-0.028	-0.067	-0.174	-0.370	-0.036	-0.017	0.037	0.135	-0.044	-0.147
0.6*L2	-0.070	-0.217	-0.554	-0.024	-0.058	-0.149	-0.310	-0.032	-0.015	0.030	0.111	-0.038	-0.116
0.7*L2	-0.056	-0.170	-0.434	-0.019	-0.046	-0.116	-0.241	-0.025	-0.012	0.024	0.086	-0.029	-0.088
0.8*L2	-0.039	-0.120	-0.304	-0.014	-0.032	-0.082	-0.168	-0.018	-0.008	0.017	0.060	-0.021	-0.061
0.9*L2	-0.023	-0.071	-0.180	-0.008	-0.019	-0.048	-0.100	-0.010	-0.005	0.010	0.035	-0.012	-0.036
1.0*L2	-0.010	-0.030	-0.075	-0.003	-0.008	-0.020	-0.042	-0.004	-0.002	0.004	0.015	-0.005	-0.015
FAKTOR				1/a								1/(a*a)	

INFOLGE STRECKENMOMENT mt=1

IN FELD

IN FELD	M 0.4	M 0.7	M 1.0	Q 0	Q 0.4	Q 0.7	Q 1.0	T 0	T 0.4	T 0.7	T 1.0	q 0.4	q 1.0
1,BIS SPRUNG						-0.215	-1.284			-0.339	-0.693		
1,REST	2.357	1.508	-2.325	1.759	0.502	-0.209	-3.609	1.513	0.588	0.332	-0.803	-1.053	-1.251
2	-0.246	-0.933	-3.001	-0.072	-0.237	-0.773	-2.190	-0.124	-0.042	0.227	0.935	-0.194	-1.401
3	0.039	0.120	0.304	0.014	0.032	0.082	0.168	0.018	0.008	-0.017	-0.060	0.021	0.061
SUMME(+)	2.396	1.627	0.304	1.773	0.535	0.082	0.168	1.531	0.596	0.559	0.935	0.021	0.061
SUMME(-)	-0.246	-0.933	-5.326	-0.072	-0.452	-2.266	-5.799	-0.124	-0.380	-0.710	-0.863	-1.247	-2.652
SUMME	2.150	0.695	-5.022	1.701	0.083	-2.184	-5.631	1.406	0.215	-0.151	0.073	-1.227	-2.591
FAKTOR	a			a				a				1/a	

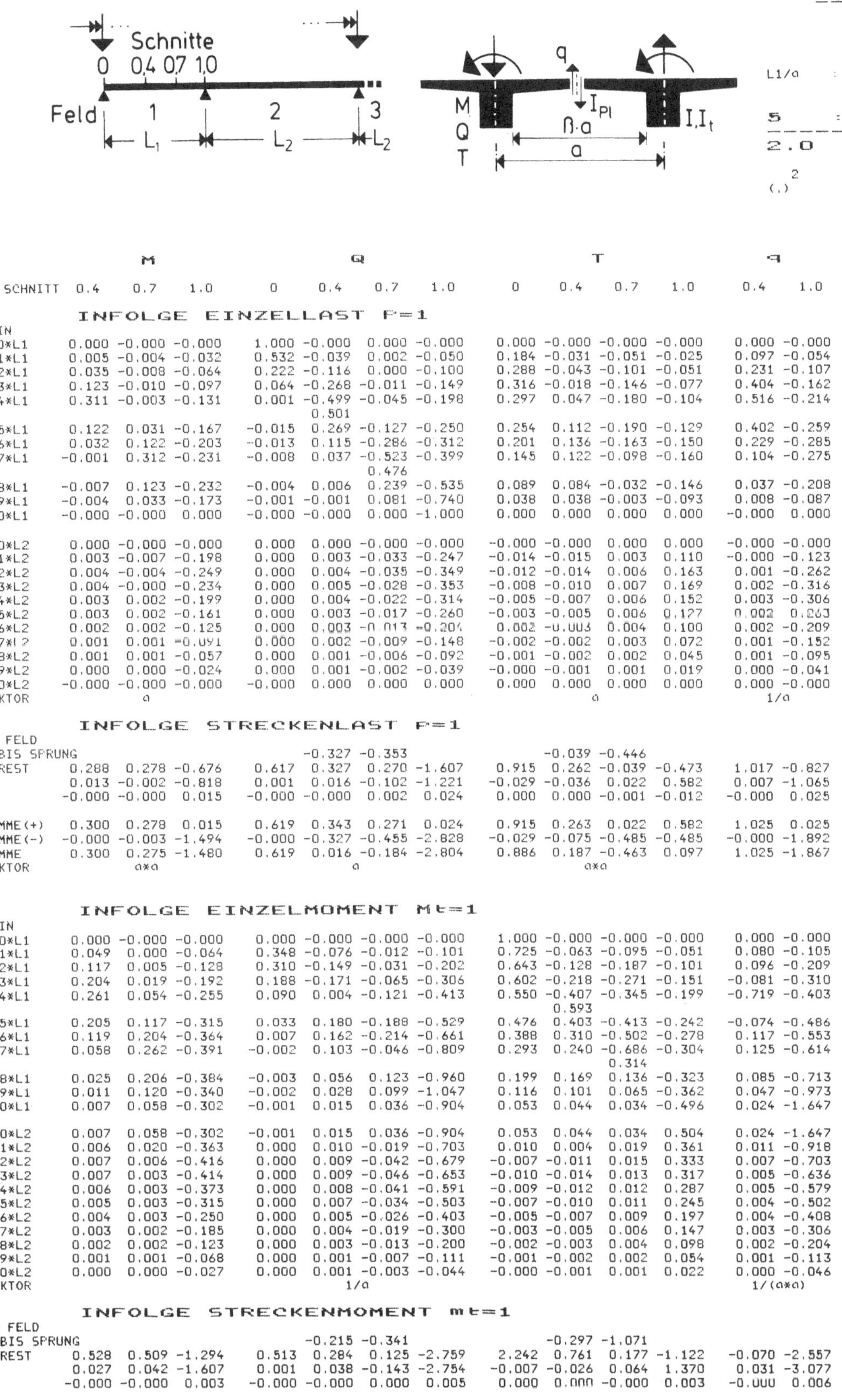

| | **M** | | | **Q** | | | | **T** | | | | **q** | |
IN SCHNITT	0.4	0.7	1.0	0	0.4	0.7	1.0	0	0.4	0.7	1.0	0.4	1.0

INFOLGE EINZELLAST F=1

IN	M 0.4	M 0.7	M 1.0	Q 0	Q 0.4	Q 0.7	Q 1.0	T 0	T 0.4	T 0.7	T 1.0	q 0.4	q 1.0
0.0*L1	0.000	-0.000	-0.000	1.000	-0.000	0.000	-0.000	0.000	-0.000	-0.000	-0.000	0.000	-0.000
0.1*L1	0.005	-0.004	-0.032	0.532	-0.039	0.002	-0.050	0.184	-0.031	-0.051	-0.025	0.097	-0.054
0.2*L1	0.035	-0.008	-0.064	0.222	-0.116	0.000	-0.100	0.288	-0.043	-0.101	-0.051	0.231	-0.107
0.3*L1	0.123	-0.010	-0.097	0.064	-0.268	-0.011	-0.149	0.316	-0.018	-0.146	-0.077	0.404	-0.162
0.4*L1	0.311	-0.003	-0.131	0.001	-0.499 (0.501)	-0.045	-0.198	0.297	0.047	-0.180	-0.104	0.516	-0.214
0.5*L1	0.122	0.031	-0.167	-0.015	0.269	-0.127	-0.250	0.254	0.112	-0.190	-0.129	0.402	-0.259
0.6*L1	0.032	0.122	-0.203	-0.013	0.115	-0.286	-0.312	0.201	0.136	-0.163	-0.150	0.229	-0.285
0.7*L1	-0.001	0.312	-0.231	-0.008	0.037	-0.523 (0.476)	-0.399	0.145	0.122	-0.098	-0.160	0.104	-0.275
0.8*L1	-0.007	0.123	-0.232	-0.004	0.006	0.239	-0.535	0.089	0.084	-0.032	-0.146	0.037	-0.208
0.9*L1	-0.004	0.033	-0.173	-0.001	-0.001	0.081	-0.740	0.038	0.038	-0.003	-0.093	0.008	-0.087
1.0*L1	-0.000	-0.000	0.000	-0.000	-0.000	0.000	-1.000	0.000	0.000	0.000	0.000	-0.000	0.000
0.0*L2	0.000	-0.000	-0.000	0.000	0.000	-0.000	-0.000	-0.000	-0.000	0.000	0.000	-0.000	-0.000
0.1*L2	0.003	-0.007	-0.198	0.000	0.003	-0.033	-0.247	-0.014	-0.015	0.003	0.110	-0.000	-0.123
0.2*L2	0.004	-0.004	-0.249	0.000	0.004	-0.035	-0.349	-0.012	-0.014	0.006	0.163	0.001	-0.262
0.3*L2	0.004	-0.004	-0.234	0.000	0.005	-0.028	-0.353	-0.008	-0.010	0.007	0.169	0.002	-0.316
0.4*L2	0.003	0.002	-0.199	0.000	0.004	-0.022	-0.314	-0.005	-0.007	0.006	0.152	0.003	-0.306
0.5*L2	0.003	0.002	-0.161	0.000	0.003	-0.017	-0.260	-0.003	-0.005	0.006	0.127	0.002	-0.263
0.6*L2	0.002	0.002	-0.125	0.000	0.003	-0.013	-0.204	0.002	-0.003	0.004	0.100	0.002	-0.209
0.7*L2	0.001	0.001	-0.091	0.000	0.002	-0.009	-0.148	-0.002	-0.002	0.003	0.072	0.001	-0.152
0.8*L2	0.001	0.001	-0.057	0.000	0.001	-0.006	-0.092	-0.001	-0.002	0.002	0.045	0.001	-0.095
0.9*L2	0.000	0.000	-0.024	0.000	0.001	-0.002	-0.039	-0.000	-0.001	0.001	0.019	0.000	-0.041
1.0*L2	-0.000	-0.000	-0.000	-0.000	0.000	0.000	0.000	0.000	0.000	0.000	0.000	0.000	-0.000
FAKTOR		a							a			1/a	

INFOLGE STRECKENLAST F=1

IN FELD	M 0.4	M 0.7	M 1.0	Q 0	Q 0.4	Q 0.7	Q 1.0	T 0	T 0.4	T 0.7	T 1.0	q 0.4	q 1.0
1,BIS SPRUNG					-0.327	-0.353			-0.039	-0.446			
1,REST	0.288	0.278	-0.676	0.617	0.327	0.270	-1.607	0.915	0.262	-0.039	-0.473	1.017	-0.827
2	0.013	-0.002	-0.818	0.001	0.016	-0.102	-1.221	-0.029	-0.036	0.022	0.582	0.007	-1.065
3	-0.000	-0.000	0.015	-0.000	-0.000	0.002	0.024	0.000	0.000	-0.001	-0.012	-0.000	0.025
SUMME(+)	0.300	0.278	0.015	0.619	0.343	0.271	0.024	0.915	0.263	0.022	0.582	1.025	0.025
SUMME(-)	-0.000	-0.003	-1.494	-0.000	-0.327	-0.455	-2.828	-0.029	-0.075	-0.485	-0.485	-0.000	-1.892
SUMME	0.300	0.275	-1.480	0.619	0.016	-0.184	-2.804	0.886	0.187	-0.463	0.097	1.025	-1.867
FAKTOR		a*a			a				a*a				

INFOLGE EINZELMOMENT Mt=1

IN	M 0.4	M 0.7	M 1.0	Q 0	Q 0.4	Q 0.7	Q 1.0	T 0	T 0.4	T 0.7	T 1.0	q 0.4	q 1.0
0.0*L1	0.000	-0.000	-0.000	0.000	-0.000	-0.000	-0.000	1.000	-0.000	-0.000	-0.000	0.000	-0.000
0.1*L1	0.049	0.000	-0.064	0.348	-0.076	-0.012	-0.101	0.725	-0.063	-0.095	-0.051	0.080	-0.105
0.2*L1	0.117	0.005	-0.128	0.310	-0.149	-0.031	-0.202	0.643	-0.128	-0.187	-0.101	0.096	-0.209
0.3*L1	0.204	0.019	-0.192	0.188	-0.171	-0.065	-0.306	0.602	-0.218	-0.271	-0.151	-0.081	-0.310
0.4*L1	0.261	0.054	-0.255	0.090	0.004	-0.121	-0.413	0.550	-0.407 (0.593)	-0.345	-0.199	-0.719	-0.403
0.5*L1	0.205	0.117	-0.315	0.033	0.180	-0.188	-0.529	0.476	0.403	-0.413	-0.242	-0.074	-0.486
0.6*L1	0.119	0.204	-0.364	0.007	0.162	-0.214	-0.661	0.388	0.310	-0.502	-0.278	0.117	-0.553
0.7*L1	0.058	0.262	-0.391	-0.002	0.103	-0.046	-0.809	0.293	0.240	-0.686 (0.314)	-0.304	0.125	-0.614
0.8*L1	0.025	0.206	-0.384	-0.003	0.056	0.123	-0.960	0.199	0.169	0.136	-0.323	0.085	-0.713
0.9*L1	0.011	0.120	-0.340	-0.002	0.028	0.099	-1.047	0.116	0.101	0.065	-0.362	0.047	-0.973
1.0*L1	0.007	0.058	-0.302	-0.001	0.015	0.036	-0.904	0.053	0.044	0.034	-0.496	0.024	-1.647
0.0*L2	0.007	0.058	-0.302	-0.001	0.015	0.036	-0.904	0.053	0.044	0.034	0.504	0.024	-1.647
0.1*L2	0.006	0.020	-0.363	0.000	0.010	-0.019	-0.703	0.010	0.004	0.019	0.361	0.011	-0.918
0.2*L2	0.007	0.006	-0.416	0.000	0.009	-0.042	-0.679	-0.007	-0.011	0.015	0.333	0.007	-0.703
0.3*L2	0.007	0.003	-0.414	0.000	0.009	-0.046	-0.653	-0.010	-0.014	0.013	0.317	0.005	-0.636
0.4*L2	0.006	0.003	-0.373	0.000	0.008	-0.041	-0.591	-0.009	-0.012	0.012	0.287	0.005	-0.579
0.5*L2	0.005	0.003	-0.315	0.000	0.007	-0.034	-0.503	-0.007	-0.010	0.011	0.245	0.004	-0.502
0.6*L2	0.004	0.003	-0.250	0.000	0.005	-0.026	-0.403	-0.005	-0.007	0.009	0.197	0.004	-0.408
0.7*L2	0.003	0.002	-0.185	0.000	0.004	-0.019	-0.300	-0.003	-0.005	0.006	0.147	0.003	-0.306
0.8*L2	0.002	0.002	-0.123	0.000	0.003	-0.013	-0.200	-0.002	-0.003	0.004	0.098	0.002	-0.204
0.9*L2	0.001	0.001	-0.068	0.000	0.001	-0.007	-0.111	-0.001	-0.002	0.002	0.054	0.001	-0.113
1.0*L2	0.000	0.000	-0.027	0.000	0.001	-0.003	-0.044	-0.000	-0.001	0.001	0.022	0.000	-0.046
FAKTOR		1/a										1/(a*a)	

INFOLGE STRECKENMOMENT mt=1

IN FELD	M 0.4	M 0.7	M 1.0	Q 0	Q 0.4	Q 0.7	Q 1.0	T 0	T 0.4	T 0.7	T 1.0	q 0.4	q 1.0
1,BIS SPRUNG					-0.215	-0.341			-0.297	-1.071			
1,REST	0.528	0.509	-1.294	0.513	0.284	0.125	-2.759	2.242	0.761	0.177	-1.122	-0.070	-2.557
2	0.027	0.042	-1.607	0.001	0.038	-0.143	-2.754	-0.007	-0.026	0.064	1.370	0.031	-3.077
3	-0.000	-0.000	0.003	-0.000	-0.000	0.000	0.005	0.000	0.000	-0.000	0.003	-0.000	0.006
SUMME(+)	0.555	0.551	0.003	0.514	0.323	0.125	0.005	2.242	0.761	0.242	1.370	0.031	0.006
SUMME(-)	-0.000	-0.000	-2.901	-0.000	-0.215	-0.484	-5.513	-0.007	-0.323	-1.071	-1.125	-0.070	-5.633
SUMME	0.555	0.551	-2.898	0.514	0.107	-0.358	-5.508	2.234	0.438	-0.829	0.246	-0.038	-5.628
FAKTOR					a							1/a	

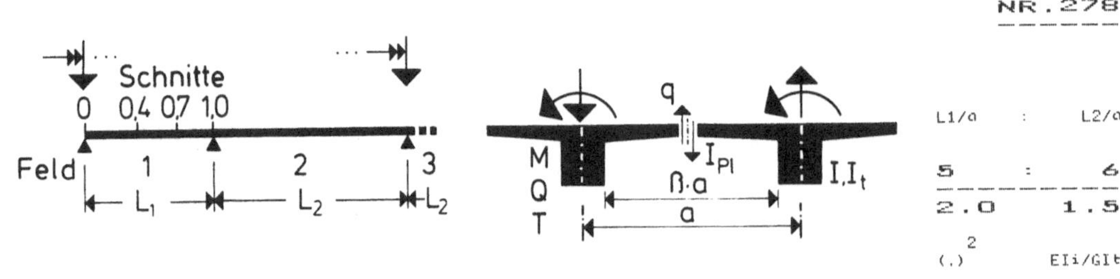

		M			Q				T			q	
IN SCHNITT	0.4	0.7	1.0	0	0.4	0.7	1.0	0	0.4	0.7	1.0	0.4	1.0

INFOLGE EINZELLAST P=1

IN	M 0.4	M 0.7	M 1.0	Q 0	Q 0.4	Q 0.7	Q 1.0	T 0	T 0.4	T 0.7	T 1.0	q 0.4	q 1.0
0.0*L1	0.000	-0.000	-0.000	1.000	-0.000	-0.000	-0.000	0.000	-0.000	-0.000	-0.000	0.000	-0.000
0.1*L1	0.021	-0.006	-0.039	0.583	-0.058	-0.005	-0.051	0.157	-0.023	-0.049	-0.026	0.102	-0.049
0.2*L1	0.069	-0.010	-0.079	0.287	-0.147	-0.014	-0.103	0.253	-0.029	-0.096	-0.052	0.225	-0.097
0.3*L1	0.173	-0.008	-0.119	0.117	-0.294	-0.036	-0.154	0.287	-0.008	-0.137	-0.078	0.366	-0.145
0.4*L1	0.367	0.007	-0.160	0.034	-0.501	-0.083	-0.208	0.277	0.044	-0.165	-0.103	0.451	-0.188
					0.499								
0.5*L1	0.171	0.054	-0.201	0.001	0.292	-0.174	-0.267	0.241	0.095	-0.172	-0.126	0.365	-0.222
0.6*L1	0.065	0.158	-0.238	-0.008	0.146	-0.329	-0.339	0.192	0.115	-0.148	-0.143	0.228	-0.236
0.7*L1	0.018	0.353	-0.261	-0.008	0.061	-0.544	-0.436	0.139	0.104	-0.093	-0.147	0.118	-0.220
						0.456							
0.8*L1	0.001	0.156	-0.252	-0.005	0.020	0.241	-0.575	0.085	0.073	-0.038	-0.130	0.051	-0.160
0.9*L1	-0.002	0.049	-0.180	-0.002	0.004	0.088	-0.769	0.036	0.033	-0.009	-0.080	0.015	-0.064
1.0*L1	-0.000	-0.000	0.000	0.000	-0.000	0.000	-1.000	0.000	0.000	0.000	0.000	0.000	0.000
0.0*L2	0.000	-0.000	-0.000	0.000	-0.000	-0.000	-0.000	-0.000	-0.000	0.000	0.000	-0.000	-0.000
0.1*L2	0.003	-0.018	-0.208	0.001	0.000	-0.044	-0.223	-0.017	-0.016	0.006	0.095	-0.005	-0.092
0.2*L2	0.004	-0.019	-0.275	0.001	0.002	-0.053	-0.327	-0.018	-0.018	0.009	0.146	-0.005	-0.206
0.3*L2	0.004	-0.014	-0.270	0.001	0.002	-0.048	-0.343	-0.015	-0.015	0.010	0.158	-0.004	-0.259
0.4*L2	0.004	-0.010	-0.236	0.001	0.003	-0.040	-0.313	-0.011	-0.012	0.009	0.146	-0.003	-0.259
0.5*L2	0.003	-0.008	-0.193	0.001	0.002	-0.032	-0.263	-0.008	-0.009	0.008	0.123	-0.002	-0.229
0.6*L2	0.003	-0.005	-0.150	0.001	0.002	-0.024	-0.206	-0.006	-0.007	0.006	0.097	-0.001	-0.184
0.7*L2	0.002	-0.004	-0.107	0.000	0.001	-0.017	-0.148	-0.004	-0.005	0.005	0.070	-0.001	-0.133
0.8*L2	0.001	-0.002	-0.066	0.000	0.001	-0.011	-0.091	-0.003	-0.003	0.003	0.043	-0.000	-0.082
0.9*L2	0.000	-0.001	-0.028	0.000	0.000	-0.004	-0.039	-0.001	-0.001	0.001	0.018	-0.000	-0.035
1.0*L2	-0.000	-0.000	0.000	0.000	-0.000	0.000	0.000	0.000	0.000	0.000	0.000	0.000	-0.000
FAKTOR	a							a				1/a	

INFOLGE STRECKENLAST P=1

IN FELD	M 0.4	M 0.7	M 1.0	Q 0	Q 0.4	Q 0.7	Q 1.0	T 0	T 0.4	T 0.7	T 1.0	q 0.4	q 1.0
1,BIS SPRUNG					-0.368	-0.447			-0.022	-0.411			
1,REST	0.421	0.357	-0.777	0.730	0.377	0.271	-1.693	0.842	0.225	-0.044	-0.447	0.964	-0.692
2	0.015	-0.050	-0.936	0.004	0.008	-0.167	-1.187	-0.051	-0.053	0.035	0.544	-0.013	-0.891
3	-0.001	0.001	0.031	-0.000	-0.000	0.005	0.043	0.001	0.001	-0.001	-0.020	0.000	0.039
SUMME(+)	0.436	0.358	0.031	0.735	0.385	0.276	0.043	0.843	0.226	0.035	0.544	0.965	0.039
SUMME(-)	-0.001	-0.050	-1.713	-0.000	-0.368	-0.614	-2.880	-0.051	-0.075	-0.457	-0.467	-0.013	-1.584
SUMME	0.435	0.308	-1.682	0.734	0.017	-0.337	-2.837	0.792	0.150	-0.422	0.077	0.951	-1.544
FAKTOR	a*a			a				a*a				1/a	

INFOLGE EINZELMOMENT Mt=1

IN	M 0.4	M 0.7	M 1.0	Q 0	Q 0.4	Q 0.7	Q 1.0	T 0	T 0.4	T 0.7	T 1.0	q 0.4	q 1.0
0.0*L1	0.000	0.000	-0.000	0.000	-0.000	-0.000	-0.000	1.000	-0.000	-0.000	-0.000	0.000	-0.000
0.1*L1	0.078	0.002	-0.078	0.398	-0.095	-0.026	-0.105	0.698	-0.056	-0.090	-0.051	0.070	-0.094
0.2*L1	0.172	0.010	-0.156	0.385	-0.177	-0.061	-0.212	0.601	-0.118	-0.176	-0.101	0.068	-0.186
0.3*L1	0.279	0.032	-0.232	0.262	-0.193	-0.111	-0.321	0.559	-0.213	-0.254	-0.149	-0.134	-0.273
0.4*L1	0.344	0.080	-0.306	0.148	0.003	-0.181	-0.437	0.513	-0.415	-0.323	-0.194	-0.784	-0.351
									0.585				
0.5*L1	0.282	0.158	-0.371	0.071	0.202	-0.254	-0.565	0.448	0.383	-0.389	-0.234	-0.123	-0.418
0.6*L1	0.180	0.257	-0.420	0.029	0.197	-0.273	-0.707	0.367	0.283	-0.482	-0.265	0.096	-0.472
0.7*L1	0.100	0.318	-0.442	0.009	0.137	-0.085	-0.864	0.278	0.214	-0.675	-0.286	0.126	-0.529
										0.325			
0.8*L1	0.050	0.252	-0.423	0.002	0.080	0.104	-1.011	0.189	0.149	0.138	-0.305	0.093	-0.637
0.9*L1	0.025	0.149	-0.367	0.000	0.043	0.089	-1.082	0.109	0.088	0.064	-0.350	0.054	-0.913
1.0*L1	0.014	0.067	-0.325	0.000	0.022	0.025	-0.912	0.047	0.036	0.035	-0.497	0.025	-1.596
0.0*L2	0.014	0.067	-0.325	0.000	0.022	0.025	-0.912	0.047	0.036	0.035	0.503	0.025	-1.596
0.1*L2	0.009	0.010	-0.394	0.001	0.010	-0.040	-0.684	0.002	-0.002	0.023	0.345	0.005	-0.852
0.2*L2	0.008	-0.013	-0.463	0.002	0.007	-0.071	-0.654	-0.017	-0.019	0.020	0.312	-0.002	-0.615
0.3*L2	0.008	-0.019	-0.473	0.002	0.005	-0.079	-0.636	-0.021	-0.023	0.019	0.298	-0.005	-0.543
0.4*L2	0.007	-0.018	-0.436	0.002	0.005	-0.073	-0.584	-0.020	-0.021	0.017	0.273	-0.004	-0.495
0.5*L2	0.006	-0.015	-0.372	0.002	0.004	-0.061	-0.502	-0.016	-0.018	0.015	0.236	-0.003	-0.433
0.6*L2	0.005	-0.011	-0.297	0.001	0.004	-0.048	-0.404	-0.013	-0.014	0.012	0.190	-0.003	-0.354
0.7*L2	0.004	-0.008	-0.219	0.001	0.003	-0.035	-0.300	-0.009	-0.010	0.009	0.141	-0.002	-0.266
0.8*L2	0.003	-0.005	-0.145	0.001	0.002	-0.023	-0.199	-0.006	-0.006	0.006	0.094	-0.001	-0.177
0.9*L2	0.001	-0.003	-0.079	0.000	0.001	-0.013	-0.109	-0.003	-0.004	0.003	0.051	-0.001	-0.098
1.0*L2	0.001	-0.001	-0.030	0.000	0.000	-0.005	-0.042	-0.001	-0.001	0.001	0.020	-0.000	-0.037
FAKTOR				1/a								1/(a*a)	

INFOLGE STRECKENMOMENT mt=1

IN FELD	M 0.4	M 0.7	M 1.0	Q 0	Q 0.4	Q 0.7	Q 1.0	T 0	T 0.4	T 0.7	T 1.0	q 0.4	q 1.0
1,BIS SPRUNG					-0.251	-0.490			-0.287	-1.018			
1,REST	0.761	0.648	-1.482	0.683	0.352	0.100	-2.900	2.125	0.703	0.180	-1.083	-0.174	-2.297
2	0.035	-0.034	-1.837	0.008	0.030	-0.264	-2.712	-0.051	-0.062	0.085	1.309	-0.003	-2.736
3	-0.001	0.001	0.029	-0.000	-0.000	0.005	0.041	0.001	0.001	-0.001	-0.019	0.000	0.038
SUMME(+)	0.797	0.649	0.029	0.691	0.382	0.104	0.041	2.126	0.705	0.265	1.309	0.000	0.038
SUMME(-)	-0.001	-0.034	-3.318	-0.000	-0.252	-0.755	-5.612	-0.051	-0.349	-1.019	-1.103	-0.177	-5.033
SUMME	0.796	0.614	-3.289	0.691	0.131	-0.651	-5.571	2.075	0.356	-0.754	0.207	-0.177	-4.995
FAKTOR	a			a				a				1/a	

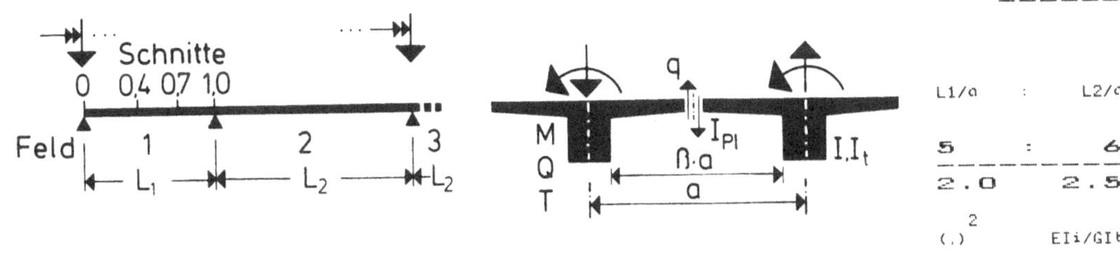

IN SCHNITT	M 0.4	M 0.7	M 1.0	Q 0	Q 0.4	Q 0.7	Q 1.0	T 0	T 0.4	T 0.7	T 1.0	q 0.4	q 1.0

INFOLGE EINZELLAST P=1

IN	M 0.4	M 0.7	M 1.0	Q 0	Q 0.4	Q 0.7	Q 1.0	T 0	T 0.4	T 0.7	T 1.0	q 0.4	q 1.0
0.0*L1	0.000	-0.000	-0.000	1.000	-0.000	-0.000	-0.000	0.000	-0.000	-0.000	-0.000	0.000	-0.000
0.1*L1	0.049	-0.005	-0.051	0.643	-0.079	-0.017	-0.055	0.126	-0.013	-0.044	-0.026	0.097	-0.042
0.2*L1	0.123	-0.007	-0.103	0.371	-0.181	-0.041	-0.110	0.209	-0.015	-0.086	-0.051	0.203	-0.083
0.3*L1	0.249	0.001	-0.154	0.194	-0.323	-0.078	-0.167	0.244	0.002	-0.120	-0.076	0.310	-0.121
0.4*L1	0.453	0.029	-0.203	0.091	-0.504	-0.140	-0.229	0.242	0.039	-0.142	-0.098	0.370	-0.153
(Sprung)					0.496								
0.5*L1	0.248	0.091	-0.249	0.037	0.317	-0.240	-0.298	0.215	0.075	-0.146	-0.117	0.313	-0.175
0.6*L1	0.123	0.210	-0.284	0.011	0.181	-0.386	-0.381	0.175	0.090	-0.126	-0.129	0.213	-0.180
0.7*L1	0.054	0.408	-0.299	0.001	0.092	-0.576	-0.487	0.127	0.082	-0.084	-0.128	0.124	-0.160
(Sprung)						0.424							
0.8*L1	0.020	0.199	-0.276	-0.001	0.040	0.236	-0.626	0.079	0.058	-0.040	-0.109	0.061	-0.112
0.9*L1	0.005	0.070	-0.187	-0.001	0.013	0.092	-0.802	0.034	0.027	-0.013	-0.065	0.022	-0.043
1.0*L1	-0.000	-0.000	0.000	-0.000	0.000	0.000	-1.000	-0.000	0.000	0.000	0.000	-0.000	0.000
0.0*L2	-0.000	-0.000	-0.000	0.000	-0.000	-0.000	-0.000	-0.000	-0.000	0.000	0.000	-0.000	-0.000
0.1*L2	-0.001	-0.036	-0.219	0.001	-0.005	-0.055	-0.193	-0.019	-0.016	0.009	0.078	-0.011	-0.063
0.2*L2	-0.000	-0.045	-0.306	0.002	-0.006	-0.073	-0.294	-0.024	-0.020	0.013	0.124	-0.014	-0.147
0.3*L2	0.001	-0.043	-0.316	0.002	-0.005	-0.073	-0.322	-0.023	-0.019	0.015	0.139	-0.014	-0.194
0.4*L2	0.001	-0.036	-0.287	0.002	-0.004	-0.064	-0.303	-0.019	-0.017	0.014	0.133	-0.012	-0.203
0.5*L2	0.001	-0.029	-0.240	0.001	-0.003	-0.053	-0.260	-0.016	-0.013	0.012	0.115	-0.009	-0.184
0.6*L2	0.001	-0.022	-0.187	0.001	-0.002	-0.041	-0.206	-0.012	-0.010	0.009	0.092	-0.007	-0.151
0.7*L2	0.001	-0.016	-0.134	0.001	-0.001	-0.029	-0.148	-0.008	-0.007	0.007	0.066	-0.005	-0.110
0.8*L2	0.001	-0.009	-0.081	0.000	-0.001	-0.018	-0.091	-0.005	-0.004	0.004	0.041	-0.003	-0.068
0.9*L2	0.000	-0.004	-0.035	0.000	-0.000	-0.007	-0.039	-0.002	-0.002	0.002	0.017	-0.001	-0.029
1.0*L2	-0.000	-0.000	0.000	-0.000	-0.000	-0.000	0.000	-0.000	-0.000	0.000	0.000	-0.000	0.000
FAKTOR	a			a				a				1/a	

INFOLGE STRECKENLAST p=1

IN FELD	M 0.4	M 0.7	M 1.0	Q 0	Q 0.4	Q 0.7	Q 1.0	T 0	T 0.4	T 0.7	T 1.0	q 0.4	q 1.0
1,BIS SPRUNG						-0.413	-0.588			-0.006	-0.358		
1,REST	0.643	0.480	-0.916	0.907	0.437	0.265	-1.822	0.732	0.179	-0.046	-0.404	0.860	-0.536
2	0.002	-0.148	-1.099	0.006	-0.018	-0.252	-1.126	-0.078	-0.067	0.051	0.488	-0.047	-0.692
3	-0.000	0.007	0.063	-0.000	0.001	0.013	0.070	0.004	0.003	-0.003	-0.032	0.002	0.054
SUMME(+)	0.645	0.487	0.063	0.913	0.438	0.278	0.070	0.736	0.182	0.051	0.488	0.863	0.054
SUMME(-)	-0.000	-0.148	-2.015	-0.000	-0.430	-0.840	-2.948	-0.078	-0.072	-0.406	-0.435	-0.047	-1.228
SUMME	0.645	0.339	-1.952	0.912	0.008	-0.562	-2.878	0.657	0.110	-0.356	0.052	0.816	-1.175
FAKTOR	a*a			a				a*a					

INFOLGE EINZELMOMENT Mt=1

IN	M 0.4	M 0.7	M 1.0	Q 0	Q 0.4	Q 0.7	Q 1.0	T 0	T 0.4	T 0.7	T 1.0	q 0.4	q 1.0
0.0*L1	0.000	0.000	-0.000	0.000	-0.000	-0.000	-0.000	1.000	-0.000	-0.000	-0.000	0.000	-0.000
0.1*L1	0.124	0.008	-0.100	0.462	-0.116	-0.052	-0.114	0.663	-0.048	-0.080	-0.049	0.048	-0.078
0.2*L1	0.259	0.025	-0.198	0.488	-0.208	-0.111	-0.230	0.544	-0.108	-0.156	-0.097	0.018	-0.154
0.3*L1	0.396	0.061	-0.292	0.373	-0.216	-0.185	-0.352	0.496	-0.210	-0.225	-0.142	-0.213	-0.224
0.4*L1	0.475	0.125	-0.378	0.244	0.003	-0.272	-0.482	0.454	-0.425	-0.288	-0.183	-0.876	-0.285
(Sprung)									0.575				
0.5*L1	0.406	0.222	-0.449	0.144	0.228	-0.350	-0.623	0.400	0.358	-0.353	-0.216	-0.198	-0.335
0.6*L1	0.283	0.335	-0.496	0.078	0.237	-0.358	-0.778	0.330	0.251	-0.452	-0.241	0.053	-0.380
0.7*L1	0.175	0.396	-0.506	0.039	0.178	-0.146	-0.940	0.252	0.182	-0.656	-0.259	0.109	-0.437
(Sprung)										0.344			
0.8*L1	0.099	0.316	-0.472	0.019	0.112	0.069	-1.080	0.171	0.124	0.146	-0.280	0.091	-0.557
0.9*L1	0.052	0.186	-0.401	0.009	0.062	0.071	-1.126	0.098	0.072	0.067	-0.334	0.054	-0.852
1.0*L1	0.025	0.075	-0.353	0.005	0.028	0.008	-0.921	0.039	0.028	0.038	-0.497	0.021	-1.545
0.0*L2	0.025	0.075	-0.353	0.005	0.028	0.008	-0.921	0.039	0.028	0.038	0.503	0.021	-1.545
0.1*L2	0.010	-0.011	-0.431	0.004	0.006	-0.065	-0.658	-0.006	-0.007	0.028	0.325	-0.004	-0.783
0.2*L2	0.005	-0.052	-0.521	0.003	-0.003	-0.107	-0.615	-0.028	-0.024	0.027	0.282	-0.017	-0.521
0.3*L2	0.003	-0.065	-0.550	0.003	-0.006	-0.120	-0.601	-0.035	-0.030	0.027	0.268	-0.021	-0.437
0.4*L2	0.002	-0.064	-0.521	0.003	-0.007	-0.115	-0.561	-0.034	-0.029	0.025	0.248	-0.020	-0.395
0.5*L2	0.002	-0.055	-0.453	0.003	-0.006	-0.100	-0.490	-0.029	-0.025	0.022	0.217	-0.018	-0.348
0.6*L2	0.002	-0.044	-0.365	0.002	-0.004	-0.080	-0.398	-0.023	-0.020	0.018	0.177	-0.014	-0.288
0.7*L2	0.001	-0.032	-0.270	0.002	-0.003	-0.059	-0.297	-0.017	-0.015	0.013	0.132	-0.010	-0.217
0.8*L2	0.001	-0.021	-0.178	0.001	-0.002	-0.039	-0.196	-0.011	-0.010	0.009	0.088	-0.007	-0.145
0.9*L2	0.001	-0.011	-0.097	0.001	-0.001	-0.021	-0.107	-0.006	-0.005	0.005	0.048	-0.004	-0.079
1.0*L2	0.000	-0.004	-0.035	0.000	-0.000	-0.008	-0.038	-0.002	-0.002	0.002	0.017	-0.001	-0.028
FAKTOR				1/a								1/(a*a)	

INFOLGE STRECKENMOMENT mt=1

IN FELD	M 0.4	M 0.7	M 1.0	Q 0	Q 0.4	Q 0.7	Q 1.0	T 0	T 0.4	T 0.7	T 1.0	q 0.4	q 1.0
1,BIS SPRUNG						-0.292	-0.719			-0.278	-0.932		
1,REST	1.146	0.859	-1.738	0.964	0.434	0.055	-3.114	1.944	0.633	0.191	-1.017	-0.366	-1.999
2	0.023	-0.197	-2.153	0.014	-0.009	-0.427	-2.624	-0.105	-0.093	0.116	1.214	-0.064	-2.345
3	-0.001	0.009	0.082	-0.001	0.001	0.017	0.092	0.005	0.004	-0.004	-0.041	0.003	0.071
SUMME(+)	1.168	0.869	0.082	0.978	0.435	0.072	0.092	1.949	0.637	0.306	1.214	0.003	0.071
SUMME(-)	-0.001	-0.197	-3.890	-0.001	-0.301	-1.147	-5.738	-0.105	-0.372	-0.936	-1.058	-0.430	-4.344
SUMME	1.168	0.671	-3.808	0.977	0.134	-1.074	-5.646	1.844	0.266	-0.630	0.156	-0.427	-4.273
FAKTOR	a			a				a				1/a	

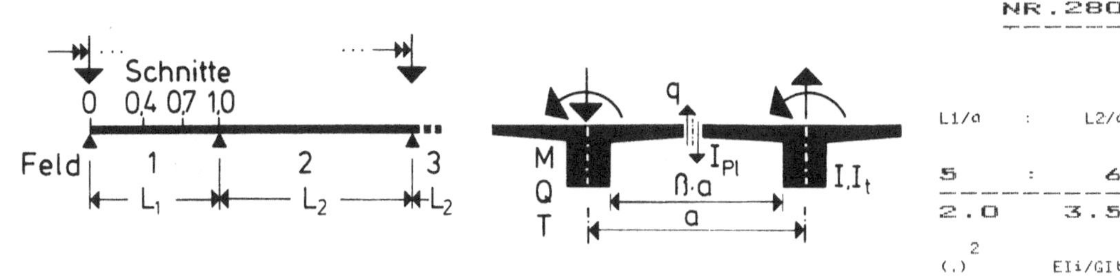

		M			Q				T				q	
IN SCHNITT	0.4	0.7	1.0	0	0.4	0.7	1.0	0	0.4	0.7	1.0	0.4	1.0

INFOLGE EINZELLAST P=1

IN	M 0.4	0.7	1.0	Q 0	0.4	0.7	1.0	T 0	0.4	0.7	1.0	q 0.4	1.0
0.0*L1	0.000	-0.000	-0.000	1.000	-0.000	-0.000	-0.000	0.000	-0.000	-0.000	-0.000	0.000	-0.000
0.1*L1	0.071	-0.003	-0.061	0.679	-0.091	-0.029	-0.059	0.106	-0.009	-0.040	-0.025	0.089	-0.037
0.2*L1	0.165	-0.001	-0.121	0.425	-0.200	-0.063	-0.119	0.179	-0.009	-0.077	-0.049	0.182	-0.072
0.3*L1	0.306	0.013	-0.179	0.248	-0.338	-0.112	-0.181	0.213	0.007	-0.107	-0.072	0.271	-0.104
0.4*L1	0.516	0.049	-0.234	0.136	-0.505	-0.182	-0.248	0.215	0.036	-0.126	-0.093	0.319	-0.130
				0.495									
0.5*L1	0.307	0.121	-0.281	0.070	0.330	-0.285	-0.324	0.194	0.064	-0.129	-0.109	0.275	-0.146
0.6*L1	0.170	0.247	-0.315	0.033	0.201	-0.426	-0.414	0.159	0.076	-0.111	-0.117	0.195	-0.147
0.7*L1	0.086	0.446	-0.323	0.014	0.111	-0.599	-0.523	0.117	0.069	-0.076	-0.114	0.120	-0.128
				0.401									
0.8*L1	0.038	0.229	-0.290	0.005	0.053	0.229	-0.659	0.073	0.049	-0.039	-0.095	0.063	-0.087
0.9*L1	0.013	0.086	-0.191	0.001	0.019	0.092	-0.823	0.032	0.023	-0.014	-0.056	0.024	-0.033
1.0*L1	0.000	0.000	0.000	0.000	0.000	0.000	-1.000	-0.000	-0.000	0.000	-0.000	0.000	0.000
0.0*L2	-0.000	-0.000	-0.000	-0.000	-0.000	-0.000	-0.000	-0.000	-0.000	0.000	0.000	-0.000	-0.000
0.1*L2	-0.006	-0.050	-0.225	-0.000	-0.010	-0.060	-0.174	-0.020	-0.015	0.010	0.067	-0.014	-0.049
0.2*L2	-0.007	-0.068	-0.325	0.000	-0.013	-0.084	-0.271	-0.027	-0.020	0.015	0.109	-0.019	-0.116
0.3*L2	-0.007	-0.068	-0.345	0.000	-0.013	-0.087	-0.303	-0.027	-0.020	0.017	0.125	-0.020	-0.157
0.4*L2	-0.005	-0.061	-0.320	0.000	-0.011	-0.079	-0.291	-0.024	-0.018	0.016	0.122	-0.018	-0.168
0.5*L2	-0.004	-0.050	-0.273	0.000	-0.009	-0.067	-0.253	-0.020	-0.015	0.014	0.107	-0.015	-0.155
0.6*L2	-0.003	-0.039	-0.215	0.000	-0.007	-0.052	-0.202	-0.015	-0.012	0.011	0.086	-0.011	-0.129
0.7*L2	-0.002	-0.027	-0.154	0.000	-0.005	-0.037	-0.146	-0.011	-0.008	0.008	0.062	-0.008	-0.095
0.8*L2	-0.001	-0.017	-0.094	0.000	-0.003	-0.023	-0.090	-0.007	-0.005	0.005	0.038	-0.005	-0.059
0.9*L2	-0.001	-0.007	-0.040	0.000	-0.001	-0.010	-0.039	-0.003	-0.002	0.002	0.017	-0.002	-0.026
1.0*L2	-0.000	-0.000	-0.000	0.000	0.000	-0.000	-0.000	-0.000	-0.000	0.000	-0.000	0.000	0.000
FAKTOR		a								a			1/a	

INFOLGE STRECKENLAST P=1

IN FELD	M 0.4	0.7	1.0	Q 0	0.4	0.7	1.0	T 0	0.4	0.7	1.0	q 0.4	1.0
1,BIS SPRUNG					-0.437	-0.691			0.002	-0.317			
1,REST	0.818	0.575	-1.010	1.042	0.474	0.256	-1.920	0.650	0.151	-0.044	-0.369	0.773	-0.443
2	-0.022	-0.236	-1.211	0.001	-0.044	-0.304	-1.073	-0.093	-0.070	0.060	0.444	-0.069	-0.574
3	0.001	0.016	0.093	-0.000	0.003	0.022	0.089	0.006	0.005	-0.005	-0.038	0.005	0.060
SUMME(+)	0.819	0.592	0.093	1.043	0.477	0.278	0.089	0.657	0.158	0.060	0.444	0.778	0.060
SUMME(-)	-0.022	-0.236	-2.221	-0.000	-0.482	-0.995	-2.993	-0.093	-0.070	-0.366	-0.407	-0.069	-1.016
SUMME	0.797	0.356	-2.128	1.043	-0.005	-0.717	-2.903	0.564	0.088	-0.306	0.037	0.709	-0.957
FAKTOR		a*a			a				a*a			1/a	

INFOLGE EINZELMOMENT Mt=1

IN	M 0.4	0.7	1.0	Q 0	0.4	0.7	1.0	T 0	0.4	0.7	1.0	q 0.4	1.0
0.0*L1	0.000	0.000	-0.000	0.000	-0.000	-0.000	-0.000	1.000	-0.000	-0.000	-0.000	0.000	-0.000
0.1*L1	0.159	0.015	-0.115	0.504	-0.128	-0.072	-0.123	0.640	-0.044	-0.072	-0.047	0.028	-0.068
0.2*L1	0.325	0.041	-0.228	0.558	-0.225	-0.151	-0.248	0.505	-0.104	-0.141	-0.092	-0.021	-0.132
0.3*L1	0.485	0.088	-0.334	0.453	-0.229	-0.241	-0.379	0.450	-0.209	-0.203	-0.134	-0.271	-0.191
0.4*L1	0.574	0.165	-0.428	0.319	0.003	-0.338	-0.519	0.410	-0.432	-0.262	-0.171	-0.941	-0.242
								0.568					
0.5*L1	0.502	0.273	-0.502	0.206	0.243	-0.419	-0.670	0.361	0.343	-0.326	-0.201	-0.255	-0.285
0.6*L1	0.365	0.392	-0.546	0.124	0.261	-0.419	-0.832	0.300	0.231	-0.429	-0.223	0.015	-0.326
0.7*L1	0.237	0.452	-0.548	0.070	0.203	-0.191	-0.993	0.229	0.163	-0.640	-0.239	0.088	-0.385
										0.360			
0.8*L1	0.140	0.360	-0.502	0.038	0.132	0.042	-1.125	0.157	0.109	0.154	-0.262	0.081	-0.513
0.9*L1	0.075	0.212	-0.422	0.019	0.073	0.055	-1.154	0.089	0.062	0.071	-0.324	0.049	-0.819
1.0*L1	0.034	0.080	-0.370	0.010	0.031	-0.004	-0.927	0.034	0.023	0.041	-0.498	0.017	-1.517
0.0*L2	0.034	0.080	-0.370	0.010	0.031	-0.004	-0.927	0.034	0.023	0.041	0.502	0.017	-1.517
0.1*L2	0.008	-0.028	-0.455	0.004	0.001	-0.079	-0.639	-0.010	-0.009	0.031	0.312	-0.011	-0.746
0.2*L2	-0.004	-0.085	-0.558	0.002	-0.014	-0.126	-0.585	-0.033	-0.026	0.031	0.260	-0.026	-0.469
0.3*L2	-0.008	-0.106	-0.599	0.001	-0.019	-0.144	-0.572	-0.042	-0.032	0.031	0.245	-0.031	-0.376
0.4*L2	-0.009	-0.105	-0.577	0.001	-0.019	-0.141	-0.538	-0.041	-0.031	0.029	0.228	-0.031	-0.334
0.5*L2	-0.008	-0.093	-0.509	0.001	-0.017	-0.124	-0.475	-0.037	-0.028	0.026	0.201	-0.027	-0.295
0.6*L2	-0.006	-0.075	-0.414	0.001	-0.014	-0.101	-0.389	-0.030	-0.022	0.021	0.165	-0.022	-0.245
0.7*L2	-0.004	-0.056	-0.309	0.001	-0.010	-0.075	-0.291	-0.022	-0.017	0.016	0.124	-0.016	-0.186
0.8*L2	-0.003	-0.036	-0.204	0.000	-0.007	-0.049	-0.193	-0.014	-0.011	0.010	0.082	-0.011	-0.125
0.9*L2	-0.002	-0.020	-0.110	0.000	-0.004	-0.027	-0.105	-0.008	-0.006	0.006	0.045	-0.006	-0.068
1.0*L2	-0.001	-0.007	-0.038	0.000	-0.001	-0.009	-0.036	-0.003	-0.002	0.002	0.015	-0.002	-0.023
FAKTOR					1/a							1/(a*a)	

INFOLGE STRECKENMOMENT mt=1

IN FELD	M 0.4	0.7	1.0	Q 0	0.4	0.7	1.0	T 0	0.4	0.7	1.0	q 0.4	1.0
1,BIS SPRUNG					-0.313	-0.888			-0.275	-0.867			
1,REST	1.447	1.023	-1.910	1.184	0.484	0.020	-3.277	1.808	0.590	0.201	-0.961	-0.523	-1.821
2	-0.013	-0.349	-2.368	0.009	-0.054	-0.529	-2.540	-0.136	-0.104	0.133	1.139	-0.106	-2.114
3	0.002	0.023	0.132	-0.000	0.004	0.032	0.128	0.009	0.007	-0.007	-0.055	0.007	0.087
SUMME(+)	1.449	1.046	0.132	1.194	0.488	0.052	0.128	1.817	0.597	0.334	1.139	0.007	0.087
SUMME(-)	-0.013	-0.349	-4.277	-0.000	-0.367	-1.416	-5.817	-0.136	-0.380	-0.874	-1.016	-0.629	-3.935
SUMME	1.436	0.698	-4.145	1.193	0.121	-1.365	-5.689	1.681	0.217	-0.540	0.123	-0.622	-3.849
FAKTOR		a			a				a			1/a	

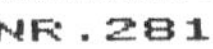

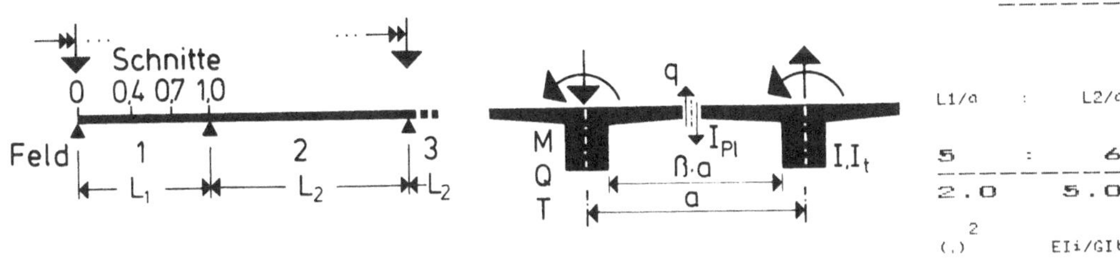

	M			Q				T				q	
IN SCHNITT	0.4	0.7	1.0	0	0.4	0.7	1.0	0	0.4	0.7	1.0	0.4	1.0

INFOLGE EINZELLAST P=1

IN	M 0.4	M 0.7	M 1.0	Q 0	Q 0.4	Q 0.7	Q 1.0	T 0	T 0.4	T 0.7	T 1.0	q 0.4	q 1.0
0.0*L1	0.000	0.000	-0.000	1.000	-0.000	-0.000	-0.000	0.000	-0.000	-0.000	-0.000	0.000	-0.000
0.1*L1	0.096	0.002	-0.071	0.714	-0.101	-0.042	-0.065	0.087	-0.005	-0.035	-0.023	0.078	-0.031
0.2*L1	0.212	0.009	-0.140	0.480	-0.215	-0.089	-0.131	0.149	-0.003	-0.066	-0.046	0.156	-0.060
0.3*L1	0.370	0.031	-0.206	0.307	-0.351	-0.149	-0.199	0.180	0.009	-0.092	-0.067	0.228	-0.086
0.4*L1	0.587	0.076	-0.266	0.189	-0.506	-0.228	-0.274	0.184	0.032	-0.107	-0.084	0.267	-0.106
(Sprung)					0.494								
0.5*L1	0.374	0.157	-0.314	0.111	0.343	-0.332	-0.356	0.169	0.053	-0.109	-0.098	0.235	-0.117
0.6*L1	0.225	0.288	-0.345	0.062	0.220	-0.467	-0.450	0.140	0.062	-0.095	-0.104	0.172	-0.116
0.7*L1	0.125	0.487	-0.346	0.033	0.129	-0.626	-0.561	0.104	0.056	-0.067	-0.099	0.111	-0.099
(Sprung)						0.374							
0.8*L1	0.062	0.260	-0.303	0.015	0.066	0.218	-0.692	0.065	0.040	-0.036	-0.081	0.061	-0.066
0.9*L1	0.023	0.102	-0.195	0.005	0.025	0.091	-0.842	0.029	0.019	-0.014	-0.047	0.024	-0.024
1.0*L1	0.000	0.000	-0.000	-0.000	0.000	0.000	-1.000	-0.000	-0.000	-0.000	-0.000	0.000	0.000
0.0*L2	-0.000	-0.000	-0.000	-0.000	-0.000	-0.000	-0.000	-0.000	-0.000	0.000	0.000	-0.000	-0.000
0.1*L2	-0.014	-0.067	-0.231	-0.003	-0.016	-0.064	-0.155	-0.020	-0.013	0.011	0.056	-0.016	-0.036
0.2*L2	-0.019	-0.094	-0.343	-0.004	-0.022	-0.092	-0.245	-0.028	-0.019	0.016	0.093	-0.023	-0.089
0.3*L2	-0.019	-0.099	-0.374	-0.004	-0.023	-0.099	-0.280	-0.029	-0.020	0.018	0.109	-0.025	-0.123
0.4*L2	-0.017	-0.091	-0.355	-0.003	-0.021	-0.093	-0.274	-0.027	-0.018	0.018	0.108	-0.023	-0.134
0.5*L2	-0.014	-0.078	-0.307	-0.003	-0.018	-0.080	-0.242	-0.023	-0.016	0.015	0.097	-0.019	-0.126
0.6*L2	-0.011	-0.061	-0.245	-0.002	-0.014	-0.063	-0.195	0.010	-0.012	0.012	0.079	-0.015	-0.106
0.7*L2	-0.008	-0.044	-0.176	-0.002	-0.010	-0.045	-0.142	-0.013	-0.009	0.009	0.057	-0.011	-0.079
0.8*L2	-0.005	-0.027	-0.108	-0.001	-0.006	-0.028	-0.088	-0.008	-0.005	0.006	0.036	-0.007	-0.050
0.9*L2	-0.002	-0.012	-0.047	-0.000	-0.003	-0.012	-0.038	-0.003	-0.002	0.002	0.015	-0.003	-0.022
1.0*L2	0.000	-0.000	-0.000	-0.000	0.000	0.000	-0.000	-0.000	-0.000	-0.000	-0.000	0.000	0.000
FAKTOR	a				a				a			1/a	

INFOLGE STRECKENLAST P=1

IN FELD	M 0.4	M 0.7	M 1.0	Q 0	Q 0.4	Q 0.7	Q 1.0	T 0	T 0.4	T 0.7	T 1.0	q 0.4	q 1.0
1,BIS SPRUNG						-0.458	-0.805			0.007	-0.272	0.670	-0.353
1,REST	1.021	0.688	-1.106	1.196	0.509	0.244	-2.031	0.559	0.124	-0.041	-0.327	-0.087	-0.461
2	-0.066	-0.348	-1.328	-0.013	-0.080	-0.350	-1.006	-0.103	-0.070	0.065	0.393	0.008	0.063
3	0.006	0.033	0.133	0.001	0.007	0.034	0.109	0.010	0.007	-0.007	-0.044		
SUMME(+)	1.026	0.721	0.133	1.197	0.516	0.278	0.109	0.568	0.138	0.065	0.393	0.678	0.063
SUMME(-)	-0.066	-0.348	-2.434	-0.013	-0.538	-1.155	-3.037	-0.103	-0.070	-0.319	-0.371	-0.087	-0.814
SUMME	0.960	0.373	-2.301	1.184	-0.022	-0.877	-2.929	0.465	0.068	-0.254	0.022	0.591	-0.752
FAKTOR	a×a				a				a×a			1/a	

INFOLGE EINZELMOMENT Mt=1

IN	M 0.4	M 0.7	M 1.0	Q 0	Q 0.4	Q 0.7	Q 1.0	T 0	T 0.4	T 0.7	T 1.0	q 0.4	q 1.0
0.0*L1	0.000	0.000	-0.000	0.000	-0.000	-0.000	-0.000	1.000	-0.000	-0.000	-0.000	0.000	-0.000
0.1*L1	0.199	0.026	-0.133	0.548	-0.137	-0.095	-0.135	0.616	-0.042	-0.063	-0.043	0.006	-0.056
0.2*L1	0.401	0.064	-0.261	0.632	-0.239	-0.195	-0.272	0.463	-0.101	-0.123	-0.085	-0.066	-0.110
0.3*L1	0.586	0.124	-0.379	0.540	-0.238	-0.303	-0.415	0.400	-0.211	-0.179	-0.122	-0.334	-0.158
0.4*L1	0.686	0.213	-0.480	0.404	0.005	-0.411	-0.566	0.360	-0.441	-0.233	-0.155	-1.012	-0.200
(Sprung)									0.559				
0.5*L1	0.612	0.332	-0.556	0.279	0.257	-0.494	-0.726	0.317	0.327	-0.297	-0.181	-0.317	-0.236
0.6*L1	0.461	0.457	-0.596	0.181	0.284	-0.485	-0.892	0.263	0.212	-0.403	-0.200	-0.031	-0.275
0.7*L1	0.312	0.513	-0.589	0.111	0.227	-0.240	-1.052	0.202	0.144	-0.622	-0.216	0.060	-0.337
(Sprung)										0.378			
0.8*L1	0.191	0.408	-0.532	0.064	0.152	0.010	-1.173	0.138	0.095	0.165	-0.243	0.066	-0.474
0.9*L1	0.103	0.239	-0.442	0.034	0.084	0.036	-1.183	0.078	0.053	0.077	-0.313	0.041	-0.791
1.0*L1	0.044	0.083	-0.387	0.015	0.034	-0.016	-0.931	0.028	0.019	0.044	-0.498	0.012	-1.493
0.0*L2	0.044	0.083	-0.387	0.015	0.034	-0.016	-0.931	0.028	0.019	0.044	0.502	0.012	-1.493
0.1*L2	0.002	-0.051	-0.477	0.003	-0.006	-0.091	-0.619	-0.013	-0.009	0.034	0.297	-0.016	-0.714
0.2*L2	-0.019	-0.126	-0.593	-0.003	-0.027	-0.143	-0.551	-0.037	-0.025	0.033	0.237	-0.033	-0.422
0.3*L2	-0.028	-0.157	-0.649	-0.005	-0.035	-0.165	-0.536	-0.046	-0.031	0.034	0.219	-0.040	-0.320
0.4*L2	-0.029	-0.159	-0.635	-0.006	-0.036	-0.164	-0.507	-0.047	-0.032	0.032	0.204	-0.040	-0.277
0.5*L2	-0.026	-0.143	-0.568	-0.005	-0.032	-0.147	-0.451	-0.042	-0.028	0.029	0.181	-0.036	-0.243
0.6*L2	-0.021	-0.117	-0.467	-0.004	-0.027	-0.121	-0.373	-0.035	-0.023	0.024	0.150	-0.029	-0.202
0.7*L2	-0.016	-0.087	-0.350	-0.003	-0.020	-0.090	-0.281	-0.026	-0.017	0.018	0.113	-0.022	-0.155
0.8*L2	-0.010	-0.058	-0.232	-0.002	-0.013	-0.060	-0.187	-0.017	-0.012	0.012	0.075	-0.014	-0.104
0.9*L2	-0.006	-0.031	-0.125	-0.001	-0.007	-0.032	-0.101	-0.009	-0.006	0.006	0.041	-0.008	-0.057
1.0*L2	-0.002	-0.010	-0.041	-0.000	-0.002	-0.010	-0.033	-0.003	-0.002	0.002	0.013	-0.003	-0.018
FAKTOR	1/a				1/a				1/a			1/(a×a)	

INFOLGE STRECKENMOMENT mt=1

IN FELD	M 0.4	M 0.7	M 1.0	Q 0	Q 0.4	Q 0.7	Q 1.0	T 0	T 0.4	T 0.7	T 1.0	q 0.4	q 1.0
1,BIS SPRUNG						-0.330	-1.073			-0.275	-0.794		
1,REST	1.796	1.215	-2.086	1.440	0.532	-0.020	-3.464	1.654	0.548	0.215	-0.894	-0.706	-1.653
2	-0.083	-0.544	-2.592	-0.012	-0.115	-0.621	-2.430	-0.158	-0.107	0.146	1.051	-0.142	-1.894
3	0.009	0.049	0.201	0.002	0.011	0.051	0.165	0.015	0.010	-0.010	-0.067	0.012	0.096
SUMME(+)	1.805	1.264	0.201	1.442	0.543	0.051	0.165	1.669	0.558	0.360	1.051	0.012	0.096
SUMME(-)	-0.083	-0.544	-4.678	-0.012	-0.445	-1.714	-5.894	-0.158	-0.382	-0.804	-0.961	-0.848	-3.547
SUMME	1.722	0.720	-4.477	1.429	0.098	-1.662	-5.730	1.510	0.176	-0.444	0.090	-0.835	-3.451
FAKTOR	a				a				a			1/a	

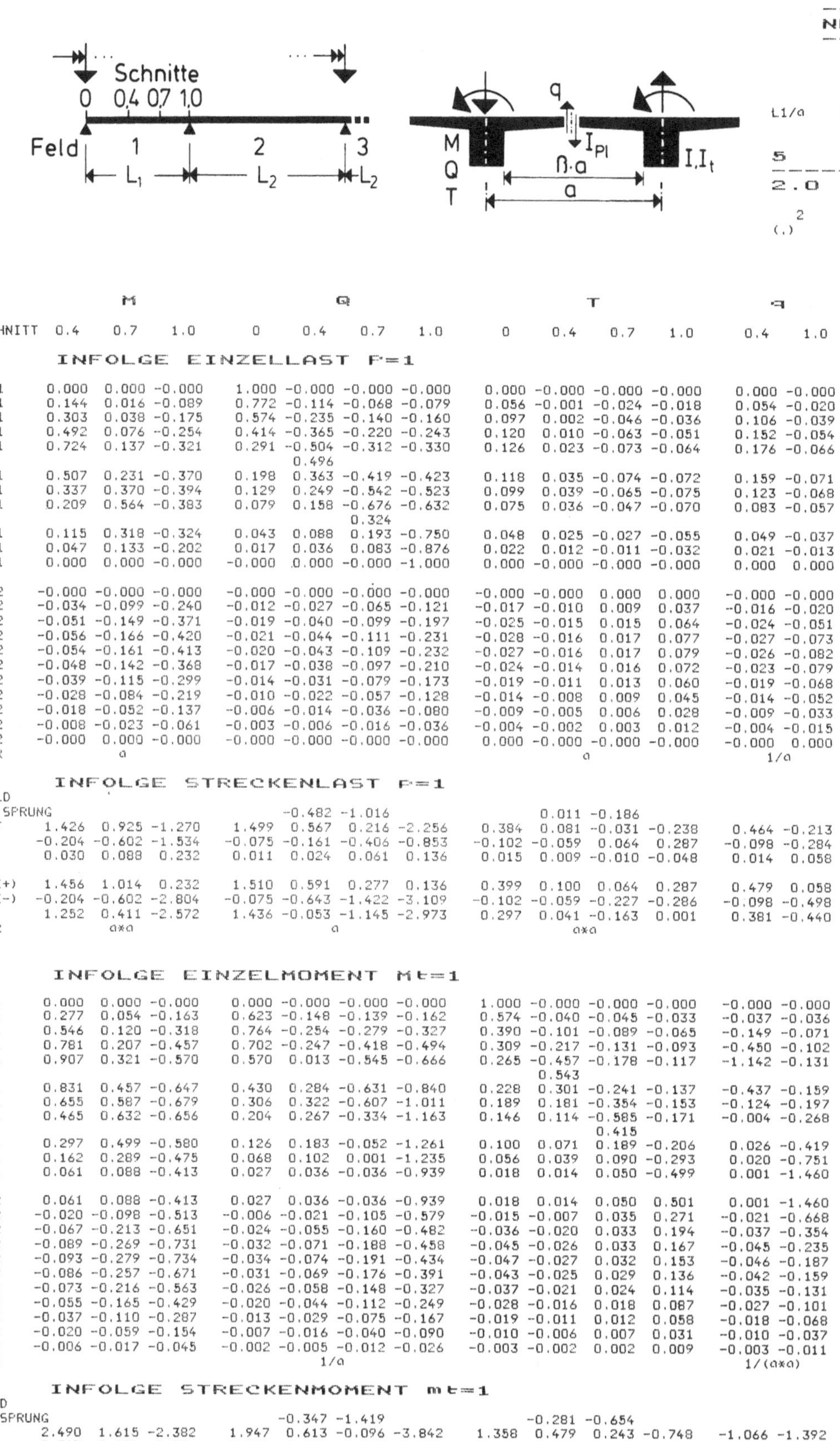


```
                       M                    Q                        T                    q
IN SCHNITT  0.4   0.7   1.0      0     0.4   0.7   1.0      0     0.4   0.7   1.0      0.4   1.0

          INFOLGE  EINZELLAST  P=1
    IN
0.0*L1   0.000  0.000 -0.000   1.000 -0.000 -0.000 -0.000   0.000 -0.000 -0.000 -0.000   0.000 -0.000
0.1*L1   0.144  0.016 -0.089   0.772 -0.114 -0.068 -0.079   0.056 -0.001 -0.024 -0.018   0.054 -0.020
0.2*L1   0.303  0.038 -0.175   0.574 -0.235 -0.140 -0.160   0.097  0.002 -0.046 -0.036   0.106 -0.039
0.3*L1   0.492  0.076 -0.254   0.414 -0.365 -0.220 -0.243   0.120  0.010 -0.063 -0.051   0.152 -0.054
0.4*L1   0.724  0.137 -0.321   0.291 -0.504 -0.312 -0.330   0.126  0.023 -0.073 -0.064   0.176 -0.066
                                           0.496
0.5*L1   0.507  0.231 -0.370   0.198  0.363 -0.419 -0.423   0.118  0.035 -0.074 -0.072   0.159 -0.071
0.6*L1   0.337  0.370 -0.394   0.129  0.249 -0.542 -0.523   0.099  0.039 -0.065 -0.075   0.123 -0.068
0.7*L1   0.209  0.564 -0.383   0.079  0.158 -0.676 -0.632   0.075  0.036 -0.047 -0.070   0.083 -0.057
                                                 0.324
0.8*L1   0.115  0.318 -0.324   0.043  0.088  0.193 -0.750   0.048  0.025 -0.027 -0.055   0.049 -0.037
0.9*L1   0.047  0.133 -0.202   0.017  0.036  0.083 -0.876   0.022  0.012 -0.011 -0.032   0.021 -0.013
1.0*L1   0.000  0.000 -0.000  -0.000  0.000 -0.000 -1.000   0.000 -0.000 -0.000 -0.000   0.000  0.000

0.0*L2  -0.000 -0.000 -0.000  -0.000 -0.000 -0.000 -0.000  -0.000 -0.000  0.000  0.000  -0.000 -0.000
0.1*L2  -0.034 -0.099 -0.240  -0.012 -0.027 -0.065 -0.121  -0.017 -0.010  0.009  0.037  -0.016 -0.020
0.2*L2  -0.051 -0.149 -0.371  -0.019 -0.040 -0.099 -0.197  -0.025 -0.015  0.015  0.064  -0.024 -0.051
0.3*L2  -0.056 -0.166 -0.420  -0.021 -0.044 -0.111 -0.231  -0.028 -0.016  0.017  0.077  -0.027 -0.073
0.4*L2  -0.054 -0.161 -0.413  -0.020 -0.043 -0.109 -0.232  -0.027 -0.016  0.017  0.079  -0.026 -0.082
0.5*L2  -0.048 -0.142 -0.368  -0.017 -0.038 -0.097 -0.210  -0.024 -0.014  0.016  0.072  -0.023 -0.079
0.6*L2  -0.039 -0.115 -0.299  -0.014 -0.031 -0.079 -0.173  -0.019 -0.011  0.013  0.060  -0.019 -0.068
0.7*L2  -0.028 -0.084 -0.219  -0.010 -0.022 -0.057 -0.128  -0.014 -0.008  0.009  0.045  -0.014 -0.052
0.8*L2  -0.018 -0.052 -0.137  -0.006 -0.014 -0.036 -0.080  -0.009 -0.005  0.006  0.028  -0.009 -0.033
0.9*L2  -0.008 -0.023 -0.061  -0.003 -0.006 -0.016 -0.036  -0.004 -0.002  0.003  0.012  -0.004 -0.015
1.0*L2  -0.000  0.000 -0.000  -0.000 -0.000 -0.000 -0.000   0.000 -0.000 -0.000 -0.000  -0.000  0.000
FAKTOR          a                       a                        a                      1/a

          INFOLGE  STRECKENLAST  P=1
IN FELD
1,BIS SPRUNG                    -0.482 -1.016                 0.011 -0.186
1,REST   1.426  0.925 -1.270   1.499  0.567  0.216 -2.256   0.384  0.081 -0.031 -0.238   0.464 -0.213
2       -0.204 -0.602 -1.534  -0.075 -0.161 -0.406 -0.853  -0.102 -0.059  0.064  0.287  -0.098 -0.284
3        0.030  0.088  0.232   0.011  0.024  0.061  0.136   0.015  0.009 -0.010 -0.048   0.014  0.058

SUMME(+) 1.456  1.014  0.232   1.510  0.591  0.277  0.136   0.399  0.100  0.064  0.287   0.479  0.058
SUMME(-)-0.204 -0.602 -2.804  -0.075 -0.643 -1.422 -3.109  -0.102 -0.059 -0.227 -0.286  -0.098 -0.498
SUMME    1.252  0.411 -2.572   1.436 -0.053 -1.145 -2.973   0.297  0.041 -0.163  0.001   0.381 -0.440
FAKTOR          a*a                     a                        a*a

          INFOLGE  EINZELMOMENT  Mt=1
    IN
0.0*L1   0.000  0.000 -0.000   0.000 -0.000 -0.000 -0.000   1.000 -0.000 -0.000 -0.000  -0.000 -0.000
0.1*L1   0.277  0.054 -0.163   0.623 -0.148 -0.139 -0.162   0.574 -0.040 -0.045 -0.033  -0.037 -0.036
0.2*L1   0.546  0.120 -0.318   0.764 -0.254 -0.279 -0.327   0.390 -0.101 -0.089 -0.065  -0.149 -0.071
0.3*L1   0.781  0.207 -0.457   0.702 -0.247 -0.418 -0.494   0.309 -0.217 -0.131 -0.093  -0.450 -0.102
0.4*L1   0.907  0.321 -0.570   0.570  0.013 -0.545 -0.666   0.265 -0.457 -0.178 -0.117  -1.142 -0.131
                                                            0.543
0.5*L1   0.831  0.457 -0.647   0.430  0.284 -0.631 -0.840   0.228  0.301 -0.241 -0.137  -0.437 -0.159
0.6*L1   0.655  0.587 -0.679   0.306  0.322 -0.607 -1.011   0.189  0.181 -0.354 -0.153  -0.124 -0.197
0.7*L1   0.465  0.632 -0.656   0.204  0.267 -0.334 -1.163   0.146  0.114 -0.585 -0.171  -0.004 -0.268
                                                                          0.415
0.8*L1   0.297  0.499 -0.580   0.126  0.183 -0.052 -1.261   0.100  0.071  0.189 -0.206   0.026 -0.419
0.9*L1   0.162  0.289 -0.475   0.068  0.102  0.001 -1.235   0.056  0.039  0.090 -0.293   0.020 -0.751
1.0*L1   0.061  0.088 -0.413   0.027  0.036 -0.036 -0.939   0.018  0.014  0.050 -0.499   0.001 -1.460

0.0*L2   0.061  0.088 -0.413   0.027  0.036 -0.036 -0.939   0.018  0.014  0.050  0.501   0.001 -1.460
0.1*L2  -0.020 -0.098 -0.513  -0.006 -0.021 -0.105 -0.579  -0.015 -0.007  0.035  0.271  -0.021 -0.668
0.2*L2  -0.067 -0.213 -0.651  -0.024 -0.055 -0.160 -0.482  -0.036 -0.020  0.033  0.194  -0.037 -0.354
0.3*L2  -0.089 -0.269 -0.731  -0.032 -0.071 -0.188 -0.458  -0.045 -0.026  0.033  0.167  -0.045 -0.235
0.4*L2  -0.093 -0.279 -0.734  -0.034 -0.074 -0.191 -0.434  -0.047 -0.027  0.032  0.153  -0.046 -0.187
0.5*L2  -0.086 -0.257 -0.671  -0.031 -0.069 -0.176 -0.391  -0.043 -0.025  0.029  0.136  -0.042 -0.159
0.6*L2  -0.073 -0.216 -0.563  -0.026 -0.058 -0.148 -0.327  -0.037 -0.021  0.024  0.114  -0.035 -0.131
0.7*L2  -0.055 -0.165 -0.429  -0.020 -0.044 -0.112 -0.249  -0.028 -0.016  0.018  0.087  -0.027 -0.101
0.8*L2  -0.037 -0.110 -0.287  -0.013 -0.029 -0.075 -0.167  -0.019 -0.011  0.012  0.058  -0.018 -0.068
0.9*L2  -0.020 -0.059 -0.154  -0.007 -0.016 -0.040 -0.090  -0.010 -0.006  0.007  0.031  -0.010 -0.037
1.0*L2  -0.006 -0.017 -0.045  -0.002 -0.005 -0.012 -0.026  -0.003 -0.002  0.002  0.009  -0.003 -0.011
FAKTOR          1/a                     1/a                                             1/(a*a)

          INFOLGE  STRECKENMOMENT  mt=1
IN FELD
1,BIS SPRUNG                    -0.347 -1.419                -0.281 -0.654
1,REST   2.490  1.615 -2.382   1.947  0.613 -0.096 -3.842   1.358  0.479  0.243 -0.748  -1.066 -1.392
2       -0.313 -0.991 -2.984  -0.111 -0.256 -0.737 -2.170  -0.165 -0.093  0.148  0.864  -0.170 -1.550
3        0.047  0.142  0.372   0.017  0.038  0.097  0.219   0.024  0.014 -0.016 -0.077   0.023  0.093

SUMME(+) 2.538  1.756  0.372   1.964  0.651  0.097  0.219   1.382  0.493  0.391  0.864   0.023  0.093
SUMME(-)-0.313 -0.991 -5.366  -0.111 -0.603 -2.252 -6.012  -0.165 -0.374 -0.670 -0.825  -1.236 -2.942
SUMME    2.225  0.765 -4.994   1.853  0.048 -2.155 -5.793   1.217  0.119 -0.280  0.040  -1.213 -2.849
FAKTOR          a                       a                        a                      1/a
```

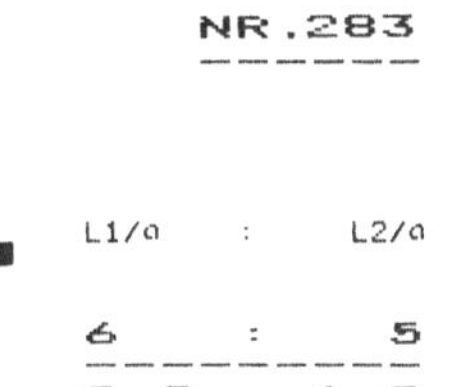

INFOLGE EINZELLAST F=1

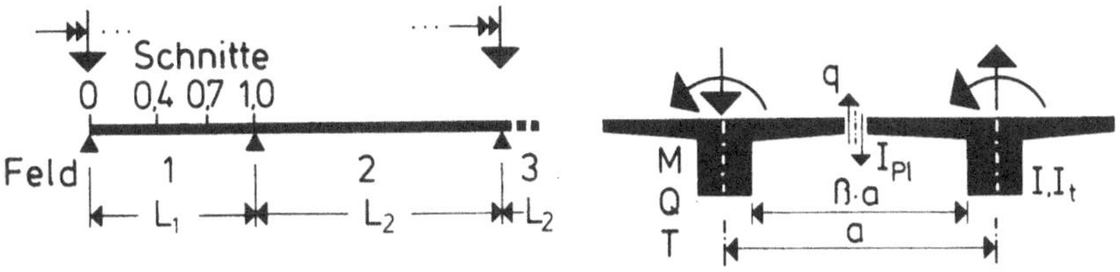

IN SCHNITT	M 0.4	M 0.7	M 1.0	Q 0	Q 0.4	Q 0.7	Q 1.0	T 0	T 0.4	T 0.7	T 1.0	q 0.4	q 1.0
0.0*L1	-0.000	-0.000	-0.000	1.000	-0.000	0.000	-0.000	0.000	-0.000	-0.000	-0.000	0.000	-0.000
0.1*L1	0.001	-0.011	-0.033	0.565	-0.052	0.007	-0.040	0.171	-0.021	-0.050	-0.027	0.097	-0.037
0.2*L1	0.038	-0.021	-0.067	0.252	-0.139	0.008	-0.079	0.281	-0.024	-0.097	-0.054	0.210	-0.073
0.3*L1	0.150	-0.028	-0.104	0.072	-0.289	-0.005	-0.118	0.323	0.004	-0.138	-0.081	0.330	-0.109
0.4*L1	0.379	-0.018	-0.146	-0.009	-0.500	-0.048	-0.159	0.316	0.062	-0.164	-0.109	0.397	-0.143
					0.500								
0.5*L1	0.146	0.031	-0.193	-0.033	0.287	-0.142	-0.207	0.279	0.118	-0.167	-0.134	0.327	-0.168
0.6*L1	0.028	0.153	-0.241	-0.031	0.134	-0.302	-0.275	0.225	0.143	-0.139	-0.153	0.208	-0.178
0.7*L1	-0.016	0.389	-0.280	-0.021	0.047	-0.524	-0.378	0.164	0.130	-0.084	-0.157	0.108	-0.162
						0.476							
0.8*L1	-0.021	0.160	-0.284	-0.011	0.009	0.253	-0.535	0.101	0.091	-0.031	-0.137	0.045	-0.115
0.9*L1	-0.011	0.044	-0.211	-0.004	-0.002	0.092	-0.753	0.042	0.041	-0.006	-0.083	0.012	-0.046
1.0*L1	-0.000	-0.000	0.000	-0.000	-0.000	0.000	-1.000	0.000	0.000	0.000	0.000	-0.000	0.000
0.0*L2	0.000	-0.000	-0.000	0.000	0.000	-0.000	-0.000	-0.000	-0.000	0.000	0.000	-0.000	0.000
0.1*L2	0.006	-0.009	-0.184	0.001	0.003	-0.035	-0.160	-0.011	-0.012	0.007	0.070	-0.003	-0.031
0.2*L2	0.009	-0.007	-0.265	0.002	0.006	-0.046	-0.252	-0.009	-0.011	0.015	0.118	-0.002	-0.086
0.3*L2	0.010	-0.002	-0.278	0.002	0.007	-0.044	-0.287	-0.002	-0.005	0.020	0.142	-0.001	-0.131
0.4*L2	0.010	0.003	-0.254	0.001	0.008	-0.036	-0.281	0.004	0.001	0.023	0.145	0.001	-0.153
0.5*L2	0.008	0.006	-0.212	0.001	0.007	-0.028	-0.248	0.007	0.004	0.022	0.132	0.001	-0.153
0.6*L2	0.007	0.007	-0.163	0.001	0.006	-0.020	-0.200	0.000	0.006	0.019	0.109	0.002	-0.134
0.7*L2	0.005	0.006	-0.114	0.000	0.004	-0.013	-0.145	0.007	0.005	0.014	0.080	0.002	-0.103
0.8*L2	0.003	0.004	-0.068	0.000	0.003	-0.007	-0.088	0.005	0.004	0.009	0.049	0.001	-0.065
0.9*L2	0.001	0.002	-0.028	0.000	0.001	-0.003	-0.037	0.002	0.002	0.004	0.021	0.000	-0.028
1.0*L2	0.000	-0.000	0.000	0.000	0.000	0.000	0.000	0.000	0.000	0.000	0.000	0.000	0.000
FAKTOR	a							a				1/a	

INFOLGE STRECKENLAST p=1

IN FELD	M 0.4	M 0.7	M 1.0	Q 0	Q 0.4	Q 0.7	Q 1.0	T 0	T 0.4	T 0.7	T 1.0	q 0.4	q 1.0
1,BIS SPRUNG					-0.429	-0.434			-0.010	-0.485			
1,REST	0.386	0.389	-0.951	0.744	0.423	0.341	-1.817	1.152	0.337	-0.045	-0.568	1.046	-0.620
2	0.030	0.003	-0.794	0.005	0.023	-0.117	-0.858	0.005	-0.004	0.066	0.437	0.000	-0.443
3	0.000	-0.001	-0.002	0.000	-0.000	-0.001	-0.001	-0.001	-0.001	-0.000	-0.000	-0.000	0.002
SUMME(+)	0.416	0.392	0.000	0.749	0.446	0.341	0.000	1.157	0.337	0.066	0.437	1.046	0.002
SUMME(-)	0.000	-0.001	-1.747	0.000	-0.429	-0.552	-2.675	-0.001	-0.014	-0.529	-0.568	-0.000	-1.063
SUMME	0.416	0.392	-1.747	0.749	0.017	-0.212	-2.675	1.157	0.323	-0.463	-0.131	1.046	-1.061
FAKTOR	a*a				a				a*a				

INFOLGE EINZELMOMENT Mt=1

IN SCHNITT	M 0.4	M 0.7	M 1.0	Q 0	Q 0.4	Q 0.7	Q 1.0	T 0	T 0.4	T 0.7	T 1.0	q 0.4	q 1.0
0.0*L1	0.000	0.000	-0.000	0.000	-0.000	-0.000	-0.000	1.000	-0.000	-0.000	-0.000	0.000	-0.000
0.1*L1	0.051	0.005	-0.067	0.184	-0.048	-0.014	-0.086	0.814	-0.070	-0.087	-0.051	0.025	-0.068
0.2*L1	0.110	0.014	-0.134	0.191	-0.085	-0.032	-0.174	0.716	-0.146	-0.173	-0.102	0.019	-0.135
0.3*L1	0.173	0.034	-0.201	0.137	-0.084	-0.059	-0.264	0.648	-0.242	-0.254	-0.151	-0.060	-0.199
0.4*L1	0.209	0.070	-0.266	0.079	0.009	-0.095	-0.359	0.582	-0.383	-0.332	-0.199	-0.270	-0.260
									0.617				
0.5*L1	0.176	0.124	-0.327	0.036	0.104	-0.128	-0.462	0.507	0.474	-0.411	-0.243	-0.051	-0.317
0.6*L1	0.119	0.188	-0.377	0.012	0.111	-0.131	-0.573	0.424	0.375	-0.504	-0.283	0.040	-0.371
0.7*L1	0.072	0.226	-0.409	0.001	0.087	-0.045	-0.688	0.337	0.294	-0.640	-0.319	0.061	-0.428
										0.360			
0.8*L1	0.042	0.196	-0.413	-0.003	0.060	0.042	-0.788	0.251	0.220	0.229	-0.356	0.054	-0.506
0.9*L1	0.027	0.140	-0.392	-0.002	0.041	0.042	-0.835	0.174	0.153	0.152	-0.409	0.038	-0.634
1.0*L1	0.021	0.091	-0.369	-0.001	0.029	0.013	-0.758	0.113	0.098	0.106	-0.508	0.025	-0.861
0.0*L2	0.021	0.091	-0.369	-0.001	0.029	0.013	-0.758	0.113	0.098	0.106	0.492	0.025	-0.861
0.1*L2	0.019	0.062	-0.380	0.000	0.023	-0.010	-0.654	0.078	0.066	0.083	0.405	0.017	-0.656
0.2*L2	0.018	0.043	-0.395	0.001	0.020	-0.027	-0.593	0.054	0.045	0.068	0.351	0.012	-0.525
0.3*L2	0.017	0.031	-0.393	0.001	0.017	-0.035	-0.545	0.040	0.032	0.058	0.313	0.008	-0.439
0.4*L2	0.016	0.024	-0.372	0.001	0.015	-0.038	-0.494	0.031	0.024	0.050	0.279	0.006	-0.375
0.5*L2	0.014	0.020	-0.334	0.001	0.013	-0.035	-0.435	0.025	0.019	0.043	0.243	0.005	-0.321
0.6*L2	0.012	0.016	-0.285	0.001	0.011	-0.031	-0.369	0.020	0.015	0.036	0.205	0.004	-0.269
0.7*L2	0.010	0.013	-0.231	0.001	0.009	-0.025	-0.298	0.016	0.012	0.029	0.166	0.003	-0.217
0.8*L2	0.007	0.010	-0.178	0.001	0.007	-0.019	-0.229	0.013	0.009	0.023	0.127	0.003	-0.167
0.9*L2	0.005	0.007	-0.129	0.001	0.005	-0.014	-0.166	0.009	0.007	0.016	0.093	0.002	-0.121
1.0*L2	0.004	0.005	-0.090	0.000	0.004	-0.010	-0.115	0.006	0.005	0.011	0.064	0.001	-0.084
FAKTOR					1/a							1/(a*a)	

INFOLGE STRECKENMOMENT mt=1

IN FELD	M 0.4	M 0.7	M 1.0	Q 0	Q 0.4	Q 0.7	Q 1.0	T 0	T 0.4	T 0.7	T 1.0	q 0.4	q 1.0
1,BIS SPRUNG					-0.138	-0.297			-0.385	-1.244			
1,REST	0.596	0.628	-1.666	0.396	0.262	0.050	-2.778	2.996	1.117	0.362	-1.417	-0.047	-1.998
2	0.066	0.136	-1.465	0.004	0.069	-0.117	-2.107	0.171	0.139	0.232	1.226	0.036	-1.771
3	0.006	0.007	-0.134	0.001	0.005	-0.015	-0.169	0.008	0.006	0.016	0.093	0.002	-0.119
SUMME(+)	0.667	0.770	0.000	0.401	0.336	0.050	0.000	3.175	1.262	0.610	1.320	0.038	0.000
SUMME(-)	0.000	0.000	-3.265	0.000	-0.138	-0.429	-5.054	0.000	-0.385	-1.244	-1.417	-0.047	-3.889
SUMME	0.667	0.770	-3.265	0.401	0.198	-0.379	-5.054	3.175	0.877	-0.634	-0.097	-0.009	-3.889
FAKTOR	a				a				a			1/a	

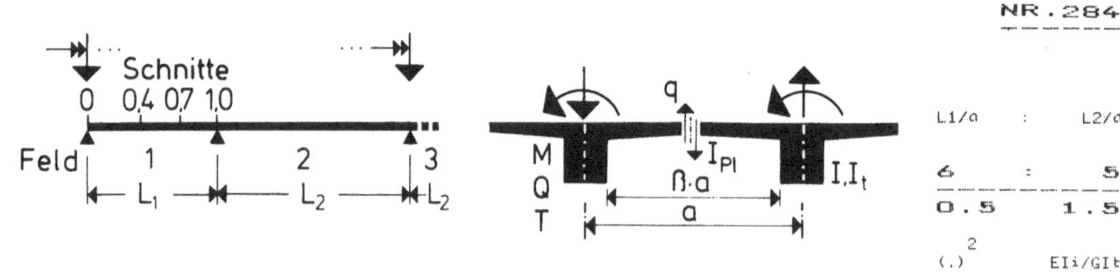

IN SCHNITT	M 0.4	M 0.7	M 1.0	Q 0	Q 0.4	Q 0.7	Q 1.0	T 0	T 0.4	T 0.7	T 1.0	q 0.4	q 1.0

INFOLGE EINZELLAST P=1

IN	M 0.4	M 0.7	M 1.0	Q 0	Q 0.4	Q 0.7	Q 1.0	T 0	T 0.4	T 0.7	T 1.0	q 0.4	q 1.0
0.0*L1	0.000	-0.000	-0.000	1.000	-0.000	0.000	-0.000	0.000	-0.000	-0.000	-0.000	0.000	-0.000
0.1*L1	0.022	-0.014	-0.042	0.609	-0.070	0.000	-0.041	0.148	-0.013	-0.048	-0.027	0.096	-0.034
0.2*L1	0.079	-0.025	-0.085	0.313	-0.168	-0.007	-0.082	0.248	-0.012	-0.092	-0.055	0.199	-0.068
0.3*L1	0.208	-0.027	-0.132	0.125	-0.313	-0.032	-0.124	0.293	0.012	-0.129	-0.082	0.299	-0.100
0.4*L1	0.443	-0.007	-0.183	0.026	-0.504	-0.086	-0.172	0.293	0.058	-0.151	-0.108	0.351	-0.127
					0.496								
0.5*L1	0.202	0.057	-0.235	-0.016	0.306	-0.186	-0.230	0.263	0.102	-0.152	-0.130	0.298	-0.146
0.6*L1	0.067	0.193	-0.285	-0.027	0.162	-0.341	-0.309	0.214	0.120	-0.128	-0.144	0.203	-0.150
0.7*L1	0.006	0.435	-0.318	-0.022	0.071	-0.544	-0.421	0.157	0.110	-0.082	-0.144	0.117	-0.132
						0.456							
0.8*L1	-0.012	0.196	-0.309	-0.014	0.024	0.252	-0.579	0.096	0.077	-0.037	-0.121	0.055	-0.091
0.9*L1	-0.009	0.062	-0.220	-0.006	0.005	0.097	-0.781	0.040	0.035	-0.011	-0.072	0.018	-0.035
1.0*L1	-0.000	-0.000	0.000	-0.000	-0.000	0.000	-1.000	0.000	0.000	0.000	0.000	0.000	0.000
0.0*L2	0.000	-0.000	-0.000	0.000	-0.000	-0.000	-0.000	-0.000	-0.000	0.000	0.000	-0.000	0.000
0.1*L2	0.006	-0.019	-0.189	0.003	0.001	-0.041	-0.143	-0.013	-0.012	0.009	0.059	-0.006	-0.022
0.2*L2	0.010	-0.023	-0.279	0.004	0.002	-0.058	-0.230	-0.015	-0.014	0.016	0.102	-0.008	-0.063
0.3*L2	0.012	-0.019	-0.303	0.004	0.004	-0.059	-0.268	-0.011	-0.011	0.021	0.125	-0.007	-0.099
0.4*L2	0.012	-0.013	-0.284	0.004	0.005	-0.053	-0.267	-0.006	-0.006	0.023	0.130	-0.006	-0.119
0.5*L2	0.011	-0.008	-0.243	0.003	0.005	-0.043	-0.239	-0.002	-0.002	0.022	0.120	-0.004	-0.121
0.6*L2	0.009	-0.004	-0.190	0.002	0.004	-0.032	-0.195	0.001	-0.000	0.018	0.100	-0.003	-0.108
0.7*L2	0.006	-0.001	-0.134	0.002	0.003	-0.022	-0.142	0.002	0.001	0.014	0.074	-0.001	-0.084
0.8*L2	0.004	-0.000	-0.080	0.001	0.002	-0.013	-0.087	0.002	0.001	0.009	0.046	-0.001	-0.054
0.9*L2	0.002	0.000	-0.033	0.000	0.001	-0.005	-0.037	0.001	0.001	0.004	0.020	-0.000	-0.023
1.0*L2	-0.000	0.000	0.000	-0.000	0.000	0.000	0.000	0.000	-0.000	0.000	0.000	-0.000	0.000
FAKTOR	a							a				1/a	

INFOLGE STRECKENLAST P=1

IN FELD	M 0.4	M 0.7	M 1.0	Q 0	Q 0.4	Q 0.7	Q 1.0	T 0	T 0.4	T 0.7	T 1.0	q 0.4	q 1.0
1,BIS SPRUNG					-0.475	-0.543			0.007	-0.450			
1,REST	0.574	0.493	-1.103	0.872	0.480	0.339	-1.935	1.061	0.288	-0.051	-0.536	0.988	-0.532
2	0.037	-0.045	-0.879	0.012	0.014	-0.166	-0.813	-0.021	-0.022	0.068	0.391	-0.019	-0.348
3	-0.001	-0.000	0.026	-0.000	-0.001	0.004	0.030	-0.001	-0.001	-0.003	-0.016	0.000	0.019
SUMME(+)	0.611	0.493	0.026	0.884	0.493	0.343	0.030	1.061	0.295	0.068	0.391	0.988	0.019
SUMME(-)	-0.001	-0.045	-1.981	-0.000	-0.476	-0.709	-2.748	-0.022	-0.023	-0.504	-0.552	-0.019	-0.880
SUMME	0.609	0.448	-1.955	0.883	0.017	-0.367	-2.718	1.039	0.272	-0.436	-0.160	0.969	-0.861
FAKTOR	a*a			a				a*a					

INFOLGE EINZELMOMENT Mt=1

IN	M 0.4	M 0.7	M 1.0	Q 0	Q 0.4	Q 0.7	Q 1.0	T 0	T 0.4	T 0.7	T 1.0	q 0.4	q 1.0
0.0*L1	0.000	0.000	-0.000	0.000	-0.000	-0.000	-0.000	1.000	-0.000	-0.000	-0.000	0.000	-0.000
0.1*L1	0.077	0.008	-0.082	0.212	-0.057	-0.026	-0.092	0.798	-0.068	-0.083	-0.051	0.016	-0.062
0.2*L1	0.158	0.022	-0.163	0.236	-0.097	-0.058	-0.186	0.689	-0.145	-0.164	-0.100	-0.001	-0.122
0.3*L1	0.237	0.050	-0.242	0.187	-0.093	-0.096	-0.283	0.616	-0.244	-0.242	-0.149	-0.090	-0.179
0.4*L1	0.281	0.096	-0.318	0.122	0.010	-0.140	-0.387	0.551	-0.393	-0.318	-0.194	-0.304	-0.233
									0.607				
0.5*L1	0.246	0.161	-0.385	0.070	0.117	-0.176	-0.499	0.480	0.457	-0.397	-0.235	-0.080	-0.284
0.6*L1	0.179	0.232	-0.436	0.034	0.131	-0.175	-0.617	0.402	0.354	-0.493	-0.272	0.022	-0.333
0.7*L1	0.118	0.272	-0.463	0.015	0.109	-0.080	-0.734	0.319	0.272	-0.634	-0.307	0.053	-0.389
										0.366			
0.8*L1	0.075	0.235	-0.459	0.006	0.079	0.017	-0.830	0.237	0.200	0.231	-0.345	0.051	-0.468
0.9*L1	0.050	0.166	-0.429	0.003	0.054	0.023	-0.865	0.163	0.137	0.153	-0.403	0.036	-0.601
1.0*L1	0.036	0.103	-0.402	0.004	0.036	-0.004	-0.772	0.103	0.087	0.107	-0.509	0.022	-0.830
0.0*L2	0.036	0.103	-0.402	0.004	0.036	-0.004	-0.771	0.103	0.087	0.107	0.491	0.022	-0.830
0.1*L2	0.031	0.063	-0.412	0.004	0.027	-0.029	-0.655	0.067	0.056	0.084	0.397	0.012	-0.621
0.2*L2	0.027	0.036	-0.429	0.005	0.021	-0.047	-0.585	0.043	0.035	0.069	0.338	0.005	-0.486
0.3*L2	0.025	0.019	-0.431	0.005	0.017	-0.057	-0.533	0.027	0.022	0.059	0.297	0.001	-0.396
0.4*L2	0.022	0.010	-0.412	0.005	0.014	-0.060	-0.481	0.018	0.014	0.051	0.261	-0.001	-0.331
0.5*L2	0.019	0.005	-0.373	0.005	0.012	-0.057	-0.423	0.013	0.009	0.044	0.227	-0.001	-0.278
0.6*L2	0.016	0.003	-0.321	0.004	0.010	-0.050	-0.358	0.010	0.007	0.036	0.191	-0.002	-0.230
0.7*L2	0.013	0.002	-0.261	0.003	0.008	-0.041	-0.289	0.007	0.005	0.029	0.154	-0.002	-0.184
0.8*L2	0.010	0.001	-0.200	0.003	0.006	-0.031	-0.221	0.006	0.004	0.022	0.117	-0.001	-0.140
0.9*L2	0.007	0.001	-0.144	0.002	0.004	-0.022	-0.159	0.004	0.003	0.016	0.084	-0.001	-0.101
1.0*L2	0.005	0.000	-0.097	0.001	0.003	-0.015	-0.107	0.003	0.002	0.011	0.057	-0.001	-0.068
FAKTOR				1/a								1/(a*a)	

INFOLGE STRECKENMOMENT mt=1

IN FELD	M 0.4	M 0.7	M 1.0	Q 0	Q 0.4	Q 0.7	Q 1.0	T 0	T 0.4	T 0.7	T 1.0	q 0.4	q 1.0
1,BIS SPRUNG					-0.157	-0.436			-0.386	-1.204			
1,REST	0.866	0.778	-1.911	0.550	0.317	0.009	-2.941	2.872	1.053	0.365	-1.382	-0.139	-1.840
2	0.095	0.093	-1.617	0.019	0.068	-0.203	-2.068	0.122	0.098	0.233	1.166	0.009	-1.599
3	0.005	0.000	-0.108	0.001	0.003	-0.017	-0.118	0.003	0.002	0.012	0.063	-0.001	-0.074
SUMME(+)	0.967	0.872	0.000	0.570	0.388	0.009	0.000	2.997	1.153	0.611	1.228	0.009	0.000
SUMME(-)	0.000	0.000	-3.635	0.000	-0.157	-0.656	-5.128	0.000	-0.386	-1.204	-1.382	-0.140	-3.513
SUMME	0.967	0.872	-3.635	0.570	0.231	-0.648	-5.128	2.997	0.767	-0.594	-0.154	-0.131	-3.513
FAKTOR	a							a				1/a	

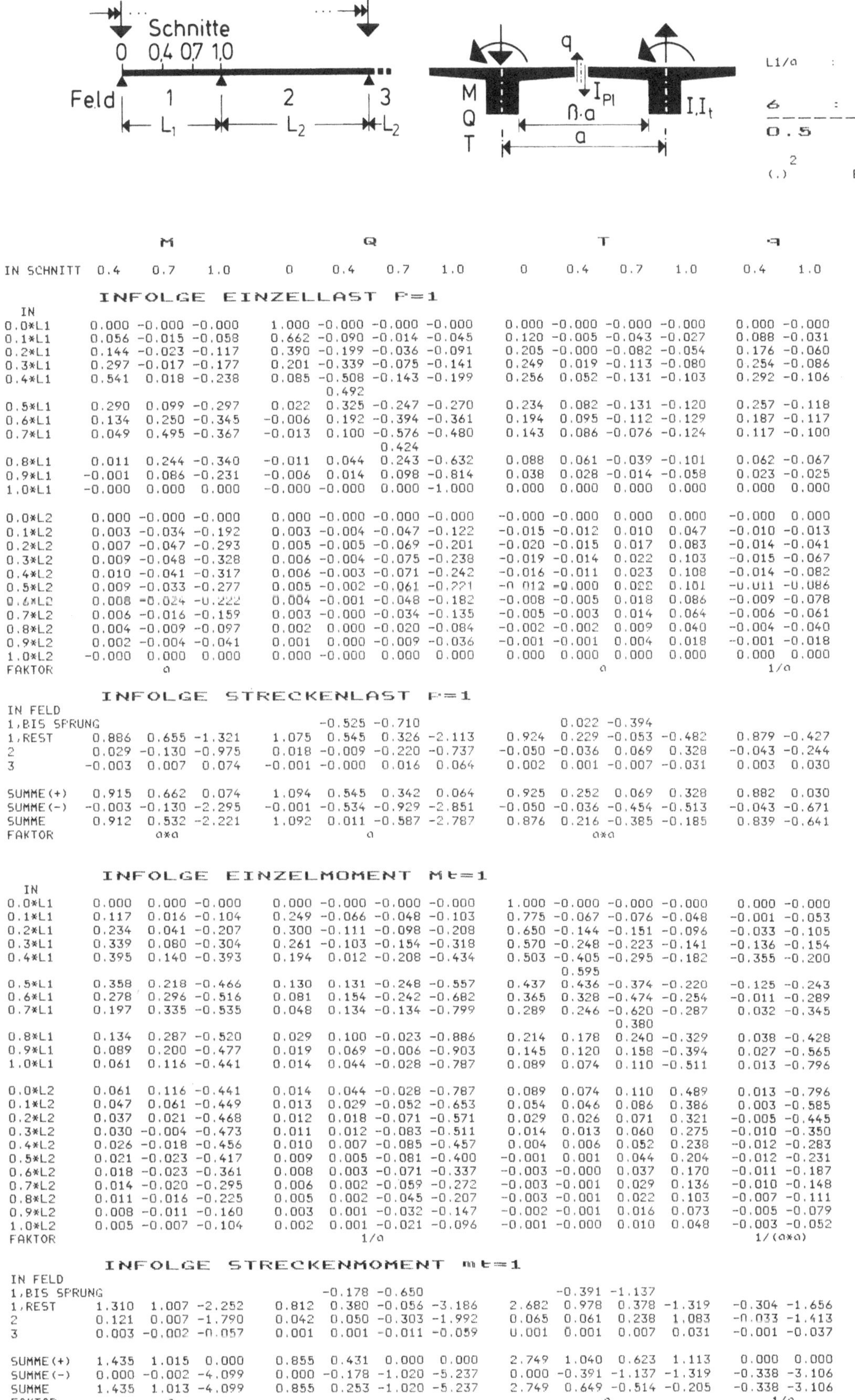

	M			Q				T				q	
IN SCHNITT	0.4	0.7	1.0	0	0.4	0.7	1.0	0	0.4	0.7	1.0	0.4	1.0

INFOLGE EINZELLAST P=1

IN	M 0.4	M 0.7	M 1.0	Q 0	Q 0.4	Q 0.7	Q 1.0	T 0	T 0.4	T 0.7	T 1.0	q 0.4	q 1.0
0.0*L1	0.000	-0.000	-0.000	1.000	-0.000	-0.000	-0.000	0.000	-0.000	-0.000	-0.000	0.000	-0.000
0.1*L1	0.056	-0.015	-0.058	0.662	-0.090	-0.014	-0.045	0.120	-0.005	-0.043	-0.027	0.088	-0.031
0.2*L1	0.144	-0.023	-0.117	0.390	-0.199	-0.036	-0.091	0.205	-0.000	-0.082	-0.054	0.176	-0.060
0.3*L1	0.297	-0.017	-0.177	0.201	-0.339	-0.075	-0.141	0.249	0.019	-0.113	-0.080	0.254	-0.086
0.4*L1	0.541	0.018	-0.238	0.085	-0.508	-0.143	-0.199	0.256	0.052	-0.131	-0.103	0.292	-0.106
					0.492								
0.5*L1	0.290	0.099	-0.297	0.022	0.325	-0.247	-0.270	0.234	0.082	-0.131	-0.120	0.257	-0.118
0.6*L1	0.134	0.250	-0.345	-0.006	0.192	-0.394	-0.361	0.194	0.095	-0.112	-0.129	0.187	-0.117
0.7*L1	0.049	0.495	-0.367	-0.013	0.100	-0.576	-0.480	0.143	0.086	-0.076	-0.124	0.117	-0.100
						0.424							
0.8*L1	0.011	0.244	-0.340	-0.011	0.044	0.243	-0.632	0.088	0.061	-0.039	-0.101	0.062	-0.067
0.9*L1	-0.001	0.086	-0.231	-0.006	0.014	0.098	-0.814	0.038	0.028	-0.014	-0.058	0.023	-0.025
1.0*L1	-0.000	0.000	0.000	-0.000	-0.000	0.000	-1.000	0.000	0.000	0.000	0.000	0.000	0.000
0.0*L2	0.000	-0.000	-0.000	0.000	-0.000	-0.000	-0.000	-0.000	-0.000	0.000	0.000	-0.000	0.000
0.1*L2	0.003	-0.034	-0.192	0.003	-0.004	-0.047	-0.122	-0.015	-0.012	0.010	0.047	-0.010	-0.013
0.2*L2	0.007	-0.047	-0.293	0.005	-0.005	-0.069	-0.201	-0.020	-0.015	0.017	0.083	-0.014	-0.041
0.3*L2	0.009	-0.048	-0.328	0.006	-0.004	-0.075	-0.238	-0.019	-0.014	0.022	0.103	-0.015	-0.067
0.4*L2	0.010	-0.041	-0.317	0.006	-0.003	-0.071	-0.242	-0.016	-0.011	0.023	0.108	-0.014	-0.082
0.5*L2	0.009	-0.033	-0.277	0.005	-0.002	-0.061	-0.221	-0.012	-0.000	0.022	0.101	-0.011	-0.086
0.6*L2	0.008	-0.024	-0.222	0.004	-0.001	-0.048	-0.182	-0.008	-0.005	0.018	0.086	-0.009	-0.078
0.7*L2	0.006	-0.016	-0.159	0.003	-0.000	-0.034	-0.135	-0.005	-0.003	0.014	0.064	-0.006	-0.061
0.8*L2	0.004	-0.009	-0.097	0.002	0.000	-0.020	-0.084	-0.002	-0.002	0.009	0.040	-0.004	-0.040
0.9*L2	0.002	-0.004	-0.041	0.001	0.000	-0.009	-0.036	-0.001	-0.001	0.004	0.018	-0.001	-0.018
1.0*L2	-0.000	0.000	0.000	0.000	-0.000	0.000	0.000	0.000	0.000	0.000	0.000	0.000	0.000
FAKTOR	a							a				1/a	

INFOLGE STRECKENLAST P=1

IN FELD

IN FELD	M 0.4	M 0.7	M 1.0	Q 0	Q 0.4	Q 0.7	Q 1.0	T 0	T 0.4	T 0.7	T 1.0	q 0.4	q 1.0
1,BIS SPRUNG						-0.525	-0.710			0.022	-0.394		
1,REST	0.886	0.655	-1.321	1.075	0.545	0.326	-2.113	0.924	0.229	-0.053	-0.482	0.879	-0.427
2	0.029	-0.130	-0.975	0.018	-0.009	-0.220	-0.737	-0.050	-0.036	0.069	0.328	-0.043	-0.244
3	-0.003	0.007	0.074	-0.001	-0.000	0.016	0.064	0.002	0.001	-0.007	-0.031	0.003	0.030
SUMME(+)	0.915	0.662	0.074	1.094	0.545	0.342	0.064	0.925	0.252	0.069	0.328	0.882	0.030
SUMME(-)	-0.003	-0.130	-2.295	-0.001	-0.534	-0.929	-2.851	-0.050	-0.036	-0.454	-0.513	-0.043	-0.671
SUMME	0.912	0.532	-2.221	1.092	0.011	-0.587	-2.787	0.876	0.216	-0.385	-0.185	0.839	-0.641
FAKTOR	a*a			a				a*a					

INFOLGE EINZELMOMENT Mt=1

IN	M 0.4	M 0.7	M 1.0	Q 0	Q 0.4	Q 0.7	Q 1.0	T 0	T 0.4	T 0.7	T 1.0	q 0.4	q 1.0
0.0*L1	0.000	0.000	-0.000	0.000	-0.000	-0.000	-0.000	1.000	-0.000	-0.000	-0.000	0.000	-0.000
0.1*L1	0.117	0.016	-0.104	0.249	-0.066	-0.048	-0.103	0.775	-0.067	-0.076	-0.048	-0.001	-0.053
0.2*L1	0.234	0.041	-0.207	0.300	-0.111	-0.098	-0.208	0.650	-0.144	-0.151	-0.096	-0.033	-0.105
0.3*L1	0.339	0.080	-0.304	0.261	-0.103	-0.154	-0.318	0.570	-0.248	-0.223	-0.141	-0.136	-0.154
0.4*L1	0.395	0.140	-0.393	0.194	0.012	-0.208	-0.434	0.503	-0.405	-0.295	-0.182	-0.355	-0.200
								0.595					
0.5*L1	0.358	0.218	-0.466	0.130	0.131	-0.248	-0.557	0.437	0.436	-0.374	-0.220	-0.125	-0.243
0.6*L1	0.278	0.296	-0.516	0.081	0.154	-0.242	-0.682	0.365	0.328	-0.474	-0.254	-0.011	-0.289
0.7*L1	0.197	0.335	-0.535	0.048	0.134	-0.134	-0.799	0.289	0.246	-0.620	-0.287	0.032	-0.345
										0.380			
0.8*L1	0.134	0.287	-0.520	0.029	0.100	-0.023	-0.886	0.214	0.178	0.240	-0.329	0.038	-0.428
0.9*L1	0.089	0.200	-0.477	0.019	0.069	-0.006	-0.903	0.145	0.120	0.158	-0.394	0.027	-0.565
1.0*L1	0.061	0.116	-0.441	0.014	0.044	-0.028	-0.787	0.089	0.074	0.110	-0.511	0.013	-0.796
0.0*L2	0.061	0.116	-0.441	0.014	0.044	-0.028	-0.787	0.089	0.074	0.110	0.489	0.013	-0.796
0.1*L2	0.047	0.061	-0.449	0.013	0.029	-0.052	-0.653	0.054	0.046	0.086	0.386	0.003	-0.585
0.2*L2	0.037	0.021	-0.468	0.012	0.018	-0.071	-0.571	0.029	0.026	0.071	0.321	-0.005	-0.445
0.3*L2	0.030	-0.004	-0.473	0.011	0.012	-0.083	-0.511	0.014	0.013	0.060	0.275	-0.010	-0.350
0.4*L2	0.026	-0.018	-0.456	0.010	0.007	-0.085	-0.457	0.004	0.006	0.052	0.238	-0.012	-0.283
0.5*L2	0.021	-0.023	-0.417	0.009	0.005	-0.081	-0.400	-0.001	0.001	0.044	0.204	-0.012	-0.231
0.6*L2	0.018	-0.023	-0.361	0.008	0.003	-0.071	-0.337	-0.003	-0.000	0.037	0.170	-0.011	-0.187
0.7*L2	0.014	-0.020	-0.295	0.006	0.002	-0.059	-0.272	-0.003	-0.001	0.029	0.136	-0.010	-0.148
0.8*L2	0.011	-0.016	-0.225	0.005	0.002	-0.045	-0.207	-0.003	-0.001	0.022	0.103	-0.007	-0.111
0.9*L2	0.008	-0.011	-0.160	0.003	0.001	-0.032	-0.147	-0.002	-0.001	0.016	0.073	-0.005	-0.079
1.0*L2	0.005	-0.007	-0.104	0.002	0.001	-0.021	-0.096	-0.001	-0.000	0.010	0.048	-0.003	-0.052
FAKTOR				1/a								1/(a*a)	

INFOLGE STRECKENMOMENT mt=1

IN FELD

IN FELD	M 0.4	M 0.7	M 1.0	Q 0	Q 0.4	Q 0.7	Q 1.0	T 0	T 0.4	T 0.7	T 1.0	q 0.4	q 1.0
1,BIS SPRUNG						-0.178	-0.650			-0.391	-1.137		
1,REST	1.310	1.007	-2.252	0.812	0.380	-0.056	-3.186	2.682	0.978	0.378	-1.319	-0.304	-1.656
2	0.121	0.007	-1.790	0.042	0.050	-0.303	-1.992	0.065	0.061	0.238	1.083	-0.033	-1.413
3	0.003	-0.002	-0.057	0.001	0.001	-0.011	-0.059	0.001	0.001	0.007	0.031	-0.001	-0.037
SUMME(+)	1.435	1.015	0.000	0.855	0.431	0.000	0.000	2.749	1.040	0.623	1.113	0.000	0.000
SUMME(-)	0.000	-0.002	-4.099	0.000	-0.178	-1.020	-5.237	0.000	-0.391	-1.137	-1.319	-0.338	-3.106
SUMME	1.435	1.013	-4.099	0.855	0.253	-1.020	-5.237	2.749	0.649	-0.514	-0.205	-0.338	-3.106
FAKTOR	a							a				1/a	

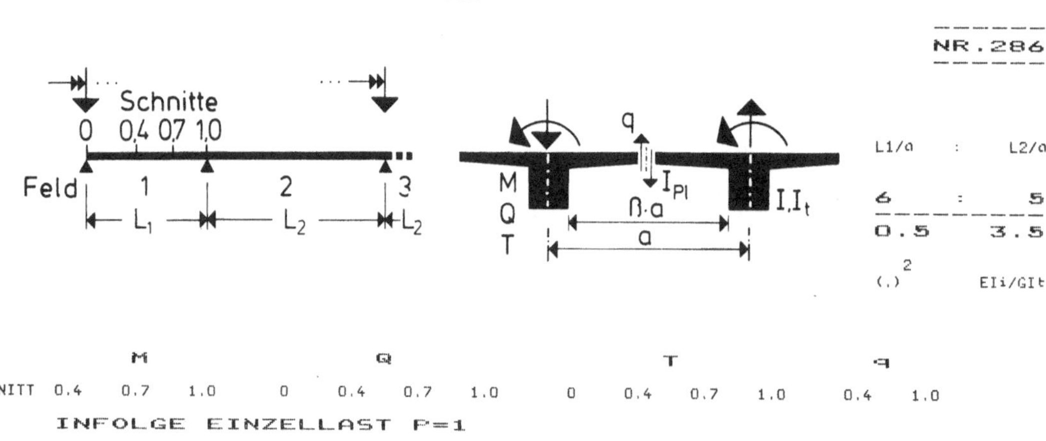

	M			Q				T				q	
IN SCHNITT	0.4	0.7	1.0	0	0.4	0.7	1.0	0	0.4	0.7	1.0	0.4	1.0

INFOLGE EINZELLAST P=1

IN	M 0.4	M 0.7	M 1.0	Q 0	Q 0.4	Q 0.7	Q 1.0	T 0	T 0.4	T 0.7	T 1.0	q 0.4	q 1.0
0.0*L1	0.000	-0.000	-0.000	1.000	-0.000	-0.000	-0.000	0.000	-0.000	-0.000	-0.000	0.000	-0.000
0.1*L1	0.082	-0.012	-0.070	0.693	-0.100	-0.026	-0.050	0.102	-0.001	-0.038	-0.026	0.079	-0.027
0.2*L1	0.194	-0.016	-0.141	0.439	-0.215	-0.060	-0.102	0.177	0.004	-0.073	-0.052	0.156	-0.053
0.3*L1	0.363	-0.003	-0.211	0.254	-0.352	-0.109	-0.159	0.218	0.021	-0.100	-0.076	0.222	-0.075
0.4*L1	0.614	0.041	-0.280	0.130	-0.510	-0.184	-0.224	0.227	0.047	-0.116	-0.096	0.254	-0.092
				0.490									
0.5*L1	0.359	0.132	-0.341	0.057	0.336	-0.291	-0.302	0.210	0.070	-0.116	-0.111	0.227	-0.100
0.6*L1	0.189	0.291	-0.386	0.017	0.209	-0.432	-0.399	0.176	0.079	-0.100	-0.116	0.171	-0.098
0.7*L1	0.087	0.535	-0.400	-0.000	0.117	-0.600	-0.520	0.130	0.072	-0.070	-0.110	0.112	-0.082
					0.400								
0.8*L1	0.033	0.275	-0.361	-0.005	0.056	0.234	-0.667	0.081	0.051	-0.038	-0.088	0.062	-0.054
0.9*L1	0.008	0.103	-0.239	-0.003	0.020	0.096	-0.834	0.035	0.024	-0.015	-0.050	0.024	-0.021
1.0*L1	-0.000	0.000	0.000	-0.000	0.000	0.000	-1.000	0.000	-0.000	0.000	0.000	0.000	0.000
0.0*L2	-0.000	-0.000	-0.000	0.000	-0.000	-0.000	-0.000	-0.000	-0.000	0.000	0.000	-0.000	0.000
0.1*L2	-0.001	-0.045	-0.193	0.003	-0.008	-0.048	-0.109	-0.016	-0.011	0.010	0.040	-0.012	-0.009
0.2*L2	0.000	-0.065	-0.299	0.004	-0.011	-0.074	-0.181	-0.022	-0.015	0.017	0.070	-0.017	-0.030
0.3*L2	0.002	-0.069	-0.340	0.005	-0.011	-0.082	-0.217	-0.023	-0.015	0.021	0.088	-0.019	-0.050
0.4*L2	0.003	-0.064	-0.334	0.006	-0.009	-0.080	-0.222	-0.020	-0.013	0.022	0.094	-0.018	-0.063
0.5*L2	0.004	-0.054	-0.296	0.005	-0.008	-0.070	-0.204	-0.016	-0.010	0.021	0.089	-0.016	-0.066
0.6*L2	0.004	-0.041	-0.240	0.004	-0.005	-0.056	-0.171	-0.012	-0.007	0.018	0.075	-0.012	-0.060
0.7*L2	0.004	-0.029	-0.174	0.003	-0.004	-0.040	-0.127	-0.008	-0.005	0.014	0.057	-0.009	-0.048
0.8*L2	0.002	-0.017	-0.107	0.002	-0.002	-0.024	-0.079	-0.005	-0.003	0.009	0.036	-0.005	-0.032
0.9*L2	0.001	-0.007	-0.047	0.001	-0.001	-0.011	-0.035	-0.002	-0.001	0.004	0.016	-0.002	-0.014
1.0*L2	0.000	-0.000	-0.000	0.000	0.000	-0.000	-0.000	0.000	-0.000	0.000	0.000	-0.000	0.000
FAKTOR		a							a			1/a	

INFOLGE STRECKENLAST P=1

IN FELD	M 0.4	M 0.7	M 1.0	Q 0	Q 0.4	Q 0.7	Q 1.0	T 0	T 0.4	T 0.7	T 1.0	q 0.4	q 1.0
1,BIS SPRUNG					-0.550	-0.833			0.027	-0.351			
1,REST	1.131	0.781	-1.476	1.233	0.583	0.313	-2.249	0.821	0.194	-0.051	-0.438	0.789	-0.362
2	0.010	-0.198	-1.026	0.017	-0.030	-0.245	-0.679	-0.063	-0.040	0.068	0.285	-0.056	-0.187
3	-0.002	0.018	0.111	-0.002	0.002	0.025	0.081	0.005	0.003	-0.009	-0.037	0.006	0.031
SUMME(+)	1.141	0.799	0.111	1.250	0.585	0.338	0.081	0.826	0.224	0.068	0.285	0.795	0.031
SUMME(-)	-0.002	-0.198	-2.503	-0.002	-0.580	-1.079	-2.928	-0.063	-0.040	-0.411	-0.475	-0.056	-0.549
SUMME	1.139	0.601	-2.392	1.248	0.005	-0.740	-2.847	0.763	0.184	-0.343	-0.190	0.739	-0.518
FAKTOR		a*a			a				a*a				

INFOLGE EINZELMOMENT Mt=1

IN	M 0.4	M 0.7	M 1.0	Q 0	Q 0.4	Q 0.7	Q 1.0	T 0	T 0.4	T 0.7	T 1.0	q 0.4	q 1.0
0.0*L1	0.000	0.000	-0.000	0.000	-0.000	-0.000	-0.000	1.000	-0.000	-0.000	-0.000	-0.000	-0.000
0.1*L1	0.148	0.025	-0.122	0.275	-0.071	-0.064	-0.113	0.760	-0.067	-0.070	-0.046	-0.013	-0.047
0.2*L1	0.292	0.058	-0.240	0.345	-0.118	-0.130	-0.228	0.623	-0.145	-0.140	-0.090	-0.058	-0.093
0.3*L1	0.417	0.107	-0.350	0.316	-0.107	-0.197	-0.348	0.536	-0.253	-0.208	-0.132	-0.170	-0.137
0.4*L1	0.483	0.177	-0.447	0.250	0.013	-0.259	-0.473	0.467	-0.414	-0.278	-0.171	-0.393	-0.178
								0.586					
0.5*L1	0.446	0.262	-0.524	0.181	0.139	-0.301	-0.602	0.402	0.423	-0.357	-0.206	-0.160	-0.219
0.6*L1	0.357	0.344	-0.572	0.122	0.167	-0.290	-0.731	0.335	0.312	-0.459	-0.239	-0.039	-0.263
0.7*L1	0.262	0.380	-0.585	0.080	0.149	-0.174	-0.846	0.265	0.230	-0.608	-0.273	0.012	-0.320
										0.392			
0.8*L1	0.182	0.324	-0.560	0.051	0.113	-0.053	-0.925	0.195	0.164	0.247	-0.317	0.024	-0.405
0.9*L1	0.122	0.223	-0.508	0.034	0.077	-0.028	-0.928	0.132	0.110	0.163	-0.387	0.018	-0.546
1.0*L1	0.080	0.124	-0.465	0.024	0.047	-0.045	-0.796	0.079	0.068	0.113	-0.511	0.006	-0.778
0.0*L2	0.080	0.124	-0.465	0.024	0.047	-0.045	-0.796	0.079	0.068	0.113	0.489	0.006	-0.778
0.1*L2	0.057	0.057	-0.471	0.019	0.028	-0.066	-0.650	0.046	0.041	0.088	0.380	-0.004	-0.566
0.2*L2	0.041	0.009	-0.490	0.016	0.015	-0.085	-0.559	0.022	0.022	0.072	0.309	-0.012	-0.423
0.3*L2	0.031	-0.023	-0.496	0.014	0.006	-0.096	-0.494	0.006	0.010	0.061	0.260	-0.016	-0.326
0.4*L2	0.023	-0.040	-0.480	0.012	0.001	-0.098	-0.438	-0.003	0.002	0.052	0.222	-0.018	-0.257
0.5*L2	0.018	-0.046	-0.441	0.010	-0.002	-0.093	-0.380	-0.008	-0.002	0.044	0.188	-0.018	-0.206
0.6*L2	0.014	-0.045	-0.383	0.009	-0.003	-0.083	-0.320	-0.009	-0.003	0.037	0.155	-0.017	-0.164
0.7*L2	0.011	-0.039	-0.314	0.007	-0.003	-0.068	-0.257	-0.008	-0.003	0.029	0.124	-0.014	-0.128
0.8*L2	0.008	-0.030	-0.240	0.005	-0.002	-0.052	-0.195	-0.007	-0.003	0.022	0.093	-0.011	-0.095
0.9*L2	0.006	-0.021	-0.169	0.004	-0.002	-0.037	-0.137	-0.005	-0.002	0.016	0.066	-0.008	-0.067
1.0*L2	0.004	-0.013	-0.107	0.002	-0.001	-0.023	-0.088	-0.003	-0.001	0.010	0.042	-0.005	-0.044
FAKTOR					1/a							1/(a*a)	

INFOLGE STRECKENMOMENT mt=1

IN FELD	M 0.4	M 0.7	M 1.0	Q 0	Q 0.4	Q 0.7	Q 1.0	T 0	T 0.4	T 0.7	T 1.0	q 0.4	q 1.0
1,BIS SPRUNG					-0.188	-0.809			-0.396	-1.084			
1,REST	1.658	1.183	-2.490	1.021	0.416	-0.103	-3.372	2.539	0.932	0.390	-1.264	-0.436	-1.545
2	0.124	-0.065	-1.886	0.054	0.030	-0.358	-1.931	0.035	0.047	0.240	1.027	-0.059	-1.312
3	0.002	0.003	-0.017	0.001	0.001	-0.002	-0.026	0.002	0.002	0.004	0.015	-0.000	-0.024
SUMME(+)	1.785	1.186	0.000	1.076	0.447	0.000	0.000	2.576	0.981	0.634	1.042	0.000	0.000
SUMME(-)	0.000	-0.065	-4.393	0.000	-0.188	-1.273	-5.329	0.000	-0.396	-1.084	-1.264	-0.495	-2.881
SUMME	1.785	1.121	-4.393	1.076	0.259	-1.273	-5.329	2.576	0.584	-0.450	-0.221	-0.495	-2.881
FAKTOR		a							a			1/a	

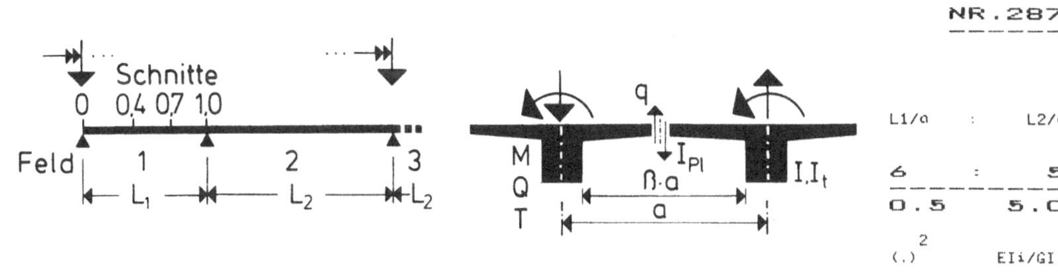

		M			Q				T			q	
IN SCHNITT	0.4	0.7	1.0	0	0.4	0.7	1.0	0	0.4	0.7	1.0	0.4	1.0

INFOLGE EINZELLAST F=1

IN	M 0.4	M 0.7	M 1.0	Q 0	Q 0.4	Q 0.7	Q 1.0	T 0	T 0.4	T 0.7	T 1.0	q 0.4	q 1.0
0.0*L1	0.000	-0.000	-0.000	1.000	-0.000	-0.000	-0.000	0.000	0.000	-0.000	-0.000	0.000	-0.000
0.1*L1	0.112	-0.007	-0.085	0.725	-0.109	-0.040	-0.057	0.084	0.001	-0.033	-0.025	0.068	-0.023
0.2*L1	0.249	-0.004	-0.169	0.490	-0.228	-0.087	-0.117	0.148	0.007	-0.063	-0.048	0.133	-0.045
0.3*L1	0.437	0.018	-0.250	0.310	-0.363	-0.148	-0.182	0.185	0.021	-0.086	-0.069	0.188	-0.063
0.4*L1	0.696	0.071	-0.325	0.183	-0.511	-0.230	-0.256	0.194	0.041	-0.099	-0.087	0.214	-0.077
					0.489								
0.5*L1	0.437	0.171	-0.388	0.099	0.346	-0.338	-0.341	0.182	0.059	-0.100	-0.098	0.195	-0.083
0.6*L1	0.254	0.335	-0.429	0.048	0.225	-0.473	-0.442	0.154	0.065	-0.086	-0.101	0.151	-0.079
0.7*L1	0.134	0.579	-0.434	0.019	0.133	-0.627	-0.563	0.115	0.058	-0.062	-0.094	0.102	-0.066
						0.373							
0.8*L1	0.061	0.308	-0.382	0.006	0.068	0.220	-0.702	0.072	0.041	-0.035	-0.074	0.058	-0.043
0.9*L1	0.020	0.119	-0.247	0.001	0.025	0.093	-0.853	0.032	0.019	-0.014	-0.041	0.024	-0.016
1.0*L1	-0.000	0.000	0.000	-0.000	0.000	0.000	-1.000	-0.000	0.000	-0.000	0.000	0.000	0.000
0.0*L2	-0.000	-0.000	-0.000	0.000	-0.000	-0.000	-0.000	-0.000	-0.000	0.000	0.000	-0.000	0.000
0.1*L2	-0.007	-0.057	-0.192	0.001	-0.012	-0.049	-0.096	-0.015	-0.009	0.009	0.033	-0.012	-0.006
0.2*L2	-0.010	-0.085	-0.303	0.002	-0.017	-0.076	-0.160	-0.023	-0.013	0.016	0.058	-0.019	-0.021
0.3*L2	-0.009	-0.094	-0.349	0.002	-0.018	-0.086	-0.193	-0.024	-0.014	0.020	0.073	-0.021	-0.036
0.4*L2	-0.008	-0.090	-0.347	0.003	-0.017	-0.085	-0.200	-0.023	-0.013	0.021	0.078	-0.021	-0.046
0.5*L2	-0.006	-0.078	-0.312	0.003	-0.015	-0.076	-0.185	-0.019	-0.011	0.020	0.075	-0.010	-0.049
0.6*L2	-0.004	-0.062	-0.255	0.003	-0.011	-0.062	-0.156	-0.015	-0.008	0.017	0.064	-0.015	-0.045
0.7*L2	-0.002	-0.044	-0.187	0.002	-0.008	-0.045	-0.117	-0.011	-0.006	0.013	0.049	-0.011	-0.036
0.8*L2	-0.001	-0.027	-0.117	0.001	-0.005	-0.028	-0.074	-0.006	-0.003	0.008	0.031	-0.007	-0.024
0.9*L2	-0.000	-0.012	-0.051	0.001	-0.002	-0.012	-0.033	-0.003	-0.001	0.004	0.014	-0.003	-0.011
1.0*L2	0.000	-0.000	0.000	0.000	0.000	0.000	0.000	-0.000	0.000	-0.000	0.000	0.000	0.000
FAKTOR	a				a				a			1/a	

INFOLGE STRECKENLAST p=1

IN FELD	M 0.4	M 0.7	M 1.0	Q 0	Q 0.4	Q 0.7	Q 1.0	T 0	T 0.4	T 0.7	T 1.0	q 0.4	q 1.0
1, BIS SPRUNG					-0.571	-0.971			0.029	-0.303			
1, REST	1.416	0.929	-1.646	1.413	0.618	0.295	-2.404	0.706	0.160	-0.047	-0.385	0.684	-0.298
2	-0.024	-0.277	-1.069	0.008	-0.053	-0.262	-0.612	-0.070	-0.040	0.065	0.240	-0.064	-0.137
3	0.002	0.035	0.150	-0.002	0.006	0.036	0.093	0.008	0.004	-0.010	-0.039	0.009	0.029
SUMME (+)	1.418	0.964	0.150	1.422	0.625	0.331	0.093	0.714	0.193	0.065	0.240	0.692	0.029
SUMME (-)	-0.024	-0.277	-2.715	-0.002	-0.624	-1.233	-3.016	-0.070	-0.040	-0.360	-0.424	-0.064	-0.436
SUMME	1.394	0.687	-2.565	1.420	0.000	-0.902	-2.923	0.644	0.154	-0.295	-0.185	0.628	-0.406
FAKTOR	a*a				a				a*a			1/a	

INFOLGE EINZELMOMENT Mt=1

IN	M 0.4	M 0.7	M 1.0	Q 0	Q 0.4	Q 0.7	Q 1.0	T 0	T 0.4	T 0.7	T 1.0	q 0.4	q 1.0
0.0*L1	0.000	0.000	-0.000	0.000	-0.000	-0.000	-0.000	1.000	-0.000	-0.000	-0.000	-0.000	-0.000
0.1*L1	0.183	0.036	-0.141	0.302	-0.075	-0.082	-0.126	0.744	-0.067	-0.064	-0.042	-0.028	-0.041
0.2*L1	0.358	0.081	-0.276	0.394	-0.123	-0.165	-0.254	0.593	-0.148	-0.127	-0.083	-0.086	-0.081
0.3*L1	0.505	0.142	-0.400	0.377	-0.111	-0.245	-0.385	0.498	-0.258	-0.191	-0.121	-0.207	-0.119
0.4*L1	0.583	0.221	-0.506	0.314	0.015	-0.316	-0.519	0.427	-0.424	-0.258	-0.156	-0.435	-0.156
									0.576				
0.5*L1	0.547	0.313	-0.586	0.240	0.148	-0.359	-0.655	0.364	0.410	-0.337	-0.189	-0.200	-0.194
0.6*L1	0.449	0.398	-0.632	0.173	0.180	-0.344	-0.785	0.301	0.297	-0.441	-0.220	-0.073	-0.238
0.7*L1	0.338	0.430	-0.637	0.119	0.162	-0.219	-0.897	0.237	0.215	-0.594	-0.255	-0.013	-0.296
										0.406			
0.8*L1	0.239	0.364	-0.602	0.080	0.125	-0.087	-0.966	0.174	0.152	0.257	-0.303	0.006	-0.385
0.9*L1	0.159	0.248	-0.539	0.053	0.084	-0.052	-0.955	0.116	0.101	0.169	-0.380	0.006	-0.528
1.0*L1	0.101	0.133	-0.488	0.036	0.049	-0.062	-0.806	0.068	0.062	0.117	-0.511	-0.003	-0.762
0.0*L2	0.101	0.133	-0.488	0.036	0.049	-0.062	-0.806	0.068	0.062	0.117	0.489	-0.003	-0.762
0.1*L2	0.067	0.053	-0.491	0.026	0.027	-0.080	-0.647	0.038	0.037	0.091	0.374	-0.011	-0.549
0.2*L2	0.043	-0.006	-0.509	0.019	0.010	-0.096	-0.547	0.015	0.020	0.073	0.298	-0.018	-0.404
0.3*L2	0.027	-0.045	-0.515	0.015	-0.000	-0.106	-0.475	0.000	0.008	0.061	0.245	-0.022	-0.305
0.4*L2	0.016	-0.066	-0.500	0.012	-0.007	-0.108	-0.415	-0.008	0.001	0.052	0.205	-0.023	-0.235
0.5*L2	0.010	-0.073	-0.461	0.009	-0.010	-0.103	-0.358	-0.012	-0.003	0.044	0.171	-0.023	-0.184
0.6*L2	0.006	-0.070	-0.402	0.007	-0.010	-0.091	-0.300	-0.013	-0.004	0.036	0.140	-0.021	-0.144
0.7*L2	0.003	-0.060	-0.330	0.006	-0.009	-0.075	-0.240	-0.012	-0.005	0.028	0.111	-0.017	-0.110
0.8*L2	0.002	-0.047	-0.251	0.004	-0.007	-0.058	-0.181	-0.009	-0.004	0.021	0.083	-0.013	-0.082
0.9*L2	0.002	-0.033	-0.175	0.003	-0.005	-0.040	-0.126	-0.007	-0.003	0.015	0.058	-0.009	-0.057
1.0*L2	0.001	-0.019	-0.108	0.002	-0.003	-0.025	-0.079	-0.004	-0.001	0.009	0.037	-0.006	-0.037
FAKTOR					1/a							1/(a*a)	

INFOLGE STRECKENMOMENT mt=1

IN FELD	M 0.4	M 0.7	M 1.0	Q 0	Q 0.4	Q 0.7	Q 1.0	T 0	T 0.4	T 0.7	T 1.0	q 0.4	q 1.0
1, BIS SPRUNG					-0.195	-0.987			-0.404	-1.023			
1, REST	2.059	1.386	-2.745	1.266	0.450	-0.156	-3.585	2.378	0.888	0.405	-1.196	-0.590	-1.439
2	0.112	-0.150	-1.969	0.060	0.004	-0.402	-1.860	0.010	0.038	0.241	0.970	-0.081	-1.225
3	0.004	0.015	0.027	0.001	0.003	0.008	0.001	0.005	0.003	0.001	0.005	0.002	-0.017
SUMME (+)	2.175	1.401	0.027	1.326	0.458	0.008	0.001	2.393	0.929	0.647	0.975	0.002	0.000
SUMME (-)	0.000	-0.150	-4.714	0.000	-0.195	-1.545	-5.445	0.000	-0.404	-1.023	-1.196	-0.671	-2.680
SUMME	2.175	1.251	-4.687	1.326	0.263	-1.536	-5.444	2.393	0.524	-0.376	-0.222	-0.668	-2.680
FAKTOR	a				a				a			1/a	

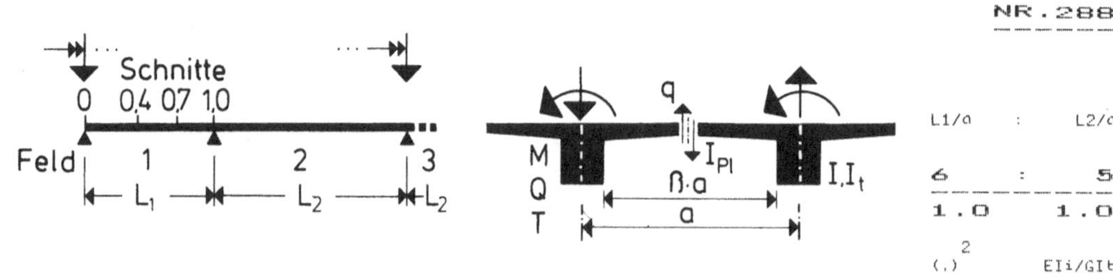

	M 0.4	M 0.7	M 1.0	Q 0	Q 0.4	Q 0.7	Q 1.0	T 0	T 0.4	T 0.7	T 1.0	q 0.4	q 1.0
IN SCHNITT	0.4	0.7	1.0	0	0.4	0.7	1.0	0	0.4	0.7	1.0	0.4	1.0

INFOLGE EINZELLAST P=1

IN	M 0.4	M 0.7	M 1.0	Q 0	Q 0.4	Q 0.7	Q 1.0	T 0	T 0.4	T 0.7	T 1.0	q 0.4	q 1.0
0.0*L1	-0.000	-0.000	-0.000	1.000	-0.000	0.000	-0.000	0.000	-0.000	-0.000	-0.000	0.000	-0.000
0.1*L1	-0.006	-0.004	-0.032	0.509	-0.030	0.005	-0.047	0.196	-0.034	-0.052	-0.025	0.082	-0.044
0.2*L1	0.019	-0.009	-0.064	0.191	-0.103	0.009	-0.094	0.307	-0.047	-0.102	-0.051	0.199	-0.089
0.3*L1	0.116	-0.015	-0.098	0.036	-0.257	0.004	-0.139	0.335	-0.019	-0.149	-0.078	0.353	-0.134
0.4*L1	0.338	-0.012	-0.135	-0.018	-0.498	-0.025	-0.183	0.313	0.053	-0.184	-0.105	0.454	-0.179
(Sprung)				0.502									
0.5*L1	0.115	0.021	-0.175	-0.025	0.259	-0.104	-0.229	0.266	0.124	-0.194	-0.132	0.350	-0.219
0.6*L1	0.015	0.123	-0.218	-0.018	0.101	-0.265	-0.286	0.211	0.152	-0.165	-0.155	0.194	-0.244
0.7*L1	-0.015	0.349	-0.256	-0.009	0.025	-0.513	-0.371	0.153	0.136	-0.095	-0.166	0.083	-0.238
(Sprung)						0.487							
0.8*L1	-0.015	0.128	-0.267	-0.004	-0.001	0.240	-0.511	0.095	0.094	-0.027	-0.152	0.026	-0.182
0.9*L1	-0.007	0.030	-0.205	-0.001	-0.004	0.078	-0.728	0.040	0.042	0.000	-0.097	0.004	-0.078
1.0*L1	0.000	-0.000	0.000	0.000	-0.000	0.000	-1.000	0.000	0.000	0.000	0.000	0.000	0.000
0.0*L2	0.000	-0.000	-0.000	0.000	0.000	-0.000	-0.000	-0.000	-0.000	-0.000	0.000	-0.000	0.000
0.1*L2	0.003	-0.003	-0.178	0.000	0.003	-0.024	-0.183	-0.011	-0.012	0.001	0.081	0.001	-0.053
0.2*L2	0.004	0.001	-0.248	0.000	0.005	-0.028	-0.284	-0.009	-0.012	0.005	0.133	0.002	-0.139
0.3*L2	0.005	0.005	-0.253	0.000	0.006	-0.024	-0.314	-0.005	-0.007	0.008	0.153	0.003	-0.198
0.4*L2	0.004	0.007	-0.225	-0.000	0.005	-0.018	-0.299	-0.001	-0.003	0.009	0.149	0.004	-0.218
0.5*L2	0.003	0.008	-0.185	-0.000	0.005	-0.013	-0.258	0.002	-0.000	0.006	0.131	0.004	-0.207
0.6*L2	0.003	0.007	-0.142	-0.000	0.004	-0.009	-0.205	0.003	0.001	0.007	0.105	0.003	-0.174
0.7*L2	0.002	0.005	-0.100	-0.000	0.003	-0.006	-0.148	0.003	0.001	0.005	0.076	0.002	-0.130
0.8*L2	0.001	0.003	-0.060	-0.000	0.002	-0.003	-0.090	0.002	0.001	0.003	0.047	0.001	-0.081
0.9*L2	0.000	0.001	-0.025	-0.000	0.001	-0.001	-0.038	0.001	0.000	0.001	0.020	0.001	-0.034
1.0*L2	0.000	0.000	0.000	0.000	0.000	-0.000	0.000	0.000	0.000	0.000	0.000	0.000	0.000
FAKTOR	a							a				1/a	

INFOLGE STRECKENLAST P=1

IN FELD	M 0.4	M 0.7	M 1.0	Q 0	Q 0.4	Q 0.7	Q 1.0	T 0	T 0.4	T 0.7	T 1.0	q 0.4	q 1.0
1,BIS SPRUNG						-0.371	-0.365			-0.050	-0.543		
1,REST	0.306	0.337	-0.886	0.669	0.364	0.326	-1.841	1.162	0.350	-0.040	-0.583	1.050	-0.848
2	0.013	0.017	-0.720	-0.000	0.016	-0.065	-0.921	-0.008	-0.017	0.024	0.452	0.011	-0.619
3	-0.000	-0.001	0.006	0.000	-0.000	-0.000	0.012	-0.001	-0.000	-0.001	-0.006	-0.000	0.013
SUMME(+)	0.319	0.353	0.006	0.669	0.380	0.326	0.012	1.162	0.350	0.024	0.452	1.061	0.013
SUMME(-)	-0.000	-0.001	-1.606	-0.000	-0.371	-0.430	-2.762	-0.009	-0.067	-0.584	-0.589	-0.000	-1.466
SUMME	0.319	0.353	-1.600	0.669	0.009	-0.105	-2.750	1.153	0.283	-0.560	-0.137	1.060	-1.453
FAKTOR	a*a				a			a*a					

INFOLGE EINZELMOMENT Mt=1

IN	M 0.4	M 0.7	M 1.0	Q 0	Q 0.4	Q 0.7	Q 1.0	T 0	T 0.4	T 0.7	T 1.0	q 0.4	q 1.0
0.0*L1	0.000	0.000	-0.000	0.000	-0.000	-0.000	-0.000	1.000	-0.000	-0.000	-0.000	0.000	-0.000
0.1*L1	0.042	0.001	-0.065	0.262	-0.058	-0.006	-0.095	0.771	-0.069	-0.095	-0.051	0.054	-0.087
0.2*L1	0.101	0.006	-0.131	0.233	-0.113	-0.018	-0.190	0.687	-0.140	-0.188	-0.101	0.066	-0.173
0.3*L1	0.179	0.021	-0.197	0.138	-0.128	-0.042	-0.287	0.636	-0.231	-0.274	-0.152	-0.048	-0.257
0.4*L1	0.230	0.053	-0.263	0.061	0.005	-0.083	-0.387	0.575	-0.396	-0.352	-0.201	-0.440	-0.337
(Sprung)								0.604					
0.5*L1	0.179	0.113	-0.327	0.018	0.138	-0.134	-0.494	0.498	0.438	-0.426	-0.246	-0.043	-0.410
0.6*L1	0.102	0.194	-0.381	0.000	0.126	-0.152	-0.614	0.408	0.345	-0.516	-0.285	0.081	-0.472
0.7*L1	0.047	0.249	-0.417	-0.005	0.081	-0.024	-0.748	0.312	0.269	-0.678	-0.316	0.087	-0.531
(Sprung)										0.322			
0.8*L1	0.019	0.201	-0.418	-0.005	0.044	0.104	-0.881	0.218	0.194	0.164	-0.343	0.061	-0.613
0.9*L1	0.008	0.126	-0.381	-0.003	0.024	0.087	-0.957	0.136	0.122	0.091	-0.388	0.037	-0.790
1.0*L1	0.006	0.071	-0.343	-0.002	0.015	0.039	-0.844	0.072	0.064	0.052	-0.507	0.021	-1.202
0.0*L2	0.006	0.071	-0.343	-0.002	0.015	0.039	-0.844	0.072	0.064	0.052	0.493	0.021	-1.202
0.1*L2	0.007	0.044	-0.363	-0.001	0.012	0.006	-0.694	0.039	0.032	0.035	0.385	0.015	-0.824
0.2*L2	0.007	0.029	-0.391	-0.001	0.011	-0.013	-0.631	0.020	0.014	0.026	0.335	0.011	-0.630
0.3*L2	0.007	0.022	-0.393	-0.000	0.010	-0.021	-0.587	0.011	0.006	0.022	0.305	0.009	-0.526
0.4*L2	0.007	0.018	-0.369	-0.000	0.009	-0.023	-0.535	0.007	0.003	0.019	0.275	0.008	-0.457
0.5*L2	0.006	0.016	-0.325	-0.000	0.008	-0.020	-0.467	0.006	0.002	0.016	0.239	0.007	-0.395
0.6*L2	0.005	0.013	-0.268	-0.000	0.007	-0.017	-0.387	0.005	0.002	0.013	0.199	0.006	-0.329
0.7*L2	0.004	0.010	-0.208	-0.000	0.005	-0.013	-0.301	0.004	0.002	0.011	0.155	0.004	-0.258
0.8*L2	0.003	0.008	-0.149	-0.000	0.004	-0.009	-0.217	0.003	0.001	0.008	0.112	0.003	-0.187
0.9*L2	0.002	0.005	-0.097	-0.000	0.003	-0.006	-0.142	0.002	0.001	0.005	0.073	0.002	-0.123
1.0*L2	0.001	0.003	-0.057	-0.000	0.001	-0.003	-0.083	0.001	0.000	0.003	0.043	0.001	-0.071
FAKTOR				1/a								1/(a*a)	

INFOLGE STRECKENMOMENT mt=1

IN FELD	M 0.4	M 0.7	M 1.0	Q 0	Q 0.4	Q 0.7	Q 1.0	T 0	T 0.4	T 0.7	T 1.0	q 0.4	q 1.0
1,BIS SPRUNG						-0.194	-0.281			-0.375	-1.308		
1,REST	0.548	0.602	-1.654	0.446	0.268	0.134	-3.062	2.851	1.012	0.255	-1.395	-0.018	-2.537
2	0.025	0.099	-1.383	-0.002	0.039	-0.050	-2.205	0.066	0.045	0.090	1.167	0.038	-2.164
3	0.001	0.002	-0.052	-0.000	0.001	-0.004	-0.072	0.000	-0.000	0.002	0.037	0.001	-0.058
SUMME(+)	0.574	0.703	0.000	0.446	0.308	0.134	0.000	2.917	1.057	0.348	1.204	0.039	0.000
SUMME(-)	0.000	0.000	-3.090	-0.002	-0.194	-0.335	-5.340	0.000	-0.375	-1.308	-1.395	-0.018	-4.759
SUMME	0.574	0.703	-3.090	0.444	0.114	-0.201	-5.340	2.917	0.682	-0.960	-0.191	0.021	-4.759
FAKTOR	a				a			a				1/a	

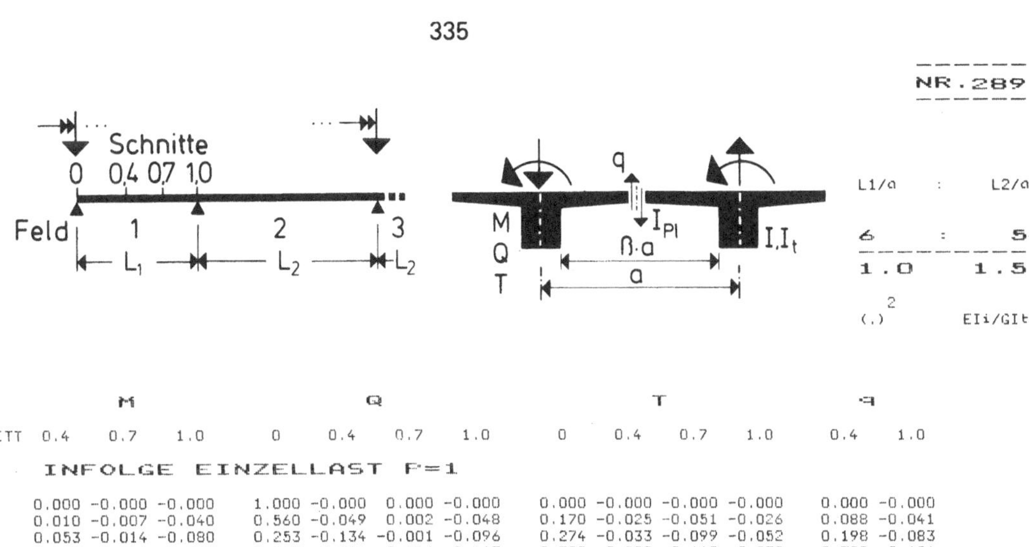

	M			Q				T				q	
IN SCHNITT	0.4	0.7	1.0	0	0.4	0.7	1.0	0	0.4	0.7	1.0	0.4	1.0

INFOLGE EINZELLAST P=1

IN	M 0.4	M 0.7	M 1.0	Q 0	Q 0.4	Q 0.7	Q 1.0	T 0	T 0.4	T 0.7	T 1.0	q 0.4	q 1.0
0.0*L1	0.000	-0.000	-0.000	1.000	-0.000	0.000	-0.000	0.000	-0.000	-0.000	-0.000	0.000	-0.000
0.1*L1	0.010	-0.007	-0.040	0.560	-0.049	0.002	-0.048	0.170	-0.025	-0.051	-0.026	0.088	-0.041
0.2*L1	0.053	-0.014	-0.080	0.253	-0.134	-0.001	-0.096	0.274	-0.033	-0.099	-0.052	0.198	-0.083
0.3*L1	0.167	-0.016	-0.122	0.083	-0.284	-0.016	-0.143	0.309	-0.008	-0.142	-0.078	0.325	-0.124
0.4*L1	0.396	-0.004	-0.167	0.007	-0.500	-0.058	-0.191	0.296	0.050	-0.172	-0.105	0.401	-0.162
					0.500								
0.5*L1	0.164	0.044	-0.214	-0.017	0.283	-0.147	-0.245	0.257	0.107	-0.178	-0.129	0.323	-0.193
0.6*L1	0.047	0.163	-0.260	-0.018	0.131	-0.305	-0.313	0.205	0.130	-0.152	-0.148	0.198	-0.208
0.7*L1	0.001	0.395	-0.294	-0.012	0.048	-0.530	-0.409	0.148	0.118	-0.093	-0.154	0.099	-0.195
						0.470							
0.8*L1	-0.010	0.164	-0.293	-0.006	0.011	0.245	-0.554	0.091	0.082	-0.035	-0.136	0.039	-0.144
0.9*L1	-0.006	0.047	-0.215	-0.002	0.000	0.087	-0.758	0.038	0.037	-0.006	-0.084	0.011	-0.060
1.0*L1	-0.000	-0.000	0.000	-0.000	0.000	0.000	-1.000	0.000	0.000	0.000	0.000	-0.000	0.000
0.0*L2	0.000	-0.000	-0.000	0.000	0.000	-0.000	-0.000	-0.000	-0.000	0.000	0.000	-0.000	0.000
0.1*L2	0.004	-0.011	-0.184	0.001	0.002	-0.032	-0.164	-0.013	-0.013	0.004	0.070	-0.002	-0.038
0.2*L2	0.006	-0.012	-0.265	0.001	0.003	-0.042	-0.260	-0.014	-0.015	0.008	0.116	-0.002	-0.104
0.3*L2	0.006	-0.008	-0.279	0.001	0.004	-0.041	-0.295	-0.011	-0.013	0.010	0.137	-0.001	-0.153
0.4*L2	0.006	-0.004	-0.257	0.001	0.005	-0.034	-0.287	-0.007	-0.009	0.010	0.137	-0.000	-0.174
0.5*L2	0.005	-0.001	-0.216	0.001	0.004	-0.027	-0.252	-0.004	-0.006	0.010	0.122	0.001	0.162
0.6*L2	0.004	0.000	-0.168	0.001	0.004	-0.020	-0.203	-0.002	-0.004	0.008	0.100	0.001	-0.145
0.7*L2	0.003	0.001	-0.118	0.000	0.003	-0.013	-0.147	-0.001	-0.002	0.006	0.073	0.001	-0.109
0.8*L2	0.002	0.001	-0.071	0.000	0.002	-0.008	-0.090	-0.000	-0.001	0.004	0.045	0.001	-0.069
0.9*L2	0.001	0.000	-0.030	0.000	0.001	-0.003	-0.038	-0.000	-0.000	0.002	0.019	0.000	-0.030
1.0*L2	-0.000	-0.000	0.000	0.000	0.000	0.000	0.000	0.000	0.000	0.000	0.000	-0.000	0.000
FAKTOR	a							a				1/a	

INFOLGE STRECKENLAST P=1

IN FELD	M 0.4	M 0.7	M 1.0	Q 0	Q 0.4	Q 0.7	Q 1.0	T 0	T 0.4	T 0.7	T 1.0	q 0.4	q 1.0
1,BIS SPRUNG						-0.420	-0.462			-0.030	-0.510		
1,REST	0.463	0.434	-1.027	0.784	0.423	0.330	-1.945	1.083	0.304	-0.049	-0.553	1.013	-0.728
2	0.019	-0.018	-0.805	0.003	0.014	-0.112	-0.877	-0.027	-0.032	0.030	0.413	-0.001	-0.497
3	-0.001	-0.001	0.027	-0.000	-0.001	0.003	0.036	-0.000	0.000	-0.002	-0.018	-0.000	0.030
SUMME(+)	0.481	0.434	0.027	0.786	0.436	0.333	0.036	1.083	0.304	0.030	0.413	1.013	0.030
SUMME(-)	-0.001	-0.018	-1.832	-0.000	-0.421	-0.574	-2.821	-0.027	-0.062	-0.561	-0.571	-0.002	-1.225
SUMME	0.481	0.415	-1.805	0.786	0.015	-0.241	-2.785	1.056	0.241	-0.530	-0.158	1.011	-1.195
FAKTOR	a*a			a				a*a					

INFOLGE EINZELMOMENT Mt=1

IN	M 0.4	M 0.7	M 1.0	Q 0	Q 0.4	Q 0.7	Q 1.0	T 0	T 0.4	T 0.7	T 1.0	q 0.4	q 1.0
0.0*L1	0.000	0.000	-0.000	0.000	-0.000	-0.000	-0.000	1.000	-0.000	-0.000	-0.000	0.000	-0.000
0.1*L1	0.068	0.002	-0.080	0.302	-0.074	-0.017	-0.099	0.749	-0.063	-0.092	-0.051	0.049	-0.079
0.2*L1	0.152	0.010	-0.160	0.293	-0.136	-0.041	-0.199	0.653	-0.132	-0.180	-0.101	0.048	-0.157
0.3*L1	0.249	0.032	-0.239	0.196	-0.146	-0.079	-0.301	0.601	-0.228	-0.261	-0.150	-0.083	-0.232
0.4*L1	0.308	0.077	-0.317	0.106	0.005	-0.132	-0.409	0.546	-0.404	-0.335	-0.197	-0.482	-0.301
									0.596				
0.5*L1	0.251	0.152	-0.388	0.046	0.159	-0.188	-0.527	0.475	0.419	-0.408	-0.239	-0.074	-0.362
0.6*L1	0.159	0.247	-0.445	0.014	0.156	-0.201	-0.658	0.390	0.319	-0.502	-0.274	0.069	-0.415
0.7*L1	0.086	0.306	-0.475	0.001	0.110	-0.058	-0.799	0.299	0.244	-0.672	-0.301	0.090	-0.469
										0.328			
0.8*L1	0.043	0.249	-0.466	-0.002	0.067	0.087	-0.930	0.209	0.174	0.164	-0.328	0.069	-0.555
0.9*L1	0.022	0.157	-0.416	-0.002	0.038	0.077	-0.991	0.128	0.108	0.089	-0.377	0.043	-0.742
1.0*L1	0.015	0.083	-0.371	-0.001	0.022	0.028	-0.854	0.066	0.055	0.052	-0.507	0.023	-1.159
0.0*L2	0.015	0.083	-0.371	-0.001	0.022	0.028	-0.854	0.066	0.055	0.052	0.493	0.023	-1.159
0.1*L2	0.013	0.044	-0.393	0.000	0.016	-0.009	-0.687	0.032	0.024	0.037	0.375	0.013	-0.777
0.2*L2	0.012	0.021	-0.426	0.001	0.013	-0.033	-0.614	0.012	0.006	0.029	0.319	0.007	-0.573
0.3*L2	0.011	0.009	-0.435	0.001	0.011	-0.044	-0.568	0.002	-0.003	0.024	0.286	0.004	-0.462
0.4*L2	0.010	0.004	-0.414	0.001	0.009	-0.046	-0.517	-0.002	-0.007	0.021	0.257	0.003	-0.392
0.5*L2	0.009	0.002	-0.369	0.001	0.008	-0.042	-0.454	-0.003	-0.007	0.018	0.224	0.002	-0.335
0.6*L2	0.008	0.002	-0.307	0.001	0.007	-0.035	-0.377	-0.003	-0.006	0.015	0.186	0.002	-0.277
0.7*L2	0.006	0.002	-0.239	0.001	0.005	-0.027	-0.294	-0.002	-0.004	0.012	0.145	0.001	-0.217
0.8*L2	0.004	0.001	-0.171	0.000	0.004	-0.019	-0.212	-0.001	-0.003	0.009	0.105	0.001	-0.157
0.9*L2	0.003	0.001	-0.111	0.000	0.002	-0.013	-0.137	-0.001	-0.002	0.006	0.068	0.001	-0.102
1.0*L2	0.002	0.000	-0.063	0.000	0.001	-0.007	-0.077	-0.001	-0.001	0.003	0.038	0.000	-0.057
FAKTOR				1/a								1/(a*a)	

INFOLGE STRECKENMOMENT mt=1

IN FELD	M 0.4	M 0.7	M 1.0	Q 0	Q 0.4	Q 0.7	Q 1.0	T 0	T 0.4	T 0.7	T 1.0	q 0.4	q 1.0
1,BIS SPRUNG						-0.230	-0.426			-0.366	-1.261		
1,REST	0.810	0.767	-1.908	0.601	0.341	0.106	-3.223	2.733	0.944	0.255	-1.355	-0.092	-2.310
2	0.042	0.062	-1.543	0.003	0.043	-0.131	-2.155	0.031	0.011	0.098	1.110	0.022	-1.931
3	0.001	-0.001	0.027	0.000	0.000	-0.004	-0.029	-0.001	-0.001	0.001	0.014	-0.000	-0.017
SUMME(+)	0.853	0.829	0.000	0.604	0.385	0.106	0.000	2.764	0.955	0.354	1.124	0.022	0.000
SUMME(-)	0.000	-0.001	-3.477	0.000	-0.230	-0.562	-5.407	-0.001	-0.367	-1.261	-1.355	-0.092	-4.258
SUMME	0.853	0.829	-3.477	0.604	0.155	-0.456	-5.407	2.763	0.587	-0.907	-0.231	-0.070	-4.258
FAKTOR	a							a				1/a	

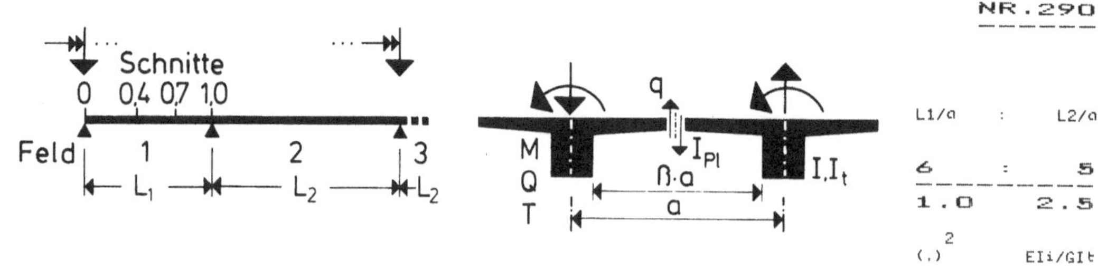

	M 0.4	M 0.7	M 1.0	Q 0	Q 0.4	Q 0.7	Q 1.0	T 0	T 0.4	T 0.7	T 1.0	q 0.4	q 1.0
IN SCHNITT	0.4	0.7	1.0	0	0.4	0.7	1.0	0	0.4	0.7	1.0	0.4	1.0

INFOLGE EINZELLAST P=1

IN	M 0.4	M 0.7	M 1.0	Q 0	Q 0.4	Q 0.7	Q 1.0	T 0	T 0.4	T 0.7	T 1.0	q 0.4	q 1.0
0.0*L1	0.000	-0.000	-0.000	1.000	-0.000	-0.000	-0.000	0.000	-0.000	-0.000	-0.000	0.000	-0.000
0.1*L1	0.039	-0.009	-0.053	0.620	-0.072	-0.009	-0.051	0.139	-0.015	-0.047	-0.026	0.088	-0.037
0.2*L1	0.110	-0.015	-0.107	0.334	-0.170	-0.024	-0.102	0.230	-0.018	-0.091	-0.052	0.184	-0.074
0.3*L1	0.248	-0.011	-0.161	0.154	-0.314	-0.053	-0.154	0.269	0.003	-0.128	-0.077	0.282	-0.108
0.4*L1	0.487	0.015	-0.217	0.056	-0.503	-0.110	-0.210	0.266	0.045	-0.152	-0.101	0.336	-0.138
					0.497								
0.5*L1	0.245	0.082	-0.271	0.010	0.309	-0.208	-0.275	0.236	0.086	-0.155	-0.122	0.283	-0.159
0.6*L1	0.105	0.219	-0.318	-0.007	0.168	-0.360	-0.356	0.191	0.103	-0.133	-0.135	0.190	-0.165
0.7*L1	0.035	0.457	-0.344	-0.009	0.079	-0.559	-0.463	0.138	0.094	-0.087	-0.135	0.108	-0.148
						0.441							
0.8*L1	0.006	0.213	-0.326	-0.007	0.031	0.242	-0.608	0.085	0.066	-0.040	-0.114	0.051	-0.105
0.9*L1	-0.001	0.071	-0.227	-0.003	0.008	0.093	-0.794	0.036	0.031	-0.012	-0.068	0.017	-0.042
1.0*L1	-0.000	0.000	0.000	-0.000	-0.000	0.000	-1.000	0.000	0.000	-0.000	0.000	0.000	0.000
0.0*L2	0.000	-0.000	-0.000	0.000	-0.000	-0.000	-0.000	-0.000	-0.000	0.000	0.000	-0.000	0.000
0.1*L2	0.002	-0.025	-0.188	0.002	-0.002	-0.040	-0.140	-0.014	-0.013	0.006	0.056	-0.006	-0.024
0.2*L2	0.004	-0.033	-0.282	0.002	-0.002	-0.057	-0.227	-0.019	-0.017	0.011	0.096	-0.008	-0.070
0.3*L2	0.005	-0.032	-0.309	0.002	-0.001	-0.060	-0.264	-0.018	-0.017	0.013	0.115	-0.008	-0.106
0.4*L2	0.006	-0.027	-0.293	0.002	0.000	-0.054	-0.264	-0.015	-0.014	0.013	0.118	-0.007	-0.125
0.5*L2	0.005	-0.021	-0.253	0.002	0.001	-0.045	-0.237	-0.012	-0.011	0.012	0.108	-0.005	-0.124
0.6*L2	0.004	-0.015	-0.200	0.002	0.001	-0.035	-0.193	-0.008	-0.008	0.010	0.089	-0.004	-0.109
0.7*L2	0.003	-0.010	-0.143	0.001	0.001	-0.025	-0.141	-0.006	-0.005	0.007	0.065	-0.003	-0.084
0.8*L2	0.002	-0.006	-0.087	0.001	0.001	-0.015	-0.087	-0.003	-0.003	0.005	0.041	-0.002	-0.053
0.9*L2	0.001	-0.002	-0.037	0.000	0.000	-0.006	-0.037	-0.001	-0.001	0.002	0.018	-0.001	-0.023
1.0*L2	-0.000	0.000	-0.000	-0.000	0.000	0.000	0.000	0.000	0.000	-0.000	0.000	-0.000	0.000
FAKTOR		a				a				a			1/a

INFOLGE STRECKENLAST P=1

IN FELD	M 0.4	M 0.7	M 1.0	Q 0	Q 0.4	Q 0.7	Q 1.0	T 0	T 0.4	T 0.7	T 1.0	q 0.4	q 1.0
1,BIS SPRUNG					-0.478	-0.616			-0.008	-0.454			
1,REST	0.736	0.584	-1.232	0.968	0.496	0.326	-2.100	0.962	0.246	-0.054	-0.503	0.928	-0.588
2	0.017	-0.087	-0.907	0.007	-0.000	-0.171	-0.803	-0.049	-0.045	0.040	0.356	-0.022	-0.360
3	-0.002	0.004	0.065	-0.001	-0.001	0.011	0.066	0.002	0.002	-0.003	-0.031	0.001	0.043
SUMME(+)	0.752	0.588	0.065	0.975	0.496	0.336	0.066	0.964	0.248	0.040	0.356	0.929	0.043
SUMME(-)	-0.002	-0.087	-2.139	-0.001	-0.479	-0.786	-2.903	-0.049	-0.053	-0.512	-0.535	-0.022	-0.948
SUMME	0.751	0.501	-2.075	0.975	0.017	-0.450	-2.837	0.915	0.194	-0.472	-0.179	0.907	-0.905
FAKTOR		a*a				a				a*a			

INFOLGE EINZELMOMENT Mt=1

IN	M 0.4	M 0.7	M 1.0	Q 0	Q 0.4	Q 0.7	Q 1.0	T 0	T 0.4	T 0.7	T 1.0	q 0.4	q 1.0
0.0*L1	0.000	0.000	-0.000	0.000	-0.000	-0.000	-0.000	1.000	-0.000	-0.000	-0.000	0.000	-0.000
0.1*L1	0.113	0.007	-0.103	0.356	-0.092	-0.038	-0.107	0.719	-0.057	-0.084	-0.049	0.034	-0.069
0.2*L1	0.237	0.022	-0.206	0.378	-0.163	-0.083	-0.216	0.605	-0.124	-0.164	-0.098	0.014	-0.136
0.3*L1	0.364	0.057	-0.305	0.287	-0.166	-0.141	-0.329	0.547	-0.226	-0.239	-0.144	-0.137	-0.198
0.4*L1	0.435	0.120	-0.398	0.183	0.006	-0.209	-0.451	0.496	-0.415	-0.308	-0.187	-0.545	-0.254
								0.585					
0.5*L1	0.372	0.215	-0.478	0.103	0.181	-0.271	-0.582	0.434	0.395	-0.379	-0.223	-0.125	-0.303
0.6*L1	0.258	0.324	-0.535	0.051	0.193	-0.275	-0.725	0.359	0.288	-0.478	-0.253	0.041	-0.348
0.7*L1	0.159	0.385	-0.555	0.023	0.148	-0.112	-0.871	0.276	0.213	-0.657	-0.277	0.081	-0.400
								0.343					
0.8*L1	0.091	0.315	-0.528	0.009	0.096	0.054	-0.995	0.192	0.149	0.170	-0.305	0.069	-0.493
0.9*L1	0.051	0.198	-0.461	0.004	0.057	0.058	-1.034	0.117	0.091	0.090	-0.364	0.044	-0.692
1.0*L1	0.030	0.097	-0.405	0.003	0.031	0.010	-0.866	0.058	0.044	0.054	-0.508	0.021	-1.116
0.0*L2	0.030	0.097	-0.405	0.003	0.031	0.010	-0.866	0.058	0.044	0.054	0.492	0.021	-1.115
0.1*L2	0.021	0.038	-0.427	0.003	0.018	-0.030	-0.675	0.023	0.016	0.040	0.362	0.008	-0.728
0.2*L2	0.016	0.002	-0.466	0.004	0.010	-0.058	-0.587	0.002	-0.001	0.033	0.297	-0.001	-0.513
0.3*L2	0.014	-0.018	-0.483	0.004	0.006	-0.073	-0.534	-0.009	-0.011	0.029	0.260	-0.005	-0.393
0.4*L2	0.012	-0.026	-0.467	0.004	0.004	-0.076	-0.485	-0.014	-0.014	0.026	0.230	-0.007	-0.320
0.5*L2	0.010	-0.026	-0.422	0.003	0.003	-0.071	-0.426	-0.015	-0.014	0.022	0.200	-0.007	-0.266
0.6*L2	0.008	-0.023	-0.356	0.003	0.002	-0.060	-0.356	-0.013	-0.013	0.019	0.166	-0.006	-0.218
0.7*L2	0.007	-0.019	-0.279	0.002	0.002	-0.047	-0.278	-0.010	-0.010	0.014	0.130	-0.005	-0.169
0.8*L2	0.005	-0.013	-0.200	0.002	0.001	-0.034	-0.200	-0.007	-0.007	0.010	0.093	-0.004	-0.122
0.9*L2	0.003	-0.008	-0.128	0.001	0.001	-0.022	-0.128	-0.005	-0.005	0.007	0.060	-0.002	-0.078
1.0*L2	0.002	-0.005	-0.069	0.001	0.000	-0.012	-0.069	-0.003	-0.003	0.004	0.032	-0.001	-0.042
FAKTOR					1/a								1/(a*a)

INFOLGE STRECKENMOMENT mt=1

IN FELD	M 0.4	M 0.7	M 1.0	Q 0	Q 0.4	Q 0.7	Q 1.0	T 0	T 0.4	T 0.7	T 1.0	q 0.4	q 1.0
1,BIS SPRUNG					-0.271	-0.660			-0.358	-1.180			
1,REST	1.263	1.019	-2.270	0.870	0.432	0.054	-3.468	2.546	0.859	0.264	-1.285	-0.246	-2.045
2	0.055	-0.027	-1.735	0.014	0.031	-0.238	-2.059	-0.012	-0.021	0.114	1.024	-0.011	-1.673
3	-0.001	0.001	0.023	-0.000	-0.000	0.003	0.026	0.000	0.000	-0.001	-0.012	0.000	0.019
SUMME(+)	1.318	1.020	0.023	0.884	0.463	0.058	0.026	2.547	0.860	0.378	1.024	0.000	0.019
SUMME(-)	-0.001	-0.027	-4.005	-0.000	-0.272	-0.898	-5.527	-0.012	-0.379	-1.182	-1.297	-0.256	-3.718
SUMME	1.317	0.993	-3.982	0.884	0.191	-0.840	-5.502	2.535	0.481	-0.804	-0.273	-0.256	-3.699
FAKTOR		a				a				a			1/a

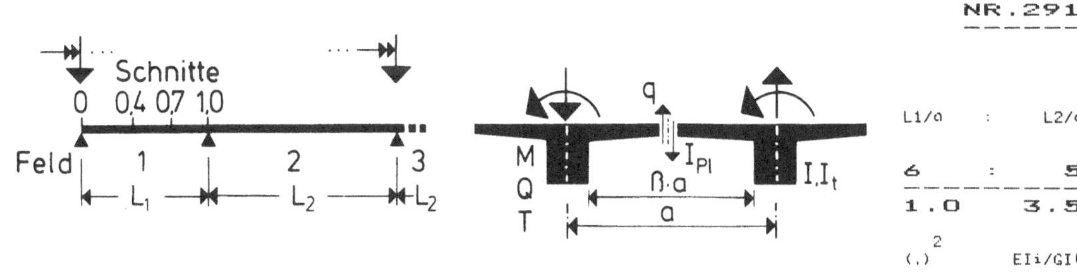

	M			**Q**				**T**				**q**	
IN SCHNITT	0.4	0.7	1.0	0	0.4	0.7	1.0	0	0.4	0.7	1.0	0.4	1.0

INFOLGE EINZELLAST P=1

IN	M 0.4	M 0.7	M 1.0	Q 0	Q 0.4	Q 0.7	Q 1.0	T 0	T 0.4	T 0.7	T 1.0	q 0.4	q 1.0
0.0*L1	0.000	-0.000	-0.000	1.000	-0.000	-0.000	-0.000	0.000	-0.000	-0.000	-0.000	0.000	-0.000
0.1*L1	0.063	-0.009	-0.064	0.656	-0.085	-0.018	-0.054	0.119	-0.010	-0.043	-0.026	0.082	-0.034
0.2*L1	0.156	-0.012	-0.128	0.387	-0.191	-0.044	-0.109	0.201	-0.010	-0.083	-0.051	0.168	-0.066
0.3*L1	0.311	-0.002	-0.193	0.206	-0.331	-0.084	-0.167	0.239	0.008	-0.116	-0.075	0.251	-0.096
0.4*L1	0.557	0.034	-0.256	0.097	-0.505	-0.150	-0.229	0.240	0.041	-0.136	-0.097	0.294	-0.121
					0.495								
0.5*L1	0.309	0.113	-0.314	0.038	0.323	-0.252	-0.302	0.216	0.074	-0.139	-0.114	0.254	-0.137
0.6*L1	0.154	0.259	-0.359	0.010	0.189	-0.398	-0.390	0.177	0.087	-0.119	-0.124	0.178	-0.139
0.7*L1	0.067	0.500	-0.377	-0.001	0.098	-0.582	-0.501	0.129	0.080	-0.080	-0.121	0.107	-0.122
						0.418							
0.8*L1	0.024	0.246	-0.347	-0.003	0.044	0.236	-0.643	0.080	0.056	-0.040	-0.100	0.055	-0.085
0.9*L1	0.006	0.088	-0.235	-0.002	0.014	0.093	-0.816	0.034	0.026	-0.013	-0.059	0.020	-0.034
1.0*L1	-0.000	0.000	0.000	-0.000	0.000	0.000	-1.000	-0.000	0.000	-0.000	0.000	0.000	0.000
0.0*L2	-0.000	-0.000	-0.000	0.000	-0.000	-0.000	-0.000	-0.000	-0.000	0.000	0.000	-0.000	0.000
0.1*L2	-0.001	-0.036	-0.190	0.001	-0.005	-0.043	-0.124	-0.015	-0.012	0.007	0.048	-0.008	-0.017
0.2*L2	0.000	-0.050	-0.290	0.002	-0.006	-0.064	-0.204	-0.021	-0.017	0.012	0.082	-0.012	-0.052
0.3*L2	0.001	-0.052	-0.324	0.003	-0.006	-0.069	-0.242	-0.021	-0.017	0.015	0.101	-0.013	-0.081
0.4*L2	0.002	-0.047	-0.313	0.003	-0.005	-0.066	-0.244	-0.019	-0.016	0.015	0.104	-0.012	-0.097
0.5*L2	0.002	-0.039	-0.275	0.002	-0.004	-0.056	-0.221	-0.016	-0.013	0.013	0.096	-0.010	-0.098
0.6*L2	0.002	-0.030	0.220	0.002	-0.003	-0.044	-0.182	-0.012	-0.010	0.011	0.080	-0.007	-0.087
0.7*L2	0.002	-0.021	-0.159	0.001	-0.002	-0.032	-0.134	-0.008	-0.007	0.008	0.060	-0.005	-0.068
0.8*L2	0.001	-0.012	-0.098	0.001	-0.001	-0.019	-0.084	-0.005	-0.004	0.005	0.037	-0.003	-0.044
0.9*L2	0.001	-0.005	-0.042	0.000	-0.000	-0.008	-0.036	-0.002	-0.002	0.002	0.016	-0.001	-0.020
1.0*L2	-0.000	-0.000	0.000	-0.000	0.000	0.000	0.000	-0.000	0.000	-0.000	0.000	0.000	0.000
FAKTOR	a			a				a				1/a	

INFOLGE STRECKENLAST P=1

IN FELD	M 0.4	M 0.7	M 1.0	Q 0	Q 0.4	Q 0.7	Q 1.0	T 0	T 0.4	T 0.7	T 1.0	q 0.4	q 1.0
1,BIS SPRUNG					-0.511	-0.734			0.003	-0.410			
1,REST	0.960	0.703	-1.382	1.115	0.540	0.317	-2.220	0.869	0.209	-0.054	-0.463	0.850	-0.502
2	0.005	-0.148	-0.967	0.008	-0.016	-0.204	-0.744	-0.061	-0.049	0.045	0.315	-0.036	-0.283
3	-0.001	0.012	0.096	-0.001	0.001	0.019	0.083	0.005	0.004	-0.005	-0.037	0.003	0.045
SUMME(+)	0.966	0.714	0.096	1.122	0.541	0.335	0.083	0.874	0.216	0.045	0.315	0.853	0.045
SUMME(-)	-0.001	-0.148	-2.349	-0.001	-0.527	-0.938	-2.964	-0.061	-0.049	-0.470	-0.501	-0.036	-0.785
SUMME	0.964	0.566	-2.253	1.122	0.014	-0.603	-2.881	0.813	0.167	-0.425	-0.186	0.817	-0.740
FAKTOR	a*a			a				a*a					

INFOLGE EINZELMOMENT Mt=1

IN	M 0.4	M 0.7	M 1.0	Q 0	Q 0.4	Q 0.7	Q 1.0	T 0	T 0.4	T 0.7	T 1.0	q 0.4	q 1.0
0.0*L1	0.000	0.000	-0.000	0.000	-0.000	-0.000	-0.000	1.000	-0.000	-0.000	-0.000	0.000	-0.000
0.1*L1	0.149	0.013	-0.122	0.393	-0.103	-0.056	-0.115	0.699	-0.054	-0.077	-0.048	0.020	-0.061
0.2*L1	0.305	0.037	-0.242	0.439	-0.179	-0.118	-0.233	0.570	-0.121	-0.151	-0.094	-0.014	-0.120
0.3*L1	0.454	0.082	-0.356	0.355	-0.178	-0.190	-0.356	0.507	-0.226	-0.220	-0.137	-0.178	-0.175
0.4*L1	0.535	0.158	-0.459	0.247	0.006	-0.268	-0.487	0.457	-0.422	-0.286	-0.176	-0.592	-0.224
									0.578				
0.5*L1	0.469	0.264	-0.544	0.154	0.195	-0.333	-0.628	0.400	0.380	-0.357	-0.209	-0.165	-0.267
0.6*L1	0.342	0.381	-0.598	0.089	0.214	-0.331	-0.777	0.331	0.269	-0.459	-0.236	0.014	-0.308
0.7*L1	0.223	0.441	-0.610	0.048	0.170	-0.154	-0.924	0.255	0.194	-0.644	-0.259	0.067	-0.361
										0.356			
0.8*L1	0.134	0.361	-0.571	0.025	0.115	0.027	-1.040	0.178	0.133	0.177	-0.289	0.063	-0.459
0.9*L1	0.077	0.226	-0.491	0.013	0.068	0.041	-1.063	0.108	0.080	0.094	-0.354	0.041	-0.665
1.0*L1	0.043	0.105	-0.426	0.008	0.035	-0.003	-0.873	0.051	0.038	0.057	-0.508	0.018	-1.092
0.0*L2	0.043	0.105	-0.426	0.008	0.035	-0.003	-0.873	0.051	0.038	0.057	0.492	0.018	-1.092
0.1*L2	0.026	0.032	-0.447	0.006	0.017	-0.043	-0.666	0.018	0.012	0.043	0.354	0.003	-0.701
0.2*L2	0.017	-0.015	-0.489	0.006	0.007	-0.073	-0.566	-0.003	-0.004	0.036	0.282	-0.007	-0.480
0.3*L2	0.011	-0.042	-0.510	0.005	0.000	-0.089	-0.508	-0.015	-0.013	0.032	0.241	-0.012	-0.355
0.4*L2	0.008	-0.052	-0.498	0.005	-0.002	-0.093	-0.458	-0.020	-0.017	0.028	0.211	-0.014	-0.280
0.5*L2	0.006	-0.053	-0.454	0.004	-0.003	-0.087	-0.402	-0.021	-0.017	0.025	0.182	-0.014	-0.227
0.6*L2	0.005	-0.047	-0.386	0.003	-0.003	-0.075	-0.336	-0.019	-0.015	0.021	0.151	-0.012	-0.183
0.7*L2	0.004	-0.037	-0.304	0.003	-0.003	-0.059	-0.263	-0.015	-0.012	0.016	0.118	-0.010	-0.141
0.8*L2	0.003	-0.027	-0.218	0.002	-0.002	-0.043	-0.189	-0.011	-0.009	0.012	0.085	-0.007	-0.101
0.9*L2	0.002	-0.017	-0.139	0.001	-0.001	-0.027	-0.120	-0.007	-0.006	0.007	0.054	-0.004	-0.064
1.0*L2	0.001	-0.009	-0.072	0.001	-0.001	-0.014	-0.062	-0.004	-0.003	0.004	0.028	-0.002	-0.033
FAKTOR				1/a								1/(a*a)	

INFOLGE STRECKENMOMENT mt=1

IN FELD	M 0.4	M 0.7	M 1.0	Q 0	Q 0.4	Q 0.7	Q 1.0	T 0	T 0.4	T 0.7	T 1.0	q 0.4	q 1.0
1,BIS SPRUNG					-0.295	-0.841			-0.357	-1.114			
1,REST	1.633	1.214	-2.530	1.093	0.487	0.012	-3.659	2.400	0.807	0.275	-1.224	-0.380	-1.885
2	0.051	-0.109	-1.848	0.020	0.012	-0.300	-1.978	-0.037	-0.033	0.123	0.962	-0.035	-1.528
3	-0.001	0.008	0.066	-0.001	0.001	0.013	0.058	0.003	0.003	-0.004	-0.026	0.002	0.032
SUMME(+)	1.684	1.222	0.066	1.113	0.500	0.025	0.058	2.403	0.809	0.399	0.962	0.002	0.032
SUMME(-)	-0.001	-0.109	-4.379	-0.001	-0.295	-1.142	-5.637	-0.037	-0.389	-1.118	-1.250	-0.415	-3.413
SUMME	1.683	1.113	-4.313	1.112	0.205	-1.116	-5.579	2.366	0.420	-0.719	-0.288	-0.413	-3.381
FAKTOR	a							a				1/a	

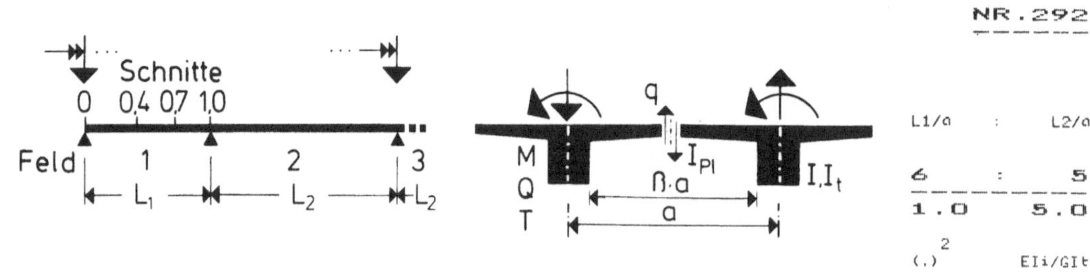

	M			Q				T				q	
IN SCHNITT	0.4	0.7	1.0	0	0.4	0.7	1.0	0	0.4	0.7	1.0	0.4	1.0

INFOLGE EINZELLAST P=1

IN													
0.0*L1	0.000	-0.000	-0.000	1.000	-0.000	-0.000	-0.000	0.000	-0.000	-0.000	-0.000	0.000	-0.000
0.1*L1	0.091	-0.005	-0.078	0.693	-0.097	-0.031	-0.059	0.100	-0.006	-0.038	-0.024	0.074	-0.030
0.2*L1	0.210	-0.004	-0.154	0.443	-0.209	-0.069	-0.120	0.170	-0.004	-0.073	-0.048	0.148	-0.058
0.3*L1	0.384	0.014	-0.229	0.264	-0.346	-0.121	-0.185	0.206	0.011	-0.102	-0.070	0.216	-0.083
0.4*L1	0.638	0.059	-0.300	0.147	-0.507	-0.196	-0.255	0.210	0.037	-0.119	-0.089	0.251	-0.102
				0.493									
0.5*L1	0.384	0.149	-0.360	0.075	0.335	-0.301	-0.335	0.192	0.062	-0.120	-0.103	0.220	-0.114
0.6*L1	0.214	0.304	-0.403	0.035	0.208	-0.441	-0.429	0.159	0.072	-0.104	-0.110	0.161	-0.113
0.7*L1	0.109	0.545	-0.413	0.014	0.117	-0.609	-0.543	0.117	0.065	-0.072	-0.105	0.102	-0.098
						0.391							
0.8*L1	0.048	0.281	-0.369	0.004	0.057	0.225	-0.680	0.073	0.046	-0.038	-0.085	0.055	-0.067
0.9*L1	0.016	0.106	-0.243	0.001	0.020	0.092	-0.838	0.032	0.022	-0.014	-0.049	0.021	-0.026
1.0*L1	0.000	0.000	0.000	-0.000	0.000	-0.000	-1.000	-0.000	-0.000	-0.000	0.000	0.000	0.000
0.0*L2	-0.000	-0.000	-0.000	-0.000	-0.000	-0.000	-0.000	-0.000	-0.000	0.000	0.000	-0.000	0.000
0.1*L2	-0.005	-0.048	-0.191	0.000	-0.009	-0.045	-0.109	-0.015	-0.011	0.008	0.040	-0.010	-0.012
0.2*L2	-0.007	-0.070	-0.296	0.001	-0.012	-0.069	-0.181	-0.022	-0.015	0.013	0.069	-0.015	-0.037
0.3*L2	-0.007	-0.076	-0.337	0.001	-0.013	-0.077	-0.216	-0.024	-0.017	0.015	0.085	-0.016	-0.060
0.4*L2	-0.006	-0.071	-0.331	0.001	-0.012	-0.074	-0.221	-0.022	-0.016	0.016	0.089	-0.015	-0.073
0.5*L2	-0.005	-0.061	-0.294	0.001	-0.010	-0.065	-0.202	-0.019	-0.013	0.014	0.083	-0.013	-0.075
0.6*L2	-0.003	-0.048	-0.239	0.001	-0.008	-0.052	-0.168	-0.015	-0.010	0.012	0.070	-0.011	-0.067
0.7*L2	-0.002	-0.034	-0.174	0.001	-0.005	-0.038	-0.125	-0.011	-0.007	0.009	0.052	-0.008	-0.053
0.8*L2	-0.001	-0.021	-0.108	0.001	-0.003	-0.023	-0.078	-0.006	-0.005	0.006	0.033	-0.005	-0.034
0.9*L2	-0.001	-0.009	-0.047	0.000	-0.001	-0.010	-0.035	-0.003	-0.002	0.002	0.015	-0.002	-0.016
1.0*L2	-0.000	-0.000	-0.000	0.000	-0.000	-0.000	-0.000	-0.000	-0.000	-0.000	0.000	0.000	0.000
FAKTOR	a							a				1/a	

INFOLGE STRECKENLAST P=1

IN FELD													
1,BIS SPRUNG				-0.539	-0.870			0.010	-0.359				
1,REST	1.231	0.843	-1.549	1.289	0.583	0.302	-2.361	0.761	0.174	-0.051	-0.414	0.753	-0.416
2	-0.019	-0.222	-1.020	0.003	-0.037	-0.230	-0.674	-0.069	-0.049	0.048	0.270	-0.048	-0.214
3	0.001	0.025	0.131	-0.001	0.004	0.028	0.096	0.008	0.005	-0.007	-0.041	0.006	0.043
SUMME(+)	1.232	0.868	0.131	1.292	0.587	0.331	0.096	0.769	0.189	0.048	0.270	0.758	0.043
SUMME(-)	-0.019	-0.222	-2.569	-0.001	-0.577	-1.100	-3.036	-0.069	-0.049	-0.417	-0.455	-0.048	-0.630
SUMME	1.213	0.646	-2.437	1.291	0.010	-0.770	-2.939	0.700	0.141	-0.369	-0.185	0.711	-0.587
FAKTOR	a*a			a				a*a				1	

INFOLGE EINZELMOMENT Mt=1

IN													
0.0*L1	0.000	0.000	-0.000	0.000	-0.000	-0.000	-0.000	1.000	-0.000	-0.000	-0.000	0.000	-0.000
0.1*L1	0.191	0.023	-0.144	0.431	-0.112	-0.077	-0.127	0.677	-0.052	-0.069	-0.044	0.003	-0.053
0.2*L1	0.384	0.058	-0.284	0.505	-0.192	-0.159	-0.256	0.533	-0.119	-0.136	-0.087	-0.048	-0.104
0.3*L1	0.560	0.116	-0.414	0.433	-0.187	-0.247	-0.391	0.462	-0.228	-0.198	-0.127	-0.225	-0.151
0.4*L1	0.654	0.205	-0.528	0.322	0.006	-0.336	-0.533	0.411	-0.431	-0.260	-0.162	-0.645	-0.192
								0.569					
0.5*L1	0.585	0.323	-0.617	0.218	0.207	-0.403	-0.683	0.359	0.364	-0.331	-0.191	-0.212	-0.230
0.6*L1	0.443	0.446	-0.667	0.139	0.235	-0.394	-0.837	0.297	0.249	-0.436	-0.215	-0.020	-0.269
0.7*L1	0.302	0.503	-0.669	0.083	0.192	-0.202	-0.983	0.230	0.175	-0.628	-0.237	0.045	-0.324
								0.372					
0.8*L1	0.189	0.410	-0.615	0.048	0.133	-0.005	-1.089	0.160	0.118	0.187	-0.271	0.051	-0.427
0.9*L1	0.109	0.256	-0.521	0.027	0.079	0.021	-1.093	0.097	0.070	0.100	-0.344	0.034	-0.641
1.0*L1	0.057	0.113	-0.447	0.015	0.039	-0.016	-0.881	0.044	0.033	0.060	-0.508	0.013	-1.071
0.0*L2	0.057	0.113	-0.447	0.015	0.039	-0.016	-0.881	0.044	0.033	0.060	0.492	0.013	-1.071
0.1*L2	0.030	0.024	-0.465	0.010	0.016	-0.055	-0.655	0.013	0.010	0.045	0.345	-0.002	-0.678
0.2*L2	0.014	-0.036	-0.509	0.006	0.001	-0.085	-0.543	-0.008	-0.005	0.038	0.267	-0.012	-0.452
0.3*L2	0.004	-0.071	-0.533	0.005	-0.008	-0.102	-0.479	-0.020	-0.014	0.033	0.222	-0.018	-0.322
0.4*L2	-0.001	-0.085	-0.524	0.004	-0.011	-0.107	-0.427	-0.025	-0.018	0.030	0.190	-0.020	-0.244
0.5*L2	-0.003	-0.085	-0.482	0.003	-0.012	-0.101	-0.373	-0.026	-0.018	0.026	0.162	-0.019	-0.192
0.6*L2	-0.003	-0.076	-0.412	0.002	-0.011	-0.087	-0.311	-0.023	-0.016	0.022	0.134	-0.017	-0.151
0.7*L2	-0.003	-0.061	-0.326	0.002	-0.009	-0.069	-0.244	-0.018	-0.013	0.017	0.104	-0.014	-0.115
0.8*L2	-0.002	-0.044	-0.235	0.001	-0.007	-0.050	-0.175	-0.013	-0.009	0.012	0.075	-0.010	-0.081
0.9*L2	-0.001	-0.028	-0.148	0.001	-0.004	-0.032	-0.110	-0.008	-0.006	0.008	0.047	-0.006	-0.051
1.0*L2	-0.001	-0.014	-0.074	0.000	-0.002	-0.016	-0.055	-0.004	-0.003	0.004	0.024	-0.003	-0.026
FAKTOR				1/a								1/(a*a)	

INFOLGE STRECKENMOMENT mt=1

IN FELD													
1,BIS SPRUNG				-0.315	-1.050			-0.357	-1.037				
1,REST	2.078	1.444	-2.818	1.364	0.540	-0.037	-3.883	2.227	0.754	0.290	-1.149	-0.546	-1.729
2	0.030	-0.211	-1.950	0.020	-0.015	-0.354	-1.882	-0.056	-0.038	0.131	0.895	-0.057	-1.398
3	0.001	0.023	0.117	-0.001	0.004	0.025	0.085	0.007	0.005	-0.006	-0.036	0.005	0.037
SUMME(+)	2.109	1.466	0.117	1.384	0.544	0.025	0.085	2.234	0.759	0.421	0.895	0.005	0.037
SUMME(-)	0.000	-0.211	-4.767	-0.001	-0.330	-1.441	-5.765	-0.056	-0.396	-1.043	-1.185	-0.603	-3.127
SUMME	2.109	1.255	-4.651	1.383	0.213	-1.416	-5.680	2.178	0.363	-0.622	-0.290	-0.598	-3.090
FAKTOR	a			a				a				1/a	

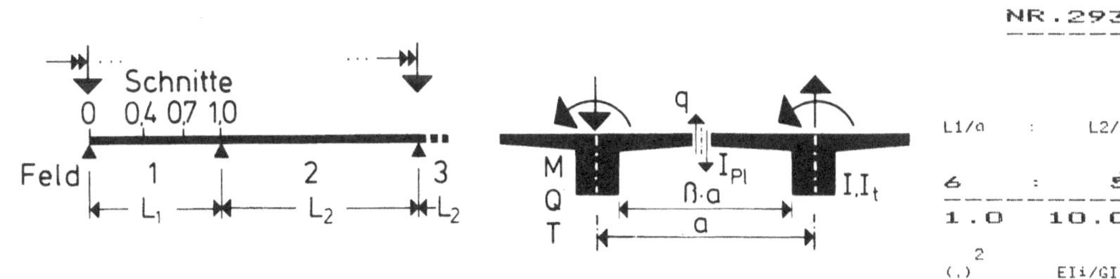

	M			Q				T				q	
IN SCHNITT	0.4	0.7	1.0	0	0.4	0.7	1.0	0	0.4	0.7	1.0	0.4	1.0

INFOLGE EINZELLAST P=1

IN	M 0.4	M 0.7	M 1.0	Q 0	Q 0.4	Q 0.7	Q 1.0	T 0	T 0.4	T 0.7	T 1.0	q 0.4	q 1.0
0.0*L1	0.000	0.000	-0.000	1.000	-0.000	-0.000	-0.000	0.000	-0.000	-0.000	-0.000	0.000	-0.000
0.1*L1	0.149	0.007	-0.105	0.754	-0.113	-0.059	-0.075	0.066	-0.001	-0.028	-0.020	0.053	-0.021
0.2*L1	0.319	0.023	-0.207	0.541	-0.233	-0.123	-0.151	0.115	0.002	-0.053	-0.038	0.105	-0.040
0.3*L1	0.531	0.057	-0.303	0.374	-0.365	-0.197	-0.231	0.143	0.012	-0.072	-0.055	0.149	-0.057
0.4*L1	0.802	0.121	-0.386	0.249	-0.508	-0.286	-0.316	0.149	0.028	-0.084	-0.068	0.171	-0.069
				0.492									
0.5*L1	0.541	0.228	-0.450	0.160	0.355	-0.394	-0.408	0.139	0.041	-0.084	-0.077	0.155	-0.075
0.6*L1	0.345	0.393	-0.485	0.098	0.238	-0.522	-0.509	0.117	0.047	-0.074	-0.080	0.119	-0.073
0.7*L1	0.204	0.630	-0.478	0.056	0.146	-0.664	-0.621	0.087	0.042	-0.053	-0.074	0.080	-0.061
				0.336									
0.8*L1	0.106	0.346	-0.410	0.028	0.079	0.198	-0.745	0.055	0.030	-0.030	-0.058	0.046	-0.041
0.9*L1	0.041	0.139	-0.259	0.011	0.031	0.084	-0.875	0.024	0.014	-0.012	-0.033	0.019	-0.016
1.0*L1	0.000	0.000	0.000	0.000	0.000	0.000	-1.000	0.000	-0.000	-0.000	-0.000	0.000	0.000
0.0*L2	-0.000	-0.000	-0.000	-0.000	-0.000	-0.000	-0.000	-0.000	-0.000	0.000	0.000	-0.000	0.000
0.1*L2	-0.020	-0.070	-0.189	-0.005	-0.015	-0.045	-0.083	-0.013	-0.008	0.007	0.026	-0.010	-0.005
0.2*L2	-0.030	-0.109	-0.300	-0.007	-0.024	-0.070	-0.139	-0.020	-0.012	0.012	0.046	-0.016	-0.019
0.3*L2	-0.034	-0.124	-0.350	-0.008	-0.027	-0.081	-0.168	-0.022	-0.013	0.014	0.057	-0.018	-0.031
0.4*L2	-0.033	-0.122	-0.352	-0.008	-0.026	-0.081	-0.174	-0.022	-0.013	0.015	0.061	-0.018	-0.039
0.5*L2	-0.029	-0.109	-0.320	-0.007	-0.023	-0.073	-0.162	-0.020	-0.012	0.013	0.058	0.016	-0.041
0.6*L2	-0.024	-0.089	-0.265	0.006	-0.019	-0.061	-0.136	-0.016	-0.009	0.011	0.049	-0.013	-0.037
0.7*L2	-0.017	-0.066	-0.196	-0.004	-0.014	-0.045	-0.102	-0.012	-0.007	0.009	0.037	-0.010	-0.030
0.8*L2	-0.011	-0.041	-0.124	-0.003	-0.009	-0.028	-0.065	-0.007	-0.004	0.005	0.024	-0.006	-0.020
0.9*L2	-0.005	-0.018	-0.056	-0.001	-0.004	-0.013	-0.029	-0.003	-0.002	0.002	0.011	-0.003	-0.009
1.0*L2	0.000	0.000	0.000	0.000	0.000	0.000	0.000	0.000	-0.000	-0.000	-0.000	0.000	0.000
FAKTOR	a			a				a				1/a	

INFOLGE STRECKENLAST P=1

IN FELD	M 0.4	M 0.7	M 1.0	Q 0	Q 0.4	Q 0.7	Q 1.0	T 0	T 0.4	T 0.7	T 1.0	q 0.4	q 1.0
1,BIS SPRUNG					-0.577	-1.142			0.016	-0.255			
1,REST	1.801	1.142	-1.872	1.650	0.651	0.266	-2.657	0.542	0.114	-0.040	-0.305	0.542	-0.273
2	-0.102	-0.379	-1.087	-0.025	-0.082	-0.251	-0.534	-0.069	-0.040	0.045	0.186	-0.055	-0.116
3	0.017	0.066	0.200	0.004	0.014	0.045	0.106	0.012	0.007	-0.009	-0.039	0.010	0.033
SUMME(+)	1.818	1.208	0.200	1.654	0.665	0.312	0.106	0.554	0.137	0.045	0.186	0.552	0.033
SUMME(-)	-0.102	-0.379	-2.959	-0.025	-0.659	-1.394	-3.190	-0.069	-0.040	-0.304	-0.344	-0.055	-0.389
SUMME	1.717	0.830	-2.759	1.629	0.006	-1.082	-3.085	0.485	0.097	-0.259	-0.158	0.497	-0.356
FAKTOR	a×a			a				a×a				1/a	

INFOLGE EINZELMOMENT Mt=1

IN	M 0.4	M 0.7	M 1.0	Q 0	Q 0.4	Q 0.7	Q 1.0	T 0	T 0.4	T 0.7	T 1.0	q 0.4	q 1.0
0.0*L1	0.000	0.000	-0.000	0.000	-0.000	-0.000	-0.000	1.000	-0.000	-0.000	-0.000	-0.000	-0.000
0.1*L1	0.277	0.050	-0.188	0.502	-0.124	-0.121	-0.155	0.637	-0.051	-0.052	-0.035	-0.032	-0.037
0.2*L1	0.545	0.112	-0.367	0.629	-0.209	-0.243	-0.312	0.461	-0.120	-0.103	-0.068	-0.115	-0.073
0.3*L1	0.776	0.197	-0.528	0.584	-0.198	-0.363	-0.472	0.373	-0.236	-0.154	-0.099	-0.318	-0.106
0.4*L1	0.898	0.311	-0.662	0.477	0.010	-0.471	-0.636	0.318	-0.449	-0.208	-0.126	-0.749	-0.137
								0.551					
0.5*L1	0.827	0.447	-0.756	0.359	0.229	-0.541	-0.801	0.271	0.337	-0.278	-0.148	-0.308	-0.167
0.6*L1	0.658	0.577	-0.798	0.254	0.268	-0.519	-0.961	0.223	0.217	-0.390	-0.169	-0.096	-0.205
0.7*L1	0.473	0.624	-0.779	0.170	0.228	-0.301	-1.098	0.172	0.143	-0.592	-0.194	-0.008	-0.266
								0.408					
0.8*L1	0.310	0.505	-0.697	0.107	0.162	-0.073	-1.181	0.120	0.093	0.210	-0.236	0.017	-0.380
0.9*L1	0.181	0.312	-0.575	0.061	0.097	-0.021	-1.149	0.072	0.054	0.113	-0.323	0.014	-0.605
1.0*L1	0.087	0.127	-0.481	0.031	0.044	-0.041	-0.894	0.031	0.025	0.067	-0.506	0.001	-1.041
0.0*L2	0.087	0.127	-0.481	0.031	0.044	-0.041	-0.894	0.031	0.025	0.067	0.494	0.001	-1.041
0.1*L2	0.033	0.005	-0.492	0.014	0.011	-0.071	-0.636	0.006	0.007	0.049	0.331	-0.010	-0.646
0.2*L2	-0.002	-0.080	-0.534	0.003	-0.011	-0.098	-0.499	-0.012	-0.004	0.039	0.239	-0.018	-0.413
0.3*L2	-0.024	-0.132	-0.563	-0.004	-0.025	-0.115	-0.420	-0.022	-0.011	0.033	0.186	-0.023	-0.276
0.4*L2	-0.034	-0.154	-0.558	-0.007	-0.031	-0.119	-0.364	-0.027	-0.015	0.029	0.151	-0.025	-0.194
0.5*L2	-0.037	-0.155	-0.518	-0.008	-0.032	-0.114	-0.312	-0.027	-0.015	0.025	0.125	-0.024	-0.142
0.6*L2	-0.034	-0.139	-0.448	-0.008	-0.029	-0.099	-0.258	-0.025	-0.014	0.021	0.101	-0.021	-0.106
0.7*L2	-0.028	-0.113	-0.357	-0.006	-0.024	-0.080	-0.201	-0.020	-0.011	0.017	0.077	-0.017	-0.077
0.8*L2	-0.021	-0.082	-0.258	-0.005	-0.017	-0.058	-0.144	-0.015	-0.008	0.012	0.055	-0.012	-0.053
0.9*L2	-0.013	-0.051	-0.160	-0.003	-0.011	-0.036	-0.089	-0.009	-0.005	0.007	0.034	-0.008	-0.033
1.0*L2	-0.006	-0.024	-0.075	-0.001	-0.005	-0.017	-0.042	-0.004	-0.002	0.003	0.016	-0.004	-0.016
FAKTOR				1/a								1/(a×a)	

INFOLGE STRECKENMOMENT mt=1

IN FELD	M 0.4	M 0.7	M 1.0	Q 0	Q 0.4	Q 0.7	Q 1.0	T 0	T 0.4	T 0.7	T 1.0	q 0.4	q 1.0
1,BIS SPRUNG					-0.340	-1.469			-0.367	-0.878			
1,REST	3.011	1.929	-3.365	1.936	0.626	-0.139	-4.356	1.874	0.666	0.324	-0.980	-0.898	-1.470
2	-0.062	-0.431	-2.085	-0.005	-0.077	-0.411	-1.683	-0.070	-0.034	0.133	0.769	-0.080	-1.215
3	0.019	0.073	0.216	0.005	0.016	0.049	0.111	0.013	0.008	-0.009	-0.040	0.011	0.031
SUMME(+)	3.030	2.001	0.216	1.940	0.641	0.049	0.111	1.887	0.674	0.457	0.769	0.011	0.031
SUMME(-)	-0.062	-0.431	-5.451	-0.005	-0.416	-2.019	-6.039	-0.070	-0.401	-0.887	-1.020	-0.978	-2.686
SUMME	2.967	1.570	-5.235	1.935	0.225	-1.970	-5.928	1.818	0.272	-0.430	-0.251	-0.968	-2.654
FAKTOR	a			a				a				1/a	

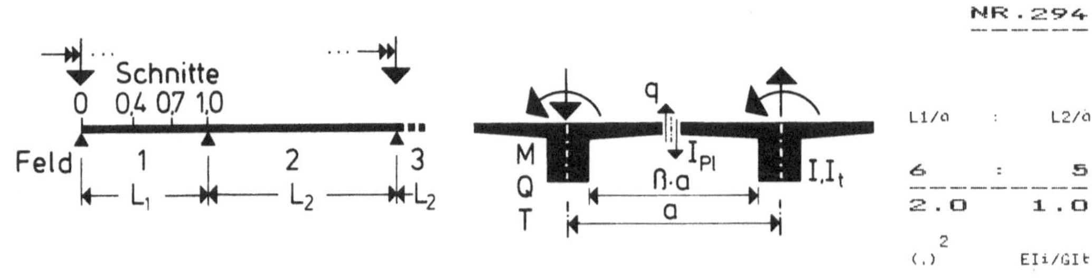

	M			Q				T				q	
IN SCHNITT	0.4	0.7	1.0	0	0.4	0.7	1.0	0	0.4	0.7	1.0	0.4	1.0

INFOLGE EINZELLAST P=1

IN	M			Q				T				q	
0.0*L1	-0.000	-0.000	-0.000	1.000	-0.000	0.000	-0.000	0.000	-0.000	-0.000	-0.000	0.000	-0.000
0.1*L1	-0.005	-0.001	-0.031	0.456	-0.016	0.002	-0.051	0.222	-0.043	-0.052	-0.025	0.059	-0.052
0.2*L1	0.013	-0.003	-0.063	0.144	-0.075	0.005	-0.102	0.327	-0.063	-0.103	-0.050	0.174	-0.105
0.3*L1	0.096	-0.006	-0.095	0.019	-0.228	0.004	-0.151	0.339	-0.037	-0.153	-0.076	0.366	-0.159
0.4*L1	0.309	-0.006	-0.128	-0.014	-0.499	-0.013	-0.200	0.305	0.048	-0.195	-0.102	0.514	-0.213
					0.501								
0.5*L1	0.096	0.016	-0.163	-0.014	0.230	-0.077	-0.249	0.254	0.133	-0.214	-0.128	0.365	-0.266
0.6*L1	0.012	0.101	-0.200	-0.007	0.074	-0.234	-0.302	0.200	0.159	-0.187	-0.153	0.171	-0.308
0.7*L1	-0.009	0.316	-0.235	-0.003	0.012	-0.507	-0.373	0.145	0.138	-0.103	-0.170	0.058	-0.318
						0.493							
0.8*L1	-0.008	0.103	-0.249	-0.001	-0.004	0.220	-0.494	0.091	0.092	-0.020	-0.163	0.012	-0.263
0.9*L1	-0.003	0.020	-0.198	-0.000	-0.003	0.063	-0.703	0.039	0.040	0.007	-0.110	-0.000	-0.124
1.0*L1	0.000	0.000	0.000	-0.000	-0.000	-0.000	-1.000	-0.000	0.000	-0.000	-0.000	-0.000	0.000
0.0*L2	0.000	-0.000	-0.000	-0.000	0.000	-0.000	-0.000	-0.000	-0.000	-0.000	0.000	0.000	0.000
0.1*L2	0.001	-0.001	-0.173	-0.000	0.002	-0.015	-0.208	-0.011	-0.012	-0.003	0.093	0.002	-0.086
0.2*L2	0.002	0.002	-0.232	-0.000	0.003	-0.015	-0.312	-0.011	-0.012	-0.003	0.145	0.003	-0.207
0.3*L2	0.001	0.004	-0.230	-0.000	0.003	-0.012	-0.334	-0.008	-0.009	-0.002	0.159	0.003	-0.273
0.4*L2	0.001	0.005	-0.201	-0.000	0.002	-0.009	-0.308	-0.005	-0.006	-0.001	0.149	0.003	-0.282
0.5*L2	0.001	0.005	-0.165	-0.000	0.002	-0.006	-0.261	-0.003	-0.004	-0.000	0.127	0.002	-0.254
0.6*L2	0.001	0.004	-0.127	-0.000	0.002	-0.004	-0.205	-0.002	-0.003	0.000	0.101	0.002	-0.207
0.7*L2	0.001	0.003	-0.091	-0.000	0.001	-0.003	-0.147	-0.001	-0.002	0.000	0.072	0.001	-0.151
0.8*L2	0.000	0.002	-0.056	-0.000	0.001	-0.002	-0.091	-0.001	-0.001	0.000	0.045	0.001	-0.094
0.9*L2	0.000	0.001	-0.023	-0.000	0.000	-0.001	-0.038	-0.000	-0.000	0.000	0.019	0.000	-0.040
1.0*L2	0.000	0.000	-0.000	-0.000	-0.000	-0.000	-0.000	-0.000	-0.000	-0.000	0.000	0.000	-0.000
FAKTOR		a							a			1/a	

INFOLGE STRECKENLAST P=1

IN FELD	M			Q				T				q	
1,BIS SPRUNG					-0.326	-0.323			-0.079	-0.582			
1,REST	0.270	0.294	-0.833	0.616	0.320	0.304	-1.861	1.168	0.358	-0.033	-0.593	1.032	-1.088
2	0.004	0.013	-0.660	-0.000	0.007	-0.034	-0.963	-0.022	-0.025	-0.005	0.460	0.009	-0.799
3	-0.000	-0.001	0.016	0.000	-0.000	0.000	0.027	0.000	0.000	-0.000	-0.013	-0.000	0.029
SUMME(+)	0.274	0.307	0.016	0.616	0.327	0.304	0.027	1.168	0.358	0.000	0.460	1.041	0.029
SUMME(-)	-0.000	-0.001	-1.493	-0.000	-0.326	-0.357	-2.825	-0.022	-0.105	-0.619	-0.607	-0.000	-1.887
SUMME	0.274	0.306	-1.477	0.616	0.002	-0.053	-2.798	1.146	0.254	-0.619	-0.147	1.041	-1.859
FAKTOR		a*a				a			a*a				

INFOLGE EINZELMOMENT Mt=1

IN	M			Q				T				q	
0.0*L1	0.000	-0.000	-0.000	0.000	-0.000	-0.000	-0.000	1.000	-0.000	-0.000	-0.000	0.000	-0.000
0.1*L1	0.030	0.000	-0.063	0.358	-0.058	-0.001	-0.102	0.720	-0.072	-0.100	-0.050	0.080	-0.105
0.2*L1	0.087	0.002	-0.126	0.262	-0.131	-0.007	-0.203	0.667	-0.136	-0.198	-0.100	0.124	-0.210
0.3*L1	0.184	0.010	-0.190	0.124	-0.178	-0.026	-0.304	0.635	-0.214	-0.290	-0.151	-0.013	-0.314
0.4*L1	0.258	0.035	-0.255	0.041	0.002	-0.070	-0.407	0.576	-0.405	-0.369	-0.200	-0.718	-0.415
									0.595				
0.5*L1	0.183	0.094	-0.318	0.006	0.182	-0.140	-0.515	0.492	0.404	-0.435	-0.248	-0.012	-0.508
0.6*L1	0.086	0.194	-0.376	-0.003	0.135	-0.190	-0.636	0.395	0.325	-0.512	-0.289	0.131	-0.583
0.7*L1	0.030	0.270	-0.416	-0.004	0.067	-0.013	-0.780	0.294	0.258	-0.701	-0.318	0.102	-0.639
										0.299			
0.8*L1	0.007	0.197	-0.417	-0.002	0.026	0.164	-0.943	0.196	0.181	0.113	-0.334	0.054	-0.705
0.9*L1	0.001	0.102	-0.363	-0.001	0.010	0.115	-1.061	0.109	0.103	0.051	-0.361	0.024	-0.919
1.0*L1	0.001	0.045	-0.302	-0.000	0.005	0.045	-0.904	0.044	0.041	0.021	-0.505	0.011	-1.647
0.0*L2	0.001	0.045	-0.302	-0.000	0.005	0.045	-0.904	0.044	0.041	0.021	0.495	0.011	-1.647
0.1*L2	0.002	0.024	-0.339	-0.000	0.005	0.009	-0.698	0.012	0.010	0.008	0.361	0.008	-0.971
0.2*L2	0.002	0.015	-0.383	-0.000	0.005	-0.008	-0.648	-0.002	-0.005	0.002	0.322	0.006	-0.710
0.3*L2	0.002	0.012	-0.389	-0.000	0.005	-0.013	-0.618	-0.007	-0.009	-0.000	0.302	0.006	-0.609
0.4*L2	0.002	0.010	-0.360	-0.000	0.004	-0.013	-0.566	-0.007	-0.009	-0.001	0.276	0.005	-0.546
0.5*L2	0.002	0.009	-0.310	-0.000	0.004	-0.011	-0.490	-0.006	-0.008	-0.000	0.239	0.005	-0.477
0.6*L2	0.002	0.008	-0.250	-0.000	0.003	-0.008	-0.398	-0.004	-0.006	-0.000	0.194	0.004	-0.394
0.7*L2	0.001	0.006	-0.187	-0.000	0.002	-0.006	-0.299	-0.003	-0.004	-0.000	0.147	0.003	-0.300
0.8*L2	0.001	0.004	-0.126	-0.000	0.001	-0.004	-0.203	-0.002	-0.003	0.000	0.100	0.002	-0.205
0.9*L2	0.000	0.002	-0.073	-0.000	0.001	-0.002	-0.118	-0.001	-0.002	0.000	0.058	0.001	-0.120
1.0*L2	0.000	0.001	-0.033	-0.000	0.000	-0.001	-0.054	-0.001	-0.001	0.000	0.026	0.001	-0.054
FAKTOR					1/a							1/(a*a)	

INFOLGE STRECKENMOMENT mt=1

IN FELD	M			Q				T				q	
1,BIS SPRUNG					-0.243	-0.286			-0.363	-1.342			
1,REST	0.520	0.557	-1.609	0.510	0.276	0.200	-3.268	2.739	0.941	0.180	-1.372	-0.010	-3.079
2	0.008	0.055	-1.294	-0.001	0.016	-0.020	-2.246	-0.001	-0.009	0.008	1.122	0.023	-2.554
3	0.000	-0.000	0.000	0.000	-0.000	-0.000	0.002	-0.000	-0.000	-0.000	-0.001	-0.000	0.004
SUMME(+)	0.527	0.613	0.000	0.510	0.292	0.200	0.002	2.739	0.941	0.188	1.122	0.023	0.004
SUMME(-)	0.000	-0.000	-2.903	-0.001	-0.243	-0.306	-5.514	-0.001	-0.372	-1.343	-1.373	-0.010	-5.633
SUMME	0.527	0.612	-2.903	0.509	0.048	-0.105	-5.512	2.738	0.569	-1.155	-0.251	0.012	-5.629
FAKTOR		a				a			a			1/a	

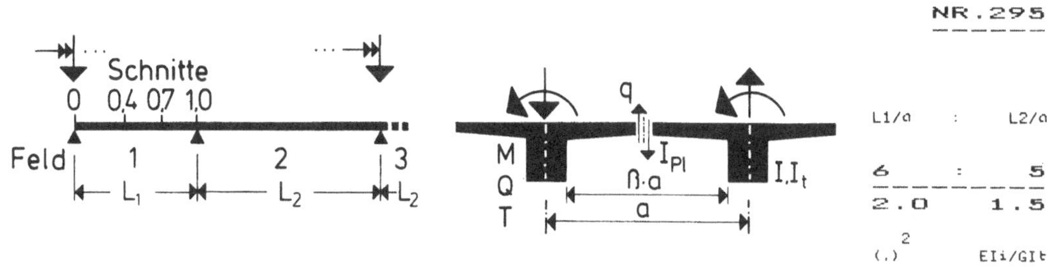

INFOLGE tables — columns: **M** (0.4, 0.7, 1.0) · **Q** (0, 0.4, 0.7, 1.0) · **T** (0, 0.4, 0.7, 1.0) · **q** (0.4, 1.0)

IN SCHNITT: 0.4 0.7 1.0 | 0 0.4 0.7 1.0 | 0 0.4 0.7 1.0 | 0.4 1.0

INFOLGE EINZELLAST P=1

IN	M 0.4	M 0.7	M 1.0	Q 0	Q 0.4	Q 0.7	Q 1.0	T 0	T 0.4	T 0.7	T 1.0	q 0.4	q 1.0
0.0*L1	0.000	-0.000	-0.000	1.000	-0.000	0.000	-0.000	0.000	-0.000	-0.000	-0.000	0.000	-0.000
0.1*L1	0.007	-0.003	-0.038	0.512	-0.033	0.000	-0.052	0.193	-0.034	-0.051	-0.025	0.073	-0.048
0.2*L1	0.041	-0.006	-0.077	0.205	-0.106	-0.002	-0.104	0.295	-0.049	-0.101	-0.050	0.183	-0.096
0.3*L1	0.142	-0.008	-0.116	0.058	-0.257	-0.011	-0.156	0.317	-0.025	-0.148	-0.076	0.341	-0.145
0.4*L1	0.365	-0.000	-0.157	0.004	-0.499	-0.042	-0.207	0.293	0.045	-0.184	-0.102	0.452	-0.192
					0.501								
0.5*L1	0.141	0.036	-0.199	-0.009	0.258	-0.118	-0.260	0.248	0.114	-0.198	-0.127	0.340	-0.235
0.6*L1	0.039	0.139	-0.240	-0.008	0.105	-0.275	-0.322	0.195	0.138	-0.172	-0.148	0.182	-0.264
0.7*L1	0.003	0.363	-0.273	-0.005	0.032	-0.522	-0.406	0.141	0.122	-0.101	-0.159	0.077	-0.263
						0.478							
0.8*L1	-0.005	0.139	-0.277	-0.002	0.006	0.231	-0.535	0.087	0.083	-0.030	-0.147	0.025	-0.208
0.9*L1	-0.003	0.036	-0.209	-0.001	-0.001	0.075	-0.736	0.037	0.037	-0.001	-0.095	0.005	-0.094
1.0*L1	-0.000	0.000	0.000	-0.000	-0.000	0.000	-1.000	-0.000	-0.000	0.000	0.000	-0.000	0.000
0.0*L2	0.000	-0.000	-0.000	0.000	0.000	-0.000	-0.000	-0.000	-0.000	-0.000	0.000	-0.000	0.000
0.1*L2	0.002	-0.007	-0.179	0.000	0.001	-0.023	-0.185	-0.012	-0.013	-0.001	0.080	-0.000	-0.063
0.2*L2	0.002	-0.007	-0.250	0.000	0.002	-0.029	-0.286	-0.014	-0.015	0.000	0.128	0.000	-0.157
0.3*L2	0.002	-0.005	-0.258	0.000	0.002	-0.027	-0.315	-0.013	-0.014	0.001	0.145	0.001	-0.215
0.4*L2	0.002	-0.003	-0.233	0.000	0.002	-0.022	-0.298	-0.010	-0.011	0.001	0.139	0.001	-0.230
0.5*L2	0.002	-0.001	-0.194	0.000	0.002	-0.017	-0.257	-0.007	-0.008	0.001	0.121	0.001	-0.212
0.6*L2	0.001	-0.001	-0.151	0.000	0.002	-0.013	-0.204	-0.005	-0.006	0.001	0.097	0.001	-0.176
0.7*L2	0.001	-0.000	-0.107	0.000	0.001	-0.009	-0.147	-0.004	-0.004	0.001	0.070	0.001	-0.129
0.8*L2	0.001	-0.000	-0.065	0.000	0.001	-0.005	-0.090	-0.002	-0.002	0.001	0.043	0.000	-0.080
0.9*L2	0.000	0.000	-0.028	0.000	0.000	-0.002	-0.038	-0.001	-0.001	0.000	0.018	0.000	-0.034
1.0*L2	-0.000	0.000	0.000	0.000	-0.000	0.000	-0.000	-0.000	-0.000	-0.000	0.000	-0.000	-0.000
FAKTOR	a				a				a			1/a	

INFOLGE STRECKENLAST P=1

IN FELD	M 0.4	M 0.7	M 1.0	Q 0	Q 0.4	Q 0.7	Q 1.0	T 0	T 0.4	T 0.7	T 1.0	q 0.4	q 1.0
1,BIS SPRUNG					-0.376	-0.411			-0.058	-0.550			
1,REST	0.407	0.389	-0.969	0.726	0.377	0.315	-1.956	1.095	0.315	-0.044	-0.564	1.009	-0.931
2	0.007	-0.013	-0.743	0.000	0.007	-0.075	-0.920	-0.035	-0.039	0.003	0.425	0.003	-0.650
3	-0.000	-0.000	0.033	-0.000	-0.000	0.003	0.046	0.001	0.001	-0.000	-0.022	-0.000	0.042
SUMME(+)	0.414	0.389	0.033	0.726	0.384	0.318	0.046	1.096	0.317	0.003	0.425	1.011	0.042
SUMME(-)	-0.000	-0.013	-1.712	-0.000	-0.376	-0.486	-2.876	-0.035	-0.097	-0.594	-0.586	-0.000	-1.580
SUMME	0.414	0.376	-1.679	0.726	0.008	-0.169	-2.830	1.061	0.220	-0.592	-0.161	1.011	-1.538
FAKTOR	a×a				a				a×a				

INFOLGE EINZELMOMENT Mt=1

IN	M 0.4	M 0.7	M 1.0	Q 0	Q 0.4	Q 0.7	Q 1.0	T 0	T 0.4	T 0.7	T 1.0	q 0.4	q 1.0
0.0*L1	0.000	-0.000	-0.000	0.000	-0.000	-0.000	-0.000	1.000	-0.000	-0.000	-0.000	0.000	-0.000
0.1*L1	0.055	-0.001	-0.077	0.414	-0.080	-0.010	-0.105	0.690	-0.062	-0.098	-0.050	0.084	-0.095
0.2*L1	0.138	0.003	-0.154	0.339	-0.166	-0.026	-0.210	0.626	-0.122	-0.192	-0.100	0.115	-0.190
0.3*L1	0.257	0.017	-0.232	0.189	-0.206	-0.060	-0.316	0.598	-0.205	-0.278	-0.150	-0.051	-0.282
0.4*L1	0.341	0.056	-0.309	0.082	0.002	-0.119	-0.425	0.549	-0.411	-0.351	-0.198	-0.775	-0.370
									0.589				
0.5*L1	0.257	0.135	-0.382	0.027	0.211	-0.200	-0.543	0.473	0.381	-0.413	-0.242	-0.048	-0.446
0.6*L1	0.140	0.253	-0.444	0.004	0.174	-0.244	-0.676	0.382	0.297	-0.494	-0.278	0.128	-0.505
0.7*L1	0.062	0.337	-0.479	-0.002	0.100	-0.043	-0.832	0.284	0.233	-0.695	-0.301	0.117	-0.550
										0.305			
0.8*L1	0.023	0.253	-0.466	-0.002	0.048	0.159	-0.998	0.188	0.163	0.108	-0.314	0.070	-0.620
0.9*L1	0.008	0.135	-0.395	-0.001	0.021	0.117	-1.101	0.103	0.092	0.044	-0.347	0.034	-0.854
1.0*L1	0.004	0.056	-0.325	-0.001	0.010	0.041	-0.912	0.040	0.035	0.019	-0.505	0.015	-1.596
0.0*L2	0.004	0.056	-0.325	-0.001	0.010	0.041	-0.912	0.040	0.035	0.019	0.495	0.015	-1.596
0.1*L2	0.004	0.022	-0.365	-0.000	0.007	-0.004	-0.681	0.008	0.004	0.009	0.348	0.008	-0.910
0.2*L2	0.004	0.005	-0.418	0.000	0.005	-0.027	-0.620	-0.009	-0.011	0.005	0.302	0.004	-0.630
0.3*L2	0.004	-0.001	-0.434	0.000	0.005	-0.036	-0.592	-0.015	-0.017	0.003	0.281	0.003	-0.519
0.4*L2	0.004	-0.002	-0.410	0.000	0.005	-0.036	-0.547	-0.015	-0.017	0.003	0.258	0.003	-0.459
0.5*L2	0.003	-0.002	-0.358	0.000	0.004	-0.031	-0.478	-0.013	-0.015	0.002	0.226	0.002	-0.401
0.6*L2	0.003	-0.001	-0.291	0.000	0.003	-0.025	-0.390	-0.010	-0.012	0.002	0.185	0.002	-0.332
0.7*L2	0.002	-0.001	-0.218	0.000	0.002	-0.018	-0.295	-0.008	-0.009	0.002	0.140	0.001	-0.254
0.8*L2	0.001	-0.000	-0.147	0.000	0.002	-0.012	-0.200	-0.005	-0.006	0.001	0.095	0.001	-0.174
0.9*L2	0.001	-0.000	-0.085	0.000	0.001	-0.007	-0.115	-0.003	-0.003	0.001	0.055	0.001	-0.101
1.0*L2	0.000	-0.000	-0.037	0.000	0.000	-0.003	-0.050	-0.001	-0.001	0.000	0.024	0.000	-0.044
FAKTOR					1/a							1/(a×a)	

INFOLGE STRECKENMOMENT mt=1

IN FELD	M 0.4	M 0.7	M 1.0	Q 0	Q 0.4	Q 0.7	Q 1.0	T 0	T 0.4	T 0.7	T 1.0	q 0.4	q 1.0
1,BIS SPRUNG					-0.297	-0.431			-0.344	-1.292			
1,REST	0.772	0.731	-1.866	0.674	0.359	0.191	-3.426	2.623	0.873	0.173	-1.327	-0.067	-2.772
2	0.015	0.022	-1.456	0.000	0.019	-0.091	-2.186	-0.027	-0.037	0.019	1.066	0.016	-2.262
3	-0.000	-0.000	0.026	-0.000	-0.000	0.002	0.037	0.001	0.001	-0.000	-0.018	-0.000	0.036
SUMME(+)	0.787	0.753	0.026	0.675	0.378	0.192	0.037	2.624	0.873	0.191	1.066	0.016	0.036
SUMME(-)	-0.000	-0.000	-3.322	-0.000	-0.297	-0.523	-5.612	-0.027	-0.381	-1.293	-1.345	-0.068	-5.034
SUMME	0.786	0.753	-3.296	0.675	0.081	-0.330	-5.575	2.596	0.493	-1.101	-0.279	-0.052	-4.998
FAKTOR	a				a				a			1/a	

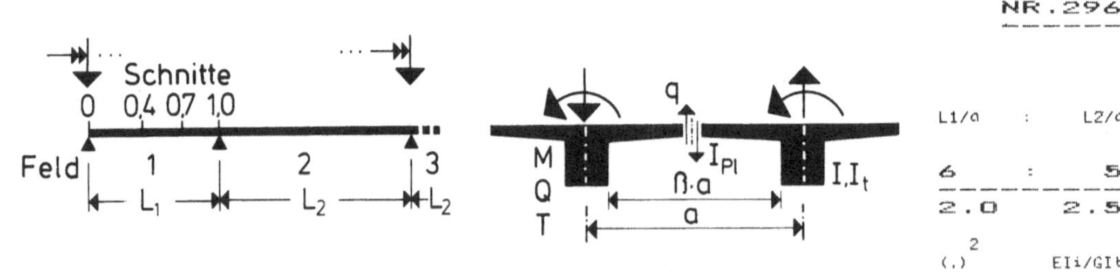

IN SCHNITT	M			Q				T				q	
	0.4	0.7	1.0	0	0.4	0.7	1.0	0	0.4	0.7	1.0	0.4	1.0

INFOLGE EINZELLAST P=1

IN	M 0.4	M 0.7	M 1.0	Q 0	Q 0.4	Q 0.7	Q 1.0	T 0	T 0.4	T 0.7	T 1.0	q 0.4	q 1.0
0.0*L1	0.000	-0.000	-0.000	1.000	-0.000	-0.000	-0.000	0.000	-0.000	-0.000	-0.000	0.000	-0.000
0.1*L1	0.031	-0.005	-0.050	0.580	-0.057	-0.008	-0.055	0.158	-0.024	-0.049	-0.025	0.079	-0.043
0.2*L1	0.091	-0.008	-0.101	0.289	-0.145	-0.020	-0.110	0.251	-0.032	-0.095	-0.050	0.180	-0.085
0.3*L1	0.218	-0.005	-0.152	0.124	-0.292	-0.043	-0.165	0.281	-0.012	-0.136	-0.075	0.301	-0.126
0.4*L1	0.452	0.016	-0.204	0.044	-0.501	-0.090	-0.222	0.268	0.040	-0.165	-0.099	0.378	-0.165
0.4*L1 (Sprung)				0.499									
0.5*L1	0.217	0.072	-0.253	0.010	0.289	-0.179	-0.284	0.232	0.092	-0.173	-0.121	0.301	-0.196
0.6*L1	0.090	0.195	-0.297	-0.001	0.144	-0.332	-0.358	0.185	0.112	-0.150	-0.137	0.183	-0.212
0.7*L1	0.031	0.427	-0.324	-0.003	0.062	-0.549	-0.454	0.133	0.100	-0.094	-0.142	0.093	-0.201
0.7*L1 (Sprung)						0.451							
0.8*L1	0.008	0.189	-0.312	-0.002	0.022	0.235	-0.589	0.081	0.069	-0.037	-0.125	0.039	-0.152
0.9*L1	0.001	0.060	-0.222	-0.001	0.006	0.084	-0.776	0.035	0.031	-0.008	-0.078	0.012	-0.066
1.0*L1	-0.000	0.000	0.000	-0.000	0.000	0.000	-1.000	-0.000	-0.000	-0.000	-0.000	0.000	0.000
0.0*L2	0.000	-0.000	-0.000	0.000	-0.000	-0.000	-0.000	-0.000	-0.000	0.000	0.000	-0.000	0.000
0.1*L2	0.001	-0.020	-0.184	0.000	-0.001	-0.033	-0.157	-0.014	-0.013	0.003	0.065	-0.004	-0.041
0.2*L2	0.001	-0.026	-0.270	0.001	-0.001	-0.045	-0.250	-0.018	-0.018	0.004	0.107	-0.005	-0.107
0.3*L2	0.002	-0.025	-0.290	0.001	-0.001	-0.046	-0.284	-0.018	-0.018	0.005	0.124	-0.004	-0.152
0.4*L2	0.002	-0.021	-0.272	0.001	-0.000	-0.041	-0.277	-0.016	-0.015	0.005	0.123	-0.004	-0.169
0.5*L2	0.002	-0.017	-0.232	0.001	-0.000	-0.034	-0.244	-0.013	-0.013	0.005	0.109	-0.003	-0.161
0.6*L2	0.001	-0.013	-0.183	0.000	0.000	-0.026	-0.196	-0.010	-0.010	0.004	0.089	-0.002	-0.136
0.7*L2	0.001	-0.009	-0.131	0.000	0.000	-0.019	-0.142	-0.007	-0.007	0.003	0.064	-0.001	-0.102
0.8*L2	0.001	-0.005	-0.080	0.000	0.000	-0.011	-0.087	-0.004	-0.004	0.002	0.040	-0.001	-0.064
0.9*L2	0.000	-0.002	-0.034	0.000	0.000	-0.005	-0.038	-0.002	-0.002	0.001	0.017	-0.000	-0.028
1.0*L2	-0.000	0.000	0.000	-0.000	-0.000	0.000	0.000	-0.000	-0.000	-0.000	-0.000	-0.000	-0.000
FAKTOR		a								a			1/a

INFOLGE STRECKENLAST P=1

IN FELD

	M 0.4	M 0.7	M 1.0	Q 0	Q 0.4	Q 0.7	Q 1.0	T 0	T 0.4	T 0.7	T 1.0	q 0.4	q 1.0
1,BIS SPRUNG					-0.438	-0.555			-0.033	-0.495			
1,REST	0.653	0.535	-1.167	0.901	0.453	0.318	-2.099	0.984	0.259	-0.052	-0.516	0.943	-0.749
2	0.005	-0.070	-0.849	0.002	-0.001	-0.132	-0.847	-0.052	-0.050	0.015	0.373	-0.012	-0.481
3	-0.001	0.004	0.064	-0.000	-0.000	0.009	0.071	0.003	0.003	-0.001	-0.032	0.001	0.053
SUMME(+)	0.658	0.539	0.064	0.903	0.453	0.327	0.071	0.987	0.263	0.015	0.373	0.943	0.053
SUMME(-)	-0.001	-0.070	-2.016	-0.000	-0.439	-0.687	-2.946	-0.052	-0.083	-0.549	-0.549	-0.012	-1.230
SUMME	0.658	0.469	-1.952	0.903	0.014	-0.361	-2.875	0.935	0.179	-0.533	-0.176	0.931	-1.177
FAKTOR		a*a				a				a*a			

INFOLGE EINZELMOMENT Mt=1

IN	M 0.4	M 0.7	M 1.0	Q 0	Q 0.4	Q 0.7	Q 1.0	T 0	T 0.4	T 0.7	T 1.0	q 0.4	q 1.0
0.0*L1	0.000	-0.000	-0.000	0.000	-0.000	-0.000	-0.000	1.000	-0.000	-0.000	-0.000	0.000	-0.000
0.1*L1	0.101	0.001	-0.100	0.489	-0.108	-0.028	-0.111	0.651	-0.051	-0.091	-0.049	0.076	-0.083
0.2*L1	0.227	0.009	-0.201	0.448	-0.209	-0.065	-0.223	0.566	-0.106	-0.177	-0.098	0.087	-0.165
0.3*L1	0.380	0.036	-0.299	0.292	-0.239	-0.121	-0.339	0.539	-0.195	-0.254	-0.146	-0.113	-0.242
0.4*L1	0.478	0.096	-0.394	0.159	0.001	-0.201	-0.460	0.501	-0.420	-0.319	-0.190	-0.854	-0.312
0.4*L1 (Sprung)									0.580				
0.5*L1	0.383	0.201	-0.478	0.075	0.245	-0.293	-0.593	0.438	0.353	-0.378	-0.228	-0.105	-0.369
0.6*L1	0.237	0.341	-0.541	0.031	0.224	-0.327	-0.743	0.357	0.260	-0.465	-0.257	0.109	-0.412
0.7*L1	0.126	0.431	-0.565	0.011	0.146	-0.095	-0.910	0.266	0.198	-0.681	-0.273	0.122	-0.450
0.7*L1 (Sprung)										0.319			
0.8*L1	0.060	0.331	-0.531	0.003	0.080	0.139	-1.074	0.176	0.138	0.108	-0.285	0.083	-0.530
0.9*L1	0.027	0.181	-0.436	0.001	0.039	0.111	-1.152	0.096	0.077	0.041	-0.327	0.044	-0.787
1.0*L1	0.012	0.069	-0.352	0.001	0.016	0.032	-0.920	0.035	0.027	0.019	-0.505	0.017	-1.544
0.0*L2	0.012	0.069	-0.352	0.001	0.016	0.032	-0.920	0.035	0.027	0.019	0.495	0.017	-1.544
0.1*L2	0.007	0.013	-0.395	0.001	0.007	-0.021	-0.657	0.002	-0.001	0.013	0.331	0.005	-0.847
0.2*L2	0.005	-0.017	-0.460	0.001	0.003	-0.053	-0.579	-0.016	-0.017	0.011	0.274	-0.002	-0.546
0.3*L2	0.004	-0.030	-0.488	0.001	0.001	-0.067	-0.548	-0.024	-0.024	0.010	0.251	-0.005	-0.421
0.4*L2	0.003	-0.032	-0.472	0.001	0.000	-0.068	-0.510	-0.025	-0.025	0.009	0.230	-0.005	-0.359
0.5*L2	0.003	-0.029	-0.420	0.001	0.000	-0.061	-0.450	-0.023	-0.022	0.008	0.203	-0.005	-0.311
0.6*L2	0.002	-0.024	-0.346	0.001	0.000	-0.050	-0.371	-0.018	-0.018	0.007	0.168	-0.004	-0.258
0.7*L2	0.002	-0.018	-0.262	0.001	0.000	-0.038	-0.282	-0.014	-0.014	0.005	0.128	-0.003	-0.198
0.8*L2	0.001	-0.012	-0.177	0.000	0.000	-0.025	-0.192	-0.009	-0.009	0.004	0.087	-0.002	-0.136
0.9*L2	0.001	-0.007	-0.101	0.000	0.000	-0.014	-0.110	-0.005	-0.005	0.002	0.050	-0.001	-0.078
1.0*L2	0.000	-0.003	-0.041	0.000	0.000	-0.006	-0.045	-0.002	-0.002	0.001	0.020	-0.000	-0.032
FAKTOR					1/a								1/(a*a)

INFOLGE STRECKENMOMENT mt=1

IN FELD

	M 0.4	M 0.7	M 1.0	Q 0	Q 0.4	Q 0.7	Q 1.0	T 0	T 0.4	T 0.7	T 1.0	q 0.4	q 1.0
1,BIS SPRUNG					-0.363	-0.675			-0.322	-1.203			
1,REST	1.220	0.999	-2.240	0.954	0.471	0.159	-3.670	2.437	0.782	0.174	-1.251	-0.202	-2.419
2	0.017	-0.065	-1.661	0.004	0.010	-0.195	-2.076	-0.060	-0.063	0.040	0.980	-0.008	-1.933
3	-0.001	0.005	0.075	-0.000	-0.000	0.010	0.084	0.004	0.004	-0.002	-0.039	0.001	0.065
SUMME(+)	1.237	1.004	0.075	0.958	0.481	0.170	0.084	2.441	0.786	0.214	0.980	0.001	0.065
SUMME(-)	-0.001	-0.065	-3.900	-0.000	-0.363	-0.869	-5.746	-0.060	-0.385	-1.204	-1.289	-0.209	-4.352
SUMME	1.236	0.939	-3.825	0.958	0.117	-0.700	-5.662	2.381	0.401	-0.990	-0.309	-0.208	-4.287
FAKTOR		a				a				a			1/a

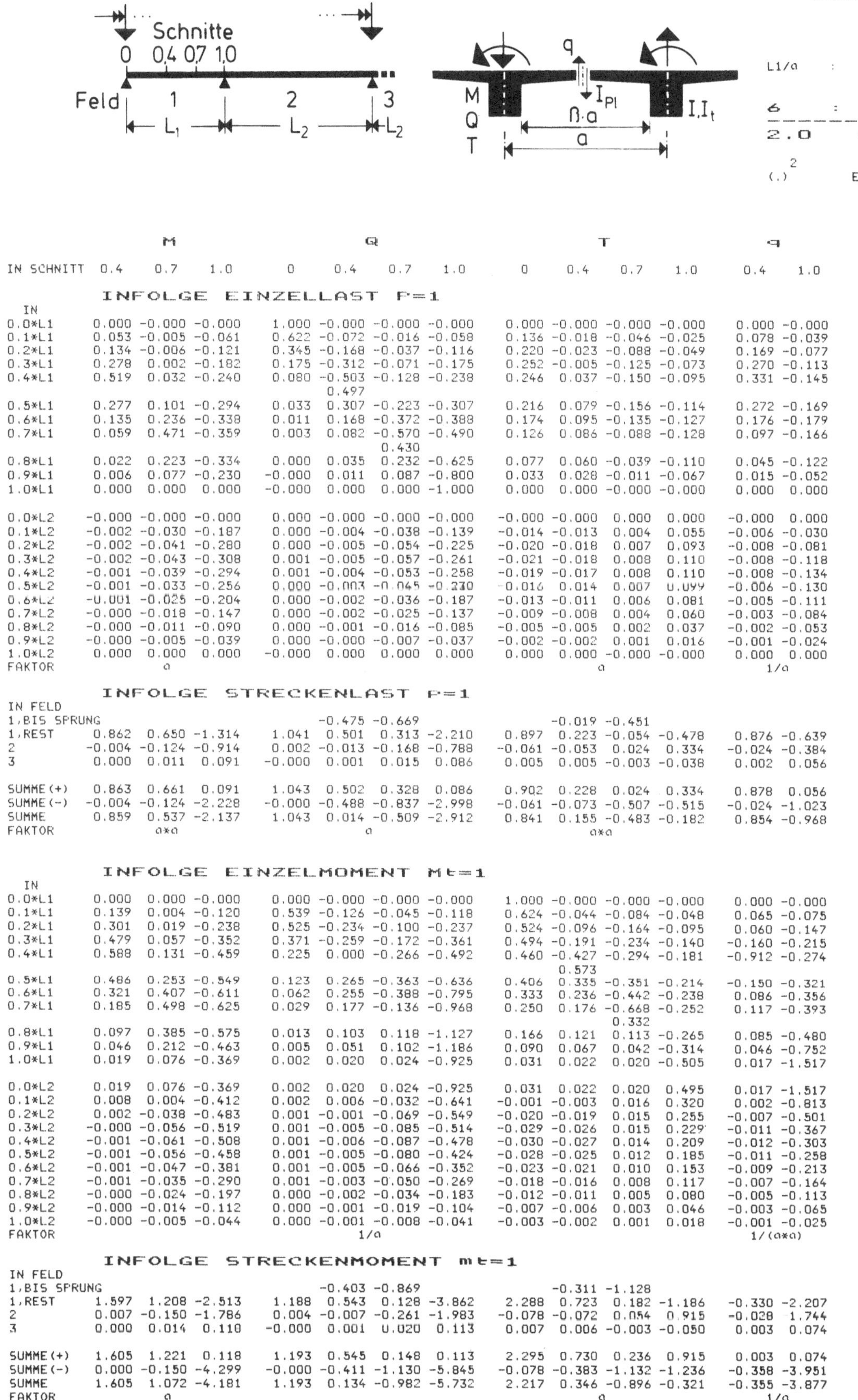

	M 0.4	M 0.7	M 1.0	Q 0	Q 0.4	Q 0.7	Q 1.0	T 0	T 0.4	T 0.7	T 1.0	q 0.4	q 1.0
IN SCHNITT	0.4	0.7	1.0	0	0.4	0.7	1.0	0	0.4	0.7	1.0	0.4	1.0

INFOLGE EINZELLAST P=1

IN	M 0.4	M 0.7	M 1.0	Q 0	Q 0.4	Q 0.7	Q 1.0	T 0	T 0.4	T 0.7	T 1.0	q 0.4	q 1.0
0.0*L1	0.000	-0.000	-0.000	1.000	-0.000	-0.000	-0.000	0.000	-0.000	-0.000	-0.000	0.000	-0.000
0.1*L1	0.053	-0.005	-0.061	0.622	-0.072	-0.016	-0.058	0.136	-0.018	-0.046	-0.025	0.078	-0.039
0.2*L1	0.134	-0.006	-0.121	0.345	-0.168	-0.037	-0.116	0.220	-0.023	-0.088	-0.049	0.169	-0.077
0.3*L1	0.278	0.002	-0.182	0.175	-0.312	-0.071	-0.175	0.252	-0.005	-0.125	-0.073	0.270	-0.113
0.4*L1	0.519	0.032	-0.240	0.080	-0.503	-0.128	-0.238	0.246	0.037	-0.150	-0.095	0.331	-0.145
					0.497								
0.5*L1	0.277	0.101	-0.294	0.033	0.307	-0.223	-0.307	0.216	0.079	-0.156	-0.114	0.272	-0.169
0.6*L1	0.135	0.236	-0.338	0.011	0.168	-0.372	-0.388	0.174	0.095	-0.135	-0.127	0.176	-0.179
0.7*L1	0.059	0.471	-0.359	0.003	0.082	-0.570	-0.490	0.126	0.086	-0.088	-0.128	0.097	-0.166
						0.430							
0.8*L1	0.022	0.223	-0.334	0.000	0.035	0.232	-0.625	0.077	0.060	-0.039	-0.110	0.045	-0.122
0.9*L1	0.006	0.077	-0.230	-0.000	0.011	0.087	-0.800	0.033	0.028	-0.011	-0.067	0.015	-0.052
1.0*L1	0.000	0.000	0.000	-0.000	0.000	0.000	-1.000	0.000	0.000	-0.000	-0.000	0.000	0.000
0.0*L2	-0.000	-0.000	-0.000	0.000	-0.000	-0.000	-0.000	-0.000	-0.000	0.000	0.000	-0.000	0.000
0.1*L2	-0.002	-0.030	-0.187	0.000	-0.004	-0.038	-0.139	-0.014	-0.013	0.004	0.055	-0.006	-0.030
0.2*L2	-0.002	-0.041	-0.280	0.000	-0.005	-0.054	-0.225	-0.020	-0.018	0.007	0.093	-0.008	-0.081
0.3*L2	-0.002	-0.043	-0.308	0.001	-0.005	-0.057	-0.261	-0.021	-0.018	0.008	0.110	-0.008	-0.118
0.4*L2	-0.001	-0.039	-0.294	0.001	-0.004	-0.053	-0.258	-0.019	-0.017	0.008	0.110	-0.008	-0.134
0.5*L2	-0.001	-0.033	-0.256	0.000	-0.003	-0.045	-0.230	-0.016	0.014	0.007	0.099	-0.006	-0.130
0.6*L2	-0.001	-0.025	-0.204	0.000	-0.002	-0.036	-0.187	-0.013	-0.011	0.006	0.081	-0.005	-0.111
0.7*L2	-0.000	-0.018	-0.147	0.000	-0.002	-0.025	-0.137	-0.009	-0.008	0.004	0.060	-0.003	-0.084
0.8*L2	-0.000	-0.011	-0.090	0.000	-0.001	-0.016	-0.085	-0.005	-0.005	0.002	0.037	-0.002	-0.053
0.9*L2	-0.000	-0.005	-0.039	0.000	-0.000	-0.007	-0.037	-0.002	-0.002	0.001	0.016	-0.001	-0.024
1.0*L2	0.000	0.000	0.000	-0.000	0.000	0.000	-0.000	0.000	0.000	-0.000	-0.000	0.000	0.000
FAKTOR	a							a				1/a	

INFOLGE STRECKENLAST P=1

IN FELD	M 0.4	M 0.7	M 1.0	Q 0	Q 0.4	Q 0.7	Q 1.0	T 0	T 0.4	T 0.7	T 1.0	q 0.4	q 1.0
1,BIS SPRUNG						-0.475	-0.669			-0.019	-0.451		
1,REST	0.862	0.650	-1.314	1.041	0.501	0.313	-2.210	0.897	0.223	-0.054	-0.478	0.876	-0.639
2	-0.004	-0.124	-0.914	0.002	-0.013	-0.168	-0.788	-0.061	-0.053	0.024	0.334	-0.024	-0.384
3	0.000	0.011	0.091	-0.000	0.001	0.015	0.086	0.005	0.005	-0.003	-0.038	0.002	0.056
SUMME(+)	0.863	0.661	0.091	1.043	0.502	0.328	0.086	0.902	0.228	0.024	0.334	0.878	0.056
SUMME(-)	-0.004	-0.124	-2.228	-0.000	-0.488	-0.837	-2.998	-0.061	-0.073	-0.507	-0.515	-0.024	-1.023
SUMME	0.859	0.537	-2.137	1.043	0.014	-0.509	-2.912	0.841	0.155	-0.483	-0.182	0.854	-0.968
FAKTOR	a*a			a				a*a				1/a	

INFOLGE EINZELMOMENT Mt=1

IN	M 0.4	M 0.7	M 1.0	Q 0	Q 0.4	Q 0.7	Q 1.0	T 0	T 0.4	T 0.7	T 1.0	q 0.4	q 1.0
0.0*L1	0.000	0.000	-0.000	0.000	-0.000	-0.000	-0.000	1.000	-0.000	-0.000	-0.000	0.000	-0.000
0.1*L1	0.139	0.004	-0.120	0.539	-0.126	-0.045	-0.118	0.624	-0.044	-0.084	-0.048	0.065	-0.075
0.2*L1	0.301	0.019	-0.238	0.525	-0.234	-0.100	-0.237	0.524	-0.096	-0.164	-0.095	0.060	-0.147
0.3*L1	0.479	0.057	-0.352	0.371	-0.259	-0.172	-0.361	0.494	-0.191	-0.234	-0.140	-0.160	-0.215
0.4*L1	0.588	0.131	-0.459	0.225	0.000	-0.266	-0.492	0.460	-0.427	-0.294	-0.181	-0.912	-0.274
									0.573				
0.5*L1	0.486	0.253	-0.549	0.123	0.265	-0.363	-0.636	0.406	0.335	-0.351	-0.214	-0.150	-0.321
0.6*L1	0.321	0.407	-0.611	0.062	0.255	-0.388	-0.795	0.333	0.236	-0.442	-0.238	0.086	-0.356
0.7*L1	0.185	0.498	-0.625	0.029	0.177	-0.136	-0.968	0.250	0.176	-0.668	-0.252	0.117	-0.393
										0.332			
0.8*L1	0.097	0.385	-0.575	0.013	0.103	0.118	-1.127	0.166	0.121	0.113	-0.265	0.085	-0.480
0.9*L1	0.046	0.212	-0.463	0.005	0.051	0.102	-1.186	0.090	0.067	0.042	-0.314	0.046	-0.752
1.0*L1	0.019	0.076	-0.369	0.002	0.020	0.024	-0.925	0.031	0.022	0.020	-0.505	0.017	-1.517
0.0*L2	0.019	0.076	-0.369	0.002	0.020	0.024	-0.925	0.031	0.022	0.020	0.495	0.017	-1.517
0.1*L2	0.008	0.004	-0.412	0.002	0.006	-0.032	-0.641	-0.001	-0.003	0.016	0.320	0.002	-0.813
0.2*L2	0.002	-0.038	-0.483	0.001	-0.001	-0.069	-0.549	-0.020	-0.019	0.015	0.255	-0.007	-0.501
0.3*L2	-0.000	-0.056	-0.519	0.001	-0.005	-0.085	-0.514	-0.029	-0.026	0.015	0.229	-0.011	-0.367
0.4*L2	-0.001	-0.061	-0.508	0.001	-0.006	-0.087	-0.478	-0.030	-0.027	0.014	0.209	-0.012	-0.303
0.5*L2	-0.001	-0.056	-0.458	0.001	-0.005	-0.080	-0.424	-0.028	-0.025	0.012	0.185	-0.011	-0.258
0.6*L2	-0.001	-0.047	-0.381	0.001	-0.005	-0.066	-0.352	-0.023	-0.021	0.010	0.153	-0.009	-0.213
0.7*L2	-0.001	-0.035	-0.290	0.001	-0.003	-0.050	-0.269	-0.018	-0.016	0.008	0.117	-0.007	-0.164
0.8*L2	-0.000	-0.024	-0.197	0.000	-0.002	-0.034	-0.183	-0.012	-0.011	0.005	0.080	-0.005	-0.113
0.9*L2	-0.000	-0.014	-0.112	0.000	-0.001	-0.019	-0.104	-0.007	-0.006	0.003	0.046	-0.003	-0.065
1.0*L2	-0.000	-0.005	-0.044	0.000	-0.001	-0.008	-0.041	-0.003	-0.002	0.001	0.018	-0.001	-0.025
FAKTOR				1/a								1/(a*a)	

INFOLGE STRECKENMOMENT mt=1

IN FELD	M 0.4	M 0.7	M 1.0	Q 0	Q 0.4	Q 0.7	Q 1.0	T 0	T 0.4	T 0.7	T 1.0	q 0.4	q 1.0
1,BIS SPRUNG						-0.403	-0.869			-0.311	-1.128		
1,REST	1.597	1.208	-2.513	1.188	0.543	0.128	-3.862	2.288	0.723	0.182	-1.186	-0.330	-2.207
2	0.007	-0.150	-1.786	0.004	-0.007	-0.261	-1.983	-0.078	-0.072	0.054	0.915	-0.028	1.744
3	0.000	0.014	0.110	-0.000	0.001	0.020	0.113	0.007	0.006	-0.003	-0.050	0.003	0.074
SUMME(+)	1.605	1.221	0.118	1.193	0.545	0.148	0.113	2.295	0.730	0.236	0.915	0.003	0.074
SUMME(-)	0.000	-0.150	-4.299	-0.000	-0.411	-1.130	-5.845	-0.078	-0.383	-1.132	-1.236	-0.358	-3.951
SUMME	1.605	1.072	-4.181	1.193	0.134	-0.982	-5.732	2.217	0.346	-0.896	-0.321	-0.355	-3.877
FAKTOR	a							a				1/a	

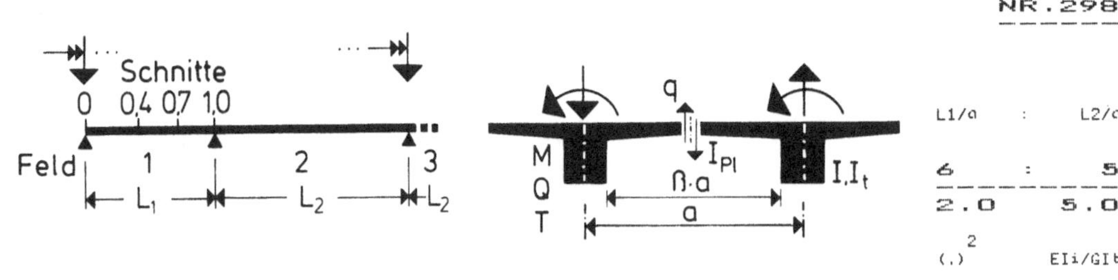

	M			Q				T				q	
IN SCHNITT	0.4	0.7	1.0	0	0.4	0.7	1.0	0	0.4	0.7	1.0	0.4	1.0

INFOLGE EINZELLAST P=1

IN	M 0.4	M 0.7	M 1.0	Q 0	Q 0.4	Q 0.7	Q 1.0	T 0	T 0.4	T 0.7	T 1.0	q 0.4	q 1.0
0.0*L1	0.000	-0.000	-0.000	1.000	-0.000	-0.000	-0.000	0.000	-0.000	-0.000	-0.000	0.000	-0.000
0.1*L1	0.079	-0.003	-0.073	0.663	-0.085	-0.027	-0.062	0.114	-0.012	-0.041	-0.024	0.073	-0.034
0.2*L1	0.186	-0.000	-0.146	0.405	-0.190	-0.060	-0.125	0.188	-0.014	-0.079	-0.047	0.153	-0.068
0.3*L1	0.349	0.015	-0.216	0.232	-0.330	-0.106	-0.190	0.220	0.001	-0.111	-0.069	0.235	-0.098
0.4*L1	0.599	0.055	-0.283	0.127	-0.505	-0.173	-0.259	0.218	0.034	-0.132	-0.089	0.283	-0.124
					0.495								
0.5*L1	0.351	0.136	-0.341	0.065	0.323	-0.273	-0.335	0.195	0.066	-0.136	-0.105	0.238	-0.142
0.6*L1	0.192	0.282	-0.383	0.032	0.191	-0.415	-0.424	0.158	0.079	-0.118	-0.114	0.162	-0.147
0.7*L1	0.097	0.518	-0.395	0.015	0.103	-0.596	-0.530	0.115	0.071	-0.079	-0.112	0.096	-0.133
						0.404							
0.8*L1	0.043	0.260	-0.358	0.006	0.048	0.224	-0.663	0.071	0.050	-0.038	-0.094	0.048	-0.096
0.9*L1	0.014	0.095	-0.239	0.002	0.017	0.088	-0.824	0.031	0.023	-0.012	-0.056	0.018	-0.040
1.0*L1	0.000	0.000	0.000	0.000	0.000	0.000	-1.000	-0.000	0.000	-0.000	0.000	0.000	0.000
0.0*L2	-0.000	-0.000	-0.000	-0.000	-0.000	-0.000	-0.000	-0.000	-0.000	0.000	0.000	-0.000	0.000
0.1*L2	-0.006	-0.041	-0.188	-0.001	-0.007	-0.041	-0.122	-0.015	-0.011	0.006	0.046	-0.008	-0.021
0.2*L2	-0.008	-0.060	-0.288	-0.001	-0.010	-0.061	-0.199	-0.021	-0.017	0.009	0.078	-0.011	-0.059
0.3*L2	-0.008	-0.065	-0.324	-0.001	-0.011	-0.067	-0.234	-0.023	-0.018	0.010	0.094	-0.012	-0.089
0.4*L2	-0.008	-0.061	-0.315	-0.001	-0.010	-0.064	-0.235	-0.022	-0.017	0.010	0.096	-0.011	-0.102
0.5*L2	-0.006	-0.053	-0.278	-0.001	-0.008	-0.056	-0.212	-0.019	-0.015	0.009	0.087	-0.010	-0.101
0.6*L2	-0.005	-0.042	-0.224	-0.000	-0.007	-0.045	-0.175	-0.015	-0.012	0.007	0.072	-0.008	-0.088
0.7*L2	-0.004	-0.030	-0.163	-0.000	-0.005	-0.032	-0.128	-0.011	-0.008	0.005	0.053	-0.006	-0.067
0.8*L2	-0.002	-0.019	-0.101	-0.000	-0.003	-0.020	-0.080	-0.007	-0.005	0.003	0.033	-0.003	-0.043
0.9*L2	-0.001	-0.008	-0.044	-0.000	-0.001	-0.009	-0.035	-0.003	-0.002	0.001	0.015	-0.002	-0.019
1.0*L2	0.000	0.000	-0.000	-0.000	0.000	0.000	-0.000	-0.000	0.000	-0.000	0.000	0.000	0.000
FAKTOR	a							a				1/a	

INFOLGE STRECKENLAST P=1

IN FELD	M 0.4	M 0.7	M 1.0	Q 0	Q 0.4	Q 0.7	Q 1.0	T 0	T 0.4	T 0.7	T 1.0	q 0.4	q 1.0
1,BIS SPRUNG					-0.509	-0.803			-0.008	-0.399			
1,REST	1.120	0.788	-1.480	1.210	0.549	0.302	-2.342	0.794	0.186	-0.052	-0.430	0.788	-0.532
2	-0.024	-0.192	-0.974	-0.002	-0.031	-0.199	-0.718	-0.068	-0.053	0.031	0.290	-0.036	-0.295
3	0.003	0.022	0.123	0.000	0.003	0.024	0.099	0.008	0.006	-0.004	-0.041	0.004	0.054
SUMME(+)	1.123	0.810	0.123	1.210	0.553	0.326	0.099	0.802	0.193	0.031	0.290	0.792	0.054
SUMME(-)	-0.024	-0.192	-2.454	-0.002	-0.540	-1.002	-3.060	-0.068	-0.061	-0.455	-0.471	-0.036	-0.827
SUMME	1.099	0.618	-2.331	1.208	0.013	-0.676	-2.961	0.734	0.132	-0.424	-0.181	0.756	-0.773
FAKTOR	a*a			a				a*a					

INFOLGE EINZELMOMENT Mt=1

IN	M 0.4	M 0.7	M 1.0	Q 0	Q 0.4	Q 0.7	Q 1.0	T 0	T 0.4	T 0.7	T 1.0	q 0.4	q 1.0
0.0*L1	0.000	0.000	-0.000	0.000	-0.000	-0.000	-0.000	1.000	-0.000	-0.000	-0.000	0.000	-0.000
0.1*L1	0.186	0.012	-0.143	0.591	-0.142	-0.067	-0.127	0.596	-0.038	-0.076	-0.045	0.050	-0.065
0.2*L1	0.389	0.036	-0.282	0.609	-0.258	-0.143	-0.257	0.477	-0.089	-0.147	-0.090	0.025	-0.128
0.3*L1	0.598	0.087	-0.415	0.463	-0.278	-0.235	-0.392	0.442	-0.188	-0.209	-0.131	-0.216	-0.185
0.4*L1	0.719	0.178	-0.534	0.307	-0.000	-0.342	-0.535	0.412	-0.435	-0.264	-0.167	-0.976	-0.233
									0.565				
0.5*L1	0.612	0.317	-0.630	0.187	0.284	-0.443	-0.690	0.365	0.317	-0.320	-0.196	-0.203	-0.272
0.6*L1	0.425	0.481	-0.688	0.107	0.285	-0.459	-0.858	0.302	0.213	-0.415	-0.216	0.054	-0.301
0.7*L1	0.262	0.572	-0.690	0.058	0.207	-0.186	-1.033	0.228	0.153	-0.650	-0.227	0.103	-0.339
										0.350			
0.8*L1	0.146	0.444	-0.622	0.029	0.126	0.091	-1.183	0.152	0.103	0.121	-0.242	0.081	-0.435
0.9*L1	0.071	0.247	-0.491	0.014	0.064	0.089	-1.221	0.082	0.057	0.044	-0.300	0.045	-0.720
1.0*L1	0.028	0.083	-0.385	0.006	0.024	0.015	-0.930	0.027	0.018	0.022	-0.505	0.015	-1.493
0.0*L2	0.028	0.083	-0.385	0.006	0.024	0.015	-0.930	0.027	0.018	0.022	0.495	0.015	-1.493
0.1*L2	0.007	-0.009	-0.427	0.002	0.004	-0.043	-0.623	-0.004	-0.005	0.018	0.308	-0.002	-0.784
0.2*L2	-0.004	-0.064	-0.503	0.000	-0.008	-0.082	-0.516	-0.023	-0.019	0.018	0.235	-0.012	-0.462
0.3*L2	-0.009	-0.090	-0.547	-0.000	-0.013	-0.101	-0.475	-0.032	-0.026	0.018	0.205	-0.017	-0.319
0.4*L2	-0.011	-0.097	-0.542	-0.001	-0.015	-0.105	-0.440	-0.034	-0.027	0.018	0.185	-0.018	-0.251
0.5*L2	-0.011	-0.091	-0.494	-0.001	-0.014	-0.097	-0.391	-0.032	-0.025	0.016	0.163	-0.017	-0.208
0.6*L2	-0.009	-0.077	-0.414	-0.001	-0.012	-0.082	-0.326	-0.027	-0.021	0.013	0.136	-0.014	-0.171
0.7*L2	-0.007	-0.059	-0.318	-0.001	-0.009	-0.063	-0.250	-0.021	-0.016	0.010	0.104	-0.011	-0.131
0.8*L2	-0.005	-0.040	-0.217	-0.000	-0.006	-0.043	-0.171	-0.014	-0.011	0.007	0.071	-0.007	-0.090
0.9*L2	-0.003	-0.023	-0.123	-0.000	-0.004	-0.024	-0.097	-0.008	-0.006	0.004	0.040	-0.004	-0.051
1.0*L2	-0.001	-0.009	-0.046	-0.000	-0.001	-0.009	-0.036	-0.003	-0.002	0.001	0.015	-0.002	-0.019
FAKTOR				1/a								1/(a*a)	

INFOLGE STRECKENMOMENT mt=1

IN FELD	M 0.4	M 0.7	M 1.0	Q 0	Q 0.4	Q 0.7	Q 1.0	T 0	T 0.4	T 0.7	T 1.0	q 0.4	q 1.0
1,BIS SPRUNG					-0.441	-1.099			-0.303	-1.039			
1,REST	2.062	1.455	-2.820	1.476	0.615	0.087	-4.092	2.111	0.664	0.193	-1.106	-0.496	-2.000
2	-0.020	-0.261	-1.903	0.000	-0.034	-0.321	-1.870	-0.093	-0.076	0.068	0.842	-0.049	-1.572
3	0.004	0.031	0.171	0.000	0.005	0.033	0.138	0.011	0.009	-0.006	-0.058	0.006	0.076
SUMME(+)	2.066	1.486	0.171	1.476	0.620	0.121	0.138	2.121	0.673	0.261	0.842	0.006	0.076
SUMME(-)	-0.020	-0.261	-4.723	0.000	-0.475	-1.420	-5.962	-0.093	-0.379	-1.045	-1.163	-0.545	-3.572
SUMME	2.046	1.226	-4.552	1.476	0.145	-1.299	-5.824	2.028	0.294	-0.784	-0.322	-0.539	-3.495
FAKTOR	a							a				1/a	

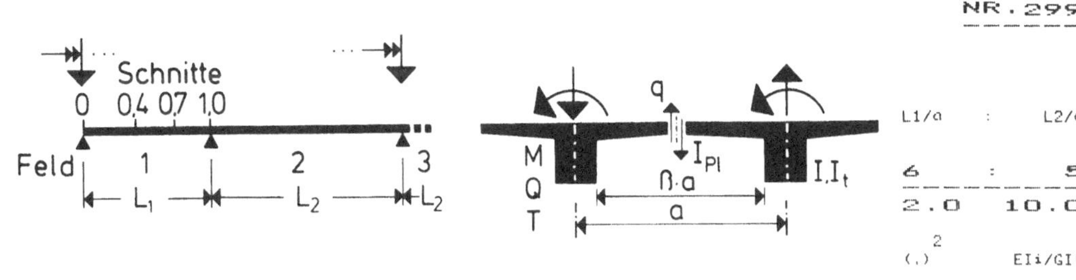

IN SCHNITT	M 0.4	M 0.7	M 1.0	Q 0	Q 0.4	Q 0.7	Q 1.0	T 0	T 0.4	T 0.7	T 1.0	q 0.4	q 1.0

INFOLGE EINZELLAST P=1

IN	M 0.4	M 0.7	M 1.0	Q 0	Q 0.4	Q 0.7	Q 1.0	T 0	T 0.4	T 0.7	T 1.0	q 0.4	q 1.0
0.0*L1	0.000	0.000	-0.000	1.000	-0.000	-0.000	-0.000	0.000	-0.000	-0.000	-0.000	0.000	-0.000
0.1*L1	0.137	0.007	-0.101	0.733	-0.105	-0.054	-0.075	0.076	-0.005	-0.031	-0.020	0.056	-0.025
0.2*L1	0.295	0.022	-0.198	0.512	-0.221	-0.112	-0.152	0.129	-0.004	-0.059	-0.038	0.113	-0.048
0.3*L1	0.498	0.054	-0.289	0.346	-0.355	-0.180	-0.231	0.156	0.006	-0.081	-0.056	0.166	-0.069
0.4*L1	0.765	0.113	-0.369	0.228	-0.506	-0.264	-0.314	0.159	0.026	-0.095	-0.070	0.195	-0.085
					0.494								
0.5*L1	0.507	0.214	-0.432	0.145	0.347	-0.370	-0.403	0.145	0.044	-0.097	-0.081	0.171	-0.095
0.6*L1	0.320	0.373	-0.468	0.089	0.227	-0.501	-0.500	0.120	0.051	-0.085	-0.085	0.125	-0.095
0.7*L1	0.188	0.608	-0.464	0.052	0.137	-0.652	-0.609	0.089	0.047	-0.059	-0.081	0.080	-0.083
					0.348								
0.8*L1	0.098	0.329	-0.401	0.026	0.072	0.201	-0.731	0.056	0.033	-0.032	-0.066	0.044	-0.058
0.9*L1	0.038	0.130	-0.256	0.010	0.028	0.083	-0.865	0.025	0.016	-0.012	-0.038	0.018	-0.024
1.0*L1	0.000	0.000	0.000	0.000	0.000	0.000	-1.000	0.000	0.000	-0.000	-0.000	0.000	0.000
0.0*L2	-0.000	-0.000	-0.000	-0.000	-0.000	-0.000	-0.000	-0.000	-0.000	0.000	0.000	-0.000	0.000
0.1*L2	-0.018	-0.065	-0.188	-0.005	-0.014	-0.043	-0.092	-0.013	-0.008	0.006	0.031	-0.009	-0.010
0.2*L2	-0.028	-0.100	-0.296	-0.007	-0.021	-0.066	-0.152	-0.020	-0.013	0.010	0.053	-0.014	-0.030
0.3*L2	-0.031	-0.113	-0.342	-0.008	-0.024	-0.076	-0.182	-0.022	-0.015	0.011	0.064	-0.016	-0.048
0.4*L2	-0.031	-0.111	-0.342	-0.008	-0.023	-0.075	-0.186	-0.022	-0.014	0.012	0.067	-0.015	-0.057
0.5*L2	-0.028	-0.100	-0.309	-0.007	-0.021	-0.068	-0.171	-0.020	-0.013	0.010	0.062	-0.014	-0.057
0.6*L2	-0.022	-0.082	-0.255	-0.006	-0.017	0.056	-0.143	-0.016	-0.011	0.009	0.053	-0.011	-0.051
0.7*L2	-0.016	-0.060	-0.189	-0.004	-0.013	-0.041	-0.107	-0.012	-0.008	0.006	0.039	-0.008	-0.040
0.8*L2	-0.010	-0.038	-0.119	-0.003	-0.008	-0.026	-0.068	-0.007	-0.005	0.004	0.025	-0.005	-0.026
0.9*L2	-0.005	-0.017	-0.053	-0.001	-0.004	-0.012	-0.031	-0.003	-0.002	0.002	0.011	-0.002	-0.012
1.0*L2	0.000	0.000	-0.000	0.000	0.000	0.000	-0.000	-0.000	0.000	-0.000	0.000	0.000	0.000
FAKTOR	a							a				1/a	

INFOLGE STRECKENLAST P=1

IN FELD	M 0.4	M 0.7	M 1.0	Q 0	Q 0.4	Q 0.7	Q 1.0	T 0	T 0.4	T 0.7	T 1.0	q 0.4	q 1.0
1,BIS SPRUNG						-0.558	-1.079			0.005	-0.289		
1,REST	1.685	1.085	-1.808	1.571	0.628	0.270	-2.625	0.578	0.124	-0.043	-0.323	0.584	-0.351
2	-0.096	-0.346	-1.058	-0.025	-0.073	-0.234	-0.571	-0.069	-0.045	0.036	0.204	-0.048	-0.165
3	0.016	0.060	0.189	0.004	0.013	0.041	0.109	0.012	0.008	-0.006	-0.040	0.008	0.042
SUMME(+)	1.701	1.145	0.189	1.576	0.641	0.311	0.109	0.590	0.137	0.036	0.204	0.592	0.042
SUMME(-)	-0.096	-0.346	-2.866	-0.025	-0.631	-1.313	-3.196	-0.069	-0.045	-0.338	-0.364	-0.048	-0.516
SUMME	1.605	0.799	-2.677	1.550	0.009	-1.002	-3.088	0.522	0.092	-0.303	-0.159	0.545	-0.474
FAKTOR	a×a			a				a×a					

INFOLGE EINZELMOMENT Mt=1

IN	M 0.4	M 0.7	M 1.0	Q 0	Q 0.4	Q 0.7	Q 1.0	T 0	T 0.4	T 0.7	T 1.0	q 0.4	q 1.0
0.0*L1	0.000	0.000	-0.000	0.000	-0.000	-0.000	-0.000	1.000	-0.000	-0.000	-0.000	0.000	-0.000
0.1*L1	0.284	0.036	-0.191	0.685	-0.164	-0.115	-0.154	0.544	-0.032	-0.056	-0.037	0.012	-0.046
0.2*L1	0.574	0.086	-0.375	0.767	-0.292	-0.237	-0.310	0.389	-0.081	-0.109	-0.072	-0.052	-0.090
0.3*L1	0.847	0.167	-0.543	0.646	-0.303	-0.366	-0.471	0.337	-0.189	-0.157	-0.104	-0.327	-0.129
0.4*L1	0.998	0.289	-0.685	0.483	0.001	-0.498	-0.638	0.308	-0.451	-0.201	-0.131	-1.103	-0.161
									0.549				
0.5*L1	0.882	0.455	-0.788	0.336	0.314	-0.604	-0.813	0.274	0.285	-0.256	-0.152	-0.314	-0.187
0.6*L1	0.657	0.633	-0.836	0.222	0.334	-0.602	-0.991	0.228	0.172	-0.360	-0.165	-0.024	-0.212
0.7*L1	0.438	0.717	-0.812	0.138	0.257	-0.291	-1.163	0.174	0.114	-0.611	-0.176	0.057	-0.255
										0.389			
0.8*L1	0.262	0.557	-0.708	0.079	0.165	0.028	-1.290	0.117	0.074	0.142	-0.199	0.058	-0.368
0.9*L1	0.133	0.311	-0.542	0.040	0.086	0.057	-1.285	0.063	0.040	0.055	-0.275	0.035	-0.675
1.0*L1	0.046	0.095	-0.412	0.014	0.029	-0.001	-0.939	0.019	0.012	0.027	-0.504	0.010	-1.459
0.0*L2	0.046	0.095	-0.412	0.014	0.029	-0.001	-0.939	0.019	0.012	0.027	0.496	0.010	-1.459
0.1*L2	-0.000	-0.036	-0.449	0.001	-0.003	-0.056	-0.589	-0.007	-0.005	0.022	0.288	-0.007	-0.745
0.2*L2	-0.029	-0.120	-0.530	-0.007	-0.023	-0.096	-0.453	-0.024	-0.016	0.021	0.199	-0.017	-0.407
0.3*L2	-0.043	-0.164	-0.583	-0.011	-0.034	-0.118	-0.397	-0.032	-0.021	0.021	0.160	-0.023	-0.251
0.4*L2	-0.048	-0.178	-0.587	-0.013	-0.037	-0.124	-0.361	-0.035	-0.023	0.021	0.139	-0.025	-0.176
0.5*L2	-0.046	-0.169	-0.544	-0.012	-0.035	-0.117	-0.320	-0.034	-0.022	0.019	0.120	-0.023	-0.136
0.6*L2	-0.040	-0.146	-0.463	-0.011	-0.031	-0.100	-0.268	-0.029	-0.019	0.016	0.100	-0.020	-0.106
0.7*L2	-0.031	-0.114	-0.360	-0.008	-0.024	-0.078	-0.207	-0.023	-0.015	0.012	0.077	-0.016	-0.080
0.8*L2	-0.021	-0.078	-0.247	-0.006	-0.016	-0.054	-0.142	-0.015	-0.010	0.008	0.053	-0.011	-0.055
0.9*L2	-0.012	-0.044	-0.139	-0.003	-0.009	-0.030	-0.080	-0.009	-0.006	0.005	0.030	-0.006	-0.031
1.0*L2	-0.004	-0.015	-0.048	-0.001	-0.003	-0.010	-0.027	-0.003	-0.002	0.002	0.010	-0.002	-0.010
FAKTOR					1/a							1/(a×a)	

INFOLGE STRECKENMOMENT mt=1

IN FELD	M 0.4	M 0.7	M 1.0	Q 0	Q 0.4	Q 0.7	Q 1.0	T 0	T 0.4	T 0.7	T 1.0	q 0.4	q 1.0
1,BIS SPRUNG						-0.492	-1.575			-0.298	-0.851		
1,REST	3.076	1.989	-3.423	2.102	0.733	-0.005	-4.590	1.732	0.561	0.225	-0.922	-0.870	-1.655
2	-0.128	-0.512	-2.068	-0.032	-0.101	-0.393	-1.630	-0.101	-0.067	0.079	0.698	-0.073	-1.322
3	0.024	0.089	0.282	0.006	0.019	0.061	0.162	0.018	0.012	-0.010	-0.060	0.012	0.063
SUMME(+)	3.101	2.077	0.282	2.109	0.752	0.061	0.162	1.750	0.573	0.304	0.698	0.012	0.063
SUMME(-)	-0.128	-0.512	-5.492	-0.032	-0.593	-1.972	-6.219	-0.101	-0.365	-0.861	-0.982	-0.943	-2.977
SUMME	2.973	1.565	-5.210	2.076	0.158	-1.911	-6.057	1.649	0.208	-0.557	-0.284	-0.931	-2.914
FAKTOR	a							a				1/a	

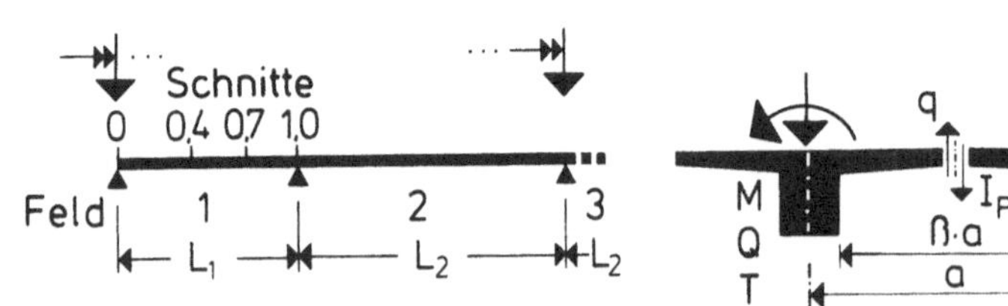

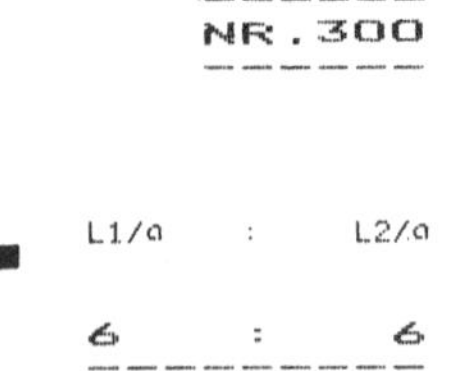

NR.300

L1/a : L2/a

6 : 6

0.5   1.0

$(.)^2$ EIi/GIt

	M			Q				T				q	
IN SCHNITT	0.4	0.7	1.0	0	0.4	0.7	1.0	0	0.4	0.7	1.0	0.4	1.0

INFOLGE EINZELLAST P=1

IN	M 0.4	M 0.7	M 1.0	Q 0	Q 0.4	Q 0.7	Q 1.0	T 0	T 0.4	T 0.7	T 1.0	q 0.4	q 1.0
0.0*L1	-0.000	-0.000	-0.000	1.000	-0.000	0.000	-0.000	0.000	-0.000	-0.000	-0.000	0.000	-0.000
0.1*L1	0.001	-0.011	-0.033	0.565	-0.052	0.007	-0.041	0.171	-0.021	-0.050	-0.026	0.097	-0.037
0.2*L1	0.038	-0.021	-0.068	0.252	-0.139	0.008	-0.080	0.281	-0.024	-0.097	-0.053	0.210	-0.074
0.3*L1	0.150	-0.027	-0.105	0.072	-0.289	-0.005	-0.120	0.323	0.004	-0.138	-0.080	0.330	-0.111
0.4*L1	0.379	-0.018	-0.147	-0.009	-0.500	-0.049	-0.161	0.316	0.062	-0.164	-0.108	0.397	-0.144
					0.500								
0.5*L1	0.146	0.031	-0.194	-0.033	0.287	-0.142	-0.209	0.279	0.119	-0.167	-0.133	0.327	-0.170
0.6*L1	0.028	0.153	-0.242	-0.031	0.134	-0.302	-0.276	0.225	0.143	-0.139	-0.152	0.208	-0.179
0.7*L1	-0.016	0.389	-0.280	-0.021	0.047	-0.524	-0.378	0.164	0.130	-0.084	-0.157	0.108	-0.163
						0.476							
0.8*L1	-0.021	0.160	-0.284	-0.011	0.009	0.253	-0.534	0.101	0.091	-0.031	-0.137	0.045	-0.115
0.9*L1	-0.011	0.044	-0.210	-0.004	-0.002	0.092	-0.752	0.042	0.041	-0.006	-0.084	0.012	-0.044
1.0*L1	-0.000	-0.000	0.000	-0.000	-0.000	0.000	-1.000	0.000	0.000	0.000	0.000	-0.000	0.000
0.0*L2	0.000	-0.000	-0.000	0.000	0.000	-0.000	-0.000	-0.000	-0.000	0.000	-0.000	-0.000	-0.000
0.1*L2	0.007	-0.009	-0.212	0.002	0.004	-0.039	-0.190	-0.011	-0.012	0.009	0.085	-0.003	-0.047
0.2*L2	0.011	-0.005	-0.288	0.002	0.007	-0.047	-0.289	-0.005	-0.008	0.019	0.140	-0.001	-0.119
0.3*L2	0.011	0.002	-0.287	0.002	0.009	-0.041	-0.315	0.003	0.000	0.025	0.162	0.000	-0.169
0.4*L2	0.010	0.007	-0.250	0.001	0.009	-0.032	-0.296	0.010	0.006	0.026	0.158	0.002	-0.186
0.5*L2	0.008	0.010	-0.203	0.001	0.008	-0.023	-0.254	0.012	0.009	0.024	0.140	0.002	-0.177
0.6*L2	0.007	0.009	-0.154	0.001	0.006	-0.016	-0.202	0.012	0.009	0.020	0.113	0.002	-0.150
0.7*L2	0.005	0.007	-0.108	0.000	0.005	-0.011	-0.145	0.009	0.007	0.015	0.082	0.002	-0.112
0.8*L2	0.003	0.005	-0.065	0.000	0.003	-0.006	-0.089	0.006	0.005	0.009	0.051	0.001	-0.070
0.9*L2	0.001	0.002	-0.027	0.000	0.001	-0.002	-0.037	0.003	0.002	0.004	0.021	0.001	-0.029
1.0*L2	-0.000	-0.000	0.000	-0.000	0.000	0.000	0.000	-0.000	0.000	0.000	0.000	-0.000	0.000
FAKTOR	a							a				1/a	

INFOLGE STRECKENLAST P=1

IN FELD	M 0.4	M 0.7	M 1.0	Q 0	Q 0.4	Q 0.7	Q 1.0	T 0	T 0.4	T 0.7	T 1.0	q 0.4	q 1.0
1,BIS SPRUNG					-0.429	-0.435			-0.010	-0.484			
1,REST	0.386	0.389	-0.955	0.744	0.423	0.341	-1.821	1.152	0.337	-0.045	-0.565	1.046	-0.624
2	0.038	0.017	-0.973	0.005	0.031	-0.134	-1.103	0.022	0.010	0.092	0.577	0.004	-0.637
3	0.001	0.000	-0.018	0.000	0.001	-0.002	-0.021	0.001	0.000	0.002	0.011	0.000	-0.013
SUMME(+)	0.425	0.407	0.000	0.750	0.454	0.341	0.000	1.175	0.347	0.094	0.588	1.050	0.000
SUMME(-)	0.000	0.000	-1.946	0.000	-0.429	-0.571	-2.946	0.000	-0.010	-0.529	-0.565	0.000	-1.274
SUMME	0.425	0.407	-1.946	0.750	0.026	-0.230	-2.946	1.175	0.337	-0.435	0.023	1.050	-1.274
FAKTOR	a*a			a				a*a					

INFOLGE EINZELMOMENT Mt=1

IN	M 0.4	M 0.7	M 1.0	Q 0	Q 0.4	Q 0.7	Q 1.0	T 0	T 0.4	T 0.7	T 1.0	q 0.4	q 1.0
0.0*L1	0.000	0.000	-0.000	0.000	-0.000	-0.000	-0.000	1.000	-0.000	-0.000	-0.000	0.000	-0.000
0.1*L1	0.051	0.005	-0.068	0.184	-0.048	-0.014	-0.087	0.814	-0.070	-0.087	-0.051	0.025	-0.069
0.2*L1	0.110	0.014	-0.135	0.191	-0.085	-0.033	-0.176	0.716	-0.146	-0.172	-0.101	0.019	-0.136
0.3*L1	0.173	0.035	-0.203	0.137	-0.084	-0.060	-0.267	0.648	-0.241	-0.254	-0.150	-0.060	-0.201
0.4*L1	0.209	0.070	-0.269	0.079	0.009	-0.095	-0.363	0.582	-0.383	-0.331	-0.197	-0.270	-0.263
								0.617					
0.5*L1	0.176	0.124	-0.331	0.036	0.104	-0.128	-0.467	0.508	0.474	-0.410	-0.241	-0.051	-0.321
0.6*L1	0.119	0.188	-0.381	0.012	0.111	-0.131	-0.579	0.425	0.375	-0.504	-0.280	0.040	-0.375
0.7*L1	0.072	0.226	-0.413	0.001	0.087	-0.045	-0.694	0.337	0.294	-0.640	-0.315	0.061	-0.434
										0.360			
0.8*L1	0.042	0.196	-0.420	-0.003	0.061	0.041	-0.797	0.252	0.220	0.230	-0.351	0.054	-0.513
0.9*L1	0.027	0.140	-0.401	-0.002	0.041	0.041	-0.848	0.175	0.153	0.154	-0.402	0.038	-0.644
1.0*L1	0.022	0.092	-0.384	-0.001	0.030	0.012	-0.778	0.115	0.099	0.108	-0.497	0.025	-0.877
0.0*L2	0.022	0.092	-0.384	-0.001	0.030	0.012	-0.778	0.115	0.099	0.108	0.503	0.025	-0.877
0.1*L2	0.020	0.059	-0.405	0.000	0.024	-0.016	-0.669	0.074	0.062	0.082	0.409	0.016	-0.648
0.2*L2	0.019	0.040	-0.428	0.001	0.020	-0.034	-0.616	0.050	0.041	0.068	0.359	0.011	-0.520
0.3*L2	0.018	0.030	-0.425	0.002	0.018	-0.041	-0.573	0.038	0.030	0.059	0.325	0.008	-0.444
0.4*L2	0.017	0.024	-0.396	0.002	0.016	-0.041	-0.520	0.031	0.024	0.052	0.292	0.006	-0.389
0.5*L2	0.015	0.021	-0.348	0.001	0.014	-0.037	-0.455	0.026	0.020	0.045	0.255	0.005	-0.337
0.6*L2	0.012	0.018	-0.291	0.001	0.012	-0.030	-0.380	0.022	0.017	0.038	0.213	0.005	-0.283
0.7*L2	0.010	0.014	-0.229	0.001	0.009	-0.024	-0.301	0.018	0.014	0.030	0.169	0.004	-0.226
0.8*L2	0.007	0.011	-0.170	0.001	0.007	-0.017	-0.224	0.014	0.010	0.023	0.126	0.003	-0.169
0.9*L2	0.005	0.008	-0.118	0.000	0.005	-0.012	-0.156	0.010	0.007	0.016	0.088	0.002	-0.118
1.0*L2	0.003	0.005	-0.078	0.000	0.003	-0.008	-0.102	0.006	0.005	0.010	0.057	0.001	-0.077
FAKTOR				1/a								1/(a*a)	

INFOLGE STRECKENMOMENT mt=1

IN FELD	M 0.4	M 0.7	M 1.0	Q 0	Q 0.4	Q 0.7	Q 1.0	T 0	T 0.4	T 0.7	T 1.0	q 0.4	q 1.0
1,BIS SPRUNG					-0.138	-0.298			-0.384	-1.243			
1,REST	0.597	0.629	-1.691	0.397	0.262	0.049	-2.813	2.998	1.118	0.364	-1.397	-0.047	-2.025
2	0.082	0.162	-1.827	0.005	0.085	-0.152	-2.596	0.204	0.164	0.283	1.504	0.043	-2.152
3	0.006	0.008	-0.143	0.001	0.006	-0.015	-0.184	0.010	0.008	0.018	0.102	0.002	-0.134
SUMME(+)	0.684	0.799	0.000	0.402	0.353	0.049	0.000	3.212	1.290	0.665	1.607	0.045	0.000
SUMME(-)	0.000	0.000	-3.660	0.000	-0.138	-0.466	-5.592	0.000	-0.384	-1.243	-1.397	-0.047	-4.311
SUMME	0.684	0.799	-3.660	0.402	0.215	-0.417	-5.592	3.212	0.906	-0.578	0.210	-0.001	-4.311
FAKTOR	a							a				1/a	

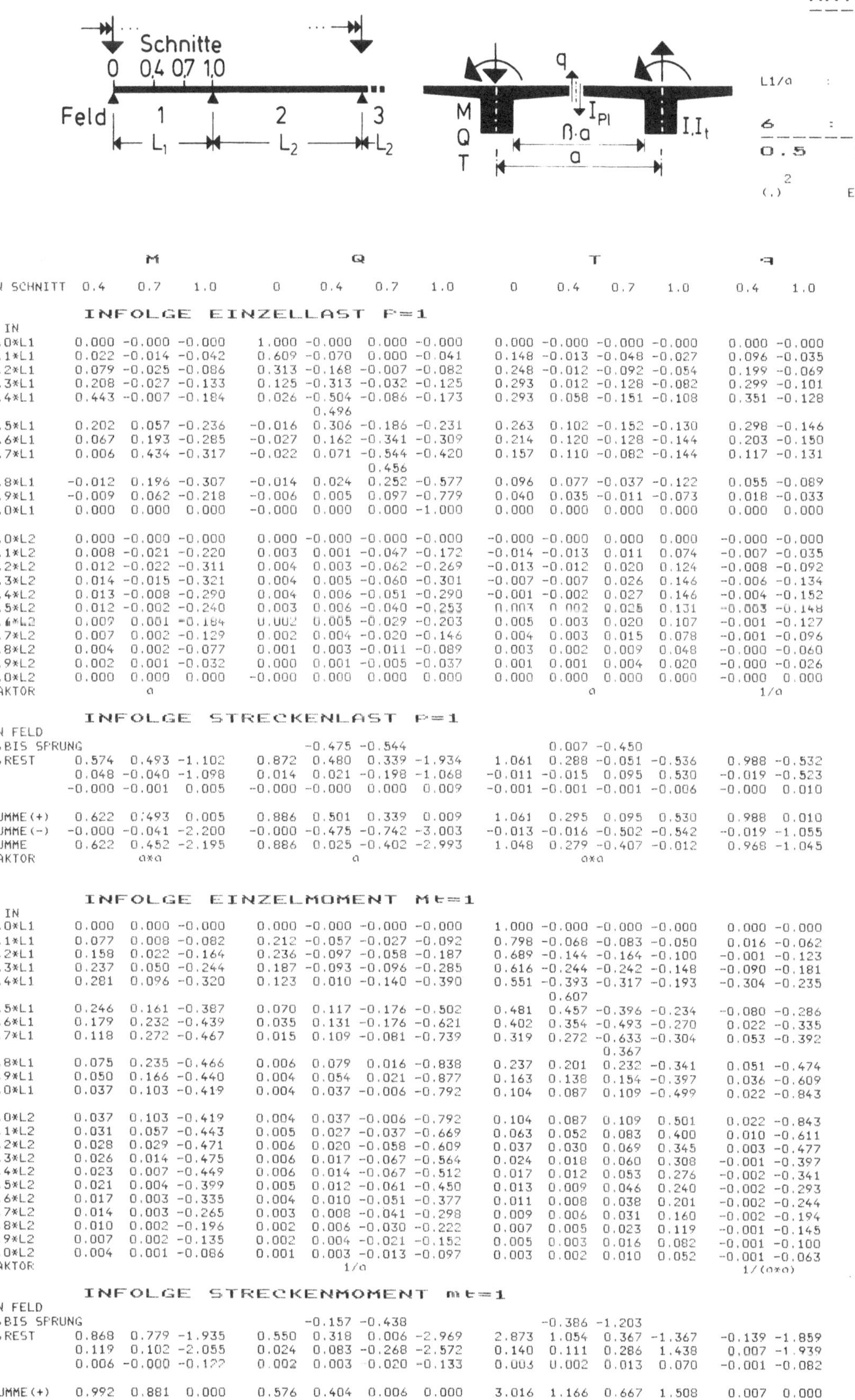

	M			Q				T				⊣	
IN SCHNITT	0.4	0.7	1.0	0	0.4	0.7	1.0	0	0.4	0.7	1.0	0.4	1.0

INFOLGE EINZELLAST P=1

IN	M 0.4	M 0.7	M 1.0	Q 0	Q 0.4	Q 0.7	Q 1.0	T 0	T 0.4	T 0.7	T 1.0	q 0.4	q 1.0
0.0*L1	0.000	-0.000	-0.000	1.000	-0.000	0.000	-0.000	0.000	-0.000	-0.000	-0.000	0.000	-0.000
0.1*L1	0.022	-0.014	-0.042	0.609	-0.070	0.000	-0.041	0.148	-0.013	-0.048	-0.027	0.096	-0.035
0.2*L1	0.079	-0.025	-0.086	0.313	-0.168	-0.007	-0.082	0.248	-0.012	-0.092	-0.054	0.199	-0.069
0.3*L1	0.208	-0.027	-0.133	0.125	-0.313	-0.032	-0.125	0.293	0.012	-0.128	-0.082	0.299	-0.101
0.4*L1	0.443	-0.007	-0.184	0.026	-0.504	-0.086	-0.173	0.293	0.058	-0.151	-0.108	0.351	-0.128
					0.496								
0.5*L1	0.202	0.057	-0.236	-0.016	0.306	-0.186	-0.231	0.263	0.102	-0.152	-0.130	0.298	-0.146
0.6*L1	0.067	0.193	-0.285	-0.027	0.162	-0.341	-0.309	0.214	0.120	-0.128	-0.144	0.203	-0.150
0.7*L1	0.006	0.434	-0.317	-0.022	0.071	-0.544	-0.420	0.157	0.110	-0.082	-0.144	0.117	-0.131
						0.456							
0.8*L1	-0.012	0.196	-0.307	-0.014	0.024	0.252	-0.577	0.096	0.077	-0.037	-0.122	0.055	-0.089
0.9*L1	-0.009	0.062	-0.218	-0.006	0.005	0.097	-0.779	0.040	0.035	-0.011	-0.073	0.018	-0.033
1.0*L1	0.000	0.000	0.000	-0.000	0.000	0.000	-1.000	0.000	0.000	0.000	0.000	0.000	0.000
0.0*L2	0.000	-0.000	-0.000	0.000	-0.000	-0.000	-0.000	-0.000	-0.000	0.000	0.000	-0.000	-0.000
0.1*L2	0.008	-0.021	-0.220	0.003	0.001	-0.047	-0.172	-0.014	-0.013	0.011	0.074	-0.007	-0.035
0.2*L2	0.012	-0.022	-0.311	0.004	0.003	-0.062	-0.269	-0.013	-0.012	0.020	0.124	-0.008	-0.092
0.3*L2	0.014	-0.015	-0.321	0.004	0.005	-0.060	-0.301	-0.007	-0.007	0.026	0.146	-0.006	-0.134
0.4*L2	0.013	-0.008	-0.290	0.004	0.006	-0.051	-0.290	-0.001	-0.002	0.027	0.146	-0.004	-0.152
0.5*L2	0.012	-0.002	-0.240	0.003	0.006	-0.040	-0.253	0.003	0.002	0.025	0.131	-0.003	-0.148
0.6*L2	0.009	0.001	-0.184	0.002	0.005	-0.029	-0.203	0.005	0.003	0.020	0.107	-0.001	-0.127
0.7*L2	0.007	0.002	-0.129	0.002	0.004	-0.020	-0.146	0.004	0.003	0.015	0.078	-0.001	-0.096
0.8*L2	0.004	0.002	-0.077	0.001	0.003	-0.011	-0.089	0.003	0.002	0.009	0.048	-0.000	-0.060
0.9*L2	0.002	0.001	-0.032	0.000	0.001	-0.005	-0.037	0.001	0.001	0.004	0.020	-0.000	-0.026
1.0*L2	0.000	0.000	0.000	-0.000	0.000	0.000	0.000	0.000	0.000	0.000	0.000	-0.000	0.000
FAKTOR	a							a				1/a	

INFOLGE STRECKENLAST P=1

IN FELD	M 0.4	M 0.7	M 1.0	Q 0	Q 0.4	Q 0.7	Q 1.0	T 0	T 0.4	T 0.7	T 1.0	q 0.4	q 1.0
1,BIS SPRUNG					-0.475	-0.544			0.007	-0.450			
1,REST	0.574	0.493	-1.102	0.872	0.480	0.339	-1.934	1.061	0.288	-0.051	-0.536	0.988	-0.532
2	0.048	-0.040	-1.098	0.014	0.021	-0.198	-1.068	-0.011	-0.015	0.095	0.530	-0.019	-0.523
3	-0.000	-0.001	0.005	-0.000	-0.000	0.000	0.009	-0.001	-0.001	-0.001	-0.006	-0.000	0.010
SUMME(+)	0.622	0.493	0.005	0.886	0.501	0.339	0.009	1.061	0.295	0.095	0.530	0.988	0.010
SUMME(-)	-0.000	-0.041	-2.200	-0.000	-0.475	-0.742	-3.003	-0.013	-0.016	-0.502	-0.542	-0.019	-1.055
SUMME	0.622	0.452	-2.195	0.886	0.025	-0.402	-2.993	1.048	0.279	-0.407	-0.012	0.968	-1.045
FAKTOR	axa			a				axa					

INFOLGE EINZELMOMENT Mt=1

IN	M 0.4	M 0.7	M 1.0	Q 0	Q 0.4	Q 0.7	Q 1.0	T 0	T 0.4	T 0.7	T 1.0	q 0.4	q 1.0
0.0*L1	0.000	0.000	-0.000	0.000	-0.000	-0.000	-0.000	1.000	-0.000	-0.000	-0.000	0.000	-0.000
0.1*L1	0.077	0.008	-0.082	0.212	-0.057	-0.027	-0.092	0.798	-0.068	-0.083	-0.050	0.016	-0.062
0.2*L1	0.158	0.022	-0.164	0.236	-0.097	-0.058	-0.187	0.689	-0.144	-0.164	-0.100	-0.001	-0.123
0.3*L1	0.237	0.050	-0.244	0.187	-0.093	-0.096	-0.285	0.616	-0.244	-0.242	-0.148	-0.090	-0.181
0.4*L1	0.281	0.096	-0.320	0.123	0.010	-0.140	-0.390	0.551	-0.393	-0.317	-0.193	-0.304	-0.235
										0.607			
0.5*L1	0.246	0.161	-0.387	0.070	0.117	-0.176	-0.502	0.481	0.457	-0.396	-0.234	-0.080	-0.286
0.6*L1	0.179	0.232	-0.439	0.035	0.131	-0.176	-0.621	0.402	0.354	-0.493	-0.270	0.022	-0.335
0.7*L1	0.118	0.272	-0.467	0.015	0.109	-0.081	-0.739	0.319	0.272	-0.633	-0.304	0.053	-0.392
										0.367			
0.8*L1	0.075	0.235	-0.466	0.006	0.079	0.016	-0.838	0.237	0.201	0.232	-0.341	0.051	-0.474
0.9*L1	0.050	0.166	-0.440	0.004	0.054	0.021	-0.877	0.163	0.138	0.154	-0.397	0.036	-0.609
1.0*L1	0.037	0.103	-0.419	0.004	0.037	-0.006	-0.792	0.104	0.087	0.109	-0.499	0.022	-0.843
0.0*L2	0.037	0.103	-0.419	0.004	0.037	-0.006	-0.792	0.104	0.087	0.109	0.501	0.022	-0.843
0.1*L2	0.031	0.057	-0.443	0.005	0.027	-0.037	-0.669	0.063	0.052	0.083	0.400	0.010	-0.611
0.2*L2	0.028	0.029	-0.471	0.006	0.020	-0.058	-0.609	0.037	0.030	0.069	0.345	0.003	-0.477
0.3*L2	0.026	0.014	-0.475	0.006	0.017	-0.067	-0.564	0.024	0.018	0.060	0.308	-0.001	-0.397
0.4*L2	0.023	0.007	-0.449	0.006	0.014	-0.067	-0.512	0.017	0.012	0.053	0.276	-0.002	-0.341
0.5*L2	0.021	0.004	-0.399	0.005	0.012	-0.061	-0.450	0.013	0.009	0.046	0.240	-0.002	-0.293
0.6*L2	0.017	0.003	-0.335	0.004	0.010	-0.051	-0.377	0.011	0.008	0.038	0.201	-0.002	-0.244
0.7*L2	0.014	0.003	-0.265	0.003	0.008	-0.041	-0.298	0.009	0.006	0.031	0.160	-0.002	-0.194
0.8*L2	0.010	0.002	-0.196	0.002	0.006	-0.030	-0.222	0.007	0.005	0.023	0.119	-0.001	-0.145
0.9*L2	0.007	0.002	-0.135	0.002	0.004	-0.021	-0.152	0.005	0.003	0.016	0.082	-0.001	-0.100
1.0*L2	0.004	0.001	-0.086	0.001	0.003	-0.013	-0.097	0.003	0.002	0.010	0.052	-0.001	-0.063
FAKTOR				1/a								1/(axa)	

INFOLGE STRECKENMOMENT mt=1

IN FELD	M 0.4	M 0.7	M 1.0	Q 0	Q 0.4	Q 0.7	Q 1.0	T 0	T 0.4	T 0.7	T 1.0	q 0.4	q 1.0
1,BIS SPRUNG					-0.157	-0.438			-0.386	-1.203			
1,REST	0.868	0.779	-1.935	0.550	0.318	0.006	-2.969	2.873	1.054	0.367	-1.367	-0.139	-1.859
2	0.119	0.102	-2.055	0.024	0.083	-0.268	-2.572	0.140	0.111	0.286	1.438	0.007	-1.939
3	0.006	-0.000	-0.122	0.002	0.003	-0.020	-0.133	0.003	0.002	0.013	0.070	-0.001	-0.082
SUMME(+)	0.992	0.881	0.000	0.576	0.404	0.006	0.000	3.016	1.166	0.667	1.508	0.007	0.000
SUMME(-)	0.000	-0.000	-4.111	0.000	-0.157	-0.725	-5.675	0.000	-0.386	-1.203	-1.367	-0.141	-3.880
SUMME	0.992	0.881	-4.111	0.576	0.247	-0.718	-5.675	3.016	0.781	-0.537	0.141	-0.133	-3.880
FAKTOR	a							a				1/a	

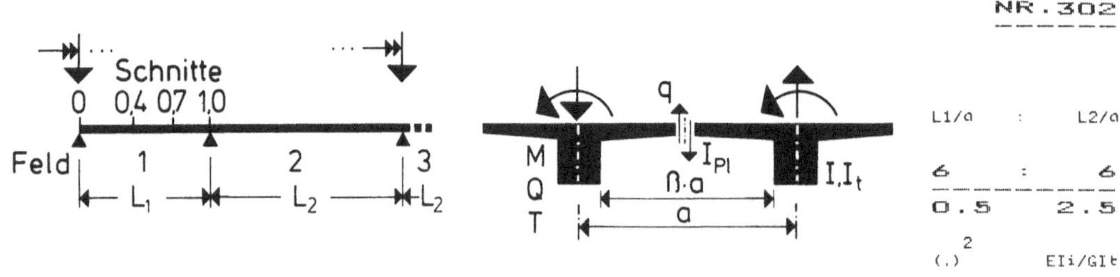

IN SCHNITT	M 0.4	M 0.7	M 1.0	Q 0	Q 0.4	Q 0.7	Q 1.0	T 0	T 0.4	T 0.7	T 1.0	q 0.4	q 1.0

INFOLGE EINZELLAST P=1

IN	M 0.4	M 0.7	M 1.0	Q 0	Q 0.4	Q 0.7	Q 1.0	T 0	T 0.4	T 0.7	T 1.0	q 0.4	q 1.0
0.0*L1	0.000	-0.000	-0.000	1.000	-0.000	-0.000	-0.000	0.000	-0.000	-0.000	-0.000	0.000	-0.000
0.1*L1	0.056	-0.015	-0.058	0.662	-0.090	-0.014	-0.045	0.120	-0.005	-0.043	-0.027	0.088	-0.030
0.2*L1	0.144	-0.023	-0.116	0.390	-0.199	-0.036	-0.091	0.205	-0.000	-0.082	-0.054	0.176	-0.060
0.3*L1	0.297	-0.017	-0.177	0.201	-0.339	-0.075	-0.141	0.249	0.019	-0.113	-0.080	0.254	-0.086
0.4*L1	0.541	0.018	-0.238	0.085	-0.508	-0.142	-0.198	0.256	0.052	-0.131	-0.103	0.292	-0.106
(Sprung)					0.492								
0.5*L1	0.290	0.099	-0.295	0.022	0.325	-0.247	-0.268	0.234	0.082	-0.132	-0.121	0.257	-0.117
0.6*L1	0.134	0.250	-0.342	-0.006	0.192	-0.394	-0.358	0.194	0.095	-0.112	-0.130	0.187	-0.115
0.7*L1	0.049	0.495	-0.363	-0.014	0.100	-0.575	-0.476	0.143	0.086	-0.077	-0.126	0.118	-0.098
(Sprung)						0.425							
0.8*L1	0.011	0.244	-0.336	-0.011	0.044	0.244	-0.628	0.088	0.061	-0.039	-0.103	0.062	-0.064
0.9*L1	-0.001	0.087	-0.228	-0.006	0.014	0.099	-0.810	0.038	0.028	-0.015	-0.060	0.023	-0.023
1.0*L1	0.000	-0.000	0.000	-0.000	0.000	-0.000	-1.000	0.000	0.000	0.000	0.000	-0.000	-0.000
0.0*L2	0.000	-0.000	-0.000	0.000	-0.000	-0.000	-0.000	-0.000	-0.000	0.000	0.000	-0.000	0.000
0.1*L2	0.004	-0.039	-0.227	0.004	-0.005	-0.055	-0.150	-0.017	-0.013	0.012	0.060	-0.012	-0.023
0.2*L2	0.009	-0.050	-0.335	0.006	-0.005	-0.078	-0.240	-0.020	-0.015	0.021	0.103	-0.016	-0.064
0.3*L2	0.011	-0.047	-0.361	0.007	-0.003	-0.081	-0.277	-0.017	-0.013	0.026	0.125	-0.016	-0.096
0.4*L2	0.012	-0.038	-0.338	0.007	-0.001	-0.073	-0.274	-0.013	-0.009	0.027	0.128	-0.014	-0.113
0.5*L2	0.011	-0.028	-0.287	0.006	0.000	-0.061	-0.244	-0.008	-0.005	0.025	0.117	-0.011	-0.112
0.6*L2	0.010	-0.019	-0.225	0.005	0.001	-0.046	-0.198	-0.005	-0.003	0.021	0.097	-0.008	-0.099
0.7*L2	0.007	-0.012	-0.159	0.003	0.001	-0.032	-0.144	-0.002	-0.001	0.015	0.071	-0.005	-0.076
0.8*L2	0.005	-0.007	-0.095	0.002	0.001	-0.019	-0.088	-0.001	-0.000	0.010	0.044	-0.003	-0.048
0.9*L2	0.002	-0.003	-0.040	0.001	0.000	-0.008	-0.037	-0.000	-0.000	0.004	0.019	-0.001	-0.021
1.0*L2	0.000	-0.000	0.000	0.000	0.000	-0.000	0.000	0.000	0.000	0.000	0.000	-0.000	-0.000
FAKTOR		a							a			1/a	

INFOLGE STRECKENLAST P=1

IN FELD

	M 0.4	M 0.7	M 1.0	Q 0	Q 0.4	Q 0.7	Q 1.0	T 0	T 0.4	T 0.7	T 1.0	q 0.4	q 1.0
1,BIS SPRUNG					-0.525	-0.709			0.022	-0.394			
1,REST	0.885	0.655	-1.309	1.075	0.545	0.328	-2.103	0.924	0.229	-0.054	-0.488	0.879	-0.421
2	0.043	-0.148	-1.257	0.024	-0.007	-0.275	-1.003	-0.052	-0.036	0.098	0.462	-0.052	-0.392
3	-0.003	0.003	0.052	-0.001	-0.001	0.010	0.050	-0.000	-0.000	-0.006	-0.026	0.002	0.030
SUMME(+)	0.928	0.658	0.052	1.099	0.545	0.338	0.050	0.924	0.251	0.098	0.462	0.881	0.030
SUMME(-)	-0.003	-0.148	-2.566	-0.001	-0.532	-0.984	-3.105	-0.052	-0.036	-0.454	-0.513	-0.052	-0.813
SUMME	0.925	0.510	-2.514	1.098	0.013	-0.646	-3.055	0.872	0.215	-0.356	-0.051	0.829	-0.784
FAKTOR		a×a			a				a×a				

INFOLGE EINZELMOMENT Mt=1

IN	M 0.4	M 0.7	M 1.0	Q 0	Q 0.4	Q 0.7	Q 1.0	T 0	T 0.4	T 0.7	T 1.0	q 0.4	q 1.0
0.0*L1	0.000	0.000	-0.000	0.000	-0.000	-0.000	-0.000	1.000	-0.000	-0.000	-0.000	0.000	-0.000
0.1*L1	0.117	0.016	-0.104	0.249	-0.066	-0.048	-0.103	0.775	-0.067	-0.076	-0.049	-0.001	-0.053
0.2*L1	0.234	0.041	-0.207	0.300	-0.111	-0.098	-0.208	0.650	-0.144	-0.151	-0.096	-0.033	-0.104
0.3*L1	0.339	0.080	-0.304	0.261	-0.103	-0.154	-0.318	0.570	-0.248	-0.223	-0.141	-0.136	-0.153
0.4*L1	0.395	0.140	-0.392	0.194	0.012	-0.208	-0.434	0.503	-0.405	-0.295	-0.183	-0.355	-0.199
(Sprung)									0.595				
0.5*L1	0.358	0.218	-0.466	0.130	0.131	-0.248	-0.557	0.437	0.436	-0.374	-0.220	-0.125	-0.243
0.6*L1	0.278	0.296	-0.516	0.081	0.154	-0.242	-0.683	0.365	0.328	-0.474	-0.254	-0.011	-0.289
0.7*L1	0.198	0.335	-0.537	0.048	0.134	-0.134	-0.801	0.289	0.246	-0.620	-0.286	0.032	-0.346
(Sprung)										0.380			
0.8*L1	0.134	0.287	-0.525	0.029	0.101	-0.024	-0.891	0.214	0.178	0.240	-0.326	0.038	-0.431
0.9*L1	0.090	0.200	-0.489	0.019	0.069	-0.009	-0.914	0.145	0.120	0.159	-0.389	0.027	-0.571
1.0*L1	0.062	0.115	-0.462	0.015	0.044	-0.032	-0.807	0.089	0.074	0.112	-0.501	0.012	-0.807
0.0*L2	0.062	0.115	-0.462	0.015	0.044	-0.032	-0.807	0.089	0.074	0.112	0.499	0.012	-0.807
0.1*L2	0.046	0.049	-0.488	0.013	0.027	-0.063	-0.666	0.048	0.041	0.086	0.387	-0.000	-0.571
0.2*L2	0.037	0.006	-0.524	0.012	0.016	-0.087	-0.594	0.022	0.020	0.072	0.325	-0.009	-0.430
0.3*L2	0.031	-0.018	-0.535	0.012	0.009	-0.099	-0.544	0.007	0.008	0.062	0.285	-0.014	-0.344
0.4*L2	0.027	-0.028	-0.514	0.011	0.006	-0.099	-0.493	-0.001	0.002	0.055	0.252	-0.015	-0.287
0.5*L2	0.023	-0.030	-0.463	0.010	0.004	-0.092	-0.433	-0.003	-0.001	0.047	0.218	-0.015	-0.241
0.6*L2	0.019	-0.027	-0.393	0.008	0.003	-0.078	-0.364	-0.004	-0.001	0.039	0.182	-0.013	-0.198
0.7*L2	0.015	-0.022	-0.313	0.007	0.002	-0.062	-0.289	-0.003	-0.001	0.031	0.144	-0.010	-0.157
0.8*L2	0.011	-0.016	-0.231	0.005	0.002	-0.046	-0.213	-0.002	-0.001	0.023	0.107	-0.007	-0.116
0.9*L2	0.007	-0.011	-0.157	0.003	0.001	-0.031	-0.145	-0.001	-0.001	0.016	0.072	-0.005	-0.079
1.0*L2	0.005	-0.007	-0.096	0.002	0.001	-0.019	-0.089	-0.001	-0.000	0.010	0.044	-0.003	-0.048
FAKTOR					1/a							1/(a×a)	

INFOLGE STRECKENMOMENT mt=1

IN FELD

	M 0.4	M 0.7	M 1.0	Q 0	Q 0.4	Q 0.7	Q 1.0	T 0	T 0.4	T 0.7	T 1.0	q 0.4	q 1.0
1,BIS SPRUNG					-0.178	-0.650			-0.391	-1.137			
1,REST	1.311	1.006	-2.268	0.812	0.380	-0.059	-3.202	2.682	0.978	0.380	-1.311	-0.304	-1.664
2	0.148	-0.029	-2.342	0.054	0.055	-0.413	-2.506	0.061	0.060	0.294	1.341	-0.051	-1.696
3	0.003	-0.006	-0.071	0.001	0.000	-0.015	-0.062	-0.002	-0.001	0.007	0.030	-0.003	-0.031
SUMME(+)	1.462	1.006	0.000	0.867	0.435	0.000	0.000	2.743	1.038	0.680	1.371	0.000	0.000
SUMME(-)	0.000	-0.036	-4.681	0.000	-0.178	-1.137	-5.770	-0.002	-0.392	-1.137	-1.311	-0.358	-3.391
SUMME	1.462	0.971	-4.681	0.867	0.257	-1.137	-5.770	2.741	0.646	-0.457	0.060	-0.358	-3.391
FAKTOR					a							1/a	

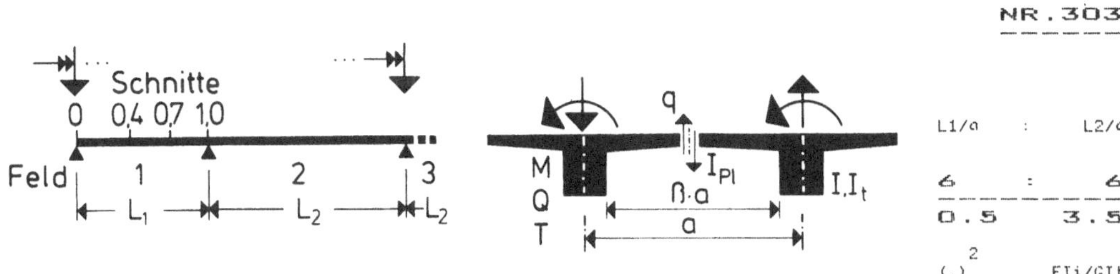

INFOLGE EINZELLAST P=1

	M 0.4	M 0.7	M 1.0	Q 0	Q 0.4	Q 0.7	Q 1.0	T 0	T 0.4	T 0.7	T 1.0	0.4	1.0
0.0*L1	0.000	-0.000	-0.000	1.000	-0.000	-0.000	-0.000	0.000	-0.000	-0.000	-0.000	0.000	-0.000
0.1*L1	0.082	-0.012	-0.070	0.693	-0.100	-0.026	-0.049	0.102	-0.001	-0.038	-0.027	0.079	-0.027
0.2*L1	0.194	-0.016	-0.140	0.439	-0.215	-0.059	-0.101	0.177	0.005	-0.073	-0.053	0.156	-0.052
0.3*L1	0.363	-0.003	-0.209	0.253	-0.352	-0.109	-0.157	0.218	0.021	-0.101	-0.077	0.222	-0.074
0.4*L1	0.614	0.041	-0.276	0.130	-0.510	-0.183	-0.221	0.227	0.047	-0.116	-0.097	0.254	-0.091
					0.490								
0.5*L1	0.359	0.133	-0.336	0.056	0.336	-0.290	-0.299	0.210	0.070	-0.117	-0.112	0.228	-0.099
0.6*L1	0.189	0.292	-0.380	0.017	0.210	-0.431	-0.395	0.176	0.079	-0.100	-0.118	0.171	-0.095
0.7*L1	0.087	0.536	-0.393	-0.000	0.117	-0.598	-0.515	0.131	0.072	-0.070	-0.112	0.112	-0.079
						0.402							
0.8*L1	0.033	0.276	-0.354	-0.005	0.056	0.235	-0.661	0.082	0.051	-0.039	-0.090	0.062	-0.051
0.9*L1	0.008	0.103	-0.234	-0.004	0.020	0.098	-0.829	0.035	0.024	-0.015	-0.052	0.025	-0.018
1.0*L1	-0.000	0.000	0.000	-0.000	0.000	0.000	-1.000	0.000	0.000	0.000	0.000	0.000	0.000
0.0*L2	-0.000	-0.000	-0.000	0.000	-0.000	-0.000	-0.000	-0.000	-0.000	0.000	0.000	-0.000	0.000
0.1*L2	-0.000	-0.052	-0.231	0.003	-0.009	-0.058	-0.135	-0.018	-0.012	0.012	0.051	-0.014	-0.017
0.2*L2	0.002	-0.072	-0.348	0.005	-0.011	-0.085	-0.220	-0.024	-0.015	0.021	0.089	-0.020	-0.049
0.3*L2	0.004	-0.072	-0.384	0.007	-0.011	-0.091	-0.258	-0.023	-0.014	0.026	0.110	-0.021	-0.076
0.4*L2	0.006	-0.064	-0.366	0.007	-0.009	-0.085	-0.259	-0.019	-0.011	0.027	0.114	-0.019	-0.090
0.5*L2	0.007	-0.051	-0.317	0.006	-0.006	-0.073	-0.233	-0.014	-0.008	0.025	0.105	-0.016	-0.091
0.6*L2	0.006	-0.038	-0.252	0.005	-0.004	-0.057	-0.191	-0.010	-0.005	0.021	0.088	-0.012	-0.081
0.7*L2	0.005	-0.025	-0.180	0.004	-0.003	-0.040	-0.140	-0.006	-0.003	0.016	0.065	-0.008	-0.063
0.8*L2	0.003	-0.015	-0.109	0.002	-0.001	-0.024	-0.086	-0.004	-0.002	0.010	0.041	-0.005	-0.040
0.9*L2	0.001	-0.006	-0.046	0.001	-0.001	-0.010	-0.037	-0.001	-0.001	0.004	0.018	-0.002	-0.018
1.0*L2	-0.000	-0.000	-0.000	-0.000	0.000	0.000	0.000	0.000	0.000	0.000	0.000	0.000	0.000
FAKTOR	a							a				1/a	

INFOLGE STRECKENLAST P=1

IN FELD

	M 0.4	M 0.7	M 1.0	Q 0	Q 0.4	Q 0.7	Q 1.0	T 0	T 0.4	T 0.7	T 1.0	0.4	1.0
1,BIS SPRUNG						-0.550	-0.831			0.027	-0.352		
1,REST	1.131	0.784	-1.454	1.232	0.583	0.315	-2.230	0.822	0.194	-0.052	-0.447	0.790	-0.353
2	0.021	-0.241	-1.356	0.024	-0.033	-0.318	-0.945	-0.073	-0.044	0.098	0.412	-0.071	-0.315
3	-0.003	0.012	0.094	-0.002	0.001	0.021	0.076	0.003	0.001	-0.009	-0.036	0.004	0.037
SUMME(+)	1.151	0.796	0.094	1.256	0.584	0.336	0.076	0.824	0.223	0.098	0.412	0.794	0.037
SUMME(-)	-0.003	-0.241	-2.810	-0.002	-0.583	-1.148	-3.176	-0.073	-0.044	-0.413	-0.483	-0.071	-0.669
SUMME	1.148	0.555	-2.716	1.254	0.001	-0.812	-3.100	0.752	0.179	-0.315	-0.071	0.724	-0.632
FAKTOR	a×a			a				a×a				1/a	

INFOLGE EINZELMOMENT Mt=1

	M 0.4	M 0.7	M 1.0	Q 0	Q 0.4	Q 0.7	Q 1.0	T 0	T 0.4	T 0.7	T 1.0	0.4	1.0
0.0*L1	0.000	0.000	-0.000	0.000	-0.000	-0.000	-0.000	1.000	-0.000	-0.000	-0.000	-0.000	-0.000
0.1*L1	0.148	0.025	-0.121	0.275	-0.071	-0.064	-0.112	0.760	-0.067	-0.070	-0.046	-0.013	-0.047
0.2*L1	0.292	0.058	-0.238	0.345	-0.118	-0.129	-0.227	0.623	-0.145	-0.140	-0.091	-0.058	-0.092
0.3*L1	0.417	0.108	-0.347	0.316	-0.107	-0.196	-0.346	0.536	-0.253	-0.208	-0.134	-0.170	-0.135
0.4*L1	0.483	0.177	-0.443	0.250	0.013	-0.259	-0.470	0.467	-0.414	-0.278	-0.172	-0.393	-0.177
									0.586				
0.5*L1	0.446	0.262	-0.520	0.181	0.139	-0.300	-0.599	0.403	0.423	-0.357	-0.208	-0.160	-0.217
0.6*L1	0.357	0.344	-0.569	0.122	0.167	-0.290	-0.728	0.335	0.312	-0.459	-0.240	-0.039	-0.262
0.7*L1	0.262	0.380	-0.584	0.080	0.149	-0.174	-0.845	0.265	0.230	-0.609	-0.273	0.012	-0.319
										0.391			
0.8*L1	0.182	0.323	-0.564	0.051	0.113	-0.054	-0.928	0.195	0.164	0.248	-0.315	0.024	-0.407
0.9*L1	0.122	0.222	-0.520	0.034	0.077	-0.031	-0.938	0.131	0.110	0.164	-0.383	0.017	-0.550
1.0*L1	0.081	0.121	-0.489	0.024	0.047	-0.050	-0.816	0.078	0.067	0.115	-0.502	0.005	-0.787
0.0*L2	0.081	0.121	-0.489	0.024	0.047	-0.050	-0.816	0.078	0.067	0.115	0.498	0.005	-0.787
0.1*L2	0.055	0.041	-0.515	0.019	0.025	-0.080	-0.662	0.039	0.036	0.088	0.379	-0.008	-0.549
0.2*L2	0.038	-0.014	-0.555	0.016	0.010	-0.104	-0.580	0.013	0.016	0.073	0.311	-0.017	-0.403
0.3*L2	0.029	-0.045	-0.571	0.014	0.002	-0.116	-0.526	-0.002	0.004	0.063	0.268	-0.022	-0.314
0.4*L2	0.022	-0.059	-0.553	0.013	-0.003	-0.117	-0.475	-0.010	-0.002	0.055	0.234	-0.023	-0.255
0.5*L2	0.018	-0.060	-0.503	0.011	-0.004	-0.109	-0.417	-0.012	-0.005	0.048	0.202	-0.022	-0.210
0.6*L2	0.014	-0.054	-0.430	0.009	-0.004	-0.094	-0.350	-0.012	-0.005	0.040	0.168	-0.019	-0.171
0.7*L2	0.011	-0.044	-0.344	0.007	-0.004	-0.075	-0.278	-0.010	-0.004	0.031	0.133	-0.015	-0.134
0.8*L2	0.008	-0.033	-0.254	0.005	-0.003	-0.056	-0.205	-0.007	-0.003	0.023	0.098	-0.011	-0.098
0.9*L2	0.006	-0.022	-0.171	0.004	-0.002	-0.038	-0.138	-0.005	-0.002	0.016	0.066	-0.008	-0.066
1.0*L2	0.003	-0.013	-0.102	0.002	-0.001	-0.022	-0.082	-0.003	-0.001	0.009	0.039	-0.005	-0.039
FAKTOR				1/a								1/(a×a)	

INFOLGE STRECKENMOMENT mt=1

IN FELD

	M 0.4	M 0.7	M 1.0	Q 0	Q 0.4	Q 0.7	Q 1.0	T 0	T 0.4	T 0.7	T 1.0	0.4	1.0
1,BIS SPRUNG						-0.188	-0.807			-0.396	-1.085		
1,REST	1.658	1.182	-2.496	1.022	0.416	-0.107	-3.377	2.539	0.932	0.392	-1.262	-0.436	-1.547
2	0.145	-0.148	-2.519	0.067	0.023	-0.497	-2.440	0.016	0.038	0.298	1.269	-0.088	-1.555
3	0.001	-0.003	-0.021	0.000	-0.000	-0.005	-0.017	-0.001	-0.000	0.002	0.008	-0.001	-0.008
SUMME(+)	1.803	1.182	0.000	1.089	0.439	0.000	0.000	2.555	0.970	0.691	1.277	0.000	0.000
SUMME(-)	0.000	-0.151	-5.037	0.000	-0.188	-1.416	-5.833	-0.001	-0.397	-1.085	-1.262	-0.525	-3.110
SUMME	1.803	1.031	-5.037	1.089	0.250	-1.416	-5.833	2.554	0.573	-0.394	0.015	-0.525	-3.110
FAKTOR	a							a				1/a	

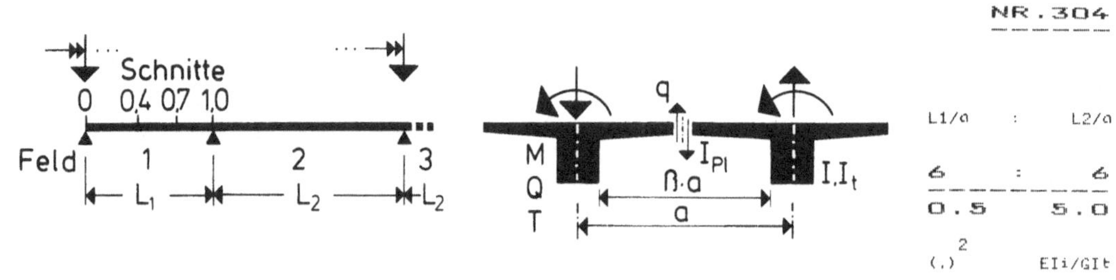

INFOLGE EINZELLAST P=1

IN SCHNITT	M 0.4	M 0.7	M 1.0	Q 0	Q 0.4	Q 0.7	Q 1.0	T 0	T 0.4	T 0.7	T 1.0	q 0.4	q 1.0
0.0*L1	0.000	-0.000	-0.000	1.000	-0.000	-0.000	-0.000	0.000	0.000	-0.000	-0.000	0.000	-0.000
0.1*L1	0.112	-0.006	-0.083	0.725	-0.109	-0.040	-0.056	0.085	0.001	-0.033	-0.025	0.068	-0.023
0.2*L1	0.249	-0.004	-0.166	0.490	-0.228	-0.086	-0.115	0.149	0.008	-0.063	-0.049	0.134	-0.044
0.3*L1	0.437	0.019	-0.245	0.310	-0.363	-0.147	-0.179	0.185	0.021	-0.087	-0.071	0.188	-0.062
0.4*L1	0.696	0.072	-0.318	0.182	-0.511	-0.228	-0.251	0.195	0.041	-0.100	-0.089	0.214	-0.075
				0.489									
0.5*L1	0.437	0.173	-0.380	0.099	0.346	-0.336	-0.335	0.182	0.059	-0.100	-0.101	0.195	-0.080
0.6*L1	0.254	0.337	-0.419	0.047	0.225	-0.470	-0.436	0.154	0.065	-0.087	-0.104	0.151	-0.076
0.7*L1	0.134	0.581	-0.423	0.019	0.133	-0.625	-0.555	0.116	0.058	-0.063	-0.097	0.102	-0.062
					0.375								
0.8*L1	0.061	0.310	-0.372	0.006	0.068	0.223	-0.694	0.073	0.041	-0.036	-0.077	0.059	-0.040
0.9*L1	0.020	0.121	-0.240	0.001	0.026	0.094	-0.848	0.032	0.020	-0.015	-0.043	0.024	-0.014
1.0*L1	-0.000	-0.000	0.000	0.000	0.000	0.000	-1.000	0.000	0.000	0.000	0.000	0.000	0.000
0.0*L2	-0.000	-0.000	-0.000	0.000	-0.000	-0.000	-0.000	-0.000	-0.000	0.000	0.000	-0.000	0.000
0.1*L2	-0.008	-0.067	-0.234	0.001	-0.013	-0.059	-0.121	-0.018	-0.011	0.012	0.043	-0.015	-0.013
0.2*L2	-0.010	-0.097	-0.359	0.002	-0.019	-0.089	-0.198	-0.025	-0.014	0.021	0.075	-0.022	-0.036
0.3*L2	-0.008	-0.103	-0.404	0.003	-0.019	-0.098	-0.235	-0.026	-0.014	0.025	0.093	-0.024	-0.057
0.4*L2	-0.006	-0.095	-0.392	0.004	-0.018	-0.095	-0.239	-0.023	-0.012	0.026	0.098	-0.023	-0.069
0.5*L2	-0.004	-0.080	-0.345	0.004	-0.014	-0.082	-0.218	-0.019	-0.010	0.024	0.092	-0.020	-0.071
0.6*L2	-0.002	-0.062	-0.278	0.003	-0.011	-0.066	-0.180	-0.014	-0.007	0.020	0.078	-0.016	-0.064
0.7*L2	-0.001	-0.043	-0.201	0.003	-0.007	-0.047	-0.133	-0.010	-0.005	0.015	0.058	-0.011	-0.050
0.8*L2	-0.000	-0.026	-0.123	0.002	-0.004	-0.029	-0.083	-0.006	-0.003	0.010	0.037	-0.007	-0.032
0.9*L2	0.000	-0.011	-0.053	0.001	-0.002	-0.012	-0.036	-0.002	-0.001	0.004	0.016	-0.003	-0.015
1.0*L2	-0.000	-0.000	-0.000	-0.000	0.000	0.000	0.000	0.000	0.000	0.000	0.000	0.000	0.000
FAKTOR	a			a				a				1/a	

INFOLGE STRECKENLAST P=1

IN FELD	M 0.4	M 0.7	M 1.0	Q 0	Q 0.4	Q 0.7	Q 1.0	T 0	T 0.4	T 0.7	T 1.0	q 0.4	q 1.0
1,BIS SPRUNG					-0.571	-0.965			0.030	-0.304			
1,REST	1.416	0.936	-1.607	1.413	0.619	0.299	-2.378	0.708	0.160	-0.048	-0.397	0.686	-0.287
2	-0.023	-0.354	-1.450	0.014	-0.066	-0.351	-0.874	-0.087	-0.047	0.095	0.357	-0.084	-0.245
3	-0.000	0.030	0.146	-0.002	0.005	0.034	0.099	0.007	0.003	-0.011	-0.044	0.008	0.040
SUMME(+)	1.416	0.966	0.146	1.427	0.625	0.333	0.099	0.714	0.193	0.095	0.357	0.694	0.040
SUMME(-)	-0.023	-0.354	-3.058	-0.002	-0.637	-1.316	-3.252	-0.087	-0.047	-0.364	-0.441	-0.084	-0.532
SUMME	1.393	0.612	-2.912	1.425	-0.012	-0.983	-3.153	0.627	0.146	-0.269	-0.084	0.609	-0.492
FAKTOR	a*a			a				a*a				1/a	

INFOLGE EINZELMOMENT Mt=1

IN SCHNITT	M 0.4	M 0.7	M 1.0	Q 0	Q 0.4	Q 0.7	Q 1.0	T 0	T 0.4	T 0.7	T 1.0	q 0.4	q 1.0
0.0*L1	0.000	0.000	-0.000	0.000	-0.000	-0.000	-0.000	1.000	-0.000	-0.000	-0.000	-0.000	-0.000
0.1*L1	0.183	0.037	-0.139	0.302	-0.075	-0.082	-0.124	0.744	-0.067	-0.064	-0.043	-0.028	-0.040
0.2*L1	0.358	0.082	-0.271	0.394	-0.123	-0.164	-0.250	0.594	-0.148	-0.128	-0.084	-0.085	-0.079
0.3*L1	0.505	0.143	-0.393	0.377	-0.110	-0.244	-0.380	0.498	-0.258	-0.191	-0.123	-0.207	-0.117
0.4*L1	0.583	0.223	-0.498	0.314	0.015	-0.314	-0.514	0.427	-0.424	-0.259	-0.159	-0.434	-0.154
								0.576					
0.5*L1	0.547	0.315	-0.577	0.240	0.148	-0.357	-0.649	0.364	0.410	-0.338	-0.192	-0.200	-0.192
0.6*L1	0.449	0.399	-0.624	0.173	0.180	-0.342	-0.780	0.301	0.297	-0.442	-0.223	-0.072	-0.235
0.7*L1	0.338	0.431	-0.632	0.119	0.162	-0.218	-0.894	0.237	0.215	-0.595	-0.257	-0.013	-0.295
										0.405			
0.8*L1	0.239	0.363	-0.603	0.080	0.125	-0.087	-0.967	0.174	0.152	0.257	-0.303	0.006	-0.385
0.9*L1	0.159	0.246	-0.551	0.053	0.084	-0.055	-0.963	0.116	0.101	0.170	-0.376	0.005	-0.531
1.0*L1	0.101	0.127	-0.515	0.036	0.048	-0.068	-0.825	0.067	0.061	0.119	-0.502	-0.005	-0.769
0.0*L2	0.101	0.127	-0.515	0.036	0.048	-0.068	-0.825	0.067	0.061	0.119	0.498	-0.005	-0.769
0.1*L2	0.062	0.030	-0.541	0.025	0.021	-0.094	-0.656	0.030	0.032	0.090	0.371	-0.015	-0.529
0.2*L2	0.036	-0.038	-0.584	0.018	0.003	-0.118	-0.564	0.005	0.013	0.074	0.297	-0.023	-0.380
0.3*L2	0.020	-0.079	-0.605	0.014	-0.008	-0.131	-0.504	-0.010	0.001	0.063	0.250	-0.028	-0.287
0.4*L2	0.011	-0.097	-0.590	0.011	-0.013	-0.132	-0.452	-0.017	-0.005	0.055	0.214	-0.030	-0.227
0.5*L2	0.006	-0.098	-0.541	0.009	-0.015	-0.123	-0.395	-0.019	-0.007	0.047	0.183	-0.028	-0.182
0.6*L2	0.003	-0.089	-0.465	0.008	-0.014	-0.107	-0.331	-0.018	-0.007	0.039	0.151	-0.025	-0.146
0.7*L2	0.002	-0.073	-0.373	0.006	-0.012	-0.086	-0.263	-0.015	-0.006	0.031	0.119	-0.020	-0.113
0.8*L2	0.001	-0.054	-0.276	0.004	-0.009	-0.064	-0.193	-0.011	-0.005	0.023	0.087	-0.015	-0.082
0.9*L2	0.001	-0.036	-0.185	0.003	-0.006	-0.043	-0.129	-0.008	-0.003	0.015	0.058	-0.010	-0.055
1.0*L2	0.001	-0.021	-0.106	0.002	-0.003	-0.025	-0.075	-0.004	-0.002	0.009	0.034	-0.006	-0.032
FAKTOR				1/a								1/(a*a)	

INFOLGE STRECKENMOMENT mt=1

IN FELD	M 0.4	M 0.7	M 1.0	Q 0	Q 0.4	Q 0.7	Q 1.0	T 0	T 0.4	T 0.7	T 1.0	q 0.4	q 1.0
1,BIS SPRUNG					-0.195	-0.981			-0.404	-1.025			
1,REST	2.059	1.388	-2.735	1.265	0.450	-0.159	-3.578	2.379	0.888	0.406	-1.200	-0.589	-1.435
2	0.113	-0.295	-2.687	0.070	-0.020	-0.569	-2.354	-0.021	0.024	0.298	1.191	-0.120	-1.427
3	0.001	0.011	0.043	-0.000	0.002	0.010	0.026	0.003	0.001	-0.003	-0.011	0.003	0.007
SUMME(+)	2.173	1.399	0.043	1.336	0.452	0.010	0.026	2.381	0.913	0.704	1.191	0.003	0.007
SUMME(-)	0.000	-0.295	-5.422	-0.000	-0.214	-1.709	-5.931	-0.021	-0.404	-1.028	-1.211	-0.709	-2.862
SUMME	2.173	1.104	-5.379	1.335	0.238	-1.699	-5.905	2.360	0.509	-0.323	-0.020	-0.706	-2.854
FAKTOR	a			a				a				1/a	

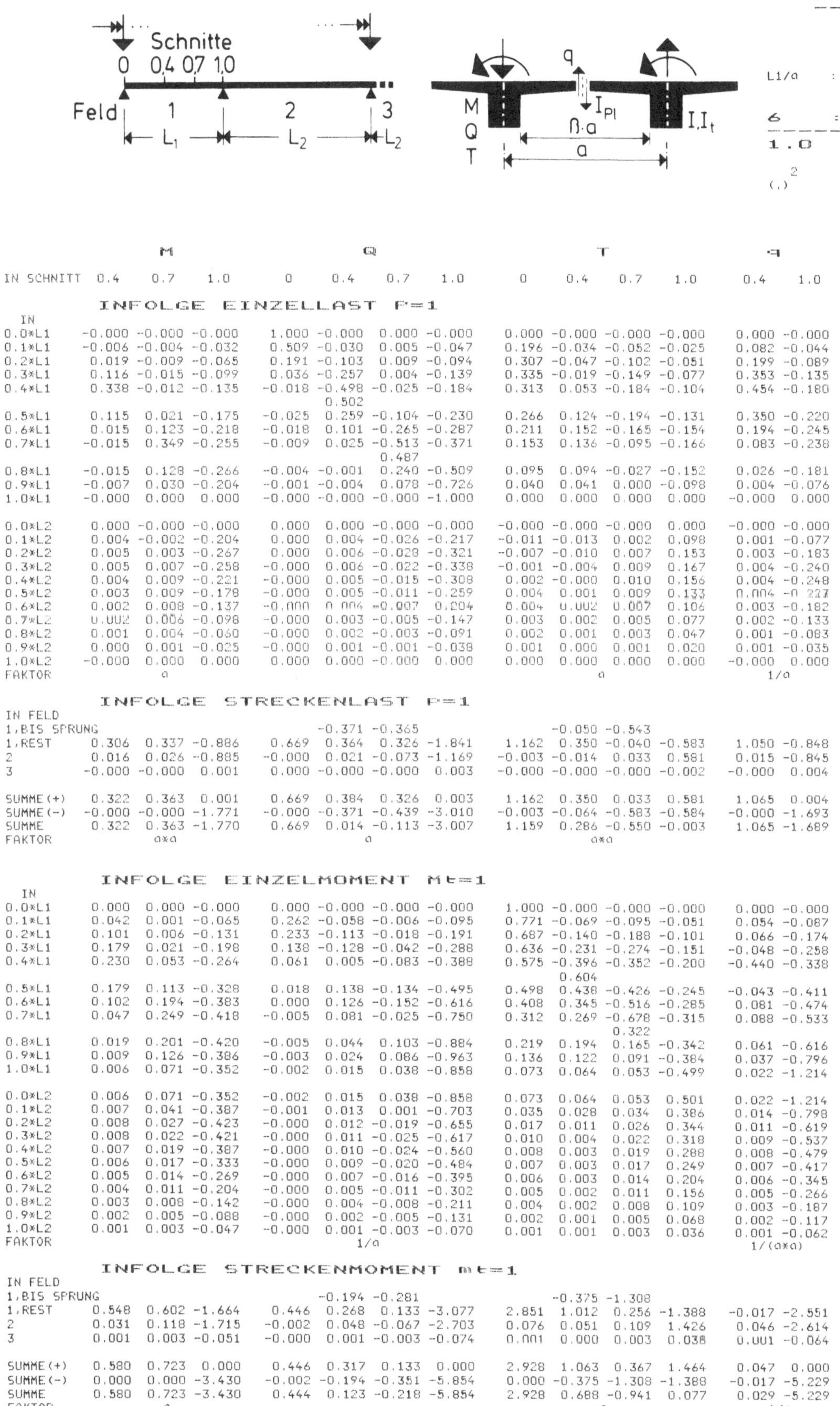

	M			Q				T				q	
IN SCHNITT	0.4	0.7	1.0	0	0.4	0.7	1.0	0	0.4	0.7	1.0	0.4	1.0

INFOLGE EINZELLAST P=1

IN	M 0.4	M 0.7	M 1.0	Q 0	Q 0.4	Q 0.7	Q 1.0	T 0	T 0.4	T 0.7	T 1.0	q 0.4	q 1.0
0.0*L1	-0.000	-0.000	-0.000	1.000	-0.000	0.000	-0.000	0.000	-0.000	-0.000	-0.000	0.000	-0.000
0.1*L1	-0.006	-0.004	-0.032	0.509	-0.030	0.005	-0.047	0.196	-0.034	-0.052	-0.025	0.082	-0.044
0.2*L1	0.019	-0.009	-0.065	0.191	-0.103	0.009	-0.094	0.307	-0.047	-0.102	-0.051	0.199	-0.089
0.3*L1	0.116	-0.015	-0.099	0.036	-0.257	0.004	-0.139	0.335	-0.019	-0.149	-0.077	0.353	-0.135
0.4*L1	0.338	-0.012	-0.135	-0.018	-0.498	-0.025	-0.184	0.313	0.053	-0.184	-0.104	0.454	-0.180
					0.502								
0.5*L1	0.115	0.021	-0.175	-0.025	0.259	-0.104	-0.230	0.266	0.124	-0.194	-0.131	0.350	-0.220
0.6*L1	0.015	0.123	-0.218	-0.018	0.101	-0.265	-0.287	0.211	0.152	-0.165	-0.154	0.194	-0.245
0.7*L1	-0.015	0.349	-0.255	-0.009	0.025	-0.513	-0.371	0.153	0.136	-0.095	-0.166	0.083	-0.238
						0.487							
0.8*L1	-0.015	0.128	-0.266	-0.004	-0.001	0.240	-0.509	0.095	0.094	-0.027	-0.152	0.026	-0.181
0.9*L1	-0.007	0.030	-0.204	-0.001	-0.004	0.078	-0.726	0.040	0.041	0.000	-0.098	0.004	-0.076
1.0*L1	-0.000	0.000	0.000	-0.000	-0.000	-0.000	-1.000	0.000	0.000	0.000	0.000	-0.000	0.000
0.0*L2	0.000	-0.000	-0.000	0.000	0.000	-0.000	-0.000	-0.000	-0.000	-0.000	0.000	-0.000	-0.000
0.1*L2	0.004	-0.002	-0.204	0.000	0.004	-0.026	-0.217	-0.011	-0.013	0.002	0.098	0.001	-0.077
0.2*L2	0.005	0.003	-0.267	0.000	0.006	-0.028	-0.321	-0.007	-0.010	0.007	0.153	0.003	-0.183
0.3*L2	0.005	0.007	-0.258	-0.000	0.006	-0.022	-0.338	-0.001	-0.004	0.009	0.167	0.004	-0.240
0.4*L2	0.004	0.009	-0.221	-0.000	0.005	-0.015	-0.308	0.002	-0.000	0.010	0.156	0.004	-0.248
0.5*L2	0.003	0.009	-0.179	-0.000	0.005	-0.011	-0.259	0.004	0.001	0.009	0.133	0.004	-0.227
0.6*L2	0.002	0.008	-0.137	-0.000	0.004	-0.007	-0.204	0.004	0.002	0.007	0.106	0.003	-0.182
0.7*L2	0.002	0.006	-0.098	-0.000	0.003	-0.005	-0.147	0.003	0.002	0.005	0.077	0.002	-0.133
0.8*L2	0.001	0.004	-0.060	-0.000	0.002	-0.003	-0.091	0.002	0.001	0.003	0.047	0.001	-0.083
0.9*L2	0.000	0.001	-0.025	-0.000	0.001	-0.001	-0.038	0.001	0.000	0.001	0.020	0.001	-0.035
1.0*L2	-0.000	0.000	0.000	-0.000	0.000	-0.000	0.000	0.000	0.000	0.000	0.000	-0.000	0.000
FAKTOR	a							a				1/a	

INFOLGE STRECKENLAST P=1

IN FELD	M 0.4	M 0.7	M 1.0	Q 0	Q 0.4	Q 0.7	Q 1.0	T 0	T 0.4	T 0.7	T 1.0	q 0.4	q 1.0
1,BIS SPRUNG					-0.371	-0.365			-0.050	-0.543			
1,REST	0.306	0.337	-0.886	0.669	0.364	0.326	-1.841	1.162	0.350	-0.040	-0.583	1.050	-0.848
2	0.016	0.026	-0.885	-0.000	0.021	-0.073	-1.169	-0.003	-0.014	0.033	0.581	0.015	-0.845
3	-0.000	-0.000	0.001	0.000	-0.000	-0.000	0.003	-0.000	-0.000	-0.000	-0.002	-0.000	0.004
SUMME(+)	0.322	0.363	0.001	0.669	0.384	0.326	0.003	1.162	0.350	0.033	0.581	1.065	0.004
SUMME(-)	-0.000	-0.000	-1.771	-0.000	-0.371	-0.439	-3.010	-0.003	-0.064	-0.583	-0.584	-0.000	-1.693
SUMME	0.322	0.363	-1.770	0.669	0.014	-0.113	-3.007	1.159	0.286	-0.550	-0.003	1.065	-1.689
FAKTOR	a*a			a				a*a					

INFOLGE EINZELMOMENT Mt=1

IN	M 0.4	M 0.7	M 1.0	Q 0	Q 0.4	Q 0.7	Q 1.0	T 0	T 0.4	T 0.7	T 1.0	q 0.4	q 1.0
0.0*L1	0.000	0.000	-0.000	0.000	-0.000	-0.000	-0.000	1.000	-0.000	-0.000	-0.000	0.000	-0.000
0.1*L1	0.042	0.001	-0.065	0.262	-0.058	-0.006	-0.095	0.771	-0.069	-0.095	-0.051	0.054	-0.087
0.2*L1	0.101	0.006	-0.131	0.233	-0.113	-0.018	-0.191	0.687	-0.140	-0.188	-0.101	0.066	-0.174
0.3*L1	0.179	0.021	-0.198	0.138	-0.128	-0.042	-0.288	0.636	-0.231	-0.274	-0.151	-0.048	-0.258
0.4*L1	0.230	0.053	-0.264	0.061	0.005	-0.083	-0.388	0.575	-0.396	-0.352	-0.200	-0.440	-0.338
								0.604					
0.5*L1	0.179	0.113	-0.328	0.018	0.138	-0.134	-0.495	0.498	0.438	-0.426	-0.245	-0.043	-0.411
0.6*L1	0.102	0.194	-0.383	0.000	0.126	-0.152	-0.616	0.408	0.345	-0.516	-0.285	0.081	-0.474
0.7*L1	0.047	0.249	-0.418	-0.005	0.081	-0.025	-0.750	0.312	0.269	-0.678	-0.315	0.088	-0.533
										0.322			
0.8*L1	0.019	0.201	-0.420	-0.005	0.044	0.103	-0.884	0.219	0.194	0.165	-0.342	0.061	-0.616
0.9*L1	0.009	0.126	-0.386	-0.003	0.024	0.086	-0.963	0.136	0.122	0.091	-0.384	0.037	-0.796
1.0*L1	0.006	0.071	-0.352	-0.002	0.015	0.038	-0.858	0.073	0.064	0.053	-0.499	0.022	-1.214
0.0*L2	0.006	0.071	-0.352	-0.002	0.015	0.038	-0.858	0.073	0.064	0.053	0.501	0.022	-1.214
0.1*L2	0.007	0.041	-0.387	-0.001	0.013	0.001	-0.703	0.035	0.028	0.034	0.386	0.014	-0.798
0.2*L2	0.008	0.027	-0.423	-0.000	0.012	-0.019	-0.655	0.017	0.011	0.026	0.344	0.011	-0.619
0.3*L2	0.008	0.022	-0.421	-0.000	0.011	-0.025	-0.617	0.010	0.004	0.022	0.318	0.009	-0.537
0.4*L2	0.007	0.019	-0.387	-0.000	0.010	-0.024	-0.560	0.008	0.003	0.019	0.288	0.008	-0.479
0.5*L2	0.006	0.017	-0.333	-0.000	0.009	-0.020	-0.484	0.007	0.003	0.017	0.249	0.007	-0.417
0.6*L2	0.005	0.014	-0.269	-0.000	0.007	-0.016	-0.395	0.006	0.003	0.014	0.204	0.006	-0.345
0.7*L2	0.004	0.011	-0.204	-0.000	0.005	-0.011	-0.302	0.005	0.002	0.011	0.156	0.005	-0.266
0.8*L2	0.003	0.008	-0.142	-0.000	0.004	-0.008	-0.211	0.004	0.002	0.008	0.109	0.003	-0.187
0.9*L2	0.002	0.005	-0.088	-0.000	0.002	-0.005	-0.131	0.002	0.001	0.005	0.068	0.002	-0.117
1.0*L2	0.001	0.003	-0.047	-0.000	0.001	-0.003	-0.070	0.001	0.001	0.003	0.036	0.001	-0.062
FAKTOR				1/a								1/(a*a)	

INFOLGE STRECKENMOMENT mt=1

IN FELD	M 0.4	M 0.7	M 1.0	Q 0	Q 0.4	Q 0.7	Q 1.0	T 0	T 0.4	T 0.7	T 1.0	q 0.4	q 1.0
1,BIS SPRUNG					-0.194	-0.281			-0.375	-1.308			
1,REST	0.548	0.602	-1.664	0.446	0.268	0.133	-3.077	2.851	1.012	0.256	-1.388	-0.017	-2.551
2	0.031	0.118	-1.715	-0.002	0.048	-0.067	-2.703	0.076	0.051	0.109	1.426	0.046	-2.614
3	0.001	0.003	-0.051	-0.000	0.001	-0.003	-0.074	0.001	0.000	0.003	0.038	0.001	-0.064
SUMME(+)	0.580	0.723	0.000	0.446	0.317	0.133	0.000	2.928	1.063	0.367	1.464	0.047	0.000
SUMME(-)	0.000	0.000	-3.430	-0.002	-0.194	-0.351	-5.854	0.000	-0.375	-1.308	-1.388	-0.017	-5.229
SUMME	0.580	0.723	-3.430	0.444	0.123	-0.218	-5.854	2.928	0.688	-0.941	0.077	0.029	-5.229
FAKTOR	a							a				1/a	

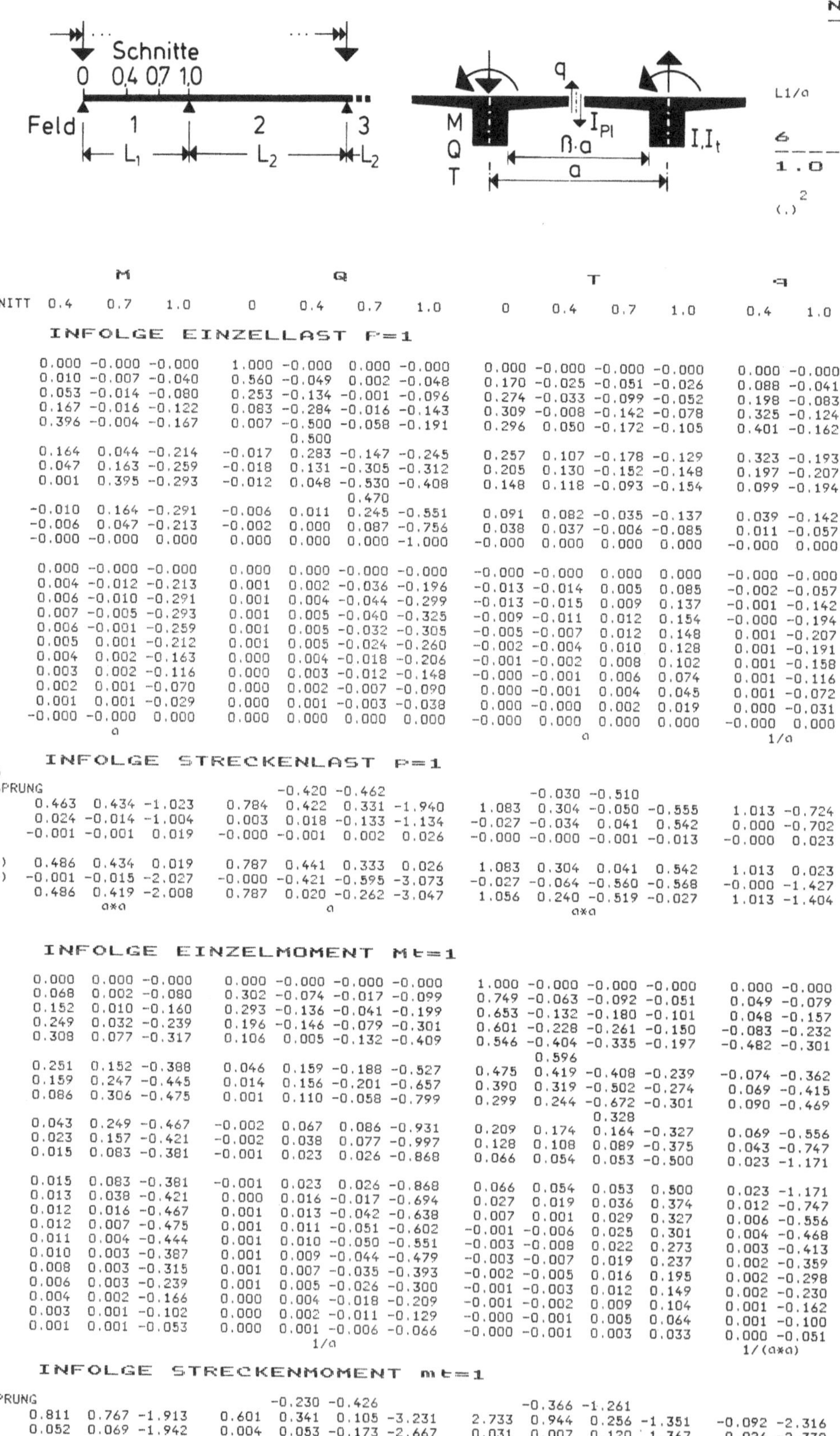

IN	M 0.4	M 0.7	M 1.0	Q 0	Q 0.4	Q 0.7	Q 1.0	T 0	T 0.4	T 0.7	T 1.0	q 0.4	q 1.0

INFOLGE EINZELLAST P=1

IN	M 0.4	M 0.7	M 1.0	Q 0	Q 0.4	Q 0.7	Q 1.0	T 0	T 0.4	T 0.7	T 1.0	q 0.4	q 1.0
0.0*L1	0.000	-0.000	-0.000	1.000	-0.000	0.000	-0.000	0.000	-0.000	-0.000	-0.000	0.000	-0.000
0.1*L1	0.010	-0.007	-0.040	0.560	-0.049	0.002	-0.048	0.170	-0.025	-0.051	-0.026	0.088	-0.041
0.2*L1	0.053	-0.014	-0.080	0.253	-0.134	-0.001	-0.096	0.274	-0.033	-0.099	-0.052	0.198	-0.083
0.3*L1	0.167	-0.016	-0.122	0.083	-0.284	-0.016	-0.143	0.309	-0.008	-0.142	-0.078	0.325	-0.124
0.4*L1	0.396	-0.004	-0.167	0.007	-0.500	-0.058	-0.191	0.296	0.050	-0.172	-0.105	0.401	-0.162
					0.500								
0.5*L1	0.164	0.044	-0.214	-0.017	0.283	-0.147	-0.245	0.257	0.107	-0.178	-0.129	0.323	-0.193
0.6*L1	0.047	0.163	-0.259	-0.018	0.131	-0.305	-0.312	0.205	0.130	-0.152	-0.148	0.197	-0.207
0.7*L1	0.001	0.395	-0.293	-0.012	0.048	-0.530	-0.408	0.148	0.118	-0.093	-0.154	0.099	-0.194
						0.470							
0.8*L1	-0.010	0.164	-0.291	-0.006	0.011	0.245	-0.551	0.091	0.082	-0.035	-0.137	0.039	-0.142
0.9*L1	-0.006	0.047	-0.213	-0.002	0.000	0.087	-0.756	0.038	0.037	-0.006	-0.085	0.011	-0.057
1.0*L1	-0.000	-0.000	0.000	0.000	0.000	0.000	-1.000	-0.000	0.000	0.000	0.000	-0.000	0.000
0.0*L2	0.000	-0.000	-0.000	0.000	0.000	-0.000	-0.000	-0.000	-0.000	0.000	0.000	-0.000	-0.000
0.1*L2	0.004	-0.012	-0.213	0.001	0.002	-0.036	-0.196	-0.013	-0.014	0.005	0.085	-0.002	-0.057
0.2*L2	0.006	-0.010	-0.291	0.001	0.004	-0.044	-0.299	-0.013	-0.015	0.009	0.137	-0.001	-0.142
0.3*L2	0.007	-0.005	-0.293	0.001	0.005	-0.040	-0.325	-0.009	-0.011	0.012	0.154	-0.000	-0.194
0.4*L2	0.006	-0.001	-0.259	0.001	0.005	-0.032	-0.305	-0.005	-0.007	0.012	0.148	0.001	-0.207
0.5*L2	0.005	0.001	-0.212	0.001	0.005	-0.024	-0.260	-0.002	-0.004	0.010	0.128	0.001	-0.191
0.6*L2	0.004	0.002	-0.163	0.000	0.004	-0.018	-0.206	-0.001	-0.002	0.008	0.102	0.001	-0.158
0.7*L2	0.003	0.002	-0.116	0.000	0.003	-0.012	-0.148	-0.000	-0.001	0.006	0.074	0.001	-0.116
0.8*L2	0.002	0.001	-0.070	0.000	0.002	-0.007	-0.090	0.000	-0.001	0.004	0.045	0.001	-0.072
0.9*L2	0.001	0.001	-0.029	0.000	0.001	-0.003	-0.038	0.000	-0.000	0.002	0.019	0.000	-0.031
1.0*L2	-0.000	-0.000	0.000	0.000	0.000	0.000	0.000	-0.000	0.000	0.000	0.000	-0.000	0.000
FAKTOR	a							a				1/a	

INFOLGE STRECKENLAST P=1

IN FELD	M 0.4	M 0.7	M 1.0	Q 0	Q 0.4	Q 0.7	Q 1.0	T 0	T 0.4	T 0.7	T 1.0	q 0.4	q 1.0
1,BIS SPRUNG						-0.420	-0.462			-0.030	-0.510		
1,REST	0.463	0.434	-1.023	0.784	0.422	0.331	-1.940	1.083	0.304	-0.050	-0.555	1.013	-0.724
2	0.024	-0.014	-1.004	0.003	0.018	-0.133	-1.134	-0.027	-0.034	0.041	0.542	0.000	-0.702
3	-0.001	-0.001	0.019	-0.000	-0.001	0.002	0.026	-0.000	-0.000	-0.001	-0.013	-0.000	0.023
SUMME(+)	0.486	0.434	0.019	0.787	0.441	0.333	0.026	1.083	0.304	0.041	0.542	1.013	0.023
SUMME(-)	-0.001	-0.015	-2.027	-0.000	-0.421	-0.595	-3.073	-0.027	-0.064	-0.560	-0.568	-0.000	-1.427
SUMME	0.486	0.419	-2.008	0.787	0.020	-0.262	-3.047	1.056	0.240	-0.519	-0.027	1.013	-1.404
FAKTOR	a*a			a				a*a					

INFOLGE EINZELMOMENT Mt=1

IN	M 0.4	M 0.7	M 1.0	Q 0	Q 0.4	Q 0.7	Q 1.0	T 0	T 0.4	T 0.7	T 1.0	q 0.4	q 1.0
0.0*L1	0.000	0.000	-0.000	0.000	-0.000	-0.000	-0.000	1.000	-0.000	-0.000	-0.000	0.000	-0.000
0.1*L1	0.068	0.002	-0.080	0.302	-0.074	-0.017	-0.099	0.749	-0.063	-0.092	-0.051	0.049	-0.079
0.2*L1	0.152	0.010	-0.160	0.293	-0.136	-0.041	-0.199	0.653	-0.132	-0.180	-0.101	0.048	-0.157
0.3*L1	0.249	0.032	-0.239	0.196	-0.146	-0.079	-0.301	0.601	-0.228	-0.261	-0.150	-0.083	-0.232
0.4*L1	0.308	0.077	-0.317	0.106	0.005	-0.132	-0.409	0.546	-0.404	-0.335	-0.197	-0.482	-0.301
								0.596					
0.5*L1	0.251	0.152	-0.388	0.046	0.159	-0.188	-0.527	0.475	0.419	-0.408	-0.239	-0.074	-0.362
0.6*L1	0.159	0.247	-0.445	0.014	0.156	-0.201	-0.657	0.390	0.319	-0.502	-0.274	0.069	-0.415
0.7*L1	0.086	0.306	-0.475	0.001	0.110	-0.058	-0.799	0.299	0.244	-0.672	-0.301	0.090	-0.469
										0.328			
0.8*L1	0.043	0.249	-0.467	-0.002	0.067	0.086	-0.931	0.209	0.174	0.164	-0.327	0.069	-0.556
0.9*L1	0.023	0.157	-0.421	-0.002	0.038	0.077	-0.997	0.128	0.108	0.089	-0.375	0.043	-0.747
1.0*L1	0.015	0.083	-0.381	-0.001	0.023	0.026	-0.868	0.066	0.054	0.053	-0.500	0.023	-1.171
0.0*L2	0.015	0.083	-0.381	-0.001	0.023	0.026	-0.868	0.066	0.054	0.053	0.500	0.023	-1.171
0.1*L2	0.013	0.038	-0.421	0.000	0.016	-0.017	-0.694	0.027	0.019	0.036	0.374	0.012	-0.747
0.2*L2	0.012	0.016	-0.467	0.001	0.013	-0.042	-0.638	0.007	0.001	0.029	0.327	0.006	-0.556
0.3*L2	0.012	0.007	-0.475	0.001	0.011	-0.051	-0.602	-0.001	-0.006	0.025	0.301	0.004	-0.468
0.4*L2	0.011	0.004	-0.444	0.001	0.010	-0.050	-0.551	-0.003	-0.008	0.022	0.273	0.003	-0.413
0.5*L2	0.010	0.003	-0.387	0.001	0.009	-0.044	-0.479	-0.003	-0.007	0.019	0.237	0.002	-0.359
0.6*L2	0.008	0.003	-0.315	0.001	0.007	-0.035	-0.393	-0.002	-0.005	0.016	0.195	0.002	-0.298
0.7*L2	0.006	0.003	-0.239	0.001	0.005	-0.026	-0.300	-0.001	-0.003	0.012	0.149	0.002	-0.230
0.8*L2	0.004	0.002	-0.166	0.000	0.004	-0.018	-0.209	-0.001	-0.002	0.009	0.104	0.001	-0.162
0.9*L2	0.003	0.001	-0.102	0.000	0.002	-0.011	-0.129	-0.000	-0.001	0.005	0.064	0.001	-0.100
1.0*L2	0.001	0.001	-0.053	0.000	0.001	-0.006	-0.066	-0.000	-0.001	0.003	0.033	0.000	-0.051
FAKTOR				1/a								1/(a*a)	

INFOLGE STRECKENMOMENT mt=1

IN FELD	M 0.4	M 0.7	M 1.0	Q 0	Q 0.4	Q 0.7	Q 1.0	T 0	T 0.4	T 0.7	T 1.0	q 0.4	q 1.0
1,BIS SPRUNG						-0.230	-0.426			-0.366	-1.261		
1,REST	0.811	0.767	-1.913	0.601	0.341	0.105	-3.231	2.733	0.944	0.256	-1.351	-0.092	-2.316
2	0.052	0.069	-1.942	0.004	0.053	-0.173	-2.667	0.031	0.007	0.120	1.367	0.026	-2.338
3	0.001	-0.000	-0.028	0.000	0.001	-0.004	-0.032	-0.001	-0.001	0.001	0.015	0.000	-0.021
SUMME(+)	0.863	0.836	0.000	0.605	0.395	0.105	0.000	2.764	0.950	0.376	1.382	0.026	0.000
SUMME(-)	0.000	-0.000	-3.883	0.000	-0.230	-0.603	-5.930	-0.001	-0.367	-1.261	-1.351	-0.092	-4.675
SUMME	0.863	0.836	-3.883	0.605	0.165	-0.498	-5.930	2.763	0.583	-0.885	0.031	-0.067	-4.675
FAKTOR	a							a				1/a	

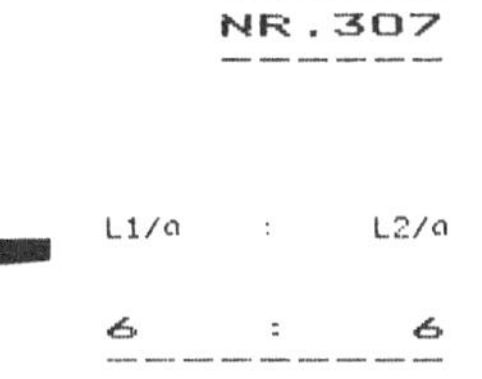

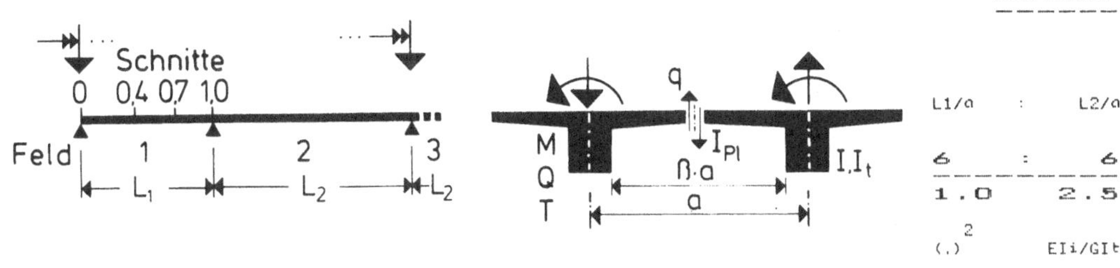

	M			Q				T				q	
IN SCHNITT	0.4	0.7	1.0	0	0.4	0.7	1.0	0	0.4	0.7	1.0	0.4	1.0

INFOLGE EINZELLAST F=1

IN	M 0.4	M 0.7	M 1.0	Q 0	Q 0.4	Q 0.7	Q 1.0	T 0	T 0.4	T 0.7	T 1.0	q 0.4	q 1.0
0.0*L1	0.000	-0.000	-0.000	1.000	-0.000	-0.000	-0.000	0.000	-0.000	-0.000	-0.000	0.000	-0.000
0.1*L1	0.039	-0.009	-0.053	0.620	-0.072	-0.008	-0.050	0.139	-0.015	-0.047	-0.026	0.088	-0.037
0.2*L1	0.110	-0.015	-0.106	0.334	-0.170	-0.023	-0.101	0.230	-0.018	-0.091	-0.052	0.184	-0.073
0.3*L1	0.248	-0.011	-0.160	0.154	-0.314	-0.053	-0.153	0.269	0.003	-0.128	-0.078	0.282	-0.107
0.4*L1	0.487	0.015	-0.216	0.056	-0.503	-0.110	-0.209	0.266	0.045	-0.152	-0.102	0.336	-0.137
					0.497								
0.5*L1	0.245	0.082	-0.269	0.010	0.309	-0.208	-0.273	0.236	0.086	-0.155	-0.123	0.283	-0.157
0.6*L1	0.104	0.219	-0.315	-0.007	0.168	-0.359	-0.353	0.191	0.104	-0.133	-0.136	0.190	-0.163
0.7*L1	0.035	0.457	-0.340	-0.009	0.079	-0.558	-0.459	0.138	0.094	-0.087	-0.137	0.108	-0.146
						0.442							
0.8*L1	0.006	0.214	-0.321	-0.007	0.031	0.243	-0.604	0.085	0.066	-0.040	-0.117	0.051	-0.102
0.9*L1	-0.001	0.071	-0.223	-0.003	0.008	0.093	-0.791	0.036	0.031	-0.012	-0.070	0.017	-0.040
1.0*L1	-0.000	0.000	0.000	-0.000	-0.000	0.000	-1.000	0.000	0.000	0.000	0.000	0.000	0.000
0.0*L2	0.000	-0.000	-0.000	0.000	-0.000	-0.000	-0.000	-0.000	-0.000	0.000	0.000	-0.000	0.000
0.1*L2	0.003	-0.028	-0.222	0.002	-0.002	-0.046	-0.170	-0.016	-0.014	0.008	0.070	-0.007	-0.039
0.2*L2	0.005	-0.034	-0.318	0.003	-0.001	-0.062	-0.267	-0.019	-0.018	0.013	0.115	-0.009	-0.100
0.3*L2	0.006	-0.031	-0.335	0.003	0.000	-0.062	-0.301	-0.017	-0.016	0.015	0.135	-0.008	-0.142
0.4*L2	0.007	-0.025	-0.308	0.002	0.001	-0.055	-0.291	-0.014	-0.013	0.015	0.133	-0.006	-0.157
0.5*L2	0.006	-0.018	-0.259	0.002	0.001	-0.045	-0.254	-0.010	-0.010	0.013	0.118	-0.005	-0.150
0.6*L2	0.005	-0.013	-0.202	0.002	0.001	-0.034	-0.203	-0.007	-0.007	0.011	0.095	-0.003	-0.127
0.7*L2	0.004	0.008	-0.143	0.001	0.001	-0.024	-0.147	-0.005	-0.005	0.008	0.069	-0.002	-0.095
0.8*L2	0.002	-0.005	-0.087	0.001	0.001	-0.014	-0.090	-0.003	-0.003	0.005	0.043	-0.001	-0.059
0.9*L2	0.001	-0.002	-0.036	0.000	0.000	-0.006	-0.038	-0.001	-0.001	0.002	0.018	-0.001	-0.025
1.0*L2	0.000	-0.000	0.000	-0.000	0.000	-0.000	0.000	0.000	0.000	0.000	0.000	-0.000	0.000
FAKTOR	a					a				a		1/a	

INFOLGE STRECKENLAST F=1

IN FELD	M 0.4	M 0.7	M 1.0	Q 0	Q 0.4	Q 0.7	Q 1.0	T 0	T 0.4	T 0.7	T 1.0	q 0.4	q 1.0
1,BIS SPRUNG					-0.478	-0.615			-0.008	-0.455			
1,REST	0.735	0.585	-1.219	0.968	0.496	0.327	-2.087	0.963	0.246	-0.055	-0.510	0.928	-0.579
2	0.023	-0.101	-1.162	0.009	0.002	-0.212	-1.069	-0.057	-0.053	0.054	0.482	-0.026	-0.537
3	-0.001	0.003	0.056	-0.000	-0.001	0.009	0.059	0.001	0.002	-0.003	-0.028	0.001	0.041
SUMME(+)	0.758	0.588	0.056	0.977	0.497	0.336	0.059	0.964	0.247	0.054	0.482	0.929	0.041
SUMME(-)	-0.001	-0.101	-2.382	-0.000	-0.479	-0.826	-3.156	-0.057	-0.061	-0.513	-0.538	-0.026	-1.116
SUMME	0.757	0.487	-2.326	0.977	0.019	-0.491	-3.097	0.907	0.186	-0.459	-0.056	0.903	-1.075
FAKTOR	a*a					a				a*a			

INFOLGE EINZELMOMENT Mt=1

IN	M 0.4	M 0.7	M 1.0	Q 0	Q 0.4	Q 0.7	Q 1.0	T 0	T 0.4	T 0.7	T 1.0	q 0.4	q 1.0
0.0*L1	0.000	0.000	-0.000	0.000	-0.000	-0.000	-0.000	1.000	-0.000	-0.000	-0.000	0.000	-0.000
0.1*L1	0.113	0.007	-0.103	0.356	-0.092	-0.038	-0.106	0.719	-0.057	-0.084	-0.050	0.034	-0.068
0.2*L1	0.237	0.022	-0.204	0.378	-0.163	-0.083	-0.214	0.605	-0.124	-0.164	-0.099	0.014	-0.135
0.3*L1	0.363	0.057	-0.303	0.287	-0.166	-0.140	-0.327	0.548	-0.226	-0.239	-0.145	-0.137	-0.197
0.4*L1	0.435	0.121	-0.396	0.183	0.005	-0.209	-0.448	0.496	-0.415	-0.308	-0.188	-0.545	-0.252
									0.585				
0.5*L1	0.371	0.215	-0.475	0.103	0.181	-0.270	-0.579	0.434	0.395	-0.379	-0.225	-0.125	-0.301
0.6*L1	0.258	0.324	-0.531	0.051	0.193	-0.275	-0.721	0.359	0.288	-0.478	-0.255	0.041	-0.345
0.7*L1	0.159	0.385	-0.552	0.023	0.148	-0.111	-0.868	0.276	0.213	-0.657	-0.279	0.081	-0.398
										0.343			
0.8*L1	0.091	0.315	-0.528	0.009	0.096	0.054	-0.994	0.192	0.149	0.170	-0.306	0.069	-0.493
0.9*L1	0.051	0.198	-0.466	0.004	0.057	0.057	-1.039	0.117	0.091	0.091	-0.362	0.044	-0.695
1.0*L1	0.030	0.096	-0.418	0.003	0.031	0.008	-0.880	0.057	0.043	0.055	-0.501	0.021	-1.125
0.0*L2	0.030	0.096	-0.418	0.003	0.031	0.008	-0.880	0.057	0.043	0.055	0.499	0.021	-1.125
0.1*L2	0.020	0.028	-0.462	0.004	0.016	-0.041	-0.680	0.017	0.011	0.040	0.359	0.005	-0.693
0.2*L2	0.016	-0.010	-0.521	0.004	0.009	-0.073	-0.611	-0.005	-0.007	0.034	0.302	-0.004	-0.488
0.3*L2	0.014	-0.027	-0.542	0.004	0.005	-0.086	-0.573	-0.015	-0.015	0.030	0.274	-0.008	-0.391
0.4*L2	0.013	-0.031	-0.518	0.004	0.004	-0.086	-0.527	-0.017	-0.017	0.028	0.248	-0.009	-0.335
0.5*L2	0.011	-0.029	-0.459	0.004	0.003	-0.077	-0.463	-0.016	-0.016	0.024	0.217	-0.008	-0.289
0.6*L2	0.009	-0.024	-0.379	0.003	0.003	-0.063	-0.382	-0.013	-0.013	0.020	0.180	-0.006	-0.239
0.7*L2	0.007	-0.018	-0.289	0.002	0.002	-0.048	-0.293	-0.010	-0.010	0.015	0.138	-0.005	-0.185
0.8*L2	0.005	-0.012	-0.200	0.002	0.002	-0.033	-0.204	-0.007	-0.007	0.011	0.096	-0.003	-0.130
0.9*L2	0.003	-0.007	-0.122	0.001	0.001	-0.020	-0.124	-0.004	-0.004	0.007	0.058	-0.002	-0.079
1.0*L2	0.001	-0.004	-0.060	0.000	0.000	-0.010	-0.061	-0.002	-0.002	0.003	0.029	-0.001	-0.039
FAKTOR					1/a					1/(a*a)			

INFOLGE STRECKENMOMENT mt=1

IN FELD	M 0.4	M 0.7	M 1.0	Q 0	Q 0.4	Q 0.7	Q 1.0	T 0	T 0.4	T 0.7	T 1.0	q 0.4	q 1.0
1,BIS SPRUNG					-0.272	-0.659			-0.358	-1.181			
1,REST	1.263	1.019	-2.265	0.870	0.432	0.054	-3.463	2.547	0.859	0.265	-1.287	-0.245	-2.042
2	0.068	-0.055	-2.243	0.018	0.036	-0.320	-2.585	-0.028	-0.036	0.141	1.274	-0.018	-2.019
3	-0.001	0.000	0.023	-0.000	-0.000	0.003	0.028	0.000	0.000	-0.002	-0.014	0.000	0.023
SUMME(+)	1.330	1.020	0.023	0.888	0.468	0.057	0.028	2.547	0.860	0.406	1.274	0.000	0.023
SUMME(-)	-0.001	-0.055	-4.507	-0.000	-0.272	-0.978	-6.048	-0.028	-0.395	-1.182	-1.301	-0.264	-4.061
SUMME	1.330	0.965	-4.484	0.888	0.196	-0.922	-6.020	2.519	0.465	-0.776	-0.027	-0.264	-4.038
FAKTOR	a					a				a		1/a	

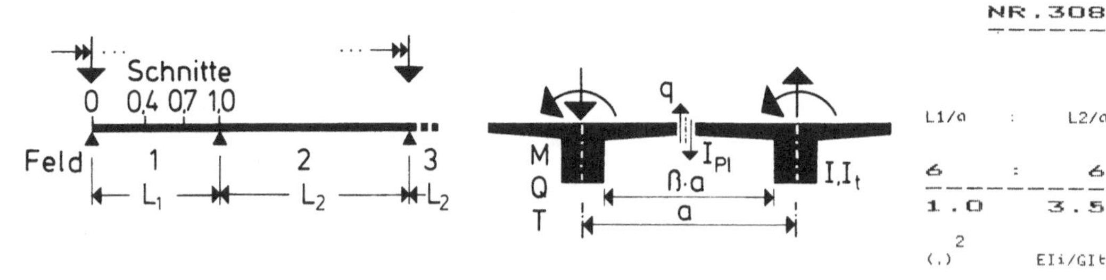

INFOLGE EINZELLAST P=1

IN	M 0.4	M 0.7	M 1.0	Q 0	Q 0.4	Q 0.7	Q 1.0	T 0	T 0.4	T 0.7	T 1.0	q 0.4	q 1.0
0.0*L1	0.000	-0.000	-0.000	1.000	-0.000	-0.000	-0.000	0.000	-0.000	-0.000	-0.000	0.000	-0.000
0.1*L1	0.063	-0.009	-0.063	0.656	-0.085	-0.018	-0.053	0.119	-0.010	-0.043	-0.026	0.082	-0.033
0.2*L1	0.156	-0.012	-0.127	0.387	-0.191	-0.044	-0.108	0.201	-0.010	-0.083	-0.051	0.168	-0.065
0.3*L1	0.311	-0.002	-0.190	0.206	-0.331	-0.084	-0.164	0.239	0.008	-0.116	-0.076	0.251	-0.095
0.4*L1	0.557	0.034	-0.252	0.097 0.495	-0.505	-0.149	-0.226	0.240	0.041	-0.136	-0.098	0.295	-0.119
0.5*L1	0.309	0.113	-0.309	0.038	0.323	-0.251	-0.298	0.216	0.074	-0.139	-0.116	0.254	-0.134
0.6*L1	0.154	0.260	-0.353	0.010	0.189	-0.397	-0.385	0.177	0.088	-0.119	-0.126	0.178	-0.136
0.7*L1	0.067	0.500	-0.371	-0.001	0.098	-0.581	-0.495 0.419	0.129	0.080	-0.081	-0.123	0.108	-0.119
0.8*L1	0.024	0.247	-0.340	-0.003	0.044	0.237	-0.638	0.080	0.057	-0.040	-0.103	0.055	-0.081
0.9*L1	0.006	0.088	-0.230	-0.002	0.014	0.094	-0.812	0.034	0.026	-0.014	-0.061	0.020	-0.031
1.0*L1	-0.000	-0.000	0.000	-0.000	0.000	0.000	-1.000	0.000	0.000	0.000	0.000	0.000	0.000
0.0*L2	-0.000	-0.000	-0.000	0.000	-0.000	-0.000	-0.000	-0.000	-0.000	0.000	0.000	-0.000	0.000
0.1*L2	-0.000	-0.041	-0.226	0.002	-0.005	-0.051	-0.153	-0.017	-0.014	0.009	0.060	-0.010	-0.029
0.2*L2	0.001	-0.055	-0.334	0.003	-0.006	-0.072	-0.245	-0.023	-0.018	0.015	0.101	-0.013	-0.077
0.3*L2	0.002	-0.054	-0.361	0.003	-0.006	-0.075	-0.281	-0.022	-0.018	0.017	0.120	-0.013	-0.113
0.4*L2	0.003	-0.047	-0.339	0.003	-0.004	-0.069	-0.277	-0.019	-0.015	0.017	0.121	-0.012	-0.128
0.5*L2	0.003	-0.037	-0.290	0.003	-0.003	-0.058	-0.245	-0.015	-0.012	0.015	0.109	-0.009	-0.124
0.6*L2	0.003	-0.028	-0.229	0.002	-0.002	-0.045	-0.198	-0.011	-0.009	0.012	0.089	-0.007	-0.106
0.7*L2	0.002	-0.019	-0.163	0.001	-0.001	-0.031	-0.144	-0.008	-0.006	0.009	0.065	-0.005	-0.080
0.8*L2	0.001	-0.011	-0.099	0.001	-0.001	-0.019	-0.088	-0.004	-0.004	0.005	0.040	-0.003	-0.051
0.9*L2	0.001	-0.005	-0.042	0.000	-0.000	-0.008	-0.038	-0.002	-0.002	0.002	0.017	-0.001	-0.022
1.0*L2	-0.000	-0.000	-0.000	0.000	0.000	-0.000	0.000	0.000	0.000	0.000	0.000	0.000	0.000
FAKTOR	a							a				1/a	

INFOLGE STRECKENLAST P=1

IN FELD	M 0.4	M 0.7	M 1.0	Q 0	Q 0.4	Q 0.7	Q 1.0	T 0	T 0.4	T 0.7	T 1.0	q 0.4	q 1.0
1,BIS SPRUNG						-0.511	-0.732			0.003	-0.411		
1,REST	0.960	0.705	-1.360	1.115	0.540	0.318	-2.201	0.870	0.210	-0.055	-0.472	0.851	-0.490
2	0.010	-0.181	-1.266	0.010	-0.018	-0.260	-1.012	-0.074	-0.060	0.061	0.437	-0.045	-0.439
3	-0.001	0.010	0.089	-0.001	0.001	0.017	0.081	0.004	0.003	-0.005	-0.037	0.003	0.048
SUMME(+)	0.970	0.715	0.089	1.125	0.541	0.335	0.081	0.874	0.216	0.061	0.437	0.853	0.048
SUMME(-)	-0.001	-0.181	-2.626	-0.001	-0.529	-0.992	-3.213	-0.074	-0.060	-0.471	-0.509	-0.045	-0.929
SUMME	0.968	0.533	-2.536	1.124	0.012	-0.657	-3.131	0.800	0.156	-0.409	-0.072	0.808	-0.881
FAKTOR	a*a			a				a*a					

INFOLGE EINZELMOMENT Mt=1

IN	M 0.4	M 0.7	M 1.0	Q 0	Q 0.4	Q 0.7	Q 1.0	T 0	T 0.4	T 0.7	T 1.0	q 0.4	q 1.0
0.0*L1	0.000	0.000	-0.000	0.000	-0.000	-0.000	-0.000	1.000	-0.000	-0.000	-0.000	0.000	-0.000
0.1*L1	0.149	0.013	-0.120	0.393	-0.103	-0.055	-0.114	0.699	-0.054	-0.077	-0.048	0.020	-0.060
0.2*L1	0.305	0.037	-0.239	0.439	-0.179	-0.117	-0.230	0.571	-0.121	-0.151	-0.095	-0.014	-0.119
0.3*L1	0.454	0.082	-0.351	0.355	-0.178	-0.189	-0.352	0.507	-0.226	-0.220	-0.139	-0.178	-0.173
0.4*L1	0.535	0.158	-0.453	0.246	0.006	-0.267	-0.481	0.457	-0.422 0.578	-0.286	-0.179	-0.592	-0.221
0.5*L1	0.469	0.265	-0.537	0.154	0.195	-0.331	-0.622	0.400	0.380	-0.357	-0.212	-0.165	-0.263
0.6*L1	0.342	0.382	-0.591	0.089	0.214	-0.329	-0.770	0.332	0.269	-0.459	-0.239	0.014	-0.304
0.7*L1	0.223	0.442	-0.603	0.048	0.171	-0.152	-0.918	0.256	0.194	-0.644 0.356	-0.261	0.067	-0.357
0.8*L1	0.134	0.361	-0.567	0.025	0.115	0.028	-1.037	0.178	0.133	0.177	-0.291	0.063	-0.457
0.9*L1	0.077	0.225	-0.494	0.013	0.068	0.040	-1.066	0.108	0.080	0.094	-0.353	0.040	-0.667
1.0*L1	0.043	0.104	-0.441	0.008	0.035	-0.005	-0.887	0.051	0.037	0.058	-0.502	0.017	-1.100
0.0*L2	0.043	0.104	-0.441	0.008	0.035	-0.005	-0.887	0.051	0.037	0.058	0.498	0.017	-1.100
0.1*L2	0.024	0.017	-0.488	0.006	0.015	-0.056	-0.669	0.011	0.007	0.043	0.349	-0.000	-0.663
0.2*L2	0.015	-0.034	-0.554	0.006	0.003	-0.091	-0.588	-0.012	-0.010	0.037	0.286	-0.011	-0.450
0.3*L2	0.010	-0.058	-0.584	0.006	-0.002	-0.107	-0.548	-0.023	-0.019	0.034	0.254	-0.016	-0.347
0.4*L2	0.008	-0.065	-0.565	0.005	-0.004	-0.108	-0.505	-0.026	-0.021	0.031	0.229	-0.017	-0.290
0.5*L2	0.007	-0.060	-0.507	0.005	-0.004	-0.098	-0.445	-0.024	-0.020	0.027	0.201	-0.016	-0.246
0.6*L2	0.006	-0.050	-0.422	0.004	-0.004	-0.082	-0.369	-0.020	-0.016	0.023	0.166	-0.013	-0.203
0.7*L2	0.004	-0.039	-0.324	0.003	-0.003	-0.063	-0.284	-0.015	-0.013	0.017	0.128	-0.010	-0.157
0.8*L2	0.003	-0.027	-0.225	0.002	-0.002	-0.043	-0.198	-0.011	-0.009	0.012	0.089	-0.007	-0.110
0.9*L2	0.002	-0.016	-0.136	0.001	-0.001	-0.026	-0.119	-0.006	-0.005	0.007	0.054	-0.004	-0.067
1.0*L2	0.001	-0.008	-0.064	0.001	-0.001	-0.012	-0.056	-0.003	-0.002	0.003	0.025	-0.002	-0.031
FAKTOR				1/a								1/(a*a)	

INFOLGE STRECKENMOMENT mt=1

IN FELD	M 0.4	M 0.7	M 1.0	Q 0	Q 0.4	Q 0.7	Q 1.0	T 0	T 0.4	T 0.7	T 1.0	q 0.4	q 1.0
1,BIS SPRUNG						-0.295	-0.838			-0.356	-1.116		
1,REST	1.633	1.216	-2.513	1.093	0.487	0.012	-3.643	2.400	0.807	0.275	-1.232	-0.380	-1.876
2	0.060	-0.176	-2.438	0.025	0.008	-0.413	-2.505	-0.063	-0.055	0.156	1.202	-0.052	-1.831
3	-0.001	0.007	0.073	-0.001	0.000	0.013	0.068	0.003	0.002	-0.004	-0.032	0.002	0.043
SUMME(+)	1.693	1.223	0.073	1.118	0.496	0.025	0.068	2.403	0.809	0.431	1.202	0.002	0.043
SUMME(-)	-0.001	-0.176	-4.950	-0.001	-0.295	-1.250	-6.148	-0.063	-0.411	-1.120	-1.263	-0.432	-3.707
SUMME	1.691	1.047	-4.878	1.118	0.200	-1.225	-6.080	2.340	0.399	-0.689	-0.061	-0.430	-3.664
FAKTOR	a			a				a				1/a	

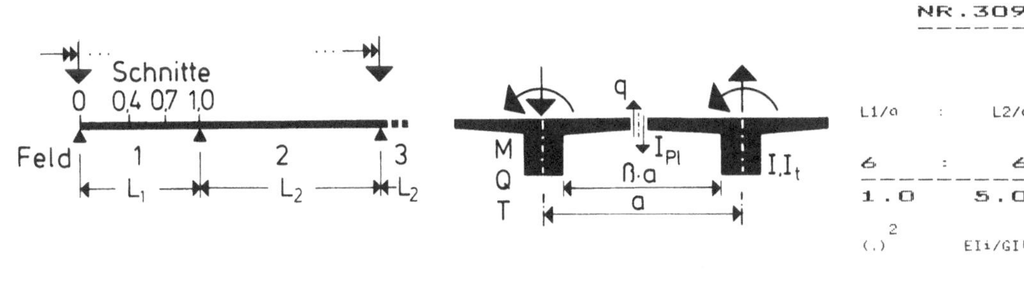

	M			Q				T				q	
IN SCHNITT	0.4	0.7	1.0	0	0.4	0.7	1.0	0	0.4	0.7	1.0	0.4	1.0

INFOLGE EINZELLAST P=1

IN	M			Q				T				q	
0.0*L1	0.000	-0.000	-0.000	1.000	-0.000	-0.000	-0.000	0.000	-0.000	-0.000	-0.000	0.000	-0.000
0.1*L1	0.091	-0.005	-0.076	0.693	-0.097	-0.031	-0.058	0.100	-0.006	-0.038	-0.025	0.074	-0.029
0.2*L1	0.210	-0.003	-0.151	0.443	-0.209	-0.069	-0.118	0.171	-0.004	-0.074	-0.049	0.148	-0.056
0.3*L1	0.384	0.015	-0.225	0.264	-0.346	-0.120	-0.181	0.206	0.011	-0.102	-0.071	0.216	-0.081
0.4*L1	0.638	0.060	-0.293	0.147	-0.507	-0.194	-0.250	0.211	0.037	-0.119	-0.091	0.251	-0.100
				0.493									
0.5*L1	0.384	0.151	-0.353	0.075	0.335	-0.299	-0.329	0.192	0.062	-0.121	-0.106	0.221	-0.111
0.6*L1	0.214	0.306	-0.394	0.035	0.208	-0.439	-0.422	0.159	0.072	-0.104	-0.113	0.161	-0.110
0.7*L1	0.109	0.547	-0.403	0.014	0.117	-0.606	-0.535	0.117	0.066	-0.072	-0.108	0.102	-0.094
				0.394									
0.8*L1	0.048	0.283	-0.360	0.004	0.057	0.227	-0.673	0.073	0.047	-0.038	-0.088	0.055	-0.063
0.9*L1	0.016	0.107	-0.236	0.001	0.020	0.093	-0.833	0.032	0.022	-0.014	-0.051	0.021	-0.024
1.0*L1	0.000	0.000	0.000	-0.000	0.000	0.000	-1.000	-0.000	0.000	0.000	0.000	0.000	0.000
0.0*L2	-0.000	-0.000	-0.000	0.000	-0.000	-0.000	-0.000	-0.000	-0.000	0.000	0.000	-0.000	0.000
0.1*L2	-0.006	-0.056	-0.230	0.000	-0.010	-0.054	-0.136	-0.018	-0.012	0.010	0.051	-0.012	-0.021
0.2*L2	-0.008	-0.079	-0.347	0.001	-0.013	-0.080	-0.221	-0.025	-0.017	0.016	0.086	-0.017	-0.058
0.3*L2	-0.007	-0.082	-0.384	0.001	-0.014	-0.086	-0.258	-0.025	-0.018	0.018	0.104	-0.018	-0.087
0.4*L2	-0.005	-0.075	-0.368	0.001	-0.012	-0.081	-0.257	-0.023	-0.016	0.018	0.106	-0.016	-0.100
0.5*L2	-0.004	-0.063	-0.321	0.001	-0.010	-0.070	-0.231	-0.019	-0.014	0.016	0.097	-0.014	-0.099
0.6*L2	-0.003	-0.049	-0.256	0.001	-0.000	0.055	0.189	-0.015	-0.010	0.013	0.080	-0.011	-0.086
0.7*L2	-0.002	-0.034	-0.185	0.001	-0.005	-0.039	-0.138	-0.010	-0.007	0.010	0.059	-0.008	-0.065
0.8*L2	-0.001	-0.021	-0.113	0.001	-0.003	-0.024	-0.086	-0.006	-0.004	0.006	0.037	-0.005	-0.042
0.9*L2	-0.000	-0.009	-0.049	0.000	-0.001	-0.010	-0.037	-0.003	-0.002	0.003	0.016	-0.002	-0.018
1.0*L2	0.000	-0.000	-0.000	-0.000	0.000	0.000	0.000	-0.000	0.000	0.000	0.000	0.000	0.000
FAKTOR	a							a				1/a	

INFOLGE STRECKENLAST P=1

IN FELD	M			Q				T				q	
1,BIS SPRUNG					-0.539	-0.866			0.011	-0.360			
1,REST	1.231	0.850	-1.513	1.288	0.583	0.305	-2.334	0.763	0.175	-0.052	-0.425	0.754	-0.403
2	-0.022	-0.285	-1.369	0.005	-0.046	-0.303	-0.941	-0.088	-0.062	0.066	0.385	-0.062	-0.347
3	0.001	0.024	0.133	-0.001	0.004	0.028	0.102	0.007	0.005	-0.007	-0.044	0.005	0.052
SUMME(+)	1.232	0.874	0.133	1.294	0.587	0.333	0.102	0.770	0.190	0.066	0.385	0.759	0.052
SUMME(-)	-0.022	-0.285	-2.882	-0.001	-0.586	-1.169	-3.275	-0.088	-0.062	-0.419	-0.470	-0.062	-0.750
SUMME	1.210	0.589	-2.749	1.293	0.001	-0.836	-3.173	0.683	0.128	-0.353	-0.085	0.698	-0.698
FAKTOR	a×a				a			a×a					

INFOLGE EINZELMOMENT Mt=1

IN	M			Q				T				q	
0.0*L1	0.000	0.000	-0.000	0.000	-0.000	-0.000	-0.000	1.000	-0.000	-0.000	-0.000	0.000	-0.000
0.1*L1	0.191	0.023	-0.141	0.431	-0.112	-0.076	-0.124	0.677	-0.052	-0.069	-0.045	0.003	-0.052
0.2*L1	0.384	0.059	-0.278	0.505	-0.192	-0.157	-0.252	0.533	-0.119	-0.136	-0.089	-0.047	-0.102
0.3*L1	0.560	0.117	-0.406	0.433	-0.187	-0.245	-0.384	0.462	-0.228	-0.199	-0.129	-0.225	-0.147
0.4*L1	0.654	0.206	-0.517	0.322	0.007	-0.334	-0.525	0.412	-0.431	-0.260	-0.165	-0.645	-0.188
								0.569					
0.5*L1	0.585	0.325	-0.604	0.218	0.208	-0.400	-0.673	0.359	0.365	-0.331	-0.195	-0.212	-0.225
0.6*L1	0.443	0.448	-0.655	0.139	0.235	-0.391	-0.827	0.298	0.250	-0.437	-0.219	-0.020	-0.264
0.7*L1	0.302	0.505	-0.658	0.083	0.193	-0.200	-0.974	0.230	0.175	-0.628	-0.241	0.045	-0.319
								0.372					
0.8*L1	0.189	0.412	-0.609	0.048	0.133	-0.004	-1.084	0.161	0.118	0.187	-0.273	0.051	-0.425
0.9*L1	0.109	0.255	-0.523	0.027	0.079	0.020	-1.095	0.096	0.070	0.100	-0.343	0.034	-0.642
1.0*L1	0.057	0.110	-0.464	0.015	0.038	-0.020	-0.894	0.044	0.032	0.061	-0.502	0.012	-1.078
0.0*L2	0.057	0.110	-0.464	0.015	0.038	-0.020	-0.894	0.044	0.032	0.061	0.498	0.012	-1.078
0.1*L2	0.026	0.003	-0.512	0.009	0.011	-0.069	-0.655	0.006	0.005	0.045	0.338	-0.006	-0.637
0.2*L2	0.009	-0.064	-0.585	0.006	-0.005	-0.107	-0.563	-0.017	-0.012	0.039	0.267	-0.017	-0.416
0.3*L2	0.000	-0.098	-0.624	0.004	-0.013	-0.125	-0.517	-0.029	-0.020	0.036	0.232	-0.023	-0.306
0.4*L2	-0.004	-0.107	-0.611	0.004	-0.016	-0.127	-0.475	-0.032	-0.023	0.033	0.207	-0.024	-0.247
0.5*L2	-0.004	-0.101	-0.554	0.003	-0.015	-0.117	-0.420	-0.031	-0.022	0.030	0.181	-0.023	-0.205
0.6*L2	-0.004	-0.086	-0.466	0.002	-0.013	-0.099	-0.350	-0.026	-0.018	0.025	0.150	-0.019	-0.168
0.7*L2	-0.003	-0.067	-0.360	0.002	-0.010	-0.076	-0.270	-0.020	-0.014	0.019	0.116	-0.015	-0.129
0.8*L2	-0.002	-0.046	-0.251	0.001	-0.007	-0.053	-0.189	-0.014	-0.010	0.013	0.081	-0.010	-0.091
0.9*L2	-0.001	-0.028	-0.150	0.001	-0.004	-0.032	-0.113	-0.008	-0.006	0.008	0.049	-0.006	-0.054
1.0*L2	-0.001	-0.013	-0.068	0.000	-0.002	-0.015	-0.051	-0.004	-0.003	0.004	0.022	-0.003	-0.024
FAKTOR				1/a								1/(a×a)	

INFOLGE STRECKENMOMENT mt=1

IN FELD	M			Q				T				q	
1,BIS SPRUNG					-0.315	-1.043			-0.357	-1.039			
1,REST	2.078	1.450	-2.781	1.364	0.541	-0.037	-3.855	2.229	0.755	0.290	-1.161	-0.545	-1.714
2	0.025	-0.335	-2.631	0.024	-0.033	-0.497	-2.400	-0.093	-0.065	0.167	1.119	-0.085	-1.655
3	0.001	0.025	0.139	-0.001	0.004	0.029	0.108	0.007	0.005	-0.008	-0.047	0.006	0.056
SUMME(+)	2.103	1.475	0.139	1.387	0.544	0.029	0.108	2.237	0.760	0.457	1.119	0.006	0.056
SUMME(-)	0.000	-0.335	-5.412	-0.001	-0.348	-1.577	-6.255	-0.093	-0.422	-1.046	-1.208	-0.630	-3.369
SUMME	2.103	1.140	-5.273	1.387	0.196	-1.548	-6.147	2.143	0.339	-0.589	-0.090	-0.624	-3.313
FAKTOR	a				a							1/a	

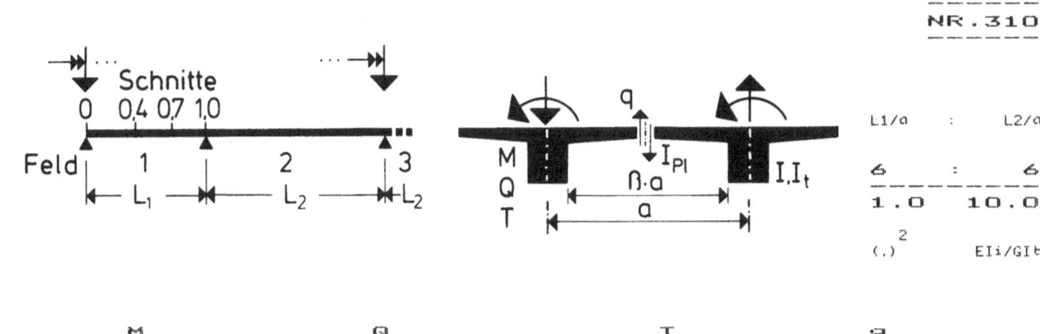

INFOLGE EINZELLAST P=1

	M			Q				T				q	
IN SCHNITT	0.4	0.7	1.0	0	0.4	0.7	1.0	0	0.4	0.7	1.0	0.4	1.0
0.0*L1	0.000	0.000	-0.000	1.000	-0.000	-0.000	-0.000	0.000	-0.000	-0.000	-0.000	0.000	-0.000
0.1*L1	0.149	0.008	-0.102	0.754	-0.112	-0.058	-0.073	0.066	-0.001	-0.028	-0.020	0.054	-0.020
0.2*L1	0.320	0.025	-0.200	0.542	-0.232	-0.121	-0.147	0.116	0.003	-0.053	-0.040	0.105	-0.039
0.3*L1	0.532	0.061	-0.292	0.374	-0.365	-0.194	-0.225	0.143	0.013	-0.073	-0.057	0.150	-0.055
0.4*L1	0.803	0.126	-0.372	0.249	-0.507	-0.282	-0.308	0.150	0.028	-0.084	-0.072	0.172	-0.066
					0.493								
0.5*L1	0.542	0.234	-0.433	0.160	0.356	-0.390	-0.398	0.140	0.042	-0.085	-0.081	0.156	-0.071
0.6*L1	0.347	0.399	-0.467	0.098	0.239	-0.517	-0.499	0.118	0.047	-0.074	-0.084	0.120	-0.069
0.7*L1	0.206	0.636	-0.459	0.056	0.148	-0.660	-0.611	0.088	0.043	-0.054	-0.078	0.081	-0.057
						0.340							
0.8*L1	0.108	0.351	-0.394	0.028	0.080	0.202	-0.736	0.056	0.030	-0.031	-0.062	0.047	-0.037
0.9*L1	0.042	0.142	-0.248	0.011	0.032	0.086	-0.869	0.025	0.015	-0.013	-0.035	0.020	-0.014
1.0*L1	0.000	0.000	0.000	0.000	0.000	0.000	-1.000	0.000	-0.000	0.000	-0.000	0.000	0.000
0.0*L2	-0.000	-0.000	-0.000	-0.000	-0.000	-0.000	-0.000	-0.000	-0.000	0.000	0.000	-0.000	0.000
0.1*L2	-0.024	-0.086	-0.234	-0.006	-0.019	-0.055	-0.106	-0.016	-0.009	0.009	0.034	-0.012	-0.011
0.2*L2	-0.035	-0.129	-0.365	-0.009	-0.028	-0.085	-0.175	-0.024	-0.014	0.015	0.060	-0.019	-0.032
0.3*L2	-0.039	-0.144	-0.418	-0.009	-0.031	-0.096	-0.208	-0.026	-0.015	0.017	0.073	-0.021	-0.049
0.4*L2	-0.037	-0.140	-0.414	-0.009	-0.030	-0.095	-0.213	-0.025	-0.015	0.018	0.077	-0.021	-0.058
0.5*L2	-0.032	-0.123	-0.371	-0.008	-0.026	-0.084	-0.195	-0.022	-0.013	0.016	0.071	-0.018	-0.059
0.6*L2	-0.026	-0.099	-0.303	-0.006	-0.021	-0.069	-0.162	-0.018	-0.010	0.013	0.060	-0.015	-0.052
0.7*L2	-0.019	-0.072	-0.222	-0.004	-0.015	-0.050	-0.121	-0.013	-0.007	0.010	0.045	-0.011	-0.041
0.8*L2	-0.011	-0.045	-0.139	-0.003	-0.009	-0.031	-0.076	-0.008	-0.005	0.006	0.029	-0.007	-0.027
0.9*L2	-0.005	-0.020	-0.062	-0.001	-0.004	-0.014	-0.034	-0.004	-0.002	0.003	0.013	-0.003	-0.012
1.0*L2	-0.000	-0.000	-0.000	0.000	-0.000	0.000	0.000	-0.000	-0.000	0.000	-0.000	-0.000	0.000
FAKTOR	a							a				1/a	

INFOLGE STRECKENLAST P=1

	M			Q				T				q	
IN FELD	0.4	0.7	1.0	0	0.4	0.7	1.0	0	0.4	0.7	1.0	0.4	1.0
1,BIS SPRUNG					-0.576	-1.131			0.016	-0.257			
1,REST	1.807	1.165	-1.800	1.651	0.654	0.271	-2.617	0.546	0.116	-0.041	-0.320	0.546	-0.258
2	-0.138	-0.522	-1.534	-0.033	-0.112	-0.352	-0.781	-0.094	-0.055	0.065	0.280	-0.077	-0.205
3	0.019	0.075	0.234	0.004	0.016	0.053	0.129	0.013	0.008	-0.011	-0.049	0.011	0.046
SUMME(+)	1.826	1.240	0.234	1.655	0.670	0.324	0.129	0.559	0.140	0.065	0.280	0.557	0.046
SUMME(-)	-0.138	-0.522	-3.334	-0.033	-0.688	-1.483	-3.398	-0.094	-0.055	-0.309	-0.369	-0.077	-0.464
SUMME	1.688	0.719	-3.100	1.622	-0.018	-1.159	-3.268	0.465	0.085	-0.244	-0.089	0.480	-0.417
FAKTOR	a*a			a				a*a					

INFOLGE EINZELMOMENT Mt=1

	M			Q				T				q	
IN	0.4	0.7	1.0	0	0.4	0.7	1.0	0	0.4	0.7	1.0	0.4	1.0
0.0*L1	0.000	0.000	-0.000	0.000	-0.000	-0.000	-0.000	1.000	-0.000	-0.000	-0.000	-0.000	-0.000
0.1*L1	0.278	0.052	-0.181	0.502	-0.123	-0.119	-0.151	0.637	-0.051	-0.052	-0.036	-0.032	-0.036
0.2*L1	0.546	0.116	-0.353	0.629	-0.208	-0.240	-0.305	0.462	-0.120	-0.104	-0.071	-0.114	-0.070
0.3*L1	0.778	0.203	-0.509	0.585	-0.197	-0.359	-0.462	0.374	-0.235	-0.155	-0.103	-0.317	-0.102
0.4*L1	0.900	0.318	-0.638	0.477	0.012	-0.466	-0.623	0.319	-0.448	-0.209	-0.131	-0.748	-0.132
									0.552				
0.5*L1	0.829	0.456	-0.729	0.360	0.231	-0.535	-0.786	0.273	0.337	-0.280	-0.154	-0.307	-0.162
0.6*L1	0.660	0.586	-0.771	0.255	0.269	-0.513	-0.946	0.225	0.218	-0.391	-0.175	-0.095	-0.200
0.7*L1	0.475	0.632	-0.755	0.170	0.229	-0.295	-1.085	0.174	0.144	-0.594	-0.199	-0.007	-0.261
										0.406			
0.8*L1	0.311	0.510	-0.682	0.107	0.163	-0.069	-1.172	0.121	0.093	0.209	-0.239	0.018	-0.376
0.9*L1	0.181	0.312	-0.574	0.062	0.097	-0.021	-1.148	0.072	0.054	0.113	-0.323	0.014	-0.604
1.0*L1	0.086	0.120	-0.501	0.030	0.042	-0.045	-0.905	0.030	0.024	0.068	-0.502	0.000	-1.045
0.0*L2	0.086	0.120	-0.501	0.030	0.042	-0.045	-0.905	0.030	0.024	0.068	0.498	0.000	-1.045
0.1*L2	0.021	-0.030	-0.549	0.010	0.002	-0.088	-0.629	-0.001	0.003	0.048	0.319	-0.014	-0.599
0.2*L2	-0.019	-0.131	-0.632	-0.002	-0.023	-0.125	-0.509	-0.021	-0.010	0.040	0.232	-0.024	-0.367
0.3*L2	-0.041	-0.187	-0.684	-0.008	-0.037	-0.146	-0.451	-0.032	-0.018	0.036	0.189	-0.030	-0.247
0.4*L2	-0.049	-0.205	-0.683	-0.011	-0.042	-0.150	-0.408	-0.036	-0.020	0.033	0.162	-0.032	-0.182
0.5*L2	-0.049	-0.197	-0.630	-0.011	-0.041	-0.140	-0.359	-0.035	-0.020	0.030	0.139	-0.030	-0.142
0.6*L2	-0.043	-0.171	-0.538	-0.010	-0.036	-0.120	-0.300	-0.031	-0.017	0.025	0.115	-0.026	-0.112
0.7*L2	-0.034	-0.135	-0.421	-0.008	-0.028	-0.094	-0.233	-0.024	-0.014	0.019	0.089	-0.020	-0.085
0.8*L2	-0.024	-0.095	-0.295	-0.006	-0.020	-0.066	-0.163	-0.017	-0.010	0.013	0.062	-0.014	-0.059
0.9*L2	-0.014	-0.056	-0.175	-0.003	-0.012	-0.039	-0.097	-0.010	-0.006	0.008	0.037	-0.008	-0.035
1.0*L2	-0.006	-0.023	-0.073	-0.001	-0.005	-0.016	-0.040	-0.004	-0.002	0.003	0.015	-0.004	-0.015
FAKTOR				1/a								1/(a*a)	

INFOLGE STRECKENMOMENT mt=1

	M			Q				T				q	
IN FELD	0.4	0.7	1.0	0	0.4	0.7	1.0	0	0.4	0.7	1.0	0.4	1.0
1,BIS SPRUNG					-0.338	-1.452			-0.366	-0.882			
1,REST	3.018	1.957	-3.276	1.937	0.630	-0.136	-4.306	1.879	0.668	0.324	-0.999	-0.894	-1.452
2	-0.132	-0.705	-2.940	-0.021	-0.135	-0.603	-2.156	-0.119	-0.062	0.172	0.949	-0.121	-1.386
3	0.024	0.095	0.295	0.006	0.020	0.066	0.163	0.017	0.010	-0.013	-0.062	0.014	0.059
SUMME(+)	3.042	2.052	0.295	1.943	0.650	0.066	0.163	1.896	0.678	0.496	0.949	0.014	0.059
SUMME(-)	-0.132	-0.705	-6.216	-0.021	-0.472	-2.191	-6.462	-0.119	-0.428	-0.895	-1.061	-1.015	-2.838
SUMME	2.910	1.347	-5.921	1.921	0.178	-2.125	-6.299	1.777	0.249	-0.399	-0.112	-1.001	-2.779
FAKTOR	a			a				a				1/a	

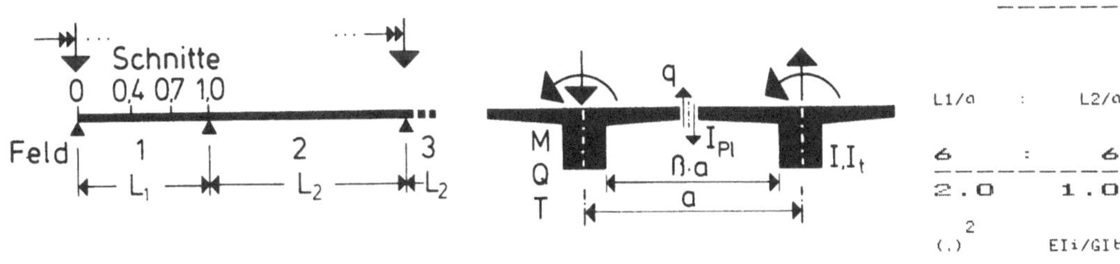

IN SCHNITT	M 0.4	M 0.7	M 1.0	Q 0	Q 0.4	Q 0.7	Q 1.0	T 0	T 0.4	T 0.7	T 1.0	q 0.4	q 1.0

INFOLGE EINZELLAST F=1

IN	M 0.4	M 0.7	M 1.0	Q 0	Q 0.4	Q 0.7	Q 1.0	T 0	T 0.4	T 0.7	T 1.0	q 0.4	q 1.0
0.0*L1	-0.000	-0.000	-0.000	1.000	-0.000	0.000	-0.000	0.000	-0.000	-0.000	-0.000	0.000	-0.000
0.1*L1	-0.005	-0.001	-0.031	0.456	-0.016	0.002	-0.051	0.222	-0.043	-0.052	-0.025	0.059	-0.052
0.2*L1	0.013	-0.003	-0.063	0.144	-0.075	0.005	-0.101	0.327	-0.063	-0.103	-0.050	0.174	-0.105
0.3*L1	0.096	-0.006	-0.095	0.019	-0.228	0.004	-0.151	0.339	-0.037	-0.153	-0.076	0.366	-0.159
0.4*L1	0.309	-0.006	-0.127	-0.014	-0.499	-0.013	-0.200	0.305	0.048	-0.195	-0.102	0.514	-0.213
					0.501								
0.5*L1	0.096	0.016	-0.162	-0.014	0.230	-0.077	-0.248	0.254	0.133	-0.214	-0.128	0.365	-0.265
0.6*L1	0.012	0.101	-0.199	-0.007	0.074	-0.234	-0.301	0.200	0.159	-0.187	-0.153	0.171	-0.307
0.7*L1	-0.009	0.316	-0.234	-0.003	0.012	-0.507	-0.372	0.145	0.138	-0.103	-0.170	0.058	-0.316
						0.493							
0.8*L1	-0.008	0.103	-0.248	-0.001	-0.004	0.220	-0.491	0.091	0.092	-0.020	-0.164	0.012	-0.261
0.9*L1	-0.003	0.020	-0.197	-0.000	-0.003	0.063	-0.701	0.039	0.040	0.007	-0.111	-0.000	-0.121
1.0*L1	-0.000	-0.000	0.000	0.000	-0.000	0.000	-1.000	0.000	0.000	0.000	0.000	-0.000	0.000
0.0*L2	0.000	-0.000	-0.000	-0.000	0.000	-0.000	-0.000	-0.000	-0.000	-0.000	0.000	0.000	0.000
0.1*L2	0.001	0.000	-0.197	-0.000	0.002	-0.016	-0.245	-0.011	-0.012	-0.004	0.111	0.002	-0.121
0.2*L2	0.002	0.003	-0.248	-0.000	0.003	-0.015	-0.347	-0.010	-0.011	-0.003	0.164	0.003	-0.260
0.3*L2	0.001	0.005	-0.233	-0.000	0.003	-0.010	-0.352	-0.006	-0.008	-0.001	0.170	0.003	-0.315
0.4*L2	0.001	0.006	-0.198	-0.000	0.002	-0.007	-0.313	-0.004	-0.005	-0.000	0.153	0.003	-0.305
0.5*L2	0.001	0.005	-0.161	-0.000	0.002	-0.005	-0.259	-0.002	-0.003	0.000	0.127	0.003	-0.263
0.6*L2	0.001	0.004	-0.125	0.000	0.001	-0.004	-0.203	-0.002	-0.002	0.000	0.100	0.002	-0.209
0.7*L2	0.001	0.003	-0.091	-0.000	0.001	-0.003	-0.148	-0.001	-0.002	0.000	0.073	0.001	-0.152
0.8*L2	0.000	0.002	-0.057	-0.000	0.001	-0.002	-0.092	-0.001	-0.001	0.000	0.045	0.001	-0.095
0.9*L2	0.000	0.001	-0.024	-0.000	0.000	-0.001	-0.039	-0.000	-0.000	0.000	0.019	0.000	-0.040
1.0*L2	0.000	0.000	0.000	0.000	-0.000	-0.000	0.000	0.000	0.000	0.000	0.000	0.000	0.000
FAKTOR		a								a		1/a	

INFOLGE STRECKENLAST P=1

IN FELD	M 0.4	M 0.7	M 1.0	Q 0	Q 0.4	Q 0.7	Q 1.0	T 0	T 0.4	T 0.7	T 1.0	q 0.4	q 1.0
1,BIS SPRUNG					-0.326	-0.323			-0.079	-0.582			
1,REST	0.270	0.294	-0.830	0.616	0.320	0.304	-1.857	1.168	0.358	-0.033	-0.596	1.032	-1.083
2	0.005	0.018	-0.815	-0.000	0.009	-0.038	-1.216	-0.024	-0.028	-0.005	0.584	0.011	-1.060
3	-0.000	-0.000	0.015	0.000	-0.000	0.000	0.024	0.000	0.000	-0.000	-0.012	-0.000	0.025
SUMME(+)	0.275	0.312	0.015	0.616	0.329	0.304	0.024	1.168	0.358	0.000	0.584	1.043	0.025
SUMME(-)	-0.000	-0.000	-1.646	-0.000	-0.326	-0.361	-3.073	-0.024	-0.108	-0.619	-0.608	-0.000	-2.143
SUMME	0.275	0.311	-1.631	0.616	0.003	-0.057	-3.049	1.144	0.251	-0.619	-0.023	1.043	-2.119
FAKTOR		a*a			a				a*a				

INFOLGE EINZELMOMENT Mt=1

IN	M 0.4	M 0.7	M 1.0	Q 0	Q 0.4	Q 0.7	Q 1.0	T 0	T 0.4	T 0.7	T 1.0	q 0.4	q 1.0
0.0*L1	0.000	-0.000	-0.000	0.000	-0.000	-0.000	-0.000	1.000	-0.000	-0.000	-0.000	0.000	-0.000
0.1*L1	0.030	0.000	-0.063	0.358	-0.058	-0.001	-0.101	0.720	-0.072	-0.100	-0.050	0.080	-0.105
0.2*L1	0.087	0.002	-0.126	0.262	-0.131	-0.007	-0.203	0.667	-0.136	-0.198	-0.100	0.124	-0.209
0.3*L1	0.184	0.010	-0.190	0.124	-0.178	-0.026	-0.304	0.635	-0.214	-0.290	-0.151	-0.013	-0.313
0.4*L1	0.258	0.035	-0.254	0.041	0.002	-0.070	-0.406	0.576	-0.405	-0.369	-0.201	-0.718	-0.414
									0.595				
0.5*L1	0.183	0.094	-0.317	0.006	0.182	-0.140	-0.514	0.492	0.404	-0.435	-0.248	-0.012	-0.507
0.6*L1	0.086	0.193	-0.375	-0.003	0.135	-0.190	-0.635	0.395	0.325	-0.512	-0.290	0.131	-0.582
0.7*L1	0.030	0.270	-0.415	-0.004	0.067	-0.013	-0.778	0.294	0.258	-0.701	-0.319	0.102	-0.637
										0.299			
0.8*L1	0.007	0.197	-0.416	-0.002	0.026	0.164	-0.942	0.196	0.181	0.113	-0.334	0.053	-0.704
0.9*L1	0.001	0.102	-0.364	-0.001	0.010	0.115	-1.063	0.109	0.103	0.051	-0.361	0.024	-0.921
1.0*L1	0.001	0.046	-0.308	-0.000	0.005	0.045	-0.913	0.044	0.041	0.021	-0.500	0.011	-1.656
0.0*L2	0.001	0.046	-0.308	-0.000	0.005	0.045	-0.913	0.044	0.041	0.021	0.500	0.011	-1.656
0.1*L2	0.002	0.022	-0.364	-0.000	0.005	0.004	-0.704	0.008	0.006	0.006	0.360	0.008	-0.920
0.2*L2	0.003	0.014	-0.415	-0.000	0.005	-0.012	-0.678	-0.005	-0.008	0.001	0.334	0.007	-0.702
0.3*L2	0.003	0.012	-0.413	-0.000	0.005	-0.015	-0.651	-0.008	-0.010	-0.001	0.318	0.006	-0.634
0.4*L2	0.002	0.011	-0.373	-0.000	0.004	-0.013	-0.590	-0.007	-0.009	-0.000	0.288	0.006	-0.578
0.5*L2	0.002	0.010	-0.314	-0.000	0.004	-0.010	-0.502	-0.005	-0.007	-0.000	0.246	0.005	-0.501
0.6*L2	0.002	0.008	-0.250	-0.000	0.003	-0.008	-0.402	-0.004	-0.005	0.000	0.197	0.004	-0.407
0.7*L2	0.001	0.006	-0.185	-0.000	0.002	-0.006	-0.299	-0.003	-0.004	0.000	0.147	0.003	-0.305
0.8*L2	0.001	0.004	-0.123	-0.000	0.001	-0.004	-0.199	-0.002	-0.002	0.000	0.098	0.002	-0.204
0.9*L2	0.000	0.002	-0.068	-0.000	0.001	-0.002	-0.110	-0.001	-0.001	0.000	0.054	0.001	-0.113
1.0*L2	0.000	0.001	-0.027	-0.000	0.000	-0.001	-0.044	-0.000	-0.001	0.000	0.022	0.000	-0.045
FAKTOR					1/a							1/(a*a)	

INFOLGE STRECKENMOMENT mt=1

IN FELD	M 0.4	M 0.7	M 1.0	Q 0	Q 0.4	Q 0.7	Q 1.0	T 0	T 0.4	T 0.7	T 1.0	q 0.4	q 1.0
1,BIS SPRUNG					-0.243	-0.286			-0.363	-1.342			
1,REST	0.520	0.557	-1.608	0.510	0.276	0.200	-3.267	2.739	0.941	0.180	-1.372	-0.010	-3.078
2	0.009	0.065	-1.606	-0.001	0.020	-0.029	-2.753	-0.005	-0.016	0.009	1.371	0.028	-3.075
3	-0.000	-0.000	0.003	0.000	-0.000	0.000	0.005	0.000	0.000	-0.000	-0.003	-0.000	0.006
SUMME(+)	0.529	0.623	0.003	0.510	0.295	0.200	0.005	2.739	0.941	0.188	1.371	0.028	0.006
SUMME(-)	-0.000	-0.000	-3.214	-0.001	-0.244	-0.315	-6.020	-0.005	-0.378	-1.342	-1.375	-0.011	-6.154
SUMME	0.529	0.623	-3.211	0.509	0.052	-0.114	-6.015	2.734	0.563	-1.154	-0.004	0.017	-6.148
FAKTOR		a							a			1/a	

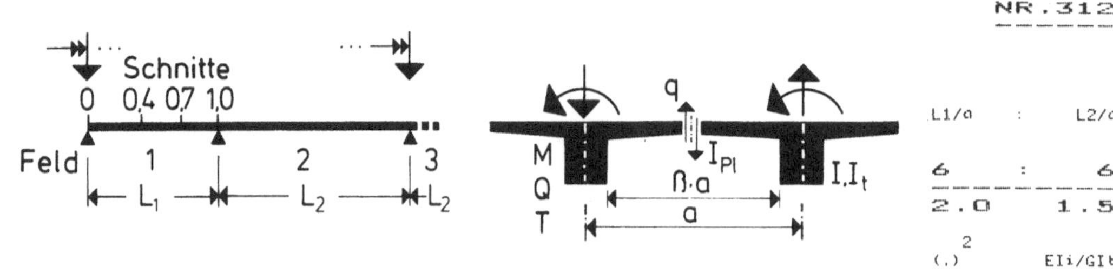


```
                    M                 Q                    T                q
IN SCHNITT  0.4   0.7   1.0     0    0.4   0.7   1.0     0    0.4   0.7   1.0     0.4   1.0

        INFOLGE  EINZELLAST  P=1
   IN
0.0*L1   0.000 -0.000 -0.000   1.000 -0.000  0.000 -0.000   0.000 -0.000 -0.000 -0.000    0.000 -0.000
0.1*L1   0.007 -0.003 -0.038   0.512 -0.033  0.000 -0.052   0.193 -0.034 -0.051 -0.025    0.073 -0.048
0.2*L1   0.041 -0.006 -0.077   0.205 -0.106 -0.002 -0.104   0.295 -0.049 -0.101 -0.051    0.183 -0.096
0.3*L1   0.142 -0.008 -0.116   0.058 -0.257 -0.011 -0.155   0.317 -0.025 -0.148 -0.076    0.341 -0.144
0.4*L1   0.365 -0.000 -0.156   0.004 -0.499 -0.041 -0.206   0.293  0.045 -0.184 -0.102    0.452 -0.191
                                       0.501
0.5*L1   0.141  0.036 -0.198  -0.009  0.258 -0.118 -0.259   0.248  0.114 -0.198 -0.127    0.340 -0.234
0.6*L1   0.039  0.139 -0.238  -0.008  0.105 -0.275 -0.320   0.195  0.138 -0.172 -0.149    0.182 -0.263
0.7*L1   0.003  0.363 -0.271  -0.005  0.032 -0.522 -0.403   0.141  0.122 -0.101 -0.160    0.077 -0.260
                                       0.478
0.8*L1  -0.005  0.139 -0.275  -0.002  0.006  0.231 -0.532   0.087  0.083 -0.030 -0.149    0.025 -0.205
0.9*L1  -0.003  0.036 -0.207  -0.001 -0.001  0.075 -0.733   0.037  0.037 -0.001 -0.097    0.005 -0.091
1.0*L1  -0.000  0.000  0.000  -0.000 -0.000  0.000 -1.000   0.000  0.000  0.000  0.000   -0.000  0.000

0.0*L2   0.000 -0.000 -0.000   0.000  0.000 -0.000 -0.000  -0.000 -0.000 -0.000  0.000   -0.000  0.000
0.1*L2   0.002 -0.008 -0.206   0.000  0.002 -0.026 -0.220  -0.014 -0.014 -0.000  0.096   -0.000 -0.090
0.2*L2   0.003 -0.006 -0.273   0.000  0.002 -0.030 -0.324  -0.014 -0.016  0.000  0.148    0.001 -0.203
0.3*L2   0.003 -0.004 -0.268   0.000  0.003 -0.026 -0.341  -0.012 -0.013  0.001  0.159    0.001 -0.257
0.4*L2   0.002 -0.002 -0.235   0.000  0.003 -0.021 -0.311  -0.009 -0.010  0.002  0.147    0.001 -0.258
0.5*L2   0.002 -0.001 -0.192   0.000  0.002 -0.016 -0.261  -0.007 -0.008  0.001  0.124    0.001 -0.227
0.6*L2   0.001 -0.000 -0.149   0.000  0.002 -0.012 -0.205  -0.005 -0.006  0.001  0.098    0.001 -0.183
0.7*L2   0.001  0.000 -0.107   0.000  0.001 -0.009 -0.147  -0.003 -0.004  0.001  0.070    0.001 -0.133
0.8*L2   0.001  0.000 -0.066   0.000  0.001 -0.005 -0.091  -0.002 -0.002  0.001  0.043    0.000 -0.082
0.9*L2   0.000  0.000 -0.028   0.000  0.000 -0.002 -0.039  -0.001 -0.001  0.000  0.018    0.000 -0.035
1.0*L2  -0.000 -0.000  0.000   0.000 -0.000  0.000  0.000   0.000  0.000  0.000  0.000    0.000  0.000
FAKTOR           a                          a                            a                     1/a

        INFOLGE  STRECKENLAST  P=1
IN FELD
1,BIS SPRUNG                           -0.376 -0.411              -0.058 -0.550
1,REST   0.407  0.389 -0.962   0.726  0.377  0.315 -1.947   1.095  0.316 -0.044 -0.568    1.009 -0.922
2        0.009 -0.013 -0.930   0.001  0.009 -0.090 -1.178  -0.041 -0.045  0.004  0.549    0.004 -0.884
3       -0.000 -0.000  0.031  -0.000 -0.000  0.002  0.043   0.001  0.001 -0.000 -0.020   -0.000  0.039

SUMME(+) 0.416  0.389  0.031   0.726  0.386  0.318  0.043   1.096  0.317  0.004  0.549    1.013  0.039
SUMME(-)-0.000 -0.013 -1.892  -0.000 -0.376 -0.501 -3.125  -0.041 -0.103 -0.594 -0.589   -0.000 -1.806
SUMME    0.416  0.376 -1.861   0.726  0.010 -0.183 -3.083   1.055  0.213 -0.590 -0.040    1.013 -1.767
FAKTOR          a*a                          a                          a*a

        INFOLGE  EINZELMOMENT  Mt=1
   IN
0.0*L1   0.000 -0.000 -0.000   0.000 -0.000 -0.000 -0.000   1.000 -0.000 -0.000 -0.000    0.000 -0.000
0.1*L1   0.055 -0.001 -0.077   0.414 -0.080 -0.010 -0.104   0.690 -0.062 -0.098 -0.050    0.084 -0.095
0.2*L1   0.138  0.003 -0.154   0.339 -0.166 -0.026 -0.209   0.626 -0.122 -0.192 -0.101    0.115 -0.189
0.3*L1   0.257  0.017 -0.231   0.189 -0.206 -0.060 -0.314   0.598 -0.205 -0.278 -0.150   -0.052 -0.281
0.4*L1   0.341  0.056 -0.307   0.082  0.002 -0.119 -0.423   0.549 -0.411 -0.351 -0.199   -0.775 -0.368
                                                                   0.589
0.5*L1   0.257  0.135 -0.380   0.027  0.211 -0.200 -0.540   0.473  0.381 -0.413 -0.243   -0.048 -0.443
0.6*L1   0.140  0.253 -0.441   0.004  0.174 -0.244 -0.673   0.382  0.297 -0.494 -0.279    0.128 -0.502
0.7*L1   0.062  0.337 -0.476  -0.002  0.100 -0.043 -0.828   0.284  0.233 -0.695 -0.303    0.117 -0.547
                                                                   0.305
0.8*L1   0.023  0.253 -0.464  -0.002  0.048  0.159 -0.996   0.188  0.163  0.108 -0.315    0.070 -0.618
0.9*L1   0.008  0.135 -0.396  -0.001  0.021  0.117 -1.102   0.103  0.092  0.044 -0.346    0.034 -0.854
1.0*L1   0.004  0.056 -0.331  -0.001  0.010  0.040 -0.921   0.040  0.034  0.019 -0.500    0.015 -1.604

0.0*L2   0.004  0.056 -0.331  -0.001  0.010  0.040 -0.921   0.040  0.034  0.019  0.500    0.015 -1.604
0.1*L2   0.004  0.017 -0.394  -0.000  0.006 -0.011 -0.685   0.003 -0.001  0.008  0.345    0.007 -0.852
0.2*L2   0.005  0.002 -0.461   0.000  0.006 -0.035 -0.652  -0.013 -0.016  0.004  0.313    0.004 -0.613
0.3*L2   0.005 -0.002 -0.471   0.000  0.005 -0.040 -0.632  -0.017 -0.019  0.003  0.299    0.003 -0.539
0.4*L2   0.004 -0.002 -0.433   0.000  0.005 -0.037 -0.580  -0.016 -0.018  0.003  0.275    0.003 -0.492
0.5*L2   0.004 -0.001 -0.370   0.000  0.004 -0.031 -0.500  -0.013 -0.015  0.003  0.237    0.002 -0.431
0.6*L2   0.003 -0.001 -0.295   0.000  0.003 -0.024 -0.402  -0.010 -0.012  0.002  0.191    0.002 -0.352
0.7*L2   0.002 -0.000 -0.218   0.000  0.003 -0.018 -0.299  -0.007 -0.008  0.002  0.142    0.002 -0.265
0.8*L2   0.001 -0.000 -0.144   0.000  0.002 -0.012 -0.198  -0.005 -0.005  0.001  0.094    0.001 -0.176
0.9*L2   0.001 -0.000 -0.079   0.000  0.001 -0.006 -0.108  -0.003 -0.003  0.001  0.052    0.001 -0.097
1.0*L2   0.000 -0.000 -0.030   0.000  0.000 -0.002 -0.041  -0.001 -0.001  0.000  0.020    0.000 -0.037
FAKTOR                                      1/a                                              1/(a*a)

        INFOLGE  STRECKENMOMENT  mt=1
IN FELD
1,BIS SPRUNG                           -0.297 -0.431              -0.344 -1.292
1,REST   0.772  0.731 -1.859   0.674  0.359  0.191 -3.417   2.623  0.873  0.173 -1.331   -0.068 -2.764
2        0.018  0.022 -1.831   0.000  0.024 -0.121 -2.704  -0.039 -0.051  0.022  1.313    0.019 -2.729
3       -0.000 -0.000  0.029  -0.000 -0.000  0.002  0.041   0.001  0.001 -0.000 -0.020   -0.000  0.038

SUMME(+) 0.790  0.753  0.029   0.675  0.382  0.193  0.041   2.624  0.874  0.194  1.313    0.019  0.038
SUMME(-)-0.000 -0.000 -3.690  -0.000 -0.297 -0.552 -6.121  -0.039 -0.394 -1.293 -1.351   -0.068 -5.493
SUMME    0.790  0.753 -3.661   0.675  0.085 -0.359 -6.080   2.585  0.479 -1.098 -0.038   -0.049 -5.455
FAKTOR           a                           a                           a                      1/a
```

NR.313

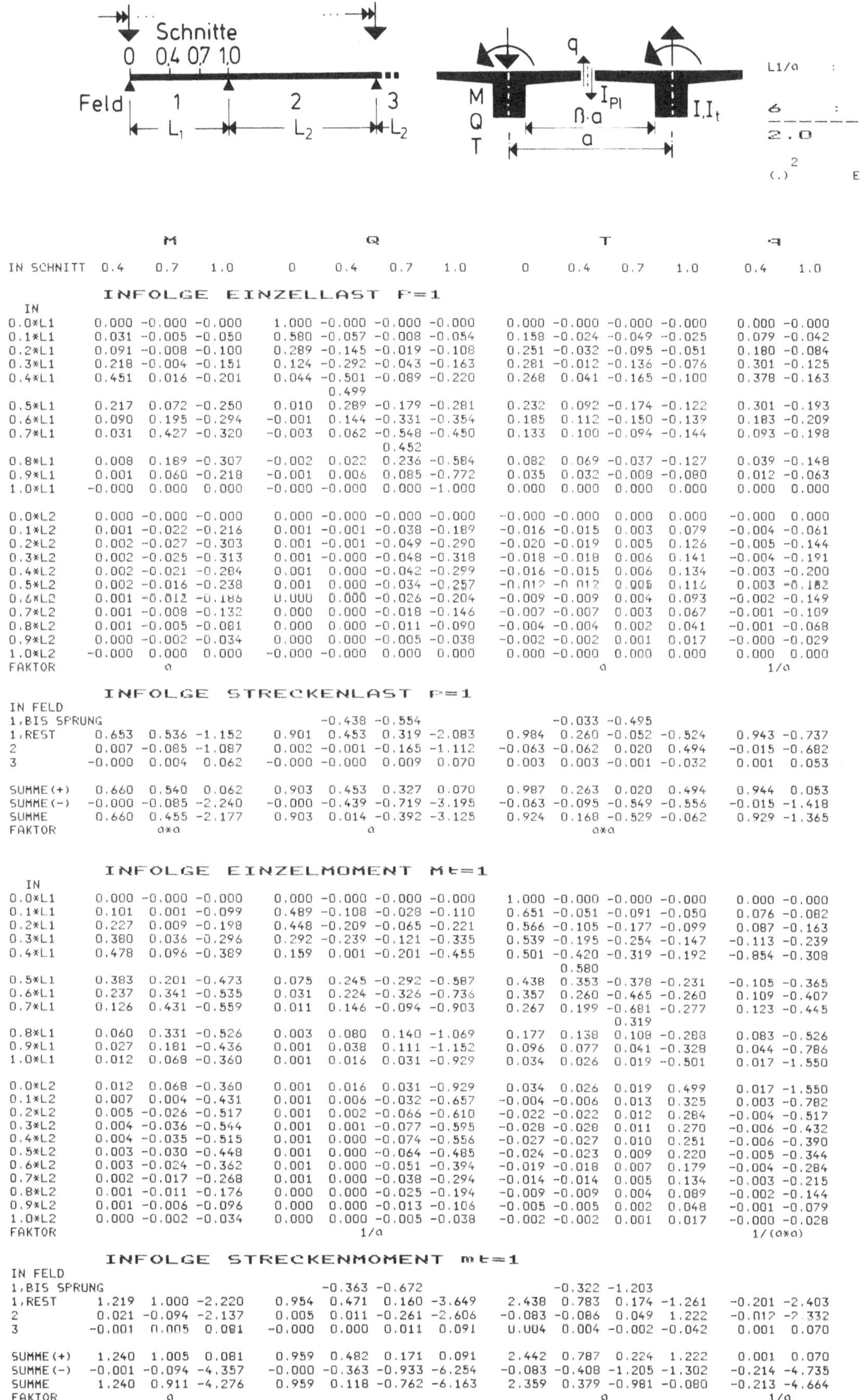

	M 0.4	M 0.7	M 1.0	Q 0	Q 0.4	Q 0.7	Q 1.0	T 0	T 0.4	T 0.7	T 1.0	q 0.4	q 1.0

INFOLGE EINZELLAST F=1

IN	M 0.4	M 0.7	M 1.0	Q 0	Q 0.4	Q 0.7	Q 1.0	T 0	T 0.4	T 0.7	T 1.0	q 0.4	q 1.0
0.0*L1	0.000	-0.000	-0.000	1.000	-0.000	-0.000	-0.000	0.000	-0.000	-0.000	-0.000	0.000	-0.000
0.1*L1	0.031	-0.005	-0.050	0.580	-0.057	-0.008	-0.054	0.158	-0.024	-0.049	-0.025	0.079	-0.042
0.2*L1	0.091	-0.008	-0.100	0.289	-0.145	-0.019	-0.108	0.251	-0.032	-0.095	-0.051	0.180	-0.084
0.3*L1	0.218	-0.004	-0.151	0.124	-0.292	-0.043	-0.163	0.281	-0.012	-0.136	-0.076	0.301	-0.125
0.4*L1	0.451	0.016	-0.201	0.044	-0.501	-0.089	-0.220	0.268	0.041	-0.165	-0.100	0.378	-0.163
(extr.)					0.499								
0.5*L1	0.217	0.072	-0.250	0.010	0.289	-0.179	-0.281	0.232	0.092	-0.174	-0.122	0.301	-0.193
0.6*L1	0.090	0.195	-0.294	-0.001	0.144	-0.331	-0.354	0.185	0.112	-0.150	-0.139	0.183	-0.209
0.7*L1	0.031	0.427	-0.320	-0.003	0.062	-0.548	-0.450	0.133	0.100	-0.094	-0.144	0.093	-0.198
(extr.)						0.452							
0.8*L1	0.008	0.189	-0.307	-0.002	0.022	0.236	-0.584	0.082	0.069	-0.037	-0.127	0.039	-0.148
0.9*L1	0.001	0.060	-0.218	-0.001	0.006	0.085	-0.772	0.035	0.032	-0.008	-0.080	0.012	-0.063
1.0*L1	-0.000	0.000	0.000	-0.000	-0.000	0.000	-1.000	0.000	0.000	0.000	0.000	0.000	0.000
0.0*L2	0.000	-0.000	-0.000	0.000	-0.000	-0.000	-0.000	-0.000	-0.000	0.000	0.000	-0.000	0.000
0.1*L2	0.001	-0.022	-0.216	0.001	-0.001	-0.038	-0.189	-0.016	-0.015	0.003	0.079	-0.004	-0.061
0.2*L2	0.002	-0.027	-0.303	0.001	-0.001	-0.049	-0.290	-0.020	-0.019	0.005	0.126	-0.005	-0.144
0.3*L2	0.002	-0.025	-0.313	0.001	-0.001	-0.048	-0.318	-0.018	-0.018	0.006	0.141	-0.004	-0.191
0.4*L2	0.002	-0.021	-0.284	0.001	0.000	-0.042	-0.299	-0.016	-0.015	0.006	0.134	-0.003	-0.200
0.5*L2	0.002	-0.016	-0.238	0.001	0.000	-0.034	-0.257	-0.012	-0.012	0.005	0.116	0.003	-0.182
0.6*L2	0.001	-0.012	-0.186	0.000	0.000	-0.026	-0.204	-0.009	-0.009	0.004	0.093	-0.002	-0.149
0.7*L2	0.001	-0.008	-0.132	0.000	0.000	-0.018	-0.146	-0.007	-0.007	0.003	0.067	-0.001	-0.109
0.8*L2	0.001	-0.005	-0.081	0.000	0.000	-0.011	-0.090	-0.004	-0.004	0.002	0.041	-0.001	-0.068
0.9*L2	0.000	-0.002	-0.034	0.000	0.000	-0.005	-0.038	-0.002	-0.002	0.001	0.017	-0.000	-0.029
1.0*L2	-0.000	0.000	0.000	-0.000	-0.000	0.000	0.000	0.000	-0.000	0.000	0.000	0.000	0.000
FAKTOR	a							a				1/a	

INFOLGE STRECKENLAST p=1

IN FELD	M 0.4	M 0.7	M 1.0	Q 0	Q 0.4	Q 0.7	Q 1.0	T 0	T 0.4	T 0.7	T 1.0	q 0.4	q 1.0
1,BIS SPRUNG					-0.438	-0.554			-0.033	-0.495			
1,REST	0.653	0.536	-1.152	0.901	0.453	0.319	-2.083	0.984	0.260	-0.052	-0.524	0.943	-0.737
2	0.007	-0.085	-1.087	0.002	-0.001	-0.165	-1.112	-0.063	-0.062	0.020	0.494	-0.015	-0.682
3	-0.000	0.004	0.062	-0.000	-0.000	0.009	0.070	0.003	0.003	-0.001	-0.032	0.001	0.053
SUMME(+)	0.660	0.540	0.062	0.903	0.453	0.327	0.070	0.987	0.263	0.020	0.494	0.944	0.053
SUMME(-)	-0.000	-0.085	-2.240	-0.000	-0.439	-0.719	-3.195	-0.063	-0.095	-0.549	-0.556	-0.015	-1.418
SUMME	0.660	0.455	-2.177	0.903	0.014	-0.392	-3.125	0.924	0.168	-0.529	-0.062	0.929	-1.365
FAKTOR	a×a			a				a×a				1/a	

INFOLGE EINZELMOMENT Mt=1

IN	M 0.4	M 0.7	M 1.0	Q 0	Q 0.4	Q 0.7	Q 1.0	T 0	T 0.4	T 0.7	T 1.0	q 0.4	q 1.0
0.0*L1	0.000	-0.000	-0.000	0.000	-0.000	-0.000	-0.000	1.000	-0.000	-0.000	-0.000	0.000	-0.000
0.1*L1	0.101	0.001	-0.099	0.489	-0.108	-0.028	-0.110	0.651	-0.051	-0.091	-0.050	0.076	-0.082
0.2*L1	0.227	0.009	-0.198	0.448	-0.209	-0.065	-0.221	0.566	-0.105	-0.177	-0.099	0.087	-0.163
0.3*L1	0.380	0.036	-0.296	0.292	-0.239	-0.121	-0.335	0.539	-0.195	-0.254	-0.147	-0.113	-0.239
0.4*L1	0.478	0.096	-0.389	0.159	0.001	-0.201	-0.455	0.501	-0.420	-0.319	-0.192	-0.854	-0.308
(extr.)									0.580				
0.5*L1	0.383	0.201	-0.473	0.075	0.245	-0.292	-0.587	0.438	0.353	-0.378	-0.231	-0.105	-0.365
0.6*L1	0.237	0.341	-0.535	0.031	0.224	-0.326	-0.736	0.357	0.260	-0.465	-0.260	0.109	-0.407
0.7*L1	0.126	0.431	-0.559	0.011	0.146	-0.094	-0.903	0.267	0.199	-0.681	-0.277	0.123	-0.445
(extr.)										0.319			
0.8*L1	0.060	0.331	-0.526	0.003	0.080	0.140	-1.069	0.177	0.138	0.108	-0.288	0.083	-0.526
0.9*L1	0.027	0.181	-0.436	0.001	0.038	0.111	-1.152	0.096	0.077	0.041	-0.328	0.044	-0.786
1.0*L1	0.012	0.068	-0.360	0.001	0.016	0.031	-0.929	0.034	0.026	0.019	-0.501	0.017	-1.550
0.0*L2	0.012	0.068	-0.360	0.001	0.016	0.031	-0.929	0.034	0.026	0.019	0.499	0.017	-1.550
0.1*L2	0.007	0.004	-0.431	0.001	0.006	-0.032	-0.657	-0.004	-0.006	0.013	0.325	0.003	-0.782
0.2*L2	0.005	-0.026	-0.517	0.001	0.002	-0.066	-0.610	-0.022	-0.022	0.012	0.284	-0.004	-0.517
0.3*L2	0.004	-0.036	-0.544	0.001	0.001	-0.077	-0.595	-0.028	-0.028	0.011	0.270	-0.006	-0.432
0.4*L2	0.004	-0.035	-0.515	0.001	0.000	-0.074	-0.556	-0.027	-0.027	0.010	0.251	-0.006	-0.390
0.5*L2	0.003	-0.030	-0.448	0.001	0.000	-0.064	-0.485	-0.024	-0.023	0.009	0.220	-0.005	-0.344
0.6*L2	0.003	-0.024	-0.362	0.001	0.000	-0.051	-0.394	-0.019	-0.018	0.007	0.179	-0.004	-0.284
0.7*L2	0.002	-0.017	-0.268	0.001	0.000	-0.038	-0.294	-0.014	-0.014	0.005	0.134	-0.003	-0.215
0.8*L2	0.001	-0.011	-0.176	0.000	0.000	-0.025	-0.194	-0.009	-0.009	0.004	0.089	-0.002	-0.144
0.9*L2	0.001	-0.006	-0.096	0.000	0.000	-0.013	-0.106	-0.005	-0.005	0.002	0.048	-0.001	-0.079
1.0*L2	0.000	-0.002	-0.034	0.000	0.000	-0.005	-0.038	-0.002	-0.002	0.001	0.017	-0.000	-0.028
FAKTOR				1/a								1/(a×a)	

INFOLGE STRECKENMOMENT mt=1

IN FELD	M 0.4	M 0.7	M 1.0	Q 0	Q 0.4	Q 0.7	Q 1.0	T 0	T 0.4	T 0.7	T 1.0	q 0.4	q 1.0
1,BIS SPRUNG					-0.363	-0.672			-0.322	-1.203			
1,REST	1.219	1.000	-2.220	0.954	0.471	0.160	-3.649	2.438	0.783	0.174	-1.261	-0.201	-2.403
2	0.021	-0.094	-2.137	0.005	0.011	-0.261	-2.606	-0.083	-0.086	0.049	1.222	-0.012	-2.332
3	-0.001	0.005	0.081	-0.000	0.000	0.011	0.091	0.004	0.004	-0.002	-0.042	0.001	0.070
SUMME(+)	1.240	1.005	0.081	0.959	0.482	0.171	0.091	2.442	0.787	0.224	1.222	0.001	0.070
SUMME(-)	-0.001	-0.094	-4.357	-0.000	-0.363	-0.933	-6.254	-0.083	-0.408	-1.205	-1.302	-0.214	-4.735
SUMME	1.240	0.911	-4.276	0.959	0.118	-0.762	-6.163	2.359	0.379	-0.981	-0.080	-0.213	-4.664
FAKTOR	a							a				1/a	

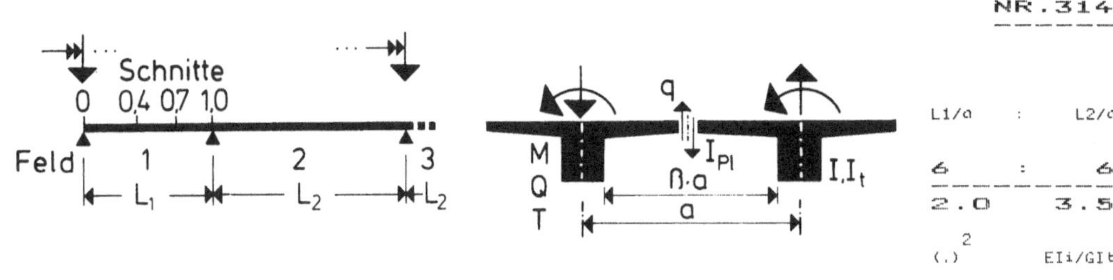

INFOLGE EINZELLAST F=1

IN	M 0.4	M 0.7	M 1.0	Q 0	Q 0.4	Q 0.7	Q 1.0	T 0	T 0.4	T 0.7	T 1.0	q 0.4	q 1.0
0.0*L1	0.000	-0.000	-0.000	1.000	-0.000	-0.000	-0.000	0.000	-0.000	-0.000	-0.000	0.000	-0.000
0.1*L1	0.053	-0.005	-0.060	0.622	-0.072	-0.016	-0.057	0.136	-0.018	-0.046	-0.025	0.078	-0.038
0.2*L1	0.134	-0.006	-0.119	0.345	-0.168	-0.037	-0.114	0.221	-0.023	-0.088	-0.050	0.169	-0.076
0.3*L1	0.278	0.003	-0.179	0.175	-0.312	-0.070	-0.172	0.252	-0.004	-0.125	-0.074	0.270	-0.111
0.4*L1	0.519	0.032	-0.236	0.080	-0.503	-0.127	-0.234	0.246	0.038	-0.150	-0.097	0.331	-0.143
					0.497								
0.5*L1	0.277	0.101	-0.289	0.033	0.307	-0.223	-0.302	0.216	0.079	-0.156	-0.116	0.272	-0.166
0.6*L1	0.135	0.236	-0.332	0.011	0.168	-0.371	-0.382	0.174	0.095	-0.135	-0.129	0.176	-0.175
0.7*L1	0.059	0.471	-0.352	0.003	0.083	-0.569	-0.484	0.126	0.086	-0.088	-0.131	0.097	-0.162
						0.431							
0.8*L1	0.022	0.224	-0.328	0.000	0.035	0.233	-0.619	0.078	0.060	-0.039	-0.113	0.046	-0.118
0.9*L1	0.006	0.077	-0.226	-0.000	0.011	0.088	-0.796	0.033	0.028	-0.011	-0.069	0.016	-0.049
1.0*L1	-0.000	0.000	0.000	-0.000	0.000	0.000	-1.000	0.000	0.000	0.000	0.000	0.000	0.000
0.0*L2	-0.000	-0.000	-0.000	0.000	-0.000	-0.000	-0.000	-0.000	-0.000	0.000	0.000	-0.000	0.000
0.1*L2	-0.002	-0.034	-0.221	0.000	-0.004	-0.044	-0.170	-0.017	-0.014	0.005	0.068	-0.007	-0.046
0.2*L2	-0.002	-0.045	-0.320	0.001	-0.005	-0.060	-0.266	-0.022	-0.019	0.008	0.111	-0.009	-0.113
0.3*L2	-0.001	-0.045	-0.340	0.001	-0.005	-0.062	-0.298	-0.022	-0.020	0.009	0.127	-0.009	-0.154
0.4*L2	-0.001	-0.040	-0.316	0.001	-0.004	-0.056	-0.286	-0.020	-0.017	0.008	0.124	-0.008	-0.165
0.5*L2	-0.001	-0.033	-0.269	0.001	-0.003	-0.047	-0.249	-0.016	-0.014	0.007	0.109	-0.006	-0.153
0.6*L2	-0.000	-0.025	-0.212	0.000	-0.002	-0.036	-0.199	-0.013	-0.011	0.006	0.087	-0.005	-0.127
0.7*L2	-0.000	-0.018	-0.151	0.000	-0.002	-0.026	-0.144	-0.009	-0.008	0.004	0.063	-0.003	-0.094
0.8*L2	-0.000	-0.011	-0.093	0.000	-0.001	-0.016	-0.088	-0.005	-0.005	0.003	0.039	-0.002	-0.058
0.9*L2	-0.000	-0.005	-0.040	0.000	-0.000	-0.007	-0.038	-0.002	-0.002	0.001	0.017	-0.001	-0.025
1.0*L2	0.000	-0.000	-0.000	-0.000	0.000	0.000	-0.000	-0.000	0.000	0.000	0.000	0.000	0.000

FAKTOR: a (M), a (T), 1/a (q)

INFOLGE STRECKENLAST p=1

IN FELD

IN FELD	M 0.4	M 0.7	M 1.0	Q 0	Q 0.4	Q 0.7	Q 1.0	T 0	T 0.4	T 0.7	T 1.0	q 0.4	q 1.0
1,BIS SPRUNG					-0.475	-0.667			-0.019	-0.452			
1,REST	0.862	0.653	-1.291	1.041	0.502	0.314	-2.188	0.898	0.224	-0.054	-0.488	0.877	-0.625
2	-0.004	-0.156	-1.193	0.002	-0.016	-0.215	-1.055	-0.077	-0.068	0.032	0.452	-0.030	-0.562
3	0.000	0.010	0.092	-0.000	0.001	0.015	0.088	0.005	0.005	-0.003	-0.039	0.002	0.059
SUMME(+)	0.863	0.664	0.092	1.043	0.503	0.330	0.088	0.903	0.229	0.032	0.452	0.879	0.059
SUMME(-)	-0.004	-0.156	-2.484	-0.000	-0.491	-0.882	-3.244	-0.077	-0.087	-0.508	-0.526	-0.030	-1.187
SUMME	0.858	0.508	-2.392	1.043	0.011	-0.552	-3.155	0.826	0.142	-0.476	-0.075	0.848	-1.127

FAKTOR: a*a (M), a (Q), a*a (T)

INFOLGE EINZELMOMENT Mt=1

IN	M 0.4	M 0.7	M 1.0	Q 0	Q 0.4	Q 0.7	Q 1.0	T 0	T 0.4	T 0.7	T 1.0	q 0.4	q 1.0
0.0*L1	0.000	0.000	-0.000	0.000	-0.000	-0.000	-0.000	1.000	-0.000	-0.000	-0.000	0.000	-0.000
0.1*L1	0.139	0.004	-0.118	0.538	-0.125	-0.045	-0.116	0.624	-0.044	-0.084	-0.049	0.066	-0.073
0.2*L1	0.301	0.019	-0.234	0.525	-0.234	-0.099	-0.233	0.524	-0.096	-0.164	-0.097	0.060	-0.145
0.3*L1	0.479	0.057	-0.347	0.371	-0.259	-0.172	-0.355	0.494	-0.190	-0.234	-0.142	-0.160	-0.211
0.4*L1	0.588	0.132	-0.451	0.225	0.000	-0.265	-0.485	0.461	-0.427	-0.294	-0.184	-0.912	-0.269
									0.573				
0.5*L1	0.486	0.254	-0.540	0.123	0.265	-0.361	-0.627	0.406	0.336	-0.351	-0.218	-0.150	-0.315
0.6*L1	0.321	0.408	-0.601	0.062	0.255	-0.387	-0.786	0.334	0.237	-0.442	-0.243	0.086	-0.350
0.7*L1	0.185	0.499	-0.615	0.029	0.177	-0.135	-0.958	0.250	0.176	-0.668	-0.256	0.117	-0.386
										0.332			
0.8*L1	0.097	0.386	-0.567	0.012	0.103	0.120	-1.119	0.166	0.121	0.113	-0.268	0.085	-0.475
0.9*L1	0.046	0.213	-0.461	0.005	0.051	0.103	-1.184	0.090	0.067	0.041	-0.315	0.046	-0.750
1.0*L1	0.019	0.075	-0.378	0.002	0.020	0.023	-0.934	0.031	0.022	0.021	-0.501	0.017	-1.522
0.0*L2	0.019	0.075	-0.378	0.002	0.020	0.023	-0.934	0.031	0.022	0.021	0.499	0.017	-1.522
0.1*L2	0.006	-0.010	-0.453	0.002	0.004	-0.046	-0.638	-0.007	-0.009	0.016	0.312	-0.001	-0.745
0.2*L2	0.001	-0.053	-0.551	0.001	-0.004	-0.086	-0.579	-0.027	-0.025	0.016	0.263	-0.010	-0.465
0.3*L2	-0.001	-0.069	-0.591	0.001	-0.006	-0.100	-0.564	-0.034	-0.031	0.016	0.248	-0.013	-0.371
0.4*L2	-0.001	-0.069	-0.569	0.001	-0.007	-0.098	-0.531	-0.034	-0.030	0.016	0.232	-0.013	-0.329
0.5*L2	-0.001	-0.061	-0.502	0.001	-0.006	-0.087	-0.468	-0.030	-0.027	0.014	0.204	-0.012	-0.290
0.6*L2	-0.001	-0.049	-0.409	0.001	-0.005	-0.070	-0.383	-0.024	-0.022	0.011	0.168	-0.009	-0.241
0.7*L2	-0.001	-0.036	-0.304	0.001	-0.003	-0.052	-0.287	-0.018	-0.016	0.008	0.126	-0.007	-0.183
0.8*L2	-0.000	-0.024	-0.201	0.000	-0.002	-0.034	-0.190	-0.012	-0.011	0.006	0.084	-0.005	-0.123
0.9*L2	-0.000	-0.013	-0.109	0.000	-0.001	-0.019	-0.103	-0.006	-0.006	0.003	0.045	-0.002	-0.067
1.0*L2	-0.000	-0.004	-0.037	0.000	-0.000	-0.006	-0.035	-0.002	-0.002	0.001	0.015	-0.001	-0.023

FAKTOR: 1/a (M, Q, T), 1/(a*a) (q)

INFOLGE STRECKENMOMENT mt=1

IN FELD

IN FELD	M 0.4	M 0.7	M 1.0	Q 0	Q 0.4	Q 0.7	Q 1.0	T 0	T 0.4	T 0.7	T 1.0	q 0.4	q 1.0
1,BIS SPRUNG					-0.403	-0.865			-0.310	-1.129			
1,REST	1.597	1.211	-2.480	1.188	0.544	0.129	-3.830	2.290	0.725	0.181	-1.200	-0.329	-2.186
2	0.006	-0.214	-2.342	0.006	-0.013	-0.355	-2.515	-0.111	-0.101	0.070	1.150	-0.040	-2.097
3	0.000	0.015	0.131	-0.000	0.001	0.022	0.126	0.007	0.007	-0.004	-0.056	0.003	0.085
SUMME(+)	1.604	1.226	0.131	1.194	0.545	0.151	0.126	2.298	0.731	0.251	1.150	0.003	0.085
SUMME(-)	0.000	-0.214	-4.822	-0.000	-0.417	-1.220	-6.346	-0.111	-0.412	-1.133	-1.256	-0.369	-4.283
SUMME	1.604	1.012	-4.691	1.194	0.128	-1.069	-6.219	2.187	0.320	-0.882	-0.106	-0.366	-4.197

FAKTOR: a (M), a (T), 1/a (q)

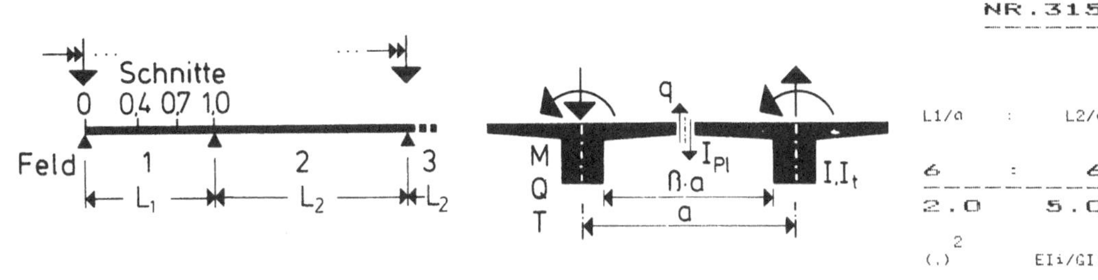

	M			Q				T				q	
IN SCHNITT	0.4	0.7	1.0	0	0.4	0.7	1.0	0	0.4	0.7	1.0	0.4	1.0

INFOLGE EINZELLAST F=1

IN	M 0.4	M 0.7	M 1.0	Q 0	Q 0.4	Q 0.7	Q 1.0	T 0	T 0.4	T 0.7	T 1.0	q 0.4	q 1.0
0.0*L1	0.000	-0.000	-0.000	1.000	-0.000	-0.000	-0.000	0.000	-0.000	-0.000	-0.000	0.000	-0.000
0.1*L1	0.079	-0.003	-0.072	0.663	-0.085	-0.027	-0.061	0.114	-0.012	-0.041	-0.024	0.073	-0.034
0.2*L1	0.186	0.000	-0.143	0.405	-0.190	-0.059	-0.122	0.188	-0.014	-0.079	-0.048	0.153	-0.066
0.3*L1	0.349	0.016	-0.212	0.232	-0.330	-0.105	-0.186	0.220	0.001	-0.111	-0.071	0.235	-0.096
0.4*L1	0.599	0.056	-0.276	0.127	-0.504	-0.172	-0.254	0.219	0.034	-0.132	-0.091	0.283	-0.121
					0.496								
0.5*L1	0.351	0.137	-0.333	0.066	0.323	-0.271	-0.329	0.195	0.066	-0.136	-0.107	0.239	-0.139
0.6*L1	0.192	0.283	-0.374	0.032	0.191	-0.414	-0.416	0.159	0.079	-0.118	-0.117	0.163	-0.143
0.7*L1	0.097	0.520	-0.386	0.015	0.103	-0.595	-0.522	0.116	0.072	-0.080	-0.116	0.096	-0.129
						0.405							
0.8*L1	0.044	0.262	-0.349	0.006	0.049	0.226	-0.655	0.072	0.050	-0.038	-0.098	0.049	-0.091
0.9*L1	0.015	0.096	-0.233	0.002	0.017	0.089	-0.819	0.031	0.024	-0.012	-0.058	0.018	-0.037
1.0*L1	0.000	0.000	0.000	0.000	0.000	0.000	-1.000	0.000	-0.000	0.000	-0.000	0.000	0.000
0.0*L2	-0.000	-0.000	-0.000	-0.000	-0.000	-0.000	-0.000	-0.000	-0.000	0.000	0.000	-0.000	0.000
0.1*L2	-0.006	-0.049	-0.226	-0.001	-0.008	-0.049	-0.150	-0.017	-0.013	0.007	0.058	-0.009	-0.034
0.2*L2	-0.009	-0.068	-0.336	-0.001	-0.011	-0.070	-0.240	-0.024	-0.019	0.010	0.095	-0.013	-0.085
0.3*L2	-0.009	-0.071	-0.366	-0.001	-0.011	-0.074	-0.274	-0.025	-0.020	0.012	0.111	-0.013	-0.119
0.4*L2	-0.008	-0.066	-0.348	-0.001	-0.010	-0.069	-0.268	-0.023	-0.018	0.011	0.110	-0.012	-0.131
0.5*L2	-0.007	-0.056	-0.301	-0.001	-0.009	-0.059	-0.237	-0.020	-0.016	0.010	0.099	-0.010	-0.124
0.6*L2	-0.005	-0.044	-0.240	-0.000	-0.007	-0.047	-0.192	-0.015	0.012	0.008	0.080	-0.008	-0.104
0.7*L2	-0.004	-0.031	-0.173	-0.000	-0.005	-0.034	-0.139	-0.011	-0.009	0.006	0.058	-0.006	-0.078
0.8*L2	-0.002	-0.019	-0.106	-0.000	-0.003	-0.021	-0.086	-0.007	-0.005	0.003	0.036	-0.004	-0.049
0.9*L2	-0.001	-0.008	-0.046	-0.000	-0.001	-0.009	-0.037	-0.003	-0.002	0.002	0.016	-0.002	-0.021
1.0*L2	0.000	-0.000	-0.000	-0.000	0.000	-0.000	0.000	-0.000	-0.000	0.000	-0.000	-0.000	0.000
FAKTOR	a			a				a				1/a	

INFOLGE STRECKENLAST F=1

IN FELD	M 0.4	M 0.7	M 1.0	Q 0	Q 0.4	Q 0.7	Q 1.0	T 0	T 0.4	T 0.7	T 1.0	q 0.4	q 1.0
1,BIS SPRUNG						-0.509	-0.799			-0.007	-0.399		
1,REST	1.121	0.794	-1.444	1.210	0.550	0.305	-2.313	0.796	0.188	-0.052	-0.442	0.789	-0.515
2	-0.031	-0.251	-1.302	-0.003	-0.040	-0.263	-0.984	-0.088	-0.070	0.042	0.402	-0.047	-0.448
3	0.003	0.023	0.131	0.000	0.004	0.025	0.107	0.008	0.007	-0.004	-0.045	0.004	0.062
SUMME(+)	1.124	0.817	0.131	1.210	0.554	0.330	0.107	0.804	0.194	0.042	0.402	0.793	0.062
SUMME(-)	-0.031	-0.251	-2.746	-0.003	-0.549	-1.061	-3.297	-0.088	-0.077	-0.456	-0.487	-0.047	-0.963
SUMME	1.093	0.567	-2.615	1.208	0.005	-0.731	-3.191	0.716	0.117	-0.415	-0.085	0.746	-0.902
FAKTOR	a*a			a				a*a				1/a	

INFOLGE EINZELMOMENT Mt=1

IN	M 0.4	M 0.7	M 1.0	Q 0	Q 0.4	Q 0.7	Q 1.0	T 0	T 0.4	T 0.7	T 1.0	q 0.4	q 1.0
0.0*L1	0.000	0.000	-0.000	0.000	-0.000	-0.000	-0.000	1.000	-0.000	-0.000	-0.000	0.000	-0.000
0.1*L1	0.186	0.012	-0.139	0.591	-0.141	-0.066	-0.125	0.596	-0.038	-0.076	-0.047	0.050	-0.064
0.2*L1	0.389	0.037	-0.276	0.609	-0.258	-0.142	-0.252	0.478	-0.089	-0.147	-0.092	0.025	-0.125
0.3*L1	0.598	0.089	-0.405	0.463	-0.277	-0.233	-0.384	0.442	-0.188	-0.210	-0.134	-0.215	-0.180
0.4*L1	0.720	0.180	-0.522	0.307	0.000	-0.340	-0.525	0.412	-0.434	-0.264	-0.171	-0.976	-0.228
									0.566				
0.5*L1	0.612	0.319	-0.615	0.187	0.284	-0.440	-0.678	0.366	0.318	-0.320	-0.201	-0.203	-0.265
0.6*L1	0.425	0.484	-0.672	0.107	0.286	-0.456	-0.845	0.303	0.213	-0.416	-0.221	0.054	-0.294
0.7*L1	0.262	0.575	-0.675	0.058	0.208	-0.183	-1.020	0.229	0.154	-0.651	-0.232	0.103	-0.332
										0.349			
0.8*L1	0.146	0.446	-0.610	0.029	0.126	0.093	-1.173	0.152	0.104	0.120	-0.246	0.081	-0.430
0.9*L1	0.071	0.247	-0.487	0.014	0.064	0.090	-1.218	0.082	0.057	0.044	-0.302	0.045	-0.718
1.0*L1	0.028	0.082	-0.395	0.006	0.024	0.013	-0.939	0.027	0.018	0.023	-0.501	0.015	-1.498
0.0*L2	0.029	0.082	-0.395	0.006	0.024	0.013	-0.939	0.027	0.018	0.023	0.499	0.015	-1.498
0.1*L2	0.004	-0.028	-0.474	0.002	-0.000	-0.058	-0.616	-0.011	-0.010	0.019	0.298	-0.005	-0.712
0.2*L2	-0.008	-0.088	-0.584	-0.000	-0.012	-0.103	-0.543	-0.031	-0.025	0.020	0.240	-0.016	-0.417
0.3*L2	-0.012	-0.112	-0.637	-0.001	-0.017	-0.122	-0.526	-0.040	-0.031	0.021	0.223	-0.021	-0.314
0.4*L2	-0.013	-0.114	-0.623	-0.001	-0.018	-0.122	-0.497	-0.040	-0.032	0.020	0.208	-0.021	-0.271
0.5*L2	-0.012	-0.102	-0.557	-0.001	-0.016	-0.109	-0.443	-0.036	-0.029	0.018	0.185	-0.019	-0.237
0.6*L2	-0.010	-0.084	-0.458	-0.001	-0.013	-0.090	-0.365	-0.030	-0.023	0.015	0.153	-0.016	-0.198
0.7*L2	-0.007	-0.062	-0.344	-0.001	-0.010	-0.067	-0.275	-0.022	-0.018	0.011	0.115	-0.012	-0.151
0.8*L2	-0.005	-0.041	-0.228	-0.000	-0.006	-0.044	-0.183	-0.015	-0.012	0.007	0.077	-0.008	-0.102
0.9*L2	-0.003	-0.022	-0.123	-0.000	-0.003	-0.024	-0.099	-0.008	-0.006	0.004	0.042	-0.004	-0.055
1.0*L2	-0.001	-0.007	-0.040	-0.000	-0.001	-0.008	-0.032	-0.003	-0.002	0.001	0.013	-0.001	-0.018
FAKTOR	1/a			1/a								1/(a*a)	

INFOLGE STRECKENMOMENT mt=1

IN FELD	M 0.4	M 0.7	M 1.0	Q 0	Q 0.4	Q 0.7	Q 1.0	T 0	T 0.4	T 0.7	T 1.0	q 0.4	q 1.0
1,BIS SPRUNG						-0.440	-1.091			-0.302	-1.041		
1,REST	2.063	1.465	-2.767	1.476	0.616	0.089	-4.048	2.114	0.666	0.193	-1.124	-0.494	-1.974
2	-0.033	-0.377	-2.552	-0.000	-0.052	-0.447	-2.397	-0.134	-0.109	0.089	1.064	-0.070	-1.874
3	0.004	0.035	0.198	0.000	0.005	0.038	0.162	0.012	0.010	-0.006	-0.060	0.007	0.094
SUMME(+)	2.067	1.500	0.198	1.476	0.621	0.128	0.162	2.126	0.676	0.282	1.064	0.007	0.094
SUMME(-)	-0.033	-0.377	-5.319	-0.000	-0.492	-1.537	-6.446	-0.134	-0.411	-1.047	-1.192	-0.564	-3.849
SUMME	2.034	1.123	-5.121	1.475	0.129	-1.410	-6.284	1.992	0.265	-0.765	-0.128	-0.558	-3.755
FAKTOR	a			a				a				1/a	

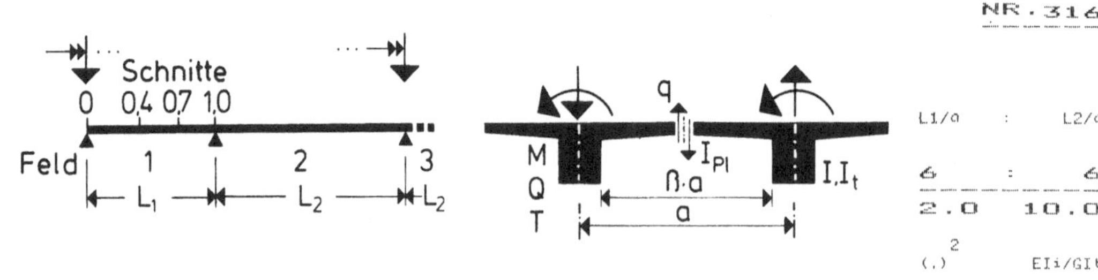

		M		Q				T				q	
IN SCHNITT		0.4	0.7	1.0	0	0.4	0.7	1.0	0	0.4	0.7	1.0	0.4	1.0

INFOLGE EINZELLAST P=1

IN	M 0.4	M 0.7	M 1.0	Q 0	Q 0.4	Q 0.7	Q 1.0	T 0	T 0.4	T 0.7	T 1.0	q 0.4	q 1.0
0.0*L1	0.000	0.000	-0.000	1.000	-0.000	-0.000	-0.000	0.000	-0.000	-0.000	-0.000	0.000	-0.000
0.1*L1	0.137	0.008	-0.097	0.733	-0.105	-0.053	-0.073	0.076	-0.005	-0.031	-0.020	0.056	-0.024
0.2*L1	0.296	0.025	-0.191	0.512	-0.221	-0.110	-0.148	0.130	-0.004	-0.059	-0.040	0.113	-0.046
0.3*L1	0.499	0.057	-0.278	0.346	-0.355	-0.178	-0.225	0.156	0.007	-0.081	-0.058	0.167	-0.066
0.4*L1	0.766	0.117	-0.356	0.228	-0.505	-0.261	-0.306	0.160	0.026	-0.095	-0.073	0.196	-0.082

(0.495)

IN	M 0.4	M 0.7	M 1.0	Q 0	Q 0.4	Q 0.7	Q 1.0	T 0	T 0.4	T 0.7	T 1.0	q 0.4	q 1.0
0.5*L1	0.509	0.219	-0.416	0.146	0.348	-0.367	-0.393	0.146	0.045	-0.098	-0.084	0.172	-0.091
0.6*L1	0.321	0.379	-0.450	0.090	0.228	-0.497	-0.490	0.121	0.052	-0.085	-0.089	0.126	-0.091
0.7*L1	0.189	0.614	-0.446	0.052	0.138	-0.648	-0.598	0.090	0.047	-0.060	-0.085	0.081	-0.079

(0.352)

IN	M 0.4	M 0.7	M 1.0	Q 0	Q 0.4	Q 0.7	Q 1.0	T 0	T 0.4	T 0.7	T 1.0	q 0.4	q 1.0
0.8*L1	0.099	0.334	-0.395	0.027	0.073	0.205	-0.722	0.057	0.034	-0.032	-0.069	0.045	-0.054
0.9*L1	0.038	0.133	-0.246	0.010	0.029	0.085	-0.859	0.025	0.016	-0.012	-0.040	0.018	-0.021
1.0*L1	0.000	0.000	0.000	0.000	-0.000	-0.000	-1.000	-0.000	-0.000	-0.000	0.000	0.000	0.000
0.0*L2	-0.000	-0.000	-0.000	-0.000	-0.000	-0.000	-0.000	-0.000	-0.000	0.000	0.000	-0.000	0.000
0.1*L2	-0.022	-0.079	-0.232	-0.006	-0.017	-0.052	-0.116	-0.016	-0.010	0.008	0.039	-0.011	-0.018
0.2*L2	-0.033	-0.119	-0.358	-0.009	-0.025	-0.080	-0.189	-0.023	-0.015	0.012	0.067	-0.016	-0.047
0.3*L2	-0.037	-0.132	-0.406	-0.010	-0.028	-0.089	-0.222	-0.026	-0.017	0.014	0.080	-0.018	-0.069
0.4*L2	-0.035	-0.128	-0.399	-0.009	-0.027	-0.087	-0.224	-0.025	-0.017	0.014	0.082	-0.018	-0.078
0.5*L2	-0.031	-0.113	-0.356	-0.008	-0.024	-0.077	-0.203	-0.022	-0.015	0.012	0.075	-0.016	-0.076
0.6*L2	-0.025	-0.091	-0.290	-0.007	-0.019	-0.063	-0.167	-0.018	-0.012	0.010	0.062	-0.013	-0.066
0.7*L2	-0.018	-0.067	-0.212	-0.005	-0.014	-0.046	-0.123	-0.013	-0.009	0.007	0.046	-0.009	-0.050
0.8*L2	-0.011	-0.042	-0.133	-0.003	-0.009	-0.029	-0.077	-0.008	-0.005	0.005	0.029	-0.006	-0.032
0.9*L2	-0.005	-0.018	-0.059	-0.001	-0.004	-0.013	-0.034	-0.004	-0.002	0.002	0.013	-0.003	-0.014
1.0*L2	-0.000	-0.000	-0.000	-0.000	-0.000	-0.000	-0.000	-0.000	-0.000	-0.000	0.000	-0.000	0.000
FAKTOR	a			a				a				1/a	

INFOLGE STRECKENLAST P=1

IN FELD

IN FELD	M 0.4	M 0.7	M 1.0	Q 0	Q 0.4	Q 0.7	Q 1.0	T 0	T 0.4	T 0.7	T 1.0	q 0.4	q 1.0
1,BIS SPRUNG					-0.557	-1.069			0.006	-0.291			
1,REST	1.690	1.107	-1.739	1.573	0.631	0.275	-2.585	0.583	0.126	-0.043	-0.339	0.587	-0.334
2	-0.132	-0.479	-1.484	-0.035	-0.101	-0.325	-0.821	-0.095	-0.062	0.050	0.298	-0.066	-0.271
3	0.019	0.070	0.224	0.005	0.015	0.048	0.132	0.014	0.009	-0.008	-0.049	0.010	0.056
SUMME(+)	1.710	1.177	0.224	1.578	0.646	0.323	0.132	0.596	0.141	0.050	0.298	0.597	0.056
SUMME(-)	-0.132	-0.479	-3.222	-0.035	-0.658	-1.394	-3.406	-0.095	-0.062	-0.342	-0.388	-0.066	-0.605
SUMME	1.577	0.698	-2.998	1.543	-0.012	-1.071	-3.274	0.502	0.079	-0.291	-0.090	0.531	-0.549
FAKTOR	a*a			a				a*a				1	

INFOLGE EINZELMOMENT Mt=1

IN	M 0.4	M 0.7	M 1.0	Q 0	Q 0.4	Q 0.7	Q 1.0	T 0	T 0.4	T 0.7	T 1.0	q 0.4	q 1.0
0.0*L1	0.000	0.000	-0.000	0.000	-0.000	-0.000	-0.000	1.000	-0.000	-0.000	-0.000	0.000	-0.000
0.1*L1	0.285	0.038	-0.184	0.685	-0.164	-0.114	-0.150	0.544	-0.032	-0.057	-0.039	0.013	-0.044
0.2*L1	0.576	0.091	-0.361	0.767	-0.291	-0.234	-0.302	0.390	-0.081	-0.110	-0.075	-0.051	-0.086
0.3*L1	0.849	0.173	-0.523	0.646	-0.301	-0.362	-0.459	0.339	-0.188	-0.157	-0.109	-0.326	-0.124
0.4*L1	1.000	0.297	-0.659	0.483	0.003	-0.493	-0.623	0.310	-0.450	-0.202	-0.137	-1.102	-0.155

(0.550)

IN	M 0.4	M 0.7	M 1.0	Q 0	Q 0.4	Q 0.7	Q 1.0	T 0	T 0.4	T 0.7	T 1.0	q 0.4	q 1.0
0.5*L1	0.885	0.464	-0.759	0.337	0.316	-0.597	-0.795	0.276	0.286	-0.257	-0.158	-0.312	-0.180
0.6*L1	0.660	0.643	-0.805	0.222	0.336	-0.595	-0.973	0.230	0.174	-0.361	-0.172	-0.022	-0.204
0.7*L1	0.441	0.726	-0.783	0.139	0.259	-0.285	-1.146	0.176	0.116	-0.612	-0.182	0.058	-0.248

(0.388)

IN	M 0.4	M 0.7	M 1.0	Q 0	Q 0.4	Q 0.7	Q 1.0	T 0	T 0.4	T 0.7	T 1.0	q 0.4	q 1.0
0.8*L1	0.264	0.564	-0.686	0.080	0.166	0.033	-1.277	0.118	0.075	0.142	-0.204	0.059	-0.362
0.9*L1	0.134	0.314	-0.533	0.040	0.087	0.059	-1.279	0.064	0.040	0.054	-0.277	0.035	-0.672
1.0*L1	0.045	0.091	-0.424	0.014	0.028	-0.004	-0.946	0.019	0.012	0.028	-0.501	0.009	-1.462
0.0*L2	0.045	0.091	-0.424	0.014	0.028	-0.004	-0.946	0.019	0.012	0.028	0.499	0.009	-1.462
0.1*L2	-0.011	-0.069	-0.506	-0.002	-0.011	-0.074	-0.575	-0.013	-0.009	0.023	0.273	-0.011	-0.666
0.2*L2	-0.042	-0.166	-0.634	-0.011	-0.033	-0.124	-0.471	-0.033	-0.022	0.024	0.197	-0.023	-0.350
0.3*L2	-0.057	-0.212	-0.708	-0.015	-0.044	-0.149	-0.444	-0.042	-0.028	0.025	0.172	-0.029	-0.229
0.4*L2	-0.060	-0.221	-0.710	-0.016	-0.046	-0.152	-0.420	-0.044	-0.029	0.025	0.158	-0.031	-0.181
0.5*L2	-0.056	-0.204	-0.650	-0.015	-0.043	-0.140	-0.377	-0.040	-0.026	0.022	0.141	-0.028	-0.153
0.6*L2	-0.047	-0.171	-0.545	-0.012	-0.036	-0.118	-0.316	-0.034	-0.022	0.019	0.118	-0.024	-0.126
0.7*L2	-0.036	-0.130	-0.415	-0.009	-0.027	-0.090	-0.241	-0.026	-0.017	0.014	0.090	-0.018	-0.097
0.8*L2	-0.024	-0.087	-0.278	-0.006	-0.018	-0.060	-0.161	-0.017	-0.011	0.010	0.060	-0.012	-0.066
0.9*L2	-0.013	-0.047	-0.150	-0.003	-0.010	-0.032	-0.087	-0.009	-0.006	0.005	0.033	-0.006	-0.036
1.0*L2	-0.004	-0.014	-0.044	-0.001	-0.003	-0.009	-0.025	-0.003	-0.002	0.002	0.009	-0.002	-0.010
FAKTOR				1/a								1/(a*a)	

INFOLGE STRECKENMOMENT mt=1

IN FELD	M 0.4	M 0.7	M 1.0	Q 0	Q 0.4	Q 0.7	Q 1.0	T 0	T 0.4	T 0.7	T 1.0	q 0.4	q 1.0
1,BIS SPRUNG					-0.490	-1.556			-0.297	-0.854			
1,REST	3.086	2.023	-3.313	2.105	0.738	0.000	-4.524	1.739	0.564	0.224	-0.946	-0.865	-1.628
2	-0.199	-0.773	-2.904	-0.051	-0.156	-0.572	-2.120	-0.153	-0.100	0.108	0.882	-0.109	-1.528
3	0.031	0.112	0.360	0.008	0.023	0.077	0.212	0.022	0.015	-0.012	-0.080	0.016	0.090
SUMME(+)	3.116	2.135	0.360	2.113	0.762	0.078	0.212	1.762	0.579	0.332	0.882	0.016	0.090
SUMME(-)	-0.199	-0.773	-6.217	-0.051	-0.646	-2.129	-6.645	-0.153	-0.397	-0.867	-1.026	-0.974	-3.156
SUMME	2.918	1.362	-5.856	2.062	0.116	-2.051	-6.433	1.609	0.182	-0.535	-0.144	-0.959	-3.066
FAKTOR	a			a				a				1/a	

4.3.3 Innenfeldsysteme

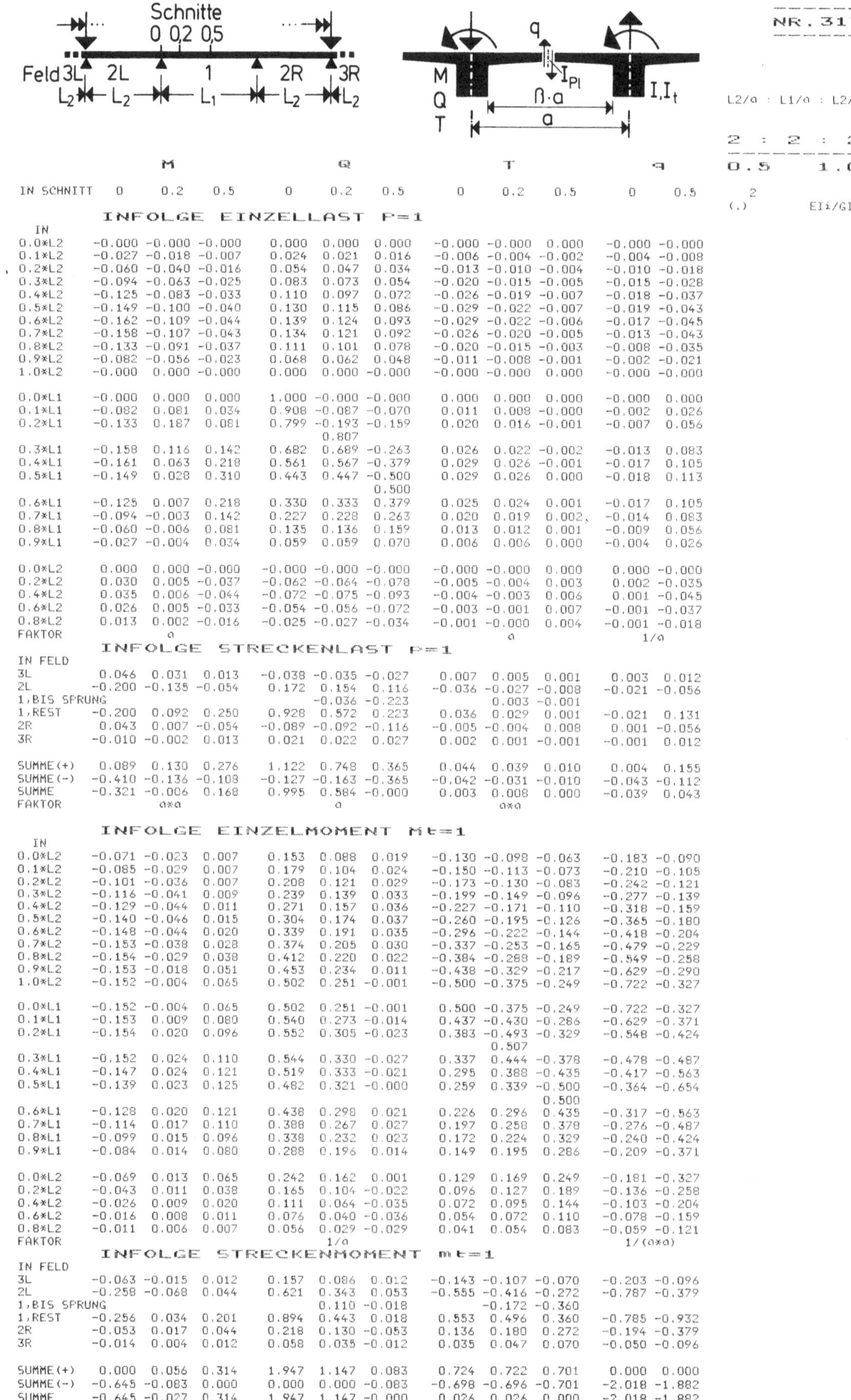

	M			Q			T			q	
IN SCHNITT	0	0.2	0.5	0	0.2	0.5	0	0.2	0.5	0	0.5

INFOLGE EINZELLAST P=1

IN	M 0	M 0.2	M 0.5	Q 0	Q 0.2	Q 0.5	T 0	T 0.2	T 0.5	q 0	q 0.5
0.0*L2	-0.000	-0.000	-0.000	0.000	0.000	0.000	-0.000	-0.000	0.000	-0.000	-0.000
0.1*L2	-0.027	-0.018	-0.007	0.024	0.021	0.016	-0.006	-0.004	-0.002	-0.004	-0.008
0.2*L2	-0.060	-0.040	-0.016	0.054	0.047	0.034	-0.013	-0.010	-0.004	-0.010	-0.018
0.3*L2	-0.094	-0.063	-0.025	0.083	0.073	0.054	-0.020	-0.015	-0.005	-0.015	-0.028
0.4*L2	-0.125	-0.083	-0.033	0.110	0.097	0.072	-0.026	-0.019	-0.007	-0.018	-0.037
0.5*L2	-0.149	-0.100	-0.040	0.130	0.115	0.086	-0.029	-0.022	-0.007	-0.019	-0.043
0.6*L2	-0.162	-0.109	-0.044	0.139	0.124	0.093	-0.029	-0.022	-0.006	-0.017	-0.045
0.7*L2	-0.158	-0.107	-0.043	0.134	0.121	0.092	-0.026	-0.020	-0.005	-0.013	-0.043
0.8*L2	-0.133	-0.091	-0.037	0.111	0.101	0.078	-0.020	-0.015	-0.003	-0.008	-0.035
0.9*L2	-0.082	-0.056	-0.023	0.068	0.062	0.048	-0.011	-0.008	-0.001	-0.002	-0.021
1.0*L2	-0.000	0.000	0.000	0.000	0.000	0.000	-0.000	-0.000	0.000	-0.000	-0.000
0.0*L1	-0.000	0.000	0.000	1.000	-0.000	-0.000	0.000	0.000	0.000	-0.000	0.000
0.1*L1	-0.082	0.081	0.034	0.908	-0.087	-0.070	0.011	0.008	-0.000	-0.002	0.026
0.2*L1	-0.133	0.187	0.081	0.799	-0.193	-0.159	0.020	0.016	-0.001	-0.007	0.056
				0.807							
0.3*L1	-0.158	0.116	0.142	0.682	0.689	-0.263	0.026	0.022	-0.002	-0.013	0.083
0.4*L1	-0.161	0.063	0.218	0.561	0.567	-0.379	0.029	0.026	-0.001	-0.017	0.105
0.5*L1	-0.149	0.028	0.310	0.443	0.447	-0.500	0.029	0.026	0.000	-0.018	0.113
						0.500					
0.6*L1	-0.125	0.007	0.218	0.330	0.333	0.379	0.025	0.024	0.001	-0.017	0.105
0.7*L1	-0.094	-0.003	0.142	0.227	0.228	0.263	0.020	0.019	0.002	-0.014	0.083
0.8*L1	-0.060	-0.006	0.081	0.135	0.136	0.159	0.013	0.012	0.001	-0.009	0.056
0.9*L1	-0.027	-0.004	0.034	0.059	0.059	0.070	0.006	0.006	0.000	-0.004	0.026
0.0*L2	0.000	0.000	-0.000	-0.000	-0.000	-0.000	-0.000	-0.000	0.000	0.000	-0.000
0.2*L2	0.030	0.005	-0.037	-0.062	-0.064	-0.078	-0.005	-0.004	0.003	0.002	-0.035
0.4*L2	0.035	0.006	-0.044	-0.072	-0.075	-0.093	-0.004	-0.003	0.006	0.001	-0.045
0.6*L2	0.026	0.005	-0.033	-0.054	-0.056	-0.072	-0.003	-0.001	0.007	-0.001	-0.037
0.8*L2	0.013	0.002	-0.016	-0.025	-0.027	-0.034	-0.001	-0.000	0.004	-0.001	-0.018
FAKTOR	a						a			1/a	

INFOLGE STRECKENLAST P=1

IN FELD	M 0	M 0.2	M 0.5	Q 0	Q 0.2	Q 0.5	T 0	T 0.2	T 0.5	q 0	q 0.5
3L	0.046	0.031	0.013	-0.038	-0.035	-0.027	0.007	0.005	0.001	0.003	0.012
2L	-0.200	-0.135	-0.054	0.172	0.154	0.116	-0.036	-0.027	-0.008	-0.021	-0.056
1,BIS SPRUNG					-0.036	-0.223		0.003	-0.001		
1,REST	-0.200	0.092	0.250	0.928	0.572	0.223	0.036	0.029	0.001	-0.021	0.131
2R	0.043	0.007	-0.054	-0.089	-0.092	-0.116	-0.005	-0.004	0.008	0.001	-0.056
3R	-0.010	-0.002	0.013	0.021	0.022	0.027	0.002	0.001	-0.001	-0.001	0.012
SUMME(+)	0.089	0.130	0.276	1.122	0.748	0.365	0.044	0.039	0.010	0.004	0.155
SUMME(-)	-0.410	-0.136	-0.108	-0.127	-0.163	-0.365	-0.042	-0.031	-0.010	-0.043	-0.112
SUMME	-0.321	-0.006	0.168	0.995	0.584	-0.000	0.003	0.008	0.000	-0.039	0.043
FAKTOR	a*a			a			a*a				

INFOLGE EINZELMOMENT Mt=1

IN	M 0	M 0.2	M 0.5	Q 0	Q 0.2	Q 0.5	T 0	T 0.2	T 0.5	q 0	q 0.5
0.0*L2	-0.071	-0.023	0.007	0.153	0.088	0.019	-0.130	-0.098	-0.063	-0.183	-0.090
0.1*L2	-0.085	-0.029	0.007	0.179	0.104	0.024	-0.150	-0.113	-0.073	-0.210	-0.105
0.2*L2	-0.101	-0.036	0.007	0.208	0.121	0.029	-0.173	-0.130	-0.083	-0.242	-0.121
0.3*L2	-0.116	-0.041	0.009	0.239	0.139	0.033	-0.199	-0.149	-0.096	-0.277	-0.139
0.4*L2	-0.129	-0.044	0.011	0.271	0.157	0.036	-0.227	-0.171	-0.110	-0.318	-0.159
0.5*L2	-0.140	-0.046	0.015	0.304	0.174	0.037	-0.260	-0.195	-0.126	-0.365	-0.180
0.6*L2	-0.148	-0.044	0.020	0.339	0.191	0.035	-0.296	-0.222	-0.144	-0.418	-0.204
0.7*L2	-0.153	-0.038	0.028	0.374	0.205	0.030	-0.337	-0.253	-0.165	-0.479	-0.229
0.8*L2	-0.154	-0.029	0.038	0.412	0.220	0.022	-0.384	-0.288	-0.189	-0.549	-0.258
0.9*L2	-0.153	-0.018	0.051	0.453	0.234	0.011	-0.438	-0.329	-0.217	-0.629	-0.290
1.0*L2	-0.152	-0.004	0.065	0.502	0.251	-0.001	-0.500	-0.375	-0.249	-0.722	-0.327
0.0*L1	-0.152	-0.004	0.065	0.502	0.251	-0.001	0.500	-0.375	-0.249	-0.722	-0.327
0.1*L1	-0.153	0.009	0.080	0.540	0.273	-0.014	0.437	-0.430	-0.286	-0.629	-0.371
0.2*L1	-0.154	0.020	0.096	0.552	0.305	-0.023	0.383	-0.493	-0.329	-0.548	-0.424
								0.507			
0.3*L1	-0.152	0.024	0.110	0.544	0.330	-0.027	0.337	0.444	-0.378	-0.478	-0.487
0.4*L1	-0.147	0.024	0.121	0.519	0.333	-0.021	0.295	0.388	-0.435	-0.417	-0.563
0.5*L1	-0.139	0.023	0.125	0.482	0.321	-0.000	0.259	0.339	-0.500	-0.364	-0.654
									0.500		
0.6*L1	-0.128	0.020	0.121	0.438	0.298	0.021	0.226	0.296	0.435	-0.317	-0.563
0.7*L1	-0.114	0.017	0.110	0.388	0.267	0.027	0.197	0.258	0.378	-0.276	-0.487
0.8*L1	-0.099	0.015	0.096	0.338	0.232	0.023	0.172	0.224	0.329	-0.240	-0.424
0.9*L1	-0.084	0.014	0.080	0.288	0.196	0.014	0.149	0.195	0.286	-0.209	-0.371
0.0*L2	-0.069	0.013	0.065	0.242	0.162	0.001	0.129	0.169	0.249	-0.181	-0.327
0.2*L2	-0.043	0.011	0.038	0.165	0.104	-0.022	0.096	0.127	0.189	-0.136	-0.258
0.4*L2	-0.026	0.009	0.020	0.111	0.064	-0.035	0.072	0.095	0.144	-0.103	-0.204
0.6*L2	-0.016	0.008	0.011	0.076	0.040	-0.036	0.054	0.072	0.110	-0.078	-0.159
0.8*L2	-0.011	0.006	0.007	0.056	0.029	-0.029	0.041	0.054	0.083	-0.059	-0.121
FAKTOR				1/a						1/(a*a)	

INFOLGE STRECKENMOMENT mt=1

IN FELD	M 0	M 0.2	M 0.5	Q 0	Q 0.2	Q 0.5	T 0	T 0.2	T 0.5	q 0	q 0.5
3L	-0.063	-0.015	0.012	0.157	0.086	0.012	-0.143	-0.107	-0.070	-0.203	-0.096
2L	-0.258	-0.068	0.044	0.621	0.343	0.053	-0.555	-0.416	-0.272	-0.787	-0.379
1,BIS SPRUNG					0.110	-0.018		-0.172	-0.360		
1,REST	-0.256	0.034	0.201	0.894	0.443	0.018	0.553	0.496	0.360	-0.785	-0.932
2R	-0.053	0.017	0.044	0.218	0.130	0.044	0.136	0.180	0.272	-0.194	-0.379
3R	-0.014	0.004	0.012	0.058	0.035	-0.012	0.035	0.047	0.070	-0.050	-0.096
SUMME(+)	0.000	0.056	0.314	1.947	1.147	0.083	0.724	0.722	0.701	0.000	0.000
SUMME(-)	-0.645	-0.083	0.000	0.000	0.000	-0.083	-0.698	-0.696	-0.701	-2.018	-1.882
SUMME	-0.645	-0.027	0.314	1.947	1.147	-0.000	0.026	0.026	0.000	-2.018	-1.882
FAKTOR	a						a			1/a	

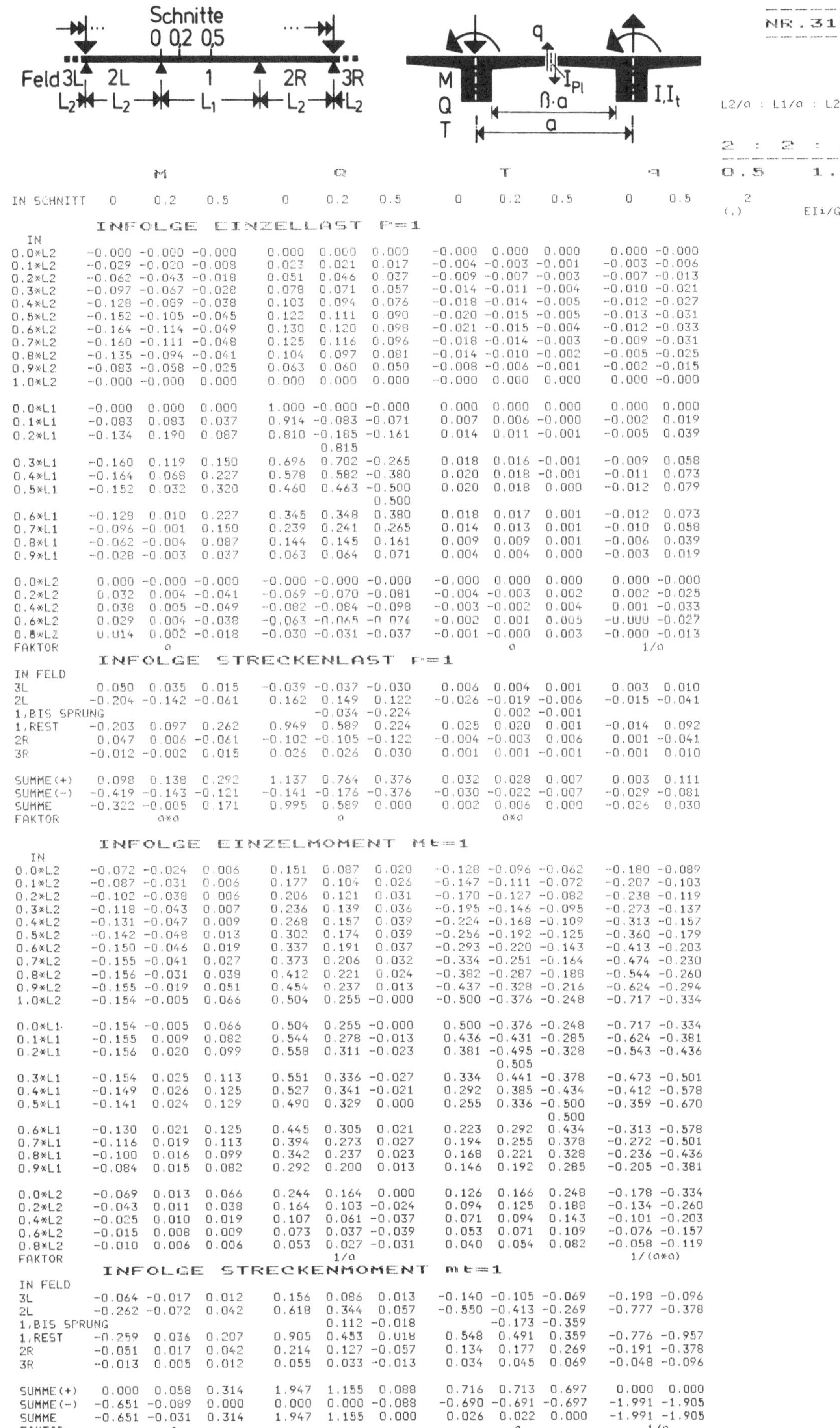

	M 0	M 0.2	M 0.5	Q 0	Q 0.2	Q 0.5	T 0	T 0.2	T 0.5	q 0	q 0.5
IN SCHNITT	0	0.2	0.5	0	0.2	0.5	0	0.2	0.5	0	0.5

INFOLGE EINZELLAST P=1

IN

	M 0	M 0.2	M 0.5	Q 0	Q 0.2	Q 0.5	T 0	T 0.2	T 0.5	q 0	q 0.5
0.0×L2	-0.000	-0.000	-0.000	0.000	0.000	0.000	-0.000	0.000	0.000	0.000	-0.000
0.1×L2	-0.029	-0.020	-0.008	0.023	0.021	0.017	-0.004	-0.003	-0.001	-0.003	-0.006
0.2×L2	-0.062	-0.043	-0.018	0.051	0.046	0.037	-0.009	-0.007	-0.003	-0.007	-0.013
0.3×L2	-0.097	-0.067	-0.028	0.078	0.071	0.057	-0.014	-0.011	-0.004	-0.010	-0.021
0.4×L2	-0.128	-0.089	-0.038	0.103	0.094	0.076	-0.018	-0.014	-0.005	-0.012	-0.027
0.5×L2	-0.152	-0.105	-0.045	0.122	0.111	0.090	-0.020	-0.015	-0.005	-0.013	-0.031
0.6×L2	-0.164	-0.114	-0.049	0.130	0.120	0.098	-0.021	-0.015	-0.004	-0.012	-0.033
0.7×L2	-0.160	-0.111	-0.048	0.125	0.116	0.096	-0.018	-0.014	-0.003	-0.009	-0.031
0.8×L2	-0.135	-0.094	-0.041	0.104	0.097	0.081	-0.014	-0.010	-0.002	-0.005	-0.025
0.9×L2	-0.083	-0.058	-0.025	0.063	0.060	0.050	-0.008	-0.006	-0.001	-0.002	-0.015
1.0×L2	-0.000	-0.000	0.000	0.000	0.000	0.000	-0.000	0.000	0.000	0.000	-0.000
0.0×L1	-0.000	0.000	0.000	1.000	-0.000	-0.000	0.000	0.000	0.000	0.000	0.000
0.1×L1	-0.083	0.083	0.037	0.914	-0.083	-0.071	0.007	0.006	-0.000	-0.002	0.019
0.2×L1	-0.134	0.190	0.087	0.810	-0.185	-0.161	0.014	0.011	-0.001	-0.005	0.039
(0.2×L1)				0.815							
0.3×L1	-0.160	0.119	0.150	0.696	0.702	-0.265	0.018	0.016	-0.001	-0.009	0.058
0.4×L1	-0.164	0.068	0.227	0.578	0.582	-0.380	0.020	0.018	-0.001	-0.011	0.073
0.5×L1	-0.152	0.032	0.320	0.460	0.463	-0.500	0.020	0.018	0.000	-0.012	0.079
(0.5×L1)						0.500					
0.6×L1	-0.128	0.010	0.227	0.345	0.348	0.380	0.018	0.017	0.001	-0.012	0.073
0.7×L1	-0.096	-0.001	0.150	0.239	0.241	0.265	0.014	0.013	0.001	-0.010	0.058
0.8×L1	-0.062	-0.004	0.087	0.144	0.145	0.161	0.009	0.009	0.001	-0.006	0.039
0.9×L1	-0.028	-0.003	0.037	0.063	0.064	0.071	0.004	0.004	0.000	-0.003	0.019
0.0×L2	0.000	-0.000	-0.000	-0.000	-0.000	-0.000	-0.000	0.000	0.000	0.000	-0.000
0.2×L2	0.032	0.004	-0.041	-0.069	-0.070	-0.081	-0.004	-0.003	0.002	0.002	-0.025
0.4×L2	0.038	0.005	-0.049	-0.082	-0.084	-0.098	-0.003	-0.002	0.004	0.001	-0.033
0.6×L2	0.029	0.004	-0.038	-0.063	-0.065	-0.076	-0.002	0.001	0.005	-0.000	-0.027
0.8×L2	0.014	0.002	-0.018	-0.030	-0.031	-0.037	-0.001	-0.000	0.003	-0.000	-0.013
FAKTOR		a						a			1/a

INFOLGE STRECKENLAST P=1

IN FELD

	M 0	M 0.2	M 0.5	Q 0	Q 0.2	Q 0.5	T 0	T 0.2	T 0.5	q 0	q 0.5
3L	0.050	0.035	0.015	-0.039	-0.037	-0.030	0.006	0.004	0.001	0.003	0.010
2L	-0.204	-0.142	-0.061	0.162	0.149	0.122	-0.026	-0.019	-0.006	-0.015	-0.041
1,BIS SPRUNG					-0.034	-0.224		0.002	-0.001		
1,REST	-0.203	0.097	0.262	0.949	0.589	0.224	0.025	0.020	0.001	-0.014	0.092
2R	0.047	0.006	-0.061	-0.102	-0.105	-0.122	-0.004	-0.003	0.006	0.001	-0.041
3R	-0.012	-0.002	0.015	0.026	0.026	0.030	0.001	0.001	-0.001	-0.001	0.010
SUMME(+)	0.098	0.138	0.292	1.137	0.764	0.376	0.032	0.028	0.007	0.003	0.111
SUMME(-)	-0.419	-0.143	-0.121	-0.141	-0.176	-0.376	-0.030	-0.022	-0.007	-0.029	-0.081
SUMME	-0.322	-0.005	0.171	0.995	0.589	0.000	0.002	0.006	0.000	-0.026	0.030
FAKTOR		a×a			a			a×a			

INFOLGE EINZELMOMENT Mt=1

IN

	M 0	M 0.2	M 0.5	Q 0	Q 0.2	Q 0.5	T 0	T 0.2	T 0.5	q 0	q 0.5
0.0×L2	-0.072	-0.024	0.006	0.151	0.087	0.020	-0.128	-0.096	-0.062	-0.180	-0.089
0.1×L2	-0.087	-0.031	0.006	0.177	0.104	0.026	-0.147	-0.111	-0.072	-0.207	-0.103
0.2×L2	-0.102	-0.038	0.006	0.206	0.121	0.031	-0.170	-0.127	-0.082	-0.238	-0.119
0.3×L2	-0.118	-0.043	0.007	0.236	0.139	0.036	-0.195	-0.146	-0.095	-0.273	-0.137
0.4×L2	-0.131	-0.047	0.009	0.268	0.157	0.039	-0.224	-0.168	-0.109	-0.313	-0.157
0.5×L2	-0.142	-0.048	0.013	0.302	0.174	0.039	-0.256	-0.192	-0.125	-0.360	-0.179
0.6×L2	-0.150	-0.046	0.019	0.337	0.191	0.037	-0.293	-0.220	-0.143	-0.413	-0.203
0.7×L2	-0.155	-0.041	0.027	0.373	0.206	0.032	-0.334	-0.251	-0.164	-0.474	-0.230
0.8×L2	-0.156	-0.031	0.038	0.412	0.221	0.024	-0.382	-0.287	-0.188	-0.544	-0.260
0.9×L2	-0.155	-0.019	0.051	0.454	0.237	0.013	-0.437	-0.328	-0.216	-0.624	-0.294
1.0×L2	-0.154	-0.005	0.066	0.504	0.255	-0.000	-0.500	-0.376	-0.248	-0.717	-0.334
0.0×L1	-0.154	-0.005	0.066	0.504	0.255	-0.000	0.500	-0.376	-0.248	-0.717	-0.334
0.1×L1	-0.155	0.009	0.082	0.544	0.278	-0.013	0.436	-0.431	-0.285	-0.624	-0.381
0.2×L1	-0.156	0.020	0.099	0.558	0.311	-0.023	0.381	-0.495	-0.328	-0.543	-0.436
(0.2×L1)								0.505			
0.3×L1	-0.154	0.025	0.113	0.551	0.336	-0.027	0.334	0.441	-0.378	-0.473	-0.501
0.4×L1	-0.149	0.026	0.125	0.527	0.341	-0.021	0.292	0.385	-0.434	-0.412	-0.578
0.5×L1	-0.141	0.024	0.129	0.490	0.329	0.000	0.255	0.336	-0.500	-0.359	-0.670
(0.5×L1)									0.500		
0.6×L1	-0.130	0.021	0.125	0.445	0.305	0.021	0.223	0.292	0.434	-0.313	-0.578
0.7×L1	-0.116	0.019	0.113	0.394	0.273	0.027	0.194	0.255	0.378	-0.272	-0.501
0.8×L1	-0.100	0.016	0.099	0.342	0.237	0.023	0.168	0.221	0.328	-0.236	-0.436
0.9×L1	-0.084	0.015	0.082	0.292	0.200	0.013	0.146	0.192	0.285	-0.205	-0.381
0.0×L2	-0.069	0.013	0.066	0.244	0.164	0.000	0.126	0.166	0.248	-0.178	-0.334
0.2×L2	-0.043	0.011	0.038	0.164	0.103	-0.024	0.094	0.125	0.188	-0.134	-0.260
0.4×L2	-0.025	0.010	0.019	0.107	0.061	-0.037	0.071	0.094	0.143	-0.101	-0.203
0.6×L2	-0.015	0.008	0.009	0.073	0.037	-0.039	0.053	0.071	0.109	-0.076	-0.157
0.8×L2	-0.010	0.006	0.006	0.053	0.027	-0.031	0.040	0.054	0.082	-0.058	-0.119
FAKTOR					1/a						1/(a×a)

INFOLGE STRECKENMOMENT mt=1

IN FELD

	M 0	M 0.2	M 0.5	Q 0	Q 0.2	Q 0.5	T 0	T 0.2	T 0.5	q 0	q 0.5
3L	-0.064	-0.017	0.012	0.156	0.086	0.013	-0.140	-0.105	-0.069	-0.198	-0.096
2L	-0.262	-0.072	0.042	0.618	0.344	0.057	-0.550	-0.413	-0.269	-0.777	-0.378
1,BIS SPRUNG					0.112	-0.018		-0.173	-0.359		
1,REST	-0.259	0.036	0.207	0.905	0.483	0.018	0.548	0.491	0.359	-0.776	-0.957
2R	-0.051	0.017	0.042	0.214	0.127	-0.057	0.134	0.177	0.269	-0.191	-0.378
3R	-0.013	0.005	0.012	0.055	0.033	-0.013	0.034	0.045	0.069	-0.048	-0.096
SUMME(+)	0.000	0.058	0.314	1.947	1.155	0.088	0.716	0.713	0.697	0.000	0.000
SUMME(-)	-0.651	-0.089	0.000	0.000	0.000	-0.088	-0.690	-0.691	-0.697	-1.991	-1.905
SUMME	-0.651	-0.031	0.314	1.947	1.155	0.000	0.026	0.022	0.000	-1.991	-1.905
FAKTOR		a			a						1/a

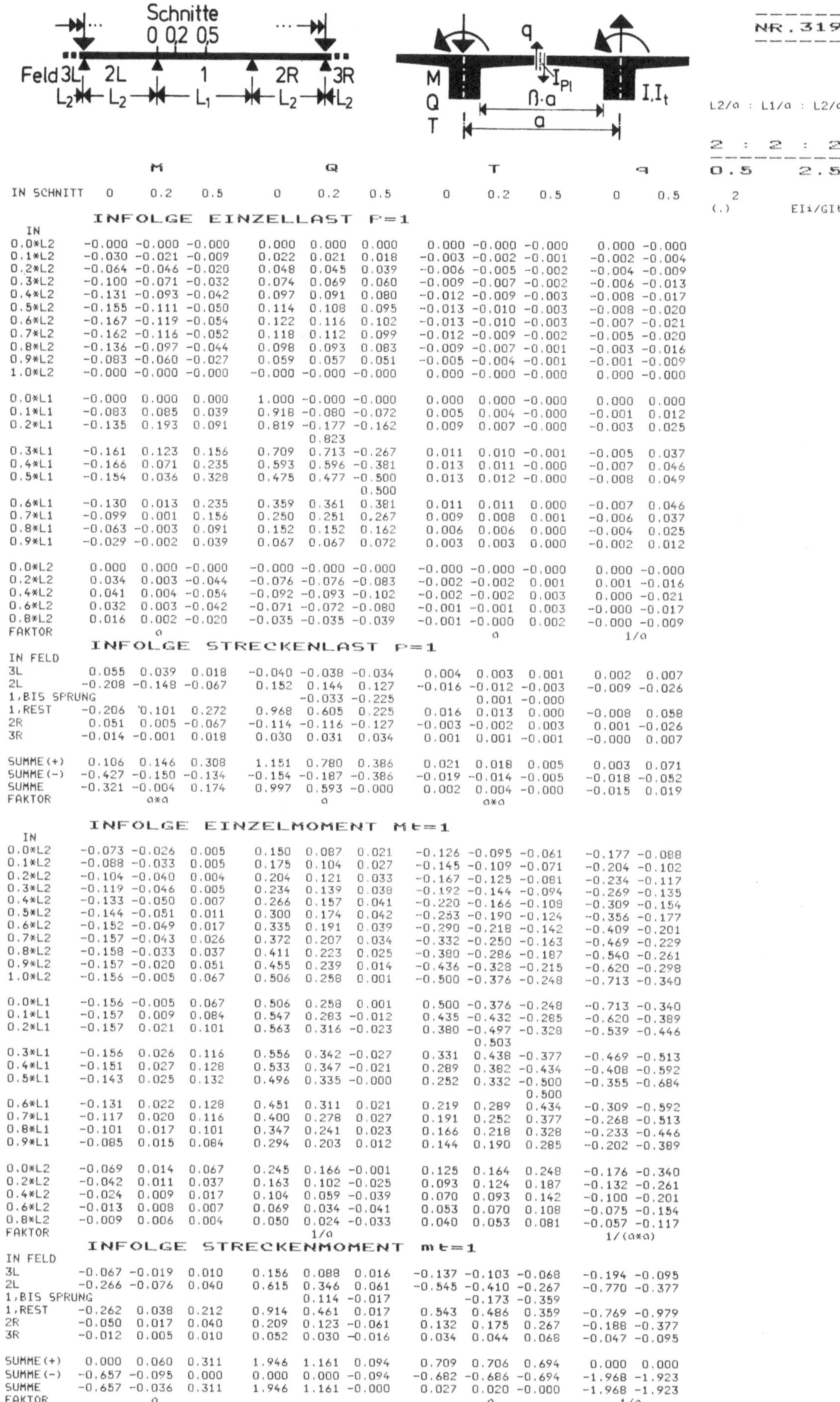

| | M | | | Q | | | T | | | q | |
IN SCHNITT	0	0.2	0.5	0	0.2	0.5	0	0.2	0.5	0	0.5

INFOLGE EINZELLAST P=1

IN

	M(0)	M(0.2)	M(0.5)	Q(0)	Q(0.2)	Q(0.5)	T(0)	T(0.2)	T(0.5)	q(0)	q(0.5)
0.0*L2	-0.000	-0.000	-0.000	0.000	0.000	0.000	0.000	-0.000	-0.000	0.000	-0.000
0.1*L2	-0.030	-0.021	-0.009	0.022	0.021	0.018	-0.003	-0.002	-0.001	-0.002	-0.004
0.2*L2	-0.064	-0.046	-0.020	0.048	0.045	0.039	-0.006	-0.005	-0.002	-0.004	-0.009
0.3*L2	-0.100	-0.071	-0.032	0.074	0.069	0.060	-0.009	-0.007	-0.002	-0.006	-0.013
0.4*L2	-0.131	-0.093	-0.042	0.097	0.091	0.080	-0.012	-0.009	-0.003	-0.008	-0.017
0.5*L2	-0.155	-0.111	-0.050	0.114	0.108	0.095	-0.013	-0.010	-0.003	-0.008	-0.020
0.6*L2	-0.167	-0.119	-0.054	0.122	0.116	0.102	-0.013	-0.010	-0.003	-0.007	-0.021
0.7*L2	-0.162	-0.116	-0.052	0.118	0.112	0.099	-0.012	-0.009	-0.002	-0.005	-0.020
0.8*L2	-0.136	-0.097	-0.044	0.098	0.093	0.083	-0.009	-0.007	-0.001	-0.003	-0.016
0.9*L2	-0.083	-0.060	-0.027	0.059	0.057	0.051	-0.005	-0.004	-0.001	-0.001	-0.009
1.0*L2	-0.000	-0.000	-0.000	-0.000	-0.000	-0.000	0.000	-0.000	-0.000	0.000	-0.000
0.0*L1	-0.000	0.000	0.000	1.000	-0.000	-0.000	0.000	0.000	-0.000	0.000	0.000
0.1*L1	-0.083	0.085	0.039	0.918	-0.080	-0.072	0.005	0.004	-0.000	-0.001	0.012
0.2*L1	-0.135	0.193	0.091	0.819	-0.177	-0.162	0.009	0.007	-0.000	-0.003	0.025
					0.823						
0.3*L1	-0.161	0.123	0.156	0.709	0.713	-0.267	0.011	0.010	-0.001	-0.005	0.037
0.4*L1	-0.166	0.071	0.235	0.593	0.596	-0.381	0.013	0.011	-0.000	-0.007	0.046
0.5*L1	-0.154	0.036	0.328	0.475	0.477	-0.500	0.013	0.012	-0.000	-0.008	0.049
						0.500					
0.6*L1	-0.130	0.013	0.235	0.359	0.361	0.381	0.011	0.011	0.000	-0.007	0.046
0.7*L1	-0.099	0.001	0.156	0.250	0.251	0.267	0.009	0.008	0.001	-0.006	0.037
0.8*L1	-0.063	-0.003	0.091	0.152	0.152	0.162	0.006	0.006	0.000	-0.004	0.025
0.9*L1	-0.029	-0.002	0.039	0.067	0.067	0.072	0.003	0.003	0.000	-0.002	0.012
0.0*L2	0.000	0.000	0.000	-0.000	-0.000	-0.000	-0.000	-0.000	-0.000	0.000	-0.000
0.2*L2	0.034	0.003	-0.044	-0.076	-0.076	-0.083	-0.002	-0.002	0.001	0.001	-0.016
0.4*L2	0.041	0.004	-0.054	-0.092	-0.093	-0.102	-0.002	-0.002	0.003	0.000	-0.021
0.6*L2	0.032	0.003	-0.042	-0.071	-0.072	-0.080	-0.001	-0.001	0.003	-0.000	-0.017
0.8*L2	0.016	0.002	-0.020	-0.035	-0.035	-0.039	-0.001	-0.000	0.002	-0.000	-0.009
FAKTOR	a						a			1/a	

INFOLGE STRECKENLAST P=1

IN FELD

	M(0)	M(0.2)	M(0.5)	Q(0)	Q(0.2)	Q(0.5)	T(0)	T(0.2)	T(0.5)	q(0)	q(0.5)
3L	0.055	0.039	0.018	-0.040	-0.038	-0.034	0.004	0.003	0.001	0.002	0.007
2L	-0.208	-0.148	-0.067	0.152	0.144	0.127	-0.016	-0.012	-0.003	-0.009	-0.026
1,BIS SPRUNG					-0.033	-0.225	0.001	-0.000			
1,REST	-0.206	0.101	0.272	0.968	0.605	0.225	0.016	0.013	0.000	-0.008	0.058
2R	0.051	0.005	-0.067	-0.114	-0.116	-0.127	-0.003	-0.002	0.003	0.001	-0.026
3R	-0.014	-0.001	0.018	0.030	0.031	0.034	0.001	0.001	-0.001	-0.000	0.007
SUMME(+)	0.106	0.146	0.308	1.151	0.780	0.386	0.021	0.018	0.005	0.003	0.071
SUMME(-)	-0.427	-0.150	-0.134	-0.154	-0.187	-0.386	-0.019	-0.014	-0.005	-0.018	-0.052
SUMME	-0.321	-0.004	0.174	0.997	0.593	-0.000	0.002	0.004	-0.000	-0.015	0.019
FAKTOR	a*a			a			a*a			1/a	

INFOLGE EINZELMOMENT Mt=1

IN

	M(0)	M(0.2)	M(0.5)	Q(0)	Q(0.2)	Q(0.5)	T(0)	T(0.2)	T(0.5)	q(0)	q(0.5)
0.0*L2	-0.073	-0.026	0.005	0.150	0.087	0.021	-0.126	-0.095	-0.061	-0.177	-0.088
0.1*L2	-0.088	-0.033	0.005	0.175	0.104	0.027	-0.145	-0.109	-0.071	-0.204	-0.102
0.2*L2	-0.104	-0.040	0.004	0.204	0.121	0.033	-0.167	-0.125	-0.081	-0.234	-0.117
0.3*L2	-0.119	-0.046	0.005	0.234	0.139	0.038	-0.192	-0.144	-0.094	-0.269	-0.135
0.4*L2	-0.133	-0.050	0.007	0.266	0.157	0.041	-0.220	-0.166	-0.108	-0.309	-0.154
0.5*L2	-0.144	-0.051	0.011	0.300	0.174	0.042	-0.253	-0.190	-0.124	-0.356	-0.177
0.6*L2	-0.152	-0.049	0.017	0.335	0.191	0.039	-0.290	-0.218	-0.142	-0.409	-0.201
0.7*L2	-0.157	-0.043	0.026	0.372	0.207	0.034	-0.332	-0.250	-0.163	-0.469	-0.229
0.8*L2	-0.158	-0.033	0.037	0.411	0.223	0.025	-0.380	-0.286	-0.187	-0.540	-0.261
0.9*L2	-0.157	-0.020	0.051	0.455	0.239	0.014	-0.436	-0.328	-0.215	-0.620	-0.298
1.0*L2	-0.156	-0.005	0.067	0.506	0.258	0.001	-0.500	-0.376	-0.248	-0.713	-0.340
0.0*L1	-0.156	-0.005	0.067	0.506	0.258	0.001	0.500	-0.376	-0.248	-0.713	-0.340
0.1*L1	-0.157	0.009	0.084	0.547	0.283	-0.012	0.435	-0.432	-0.285	-0.620	-0.389
0.2*L1	-0.157	0.021	0.101	0.563	0.316	-0.023	0.380	-0.497	-0.328	-0.539	-0.446
								0.503			
0.3*L1	-0.156	0.026	0.116	0.556	0.342	-0.027	0.331	0.438	-0.377	-0.469	-0.513
0.4*L1	-0.151	0.027	0.128	0.533	0.347	-0.021	0.289	0.382	-0.434	-0.408	-0.592
0.5*L1	-0.143	0.025	0.132	0.496	0.335	-0.000	0.252	0.332	-0.500	-0.355	-0.684
									0.500		
0.6*L1	-0.131	0.022	0.128	0.451	0.311	0.021	0.219	0.289	0.434	-0.309	-0.592
0.7*L1	-0.117	0.020	0.116	0.400	0.278	0.027	0.191	0.252	0.377	-0.268	-0.513
0.8*L1	-0.101	0.017	0.101	0.347	0.241	0.023	0.166	0.218	0.328	-0.233	-0.446
0.9*L1	-0.085	0.015	0.084	0.294	0.203	0.012	0.144	0.190	0.285	-0.202	-0.389
0.0*L2	-0.069	0.014	0.067	0.245	0.166	-0.001	0.125	0.164	0.248	-0.176	-0.340
0.2*L2	-0.042	0.011	0.037	0.163	0.102	-0.025	0.093	0.124	0.187	-0.132	-0.261
0.4*L2	-0.024	0.009	0.017	0.104	0.059	-0.039	0.070	0.093	0.142	-0.100	-0.201
0.6*L2	-0.013	0.008	0.007	0.069	0.034	-0.041	0.053	0.070	0.108	-0.075	-0.154
0.8*L2	-0.009	0.006	0.004	0.050	0.024	-0.033	0.040	0.053	0.081	-0.057	-0.117
FAKTOR				1/a						1/(a*a)	

INFOLGE STRECKENMOMENT mt=1

IN FELD

	M(0)	M(0.2)	M(0.5)	Q(0)	Q(0.2)	Q(0.5)	T(0)	T(0.2)	T(0.5)	q(0)	q(0.5)
3L	-0.067	-0.019	0.010	0.156	0.088	0.016	-0.137	-0.103	-0.068	-0.194	-0.095
2L	-0.266	-0.076	0.040	0.615	0.346	0.061	-0.545	-0.410	-0.267	-0.770	-0.377
1,BIS SPRUNG					0.114	-0.017		-0.173	-0.359		
1,REST	-0.262	0.038	0.212	0.914	0.461	0.017	0.543	0.486	0.359	-0.769	-0.979
2R	-0.050	0.017	0.040	0.209	0.123	-0.061	0.132	0.175	0.267	-0.188	-0.377
3R	-0.012	0.005	0.010	0.052	0.030	-0.016	0.034	0.044	0.068	-0.047	-0.095
SUMME(+)	0.000	0.060	0.311	1.946	1.161	0.094	0.709	0.706	0.694	0.000	0.000
SUMME(-)	-0.657	-0.095	0.000	0.000	0.000	-0.094	-0.682	-0.686	-0.694	-1.968	-1.923
SUMME	-0.657	-0.036	0.311	1.946	1.161	-0.000	0.027	0.020	-0.000	-1.968	-1.923
FAKTOR	a			a			a			1/a	

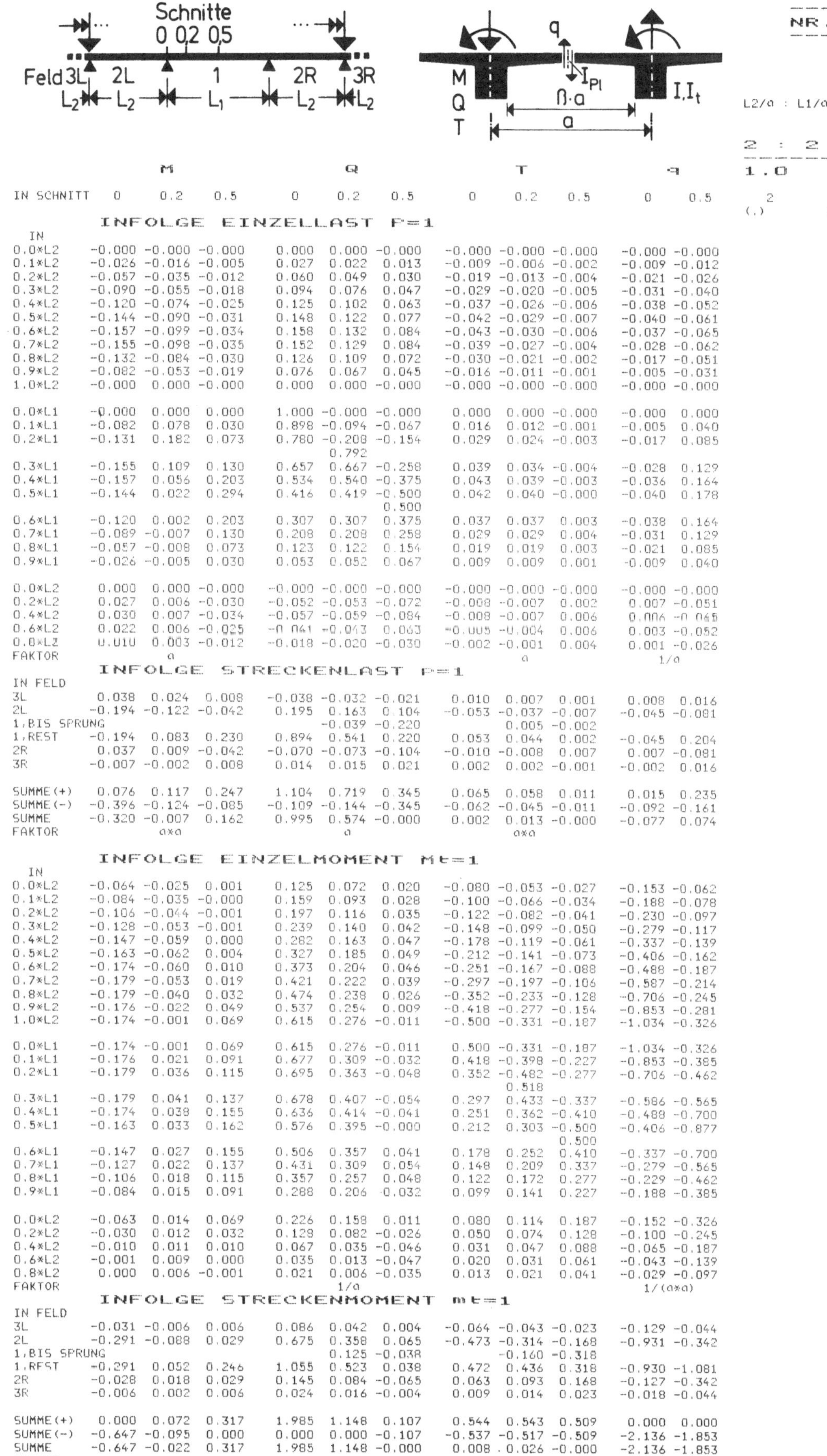

| | M | | | Q | | | T | | | q | |
IN SCHNITT	0	0.2	0.5	0	0.2	0.5	0	0.2	0.5	0	0.5

INFOLGE EINZELLAST P=1

IN	M 0	M 0.2	M 0.5	Q 0	Q 0.2	Q 0.5	T 0	T 0.2	T 0.5	q 0	q 0.5
0.0×L2	-0.000	-0.000	-0.000	0.000	0.000	0.000	-0.000	-0.000	-0.000	-0.000	-0.000
0.1×L2	-0.026	-0.016	-0.005	0.027	0.022	0.013	-0.009	-0.006	-0.002	-0.009	-0.012
0.2×L2	-0.057	-0.035	-0.012	0.060	0.049	0.030	-0.019	-0.013	-0.004	-0.021	-0.026
0.3×L2	-0.090	-0.055	-0.018	0.094	0.076	0.047	-0.029	-0.020	-0.005	-0.031	-0.040
0.4×L2	-0.120	-0.074	-0.025	0.125	0.102	0.063	-0.037	-0.026	-0.006	-0.038	-0.052
0.5×L2	-0.144	-0.090	-0.031	0.148	0.122	0.077	-0.042	-0.029	-0.007	-0.040	-0.061
0.6×L2	-0.157	-0.099	-0.034	0.158	0.132	0.084	-0.043	-0.030	-0.006	-0.037	-0.065
0.7×L2	-0.155	-0.098	-0.035	0.152	0.129	0.084	-0.039	-0.027	-0.004	-0.028	-0.062
0.8×L2	-0.132	-0.084	-0.030	0.126	0.109	0.072	-0.030	-0.021	-0.002	-0.017	-0.051
0.9×L2	-0.082	-0.053	-0.019	0.076	0.067	0.045	-0.016	-0.011	-0.001	-0.005	-0.031
1.0×L2	-0.000	-0.000	-0.000	0.000	0.000	-0.000	-0.000	-0.000	-0.000	-0.000	-0.000
0.0×L1	-0.000	0.000	0.000	1.000	-0.000	-0.000	0.000	0.000	0.000	-0.000	0.000
0.1×L1	-0.082	0.078	0.030	0.898	-0.094	-0.067	0.016	0.012	-0.001	-0.005	0.040
0.2×L1	-0.131	0.182	0.073	0.780 / 0.792	-0.208	-0.154	0.029	0.024	-0.003	-0.017	0.085
0.3×L1	-0.155	0.109	0.130	0.657	0.667	-0.258	0.039	0.034	-0.004	-0.028	0.129
0.4×L1	-0.157	0.056	0.203	0.534	0.540	-0.375	0.043	0.039	-0.003	-0.036	0.164
0.5×L1	-0.144	0.022	0.294	0.416	0.419	-0.500 / 0.500	0.042	0.040	-0.000	-0.040	0.178
0.6×L1	-0.120	0.002	0.203	0.307	0.307	0.375	0.037	0.037	0.003	-0.038	0.164
0.7×L1	-0.089	-0.007	0.130	0.208	0.208	0.258	0.029	0.029	0.004	-0.031	0.129
0.8×L1	-0.057	-0.008	0.073	0.123	0.122	0.154	0.019	0.019	0.003	-0.021	0.085
0.9×L1	-0.026	-0.005	0.030	0.053	0.052	0.067	0.009	0.009	0.001	-0.009	0.040
0.0×L2	0.000	0.000	-0.000	-0.000	-0.000	-0.000	-0.000	-0.000	-0.000	-0.000	-0.000
0.2×L2	0.027	0.006	-0.030	-0.052	-0.053	-0.072	-0.008	-0.007	0.002	0.007	-0.051
0.4×L2	0.030	0.007	-0.034	-0.057	-0.059	-0.084	-0.008	-0.007	0.006	0.006	-0.045
0.6×L2	0.022	0.006	-0.025	-0.061	-0.043	0.063	-0.005	-0.004	0.006	0.003	-0.052
0.8×L2	0.010	0.003	-0.012	-0.018	-0.020	-0.030	-0.002	-0.001	0.004	0.001	-0.026
FAKTOR	a						a			1/a	

INFOLGE STRECKENLAST P=1

IN FELD	M 0	M 0.2	M 0.5	Q 0	Q 0.2	Q 0.5	T 0	T 0.2	T 0.5	q 0	q 0.5
3L	0.038	0.024	0.008	-0.038	-0.032	-0.021	0.010	0.007	0.001	0.008	0.016
2L	-0.194	-0.122	-0.042	0.195	0.163	0.104	-0.053	-0.037	-0.007	-0.045	-0.081
1,BIS SPRUNG					-0.039	-0.220		0.005	-0.002		
1,REST	-0.194	0.083	0.230	0.894	0.541	0.220	0.053	0.044	0.002	-0.045	0.204
2R	0.037	0.009	-0.042	-0.070	-0.073	-0.104	-0.010	-0.008	0.007	0.007	-0.081
3R	-0.007	-0.002	0.008	0.014	0.015	0.021	0.002	0.002	-0.001	-0.002	0.016
SUMME(+)	0.076	0.117	0.247	1.104	0.719	0.345	0.065	0.058	0.011	0.015	0.235
SUMME(-)	-0.396	-0.124	-0.085	-0.109	-0.144	-0.345	-0.062	-0.045	-0.011	-0.092	-0.161
SUMME	-0.320	-0.007	0.162	0.995	0.574	-0.000	0.002	0.013	-0.000	-0.077	0.074
FAKTOR	a×a			a			a×a				

INFOLGE EINZELMOMENT Mt=1

IN	M 0	M 0.2	M 0.5	Q 0	Q 0.2	Q 0.5	T 0	T 0.2	T 0.5	q 0	q 0.5
0.0×L2	-0.064	-0.025	0.001	0.125	0.072	0.020	-0.080	-0.053	-0.027	-0.153	-0.062
0.1×L2	-0.084	-0.035	-0.000	0.159	0.093	0.028	-0.100	-0.066	-0.034	-0.188	-0.078
0.2×L2	-0.106	-0.044	-0.001	0.197	0.116	0.035	-0.122	-0.082	-0.041	-0.230	-0.097
0.3×L2	-0.128	-0.053	-0.001	0.239	0.140	0.042	-0.148	-0.099	-0.050	-0.279	-0.117
0.4×L2	-0.147	-0.059	0.000	0.282	0.163	0.047	-0.178	-0.119	-0.061	-0.337	-0.139
0.5×L2	-0.163	-0.062	0.004	0.327	0.185	0.049	-0.212	-0.141	-0.073	-0.406	-0.162
0.6×L2	-0.174	-0.060	0.010	0.373	0.204	0.046	-0.251	-0.167	-0.088	-0.488	-0.187
0.7×L2	-0.179	-0.053	0.019	0.421	0.222	0.039	-0.297	-0.197	-0.106	-0.587	-0.214
0.8×L2	-0.179	-0.040	0.032	0.474	0.238	0.026	-0.352	-0.233	-0.128	-0.706	-0.245
0.9×L2	-0.176	-0.022	0.049	0.537	0.254	0.009	-0.418	-0.277	-0.154	-0.853	-0.281
1.0×L2	-0.174	-0.001	0.069	0.615	0.276	-0.011	-0.500	-0.331	-0.187	-1.034	-0.326
0.0×L1	-0.174	-0.001	0.069	0.615	0.276	-0.011	0.500	-0.331	-0.187	-1.034	-0.326
0.1×L1	-0.176	0.021	0.091	0.677	0.309	-0.032	0.418	-0.398	-0.227	-0.853	-0.385
0.2×L1	-0.179	0.036	0.115	0.695	0.363	-0.048	0.352	-0.482	-0.277 / 0.518	-0.706	-0.462
0.3×L1	-0.179	0.041	0.137	0.678	0.407	-0.054	0.297	0.433	-0.337	-0.586	-0.565
0.4×L1	-0.174	0.038	0.155	0.636	0.414	-0.041	0.251	0.362	-0.410	-0.488	-0.700
0.5×L1	-0.163	0.033	0.162	0.576	0.395	-0.000	0.212	0.303	-0.500 / 0.500	-0.406	-0.877
0.6×L1	-0.147	0.027	0.155	0.506	0.357	0.041	0.178	0.252	0.410	-0.337	-0.700
0.7×L1	-0.127	0.022	0.137	0.431	0.309	0.054	0.148	0.209	0.337	-0.279	-0.565
0.8×L1	-0.106	0.018	0.115	0.357	0.257	0.048	0.122	0.172	0.277	-0.229	-0.462
0.9×L1	-0.084	0.015	0.091	0.288	0.206	0.032	0.099	0.141	0.227	-0.188	-0.385
0.0×L2	-0.063	0.014	0.069	0.226	0.158	0.011	0.080	0.114	0.187	-0.152	-0.326
0.2×L2	-0.030	0.012	0.032	0.129	0.082	-0.026	0.050	0.074	0.128	-0.100	-0.245
0.4×L2	-0.010	0.011	0.010	0.067	0.035	-0.046	0.031	0.047	0.088	-0.065	-0.187
0.6×L2	-0.001	0.009	0.000	0.035	0.013	-0.047	0.020	0.031	0.061	-0.043	-0.139
0.8×L2	0.000	0.006	-0.001	0.021	0.006	-0.035	0.013	0.021	0.041	-0.029	-0.097
FAKTOR				1/a						1/(a×a)	

INFOLGE STRECKENMOMENT mt=1

IN FELD	M 0	M 0.2	M 0.5	Q 0	Q 0.2	Q 0.5	T 0	T 0.2	T 0.5	q 0	q 0.5
3L	-0.031	-0.006	0.006	0.086	0.042	0.004	-0.064	-0.043	-0.023	-0.129	-0.044
2L	-0.291	-0.088	0.029	0.675	0.358	0.065	-0.473	-0.314	-0.168	-0.931	-0.342
1,BIS SPRUNG					0.125	-0.038		-0.160	-0.318		
1,REST	-0.291	0.052	0.246	1.055	0.523	0.038	0.472	0.436	0.318	-0.930	-1.081
2R	-0.028	0.018	0.029	0.145	0.084	-0.065	0.063	0.093	0.168	-0.127	-0.342
3R	-0.006	0.002	0.006	0.024	0.016	-0.004	0.009	0.014	0.023	-0.018	-0.044
SUMME(+)	0.000	0.072	0.317	1.985	1.148	0.107	0.544	0.543	0.509	0.000	0.000
SUMME(-)	-0.647	-0.095	0.000	0.000	0.000	-0.107	-0.537	-0.517	-0.509	-2.136	-1.853
SUMME	-0.647	-0.022	0.317	1.985	1.148	-0.000	0.008	0.026	-0.000	-2.136	-1.853
FAKTOR	a						a			1/a	

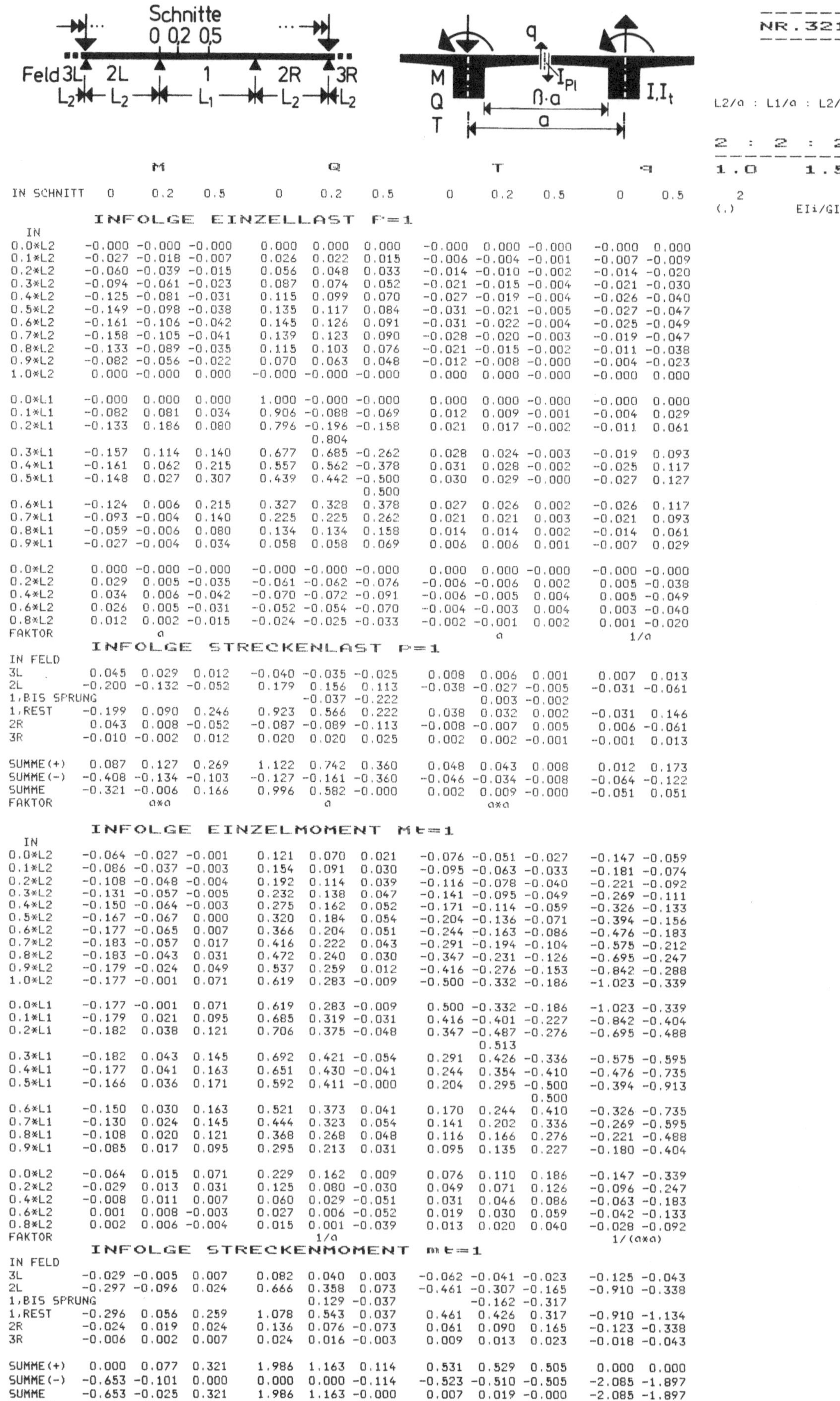

	M			Q			T			q	
IN SCHNITT	0	0.2	0.5	0	0.2	0.5	0	0.2	0.5	0	0.5

INFOLGE EINZELLAST P=1

IN	M:0	M:0.2	M:0.5	Q:0	Q:0.2	Q:0.5	T:0	T:0.2	T:0.5	q:0	q:0.5
0.0*L2	-0.000	-0.000	-0.000	0.000	0.000	0.000	-0.000	0.000	-0.000	-0.000	0.000
0.1*L2	-0.027	-0.018	-0.007	0.026	0.022	0.015	-0.006	-0.004	-0.001	-0.007	-0.009
0.2*L2	-0.060	-0.039	-0.015	0.056	0.048	0.033	-0.014	-0.010	-0.002	-0.014	-0.020
0.3*L2	-0.094	-0.061	-0.023	0.087	0.074	0.052	-0.021	-0.015	-0.004	-0.021	-0.030
0.4*L2	-0.125	-0.081	-0.031	0.115	0.099	0.070	-0.027	-0.019	-0.004	-0.026	-0.040
0.5*L2	-0.149	-0.098	-0.038	0.135	0.117	0.084	-0.031	-0.021	-0.005	-0.027	-0.047
0.6*L2	-0.161	-0.106	-0.042	0.145	0.126	0.091	-0.031	-0.022	-0.004	-0.025	-0.049
0.7*L2	-0.158	-0.105	-0.041	0.139	0.123	0.090	-0.028	-0.020	-0.003	-0.019	-0.047
0.8*L2	-0.133	-0.089	-0.035	0.115	0.103	0.076	-0.021	-0.015	-0.002	-0.011	-0.038
0.9*L2	-0.082	-0.056	-0.022	0.070	0.063	0.048	-0.012	-0.008	-0.000	-0.004	-0.023
1.0*L2	0.000	0.000	0.000	-0.000	-0.000	-0.000	0.000	0.000	0.000	-0.000	0.000
0.0*L1	-0.000	0.000	0.000	1.000	-0.000	-0.000	0.000	0.000	-0.000	-0.000	0.000
0.1*L1	-0.082	0.081	0.034	0.906	-0.088	-0.069	0.012	0.009	-0.001	-0.004	0.029
0.2*L1	-0.133	0.186	0.080	0.796	-0.196	-0.158	0.021	0.017	-0.002	-0.011	0.061
				0.804							
0.3*L1	-0.157	0.114	0.140	0.677	0.685	-0.262	0.028	0.024	-0.003	-0.019	0.093
0.4*L1	-0.161	0.062	0.215	0.557	0.562	-0.378	0.031	0.028	-0.002	-0.025	0.117
0.5*L1	-0.148	0.027	0.307	0.439	0.442	-0.500	0.030	0.029	-0.000	-0.027	0.127
						0.500					
0.6*L1	-0.124	0.006	0.215	0.327	0.328	0.378	0.027	0.026	0.002	-0.026	0.117
0.7*L1	-0.093	-0.004	0.140	0.225	0.225	0.262	0.021	0.021	0.003	-0.021	0.093
0.8*L1	-0.059	-0.006	0.080	0.134	0.134	0.158	0.014	0.014	0.002	-0.014	0.061
0.9*L1	-0.027	-0.004	0.034	0.058	0.058	0.069	0.006	0.006	0.001	-0.007	0.029
0.0*L2	0.000	-0.000	-0.000	-0.000	-0.000	-0.000	0.000	0.000	-0.000	-0.000	-0.000
0.2*L2	0.029	0.005	-0.035	-0.061	-0.062	-0.076	-0.006	-0.006	0.002	0.005	-0.038
0.4*L2	0.034	0.006	-0.042	-0.070	-0.072	-0.091	-0.006	-0.005	0.004	0.005	-0.049
0.6*L2	0.026	0.005	-0.031	-0.052	-0.054	-0.070	-0.004	-0.003	0.004	0.003	-0.040
0.8*L2	0.012	0.002	-0.015	-0.024	-0.025	-0.033	-0.002	-0.001	0.002	0.001	-0.020
FAKTOR	a						a			1/a	

INFOLGE STRECKENLAST p=1

IN FELD	M:0	M:0.2	M:0.5	Q:0	Q:0.2	Q:0.5	T:0	T:0.2	T:0.5	q:0	q:0.5
3L	0.045	0.029	0.012	-0.040	-0.035	-0.025	0.008	0.006	0.001	0.007	0.013
2L	-0.200	-0.132	-0.052	0.179	0.156	0.113	-0.038	-0.027	-0.005	-0.031	-0.061
1,BIS SPRUNG				-0.037	-0.222		0.003	-0.002			
1,REST	-0.199	0.090	0.246	0.923	0.566	0.222	0.038	0.032	0.002	-0.031	0.146
2R	0.043	0.008	-0.052	-0.087	-0.089	-0.113	-0.008	-0.007	0.005	0.006	-0.061
3R	-0.010	-0.002	0.012	0.020	0.020	0.025	0.002	0.002	-0.001	-0.001	0.013
SUMME(+)	0.087	0.127	0.269	1.122	0.742	0.360	0.048	0.043	0.008	0.012	0.173
SUMME(-)	-0.408	-0.134	-0.103	-0.127	-0.161	-0.360	-0.046	-0.034	-0.008	-0.064	-0.122
SUMME	-0.321	-0.006	0.166	0.996	0.582	-0.000	0.002	0.009	-0.000	-0.051	0.051
FAKTOR	a×a			a			a×a				

INFOLGE EINZELMOMENT Mt=1

IN	M:0	M:0.2	M:0.5	Q:0	Q:0.2	Q:0.5	T:0	T:0.2	T:0.5	q:0	q:0.5
0.0*L2	-0.064	-0.027	-0.001	0.121	0.070	0.021	-0.076	-0.051	-0.027	-0.147	-0.059
0.1*L2	-0.086	-0.037	-0.003	0.154	0.091	0.030	-0.095	-0.063	-0.033	-0.181	-0.074
0.2*L2	-0.108	-0.048	-0.004	0.192	0.114	0.039	-0.116	-0.078	-0.040	-0.221	-0.092
0.3*L2	-0.131	-0.057	-0.005	0.232	0.138	0.047	-0.141	-0.095	-0.049	-0.269	-0.111
0.4*L2	-0.150	-0.064	-0.003	0.275	0.162	0.052	-0.171	-0.114	-0.059	-0.326	-0.133
0.5*L2	-0.167	-0.067	0.000	0.320	0.184	0.054	-0.204	-0.136	-0.071	-0.394	-0.156
0.6*L2	-0.177	-0.065	0.007	0.366	0.204	0.051	-0.244	-0.163	-0.086	-0.476	-0.183
0.7*L2	-0.183	-0.057	0.017	0.416	0.222	0.043	-0.291	-0.194	-0.104	-0.575	-0.212
0.8*L2	-0.183	-0.043	0.031	0.472	0.240	0.030	-0.347	-0.231	-0.126	-0.695	-0.247
0.9*L2	-0.179	-0.024	0.049	0.537	0.259	0.012	-0.416	-0.276	-0.153	-0.842	-0.288
1.0*L2	-0.177	-0.001	0.071	0.619	0.283	-0.009	-0.500	-0.332	-0.186	-1.023	-0.339
0.0*L1	-0.177	-0.001	0.071	0.619	0.283	-0.009	0.500	-0.332	-0.186	-1.023	-0.339
0.1*L1	-0.179	0.021	0.095	0.685	0.319	-0.031	0.416	-0.401	-0.227	-0.842	-0.404
0.2*L1	-0.182	0.038	0.121	0.706	0.375	-0.048	0.347	-0.487	-0.276	-0.695	-0.488
							0.513				
0.3*L1	-0.182	0.043	0.145	0.692	0.421	-0.054	0.291	0.426	-0.336	-0.575	-0.595
0.4*L1	-0.177	0.041	0.163	0.651	0.430	-0.041	0.244	0.354	-0.410	-0.476	-0.735
0.5*L1	-0.166	0.036	0.171	0.592	0.411	-0.000	0.204	0.295	-0.500	-0.394	-0.913
									0.500		
0.6*L1	-0.150	0.030	0.163	0.521	0.373	0.041	0.170	0.244	0.410	-0.326	-0.735
0.7*L1	-0.130	0.024	0.145	0.444	0.323	0.054	0.141	0.202	0.336	-0.269	-0.595
0.8*L1	-0.108	0.020	0.121	0.368	0.268	0.048	0.116	0.166	0.276	-0.221	-0.488
0.9*L1	-0.085	0.017	0.095	0.295	0.213	0.031	0.095	0.135	0.227	-0.180	-0.404
0.0*L2	-0.064	0.015	0.071	0.229	0.162	0.009	0.076	0.110	0.186	-0.147	-0.339
0.2*L2	-0.029	0.013	0.031	0.125	0.080	-0.030	0.049	0.071	0.126	-0.096	-0.247
0.4*L2	-0.008	0.011	0.007	0.060	0.029	-0.051	0.031	0.046	0.086	-0.063	-0.183
0.6*L2	0.001	0.008	-0.003	0.027	0.006	-0.052	0.019	0.030	0.059	-0.042	-0.133
0.8*L2	0.002	0.006	-0.004	0.015	0.001	-0.039	0.013	0.020	0.040	-0.028	-0.092
FAKTOR				1/a						1/(a×a)	

INFOLGE STRECKENMOMENT mt=1

IN FELD	M:0	M:0.2	M:0.5	Q:0	Q:0.2	Q:0.5	T:0	T:0.2	T:0.5	q:0	q:0.5
3L	-0.029	-0.005	0.007	0.082	0.040	0.003	-0.062	-0.041	-0.023	-0.125	-0.043
2L	-0.297	-0.096	0.024	0.666	0.358	0.073	-0.461	-0.307	-0.165	-0.910	-0.338
1,BIS SPRUNG				0.129	-0.037		-0.162	-0.317			
1,REST	-0.296	0.056	0.259	1.078	0.543	0.037	0.461	0.426	0.317	-0.910	-1.134
2R	-0.024	0.019	0.024	0.136	0.076	-0.073	0.061	0.090	0.165	-0.123	-0.338
3R	-0.006	0.002	0.007	0.024	0.016	-0.003	0.009	0.013	0.023	-0.018	-0.043
SUMME(+)	0.000	0.077	0.321	1.986	1.163	0.114	0.531	0.529	0.505	0.000	0.000
SUMME(-)	-0.653	-0.101	0.000	0.000	0.000	-0.114	-0.523	-0.510	-0.505	-2.085	-1.897
SUMME	-0.653	-0.025	0.321	1.986	1.163	-0.000	0.007	0.019	-0.000	-2.085	-1.897
FAKTOR	a						a			1/a	

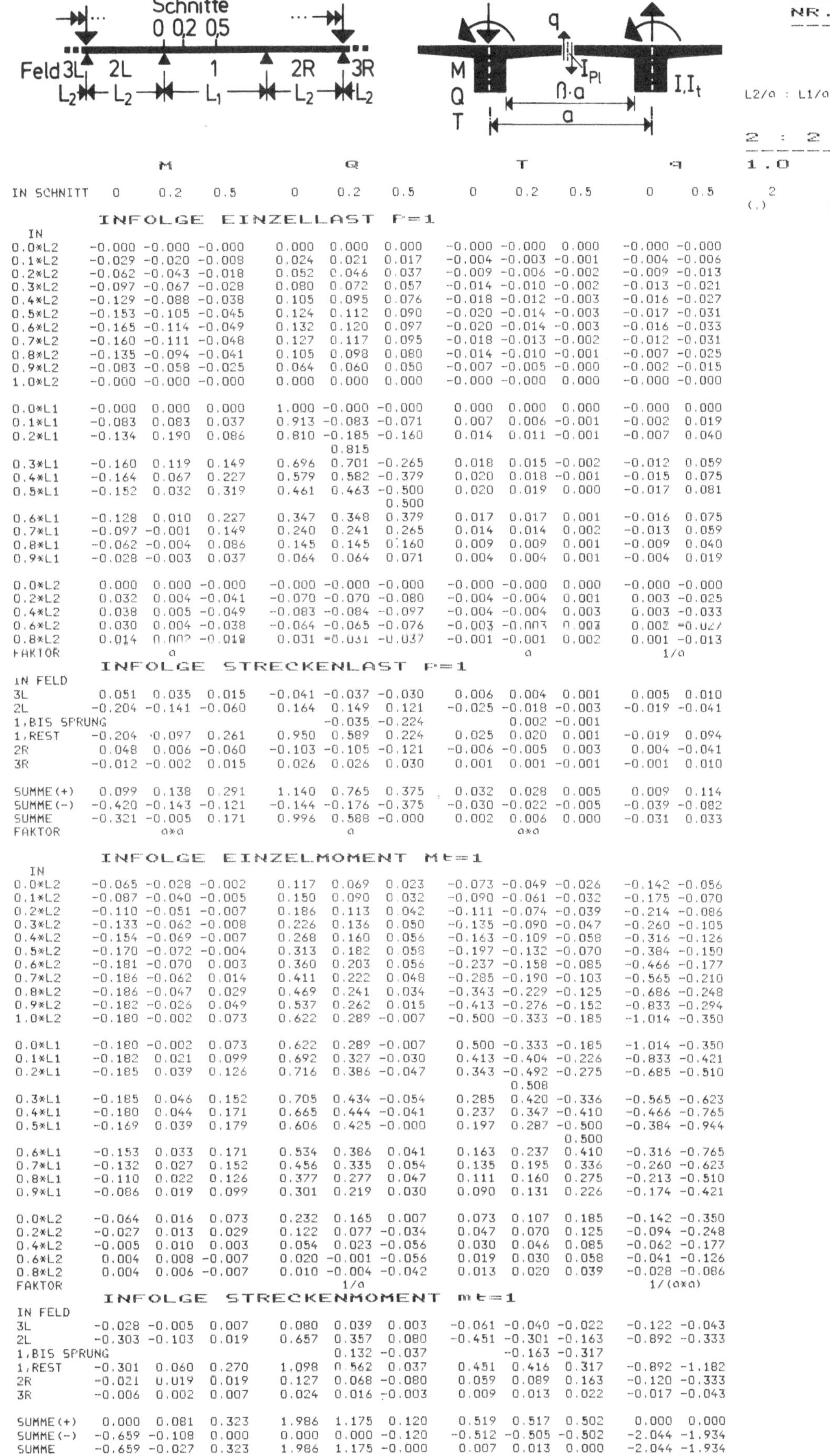

Column groups: **M** (SCHNITT 0, 0.2, 0.5), **Q** (0, 0.2, 0.5), **T** (0, 0.2, 0.5), **q** (0, 0.5)

INFOLGE EINZELLAST P=1

IN	M:0	M:0.2	M:0.5	Q:0	Q:0.2	Q:0.5	T:0	T:0.2	T:0.5	q:0	q:0.5
0.0*L2	-0.000	-0.000	-0.000	0.000	0.000	0.000	-0.000	-0.000	0.000	-0.000	-0.000
0.1*L2	-0.029	-0.020	-0.008	0.024	0.021	0.017	-0.004	-0.003	-0.001	-0.004	-0.006
0.2*L2	-0.062	-0.043	-0.018	0.052	0.046	0.037	-0.009	-0.006	-0.002	-0.009	-0.013
0.3*L2	-0.097	-0.067	-0.028	0.080	0.072	0.057	-0.014	-0.010	-0.002	-0.013	-0.021
0.4*L2	-0.129	-0.088	-0.038	0.105	0.095	0.076	-0.018	-0.012	-0.003	-0.016	-0.027
0.5*L2	-0.153	-0.105	-0.045	0.124	0.112	0.090	-0.020	-0.014	-0.003	-0.017	-0.031
0.6*L2	-0.165	-0.114	-0.049	0.132	0.120	0.097	-0.020	-0.014	-0.003	-0.016	-0.033
0.7*L2	-0.160	-0.111	-0.048	0.127	0.117	0.095	-0.018	-0.013	-0.002	-0.012	-0.031
0.8*L2	-0.135	-0.094	-0.041	0.105	0.098	0.080	-0.014	-0.010	-0.001	-0.007	-0.025
0.9*L2	-0.083	-0.058	-0.025	0.064	0.060	0.050	-0.007	-0.005	-0.000	-0.002	-0.015
1.0*L2	-0.000	-0.000	-0.000	0.000	0.000	0.000	-0.000	-0.000	0.000	-0.000	-0.000
0.0*L1	-0.000	0.000	0.000	1.000	-0.000	-0.000	0.000	0.000	0.000	-0.000	0.000
0.1*L1	-0.083	0.083	0.037	0.913	-0.083	-0.071	0.007	0.006	-0.001	-0.002	0.019
0.2*L1	-0.134	0.190	0.086	0.810	-0.185	-0.160	0.014	0.011	-0.001	-0.007	0.040
(Sprung)					0.815						
0.3*L1	-0.160	0.119	0.149	0.696	0.701	-0.265	0.018	0.015	-0.002	-0.012	0.059
0.4*L1	-0.164	0.067	0.227	0.579	0.582	-0.379	0.020	0.018	-0.001	-0.015	0.075
0.5*L1	-0.152	0.032	0.319	0.461	0.463	-0.500	0.020	0.019	0.000	-0.017	0.081
(Sprung)						0.500					
0.6*L1	-0.128	0.010	0.227	0.347	0.348	0.379	0.017	0.017	0.001	-0.016	0.075
0.7*L1	-0.097	-0.001	0.149	0.240	0.241	0.265	0.014	0.014	0.002	-0.013	0.059
0.8*L1	-0.062	-0.004	0.086	0.145	0.145	0.160	0.009	0.009	0.001	-0.009	0.040
0.9*L1	-0.028	-0.003	0.037	0.064	0.064	0.071	0.004	0.004	0.001	-0.004	0.019
0.0*L2	0.000	0.000	-0.000	-0.000	-0.000	-0.000	-0.000	-0.000	0.000	-0.000	-0.000
0.2*L2	0.032	0.004	-0.041	-0.070	-0.070	-0.080	-0.004	-0.004	0.001	0.003	-0.025
0.4*L2	0.038	0.005	-0.049	-0.083	-0.084	-0.097	-0.004	-0.004	0.003	0.003	-0.033
0.6*L2	0.030	0.004	-0.038	-0.064	-0.065	-0.076	-0.003	-0.003	0.003	0.002	-0.027
0.8*L2	0.014	0.002	-0.018	0.031	-0.031	-0.037	-0.001	-0.001	0.002	0.001	-0.013
FAKTOR	a			a			a			1/a	

INFOLGE STRECKENLAST P=1

IN FELD	M:0	M:0.2	M:0.5	Q:0	Q:0.2	Q:0.5	T:0	T:0.2	T:0.5	q:0	q:0.5
3L	0.051	0.035	0.015	-0.041	-0.037	-0.030	0.006	0.004	0.001	0.005	0.010
2L	-0.204	-0.141	-0.060	0.164	0.149	0.121	-0.025	-0.018	-0.003	-0.019	-0.041
1,BIS SPRUNG					-0.035	-0.224		0.002	-0.001		
1,REST	-0.204	0.097	0.261	0.950	0.589	0.224	0.025	0.020	0.001	-0.019	0.094
2R	0.048	0.006	-0.060	-0.103	-0.105	-0.121	-0.006	-0.005	0.003	0.004	-0.041
3R	-0.012	-0.002	0.015	0.026	0.026	0.030	0.001	0.001	-0.001	-0.001	0.010
SUMME(+)	0.099	0.138	0.291	1.140	0.765	0.375	0.032	0.028	0.005	0.009	0.114
SUMME(-)	-0.420	-0.143	-0.121	-0.144	-0.176	-0.375	-0.030	-0.022	-0.005	-0.039	-0.082
SUMME	-0.321	-0.005	0.171	0.996	0.588	-0.000	0.002	0.006	0.000	-0.031	0.033
FAKTOR	a*a			a			a*a				

INFOLGE EINZELMOMENT Mt=1

IN	M:0	M:0.2	M:0.5	Q:0	Q:0.2	Q:0.5	T:0	T:0.2	T:0.5	q:0	q:0.5
0.0*L2	-0.065	-0.028	-0.002	0.117	0.069	0.023	-0.073	-0.049	-0.026	-0.142	-0.056
0.1*L2	-0.087	-0.040	-0.005	0.150	0.090	0.032	-0.090	-0.061	-0.032	-0.175	-0.070
0.2*L2	-0.110	-0.051	-0.007	0.186	0.113	0.042	-0.111	-0.074	-0.039	-0.214	-0.086
0.3*L2	-0.133	-0.062	-0.008	0.226	0.136	0.050	-0.135	-0.090	-0.047	-0.260	-0.105
0.4*L2	-0.154	-0.069	-0.007	0.268	0.160	0.056	-0.163	-0.109	-0.058	-0.316	-0.126
0.5*L2	-0.170	-0.072	-0.004	0.313	0.182	0.058	-0.197	-0.132	-0.070	-0.384	-0.150
0.6*L2	-0.181	-0.070	0.003	0.360	0.203	0.056	-0.237	-0.158	-0.085	-0.466	-0.177
0.7*L2	-0.186	-0.062	0.014	0.411	0.222	0.048	-0.285	-0.190	-0.103	-0.565	-0.210
0.8*L2	-0.186	-0.047	0.029	0.469	0.241	0.034	-0.343	-0.229	-0.125	-0.686	-0.248
0.9*L2	-0.182	-0.026	0.049	0.537	0.262	0.015	-0.413	-0.276	-0.152	-0.833	-0.294
1.0*L2	-0.180	-0.002	0.073	0.622	0.289	-0.007	-0.500	-0.333	-0.185	-1.014	-0.350
0.0*L1	-0.180	-0.002	0.073	0.622	0.289	-0.007	0.500	-0.333	-0.185	-1.014	-0.350
0.1*L1	-0.182	0.021	0.099	0.692	0.327	-0.030	0.413	-0.404	-0.226	-0.833	-0.421
0.2*L1	-0.185	0.039	0.126	0.716	0.386	-0.047	0.343	-0.492	-0.275	-0.685	-0.510
(Sprung)									0.508		
0.3*L1	-0.185	0.046	0.152	0.705	0.434	-0.054	0.285	0.420	-0.336	-0.565	-0.623
0.4*L1	-0.180	0.044	0.171	0.665	0.444	-0.041	0.237	0.347	-0.410	-0.466	-0.765
0.5*L1	-0.169	0.039	0.179	0.606	0.425	-0.000	0.197	0.287	-0.500	-0.384	-0.944
(Sprung)									0.500		
0.6*L1	-0.153	0.033	0.171	0.534	0.386	0.041	0.163	0.237	0.410	-0.316	-0.765
0.7*L1	-0.132	0.027	0.152	0.456	0.335	0.054	0.135	0.195	0.336	-0.260	-0.623
0.8*L1	-0.110	0.022	0.126	0.377	0.277	0.047	0.111	0.160	0.275	-0.213	-0.510
0.9*L1	-0.086	0.019	0.099	0.301	0.219	0.030	0.090	0.131	0.226	-0.174	-0.421
0.0*L2	-0.064	0.016	0.073	0.232	0.165	0.007	0.073	0.107	0.185	-0.142	-0.350
0.2*L2	-0.027	0.013	0.029	0.122	0.077	-0.034	0.047	0.070	0.125	-0.094	-0.248
0.4*L2	-0.005	0.010	0.003	0.054	0.023	-0.056	0.030	0.046	0.085	-0.062	-0.177
0.6*L2	0.004	0.008	-0.007	0.020	-0.001	-0.056	0.019	0.030	0.058	-0.041	-0.126
0.8*L2	0.004	0.006	-0.007	0.010	-0.004	-0.042	0.013	0.020	0.039	-0.028	-0.086
FAKTOR	1/a									1/(a*a)	

INFOLGE STRECKENMOMENT mt=1

IN FELD	M:0	M:0.2	M:0.5	Q:0	Q:0.2	Q:0.5	T:0	T:0.2	T:0.5	q:0	q:0.5
3L	-0.028	-0.005	0.007	0.080	0.039	0.003	-0.061	-0.040	-0.022	-0.122	-0.043
2L	-0.303	-0.103	0.019	0.657	0.357	0.080	-0.451	-0.301	-0.163	-0.892	-0.333
1,BIS SPRUNG					0.132	-0.037		-0.163	-0.317		
1,REST	-0.301	0.060	0.270	1.098	0.562	0.037	0.451	0.416	0.317	-0.892	-1.182
2R	-0.021	0.019	0.019	0.127	0.068	-0.080	0.059	0.089	0.163	-0.120	-0.333
3R	-0.006	0.002	0.007	0.024	0.016	-0.003	0.009	0.013	0.022	-0.017	-0.043
SUMME(+)	0.000	0.081	0.323	1.986	1.175	0.120	0.519	0.517	0.502	0.000	0.000
SUMME(-)	-0.659	-0.108	0.000	0.000	0.000	-0.120	-0.512	-0.505	-0.502	-2.044	-1.934
SUMME	-0.659	-0.027	0.323	1.986	1.175	-0.000	0.007	0.013	0.000	-2.044	-1.934
FAKTOR	a			a			a			1/a	

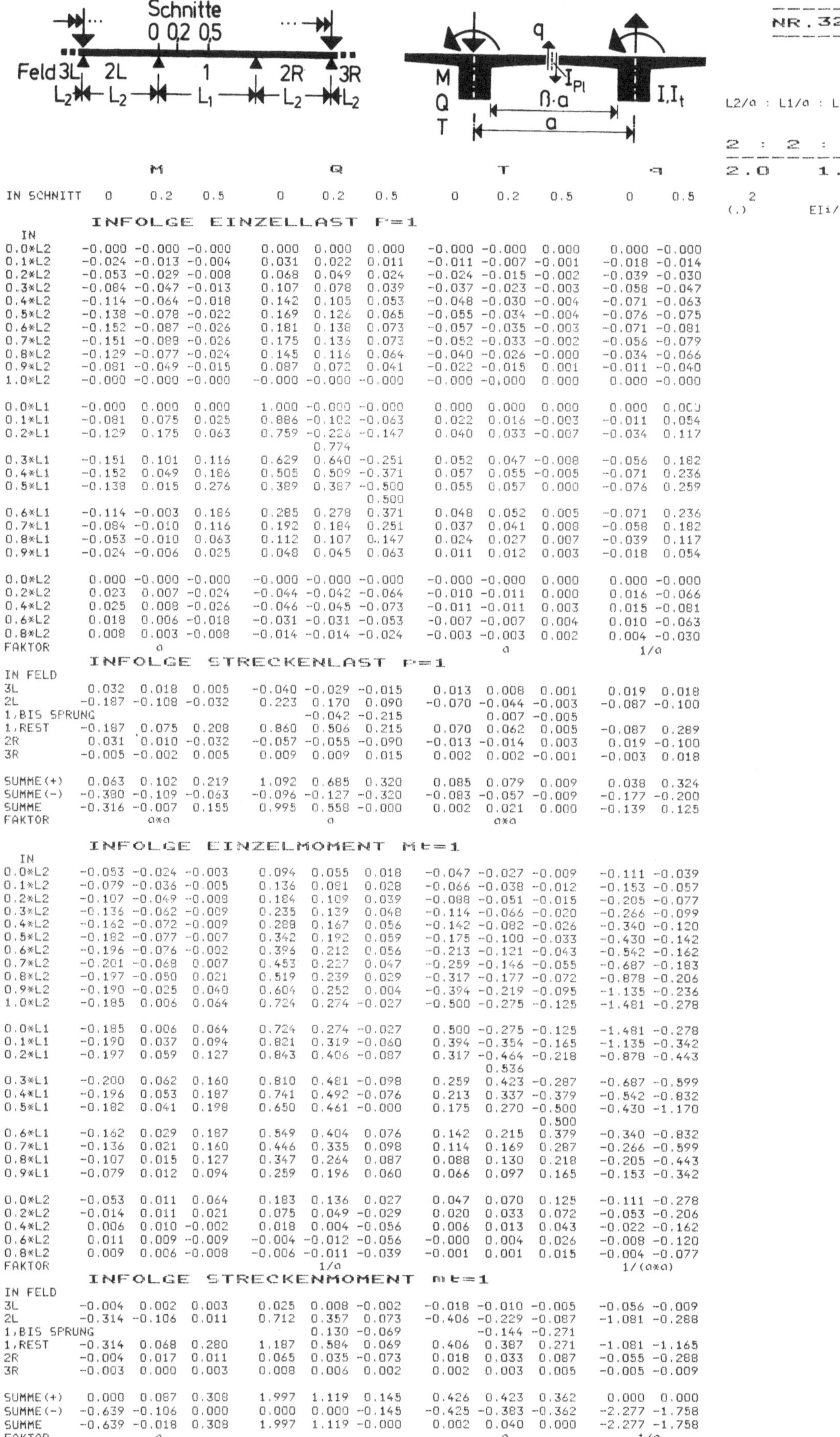

| | M | | | Q | | | T | | | q | |
IN SCHNITT	0	0.2	0.5	0	0.2	0.5	0	0.2	0.5	0	0.5

INFOLGE EINZELLAST P=1

IN	M 0	M 0.2	M 0.5	Q 0	Q 0.2	Q 0.5	T 0	T 0.2	T 0.5	q 0	q 0.5
0.0*L2	-0.000	-0.000	-0.000	0.000	0.000	0.000	-0.000	-0.000	0.000	0.000	-0.000
0.1*L2	-0.024	-0.013	-0.004	0.031	0.022	0.011	-0.011	-0.007	-0.001	-0.018	-0.014
0.2*L2	-0.053	-0.029	-0.008	0.068	0.049	0.024	-0.024	-0.015	-0.002	-0.039	-0.030
0.3*L2	-0.084	-0.047	-0.013	0.107	0.078	0.039	-0.037	-0.023	-0.003	-0.058	-0.047
0.4*L2	-0.114	-0.064	-0.018	0.142	0.105	0.053	-0.048	-0.030	-0.004	-0.071	-0.063
0.5*L2	-0.138	-0.078	-0.022	0.169	0.126	0.065	-0.055	-0.034	-0.004	-0.076	-0.075
0.6*L2	-0.152	-0.087	-0.026	0.181	0.138	0.073	-0.057	-0.035	-0.003	-0.071	-0.081
0.7*L2	-0.151	-0.088	-0.026	0.175	0.136	0.073	-0.052	-0.033	-0.002	-0.056	-0.079
0.8*L2	-0.129	-0.077	-0.024	0.145	0.116	0.064	-0.040	-0.026	-0.000	-0.034	-0.066
0.9*L2	-0.081	-0.049	-0.015	0.087	0.072	0.041	-0.022	-0.015	0.001	-0.011	-0.040
1.0*L2	-0.000	-0.000	-0.000	-0.000	-0.000	-0.000	-0.000	-0.000	1.000	0.000	-0.000
0.0*L1	-0.000	0.000	0.000	1.000	-0.000	-0.000	0.000	0.000	0.000	0.000	0.000
0.1*L1	-0.081	0.075	0.025	0.886	-0.102	-0.063	0.022	0.016	-0.003	-0.011	0.054
0.2*L1	-0.129	0.175	0.063	0.759	-0.226	-0.147	0.040	0.033	-0.007	-0.034	0.117
					0.774						
0.3*L1	-0.151	0.101	0.116	0.629	0.640	-0.251	0.052	0.047	-0.008	-0.056	0.182
0.4*L1	-0.152	0.049	0.186	0.505	0.509	-0.371	0.057	0.055	-0.005	-0.071	0.236
0.5*L1	-0.138	0.015	0.276	0.389	0.387	-0.500	0.055	0.057	0.000	-0.076	0.259
						0.500					
0.6*L1	-0.114	-0.003	0.186	0.285	0.278	0.371	0.048	0.052	0.005	-0.071	0.236
0.7*L1	-0.084	-0.010	0.116	0.192	0.184	0.251	0.037	0.041	0.008	-0.058	0.182
0.8*L1	-0.053	-0.010	0.063	0.112	0.107	0.147	0.024	0.027	0.007	-0.039	0.117
0.9*L1	-0.024	-0.006	0.025	0.048	0.045	0.063	0.011	0.012	0.003	-0.018	0.054
0.0*L2	0.000	-0.000	-0.000	-0.000	-0.000	-0.000	-0.000	-0.000	0.000	0.000	-0.000
0.2*L2	0.023	0.007	-0.024	-0.044	-0.042	-0.064	-0.010	-0.011	0.000	0.016	-0.066
0.4*L2	0.025	0.008	-0.026	-0.046	-0.045	-0.073	-0.011	-0.011	0.003	0.015	-0.081
0.6*L2	0.018	0.006	-0.018	-0.031	-0.031	-0.053	-0.007	-0.007	0.004	0.010	-0.063
0.8*L2	0.008	0.003	-0.008	-0.014	-0.014	-0.024	-0.003	-0.003	0.002	0.004	-0.030
FAKTOR	a						a			1/a	

INFOLGE STRECKENLAST P=1

IN FELD	M 0	M 0.2	M 0.5	Q 0	Q 0.2	Q 0.5	T 0	T 0.2	T 0.5	q 0	q 0.5
3L	0.032	0.018	0.005	-0.040	-0.029	-0.015	0.013	0.008	0.001	0.019	0.018
2L	-0.187	-0.108	-0.032	0.223	0.170	0.090	-0.070	-0.044	-0.003	-0.087	-0.100
1,BIS SPRUNG					-0.042	-0.215	0.007	-0.005			
1,REST	-0.187	0.075	0.208	0.860	0.506	0.215	0.070	0.062	0.005	-0.087	0.289
2R	0.031	0.010	-0.032	-0.057	-0.055	-0.090	-0.013	-0.014	0.003	0.019	-0.100
3R	-0.005	-0.002	0.005	0.009	0.009	0.015	0.002	0.002	-0.001	-0.003	0.018
SUMME(+)	0.063	0.102	0.219	1.092	0.685	0.320	0.085	0.079	0.009	0.038	0.324
SUMME(-)	-0.380	-0.109	-0.063	-0.096	-0.127	-0.320	-0.083	-0.057	-0.009	-0.177	-0.200
SUMME	-0.316	-0.007	0.155	0.995	0.558	-0.000	0.002	0.021	0.000	-0.139	0.125
FAKTOR	a*a			a			a*a				

INFOLGE EINZELMOMENT Mt=1

IN	M 0	M 0.2	M 0.5	Q 0	Q 0.2	Q 0.5	T 0	T 0.2	T 0.5	q 0	q 0.5
0.0*L2	-0.053	-0.024	-0.003	0.094	0.055	0.018	-0.047	-0.027	-0.009	-0.111	-0.039
0.1*L2	-0.079	-0.036	-0.005	0.136	0.081	0.028	-0.066	-0.038	-0.012	-0.153	-0.057
0.2*L2	-0.107	-0.049	-0.008	0.184	0.109	0.039	-0.088	-0.051	-0.015	-0.205	-0.077
0.3*L2	-0.136	-0.062	-0.009	0.235	0.139	0.048	-0.114	-0.066	-0.020	-0.266	-0.099
0.4*L2	-0.162	-0.072	-0.009	0.288	0.167	0.056	-0.142	-0.082	-0.026	-0.340	-0.120
0.5*L2	-0.182	-0.077	-0.007	0.342	0.192	0.059	-0.175	-0.100	-0.033	-0.430	-0.142
0.6*L2	-0.196	-0.076	-0.002	0.396	0.212	0.056	-0.213	-0.121	-0.043	-0.542	-0.162
0.7*L2	-0.201	-0.068	0.007	0.453	0.227	0.047	-0.259	-0.146	-0.055	-0.687	-0.183
0.8*L2	-0.197	-0.050	0.021	0.519	0.239	0.029	-0.317	-0.177	-0.072	-0.878	-0.206
0.9*L2	-0.190	-0.025	0.040	0.604	0.252	0.004	-0.394	-0.219	-0.095	-1.135	-0.236
1.0*L2	-0.185	0.006	0.064	0.724	0.274	-0.027	-0.500	-0.275	-0.125	-1.481	-0.278
0.0*L1	-0.185	0.006	0.064	0.724	0.274	-0.027	0.500	-0.275	-0.125	-1.481	-0.278
0.1*L1	-0.190	0.037	0.094	0.821	0.319	-0.060	0.394	-0.354	-0.165	-1.135	-0.342
0.2*L1	-0.197	0.059	0.127	0.843	0.406	-0.087	0.317	-0.464	-0.218	-0.878	-0.443
								0.536			
0.3*L1	-0.200	0.062	0.160	0.810	0.481	-0.098	0.259	0.423	-0.287	-0.687	-0.599
0.4*L1	-0.196	0.053	0.187	0.741	0.492	-0.076	0.213	0.337	-0.379	-0.542	-0.832
0.5*L1	-0.182	0.041	0.198	0.650	0.461	-0.000	0.175	0.270	-0.500	-0.430	-1.170
									0.500		
0.6*L1	-0.162	0.029	0.187	0.549	0.404	0.076	0.142	0.215	0.379	-0.340	-0.832
0.7*L1	-0.136	0.021	0.160	0.446	0.335	0.098	0.114	0.169	0.287	-0.266	-0.599
0.8*L1	-0.107	0.015	0.127	0.347	0.264	0.087	0.088	0.130	0.218	-0.205	-0.443
0.9*L1	-0.079	0.012	0.094	0.259	0.196	0.060	0.066	0.097	0.165	-0.153	-0.342
0.0*L2	-0.053	0.011	0.064	0.183	0.136	0.027	0.047	0.070	0.125	-0.111	-0.278
0.2*L2	-0.014	0.011	0.021	0.075	0.049	-0.029	0.020	0.033	0.072	-0.053	-0.206
0.4*L2	0.006	0.010	-0.002	0.018	0.004	-0.056	0.006	0.013	0.043	-0.022	-0.162
0.6*L2	0.011	0.009	-0.009	-0.004	-0.012	-0.056	-0.000	0.004	0.026	-0.008	-0.120
0.8*L2	0.009	0.006	-0.008	-0.006	-0.011	-0.039	-0.001	0.001	0.015	-0.004	-0.077
FAKTOR							1/a			1/(a*a)	

INFOLGE STRECKENMOMENT mt=1

IN FELD	M 0	M 0.2	M 0.5	Q 0	Q 0.2	Q 0.5	T 0	T 0.2	T 0.5	q 0	q 0.5
3L	-0.004	0.002	0.003	0.025	0.008	-0.002	-0.018	-0.010	-0.005	-0.056	-0.009
2L	-0.314	-0.106	0.011	0.712	0.357	0.073	-0.406	-0.229	-0.087	-1.081	-0.288
1,BIS SPRUNG					0.130	-0.069	-0.144	-0.271			
1,REST	-0.314	0.068	0.280	1.187	0.584	0.069	0.406	0.387	0.271	-1.081	-1.165
2R	-0.004	0.017	0.011	0.065	0.035	-0.073	0.018	0.033	0.087	-0.055	-0.288
3R	-0.003	0.000	0.003	0.008	0.006	0.002	0.002	0.003	0.005	-0.005	-0.009
SUMME(+)	0.000	0.087	0.308	1.997	1.119	0.145	0.426	0.423	0.362	0.000	0.000
SUMME(-)	-0.639	-0.106	0.000	0.000	0.000	-0.145	-0.425	-0.383	-0.362	-2.277	-1.758
SUMME	-0.639	-0.018	0.308	1.997	1.119	-0.000	0.002	0.040	0.000	-2.277	-1.758
FAKTOR	a						a			1/a	

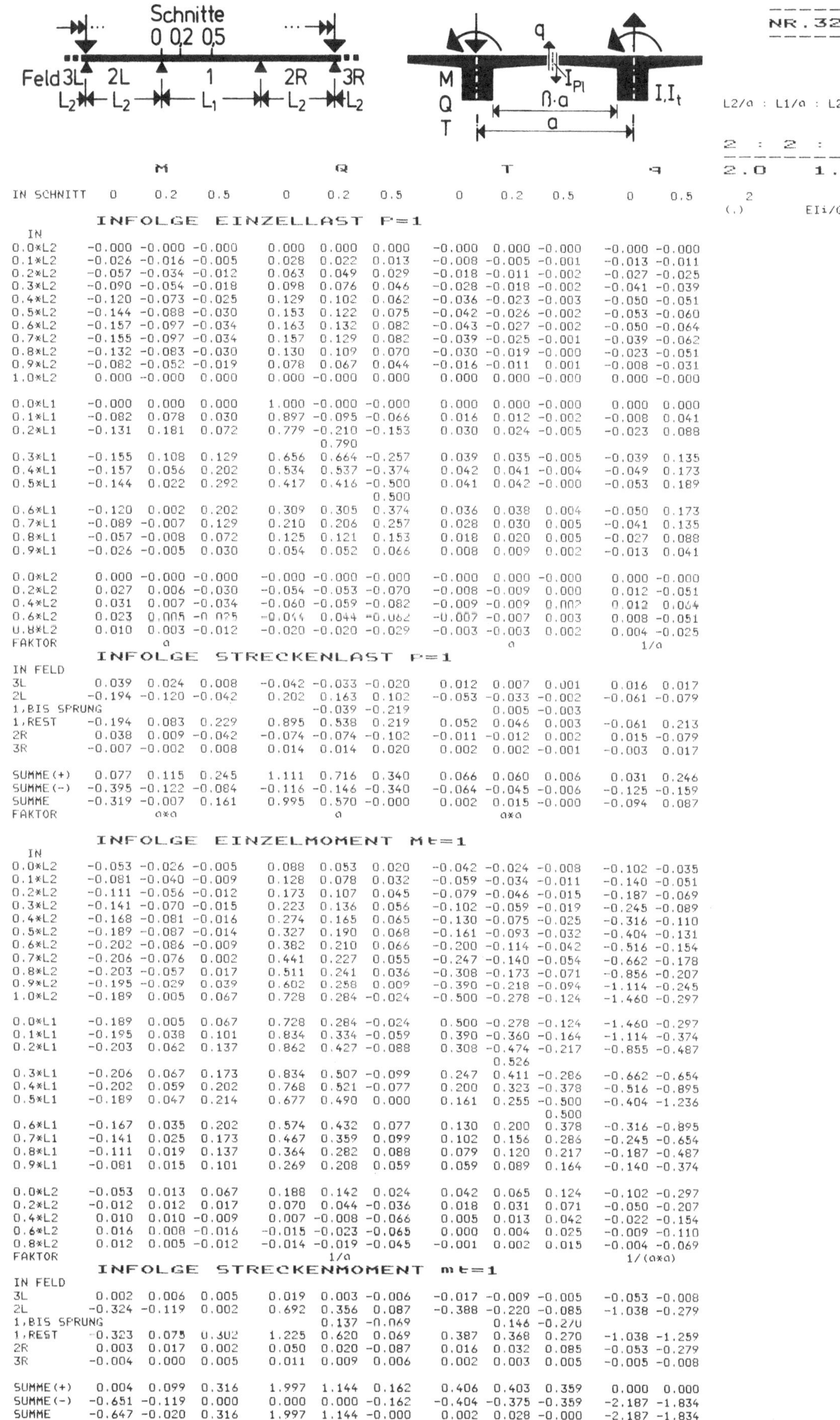

		M			Q			T		q	
IN SCHNITT	0	0.2	0.5	0	0.2	0.5	0	0.2	0.5	0	0.5

INFOLGE EINZELLAST P=1

IN

	M:0	M:0.2	M:0.5	Q:0	Q:0.2	Q:0.5	T:0	T:0.2	T:0.5	q:0	q:0.5
0.0×L2	-0.000	-0.000	-0.000	0.000	0.000	0.000	-0.000	0.000	-0.000	-0.000	-0.000
0.1×L2	-0.026	-0.016	-0.005	0.028	0.022	0.013	-0.008	-0.005	-0.001	-0.013	-0.011
0.2×L2	-0.057	-0.034	-0.012	0.063	0.049	0.029	-0.018	-0.011	-0.002	-0.027	-0.025
0.3×L2	-0.090	-0.054	-0.018	0.098	0.076	0.046	-0.028	-0.018	-0.002	-0.041	-0.039
0.4×L2	-0.120	-0.073	-0.025	0.129	0.102	0.062	-0.036	-0.023	-0.003	-0.050	-0.051
0.5×L2	-0.144	-0.088	-0.030	0.153	0.122	0.075	-0.042	-0.026	-0.002	-0.053	-0.060
0.6×L2	-0.157	-0.097	-0.034	0.163	0.132	0.082	-0.043	-0.027	-0.002	-0.050	-0.064
0.7×L2	-0.155	-0.097	-0.034	0.157	0.129	0.082	-0.039	-0.025	-0.001	-0.039	-0.062
0.8×L2	-0.132	-0.083	-0.030	0.130	0.109	0.070	-0.030	-0.019	-0.000	-0.023	-0.051
0.9×L2	-0.082	-0.052	-0.019	0.078	0.067	0.044	-0.016	-0.011	0.001	-0.008	-0.031
1.0×L2	0.000	-0.000	0.000	0.000	-0.000	0.000	0.000	0.000	-0.000	0.000	-0.000
0.0×L1	-0.000	0.000	0.000	1.000	-0.000	-0.000	0.000	0.000	-0.000	0.000	0.000
0.1×L1	-0.082	0.078	0.030	0.897	-0.095	-0.066	0.016	0.012	-0.002	-0.008	0.041
0.2×L1	-0.131	0.181	0.072	0.779	-0.210	-0.153	0.030	0.024	-0.005	-0.023	0.088
				0.790							
0.3×L1	-0.155	0.108	0.129	0.656	0.664	-0.257	0.039	0.035	-0.005	-0.039	0.135
0.4×L1	-0.157	0.056	0.202	0.534	0.537	-0.374	0.042	0.041	-0.004	-0.049	0.173
0.5×L1	-0.144	0.022	0.292	0.417	0.416	-0.500	0.041	0.042	-0.000	-0.053	0.189
						0.500					
0.6×L1	-0.120	0.002	0.202	0.309	0.305	0.374	0.036	0.038	0.004	-0.050	0.173
0.7×L1	-0.089	-0.007	0.129	0.210	0.206	0.257	0.028	0.030	0.005	-0.041	0.135
0.8×L1	-0.057	-0.008	0.072	0.125	0.121	0.153	0.018	0.020	0.005	-0.027	0.088
0.9×L1	-0.026	-0.005	0.030	0.054	0.052	0.066	0.008	0.009	0.002	-0.013	0.041
0.0×L2	0.000	-0.000	-0.000	-0.000	-0.000	-0.000	-0.000	0.000	-0.000	0.000	-0.000
0.2×L2	0.027	0.006	-0.030	-0.054	-0.053	-0.070	-0.008	-0.009	0.000	0.012	-0.051
0.4×L2	0.031	0.007	-0.034	-0.060	-0.059	-0.082	-0.009	-0.009	0.002	0.012	0.064
0.6×L2	0.023	0.005	-0.025	-0.044	-0.044	-0.062	-0.007	-0.007	0.003	0.008	-0.051
0.8×L2	0.010	0.003	-0.012	-0.020	-0.020	-0.029	-0.003	-0.003	0.002	0.004	-0.025
FAKTOR		a			a			a			1/a

INFOLGE STRECKENLAST P=1

IN FELD

	M:0	M:0.2	M:0.5	Q:0	Q:0.2	Q:0.5	T:0	T:0.2	T:0.5	q:0	q:0.5
3L	0.039	0.024	0.008	-0.042	-0.033	-0.020	0.012	0.007	0.001	0.016	0.017
2L	-0.194	-0.120	-0.042	0.202	0.163	0.102	-0.053	-0.033	-0.002	-0.061	-0.079
1,BIS SPRUNG					-0.039	-0.219		0.005	-0.003		
1,REST	-0.194	0.083	0.229	0.895	0.538	0.219	0.052	0.046	0.003	-0.061	0.213
2R	0.038	0.009	-0.042	-0.074	-0.074	-0.102	-0.011	-0.012	0.002	0.015	-0.079
3R	-0.007	-0.002	0.008	0.014	0.014	0.020	0.002	0.002	-0.001	-0.003	0.017
SUMME(+)	0.077	0.115	0.245	1.111	0.716	0.340	0.066	0.060	0.006	0.031	0.246
SUMME(-)	-0.395	-0.122	-0.084	-0.116	-0.146	-0.340	-0.064	-0.045	-0.006	-0.125	-0.159
SUMME	-0.319	-0.007	0.161	0.995	0.570	-0.000	0.002	0.015	-0.000	-0.094	0.087
FAKTOR		a×a			a			a×a			

INFOLGE EINZELMOMENT Mt=1

IN

	M:0	M:0.2	M:0.5	Q:0	Q:0.2	Q:0.5	T:0	T:0.2	T:0.5	q:0	q:0.5
0.0×L2	-0.053	-0.026	-0.005	0.088	0.053	0.020	-0.042	-0.024	-0.008	-0.102	-0.035
0.1×L2	-0.081	-0.040	-0.009	0.128	0.078	0.032	-0.059	-0.034	-0.011	-0.140	-0.051
0.2×L2	-0.111	-0.056	-0.012	0.173	0.107	0.045	-0.079	-0.046	-0.015	-0.187	-0.069
0.3×L2	-0.141	-0.070	-0.015	0.223	0.136	0.056	-0.102	-0.059	-0.019	-0.245	-0.089
0.4×L2	-0.168	-0.081	-0.016	0.274	0.165	0.065	-0.130	-0.075	-0.025	-0.316	-0.110
0.5×L2	-0.189	-0.087	-0.014	0.327	0.190	0.068	-0.161	-0.093	-0.032	-0.404	-0.131
0.6×L2	-0.202	-0.086	-0.009	0.382	0.210	0.066	-0.200	-0.114	-0.042	-0.516	-0.154
0.7×L2	-0.206	-0.076	0.002	0.441	0.227	0.055	-0.247	-0.140	-0.054	-0.662	-0.178
0.8×L2	-0.203	-0.057	0.017	0.511	0.241	0.036	-0.308	-0.173	-0.071	-0.856	-0.207
0.9×L2	-0.195	-0.029	0.039	0.602	0.258	0.009	-0.390	-0.218	-0.094	-1.114	-0.245
1.0×L2	-0.189	0.005	0.067	0.728	0.284	-0.024	-0.500	-0.278	-0.124	-1.460	-0.297
0.0×L1	-0.189	0.005	0.067	0.728	0.284	-0.024	0.500	-0.278	-0.124	-1.460	-0.297
0.1×L1	-0.195	0.038	0.101	0.834	0.334	-0.059	0.390	-0.360	-0.164	-1.114	-0.374
0.2×L1	-0.203	0.062	0.137	0.862	0.427	-0.088	0.308	-0.474	-0.217	-0.855	-0.487
								0.526			
0.3×L1	-0.206	0.067	0.173	0.834	0.507	-0.099	0.247	0.411	-0.286	-0.662	-0.654
0.4×L1	-0.202	0.059	0.202	0.768	0.521	-0.077	0.200	0.323	-0.378	-0.516	-0.895
0.5×L1	-0.189	0.047	0.214	0.677	0.490	0.000	0.161	0.255	-0.500	-0.404	-1.236
									0.500		
0.6×L1	-0.167	0.035	0.202	0.574	0.432	0.077	0.130	0.200	0.378	-0.316	-0.895
0.7×L1	-0.141	0.025	0.173	0.467	0.359	0.099	0.102	0.156	0.286	-0.245	-0.654
0.8×L1	-0.111	0.019	0.137	0.364	0.282	0.088	0.079	0.120	0.217	-0.187	-0.487
0.9×L1	-0.081	0.015	0.101	0.269	0.208	0.059	0.059	0.089	0.164	-0.140	-0.374
0.0×L2	-0.053	0.013	0.067	0.188	0.142	0.024	0.042	0.065	0.124	-0.102	-0.297
0.2×L2	-0.012	0.012	0.017	0.070	0.044	-0.036	0.018	0.031	0.071	-0.050	-0.207
0.4×L2	0.010	0.010	-0.009	0.007	-0.008	-0.066	0.005	0.013	0.042	-0.022	-0.154
0.6×L2	0.016	0.008	-0.016	-0.015	-0.023	-0.065	-0.001	0.004	0.025	-0.009	-0.110
0.8×L2	0.012	0.005	-0.012	-0.014	-0.019	-0.045	-0.001	0.002	0.015	-0.004	-0.069
FAKTOR					1/a						1/(a×a)

INFOLGE STRECKENMOMENT mt=1

IN FELD

	M:0	M:0.2	M:0.5	Q:0	Q:0.2	Q:0.5	T:0	T:0.2	T:0.5	q:0	q:0.5
3L	0.002	0.006	0.005	0.019	0.003	-0.006	-0.017	-0.009	-0.005	-0.053	-0.008
2L	-0.324	-0.119	0.002	0.692	0.356	0.087	-0.388	-0.220	-0.085	-1.038	-0.279
1,BIS SPRUNG					0.137	-0.069		0.146	-0.270		
1,REST	-0.323	0.075	0.302	1.225	0.620	0.069	0.387	0.368	0.270	-1.038	-1.259
2R	0.003	0.017	0.002	0.050	0.020	-0.087	0.016	0.032	0.085	-0.053	-0.279
3R	-0.004	0.000	0.005	0.011	0.009	0.006	0.002	0.003	0.005	-0.005	-0.008
SUMME(+)	0.004	0.099	0.316	1.997	1.144	0.162	0.406	0.403	0.359	0.000	0.000
SUMME(-)	-0.651	-0.119	0.000	0.000	0.000	-0.162	-0.404	-0.375	-0.359	-2.187	-1.834
SUMME	-0.647	-0.020	0.316	1.997	1.144	-0.000	0.002	0.028	-0.000	-2.187	-1.834
FAKTOR		a			a						1/a

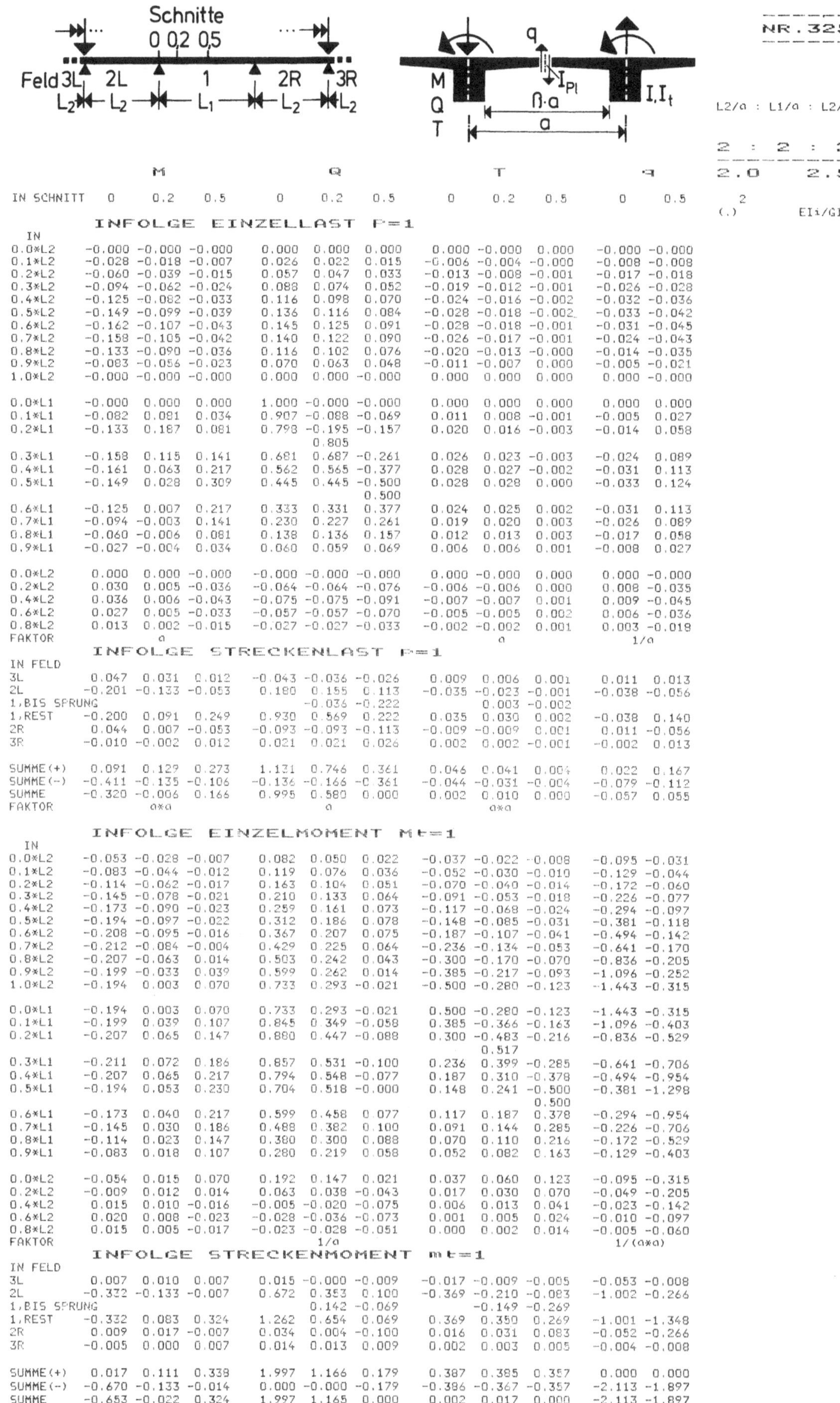

		M			Q			T			q
IN SCHNITT	0	0.2	0.5	0	0.2	0.5	0	0.2	0.5	0	0.5

INFOLGE EINZELLAST P=1

IN	M 0	M 0.2	M 0.5	Q 0	Q 0.2	Q 0.5	T 0	T 0.2	T 0.5	q 0	q 0.5
0.0*L2	-0.000	-0.000	-0.000	0.000	0.000	0.000	0.000	-0.000	0.000	-0.000	-0.000
0.1*L2	-0.028	-0.018	-0.007	0.026	0.022	0.015	-0.006	-0.004	-0.000	-0.008	-0.008
0.2*L2	-0.060	-0.039	-0.015	0.057	0.047	0.033	-0.013	-0.008	-0.001	-0.017	-0.018
0.3*L2	-0.094	-0.062	-0.024	0.088	0.074	0.052	-0.019	-0.012	-0.001	-0.026	-0.028
0.4*L2	-0.125	-0.082	-0.033	0.116	0.098	0.070	-0.024	-0.016	-0.002	-0.032	-0.036
0.5*L2	-0.149	-0.099	-0.039	0.136	0.116	0.084	-0.028	-0.018	-0.002	-0.033	-0.042
0.6*L2	-0.162	-0.107	-0.043	0.145	0.125	0.091	-0.028	-0.018	-0.001	-0.031	-0.045
0.7*L2	-0.158	-0.105	-0.042	0.140	0.122	0.090	-0.026	-0.017	-0.001	-0.024	-0.043
0.8*L2	-0.133	-0.090	-0.036	0.116	0.102	0.076	-0.020	-0.013	-0.000	-0.014	-0.035
0.9*L2	-0.083	-0.056	-0.023	0.070	0.063	0.048	-0.011	-0.007	0.000	-0.005	-0.021
1.0*L2	-0.000	-0.000	-0.000	0.000	0.000	-0.000	0.000	0.000	1.000	0.000	-0.000
0.0*L1	-0.000	0.000	0.000	1.000	-0.000	-0.000	0.000	0.000	0.000	0.000	0.000
0.1*L1	-0.082	0.081	0.034	0.907	-0.088	-0.069	0.011	0.008	-0.001	-0.005	0.027
0.2*L1	-0.133	0.187	0.081	0.798	-0.195	-0.157	0.020	0.016	-0.003	-0.014	0.058
				0.805							
0.3*L1	-0.158	0.115	0.141	0.681	0.687	-0.261	0.026	0.023	-0.003	-0.024	0.089
0.4*L1	-0.161	0.063	0.217	0.562	0.565	-0.377	0.028	0.027	-0.002	-0.031	0.113
0.5*L1	-0.149	0.028	0.309	0.445	0.445	-0.500	0.028	0.028	0.000	-0.033	0.124
						0.500					
0.6*L1	-0.125	0.007	0.217	0.333	0.331	0.377	0.024	0.025	0.002	-0.031	0.113
0.7*L1	-0.094	-0.003	0.141	0.230	0.227	0.261	0.019	0.020	0.003	-0.026	0.089
0.8*L1	-0.060	-0.006	0.081	0.138	0.136	0.157	0.012	0.013	0.003	-0.017	0.058
0.9*L1	-0.027	-0.004	0.034	0.060	0.059	0.069	0.006	0.006	0.001	-0.008	0.027
0.0*L2	0.000	0.000	-0.000	-0.000	-0.000	-0.000	0.000	-0.000	0.000	0.000	-0.000
0.2*L2	0.030	0.005	-0.036	-0.064	-0.064	-0.076	-0.006	-0.006	0.000	0.008	-0.035
0.4*L2	0.036	0.006	-0.043	-0.075	-0.075	-0.091	-0.007	-0.007	0.001	0.009	-0.045
0.6*L2	0.027	0.005	-0.033	-0.057	-0.057	-0.070	-0.005	-0.005	0.002	0.006	-0.036
0.8*L2	0.013	0.002	-0.015	-0.027	-0.027	-0.033	-0.002	-0.002	0.001	0.003	-0.019
FAKTOR		a						a			1/a

INFOLGE STRECKENLAST P=1

IN FELD	M 0	M 0.2	M 0.5	Q 0	Q 0.2	Q 0.5	T 0	T 0.2	T 0.5	q 0	q 0.5
3L	0.047	0.031	0.012	-0.043	-0.036	-0.026	0.009	0.006	0.001	0.011	0.013
2L	-0.201	-0.133	-0.053	0.180	0.155	0.113	-0.035	-0.023	-0.001	-0.038	-0.056
1,BIS SPRUNG					-0.036	-0.222		0.003	-0.002		
1,REST	-0.200	0.091	0.249	0.930	0.569	0.222	0.035	0.030	0.002	-0.038	0.140
2R	0.044	0.007	-0.053	-0.093	-0.093	-0.113	-0.009	-0.009	0.001	0.011	-0.056
3R	-0.010	-0.002	0.012	0.021	0.021	0.026	0.002	0.002	-0.001	-0.002	0.013
SUMME(+)	0.091	0.129	0.273	1.131	0.746	0.361	0.046	0.041	0.004	0.022	0.167
SUMME(-)	-0.411	-0.135	-0.106	-0.136	-0.166	-0.361	-0.044	-0.031	-0.004	-0.079	-0.112
SUMME	-0.320	-0.006	0.166	0.995	0.580	0.000	0.002	0.010	0.000	-0.057	0.055
FAKTOR		a*a			a			a*a			

INFOLGE EINZELMOMENT Mt=1

IN	M 0	M 0.2	M 0.5	Q 0	Q 0.2	Q 0.5	T 0	T 0.2	T 0.5	q 0	q 0.5
0.0*L2	-0.053	-0.028	-0.007	0.082	0.050	0.022	-0.037	-0.022	-0.008	-0.095	-0.031
0.1*L2	-0.083	-0.044	-0.012	0.119	0.076	0.036	-0.052	-0.030	-0.010	-0.129	-0.044
0.2*L2	-0.114	-0.062	-0.017	0.163	0.104	0.051	-0.070	-0.040	-0.014	-0.172	-0.060
0.3*L2	-0.145	-0.078	-0.021	0.210	0.133	0.064	-0.091	-0.053	-0.018	-0.226	-0.077
0.4*L2	-0.173	-0.090	-0.023	0.259	0.161	0.073	-0.117	-0.068	-0.024	-0.294	-0.097
0.5*L2	-0.194	-0.097	-0.022	0.312	0.186	0.078	-0.148	-0.085	-0.031	-0.381	-0.118
0.6*L2	-0.208	-0.095	-0.016	0.367	0.207	0.075	-0.187	-0.107	-0.041	-0.494	-0.142
0.7*L2	-0.212	-0.084	-0.004	0.429	0.225	0.064	-0.236	-0.134	-0.053	-0.641	-0.170
0.8*L2	-0.207	-0.063	0.014	0.503	0.242	0.043	-0.300	-0.170	-0.070	-0.836	-0.205
0.9*L2	-0.199	-0.033	0.039	0.599	0.262	0.014	-0.385	-0.217	-0.093	-1.096	-0.252
1.0*L2	-0.194	0.003	0.070	0.733	0.293	-0.021	-0.500	-0.280	-0.123	-1.443	-0.315
0.0*L1	-0.194	0.003	0.070	0.733	0.293	-0.021	0.500	-0.280	-0.123	-1.443	-0.315
0.1*L1	-0.199	0.039	0.107	0.845	0.349	-0.058	0.385	-0.366	-0.163	-1.096	-0.403
0.2*L1	-0.207	0.065	0.147	0.880	0.447	-0.088	0.300	-0.483	-0.216	-0.836	-0.529
									0.517		
0.3*L1	-0.211	0.072	0.186	0.857	0.531	-0.100	0.236	0.399	-0.285	-0.641	-0.706
0.4*L1	-0.207	0.065	0.217	0.794	0.548	-0.077	0.187	0.310	-0.378	-0.494	-0.954
0.5*L1	-0.194	0.053	0.230	0.704	0.518	-0.000	0.148	0.241	-0.500	-0.381	-1.298
									0.500		
0.6*L1	-0.173	0.040	0.217	0.599	0.458	0.077	0.117	0.187	0.378	-0.294	-0.954
0.7*L1	-0.145	0.030	0.186	0.488	0.382	0.100	0.091	0.144	0.285	-0.226	-0.706
0.8*L1	-0.114	0.023	0.147	0.380	0.300	0.088	0.070	0.110	0.216	-0.172	-0.529
0.9*L1	-0.083	0.018	0.107	0.280	0.219	0.058	0.052	0.082	0.163	-0.129	-0.403
0.0*L2	-0.054	0.015	0.070	0.192	0.147	0.021	0.037	0.060	0.123	-0.095	-0.315
0.2*L2	-0.009	0.012	0.014	0.063	0.038	-0.043	0.017	0.030	0.070	-0.049	-0.205
0.4*L2	0.015	0.010	-0.016	-0.005	-0.020	-0.075	0.006	0.013	0.041	-0.023	-0.142
0.6*L2	0.020	0.008	-0.023	-0.028	-0.036	-0.073	0.001	0.005	0.024	-0.010	-0.097
0.8*L2	0.015	0.005	-0.017	-0.023	-0.028	-0.051	0.000	0.002	0.014	-0.005	-0.060
FAKTOR					1/a						1/(a*a)

INFOLGE STRECKENMOMENT mt=1

IN FELD	M 0	M 0.2	M 0.5	Q 0	Q 0.2	Q 0.5	T 0	T 0.2	T 0.5	q 0	q 0.5
3L	0.007	0.010	0.007	0.015	-0.000	-0.009	-0.017	-0.009	-0.005	-0.053	-0.008
2L	-0.332	-0.133	-0.007	0.672	0.353	0.100	-0.369	-0.210	-0.083	-1.002	-0.266
1,BIS SPRUNG					0.142	-0.069		-0.149	-0.269		
1,REST	-0.332	0.083	0.324	1.262	0.654	0.069	0.369	0.350	0.269	-1.001	-1.348
2R	0.009	0.017	-0.007	0.034	0.004	-0.100	0.016	0.031	0.083	-0.052	-0.266
3R	-0.005	0.000	0.007	0.014	0.013	0.009	0.002	0.003	0.005	-0.004	-0.008
SUMME(+)	0.017	0.111	0.338	1.997	1.166	0.179	0.387	0.385	0.357	0.000	0.000
SUMME(-)	-0.670	-0.133	-0.014	0.000	-0.000	-0.179	-0.386	-0.367	-0.357	-2.113	-1.897
SUMME	-0.653	-0.022	0.324	1.997	1.165	0.000	0.002	0.017	0.000	-2.113	-1.897
FAKTOR		a			a			a			1/a

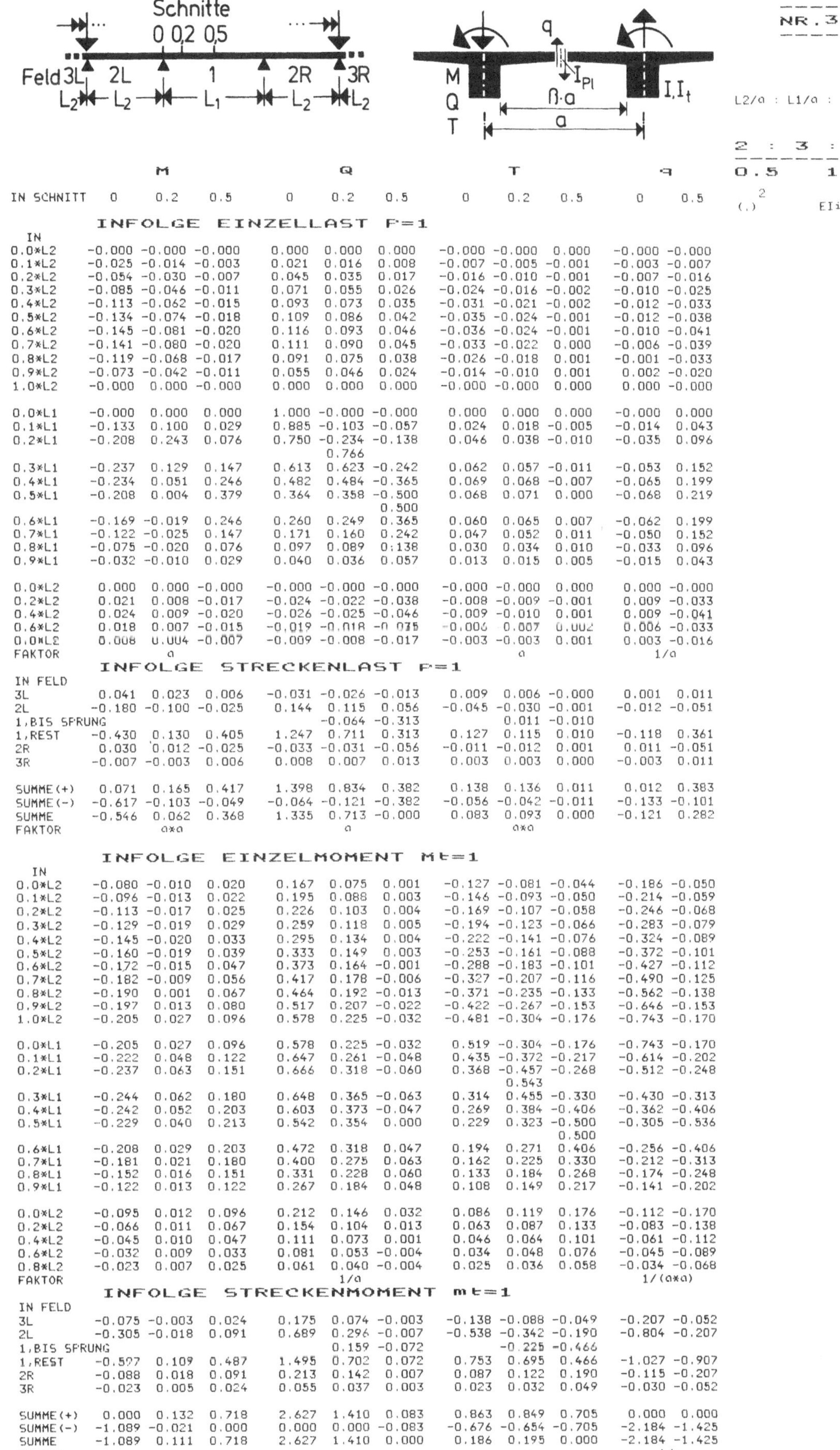

IN SCHNITT — M: 0, 0.2, 0.5 | Q: 0, 0.2, 0.5 | T: 0, 0.2, 0.5 | q: 0, 0.5

INFOLGE EINZELLAST P=1

IN	M 0	M 0.2	M 0.5	Q 0	Q 0.2	Q 0.5	T 0	T 0.2	T 0.5	q 0	q 0.5
0.0*L2	-0.000	-0.000	-0.000	0.000	0.000	0.000	-0.000	-0.000	0.000	-0.000	-0.000
0.1*L2	-0.025	-0.014	-0.003	0.021	0.016	0.008	-0.007	-0.005	-0.001	-0.003	-0.007
0.2*L2	-0.054	-0.030	-0.007	0.045	0.035	0.017	-0.016	-0.010	-0.001	-0.007	-0.016
0.3*L2	-0.085	-0.046	-0.011	0.071	0.055	0.026	-0.024	-0.016	-0.002	-0.010	-0.025
0.4*L2	-0.113	-0.062	-0.015	0.093	0.073	0.035	-0.031	-0.021	-0.002	-0.012	-0.033
0.5*L2	-0.134	-0.074	-0.018	0.109	0.086	0.042	-0.035	-0.024	-0.001	-0.012	-0.038
0.6*L2	-0.145	-0.081	-0.020	0.116	0.093	0.046	-0.036	-0.024	-0.001	-0.010	-0.041
0.7*L2	-0.141	-0.080	-0.020	0.111	0.090	0.045	-0.033	-0.022	0.000	-0.006	-0.039
0.8*L2	-0.119	-0.068	-0.017	0.091	0.075	0.038	-0.026	-0.018	0.001	-0.001	-0.033
0.9*L2	-0.073	-0.042	-0.011	0.055	0.046	0.024	-0.014	-0.010	0.001	0.002	-0.020
1.0*L2	-0.000	-0.000	-0.000	0.000	0.000	0.000	-0.000	-0.000	0.000	0.000	-0.000
0.0*L1	-0.000	0.000	0.000	1.000	-0.000	-0.000	0.000	0.000	0.000	-0.000	0.000
0.1*L1	-0.133	0.100	0.029	0.885	-0.103	-0.057	0.024	0.018	-0.005	-0.014	0.043
0.2*L1	-0.208	0.243	0.076	0.750	-0.234	-0.138	0.046	0.038	-0.010	-0.035	0.096
				0.766							
0.3*L1	-0.237	0.129	0.147	0.613	0.623	-0.242	0.062	0.057	-0.011	-0.053	0.152
0.4*L1	-0.234	0.051	0.246	0.482	0.484	-0.365	0.069	0.068	-0.007	-0.065	0.199
0.5*L1	-0.208	0.004	0.379	0.364	0.358	-0.500	0.068	0.071	0.000	-0.068	0.219
						0.500					
0.6*L1	-0.169	-0.019	0.246	0.260	0.249	0.365	0.060	0.065	0.007	-0.062	0.199
0.7*L1	-0.122	-0.025	0.147	0.171	0.160	0.242	0.047	0.052	0.011	-0.050	0.152
0.8*L1	-0.075	-0.020	0.076	0.097	0.089	0.138	0.030	0.034	0.010	-0.033	0.096
0.9*L1	-0.032	-0.010	0.029	0.040	0.036	0.057	0.013	0.015	0.005	-0.015	0.043
0.0*L2	0.000	0.000	-0.000	-0.000	-0.000	-0.000	-0.000	-0.000	0.000	0.000	-0.000
0.2*L2	0.021	0.008	-0.017	-0.024	-0.022	-0.038	-0.008	-0.009	-0.001	0.009	-0.033
0.4*L2	0.024	0.009	-0.020	-0.026	-0.025	-0.046	-0.009	-0.010	0.001	0.009	-0.041
0.6*L2	0.018	0.007	-0.015	-0.019	-0.018	-0.035	-0.006	0.007	0.002	0.006	-0.033
0.0*L2	0.008	0.004	-0.007	-0.009	-0.008	-0.017	-0.003	-0.003	0.001	0.003	-0.016
FAKTOR	a						a			1/a	

INFOLGE STRECKENLAST P=1

IN FELD	M 0	M 0.2	M 0.5	Q 0	Q 0.2	Q 0.5	T 0	T 0.2	T 0.5	q 0	q 0.5
3L	0.041	0.023	0.006	-0.031	-0.026	-0.013	0.009	0.006	-0.000	0.001	0.011
2L	-0.180	-0.100	-0.025	0.144	0.115	0.056	-0.045	-0.030	-0.001	-0.012	-0.051
1,BIS SPRUNG				-0.064	-0.313		0.011	-0.010			
1,REST	-0.430	0.130	0.405	1.247	0.711	0.313	0.127	0.115	0.010	-0.118	0.361
2R	0.030	0.012	-0.025	-0.033	-0.031	-0.056	-0.011	-0.012	0.001	0.011	-0.051
3R	-0.007	-0.003	0.006	0.008	0.007	0.013	0.003	0.003	0.000	-0.003	0.011
SUMME(+)	0.071	0.165	0.417	1.398	0.834	0.382	0.138	0.136	0.011	0.012	0.383
SUMME(-)	-0.617	-0.103	-0.049	-0.064	-0.121	-0.382	-0.056	-0.042	-0.011	-0.133	-0.101
SUMME	-0.546	0.062	0.368	1.335	0.713	-0.000	0.083	0.093	0.000	-0.121	0.282
FAKTOR	a×a			a			a×a				

INFOLGE EINZELMOMENT Mt=1

IN	M 0	M 0.2	M 0.5	Q 0	Q 0.2	Q 0.5	T 0	T 0.2	T 0.5	q 0	q 0.5
0.0*L2	-0.080	-0.010	0.020	0.167	0.075	0.001	-0.127	-0.081	-0.044	-0.186	-0.050
0.1*L2	-0.096	-0.013	0.022	0.195	0.088	0.003	-0.146	-0.093	-0.050	-0.214	-0.059
0.2*L2	-0.113	-0.017	0.025	0.226	0.103	0.004	-0.169	-0.107	-0.058	-0.246	-0.068
0.3*L2	-0.129	-0.019	0.029	0.259	0.118	0.005	-0.194	-0.123	-0.066	-0.283	-0.079
0.4*L2	-0.145	-0.020	0.033	0.295	0.134	0.004	-0.222	-0.141	-0.076	-0.324	-0.089
0.5*L2	-0.160	-0.019	0.039	0.333	0.149	0.003	-0.253	-0.161	-0.088	-0.372	-0.101
0.6*L2	-0.172	-0.015	0.047	0.373	0.164	-0.001	-0.288	-0.183	-0.101	-0.427	-0.112
0.7*L2	-0.182	-0.009	0.056	0.417	0.178	-0.006	-0.327	-0.207	-0.116	-0.490	-0.125
0.8*L2	-0.190	0.001	0.067	0.464	0.192	-0.013	-0.371	-0.235	-0.133	-0.562	-0.138
0.9*L2	-0.197	0.013	0.080	0.517	0.207	-0.022	-0.422	-0.267	-0.153	-0.646	-0.153
1.0*L2	-0.205	0.027	0.096	0.578	0.225	-0.032	-0.481	-0.304	-0.176	-0.743	-0.170
0.0*L1	-0.205	0.027	0.096	0.578	0.225	-0.032	0.519	-0.304	-0.176	-0.743	-0.170
0.1*L1	-0.222	0.048	0.122	0.647	0.261	-0.048	0.435	-0.372	-0.217	-0.614	-0.202
0.2*L1	-0.237	0.063	0.151	0.666	0.318	-0.060	0.368	-0.457	-0.268	-0.512	-0.248
								0.543			
0.3*L1	-0.244	0.062	0.180	0.648	0.365	-0.063	0.314	0.455	-0.330	-0.430	-0.313
0.4*L1	-0.242	0.052	0.203	0.603	0.373	-0.047	0.269	0.384	-0.406	-0.362	-0.406
0.5*L1	-0.229	0.040	0.213	0.542	0.354	0.000	0.229	0.323	-0.500	-0.305	-0.536
									0.500		
0.6*L1	-0.208	0.029	0.203	0.472	0.318	0.047	0.194	0.271	0.406	-0.256	-0.406
0.7*L1	-0.181	0.021	0.180	0.400	0.275	0.063	0.162	0.225	0.330	-0.212	-0.313
0.8*L1	-0.152	0.016	0.151	0.331	0.228	0.060	0.133	0.184	0.268	-0.174	-0.248
0.9*L1	-0.122	0.013	0.122	0.267	0.184	0.048	0.108	0.149	0.217	-0.141	-0.202
0.0*L2	-0.095	0.012	0.096	0.212	0.146	0.032	0.086	0.119	0.176	-0.112	-0.170
0.2*L2	-0.066	0.011	0.067	0.154	0.104	0.013	0.063	0.087	0.133	-0.083	-0.138
0.4*L2	-0.045	0.010	0.047	0.111	0.073	0.001	0.046	0.064	0.101	-0.061	-0.112
0.6*L2	-0.032	0.009	0.033	0.081	0.053	-0.004	0.034	0.048	0.076	-0.045	-0.089
0.8*L2	-0.023	0.007	0.025	0.061	0.040	-0.004	0.025	0.036	0.058	-0.034	-0.068
FAKTOR				1/a						1/(a×a)	

INFOLGE STRECKENMOMENT mt=1

IN FELD	M 0	M 0.2	M 0.5	Q 0	Q 0.2	Q 0.5	T 0	T 0.2	T 0.5	q 0	q 0.5
3L	-0.075	-0.003	0.024	0.175	0.074	-0.003	-0.138	-0.088	-0.049	-0.207	-0.052
2L	-0.305	-0.018	0.091	0.689	0.296	-0.007	-0.538	-0.342	-0.190	-0.804	-0.207
1,BIS SPRUNG				0.159	-0.072		-0.225	-0.466			
1,REST	-0.527	0.109	0.487	1.495	0.702	0.072	0.753	0.695	0.466	-1.027	-0.907
2R	-0.088	0.018	0.091	0.213	0.142	0.007	0.087	0.122	0.190	-0.115	-0.207
3R	-0.023	0.005	0.024	0.055	0.037	0.003	0.023	0.032	0.049	-0.030	-0.052
SUMME(+)	0.000	0.132	0.718	2.627	1.410	0.083	0.863	0.849	0.705	0.000	0.000
SUMME(-)	-1.089	-0.021	0.000	0.000	0.000	-0.083	-0.676	-0.654	-0.705	-2.184	-1.425
SUMME	-1.089	0.111	0.718	2.627	1.410	0.000	0.186	0.195	0.000	-2.184	-1.425
FAKTOR	a						a			1/a	

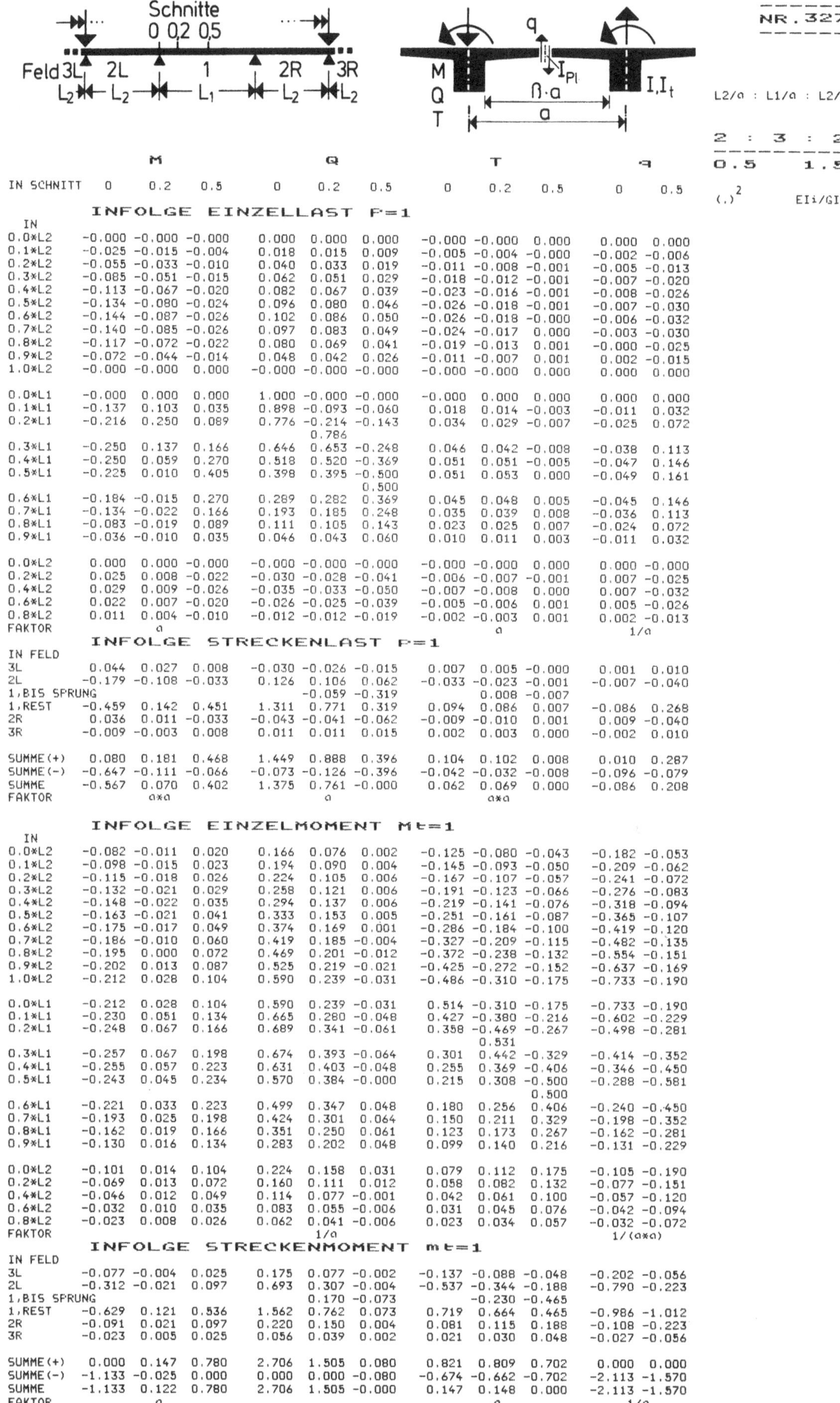

	M 0	M 0.2	M 0.5	Q 0	Q 0.2	Q 0.5	T 0	T 0.2	T 0.5	q 0	q 0.5
IN SCHNITT	0	0.2	0.5	0	0.2	0.5	0	0.2	0.5	0	0.5

INFOLGE EINZELLAST P=1

IN

	M 0	M 0.2	M 0.5	Q 0	Q 0.2	Q 0.5	T 0	T 0.2	T 0.5	q 0	q 0.5
0.0*L2	-0.000	-0.000	-0.000	0.000	0.000	0.000	-0.000	-0.000	0.000	0.000	0.000
0.1*L2	-0.025	-0.015	-0.004	0.018	0.015	0.009	-0.005	-0.004	-0.000	-0.002	-0.006
0.2*L2	-0.055	-0.033	-0.010	0.040	0.033	0.019	-0.011	-0.008	-0.001	-0.005	-0.013
0.3*L2	-0.085	-0.051	-0.015	0.062	0.051	0.029	-0.018	-0.012	-0.001	-0.007	-0.020
0.4*L2	-0.113	-0.067	-0.020	0.082	0.067	0.039	-0.023	-0.016	-0.001	-0.008	-0.026
0.5*L2	-0.134	-0.080	-0.024	0.096	0.080	0.046	-0.026	-0.018	-0.001	-0.007	-0.030
0.6*L2	-0.144	-0.087	-0.026	0.102	0.086	0.050	-0.026	-0.018	-0.000	-0.006	-0.032
0.7*L2	-0.140	-0.085	-0.026	0.097	0.083	0.049	-0.024	-0.017	0.000	-0.003	-0.030
0.8*L2	-0.117	-0.072	-0.022	0.080	0.069	0.041	-0.019	-0.013	0.001	-0.000	-0.025
0.9*L2	-0.072	-0.044	-0.014	0.048	0.042	0.026	-0.011	-0.007	0.001	0.002	-0.015
1.0*L2	-0.000	-0.000	0.000	-0.000	-0.000	-0.000	-0.000	-0.000	0.000	0.000	0.000
0.0*L1	-0.000	0.000	0.000	1.000	-0.000	-0.000	-0.000	0.000	0.000	0.000	0.000
0.1*L1	-0.137	0.103	0.035	0.898	-0.093	-0.060	0.018	0.014	-0.003	-0.011	0.032
0.2*L1	-0.216	0.250	0.089	0.776	-0.214	-0.143	0.034	0.029	-0.007	-0.025	0.072
(Sprung)				0.786							
0.3*L1	-0.250	0.137	0.166	0.646	0.653	-0.248	0.046	0.042	-0.008	-0.038	0.113
0.4*L1	-0.250	0.059	0.270	0.518	0.520	-0.369	0.051	0.051	-0.005	-0.047	0.146
0.5*L1	-0.225	0.010	0.405	0.398	0.395	-0.500	0.051	0.053	0.000	-0.049	0.161
(Sprung)						0.500					
0.6*L1	-0.184	-0.015	0.270	0.289	0.282	0.369	0.045	0.048	0.005	-0.045	0.146
0.7*L1	-0.134	-0.022	0.166	0.193	0.185	0.248	0.035	0.039	0.008	-0.036	0.113
0.8*L1	-0.083	-0.019	0.089	0.111	0.105	0.143	0.023	0.025	0.007	-0.024	0.072
0.9*L1	-0.036	-0.010	0.035	0.046	0.043	0.060	0.010	0.011	0.003	-0.011	0.032
0.0*L2	0.000	0.000	-0.000	-0.000	-0.000	-0.000	-0.000	-0.000	0.000	0.000	-0.000
0.2*L2	0.025	0.008	-0.022	-0.030	-0.028	-0.041	-0.006	-0.007	-0.001	0.007	-0.025
0.4*L2	0.029	0.009	-0.026	-0.035	-0.033	-0.050	-0.007	-0.008	-0.001	0.007	-0.032
0.6*L2	0.022	0.007	-0.020	-0.026	-0.025	-0.039	-0.005	-0.006	0.001	0.005	-0.026
0.8*L2	0.011	0.004	-0.010	-0.012	-0.012	-0.019	-0.002	-0.003	0.001	0.002	-0.013
FAKTOR	a						a			$1/a$	

INFOLGE STRECKENLAST P=1

IN FELD

	M 0	M 0.2	M 0.5	Q 0	Q 0.2	Q 0.5	T 0	T 0.2	T 0.5	q 0	q 0.5
3L	0.044	0.027	0.008	-0.030	-0.026	-0.015	0.007	0.005	-0.000	0.001	0.010
2L	-0.179	-0.108	-0.033	0.126	0.106	0.062	-0.033	-0.023	-0.001	-0.007	-0.040
1,BIS SPRUNG				-0.059	-0.319		0.008	-0.007			
1,REST	-0.459	0.142	0.451	1.311	0.771	0.319	0.094	0.086	0.007	-0.086	0.268
2R	0.036	0.011	-0.033	-0.043	-0.041	-0.062	-0.009	-0.010	0.001	0.009	-0.040
3R	-0.009	-0.003	0.008	0.011	0.011	0.015	0.002	0.003	0.000	-0.002	0.010
SUMME(+)	0.080	0.181	0.468	1.449	0.888	0.396	0.104	0.102	0.008	0.010	0.287
SUMME(-)	-0.647	-0.111	-0.066	-0.073	-0.126	-0.396	-0.042	-0.032	-0.008	-0.096	-0.079
SUMME	-0.567	0.070	0.402	1.375	0.761	-0.000	0.062	0.069	0.000	-0.086	0.208
FAKTOR	$a{\times}a$			a			$a{\times}a$				

INFOLGE EINZELMOMENT Mt=1

IN

	M 0	M 0.2	M 0.5	Q 0	Q 0.2	Q 0.5	T 0	T 0.2	T 0.5	q 0	q 0.5
0.0*L2	-0.082	-0.011	0.020	0.166	0.076	0.002	-0.125	-0.080	-0.043	-0.182	-0.053
0.1*L2	-0.098	-0.015	0.023	0.194	0.090	0.004	-0.145	-0.093	-0.050	-0.209	-0.062
0.2*L2	-0.115	-0.018	0.026	0.224	0.105	0.006	-0.167	-0.107	-0.057	-0.241	-0.072
0.3*L2	-0.132	-0.021	0.029	0.258	0.121	0.006	-0.191	-0.123	-0.066	-0.276	-0.083
0.4*L2	-0.148	-0.022	0.035	0.294	0.137	0.006	-0.219	-0.141	-0.076	-0.318	-0.094
0.5*L2	-0.163	-0.021	0.041	0.333	0.153	0.005	-0.251	-0.161	-0.087	-0.365	-0.107
0.6*L2	-0.175	-0.017	0.049	0.374	0.169	0.001	-0.286	-0.184	-0.100	-0.419	-0.120
0.7*L2	-0.186	-0.010	0.060	0.419	0.185	-0.004	-0.327	-0.209	-0.115	-0.482	-0.135
0.8*L2	-0.195	0.000	0.072	0.469	0.201	-0.012	-0.372	-0.238	-0.132	-0.554	-0.151
0.9*L2	-0.202	0.013	0.087	0.525	0.219	-0.021	-0.425	-0.272	-0.152	-0.637	-0.169
1.0*L2	-0.212	0.028	0.104	0.590	0.239	-0.031	-0.486	-0.310	-0.175	-0.733	-0.190
0.0*L1	-0.212	0.028	0.104	0.590	0.239	-0.031	0.514	-0.310	-0.175	-0.733	-0.190
0.1*L1	-0.230	0.051	0.134	0.665	0.280	-0.048	0.427	-0.380	-0.216	-0.602	-0.229
0.2*L1	-0.248	0.067	0.166	0.689	0.341	-0.061	0.358	-0.469	-0.267	-0.498	-0.281
(Sprung)								0.531			
0.3*L1	-0.257	0.067	0.198	0.674	0.393	-0.064	0.301	0.442	-0.329	-0.414	-0.352
0.4*L1	-0.255	0.057	0.223	0.631	0.403	-0.048	0.255	0.369	-0.406	-0.346	-0.450
0.5*L1	-0.243	0.045	0.234	0.570	0.384	-0.000	0.215	0.308	-0.500	-0.288	-0.581
(Sprung)									0.500		
0.6*L1	-0.221	0.033	0.223	0.499	0.347	0.048	0.180	0.256	0.406	-0.240	-0.450
0.7*L1	-0.193	0.025	0.198	0.424	0.301	0.064	0.150	0.211	0.329	-0.198	-0.352
0.8*L1	-0.162	0.019	0.166	0.351	0.250	0.061	0.123	0.173	0.267	-0.162	-0.281
0.9*L1	-0.130	0.016	0.134	0.283	0.202	0.048	0.099	0.140	0.216	-0.131	-0.229
0.0*L2	-0.101	0.014	0.104	0.224	0.158	0.031	0.079	0.112	0.175	-0.105	-0.190
0.2*L2	-0.069	0.013	0.072	0.160	0.111	0.012	0.058	0.082	0.132	-0.077	-0.151
0.4*L2	-0.046	0.012	0.049	0.114	0.077	-0.001	0.042	0.061	0.100	-0.057	-0.120
0.6*L2	-0.032	0.010	0.035	0.083	0.055	-0.006	0.031	0.045	0.076	-0.042	-0.094
0.8*L2	-0.023	0.008	0.026	0.062	0.041	-0.006	0.023	0.034	0.057	-0.032	-0.072
FAKTOR				$1/a$						$1/(a{\times}a)$	

INFOLGE STRECKENMOMENT mt=1

IN FELD

	M 0	M 0.2	M 0.5	Q 0	Q 0.2	Q 0.5	T 0	T 0.2	T 0.5	q 0	q 0.5
3L	-0.077	-0.004	0.025	0.175	0.077	-0.002	-0.137	-0.088	-0.048	-0.202	-0.056
2L	-0.312	-0.021	0.097	0.693	0.307	-0.004	-0.537	-0.344	-0.188	-0.790	-0.223
1,BIS SPRUNG				0.170	-0.073		-0.230	-0.465			
1,REST	-0.629	0.121	0.536	1.562	0.762	0.073	0.719	0.664	0.465	-0.986	-1.012
2R	-0.091	0.021	0.097	0.220	0.150	0.004	0.081	0.115	0.188	-0.108	-0.223
3R	-0.023	0.005	0.025	0.056	0.039	0.002	0.021	0.030	0.048	-0.027	-0.056
SUMME(+)	0.000	0.147	0.780	2.706	1.505	0.080	0.821	0.809	0.702	0.000	0.000
SUMME(-)	-1.133	-0.025	0.000	0.000	0.000	-0.080	-0.674	-0.662	-0.702	-2.113	-1.570
SUMME	-1.133	0.122	0.780	2.706	1.505	-0.000	0.147	0.148	0.000	-2.113	-1.570
FAKTOR	a						a			$1/a$	

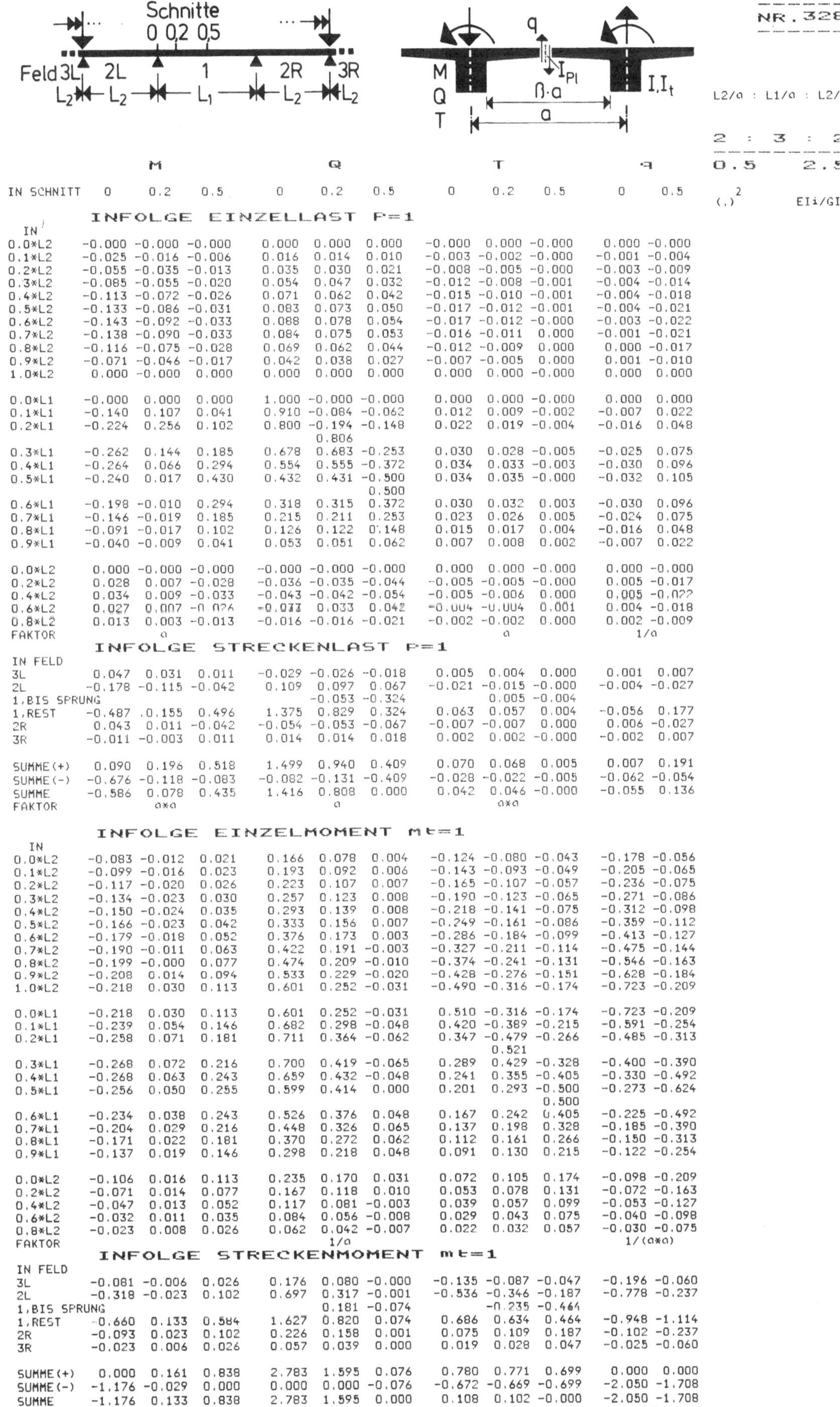

INFOLGE EINZELLAST P=1

IN

IN	M 0	M 0.2	M 0.5	Q 0	Q 0.2	Q 0.5	T 0	T 0.2	T 0.5	q 0	q 0.5
0.0*L2	-0.000	-0.000	-0.000	0.000	0.000	0.000	-0.000	0.000	-0.000	0.000	-0.000
0.1*L2	-0.025	-0.016	-0.006	0.016	0.014	0.010	-0.003	-0.002	-0.000	-0.001	-0.004
0.2*L2	-0.055	-0.035	-0.013	0.035	0.030	0.021	-0.008	-0.005	-0.000	-0.003	-0.009
0.3*L2	-0.085	-0.055	-0.020	0.054	0.047	0.032	-0.012	-0.008	-0.001	-0.004	-0.014
0.4*L2	-0.113	-0.072	-0.026	0.071	0.062	0.042	-0.015	-0.010	-0.001	-0.004	-0.018
0.5*L2	-0.133	-0.086	-0.031	0.083	0.073	0.050	-0.017	-0.012	-0.001	-0.004	-0.021
0.6*L2	-0.143	-0.092	-0.033	0.088	0.078	0.054	-0.017	-0.012	-0.000	-0.003	-0.022
0.7*L2	-0.138	-0.090	-0.033	0.084	0.075	0.053	-0.016	-0.011	0.000	-0.001	-0.021
0.8*L2	-0.116	-0.075	-0.028	0.069	0.062	0.044	-0.012	-0.009	0.000	0.000	-0.017
0.9*L2	-0.071	-0.046	-0.017	0.042	0.038	0.027	-0.007	-0.005	0.000	0.001	-0.010
1.0*L2	0.000	-0.000	-0.000	0.000	0.000	0.000	0.000	0.000	-0.000	0.000	0.000
0.0*L1	-0.000	0.000	0.000	1.000	-0.000	-0.000	0.000	0.000	-0.000	0.000	0.000
0.1*L1	-0.140	0.107	0.041	0.910	-0.084	-0.062	0.012	0.009	-0.002	-0.007	0.022
0.2*L1	-0.224	0.256	0.102	0.800	-0.194	-0.148	0.022	0.019	-0.004	-0.016	0.048
				0.806							
0.3*L1	-0.262	0.144	0.185	0.678	0.683	-0.253	0.030	0.028	-0.005	-0.025	0.075
0.4*L1	-0.264	0.066	0.294	0.554	0.555	-0.372	0.034	0.033	-0.003	-0.030	0.096
0.5*L1	-0.240	0.017	0.430	0.432	0.431	-0.500	0.034	0.035	-0.000	-0.032	0.105
						0.500					
0.6*L1	-0.198	-0.010	0.294	0.318	0.315	0.372	0.030	0.032	0.003	-0.030	0.096
0.7*L1	-0.146	-0.019	0.185	0.215	0.211	0.253	0.023	0.026	0.005	-0.024	0.075
0.8*L1	-0.091	-0.017	0.102	0.126	0.122	0.148	0.015	0.017	0.004	-0.016	0.048
0.9*L1	-0.040	-0.009	0.041	0.053	0.051	0.062	0.007	0.008	0.002	-0.007	0.022
0.0*L2	0.000	-0.000	-0.000	-0.000	-0.000	-0.000	0.000	0.000	-0.000	0.000	-0.000
0.2*L2	0.028	0.007	-0.028	-0.036	-0.035	-0.044	-0.005	-0.005	-0.000	0.005	-0.017
0.4*L2	0.034	0.009	-0.033	-0.043	-0.042	-0.054	-0.005	-0.006	0.000	0.005	-0.022
0.6*L2	0.027	0.007	-0.026	-0.033	0.033	0.042	-0.004	-0.004	0.001	0.004	-0.018
0.8*L2	0.013	0.003	-0.013	-0.016	-0.016	-0.021	-0.002	-0.002	0.000	0.002	-0.009
FAKTOR	a						a			1/a	

INFOLGE STRECKENLAST P=1

IN FELD

IN FELD	M 0	M 0.2	M 0.5	Q 0	Q 0.2	Q 0.5	T 0	T 0.2	T 0.5	q 0	q 0.5
3L	0.047	0.031	0.011	-0.029	-0.026	-0.018	0.005	0.004	0.000	0.001	0.007
2L	-0.178	-0.115	-0.042	0.109	0.097	0.067	-0.021	-0.015	-0.000	-0.004	-0.027
1,BIS SPRUNG					-0.053	-0.324	0.005	-0.004			
1,REST	-0.487	0.155	0.496	1.375	0.829	0.324	0.063	0.057	0.004	-0.056	0.177
2R	0.043	0.011	-0.042	-0.054	-0.053	-0.067	-0.007	-0.007	0.000	0.006	-0.027
3R	-0.011	-0.003	0.011	0.014	0.014	0.018	0.002	0.002	-0.000	-0.002	0.007
SUMME(+)	0.090	0.196	0.518	1.499	0.940	0.409	0.070	0.068	0.005	0.007	0.191
SUMME(-)	-0.676	-0.118	-0.083	-0.082	-0.131	-0.409	-0.028	-0.022	-0.005	-0.062	-0.054
SUMME	-0.586	0.078	0.435	1.416	0.808	0.000	0.042	0.046	-0.000	-0.055	0.136
FAKTOR	a*a			a			a*a				

INFOLGE EINZELMOMENT mt=1

IN

IN	M 0	M 0.2	M 0.5	Q 0	Q 0.2	Q 0.5	T 0	T 0.2	T 0.5	q 0	q 0.5
0.0*L2	-0.083	-0.012	0.021	0.166	0.078	0.004	-0.124	-0.080	-0.043	-0.178	-0.056
0.1*L2	-0.099	-0.016	0.023	0.193	0.092	0.006	-0.143	-0.093	-0.049	-0.205	-0.065
0.2*L2	-0.117	-0.020	0.026	0.223	0.107	0.007	-0.165	-0.107	-0.057	-0.236	-0.075
0.3*L2	-0.134	-0.023	0.030	0.257	0.123	0.008	-0.190	-0.123	-0.065	-0.271	-0.086
0.4*L2	-0.150	-0.024	0.035	0.293	0.139	0.008	-0.218	-0.141	-0.075	-0.312	-0.098
0.5*L2	-0.166	-0.023	0.042	0.333	0.156	0.007	-0.249	-0.161	-0.086	-0.359	-0.112
0.6*L2	-0.179	-0.018	0.052	0.376	0.173	0.003	-0.286	-0.184	-0.099	-0.413	-0.127
0.7*L2	-0.190	-0.011	0.063	0.422	0.191	-0.003	-0.327	-0.211	-0.114	-0.475	-0.144
0.8*L2	-0.199	-0.000	0.077	0.474	0.209	-0.010	-0.374	-0.241	-0.131	-0.546	-0.163
0.9*L2	-0.208	0.014	0.094	0.533	0.229	-0.020	-0.428	-0.276	-0.151	-0.628	-0.184
1.0*L2	-0.218	0.030	0.113	0.601	0.252	-0.031	-0.490	-0.316	-0.174	-0.723	-0.209
0.0*L1	-0.218	0.030	0.113	0.601	0.252	-0.031	0.510	-0.316	-0.174	-0.723	-0.209
0.1*L1	-0.239	0.054	0.146	0.682	0.298	-0.048	0.420	-0.389	-0.215	-0.591	-0.254
0.2*L1	-0.258	0.071	0.181	0.711	0.364	-0.062	0.347	-0.479	-0.266	-0.485	-0.313
								0.521			
0.3*L1	-0.268	0.072	0.216	0.700	0.419	-0.065	0.289	0.429	-0.328	-0.400	-0.390
0.4*L1	-0.268	0.063	0.243	0.659	0.432	-0.048	0.241	0.355	-0.405	-0.330	-0.492
0.5*L1	-0.256	0.050	0.255	0.599	0.414	0.000	0.201	0.293	-0.500	-0.273	-0.624
									0.500		
0.6*L1	-0.234	0.038	0.243	0.526	0.376	0.048	0.167	0.242	0.405	-0.225	-0.492
0.7*L1	-0.204	0.029	0.216	0.448	0.326	0.065	0.137	0.198	0.328	-0.185	-0.390
0.8*L1	-0.171	0.022	0.181	0.370	0.272	0.062	0.112	0.161	0.266	-0.150	-0.313
0.9*L1	-0.137	0.019	0.146	0.298	0.218	0.048	0.091	0.130	0.215	-0.122	-0.254
0.0*L2	-0.106	0.016	0.113	0.235	0.170	0.031	0.072	0.105	0.174	-0.098	-0.209
0.2*L2	-0.071	0.014	0.077	0.167	0.118	0.010	0.053	0.078	0.131	-0.072	-0.163
0.4*L2	-0.047	0.013	0.052	0.117	0.081	-0.003	0.039	0.057	0.099	-0.053	-0.127
0.6*L2	-0.032	0.011	0.035	0.084	0.056	-0.008	0.029	0.043	0.075	-0.040	-0.098
0.8*L2	-0.023	0.008	0.026	0.062	0.042	-0.007	0.022	0.032	0.057	-0.030	-0.075
FAKTOR				1/a						1/(a*a)	

INFOLGE STRECKENMOMENT mt=1

IN FELD

IN FELD	M 0	M 0.2	M 0.5	Q 0	Q 0.2	Q 0.5	T 0	T 0.2	T 0.5	q 0	q 0.5
3L	-0.081	-0.006	0.026	0.176	0.080	-0.000	-0.135	-0.087	-0.047	-0.196	-0.060
2L	-0.318	-0.023	0.102	0.697	0.317	-0.001	-0.536	-0.346	-0.187	-0.778	-0.237
1,BIS SPRUNG					0.181	-0.074		-0.235	-0.464		
1,REST	-0.660	0.133	0.584	1.627	0.820	0.074	0.686	0.634	0.464	-0.948	-1.114
2R	-0.093	0.023	0.102	0.226	0.158	0.001	0.075	0.109	0.187	-0.102	-0.237
3R	-0.023	0.006	0.026	0.057	0.039	0.000	0.019	0.028	0.047	-0.025	-0.060
SUMME(+)	0.000	0.161	0.838	2.783	1.595	0.076	0.780	0.771	0.699	0.000	0.000
SUMME(-)	-1.176	-0.029	0.000	0.000	0.000	-0.076	-0.672	-0.669	-0.699	-2.050	-1.708
SUMME	-1.176	0.133	0.838	2.783	1.595	0.000	0.108	0.102	-0.000	-2.050	-1.708
FAKTOR	a						a			1/a	

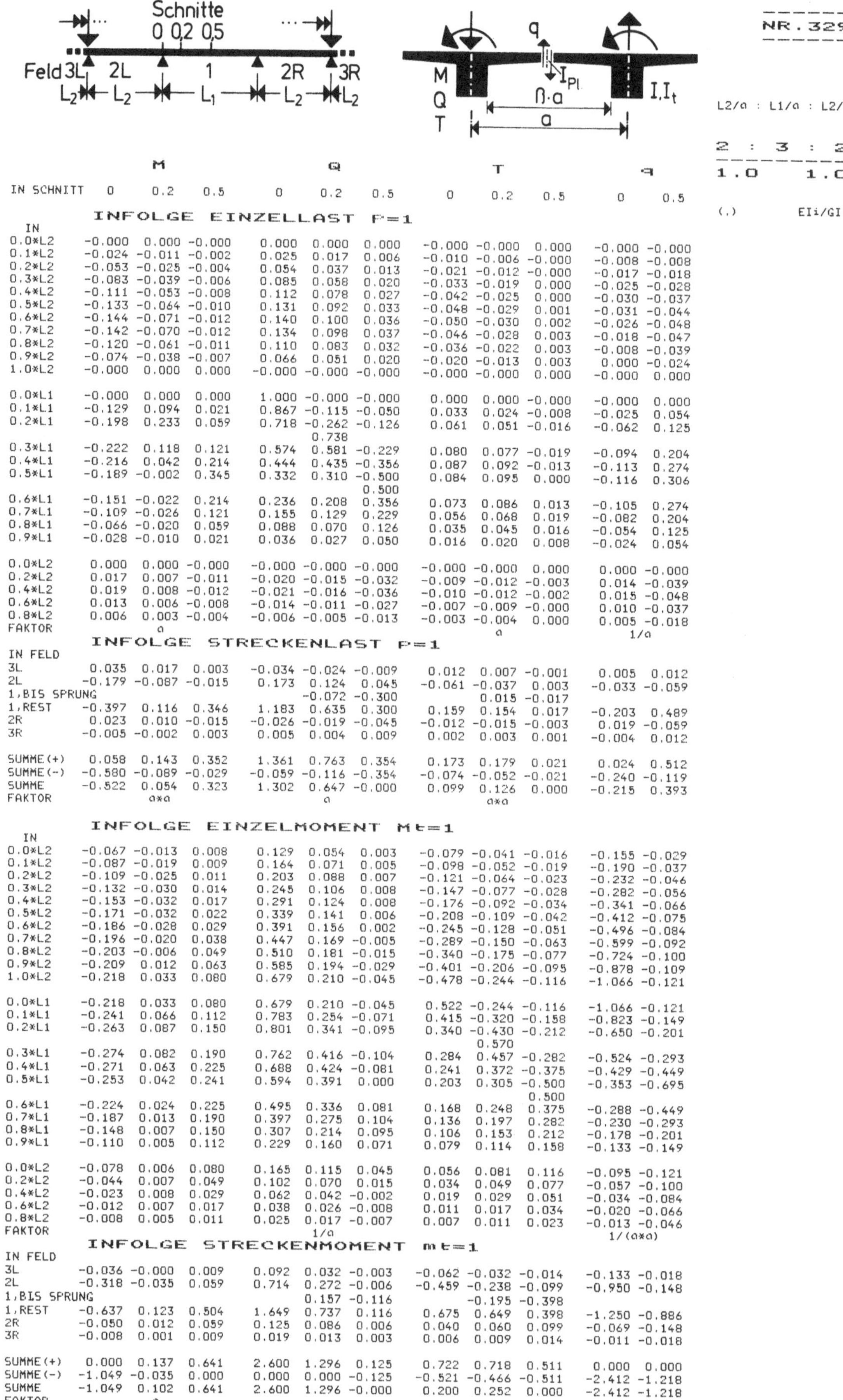

	M			Q			T			q	
IN SCHNITT	0	0.2	0.5	0	0.2	0.5	0	0.2	0.5	0	0.5

INFOLGE EINZELLAST F=1

IN	M(0)	M(0.2)	M(0.5)	Q(0)	Q(0.2)	Q(0.5)	T(0)	T(0.2)	T(0.5)	q(0)	q(0.5)
0.0*L2	-0.000	0.000	-0.000	0.000	0.000	0.000	-0.000	-0.000	0.000	-0.000	-0.000
0.1*L2	-0.024	-0.011	-0.002	0.025	0.017	0.006	-0.010	-0.006	-0.000	-0.008	-0.008
0.2*L2	-0.053	-0.025	-0.004	0.054	0.037	0.013	-0.021	-0.012	-0.000	-0.017	-0.018
0.3*L2	-0.083	-0.039	-0.006	0.085	0.058	0.020	-0.033	-0.019	0.000	-0.025	-0.028
0.4*L2	-0.111	-0.053	-0.008	0.112	0.078	0.027	-0.042	-0.025	0.000	-0.030	-0.037
0.5*L2	-0.133	-0.064	-0.010	0.131	0.092	0.033	-0.048	-0.029	0.001	-0.031	-0.044
0.6*L2	-0.144	-0.071	-0.012	0.140	0.100	0.036	-0.050	-0.030	0.002	-0.026	-0.048
0.7*L2	-0.142	-0.070	-0.012	0.134	0.098	0.037	-0.046	-0.028	0.003	-0.018	-0.047
0.8*L2	-0.120	-0.061	-0.011	0.110	0.083	0.032	-0.036	-0.022	0.003	-0.008	-0.039
0.9*L2	-0.074	-0.038	-0.007	0.066	0.051	0.020	-0.020	-0.013	0.003	0.000	-0.024
1.0*L2	-0.000	0.000	0.000	-0.000	-0.000	-0.000	-0.000	-0.000	0.000	-0.000	0.000
0.0*L1	-0.000	0.000	0.000	1.000	-0.000	-0.000	0.000	0.000	-0.000	-0.000	0.000
0.1*L1	-0.129	0.094	0.021	0.867	-0.115	-0.050	0.033	0.024	-0.008	-0.025	0.054
0.2*L1	-0.198	0.233	0.059	0.718	-0.262	-0.126	0.061	0.051	-0.016	-0.062	0.125
				0.738							
0.3*L1	-0.222	0.118	0.121	0.574	0.581	-0.229	0.080	0.077	-0.019	-0.094	0.204
0.4*L1	-0.216	0.042	0.214	0.444	0.435	-0.356	0.087	0.092	-0.013	-0.113	0.274
0.5*L1	-0.189	-0.002	0.345	0.332	0.310	-0.500	0.084	0.095	0.000	-0.116	0.306
						0.500					
0.6*L1	-0.151	-0.022	0.214	0.236	0.208	0.356	0.073	0.086	0.013	-0.105	0.274
0.7*L1	-0.109	-0.026	0.121	0.155	0.129	0.229	0.056	0.068	0.019	-0.082	0.204
0.8*L1	-0.066	-0.020	0.059	0.088	0.070	0.126	0.035	0.045	0.016	-0.054	0.125
0.9*L1	-0.028	-0.010	0.021	0.036	0.027	0.050	0.016	0.020	0.008	-0.024	0.054
0.0*L2	0.000	0.000	-0.000	-0.000	-0.000	-0.000	-0.000	-0.000	0.000	0.000	-0.000
0.2*L2	0.017	0.007	-0.011	-0.020	-0.015	-0.032	-0.009	-0.012	-0.003	0.014	-0.039
0.4*L2	0.019	0.008	-0.012	-0.021	-0.016	-0.036	-0.010	-0.012	-0.002	0.015	-0.048
0.6*L2	0.013	0.006	-0.008	-0.014	-0.011	-0.027	-0.007	-0.009	-0.000	0.010	-0.037
0.8*L2	0.006	0.003	-0.004	-0.006	-0.005	-0.013	-0.003	-0.004	0.000	0.005	-0.018
FAKTOR	a						a			1/a	

INFOLGE STRECKENLAST p=1

IN FELD	M(0)	M(0.2)	M(0.5)	Q(0)	Q(0.2)	Q(0.5)	T(0)	T(0.2)	T(0.5)	q(0)	q(0.5)
3L	0.035	0.017	0.003	-0.034	-0.024	-0.009	0.012	0.007	-0.001	0.005	0.012
2L	-0.179	-0.087	-0.015	0.173	0.124	0.045	-0.061	-0.037	0.003	-0.033	-0.059
1,BIS SPRUNG					-0.072	-0.300		0.015	-0.017		
1,REST	-0.397	0.116	0.346	1.183	0.635	0.300	0.159	0.154	0.017	-0.203	0.489
2R	0.023	0.010	-0.015	-0.026	-0.019	-0.045	-0.012	-0.015	-0.003	0.019	-0.059
3R	-0.005	-0.002	0.003	0.005	0.004	0.009	0.002	0.003	0.001	-0.004	0.012
SUMME(+)	0.058	0.143	0.352	1.361	0.763	0.354	0.173	0.179	0.021	0.024	0.512
SUMME(-)	-0.580	-0.089	-0.029	-0.059	-0.116	-0.354	-0.074	-0.052	-0.021	-0.240	-0.119
SUMME	-0.522	0.054	0.323	1.302	0.647	-0.000	0.099	0.126	0.000	-0.215	0.393
FAKTOR	a*a			a			a*a				

INFOLGE EINZELMOMENT Mt=1

IN	M(0)	M(0.2)	M(0.5)	Q(0)	Q(0.2)	Q(0.5)	T(0)	T(0.2)	T(0.5)	q(0)	q(0.5)
0.0*L2	-0.067	-0.013	0.008	0.129	0.054	0.003	-0.079	-0.041	-0.016	-0.155	-0.029
0.1*L2	-0.087	-0.019	0.009	0.164	0.071	0.005	-0.098	-0.052	-0.019	-0.190	-0.037
0.2*L2	-0.109	-0.025	0.011	0.203	0.088	0.007	-0.121	-0.064	-0.023	-0.232	-0.046
0.3*L2	-0.132	-0.030	0.014	0.245	0.106	0.008	-0.147	-0.077	-0.028	-0.282	-0.056
0.4*L2	-0.153	-0.032	0.017	0.291	0.124	0.008	-0.176	-0.092	-0.034	-0.341	-0.066
0.5*L2	-0.171	-0.032	0.022	0.339	0.141	0.006	-0.208	-0.109	-0.042	-0.412	-0.075
0.6*L2	-0.186	-0.028	0.029	0.391	0.156	0.002	-0.245	-0.128	-0.051	-0.496	-0.084
0.7*L2	-0.196	-0.020	0.038	0.447	0.169	-0.005	-0.289	-0.150	-0.063	-0.599	-0.092
0.8*L2	-0.203	-0.006	0.049	0.510	0.181	-0.015	-0.340	-0.175	-0.077	-0.724	-0.100
0.9*L2	-0.209	0.012	0.063	0.585	0.194	-0.029	-0.401	-0.206	-0.095	-0.878	-0.109
1.0*L2	-0.218	0.033	0.080	0.679	0.210	-0.045	-0.478	-0.244	-0.116	-1.066	-0.121
0.0*L1	-0.218	0.033	0.080	0.679	0.210	-0.045	0.522	-0.244	-0.116	-1.066	-0.121
0.1*L1	-0.241	0.066	0.112	0.783	0.254	-0.071	0.415	-0.320	-0.158	-0.823	-0.149
0.2*L1	-0.263	0.087	0.150	0.801	0.341	-0.095	0.340	-0.430	-0.212	-0.650	-0.201
								0.570			
0.3*L1	-0.274	0.082	0.190	0.762	0.416	-0.104	0.284	0.457	-0.282	-0.524	-0.293
0.4*L1	-0.271	0.063	0.225	0.688	0.424	-0.081	0.241	0.372	-0.375	-0.429	-0.449
0.5*L1	-0.253	0.042	0.241	0.594	0.391	0.000	0.203	0.305	-0.500	-0.353	-0.695
									0.500		
0.6*L1	-0.224	0.024	0.225	0.495	0.336	0.081	0.168	0.248	0.375	-0.288	-0.449
0.7*L1	-0.187	0.013	0.190	0.397	0.275	0.104	0.136	0.197	0.282	-0.230	-0.293
0.8*L1	-0.148	0.007	0.150	0.307	0.214	0.095	0.106	0.153	0.212	-0.178	-0.201
0.9*L1	-0.110	0.005	0.112	0.229	0.160	0.071	0.079	0.114	0.158	-0.133	-0.149
0.0*L2	-0.078	0.006	0.080	0.165	0.115	0.045	0.056	0.081	0.116	-0.095	-0.121
0.2*L2	-0.044	0.007	0.049	0.102	0.070	0.015	0.034	0.049	0.077	-0.057	-0.100
0.4*L2	-0.023	0.008	0.029	0.062	0.042	-0.002	0.019	0.029	0.051	-0.034	-0.084
0.6*L2	-0.012	0.007	0.017	0.038	0.026	-0.008	0.011	0.017	0.034	-0.020	-0.066
0.8*L2	-0.008	0.005	0.011	0.025	0.017	-0.007	0.007	0.011	0.023	-0.013	-0.046
FAKTOR				1/a						1/(a*a)	

INFOLGE STRECKENMOMENT mt=1

IN FELD	M(0)	M(0.2)	M(0.5)	Q(0)	Q(0.2)	Q(0.5)	T(0)	T(0.2)	T(0.5)	q(0)	q(0.5)
3L	-0.036	-0.000	0.009	0.092	0.032	-0.003	-0.062	-0.032	-0.014	-0.133	-0.018
2L	-0.318	-0.035	0.059	0.714	0.272	-0.006	-0.459	-0.238	-0.099	-0.950	-0.148
1,BIS SPRUNG					0.157	-0.116		-0.195	-0.398		
1,REST	-0.637	0.123	0.504	1.649	0.737	0.116	0.675	0.649	0.398	-1.250	-0.886
2R	-0.050	0.012	0.059	0.125	0.086	0.006	0.040	0.060	0.099	-0.069	-0.148
3R	-0.008	0.001	0.009	0.019	0.013	0.003	0.006	0.009	0.014	-0.011	-0.018
SUMME(+)	0.000	0.137	0.641	2.600	1.296	0.125	0.722	0.718	0.511	0.000	0.000
SUMME(-)	-1.049	-0.035	0.000	0.000	0.000	-0.125	-0.521	-0.466	-0.511	-2.412	-1.218
SUMME	-1.049	0.102	0.641	2.600	1.296	-0.000	0.200	0.252	0.000	-2.412	-1.218
FAKTOR	a						a			1/a	

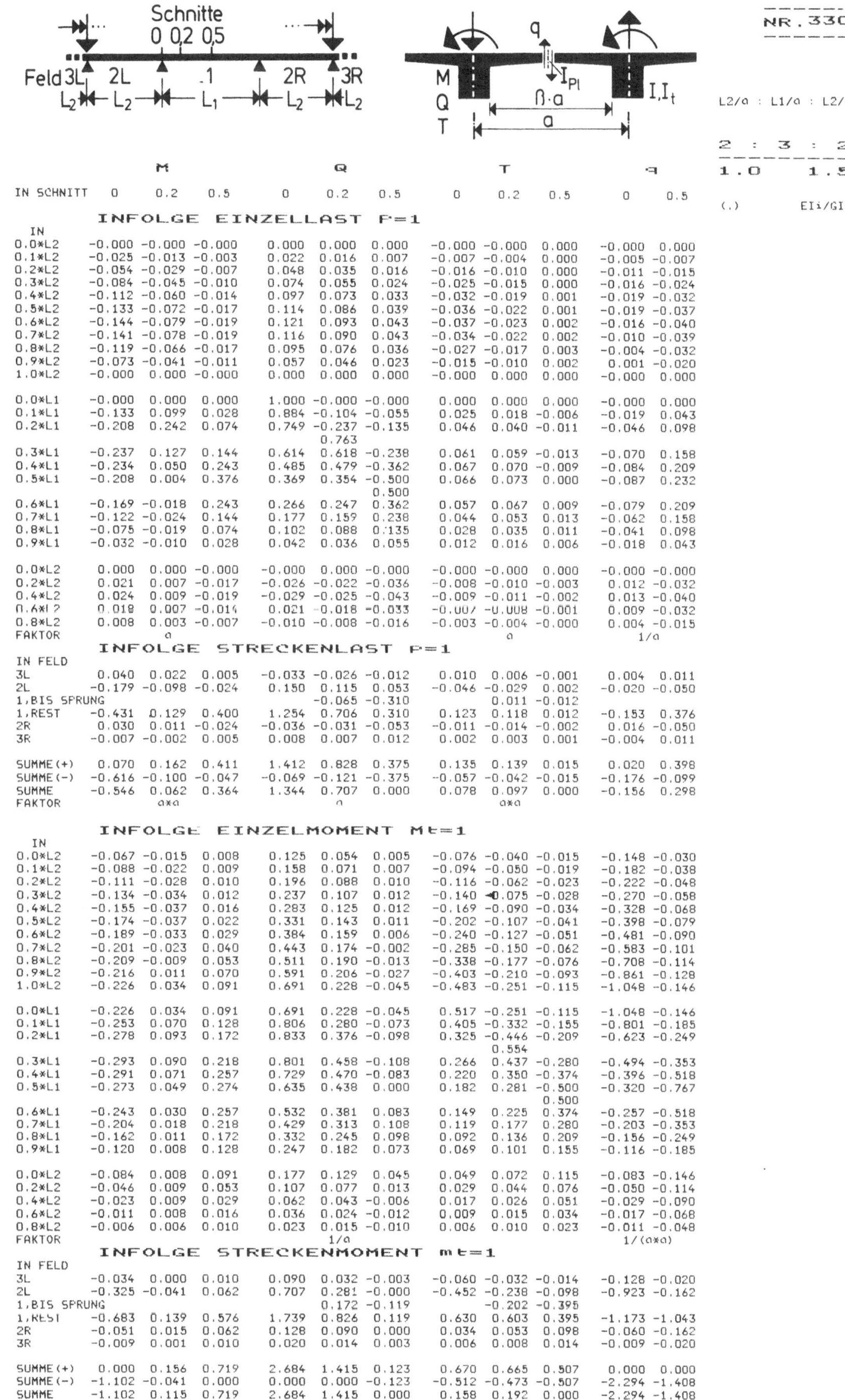

	M			Q			T			q	
IN SCHNITT	0	0.2	0.5	0	0.2	0.5	0	0.2	0.5	0	0.5

INFOLGE EINZELLAST F=1

IN	M@0	M@0.2	M@0.5	Q@0	Q@0.2	Q@0.5	T@0	T@0.2	T@0.5	q@0	q@0.5
0.0*L2	-0.000	-0.000	-0.000	0.000	0.000	0.000	-0.000	-0.000	0.000	-0.000	0.000
0.1*L2	-0.025	-0.013	-0.003	0.022	0.016	0.007	-0.007	-0.004	0.000	-0.005	-0.007
0.2*L2	-0.054	-0.029	-0.007	0.048	0.035	0.016	-0.016	-0.010	0.000	-0.011	-0.015
0.3*L2	-0.084	-0.045	-0.010	0.074	0.055	0.024	-0.025	-0.015	0.000	-0.016	-0.024
0.4*L2	-0.112	-0.060	-0.014	0.097	0.073	0.033	-0.032	-0.019	0.001	-0.019	-0.032
0.5*L2	-0.133	-0.072	-0.017	0.114	0.086	0.039	-0.036	-0.022	0.001	-0.019	-0.037
0.6*L2	-0.144	-0.079	-0.019	0.121	0.093	0.043	-0.037	-0.023	0.002	-0.016	-0.040
0.7*L2	-0.141	-0.078	-0.019	0.116	0.090	0.043	-0.034	-0.022	0.002	-0.010	-0.039
0.8*L2	-0.119	-0.066	-0.017	0.095	0.076	0.036	-0.027	-0.017	0.003	-0.004	-0.032
0.9*L2	-0.073	-0.041	-0.011	0.057	0.046	0.023	-0.015	-0.010	0.002	0.001	-0.020
1.0*L2	-0.000	0.000	-0.000	0.000	0.000	0.000	-0.000	0.000	0.000	-0.000	0.000
0.0*L1	-0.000	0.000	0.000	1.000	-0.000	-0.000	0.000	0.000	0.000	-0.000	0.000
0.1*L1	-0.133	0.099	0.028	0.884	-0.104	-0.055	0.025	0.018	-0.006	-0.019	0.043
0.2*L1	-0.208	0.242	0.074	0.749	-0.237	-0.135	0.046	0.040	-0.011	-0.046	0.098
0.3*L1	-0.237	0.127	0.144	0.614	0.618	-0.238	0.061	0.059	-0.013	-0.070	0.158
0.4*L1	-0.234	0.050	0.243	0.485	0.479	-0.362	0.067	0.070	-0.009	-0.084	0.209
0.5*L1	-0.208	0.004	0.376	0.369	0.354	-0.500	0.066	0.073	0.000	-0.087	0.232
0.6*L1	-0.169	-0.018	0.243	0.266	0.247	0.362	0.057	0.067	0.009	-0.079	0.209
0.7*L1	-0.122	-0.024	0.144	0.177	0.159	0.238	0.044	0.053	0.013	-0.062	0.158
0.8*L1	-0.075	-0.019	0.074	0.102	0.088	0.135	0.028	0.035	0.011	-0.041	0.098
0.9*L1	-0.032	-0.010	0.028	0.042	0.036	0.055	0.012	0.016	0.006	-0.018	0.043
0.0*L2	0.000	0.000	-0.000	-0.000	0.000	-0.000	-0.000	-0.000	0.000	-0.000	-0.000
0.2*L2	0.021	0.007	-0.017	-0.026	-0.022	-0.036	-0.008	-0.010	-0.003	0.012	-0.032
0.4*L2	0.024	0.009	-0.019	-0.029	-0.025	-0.043	-0.009	-0.011	-0.002	0.013	-0.040
0.6*L2	0.018	0.007	-0.014	0.021	-0.018	-0.033	-0.007	-0.008	-0.001	0.009	-0.032
0.8*L2	0.008	0.003	-0.007	-0.010	-0.008	-0.016	-0.003	-0.004	-0.000	0.004	-0.015
FAKTOR	a			a			a			1/a	

(Sprungwerte bei Q@0: 0.763 bei 0.2*L1; Sprungwerte bei Q@0.5: 0.500 bei 0.5*L1 und 0.6*L1)

INFOLGE STRECKENLAST P=1

IN FELD	M@0	M@0.2	M@0.5	Q@0	Q@0.2	Q@0.5	T@0	T@0.2	T@0.5	q@0	q@0.5
3L	0.040	0.022	0.005	-0.033	-0.026	-0.012	0.010	0.006	-0.001	0.004	0.011
2L	-0.179	-0.098	-0.024	0.150	0.115	0.053	-0.046	-0.029	0.002	-0.020	-0.050
1,BIS SPRUNG					-0.065	-0.310	0.011	-0.012			
1,REST	-0.431	0.129	0.400	1.254	0.706	0.310	0.123	0.118	0.012	-0.153	0.376
2R	0.030	0.011	-0.024	-0.036	-0.031	-0.053	-0.011	-0.014	-0.002	0.016	-0.050
3R	-0.007	-0.002	0.005	0.008	0.007	0.012	0.002	0.003	0.001	-0.004	0.011
SUMME(+)	0.070	0.162	0.411	1.412	0.828	0.375	0.135	0.139	0.015	0.020	0.398
SUMME(-)	-0.616	-0.100	-0.047	-0.069	-0.121	-0.375	-0.057	-0.042	-0.015	-0.176	-0.099
SUMME	-0.546	0.062	0.364	1.344	0.707	0.000	0.078	0.097	0.000	-0.156	0.298
FAKTOR	axa			a			axa				

INFOLGE EINZELMOMENT Mt=1

IN	M@0	M@0.2	M@0.5	Q@0	Q@0.2	Q@0.5	T@0	T@0.2	T@0.5	q@0	q@0.5
0.0*L2	-0.067	-0.015	0.008	0.125	0.054	0.005	-0.076	-0.040	-0.015	-0.148	-0.030
0.1*L2	-0.088	-0.022	0.009	0.158	0.071	0.007	-0.094	-0.050	-0.019	-0.182	-0.038
0.2*L2	-0.111	-0.028	0.010	0.196	0.088	0.010	-0.116	-0.062	-0.023	-0.222	-0.048
0.3*L2	-0.134	-0.034	0.012	0.237	0.107	0.012	-0.140	-0.075	-0.028	-0.270	-0.058
0.4*L2	-0.155	-0.037	0.016	0.283	0.125	0.012	-0.169	-0.090	-0.034	-0.328	-0.068
0.5*L2	-0.174	-0.037	0.022	0.331	0.143	0.011	-0.202	-0.107	-0.041	-0.398	-0.079
0.6*L2	-0.189	-0.033	0.029	0.384	0.159	0.006	-0.240	-0.127	-0.051	-0.481	-0.090
0.7*L2	-0.201	-0.023	0.040	0.443	0.174	-0.002	-0.285	-0.150	-0.062	-0.583	-0.101
0.8*L2	-0.209	-0.009	0.053	0.511	0.190	-0.013	-0.338	-0.177	-0.076	-0.708	-0.114
0.9*L2	-0.216	0.011	0.070	0.591	0.206	-0.027	-0.403	-0.210	-0.093	-0.861	-0.128
1.0*L2	-0.226	0.034	0.091	0.691	0.228	-0.045	-0.483	-0.251	-0.115	-1.048	-0.146
0.0*L1	-0.226	0.034	0.091	0.691	0.228	-0.045	0.517	-0.251	-0.115	-1.048	-0.146
0.1*L1	-0.253	0.070	0.128	0.806	0.280	-0.073	0.405	-0.332	-0.155	-0.801	-0.185
0.2*L1	-0.278	0.093	0.172	0.833	0.376	-0.098	0.325	-0.446	-0.209	-0.623	-0.249
0.3*L1	-0.293	0.090	0.218	0.801	0.458	-0.108	0.266	0.437	-0.280	-0.494	-0.353
0.4*L1	-0.291	0.071	0.257	0.729	0.470	-0.083	0.220	0.350	-0.374	-0.396	-0.518
0.5*L1	-0.273	0.049	0.274	0.635	0.438	0.000	0.182	0.281	-0.500	-0.320	-0.767
0.6*L1	-0.243	0.030	0.257	0.532	0.381	0.083	0.149	0.225	0.374	-0.257	-0.518
0.7*L1	-0.204	0.018	0.218	0.429	0.313	0.108	0.119	0.177	0.280	-0.203	-0.353
0.8*L1	-0.162	0.011	0.172	0.332	0.245	0.098	0.092	0.136	0.209	-0.156	-0.249
0.9*L1	-0.120	0.008	0.128	0.247	0.182	0.073	0.069	0.101	0.155	-0.116	-0.185
0.0*L2	-0.084	0.008	0.091	0.177	0.129	0.045	0.049	0.072	0.115	-0.083	-0.146
0.2*L2	-0.046	0.009	0.053	0.107	0.077	0.013	0.029	0.044	0.076	-0.050	-0.114
0.4*L2	-0.023	0.009	0.029	0.062	0.043	-0.006	0.017	0.026	0.051	-0.029	-0.090
0.6*L2	-0.011	0.008	0.016	0.036	0.024	-0.012	0.009	0.015	0.034	-0.017	-0.068
0.8*L2	-0.006	0.006	0.010	0.023	0.015	-0.010	0.006	0.010	0.023	-0.011	-0.048
FAKTOR	1/a									1/(axa)	

(Sprungwert bei T@0: 0.554 bei 0.2*L1; Sprungwert bei T@0.5: 0.500 bei 0.5*L1)

INFOLGE STRECKENMOMENT mt=1

IN FELD	M@0	M@0.2	M@0.5	Q@0	Q@0.2	Q@0.5	T@0	T@0.2	T@0.5	q@0	q@0.5
3L	-0.034	0.000	0.010	0.090	0.032	-0.003	-0.060	-0.032	-0.014	-0.128	-0.020
2L	-0.325	-0.041	0.062	0.707	0.281	-0.000	-0.452	-0.238	-0.098	-0.923	-0.162
1,BIS SPRUNG					0.172	-0.119	-0.202	-0.395			
1,REST	-0.683	0.139	0.576	1.739	0.826	0.119	0.630	0.603	0.395	-1.173	-1.043
2R	-0.051	0.015	0.062	0.128	0.090	0.000	0.034	0.053	0.098	-0.060	-0.162
3R	-0.009	0.001	0.010	0.020	0.014	0.003	0.006	0.008	0.014	-0.009	-0.020
SUMME(+)	0.000	0.156	0.719	2.684	1.415	0.123	0.670	0.665	0.507	0.000	0.000
SUMME(-)	-1.102	-0.041	0.000	0.000	0.000	-0.123	-0.512	-0.473	-0.507	-2.294	-1.408
SUMME	-1.102	0.115	0.719	2.684	1.415	0.000	0.158	0.192	0.000	-2.294	-1.408
FAKTOR	a			a			a			1/a	

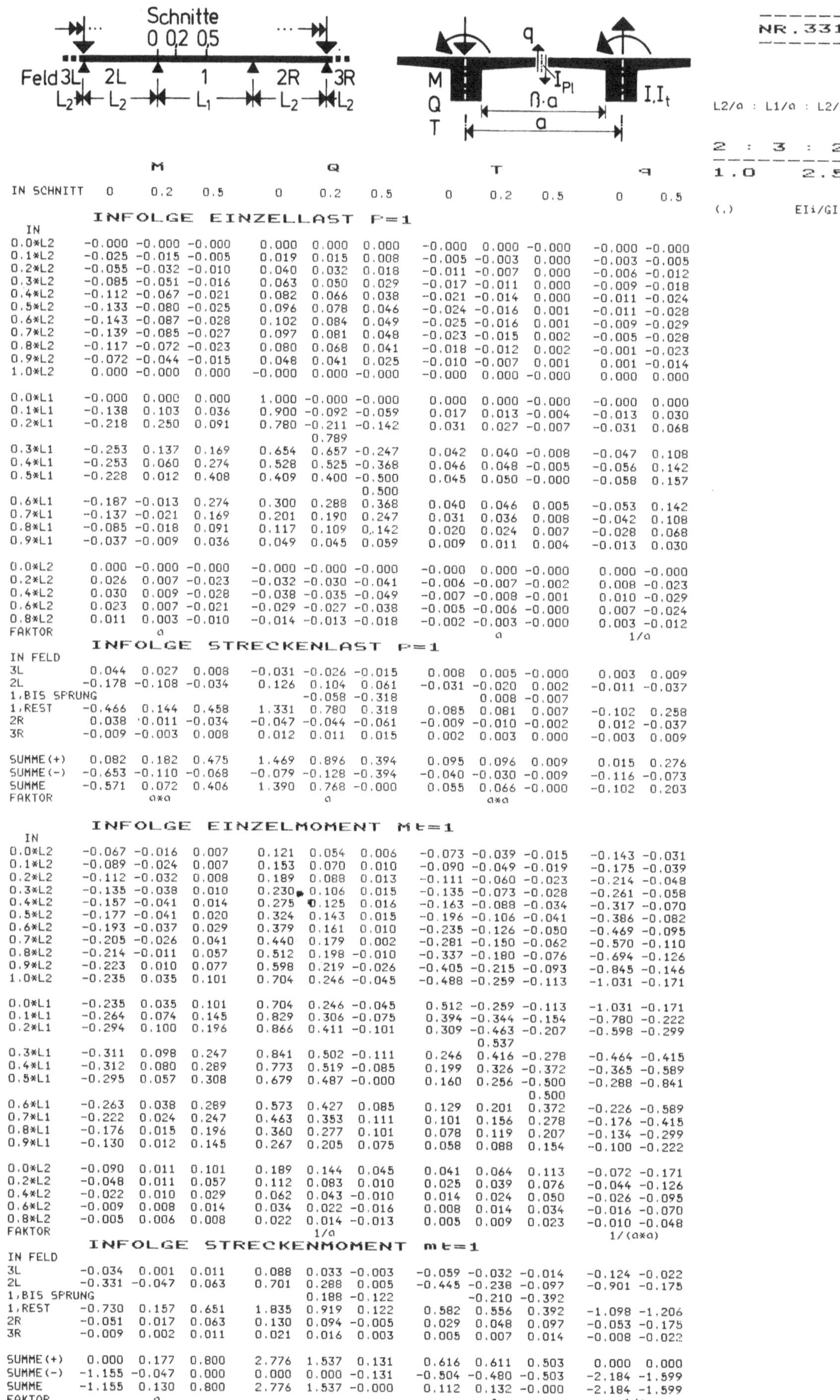

NR.331

L2/a : L1/a : L2/a

2 : 3 : 2

1.0   2.5

(.)   EIi/GIt

IN SCHNITT	M 0	M 0.2	M 0.5	Q 0	Q 0.2	Q 0.5	T 0	T 0.2	T 0.5	q 0	q 0.5

INFOLGE EINZELLAST P=1

IN	M 0	M 0.2	M 0.5	Q 0	Q 0.2	Q 0.5	T 0	T 0.2	T 0.5	q 0	q 0.5
0.0*L2	-0.000	-0.000	-0.000	0.000	0.000	0.000	-0.000	0.000	-0.000	-0.000	-0.000
0.1*L2	-0.025	-0.015	-0.005	0.019	0.015	0.008	-0.005	-0.003	0.000	-0.003	-0.005
0.2*L2	-0.055	-0.032	-0.010	0.040	0.032	0.018	-0.011	-0.007	0.000	-0.006	-0.012
0.3*L2	-0.085	-0.051	-0.016	0.063	0.050	0.029	-0.017	-0.011	0.000	-0.009	-0.018
0.4*L2	-0.112	-0.067	-0.021	0.082	0.066	0.038	-0.021	-0.014	0.000	-0.011	-0.024
0.5*L2	-0.133	-0.080	-0.025	0.096	0.078	0.046	-0.024	-0.016	0.001	-0.011	-0.028
0.6*L2	-0.143	-0.087	-0.028	0.102	0.084	0.049	-0.025	-0.016	0.001	-0.009	-0.029
0.7*L2	-0.139	-0.085	-0.027	0.097	0.081	0.048	-0.023	-0.015	0.002	-0.005	-0.028
0.8*L2	-0.117	-0.072	-0.023	0.080	0.068	0.041	-0.018	-0.012	0.002	-0.001	-0.023
0.9*L2	-0.072	-0.044	-0.015	0.048	0.041	0.025	-0.010	-0.007	0.001	0.001	-0.014
1.0*L2	0.000	-0.000	0.000	-0.000	0.000	-0.000	-0.000	0.000	-0.000	0.000	0.000
0.0*L1	-0.000	0.000	0.000	1.000	-0.000	-0.000	0.000	0.000	-0.000	-0.000	0.000
0.1*L1	-0.138	0.103	0.036	0.900	-0.092	-0.059	0.017	0.013	-0.004	-0.013	0.030
0.2*L1	-0.218	0.250	0.091	0.780	-0.211	-0.142	0.031	0.027	-0.007	-0.031	0.068
				0.789							
0.3*L1	-0.253	0.137	0.169	0.654	0.657	-0.247	0.042	0.040	-0.008	-0.047	0.108
0.4*L1	-0.253	0.060	0.274	0.528	0.525	-0.368	0.046	0.048	-0.005	-0.056	0.142
0.5*L1	-0.228	0.012	0.408	0.409	0.400	-0.500	0.045	0.050	0.000	-0.058	0.157
						0.500					
0.6*L1	-0.187	-0.013	0.274	0.300	0.288	0.368	0.040	0.046	0.005	-0.053	0.142
0.7*L1	-0.137	-0.021	0.169	0.201	0.190	0.247	0.031	0.036	0.008	-0.042	0.108
0.8*L1	-0.085	-0.018	0.091	0.117	0.109	0.142	0.020	0.024	0.007	-0.028	0.068
0.9*L1	-0.037	-0.009	0.036	0.049	0.045	0.059	0.009	0.011	0.004	-0.013	0.030
0.0*L2	0.000	-0.000	-0.000	-0.000	-0.000	-0.000	-0.000	0.000	-0.000	0.000	-0.000
0.2*L2	0.026	0.007	-0.023	-0.032	-0.030	-0.041	-0.006	-0.007	-0.002	0.008	-0.023
0.4*L2	0.030	0.009	-0.028	-0.038	-0.035	-0.049	-0.007	-0.008	-0.001	0.010	-0.029
0.6*L2	0.023	0.007	-0.021	-0.029	-0.027	-0.038	-0.005	-0.006	-0.000	0.007	-0.024
0.8*L2	0.011	0.003	-0.010	-0.014	-0.013	-0.018	-0.002	-0.003	-0.000	0.003	-0.012
FAKTOR	a						a			1/a	

INFOLGE STRECKENLAST P=1

IN FELD	M 0	M 0.2	M 0.5	Q 0	Q 0.2	Q 0.5	T 0	T 0.2	T 0.5	q 0	q 0.5
3L	0.044	0.027	0.008	-0.031	-0.026	-0.015	0.008	0.005	-0.000	0.003	0.009
2L	-0.178	-0.108	-0.034	0.126	0.104	0.061	-0.031	-0.020	0.002	-0.011	-0.037
1,BIS SPRUNG					-0.058	-0.318		0.008	-0.007		
1,REST	-0.466	0.144	0.458	1.331	0.780	0.318	0.085	0.081	0.007	-0.102	0.258
2R	0.038	0.011	-0.034	-0.047	-0.044	-0.061	-0.009	-0.010	-0.002	0.012	-0.037
3R	-0.009	-0.003	0.008	0.012	0.011	0.015	0.002	0.003	0.001	-0.003	0.009
SUMME(+)	0.082	0.182	0.475	1.469	0.896	0.394	0.095	0.096	0.009	0.015	0.276
SUMME(-)	-0.653	-0.110	-0.068	-0.079	-0.128	-0.394	-0.040	-0.030	-0.009	-0.116	-0.073
SUMME	-0.571	0.072	0.406	1.390	0.768	-0.000	0.055	0.066	-0.000	-0.102	0.203
FAKTOR	a*a			a			a*a			1/a	

INFOLGE EINZELMOMENT Mt=1

IN	M 0	M 0.2	M 0.5	Q 0	Q 0.2	Q 0.5	T 0	T 0.2	T 0.5	q 0	q 0.5
0.0*L2	-0.067	-0.016	0.007	0.121	0.054	0.006	-0.073	-0.039	-0.015	-0.143	-0.031
0.1*L2	-0.089	-0.024	0.007	0.153	0.070	0.010	-0.090	-0.049	-0.019	-0.175	-0.039
0.2*L2	-0.112	-0.032	0.008	0.189	0.088	0.013	-0.111	-0.060	-0.023	-0.214	-0.048
0.3*L2	-0.135	-0.038	0.010	0.230	0.106	0.015	-0.135	-0.073	-0.028	-0.261	-0.058
0.4*L2	-0.157	-0.041	0.014	0.275	0.125	0.016	-0.163	-0.088	-0.034	-0.317	-0.070
0.5*L2	-0.177	-0.041	0.020	0.324	0.143	0.015	-0.196	-0.106	-0.041	-0.386	-0.082
0.6*L2	-0.193	-0.037	0.029	0.379	0.161	0.010	-0.235	-0.126	-0.050	-0.469	-0.095
0.7*L2	-0.205	-0.026	0.041	0.440	0.179	0.002	-0.281	-0.150	-0.062	-0.570	-0.110
0.8*L2	-0.214	-0.011	0.057	0.512	0.198	-0.010	-0.337	-0.180	-0.076	-0.694	-0.126
0.9*L2	-0.223	0.010	0.077	0.598	0.219	-0.026	-0.405	-0.215	-0.093	-0.845	-0.146
1.0*L2	-0.235	0.035	0.101	0.704	0.246	-0.045	-0.488	-0.259	-0.113	-1.031	-0.171
0.0*L1	-0.235	0.035	0.101	0.704	0.246	-0.045	0.512	-0.259	-0.113	-1.031	-0.171
0.1*L1	-0.264	0.074	0.145	0.829	0.306	-0.075	0.394	-0.344	-0.154	-0.780	-0.222
0.2*L1	-0.294	0.100	0.196	0.866	0.411	-0.101	0.309	-0.463	-0.207	-0.598	-0.299
									0.537		
0.3*L1	-0.311	0.098	0.247	0.841	0.502	-0.111	0.246	0.416	-0.278	-0.464	-0.415
0.4*L1	-0.312	0.080	0.289	0.773	0.519	-0.085	0.199	0.326	-0.372	-0.365	-0.589
0.5*L1	-0.295	0.057	0.308	0.679	0.487	-0.000	0.160	0.256	-0.500	-0.288	-0.841
									0.500		
0.6*L1	-0.263	0.038	0.289	0.573	0.427	0.085	0.129	0.201	0.372	-0.226	-0.589
0.7*L1	-0.222	0.024	0.247	0.463	0.353	0.111	0.101	0.156	0.278	-0.176	-0.415
0.8*L1	-0.176	0.015	0.196	0.360	0.277	0.101	0.078	0.119	0.207	-0.134	-0.299
0.9*L1	-0.130	0.012	0.145	0.267	0.205	0.075	0.058	0.088	0.154	-0.100	-0.222
0.0*L2	-0.090	0.011	0.101	0.189	0.144	0.045	0.041	0.064	0.113	-0.072	-0.171
0.2*L2	-0.048	0.011	0.057	0.112	0.083	0.010	0.025	0.039	0.076	-0.044	-0.126
0.4*L2	-0.022	0.010	0.029	0.062	0.043	-0.010	0.014	0.024	0.050	-0.026	-0.095
0.6*L2	-0.009	0.008	0.014	0.034	0.022	-0.016	0.008	0.014	0.034	-0.016	-0.070
0.8*L2	-0.005	0.006	0.008	0.022	0.014	-0.013	0.005	0.009	0.023	-0.010	-0.048
FAKTOR				1/a						1/(a*a)	

INFOLGE STRECKENMOMENT mt=1

IN FELD	M 0	M 0.2	M 0.5	Q 0	Q 0.2	Q 0.5	T 0	T 0.2	T 0.5	q 0	q 0.5
3L	-0.034	0.001	0.011	0.088	0.033	-0.003	-0.059	-0.032	-0.014	-0.124	-0.022
2L	-0.331	-0.047	0.063	0.701	0.288	0.005	-0.445	-0.238	-0.097	-0.901	-0.175
1,BIS SPRUNG					0.188	-0.122		-0.210	-0.392		
1,REST	-0.730	0.157	0.651	1.835	0.919	0.122	0.582	0.556	0.392	-1.098	-1.206
2R	-0.051	0.017	0.063	0.130	0.094	-0.005	0.029	0.048	0.097	-0.053	-0.175
3R	-0.009	0.002	0.011	0.021	0.016	0.003	0.005	0.007	0.014	-0.008	-0.022
SUMME(+)	0.000	0.177	0.800	2.776	1.537	0.131	0.616	0.611	0.503	0.000	0.000
SUMME(-)	-1.155	-0.047	0.000	0.000	0.000	-0.131	-0.504	-0.480	-0.503	-2.184	-1.599
SUMME	-1.155	0.130	0.800	2.776	1.537	-0.000	0.112	0.132	-0.000	-2.184	-1.599
FAKTOR	a			a			a			1/a	

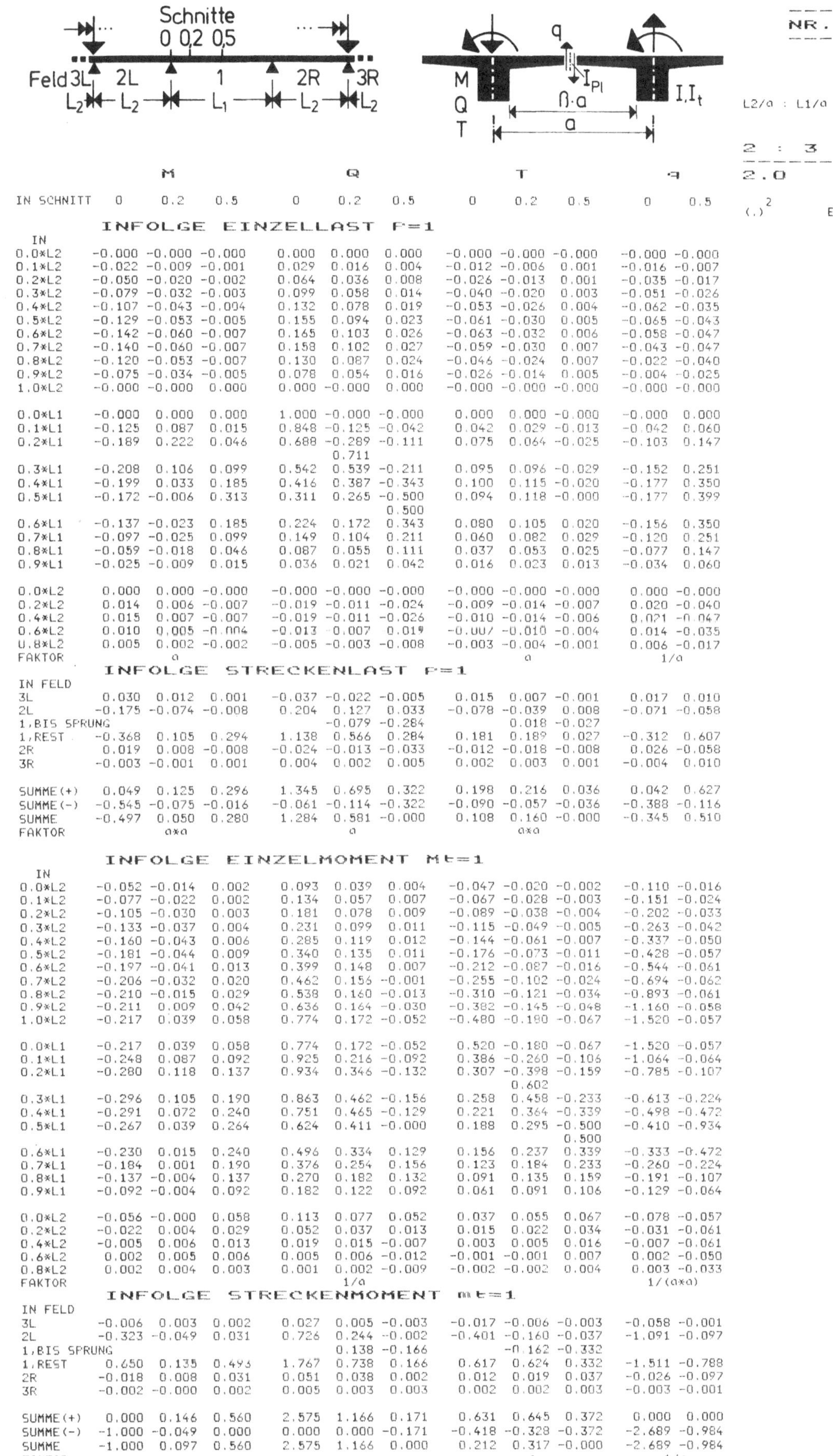

	M 0	M 0.2	M 0.5	Q 0	Q 0.2	Q 0.5	T 0	T 0.2	T 0.5	q 0	q 0.5
IN SCHNITT	0	0.2	0.5	0	0.2	0.5	0	0.2	0.5	0	0.5

INFOLGE EINZELLAST P=1

IN	M 0	M 0.2	M 0.5	Q 0	Q 0.2	Q 0.5	T 0	T 0.2	T 0.5	q 0	q 0.5
0.0*L2	-0.000	-0.000	-0.000	0.000	0.000	0.000	-0.000	-0.000	-0.000	-0.000	-0.000
0.1*L2	-0.022	-0.009	-0.001	0.029	0.016	0.004	-0.012	-0.006	0.001	-0.016	-0.007
0.2*L2	-0.050	-0.020	-0.002	0.064	0.036	0.008	-0.026	-0.013	0.001	-0.035	-0.017
0.3*L2	-0.079	-0.032	-0.003	0.099	0.058	0.014	-0.040	-0.020	0.003	-0.051	-0.026
0.4*L2	-0.107	-0.043	-0.004	0.132	0.078	0.019	-0.053	-0.026	0.004	-0.062	-0.035
0.5*L2	-0.129	-0.053	-0.005	0.155	0.094	0.023	-0.061	-0.030	0.005	-0.065	-0.043
0.6*L2	-0.142	-0.060	-0.007	0.165	0.103	0.026	-0.063	-0.032	0.006	-0.058	-0.047
0.7*L2	-0.140	-0.060	-0.007	0.158	0.102	0.027	-0.059	-0.030	0.007	-0.043	-0.047
0.8*L2	-0.120	-0.053	-0.007	0.130	0.087	0.024	-0.046	-0.024	0.007	-0.022	-0.040
0.9*L2	-0.075	-0.034	-0.005	0.078	0.054	0.016	-0.026	-0.014	0.005	-0.004	-0.025
1.0*L2	-0.000	-0.000	-0.000	0.000	-0.000	-0.000	-0.000	-0.000	-0.000	-0.000	-0.000
0.0*L1	-0.000	0.000	0.000	1.000	-0.000	-0.000	0.000	0.000	-0.000	-0.000	0.000
0.1*L1	-0.125	0.087	0.015	0.848	-0.125	-0.042	0.042	0.029	-0.013	-0.042	0.060
0.2*L1	-0.189	0.222	0.046	0.688	-0.289	-0.111	0.075	0.064	-0.025	-0.103	0.147
				0.711							
0.3*L1	-0.208	0.106	0.099	0.542	0.539	-0.211	0.095	0.096	-0.029	-0.152	0.251
0.4*L1	-0.199	0.033	0.185	0.416	0.387	-0.343	0.100	0.115	-0.020	-0.177	0.350
0.5*L1	-0.172	-0.006	0.313	0.311	0.265	-0.500	0.094	0.118	-0.000	-0.177	0.399
						0.500					
0.6*L1	-0.137	-0.023	0.185	0.224	0.172	0.343	0.080	0.105	0.020	-0.156	0.350
0.7*L1	-0.097	-0.025	0.099	0.149	0.104	0.211	0.060	0.082	0.029	-0.120	0.251
0.8*L1	-0.059	-0.018	0.046	0.087	0.055	0.111	0.037	0.053	0.025	-0.077	0.147
0.9*L1	-0.025	-0.009	0.015	0.036	0.021	0.042	0.016	0.023	0.013	-0.034	0.060
0.0*L2	0.000	0.000	-0.000	-0.000	-0.000	-0.000	-0.000	-0.000	-0.000	0.000	-0.000
0.2*L2	0.014	0.006	-0.007	-0.019	-0.011	-0.024	-0.009	-0.014	-0.007	0.020	-0.040
0.4*L2	0.015	0.007	-0.007	-0.019	-0.011	-0.026	-0.010	-0.014	-0.006	0.021	-0.047
0.6*L2	0.010	0.005	-0.004	-0.013	-0.007	-0.019	-0.007	-0.010	-0.004	0.014	-0.035
0.8*L2	0.005	0.002	-0.002	-0.005	-0.003	-0.008	-0.003	-0.004	-0.001	0.006	-0.017
FAKTOR	a						a			1/a	

INFOLGE STRECKENLAST P=1

IN FELD	M 0	M 0.2	M 0.5	Q 0	Q 0.2	Q 0.5	T 0	T 0.2	T 0.5	q 0	q 0.5
3L	0.030	0.012	0.001	-0.037	-0.022	-0.005	0.015	0.007	-0.001	0.017	0.010
2L	-0.175	-0.074	-0.008	0.204	0.127	0.033	-0.078	-0.039	0.008	-0.071	-0.058
1,BIS SPRUNG					-0.079	-0.284		0.018	-0.027		
1,REST	-0.368	0.105	0.294	1.138	0.566	0.284	0.181	0.189	0.027	-0.312	0.607
2R	0.019	0.008	-0.008	-0.024	-0.013	-0.033	-0.012	-0.018	-0.008	0.026	-0.058
3R	-0.003	-0.001	0.001	0.004	0.002	0.005	0.002	0.003	0.001	-0.004	0.010
SUMME(+)	0.049	0.125	0.296	1.345	0.695	0.322	0.198	0.216	0.036	0.042	0.627
SUMME(-)	-0.545	-0.075	-0.016	-0.061	-0.114	-0.322	-0.090	-0.057	-0.036	-0.388	-0.116
SUMME	-0.497	0.050	0.280	1.284	0.581	-0.000	0.108	0.160	-0.000	-0.345	0.510
FAKTOR	a×a			a			a×a				

INFOLGE EINZELMOMENT Mt=1

IN	M 0	M 0.2	M 0.5	Q 0	Q 0.2	Q 0.5	T 0	T 0.2	T 0.5	q 0	q 0.5
0.0*L2	-0.052	-0.014	0.002	0.093	0.039	0.004	-0.047	-0.020	-0.002	-0.110	-0.016
0.1*L2	-0.077	-0.022	0.002	0.134	0.057	0.007	-0.067	-0.028	-0.003	-0.151	-0.024
0.2*L2	-0.105	-0.030	0.003	0.181	0.078	0.009	-0.089	-0.038	-0.004	-0.202	-0.033
0.3*L2	-0.133	-0.037	0.004	0.231	0.099	0.011	-0.115	-0.049	-0.005	-0.263	-0.042
0.4*L2	-0.160	-0.043	0.006	0.285	0.119	0.012	-0.144	-0.061	-0.007	-0.337	-0.050
0.5*L2	-0.181	-0.044	0.009	0.340	0.135	0.011	-0.176	-0.073	-0.011	-0.428	-0.057
0.6*L2	-0.197	-0.041	0.013	0.399	0.148	0.007	-0.212	-0.087	-0.016	-0.544	-0.061
0.7*L2	-0.206	-0.032	0.020	0.462	0.156	-0.001	-0.255	-0.102	-0.024	-0.694	-0.062
0.8*L2	-0.210	-0.015	0.029	0.538	0.160	-0.013	-0.310	-0.121	-0.034	-0.893	-0.061
0.9*L2	-0.211	0.009	0.042	0.636	0.164	-0.030	-0.382	-0.145	-0.048	-1.160	-0.058
1.0*L2	-0.217	0.039	0.058	0.774	0.172	-0.052	-0.480	-0.180	-0.067	-1.520	-0.057
0.0*L1	-0.217	0.039	0.058	0.774	0.172	-0.052	0.520	-0.180	-0.067	-1.520	-0.057
0.1*L1	-0.248	0.087	0.092	0.925	0.216	-0.092	0.386	-0.260	-0.106	-1.064	-0.064
0.2*L1	-0.280	0.118	0.137	0.934	0.346	-0.132	0.307	-0.398	-0.159	-0.785	-0.107
								0.602			
0.3*L1	-0.296	0.105	0.190	0.863	0.462	-0.156	0.258	0.458	-0.233	-0.613	-0.224
0.4*L1	-0.291	0.072	0.240	0.751	0.465	-0.129	0.221	0.364	-0.339	-0.498	-0.472
0.5*L1	-0.267	0.039	0.264	0.624	0.411	-0.000	0.188	0.295	-0.500	-0.410	-0.934
									0.500		
0.6*L1	-0.230	0.015	0.240	0.496	0.334	0.129	0.156	0.237	0.339	-0.333	-0.472
0.7*L1	-0.184	0.001	0.190	0.376	0.254	0.156	0.123	0.184	0.233	-0.260	-0.224
0.8*L1	-0.137	-0.004	0.137	0.270	0.182	0.132	0.091	0.135	0.159	-0.191	-0.107
0.9*L1	-0.092	-0.004	0.092	0.182	0.122	0.092	0.061	0.091	0.106	-0.129	-0.064
0.0*L2	-0.056	-0.000	0.058	0.113	0.077	0.052	0.037	0.055	0.067	-0.078	-0.057
0.2*L2	-0.022	0.004	0.029	0.052	0.037	0.013	0.015	0.022	0.034	-0.031	-0.061
0.4*L2	-0.005	0.006	0.013	0.019	0.015	-0.007	0.003	0.005	0.016	-0.007	-0.061
0.6*L2	0.002	0.005	0.006	0.005	0.006	-0.012	-0.001	-0.001	0.007	0.002	-0.050
0.8*L2	0.002	0.004	0.003	0.001	0.002	-0.009	-0.002	-0.002	0.004	0.003	-0.033
FAKTOR				1/a						1/(a×a)	

INFOLGE STRECKENMOMENT mt=1

IN FELD	M 0	M 0.2	M 0.5	Q 0	Q 0.2	Q 0.5	T 0	T 0.2	T 0.5	q 0	q 0.5
3L	-0.006	0.003	0.002	0.027	0.005	-0.003	-0.017	-0.006	-0.003	-0.058	-0.001
2L	-0.323	-0.049	0.031	0.726	0.244	-0.002	-0.401	-0.160	-0.037	-1.091	-0.097
1,BIS SPRUNG					0.138	-0.166		-0.162	-0.332		
1,REST	0.650	0.135	0.493	1.767	0.738	0.166	0.617	0.624	0.332	-1.511	-0.788
2R	-0.018	0.008	0.031	0.051	0.038	0.002	0.012	0.019	0.037	-0.026	-0.097
3R	-0.002	-0.000	0.002	0.005	0.003	0.003	0.002	0.002	0.003	-0.003	-0.001
SUMME(+)	0.000	0.146	0.560	2.575	1.166	0.171	0.631	0.645	0.372	0.000	0.000
SUMME(-)	-1.000	-0.049	0.000	0.000	0.000	-0.171	-0.418	-0.328	-0.372	-2.689	-0.984
SUMME	-1.000	0.097	0.560	2.575	1.166	0.000	0.212	0.317	-0.000	-2.689	-0.984
FAKTOR	a						a			1/a	

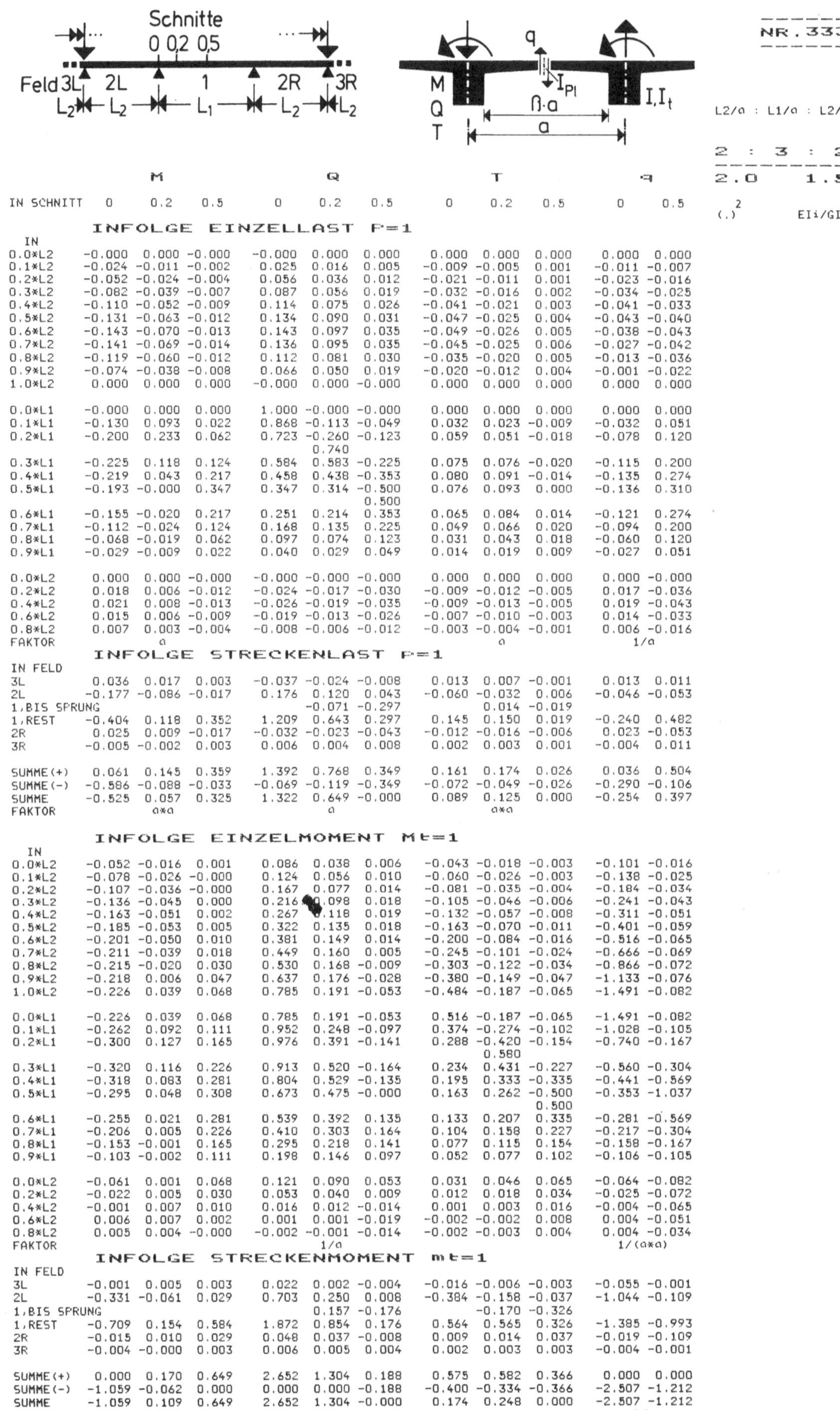

	M			Q			T			q	
IN SCHNITT	0	0.2	0.5	0	0.2	0.5	0	0.2	0.5	0	0.5

INFOLGE EINZELLAST P=1

IN

	M:0	M:0.2	M:0.5	Q:0	Q:0.2	Q:0.5	T:0	T:0.2	T:0.5	q:0	q:0.5
0.0*L2	-0.000	0.000	-0.000	-0.000	0.000	0.000	0.000	0.000	0.000	0.000	0.000
0.1*L2	-0.024	-0.011	-0.002	0.025	0.016	0.005	-0.009	-0.005	0.001	-0.011	-0.007
0.2*L2	-0.052	-0.024	-0.004	0.056	0.036	0.012	-0.021	-0.011	0.001	-0.023	-0.016
0.3*L2	-0.082	-0.039	-0.007	0.087	0.056	0.019	-0.032	-0.016	0.002	-0.034	-0.025
0.4*L2	-0.110	-0.052	-0.009	0.114	0.075	0.026	-0.041	-0.021	0.003	-0.041	-0.033
0.5*L2	-0.131	-0.063	-0.012	0.134	0.090	0.031	-0.047	-0.025	0.004	-0.043	-0.040
0.6*L2	-0.143	-0.070	-0.013	0.143	0.097	0.035	-0.049	-0.026	0.005	-0.038	-0.043
0.7*L2	-0.141	-0.069	-0.014	0.136	0.095	0.035	-0.045	-0.025	0.006	-0.027	-0.042
0.8*L2	-0.119	-0.060	-0.012	0.112	0.081	0.030	-0.035	-0.020	0.005	-0.013	-0.036
0.9*L2	-0.074	-0.038	-0.008	0.066	0.050	0.019	-0.020	-0.012	0.004	-0.001	-0.022
1.0*L2	0.000	0.000	0.000	-0.000	0.000	-0.000	0.000	0.000	0.000	0.000	0.000
0.0*L1	-0.000	0.000	0.000	1.000	-0.000	-0.000	0.000	0.000	0.000	0.000	0.000
0.1*L1	-0.130	0.093	0.022	0.868	-0.113	-0.049	0.032	0.023	-0.009	-0.032	0.051
0.2*L1	-0.200	0.233	0.062	0.723	-0.260	-0.123	0.059	0.051	-0.018	-0.078	0.120
(Sprung)				0.740							
0.3*L1	-0.225	0.118	0.124	0.584	0.583	-0.225	0.075	0.076	-0.020	-0.115	0.200
0.4*L1	-0.219	0.043	0.217	0.458	0.438	-0.353	0.080	0.091	-0.014	-0.135	0.274
0.5*L1	-0.193	-0.000	0.347	0.347	0.314	-0.500	0.076	0.093	0.000	-0.136	0.310
(Sprung)						0.500					
0.6*L1	-0.155	-0.020	0.217	0.251	0.214	0.353	0.065	0.084	0.014	-0.121	0.274
0.7*L1	-0.112	-0.024	0.124	0.168	0.135	0.225	0.049	0.066	0.020	-0.094	0.200
0.8*L1	-0.068	-0.019	0.062	0.097	0.074	0.123	0.031	0.043	0.018	-0.060	0.120
0.9*L1	-0.029	-0.009	0.022	0.040	0.029	0.049	0.014	0.019	0.009	-0.027	0.051
0.0*L2	0.000	0.000	-0.000	-0.000	-0.000	-0.000	0.000	0.000	0.000	0.000	-0.000
0.2*L2	0.018	0.006	-0.012	-0.024	-0.017	-0.030	-0.009	-0.012	-0.005	0.017	-0.036
0.4*L2	0.021	0.008	-0.013	-0.026	-0.019	-0.035	-0.009	-0.013	-0.005	0.019	-0.043
0.6*L2	0.015	0.006	-0.009	-0.019	-0.013	-0.026	-0.007	-0.010	-0.003	0.014	-0.033
0.8*L2	0.007	0.003	-0.004	-0.008	-0.006	-0.012	-0.003	-0.004	-0.001	0.006	-0.016
FAKTOR	a						a			1/a	

INFOLGE STRECKENLAST P=1

IN FELD

	M:0	M:0.2	M:0.5	Q:0	Q:0.2	Q:0.5	T:0	T:0.2	T:0.5	q:0	q:0.5
3L	0.036	0.017	0.003	-0.037	-0.024	-0.008	0.013	0.007	-0.001	0.013	0.011
2L	-0.177	-0.086	-0.017	0.176	0.120	0.043	-0.060	-0.032	0.006	-0.046	-0.053
1,BIS SPRUNG					-0.071	-0.297		0.014	-0.019		
1,REST	-0.404	0.118	0.352	1.209	0.643	0.297	0.145	0.150	0.019	-0.240	0.482
2R	0.025	0.009	-0.017	-0.032	-0.023	-0.043	-0.012	-0.016	-0.006	0.023	-0.053
3R	-0.005	-0.002	0.003	0.006	0.004	0.008	0.002	0.003	0.001	-0.004	0.011
SUMME(+)	0.061	0.145	0.359	1.392	0.768	0.349	0.161	0.174	0.026	0.036	0.504
SUMME(-)	-0.586	-0.088	-0.033	-0.069	-0.119	-0.349	-0.072	-0.049	-0.026	-0.290	-0.106
SUMME	-0.525	0.057	0.325	1.322	0.649	-0.000	0.089	0.125	0.000	-0.254	0.397
FAKTOR	a*a			a			a*a				

INFOLGE EINZELMOMENT Mt=1

IN

	M:0	M:0.2	M:0.5	Q:0	Q:0.2	Q:0.5	T:0	T:0.2	T:0.5	q:0	q:0.5
0.0*L2	-0.052	-0.016	0.001	0.086	0.038	0.006	-0.043	-0.018	-0.003	-0.101	-0.016
0.1*L2	-0.078	-0.026	-0.000	0.124	0.056	0.010	-0.060	-0.026	-0.003	-0.138	-0.025
0.2*L2	-0.107	-0.036	-0.000	0.167	0.077	0.014	-0.081	-0.035	-0.004	-0.184	-0.034
0.3*L2	-0.136	-0.045	0.000	0.216	0.098	0.018	-0.105	-0.046	-0.006	-0.241	-0.043
0.4*L2	-0.163	-0.051	0.002	0.267	0.118	0.019	-0.132	-0.057	-0.008	-0.311	-0.051
0.5*L2	-0.185	-0.053	0.005	0.322	0.135	0.018	-0.163	-0.070	-0.011	-0.401	-0.059
0.6*L2	-0.201	-0.050	0.010	0.381	0.149	0.014	-0.200	-0.084	-0.016	-0.516	-0.065
0.7*L2	-0.211	-0.039	0.018	0.449	0.160	0.005	-0.245	-0.101	-0.024	-0.666	-0.069
0.8*L2	-0.215	-0.020	0.030	0.530	0.168	-0.009	-0.303	-0.122	-0.034	-0.866	-0.072
0.9*L2	-0.218	0.006	0.047	0.637	0.176	-0.028	-0.380	-0.149	-0.047	-1.133	-0.076
1.0*L2	-0.226	0.039	0.068	0.785	0.191	-0.053	-0.484	-0.187	-0.065	-1.491	-0.082
0.0*L1	-0.226	0.039	0.068	0.785	0.191	-0.053	0.516	-0.187	-0.065	-1.491	-0.082
0.1*L1	-0.262	0.092	0.111	0.952	0.248	-0.097	0.374	-0.274	-0.102	-1.028	-0.105
0.2*L1	-0.300	0.127	0.165	0.976	0.391	-0.141	0.288	-0.420	-0.154	-0.740	-0.167
(Sprung)									0.580		
0.3*L1	-0.320	0.116	0.226	0.913	0.520	-0.164	0.234	0.431	-0.227	-0.560	-0.304
0.4*L1	-0.318	0.083	0.281	0.804	0.529	-0.135	0.195	0.333	-0.335	-0.441	-0.569
0.5*L1	-0.295	0.048	0.308	0.673	0.475	-0.000	0.163	0.262	-0.500	-0.353	-1.037
(Sprung)									0.500		
0.6*L1	-0.255	0.021	0.281	0.539	0.392	0.135	0.133	0.207	0.335	-0.281	-0.569
0.7*L1	-0.206	0.005	0.226	0.410	0.303	0.164	0.104	0.158	0.227	-0.217	-0.304
0.8*L1	-0.153	-0.001	0.165	0.295	0.218	0.141	0.077	0.115	0.154	-0.158	-0.167
0.9*L1	-0.103	-0.002	0.111	0.198	0.146	0.097	0.052	0.077	0.102	-0.106	-0.105
0.0*L2	-0.061	0.001	0.068	0.121	0.090	0.053	0.031	0.046	0.065	-0.064	-0.082
0.2*L2	-0.022	0.005	0.030	0.053	0.040	0.009	0.012	0.018	0.034	-0.025	-0.072
0.4*L2	-0.001	0.007	0.010	0.016	0.012	-0.014	0.001	0.003	0.016	-0.004	-0.065
0.6*L2	0.006	0.007	0.002	0.001	0.001	-0.019	-0.002	-0.002	0.008	0.004	-0.051
0.8*L2	0.005	0.004	-0.000	-0.002	-0.001	-0.014	-0.002	-0.003	0.004	0.004	-0.034
FAKTOR				1/a						1/(a*a)	

INFOLGE STRECKENMOMENT mt=1

IN FELD

	M:0	M:0.2	M:0.5	Q:0	Q:0.2	Q:0.5	T:0	T:0.2	T:0.5	q:0	q:0.5
3L	-0.001	0.005	0.003	0.022	0.002	-0.004	-0.016	-0.006	-0.003	-0.055	-0.001
2L	-0.331	-0.061	0.029	0.703	0.250	0.008	-0.384	-0.158	-0.037	-1.044	-0.109
1,BIS SPRUNG					0.157	-0.176		-0.170	-0.326		
1,REST	-0.709	0.154	0.584	1.872	0.854	0.176	0.564	0.565	0.326	-1.385	-0.993
2R	-0.015	0.010	0.029	0.048	0.037	-0.008	0.009	0.014	0.037	-0.019	-0.109
3R	-0.004	-0.000	0.003	0.006	0.005	0.004	0.002	0.003	0.003	-0.004	-0.001
SUMME(+)	0.000	0.170	0.649	2.652	1.304	0.188	0.575	0.582	0.366	0.000	0.000
SUMME(-)	-1.059	-0.062	0.000	0.000	0.000	-0.188	-0.400	-0.334	-0.366	-2.507	-1.212
SUMME	-1.059	0.109	0.649	2.652	1.304	-0.000	0.174	0.248	0.000	-2.507	-1.212
FAKTOR	a						a			1/a	

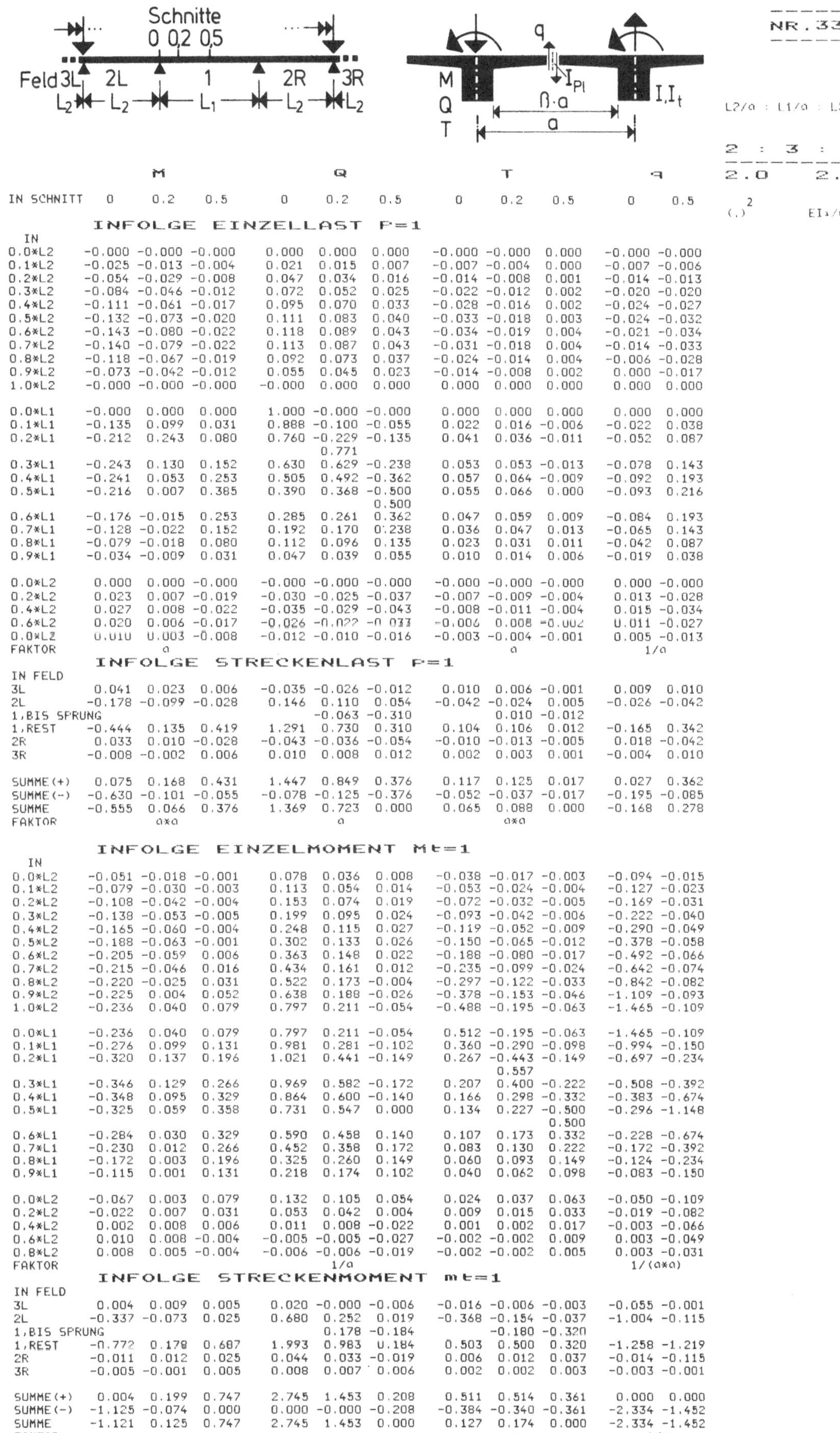

IN SCHNITT	M 0	M 0.2	M 0.5	Q 0	Q 0.2	Q 0.5	T 0	T 0.2	T 0.5	q 0	q 0.5

INFOLGE EINZELLAST P=1

IN

IN	M 0	M 0.2	M 0.5	Q 0	Q 0.2	Q 0.5	T 0	T 0.2	T 0.5	q 0	q 0.5
0.0*L2	-0.000	-0.000	-0.000	0.000	0.000	0.000	-0.000	-0.000	0.000	-0.000	-0.000
0.1*L2	-0.025	-0.013	-0.004	0.021	0.015	0.007	-0.007	-0.004	0.000	-0.007	-0.006
0.2*L2	-0.054	-0.029	-0.008	0.047	0.034	0.016	-0.014	-0.008	0.001	-0.014	-0.013
0.3*L2	-0.084	-0.046	-0.012	0.072	0.052	0.025	-0.022	-0.012	0.002	-0.020	-0.020
0.4*L2	-0.111	-0.061	-0.017	0.095	0.070	0.033	-0.028	-0.016	0.002	-0.024	-0.027
0.5*L2	-0.132	-0.073	-0.020	0.111	0.083	0.040	-0.033	-0.018	0.003	-0.024	-0.032
0.6*L2	-0.143	-0.080	-0.022	0.118	0.089	0.043	-0.034	-0.019	0.004	-0.021	-0.034
0.7*L2	-0.140	-0.079	-0.022	0.113	0.087	0.043	-0.031	-0.018	0.004	-0.014	-0.033
0.8*L2	-0.118	-0.067	-0.019	0.092	0.073	0.037	-0.024	-0.014	0.004	-0.006	-0.028
0.9*L2	-0.073	-0.042	-0.012	0.055	0.045	0.023	-0.014	-0.008	0.002	0.000	-0.017
1.0*L2	-0.000	-0.000	-0.000	-0.000	0.000	0.000	0.000	0.000	1.000	0.000	0.000
0.0*L1	-0.000	0.000	0.000	1.000	-0.000	-0.000	0.000	0.000	0.000	0.000	0.000
0.1*L1	-0.135	0.099	0.031	0.888	-0.100	-0.055	0.022	0.016	-0.006	-0.022	0.038
0.2*L1	-0.212	0.243	0.080	0.760	-0.229	-0.135	0.041	0.036	-0.011	-0.052	0.087
				0.771							
0.3*L1	-0.243	0.130	0.152	0.630	0.629	-0.238	0.053	0.053	-0.013	-0.078	0.143
0.4*L1	-0.241	0.053	0.253	0.505	0.492	-0.362	0.057	0.064	-0.009	-0.092	0.193
0.5*L1	-0.216	0.007	0.385	0.390	0.368	-0.500	0.055	0.066	0.000	-0.093	0.216
						0.500					
0.6*L1	-0.176	-0.015	0.253	0.285	0.261	0.362	0.047	0.059	0.009	-0.084	0.193
0.7*L1	-0.128	-0.022	0.152	0.192	0.170	0.238	0.036	0.047	0.013	-0.065	0.143
0.8*L1	-0.079	-0.018	0.080	0.112	0.096	0.135	0.023	0.031	0.011	-0.042	0.087
0.9*L1	-0.034	-0.009	0.031	0.047	0.039	0.055	0.010	0.014	0.006	-0.019	0.038
0.0*L2	0.000	0.000	-0.000	-0.000	-0.000	-0.000	-0.000	-0.000	-0.000	0.000	-0.000
0.2*L2	0.023	0.007	-0.019	-0.030	-0.025	-0.037	-0.007	-0.009	-0.004	0.013	-0.028
0.4*L2	0.027	0.008	-0.022	-0.035	-0.029	-0.043	-0.008	-0.011	-0.004	0.015	-0.034
0.6*L2	0.020	0.006	-0.017	-0.026	-0.022	-0.033	-0.006	-0.008	-0.002	0.011	-0.027
0.8*L2	0.010	0.003	-0.008	-0.012	-0.010	-0.016	-0.003	-0.004	-0.001	0.005	-0.013
FAKTOR	a						a			1/a	

INFOLGE STRECKENLAST P=1

IN FELD

IN FELD	M 0	M 0.2	M 0.5	Q 0	Q 0.2	Q 0.5	T 0	T 0.2	T 0.5	q 0	q 0.5
3L	0.041	0.023	0.006	-0.035	-0.026	-0.012	0.010	0.006	-0.001	0.009	0.010
2L	-0.178	-0.099	-0.028	0.146	0.110	0.054	-0.042	-0.024	0.005	-0.026	-0.042
1,BIS SPRUNG					-0.063	-0.310		0.010	-0.012		
1,REST	-0.444	0.135	0.419	1.291	0.730	0.310	0.104	0.106	0.012	-0.165	0.342
2R	0.033	0.010	-0.028	-0.043	-0.036	-0.054	-0.010	-0.013	-0.005	0.018	-0.042
3R	-0.008	-0.002	0.006	0.010	0.008	0.012	0.002	0.003	0.001	-0.004	0.010
SUMME(+)	0.075	0.168	0.431	1.447	0.849	0.376	0.117	0.125	0.017	0.027	0.362
SUMME(-)	-0.630	-0.101	-0.055	-0.078	-0.125	-0.376	-0.052	-0.037	-0.017	-0.195	-0.085
SUMME	-0.555	0.066	0.376	1.369	0.723	0.000	0.065	0.088	0.000	-0.168	0.278
FAKTOR	a×a			a			a×a				

INFOLGE EINZELMOMENT Mt=1

IN

IN	M 0	M 0.2	M 0.5	Q 0	Q 0.2	Q 0.5	T 0	T 0.2	T 0.5	q 0	q 0.5
0.0*L2	-0.051	-0.018	-0.001	0.078	0.036	0.008	-0.038	-0.017	-0.003	-0.094	-0.015
0.1*L2	-0.079	-0.030	-0.003	0.113	0.054	0.014	-0.053	-0.024	-0.004	-0.127	-0.023
0.2*L2	-0.108	-0.042	-0.004	0.153	0.074	0.019	-0.072	-0.032	-0.005	-0.169	-0.031
0.3*L2	-0.138	-0.053	-0.005	0.199	0.095	0.024	-0.093	-0.042	-0.006	-0.222	-0.040
0.4*L2	-0.165	-0.060	-0.004	0.248	0.115	0.027	-0.119	-0.052	-0.009	-0.290	-0.049
0.5*L2	-0.188	-0.063	-0.001	0.302	0.133	0.026	-0.150	-0.065	-0.012	-0.378	-0.058
0.6*L2	-0.205	-0.059	0.006	0.363	0.148	0.022	-0.188	-0.080	-0.017	-0.492	-0.066
0.7*L2	-0.215	-0.046	0.016	0.434	0.161	0.012	-0.235	-0.099	-0.024	-0.642	-0.074
0.8*L2	-0.220	-0.025	0.031	0.522	0.173	-0.004	-0.297	-0.122	-0.033	-0.842	-0.082
0.9*L2	-0.225	0.004	0.052	0.638	0.188	-0.026	-0.378	-0.153	-0.046	-1.109	-0.093
1.0*L2	-0.236	0.040	0.079	0.797	0.211	-0.054	-0.488	-0.195	-0.063	-1.465	-0.109
0.0*L1	-0.236	0.040	0.079	0.797	0.211	-0.054	0.512	-0.195	-0.063	-1.465	-0.109
0.1*L1	-0.276	0.099	0.131	0.981	0.281	-0.102	0.360	-0.290	-0.098	-0.994	-0.150
0.2*L1	-0.320	0.137	0.196	1.021	0.441	-0.149	0.267	-0.443	-0.149	-0.697	-0.234
									0.557		
0.3*L1	-0.346	0.129	0.266	0.969	0.582	-0.172	0.207	0.400	-0.222	-0.508	-0.392
0.4*L1	-0.348	0.095	0.329	0.864	0.600	-0.140	0.166	0.298	-0.332	-0.383	-0.674
0.5*L1	-0.325	0.059	0.358	0.731	0.547	0.000	0.134	0.227	-0.500	-0.296	-1.148
									0.500		
0.6*L1	-0.284	0.030	0.329	0.590	0.458	0.140	0.107	0.173	0.332	-0.228	-0.674
0.7*L1	-0.230	0.012	0.266	0.452	0.358	0.172	0.083	0.130	0.222	-0.172	-0.392
0.8*L1	-0.172	0.003	0.196	0.325	0.260	0.149	0.060	0.093	0.149	-0.124	-0.234
0.9*L1	-0.115	0.001	0.131	0.218	0.174	0.102	0.040	0.062	0.098	-0.083	-0.150
0.0*L2	-0.067	0.003	0.079	0.132	0.105	0.054	0.024	0.037	0.063	-0.050	-0.109
0.2*L2	-0.022	0.007	0.031	0.053	0.042	0.004	0.009	0.015	0.033	-0.019	-0.082
0.4*L2	0.002	0.008	0.006	0.011	0.008	-0.022	0.001	0.002	0.017	-0.003	-0.066
0.6*L2	0.010	0.008	-0.004	-0.005	-0.005	-0.027	-0.002	-0.002	0.009	0.003	-0.049
0.8*L2	0.008	0.005	-0.004	-0.006	-0.006	-0.019	-0.002	-0.002	0.005	0.003	-0.031
FAKTOR				1/a						1/(a×a)	

INFOLGE STRECKENMOMENT mt=1

IN FELD

IN FELD	M 0	M 0.2	M 0.5	Q 0	Q 0.2	Q 0.5	T 0	T 0.2	T 0.5	q 0	q 0.5
3L	0.004	0.009	0.005	0.020	-0.000	-0.006	-0.016	-0.006	-0.003	-0.055	-0.001
2L	-0.337	-0.073	0.025	0.680	0.252	0.019	-0.368	-0.154	-0.037	-1.004	-0.115
1,BIS SPRUNG					0.178	-0.184		-0.180	-0.320		
1,REST	-0.772	0.178	0.687	1.993	0.983	0.184	0.503	0.500	0.320	-1.258	-1.219
2R	-0.011	0.012	0.025	0.044	0.033	-0.019	0.006	0.012	0.037	-0.014	-0.115
3R	-0.005	-0.001	0.005	0.008	0.007	0.006	0.002	0.002	0.003	-0.003	-0.001
SUMME(+)	0.004	0.199	0.747	2.745	1.453	0.208	0.511	0.514	0.361	0.000	0.000
SUMME(-)	-1.125	-0.074	0.000	0.000	-0.000	-0.208	-0.384	-0.340	-0.361	-2.334	-1.452
SUMME	-1.121	0.125	0.747	2.745	1.453	0.000	0.127	0.174	0.000	-2.334	-1.452
FAKTOR	a			a			a			1/a	

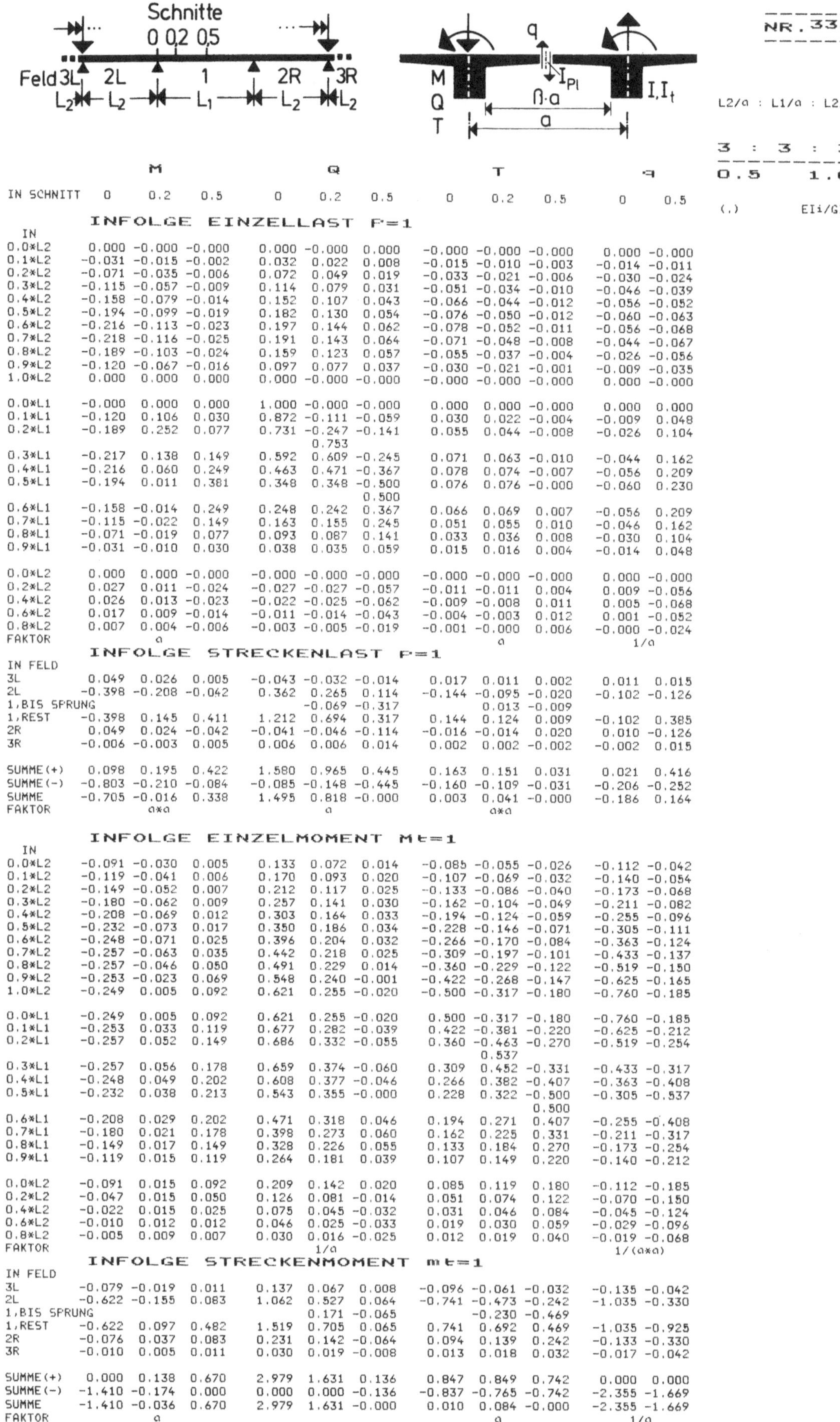

		M			Q			T		q	
IN SCHNITT	0	0.2	0.5	0	0.2	0.5	0	0.2	0.5	0	0.5

INFOLGE EINZELLAST P=1

IN

	M:0	M:0.2	M:0.5	Q:0	Q:0.2	Q:0.5	T:0	T:0.2	T:0.5	q:0	q:0.5
0.0*L2	0.000	-0.000	-0.000	0.000	-0.000	0.000	-0.000	-0.000	-0.000	0.000	-0.000
0.1*L2	-0.031	-0.015	-0.002	0.032	0.022	0.008	-0.015	-0.010	-0.003	-0.014	-0.011
0.2*L2	-0.071	-0.035	-0.006	0.072	0.049	0.019	-0.033	-0.021	-0.006	-0.030	-0.024
0.3*L2	-0.115	-0.057	-0.009	0.114	0.079	0.031	-0.051	-0.034	-0.010	-0.046	-0.039
0.4*L2	-0.158	-0.079	-0.014	0.152	0.107	0.043	-0.066	-0.044	-0.012	-0.056	-0.052
0.5*L2	-0.194	-0.099	-0.019	0.182	0.130	0.054	-0.076	-0.050	-0.012	-0.060	-0.063
0.6*L2	-0.216	-0.113	-0.023	0.197	0.144	0.062	-0.078	-0.052	-0.011	-0.056	-0.068
0.7*L2	-0.218	-0.116	-0.025	0.191	0.143	0.064	-0.071	-0.048	-0.008	-0.044	-0.067
0.8*L2	-0.189	-0.103	-0.024	0.159	0.123	0.057	-0.055	-0.037	-0.004	-0.026	-0.056
0.9*L2	-0.120	-0.067	-0.016	0.097	0.077	0.037	-0.030	-0.021	-0.001	-0.009	-0.035
1.0*L2	0.000	0.000	0.000	0.000	-0.000	-0.000	-0.000	-0.000	-0.000	0.000	-0.000
0.0*L1	-0.000	0.000	0.000	1.000	-0.000	-0.000	0.000	0.000	-0.000	0.000	0.000
0.1*L1	-0.120	0.106	0.030	0.872	-0.111	-0.059	0.030	0.022	-0.004	-0.009	0.048
0.2*L1	-0.189	0.252	0.077	0.731	-0.247	-0.141	0.055	0.044	-0.008	-0.026	0.104
				(0.753)							
0.3*L1	-0.217	0.138	0.149	0.592	0.609	-0.245	0.071	0.063	-0.010	-0.044	0.162
0.4*L1	-0.216	0.060	0.249	0.463	0.471	-0.367	0.078	0.074	-0.007	-0.056	0.209
0.5*L1	-0.194	0.011	0.381	0.348	0.348	-0.500	0.076	0.076	-0.000	-0.060	0.230
						(0.500)					
0.6*L1	-0.158	-0.014	0.249	0.248	0.242	0.367	0.066	0.069	0.007	-0.056	0.209
0.7*L1	-0.115	-0.022	0.149	0.163	0.155	0.245	0.051	0.055	0.010	-0.046	0.162
0.8*L1	-0.071	-0.019	0.077	0.093	0.087	0.141	0.033	0.036	0.008	-0.030	0.104
0.9*L1	-0.031	-0.010	0.030	0.038	0.035	0.059	0.015	0.016	0.004	-0.014	0.048
0.0*L2	0.000	0.000	-0.000	-0.000	-0.000	-0.000	-0.000	-0.000	-0.000	0.000	-0.000
0.2*L2	0.027	0.011	-0.024	-0.027	-0.027	-0.057	-0.011	-0.011	0.004	0.009	-0.056
0.4*L2	0.026	0.013	-0.023	-0.022	-0.025	-0.062	-0.009	-0.008	0.011	0.005	-0.068
0.6*L2	0.017	0.009	-0.014	-0.011	-0.014	-0.043	-0.004	-0.003	0.012	0.001	-0.052
0.8*L2	0.007	0.004	-0.006	-0.003	-0.005	-0.019	-0.001	-0.000	0.006	-0.000	-0.024
FAKTOR	a						a			1/a	

INFOLGE STRECKENLAST P=1

IN FELD

	M:0	M:0.2	M:0.5	Q:0	Q:0.2	Q:0.5	T:0	T:0.2	T:0.5	q:0	q:0.5
3L	0.049	0.026	0.005	-0.043	-0.032	-0.014	0.017	0.011	0.002	0.011	0.015
2L	-0.398	-0.208	-0.042	0.362	0.265	0.114	-0.144	-0.095	-0.020	-0.102	-0.126
1,BIS SPRUNG					-0.069	-0.317		0.013	-0.009		
1,REST	-0.398	0.145	0.411	1.212	0.694	0.317	0.144	0.124	0.009	-0.102	0.385
2R	0.049	0.024	-0.042	-0.041	-0.046	-0.114	-0.016	-0.014	0.020	0.010	-0.126
3R	-0.006	-0.003	0.005	0.006	0.006	0.014	0.002	0.002	-0.002	-0.002	0.015
SUMME(+)	0.098	0.195	0.422	1.580	0.965	0.445	0.163	0.151	0.031	0.021	0.416
SUMME(-)	-0.803	-0.210	-0.084	-0.085	-0.148	-0.445	-0.160	-0.109	-0.031	-0.206	-0.252
SUMME	-0.705	-0.016	0.338	1.495	0.818	-0.000	0.003	0.041	-0.000	-0.186	0.164
FAKTOR	a×a			a			a×a			1/a	

INFOLGE EINZELMOMENT Mt=1

IN

	M:0	M:0.2	M:0.5	Q:0	Q:0.2	Q:0.5	T:0	T:0.2	T:0.5	q:0	q:0.5
0.0*L2	-0.091	-0.030	0.005	0.133	0.072	0.014	-0.085	-0.055	-0.026	-0.112	-0.042
0.1*L2	-0.119	-0.041	0.006	0.170	0.093	0.020	-0.107	-0.069	-0.032	-0.140	-0.054
0.2*L2	-0.149	-0.052	0.007	0.212	0.117	0.025	-0.133	-0.086	-0.040	-0.173	-0.068
0.3*L2	-0.180	-0.062	0.009	0.257	0.141	0.030	-0.162	-0.104	-0.049	-0.211	-0.082
0.4*L2	-0.208	-0.069	0.012	0.303	0.164	0.033	-0.194	-0.124	-0.059	-0.255	-0.096
0.5*L2	-0.232	-0.073	0.017	0.350	0.186	0.034	-0.228	-0.146	-0.071	-0.305	-0.111
0.6*L2	-0.248	-0.071	0.025	0.396	0.204	0.032	-0.266	-0.170	-0.084	-0.363	-0.124
0.7*L2	-0.257	-0.063	0.035	0.442	0.218	0.025	-0.309	-0.197	-0.101	-0.433	-0.137
0.8*L2	-0.257	-0.046	0.050	0.491	0.229	0.014	-0.360	-0.229	-0.122	-0.519	-0.150
0.9*L2	-0.253	-0.023	0.069	0.548	0.240	-0.001	-0.422	-0.268	-0.147	-0.625	-0.165
1.0*L2	-0.249	0.005	0.092	0.621	0.255	-0.020	-0.500	-0.317	-0.180	-0.760	-0.185
0.0*L1	-0.249	0.005	0.092	0.621	0.255	-0.020	0.500	-0.317	-0.180	-0.760	-0.185
0.1*L1	-0.253	0.033	0.119	0.677	0.282	-0.039	0.422	-0.381	-0.220	-0.625	-0.212
0.2*L1	-0.257	0.052	0.149	0.686	0.332	-0.055	0.360	-0.463	-0.270	-0.519	-0.254
									(0.537)		
0.3*L1	-0.257	0.056	0.178	0.659	0.374	-0.060	0.309	0.452	-0.331	-0.433	-0.317
0.4*L1	-0.248	0.049	0.202	0.608	0.377	-0.046	0.266	0.382	-0.407	-0.363	-0.408
0.5*L1	-0.232	0.038	0.213	0.543	0.355	-0.000	0.228	0.322	-0.500	-0.305	-0.537
									(0.500)		
0.6*L1	-0.208	0.029	0.202	0.471	0.318	0.046	0.194	0.271	0.407	-0.255	-0.408
0.7*L1	-0.180	0.021	0.178	0.398	0.273	0.060	0.162	0.225	0.331	-0.211	-0.317
0.8*L1	-0.149	0.017	0.149	0.328	0.226	0.055	0.133	0.184	0.270	-0.173	-0.254
0.9*L1	-0.119	0.015	0.119	0.264	0.181	0.039	0.107	0.149	0.220	-0.140	-0.212
0.0*L2	-0.091	0.015	0.092	0.209	0.142	0.020	0.085	0.119	0.180	-0.112	-0.185
0.2*L2	-0.047	0.015	0.050	0.126	0.081	-0.014	0.051	0.074	0.122	-0.070	-0.150
0.4*L2	-0.022	0.015	0.025	0.075	0.045	-0.032	0.031	0.046	0.084	-0.045	-0.124
0.6*L2	-0.010	0.012	0.012	0.046	0.025	-0.033	0.019	0.030	0.059	-0.029	-0.096
0.8*L2	-0.005	0.009	0.007	0.030	0.016	-0.025	0.012	0.019	0.040	-0.019	-0.068
FAKTOR				1/a						1/(a×a)	

INFOLGE STRECKENMOMENT mt=1

IN FELD

	M:0	M:0.2	M:0.5	Q:0	Q:0.2	Q:0.5	T:0	T:0.2	T:0.5	q:0	q:0.5
3L	-0.079	-0.019	0.011	0.137	0.067	0.008	-0.096	-0.061	-0.032	-0.135	-0.042
2L	-0.622	-0.155	0.083	1.062	0.527	0.064	-0.741	-0.473	-0.242	-1.035	-0.330
1,BIS SPRUNG					0.171	-0.065		-0.230	-0.469		
1,REST	-0.622	0.097	0.482	1.519	0.705	0.065	0.741	0.692	0.469	-1.035	-0.925
2R	-0.076	0.037	0.083	0.231	0.142	-0.064	0.094	0.139	0.242	-0.133	-0.330
3R	-0.010	0.005	0.011	0.030	0.019	-0.008	0.013	0.018	0.032	-0.017	-0.042
SUMME(+)	0.000	0.138	0.670	2.979	1.631	0.136	0.847	0.849	0.742	0.000	0.000
SUMME(-)	-1.410	-0.174	0.000	0.000	0.000	-0.136	-0.837	-0.765	-0.742	-2.355	-1.669
SUMME	-1.410	-0.036	0.670	2.979	1.631	-0.000	0.010	0.084	-0.000	-2.355	-1.669
FAKTOR	a			a			a			1/a	

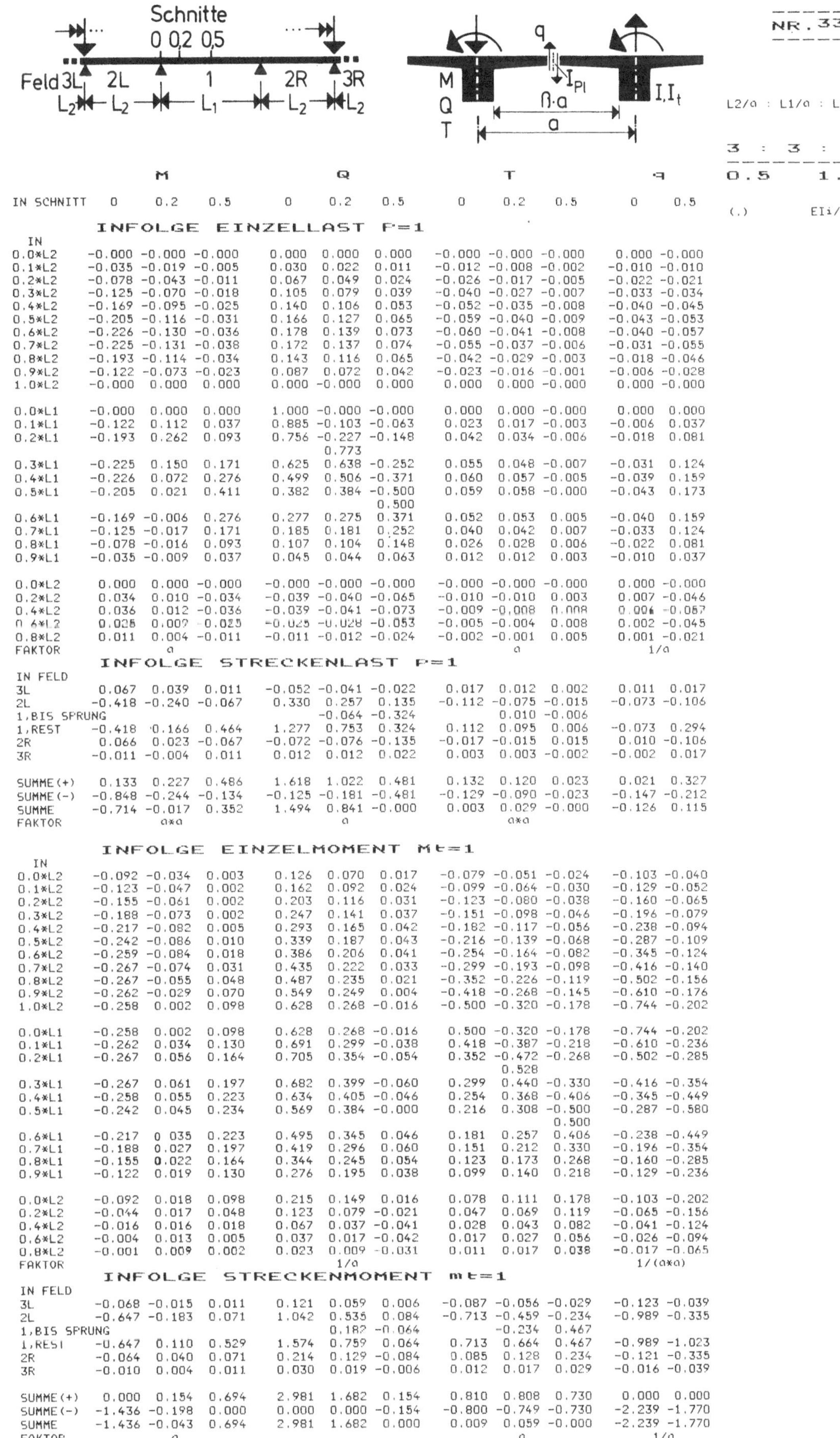

IN SCHNITT	M:0	M:0.2	M:0.5	Q:0	Q:0.2	Q:0.5	T:0	T:0.2	T:0.5	q:0	q:0.5

INFOLGE EINZELLAST P=1

IN

	M:0	M:0.2	M:0.5	Q:0	Q:0.2	Q:0.5	T:0	T:0.2	T:0.5	q:0	q:0.5
0.0*L2	-0.000	-0.000	-0.000	0.000	0.000	0.000	-0.000	-0.000	-0.000	0.000	-0.000
0.1*L2	-0.035	-0.019	-0.005	0.030	0.022	0.011	-0.012	-0.008	-0.002	-0.010	-0.010
0.2*L2	-0.078	-0.043	-0.011	0.067	0.049	0.024	-0.026	-0.017	-0.005	-0.022	-0.021
0.3*L2	-0.125	-0.070	-0.018	0.105	0.079	0.039	-0.040	-0.027	-0.007	-0.033	-0.034
0.4*L2	-0.169	-0.095	-0.025	0.140	0.106	0.053	-0.052	-0.035	-0.008	-0.040	-0.045
0.5*L2	-0.205	-0.116	-0.031	0.166	0.127	0.065	-0.059	-0.040	-0.009	-0.043	-0.053
0.6*L2	-0.226	-0.130	-0.036	0.178	0.139	0.073	-0.060	-0.041	-0.008	-0.040	-0.057
0.7*L2	-0.225	-0.131	-0.038	0.172	0.137	0.074	-0.055	-0.037	-0.006	-0.031	-0.055
0.8*L2	-0.193	-0.114	-0.034	0.143	0.116	0.065	-0.042	-0.029	-0.003	-0.018	-0.046
0.9*L2	-0.122	-0.073	-0.023	0.087	0.072	0.042	-0.023	-0.016	-0.001	-0.006	-0.028
1.0*L2	-0.000	0.000	0.000	0.000	-0.000	0.000	0.000	0.000	-0.000	0.000	-0.000
0.0*L1	-0.000	0.000	0.000	1.000	-0.000	-0.000	0.000	0.000	-0.000	0.000	0.000
0.1*L1	-0.122	0.112	0.037	0.885	-0.103	-0.063	0.023	0.017	-0.003	-0.006	0.037
0.2*L1	-0.193	0.262	0.093	0.756	-0.227	-0.148	0.042	0.034	-0.006	-0.018	0.081
(Sprung)				0.773							
0.3*L1	-0.225	0.150	0.171	0.625	0.638	-0.252	0.055	0.048	-0.007	-0.031	0.124
0.4*L1	-0.226	0.072	0.276	0.499	0.506	-0.371	0.060	0.057	-0.005	-0.039	0.159
0.5*L1	-0.205	0.021	0.411	0.382	0.384	-0.500	0.059	0.058	-0.000	-0.043	0.173
(Sprung)						0.500					
0.6*L1	-0.169	-0.006	0.276	0.277	0.275	0.371	0.052	0.053	0.005	-0.040	0.159
0.7*L1	-0.125	-0.017	0.171	0.185	0.181	0.252	0.040	0.042	0.007	-0.033	0.124
0.8*L1	-0.078	-0.016	0.093	0.107	0.104	0.148	0.026	0.028	0.006	-0.022	0.081
0.9*L1	-0.035	-0.009	0.037	0.045	0.044	0.063	0.012	0.012	0.003	-0.010	0.037
0.0*L2	0.000	0.000	-0.000	-0.000	-0.000	-0.000	-0.000	-0.000	-0.000	0.000	-0.000
0.2*L2	0.034	0.010	-0.034	-0.039	-0.040	-0.065	-0.010	-0.010	0.003	0.007	-0.046
0.4*L2	0.036	0.012	-0.036	-0.039	-0.041	-0.073	-0.009	-0.008	0.008	0.006	-0.057
0.6*L2	0.028	0.009	-0.028	-0.025	-0.028	-0.053	-0.005	-0.004	0.008	0.002	-0.045
0.8*L2	0.011	0.004	-0.011	-0.011	-0.012	-0.024	-0.002	-0.001	0.005	0.001	-0.021
FAKTOR		a			a			a			1/a

INFOLGE STRECKENLAST P=1

IN FELD

	M:0	M:0.2	M:0.5	Q:0	Q:0.2	Q:0.5	T:0	T:0.2	T:0.5	q:0	q:0.5
3L	0.067	0.039	0.011	-0.052	-0.041	-0.022	0.017	0.012	0.002	0.011	0.017
2L	-0.418	-0.240	-0.067	0.330	0.257	0.135	-0.112	-0.075	-0.015	-0.073	-0.106
1,BIS SPRUNG					-0.064	-0.324		0.010	-0.006		
1,REST	-0.418	0.166	0.464	1.277	0.753	0.324	0.112	0.095	0.006	-0.073	0.294
2R	0.066	0.023	-0.067	-0.072	-0.076	-0.135	-0.017	-0.015	0.015	0.010	-0.106
3R	-0.011	-0.004	0.011	0.012	0.012	0.022	0.003	0.003	-0.002	-0.002	0.017
SUMME(+)	0.133	0.227	0.486	1.618	1.022	0.481	0.132	0.120	0.023	0.021	0.327
SUMME(-)	-0.848	-0.244	-0.134	-0.125	-0.181	-0.481	-0.129	-0.090	-0.023	-0.147	-0.212
SUMME	-0.714	-0.017	0.352	1.494	0.841	-0.000	0.003	0.029	-0.000	-0.126	0.115
FAKTOR		a*a			a			a*a			1/a

INFOLGE EINZELMOMENT Mt=1

IN

	M:0	M:0.2	M:0.5	Q:0	Q:0.2	Q:0.5	T:0	T:0.2	T:0.5	q:0	q:0.5
0.0*L2	-0.092	-0.034	0.003	0.126	0.070	0.017	-0.079	-0.051	-0.024	-0.103	-0.040
0.1*L2	-0.123	-0.047	0.002	0.162	0.092	0.024	-0.099	-0.064	-0.030	-0.129	-0.052
0.2*L2	-0.155	-0.061	0.002	0.203	0.116	0.031	-0.123	-0.080	-0.038	-0.160	-0.065
0.3*L2	-0.188	-0.073	0.002	0.247	0.141	0.037	-0.151	-0.098	-0.046	-0.196	-0.079
0.4*L2	-0.217	-0.082	0.005	0.293	0.165	0.042	-0.182	-0.117	-0.056	-0.238	-0.094
0.5*L2	-0.242	-0.086	0.010	0.339	0.187	0.043	-0.216	-0.139	-0.068	-0.287	-0.109
0.6*L2	-0.259	-0.084	0.018	0.386	0.206	0.041	-0.254	-0.164	-0.082	-0.345	-0.124
0.7*L2	-0.267	-0.074	0.031	0.435	0.222	0.033	-0.299	-0.193	-0.098	-0.416	-0.140
0.8*L2	-0.267	-0.055	0.048	0.487	0.235	0.021	-0.352	-0.226	-0.119	-0.502	-0.156
0.9*L2	-0.262	-0.029	0.070	0.549	0.249	0.004	-0.418	-0.268	-0.145	-0.610	-0.176
1.0*L2	-0.258	0.002	0.098	0.628	0.268	-0.016	-0.500	-0.320	-0.178	-0.744	-0.202
0.0*L1	-0.258	0.002	0.098	0.628	0.268	-0.016	0.500	-0.320	-0.178	-0.744	-0.202
0.1*L1	-0.262	0.034	0.130	0.691	0.299	-0.038	0.418	-0.387	-0.218	-0.610	-0.236
0.2*L1	-0.267	0.056	0.164	0.705	0.354	-0.054	0.352	-0.472	-0.268	-0.502	-0.285
(Sprung)							0.528				
0.3*L1	-0.267	0.061	0.197	0.682	0.399	-0.060	0.299	0.440	-0.330	-0.416	-0.354
0.4*L1	-0.258	0.055	0.223	0.634	0.405	-0.046	0.254	0.368	-0.406	-0.345	-0.449
0.5*L1	-0.242	0.045	0.234	0.569	0.384	-0.000	0.216	0.308	-0.500	-0.287	-0.580
(Sprung)									0.500		
0.6*L1	-0.217	0.035	0.223	0.495	0.345	0.046	0.181	0.257	0.406	-0.238	-0.449
0.7*L1	-0.188	0.027	0.197	0.419	0.296	0.060	0.151	0.212	0.330	-0.196	-0.354
0.8*L1	-0.155	0.022	0.164	0.344	0.245	0.054	0.123	0.173	0.268	-0.160	-0.285
0.9*L1	-0.122	0.019	0.130	0.276	0.195	0.038	0.099	0.140	0.218	-0.129	-0.236
0.0*L2	-0.092	0.018	0.098	0.215	0.149	0.016	0.078	0.111	0.178	-0.103	-0.202
0.2*L2	-0.044	0.017	0.048	0.123	0.079	-0.021	0.047	0.069	0.119	-0.065	-0.156
0.4*L2	-0.016	0.016	0.018	0.067	0.037	-0.041	0.028	0.043	0.082	-0.041	-0.124
0.6*L2	-0.004	0.013	0.005	0.037	0.017	-0.042	0.017	0.027	0.056	-0.026	-0.094
0.8*L2	-0.001	0.009	0.002	0.023	0.009	-0.031	0.011	0.017	0.038	-0.017	-0.065
FAKTOR		1/a			1/a						1/(a*a)

INFOLGE STRECKENMOMENT mt=1

IN FELD

	M:0	M:0.2	M:0.5	Q:0	Q:0.2	Q:0.5	T:0	T:0.2	T:0.5	q:0	q:0.5
3L	-0.068	-0.015	0.011	0.121	0.059	0.006	-0.087	-0.056	-0.029	-0.123	-0.039
2L	-0.647	-0.183	0.071	1.042	0.535	0.084	-0.713	-0.459	-0.234	-0.989	-0.335
1,BIS SPRUNG					0.182	-0.064		-0.234	0.467		
1,REST	-0.647	0.110	0.529	1.574	0.759	0.064	0.713	0.664	0.467	-0.989	-1.023
2R	-0.064	0.040	0.071	0.214	0.129	-0.084	0.085	0.128	0.234	-0.121	-0.335
3R	-0.010	0.004	0.011	0.030	0.019	-0.006	0.012	0.017	0.029	-0.016	-0.039
SUMME(+)	0.000	0.154	0.694	2.981	1.682	0.154	0.810	0.808	0.730	0.000	0.000
SUMME(-)	-1.436	-0.198	0.000	0.000	0.000	-0.154	-0.800	-0.749	-0.730	-2.239	-1.770
SUMME	-1.436	-0.043	0.694	2.981	1.682	0.000	0.009	0.059	-0.000	-2.239	-1.770
FAKTOR		a			a			a			1/a

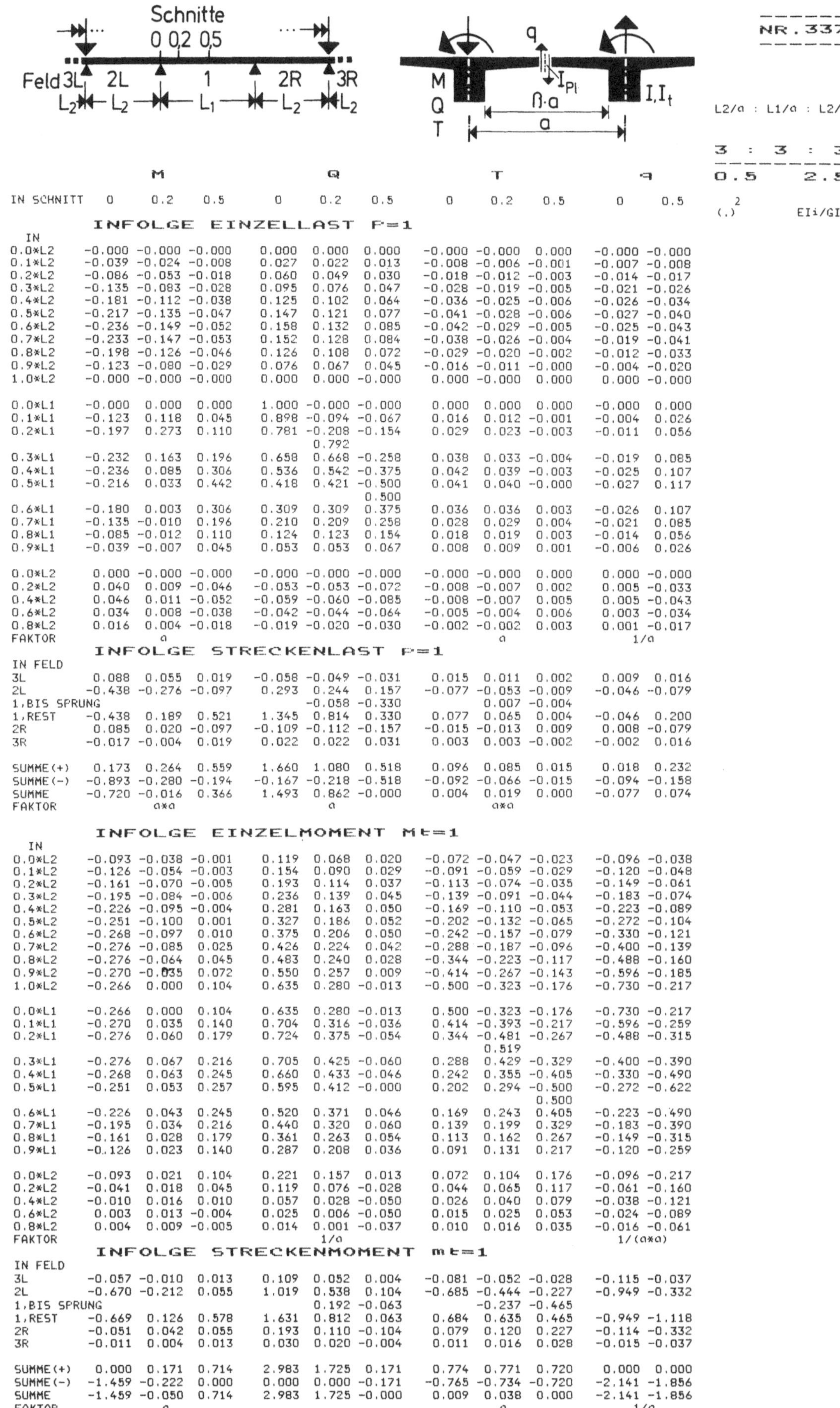

	M			Q			T			q	
IN SCHNITT	0	0.2	0.5	0	0.2	0.5	0	0.2	0.5	0	0.5

INFOLGE EINZELLAST F=1

IN

	M 0	M 0.2	M 0.5	Q 0	Q 0.2	Q 0.5	T 0	T 0.2	T 0.5	q 0	q 0.5
0.0*L2	-0.000	-0.000	-0.000	0.000	0.000	0.000	-0.000	-0.000	0.000	-0.000	-0.000
0.1*L2	-0.039	-0.024	-0.008	0.027	0.022	0.013	-0.008	-0.006	-0.001	-0.007	-0.008
0.2*L2	-0.086	-0.053	-0.018	0.060	0.049	0.030	-0.018	-0.012	-0.003	-0.014	-0.017
0.3*L2	-0.135	-0.083	-0.028	0.095	0.076	0.047	-0.028	-0.019	-0.005	-0.021	-0.026
0.4*L2	-0.181	-0.112	-0.038	0.125	0.102	0.064	-0.036	-0.025	-0.006	-0.026	-0.034
0.5*L2	-0.217	-0.135	-0.047	0.147	0.121	0.077	-0.041	-0.028	-0.006	-0.027	-0.040
0.6*L2	-0.236	-0.149	-0.052	0.158	0.132	0.085	-0.042	-0.029	-0.005	-0.025	-0.043
0.7*L2	-0.233	-0.147	-0.053	0.152	0.128	0.084	-0.038	-0.026	-0.004	-0.019	-0.041
0.8*L2	-0.198	-0.126	-0.046	0.126	0.108	0.072	-0.029	-0.020	-0.002	-0.012	-0.033
0.9*L2	-0.123	-0.080	-0.029	0.076	0.067	0.045	-0.016	-0.011	-0.000	-0.004	-0.020
1.0*L2	-0.000	-0.000	-0.000	0.000	0.000	-0.000	-0.000	-0.000	0.000	0.000	0.000
0.0*L1	-0.000	0.000	0.000	1.000	-0.000	-0.000	0.000	0.000	0.000	-0.000	0.000
0.1*L1	-0.123	0.118	0.045	0.898	-0.094	-0.067	0.016	0.012	-0.001	-0.004	0.026
0.2*L1	-0.197	0.273	0.110	0.781	-0.208	-0.154	0.029	0.023	-0.003	-0.011	0.056
				0.792							
0.3*L1	-0.232	0.163	0.196	0.658	0.668	-0.258	0.038	0.033	-0.004	-0.019	0.085
0.4*L1	-0.236	0.085	0.306	0.536	0.542	-0.375	0.042	0.039	-0.003	-0.025	0.107
0.5*L1	-0.216	0.033	0.442	0.418	0.421	-0.500	0.041	0.040	-0.000	-0.027	0.117
						0.500					
0.6*L1	-0.180	0.003	0.306	0.309	0.309	0.375	0.036	0.036	0.003	-0.026	0.107
0.7*L1	-0.135	-0.010	0.196	0.210	0.209	0.258	0.028	0.029	0.004	-0.021	0.085
0.8*L1	-0.085	-0.012	0.110	0.124	0.123	0.154	0.018	0.019	0.003	-0.014	0.056
0.9*L1	-0.039	-0.007	0.045	0.053	0.053	0.067	0.008	0.009	0.001	-0.006	0.026
0.0*L2	0.000	-0.000	-0.000	-0.000	-0.000	-0.000	-0.000	-0.000	0.000	0.000	-0.000
0.2*L2	0.040	0.009	-0.046	-0.053	-0.053	-0.072	-0.008	-0.007	0.002	0.005	-0.033
0.4*L2	0.046	0.011	-0.052	-0.059	-0.060	-0.085	-0.008	-0.007	0.005	0.005	-0.043
0.6*L2	0.034	0.008	-0.038	-0.042	-0.044	-0.064	-0.005	-0.004	0.006	0.003	-0.034
0.8*L2	0.016	0.004	-0.018	-0.019	-0.020	-0.030	-0.002	-0.002	0.003	0.001	-0.017
FAKTOR	a						a			1/a	

INFOLGE STRECKENLAST P=1

IN FELD

	M 0	M 0.2	M 0.5	Q 0	Q 0.2	Q 0.5	T 0	T 0.2	T 0.5	q 0	q 0.5
3L	0.088	0.055	0.019	-0.058	-0.049	-0.031	0.015	0.011	0.002	0.009	0.016
2L	-0.438	-0.276	-0.097	0.293	0.244	0.157	-0.077	-0.053	-0.009	-0.046	-0.079
1,BIS SPRUNG				-0.058	-0.330		0.007	-0.004			
1,REST	-0.438	0.189	0.521	1.345	0.814	0.330	0.077	0.065	0.004	-0.046	0.200
2R	0.085	0.020	-0.097	-0.109	-0.112	-0.157	-0.015	-0.013	0.009	0.008	-0.079
3R	-0.017	-0.004	0.019	0.022	0.022	0.031	0.003	0.003	-0.002	-0.002	0.016
SUMME(+)	0.173	0.264	0.559	1.660	1.080	0.518	0.096	0.085	0.015	0.018	0.232
SUMME(-)	-0.893	-0.280	-0.194	-0.167	-0.218	-0.518	-0.092	-0.066	-0.015	-0.094	-0.158
SUMME	-0.720	-0.016	0.366	1.493	0.862	-0.000	0.004	0.019	0.000	-0.077	0.074
FAKTOR	a*a			a			a*a				

INFOLGE EINZELMOMENT Mt=1

IN

	M 0	M 0.2	M 0.5	Q 0	Q 0.2	Q 0.5	T 0	T 0.2	T 0.5	q 0	q 0.5
0.0*L2	-0.093	-0.038	-0.001	0.119	0.068	0.020	-0.072	-0.047	-0.023	-0.096	-0.038
0.1*L2	-0.126	-0.054	-0.003	0.154	0.090	0.029	-0.091	-0.059	-0.029	-0.120	-0.048
0.2*L2	-0.161	-0.070	-0.005	0.193	0.114	0.037	-0.113	-0.074	-0.035	-0.149	-0.061
0.3*L2	-0.195	-0.084	-0.006	0.236	0.139	0.045	-0.139	-0.091	-0.044	-0.183	-0.074
0.4*L2	-0.226	-0.095	-0.004	0.281	0.163	0.050	-0.169	-0.110	-0.053	-0.223	-0.089
0.5*L2	-0.251	-0.100	0.001	0.327	0.186	0.052	-0.202	-0.132	-0.065	-0.272	-0.104
0.6*L2	-0.268	-0.097	0.010	0.375	0.206	0.050	-0.242	-0.157	-0.079	-0.330	-0.121
0.7*L2	-0.276	-0.085	0.025	0.426	0.224	0.042	-0.288	-0.187	-0.096	-0.400	-0.139
0.8*L2	-0.276	-0.064	0.045	0.483	0.240	0.028	-0.344	-0.223	-0.117	-0.488	-0.160
0.9*L2	-0.270	-0.035	0.072	0.550	0.257	0.009	-0.414	-0.267	-0.143	-0.596	-0.185
1.0*L2	-0.266	0.000	0.104	0.635	0.280	-0.013	-0.500	-0.323	-0.176	-0.730	-0.217
0.0*L1	-0.266	0.000	0.104	0.635	0.280	-0.013	0.500	-0.323	-0.176	-0.730	-0.217
0.1*L1	-0.270	0.035	0.140	0.704	0.316	-0.036	0.414	-0.393	-0.217	-0.596	-0.259
0.2*L1	-0.276	0.060	0.179	0.724	0.375	-0.054	0.344	-0.481	-0.267	-0.488	-0.315
								0.519			
0.3*L1	-0.276	0.067	0.216	0.705	0.425	-0.060	0.288	0.429	-0.329	-0.400	-0.390
0.4*L1	-0.268	0.063	0.245	0.660	0.433	-0.046	0.242	0.355	-0.405	-0.330	-0.490
0.5*L1	-0.251	0.053	0.257	0.595	0.412	-0.000	0.202	0.294	-0.500	-0.272	-0.622
									0.500		
0.6*L1	-0.226	0.043	0.245	0.520	0.371	0.046	0.169	0.243	0.405	-0.223	-0.490
0.7*L1	-0.195	0.034	0.216	0.440	0.320	0.060	0.139	0.199	0.329	-0.183	-0.390
0.8*L1	-0.161	0.028	0.179	0.361	0.263	0.054	0.113	0.162	0.267	-0.149	-0.315
0.9*L1	-0.126	0.023	0.140	0.287	0.208	0.036	0.091	0.131	0.217	-0.120	-0.259
0.0*L2	-0.093	0.021	0.104	0.221	0.157	0.013	0.072	0.104	0.176	-0.096	-0.217
0.2*L2	-0.041	0.018	0.045	0.119	0.076	-0.028	0.044	0.065	0.117	-0.061	-0.160
0.4*L2	-0.010	0.016	0.010	0.057	0.028	-0.050	0.026	0.040	0.079	-0.038	-0.121
0.6*L2	0.003	0.013	-0.004	0.025	0.006	-0.050	0.015	0.025	0.053	-0.024	-0.089
0.8*L2	0.004	0.009	-0.005	0.014	0.001	-0.037	0.010	0.016	0.035	-0.016	-0.061
FAKTOR				1/a						1/(a*a)	

INFOLGE STRECKENMOMENT mt=1

IN FELD

	M 0	M 0.2	M 0.5	Q 0	Q 0.2	Q 0.5	T 0	T 0.2	T 0.5	q 0	q 0.5
3L	-0.057	-0.010	0.013	0.109	0.052	0.004	-0.081	-0.052	-0.028	-0.115	-0.037
2L	-0.670	-0.212	0.055	1.019	0.538	0.104	-0.685	-0.444	-0.227	-0.949	-0.332
1,BIS SPRUNG				0.192	-0.063			-0.237	-0.465		
1,REST	-0.669	0.126	0.578	1.631	0.812	0.063	0.684	0.635	0.465	-0.949	-1.118
2R	-0.051	0.042	0.055	0.193	0.110	-0.104	0.079	0.120	0.227	-0.114	-0.332
3R	-0.011	0.004	0.013	0.030	0.020	-0.004	0.011	0.016	0.028	-0.015	-0.037
SUMME(+)	0.000	0.171	0.714	2.983	1.725	0.171	0.774	0.771	0.720	0.000	0.000
SUMME(-)	-1.459	-0.222	0.000	0.000	0.000	-0.171	-0.765	-0.734	-0.720	-2.141	-1.856
SUMME	-1.459	-0.050	0.714	2.983	1.725	-0.000	0.009	0.038	0.000	-2.141	-1.856
FAKTOR	a			a			a			1/a	

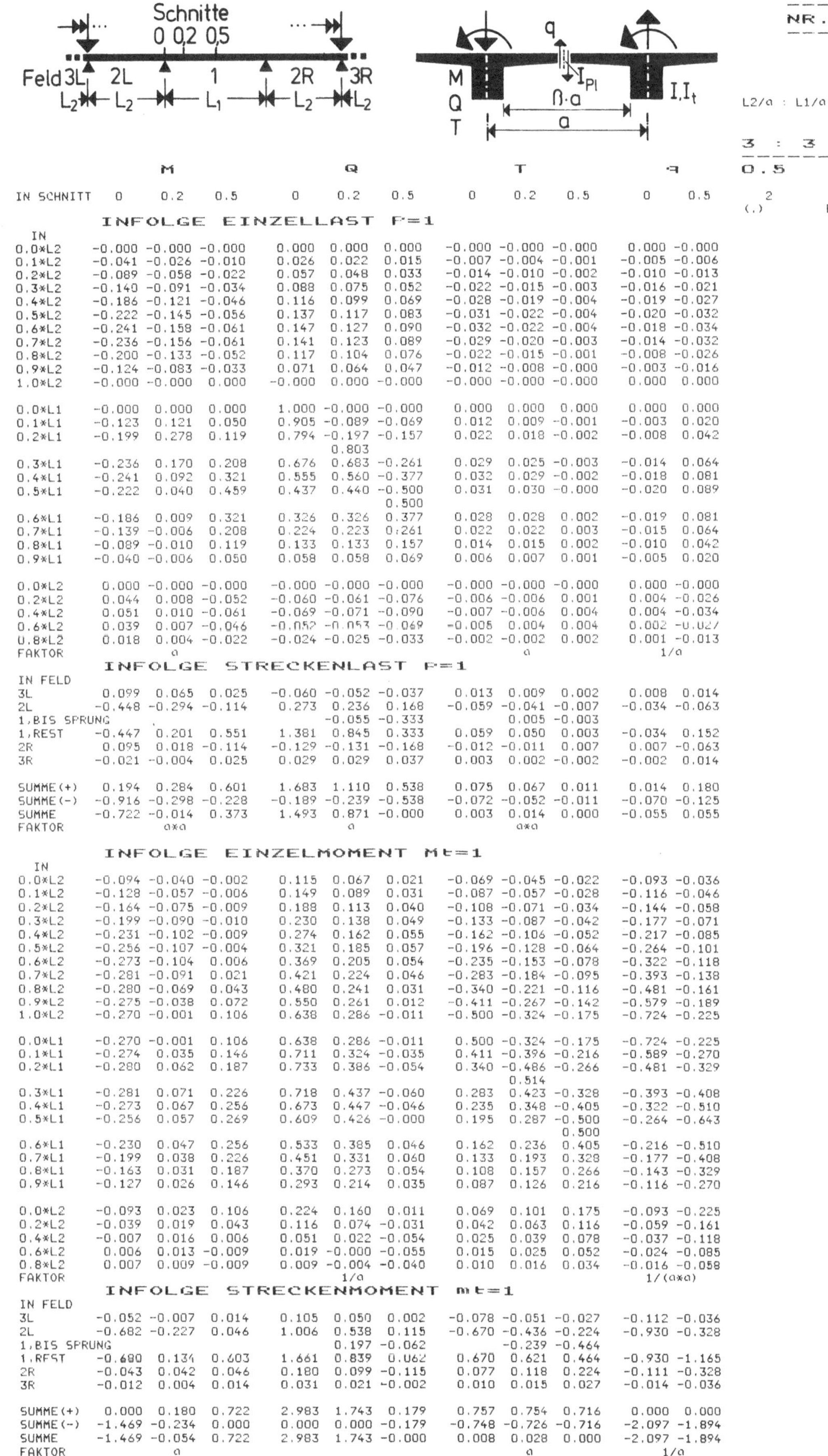

INFOLGE EINZELLAST P=1

IN SCHNITT	M 0	M 0.2	M 0.5	Q 0	Q 0.2	Q 0.5	T 0	T 0.2	T 0.5	q 0	q 0.5
0.0*L2	-0.000	-0.000	-0.000	0.000	0.000	0.000	-0.000	-0.000	-0.000	0.000	-0.000
0.1*L2	-0.041	-0.026	-0.010	0.026	0.022	0.015	-0.007	-0.004	-0.001	-0.005	-0.006
0.2*L2	-0.089	-0.058	-0.022	0.057	0.048	0.033	-0.014	-0.010	-0.002	-0.010	-0.013
0.3*L2	-0.140	-0.091	-0.034	0.088	0.075	0.052	-0.022	-0.015	-0.003	-0.016	-0.021
0.4*L2	-0.186	-0.121	-0.046	0.116	0.099	0.069	-0.028	-0.019	-0.004	-0.019	-0.027
0.5*L2	-0.222	-0.145	-0.056	0.137	0.117	0.083	-0.031	-0.022	-0.004	-0.020	-0.032
0.6*L2	-0.241	-0.158	-0.061	0.147	0.127	0.090	-0.032	-0.022	-0.004	-0.018	-0.034
0.7*L2	-0.236	-0.156	-0.061	0.141	0.123	0.089	-0.029	-0.020	-0.003	-0.014	-0.032
0.8*L2	-0.200	-0.133	-0.052	0.117	0.104	0.076	-0.022	-0.015	-0.001	-0.008	-0.026
0.9*L2	-0.124	-0.083	-0.033	0.071	0.064	0.047	-0.012	-0.008	-0.000	-0.003	-0.016
1.0*L2	-0.000	-0.000	0.000	-0.000	0.000	-0.000	-0.000	-0.000	-0.000	0.000	0.000
0.0*L1	-0.000	0.000	0.000	1.000	-0.000	-0.000	0.000	0.000	0.000	0.000	0.000
0.1*L1	-0.123	0.121	0.050	0.905	-0.089	-0.069	0.012	0.009	-0.001	-0.003	0.020
0.2*L1	-0.199	0.278	0.119	0.794	-0.197	-0.157	0.022	0.018	-0.002	-0.008	0.042
				0.803							
0.3*L1	-0.236	0.170	0.208	0.676	0.683	-0.261	0.029	0.025	-0.003	-0.014	0.064
0.4*L1	-0.241	0.092	0.321	0.555	0.560	-0.377	0.032	0.029	-0.002	-0.018	0.081
0.5*L1	-0.222	0.040	0.459	0.437	0.440	-0.500	0.031	0.030	-0.000	-0.020	0.089
						0.500					
0.6*L1	-0.186	0.009	0.321	0.326	0.326	0.377	0.028	0.028	0.002	-0.019	0.081
0.7*L1	-0.139	-0.006	0.208	0.224	0.223	0.261	0.022	0.022	0.003	-0.015	0.064
0.8*L1	-0.089	-0.010	0.119	0.133	0.133	0.157	0.014	0.015	0.002	-0.010	0.042
0.9*L1	-0.040	-0.006	0.050	0.058	0.058	0.069	0.006	0.007	0.001	-0.005	0.020
0.0*L2	0.000	-0.000	-0.000	-0.000	-0.000	-0.000	-0.000	-0.000	-0.000	0.000	-0.000
0.2*L2	0.044	0.008	-0.052	-0.060	-0.061	-0.076	-0.006	-0.006	0.001	0.004	-0.026
0.4*L2	0.051	0.010	-0.061	-0.069	-0.071	-0.090	-0.007	-0.006	0.004	0.004	-0.034
0.6*L2	0.039	0.007	-0.046	-0.052	-0.053	-0.069	-0.005	0.004	0.004	0.002	-0.027
0.8*L2	0.018	0.004	-0.022	-0.024	-0.025	-0.033	-0.002	-0.002	0.002	0.001	-0.013
FAKTOR	a						a			1/a	

INFOLGE STRECKENLAST P=1

IN FELD	M 0	M 0.2	M 0.5	Q 0	Q 0.2	Q 0.5	T 0	T 0.2	T 0.5	q 0	q 0.5
3L	0.099	0.065	0.025	-0.060	-0.052	-0.037	0.013	0.009	0.002	0.008	0.014
2L	-0.448	-0.294	-0.114	0.273	0.236	0.168	-0.059	-0.041	-0.007	-0.034	-0.063
1,BIS SPRUNG					-0.055	-0.333		0.005	-0.003		
1,REST	-0.447	0.201	0.551	1.381	0.845	0.333	0.059	0.050	0.003	-0.034	0.152
2R	0.095	0.018	-0.114	-0.129	-0.131	-0.168	-0.012	-0.011	0.007	0.007	-0.063
3R	-0.021	-0.004	0.025	0.029	0.029	0.037	0.003	0.002	-0.002	-0.002	0.014
SUMME(+)	0.194	0.284	0.601	1.683	1.110	0.538	0.075	0.067	0.011	0.014	0.180
SUMME(-)	-0.916	-0.298	-0.228	-0.189	-0.239	-0.538	-0.072	-0.052	-0.011	-0.070	-0.125
SUMME	-0.722	-0.014	0.373	1.493	0.871	-0.000	0.003	0.014	0.000	-0.055	0.055
FAKTOR	a*a			a			a*a				

INFOLGE EINZELMOMENT Mt=1

IN SCHNITT	M 0	M 0.2	M 0.5	Q 0	Q 0.2	Q 0.5	T 0	T 0.2	T 0.5	q 0	q 0.5
0.0*L2	-0.094	-0.040	-0.002	0.115	0.067	0.021	-0.069	-0.045	-0.022	-0.093	-0.036
0.1*L2	-0.128	-0.057	-0.006	0.149	0.089	0.031	-0.087	-0.057	-0.028	-0.116	-0.046
0.2*L2	-0.164	-0.075	-0.009	0.188	0.113	0.040	-0.108	-0.071	-0.034	-0.144	-0.058
0.3*L2	-0.199	-0.090	-0.010	0.230	0.138	0.049	-0.133	-0.087	-0.042	-0.177	-0.071
0.4*L2	-0.231	-0.102	-0.009	0.274	0.162	0.055	-0.162	-0.106	-0.052	-0.217	-0.085
0.5*L2	-0.256	-0.107	-0.004	0.321	0.185	0.057	-0.196	-0.128	-0.064	-0.264	-0.101
0.6*L2	-0.273	-0.104	0.006	0.369	0.205	0.054	-0.235	-0.153	-0.078	-0.322	-0.118
0.7*L2	-0.281	-0.091	0.021	0.421	0.224	0.046	-0.283	-0.184	-0.095	-0.393	-0.138
0.8*L2	-0.280	-0.069	0.043	0.480	0.241	0.031	-0.340	-0.221	-0.116	-0.481	-0.161
0.9*L2	-0.275	-0.038	0.072	0.550	0.261	0.012	-0.411	-0.267	-0.142	-0.579	-0.189
1.0*L2	-0.270	-0.001	0.106	0.638	0.286	-0.011	-0.500	-0.324	-0.175	-0.724	-0.225
0.0*L1	-0.270	-0.001	0.106	0.638	0.286	-0.011	0.500	-0.324	-0.175	-0.724	-0.225
0.1*L1	-0.274	0.035	0.146	0.711	0.324	-0.035	0.411	-0.396	-0.216	-0.589	-0.270
0.2*L1	-0.280	0.062	0.187	0.733	0.386	-0.054	0.340	-0.486	-0.266	-0.481	-0.329
								0.514			
0.3*L1	-0.281	0.071	0.226	0.718	0.437	-0.060	0.283	0.423	-0.328	-0.393	-0.408
0.4*L1	-0.273	0.067	0.256	0.673	0.447	-0.046	0.235	0.348	-0.405	-0.322	-0.510
0.5*L1	-0.256	0.057	0.269	0.609	0.426	-0.000	0.195	0.287	-0.500	-0.264	-0.643
									0.500		
0.6*L1	-0.230	0.047	0.256	0.533	0.385	0.046	0.162	0.236	0.405	-0.216	-0.510
0.7*L1	-0.199	0.038	0.226	0.451	0.331	0.060	0.133	0.193	0.328	-0.177	-0.408
0.8*L1	-0.163	0.031	0.187	0.370	0.273	0.054	0.108	0.157	0.266	-0.143	-0.329
0.9*L1	-0.127	0.026	0.146	0.293	0.214	0.035	0.087	0.126	0.216	-0.116	-0.270
0.0*L2	-0.093	0.023	0.106	0.224	0.160	0.011	0.069	0.101	0.175	-0.093	-0.225
0.2*L2	-0.039	0.019	0.043	0.116	0.074	-0.031	0.042	0.063	0.116	-0.059	-0.161
0.4*L2	-0.007	0.016	0.006	0.051	0.022	-0.054	0.025	0.039	0.078	-0.037	-0.118
0.6*L2	0.006	0.013	-0.009	0.019	-0.000	-0.055	0.015	0.025	0.052	-0.024	-0.085
0.8*L2	0.007	0.009	-0.009	0.009	-0.004	-0.040	0.010	0.016	0.034	-0.016	-0.058
FAKTOR				1/a						1/(a*a)	

INFOLGE STRECKENMOMENT mt=1

IN FELD	M 0	M 0.2	M 0.5	Q 0	Q 0.2	Q 0.5	T 0	T 0.2	T 0.5	q 0	q 0.5
3L	-0.052	-0.007	0.014	0.105	0.050	0.002	-0.078	-0.051	-0.027	-0.112	-0.036
2L	-0.682	-0.227	0.046	1.006	0.538	0.115	-0.670	-0.436	-0.224	-0.930	-0.328
1,BIS SPRUNG					0.197	-0.062		-0.239	-0.464		
1,REST	-0.680	0.134	0.603	1.661	0.839	0.062	0.670	0.621	0.464	-0.930	-1.165
2R	-0.043	0.042	0.046	0.180	0.099	-0.115	0.077	0.118	0.224	-0.111	-0.328
3R	-0.012	0.004	0.014	0.031	0.021	-0.002	0.010	0.015	0.027	-0.014	-0.036
SUMME(+)	0.000	0.180	0.722	2.983	1.743	0.179	0.757	0.754	0.716	0.000	0.000
SUMME(-)	-1.469	-0.234	0.000	0.000	0.000	-0.179	-0.748	-0.726	-0.716	-2.097	-1.894
SUMME	-1.469	-0.054	0.722	2.983	1.743	-0.000	0.008	0.028	0.000	-2.097	-1.894
FAKTOR	a						a			1/a	

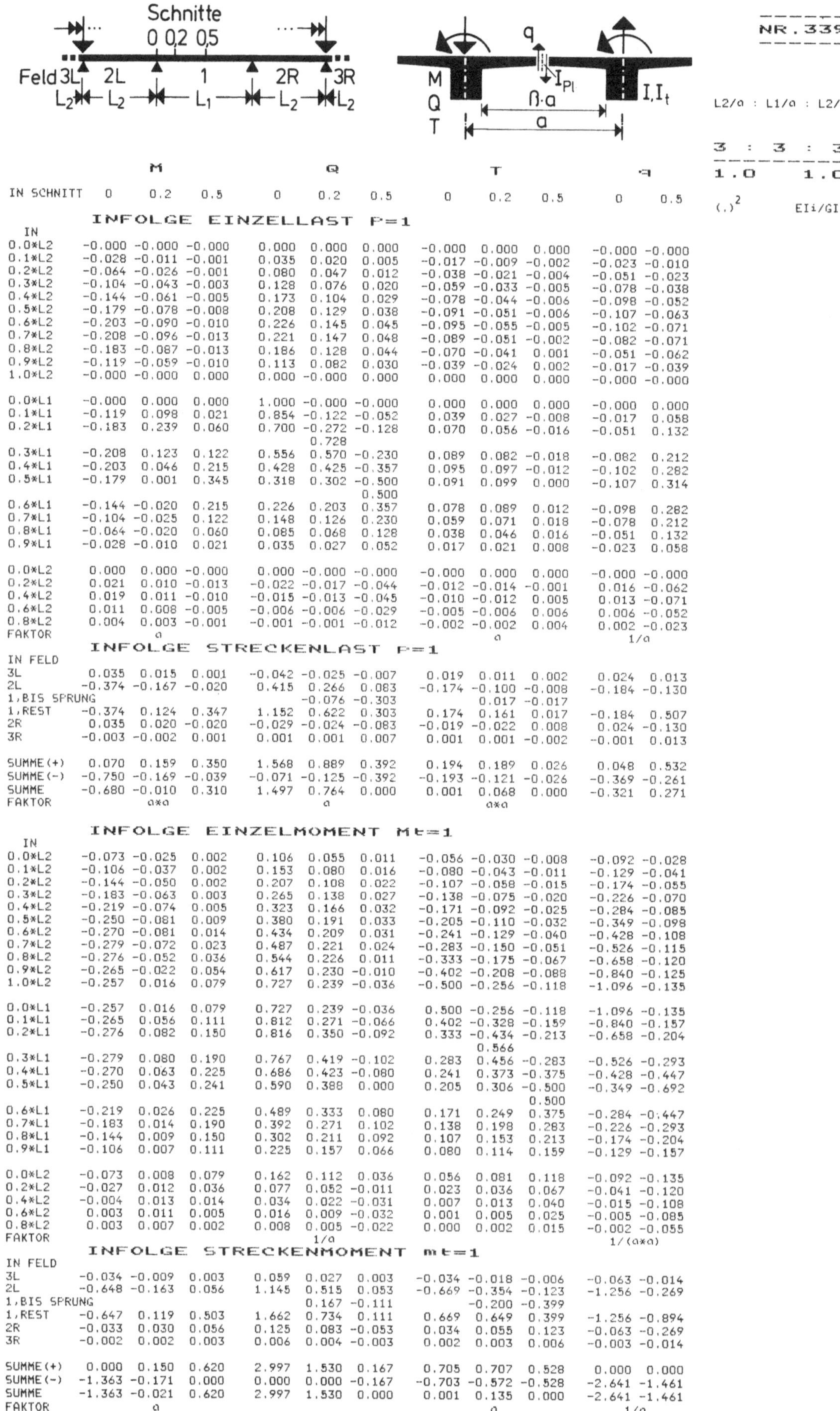

	M 0	M 0.2	M 0.5	Q 0	Q 0.2	Q 0.5	T 0	T 0.2	T 0.5	q 0	q 0.5
IN SCHNITT	0	0.2	0.5	0	0.2	0.5	0	0.2	0.5	0	0.5

INFOLGE EINZELLAST P=1

IN	M 0	M 0.2	M 0.5	Q 0	Q 0.2	Q 0.5	T 0	T 0.2	T 0.5	q 0	q 0.5
0.0*L2	-0.000	-0.000	-0.000	0.000	0.000	0.000	-0.000	0.000	0.000	-0.000	-0.000
0.1*L2	-0.028	-0.011	-0.001	0.035	0.020	0.005	-0.017	-0.009	-0.002	-0.023	-0.010
0.2*L2	-0.064	-0.026	-0.001	0.080	0.047	0.012	-0.038	-0.021	-0.004	-0.051	-0.023
0.3*L2	-0.104	-0.043	-0.003	0.128	0.076	0.020	-0.059	-0.033	-0.005	-0.078	-0.038
0.4*L2	-0.144	-0.061	-0.005	0.173	0.104	0.029	-0.078	-0.044	-0.006	-0.098	-0.052
0.5*L2	-0.179	-0.078	-0.008	0.208	0.129	0.038	-0.091	-0.051	-0.006	-0.107	-0.063
0.6*L2	-0.203	-0.090	-0.010	0.226	0.145	0.045	-0.095	-0.055	-0.005	-0.102	-0.071
0.7*L2	-0.208	-0.096	-0.013	0.221	0.147	0.048	-0.089	-0.051	-0.002	-0.082	-0.071
0.8*L2	-0.183	-0.087	-0.013	0.186	0.128	0.044	-0.070	-0.041	0.001	-0.051	-0.062
0.9*L2	-0.119	-0.059	-0.010	0.113	0.082	0.030	-0.039	-0.024	0.002	-0.017	-0.039
1.0*L2	-0.000	-0.000	0.000	0.000	-0.000	0.000	0.000	0.000	0.000	-0.000	-0.000
0.0*L1	-0.000	0.000	0.000	1.000	-0.000	-0.000	0.000	0.000	0.000	-0.000	0.000
0.1*L1	-0.119	0.098	0.021	0.854	-0.122	-0.052	0.039	0.027	-0.008	-0.017	0.058
0.2*L1	-0.183	0.239	0.060	0.700 / 0.728	-0.272	-0.128	0.070	0.056	-0.016	-0.051	0.132
0.3*L1	-0.208	0.123	0.122	0.556	0.570	-0.230	0.089	0.082	-0.018	-0.082	0.212
0.4*L1	-0.203	0.046	0.215	0.428	0.425	-0.357	0.095	0.097	-0.012	-0.102	0.282
0.5*L1	-0.179	0.001	0.345	0.318	0.302	-0.500 / 0.500	0.091	0.099	0.000	-0.107	0.314
0.6*L1	-0.144	-0.020	0.215	0.226	0.203	0.357	0.078	0.089	0.012	-0.098	0.282
0.7*L1	-0.104	-0.025	0.122	0.148	0.126	0.230	0.059	0.071	0.018	-0.078	0.212
0.8*L1	-0.064	-0.020	0.060	0.085	0.068	0.128	0.038	0.046	0.016	-0.051	0.132
0.9*L1	-0.028	-0.010	0.021	0.035	0.027	0.052	0.017	0.021	0.008	-0.023	0.058
0.0*L2	0.000	0.000	-0.000	0.000	-0.000	-0.000	-0.000	0.000	0.000	-0.000	-0.000
0.2*L2	0.021	0.010	-0.013	-0.022	-0.017	-0.044	-0.012	-0.014	-0.001	0.016	-0.062
0.4*L2	0.019	0.011	-0.010	-0.015	-0.013	-0.045	-0.010	-0.012	0.005	0.013	-0.071
0.6*L2	0.011	0.008	-0.005	-0.006	-0.006	-0.029	-0.005	-0.006	0.006	0.006	-0.052
0.8*L2	0.004	0.003	-0.001	-0.001	-0.001	-0.012	-0.002	-0.002	0.004	0.002	-0.023
FAKTOR		a						a			1/a

INFOLGE STRECKENLAST P=1

IN FELD

IN FELD	M 0	M 0.2	M 0.5	Q 0	Q 0.2	Q 0.5	T 0	T 0.2	T 0.5	q 0	q 0.5
3L	0.035	0.015	0.001	-0.042	-0.025	-0.007	0.019	0.011	0.002	0.024	0.013
2L	-0.374	-0.167	-0.020	0.415	0.266	0.083	-0.174	-0.100	-0.008	-0.184	-0.130
1,BIS SPRUNG					-0.076	-0.303		0.017	-0.017		
1,REST	-0.374	0.124	0.347	1.152	0.622	0.303	0.174	0.161	0.017	-0.184	0.507
2R	0.035	0.020	-0.020	-0.029	-0.024	-0.083	-0.019	-0.022	0.008	0.024	-0.130
3R	-0.003	-0.002	0.001	0.001	0.001	0.007	0.001	0.001	-0.002	-0.001	0.013
SUMME(+)	0.070	0.159	0.350	1.568	0.889	0.392	0.194	0.189	0.026	0.048	0.532
SUMME(-)	-0.750	-0.169	-0.039	-0.071	-0.125	-0.392	-0.193	-0.121	-0.026	-0.369	-0.261
SUMME	-0.680	-0.010	0.310	1.497	0.764	0.000	0.001	0.068	0.000	-0.321	0.271
FAKTOR		a*a			a			a*a			

INFOLGE EINZELMOMENT Mt=1

IN	M 0	M 0.2	M 0.5	Q 0	Q 0.2	Q 0.5	T 0	T 0.2	T 0.5	q 0	q 0.5
0.0*L2	-0.073	-0.025	0.002	0.106	0.055	0.011	-0.056	-0.030	-0.008	-0.092	-0.028
0.1*L2	-0.106	-0.037	0.002	0.153	0.080	0.016	-0.080	-0.043	-0.011	-0.129	-0.041
0.2*L2	-0.144	-0.050	0.002	0.207	0.108	0.022	-0.107	-0.058	-0.015	-0.174	-0.055
0.3*L2	-0.183	-0.063	0.003	0.265	0.138	0.027	-0.138	-0.075	-0.020	-0.226	-0.070
0.4*L2	-0.219	-0.074	0.005	0.323	0.166	0.032	-0.171	-0.092	-0.025	-0.284	-0.085
0.5*L2	-0.250	-0.081	0.009	0.380	0.191	0.033	-0.205	-0.110	-0.032	-0.349	-0.098
0.6*L2	-0.270	-0.081	0.014	0.434	0.209	0.031	-0.241	-0.129	-0.040	-0.428	-0.108
0.7*L2	-0.279	-0.072	0.023	0.487	0.221	0.024	-0.283	-0.150	-0.051	-0.526	-0.115
0.8*L2	-0.276	-0.052	0.036	0.544	0.226	0.011	-0.333	-0.175	-0.067	-0.658	-0.120
0.9*L2	-0.265	-0.022	0.054	0.617	0.230	-0.010	-0.402	-0.208	-0.088	-0.840	-0.125
1.0*L2	-0.257	0.016	0.079	0.727	0.239	-0.036	-0.500	-0.256	-0.118	-1.096	-0.135
0.0*L1	-0.257	0.016	0.079	0.727	0.239	-0.036	0.500	-0.256	-0.118	-1.096	-0.135
0.1*L1	-0.265	0.056	0.111	0.812	0.271	-0.066	0.402	-0.328	-0.159	-0.840	-0.157
0.2*L1	-0.276	0.082	0.150	0.816	0.350	-0.092	0.333 / 0.566	-0.434	-0.213	-0.658	-0.204
0.3*L1	-0.279	0.080	0.190	0.767	0.419	-0.102	0.283	0.456	-0.283	-0.526	-0.293
0.4*L1	-0.270	0.063	0.225	0.686	0.423	-0.080	0.241	0.373	-0.375	-0.428	-0.447
0.5*L1	-0.250	0.043	0.241	0.590	0.388	0.000	0.205	0.306	-0.500 / 0.500	-0.349	-0.692
0.6*L1	-0.219	0.026	0.225	0.489	0.333	0.080	0.171	0.249	0.375	-0.284	-0.447
0.7*L1	-0.183	0.014	0.190	0.392	0.271	0.102	0.138	0.198	0.283	-0.226	-0.293
0.8*L1	-0.144	0.009	0.150	0.302	0.211	0.092	0.107	0.153	0.213	-0.174	-0.204
0.9*L1	-0.106	0.007	0.111	0.225	0.157	0.066	0.080	0.114	0.159	-0.129	-0.157
0.0*L2	-0.073	0.008	0.079	0.162	0.112	0.036	0.056	0.081	0.118	-0.092	-0.135
0.2*L2	-0.027	0.012	0.036	0.077	0.052	-0.011	0.023	0.036	0.067	-0.041	-0.120
0.4*L2	-0.004	0.013	0.014	0.034	0.022	-0.031	0.007	0.013	0.040	-0.015	-0.108
0.6*L2	0.003	0.011	0.005	0.016	0.009	-0.032	0.001	0.005	0.025	-0.005	-0.085
0.8*L2	0.003	0.007	0.002	0.008	0.005	-0.022	0.000	0.002	0.015	-0.002	-0.055
FAKTOR					1/a						1/(a*a)

INFOLGE STRECKENMOMENT mt=1

IN FELD

IN FELD	M 0	M 0.2	M 0.5	Q 0	Q 0.2	Q 0.5	T 0	T 0.2	T 0.5	q 0	q 0.5
3L	-0.034	-0.009	0.003	0.059	0.027	0.003	-0.034	-0.018	-0.006	-0.063	-0.014
2L	-0.648	-0.163	0.056	1.145	0.515	0.053	-0.669	-0.354	-0.123	-1.256	-0.269
1,BIS SPRUNG					0.167	-0.111				-0.200	-0.399
1,REST	-0.647	0.119	0.503	1.662	0.734	0.111	0.669	0.649	0.399	-1.256	-0.894
2R	-0.033	0.030	0.056	0.125	0.083	-0.053	0.034	0.055	0.123	-0.063	-0.269
3R	-0.002	0.002	0.003	0.006	0.004	-0.003	0.002	0.003	0.006	-0.003	-0.014
SUMME(+)	0.000	0.150	0.620	2.997	1.530	0.167	0.705	0.707	0.528	0.000	0.000
SUMME(-)	-1.363	-0.171	0.000	0.000	0.000	-0.167	-0.703	-0.572	-0.528	-2.641	-1.461
SUMME	-1.363	-0.021	0.620	2.997	1.530	0.000	0.001	0.135	0.000	-2.641	-1.461
FAKTOR		a						a			1/a

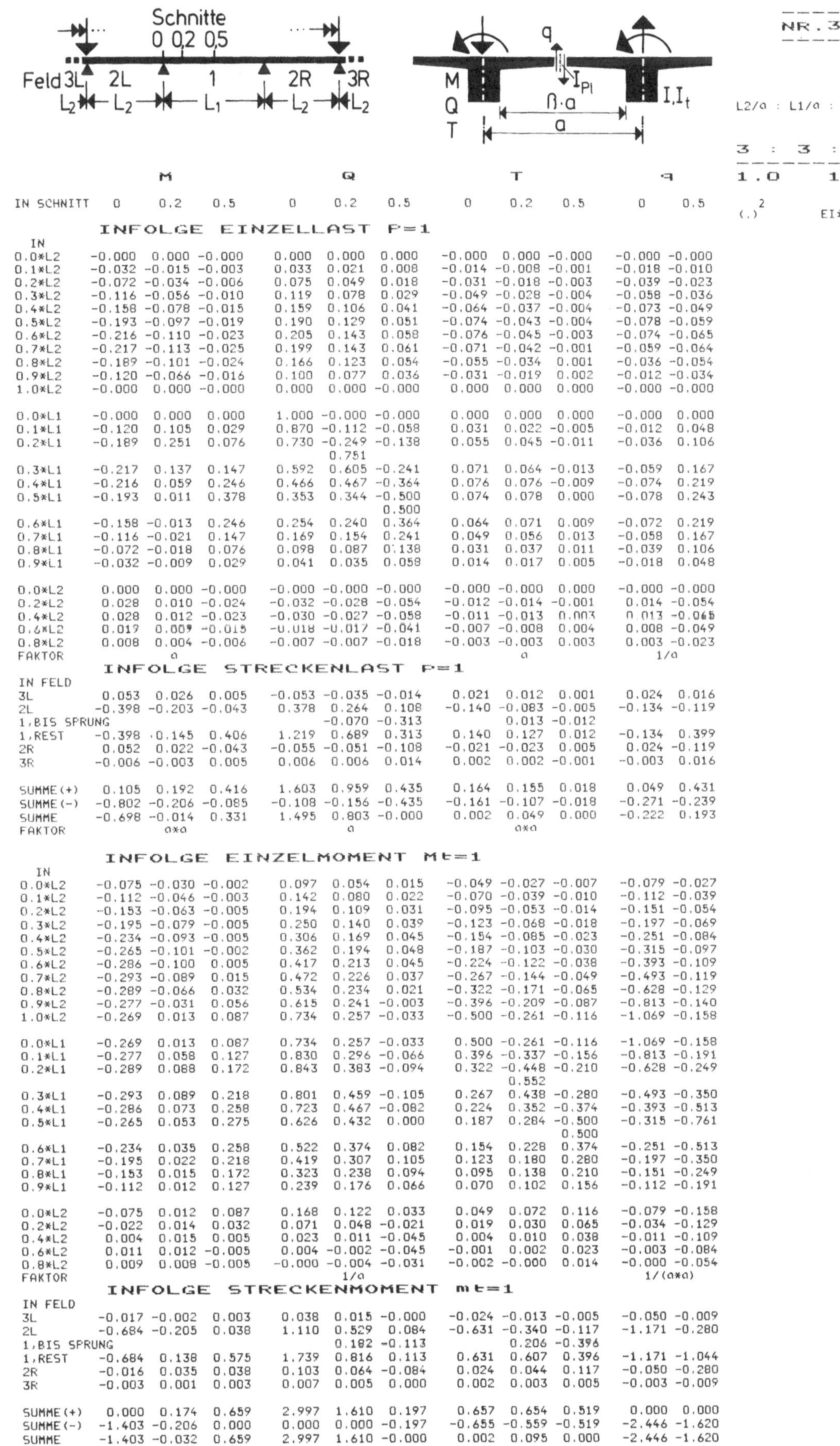

IN SCHNITT	M 0	M 0.2	M 0.5	Q 0	Q 0.2	Q 0.5	T 0	T 0.2	T 0.5	q 0	q 0.5
M (headers) → (.)² EIi/GIt											

INFOLGE EINZELLAST P=1

IN	M 0	M 0.2	M 0.5	Q 0	Q 0.2	Q 0.5	T 0	T 0.2	T 0.5	q 0	q 0.5
0.0*L2	-0.000	0.000	-0.000	0.000	0.000	0.000	-0.000	0.000	-0.000	-0.000	-0.000
0.1*L2	-0.032	-0.015	-0.003	0.033	0.021	0.008	-0.014	-0.008	-0.001	-0.018	-0.010
0.2*L2	-0.072	-0.034	-0.006	0.075	0.049	0.018	-0.031	-0.018	-0.003	-0.039	-0.023
0.3*L2	-0.116	-0.056	-0.010	0.119	0.078	0.029	-0.049	-0.028	-0.004	-0.058	-0.036
0.4*L2	-0.158	-0.078	-0.015	0.159	0.106	0.041	-0.064	-0.037	-0.004	-0.073	-0.049
0.5*L2	-0.193	-0.097	-0.019	0.190	0.129	0.051	-0.074	-0.043	-0.004	-0.078	-0.059
0.6*L2	-0.216	-0.110	-0.023	0.205	0.143	0.058	-0.076	-0.045	-0.003	-0.074	-0.065
0.7*L2	-0.217	-0.113	-0.025	0.199	0.143	0.061	-0.071	-0.042	-0.001	-0.059	-0.064
0.8*L2	-0.189	-0.101	-0.024	0.166	0.123	0.054	-0.055	-0.034	0.001	-0.036	-0.054
0.9*L2	-0.120	-0.066	-0.016	0.100	0.077	0.036	-0.031	-0.019	0.002	-0.012	-0.034
1.0*L2	-0.000	0.000	0.000	0.000	0.000	0.000	0.000	0.000	0.000	-0.000	-0.000
0.0*L1	-0.000	0.000	0.000	1.000	-0.000	-0.000	0.000	0.000	0.000	-0.000	0.000
0.1*L1	-0.120	0.105	0.029	0.870	-0.112	-0.058	0.031	0.022	-0.005	-0.012	0.048
0.2*L1	-0.189	0.251	0.076	0.730	-0.249	-0.138	0.055	0.045	-0.011	-0.036	0.106
				0.751							
0.3*L1	-0.217	0.137	0.147	0.592	0.605	-0.241	0.071	0.064	-0.013	-0.059	0.167
0.4*L1	-0.216	0.059	0.246	0.466	0.467	-0.364	0.076	0.076	-0.009	-0.074	0.219
0.5*L1	-0.193	0.011	0.378	0.353	0.344	-0.500	0.074	0.078	0.000	-0.078	0.243
						0.500					
0.6*L1	-0.158	-0.013	0.246	0.254	0.240	0.364	0.064	0.071	0.009	-0.072	0.219
0.7*L1	-0.116	-0.021	0.147	0.169	0.154	0.241	0.049	0.056	0.013	-0.058	0.167
0.8*L1	-0.072	-0.018	0.076	0.098	0.087	0.138	0.031	0.037	0.011	-0.039	0.106
0.9*L1	-0.032	-0.009	0.029	0.041	0.035	0.058	0.014	0.017	0.005	-0.018	0.048
0.0*L2	0.000	0.000	-0.000	-0.000	-0.000	-0.000	-0.000	-0.000	0.000	-0.000	-0.000
0.2*L2	0.028	0.010	-0.024	-0.032	-0.028	-0.054	-0.012	-0.014	-0.001	0.014	-0.054
0.4*L2	0.028	0.012	-0.023	-0.030	-0.027	-0.058	-0.011	-0.013	0.003	0.013	-0.065
0.6*L2	0.019	0.009	-0.015	-0.018	-0.017	-0.041	-0.007	-0.008	0.004	0.008	-0.049
0.8*L2	0.008	0.004	-0.006	-0.007	-0.007	-0.018	-0.003	-0.003	0.003	0.003	-0.023
FAKTOR	a						a			1/a	

INFOLGE STRECKENLAST P=1

IN FELD	M 0	M 0.2	M 0.5	Q 0	Q 0.2	Q 0.5	T 0	T 0.2	T 0.5	q 0	q 0.5
3L	0.053	0.026	0.005	-0.053	-0.035	-0.014	0.021	0.012	0.001	0.024	0.016
2L	-0.398	-0.203	-0.043	0.378	0.264	0.108	-0.140	-0.083	-0.005	-0.134	-0.119
1,BIS SPRUNG					-0.070	-0.313			0.013	-0.012	
1,REST	-0.398	0.145	0.406	1.219	0.689	0.313	0.140	0.127	0.012	-0.134	0.399
2R	0.052	0.022	-0.043	-0.055	-0.051	-0.108	-0.021	-0.023	0.005	0.024	-0.119
3R	-0.006	-0.003	0.005	0.006	0.006	0.014	0.002	0.002	-0.001	-0.003	0.016
SUMME(+)	0.105	0.192	0.416	1.603	0.959	0.435	0.164	0.155	0.018	0.049	0.431
SUMME(-)	-0.802	-0.206	-0.085	-0.108	-0.156	-0.435	-0.161	-0.107	-0.018	-0.271	-0.239
SUMME	-0.698	-0.014	0.331	1.495	0.803	-0.000	0.002	0.049	0.000	-0.222	0.193
FAKTOR	a×a			a			a×a				

INFOLGE EINZELMOMENT Mt=1

IN	M 0	M 0.2	M 0.5	Q 0	Q 0.2	Q 0.5	T 0	T 0.2	T 0.5	q 0	q 0.5
0.0*L2	-0.075	-0.030	-0.002	0.097	0.054	0.015	-0.049	-0.027	-0.007	-0.079	-0.027
0.1*L2	-0.112	-0.046	-0.003	0.142	0.080	0.022	-0.070	-0.039	-0.010	-0.112	-0.039
0.2*L2	-0.153	-0.063	-0.005	0.194	0.109	0.031	-0.095	-0.053	-0.014	-0.151	-0.054
0.3*L2	-0.195	-0.079	-0.005	0.250	0.140	0.039	-0.123	-0.068	-0.018	-0.197	-0.069
0.4*L2	-0.234	-0.093	-0.005	0.306	0.169	0.045	-0.154	-0.085	-0.023	-0.251	-0.084
0.5*L2	-0.265	-0.101	-0.002	0.362	0.194	0.048	-0.187	-0.103	-0.030	-0.315	-0.097
0.6*L2	-0.286	-0.100	0.005	0.417	0.213	0.045	-0.224	-0.122	-0.038	-0.393	-0.109
0.7*L2	-0.293	-0.089	0.015	0.472	0.226	0.037	-0.267	-0.144	-0.049	-0.493	-0.119
0.8*L2	-0.289	-0.066	0.032	0.534	0.234	0.021	-0.322	-0.171	-0.065	-0.628	-0.129
0.9*L2	-0.277	-0.031	0.056	0.615	0.241	-0.003	-0.396	-0.209	-0.087	-0.813	-0.140
1.0*L2	-0.269	0.013	0.087	0.734	0.257	-0.033	-0.500	-0.261	-0.116	-1.069	-0.158
0.0*L1	-0.269	0.013	0.087	0.734	0.257	-0.033	0.500	-0.261	-0.116	-1.069	-0.158
0.1*L1	-0.277	0.058	0.127	0.830	0.296	-0.066	0.396	-0.337	-0.156	-0.813	-0.191
0.2*L1	-0.289	0.088	0.172	0.843	0.383	-0.094	0.322	-0.448	-0.210	-0.628	-0.249
								0.552			
0.3*L1	-0.293	0.089	0.218	0.801	0.459	-0.105	0.267	0.438	-0.280	-0.493	-0.350
0.4*L1	-0.286	0.073	0.258	0.723	0.467	-0.082	0.224	0.352	-0.374	-0.393	-0.513
0.5*L1	-0.265	0.053	0.275	0.626	0.432	0.000	0.187	0.284	-0.500	-0.315	-0.761
									0.500		
0.6*L1	-0.234	0.035	0.258	0.522	0.374	0.082	0.154	0.228	0.374	-0.251	-0.513
0.7*L1	-0.195	0.022	0.218	0.419	0.307	0.105	0.123	0.180	0.280	-0.197	-0.350
0.8*L1	-0.153	0.015	0.172	0.323	0.238	0.094	0.095	0.138	0.210	-0.151	-0.249
0.9*L1	-0.112	0.012	0.127	0.239	0.176	0.066	0.070	0.102	0.156	-0.112	-0.191
0.0*L2	-0.075	0.012	0.087	0.168	0.122	0.033	0.049	0.072	0.116	-0.079	-0.158
0.2*L2	-0.022	0.014	0.032	0.071	0.048	-0.021	0.019	0.030	0.065	-0.034	-0.129
0.4*L2	0.004	0.015	0.005	0.023	0.011	-0.045	0.004	0.010	0.038	-0.011	-0.109
0.6*L2	0.011	0.012	-0.005	0.004	-0.002	-0.045	-0.001	0.002	0.023	-0.003	-0.084
0.8*L2	0.009	0.008	-0.005	-0.000	-0.004	-0.031	-0.002	-0.000	0.014	-0.000	-0.054
FAKTOR				1/a						1/(a×a)	

INFOLGE STRECKENMOMENT mt=1

IN FELD	M 0	M 0.2	M 0.5	Q 0	Q 0.2	Q 0.5	T 0	T 0.2	T 0.5	q 0	q 0.5
3L	-0.017	-0.002	0.003	0.038	0.015	-0.000	-0.024	-0.013	-0.005	-0.050	-0.009
2L	-0.684	-0.205	0.038	1.110	0.529	0.084	-0.631	-0.340	-0.117	-1.171	-0.280
1,BIS SPRUNG					0.182	-0.113			0.206	-0.396	
1,REST	-0.684	0.138	0.575	1.739	0.816	0.113	0.631	0.607	0.396	-1.171	-1.044
2R	-0.016	0.035	0.038	0.103	0.064	-0.084	0.024	0.044	0.117	-0.050	-0.280
3R	-0.003	0.001	0.003	0.007	0.005	0.000	0.002	0.003	0.005	-0.003	-0.009
SUMME(+)	0.000	0.174	0.659	2.997	1.610	0.197	0.657	0.654	0.519	0.000	0.000
SUMME(-)	-1.403	-0.206	0.000	0.000	0.000	-0.197	-0.655	-0.559	-0.519	-2.446	-1.620
SUMME	-1.403	-0.032	0.659	2.997	1.610	-0.000	0.002	0.095	0.000	-2.446	-1.620
FAKTOR	a						a			1/a	

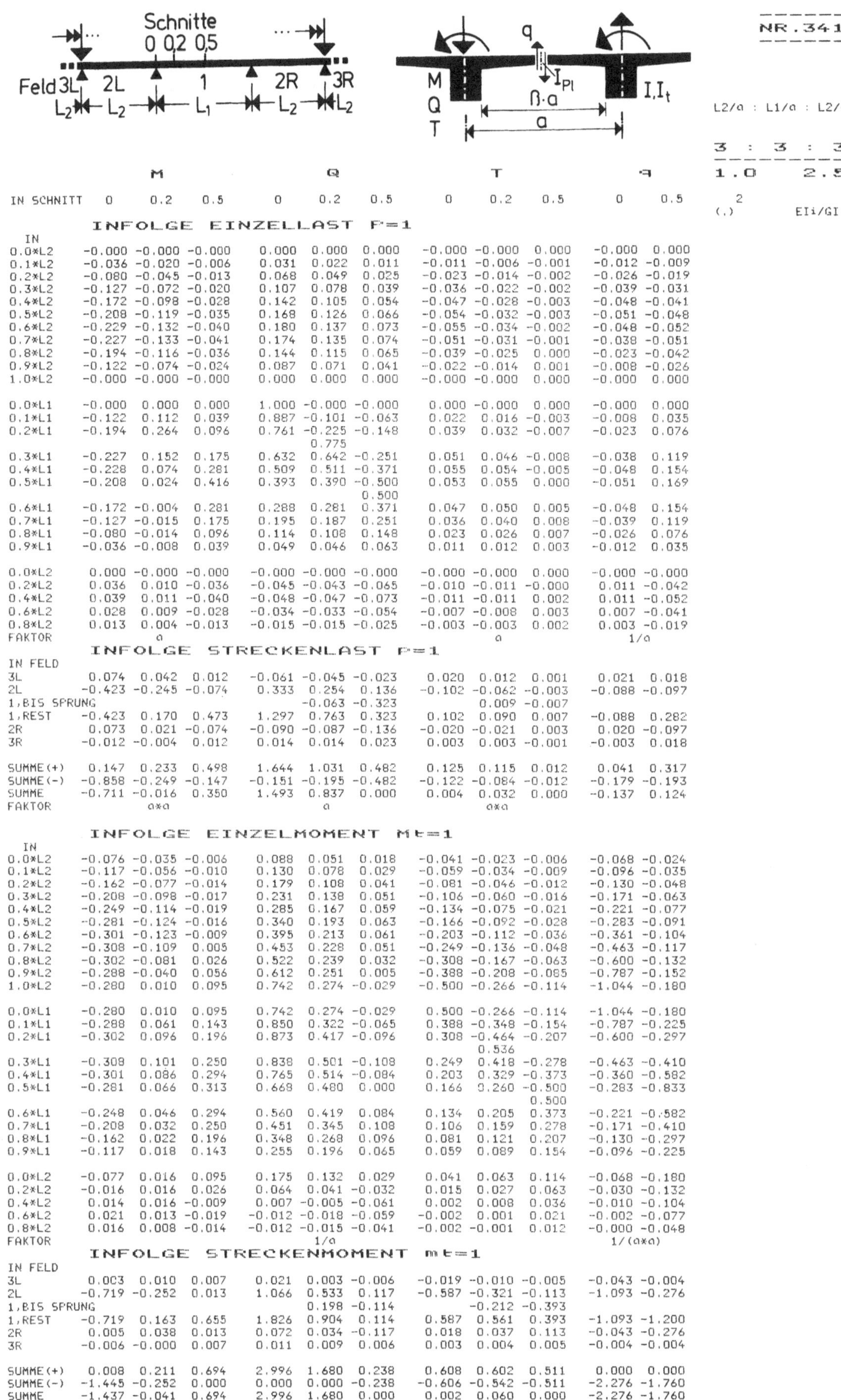

	M			Q			T			q	
IN SCHNITT	0	0.2	0.5	0	0.2	0.5	0	0.2	0.5	0	0.5

INFOLGE EINZELLAST P=1

IN

L2	M 0	M 0.2	M 0.5	Q 0	Q 0.2	Q 0.5	T 0	T 0.2	T 0.5	q 0	q 0.5
0.0*L2	-0.000	-0.000	-0.000	0.000	0.000	0.000	-0.000	-0.000	0.000	-0.000	0.000
0.1*L2	-0.036	-0.020	-0.006	0.031	0.022	0.011	-0.011	-0.006	-0.001	-0.012	-0.009
0.2*L2	-0.080	-0.045	-0.013	0.068	0.049	0.025	-0.023	-0.014	-0.002	-0.026	-0.019
0.3*L2	-0.127	-0.072	-0.020	0.107	0.078	0.039	-0.036	-0.022	-0.002	-0.039	-0.031
0.4*L2	-0.172	-0.098	-0.028	0.142	0.105	0.054	-0.047	-0.028	-0.003	-0.048	-0.041
0.5*L2	-0.208	-0.119	-0.035	0.168	0.126	0.066	-0.054	-0.032	-0.003	-0.051	-0.048
0.6*L2	-0.229	-0.132	-0.040	0.180	0.137	0.073	-0.055	-0.034	-0.002	-0.048	-0.052
0.7*L2	-0.227	-0.133	-0.041	0.174	0.135	0.074	-0.051	-0.031	-0.001	-0.038	-0.051
0.8*L2	-0.194	-0.116	-0.036	0.144	0.115	0.065	-0.039	-0.025	0.000	-0.023	-0.042
0.9*L2	-0.122	-0.074	-0.024	0.087	0.071	0.041	-0.022	-0.014	0.001	-0.008	-0.026
1.0*L2	-0.000	-0.000	-0.000	0.000	0.000	0.000	-0.000	-0.000	0.000	-0.000	0.000
0.0*L1	-0.000	0.000	0.000	1.000	-0.000	-0.000	0.000	-0.000	0.000	-0.000	0.000
0.1*L1	-0.122	0.112	0.039	0.887	-0.101	-0.063	0.022	0.016	-0.003	-0.008	0.035
0.2*L1	-0.194	0.264	0.096	0.761	-0.225	-0.148	0.039	0.032	-0.007	-0.023	0.076
				0.775							
0.3*L1	-0.227	0.152	0.175	0.632	0.642	-0.251	0.051	0.046	-0.008	-0.038	0.119
0.4*L1	-0.228	0.074	0.281	0.509	0.511	-0.371	0.055	0.054	-0.005	-0.048	0.154
0.5*L1	-0.208	0.024	0.416	0.393	0.390	-0.500	0.053	0.055	0.000	-0.051	0.169
				0.500							
0.6*L1	-0.172	-0.004	0.281	0.288	0.281	0.371	0.047	0.050	0.005	-0.048	0.154
0.7*L1	-0.127	-0.015	0.175	0.195	0.187	0.251	0.036	0.040	0.008	-0.039	0.119
0.8*L1	-0.080	-0.014	0.096	0.114	0.108	0.148	0.023	0.026	0.007	-0.026	0.076
0.9*L1	-0.036	-0.008	0.039	0.049	0.046	0.063	0.011	0.012	0.003	-0.012	0.035
0.0*L2	0.000	-0.000	-0.000	-0.000	-0.000	-0.000	-0.000	-0.000	0.000	-0.000	-0.000
0.2*L2	0.036	0.010	-0.036	-0.045	-0.043	-0.065	-0.010	-0.011	-0.000	0.011	-0.042
0.4*L2	0.039	0.011	-0.040	-0.048	-0.047	-0.073	-0.011	-0.011	0.002	0.011	-0.052
0.6*L2	0.028	0.009	-0.028	-0.034	-0.033	-0.054	-0.007	-0.008	0.003	0.007	-0.041
0.8*L2	0.013	0.004	-0.013	-0.015	-0.015	-0.025	-0.003	-0.003	0.002	0.003	-0.019
FAKTOR	a			a			a			1/a	

INFOLGE STRECKENLAST P=1

IN FELD

	M 0	M 0.2	M 0.5	Q 0	Q 0.2	Q 0.5	T 0	T 0.2	T 0.5	q 0	q 0.5
3L	0.074	0.042	0.012	-0.061	-0.045	-0.023	0.020	0.012	0.001	0.021	0.018
2L	-0.423	-0.245	-0.074	0.333	0.254	0.136	-0.102	-0.062	-0.003	-0.088	-0.097
1,BIS SPRUNG					-0.063	-0.323		0.009	-0.007		
1,REST	-0.423	0.170	0.473	1.297	0.763	0.323	0.102	0.090	0.007	-0.088	0.282
2R	0.073	0.021	-0.074	-0.090	-0.087	-0.136	-0.020	-0.021	0.003	0.020	-0.097
3R	-0.012	-0.004	0.012	0.014	0.014	0.023	0.003	0.003	-0.001	-0.003	0.018
SUMME(+)	0.147	0.233	0.498	1.644	1.031	0.482	0.125	0.115	0.012	0.041	0.317
SUMME(-)	-0.858	-0.249	-0.147	-0.151	-0.195	-0.482	-0.122	-0.084	-0.012	-0.179	-0.193
SUMME	-0.711	-0.016	0.350	1.493	0.837	0.000	0.004	0.032	0.000	-0.137	0.124
FAKTOR	a*a			a			a*a				

INFOLGE EINZELMOMENT Mt=1

IN

	M 0	M 0.2	M 0.5	Q 0	Q 0.2	Q 0.5	T 0	T 0.2	T 0.5	q 0	q 0.5
0.0*L2	-0.076	-0.035	-0.006	0.088	0.051	0.018	-0.041	-0.023	-0.006	-0.068	-0.024
0.1*L2	-0.117	-0.056	-0.010	0.130	0.078	0.029	-0.059	-0.034	-0.009	-0.096	-0.035
0.2*L2	-0.162	-0.077	-0.014	0.179	0.108	0.041	-0.081	-0.046	-0.012	-0.130	-0.048
0.3*L2	-0.208	-0.098	-0.017	0.231	0.138	0.051	-0.106	-0.060	-0.016	-0.171	-0.063
0.4*L2	-0.249	-0.114	-0.019	0.285	0.167	0.059	-0.134	-0.075	-0.021	-0.221	-0.077
0.5*L2	-0.281	-0.124	-0.016	0.340	0.193	0.063	-0.166	-0.092	-0.028	-0.283	-0.091
0.6*L2	-0.301	-0.123	-0.009	0.395	0.213	0.061	-0.203	-0.112	-0.036	-0.361	-0.104
0.7*L2	-0.308	-0.109	0.005	0.453	0.228	0.051	-0.249	-0.136	-0.048	-0.463	-0.117
0.8*L2	-0.302	-0.081	0.026	0.522	0.239	0.032	-0.308	-0.167	-0.063	-0.600	-0.132
0.9*L2	-0.288	-0.040	0.056	0.612	0.251	0.005	-0.388	-0.208	-0.085	-0.787	-0.152
1.0*L2	-0.280	0.010	0.095	0.742	0.274	-0.029	-0.500	-0.266	-0.114	-1.044	-0.180
0.0*L1	-0.280	0.010	0.095	0.742	0.274	-0.029	0.500	-0.266	-0.114	-1.044	-0.180
0.1*L1	-0.288	0.061	0.143	0.850	0.322	-0.065	0.388	-0.348	-0.154	-0.787	-0.225
0.2*L1	-0.302	0.096	0.196	0.873	0.417	-0.096	0.308	-0.464	-0.207	-0.600	-0.297
								0.536			
0.3*L1	-0.308	0.101	0.250	0.838	0.501	-0.108	0.249	0.418	-0.278	-0.463	-0.410
0.4*L1	-0.301	0.086	0.294	0.765	0.514	-0.084	0.203	0.329	-0.373	-0.360	-0.582
0.5*L1	-0.281	0.066	0.313	0.668	0.480	0.000	0.166	0.260	-0.500	-0.283	-0.833
									0.500		
0.6*L1	-0.248	0.046	0.294	0.560	0.419	0.084	0.134	0.205	0.373	-0.221	-0.582
0.7*L1	-0.208	0.032	0.250	0.451	0.345	0.108	0.106	0.159	0.278	-0.171	-0.410
0.8*L1	-0.162	0.022	0.196	0.348	0.268	0.096	0.081	0.121	0.207	-0.130	-0.297
0.9*L1	-0.117	0.018	0.143	0.255	0.196	0.065	0.059	0.089	0.154	-0.096	-0.225
0.0*L2	-0.077	0.016	0.095	0.175	0.132	0.029	0.041	0.063	0.114	-0.068	-0.180
0.2*L2	-0.016	0.016	0.026	0.064	0.041	-0.032	0.015	0.027	0.063	-0.030	-0.132
0.4*L2	0.014	0.016	-0.009	0.007	-0.005	-0.061	0.002	0.008	0.036	-0.010	-0.104
0.6*L2	0.021	0.013	-0.019	-0.012	-0.018	-0.059	-0.002	0.001	0.021	-0.002	-0.077
0.8*L2	0.016	0.008	-0.014	-0.012	-0.015	-0.041	-0.002	-0.001	0.012	-0.000	-0.048
FAKTOR	1/a									1/(a*a)	

INFOLGE STRECKENMOMENT mt=1

IN FELD

	M 0	M 0.2	M 0.5	Q 0	Q 0.2	Q 0.5	T 0	T 0.2	T 0.5	q 0	q 0.5
3L	0.003	0.010	0.007	0.021	0.003	-0.006	-0.019	-0.010	-0.005	-0.043	-0.004
2L	-0.719	-0.252	0.013	1.066	0.533	0.117	-0.587	-0.321	-0.113	-1.093	-0.276
1,BIS SPRUNG					0.198	-0.114		-0.212	-0.393		
1,REST	-0.719	0.163	0.655	1.826	0.904	0.114	0.587	0.561	0.393	-1.093	-1.200
2R	0.005	0.038	0.013	0.072	0.034	-0.117	0.018	0.037	0.113	-0.043	-0.276
3R	-0.006	-0.000	0.007	0.011	0.009	0.006	0.003	0.004	0.005	-0.004	-0.004
SUMME(+)	0.008	0.211	0.694	2.996	1.680	0.238	0.608	0.602	0.511	0.000	0.000
SUMME(-)	-1.445	-0.252	0.000	0.000	0.000	-0.238	-0.606	-0.542	-0.511	-2.276	-1.760
SUMME	-1.437	-0.041	0.694	2.996	1.680	0.000	0.002	0.060	0.000	-2.276	-1.760
FAKTOR	a						a			1/a	

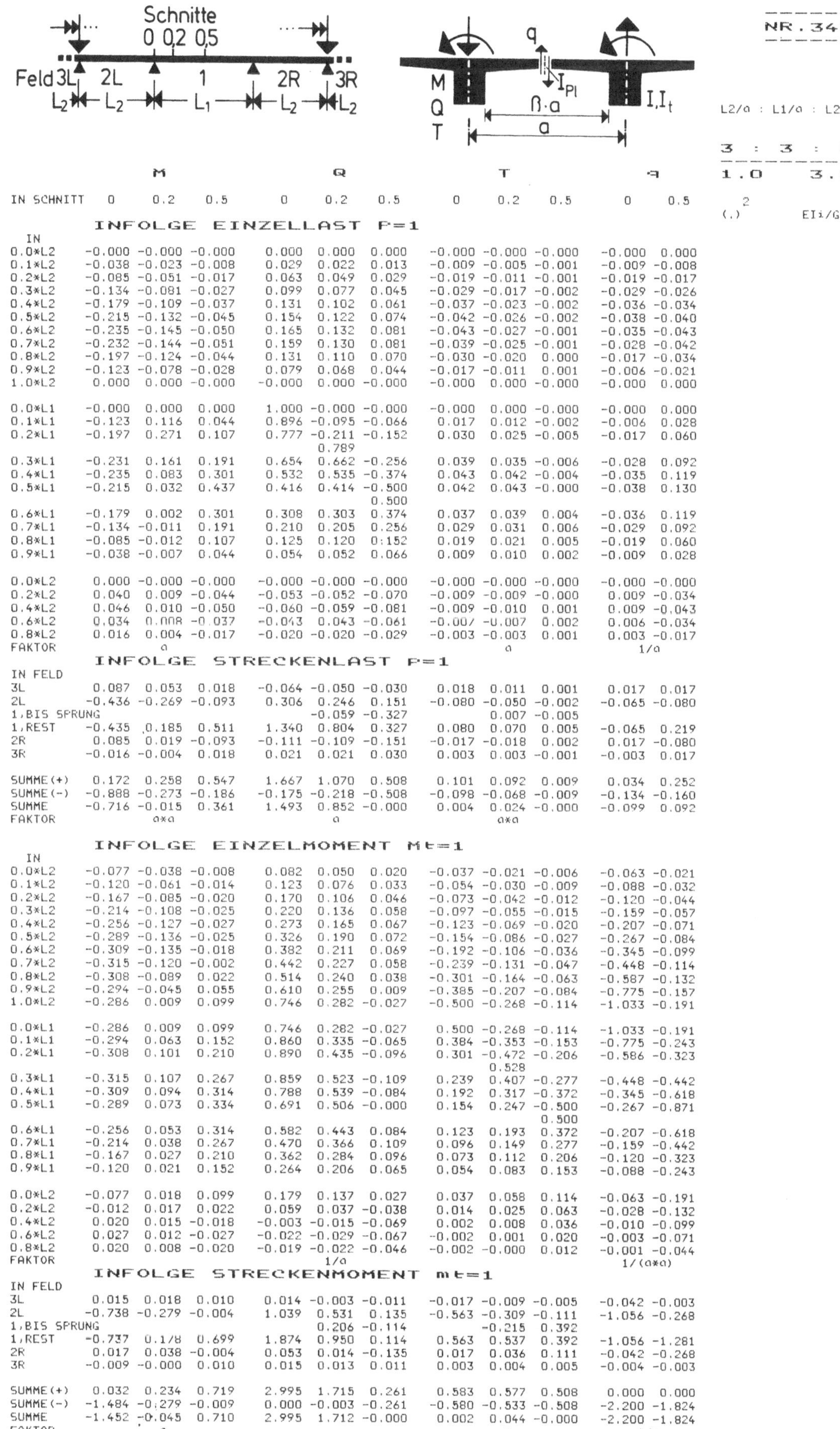

INFOLGE EINZELLAST P=1

IN SCHNITT	M 0	M 0.2	M 0.5	Q 0	Q 0.2	Q 0.5	T 0	T 0.2	T 0.5	q 0	q 0.5
0.0*L2	-0.000	-0.000	-0.000	0.000	0.000	0.000	-0.000	-0.000	-0.000	-0.000	0.000
0.1*L2	-0.038	-0.023	-0.008	0.029	0.022	0.013	-0.009	-0.005	-0.001	-0.009	-0.008
0.2*L2	-0.085	-0.051	-0.017	0.063	0.049	0.029	-0.019	-0.011	-0.001	-0.019	-0.017
0.3*L2	-0.134	-0.081	-0.027	0.099	0.077	0.045	-0.029	-0.017	-0.002	-0.029	-0.026
0.4*L2	-0.179	-0.109	-0.037	0.131	0.102	0.061	-0.037	-0.023	-0.002	-0.036	-0.034
0.5*L2	-0.215	-0.132	-0.045	0.154	0.122	0.074	-0.042	-0.026	-0.002	-0.038	-0.040
0.6*L2	-0.235	-0.145	-0.050	0.165	0.132	0.081	-0.043	-0.027	-0.001	-0.035	-0.043
0.7*L2	-0.232	-0.144	-0.051	0.159	0.130	0.081	-0.039	-0.025	-0.001	-0.028	-0.042
0.8*L2	-0.197	-0.124	-0.044	0.131	0.110	0.070	-0.030	-0.020	0.000	-0.017	-0.034
0.9*L2	-0.123	-0.078	-0.028	0.079	0.068	0.044	-0.017	-0.011	0.001	-0.006	-0.021
1.0*L2	0.000	0.000	-0.000	-0.000	0.000	-0.000	-0.000	0.000	-0.000	-0.000	0.000
0.0*L1	-0.000	0.000	0.000	1.000	-0.000	-0.000	-0.000	0.000	-0.000	-0.000	0.000
0.1*L1	-0.123	0.116	0.044	0.896	-0.095	-0.066	0.017	0.012	-0.002	-0.006	0.028
0.2*L1	-0.197	0.271	0.107	0.777	-0.211	-0.152	0.030	0.025	-0.005	-0.017	0.060
					0.789						
0.3*L1	-0.231	0.161	0.191	0.654	0.662	-0.256	0.039	0.035	-0.006	-0.028	0.092
0.4*L1	-0.235	0.083	0.301	0.532	0.535	-0.374	0.043	0.042	-0.004	-0.035	0.119
0.5*L1	-0.215	0.032	0.437	0.416	0.414	-0.500	0.042	0.043	-0.000	-0.038	0.130
					0.500						
0.6*L1	-0.179	0.002	0.301	0.308	0.303	0.374	0.037	0.039	0.004	-0.036	0.119
0.7*L1	-0.134	-0.011	0.191	0.210	0.205	0.256	0.029	0.031	0.006	-0.029	0.092
0.8*L1	-0.085	-0.012	0.107	0.125	0.120	0:152	0.019	0.021	0.005	-0.019	0.060
0.9*L1	-0.038	-0.007	0.044	0.054	0.052	0.066	0.009	0.010	0.002	-0.009	0.028
0.0*L2	0.000	-0.000	-0.000	-0.000	-0.000	-0.000	-0.000	-0.000	-0.000	-0.000	-0.000
0.2*L2	0.040	0.009	-0.044	-0.053	-0.052	-0.070	-0.009	-0.009	-0.000	0.009	-0.034
0.4*L2	0.046	0.010	-0.050	-0.060	-0.059	-0.081	-0.009	-0.010	0.001	0.009	-0.043
0.6*L2	0.034	0.008	-0.037	-0.043	0.043	-0.061	-0.007	-0.007	0.002	0.006	-0.034
0.8*L2	0.016	0.004	-0.017	-0.020	-0.020	-0.029	-0.003	-0.003	0.001	0.003	-0.017
FAKTOR	a						a			1/a	

INFOLGE STRECKENLAST P=1

IN FELD	M 0	M 0.2	M 0.5	Q 0	Q 0.2	Q 0.5	T 0	T 0.2	T 0.5	q 0	q 0.5
3L	0.087	0.053	0.018	-0.064	-0.050	-0.030	0.018	0.011	0.001	0.017	0.017
2L	-0.436	-0.269	-0.093	0.306	0.246	0.151	-0.080	-0.050	-0.002	-0.065	-0.080
1,BIS SPRUNG					-0.059	-0.327		0.007	-0.005		
1,REST	-0.435	0.185	0.511	1.340	0.804	0.327	0.080	0.070	0.005	-0.065	0.219
2R	0.085	0.019	-0.093	-0.111	-0.109	-0.151	-0.017	-0.018	0.002	0.017	-0.080
3R	-0.016	-0.004	0.018	0.021	0.021	0.030	0.003	0.003	-0.001	-0.003	0.017
SUMME(+)	0.172	0.258	0.547	1.667	1.070	0.508	0.101	0.092	0.009	0.034	0.252
SUMME(-)	-0.888	-0.273	-0.186	-0.175	-0.218	-0.508	-0.098	-0.068	-0.009	-0.134	-0.160
SUMME	-0.716	-0.015	0.361	1.493	0.852	-0.000	0.004	0.024	-0.000	-0.099	0.092
FAKTOR	a*a			a			a*a				

INFOLGE EINZELMOMENT Mt=1

IN SCHNITT	M 0	M 0.2	M 0.5	Q 0	Q 0.2	Q 0.5	T 0	T 0.2	T 0.5	q 0	q 0.5
0.0*L2	-0.077	-0.038	-0.008	0.082	0.050	0.020	-0.037	-0.021	-0.006	-0.063	-0.021
0.1*L2	-0.120	-0.061	-0.014	0.123	0.076	0.033	-0.054	-0.030	-0.009	-0.088	-0.032
0.2*L2	-0.167	-0.085	-0.020	0.170	0.106	0.046	-0.073	-0.042	-0.012	-0.120	-0.044
0.3*L2	-0.214	-0.108	-0.025	0.220	0.136	0.058	-0.097	-0.055	-0.015	-0.159	-0.057
0.4*L2	-0.256	-0.127	-0.027	0.273	0.165	0.067	-0.123	-0.069	-0.020	-0.207	-0.071
0.5*L2	-0.289	-0.136	-0.025	0.326	0.190	0.072	-0.154	-0.086	-0.027	-0.267	-0.084
0.6*L2	-0.309	-0.135	-0.018	0.382	0.211	0.069	-0.192	-0.106	-0.036	-0.345	-0.099
0.7*L2	-0.315	-0.120	-0.002	0.442	0.227	0.058	-0.239	-0.131	-0.047	-0.448	-0.114
0.8*L2	-0.308	-0.089	0.022	0.514	0.240	0.038	-0.301	-0.164	-0.063	-0.587	-0.132
0.9*L2	-0.294	-0.045	0.055	0.610	0.255	0.009	-0.385	-0.207	-0.084	-0.775	-0.157
1.0*L2	-0.286	0.009	0.099	0.746	0.282	-0.027	-0.500	-0.268	-0.114	-1.033	-0.191
0.0*L1	-0.286	0.009	0.099	0.746	0.282	-0.027	0.500	-0.268	-0.114	-1.033	-0.191
0.1*L1	-0.294	0.063	0.152	0.860	0.335	-0.065	0.384	-0.353	-0.153	-0.775	-0.243
0.2*L1	-0.308	0.101	0.210	0.890	0.435	-0.096	0.301	-0.472	-0.206	-0.586	-0.323
								0.528			
0.3*L1	-0.315	0.107	0.267	0.859	0.523	-0.109	0.239	0.407	-0.277	-0.448	-0.442
0.4*L1	-0.309	0.094	0.314	0.788	0.539	-0.084	0.192	0.317	-0.372	-0.345	-0.618
0.5*L1	-0.289	0.073	0.334	0.691	0.506	-0.000	0.154	0.247	-0.500	-0.267	-0.871
									0.500		
0.6*L1	-0.256	0.053	0.314	0.582	0.443	0.084	0.123	0.193	0.372	-0.207	-0.618
0.7*L1	-0.214	0.038	0.267	0.470	0.366	0.109	0.096	0.149	0.277	-0.159	-0.442
0.8*L1	-0.167	0.027	0.210	0.362	0.284	0.096	0.073	0.112	0.206	-0.120	-0.323
0.9*L1	-0.120	0.021	0.152	0.264	0.206	0.065	0.054	0.083	0.153	-0.088	-0.243
0.0*L2	-0.077	0.018	0.099	0.179	0.137	0.027	0.037	0.058	0.114	-0.063	-0.191
0.2*L2	-0.012	0.017	0.022	0.059	0.037	-0.038	0.014	0.025	0.063	-0.028	-0.132
0.4*L2	0.020	0.015	-0.018	-0.003	-0.015	-0.069	0.002	0.008	0.036	-0.010	-0.099
0.6*L2	0.027	0.012	-0.027	-0.022	-0.029	-0.067	-0.002	0.001	0.020	-0.003	-0.071
0.8*L2	0.020	0.008	-0.020	-0.019	-0.022	-0.046	-0.002	-0.000	0.012	-0.001	-0.044
FAKTOR				1/a						1/(a*a)	

INFOLGE STRECKENMOMENT mt=1

IN FELD	M 0	M 0.2	M 0.5	Q 0	Q 0.2	Q 0.5	T 0	T 0.2	T 0.5	q 0	q 0.5
3L	0.015	0.018	0.010	0.014	-0.003	-0.011	-0.017	-0.009	-0.005	-0.042	-0.003
2L	-0.738	-0.279	-0.004	1.039	0.531	0.135	-0.563	-0.309	-0.111	-1.056	-0.268
1,BIS SPRUNG					0.206	-0.114		-0.215	0.392		
1,REST	-0.737	0.178	0.699	1.874	0.950	0.114	0.563	0.537	0.392	-1.056	-1.281
2R	0.017	0.038	-0.004	0.053	0.014	-0.135	0.017	0.036	0.111	-0.042	-0.268
3R	-0.009	-0.000	0.010	0.015	0.013	0.011	0.003	0.004	0.005	-0.004	-0.003
SUMME(+)	0.032	0.234	0.719	2.995	1.715	0.261	0.583	0.577	0.508	0.000	0.000
SUMME(-)	-1.484	-0.279	-0.009	0.000	-0.003	-0.261	-0.580	-0.533	-0.508	-2.200	-1.824
SUMME	-1.452	-0.045	0.710	2.995	1.712	-0.000	0.002	0.044	-0.000	-2.200	-1.824
FAKTOR	a			a						1/a	

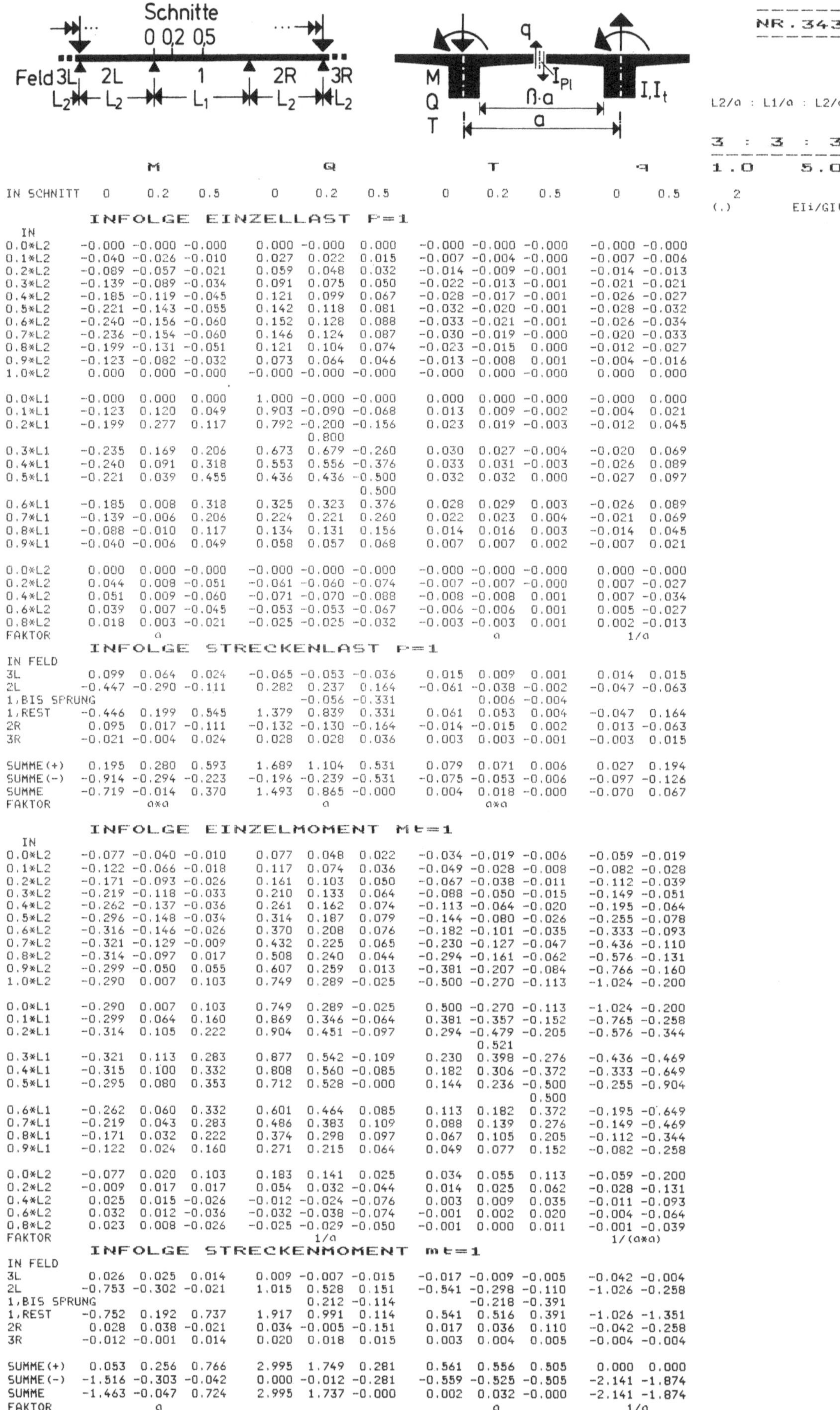

IN SCHNITT	M 0	M 0.2	M 0.5	Q 0	Q 0.2	Q 0.5	T 0	T 0.2	T 0.5	q 0	q 0.5

INFOLGE EINZELLAST P=1

IN

	M 0	M 0.2	M 0.5	Q 0	Q 0.2	Q 0.5	T 0	T 0.2	T 0.5	q 0	q 0.5
0.0*L2	-0.000	-0.000	-0.000	0.000	-0.000	0.000	-0.000	-0.000	-0.000	-0.000	-0.000
0.1*L2	-0.040	-0.026	-0.010	0.027	0.022	0.015	-0.007	-0.004	-0.000	-0.007	-0.006
0.2*L2	-0.089	-0.057	-0.021	0.059	0.048	0.032	-0.014	-0.009	-0.001	-0.014	-0.013
0.3*L2	-0.139	-0.089	-0.034	0.091	0.075	0.050	-0.022	-0.013	-0.001	-0.021	-0.021
0.4*L2	-0.185	-0.119	-0.045	0.121	0.099	0.067	-0.028	-0.017	-0.001	-0.026	-0.027
0.5*L2	-0.221	-0.143	-0.055	0.142	0.118	0.081	-0.032	-0.020	-0.001	-0.028	-0.032
0.6*L2	-0.240	-0.156	-0.060	0.152	0.128	0.088	-0.033	-0.021	-0.001	-0.026	-0.034
0.7*L2	-0.236	-0.154	-0.060	0.146	0.124	0.087	-0.030	-0.019	-0.000	-0.020	-0.033
0.8*L2	-0.199	-0.131	-0.051	0.121	0.104	0.074	-0.023	-0.015	0.000	-0.012	-0.027
0.9*L2	-0.123	-0.082	-0.032	0.073	0.064	0.046	-0.013	-0.008	0.001	-0.004	-0.016
1.0*L2	0.000	0.000	-0.000	-0.000	-0.000	-0.000	-0.000	0.000	-0.000	0.000	0.000
0.0*L1	-0.000	0.000	0.000	1.000	-0.000	-0.000	0.000	0.000	-0.000	-0.000	0.000
0.1*L1	-0.123	0.120	0.049	0.903	-0.090	-0.068	0.013	0.009	-0.002	-0.004	0.021
0.2*L1	-0.199	0.277	0.117	0.792	-0.200	-0.156	0.023	0.019	-0.003	-0.012	0.045
					0.800						
0.3*L1	-0.235	0.169	0.206	0.673	0.679	-0.260	0.030	0.027	-0.004	-0.020	0.069
0.4*L1	-0.240	0.091	0.318	0.553	0.556	-0.376	0.033	0.031	-0.003	-0.026	0.089
0.5*L1	-0.221	0.039	0.455	0.436	0.436	-0.500	0.032	0.032	0.000	-0.027	0.097
						0.500					
0.6*L1	-0.185	0.008	0.318	0.325	0.323	0.376	0.028	0.029	0.003	-0.026	0.089
0.7*L1	-0.139	-0.006	0.206	0.224	0.221	0.260	0.022	0.023	0.004	-0.021	0.069
0.8*L1	-0.088	-0.010	0.117	0.134	0.131	0.156	0.014	0.016	0.003	-0.014	0.045
0.9*L1	-0.040	-0.006	0.049	0.058	0.057	0.068	0.007	0.007	0.002	-0.007	0.021
0.0*L2	0.000	0.000	-0.000	-0.000	-0.000	-0.000	-0.000	-0.000	-0.000	0.000	-0.000
0.2*L2	0.044	0.008	-0.051	-0.061	-0.060	-0.074	-0.007	-0.007	-0.000	0.007	-0.027
0.4*L2	0.051	0.009	-0.060	-0.071	-0.070	-0.088	-0.008	-0.008	0.001	0.007	-0.034
0.6*L2	0.039	0.007	-0.045	-0.053	-0.053	-0.067	-0.006	-0.006	0.001	0.005	-0.027
0.8*L2	0.018	0.003	-0.021	-0.025	-0.025	-0.032	-0.003	-0.003	0.001	0.002	-0.013
FAKTOR		a						a			1/a

INFOLGE STRECKENLAST P=1

IN FELD

	M 0	M 0.2	M 0.5	Q 0	Q 0.2	Q 0.5	T 0	T 0.2	T 0.5	q 0	q 0.5
3L	0.099	0.064	0.024	-0.065	-0.053	-0.036	0.015	0.009	0.001	0.014	0.015
2L	-0.447	-0.290	-0.111	0.282	0.237	0.164	-0.061	-0.038	-0.002	-0.047	-0.063
1,BIS SPRUNG					-0.056	-0.331		0.006	-0.004		
1,REST	-0.446	0.199	0.545	1.379	0.839	0.331	0.061	0.053	0.004	-0.047	0.164
2R	0.095	0.017	-0.111	-0.132	-0.130	-0.164	-0.014	-0.015	0.002	0.013	-0.063
3R	-0.021	-0.004	0.024	0.028	0.028	0.036	0.003	0.003	-0.001	-0.003	0.015
SUMME(+)	0.195	0.280	0.593	1.689	1.104	0.531	0.079	0.071	0.006	0.027	0.194
SUMME(-)	-0.914	-0.294	-0.223	-0.196	-0.239	-0.531	-0.075	-0.053	-0.006	-0.097	-0.126
SUMME	-0.719	-0.014	0.370	1.493	0.865	-0.000	0.004	0.018	-0.000	-0.070	0.067
FAKTOR		a*a			a			a*a			

INFOLGE EINZELMOMENT Mt=1

IN

	M 0	M 0.2	M 0.5	Q 0	Q 0.2	Q 0.5	T 0	T 0.2	T 0.5	q 0	q 0.5
0.0*L2	-0.077	-0.040	-0.010	0.077	0.048	0.022	-0.034	-0.019	-0.006	-0.059	-0.019
0.1*L2	-0.122	-0.066	-0.018	0.117	0.074	0.036	-0.049	-0.028	-0.008	-0.082	-0.028
0.2*L2	-0.171	-0.093	-0.026	0.161	0.103	0.050	-0.067	-0.038	-0.011	-0.112	-0.039
0.3*L2	-0.219	-0.118	-0.033	0.210	0.133	0.064	-0.088	-0.050	-0.015	-0.149	-0.051
0.4*L2	-0.262	-0.137	-0.036	0.261	0.162	0.074	-0.113	-0.064	-0.020	-0.195	-0.064
0.5*L2	-0.296	-0.148	-0.034	0.314	0.187	0.079	-0.144	-0.080	-0.026	-0.255	-0.078
0.6*L2	-0.316	-0.146	-0.026	0.370	0.208	0.076	-0.182	-0.101	-0.035	-0.333	-0.093
0.7*L2	-0.321	-0.129	-0.009	0.432	0.225	0.065	-0.230	-0.127	-0.047	-0.436	-0.110
0.8*L2	-0.314	-0.097	0.017	0.508	0.240	0.044	-0.294	-0.161	-0.062	-0.576	-0.131
0.9*L2	-0.299	-0.050	0.055	0.607	0.259	0.013	-0.381	-0.207	-0.084	-0.766	-0.160
1.0*L2	-0.290	0.007	0.103	0.749	0.289	-0.025	-0.500	-0.270	-0.113	-1.024	-0.200
0.0*L1	-0.290	0.007	0.103	0.749	0.289	-0.025	0.500	-0.270	-0.113	-1.024	-0.200
0.1*L1	-0.299	0.064	0.160	0.869	0.346	-0.064	0.381	-0.357	-0.152	-0.765	-0.258
0.2*L1	-0.314	0.105	0.222	0.904	0.451	-0.097	0.294	-0.479	-0.205	-0.576	-0.344
								0.521			
0.3*L1	-0.321	0.113	0.283	0.877	0.542	-0.109	0.230	0.398	-0.276	-0.436	-0.469
0.4*L1	-0.315	0.100	0.332	0.808	0.560	-0.085	0.182	0.306	-0.372	-0.333	-0.649
0.5*L1	-0.295	0.080	0.353	0.712	0.528	-0.000	0.144	0.236	-0.500	-0.255	-0.904
									0.500		
0.6*L1	-0.262	0.060	0.332	0.601	0.464	0.085	0.113	0.182	0.372	-0.195	-0.649
0.7*L1	-0.219	0.043	0.283	0.486	0.383	0.109	0.088	0.139	0.276	-0.149	-0.469
0.8*L1	-0.171	0.032	0.222	0.374	0.298	0.097	0.067	0.105	0.205	-0.112	-0.344
0.9*L1	-0.122	0.024	0.160	0.271	0.215	0.064	0.049	0.077	0.152	-0.082	-0.258
0.0*L2	-0.077	0.020	0.103	0.183	0.141	0.025	0.034	0.055	0.113	-0.059	-0.200
0.2*L2	-0.009	0.017	0.017	0.054	0.032	-0.044	0.014	0.025	0.062	-0.028	-0.131
0.4*L2	0.025	0.015	-0.026	-0.012	-0.024	-0.076	0.003	0.009	0.035	-0.011	-0.093
0.6*L2	0.032	0.012	-0.036	-0.032	-0.038	-0.074	-0.001	0.002	0.020	-0.004	-0.064
0.8*L2	0.023	0.008	-0.026	-0.025	-0.029	-0.050	-0.001	0.000	0.011	-0.001	-0.039
FAKTOR					1/a						1/(a*a)

INFOLGE STRECKENMOMENT mt=1

IN FELD

	M 0	M 0.2	M 0.5	Q 0	Q 0.2	Q 0.5	T 0	T 0.2	T 0.5	q 0	q 0.5
3L	0.026	0.025	0.014	0.009	-0.007	-0.015	-0.017	-0.009	-0.005	-0.042	-0.004
2L	-0.753	-0.302	-0.021	1.015	0.528	0.151	-0.541	-0.298	-0.110	-1.026	-0.258
1,BIS SPRUNG					0.212	-0.114		-0.218	-0.391		
1,REST	-0.752	0.192	0.737	1.917	0.991	0.114	0.541	0.516	0.391	-1.026	-1.351
2R	0.028	0.038	-0.021	0.034	-0.005	-0.151	0.017	0.036	0.110	-0.042	-0.258
3R	-0.012	-0.001	0.014	0.020	0.018	0.015	0.003	0.004	0.005	-0.004	-0.004
SUMME(+)	0.053	0.256	0.766	2.995	1.749	0.281	0.561	0.556	0.505	0.000	0.000
SUMME(-)	-1.516	-0.303	-0.042	0.000	-0.012	-0.281	-0.559	-0.525	-0.505	-2.141	-1.874
SUMME	-1.463	-0.047	0.724	2.995	1.737	-0.000	0.002	0.032	-0.000	-2.141	-1.874
FAKTOR		a						a			1/a

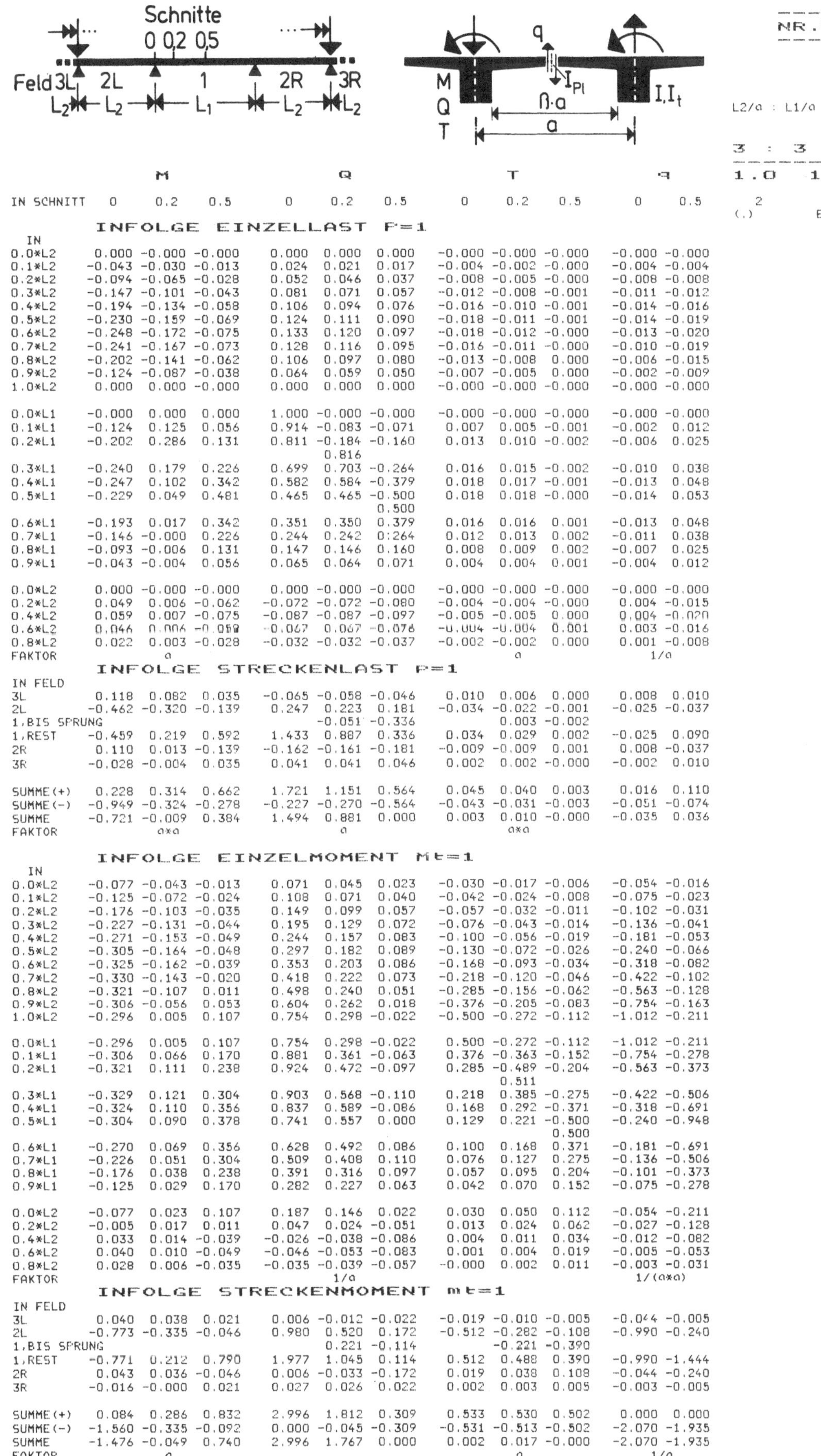

Column groups: **M** (0, 0.2, 0.5) · **Q** (0, 0.2, 0.5) · **T** (0, 0.2, 0.5) · **q** (0, 0.5)

INFOLGE EINZELLAST P=1

IN SCHNITT	M 0	M 0.2	M 0.5	Q 0	Q 0.2	Q 0.5	T 0	T 0.2	T 0.5	q 0	q 0.5
0.0*L2	0.000	-0.000	-0.000	0.000	0.000	0.000	-0.000	-0.000	-0.000	-0.000	-0.000
0.1*L2	-0.043	-0.030	-0.013	0.024	0.021	0.017	-0.004	-0.002	-0.000	-0.004	-0.004
0.2*L2	-0.094	-0.065	-0.028	0.052	0.046	0.037	-0.008	-0.005	-0.000	-0.008	-0.008
0.3*L2	-0.147	-0.101	-0.043	0.081	0.071	0.057	-0.012	-0.008	-0.001	-0.011	-0.012
0.4*L2	-0.194	-0.134	-0.058	0.106	0.094	0.076	-0.016	-0.010	-0.001	-0.014	-0.016
0.5*L2	-0.230	-0.159	-0.069	0.124	0.111	0.090	-0.018	-0.011	-0.001	-0.014	-0.019
0.6*L2	-0.248	-0.172	-0.075	0.133	0.120	0.097	-0.018	-0.012	-0.000	-0.013	-0.020
0.7*L2	-0.241	-0.167	-0.073	0.128	0.116	0.095	-0.016	-0.011	-0.000	-0.010	-0.019
0.8*L2	-0.202	-0.141	-0.062	0.106	0.097	0.080	-0.013	-0.008	0.000	-0.006	-0.015
0.9*L2	-0.124	-0.087	-0.038	0.064	0.059	0.050	-0.007	-0.005	0.000	-0.002	-0.009
1.0*L2	0.000	0.000	-0.000	0.000	0.000	0.000	-0.000	-0.000	-1.000	-0.000	-0.000
0.0*L1	-0.000	0.000	0.000	1.000	-0.000	-0.000	-0.000	-0.000	-0.000	-0.000	-0.000
0.1*L1	-0.124	0.125	0.056	0.914	-0.083	-0.071	0.007	0.005	-0.001	-0.002	0.012
0.2*L1	-0.202	0.286	0.131	0.811	-0.184	-0.160	0.013	0.010	-0.002	-0.006	0.025
				0.816							
0.3*L1	-0.240	0.179	0.226	0.699	0.703	-0.264	0.016	0.015	-0.002	-0.010	0.038
0.4*L1	-0.247	0.102	0.342	0.582	0.584	-0.379	0.018	0.017	-0.001	-0.013	0.048
0.5*L1	-0.229	0.049	0.481	0.465	0.465	-0.500	0.018	0.018	-0.000	-0.014	0.053
						0.500					
0.6*L1	-0.193	0.017	0.342	0.351	0.350	0.379	0.016	0.016	0.001	-0.013	0.048
0.7*L1	-0.146	-0.000	0.226	0.244	0.242	0:264	0.012	0.013	0.002	-0.011	0.038
0.8*L1	-0.093	-0.006	0.131	0.147	0.146	0.160	0.008	0.009	0.002	-0.007	0.025
0.9*L1	-0.043	-0.004	0.056	0.065	0.064	0.071	0.004	0.004	0.001	-0.004	0.012
0.0*L2	0.000	-0.000	-0.000	0.000	-0.000	-0.000	-0.000	-0.000	-0.000	-0.000	-0.000
0.2*L2	0.049	0.006	-0.062	-0.072	-0.072	-0.080	-0.004	-0.004	-0.000	0.004	-0.015
0.4*L2	0.059	0.007	-0.075	-0.087	-0.087	-0.097	-0.005	-0.005	0.000	0.004	-0.020
0.6*L2	0.046	0.006	-0.059	-0.067	0.067	-0.078	-0.004	-0.004	0.001	0.003	-0.016
0.8*L2	0.022	0.003	-0.028	-0.032	-0.032	-0.037	-0.002	-0.002	0.000	0.001	-0.008
FAKTOR	a						a			1/a	

INFOLGE STRECKENLAST P=1

IN FELD	M 0	M 0.2	M 0.5	Q 0	Q 0.2	Q 0.5	T 0	T 0.2	T 0.5	q 0	q 0.5
3L	0.118	0.082	0.035	-0.065	-0.058	-0.046	0.010	0.006	0.000	0.008	0.010
2L	-0.462	-0.320	-0.139	0.247	0.223	0.181	-0.034	-0.022	-0.001	-0.025	-0.037
1,BIS SPRUNG					-0.051	-0.336		0.003	-0.002		
1,REST	-0.459	0.219	0.592	1.433	0.887	0.336	0.034	0.029	0.002	-0.025	0.090
2R	0.110	0.013	-0.139	-0.162	-0.161	-0.181	-0.009	-0.009	0.001	0.008	-0.037
3R	-0.028	-0.004	0.035	0.041	0.041	0.046	0.002	0.002	-0.000	-0.002	0.010
SUMME(+)	0.228	0.314	0.662	1.721	1.151	0.564	0.045	0.040	0.003	0.016	0.110
SUMME(-)	-0.949	-0.324	-0.278	-0.227	-0.270	-0.564	-0.043	-0.031	-0.003	-0.051	-0.074
SUMME	-0.721	-0.009	0.384	1.494	0.881	0.000	0.003	0.010	-0.000	-0.035	0.036
FAKTOR	a×a			a			a×a				

INFOLGE EINZELMOMENT Mt=1

IN SCHNITT	M 0	M 0.2	M 0.5	Q 0	Q 0.2	Q 0.5	T 0	T 0.2	T 0.5	q 0	q 0.5
0.0*L2	-0.077	-0.043	-0.013	0.071	0.045	0.023	-0.030	-0.017	-0.006	-0.054	-0.016
0.1*L2	-0.125	-0.072	-0.024	0.108	0.071	0.040	-0.042	-0.024	-0.008	-0.075	-0.023
0.2*L2	-0.176	-0.103	-0.035	0.149	0.099	0.057	-0.057	-0.032	-0.011	-0.102	-0.031
0.3*L2	-0.227	-0.131	-0.044	0.195	0.129	0.072	-0.076	-0.043	-0.014	-0.136	-0.041
0.4*L2	-0.271	-0.153	-0.049	0.244	0.157	0.083	-0.100	-0.056	-0.019	-0.181	-0.053
0.5*L2	-0.305	-0.164	-0.048	0.297	0.182	0.089	-0.130	-0.072	-0.026	-0.240	-0.066
0.6*L2	-0.325	-0.162	-0.039	0.353	0.203	0.086	-0.168	-0.093	-0.034	-0.318	-0.082
0.7*L2	-0.330	-0.143	-0.020	0.418	0.222	0.073	-0.218	-0.120	-0.046	-0.422	-0.102
0.8*L2	-0.321	-0.107	0.011	0.498	0.240	0.051	-0.285	-0.156	-0.062	-0.563	-0.128
0.9*L2	-0.306	-0.056	0.053	0.604	0.262	0.018	-0.376	-0.205	-0.083	-0.754	-0.163
1.0*L2	-0.296	0.005	0.107	0.754	0.298	-0.022	-0.500	-0.272	-0.112	-1.012	-0.211
0.0*L1	-0.296	0.005	0.107	0.754	0.298	-0.022	0.500	-0.272	-0.112	-1.012	-0.211
0.1*L1	-0.306	0.066	0.170	0.881	0.361	-0.063	0.376	-0.363	-0.152	-0.754	-0.278
0.2*L1	-0.321	0.111	0.238	0.924	0.472	-0.097	0.285	-0.489	-0.204	-0.563	-0.373
									0.511		
0.3*L1	-0.329	0.121	0.304	0.903	0.568	-0.110	0.218	0.385	-0.275	-0.422	-0.506
0.4*L1	-0.324	0.110	0.356	0.837	0.589	-0.086	0.168	0.292	-0.371	-0.318	-0.691
0.5*L1	-0.304	0.090	0.378	0.741	0.557	0.000	0.129	0.221	-0.500	-0.240	-0.948
									0.500		
0.6*L1	-0.270	0.069	0.356	0.628	0.492	0.086	0.100	0.168	0.371	-0.181	-0.691
0.7*L1	-0.226	0.051	0.304	0.509	0.408	0.110	0.076	0.127	0.275	-0.136	-0.506
0.8*L1	-0.176	0.038	0.238	0.391	0.316	0.097	0.057	0.095	0.204	-0.101	-0.373
0.9*L1	-0.125	0.029	0.170	0.282	0.227	0.063	0.042	0.070	0.152	-0.075	-0.278
0.0*L2	-0.077	0.023	0.107	0.187	0.146	0.022	0.030	0.050	0.112	-0.054	-0.211
0.2*L2	-0.005	0.017	0.011	0.047	0.024	-0.051	0.013	0.024	0.062	-0.027	-0.128
0.4*L2	0.033	0.014	-0.039	-0.026	-0.038	-0.086	0.004	0.011	0.034	-0.012	-0.082
0.6*L2	0.040	0.010	-0.049	-0.046	-0.053	-0.083	0.001	0.004	0.019	-0.005	-0.053
0.8*L2	0.028	0.006	-0.035	-0.035	-0.039	-0.057	-0.000	0.002	0.011	-0.003	-0.031
FAKTOR				1/a						1/(a×a)	

INFOLGE STRECKENMOMENT mt=1

IN FELD	M 0	M 0.2	M 0.5	Q 0	Q 0.2	Q 0.5	T 0	T 0.2	T 0.5	q 0	q 0.5
3L	0.040	0.038	0.021	0.006	-0.012	-0.022	-0.019	-0.010	-0.005	-0.044	-0.005
2L	-0.773	-0.335	-0.046	0.980	0.520	0.172	-0.512	-0.282	-0.108	-0.990	-0.240
1,BIS SPRUNG					0.221	-0.114		-0.221	-0.390		
1,REST	-0.771	0.212	0.790	1.977	1.045	0.114	0.512	0.488	0.390	-0.990	-1.444
2R	0.043	0.036	-0.046	0.006	-0.033	-0.172	0.019	0.038	0.108	-0.044	-0.240
3R	-0.016	-0.000	0.021	0.027	0.026	0.022	0.002	0.003	0.005	-0.003	-0.005
SUMME(+)	0.084	0.286	0.832	2.996	1.812	0.309	0.533	0.530	0.502	0.000	0.000
SUMME(-)	-1.560	-0.335	-0.092	0.000	-0.045	-0.309	-0.531	-0.513	-0.502	-2.070	-1.935
SUMME	-1.476	-0.049	0.740	2.996	1.767	0.000	0.002	0.017	-0.000	-2.070	-1.935
FAKTOR	a						a			1/a	

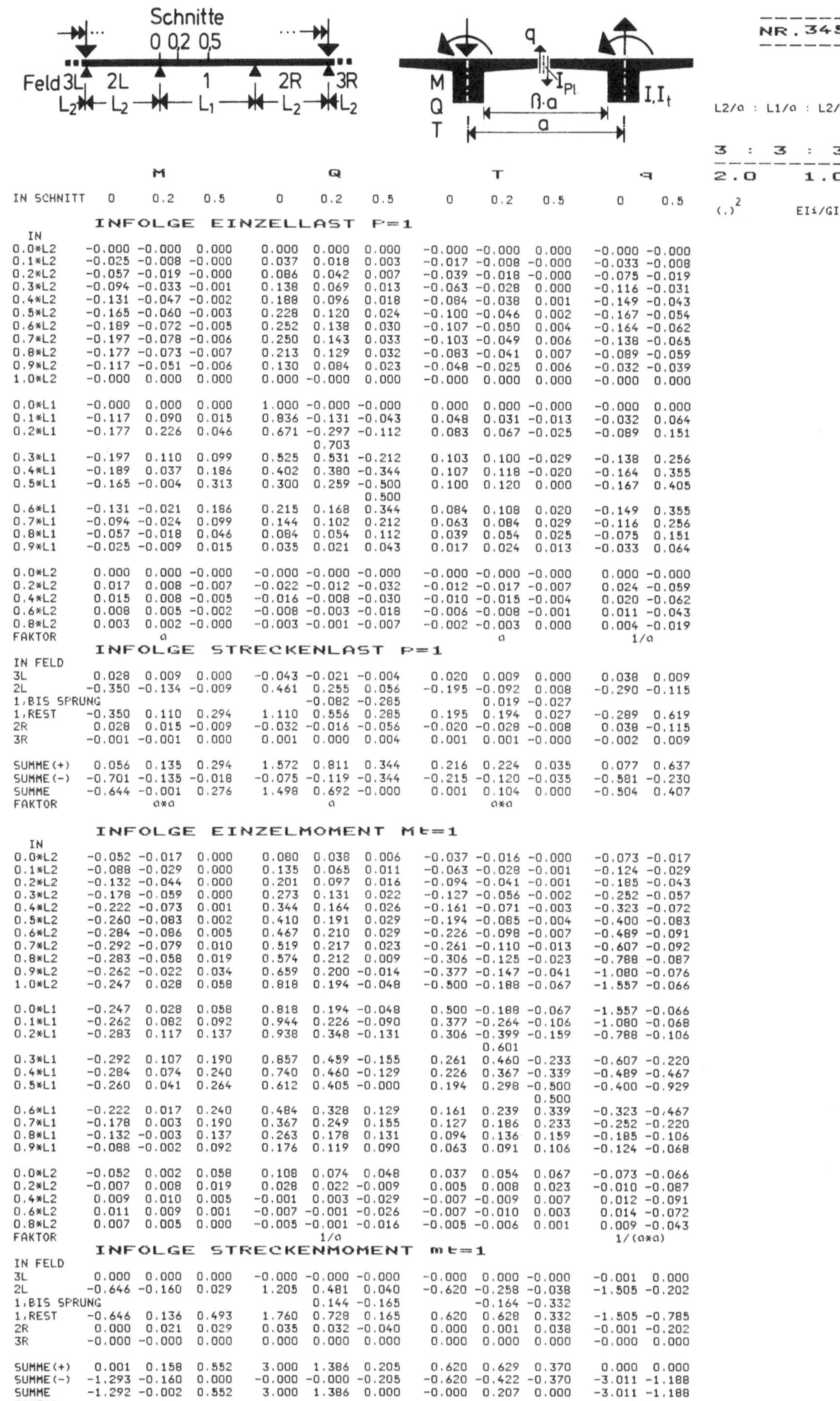

IN SCHNITT	M 0	M 0.2	M 0.5	Q 0	Q 0.2	Q 0.5	T 0	T 0.2	T 0.5	q 0	q 0.5

INFOLGE EINZELLAST P=1

IN	M 0	M 0.2	M 0.5	Q 0	Q 0.2	Q 0.5	T 0	T 0.2	T 0.5	q 0	q 0.5
0.0*L2	-0.000	-0.000	-0.000	0.000	0.000	0.000	-0.000	-0.000	0.000	-0.000	-0.000
0.1*L2	-0.025	-0.008	-0.000	0.037	0.018	0.003	-0.017	-0.008	-0.000	-0.033	-0.008
0.2*L2	-0.057	-0.019	-0.000	0.086	0.042	0.007	-0.039	-0.018	-0.000	-0.075	-0.019
0.3*L2	-0.094	-0.033	-0.001	0.138	0.069	0.013	-0.063	-0.028	0.000	-0.116	-0.031
0.4*L2	-0.131	-0.047	-0.002	0.188	0.096	0.018	-0.084	-0.038	0.001	-0.149	-0.043
0.5*L2	-0.165	-0.060	-0.003	0.228	0.120	0.024	-0.100	-0.046	0.002	-0.167	-0.054
0.6*L2	-0.189	-0.072	-0.005	0.252	0.138	0.030	-0.107	-0.050	0.004	-0.164	-0.062
0.7*L2	-0.197	-0.078	-0.006	0.250	0.143	0.033	-0.103	-0.049	0.006	-0.138	-0.065
0.8*L2	-0.177	-0.073	-0.007	0.213	0.129	0.032	-0.083	-0.041	0.007	-0.089	-0.059
0.9*L2	-0.117	-0.051	-0.006	0.130	0.084	0.023	-0.048	-0.025	0.006	-0.032	-0.039
1.0*L2	-0.000	0.000	0.000	0.000	-0.000	0.000	-0.000	0.000	0.000	-0.000	0.000
0.0*L1	-0.000	0.000	0.000	1.000	-0.000	-0.000	0.000	0.000	-0.000	-0.000	0.000
0.1*L1	-0.117	0.090	0.015	0.836	-0.131	-0.043	0.048	0.031	-0.013	-0.032	0.064
0.2*L1	-0.177	0.226	0.046	0.671	-0.297	-0.112	0.083	0.067	-0.025	-0.089	0.151
					0.703						
0.3*L1	-0.197	0.110	0.099	0.525	0.531	-0.212	0.103	0.100	-0.029	-0.138	0.256
0.4*L1	-0.189	0.037	0.186	0.402	0.380	-0.344	0.107	0.118	-0.020	-0.164	0.355
0.5*L1	-0.165	-0.004	0.313	0.300	0.259	-0.500	0.100	0.120	0.000	-0.167	0.405
						0.500					
0.6*L1	-0.131	-0.021	0.186	0.215	0.168	0.344	0.084	0.108	0.020	-0.149	0.355
0.7*L1	-0.094	-0.024	0.099	0.144	0.102	0.212	0.063	0.084	0.029	-0.116	0.256
0.8*L1	-0.057	-0.018	0.046	0.084	0.054	0.112	0.039	0.054	0.025	-0.075	0.151
0.9*L1	-0.025	-0.009	0.015	0.035	0.021	0.043	0.017	0.024	0.013	-0.033	0.064
0.0*L2	0.000	0.000	-0.000	-0.000	-0.000	-0.000	-0.000	-0.000	-0.000	0.000	-0.000
0.2*L2	0.017	0.008	-0.007	-0.022	-0.012	-0.032	-0.012	-0.017	-0.007	0.024	-0.059
0.4*L2	0.015	0.008	-0.005	-0.016	-0.008	-0.030	-0.010	-0.015	-0.004	0.020	-0.062
0.6*L2	0.008	0.005	-0.002	-0.008	-0.003	-0.018	-0.006	-0.008	-0.001	0.011	-0.043
0.8*L2	0.003	0.002	-0.000	-0.003	-0.001	-0.007	-0.002	-0.003	0.000	0.004	-0.019
FAKTOR	a						a			1/a	

INFOLGE STRECKENLAST P=1

IN FELD	M 0	M 0.2	M 0.5	Q 0	Q 0.2	Q 0.5	T 0	T 0.2	T 0.5	q 0	q 0.5
3L	0.028	0.009	0.000	-0.043	-0.021	-0.004	0.020	0.009	0.000	0.038	0.009
2L	-0.350	-0.134	-0.009	0.461	0.255	0.056	-0.195	-0.092	0.008	-0.290	-0.115
1,BIS SPRUNG					-0.082	-0.285		0.019	-0.027		
1,REST	-0.350	0.110	0.294	1.110	0.556	0.285	0.195	0.194	0.027	-0.289	0.619
2R	0.028	0.015	-0.009	-0.032	-0.016	-0.056	-0.020	-0.028	-0.008	0.038	-0.115
3R	-0.001	-0.001	0.000	0.001	0.000	0.004	0.001	0.001	-0.000	-0.002	0.009
SUMME(+)	0.056	0.135	0.294	1.572	0.811	0.344	0.216	0.224	0.035	0.077	0.637
SUMME(-)	-0.701	-0.135	-0.018	-0.075	-0.119	-0.344	-0.215	-0.120	-0.035	-0.581	-0.230
SUMME	-0.644	-0.001	0.276	1.498	0.692	-0.000	0.001	0.104	0.000	-0.504	0.407
FAKTOR	a×a			a			a×a				

INFOLGE EINZELMOMENT Mt=1

IN	M 0	M 0.2	M 0.5	Q 0	Q 0.2	Q 0.5	T 0	T 0.2	T 0.5	q 0	q 0.5
0.0*L2	-0.052	-0.017	0.000	0.080	0.038	0.006	-0.037	-0.016	-0.000	-0.073	-0.017
0.1*L2	-0.088	-0.029	0.000	0.135	0.065	0.011	-0.063	-0.028	-0.001	-0.124	-0.029
0.2*L2	-0.132	-0.044	0.000	0.201	0.097	0.016	-0.094	-0.041	-0.001	-0.185	-0.043
0.3*L2	-0.178	-0.059	0.000	0.273	0.131	0.022	-0.127	-0.056	-0.002	-0.252	-0.057
0.4*L2	-0.222	-0.073	0.001	0.344	0.164	0.026	-0.161	-0.071	-0.003	-0.323	-0.072
0.5*L2	-0.260	-0.083	0.002	0.410	0.191	0.029	-0.194	-0.085	-0.004	-0.400	-0.083
0.6*L2	-0.284	-0.086	0.005	0.467	0.210	0.029	-0.226	-0.098	-0.007	-0.489	-0.091
0.7*L2	-0.292	-0.079	0.010	0.519	0.217	0.023	-0.261	-0.110	-0.013	-0.607	-0.092
0.8*L2	-0.283	-0.058	0.019	0.574	0.212	0.009	-0.306	-0.125	-0.023	-0.788	-0.087
0.9*L2	-0.262	-0.022	0.034	0.659	0.200	-0.014	-0.377	-0.147	-0.041	-1.080	-0.076
1.0*L2	-0.247	0.028	0.058	0.818	0.194	-0.048	-0.500	-0.188	-0.067	-1.557	-0.066
0.0*L1	-0.247	0.028	0.058	0.818	0.194	-0.048	0.500	-0.188	-0.067	-1.557	-0.066
0.1*L1	-0.262	0.082	0.092	0.944	0.226	-0.090	0.377	-0.264	-0.106	-1.080	-0.068
0.2*L1	-0.283	0.117	0.137	0.938	0.348	-0.131	0.306	-0.399	-0.159	-0.788	-0.106
									0.601		
0.3*L1	-0.292	0.107	0.190	0.857	0.459	-0.155	0.261	0.460	-0.233	-0.607	-0.220
0.4*L1	-0.284	0.074	0.240	0.740	0.460	-0.129	0.226	0.367	-0.339	-0.489	-0.467
0.5*L1	-0.260	0.041	0.264	0.612	0.405	-0.000	0.194	0.298	-0.500	-0.400	-0.929
									0.500		
0.6*L1	-0.222	0.017	0.240	0.484	0.328	0.129	0.161	0.239	0.339	-0.323	-0.467
0.7*L1	-0.178	0.003	0.190	0.367	0.249	0.155	0.127	0.186	0.233	-0.252	-0.220
0.8*L1	-0.132	-0.003	0.137	0.263	0.178	0.131	0.094	0.136	0.159	-0.185	-0.106
0.9*L1	-0.088	-0.002	0.092	0.176	0.119	0.090	0.063	0.091	0.106	-0.124	-0.068
0.0*L2	-0.052	0.002	0.058	0.108	0.074	0.048	0.037	0.054	0.067	-0.073	-0.066
0.2*L2	-0.007	0.008	0.019	0.028	0.022	-0.009	0.005	0.008	0.023	-0.010	-0.087
0.4*L2	0.009	0.010	0.005	-0.001	0.003	-0.029	-0.007	-0.009	0.007	0.012	-0.091
0.6*L2	0.011	0.009	0.001	-0.007	-0.001	-0.026	-0.007	-0.010	0.003	0.014	-0.072
0.8*L2	0.007	0.005	0.000	-0.005	-0.001	-0.016	-0.005	-0.006	0.001	0.009	-0.043
FAKTOR				1/a						1/(a×a)	

INFOLGE STRECKENMOMENT mt=1

IN FELD	M 0	M 0.2	M 0.5	Q 0	Q 0.2	Q 0.5	T 0	T 0.2	T 0.5	q 0	q 0.5
3L	0.000	0.000	0.000	-0.000	-0.000	-0.000	-0.000	0.000	-0.000	-0.001	0.000
2L	-0.646	-0.160	0.029	1.205	0.481	0.040	-0.620	-0.258	-0.038	-1.505	-0.202
1,BIS SPRUNG					0.144	-0.165		-0.164	-0.332		
1,REST	-0.646	0.136	0.493	1.760	0.728	0.165	0.620	0.628	0.332	-1.505	-0.785
2R	0.000	0.021	0.029	0.035	0.032	-0.040	0.000	0.001	0.038	-0.001	-0.202
3R	-0.000	-0.000	0.000	0.000	0.000	0.000	0.000	0.000	0.000	-0.000	0.000
SUMME(+)	0.001	0.158	0.552	3.000	1.386	0.205	0.620	0.629	0.370	0.000	0.000
SUMME(-)	-1.293	-0.160	0.000	-0.000	-0.000	-0.205	-0.620	-0.422	-0.370	-3.011	-1.188
SUMME	-1.292	-0.002	0.552	3.000	1.386	0.000	-0.000	0.207	0.000	-3.011	-1.188
FAKTOR	a			a			a			1/a	

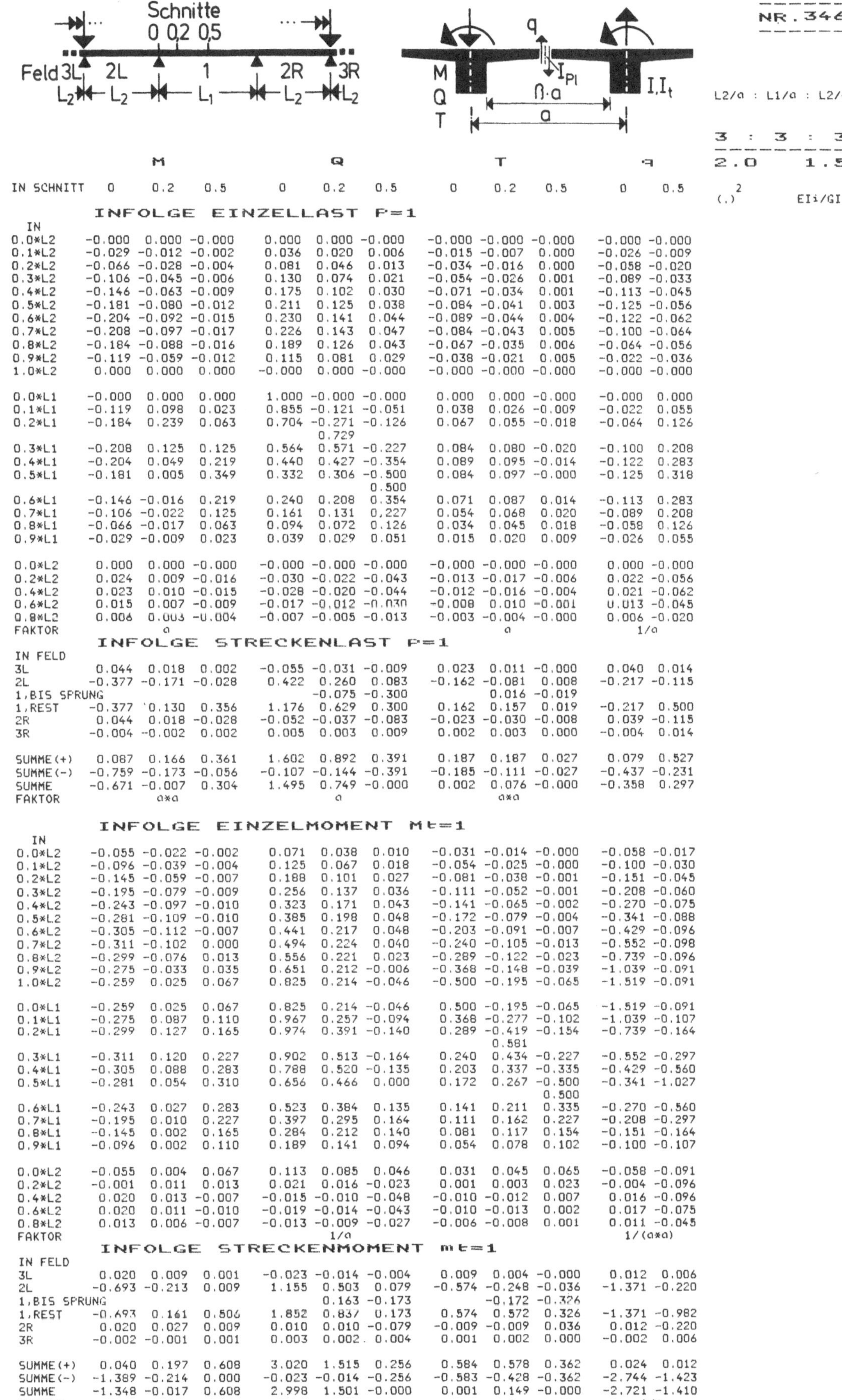

INFOLGE EINZELLAST P=1

IN SCHNITT	M 0	M 0.2	M 0.5	Q 0	Q 0.2	Q 0.5	T 0	T 0.2	T 0.5	q 0	q 0.5
IN											
0.0*L2	-0.000	0.000	-0.000	0.000	0.000	-0.000	-0.000	-0.000	-0.000	-0.000	-0.000
0.1*L2	-0.029	-0.012	-0.002	0.036	0.020	0.006	-0.015	-0.007	0.000	-0.026	-0.009
0.2*L2	-0.066	-0.028	-0.004	0.081	0.046	0.013	-0.034	-0.016	0.000	-0.058	-0.020
0.3*L2	-0.106	-0.045	-0.006	0.130	0.074	0.021	-0.054	-0.026	0.001	-0.089	-0.033
0.4*L2	-0.146	-0.063	-0.009	0.175	0.102	0.030	-0.071	-0.034	0.001	-0.113	-0.045
0.5*L2	-0.181	-0.080	-0.012	0.211	0.125	0.038	-0.084	-0.041	0.003	-0.125	-0.056
0.6*L2	-0.204	-0.092	-0.015	0.230	0.141	0.044	-0.089	-0.044	0.004	-0.122	-0.062
0.7*L2	-0.208	-0.097	-0.017	0.226	0.143	0.047	-0.084	-0.043	0.005	-0.100	-0.064
0.8*L2	-0.184	-0.088	-0.016	0.189	0.126	0.043	-0.067	-0.035	0.006	-0.064	-0.056
0.9*L2	-0.119	-0.059	-0.012	0.115	0.081	0.029	-0.038	-0.021	0.005	-0.022	-0.036
1.0*L2	0.000	0.000	0.000	-0.000	0.000	-0.000	-0.000	-0.000	-0.000	-0.000	-0.000
0.0*L1	-0.000	0.000	0.000	1.000	-0.000	-0.000	0.000	0.000	-0.000	-0.000	0.000
0.1*L1	-0.119	0.098	0.023	0.855	-0.121	-0.051	0.038	0.026	-0.009	-0.022	0.055
0.2*L1	-0.184	0.239	0.063	0.704 (0.729)	-0.271	-0.126	0.067	0.055	-0.018	-0.064	0.126
0.3*L1	-0.208	0.125	0.125	0.564	0.571	-0.227	0.084	0.080	-0.020	-0.100	0.208
0.4*L1	-0.204	0.049	0.219	0.440	0.427	-0.354	0.089	0.095	-0.014	-0.122	0.283
0.5*L1	-0.181	0.005	0.349	0.332	0.306	-0.500 (0.500)	0.084	0.097	-0.000	-0.125	0.318
0.6*L1	-0.146	-0.016	0.219	0.240	0.208	0.354	0.071	0.087	0.014	-0.113	0.283
0.7*L1	-0.106	-0.022	0.125	0.161	0.131	0.227	0.054	0.068	0.020	-0.089	0.208
0.8*L1	-0.066	-0.017	0.063	0.094	0.072	0.126	0.034	0.045	0.018	-0.058	0.126
0.9*L1	-0.029	-0.009	0.023	0.039	0.029	0.051	0.015	0.020	0.009	-0.026	0.055
0.0*L2	0.000	0.000	-0.000	-0.000	-0.000	-0.000	-0.000	-0.000	-0.000	0.000	-0.000
0.2*L2	0.024	0.009	-0.016	-0.030	-0.022	-0.043	-0.013	-0.017	-0.006	0.022	-0.056
0.4*L2	0.023	0.010	-0.015	-0.028	-0.020	-0.044	-0.012	-0.016	-0.004	0.021	-0.062
0.6*L2	0.015	0.007	-0.009	-0.017	-0.012	-0.030	-0.008	0.010	-0.001	0.013	-0.045
0.8*L2	0.006	0.003	-0.004	-0.007	-0.005	-0.013	-0.003	-0.004	-0.000	0.006	-0.020
FAKTOR	a						a			1/a	

INFOLGE STRECKENLAST P=1

IN FELD	M 0	M 0.2	M 0.5	Q 0	Q 0.2	Q 0.5	T 0	T 0.2	T 0.5	q 0	q 0.5
3L	0.044	0.018	0.002	-0.055	-0.031	-0.009	0.023	0.011	-0.000	0.040	0.014
2L	-0.377	-0.171	-0.028	0.422	0.260	0.083	-0.162	-0.081	0.008	-0.217	-0.115
1,BIS SPRUNG					-0.075	-0.300		0.016	-0.019		
1,REST	-0.377	0.130	0.356	1.176	0.629	0.300	0.162	0.157	0.019	-0.217	0.500
2R	0.044	0.018	-0.028	-0.052	-0.037	-0.083	-0.023	-0.030	-0.008	0.039	-0.115
3R	-0.004	-0.002	0.002	0.005	0.003	0.009	0.002	0.003	0.000	-0.004	0.014
SUMME(+)	0.087	0.166	0.361	1.602	0.892	0.391	0.187	0.187	0.027	0.079	0.527
SUMME(-)	-0.759	-0.173	-0.056	-0.107	-0.144	-0.391	-0.185	-0.111	-0.027	-0.437	-0.231
SUMME	-0.671	-0.007	0.304	1.495	0.749	-0.000	0.002	0.076	-0.000	-0.358	0.297
FAKTOR	a×a			a			a×a				

INFOLGE EINZELMOMENT Mt=1

IN SCHNITT	M 0	M 0.2	M 0.5	Q 0	Q 0.2	Q 0.5	T 0	T 0.2	T 0.5	q 0	q 0.5
IN											
0.0*L2	-0.055	-0.022	-0.002	0.071	0.038	0.010	-0.031	-0.014	-0.000	-0.058	-0.017
0.1*L2	-0.096	-0.039	-0.004	0.125	0.067	0.018	-0.054	-0.025	-0.000	-0.100	-0.030
0.2*L2	-0.145	-0.059	-0.007	0.188	0.101	0.027	-0.081	-0.038	-0.001	-0.151	-0.045
0.3*L2	-0.195	-0.079	-0.009	0.256	0.137	0.036	-0.111	-0.052	-0.001	-0.208	-0.060
0.4*L2	-0.243	-0.097	-0.010	0.323	0.171	0.043	-0.141	-0.065	-0.002	-0.270	-0.075
0.5*L2	-0.281	-0.109	-0.010	0.385	0.198	0.048	-0.172	-0.079	-0.004	-0.341	-0.088
0.6*L2	-0.305	-0.112	-0.007	0.441	0.217	0.048	-0.203	-0.091	-0.007	-0.429	-0.096
0.7*L2	-0.311	-0.102	0.000	0.494	0.224	0.040	-0.240	-0.105	-0.013	-0.552	-0.098
0.8*L2	-0.299	-0.076	0.013	0.556	0.221	0.023	-0.289	-0.122	-0.023	-0.739	-0.096
0.9*L2	-0.275	-0.033	0.035	0.651	0.212	-0.006	-0.368	-0.148	-0.039	-1.039	-0.091
1.0*L2	-0.259	0.025	0.067	0.825	0.214	-0.046	-0.500	-0.195	-0.065	-1.519	-0.091
0.0*L1	-0.259	0.025	0.067	0.825	0.214	-0.046	0.500	-0.195	-0.065	-1.519	-0.091
0.1*L1	-0.275	0.087	0.110	0.967	0.257	-0.094	0.368	-0.277	-0.102	-1.039	-0.107
0.2*L1	-0.299	0.127	0.165	0.974	0.391	-0.140	0.289	-0.419 (0.581)	-0.154	-0.739	-0.164
0.3*L1	-0.311	0.120	0.227	0.902	0.513	-0.164	0.240	0.434	-0.227	-0.552	-0.297
0.4*L1	-0.305	0.088	0.283	0.788	0.520	-0.135	0.203	0.337	-0.335	-0.429	-0.560
0.5*L1	-0.281	0.054	0.310	0.656	0.466	0.000	0.172	0.267	-0.500 (0.500)	-0.341	-1.027
0.6*L1	-0.243	0.027	0.283	0.523	0.384	0.135	0.141	0.211	0.335	-0.270	-0.560
0.7*L1	-0.195	0.010	0.227	0.397	0.295	0.164	0.111	0.162	0.227	-0.208	-0.297
0.8*L1	-0.145	0.002	0.165	0.284	0.212	0.140	0.081	0.117	0.154	-0.151	-0.164
0.9*L1	-0.096	0.002	0.110	0.189	0.141	0.094	0.054	0.078	0.102	-0.100	-0.107
0.0*L2	-0.055	0.004	0.067	0.113	0.085	0.046	0.031	0.045	0.065	-0.058	-0.091
0.2*L2	-0.001	0.011	0.013	0.021	0.016	-0.023	0.001	0.003	0.023	-0.004	-0.096
0.4*L2	0.020	0.013	-0.007	-0.015	-0.010	-0.048	-0.010	-0.012	0.007	0.016	-0.096
0.6*L2	0.020	0.011	-0.010	-0.019	-0.014	-0.043	-0.010	-0.013	0.002	0.017	-0.075
0.8*L2	0.013	0.006	-0.007	-0.013	-0.009	-0.027	-0.006	-0.008	0.001	0.011	-0.045
FAKTOR				1/a						1/(a×a)	

INFOLGE STRECKENMOMENT mt=1

IN FELD	M 0	M 0.2	M 0.5	Q 0	Q 0.2	Q 0.5	T 0	T 0.2	T 0.5	q 0	q 0.5
3L	0.020	0.009	0.001	-0.023	-0.014	-0.004	0.009	0.004	-0.000	0.012	0.006
2L	-0.693	-0.213	0.009	1.155	0.503	0.079	-0.574	-0.248	-0.036	-1.371	-0.220
1,BIS SPRUNG					0.163	-0.173		-0.172	-0.326		
1,REST	-0.693	0.161	0.506	1.852	0.837	0.173	0.574	0.572	0.326	-1.371	-0.982
2R	0.020	0.027	0.009	0.010	0.010	-0.079	-0.009	-0.009	0.036	0.012	-0.220
3R	-0.002	-0.001	0.001	0.003	0.002	0.004	0.001	0.002	0.000	-0.002	0.006
SUMME(+)	0.040	0.197	0.608	3.020	1.515	0.256	0.584	0.578	0.362	0.024	0.012
SUMME(-)	-1.389	-0.214	0.000	-0.023	-0.014	-0.256	-0.583	-0.428	-0.362	-2.744	-1.423
SUMME	-1.348	-0.017	0.608	2.998	1.501	-0.000	0.001	0.149	-0.000	-2.721	-1.410
FAKTOR	a						a			1/a	

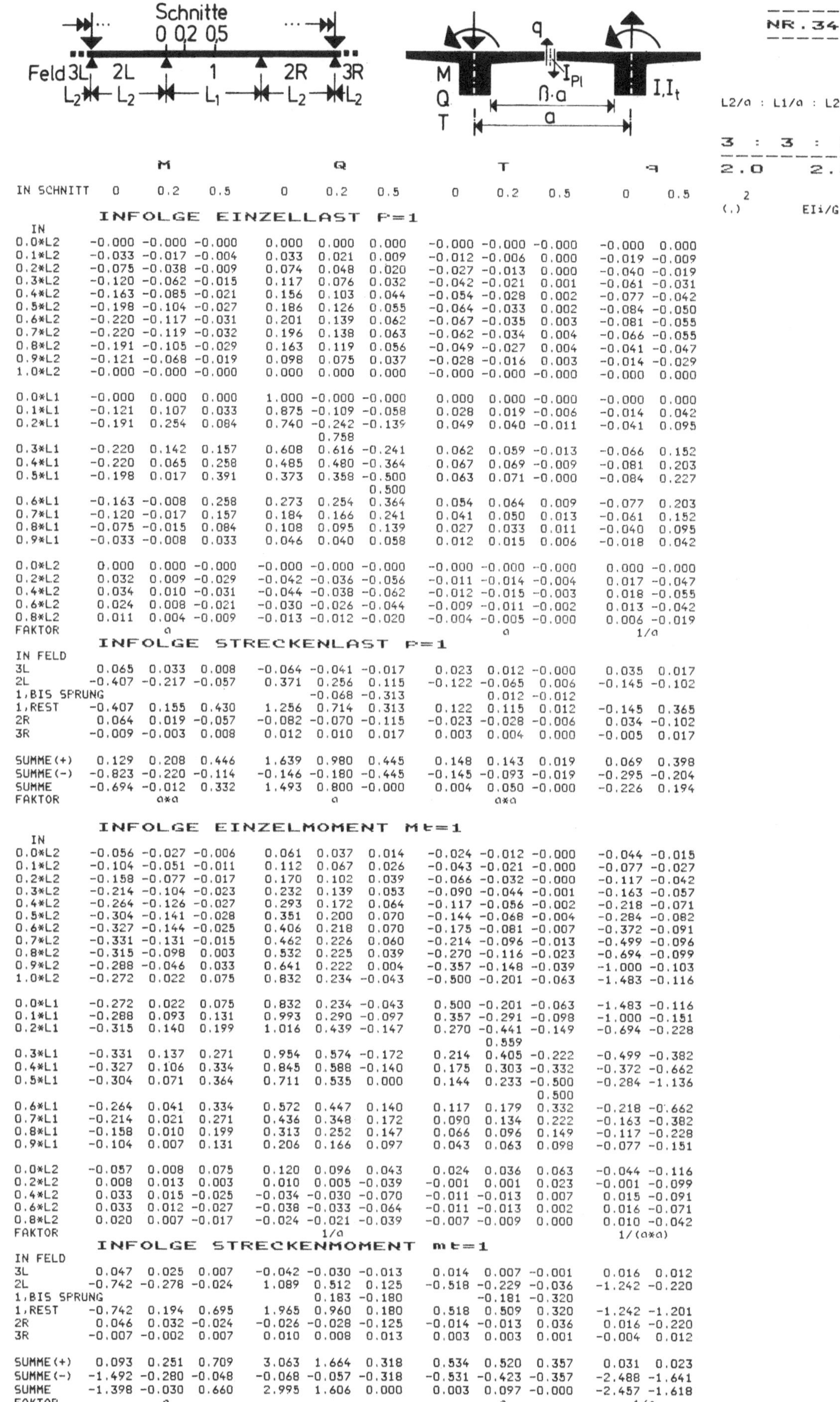

		M			Q			T		q	
IN SCHNITT	0	0.2	0.5	0	0.2	0.5	0	0.2	0.5	0	0.5

INFOLGE EINZELLAST P=1

IN

Row	M 0	M 0.2	M 0.5	Q 0	Q 0.2	Q 0.5	T 0	T 0.2	T 0.5	q 0	q 0.5
0.0*L2	-0.000	-0.000	-0.000	0.000	0.000	0.000	-0.000	-0.000	-0.000	-0.000	0.000
0.1*L2	-0.033	-0.017	-0.004	0.033	0.021	0.009	-0.012	-0.006	0.000	-0.019	-0.009
0.2*L2	-0.075	-0.038	-0.009	0.074	0.048	0.020	-0.027	-0.013	0.000	-0.040	-0.019
0.3*L2	-0.120	-0.062	-0.015	0.117	0.076	0.032	-0.042	-0.021	0.001	-0.061	-0.031
0.4*L2	-0.163	-0.085	-0.021	0.156	0.103	0.044	-0.054	-0.028	0.002	-0.077	-0.042
0.5*L2	-0.198	-0.104	-0.027	0.186	0.126	0.055	-0.064	-0.033	0.002	-0.084	-0.050
0.6*L2	-0.220	-0.117	-0.031	0.201	0.139	0.062	-0.067	-0.035	0.003	-0.081	-0.055
0.7*L2	-0.220	-0.119	-0.032	0.196	0.138	0.063	-0.062	-0.034	0.004	-0.066	-0.055
0.8*L2	-0.191	-0.105	-0.029	0.163	0.119	0.056	-0.049	-0.027	0.004	-0.041	-0.047
0.9*L2	-0.121	-0.068	-0.019	0.098	0.075	0.037	-0.028	-0.016	0.003	-0.014	-0.029
1.0*L2	-0.000	-0.000	-0.000	0.000	0.000	0.000	-0.000	-0.000	-0.000	-0.000	-0.000
0.0*L1	-0.000	0.000	0.000	1.000	-0.000	-0.000	0.000	0.000	-0.000	-0.000	0.000
0.1*L1	-0.121	0.107	0.033	0.875	-0.109	-0.058	0.028	0.019	-0.006	-0.014	0.042
0.2*L1	-0.191	0.254	0.084	0.740	-0.242	-0.139	0.049	0.040	-0.011	-0.041	0.095
					0.758						
0.3*L1	-0.220	0.142	0.157	0.608	0.616	-0.241	0.062	0.059	-0.013	-0.066	0.152
0.4*L1	-0.220	0.065	0.258	0.485	0.480	-0.364	0.067	0.069	-0.009	-0.081	0.203
0.5*L1	-0.198	0.017	0.391	0.373	0.358	-0.500	0.063	0.071	-0.000	-0.084	0.227
						0.500					
0.6*L1	-0.163	-0.008	0.258	0.273	0.254	0.364	0.054	0.064	0.009	-0.077	0.203
0.7*L1	-0.120	-0.017	0.157	0.184	0.166	0.241	0.041	0.050	0.013	-0.061	0.152
0.8*L1	-0.075	-0.015	0.084	0.108	0.095	0.139	0.027	0.033	0.011	-0.040	0.095
0.9*L1	-0.033	-0.008	0.033	0.046	0.040	0.058	0.012	0.015	0.006	-0.018	0.042
0.0*L2	0.000	0.000	-0.000	-0.000	-0.000	-0.000	-0.000	-0.000	-0.000	0.000	-0.000
0.2*L2	0.032	0.009	-0.029	-0.042	-0.036	-0.056	-0.011	-0.014	-0.004	0.017	-0.047
0.4*L2	0.034	0.010	-0.031	-0.044	-0.038	-0.062	-0.012	-0.015	-0.003	0.018	-0.055
0.6*L2	0.024	0.008	-0.021	-0.030	-0.026	-0.044	-0.009	-0.011	-0.002	0.013	-0.042
0.8*L2	0.011	0.004	-0.009	-0.013	-0.012	-0.020	-0.004	-0.005	-0.000	0.006	-0.019
FAKTOR	a						a			1/a	

INFOLGE STRECKENLAST P=1

IN FELD

Row	M 0	M 0.2	M 0.5	Q 0	Q 0.2	Q 0.5	T 0	T 0.2	T 0.5	q 0	q 0.5
3L	0.065	0.033	0.008	-0.064	-0.041	-0.017	0.023	0.012	-0.000	0.035	0.017
2L	-0.407	-0.217	-0.057	0.371	0.256	0.115	-0.122	-0.065	0.006	-0.145	-0.102
1,BIS SPRUNG					-0.068	-0.313		0.012	-0.012		
1,REST	-0.407	0.155	0.430	1.256	0.714	0.313	0.122	0.115	0.012	-0.145	0.365
2R	0.064	0.019	-0.057	-0.082	-0.070	-0.115	-0.023	-0.028	-0.006	0.034	-0.102
3R	-0.009	-0.003	0.008	0.012	0.010	0.017	0.003	0.004	0.000	-0.005	0.017
SUMME(+)	0.129	0.208	0.446	1.639	0.980	0.445	0.148	0.143	0.019	0.069	0.398
SUMME(-)	-0.823	-0.220	-0.114	-0.146	-0.180	-0.445	-0.145	-0.093	-0.019	-0.295	-0.204
SUMME	-0.694	-0.012	0.332	1.493	0.800	-0.000	0.004	0.050	-0.000	-0.226	0.194
FAKTOR	a*a			a			a*a				

INFOLGE EINZELMOMENT Mt=1

IN

Row	M 0	M 0.2	M 0.5	Q 0	Q 0.2	Q 0.5	T 0	T 0.2	T 0.5	q 0	q 0.5
0.0*L2	-0.056	-0.027	-0.006	0.061	0.037	0.014	-0.024	-0.012	-0.000	-0.044	-0.015
0.1*L2	-0.104	-0.051	-0.011	0.112	0.067	0.026	-0.043	-0.021	-0.000	-0.077	-0.027
0.2*L2	-0.158	-0.077	-0.017	0.170	0.102	0.039	-0.066	-0.032	-0.000	-0.117	-0.042
0.3*L2	-0.214	-0.104	-0.023	0.232	0.139	0.053	-0.090	-0.044	-0.001	-0.163	-0.057
0.4*L2	-0.264	-0.126	-0.027	0.293	0.172	0.064	-0.117	-0.056	-0.002	-0.218	-0.071
0.5*L2	-0.304	-0.141	-0.028	0.351	0.200	0.070	-0.144	-0.068	-0.004	-0.284	-0.082
0.6*L2	-0.327	-0.144	-0.025	0.406	0.218	0.070	-0.175	-0.081	-0.007	-0.372	-0.091
0.7*L2	-0.331	-0.131	-0.015	0.462	0.226	0.060	-0.214	-0.096	-0.013	-0.499	-0.096
0.8*L2	-0.315	-0.098	0.003	0.532	0.225	0.039	-0.270	-0.116	-0.023	-0.694	-0.099
0.9*L2	-0.288	-0.046	0.033	0.641	0.222	0.004	-0.357	-0.148	-0.039	-1.000	-0.103
1.0*L2	-0.272	0.022	0.075	0.832	0.234	-0.043	-0.500	-0.201	-0.063	-1.483	-0.116
0.0*L1	-0.272	0.022	0.075	0.832	0.234	-0.043	0.500	-0.201	-0.063	-1.483	-0.116
0.1*L1	-0.288	0.093	0.131	0.993	0.290	-0.097	0.357	-0.291	-0.098	-1.000	-0.151
0.2*L1	-0.315	0.140	0.199	1.016	0.439	-0.147	0.270	-0.441	-0.149	-0.694	-0.228
								0.559			
0.3*L1	-0.331	0.137	0.271	0.954	0.574	-0.172	0.214	0.405	-0.222	-0.499	-0.382
0.4*L1	-0.327	0.106	0.334	0.845	0.588	-0.140	0.175	0.303	-0.332	-0.372	-0.662
0.5*L1	-0.304	0.071	0.364	0.711	0.535	0.000	0.144	0.233	-0.500	-0.284	-1.136
									0.500		
0.6*L1	-0.264	0.041	0.334	0.572	0.447	0.140	0.117	0.179	0.332	-0.218	-0.662
0.7*L1	-0.214	0.021	0.271	0.436	0.348	0.172	0.090	0.134	0.222	-0.163	-0.382
0.8*L1	-0.158	0.010	0.199	0.313	0.252	0.147	0.066	0.096	0.149	-0.117	-0.228
0.9*L1	-0.104	0.007	0.131	0.206	0.166	0.097	0.043	0.063	0.098	-0.077	-0.151
0.0*L2	-0.057	0.008	0.075	0.120	0.096	0.043	0.024	0.036	0.063	-0.044	-0.116
0.2*L2	0.008	0.013	0.003	0.010	0.005	-0.039	-0.001	0.001	0.023	-0.001	-0.099
0.4*L2	0.033	0.015	-0.025	-0.034	-0.030	-0.070	-0.011	-0.013	0.007	0.015	-0.091
0.6*L2	0.033	0.012	-0.027	-0.038	-0.033	-0.064	-0.011	-0.013	0.002	0.016	-0.071
0.8*L2	0.020	0.007	-0.017	-0.024	-0.021	-0.039	-0.007	-0.009	0.000	0.010	-0.042
FAKTOR				1/a						1/(a*a)	

INFOLGE STRECKENMOMENT mt=1

IN FELD

Row	M 0	M 0.2	M 0.5	Q 0	Q 0.2	Q 0.5	T 0	T 0.2	T 0.5	q 0	q 0.5
3L	0.047	0.025	0.007	-0.042	-0.030	-0.013	0.014	0.007	-0.001	0.016	0.012
2L	-0.742	-0.278	-0.024	1.089	0.512	0.125	-0.518	-0.229	-0.036	-1.242	-0.220
1,BIS SPRUNG					0.183	-0.180		-0.181	-0.320		
1,REST	-0.742	0.194	0.695	1.965	0.960	0.180	0.518	0.509	0.320	-1.242	-1.201
2R	0.046	0.032	-0.024	-0.026	-0.028	-0.125	-0.014	-0.013	0.036	0.016	-0.220
3R	-0.007	-0.002	0.007	0.010	0.008	0.013	0.003	0.003	0.001	-0.004	0.012
SUMME(+)	0.093	0.251	0.709	3.063	1.664	0.318	0.534	0.520	0.357	0.031	0.023
SUMME(-)	-1.492	-0.280	-0.048	-0.068	-0.057	-0.318	-0.531	-0.423	-0.357	-2.488	-1.641
SUMME	-1.398	-0.030	0.660	2.995	1.606	0.000	0.003	0.097	-0.000	-2.457	-1.618
FAKTOR	a						a			1/a	

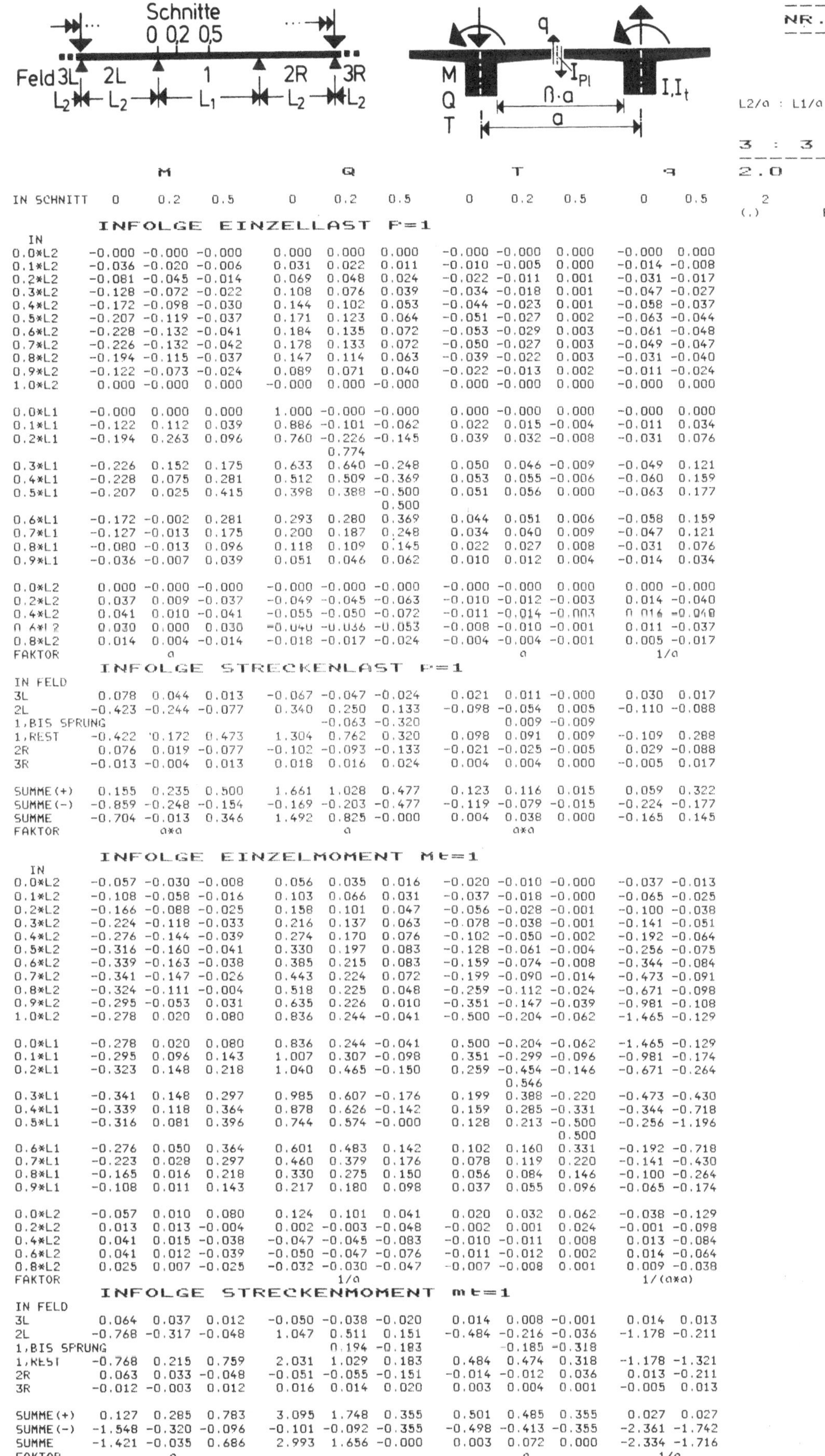

	M 0	M 0.2	M 0.5	Q 0	Q 0.2	Q 0.5	T 0	T 0.2	T 0.5	q 0	q 0.5

INFOLGE EINZELLAST P=1

IN	M 0	M 0.2	M 0.5	Q 0	Q 0.2	Q 0.5	T 0	T 0.2	T 0.5	q 0	q 0.5
0.0*L2	-0.000	-0.000	-0.000	0.000	0.000	0.000	-0.000	-0.000	0.000	-0.000	0.000
0.1*L2	-0.036	-0.020	-0.006	0.031	0.022	0.011	-0.010	-0.005	0.000	-0.014	-0.008
0.2*L2	-0.081	-0.045	-0.014	0.069	0.048	0.024	-0.022	-0.011	0.001	-0.031	-0.017
0.3*L2	-0.128	-0.072	-0.022	0.108	0.076	0.039	-0.034	-0.018	0.001	-0.047	-0.027
0.4*L2	-0.172	-0.098	-0.030	0.144	0.102	0.053	-0.044	-0.023	0.001	-0.058	-0.037
0.5*L2	-0.207	-0.119	-0.037	0.171	0.123	0.064	-0.051	-0.027	0.002	-0.063	-0.044
0.6*L2	-0.228	-0.132	-0.041	0.184	0.135	0.072	-0.053	-0.029	0.003	-0.061	-0.048
0.7*L2	-0.226	-0.132	-0.042	0.178	0.133	0.072	-0.050	-0.027	0.003	-0.049	-0.047
0.8*L2	-0.194	-0.115	-0.037	0.147	0.114	0.063	-0.039	-0.022	0.003	-0.031	-0.040
0.9*L2	-0.122	-0.073	-0.024	0.089	0.071	0.040	-0.022	-0.013	0.002	-0.011	-0.024
1.0*L2	0.000	-0.000	0.000	-0.000	0.000	-0.000	0.000	-0.000	0.000	-0.000	0.000
0.0*L1	-0.000	0.000	0.000	1.000	-0.000	-0.000	0.000	-0.000	0.000	-0.000	0.000
0.1*L1	-0.122	0.112	0.039	0.886	-0.101	-0.062	0.022	0.015	-0.004	-0.011	0.034
0.2*L1	-0.194	0.263	0.096	0.760	-0.226	-0.145	0.039	0.032	-0.008	-0.031	0.076
				0.774							
0.3*L1	-0.226	0.152	0.175	0.633	0.640	-0.248	0.050	0.046	-0.009	-0.049	0.121
0.4*L1	-0.228	0.075	0.281	0.512	0.509	-0.369	0.053	0.055	-0.006	-0.060	0.159
0.5*L1	-0.207	0.025	0.415	0.398	0.388	-0.500	0.051	0.056	0.000	-0.063	0.177
						0.500					
0.6*L1	-0.172	-0.002	0.281	0.293	0.280	0.369	0.044	0.051	0.006	-0.058	0.159
0.7*L1	-0.127	-0.013	0.175	0.200	0.187	0.248	0.034	0.040	0.009	-0.047	0.121
0.8*L1	-0.080	-0.013	0.096	0.118	0.109	0.145	0.022	0.027	0.008	-0.031	0.076
0.9*L1	-0.036	-0.007	0.039	0.051	0.046	0.062	0.010	0.012	0.004	-0.014	0.034
0.0*L2	0.000	-0.000	-0.000	-0.000	-0.000	-0.000	-0.000	-0.000	0.000	0.000	-0.000
0.2*L2	0.037	0.009	-0.037	-0.049	-0.045	-0.063	-0.010	-0.012	-0.003	0.014	-0.040
0.4*L2	0.041	0.010	-0.041	-0.055	-0.050	-0.072	-0.011	-0.014	-0.003	0.016	-0.048
0.6*L2	0.030	0.000	0.030	-0.040	-0.036	-0.053	-0.008	-0.010	-0.001	0.011	-0.037
0.8*L2	0.014	0.004	-0.014	-0.018	-0.017	-0.024	-0.004	-0.004	-0.001	0.005	-0.017
FAKTOR	a						a			1/a	

INFOLGE STRECKENLAST P=1

IN FELD	M 0	M 0.2	M 0.5	Q 0	Q 0.2	Q 0.5	T 0	T 0.2	T 0.5	q 0	q 0.5
3L	0.078	0.044	0.013	-0.067	-0.047	-0.024	0.021	0.011	-0.000	0.030	0.017
2L	-0.423	-0.244	-0.077	0.340	0.250	0.133	-0.098	-0.054	0.005	-0.110	-0.088
1,BIS SPRUNG					-0.063	-0.320		0.009	-0.009		
1,REST	-0.422	0.172	0.473	1.304	0.762	0.320	0.098	0.091	0.009	-0.109	0.288
2R	0.076	0.019	-0.077	-0.102	-0.093	-0.133	-0.021	-0.025	-0.005	0.029	-0.088
3R	-0.013	-0.004	0.013	0.018	0.016	0.024	0.004	0.004	0.000	-0.005	0.017
SUMME(+)	0.155	0.235	0.500	1.661	1.028	0.477	0.123	0.116	0.015	0.059	0.322
SUMME(-)	-0.859	-0.248	-0.154	-0.169	-0.203	-0.477	-0.119	-0.079	-0.015	-0.224	-0.177
SUMME	-0.704	-0.013	0.346	1.492	0.825	-0.000	0.004	0.038	0.000	-0.165	0.145
FAKTOR	a*a			a			a*a				

INFOLGE EINZELMOMENT Mt=1

IN	M 0	M 0.2	M 0.5	Q 0	Q 0.2	Q 0.5	T 0	T 0.2	T 0.5	q 0	q 0.5
0.0*L2	-0.057	-0.030	-0.008	0.056	0.035	0.016	-0.020	-0.010	-0.000	-0.037	-0.013
0.1*L2	-0.108	-0.058	-0.016	0.103	0.066	0.031	-0.037	-0.018	-0.000	-0.065	-0.025
0.2*L2	-0.166	-0.088	-0.025	0.158	0.101	0.047	-0.056	-0.028	-0.001	-0.100	-0.038
0.3*L2	-0.224	-0.118	-0.033	0.216	0.137	0.063	-0.078	-0.038	-0.001	-0.141	-0.051
0.4*L2	-0.276	-0.144	-0.039	0.274	0.170	0.076	-0.102	-0.050	-0.002	-0.192	-0.064
0.5*L2	-0.316	-0.160	-0.041	0.330	0.197	0.083	-0.128	-0.061	-0.004	-0.256	-0.075
0.6*L2	-0.339	-0.163	-0.038	0.385	0.215	0.083	-0.159	-0.074	-0.008	-0.344	-0.084
0.7*L2	-0.341	-0.147	-0.026	0.443	0.224	0.072	-0.199	-0.090	-0.014	-0.473	-0.091
0.8*L2	-0.324	-0.111	-0.004	0.518	0.225	0.048	-0.259	-0.112	-0.024	-0.671	-0.098
0.9*L2	-0.295	-0.053	0.031	0.635	0.226	0.010	-0.351	-0.147	-0.039	-0.981	-0.108
1.0*L2	-0.278	0.020	0.080	0.836	0.244	-0.041	-0.500	-0.204	-0.062	-1.465	-0.129
0.0*L1	-0.278	0.020	0.080	0.836	0.244	-0.041	0.500	-0.204	-0.062	-1.465	-0.129
0.1*L1	-0.295	0.096	0.143	1.007	0.307	-0.098	0.351	-0.299	-0.096	-0.981	-0.174
0.2*L1	-0.323	0.148	0.218	1.040	0.465	-0.150	0.259	-0.454	-0.146	-0.671	-0.264
								0.546			
0.3*L1	-0.341	0.148	0.297	0.985	0.607	-0.176	0.199	0.388	-0.220	-0.473	-0.430
0.4*L1	-0.339	0.118	0.364	0.878	0.626	-0.142	0.159	0.285	-0.331	-0.344	-0.718
0.5*L1	-0.316	0.081	0.396	0.744	0.574	-0.000	0.128	0.213	-0.500	-0.256	-1.196
									0.500		
0.6*L1	-0.276	0.050	0.364	0.601	0.483	0.142	0.102	0.160	0.331	-0.192	-0.718
0.7*L1	-0.223	0.028	0.297	0.460	0.379	0.176	0.078	0.119	0.220	-0.141	-0.430
0.8*L1	-0.165	0.016	0.218	0.330	0.275	0.150	0.056	0.084	0.146	-0.100	-0.264
0.9*L1	-0.108	0.011	0.143	0.217	0.180	0.098	0.037	0.055	0.096	-0.065	-0.174
0.0*L2	-0.057	0.010	0.080	0.124	0.101	0.041	0.020	0.032	0.062	-0.038	-0.129
0.2*L2	0.013	0.013	-0.004	0.002	-0.003	-0.048	-0.002	0.001	0.024	-0.001	-0.098
0.4*L2	0.041	0.015	-0.038	-0.047	-0.045	-0.083	-0.010	-0.011	0.008	0.013	-0.084
0.6*L2	0.041	0.012	-0.039	-0.050	-0.047	-0.076	-0.011	-0.012	0.002	0.014	-0.064
0.8*L2	0.025	0.007	-0.025	-0.032	-0.030	-0.047	-0.007	-0.008	0.001	0.009	-0.038
FAKTOR					1/a					1/(a*a)	

INFOLGE STRECKENMOMENT mt=1

IN FELD	M 0	M 0.2	M 0.5	Q 0	Q 0.2	Q 0.5	T 0	T 0.2	T 0.5	q 0	q 0.5
3L	0.064	0.037	0.012	-0.050	-0.038	-0.020	0.014	0.008	-0.001	0.014	0.013
2L	-0.768	-0.317	-0.048	1.047	0.511	0.151	-0.484	-0.216	-0.036	-1.178	-0.211
1,BIS SPRUNG					0.194	-0.183		-0.185	-0.318		
1,REST	-0.768	0.215	0.759	2.031	1.029	0.183	0.484	0.474	0.318	-1.178	-1.321
2R	0.063	0.033	-0.048	-0.051	-0.055	-0.151	-0.014	-0.012	0.036	0.013	-0.211
3R	-0.012	-0.003	0.012	0.016	0.014	0.020	0.003	0.004	0.001	-0.005	0.013
SUMME(+)	0.127	0.285	0.783	3.095	1.748	0.355	0.501	0.485	0.355	0.027	0.027
SUMME(-)	-1.548	-0.320	-0.096	-0.101	-0.092	-0.355	-0.498	-0.413	-0.355	-2.361	-1.742
SUMME	-1.421	-0.035	0.686	2.993	1.656	-0.000	0.003	0.072	0.000	-2.334	-1.716
FAKTOR	a						a			1/a	

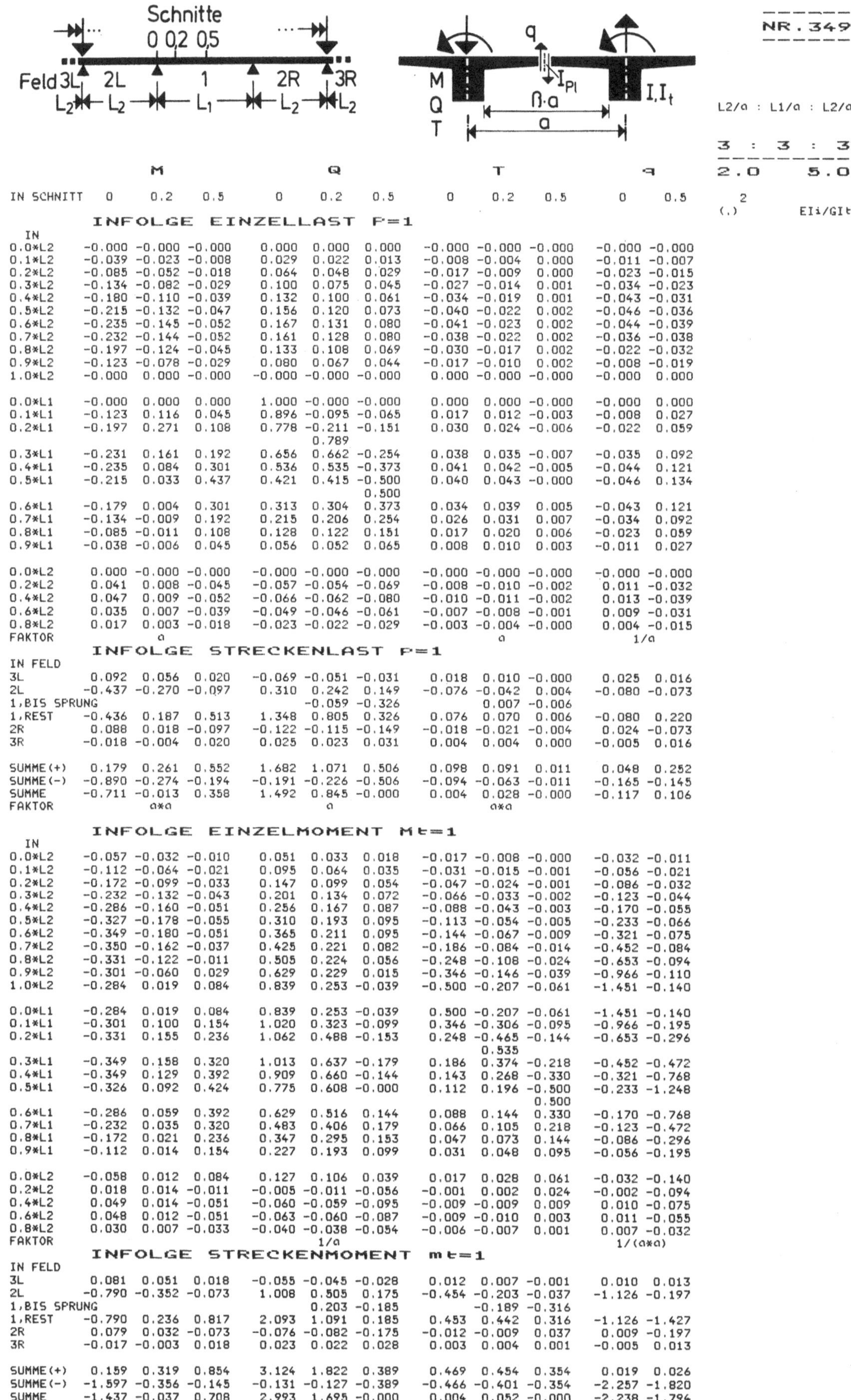

IN SCHNITT	M 0	M 0.2	M 0.5	Q 0	Q 0.2	Q 0.5	T 0	T 0.2	T 0.5	q 0	q 0.5

INFOLGE EINZELLAST P=1

IN	M 0	M 0.2	M 0.5	Q 0	Q 0.2	Q 0.5	T 0	T 0.2	T 0.5	q 0	q 0.5
0.0*L2	-0.000	-0.000	-0.000	0.000	0.000	0.000	-0.000	-0.000	-0.000	-0.000	-0.000
0.1*L2	-0.039	-0.023	-0.008	0.029	0.022	0.013	-0.008	-0.004	0.000	-0.011	-0.007
0.2*L2	-0.085	-0.052	-0.018	0.064	0.048	0.029	-0.017	-0.009	0.000	-0.023	-0.015
0.3*L2	-0.134	-0.082	-0.029	0.100	0.075	0.045	-0.027	-0.014	0.001	-0.034	-0.023
0.4*L2	-0.180	-0.110	-0.039	0.132	0.100	0.061	-0.034	-0.019	0.001	-0.043	-0.031
0.5*L2	-0.215	-0.132	-0.047	0.156	0.120	0.073	-0.040	-0.022	0.002	-0.046	-0.036
0.6*L2	-0.235	-0.145	-0.052	0.167	0.131	0.080	-0.041	-0.023	0.002	-0.044	-0.039
0.7*L2	-0.232	-0.144	-0.052	0.161	0.128	0.080	-0.038	-0.022	0.002	-0.036	-0.038
0.8*L2	-0.197	-0.124	-0.045	0.133	0.108	0.069	-0.030	-0.017	0.002	-0.022	-0.032
0.9*L2	-0.123	-0.078	-0.029	0.080	0.067	0.044	-0.017	-0.010	0.002	-0.008	-0.019
1.0*L2	-0.000	0.000	-0.000	-0.000	-0.000	-0.000	0.000	-0.000	-0.000	-0.000	0.000
0.0*L1	-0.000	0.000	0.000	1.000	-0.000	-0.000	0.000	0.000	-0.000	-0.000	0.000
0.1*L1	-0.123	0.116	0.045	0.896	-0.095	-0.065	0.017	0.012	-0.003	-0.008	0.027
0.2*L1	-0.197	0.271	0.108	0.778	-0.211	-0.151	0.030	0.024	-0.006	-0.022	0.059
				0.789							
0.3*L1	-0.231	0.161	0.192	0.656	0.662	-0.254	0.038	0.035	-0.007	-0.035	0.092
0.4*L1	-0.235	0.084	0.301	0.536	0.535	-0.373	0.041	0.042	-0.005	-0.044	0.121
0.5*L1	-0.215	0.033	0.437	0.421	0.415	-0.500	0.040	0.043	-0.000	-0.046	0.134
						0.500					
0.6*L1	-0.179	0.004	0.301	0.313	0.304	0.373	0.034	0.039	0.005	-0.043	0.121
0.7*L1	-0.134	-0.009	0.192	0.215	0.206	0.254	0.026	0.031	0.007	-0.034	0.092
0.8*L1	-0.085	-0.011	0.108	0.128	0.122	0.151	0.017	0.020	0.006	-0.023	0.059
0.9*L1	-0.038	-0.006	0.045	0.056	0.052	0.065	0.008	0.010	0.003	-0.011	0.027
0.0*L2	0.000	-0.000	-0.000	-0.000	-0.000	-0.000	-0.000	-0.000	-0.000	-0.000	-0.000
0.2*L2	0.041	0.008	-0.045	-0.057	-0.054	-0.069	-0.008	-0.010	-0.002	0.011	-0.032
0.4*L2	0.047	0.009	-0.052	-0.066	-0.062	-0.080	-0.010	-0.011	-0.002	0.013	-0.039
0.6*L2	0.035	0.007	-0.039	-0.049	-0.046	-0.061	-0.007	-0.008	-0.001	0.009	-0.031
0.8*L2	0.017	0.003	-0.018	-0.023	-0.022	-0.029	-0.003	-0.004	-0.000	0.004	-0.015
FAKTOR	a						a			1/a	

INFOLGE STRECKENLAST P=1

IN FELD	M 0	M 0.2	M 0.5	Q 0	Q 0.2	Q 0.5	T 0	T 0.2	T 0.5	q 0	q 0.5
3L	0.092	0.056	0.020	-0.069	-0.051	-0.031	0.018	0.010	-0.000	0.025	0.016
2L	-0.437	-0.270	-0.097	0.310	0.242	0.149	-0.076	-0.042	0.004	-0.080	-0.073
1,BIS SPRUNG					-0.059	-0.326		0.007	-0.006		
1,REST	-0.436	0.187	0.513	1.348	0.805	0.326	0.076	0.070	0.006	-0.080	0.220
2R	0.088	0.018	-0.097	-0.122	-0.115	-0.149	-0.018	-0.021	-0.004	0.024	-0.073
3R	-0.018	-0.004	0.020	0.025	0.023	0.031	0.004	0.004	0.000	-0.005	0.016
SUMME(+)	0.179	0.261	0.552	1.682	1.071	0.506	0.098	0.091	0.011	0.048	0.252
SUMME(-)	-0.890	-0.274	-0.194	-0.191	-0.226	-0.506	-0.094	-0.063	-0.011	-0.165	-0.145
SUMME	-0.711	-0.013	0.358	1.492	0.845	-0.000	0.004	0.028	-0.000	-0.117	0.106
FAKTOR	a*a						a			a*a	

INFOLGE EINZELMOMENT Mt=1

IN	M 0	M 0.2	M 0.5	Q 0	Q 0.2	Q 0.5	T 0	T 0.2	T 0.5	q 0	q 0.5
0.0*L2	-0.057	-0.032	-0.010	0.051	0.033	0.018	-0.017	-0.008	-0.000	-0.032	-0.011
0.1*L2	-0.112	-0.064	-0.021	0.095	0.064	0.035	-0.031	-0.015	-0.001	-0.056	-0.021
0.2*L2	-0.172	-0.099	-0.033	0.147	0.099	0.054	-0.047	-0.024	-0.001	-0.086	-0.032
0.3*L2	-0.232	-0.132	-0.043	0.201	0.134	0.072	-0.066	-0.033	-0.002	-0.123	-0.044
0.4*L2	-0.286	-0.160	-0.051	0.256	0.167	0.087	-0.088	-0.043	-0.003	-0.170	-0.055
0.5*L2	-0.327	-0.178	-0.055	0.310	0.193	0.095	-0.113	-0.054	-0.005	-0.233	-0.066
0.6*L2	-0.349	-0.180	-0.051	0.365	0.211	0.095	-0.144	-0.067	-0.009	-0.321	-0.075
0.7*L2	-0.350	-0.162	-0.037	0.425	0.221	0.082	-0.186	-0.084	-0.014	-0.452	-0.084
0.8*L2	-0.331	-0.122	-0.011	0.505	0.224	0.056	-0.248	-0.108	-0.024	-0.653	-0.094
0.9*L2	-0.301	-0.060	0.029	0.629	0.229	0.015	-0.346	-0.146	-0.039	-0.966	-0.110
1.0*L2	-0.284	0.019	0.084	0.839	0.253	-0.039	-0.500	-0.207	-0.061	-1.451	-0.140
0.0*L1	-0.284	0.019	0.084	0.839	0.253	-0.039	0.500	-0.207	-0.061	-1.451	-0.140
0.1*L1	-0.301	0.100	0.154	1.020	0.323	-0.099	0.346	-0.306	-0.095	-0.966	-0.195
0.2*L1	-0.331	0.155	0.236	1.062	0.488	-0.153	0.248	-0.465	-0.144	-0.653	-0.296
								0.535			
0.3*L1	-0.349	0.158	0.320	1.013	0.637	-0.179	0.186	0.374	-0.218	-0.452	-0.472
0.4*L1	-0.349	0.129	0.392	0.909	0.660	-0.144	0.143	0.268	-0.330	-0.321	-0.768
0.5*L1	-0.326	0.092	0.424	0.775	0.608	-0.000	0.112	0.196	-0.500	-0.233	-1.248
									0.500		
0.6*L1	-0.286	0.059	0.392	0.629	0.516	0.144	0.088	0.144	0.330	-0.170	-0.768
0.7*L1	-0.232	0.035	0.320	0.483	0.406	0.179	0.066	0.105	0.218	-0.123	-0.472
0.8*L1	-0.172	0.021	0.236	0.347	0.295	0.153	0.047	0.073	0.144	-0.086	-0.296
0.9*L1	-0.112	0.014	0.154	0.227	0.193	0.099	0.031	0.048	0.095	-0.056	-0.195
0.0*L2	-0.058	0.012	0.084	0.127	0.106	0.039	0.017	0.028	0.061	-0.032	-0.140
0.2*L2	0.018	0.014	-0.011	-0.005	-0.011	-0.056	-0.001	0.002	0.024	-0.002	-0.094
0.4*L2	0.049	0.014	-0.051	-0.060	-0.059	-0.095	-0.009	-0.009	0.009	0.010	-0.075
0.6*L2	0.048	0.012	-0.051	-0.063	-0.060	-0.087	-0.006	-0.010	0.003	0.011	-0.055
0.8*L2	0.030	0.007	-0.033	-0.040	-0.038	-0.054	-0.006	-0.007	0.001	0.007	-0.032
FAKTOR						1/a				1/(a*a)	

INFOLGE STRECKENMOMENT mt=1

IN FELD	M 0	M 0.2	M 0.5	Q 0	Q 0.2	Q 0.5	T 0	T 0.2	T 0.5	q 0	q 0.5
3L	0.081	0.051	0.018	-0.055	-0.045	-0.028	0.012	0.007	-0.001	0.010	0.013
2L	-0.790	-0.352	-0.073	1.008	0.505	0.175	-0.454	-0.203	-0.037	-1.126	-0.197
1,BIS SPRUNG					0.203	-0.185		-0.189	-0.316		
1,REST	-0.790	0.236	0.817	2.093	1.091	0.185	0.453	0.442	0.316	-1.126	-1.427
2R	0.079	0.032	-0.073	-0.076	-0.082	-0.175	-0.012	-0.009	0.037	0.009	-0.197
3R	-0.017	-0.003	0.018	0.023	0.022	0.028	0.003	0.004	0.001	-0.005	0.013
SUMME(+)	0.159	0.319	0.854	3.124	1.822	0.389	0.469	0.454	0.354	0.019	0.026
SUMME(-)	-1.597	-0.356	-0.145	-0.131	-0.127	-0.389	-0.466	-0.401	-0.354	-2.257	-1.820
SUMME	-1.437	-0.037	0.708	2.993	1.695	-0.000	0.004	0.052	-0.000	-2.238	-1.794
FAKTOR	a						a			1/a	

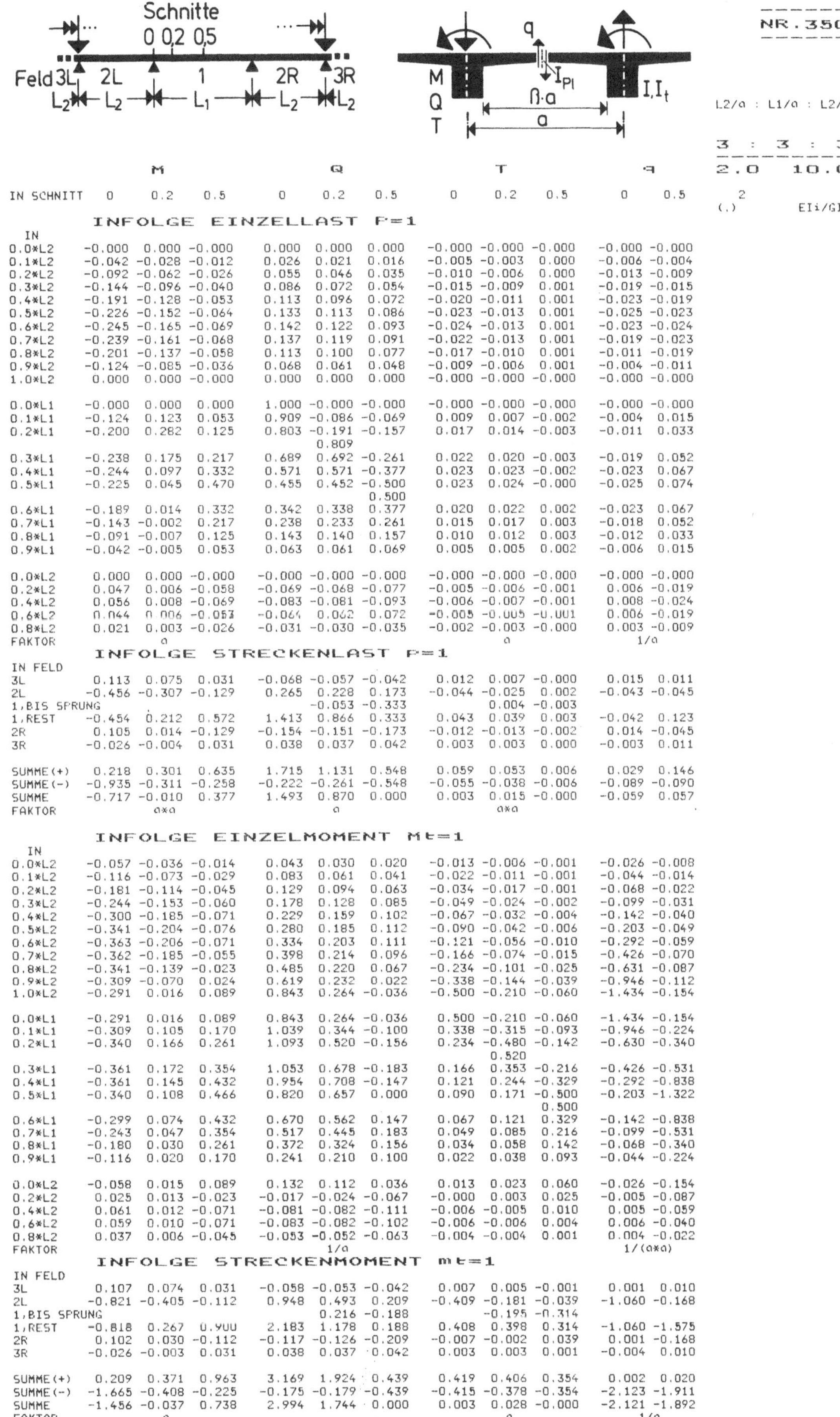

IN SCHNITT	M 0	M 0.2	M 0.5	Q 0	Q 0.2	Q 0.5	T 0	T 0.2	T 0.5	q 0	q 0.5

INFOLGE EINZELLAST P=1

IN

IN	M 0	M 0.2	M 0.5	Q 0	Q 0.2	Q 0.5	T 0	T 0.2	T 0.5	q 0	q 0.5
0.0*L2	-0.000	0.000	-0.000	0.000	0.000	0.000	-0.000	-0.000	-0.000	-0.000	-0.000
0.1*L2	-0.042	-0.028	-0.012	0.026	0.021	0.016	-0.005	-0.003	0.000	-0.006	-0.004
0.2*L2	-0.092	-0.062	-0.026	0.055	0.046	0.035	-0.010	-0.006	0.000	-0.013	-0.009
0.3*L2	-0.144	-0.096	-0.040	0.086	0.072	0.054	-0.015	-0.009	0.001	-0.019	-0.015
0.4*L2	-0.191	-0.128	-0.053	0.113	0.096	0.072	-0.020	-0.011	0.001	-0.023	-0.019
0.5*L2	-0.226	-0.152	-0.064	0.133	0.113	0.086	-0.023	-0.013	0.001	-0.025	-0.023
0.6*L2	-0.245	-0.165	-0.069	0.142	0.122	0.093	-0.024	-0.013	0.001	-0.023	-0.024
0.7*L2	-0.239	-0.161	-0.068	0.137	0.119	0.091	-0.022	-0.013	0.001	-0.019	-0.023
0.8*L2	-0.201	-0.137	-0.058	0.113	0.100	0.077	-0.017	-0.010	0.001	-0.011	-0.019
0.9*L2	-0.124	-0.085	-0.036	0.068	0.061	0.048	-0.009	-0.006	0.001	-0.004	-0.011
1.0*L2	0.000	0.000	-0.000	0.000	0.000	0.000	-0.000	-0.000	-0.000	-0.000	-0.000
0.0*L1	-0.000	0.000	0.000	1.000	-0.000	-0.000	-0.000	-0.000	-0.000	-0.000	-0.000
0.1*L1	-0.124	0.123	0.053	0.909	-0.086	-0.069	0.009	0.007	-0.002	-0.004	0.015
0.2*L1	-0.200	0.282	0.125	0.803	-0.191	-0.157	0.017	0.014	-0.003	-0.011	0.033
					0.809						
0.3*L1	-0.238	0.175	0.217	0.689	0.692	-0.261	0.022	0.020	-0.003	-0.019	0.052
0.4*L1	-0.244	0.097	0.332	0.571	0.571	-0.377	0.023	0.023	-0.002	-0.023	0.067
0.5*L1	-0.225	0.045	0.470	0.455	0.452	-0.500	0.023	0.024	-0.000	-0.025	0.074
						0.500					
0.6*L1	-0.189	0.014	0.332	0.342	0.338	0.377	0.020	0.022	0.002	-0.023	0.067
0.7*L1	-0.143	-0.002	0.217	0.238	0.233	0.261	0.015	0.017	0.003	-0.018	0.052
0.8*L1	-0.091	-0.007	0.125	0.143	0.140	0.157	0.010	0.012	0.003	-0.012	0.033
0.9*L1	-0.042	-0.005	0.053	0.063	0.061	0.069	0.005	0.005	0.002	-0.006	0.015
0.0*L2	0.000	0.000	-0.000	-0.000	-0.000	-0.000	-0.000	-0.000	-0.000	-0.000	-0.000
0.2*L2	0.047	0.006	-0.058	-0.069	-0.068	-0.077	-0.005	-0.006	-0.001	0.006	-0.019
0.4*L2	0.056	0.008	-0.069	-0.083	-0.081	-0.093	-0.006	-0.007	-0.001	0.008	-0.024
0.6*L2	0.044	0.006	-0.053	-0.064	0.062	0.072	-0.005	-0.005	-0.001	0.006	-0.019
0.8*L2	0.021	0.003	-0.026	-0.031	-0.030	-0.035	-0.002	-0.003	-0.000	0.003	-0.009
FAKTOR	a						a			1/a	

INFOLGE STRECKENLAST P=1

IN FELD

IN FELD	M 0	M 0.2	M 0.5	Q 0	Q 0.2	Q 0.5	T 0	T 0.2	T 0.5	q 0	q 0.5
3L	0.113	0.075	0.031	-0.068	-0.057	-0.042	0.012	0.007	-0.000	0.015	0.011
2L	-0.456	-0.307	-0.129	0.265	0.228	0.173	-0.044	-0.025	0.002	-0.043	-0.045
1,BIS SPRUNG					-0.053	-0.333		0.004	-0.003		
1,REST	-0.454	0.212	0.572	1.413	0.866	0.333	0.043	0.039	0.003	-0.042	0.123
2R	0.105	0.014	-0.129	-0.154	-0.151	-0.173	-0.012	-0.013	-0.002	0.014	-0.045
3R	-0.026	-0.004	0.031	0.038	0.037	0.042	0.003	0.003	0.000	-0.003	0.011
SUMME(+)	0.218	0.301	0.635	1.715	1.131	0.548	0.059	0.053	0.006	0.029	0.146
SUMME(-)	-0.935	-0.311	-0.258	-0.222	-0.261	-0.548	-0.055	-0.038	-0.006	-0.089	-0.090
SUMME	-0.717	-0.010	0.377	1.493	0.870	0.000	0.003	0.015	-0.000	-0.059	0.057
FAKTOR	a×a			a			a×a				

INFOLGE EINZELMOMENT Mt=1

IN

IN	M 0	M 0.2	M 0.5	Q 0	Q 0.2	Q 0.5	T 0	T 0.2	T 0.5	q 0	q 0.5
0.0*L2	-0.057	-0.036	-0.014	0.043	0.030	0.020	-0.013	-0.006	-0.001	-0.026	-0.008
0.1*L2	-0.116	-0.073	-0.029	0.083	0.061	0.041	-0.022	-0.011	-0.001	-0.044	-0.014
0.2*L2	-0.181	-0.114	-0.045	0.129	0.094	0.063	-0.034	-0.017	-0.001	-0.068	-0.022
0.3*L2	-0.244	-0.153	-0.060	0.178	0.128	0.085	-0.049	-0.024	-0.002	-0.099	-0.031
0.4*L2	-0.300	-0.185	-0.071	0.229	0.159	0.102	-0.067	-0.032	-0.004	-0.142	-0.040
0.5*L2	-0.341	-0.204	-0.076	0.280	0.185	0.112	-0.090	-0.042	-0.006	-0.203	-0.049
0.6*L2	-0.363	-0.206	-0.071	0.334	0.203	0.111	-0.121	-0.056	-0.010	-0.292	-0.059
0.7*L2	-0.362	-0.185	-0.055	0.398	0.214	0.096	-0.166	-0.074	-0.015	-0.426	-0.070
0.8*L2	-0.341	-0.139	-0.023	0.485	0.220	0.067	-0.234	-0.101	-0.025	-0.631	-0.087
0.9*L2	-0.309	-0.070	0.024	0.619	0.232	0.022	-0.338	-0.144	-0.039	-0.946	-0.112
1.0*L2	-0.291	0.016	0.089	0.843	0.264	-0.036	-0.500	-0.210	-0.060	-1.434	-0.154
0.0*L1	-0.291	0.016	0.089	0.843	0.264	-0.036	0.500	-0.210	-0.060	-1.434	-0.154
0.1*L1	-0.309	0.105	0.170	1.039	0.344	-0.100	0.338	-0.315	-0.093	-0.946	-0.224
0.2*L1	-0.340	0.166	0.261	1.093	0.520	-0.156	0.234	-0.480	-0.142	-0.630	-0.340
								0.520			
0.3*L1	-0.361	0.172	0.354	1.053	0.678	-0.183	0.166	0.353	-0.216	-0.426	-0.531
0.4*L1	-0.361	0.145	0.432	0.954	0.708	-0.147	0.121	0.244	-0.329	-0.292	-0.838
0.5*L1	-0.340	0.108	0.466	0.820	0.657	0.000	0.090	0.171	-0.500	-0.203	-1.322
									0.500		
0.6*L1	-0.299	0.074	0.432	0.670	0.562	0.147	0.067	0.121	0.329	-0.142	-0.838
0.7*L1	-0.243	0.047	0.354	0.517	0.445	0.183	0.049	0.085	0.216	-0.099	-0.531
0.8*L1	-0.180	0.030	0.261	0.372	0.324	0.156	0.034	0.058	0.142	-0.068	-0.340
0.9*L1	-0.116	0.020	0.170	0.241	0.210	0.100	0.022	0.038	0.093	-0.044	-0.224
0.0*L2	-0.058	0.015	0.089	0.132	0.112	0.036	0.013	0.023	0.060	-0.026	-0.154
0.2*L2	0.025	0.013	-0.023	-0.017	-0.024	-0.067	-0.000	0.003	0.025	-0.005	-0.087
0.4*L2	0.061	0.012	-0.071	-0.081	-0.082	-0.111	-0.006	-0.005	0.010	0.005	-0.059
0.6*L2	0.059	0.010	-0.071	-0.083	-0.082	-0.102	-0.006	-0.006	0.004	0.006	-0.040
0.8*L2	0.037	0.006	-0.045	-0.053	-0.052	-0.063	-0.004	-0.004	0.001	0.004	-0.022
FAKTOR										1/(a×a)	

INFOLGE STRECKENMOMENT mt=1

IN FELD

IN FELD	M 0	M 0.2	M 0.5	Q 0	Q 0.2	Q 0.5	T 0	T 0.2	T 0.5	q 0	q 0.5
3L	0.107	0.074	0.031	-0.058	-0.053	-0.042	0.007	0.005	-0.001	0.001	0.010
2L	-0.821	-0.405	-0.112	0.948	0.493	0.209	-0.409	-0.181	-0.039	-1.060	-0.168
1,BIS SPRUNG					0.216	-0.188		-0.195	-0.314		
1,REST	-0.818	0.267	0.900	2.183	1.178	0.188	0.408	0.398	0.314	-1.060	-1.575
2R	0.102	0.030	-0.112	-0.117	-0.126	-0.209	-0.007	-0.002	0.039	0.001	-0.168
3R	-0.026	-0.003	0.031	0.038	0.037	0.042	0.003	0.003	0.001	-0.004	0.010
SUMME(+)	0.209	0.371	0.963	3.169	1.924	0.439	0.419	0.406	0.354	0.002	0.020
SUMME(-)	-1.665	-0.408	-0.225	-0.175	-0.179	-0.439	-0.415	-0.378	-0.354	-2.123	-1.911
SUMME	-1.456	-0.037	0.738	2.994	1.744	0.000	0.003	0.028	-0.000	-2.121	-1.892
FAKTOR	a			a			a			1/a	

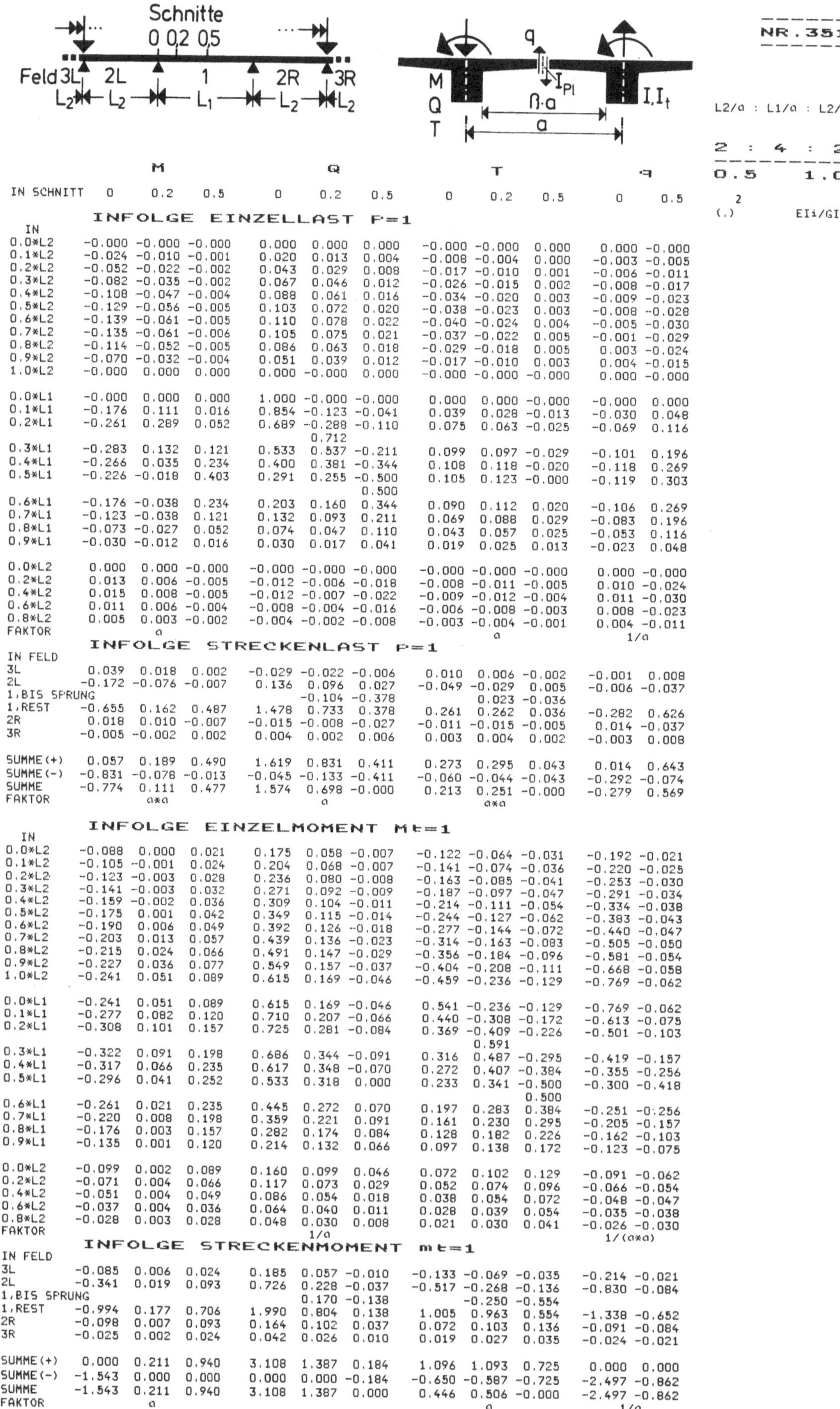

IN SCHNITT	M 0	M 0.2	M 0.5	Q 0	Q 0.2	Q 0.5	T 0	T 0.2	T 0.5	q 0	q 0.5

INFOLGE EINZELLAST P=1

IN	M 0	M 0.2	M 0.5	Q 0	Q 0.2	Q 0.5	T 0	T 0.2	T 0.5	q 0	q 0.5
0.0*L2	-0.000	-0.000	-0.000	0.000	0.000	0.000	-0.000	-0.000	0.000	0.000	-0.000
0.1*L2	-0.024	-0.010	-0.001	0.020	0.013	0.004	-0.008	-0.004	0.000	-0.003	-0.005
0.2*L2	-0.052	-0.022	-0.002	0.043	0.029	0.008	-0.017	-0.010	0.001	-0.006	-0.011
0.3*L2	-0.082	-0.035	-0.002	0.067	0.046	0.012	-0.026	-0.015	0.002	-0.008	-0.017
0.4*L2	-0.108	-0.047	-0.004	0.088	0.061	0.016	-0.034	-0.020	0.003	-0.009	-0.023
0.5*L2	-0.129	-0.056	-0.005	0.103	0.072	0.020	-0.038	-0.023	0.003	-0.008	-0.028
0.6*L2	-0.139	-0.061	-0.005	0.110	0.078	0.022	-0.040	-0.024	0.004	-0.005	-0.030
0.7*L2	-0.135	-0.061	-0.006	0.105	0.075	0.021	-0.037	-0.022	0.005	-0.001	-0.029
0.8*L2	-0.114	-0.052	-0.005	0.086	0.063	0.018	-0.029	-0.018	0.005	0.003	-0.024
0.9*L2	-0.070	-0.032	-0.004	0.051	0.039	0.012	-0.017	-0.010	0.003	0.004	-0.015
1.0*L2	-0.000	0.000	0.000	0.000	-0.000	0.000	-0.000	-0.000	-0.000	0.000	-0.000
0.0*L1	-0.000	0.000	0.000	1.000	-0.000	-0.000	0.000	0.000	-0.000	-0.000	0.000
0.1*L1	-0.176	0.111	0.016	0.854	-0.123	-0.041	0.039	0.028	-0.013	-0.030	0.048
0.2*L1	-0.261	0.289	0.052	0.689	-0.288	-0.110	0.075	0.063	-0.025	-0.069	0.116
				0.712							
0.3*L1	-0.283	0.132	0.121	0.533	0.537	-0.211	0.099	0.097	-0.029	-0.101	0.196
0.4*L1	-0.266	0.035	0.234	0.400	0.381	-0.344	0.108	0.118	-0.020	-0.118	0.269
0.5*L1	-0.226	-0.018	0.403	0.291	0.255	-0.500	0.105	0.123	-0.000	-0.119	0.303
						0.500					
0.6*L1	-0.176	-0.038	0.234	0.203	0.160	0.344	0.090	0.112	0.020	-0.106	0.269
0.7*L1	-0.123	-0.038	0.121	0.132	0.093	0.211	0.069	0.088	0.029	-0.083	0.196
0.8*L1	-0.073	-0.027	0.052	0.074	0.047	0.110	0.043	0.057	0.025	-0.053	0.116
0.9*L1	-0.030	-0.012	0.016	0.030	0.017	0.041	0.019	0.025	0.013	-0.023	0.048
0.0*L2	0.000	0.000	-0.000	-0.000	-0.000	-0.000	-0.000	-0.000	-0.000	0.000	-0.000
0.2*L2	0.013	0.006	-0.005	-0.012	-0.006	-0.018	-0.008	-0.011	-0.005	0.010	-0.024
0.4*L2	0.015	0.008	-0.005	-0.012	-0.007	-0.022	-0.009	-0.012	-0.004	0.011	-0.030
0.6*L2	0.011	0.006	-0.004	-0.008	-0.004	-0.016	-0.006	-0.008	-0.003	0.008	-0.023
0.8*L2	0.005	0.003	-0.002	-0.004	-0.002	-0.008	-0.003	-0.004	-0.001	0.004	-0.011
FAKTOR	a						a			1/a	

INFOLGE STRECKENLAST P=1

IN FELD	M 0	M 0.2	M 0.5	Q 0	Q 0.2	Q 0.5	T 0	T 0.2	T 0.5	q 0	q 0.5
3L	0.039	0.018	0.002	-0.029	-0.022	-0.006	0.010	0.006	-0.002	-0.001	0.008
2L	-0.172	-0.076	-0.007	0.136	0.096	0.027	-0.049	-0.029	0.005	-0.006	-0.037
1,BIS SPRUNG					-0.104	-0.378		0.023	-0.036		
1,REST	-0.655	0.162	0.487	1.478	0.733	0.378	0.261	0.262	0.036	-0.282	0.626
2R	0.018	0.010	-0.007	-0.015	-0.008	-0.027	-0.011	-0.015	-0.005	0.014	-0.037
3R	-0.005	-0.002	0.002	0.004	0.002	0.006	0.003	0.004	0.002	-0.003	0.008
SUMME(+)	0.057	0.189	0.490	1.619	0.831	0.411	0.273	0.295	0.043	0.014	0.643
SUMME(-)	-0.831	-0.078	-0.013	-0.045	-0.133	-0.411	-0.060	-0.044	-0.043	-0.292	-0.074
SUMME	-0.774	0.111	0.477	1.574	0.698	-0.000	0.213	0.251	-0.000	-0.279	0.569
FAKTOR	a*a			a			a*a				

INFOLGE EINZELMOMENT Mt=1

IN	M 0	M 0.2	M 0.5	Q 0	Q 0.2	Q 0.5	T 0	T 0.2	T 0.5	q 0	q 0.5
0.0*L2	-0.088	0.000	0.021	0.175	0.058	-0.007	-0.122	-0.064	-0.031	-0.192	-0.021
0.1*L2	-0.105	-0.001	0.024	0.204	0.068	-0.007	-0.141	-0.074	-0.036	-0.220	-0.025
0.2*L2	-0.123	-0.003	0.028	0.236	0.080	-0.008	-0.163	-0.085	-0.041	-0.253	-0.030
0.3*L2	-0.141	-0.003	0.032	0.271	0.092	-0.009	-0.187	-0.097	-0.047	-0.291	-0.034
0.4*L2	-0.159	-0.002	0.036	0.309	0.104	-0.011	-0.214	-0.111	-0.054	-0.334	-0.038
0.5*L2	-0.175	0.001	0.042	0.349	0.115	-0.014	-0.244	-0.127	-0.062	-0.383	-0.043
0.6*L2	-0.190	0.006	0.049	0.392	0.126	-0.018	-0.277	-0.144	-0.072	-0.440	-0.047
0.7*L2	-0.203	0.013	0.057	0.439	0.136	-0.023	-0.314	-0.163	-0.083	-0.505	-0.050
0.8*L2	-0.215	0.024	0.066	0.491	0.147	-0.029	-0.356	-0.184	-0.096	-0.581	-0.054
0.9*L2	-0.227	0.036	0.077	0.549	0.157	-0.037	-0.404	-0.208	-0.111	-0.668	-0.058
1.0*L2	-0.241	0.051	0.089	0.615	0.169	-0.046	-0.459	-0.236	-0.129	-0.769	-0.062
0.0*L1	-0.241	0.051	0.089	0.615	0.169	-0.046	0.541	-0.236	-0.129	-0.769	-0.062
0.1*L1	-0.277	0.082	0.120	0.710	0.207	-0.066	0.440	-0.308	-0.172	-0.613	-0.075
0.2*L1	-0.308	0.101	0.157	0.725	0.281	-0.084	0.369	-0.409	-0.226	-0.501	-0.103
							0.591				
0.3*L1	-0.322	0.091	0.198	0.686	0.344	-0.091	0.316	0.487	-0.295	-0.419	-0.157
0.4*L1	-0.317	0.066	0.235	0.617	0.348	-0.070	0.272	0.407	-0.384	-0.355	-0.256
0.5*L1	-0.296	0.041	0.252	0.533	0.318	0.000	0.233	0.341	-0.500	-0.300	-0.418
									0.500		
0.6*L1	-0.261	0.021	0.235	0.445	0.272	0.070	0.197	0.283	0.384	-0.251	-0.256
0.7*L1	-0.220	0.008	0.198	0.359	0.221	0.091	0.161	0.230	0.295	-0.205	-0.157
0.8*L1	-0.176	0.003	0.157	0.282	0.174	0.084	0.128	0.182	0.226	-0.162	-0.103
0.9*L1	-0.135	0.001	0.120	0.214	0.132	0.066	0.097	0.138	0.172	-0.123	-0.075
0.0*L2	-0.099	0.002	0.089	0.160	0.099	0.046	0.072	0.102	0.129	-0.091	-0.062
0.2*L2	-0.071	0.004	0.066	0.117	0.073	0.029	0.052	0.074	0.096	-0.066	-0.054
0.4*L2	-0.051	0.004	0.049	0.086	0.054	0.018	0.038	0.054	0.072	-0.048	-0.047
0.6*L2	-0.037	0.004	0.036	0.064	0.040	0.011	0.028	0.039	0.054	-0.035	-0.038
0.8*L2	-0.028	0.003	0.028	0.048	0.030	0.008	0.021	0.030	0.041	-0.026	-0.030
FAKTOR				1/a						1/(a*a)	

INFOLGE STRECKENMOMENT mt=1

IN FELD	M 0	M 0.2	M 0.5	Q 0	Q 0.2	Q 0.5	T 0	T 0.2	T 0.5	q 0	q 0.5
3L	-0.085	0.006	0.024	0.185	0.057	-0.010	-0.133	-0.069	-0.035	-0.214	-0.021
2L	-0.341	0.019	0.093	0.726	0.228	-0.037	-0.517	-0.268	-0.136	-0.830	-0.084
1,BIS SPRUNG					0.170	-0.138		-0.250	-0.554		
1,REST	-0.994	0.177	0.706	1.990	0.804	0.138	1.005	0.963	0.554	-1.338	-0.652
2R	-0.098	0.007	0.093	0.164	0.102	0.037	0.072	0.103	0.136	-0.091	-0.084
3R	-0.025	0.002	0.024	0.042	0.026	0.010	0.019	0.027	0.035	-0.024	-0.021
SUMME(+)	0.000	0.211	0.940	3.108	1.387	0.184	1.096	1.093	0.725	0.000	0.000
SUMME(-)	-1.543	0.000	0.000	0.000	0.000	-0.184	-0.650	-0.587	-0.725	-2.497	-0.862
SUMME	-1.543	0.211	0.940	3.108	1.387	0.000	0.446	0.506	-0.000	-2.497	-0.862
FAKTOR	a						a			1/a	

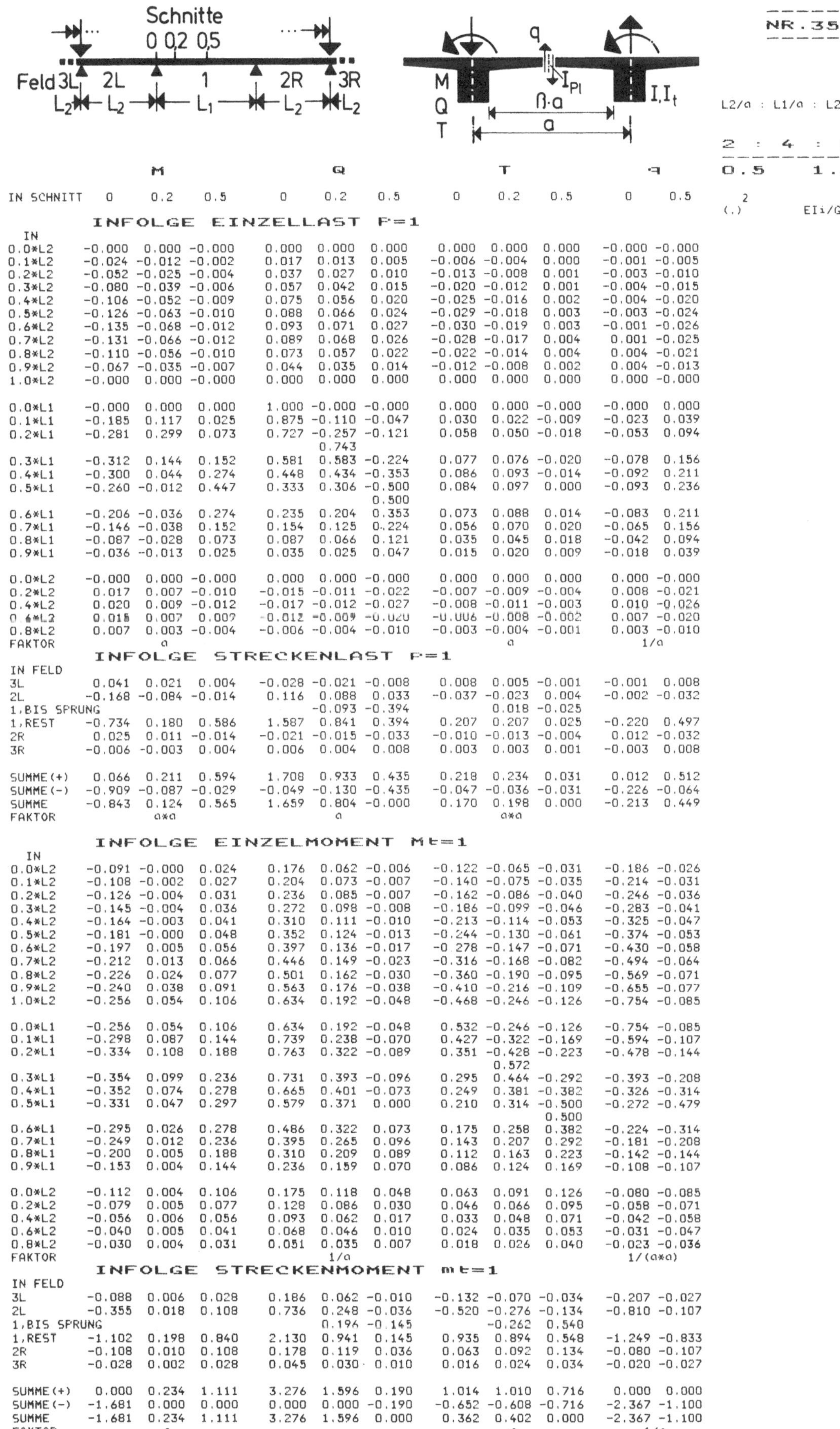

	M 0	M 0.2	M 0.5	Q 0	Q 0.2	Q 0.5	T 0	T 0.2	T 0.5	q 0	q 0.5

INFOLGE EINZELLAST P=1

IN

	M 0	M 0.2	M 0.5	Q 0	Q 0.2	Q 0.5	T 0	T 0.2	T 0.5	q 0	q 0.5
0.0*L2	-0.000	0.000	-0.000	0.000	0.000	0.000	0.000	0.000	0.000	-0.000	-0.000
0.1*L2	-0.024	-0.012	-0.002	0.017	0.013	0.005	-0.006	-0.004	0.000	-0.001	-0.005
0.2*L2	-0.052	-0.025	-0.004	0.037	0.027	0.010	-0.013	-0.008	0.001	-0.003	-0.010
0.3*L2	-0.080	-0.039	-0.006	0.057	0.042	0.015	-0.020	-0.012	0.001	-0.004	-0.015
0.4*L2	-0.106	-0.052	-0.009	0.075	0.056	0.020	-0.025	-0.016	0.002	-0.004	-0.020
0.5*L2	-0.126	-0.063	-0.010	0.088	0.066	0.024	-0.029	-0.018	0.003	-0.003	-0.024
0.6*L2	-0.135	-0.068	-0.012	0.093	0.071	0.027	-0.030	-0.019	0.003	-0.001	-0.026
0.7*L2	-0.131	-0.066	-0.012	0.089	0.068	0.026	-0.028	-0.017	0.004	0.001	-0.025
0.8*L2	-0.110	-0.056	-0.010	0.073	0.057	0.022	-0.022	-0.014	0.004	0.004	-0.021
0.9*L2	-0.067	-0.035	-0.007	0.044	0.035	0.014	-0.012	-0.008	0.002	0.004	-0.013
1.0*L2	-0.000	0.000	-0.000	0.000	0.000	0.000	0.000	0.000	0.000	0.000	-0.000
0.0*L1	-0.000	0.000	0.000	1.000	-0.000	-0.000	0.000	0.000	-0.000	-0.000	0.000
0.1*L1	-0.185	0.117	0.025	0.875	-0.110	-0.047	0.030	0.022	-0.009	-0.023	0.039
0.2*L1	-0.281	0.299	0.073	0.727	-0.257	-0.121	0.058	0.050	-0.018	-0.053	0.094
				0.743							
0.3*L1	-0.312	0.144	0.152	0.581	0.583	-0.224	0.077	0.076	-0.020	-0.078	0.156
0.4*L1	-0.300	0.044	0.274	0.448	0.434	-0.353	0.086	0.093	-0.014	-0.092	0.211
0.5*L1	-0.260	-0.012	0.447	0.333	0.306	-0.500	0.084	0.097	0.000	-0.093	0.236
						0.500					
0.6*L1	-0.206	-0.036	0.274	0.235	0.204	0.353	0.073	0.088	0.014	-0.083	0.211
0.7*L1	-0.146	-0.038	0.152	0.154	0.125	0.224	0.056	0.070	0.020	-0.065	0.156
0.8*L1	-0.087	-0.028	0.073	0.087	0.066	0.121	0.035	0.045	0.018	-0.042	0.094
0.9*L1	-0.036	-0.013	0.025	0.035	0.025	0.047	0.015	0.020	0.009	-0.018	0.039
0.0*L2	-0.000	0.000	-0.000	0.000	0.000	-0.000	0.000	0.000	0.000	0.000	-0.000
0.2*L2	0.017	0.007	-0.010	-0.015	-0.011	-0.022	-0.007	-0.009	-0.004	0.008	-0.021
0.4*L2	0.020	0.009	-0.012	-0.017	-0.012	-0.027	-0.008	-0.011	-0.003	0.010	-0.026
0.6*L2	0.015	0.007	0.002	-0.012	-0.009	-0.020	-0.006	-0.008	-0.002	0.007	-0.020
0.8*L2	0.007	0.003	-0.004	-0.006	-0.004	-0.010	-0.003	-0.004	-0.001	0.003	-0.010
FAKTOR	a						a			1/a	

INFOLGE STRECKENLAST P=1

IN FELD

	M 0	M 0.2	M 0.5	Q 0	Q 0.2	Q 0.5	T 0	T 0.2	T 0.5	q 0	q 0.5
3L	0.041	0.021	0.004	-0.028	-0.021	-0.008	0.008	0.005	-0.001	-0.001	0.008
2L	-0.168	-0.084	-0.014	0.116	0.088	0.033	-0.037	-0.023	0.004	-0.002	-0.032
1,BIS SPRUNG					-0.093	-0.394		0.018	-0.025		
1,REST	-0.734	0.180	0.586	1.587	0.841	0.394	0.207	0.207	0.025	-0.220	0.497
2R	0.025	0.011	-0.014	-0.021	-0.015	-0.033	-0.010	-0.013	-0.004	0.012	-0.032
3R	-0.006	-0.003	0.004	0.006	0.004	0.008	0.003	0.003	0.001	-0.003	0.008
SUMME(+)	0.066	0.211	0.594	1.708	0.933	0.435	0.218	0.234	0.031	0.012	0.512
SUMME(-)	-0.909	-0.087	-0.029	-0.049	-0.130	-0.435	-0.047	-0.036	-0.031	-0.226	-0.064
SUMME	-0.843	0.124	0.565	1.659	0.804	-0.000	0.170	0.198	0.000	-0.213	0.449
FAKTOR	a*a			a			a*a				

INFOLGE EINZELMOMENT Mt=1

IN

	M 0	M 0.2	M 0.5	Q 0	Q 0.2	Q 0.5	T 0	T 0.2	T 0.5	q 0	q 0.5
0.0*L2	-0.091	-0.000	0.024	0.176	0.062	-0.006	-0.122	-0.065	-0.031	-0.186	-0.026
0.1*L2	-0.108	-0.002	0.027	0.204	0.073	-0.007	-0.140	-0.075	-0.035	-0.214	-0.031
0.2*L2	-0.126	-0.004	0.031	0.236	0.085	-0.007	-0.162	-0.086	-0.040	-0.246	-0.036
0.3*L2	-0.145	-0.004	0.036	0.272	0.098	-0.008	-0.186	-0.099	-0.046	-0.283	-0.041
0.4*L2	-0.164	-0.003	0.041	0.310	0.111	-0.010	-0.213	-0.114	-0.053	-0.325	-0.047
0.5*L2	-0.181	-0.000	0.048	0.352	0.124	-0.013	-0.244	-0.130	-0.061	-0.374	-0.053
0.6*L2	-0.197	0.005	0.056	0.397	0.136	-0.017	-0.278	-0.147	-0.071	-0.430	-0.058
0.7*L2	-0.212	0.013	0.066	0.446	0.149	-0.023	-0.316	-0.168	-0.082	-0.494	-0.064
0.8*L2	-0.226	0.024	0.077	0.501	0.162	-0.030	-0.360	-0.190	-0.095	-0.569	-0.071
0.9*L2	-0.240	0.038	0.091	0.563	0.176	-0.038	-0.410	-0.216	-0.109	-0.655	-0.077
1.0*L2	-0.256	0.054	0.106	0.634	0.192	-0.048	-0.468	-0.246	-0.126	-0.754	-0.085
0.0*L1	-0.256	0.054	0.106	0.634	0.192	-0.048	0.532	-0.246	-0.126	-0.754	-0.085
0.1*L1	-0.298	0.087	0.144	0.739	0.238	-0.070	0.427	-0.322	-0.169	-0.594	-0.107
0.2*L1	-0.334	0.108	0.188	0.763	0.322	-0.089	0.351	-0.428	-0.223	-0.478	-0.144
								0.572			
0.3*L1	-0.354	0.099	0.236	0.731	0.393	-0.096	0.295	0.464	-0.292	-0.393	-0.208
0.4*L1	-0.352	0.074	0.278	0.665	0.401	-0.073	0.249	0.381	-0.382	-0.326	-0.314
0.5*L1	-0.331	0.047	0.297	0.579	0.371	0.000	0.210	0.314	-0.500	-0.272	-0.479
									0.500		
0.6*L1	-0.295	0.026	0.278	0.486	0.322	0.073	0.175	0.258	0.382	-0.224	-0.314
0.7*L1	-0.249	0.012	0.236	0.395	0.265	0.096	0.143	0.207	0.292	-0.181	-0.208
0.8*L1	-0.200	0.005	0.188	0.310	0.209	0.089	0.112	0.163	0.223	-0.142	-0.144
0.9*L1	-0.153	0.004	0.144	0.236	0.159	0.070	0.086	0.124	0.169	-0.108	-0.107
0.0*L2	-0.112	0.004	0.106	0.175	0.118	0.048	0.063	0.091	0.126	-0.080	-0.085
0.2*L2	-0.079	0.005	0.077	0.128	0.086	0.030	0.046	0.066	0.095	-0.058	-0.071
0.4*L2	-0.056	0.006	0.056	0.093	0.062	0.017	0.033	0.048	0.071	-0.042	-0.058
0.6*L2	-0.040	0.005	0.041	0.068	0.046	0.010	0.024	0.035	0.053	-0.031	-0.047
0.8*L2	-0.030	0.004	0.031	0.051	0.035	0.007	0.018	0.026	0.040	-0.023	-0.036
FAKTOR				1/a						1/(a*a)	

INFOLGE STRECKENMOMENT mt=1

IN FELD

	M 0	M 0.2	M 0.5	Q 0	Q 0.2	Q 0.5	T 0	T 0.2	T 0.5	q 0	q 0.5
3L	-0.088	0.006	0.028	0.186	0.062	-0.010	-0.132	-0.070	-0.034	-0.207	-0.027
2L	-0.355	0.018	0.108	0.736	0.248	-0.036	-0.520	-0.276	-0.134	-0.810	-0.107
1,BIS SPRUNG					0.196	-0.145		-0.262	0.548		
1,REST	-1.102	0.198	0.840	2.130	0.941	0.145	0.935	0.894	0.548	-1.249	-0.833
2R	-0.108	0.010	0.108	0.178	0.119	0.036	0.063	0.092	0.134	-0.080	-0.107
3R	-0.028	0.002	0.028	0.045	0.030	0.010	0.016	0.024	0.034	-0.020	-0.027
SUMME(+)	0.000	0.234	1.111	3.276	1.596	0.190	1.014	1.010	0.716	0.000	0.000
SUMME(-)	-1.681	0.000	0.000	0.000	0.000	-0.190	-0.652	-0.608	-0.716	-2.367	-1.100
SUMME	-1.681	0.234	1.111	3.276	1.596	0.000	0.362	0.402	0.000	-2.367	-1.100
FAKTOR	a			a						1/a	

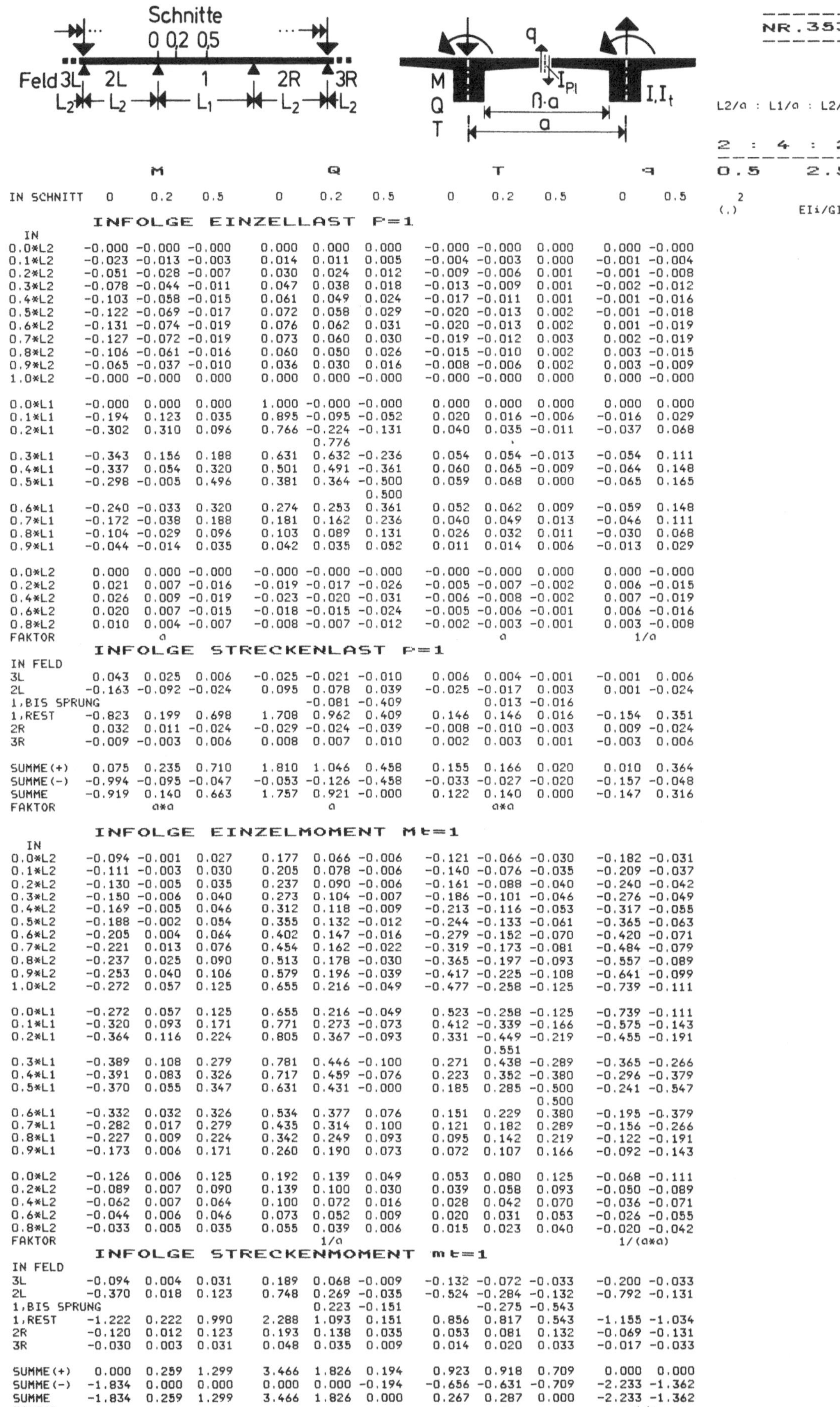

	M			Q			T			q	
IN SCHNITT	0	0.2	0.5	0	0.2	0.5	0	0.2	0.5	0	0.5

INFOLGE EINZELLAST P=1

IN

	M(0)	M(0.2)	M(0.5)	Q(0)	Q(0.2)	Q(0.5)	T(0)	T(0.2)	T(0.5)	q(0)	q(0.5)
0.0*L2	-0.000	-0.000	-0.000	0.000	0.000	0.000	-0.000	-0.000	0.000	0.000	-0.000
0.1*L2	-0.023	-0.013	-0.003	0.014	0.011	0.005	-0.004	-0.003	0.000	-0.001	-0.004
0.2*L2	-0.051	-0.028	-0.007	0.030	0.024	0.012	-0.009	-0.006	0.001	-0.001	-0.008
0.3*L2	-0.078	-0.044	-0.011	0.047	0.038	0.018	-0.013	-0.009	0.001	-0.002	-0.012
0.4*L2	-0.103	-0.058	-0.015	0.061	0.049	0.024	-0.017	-0.011	0.001	-0.001	-0.016
0.5*L2	-0.122	-0.069	-0.017	0.072	0.058	0.029	-0.020	-0.013	0.002	-0.001	-0.018
0.6*L2	-0.131	-0.074	-0.019	0.076	0.062	0.031	-0.020	-0.013	0.002	0.001	-0.019
0.7*L2	-0.127	-0.072	-0.019	0.073	0.060	0.030	-0.019	-0.012	0.003	0.002	-0.019
0.8*L2	-0.106	-0.061	-0.016	0.060	0.050	0.026	-0.015	-0.010	0.002	0.003	-0.015
0.9*L2	-0.065	-0.037	-0.010	0.036	0.030	0.016	-0.008	-0.006	0.002	0.003	-0.009
1.0*L2	-0.000	-0.000	0.000	0.000	0.000	-0.000	-0.000	-0.000	0.000	0.000	-0.000
0.0*L1	-0.000	0.000	0.000	1.000	-0.000	-0.000	0.000	0.000	0.000	0.000	0.000
0.1*L1	-0.194	0.123	0.035	0.895	-0.095	-0.052	0.020	0.016	-0.006	-0.016	0.029
0.2*L1	-0.302	0.310	0.096	0.766	-0.224	-0.131	0.040	0.035	-0.011	-0.037	0.068
					0.776						
0.3*L1	-0.343	0.156	0.188	0.631	0.632	-0.236	0.054	0.054	-0.013	-0.054	0.111
0.4*L1	-0.337	0.054	0.320	0.501	0.491	-0.361	0.060	0.065	-0.009	-0.064	0.148
0.5*L1	-0.298	-0.005	0.496	0.381	0.364	-0.500	0.059	0.068	0.000	-0.065	0.165
						0.500					
0.6*L1	-0.240	-0.033	0.320	0.274	0.253	0.361	0.052	0.062	0.009	-0.059	0.148
0.7*L1	-0.172	-0.038	0.188	0.181	0.162	0.236	0.040	0.049	0.013	-0.046	0.111
0.8*L1	-0.104	-0.029	0.096	0.103	0.089	0.131	0.026	0.032	0.011	-0.030	0.068
0.9*L1	-0.044	-0.014	0.035	0.042	0.035	0.052	0.011	0.014	0.006	-0.013	0.029
0.0*L2	0.000	0.000	-0.000	-0.000	-0.000	-0.000	-0.000	-0.000	0.000	0.000	-0.000
0.2*L2	0.021	0.007	-0.016	-0.019	-0.017	-0.026	-0.005	-0.007	-0.002	0.006	-0.015
0.4*L2	0.026	0.009	-0.019	-0.023	-0.020	-0.031	-0.006	-0.008	-0.002	0.007	-0.019
0.6*L2	0.020	0.007	-0.015	-0.018	-0.015	-0.024	-0.005	-0.006	-0.001	0.006	-0.016
0.8*L2	0.010	0.004	-0.007	-0.008	-0.007	-0.012	-0.002	-0.003	-0.001	0.003	-0.008
FAKTOR		a						a			1/a

INFOLGE STRECKENLAST P=1

IN FELD

	M(0)	M(0.2)	M(0.5)	Q(0)	Q(0.2)	Q(0.5)	T(0)	T(0.2)	T(0.5)	q(0)	q(0.5)
3L	0.043	0.025	0.006	-0.025	-0.021	-0.010	0.006	0.004	-0.001	-0.001	0.006
2L	-0.163	-0.092	-0.024	0.095	0.078	0.039	-0.025	-0.017	0.003	0.001	-0.024
1,BIS SPRUNG					-0.081	-0.409		0.013	-0.016		
1,REST	-0.823	0.199	0.698	1.708	0.962	0.409	0.146	0.146	0.016	-0.154	0.351
2R	0.032	0.011	-0.024	-0.029	-0.024	-0.039	-0.008	-0.010	-0.003	0.009	-0.024
3R	-0.009	-0.003	0.006	0.008	0.007	0.010	0.002	0.003	0.001	-0.003	0.006
SUMME(+)	0.075	0.235	0.710	1.810	1.046	0.458	0.155	0.166	0.020	0.010	0.364
SUMME(-)	-0.994	-0.095	-0.047	-0.053	-0.126	-0.458	-0.033	-0.027	-0.020	-0.157	-0.048
SUMME	-0.919	0.140	0.663	1.757	0.921	-0.000	0.122	0.140	0.000	-0.147	0.316
FAKTOR		a*a			a			a*a			

INFOLGE EINZELMOMENT Mt=1

IN

	M(0)	M(0.2)	M(0.5)	Q(0)	Q(0.2)	Q(0.5)	T(0)	T(0.2)	T(0.5)	q(0)	q(0.5)
0.0*L2	-0.094	-0.001	0.027	0.177	0.066	-0.006	-0.121	-0.066	-0.030	-0.182	-0.031
0.1*L2	-0.111	-0.003	0.030	0.205	0.078	-0.006	-0.140	-0.076	-0.035	-0.209	-0.037
0.2*L2	-0.130	-0.005	0.035	0.237	0.090	-0.006	-0.161	-0.088	-0.040	-0.240	-0.042
0.3*L2	-0.150	-0.006	0.040	0.273	0.104	-0.007	-0.186	-0.101	-0.046	-0.276	-0.049
0.4*L2	-0.169	-0.005	0.046	0.312	0.118	-0.009	-0.213	-0.116	-0.053	-0.317	-0.055
0.5*L2	-0.188	-0.002	0.054	0.355	0.132	-0.012	-0.244	-0.133	-0.061	-0.365	-0.063
0.6*L2	-0.205	0.004	0.064	0.402	0.147	-0.016	-0.279	-0.152	-0.070	-0.420	-0.071
0.7*L2	-0.221	0.013	0.076	0.454	0.162	-0.022	-0.319	-0.173	-0.081	-0.484	-0.079
0.8*L2	-0.237	0.025	0.090	0.513	0.178	-0.030	-0.365	-0.197	-0.093	-0.557	-0.089
0.9*L2	-0.253	0.040	0.106	0.579	0.196	-0.039	-0.417	-0.225	-0.108	-0.641	-0.099
1.0*L2	-0.272	0.057	0.125	0.655	0.216	-0.049	-0.477	-0.258	-0.125	-0.739	-0.111
0.0*L1	-0.272	0.057	0.125	0.655	0.216	-0.049	0.523	-0.258	-0.125	-0.739	-0.111
0.1*L1	-0.320	0.093	0.171	0.771	0.273	-0.073	0.412	-0.339	-0.166	-0.575	-0.143
0.2*L1	-0.364	0.116	0.224	0.805	0.367	-0.093	0.331	-0.449	-0.219	-0.455	-0.191
								0.551			
0.3*L1	-0.389	0.108	0.279	0.781	0.446	-0.100	0.271	0.438	-0.289	-0.365	-0.266
0.4*L1	-0.391	0.083	0.326	0.717	0.459	-0.076	0.223	0.352	-0.380	-0.296	-0.379
0.5*L1	-0.370	0.055	0.347	0.631	0.431	-0.000	0.185	0.285	-0.500	-0.241	-0.547
									0.500		
0.6*L1	-0.332	0.032	0.326	0.534	0.377	0.076	0.151	0.229	0.380	-0.195	-0.379
0.7*L1	-0.282	0.017	0.279	0.435	0.314	0.100	0.121	0.182	0.289	-0.156	-0.266
0.8*L1	-0.227	0.009	0.224	0.342	0.249	0.093	0.095	0.142	0.219	-0.122	-0.191
0.9*L1	-0.173	0.006	0.171	0.260	0.190	0.073	0.072	0.107	0.166	-0.092	-0.143
0.0*L2	-0.126	0.006	0.125	0.192	0.139	0.049	0.053	0.080	0.125	-0.068	-0.111
0.2*L2	-0.089	0.007	0.090	0.139	0.100	0.030	0.039	0.058	0.093	-0.050	-0.089
0.4*L2	-0.062	0.007	0.064	0.100	0.072	0.016	0.028	0.042	0.070	-0.036	-0.071
0.6*L2	-0.044	0.006	0.046	0.073	0.052	0.009	0.020	0.031	0.053	-0.026	-0.055
0.8*L2	-0.033	0.005	0.035	0.055	0.039	0.006	0.015	0.023	0.040	-0.020	-0.042
FAKTOR					1/a						1/(a*a)

INFOLGE STRECKENMOMENT mt=1

IN FELD

	M(0)	M(0.2)	M(0.5)	Q(0)	Q(0.2)	Q(0.5)	T(0)	T(0.2)	T(0.5)	q(0)	q(0.5)
3L	-0.094	0.004	0.031	0.189	0.068	-0.009	-0.132	-0.072	-0.033	-0.200	-0.033
2L	-0.370	0.018	0.123	0.748	0.269	-0.035	-0.524	-0.284	-0.132	-0.792	-0.131
1,BIS SPRUNG					0.223	-0.151		-0.275	-0.543		
1,REST	-1.222	0.222	0.990	2.288	1.093	0.151	0.856	0.817	0.543	-1.155	-1.034
2R	-0.120	0.012	0.123	0.193	0.138	0.035	0.053	0.081	0.132	-0.069	-0.131
3R	-0.030	0.003	0.031	0.048	0.035	0.009	0.014	0.020	0.033	-0.017	-0.033
SUMME(+)	0.000	0.259	1.299	3.466	1.826	0.194	0.923	0.918	0.709	0.000	0.000
SUMME(-)	-1.834	0.000	0.000	0.000	0.000	-0.194	-0.656	-0.631	-0.709	-2.233	-1.362
SUMME	-1.834	0.259	1.299	3.466	1.826	0.000	0.267	0.287	0.000	-2.233	-1.362
FAKTOR		a			a			a			1/a

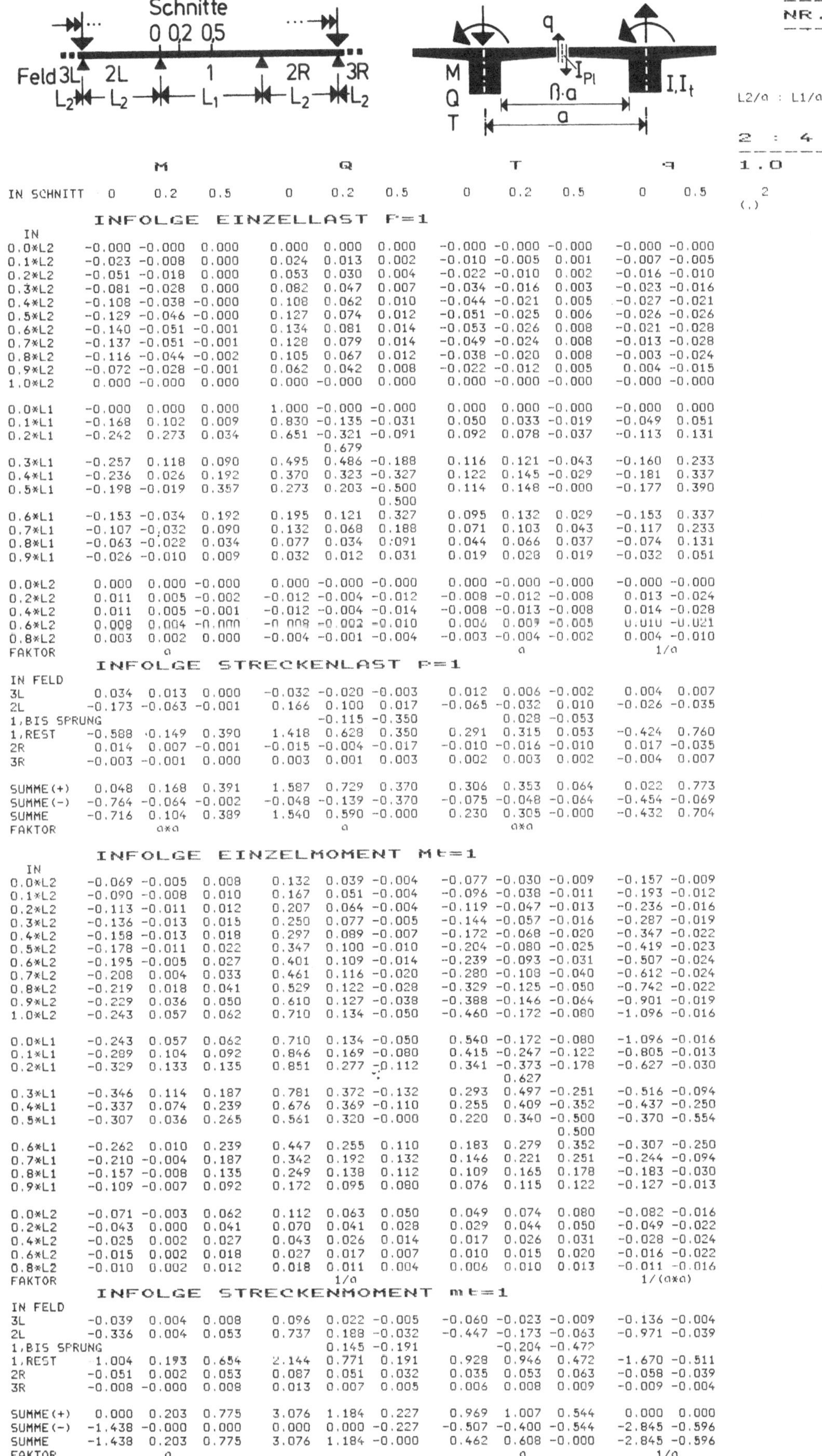

	M			Q			T			q	
IN SCHNITT	0	0.2	0.5	0	0.2	0.5	0	0.2	0.5	0	0.5

INFOLGE EINZELLAST F=1

IN

Schnitt	M 0	M 0.2	M 0.5	Q 0	Q 0.2	Q 0.5	T 0	T 0.2	T 0.5	q 0	q 0.5
0.0*L2	-0.000	-0.000	0.000	0.000	0.000	0.000	-0.000	-0.000	-0.000	-0.000	-0.000
0.1*L2	-0.023	-0.008	0.000	0.024	0.013	0.002	-0.010	-0.005	0.001	-0.007	-0.005
0.2*L2	-0.051	-0.018	0.000	0.053	0.030	0.004	-0.022	-0.010	0.002	-0.016	-0.010
0.3*L2	-0.081	-0.028	0.000	0.082	0.047	0.007	-0.034	-0.016	0.003	-0.023	-0.016
0.4*L2	-0.108	-0.038	-0.000	0.108	0.062	0.010	-0.044	-0.021	0.005	-0.027	-0.021
0.5*L2	-0.129	-0.046	-0.000	0.127	0.074	0.012	-0.051	-0.025	0.006	-0.026	-0.026
0.6*L2	-0.140	-0.051	-0.001	0.134	0.081	0.014	-0.053	-0.026	0.008	-0.021	-0.028
0.7*L2	-0.137	-0.051	-0.001	0.128	0.079	0.014	-0.049	-0.024	0.008	-0.013	-0.028
0.8*L2	-0.116	-0.044	-0.002	0.105	0.067	0.012	-0.038	-0.020	0.008	-0.003	-0.024
0.9*L2	-0.072	-0.028	-0.001	0.062	0.042	0.008	-0.022	-0.012	0.005	0.004	-0.015
1.0*L2	0.000	-0.000	0.000	0.000	-0.000	0.000	0.000	-0.000	-0.000	-0.000	-0.000
0.0*L1	-0.000	0.000	0.000	1.000	-0.000	-0.000	0.000	0.000	-0.000	-0.000	0.000
0.1*L1	-0.168	0.102	0.009	0.830	-0.135	-0.031	0.050	0.033	-0.019	-0.049	0.051
0.2*L1	-0.242	0.273	0.034	0.651	-0.321	-0.091	0.092	0.078	-0.037	-0.113	0.131
0.2*L1 (Sprung)				0.679							
0.3*L1	-0.257	0.118	0.090	0.495	0.486	-0.188	0.116	0.121	-0.043	-0.160	0.233
0.4*L1	-0.236	0.026	0.192	0.370	0.323	-0.327	0.122	0.145	-0.029	-0.181	0.337
0.5*L1	-0.198	-0.019	0.357	0.273	0.203	-0.500	0.114	0.148	-0.000	-0.177	0.390
0.5*L1 (Sprung)						0.500					
0.6*L1	-0.153	-0.034	0.192	0.195	0.121	0.327	0.095	0.132	0.029	-0.153	0.337
0.7*L1	-0.107	-0.032	0.090	0.132	0.068	0.188	0.071	0.103	0.043	-0.117	0.233
0.8*L1	-0.063	-0.022	0.034	0.077	0.034	0.091	0.044	0.066	0.037	-0.074	0.131
0.9*L1	-0.026	-0.010	0.009	0.032	0.012	0.031	0.019	0.028	0.019	-0.032	0.051
0.0*L2	0.000	0.000	-0.000	0.000	-0.000	-0.000	0.000	-0.000	-0.000	-0.000	-0.000
0.2*L2	0.011	0.005	-0.002	-0.012	-0.004	-0.012	-0.008	-0.012	-0.008	0.013	-0.024
0.4*L2	0.011	0.005	-0.001	-0.012	-0.004	-0.014	-0.008	-0.013	-0.008	0.014	-0.028
0.6*L2	0.008	0.004	-0.000	-0.008	-0.002	-0.010	0.006	0.009	-0.005	0.010	-0.021
0.8*L2	0.003	0.002	0.000	-0.004	-0.001	-0.004	-0.003	-0.004	-0.002	0.004	-0.010
FAKTOR	a						a			1/a	

INFOLGE STRECKENLAST p=1

IN FELD

Feld	M 0	M 0.2	M 0.5	Q 0	Q 0.2	Q 0.5	T 0	T 0.2	T 0.5	q 0	q 0.5
3L	0.034	0.013	0.000	-0.032	-0.020	-0.003	0.012	0.006	-0.002	0.004	0.007
2L	-0.173	-0.063	-0.001	0.166	0.100	0.017	-0.065	-0.032	0.010	-0.026	-0.035
1,BIS SPRUNG					-0.115	-0.350		0.028	-0.053		
1,REST	-0.588	0.149	0.390	1.418	0.628	0.350	0.291	0.315	0.053	-0.424	0.760
2R	0.014	0.007	-0.001	-0.015	-0.004	-0.017	-0.010	-0.016	-0.010	0.017	-0.035
3R	-0.003	-0.001	0.000	0.003	0.001	0.003	0.002	0.003	0.002	-0.004	0.007
SUMME(+)	0.048	0.168	0.391	1.587	0.729	0.370	0.306	0.353	0.064	0.022	0.773
SUMME(-)	-0.764	-0.064	-0.002	-0.048	-0.139	-0.370	-0.075	-0.048	-0.064	-0.454	-0.069
SUMME	-0.716	0.104	0.389	1.540	0.590	-0.000	0.230	0.305	-0.000	-0.432	0.704
FAKTOR	a*a			a			a*a				

INFOLGE EINZELMOMENT Mt=1

IN

Schnitt	M 0	M 0.2	M 0.5	Q 0	Q 0.2	Q 0.5	T 0	T 0.2	T 0.5	q 0	q 0.5
0.0*L2	-0.069	-0.005	0.008	0.132	0.039	-0.004	-0.077	-0.030	-0.009	-0.157	-0.009
0.1*L2	-0.090	-0.008	0.010	0.167	0.051	-0.004	-0.096	-0.038	-0.011	-0.193	-0.012
0.2*L2	-0.113	-0.011	0.012	0.207	0.064	-0.004	-0.119	-0.047	-0.013	-0.236	-0.016
0.3*L2	-0.136	-0.013	0.015	0.250	0.077	-0.005	-0.144	-0.057	-0.016	-0.287	-0.019
0.4*L2	-0.158	-0.013	0.018	0.297	0.089	-0.007	-0.172	-0.068	-0.020	-0.347	-0.022
0.5*L2	-0.178	-0.011	0.022	0.347	0.100	-0.010	-0.204	-0.080	-0.025	-0.419	-0.023
0.6*L2	-0.195	-0.005	0.027	0.401	0.109	-0.014	-0.239	-0.093	-0.031	-0.507	-0.024
0.7*L2	-0.208	0.004	0.033	0.461	0.116	-0.020	-0.280	-0.108	-0.040	-0.612	-0.024
0.8*L2	-0.219	0.018	0.041	0.529	0.122	-0.028	-0.329	-0.125	-0.050	-0.742	-0.022
0.9*L2	-0.229	0.036	0.050	0.610	0.127	-0.038	-0.388	-0.146	-0.064	-0.901	-0.019
1.0*L2	-0.243	0.057	0.062	0.710	0.134	-0.050	-0.460	-0.172	-0.080	-1.096	-0.016
0.0*L1	-0.243	0.057	0.062	0.710	0.134	-0.050	0.540	-0.172	-0.080	-1.096	-0.016
0.1*L1	-0.289	0.104	0.092	0.846	0.169	-0.080	0.415	-0.247	-0.122	-0.805	-0.013
0.2*L1	-0.329	0.133	0.135	0.851	0.277	-0.112	0.341	-0.373	-0.178	-0.627	-0.030
0.2*L1 (Sprung)							0.627				
0.3*L1	-0.346	0.114	0.187	0.781	0.372	-0.132	0.293	0.497	-0.251	-0.516	-0.094
0.4*L1	-0.337	0.074	0.239	0.676	0.369	-0.110	0.255	0.409	-0.352	-0.437	-0.250
0.5*L1	-0.307	0.036	0.265	0.561	0.320	-0.000	0.220	0.340	-0.500	-0.370	-0.554
0.5*L1 (Sprung)									0.500		
0.6*L1	-0.262	0.010	0.239	0.447	0.255	0.110	0.183	0.279	0.352	-0.307	-0.250
0.7*L1	-0.210	-0.004	0.187	0.342	0.192	0.132	0.146	0.221	0.251	-0.244	-0.094
0.8*L1	-0.157	-0.008	0.135	0.249	0.138	0.112	0.109	0.165	0.178	-0.183	-0.030
0.9*L1	-0.109	-0.007	0.092	0.172	0.095	0.080	0.076	0.115	0.122	-0.127	-0.013
0.0*L2	-0.071	-0.003	0.062	0.112	0.063	0.050	0.049	0.074	0.080	-0.082	-0.016
0.2*L2	-0.043	0.000	0.041	0.070	0.041	0.028	0.029	0.044	0.050	-0.049	-0.022
0.4*L2	-0.025	0.002	0.027	0.043	0.026	0.014	0.017	0.026	0.031	-0.028	-0.024
0.6*L2	-0.015	0.002	0.018	0.027	0.017	0.007	0.010	0.015	0.020	-0.016	-0.022
0.8*L2	-0.010	0.002	0.012	0.018	0.011	0.004	0.006	0.010	0.013	-0.011	-0.016
FAKTOR				1/a						1/(a*a)	

INFOLGE STRECKENMOMENT mt=1

IN FELD

Feld	M 0	M 0.2	M 0.5	Q 0	Q 0.2	Q 0.5	T 0	T 0.2	T 0.5	q 0	q 0.5
3L	-0.039	0.004	0.008	0.096	0.022	-0.005	-0.060	-0.023	-0.009	-0.136	-0.004
2L	-0.336	0.004	0.053	0.737	0.188	-0.032	-0.447	-0.173	-0.063	-0.971	-0.039
1,BIS SPRUNG					0.145	-0.191	-0.204	-0.472			
1,REST	1.004	0.193	0.654	2.144	0.771	0.191	0.928	0.946	0.472	-1.670	-0.511
2R	-0.051	0.002	0.053	0.087	0.051	0.032	0.035	0.053	0.063	-0.058	-0.039
3R	-0.008	-0.000	0.008	0.013	0.007	0.005	0.006	0.008	0.009	-0.009	-0.004
SUMME(+)	0.000	0.203	0.775	3.076	1.184	0.227	0.969	1.007	0.544	0.000	0.000
SUMME(-)	-1.438	-0.000	0.000	0.000	0.000	-0.227	-0.507	-0.400	-0.544	-2.845	-0.596
SUMME	-1.438	0.203	0.775	3.076	1.184	-0.000	0.462	0.608	-0.000	-2.845	-0.596
FAKTOR	a			a			a			1/a	

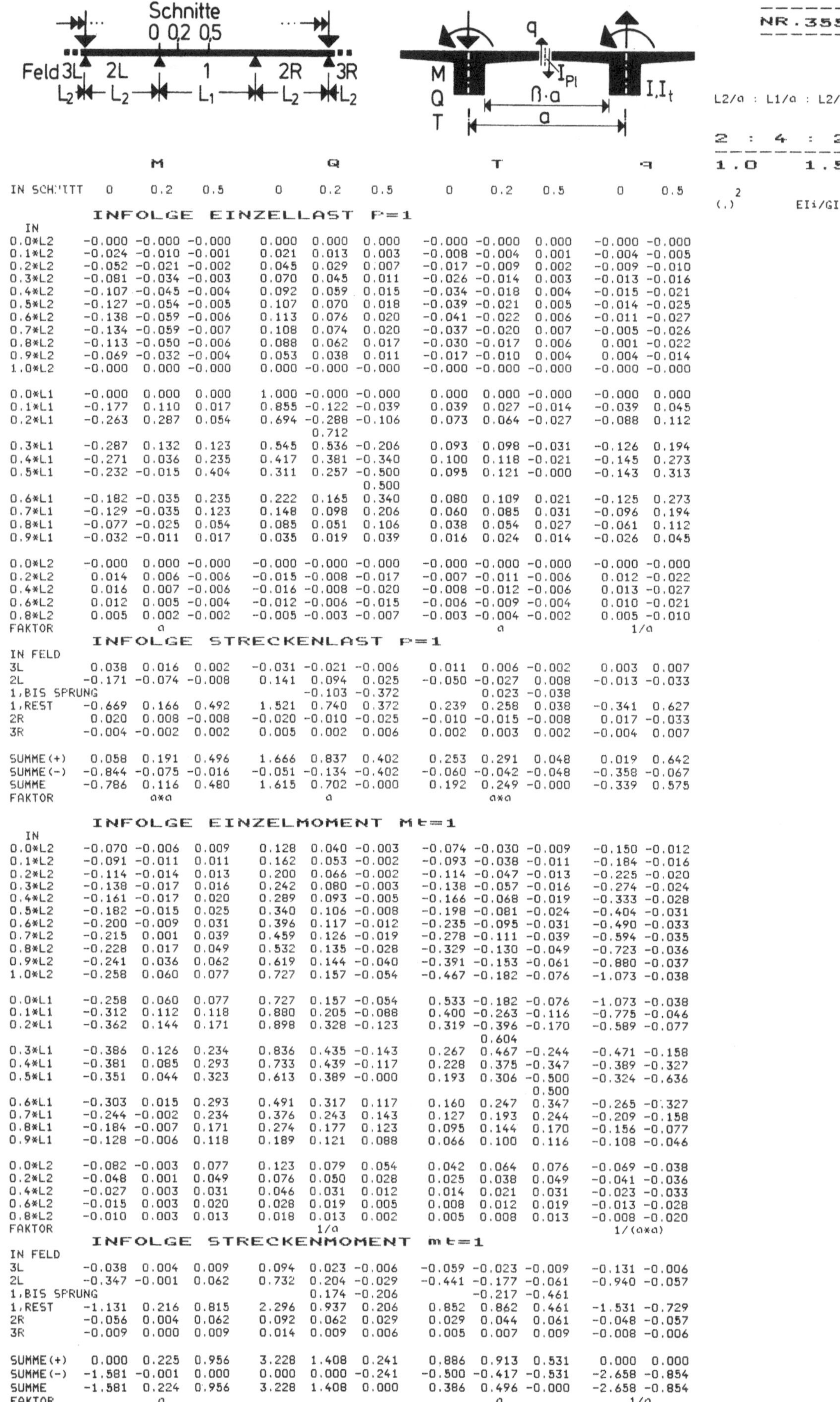

IN SCHNITT	M 0	M 0.2	M 0.5	Q 0	Q 0.2	Q 0.5	T 0	T 0.2	T 0.5	q 0	q 0.5

INFOLGE EINZELLAST P=1

IN	M 0	M 0.2	M 0.5	Q 0	Q 0.2	Q 0.5	T 0	T 0.2	T 0.5	q 0	q 0.5
0.0*L2	-0.000	-0.000	-0.000	0.000	0.000	0.000	-0.000	-0.000	0.000	-0.000	-0.000
0.1*L2	-0.024	-0.010	-0.001	0.021	0.013	0.003	-0.008	-0.004	0.001	-0.004	-0.005
0.2*L2	-0.052	-0.021	-0.002	0.045	0.029	0.007	-0.017	-0.009	0.002	-0.009	-0.010
0.3*L2	-0.081	-0.034	-0.003	0.070	0.045	0.011	-0.026	-0.014	0.003	-0.013	-0.016
0.4*L2	-0.107	-0.045	-0.004	0.092	0.059	0.015	-0.034	-0.018	0.004	-0.015	-0.021
0.5*L2	-0.127	-0.054	-0.005	0.107	0.070	0.018	-0.039	-0.021	0.005	-0.014	-0.025
0.6*L2	-0.138	-0.059	-0.006	0.113	0.076	0.020	-0.041	-0.022	0.006	-0.011	-0.027
0.7*L2	-0.134	-0.059	-0.007	0.108	0.074	0.020	-0.037	-0.020	0.007	-0.005	-0.026
0.8*L2	-0.113	-0.050	-0.006	0.088	0.062	0.017	-0.030	-0.017	0.006	0.001	-0.022
0.9*L2	-0.069	-0.032	-0.004	0.053	0.038	0.011	-0.017	-0.010	0.004	0.004	-0.014
1.0*L2	-0.000	0.000	-0.000	0.000	-0.000	-0.000	-0.000	-0.000	-0.000	-0.000	-0.000
0.0*L1	-0.000	0.000	0.000	1.000	-0.000	-0.000	0.000	0.000	-0.000	-0.000	0.000
0.1*L1	-0.177	0.110	0.017	0.855	-0.122	-0.039	0.039	0.027	-0.014	-0.039	0.045
0.2*L1	-0.263	0.287	0.054	0.694	-0.288	-0.106	0.073	0.064	-0.027	-0.088	0.112
					0.712						
0.3*L1	-0.287	0.132	0.123	0.545	0.536	-0.206	0.093	0.098	-0.031	-0.126	0.194
0.4*L1	-0.271	0.036	0.235	0.417	0.381	-0.340	0.100	0.118	-0.021	-0.145	0.273
0.5*L1	-0.232	-0.015	0.404	0.311	0.257	-0.500	0.095	0.121	-0.000	-0.143	0.313
						0.500					
0.6*L1	-0.182	-0.035	0.235	0.222	0.165	0.340	0.080	0.109	0.021	-0.125	0.273
0.7*L1	-0.129	-0.035	0.123	0.148	0.098	0.206	0.060	0.085	0.031	-0.096	0.194
0.8*L1	-0.077	-0.025	0.054	0.085	0.051	0.106	0.038	0.054	0.027	-0.061	0.112
0.9*L1	-0.032	-0.011	0.017	0.035	0.019	0.039	0.016	0.024	0.014	-0.026	0.045
0.0*L2	-0.000	0.000	-0.000	-0.000	-0.000	-0.000	-0.000	-0.000	-0.000	-0.000	-0.000
0.2*L2	0.014	0.006	-0.006	-0.015	-0.008	-0.017	-0.007	-0.011	-0.006	0.012	-0.022
0.4*L2	0.016	0.007	-0.006	-0.016	-0.008	-0.020	-0.008	-0.012	-0.006	0.013	-0.027
0.6*L2	0.012	0.005	-0.004	-0.012	-0.006	-0.015	-0.006	-0.009	-0.004	0.010	-0.021
0.8*L2	0.005	0.002	-0.002	-0.005	-0.003	-0.007	-0.003	-0.004	-0.002	0.005	-0.010
FAKTOR		a						a		1/a	

INFOLGE STRECKENLAST P=1

IN FELD	M 0	M 0.2	M 0.5	Q 0	Q 0.2	Q 0.5	T 0	T 0.2	T 0.5	q 0	q 0.5
3L	0.038	0.016	0.002	-0.031	-0.021	-0.006	0.011	0.006	-0.002	0.003	0.007
2L	-0.171	-0.074	-0.008	0.141	0.094	0.025	-0.050	-0.027	0.008	-0.013	-0.033
1,BIS SPRUNG					-0.103	-0.372		0.023	-0.038		
1,REST	-0.669	0.166	0.492	1.521	0.740	0.372	0.239	0.258	0.038	-0.341	0.627
2R	0.020	0.008	-0.008	-0.020	-0.010	-0.025	-0.010	-0.015	-0.008	0.017	-0.033
3R	-0.004	-0.002	0.002	0.005	0.002	0.006	0.002	0.003	0.002	-0.004	0.007
SUMME(+)	0.058	0.191	0.496	1.666	0.837	0.402	0.253	0.291	0.048	0.019	0.642
SUMME(-)	-0.844	-0.075	-0.016	-0.051	-0.134	-0.402	-0.060	-0.042	-0.048	-0.358	-0.067
SUMME	-0.786	0.116	0.480	1.615	0.702	-0.000	0.192	0.249	-0.000	-0.339	0.575
FAKTOR		a×a			a			a×a			

INFOLGE EINZELMOMENT Mt=1

IN	M 0	M 0.2	M 0.5	Q 0	Q 0.2	Q 0.5	T 0	T 0.2	T 0.5	q 0	q 0.5
0.0*L2	-0.070	-0.006	0.009	0.128	0.040	-0.003	-0.074	-0.030	-0.009	-0.150	-0.012
0.1*L2	-0.091	-0.011	0.011	0.162	0.053	-0.002	-0.093	-0.038	-0.011	-0.184	-0.016
0.2*L2	-0.114	-0.014	0.013	0.200	0.066	-0.002	-0.114	-0.047	-0.013	-0.225	-0.020
0.3*L2	-0.138	-0.017	0.016	0.242	0.080	-0.003	-0.138	-0.057	-0.016	-0.274	-0.024
0.4*L2	-0.161	-0.017	0.020	0.289	0.093	-0.005	-0.166	-0.068	-0.019	-0.333	-0.028
0.5*L2	-0.182	-0.015	0.025	0.340	0.106	-0.008	-0.198	-0.081	-0.024	-0.404	-0.031
0.6*L2	-0.200	-0.009	0.031	0.396	0.117	-0.012	-0.235	-0.095	-0.031	-0.490	-0.033
0.7*L2	-0.215	0.001	0.039	0.459	0.126	-0.019	-0.278	-0.111	-0.039	-0.594	-0.035
0.8*L2	-0.228	0.017	0.049	0.532	0.135	-0.028	-0.329	-0.130	-0.049	-0.723	-0.036
0.9*L2	-0.241	0.036	0.062	0.619	0.144	-0.040	-0.391	-0.153	-0.061	-0.880	-0.037
1.0*L2	-0.258	0.060	0.077	0.727	0.157	-0.054	-0.467	-0.182	-0.076	-1.073	-0.038
0.0*L1	-0.258	0.060	0.077	0.727	0.157	-0.054	0.533	-0.182	-0.076	-1.073	-0.038
0.1*L1	-0.312	0.112	0.118	0.880	0.205	-0.088	0.400	-0.263	-0.116	-0.775	-0.046
0.2*L1	-0.362	0.144	0.171	0.898	0.328	-0.123	0.319	-0.396	-0.170	-0.589	-0.077
								0.604			
0.3*L1	-0.386	0.126	0.234	0.836	0.435	-0.143	0.267	0.467	-0.244	-0.471	-0.158
0.4*L1	-0.381	0.085	0.293	0.733	0.439	-0.117	0.228	0.375	-0.347	-0.389	-0.327
0.5*L1	-0.351	0.044	0.323	0.613	0.389	-0.000	0.193	0.306	-0.500	-0.324	-0.636
									0.500		
0.6*L1	-0.303	0.015	0.293	0.491	0.317	0.117	0.160	0.247	0.347	-0.265	-0.327
0.7*L1	-0.244	-0.002	0.234	0.376	0.243	0.143	0.127	0.193	0.244	-0.209	-0.158
0.8*L1	-0.184	-0.007	0.171	0.274	0.177	0.123	0.095	0.144	0.170	-0.156	-0.077
0.9*L1	-0.128	-0.006	0.118	0.189	0.121	0.088	0.066	0.100	0.116	-0.108	-0.046
0.0*L2	-0.082	-0.003	0.077	0.123	0.079	0.054	0.042	0.064	0.076	-0.069	-0.038
0.2*L2	-0.048	0.001	0.049	0.076	0.050	0.028	0.025	0.038	0.049	-0.041	-0.036
0.4*L2	-0.027	0.003	0.031	0.046	0.031	0.012	0.014	0.021	0.031	-0.023	-0.033
0.6*L2	-0.015	0.003	0.020	0.028	0.019	0.005	0.008	0.012	0.019	-0.013	-0.028
0.8*L2	-0.010	0.003	0.013	0.018	0.013	0.002	0.005	0.008	0.013	-0.008	-0.020
FAKTOR					1/a					1/(a×a)	

INFOLGE STRECKENMOMENT mt=1

IN FELD	M 0	M 0.2	M 0.5	Q 0	Q 0.2	Q 0.5	T 0	T 0.2	T 0.5	q 0	q 0.5
3L	-0.038	0.004	0.009	0.094	0.023	-0.006	-0.059	-0.023	-0.009	-0.131	-0.006
2L	-0.347	-0.001	0.062	0.732	0.204	-0.029	-0.441	-0.177	-0.061	-0.940	-0.057
1,BIS SPRUNG					0.174	-0.206		-0.217	-0.461		
1,REST	-1.131	0.216	0.815	2.296	0.937	0.206	0.852	0.862	0.461	-1.531	-0.729
2R	-0.056	0.004	0.062	0.092	0.062	0.029	0.029	0.044	0.061	-0.048	-0.057
3R	-0.009	0.000	0.009	0.014	0.009	0.006	0.005	0.007	0.009	-0.008	-0.006
SUMME(+)	0.000	0.225	0.956	3.228	1.408	0.241	0.886	0.913	0.531	0.000	0.000
SUMME(-)	-1.581	-0.001	0.000	0.000	0.000	-0.241	-0.500	-0.417	-0.531	-2.658	-0.854
SUMME	-1.581	0.224	0.956	3.228	1.408	0.000	0.386	0.496	-0.000	-2.658	-0.854
FAKTOR		a			a					1/a	

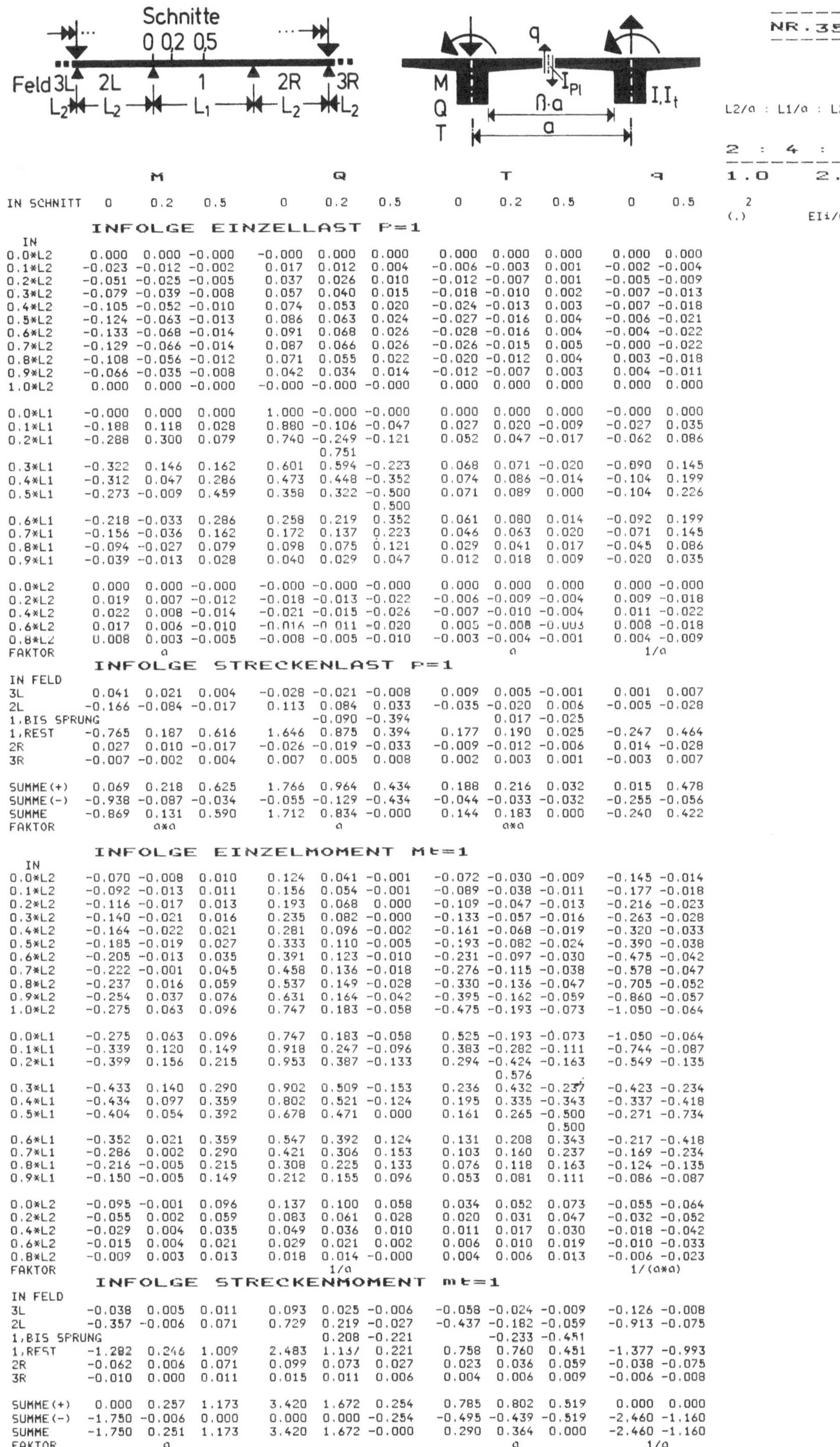

	M			Q			T			q	
IN SCHNITT	0	0.2	0.5	0	0.2	0.5	0	0.2	0.5	0	0.5

INFOLGE EINZELLAST P=1

IN

IN	M 0	M 0.2	M 0.5	Q 0	Q 0.2	Q 0.5	T 0	T 0.2	T 0.5	q 0	q 0.5
0.0*L2	0.000	0.000	-0.000	-0.000	0.000	0.000	0.000	0.000	0.000	0.000	0.000
0.1*L2	-0.023	-0.012	-0.002	0.017	0.012	0.004	-0.006	-0.003	0.001	-0.002	-0.004
0.2*L2	-0.051	-0.025	-0.005	0.037	0.026	0.010	-0.012	-0.007	0.001	-0.005	-0.009
0.3*L2	-0.079	-0.039	-0.008	0.057	0.040	0.015	-0.018	-0.010	0.002	-0.007	-0.013
0.4*L2	-0.105	-0.052	-0.010	0.074	0.053	0.020	-0.024	-0.013	0.003	-0.007	-0.018
0.5*L2	-0.124	-0.063	-0.013	0.086	0.063	0.024	-0.027	-0.016	0.004	-0.006	-0.021
0.6*L2	-0.133	-0.068	-0.014	0.091	0.068	0.026	-0.028	-0.016	0.004	-0.004	-0.022
0.7*L2	-0.129	-0.066	-0.014	0.087	0.066	0.026	-0.026	-0.015	0.005	-0.000	-0.022
0.8*L2	-0.108	-0.056	-0.012	0.071	0.055	0.022	-0.020	-0.012	0.004	0.003	-0.018
0.9*L2	-0.066	-0.035	-0.008	0.042	0.034	0.014	-0.012	-0.007	0.003	0.004	-0.011
1.0*L2	0.000	0.000	-0.000	-0.000	-0.000	-0.000	0.000	0.000	0.000	0.000	0.000
0.0*L1	-0.000	0.000	0.000	1.000	-0.000	-0.000	0.000	0.000	0.000	-0.000	0.000
0.1*L1	-0.188	0.118	0.028	0.880	-0.106	-0.047	0.027	0.020	-0.009	-0.027	0.035
0.2*L1	-0.288	0.300	0.079	0.740	-0.249	-0.121	0.052	0.047	-0.017	-0.062	0.086
(0.2*L1)				0.751							
0.3*L1	-0.322	0.146	0.162	0.601	0.594	-0.223	0.068	0.071	-0.020	-0.890	0.145
0.4*L1	-0.312	0.047	0.286	0.473	0.448	-0.352	0.074	0.086	-0.014	-0.104	0.199
0.5*L1	-0.273	-0.009	0.459	0.358	0.322	-0.500	0.071	0.089	0.000	-0.104	0.226
(0.5*L1)						0.500					
0.6*L1	-0.218	-0.033	0.286	0.258	0.219	0.352	0.061	0.080	0.014	-0.092	0.199
0.7*L1	-0.156	-0.036	0.162	0.172	0.137	0.223	0.046	0.063	0.020	-0.071	0.145
0.8*L1	-0.094	-0.027	0.079	0.098	0.075	0.121	0.029	0.041	0.017	-0.045	0.086
0.9*L1	-0.039	-0.013	0.028	0.040	0.029	0.047	0.012	0.018	0.009	-0.020	0.035
0.0*L2	0.000	0.000	-0.000	-0.000	-0.000	-0.000	0.000	0.000	0.000	0.000	-0.000
0.2*L2	0.019	0.007	-0.012	-0.018	-0.013	-0.022	-0.006	-0.009	-0.004	0.009	-0.018
0.4*L2	0.022	0.008	-0.014	-0.021	-0.015	-0.026	-0.007	-0.010	-0.004	0.011	-0.022
0.6*L2	0.017	0.006	-0.010	-0.016	-0.011	-0.020	0.005	-0.008	-0.003	0.008	-0.018
0.8*L2	0.008	0.003	-0.005	-0.008	-0.005	-0.010	-0.003	-0.004	-0.001	0.004	-0.009
FAKTOR	a						a			1/a	

INFOLGE STRECKENLAST P=1

IN FELD

IN FELD	M 0	M 0.2	M 0.5	Q 0	Q 0.2	Q 0.5	T 0	T 0.2	T 0.5	q 0	q 0.5
3L	0.041	0.021	0.004	-0.028	-0.021	-0.008	0.009	0.005	-0.001	0.001	0.007
2L	-0.166	-0.084	-0.017	0.113	0.084	0.033	-0.035	-0.020	0.006	-0.005	-0.028
1,BIS SPRUNG					-0.090	-0.394		0.017	-0.025		
1,REST	-0.765	0.187	0.616	1.646	0.875	0.394	0.177	0.190	0.025	-0.247	0.464
2R	0.027	0.010	-0.017	-0.026	-0.019	-0.033	-0.009	-0.012	-0.006	0.014	-0.028
3R	-0.007	-0.002	0.004	0.007	0.005	0.008	0.002	0.003	0.001	-0.003	0.007
SUMME(+)	0.069	0.218	0.625	1.766	0.964	0.434	0.188	0.216	0.032	0.015	0.478
SUMME(-)	-0.938	-0.087	-0.034	-0.055	-0.129	-0.434	-0.044	-0.033	-0.032	-0.255	-0.056
SUMME	-0.869	0.131	0.590	1.712	0.834	-0.000	0.144	0.183	0.000	-0.240	0.422
FAKTOR	a*a			a			a*a				

INFOLGE EINZELMOMENT Mt=1

IN

IN	M 0	M 0.2	M 0.5	Q 0	Q 0.2	Q 0.5	T 0	T 0.2	T 0.5	q 0	q 0.5
0.0*L2	-0.070	-0.008	0.010	0.124	0.041	-0.001	-0.072	-0.030	-0.009	-0.145	-0.014
0.1*L2	-0.092	-0.013	0.011	0.156	0.054	-0.001	-0.089	-0.038	-0.011	-0.177	-0.018
0.2*L2	-0.116	-0.017	0.013	0.193	0.068	0.000	-0.109	-0.047	-0.013	-0.216	-0.023
0.3*L2	-0.140	-0.021	0.016	0.235	0.082	-0.002	-0.133	-0.057	-0.016	-0.263	-0.028
0.4*L2	-0.164	-0.022	0.021	0.281	0.096	-0.002	-0.161	-0.068	-0.019	-0.320	-0.033
0.5*L2	-0.185	-0.019	0.027	0.333	0.110	-0.005	-0.193	-0.082	-0.024	-0.390	-0.038
0.6*L2	-0.205	-0.013	0.035	0.391	0.123	-0.010	-0.231	-0.097	-0.030	-0.475	-0.042
0.7*L2	-0.222	-0.001	0.045	0.458	0.136	-0.018	-0.276	-0.115	-0.038	-0.578	-0.047
0.8*L2	-0.237	0.016	0.059	0.537	0.149	-0.028	-0.330	-0.136	-0.047	-0.705	-0.052
0.9*L2	-0.254	0.037	0.076	0.631	0.164	-0.042	-0.395	-0.162	-0.059	-0.860	-0.057
1.0*L2	-0.275	0.063	0.096	0.747	0.183	-0.058	-0.475	-0.193	-0.073	-1.050	-0.064
0.0*L1	-0.275	0.063	0.096	0.747	0.183	-0.058	0.525	-0.193	-0.073	-1.050	-0.064
0.1*L1	-0.339	0.120	0.149	0.918	0.247	-0.096	0.383	-0.282	-0.111	-0.744	-0.087
0.2*L1	-0.399	0.156	0.215	0.953	0.387	-0.133	0.294	-0.424	-0.163	-0.549	-0.135
(0.2*L1)								0.576			
0.3*L1	-0.433	0.140	0.290	0.902	0.509	-0.153	0.236	0.432	-0.237	-0.423	-0.234
0.4*L1	-0.434	0.097	0.359	0.802	0.521	-0.124	0.195	0.335	-0.343	-0.337	-0.418
0.5*L1	-0.404	0.054	0.392	0.678	0.471	0.000	0.161	0.265	-0.500	-0.271	-0.734
(0.5*L1)									0.500		
0.6*L1	-0.352	0.021	0.359	0.547	0.392	0.124	0.131	0.208	0.343	-0.217	-0.418
0.7*L1	-0.286	0.002	0.290	0.421	0.306	0.153	0.103	0.160	0.237	-0.169	-0.234
0.8*L1	-0.216	-0.005	0.215	0.308	0.225	0.133	0.076	0.118	0.163	-0.124	-0.135
0.9*L1	-0.150	-0.005	0.149	0.212	0.155	0.096	0.053	0.081	0.111	-0.086	-0.087
0.0*L2	-0.095	-0.001	0.096	0.137	0.100	0.058	0.034	0.052	0.073	-0.055	-0.064
0.2*L2	-0.055	0.002	0.059	0.083	0.061	0.028	0.020	0.031	0.047	-0.032	-0.052
0.4*L2	-0.029	0.004	0.035	0.049	0.036	0.010	0.011	0.017	0.030	-0.018	-0.042
0.6*L2	-0.015	0.004	0.021	0.029	0.021	0.002	0.006	0.010	0.019	-0.010	-0.033
0.8*L2	-0.009	0.003	0.013	0.018	0.014	-0.000	0.004	0.006	0.013	-0.006	-0.023
FAKTOR	1/a									1/(a*a)	

INFOLGE STRECKENMOMENT mt=1

IN FELD

IN FELD	M 0	M 0.2	M 0.5	Q 0	Q 0.2	Q 0.5	T 0	T 0.2	T 0.5	q 0	q 0.5
3L	-0.038	0.005	0.011	0.093	0.025	-0.006	-0.058	-0.024	-0.009	-0.126	-0.008
2L	-0.357	-0.006	0.071	0.729	0.219	-0.027	-0.437	-0.182	-0.059	-0.913	-0.075
1,BIS SPRUNG					0.208	-0.221		-0.233	-0.451		
1,REST	-1.282	0.246	1.009	2.483	1.137	0.221	0.758	0.760	0.451	-1.377	-0.993
2R	-0.062	0.006	0.071	0.099	0.073	0.027	0.023	0.036	0.059	-0.038	-0.075
3R	-0.010	0.000	0.011	0.015	0.011	0.006	0.004	0.006	0.009	-0.006	-0.008
SUMME(+)	0.000	0.257	1.173	3.420	1.672	0.254	0.785	0.802	0.519	0.000	0.000
SUMME(-)	-1.750	-0.006	0.000	0.000	0.000	-0.254	-0.495	-0.439	-0.519	-2.460	-1.160
SUMME	-1.750	0.251	1.173	3.420	1.672	-0.000	0.290	0.364	0.000	-2.460	-1.160
FAKTOR	a			a			a			1/a	

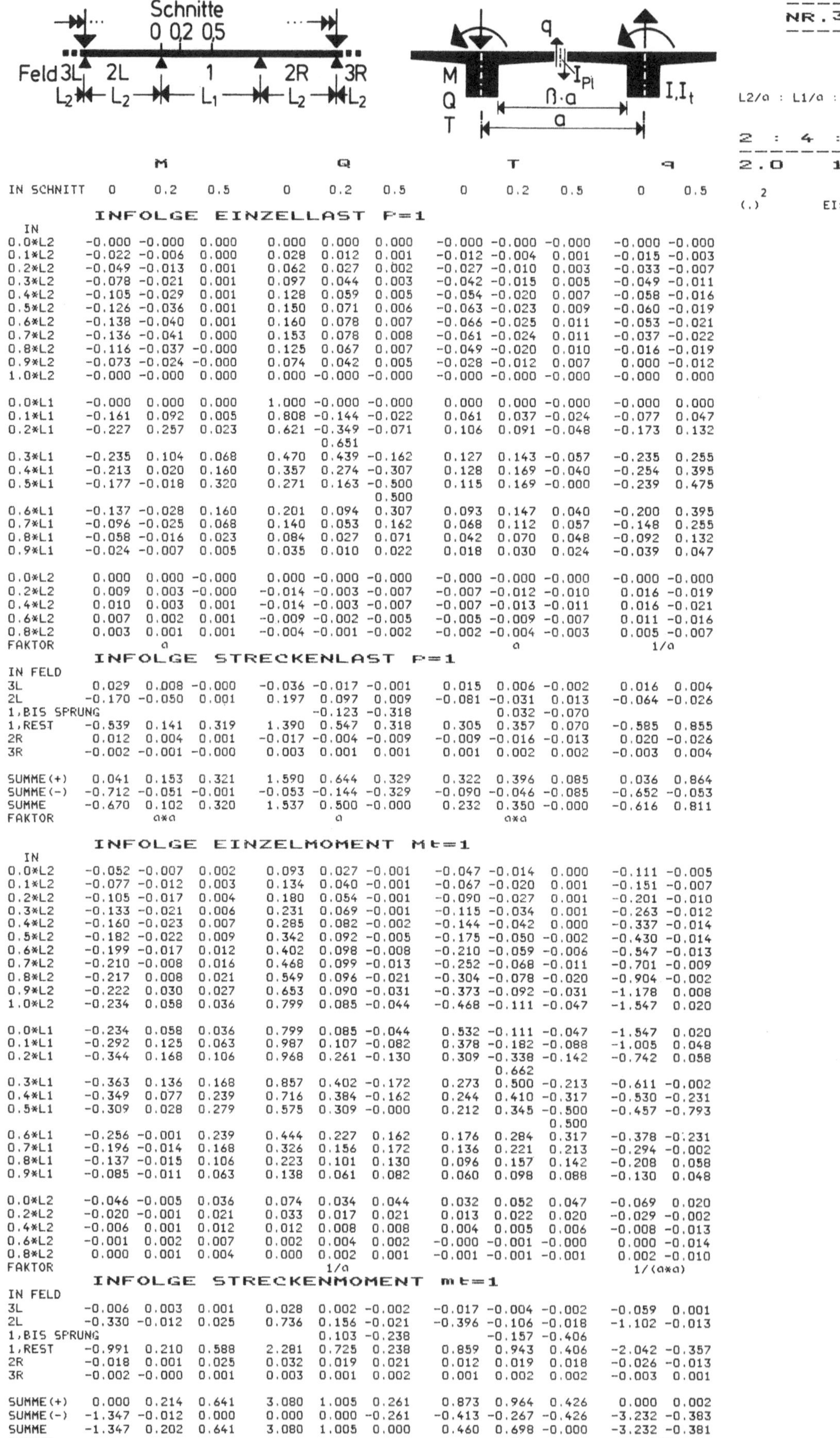

	M 0	M 0.2	M 0.5	Q 0	Q 0.2	Q 0.5	T 0	T 0.2	T 0.5	q 0	q 0.5

IN SCHNITT   0   0.2   0.5   0   0.2   0.5   0   0.2   0.5   0   0.5

INFOLGE EINZELLAST P=1

IN

	M 0	M 0.2	M 0.5	Q 0	Q 0.2	Q 0.5	T 0	T 0.2	T 0.5	q 0	q 0.5
0.0*L2	-0.000	-0.000	0.000	0.000	0.000	0.000	-0.000	-0.000	-0.000	-0.000	-0.000
0.1*L2	-0.022	-0.006	0.000	0.028	0.012	0.001	-0.012	-0.004	0.001	-0.015	-0.003
0.2*L2	-0.049	-0.013	0.001	0.062	0.027	0.002	-0.027	-0.010	0.003	-0.033	-0.007
0.3*L2	-0.078	-0.021	0.001	0.097	0.044	0.003	-0.042	-0.015	0.005	-0.049	-0.011
0.4*L2	-0.105	-0.029	0.001	0.128	0.059	0.005	-0.054	-0.020	0.007	-0.058	-0.016
0.5*L2	-0.126	-0.036	0.001	0.150	0.071	0.006	-0.063	-0.023	0.009	-0.060	-0.019
0.6*L2	-0.138	-0.040	0.001	0.160	0.078	0.007	-0.066	-0.025	0.011	-0.053	-0.021
0.7*L2	-0.136	-0.041	0.000	0.153	0.078	0.008	-0.061	-0.024	0.011	-0.037	-0.022
0.8*L2	-0.116	-0.037	-0.000	0.125	0.067	0.007	-0.049	-0.020	0.010	-0.016	-0.019
0.9*L2	-0.073	-0.024	-0.000	0.074	0.042	0.005	-0.028	-0.012	0.007	0.000	-0.012
1.0*L2	-0.000	-0.000	0.000	0.000	-0.000	-0.000	-0.000	-0.000	-0.000	-0.000	0.000
0.0*L1	-0.000	0.000	0.000	1.000	-0.000	-0.000	0.000	0.000	-0.000	-0.000	0.000
0.1*L1	-0.161	0.092	0.005	0.808	-0.144	-0.022	0.061	0.037	-0.024	-0.077	0.047
0.2*L1	-0.227	0.257	0.023	0.621	-0.349	-0.071	0.106	0.091	-0.048	-0.173	0.132
				0.651							
0.3*L1	-0.235	0.104	0.068	0.470	0.439	-0.162	0.127	0.143	-0.057	-0.235	0.255
0.4*L1	-0.213	0.020	0.160	0.357	0.274	-0.307	0.128	0.169	-0.040	-0.254	0.395
0.5*L1	-0.177	-0.018	0.320	0.271	0.163	-0.500	0.115	0.169	-0.000	-0.239	0.475
						0.500					
0.6*L1	-0.137	-0.028	0.160	0.201	0.094	0.307	0.093	0.147	0.040	-0.200	0.395
0.7*L1	-0.096	-0.025	0.068	0.140	0.053	0.162	0.068	0.112	0.057	-0.148	0.255
0.8*L1	-0.058	-0.016	0.023	0.084	0.027	0.071	0.042	0.070	0.048	-0.092	0.132
0.9*L1	-0.024	-0.007	0.005	0.035	0.010	0.022	0.018	0.030	0.024	-0.039	0.047
0.0*L2	0.000	0.000	-0.000	0.000	-0.000	-0.000	-0.000	-0.000	-0.000	-0.000	-0.000
0.2*L2	0.009	0.003	-0.000	-0.014	-0.003	-0.007	-0.007	-0.012	-0.010	0.016	-0.019
0.4*L2	0.010	0.003	0.001	-0.014	-0.003	-0.007	-0.007	-0.013	-0.011	0.016	-0.021
0.6*L2	0.007	0.002	0.001	-0.009	-0.002	-0.005	-0.005	-0.009	-0.007	0.011	-0.016
0.8*L2	0.003	0.001	0.001	-0.004	-0.001	-0.002	-0.002	-0.004	-0.003	0.005	-0.007
FAKTOR	a						a			1/a	

INFOLGE STRECKENLAST P=1

IN FELD

	M 0	M 0.2	M 0.5	Q 0	Q 0.2	Q 0.5	T 0	T 0.2	T 0.5	q 0	q 0.5
3L	0.029	0.008	-0.000	-0.036	-0.017	-0.001	0.015	0.006	-0.002	0.016	0.004
2L	-0.170	-0.050	0.001	0.197	0.097	0.009	-0.081	-0.031	0.013	-0.064	-0.026
1,BIS SPRUNG					-0.123	-0.318		0.032	-0.070		
1,REST	-0.539	0.141	0.319	1.390	0.547	0.318	0.305	0.357	0.070	-0.585	0.855
2R	0.012	0.004	0.001	-0.017	-0.004	-0.009	-0.009	-0.016	-0.013	0.020	-0.026
3R	-0.002	-0.001	-0.000	0.003	0.001	0.001	0.001	0.002	0.002	-0.003	0.004
SUMME(+)	0.041	0.153	0.321	1.590	0.644	0.329	0.322	0.396	0.085	0.036	0.864
SUMME(-)	-0.712	-0.051	-0.001	-0.053	-0.144	-0.329	-0.090	-0.046	-0.085	-0.652	-0.053
SUMME	-0.670	0.102	0.320	1.537	0.500	-0.000	0.232	0.350	-0.000	-0.616	0.811
FAKTOR	a*a			a			a*a				

INFOLGE EINZELMOMENT Mt=1

IN

	M 0	M 0.2	M 0.5	Q 0	Q 0.2	Q 0.5	T 0	T 0.2	T 0.5	q 0	q 0.5
0.0*L2	-0.052	-0.007	0.002	0.093	0.027	-0.001	-0.047	-0.014	0.000	-0.111	-0.005
0.1*L2	-0.077	-0.012	0.003	0.134	0.040	-0.001	-0.067	-0.020	0.001	-0.151	-0.007
0.2*L2	-0.105	-0.017	0.004	0.180	0.054	-0.001	-0.090	-0.027	0.001	-0.201	-0.010
0.3*L2	-0.133	-0.021	0.006	0.231	0.069	-0.001	-0.115	-0.034	0.001	-0.263	-0.012
0.4*L2	-0.160	-0.023	0.007	0.285	0.082	-0.002	-0.144	-0.042	0.000	-0.337	-0.014
0.5*L2	-0.182	-0.022	0.009	0.342	0.092	-0.005	-0.175	-0.050	-0.002	-0.430	-0.014
0.6*L2	-0.199	-0.017	0.012	0.402	0.098	-0.008	-0.210	-0.059	-0.006	-0.547	-0.013
0.7*L2	-0.210	-0.008	0.016	0.468	0.099	-0.013	-0.252	-0.068	-0.011	-0.701	-0.009
0.8*L2	-0.217	0.008	0.021	0.549	0.096	-0.021	-0.304	-0.078	-0.020	-0.904	-0.002
0.9*L2	-0.222	0.030	0.027	0.653	0.090	-0.031	-0.373	-0.092	-0.031	-1.178	0.008
1.0*L2	-0.234	0.058	0.036	0.799	0.085	-0.044	-0.468	-0.111	-0.047	-1.547	0.020
0.0*L1	-0.234	0.058	0.036	0.799	0.085	-0.044	0.532	-0.111	-0.047	-1.547	0.020
0.1*L1	-0.292	0.125	0.063	0.987	0.107	-0.082	0.378	-0.182	-0.082	-1.005	0.048
0.2*L1	-0.344	0.168	0.106	0.968	0.261	-0.130	0.309	-0.338	-0.142	-0.742	0.058
							0.662				
0.3*L1	-0.363	0.136	0.168	0.857	0.402	-0.172	0.273	0.500	-0.213	-0.611	-0.002
0.4*L1	-0.349	0.077	0.239	0.716	0.384	-0.162	0.244	0.410	-0.317	-0.530	-0.231
0.5*L1	-0.309	0.028	0.279	0.575	0.309	-0.000	0.212	0.345	-0.500	-0.457	-0.793
									0.500		
0.6*L1	-0.256	-0.001	0.239	0.444	0.227	0.162	0.176	0.284	0.317	-0.378	-0.231
0.7*L1	-0.196	-0.014	0.168	0.326	0.156	0.172	0.136	0.221	0.213	-0.294	-0.002
0.8*L1	-0.137	-0.015	0.106	0.223	0.101	0.130	0.096	0.157	0.142	-0.208	0.058
0.9*L1	-0.085	-0.011	0.063	0.138	0.061	0.082	0.060	0.098	0.088	-0.130	0.048
0.0*L2	-0.046	-0.005	0.036	0.074	0.034	0.044	0.032	0.052	0.047	-0.069	0.020
0.2*L2	-0.020	-0.001	0.021	0.033	0.017	0.021	0.013	0.022	0.020	-0.029	-0.002
0.4*L2	-0.006	0.001	0.012	0.012	0.008	0.008	0.004	0.005	0.006	-0.008	-0.013
0.6*L2	-0.001	0.002	0.007	0.002	0.004	0.002	-0.000	-0.001	-0.000	0.000	-0.014
0.8*L2	0.000	0.001	0.004	0.000	0.002	0.001	-0.001	-0.001	-0.001	0.002	-0.010
FAKTOR				1/a						1/(a*a)	

INFOLGE STRECKENMOMENT mt=1

IN FELD

	M 0	M 0.2	M 0.5	Q 0	Q 0.2	Q 0.5	T 0	T 0.2	T 0.5	q 0	q 0.5
3L	-0.006	0.003	0.001	0.028	0.002	-0.002	-0.017	-0.004	-0.002	-0.059	0.001
2L	-0.330	-0.012	0.025	0.736	0.156	-0.021	-0.396	-0.106	-0.018	-1.102	-0.013
1,BIS SPRUNG					0.103	-0.238		-0.157	-0.406		
1,REST	-0.991	0.210	0.588	2.281	0.725	0.238	0.859	0.943	0.406	-2.042	-0.357
2R	-0.018	0.001	0.025	0.032	0.019	0.021	0.012	0.019	0.018	-0.026	-0.013
3R	-0.002	-0.000	0.001	0.003	0.001	0.002	0.001	0.002	0.002	-0.003	0.001
SUMME(+)	0.000	0.214	0.641	3.080	1.005	0.261	0.873	0.964	0.426	0.000	0.002
SUMME(-)	-1.347	-0.012	0.000	0.000	0.000	-0.261	-0.413	-0.267	-0.426	-3.232	-0.383
SUMME	-1.347	0.202	0.641	3.080	1.005	0.000	0.460	0.698	-0.000	-3.232	-0.381
FAKTOR	a						a			1/a	

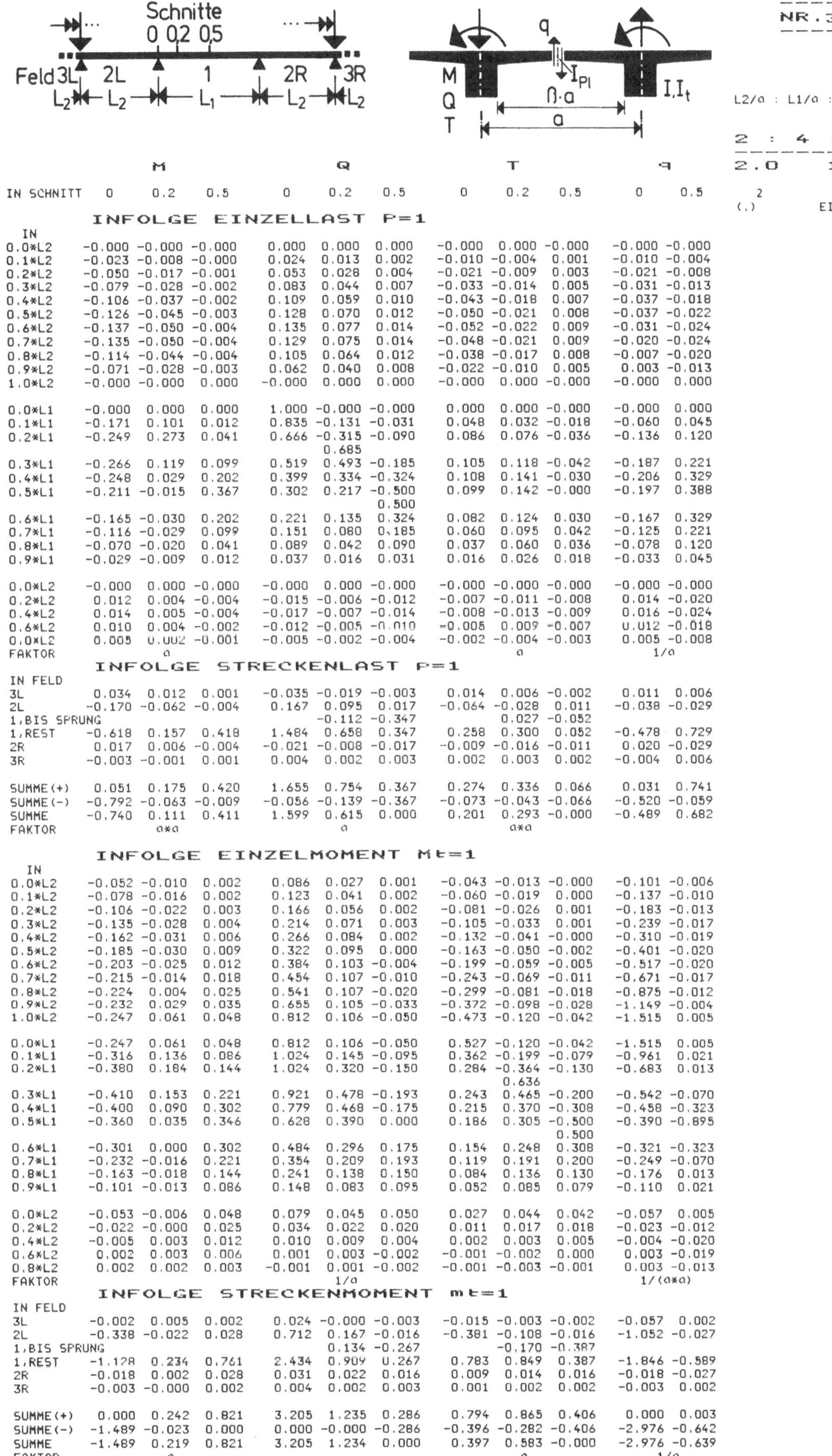

	M 0	M 0.2	M 0.5	Q 0	Q 0.2	Q 0.5	T 0	T 0.2	T 0.5	q 0	q 0.5
IN SCHNITT 0	0.2	0.5		0	0.2	0.5		0	0.2	0.5	0 0.5

INFOLGE EINZELLAST P=1

IN

	M 0	M 0.2	M 0.5	Q 0	Q 0.2	Q 0.5	T 0	T 0.2	T 0.5	q 0	q 0.5
0.0*L2	-0.000	-0.000	-0.000	0.000	0.000	0.000	-0.000	0.000	-0.000	-0.000	-0.000
0.1*L2	-0.023	-0.008	-0.000	0.024	0.013	0.002	-0.010	-0.004	0.001	-0.010	-0.004
0.2*L2	-0.050	-0.017	-0.001	0.053	0.028	0.004	-0.021	-0.009	0.003	-0.021	-0.008
0.3*L2	-0.079	-0.028	-0.002	0.083	0.044	0.007	-0.033	-0.014	0.005	-0.031	-0.013
0.4*L2	-0.106	-0.037	-0.002	0.109	0.059	0.010	-0.043	-0.018	0.007	-0.037	-0.018
0.5*L2	-0.126	-0.045	-0.003	0.128	0.070	0.012	-0.050	-0.021	0.008	-0.037	-0.022
0.6*L2	-0.137	-0.050	-0.004	0.135	0.077	0.014	-0.052	-0.022	0.009	-0.031	-0.024
0.7*L2	-0.135	-0.050	-0.004	0.129	0.075	0.014	-0.048	-0.021	0.009	-0.020	-0.024
0.8*L2	-0.114	-0.044	-0.004	0.105	0.064	0.012	-0.038	-0.017	0.008	-0.007	-0.020
0.9*L2	-0.071	-0.028	-0.003	0.062	0.040	0.008	-0.022	-0.010	0.005	0.003	-0.013
1.0*L2	-0.000	-0.000	0.000	-0.000	0.000	0.000	-0.000	0.000	-0.000	-0.000	0.000
0.0*L1	-0.000	0.000	0.000	1.000	-0.000	-0.000	0.000	0.000	-0.000	-0.000	0.000
0.1*L1	-0.171	0.101	0.012	0.835	-0.131	-0.031	0.048	0.032	-0.018	-0.060	0.045
0.2*L1	-0.249	0.273	0.041	0.666	-0.315	-0.090	0.086	0.076	-0.036	-0.136	0.120
0.2*L1 (Sprung)					0.685						
0.3*L1	-0.266	0.119	0.099	0.519	0.493	-0.185	0.105	0.118	-0.042	-0.187	0.221
0.4*L1	-0.248	0.029	0.202	0.399	0.334	-0.324	0.108	0.141	-0.030	-0.206	0.329
0.5*L1	-0.211	-0.015	0.367	0.302	0.217	-0.500	0.099	0.142	-0.000	-0.197	0.388
0.5*L1 (Sprung)						0.500					
0.6*L1	-0.165	-0.030	0.202	0.221	0.135	0.324	0.082	0.124	0.030	-0.167	0.329
0.7*L1	-0.116	-0.029	0.099	0.151	0.080	0.185	0.060	0.095	0.042	-0.125	0.221
0.8*L1	-0.070	-0.020	0.041	0.089	0.042	0.090	0.037	0.060	0.036	-0.078	0.120
0.9*L1	-0.029	-0.009	0.012	0.037	0.016	0.031	0.016	0.026	0.018	-0.033	0.045
0.0*L2	-0.000	0.000	-0.000	-0.000	0.000	-0.000	-0.000	-0.000	-0.000	-0.000	-0.000
0.2*L2	0.012	0.004	-0.004	-0.015	-0.006	-0.012	-0.007	-0.011	-0.008	0.014	-0.020
0.4*L2	0.014	0.005	-0.004	-0.017	-0.007	-0.014	-0.008	-0.013	-0.009	0.016	-0.024
0.6*L2	0.010	0.004	-0.002	-0.012	-0.005	-0.010	-0.005	0.009	-0.007	0.012	-0.018
0.8*L2	0.005	0.002	-0.001	-0.005	-0.002	-0.004	-0.002	-0.004	-0.003	0.005	-0.008
FAKTOR	a						a			1/a	

INFOLGE STRECKENLAST P=1

IN FELD

	M 0	M 0.2	M 0.5	Q 0	Q 0.2	Q 0.5	T 0	T 0.2	T 0.5	q 0	q 0.5
3L	0.034	0.012	0.001	-0.035	-0.019	-0.003	0.014	0.006	-0.002	0.011	0.006
2L	-0.170	-0.062	-0.004	0.167	0.095	0.017	-0.064	-0.028	0.011	-0.038	-0.029
1,BIS SPRUNG					-0.112	-0.347		0.027	-0.052		
1,REST	-0.618	0.157	0.418	1.484	0.658	0.347	0.258	0.300	0.052	-0.478	0.729
2R	0.017	0.006	-0.004	-0.021	-0.008	-0.017	-0.009	-0.016	-0.011	0.020	-0.029
3R	-0.003	-0.001	0.001	0.004	0.002	0.003	0.002	0.003	0.002	-0.004	0.006
SUMME(+)	0.051	0.175	0.420	1.655	0.754	0.367	0.274	0.336	0.066	0.031	0.741
SUMME(-)	-0.792	-0.063	-0.009	-0.056	-0.139	-0.367	-0.073	-0.043	-0.066	-0.520	-0.059
SUMME	-0.740	0.111	0.411	1.599	0.615	0.000	0.201	0.293	-0.000	-0.489	0.682
FAKTOR	a*a			a			a*a				

INFOLGE EINZELMOMENT Mt=1

IN

	M 0	M 0.2	M 0.5	Q 0	Q 0.2	Q 0.5	T 0	T 0.2	T 0.5	q 0	q 0.5
0.0*L2	-0.052	-0.010	0.002	0.086	0.027	0.001	-0.043	-0.013	-0.000	-0.101	-0.006
0.1*L2	-0.078	-0.016	0.002	0.123	0.041	0.002	-0.060	-0.019	0.000	-0.137	-0.010
0.2*L2	-0.106	-0.022	0.003	0.166	0.056	0.002	-0.081	-0.026	0.001	-0.183	-0.013
0.3*L2	-0.135	-0.028	0.004	0.214	0.071	0.003	-0.105	-0.033	0.001	-0.239	-0.017
0.4*L2	-0.162	-0.031	0.006	0.266	0.084	0.002	-0.132	-0.041	-0.000	-0.310	-0.019
0.5*L2	-0.185	-0.030	0.009	0.322	0.095	0.000	-0.163	-0.050	-0.002	-0.401	-0.020
0.6*L2	-0.203	-0.025	0.012	0.384	0.103	-0.004	-0.199	-0.059	-0.005	-0.517	-0.020
0.7*L2	-0.215	-0.014	0.018	0.454	0.107	-0.010	-0.243	-0.069	-0.011	-0.671	-0.017
0.8*L2	-0.224	0.004	0.025	0.541	0.107	-0.020	-0.299	-0.081	-0.018	-0.875	-0.012
0.9*L2	-0.232	0.029	0.035	0.655	0.105	-0.033	-0.372	-0.098	-0.028	-1.149	-0.004
1.0*L2	-0.247	0.061	0.048	0.812	0.106	-0.050	-0.473	-0.120	-0.042	-1.515	0.005
0.0*L1	-0.247	0.061	0.048	0.812	0.106	-0.050	0.527	-0.120	-0.042	-1.515	0.005
0.1*L1	-0.316	0.136	0.086	1.024	0.145	-0.095	0.362	-0.199	-0.079	-0.961	0.021
0.2*L1	-0.380	0.184	0.144	1.024	0.320	-0.150	0.284	-0.364	-0.130	-0.683	0.013
0.2*L1 (Sprung)								0.636			
0.3*L1	-0.410	0.153	0.221	0.921	0.478	-0.193	0.243	0.465	-0.200	-0.542	-0.070
0.4*L1	-0.400	0.090	0.302	0.779	0.468	-0.175	0.215	0.370	-0.308	-0.458	-0.323
0.5*L1	-0.360	0.035	0.346	0.628	0.390	0.000	0.186	0.305	-0.500	-0.390	-0.895
0.5*L1 (Sprung)									0.500		
0.6*L1	-0.301	0.000	0.302	0.484	0.296	0.175	0.154	0.248	0.308	-0.321	-0.323
0.7*L1	-0.232	-0.016	0.221	0.354	0.209	0.193	0.119	0.191	0.200	-0.249	-0.070
0.8*L1	-0.163	-0.018	0.144	0.241	0.138	0.150	0.084	0.136	0.130	-0.176	0.013
0.9*L1	-0.101	-0.013	0.086	0.148	0.083	0.095	0.052	0.085	0.079	-0.110	0.021
0.0*L2	-0.053	-0.006	0.048	0.079	0.045	0.050	0.027	0.044	0.042	-0.057	0.005
0.2*L2	-0.022	-0.000	0.025	0.034	0.022	0.020	0.011	0.017	0.018	-0.023	-0.012
0.4*L2	-0.005	0.003	0.012	0.010	0.009	0.004	0.002	0.003	0.005	-0.004	-0.020
0.6*L2	0.002	0.003	0.006	0.001	0.003	-0.002	-0.001	-0.002	0.000	0.003	-0.019
0.8*L2	0.002	0.002	0.003	-0.001	0.001	-0.002	-0.001	-0.003	-0.001	0.003	-0.013
FAKTOR	1/a									1/(a*a)	

INFOLGE STRECKENMOMENT mt=1

IN FELD

	M 0	M 0.2	M 0.5	Q 0	Q 0.2	Q 0.5	T 0	T 0.2	T 0.5	q 0	q 0.5
3L	-0.002	0.005	0.002	0.024	-0.000	-0.003	-0.015	-0.003	-0.002	-0.057	0.002
2L	-0.338	-0.022	0.028	0.712	0.167	-0.016	-0.381	-0.108	-0.016	-1.052	-0.027
1,BIS SPRUNG					0.134	-0.267		-0.170	-0.387		
1,REST	-1.128	0.234	0.761	2.434	0.909	0.267	0.783	0.849	0.387	-1.846	-0.589
2R	-0.018	0.002	0.028	0.031	0.022	0.016	0.009	0.014	0.016	-0.018	-0.027
3R	-0.003	-0.000	0.002	0.004	0.002	0.003	0.001	0.002	0.002	-0.003	0.002
SUMME(+)	0.000	0.242	0.821	3.205	1.235	0.286	0.794	0.865	0.406	0.000	0.003
SUMME(-)	-1.489	-0.023	0.000	0.000	-0.000	-0.286	-0.396	-0.282	-0.406	-2.976	-0.642
SUMME	-1.489	0.219	0.821	3.205	1.234	0.000	0.397	0.583	-0.000	-2.976	-0.639
FAKTOR	a			a			a			1/a	

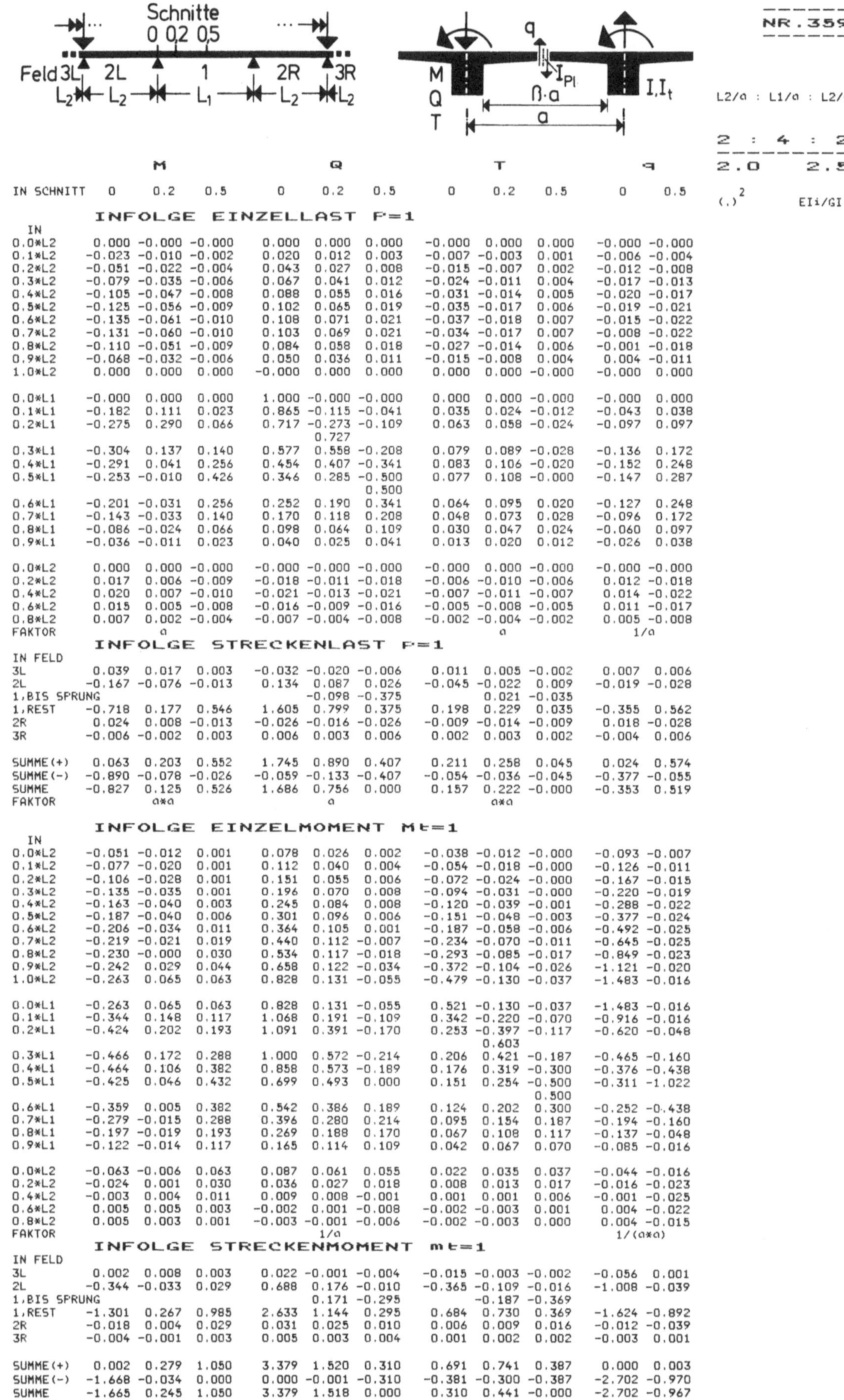

	M			Q			T			q	
IN SCHNITT	0	0.2	0.5	0	0.2	0.5	0	0.2	0.5	0	0.5

INFOLGE EINZELLAST F=1

IN

	M			Q			T			q	
0.0*L2	0.000	-0.000	-0.000	0.000	0.000	0.000	-0.000	0.000	0.000	-0.000	-0.000
0.1*L2	-0.023	-0.010	-0.002	0.020	0.012	0.003	-0.007	-0.003	0.001	-0.006	-0.004
0.2*L2	-0.051	-0.022	-0.004	0.043	0.027	0.008	-0.015	-0.007	0.002	-0.012	-0.008
0.3*L2	-0.079	-0.035	-0.006	0.067	0.041	0.012	-0.024	-0.011	0.004	-0.017	-0.013
0.4*L2	-0.105	-0.047	-0.008	0.088	0.055	0.016	-0.031	-0.014	0.005	-0.020	-0.017
0.5*L2	-0.125	-0.056	-0.009	0.102	0.065	0.019	-0.035	-0.017	0.006	-0.019	-0.021
0.6*L2	-0.135	-0.061	-0.010	0.108	0.071	0.021	-0.037	-0.018	0.007	-0.015	-0.022
0.7*L2	-0.131	-0.060	-0.010	0.103	0.069	0.021	-0.034	-0.017	0.007	-0.008	-0.022
0.8*L2	-0.110	-0.051	-0.009	0.084	0.058	0.018	-0.027	-0.014	0.006	-0.001	-0.018
0.9*L2	-0.068	-0.032	-0.006	0.050	0.036	0.011	-0.015	-0.008	0.004	0.004	-0.011
1.0*L2	0.000	0.000	0.000	-0.000	0.000	0.000	0.000	0.000	-0.000	-0.000	0.000
0.0*L1	-0.000	0.000	0.000	1.000	-0.000	-0.000	0.000	0.000	-0.000	-0.000	0.000
0.1*L1	-0.182	0.111	0.023	0.865	-0.115	-0.041	0.035	0.024	-0.012	-0.043	0.038
0.2*L1	-0.275	0.290	0.066	0.717	-0.273	-0.109	0.063	0.058	-0.024	-0.097	0.097
					0.727						
0.3*L1	-0.304	0.137	0.140	0.577	0.558	-0.208	0.079	0.089	-0.028	-0.136	0.172
0.4*L1	-0.291	0.041	0.256	0.454	0.407	-0.341	0.083	0.106	-0.020	-0.152	0.248
0.5*L1	-0.253	-0.010	0.426	0.346	0.285	-0.500	0.077	0.108	-0.000	-0.147	0.287
						0.500					
0.6*L1	-0.201	-0.031	0.256	0.252	0.190	0.341	0.064	0.095	0.020	-0.127	0.248
0.7*L1	-0.143	-0.033	0.140	0.170	0.118	0.208	0.048	0.073	0.028	-0.096	0.172
0.8*L1	-0.086	-0.024	0.066	0.098	0.064	0.109	0.030	0.047	0.024	-0.060	0.097
0.9*L1	-0.036	-0.011	0.023	0.040	0.025	0.041	0.013	0.020	0.012	-0.026	0.038
0.0*L2	0.000	0.000	-0.000	-0.000	0.000	-0.000	-0.000	0.000	-0.000	-0.000	-0.000
0.2*L2	0.017	0.006	-0.009	-0.018	-0.011	-0.018	-0.006	-0.010	-0.006	0.012	-0.018
0.4*L2	0.020	0.007	-0.010	-0.021	-0.013	-0.021	-0.007	-0.011	-0.007	0.014	-0.022
0.6*L2	0.015	0.005	-0.008	-0.016	-0.009	-0.016	-0.005	-0.008	-0.005	0.011	-0.017
0.8*L2	0.007	0.002	-0.004	-0.007	-0.004	-0.008	-0.002	-0.004	-0.002	0.005	-0.008
FAKTOR	a							a		1/a	

INFOLGE STRECKENLAST F=1

IN FELD

	M			Q			T			q	
3L	0.039	0.017	0.003	-0.032	-0.020	-0.006	0.011	0.005	-0.002	0.007	0.006
2L	-0.167	-0.076	-0.013	0.134	0.087	0.026	-0.045	-0.022	0.009	-0.019	-0.028
1,BIS SPRUNG					-0.098	-0.375		0.021	-0.035		
1,REST	-0.718	0.177	0.546	1.605	0.799	0.375	0.198	0.229	0.035	-0.355	0.562
2R	0.024	0.008	-0.013	-0.026	-0.016	-0.026	-0.009	-0.014	-0.009	0.018	-0.028
3R	-0.006	-0.002	0.003	0.006	0.003	0.006	0.002	0.003	0.002	-0.004	0.006
SUMME(+)	0.063	0.203	0.552	1.745	0.890	0.407	0.211	0.258	0.045	0.024	0.574
SUMME(-)	-0.890	-0.078	-0.026	-0.059	-0.133	-0.407	-0.054	-0.036	-0.045	-0.377	-0.055
SUMME	-0.827	0.125	0.526	1.686	0.756	0.000	0.157	0.222	-0.000	-0.353	0.519
FAKTOR	a*a			a			a*a				

INFOLGE EINZELMOMENT Mt=1

IN

	M			Q			T			q	
0.0*L2	-0.051	-0.012	0.001	0.078	0.026	0.002	-0.038	-0.012	-0.000	-0.093	-0.007
0.1*L2	-0.077	-0.020	0.001	0.112	0.040	0.004	-0.054	-0.018	-0.000	-0.126	-0.011
0.2*L2	-0.106	-0.028	0.001	0.151	0.055	0.006	-0.072	-0.024	-0.000	-0.167	-0.015
0.3*L2	-0.135	-0.035	0.001	0.196	0.070	0.008	-0.094	-0.031	-0.000	-0.220	-0.019
0.4*L2	-0.163	-0.040	0.003	0.245	0.084	0.008	-0.120	-0.039	-0.001	-0.288	-0.022
0.5*L2	-0.187	-0.040	0.006	0.301	0.096	0.006	-0.151	-0.048	-0.003	-0.377	-0.024
0.6*L2	-0.206	-0.034	0.011	0.364	0.105	0.001	-0.187	-0.058	-0.006	-0.492	-0.025
0.7*L2	-0.219	-0.021	0.019	0.440	0.112	-0.007	-0.234	-0.070	-0.011	-0.645	-0.025
0.8*L2	-0.230	-0.000	0.030	0.534	0.117	-0.018	-0.293	-0.085	-0.017	-0.849	-0.023
0.9*L2	-0.242	0.029	0.044	0.658	0.122	-0.034	-0.372	-0.104	-0.026	-1.121	-0.020
1.0*L2	-0.263	0.065	0.063	0.828	0.131	-0.055	-0.479	-0.130	-0.037	-1.483	-0.016
0.0*L1	-0.263	0.065	0.063	0.828	0.131	-0.055	0.521	-0.130	-0.037	-1.483	-0.016
0.1*L1	-0.344	0.148	0.117	1.068	0.191	-0.109	0.342	-0.220	-0.016	-0.916	-0.016
0.2*L1	-0.424	0.202	0.193	1.091	0.391	-0.170	0.253	-0.397	-0.117	-0.620	-0.048
					0.603						
0.3*L1	-0.466	0.172	0.288	1.000	0.572	-0.214	0.206	0.421	-0.187	-0.465	-0.160
0.4*L1	-0.464	0.106	0.382	0.858	0.573	-0.189	0.176	0.319	-0.300	-0.376	-0.438
0.5*L1	-0.425	0.046	0.432	0.699	0.493	0.000	0.151	0.254	-0.500	-0.311	-1.022
									0.500		
0.6*L1	-0.359	0.005	0.382	0.542	0.386	0.189	0.124	0.202	0.300	-0.252	-0.438
0.7*L1	-0.279	-0.015	0.288	0.396	0.280	0.214	0.095	0.154	0.187	-0.194	-0.160
0.8*L1	-0.197	-0.019	0.193	0.269	0.188	0.170	0.067	0.108	0.117	-0.137	-0.048
0.9*L1	-0.122	-0.014	0.117	0.165	0.114	0.109	0.042	0.067	0.070	-0.085	-0.016
0.0*L2	-0.063	-0.006	0.063	0.087	0.061	0.055	0.022	0.035	0.037	-0.044	-0.016
0.2*L2	-0.024	0.001	0.030	0.036	0.027	0.018	0.008	0.013	0.017	-0.016	-0.023
0.4*L2	-0.003	0.004	0.011	0.009	0.008	-0.001	0.001	0.001	0.006	-0.001	-0.025
0.6*L2	0.005	0.005	0.003	-0.002	0.001	-0.008	-0.002	-0.003	0.001	0.004	-0.022
0.8*L2	0.005	0.003	0.001	-0.003	-0.001	-0.006	-0.002	-0.003	0.000	0.004	-0.015
FAKTOR				1/a						1/(a*a)	

INFOLGE STRECKENMOMENT mt=1

IN FELD

	M			Q			T			q	
3L	0.002	0.008	0.003	0.022	-0.001	-0.004	-0.015	-0.003	-0.002	-0.056	0.001
2L	-0.344	-0.033	0.029	0.688	0.176	-0.010	-0.365	-0.109	-0.016	-1.008	-0.039
1,BIS SPRUNG					0.171	-0.295		-0.187	-0.369		
1,REST	-1.301	0.267	0.985	2.633	1.144	0.295	0.684	0.730	0.369	-1.624	-0.892
2R	-0.018	0.004	0.029	0.031	0.025	0.010	0.006	0.009	0.016	-0.012	-0.039
3R	-0.004	-0.001	0.003	0.005	0.003	0.004	0.001	0.002	0.002	-0.003	0.001
SUMME(+)	0.002	0.279	1.050	3.379	1.520	0.310	0.691	0.741	0.387	0.000	0.003
SUMME(-)	-1.668	-0.034	0.000	0.000	-0.001	-0.310	-0.381	-0.300	-0.387	-2.702	-0.970
SUMME	-1.665	0.245	1.050	3.379	1.518	0.000	0.310	0.441	-0.000	-2.702	-0.967
FAKTOR	a			a			a			1/a	

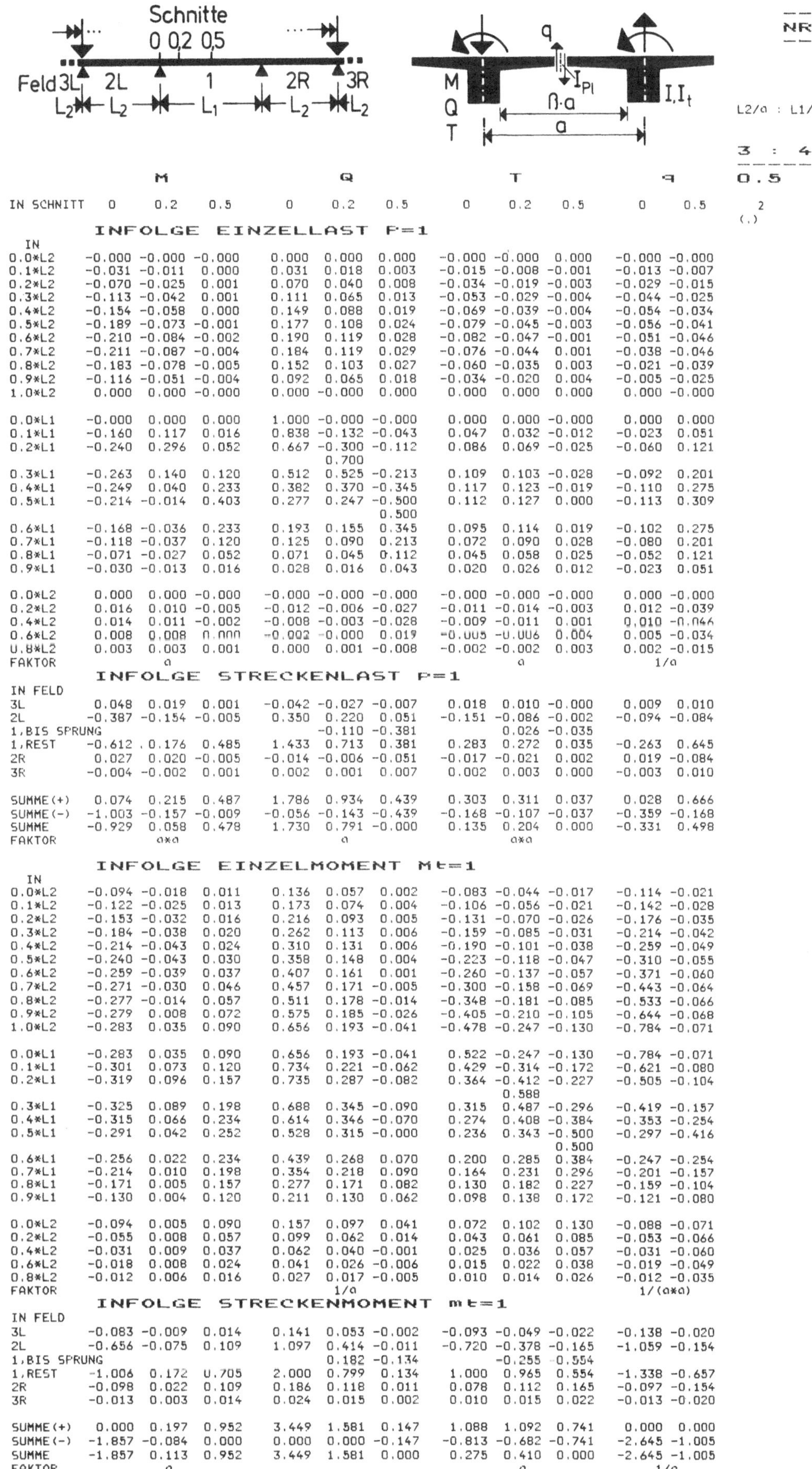

NR.360

L2/a : L1/a : L2/a

3 : 4 : 3

0.5   1.0

2

(.)   EIi/GIt

IN SCHNITT	M 0	M 0.2	M 0.5	Q 0	Q 0.2	Q 0.5	T 0	T 0.2	T 0.5	q 0	q 0.5

INFOLGE EINZELLAST P=1

IN	M 0	M 0.2	M 0.5	Q 0	Q 0.2	Q 0.5	T 0	T 0.2	T 0.5	q 0	q 0.5
0.0*L2	-0.000	-0.000	-0.000	0.000	0.000	0.000	-0.000	-0.000	0.000	-0.000	-0.000
0.1*L2	-0.031	-0.011	0.000	0.031	0.018	0.003	-0.015	-0.008	-0.001	-0.013	-0.007
0.2*L2	-0.070	-0.025	0.001	0.070	0.040	0.008	-0.034	-0.019	-0.003	-0.029	-0.015
0.3*L2	-0.113	-0.042	0.001	0.111	0.065	0.013	-0.053	-0.029	-0.004	-0.044	-0.025
0.4*L2	-0.154	-0.058	0.000	0.149	0.088	0.019	-0.069	-0.039	-0.004	-0.054	-0.034
0.5*L2	-0.189	-0.073	-0.001	0.177	0.108	0.024	-0.079	-0.045	-0.003	-0.056	-0.041
0.6*L2	-0.210	-0.084	-0.002	0.190	0.119	0.028	-0.082	-0.047	-0.001	-0.051	-0.046
0.7*L2	-0.211	-0.087	-0.004	0.184	0.119	0.029	-0.076	-0.044	0.001	-0.038	-0.046
0.8*L2	-0.183	-0.078	-0.005	0.152	0.103	0.027	-0.060	-0.035	0.003	-0.021	-0.039
0.9*L2	-0.116	-0.051	-0.004	0.092	0.065	0.018	-0.034	-0.020	0.004	-0.005	-0.025
1.0*L2	0.000	0.000	0.000	0.000	-0.000	0.000	0.000	0.000	0.000	0.000	0.000
0.0*L1	-0.000	0.000	0.000	1.000	-0.000	-0.000	0.000	0.000	-0.000	0.000	0.000
0.1*L1	-0.160	0.117	0.016	0.838	-0.132	-0.043	0.047	0.032	-0.012	-0.023	0.051
0.2*L1	-0.240	0.296	0.052	0.667	-0.300	-0.112	0.086	0.069	-0.025	-0.060	0.121
				0.700							
0.3*L1	-0.263	0.140	0.120	0.512	0.525	-0.213	0.109	0.103	-0.028	-0.092	0.201
0.4*L1	-0.249	0.040	0.233	0.382	0.370	-0.345	0.117	0.123	-0.019	-0.110	0.275
0.5*L1	-0.214	-0.014	0.403	0.277	0.247	-0.500	0.112	0.127	0.000	-0.113	0.309
						0.500					
0.6*L1	-0.168	-0.036	0.233	0.193	0.155	0.345	0.095	0.114	0.019	-0.102	0.275
0.7*L1	-0.118	-0.037	0.120	0.125	0.090	0.213	0.072	0.090	0.028	-0.080	0.201
0.8*L1	-0.071	-0.027	0.052	0.071	0.045	0.112	0.045	0.058	0.025	-0.052	0.121
0.9*L1	-0.030	-0.013	0.016	0.028	0.016	0.043	0.020	0.026	0.012	-0.023	0.051
0.0*L2	0.000	0.000	-0.000	-0.000	-0.000	-0.000	-0.000	-0.000	-0.000	0.000	-0.000
0.2*L2	0.016	0.010	-0.005	-0.012	-0.006	-0.027	-0.011	-0.014	-0.003	0.012	-0.039
0.4*L2	0.014	0.011	-0.002	-0.008	-0.003	-0.028	-0.009	-0.011	0.001	0.010	-0.046
0.6*L2	0.008	0.008	0.000	-0.002	-0.000	0.019	-0.005	-0.006	0.004	0.005	-0.034
0.8*L2	0.003	0.003	0.001	0.000	0.001	-0.008	-0.002	-0.002	0.003	0.002	-0.015
FAKTOR	a						a			1/a	

INFOLGE STRECKENLAST P=1

IN FELD	M 0	M 0.2	M 0.5	Q 0	Q 0.2	Q 0.5	T 0	T 0.2	T 0.5	q 0	q 0.5
3L	0.048	0.019	0.001	-0.042	-0.027	-0.007	0.018	0.010	-0.000	0.009	0.010
2L	-0.387	-0.154	-0.005	0.350	0.220	0.051	-0.151	-0.086	-0.002	-0.094	-0.084
1,BIS SPRUNG					-0.110	-0.381		0.026	-0.035		
1,REST	-0.612	.176	0.485	1.433	0.713	0.381	0.283	0.272	0.035	-0.263	0.645
2R	0.027	0.020	-0.005	-0.014	-0.006	-0.051	-0.017	-0.021	0.002	0.019	-0.084
3R	-0.004	-0.002	0.001	0.002	0.001	0.007	0.002	0.003	0.000	-0.003	0.010
SUMME(+)	0.074	0.215	0.487	1.786	0.934	0.439	0.303	0.311	0.037	0.028	0.666
SUMME(-)	-1.003	-0.157	-0.009	-0.056	-0.143	-0.439	-0.168	-0.107	-0.037	-0.359	-0.168
SUMME	-0.929	0.058	0.478	1.730	0.791	-0.000	0.135	0.204	0.000	-0.331	0.498
FAKTOR	a*a			a			a*a			1/a	

INFOLGE EINZELMOMENT Mt=1

IN	M 0	M 0.2	M 0.5	Q 0	Q 0.2	Q 0.5	T 0	T 0.2	T 0.5	q 0	q 0.5
0.0*L2	-0.094	-0.018	0.011	0.136	0.057	0.002	-0.083	-0.044	-0.017	-0.114	-0.021
0.1*L2	-0.122	-0.025	0.013	0.173	0.074	0.004	-0.106	-0.056	-0.021	-0.142	-0.028
0.2*L2	-0.153	-0.032	0.016	0.216	0.093	0.005	-0.131	-0.070	-0.026	-0.176	-0.035
0.3*L2	-0.184	-0.038	0.020	0.262	0.113	0.006	-0.159	-0.085	-0.031	-0.214	-0.042
0.4*L2	-0.214	-0.043	0.024	0.310	0.131	0.006	-0.190	-0.101	-0.038	-0.259	-0.049
0.5*L2	-0.240	-0.043	0.030	0.358	0.148	0.004	-0.223	-0.118	-0.047	-0.310	-0.055
0.6*L2	-0.259	-0.039	0.037	0.407	0.161	0.001	-0.260	-0.137	-0.057	-0.371	-0.060
0.7*L2	-0.271	-0.030	0.046	0.457	0.171	-0.005	-0.300	-0.158	-0.069	-0.443	-0.064
0.8*L2	-0.277	-0.014	0.057	0.511	0.178	-0.014	-0.348	-0.181	-0.085	-0.533	-0.066
0.9*L2	-0.279	0.008	0.072	0.575	0.185	-0.026	-0.405	-0.210	-0.105	-0.644	-0.068
1.0*L2	-0.283	0.035	0.090	0.656	0.193	-0.041	-0.478	-0.247	-0.130	-0.784	-0.071
0.0*L1	-0.283	0.035	0.090	0.656	0.193	-0.041	0.522	-0.247	-0.130	-0.784	-0.071
0.1*L1	-0.301	0.073	0.120	0.734	0.221	-0.062	0.429	-0.314	-0.172	-0.621	-0.080
0.2*L1	-0.319	0.096	0.157	0.735	0.287	-0.082	0.364	-0.412	-0.227	-0.505	-0.104
								0.588			
0.3*L1	-0.325	0.089	0.198	0.688	0.345	-0.090	0.315	0.487	-0.296	-0.419	-0.157
0.4*L1	-0.315	0.066	0.234	0.614	0.346	-0.070	0.274	0.408	-0.384	-0.353	-0.254
0.5*L1	-0.291	0.042	0.252	0.528	0.315	-0.000	0.236	0.343	-0.500	-0.297	-0.416
									0.500		
0.6*L1	-0.256	0.022	0.234	0.439	0.268	0.070	0.200	0.285	0.384	-0.247	-0.254
0.7*L1	-0.214	0.010	0.198	0.354	0.218	0.090	0.164	0.231	0.296	-0.201	-0.157
0.8*L1	-0.171	0.005	0.157	0.277	0.171	0.082	0.130	0.182	0.227	-0.159	-0.104
0.9*L1	-0.130	0.004	0.120	0.211	0.130	0.062	0.098	0.138	0.172	-0.121	-0.080
0.0*L2	-0.094	0.005	0.090	0.157	0.097	0.041	0.072	0.102	0.130	-0.088	-0.071
0.2*L2	-0.055	0.008	0.057	0.099	0.062	0.014	0.043	0.061	0.085	-0.053	-0.066
0.4*L2	-0.031	0.009	0.037	0.062	0.040	-0.001	0.025	0.036	0.057	-0.031	-0.060
0.6*L2	-0.018	0.008	0.024	0.041	0.026	-0.006	0.015	0.022	0.038	-0.019	-0.049
0.8*L2	-0.012	0.006	0.016	0.027	0.017	-0.005	0.010	0.014	0.026	-0.012	-0.035
FAKTOR				1/a						1/(a*a)	

INFOLGE STRECKENMOMENT mt=1

IN FELD	M 0	M 0.2	M 0.5	Q 0	Q 0.2	Q 0.5	T 0	T 0.2	T 0.5	q 0	q 0.5
3L	-0.083	-0.009	0.014	0.141	0.053	-0.002	-0.093	-0.049	-0.022	-0.138	-0.020
2L	-0.656	-0.075	0.109	1.097	0.414	-0.011	-0.720	-0.378	-0.165	-1.059	-0.154
1,BIS SPRUNG					0.182	-0.134		-0.255	-0.554		
1,REST	-1.006	0.172	0.705	2.000	0.799	0.134	1.000	0.965	0.554	-1.338	-0.657
2R	-0.098	0.022	0.109	0.186	0.118	0.011	0.078	0.112	0.165	-0.097	-0.154
3R	-0.013	0.003	0.014	0.024	0.015	0.002	0.010	0.015	0.022	-0.013	-0.020
SUMME(+)	0.000	0.197	0.952	3.449	1.581	0.147	1.088	1.092	0.741	0.000	0.000
SUMME(-)	-1.857	-0.084	0.000	0.000	0.000	-0.147	-0.813	-0.682	-0.741	-2.645	-1.005
SUMME	-1.857	0.113	0.952	3.449	1.581	0.000	0.275	0.410	0.000	-2.645	-1.005
FAKTOR	a			a			a			1/a	

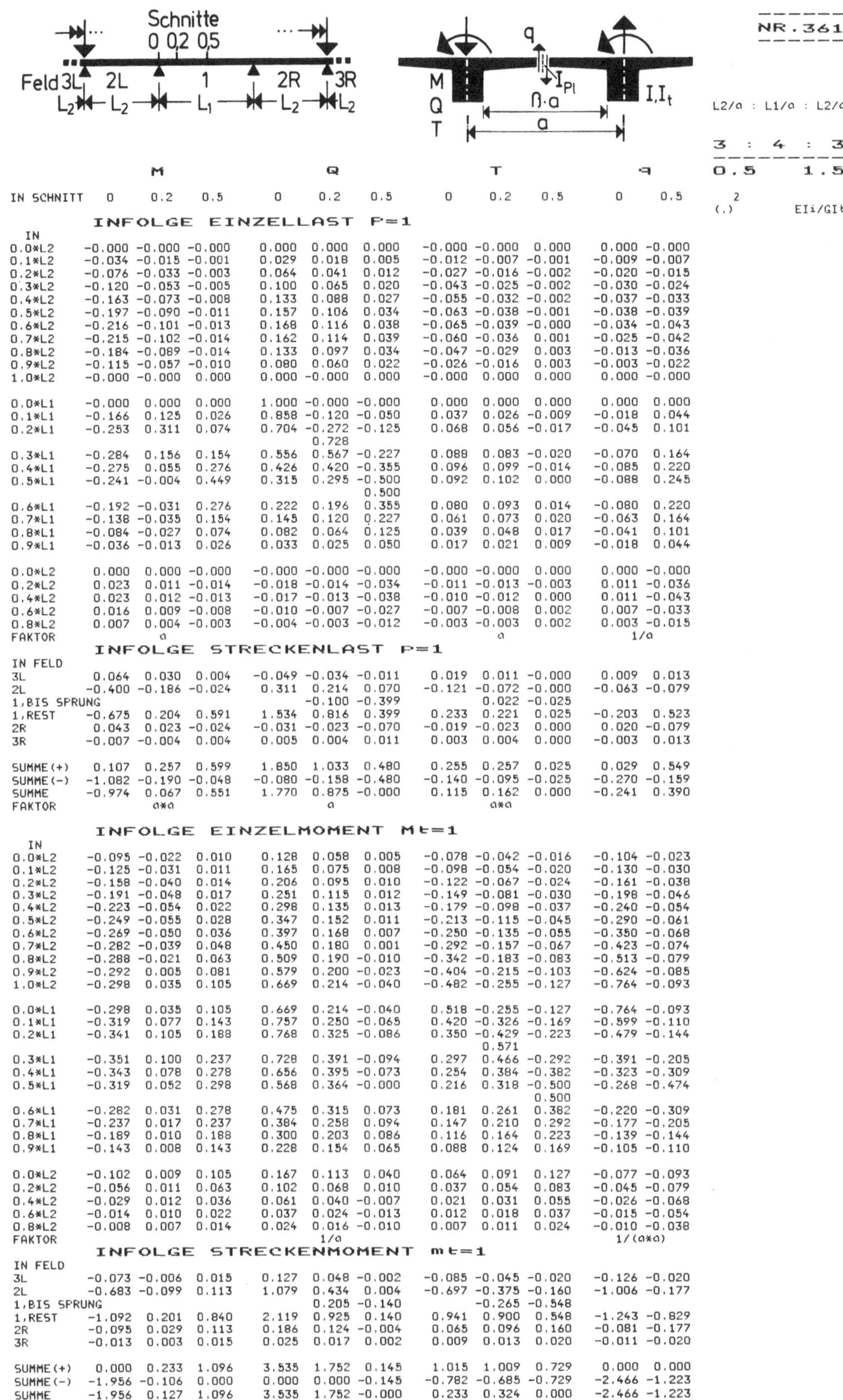

NR.361

L2/a : L1/a : L2/a

3 : 4 : 3

0.5   1.5

(.)² 2   EIi/GIt

IN SCHNITT	M 0	M 0.2	M 0.5	Q 0	Q 0.2	Q 0.5	T 0	T 0.2	T 0.5	q 0	q 0.5

INFOLGE EINZELLAST P=1

IN

IN	M 0	M 0.2	M 0.5	Q 0	Q 0.2	Q 0.5	T 0	T 0.2	T 0.5	q 0	q 0.5
0.0*L2	-0.000	-0.000	-0.000	0.000	0.000	0.000	-0.000	-0.000	0.000	0.000	-0.000
0.1*L2	-0.034	-0.015	-0.001	0.029	0.018	0.005	-0.012	-0.007	-0.001	-0.009	-0.007
0.2*L2	-0.076	-0.033	-0.003	0.064	0.041	0.012	-0.027	-0.016	-0.002	-0.020	-0.015
0.3*L2	-0.120	-0.053	-0.005	0.100	0.065	0.020	-0.043	-0.025	-0.002	-0.030	-0.024
0.4*L2	-0.163	-0.073	-0.008	0.133	0.088	0.027	-0.055	-0.032	-0.002	-0.037	-0.033
0.5*L2	-0.197	-0.090	-0.011	0.157	0.106	0.034	-0.063	-0.038	-0.001	-0.038	-0.039
0.6*L2	-0.216	-0.101	-0.013	0.168	0.116	0.038	-0.065	-0.039	-0.000	-0.034	-0.043
0.7*L2	-0.215	-0.102	-0.014	0.162	0.114	0.039	-0.060	-0.036	0.001	-0.025	-0.042
0.8*L2	-0.184	-0.089	-0.014	0.133	0.097	0.034	-0.047	-0.029	0.003	-0.013	-0.036
0.9*L2	-0.115	-0.057	-0.010	0.080	0.060	0.022	-0.026	-0.016	0.003	-0.003	-0.022
1.0*L2	-0.000	-0.000	0.000	0.000	-0.000	0.000	-0.000	0.000	1.000	0.000	-0.000
0.0*L1	-0.000	0.000	0.000	1.000	-0.000	-0.000	0.000	0.000	0.000	0.000	0.000
0.1*L1	-0.166	0.125	0.026	0.858	-0.120	-0.050	0.037	0.026	-0.009	-0.018	0.044
0.2*L1	-0.253	0.311	0.074	0.704	-0.272	-0.125	0.068	0.056	-0.017	-0.045	0.101
				0.728							
0.3*L1	-0.284	0.156	0.154	0.556	0.567	-0.227	0.088	0.083	-0.020	-0.070	0.164
0.4*L1	-0.275	0.055	0.276	0.426	0.420	-0.355	0.096	0.099	-0.014	-0.085	0.220
0.5*L1	-0.241	-0.004	0.449	0.315	0.295	-0.500	0.092	0.102	0.000	-0.088	0.245
						0.500					
0.6*L1	-0.192	-0.031	0.276	0.222	0.196	0.355	0.080	0.093	0.014	-0.080	0.220
0.7*L1	-0.138	-0.035	0.154	0.145	0.120	0.227	0.061	0.073	0.020	-0.063	0.164
0.8*L1	-0.084	-0.027	0.074	0.082	0.064	0.125	0.039	0.048	0.017	-0.041	0.101
0.9*L1	-0.036	-0.013	0.026	0.033	0.025	0.050	0.017	0.021	0.009	-0.018	0.044
0.0*L2	0.000	0.000	-0.000	-0.000	-0.000	-0.000	-0.000	-0.000	0.000	0.000	-0.000
0.2*L2	0.023	0.011	-0.014	-0.018	-0.014	-0.034	-0.011	-0.013	-0.003	0.011	-0.036
0.4*L2	0.023	0.012	-0.013	-0.017	-0.013	-0.038	-0.010	-0.012	0.000	0.011	-0.043
0.6*L2	0.016	0.009	-0.008	-0.010	-0.007	-0.027	-0.007	-0.008	0.002	0.007	-0.033
0.8*L2	0.007	0.004	-0.003	-0.004	-0.003	-0.012	-0.003	-0.003	0.002	0.003	-0.015
FAKTOR	a						a			1/a	

INFOLGE STRECKENLAST P=1

IN FELD

IN FELD	M 0	M 0.2	M 0.5	Q 0	Q 0.2	Q 0.5	T 0	T 0.2	T 0.5	q 0	q 0.5
3L	0.064	0.030	0.004	-0.049	-0.034	-0.011	0.019	0.011	-0.000	0.009	0.013
2L	-0.400	-0.186	-0.024	0.311	0.214	0.070	-0.121	-0.072	-0.000	-0.063	-0.079
1,BIS SPRUNG					-0.100	-0.399		0.022	-0.025		
1,REST	-0.675	0.204	0.591	1.534	0.816	0.399	0.233	0.221	0.025	-0.203	0.523
2R	0.043	0.023	-0.024	-0.031	-0.023	-0.070	-0.019	-0.023	0.000	0.020	-0.079
3R	-0.007	-0.004	0.004	0.005	0.004	0.011	0.003	0.004	0.000	-0.003	0.013
SUMME(+)	0.107	0.257	0.599	1.850	1.033	0.480	0.255	0.257	0.025	0.029	0.549
SUMME(-)	-1.082	-0.190	-0.048	-0.080	-0.158	-0.480	-0.140	-0.095	-0.025	-0.270	-0.159
SUMME	-0.974	0.067	0.551	1.770	0.875	-0.000	0.115	0.162	0.000	-0.241	0.390
FAKTOR	a*a			a			a*a			1/a	

INFOLGE EINZELMOMENT Mt=1

IN

IN	M 0	M 0.2	M 0.5	Q 0	Q 0.2	Q 0.5	T 0	T 0.2	T 0.5	q 0	q 0.5
0.0*L2	-0.095	-0.022	0.010	0.128	0.058	0.005	-0.078	-0.042	-0.016	-0.104	-0.023
0.1*L2	-0.125	-0.031	0.011	0.165	0.075	0.008	-0.098	-0.054	-0.020	-0.130	-0.030
0.2*L2	-0.158	-0.040	0.014	0.206	0.095	0.010	-0.122	-0.067	-0.024	-0.161	-0.038
0.3*L2	-0.191	-0.048	0.017	0.251	0.115	0.012	-0.149	-0.081	-0.030	-0.198	-0.046
0.4*L2	-0.223	-0.054	0.022	0.298	0.135	0.013	-0.179	-0.098	-0.037	-0.240	-0.054
0.5*L2	-0.249	-0.055	0.028	0.347	0.152	0.011	-0.213	-0.115	-0.045	-0.290	-0.061
0.6*L2	-0.269	-0.050	0.036	0.397	0.168	0.007	-0.250	-0.135	-0.055	-0.350	-0.068
0.7*L2	-0.282	-0.039	0.048	0.450	0.180	0.001	-0.292	-0.157	-0.067	-0.423	-0.074
0.8*L2	-0.288	-0.021	0.063	0.509	0.190	-0.010	-0.342	-0.183	-0.083	-0.513	-0.079
0.9*L2	-0.292	0.005	0.081	0.579	0.200	-0.023	-0.404	-0.215	-0.103	-0.624	-0.085
1.0*L2	-0.298	0.035	0.105	0.669	0.214	-0.040	-0.482	-0.255	-0.127	-0.764	-0.093
0.0*L1	-0.298	0.035	0.105	0.669	0.214	-0.040	0.518	-0.255	-0.127	-0.764	-0.093
0.1*L1	-0.319	0.077	0.143	0.757	0.250	-0.065	0.420	-0.326	-0.169	-0.599	-0.110
0.2*L1	-0.341	0.105	0.188	0.768	0.325	-0.086	0.350	-0.429	-0.223	-0.479	-0.144
								0.571			
0.3*L1	-0.351	0.100	0.237	0.728	0.391	-0.094	0.297	0.466	-0.292	-0.391	-0.205
0.4*L1	-0.343	0.078	0.278	0.656	0.395	-0.073	0.254	0.384	-0.382	-0.323	-0.309
0.5*L1	-0.319	0.052	0.298	0.568	0.364	-0.000	0.216	0.318	-0.500	-0.268	-0.474
									0.500		
0.6*L1	-0.282	0.031	0.278	0.475	0.315	0.073	0.181	0.261	0.382	-0.220	-0.309
0.7*L1	-0.237	0.017	0.237	0.384	0.258	0.094	0.147	0.210	0.292	-0.177	-0.205
0.8*L1	-0.189	0.010	0.188	0.300	0.203	0.086	0.116	0.164	0.223	-0.139	-0.144
0.9*L1	-0.143	0.008	0.143	0.228	0.154	0.065	0.088	0.124	0.169	-0.105	-0.110
0.0*L2	-0.102	0.009	0.105	0.167	0.113	0.040	0.064	0.091	0.127	-0.077	-0.093
0.2*L2	-0.056	0.011	0.063	0.102	0.068	0.010	0.037	0.054	0.083	-0.045	-0.079
0.4*L2	-0.029	0.012	0.036	0.061	0.040	-0.007	0.021	0.031	0.055	-0.026	-0.068
0.6*L2	-0.014	0.010	0.022	0.037	0.024	-0.013	0.012	0.018	0.037	-0.015	-0.054
0.8*L2	-0.008	0.007	0.014	0.024	0.016	-0.010	0.007	0.011	0.024	-0.010	-0.038
FAKTOR				1/a						1/(a*a)	

INFOLGE STRECKENMOMENT mt=1

IN FELD

IN FELD	M 0	M 0.2	M 0.5	Q 0	Q 0.2	Q 0.5	T 0	T 0.2	T 0.5	q 0	q 0.5
3L	-0.073	-0.006	0.015	0.127	0.048	-0.002	-0.085	-0.045	-0.020	-0.126	-0.020
2L	-0.683	-0.099	0.113	1.079	0.434	0.004	-0.697	-0.375	-0.160	-1.006	-0.177
1,BIS SPRUNG					0.205	-0.140		-0.265	-0.548		
1,REST	-1.092	0.201	0.840	2.119	0.925	0.140	0.941	0.900	0.548	-1.243	-0.829
2R	-0.095	0.029	0.113	0.186	0.124	-0.004	0.065	0.096	0.160	-0.081	-0.177
3R	-0.013	0.003	0.015	0.025	0.017	0.002	0.009	0.013	0.020	-0.011	-0.020
SUMME(+)	0.000	0.233	1.096	3.535	1.752	0.145	1.015	1.009	0.729	0.000	0.000
SUMME(-)	-1.956	-0.106	0.000	0.000	0.000	-0.145	-0.782	-0.685	-0.729	-2.466	-1.223
SUMME	-1.956	0.127	1.096	3.535	1.752	-0.000	0.233	0.324	0.000	-2.466	-1.223
FAKTOR	a			a			a			1/a	

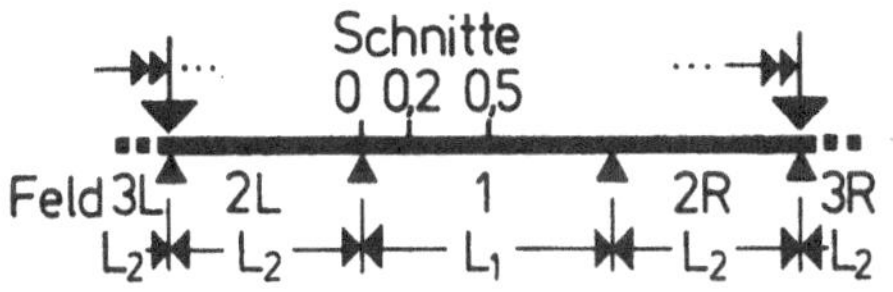

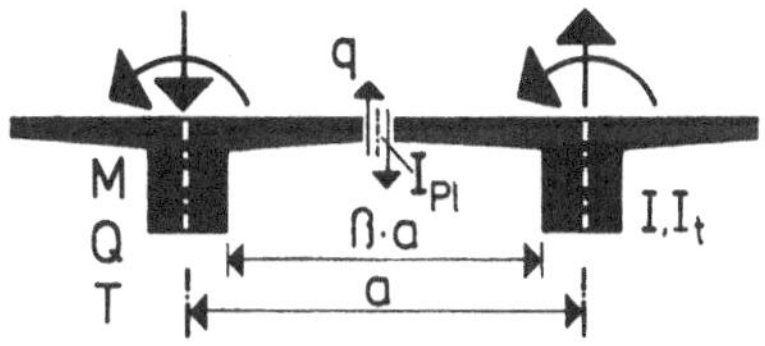

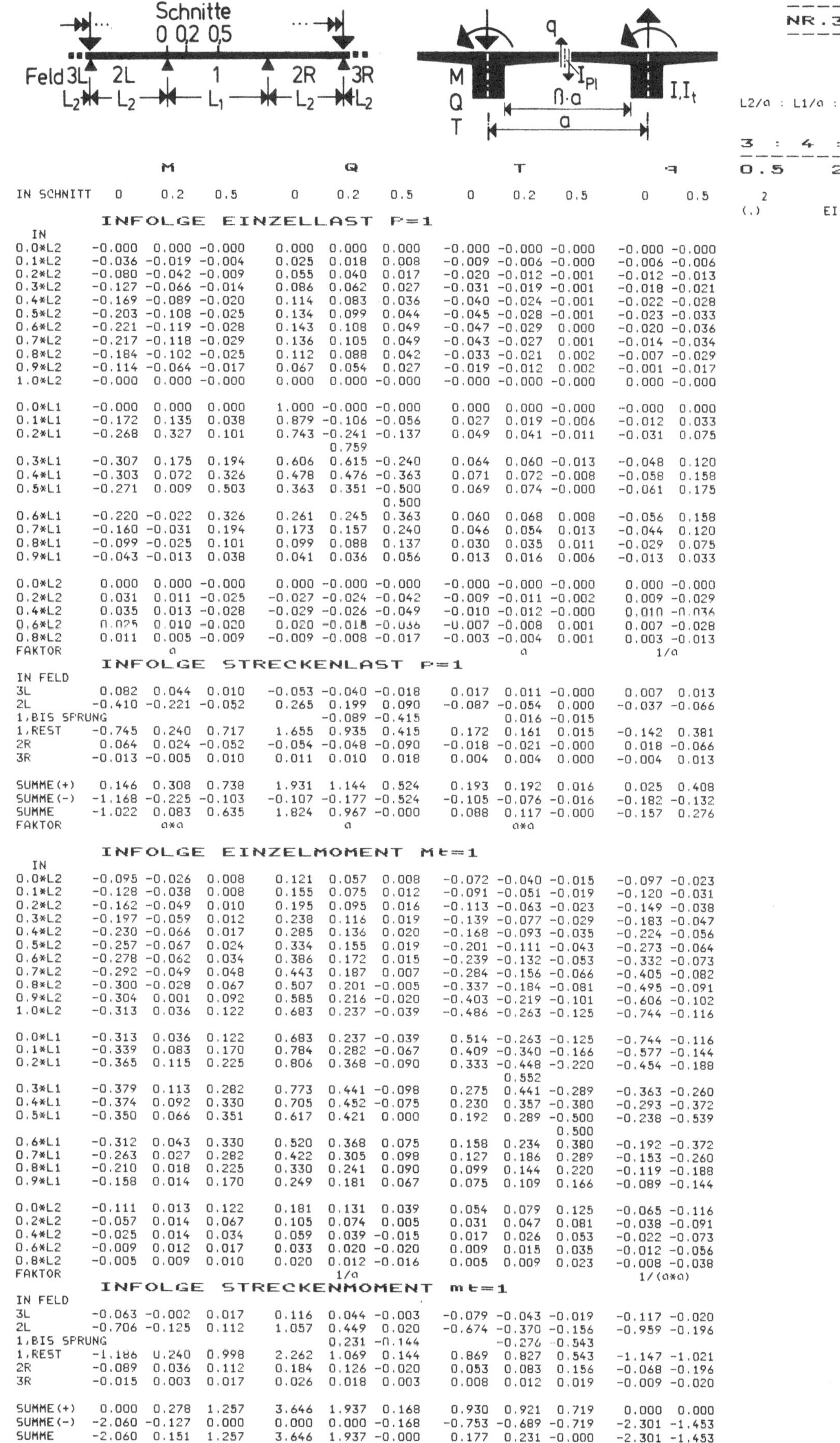

NR.362

L2/a : L1/a : L2/a

3 : 4 : 3

0.5 2.5

2
(.) EIi/GIt

	M			Q			T			q	
IN SCHNITT	0	0.2	0.5	0	0.2	0.5	0	0.2	0.5	0	0.5
INFOLGE EINZELLAST P=1											
IN											
0.0*L2	-0.000	0.000	-0.000	0.000	0.000	0.000	-0.000	-0.000	-0.000	-0.000	-0.000
0.1*L2	-0.036	-0.019	-0.004	0.025	0.018	0.008	-0.009	-0.006	-0.000	-0.006	-0.006
0.2*L2	-0.080	-0.042	-0.009	0.055	0.040	0.017	-0.020	-0.012	-0.001	-0.012	-0.013
0.3*L2	-0.127	-0.066	-0.014	0.086	0.062	0.027	-0.031	-0.019	-0.001	-0.018	-0.021
0.4*L2	-0.169	-0.089	-0.020	0.114	0.083	0.036	-0.040	-0.024	-0.001	-0.022	-0.028
0.5*L2	-0.203	-0.108	-0.025	0.134	0.099	0.044	-0.045	-0.028	-0.001	-0.023	-0.033
0.6*L2	-0.221	-0.119	-0.028	0.143	0.108	0.049	-0.047	-0.029	0.000	-0.020	-0.036
0.7*L2	-0.217	-0.118	-0.029	0.136	0.105	0.049	-0.043	-0.027	0.001	-0.014	-0.034
0.8*L2	-0.184	-0.102	-0.025	0.112	0.088	0.042	-0.033	-0.021	0.002	-0.007	-0.029
0.9*L2	-0.114	-0.064	-0.017	0.067	0.054	0.027	-0.019	-0.012	0.002	-0.001	-0.017
1.0*L2	-0.000	0.000	-0.000	0.000	0.000	-0.000	-0.000	-0.000	-0.000	0.000	-0.000
0.0*L1	-0.000	0.000	0.000	1.000	-0.000	-0.000	0.000	0.000	-0.000	-0.000	0.000
0.1*L1	-0.172	0.135	0.038	0.879	-0.106	-0.056	0.027	0.019	-0.006	-0.012	0.033
0.2*L1	-0.268	0.327	0.101	0.743	-0.241	-0.137	0.049	0.041	-0.011	-0.031	0.075
					0.759						
0.3*L1	-0.307	0.175	0.194	0.606	0.615	-0.240	0.064	0.060	-0.013	-0.048	0.120
0.4*L1	-0.303	0.072	0.326	0.478	0.476	-0.363	0.071	0.072	-0.008	-0.058	0.158
0.5*L1	-0.271	0.009	0.503	0.363	0.351	-0.500	0.069	0.074	-0.000	-0.061	0.175
						0.500					
0.6*L1	-0.220	-0.022	0.326	0.261	0.245	0.363	0.060	0.068	0.008	-0.056	0.158
0.7*L1	-0.160	-0.031	0.194	0.173	0.157	0.240	0.046	0.054	0.013	-0.044	0.120
0.8*L1	-0.099	-0.025	0.101	0.099	0.088	0.137	0.030	0.035	0.011	-0.029	0.075
0.9*L1	-0.043	-0.013	0.038	0.041	0.036	0.056	0.013	0.016	0.006	-0.013	0.033
0.0*L2	0.000	0.000	-0.000	0.000	-0.000	-0.000	-0.000	-0.000	-0.000	0.000	-0.000
0.2*L2	0.031	0.011	-0.025	-0.027	-0.024	-0.042	-0.009	-0.011	-0.002	0.009	-0.029
0.4*L2	0.035	0.013	-0.028	-0.029	-0.026	-0.049	-0.010	-0.012	-0.000	0.010	-0.036
0.6*L2	0.025	0.010	-0.020	0.020	-0.018	-0.036	-0.007	-0.008	0.001	0.007	-0.028
0.8*L2	0.011	0.005	-0.009	-0.009	-0.008	-0.017	-0.003	-0.004	0.001	0.003	-0.013
FAKTOR		a						a		1/a	
INFOLGE STRECKENLAST P=1											
IN FELD											
3L	0.082	0.044	0.010	-0.053	-0.040	-0.018	0.017	0.011	-0.000	0.007	0.013
2L	-0.410	-0.221	-0.052	0.265	0.199	0.090	-0.087	-0.054	0.000	-0.037	-0.066
1,BIS SPRUNG					-0.089	-0.415		0.016	-0.015		
1,REST	-0.745	0.240	0.717	1.655	0.935	0.415	0.172	0.161	0.015	-0.142	0.381
2R	0.064	0.024	-0.052	-0.054	-0.048	-0.090	-0.018	-0.021	-0.000	0.018	-0.066
3R	-0.013	-0.005	0.010	0.011	0.010	0.018	0.004	0.004	0.000	-0.004	0.013
SUMME(+)	0.146	0.308	0.738	1.931	1.144	0.524	0.193	0.192	0.016	0.025	0.408
SUMME(-)	-1.168	-0.225	-0.103	-0.107	-0.177	-0.524	-0.105	-0.076	-0.016	-0.182	-0.132
SUMME	-1.022	0.083	0.635	1.824	0.967	-0.000	0.088	0.117	-0.000	-0.157	0.276
FAKTOR		a*a			a			a*a			
INFOLGE EINZELMOMENT Mt=1											
IN											
0.0*L2	-0.095	-0.026	0.008	0.121	0.057	0.008	-0.072	-0.040	-0.015	-0.097	-0.023
0.1*L2	-0.128	-0.038	0.008	0.155	0.075	0.012	-0.091	-0.051	-0.019	-0.120	-0.031
0.2*L2	-0.162	-0.049	0.010	0.195	0.095	0.016	-0.113	-0.063	-0.023	-0.149	-0.038
0.3*L2	-0.197	-0.059	0.012	0.238	0.116	0.019	-0.139	-0.077	-0.029	-0.183	-0.047
0.4*L2	-0.230	-0.066	0.017	0.285	0.136	0.020	-0.168	-0.093	-0.035	-0.224	-0.056
0.5*L2	-0.257	-0.067	0.024	0.334	0.155	0.019	-0.201	-0.111	-0.043	-0.273	-0.064
0.6*L2	-0.278	-0.062	0.034	0.386	0.172	0.015	-0.239	-0.132	-0.053	-0.332	-0.073
0.7*L2	-0.292	-0.049	0.048	0.443	0.187	0.007	-0.284	-0.156	-0.066	-0.405	-0.082
0.8*L2	-0.300	-0.028	0.067	0.507	0.201	-0.005	-0.337	-0.184	-0.081	-0.495	-0.091
0.9*L2	-0.304	0.001	0.092	0.585	0.216	-0.020	-0.403	-0.219	-0.101	-0.606	-0.102
1.0*L2	-0.313	0.036	0.122	0.683	0.237	-0.039	-0.486	-0.263	-0.125	-0.744	-0.116
0.0*L1	-0.313	0.036	0.122	0.683	0.237	-0.039	0.514	-0.263	-0.125	-0.744	-0.116
0.1*L1	-0.339	0.083	0.170	0.784	0.282	-0.067	0.409	-0.340	-0.166	-0.577	-0.144
0.2*L1	-0.365	0.115	0.225	0.806	0.368	-0.090	0.333	-0.448	-0.220	-0.454	-0.188
								0.552			
0.3*L1	-0.379	0.113	0.282	0.773	0.441	-0.098	0.275	0.441	-0.289	-0.363	-0.260
0.4*L1	-0.374	0.092	0.330	0.705	0.452	-0.075	0.230	0.357	-0.380	-0.293	-0.372
0.5*L1	-0.350	0.066	0.351	0.617	0.421	0.000	0.192	0.289	-0.500	-0.238	-0.539
									0.500		
0.6*L1	-0.312	0.043	0.330	0.520	0.368	0.075	0.158	0.234	0.380	-0.192	-0.372
0.7*L1	-0.263	0.027	0.282	0.422	0.305	0.098	0.127	0.186	0.289	-0.153	-0.260
0.8*L1	-0.210	0.018	0.225	0.330	0.241	0.090	0.099	0.144	0.220	-0.119	-0.188
0.9*L1	-0.158	0.014	0.170	0.249	0.181	0.067	0.075	0.109	0.166	-0.089	-0.144
0.0*L2	-0.111	0.013	0.122	0.181	0.131	0.039	0.054	0.079	0.125	-0.065	-0.116
0.2*L2	-0.057	0.014	0.067	0.105	0.074	0.005	0.031	0.047	0.081	-0.038	-0.091
0.4*L2	-0.025	0.014	0.034	0.059	0.039	-0.015	0.017	0.026	0.053	-0.022	-0.073
0.6*L2	-0.009	0.012	0.017	0.033	0.020	-0.020	0.009	0.015	0.035	-0.012	-0.056
0.8*L2	-0.005	0.009	0.010	0.020	0.012	-0.016	0.005	0.009	0.023	-0.008	-0.038
FAKTOR					1/a					1/(a*a)	
INFOLGE STRECKENMOMENT mt=1											
IN FELD											
3L	-0.063	-0.002	0.017	0.116	0.044	-0.003	-0.079	-0.043	-0.019	-0.117	-0.020
2L	-0.706	-0.125	0.112	1.057	0.449	0.020	-0.674	-0.370	-0.156	-0.959	-0.196
1,BIS SPRUNG					0.231	-0.144		-0.276	-0.543		
1,REST	-1.186	0.240	0.998	2.262	1.069	0.144	0.869	0.827	0.543	-1.147	-1.021
2R	-0.089	0.036	0.112	0.184	0.126	-0.020	0.053	0.083	0.156	-0.068	-0.196
3R	-0.015	0.003	0.017	0.026	0.018	0.003	0.008	0.012	0.019	-0.009	-0.020
SUMME(+)	0.000	0.278	1.257	3.646	1.937	0.168	0.930	0.921	0.719	0.000	0.000
SUMME(-)	-2.060	-0.127	0.000	0.000	0.000	-0.168	-0.753	-0.689	-0.719	-2.301	-1.453
SUMME	-2.060	0.151	1.257	3.646	1.937	-0.000	0.177	0.231	-0.000	-2.301	-1.453
FAKTOR		a						a		1/a	

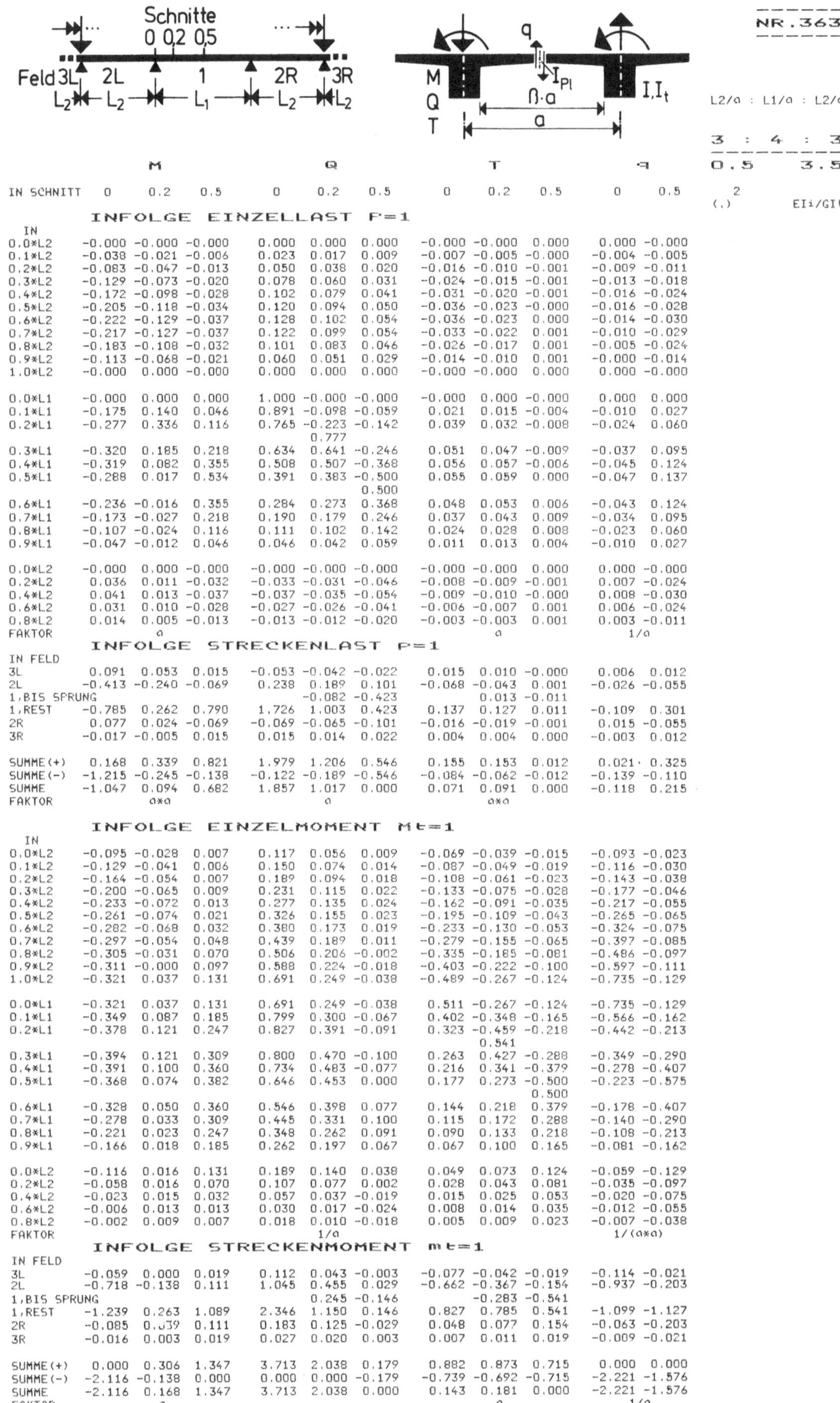

	M			Q			T			q	
IN SCHNITT	0	0.2	0.5	0	0.2	0.5	0	0.2	0.5	0	0.5

INFOLGE EINZELLAST F=1

IN	M 0	M 0.2	M 0.5	Q 0	Q 0.2	Q 0.5	T 0	T 0.2	T 0.5	q 0	q 0.5
0.0*L2	-0.000	-0.000	-0.000	0.000	0.000	0.000	-0.000	-0.000	0.000	0.000	-0.000
0.1*L2	-0.038	-0.021	-0.006	0.023	0.017	0.009	-0.007	-0.005	-0.000	-0.004	-0.005
0.2*L2	-0.083	-0.047	-0.013	0.050	0.038	0.020	-0.016	-0.010	-0.001	-0.009	-0.011
0.3*L2	-0.129	-0.073	-0.020	0.078	0.060	0.031	-0.024	-0.015	-0.001	-0.013	-0.018
0.4*L2	-0.172	-0.098	-0.028	0.102	0.079	0.041	-0.031	-0.020	-0.001	-0.016	-0.024
0.5*L2	-0.205	-0.118	-0.034	0.120	0.094	0.050	-0.036	-0.023	-0.000	-0.016	-0.028
0.6*L2	-0.222	-0.129	-0.037	0.128	0.102	0.054	-0.036	-0.023	0.000	-0.014	-0.030
0.7*L2	-0.217	-0.127	-0.037	0.122	0.099	0.054	-0.033	-0.022	0.001	-0.010	-0.029
0.8*L2	-0.183	-0.108	-0.032	0.101	0.083	0.046	-0.026	-0.017	0.001	-0.005	-0.024
0.9*L2	-0.113	-0.068	-0.021	0.060	0.051	0.029	-0.014	-0.010	0.001	-0.000	-0.014
1.0*L2	-0.000	0.000	-0.000	0.000	0.000	0.000	-0.000	-0.000	1.000	0.000	-0.000
0.0*L1	-0.000	0.000	0.000	1.000	-0.000	-0.000	-0.000	0.000	-0.000	0.000	0.000
0.1*L1	-0.175	0.140	0.046	0.891	-0.098	-0.059	0.021	0.015	-0.004	-0.010	0.027
0.2*L1	-0.277	0.336	0.116	0.765	-0.223	-0.142	0.039	0.032	-0.008	-0.024	0.060
					0.777						
0.3*L1	-0.320	0.185	0.218	0.634	0.641	-0.246	0.051	0.047	-0.009	-0.037	0.095
0.4*L1	-0.319	0.082	0.355	0.508	0.507	-0.368	0.056	0.057	-0.006	-0.045	0.124
0.5*L1	-0.288	0.017	0.534	0.391	0.383	-0.500	0.055	0.059	0.000	-0.047	0.137
						0.500					
0.6*L1	-0.236	-0.016	0.355	0.284	0.273	0.368	0.048	0.053	0.006	-0.043	0.124
0.7*L1	-0.173	-0.027	0.218	0.190	0.179	0.246	0.037	0.043	0.009	-0.034	0.095
0.8*L1	-0.107	-0.024	0.116	0.111	0.102	0.142	0.024	0.028	0.008	-0.023	0.060
0.9*L1	-0.047	-0.012	0.046	0.046	0.042	0.059	0.011	0.013	0.004	-0.010	0.027
0.0*L2	-0.000	0.000	-0.000	-0.000	-0.000	-0.000	-0.000	-0.000	0.000	0.000	-0.000
0.2*L2	0.036	0.011	-0.032	-0.033	-0.031	-0.046	-0.008	-0.009	-0.001	0.007	-0.024
0.4*L2	0.041	0.013	-0.037	-0.037	-0.035	-0.054	-0.009	-0.010	-0.001	0.008	-0.030
0.6*L2	0.031	0.010	-0.028	-0.027	-0.026	-0.041	-0.006	-0.007	0.001	0.006	-0.024
0.8*L2	0.014	0.005	-0.013	-0.013	-0.012	-0.020	-0.003	-0.003	0.001	0.003	-0.011
FAKTOR		a						a			1/a

INFOLGE STRECKENLAST F=1

IN FELD	M 0	M 0.2	M 0.5	Q 0	Q 0.2	Q 0.5	T 0	T 0.2	T 0.5	q 0	q 0.5
3L	0.091	0.053	0.015	-0.053	-0.042	-0.022	0.015	0.010	-0.000	0.006	0.012
2L	-0.413	-0.240	-0.069	0.238	0.189	0.101	-0.068	-0.043	0.001	-0.026	-0.055
1,BIS SPRUNG					-0.082	-0.423		0.013	-0.011		
1,REST	-0.785	0.262	0.790	1.726	1.003	0.423	0.137	0.127	0.011	-0.109	0.301
2R	0.077	0.024	-0.069	-0.069	-0.065	-0.101	-0.016	-0.019	-0.001	0.015	-0.055
3R	-0.017	-0.005	0.015	0.015	0.014	0.022	0.004	0.004	0.000	-0.003	0.012
SUMME(+)	0.168	0.339	0.821	1.979	1.206	0.546	0.155	0.153	0.012	0.021	0.325
SUMME(-)	-1.215	-0.245	-0.138	-0.122	-0.189	-0.546	-0.084	-0.062	-0.012	-0.139	-0.110
SUMME	-1.047	0.094	0.682	1.857	1.017	0.000	0.071	0.091	0.000	-0.118	0.215
FAKTOR		a×a			a			a×a			

INFOLGE EINZELMOMENT Mt=1

IN	M 0	M 0.2	M 0.5	Q 0	Q 0.2	Q 0.5	T 0	T 0.2	T 0.5	q 0	q 0.5
0.0*L2	-0.095	-0.028	0.007	0.117	0.056	0.009	-0.069	-0.039	-0.015	-0.093	-0.023
0.1*L2	-0.129	-0.041	0.006	0.150	0.074	0.014	-0.087	-0.049	-0.019	-0.116	-0.030
0.2*L2	-0.164	-0.054	0.007	0.189	0.094	0.018	-0.108	-0.061	-0.023	-0.143	-0.038
0.3*L2	-0.200	-0.065	0.009	0.231	0.115	0.022	-0.133	-0.075	-0.028	-0.177	-0.046
0.4*L2	-0.233	-0.072	0.013	0.277	0.135	0.024	-0.162	-0.091	-0.035	-0.217	-0.055
0.5*L2	-0.261	-0.074	0.021	0.326	0.155	0.023	-0.195	-0.109	-0.043	-0.265	-0.065
0.6*L2	-0.282	-0.068	0.032	0.380	0.173	0.019	-0.233	-0.130	-0.053	-0.324	-0.075
0.7*L2	-0.297	-0.054	0.048	0.439	0.189	0.011	-0.279	-0.155	-0.065	-0.397	-0.085
0.8*L2	-0.305	-0.031	0.070	0.506	0.206	-0.002	-0.335	-0.185	-0.081	-0.486	-0.097
0.9*L2	-0.311	-0.000	0.097	0.588	0.224	-0.018	-0.403	-0.222	-0.100	-0.597	-0.111
1.0*L2	-0.321	0.037	0.131	0.691	0.249	-0.038	-0.489	-0.267	-0.124	-0.735	-0.129
0.0*L1	-0.321	0.037	0.131	0.691	0.249	-0.038	0.511	-0.267	-0.124	-0.735	-0.129
0.1*L1	-0.349	0.087	0.185	0.799	0.300	-0.067	0.402	-0.348	-0.165	-0.566	-0.162
0.2*L1	-0.378	0.121	0.247	0.827	0.391	-0.091	0.323	-0.459	-0.218	-0.442	-0.213
								0.541			
0.3*L1	-0.394	0.121	0.309	0.800	0.470	-0.100	0.263	0.427	-0.288	-0.349	-0.290
0.4*L1	-0.391	0.100	0.360	0.734	0.483	-0.077	0.216	0.341	-0.379	-0.278	-0.407
0.5*L1	-0.368	0.074	0.382	0.646	0.453	0.000	0.177	0.273	-0.500	-0.223	-0.575
									0.500		
0.6*L1	-0.328	0.050	0.360	0.546	0.398	0.077	0.144	0.218	0.379	-0.178	-0.407
0.7*L1	-0.278	0.033	0.309	0.445	0.331	0.100	0.115	0.172	0.288	-0.140	-0.290
0.8*L1	-0.221	0.023	0.247	0.348	0.262	0.091	0.090	0.133	0.218	-0.108	-0.213
0.9*L1	-0.166	0.018	0.185	0.262	0.197	0.067	0.067	0.100	0.165	-0.081	-0.162
0.0*L2	-0.116	0.016	0.131	0.189	0.140	0.038	0.049	0.073	0.124	-0.059	-0.129
0.2*L2	-0.058	0.016	0.070	0.107	0.077	0.002	0.028	0.043	0.081	-0.035	-0.097
0.4*L2	-0.023	0.015	0.032	0.057	0.037	-0.019	0.015	0.025	0.053	-0.020	-0.075
0.6*L2	-0.006	0.013	0.013	0.030	0.017	-0.024	0.008	0.014	0.035	-0.012	-0.055
0.8*L2	-0.002	0.009	0.007	0.018	0.010	-0.018	0.005	0.009	0.023	-0.007	-0.038
FAKTOR					1/a						1/(a×a)

INFOLGE STRECKENMOMENT mt=1

IN FELD	M 0	M 0.2	M 0.5	Q 0	Q 0.2	Q 0.5	T 0	T 0.2	T 0.5	q 0	q 0.5
3L	-0.059	0.000	0.019	0.112	0.043	-0.003	-0.077	-0.042	-0.019	-0.114	-0.021
2L	-0.718	-0.138	0.111	1.045	0.455	0.029	-0.662	-0.367	-0.154	-0.937	-0.203
1,BIS SPRUNG					0.245	-0.146		-0.283	-0.541		
1,REST	-1.239	0.263	1.089	2.346	1.150	0.146	0.827	0.785	0.541	-1.099	-1.127
2R	-0.085	0.039	0.111	0.183	0.125	-0.029	0.048	0.077	0.154	-0.063	-0.203
3R	-0.016	0.003	0.019	0.027	0.020	0.003	0.007	0.011	0.019	-0.009	-0.021
SUMME(+)	0.000	0.306	1.347	3.713	2.038	0.179	0.882	0.873	0.715	0.000	0.000
SUMME(-)	-2.116	-0.138	0.000	0.000	0.000	-0.179	-0.739	-0.692	-0.715	-2.221	-1.576
SUMME	-2.116	0.168	1.347	3.713	2.038	0.000	0.143	0.181	0.000	-2.221	-1.576
FAKTOR		a			a			a			1/a

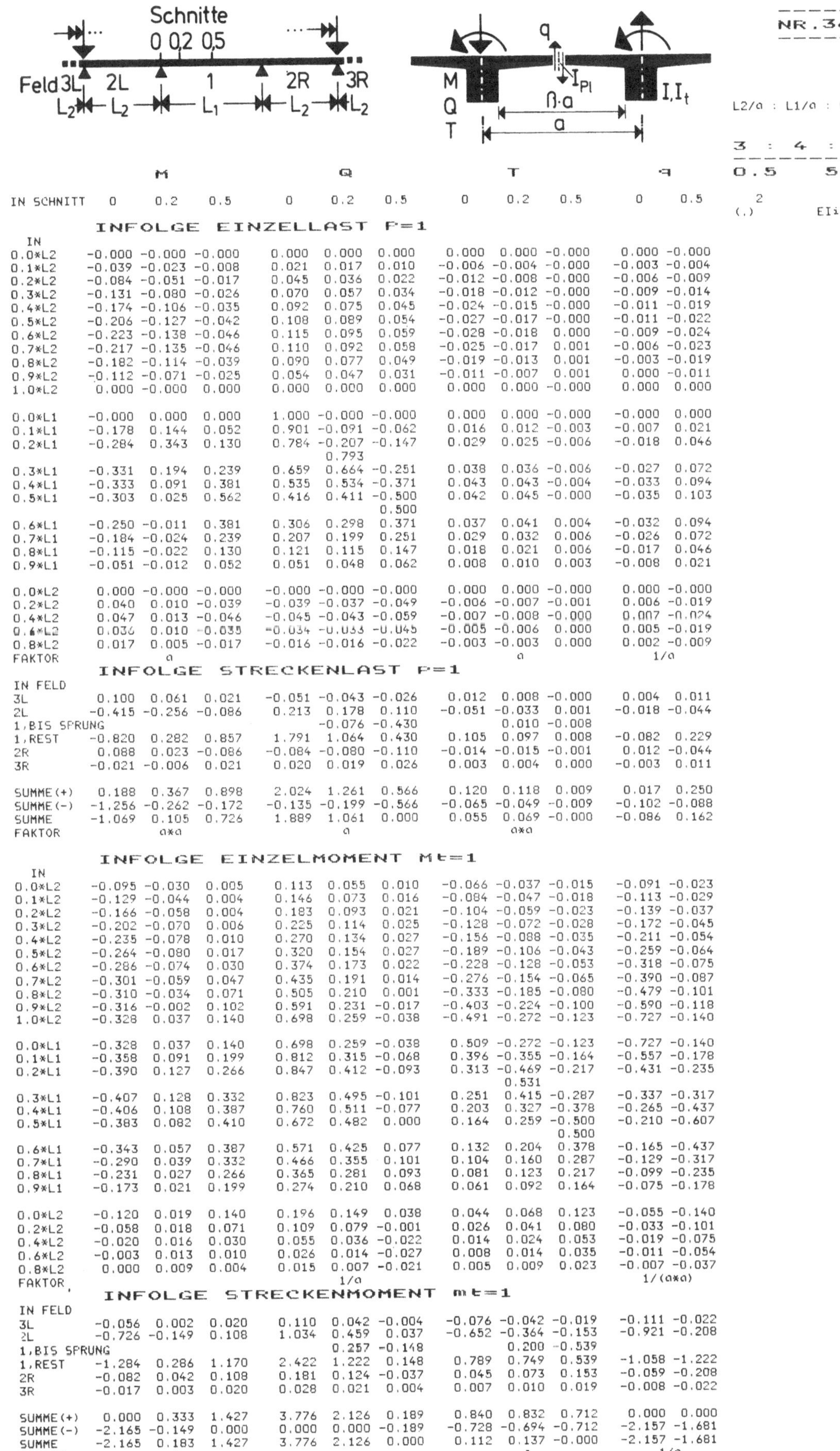

NR.364

L2/a : L1/a : L2/a

3 : 4 : 3

0.5   5.0

$(.)^2$ EIi/GIt

	M			Q			T			q	
IN SCHNITT	0	0.2	0.5	0	0.2	0.5	0	0.2	0.5	0	0.5

INFOLGE EINZELLAST P=1

IN

IN SCHNITT	M 0	M 0.2	M 0.5	Q 0	Q 0.2	Q 0.5	T 0	T 0.2	T 0.5	q 0	q 0.5
0.0*L2	-0.000	-0.000	-0.000	0.000	0.000	0.000	0.000	0.000	-0.000	0.000	-0.000
0.1*L2	-0.039	-0.023	-0.008	0.021	0.017	0.010	-0.006	-0.004	-0.000	-0.003	-0.004
0.2*L2	-0.084	-0.051	-0.017	0.045	0.036	0.022	-0.012	-0.008	-0.000	-0.006	-0.009
0.3*L2	-0.131	-0.080	-0.026	0.070	0.057	0.034	-0.018	-0.012	-0.000	-0.009	-0.014
0.4*L2	-0.174	-0.106	-0.035	0.092	0.075	0.045	-0.024	-0.015	-0.000	-0.011	-0.019
0.5*L2	-0.206	-0.127	-0.042	0.108	0.089	0.054	-0.027	-0.017	-0.000	-0.011	-0.022
0.6*L2	-0.223	-0.138	-0.046	0.115	0.095	0.059	-0.028	-0.018	0.000	-0.009	-0.024
0.7*L2	-0.217	-0.135	-0.046	0.110	0.092	0.058	-0.025	-0.017	0.001	-0.006	-0.023
0.8*L2	-0.182	-0.114	-0.039	0.090	0.077	0.049	-0.019	-0.013	0.001	-0.003	-0.019
0.9*L2	-0.112	-0.071	-0.025	0.054	0.047	0.031	-0.011	-0.007	0.001	0.000	-0.011
1.0*L2	0.000	-0.000	0.000	0.000	0.000	0.000	0.000	0.000	-0.000	0.000	0.000
0.0*L1	-0.000	0.000	0.000	1.000	-0.000	-0.000	0.000	0.000	-0.000	-0.000	0.000
0.1*L1	-0.178	0.144	0.052	0.901	-0.091	-0.062	0.016	0.012	-0.003	-0.007	0.021
0.2*L1	-0.284	0.343	0.130	0.784	-0.207	-0.147	0.029	0.025	-0.006	-0.018	0.046
				0.793							
0.3*L1	-0.331	0.194	0.239	0.659	0.664	-0.251	0.038	0.036	-0.006	-0.027	0.072
0.4*L1	-0.333	0.091	0.381	0.535	0.534	-0.371	0.043	0.043	-0.004	-0.033	0.094
0.5*L1	-0.303	0.025	0.562	0.416	0.411	-0.500	0.042	0.045	-0.000	-0.035	0.103
						0.500					
0.6*L1	-0.250	-0.011	0.381	0.306	0.298	0.371	0.037	0.041	0.004	-0.032	0.094
0.7*L1	-0.184	-0.024	0.239	0.207	0.199	0.251	0.029	0.032	0.006	-0.026	0.072
0.8*L1	-0.115	-0.022	0.130	0.121	0.115	0.147	0.018	0.021	0.006	-0.017	0.046
0.9*L1	-0.051	-0.012	0.052	0.051	0.048	0.062	0.008	0.010	0.003	-0.008	0.021
0.0*L2	0.000	-0.000	-0.000	-0.000	-0.000	-0.000	0.000	0.000	-0.000	0.000	-0.000
0.2*L2	0.040	0.010	-0.039	-0.039	-0.037	-0.049	-0.006	-0.007	-0.001	0.006	-0.019
0.4*L2	0.047	0.013	-0.046	-0.045	-0.043	-0.059	-0.007	-0.008	-0.000	0.007	-0.024
0.6*L2	0.036	0.010	-0.035	-0.034	-0.033	-0.045	-0.005	-0.006	0.000	0.005	-0.019
0.8*L2	0.017	0.005	-0.017	-0.016	-0.016	-0.022	-0.003	-0.003	0.000	0.002	-0.009
FAKTOR	a						a			1/a	

INFOLGE STRECKENLAST P=1

IN FELD

IN SCHNITT	M 0	M 0.2	M 0.5	Q 0	Q 0.2	Q 0.5	T 0	T 0.2	T 0.5	q 0	q 0.5
3L	0.100	0.061	0.021	-0.051	-0.043	-0.026	0.012	0.008	-0.000	0.004	0.011
2L	-0.415	-0.256	-0.086	0.213	0.178	0.110	-0.051	-0.033	0.001	-0.018	-0.044
1,BIS SPRUNG					-0.076	-0.430		0.010	-0.008		
1,REST	-0.820	0.282	0.857	1.791	1.064	0.430	0.105	0.097	0.008	-0.082	0.229
2R	0.088	0.023	-0.086	-0.084	-0.080	-0.110	-0.014	-0.015	-0.001	0.012	-0.044
3R	-0.021	-0.006	0.021	0.020	0.019	0.026	0.003	0.004	0.000	-0.003	0.011
SUMME(+)	0.188	0.367	0.898	2.024	1.261	0.566	0.120	0.118	0.009	0.017	0.250
SUMME(-)	-1.256	-0.262	-0.172	-0.135	-0.199	-0.566	-0.065	-0.049	-0.009	-0.102	-0.088
SUMME	-1.069	0.105	0.726	1.889	1.061	0.000	0.055	0.069	-0.000	-0.086	0.162
FAKTOR	a*a			a			a*a				

INFOLGE EINZELMOMENT Mt=1

IN

IN SCHNITT	M 0	M 0.2	M 0.5	Q 0	Q 0.2	Q 0.5	T 0	T 0.2	T 0.5	q 0	q 0.5
0.0*L2	-0.095	-0.030	0.005	0.113	0.055	0.010	-0.066	-0.037	-0.015	-0.091	-0.023
0.1*L2	-0.129	-0.044	0.004	0.146	0.073	0.016	-0.084	-0.047	-0.018	-0.113	-0.029
0.2*L2	-0.166	-0.058	0.004	0.183	0.093	0.021	-0.104	-0.059	-0.023	-0.139	-0.037
0.3*L2	-0.202	-0.070	0.006	0.225	0.114	0.025	-0.128	-0.072	-0.028	-0.172	-0.045
0.4*L2	-0.235	-0.078	0.010	0.270	0.134	0.027	-0.156	-0.088	-0.035	-0.211	-0.054
0.5*L2	-0.264	-0.080	0.017	0.320	0.154	0.027	-0.189	-0.106	-0.043	-0.259	-0.064
0.6*L2	-0.286	-0.074	0.030	0.374	0.173	0.022	-0.228	-0.128	-0.053	-0.318	-0.075
0.7*L2	-0.301	-0.059	0.047	0.435	0.191	0.014	-0.276	-0.154	-0.065	-0.390	-0.087
0.8*L2	-0.310	-0.034	0.071	0.505	0.210	0.001	-0.333	-0.185	-0.080	-0.479	-0.101
0.9*L2	-0.316	-0.002	0.102	0.591	0.231	-0.017	-0.403	-0.224	-0.100	-0.590	-0.118
1.0*L2	-0.328	0.037	0.140	0.698	0.259	-0.038	-0.491	-0.272	-0.123	-0.727	-0.140
0.0*L1	-0.328	0.037	0.140	0.698	0.259	-0.038	0.509	-0.272	-0.123	-0.727	-0.140
0.1*L1	-0.358	0.091	0.199	0.812	0.315	-0.068	0.396	-0.355	-0.164	-0.557	-0.178
0.2*L1	-0.390	0.127	0.266	0.847	0.412	-0.093	0.313	-0.469	-0.217	-0.431	-0.235
								0.531			
0.3*L1	-0.407	0.128	0.332	0.823	0.495	-0.101	0.251	0.415	-0.287	-0.337	-0.317
0.4*L1	-0.406	0.108	0.387	0.760	0.511	-0.077	0.203	0.327	-0.378	-0.265	-0.437
0.5*L1	-0.383	0.082	0.410	0.672	0.482	0.000	0.164	0.259	-0.500	-0.210	-0.607
									0.500		
0.6*L1	-0.343	0.057	0.387	0.571	0.425	0.077	0.132	0.204	0.378	-0.165	-0.437
0.7*L1	-0.290	0.039	0.332	0.466	0.355	0.101	0.104	0.160	0.287	-0.129	-0.317
0.8*L1	-0.231	0.027	0.266	0.365	0.281	0.093	0.081	0.123	0.217	-0.099	-0.235
0.9*L1	-0.173	0.021	0.199	0.274	0.210	0.068	0.061	0.092	0.164	-0.075	-0.178
0.0*L2	-0.120	0.019	0.140	0.196	0.149	0.038	0.044	0.068	0.123	-0.055	-0.140
0.2*L2	-0.058	0.018	0.071	0.109	0.079	-0.001	0.026	0.041	0.080	-0.033	-0.101
0.4*L2	-0.020	0.016	0.030	0.055	0.036	-0.022	0.014	0.024	0.053	-0.019	-0.075
0.6*L2	-0.003	0.013	0.010	0.026	0.014	-0.027	0.008	0.014	0.035	-0.011	-0.054
0.8*L2	0.000	0.009	0.004	0.015	0.007	-0.021	0.005	0.009	0.023	-0.007	-0.037
FAKTOR				1/a						1/(a*a)	

INFOLGE STRECKENMOMENT mt=1

IN FELD

IN SCHNITT	M 0	M 0.2	M 0.5	Q 0	Q 0.2	Q 0.5	T 0	T 0.2	T 0.5	q 0	q 0.5
3L	-0.056	0.002	0.020	0.110	0.042	-0.004	-0.076	-0.042	-0.019	-0.111	-0.022
2L	-0.726	-0.149	0.108	1.034	0.459	0.037	-0.652	-0.364	-0.153	-0.921	-0.208
1,BIS SPRUNG					0.257	-0.148		0.200	-0.539		
1,REST	-1.284	0.286	1.170	2.422	1.222	0.148	0.789	0.749	0.539	-1.058	-1.222
2R	-0.082	0.042	0.108	0.181	0.124	-0.037	0.045	0.073	0.153	-0.059	-0.208
3R	-0.017	0.003	0.020	0.028	0.021	0.004	0.007	0.010	0.019	-0.008	-0.022
SUMME(+)	0.000	0.333	1.427	3.776	2.126	0.189	0.840	0.832	0.712	0.000	0.000
SUMME(-)	-2.165	-0.149	0.000	0.000	0.000	-0.189	-0.728	-0.694	-0.712	-2.157	-1.681
SUMME	-2.165	0.183	1.427	3.776	2.126	0.000	0.112	0.137	-0.000	-2.157	-1.681
FAKTOR	a						a			1/a	

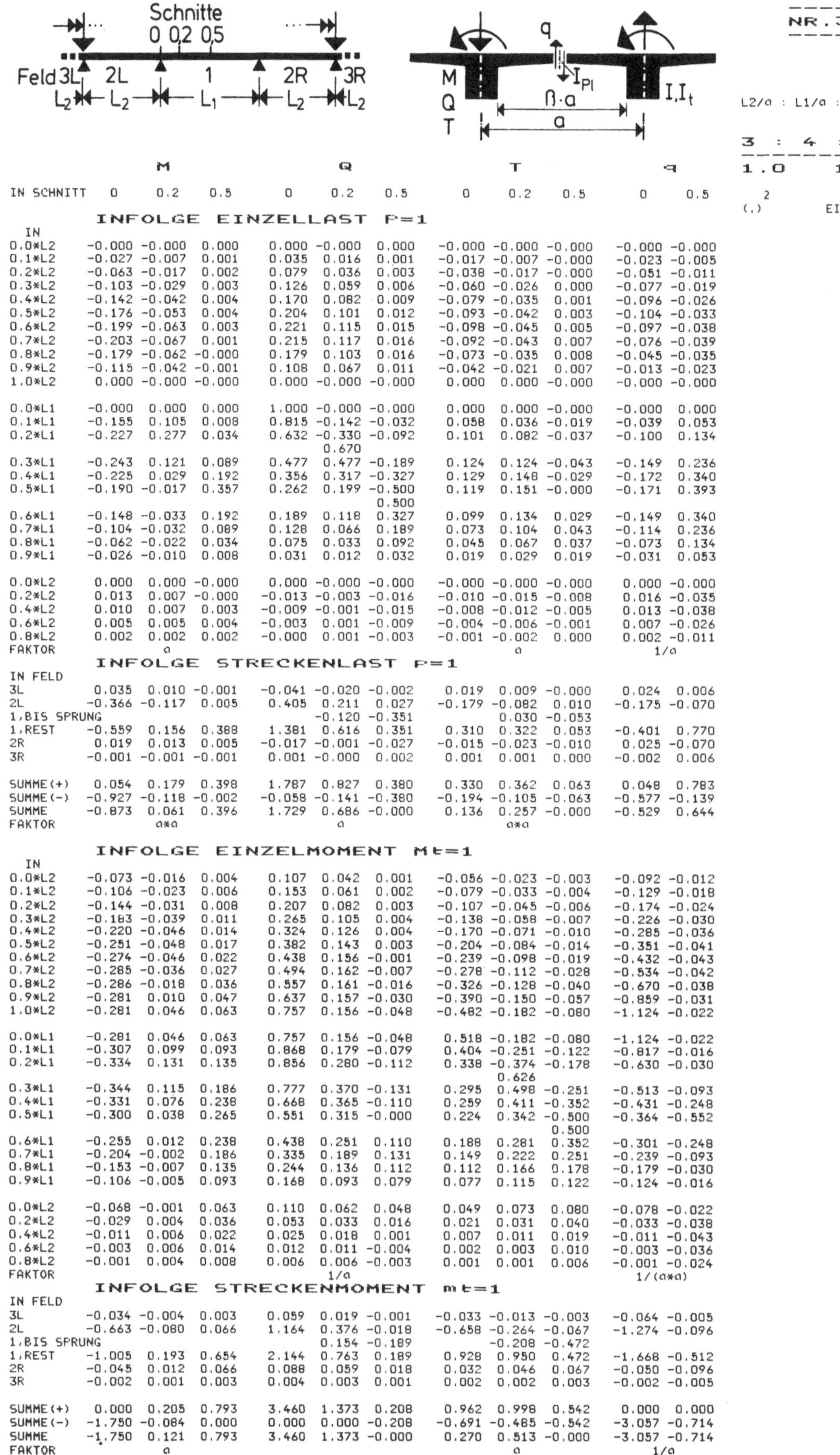

IN SCHNITT	M 0	M 0.2	M 0.5	Q 0	Q 0.2	Q 0.5	T 0	T 0.2	T 0.5	q 0	q 0.5

INFOLGE EINZELLAST P=1

IN	M 0	M 0.2	M 0.5	Q 0	Q 0.2	Q 0.5	T 0	T 0.2	T 0.5	q 0	q 0.5
0.0*L2	-0.000	-0.000	0.000	0.000	-0.000	0.000	-0.000	-0.000	-0.000	-0.000	-0.000
0.1*L2	-0.027	-0.007	0.001	0.035	0.016	0.001	-0.017	-0.007	-0.000	-0.023	-0.005
0.2*L2	-0.063	-0.017	0.002	0.079	0.036	0.003	-0.038	-0.017	-0.000	-0.051	-0.011
0.3*L2	-0.103	-0.029	0.003	0.126	0.059	0.006	-0.060	-0.026	0.000	-0.077	-0.019
0.4*L2	-0.142	-0.042	0.004	0.170	0.082	0.009	-0.079	-0.035	0.001	-0.096	-0.026
0.5*L2	-0.176	-0.053	0.004	0.204	0.101	0.012	-0.093	-0.042	0.003	-0.104	-0.033
0.6*L2	-0.199	-0.063	0.003	0.221	0.115	0.015	-0.098	-0.045	0.005	-0.097	-0.038
0.7*L2	-0.203	-0.067	0.001	0.215	0.117	0.016	-0.092	-0.043	0.007	-0.076	-0.039
0.8*L2	-0.179	-0.062	-0.000	0.179	0.103	0.016	-0.073	-0.035	0.008	-0.045	-0.035
0.9*L2	-0.115	-0.042	-0.001	0.108	0.067	0.011	-0.042	-0.021	0.007	-0.013	-0.023
1.0*L2	0.000	-0.000	-0.000	0.000	-0.000	-0.000	0.000	0.000	-0.000	-0.000	-0.000
0.0*L1	-0.000	0.000	0.000	1.000	-0.000	-0.000	0.000	0.000	-0.000	-0.000	0.000
0.1*L1	-0.155	0.105	0.008	0.815	-0.142	-0.032	0.058	0.036	-0.019	-0.039	0.053
0.2*L1	-0.227	0.277	0.034	0.632	-0.330	-0.092	0.101	0.082	-0.037	-0.100	0.134
(0.2*L1, unter Q 0)				0.670							
0.3*L1	-0.243	0.121	0.089	0.477	0.477	-0.189	0.124	0.124	-0.043	-0.149	0.236
0.4*L1	-0.225	0.029	0.192	0.356	0.317	-0.327	0.129	0.148	-0.029	-0.172	0.340
0.5*L1	-0.190	-0.017	0.357	0.262	0.199	-0.500	0.119	0.151	-0.000	-0.171	0.393
(0.5*L1, unter Q 0.5)						0.500					
0.6*L1	-0.148	-0.033	0.192	0.189	0.118	0.327	0.099	0.134	0.029	-0.149	0.340
0.7*L1	-0.104	-0.032	0.089	0.128	0.066	0.189	0.073	0.104	0.043	-0.114	0.236
0.8*L1	-0.062	-0.022	0.034	0.075	0.033	0.092	0.045	0.067	0.037	-0.073	0.134
0.9*L1	-0.026	-0.010	0.008	0.031	0.012	0.032	0.019	0.029	0.019	-0.031	0.053
0.0*L2	0.000	0.000	-0.000	0.000	-0.000	-0.000	-0.000	-0.000	-0.000	0.000	-0.000
0.2*L2	0.013	0.007	-0.000	-0.013	-0.003	-0.016	-0.010	-0.015	-0.008	0.016	-0.035
0.4*L2	0.010	0.007	0.003	-0.009	-0.001	-0.015	-0.008	-0.012	-0.005	0.013	-0.038
0.6*L2	0.005	0.005	0.004	-0.003	0.001	-0.009	-0.004	-0.006	-0.001	0.007	-0.026
0.8*L2	0.002	0.002	0.002	-0.000	0.001	-0.003	-0.001	-0.002	0.000	0.002	-0.011
FAKTOR	a						a			1/a	

INFOLGE STRECKENLAST P=1

IN FELD	M 0	M 0.2	M 0.5	Q 0	Q 0.2	Q 0.5	T 0	T 0.2	T 0.5	q 0	q 0.5
3L	0.035	0.010	-0.001	-0.041	-0.020	-0.002	0.019	0.009	-0.000	0.024	0.006
2L	-0.366	-0.117	0.005	0.405	0.211	0.027	-0.179	-0.082	0.010	-0.175	-0.070
1,BIS SPRUNG					-0.120	-0.351		0.030	-0.053		
1,REST	-0.559	0.156	0.388	1.381	0.616	0.351	0.310	0.322	0.053	-0.401	0.770
2R	0.019	0.013	0.005	-0.017	-0.001	-0.027	-0.015	-0.023	-0.010	0.025	-0.070
3R	-0.001	-0.001	-0.001	0.001	-0.000	0.002	0.001	0.001	0.000	-0.002	0.006
SUMME(+)	0.054	0.179	0.398	1.787	0.827	0.380	0.330	0.362	0.063	0.048	0.783
SUMME(-)	-0.927	-0.118	-0.002	-0.058	-0.141	-0.380	-0.194	-0.105	-0.063	-0.577	-0.139
SUMME	-0.873	0.061	0.396	1.729	0.686	-0.000	0.136	0.257	-0.000	-0.529	0.644
FAKTOR	a*a			a			a*a				

INFOLGE EINZELMOMENT Mt=1

IN	M 0	M 0.2	M 0.5	Q 0	Q 0.2	Q 0.5	T 0	T 0.2	T 0.5	q 0	q 0.5
0.0*L2	-0.073	-0.016	0.004	0.107	0.042	0.001	-0.056	-0.023	-0.003	-0.092	-0.012
0.1*L2	-0.106	-0.023	0.006	0.153	0.061	0.002	-0.079	-0.033	-0.004	-0.129	-0.018
0.2*L2	-0.144	-0.031	0.008	0.207	0.082	0.003	-0.107	-0.045	-0.006	-0.174	-0.024
0.3*L2	-0.183	-0.039	0.011	0.265	0.105	0.004	-0.138	-0.058	-0.007	-0.226	-0.030
0.4*L2	-0.220	-0.046	0.014	0.324	0.126	0.004	-0.170	-0.071	-0.010	-0.285	-0.036
0.5*L2	-0.251	-0.048	0.017	0.382	0.143	0.003	-0.204	-0.084	-0.014	-0.351	-0.041
0.6*L2	-0.274	-0.046	0.022	0.438	0.156	-0.001	-0.239	-0.098	-0.019	-0.432	-0.043
0.7*L2	-0.285	-0.036	0.027	0.494	0.162	-0.007	-0.278	-0.112	-0.028	-0.534	-0.042
0.8*L2	-0.286	-0.018	0.036	0.557	0.161	-0.016	-0.326	-0.128	-0.040	-0.670	-0.038
0.9*L2	-0.281	0.010	0.047	0.637	0.157	-0.030	-0.390	-0.150	-0.057	-0.859	-0.031
1.0*L2	-0.281	0.046	0.063	0.757	0.156	-0.048	-0.482	-0.182	-0.080	-1.124	-0.022
0.0*L1	-0.281	0.046	0.063	0.757	0.156	-0.048	0.518	-0.182	-0.080	-1.124	-0.022
0.1*L1	-0.307	0.099	0.093	0.868	0.179	-0.079	0.404	-0.251	-0.122	-0.817	-0.016
0.2*L1	-0.334	0.131	0.135	0.856	0.280	-0.112	0.338	-0.374	-0.178	-0.630	-0.030
(0.2*L1, unter T 0)							0.626				
0.3*L1	-0.344	0.115	0.186	0.777	0.370	-0.131	0.295	0.498	-0.251	-0.513	-0.093
0.4*L1	-0.331	0.076	0.238	0.668	0.365	-0.110	0.259	0.411	-0.352	-0.431	-0.248
0.5*L1	-0.300	0.038	0.265	0.551	0.315	-0.000	0.224	0.342	-0.500	-0.364	-0.552
(0.5*L1, unter T 0.5)									0.500		
0.6*L1	-0.255	0.012	0.238	0.438	0.251	0.110	0.188	0.281	0.352	-0.301	-0.248
0.7*L1	-0.204	-0.002	0.186	0.335	0.189	0.131	0.149	0.222	0.251	-0.239	-0.093
0.8*L1	-0.153	-0.007	0.135	0.244	0.136	0.112	0.112	0.166	0.178	-0.179	-0.030
0.9*L1	-0.106	-0.005	0.093	0.168	0.093	0.079	0.077	0.115	0.122	-0.124	-0.016
0.0*L2	-0.068	-0.001	0.063	0.110	0.062	0.048	0.049	0.073	0.080	-0.078	-0.022
0.2*L2	-0.029	0.004	0.036	0.053	0.033	0.016	0.021	0.031	0.040	-0.033	-0.038
0.4*L2	-0.011	0.006	0.022	0.025	0.018	0.001	0.007	0.011	0.019	-0.011	-0.043
0.6*L2	-0.003	0.006	0.014	0.012	0.011	-0.004	0.002	0.003	0.010	-0.003	-0.036
0.8*L2	-0.001	0.004	0.008	0.006	0.006	-0.003	0.001	0.001	0.006	-0.001	-0.024
FAKTOR				1/a						1/(a*a)	

INFOLGE STRECKENMOMENT mt=1

IN FELD	M 0	M 0.2	M 0.5	Q 0	Q 0.2	Q 0.5	T 0	T 0.2	T 0.5	q 0	q 0.5
3L	-0.034	-0.004	0.003	0.059	0.019	-0.001	-0.033	-0.013	-0.003	-0.064	-0.005
2L	-0.663	-0.080	0.066	1.164	0.376	-0.018	-0.658	-0.264	-0.067	-1.274	-0.096
1,BIS SPRUNG					0.154	-0.189		-0.208	-0.472		
1,REST	-1.005	0.193	0.654	2.144	0.763	0.189	0.928	0.950	0.472	-1.668	-0.512
2R	-0.045	0.012	0.066	0.088	0.059	0.018	0.032	0.046	0.067	-0.050	-0.096
3R	-0.002	0.001	0.003	0.004	0.003	0.001	0.002	0.002	0.003	-0.002	-0.005
SUMME(+)	0.000	0.205	0.793	3.460	1.373	0.208	0.962	0.998	0.542	0.000	0.000
SUMME(-)	-1.750	-0.084	0.000	0.000	0.000	-0.208	-0.691	-0.485	-0.542	-3.057	-0.714
SUMME	-1.750	0.121	0.793	3.460	1.373	-0.000	0.270	0.513	-0.000	-3.057	-0.714
FAKTOR	a						a			1/a	

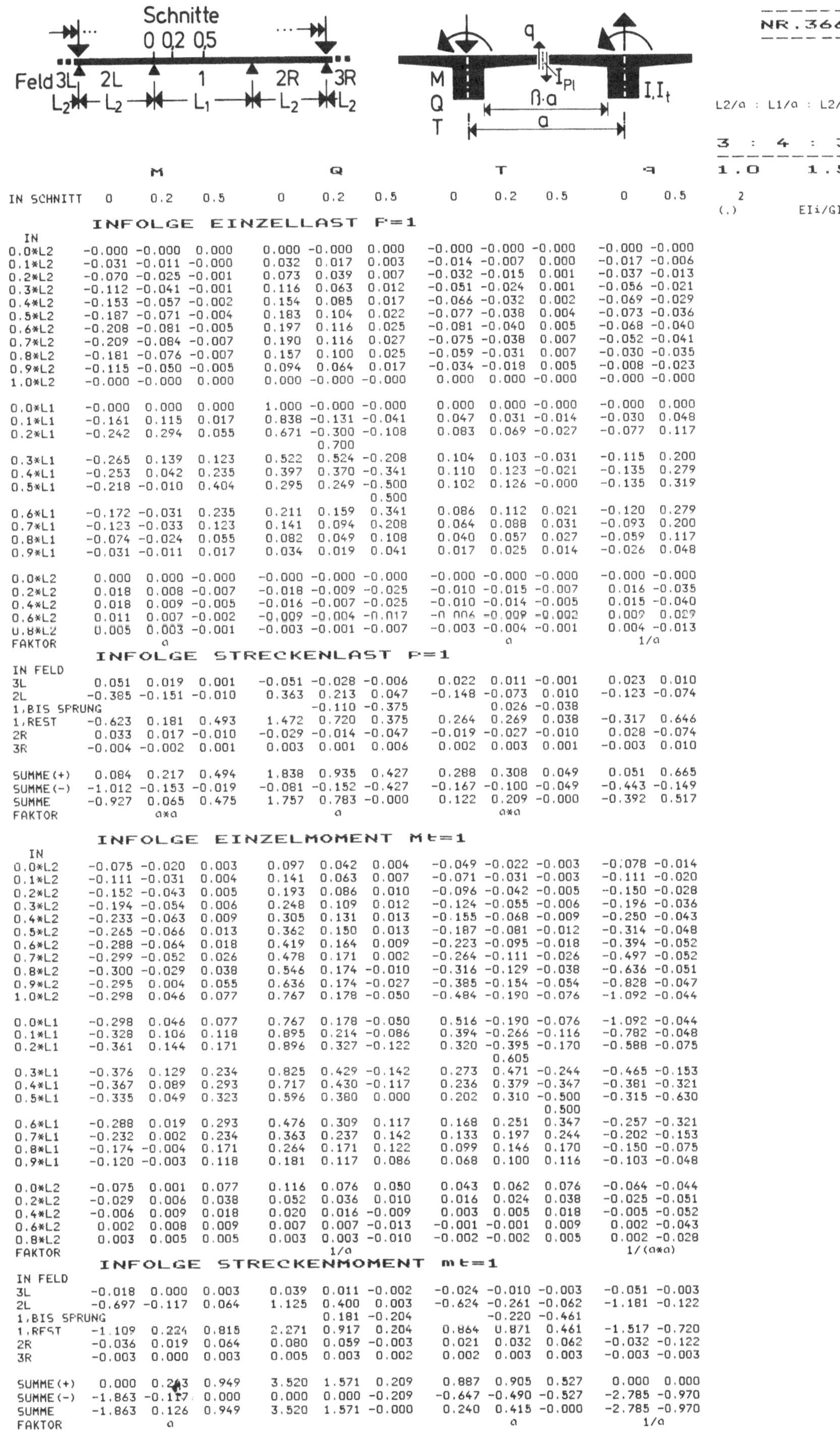

	M 0	M 0.2	M 0.5	Q 0	Q 0.2	Q 0.5	T 0	T 0.2	T 0.5	q 0	q 0.5
IN SCHNITT	0	0.2	0.5	0	0.2	0.5	0	0.2	0.5	0	0.5

INFOLGE EINZELLAST F=1

IN	M 0	M 0.2	M 0.5	Q 0	Q 0.2	Q 0.5	T 0	T 0.2	T 0.5	q 0	q 0.5
0.0*L2	-0.000	-0.000	0.000	0.000	-0.000	0.000	-0.000	-0.000	-0.000	-0.000	-0.000
0.1*L2	-0.031	-0.011	-0.000	0.032	0.017	0.003	-0.014	-0.007	0.000	-0.017	-0.006
0.2*L2	-0.070	-0.025	-0.001	0.073	0.039	0.007	-0.032	-0.015	0.001	-0.037	-0.013
0.3*L2	-0.112	-0.041	-0.001	0.116	0.063	0.012	-0.051	-0.024	0.001	-0.056	-0.021
0.4*L2	-0.153	-0.057	-0.002	0.154	0.085	0.017	-0.066	-0.032	0.002	-0.069	-0.029
0.5*L2	-0.187	-0.071	-0.004	0.183	0.104	0.022	-0.077	-0.038	0.004	-0.073	-0.036
0.6*L2	-0.208	-0.081	-0.005	0.197	0.116	0.025	-0.081	-0.040	0.005	-0.068	-0.040
0.7*L2	-0.209	-0.084	-0.007	0.190	0.116	0.027	-0.075	-0.038	0.007	-0.052	-0.041
0.8*L2	-0.181	-0.076	-0.007	0.157	0.100	0.025	-0.059	-0.031	0.007	-0.030	-0.035
0.9*L2	-0.115	-0.050	-0.005	0.094	0.064	0.017	-0.034	-0.018	0.005	-0.008	-0.023
1.0*L2	-0.000	-0.000	0.000	0.000	-0.000	-0.000	0.000	0.000	-0.000	-0.000	-0.000
0.0*L1	-0.000	0.000	0.000	1.000	-0.000	-0.000	0.000	0.000	-0.000	-0.000	0.000
0.1*L1	-0.161	0.115	0.017	0.838	-0.131	-0.041	0.047	0.031	-0.014	-0.030	0.048
0.2*L1	-0.242	0.294	0.055	0.671	-0.300	-0.108	0.083	0.069	-0.027	-0.077	0.117
(Sprung)					0.700						
0.3*L1	-0.265	0.139	0.123	0.522	0.524	-0.208	0.104	0.103	-0.031	-0.115	0.200
0.4*L1	-0.253	0.042	0.235	0.397	0.370	-0.341	0.110	0.123	-0.021	-0.135	0.279
0.5*L1	-0.218	-0.010	0.404	0.295	0.249	-0.500	0.102	0.126	-0.000	-0.135	0.319
(Sprung)						0.500					
0.6*L1	-0.172	-0.031	0.235	0.211	0.159	0.341	0.086	0.112	0.021	-0.120	0.279
0.7*L1	-0.123	-0.033	0.123	0.141	0.094	0.208	0.064	0.088	0.031	-0.093	0.200
0.8*L1	-0.074	-0.024	0.055	0.082	0.049	0.108	0.040	0.057	0.027	-0.059	0.117
0.9*L1	-0.031	-0.011	0.017	0.034	0.019	0.041	0.017	0.025	0.014	-0.026	0.048
0.0*L2	0.000	0.000	-0.000	-0.000	-0.000	-0.000	-0.000	-0.000	-0.000	-0.000	-0.000
0.2*L2	0.018	0.008	-0.007	-0.018	-0.009	-0.025	-0.010	-0.015	-0.007	0.016	-0.035
0.4*L2	0.018	0.009	-0.005	-0.016	-0.007	-0.025	-0.010	-0.014	-0.005	0.015	-0.040
0.6*L2	0.011	0.007	-0.002	-0.009	-0.004	-0.017	-0.006	-0.009	-0.002	0.009	0.029
0.8*L2	0.005	0.003	-0.001	-0.003	-0.001	-0.007	-0.003	-0.004	-0.001	0.004	-0.013
FAKTOR	a						a			1/a	

INFOLGE STRECKENLAST P=1

IN FELD	M 0	M 0.2	M 0.5	Q 0	Q 0.2	Q 0.5	T 0	T 0.2	T 0.5	q 0	q 0.5
3L	0.051	0.019	0.001	-0.051	-0.028	-0.006	0.022	0.011	-0.001	0.023	0.010
2L	-0.385	-0.151	-0.010	0.363	0.213	0.047	-0.148	-0.073	0.010	-0.123	-0.074
1,BIS SPRUNG					-0.110	-0.375		0.026	-0.038		
1,REST	-0.623	0.181	0.493	1.472	0.720	0.375	0.264	0.269	0.038	-0.317	0.646
2R	0.033	0.017	-0.010	-0.029	-0.014	-0.047	-0.019	-0.027	-0.010	0.028	-0.074
3R	-0.004	-0.002	0.001	0.003	0.001	0.006	0.002	0.003	0.001	-0.003	0.010
SUMME(+)	0.084	0.217	0.494	1.838	0.935	0.427	0.288	0.308	0.049	0.051	0.665
SUMME(-)	-1.012	-0.153	-0.019	-0.081	-0.152	-0.427	-0.167	-0.100	-0.049	-0.443	-0.149
SUMME	-0.927	0.065	0.475	1.757	0.783	-0.000	0.122	0.209	-0.000	-0.392	0.517
FAKTOR	a*a			a			a*a				

INFOLGE EINZELMOMENT Mt=1

IN	M 0	M 0.2	M 0.5	Q 0	Q 0.2	Q 0.5	T 0	T 0.2	T 0.5	q 0	q 0.5
0.0*L2	-0.075	-0.020	0.003	0.097	0.042	0.004	-0.049	-0.022	-0.003	-0.078	-0.014
0.1*L2	-0.111	-0.031	0.004	0.141	0.063	0.007	-0.071	-0.031	-0.003	-0.111	-0.020
0.2*L2	-0.152	-0.043	0.005	0.193	0.086	0.010	-0.096	-0.042	-0.005	-0.150	-0.028
0.3*L2	-0.194	-0.054	0.006	0.248	0.109	0.012	-0.124	-0.055	-0.006	-0.196	-0.036
0.4*L2	-0.233	-0.063	0.009	0.305	0.131	0.013	-0.155	-0.068	-0.009	-0.250	-0.043
0.5*L2	-0.265	-0.066	0.013	0.362	0.150	0.013	-0.187	-0.081	-0.012	-0.314	-0.048
0.6*L2	-0.288	-0.064	0.018	0.419	0.164	0.009	-0.223	-0.095	-0.018	-0.394	-0.052
0.7*L2	-0.299	-0.052	0.026	0.478	0.171	0.002	-0.264	-0.111	-0.026	-0.497	-0.052
0.8*L2	-0.300	-0.029	0.038	0.546	0.174	-0.010	-0.316	-0.129	-0.038	-0.636	-0.051
0.9*L2	-0.295	0.004	0.055	0.636	0.174	-0.027	-0.385	-0.154	-0.054	-0.828	-0.047
1.0*L2	-0.298	0.046	0.077	0.767	0.178	-0.050	-0.484	-0.190	-0.076	-1.092	-0.044
0.0*L1	-0.298	0.046	0.077	0.767	0.178	-0.050	0.516	-0.190	-0.076	-1.092	-0.044
0.1*L1	-0.328	0.106	0.118	0.895	0.214	-0.086	0.394	-0.266	-0.116	-0.782	-0.048
0.2*L1	-0.361	0.144	0.171	0.896	0.327	-0.122	0.320	-0.395	-0.170	-0.588	-0.075
(Sprung)								0.605			
0.3*L1	-0.376	0.129	0.234	0.825	0.429	-0.142	0.273	0.471	-0.244	-0.465	-0.153
0.4*L1	-0.367	0.089	0.293	0.717	0.430	-0.117	0.236	0.379	-0.347	-0.381	-0.321
0.5*L1	-0.335	0.049	0.323	0.596	0.380	0.000	0.202	0.310	-0.500	-0.315	-0.630
(Sprung)									0.500		
0.6*L1	-0.288	0.019	0.293	0.476	0.309	0.117	0.168	0.251	0.347	-0.257	-0.321
0.7*L1	-0.232	0.002	0.234	0.363	0.237	0.142	0.133	0.197	0.244	-0.202	-0.153
0.8*L1	-0.174	-0.004	0.171	0.264	0.171	0.122	0.099	0.146	0.170	-0.150	-0.075
0.9*L1	-0.120	-0.003	0.118	0.181	0.117	0.086	0.068	0.100	0.116	-0.103	-0.048
0.0*L2	-0.075	0.001	0.077	0.116	0.076	0.050	0.043	0.062	0.076	-0.064	-0.044
0.2*L2	-0.029	0.006	0.038	0.052	0.036	0.010	0.016	0.024	0.038	-0.025	-0.051
0.4*L2	-0.006	0.009	0.018	0.020	0.016	-0.009	0.003	0.005	0.018	-0.005	-0.052
0.6*L2	0.002	0.008	0.009	0.007	0.007	-0.013	-0.001	-0.001	0.009	0.002	-0.043
0.8*L2	0.003	0.005	0.005	0.003	0.003	-0.010	-0.002	-0.002	0.005	0.002	-0.028
FAKTOR				1/a						1/(a*a)	

INFOLGE STRECKENMOMENT mt=1

IN FELD	M 0	M 0.2	M 0.5	Q 0	Q 0.2	Q 0.5	T 0	T 0.2	T 0.5	q 0	q 0.5
3L	-0.018	0.000	0.003	0.039	0.011	-0.002	-0.024	-0.010	-0.003	-0.051	-0.003
2L	-0.697	-0.117	0.064	1.125	0.400	0.003	-0.624	-0.261	-0.062	-1.181	-0.122
1,BIS SPRUNG					0.181	-0.204		-0.220	-0.461		
1,REST	-1.109	0.224	0.815	2.271	0.917	0.204	0.864	0.871	0.461	-1.517	-0.720
2R	-0.036	0.019	0.064	0.080	0.059	-0.003	0.021	0.032	0.062	-0.032	-0.122
3R	-0.003	0.000	0.003	0.005	0.003	0.002	0.002	0.003	0.003	-0.003	-0.003
SUMME(+)	0.000	0.243	0.949	3.520	1.571	0.209	0.887	0.905	0.527	0.000	0.000
SUMME(-)	-1.863	-0.117	0.000	0.000	0.000	-0.209	-0.647	-0.490	-0.527	-2.785	-0.970
SUMME	-1.863	0.126	0.949	3.520	1.571	-0.000	0.240	0.415	-0.000	-2.785	-0.970
FAKTOR	a						a			1/a	

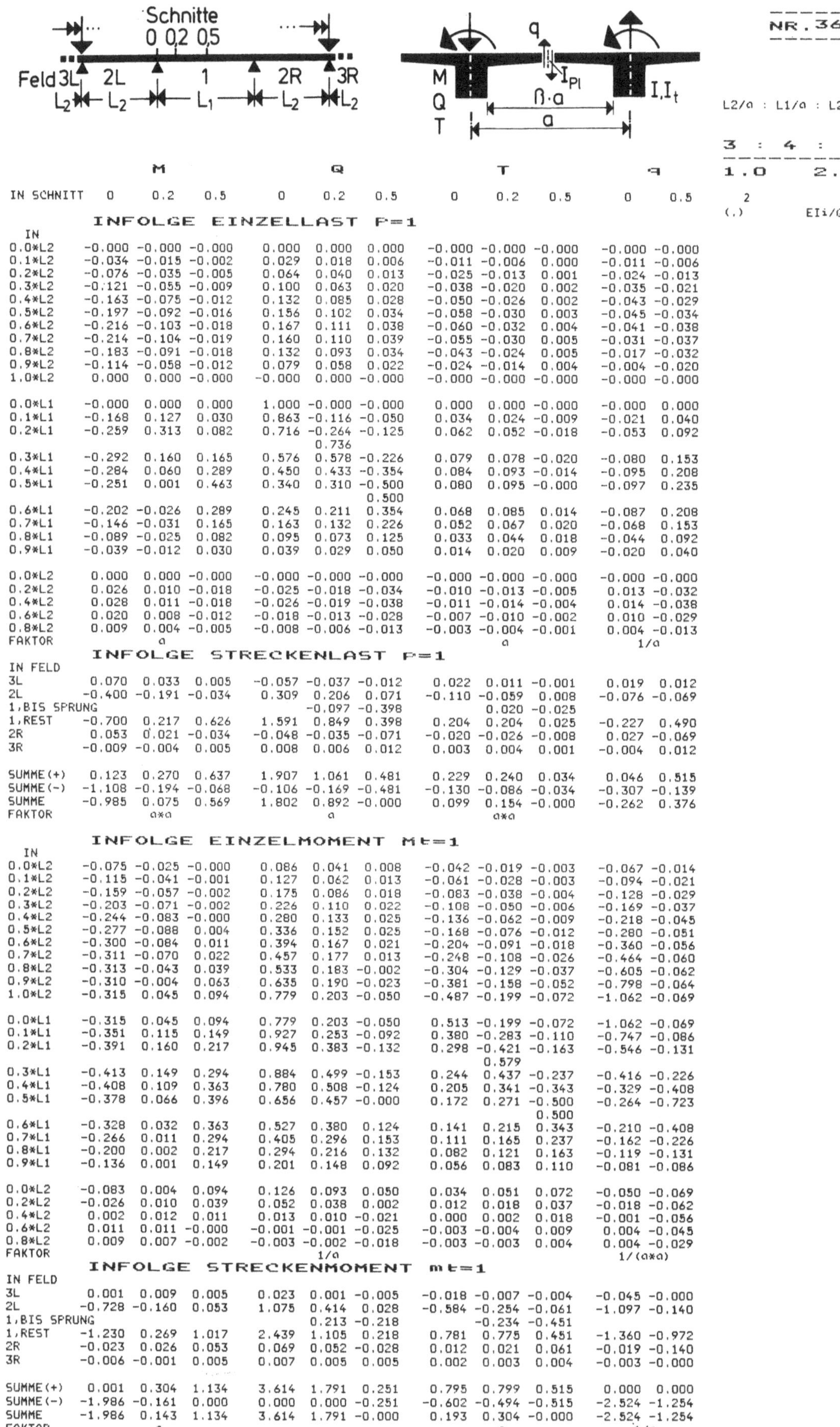

	M 0	M 0.2	M 0.5	Q 0	Q 0.2	Q 0.5	T 0	T 0.2	T 0.5	q 0	q 0.5
IN SCHNITT	0	0.2	0.5	0	0.2	0.5	0	0.2	0.5	0	0.5

INFOLGE EINZELLAST P=1

IN	M 0	M 0.2	M 0.5	Q 0	Q 0.2	Q 0.5	T 0	T 0.2	T 0.5	q 0	q 0.5
0.0*L2	-0.000	-0.000	-0.000	0.000	0.000	0.000	-0.000	-0.000	-0.000	-0.000	-0.000
0.1*L2	-0.034	-0.015	-0.002	0.029	0.018	0.006	-0.011	-0.006	0.000	-0.011	-0.006
0.2*L2	-0.076	-0.035	-0.005	0.064	0.040	0.013	-0.025	-0.013	0.001	-0.024	-0.013
0.3*L2	-0.121	-0.055	-0.009	0.100	0.063	0.020	-0.038	-0.020	0.002	-0.035	-0.021
0.4*L2	-0.163	-0.075	-0.012	0.132	0.085	0.028	-0.050	-0.026	0.002	-0.043	-0.029
0.5*L2	-0.197	-0.092	-0.016	0.156	0.102	0.034	-0.058	-0.030	0.003	-0.045	-0.034
0.6*L2	-0.216	-0.103	-0.018	0.167	0.111	0.038	-0.060	-0.032	0.004	-0.041	-0.038
0.7*L2	-0.214	-0.104	-0.019	0.160	0.110	0.039	-0.055	-0.030	0.005	-0.031	-0.037
0.8*L2	-0.183	-0.091	-0.018	0.132	0.093	0.034	-0.043	-0.024	0.005	-0.017	-0.032
0.9*L2	-0.114	-0.058	-0.012	0.079	0.058	0.022	-0.024	-0.014	0.004	-0.004	-0.020
1.0*L2	0.000	0.000	-0.000	-0.000	0.000	-0.000	-0.000	-0.000	-0.000	-0.000	-0.000
0.0*L1	-0.000	0.000	0.000	1.000	-0.000	-0.000	0.000	0.000	-0.000	-0.000	0.000
0.1*L1	-0.168	0.127	0.030	0.863	-0.116	-0.050	0.034	0.024	-0.009	-0.021	0.040
0.2*L1	-0.259	0.313	0.082	0.716	-0.264	-0.125	0.062	0.052	-0.018	-0.053	0.092
				0.736							
0.3*L1	-0.292	0.160	0.165	0.576	0.578	-0.226	0.079	0.078	-0.020	-0.080	0.153
0.4*L1	-0.284	0.060	0.289	0.450	0.433	-0.354	0.084	0.093	-0.014	-0.095	0.208
0.5*L1	-0.251	0.001	0.463	0.340	0.310	-0.500	0.080	0.095	-0.000	-0.097	0.235
						0.500					
0.6*L1	-0.202	-0.026	0.289	0.245	0.211	0.354	0.068	0.085	0.014	-0.087	0.208
0.7*L1	-0.146	-0.031	0.165	0.163	0.132	0.226	0.052	0.067	0.020	-0.068	0.153
0.8*L1	-0.089	-0.025	0.082	0.095	0.073	0.125	0.033	0.044	0.018	-0.044	0.092
0.9*L1	-0.039	-0.012	0.030	0.039	0.029	0.050	0.014	0.020	0.009	-0.020	0.040
0.0*L2	0.000	0.000	-0.000	-0.000	-0.000	-0.000	-0.000	-0.000	-0.000	-0.000	-0.000
0.2*L2	0.026	0.010	-0.018	-0.025	-0.018	-0.034	-0.010	-0.013	-0.005	0.013	-0.032
0.4*L2	0.028	0.011	-0.018	-0.026	-0.019	-0.038	-0.011	-0.014	-0.004	0.014	-0.038
0.6*L2	0.020	0.008	-0.012	-0.018	-0.013	-0.028	-0.007	-0.010	-0.002	0.010	-0.029
0.8*L2	0.009	0.004	-0.005	-0.008	-0.006	-0.013	-0.003	-0.004	-0.001	0.004	-0.013
FAKTOR	a						a			1/a	

INFOLGE STRECKENLAST P=1

IN FELD	M 0	M 0.2	M 0.5	Q 0	Q 0.2	Q 0.5	T 0	T 0.2	T 0.5	q 0	q 0.5
3L	0.070	0.033	0.005	-0.057	-0.037	-0.012	0.022	0.011	-0.001	0.019	0.012
2L	-0.400	-0.191	-0.034	0.309	0.206	0.071	-0.110	-0.059	0.008	-0.076	-0.069
1,BIS SPRUNG					-0.097	-0.398		0.020	-0.025		
1,REST	-0.700	0.217	0.626	1.591	0.849	0.398	0.204	0.204	0.025	-0.227	0.490
2R	0.053	0.021	-0.034	-0.048	-0.035	-0.071	-0.020	-0.026	-0.008	0.027	-0.069
3R	-0.009	-0.004	0.005	0.008	0.006	0.012	0.003	0.004	0.001	-0.004	0.012
SUMME(+)	0.123	0.270	0.637	1.907	1.061	0.481	0.229	0.240	0.034	0.046	0.515
SUMME(-)	-1.108	-0.194	-0.068	-0.106	-0.169	-0.481	-0.130	-0.086	-0.034	-0.307	-0.139
SUMME	-0.985	0.075	0.569	1.802	0.892	-0.000	0.099	0.154	-0.000	-0.262	0.376
FAKTOR	a*a			a			a*a				

INFOLGE EINZELMOMENT Mt=1

IN	M 0	M 0.2	M 0.5	Q 0	Q 0.2	Q 0.5	T 0	T 0.2	T 0.5	q 0	q 0.5
0.0*L2	-0.075	-0.025	-0.000	0.086	0.041	0.008	-0.042	-0.019	-0.003	-0.067	-0.014
0.1*L2	-0.115	-0.041	-0.001	0.127	0.062	0.013	-0.061	-0.028	-0.003	-0.094	-0.021
0.2*L2	-0.159	-0.057	-0.002	0.175	0.086	0.018	-0.083	-0.038	-0.004	-0.128	-0.029
0.3*L2	-0.203	-0.071	-0.002	0.226	0.110	0.022	-0.108	-0.050	-0.006	-0.169	-0.037
0.4*L2	-0.244	-0.083	-0.000	0.280	0.133	0.025	-0.136	-0.062	-0.009	-0.218	-0.045
0.5*L2	-0.277	-0.088	0.004	0.336	0.152	0.025	-0.168	-0.076	-0.012	-0.280	-0.051
0.6*L2	-0.300	-0.084	0.011	0.394	0.167	0.021	-0.204	-0.091	-0.018	-0.360	-0.056
0.7*L2	-0.311	-0.070	0.022	0.457	0.177	0.013	-0.248	-0.108	-0.026	-0.464	-0.060
0.8*L2	-0.313	-0.043	0.039	0.533	0.183	-0.002	-0.304	-0.129	-0.037	-0.605	-0.062
0.9*L2	-0.310	-0.004	0.063	0.635	0.190	-0.023	-0.381	-0.158	-0.052	-0.798	-0.064
1.0*L2	-0.315	0.045	0.094	0.779	0.203	-0.050	-0.487	-0.199	-0.072	-1.062	-0.069
0.0*L1	-0.315	0.045	0.094	0.779	0.203	-0.050	0.513	-0.199	-0.072	-1.062	-0.069
0.1*L1	-0.351	0.115	0.149	0.927	0.253	-0.092	0.380	-0.283	-0.110	-0.747	-0.086
0.2*L1	-0.391	0.160	0.217	0.945	0.383	-0.132	0.298	-0.421	-0.163	-0.546	-0.131
								0.579			
0.3*L1	-0.413	0.149	0.294	0.884	0.499	-0.153	0.244	0.437	-0.237	-0.416	-0.226
0.4*L1	-0.408	0.109	0.363	0.780	0.508	-0.124	0.205	0.341	-0.343	-0.329	-0.408
0.5*L1	-0.378	0.066	0.396	0.656	0.457	-0.000	0.172	0.271	-0.500	-0.264	-0.723
									0.500		
0.6*L1	-0.328	0.032	0.363	0.527	0.380	0.124	0.141	0.215	0.343	-0.210	-0.408
0.7*L1	-0.266	0.011	0.294	0.405	0.296	0.153	0.111	0.165	0.237	-0.162	-0.226
0.8*L1	-0.200	0.002	0.217	0.294	0.216	0.132	0.082	0.121	0.163	-0.119	-0.131
0.9*L1	-0.136	0.001	0.149	0.201	0.148	0.092	0.056	0.083	0.110	-0.081	-0.086
0.0*L2	-0.083	0.004	0.094	0.126	0.093	0.050	0.034	0.051	0.072	-0.050	-0.069
0.2*L2	-0.026	0.010	0.039	0.052	0.038	0.002	0.012	0.018	0.037	-0.018	-0.062
0.4*L2	0.002	0.012	0.011	0.013	0.010	-0.021	0.000	0.002	0.018	-0.001	-0.056
0.6*L2	0.011	0.011	-0.000	-0.001	-0.001	-0.025	-0.003	-0.004	0.009	0.004	-0.045
0.8*L2	0.009	0.007	-0.002	-0.003	-0.002	-0.018	-0.003	-0.003	0.004	0.004	-0.029
FAKTOR				1/a						1/(a*a)	

INFOLGE STRECKENMOMENT mt=1

IN FELD	M 0	M 0.2	M 0.5	Q 0	Q 0.2	Q 0.5	T 0	T 0.2	T 0.5	q 0	q 0.5
3L	0.001	0.009	0.005	0.023	0.001	-0.005	-0.018	-0.007	-0.004	-0.045	-0.000
2L	-0.728	-0.160	0.053	1.075	0.414	0.028	-0.584	-0.254	-0.061	-1.097	-0.140
1,BIS SPRUNG					0.213	-0.218		-0.234	-0.451		
1,REST	-1.230	0.269	1.017	2.439	1.105	0.218	0.781	0.775	0.451	-1.360	-0.972
2R	-0.023	0.026	0.053	0.069	0.052	-0.028	0.012	0.021	0.061	-0.019	-0.140
3R	-0.006	-0.001	0.005	0.007	0.005	0.005	0.002	0.003	0.004	-0.003	-0.000
SUMME(+)	0.001	0.304	1.134	3.614	1.791	0.251	0.795	0.799	0.515	0.000	0.000
SUMME(-)	-1.986	-0.161	0.000	0.000	0.000	-0.251	-0.602	-0.494	-0.515	-2.524	-1.254
SUMME	-1.986	0.143	1.134	3.614	1.791	-0.000	0.193	0.304	-0.000	-2.524	-1.254
FAKTOR	a			a			a			1/a	

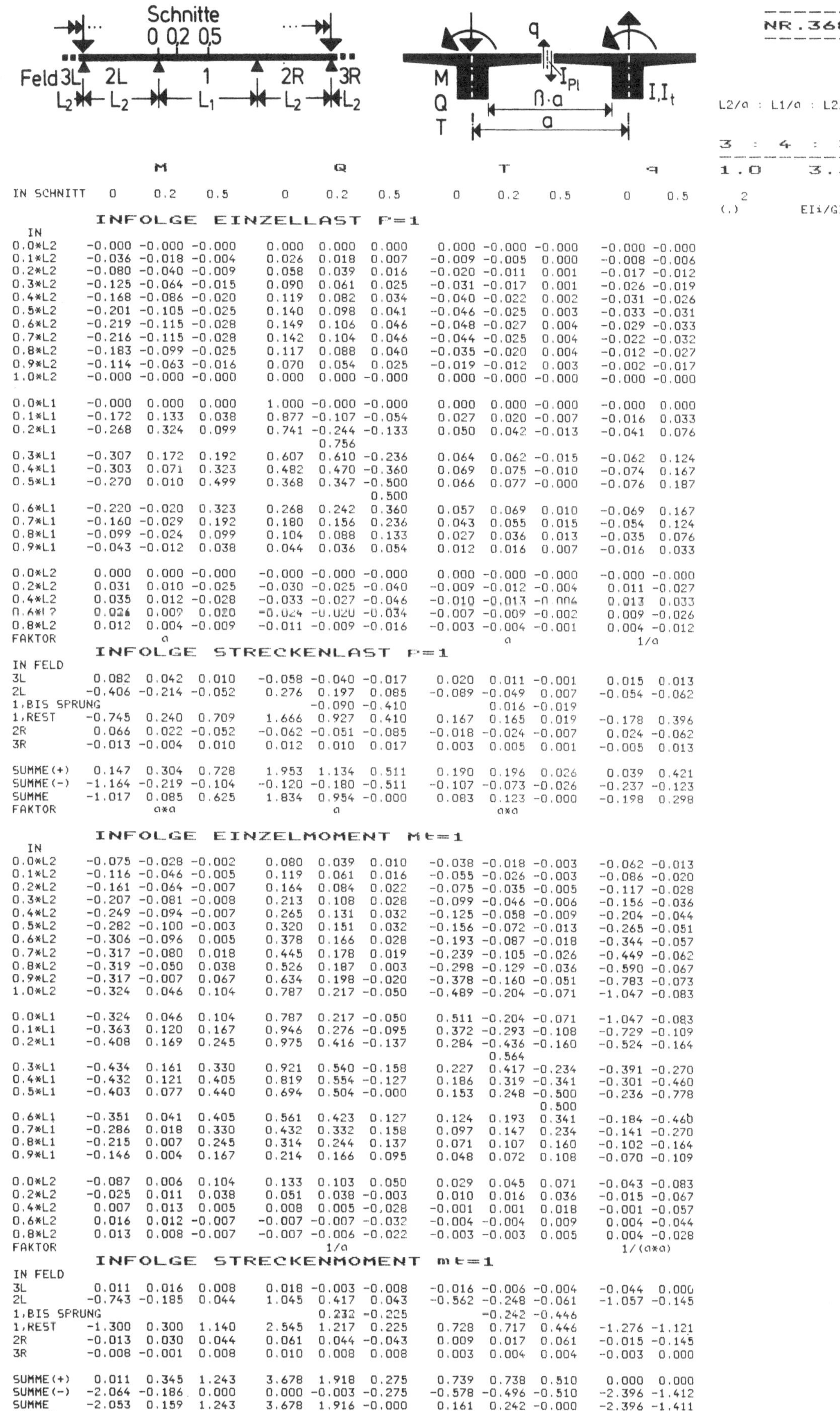

IN SCHNITT	M 0	M 0.2	M 0.5	Q 0	Q 0.2	Q 0.5	T 0	T 0.2	T 0.5	q 0	q 0.5

INFOLGE EINZELLAST P=1

IN	M 0	M 0.2	M 0.5	Q 0	Q 0.2	Q 0.5	T 0	T 0.2	T 0.5	q 0	q 0.5
0.0*L2	-0.000	-0.000	-0.000	0.000	0.000	0.000	0.000	-0.000	-0.000	-0.000	-0.000
0.1*L2	-0.036	-0.018	-0.004	0.026	0.018	0.007	-0.009	-0.005	0.000	-0.008	-0.006
0.2*L2	-0.080	-0.040	-0.009	0.058	0.039	0.016	-0.020	-0.011	0.001	-0.017	-0.012
0.3*L2	-0.125	-0.064	-0.015	0.090	0.061	0.025	-0.031	-0.017	0.001	-0.026	-0.019
0.4*L2	-0.168	-0.086	-0.020	0.119	0.082	0.034	-0.040	-0.022	0.002	-0.031	-0.026
0.5*L2	-0.201	-0.105	-0.025	0.140	0.098	0.041	-0.046	-0.025	0.003	-0.033	-0.031
0.6*L2	-0.219	-0.115	-0.028	0.149	0.106	0.046	-0.048	-0.027	0.004	-0.029	-0.033
0.7*L2	-0.216	-0.115	-0.028	0.142	0.104	0.046	-0.044	-0.025	0.004	-0.022	-0.032
0.8*L2	-0.183	-0.099	-0.025	0.117	0.088	0.040	-0.035	-0.020	0.004	-0.012	-0.027
0.9*L2	-0.114	-0.063	-0.016	0.070	0.054	0.025	-0.019	-0.012	0.003	-0.002	-0.017
1.0*L2	-0.000	-0.000	-0.000	0.000	0.000	-0.000	0.000	-0.000	-0.000	-0.000	-0.000
0.0*L1	-0.000	0.000	0.000	1.000	-0.000	-0.000	0.000	0.000	-0.000	-0.000	0.000
0.1*L1	-0.172	0.133	0.038	0.877	-0.107	-0.054	0.027	0.020	-0.007	-0.016	0.033
0.2*L1	-0.268	0.324	0.099	0.741	-0.244	-0.133	0.050	0.042	-0.013	-0.041	0.076
					0.756						
0.3*L1	-0.307	0.172	0.192	0.607	0.610	-0.236	0.064	0.062	-0.015	-0.062	0.124
0.4*L1	-0.303	0.071	0.323	0.482	0.470	-0.360	0.069	0.075	-0.010	-0.074	0.167
0.5*L1	-0.270	0.010	0.499	0.368	0.347	-0.500	0.066	0.077	-0.000	-0.076	0.187
						0.500					
0.6*L1	-0.220	-0.020	0.323	0.268	0.242	0.360	0.057	0.069	0.010	-0.069	0.167
0.7*L1	-0.160	-0.029	0.192	0.180	0.156	0.236	0.043	0.055	0.015	-0.054	0.124
0.8*L1	-0.099	-0.024	0.099	0.104	0.088	0.133	0.027	0.036	0.013	-0.035	0.076
0.9*L1	-0.043	-0.012	0.038	0.044	0.036	0.054	0.012	0.016	0.007	-0.016	0.033
0.0*L2	0.000	0.000	-0.000	-0.000	-0.000	-0.000	0.000	-0.000	-0.000	-0.000	-0.000
0.2*L2	0.031	0.010	-0.025	-0.030	-0.025	-0.040	-0.009	-0.012	-0.004	0.011	-0.027
0.4*L2	0.035	0.012	-0.028	-0.033	-0.027	-0.046	-0.010	-0.013	-0.004	0.013	0.033
0.6*L2	0.026	0.009	-0.020	-0.024	-0.020	-0.034	-0.007	-0.009	-0.002	0.009	-0.026
0.8*L2	0.012	0.004	-0.009	-0.011	-0.009	-0.016	-0.003	-0.004	-0.001	0.004	-0.012
FAKTOR	a						a			1/a	

INFOLGE STRECKENLAST P=1

IN FELD	M 0	M 0.2	M 0.5	Q 0	Q 0.2	Q 0.5	T 0	T 0.2	T 0.5	q 0	q 0.5
3L	0.082	0.042	0.010	-0.058	-0.040	-0.017	0.020	0.011	-0.001	0.015	0.013
2L	-0.406	-0.214	-0.052	0.276	0.197	0.085	-0.089	-0.049	0.007	-0.054	-0.062
1,BIS SPRUNG					-0.090	-0.410		0.016	-0.019		
1,REST	-0.745	0.240	0.709	1.666	0.927	0.410	0.167	0.165	0.019	-0.178	0.396
2R	0.066	0.022	-0.052	-0.062	-0.051	-0.085	-0.018	-0.024	-0.007	0.024	-0.062
3R	-0.013	-0.004	0.010	0.012	0.010	0.017	0.003	0.005	0.001	-0.005	0.013
SUMME(+)	0.147	0.304	0.728	1.953	1.134	0.511	0.190	0.196	0.026	0.039	0.421
SUMME(-)	-1.164	-0.219	-0.104	-0.120	-0.180	-0.511	-0.107	-0.073	-0.026	-0.237	-0.123
SUMME	-1.017	0.085	0.625	1.834	0.954	-0.000	0.083	0.123	-0.000	-0.198	0.298
FAKTOR	a*a			a			a*a				

INFOLGE EINZELMOMENT Mt=1

IN	M 0	M 0.2	M 0.5	Q 0	Q 0.2	Q 0.5	T 0	T 0.2	T 0.5	q 0	q 0.5
0.0*L2	-0.075	-0.028	-0.002	0.080	0.039	0.010	-0.038	-0.018	-0.003	-0.062	-0.013
0.1*L2	-0.116	-0.046	-0.005	0.119	0.061	0.016	-0.055	-0.026	-0.003	-0.086	-0.020
0.2*L2	-0.161	-0.064	-0.007	0.164	0.084	0.022	-0.075	-0.035	-0.005	-0.117	-0.028
0.3*L2	-0.207	-0.081	-0.008	0.213	0.108	0.028	-0.099	-0.046	-0.006	-0.156	-0.036
0.4*L2	-0.249	-0.094	-0.007	0.265	0.131	0.032	-0.125	-0.058	-0.009	-0.204	-0.044
0.5*L2	-0.282	-0.100	-0.003	0.320	0.151	0.032	-0.156	-0.072	-0.013	-0.265	-0.051
0.6*L2	-0.306	-0.096	0.005	0.378	0.166	0.028	-0.193	-0.087	-0.018	-0.344	-0.057
0.7*L2	-0.317	-0.080	0.018	0.445	0.178	0.019	-0.239	-0.105	-0.026	-0.449	-0.062
0.8*L2	-0.319	-0.050	0.038	0.526	0.187	0.003	-0.298	-0.129	-0.036	-0.590	-0.067
0.9*L2	-0.317	-0.007	0.067	0.634	0.198	-0.020	-0.378	-0.160	-0.051	-0.783	-0.073
1.0*L2	-0.324	0.046	0.104	0.787	0.217	-0.050	-0.489	-0.204	-0.071	-1.047	-0.083
0.0*L1	-0.324	0.046	0.104	0.787	0.217	-0.050	0.511	-0.204	-0.071	-1.047	-0.083
0.1*L1	-0.363	0.120	0.167	0.946	0.276	-0.095	0.372	-0.293	-0.108	-0.729	-0.109
0.2*L1	-0.408	0.169	0.245	0.975	0.416	-0.137	0.284	-0.436	-0.160	-0.524	-0.164
								0.564			
0.3*L1	-0.434	0.161	0.330	0.921	0.540	-0.158	0.227	0.417	-0.234	-0.391	-0.270
0.4*L1	-0.432	0.121	0.405	0.819	0.554	-0.127	0.186	0.319	-0.341	-0.301	-0.460
0.5*L1	-0.403	0.077	0.440	0.694	0.504	-0.000	0.153	0.248	-0.500	-0.236	-0.778
									0.500		
0.6*L1	-0.351	0.041	0.405	0.561	0.423	0.127	0.124	0.193	0.341	-0.184	-0.460
0.7*L1	-0.286	0.018	0.330	0.432	0.332	0.158	0.097	0.147	0.234	-0.141	-0.270
0.8*L1	-0.215	0.007	0.245	0.314	0.244	0.137	0.071	0.107	0.160	-0.102	-0.164
0.9*L1	-0.146	0.004	0.167	0.214	0.166	0.095	0.048	0.072	0.108	-0.070	-0.109
0.0*L2	-0.087	0.006	0.104	0.133	0.103	0.050	0.029	0.045	0.071	-0.043	-0.083
0.2*L2	-0.025	0.011	0.038	0.051	0.038	-0.003	0.010	0.016	0.036	-0.015	-0.067
0.4*L2	0.007	0.013	0.005	0.008	0.005	-0.028	-0.001	0.001	0.018	-0.001	-0.057
0.6*L2	0.016	0.012	-0.007	-0.007	-0.007	-0.032	-0.004	-0.004	0.009	0.004	-0.044
0.8*L2	0.013	0.008	-0.007	-0.007	-0.006	-0.022	-0.003	-0.003	0.005	0.004	-0.028
FAKTOR				1/a						1/(a*a)	

INFOLGE STRECKENMOMENT mt=1

IN FELD	M 0	M 0.2	M 0.5	Q 0	Q 0.2	Q 0.5	T 0	T 0.2	T 0.5	q 0	q 0.5
3L	0.011	0.016	0.008	0.018	-0.003	-0.008	-0.016	-0.006	-0.004	-0.044	0.000
2L	-0.743	-0.185	0.044	1.045	0.417	0.043	-0.562	-0.248	-0.061	-1.057	-0.145
1,BIS SPRUNG					0.232	-0.225		-0.242	-0.446		
1,REST	-1.300	0.300	1.140	2.545	1.217	0.225	0.728	0.717	0.446	-1.276	-1.121
2R	-0.013	0.030	0.044	0.061	0.044	-0.043	0.009	0.017	0.061	-0.015	-0.145
3R	-0.008	-0.001	0.008	0.010	0.008	0.008	0.003	0.004	0.004	-0.003	0.000
SUMME(+)	0.011	0.345	1.243	3.678	1.918	0.275	0.739	0.738	0.510	0.000	0.000
SUMME(-)	-2.064	-0.186	0.000	0.000	-0.003	-0.275	-0.578	-0.496	-0.510	-2.396	-1.412
SUMME	-2.053	0.159	1.243	3.678	1.916	-0.000	0.161	0.242	-0.000	-2.396	-1.411
FAKTOR				a						1/a	

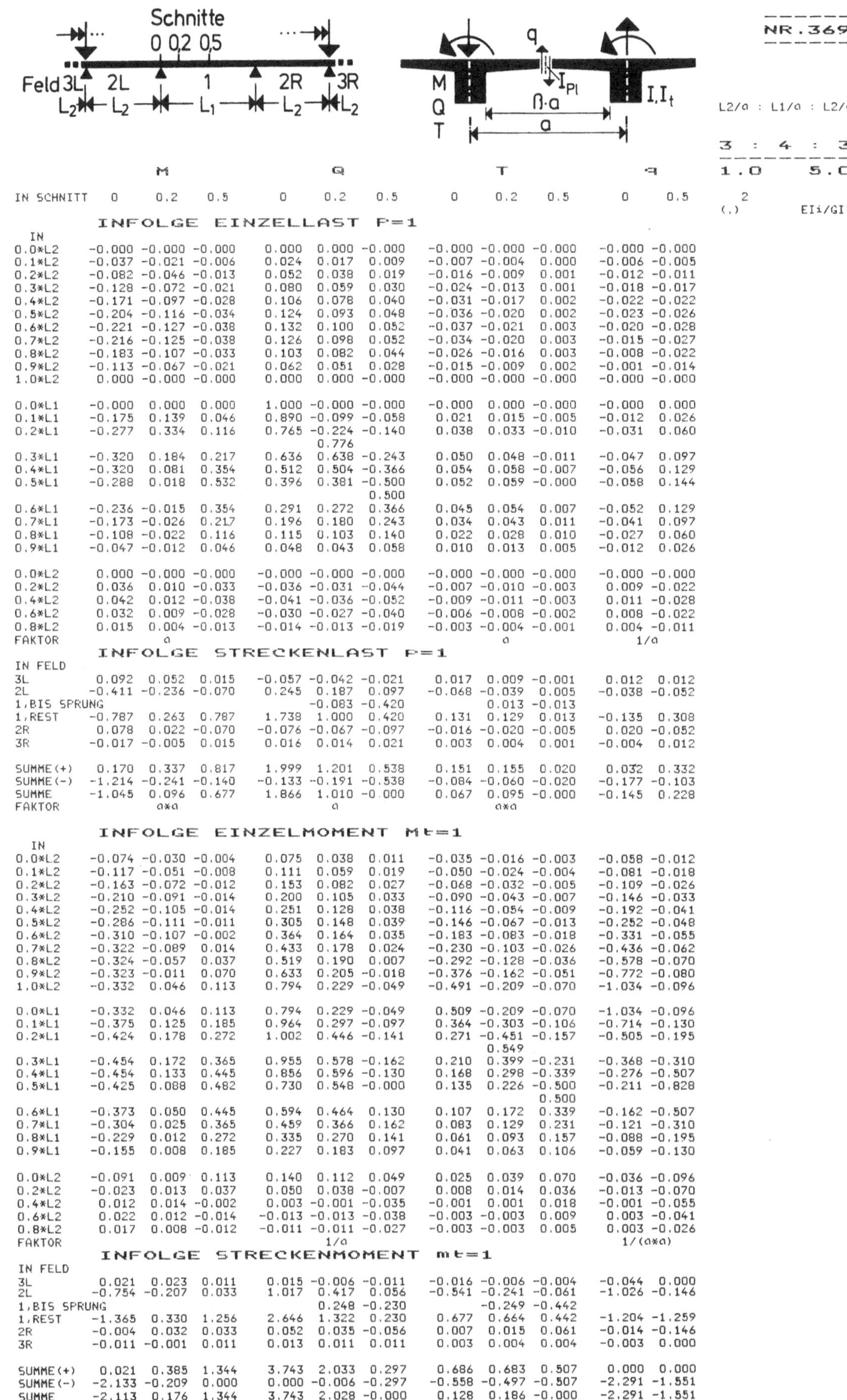

	M			Q			T			q	
IN SCHNITT	0	0.2	0.5	0	0.2	0.5	0	0.2	0.5	0	0.5

INFOLGE EINZELLAST P=1

IN	M 0	M 0.2	M 0.5	Q 0	Q 0.2	Q 0.5	T 0	T 0.2	T 0.5	q 0	q 0.5
0.0*L2	-0.000	-0.000	-0.000	0.000	0.000	-0.000	-0.000	-0.000	-0.000	-0.000	-0.000
0.1*L2	-0.037	-0.021	-0.006	0.024	0.017	0.009	-0.007	-0.004	0.000	-0.006	-0.005
0.2*L2	-0.082	-0.046	-0.013	0.052	0.038	0.019	-0.016	-0.009	0.001	-0.012	-0.011
0.3*L2	-0.128	-0.072	-0.021	0.080	0.059	0.030	-0.024	-0.013	0.001	-0.018	-0.017
0.4*L2	-0.171	-0.097	-0.028	0.106	0.078	0.040	-0.031	-0.017	0.002	-0.022	-0.022
0.5*L2	-0.204	-0.116	-0.034	0.124	0.093	0.048	-0.036	-0.020	0.002	-0.023	-0.026
0.6*L2	-0.221	-0.127	-0.038	0.132	0.100	0.052	-0.037	-0.021	0.003	-0.020	-0.028
0.7*L2	-0.216	-0.125	-0.038	0.126	0.098	0.052	-0.034	-0.020	0.003	-0.015	-0.027
0.8*L2	-0.183	-0.107	-0.033	0.103	0.082	0.044	-0.026	-0.016	0.003	-0.008	-0.022
0.9*L2	-0.113	-0.067	-0.021	0.062	0.051	0.028	-0.015	-0.009	0.002	-0.001	-0.014
1.0*L2	0.000	-0.000	-0.000	0.000	0.000	-0.000	-0.000	-0.000	-0.000	-0.000	-0.000
0.0*L1	-0.000	0.000	0.000	1.000	-0.000	-0.000	-0.000	0.000	-0.000	-0.000	0.000
0.1*L1	-0.175	0.139	0.046	0.890	-0.099	-0.058	0.021	0.015	-0.005	-0.012	0.026
0.2*L1	-0.277	0.334	0.116	0.765	-0.224	-0.140	0.038	0.033	-0.010	-0.031	0.060
					0.776						
0.3*L1	-0.320	0.184	0.217	0.636	0.638	-0.243	0.050	0.048	-0.011	-0.047	0.097
0.4*L1	-0.320	0.081	0.354	0.512	0.504	-0.366	0.054	0.058	-0.007	-0.056	0.129
0.5*L1	-0.288	0.018	0.532	0.396	0.381	-0.500	0.052	0.059	-0.000	-0.058	0.144
						0.500					
0.6*L1	-0.236	-0.015	0.354	0.291	0.272	0.366	0.045	0.054	0.007	-0.052	0.129
0.7*L1	-0.173	-0.026	0.217	0.196	0.180	0.243	0.034	0.043	0.011	-0.041	0.097
0.8*L1	-0.108	-0.022	0.116	0.115	0.103	0.140	0.022	0.028	0.010	-0.027	0.060
0.9*L1	-0.047	-0.012	0.046	0.048	0.043	0.058	0.010	0.013	0.005	-0.012	0.026
0.0*L2	0.000	-0.000	-0.000	-0.000	-0.000	-0.000	-0.000	-0.000	-0.000	-0.000	-0.000
0.2*L2	0.036	0.010	-0.033	-0.036	-0.031	-0.044	-0.007	-0.010	-0.003	0.009	-0.022
0.4*L2	0.042	0.012	-0.038	-0.041	-0.036	-0.052	-0.009	-0.011	-0.003	0.011	-0.028
0.6*L2	0.032	0.009	-0.028	-0.030	-0.027	-0.040	-0.006	-0.008	-0.002	0.008	-0.022
0.8*L2	0.015	0.004	-0.013	-0.014	-0.013	-0.019	-0.003	-0.004	-0.001	0.004	-0.011
FAKTOR	a						a			1/a	

INFOLGE STRECKENLAST P=1

IN FELD	M 0	M 0.2	M 0.5	Q 0	Q 0.2	Q 0.5	T 0	T 0.2	T 0.5	q 0	q 0.5
3L	0.092	0.052	0.015	-0.057	-0.042	-0.021	0.017	0.009	-0.001	0.012	0.012
2L	-0.411	-0.236	-0.070	0.245	0.187	0.097	-0.068	-0.039	0.005	-0.038	-0.052
1,BIS SPRUNG				-0.083	-0.420			0.013	-0.013			
1,REST	-0.787	0.263	0.787	1.738	1.000	0.420	0.131	0.129	0.013	-0.135	0.308
2R	0.078	0.022	-0.070	-0.076	-0.067	-0.097	-0.016	-0.020	-0.005	0.020	-0.052
3R	-0.017	-0.005	0.015	0.016	0.014	0.021	0.003	0.004	0.001	-0.004	0.012
SUMME(+)	0.170	0.337	0.817	1.999	1.201	0.538	0.151	0.155	0.020	0.032	0.332
SUMME(-)	-1.214	-0.241	-0.140	-0.133	-0.191	-0.538	-0.084	-0.060	-0.020	-0.177	-0.103
SUMME	-1.045	0.096	0.677	1.866	1.010	-0.000	0.067	0.095	-0.000	-0.145	0.228
FAKTOR	a×a			a			a×a				

INFOLGE EINZELMOMENT Mt=1

IN	M 0	M 0.2	M 0.5	Q 0	Q 0.2	Q 0.5	T 0	T 0.2	T 0.5	q 0	q 0.5
0.0*L2	-0.074	-0.030	-0.004	0.075	0.038	0.011	-0.035	-0.016	-0.003	-0.058	-0.012
0.1*L2	-0.117	-0.051	-0.008	0.111	0.059	0.019	-0.050	-0.024	-0.004	-0.081	-0.018
0.2*L2	-0.163	-0.072	-0.012	0.153	0.082	0.027	-0.068	-0.032	-0.005	-0.109	-0.026
0.3*L2	-0.210	-0.091	-0.014	0.200	0.105	0.033	-0.090	-0.043	-0.007	-0.146	-0.033
0.4*L2	-0.252	-0.105	-0.014	0.251	0.128	0.038	-0.116	-0.054	-0.009	-0.192	-0.041
0.5*L2	-0.286	-0.111	-0.011	0.305	0.148	0.039	-0.146	-0.067	-0.013	-0.252	-0.048
0.6*L2	-0.310	-0.107	-0.002	0.364	0.164	0.035	-0.183	-0.083	-0.018	-0.331	-0.055
0.7*L2	-0.322	-0.089	0.014	0.433	0.178	0.024	-0.230	-0.103	-0.026	-0.436	-0.062
0.8*L2	-0.324	-0.057	0.037	0.519	0.190	0.007	-0.292	-0.128	-0.036	-0.578	-0.070
0.9*L2	-0.323	-0.011	0.070	0.633	0.205	-0.018	-0.376	-0.162	-0.051	-0.772	-0.080
1.0*L2	-0.332	0.046	0.113	0.794	0.229	-0.049	-0.491	-0.209	-0.070	-1.034	-0.096
0.0*L1	-0.332	0.046	0.113	0.794	0.229	-0.049	0.509	-0.209	-0.070	-1.034	-0.096
0.1*L1	-0.375	0.125	0.185	0.964	0.297	-0.097	0.364	-0.303	-0.106	-0.714	-0.130
0.2*L1	-0.424	0.178	0.272	1.002	0.446	-0.141	0.271	-0.451	-0.157	-0.505	-0.195
							0.549				
0.3*L1	-0.454	0.172	0.365	0.955	0.578	-0.162	0.210	0.399	-0.231	-0.368	-0.310
0.4*L1	-0.454	0.133	0.445	0.856	0.596	-0.130	0.168	0.298	-0.339	-0.276	-0.507
0.5*L1	-0.425	0.088	0.482	0.730	0.548	-0.000	0.135	0.226	-0.500	-0.211	-0.828
									0.500		
0.6*L1	-0.373	0.050	0.445	0.594	0.464	0.130	0.107	0.172	0.339	-0.162	-0.507
0.7*L1	-0.304	0.025	0.365	0.459	0.366	0.162	0.083	0.129	0.231	-0.121	-0.310
0.8*L1	-0.229	0.012	0.272	0.335	0.270	0.141	0.061	0.093	0.157	-0.088	-0.195
0.9*L1	-0.155	0.008	0.185	0.227	0.183	0.097	0.041	0.063	0.106	-0.059	-0.130
0.0*L2	-0.091	0.009	0.113	0.140	0.112	0.049	0.025	0.039	0.070	-0.036	-0.096
0.2*L2	-0.023	0.013	0.037	0.050	0.038	-0.007	0.008	0.014	0.036	-0.013	-0.070
0.4*L2	0.012	0.014	-0.002	0.003	-0.001	-0.035	-0.001	0.001	0.018	-0.001	-0.055
0.6*L2	0.022	0.012	-0.014	-0.013	-0.013	-0.038	-0.003	-0.003	0.009	0.003	-0.041
0.8*L2	0.017	0.008	-0.012	-0.011	-0.011	-0.027	-0.003	-0.003	0.005	0.003	-0.026
FAKTOR				1/a						1/(a×a)	

INFOLGE STRECKENMOMENT mt=1

IN FELD	M 0	M 0.2	M 0.5	Q 0	Q 0.2	Q 0.5	T 0	T 0.2	T 0.5	q 0	q 0.5
3L	0.021	0.023	0.011	0.015	-0.006	-0.011	-0.016	-0.006	-0.004	-0.044	0.000
2L	-0.754	-0.207	0.033	1.017	0.417	0.056	-0.541	-0.241	-0.061	-1.026	-0.146
1,BIS SPRUNG				0.248	-0.230			-0.249	-0.442			
1,REST	-1.365	0.330	1.256	2.646	1.322	0.230	0.677	0.664	0.442	-1.204	-1.259
2R	-0.004	0.032	0.033	0.052	0.035	-0.056	0.007	0.015	0.061	-0.014	-0.146
3R	-0.011	-0.001	0.011	0.013	0.011	0.011	0.003	0.004	0.004	-0.003	0.000
SUMME(+)	0.021	0.385	1.344	3.743	2.033	0.297	0.686	0.683	0.507	0.000	0.000
SUMME(-)	-2.133	-0.209	0.000	0.000	-0.006	-0.297	-0.558	-0.497	-0.507	-2.291	-1.551
SUMME	-2.113	0.176	1.344	3.743	2.028	-0.000	0.128	0.186	-0.000	-2.291	-1.551
FAKTOR	a			1/a			a			1/a	

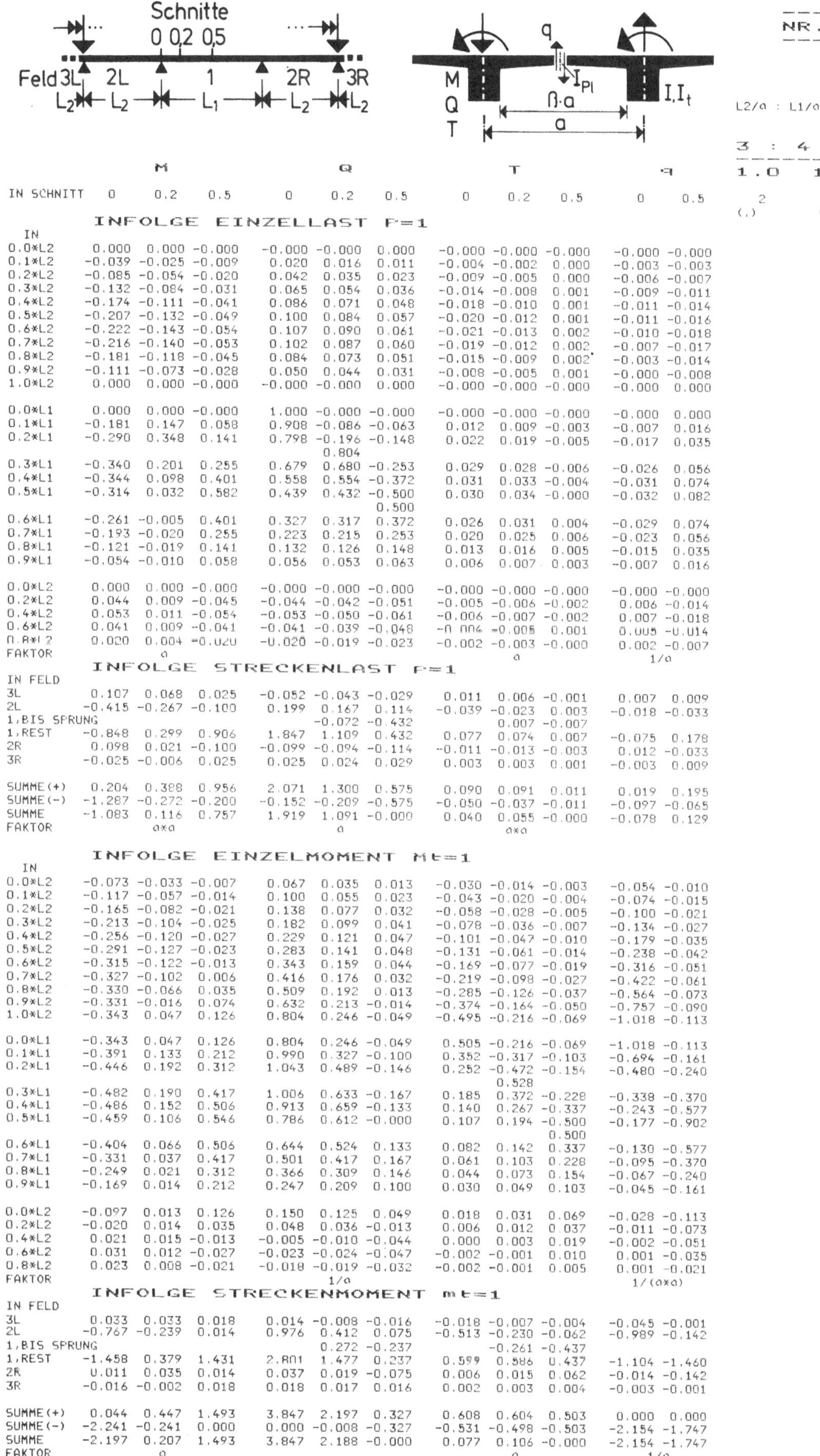

	M			Q			T			q	
IN SCHNITT	0	0.2	0.5	0	0.2	0.5	0	0.2	0.5	0	0.5

INFOLGE EINZELLAST P=1

IN

	M 0	M 0.2	M 0.5	Q 0	Q 0.2	Q 0.5	T 0	T 0.2	T 0.5	q 0	q 0.5
0.0*L2	0.000	0.000	-0.000	-0.000	-0.000	0.000	-0.000	-0.000	-0.000	-0.000	-0.000
0.1*L2	-0.039	-0.025	-0.009	0.020	0.016	0.011	-0.004	-0.002	0.000	-0.003	-0.003
0.2*L2	-0.085	-0.054	-0.020	0.042	0.035	0.023	-0.009	-0.005	0.000	-0.006	-0.007
0.3*L2	-0.132	-0.084	-0.031	0.065	0.054	0.036	-0.014	-0.008	0.001	-0.009	-0.011
0.4*L2	-0.174	-0.111	-0.041	0.086	0.071	0.048	-0.018	-0.010	0.001	-0.011	-0.014
0.5*L2	-0.207	-0.132	-0.049	0.100	0.084	0.057	-0.020	-0.012	0.001	-0.011	-0.016
0.6*L2	-0.222	-0.143	-0.054	0.107	0.090	0.061	-0.021	-0.013	0.002	-0.010	-0.018
0.7*L2	-0.216	-0.140	-0.053	0.102	0.087	0.060	-0.019	-0.012	0.002	-0.007	-0.017
0.8*L2	-0.181	-0.118	-0.045	0.084	0.073	0.051	-0.015	-0.009	0.002	-0.003	-0.014
0.9*L2	-0.111	-0.073	-0.028	0.050	0.044	0.031	-0.008	-0.005	0.001	-0.003	-0.008
1.0*L2	0.000	0.000	-0.000	-0.000	-0.000	0.000	-0.000	-0.000	-0.000	-0.000	0.000
0.0*L1	0.000	0.000	-0.000	1.000	-0.000	-0.000	-0.000	-0.000	-0.000	-0.000	0.000
0.1*L1	-0.181	0.147	0.058	0.908	-0.086	-0.063	0.012	0.009	-0.003	-0.007	0.016
0.2*L1	-0.290	0.348	0.141	0.798	-0.196	-0.148	0.022	0.019	-0.005	-0.017	0.035
(Sprung)				0.804							
0.3*L1	-0.340	0.201	0.255	0.679	0.680	-0.253	0.029	0.028	-0.006	-0.026	0.056
0.4*L1	-0.344	0.098	0.401	0.558	0.554	-0.372	0.031	0.033	-0.004	-0.031	0.074
0.5*L1	-0.314	0.032	0.582	0.439	0.432	-0.500	0.030	0.034	-0.000	-0.032	0.082
(Sprung)						0.500					
0.6*L1	-0.261	-0.005	0.401	0.327	0.317	0.372	0.026	0.031	0.004	-0.029	0.074
0.7*L1	-0.193	-0.020	0.255	0.223	0.215	0.253	0.020	0.025	0.006	-0.023	0.056
0.8*L1	-0.121	-0.019	0.141	0.132	0.126	0.148	0.013	0.016	0.005	-0.015	0.035
0.9*L1	-0.054	-0.010	0.058	0.056	0.053	0.063	0.006	0.007	0.003	-0.007	0.016
0.0*L2	0.000	0.000	-0.000	-0.000	-0.000	-0.000	-0.000	-0.000	-0.000	-0.000	-0.000
0.2*L2	0.044	0.009	-0.045	-0.044	-0.042	-0.051	-0.005	-0.006	-0.002	0.006	-0.014
0.4*L2	0.053	0.011	-0.054	-0.053	-0.050	-0.061	-0.006	-0.007	-0.002	0.007	-0.018
0.6*L2	0.041	0.009	-0.041	-0.041	-0.039	-0.048	-0.004	-0.005	0.001	0.005	-0.014
0.8*L2	0.020	0.004	-0.020	-0.020	-0.019	-0.023	-0.002	-0.003	-0.000	0.002	-0.007
FAKTOR	a			a			a			1/a	

INFOLGE STRECKENLAST F=1

IN FELD

	M 0	M 0.2	M 0.5	Q 0	Q 0.2	Q 0.5	T 0	T 0.2	T 0.5	q 0	q 0.5
3L	0.107	0.068	0.025	-0.052	-0.043	-0.029	0.011	0.006	-0.001	0.007	0.009
2L	-0.415	-0.267	-0.100	0.199	0.167	0.114	-0.039	-0.023	0.003	-0.018	-0.033
1,BIS SPRUNG					-0.072	-0.432		0.007	-0.007		
1,REST	-0.848	0.299	0.906	1.847	1.109	0.432	0.077	0.074	0.007	-0.075	0.178
2R	0.098	0.021	-0.100	-0.099	-0.094	-0.114	-0.011	-0.013	-0.003	0.012	-0.033
3R	-0.025	-0.006	0.025	0.025	0.024	0.029	0.003	0.003	0.001	-0.003	0.009
SUMME(+)	0.204	0.388	0.956	2.071	1.300	0.575	0.090	0.091	0.011	0.019	0.195
SUMME(-)	-1.287	-0.272	-0.200	-0.152	-0.209	-0.575	-0.050	-0.037	-0.011	-0.097	-0.065
SUMME	-1.083	0.116	0.757	1.919	1.091	-0.000	0.040	0.055	-0.000	-0.078	0.129
FAKTOR	a×a			a			a×a				

INFOLGE EINZELMOMENT Mt=1

IN

	M 0	M 0.2	M 0.5	Q 0	Q 0.2	Q 0.5	T 0	T 0.2	T 0.5	q 0	q 0.5
0.0*L2	-0.073	-0.033	-0.007	0.067	0.035	0.013	-0.030	-0.014	-0.003	-0.054	-0.010
0.1*L2	-0.117	-0.057	-0.014	0.100	0.055	0.023	-0.043	-0.020	-0.004	-0.074	-0.015
0.2*L2	-0.165	-0.082	-0.021	0.138	0.077	0.032	-0.058	-0.028	-0.005	-0.100	-0.021
0.3*L2	-0.213	-0.104	-0.025	0.182	0.099	0.041	-0.078	-0.036	-0.007	-0.134	-0.027
0.4*L2	-0.256	-0.120	-0.027	0.229	0.121	0.047	-0.101	-0.047	-0.010	-0.179	-0.035
0.5*L2	-0.291	-0.127	-0.023	0.283	0.141	0.048	-0.131	-0.061	-0.014	-0.238	-0.042
0.6*L2	-0.315	-0.122	-0.013	0.343	0.159	0.044	-0.169	-0.077	-0.019	-0.316	-0.051
0.7*L2	-0.327	-0.102	0.006	0.416	0.176	0.032	-0.219	-0.098	-0.027	-0.422	-0.061
0.8*L2	-0.330	-0.066	0.035	0.509	0.192	0.013	-0.285	-0.126	-0.037	-0.564	-0.073
0.9*L2	-0.331	-0.016	0.074	0.632	0.213	-0.014	-0.374	-0.164	-0.050	-0.757	-0.090
1.0*L2	-0.343	0.047	0.126	0.804	0.246	-0.049	-0.495	-0.216	-0.069	-1.018	-0.113
0.0*L1	-0.343	0.047	0.126	0.804	0.246	-0.049	0.505	-0.216	-0.069	-1.018	-0.113
0.1*L1	-0.391	0.133	0.212	0.990	0.327	-0.100	0.352	-0.317	-0.103	-0.694	-0.161
0.2*L1	-0.446	0.192	0.312	1.043	0.489	-0.146	0.252	-0.472	-0.154	-0.480	-0.240
(Sprung)								0.528			
0.3*L1	-0.482	0.190	0.417	1.006	0.633	-0.167	0.185	0.372	-0.228	-0.338	-0.370
0.4*L1	-0.486	0.152	0.506	0.913	0.659	-0.133	0.140	0.267	-0.337	-0.243	-0.577
0.5*L1	-0.459	0.106	0.546	0.786	0.612	-0.000	0.107	0.194	-0.500	-0.177	-0.902
(Sprung)									0.500		
0.6*L1	-0.404	0.066	0.506	0.644	0.524	0.133	0.082	0.142	0.337	-0.130	-0.577
0.7*L1	-0.331	0.037	0.417	0.501	0.417	0.167	0.061	0.103	0.228	-0.095	-0.370
0.8*L1	-0.249	0.021	0.312	0.366	0.309	0.146	0.044	0.073	0.154	-0.067	-0.240
0.9*L1	-0.169	0.014	0.212	0.247	0.209	0.100	0.030	0.049	0.103	-0.045	-0.161
0.0*L2	-0.097	0.013	0.126	0.150	0.125	0.049	0.018	0.031	0.069	-0.028	-0.113
0.2*L2	-0.020	0.014	0.035	0.048	0.036	-0.013	0.006	0.012	0.037	-0.011	-0.073
0.4*L2	0.021	0.015	-0.013	-0.005	-0.010	-0.044	0.000	0.003	0.019	-0.002	-0.051
0.6*L2	0.031	0.012	-0.027	-0.023	-0.024	-0.047	-0.002	-0.001	0.010	0.001	-0.035
0.8*L2	0.023	0.008	-0.021	-0.018	-0.019	-0.032	-0.002	-0.001	0.005	0.001	-0.021
FAKTOR				1/a						1/(a×a)	

INFOLGE STRECKENMOMENT mt=1

IN FELD

	M 0	M 0.2	M 0.5	Q 0	Q 0.2	Q 0.5	T 0	T 0.2	T 0.5	q 0	q 0.5
3L	0.033	0.033	0.018	0.014	-0.008	-0.016	-0.018	-0.007	-0.004	-0.045	-0.001
2L	-0.767	-0.239	0.014	0.976	0.412	0.075	-0.513	-0.230	-0.062	-0.989	-0.142
1,BIS SPRUNG					0.272	-0.237		-0.261	-0.437		
1,REST	-1.458	0.379	1.431	2.801	1.477	0.237	0.599	0.586	0.437	-1.104	-1.460
2R	0.011	0.035	0.014	0.037	0.019	-0.075	0.006	0.015	0.062	-0.014	-0.142
3R	-0.016	-0.002	0.018	0.018	0.017	0.016	0.002	0.003	0.004	-0.003	-0.001
SUMME(+)	0.044	0.447	1.493	3.847	2.197	0.327	0.608	0.604	0.503	0.000	0.000
SUMME(-)	-2.241	-0.241	0.000	0.000	-0.008	-0.327	-0.531	-0.498	-0.503	-2.154	-1.747
SUMME	-2.197	0.207	1.493	3.847	2.188	-0.000	0.077	0.106	-0.000	-2.154	-1.747
FAKTOR	a			a			a			1/a	

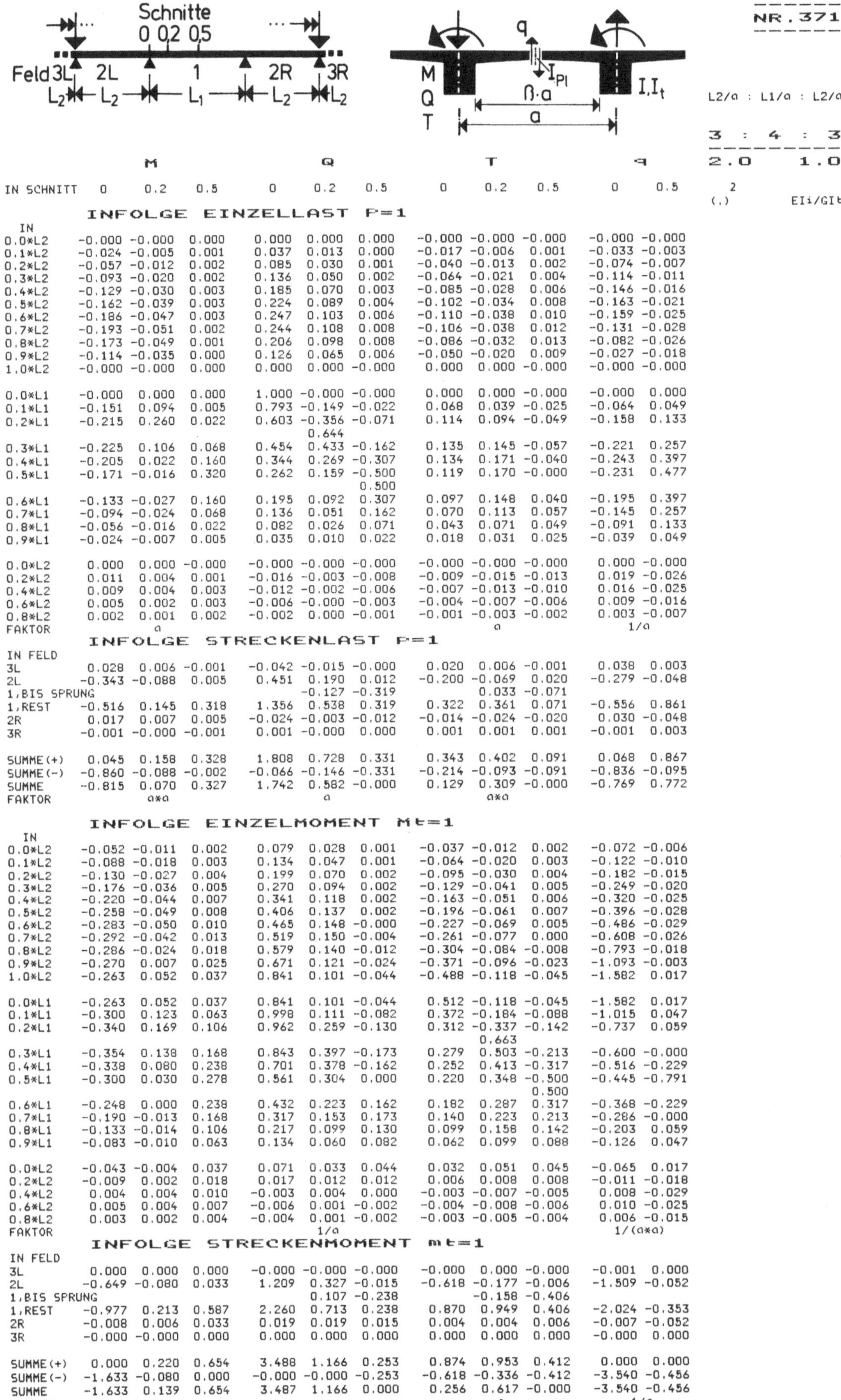

	M 0	M 0.2	M 0.5	Q 0	Q 0.2	Q 0.5	T 0	T 0.2	T 0.5	q 0	q 0.5
IN SCHNITT	0	0.2	0.5	0	0.2	0.5	0	0.2	0.5	0	0.5

INFOLGE EINZELLAST P=1

IN	M 0	M 0.2	M 0.5	Q 0	Q 0.2	Q 0.5	T 0	T 0.2	T 0.5	q 0	q 0.5
0.0*L2	-0.000	-0.000	0.000	0.000	0.000	0.000	-0.000	-0.000	-0.000	-0.000	-0.000
0.1*L2	-0.024	-0.005	0.001	0.037	0.013	0.000	-0.017	-0.006	0.001	-0.033	-0.003
0.2*L2	-0.057	-0.012	0.002	0.085	0.030	0.001	-0.040	-0.013	0.002	-0.074	-0.007
0.3*L2	-0.093	-0.020	0.002	0.136	0.050	0.002	-0.064	-0.021	0.004	-0.114	-0.011
0.4*L2	-0.129	-0.030	0.003	0.185	0.070	0.003	-0.085	-0.028	0.006	-0.146	-0.016
0.5*L2	-0.162	-0.039	0.003	0.224	0.089	0.004	-0.102	-0.034	0.008	-0.163	-0.021
0.6*L2	-0.186	-0.047	0.003	0.247	0.103	0.006	-0.110	-0.038	0.010	-0.159	-0.025
0.7*L2	-0.193	-0.051	0.002	0.244	0.108	0.008	-0.106	-0.038	0.012	-0.131	-0.028
0.8*L2	-0.173	-0.049	0.001	0.206	0.098	0.008	-0.086	-0.032	0.013	-0.082	-0.026
0.9*L2	-0.114	-0.035	0.000	0.126	0.065	0.006	-0.050	-0.020	0.009	-0.027	-0.018
1.0*L2	-0.000	-0.000	0.000	0.000	0.000	-0.000	0.000	0.000	-0.000	-0.000	-0.000
0.0*L1	-0.000	0.000	0.000	1.000	-0.000	-0.000	0.000	0.000	-0.000	-0.000	0.000
0.1*L1	-0.151	0.094	0.005	0.793	-0.149	-0.022	0.068	0.039	-0.025	-0.064	0.049
0.2*L1	-0.215	0.260	0.022	0.603	-0.356	-0.071	0.114	0.094	-0.049	-0.158	0.133
					0.644						
0.3*L1	-0.225	0.106	0.068	0.454	0.433	-0.162	0.135	0.145	-0.057	-0.221	0.257
0.4*L1	-0.205	0.022	0.160	0.344	0.269	-0.307	0.134	0.171	-0.040	-0.243	0.397
0.5*L1	-0.171	-0.016	0.320	0.262	0.159	-0.500	0.119	0.170	-0.000	-0.231	0.477
						0.500					
0.6*L1	-0.133	-0.027	0.160	0.195	0.092	0.307	0.097	0.148	0.040	-0.195	0.397
0.7*L1	-0.094	-0.024	0.068	0.136	0.051	0.162	0.070	0.113	0.057	-0.145	0.257
0.8*L1	-0.056	-0.016	0.022	0.082	0.026	0.071	0.043	0.071	0.049	-0.091	0.133
0.9*L1	-0.024	-0.007	0.005	0.035	0.010	0.022	0.018	0.031	0.025	-0.039	0.049
0.0*L2	0.000	0.000	-0.000	-0.000	-0.000	-0.000	-0.000	-0.000	-0.000	-0.000	-0.000
0.2*L2	0.011	0.004	0.001	-0.016	-0.003	-0.008	-0.009	-0.015	-0.013	0.019	-0.026
0.4*L2	0.009	0.004	0.003	-0.012	-0.002	-0.006	-0.007	-0.013	-0.010	0.016	-0.025
0.6*L2	0.005	0.002	0.003	-0.006	-0.000	-0.003	-0.004	-0.007	-0.006	0.009	-0.016
0.8*L2	0.002	0.001	0.002	-0.002	0.000	-0.001	-0.001	-0.003	-0.002	0.003	-0.007
FAKTOR	a						a			1/a	

INFOLGE STRECKENLAST p=1

IN FELD	M 0	M 0.2	M 0.5	Q 0	Q 0.2	Q 0.5	T 0	T 0.2	T 0.5	q 0	q 0.5
3L	0.028	0.006	-0.001	-0.042	-0.015	-0.000	0.020	0.006	-0.001	0.038	0.003
2L	-0.343	-0.088	0.005	0.451	0.190	0.012	-0.200	-0.069	0.020	-0.279	-0.048
1,BIS SPRUNG					-0.127	-0.319		0.033	-0.071		
1,REST	-0.516	0.145	0.318	1.356	0.538	0.319	0.322	0.361	0.071	-0.556	0.861
2R	0.017	0.007	0.005	-0.024	-0.003	-0.012	-0.014	-0.024	-0.020	0.030	-0.048
3R	-0.001	-0.000	-0.001	0.001	-0.000	0.000	0.001	0.001	0.001	-0.001	0.003
SUMME(+)	0.045	0.158	0.328	1.808	0.728	0.331	0.343	0.402	0.091	0.068	0.867
SUMME(-)	-0.860	-0.088	-0.002	-0.066	-0.146	-0.331	-0.214	-0.093	-0.091	-0.836	-0.095
SUMME	-0.815	0.070	0.327	1.742	0.582	-0.000	0.129	0.309	-0.000	-0.769	0.772
FAKTOR	a*a			a			a*a				

INFOLGE EINZELMOMENT Mt=1

IN	M 0	M 0.2	M 0.5	Q 0	Q 0.2	Q 0.5	T 0	T 0.2	T 0.5	q 0	q 0.5
0.0*L2	-0.052	-0.011	0.002	0.079	0.028	0.001	-0.037	-0.012	0.002	-0.072	-0.006
0.1*L2	-0.088	-0.018	0.003	0.134	0.047	0.001	-0.064	-0.020	0.003	-0.122	-0.010
0.2*L2	-0.130	-0.027	0.004	0.199	0.070	0.002	-0.095	-0.030	0.004	-0.182	-0.015
0.3*L2	-0.176	-0.036	0.005	0.270	0.094	0.002	-0.129	-0.041	0.005	-0.249	-0.020
0.4*L2	-0.220	-0.044	0.007	0.341	0.118	0.002	-0.163	-0.051	0.006	-0.320	-0.025
0.5*L2	-0.258	-0.049	0.008	0.406	0.137	0.002	-0.196	-0.061	0.007	-0.396	-0.028
0.6*L2	-0.283	-0.050	0.010	0.465	0.148	-0.000	-0.227	-0.069	0.005	-0.486	-0.029
0.7*L2	-0.292	-0.042	0.013	0.519	0.150	-0.004	-0.261	-0.077	0.000	-0.608	-0.026
0.8*L2	-0.286	-0.024	0.018	0.579	0.140	-0.012	-0.304	-0.084	-0.008	-0.793	-0.018
0.9*L2	-0.270	0.007	0.025	0.671	0.121	-0.024	-0.371	-0.096	-0.023	-1.093	-0.003
1.0*L2	-0.263	0.052	0.037	0.841	0.101	-0.044	-0.488	-0.118	-0.045	-1.582	0.017
0.0*L1	-0.263	0.052	0.037	0.841	0.101	-0.044	0.512	-0.118	-0.045	-1.582	0.017
0.1*L1	-0.300	0.123	0.063	0.998	0.111	-0.082	0.372	-0.184	-0.088	-1.015	0.047
0.2*L1	-0.340	0.169	0.106	0.962	0.259	-0.130	0.312	-0.337	-0.142	-0.737	0.059
							0.663				
0.3*L1	-0.354	0.138	0.168	0.843	0.397	-0.173	0.279	0.503	-0.213	-0.600	-0.000
0.4*L1	-0.338	0.080	0.238	0.701	0.378	-0.162	0.252	0.413	-0.317	-0.516	-0.229
0.5*L1	-0.300	0.030	0.278	0.561	0.304	0.000	0.220	0.348	-0.500	-0.445	-0.791
									0.500		
0.6*L1	-0.248	0.000	0.238	0.432	0.223	0.162	0.182	0.287	0.317	-0.368	-0.229
0.7*L1	-0.190	-0.013	0.168	0.317	0.153	0.173	0.140	0.223	0.213	-0.286	-0.000
0.8*L1	-0.133	-0.014	0.106	0.217	0.099	0.130	0.099	0.158	0.142	-0.203	0.059
0.9*L1	-0.083	-0.010	0.063	0.134	0.060	0.082	0.062	0.099	0.088	-0.126	0.047
0.0*L2	-0.043	-0.004	0.037	0.071	0.033	0.044	0.032	0.051	0.045	-0.065	0.017
0.2*L2	-0.009	0.002	0.018	0.017	0.012	0.012	0.006	0.008	0.008	-0.011	-0.018
0.4*L2	0.004	0.004	0.010	-0.003	0.004	0.000	-0.003	-0.007	-0.005	0.008	-0.029
0.6*L2	0.005	0.004	0.007	-0.006	0.001	-0.002	-0.004	-0.008	-0.006	0.010	-0.025
0.8*L2	0.003	0.002	0.004	-0.004	0.000	-0.002	-0.003	-0.005	-0.004	0.006	-0.015
FAKTOR				1/a						1/(a*a)	

INFOLGE STRECKENMOMENT mt=1

IN FELD	M 0	M 0.2	M 0.5	Q 0	Q 0.2	Q 0.5	T 0	T 0.2	T 0.5	q 0	q 0.5
3L	0.000	0.000	0.000	-0.000	-0.000	-0.000	-0.000	0.000	-0.000	-0.001	0.000
2L	-0.649	-0.080	0.033	1.209	0.327	-0.015	-0.618	-0.177	-0.006	-1.509	-0.052
1,BIS SPRUNG					0.107	-0.238		-0.158	-0.406		
1,REST	-0.977	0.213	0.587	2.260	0.713	0.238	0.870	0.949	0.406	-2.024	-0.353
2R	-0.008	0.006	0.033	0.019	0.019	0.015	0.004	0.004	0.006	-0.007	-0.052
3R	-0.000	-0.000	0.000	0.000	0.000	0.000	0.000	0.000	0.000	-0.000	0.000
SUMME(+)	0.000	0.220	0.654	3.488	1.166	0.253	0.874	0.953	0.412	0.000	0.000
SUMME(-)	-1.633	-0.080	0.000	-0.000	-0.000	-0.253	-0.618	-0.336	-0.412	-3.540	-0.456
SUMME	-1.633	0.139	0.654	3.487	1.166	0.000	0.256	0.617	-0.000	-3.540	-0.456
FAKTOR	a						a			1/a	

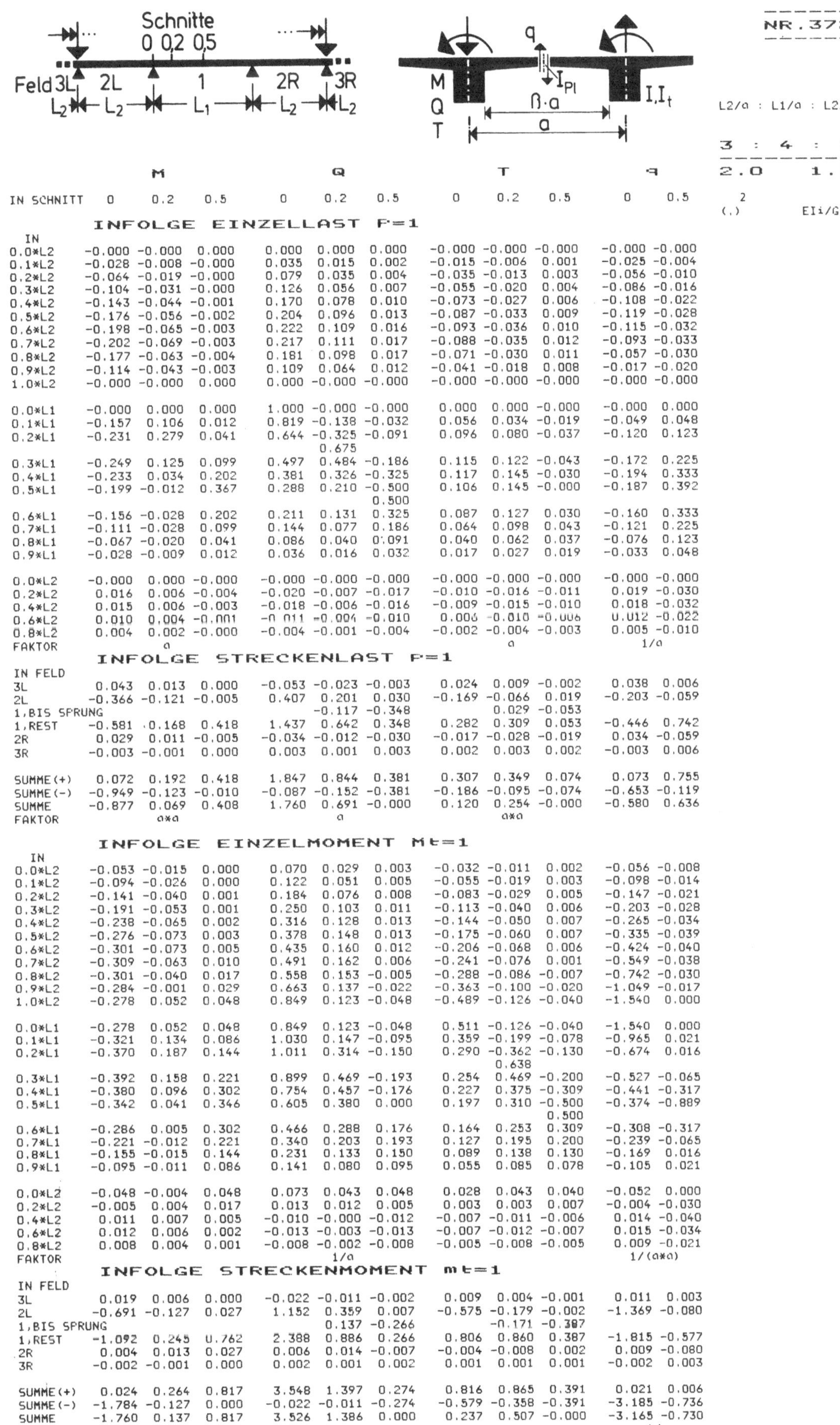

L2/a : L1/a : L2/a

3 : 4 : 3

2.0   1.5

(.)   EIi/GIt

	M 0	M 0.2	M 0.5	Q 0	Q 0.2	Q 0.5	T 0	T 0.2	T 0.5	q 0	q 0.5

INFOLGE EINZELLAST P=1

IN

	M 0	M 0.2	M 0.5	Q 0	Q 0.2	Q 0.5	T 0	T 0.2	T 0.5	q 0	q 0.5
0.0*L2	-0.000	-0.000	0.000	0.000	0.000	0.000	-0.000	-0.000	-0.000	-0.000	-0.000
0.1*L2	-0.028	-0.008	-0.000	0.035	0.015	0.002	-0.015	-0.006	0.001	-0.025	-0.004
0.2*L2	-0.064	-0.019	-0.000	0.079	0.035	0.004	-0.035	-0.013	0.003	-0.056	-0.010
0.3*L2	-0.104	-0.031	-0.000	0.126	0.056	0.007	-0.055	-0.020	0.004	-0.086	-0.016
0.4*L2	-0.143	-0.044	-0.001	0.170	0.078	0.010	-0.073	-0.027	0.006	-0.108	-0.022
0.5*L2	-0.176	-0.056	-0.002	0.204	0.096	0.013	-0.087	-0.033	0.009	-0.119	-0.028
0.6*L2	-0.198	-0.065	-0.003	0.222	0.109	0.016	-0.093	-0.036	0.010	-0.115	-0.032
0.7*L2	-0.202	-0.069	-0.003	0.217	0.111	0.017	-0.088	-0.035	0.012	-0.093	-0.033
0.8*L2	-0.177	-0.063	-0.004	0.181	0.098	0.017	-0.071	-0.030	0.011	-0.057	-0.030
0.9*L2	-0.114	-0.043	-0.003	0.109	0.064	0.012	-0.041	-0.018	0.008	-0.017	-0.020
1.0*L2	-0.000	-0.000	-0.000	0.000	-0.000	-0.000	-0.000	-0.000	-0.000	-0.000	-0.000
0.0*L1	-0.000	0.000	0.000	1.000	-0.000	-0.000	0.000	-0.000	-0.000	-0.000	0.000
0.1*L1	-0.157	0.106	0.012	0.819	-0.138	-0.032	0.056	0.034	-0.019	-0.049	0.048
0.2*L1	-0.231	0.279	0.041	0.644	-0.325	-0.091	0.096	0.080	-0.037	-0.120	0.123
				(0.675)							
0.3*L1	-0.249	0.125	0.099	0.497	0.484	-0.186	0.115	0.122	-0.043	-0.172	0.225
0.4*L1	-0.233	0.034	0.202	0.381	0.326	-0.325	0.117	0.145	-0.030	-0.194	0.333
0.5*L1	-0.199	-0.012	0.367	0.288	0.210	-0.500	0.106	0.145	-0.000	-0.187	0.392
						(0.500)					
0.6*L1	-0.156	-0.028	0.202	0.211	0.131	0.325	0.087	0.127	0.030	-0.160	0.333
0.7*L1	-0.111	-0.028	0.099	0.144	0.077	0.186	0.064	0.098	0.043	-0.121	0.225
0.8*L1	-0.067	-0.020	0.041	0.086	0.040	0.091	0.040	0.062	0.037	-0.076	0.123
0.9*L1	-0.028	-0.009	0.012	0.036	0.016	0.032	0.017	0.027	0.019	-0.033	0.048
0.0*L2	-0.000	0.000	-0.000	-0.000	-0.000	-0.000	-0.000	-0.000	-0.000	-0.000	-0.000
0.2*L2	0.016	0.006	-0.004	-0.020	-0.007	-0.017	-0.010	-0.016	-0.011	0.019	-0.030
0.4*L2	0.015	0.006	-0.003	-0.018	-0.006	-0.016	-0.009	-0.015	-0.010	0.018	-0.032
0.6*L2	0.010	0.004	-0.001	-0.011	-0.004	-0.010	0.006	-0.010	-0.006	0.012	-0.022
0.8*L2	0.004	0.002	-0.000	-0.004	-0.001	-0.004	-0.002	-0.004	-0.003	0.005	-0.010
FAKTOR		a						a		1/a	

INFOLGE STRECKENLAST P=1

IN FELD

	M 0	M 0.2	M 0.5	Q 0	Q 0.2	Q 0.5	T 0	T 0.2	T 0.5	q 0	q 0.5
3L	0.043	0.013	0.000	-0.053	-0.023	-0.003	0.024	0.009	-0.002	0.038	0.006
2L	-0.366	-0.121	-0.005	0.407	0.201	0.030	-0.169	-0.066	0.019	-0.203	-0.059
1,BIS SPRUNG					-0.117	-0.348		0.029	-0.053		
1,REST	-0.581	0.168	0.418	1.437	0.642	0.348	0.282	0.309	0.053	-0.446	0.742
2R	0.029	0.011	-0.005	-0.034	-0.012	-0.030	-0.017	-0.028	-0.019	0.034	-0.059
3R	-0.003	-0.001	0.000	0.003	0.001	0.003	0.002	0.003	0.002	-0.003	0.006
SUMME(+)	0.072	0.192	0.418	1.847	0.844	0.381	0.307	0.349	0.074	0.073	0.755
SUMME(-)	-0.949	-0.123	-0.010	-0.087	-0.152	-0.381	-0.186	-0.095	-0.074	-0.653	-0.119
SUMME	-0.877	0.069	0.408	1.760	0.691	-0.000	0.120	0.254	-0.000	-0.580	0.636
FAKTOR		a*a			a			a*a			

INFOLGE EINZELMOMENT Mt=1

IN

	M 0	M 0.2	M 0.5	Q 0	Q 0.2	Q 0.5	T 0	T 0.2	T 0.5	q 0	q 0.5
0.0*L2	-0.053	-0.015	0.000	0.070	0.029	0.003	-0.032	-0.011	0.002	-0.056	-0.008
0.1*L2	-0.094	-0.026	0.000	0.122	0.051	0.005	-0.055	-0.019	0.003	-0.098	-0.014
0.2*L2	-0.141	-0.040	0.001	0.184	0.076	0.008	-0.083	-0.029	0.005	-0.147	-0.021
0.3*L2	-0.191	-0.053	0.001	0.250	0.103	0.011	-0.113	-0.040	0.006	-0.203	-0.028
0.4*L2	-0.238	-0.065	0.002	0.316	0.128	0.013	-0.144	-0.050	0.007	-0.265	-0.034
0.5*L2	-0.276	-0.073	0.003	0.378	0.148	0.013	-0.175	-0.060	0.007	-0.335	-0.039
0.6*L2	-0.301	-0.073	0.005	0.435	0.160	0.012	-0.206	-0.068	0.006	-0.424	-0.040
0.7*L2	-0.309	-0.063	0.010	0.491	0.162	0.006	-0.241	-0.076	0.001	-0.549	-0.038
0.8*L2	-0.301	-0.040	0.017	0.558	0.153	-0.005	-0.288	-0.086	-0.007	-0.742	-0.030
0.9*L2	-0.284	-0.001	0.029	0.663	0.137	-0.022	-0.363	-0.100	-0.020	-1.049	-0.017
1.0*L2	-0.278	0.052	0.048	0.849	0.123	-0.048	-0.489	-0.126	-0.040	-1.540	0.000
0.0*L1	-0.278	0.052	0.048	0.849	0.123	-0.048	0.511	-0.126	-0.040	-1.540	0.000
0.1*L1	-0.321	0.134	0.086	1.030	0.147	-0.095	0.359	-0.199	-0.078	-0.965	0.021
0.2*L1	-0.370	0.187	0.144	1.011	0.314	-0.150	0.290	-0.362	-0.130	-0.674	0.016
								(0.638)			
0.3*L1	-0.392	0.158	0.221	0.899	0.469	-0.193	0.254	0.469	-0.200	-0.527	-0.065
0.4*L1	-0.380	0.096	0.302	0.754	0.457	-0.176	0.227	0.375	-0.309	-0.441	-0.317
0.5*L1	-0.342	0.041	0.346	0.605	0.380	0.000	0.197	0.310	-0.500	-0.374	-0.889
									(0.500)		
0.6*L1	-0.286	0.005	0.302	0.466	0.288	0.176	0.164	0.253	0.309	-0.308	-0.317
0.7*L1	-0.221	-0.012	0.221	0.340	0.203	0.193	0.127	0.195	0.200	-0.239	-0.065
0.8*L1	-0.155	-0.015	0.144	0.231	0.133	0.150	0.089	0.138	0.130	-0.169	0.016
0.9*L1	-0.095	-0.011	0.086	0.141	0.080	0.095	0.055	0.085	0.078	-0.105	0.021
0.0*L2	-0.048	-0.004	0.048	0.073	0.043	0.048	0.028	0.043	0.040	-0.052	0.000
0.2*L2	-0.005	0.004	0.017	0.013	0.012	0.005	0.003	0.003	0.007	-0.004	-0.030
0.4*L2	0.011	0.007	0.005	-0.010	-0.000	-0.012	-0.007	-0.011	-0.006	0.014	-0.040
0.6*L2	0.012	0.006	0.002	-0.013	-0.003	-0.013	-0.007	-0.012	-0.007	0.015	-0.034
0.8*L2	0.008	0.004	0.001	-0.008	-0.002	-0.008	-0.005	-0.008	-0.005	0.009	-0.021
FAKTOR		1/a			1/a					1/(a*a)	

INFOLGE STRECKENMOMENT mt=1

IN FELD

	M 0	M 0.2	M 0.5	Q 0	Q 0.2	Q 0.5	T 0	T 0.2	T 0.5	q 0	q 0.5
3L	0.019	0.006	0.000	-0.022	-0.011	-0.002	0.009	0.004	-0.001	0.011	0.003
2L	-0.691	-0.127	0.027	1.152	0.359	0.007	-0.575	-0.179	-0.002	-1.369	-0.080
1,BIS SPRUNG					0.137	-0.266		-0.171	-0.387		
1,REST	-1.092	0.245	0.762	2.388	0.886	0.266	0.806	0.860	0.387	-1.815	-0.577
2R	0.004	0.013	0.027	0.006	0.014	-0.007	-0.004	-0.008	0.002	0.009	-0.080
3R	-0.002	-0.001	0.000	0.002	0.001	0.002	0.001	0.001	0.001	-0.002	0.003
SUMME(+)	0.024	0.264	0.817	3.548	1.397	0.274	0.816	0.865	0.391	0.021	0.006
SUMME(-)	-1.784	-0.127	0.000	-0.022	-0.011	-0.274	-0.579	-0.358	-0.391	-3.185	-0.736
SUMME	-1.760	0.137	0.817	3.526	1.386	0.000	0.237	0.507	-0.000	-3.165	-0.730
FAKTOR		a			a			a		1/a	

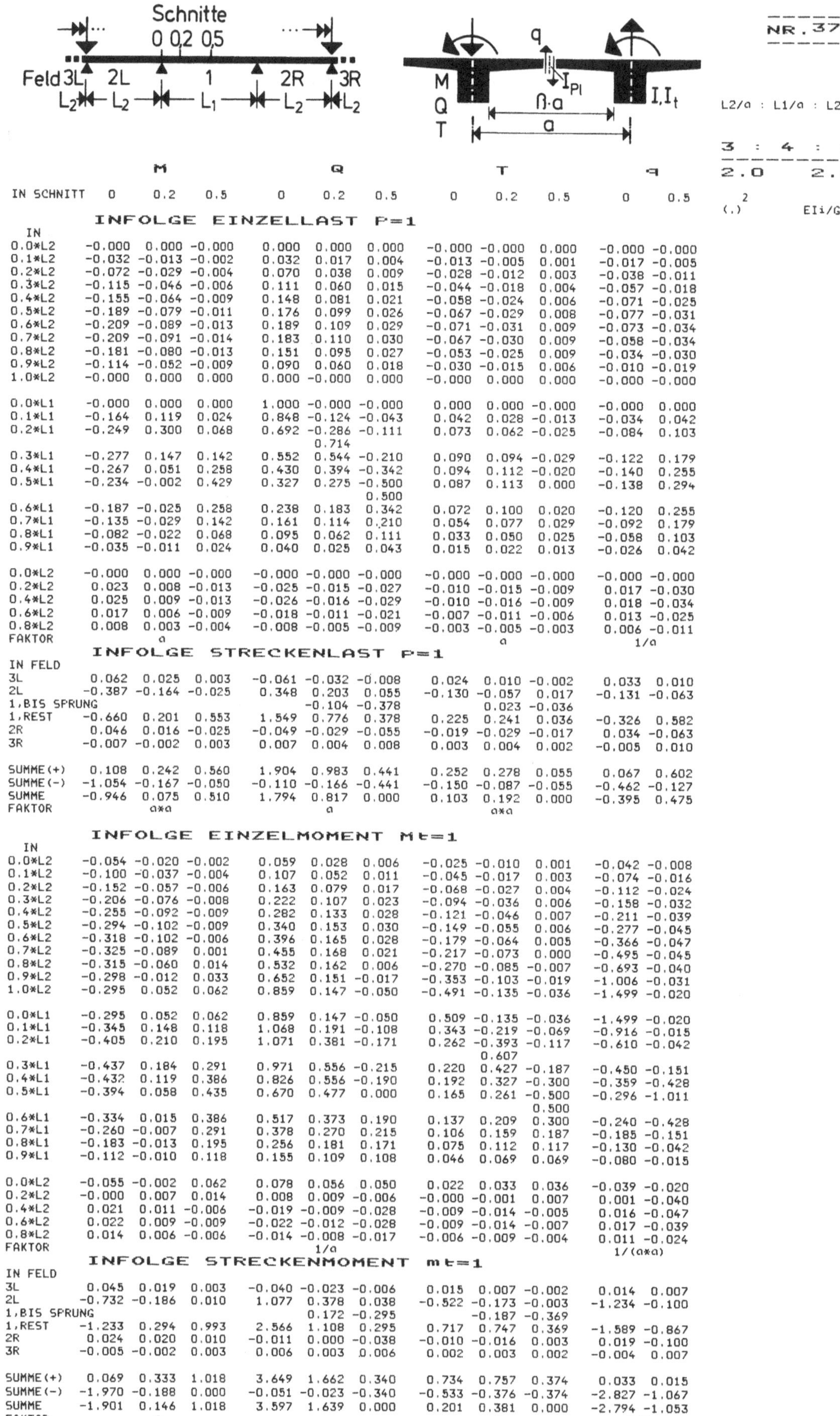

	M			Q			T			q	
IN SCHNITT	0	0.2	0.5	0	0.2	0.5	0	0.2	0.5	0	0.5

INFOLGE EINZELLAST P=1

IN	M:0	M:0.2	M:0.5	Q:0	Q:0.2	Q:0.5	T:0	T:0.2	T:0.5	q:0	q:0.5
0.0*L2	-0.000	0.000	-0.000	0.000	0.000	0.000	-0.000	-0.000	0.000	-0.000	-0.000
0.1*L2	-0.032	-0.013	-0.002	0.032	0.017	0.004	-0.013	-0.005	0.001	-0.017	-0.005
0.2*L2	-0.072	-0.029	-0.004	0.070	0.038	0.009	-0.028	-0.012	0.003	-0.038	-0.011
0.3*L2	-0.115	-0.046	-0.006	0.111	0.060	0.015	-0.044	-0.018	0.004	-0.057	-0.018
0.4*L2	-0.155	-0.064	-0.009	0.148	0.081	0.021	-0.058	-0.024	0.006	-0.071	-0.025
0.5*L2	-0.189	-0.079	-0.011	0.176	0.099	0.026	-0.067	-0.029	0.008	-0.077	-0.031
0.6*L2	-0.209	-0.089	-0.013	0.189	0.109	0.029	-0.071	-0.031	0.009	-0.073	-0.034
0.7*L2	-0.209	-0.091	-0.014	0.183	0.110	0.030	-0.067	-0.030	0.009	-0.058	-0.034
0.8*L2	-0.181	-0.080	-0.013	0.151	0.095	0.027	-0.053	-0.025	0.009	-0.034	-0.030
0.9*L2	-0.114	-0.052	-0.009	0.090	0.060	0.018	-0.030	-0.015	0.006	-0.010	-0.019
1.0*L2	-0.000	0.000	0.000	0.000	-0.000	0.000	-0.000	0.000	0.000	-0.000	-0.000
0.0*L1	-0.000	0.000	0.000	1.000	-0.000	-0.000	0.000	0.000	-0.000	-0.000	0.000
0.1*L1	-0.164	0.119	0.024	0.848	-0.124	-0.043	0.042	0.028	-0.013	-0.034	0.042
0.2*L1	-0.249	0.300	0.068	0.692	-0.286	-0.111	0.073	0.062	-0.025	-0.084	0.103
				0.714							
0.3*L1	-0.277	0.147	0.142	0.552	0.544	-0.210	0.090	0.094	-0.029	-0.122	0.179
0.4*L1	-0.267	0.051	0.258	0.430	0.394	-0.342	0.094	0.112	-0.020	-0.140	0.255
0.5*L1	-0.234	-0.002	0.429	0.327	0.275	-0.500	0.087	0.113	0.000	-0.138	0.294
						0.500					
0.6*L1	-0.187	-0.025	0.258	0.238	0.183	0.342	0.072	0.100	0.020	-0.120	0.255
0.7*L1	-0.135	-0.029	0.142	0.161	0.114	0.210	0.054	0.077	0.029	-0.092	0.179
0.8*L1	-0.082	-0.022	0.068	0.095	0.062	0.111	0.033	0.050	0.025	-0.058	0.103
0.9*L1	-0.035	-0.011	0.024	0.040	0.025	0.043	0.015	0.022	0.013	-0.026	0.042
0.0*L2	-0.000	0.000	-0.000	-0.000	-0.000	-0.000	-0.000	-0.000	-0.000	-0.000	-0.000
0.2*L2	0.023	0.008	-0.013	-0.025	-0.015	-0.027	-0.010	-0.015	-0.009	0.017	-0.030
0.4*L2	0.025	0.009	-0.013	-0.026	-0.016	-0.029	-0.010	-0.016	-0.009	0.018	-0.034
0.6*L2	0.017	0.006	-0.009	-0.018	-0.011	-0.021	-0.007	-0.011	-0.006	0.013	-0.025
0.8*L2	0.008	0.003	-0.004	-0.008	-0.005	-0.009	-0.003	-0.005	-0.003	0.006	-0.011
FAKTOR	a						a			1/a	

INFOLGE STRECKENLAST P=1

IN FELD	M:0	M:0.2	M:0.5	Q:0	Q:0.2	Q:0.5	T:0	T:0.2	T:0.5	q:0	q:0.5
3L	0.062	0.025	0.003	-0.061	-0.032	-0.008	0.024	0.010	-0.002	0.033	0.010
2L	-0.387	-0.164	-0.025	0.348	0.203	0.055	-0.130	-0.057	0.017	-0.131	-0.063
1,BIS SPRUNG					-0.104	-0.378		0.023	-0.036		
1,REST	-0.660	0.201	0.553	1.549	0.776	0.378	0.225	0.241	0.036	-0.326	0.582
2R	0.046	0.016	-0.025	-0.049	-0.029	-0.055	-0.019	-0.029	-0.017	0.034	-0.063
3R	-0.007	-0.002	0.003	0.007	0.004	0.008	0.003	0.004	0.002	-0.005	0.010
SUMME(+)	0.108	0.242	0.560	1.904	0.983	0.441	0.252	0.278	0.055	0.067	0.602
SUMME(-)	-1.054	-0.167	-0.050	-0.110	-0.166	-0.441	-0.150	-0.087	-0.055	-0.462	-0.127
SUMME	-0.946	0.075	0.510	1.794	0.817	0.000	0.103	0.192	0.000	-0.395	0.475
FAKTOR	a*a			a			a*a				

INFOLGE EINZELMOMENT Mt=1

IN	M:0	M:0.2	M:0.5	Q:0	Q:0.2	Q:0.5	T:0	T:0.2	T:0.5	q:0	q:0.5
0.0*L2	-0.054	-0.020	-0.002	0.059	0.028	0.006	-0.025	-0.010	0.001	-0.042	-0.008
0.1*L2	-0.100	-0.037	-0.004	0.107	0.052	0.011	-0.045	-0.017	0.003	-0.074	-0.016
0.2*L2	-0.152	-0.057	-0.006	0.163	0.079	0.017	-0.068	-0.027	0.004	-0.112	-0.024
0.3*L2	-0.206	-0.076	-0.008	0.222	0.107	0.023	-0.094	-0.036	0.006	-0.158	-0.032
0.4*L2	-0.255	-0.092	-0.009	0.282	0.133	0.028	-0.121	-0.046	0.007	-0.211	-0.039
0.5*L2	-0.294	-0.102	-0.009	0.340	0.153	0.030	-0.149	-0.055	0.006	-0.277	-0.045
0.6*L2	-0.318	-0.102	-0.006	0.396	0.165	0.028	-0.179	-0.064	0.005	-0.366	-0.047
0.7*L2	-0.325	-0.089	0.001	0.455	0.168	0.021	-0.217	-0.073	0.000	-0.495	-0.045
0.8*L2	-0.315	-0.060	0.014	0.532	0.162	0.006	-0.270	-0.085	-0.007	-0.693	-0.040
0.9*L2	-0.298	-0.012	0.033	0.652	0.151	-0.017	-0.353	-0.103	-0.019	-1.006	-0.031
1.0*L2	-0.295	0.052	0.062	0.859	0.147	-0.050	-0.491	-0.135	-0.036	-1.499	-0.020
0.0*L1	-0.295	0.052	0.062	0.859	0.147	-0.050	0.509	-0.135	-0.036	-1.499	-0.020
0.1*L1	-0.345	0.148	0.118	1.068	0.191	-0.108	0.343	-0.219	-0.069	-0.916	-0.015
0.2*L1	-0.405	0.210	0.195	1.071	0.381	-0.171	0.262	-0.393	-0.117	-0.610	-0.042
									0.607		
0.3*L1	-0.437	0.184	0.291	0.971	0.556	-0.215	0.220	0.427	-0.187	-0.450	-0.151
0.4*L1	-0.432	0.119	0.386	0.826	0.556	-0.190	0.192	0.327	-0.300	-0.359	-0.428
0.5*L1	-0.394	0.058	0.435	0.670	0.477	0.000	0.165	0.261	-0.500	-0.296	-1.011
									0.500		
0.6*L1	-0.334	0.015	0.386	0.517	0.373	0.190	0.137	0.209	0.300	-0.240	-0.428
0.7*L1	-0.260	-0.007	0.291	0.378	0.270	0.215	0.106	0.159	0.187	-0.185	-0.151
0.8*L1	-0.183	-0.013	0.195	0.256	0.181	0.171	0.075	0.112	0.117	-0.130	-0.042
0.9*L1	-0.112	-0.010	0.118	0.155	0.109	0.108	0.046	0.069	0.069	-0.080	-0.015
0.0*L2	-0.055	-0.002	0.062	0.078	0.056	0.050	0.022	0.033	0.036	-0.039	-0.020
0.2*L2	-0.000	0.007	0.014	0.008	0.009	-0.006	-0.000	-0.001	0.007	0.001	-0.040
0.4*L2	0.021	0.011	-0.006	-0.019	-0.009	-0.028	-0.009	-0.014	-0.005	0.016	-0.047
0.6*L2	0.022	0.009	-0.009	-0.022	-0.012	-0.028	-0.009	-0.014	-0.007	0.017	-0.039
0.8*L2	0.014	0.006	-0.006	-0.014	-0.008	-0.017	-0.006	-0.009	-0.004	0.011	-0.024
FAKTOR	1/a									1/(a*a)	

INFOLGE STRECKENMOMENT mt=1

IN FELD	M:0	M:0.2	M:0.5	Q:0	Q:0.2	Q:0.5	T:0	T:0.2	T:0.5	q:0	q:0.5
3L	0.045	0.019	0.003	-0.040	-0.023	-0.006	0.015	0.007	-0.002	0.014	0.007
2L	-0.732	-0.186	0.010	1.077	0.378	0.038	-0.522	-0.173	-0.003	-1.234	-0.100
1,BIS SPRUNG					0.172	-0.295		-0.187	-0.369		
1,REST	-1.233	0.294	0.993	2.566	1.108	0.295	0.717	0.747	0.369	-1.589	-0.867
2R	0.024	0.020	0.010	-0.011	-0.006	-0.038	-0.010	-0.016	0.003	0.019	-0.100
3R	-0.005	-0.002	0.003	0.006	0.003	0.006	0.002	0.003	0.002	-0.004	0.007
SUMME(+)	0.069	0.333	1.018	3.649	1.662	0.340	0.734	0.757	0.374	0.033	0.015
SUMME(-)	-1.970	-0.188	0.000	-0.051	-0.023	-0.340	-0.533	-0.376	-0.374	-2.827	-1.067
SUMME	-1.901	0.146	1.018	3.597	1.639	0.000	0.201	0.381	0.000	-2.794	-1.053
FAKTOR	a			a						1/a	

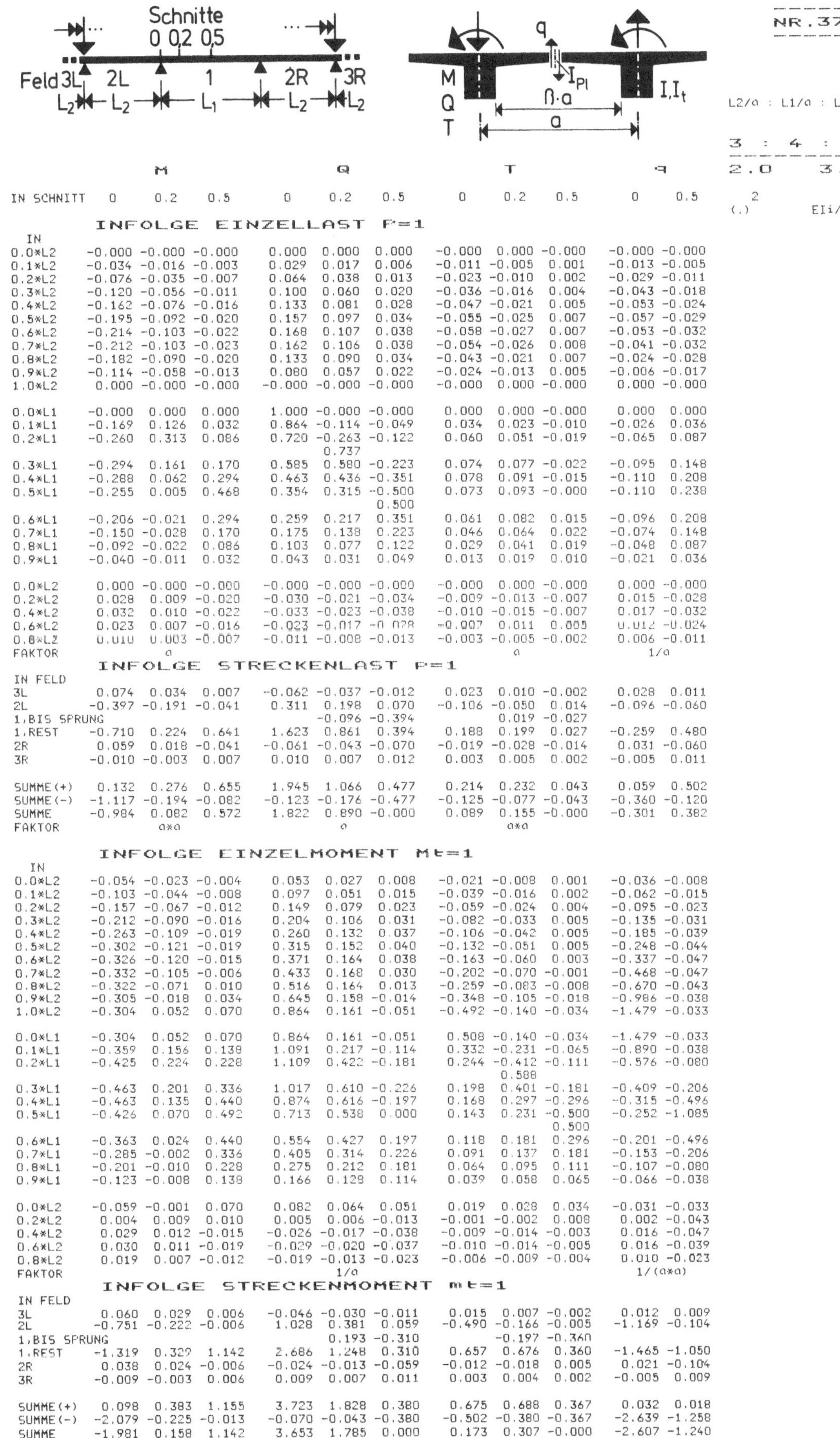

| | M | | | Q | | | T | | | q | |
IN SCHNITT	0	0.2	0.5	0	0.2	0.5	0	0.2	0.5	0	0.5

INFOLGE EINZELLAST P=1

IN

	M 0	M 0.2	M 0.5	Q 0	Q 0.2	Q 0.5	T 0	T 0.2	T 0.5	q 0	q 0.5
0.0*L2	-0.000	-0.000	-0.000	0.000	0.000	0.000	-0.000	0.000	-0.000	-0.000	-0.000
0.1*L2	-0.034	-0.016	-0.003	0.029	0.017	0.006	-0.011	-0.005	0.001	-0.013	-0.005
0.2*L2	-0.076	-0.035	-0.007	0.064	0.038	0.013	-0.023	-0.010	0.002	-0.029	-0.011
0.3*L2	-0.120	-0.056	-0.011	0.100	0.060	0.020	-0.036	-0.016	0.004	-0.043	-0.018
0.4*L2	-0.162	-0.076	-0.016	0.133	0.081	0.028	-0.047	-0.021	0.005	-0.053	-0.024
0.5*L2	-0.195	-0.092	-0.020	0.157	0.097	0.034	-0.055	-0.025	0.007	-0.057	-0.029
0.6*L2	-0.214	-0.103	-0.022	0.168	0.107	0.038	-0.058	-0.027	0.007	-0.053	-0.032
0.7*L2	-0.212	-0.103	-0.023	0.162	0.106	0.038	-0.054	-0.026	0.008	-0.041	-0.032
0.8*L2	-0.182	-0.090	-0.020	0.133	0.090	0.034	-0.043	-0.021	0.007	-0.024	-0.028
0.9*L2	-0.114	-0.058	-0.013	0.080	0.057	0.022	-0.024	-0.013	0.005	-0.006	-0.017
1.0*L2	0.000	-0.000	-0.000	-0.000	-0.000	-0.000	-0.000	0.000	-0.000	0.000	0.000
0.0*L1	-0.000	0.000	0.000	1.000	-0.000	-0.000	0.000	0.000	-0.000	0.000	0.000
0.1*L1	-0.169	0.126	0.032	0.864	-0.114	-0.049	0.034	0.023	-0.010	-0.026	0.036
0.2*L1	-0.260	0.313	0.086	0.720	-0.263	-0.122	0.060	0.051	-0.019	-0.065	0.087
(0.737)					0.737						
0.3*L1	-0.294	0.161	0.170	0.585	0.580	-0.223	0.074	0.077	-0.022	-0.095	0.148
0.4*L1	-0.288	0.062	0.294	0.463	0.436	-0.351	0.078	0.091	-0.015	-0.110	0.208
0.5*L1	-0.255	0.005	0.468	0.354	0.315	-0.500	0.073	0.093	-0.000	-0.110	0.238
(0.500)						0.500					
0.6*L1	-0.206	-0.021	0.294	0.259	0.217	0.351	0.061	0.082	0.015	-0.096	0.208
0.7*L1	-0.150	-0.028	0.170	0.175	0.138	0.223	0.046	0.064	0.022	-0.074	0.148
0.8*L1	-0.092	-0.022	0.086	0.103	0.077	0.122	0.029	0.041	0.019	-0.048	0.087
0.9*L1	-0.040	-0.011	0.032	0.043	0.031	0.049	0.013	0.019	0.010	-0.021	0.036
0.0*L2	0.000	-0.000	-0.000	-0.000	-0.000	-0.000	-0.000	0.000	-0.000	0.000	-0.000
0.2*L2	0.028	0.009	-0.020	-0.030	-0.021	-0.034	-0.009	-0.013	-0.007	0.015	-0.028
0.4*L2	0.032	0.010	-0.022	-0.033	-0.023	-0.038	-0.010	-0.015	-0.007	0.017	-0.032
0.6*L2	0.023	0.007	-0.016	-0.023	-0.017	-0.028	-0.007	0.011	0.005	0.012	-0.024
0.8*L2	0.010	0.003	-0.007	-0.011	-0.008	-0.013	-0.003	-0.005	-0.002	0.006	-0.011
FAKTOR		a			a			a			1/a

INFOLGE STRECKENLAST P=1

IN FELD

	M 0	M 0.2	M 0.5	Q 0	Q 0.2	Q 0.5	T 0	T 0.2	T 0.5	q 0	q 0.5
3L	0.074	0.034	0.007	-0.062	-0.037	-0.012	0.023	0.010	-0.002	0.028	0.011
2L	-0.397	-0.191	-0.041	0.311	0.198	0.070	-0.106	-0.050	0.014	-0.096	-0.060
1,BIS SPRUNG					-0.096	-0.394		0.019	-0.027		
1,REST	-0.710	0.224	0.641	1.623	0.861	0.394	0.188	0.199	0.027	-0.259	0.480
2R	0.059	0.018	-0.041	-0.061	-0.043	-0.070	-0.019	-0.028	-0.014	0.031	-0.060
3R	-0.010	-0.003	0.007	0.010	0.007	0.012	0.003	0.005	0.002	-0.005	0.011
SUMME(+)	0.132	0.276	0.655	1.945	1.066	0.477	0.214	0.232	0.043	0.059	0.502
SUMME(-)	-1.117	-0.194	-0.082	-0.123	-0.176	-0.477	-0.125	-0.077	-0.043	-0.360	-0.120
SUMME	-0.984	0.082	0.572	1.822	0.890	-0.000	0.089	0.155	-0.000	-0.301	0.382
FAKTOR		a*a			a			a*a			1/a

INFOLGE EINZELMOMENT Mt=1

IN

	M 0	M 0.2	M 0.5	Q 0	Q 0.2	Q 0.5	T 0	T 0.2	T 0.5	q 0	q 0.5
0.0*L2	-0.054	-0.023	-0.004	0.053	0.027	0.008	-0.021	-0.008	0.001	-0.036	-0.008
0.1*L2	-0.103	-0.044	-0.008	0.097	0.051	0.015	-0.039	-0.016	0.002	-0.062	-0.015
0.2*L2	-0.157	-0.067	-0.012	0.149	0.079	0.023	-0.059	-0.024	0.004	-0.095	-0.023
0.3*L2	-0.212	-0.090	-0.016	0.204	0.106	0.031	-0.082	-0.033	0.005	-0.135	-0.031
0.4*L2	-0.263	-0.109	-0.019	0.260	0.132	0.037	-0.106	-0.042	0.005	-0.185	-0.039
0.5*L2	-0.302	-0.121	-0.019	0.315	0.152	0.040	-0.132	-0.051	0.005	-0.248	-0.044
0.6*L2	-0.326	-0.120	-0.015	0.371	0.164	0.038	-0.163	-0.060	0.003	-0.337	-0.047
0.7*L2	-0.332	-0.105	-0.006	0.433	0.168	0.030	-0.202	-0.070	-0.001	-0.468	-0.047
0.8*L2	-0.322	-0.071	0.010	0.516	0.164	0.013	-0.259	-0.083	-0.008	-0.670	-0.043
0.9*L2	-0.305	-0.018	0.034	0.645	0.158	-0.014	-0.348	-0.105	-0.018	-0.986	-0.038
1.0*L2	-0.304	0.052	0.070	0.864	0.161	-0.051	-0.492	-0.140	-0.034	-1.479	-0.033
0.0*L1	-0.304	0.052	0.070	0.864	0.161	-0.051	0.508	-0.140	-0.034	-1.479	-0.033
0.1*L1	-0.359	0.156	0.138	1.091	0.217	-0.114	0.332	-0.231	-0.065	-0.890	-0.038
0.2*L1	-0.425	0.224	0.228	1.109	0.422	-0.181	0.244	-0.412	-0.111	-0.576	-0.080
(0.588)								0.588			
0.3*L1	-0.463	0.201	0.336	1.017	0.610	-0.226	0.198	0.401	-0.181	-0.409	-0.206
0.4*L1	-0.463	0.135	0.440	0.874	0.616	-0.197	0.168	0.297	-0.296	-0.315	-0.496
0.5*L1	-0.426	0.070	0.492	0.713	0.538	0.000	0.143	0.231	-0.500	-0.252	-1.085
(0.500)									0.500		
0.6*L1	-0.363	0.024	0.440	0.554	0.427	0.197	0.118	0.181	0.296	-0.201	-0.496
0.7*L1	-0.285	-0.002	0.336	0.405	0.314	0.226	0.091	0.137	0.181	-0.153	-0.206
0.8*L1	-0.201	-0.010	0.228	0.275	0.212	0.181	0.064	0.095	0.111	-0.107	-0.080
0.9*L1	-0.123	-0.008	0.138	0.166	0.129	0.114	0.039	0.058	0.065	-0.066	-0.038
0.0*L2	-0.059	-0.001	0.070	0.082	0.064	0.051	0.019	0.028	0.034	-0.031	-0.033
0.2*L2	0.004	0.009	0.010	0.005	0.006	-0.013	-0.001	-0.002	0.008	0.002	-0.043
0.4*L2	0.029	0.012	-0.015	-0.026	-0.017	-0.038	-0.009	-0.014	-0.003	0.016	-0.047
0.6*L2	0.030	0.011	-0.019	-0.029	-0.020	-0.037	-0.010	-0.014	-0.005	0.016	-0.039
0.8*L2	0.019	0.007	-0.012	-0.019	-0.013	-0.023	-0.006	-0.009	-0.004	0.010	-0.023
FAKTOR		1/a									1/(a*a)

INFOLGE STRECKENMOMENT mt=1

IN FELD

	M 0	M 0.2	M 0.5	Q 0	Q 0.2	Q 0.5	T 0	T 0.2	T 0.5	q 0	q 0.5
3L	0.060	0.029	0.006	-0.046	-0.030	-0.011	0.015	0.007	-0.002	0.012	0.009
2L	-0.751	-0.222	-0.006	1.028	0.381	0.059	-0.490	-0.166	-0.005	-1.169	-0.104
1,BIS SPRUNG					0.193	-0.310		-0.197	-0.360		
1,REST	-1.319	0.329	1.142	2.686	1.248	0.310	0.657	0.676	0.360	-1.465	-1.050
2R	0.038	0.024	-0.006	-0.024	-0.013	-0.059	-0.012	-0.018	0.005	0.021	-0.104
3R	-0.009	-0.003	0.006	0.009	0.007	0.011	0.003	0.004	0.002	-0.005	0.009
SUMME(+)	0.098	0.383	1.155	3.723	1.828	0.380	0.675	0.688	0.367	0.032	0.018
SUMME(-)	-2.079	-0.225	-0.013	-0.070	-0.043	-0.380	-0.502	-0.380	-0.367	-2.639	-1.258
SUMME	-1.981	0.158	1.142	3.653	1.785	0.000	0.173	0.307	-0.000	-2.607	-1.240
FAKTOR		a						a			1/a

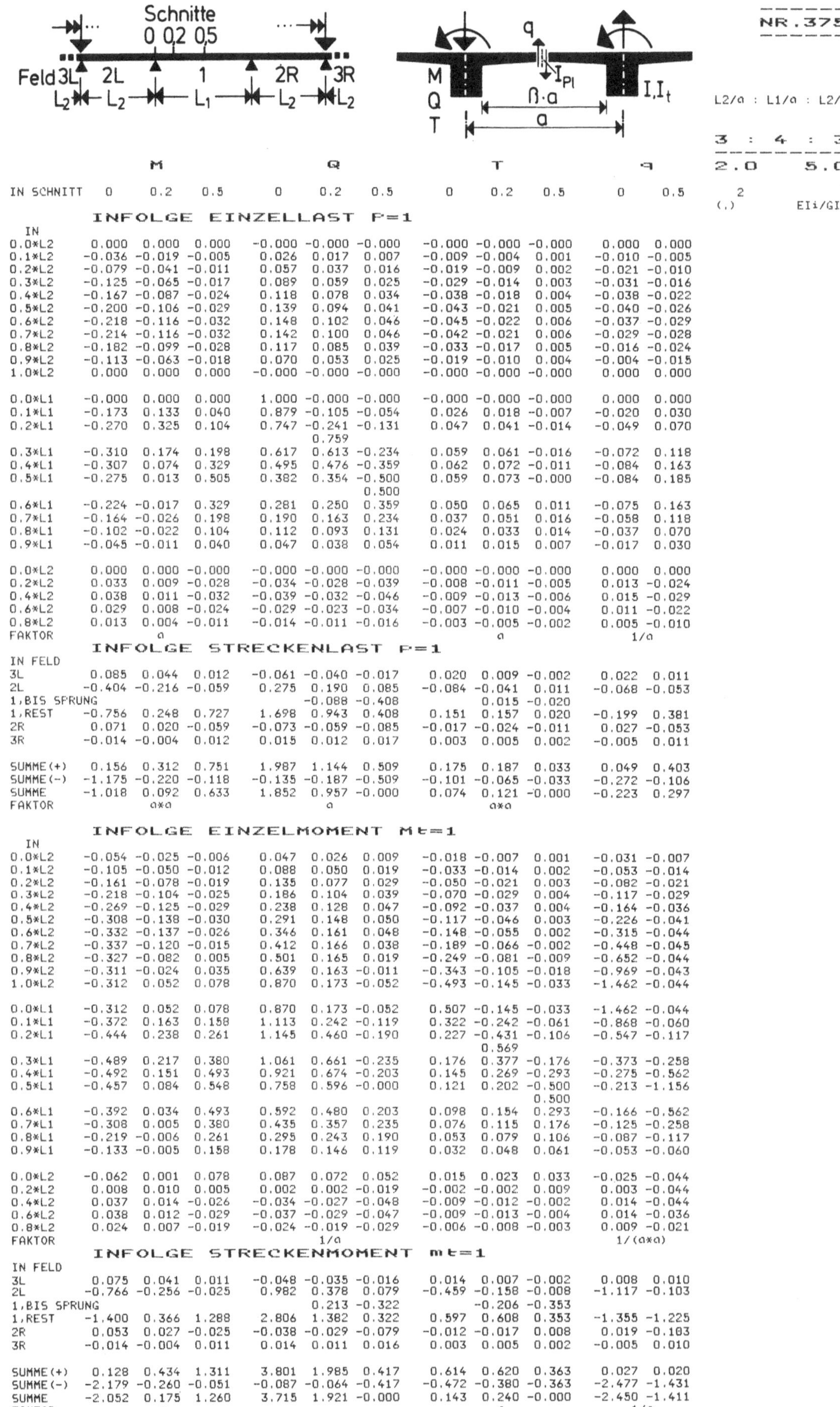

	M 0	M 0.2	M 0.5	Q 0	Q 0.2	Q 0.5	T 0	T 0.2	T 0.5	q 0	q 0.5

INFOLGE EINZELLAST P=1

IN

IN	M 0	M 0.2	M 0.5	Q 0	Q 0.2	Q 0.5	T 0	T 0.2	T 0.5	q 0	q 0.5
0.0*L2	0.000	0.000	0.000	-0.000	-0.000	-0.000	-0.000	-0.000	-0.000	0.000	0.000
0.1*L2	-0.036	-0.019	-0.005	0.026	0.017	0.007	-0.009	-0.004	0.001	-0.010	-0.005
0.2*L2	-0.079	-0.041	-0.011	0.057	0.037	0.016	-0.019	-0.009	0.002	-0.021	-0.010
0.3*L2	-0.125	-0.065	-0.017	0.089	0.059	0.025	-0.029	-0.014	0.003	-0.031	-0.016
0.4*L2	-0.167	-0.087	-0.024	0.118	0.078	0.034	-0.038	-0.018	0.004	-0.038	-0.022
0.5*L2	-0.200	-0.106	-0.029	0.139	0.094	0.041	-0.043	-0.021	0.005	-0.040	-0.026
0.6*L2	-0.218	-0.116	-0.032	0.148	0.102	0.046	-0.045	-0.022	0.006	-0.037	-0.029
0.7*L2	-0.214	-0.116	-0.032	0.142	0.100	0.046	-0.042	-0.021	0.006	-0.029	-0.028
0.8*L2	-0.182	-0.099	-0.028	0.117	0.085	0.039	-0.033	-0.017	0.005	-0.016	-0.024
0.9*L2	-0.113	-0.063	-0.018	0.070	0.053	0.025	-0.019	-0.010	0.004	-0.004	-0.015
1.0*L2	0.000	0.000	0.000	-0.000	-0.000	-0.000	-0.000	-0.000	-0.000	0.000	0.000
0.0*L1	-0.000	0.000	0.000	1.000	-0.000	-0.000	-0.000	-0.000	-0.000	0.000	0.000
0.1*L1	-0.173	0.133	0.040	0.879	-0.105	-0.054	0.026	0.018	-0.007	-0.020	0.030
0.2*L1	-0.270	0.325	0.104	0.747	-0.241	-0.131	0.047	0.041	-0.014	-0.049	0.070
				0.759							
0.3*L1	-0.310	0.174	0.198	0.617	0.613	-0.234	0.059	0.061	-0.016	-0.072	0.118
0.4*L1	-0.307	0.074	0.329	0.495	0.476	-0.359	0.062	0.072	-0.011	-0.084	0.163
0.5*L1	-0.275	0.013	0.505	0.382	0.354	-0.500	0.059	0.073	-0.000	-0.084	0.185
						0.500					
0.6*L1	-0.224	-0.017	0.329	0.281	0.250	0.359	0.050	0.065	0.011	-0.075	0.163
0.7*L1	-0.164	-0.026	0.198	0.190	0.163	0.234	0.037	0.051	0.016	-0.058	0.118
0.8*L1	-0.102	-0.022	0.104	0.112	0.093	0.131	0.024	0.033	0.014	-0.037	0.070
0.9*L1	-0.045	-0.011	0.040	0.047	0.038	0.054	0.011	0.015	0.007	-0.017	0.030
0.0*L2	0.000	0.000	-0.000	-0.000	-0.000	-0.000	-0.000	-0.000	-0.000	0.000	0.000
0.2*L2	0.033	0.009	-0.028	-0.034	-0.028	-0.039	-0.008	-0.011	-0.005	0.013	-0.024
0.4*L2	0.038	0.011	-0.032	-0.039	-0.032	-0.046	-0.009	-0.013	-0.006	0.015	-0.029
0.6*L2	0.029	0.008	-0.024	-0.029	-0.023	-0.034	-0.007	-0.010	-0.004	0.011	-0.022
0.8*L2	0.013	0.004	-0.011	-0.014	-0.011	-0.016	-0.003	-0.005	-0.002	0.005	-0.010
FAKTOR	a						a			1/a	

INFOLGE STRECKENLAST P=1

IN FELD

IN FELD	M 0	M 0.2	M 0.5	Q 0	Q 0.2	Q 0.5	T 0	T 0.2	T 0.5	q 0	q 0.5
3L	0.085	0.044	0.012	-0.061	-0.040	-0.017	0.020	0.009	-0.002	0.022	0.011
2L	-0.404	-0.216	-0.059	0.275	0.190	0.085	-0.084	-0.041	0.011	-0.068	-0.053
1,BIS SPRUNG					-0.088	-0.408		0.015	-0.020		
1,REST	-0.756	0.248	0.727	1.698	0.943	0.408	0.151	0.157	0.020	-0.199	0.381
2R	0.071	0.020	-0.059	-0.073	-0.059	-0.085	-0.017	-0.024	-0.011	0.027	-0.053
3R	-0.014	-0.004	0.012	0.015	0.012	0.017	0.003	0.005	0.002	-0.005	0.011
SUMME(+)	0.156	0.312	0.751	1.987	1.144	0.509	0.175	0.187	0.033	0.049	0.403
SUMME(-)	-1.175	-0.220	-0.118	-0.135	-0.187	-0.509	-0.101	-0.065	-0.033	-0.272	-0.106
SUMME	-1.018	0.092	0.633	1.852	0.957	-0.000	0.074	0.121	-0.000	-0.223	0.297
FAKTOR	a*a			a			a*a				

INFOLGE EINZELMOMENT Mt=1

IN

IN	M 0	M 0.2	M 0.5	Q 0	Q 0.2	Q 0.5	T 0	T 0.2	T 0.5	q 0	q 0.5
0.0*L2	-0.054	-0.025	-0.006	0.047	0.026	0.009	-0.018	-0.007	0.001	-0.031	-0.007
0.1*L2	-0.105	-0.050	-0.012	0.088	0.050	0.019	-0.033	-0.014	0.002	-0.053	-0.014
0.2*L2	-0.161	-0.078	-0.019	0.135	0.077	0.029	-0.050	-0.021	0.003	-0.082	-0.021
0.3*L2	-0.218	-0.104	-0.025	0.186	0.104	0.039	-0.070	-0.029	0.004	-0.117	-0.029
0.4*L2	-0.269	-0.125	-0.029	0.238	0.128	0.047	-0.092	-0.037	0.004	-0.164	-0.036
0.5*L2	-0.308	-0.138	-0.030	0.291	0.148	0.050	-0.117	-0.046	0.003	-0.226	-0.041
0.6*L2	-0.332	-0.137	-0.026	0.346	0.161	0.048	-0.148	-0.055	0.002	-0.315	-0.044
0.7*L2	-0.337	-0.120	-0.015	0.412	0.166	0.038	-0.189	-0.066	-0.002	-0.448	-0.045
0.8*L2	-0.327	-0.082	0.005	0.501	0.165	0.019	-0.249	-0.081	-0.009	-0.652	-0.044
0.9*L2	-0.311	-0.024	0.035	0.639	0.163	-0.011	-0.343	-0.105	-0.018	-0.969	-0.043
1.0*L2	-0.312	0.052	0.078	0.870	0.173	-0.052	-0.493	-0.145	-0.033	-1.462	-0.044
0.0*L1	-0.312	0.052	0.078	0.870	0.173	-0.052	0.507	-0.145	-0.033	-1.462	-0.044
0.1*L1	-0.372	0.163	0.158	1.113	0.242	-0.119	0.322	-0.242	-0.061	-0.868	-0.060
0.2*L1	-0.444	0.238	0.261	1.145	0.460	-0.190	0.227	-0.431	-0.106	-0.547	-0.117
								0.569			
0.3*L1	-0.489	0.217	0.380	1.061	0.661	-0.235	0.176	0.377	-0.176	-0.373	-0.258
0.4*L1	-0.492	0.151	0.493	0.921	0.674	-0.203	0.145	0.269	-0.293	-0.275	-0.562
0.5*L1	-0.457	0.084	0.548	0.758	0.596	-0.000	0.121	0.202	-0.500	-0.213	-1.156
									0.500		
0.6*L1	-0.392	0.034	0.493	0.592	0.480	0.203	0.098	0.154	0.293	-0.166	-0.562
0.7*L1	-0.308	0.005	0.380	0.435	0.357	0.235	0.076	0.115	0.176	-0.125	-0.258
0.8*L1	-0.219	-0.006	0.261	0.295	0.243	0.190	0.053	0.079	0.106	-0.087	-0.117
0.9*L1	-0.133	-0.005	0.158	0.178	0.146	0.119	0.032	0.048	0.061	-0.053	-0.060
0.0*L2	-0.062	0.001	0.078	0.087	0.072	0.052	0.015	0.023	0.033	-0.025	-0.044
0.2*L2	0.008	0.010	0.005	0.002	0.002	-0.019	-0.002	-0.002	0.009	0.003	-0.044
0.4*L2	0.037	0.014	-0.026	-0.034	-0.027	-0.048	-0.009	-0.012	-0.002	0.014	-0.044
0.6*L2	0.038	0.012	-0.029	-0.037	-0.029	-0.047	-0.009	-0.013	-0.004	0.014	-0.036
0.8*L2	0.024	0.007	-0.019	-0.024	-0.019	-0.029	-0.006	-0.008	-0.003	0.009	-0.021
FAKTOR	1/a									1/(a*a)	

INFOLGE STRECKENMOMENT mt=1

IN FELD

IN FELD	M 0	M 0.2	M 0.5	Q 0	Q 0.2	Q 0.5	T 0	T 0.2	T 0.5	q 0	q 0.5
3L	0.075	0.041	0.011	-0.048	-0.035	-0.016	0.014	0.007	-0.002	0.008	0.010
2L	-0.766	-0.256	-0.025	0.982	0.378	0.079	-0.459	-0.158	-0.008	-1.117	-0.103
1,BIS SPRUNG					0.213	-0.322		-0.206	-0.353		
1,REST	-1.400	0.366	1.288	2.806	1.382	0.322	0.597	0.608	0.353	-1.355	-1.225
2R	0.053	0.027	-0.025	-0.038	-0.029	-0.079	-0.012	-0.017	0.008	0.019	-0.103
3R	-0.014	-0.004	0.011	0.014	0.011	0.016	0.003	0.005	0.002	-0.005	0.010
SUMME(+)	0.128	0.434	1.311	3.801	1.985	0.417	0.614	0.620	0.363	0.027	0.020
SUMME(-)	-2.179	-0.260	-0.051	-0.087	-0.064	-0.417	-0.472	-0.380	-0.363	-2.477	-1.431
SUMME	-2.052	0.175	1.260	3.715	1.921	-0.000	0.143	0.240	-0.000	-2.450	-1.411
FAKTOR	a						a			1/a	

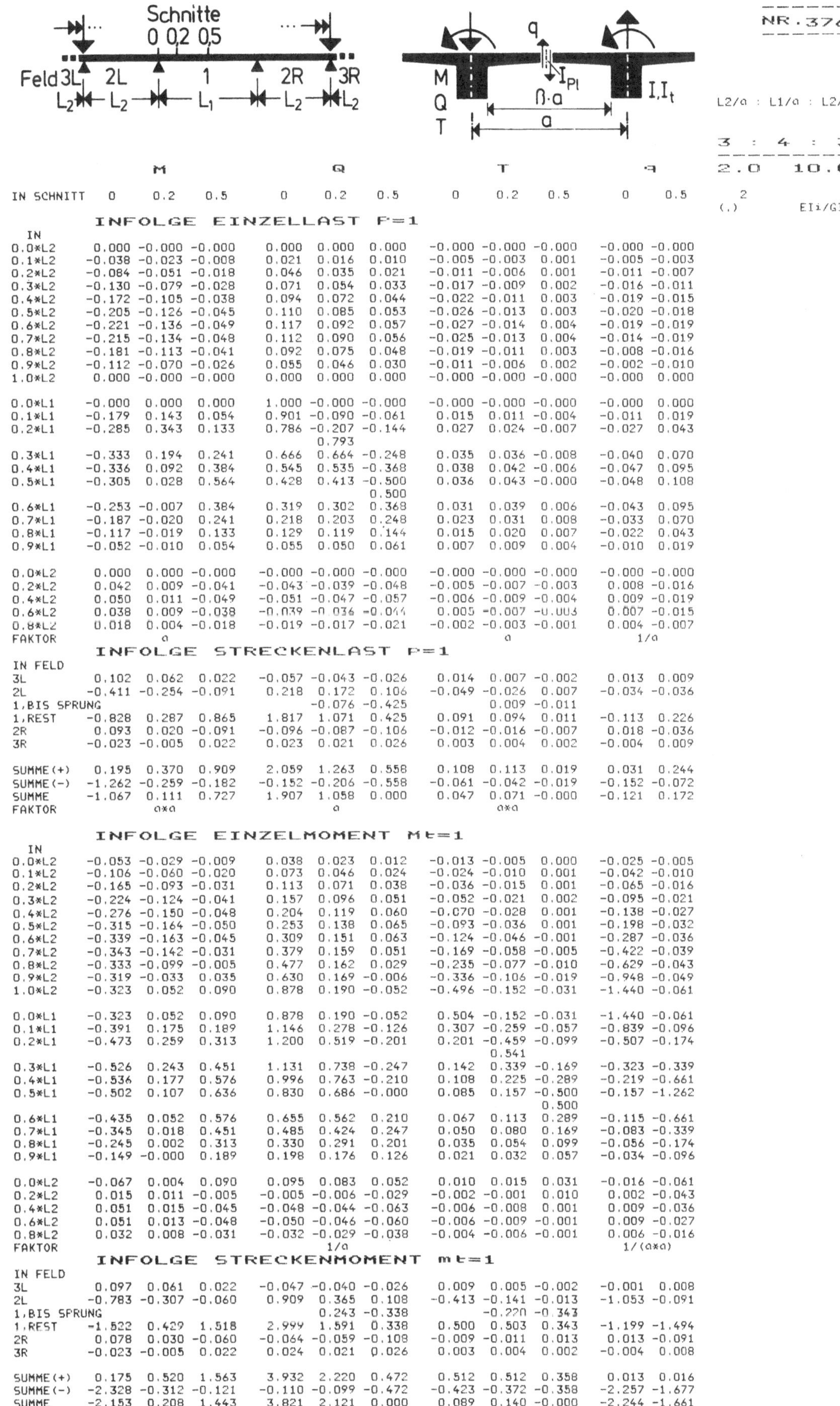

	M			Q			T			q	
IN SCHNITT	0	0.2	0.5	0	0.2	0.5	0	0.2	0.5	0	0.5

INFOLGE EINZELLAST P=1

IN											
0.0*L2	0.000	-0.000	-0.000	0.000	0.000	0.000	-0.000	-0.000	-0.000	-0.000	-0.000
0.1*L2	-0.038	-0.023	-0.008	0.021	0.016	0.010	-0.005	-0.003	0.001	-0.005	-0.003
0.2*L2	-0.084	-0.051	-0.018	0.046	0.035	0.021	-0.011	-0.006	0.001	-0.011	-0.007
0.3*L2	-0.130	-0.079	-0.028	0.071	0.054	0.033	-0.017	-0.009	0.002	-0.016	-0.011
0.4*L2	-0.172	-0.105	-0.038	0.094	0.072	0.044	-0.022	-0.011	0.003	-0.019	-0.015
0.5*L2	-0.205	-0.126	-0.045	0.110	0.085	0.053	-0.026	-0.013	0.003	-0.020	-0.018
0.6*L2	-0.221	-0.136	-0.049	0.117	0.092	0.057	-0.027	-0.014	0.004	-0.019	-0.019
0.7*L2	-0.215	-0.134	-0.048	0.112	0.090	0.056	-0.025	-0.013	0.004	-0.014	-0.019
0.8*L2	-0.181	-0.113	-0.041	0.092	0.075	0.048	-0.019	-0.011	0.003	-0.008	-0.016
0.9*L2	-0.112	-0.070	-0.026	0.055	0.046	0.030	-0.011	-0.006	0.002	-0.002	-0.010
1.0*L2	0.000	-0.000	-0.000	0.000	0.000	0.000	-0.000	-0.000	-0.000	-0.000	0.000
0.0*L1	-0.000	0.000	0.000	1.000	-0.000	-0.000	-0.000	-0.000	-0.000	-0.000	0.000
0.1*L1	-0.179	0.143	0.054	0.901	-0.090	-0.061	0.015	0.011	-0.004	-0.011	0.019
0.2*L1	-0.285	0.343	0.133	0.786	-0.207	-0.144	0.027	0.024	-0.007	-0.027	0.043
					0.793						
0.3*L1	-0.333	0.194	0.241	0.666	0.664	-0.248	0.035	0.036	-0.008	-0.040	0.070
0.4*L1	-0.336	0.092	0.384	0.545	0.535	-0.368	0.038	0.042	-0.006	-0.047	0.095
0.5*L1	-0.305	0.028	0.564	0.428	0.413	-0.500	0.036	0.043	-0.000	-0.048	0.108
					0.500						
0.6*L1	-0.253	-0.007	0.384	0.319	0.302	0.368	0.031	0.039	0.006	-0.043	0.095
0.7*L1	-0.187	-0.020	0.241	0.218	0.203	0.248	0.023	0.031	0.008	-0.033	0.070
0.8*L1	-0.117	-0.019	0.133	0.129	0.119	0.144	0.015	0.020	0.007	-0.022	0.043
0.9*L1	-0.052	-0.010	0.054	0.055	0.050	0.061	0.007	0.009	0.004	-0.010	0.019
0.0*L2	0.000	0.000	-0.000	-0.000	-0.000	-0.000	-0.000	-0.000	-0.000	-0.000	-0.000
0.2*L2	0.042	0.009	-0.041	-0.043	-0.039	-0.048	-0.005	-0.007	-0.003	0.008	-0.016
0.4*L2	0.050	0.011	-0.049	-0.051	-0.047	-0.057	-0.006	-0.009	-0.004	0.009	-0.019
0.6*L2	0.038	0.009	-0.038	-0.039	-0.036	-0.044	0.005	-0.007	-0.003	0.007	-0.015
0.8*L2	0.018	0.004	-0.018	-0.019	-0.017	-0.021	-0.002	-0.003	-0.001	0.004	-0.007
FAKTOR		a						a		1/a	

INFOLGE STRECKENLAST P=1

IN FELD											
3L	0.102	0.062	0.022	-0.057	-0.043	-0.026	0.014	0.007	-0.002	0.013	0.009
2L	-0.411	-0.254	-0.091	0.218	0.172	0.106	-0.049	-0.026	0.007	-0.034	-0.036
1,BIS SPRUNG				-0.076	-0.425			0.009	-0.011			
1,REST	-0.828	0.287	0.865	1.817	1.071	0.425	0.091	0.094	0.011	-0.113	0.226
2R	0.093	0.020	-0.091	-0.096	-0.087	-0.106	-0.012	-0.016	-0.007	0.018	-0.036
3R	-0.023	-0.005	0.022	0.023	0.021	0.026	0.003	0.004	0.002	-0.004	0.009
SUMME(+)	0.195	0.370	0.909	2.059	1.263	0.558	0.108	0.113	0.019	0.031	0.244
SUMME(-)	-1.262	-0.259	-0.182	-0.152	-0.206	-0.558	-0.061	-0.042	-0.019	-0.152	-0.072
SUMME	-1.067	0.111	0.727	1.907	1.058	0.000	0.047	0.071	-0.000	-0.121	0.172
FAKTOR		a*a			a			a*a		1/a	

INFOLGE EINZELMOMENT Mt=1

IN											
0.0*L2	-0.053	-0.029	-0.009	0.038	0.023	0.012	-0.013	-0.005	0.000	-0.025	-0.005
0.1*L2	-0.106	-0.060	-0.020	0.073	0.046	0.024	-0.024	-0.010	0.001	-0.042	-0.010
0.2*L2	-0.165	-0.093	-0.031	0.113	0.071	0.038	-0.036	-0.015	0.001	-0.065	-0.016
0.3*L2	-0.224	-0.124	-0.041	0.157	0.096	0.051	-0.052	-0.021	0.002	-0.095	-0.021
0.4*L2	-0.276	-0.150	-0.048	0.204	0.119	0.060	-0.070	-0.028	0.001	-0.138	-0.027
0.5*L2	-0.315	-0.164	-0.050	0.253	0.138	0.065	-0.093	-0.036	0.001	-0.198	-0.032
0.6*L2	-0.339	-0.163	-0.045	0.309	0.151	0.063	-0.124	-0.046	-0.001	-0.287	-0.036
0.7*L2	-0.343	-0.142	-0.031	0.379	0.159	0.051	-0.169	-0.058	-0.005	-0.422	-0.039
0.8*L2	-0.333	-0.099	-0.005	0.477	0.162	0.029	-0.235	-0.077	-0.010	-0.629	-0.043
0.9*L2	-0.319	-0.033	0.035	0.630	0.169	-0.006	-0.336	-0.106	-0.019	-0.948	-0.049
1.0*L2	-0.323	0.052	0.090	0.878	0.190	-0.052	-0.496	-0.152	-0.031	-1.440	-0.061
0.0*L1	-0.323	0.052	0.090	0.878	0.190	-0.052	0.504	-0.152	-0.031	-1.440	-0.061
0.1*L1	-0.391	0.175	0.189	1.146	0.278	-0.126	0.307	-0.259	-0.057	-0.839	-0.096
0.2*L1	-0.473	0.259	0.313	1.200	0.519	-0.201	0.201	-0.459	-0.099	-0.507	-0.174
								0.541			
0.3*L1	-0.526	0.243	0.451	1.131	0.738	-0.247	0.142	0.339	-0.169	-0.323	-0.339
0.4*L1	-0.536	0.177	0.576	0.996	0.763	-0.210	0.108	0.225	-0.289	-0.219	-0.661
0.5*L1	-0.502	0.107	0.636	0.830	0.686	-0.000	0.085	0.157	-0.500	-0.157	-1.262
									0.500		
0.6*L1	-0.435	0.052	0.576	0.655	0.562	0.210	0.067	0.113	0.289	-0.115	-0.661
0.7*L1	-0.345	0.018	0.451	0.485	0.424	0.247	0.050	0.080	0.169	-0.083	-0.339
0.8*L1	-0.245	0.002	0.313	0.330	0.291	0.201	0.035	0.054	0.099	-0.056	-0.174
0.9*L1	-0.149	-0.000	0.189	0.198	0.176	0.126	0.021	0.032	0.057	-0.034	-0.096
0.0*L2	-0.067	0.004	0.090	0.095	0.083	0.052	0.010	0.015	0.031	-0.016	-0.061
0.2*L2	0.015	0.011	-0.005	-0.005	-0.006	-0.029	-0.002	-0.001	0.010	0.002	-0.043
0.4*L2	0.051	0.015	-0.045	-0.048	-0.044	-0.063	-0.006	-0.008	0.001	0.009	-0.036
0.6*L2	0.051	0.013	-0.048	-0.050	-0.046	-0.060	-0.006	-0.009	-0.001	0.009	-0.027
0.8*L2	0.032	0.008	-0.031	-0.032	-0.029	-0.038	-0.004	-0.006	-0.001	0.006	-0.016
FAKTOR					1/a					1/(a*a)	

INFOLGE STRECKENMOMENT mt=1

IN FELD											
3L	0.097	0.061	0.022	-0.047	-0.040	-0.026	0.009	0.005	-0.002	-0.001	0.008
2L	-0.783	-0.307	-0.060	0.909	0.365	0.108	-0.413	-0.141	-0.013	-1.053	-0.091
1,BIS SPRUNG				0.243	-0.338		-0.220	-0.343			
1,REST	-1.522	0.429	1.518	2.999	1.591	0.338	0.500	0.503	0.343	-1.199	-1.494
2R	0.078	0.030	-0.060	-0.064	-0.059	-0.108	-0.009	-0.011	0.013	0.013	-0.091
3R	-0.023	-0.005	0.022	0.024	0.021	0.026	0.003	0.004	0.002	-0.004	0.008
SUMME(+)	0.175	0.520	1.563	3.932	2.220	0.472	0.512	0.512	0.358	0.013	0.016
SUMME(-)	-2.328	-0.312	-0.121	-0.110	-0.099	-0.472	-0.423	-0.372	-0.358	-2.257	-1.677
SUMME	-2.153	0.208	1.443	3.821	2.121	0.000	0.089	0.140	-0.000	-2.244	-1.661
FAKTOR		a			a			a		1/a	

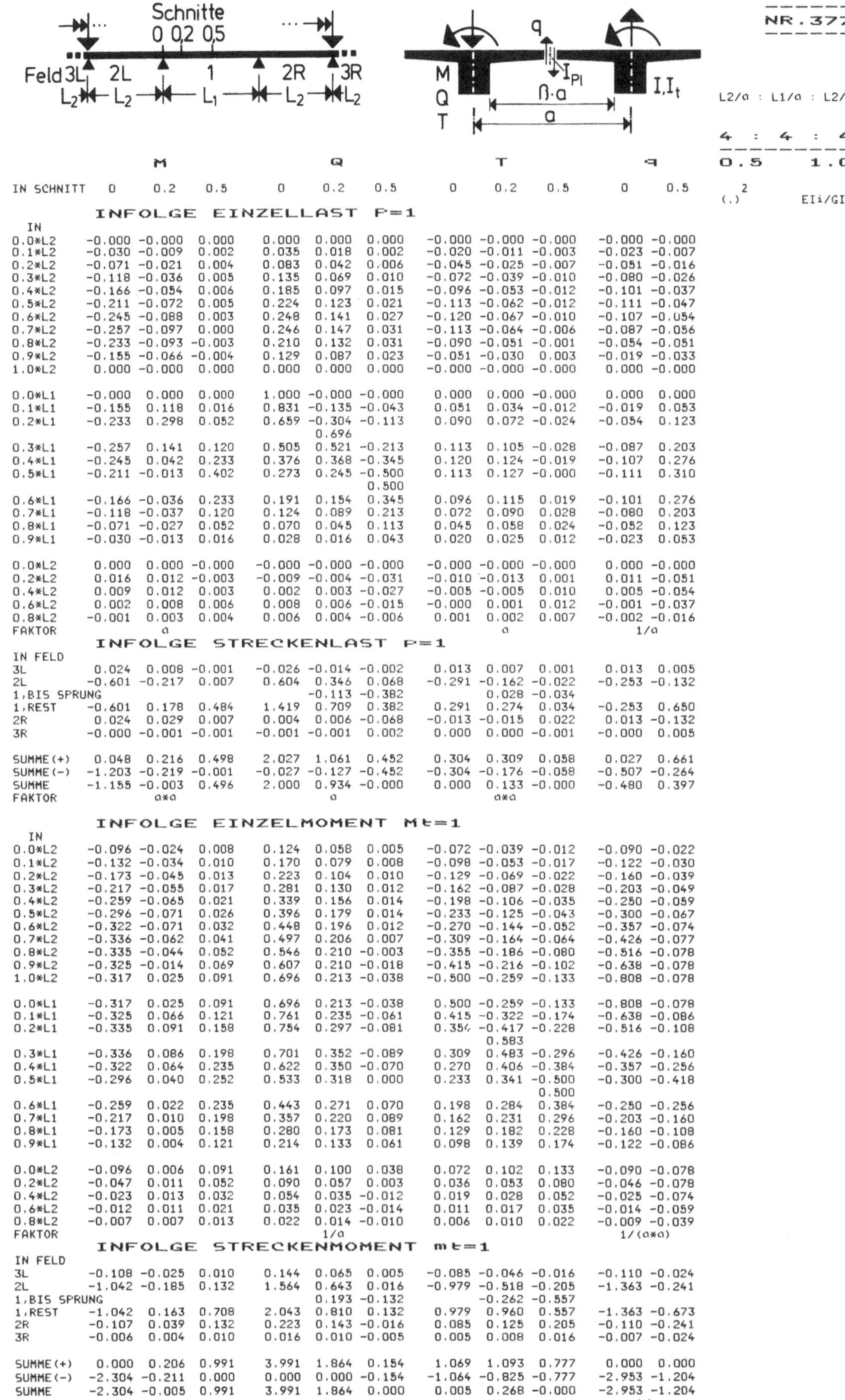

IN SCHNITT	M 0	M 0.2	M 0.5	Q 0	Q 0.2	Q 0.5	T 0	T 0.2	T 0.5	q 0	q 0.5

INFOLGE EINZELLAST P=1

IN

IN	M 0	M 0.2	M 0.5	Q 0	Q 0.2	Q 0.5	T 0	T 0.2	T 0.5	q 0	q 0.5
0.0*L2	-0.000	-0.000	0.000	0.000	0.000	0.000	-0.000	-0.000	-0.000	-0.000	-0.000
0.1*L2	-0.030	-0.009	0.002	0.035	0.018	0.002	-0.020	-0.011	-0.003	-0.023	-0.007
0.2*L2	-0.071	-0.021	0.004	0.083	0.042	0.006	-0.045	-0.025	-0.007	-0.051	-0.016
0.3*L2	-0.118	-0.036	0.005	0.135	0.069	0.010	-0.072	-0.039	-0.010	-0.080	-0.026
0.4*L2	-0.166	-0.054	0.006	0.185	0.097	0.015	-0.096	-0.053	-0.012	-0.101	-0.037
0.5*L2	-0.211	-0.072	0.005	0.224	0.123	0.021	-0.113	-0.062	-0.012	-0.111	-0.047
0.6*L2	-0.245	-0.088	0.003	0.248	0.141	0.027	-0.120	-0.067	-0.010	-0.107	-0.054
0.7*L2	-0.257	-0.097	0.000	0.246	0.147	0.031	-0.113	-0.064	-0.006	-0.087	-0.056
0.8*L2	-0.233	-0.093	-0.003	0.210	0.132	0.031	-0.090	-0.051	-0.001	-0.054	-0.051
0.9*L2	-0.155	-0.066	-0.004	0.129	0.087	0.023	-0.051	-0.030	0.003	-0.019	-0.033
1.0*L2	0.000	-0.000	0.000	0.000	0.000	0.000	-0.000	-0.000	-0.000	0.000	-0.000
0.0*L1	-0.000	0.000	0.000	1.000	-0.000	-0.000	0.000	0.000	-0.000	0.000	0.000
0.1*L1	-0.155	0.118	0.016	0.831	-0.135	-0.043	0.051	0.034	-0.012	-0.019	0.053
0.2*L1	-0.233	0.298	0.052	0.659	-0.304	-0.113	0.090	0.072	-0.024	-0.054	0.123
				0.696							
0.3*L1	-0.257	0.141	0.120	0.505	0.521	-0.213	0.113	0.105	-0.028	-0.087	0.203
0.4*L1	-0.245	0.042	0.233	0.376	0.368	-0.345	0.120	0.124	-0.019	-0.107	0.276
0.5*L1	-0.211	-0.013	0.402	0.273	0.245	-0.500	0.113	0.127	-0.000	-0.111	0.310
						0.500					
0.6*L1	-0.166	-0.036	0.233	0.191	0.154	0.345	0.096	0.115	0.019	-0.101	0.276
0.7*L1	-0.118	-0.037	0.120	0.124	0.089	0.213	0.072	0.090	0.028	-0.080	0.203
0.8*L1	-0.071	-0.027	0.052	0.070	0.045	0.113	0.045	0.058	0.024	-0.052	0.123
0.9*L1	-0.030	-0.013	0.016	0.028	0.016	0.043	0.020	0.025	0.012	-0.023	0.053
0.0*L2	0.000	0.000	-0.000	-0.000	-0.000	-0.000	-0.000	-0.000	-0.000	0.000	-0.000
0.2*L2	0.016	0.012	-0.003	-0.009	-0.004	-0.031	-0.010	-0.013	0.001	0.011	-0.051
0.4*L2	0.009	0.012	0.003	0.002	0.003	-0.027	-0.005	-0.005	0.010	0.005	-0.054
0.6*L2	0.002	0.008	0.006	0.008	0.006	-0.015	-0.000	0.001	0.012	-0.001	-0.037
0.8*L2	-0.001	0.003	0.004	0.006	0.004	-0.006	0.001	0.002	0.007	-0.002	-0.016
FAKTOR	a						a			1/a	

INFOLGE STRECKENLAST P=1

IN FELD

IN FELD	M 0	M 0.2	M 0.5	Q 0	Q 0.2	Q 0.5	T 0	T 0.2	T 0.5	q 0	q 0.5
3L	0.024	0.008	-0.001	-0.026	-0.014	-0.002	0.013	0.007	0.001	0.013	0.005
2L	-0.601	-0.217	0.007	0.604	0.346	0.068	-0.291	-0.162	-0.022	-0.253	-0.132
1,BIS SPRUNG					-0.113	-0.382		0.028	-0.034		
1,REST	-0.601	0.178	0.484	1.419	0.709	0.382	0.291	0.274	0.034	-0.253	0.650
2R	0.024	0.029	0.007	0.004	0.006	-0.068	-0.013	-0.015	0.022	0.013	-0.132
3R	-0.000	-0.001	-0.001	-0.001	-0.001	0.002	0.000	0.000	-0.001	-0.000	0.005
SUMME(+)	0.048	0.216	0.498	2.027	1.061	0.452	0.304	0.309	0.058	0.027	0.661
SUMME(-)	-1.203	-0.219	-0.001	-0.027	-0.127	-0.452	-0.304	-0.176	-0.058	-0.507	-0.264
SUMME	-1.155	-0.003	0.496	2.000	0.934	-0.000	0.000	0.133	-0.000	-0.480	0.397
FAKTOR	a*a			a			a*a				

INFOLGE EINZELMOMENT Mt=1

IN

IN	M 0	M 0.2	M 0.5	Q 0	Q 0.2	Q 0.5	T 0	T 0.2	T 0.5	q 0	q 0.5
0.0*L2	-0.096	-0.024	0.008	0.124	0.058	0.005	-0.072	-0.039	-0.012	-0.090	-0.022
0.1*L2	-0.132	-0.034	0.010	0.170	0.079	0.008	-0.098	-0.053	-0.017	-0.122	-0.030
0.2*L2	-0.173	-0.045	0.013	0.223	0.104	0.010	-0.129	-0.069	-0.022	-0.160	-0.039
0.3*L2	-0.217	-0.055	0.017	0.281	0.130	0.012	-0.162	-0.087	-0.028	-0.203	-0.049
0.4*L2	-0.259	-0.065	0.021	0.339	0.156	0.014	-0.198	-0.106	-0.035	-0.250	-0.059
0.5*L2	-0.296	-0.071	0.026	0.396	0.179	0.014	-0.233	-0.125	-0.043	-0.300	-0.067
0.6*L2	-0.322	-0.071	0.032	0.448	0.196	0.012	-0.270	-0.144	-0.052	-0.357	-0.074
0.7*L2	-0.336	-0.062	0.041	0.497	0.206	0.007	-0.309	-0.164	-0.064	-0.426	-0.077
0.8*L2	-0.335	-0.044	0.052	0.546	0.210	-0.003	-0.355	-0.186	-0.080	-0.516	-0.078
0.9*L2	-0.325	-0.014	0.069	0.607	0.210	-0.018	-0.415	-0.216	-0.102	-0.638	-0.078
1.0*L2	-0.317	0.025	0.091	0.696	0.213	-0.038	-0.500	-0.259	-0.133	-0.808	-0.078
0.0*L1	-0.317	0.025	0.091	0.696	0.213	-0.038	0.500	-0.259	-0.133	-0.808	-0.078
0.1*L1	-0.325	0.066	0.121	0.761	0.235	-0.061	0.415	-0.322	-0.174	-0.638	-0.086
0.2*L1	-0.335	0.091	0.158	0.754	0.297	-0.081	0.354	-0.417	-0.228	-0.516	-0.108
								0.583			
0.3*L1	-0.336	0.086	0.198	0.701	0.352	-0.089	0.309	0.483	-0.296	-0.426	-0.160
0.4*L1	-0.322	0.064	0.235	0.622	0.350	-0.070	0.270	0.406	-0.384	-0.357	-0.256
0.5*L1	-0.296	0.040	0.252	0.533	0.318	0.000	0.233	0.341	-0.500	-0.300	-0.418
									0.500		
0.6*L1	-0.259	0.022	0.235	0.443	0.271	0.070	0.198	0.284	0.384	-0.250	-0.256
0.7*L1	-0.217	0.010	0.198	0.357	0.220	0.089	0.162	0.231	0.296	-0.203	-0.160
0.8*L1	-0.173	0.005	0.158	0.280	0.173	0.081	0.129	0.182	0.228	-0.160	-0.108
0.9*L1	-0.132	0.004	0.121	0.214	0.133	0.061	0.098	0.139	0.174	-0.122	-0.086
0.0*L2	-0.096	0.006	0.091	0.161	0.100	0.038	0.072	0.102	0.133	-0.090	-0.078
0.2*L2	-0.047	0.011	0.052	0.090	0.057	0.003	0.036	0.053	0.080	-0.046	-0.078
0.4*L2	-0.023	0.013	0.032	0.054	0.035	-0.012	0.019	0.028	0.052	-0.025	-0.074
0.6*L2	-0.012	0.011	0.021	0.035	0.023	-0.014	0.011	0.017	0.035	-0.014	-0.059
0.8*L2	-0.007	0.007	0.013	0.022	0.014	-0.010	0.006	0.010	0.022	-0.009	-0.039
FAKTOR				1/a						1/(a*a)	

INFOLGE STRECKENMOMENT mt=1

IN FELD

IN FELD	M 0	M 0.2	M 0.5	Q 0	Q 0.2	Q 0.5	T 0	T 0.2	T 0.5	q 0	q 0.5
3L	-0.108	-0.025	0.010	0.144	0.065	0.005	-0.085	-0.046	-0.016	-0.110	-0.024
2L	-1.042	-0.185	0.132	1.564	0.643	0.016	-0.979	-0.518	-0.205	-1.363	-0.241
1,BIS SPRUNG					0.193	-0.132		-0.262	-0.557		
1,REST	-1.042	0.163	0.708	2.043	0.810	0.132	0.979	0.960	0.557	-1.363	-0.673
2R	-0.107	0.039	0.132	0.223	0.143	-0.016	0.085	0.125	0.205	-0.110	-0.241
3R	-0.006	0.004	0.010	0.016	0.010	-0.005	0.005	0.008	0.016	-0.007	-0.024
SUMME(+)	0.000	0.206	0.991	3.991	1.864	0.154	1.069	1.093	0.777	0.000	0.000
SUMME(-)	-2.304	-0.211	0.000	0.000	0.000	-0.154	-1.064	-0.825	-0.777	-2.953	-1.204
SUMME	-2.304	-0.005	0.991	3.991	1.864	0.000	0.005	0.268	-0.000	-2.953	-1.204
FAKTOR	a						a			1/a	

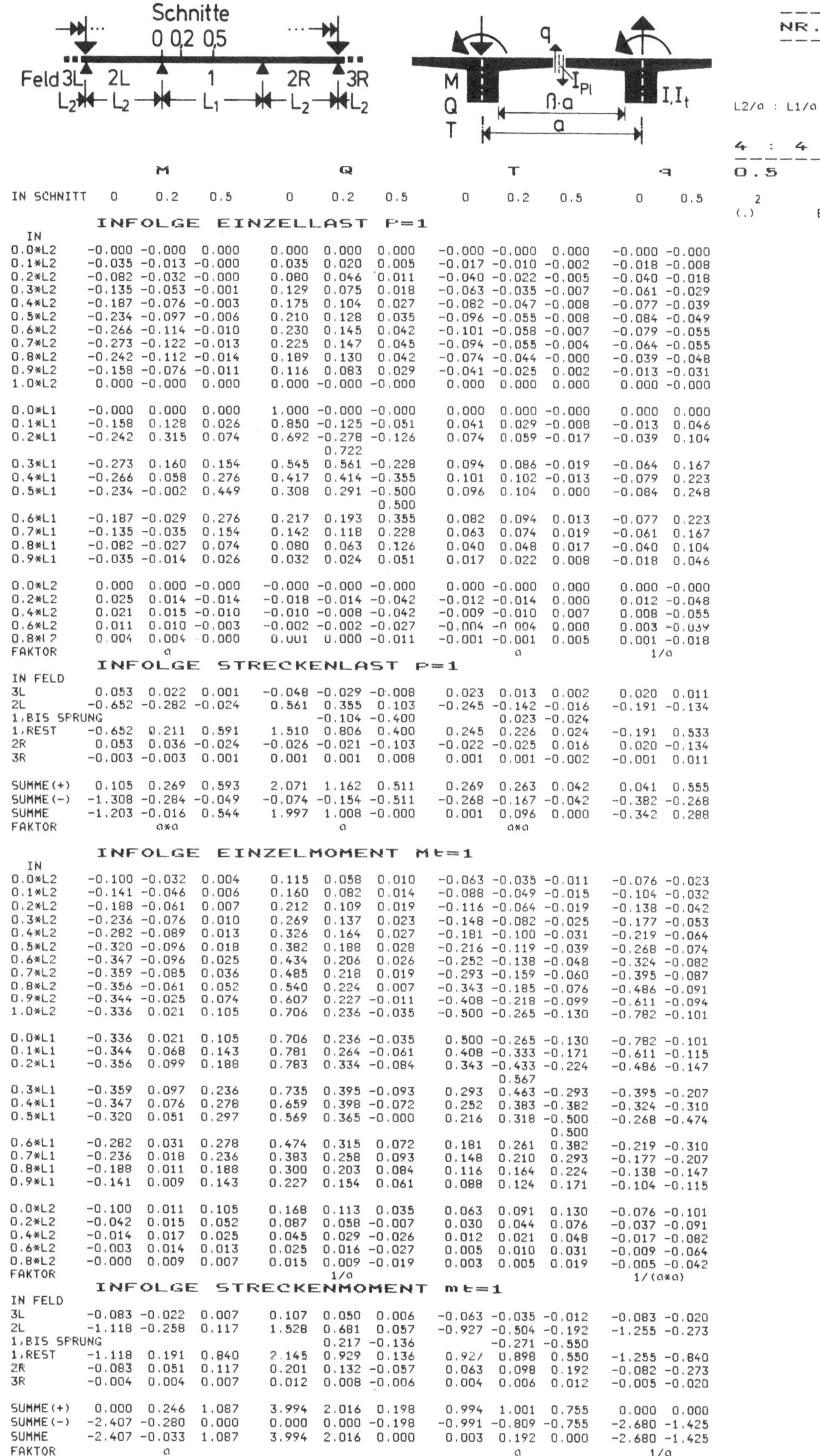

IN SCHNITT	M 0	M 0.2	M 0.5	Q 0	Q 0.2	Q 0.5	T 0	T 0.2	T 0.5	q 0	q 0.5

INFOLGE EINZELLAST P=1

IN

	M 0	M 0.2	M 0.5	Q 0	Q 0.2	Q 0.5	T 0	T 0.2	T 0.5	q 0	q 0.5
0.0*L2	-0.000	-0.000	0.000	0.000	0.000	0.000	-0.000	-0.000	0.000	-0.000	-0.000
0.1*L2	-0.035	-0.013	-0.000	0.035	0.020	0.005	-0.017	-0.010	-0.002	-0.018	-0.008
0.2*L2	-0.082	-0.032	-0.000	0.080	0.046	0.011	-0.040	-0.022	-0.005	-0.040	-0.018
0.3*L2	-0.135	-0.053	-0.001	0.129	0.075	0.018	-0.063	-0.035	-0.007	-0.061	-0.029
0.4*L2	-0.187	-0.076	-0.003	0.175	0.104	0.027	-0.082	-0.047	-0.008	-0.077	-0.039
0.5*L2	-0.234	-0.097	-0.006	0.210	0.128	0.035	-0.096	-0.055	-0.008	-0.084	-0.049
0.6*L2	-0.266	-0.114	-0.010	0.230	0.145	0.042	-0.101	-0.058	-0.007	-0.079	-0.055
0.7*L2	-0.273	-0.122	-0.013	0.225	0.147	0.045	-0.094	-0.055	-0.004	-0.064	-0.055
0.8*L2	-0.242	-0.112	-0.014	0.189	0.130	0.042	-0.074	-0.044	-0.000	-0.039	-0.048
0.9*L2	-0.158	-0.076	-0.011	0.116	0.083	0.029	-0.041	-0.025	0.002	-0.013	-0.031
1.0*L2	0.000	-0.000	0.000	0.000	-0.000	-0.000	0.000	0.000	1.000	0.000	-0.000
0.0*L1	-0.000	0.000	0.000	1.000	-0.000	-0.000	0.000	0.000	-0.000	0.000	0.000
0.1*L1	-0.158	0.128	0.026	0.850	-0.125	-0.051	0.041	0.029	-0.008	-0.013	0.046
0.2*L1	-0.242	0.315	0.074	0.692	-0.278	-0.126	0.074	0.059	-0.017	-0.039	0.104
						0.722					
0.3*L1	-0.273	0.160	0.154	0.545	0.561	-0.228	0.094	0.086	-0.019	-0.064	0.167
0.4*L1	-0.266	0.058	0.276	0.417	0.414	-0.355	0.101	0.102	-0.013	-0.079	0.223
0.5*L1	-0.234	-0.002	0.449	0.308	0.291	-0.500	0.096	0.104	0.000	-0.084	0.248
						0.500					
0.6*L1	-0.187	-0.029	0.276	0.217	0.193	0.355	0.082	0.094	0.013	-0.077	0.223
0.7*L1	-0.135	-0.035	0.154	0.142	0.118	0.228	0.063	0.074	0.019	-0.061	0.167
0.8*L1	-0.082	-0.027	0.074	0.080	0.063	0.126	0.040	0.048	0.017	-0.040	0.104
0.9*L1	-0.035	-0.014	0.026	0.032	0.024	0.051	0.017	0.022	0.008	-0.018	0.046
0.0*L2	0.000	0.000	-0.000	-0.000	-0.000	-0.000	0.000	-0.000	0.000	0.000	-0.000
0.2*L2	0.025	0.014	-0.014	-0.018	-0.014	-0.042	-0.012	-0.014	0.000	0.012	-0.048
0.4*L2	0.021	0.015	-0.010	-0.010	-0.008	-0.042	-0.009	-0.010	0.007	0.008	-0.055
0.6*L2	0.011	0.010	-0.003	-0.002	-0.002	-0.027	-0.004	-0.004	0.000	0.003	-0.039
0.8*L2	0.004	0.004	-0.000	0.001	0.000	-0.011	-0.001	-0.001	0.005	0.001	-0.018
FAKTOR	a						a			1/a	

INFOLGE STRECKENLAST P=1

IN FELD

	M 0	M 0.2	M 0.5	Q 0	Q 0.2	Q 0.5	T 0	T 0.2	T 0.5	q 0	q 0.5
3L	0.053	0.022	0.001	-0.048	-0.029	-0.008	0.023	0.013	0.002	0.020	0.011
2L	-0.652	-0.282	-0.024	0.561	0.355	0.103	-0.245	-0.142	-0.016	-0.191	-0.134
1,BIS SPRUNG					-0.104	-0.400		0.023	-0.024		
1,REST	-0.652	0.211	0.591	1.510	0.806	0.400	0.245	0.226	0.024	-0.191	0.533
2R	0.053	0.036	-0.024	-0.026	-0.021	-0.103	-0.022	-0.025	0.016	0.020	-0.134
3R	-0.003	-0.003	0.001	0.001	0.001	0.008	0.001	0.001	-0.002	-0.001	0.011
SUMME(+)	0.105	0.269	0.593	2.071	1.162	0.511	0.269	0.263	0.042	0.041	0.555
SUMME(-)	-1.308	-0.284	-0.049	-0.074	-0.154	-0.511	-0.268	-0.167	-0.042	-0.382	-0.268
SUMME	-1.203	-0.016	0.544	1.997	1.008	-0.000	0.001	0.096	0.000	-0.342	0.288
FAKTOR	a*a			a			a*a				

INFOLGE EINZELMOMENT Mt=1

IN

	M 0	M 0.2	M 0.5	Q 0	Q 0.2	Q 0.5	T 0	T 0.2	T 0.5	q 0	q 0.5
0.0*L2	-0.100	-0.032	0.004	0.115	0.058	0.010	-0.063	-0.035	-0.011	-0.076	-0.023
0.1*L2	-0.141	-0.046	0.006	0.160	0.082	0.014	-0.088	-0.049	-0.015	-0.104	-0.032
0.2*L2	-0.188	-0.061	0.007	0.212	0.109	0.019	-0.116	-0.064	-0.019	-0.138	-0.042
0.3*L2	-0.236	-0.076	0.010	0.269	0.137	0.023	-0.148	-0.082	-0.025	-0.177	-0.053
0.4*L2	-0.282	-0.089	0.013	0.326	0.164	0.027	-0.181	-0.100	-0.031	-0.219	-0.064
0.5*L2	-0.320	-0.096	0.018	0.382	0.188	0.028	-0.216	-0.119	-0.039	-0.268	-0.074
0.6*L2	-0.347	-0.096	0.025	0.434	0.206	0.026	-0.252	-0.138	-0.048	-0.324	-0.082
0.7*L2	-0.359	-0.085	0.036	0.485	0.218	0.019	-0.293	-0.159	-0.060	-0.395	-0.087
0.8*L2	-0.356	-0.061	0.052	0.540	0.224	0.007	-0.343	-0.185	-0.076	-0.486	-0.091
0.9*L2	-0.344	-0.025	0.074	0.607	0.227	-0.011	-0.408	-0.218	-0.099	-0.611	-0.094
1.0*L2	-0.336	0.021	0.105	0.706	0.236	-0.035	-0.500	-0.265	-0.130	-0.782	-0.101
0.0*L1	-0.336	0.021	0.105	0.706	0.236	-0.035	0.500	-0.265	-0.130	-0.782	-0.101
0.1*L1	-0.344	0.068	0.143	0.781	0.264	-0.061	0.408	-0.333	-0.171	-0.611	-0.115
0.2*L1	-0.356	0.099	0.188	0.783	0.334	-0.084	0.343	-0.433	-0.224	-0.486	-0.147
									0.567		
0.3*L1	-0.359	0.097	0.236	0.735	0.395	-0.093	0.293	0.463	-0.293	-0.395	-0.207
0.4*L1	-0.347	0.076	0.278	0.659	0.398	-0.072	0.252	0.383	-0.382	-0.324	-0.310
0.5*L1	-0.320	0.051	0.297	0.569	0.365	-0.000	0.216	0.318	-0.500	-0.268	-0.474
									0.500		
0.6*L1	-0.282	0.031	0.278	0.474	0.315	0.072	0.181	0.261	0.382	-0.219	-0.310
0.7*L1	-0.236	0.018	0.236	0.383	0.258	0.093	0.148	0.210	0.293	-0.177	-0.207
0.8*L1	-0.188	0.011	0.188	0.300	0.203	0.084	0.116	0.164	0.224	-0.138	-0.147
0.9*L1	-0.141	0.009	0.143	0.227	0.154	0.061	0.088	0.124	0.171	-0.104	-0.115
0.0*L2	-0.100	0.011	0.105	0.168	0.113	0.035	0.063	0.091	0.130	-0.076	-0.101
0.2*L2	-0.042	0.015	0.052	0.087	0.058	-0.007	0.030	0.044	0.076	-0.037	-0.091
0.4*L2	-0.014	0.017	0.025	0.045	0.029	-0.026	0.012	0.021	0.048	-0.017	-0.082
0.6*L2	-0.003	0.014	0.013	0.025	0.016	-0.027	0.005	0.010	0.031	-0.009	-0.064
0.8*L2	-0.000	0.009	0.007	0.015	0.009	-0.019	0.003	0.005	0.019	-0.005	-0.042
FAKTOR				1/a						1/(a*a)	

INFOLGE STRECKENMOMENT mt=1

IN FELD

	M 0	M 0.2	M 0.5	Q 0	Q 0.2	Q 0.5	T 0	T 0.2	T 0.5	q 0	q 0.5
3L	-0.083	-0.022	0.007	0.107	0.050	0.006	-0.063	-0.035	-0.012	-0.083	-0.020
2L	-1.118	-0.258	0.117	1.528	0.681	0.057	-0.927	-0.504	-0.192	-1.255	-0.273
1,BIS SPRUNG					0.217	-0.136		-0.271	-0.550		
1,REST	-1.118	0.191	0.840	2.145	0.929	0.136	0.927	0.898	0.550	-1.255	-0.840
2R	-0.083	0.051	0.117	0.201	0.132	-0.057	0.063	0.098	0.192	-0.082	-0.273
3R	-0.004	0.004	0.007	0.012	0.008	-0.006	0.004	0.006	0.012	-0.005	-0.020
SUMME(+)	0.000	0.246	1.087	3.994	2.016	0.198	0.994	1.001	0.755	0.000	0.000
SUMME(-)	-2.407	-0.280	0.000	0.000	0.000	-0.198	-0.991	-0.809	-0.755	-2.680	-1.425
SUMME	-2.407	-0.033	1.087	3.994	2.016	0.000	0.003	0.192	0.000	-2.680	-1.425
FAKTOR	a						a			1/a	

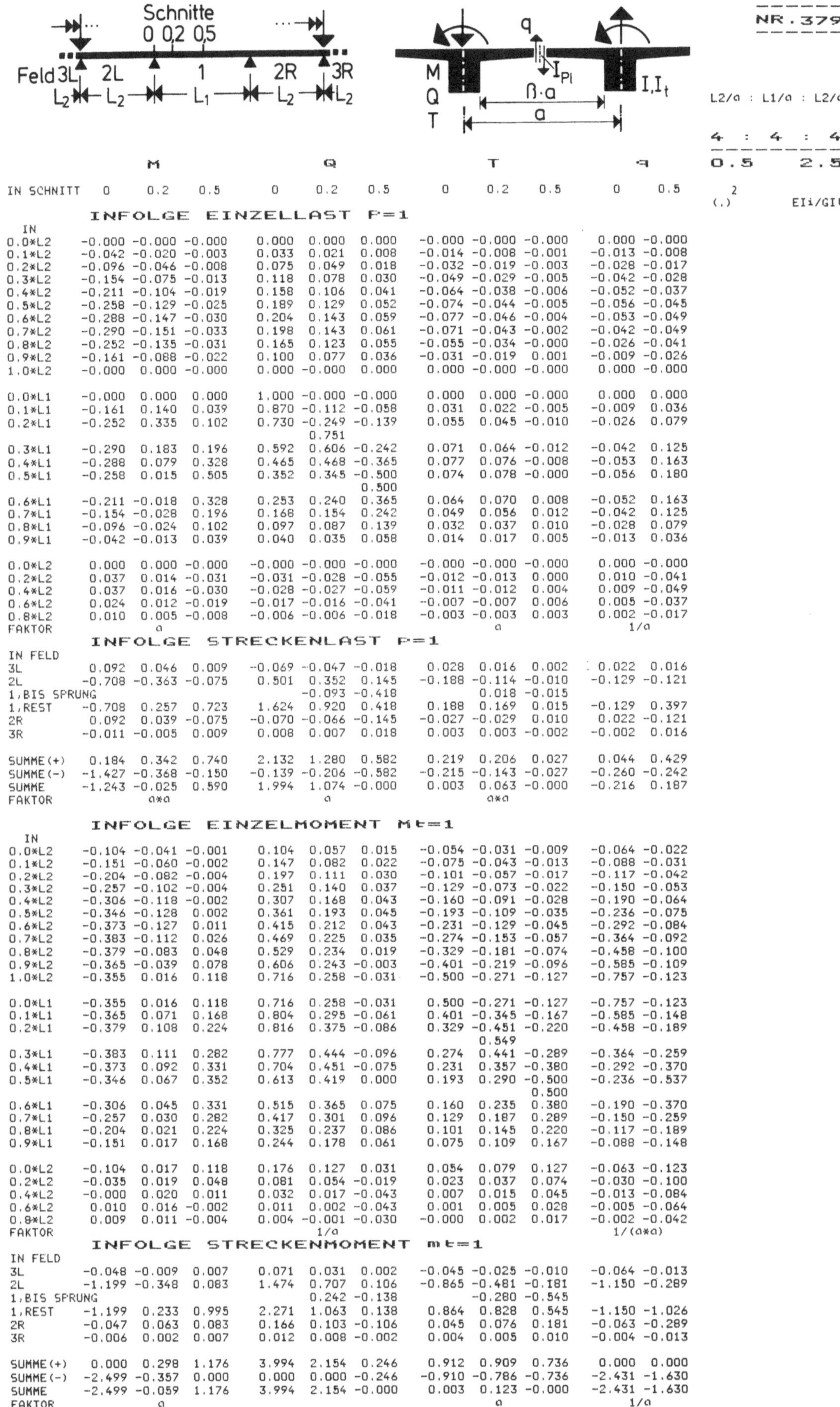

	M			Q			T			q	
IN SCHNITT	0	0.2	0.5	0	0.2	0.5	0	0.2	0.5	0	0.5

INFOLGE EINZELLAST P=1

IN											
0.0*L2	-0.000	-0.000	-0.000	0.000	0.000	0.000	-0.000	-0.000	-0.000	0.000	-0.000
0.1*L2	-0.042	-0.020	-0.003	0.033	0.021	0.008	-0.014	-0.008	-0.001	-0.013	-0.008
0.2*L2	-0.096	-0.046	-0.008	0.075	0.049	0.018	-0.032	-0.019	-0.003	-0.028	-0.017
0.3*L2	-0.154	-0.075	-0.013	0.118	0.078	0.030	-0.049	-0.029	-0.005	-0.042	-0.028
0.4*L2	-0.211	-0.104	-0.019	0.158	0.106	0.041	-0.064	-0.038	-0.006	-0.052	-0.037
0.5*L2	-0.258	-0.129	-0.025	0.189	0.129	0.052	-0.074	-0.044	-0.005	-0.056	-0.045
0.6*L2	-0.288	-0.147	-0.030	0.204	0.143	0.059	-0.077	-0.046	-0.004	-0.053	-0.049
0.7*L2	-0.290	-0.151	-0.033	0.198	0.143	0.061	-0.071	-0.043	-0.002	-0.042	-0.049
0.8*L2	-0.252	-0.135	-0.031	0.165	0.123	0.055	-0.055	-0.034	-0.000	-0.026	-0.041
0.9*L2	-0.161	-0.088	-0.022	0.100	0.077	0.036	-0.031	-0.019	0.001	-0.009	-0.026
1.0*L2	-0.000	0.000	-0.000	0.000	-0.000	0.000	0.000	-0.000	-0.000	0.000	-0.000
0.0*L1	-0.000	0.000	0.000	1.000	-0.000	-0.000	0.000	0.000	-0.000	0.000	0.000
0.1*L1	-0.161	0.140	0.039	0.870	-0.112	-0.058	0.031	0.022	-0.005	-0.009	0.036
0.2*L1	-0.252	0.335	0.102	0.730	-0.249	-0.139	0.055	0.045	-0.010	-0.026	0.079
					0.751						
0.3*L1	-0.290	0.183	0.196	0.592	0.606	-0.242	0.071	0.064	-0.012	-0.042	0.125
0.4*L1	-0.288	0.079	0.328	0.465	0.468	-0.365	0.077	0.076	-0.008	-0.053	0.163
0.5*L1	-0.258	0.015	0.505	0.352	0.345	-0.500	0.074	0.078	-0.000	-0.056	0.180
					0.500						
0.6*L1	-0.211	-0.018	0.328	0.253	0.240	0.365	0.064	0.070	0.008	-0.052	0.163
0.7*L1	-0.154	-0.028	0.196	0.168	0.154	0.242	0.049	0.056	0.012	-0.042	0.125
0.8*L1	-0.096	-0.024	0.102	0.097	0.087	0.139	0.032	0.037	0.010	-0.028	0.079
0.9*L1	-0.042	-0.013	0.039	0.040	0.035	0.058	0.014	0.017	0.005	-0.013	0.036
0.0*L2	0.000	0.000	-0.000	-0.000	-0.000	-0.000	-0.000	-0.000	-0.000	0.000	-0.000
0.2*L2	0.037	0.014	-0.031	-0.031	-0.028	-0.055	-0.012	-0.013	0.000	0.010	-0.041
0.4*L2	0.037	0.016	-0.030	-0.028	-0.027	-0.059	-0.011	-0.012	0.004	0.009	-0.049
0.6*L2	0.024	0.012	-0.019	-0.017	-0.016	-0.041	-0.007	-0.007	0.006	0.005	-0.037
0.8*L2	0.010	0.005	-0.008	-0.006	-0.006	-0.018	-0.003	-0.003	0.003	0.002	-0.017
FAKTOR		a						a		1/a	

INFOLGE STRECKENLAST P=1

IN FELD											
3L	0.092	0.046	0.009	-0.069	-0.047	-0.018	0.028	0.016	0.002	0.022	0.016
2L	-0.708	-0.363	-0.075	0.501	0.352	0.145	-0.188	-0.114	-0.010	-0.129	-0.121
1,BIS SPRUNG					-0.093	-0.418		0.018	-0.015		
1,REST	-0.708	0.257	0.723	1.624	0.920	0.418	0.188	0.169	0.015	-0.129	0.397
2R	0.092	0.039	-0.075	-0.070	-0.066	-0.145	-0.027	-0.029	0.010	0.022	-0.121
3R	-0.011	-0.005	0.009	0.008	0.007	0.018	0.003	0.003	-0.002	-0.002	0.016
SUMME(+)	0.184	0.342	0.740	2.132	1.280	0.582	0.219	0.206	0.027	0.044	0.429
SUMME(-)	-1.427	-0.368	-0.150	-0.139	-0.206	-0.582	-0.215	-0.143	-0.027	-0.260	-0.242
SUMME	-1.243	-0.025	0.590	1.994	1.074	-0.000	0.003	0.063	-0.000	-0.216	0.187
FAKTOR		a*a			a			a*a		1/a	

INFOLGE EINZELMOMENT Mt=1

IN											
0.0*L2	-0.104	-0.041	-0.001	0.104	0.057	0.015	-0.054	-0.031	-0.009	-0.064	-0.022
0.1*L2	-0.151	-0.060	-0.002	0.147	0.082	0.022	-0.075	-0.043	-0.013	-0.088	-0.031
0.2*L2	-0.204	-0.082	-0.004	0.197	0.111	0.030	-0.101	-0.057	-0.017	-0.117	-0.042
0.3*L2	-0.257	-0.102	-0.004	0.251	0.140	0.037	-0.129	-0.073	-0.022	-0.150	-0.053
0.4*L2	-0.306	-0.118	-0.002	0.307	0.168	0.043	-0.160	-0.091	-0.028	-0.190	-0.064
0.5*L2	-0.346	-0.128	0.002	0.361	0.193	0.045	-0.193	-0.109	-0.035	-0.236	-0.075
0.6*L2	-0.373	-0.127	0.011	0.415	0.212	0.043	-0.231	-0.129	-0.045	-0.292	-0.084
0.7*L2	-0.383	-0.112	0.026	0.469	0.225	0.035	-0.274	-0.153	-0.057	-0.364	-0.092
0.8*L2	-0.379	-0.083	0.048	0.529	0.234	0.019	-0.329	-0.181	-0.074	-0.458	-0.100
0.9*L2	-0.365	-0.039	0.078	0.606	0.243	-0.003	-0.401	-0.219	-0.096	-0.585	-0.109
1.0*L2	-0.355	0.016	0.118	0.716	0.258	-0.031	-0.500	-0.271	-0.127	-0.757	-0.123
0.0*L1	-0.355	0.016	0.118	0.716	0.258	-0.031	0.500	-0.271	-0.127	-0.757	-0.123
0.1*L1	-0.365	0.071	0.168	0.804	0.295	-0.061	0.401	-0.345	-0.167	-0.585	-0.148
0.2*L1	-0.379	0.108	0.224	0.816	0.375	-0.086	0.329	-0.451	-0.220	-0.458	-0.189
					0.549						
0.3*L1	-0.383	0.111	0.282	0.777	0.444	-0.096	0.274	0.441	-0.289	-0.364	-0.259
0.4*L1	-0.373	0.092	0.331	0.704	0.451	-0.075	0.231	0.357	-0.380	-0.292	-0.370
0.5*L1	-0.346	0.067	0.352	0.613	0.419	0.000	0.193	0.290	-0.500	-0.236	-0.537
								0.500			
0.6*L1	-0.306	0.045	0.331	0.515	0.365	0.075	0.160	0.235	0.380	-0.190	-0.370
0.7*L1	-0.257	0.030	0.282	0.417	0.301	0.096	0.129	0.187	0.289	-0.150	-0.259
0.8*L1	-0.204	0.021	0.224	0.325	0.237	0.086	0.101	0.145	0.220	-0.117	-0.189
0.9*L1	-0.151	0.017	0.168	0.244	0.178	0.061	0.075	0.109	0.167	-0.088	-0.148
0.0*L2	-0.104	0.017	0.118	0.176	0.127	0.031	0.054	0.079	0.127	-0.063	-0.123
0.2*L2	-0.035	0.019	0.048	0.081	0.054	-0.019	0.023	0.037	0.074	-0.030	-0.100
0.4*L2	-0.000	0.020	0.011	0.032	0.017	-0.043	0.007	0.015	0.045	-0.013	-0.084
0.6*L2	0.010	0.016	-0.002	0.011	0.002	-0.043	0.001	0.005	0.028	-0.005	-0.064
0.8*L2	0.009	0.011	-0.004	0.004	-0.001	-0.030	-0.000	0.002	0.017	-0.002	-0.042
FAKTOR					1/a					1/(a*a)	

INFOLGE STRECKENMOMENT mt=1

IN FELD											
3L	-0.048	-0.009	0.007	0.071	0.031	0.002	-0.045	-0.025	-0.010	-0.064	-0.013
2L	-1.199	-0.348	0.083	1.474	0.707	0.106	-0.865	-0.481	-0.181	-1.150	-0.289
1,BIS SPRUNG					0.242	-0.138		-0.280	-0.545		
1,REST	-1.199	0.233	0.995	2.271	1.063	0.138	0.864	0.828	0.545	-1.150	-1.026
2R	-0.047	0.063	0.083	0.166	0.103	-0.106	0.045	0.076	0.181	-0.063	-0.289
3R	-0.006	0.002	0.007	0.012	0.008	-0.002	0.004	0.005	0.010	-0.004	-0.013
SUMME(+)	0.000	0.298	1.176	3.994	2.154	0.246	0.912	0.909	0.736	0.000	0.000
SUMME(-)	-2.499	-0.357	0.000	0.000	0.000	-0.246	-0.910	-0.786	-0.736	-2.431	-1.630
SUMME	-2.499	-0.059	1.176	3.994	2.154	-0.000	0.003	0.123	-0.000	-2.431	-1.630
FAKTOR		a						a		1/a	

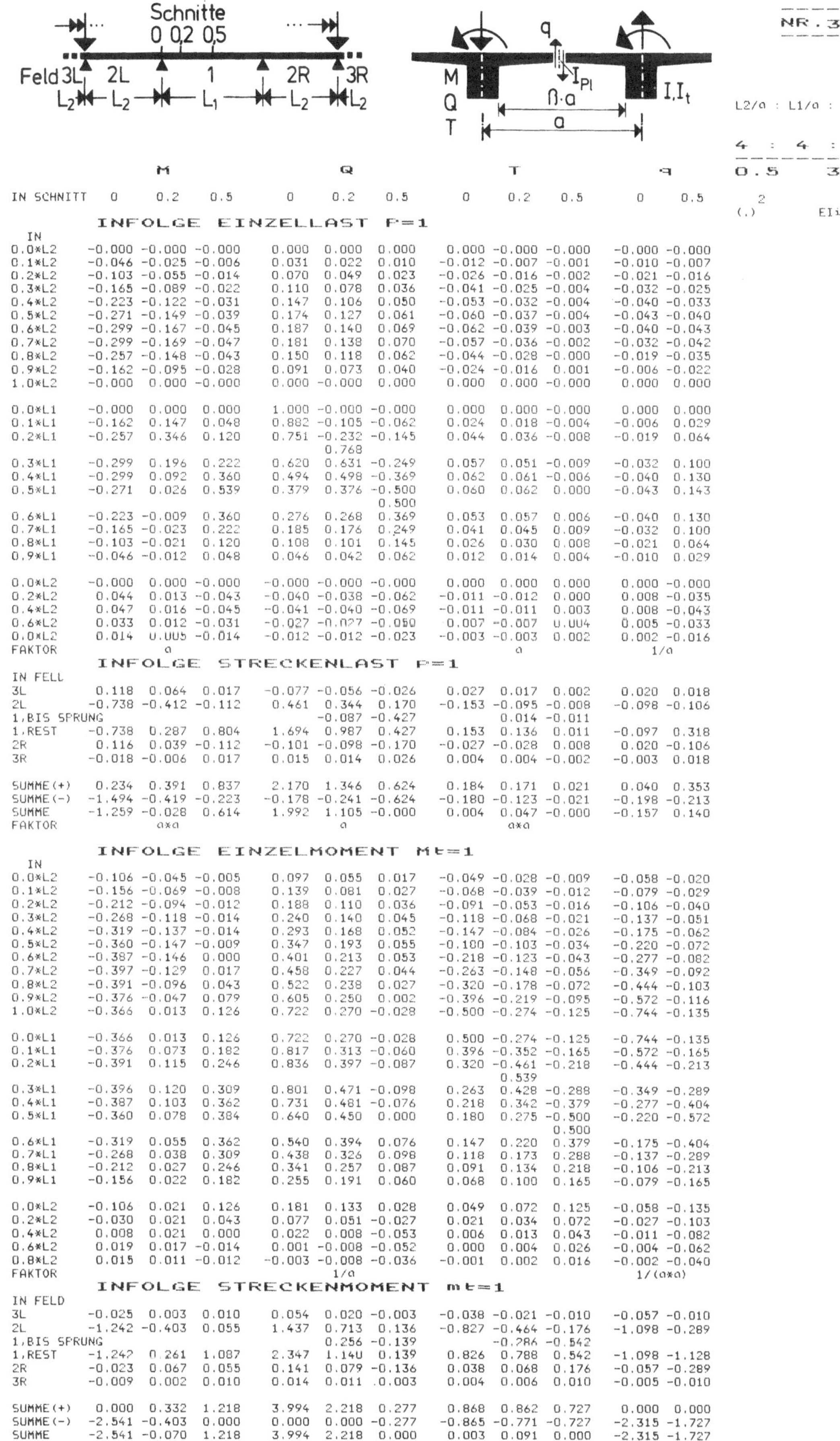

Column groups: **M** (IN SCHNITT 0, 0.2, 0.5), **Q** (0, 0.2, 0.5), **T** (0, 0.2, 0.5), **q** (0, 0.5)

INFOLGE EINZELLAST P=1

IN

IN SCHNITT	M 0	M 0.2	M 0.5	Q 0	Q 0.2	Q 0.5	T 0	T 0.2	T 0.5	q 0	q 0.5
0.0*L2	-0.000	-0.000	-0.000	0.000	0.000	0.000	0.000	-0.000	-0.000	-0.000	-0.000
0.1*L2	-0.046	-0.025	-0.006	0.031	0.022	0.010	-0.012	-0.007	-0.001	-0.010	-0.007
0.2*L2	-0.103	-0.055	-0.014	0.070	0.049	0.023	-0.026	-0.016	-0.002	-0.021	-0.016
0.3*L2	-0.165	-0.089	-0.022	0.110	0.078	0.036	-0.041	-0.025	-0.004	-0.032	-0.025
0.4*L2	-0.223	-0.122	-0.031	0.147	0.106	0.050	-0.053	-0.032	-0.004	-0.040	-0.033
0.5*L2	-0.271	-0.149	-0.039	0.174	0.127	0.061	-0.060	-0.037	-0.004	-0.043	-0.040
0.6*L2	-0.299	-0.167	-0.045	0.187	0.140	0.069	-0.062	-0.039	-0.003	-0.040	-0.043
0.7*L2	-0.299	-0.169	-0.047	0.181	0.138	0.070	-0.057	-0.036	-0.002	-0.032	-0.042
0.8*L2	-0.257	-0.148	-0.043	0.150	0.118	0.062	-0.044	-0.028	-0.000	-0.019	-0.035
0.9*L2	-0.162	-0.095	-0.028	0.091	0.073	0.040	-0.024	-0.016	0.001	-0.006	-0.022
1.0*L2	-0.000	-0.000	-0.000	0.000	-0.000	-0.000	0.000	0.000	-0.000	0.000	0.000
0.0*L1	-0.000	0.000	0.000	1.000	-0.000	-0.000	0.000	0.000	-0.000	0.000	0.000
0.1*L1	-0.162	0.147	0.048	0.882	-0.105	-0.062	0.024	0.018	-0.004	-0.006	0.029
0.2*L1	-0.257	0.346	0.120	0.751	-0.232	-0.145	0.044	0.036	-0.008	-0.019	0.064
(Sprung)				0.768							
0.3*L1	-0.299	0.196	0.222	0.620	0.631	-0.249	0.057	0.051	-0.009	-0.032	0.100
0.4*L1	-0.299	0.092	0.360	0.494	0.498	-0.369	0.062	0.061	-0.006	-0.040	0.130
0.5*L1	-0.271	0.026	0.539	0.379	0.376	-0.500	0.060	0.062	0.000	-0.043	0.143
(Sprung)						0.500					
0.6*L1	-0.223	-0.009	0.360	0.276	0.268	0.369	0.053	0.057	0.006	-0.040	0.130
0.7*L1	-0.165	-0.023	0.222	0.185	0.176	0.249	0.041	0.045	0.009	-0.032	0.100
0.8*L1	-0.103	-0.021	0.120	0.108	0.101	0.145	0.026	0.030	0.008	-0.021	0.064
0.9*L1	-0.046	-0.012	0.048	0.046	0.042	0.062	0.012	0.014	0.004	-0.010	0.029
0.0*L2	-0.000	0.000	-0.000	-0.000	-0.000	-0.000	0.000	0.000	0.000	0.000	-0.000
0.2*L2	0.044	0.013	-0.043	-0.040	-0.038	-0.062	-0.011	-0.012	0.000	0.008	-0.035
0.4*L2	0.047	0.016	-0.045	-0.041	-0.040	-0.069	-0.011	-0.011	0.003	0.008	-0.043
0.6*L2	0.033	0.012	-0.031	-0.027	-0.027	-0.050	0.007	-0.007	0.004	0.005	-0.033
0.8*L2	0.014	0.005	-0.014	-0.012	-0.012	-0.023	-0.003	-0.003	0.002	0.002	-0.016
FAKTOR	a						a			1/a	

INFOLGE STRECKENLAST P=1

IN FELD

	M 0	M 0.2	M 0.5	Q 0	Q 0.2	Q 0.5	T 0	T 0.2	T 0.5	q 0	q 0.5
3L	0.118	0.064	0.017	-0.077	-0.056	-0.026	0.027	0.017	0.002	0.020	0.018
2L	-0.738	-0.412	-0.112	0.461	0.344	0.170	-0.153	-0.095	-0.008	-0.098	-0.106
1,BIS SPRUNG					-0.087	-0.427		0.014	-0.011		
1,REST	-0.738	0.287	0.804	1.694	0.987	0.427	0.153	0.136	0.011	-0.097	0.318
2R	0.116	0.039	-0.112	-0.101	-0.098	-0.170	-0.027	-0.028	0.008	0.020	-0.106
3R	-0.018	-0.006	0.017	0.015	0.014	0.026	0.004	0.004	-0.002	-0.003	0.018
SUMME(+)	0.234	0.391	0.837	2.170	1.346	0.624	0.184	0.171	0.021	0.040	0.353
SUMME(-)	-1.494	-0.419	-0.223	-0.178	-0.241	-0.624	-0.180	-0.123	-0.021	-0.198	-0.213
SUMME	-1.259	-0.028	0.614	1.992	1.105	-0.000	0.004	0.047	-0.000	-0.157	0.140
FAKTOR	a×a			a			a×a				

INFOLGE EINZELMOMENT Mt=1

IN

IN SCHNITT	M 0	M 0.2	M 0.5	Q 0	Q 0.2	Q 0.5	T 0	T 0.2	T 0.5	q 0	q 0.5
0.0*L2	-0.106	-0.045	-0.005	0.097	0.055	0.017	-0.049	-0.028	-0.009	-0.058	-0.020
0.1*L2	-0.156	-0.069	-0.008	0.139	0.081	0.027	-0.068	-0.039	-0.012	-0.079	-0.029
0.2*L2	-0.212	-0.094	-0.012	0.188	0.110	0.036	-0.091	-0.053	-0.016	-0.106	-0.040
0.3*L2	-0.268	-0.118	-0.014	0.240	0.140	0.045	-0.118	-0.068	-0.021	-0.137	-0.051
0.4*L2	-0.319	-0.137	-0.014	0.293	0.168	0.052	-0.147	-0.084	-0.026	-0.175	-0.062
0.5*L2	-0.360	-0.147	-0.009	0.347	0.193	0.055	-0.180	-0.103	-0.034	-0.220	-0.072
0.6*L2	-0.387	-0.146	0.000	0.401	0.213	0.053	-0.218	-0.123	-0.043	-0.277	-0.082
0.7*L2	-0.397	-0.129	0.017	0.458	0.227	0.044	-0.263	-0.148	-0.056	-0.349	-0.092
0.8*L2	-0.391	-0.096	0.043	0.522	0.238	0.027	-0.320	-0.178	-0.072	-0.444	-0.103
0.9*L2	-0.376	-0.047	0.079	0.605	0.250	0.002	-0.396	-0.219	-0.095	-0.572	-0.116
1.0*L2	-0.366	0.013	0.126	0.722	0.270	-0.028	-0.500	-0.274	-0.125	-0.744	-0.135
0.0*L1	-0.366	0.013	0.126	0.722	0.270	-0.028	0.500	-0.274	-0.125	-0.744	-0.135
0.1*L1	-0.376	0.073	0.182	0.817	0.313	-0.060	0.396	-0.352	-0.165	-0.572	-0.165
0.2*L1	-0.391	0.115	0.246	0.836	0.397	-0.087	0.320	-0.461	-0.218	-0.444	-0.213
(Sprung)								0.539			
0.3*L1	-0.396	0.120	0.309	0.801	0.471	-0.098	0.263	0.428	-0.288	-0.349	-0.289
0.4*L1	-0.387	0.103	0.362	0.731	0.481	-0.076	0.218	0.342	-0.379	-0.277	-0.404
0.5*L1	-0.360	0.078	0.384	0.640	0.450	0.000	0.180	0.275	-0.500	-0.220	-0.572
(Sprung)									0.500		
0.6*L1	-0.319	0.055	0.362	0.540	0.394	0.076	0.147	0.220	0.379	-0.175	-0.404
0.7*L1	-0.268	0.038	0.309	0.438	0.326	0.098	0.118	0.173	0.288	-0.137	-0.289
0.8*L1	-0.212	0.027	0.246	0.341	0.257	0.087	0.091	0.134	0.218	-0.106	-0.213
0.9*L1	-0.156	0.022	0.182	0.255	0.191	0.060	0.068	0.100	0.165	-0.079	-0.165
0.0*L2	-0.106	0.021	0.126	0.181	0.133	0.028	0.049	0.072	0.125	-0.058	-0.135
0.2*L2	-0.030	0.021	0.043	0.077	0.051	-0.027	0.021	0.034	0.072	-0.027	-0.103
0.4*L2	0.008	0.021	0.000	0.022	0.008	-0.053	0.006	0.013	0.043	-0.011	-0.082
0.6*L2	0.019	0.017	-0.014	0.001	-0.008	-0.052	0.000	0.004	0.026	-0.004	-0.062
0.8*L2	0.015	0.011	-0.012	-0.003	-0.008	-0.036	-0.001	0.002	0.016	-0.002	-0.040
FAKTOR				1/a						1/(a×a)	

INFOLGE STRECKENMOMENT mt=1

IN FELD

	M 0	M 0.2	M 0.5	Q 0	Q 0.2	Q 0.5	T 0	T 0.2	T 0.5	q 0	q 0.5
3L	-0.025	0.003	0.010	0.054	0.020	-0.003	-0.038	-0.021	-0.010	-0.057	-0.010
2L	-1.242	-0.403	0.055	1.437	0.713	0.136	-0.827	-0.464	-0.176	-1.098	-0.289
1,BIS SPRUNG					0.256	-0.139		-0.286	-0.542		
1,REST	-1.242	0.261	1.087	2.347	1.140	0.139	0.826	0.788	0.542	-1.098	-1.128
2R	-0.023	0.067	0.055	0.141	0.079	-0.136	0.038	0.068	0.176	-0.057	-0.289
3R	-0.009	0.002	0.010	0.014	0.011	0.003	0.004	0.006	0.010	-0.005	-0.010
SUMME(+)	0.000	0.332	1.218	3.994	2.218	0.277	0.868	0.862	0.727	0.000	0.000
SUMME(-)	-2.541	-0.403	0.000	0.000	0.000	-0.277	-0.865	-0.771	-0.727	-2.315	-1.727
SUMME	-2.541	-0.070	1.218	3.994	2.218	0.000	0.003	0.091	0.000	-2.315	-1.727
FAKTOR	a						a			1/a	

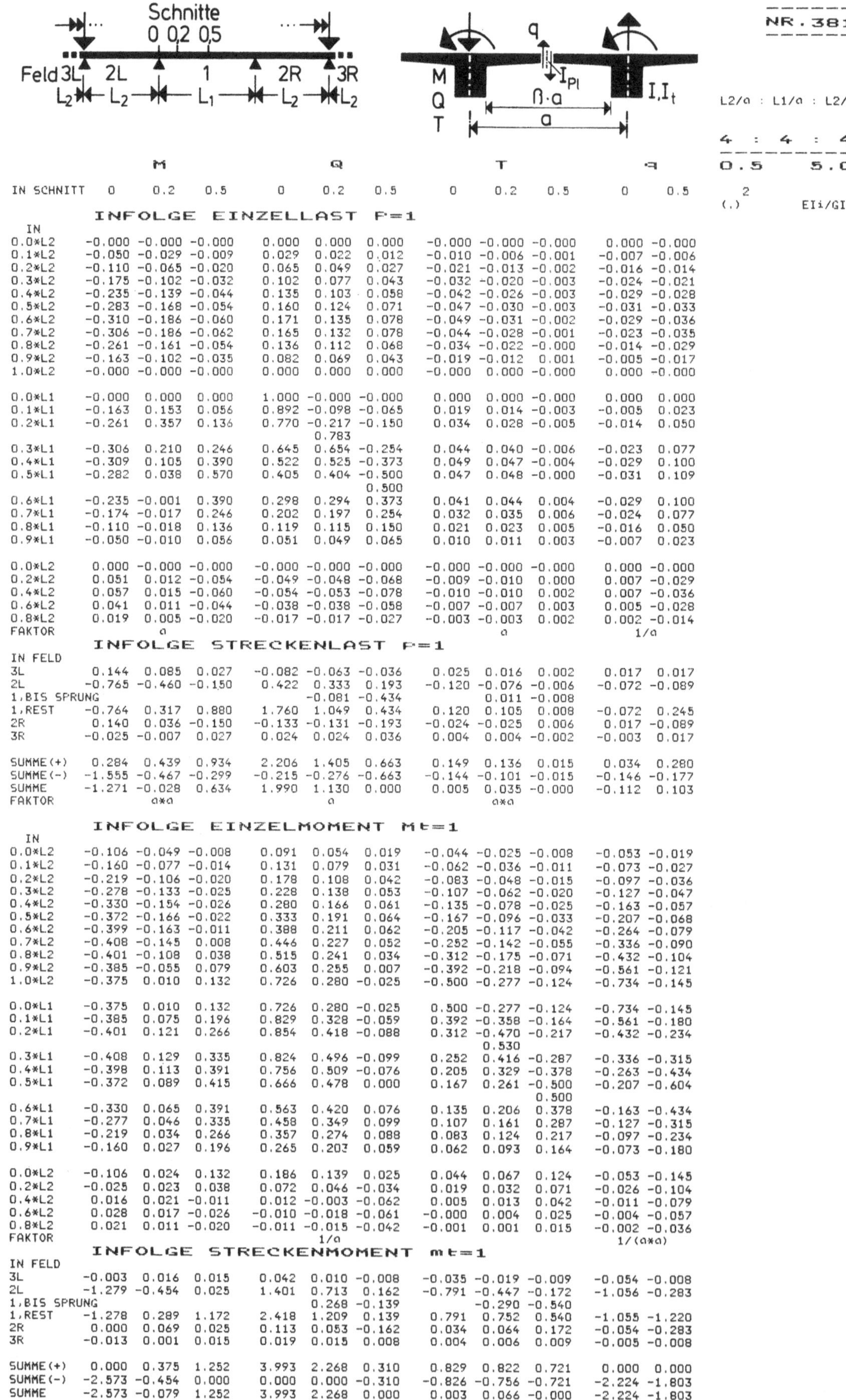

IN SCHNITT	M 0	M 0.2	M 0.5	Q 0	Q 0.2	Q 0.5	T 0	T 0.2	T 0.5	q 0	q 0.5

INFOLGE EINZELLAST P=1

IN

IN SCHNITT	M 0	M 0.2	M 0.5	Q 0	Q 0.2	Q 0.5	T 0	T 0.2	T 0.5	q 0	q 0.5
0.0*L2	-0.000	-0.000	-0.000	0.000	0.000	0.000	-0.000	-0.000	-0.000	0.000	-0.000
0.1*L2	-0.050	-0.029	-0.009	0.029	0.022	0.012	-0.010	-0.006	-0.001	-0.007	-0.006
0.2*L2	-0.110	-0.065	-0.020	0.065	0.049	0.027	-0.021	-0.013	-0.002	-0.016	-0.014
0.3*L2	-0.175	-0.102	-0.032	0.102	0.077	0.043	-0.032	-0.020	-0.003	-0.024	-0.021
0.4*L2	-0.235	-0.139	-0.044	0.135	0.103	0.058	-0.042	-0.026	-0.003	-0.029	-0.028
0.5*L2	-0.283	-0.168	-0.054	0.160	0.124	0.071	-0.047	-0.030	-0.003	-0.031	-0.033
0.6*L2	-0.310	-0.186	-0.060	0.171	0.135	0.078	-0.049	-0.031	-0.002	-0.029	-0.036
0.7*L2	-0.306	-0.186	-0.062	0.165	0.132	0.078	-0.044	-0.028	-0.001	-0.023	-0.035
0.8*L2	-0.261	-0.161	-0.054	0.136	0.112	0.068	-0.034	-0.022	-0.000	-0.014	-0.029
0.9*L2	-0.163	-0.102	-0.035	0.082	0.069	0.043	-0.019	-0.012	0.001	-0.005	-0.017
1.0*L2	-0.000	-0.000	-0.000	0.000	0.000	0.000	-0.000	0.000	0.000	0.000	-0.000
0.0*L1	-0.000	0.000	0.000	1.000	-0.000	-0.000	0.000	0.000	-0.000	0.000	0.000
0.1*L1	-0.163	0.153	0.056	0.892	-0.098	-0.065	0.019	0.014	-0.003	-0.005	0.023
0.2*L1	-0.261	0.357	0.136	0.770	-0.217	-0.150	0.034	0.028	-0.005	-0.014	0.050
(0.2*L1)				0.783							
0.3*L1	-0.306	0.210	0.246	0.645	0.654	-0.254	0.044	0.040	-0.006	-0.023	0.077
0.4*L1	-0.309	0.105	0.390	0.522	0.525	-0.373	0.049	0.047	-0.004	-0.029	0.100
0.5*L1	-0.282	0.038	0.570	0.405	0.404	-0.500	0.047	0.048	-0.000	-0.031	0.109
(0.5*L1)						0.500					
0.6*L1	-0.235	-0.001	0.390	0.298	0.294	0.373	0.041	0.044	0.004	-0.029	0.100
0.7*L1	-0.174	-0.017	0.246	0.202	0.197	0.254	0.032	0.035	0.006	-0.024	0.077
0.8*L1	-0.110	-0.018	0.136	0.119	0.115	0.150	0.021	0.023	0.005	-0.016	0.050
0.9*L1	-0.050	-0.010	0.056	0.051	0.049	0.065	0.010	0.011	0.003	-0.007	0.023
0.0*L2	0.000	-0.000	-0.000	-0.000	-0.000	-0.000	-0.000	-0.000	-0.000	0.000	-0.000
0.2*L2	0.051	0.012	-0.054	-0.049	-0.048	-0.068	-0.009	-0.010	0.000	0.007	-0.029
0.4*L2	0.057	0.015	-0.060	-0.054	-0.053	-0.078	-0.010	-0.010	0.002	0.007	-0.036
0.6*L2	0.041	0.011	-0.044	-0.038	-0.038	-0.058	-0.007	-0.007	0.003	0.005	-0.028
0.8*L2	0.019	0.005	-0.020	-0.017	-0.017	-0.027	-0.003	-0.003	0.002	0.002	-0.014
FAKTOR		a						a		1/a	

INFOLGE STRECKENLAST P=1

IN FELD

IN FELD	M 0	M 0.2	M 0.5	Q 0	Q 0.2	Q 0.5	T 0	T 0.2	T 0.5	q 0	q 0.5
3L	0.144	0.085	0.027	-0.082	-0.063	-0.036	0.025	0.016	0.002	0.017	0.017
2L	-0.765	-0.460	-0.150	0.422	0.333	0.193	-0.120	-0.076	-0.006	-0.072	-0.089
1,BIS SPRUNG					-0.081	-0.434		0.011	-0.008		
1,REST	-0.764	0.317	0.880	1.760	1.049	0.434	0.120	0.105	0.008	-0.072	0.245
2R	0.140	0.036	-0.150	-0.133	-0.131	-0.193	-0.024	-0.025	0.006	0.017	-0.089
3R	-0.025	-0.007	0.027	0.024	0.024	0.036	0.004	0.004	-0.002	-0.003	0.017
SUMME(+)	0.284	0.439	0.934	2.206	1.405	0.663	0.149	0.136	0.015	0.034	0.280
SUMME(-)	-1.555	-0.467	-0.299	-0.215	-0.276	-0.663	-0.144	-0.101	-0.015	-0.146	-0.177
SUMME	-1.271	-0.028	0.634	1.990	1.130	0.000	0.005	0.035	-0.000	-0.112	0.103
FAKTOR		a*a			a			a*a			

INFOLGE EINZELMOMENT Mt=1

IN

IN SCHNITT	M 0	M 0.2	M 0.5	Q 0	Q 0.2	Q 0.5	T 0	T 0.2	T 0.5	q 0	q 0.5
0.0*L2	-0.106	-0.049	-0.008	0.091	0.054	0.019	-0.044	-0.025	-0.008	-0.053	-0.019
0.1*L2	-0.160	-0.077	-0.014	0.131	0.079	0.031	-0.062	-0.036	-0.011	-0.073	-0.027
0.2*L2	-0.219	-0.106	-0.020	0.178	0.108	0.042	-0.083	-0.048	-0.015	-0.097	-0.036
0.3*L2	-0.278	-0.133	-0.025	0.228	0.138	0.053	-0.107	-0.062	-0.020	-0.127	-0.047
0.4*L2	-0.330	-0.154	-0.026	0.280	0.166	0.061	-0.135	-0.078	-0.025	-0.163	-0.057
0.5*L2	-0.372	-0.166	-0.022	0.333	0.191	0.064	-0.167	-0.096	-0.033	-0.207	-0.068
0.6*L2	-0.399	-0.163	-0.011	0.388	0.211	0.062	-0.205	-0.117	-0.042	-0.264	-0.079
0.7*L2	-0.408	-0.145	0.008	0.446	0.227	0.052	-0.252	-0.142	-0.055	-0.336	-0.090
0.8*L2	-0.401	-0.108	0.038	0.515	0.241	0.034	-0.312	-0.175	-0.071	-0.432	-0.104
0.9*L2	-0.385	-0.055	0.079	0.603	0.255	0.007	-0.392	-0.218	-0.094	-0.561	-0.121
1.0*L2	-0.375	0.010	0.132	0.726	0.280	-0.025	-0.500	-0.277	-0.124	-0.734	-0.145
0.0*L1	-0.375	0.010	0.132	0.726	0.280	-0.025	0.500	-0.277	-0.124	-0.734	-0.145
0.1*L1	-0.385	0.075	0.196	0.829	0.328	-0.059	0.392	-0.358	-0.164	-0.561	-0.180
0.2*L1	-0.401	0.121	0.266	0.854	0.418	-0.088	0.312	-0.470	-0.217	-0.432	-0.234
(0.2*L1)								0.530			
0.3*L1	-0.408	0.129	0.335	0.824	0.496	-0.099	0.252	0.416	-0.287	-0.336	-0.315
0.4*L1	-0.398	0.113	0.391	0.756	0.509	-0.076	0.205	0.329	-0.378	-0.263	-0.434
0.5*L1	-0.372	0.089	0.415	0.666	0.478	0.000	0.167	0.261	-0.500	-0.207	-0.604
(0.5*L1)									0.500		
0.6*L1	-0.330	0.065	0.391	0.563	0.420	0.076	0.135	0.206	0.378	-0.163	-0.434
0.7*L1	-0.277	0.046	0.335	0.458	0.349	0.099	0.107	0.161	0.287	-0.127	-0.315
0.8*L1	-0.219	0.034	0.266	0.357	0.274	0.088	0.083	0.124	0.217	-0.097	-0.234
0.9*L1	-0.160	0.027	0.196	0.265	0.203	0.059	0.062	0.093	0.164	-0.073	-0.180
0.0*L2	-0.106	0.024	0.132	0.186	0.139	0.025	0.044	0.067	0.124	-0.053	-0.145
0.2*L2	-0.025	0.023	0.038	0.072	0.046	-0.034	0.019	0.032	0.071	-0.026	-0.104
0.4*L2	0.016	0.021	-0.011	0.012	-0.003	-0.062	0.005	0.013	0.042	-0.011	-0.079
0.6*L2	0.028	0.017	-0.026	-0.010	-0.018	-0.061	-0.000	0.004	0.025	-0.004	-0.057
0.8*L2	0.021	0.011	-0.020	-0.011	-0.015	-0.042	-0.001	0.001	0.015	-0.002	-0.036
FAKTOR					1/a					1/(a*a)	

INFOLGE STRECKENMOMENT mt=1

IN FELD

IN FELD	M 0	M 0.2	M 0.5	Q 0	Q 0.2	Q 0.5	T 0	T 0.2	T 0.5	q 0	q 0.5
3L	-0.003	0.016	0.015	0.042	0.010	-0.008	-0.035	-0.019	-0.009	-0.054	-0.008
2L	-1.279	-0.454	0.025	1.401	0.713	0.162	-0.791	-0.447	-0.172	-1.056	-0.283
1,BIS SPRUNG					0.268	-0.139		-0.290	-0.540		
1,REST	-1.278	0.289	1.172	2.418	1.209	0.139	0.791	0.752	0.540	-1.055	-1.220
2R	0.000	0.069	0.025	0.113	0.053	-0.162	0.034	0.064	0.172	-0.054	-0.283
3R	-0.013	0.001	0.015	0.019	0.015	0.008	0.004	0.006	0.009	-0.005	-0.008
SUMME(+)	0.000	0.375	1.252	3.993	2.268	0.310	0.829	0.822	0.721	0.000	0.000
SUMME(-)	-2.573	-0.454	0.000	0.000	0.000	-0.310	-0.826	-0.756	-0.721	-2.224	-1.803
SUMME	-2.573	-0.079	1.252	3.993	2.268	0.000	0.003	0.066	-0.000	-2.224	-1.803
FAKTOR		a			a					1/a	

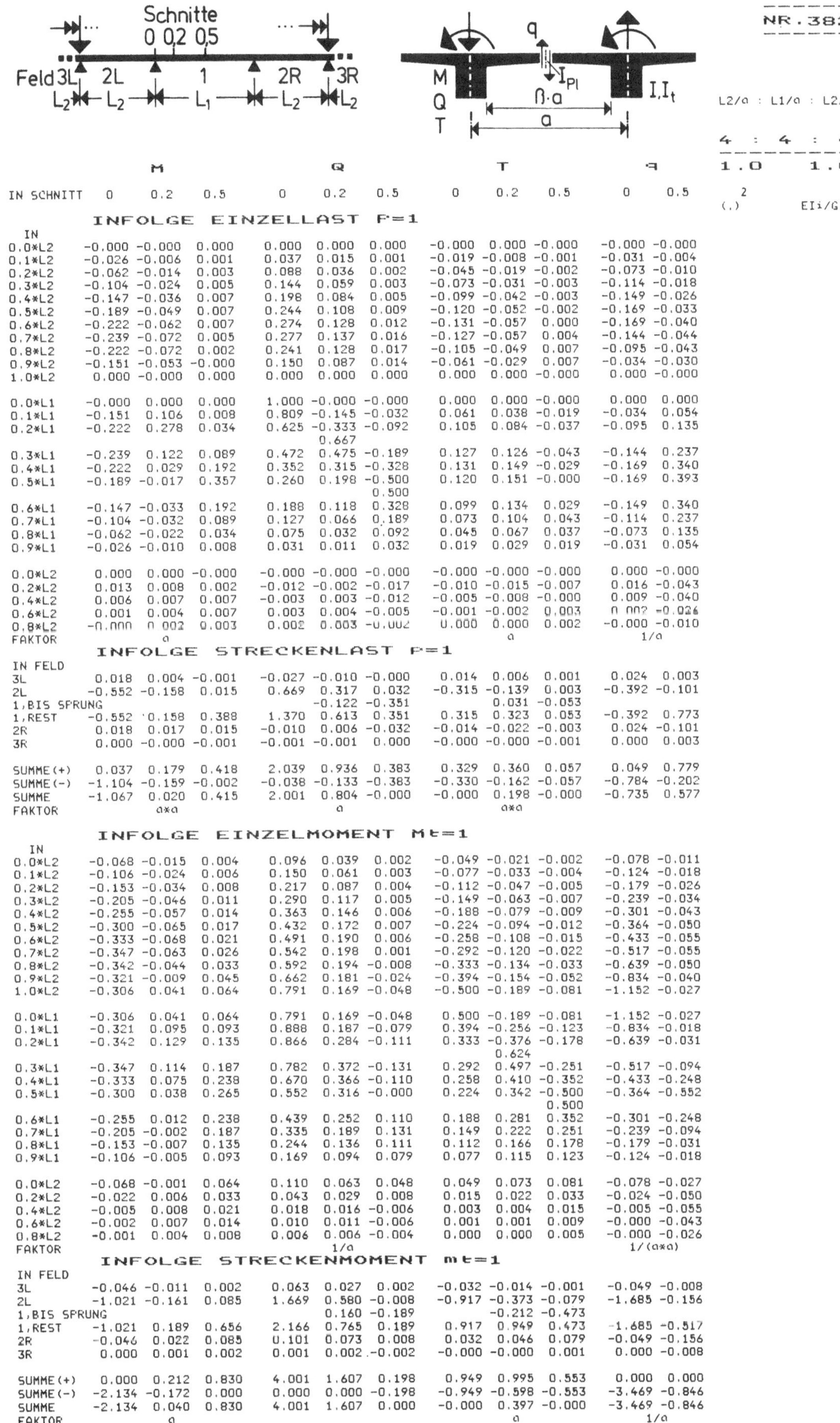

		M			Q			T			q
IN SCHNITT	0	0.2	0.5	0	0.2	0.5	0	0.2	0.5	0	0.5

INFOLGE EINZELLAST F=1

IN	M 0	M 0.2	M 0.5	Q 0	Q 0.2	Q 0.5	T 0	T 0.2	T 0.5	q 0	q 0.5
0.0*L2	-0.000	-0.000	0.000	0.000	0.000	0.000	-0.000	0.000	-0.000	-0.000	-0.000
0.1*L2	-0.026	-0.006	0.001	0.037	0.015	0.001	-0.019	-0.008	-0.001	-0.031	-0.004
0.2*L2	-0.062	-0.014	0.003	0.088	0.036	0.002	-0.045	-0.019	-0.002	-0.073	-0.010
0.3*L2	-0.104	-0.024	0.005	0.144	0.059	0.003	-0.073	-0.031	-0.003	-0.114	-0.018
0.4*L2	-0.147	-0.036	0.007	0.198	0.084	0.005	-0.099	-0.042	-0.003	-0.149	-0.026
0.5*L2	-0.189	-0.049	0.007	0.244	0.108	0.009	-0.120	-0.052	-0.002	-0.169	-0.033
0.6*L2	-0.222	-0.062	0.007	0.274	0.128	0.012	-0.131	-0.057	0.000	-0.169	-0.040
0.7*L2	-0.239	-0.072	0.005	0.277	0.137	0.016	-0.127	-0.057	0.004	-0.144	-0.044
0.8*L2	-0.222	-0.072	0.002	0.241	0.128	0.017	-0.105	-0.049	0.007	-0.095	-0.043
0.9*L2	-0.151	-0.053	-0.000	0.150	0.087	0.014	-0.061	-0.029	0.007	-0.034	-0.030
1.0*L2	0.000	-0.000	0.000	0.000	0.000	0.000	0.000	0.000	-0.000	0.000	-0.000
0.0*L1	-0.000	0.000	0.000	1.000	-0.000	-0.000	0.000	0.000	-0.000	0.000	0.000
0.1*L1	-0.151	0.106	0.008	0.809	-0.145	-0.032	0.061	0.038	-0.019	-0.034	0.054
0.2*L1	-0.222	0.278	0.034	0.625	-0.333	-0.092	0.105	0.084	-0.037	-0.095	0.135
				0.667							
0.3*L1	-0.239	0.122	0.089	0.472	0.475	-0.189	0.127	0.126	-0.043	-0.144	0.237
0.4*L1	-0.222	0.029	0.192	0.352	0.315	-0.328	0.131	0.149	-0.029	-0.169	0.340
0.5*L1	-0.189	-0.017	0.357	0.260	0.198	-0.500	0.120	0.151	-0.000	-0.169	0.393
						0.500					
0.6*L1	-0.147	-0.033	0.192	0.188	0.118	0.328	0.099	0.134	0.029	-0.149	0.340
0.7*L1	-0.104	-0.032	0.089	0.127	0.066	0.189	0.073	0.104	0.043	-0.114	0.237
0.8*L1	-0.062	-0.022	0.034	0.075	0.032	0.092	0.045	0.067	0.037	-0.073	0.135
0.9*L1	-0.026	-0.010	0.008	0.031	0.011	0.032	0.019	0.029	0.019	-0.031	0.054
0.0*L2	0.000	0.000	-0.000	-0.000	-0.000	-0.000	-0.000	-0.000	-0.000	0.000	-0.000
0.2*L2	0.013	0.008	0.002	-0.012	-0.002	-0.017	-0.010	-0.015	-0.007	0.016	-0.043
0.4*L2	0.006	0.007	0.007	-0.003	0.003	-0.012	-0.005	-0.008	-0.000	0.009	-0.040
0.6*L2	0.001	0.004	0.007	0.003	0.004	-0.005	-0.001	-0.002	0.003	0.002	-0.026
0.8*L2	-0.000	0.002	0.003	0.002	0.003	-0.002	0.000	0.000	0.002	-0.000	-0.010
FAKTOR		a						a		1/a	

INFOLGE STRECKENLAST P=1

IN FELD	M 0	M 0.2	M 0.5	Q 0	Q 0.2	Q 0.5	T 0	T 0.2	T 0.5	q 0	q 0.5
3L	0.018	0.004	-0.001	-0.027	-0.010	-0.000	0.014	0.006	0.001	0.024	0.003
2L	-0.552	-0.158	0.015	0.669	0.317	0.032	-0.315	-0.139	0.003	-0.392	-0.101
1,BIS SPRUNG					-0.122	-0.351		0.031	-0.053		
1,REST	-0.552	0.158	0.388	1.370	0.613	0.351	0.315	0.323	0.053	-0.392	0.773
2R	0.018	0.017	0.015	-0.010	0.006	-0.032	-0.014	-0.022	-0.003	0.024	-0.101
3R	0.000	-0.000	-0.001	-0.001	-0.001	0.000	-0.000	-0.000	-0.001	0.000	0.003
SUMME(+)	0.037	0.179	0.418	2.039	0.936	0.383	0.329	0.360	0.057	0.049	0.779
SUMME(-)	-1.104	-0.159	-0.002	-0.038	-0.133	-0.383	-0.330	-0.162	-0.057	-0.784	-0.202
SUMME	-1.067	0.020	0.415	2.001	0.804	-0.000	-0.000	0.198	-0.000	-0.735	0.577
FAKTOR		a*a			a			a*a			

INFOLGE EINZELMOMENT Mt=1

IN	M 0	M 0.2	M 0.5	Q 0	Q 0.2	Q 0.5	T 0	T 0.2	T 0.5	q 0	q 0.5
0.0*L2	-0.068	-0.015	0.004	0.096	0.039	0.002	-0.049	-0.021	-0.002	-0.078	-0.011
0.1*L2	-0.106	-0.024	0.006	0.150	0.061	0.003	-0.077	-0.033	-0.004	-0.124	-0.018
0.2*L2	-0.153	-0.034	0.008	0.217	0.087	0.004	-0.112	-0.047	-0.005	-0.179	-0.026
0.3*L2	-0.205	-0.046	0.011	0.290	0.117	0.005	-0.149	-0.063	-0.007	-0.239	-0.034
0.4*L2	-0.255	-0.057	0.014	0.363	0.146	0.006	-0.188	-0.079	-0.009	-0.301	-0.043
0.5*L2	-0.300	-0.065	0.017	0.432	0.172	0.007	-0.224	-0.094	-0.012	-0.364	-0.050
0.6*L2	-0.333	-0.068	0.021	0.491	0.190	0.006	-0.258	-0.108	-0.015	-0.433	-0.055
0.7*L2	-0.347	-0.063	0.026	0.542	0.198	0.001	-0.292	-0.120	-0.022	-0.517	-0.055
0.8*L2	-0.342	-0.044	0.033	0.592	0.194	-0.008	-0.333	-0.134	-0.033	-0.639	-0.050
0.9*L2	-0.321	-0.009	0.045	0.662	0.181	-0.024	-0.394	-0.154	-0.052	-0.834	-0.040
1.0*L2	-0.306	0.041	0.064	0.791	0.169	-0.048	-0.500	-0.189	-0.081	-1.152	-0.027
0.0*L1	-0.306	0.041	0.064	0.791	0.169	-0.048	0.500	-0.189	-0.081	-1.152	-0.027
0.1*L1	-0.321	0.095	0.093	0.888	0.187	-0.079	0.394	-0.256	-0.123	-0.834	-0.018
0.2*L1	-0.342	0.129	0.135	0.866	0.284	-0.111	0.333	-0.376	-0.178	-0.639	-0.031
							0.624				
0.3*L1	-0.347	0.114	0.187	0.782	0.372	-0.131	0.292	0.497	-0.251	-0.517	-0.094
0.4*L1	-0.333	0.075	0.238	0.670	0.366	-0.110	0.258	0.410	-0.352	-0.433	-0.248
0.5*L1	-0.300	0.038	0.265	0.552	0.316	-0.000	0.224	0.342	-0.500	-0.364	-0.552
									0.500		
0.6*L1	-0.255	0.012	0.238	0.439	0.252	0.110	0.188	0.281	0.352	-0.301	-0.248
0.7*L1	-0.205	-0.002	0.187	0.335	0.189	0.131	0.149	0.222	0.251	-0.239	-0.094
0.8*L1	-0.153	-0.007	0.135	0.244	0.136	0.111	0.112	0.166	0.178	-0.179	-0.031
0.9*L1	-0.106	-0.005	0.093	0.169	0.094	0.079	0.077	0.115	0.123	-0.124	-0.018
0.0*L2	-0.068	-0.001	0.064	0.110	0.063	0.048	0.049	0.073	0.081	-0.078	-0.027
0.2*L2	-0.022	0.006	0.033	0.043	0.029	0.008	0.015	0.022	0.033	-0.024	-0.050
0.4*L2	-0.005	0.008	0.021	0.018	0.016	-0.006	0.003	0.004	0.015	-0.005	-0.055
0.6*L2	-0.002	0.007	0.014	0.010	0.011	-0.006	0.001	0.001	0.009	-0.000	-0.043
0.8*L2	-0.001	0.004	0.008	0.006	0.006	-0.004	0.000	0.000	0.005	-0.000	-0.026
FAKTOR					1/a					1/(a*a)	

INFOLGE STRECKENMOMENT mt=1

IN FELD	M 0	M 0.2	M 0.5	Q 0	Q 0.2	Q 0.5	T 0	T 0.2	T 0.5	q 0	q 0.5
3L	-0.046	-0.011	0.002	0.063	0.027	0.002	-0.032	-0.014	-0.001	-0.049	-0.008
2L	-1.021	-0.161	0.085	1.669	0.580	-0.008	-0.917	-0.373	-0.079	-1.685	-0.156
1,BIS SPRUNG					0.160	-0.189		-0.212	-0.473		
1,REST	-1.021	0.189	0.656	2.166	0.765	0.189	0.917	0.949	0.473	-1.685	-0.517
2R	-0.046	0.022	0.085	0.101	0.073	0.008	0.032	0.046	0.079	-0.049	-0.156
3R	0.000	0.001	0.002	0.001	0.002	-0.002	-0.000	-0.000	0.001	0.000	-0.008
SUMME(+)	0.000	0.212	0.830	4.001	1.607	0.198	0.949	0.995	0.553	0.000	0.000
SUMME(-)	-2.134	-0.172	0.000	0.000	0.000	-0.198	-0.949	-0.598	-0.553	-3.469	-0.846
SUMME	-2.134	0.040	0.830	4.001	1.607	0.000	-0.000	0.397	-0.000	-3.469	-0.846
FAKTOR		a						a		1/a	

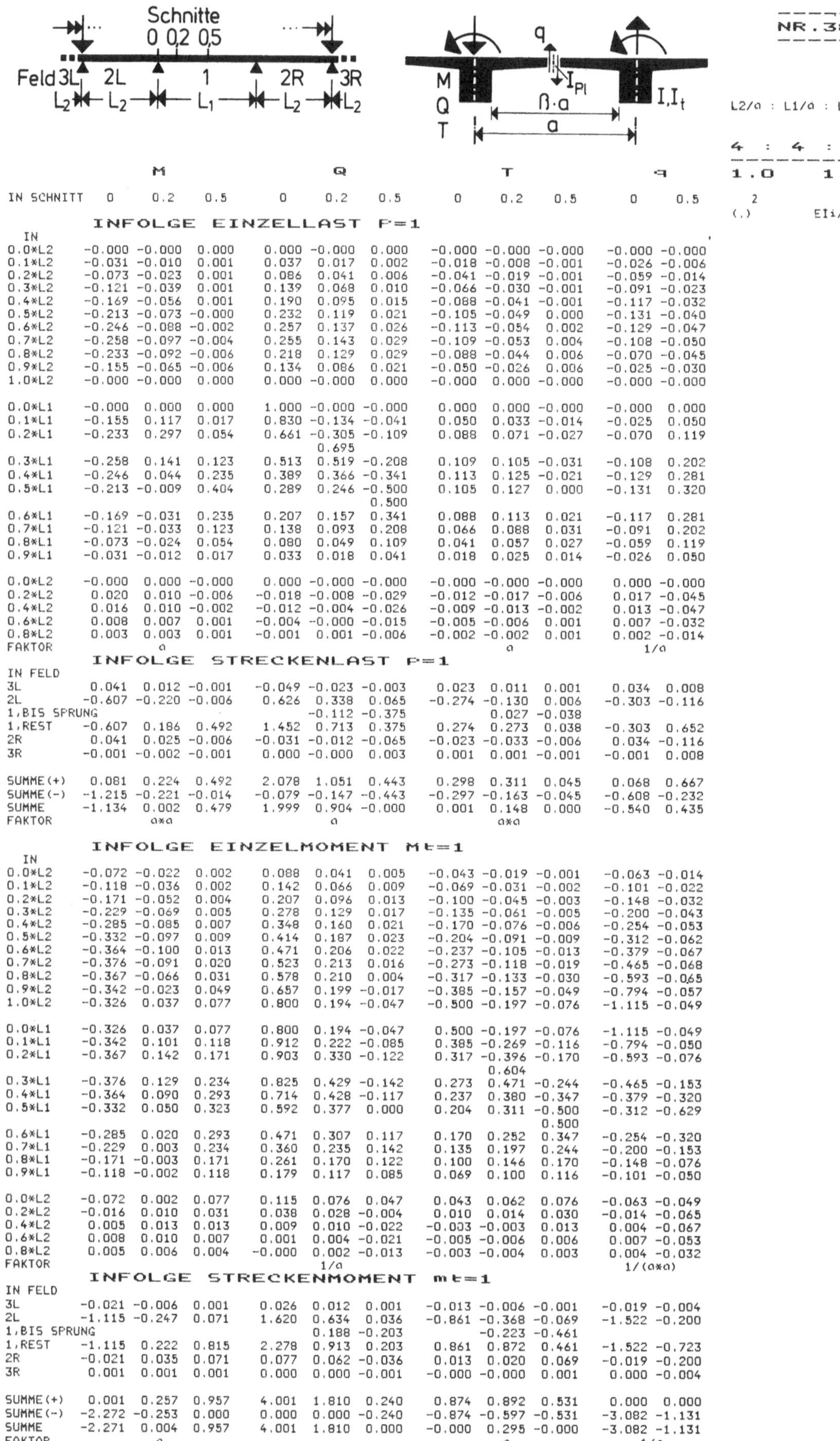

IN SCHNITT	M 0	M 0.2	M 0.5	Q 0	Q 0.2	Q 0.5	T 0	T 0.2	T 0.5	q 0	q 0.5

INFOLGE EINZELLAST P=1

IN	M 0	M 0.2	M 0.5	Q 0	Q 0.2	Q 0.5	T 0	T 0.2	T 0.5	q 0	q 0.5
0.0*L2	-0.000	-0.000	0.000	0.000	-0.000	0.000	-0.000	-0.000	-0.000	-0.000	-0.000
0.1*L2	-0.031	-0.010	0.001	0.037	0.017	0.002	-0.018	-0.008	-0.001	-0.026	-0.006
0.2*L2	-0.073	-0.023	0.001	0.086	0.041	0.006	-0.041	-0.019	-0.001	-0.059	-0.014
0.3*L2	-0.121	-0.039	0.001	0.139	0.068	0.010	-0.066	-0.030	-0.001	-0.091	-0.023
0.4*L2	-0.169	-0.056	0.001	0.190	0.095	0.015	-0.088	-0.041	-0.001	-0.117	-0.032
0.5*L2	-0.213	-0.073	-0.000	0.232	0.119	0.021	-0.105	-0.049	0.000	-0.131	-0.040
0.6*L2	-0.246	-0.088	-0.002	0.257	0.137	0.026	-0.113	-0.054	0.002	-0.129	-0.047
0.7*L2	-0.258	-0.097	-0.004	0.255	0.143	0.029	-0.109	-0.053	0.004	-0.108	-0.050
0.8*L2	-0.233	-0.092	-0.006	0.218	0.129	0.029	-0.088	-0.044	0.006	-0.070	-0.045
0.9*L2	-0.155	-0.065	-0.006	0.134	0.086	0.021	-0.050	-0.026	0.006	-0.025	-0.030
1.0*L2	-0.000	-0.000	0.000	0.000	-0.000	0.000	-0.000	0.000	-0.000	-0.000	-0.000
0.0*L1	-0.000	0.000	0.000	1.000	-0.000	-0.000	0.000	0.000	-0.000	-0.000	0.000
0.1*L1	-0.155	0.117	0.017	0.830	-0.134	-0.041	0.050	0.033	-0.014	-0.025	0.050
0.2*L1	-0.233	0.297	0.054	0.661	-0.305	-0.109	0.088	0.071	-0.027	-0.070	0.119
				0.695							
0.3*L1	-0.258	0.141	0.123	0.513	0.519	-0.208	0.109	0.105	-0.031	-0.108	0.202
0.4*L1	-0.246	0.044	0.235	0.389	0.366	-0.341	0.113	0.125	-0.021	-0.129	0.281
0.5*L1	-0.213	-0.009	0.404	0.289	0.246	-0.500	0.105	0.127	0.000	-0.131	0.320
						0.500					
0.6*L1	-0.169	-0.031	0.235	0.207	0.157	0.341	0.088	0.113	0.021	-0.117	0.281
0.7*L1	-0.121	-0.033	0.123	0.138	0.093	0.208	0.066	0.088	0.031	-0.091	0.202
0.8*L1	-0.073	-0.024	0.054	0.080	0.049	0.109	0.041	0.057	0.027	-0.059	0.119
0.9*L1	-0.031	-0.012	0.017	0.033	0.018	0.041	0.018	0.025	0.014	-0.026	0.050
0.0*L2	-0.000	0.000	-0.000	0.000	-0.000	-0.000	-0.000	-0.000	-0.000	0.000	-0.000
0.2*L2	0.020	0.010	-0.006	-0.018	-0.008	-0.029	-0.012	-0.017	-0.006	0.017	-0.045
0.4*L2	0.016	0.010	-0.002	-0.012	-0.004	-0.026	-0.009	-0.013	-0.002	0.013	-0.047
0.6*L2	0.008	0.007	0.001	-0.004	-0.000	-0.015	-0.005	-0.006	0.001	0.007	-0.032
0.8*L2	0.003	0.003	0.001	-0.001	0.001	-0.006	-0.002	-0.002	0.001	0.002	-0.014
FAKTOR	a						a			1/a	

INFOLGE STRECKENLAST P=1

IN FELD	M 0	M 0.2	M 0.5	Q 0	Q 0.2	Q 0.5	T 0	T 0.2	T 0.5	q 0	q 0.5
3L	0.041	0.012	-0.001	-0.049	-0.023	-0.003	0.023	0.011	0.001	0.034	0.008
2L	-0.607	-0.220	-0.006	0.626	0.338	0.065	-0.274	-0.130	0.006	-0.303	-0.116
1,BIS SPRUNG					-0.112	-0.375		0.027	-0.038		
1,REST	-0.607	0.186	0.492	1.452	0.713	0.375	0.274	0.273	0.038	-0.303	0.652
2R	0.041	0.025	-0.006	-0.031	-0.012	-0.065	-0.023	-0.033	-0.006	0.034	-0.116
3R	-0.001	-0.002	-0.001	0.000	-0.000	0.003	0.001	0.001	-0.001	-0.001	0.008
SUMME(+)	0.081	0.224	0.492	2.078	1.051	0.443	0.298	0.311	0.045	0.068	0.667
SUMME(-)	-1.215	-0.221	-0.014	-0.079	-0.147	-0.443	-0.297	-0.163	-0.045	-0.608	-0.232
SUMME	-1.134	0.002	0.479	1.999	0.904	-0.000	0.001	0.148	0.000	-0.540	0.435
FAKTOR	a*a				a					a*a	

INFOLGE EINZELMOMENT Mt=1

IN	M 0	M 0.2	M 0.5	Q 0	Q 0.2	Q 0.5	T 0	T 0.2	T 0.5	q 0	q 0.5
0.0*L2	-0.072	-0.022	0.002	0.088	0.041	0.005	-0.043	-0.019	-0.001	-0.063	-0.014
0.1*L2	-0.118	-0.036	0.002	0.142	0.066	0.009	-0.069	-0.031	-0.002	-0.101	-0.022
0.2*L2	-0.171	-0.052	0.004	0.207	0.096	0.013	-0.100	-0.045	-0.003	-0.148	-0.032
0.3*L2	-0.229	-0.069	0.005	0.278	0.129	0.017	-0.135	-0.061	-0.005	-0.200	-0.043
0.4*L2	-0.285	-0.085	0.007	0.348	0.160	0.021	-0.170	-0.076	-0.006	-0.254	-0.053
0.5*L2	-0.332	-0.097	0.009	0.414	0.187	0.023	-0.204	-0.091	-0.009	-0.312	-0.062
0.6*L2	-0.364	-0.100	0.013	0.471	0.206	0.022	-0.237	-0.105	-0.013	-0.379	-0.067
0.7*L2	-0.376	-0.091	0.020	0.523	0.213	0.016	-0.273	-0.118	-0.019	-0.465	-0.068
0.8*L2	-0.367	-0.066	0.031	0.578	0.210	0.004	-0.317	-0.133	-0.030	-0.593	-0.065
0.9*L2	-0.342	-0.023	0.049	0.657	0.199	-0.017	-0.385	-0.157	-0.049	-0.794	-0.057
1.0*L2	-0.326	0.037	0.077	0.800	0.194	-0.047	-0.500	-0.197	-0.076	-1.115	-0.049
0.0*L1	-0.326	0.037	0.077	0.800	0.194	-0.047	0.500	-0.197	-0.076	-1.115	-0.049
0.1*L1	-0.342	0.101	0.118	0.912	0.222	-0.085	0.385	-0.269	-0.116	-0.794	-0.050
0.2*L1	-0.367	0.142	0.171	0.903	0.330	-0.122	0.317	-0.396	-0.170	-0.593	-0.076
							0.604				
0.3*L1	-0.376	0.129	0.234	0.825	0.429	-0.142	0.273	0.471	-0.244	-0.465	-0.153
0.4*L1	-0.364	0.090	0.293	0.714	0.428	-0.117	0.237	0.380	-0.347	-0.379	-0.320
0.5*L1	-0.332	0.050	0.323	0.592	0.377	0.000	0.204	0.311	-0.500	-0.312	-0.629
									0.500		
0.6*L1	-0.285	0.020	0.293	0.471	0.307	0.117	0.170	0.252	0.347	-0.254	-0.320
0.7*L1	-0.229	0.003	0.234	0.360	0.235	0.142	0.135	0.197	0.244	-0.200	-0.153
0.8*L1	-0.171	-0.003	0.171	0.261	0.170	0.122	0.100	0.146	0.170	-0.148	-0.076
0.9*L1	-0.118	-0.002	0.118	0.179	0.117	0.085	0.069	0.100	0.116	-0.101	-0.050
0.0*L2	-0.072	0.002	0.077	0.115	0.076	0.047	0.043	0.062	0.076	-0.063	-0.049
0.2*L2	-0.016	0.010	0.031	0.038	0.028	-0.004	0.010	0.014	0.030	-0.014	-0.065
0.4*L2	0.005	0.013	0.013	0.009	0.010	-0.022	-0.003	-0.003	0.013	0.004	-0.067
0.6*L2	0.008	0.010	0.007	0.001	0.004	-0.021	-0.005	-0.006	0.006	0.007	-0.053
0.8*L2	0.005	0.006	0.004	-0.000	0.002	-0.013	-0.003	-0.004	0.003	0.004	-0.032
FAKTOR	1/a				a					1/(a*a)	

INFOLGE STRECKENMOMENT mt=1

IN FELD	M 0	M 0.2	M 0.5	Q 0	Q 0.2	Q 0.5	T 0	T 0.2	T 0.5	q 0	q 0.5
3L	-0.021	-0.006	0.001	0.026	0.012	0.001	-0.013	-0.006	-0.001	-0.019	-0.004
2L	-1.115	-0.247	0.071	1.620	0.634	0.036	-0.861	-0.368	-0.069	-1.522	-0.200
1,BIS SPRUNG					0.188	-0.203		-0.223	-0.461		
1,REST	-1.115	0.222	0.815	2.278	0.913	0.203	0.861	0.872	0.461	-1.522	-0.723
2R	-0.021	0.035	0.071	0.077	0.062	-0.036	0.013	0.020	0.069	-0.019	-0.200
3R	0.001	0.001	0.001	0.000	0.000	-0.001	-0.000	-0.000	0.001	0.000	-0.004
SUMME(+)	0.001	0.257	0.957	4.001	1.810	0.240	0.874	0.892	0.531	0.000	0.000
SUMME(-)	-2.272	-0.253	0.000	0.000	0.000	-0.240	-0.874	-0.597	-0.531	-3.082	-1.131
SUMME	-2.271	0.004	0.957	4.001	1.810	0.000	-0.000	0.295	-0.000	-3.082	-1.131
FAKTOR	a				a					1/a	

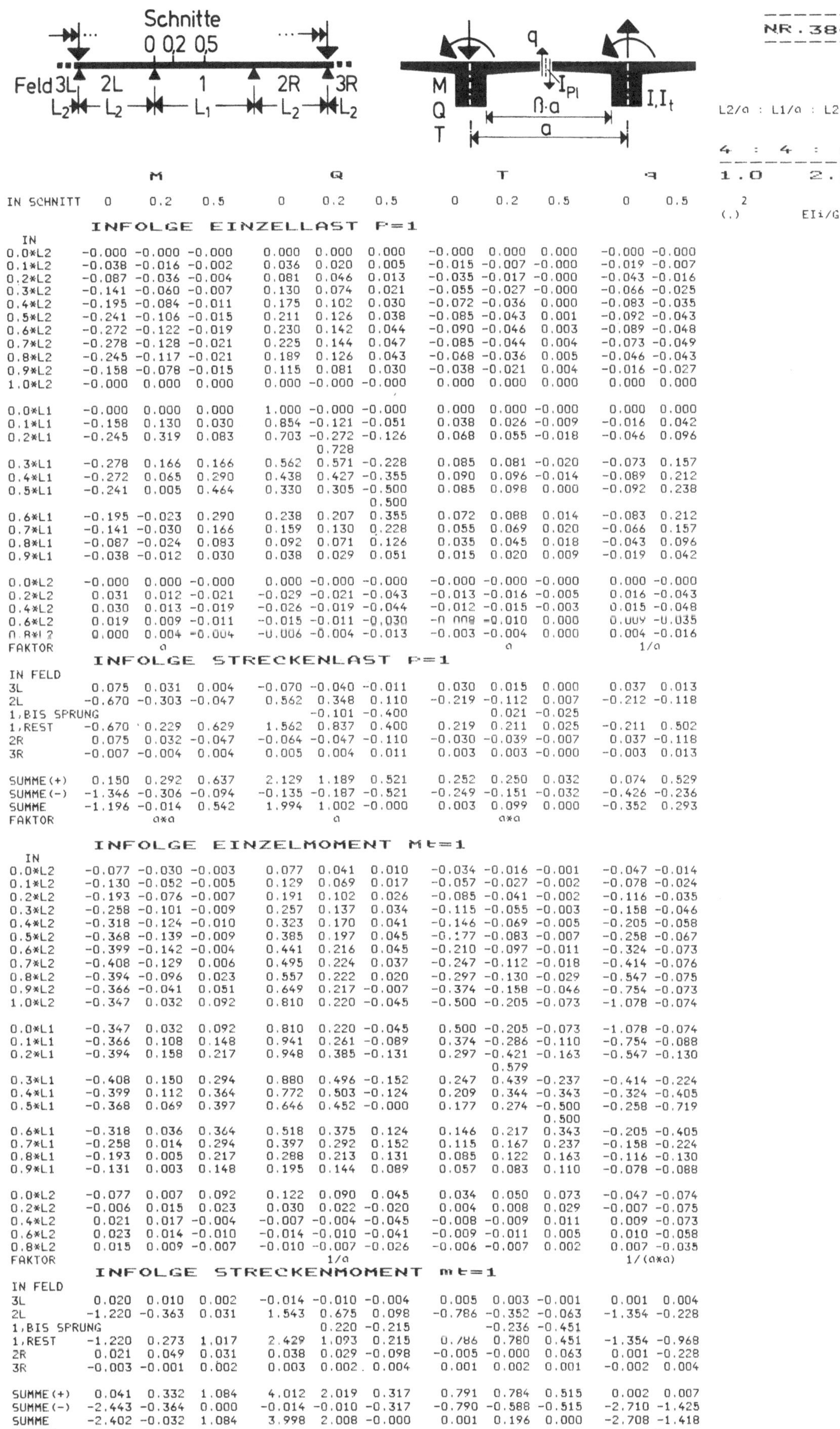

	M			Q			T			q	
IN SCHNITT	0	0.2	0.5	0	0.2	0.5	0	0.2	0.5	0	0.5

INFOLGE EINZELLAST P=1

IN	M 0	M 0.2	M 0.5	Q 0	Q 0.2	Q 0.5	T 0	T 0.2	T 0.5	q 0	q 0.5
0.0*L2	-0.000	-0.000	-0.000	0.000	0.000	0.000	-0.000	0.000	0.000	-0.000	-0.000
0.1*L2	-0.038	-0.016	-0.002	0.036	0.020	0.005	-0.015	-0.007	-0.000	-0.019	-0.007
0.2*L2	-0.087	-0.036	-0.004	0.081	0.046	0.013	-0.035	-0.017	-0.000	-0.043	-0.016
0.3*L2	-0.141	-0.060	-0.007	0.130	0.074	0.021	-0.055	-0.027	-0.000	-0.066	-0.025
0.4*L2	-0.195	-0.084	-0.011	0.175	0.102	0.030	-0.072	-0.036	0.000	-0.083	-0.035
0.5*L2	-0.241	-0.106	-0.015	0.211	0.126	0.038	-0.085	-0.043	0.001	-0.092	-0.043
0.6*L2	-0.272	-0.122	-0.019	0.230	0.142	0.044	-0.090	-0.046	0.003	-0.089	-0.048
0.7*L2	-0.278	-0.128	-0.021	0.225	0.144	0.047	-0.085	-0.044	0.004	-0.073	-0.049
0.8*L2	-0.245	-0.117	-0.021	0.189	0.126	0.043	-0.068	-0.036	0.005	-0.046	-0.043
0.9*L2	-0.158	-0.078	-0.015	0.115	0.081	0.030	-0.038	-0.021	0.004	-0.016	-0.027
1.0*L2	-0.000	0.000	0.000	0.000	-0.000	-0.000	0.000	0.000	0.000	0.000	0.000
0.0*L1	-0.000	0.000	0.000	1.000	-0.000	-0.000	0.000	0.000	-0.000	0.000	0.000
0.1*L1	-0.158	0.130	0.030	0.854	-0.121	-0.051	0.038	0.026	-0.009	-0.016	0.042
0.2*L1	-0.245	0.319	0.083	0.703	-0.272	-0.126	0.068	0.055	-0.018	-0.046	0.096
					0.728						
0.3*L1	-0.278	0.166	0.166	0.562	0.571	-0.228	0.085	0.081	-0.020	-0.073	0.157
0.4*L1	-0.272	0.065	0.290	0.438	0.427	-0.355	0.090	0.096	-0.014	-0.089	0.212
0.5*L1	-0.241	0.005	0.464	0.330	0.305	-0.500	0.085	0.098	0.000	-0.092	0.238
						0.500					
0.6*L1	-0.195	-0.023	0.290	0.238	0.207	0.355	0.072	0.088	0.014	-0.083	0.212
0.7*L1	-0.141	-0.030	0.166	0.159	0.130	0.228	0.055	0.069	0.020	-0.066	0.157
0.8*L1	-0.087	-0.024	0.083	0.092	0.071	0.126	0.035	0.045	0.018	-0.043	0.096
0.9*L1	-0.038	-0.012	0.030	0.038	0.029	0.051	0.015	0.020	0.009	-0.019	0.042
0.0*L2	-0.000	0.000	-0.000	0.000	-0.000	-0.000	-0.000	-0.000	-0.000	0.000	-0.000
0.2*L2	0.031	0.012	-0.021	-0.029	-0.021	-0.043	-0.013	-0.016	-0.005	0.016	-0.043
0.4*L2	0.030	0.013	-0.019	-0.026	-0.019	-0.044	-0.012	-0.015	-0.003	0.015	-0.048
0.6*L2	0.019	0.009	-0.011	-0.015	-0.011	-0.030	-0.008	-0.010	0.000	0.009	-0.035
0.8*L2	0.000	0.004	-0.004	-0.006	-0.004	-0.013	-0.003	-0.004	0.000	0.004	-0.016
FAKTOR	a						a			1/a	

INFOLGE STRECKENLAST P=1

IN FELD	M 0	M 0.2	M 0.5	Q 0	Q 0.2	Q 0.5	T 0	T 0.2	T 0.5	q 0	q 0.5
3L	0.075	0.031	0.004	-0.070	-0.040	-0.011	0.030	0.015	0.000	0.037	0.013
2L	-0.670	-0.303	-0.047	0.562	0.348	0.110	-0.219	-0.112	0.007	-0.212	-0.118
1,BIS SPRUNG					-0.101	-0.400		0.021	-0.025		
1,REST	-0.670	0.229	0.629	1.562	0.837	0.400	0.219	0.211	0.025	-0.211	0.502
2R	0.075	0.032	-0.047	-0.064	-0.047	-0.110	-0.030	-0.039	-0.007	0.037	-0.118
3R	-0.007	-0.004	0.004	0.005	0.004	0.011	0.003	0.003	-0.000	-0.003	0.013
SUMME(+)	0.150	0.292	0.637	2.129	1.189	0.521	0.252	0.250	0.032	0.074	0.529
SUMME(-)	-1.346	-0.306	-0.094	-0.135	-0.187	-0.521	-0.249	-0.151	-0.032	-0.426	-0.236
SUMME	-1.196	-0.014	0.542	1.994	1.002	-0.000	0.003	0.099	0.000	-0.352	0.293
FAKTOR	a*a			a			a*a				

INFOLGE EINZELMOMENT Mt=1

IN	M 0	M 0.2	M 0.5	Q 0	Q 0.2	Q 0.5	T 0	T 0.2	T 0.5	q 0	q 0.5
0.0*L2	-0.077	-0.030	-0.003	0.077	0.041	0.010	-0.034	-0.016	-0.001	-0.047	-0.014
0.1*L2	-0.130	-0.052	-0.005	0.129	0.069	0.017	-0.057	-0.027	-0.002	-0.078	-0.024
0.2*L2	-0.193	-0.076	-0.007	0.191	0.102	0.026	-0.085	-0.041	-0.002	-0.116	-0.035
0.3*L2	-0.258	-0.101	-0.009	0.257	0.137	0.034	-0.115	-0.055	-0.003	-0.158	-0.046
0.4*L2	-0.318	-0.124	-0.010	0.323	0.170	0.041	-0.146	-0.069	-0.005	-0.205	-0.058
0.5*L2	-0.368	-0.139	-0.009	0.385	0.197	0.045	-0.177	-0.083	-0.007	-0.258	-0.067
0.6*L2	-0.399	-0.142	-0.004	0.441	0.216	0.045	-0.210	-0.097	-0.011	-0.324	-0.073
0.7*L2	-0.408	-0.129	0.006	0.495	0.224	0.037	-0.247	-0.112	-0.018	-0.414	-0.076
0.8*L2	-0.394	-0.096	0.023	0.557	0.222	0.020	-0.297	-0.130	-0.029	-0.547	-0.075
0.9*L2	-0.366	-0.041	0.051	0.649	0.217	-0.007	-0.374	-0.158	-0.046	-0.754	-0.073
1.0*L2	-0.347	0.032	0.092	0.810	0.220	-0.045	-0.500	-0.205	-0.073	-1.078	-0.074
0.0*L1	-0.347	0.032	0.092	0.810	0.220	-0.045	0.500	-0.205	-0.073	-1.078	-0.074
0.1*L1	-0.366	0.108	0.148	0.941	0.261	-0.089	0.374	-0.286	-0.110	-0.754	-0.088
0.2*L1	-0.394	0.158	0.217	0.948	0.385	-0.131	0.297	-0.421	-0.163	-0.547	-0.130
								0.579			
0.3*L1	-0.408	0.150	0.294	0.880	0.496	-0.152	0.247	0.439	-0.237	-0.414	-0.224
0.4*L1	-0.399	0.112	0.364	0.772	0.503	-0.124	0.209	0.344	-0.343	-0.324	-0.405
0.5*L1	-0.368	0.069	0.397	0.646	0.452	-0.000	0.177	0.274	-0.500	-0.258	-0.719
									0.500		
0.6*L1	-0.318	0.036	0.364	0.518	0.375	0.124	0.146	0.217	0.343	-0.205	-0.405
0.7*L1	-0.258	0.014	0.294	0.397	0.292	0.152	0.115	0.167	0.237	-0.158	-0.224
0.8*L1	-0.193	0.005	0.217	0.288	0.213	0.131	0.085	0.122	0.163	-0.116	-0.130
0.9*L1	-0.131	0.003	0.148	0.195	0.144	0.089	0.057	0.083	0.110	-0.078	-0.088
0.0*L2	-0.077	0.007	0.092	0.122	0.090	0.045	0.034	0.050	0.073	-0.047	-0.074
0.2*L2	-0.006	0.015	0.023	0.030	0.022	-0.020	0.004	0.008	0.029	-0.007	-0.075
0.4*L2	0.021	0.017	-0.004	-0.007	-0.004	-0.045	-0.008	-0.009	0.011	0.009	-0.073
0.6*L2	0.023	0.014	-0.010	-0.014	-0.010	-0.041	-0.009	-0.011	0.005	0.010	-0.058
0.8*L2	0.015	0.009	-0.007	-0.010	-0.007	-0.026	-0.006	-0.007	0.002	0.007	-0.035
FAKTOR				1/a						1/(a*a)	

INFOLGE STRECKENMOMENT mt=1

IN FELD	M 0	M 0.2	M 0.5	Q 0	Q 0.2	Q 0.5	T 0	T 0.2	T 0.5	q 0	q 0.5
3L	0.020	0.010	0.002	-0.014	-0.010	-0.004	0.005	0.003	-0.001	0.001	0.004
2L	-1.220	-0.363	0.031	1.543	0.675	0.098	-0.786	-0.352	-0.063	-1.354	-0.228
1,BIS SPRUNG					0.220	-0.215		-0.236	-0.451		
1,REST	-1.220	0.273	1.017	2.429	1.093	0.215	0.786	0.780	0.451	-1.354	-0.968
2R	0.021	0.049	0.031	0.038	0.029	-0.098	-0.005	-0.000	0.063	0.001	-0.228
3R	-0.003	-0.001	0.002	0.003	0.002	0.004	0.001	0.002	0.001	-0.002	0.004
SUMME(+)	0.041	0.332	1.084	4.012	2.019	0.317	0.791	0.784	0.515	0.002	0.007
SUMME(-)	-2.443	-0.364	0.000	-0.014	-0.010	-0.317	-0.790	-0.588	-0.515	-2.710	-1.425
SUMME	-2.402	-0.032	1.084	3.998	2.008	-0.000	0.001	0.196	0.000	-2.708	-1.418
FAKTOR	a						a			1/a	

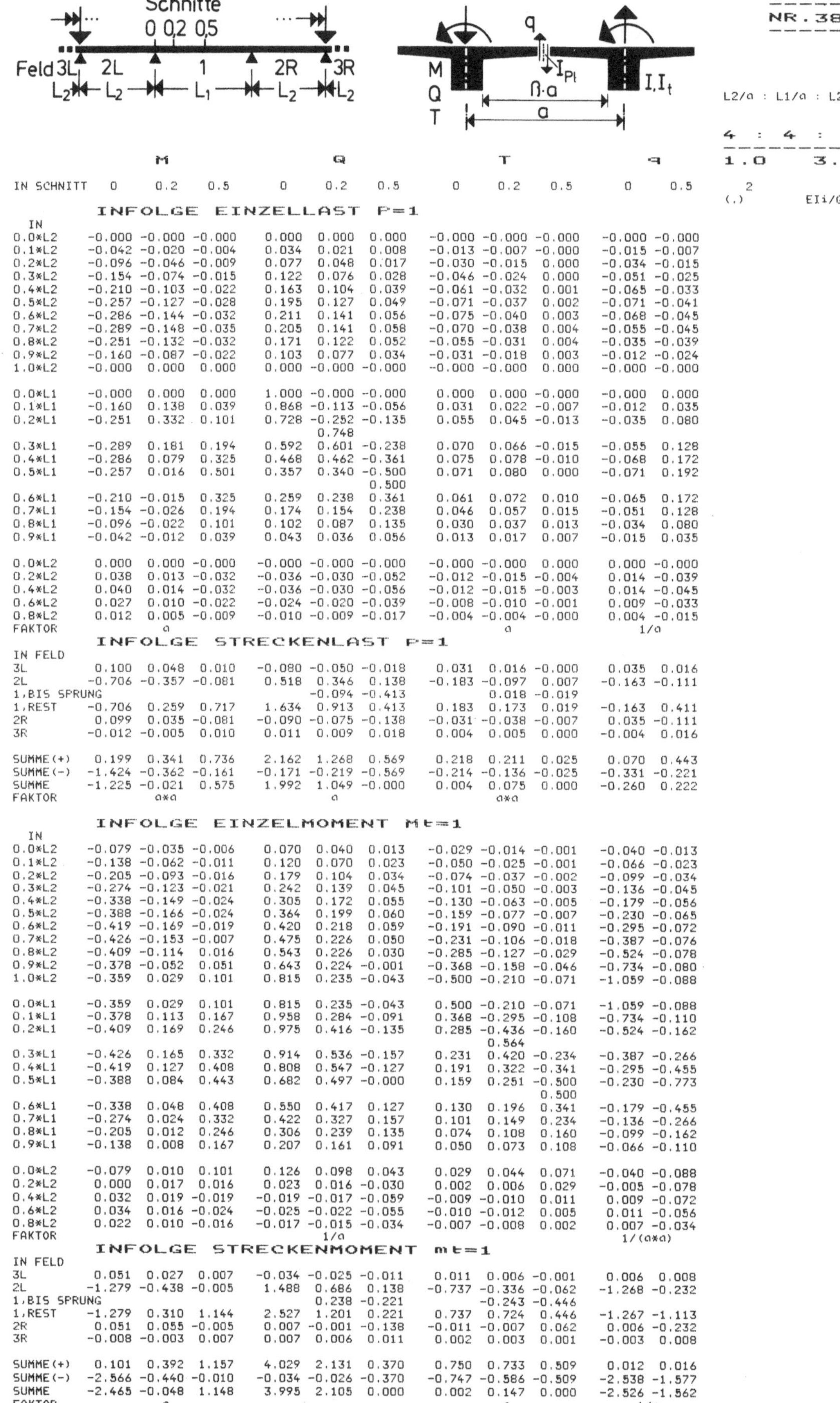

INFOLGE EINZELLAST P=1

IN SCHNITT	M 0	M 0.2	M 0.5	Q 0	Q 0.2	Q 0.5	T 0	T 0.2	T 0.5	q 0	q 0.5
IN											
0.0*L2	-0.000	-0.000	-0.000	0.000	0.000	0.000	-0.000	-0.000	-0.000	-0.000	-0.000
0.1*L2	-0.042	-0.020	-0.004	0.034	0.021	0.008	-0.013	-0.007	-0.000	-0.015	-0.007
0.2*L2	-0.096	-0.046	-0.009	0.077	0.048	0.017	-0.030	-0.015	0.000	-0.034	-0.015
0.3*L2	-0.154	-0.074	-0.015	0.122	0.076	0.028	-0.046	-0.024	0.000	-0.051	-0.025
0.4*L2	-0.210	-0.103	-0.022	0.163	0.104	0.039	-0.061	-0.032	0.001	-0.065	-0.033
0.5*L2	-0.257	-0.127	-0.028	0.195	0.127	0.049	-0.071	-0.037	0.002	-0.071	-0.041
0.6*L2	-0.286	-0.144	-0.032	0.211	0.141	0.056	-0.075	-0.040	0.003	-0.068	-0.045
0.7*L2	-0.289	-0.148	-0.035	0.205	0.141	0.058	-0.070	-0.038	0.004	-0.055	-0.045
0.8*L2	-0.251	-0.132	-0.032	0.171	0.122	0.052	-0.055	-0.031	0.004	-0.035	-0.039
0.9*L2	-0.160	-0.087	-0.022	0.103	0.077	0.034	-0.031	-0.018	0.003	-0.012	-0.024
1.0*L2	-0.000	0.000	0.000	0.000	-0.000	-0.000	-0.000	-0.000	-0.000	-0.000	-0.000
0.0*L1	-0.000	0.000	0.000	1.000	-0.000	-0.000	0.000	0.000	-0.000	-0.000	0.000
0.1*L1	-0.160	0.138	0.039	0.868	-0.113	-0.056	0.031	0.022	-0.007	-0.012	0.035
0.2*L1	-0.251	0.332	0.101	0.728	-0.252	-0.135	0.055	0.045	-0.013	-0.035	0.080
				0.748							
0.3*L1	-0.289	0.181	0.194	0.592	0.601	-0.238	0.070	0.066	-0.015	-0.055	0.128
0.4*L1	-0.286	0.079	0.325	0.468	0.462	-0.361	0.075	0.078	-0.010	-0.068	0.172
0.5*L1	-0.257	0.016	0.501	0.357	0.340	-0.500	0.071	0.080	0.000	-0.071	0.192
						0.500					
0.6*L1	-0.210	-0.015	0.325	0.259	0.238	0.361	0.061	0.072	0.010	-0.065	0.172
0.7*L1	-0.154	-0.026	0.194	0.174	0.154	0.238	0.046	0.057	0.015	-0.051	0.128
0.8*L1	-0.096	-0.022	0.101	0.102	0.087	0.135	0.030	0.037	0.013	-0.034	0.080
0.9*L1	-0.042	-0.012	0.039	0.043	0.036	0.056	0.013	0.017	0.007	-0.015	0.035
0.0*L2	0.000	0.000	-0.000	-0.000	-0.000	-0.000	-0.000	-0.000	0.000	0.000	-0.000
0.2*L2	0.038	0.013	-0.032	-0.036	-0.030	-0.052	-0.012	-0.015	-0.004	0.014	-0.039
0.4*L2	0.040	0.014	-0.032	-0.036	-0.030	-0.056	-0.012	-0.015	-0.003	0.014	-0.045
0.6*L2	0.027	0.010	-0.022	-0.024	-0.020	-0.039	-0.008	-0.010	-0.001	0.009	-0.033
0.8*L2	0.012	0.005	-0.009	-0.010	-0.009	-0.017	-0.004	-0.004	-0.000	0.004	-0.015
FAKTOR	a						a			1/a	

INFOLGE STRECKENLAST P=1

IN FELD	M 0	M 0.2	M 0.5	Q 0	Q 0.2	Q 0.5	T 0	T 0.2	T 0.5	q 0	q 0.5
3L	0.100	0.048	0.010	-0.080	-0.050	-0.018	0.031	0.016	-0.000	0.035	0.016
2L	-0.706	-0.357	-0.081	0.518	0.346	0.138	-0.183	-0.097	0.007	-0.163	-0.111
1,BIS SPRUNG					-0.094	-0.413		0.018	-0.019		
1,REST	-0.706	0.259	0.717	1.634	0.913	0.413	0.183	0.173	0.019	-0.163	0.411
2R	0.099	0.035	-0.081	-0.090	-0.075	-0.138	-0.031	-0.038	-0.007	0.035	-0.111
3R	-0.012	-0.005	0.010	0.011	0.009	0.018	0.004	0.005	0.000	-0.004	0.016
SUMME(+)	0.199	0.341	0.736	2.162	1.268	0.569	0.218	0.211	0.025	0.070	0.443
SUMME(-)	-1.424	-0.362	-0.161	-0.171	-0.219	-0.569	-0.214	-0.136	-0.025	-0.331	-0.221
SUMME	-1.225	-0.021	0.575	1.992	1.049	-0.000	0.004	0.075	0.000	-0.260	0.222
FAKTOR	a*a			a			a*a				

INFOLGE EINZELMOMENT Mt=1

IN SCHNITT	M 0	M 0.2	M 0.5	Q 0	Q 0.2	Q 0.5	T 0	T 0.2	T 0.5	q 0	q 0.5
IN											
0.0*L2	-0.079	-0.035	-0.006	0.070	0.040	0.013	-0.029	-0.014	-0.001	-0.040	-0.013
0.1*L2	-0.138	-0.062	-0.011	0.120	0.070	0.023	-0.050	-0.025	-0.001	-0.066	-0.023
0.2*L2	-0.205	-0.093	-0.016	0.179	0.104	0.034	-0.074	-0.037	-0.002	-0.099	-0.034
0.3*L2	-0.274	-0.123	-0.021	0.242	0.139	0.045	-0.101	-0.050	-0.003	-0.136	-0.045
0.4*L2	-0.338	-0.149	-0.024	0.305	0.172	0.055	-0.130	-0.063	-0.005	-0.179	-0.056
0.5*L2	-0.388	-0.166	-0.024	0.364	0.199	0.060	-0.159	-0.077	-0.007	-0.230	-0.065
0.6*L2	-0.419	-0.169	-0.019	0.420	0.218	0.059	-0.191	-0.090	-0.011	-0.295	-0.072
0.7*L2	-0.426	-0.153	-0.007	0.475	0.226	0.050	-0.231	-0.106	-0.018	-0.387	-0.076
0.8*L2	-0.409	-0.114	0.016	0.543	0.226	0.030	-0.285	-0.127	-0.029	-0.524	-0.078
0.9*L2	-0.378	-0.052	0.051	0.643	0.224	-0.001	-0.368	-0.158	-0.046	-0.734	-0.080
1.0*L2	-0.359	0.029	0.101	0.815	0.235	-0.043	-0.500	-0.210	-0.071	-1.059	-0.088
0.0*L1	-0.359	0.029	0.101	0.815	0.235	-0.043	0.500	-0.210	-0.071	-1.059	-0.088
0.1*L1	-0.378	0.113	0.167	0.958	0.284	-0.091	0.368	-0.295	-0.108	-0.734	-0.110
0.2*L1	-0.409	0.169	0.246	0.975	0.416	-0.135	0.285	-0.436	-0.160	-0.524	-0.162
								0.564			
0.3*L1	-0.426	0.165	0.332	0.914	0.536	-0.157	0.231	0.420	-0.234	-0.387	-0.266
0.4*L1	-0.419	0.127	0.408	0.808	0.547	-0.127	0.191	0.322	-0.341	-0.295	-0.455
0.5*L1	-0.388	0.084	0.443	0.682	0.497	-0.000	0.159	0.251	-0.500	-0.230	-0.773
									0.500		
0.6*L1	-0.338	0.048	0.408	0.550	0.417	0.127	0.130	0.196	0.341	-0.179	-0.455
0.7*L1	-0.274	0.024	0.332	0.422	0.327	0.157	0.101	0.149	0.234	-0.136	-0.266
0.8*L1	-0.205	0.012	0.246	0.306	0.239	0.135	0.074	0.108	0.160	-0.099	-0.162
0.9*L1	-0.138	0.008	0.167	0.207	0.161	0.091	0.050	0.073	0.108	-0.066	-0.110
0.0*L2	-0.079	0.010	0.101	0.126	0.098	0.043	0.029	0.044	0.071	-0.040	-0.088
0.2*L2	0.000	0.017	0.016	0.023	0.016	-0.030	0.002	0.006	0.029	-0.005	-0.078
0.4*L2	0.032	0.019	-0.019	-0.019	-0.017	-0.059	-0.009	-0.010	0.011	0.009	-0.072
0.6*L2	0.034	0.016	-0.024	-0.025	-0.022	-0.055	-0.010	-0.012	0.005	0.011	-0.056
0.8*L2	0.022	0.010	-0.016	-0.017	-0.015	-0.034	-0.007	-0.008	0.002	0.007	-0.034
FAKTOR				1/a						1/(a*a)	

INFOLGE STRECKENMOMENT mt=1

IN FELD	M 0	M 0.2	M 0.5	Q 0	Q 0.2	Q 0.5	T 0	T 0.2	T 0.5	q 0	q 0.5
3L	0.051	0.027	0.007	-0.034	-0.025	-0.011	0.011	0.006	-0.001	0.006	0.008
2L	-1.279	-0.438	-0.005	1.488	0.686	0.138	-0.737	-0.336	-0.062	-1.268	-0.232
1,BIS SPRUNG					0.238	-0.221		-0.243	-0.446		
1,REST	-1.279	0.310	1.144	2.527	1.201	0.221	0.737	0.724	0.446	-1.267	-1.113
2R	0.051	0.055	-0.005	0.007	-0.001	-0.138	-0.011	-0.007	0.062	0.006	-0.232
3R	-0.008	-0.003	0.007	0.007	0.006	0.011	0.002	0.003	0.001	-0.003	0.008
SUMME(+)	0.101	0.392	1.157	4.029	2.131	0.370	0.750	0.733	0.509	0.012	0.016
SUMME(-)	-2.566	-0.440	-0.010	-0.034	-0.026	-0.370	-0.747	-0.586	-0.509	-2.538	-1.577
SUMME	-2.465	-0.048	1.148	3.995	2.105	0.000	0.002	0.147	0.000	-2.526	-1.562
FAKTOR	a			a			a			1/a	

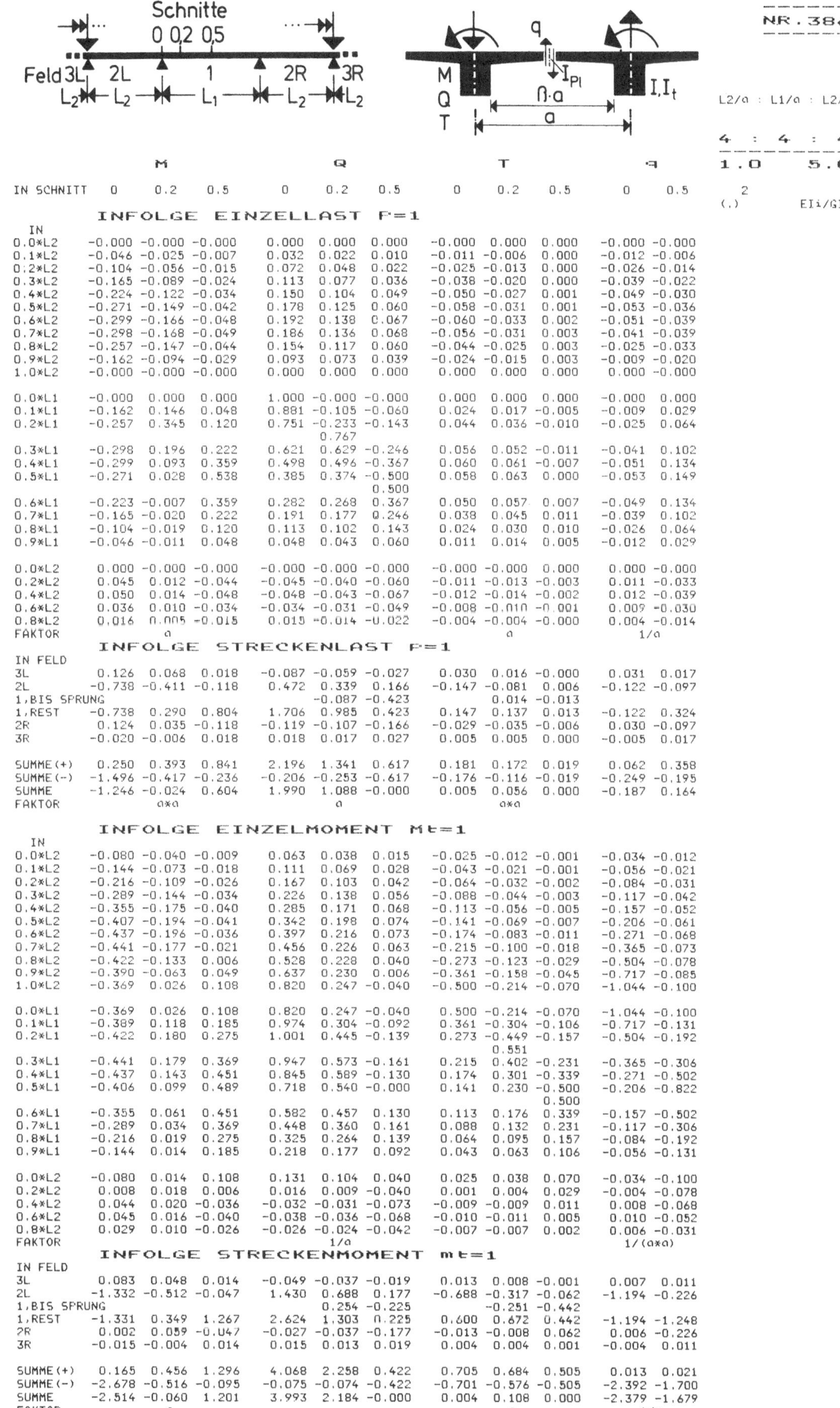

	M 0	M 0.2	M 0.5	Q 0	Q 0.2	Q 0.5	T 0	T 0.2	T 0.5	q 0	q 0.5
IN SCHNITT	0	0.2	0.5	0	0.2	0.5	0	0.2	0.5	0	0.5

INFOLGE EINZELLAST P=1

IN	M 0	M 0.2	M 0.5	Q 0	Q 0.2	Q 0.5	T 0	T 0.2	T 0.5	q 0	q 0.5
0.0*L2	-0.000	-0.000	-0.000	0.000	0.000	0.000	-0.000	0.000	0.000	-0.000	-0.000
0.1*L2	-0.046	-0.025	-0.007	0.032	0.022	0.010	-0.011	-0.006	0.000	-0.012	-0.006
0.2*L2	-0.104	-0.056	-0.015	0.072	0.048	0.022	-0.025	-0.013	0.000	-0.026	-0.014
0.3*L2	-0.165	-0.089	-0.024	0.113	0.077	0.036	-0.038	-0.020	0.000	-0.039	-0.022
0.4*L2	-0.224	-0.122	-0.034	0.150	0.104	0.049	-0.050	-0.027	0.001	-0.049	-0.030
0.5*L2	-0.271	-0.149	-0.042	0.178	0.125	0.060	-0.058	-0.031	0.001	-0.053	-0.036
0.6*L2	-0.299	-0.166	-0.048	0.192	0.138	0.067	-0.060	-0.033	0.002	-0.051	-0.039
0.7*L2	-0.298	-0.168	-0.049	0.186	0.136	0.068	-0.056	-0.031	0.003	-0.041	-0.039
0.8*L2	-0.257	-0.147	-0.044	0.154	0.117	0.060	-0.044	-0.025	0.003	-0.025	-0.033
0.9*L2	-0.162	-0.094	-0.029	0.093	0.073	0.039	-0.024	-0.015	0.003	-0.009	-0.020
1.0*L2	-0.000	-0.000	-0.000	0.000	0.000	0.000	0.000	0.000	0.000	0.000	-0.000
0.0*L1	-0.000	0.000	0.000	1.000	-0.000	-0.000	0.000	0.000	0.000	-0.000	0.000
0.1*L1	-0.162	0.146	0.048	0.881	-0.105	-0.060	0.024	0.017	-0.005	-0.009	0.029
0.2*L1	-0.257	0.345	0.120	0.751	-0.233	-0.143	0.044	0.036	-0.010	-0.025	0.064
					0.767						
0.3*L1	-0.298	0.196	0.222	0.621	0.629	-0.246	0.056	0.052	-0.011	-0.041	0.102
0.4*L1	-0.299	0.093	0.359	0.498	0.496	-0.367	0.060	0.061	-0.007	-0.051	0.134
0.5*L1	-0.271	0.028	0.538	0.385	0.374	-0.500	0.058	0.063	0.000	-0.053	0.149
						0.500					
0.6*L1	-0.223	-0.007	0.359	0.282	0.268	0.367	0.050	0.057	0.007	-0.049	0.134
0.7*L1	-0.165	-0.020	0.222	0.191	0.177	0.246	0.038	0.045	0.011	-0.039	0.102
0.8*L1	-0.104	-0.019	0.120	0.113	0.102	0.143	0.024	0.030	0.010	-0.026	0.064
0.9*L1	-0.046	-0.011	0.048	0.048	0.043	0.060	0.011	0.014	0.005	-0.012	0.029
0.0*L2	0.000	-0.000	-0.000	-0.000	-0.000	-0.000	-0.000	-0.000	0.000	0.000	-0.000
0.2*L2	0.045	0.012	-0.044	-0.045	-0.040	-0.060	-0.011	-0.013	-0.003	0.011	-0.033
0.4*L2	0.050	0.014	-0.048	-0.048	-0.043	-0.067	-0.012	-0.014	-0.002	0.012	-0.039
0.6*L2	0.036	0.010	-0.034	-0.034	-0.031	-0.049	-0.008	-0.010	-0.001	0.009	-0.030
0.8*L2	0.016	0.005	-0.015	0.015	-0.014	-0.022	-0.004	-0.004	-0.000	0.004	-0.014
FAKTOR	a						a			1/a	

INFOLGE STRECKENLAST P=1

IN FELD	M 0	M 0.2	M 0.5	Q 0	Q 0.2	Q 0.5	T 0	T 0.2	T 0.5	q 0	q 0.5
3L	0.126	0.068	0.018	-0.087	-0.059	-0.027	0.030	0.016	-0.000	0.031	0.017
2L	-0.738	-0.411	-0.118	0.472	0.339	0.166	-0.147	-0.081	0.006	-0.122	-0.097
1,BIS SPRUNG					-0.087	-0.423		0.014	-0.013		
1,REST	-0.738	0.290	0.804	1.706	0.985	0.423	0.147	0.137	0.013	-0.122	0.324
2R	0.124	0.035	-0.118	-0.119	-0.107	-0.166	-0.029	-0.035	-0.006	0.030	-0.097
3R	-0.020	-0.006	0.018	0.018	0.017	0.027	0.005	0.005	0.000	-0.005	0.017
SUMME(+)	0.250	0.393	0.841	2.196	1.341	0.617	0.181	0.172	0.019	0.062	0.358
SUMME(-)	-1.496	-0.417	-0.236	-0.206	-0.253	-0.617	-0.176	-0.116	-0.019	-0.249	-0.195
SUMME	-1.246	-0.024	0.604	1.990	1.088	-0.000	0.005	0.056	0.000	-0.187	0.164
FAKTOR	a*a			a			a*a				

INFOLGE EINZELMOMENT Mt=1

IN	M 0	M 0.2	M 0.5	Q 0	Q 0.2	Q 0.5	T 0	T 0.2	T 0.5	q 0	q 0.5
0.0*L2	-0.080	-0.040	-0.009	0.063	0.038	0.015	-0.025	-0.012	-0.001	-0.034	-0.012
0.1*L2	-0.144	-0.073	-0.018	0.111	0.069	0.028	-0.043	-0.021	-0.001	-0.056	-0.021
0.2*L2	-0.216	-0.109	-0.026	0.167	0.103	0.042	-0.064	-0.032	-0.002	-0.084	-0.031
0.3*L2	-0.289	-0.144	-0.034	0.226	0.138	0.056	-0.088	-0.044	-0.003	-0.117	-0.042
0.4*L2	-0.355	-0.175	-0.040	0.285	0.171	0.068	-0.113	-0.056	-0.005	-0.157	-0.052
0.5*L2	-0.407	-0.194	-0.041	0.342	0.198	0.074	-0.141	-0.069	-0.007	-0.206	-0.061
0.6*L2	-0.437	-0.196	-0.036	0.397	0.216	0.073	-0.174	-0.083	-0.011	-0.271	-0.068
0.7*L2	-0.441	-0.177	-0.021	0.456	0.226	0.063	-0.215	-0.100	-0.018	-0.365	-0.073
0.8*L2	-0.422	-0.133	0.006	0.528	0.228	0.040	-0.273	-0.123	-0.029	-0.504	-0.078
0.9*L2	-0.390	-0.063	0.049	0.637	0.230	0.006	-0.361	-0.158	-0.045	-0.717	-0.085
1.0*L2	-0.369	0.026	0.108	0.820	0.247	-0.040	-0.500	-0.214	-0.070	-1.044	-0.100
0.0*L1	-0.369	0.026	0.108	0.820	0.247	-0.040	0.500	-0.214	-0.070	-1.044	-0.100
0.1*L1	-0.389	0.118	0.185	0.974	0.304	-0.092	0.361	-0.304	-0.106	-0.717	-0.131
0.2*L1	-0.422	0.180	0.275	1.001	0.445	-0.139	0.273	-0.449	-0.157	-0.504	-0.192
								0.551			
0.3*L1	-0.441	0.179	0.369	0.947	0.573	-0.161	0.215	0.402	-0.231	-0.365	-0.306
0.4*L1	-0.437	0.143	0.451	0.845	0.589	-0.130	0.174	0.301	-0.339	-0.271	-0.502
0.5*L1	-0.406	0.099	0.489	0.718	0.540	-0.000	0.141	0.230	-0.500	-0.206	-0.822
									0.500		
0.6*L1	-0.355	0.061	0.451	0.582	0.457	0.130	0.113	0.176	0.339	-0.157	-0.502
0.7*L1	-0.289	0.034	0.369	0.448	0.360	0.161	0.088	0.132	0.231	-0.117	-0.306
0.8*L1	-0.216	0.019	0.275	0.325	0.264	0.139	0.064	0.095	0.157	-0.084	-0.192
0.9*L1	-0.144	0.014	0.185	0.218	0.177	0.092	0.043	0.063	0.106	-0.056	-0.131
0.0*L2	-0.080	0.014	0.108	0.131	0.104	0.040	0.025	0.038	0.070	-0.034	-0.100
0.2*L2	0.008	0.018	0.006	0.016	0.009	-0.040	0.001	0.004	0.029	-0.004	-0.078
0.4*L2	0.044	0.020	-0.036	-0.032	-0.031	-0.073	-0.009	-0.009	0.011	0.008	-0.068
0.6*L2	0.045	0.016	-0.040	-0.038	-0.036	-0.068	-0.010	-0.011	0.005	0.010	-0.052
0.8*L2	0.029	0.010	-0.026	-0.026	-0.024	-0.042	-0.007	-0.007	0.002	0.006	-0.031
FAKTOR				1/a						1/(a*a)	

INFOLGE STRECKENMOMENT mt=1

IN FELD	M 0	M 0.2	M 0.5	Q 0	Q 0.2	Q 0.5	T 0	T 0.2	T 0.5	q 0	q 0.5
3L	0.083	0.048	0.014	-0.049	-0.037	-0.019	0.013	0.008	-0.001	0.007	0.011
2L	-1.332	-0.512	-0.047	1.430	0.688	0.177	-0.688	-0.317	-0.062	-1.194	-0.226
1,BIS SPRUNG					0.254	-0.225		-0.251	-0.442		
1,REST	-1.331	0.349	1.267	2.624	1.303	0.225	0.600	0.672	0.442	-1.194	-1.248
2R	0.002	0.059	-0.047	-0.027	-0.037	-0.177	-0.013	-0.008	0.062	0.006	-0.226
3R	-0.015	-0.004	0.014	0.015	0.013	0.019	0.004	0.004	0.001	-0.004	0.011
SUMME(+)	0.165	0.456	1.296	4.068	2.258	0.422	0.705	0.684	0.505	0.013	0.021
SUMME(-)	-2.678	-0.516	-0.095	-0.075	-0.074	-0.422	-0.701	-0.576	-0.505	-2.392	-1.700
SUMME	-2.514	-0.060	1.201	3.993	2.184	-0.000	0.004	0.108	0.000	-2.379	-1.679
FAKTOR	a									1/a	

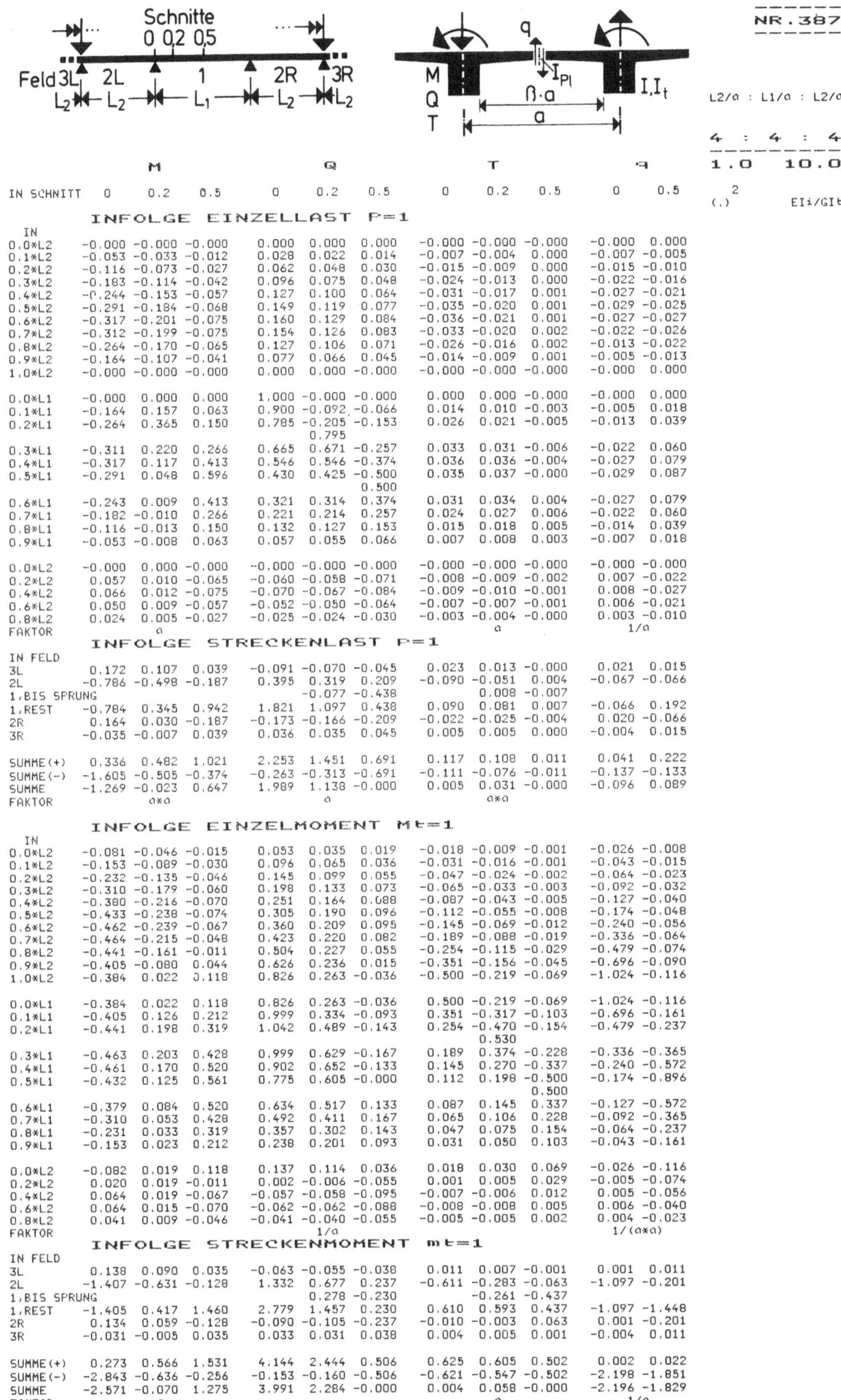

	M			Q			T			q	
IN SCHNITT	0	0.2	0.5	0	0.2	0.5	0	0.2	0.5	0	0.5

INFOLGE EINZELLAST P=1

IN	M 0	M 0.2	M 0.5	Q 0	Q 0.2	Q 0.5	T 0	T 0.2	T 0.5	q 0	q 0.5
0.0*L2	-0.000	-0.000	-0.000	0.000	0.000	0.000	-0.000	-0.000	-0.000	-0.000	0.000
0.1*L2	-0.053	-0.033	-0.012	0.028	0.022	0.014	-0.007	-0.004	0.000	-0.007	-0.005
0.2*L2	-0.116	-0.073	-0.027	0.062	0.048	0.030	-0.015	-0.009	0.000	-0.015	-0.010
0.3*L2	-0.183	-0.114	-0.042	0.096	0.075	0.048	-0.024	-0.013	0.000	-0.022	-0.016
0.4*L2	-0.244	-0.153	-0.057	0.127	0.100	0.064	-0.031	-0.017	0.001	-0.027	-0.021
0.5*L2	-0.291	-0.184	-0.068	0.149	0.119	0.077	-0.035	-0.020	0.001	-0.029	-0.025
0.6*L2	-0.317	-0.201	-0.075	0.160	0.129	0.084	-0.036	-0.021	0.001	-0.027	-0.027
0.7*L2	-0.312	-0.199	-0.075	0.154	0.126	0.083	-0.033	-0.020	0.002	-0.022	-0.026
0.8*L2	-0.264	-0.170	-0.065	0.127	0.106	0.071	-0.026	-0.016	0.002	-0.013	-0.022
0.9*L2	-0.164	-0.107	-0.041	0.077	0.066	0.045	-0.014	-0.009	0.001	-0.005	-0.013
1.0*L2	-0.000	-0.000	-0.000	0.000	0.000	-0.000	-0.000	-0.000	-0.000	-0.000	0.000
0.0*L1	-0.000	0.000	0.000	1.000	-0.000	-0.000	0.000	0.000	-0.000	-0.000	0.000
0.1*L1	-0.164	0.157	0.063	0.900	-0.092	-0.066	0.014	0.010	-0.003	-0.005	0.018
0.2*L1	-0.264	0.365	0.150	0.785	-0.205	-0.153	0.026	0.021	-0.005	-0.013	0.039
				0.795							
0.3*L1	-0.311	0.220	0.266	0.665	0.671	-0.257	0.033	0.031	-0.006	-0.022	0.060
0.4*L1	-0.317	0.117	0.413	0.546	0.546	-0.374	0.036	0.036	-0.004	-0.027	0.079
0.5*L1	-0.291	0.048	0.596	0.430	0.425	-0.500	0.035	0.037	-0.000	-0.029	0.087
						0.500					
0.6*L1	-0.243	0.009	0.413	0.321	0.314	0.374	0.031	0.034	0.004	-0.027	0.079
0.7*L1	-0.182	-0.010	0.266	0.221	0.214	0.257	0.024	0.027	0.006	-0.022	0.060
0.8*L1	-0.116	-0.013	0.150	0.132	0.127	0.153	0.015	0.018	0.005	-0.014	0.039
0.9*L1	-0.053	-0.008	0.063	0.057	0.055	0.066	0.007	0.008	0.003	-0.007	0.018
0.0*L2	-0.000	0.000	-0.000	-0.000	-0.000	-0.000	-0.000	-0.000	-0.000	-0.000	-0.000
0.2*L2	0.057	0.010	-0.065	-0.060	-0.058	-0.071	-0.008	-0.009	-0.002	0.007	-0.022
0.4*L2	0.066	0.012	-0.075	-0.070	-0.067	-0.084	-0.009	-0.010	-0.001	0.008	-0.027
0.6*L2	0.050	0.009	-0.057	-0.052	-0.050	-0.064	-0.007	-0.007	-0.001	0.006	-0.021
0.8*L2	0.024	0.005	-0.027	-0.025	-0.024	-0.030	-0.003	-0.004	-0.000	0.003	-0.010
FAKTOR	a						a			1/a	

INFOLGE STRECKENLAST P=1

IN FELD	M 0	M 0.2	M 0.5	Q 0	Q 0.2	Q 0.5	T 0	T 0.2	T 0.5	q 0	q 0.5
3L	0.172	0.107	0.039	-0.091	-0.070	-0.045	0.023	0.013	-0.000	0.021	0.015
2L	-0.786	-0.498	-0.187	0.395	0.319	0.209	-0.090	-0.051	0.004	-0.067	-0.066
1,BIS SPRUNG					-0.077	-0.438		0.008	-0.007		
1,REST	-0.784	0.345	0.942	1.821	1.097	0.438	0.090	0.081	0.007	-0.066	0.192
2R	0.164	0.030	-0.187	-0.173	-0.166	-0.209	-0.022	-0.025	-0.004	0.020	-0.066
3R	-0.035	-0.007	0.039	0.036	0.035	0.045	0.005	0.005	0.000	-0.004	0.015
SUMME(+)	0.336	0.482	1.021	2.253	1.451	0.691	0.117	0.108	0.011	0.041	0.222
SUMME(-)	-1.605	-0.505	-0.374	-0.263	-0.313	-0.691	-0.111	-0.076	-0.011	-0.137	-0.133
SUMME	-1.269	-0.023	0.647	1.989	1.138	-0.000	0.005	0.031	-0.000	-0.096	0.089
FAKTOR	a*a			a			a*a				

INFOLGE EINZELMOMENT Mt=1

IN	M 0	M 0.2	M 0.5	Q 0	Q 0.2	Q 0.5	T 0	T 0.2	T 0.5	q 0	q 0.5
0.0*L2	-0.081	-0.046	-0.015	0.053	0.035	0.019	-0.018	-0.009	-0.001	-0.026	-0.008
0.1*L2	-0.153	-0.089	-0.030	0.096	0.065	0.036	-0.031	-0.016	-0.001	-0.043	-0.015
0.2*L2	-0.232	-0.135	-0.046	0.145	0.099	0.055	-0.047	-0.024	-0.002	-0.064	-0.023
0.3*L2	-0.310	-0.179	-0.060	0.198	0.133	0.073	-0.065	-0.033	-0.003	-0.092	-0.032
0.4*L2	-0.380	-0.216	-0.070	0.251	0.164	0.088	-0.087	-0.043	-0.005	-0.127	-0.040
0.5*L2	-0.433	-0.238	-0.074	0.305	0.190	0.096	-0.112	-0.055	-0.008	-0.174	-0.048
0.6*L2	-0.462	-0.239	-0.067	0.360	0.209	0.095	-0.145	-0.069	-0.012	-0.240	-0.056
0.7*L2	-0.464	-0.215	-0.048	0.423	0.220	0.082	-0.189	-0.088	-0.019	-0.336	-0.064
0.8*L2	-0.441	-0.161	-0.011	0.504	0.227	0.055	-0.254	-0.115	-0.029	-0.479	-0.074
0.9*L2	-0.405	-0.080	0.044	0.626	0.236	0.015	-0.351	-0.156	-0.045	-0.696	-0.090
1.0*L2	-0.384	0.022	0.118	0.826	0.263	-0.036	-0.500	-0.219	-0.069	-1.024	-0.116
0.0*L1	-0.384	0.022	0.118	0.826	0.263	-0.036	0.500	-0.219	-0.069	-1.024	-0.116
0.1*L1	-0.405	0.126	0.212	0.999	0.334	-0.093	0.351	-0.317	-0.103	-0.696	-0.161
0.2*L1	-0.441	0.198	0.319	1.042	0.489	-0.143	0.254	-0.470	-0.154	-0.479	-0.237
								0.530			
0.3*L1	-0.463	0.203	0.428	0.999	0.629	-0.167	0.189	0.374	-0.228	-0.336	-0.365
0.4*L1	-0.461	0.170	0.520	0.902	0.652	-0.133	0.145	0.270	-0.337	-0.240	-0.572
0.5*L1	-0.432	0.125	0.561	0.775	0.605	-0.000	0.112	0.198	-0.500	-0.174	-0.896
									0.500		
0.6*L1	-0.379	0.084	0.520	0.634	0.517	0.133	0.087	0.145	0.337	-0.127	-0.572
0.7*L1	-0.310	0.053	0.428	0.492	0.411	0.167	0.065	0.106	0.228	-0.092	-0.365
0.8*L1	-0.231	0.033	0.319	0.357	0.302	0.143	0.047	0.075	0.154	-0.064	-0.237
0.9*L1	-0.153	0.023	0.212	0.238	0.201	0.093	0.031	0.050	0.103	-0.043	-0.161
0.0*L2	-0.082	0.019	0.118	0.137	0.114	0.036	0.018	0.030	0.069	-0.026	-0.116
0.2*L2	0.020	0.019	-0.011	0.002	-0.006	-0.055	0.001	0.005	0.029	-0.005	-0.074
0.4*L2	0.064	0.019	-0.067	-0.057	-0.058	-0.095	-0.007	-0.006	0.012	0.005	-0.056
0.6*L2	0.064	0.015	-0.070	-0.062	-0.062	-0.088	-0.008	-0.008	0.005	0.006	-0.040
0.8*L2	0.041	0.009	-0.046	-0.041	-0.040	-0.055	-0.005	-0.005	0.002	0.004	-0.023
FAKTOR				1/a						1/(a*a)	

INFOLGE STRECKENMOMENT mt=1

IN FELD	M 0	M 0.2	M 0.5	Q 0	Q 0.2	Q 0.5	T 0	T 0.2	T 0.5	q 0	q 0.5
3L	0.138	0.090	0.035	-0.063	-0.055	-0.038	0.011	0.007	-0.001	0.001	0.011
2L	-1.407	-0.631	-0.128	1.332	0.677	0.237	-0.611	-0.283	-0.063	-1.097	-0.201
1,BIS SPRUNG					0.278	-0.230		-0.261	-0.437		
1,REST	-1.405	0.417	1.460	2.779	1.457	0.230	0.610	0.593	0.437	-1.097	-1.448
2R	0.134	0.059	-0.128	-0.090	-0.105	-0.237	-0.010	-0.003	0.063	0.001	-0.201
3R	-0.031	-0.005	0.035	0.033	0.031	0.038	0.004	0.005	0.001	-0.004	0.011
SUMME(+)	0.273	0.566	1.531	4.144	2.444	0.506	0.625	0.605	0.502	0.002	0.022
SUMME(-)	-2.843	-0.636	-0.256	-0.153	-0.160	-0.506	-0.621	-0.547	-0.502	-2.198	-1.851
SUMME	-2.571	-0.070	1.275	3.991	2.284	-0.000	0.004	0.058	-0.000	-2.196	-1.829
FAKTOR	a			a			a			1/a	

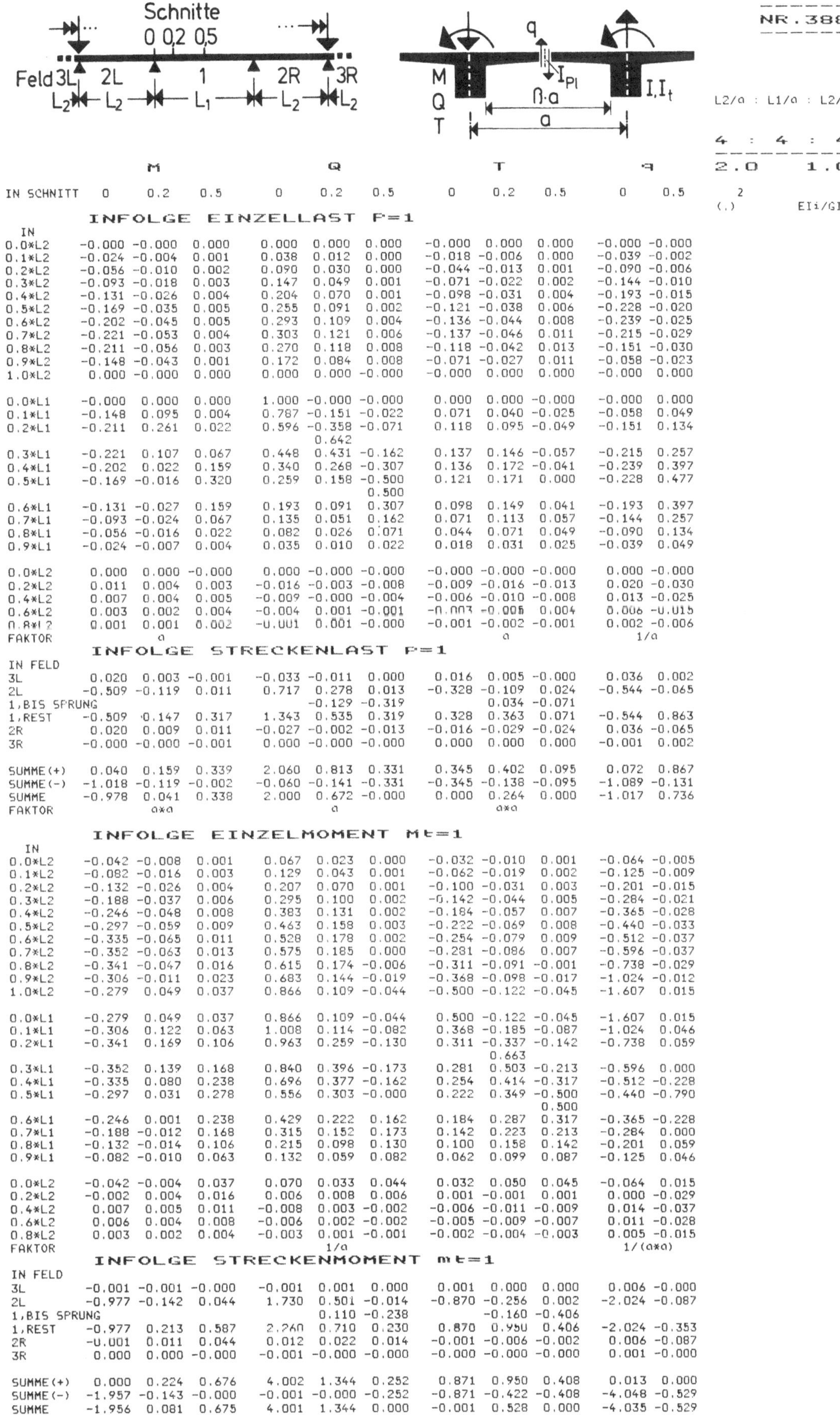

Column headers (IN SCHNITT):

IN	M 0	M 0.2	M 0.5	Q 0	Q 0.2	Q 0.5	T 0	T 0.2	T 0.5	q 0	q 0.5

INFOLGE EINZELLAST P=1

IN	M 0	M 0.2	M 0.5	Q 0	Q 0.2	Q 0.5	T 0	T 0.2	T 0.5	q 0	q 0.5
0.0*L2	-0.000	-0.000	0.000	0.000	0.000	0.000	-0.000	0.000	0.000	-0.000	-0.000
0.1*L2	-0.024	-0.004	0.001	0.038	0.012	0.000	-0.018	-0.006	0.000	-0.039	-0.002
0.2*L2	-0.056	-0.010	0.002	0.090	0.030	0.000	-0.044	-0.013	0.001	-0.090	-0.006
0.3*L2	-0.093	-0.018	0.003	0.147	0.049	0.001	-0.071	-0.022	0.002	-0.144	-0.010
0.4*L2	-0.131	-0.026	0.004	0.204	0.070	0.001	-0.098	-0.031	0.004	-0.193	-0.015
0.5*L2	-0.169	-0.035	0.005	0.255	0.091	0.002	-0.121	-0.038	0.006	-0.228	-0.020
0.6*L2	-0.202	-0.045	0.005	0.293	0.109	0.004	-0.136	-0.044	0.008	-0.239	-0.025
0.7*L2	-0.221	-0.053	0.004	0.303	0.121	0.006	-0.137	-0.046	0.011	-0.215	-0.029
0.8*L2	-0.211	-0.056	0.003	0.270	0.118	0.008	-0.118	-0.042	0.013	-0.151	-0.030
0.9*L2	-0.148	-0.043	0.001	0.172	0.084	0.008	-0.071	-0.027	0.011	-0.058	-0.023
1.0*L2	0.000	0.000	0.000	0.000	0.000	-0.000	-0.000	0.000	0.000	-0.000	0.000
0.0*L1	-0.000	0.000	0.000	1.000	-0.000	-0.000	0.000	0.000	-0.000	-0.000	0.000
0.1*L1	-0.148	0.095	0.004	0.787	-0.151	-0.022	0.071	0.040	-0.025	-0.058	0.049
0.2*L1	-0.211	0.261	0.022	0.596	-0.358	-0.071	0.118	0.095	-0.049	-0.151	0.134
				0.642							
0.3*L1	-0.221	0.107	0.067	0.448	0.431	-0.162	0.137	0.146	-0.057	-0.215	0.257
0.4*L1	-0.202	0.022	0.159	0.340	0.268	-0.307	0.136	0.172	-0.041	-0.239	0.397
0.5*L1	-0.169	-0.016	0.320	0.259	0.158	-0.500	0.121	0.171	0.000	-0.228	0.477
						0.500					
0.6*L1	-0.131	-0.027	0.159	0.193	0.091	0.307	0.098	0.149	0.041	-0.193	0.397
0.7*L1	-0.093	-0.024	0.067	0.135	0.051	0.162	0.071	0.113	0.057	-0.144	0.257
0.8*L1	-0.056	-0.016	0.022	0.082	0.026	0.071	0.044	0.071	0.049	-0.090	0.134
0.9*L1	-0.024	-0.007	0.004	0.035	0.010	0.022	0.018	0.031	0.025	-0.039	0.049
0.0*L2	0.000	0.000	-0.000	0.000	-0.000	-0.000	-0.000	-0.000	-0.000	0.000	-0.000
0.2*L2	0.011	0.004	0.003	-0.016	-0.003	-0.008	-0.009	-0.016	-0.013	0.020	-0.030
0.4*L2	0.007	0.004	0.005	-0.009	-0.000	-0.004	-0.006	-0.010	-0.008	0.013	-0.025
0.6*L2	0.003	0.002	0.004	-0.004	0.001	-0.001	-0.003	-0.005	0.004	0.006	-0.015
0.8*L2	0.001	0.001	0.002	-0.001	0.001	-0.000	-0.001	-0.002	-0.001	0.002	-0.006
FAKTOR	a						a			1/a	

INFOLGE STRECKENLAST P=1

IN FELD	M 0	M 0.2	M 0.5	Q 0	Q 0.2	Q 0.5	T 0	T 0.2	T 0.5	q 0	q 0.5
3L	0.020	0.003	-0.001	-0.033	-0.011	0.000	0.016	0.005	-0.000	0.036	0.002
2L	-0.509	-0.119	0.011	0.717	0.278	0.013	-0.328	-0.109	0.024	-0.544	-0.065
1,BIS SPRUNG					-0.129	-0.319	0.034	-0.071			
1,REST	-0.509	0.147	0.317	1.343	0.535	0.319	0.328	0.363	0.071	-0.544	0.863
2R	0.020	0.009	0.011	-0.027	-0.002	-0.013	-0.016	-0.029	-0.024	0.036	-0.065
3R	-0.000	-0.000	-0.001	0.000	-0.000	-0.000	0.000	0.000	0.000	-0.001	0.002
SUMME(+)	0.040	0.159	0.339	2.060	0.813	0.331	0.345	0.402	0.095	0.072	0.867
SUMME(-)	-1.018	-0.119	-0.002	-0.060	-0.141	-0.331	-0.345	-0.138	-0.095	-1.089	-0.131
SUMME	-0.978	0.041	0.338	2.000	0.672	-0.000	0.000	0.264	0.000	-1.017	0.736
FAKTOR	a×a			a			a×a				

INFOLGE EINZELMOMENT Mt=1

IN	M 0	M 0.2	M 0.5	Q 0	Q 0.2	Q 0.5	T 0	T 0.2	T 0.5	q 0	q 0.5
0.0*L2	-0.042	-0.008	0.001	0.067	0.023	0.000	-0.032	-0.010	0.001	-0.064	-0.005
0.1*L2	-0.082	-0.016	0.003	0.129	0.043	0.001	-0.062	-0.019	0.002	-0.125	-0.009
0.2*L2	-0.132	-0.026	0.004	0.207	0.070	0.001	-0.100	-0.031	0.003	-0.201	-0.015
0.3*L2	-0.188	-0.037	0.006	0.295	0.100	0.002	-0.142	-0.044	0.005	-0.284	-0.021
0.4*L2	-0.246	-0.048	0.008	0.383	0.131	0.002	-0.184	-0.057	0.007	-0.365	-0.028
0.5*L2	-0.297	-0.059	0.009	0.463	0.158	0.003	-0.222	-0.069	0.008	-0.440	-0.033
0.6*L2	-0.335	-0.065	0.011	0.528	0.178	0.002	-0.254	-0.079	0.009	-0.512	-0.037
0.7*L2	-0.352	-0.063	0.013	0.575	0.185	0.000	-0.281	-0.086	0.007	-0.596	-0.037
0.8*L2	-0.341	-0.047	0.016	0.615	0.174	-0.006	-0.311	-0.091	-0.001	-0.738	-0.029
0.9*L2	-0.306	-0.011	0.023	0.683	0.144	-0.019	-0.368	-0.098	-0.017	-1.024	-0.012
1.0*L2	-0.279	0.049	0.037	0.866	0.109	-0.044	-0.500	-0.122	-0.045	-1.607	0.015
0.0*L1	-0.279	0.049	0.037	0.866	0.109	-0.044	0.500	-0.122	-0.045	-1.607	0.015
0.1*L1	-0.306	0.122	0.063	1.008	0.114	-0.082	0.368	-0.185	-0.087	-1.024	0.046
0.2*L1	-0.341	0.169	0.106	0.963	0.259	-0.130	0.311	-0.337	-0.142	-0.738	0.059
							0.663				
0.3*L1	-0.352	0.139	0.168	0.840	0.396	-0.173	0.281	0.503	-0.213	-0.596	0.000
0.4*L1	-0.335	0.080	0.238	0.696	0.377	-0.162	0.254	0.414	-0.317	-0.512	-0.228
0.5*L1	-0.297	0.031	0.278	0.556	0.303	-0.000	0.222	0.349	-0.500	-0.440	-0.790
									0.500		
0.6*L1	-0.246	0.001	0.238	0.429	0.222	0.162	0.184	0.287	0.317	-0.365	-0.228
0.7*L1	-0.188	-0.012	0.168	0.315	0.152	0.173	0.142	0.223	0.213	-0.284	0.000
0.8*L1	-0.132	-0.014	0.106	0.215	0.098	0.130	0.100	0.158	0.142	-0.201	0.059
0.9*L1	-0.082	-0.010	0.063	0.132	0.059	0.082	0.062	0.099	0.087	-0.125	0.046
0.0*L2	-0.042	-0.004	0.037	0.070	0.033	0.044	0.032	0.050	0.045	-0.064	0.015
0.2*L2	-0.002	0.004	0.016	0.006	0.008	0.006	0.001	-0.001	0.001	0.000	-0.029
0.4*L2	0.007	0.005	0.011	-0.008	0.003	-0.002	-0.006	-0.011	-0.009	0.014	-0.037
0.6*L2	0.006	0.004	0.008	-0.006	0.002	-0.002	-0.005	-0.009	-0.007	0.011	-0.028
0.8*L2	0.003	0.002	0.004	-0.003	0.001	-0.001	-0.002	-0.004	-0.003	0.005	-0.015
FAKTOR				1/a						1/(a×a)	

INFOLGE STRECKENMOMENT mt=1

IN FELD	M 0	M 0.2	M 0.5	Q 0	Q 0.2	Q 0.5	T 0	T 0.2	T 0.5	q 0	q 0.5
3L	-0.001	-0.001	-0.000	-0.001	0.001	0.000	0.001	0.000	0.000	0.006	-0.000
2L	-0.977	-0.142	0.044	1.730	0.501	-0.014	-0.870	-0.256	0.002	-2.024	-0.087
1,BIS SPRUNG					0.110	-0.238	-0.160	-0.406			
1,REST	-0.977	0.213	0.587	2.260	0.710	0.230	0.870	0.950	0.406	-2.024	-0.353
2R	-0.001	0.011	0.044	0.012	0.022	0.014	-0.001	-0.006	-0.002	0.006	-0.087
3R	0.000	0.000	-0.000	-0.001	-0.000	-0.000	-0.000	-0.000	-0.000	0.001	-0.000
SUMME(+)	0.000	0.224	0.676	4.002	1.344	0.252	0.871	0.950	0.408	0.013	0.000
SUMME(-)	-1.957	-0.143	-0.000	-0.001	-0.000	-0.252	-0.871	-0.422	-0.408	-4.048	-0.529
SUMME	-1.956	0.081	0.675	4.001	1.344	0.000	-0.001	0.528	0.000	-4.035	-0.529
FAKTOR	a						a			1/a	

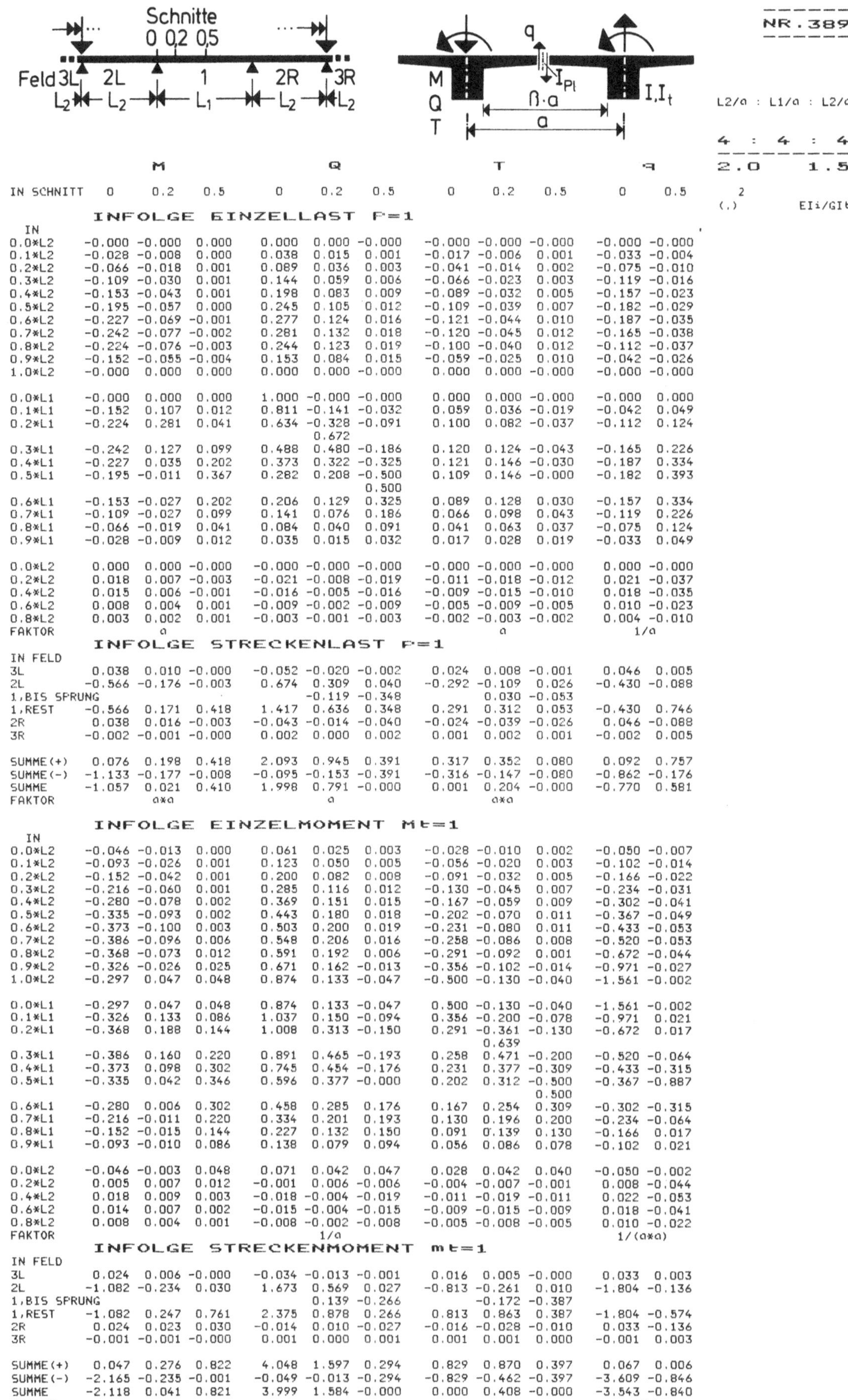

| | M | | | Q | | | T | | | q | |
IN SCHNITT	0	0.2	0.5	0	0.2	0.5	0	0.2	0.5	0	0.5

INFOLGE EINZELLAST P=1

IN	M 0	M 0.2	M 0.5	Q 0	Q 0.2	Q 0.5	T 0	T 0.2	T 0.5	q 0	q 0.5
0.0*L2	-0.000	-0.000	0.000	0.000	0.000	-0.000	-0.000	-0.000	-0.000	-0.000	-0.000
0.1*L2	-0.028	-0.008	0.000	0.038	0.015	0.001	-0.017	-0.006	0.001	-0.033	-0.004
0.2*L2	-0.066	-0.018	0.001	0.089	0.036	0.003	-0.041	-0.014	0.002	-0.075	-0.010
0.3*L2	-0.109	-0.030	0.001	0.144	0.059	0.006	-0.066	-0.023	0.003	-0.119	-0.016
0.4*L2	-0.153	-0.043	0.001	0.198	0.083	0.009	-0.089	-0.032	0.005	-0.157	-0.023
0.5*L2	-0.195	-0.057	0.000	0.245	0.105	0.012	-0.109	-0.039	0.007	-0.182	-0.029
0.6*L2	-0.227	-0.069	-0.001	0.277	0.124	0.016	-0.121	-0.044	0.010	-0.187	-0.035
0.7*L2	-0.242	-0.077	-0.002	0.281	0.132	0.018	-0.120	-0.045	0.012	-0.165	-0.038
0.8*L2	-0.224	-0.076	-0.003	0.244	0.123	0.019	-0.100	-0.040	0.012	-0.112	-0.037
0.9*L2	-0.152	-0.055	-0.004	0.153	0.084	0.015	-0.059	-0.025	0.010	-0.042	-0.026
1.0*L2	-0.000	0.000	0.000	0.000	0.000	-0.000	0.000	0.000	-0.000	-0.000	-0.000
0.0*L1	-0.000	0.000	0.000	1.000	-0.000	-0.000	0.000	0.000	-0.000	-0.000	0.000
0.1*L1	-0.152	0.107	0.012	0.811	-0.141	-0.032	0.059	0.036	-0.019	-0.042	0.049
0.2*L1	-0.224	0.281	0.041	0.634	-0.328	-0.091	0.100	0.082	-0.037	-0.112	0.124
					0.672						
0.3*L1	-0.242	0.127	0.099	0.488	0.480	-0.186	0.120	0.124	-0.043	-0.165	0.226
0.4*L1	-0.227	0.035	0.202	0.373	0.322	-0.325	0.121	0.146	-0.030	-0.187	0.334
0.5*L1	-0.195	-0.011	0.367	0.282	0.208	-0.500	0.109	0.146	-0.000	-0.182	0.393
						0.500					
0.6*L1	-0.153	-0.027	0.202	0.206	0.129	0.325	0.089	0.128	0.030	-0.157	0.334
0.7*L1	-0.109	-0.027	0.099	0.141	0.076	0.186	0.066	0.098	0.043	-0.119	0.226
0.8*L1	-0.066	-0.019	0.041	0.084	0.040	0.091	0.041	0.063	0.037	-0.075	0.124
0.9*L1	-0.028	-0.009	0.012	0.035	0.015	0.032	0.017	0.028	0.019	-0.033	0.049
0.0*L2	0.000	0.000	-0.000	-0.000	-0.000	-0.000	-0.000	-0.000	-0.000	0.000	-0.000
0.2*L2	0.018	0.007	-0.003	-0.021	-0.008	-0.019	-0.011	-0.018	-0.012	0.021	-0.037
0.4*L2	0.015	0.006	-0.001	-0.016	-0.005	-0.016	-0.009	-0.015	-0.010	0.018	-0.035
0.6*L2	0.008	0.004	0.001	-0.009	-0.002	-0.009	-0.005	-0.009	-0.005	0.010	-0.023
0.8*L2	0.003	0.002	0.001	-0.003	-0.001	-0.003	-0.002	-0.003	-0.002	0.004	-0.010
FAKTOR	a						a			1/a	

INFOLGE STRECKENLAST P=1

IN FELD	M 0	M 0.2	M 0.5	Q 0	Q 0.2	Q 0.5	T 0	T 0.2	T 0.5	q 0	q 0.5
3L	0.038	0.010	-0.000	-0.052	-0.020	-0.002	0.024	0.008	-0.001	0.046	0.005
2L	-0.566	-0.176	-0.003	0.674	0.309	0.040	-0.292	-0.109	0.026	-0.430	-0.088
1,BIS SPRUNG					-0.119	-0.348		0.030	-0.053		
1,REST	-0.566	0.171	0.418	1.417	0.636	0.348	0.291	0.312	0.053	-0.430	0.746
2R	0.038	0.016	-0.003	-0.043	-0.014	-0.040	-0.024	-0.039	-0.026	0.046	-0.088
3R	-0.002	-0.001	-0.000	0.002	0.000	0.002	0.001	0.002	0.001	-0.002	0.005
SUMME(+)	0.076	0.198	0.418	2.093	0.945	0.391	0.317	0.352	0.080	0.092	0.757
SUMME(-)	-1.133	-0.177	-0.008	-0.095	-0.153	-0.391	-0.316	-0.147	-0.080	-0.862	-0.176
SUMME	-1.057	0.021	0.410	1.998	0.791	-0.000	0.001	0.204	-0.000	-0.770	0.581
FAKTOR	axa			a			axa				

INFOLGE EINZELMOMENT Mt=1

IN	M 0	M 0.2	M 0.5	Q 0	Q 0.2	Q 0.5	T 0	T 0.2	T 0.5	q 0	q 0.5
0.0*L2	-0.046	-0.013	0.000	0.061	0.025	0.003	-0.028	-0.010	0.002	-0.050	-0.007
0.1*L2	-0.093	-0.026	0.001	0.123	0.050	0.005	-0.056	-0.020	0.003	-0.102	-0.014
0.2*L2	-0.152	-0.042	0.001	0.200	0.082	0.008	-0.091	-0.032	0.005	-0.166	-0.022
0.3*L2	-0.216	-0.060	0.001	0.285	0.116	0.012	-0.130	-0.045	0.007	-0.234	-0.031
0.4*L2	-0.280	-0.078	0.002	0.369	0.151	0.015	-0.167	-0.059	0.009	-0.302	-0.041
0.5*L2	-0.335	-0.093	0.002	0.443	0.180	0.018	-0.202	-0.070	0.011	-0.367	-0.049
0.6*L2	-0.373	-0.100	0.003	0.503	0.200	0.019	-0.231	-0.080	0.011	-0.433	-0.053
0.7*L2	-0.386	-0.096	0.006	0.548	0.206	0.016	-0.258	-0.086	0.008	-0.520	-0.053
0.8*L2	-0.368	-0.073	0.012	0.591	0.192	0.006	-0.291	-0.092	0.001	-0.672	-0.044
0.9*L2	-0.326	-0.026	0.025	0.671	0.162	-0.013	-0.356	-0.102	-0.014	-0.971	-0.027
1.0*L2	-0.297	0.047	0.048	0.874	0.133	-0.047	-0.500	-0.130	-0.040	-1.561	-0.002
0.0*L1	-0.297	0.047	0.048	0.874	0.133	-0.047	0.500	-0.130	-0.040	-1.561	-0.002
0.1*L1	-0.326	0.133	0.086	1.037	0.150	-0.094	0.356	-0.200	-0.078	-0.971	0.021
0.2*L1	-0.368	0.188	0.144	1.008	0.313	-0.150	0.291	-0.361	-0.130	-0.672	0.017
							0.639				
0.3*L1	-0.386	0.160	0.220	0.891	0.465	-0.193	0.258	0.471	-0.200	-0.520	-0.064
0.4*L1	-0.373	0.098	0.302	0.745	0.454	-0.176	0.231	0.377	-0.309	-0.433	-0.315
0.5*L1	-0.335	0.042	0.346	0.596	0.377	-0.000	0.202	0.312	-0.500	-0.367	-0.887
									0.500		
0.6*L1	-0.280	0.006	0.302	0.458	0.285	0.176	0.167	0.254	0.309	-0.302	-0.315
0.7*L1	-0.216	-0.011	0.220	0.334	0.201	0.193	0.130	0.196	0.200	-0.234	-0.064
0.8*L1	-0.152	-0.015	0.144	0.227	0.132	0.150	0.091	0.139	0.130	-0.166	0.017
0.9*L1	-0.093	-0.010	0.086	0.138	0.079	0.094	0.056	0.086	0.078	-0.102	0.021
0.0*L2	-0.046	-0.003	0.048	0.071	0.042	0.047	0.028	0.042	0.040	-0.050	-0.002
0.2*L2	0.005	0.007	0.012	-0.001	0.006	-0.006	-0.004	-0.007	-0.001	0.008	-0.044
0.4*L2	0.018	0.009	0.003	-0.018	-0.004	-0.019	-0.011	-0.019	-0.011	0.022	-0.053
0.6*L2	0.014	0.007	0.002	-0.015	-0.004	-0.015	-0.009	-0.015	-0.009	0.018	-0.041
0.8*L2	0.008	0.004	0.001	-0.008	-0.002	-0.008	-0.005	-0.008	-0.005	0.010	-0.022
FAKTOR				1/a						1/(axa)	

INFOLGE STRECKENMOMENT mt=1

IN FELD	M 0	M 0.2	M 0.5	Q 0	Q 0.2	Q 0.5	T 0	T 0.2	T 0.5	q 0	q 0.5
3L	0.024	0.006	-0.000	-0.034	-0.013	-0.001	0.016	0.005	-0.000	0.033	0.003
2L	-1.082	-0.234	0.030	1.673	0.569	0.027	-0.813	-0.261	0.010	-1.804	-0.136
1,BIS SPRUNG					0.139	-0.266		-0.172	-0.387		
1,REST	-1.082	0.247	0.761	2.375	0.878	0.266	0.813	0.863	0.387	-1.804	-0.574
2R	0.024	0.023	0.030	-0.014	0.010	-0.027	-0.016	-0.028	-0.010	0.033	-0.136
3R	-0.001	-0.001	-0.000	0.001	0.000	0.001	0.001	0.001	0.000	-0.001	0.003
SUMME(+)	0.047	0.276	0.822	4.048	1.597	0.294	0.829	0.870	0.397	0.067	0.006
SUMME(-)	-2.165	-0.235	-0.001	-0.049	-0.013	-0.294	-0.829	-0.462	-0.397	-3.609	-0.846
SUMME	-2.118	0.041	0.821	3.999	1.584	-0.000	0.000	0.408	-0.000	-3.543	-0.840
FAKTOR	a						a			1/a	

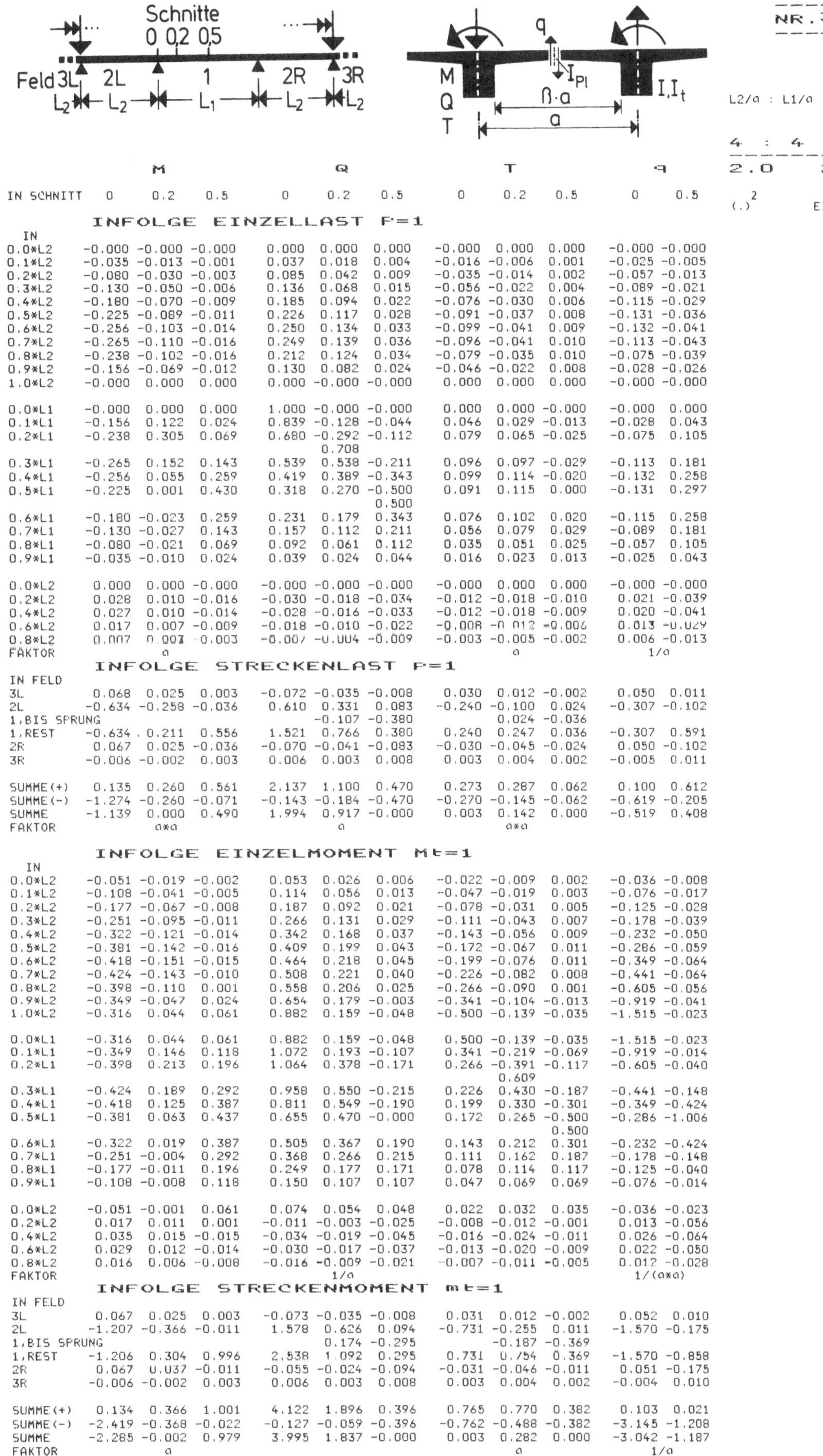

	M			Q			T			q	
IN SCHNITT	0	0.2	0.5	0	0.2	0.5	0	0.2	0.5	0	0.5

INFOLGE EINZELLAST F=1

IN	M0	M0.2	M0.5	Q0	Q0.2	Q0.5	T0	T0.2	T0.5	q0	q0.5
0.0*L2	-0.000	-0.000	-0.000	0.000	0.000	0.000	-0.000	0.000	0.000	-0.000	-0.000
0.1*L2	-0.035	-0.013	-0.001	0.037	0.018	0.004	-0.016	-0.006	0.001	-0.025	-0.005
0.2*L2	-0.080	-0.030	-0.003	0.085	0.042	0.009	-0.035	-0.014	0.002	-0.057	-0.013
0.3*L2	-0.130	-0.050	-0.006	0.136	0.068	0.015	-0.056	-0.022	0.004	-0.089	-0.021
0.4*L2	-0.180	-0.070	-0.009	0.185	0.094	0.022	-0.076	-0.030	0.006	-0.115	-0.029
0.5*L2	-0.225	-0.089	-0.011	0.226	0.117	0.028	-0.091	-0.037	0.008	-0.131	-0.036
0.6*L2	-0.256	-0.103	-0.014	0.250	0.134	0.033	-0.099	-0.041	0.009	-0.132	-0.041
0.7*L2	-0.265	-0.110	-0.016	0.249	0.139	0.036	-0.096	-0.041	0.010	-0.113	-0.043
0.8*L2	-0.238	-0.102	-0.016	0.212	0.124	0.034	-0.079	-0.035	0.010	-0.075	-0.039
0.9*L2	-0.156	-0.069	-0.012	0.130	0.082	0.024	-0.046	-0.022	0.008	-0.028	-0.026
1.0*L2	-0.000	0.000	0.000	0.000	-0.000	-0.000	0.000	0.000	0.000	-0.000	-0.000
0.0*L1	-0.000	0.000	0.000	1.000	-0.000	-0.000	0.000	0.000	-0.000	-0.000	0.000
0.1*L1	-0.156	0.122	0.024	0.839	-0.128	-0.044	0.046	0.029	-0.013	-0.028	0.043
0.2*L1	-0.238	0.305	0.069	0.680	-0.292	-0.112	0.079	0.065	-0.025	-0.075	0.105
				0.708							
0.3*L1	-0.265	0.152	0.143	0.539	0.538	-0.211	0.096	0.097	-0.029	-0.113	0.181
0.4*L1	-0.256	0.055	0.259	0.419	0.389	-0.343	0.099	0.114	-0.020	-0.132	0.258
0.5*L1	-0.225	0.001	0.430	0.318	0.270	-0.500	0.091	0.115	0.000	-0.131	0.297
						0.500					
0.6*L1	-0.180	-0.023	0.259	0.231	0.179	0.343	0.076	0.102	0.020	-0.115	0.258
0.7*L1	-0.130	-0.027	0.143	0.157	0.112	0.211	0.056	0.079	0.029	-0.089	0.181
0.8*L1	-0.080	-0.021	0.069	0.092	0.061	0.112	0.035	0.051	0.025	-0.057	0.105
0.9*L1	-0.035	-0.010	0.024	0.039	0.024	0.044	0.016	0.023	0.013	-0.025	0.043
0.0*L2	0.000	0.000	-0.000	-0.000	-0.000	-0.000	-0.000	0.000	0.000	-0.000	-0.000
0.2*L2	0.028	0.010	-0.016	-0.030	-0.018	-0.034	-0.012	-0.018	-0.010	0.021	-0.039
0.4*L2	0.027	0.010	-0.014	-0.028	-0.016	-0.033	-0.012	-0.018	-0.009	0.020	-0.041
0.6*L2	0.017	0.007	-0.009	-0.018	-0.010	-0.022	-0.008	-0.012	-0.006	0.013	-0.029
0.8*L2	0.007	0.003	-0.003	-0.007	-0.004	-0.009	-0.003	-0.005	-0.002	0.006	-0.013
FAKTOR		a			a			a			1/a

INFOLGE STRECKENLAST F=1

IN FELD	M0	M0.2	M0.5	Q0	Q0.2	Q0.5	T0	T0.2	T0.5	q0	q0.5
3L	0.068	0.025	0.003	-0.072	-0.035	-0.008	0.030	0.012	-0.002	0.050	0.011
2L	-0.634	-0.258	-0.036	0.610	0.331	0.083	-0.240	-0.100	0.024	-0.307	-0.102
1,BIS SPRUNG					-0.107	-0.380		0.024	-0.036		
1,REST	-0.634	0.211	0.556	1.521	0.766	0.380	0.240	0.247	0.036	-0.307	0.591
2R	0.067	0.025	-0.036	-0.070	-0.041	-0.083	-0.030	-0.045	-0.024	0.050	-0.102
3R	-0.006	-0.002	0.003	0.006	0.003	0.008	0.003	0.004	0.002	-0.005	0.011
SUMME(+)	0.135	0.260	0.561	2.137	1.100	0.470	0.273	0.287	0.062	0.100	0.612
SUMME(-)	-1.274	-0.260	-0.071	-0.143	-0.184	-0.470	-0.270	-0.145	-0.062	-0.619	-0.205
SUMME	-1.139	0.000	0.490	1.994	0.917	-0.000	0.003	0.142	0.000	-0.519	0.408
FAKTOR		a*a			a			a*a			1/a

INFOLGE EINZELMOMENT Mt=1

IN	M0	M0.2	M0.5	Q0	Q0.2	Q0.5	T0	T0.2	T0.5	q0	q0.5
0.0*L2	-0.051	-0.019	-0.002	0.053	0.026	0.006	-0.022	-0.009	0.002	-0.036	-0.008
0.1*L2	-0.108	-0.041	-0.005	0.114	0.056	0.013	-0.047	-0.019	0.003	-0.076	-0.017
0.2*L2	-0.177	-0.067	-0.008	0.187	0.092	0.021	-0.078	-0.031	0.005	-0.125	-0.028
0.3*L2	-0.251	-0.095	-0.011	0.266	0.131	0.029	-0.111	-0.043	0.007	-0.178	-0.039
0.4*L2	-0.322	-0.121	-0.014	0.342	0.168	0.037	-0.143	-0.056	0.009	-0.232	-0.050
0.5*L2	-0.381	-0.142	-0.016	0.409	0.199	0.043	-0.172	-0.067	0.011	-0.286	-0.059
0.6*L2	-0.418	-0.151	-0.015	0.464	0.218	0.045	-0.199	-0.076	0.011	-0.349	-0.064
0.7*L2	-0.424	-0.143	-0.010	0.508	0.221	0.040	-0.226	-0.082	0.008	-0.441	-0.064
0.8*L2	-0.398	-0.110	0.001	0.558	0.206	0.025	-0.266	-0.090	0.001	-0.605	-0.056
0.9*L2	-0.349	-0.047	0.024	0.654	0.179	-0.003	-0.341	-0.104	-0.013	-0.919	-0.041
1.0*L2	-0.316	0.044	0.061	0.882	0.159	-0.048	-0.500	-0.139	-0.035	-1.515	-0.023
0.0*L1	-0.316	0.044	0.061	0.882	0.159	-0.048	0.500	-0.139	-0.035	-1.515	-0.023
0.1*L1	-0.349	0.146	0.118	1.072	0.193	-0.107	0.341	-0.219	-0.069	-0.919	-0.014
0.2*L1	-0.398	0.213	0.196	1.064	0.378	-0.171	0.266	-0.391	-0.117	-0.605	-0.040
							0.609				
0.3*L1	-0.424	0.189	0.292	0.958	0.550	-0.215	0.226	0.430	-0.187	-0.441	-0.148
0.4*L1	-0.418	0.125	0.387	0.811	0.549	-0.190	0.199	0.330	-0.301	-0.349	-0.424
0.5*L1	-0.381	0.063	0.437	0.655	0.470	-0.000	0.172	0.265	-0.500	-0.286	-1.006
									0.500		
0.6*L1	-0.322	0.019	0.387	0.505	0.367	0.190	0.143	0.212	0.301	-0.232	-0.424
0.7*L1	-0.251	-0.004	0.292	0.368	0.266	0.215	0.111	0.162	0.187	-0.178	-0.148
0.8*L1	-0.177	-0.011	0.196	0.249	0.177	0.171	0.078	0.114	0.117	-0.125	-0.040
0.9*L1	-0.108	-0.008	0.118	0.150	0.107	0.107	0.047	0.069	0.069	-0.076	-0.014
0.0*L2	-0.051	-0.001	0.061	0.074	0.054	0.048	0.022	0.032	0.035	-0.036	-0.023
0.2*L2	0.017	0.011	0.001	-0.011	-0.003	-0.025	-0.008	-0.012	-0.001	0.013	-0.056
0.4*L2	0.035	0.015	-0.015	-0.034	-0.019	-0.045	-0.016	-0.024	-0.011	0.026	-0.064
0.6*L2	0.029	0.012	-0.014	-0.030	-0.017	-0.037	-0.013	-0.020	-0.009	0.022	-0.050
0.8*L2	0.016	0.006	-0.008	-0.016	-0.009	-0.021	-0.007	-0.011	-0.005	0.012	-0.028
FAKTOR					1/a						1/(a*a)

INFOLGE STRECKENMOMENT mt=1

IN FELD	M0	M0.2	M0.5	Q0	Q0.2	Q0.5	T0	T0.2	T0.5	q0	q0.5
3L	0.067	0.025	0.003	-0.073	-0.035	-0.008	0.031	0.012	-0.002	0.052	0.010
2L	-1.207	-0.366	-0.011	1.578	0.626	0.094	-0.731	-0.255	0.011	-1.570	-0.175
1,BIS SPRUNG					0.174	-0.295		-0.187	-0.369		
1,REST	-1.206	0.304	0.996	2.538	1.092	0.295	0.731	0.754	0.369	-1.570	-0.858
2R	0.067	0.037	-0.011	-0.055	-0.024	-0.094	-0.031	-0.046	-0.011	0.051	-0.175
3R	-0.006	-0.002	0.003	0.006	0.003	0.008	0.003	0.004	0.002	-0.004	0.010
SUMME(+)	0.134	0.366	1.001	4.122	1.896	0.396	0.765	0.770	0.382	0.103	0.021
SUMME(-)	-2.419	-0.368	-0.022	-0.127	-0.059	-0.396	-0.762	-0.488	-0.382	-3.145	-1.208
SUMME	-2.285	-0.002	0.979	3.995	1.837	-0.000	0.003	0.282	0.000	-3.042	-1.187
FAKTOR		a			a			a			1/a

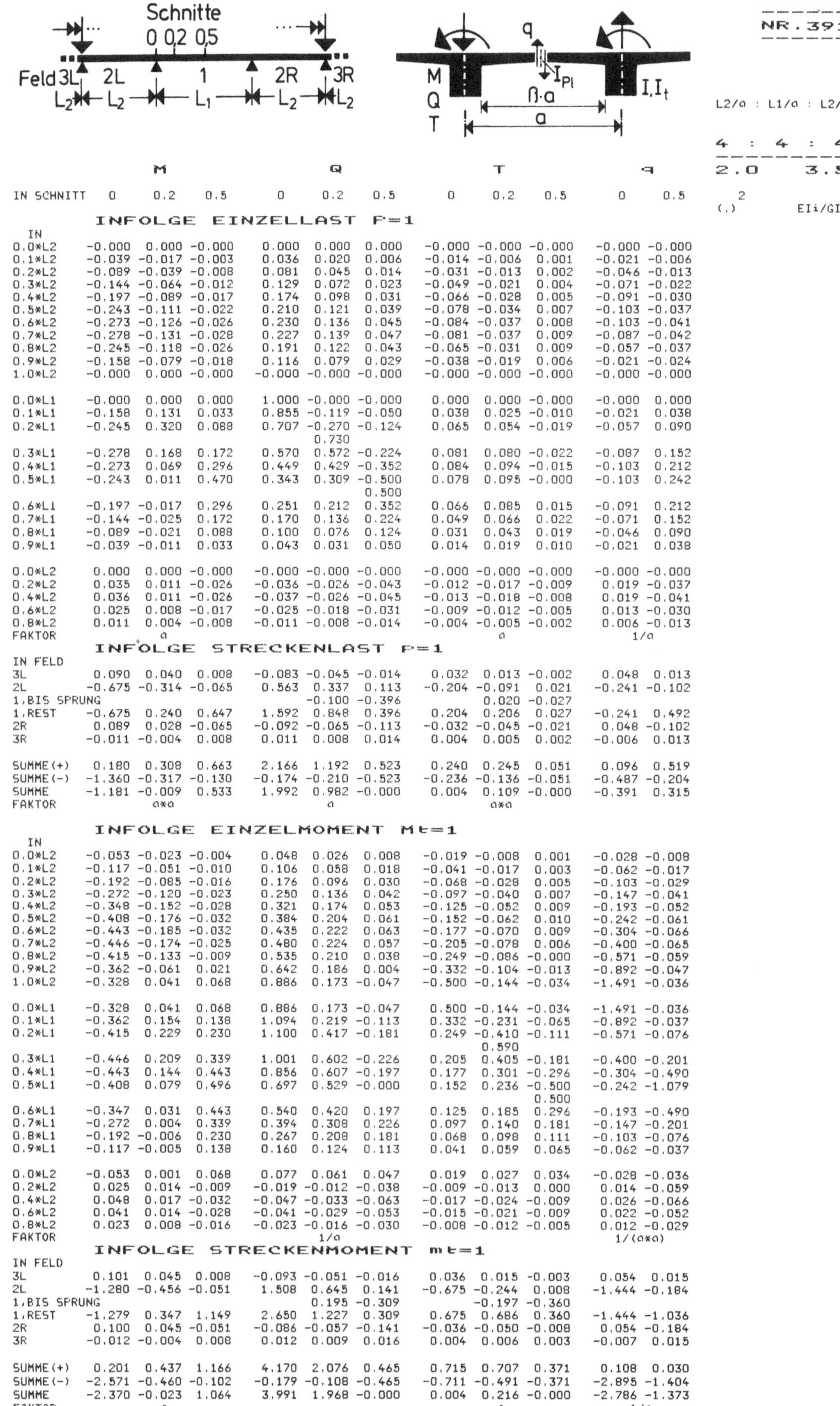

	M 0	M 0.2	M 0.5	Q 0	Q 0.2	Q 0.5	T 0	T 0.2	T 0.5	q 0	q 0.5
IN SCHNITT	0	0.2	0.5	0	0.2	0.5	0	0.2	0.5	0	0.5

INFOLGE EINZELLAST P=1

IN	M 0	M 0.2	M 0.5	Q 0	Q 0.2	Q 0.5	T 0	T 0.2	T 0.5	q 0	q 0.5
0.0*L2	-0.000	0.000	-0.000	0.000	0.000	0.000	-0.000	-0.000	-0.000	-0.000	-0.000
0.1*L2	-0.039	-0.017	-0.003	0.036	0.020	0.006	-0.014	-0.006	0.001	-0.021	-0.006
0.2*L2	-0.089	-0.039	-0.008	0.081	0.045	0.014	-0.031	-0.013	0.002	-0.046	-0.013
0.3*L2	-0.144	-0.064	-0.012	0.129	0.072	0.023	-0.049	-0.021	0.004	-0.071	-0.022
0.4*L2	-0.197	-0.089	-0.017	0.174	0.098	0.031	-0.066	-0.028	0.005	-0.091	-0.030
0.5*L2	-0.243	-0.111	-0.022	0.210	0.121	0.039	-0.078	-0.034	0.007	-0.103	-0.037
0.6*L2	-0.273	-0.126	-0.026	0.230	0.136	0.045	-0.084	-0.037	0.008	-0.103	-0.041
0.7*L2	-0.278	-0.131	-0.028	0.227	0.139	0.047	-0.081	-0.037	0.009	-0.087	-0.042
0.8*L2	-0.245	-0.118	-0.026	0.191	0.122	0.043	-0.065	-0.031	0.009	-0.057	-0.037
0.9*L2	-0.158	-0.079	-0.018	0.116	0.079	0.029	-0.038	-0.019	0.006	-0.021	-0.024
1.0*L2	-0.000	0.000	-0.000	-0.000	-0.000	-0.000	-0.000	-0.000	-0.000	-0.000	-0.000
0.0*L1	-0.000	0.000	0.000	1.000	-0.000	-0.000	0.000	0.000	-0.000	-0.000	0.000
0.1*L1	-0.158	0.131	0.033	0.855	-0.119	-0.050	0.038	0.025	-0.010	-0.021	0.038
0.2*L1	-0.245	0.320	0.088	0.707	-0.270	-0.124	0.065	0.054	-0.019	-0.057	0.090
					0.730						
0.3*L1	-0.278	0.168	0.172	0.570	0.572	-0.224	0.081	0.080	-0.022	-0.087	0.152
0.4*L1	-0.273	0.069	0.296	0.449	0.429	-0.352	0.084	0.094	-0.015	-0.103	0.212
0.5*L1	-0.243	0.011	0.470	0.343	0.309	-0.500	0.078	0.095	-0.000	-0.103	0.242
						0.500					
0.6*L1	-0.197	-0.017	0.296	0.251	0.212	0.352	0.066	0.085	0.015	-0.091	0.212
0.7*L1	-0.144	-0.025	0.172	0.170	0.136	0.224	0.049	0.066	0.022	-0.071	0.152
0.8*L1	-0.089	-0.021	0.088	0.100	0.076	0.124	0.031	0.043	0.019	-0.046	0.090
0.9*L1	-0.039	-0.011	0.033	0.043	0.031	0.050	0.014	0.019	0.010	-0.021	0.038
0.0*L2	0.000	0.000	-0.000	-0.000	-0.000	-0.000	-0.000	-0.000	-0.000	-0.000	-0.000
0.2*L2	0.035	0.011	-0.026	-0.036	-0.026	-0.043	-0.012	-0.017	-0.009	0.019	-0.037
0.4*L2	0.036	0.011	-0.026	-0.037	-0.026	-0.045	-0.013	-0.018	-0.008	0.019	-0.041
0.6*L2	0.025	0.008	-0.017	-0.025	-0.018	-0.031	-0.009	-0.012	-0.005	0.013	-0.030
0.8*L2	0.011	0.004	-0.008	-0.011	-0.008	-0.014	-0.004	-0.005	-0.002	0.006	-0.013
FAKTOR	a			a			a			1/a	

INFOLGE STRECKENLAST P=1

IN FELD	M 0	M 0.2	M 0.5	Q 0	Q 0.2	Q 0.5	T 0	T 0.2	T 0.5	q 0	q 0.5
3L	0.090	0.040	0.008	-0.083	-0.045	-0.014	0.032	0.013	-0.002	0.048	0.013
2L	-0.675	-0.314	-0.065	0.563	0.337	0.113	-0.204	-0.091	0.021	-0.241	-0.102
1,BIS SPRUNG					-0.100	-0.396		0.020	-0.027		
1,REST	-0.675	0.240	0.647	1.592	0.848	0.396	0.204	0.206	0.027	-0.241	0.492
2R	0.089	0.028	-0.065	-0.092	-0.065	-0.113	-0.032	-0.045	-0.021	0.048	-0.102
3R	-0.011	-0.004	0.008	0.011	0.008	0.014	0.004	0.005	0.002	-0.006	0.013
SUMME(+)	0.180	0.308	0.663	2.166	1.192	0.523	0.240	0.245	0.051	0.096	0.519
SUMME(-)	-1.360	-0.317	-0.130	-0.174	-0.210	-0.523	-0.236	-0.136	-0.051	-0.487	-0.204
SUMME	-1.181	-0.009	0.533	1.992	0.982	-0.000	0.004	0.109	-0.000	-0.391	0.315
FAKTOR	a*a			a			a*a				

INFOLGE EINZELMOMENT Mt=1

IN	M 0	M 0.2	M 0.5	Q 0	Q 0.2	Q 0.5	T 0	T 0.2	T 0.5	q 0	q 0.5
0.0*L2	-0.053	-0.023	-0.004	0.048	0.026	0.008	-0.019	-0.008	0.001	-0.028	-0.008
0.1*L2	-0.117	-0.051	-0.010	0.106	0.058	0.018	-0.041	-0.017	0.003	-0.062	-0.017
0.2*L2	-0.192	-0.085	-0.016	0.176	0.096	0.030	-0.068	-0.028	0.005	-0.103	-0.029
0.3*L2	-0.272	-0.120	-0.023	0.250	0.136	0.042	-0.097	-0.040	0.007	-0.147	-0.041
0.4*L2	-0.348	-0.152	-0.028	0.321	0.174	0.053	-0.125	-0.052	0.009	-0.193	-0.052
0.5*L2	-0.408	-0.176	-0.032	0.384	0.204	0.061	-0.152	-0.062	0.010	-0.242	-0.061
0.6*L2	-0.443	-0.185	-0.032	0.435	0.222	0.063	-0.177	-0.070	0.009	-0.304	-0.066
0.7*L2	-0.446	-0.174	-0.025	0.480	0.224	0.057	-0.205	-0.078	0.000	-0.400	-0.065
0.8*L2	-0.415	-0.133	-0.009	0.535	0.210	0.038	-0.249	-0.086	-0.000	-0.571	-0.059
0.9*L2	-0.362	-0.061	0.021	0.642	0.186	0.004	-0.332	-0.104	-0.013	-0.892	-0.047
1.0*L2	-0.328	0.041	0.068	0.886	0.173	-0.047	-0.500	-0.144	-0.034	-1.491	-0.036
0.0*L1	-0.328	0.041	0.068	0.886	0.173	-0.047	0.500	-0.144	-0.034	-1.491	-0.036
0.1*L1	-0.362	0.154	0.138	1.094	0.219	-0.113	0.332	-0.231	-0.065	-0.892	-0.037
0.2*L1	-0.415	0.229	0.230	1.100	0.417	-0.181	0.249	-0.410	-0.111	-0.571	-0.076
								0.590			
0.3*L1	-0.446	0.209	0.339	1.001	0.602	-0.226	0.205	0.405	-0.181	-0.400	-0.201
0.4*L1	-0.443	0.144	0.443	0.856	0.607	-0.197	0.177	0.301	-0.296	-0.304	-0.490
0.5*L1	-0.408	0.079	0.496	0.697	0.529	-0.000	0.152	0.236	-0.500	-0.242	-1.079
									0.500		
0.6*L1	-0.347	0.031	0.443	0.540	0.420	0.197	0.125	0.185	0.296	-0.193	-0.490
0.7*L1	-0.272	0.004	0.339	0.394	0.308	0.226	0.097	0.140	0.181	-0.147	-0.201
0.8*L1	-0.192	-0.006	0.230	0.267	0.208	0.181	0.068	0.098	0.111	-0.103	-0.076
0.9*L1	-0.117	-0.005	0.138	0.160	0.124	0.113	0.041	0.059	0.065	-0.062	-0.037
0.0*L2	-0.053	0.001	0.068	0.077	0.061	0.047	0.019	0.027	0.034	-0.028	-0.036
0.2*L2	0.025	0.014	-0.009	-0.019	-0.012	-0.038	-0.009	-0.013	0.000	0.014	-0.059
0.4*L2	0.048	0.017	-0.032	-0.047	-0.033	-0.063	-0.017	-0.024	-0.009	0.026	-0.066
0.6*L2	0.041	0.014	-0.028	-0.041	-0.029	-0.053	-0.015	-0.021	-0.009	0.022	-0.052
0.8*L2	0.023	0.008	-0.016	-0.023	-0.016	-0.030	-0.008	-0.012	-0.005	0.012	-0.029
FAKTOR	1/a						1/(a*a)				

INFOLGE STRECKENMOMENT mt=1

IN FELD	M 0	M 0.2	M 0.5	Q 0	Q 0.2	Q 0.5	T 0	T 0.2	T 0.5	q 0	q 0.5
3L	0.101	0.045	0.008	-0.093	-0.051	-0.016	0.036	0.015	-0.003	0.054	0.015
2L	-1.280	-0.456	-0.051	1.508	0.645	0.141	-0.675	-0.244	0.008	-1.444	-0.184
1,BIS SPRUNG					0.195	-0.309		-0.197	-0.360		
1,REST	-1.279	0.347	1.149	2.650	1.227	0.309	0.675	0.686	0.360	-1.444	-1.036
2R	0.100	0.045	-0.051	-0.086	-0.057	-0.141	-0.036	-0.050	-0.008	0.054	-0.184
3R	-0.012	-0.004	0.008	0.012	0.009	0.016	0.004	0.006	0.003	-0.007	0.015
SUMME(+)	0.201	0.437	1.166	4.170	2.076	0.465	0.715	0.707	0.371	0.108	0.030
SUMME(-)	-2.571	-0.460	-0.102	-0.179	-0.108	-0.465	-0.711	-0.491	-0.371	-2.895	-1.404
SUMME	-2.370	-0.023	1.064	3.991	1.968	-0.000	0.004	0.216	-0.000	-2.786	-1.373
FAKTOR	a						a			1/a	

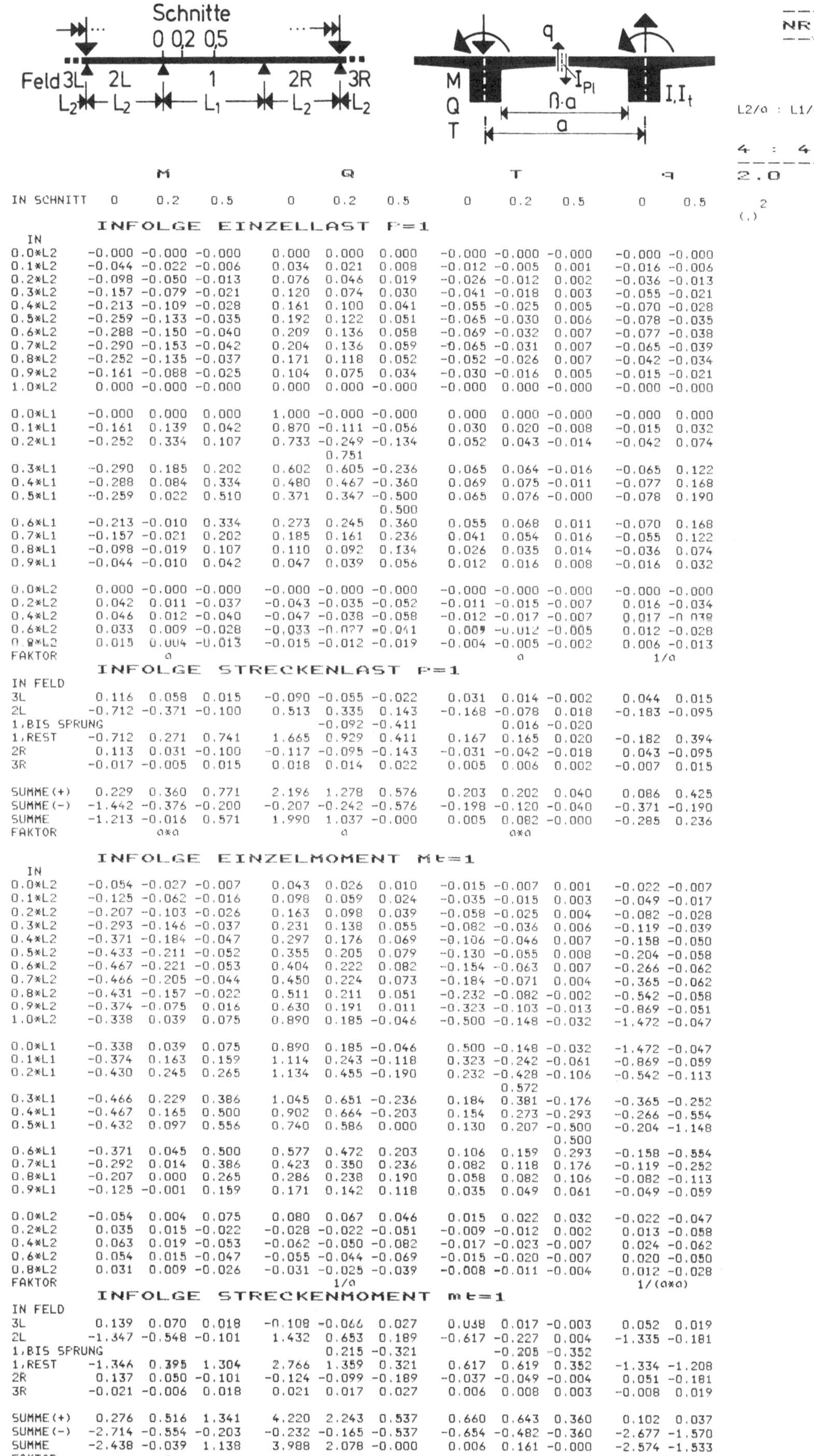

IN SCHNITT	M 0	0.2	0.5	Q 0	0.2	0.5	T 0	0.2	0.5	q 0	0.5

INFOLGE EINZELLAST P=1

IN	M 0	0.2	0.5	Q 0	0.2	0.5	T 0	0.2	0.5	q 0	0.5
0.0*L2	-0.000	-0.000	-0.000	0.000	0.000	0.000	-0.000	-0.000	-0.000	-0.000	-0.000
0.1*L2	-0.044	-0.022	-0.006	0.034	0.021	0.008	-0.012	-0.005	0.001	-0.016	-0.006
0.2*L2	-0.098	-0.050	-0.013	0.076	0.046	0.019	-0.026	-0.012	0.002	-0.036	-0.013
0.3*L2	-0.157	-0.079	-0.021	0.120	0.074	0.030	-0.041	-0.018	0.003	-0.055	-0.021
0.4*L2	-0.213	-0.109	-0.028	0.161	0.100	0.041	-0.055	-0.025	0.005	-0.070	-0.028
0.5*L2	-0.259	-0.133	-0.035	0.192	0.122	0.051	-0.065	-0.030	0.006	-0.078	-0.035
0.6*L2	-0.288	-0.150	-0.040	0.209	0.136	0.058	-0.069	-0.032	0.007	-0.077	-0.038
0.7*L2	-0.290	-0.153	-0.042	0.204	0.136	0.059	-0.065	-0.031	0.007	-0.065	-0.039
0.8*L2	-0.252	-0.135	-0.037	0.171	0.118	0.052	-0.052	-0.026	0.007	-0.042	-0.034
0.9*L2	-0.161	-0.088	-0.025	0.104	0.075	0.034	-0.030	-0.016	0.005	-0.015	-0.021
1.0*L2	0.000	-0.000	-0.000	0.000	0.000	-0.000	-0.000	0.000	-0.000	-0.000	-0.000
0.0*L1	-0.000	0.000	0.000	1.000	-0.000	-0.000	0.000	0.000	-0.000	-0.000	0.000
0.1*L1	-0.161	0.139	0.042	0.870	-0.111	-0.056	0.030	0.020	-0.008	-0.015	0.032
0.2*L1	-0.252	0.334	0.107	0.733	-0.249	-0.134	0.052	0.043	-0.014	-0.042	0.074
				0.751							
0.3*L1	-0.290	0.185	0.202	0.602	0.605	-0.236	0.065	0.064	-0.016	-0.065	0.122
0.4*L1	-0.288	0.084	0.334	0.480	0.467	-0.360	0.069	0.075	-0.011	-0.077	0.168
0.5*L1	-0.259	0.022	0.510	0.371	0.347	-0.500	0.065	0.076	-0.000	-0.078	0.190
						0.500					
0.6*L1	-0.213	-0.010	0.334	0.273	0.245	0.360	0.055	0.068	0.011	-0.070	0.168
0.7*L1	-0.157	-0.021	0.202	0.185	0.161	0.236	0.041	0.054	0.016	-0.055	0.122
0.8*L1	-0.098	-0.019	0.107	0.110	0.092	0.134	0.026	0.035	0.014	-0.036	0.074
0.9*L1	-0.044	-0.010	0.042	0.047	0.039	0.056	0.012	0.016	0.008	-0.016	0.032
0.0*L2	0.000	-0.000	-0.000	-0.000	-0.000	-0.000	-0.000	-0.000	-0.000	-0.000	-0.000
0.2*L2	0.042	0.011	-0.037	-0.043	-0.035	-0.052	-0.011	-0.015	-0.007	0.016	-0.034
0.4*L2	0.046	0.012	-0.040	-0.047	-0.038	-0.058	-0.012	-0.017	-0.007	0.017	-0.038
0.6*L2	0.033	0.009	-0.028	-0.033	-0.027	-0.041	0.009	-0.012	-0.005	0.012	-0.028
0.8*L2	0.015	0.004	-0.013	-0.015	-0.012	-0.019	-0.004	-0.005	-0.002	0.006	-0.013
FAKTOR	a			a			a			1/a	

INFOLGE STRECKENLAST P=1

IN FELD	M 0	0.2	0.5	Q 0	0.2	0.5	T 0	0.2	0.5	q 0	0.5
3L	0.116	0.058	0.015	-0.090	-0.055	-0.022	0.031	0.014	-0.002	0.044	0.015
2L	-0.712	-0.371	-0.100	0.513	0.335	0.143	-0.168	-0.078	0.018	-0.183	-0.095
1,BIS SPRUNG					-0.092	-0.411		0.016	-0.020		
1,REST	-0.712	0.271	0.741	1.665	0.929	0.411	0.167	0.165	0.020	-0.182	0.394
2R	0.113	0.031	-0.100	-0.117	-0.095	-0.143	-0.031	-0.042	-0.018	0.043	-0.095
3R	-0.017	-0.005	0.015	0.018	0.014	0.022	0.005	0.006	0.002	-0.007	0.015
SUMME(+)	0.229	0.360	0.771	2.196	1.278	0.576	0.203	0.202	0.040	0.086	0.425
SUMME(-)	-1.442	-0.376	-0.200	-0.207	-0.242	-0.576	-0.198	-0.120	-0.040	-0.371	-0.190
SUMME	-1.213	-0.016	0.571	1.990	1.037	-0.000	0.005	0.082	-0.000	-0.285	0.236
FAKTOR	a*a			a			a*a				

INFOLGE EINZELMOMENT Mt=1

IN	M 0	0.2	0.5	Q 0	0.2	0.5	T 0	0.2	0.5	q 0	0.5
0.0*L2	-0.054	-0.027	-0.007	0.043	0.026	0.010	-0.015	-0.007	0.001	-0.022	-0.007
0.1*L2	-0.125	-0.062	-0.016	0.098	0.059	0.024	-0.035	-0.015	0.003	-0.049	-0.017
0.2*L2	-0.207	-0.103	-0.026	0.163	0.098	0.039	-0.058	-0.025	0.004	-0.082	-0.028
0.3*L2	-0.293	-0.146	-0.037	0.231	0.138	0.055	-0.082	-0.036	0.006	-0.119	-0.039
0.4*L2	-0.371	-0.184	-0.047	0.297	0.176	0.069	-0.106	-0.046	0.007	-0.158	-0.050
0.5*L2	-0.433	-0.211	-0.052	0.355	0.205	0.079	-0.130	-0.055	0.008	-0.204	-0.058
0.6*L2	-0.467	-0.221	-0.053	0.404	0.222	0.082	-0.154	-0.063	0.007	-0.266	-0.062
0.7*L2	-0.466	-0.205	-0.044	0.450	0.224	0.073	-0.184	-0.071	0.004	-0.365	-0.062
0.8*L2	-0.431	-0.157	-0.022	0.511	0.211	0.051	-0.232	-0.082	-0.002	-0.542	-0.058
0.9*L2	-0.374	-0.075	0.016	0.630	0.191	0.011	-0.323	-0.103	-0.013	-0.869	-0.051
1.0*L2	-0.338	0.039	0.075	0.890	0.185	-0.046	-0.500	-0.148	-0.032	-1.472	-0.047
0.0*L1	-0.338	0.039	0.075	0.890	0.185	-0.046	0.500	-0.148	-0.032	-1.472	-0.047
0.1*L1	-0.374	0.163	0.159	1.114	0.243	-0.118	0.323	-0.242	-0.061	-0.869	-0.059
0.2*L1	-0.430	0.245	0.265	1.134	0.455	-0.190	0.232	-0.428	-0.106	-0.542	-0.113
									0.572		
0.3*L1	-0.466	0.229	0.386	1.045	0.651	-0.236	0.184	0.381	-0.176	-0.365	-0.252
0.4*L1	-0.467	0.165	0.500	0.902	0.664	-0.203	0.154	0.273	-0.293	-0.266	-0.554
0.5*L1	-0.432	0.097	0.556	0.740	0.586	0.000	0.130	0.207	-0.500	-0.204	-1.148
									0.500		
0.6*L1	-0.371	0.045	0.500	0.577	0.472	0.203	0.106	0.159	0.293	-0.158	-0.554
0.7*L1	-0.292	0.014	0.386	0.423	0.350	0.236	0.082	0.118	0.176	-0.119	-0.252
0.8*L1	-0.207	0.000	0.265	0.286	0.238	0.190	0.058	0.082	0.106	-0.082	-0.113
0.9*L1	-0.125	-0.001	0.159	0.171	0.142	0.118	0.035	0.049	0.061	-0.049	-0.059
0.0*L2	-0.054	0.004	0.075	0.080	0.067	0.046	0.015	0.022	0.032	-0.022	-0.047
0.2*L2	0.035	0.015	-0.022	-0.028	-0.022	-0.051	-0.009	-0.012	0.002	0.013	-0.058
0.4*L2	0.063	0.019	-0.053	-0.062	-0.050	-0.082	-0.017	-0.023	-0.007	0.024	-0.062
0.6*L2	0.054	0.015	-0.047	-0.055	-0.044	-0.069	-0.015	-0.020	-0.007	0.020	-0.050
0.8*L2	0.031	0.009	-0.026	-0.031	-0.025	-0.039	-0.008	-0.011	-0.004	0.012	-0.028
FAKTOR				1/a						1/(a*a)	

INFOLGE STRECKENMOMENT mt=1

IN FELD	M 0	0.2	0.5	Q 0	0.2	0.5	T 0	0.2	0.5	q 0	0.5
3L	0.139	0.070	0.018	-0.108	-0.066	0.027	0.038	0.017	-0.003	0.052	0.019
2L	-1.347	-0.548	-0.101	1.432	0.653	0.189	-0.617	-0.227	0.004	-1.335	-0.181
1,BIS SPRUNG					0.215	-0.321		-0.205	-0.352		
1,REST	-1.346	0.395	1.304	2.766	1.359	0.321	0.617	0.619	0.352	-1.334	-1.208
2R	0.137	0.050	-0.101	-0.124	-0.099	-0.189	-0.037	-0.049	-0.004	0.051	-0.181
3R	-0.021	-0.006	0.018	0.021	0.017	0.027	0.006	0.008	0.003	-0.008	0.019
SUMME(+)	0.276	0.516	1.341	4.220	2.243	0.537	0.660	0.643	0.360	0.102	0.037
SUMME(-)	-2.714	-0.554	-0.203	-0.232	-0.165	-0.537	-0.654	-0.482	-0.360	-2.677	-1.570
SUMME	-2.438	-0.039	1.138	3.988	2.078	-0.000	0.006	0.161	-0.000	-2.574	-1.533
FAKTOR	a			a						1/a	

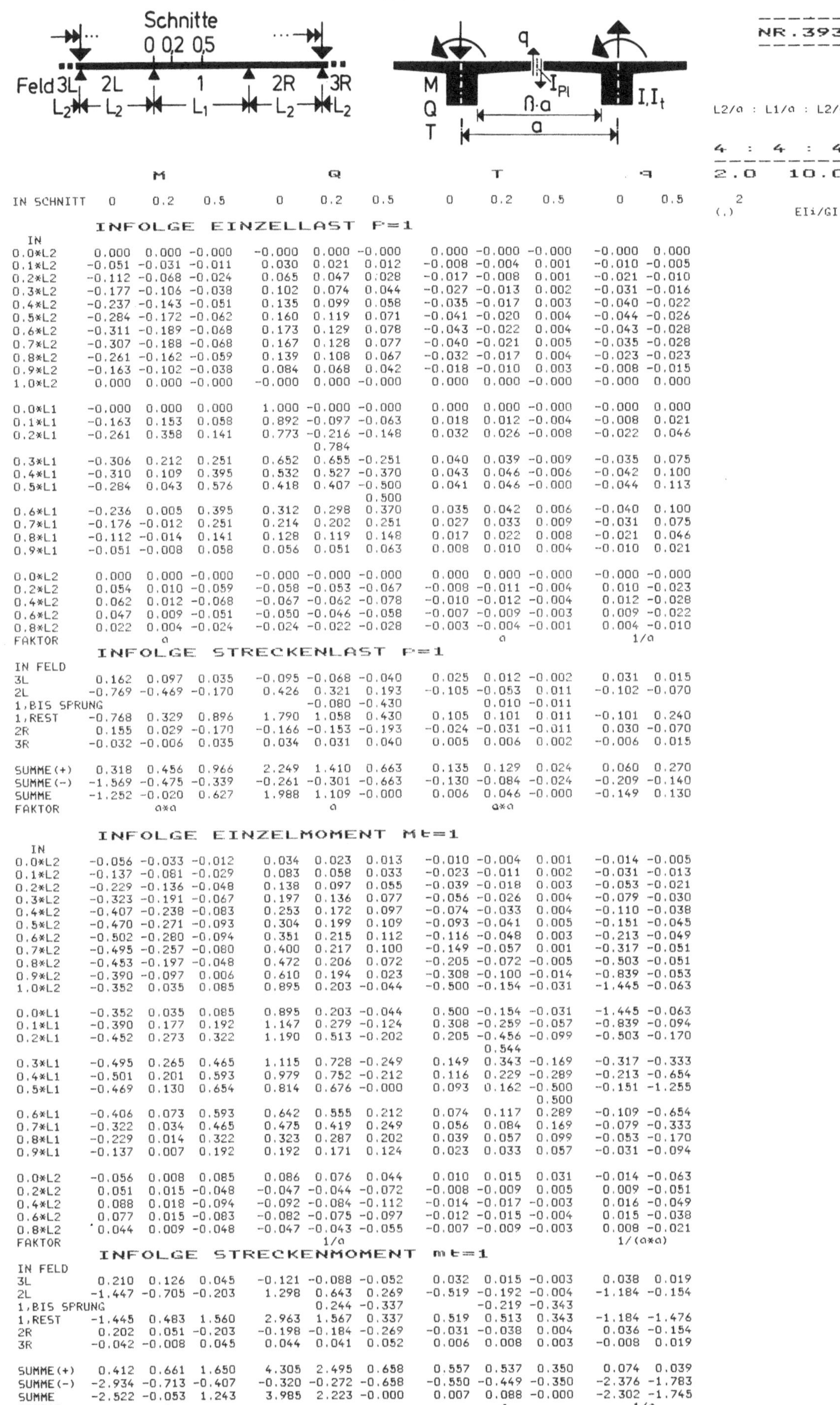

IN SCHNITT: M (0, 0.2, 0.5); Q (0, 0.2, 0.5); T (0, 0.2, 0.5); q (0, 0.5)

INFOLGE EINZELLAST P=1

IN	M 0	M 0.2	M 0.5	Q 0	Q 0.2	Q 0.5	T 0	T 0.2	T 0.5	q 0	q 0.5
0.0*L2	0.000	0.000	-0.000	-0.000	0.000	-0.000	0.000	-0.000	-0.000	-0.000	0.000
0.1*L2	-0.051	-0.031	-0.011	0.030	0.021	0.012	-0.008	-0.004	0.001	-0.010	-0.005
0.2*L2	-0.112	-0.068	-0.024	0.065	0.047	0.028	-0.017	-0.008	0.001	-0.021	-0.010
0.3*L2	-0.177	-0.106	-0.038	0.102	0.074	0.044	-0.027	-0.013	0.002	-0.031	-0.016
0.4*L2	-0.237	-0.143	-0.051	0.135	0.099	0.058	-0.035	-0.017	0.003	-0.040	-0.022
0.5*L2	-0.284	-0.172	-0.062	0.160	0.119	0.071	-0.041	-0.020	0.004	-0.044	-0.026
0.6*L2	-0.311	-0.189	-0.068	0.173	0.129	0.078	-0.043	-0.022	0.004	-0.043	-0.028
0.7*L2	-0.307	-0.188	-0.068	0.167	0.128	0.077	-0.040	-0.021	0.005	-0.035	-0.028
0.8*L2	-0.261	-0.162	-0.059	0.139	0.108	0.067	-0.032	-0.017	0.004	-0.023	-0.023
0.9*L2	-0.163	-0.102	-0.038	0.084	0.068	0.042	-0.018	-0.010	0.003	-0.008	-0.015
1.0*L2	0.000	0.000	-0.000	-0.000	0.000	-0.000	0.000	0.000	-0.000	-0.000	0.000
0.0*L1	-0.000	0.000	0.000	1.000	-0.000	-0.000	0.000	0.000	-0.000	-0.000	0.000
0.1*L1	-0.163	0.153	0.058	0.892	-0.097	-0.063	0.018	0.012	-0.004	-0.008	0.021
0.2*L1	-0.261	0.358	0.141	0.773	-0.216	-0.148	0.032	0.026	-0.008	-0.022	0.046
				0.784							
0.3*L1	-0.306	0.212	0.251	0.652	0.655	-0.251	0.040	0.039	-0.009	-0.035	0.075
0.4*L1	-0.310	0.109	0.395	0.532	0.527	-0.370	0.043	0.046	-0.006	-0.042	0.100
0.5*L1	-0.284	0.043	0.576	0.418	0.407	-0.500	0.041	0.046	-0.000	-0.044	0.113
						0.500					
0.6*L1	-0.236	0.005	0.395	0.312	0.298	0.370	0.035	0.042	0.006	-0.040	0.100
0.7*L1	-0.176	-0.012	0.251	0.214	0.202	0.251	0.027	0.033	0.009	-0.031	0.075
0.8*L1	-0.112	-0.014	0.141	0.128	0.119	0.148	0.017	0.022	0.008	-0.021	0.046
0.9*L1	-0.051	-0.008	0.058	0.056	0.051	0.063	0.008	0.010	0.004	-0.010	0.021
0.0*L2	0.000	0.000	-0.000	-0.000	-0.000	-0.000	0.000	0.000	-0.000	-0.000	-0.000
0.2*L2	0.054	0.010	-0.059	-0.058	-0.053	-0.067	-0.008	-0.011	-0.004	0.010	-0.023
0.4*L2	0.062	0.012	-0.068	-0.067	-0.062	-0.078	-0.010	-0.012	-0.004	0.012	-0.028
0.6*L2	0.047	0.009	-0.051	-0.050	-0.046	-0.058	-0.007	-0.009	-0.003	0.009	-0.022
0.8*L2	0.022	0.004	-0.024	-0.024	-0.022	-0.028	-0.003	-0.004	-0.001	0.004	-0.010
FAKTOR		a						a			1/a

INFOLGE STRECKENLAST P=1

IN FELD	M 0	M 0.2	M 0.5	Q 0	Q 0.2	Q 0.5	T 0	T 0.2	T 0.5	q 0	q 0.5
3L	0.162	0.097	0.035	-0.095	-0.068	-0.040	0.025	0.012	-0.002	0.031	0.015
2L	-0.769	-0.469	-0.170	0.426	0.321	0.193	-0.105	-0.053	0.011	-0.102	-0.070
1,BIS SPRUNG					-0.080	-0.430		0.010	-0.011		
1,REST	-0.768	0.329	0.896	1.790	1.058	0.430	0.105	0.101	0.011	-0.101	0.240
2R	0.155	0.029	-0.170	-0.166	-0.153	-0.193	-0.024	-0.031	-0.011	0.030	-0.070
3R	-0.032	-0.006	0.035	0.034	0.031	0.040	0.005	0.006	0.002	-0.006	0.015
SUMME(+)	0.318	0.456	0.966	2.249	1.410	0.663	0.135	0.129	0.024	0.060	0.270
SUMME(-)	-1.569	-0.475	-0.339	-0.261	-0.301	-0.663	-0.130	-0.084	-0.024	-0.209	-0.140
SUMME	-1.252	-0.020	0.627	1.988	1.109	-0.000	0.006	0.046	-0.000	-0.149	0.130
FAKTOR		a*a			a			a*a			

INFOLGE EINZELMOMENT Mt=1

IN	M 0	M 0.2	M 0.5	Q 0	Q 0.2	Q 0.5	T 0	T 0.2	T 0.5	q 0	q 0.5
0.0*L2	-0.056	-0.033	-0.012	0.034	0.023	0.013	-0.010	-0.004	0.001	-0.014	-0.005
0.1*L2	-0.137	-0.081	-0.029	0.083	0.058	0.033	-0.023	-0.011	0.002	-0.031	-0.013
0.2*L2	-0.229	-0.136	-0.048	0.138	0.097	0.055	-0.039	-0.018	0.003	-0.053	-0.021
0.3*L2	-0.323	-0.191	-0.067	0.197	0.136	0.077	-0.056	-0.026	0.004	-0.079	-0.030
0.4*L2	-0.407	-0.238	-0.083	0.253	0.172	0.097	-0.074	-0.033	0.004	-0.110	-0.038
0.5*L2	-0.470	-0.271	-0.093	0.304	0.199	0.109	-0.093	-0.041	0.005	-0.151	-0.045
0.6*L2	-0.502	-0.280	-0.094	0.351	0.215	0.112	-0.116	-0.048	0.003	-0.213	-0.049
0.7*L2	-0.495	-0.257	-0.080	0.400	0.217	0.100	-0.149	-0.057	0.001	-0.317	-0.051
0.8*L2	-0.453	-0.197	-0.048	0.472	0.206	0.072	-0.205	-0.072	-0.005	-0.503	-0.051
0.9*L2	-0.390	-0.097	0.006	0.610	0.194	0.023	-0.308	-0.100	-0.014	-0.839	-0.053
1.0*L2	-0.352	0.035	0.085	0.895	0.203	-0.044	-0.500	-0.154	-0.031	-1.445	-0.063
0.0*L1	-0.352	0.035	0.085	0.895	0.203	-0.044	0.500	-0.154	-0.031	-1.445	-0.063
0.1*L1	-0.390	0.177	0.192	1.147	0.279	-0.124	0.308	-0.259	-0.057	-0.839	-0.094
0.2*L1	-0.452	0.273	0.322	1.190	0.513	-0.202	0.205	-0.456	-0.099	-0.503	-0.170
								0.544			
0.3*L1	-0.495	0.265	0.465	1.115	0.728	-0.249	0.149	0.343	-0.169	-0.317	-0.333
0.4*L1	-0.501	0.201	0.593	0.979	0.752	-0.212	0.116	0.229	-0.289	-0.213	-0.654
0.5*L1	-0.469	0.130	0.654	0.814	0.676	-0.000	0.093	0.162	-0.500	-0.151	-1.255
									0.500		
0.6*L1	-0.406	0.073	0.593	0.642	0.555	0.212	0.074	0.117	0.289	-0.109	-0.654
0.7*L1	-0.322	0.034	0.465	0.475	0.419	0.249	0.056	0.084	0.169	-0.079	-0.333
0.8*L1	-0.229	0.014	0.322	0.323	0.287	0.202	0.039	0.057	0.099	-0.053	-0.170
0.9*L1	-0.137	0.007	0.192	0.192	0.171	0.124	0.023	0.033	0.057	-0.031	-0.094
0.0*L2	-0.056	0.008	0.085	0.086	0.076	0.044	0.010	0.015	0.031	-0.014	-0.063
0.2*L2	0.051	0.015	-0.048	-0.047	-0.044	-0.072	-0.008	-0.009	0.005	0.009	-0.051
0.4*L2	0.088	0.018	-0.094	-0.092	-0.084	-0.112	-0.014	-0.017	-0.003	0.016	-0.049
0.6*L2	0.077	0.015	-0.083	-0.082	-0.075	-0.097	-0.012	-0.015	-0.004	0.015	-0.038
0.8*L2	0.044	0.009	-0.048	-0.047	-0.043	-0.055	-0.007	-0.009	-0.003	0.008	-0.021
FAKTOR					1/a						1/(a*a)

INFOLGE STRECKENMOMENT mt=1

IN FELD	M 0	M 0.2	M 0.5	Q 0	Q 0.2	Q 0.5	T 0	T 0.2	T 0.5	q 0	q 0.5
3L	0.210	0.126	0.045	-0.121	-0.088	-0.052	0.032	0.015	-0.003	0.038	0.019
2L	-1.447	-0.705	-0.203	1.298	0.643	0.269	-0.519	-0.192	-0.004	-1.184	-0.154
1,BIS SPRUNG					0.244	-0.337		-0.219	-0.343		
1,REST	-1.445	0.483	1.560	2.963	1.567	0.337	0.519	0.513	0.343	-1.184	-1.476
2R	0.202	0.051	-0.203	-0.198	-0.184	-0.269	-0.031	-0.038	0.004	0.036	-0.154
3R	-0.042	-0.008	0.045	0.044	0.041	0.052	0.006	0.008	0.003	-0.008	0.019
SUMME(+)	0.412	0.661	1.650	4.305	2.495	0.658	0.557	0.537	0.350	0.074	0.039
SUMME(-)	-2.934	-0.713	-0.407	-0.320	-0.272	-0.658	-0.550	-0.449	-0.350	-2.376	-1.783
SUMME	-2.522	-0.053	1.243	3.985	2.223	-0.000	0.007	0.088	-0.000	-2.302	-1.745
FAKTOR		a									1/a

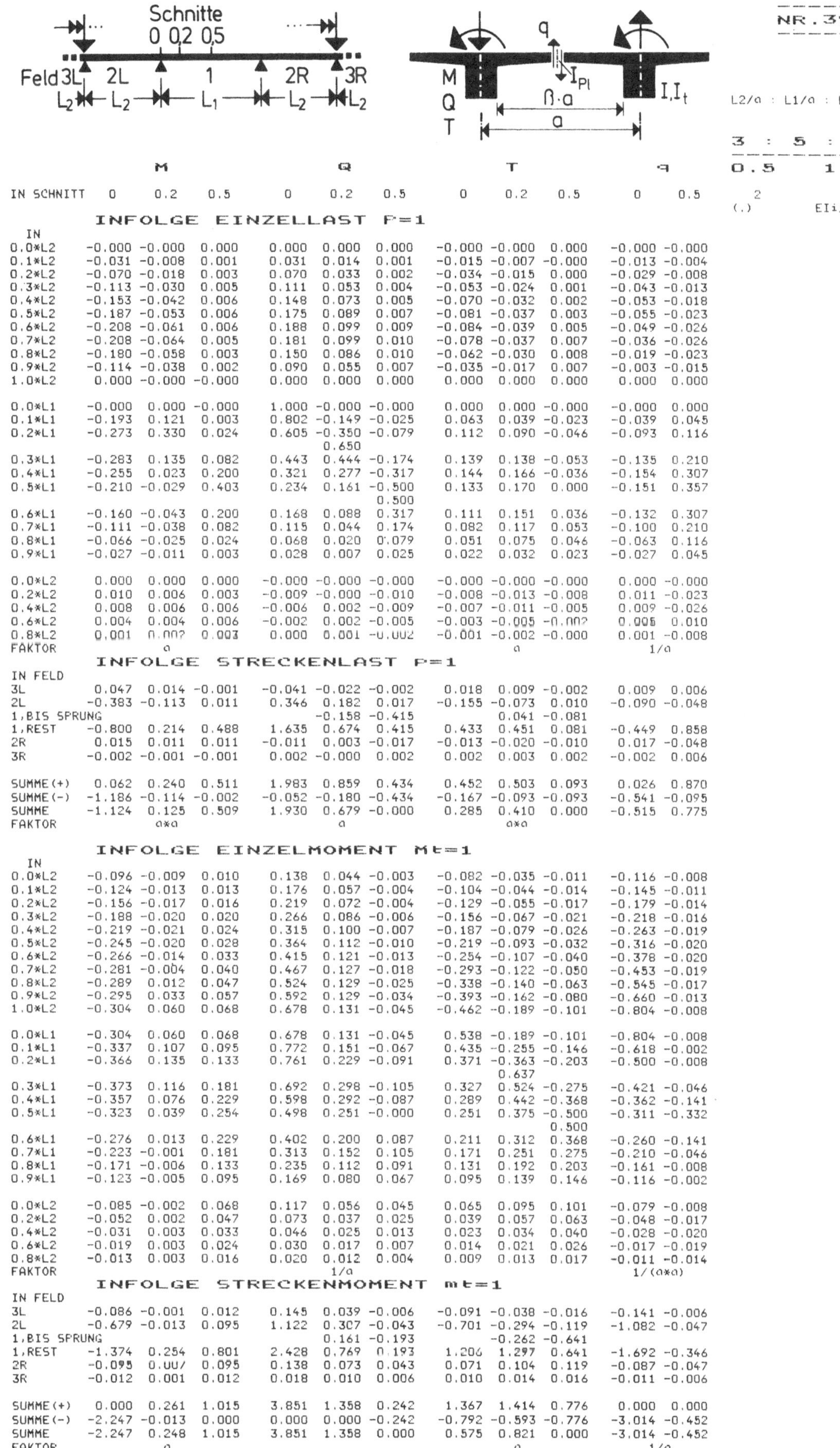

	M			Q			T			q	
IN SCHNITT	0	0.2	0.5	0	0.2	0.5	0	0.2	0.5	0	0.5

INFOLGE EINZELLAST P=1

IN

	M 0	M 0.2	M 0.5	Q 0	Q 0.2	Q 0.5	T 0	T 0.2	T 0.5	q 0	q 0.5
0.0*L2	-0.000	-0.000	0.000	0.000	0.000	0.000	-0.000	-0.000	0.000	-0.000	-0.000
0.1*L2	-0.031	-0.008	0.001	0.031	0.014	0.001	-0.015	-0.007	-0.000	-0.013	-0.004
0.2*L2	-0.070	-0.018	0.003	0.070	0.033	0.002	-0.034	-0.015	0.000	-0.029	-0.008
0.3*L2	-0.113	-0.030	0.005	0.111	0.053	0.004	-0.053	-0.024	0.001	-0.043	-0.013
0.4*L2	-0.153	-0.042	0.006	0.148	0.073	0.005	-0.070	-0.032	0.002	-0.053	-0.018
0.5*L2	-0.187	-0.053	0.006	0.175	0.089	0.007	-0.081	-0.037	0.003	-0.055	-0.023
0.6*L2	-0.208	-0.061	0.006	0.188	0.099	0.009	-0.084	-0.039	0.005	-0.049	-0.026
0.7*L2	-0.208	-0.064	0.005	0.181	0.099	0.010	-0.078	-0.037	0.007	-0.036	-0.026
0.8*L2	-0.180	-0.058	0.003	0.150	0.086	0.010	-0.062	-0.030	0.008	-0.019	-0.023
0.9*L2	-0.114	-0.038	0.002	0.090	0.055	0.007	-0.035	-0.017	0.007	-0.003	-0.015
1.0*L2	0.000	-0.000	-0.000	0.000	0.000	0.000	0.000	0.000	0.000	0.000	0.000
0.0*L1	-0.000	0.000	-0.000	1.000	-0.000	-0.000	0.000	0.000	-0.000	-0.000	0.000
0.1*L1	-0.193	0.121	0.003	0.802	-0.149	-0.025	0.063	0.039	-0.023	-0.039	0.045
0.2*L1	-0.273	0.330	0.024	0.605	-0.350	-0.079	0.112	0.090	-0.046	-0.093	0.116
(Sprung)						0.650					
0.3*L1	-0.283	0.135	0.082	0.443	0.444	-0.174	0.139	0.138	-0.053	-0.135	0.210
0.4*L1	-0.255	0.023	0.200	0.321	0.277	-0.317	0.144	0.166	-0.036	-0.154	0.307
0.5*L1	-0.210	-0.029	0.403	0.234	0.161	-0.500	0.133	0.170	0.000	-0.151	0.357
(Sprung)						0.500					
0.6*L1	-0.160	-0.043	0.200	0.168	0.088	0.317	0.111	0.151	0.036	-0.132	0.307
0.7*L1	-0.111	-0.038	0.082	0.115	0.044	0.174	0.082	0.117	0.053	-0.100	0.210
0.8*L1	-0.066	-0.025	0.024	0.068	0.020	0.079	0.051	0.075	0.046	-0.063	0.116
0.9*L1	-0.027	-0.011	0.003	0.028	0.007	0.025	0.022	0.032	0.023	-0.027	0.045
0.0*L2	0.000	0.000	0.000	-0.000	-0.000	-0.000	-0.000	-0.000	-0.000	0.000	-0.000
0.2*L2	0.010	0.006	0.003	-0.009	-0.000	-0.010	-0.008	-0.013	-0.008	0.011	-0.023
0.4*L2	0.008	0.006	0.006	-0.006	0.002	-0.009	-0.007	-0.011	-0.005	0.009	-0.026
0.6*L2	0.004	0.004	0.006	-0.002	0.002	-0.005	-0.003	-0.005	-0.002	0.005	0.010
0.8*L2	0.001	0.002	0.003	0.000	0.001	-0.002	-0.001	-0.002	-0.000	0.001	-0.008
FAKTOR		a						a			1/a

INFOLGE STRECKENLAST P=1

IN FELD

	M 0	M 0.2	M 0.5	Q 0	Q 0.2	Q 0.5	T 0	T 0.2	T 0.5	q 0	q 0.5
3L	0.047	0.014	-0.001	-0.041	-0.022	-0.002	0.018	0.009	-0.002	0.009	0.006
2L	-0.383	-0.113	0.011	0.346	0.182	0.017	-0.155	-0.073	0.010	-0.090	-0.048
1,BIS SPRUNG					-0.158	-0.415		0.041	-0.081		
1,REST	-0.800	0.214	0.488	1.635	0.674	0.415	0.433	0.451	0.081	-0.449	0.858
2R	0.015	0.011	0.011	-0.011	0.003	-0.017	-0.013	-0.020	-0.010	0.017	-0.048
3R	-0.002	-0.001	-0.001	0.002	-0.000	0.002	0.002	0.003	0.002	-0.002	0.000
SUMME(+)	0.062	0.240	0.511	1.983	0.859	0.434	0.452	0.503	0.093	0.026	0.870
SUMME(-)	-1.186	-0.114	-0.002	-0.052	-0.180	-0.434	-0.167	-0.093	-0.093	-0.541	-0.095
SUMME	-1.124	0.125	0.509	1.930	0.679	-0.000	0.285	0.410	0.000	-0.515	0.775
FAKTOR		a*a			a			a*a			

INFOLGE EINZELMOMENT Mt=1

IN

	M 0	M 0.2	M 0.5	Q 0	Q 0.2	Q 0.5	T 0	T 0.2	T 0.5	q 0	q 0.5
0.0*L2	-0.096	-0.009	0.010	0.138	0.044	-0.003	-0.082	-0.035	-0.011	-0.116	-0.008
0.1*L2	-0.124	-0.013	0.013	0.176	0.057	-0.004	-0.104	-0.044	-0.014	-0.145	-0.011
0.2*L2	-0.156	-0.017	0.016	0.219	0.072	-0.004	-0.129	-0.055	-0.017	-0.179	-0.014
0.3*L2	-0.188	-0.020	0.020	0.266	0.086	-0.006	-0.156	-0.067	-0.021	-0.218	-0.016
0.4*L2	-0.219	-0.021	0.024	0.315	0.100	-0.007	-0.187	-0.079	-0.026	-0.263	-0.019
0.5*L2	-0.245	-0.020	0.028	0.364	0.112	-0.010	-0.219	-0.093	-0.032	-0.316	-0.020
0.6*L2	-0.266	-0.014	0.033	0.415	0.121	-0.013	-0.254	-0.107	-0.040	-0.378	-0.020
0.7*L2	-0.281	-0.004	0.040	0.467	0.127	-0.018	-0.293	-0.122	-0.050	-0.453	-0.019
0.8*L2	-0.289	0.012	0.047	0.524	0.129	-0.025	-0.338	-0.140	-0.063	-0.545	-0.017
0.9*L2	-0.295	0.033	0.057	0.592	0.129	-0.034	-0.393	-0.162	-0.080	-0.660	-0.013
1.0*L2	-0.304	0.060	0.068	0.678	0.131	-0.045	-0.462	-0.189	-0.101	-0.804	-0.008
0.0*L1	-0.304	0.060	0.068	0.678	0.131	-0.045	0.538	-0.189	-0.101	-0.804	-0.008
0.1*L1	-0.337	0.107	0.095	0.772	0.151	-0.067	0.435	-0.255	-0.146	-0.618	-0.002
0.2*L1	-0.366	0.135	0.133	0.761	0.229	-0.091	0.371	-0.363	-0.203	-0.500	-0.008
(Sprung)									0.637		
0.3*L1	-0.373	0.116	0.181	0.692	0.298	-0.105	0.327	0.524	-0.275	-0.421	-0.046
0.4*L1	-0.357	0.076	0.229	0.598	0.292	-0.087	0.289	0.442	-0.368	-0.362	-0.141
0.5*L1	-0.323	0.039	0.254	0.498	0.251	-0.000	0.251	0.375	-0.500	-0.311	-0.332
(Sprung)									0.500		
0.6*L1	-0.276	0.013	0.229	0.402	0.200	0.087	0.211	0.312	0.368	-0.260	-0.141
0.7*L1	-0.223	-0.001	0.181	0.313	0.152	0.105	0.171	0.251	0.275	-0.210	-0.046
0.8*L1	-0.171	-0.006	0.133	0.235	0.112	0.091	0.131	0.192	0.203	-0.161	-0.008
0.9*L1	-0.123	-0.005	0.095	0.169	0.080	0.067	0.095	0.139	0.146	-0.116	-0.002
0.0*L2	-0.085	-0.002	0.068	0.117	0.056	0.045	0.065	0.095	0.101	-0.079	-0.008
0.2*L2	-0.052	0.002	0.047	0.073	0.037	0.025	0.039	0.057	0.063	-0.048	-0.017
0.4*L2	-0.031	0.003	0.033	0.046	0.025	0.013	0.023	0.034	0.040	-0.028	-0.020
0.6*L2	-0.019	0.003	0.024	0.030	0.017	0.007	0.014	0.021	0.026	-0.017	-0.019
0.8*L2	-0.013	0.003	0.016	0.020	0.012	0.004	0.009	0.013	0.017	-0.011	-0.014
FAKTOR					1/a						1/(a*a)

INFOLGE STRECKENMOMENT mt=1

IN FELD

	M 0	M 0.2	M 0.5	Q 0	Q 0.2	Q 0.5	T 0	T 0.2	T 0.5	q 0	q 0.5
3L	-0.086	-0.001	0.012	0.145	0.039	-0.006	-0.091	-0.038	-0.016	-0.141	-0.006
2L	-0.679	-0.013	0.095	1.122	0.307	-0.043	-0.701	-0.294	-0.119	-1.082	-0.047
1,BIS SPRUNG					0.161	-0.193		-0.262	-0.641		
1,REST	-1.374	0.254	0.801	2.428	0.769	0.193	1.206	1.297	0.641	-1.692	-0.346
2R	-0.095	0.007	0.095	0.138	0.073	0.043	0.071	0.104	0.119	-0.087	-0.047
3R	-0.012	0.001	0.012	0.018	0.010	0.006	0.010	0.014	0.016	-0.011	-0.006
SUMME(+)	0.000	0.261	1.015	3.851	1.358	0.242	1.367	1.414	0.776	0.000	0.000
SUMME(-)	-2.247	-0.013	0.000	0.000	0.000	-0.242	-0.792	-0.593	-0.776	-3.014	-0.452
SUMME	-2.247	0.248	1.015	3.851	1.358	0.000	0.575	0.821	0.000	-3.014	-0.452
FAKTOR		a						a			1/a

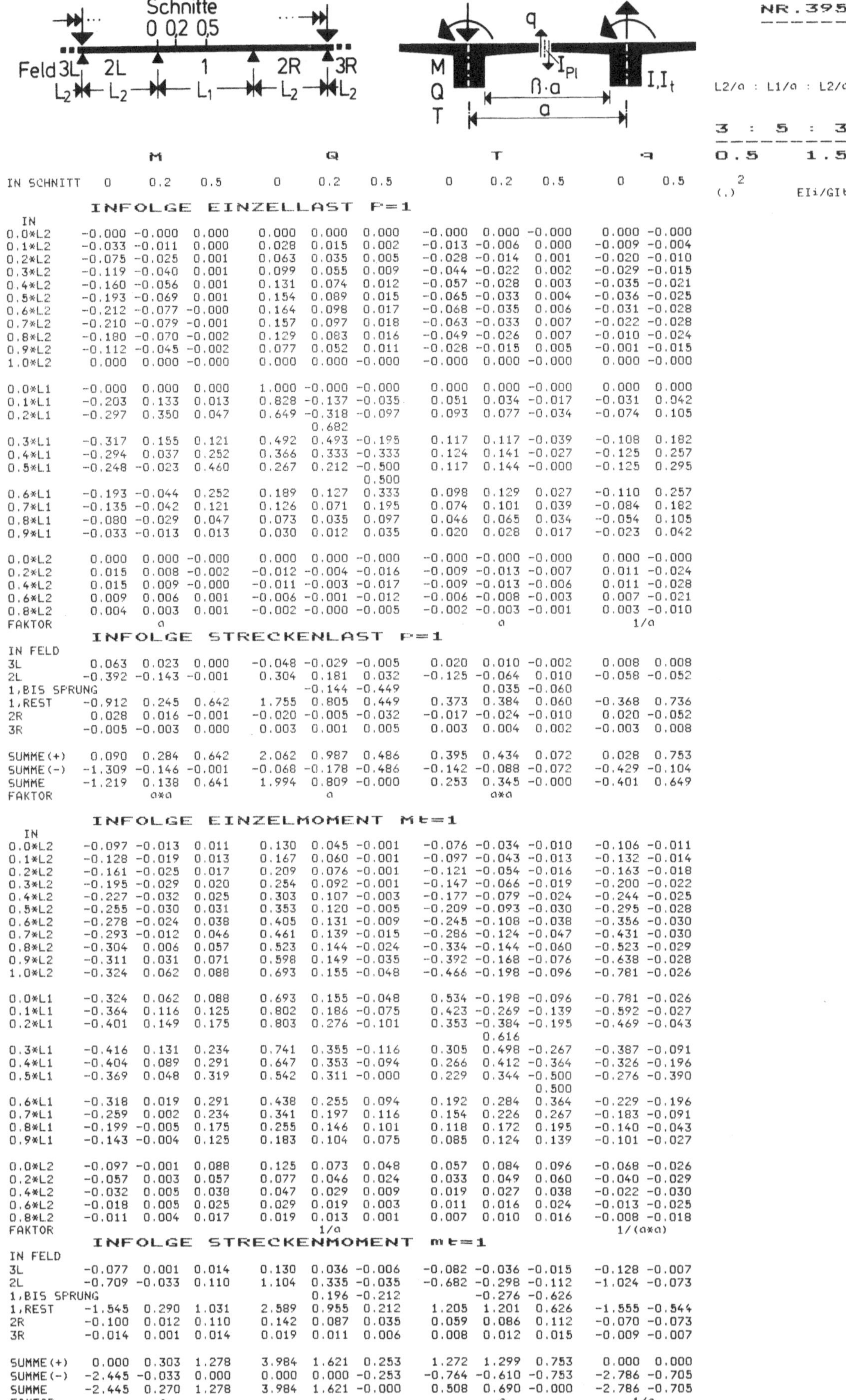

IN SCHNITT	M 0	M 0.2	M 0.5	Q 0	Q 0.2	Q 0.5	T 0	T 0.2	T 0.5	q 0	q 0.5

INFOLGE EINZELLAST P=1

IN	M 0	M 0.2	M 0.5	Q 0	Q 0.2	Q 0.5	T 0	T 0.2	T 0.5	q 0	q 0.5
0.0*L2	-0.000	-0.000	0.000	0.000	0.000	0.000	-0.000	0.000	-0.000	0.000	-0.000
0.1*L2	-0.033	-0.011	0.000	0.028	0.015	0.002	-0.013	-0.006	0.000	-0.009	-0.004
0.2*L2	-0.075	-0.025	0.001	0.063	0.035	0.005	-0.028	-0.014	0.001	-0.020	-0.010
0.3*L2	-0.119	-0.040	0.001	0.099	0.055	0.009	-0.044	-0.022	0.002	-0.029	-0.015
0.4*L2	-0.160	-0.056	0.001	0.131	0.074	0.012	-0.057	-0.028	0.003	-0.035	-0.021
0.5*L2	-0.193	-0.069	0.001	0.154	0.089	0.015	-0.065	-0.033	0.004	-0.036	-0.025
0.6*L2	-0.212	-0.077	-0.000	0.164	0.098	0.017	-0.068	-0.035	0.006	-0.031	-0.028
0.7*L2	-0.210	-0.079	-0.001	0.157	0.097	0.018	-0.063	-0.033	0.007	-0.022	-0.028
0.8*L2	-0.180	-0.070	-0.002	0.129	0.083	0.016	-0.049	-0.026	0.007	-0.010	-0.024
0.9*L2	-0.112	-0.045	-0.002	0.077	0.052	0.011	-0.028	-0.015	0.005	-0.001	-0.015
1.0*L2	0.000	0.000	-0.000	0.000	0.000	-0.000	-0.000	0.000	-0.000	0.000	-0.000
0.0*L1	-0.000	0.000	0.000	1.000	-0.000	-0.000	0.000	0.000	-0.000	0.000	0.000
0.1*L1	-0.203	0.133	0.013	0.828	-0.137	-0.035	0.051	0.034	-0.017	-0.031	0.042
0.2*L1	-0.297	0.350	0.047	0.649	-0.318	-0.097	0.093	0.077	-0.034	-0.074	0.105
					0.682						
0.3*L1	-0.317	0.155	0.121	0.492	0.493	-0.195	0.117	0.117	-0.039	-0.108	0.182
0.4*L1	-0.294	0.037	0.252	0.366	0.333	-0.333	0.124	0.141	-0.027	-0.125	0.257
0.5*L1	-0.248	-0.023	0.460	0.267	0.212	-0.500	0.117	0.144	-0.000	-0.125	0.295
						0.500					
0.6*L1	-0.193	-0.044	0.252	0.189	0.127	0.333	0.098	0.129	0.027	-0.110	0.257
0.7*L1	-0.135	-0.042	0.121	0.126	0.071	0.195	0.074	0.101	0.039	-0.084	0.182
0.8*L1	-0.080	-0.029	0.047	0.073	0.035	0.097	0.046	0.065	0.034	-0.054	0.105
0.9*L1	-0.033	-0.013	0.013	0.030	0.012	0.035	0.020	0.028	0.017	-0.023	0.042
0.0*L2	0.000	0.000	-0.000	0.000	0.000	-0.000	-0.000	-0.000	-0.000	0.000	-0.000
0.2*L2	0.015	0.008	-0.002	-0.012	-0.004	-0.016	-0.009	-0.013	-0.007	0.011	-0.024
0.4*L2	0.015	0.009	-0.000	-0.011	-0.003	-0.017	-0.009	-0.013	-0.006	0.011	-0.028
0.6*L2	0.009	0.006	0.001	-0.006	-0.001	-0.012	-0.006	-0.008	-0.003	0.007	-0.021
0.8*L2	0.004	0.003	0.001	-0.002	-0.000	-0.005	-0.002	-0.003	-0.001	0.003	-0.010
FAKTOR	a						a			1/a	

INFOLGE STRECKENLAST P=1

IN FELD	M 0	M 0.2	M 0.5	Q 0	Q 0.2	Q 0.5	T 0	T 0.2	T 0.5	q 0	q 0.5
3L	0.063	0.023	0.000	-0.048	-0.029	-0.005	0.020	0.010	-0.002	0.008	0.008
2L	-0.392	-0.143	-0.001	0.304	0.181	0.032	-0.125	-0.064	0.010	-0.058	-0.052
1,BIS SPRUNG					-0.144	-0.449		0.035	-0.060		
1,REST	-0.912	0.245	0.642	1.755	0.805	0.449	0.373	0.384	0.060	-0.368	0.736
2R	0.028	0.016	-0.001	-0.020	-0.005	-0.032	-0.017	-0.024	-0.010	0.020	-0.052
3R	-0.005	-0.003	0.000	0.003	0.001	0.005	0.003	0.004	0.002	-0.003	0.008
SUMME(+)	0.090	0.284	0.642	2.062	0.987	0.486	0.395	0.434	0.072	0.028	0.753
SUMME(-)	-1.309	-0.146	-0.001	-0.068	-0.178	-0.486	-0.142	-0.088	-0.072	-0.429	-0.104
SUMME	-1.219	0.138	0.641	1.994	0.809	-0.000	0.253	0.345	-0.000	-0.401	0.649
FAKTOR	a*a			a			a*a				

INFOLGE EINZELMOMENT Mt=1

IN	M 0	M 0.2	M 0.5	Q 0	Q 0.2	Q 0.5	T 0	T 0.2	T 0.5	q 0	q 0.5
0.0*L2	-0.097	-0.013	0.011	0.130	0.045	-0.001	-0.076	-0.034	-0.010	-0.106	-0.011
0.1*L2	-0.128	-0.019	0.013	0.167	0.060	-0.001	-0.097	-0.043	-0.013	-0.132	-0.014
0.2*L2	-0.161	-0.025	0.017	0.209	0.076	-0.001	-0.121	-0.054	-0.016	-0.163	-0.018
0.3*L2	-0.195	-0.029	0.020	0.254	0.092	-0.001	-0.147	-0.066	-0.019	-0.200	-0.022
0.4*L2	-0.227	-0.032	0.025	0.303	0.107	-0.003	-0.177	-0.079	-0.024	-0.244	-0.025
0.5*L2	-0.255	-0.030	0.031	0.353	0.120	-0.005	-0.209	-0.093	-0.030	-0.295	-0.028
0.6*L2	-0.278	-0.024	0.038	0.405	0.131	-0.009	-0.245	-0.108	-0.038	-0.356	-0.030
0.7*L2	-0.293	-0.012	0.046	0.461	0.139	-0.015	-0.286	-0.124	-0.047	-0.431	-0.030
0.8*L2	-0.304	0.006	0.057	0.523	0.144	-0.024	-0.334	-0.144	-0.060	-0.523	-0.029
0.9*L2	-0.311	0.031	0.071	0.598	0.149	-0.035	-0.392	-0.168	-0.076	-0.638	-0.028
1.0*L2	-0.324	0.062	0.088	0.693	0.155	-0.048	-0.466	-0.198	-0.096	-0.781	-0.026
0.0*L1	-0.324	0.062	0.088	0.693	0.155	-0.048	0.534	-0.198	-0.096	-0.781	-0.026
0.1*L1	-0.364	0.116	0.125	0.802	0.186	-0.075	0.423	-0.269	-0.139	-0.592	-0.027
0.2*L1	-0.401	0.149	0.175	0.803	0.276	-0.101	0.353	-0.384	-0.195	-0.469	-0.043
								0.616			
0.3*L1	-0.416	0.131	0.234	0.741	0.355	-0.116	0.305	0.498	-0.267	-0.387	-0.091
0.4*L1	-0.404	0.089	0.291	0.647	0.353	-0.094	0.266	0.412	-0.364	-0.326	-0.196
0.5*L1	-0.369	0.048	0.319	0.542	0.311	-0.000	0.229	0.344	-0.500	-0.276	-0.390
									0.500		
0.6*L1	-0.318	0.019	0.291	0.438	0.255	0.094	0.192	0.284	0.364	-0.229	-0.196
0.7*L1	-0.259	0.002	0.234	0.341	0.197	0.116	0.154	0.226	0.267	-0.183	-0.091
0.8*L1	-0.199	-0.005	0.175	0.255	0.146	0.101	0.118	0.172	0.195	-0.140	-0.043
0.9*L1	-0.143	-0.004	0.125	0.183	0.104	0.075	0.085	0.124	0.139	-0.101	-0.027
0.0*L2	-0.097	-0.001	0.088	0.125	0.073	0.048	0.057	0.084	0.096	-0.068	-0.026
0.2*L2	-0.057	0.003	0.057	0.077	0.046	0.024	0.033	0.049	0.060	-0.040	-0.029
0.4*L2	-0.032	0.005	0.038	0.047	0.029	0.009	0.019	0.027	0.038	-0.022	-0.030
0.6*L2	-0.018	0.005	0.025	0.029	0.019	0.003	0.011	0.016	0.024	-0.013	-0.025
0.8*L2	-0.011	0.004	0.017	0.019	0.013	0.001	0.007	0.010	0.016	-0.008	-0.018
FAKTOR				1/a						1/(a*a)	

INFOLGE STRECKENMOMENT mt=1

IN FELD	M 0	M 0.2	M 0.5	Q 0	Q 0.2	Q 0.5	T 0	T 0.2	T 0.5	q 0	q 0.5
3L	-0.077	0.001	0.014	0.130	0.036	-0.006	-0.082	-0.036	-0.015	-0.128	-0.007
2L	-0.709	-0.033	0.110	1.104	0.335	-0.035	-0.682	-0.298	-0.112	-1.024	-0.073
1,BIS SPRUNG					0.196	-0.212				-0.276	-0.626
1,REST	-1.545	0.290	1.031	2.589	0.955	0.212	1.205	1.201	0.626	-1.555	-0.544
2R	-0.100	0.012	0.110	0.142	0.087	0.035	0.059	0.086	0.112	-0.070	-0.073
3R	-0.014	0.001	0.014	0.019	0.011	0.006	0.008	0.012	0.015	-0.009	-0.007
SUMME(+)	0.000	0.303	1.278	3.984	1.621	0.253	1.272	1.299	0.753	0.000	0.000
SUMME(-)	-2.445	-0.033	0.000	0.000	0.000	-0.253	-0.764	-0.610	-0.753	-2.786	-0.705
SUMME	-2.445	0.270	1.278	3.984	1.621	-0.000	0.508	0.690	-0.000	-2.786	-0.705
FAKTOR	a						a			1/a	

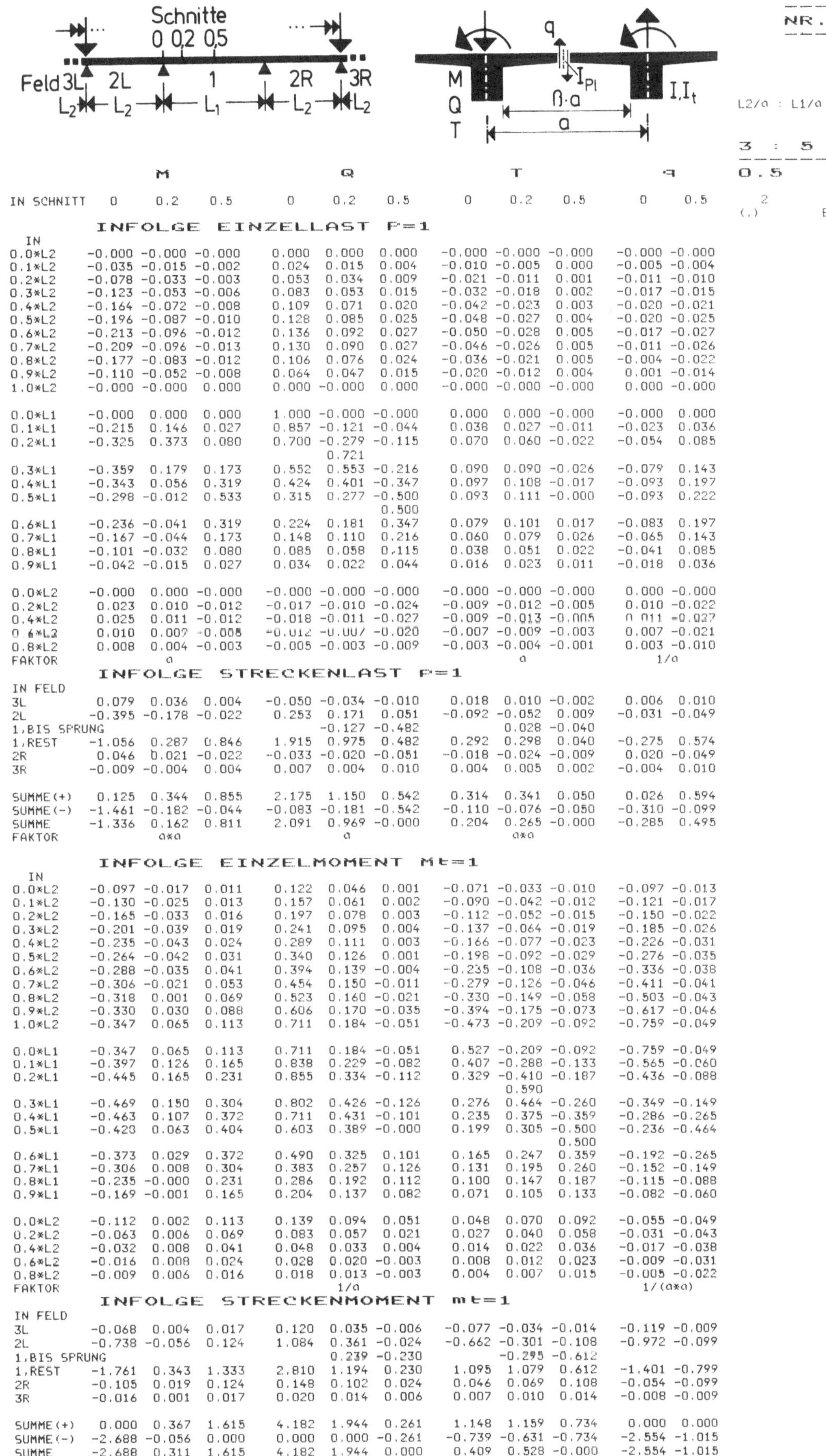

IN SCHNITT — columns: M (0, 0.2, 0.5), Q (0, 0.2, 0.5), T (0, 0.2, 0.5), q (0, 0.5)

INFOLGE EINZELLAST P=1

IN

	M 0	M 0.2	M 0.5	Q 0	Q 0.2	Q 0.5	T 0	T 0.2	T 0.5	q 0	q 0.5
0.0*L2	-0.000	-0.000	-0.000	0.000	0.000	0.000	-0.000	-0.000	-0.000	-0.000	-0.000
0.1*L2	-0.035	-0.015	-0.002	0.024	0.015	0.004	-0.010	-0.005	0.000	-0.005	-0.004
0.2*L2	-0.078	-0.033	-0.003	0.053	0.034	0.009	-0.021	-0.011	0.001	-0.011	-0.010
0.3*L2	-0.123	-0.053	-0.006	0.083	0.053	0.015	-0.032	-0.018	0.002	-0.017	-0.015
0.4*L2	-0.164	-0.072	-0.008	0.109	0.071	0.020	-0.042	-0.023	0.003	-0.020	-0.021
0.5*L2	-0.196	-0.087	-0.010	0.128	0.085	0.025	-0.048	-0.027	0.004	-0.020	-0.025
0.6*L2	-0.213	-0.096	-0.012	0.136	0.092	0.027	-0.050	-0.028	0.005	-0.017	-0.027
0.7*L2	-0.209	-0.096	-0.013	0.130	0.090	0.027	-0.046	-0.026	0.005	-0.011	-0.026
0.8*L2	-0.177	-0.083	-0.012	0.106	0.076	0.024	-0.036	-0.021	0.005	-0.004	-0.022
0.9*L2	-0.110	-0.052	-0.008	0.064	0.047	0.015	-0.020	-0.012	0.004	0.001	-0.014
1.0*L2	-0.000	-0.000	-0.000	0.000	-0.000	-0.000	-0.000	-0.000	-0.000	-0.000	-0.000
0.0*L1	-0.000	0.000	0.000	1.000	-0.000	-0.000	0.000	-0.000	-0.000	-0.000	0.000
0.1*L1	-0.215	0.146	0.027	0.857	-0.121	-0.044	0.038	0.027	-0.011	-0.023	0.036
0.2*L1	-0.325	0.373	0.080	0.700	-0.279	-0.115	0.070	0.060	-0.022	-0.054	0.085
				0.721							
0.3*L1	-0.359	0.179	0.173	0.552	0.553	-0.216	0.090	0.090	-0.026	-0.079	0.143
0.4*L1	-0.343	0.056	0.319	0.424	0.401	-0.347	0.097	0.108	-0.017	-0.093	0.197
0.5*L1	-0.298	-0.012	0.533	0.315	0.277	-0.500	0.093	0.111	-0.000	-0.093	0.222
						0.500					
0.6*L1	-0.236	-0.041	0.319	0.224	0.181	0.347	0.079	0.101	0.017	-0.083	0.197
0.7*L1	-0.167	-0.044	0.173	0.148	0.110	0.216	0.060	0.079	0.026	-0.065	0.143
0.8*L1	-0.101	-0.032	0.080	0.085	0.058	0.115	0.038	0.051	0.022	-0.041	0.085
0.9*L1	-0.042	-0.015	0.027	0.034	0.022	0.044	0.016	0.023	0.011	-0.018	0.036
0.0*L2	-0.000	0.000	-0.000	-0.000	-0.000	-0.000	-0.000	-0.000	-0.000	0.000	-0.000
0.2*L2	0.023	0.010	-0.012	-0.017	-0.010	-0.024	-0.009	-0.012	-0.005	0.010	-0.022
0.4*L2	0.025	0.011	-0.012	-0.018	-0.011	-0.027	-0.009	-0.013	-0.005	0.011	-0.027
0.6*L2	0.010	0.007	-0.008	-0.012	-0.007	-0.020	-0.007	-0.009	-0.003	0.007	-0.021
0.8*L2	0.008	0.004	-0.003	-0.005	-0.003	-0.009	-0.003	-0.004	-0.001	0.003	-0.010
FAKTOR	a			a			a			1/a	

INFOLGE STRECKENLAST P=1

IN FELD

	M 0	M 0.2	M 0.5	Q 0	Q 0.2	Q 0.5	T 0	T 0.2	T 0.5	q 0	q 0.5
3L	0.079	0.036	0.004	-0.050	-0.034	-0.010	0.018	0.010	-0.002	0.006	0.010
2L	-0.395	-0.178	-0.022	0.253	0.171	0.051	-0.092	-0.052	0.009	-0.031	-0.049
1,BIS SPRUNG					-0.127	-0.482		0.028	-0.040		
1,REST	-1.056	0.287	0.846	1.915	0.975	0.482	0.292	0.298	0.040	-0.275	0.574
2R	0.046	0.021	-0.022	-0.033	-0.020	-0.051	-0.018	-0.024	-0.009	0.020	-0.049
3R	-0.009	-0.004	0.004	0.007	0.004	0.010	0.004	0.005	0.002	-0.004	0.010
SUMME(+)	0.125	0.344	0.855	2.175	1.150	0.542	0.314	0.341	0.050	0.026	0.594
SUMME(-)	-1.461	-0.182	-0.044	-0.083	-0.181	-0.542	-0.110	-0.076	-0.050	-0.310	-0.099
SUMME	-1.336	0.162	0.811	2.091	0.969	-0.000	0.204	0.265	-0.000	-0.285	0.495
FAKTOR	a*a			a			a*a				

INFOLGE EINZELMOMENT Mt=1

IN

	M 0	M 0.2	M 0.5	Q 0	Q 0.2	Q 0.5	T 0	T 0.2	T 0.5	q 0	q 0.5
0.0*L2	-0.097	-0.017	0.011	0.122	0.046	0.001	-0.071	-0.033	-0.010	-0.097	-0.013
0.1*L2	-0.130	-0.025	0.013	0.157	0.061	0.002	-0.090	-0.042	-0.012	-0.121	-0.017
0.2*L2	-0.165	-0.033	0.016	0.197	0.078	0.003	-0.112	-0.052	-0.015	-0.150	-0.022
0.3*L2	-0.201	-0.039	0.019	0.241	0.095	0.004	-0.137	-0.064	-0.019	-0.185	-0.026
0.4*L2	-0.235	-0.043	0.024	0.289	0.111	0.003	-0.166	-0.077	-0.023	-0.226	-0.031
0.5*L2	-0.264	-0.042	0.031	0.340	0.126	0.001	-0.198	-0.092	-0.029	-0.276	-0.035
0.6*L2	-0.288	-0.035	0.041	0.394	0.139	-0.004	-0.235	-0.108	-0.036	-0.336	-0.038
0.7*L2	-0.306	-0.021	0.053	0.454	0.150	-0.011	-0.279	-0.126	-0.046	-0.411	-0.041
0.8*L2	-0.318	0.001	0.069	0.523	0.160	-0.021	-0.330	-0.149	-0.058	-0.503	-0.043
0.9*L2	-0.330	0.030	0.088	0.606	0.170	-0.035	-0.394	-0.175	-0.073	-0.617	-0.046
1.0*L2	-0.347	0.065	0.113	0.711	0.184	-0.051	-0.473	-0.209	-0.092	-0.759	-0.049
0.0*L1	-0.347	0.065	0.113	0.711	0.184	-0.051	0.527	-0.209	-0.092	-0.759	-0.049
0.1*L1	-0.397	0.126	0.165	0.838	0.229	-0.082	0.407	-0.288	-0.133	-0.565	-0.060
0.2*L1	-0.445	0.165	0.231	0.855	0.334	-0.112	0.329	-0.410	-0.187	-0.436	-0.088
								0.590			
0.3*L1	-0.469	0.150	0.304	0.802	0.426	-0.126	0.276	0.464	-0.260	-0.349	-0.149
0.4*L1	-0.463	0.107	0.372	0.711	0.431	-0.101	0.235	0.375	-0.359	-0.286	-0.265
0.5*L1	-0.423	0.063	0.404	0.603	0.389	-0.000	0.199	0.305	-0.500	-0.236	-0.464
									0.500		
0.6*L1	-0.373	0.029	0.372	0.490	0.325	0.101	0.165	0.247	0.359	-0.192	-0.265
0.7*L1	-0.306	0.008	0.304	0.383	0.257	0.126	0.131	0.195	0.260	-0.152	-0.149
0.8*L1	-0.235	-0.000	0.231	0.286	0.192	0.112	0.100	0.147	0.187	-0.115	-0.088
0.9*L1	-0.169	-0.001	0.165	0.204	0.137	0.082	0.071	0.105	0.133	-0.082	-0.060
0.0*L2	-0.112	0.002	0.113	0.139	0.094	0.051	0.048	0.070	0.092	-0.055	-0.049
0.2*L2	-0.063	0.006	0.069	0.083	0.057	0.021	0.027	0.040	0.058	-0.031	-0.043
0.4*L2	-0.032	0.008	0.041	0.048	0.033	0.004	0.014	0.022	0.036	-0.017	-0.038
0.6*L2	-0.016	0.008	0.024	0.028	0.020	-0.003	0.008	0.012	0.023	-0.009	-0.031
0.8*L2	-0.009	0.006	0.016	0.018	0.013	-0.003	0.004	0.007	0.015	-0.005	-0.022
FAKTOR				1/a						1/(a*a)	

INFOLGE STRECKENMOMENT mt=1

IN FELD

	M 0	M 0.2	M 0.5	Q 0	Q 0.2	Q 0.5	T 0	T 0.2	T 0.5	q 0	q 0.5
3L	-0.068	0.004	0.017	0.120	0.035	-0.006	-0.077	-0.034	-0.014	-0.119	-0.009
2L	-0.738	-0.056	0.124	1.084	0.361	-0.024	-0.662	-0.301	-0.108	-0.972	-0.099
1,BIS SPRUNG					0.239	-0.230		-0.295	-0.612		
1,REST	-1.761	0.343	1.333	2.810	1.194	0.230	1.095	1.079	0.612	-1.401	-0.799
2R	-0.105	0.019	0.124	0.148	0.102	0.024	0.046	0.069	0.108	-0.054	-0.099
3R	-0.016	0.001	0.017	0.020	0.014	0.006	0.007	0.010	0.014	-0.008	-0.009
SUMME(+)	0.000	0.367	1.615	4.182	1.944	0.261	1.148	1.159	0.734	0.000	0.000
SUMME(-)	-2.688	-0.056	0.000	0.000	0.000	-0.261	-0.739	-0.631	-0.734	-2.554	-1.015
SUMME	-2.688	0.311	1.615	4.182	1.944	0.000	0.409	0.528	-0.000	-2.554	-1.015
FAKTOR	a			a			a			1/a	

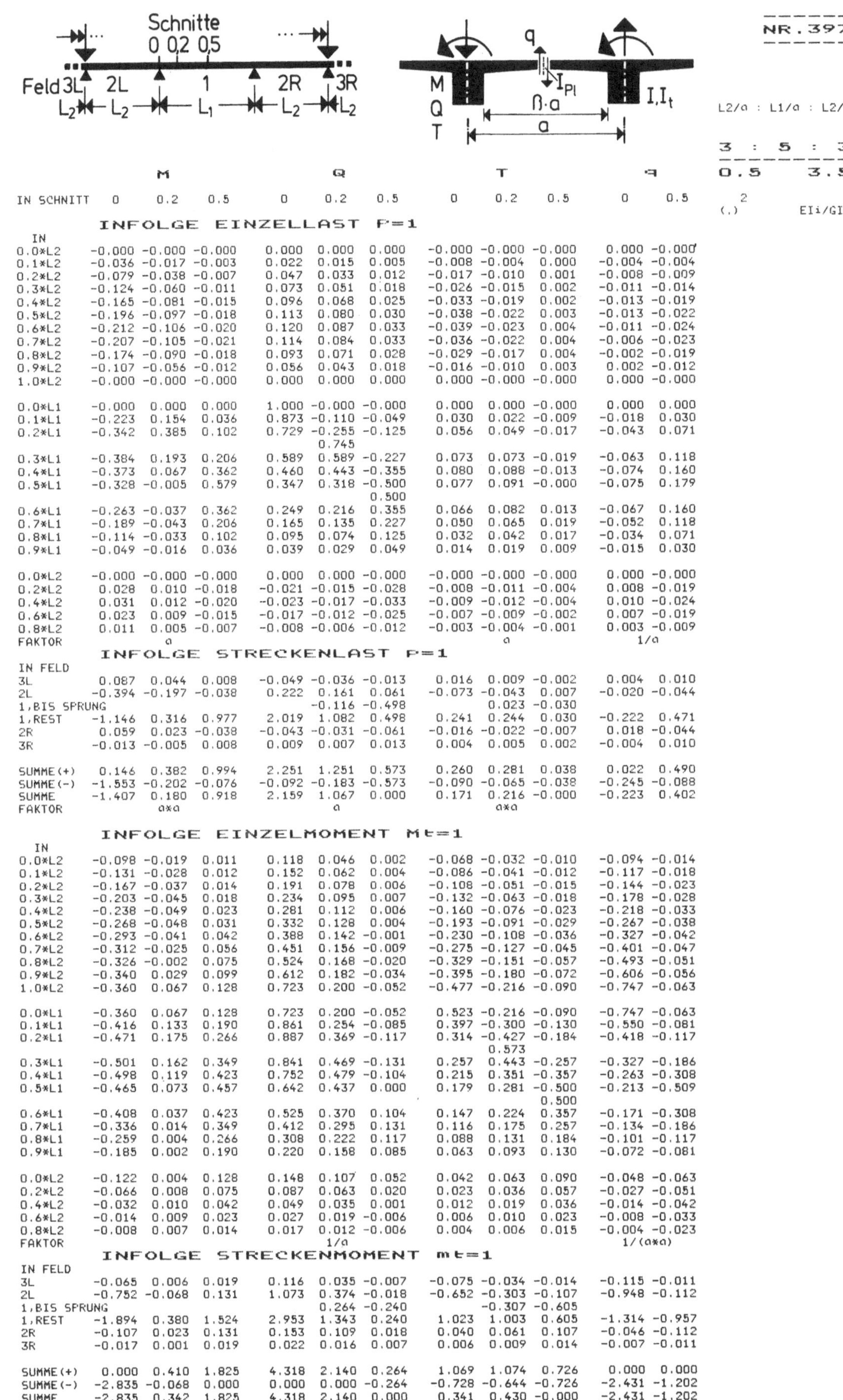

	M			Q			T			q	
IN SCHNITT	0	0.2	0.5	0	0.2	0.5	0	0.2	0.5	0	0.5

INFOLGE EINZELLAST P=1

IN	M			Q			T			q	
0.0*L2	-0.000	-0.000	-0.000	0.000	0.000	0.000	-0.000	-0.000	-0.000	0.000	-0.000
0.1*L2	-0.036	-0.017	-0.003	0.022	0.015	0.005	-0.008	-0.004	0.000	-0.004	-0.004
0.2*L2	-0.079	-0.038	-0.007	0.047	0.033	0.012	-0.017	-0.010	0.001	-0.008	-0.009
0.3*L2	-0.124	-0.060	-0.011	0.073	0.051	0.018	-0.026	-0.015	0.002	-0.011	-0.014
0.4*L2	-0.165	-0.081	-0.015	0.096	0.068	0.025	-0.033	-0.019	0.002	-0.013	-0.019
0.5*L2	-0.196	-0.097	-0.018	0.113	0.080	0.030	-0.038	-0.022	0.003	-0.013	-0.022
0.6*L2	-0.212	-0.106	-0.020	0.120	0.087	0.033	-0.039	-0.023	0.004	-0.011	-0.024
0.7*L2	-0.207	-0.105	-0.021	0.114	0.084	0.033	-0.036	-0.022	0.004	-0.006	-0.023
0.8*L2	-0.174	-0.090	-0.018	0.093	0.071	0.028	-0.029	-0.017	0.004	-0.002	-0.019
0.9*L2	-0.107	-0.056	-0.012	0.056	0.043	0.018	-0.016	-0.010	0.003	0.002	-0.012
1.0*L2	-0.000	-0.000	-0.000	0.000	0.000	0.000	0.000	-0.000	-0.000	0.000	-0.000
0.0*L1	-0.000	0.000	0.000	1.000	-0.000	-0.000	0.000	0.000	-0.000	0.000	0.000
0.1*L1	-0.223	0.154	0.036	0.873	-0.110	-0.049	0.030	0.022	-0.009	-0.018	0.030
0.2*L1	-0.342	0.385	0.102	0.729	-0.255	-0.125	0.056	0.049	-0.017	-0.043	0.071
				0.745							
0.3*L1	-0.384	0.193	0.206	0.589	0.589	-0.227	0.073	0.073	-0.019	-0.063	0.118
0.4*L1	-0.373	0.067	0.362	0.460	0.443	-0.355	0.080	0.088	-0.013	-0.074	0.160
0.5*L1	-0.328	-0.005	0.579	0.347	0.318	-0.500	0.077	0.091	-0.000	-0.075	0.179
						0.500					
0.6*L1	-0.263	-0.037	0.362	0.249	0.216	0.355	0.066	0.082	0.013	-0.067	0.160
0.7*L1	-0.189	-0.043	0.206	0.165	0.135	0.227	0.050	0.065	0.019	-0.052	0.118
0.8*L1	-0.114	-0.033	0.102	0.095	0.074	0.125	0.032	0.042	0.017	-0.034	0.071
0.9*L1	-0.049	-0.016	0.036	0.039	0.029	0.049	0.014	0.019	0.009	-0.015	0.030
0.0*L2	-0.000	-0.000	-0.000	0.000	0.000	-0.000	-0.000	-0.000	-0.000	0.000	-0.000
0.2*L2	0.028	0.010	-0.018	-0.021	-0.015	-0.028	-0.008	-0.011	-0.004	0.008	-0.019
0.4*L2	0.031	0.012	-0.020	-0.023	-0.017	-0.033	-0.009	-0.012	-0.004	0.010	-0.024
0.6*L2	0.023	0.009	-0.015	-0.017	-0.012	-0.025	-0.007	-0.009	-0.002	0.007	-0.019
0.8*L2	0.011	0.005	-0.007	-0.008	-0.006	-0.012	-0.003	-0.004	-0.001	0.003	-0.009
FAKTOR	a			a			a			1/a	

INFOLGE STRECKENLAST P=1

IN FELD	M			Q			T			q	
3L	0.087	0.044	0.008	-0.049	-0.036	-0.013	0.016	0.009	-0.002	0.004	0.010
2L	-0.394	-0.197	-0.038	0.222	0.161	0.061	-0.073	-0.043	0.007	-0.020	-0.044
1,BIS SPRUNG					-0.116	-0.498		0.023	-0.030		
1,REST	-1.146	0.316	0.977	2.019	1.082	0.498	0.241	0.244	0.030	-0.222	0.471
2R	0.059	0.023	-0.038	-0.043	-0.031	-0.061	-0.016	-0.022	-0.007	0.018	-0.044
3R	-0.013	-0.005	0.008	0.009	0.007	0.013	0.004	0.005	0.002	-0.004	0.010
SUMME(+)	0.146	0.382	0.994	2.251	1.251	0.573	0.260	0.281	0.038	0.022	0.490
SUMME(-)	-1.553	-0.202	-0.076	-0.092	-0.183	-0.573	-0.090	-0.065	-0.038	-0.245	-0.088
SUMME	-1.407	0.180	0.918	2.159	1.067	0.000	0.171	0.216	-0.000	-0.223	0.402
FAKTOR	a*a			a			a*a			1/a	

INFOLGE EINZELMOMENT Mt=1

IN	M			Q			T			q	
0.0*L2	-0.098	-0.019	0.011	0.118	0.046	0.002	-0.068	-0.032	-0.010	-0.094	-0.014
0.1*L2	-0.131	-0.028	0.012	0.152	0.062	0.004	-0.086	-0.041	-0.012	-0.117	-0.018
0.2*L2	-0.167	-0.037	0.014	0.191	0.078	0.006	-0.108	-0.051	-0.015	-0.144	-0.023
0.3*L2	-0.203	-0.045	0.018	0.234	0.095	0.007	-0.132	-0.063	-0.018	-0.178	-0.028
0.4*L2	-0.238	-0.049	0.023	0.281	0.112	0.006	-0.160	-0.076	-0.023	-0.218	-0.033
0.5*L2	-0.268	-0.048	0.031	0.332	0.128	0.004	-0.193	-0.091	-0.029	-0.267	-0.038
0.6*L2	-0.293	-0.041	0.042	0.388	0.142	-0.001	-0.230	-0.108	-0.036	-0.327	-0.042
0.7*L2	-0.312	-0.025	0.056	0.451	0.156	-0.009	-0.275	-0.127	-0.045	-0.401	-0.047
0.8*L2	-0.326	-0.002	0.075	0.524	0.168	-0.020	-0.329	-0.151	-0.057	-0.493	-0.051
0.9*L2	-0.340	0.029	0.099	0.612	0.182	-0.034	-0.395	-0.180	-0.072	-0.606	-0.056
1.0*L2	-0.360	0.067	0.128	0.723	0.200	-0.052	-0.477	-0.216	-0.090	-0.747	-0.063
0.0*L1	-0.360	0.067	0.128	0.723	0.200	-0.052	0.523	-0.216	-0.090	-0.747	-0.063
0.1*L1	-0.416	0.133	0.190	0.861	0.254	-0.085	0.397	-0.300	-0.130	-0.550	-0.081
0.2*L1	-0.471	0.175	0.266	0.887	0.369	-0.117	0.314	-0.427	-0.184	-0.418	-0.117
								0.573			
0.3*L1	-0.501	0.162	0.349	0.841	0.469	-0.131	0.257	0.443	-0.257	-0.327	-0.186
0.4*L1	-0.498	0.119	0.423	0.752	0.479	-0.104	0.215	0.351	-0.357	-0.263	-0.308
0.5*L1	-0.465	0.073	0.457	0.642	0.437	0.000	0.179	0.281	-0.500	-0.213	-0.509
									0.500		
0.6*L1	-0.408	0.037	0.423	0.525	0.370	0.104	0.147	0.224	0.357	-0.171	-0.308
0.7*L1	-0.336	0.014	0.349	0.412	0.295	0.131	0.116	0.175	0.257	-0.134	-0.186
0.8*L1	-0.259	0.004	0.266	0.308	0.222	0.117	0.088	0.131	0.184	-0.101	-0.117
0.9*L1	-0.185	0.002	0.190	0.220	0.158	0.085	0.063	0.093	0.130	-0.072	-0.081
0.0*L2	-0.122	0.004	0.128	0.148	0.107	0.052	0.042	0.063	0.090	-0.048	-0.063
0.2*L2	-0.066	0.008	0.075	0.087	0.063	0.020	0.023	0.036	0.057	-0.027	-0.051
0.4*L2	-0.032	0.010	0.042	0.049	0.035	0.001	0.012	0.019	0.036	-0.014	-0.042
0.6*L2	-0.014	0.009	0.023	0.027	0.019	-0.006	0.006	0.010	0.023	-0.008	-0.033
0.8*L2	-0.008	0.007	0.014	0.017	0.012	-0.006	0.004	0.006	0.015	-0.004	-0.023
FAKTOR				1/a						1/(a*a)	

INFOLGE STRECKENMOMENT mt=1

IN FELD	M			Q			T			q	
3L	-0.065	0.006	0.019	0.116	0.035	-0.007	-0.075	-0.034	-0.014	-0.115	-0.011
2L	-0.752	-0.068	0.131	1.073	0.374	-0.018	-0.652	-0.303	-0.107	-0.948	-0.112
1,BIS SPRUNG					0.264	-0.240		-0.307	-0.605		
1,REST	-1.894	0.380	1.524	2.953	1.343	0.240	1.023	1.003	0.605	-1.314	-0.957
2R	-0.107	0.023	0.131	0.153	0.109	0.018	0.040	0.061	0.107	-0.046	-0.112
3R	-0.017	0.001	0.019	0.022	0.016	0.007	0.006	0.009	0.014	-0.007	-0.011
SUMME(+)	0.000	0.410	1.825	4.318	2.140	0.264	1.069	1.074	0.726	0.000	0.000
SUMME(-)	-2.835	-0.068	0.000	0.000	0.000	-0.264	-0.728	-0.644	-0.726	-2.431	-1.202
SUMME	-2.835	0.342	1.825	4.318	2.140	0.000	0.341	0.430	-0.000	-2.431	-1.202
FAKTOR	a			a			a			1/a	

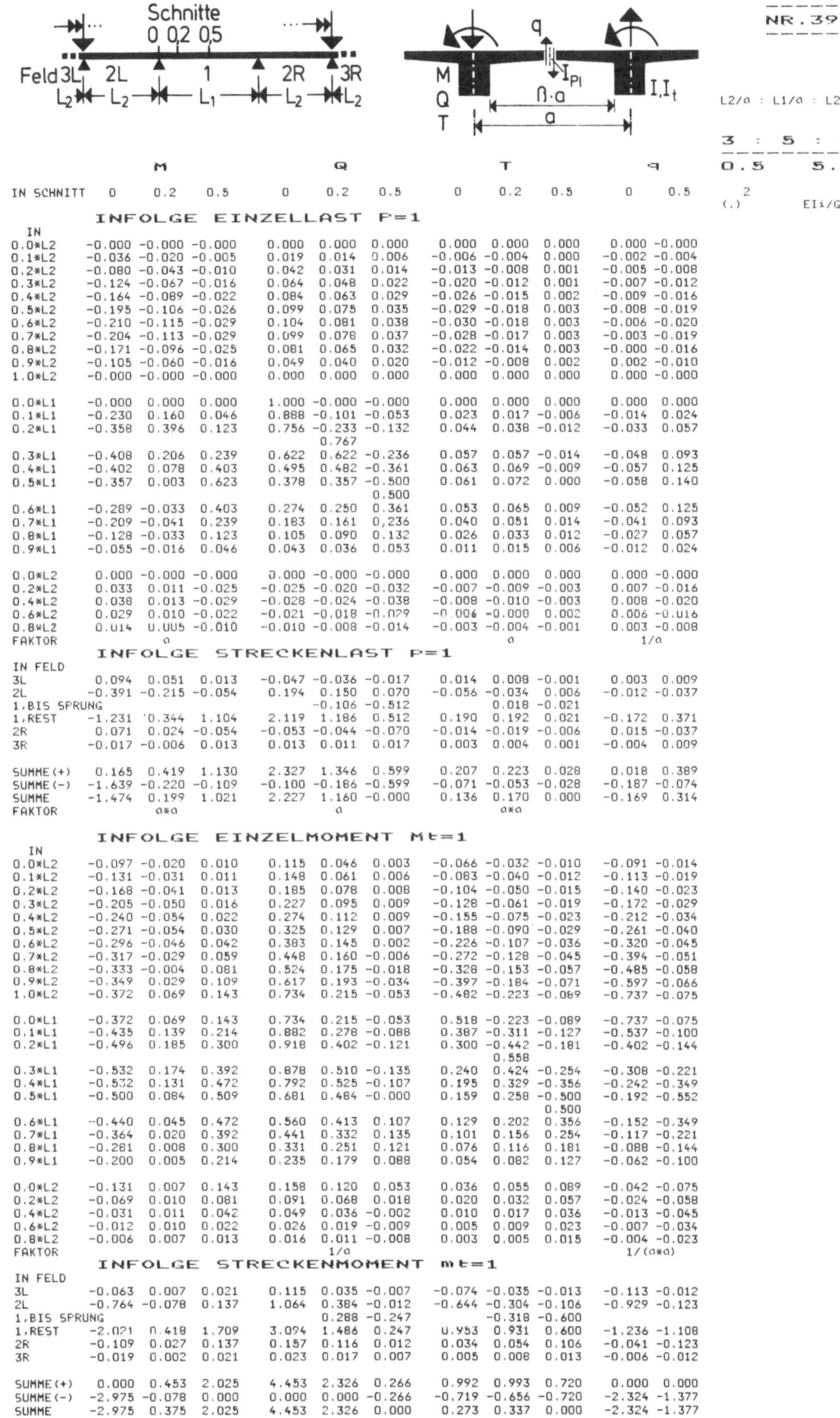

	M			Q			T			q	
IN SCHNITT	0	0.2	0.5	0	0.2	0.5	0	0.2	0.5	0	0.5

INFOLGE EINZELLAST P=1

IN	M			Q			T			q	
0.0*L2	-0.000	-0.000	-0.000	0.000	0.000	0.000	0.000	0.000	0.000	0.000	-0.000
0.1*L2	-0.036	-0.020	-0.005	0.019	0.014	0.006	-0.006	-0.004	0.000	-0.002	-0.004
0.2*L2	-0.080	-0.043	-0.010	0.042	0.031	0.014	-0.013	-0.008	0.001	-0.005	-0.008
0.3*L2	-0.124	-0.067	-0.016	0.064	0.048	0.022	-0.020	-0.012	0.001	-0.007	-0.012
0.4*L2	-0.164	-0.089	-0.022	0.084	0.063	0.029	-0.026	-0.015	0.002	-0.009	-0.016
0.5*L2	-0.195	-0.106	-0.026	0.099	0.075	0.035	-0.029	-0.018	0.003	-0.008	-0.019
0.6*L2	-0.210	-0.115	-0.029	0.104	0.081	0.038	-0.030	-0.018	0.003	-0.006	-0.020
0.7*L2	-0.204	-0.113	-0.029	0.099	0.078	0.037	-0.028	-0.017	0.003	-0.003	-0.019
0.8*L2	-0.171	-0.096	-0.025	0.081	0.065	0.032	-0.022	-0.014	0.003	-0.000	-0.016
0.9*L2	-0.105	-0.060	-0.016	0.049	0.040	0.020	-0.012	-0.008	0.002	0.002	-0.010
1.0*L2	-0.000	-0.000	-0.000	0.000	0.000	0.000	0.000	0.000	0.000	0.000	-0.000
0.0*L1	-0.000	0.000	0.000	1.000	-0.000	-0.000	0.000	0.000	0.000	0.000	0.000
0.1*L1	-0.230	0.160	0.046	0.888	-0.101	-0.053	0.023	0.017	-0.006	-0.014	0.024
0.2*L1	-0.358	0.396	0.123	0.756	-0.233	-0.132	0.044	0.038	-0.012	-0.033	0.057
					0.767						
0.3*L1	-0.408	0.206	0.239	0.622	0.622	-0.236	0.057	0.057	-0.014	-0.048	0.093
0.4*L1	-0.402	0.078	0.403	0.495	0.482	-0.361	0.063	0.069	-0.009	-0.057	0.125
0.5*L1	-0.357	0.003	0.623	0.378	0.357	-0.500	0.061	0.072	0.000	-0.058	0.140
						0.500					
0.6*L1	-0.289	-0.033	0.403	0.274	0.250	0.361	0.053	0.065	0.009	-0.052	0.125
0.7*L1	-0.209	-0.041	0.239	0.183	0.161	0.236	0.040	0.051	0.014	-0.041	0.093
0.8*L1	-0.128	-0.033	0.123	0.105	0.090	0.132	0.026	0.033	0.012	-0.027	0.057
0.9*L1	-0.055	-0.016	0.046	0.043	0.036	0.053	0.011	0.015	0.006	-0.012	0.024
0.0*L2	0.000	-0.000	-0.000	0.000	-0.000	-0.000	0.000	0.000	0.000	0.000	-0.000
0.2*L2	0.033	0.011	-0.025	-0.025	-0.020	-0.032	-0.007	-0.009	-0.003	0.007	-0.016
0.4*L2	0.038	0.013	-0.029	-0.028	-0.024	-0.038	-0.008	-0.010	-0.003	0.008	-0.020
0.6*L2	0.029	0.010	-0.022	-0.021	-0.018	-0.029	-0.006	-0.008	-0.002	0.006	-0.016
0.8*L2	0.014	0.005	-0.010	-0.010	-0.008	-0.014	-0.003	-0.004	-0.001	0.003	-0.008
FAKTOR		a						a		1/a	

INFOLGE STRECKENLAST P=1

IN FELD	M			Q			T			q	
3L	0.094	0.051	0.013	-0.047	-0.036	-0.017	0.014	0.008	-0.001	0.003	0.009
2L	-0.391	-0.215	-0.054	0.194	0.150	0.070	-0.056	-0.034	0.006	-0.012	-0.037
1,BIS SPRUNG					-0.106	-0.512		0.018	-0.021		
1,REST	-1.231	0.344	1.104	2.119	1.186	0.512	0.190	0.192	0.021	-0.172	0.371
2R	0.071	0.024	-0.054	-0.053	-0.044	-0.070	-0.014	-0.019	-0.006	0.015	-0.037
3R	-0.017	-0.006	0.013	0.013	0.011	0.017	0.003	0.004	0.001	-0.004	0.009
SUMME(+)	0.165	0.419	1.130	2.327	1.346	0.599	0.207	0.223	0.028	0.018	0.389
SUMME(-)	-1.639	-0.220	-0.109	-0.100	-0.186	-0.599	-0.071	-0.053	-0.028	-0.187	-0.074
SUMME	-1.474	0.199	1.021	2.227	1.160	-0.000	0.136	0.170	0.000	-0.169	0.314
FAKTOR		a*a			a			a*a		1	

INFOLGE EINZELMOMENT Mt=1

IN	M			Q			T			q	
0.0*L2	-0.097	-0.020	0.010	0.115	0.046	0.003	-0.066	-0.032	-0.010	-0.091	-0.014
0.1*L2	-0.131	-0.031	0.011	0.148	0.061	0.006	-0.083	-0.040	-0.012	-0.113	-0.019
0.2*L2	-0.168	-0.041	0.013	0.185	0.078	0.008	-0.104	-0.050	-0.015	-0.140	-0.023
0.3*L2	-0.205	-0.050	0.016	0.227	0.095	0.009	-0.128	-0.061	-0.019	-0.172	-0.029
0.4*L2	-0.240	-0.054	0.022	0.274	0.112	0.009	-0.155	-0.075	-0.023	-0.212	-0.034
0.5*L2	-0.271	-0.054	0.030	0.325	0.129	0.007	-0.188	-0.090	-0.029	-0.261	-0.040
0.6*L2	-0.296	-0.046	0.042	0.383	0.145	0.002	-0.226	-0.107	-0.036	-0.320	-0.045
0.7*L2	-0.317	-0.029	0.059	0.448	0.160	-0.006	-0.272	-0.128	-0.045	-0.394	-0.051
0.8*L2	-0.333	-0.004	0.081	0.524	0.175	-0.018	-0.328	-0.153	-0.057	-0.485	-0.058
0.9*L2	-0.349	0.029	0.109	0.617	0.193	-0.034	-0.397	-0.184	-0.071	-0.597	-0.066
1.0*L2	-0.372	0.069	0.143	0.734	0.215	-0.053	-0.482	-0.223	-0.089	-0.737	-0.075
0.0*L1	-0.372	0.069	0.143	0.734	0.215	-0.053	0.518	-0.223	-0.089	-0.737	-0.075
0.1*L1	-0.435	0.139	0.214	0.882	0.278	-0.088	0.387	-0.311	-0.127	-0.537	-0.100
0.2*L1	-0.496	0.185	0.300	0.918	0.402	-0.121	0.300	-0.442	-0.181	-0.402	-0.144
								0.558			
0.3*L1	-0.532	0.174	0.392	0.878	0.510	-0.135	0.240	0.424	-0.254	-0.308	-0.221
0.4*L1	-0.532	0.131	0.472	0.792	0.525	-0.107	0.195	0.329	-0.356	-0.242	-0.349
0.5*L1	-0.500	0.084	0.509	0.681	0.484	-0.000	0.159	0.258	-0.500	-0.192	-0.552
									0.500		
0.6*L1	-0.440	0.045	0.472	0.560	0.413	0.107	0.129	0.202	0.356	-0.152	-0.349
0.7*L1	-0.364	0.020	0.392	0.441	0.332	0.135	0.101	0.156	0.254	-0.117	-0.221
0.8*L1	-0.281	0.008	0.300	0.331	0.251	0.121	0.076	0.116	0.181	-0.088	-0.144
0.9*L1	-0.200	0.005	0.214	0.235	0.179	0.088	0.054	0.082	0.127	-0.062	-0.100
0.0*L2	-0.131	0.007	0.143	0.158	0.120	0.053	0.036	0.055	0.089	-0.042	-0.075
0.2*L2	-0.069	0.010	0.081	0.091	0.068	0.018	0.020	0.032	0.057	-0.024	-0.058
0.4*L2	-0.031	0.011	0.042	0.049	0.036	-0.002	0.010	0.017	0.036	-0.013	-0.045
0.6*L2	-0.012	0.010	0.022	0.026	0.019	-0.009	0.005	0.009	0.023	-0.007	-0.034
0.8*L2	-0.006	0.007	0.013	0.016	0.011	-0.008	0.003	0.005	0.015	-0.004	-0.023
FAKTOR					1/a					1/(a*a)	

INFOLGE STRECKENMOMENT mt=1

IN FELD	M			Q			T			q	
3L	-0.063	0.007	0.021	0.115	0.035	-0.007	-0.074	-0.035	-0.013	-0.113	-0.012
2L	-0.764	-0.078	0.137	1.064	0.384	-0.012	-0.644	-0.304	-0.106	-0.929	-0.123
1,BIS SPRUNG					0.288	-0.247		-0.318	-0.600		
1,REST	-2.021	0.418	1.709	3.094	1.486	0.247	0.953	0.931	0.600	-1.236	-1.108
2R	-0.109	0.027	0.137	0.157	0.116	0.012	0.034	0.054	0.106	-0.041	-0.123
3R	-0.019	0.002	0.021	0.023	0.017	0.007	0.005	0.008	0.013	-0.006	-0.012
SUMME(+)	0.000	0.453	2.025	4.453	2.326	0.266	0.992	0.993	0.720	0.000	0.000
SUMME(-)	-2.975	-0.078	0.000	0.000	0.000	-0.266	-0.719	-0.656	-0.720	-2.324	-1.377
SUMME	-2.975	0.375	2.025	4.453	2.326	0.000	0.273	0.337	0.000	-2.324	-1.377
FAKTOR		a			a			a		1/a	

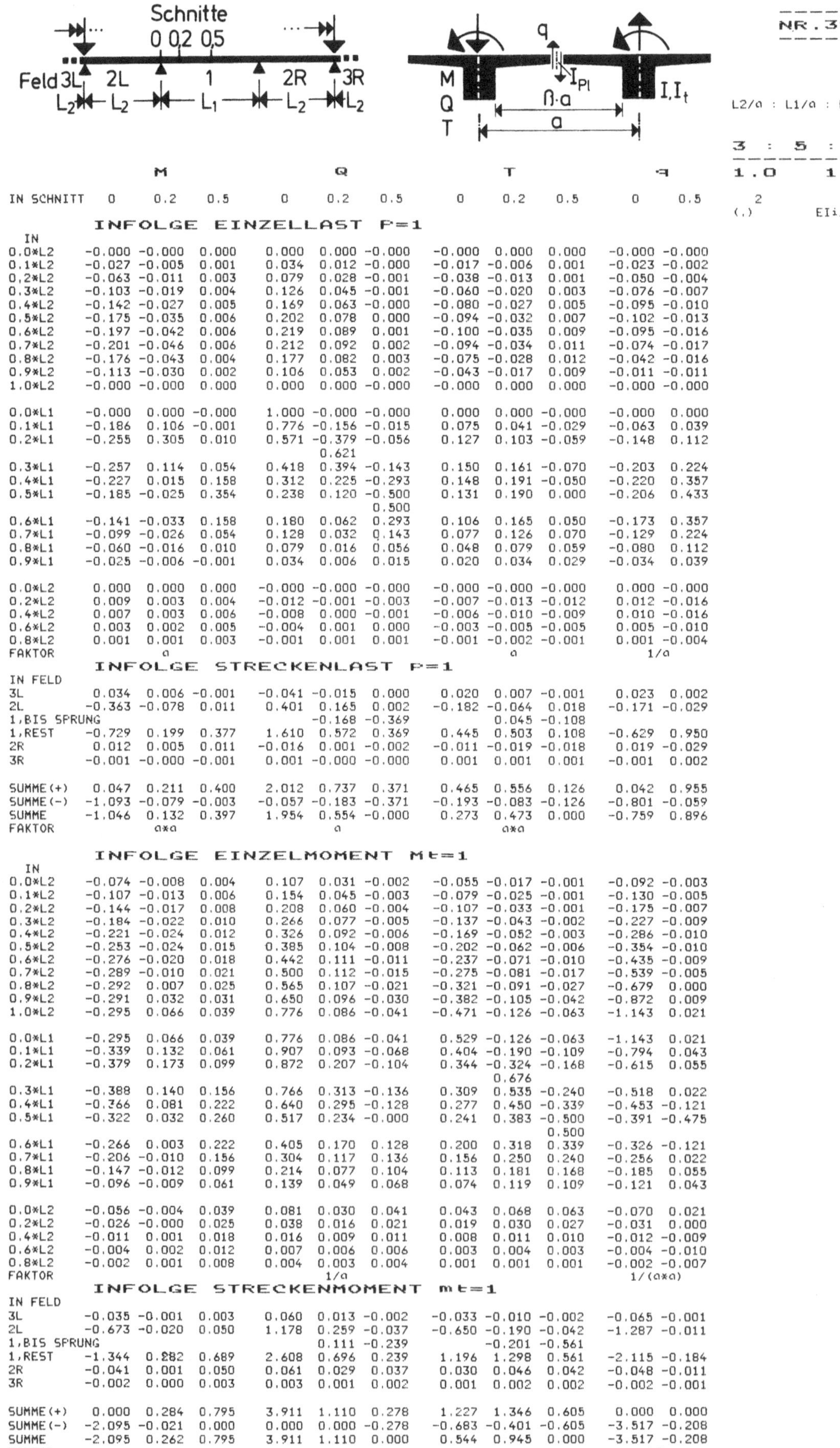

| | M | | | Q | | | T | | | q | |
IN SCHNITT	0	0.2	0.5	0	0.2	0.5	0	0.2	0.5	0	0.5

INFOLGE EINZELLAST P=1

IN	M(0)	M(0.2)	M(0.5)	Q(0)	Q(0.2)	Q(0.5)	T(0)	T(0.2)	T(0.5)	q(0)	q(0.5)
0.0*L2	-0.000	-0.000	0.000	0.000	0.000	-0.000	-0.000	0.000	0.000	-0.000	-0.000
0.1*L2	-0.027	-0.005	0.001	0.034	0.012	-0.000	-0.017	-0.006	0.001	-0.023	-0.002
0.2*L2	-0.063	-0.011	0.003	0.079	0.028	-0.001	-0.038	-0.013	0.001	-0.050	-0.004
0.3*L2	-0.103	-0.019	0.004	0.126	0.045	-0.001	-0.060	-0.020	0.003	-0.076	-0.007
0.4*L2	-0.142	-0.027	0.005	0.169	0.063	-0.000	-0.080	-0.027	0.005	-0.095	-0.010
0.5*L2	-0.175	-0.035	0.006	0.202	0.078	0.000	-0.094	-0.032	0.007	-0.102	-0.013
0.6*L2	-0.197	-0.042	0.006	0.219	0.089	0.001	-0.100	-0.035	0.009	-0.095	-0.016
0.7*L2	-0.201	-0.046	0.006	0.212	0.092	0.002	-0.094	-0.034	0.011	-0.074	-0.017
0.8*L2	-0.176	-0.043	0.004	0.177	0.082	0.003	-0.075	-0.028	0.012	-0.042	-0.016
0.9*L2	-0.113	-0.030	0.002	0.106	0.053	0.002	-0.043	-0.017	0.009	-0.011	-0.011
1.0*L2	-0.000	-0.000	0.000	0.000	0.000	-0.000	-0.000	0.000	0.000	-0.000	-0.000
0.0*L1	-0.000	0.000	-0.000	1.000	-0.000	-0.000	0.000	0.000	-0.000	-0.000	0.000
0.1*L1	-0.186	0.106	-0.001	0.776	-0.156	-0.015	0.075	0.041	-0.029	-0.063	0.039
0.2*L1	-0.255	0.305	0.010	0.571	-0.379	-0.056	0.127	0.103	-0.059	-0.148	0.112
					0.621						
0.3*L1	-0.257	0.114	0.054	0.418	0.394	-0.143	0.150	0.161	-0.070	-0.203	0.224
0.4*L1	-0.227	0.015	0.158	0.312	0.225	-0.293	0.148	0.191	-0.050	-0.220	0.357
0.5*L1	-0.185	-0.025	0.354	0.238	0.120	-0.500	0.131	0.190	0.000	-0.206	0.433
						0.500					
0.6*L1	-0.141	-0.033	0.158	0.180	0.062	0.293	0.106	0.165	0.050	-0.173	0.357
0.7*L1	-0.099	-0.026	0.054	0.128	0.032	0.143	0.077	0.126	0.070	-0.129	0.224
0.8*L1	-0.060	-0.016	0.010	0.079	0.016	0.056	0.048	0.079	0.059	-0.080	0.112
0.9*L1	-0.025	-0.006	-0.001	0.034	0.006	0.015	0.020	0.034	0.029	-0.034	0.039
0.0*L2	0.000	0.000	0.000	-0.000	-0.000	-0.000	-0.000	-0.000	-0.000	0.000	-0.000
0.2*L2	0.009	0.003	0.004	-0.012	-0.001	-0.003	-0.007	-0.013	-0.012	0.012	-0.016
0.4*L2	0.007	0.003	0.006	-0.008	0.000	-0.001	-0.006	-0.010	-0.009	0.010	-0.016
0.6*L2	0.003	0.002	0.005	-0.004	0.001	0.000	-0.003	-0.005	-0.005	0.005	-0.010
0.8*L2	0.001	0.001	0.003	-0.001	0.001	0.001	-0.001	-0.002	-0.001	0.001	-0.004
FAKTOR		a						a			1/a	

INFOLGE STRECKENLAST p=1

IN FELD	M(0)	M(0.2)	M(0.5)	Q(0)	Q(0.2)	Q(0.5)	T(0)	T(0.2)	T(0.5)	q(0)	q(0.5)
3L	0.034	0.006	-0.001	-0.041	-0.015	0.000	0.020	0.007	-0.001	0.023	0.002
2L	-0.363	-0.078	0.011	0.401	0.165	0.002	-0.182	-0.064	0.018	-0.171	-0.029
1,BIS SPRUNG					-0.168	-0.369		0.045	-0.108		
1,REST	-0.729	0.199	0.377	1.610	0.572	0.369	0.445	0.503	0.108	-0.629	0.950
2R	0.012	0.005	0.011	-0.016	0.001	-0.002	-0.011	-0.019	-0.018	0.019	-0.029
3R	-0.001	-0.000	-0.001	0.001	-0.000	-0.000	0.001	0.001	0.001	-0.001	0.002
SUMME(+)	0.047	0.211	0.400	2.012	0.737	0.371	0.465	0.556	0.126	0.042	0.955
SUMME(-)	-1.093	-0.079	-0.003	-0.057	-0.183	-0.371	-0.193	-0.083	-0.126	-0.801	-0.059
SUMME	-1.046	0.132	0.397	1.954	0.554	-0.000	0.273	0.473	0.000	-0.759	0.896
FAKTOR		a*a			a			a*a				

INFOLGE EINZELMOMENT Mt=1

IN	M(0)	M(0.2)	M(0.5)	Q(0)	Q(0.2)	Q(0.5)	T(0)	T(0.2)	T(0.5)	q(0)	q(0.5)
0.0*L2	-0.074	-0.008	0.004	0.107	0.031	-0.002	-0.055	-0.017	-0.001	-0.092	-0.003
0.1*L2	-0.107	-0.013	0.006	0.154	0.045	-0.003	-0.079	-0.025	-0.001	-0.130	-0.005
0.2*L2	-0.144	-0.017	0.008	0.208	0.060	-0.004	-0.107	-0.033	-0.001	-0.175	-0.007
0.3*L2	-0.184	-0.022	0.010	0.266	0.077	-0.005	-0.137	-0.043	-0.002	-0.227	-0.009
0.4*L2	-0.221	-0.024	0.012	0.326	0.092	-0.006	-0.169	-0.052	-0.003	-0.286	-0.010
0.5*L2	-0.253	-0.024	0.015	0.385	0.104	-0.008	-0.202	-0.062	-0.006	-0.354	-0.010
0.6*L2	-0.276	-0.020	0.018	0.442	0.111	-0.011	-0.237	-0.071	-0.010	-0.435	-0.009
0.7*L2	-0.289	-0.010	0.021	0.500	0.112	-0.015	-0.275	-0.081	-0.017	-0.539	-0.005
0.8*L2	-0.292	0.007	0.025	0.565	0.107	-0.021	-0.321	-0.091	-0.027	-0.679	0.000
0.9*L2	-0.291	0.032	0.031	0.650	0.096	-0.030	-0.382	-0.105	-0.042	-0.872	0.009
1.0*L2	-0.295	0.066	0.039	0.776	0.086	-0.041	-0.471	-0.126	-0.063	-1.143	0.021
0.0*L1	-0.295	0.066	0.039	0.776	0.086	-0.041	0.529	-0.126	-0.063	-1.143	0.021
0.1*L1	-0.339	0.132	0.061	0.907	0.093	-0.068	0.404	-0.190	-0.109	-0.794	0.043
0.2*L1	-0.379	0.173	0.099	0.872	0.207	-0.104	0.344	-0.324	-0.168	-0.615	0.055
								0.676			
0.3*L1	-0.388	0.140	0.156	0.766	0.313	-0.136	0.309	0.535	-0.240	-0.518	0.022
0.4*L1	-0.366	0.081	0.222	0.640	0.295	-0.128	0.277	0.450	-0.339	-0.453	-0.121
0.5*L1	-0.322	0.032	0.260	0.517	0.234	-0.000	0.241	0.383	-0.500	-0.391	-0.475
									0.500		
0.6*L1	-0.266	0.003	0.222	0.405	0.170	0.128	0.200	0.318	0.339	-0.326	-0.121
0.7*L1	-0.206	-0.010	0.156	0.304	0.117	0.136	0.156	0.250	0.240	-0.256	0.022
0.8*L1	-0.147	-0.012	0.099	0.214	0.077	0.104	0.113	0.181	0.168	-0.185	0.055
0.9*L1	-0.096	-0.009	0.061	0.139	0.049	0.068	0.074	0.119	0.109	-0.121	0.043
0.0*L2	-0.056	-0.004	0.039	0.081	0.030	0.041	0.043	0.068	0.063	-0.070	0.021
0.2*L2	-0.026	-0.000	0.025	0.038	0.016	0.021	0.019	0.030	0.027	-0.031	0.000
0.4*L2	-0.011	0.001	0.018	0.016	0.009	0.011	0.008	0.011	0.010	-0.012	-0.009
0.6*L2	-0.004	0.002	0.012	0.007	0.006	0.006	0.003	0.004	0.003	-0.004	-0.010
0.8*L2	-0.002	0.001	0.008	0.004	0.003	0.004	0.001	0.001	0.001	-0.002	-0.007
FAKTOR					1/a						1/(a*a)	

INFOLGE STRECKENMOMENT mt=1

IN FELD	M(0)	M(0.2)	M(0.5)	Q(0)	Q(0.2)	Q(0.5)	T(0)	T(0.2)	T(0.5)	q(0)	q(0.5)
3L	-0.035	-0.001	0.003	0.060	0.013	-0.002	-0.033	-0.010	-0.002	-0.065	-0.001
2L	-0.673	-0.020	0.050	1.178	0.259	-0.037	-0.650	-0.190	-0.042	-1.287	-0.011
1,BIS SPRUNG					0.111	-0.239		-0.201	-0.561		
1,REST	-1.344	0.282	0.689	2.608	0.696	0.239	1.196	1.298	0.561	-2.115	-0.184
2R	-0.041	0.001	0.050	0.061	0.029	0.037	0.030	0.046	0.042	-0.048	-0.011
3R	-0.002	0.000	0.003	0.003	0.001	0.002	0.001	0.002	0.002	-0.002	-0.001
SUMME(+)	0.000	0.284	0.795	3.911	1.110	0.278	1.227	1.346	0.605	0.000	0.000
SUMME(-)	-2.095	-0.021	0.000	0.000	0.000	-0.278	-0.683	-0.401	-0.605	-3.517	-0.208
SUMME	-2.095	0.262	0.795	3.911	1.110	0.000	0.544	0.945	0.000	-3.517	-0.208
FAKTOR		a			a			a			1/a	

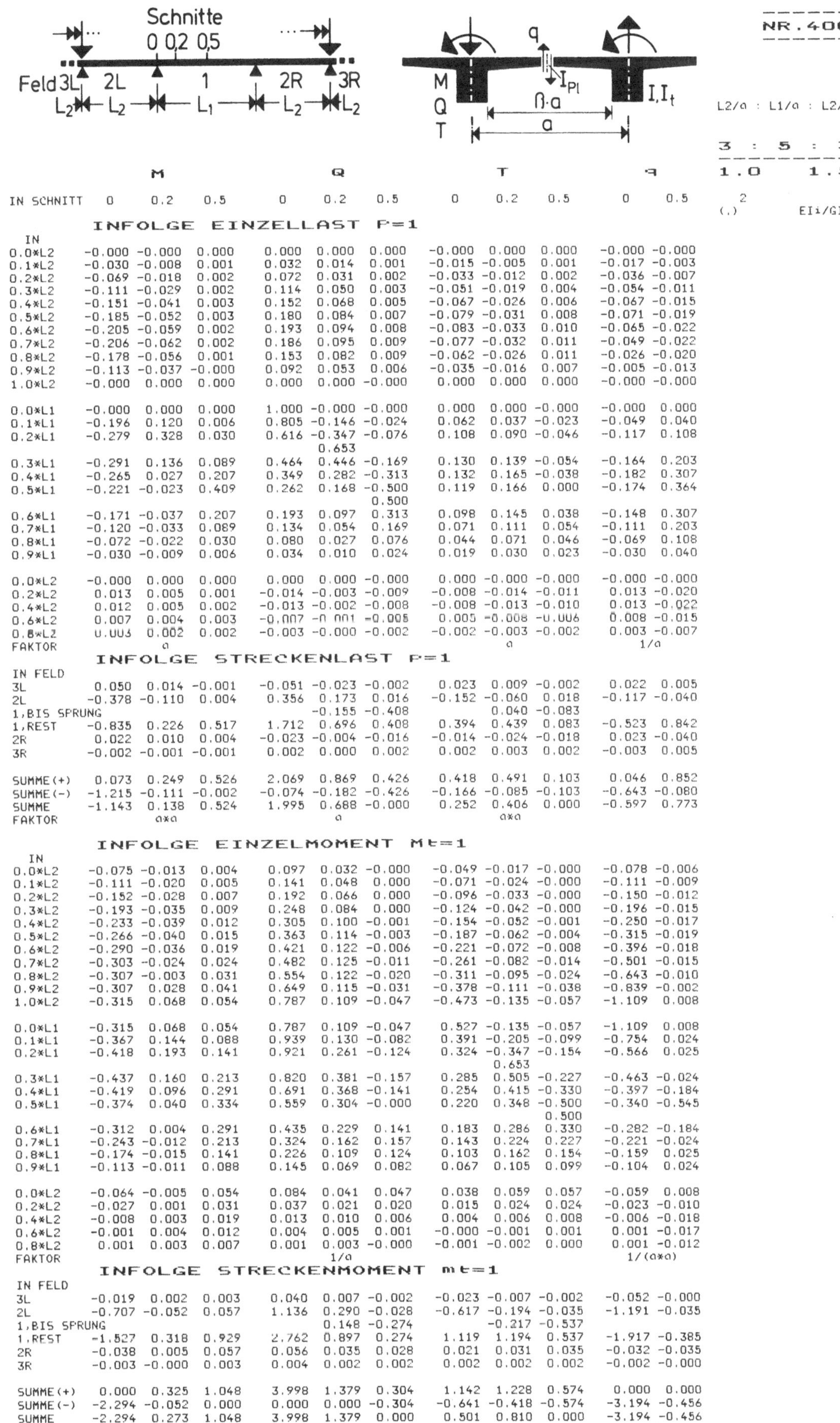

IN SCHNITT	M 0	M 0.2	M 0.5	Q 0	Q 0.2	Q 0.5	T 0	T 0.2	T 0.5	q 0	q 0.5
INFOLGE EINZELLAST P=1											
IN											
0.0*L2	-0.000	-0.000	0.000	0.000	0.000	0.000	-0.000	0.000	0.000	-0.000	-0.000
0.1*L2	-0.030	-0.008	0.001	0.032	0.014	0.001	-0.015	-0.005	0.001	-0.017	-0.003
0.2*L2	-0.069	-0.018	0.002	0.072	0.031	0.002	-0.033	-0.012	0.002	-0.036	-0.007
0.3*L2	-0.111	-0.029	0.002	0.114	0.050	0.003	-0.051	-0.019	0.004	-0.054	-0.011
0.4*L2	-0.151	-0.041	0.003	0.152	0.068	0.005	-0.067	-0.026	0.006	-0.067	-0.015
0.5*L2	-0.185	-0.052	0.003	0.180	0.084	0.007	-0.079	-0.031	0.008	-0.071	-0.019
0.6*L2	-0.205	-0.059	0.002	0.193	0.094	0.008	-0.083	-0.033	0.010	-0.065	-0.022
0.7*L2	-0.206	-0.062	0.002	0.186	0.095	0.009	-0.077	-0.032	0.011	-0.049	-0.022
0.8*L2	-0.178	-0.056	0.001	0.153	0.082	0.009	-0.062	-0.026	0.011	-0.026	-0.020
0.9*L2	-0.113	-0.037	-0.000	0.092	0.053	0.006	-0.035	-0.016	0.007	-0.005	-0.013
1.0*L2	-0.000	0.000	0.000	0.000	0.000	-0.000	0.000	0.000	1.000	-0.000	-0.000
0.0*L1	-0.000	0.000	0.000	1.000	-0.000	-0.000	0.000	0.000	-0.000	-0.000	0.000
0.1*L1	-0.196	0.120	0.006	0.805	-0.146	-0.024	0.062	0.037	-0.023	-0.049	0.040
0.2*L1	-0.279	0.328	0.030	0.616	-0.347	-0.076	0.108	0.090	-0.046	-0.117	0.108
				0.653							
0.3*L1	-0.291	0.136	0.089	0.464	0.446	-0.169	0.130	0.139	-0.054	-0.164	0.203
0.4*L1	-0.265	0.027	0.207	0.349	0.282	-0.313	0.132	0.165	-0.038	-0.182	0.307
0.5*L1	-0.221	-0.023	0.409	0.262	0.168	-0.500	0.119	0.166	0.000	-0.174	0.364
						0.500					
0.6*L1	-0.171	-0.037	0.207	0.193	0.097	0.313	0.098	0.145	0.038	-0.148	0.307
0.7*L1	-0.120	-0.033	0.089	0.134	0.054	0.169	0.071	0.111	0.054	-0.111	0.203
0.8*L1	-0.072	-0.022	0.030	0.080	0.027	0.076	0.044	0.071	0.046	-0.069	0.108
0.9*L1	-0.030	-0.009	0.006	0.034	0.010	0.024	0.019	0.030	0.023	-0.030	0.040
0.0*L2	-0.000	0.000	0.000	0.000	0.000	-0.000	0.000	-0.000	-0.000	-0.000	-0.000
0.2*L2	0.013	0.005	0.001	-0.014	-0.003	-0.009	-0.008	-0.014	-0.011	0.013	-0.020
0.4*L2	0.012	0.005	0.002	-0.013	-0.002	-0.008	-0.008	-0.013	-0.010	0.013	-0.022
0.6*L2	0.007	0.004	0.003	-0.007	-0.001	-0.005	0.005	-0.008	-0.006	0.008	-0.015
0.8*L2	0.003	0.002	0.002	-0.003	-0.000	-0.002	-0.002	-0.003	-0.002	0.003	-0.007
FAKTOR	a						a			1/a	
INFOLGE STRECKENLAST P=1											
IN FELD											
3L	0.050	0.014	-0.001	-0.051	-0.023	-0.002	0.023	0.009	-0.002	0.022	0.005
2L	-0.378	-0.110	0.004	0.356	0.173	0.016	-0.152	-0.060	0.018	-0.117	-0.040
1,BIS SPRUNG					-0.155	-0.408		0.040	-0.083		
1,REST	-0.835	0.226	0.517	1.712	0.696	0.408	0.394	0.439	0.083	-0.523	0.842
2R	0.022	0.010	0.004	-0.023	-0.004	-0.016	-0.014	-0.024	-0.018	0.023	-0.040
3R	-0.002	-0.001	-0.001	0.002	0.000	0.002	0.002	0.003	0.002	-0.003	0.005
SUMME(+)	0.073	0.249	0.526	2.069	0.869	0.426	0.418	0.491	0.103	0.046	0.852
SUMME(-)	-1.215	-0.111	-0.002	-0.074	-0.182	-0.426	-0.166	-0.085	-0.103	-0.643	-0.080
SUMME	-1.143	0.138	0.524	1.995	0.688	-0.000	0.252	0.406	0.000	-0.597	0.773
FAKTOR	a*a			a			a*a				
INFOLGE EINZELMOMENT Mt=1											
IN											
0.0*L2	-0.075	-0.013	0.004	0.097	0.032	-0.000	-0.049	-0.017	-0.000	-0.078	-0.006
0.1*L2	-0.111	-0.020	0.005	0.141	0.048	0.000	-0.071	-0.024	-0.000	-0.111	-0.009
0.2*L2	-0.152	-0.028	0.007	0.192	0.066	0.000	-0.096	-0.033	-0.000	-0.150	-0.012
0.3*L2	-0.193	-0.035	0.009	0.248	0.084	0.000	-0.124	-0.042	-0.000	-0.196	-0.015
0.4*L2	-0.233	-0.039	0.012	0.305	0.100	-0.001	-0.154	-0.052	-0.001	-0.250	-0.017
0.5*L2	-0.266	-0.040	0.015	0.363	0.114	-0.003	-0.187	-0.062	-0.004	-0.315	-0.019
0.6*L2	-0.290	-0.036	0.019	0.421	0.122	-0.006	-0.221	-0.072	-0.008	-0.396	-0.018
0.7*L2	-0.303	-0.024	0.024	0.482	0.125	-0.011	-0.261	-0.082	-0.014	-0.501	-0.015
0.8*L2	-0.307	-0.003	0.031	0.554	0.122	-0.020	-0.311	-0.095	-0.024	-0.643	-0.010
0.9*L2	-0.307	0.028	0.041	0.649	0.115	-0.031	-0.378	-0.111	-0.038	-0.839	-0.002
1.0*L2	-0.315	0.068	0.054	0.787	0.109	-0.047	-0.473	-0.135	-0.057	-1.109	0.008
0.0*L1	-0.315	0.068	0.054	0.787	0.109	-0.047	0.527	-0.135	-0.057	-1.109	0.008
0.1*L1	-0.367	0.144	0.088	0.939	0.130	-0.082	0.391	-0.205	-0.099	-0.754	0.024
0.2*L1	-0.418	0.193	0.141	0.921	0.261	-0.124	0.324	-0.347	-0.154	-0.566	0.025
							0.653				
0.3*L1	-0.437	0.160	0.213	0.820	0.381	-0.157	0.285	0.505	-0.227	-0.463	-0.024
0.4*L1	-0.419	0.096	0.291	0.691	0.368	-0.141	0.254	0.415	-0.330	-0.397	-0.184
0.5*L1	-0.374	0.040	0.334	0.559	0.304	-0.000	0.220	0.348	-0.500	-0.340	-0.545
									0.500		
0.6*L1	-0.312	0.004	0.291	0.435	0.229	0.141	0.183	0.286	0.330	-0.282	-0.184
0.7*L1	-0.243	-0.012	0.213	0.324	0.162	0.157	0.143	0.224	0.227	-0.221	-0.024
0.8*L1	-0.174	-0.015	0.141	0.226	0.109	0.124	0.103	0.162	0.154	-0.159	0.025
0.9*L1	-0.113	-0.011	0.088	0.145	0.069	0.082	0.067	0.105	0.099	-0.104	0.024
0.0*L2	-0.064	-0.005	0.054	0.084	0.041	0.047	0.038	0.059	0.057	-0.059	0.008
0.2*L2	-0.027	0.001	0.031	0.037	0.021	0.020	0.015	0.024	0.024	-0.023	-0.010
0.4*L2	-0.008	0.003	0.019	0.013	0.010	0.006	0.004	0.006	0.008	-0.006	-0.018
0.6*L2	-0.001	0.004	0.012	0.004	0.005	0.001	-0.000	-0.001	0.001	0.001	-0.017
0.8*L2	0.001	0.003	0.007	0.001	0.003	-0.000	-0.001	-0.002	0.000	0.001	-0.012
FAKTOR				1/a						1/(a*a)	
INFOLGE STRECKENMOMENT mt=1											
IN FELD											
3L	-0.019	0.002	0.003	0.040	0.007	-0.002	-0.023	-0.007	-0.002	-0.052	-0.000
2L	-0.707	-0.052	0.057	1.136	0.290	-0.028	-0.617	-0.194	-0.035	-1.191	-0.035
1,BIS SPRUNG					0.148	-0.274		-0.217	-0.537		
1,REST	-1.527	0.318	0.929	2.762	0.897	0.274	1.119	1.194	0.537	-1.917	-0.385
2R	-0.038	0.005	0.057	0.056	0.035	0.028	0.021	0.031	0.035	-0.032	-0.035
3R	-0.003	-0.000	0.003	0.004	0.002	0.002	0.002	0.002	0.002	-0.002	-0.000
SUMME(+)	0.000	0.325	1.048	3.998	1.379	0.304	1.142	1.228	0.574	0.000	0.000
SUMME(-)	-2.294	-0.052	0.000	0.000	0.000	-0.304	-0.641	-0.418	-0.574	-3.194	-0.456
SUMME	-2.294	0.273	1.048	3.998	1.379	0.000	0.501	0.810	0.000	-3.194	-0.456
FAKTOR	a						a			1/a	

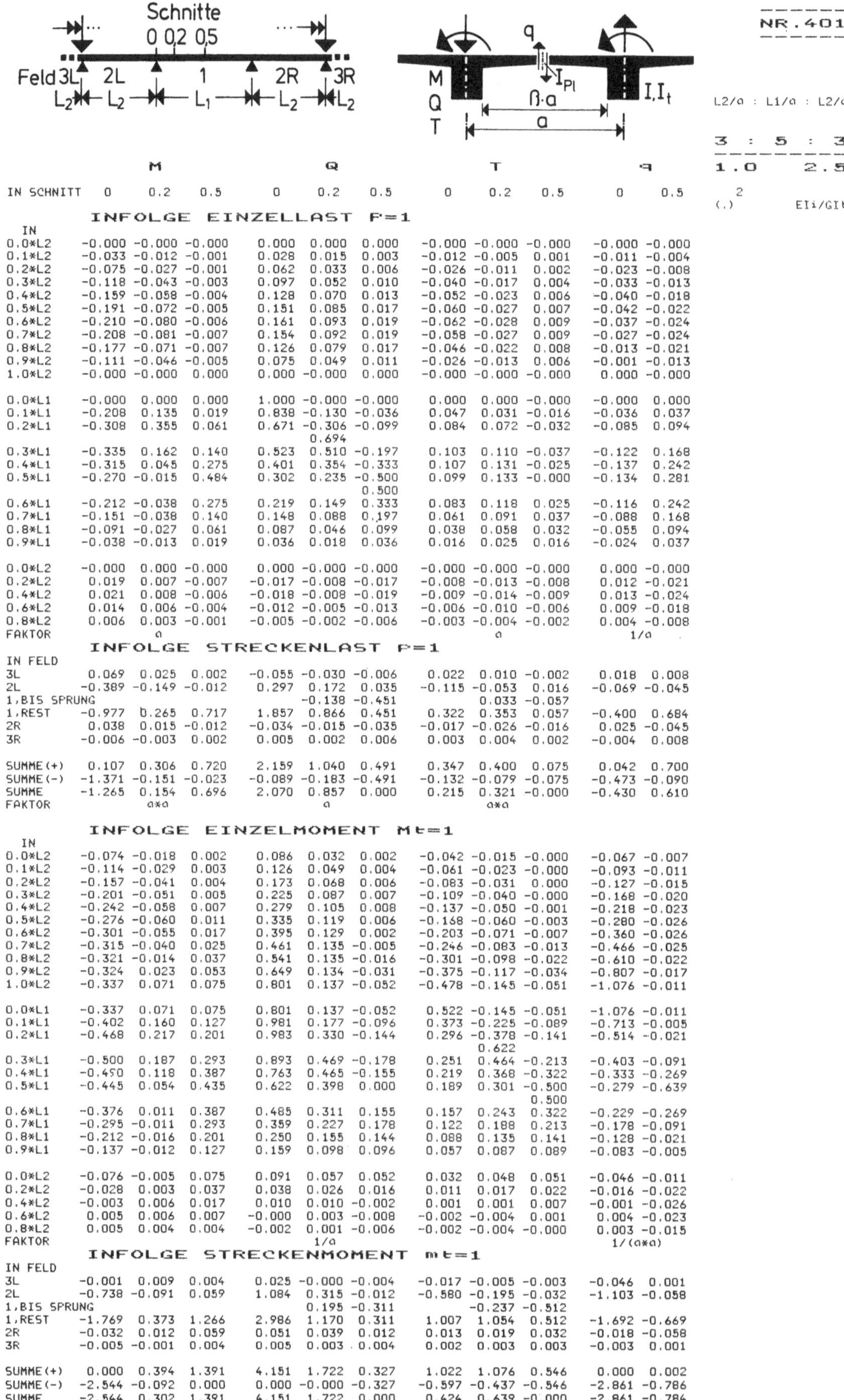

		M			Q			T		q	
IN SCHNITT	0	0.2	0.5	0	0.2	0.5	0	0.2	0.5	0	0.5

INFOLGE EINZELLAST P=1

IN

	M 0	M 0.2	M 0.5	Q 0	Q 0.2	Q 0.5	T 0	T 0.2	T 0.5	q 0	q 0.5
0.0*L2	-0.000	-0.000	-0.000	0.000	0.000	0.000	-0.000	-0.000	-0.000	-0.000	-0.000
0.1*L2	-0.033	-0.012	-0.001	0.028	0.015	0.003	-0.012	-0.005	0.001	-0.011	-0.004
0.2*L2	-0.075	-0.027	-0.001	0.062	0.033	0.006	-0.026	-0.011	0.002	-0.023	-0.008
0.3*L2	-0.118	-0.043	-0.003	0.097	0.052	0.010	-0.040	-0.017	0.004	-0.033	-0.013
0.4*L2	-0.159	-0.058	-0.004	0.128	0.070	0.013	-0.052	-0.023	0.006	-0.040	-0.018
0.5*L2	-0.191	-0.072	-0.005	0.151	0.085	0.017	-0.060	-0.027	0.007	-0.042	-0.022
0.6*L2	-0.210	-0.080	-0.006	0.161	0.093	0.019	-0.062	-0.028	0.009	-0.037	-0.024
0.7*L2	-0.208	-0.081	-0.007	0.154	0.092	0.019	-0.058	-0.027	0.009	-0.027	-0.024
0.8*L2	-0.177	-0.071	-0.007	0.126	0.079	0.017	-0.046	-0.022	0.008	-0.013	-0.021
0.9*L2	-0.111	-0.046	-0.005	0.075	0.049	0.011	-0.026	-0.013	0.006	-0.001	-0.013
1.0*L2	-0.000	-0.000	0.000	0.000	0.000	0.000	-0.000	-0.000	-0.000	0.000	0.000
0.0*L1	-0.000	0.000	0.000	1.000	-0.000	-0.000	0.000	0.000	-0.000	-0.000	0.000
0.1*L1	-0.208	0.135	0.019	0.838	-0.130	-0.036	0.047	0.031	-0.016	-0.036	0.037
0.2*L1	-0.308	0.355	0.061	0.671	-0.306	-0.099	0.084	0.072	-0.032	-0.085	0.094
				0.694							
0.3*L1	-0.335	0.162	0.140	0.523	0.510	-0.197	0.103	0.110	-0.037	-0.122	0.168
0.4*L1	-0.315	0.045	0.275	0.401	0.354	-0.333	0.107	0.131	-0.025	-0.137	0.242
0.5*L1	-0.270	-0.015	0.484	0.302	0.235	-0.500	0.099	0.133	-0.000	-0.134	0.281
						0.500					
0.6*L1	-0.212	-0.038	0.275	0.219	0.149	0.333	0.083	0.118	0.025	-0.116	0.242
0.7*L1	-0.151	-0.038	0.140	0.148	0.088	0.197	0.061	0.091	0.037	-0.088	0.168
0.8*L1	-0.091	-0.027	0.061	0.087	0.046	0.099	0.038	0.058	0.032	-0.055	0.094
0.9*L1	-0.038	-0.013	0.019	0.036	0.018	0.036	0.016	0.025	0.016	-0.024	0.037
0.0*L2	-0.000	0.000	-0.000	0.000	-0.000	-0.000	-0.000	-0.000	-0.000	0.000	-0.000
0.2*L2	0.019	0.007	-0.007	-0.017	-0.008	-0.017	-0.008	-0.013	-0.008	0.012	-0.021
0.4*L2	0.021	0.008	-0.006	-0.018	-0.008	-0.019	-0.009	-0.014	-0.009	0.013	-0.024
0.6*L2	0.014	0.006	-0.004	-0.012	-0.005	-0.013	-0.006	-0.010	-0.006	0.009	-0.018
0.8*L2	0.006	0.003	-0.001	-0.005	-0.002	-0.006	-0.003	-0.004	-0.002	0.004	-0.008
FAKTOR	a						a			1/a	

INFOLGE STRECKENLAST P=1

IN FELD

	M 0	M 0.2	M 0.5	Q 0	Q 0.2	Q 0.5	T 0	T 0.2	T 0.5	q 0	q 0.5
3L	0.069	0.025	0.002	-0.055	-0.030	-0.006	0.022	0.010	-0.002	0.018	0.008
2L	-0.389	-0.149	-0.012	0.297	0.172	0.035	-0.115	-0.053	0.016	-0.069	-0.045
1,BIS SPRUNG					-0.138	-0.451	0.033	-0.057			
1,REST	-0.977	0.265	0.717	1.857	0.866	0.451	0.322	0.353	0.057	-0.400	0.684
2R	0.038	0.015	-0.012	-0.034	-0.015	-0.035	-0.017	-0.026	-0.016	0.025	-0.045
3R	-0.006	-0.003	0.002	0.005	0.002	0.006	0.003	0.004	0.002	-0.004	0.008
SUMME(+)	0.107	0.306	0.720	2.159	1.040	0.491	0.347	0.400	0.075	0.042	0.700
SUMME(-)	-1.371	-0.151	-0.023	-0.089	-0.183	-0.491	-0.132	-0.079	-0.075	-0.473	-0.090
SUMME	-1.265	0.154	0.696	2.070	0.857	0.000	0.215	0.321	-0.000	-0.430	0.610
FAKTOR	a×a			a			a×a			1/a	

INFOLGE EINZELMOMENT Mt=1

IN

	M 0	M 0.2	M 0.5	Q 0	Q 0.2	Q 0.5	T 0	T 0.2	T 0.5	q 0	q 0.5
0.0*L2	-0.074	-0.018	0.002	0.086	0.032	0.002	-0.042	-0.015	-0.000	-0.067	-0.007
0.1*L2	-0.114	-0.029	0.003	0.126	0.049	0.004	-0.061	-0.023	-0.000	-0.093	-0.011
0.2*L2	-0.157	-0.041	0.004	0.173	0.068	0.006	-0.083	-0.031	0.000	-0.127	-0.015
0.3*L2	-0.201	-0.051	0.005	0.225	0.087	0.007	-0.109	-0.040	-0.000	-0.168	-0.020
0.4*L2	-0.242	-0.058	0.007	0.279	0.105	0.008	-0.137	-0.050	-0.001	-0.218	-0.023
0.5*L2	-0.276	-0.060	0.011	0.335	0.119	0.006	-0.168	-0.060	-0.003	-0.280	-0.026
0.6*L2	-0.301	-0.055	0.017	0.395	0.129	0.002	-0.203	-0.071	-0.007	-0.360	-0.026
0.7*L2	-0.315	-0.040	0.025	0.461	0.135	-0.005	-0.246	-0.083	-0.013	-0.466	-0.025
0.8*L2	-0.321	-0.014	0.037	0.541	0.135	-0.016	-0.301	-0.098	-0.022	-0.610	-0.022
0.9*L2	-0.324	0.023	0.053	0.649	0.134	-0.031	-0.375	-0.117	-0.034	-0.807	-0.017
1.0*L2	-0.337	0.071	0.075	0.801	0.137	-0.052	-0.478	-0.145	-0.051	-1.076	-0.011
0.0*L1	-0.337	0.071	0.075	0.801	0.137	-0.052	0.522	-0.145	-0.051	-1.076	-0.011
0.1*L1	-0.402	0.160	0.127	0.981	0.177	-0.096	0.373	-0.225	-0.089	-0.713	-0.005
0.2*L1	-0.468	0.217	0.201	0.983	0.330	-0.144	0.296	-0.378	-0.141	-0.514	-0.021
								0.622			
0.3*L1	-0.500	0.187	0.293	0.893	0.469	-0.178	0.251	0.464	-0.213	-0.403	-0.091
0.4*L1	-0.450	0.118	0.387	0.763	0.465	-0.155	0.219	0.368	-0.322	-0.333	-0.269
0.5*L1	-0.445	0.054	0.435	0.622	0.398	0.000	0.189	0.301	-0.500	-0.279	-0.639
									0.500		
0.6*L1	-0.376	0.011	0.387	0.485	0.311	0.155	0.157	0.243	0.322	-0.229	-0.269
0.7*L1	-0.295	-0.011	0.293	0.359	0.227	0.178	0.122	0.188	0.213	-0.178	-0.091
0.8*L1	-0.212	-0.016	0.201	0.250	0.155	0.144	0.088	0.135	0.141	-0.128	-0.021
0.9*L1	-0.137	-0.012	0.127	0.159	0.098	0.096	0.057	0.087	0.089	-0.083	-0.005
0.0*L2	-0.076	-0.005	0.075	0.091	0.057	0.052	0.032	0.048	0.051	-0.046	-0.011
0.2*L2	-0.028	0.003	0.037	0.038	0.026	0.016	0.011	0.017	0.022	-0.016	-0.022
0.4*L2	-0.003	0.006	0.017	0.010	0.010	-0.002	0.001	0.001	0.007	-0.001	-0.026
0.6*L2	0.005	0.006	0.007	-0.000	0.003	-0.008	-0.002	-0.004	0.001	0.004	-0.023
0.8*L2	0.005	0.004	0.004	-0.002	0.001	-0.006	-0.002	-0.004	-0.000	0.003	-0.015
FAKTOR				1/a						1/(a×a)	

INFOLGE STRECKENMOMENT mt=1

IN FELD

	M 0	M 0.2	M 0.5	Q 0	Q 0.2	Q 0.5	T 0	T 0.2	T 0.5	q 0	q 0.5
3L	-0.001	0.009	0.004	0.025	-0.000	-0.004	-0.017	-0.005	-0.003	-0.046	0.001
2L	-0.738	-0.091	0.059	1.084	0.315	-0.012	-0.580	-0.195	-0.032	-1.103	-0.058
1,BIS SPRUNG					0.195	-0.311	-0.237	-0.512			
1,REST	-1.769	0.373	1.266	2.986	1.170	0.311	1.007	1.054	0.512	-1.692	-0.669
2R	-0.032	0.012	0.059	0.051	0.039	0.012	0.013	0.019	0.032	-0.018	-0.058
3R	-0.005	-0.001	0.004	0.005	0.003	0.004	0.002	0.003	0.003	-0.003	0.001
SUMME(+)	0.000	0.394	1.391	4.151	1.722	0.327	1.022	1.076	0.546	0.000	0.002
SUMME(-)	-2.544	-0.092	0.000	0.000	-0.000	-0.327	-0.597	-0.437	-0.546	-2.861	-0.786
SUMME	-2.544	0.302	1.391	4.151	1.722	0.000	0.424	0.639	-0.000	-2.861	-0.784
FAKTOR	a						a			1/a	

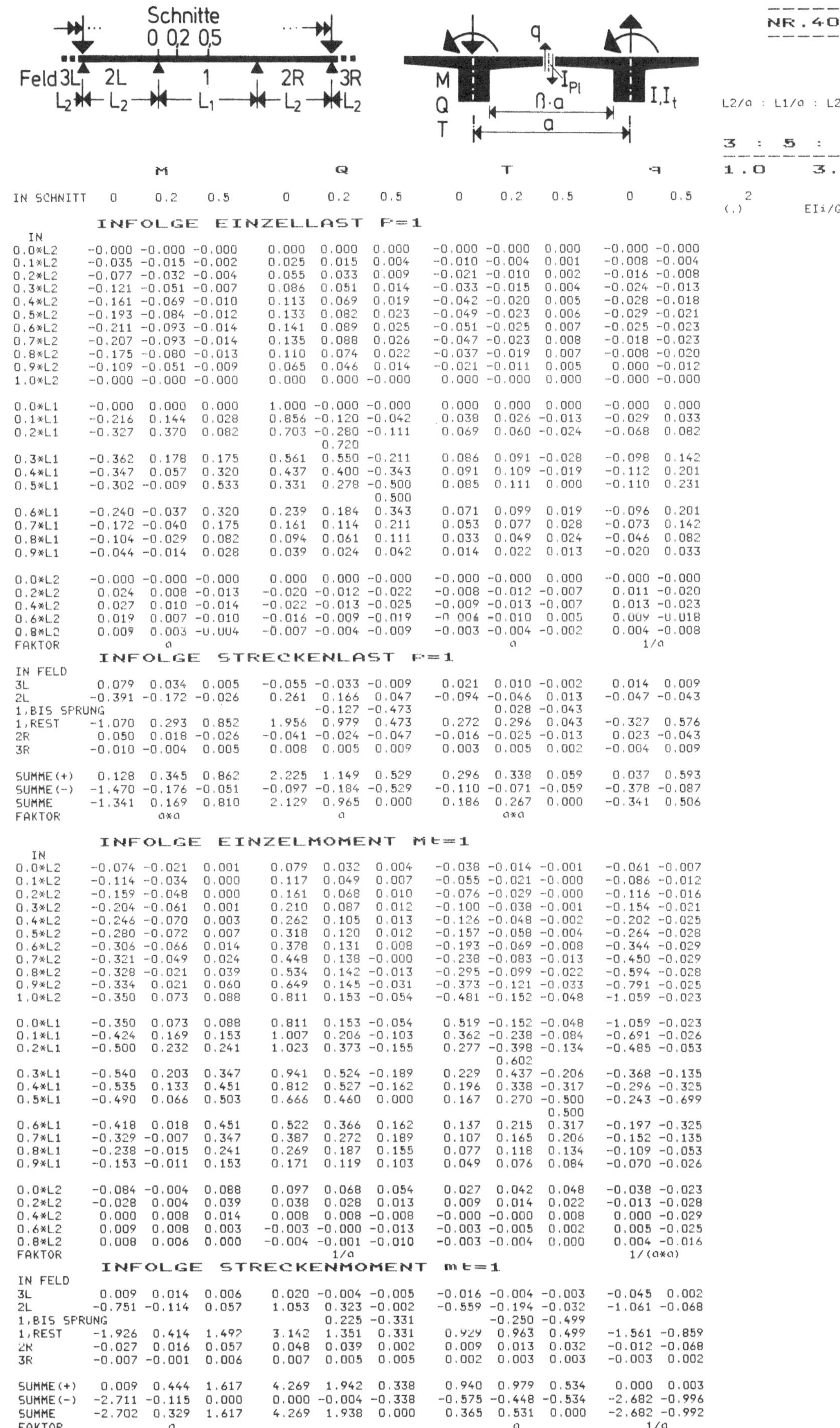

	M			Q			T			q	
IN SCHNITT	0	0.2	0.5	0	0.2	0.5	0	0.2	0.5	0	0.5

INFOLGE EINZELLAST P=1

IN

	M			Q			T			q	
0.0*L2	-0.000	-0.000	-0.000	0.000	0.000	0.000	-0.000	-0.000	0.000	-0.000	-0.000
0.1*L2	-0.035	-0.015	-0.002	0.025	0.015	0.004	-0.010	-0.004	0.001	-0.008	-0.004
0.2*L2	-0.077	-0.032	-0.004	0.055	0.033	0.009	-0.021	-0.010	0.002	-0.016	-0.008
0.3*L2	-0.121	-0.051	-0.007	0.086	0.051	0.014	-0.033	-0.015	0.004	-0.024	-0.013
0.4*L2	-0.161	-0.069	-0.010	0.113	0.069	0.019	-0.042	-0.020	0.005	-0.028	-0.018
0.5*L2	-0.193	-0.084	-0.012	0.133	0.082	0.023	-0.049	-0.023	0.006	-0.029	-0.021
0.6*L2	-0.211	-0.093	-0.014	0.141	0.089	0.025	-0.051	-0.025	0.007	-0.025	-0.023
0.7*L2	-0.207	-0.093	-0.014	0.135	0.088	0.026	-0.047	-0.023	0.008	-0.018	-0.023
0.8*L2	-0.175	-0.080	-0.013	0.110	0.074	0.022	-0.037	-0.019	0.007	-0.008	-0.020
0.9*L2	-0.109	-0.051	-0.009	0.065	0.046	0.014	-0.021	-0.011	0.005	0.000	-0.012
1.0*L2	-0.000	-0.000	-0.000	0.000	0.000	-0.000	0.000	-0.000	0.000	0.000	-0.000
0.0*L1	-0.000	0.000	0.000	1.000	-0.000	-0.000	0.000	0.000	0.000	-0.000	0.000
0.1*L1	-0.216	0.144	0.028	0.856	-0.120	-0.042	0.038	0.026	-0.013	-0.029	0.033
0.2*L1	-0.327	0.370	0.082	0.703	-0.280	-0.111	0.069	0.060	-0.024	-0.068	0.082
					0.720						
0.3*L1	-0.362	0.178	0.175	0.561	0.550	-0.211	0.086	0.091	-0.028	-0.098	0.142
0.4*L1	-0.347	0.057	0.320	0.437	0.400	-0.343	0.091	0.109	-0.019	-0.112	0.201
0.5*L1	-0.302	-0.009	0.533	0.331	0.278	-0.500	0.085	0.111	0.000	-0.110	0.231
						0.500					
0.6*L1	-0.240	-0.037	0.320	0.239	0.184	0.343	0.071	0.099	0.019	-0.096	0.201
0.7*L1	-0.172	-0.040	0.175	0.161	0.114	0.211	0.053	0.077	0.028	-0.073	0.142
0.8*L1	-0.104	-0.029	0.082	0.094	0.061	0.111	0.033	0.049	0.024	-0.046	0.082
0.9*L1	-0.044	-0.014	0.028	0.039	0.024	0.042	0.014	0.022	0.013	-0.020	0.033
0.0*L2	-0.000	-0.000	-0.000	0.000	0.000	-0.000	-0.000	-0.000	0.000	-0.000	-0.000
0.2*L2	0.024	0.008	-0.013	-0.020	-0.012	-0.022	-0.008	-0.012	-0.007	0.011	-0.020
0.4*L2	0.027	0.010	-0.014	-0.022	-0.013	-0.025	-0.009	-0.013	-0.007	0.013	-0.023
0.6*L2	0.019	0.007	-0.010	-0.016	-0.009	-0.019	-0.006	-0.010	0.005	0.009	-0.018
0.8*L2	0.009	0.003	-0.004	-0.007	-0.004	-0.009	-0.003	-0.004	-0.002	0.004	-0.008
FAKTOR	a						a			1/a	

INFOLGE STRECKENLAST P=1

IN FELD

	M			Q			T			q	
3L	0.079	0.034	0.005	-0.055	-0.033	-0.009	0.021	0.010	-0.002	0.014	0.009
2L	-0.391	-0.172	-0.026	0.261	0.166	0.047	-0.094	-0.046	0.013	-0.047	-0.043
1,BIS SPRUNG					-0.127	-0.473		0.028	-0.043		
1,REST	-1.070	0.293	0.852	1.956	0.979	0.473	0.272	0.296	0.043	-0.327	0.576
2R	0.050	0.018	-0.026	-0.041	-0.024	-0.047	-0.016	-0.025	-0.013	0.023	-0.043
3R	-0.010	-0.004	0.005	0.008	0.005	0.009	0.003	0.005	0.002	-0.004	0.009
SUMME(+)	0.128	0.345	0.862	2.225	1.149	0.529	0.296	0.338	0.059	0.037	0.593
SUMME(-)	-1.470	-0.176	-0.051	-0.097	-0.184	-0.529	-0.110	-0.071	-0.059	-0.378	-0.087
SUMME	-1.341	0.169	0.810	2.129	0.965	0.000	0.186	0.267	0.000	-0.341	0.506
FAKTOR	a*a			a			a*a				

INFOLGE EINZELMOMENT Mt=1

IN

	M			Q			T			q	
0.0*L2	-0.074	-0.021	0.001	0.079	0.032	0.004	-0.038	-0.014	-0.001	-0.061	-0.007
0.1*L2	-0.114	-0.034	0.000	0.117	0.049	0.007	-0.055	-0.021	-0.000	-0.086	-0.012
0.2*L2	-0.159	-0.048	0.000	0.161	0.068	0.010	-0.076	-0.029	-0.000	-0.116	-0.016
0.3*L2	-0.204	-0.061	0.001	0.210	0.087	0.012	-0.100	-0.038	-0.001	-0.154	-0.021
0.4*L2	-0.246	-0.070	0.003	0.262	0.105	0.013	-0.126	-0.048	-0.002	-0.202	-0.025
0.5*L2	-0.280	-0.072	0.007	0.318	0.120	0.012	-0.157	-0.058	-0.004	-0.264	-0.028
0.6*L2	-0.306	-0.066	0.014	0.378	0.131	0.008	-0.193	-0.069	-0.008	-0.344	-0.029
0.7*L2	-0.321	-0.049	0.024	0.448	0.138	-0.000	-0.238	-0.083	-0.013	-0.450	-0.029
0.8*L2	-0.328	-0.021	0.039	0.534	0.142	-0.013	-0.295	-0.099	-0.022	-0.594	-0.028
0.9*L2	-0.334	0.021	0.060	0.649	0.145	-0.031	-0.373	-0.121	-0.033	-0.791	-0.025
1.0*L2	-0.350	0.073	0.088	0.811	0.153	-0.054	-0.481	-0.152	-0.048	-1.059	-0.023
0.0*L1	-0.350	0.073	0.088	0.811	0.153	-0.054	0.519	-0.152	-0.048	-1.059	-0.023
0.1*L1	-0.424	0.169	0.153	1.007	0.206	-0.103	0.362	-0.238	-0.084	-0.691	-0.026
0.2*L1	-0.500	0.232	0.241	1.023	0.373	-0.155	0.277	-0.398	-0.134	-0.485	-0.053
								0.602			
0.3*L1	-0.540	0.203	0.347	0.941	0.524	-0.189	0.229	0.437	-0.206	-0.368	-0.135
0.4*L1	-0.535	0.133	0.451	0.812	0.527	-0.162	0.196	0.338	-0.317	-0.296	-0.325
0.5*L1	-0.490	0.066	0.503	0.666	0.460	0.000	0.167	0.270	-0.500	-0.243	-0.699
									0.500		
0.6*L1	-0.418	0.018	0.451	0.522	0.366	0.162	0.137	0.215	0.317	-0.197	-0.325
0.7*L1	-0.329	-0.007	0.347	0.387	0.272	0.189	0.107	0.165	0.206	-0.152	-0.135
0.8*L1	-0.238	-0.015	0.241	0.269	0.187	0.155	0.077	0.118	0.134	-0.109	-0.053
0.9*L1	-0.153	-0.011	0.153	0.171	0.119	0.103	0.049	0.076	0.084	-0.070	-0.026
0.0*L2	-0.084	-0.004	0.088	0.097	0.068	0.054	0.027	0.042	0.048	-0.038	-0.023
0.2*L2	-0.028	0.004	0.039	0.038	0.028	0.013	0.009	0.014	0.022	-0.013	-0.028
0.4*L2	0.000	0.008	0.014	0.008	0.008	-0.008	-0.000	-0.000	0.008	0.000	-0.029
0.6*L2	0.009	0.008	0.003	-0.003	-0.000	-0.013	-0.003	-0.005	0.002	0.005	-0.025
0.8*L2	0.008	0.006	0.000	-0.004	-0.001	-0.010	-0.003	-0.004	0.000	0.004	-0.016
FAKTOR				1/a						1/(a*a)	

INFOLGE STRECKENMOMENT mt=1

IN FELD

	M			Q			T			q	
3L	0.009	0.014	0.006	0.020	-0.004	-0.005	-0.016	-0.004	-0.003	-0.045	0.002
2L	-0.751	-0.114	0.057	1.053	0.323	-0.002	-0.559	-0.194	-0.032	-1.061	-0.068
1,BIS SPRUNG					0.225	-0.331		-0.250	-0.499		
1,REST	-1.926	0.414	1.492	3.142	1.351	0.331	0.929	0.963	0.499	-1.561	-0.859
2R	-0.027	0.016	0.057	0.048	0.039	0.002	0.009	0.013	0.032	-0.012	-0.068
3R	-0.007	-0.001	0.006	0.007	0.005	0.005	0.002	0.003	0.003	-0.003	0.002
SUMME(+)	0.009	0.444	1.617	4.269	1.942	0.338	0.940	0.979	0.534	0.000	0.003
SUMME(-)	-2.711	-0.115	0.000	0.000	-0.004	-0.338	-0.575	-0.448	-0.534	-2.682	-0.996
SUMME	-2.702	0.329	1.617	4.269	1.938	0.000	0.365	0.531	0.000	-2.682	-0.992
FAKTOR	a			a			a			1/a	

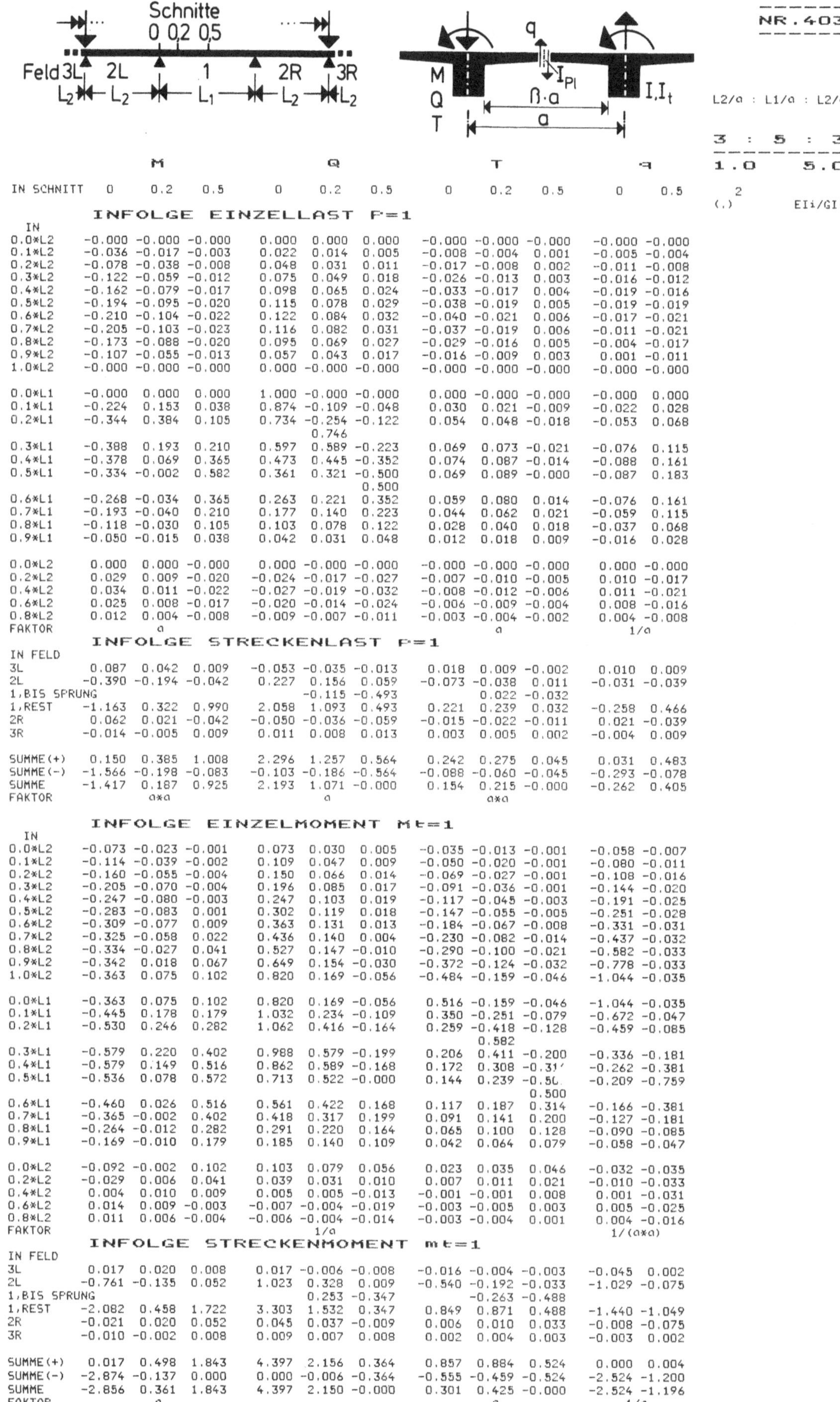

INFOLGE EINZELLAST P=1

IN	M 0	M 0.2	M 0.5	Q 0	Q 0.2	Q 0.5	T 0	T 0.2	T 0.5	q 0	q 0.5
0.0*L2	-0.000	-0.000	-0.000	0.000	0.000	0.000	-0.000	-0.000	-0.000	-0.000	-0.000
0.1*L2	-0.036	-0.017	-0.003	0.022	0.014	0.005	-0.008	-0.004	0.001	-0.005	-0.004
0.2*L2	-0.078	-0.038	-0.008	0.048	0.031	0.011	-0.017	-0.008	0.002	-0.011	-0.008
0.3*L2	-0.122	-0.059	-0.012	0.075	0.049	0.018	-0.026	-0.013	0.003	-0.016	-0.012
0.4*L2	-0.162	-0.079	-0.017	0.098	0.065	0.024	-0.033	-0.017	0.004	-0.019	-0.016
0.5*L2	-0.194	-0.095	-0.020	0.115	0.078	0.029	-0.038	-0.019	0.005	-0.019	-0.019
0.6*L2	-0.210	-0.104	-0.022	0.122	0.084	0.032	-0.040	-0.021	0.006	-0.017	-0.021
0.7*L2	-0.205	-0.103	-0.023	0.116	0.082	0.031	-0.037	-0.019	0.006	-0.011	-0.021
0.8*L2	-0.173	-0.088	-0.020	0.095	0.069	0.027	-0.029	-0.016	0.005	-0.004	-0.017
0.9*L2	-0.107	-0.055	-0.013	0.057	0.043	0.017	-0.016	-0.009	0.003	0.001	-0.011
1.0*L2	-0.000	-0.000	-0.000	0.000	-0.000	-0.000	-0.000	-0.000	-0.000	-0.000	-0.000
0.0*L1	-0.000	0.000	0.000	1.000	-0.000	-0.000	0.000	-0.000	-0.000	-0.000	0.000
0.1*L1	-0.224	0.153	0.038	0.874	-0.109	-0.048	0.030	0.021	-0.009	-0.022	0.028
0.2*L1	-0.344	0.384	0.105	0.734	-0.254	-0.122	0.054	0.048	-0.018	-0.053	0.068
(Sprung)				0.746							
0.3*L1	-0.388	0.193	0.210	0.597	0.589	-0.223	0.069	0.073	-0.021	-0.076	0.115
0.4*L1	-0.378	0.069	0.365	0.473	0.445	-0.352	0.074	0.087	-0.014	-0.088	0.161
0.5*L1	-0.334	-0.002	0.582	0.361	0.321	-0.500	0.069	0.089	-0.000	-0.087	0.183
(Sprung)						0.500					
0.6*L1	-0.268	-0.034	0.365	0.263	0.221	0.352	0.059	0.080	0.014	-0.076	0.161
0.7*L1	-0.193	-0.040	0.210	0.177	0.140	0.223	0.044	0.062	0.021	-0.059	0.115
0.8*L1	-0.118	-0.030	0.105	0.103	0.078	0.122	0.028	0.040	0.018	-0.037	0.068
0.9*L1	-0.050	-0.015	0.038	0.042	0.031	0.048	0.012	0.018	0.009	-0.016	0.028
0.0*L2	0.000	0.000	-0.000	0.000	-0.000	-0.000	-0.000	-0.000	-0.000	0.000	-0.000
0.2*L2	0.029	0.009	-0.020	-0.024	-0.017	-0.027	-0.007	-0.010	-0.005	0.010	-0.017
0.4*L2	0.034	0.011	-0.022	-0.027	-0.019	-0.032	-0.008	-0.012	-0.006	0.011	-0.021
0.6*L2	0.025	0.008	-0.017	-0.020	-0.014	-0.024	-0.006	-0.009	-0.004	0.008	-0.016
0.8*L2	0.012	0.004	-0.008	-0.009	-0.007	-0.011	-0.003	-0.004	-0.002	0.004	-0.008
FAKTOR	a						a			1/a	

INFOLGE STRECKENLAST P=1

IN FELD	M 0	M 0.2	M 0.5	Q 0	Q 0.2	Q 0.5	T 0	T 0.2	T 0.5	q 0	q 0.5
3L	0.087	0.042	0.009	-0.053	-0.035	-0.013	0.018	0.009	-0.002	0.010	0.009
2L	-0.390	-0.194	-0.042	0.227	0.156	0.059	-0.073	-0.038	0.011	-0.031	-0.039
1,BIS SPRUNG					-0.115	-0.493		0.022	-0.032		
1,REST	-1.163	0.322	0.990	2.058	1.093	0.493	0.221	0.239	0.032	-0.258	0.466
2R	0.062	0.021	-0.042	-0.050	-0.036	-0.059	-0.015	-0.022	-0.011	0.021	-0.039
3R	-0.014	-0.005	0.009	0.011	0.008	0.013	0.003	0.005	0.002	-0.004	0.009
SUMME(+)	0.150	0.385	1.008	2.296	1.257	0.564	0.242	0.275	0.045	0.031	0.483
SUMME(-)	-1.566	-0.198	-0.083	-0.103	-0.186	-0.564	-0.088	-0.060	-0.045	-0.293	-0.078
SUMME	-1.417	0.187	0.925	2.193	1.071	-0.000	0.154	0.215	-0.000	-0.262	0.405
FAKTOR	a*a						a			a*a	

INFOLGE EINZELMOMENT Mt=1

IN	M 0	M 0.2	M 0.5	Q 0	Q 0.2	Q 0.5	T 0	T 0.2	T 0.5	q 0	q 0.5
0.0*L2	-0.073	-0.023	-0.001	0.073	0.030	0.005	-0.035	-0.013	-0.001	-0.058	-0.007
0.1*L2	-0.114	-0.039	-0.002	0.109	0.047	0.009	-0.050	-0.020	-0.001	-0.080	-0.011
0.2*L2	-0.160	-0.055	-0.004	0.150	0.066	0.014	-0.069	-0.027	-0.001	-0.108	-0.016
0.3*L2	-0.205	-0.070	-0.004	0.196	0.085	0.017	-0.091	-0.036	-0.001	-0.144	-0.020
0.4*L2	-0.247	-0.080	-0.003	0.247	0.103	0.019	-0.117	-0.045	-0.003	-0.191	-0.025
0.5*L2	-0.283	-0.083	0.001	0.302	0.119	0.018	-0.147	-0.055	-0.005	-0.251	-0.028
0.6*L2	-0.309	-0.077	0.009	0.363	0.131	0.013	-0.184	-0.067	-0.008	-0.331	-0.031
0.7*L2	-0.325	-0.058	0.022	0.436	0.140	0.004	-0.230	-0.082	-0.014	-0.437	-0.032
0.8*L2	-0.334	-0.027	0.041	0.527	0.147	-0.010	-0.290	-0.100	-0.021	-0.582	-0.033
0.9*L2	-0.342	0.018	0.067	0.649	0.154	-0.030	-0.372	-0.124	-0.032	-0.778	-0.033
1.0*L2	-0.363	0.075	0.102	0.820	0.169	-0.056	-0.484	-0.159	-0.046	-1.044	-0.035
0.0*L1	-0.363	0.075	0.102	0.820	0.169	-0.056	0.516	-0.159	-0.046	-1.044	-0.035
0.1*L1	-0.445	0.178	0.179	1.032	0.234	-0.109	0.350	-0.251	-0.079	-0.672	-0.047
0.2*L1	-0.530	0.246	0.282	1.062	0.416	-0.164	0.259	-0.418	-0.128	-0.459	-0.085
(Sprung)							0.582				
0.3*L1	-0.579	0.220	0.402	0.988	0.579	-0.199	0.206	0.411	-0.200	-0.336	-0.181
0.4*L1	-0.579	0.149	0.516	0.862	0.589	-0.168	0.172	0.308	-0.31?	-0.262	-0.381
0.5*L1	-0.536	0.078	0.572	0.713	0.522	-0.000	0.144	0.239	-0.50.	-0.209	-0.759
(Sprung)									0.500		
0.6*L1	-0.460	0.026	0.516	0.561	0.422	0.168	0.117	0.187	0.314	-0.166	-0.381
0.7*L1	-0.365	-0.002	0.402	0.418	0.317	0.199	0.091	0.141	0.200	-0.127	-0.181
0.8*L1	-0.264	-0.012	0.282	0.291	0.220	0.164	0.065	0.100	0.128	-0.090	-0.085
0.9*L1	-0.169	-0.010	0.179	0.185	0.140	0.109	0.042	0.064	0.079	-0.058	-0.047
0.0*L2	-0.092	-0.002	0.102	0.103	0.079	0.056	0.023	0.035	0.046	-0.032	-0.035
0.2*L2	-0.029	0.006	0.041	0.039	0.031	0.010	0.007	0.011	0.021	-0.010	-0.033
0.4*L2	0.004	0.010	0.009	0.005	0.005	-0.013	-0.001	-0.001	0.008	0.001	-0.031
0.6*L2	0.014	0.009	-0.003	-0.007	-0.004	-0.019	-0.003	-0.005	0.003	0.005	-0.025
0.8*L2	0.011	0.006	-0.004	-0.006	-0.004	-0.014	-0.003	-0.004	0.001	0.004	-0.016
FAKTOR							1/a			1/(a*a)	

INFOLGE STRECKENMOMENT mt=1

IN FELD	M 0	M 0.2	M 0.5	Q 0	Q 0.2	Q 0.5	T 0	T 0.2	T 0.5	q 0	q 0.5
3L	0.017	0.020	0.008	0.017	-0.006	-0.008	-0.016	-0.004	-0.003	-0.045	0.002
2L	-0.761	-0.135	0.052	1.023	0.328	0.009	-0.540	-0.192	-0.033	-1.029	-0.075
1,BIS SPRUNG					0.253	-0.347		-0.263	-0.488		
1,REST	-2.082	0.458	1.722	3.303	1.532	0.347	0.849	0.871	0.488	-1.440	-1.049
2R	-0.021	0.020	0.052	0.045	0.037	-0.009	0.006	0.010	0.033	-0.008	-0.075
3R	-0.010	-0.002	0.008	0.009	0.007	0.008	0.002	0.004	0.003	-0.003	0.002
SUMME(+)	0.017	0.498	1.843	4.397	2.156	0.364	0.857	0.884	0.524	0.000	0.004
SUMME(-)	-2.874	-0.137	0.000	0.000	-0.006	-0.364	-0.555	-0.459	-0.524	-2.524	-1.200
SUMME	-2.856	0.361	1.843	4.397	2.150	-0.000	0.301	0.425	-0.000	-2.524	-1.196
FAKTOR	a						a			1/a	

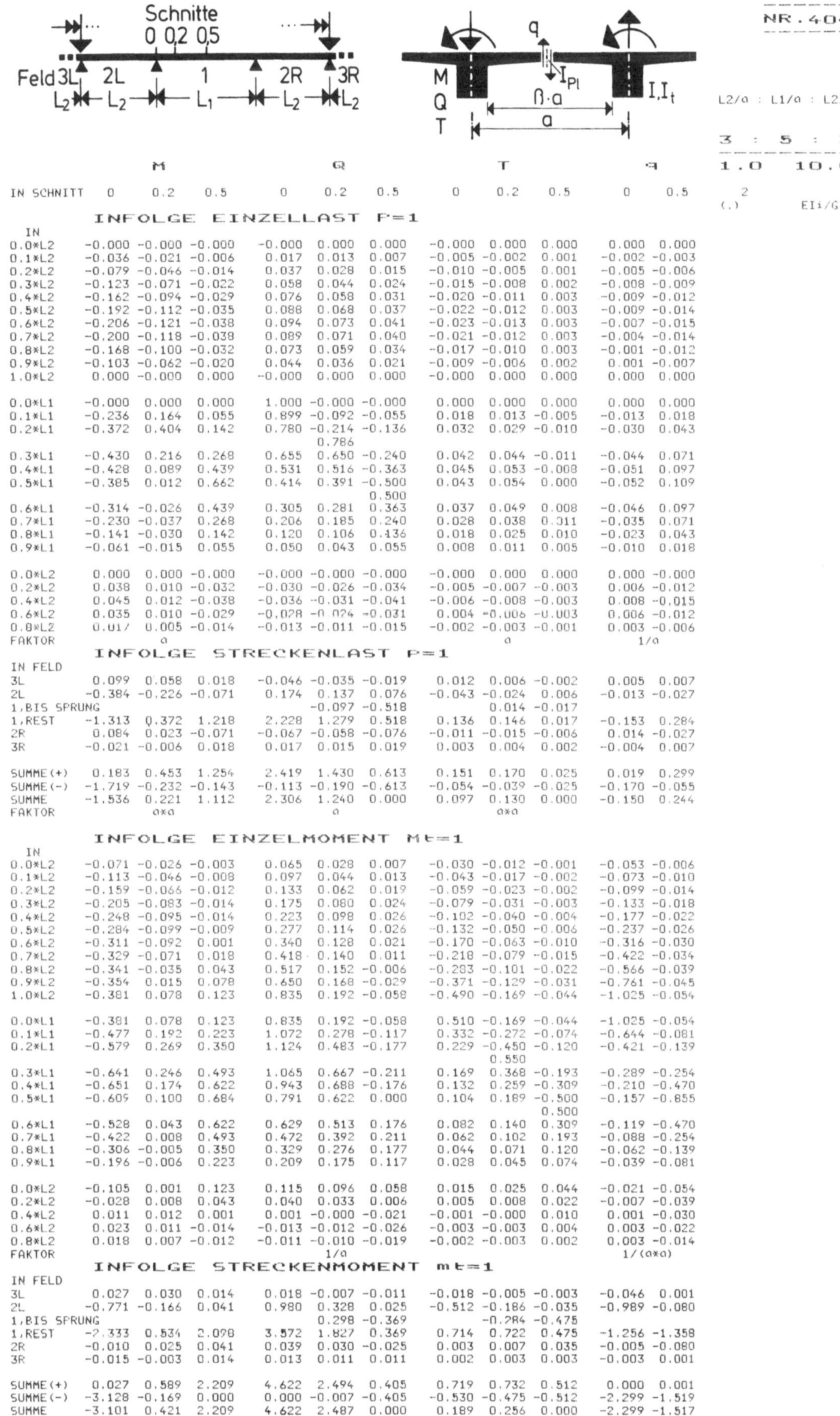

	M 0	M 0.2	M 0.5	Q 0	Q 0.2	Q 0.5	T 0	T 0.2	T 0.5	q 0	q 0.5

INFOLGE EINZELLAST P=1

IN

IN SCHNITT	M 0	M 0.2	M 0.5	Q 0	Q 0.2	Q 0.5	T 0	T 0.2	T 0.5	q 0	q 0.5
0.0*L2	-0.000	-0.000	-0.000	-0.000	0.000	0.000	-0.000	0.000	0.000	0.000	0.000
0.1*L2	-0.036	-0.021	-0.006	0.017	0.013	0.007	-0.005	-0.002	0.001	-0.002	-0.003
0.2*L2	-0.079	-0.046	-0.014	0.037	0.028	0.015	-0.010	-0.005	0.001	-0.005	-0.006
0.3*L2	-0.123	-0.071	-0.022	0.058	0.044	0.024	-0.015	-0.008	0.002	-0.008	-0.009
0.4*L2	-0.162	-0.094	-0.029	0.076	0.058	0.031	-0.020	-0.011	0.003	-0.009	-0.012
0.5*L2	-0.192	-0.112	-0.035	0.088	0.068	0.037	-0.022	-0.012	0.003	-0.009	-0.014
0.6*L2	-0.206	-0.121	-0.038	0.094	0.073	0.041	-0.023	-0.013	0.003	-0.007	-0.015
0.7*L2	-0.200	-0.118	-0.038	0.089	0.071	0.040	-0.021	-0.012	0.003	-0.004	-0.014
0.8*L2	-0.168	-0.100	-0.032	0.073	0.059	0.034	-0.017	-0.010	0.003	-0.001	-0.012
0.9*L2	-0.103	-0.062	-0.020	0.044	0.036	0.021	-0.009	-0.006	0.002	0.001	-0.007
1.0*L2	0.000	-0.000	0.000	-0.000	0.000	0.000	0.000	0.000	0.000	0.000	0.000
0.0*L1	-0.000	0.000	0.000	1.000	-0.000	-0.000	0.000	0.000	0.000	0.000	0.000
0.1*L1	-0.236	0.164	0.055	0.899	-0.092	-0.055	0.018	0.013	-0.005	-0.013	0.018
0.2*L1	-0.372	0.404	0.142	0.780	-0.214	-0.136	0.032	0.029	-0.010	-0.030	0.043
				0.786							
0.3*L1	-0.430	0.216	0.268	0.655	0.650	-0.240	0.042	0.044	-0.011	-0.044	0.071
0.4*L1	-0.428	0.089	0.439	0.531	0.516	-0.363	0.045	0.053	-0.008	-0.051	0.097
0.5*L1	-0.385	0.012	0.662	0.414	0.391	-0.500	0.043	0.054	0.000	-0.052	0.109
						0.500					
0.6*L1	-0.314	-0.026	0.439	0.305	0.281	0.363	0.037	0.049	0.008	-0.046	0.097
0.7*L1	-0.230	-0.037	0.268	0.206	0.185	0.240	0.028	0.038	0.011	-0.035	0.071
0.8*L1	-0.141	-0.030	0.142	0.120	0.106	0.136	0.018	0.025	0.010	-0.023	0.043
0.9*L1	-0.061	-0.015	0.055	0.050	0.043	0.055	0.008	0.011	0.005	-0.010	0.018
0.0*L2	0.000	0.000	-0.000	-0.000	-0.000	-0.000	-0.000	0.000	0.000	0.000	-0.000
0.2*L2	0.038	0.010	-0.032	-0.030	-0.026	-0.034	-0.005	-0.007	-0.003	0.006	-0.012
0.4*L2	0.045	0.012	-0.038	-0.036	-0.031	-0.041	-0.006	-0.008	-0.003	0.008	-0.015
0.6*L2	0.035	0.010	-0.029	-0.028	-0.024	-0.031	0.004	-0.006	-0.003	0.006	-0.012
0.8*L2	0.017	0.005	-0.014	-0.013	-0.011	-0.015	-0.002	-0.003	-0.001	0.003	-0.006
FAKTOR	a						a			1/a	

INFOLGE STRECKENLAST P=1

IN FELD

IN FELD	M 0	M 0.2	M 0.5	Q 0	Q 0.2	Q 0.5	T 0	T 0.2	T 0.5	q 0	q 0.5
3L	0.099	0.058	0.018	-0.046	-0.035	-0.019	0.012	0.006	-0.002	0.005	0.007
2L	-0.384	-0.226	-0.071	0.174	0.137	0.076	-0.043	-0.024	0.006	-0.013	-0.027
1,BIS SPRUNG					-0.097	-0.518		0.014	-0.017		
1,REST	-1.313	0.372	1.218	2.228	1.279	0.518	0.136	0.146	0.017	-0.153	0.284
2R	0.084	0.023	-0.071	-0.067	-0.058	-0.076	-0.011	-0.015	-0.006	0.014	-0.027
3R	-0.021	-0.006	0.018	0.017	0.015	0.019	0.003	0.004	0.002	-0.004	0.007
SUMME(+)	0.183	0.453	1.254	2.419	1.430	0.613	0.151	0.170	0.025	0.019	0.299
SUMME(-)	-1.719	-0.232	-0.143	-0.113	-0.190	-0.613	-0.054	-0.039	-0.025	-0.170	-0.055
SUMME	-1.536	0.221	1.112	2.306	1.240	0.000	0.097	0.130	0.000	-0.150	0.244
FAKTOR	a*a			a			a*a				

INFOLGE EINZELMOMENT Mt=1

IN

IN SCHNITT	M 0	M 0.2	M 0.5	Q 0	Q 0.2	Q 0.5	T 0	T 0.2	T 0.5	q 0	q 0.5
0.0*L2	-0.071	-0.026	-0.003	0.065	0.028	0.007	-0.030	-0.012	-0.001	-0.053	-0.006
0.1*L2	-0.113	-0.046	-0.008	0.097	0.044	0.013	-0.043	-0.017	-0.002	-0.073	-0.010
0.2*L2	-0.159	-0.066	-0.012	0.133	0.062	0.019	-0.059	-0.023	-0.002	-0.099	-0.014
0.3*L2	-0.205	-0.083	-0.014	0.175	0.080	0.024	-0.079	-0.031	-0.003	-0.133	-0.018
0.4*L2	-0.248	-0.095	-0.014	0.223	0.098	0.026	-0.102	-0.040	-0.004	-0.177	-0.022
0.5*L2	-0.284	-0.099	-0.009	0.277	0.114	0.026	-0.132	-0.050	-0.006	-0.237	-0.026
0.6*L2	-0.311	-0.092	0.001	0.340	0.128	0.021	-0.170	-0.063	-0.010	-0.316	-0.030
0.7*L2	-0.329	-0.071	0.018	0.418	0.140	0.011	-0.218	-0.079	-0.015	-0.422	-0.034
0.8*L2	-0.341	-0.035	0.043	0.517	0.152	-0.006	-0.283	-0.101	-0.022	-0.566	-0.039
0.9*L2	-0.354	0.015	0.078	0.650	0.168	-0.029	-0.371	-0.129	-0.031	-0.761	-0.045
1.0*L2	-0.381	0.078	0.123	0.835	0.192	-0.058	-0.490	-0.169	-0.044	-1.025	-0.054
0.0*L1	-0.381	0.078	0.123	0.835	0.192	-0.058	0.510	-0.169	-0.044	-1.025	-0.054
0.1*L1	-0.477	0.192	0.223	1.072	0.278	-0.117	0.332	-0.272	-0.074	-0.644	-0.081
0.2*L1	-0.579	0.269	0.350	1.124	0.483	-0.177	0.229	-0.450	-0.120	-0.421	-0.139
									0.550		
0.3*L1	-0.641	0.246	0.493	1.065	0.667	-0.211	0.169	0.368	-0.193	-0.289	-0.254
0.4*L1	-0.651	0.174	0.622	0.943	0.688	-0.176	0.132	0.259	-0.309	-0.210	-0.470
0.5*L1	-0.605	0.100	0.684	0.791	0.622	0.000	0.104	0.189	-0.500	-0.157	-0.855
									0.500		
0.6*L1	-0.528	0.043	0.622	0.629	0.513	0.176	0.082	0.140	0.309	-0.119	-0.470
0.7*L1	-0.422	0.008	0.493	0.472	0.392	0.211	0.062	0.102	0.193	-0.088	-0.254
0.8*L1	-0.306	-0.005	0.350	0.329	0.276	0.177	0.044	0.071	0.120	-0.062	-0.139
0.9*L1	-0.196	-0.006	0.223	0.209	0.175	0.117	0.028	0.045	0.074	-0.039	-0.081
0.0*L2	-0.105	0.001	0.123	0.115	0.096	0.058	0.015	0.025	0.044	-0.021	-0.054
0.2*L2	-0.028	0.008	0.043	0.040	0.033	0.006	0.005	0.008	0.022	-0.007	-0.039
0.4*L2	0.011	0.012	0.001	0.001	-0.000	-0.021	-0.001	-0.000	0.010	0.001	-0.030
0.6*L2	0.023	0.011	-0.014	-0.013	-0.012	-0.026	-0.003	-0.003	0.004	0.003	-0.022
0.8*L2	0.018	0.007	-0.012	-0.011	-0.010	-0.019	-0.002	-0.003	0.002	0.003	-0.014
FAKTOR				1/a						1/(a*a)	

INFOLGE STRECKENMOMENT mt=1

IN FELD

IN FELD	M 0	M 0.2	M 0.5	Q 0	Q 0.2	Q 0.5	T 0	T 0.2	T 0.5	q 0	q 0.5
3L	0.027	0.030	0.014	0.018	-0.007	-0.011	-0.018	-0.005	-0.003	-0.046	0.001
2L	-0.771	-0.166	0.041	0.980	0.328	0.025	-0.512	-0.186	-0.035	-0.989	-0.080
1,BIS SPRUNG					0.298	-0.369		-0.284	-0.475		
1,REST	-2.333	0.534	2.098	3.572	1.827	0.369	0.714	0.722	0.475	-1.256	-1.358
2R	-0.010	0.025	0.041	0.039	0.030	-0.025	0.003	0.007	0.035	-0.005	-0.080
3R	-0.015	-0.003	0.014	0.013	0.011	0.011	0.002	0.003	0.003	-0.003	0.001
SUMME(+)	0.027	0.589	2.209	4.622	2.494	0.405	0.719	0.732	0.512	0.000	0.001
SUMME(-)	-3.128	-0.169	0.000	0.000	-0.007	-0.405	-0.530	-0.475	-0.512	-2.299	-1.519
SUMME	-3.101	0.421	2.209	4.622	2.487	0.000	0.189	0.256	0.000	-2.299	-1.517
FAKTOR	a						a			1/a	

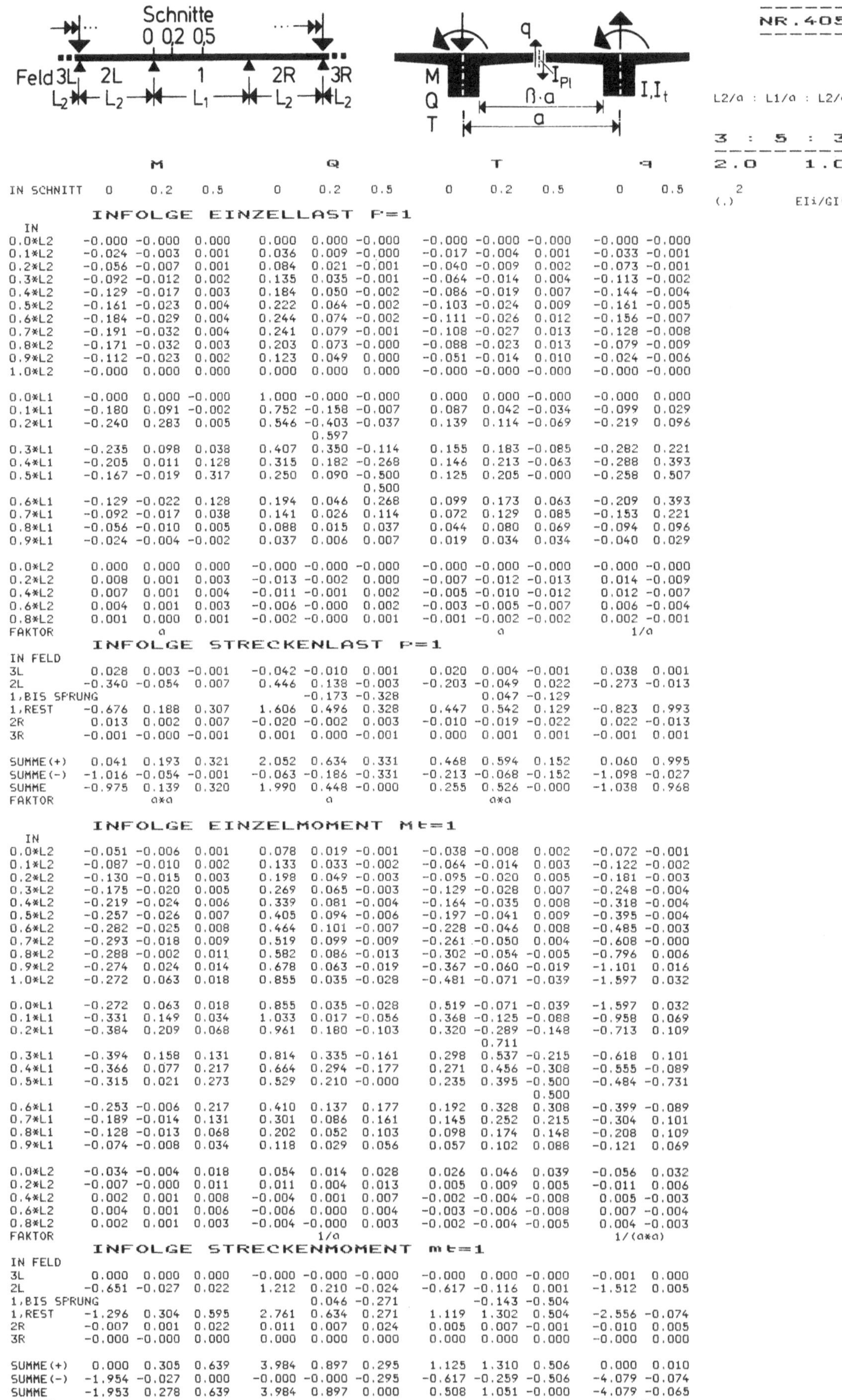

	M (0)	M (0.2)	M (0.5)	Q (0)	Q (0.2)	Q (0.5)	T (0)	T (0.2)	T (0.5)	q (0)	q (0.5)
IN SCHNITT	0	0.2	0.5	0	0.2	0.5	0	0.2	0.5	0	0.5

INFOLGE EINZELLAST P=1

IN

	M (0)	M (0.2)	M (0.5)	Q (0)	Q (0.2)	Q (0.5)	T (0)	T (0.2)	T (0.5)	q (0)	q (0.5)
0.0*L2	-0.000	-0.000	0.000	0.000	0.000	-0.000	-0.000	-0.000	-0.000	-0.000	-0.000
0.1*L2	-0.024	-0.003	0.001	0.036	0.009	-0.000	-0.017	-0.004	0.001	-0.033	-0.001
0.2*L2	-0.056	-0.007	0.001	0.084	0.021	-0.001	-0.040	-0.009	0.002	-0.073	-0.001
0.3*L2	-0.092	-0.012	0.002	0.135	0.035	-0.001	-0.064	-0.014	0.004	-0.113	-0.002
0.4*L2	-0.129	-0.017	0.003	0.184	0.050	-0.002	-0.086	-0.019	0.007	-0.144	-0.004
0.5*L2	-0.161	-0.023	0.004	0.222	0.064	-0.002	-0.103	-0.024	0.009	-0.161	-0.005
0.6*L2	-0.184	-0.029	0.004	0.244	0.074	-0.002	-0.111	-0.026	0.012	-0.156	-0.007
0.7*L2	-0.191	-0.032	0.004	0.241	0.079	-0.001	-0.108	-0.027	0.013	-0.128	-0.008
0.8*L2	-0.171	-0.032	0.003	0.203	0.073	-0.000	-0.088	-0.023	0.013	-0.079	-0.009
0.9*L2	-0.112	-0.023	0.002	0.123	0.049	0.000	-0.051	-0.014	0.010	-0.024	-0.006
1.0*L2	-0.000	0.000	0.000	0.000	0.000	0.000	-0.000	-0.000	-0.000	-0.000	-0.000
0.0*L1	-0.000	0.000	-0.000	1.000	-0.000	-0.000	0.000	0.000	-0.000	-0.000	0.000
0.1*L1	-0.180	0.091	-0.002	0.752	-0.158	-0.007	0.087	0.042	-0.034	-0.099	0.029
0.2*L1	-0.240	0.283	0.005	0.546	-0.403	-0.037	0.139	0.114	-0.069	-0.219	0.096
					0.597						
0.3*L1	-0.235	0.098	0.038	0.407	0.350	-0.114	0.155	0.183	-0.085	-0.282	0.221
0.4*L1	-0.205	0.011	0.128	0.315	0.182	-0.268	0.146	0.213	-0.063	-0.288	0.393
0.5*L1	-0.167	-0.019	0.317	0.250	0.090	-0.500	0.125	0.205	-0.000	-0.258	0.507
						0.500					
0.6*L1	-0.129	-0.022	0.128	0.194	0.046	0.268	0.099	0.173	0.063	-0.209	0.393
0.7*L1	-0.092	-0.017	0.038	0.141	0.026	0.114	0.072	0.129	0.085	-0.153	0.221
0.8*L1	-0.056	-0.010	0.005	0.088	0.015	0.037	0.044	0.080	0.069	-0.094	0.096
0.9*L1	-0.024	-0.004	-0.002	0.037	0.006	0.007	0.019	0.034	0.034	-0.040	0.029
0.0*L2	0.000	0.000	0.000	-0.000	-0.000	-0.000	-0.000	-0.000	-0.000	-0.000	-0.000
0.2*L2	0.008	0.001	0.003	-0.013	-0.002	0.000	-0.007	-0.012	-0.013	0.014	-0.009
0.4*L2	0.007	0.001	0.004	-0.011	-0.001	0.002	-0.005	-0.010	-0.012	0.012	-0.007
0.6*L2	0.004	0.001	0.003	-0.006	-0.000	0.002	-0.003	-0.005	-0.007	0.006	-0.004
0.8*L2	0.001	0.000	0.001	-0.002	-0.000	0.001	-0.001	-0.002	-0.002	0.002	-0.001
FAKTOR	a			a						1/a	

INFOLGE STRECKENLAST P=1

IN FELD

	M (0)	M (0.2)	M (0.5)	Q (0)	Q (0.2)	Q (0.5)	T (0)	T (0.2)	T (0.5)	q (0)	q (0.5)
3L	0.028	0.003	-0.001	-0.042	-0.010	0.001	0.020	0.004	-0.001	0.038	0.001
2L	-0.340	-0.054	0.007	0.446	0.138	-0.003	-0.203	-0.049	0.022	-0.273	-0.013
1,BIS SPRUNG				-0.173	-0.328		0.047	-0.129			
1,REST	-0.676	0.188	0.307	1.606	0.496	0.328	0.447	0.542	0.129	-0.823	0.993
2R	0.013	0.002	0.007	-0.020	-0.002	0.003	-0.010	-0.019	-0.022	0.022	-0.013
3R	-0.001	-0.000	-0.001	0.001	0.000	-0.001	0.000	0.001	0.001	-0.001	0.001
SUMME(+)	0.041	0.193	0.321	2.052	0.634	0.331	0.468	0.594	0.152	0.060	0.995
SUMME(-)	-1.016	-0.054	-0.001	-0.063	-0.186	-0.331	-0.213	-0.068	-0.152	-1.098	-0.027
SUMME	-0.975	0.139	0.320	1.990	0.448	-0.000	0.255	0.526	-0.000	-1.038	0.968
FAKTOR	a*a			a			a*a				

INFOLGE EINZELMOMENT Mt=1

IN

	M (0)	M (0.2)	M (0.5)	Q (0)	Q (0.2)	Q (0.5)	T (0)	T (0.2)	T (0.5)	q (0)	q (0.5)
0.0*L2	-0.051	-0.006	0.001	0.078	0.019	-0.001	-0.038	-0.008	0.002	-0.072	-0.001
0.1*L2	-0.087	-0.010	0.002	0.133	0.033	-0.002	-0.064	-0.014	0.003	-0.122	-0.002
0.2*L2	-0.130	-0.015	0.003	0.198	0.049	-0.003	-0.095	-0.020	0.005	-0.181	-0.003
0.3*L2	-0.175	-0.020	0.005	0.269	0.065	-0.003	-0.129	-0.028	0.007	-0.248	-0.004
0.4*L2	-0.219	-0.024	0.006	0.339	0.081	-0.004	-0.164	-0.035	0.008	-0.318	-0.004
0.5*L2	-0.257	-0.026	0.007	0.405	0.094	-0.006	-0.197	-0.041	0.009	-0.395	-0.004
0.6*L2	-0.282	-0.025	0.008	0.464	0.101	-0.007	-0.228	-0.046	0.008	-0.485	-0.003
0.7*L2	-0.293	-0.018	0.009	0.519	0.099	-0.009	-0.261	-0.050	0.004	-0.608	-0.000
0.8*L2	-0.288	-0.002	0.011	0.582	0.086	-0.013	-0.302	-0.054	-0.005	-0.796	0.006
0.9*L2	-0.274	0.024	0.014	0.678	0.063	-0.019	-0.367	-0.060	-0.019	-1.101	0.016
1.0*L2	-0.272	0.063	0.018	0.855	0.035	-0.028	-0.481	-0.071	-0.039	-1.597	0.032
0.0*L1	-0.272	0.063	0.018	0.855	0.035	-0.028	0.519	-0.071	-0.039	-1.597	0.032
0.1*L1	-0.331	0.149	0.034	1.033	0.017	-0.056	0.368	-0.125	-0.088	-0.958	0.069
0.2*L1	-0.384	0.209	0.068	0.961	0.180	-0.103	0.320	-0.289	-0.148	-0.713	0.109
									0.711		
0.3*L1	-0.394	0.158	0.131	0.814	0.335	-0.161	0.298	0.537	-0.215	-0.618	0.101
0.4*L1	-0.366	0.077	0.217	0.664	0.294	-0.177	0.271	0.456	-0.308	-0.555	-0.089
0.5*L1	-0.315	0.021	0.273	0.529	0.210	-0.000	0.235	0.395	-0.500	-0.484	-0.731
									0.500		
0.6*L1	-0.253	-0.006	0.217	0.410	0.137	0.177	0.192	0.328	0.308	-0.399	-0.089
0.7*L1	-0.189	-0.014	0.131	0.301	0.086	0.161	0.145	0.252	0.215	-0.304	0.101
0.8*L1	-0.128	-0.013	0.068	0.202	0.052	0.103	0.098	0.174	0.148	-0.208	0.109
0.9*L1	-0.074	-0.008	0.034	0.118	0.029	0.056	0.057	0.102	0.088	-0.121	0.069
0.0*L2	-0.034	-0.004	0.018	0.054	0.014	0.028	0.026	0.046	0.039	-0.056	0.032
0.2*L2	-0.007	-0.000	0.011	0.011	0.004	0.013	0.005	0.009	0.005	-0.011	0.006
0.4*L2	0.002	0.001	0.008	-0.004	0.001	0.007	-0.002	-0.004	-0.008	0.005	-0.003
0.6*L2	0.004	0.001	0.006	-0.006	0.000	0.004	-0.003	-0.006	-0.008	0.007	-0.004
0.8*L2	0.002	0.001	0.003	-0.004	-0.000	0.003	-0.002	-0.004	-0.005	0.004	-0.003
FAKTOR				1/a						1/(a*a)	

INFOLGE STRECKENMOMENT mt=1

IN FELD

	M (0)	M (0.2)	M (0.5)	Q (0)	Q (0.2)	Q (0.5)	T (0)	T (0.2)	T (0.5)	q (0)	q (0.5)
3L	0.000	0.000	0.000	-0.000	-0.000	-0.000	-0.000	0.000	-0.000	-0.001	0.000
2L	-0.651	-0.027	0.022	1.212	0.210	-0.024	-0.617	-0.116	0.001	-1.512	0.005
1,BIS SPRUNG				0.046	-0.271		-0.143	-0.504			
1,REST	-1.296	0.304	0.595	2.761	0.634	0.271	1.119	1.302	0.504	-2.556	-0.074
2R	-0.007	0.001	0.022	0.011	0.007	0.024	0.005	0.007	-0.001	-0.010	0.005
3R	-0.000	-0.000	0.000	0.000	0.000	0.000	0.000	0.000	0.000	-0.000	0.000
SUMME(+)	0.000	0.305	0.639	3.984	0.897	0.295	1.125	1.310	0.506	0.000	0.010
SUMME(-)	-1.954	-0.027	0.000	-0.000	-0.000	-0.295	-0.617	-0.259	-0.506	-4.079	-0.074
SUMME	-1.953	0.278	0.639	3.984	0.897	0.000	0.508	1.051	-0.000	-4.079	-0.065
FAKTOR	a						a			1/a	

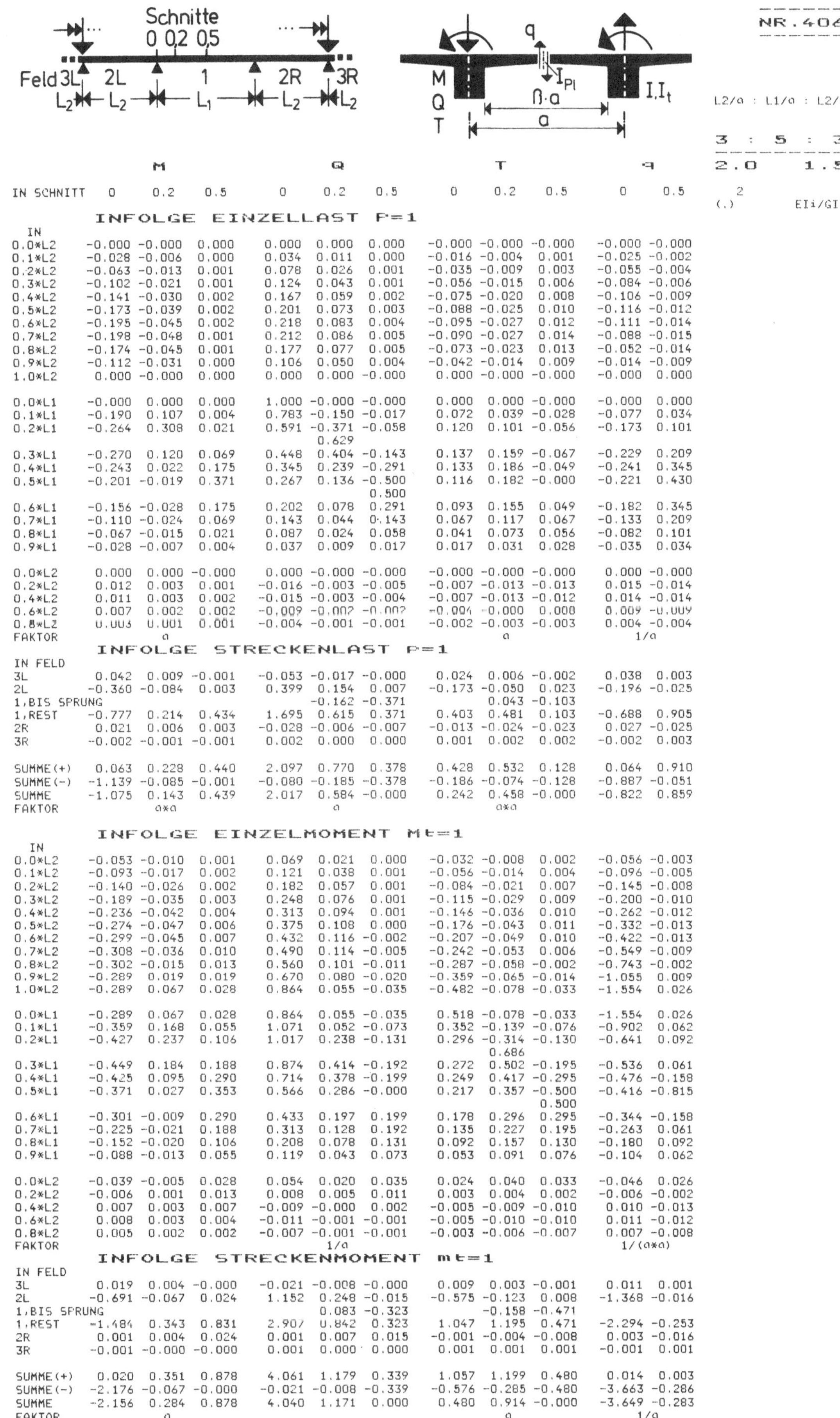


```
                       M                      Q                      T                    q          L2/a : L1/a : L2/a
IN SCHNITT    0     0.2    0.5      0     0.2    0.5      0     0.2    0.5      0     0.5         
                                                                                               3  :  5  :  3
                                                                                               2.0         1.5
                                                                                                 2
                                                                                               (.)       EIi/GIt

              INFOLGE  EINZELLAST  P=1
   IN
0.0*L2    -0.000 -0.000  0.000    0.000  0.000  0.000   -0.000 -0.000 -0.000   -0.000 -0.000
0.1*L2    -0.028 -0.006  0.000    0.034  0.011  0.000   -0.016 -0.004  0.001   -0.025 -0.002
0.2*L2    -0.063 -0.013  0.001    0.078  0.026  0.001   -0.035 -0.009  0.003   -0.055 -0.004
0.3*L2    -0.102 -0.021  0.001    0.124  0.043  0.001   -0.056 -0.015  0.006   -0.084 -0.006
0.4*L2    -0.141 -0.030  0.002    0.167  0.059  0.002   -0.075 -0.020  0.008   -0.106 -0.009
0.5*L2    -0.173 -0.039  0.002    0.201  0.073  0.003   -0.088 -0.025  0.010   -0.116 -0.012
0.6*L2    -0.195 -0.045  0.002    0.218  0.083  0.004   -0.095 -0.027  0.012   -0.111 -0.014
0.7*L2    -0.198 -0.048  0.001    0.212  0.086  0.005   -0.090 -0.027  0.014   -0.088 -0.015
0.8*L2    -0.174 -0.045  0.001    0.177  0.077  0.005   -0.073 -0.023  0.013   -0.052 -0.014
0.9*L2    -0.112 -0.031  0.000    0.106  0.050  0.004   -0.042 -0.014  0.009   -0.014 -0.009
1.0*L2     0.000 -0.000  0.000    0.000  0.000 -0.000    0.000 -0.000 -0.000   -0.000  0.000

0.0*L1    -0.000  0.000  0.000    1.000 -0.000 -0.000    0.000  0.000 -0.000   -0.000  0.000
0.1*L1    -0.190  0.107  0.004    0.783 -0.150 -0.017    0.072  0.039 -0.028   -0.077  0.034
0.2*L1    -0.264  0.308  0.021    0.591 -0.371 -0.058    0.120  0.101 -0.056   -0.173  0.101
                                  0.629
0.3*L1    -0.270  0.120  0.069    0.448  0.404 -0.143    0.137  0.159 -0.067   -0.229  0.209
0.4*L1    -0.243  0.022  0.175    0.345  0.239 -0.291    0.133  0.186 -0.049   -0.241  0.345
0.5*L1    -0.201 -0.019  0.371    0.267  0.136 -0.500    0.116  0.182 -0.000   -0.221  0.430
                                                0.500
0.6*L1    -0.156 -0.028  0.175    0.202  0.078  0.291    0.093  0.155  0.049   -0.182  0.345
0.7*L1    -0.110 -0.024  0.069    0.143  0.044  0.143    0.067  0.117  0.067   -0.133  0.209
0.8*L1    -0.067 -0.015  0.021    0.087  0.024  0.058    0.041  0.073  0.056   -0.082  0.101
0.9*L1    -0.028 -0.007  0.004    0.037  0.009  0.017    0.017  0.031  0.028   -0.035  0.034

0.0*L2     0.000  0.000 -0.000    0.000 -0.000 -0.000   -0.000 -0.000 -0.000    0.000 -0.000
0.2*L2     0.012  0.003  0.001   -0.016 -0.003 -0.005   -0.007 -0.013 -0.013    0.015 -0.014
0.4*L2     0.011  0.003  0.002   -0.015 -0.003 -0.004   -0.007 -0.013 -0.012    0.014 -0.014
0.6*L2     0.007  0.002  0.002   -0.009 -0.002 -0.002   -0.004 -0.000  0.008    0.009 -0.009
0.8*L2     0.003  0.001  0.001   -0.004 -0.001 -0.001   -0.002 -0.003 -0.003    0.004 -0.004
FAKTOR           a                                             a                      1/a

              INFOLGE  STRECKENLAST  P=1
IN FELD
3L         0.042  0.009 -0.001   -0.053 -0.017 -0.000    0.024  0.006 -0.002    0.038  0.003
2L        -0.360 -0.084  0.003    0.399  0.154  0.007   -0.173 -0.050  0.023   -0.196 -0.025
1,BIS SPRUNG                             -0.162 -0.371                  0.043 -0.103
1,REST    -0.777  0.214  0.434    1.695  0.615  0.371    0.403  0.481  0.103   -0.688  0.905
2R         0.021  0.006  0.003   -0.028 -0.006 -0.007   -0.013 -0.024 -0.023    0.027 -0.025
3R        -0.002 -0.001 -0.001    0.002  0.000  0.000    0.001  0.002  0.002   -0.002  0.003

SUMME(+)   0.063  0.228  0.440    2.097  0.770  0.378    0.428  0.532  0.128    0.064  0.910
SUMME(-)  -1.139 -0.085 -0.001   -0.080 -0.185 -0.378   -0.186 -0.074 -0.128   -0.887 -0.051
SUMME     -1.075  0.143  0.439    2.017  0.584 -0.000    0.242  0.458 -0.000   -0.822  0.859
FAKTOR           a*a                      a                    a*a

              INFOLGE  EINZELMOMENT  Mt=1
   IN
0.0*L2    -0.053 -0.010  0.001    0.069  0.021  0.000   -0.032 -0.008  0.002   -0.056 -0.003
0.1*L2    -0.093 -0.017  0.002    0.121  0.038  0.001   -0.056 -0.014  0.004   -0.096 -0.005
0.2*L2    -0.140 -0.026  0.002    0.182  0.057  0.001   -0.084 -0.021  0.007   -0.145 -0.008
0.3*L2    -0.189 -0.035  0.003    0.248  0.076  0.001   -0.115 -0.029  0.009   -0.200 -0.010
0.4*L2    -0.236 -0.042  0.004    0.313  0.094  0.001   -0.146 -0.036  0.010   -0.262 -0.012
0.5*L2    -0.274 -0.047  0.006    0.375  0.108  0.000   -0.176 -0.043  0.011   -0.332 -0.013
0.6*L2    -0.299 -0.045  0.007    0.432  0.116 -0.002   -0.207 -0.049  0.010   -0.422 -0.013
0.7*L2    -0.308 -0.036  0.010    0.490  0.114 -0.005   -0.242 -0.053  0.006   -0.549 -0.009
0.8*L2    -0.302 -0.015  0.013    0.560  0.101 -0.011   -0.287 -0.058 -0.002   -0.743 -0.002
0.9*L2    -0.289  0.019  0.019    0.670  0.080 -0.020   -0.359 -0.065 -0.014   -1.055  0.009
1.0*L2    -0.289  0.067  0.028    0.864  0.055 -0.035   -0.482 -0.078 -0.033   -1.554  0.026

0.0*L1    -0.289  0.067  0.028    0.864  0.055 -0.035    0.518 -0.078 -0.033   -1.554  0.026
0.1*L1    -0.359  0.168  0.055    1.071  0.052 -0.073    0.352 -0.139 -0.076   -0.902  0.062
0.2*L1    -0.427  0.237  0.106    1.017  0.238 -0.131    0.296 -0.314 -0.130   -0.641  0.092
                                                                0.686
0.3*L1    -0.449  0.184  0.188    0.874  0.414 -0.192    0.272  0.502 -0.195   -0.536  0.061
0.4*L1    -0.425  0.095  0.290    0.714  0.378 -0.199    0.249  0.417 -0.295   -0.476 -0.158
0.5*L1    -0.371  0.027  0.353    0.566  0.286 -0.000    0.217  0.357 -0.500   -0.416 -0.815
                                                                       0.500
0.6*L1    -0.301 -0.009  0.290    0.433  0.197  0.199    0.178  0.296  0.295   -0.344 -0.158
0.7*L1    -0.225 -0.021  0.188    0.313  0.128  0.192    0.135  0.227  0.195   -0.263  0.061
0.8*L1    -0.152 -0.020  0.106    0.208  0.078  0.131    0.092  0.157  0.130   -0.180  0.092
0.9*L1    -0.088 -0.013  0.055    0.119  0.043  0.073    0.053  0.091  0.076   -0.104  0.062

0.0*L2    -0.039 -0.005  0.028    0.054  0.020  0.035    0.024  0.040  0.033   -0.046  0.026
0.2*L2    -0.006  0.001  0.013    0.008  0.005  0.011    0.003  0.004  0.002   -0.006 -0.002
0.4*L2     0.007  0.003  0.007   -0.009 -0.000  0.002   -0.005 -0.009 -0.010    0.010 -0.013
0.6*L2     0.008  0.003  0.004   -0.011 -0.001 -0.001   -0.005 -0.010 -0.010    0.011 -0.012
0.8*L2     0.005  0.002  0.002   -0.007 -0.001 -0.001   -0.003 -0.006 -0.007    0.007 -0.008
FAKTOR           1/a                                           1/a                   1/(a*a)

              INFOLGE  STRECKENMOMENT  mt=1
IN FELD
3L         0.019  0.004 -0.000   -0.021 -0.008 -0.000    0.009  0.003 -0.001    0.011  0.001
2L        -0.691 -0.067  0.024    1.152  0.248 -0.015   -0.575 -0.123  0.008   -1.368 -0.016
1,BIS SPRUNG                             0.083 -0.323                 -0.158 -0.471
1,REST    -1.484  0.343  0.831    2.907  0.842  0.323    1.047  1.195  0.471   -2.294 -0.253
2R         0.001  0.004  0.024    0.001  0.007  0.015   -0.001 -0.004 -0.008    0.003 -0.016
3R        -0.001 -0.000 -0.000    0.001  0.000  0.000    0.001  0.001  0.001   -0.001  0.001

SUMME(+)   0.020  0.351  0.878    4.061  1.179  0.339    1.057  1.199  0.480    0.014  0.003
SUMME(-)  -2.176 -0.067 -0.000   -0.021 -0.008 -0.339   -0.576 -0.285 -0.480   -3.663 -0.286
SUMME     -2.156  0.284  0.878    4.040  1.171  0.000    0.480  0.914 -0.000   -3.649 -0.283
FAKTOR           a                        a                    a                     1/a
```

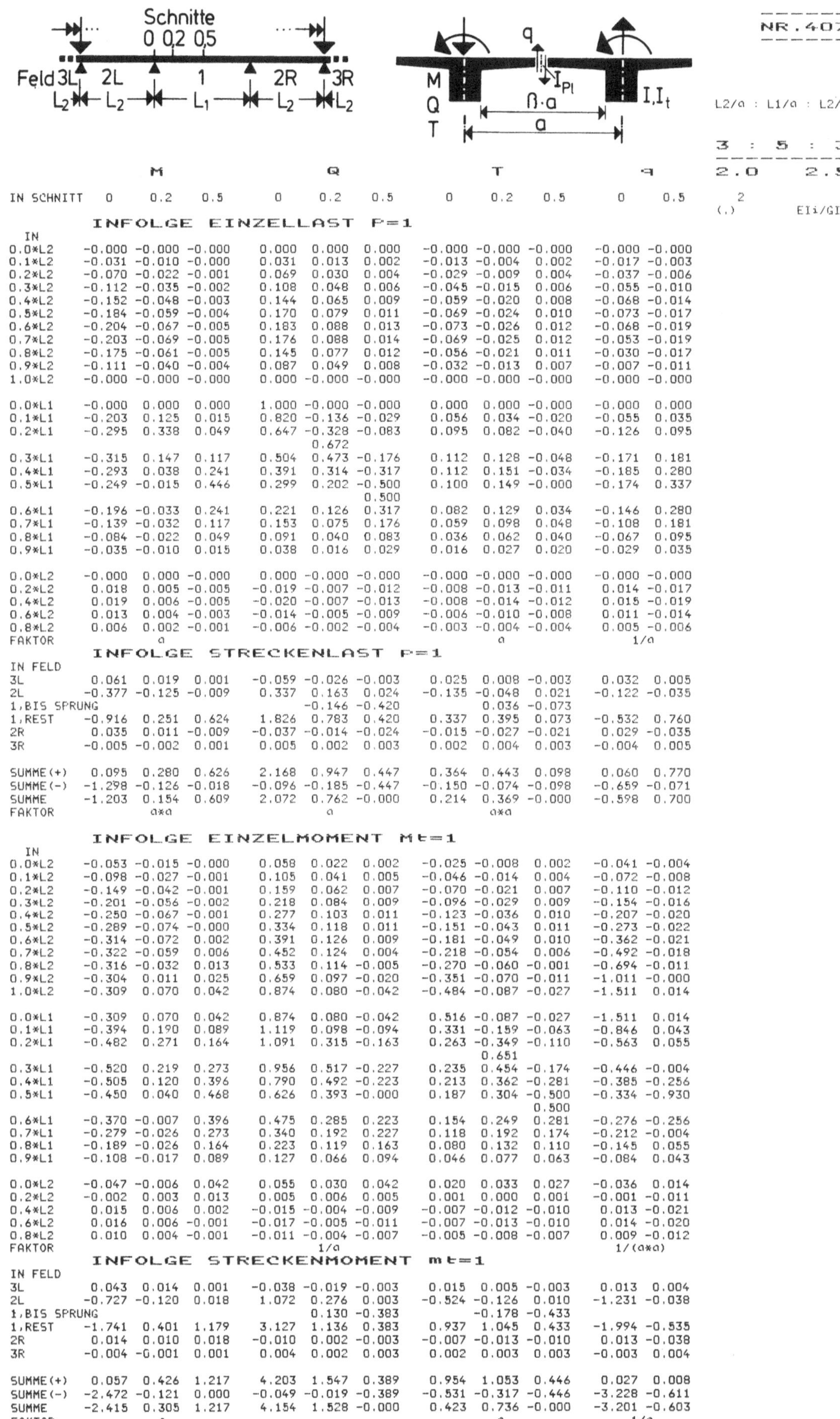

	M 0	M 0.2	M 0.5	Q 0	Q 0.2	Q 0.5	T 0	T 0.2	T 0.5	q 0	q 0.5

INFOLGE EINZELLAST P=1

IN

	M 0	M 0.2	M 0.5	Q 0	Q 0.2	Q 0.5	T 0	T 0.2	T 0.5	q 0	q 0.5
0.0*L2	-0.000	-0.000	-0.000	0.000	0.000	0.000	-0.000	-0.000	-0.000	-0.000	-0.000
0.1*L2	-0.031	-0.010	-0.000	0.031	0.013	0.002	-0.013	-0.004	0.002	-0.017	-0.003
0.2*L2	-0.070	-0.022	-0.001	0.069	0.030	0.004	-0.029	-0.009	0.004	-0.037	-0.006
0.3*L2	-0.112	-0.035	-0.002	0.108	0.048	0.006	-0.045	-0.015	0.006	-0.055	-0.010
0.4*L2	-0.152	-0.048	-0.003	0.144	0.065	0.009	-0.059	-0.020	0.008	-0.068	-0.014
0.5*L2	-0.184	-0.059	-0.004	0.170	0.079	0.011	-0.069	-0.024	0.010	-0.073	-0.017
0.6*L2	-0.204	-0.067	-0.005	0.183	0.088	0.013	-0.073	-0.026	0.012	-0.068	-0.019
0.7*L2	-0.203	-0.069	-0.005	0.176	0.088	0.014	-0.069	-0.025	0.012	-0.053	-0.019
0.8*L2	-0.175	-0.061	-0.005	0.145	0.077	0.012	-0.056	-0.021	0.011	-0.030	-0.017
0.9*L2	-0.111	-0.040	-0.004	0.087	0.049	0.008	-0.032	-0.013	0.007	-0.007	-0.011
1.0*L2	-0.000	-0.000	-0.000	0.000	-0.000	-0.000	-0.000	-0.000	-0.000	-0.000	-0.000
0.0*L1	-0.000	0.000	0.000	1.000	-0.000	-0.000	0.000	0.000	-0.000	-0.000	0.000
0.1*L1	-0.203	0.125	0.015	0.820	-0.136	-0.029	0.056	0.034	-0.020	-0.055	0.035
0.2*L1	-0.295	0.338	0.049	0.647	-0.328	-0.083	0.095	0.082	-0.040	-0.126	0.095
				0.672							
0.3*L1	-0.315	0.147	0.117	0.504	0.473	-0.176	0.112	0.128	-0.048	-0.171	0.181
0.4*L1	-0.293	0.038	0.241	0.391	0.314	-0.317	0.112	0.151	-0.034	-0.185	0.280
0.5*L1	-0.249	-0.015	0.446	0.299	0.202	-0.500	0.100	0.149	-0.000	-0.174	0.337
						0.500					
0.6*L1	-0.196	-0.033	0.241	0.221	0.126	0.317	0.082	0.129	0.034	-0.146	0.280
0.7*L1	-0.139	-0.032	0.117	0.153	0.075	0.176	0.059	0.098	0.048	-0.108	0.181
0.8*L1	-0.084	-0.022	0.049	0.091	0.040	0.083	0.036	0.062	0.040	-0.067	0.095
0.9*L1	-0.035	-0.010	0.015	0.038	0.016	0.029	0.016	0.027	0.020	-0.029	0.035
0.0*L2	-0.000	0.000	-0.000	0.000	-0.000	-0.000	-0.000	-0.000	-0.000	-0.000	-0.000
0.2*L2	0.018	0.005	-0.005	-0.019	-0.007	-0.012	-0.008	-0.013	-0.011	0.014	-0.017
0.4*L2	0.019	0.006	-0.005	-0.020	-0.007	-0.013	-0.008	-0.014	-0.012	0.015	-0.019
0.6*L2	0.013	0.004	-0.003	-0.014	-0.005	-0.009	-0.006	-0.010	-0.008	0.011	-0.014
0.8*L2	0.006	0.002	-0.001	-0.006	-0.002	-0.004	-0.003	-0.004	-0.004	0.005	-0.006
FAKTOR	a						a			1/a	

INFOLGE STRECKENLAST P=1

IN FELD

	M 0	M 0.2	M 0.5	Q 0	Q 0.2	Q 0.5	T 0	T 0.2	T 0.5	q 0	q 0.5
3L	0.061	0.019	0.001	-0.059	-0.026	-0.003	0.025	0.008	-0.003	0.032	0.005
2L	-0.377	-0.125	-0.009	0.337	0.163	0.024	-0.135	-0.048	0.021	-0.122	-0.035
1,BIS SPRUNG					-0.146	-0.420		0.036	-0.073		
1,REST	-0.916	0.251	0.624	1.826	0.783	0.420	0.337	0.395	0.073	-0.532	0.760
2R	0.035	0.011	-0.009	-0.037	-0.014	-0.024	-0.015	-0.027	-0.021	0.029	-0.035
3R	-0.005	-0.002	0.001	0.005	0.002	0.003	0.002	0.004	0.003	-0.004	0.005
SUMME(+)	0.095	0.280	0.626	2.168	0.947	0.447	0.364	0.443	0.098	0.060	0.770
SUMME(-)	-1.298	-0.126	-0.018	-0.096	-0.185	-0.447	-0.150	-0.074	-0.098	-0.659	-0.071
SUMME	-1.203	0.154	0.609	2.072	0.762	-0.000	0.214	0.369	-0.000	-0.598	0.700
FAKTOR	a*a			a			a*a				

INFOLGE EINZELMOMENT Mt=1

IN

	M 0	M 0.2	M 0.5	Q 0	Q 0.2	Q 0.5	T 0	T 0.2	T 0.5	q 0	q 0.5
0.0*L2	-0.053	-0.015	-0.000	0.058	0.022	0.002	-0.025	-0.008	0.002	-0.041	-0.004
0.1*L2	-0.098	-0.027	-0.001	0.105	0.041	0.005	-0.046	-0.014	0.004	-0.072	-0.008
0.2*L2	-0.149	-0.042	-0.001	0.159	0.062	0.007	-0.070	-0.021	0.007	-0.110	-0.012
0.3*L2	-0.201	-0.056	-0.002	0.218	0.084	0.009	-0.096	-0.029	0.009	-0.154	-0.016
0.4*L2	-0.250	-0.067	-0.001	0.277	0.103	0.011	-0.123	-0.036	0.010	-0.207	-0.020
0.5*L2	-0.289	-0.074	-0.000	0.334	0.118	0.011	-0.151	-0.043	0.011	-0.273	-0.022
0.6*L2	-0.314	-0.072	0.002	0.391	0.126	0.009	-0.181	-0.049	0.010	-0.362	-0.021
0.7*L2	-0.322	-0.059	0.006	0.452	0.124	0.004	-0.218	-0.054	0.006	-0.492	-0.018
0.8*L2	-0.316	-0.032	0.013	0.533	0.114	-0.005	-0.270	-0.060	-0.001	-0.694	-0.011
0.9*L2	-0.304	0.011	0.025	0.659	0.097	-0.020	-0.351	-0.070	-0.011	-1.011	-0.000
1.0*L2	-0.309	0.070	0.042	0.874	0.080	-0.042	-0.484	-0.087	-0.027	-1.511	0.014
0.0*L1	-0.309	0.070	0.042	0.874	0.080	-0.042	0.516	-0.087	-0.027	-1.511	0.014
0.1*L1	-0.394	0.190	0.089	1.119	0.098	-0.094	0.331	-0.159	-0.063	-0.846	0.043
0.2*L1	-0.482	0.271	0.164	1.091	0.315	-0.163	0.263	-0.349	-0.110	-0.563	0.055
								0.651			
0.3*L1	-0.520	0.219	0.273	0.956	0.517	-0.227	0.235	0.454	-0.174	-0.446	-0.004
0.4*L1	-0.505	0.120	0.396	0.790	0.492	-0.223	0.213	0.362	-0.281	-0.385	-0.256
0.5*L1	-0.450	0.040	0.468	0.626	0.393	-0.000	0.187	0.304	-0.500	-0.334	-0.930
									0.500		
0.6*L1	-0.370	-0.007	0.396	0.475	0.285	0.223	0.154	0.249	0.281	-0.276	-0.256
0.7*L1	-0.279	-0.026	0.273	0.340	0.192	0.227	0.118	0.192	0.174	-0.212	-0.004
0.8*L1	-0.189	-0.026	0.164	0.223	0.119	0.163	0.080	0.132	0.110	-0.145	0.055
0.9*L1	-0.108	-0.017	0.089	0.127	0.066	0.094	0.046	0.077	0.063	-0.084	0.043
0.0*L2	-0.047	-0.006	0.042	0.055	0.030	0.042	0.020	0.033	0.027	-0.036	0.014
0.2*L2	-0.002	0.003	0.013	0.005	0.006	0.005	0.001	0.000	0.001	-0.001	-0.011
0.4*L2	0.015	0.006	0.002	-0.015	-0.004	-0.009	-0.007	-0.012	-0.010	0.013	-0.021
0.6*L2	0.016	0.006	-0.001	-0.017	-0.005	-0.011	-0.007	-0.013	-0.010	0.014	-0.020
0.8*L2	0.010	0.004	-0.001	-0.011	-0.004	-0.007	-0.005	-0.008	-0.007	0.009	-0.012
FAKTOR				1/a						1/(a*a)	

INFOLGE STRECKENMOMENT mt=1

IN FELD

	M 0	M 0.2	M 0.5	Q 0	Q 0.2	Q 0.5	T 0	T 0.2	T 0.5	q 0	q 0.5
3L	0.043	0.014	0.001	-0.038	-0.019	-0.003	0.015	0.005	-0.003	0.013	0.004
2L	-0.727	-0.120	0.018	1.072	0.276	0.003	-0.524	-0.126	0.010	-1.231	-0.038
1,BIS SPRUNG					0.130	-0.383		-0.178	-0.433		
1,REST	-1.741	0.401	1.179	3.127	1.136	0.383	0.937	1.045	0.433	-1.994	-0.535
2R	0.014	0.010	0.018	-0.010	0.002	-0.003	-0.007	-0.013	-0.010	0.013	-0.038
3R	-0.004	-0.001	0.001	0.004	0.002	0.003	0.002	0.003	0.003	-0.003	0.004
SUMME(+)	0.057	0.426	1.217	4.203	1.547	0.389	0.954	1.053	0.446	0.027	0.008
SUMME(-)	-2.472	-0.121	0.000	-0.049	-0.019	-0.389	-0.531	-0.317	-0.446	-3.228	-0.611
SUMME	-2.415	0.305	1.217	4.154	1.528	-0.000	0.423	0.736	-0.000	-3.201	-0.603
FAKTOR	a						a			1/a	

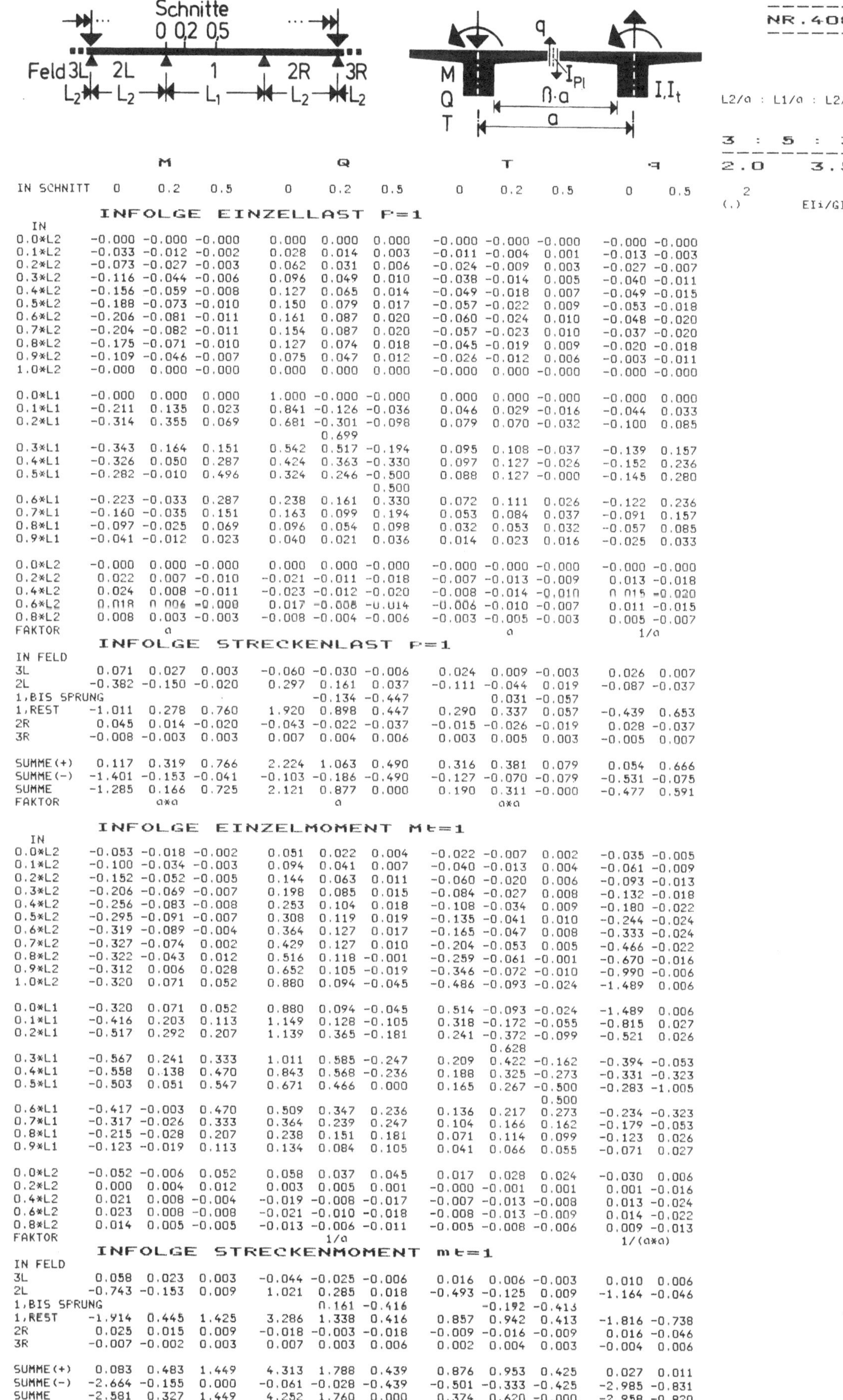

	M 0	M 0.2	M 0.5	Q 0	Q 0.2	Q 0.5	T 0	T 0.2	T 0.5	q 0	q 0.5
IN SCHNITT	0	0.2	0.5	0	0.2	0.5	0	0.2	0.5	0	0.5

INFOLGE EINZELLAST P=1

IN	M 0	M 0.2	M 0.5	Q 0	Q 0.2	Q 0.5	T 0	T 0.2	T 0.5	q 0	q 0.5
0.0*L2	-0.000	-0.000	-0.000	0.000	0.000	0.000	-0.000	-0.000	-0.000	-0.000	-0.000
0.1*L2	-0.033	-0.012	-0.002	0.028	0.014	0.003	-0.011	-0.004	0.001	-0.013	-0.003
0.2*L2	-0.073	-0.027	-0.003	0.062	0.031	0.006	-0.024	-0.009	0.003	-0.027	-0.007
0.3*L2	-0.116	-0.044	-0.006	0.096	0.049	0.010	-0.038	-0.014	0.005	-0.040	-0.011
0.4*L2	-0.156	-0.059	-0.008	0.127	0.065	0.014	-0.049	-0.018	0.007	-0.049	-0.015
0.5*L2	-0.188	-0.073	-0.010	0.150	0.079	0.017	-0.057	-0.022	0.009	-0.053	-0.018
0.6*L2	-0.206	-0.081	-0.011	0.161	0.087	0.020	-0.060	-0.024	0.010	-0.048	-0.020
0.7*L2	-0.204	-0.082	-0.011	0.154	0.087	0.020	-0.057	-0.023	0.010	-0.037	-0.020
0.8*L2	-0.175	-0.071	-0.010	0.127	0.074	0.018	-0.045	-0.019	0.009	-0.020	-0.018
0.9*L2	-0.109	-0.046	-0.007	0.075	0.047	0.012	-0.026	-0.012	0.006	-0.003	-0.011
1.0*L2	-0.000	-0.000	-0.000	0.000	0.000	0.000	-0.000	0.000	-0.000	-0.000	-0.000
0.0*L1	-0.000	0.000	0.000	1.000	-0.000	-0.000	0.000	0.000	-0.000	-0.000	0.000
0.1*L1	-0.211	0.135	0.023	0.841	-0.126	-0.036	0.046	0.029	-0.016	-0.044	0.033
0.2*L1	-0.314	0.355	0.069	0.681	-0.301	-0.098	0.079	0.070	-0.032	-0.100	0.085
(Sprung)					0.699						
0.3*L1	-0.343	0.164	0.151	0.542	0.517	-0.194	0.095	0.108	-0.037	-0.139	0.157
0.4*L1	-0.326	0.050	0.287	0.424	0.363	-0.330	0.097	0.127	-0.026	-0.152	0.236
0.5*L1	-0.282	-0.010	0.496	0.324	0.246	-0.500	0.088	0.127	-0.000	-0.145	0.280
(Sprung)						0.500					
0.6*L1	-0.223	-0.033	0.287	0.238	0.161	0.330	0.072	0.111	0.026	-0.122	0.236
0.7*L1	-0.160	-0.035	0.151	0.163	0.099	0.194	0.053	0.084	0.037	-0.091	0.157
0.8*L1	-0.097	-0.025	0.069	0.096	0.054	0.098	0.032	0.053	0.032	-0.057	0.085
0.9*L1	-0.041	-0.012	0.023	0.040	0.021	0.036	0.014	0.023	0.016	-0.025	0.033
0.0*L2	-0.000	0.000	-0.000	0.000	0.000	-0.000	-0.000	-0.000	-0.000	-0.000	-0.000
0.2*L2	0.022	0.007	-0.010	-0.021	-0.011	-0.018	-0.007	-0.013	-0.009	0.013	-0.018
0.4*L2	0.024	0.008	-0.011	-0.023	-0.012	-0.020	-0.008	-0.014	-0.010	0.015	-0.020
0.6*L2	0.018	0.006	-0.000	0.017	-0.008	-0.014	-0.006	-0.010	-0.007	0.011	-0.015
0.8*L2	0.008	0.003	-0.003	-0.008	-0.004	-0.006	-0.003	-0.005	-0.003	0.005	-0.007
FAKTOR	a						a			1/a	

INFOLGE STRECKENLAST p=1

IN FELD	M 0	M 0.2	M 0.5	Q 0	Q 0.2	Q 0.5	T 0	T 0.2	T 0.5	q 0	q 0.5
3L	0.071	0.027	0.003	-0.060	-0.030	-0.006	0.024	0.009	-0.003	0.026	0.007
2L	-0.382	-0.150	-0.020	0.297	0.161	0.037	-0.111	-0.044	0.019	-0.087	-0.037
1,BIS SPRUNG					-0.134	-0.447		0.031	-0.057		
1,REST	-1.011	0.278	0.760	1.920	0.898	0.447	0.290	0.337	0.057	-0.439	0.653
2R	0.045	0.014	-0.020	-0.043	-0.022	-0.037	-0.015	-0.026	-0.019	0.028	-0.037
3R	-0.008	-0.003	0.003	0.007	0.004	0.006	0.003	0.005	0.003	-0.005	0.007
SUMME(+)	0.117	0.319	0.766	2.224	1.063	0.490	0.316	0.381	0.079	0.054	0.666
SUMME(-)	-1.401	-0.153	-0.041	-0.103	-0.186	-0.490	-0.127	-0.070	-0.079	-0.531	-0.075
SUMME	-1.285	0.166	0.725	2.121	0.877	0.000	0.190	0.311	-0.000	-0.477	0.591
FAKTOR	a*a			a			a*a				

INFOLGE EINZELMOMENT Mt=1

IN	M 0	M 0.2	M 0.5	Q 0	Q 0.2	Q 0.5	T 0	T 0.2	T 0.5	q 0	q 0.5
0.0*L2	-0.053	-0.018	-0.002	0.051	0.022	0.004	-0.022	-0.007	0.002	-0.035	-0.005
0.1*L2	-0.100	-0.034	-0.003	0.094	0.041	0.007	-0.040	-0.013	0.004	-0.061	-0.009
0.2*L2	-0.152	-0.052	-0.005	0.144	0.063	0.011	-0.060	-0.020	0.006	-0.093	-0.013
0.3*L2	-0.206	-0.069	-0.007	0.198	0.085	0.015	-0.084	-0.027	0.008	-0.132	-0.018
0.4*L2	-0.256	-0.083	-0.008	0.253	0.104	0.018	-0.108	-0.034	0.009	-0.180	-0.022
0.5*L2	-0.295	-0.091	-0.007	0.308	0.119	0.019	-0.135	-0.041	0.010	-0.244	-0.024
0.6*L2	-0.319	-0.089	-0.004	0.364	0.127	0.017	-0.165	-0.047	0.008	-0.333	-0.024
0.7*L2	-0.327	-0.074	0.002	0.429	0.127	0.010	-0.204	-0.053	0.005	-0.466	-0.022
0.8*L2	-0.322	-0.043	0.012	0.516	0.118	-0.001	-0.259	-0.061	-0.001	-0.670	-0.016
0.9*L2	-0.312	0.006	0.028	0.652	0.105	-0.019	-0.346	-0.072	-0.010	-0.990	-0.006
1.0*L2	-0.320	0.071	0.052	0.880	0.094	-0.045	-0.486	-0.093	-0.024	-1.489	0.006
0.0*L1	-0.320	0.071	0.052	0.880	0.094	-0.045	0.514	-0.093	-0.024	-1.489	0.006
0.1*L1	-0.416	0.203	0.113	1.149	0.128	-0.105	0.318	-0.172	-0.055	-0.815	0.027
0.2*L1	-0.517	0.292	0.207	1.139	0.365	-0.181	0.241	-0.372	-0.099	-0.521	0.026
(Sprung)								0.628			
0.3*L1	-0.567	0.241	0.333	1.011	0.585	-0.247	0.209	0.422	-0.162	-0.394	-0.053
0.4*L1	-0.558	0.138	0.470	0.843	0.568	-0.236	0.188	0.325	-0.273	-0.331	-0.323
0.5*L1	-0.503	0.051	0.547	0.671	0.466	0.000	0.165	0.267	-0.500	-0.283	-1.005
(Sprung)									0.500		
0.6*L1	-0.417	-0.003	0.470	0.509	0.347	0.236	0.136	0.217	0.273	-0.234	-0.323
0.7*L1	-0.317	-0.026	0.333	0.364	0.239	0.247	0.104	0.166	0.162	-0.179	-0.053
0.8*L1	-0.215	-0.028	0.207	0.238	0.151	0.181	0.071	0.114	0.099	-0.123	0.026
0.9*L1	-0.123	-0.019	0.113	0.134	0.084	0.105	0.041	0.066	0.055	-0.071	0.027
0.0*L2	-0.052	-0.006	0.052	0.058	0.037	0.045	0.017	0.028	0.024	-0.030	0.006
0.2*L2	0.000	0.004	0.012	0.003	0.005	0.001	-0.000	-0.001	0.001	0.001	-0.016
0.4*L2	0.021	0.008	-0.004	-0.019	-0.008	-0.017	-0.007	-0.013	-0.008	0.013	-0.024
0.6*L2	0.023	0.008	-0.008	-0.021	-0.010	-0.018	-0.008	-0.013	-0.009	0.014	-0.022
0.8*L2	0.014	0.005	-0.005	-0.013	-0.006	-0.011	-0.005	-0.008	-0.006	0.009	-0.013
FAKTOR					1/a					1/(a*a)	

INFOLGE STRECKENMOMENT mt=1

IN FELD	M 0	M 0.2	M 0.5	Q 0	Q 0.2	Q 0.5	T 0	T 0.2	T 0.5	q 0	q 0.5
3L	0.058	0.023	0.003	-0.044	-0.025	-0.006	0.016	0.006	-0.003	0.010	0.006
2L	-0.743	-0.153	0.009	1.021	0.285	0.018	-0.493	-0.125	0.009	-1.164	-0.046
1,BIS SPRUNG					0.161	-0.416		-0.192	-0.413		
1,REST	-1.914	0.445	1.425	3.286	1.338	0.416	0.857	0.942	0.413	-1.816	-0.738
2R	0.025	0.015	0.009	-0.018	-0.003	-0.018	-0.009	-0.016	-0.009	0.016	-0.046
3R	-0.007	-0.002	0.003	0.007	0.003	0.006	0.002	0.004	0.003	-0.004	0.006
SUMME(+)	0.083	0.483	1.449	4.313	1.788	0.439	0.876	0.953	0.425	0.027	0.011
SUMME(-)	-2.664	-0.155	0.000	-0.061	-0.028	-0.439	-0.501	-0.333	-0.425	-2.985	-0.831
SUMME	-2.581	0.327	1.449	4.252	1.760	0.000	0.374	0.620	-0.000	-2.958	-0.820
FAKTOR	a						a			1/a	

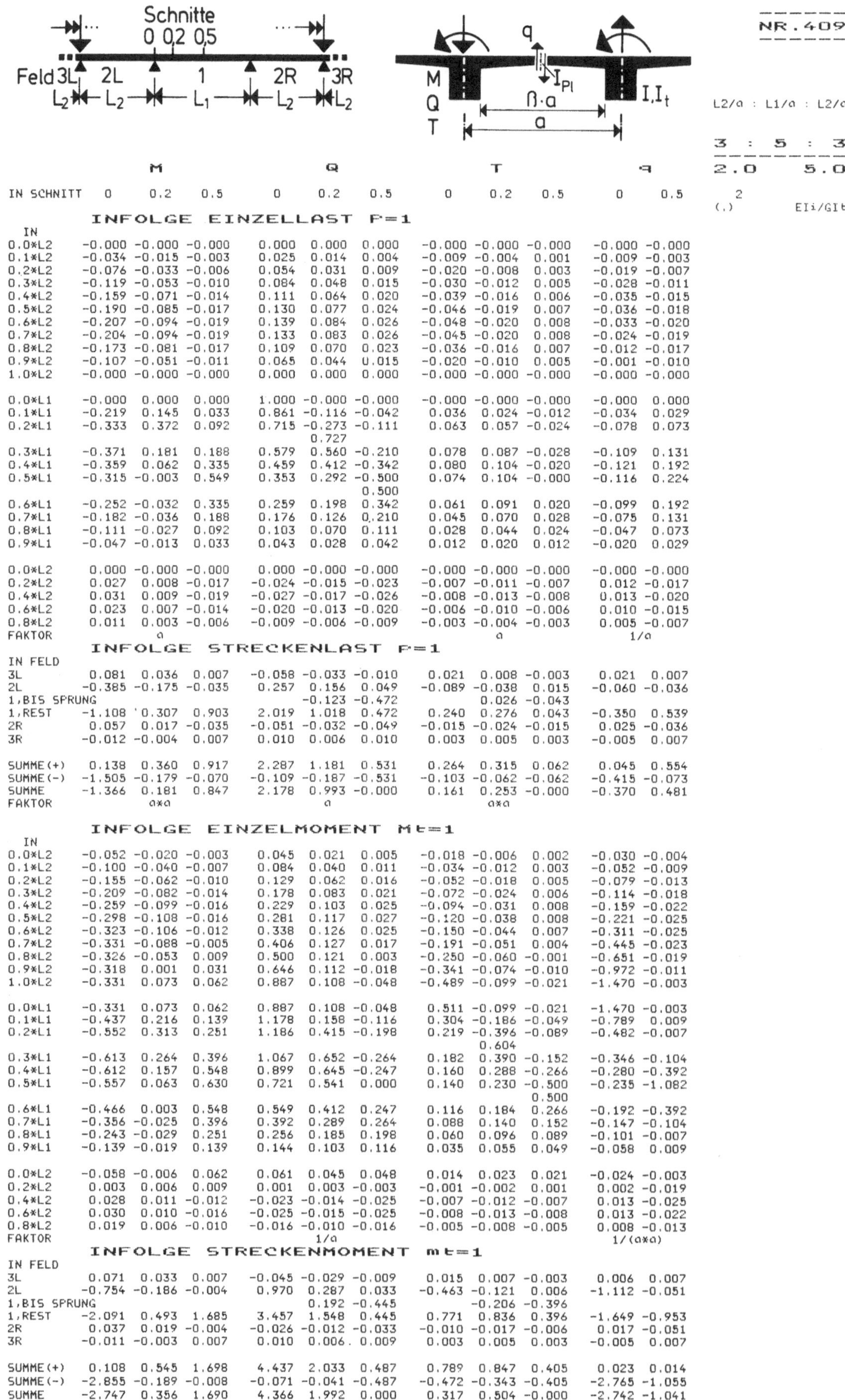

IN SCHNITT	M 0	M 0.2	M 0.5	Q 0	Q 0.2	Q 0.5	T 0	T 0.2	T 0.5	q 0	q 0.5

INFOLGE EINZELLAST P=1

IN

IN	M 0	M 0.2	M 0.5	Q 0	Q 0.2	Q 0.5	T 0	T 0.2	T 0.5	q 0	q 0.5
0.0*L2	-0.000	-0.000	-0.000	0.000	0.000	0.000	-0.000	-0.000	-0.000	-0.000	-0.000
0.1*L2	-0.034	-0.015	-0.003	0.025	0.014	0.004	-0.009	-0.004	0.001	-0.009	-0.003
0.2*L2	-0.076	-0.033	-0.006	0.054	0.031	0.009	-0.020	-0.008	0.003	-0.019	-0.007
0.3*L2	-0.119	-0.053	-0.010	0.084	0.048	0.015	-0.030	-0.012	0.005	-0.028	-0.011
0.4*L2	-0.159	-0.071	-0.014	0.111	0.064	0.020	-0.039	-0.016	0.006	-0.035	-0.015
0.5*L2	-0.190	-0.085	-0.017	0.130	0.077	0.024	-0.046	-0.019	0.007	-0.036	-0.018
0.6*L2	-0.207	-0.094	-0.019	0.139	0.084	0.026	-0.048	-0.020	0.008	-0.033	-0.020
0.7*L2	-0.204	-0.094	-0.019	0.133	0.083	0.026	-0.045	-0.020	0.008	-0.024	-0.019
0.8*L2	-0.173	-0.081	-0.017	0.109	0.070	0.023	-0.036	-0.016	0.007	-0.012	-0.017
0.9*L2	-0.107	-0.051	-0.011	0.065	0.044	0.015	-0.020	-0.010	0.005	-0.001	-0.010
1.0*L2	-0.000	-0.000	-0.000	0.000	0.000	0.000	-0.000	-0.000	-0.000	-0.000	-0.000
0.0*L1	-0.000	0.000	0.000	1.000	-0.000	-0.000	-0.000	-0.000	-0.000	-0.000	0.000
0.1*L1	-0.219	0.145	0.033	0.861	-0.116	-0.042	0.036	0.024	-0.012	-0.034	0.029
0.2*L1	-0.333	0.372	0.092	0.715	-0.273	-0.111	0.063	0.057	-0.024	-0.078	0.073
(0.2*L1)				0.727							
0.3*L1	-0.371	0.181	0.188	0.579	0.560	-0.210	0.078	0.087	-0.028	-0.109	0.131
0.4*L1	-0.359	0.062	0.335	0.459	0.412	-0.342	0.080	0.104	-0.020	-0.121	0.192
0.5*L1	-0.315	-0.003	0.549	0.353	0.292	-0.500	0.074	0.104	-0.000	-0.116	0.224
(0.5*L1)						0.500					
0.6*L1	-0.252	-0.032	0.335	0.259	0.198	0.342	0.061	0.091	0.020	-0.099	0.192
0.7*L1	-0.182	-0.036	0.188	0.176	0.126	0.210	0.045	0.070	0.028	-0.075	0.131
0.8*L1	-0.111	-0.027	0.092	0.103	0.070	0.111	0.028	0.044	0.024	-0.047	0.073
0.9*L1	-0.047	-0.013	0.033	0.043	0.028	0.042	0.012	0.020	0.012	-0.020	0.029
0.0*L2	0.000	-0.000	-0.000	0.000	-0.000	-0.000	-0.000	-0.000	-0.000	-0.000	-0.000
0.2*L2	0.027	0.008	-0.017	-0.024	-0.015	-0.023	-0.007	-0.011	-0.007	0.012	-0.017
0.4*L2	0.031	0.009	-0.019	-0.027	-0.017	-0.026	-0.008	-0.013	-0.008	0.013	-0.020
0.6*L2	0.023	0.007	-0.014	-0.020	-0.013	-0.020	-0.006	-0.010	-0.006	0.010	-0.015
0.8*L2	0.011	0.003	-0.006	-0.009	-0.006	-0.009	-0.003	-0.004	-0.003	0.005	-0.007
FAKTOR							a			1/a	

INFOLGE STRECKENLAST P=1

IN FELD

IN FELD	M 0	M 0.2	M 0.5	Q 0	Q 0.2	Q 0.5	T 0	T 0.2	T 0.5	q 0	q 0.5
3L	0.081	0.036	0.007	-0.058	-0.033	-0.010	0.021	0.008	-0.003	0.021	0.007
2L	-0.385	-0.175	-0.035	0.257	0.156	0.049	-0.089	-0.038	0.015	-0.060	-0.036
1,BIS SPRUNG					-0.123	-0.472		0.026	-0.043		
1,REST	-1.108	0.307	0.903	2.019	1.018	0.472	0.240	0.276	0.043	-0.350	0.539
2R	0.057	0.017	-0.035	-0.051	-0.032	-0.049	-0.015	-0.024	-0.015	0.025	-0.036
3R	-0.012	-0.004	0.007	0.010	0.006	0.010	0.003	0.005	0.003	-0.005	0.007
SUMME(+)	0.138	0.360	0.917	2.287	1.181	0.531	0.264	0.315	0.062	0.045	0.554
SUMME(-)	-1.505	-0.179	-0.070	-0.109	-0.187	-0.531	-0.103	-0.062	-0.062	-0.415	-0.073
SUMME	-1.366	0.181	0.847	2.178	0.993	-0.000	0.161	0.253	-0.000	-0.370	0.481
FAKTOR	a×a			a			a×a				

INFOLGE EINZELMOMENT Mt=1

IN

IN	M 0	M 0.2	M 0.5	Q 0	Q 0.2	Q 0.5	T 0	T 0.2	T 0.5	q 0	q 0.5
0.0*L2	-0.052	-0.020	-0.003	0.045	0.021	0.005	-0.018	-0.006	0.002	-0.030	-0.004
0.1*L2	-0.100	-0.040	-0.007	0.084	0.040	0.011	-0.034	-0.012	0.003	-0.052	-0.009
0.2*L2	-0.155	-0.062	-0.010	0.129	0.062	0.016	-0.052	-0.018	0.005	-0.079	-0.013
0.3*L2	-0.209	-0.082	-0.014	0.178	0.083	0.021	-0.072	-0.024	0.006	-0.114	-0.018
0.4*L2	-0.259	-0.099	-0.016	0.229	0.103	0.025	-0.094	-0.031	0.008	-0.159	-0.022
0.5*L2	-0.298	-0.108	-0.016	0.281	0.117	0.027	-0.120	-0.038	0.008	-0.221	-0.025
0.6*L2	-0.323	-0.106	-0.012	0.338	0.126	0.025	-0.150	-0.044	0.007	-0.311	-0.025
0.7*L2	-0.331	-0.088	-0.005	0.406	0.127	0.017	-0.191	-0.051	0.004	-0.445	-0.023
0.8*L2	-0.326	-0.053	0.009	0.500	0.121	0.003	-0.250	-0.060	-0.001	-0.651	-0.019
0.9*L2	-0.318	0.001	0.031	0.646	0.112	-0.018	-0.341	-0.074	-0.010	-0.972	-0.011
1.0*L2	-0.331	0.073	0.062	0.887	0.108	-0.048	-0.489	-0.099	-0.021	-1.470	-0.003
0.0*L1	-0.331	0.073	0.062	0.887	0.108	-0.048	0.511	-0.099	-0.021	-1.470	-0.003
0.1*L1	-0.437	0.216	0.139	1.178	0.158	-0.116	0.304	-0.186	-0.049	-0.789	0.009
0.2*L1	-0.552	0.313	0.251	1.186	0.415	-0.198	0.219	-0.396	-0.089	-0.482	-0.007
(0.2*L1)								0.604			
0.3*L1	-0.613	0.264	0.396	1.067	0.652	-0.264	0.182	0.390	-0.152	-0.346	-0.104
0.4*L1	-0.612	0.157	0.548	0.899	0.645	-0.247	0.160	0.288	-0.266	-0.280	-0.392
0.5*L1	-0.557	0.063	0.630	0.721	0.541	0.000	0.140	0.230	-0.500	-0.235	-1.082
(0.5*L1)									0.500		
0.6*L1	-0.466	0.003	0.548	0.549	0.412	0.247	0.116	0.184	0.266	-0.192	-0.392
0.7*L1	-0.356	-0.025	0.396	0.392	0.289	0.264	0.088	0.140	0.152	-0.147	-0.104
0.8*L1	-0.243	-0.029	0.251	0.256	0.185	0.198	0.060	0.096	0.089	-0.101	-0.007
0.9*L1	-0.139	-0.019	0.139	0.144	0.103	0.116	0.035	0.055	0.049	-0.058	0.009
0.0*L2	-0.058	-0.006	0.062	0.061	0.045	0.048	0.014	0.023	0.021	-0.024	-0.003
0.2*L2	0.003	0.006	0.009	0.001	0.003	-0.003	-0.001	-0.002	0.001	0.002	-0.019
0.4*L2	0.028	0.011	-0.012	-0.023	-0.014	-0.025	-0.007	-0.012	-0.007	0.013	-0.025
0.6*L2	0.030	0.010	-0.016	-0.025	-0.015	-0.025	-0.008	-0.013	-0.008	0.013	-0.022
0.8*L2	0.019	0.006	-0.010	-0.016	-0.010	-0.016	-0.005	-0.008	-0.005	0.008	-0.013
FAKTOR				1/a						1/(a×a)	

INFOLGE STRECKENMOMENT mt=1

IN FELD

IN FELD	M 0	M 0.2	M 0.5	Q 0	Q 0.2	Q 0.5	T 0	T 0.2	T 0.5	q 0	q 0.5
3L	0.071	0.033	0.007	-0.045	-0.029	-0.009	0.015	0.007	-0.003	0.006	0.007
2L	-0.754	-0.186	-0.004	0.970	0.287	0.033	-0.463	-0.121	0.006	-1.112	-0.051
1,BIS SPRUNG					0.192	-0.445		-0.206	-0.396		
1,REST	-2.091	0.493	1.685	3.457	1.548	0.445	0.771	0.836	0.396	-1.649	-0.953
2R	0.037	0.019	-0.004	-0.026	-0.012	-0.033	-0.010	-0.017	-0.006	0.017	-0.051
3R	-0.011	-0.003	0.007	0.010	0.006	0.009	0.003	0.005	0.003	-0.005	0.007
SUMME(+)	0.108	0.545	1.698	4.437	2.033	0.487	0.789	0.847	0.405	0.023	0.014
SUMME(-)	-2.855	-0.189	-0.008	-0.071	-0.041	-0.487	-0.472	-0.343	-0.405	-2.765	-1.055
SUMME	-2.747	0.356	1.690	4.366	1.992	0.000	0.317	0.504	-0.000	-2.742	-1.041
FAKTOR	a			a			a			1/a	

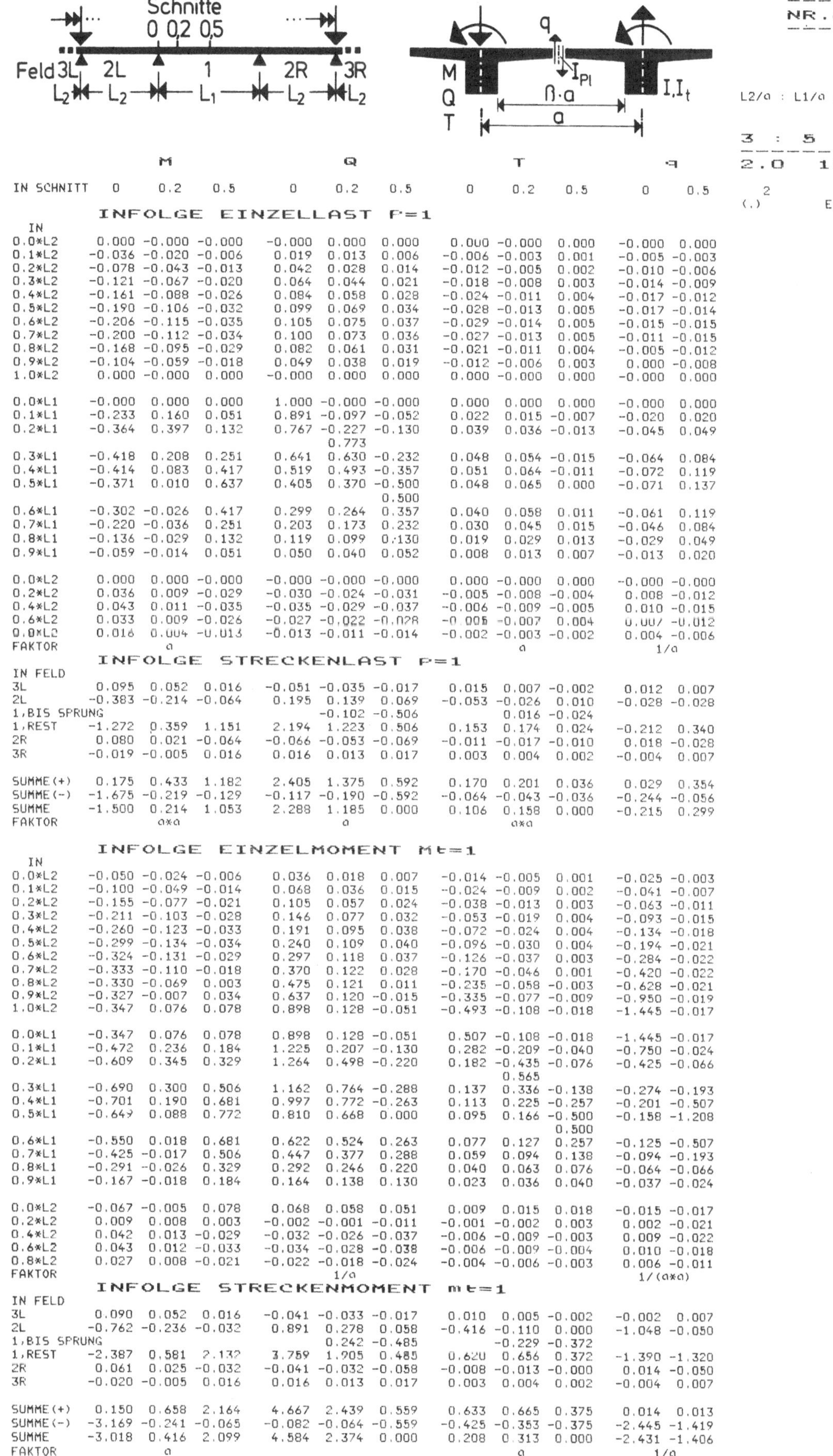

	M 0	M 0.2	M 0.5	Q 0	Q 0.2	Q 0.5	T 0	T 0.2	T 0.5	q 0	q 0.5
IN SCHNITT	0	0.2	0.5	0	0.2	0.5	0	0.2	0.5	0	0.5

INFOLGE EINZELLAST P=1

IN

	M 0	M 0.2	M 0.5	Q 0	Q 0.2	Q 0.5	T 0	T 0.2	T 0.5	q 0	q 0.5
0.0*L2	0.000	-0.000	-0.000	-0.000	0.000	0.000	0.000	-0.000	0.000	-0.000	0.000
0.1*L2	-0.036	-0.020	-0.006	0.019	0.013	0.006	-0.006	-0.003	0.001	-0.005	-0.003
0.2*L2	-0.078	-0.043	-0.013	0.042	0.028	0.014	-0.012	-0.005	0.002	-0.010	-0.006
0.3*L2	-0.121	-0.067	-0.020	0.064	0.044	0.021	-0.018	-0.008	0.003	-0.014	-0.009
0.4*L2	-0.161	-0.088	-0.026	0.084	0.058	0.028	-0.024	-0.011	0.004	-0.017	-0.012
0.5*L2	-0.190	-0.106	-0.032	0.099	0.069	0.034	-0.028	-0.013	0.005	-0.017	-0.014
0.6*L2	-0.206	-0.115	-0.035	0.105	0.075	0.037	-0.029	-0.014	0.005	-0.015	-0.015
0.7*L2	-0.200	-0.112	-0.034	0.100	0.073	0.036	-0.027	-0.013	0.005	-0.011	-0.015
0.8*L2	-0.168	-0.095	-0.029	0.082	0.061	0.031	-0.021	-0.011	0.004	-0.005	-0.012
0.9*L2	-0.104	-0.059	-0.018	0.049	0.038	0.019	-0.012	-0.006	0.003	0.000	-0.008
1.0*L2	0.000	-0.000	0.000	-0.000	0.000	0.000	0.000	-0.000	0.000	-0.000	0.000
0.0*L1	-0.000	0.000	0.000	1.000	-0.000	-0.000	0.000	0.000	0.000	-0.000	0.000
0.1*L1	-0.233	0.160	0.051	0.891	-0.097	-0.052	0.022	0.015	-0.007	-0.020	0.020
0.2*L1	-0.364	0.397	0.132	0.767	-0.227	-0.130	0.039	0.036	-0.013	-0.045	0.049
				0.773							
0.3*L1	-0.418	0.208	0.251	0.641	0.630	-0.232	0.048	0.054	-0.015	-0.064	0.084
0.4*L1	-0.414	0.083	0.417	0.519	0.493	-0.357	0.051	0.064	-0.011	-0.072	0.119
0.5*L1	-0.371	0.010	0.637	0.405	0.370	-0.500	0.048	0.065	0.000	-0.071	0.137
						0.500					
0.6*L1	-0.302	-0.026	0.417	0.299	0.264	0.357	0.040	0.058	0.011	-0.061	0.119
0.7*L1	-0.220	-0.036	0.251	0.203	0.173	0.232	0.030	0.045	0.015	-0.046	0.084
0.8*L1	-0.136	-0.029	0.132	0.119	0.099	0.130	0.019	0.029	0.013	-0.029	0.049
0.9*L1	-0.059	-0.014	0.051	0.050	0.040	0.052	0.008	0.013	0.007	-0.013	0.020
0.0*L2	0.000	0.000	-0.000	-0.000	-0.000	-0.000	0.000	-0.000	0.000	-0.000	-0.000
0.2*L2	0.036	0.009	-0.029	-0.030	-0.024	-0.031	-0.005	-0.008	-0.004	0.008	-0.012
0.4*L2	0.043	0.011	-0.035	-0.035	-0.029	-0.037	-0.006	-0.009	-0.005	0.010	-0.015
0.6*L2	0.033	0.009	-0.026	-0.027	-0.022	-0.028	-0.005	-0.007	0.004	0.007	-0.012
0.8*L2	0.016	0.004	-0.013	-0.013	-0.011	-0.014	-0.002	-0.003	-0.002	0.004	-0.006
FAKTOR		a						a		1/a	

INFOLGE STRECKENLAST p=1

IN FELD

	M 0	M 0.2	M 0.5	Q 0	Q 0.2	Q 0.5	T 0	T 0.2	T 0.5	q 0	q 0.5
3L	0.095	0.052	0.016	-0.051	-0.035	-0.017	0.015	0.007	-0.002	0.012	0.007
2L	-0.383	-0.214	-0.064	0.195	0.139	0.069	-0.053	-0.026	0.010	-0.028	-0.028
1,BIS SPRUNG					-0.102	-0.506	0.016	-0.024			
1,REST	-1.272	0.359	1.151	2.194	1.223	0.506	0.153	0.174	0.024	-0.212	0.340
2R	0.080	0.021	-0.064	-0.066	-0.053	-0.069	-0.011	-0.017	-0.010	0.018	-0.028
3R	-0.019	-0.005	0.016	0.016	0.013	0.017	0.003	0.004	0.002	-0.004	0.007
SUMME(+)	0.175	0.433	1.182	2.405	1.375	0.592	0.170	0.201	0.036	0.029	0.354
SUMME(-)	-1.675	-0.219	-0.129	-0.117	-0.190	-0.592	-0.064	-0.043	-0.036	-0.244	-0.056
SUMME	-1.500	0.214	1.053	2.288	1.185	0.000	0.106	0.158	0.000	-0.215	0.299
FAKTOR		axa			a			axa			

INFOLGE EINZELMOMENT Mt=1

IN

	M 0	M 0.2	M 0.5	Q 0	Q 0.2	Q 0.5	T 0	T 0.2	T 0.5	q 0	q 0.5
0.0*L2	-0.050	-0.024	-0.006	0.036	0.018	0.007	-0.014	-0.005	0.001	-0.025	-0.003
0.1*L2	-0.100	-0.049	-0.014	0.068	0.036	0.015	-0.024	-0.009	0.002	-0.041	-0.007
0.2*L2	-0.155	-0.077	-0.021	0.105	0.057	0.024	-0.038	-0.013	0.003	-0.063	-0.011
0.3*L2	-0.211	-0.103	-0.028	0.146	0.077	0.032	-0.053	-0.019	0.004	-0.093	-0.015
0.4*L2	-0.260	-0.123	-0.033	0.191	0.095	0.038	-0.072	-0.024	0.004	-0.134	-0.018
0.5*L2	-0.299	-0.134	-0.034	0.240	0.109	0.040	-0.096	-0.030	0.004	-0.194	-0.021
0.6*L2	-0.324	-0.131	-0.029	0.297	0.118	0.037	-0.126	-0.037	0.003	-0.284	-0.022
0.7*L2	-0.333	-0.110	-0.018	0.370	0.122	0.028	-0.170	-0.046	0.001	-0.420	-0.022
0.8*L2	-0.330	-0.069	0.003	0.475	0.121	0.011	-0.235	-0.058	-0.003	-0.628	-0.021
0.9*L2	-0.327	-0.007	0.034	0.637	0.120	-0.015	-0.335	-0.077	-0.009	-0.950	-0.019
1.0*L2	-0.347	0.076	0.078	0.898	0.128	-0.051	-0.493	-0.108	-0.018	-1.445	-0.017
0.0*L1	-0.347	0.076	0.078	0.898	0.128	-0.051	0.507	-0.108	-0.018	-1.445	-0.017
0.1*L1	-0.472	0.236	0.184	1.225	0.207	-0.130	0.282	-0.209	-0.040	-0.750	-0.024
0.2*L1	-0.609	0.345	0.329	1.264	0.498	-0.220	0.182	-0.435	-0.076	-0.425	-0.066
								0.565			
0.3*L1	-0.690	0.300	0.506	1.162	0.764	-0.288	0.137	0.336	-0.138	-0.274	-0.193
0.4*L1	-0.701	0.190	0.681	0.997	0.772	-0.263	0.113	0.225	-0.257	-0.201	-0.507
0.5*L1	-0.649	0.088	0.772	0.810	0.668	0.000	0.095	0.166	-0.500	-0.158	-1.208
									0.500		
0.6*L1	-0.550	0.018	0.681	0.622	0.524	0.263	0.077	0.127	0.257	-0.125	-0.507
0.7*L1	-0.425	-0.017	0.506	0.447	0.377	0.288	0.059	0.094	0.138	-0.094	-0.193
0.8*L1	-0.291	-0.026	0.329	0.292	0.246	0.220	0.040	0.063	0.076	-0.064	-0.066
0.9*L1	-0.167	-0.018	0.184	0.164	0.138	0.130	0.023	0.036	0.040	-0.037	-0.024
0.0*L2	-0.067	-0.005	0.078	0.068	0.058	0.051	0.009	0.015	0.018	-0.015	-0.017
0.2*L2	0.009	0.008	0.003	-0.002	-0.001	-0.011	-0.001	-0.002	0.003	0.002	-0.021
0.4*L2	0.042	0.013	-0.029	-0.032	-0.026	-0.037	-0.006	-0.009	-0.003	0.009	-0.022
0.6*L2	0.043	0.012	-0.033	-0.034	-0.028	-0.038	-0.006	-0.009	-0.004	0.010	-0.018
0.8*L2	0.027	0.008	-0.021	-0.022	-0.018	-0.024	-0.004	-0.006	-0.003	0.006	-0.011
FAKTOR				1/a						1/(axa)	

INFOLGE STRECKENMOMENT mt=1

IN FELD

	M 0	M 0.2	M 0.5	Q 0	Q 0.2	Q 0.5	T 0	T 0.2	T 0.5	q 0	q 0.5
3L	0.090	0.052	0.016	-0.041	-0.033	-0.017	0.010	0.005	-0.002	-0.002	0.007
2L	-0.762	-0.236	-0.032	0.891	0.278	0.058	-0.416	-0.110	0.000	-1.048	-0.050
1,BIS SPRUNG					0.242	-0.485	-0.229	-0.372			
1,REST	-2.387	0.581	2.132	3.759	1.905	0.485	0.620	0.656	0.372	-1.390	-1.320
2R	0.061	0.025	-0.032	-0.041	-0.032	-0.058	-0.008	-0.013	-0.000	0.014	-0.050
3R	-0.020	-0.005	0.016	0.016	0.013	0.017	0.003	0.004	0.002	-0.004	0.007
SUMME(+)	0.150	0.658	2.164	4.667	2.439	0.559	0.633	0.665	0.375	0.014	0.013
SUMME(-)	-3.169	-0.241	-0.065	-0.082	-0.064	-0.559	-0.425	-0.353	-0.375	-2.445	-1.419
SUMME	-3.018	0.416	2.099	4.584	2.374	0.000	0.208	0.313	0.000	-2.431	-1.406
FAKTOR		a			a					1/a	

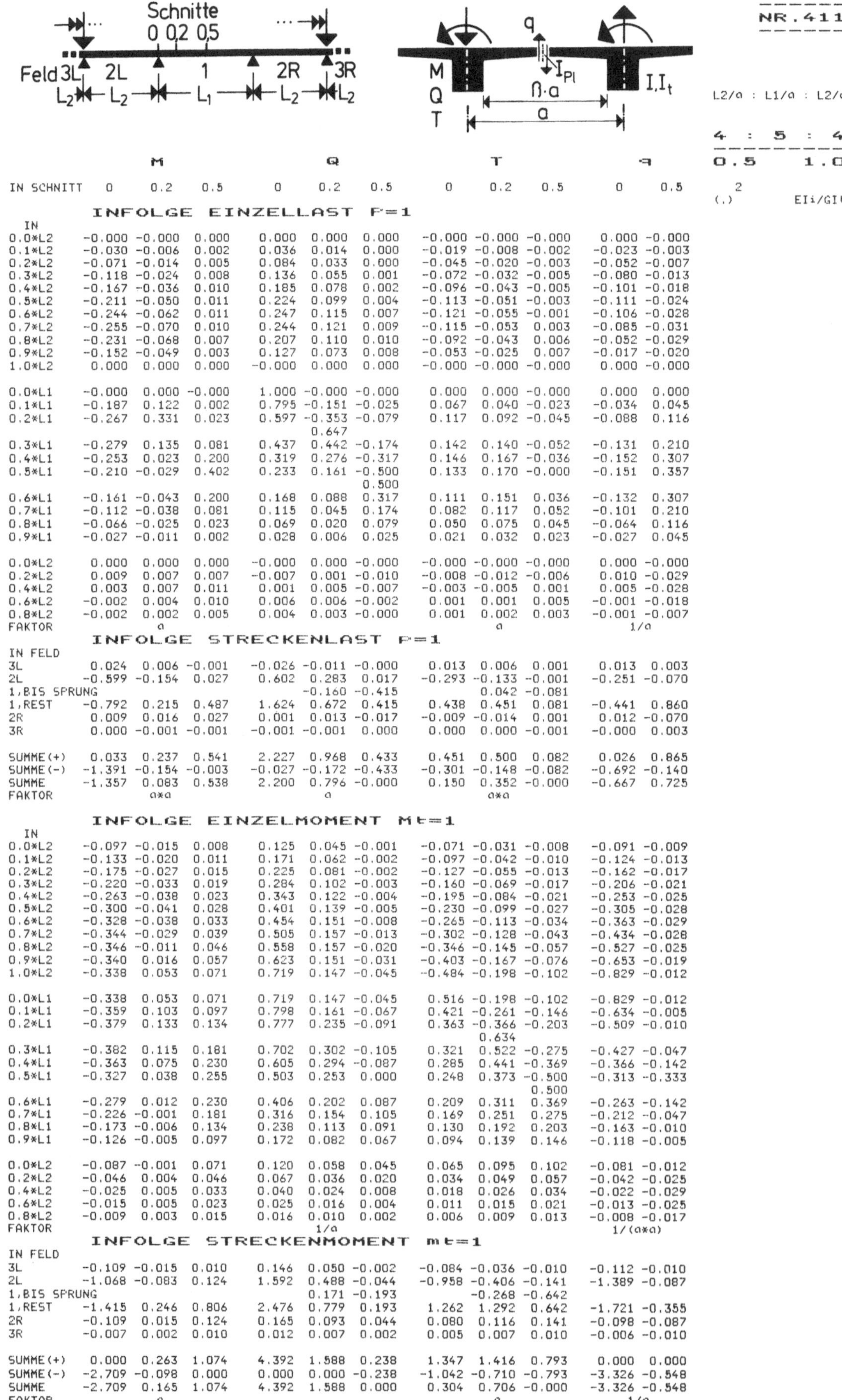

	M 0	M 0.2	M 0.5	Q 0	Q 0.2	Q 0.5	T 0	T 0.2	T 0.5	q 0	q 0.5
IN SCHNITT	0	0.2	0.5	0	0.2	0.5	0	0.2	0.5	0	0.5

INFOLGE EINZELLAST P=1

IN	M 0	M 0.2	M 0.5	Q 0	Q 0.2	Q 0.5	T 0	T 0.2	T 0.5	q 0	q 0.5
0.0*L2	-0.000	-0.000	0.000	0.000	0.000	0.000	-0.000	-0.000	-0.000	0.000	-0.000
0.1*L2	-0.030	-0.006	0.002	0.036	0.014	0.000	-0.019	-0.008	-0.002	-0.023	-0.003
0.2*L2	-0.071	-0.014	0.005	0.084	0.033	0.000	-0.045	-0.020	-0.003	-0.052	-0.007
0.3*L2	-0.118	-0.024	0.008	0.136	0.055	0.001	-0.072	-0.032	-0.005	-0.080	-0.013
0.4*L2	-0.167	-0.036	0.010	0.185	0.078	0.002	-0.096	-0.043	-0.005	-0.101	-0.018
0.5*L2	-0.211	-0.050	0.011	0.224	0.099	0.004	-0.113	-0.051	-0.003	-0.111	-0.024
0.6*L2	-0.244	-0.062	0.011	0.247	0.115	0.007	-0.121	-0.055	-0.001	-0.106	-0.028
0.7*L2	-0.255	-0.070	0.010	0.244	0.121	0.009	-0.115	-0.053	0.003	-0.085	-0.031
0.8*L2	-0.231	-0.068	0.007	0.207	0.110	0.010	-0.092	-0.043	0.006	-0.052	-0.029
0.9*L2	-0.152	-0.049	0.003	0.127	0.073	0.008	-0.053	-0.025	0.007	-0.017	-0.020
1.0*L2	0.000	0.000	0.000	-0.000	0.000	0.000	-0.000	-0.000	-0.000	0.000	-0.000
0.0*L1	-0.000	0.000	-0.000	1.000	-0.000	-0.000	0.000	0.000	-0.000	0.000	0.000
0.1*L1	-0.187	0.122	0.002	0.795	-0.151	-0.025	0.067	0.040	-0.023	-0.034	0.045
0.2*L1	-0.267	0.331	0.023	0.597	-0.353	-0.079	0.117	0.092	-0.045	-0.088	0.116
					0.647						
0.3*L1	-0.279	0.135	0.081	0.437	0.442	-0.174	0.142	0.140	-0.052	-0.131	0.210
0.4*L1	-0.253	0.023	0.200	0.319	0.276	-0.317	0.146	0.167	-0.036	-0.152	0.307
0.5*L1	-0.210	-0.029	0.402	0.233	0.161	-0.500	0.133	0.170	-0.000	-0.151	0.357
						0.500					
0.6*L1	-0.161	-0.043	0.200	0.168	0.088	0.317	0.111	0.151	0.036	-0.132	0.307
0.7*L1	-0.112	-0.038	0.081	0.115	0.045	0.174	0.082	0.117	0.052	-0.101	0.210
0.8*L1	-0.066	-0.025	0.023	0.069	0.020	0.079	0.050	0.075	0.045	-0.064	0.116
0.9*L1	-0.027	-0.011	0.002	0.028	0.006	0.025	0.021	0.032	0.023	-0.027	0.045
0.0*L2	0.000	0.000	0.000	-0.000	0.000	-0.000	-0.000	-0.000	-0.000	0.000	-0.000
0.2*L2	0.009	0.007	0.007	-0.007	0.001	-0.010	-0.008	-0.012	-0.006	0.010	-0.029
0.4*L2	0.003	0.007	0.011	0.001	0.005	-0.007	-0.003	-0.005	0.001	0.005	-0.028
0.6*L2	-0.002	0.004	0.010	0.006	0.006	-0.002	0.001	0.001	0.005	-0.001	-0.018
0.8*L2	-0.002	0.002	0.005	0.004	0.003	-0.000	0.001	0.002	0.003	-0.001	-0.007
FAKTOR	a						a			1/a	

INFOLGE STRECKENLAST p=1

IN FELD	M 0	M 0.2	M 0.5	Q 0	Q 0.2	Q 0.5	T 0	T 0.2	T 0.5	q 0	q 0.5
3L	0.024	0.006	-0.001	-0.026	-0.011	-0.000	0.013	0.006	0.001	0.013	0.003
2L	-0.599	-0.154	0.027	0.602	0.283	0.017	-0.293	-0.133	-0.001	-0.251	-0.070
1,BIS SPRUNG					-0.160	-0.415		0.042	-0.081		
1,REST	-0.792	0.215	0.487	1.624	0.672	0.415	0.438	0.451	0.081	-0.441	0.860
2R	0.009	0.016	0.027	0.001	0.013	-0.017	-0.009	-0.014	0.001	0.012	-0.070
3R	0.000	-0.001	-0.001	-0.001	-0.001	0.000	0.000	0.000	-0.001	-0.000	0.003
SUMME(+)	0.033	0.237	0.541	2.227	0.968	0.433	0.451	0.500	0.082	0.026	0.865
SUMME(-)	-1.391	-0.154	-0.003	-0.027	-0.172	-0.433	-0.301	-0.148	-0.082	-0.692	-0.140
SUMME	-1.357	0.083	0.538	2.200	0.796	-0.000	0.150	0.352	-0.000	-0.667	0.725
FAKTOR	a*a			a			a*a			1/a	

INFOLGE EINZELMOMENT Mt=1

IN	M 0	M 0.2	M 0.5	Q 0	Q 0.2	Q 0.5	T 0	T 0.2	T 0.5	q 0	q 0.5
0.0*L2	-0.097	-0.015	0.008	0.125	0.045	-0.001	-0.071	-0.031	-0.008	-0.091	-0.009
0.1*L2	-0.133	-0.020	0.011	0.171	0.062	-0.002	-0.097	-0.042	-0.010	-0.124	-0.013
0.2*L2	-0.175	-0.027	0.015	0.225	0.081	-0.002	-0.127	-0.055	-0.013	-0.162	-0.017
0.3*L2	-0.220	-0.033	0.019	0.284	0.102	-0.003	-0.160	-0.069	-0.017	-0.206	-0.021
0.4*L2	-0.263	-0.038	0.023	0.343	0.122	-0.004	-0.195	-0.084	-0.021	-0.253	-0.025
0.5*L2	-0.300	-0.041	0.028	0.401	0.139	-0.005	-0.230	-0.099	-0.027	-0.305	-0.028
0.6*L2	-0.328	-0.038	0.033	0.454	0.151	-0.008	-0.265	-0.113	-0.034	-0.363	-0.029
0.7*L2	-0.344	-0.029	0.039	0.505	0.157	-0.013	-0.302	-0.128	-0.043	-0.434	-0.028
0.8*L2	-0.346	-0.011	0.046	0.558	0.157	-0.020	-0.346	-0.145	-0.057	-0.527	-0.025
0.9*L2	-0.340	0.016	0.057	0.623	0.151	-0.031	-0.403	-0.167	-0.076	-0.653	-0.019
1.0*L2	-0.338	0.053	0.071	0.719	0.147	-0.045	-0.484	-0.198	-0.102	-0.829	-0.012
0.0*L1	-0.338	0.053	0.071	0.719	0.147	-0.045	0.516	-0.198	-0.102	-0.829	-0.012
0.1*L1	-0.359	0.103	0.097	0.798	0.161	-0.067	0.421	-0.261	-0.146	-0.634	-0.005
0.2*L1	-0.379	0.133	0.134	0.777	0.235	-0.091	0.363	-0.366	-0.203	-0.509	-0.010
							0.634				
0.3*L1	-0.382	0.115	0.181	0.702	0.302	-0.105	0.321	0.522	-0.275	-0.427	-0.047
0.4*L1	-0.363	0.075	0.230	0.605	0.294	-0.087	0.285	0.441	-0.369	-0.366	-0.142
0.5*L1	-0.327	0.038	0.255	0.503	0.253	0.000	0.248	0.373	-0.500	-0.313	-0.333
									0.500		
0.6*L1	-0.279	0.012	0.230	0.406	0.202	0.087	0.209	0.311	0.369	-0.263	-0.142
0.7*L1	-0.226	-0.001	0.181	0.316	0.154	0.105	0.169	0.251	0.275	-0.212	-0.047
0.8*L1	-0.173	-0.006	0.134	0.238	0.113	0.091	0.130	0.192	0.203	-0.163	-0.010
0.9*L1	-0.126	-0.005	0.097	0.172	0.082	0.067	0.094	0.139	0.146	-0.118	-0.005
0.0*L2	-0.087	-0.001	0.071	0.120	0.058	0.045	0.065	0.095	0.102	-0.081	-0.012
0.2*L2	-0.046	0.004	0.046	0.067	0.036	0.020	0.034	0.049	0.057	-0.042	-0.025
0.4*L2	-0.025	0.005	0.033	0.040	0.024	0.008	0.018	0.026	0.034	-0.022	-0.029
0.6*L2	-0.015	0.005	0.023	0.025	0.016	0.004	0.011	0.015	0.021	-0.013	-0.025
0.8*L2	-0.009	0.003	0.015	0.016	0.010	0.002	0.006	0.009	0.013	-0.008	-0.017
FAKTOR				1/a						1/(a*a)	

INFOLGE STRECKENMOMENT mt=1

IN FELD	M 0	M 0.2	M 0.5	Q 0	Q 0.2	Q 0.5	T 0	T 0.2	T 0.5	q 0	q 0.5
3L	-0.109	-0.015	0.010	0.146	0.050	-0.002	-0.084	-0.036	-0.010	-0.112	-0.010
2L	-1.068	-0.083	0.124	1.592	0.488	-0.044	-0.958	-0.406	-0.141	-1.389	-0.087
1,BIS SPRUNG					0.171	-0.193		-0.268	-0.642		
1,REST	-1.415	0.246	0.806	2.476	0.779	0.193	1.262	1.292	0.642	-1.721	-0.355
2R	-0.109	0.015	0.124	0.165	0.093	0.044	0.080	0.116	0.141	-0.098	-0.087
3R	-0.007	0.002	0.010	0.012	0.007	0.002	0.005	0.007	0.010	-0.006	-0.010
SUMME(+)	0.000	0.263	1.074	4.392	1.588	0.238	1.347	1.416	0.793	0.000	0.000
SUMME(-)	-2.709	-0.098	0.000	0.000	0.000	-0.238	-1.042	-0.710	-0.793	-3.326	-0.548
SUMME	-2.709	0.165	1.074	4.392	1.588	0.000	0.304	0.706	-0.000	-3.326	-0.548
FAKTOR	a			a			a			1/a	

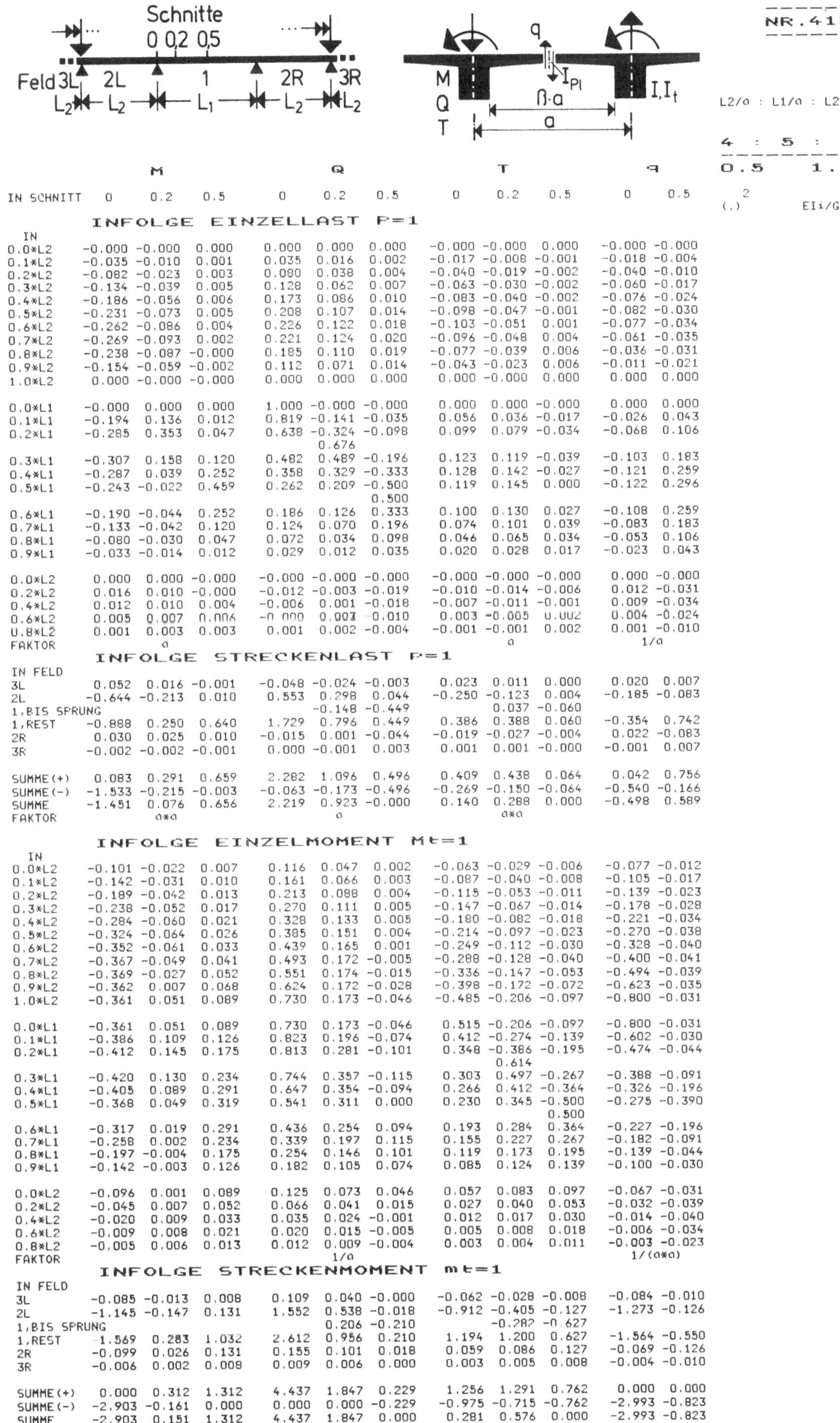

	M			Q			T			q	
IN SCHNITT	0	0.2	0.5	0	0.2	0.5	0	0.2	0.5	0	0.5

INFOLGE EINZELLAST P=1

IN	M:0	M:0.2	M:0.5	Q:0	Q:0.2	Q:0.5	T:0	T:0.2	T:0.5	q:0	q:0.5
0.0*L2	-0.000	-0.000	0.000	0.000	0.000	0.000	-0.000	-0.000	0.000	-0.000	-0.000
0.1*L2	-0.035	-0.010	0.001	0.035	0.016	0.002	-0.017	-0.008	-0.001	-0.018	-0.004
0.2*L2	-0.082	-0.023	0.003	0.080	0.038	0.004	-0.040	-0.019	-0.002	-0.040	-0.010
0.3*L2	-0.134	-0.039	0.005	0.128	0.062	0.007	-0.063	-0.030	-0.002	-0.060	-0.017
0.4*L2	-0.186	-0.056	0.006	0.173	0.086	0.010	-0.083	-0.040	-0.002	-0.076	-0.024
0.5*L2	-0.231	-0.073	0.005	0.208	0.107	0.014	-0.098	-0.047	-0.001	-0.082	-0.030
0.6*L2	-0.262	-0.086	0.004	0.226	0.122	0.018	-0.103	-0.051	0.001	-0.077	-0.034
0.7*L2	-0.269	-0.093	0.002	0.221	0.124	0.020	-0.096	-0.048	0.004	-0.061	-0.035
0.8*L2	-0.238	-0.087	-0.000	0.185	0.110	0.019	-0.077	-0.039	0.006	-0.036	-0.031
0.9*L2	-0.154	-0.059	-0.002	0.112	0.071	0.014	-0.043	-0.023	0.006	-0.011	-0.021
1.0*L2	0.000	0.000	0.000	0.000	0.000	0.000	0.000	0.000	0.000	0.000	0.000
0.0*L1	-0.000	0.000	0.000	1.000	-0.000	-0.000	0.000	0.000	-0.000	0.000	0.000
0.1*L1	-0.194	0.136	0.012	0.819	-0.141	-0.035	0.056	0.036	-0.017	-0.026	0.043
0.2*L1	-0.285	0.353	0.047	0.638	-0.324	-0.098	0.099	0.079	-0.034	-0.068	0.106
				0.676							
0.3*L1	-0.307	0.158	0.120	0.482	0.489	-0.196	0.123	0.119	-0.039	-0.103	0.183
0.4*L1	-0.287	0.039	0.252	0.358	0.329	-0.333	0.128	0.142	-0.027	-0.121	0.259
0.5*L1	-0.243	-0.022	0.459	0.262	0.209	-0.500	0.119	0.145	0.000	-0.122	0.296
						0.500					
0.6*L1	-0.190	-0.044	0.252	0.186	0.126	0.333	0.100	0.130	0.027	-0.108	0.259
0.7*L1	-0.133	-0.042	0.120	0.124	0.070	0.196	0.074	0.101	0.039	-0.083	0.183
0.8*L1	-0.080	-0.030	0.047	0.072	0.034	0.098	0.046	0.065	0.034	-0.053	0.106
0.9*L1	-0.033	-0.014	0.012	0.029	0.012	0.035	0.020	0.028	0.017	-0.023	0.043
0.0*L2	0.000	0.000	-0.000	-0.000	-0.000	-0.000	-0.000	-0.000	-0.000	0.000	-0.000
0.2*L2	0.016	0.010	-0.000	-0.012	-0.003	-0.019	-0.010	-0.014	-0.006	0.012	-0.031
0.4*L2	0.012	0.010	0.004	-0.006	0.001	-0.018	-0.007	-0.011	-0.001	0.009	-0.034
0.6*L2	0.005	0.007	0.006	-0.000	0.003	-0.010	0.003	-0.005	0.002	0.004	-0.024
0.8*L2	0.001	0.003	0.003	0.001	0.002	-0.004	-0.001	-0.001	0.002	0.001	-0.010
FAKTOR		a						a		1/a	

INFOLGE STRECKENLAST P=1

IN FELD	M:0	M:0.2	M:0.5	Q:0	Q:0.2	Q:0.5	T:0	T:0.2	T:0.5	q:0	q:0.5
3L	0.052	0.016	-0.001	-0.048	-0.024	-0.003	0.023	0.011	0.000	0.020	0.007
2L	-0.644	-0.213	0.010	0.553	0.298	0.044	-0.250	-0.123	0.004	-0.185	-0.083
1,BIS SPRUNG					-0.148	-0.449		0.037	-0.060		
1,REST	-0.888	0.250	0.640	1.729	0.796	0.449	0.386	0.388	0.060	-0.354	0.742
2R	0.030	0.025	0.010	-0.015	0.001	-0.044	-0.019	-0.027	-0.004	0.022	-0.083
3R	-0.002	-0.002	-0.001	0.000	-0.001	0.003	0.001	0.001	-0.000	-0.001	0.007
SUMME(+)	0.083	0.291	0.659	2.282	1.096	0.496	0.409	0.438	0.064	0.042	0.756
SUMME(-)	-1.533	-0.215	-0.003	-0.063	-0.173	-0.496	-0.269	-0.150	-0.064	-0.540	-0.166
SUMME	-1.451	0.076	0.656	2.219	0.923	-0.000	0.140	0.288	0.000	-0.498	0.589
FAKTOR		a*a			a			a*a			

INFOLGE EINZELMOMENT Mt=1

IN	M:0	M:0.2	M:0.5	Q:0	Q:0.2	Q:0.5	T:0	T:0.2	T:0.5	q:0	q:0.5
0.0*L2	-0.101	-0.022	0.007	0.116	0.047	0.002	-0.063	-0.029	-0.006	-0.077	-0.012
0.1*L2	-0.142	-0.031	0.010	0.161	0.066	0.003	-0.087	-0.040	-0.008	-0.105	-0.017
0.2*L2	-0.189	-0.042	0.013	0.213	0.088	0.004	-0.115	-0.053	-0.011	-0.139	-0.023
0.3*L2	-0.238	-0.052	0.017	0.270	0.111	0.005	-0.147	-0.067	-0.014	-0.178	-0.028
0.4*L2	-0.284	-0.060	0.021	0.328	0.133	0.005	-0.180	-0.082	-0.018	-0.221	-0.034
0.5*L2	-0.324	-0.064	0.026	0.385	0.151	0.004	-0.214	-0.097	-0.023	-0.270	-0.038
0.6*L2	-0.352	-0.061	0.033	0.439	0.165	0.001	-0.249	-0.112	-0.030	-0.328	-0.040
0.7*L2	-0.367	-0.049	0.041	0.493	0.172	-0.005	-0.288	-0.128	-0.040	-0.400	-0.041
0.8*L2	-0.369	-0.027	0.052	0.551	0.174	-0.015	-0.336	-0.147	-0.053	-0.494	-0.039
0.9*L2	-0.362	0.007	0.068	0.624	0.172	-0.028	-0.398	-0.172	-0.072	-0.623	-0.035
1.0*L2	-0.361	0.051	0.089	0.730	0.173	-0.046	-0.485	-0.206	-0.097	-0.800	-0.031
0.0*L1	-0.361	0.051	0.089	0.730	0.173	-0.046	0.515	-0.206	-0.097	-0.800	-0.031
0.1*L1	-0.386	0.109	0.126	0.823	0.196	-0.074	0.412	-0.274	-0.139	-0.602	-0.030
0.2*L1	-0.412	0.145	0.175	0.813	0.281	-0.101	0.348	-0.386	-0.195	-0.474	-0.044
								0.614			
0.3*L1	-0.420	0.130	0.234	0.744	0.357	-0.115	0.303	0.497	-0.267	-0.388	-0.091
0.4*L1	-0.405	0.089	0.291	0.647	0.354	-0.094	0.266	0.412	-0.364	-0.326	-0.196
0.5*L1	-0.368	0.049	0.319	0.541	0.311	0.000	0.230	0.345	-0.500	-0.275	-0.390
									0.500		
0.6*L1	-0.317	0.019	0.291	0.436	0.254	0.094	0.193	0.284	0.364	-0.227	-0.196
0.7*L1	-0.258	0.002	0.234	0.339	0.197	0.115	0.155	0.227	0.267	-0.182	-0.091
0.8*L1	-0.197	-0.004	0.175	0.254	0.146	0.101	0.119	0.173	0.195	-0.139	-0.044
0.9*L1	-0.142	-0.003	0.126	0.182	0.105	0.074	0.085	0.124	0.139	-0.100	-0.030
0.0*L2	-0.096	0.001	0.089	0.125	0.073	0.046	0.057	0.083	0.097	-0.067	-0.031
0.2*L2	-0.045	0.007	0.052	0.066	0.041	0.015	0.027	0.040	0.053	-0.032	-0.039
0.4*L2	-0.020	0.009	0.033	0.035	0.024	-0.001	0.012	0.017	0.030	-0.014	-0.040
0.6*L2	-0.009	0.008	0.021	0.020	0.015	-0.005	0.005	0.008	0.018	-0.006	-0.034
0.8*L2	-0.005	0.006	0.013	0.012	0.009	-0.004	0.003	0.004	0.011	-0.003	-0.023
FAKTOR					1/a					1/(a*a)	

INFOLGE STRECKENMOMENT mt=1

IN FELD	M:0	M:0.2	M:0.5	Q:0	Q:0.2	Q:0.5	T:0	T:0.2	T:0.5	q:0	q:0.5
3L	-0.085	-0.013	0.008	0.109	0.040	-0.000	-0.062	-0.028	-0.008	-0.084	-0.010
2L	-1.145	-0.147	0.131	1.552	0.538	-0.018	-0.912	-0.405	-0.127	-1.273	-0.126
1,BIS SPRUNG					0.206	-0.210		-0.282	-0.627		
1,REST	-1.569	0.283	1.032	2.612	0.956	0.210	1.194	1.200	0.627	-1.564	-0.550
2R	-0.099	0.026	0.131	0.155	0.101	0.018	0.059	0.086	0.127	-0.069	-0.126
3R	-0.006	0.002	0.008	0.009	0.006	0.000	0.003	0.005	0.008	-0.004	-0.010
SUMME(+)	0.000	0.312	1.312	4.437	1.847	0.229	1.256	1.291	0.762	0.000	0.000
SUMME(-)	-2.903	-0.161	0.000	0.000	0.000	-0.229	-0.975	-0.715	-0.762	-2.993	-0.823
SUMME	-2.903	0.151	1.312	4.437	1.847	0.000	0.281	0.576	0.000	-2.993	-0.823
FAKTOR		a						a		1/a	

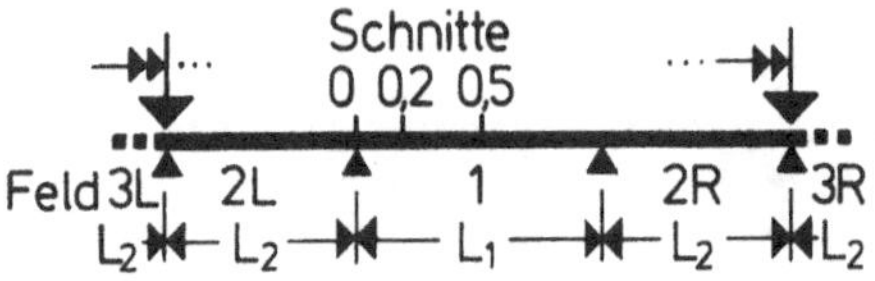

Schnitte: 0 0,2 0,5

Feld 3L | 2L | 1 | 2R | 3R
L_2 | L_2 | L_1 | L_2 | L_2

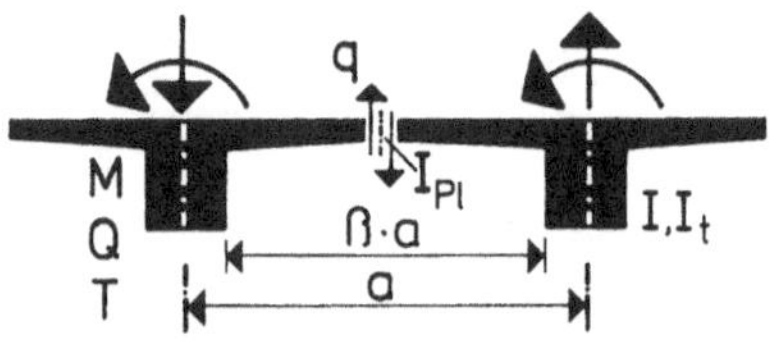

L2/a : L1/a : L2/a

4 : 5 : 4

0.5   2.5

$(.)^2$ EIi/GIt

INFOLGE EINZELLAST P=1

IN SCHNITT	M 0	M 0.2	M 0.5	Q 0	Q 0.2	Q 0.5	T 0	T 0.2	T 0.5	q 0	q 0.5
0.0*L2	-0.000	-0.000	0.000	0.000	0.000	0.000	-0.000	0.000	-0.000	0.000	-0.000
0.1*L2	-0.041	-0.016	-0.001	0.032	0.018	0.004	-0.014	-0.007	-0.000	-0.012	-0.005
0.2*L2	-0.094	-0.036	-0.002	0.073	0.041	0.009	-0.032	-0.017	-0.001	-0.027	-0.012
0.3*L2	-0.151	-0.059	-0.003	0.116	0.067	0.016	-0.051	-0.026	-0.001	-0.041	-0.019
0.4*L2	-0.206	-0.082	-0.005	0.154	0.091	0.022	-0.066	-0.034	-0.000	-0.050	-0.026
0.5*L2	-0.251	-0.103	-0.008	0.183	0.110	0.028	-0.077	-0.040	0.001	-0.053	-0.032
0.6*L2	-0.280	-0.118	-0.011	0.197	0.122	0.032	-0.080	-0.043	0.002	-0.049	-0.035
0.7*L2	-0.281	-0.122	-0.013	0.191	0.123	0.034	-0.074	-0.040	0.004	-0.038	-0.035
0.8*L2	-0.244	-0.109	-0.013	0.158	0.106	0.031	-0.059	-0.033	0.005	-0.022	-0.031
0.9*L2	-0.155	-0.071	-0.010	0.095	0.067	0.021	-0.033	-0.019	0.004	-0.006	-0.019
1.0*L2	-0.000	-0.000	0.000	0.000	-0.000	0.000	-0.000	0.000	1.000	0.000	-0.000
0.0*L1	-0.000	0.000	0.000	1.000	-0.000	-0.000	0.000	0.000	-0.000	0.000	0.000
0.1*L1	-0.202	0.151	0.027	0.846	-0.126	-0.045	0.043	0.029	-0.011	-0.018	0.037
0.2*L1	-0.307	0.379	0.080	0.685	-0.287	-0.117	0.077	0.063	-0.022	-0.048	0.088
					0.713						
0.3*L1	-0.341	0.186	0.173	0.538	0.545	-0.218	0.097	0.093	-0.025	-0.073	0.146
0.4*L1	-0.328	0.061	0.320	0.410	0.394	-0.348	0.103	0.111	-0.017	-0.087	0.200
0.5*L1	-0.285	-0.008	0.533	0.304	0.272	-0.500	0.098	0.114	0.000	-0.089	0.226
						0.500					
0.6*L1	-0.227	-0.038	0.320	0.216	0.177	0.348	0.083	0.103	0.017	-0.080	0.200
0.7*L1	-0.162	-0.042	0.173	0.143	0.107	0.218	0.063	0.081	0.025	-0.063	0.146
0.8*L1	-0.098	-0.032	0.080	0.082	0.057	0.117	0.039	0.052	0.022	-0.041	0.088
0.9*L1	-0.042	-0.015	0.027	0.034	0.022	0.045	0.017	0.023	0.011	-0.018	0.037
0.0*L2	0.000	0.000	-0.000	-0.000	-0.000	-0.000	-0.000	0.000	0.000	0.000	-0.000
0.2*L2	0.027	0.012	-0.013	-0.019	-0.011	-0.031	-0.011	-0.015	-0.005	0.011	-0.031
0.4*L2	0.026	0.014	-0.011	-0.016	-0.009	-0.032	-0.010	-0.014	-0.002	0.011	-0.035
0.6*L2	0.016	0.010	-0.005	-0.009	-0.005	-0.022	-0.006	-0.008	0.000	0.007	-0.026
0.8*L2	0.007	0.004	-0.002	-0.003	-0.002	-0.009	-0.003	-0.003	0.001	0.003	-0.012
FAKTOR	a						a			1/a	

INFOLGE STRECKENLAST P=1

IN FELD	M 0	M 0.2	M 0.5	Q 0	Q 0.2	Q 0.5	T 0	T 0.2	T 0.5	q 0	q 0.5
3L	0.090	0.036	0.002	-0.067	-0.040	-0.010	0.029	0.015	-0.000	0.021	0.011
2L	-0.689	-0.290	-0.026	0.484	0.301	0.079	-0.196	-0.105	0.006	-0.120	-0.087
1,BIS SPRUNG				-0.132	-0.484		0.030	-0.039			
1,REST	-1.008	0.304	0.847	1.875	0.958	0.484	0.312	0.307	0.039	-0.260	0.587
2R	0.064	0.034	-0.026	-0.040	-0.023	-0.079	-0.026	-0.034	-0.006	0.027	-0.087
3R	-0.007	-0.004	0.002	0.004	0.002	0.010	0.003	0.004	0.000	-0.003	0.011
SUMME(+)	0.154	0.374	0.852	2.364	1.261	0.573	0.344	0.356	0.046	0.048	0.610
SUMME(-)	-1.704	-0.294	-0.053	-0.107	-0.195	-0.573	-0.222	-0.139	-0.046	-0.382	-0.174
SUMME	-1.550	0.080	0.800	2.256	1.066	-0.000	0.122	0.217	0.000	-0.335	0.436
FAKTOR	a*a			a			a*a				

INFOLGE EINZELMOMENT Mt=1

IN	M 0	M 0.2	M 0.5	Q 0	Q 0.2	Q 0.5	T 0	T 0.2	T 0.5	q 0	q 0.5
0.0*L2	-0.104	-0.030	0.004	0.103	0.048	0.006	-0.054	-0.026	-0.005	-0.063	-0.013
0.1*L2	-0.151	-0.045	0.005	0.147	0.069	0.009	-0.076	-0.037	-0.007	-0.087	-0.019
0.2*L2	-0.203	-0.061	0.007	0.197	0.092	0.013	-0.101	-0.049	-0.009	-0.116	-0.026
0.3*L2	-0.256	-0.076	0.009	0.251	0.117	0.016	-0.129	-0.063	-0.012	-0.150	-0.033
0.4*L2	-0.306	-0.088	0.013	0.306	0.140	0.018	-0.160	-0.077	-0.016	-0.190	-0.039
0.5*L2	-0.347	-0.093	0.018	0.362	0.160	0.017	-0.193	-0.092	-0.021	-0.236	-0.045
0.6*L2	-0.376	-0.089	0.027	0.417	0.175	0.014	-0.229	-0.108	-0.028	-0.294	-0.049
0.7*L2	-0.391	-0.074	0.039	0.475	0.185	0.006	-0.271	-0.126	-0.037	-0.367	-0.051
0.8*L2	-0.392	-0.046	0.056	0.540	0.189	-0.006	-0.323	-0.148	-0.050	-0.463	-0.052
0.9*L2	-0.386	-0.004	0.080	0.624	0.193	-0.024	-0.392	-0.176	-0.068	-0.594	-0.052
1.0*L2	-0.387	0.049	0.112	0.743	0.202	-0.046	-0.487	-0.216	-0.092	-0.771	-0.054
0.0*L1	-0.387	0.049	0.112	0.743	0.202	-0.046	0.513	-0.216	-0.092	-0.771	-0.054
0.1*L1	-0.417	0.118	0.165	0.854	0.238	-0.079	0.401	-0.291	-0.133	-0.570	-0.062
0.2*L1	-0.451	0.163	0.230	0.859	0.336	-0.110	0.328	-0.411	-0.187	-0.437	-0.088
								0.589			
0.3*L1	-0.466	0.151	0.304	0.799	0.424	-0.125	0.278	0.465	-0.260	-0.347	-0.148
0.4*L1	-0.455	0.110	0.372	0.705	0.427	-0.101	0.238	0.377	-0.359	-0.283	-0.263
0.5*L1	-0.419	0.066	0.404	0.594	0.385	0.000	0.203	0.308	-0.500	-0.232	-0.461
									0.500		
0.6*L1	-0.364	0.032	0.372	0.482	0.321	0.101	0.169	0.249	0.359	-0.189	-0.263
0.7*L1	-0.298	0.011	0.304	0.376	0.253	0.125	0.135	0.196	0.260	-0.149	-0.148
0.8*L1	-0.228	0.002	0.230	0.280	0.189	0.110	0.102	0.148	0.187	-0.113	-0.088
0.9*L1	-0.162	0.002	0.165	0.200	0.135	0.079	0.073	0.105	0.133	-0.080	-0.062
0.0*L2	-0.106	0.005	0.112	0.135	0.092	0.046	0.048	0.070	0.092	-0.053	-0.054
0.2*L2	-0.043	0.012	0.056	0.066	0.046	0.006	0.020	0.030	0.050	-0.023	-0.052
0.4*L2	-0.011	0.014	0.027	0.029	0.021	-0.014	0.006	0.010	0.028	-0.007	-0.049
0.6*L2	0.001	0.012	0.013	0.013	0.010	-0.018	0.001	0.002	0.016	-0.001	-0.039
0.8*L2	0.002	0.008	0.007	0.006	0.005	-0.013	-0.000	0.000	0.009	0.000	-0.026
FAKTOR				1/a						1/(a*a)	

INFOLGE STRECKENMOMENT mt=1

IN FELD	M 0	M 0.2	M 0.5	Q 0	Q 0.2	Q 0.5	T 0	T 0.2	T 0.5	q 0	q 0.5
3L	-0.050	-0.004	0.008	0.073	0.025	-0.001	-0.044	-0.020	-0.007	-0.065	-0.007
2L	-1.222	-0.229	0.124	1.493	0.578	0.018	-0.855	-0.398	-0.118	-1.159	-0.160
1,BIS SPRUNG				0.248	-0.227		-0.299	-0.612			
1,REST	-1.756	0.344	1.332	2.804	1.182	0.227	1.098	1.084	0.612	-1.397	-0.797
2R	-0.078	0.042	0.124	0.141	0.099	-0.018	0.038	0.059	0.118	-0.044	-0.160
3R	-0.007	0.001	0.008	0.010	0.007	0.001	0.003	0.005	0.007	-0.003	-0.007
SUMME(+)	0.000	0.388	1.597	4.520	2.138	0.247	1.139	1.147	0.737	0.000	0.000
SUMME(-)	-3.113	-0.233	0.000	0.000	0.000	-0.247	-0.899	-0.716	-0.737	-2.668	-1.132
SUMME	-3.113	0.154	1.597	4.520	2.138	0.000	0.240	0.431	0.000	-2.668	-1.132
FAKTOR	a			a			a			1/a	

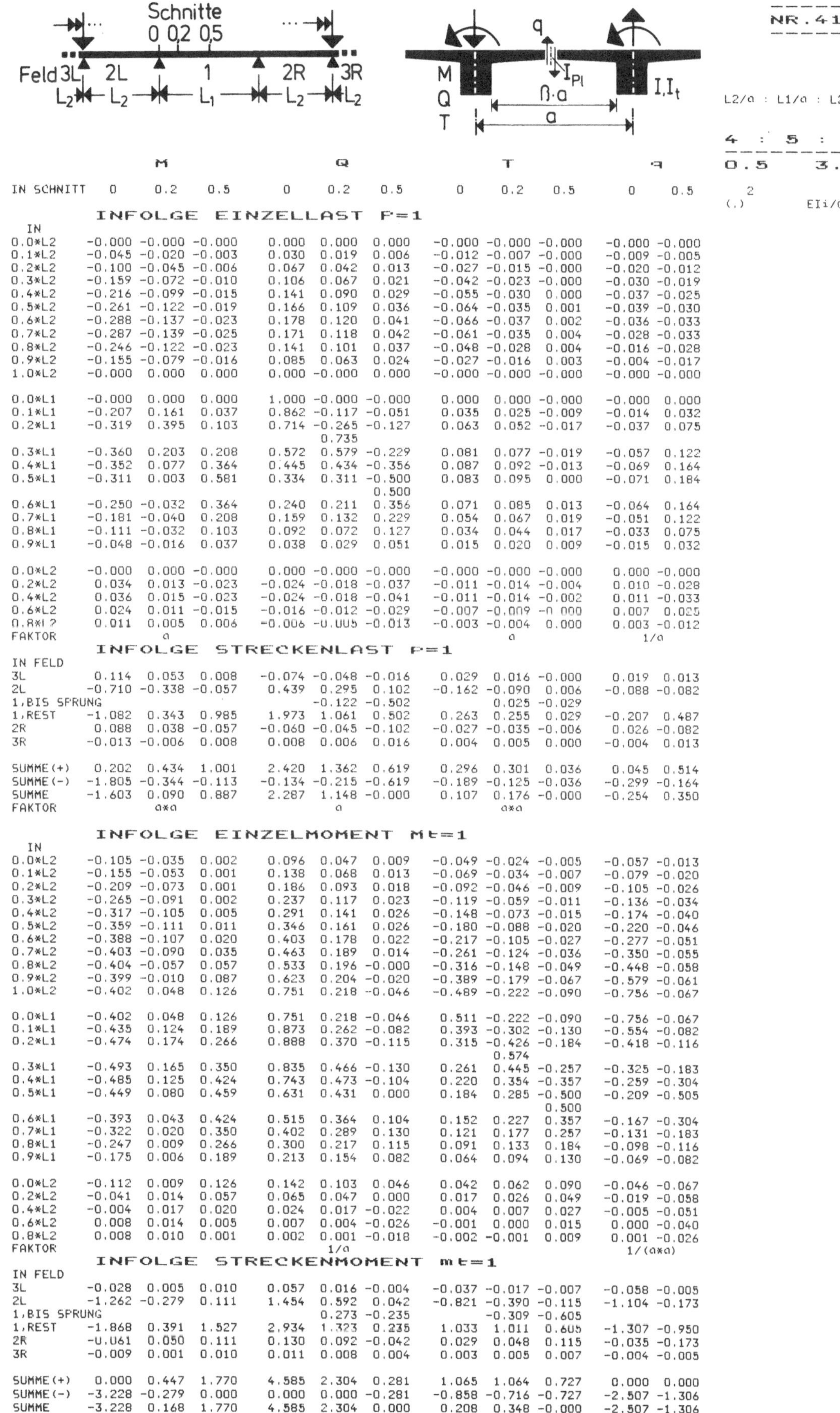

	M			Q			T			q	
IN SCHNITT	0	0.2	0.5	0	0.2	0.5	0	0.2	0.5	0	0.5

INFOLGE EINZELLAST P=1

IN

	0	0.2	0.5	0	0.2	0.5	0	0.2	0.5	0	0.5
0.0*L2	-0.000	-0.000	-0.000	0.000	0.000	0.000	-0.000	-0.000	-0.000	-0.000	-0.000
0.1*L2	-0.045	-0.020	-0.003	0.030	0.019	0.006	-0.012	-0.007	-0.000	-0.009	-0.005
0.2*L2	-0.100	-0.045	-0.006	0.067	0.042	0.013	-0.027	-0.015	-0.000	-0.020	-0.012
0.3*L2	-0.159	-0.072	-0.010	0.106	0.067	0.021	-0.042	-0.023	-0.000	-0.030	-0.019
0.4*L2	-0.216	-0.099	-0.015	0.141	0.090	0.029	-0.055	-0.030	0.000	-0.037	-0.025
0.5*L2	-0.261	-0.122	-0.019	0.166	0.109	0.036	-0.064	-0.035	0.001	-0.039	-0.030
0.6*L2	-0.288	-0.137	-0.023	0.178	0.120	0.041	-0.066	-0.037	0.002	-0.036	-0.033
0.7*L2	-0.287	-0.139	-0.025	0.171	0.118	0.042	-0.061	-0.035	0.004	-0.028	-0.033
0.8*L2	-0.246	-0.122	-0.023	0.141	0.101	0.037	-0.048	-0.028	0.004	-0.016	-0.028
0.9*L2	-0.155	-0.079	-0.016	0.085	0.063	0.024	-0.027	-0.016	0.003	-0.004	-0.017
1.0*L2	-0.000	0.000	0.000	0.000	-0.000	0.000	-0.000	-0.000	-0.000	-0.000	-0.000
0.0*L1	-0.000	0.000	0.000	1.000	-0.000	-0.000	0.000	0.000	-0.000	-0.000	0.000
0.1*L1	-0.207	0.161	0.037	0.862	-0.117	-0.051	0.035	0.025	-0.009	-0.014	0.032
0.2*L1	-0.319	0.395	0.103	0.714	-0.265	-0.127	0.063	0.052	-0.017	-0.037	0.075
					0.735						
0.3*L1	-0.360	0.203	0.208	0.572	0.579	-0.229	0.081	0.077	-0.019	-0.057	0.122
0.4*L1	-0.352	0.077	0.364	0.445	0.434	-0.356	0.087	0.092	-0.013	-0.069	0.164
0.5*L1	-0.311	0.003	0.581	0.334	0.311	-0.500	0.083	0.095	0.000	-0.071	0.184
						0.500					
0.6*L1	-0.250	-0.032	0.364	0.240	0.211	0.356	0.071	0.085	0.013	-0.064	0.164
0.7*L1	-0.181	-0.040	0.208	0.159	0.132	0.229	0.054	0.067	0.019	-0.051	0.122
0.8*L1	-0.111	-0.032	0.103	0.092	0.072	0.127	0.034	0.044	0.017	-0.033	0.075
0.9*L1	-0.048	-0.016	0.037	0.038	0.029	0.051	0.015	0.020	0.009	-0.015	0.032
0.0*L2	-0.000	0.000	-0.000	0.000	-0.000	-0.000	-0.000	-0.000	-0.000	0.000	-0.000
0.2*L2	0.034	0.013	-0.023	-0.024	-0.018	-0.037	-0.011	-0.014	-0.004	0.010	-0.028
0.4*L2	0.036	0.015	-0.023	-0.024	-0.018	-0.041	-0.011	-0.014	-0.002	0.011	-0.033
0.6*L2	0.024	0.011	-0.015	-0.016	-0.012	-0.029	-0.007	-0.009	-0.000	0.007	0.025
0.8*L2	0.011	0.005	0.006	-0.006	-0.005	-0.013	-0.003	-0.004	0.000	0.003	-0.012
FAKTOR	a						a			1/a	

INFOLGE STRECKENLAST P=1

IN FELD

	0	0.2	0.5	0	0.2	0.5	0	0.2	0.5	0	0.5
3L	0.114	0.053	0.008	-0.074	-0.048	-0.016	0.029	0.016	-0.000	0.019	0.013
2L	-0.710	-0.338	-0.057	0.439	0.295	0.102	-0.162	-0.090	0.006	-0.088	-0.082
1,BIS SPRUNG					-0.122	-0.502		0.025	-0.029		
1,REST	-1.082	0.343	0.985	1.973	1.061	0.502	0.263	0.255	0.029	-0.207	0.487
2R	0.088	0.038	-0.057	-0.060	-0.045	-0.102	-0.027	-0.035	-0.006	0.026	-0.082
3R	-0.013	-0.006	0.008	0.008	0.006	0.016	0.004	0.005	0.000	-0.004	0.013
SUMME(+)	0.202	0.434	1.001	2.420	1.362	0.619	0.296	0.301	0.036	0.045	0.514
SUMME(-)	-1.805	-0.344	-0.113	-0.134	-0.215	-0.619	-0.189	-0.125	-0.036	-0.299	-0.164
SUMME	-1.603	0.090	0.887	2.287	1.148	-0.000	0.107	0.176	-0.000	-0.254	0.350
FAKTOR	a*a			a			a*a				

INFOLGE EINZELMOMENT Mt=1

IN

	0	0.2	0.5	0	0.2	0.5	0	0.2	0.5	0	0.5
0.0*L2	-0.105	-0.035	0.002	0.096	0.047	0.009	-0.049	-0.024	-0.005	-0.057	-0.013
0.1*L2	-0.155	-0.053	0.001	0.138	0.068	0.013	-0.069	-0.034	-0.007	-0.079	-0.020
0.2*L2	-0.209	-0.073	0.001	0.186	0.093	0.018	-0.092	-0.046	-0.009	-0.105	-0.026
0.3*L2	-0.265	-0.091	0.002	0.237	0.117	0.023	-0.119	-0.059	-0.011	-0.136	-0.034
0.4*L2	-0.317	-0.105	0.005	0.291	0.141	0.026	-0.148	-0.073	-0.015	-0.174	-0.040
0.5*L2	-0.359	-0.111	0.011	0.346	0.161	0.026	-0.180	-0.088	-0.020	-0.220	-0.046
0.6*L2	-0.388	-0.107	0.020	0.403	0.178	0.022	-0.217	-0.105	-0.027	-0.277	-0.051
0.7*L2	-0.403	-0.090	0.035	0.463	0.189	0.014	-0.261	-0.124	-0.036	-0.350	-0.055
0.8*L2	-0.404	-0.057	0.057	0.533	0.196	-0.000	-0.316	-0.148	-0.049	-0.448	-0.058
0.9*L2	-0.399	-0.010	0.087	0.623	0.204	-0.020	-0.389	-0.179	-0.067	-0.579	-0.061
1.0*L2	-0.402	0.048	0.126	0.751	0.218	-0.046	-0.489	-0.222	-0.090	-0.756	-0.067
0.0*L1	-0.402	0.048	0.126	0.751	0.218	-0.046	0.511	-0.222	-0.090	-0.756	-0.067
0.1*L1	-0.435	0.124	0.189	0.873	0.262	-0.082	0.393	-0.302	-0.130	-0.554	-0.082
0.2*L1	-0.474	0.174	0.266	0.888	0.370	-0.115	0.315	-0.426	-0.184	-0.418	-0.116
								0.574			
0.3*L1	-0.493	0.165	0.350	0.835	0.466	-0.130	0.261	0.445	-0.257	-0.325	-0.183
0.4*L1	-0.485	0.125	0.424	0.743	0.473	-0.104	0.220	0.354	-0.357	-0.259	-0.304
0.5*L1	-0.449	0.080	0.459	0.631	0.431	0.000	0.184	0.285	-0.500	-0.209	-0.505
									0.500		
0.6*L1	-0.393	0.043	0.424	0.515	0.364	0.104	0.152	0.227	0.357	-0.167	-0.304
0.7*L1	-0.322	0.020	0.350	0.402	0.289	0.130	0.121	0.177	0.257	-0.131	-0.183
0.8*L1	-0.247	0.009	0.266	0.300	0.217	0.115	0.091	0.133	0.184	-0.098	-0.116
0.9*L1	-0.175	0.006	0.189	0.213	0.154	0.082	0.064	0.094	0.130	-0.069	-0.082
0.0*L2	-0.112	0.009	0.126	0.142	0.103	0.046	0.042	0.062	0.090	-0.046	-0.067
0.2*L2	-0.041	0.014	0.057	0.065	0.047	0.000	0.017	0.026	0.049	-0.019	-0.058
0.4*L2	-0.004	0.017	0.020	0.024	0.017	-0.022	0.004	0.007	0.027	-0.005	-0.051
0.6*L2	0.008	0.014	0.005	0.007	0.004	-0.026	-0.001	0.000	0.015	0.000	-0.040
0.8*L2	0.008	0.010	0.001	0.002	0.001	-0.018	-0.002	-0.001	0.009	0.001	-0.026
FAKTOR				1/a			1/(a*a)				

INFOLGE STRECKENMOMENT mt=1

IN FELD

	0	0.2	0.5	0	0.2	0.5	0	0.2	0.5	0	0.5
3L	-0.028	0.005	0.010	0.057	0.016	-0.004	-0.037	-0.017	-0.007	-0.058	-0.005
2L	-1.262	-0.279	0.111	1.454	0.592	0.042	-0.821	-0.390	-0.115	-1.104	-0.173
1,BIS SPRUNG					0.273	-0.235		-0.309	-0.605		
1,REST	-1.868	0.391	1.527	2.934	1.323	0.235	1.033	1.011	0.605	-1.307	-0.950
2R	-0.061	0.050	0.111	0.130	0.092	-0.042	0.029	0.048	0.115	-0.035	-0.173
3R	-0.009	0.001	0.010	0.011	0.008	0.004	0.003	0.005	0.007	-0.004	-0.005
SUMME(+)	0.000	0.447	1.770	4.585	2.304	0.281	1.065	1.064	0.727	0.000	0.000
SUMME(-)	-3.228	-0.279	0.000	0.000	0.000	-0.281	-0.858	-0.716	-0.727	-2.507	-1.306
SUMME	-3.228	0.168	1.770	4.585	2.304	0.000	0.208	0.348	-0.000	-2.507	-1.306
FAKTOR	a						a			1/a	

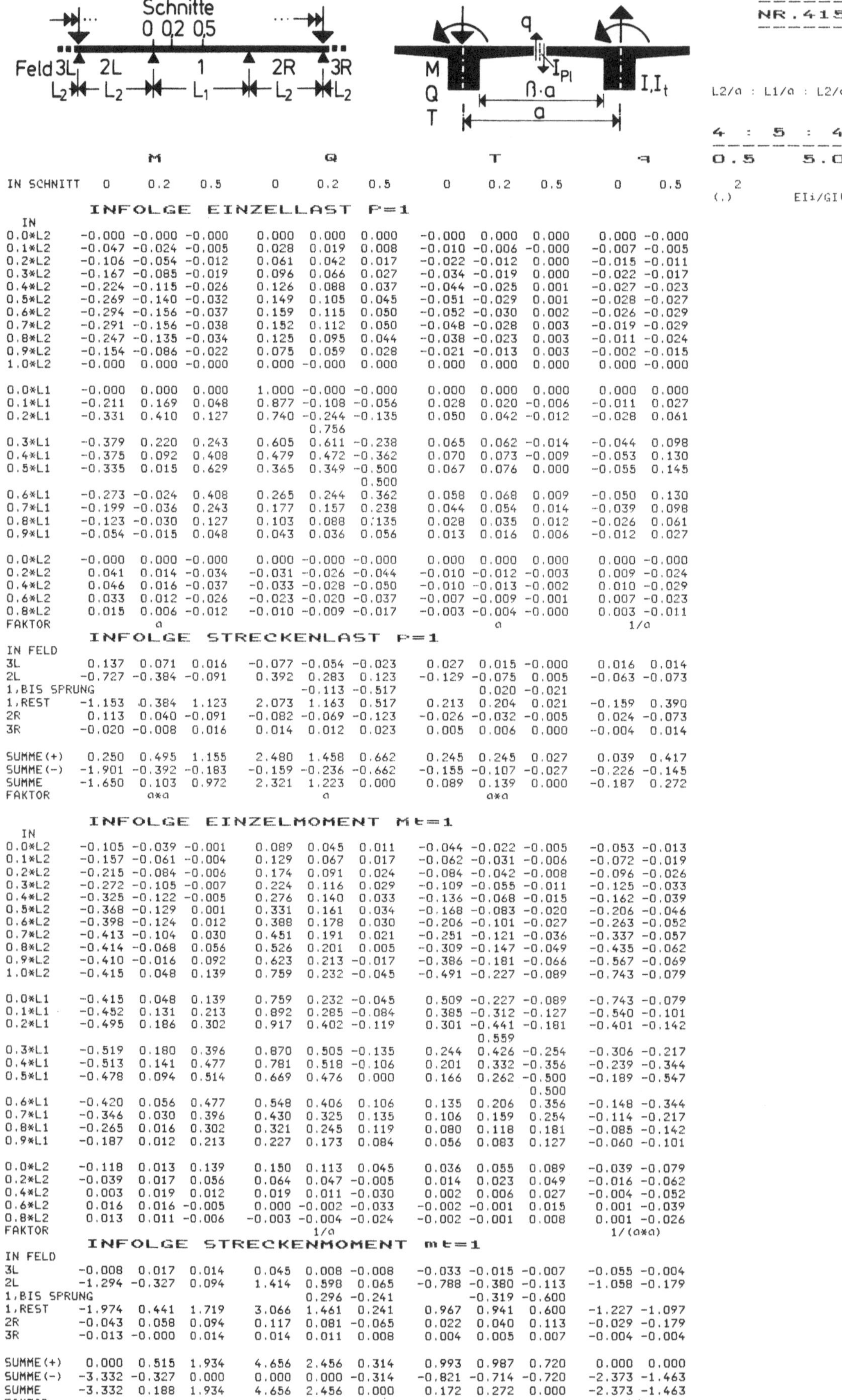

IN SCHNITT	M 0	M 0.2	M 0.5	Q 0	Q 0.2	Q 0.5	T 0	T 0.2	T 0.5	q 0	q 0.5

INFOLGE EINZELLAST P=1

IN

	M 0	M 0.2	M 0.5	Q 0	Q 0.2	Q 0.5	T 0	T 0.2	T 0.5	q 0	q 0.5
0.0*L2	-0.000	-0.000	-0.000	0.000	0.000	0.000	-0.000	0.000	0.000	0.000	-0.000
0.1*L2	-0.047	-0.024	-0.005	0.028	0.019	0.008	-0.010	-0.006	-0.000	-0.007	-0.005
0.2*L2	-0.106	-0.054	-0.011	0.061	0.042	0.017	-0.022	-0.012	0.000	-0.015	-0.011
0.3*L2	-0.167	-0.085	-0.019	0.096	0.066	0.027	-0.034	-0.019	0.000	-0.022	-0.017
0.4*L2	-0.224	-0.115	-0.026	0.126	0.088	0.037	-0.044	-0.025	0.001	-0.027	-0.023
0.5*L2	-0.269	-0.140	-0.032	0.149	0.105	0.045	-0.051	-0.029	0.001	-0.028	-0.027
0.6*L2	-0.294	-0.156	-0.037	0.159	0.115	0.050	-0.052	-0.030	0.002	-0.026	-0.029
0.7*L2	-0.291	-0.156	-0.038	0.152	0.112	0.050	-0.048	-0.028	0.003	-0.019	-0.029
0.8*L2	-0.247	-0.135	-0.034	0.125	0.095	0.044	-0.038	-0.023	0.003	-0.011	-0.024
0.9*L2	-0.154	-0.086	-0.022	0.075	0.059	0.028	-0.021	-0.013	0.003	-0.002	-0.015
1.0*L2	-0.000	0.000	-0.000	0.000	-0.000	0.000	0.000	0.000	0.000	0.000	-0.000
0.0*L1	-0.000	0.000	0.000	1.000	-0.000	-0.000	0.000	0.000	0.000	0.000	0.000
0.1*L1	-0.211	0.169	0.048	0.877	-0.108	-0.056	0.028	0.020	-0.006	-0.011	0.027
0.2*L1	-0.331	0.410	0.127	0.740	-0.244	-0.135	0.050	0.042	-0.012	-0.028	0.061
				0.756							
0.3*L1	-0.379	0.220	0.243	0.605	0.611	-0.238	0.065	0.062	-0.014	-0.044	0.098
0.4*L1	-0.375	0.092	0.408	0.479	0.472	-0.362	0.070	0.073	-0.009	-0.053	0.130
0.5*L1	-0.335	0.015	0.629	0.365	0.349	-0.500	0.067	0.076	0.000	-0.055	0.145
						0.500					
0.6*L1	-0.273	-0.024	0.408	0.265	0.244	0.362	0.058	0.068	0.009	-0.050	0.130
0.7*L1	-0.199	-0.036	0.243	0.177	0.157	0.238	0.044	0.054	0.014	-0.039	0.098
0.8*L1	-0.123	-0.030	0.127	0.103	0.088	0.135	0.028	0.035	0.012	-0.026	0.061
0.9*L1	-0.054	-0.015	0.048	0.043	0.036	0.056	0.013	0.016	0.006	-0.012	0.027
0.0*L2	-0.000	0.000	-0.000	0.000	-0.000	-0.000	0.000	0.000	0.000	0.000	-0.000
0.2*L2	0.041	0.014	-0.034	-0.031	-0.026	-0.044	-0.010	-0.012	-0.003	0.009	-0.024
0.4*L2	0.046	0.016	-0.037	-0.033	-0.028	-0.050	-0.010	-0.013	-0.002	0.010	-0.029
0.6*L2	0.033	0.012	-0.026	-0.023	-0.020	-0.037	-0.007	-0.009	-0.001	0.007	-0.023
0.8*L2	0.015	0.006	-0.012	-0.010	-0.009	-0.017	-0.003	-0.004	-0.000	0.003	-0.011
FAKTOR	a						a			1/a	

INFOLGE STRECKENLAST P=1

IN FELD

	M 0	M 0.2	M 0.5	Q 0	Q 0.2	Q 0.5	T 0	T 0.2	T 0.5	q 0	q 0.5
3L	0.137	0.071	0.016	-0.077	-0.054	-0.023	0.027	0.015	-0.000	0.016	0.014
2L	-0.727	-0.384	-0.091	0.392	0.283	0.123	-0.129	-0.075	0.005	-0.063	-0.073
1,BIS SPRUNG					-0.113	-0.517		0.020	-0.021		
1,REST	-1.153	0.384	1.123	2.073	1.163	0.517	0.213	0.204	0.021	-0.159	0.390
2R	0.113	0.040	-0.091	-0.082	-0.069	-0.123	-0.026	-0.032	-0.005	0.024	-0.073
3R	-0.020	-0.008	0.016	0.014	0.012	0.023	0.005	0.006	0.000	-0.004	0.014
SUMME(+)	0.250	0.495	1.155	2.480	1.458	0.662	0.245	0.245	0.027	0.039	0.417
SUMME(-)	-1.901	-0.392	-0.183	-0.159	-0.236	-0.662	-0.155	-0.107	-0.027	-0.226	-0.145
SUMME	-1.650	0.103	0.972	2.321	1.223	0.000	0.089	0.139	0.000	-0.187	0.272
FAKTOR	a*a			a			a*a				

INFOLGE EINZELMOMENT Mt=1

IN

	M 0	M 0.2	M 0.5	Q 0	Q 0.2	Q 0.5	T 0	T 0.2	T 0.5	q 0	q 0.5
0.0*L2	-0.105	-0.039	-0.001	0.089	0.045	0.011	-0.044	-0.022	-0.005	-0.053	-0.013
0.1*L2	-0.157	-0.061	-0.004	0.129	0.067	0.017	-0.062	-0.031	-0.006	-0.072	-0.019
0.2*L2	-0.215	-0.084	-0.006	0.174	0.091	0.024	-0.084	-0.042	-0.008	-0.096	-0.026
0.3*L2	-0.272	-0.105	-0.007	0.224	0.116	0.029	-0.109	-0.055	-0.011	-0.125	-0.033
0.4*L2	-0.325	-0.122	-0.005	0.276	0.140	0.033	-0.136	-0.068	-0.015	-0.162	-0.039
0.5*L2	-0.368	-0.129	0.001	0.331	0.161	0.034	-0.168	-0.083	-0.020	-0.206	-0.046
0.6*L2	-0.398	-0.124	0.012	0.388	0.178	0.030	-0.206	-0.101	-0.027	-0.263	-0.052
0.7*L2	-0.413	-0.104	0.030	0.451	0.191	0.021	-0.251	-0.121	-0.036	-0.337	-0.057
0.8*L2	-0.414	-0.068	0.056	0.526	0.201	0.005	-0.309	-0.147	-0.049	-0.435	-0.062
0.9*L2	-0.410	-0.016	0.092	0.623	0.213	-0.017	-0.386	-0.181	-0.066	-0.567	-0.069
1.0*L2	-0.415	0.048	0.139	0.759	0.232	-0.045	-0.491	-0.227	-0.089	-0.743	-0.079
0.0*L1	-0.415	0.048	0.139	0.759	0.232	-0.045	0.509	-0.227	-0.089	-0.743	-0.079
0.1*L1	-0.452	0.131	0.213	0.892	0.285	-0.084	0.385	-0.312	-0.127	-0.540	-0.101
0.2*L1	-0.495	0.186	0.302	0.917	0.402	-0.119	0.301	-0.441	-0.181	-0.401	-0.142
									0.559		
0.3*L1	-0.519	0.180	0.396	0.870	0.505	-0.135	0.244	0.426	-0.254	-0.306	-0.217
0.4*L1	-0.513	0.141	0.477	0.781	0.518	-0.106	0.201	0.332	-0.356	-0.239	-0.344
0.5*L1	-0.478	0.094	0.514	0.669	0.476	0.000	0.166	0.262	-0.500	-0.189	-0.547
									0.500		
0.6*L1	-0.420	0.056	0.477	0.548	0.406	0.106	0.135	0.206	0.356	-0.148	-0.344
0.7*L1	-0.346	0.030	0.396	0.430	0.325	0.135	0.106	0.159	0.254	-0.114	-0.217
0.8*L1	-0.265	0.016	0.302	0.321	0.245	0.119	0.080	0.118	0.181	-0.085	-0.142
0.9*L1	-0.187	0.012	0.213	0.227	0.173	0.084	0.056	0.083	0.127	-0.060	-0.101
0.0*L2	-0.118	0.013	0.139	0.150	0.113	0.045	0.036	0.055	0.089	-0.039	-0.079
0.2*L2	-0.039	0.017	0.056	0.064	0.047	-0.005	0.014	0.023	0.049	-0.016	-0.062
0.4*L2	0.003	0.019	0.012	0.019	0.011	-0.030	0.002	0.006	0.027	-0.004	-0.052
0.6*L2	0.016	0.016	-0.005	0.000	-0.002	-0.033	-0.002	-0.001	0.015	0.001	-0.039
0.8*L2	0.013	0.011	-0.006	-0.003	-0.004	-0.024	-0.002	-0.001	0.008	0.001	-0.026
FAKTOR				1/a						1/(a*a)	

INFOLGE STRECKENMOMENT mt=1

IN FELD

	M 0	M 0.2	M 0.5	Q 0	Q 0.2	Q 0.5	T 0	T 0.2	T 0.5	q 0	q 0.5
3L	-0.008	0.017	0.014	0.045	0.008	-0.008	-0.033	-0.015	-0.007	-0.055	-0.004
2L	-1.294	-0.327	0.094	1.414	0.598	0.065	-0.788	-0.380	-0.113	-1.058	-0.179
1,BIS SPRUNG					0.296	-0.241		-0.319	-0.600		
1,REST	-1.974	0.441	1.719	3.066	1.461	0.241	0.967	0.941	0.600	-1.227	-1.097
2R	-0.043	0.058	0.094	0.117	0.081	-0.065	0.022	0.040	0.113	-0.029	-0.179
3R	-0.013	-0.000	0.014	0.014	0.011	0.008	0.004	0.005	0.007	-0.004	-0.004
SUMME(+)	0.000	0.515	1.934	4.656	2.456	0.314	0.993	0.987	0.720	0.000	0.000
SUMME(-)	-3.332	-0.327	0.000	0.000	0.000	-0.314	-0.821	-0.714	-0.720	-2.373	-1.463
SUMME	-3.332	0.188	1.934	4.656	2.456	0.000	0.172	0.272	0.000	-2.373	-1.463
FAKTOR	a			a			a			1/a	

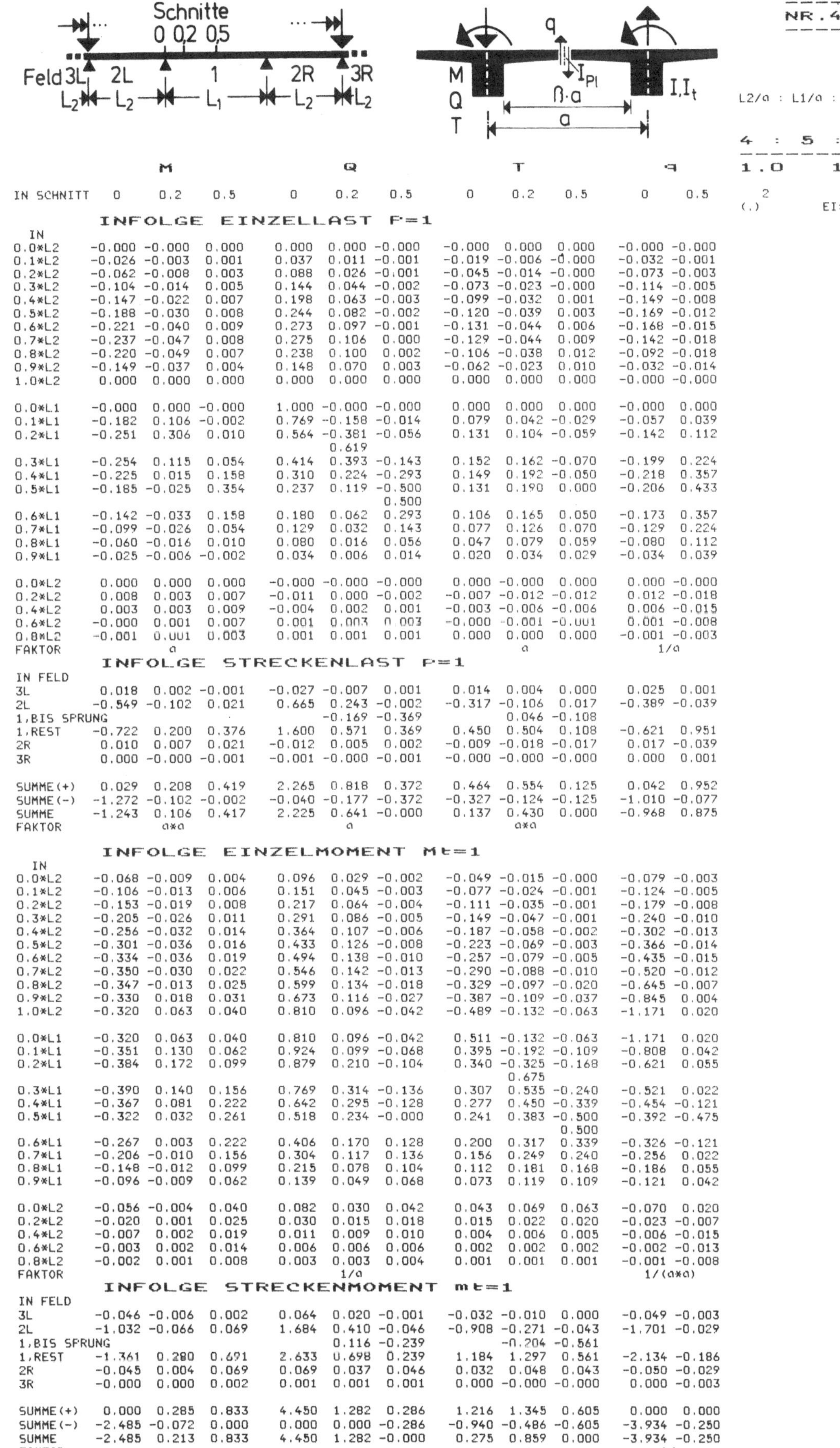

IN SCHNITT	M 0	M 0.2	M 0.5	Q 0	Q 0.2	Q 0.5	T 0	T 0.2	T 0.5	q 0	q 0.5

INFOLGE EINZELLAST F=1

IN

IN	M 0	M 0.2	M 0.5	Q 0	Q 0.2	Q 0.5	T 0	T 0.2	T 0.5	q 0	q 0.5
0.0*L2	-0.000	-0.000	0.000	0.000	0.000	-0.000	-0.000	0.000	0.000	-0.000	-0.000
0.1*L2	-0.026	-0.003	0.001	0.037	0.011	-0.001	-0.019	-0.006	-0.000	-0.032	-0.001
0.2*L2	-0.062	-0.008	0.003	0.088	0.026	-0.001	-0.045	-0.014	-0.000	-0.073	-0.003
0.3*L2	-0.104	-0.014	0.005	0.144	0.044	-0.002	-0.073	-0.023	-0.000	-0.114	-0.005
0.4*L2	-0.147	-0.022	0.007	0.198	0.063	-0.003	-0.099	-0.032	0.001	-0.149	-0.008
0.5*L2	-0.188	-0.030	0.008	0.244	0.082	-0.002	-0.120	-0.039	0.003	-0.169	-0.012
0.6*L2	-0.221	-0.040	0.009	0.273	0.097	-0.001	-0.131	-0.044	0.006	-0.168	-0.015
0.7*L2	-0.237	-0.047	0.008	0.275	0.106	0.000	-0.129	-0.044	0.009	-0.142	-0.018
0.8*L2	-0.220	-0.049	0.007	0.238	0.100	0.002	-0.106	-0.038	0.012	-0.092	-0.018
0.9*L2	-0.149	-0.037	0.004	0.148	0.070	0.003	-0.062	-0.023	0.010	-0.032	-0.014
1.0*L2	0.000	0.000	0.000	0.000	0.000	0.000	0.000	0.000	0.000	-0.000	-0.000
0.0*L1	-0.000	0.000	-0.000	1.000	-0.000	-0.000	0.000	0.000	0.000	-0.000	0.000
0.1*L1	-0.182	0.106	-0.002	0.769	-0.158	-0.014	0.079	0.042	-0.029	-0.057	0.039
0.2*L1	-0.251	0.306	0.010	0.564	-0.381	-0.056	0.131	0.104	-0.059	-0.142	0.112
0.2*L1 (SPRUNG)				0.619							
0.3*L1	-0.254	0.115	0.054	0.414	0.393	-0.143	0.152	0.162	-0.070	-0.199	0.224
0.4*L1	-0.225	0.015	0.158	0.310	0.224	-0.293	0.149	0.192	-0.050	-0.218	0.357
0.5*L1	-0.185	-0.025	0.354	0.237	0.119	-0.500	0.131	0.190	0.000	-0.206	0.433
0.5*L1 (SPRUNG)						0.500					
0.6*L1	-0.142	-0.033	0.158	0.180	0.062	0.293	0.106	0.165	0.050	-0.173	0.357
0.7*L1	-0.099	-0.026	0.054	0.129	0.032	0.143	0.077	0.126	0.070	-0.129	0.224
0.8*L1	-0.060	-0.016	0.010	0.080	0.016	0.056	0.047	0.079	0.059	-0.080	0.112
0.9*L1	-0.025	-0.006	-0.002	0.034	0.006	0.014	0.020	0.034	0.029	-0.034	0.039
0.0*L2	0.000	0.000	0.000	-0.000	-0.000	-0.000	0.000	-0.000	0.000	0.000	-0.000
0.2*L2	0.008	0.003	0.007	-0.011	0.000	-0.002	-0.007	-0.012	-0.012	0.012	-0.018
0.4*L2	0.003	0.003	0.009	-0.004	0.002	0.001	-0.003	-0.006	-0.006	0.006	-0.015
0.6*L2	-0.000	0.001	0.007	0.001	0.003	0.003	-0.000	-0.001	-0.001	0.001	-0.008
0.8*L2	-0.001	0.001	0.003	0.001	0.001	0.001	0.000	0.000	0.000	-0.001	-0.003
FAKTOR		a						a		1/a	

INFOLGE STRECKENLAST P=1

IN FELD

IN FELD	M 0	M 0.2	M 0.5	Q 0	Q 0.2	Q 0.5	T 0	T 0.2	T 0.5	q 0	q 0.5
3L	0.018	0.002	-0.001	-0.027	-0.007	0.001	0.014	0.004	0.000	0.025	0.001
2L	-0.549	-0.102	0.021	0.665	0.243	-0.002	-0.317	-0.106	0.017	-0.389	-0.039
1,BIS SPRUNG				-0.169	-0.369			0.046	-0.108		
1,REST	-0.722	0.200	0.376	1.600	0.571	0.369	0.450	0.504	0.108	-0.621	0.951
2R	0.010	0.007	0.021	-0.012	0.005	0.002	-0.009	-0.018	-0.017	0.017	-0.039
3R	0.000	-0.000	-0.001	-0.001	-0.000	-0.001	-0.000	-0.000	-0.000	0.000	0.001
SUMME(+)	0.029	0.208	0.419	2.265	0.818	0.372	0.464	0.554	0.125	0.042	0.952
SUMME(-)	-1.272	-0.102	-0.002	-0.040	-0.177	-0.372	-0.327	-0.124	-0.125	-1.010	-0.077
SUMME	-1.243	0.106	0.417	2.225	0.641	-0.000	0.137	0.430	0.000	-0.968	0.875
FAKTOR		a*a			a			a*a		1/a	

INFOLGE EINZELMOMENT Mt=1

IN

IN	M 0	M 0.2	M 0.5	Q 0	Q 0.2	Q 0.5	T 0	T 0.2	T 0.5	q 0	q 0.5
0.0*L2	-0.068	-0.009	0.004	0.096	0.029	-0.002	-0.049	-0.015	-0.000	-0.079	-0.003
0.1*L2	-0.106	-0.013	0.006	0.151	0.045	-0.003	-0.077	-0.024	-0.001	-0.124	-0.005
0.2*L2	-0.153	-0.019	0.008	0.217	0.064	-0.004	-0.111	-0.035	-0.001	-0.179	-0.008
0.3*L2	-0.205	-0.026	0.011	0.291	0.086	-0.005	-0.149	-0.047	-0.001	-0.240	-0.010
0.4*L2	-0.256	-0.032	0.014	0.364	0.107	-0.006	-0.187	-0.058	-0.002	-0.302	-0.013
0.5*L2	-0.301	-0.036	0.016	0.433	0.126	-0.008	-0.223	-0.069	-0.003	-0.366	-0.014
0.6*L2	-0.334	-0.036	0.019	0.494	0.138	-0.010	-0.257	-0.079	-0.005	-0.435	-0.015
0.7*L2	-0.350	-0.030	0.022	0.546	0.142	-0.013	-0.290	-0.088	-0.010	-0.520	-0.012
0.8*L2	-0.347	-0.013	0.025	0.599	0.134	-0.018	-0.329	-0.097	-0.020	-0.645	-0.007
0.9*L2	-0.330	0.018	0.031	0.673	0.116	-0.027	-0.387	-0.109	-0.037	-0.845	0.004
1.0*L2	-0.320	0.063	0.040	0.810	0.096	-0.042	-0.489	-0.132	-0.063	-1.171	0.020
0.0*L1	-0.320	0.063	0.040	0.810	0.096	-0.042	0.511	-0.132	-0.063	-1.171	0.020
0.1*L1	-0.351	0.130	0.062	0.924	0.099	-0.068	0.395	-0.192	-0.109	-0.808	0.042
0.2*L1	-0.384	0.172	0.099	0.879	0.210	-0.104	0.340	-0.325	-0.168	-0.621	0.055
0.2*L1 (SPRUNG)								0.675			
0.3*L1	-0.390	0.140	0.156	0.769	0.314	-0.136	0.307	0.535	-0.240	-0.521	0.022
0.4*L1	-0.367	0.081	0.222	0.642	0.295	-0.128	0.277	0.450	-0.339	-0.454	-0.121
0.5*L1	-0.322	0.032	0.261	0.518	0.234	-0.000	0.241	0.383	-0.500	-0.392	-0.475
0.5*L1 (SPRUNG)									0.500		
0.6*L1	-0.267	0.003	0.222	0.406	0.170	0.128	0.200	0.317	0.339	-0.326	-0.121
0.7*L1	-0.206	-0.010	0.156	0.304	0.117	0.136	0.156	0.249	0.240	-0.256	0.022
0.8*L1	-0.148	-0.012	0.099	0.215	0.078	0.104	0.112	0.181	0.168	-0.186	0.055
0.9*L1	-0.096	-0.009	0.062	0.139	0.049	0.068	0.073	0.119	0.109	-0.121	0.042
0.0*L2	-0.056	-0.004	0.040	0.082	0.030	0.042	0.043	0.069	0.063	-0.070	0.020
0.2*L2	-0.020	0.001	0.025	0.030	0.015	0.018	0.015	0.022	0.020	-0.023	-0.007
0.4*L2	-0.007	0.002	0.019	0.011	0.009	0.010	0.004	0.006	0.005	-0.006	-0.015
0.6*L2	-0.003	0.002	0.014	0.006	0.006	0.006	0.002	0.002	0.002	-0.002	-0.013
0.8*L2	-0.002	0.001	0.008	0.003	0.003	0.004	0.001	0.001	0.001	-0.001	-0.008
FAKTOR				1/a						1/(a*a)	

INFOLGE STRECKENMOMENT mt=1

IN FELD

IN FELD	M 0	M 0.2	M 0.5	Q 0	Q 0.2	Q 0.5	T 0	T 0.2	T 0.5	q 0	q 0.5
3L	-0.046	-0.006	0.002	0.064	0.020	-0.001	-0.032	-0.010	0.000	-0.049	-0.003
2L	-1.032	-0.066	0.069	1.684	0.410	-0.046	-0.908	-0.271	-0.043	-1.701	-0.029
1,BIS SPRUNG				0.116	-0.239			-0.204	-0.561		
1,REST	-1.361	0.280	0.691	2.633	0.698	0.239	1.184	1.297	0.561	-2.134	-0.186
2R	-0.045	0.004	0.069	0.069	0.037	0.046	0.032	0.048	0.043	-0.050	-0.029
3R	-0.000	0.000	0.002	0.001	0.001	0.001	0.000	-0.000	-0.000	0.000	-0.003
SUMME(+)	0.000	0.285	0.833	4.450	1.282	0.286	1.216	1.345	0.605	0.000	0.000
SUMME(-)	-2.485	-0.072	0.000	0.000	0.000	-0.286	-0.940	-0.486	-0.605	-3.934	-0.250
SUMME	-2.485	0.213	0.833	4.450	1.282	-0.000	0.275	0.859	0.000	-3.934	-0.250
FAKTOR		a			a			a		1/a	

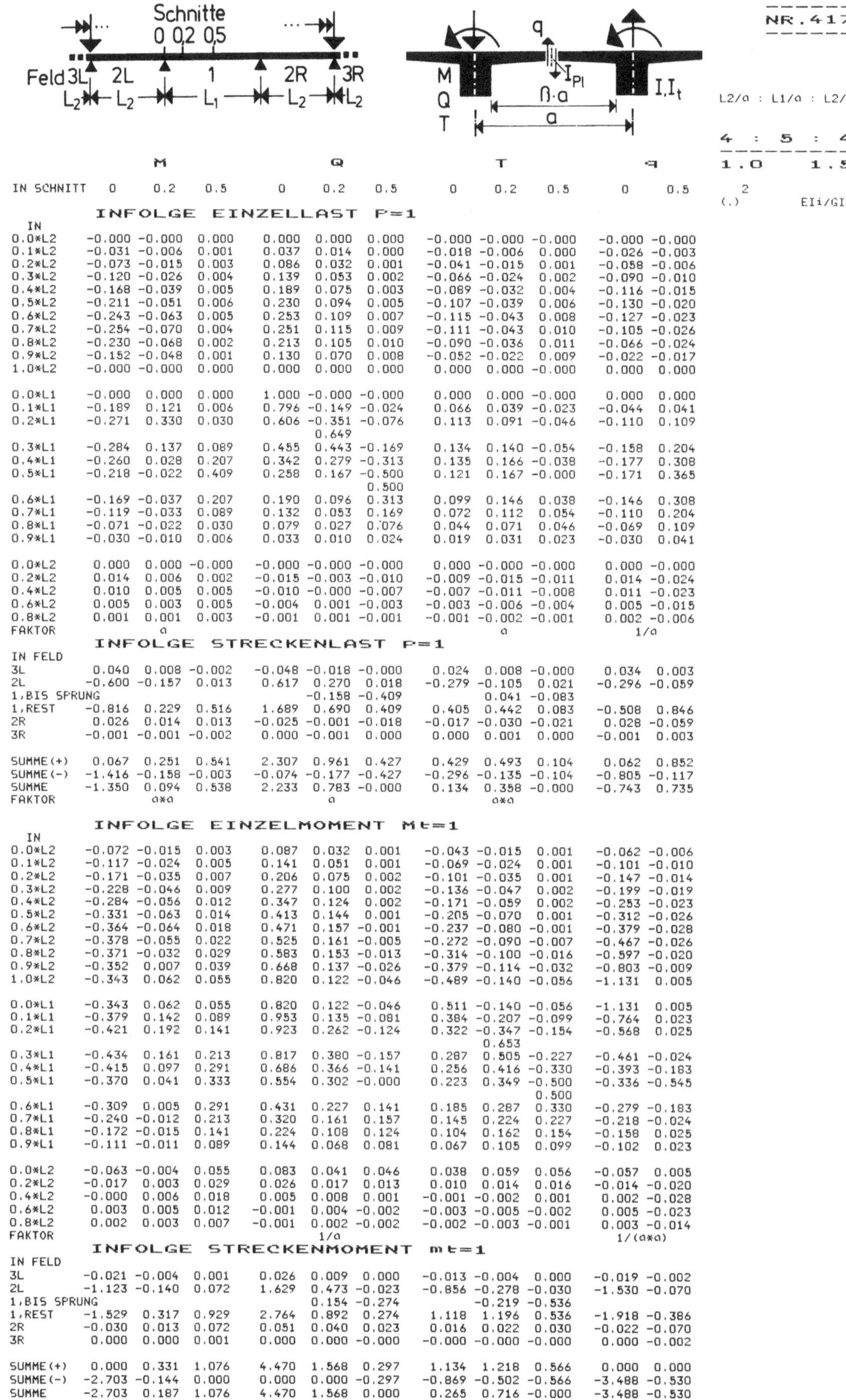

IN SCHNITT	M 0	M 0.2	M 0.5	Q 0	Q 0.2	Q 0.5	T 0	T 0.2	T 0.5	q 0	q 0.5

INFOLGE EINZELLAST P=1

IN	M 0	M 0.2	M 0.5	Q 0	Q 0.2	Q 0.5	T 0	T 0.2	T 0.5	q 0	q 0.5
0.0*L2	-0.000	-0.000	0.000	0.000	0.000	0.000	-0.000	-0.000	-0.000	-0.000	-0.000
0.1*L2	-0.031	-0.006	0.001	0.037	0.014	0.000	-0.018	-0.006	0.000	-0.026	-0.003
0.2*L2	-0.073	-0.015	0.003	0.086	0.032	0.001	-0.041	-0.015	0.001	-0.058	-0.006
0.3*L2	-0.120	-0.026	0.004	0.139	0.053	0.002	-0.066	-0.024	0.002	-0.090	-0.010
0.4*L2	-0.168	-0.039	0.005	0.189	0.075	0.003	-0.089	-0.032	0.004	-0.116	-0.015
0.5*L2	-0.211	-0.051	0.006	0.230	0.094	0.005	-0.107	-0.039	0.006	-0.130	-0.020
0.6*L2	-0.243	-0.063	0.005	0.253	0.109	0.007	-0.115	-0.043	0.008	-0.127	-0.023
0.7*L2	-0.254	-0.070	0.004	0.251	0.115	0.009	-0.111	-0.043	0.010	-0.105	-0.026
0.8*L2	-0.230	-0.068	0.002	0.213	0.105	0.010	-0.090	-0.036	0.011	-0.066	-0.024
0.9*L2	-0.152	-0.048	0.001	0.130	0.070	0.008	-0.052	-0.022	0.009	-0.022	-0.017
1.0*L2	-0.000	-0.000	0.000	0.000	0.000	0.000	-0.000	-0.000	0.000	0.000	0.000
0.0*L1	-0.000	0.000	0.000	1.000	-0.000	-0.000	0.000	0.000	-0.000	0.000	0.000
0.1*L1	-0.189	0.121	0.006	0.796	-0.149	-0.024	0.066	0.039	-0.023	-0.044	0.041
0.2*L1	-0.271	0.330	0.030	0.606	-0.351	-0.076	0.113	0.091	-0.046	-0.110	0.109
				0.649							
0.3*L1	-0.284	0.137	0.089	0.455	0.443	-0.169	0.134	0.140	-0.054	-0.158	0.204
0.4*L1	-0.260	0.028	0.207	0.342	0.279	-0.313	0.135	0.166	-0.038	-0.177	0.308
0.5*L1	-0.218	-0.022	0.409	0.258	0.167	-0.500	0.121	0.167	-0.000	-0.171	0.365
						0.500					
0.6*L1	-0.169	-0.037	0.207	0.190	0.096	0.313	0.099	0.146	0.038	-0.146	0.308
0.7*L1	-0.119	-0.033	0.089	0.132	0.053	0.169	0.072	0.112	0.054	-0.110	0.204
0.8*L1	-0.071	-0.022	0.030	0.079	0.027	0.076	0.044	0.071	0.046	-0.069	0.109
0.9*L1	-0.030	-0.010	0.006	0.033	0.010	0.024	0.019	0.031	0.023	-0.030	0.041
0.0*L2	0.000	0.000	-0.000	-0.000	-0.000	-0.000	0.000	-0.000	-0.000	0.000	-0.000
0.2*L2	0.014	0.006	0.002	-0.015	-0.003	-0.010	-0.009	-0.015	-0.011	0.014	-0.024
0.4*L2	0.010	0.005	0.005	-0.010	-0.001	-0.007	-0.007	-0.011	-0.008	0.011	-0.023
0.6*L2	0.005	0.003	0.005	-0.004	0.001	-0.003	-0.003	-0.006	-0.004	0.005	-0.015
0.8*L2	0.001	0.001	0.003	-0.001	0.001	-0.001	-0.001	-0.002	-0.001	0.002	-0.006
FAKTOR	a						a			1/a	

INFOLGE STRECKENLAST P=1

IN FELD	M 0	M 0.2	M 0.5	Q 0	Q 0.2	Q 0.5	T 0	T 0.2	T 0.5	q 0	q 0.5
3L	0.040	0.008	-0.002	-0.048	-0.018	-0.000	0.024	0.008	-0.000	0.034	0.003
2L	-0.600	-0.157	0.013	0.617	0.270	0.018	-0.279	-0.105	0.021	-0.296	-0.059
1,BIS SPRUNG					-0.158	-0.409		0.041	-0.083		
1,REST	-0.816	0.229	0.516	1.689	0.690	0.409	0.405	0.442	0.083	-0.508	0.846
2R	0.026	0.014	0.013	-0.025	-0.001	-0.018	-0.017	-0.030	-0.021	0.028	-0.059
3R	-0.001	-0.001	-0.002	0.000	-0.001	0.000	0.000	0.001	0.000	-0.001	0.003
SUMME(+)	0.067	0.251	0.541	2.307	0.961	0.427	0.429	0.493	0.104	0.062	0.852
SUMME(-)	-1.416	-0.158	-0.003	-0.074	-0.177	-0.427	-0.296	-0.135	-0.104	-0.805	-0.117
SUMME	-1.350	0.094	0.538	2.233	0.783	-0.000	0.134	0.358	-0.000	-0.743	0.735
FAKTOR	a*a			a			a*a				

INFOLGE EINZELMOMENT Mt=1

IN	M 0	M 0.2	M 0.5	Q 0	Q 0.2	Q 0.5	T 0	T 0.2	T 0.5	q 0	q 0.5
0.0*L2	-0.072	-0.015	0.003	0.087	0.032	0.001	-0.043	-0.015	0.001	-0.062	-0.006
0.1*L2	-0.117	-0.024	0.005	0.141	0.051	0.001	-0.069	-0.024	0.001	-0.101	-0.010
0.2*L2	-0.171	-0.035	0.007	0.206	0.075	0.002	-0.101	-0.035	0.001	-0.147	-0.014
0.3*L2	-0.228	-0.046	0.009	0.277	0.100	0.002	-0.136	-0.047	0.002	-0.199	-0.019
0.4*L2	-0.284	-0.056	0.012	0.347	0.124	0.002	-0.171	-0.059	0.002	-0.253	-0.023
0.5*L2	-0.331	-0.063	0.014	0.413	0.144	0.001	-0.205	-0.070	0.001	-0.312	-0.026
0.6*L2	-0.364	-0.064	0.018	0.471	0.157	-0.001	-0.237	-0.080	-0.001	-0.379	-0.028
0.7*L2	-0.378	-0.055	0.022	0.525	0.161	-0.005	-0.272	-0.090	-0.007	-0.467	-0.026
0.8*L2	-0.371	-0.032	0.029	0.583	0.153	-0.013	-0.314	-0.100	-0.016	-0.597	-0.020
0.9*L2	-0.352	0.007	0.039	0.668	0.137	-0.026	-0.379	-0.114	-0.032	-0.803	-0.009
1.0*L2	-0.343	0.062	0.055	0.820	0.122	-0.046	-0.489	-0.140	-0.056	-1.131	0.005
0.0*L1	-0.343	0.062	0.055	0.820	0.122	-0.046	0.511	-0.140	-0.056	-1.131	0.005
0.1*L1	-0.379	0.142	0.089	0.953	0.135	-0.081	0.384	-0.207	-0.099	-0.764	0.023
0.2*L1	-0.421	0.192	0.141	0.923	0.262	-0.124	0.322	-0.347	-0.154	-0.568	0.025
								0.653			
0.3*L1	-0.434	0.161	0.213	0.817	0.380	-0.157	0.287	0.505	-0.227	-0.461	-0.024
0.4*L1	-0.415	0.097	0.291	0.686	0.366	-0.141	0.256	0.416	-0.330	-0.393	-0.183
0.5*L1	-0.370	0.041	0.333	0.554	0.302	-0.000	0.223	0.349	-0.500	-0.336	-0.545
									0.500		
0.6*L1	-0.309	0.005	0.291	0.431	0.227	0.141	0.185	0.287	0.330	-0.279	-0.183
0.7*L1	-0.240	-0.012	0.213	0.320	0.161	0.157	0.145	0.224	0.227	-0.218	-0.024
0.8*L1	-0.172	-0.015	0.141	0.224	0.108	0.124	0.104	0.162	0.154	-0.158	0.025
0.9*L1	-0.111	-0.011	0.089	0.144	0.068	0.081	0.067	0.105	0.099	-0.102	0.023
0.0*L2	-0.063	-0.004	0.055	0.083	0.041	0.046	0.038	0.059	0.056	-0.057	0.005
0.2*L2	-0.017	0.003	0.029	0.026	0.017	0.013	0.010	0.014	0.016	-0.014	-0.020
0.4*L2	-0.000	0.006	0.018	0.005	0.008	0.001	-0.001	-0.002	0.001	0.002	-0.028
0.6*L2	0.003	0.005	0.012	-0.001	0.004	-0.002	-0.003	-0.005	-0.002	0.005	-0.023
0.8*L2	0.002	0.003	0.007	-0.001	0.002	-0.002	-0.002	-0.003	-0.001	0.003	-0.014
FAKTOR				1/a						1/(a*a)	

INFOLGE STRECKENMOMENT mt=1

IN FELD	M 0	M 0.2	M 0.5	Q 0	Q 0.2	Q 0.5	T 0	T 0.2	T 0.5	q 0	q 0.5
3L	-0.021	-0.004	0.001	0.026	0.009	0.000	-0.013	-0.004	0.000	-0.019	-0.002
2L	-1.123	-0.140	0.072	1.629	0.473	-0.023	-0.856	-0.278	-0.030	-1.530	-0.070
1,BIS SPRUNG					0.154	-0.274		-0.219	-0.536		
1,REST	-1.529	0.317	0.929	2.764	0.892	0.274	1.118	1.196	0.536	-1.918	-0.386
2R	-0.030	0.013	0.072	0.051	0.040	0.023	0.016	0.022	0.030	-0.022	-0.070
3R	0.000	0.000	0.001	0.000	0.000	-0.000	-0.000	-0.000	-0.000	0.000	-0.002
SUMME(+)	0.000	0.331	1.076	4.470	1.568	0.297	1.134	1.218	0.566	0.000	0.000
SUMME(-)	-2.703	-0.144	0.000	0.000	0.000	-0.297	-0.869	-0.502	-0.566	-3.488	-0.530
SUMME	-2.703	0.187	1.076	4.470	1.568	0.000	0.265	0.716	-0.000	-3.488	-0.530
FAKTOR	a						a			1/a	

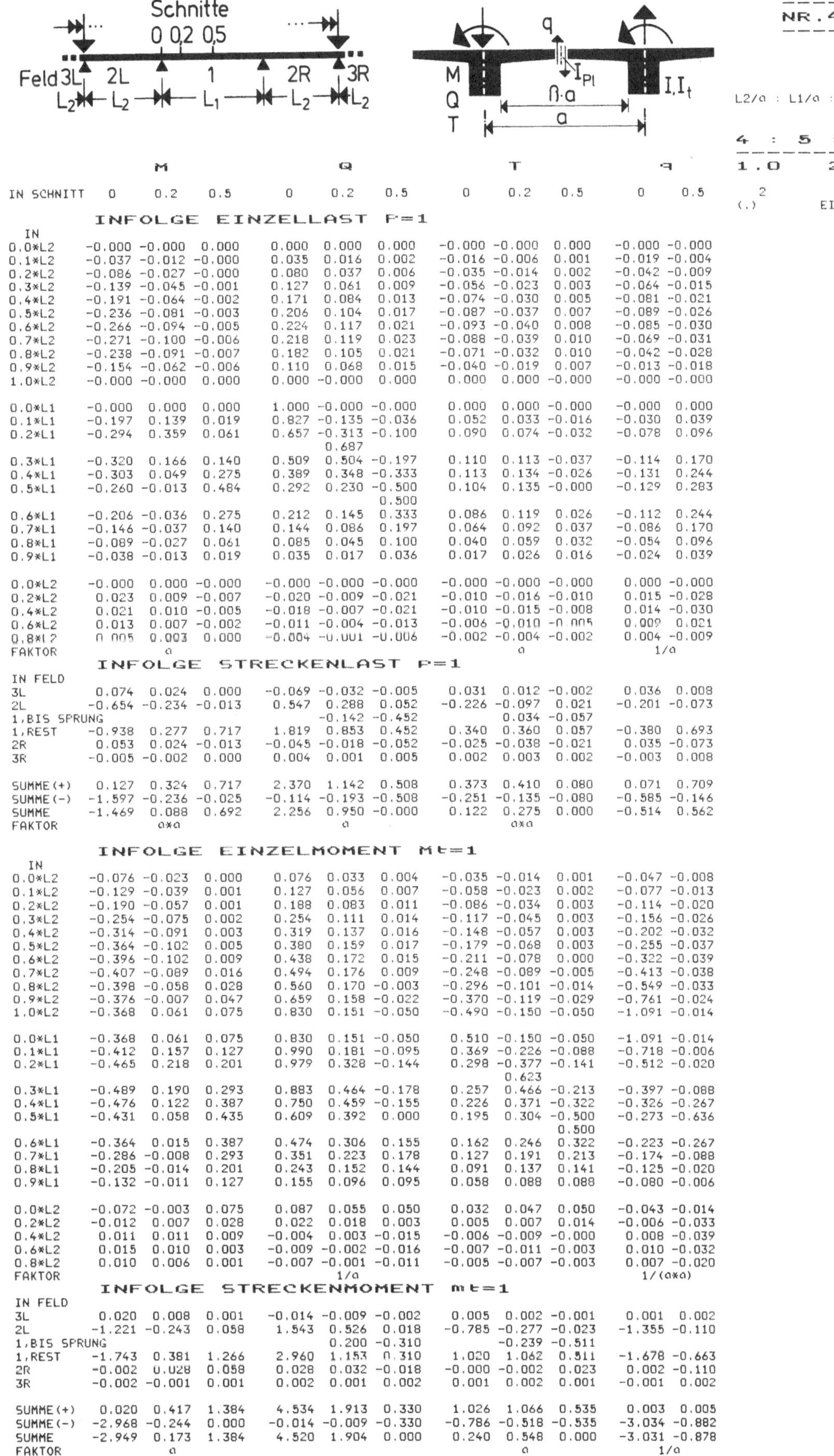

IN SCHNITT	M 0	M 0.2	M 0.5	Q 0	Q 0.2	Q 0.5	T 0	T 0.2	T 0.5	q 0	q 0.5

INFOLGE EINZELLAST P=1

IN

IN	M 0	M 0.2	M 0.5	Q 0	Q 0.2	Q 0.5	T 0	T 0.2	T 0.5	q 0	q 0.5
0.0*L2	-0.000	-0.000	0.000	0.000	0.000	0.000	-0.000	-0.000	0.000	-0.000	-0.000
0.1*L2	-0.037	-0.012	-0.000	0.035	0.016	0.002	-0.016	-0.006	0.001	-0.019	-0.004
0.2*L2	-0.086	-0.027	-0.000	0.080	0.037	0.006	-0.035	-0.014	0.002	-0.042	-0.009
0.3*L2	-0.139	-0.045	-0.001	0.127	0.061	0.009	-0.056	-0.023	0.003	-0.064	-0.015
0.4*L2	-0.191	-0.064	-0.002	0.171	0.084	0.013	-0.074	-0.030	0.005	-0.081	-0.021
0.5*L2	-0.236	-0.081	-0.003	0.206	0.104	0.017	-0.087	-0.037	0.007	-0.089	-0.026
0.6*L2	-0.266	-0.094	-0.005	0.224	0.117	0.021	-0.093	-0.040	0.008	-0.085	-0.030
0.7*L2	-0.271	-0.100	-0.006	0.218	0.119	0.023	-0.088	-0.039	0.010	-0.069	-0.031
0.8*L2	-0.238	-0.091	-0.007	0.182	0.105	0.021	-0.071	-0.032	0.010	-0.042	-0.028
0.9*L2	-0.154	-0.062	-0.006	0.110	0.068	0.015	-0.040	-0.019	0.007	-0.013	-0.018
1.0*L2	-0.000	-0.000	0.000	0.000	-0.000	0.000	0.000	0.000	-0.000	-0.000	-0.000
0.0*L1	-0.000	0.000	0.000	1.000	-0.000	-0.000	0.000	0.000	-0.000	-0.000	0.000
0.1*L1	-0.197	0.139	0.019	0.827	-0.135	-0.036	0.052	0.033	-0.016	-0.030	0.039
0.2*L1	-0.294	0.359	0.061	0.657	-0.313	-0.100	0.090	0.074	-0.032	-0.078	0.096
					0.687						
0.3*L1	-0.320	0.166	0.140	0.509	0.504	-0.197	0.110	0.113	-0.037	-0.114	0.170
0.4*L1	-0.303	0.049	0.275	0.389	0.348	-0.333	0.113	0.134	-0.026	-0.131	0.244
0.5*L1	-0.260	-0.013	0.484	0.292	0.230	-0.500	0.104	0.135	-0.000	-0.129	0.283
						0.500					
0.6*L1	-0.206	-0.036	0.275	0.212	0.145	0.333	0.086	0.119	0.026	-0.112	0.244
0.7*L1	-0.146	-0.037	0.140	0.144	0.086	0.197	0.064	0.092	0.037	-0.086	0.170
0.8*L1	-0.089	-0.027	0.061	0.085	0.045	0.100	0.040	0.059	0.032	-0.054	0.096
0.9*L1	-0.038	-0.013	0.019	0.035	0.017	0.036	0.017	0.026	0.016	-0.024	0.039
0.0*L2	-0.000	0.000	-0.000	-0.000	-0.000	-0.000	-0.000	-0.000	-0.000	0.000	-0.000
0.2*L2	0.023	0.009	-0.007	-0.020	-0.009	-0.021	-0.010	-0.016	-0.010	0.015	-0.028
0.4*L2	0.021	0.010	-0.005	-0.018	-0.007	-0.021	-0.010	-0.015	-0.008	0.014	-0.030
0.6*L2	0.013	0.007	-0.002	-0.011	-0.004	-0.013	-0.006	-0.010	-0.005	0.009	0.021
0.8*L2	0.005	0.003	0.000	-0.004	-0.001	-0.006	-0.002	-0.004	-0.002	0.004	-0.009
FAKTOR	a						a			1/a	

INFOLGE STRECKENLAST P=1

IN FELD

IN FELD	M 0	M 0.2	M 0.5	Q 0	Q 0.2	Q 0.5	T 0	T 0.2	T 0.5	q 0	q 0.5
3L	0.074	0.024	0.000	-0.069	-0.032	-0.005	0.031	0.012	-0.002	0.036	0.008
2L	-0.654	-0.234	-0.013	0.547	0.288	0.052	-0.226	-0.097	0.021	-0.201	-0.073
1,BIS SPRUNG					-0.142	-0.452		0.034	-0.057		
1,REST	-0.938	0.277	0.717	1.819	0.853	0.452	0.340	0.360	0.057	-0.380	0.693
2R	0.053	0.024	-0.013	-0.045	-0.018	-0.052	-0.025	-0.038	-0.021	0.035	-0.073
3R	-0.005	-0.002	0.000	0.004	0.001	0.005	0.002	0.003	0.002	-0.003	0.008
SUMME(+)	0.127	0.324	0.717	2.370	1.142	0.508	0.373	0.410	0.080	0.071	0.709
SUMME(-)	-1.597	-0.236	-0.025	-0.114	-0.193	-0.508	-0.251	-0.135	-0.080	-0.585	-0.146
SUMME	-1.469	0.088	0.692	2.256	0.950	-0.000	0.122	0.275	0.000	-0.514	0.562
FAKTOR	a×a			a			a×a				

INFOLGE EINZELMOMENT Mt=1

IN

IN	M 0	M 0.2	M 0.5	Q 0	Q 0.2	Q 0.5	T 0	T 0.2	T 0.5	q 0	q 0.5
0.0*L2	-0.076	-0.023	0.000	0.076	0.033	0.004	-0.035	-0.014	0.001	-0.047	-0.008
0.1*L2	-0.129	-0.039	0.001	0.127	0.056	0.007	-0.058	-0.023	0.002	-0.077	-0.013
0.2*L2	-0.190	-0.057	0.001	0.188	0.083	0.011	-0.086	-0.034	0.003	-0.114	-0.020
0.3*L2	-0.254	-0.075	0.002	0.254	0.111	0.014	-0.117	-0.045	0.003	-0.156	-0.026
0.4*L2	-0.314	-0.091	0.003	0.319	0.137	0.016	-0.148	-0.057	0.003	-0.202	-0.032
0.5*L2	-0.364	-0.102	0.005	0.380	0.159	0.017	-0.179	-0.068	0.003	-0.255	-0.037
0.6*L2	-0.396	-0.102	0.009	0.438	0.172	0.015	-0.211	-0.078	0.000	-0.322	-0.039
0.7*L2	-0.407	-0.089	0.016	0.494	0.176	0.009	-0.248	-0.089	-0.005	-0.413	-0.038
0.8*L2	-0.398	-0.058	0.028	0.560	0.170	-0.003	-0.296	-0.101	-0.014	-0.549	-0.033
0.9*L2	-0.376	-0.007	0.047	0.659	0.158	-0.022	-0.370	-0.119	-0.029	-0.761	-0.024
1.0*L2	-0.368	0.061	0.075	0.830	0.151	-0.050	-0.490	-0.150	-0.050	-1.091	-0.014
0.0*L1	-0.368	0.061	0.075	0.830	0.151	-0.050	0.510	-0.150	-0.050	-1.091	-0.014
0.1*L1	-0.412	0.157	0.127	0.990	0.181	-0.095	0.369	-0.226	-0.088	-0.718	-0.006
0.2*L1	-0.465	0.218	0.201	0.979	0.328	-0.144	0.298	-0.377	-0.141	-0.512	-0.020
								0.623			
0.3*L1	-0.489	0.190	0.293	0.883	0.464	-0.178	0.257	0.466	-0.213	-0.397	-0.088
0.4*L1	-0.476	0.122	0.387	0.750	0.459	-0.155	0.226	0.371	-0.322	-0.326	-0.267
0.5*L1	-0.431	0.058	0.435	0.609	0.392	0.000	0.195	0.304	-0.500	-0.273	-0.636
									0.500		
0.6*L1	-0.364	0.015	0.387	0.474	0.306	0.155	0.162	0.246	0.322	-0.223	-0.267
0.7*L1	-0.286	-0.008	0.293	0.351	0.223	0.178	0.127	0.191	0.213	-0.174	-0.088
0.8*L1	-0.205	-0.014	0.201	0.243	0.152	0.144	0.091	0.137	0.141	-0.125	-0.020
0.9*L1	-0.132	-0.011	0.127	0.155	0.096	0.095	0.058	0.088	0.088	-0.080	-0.006
0.0*L2	-0.072	-0.003	0.075	0.087	0.055	0.050	0.032	0.047	0.050	-0.043	-0.014
0.2*L2	-0.012	0.007	0.028	0.022	0.018	0.003	0.005	0.007	0.014	-0.006	-0.033
0.4*L2	0.011	0.011	0.009	-0.004	0.003	-0.015	-0.006	-0.009	-0.000	0.008	-0.039
0.6*L2	0.015	0.010	0.003	-0.009	-0.002	-0.016	-0.007	-0.011	-0.003	0.010	-0.032
0.8*L2	0.010	0.006	0.001	-0.007	-0.001	-0.011	-0.005	-0.007	-0.003	0.007	-0.020
FAKTOR				1/a						1/(a×a)	

INFOLGE STRECKENMOMENT mt=1

IN FELD

IN FELD	M 0	M 0.2	M 0.5	Q 0	Q 0.2	Q 0.5	T 0	T 0.2	T 0.5	q 0	q 0.5
3L	0.020	0.008	0.001	-0.014	-0.009	-0.002	0.005	0.002	-0.001	0.001	0.002
2L	-1.221	-0.243	0.058	1.543	0.526	0.018	-0.785	-0.277	-0.023	-1.355	-0.110
1,BIS SPRUNG					0.200	-0.310		-0.239	-0.511		
1,REST	-1.743	0.381	1.266	2.960	1.153	0.310	1.020	1.062	0.511	-1.678	-0.663
2R	-0.002	0.028	0.058	0.028	0.032	-0.018	-0.000	-0.002	0.023	0.002	-0.110
3R	-0.002	-0.001	0.001	0.002	0.001	0.002	0.001	0.002	0.001	-0.001	0.002
SUMME(+)	0.020	0.417	1.384	4.534	1.913	0.330	1.026	1.066	0.535	0.003	0.005
SUMME(-)	-2.968	-0.244	0.000	-0.014	-0.009	-0.330	-0.786	-0.518	-0.535	-3.034	-0.882
SUMME	-2.949	0.173	1.384	4.520	1.904	0.000	0.240	0.548	0.000	-3.031	-0.878
FAKTOR	a						a			1/a	

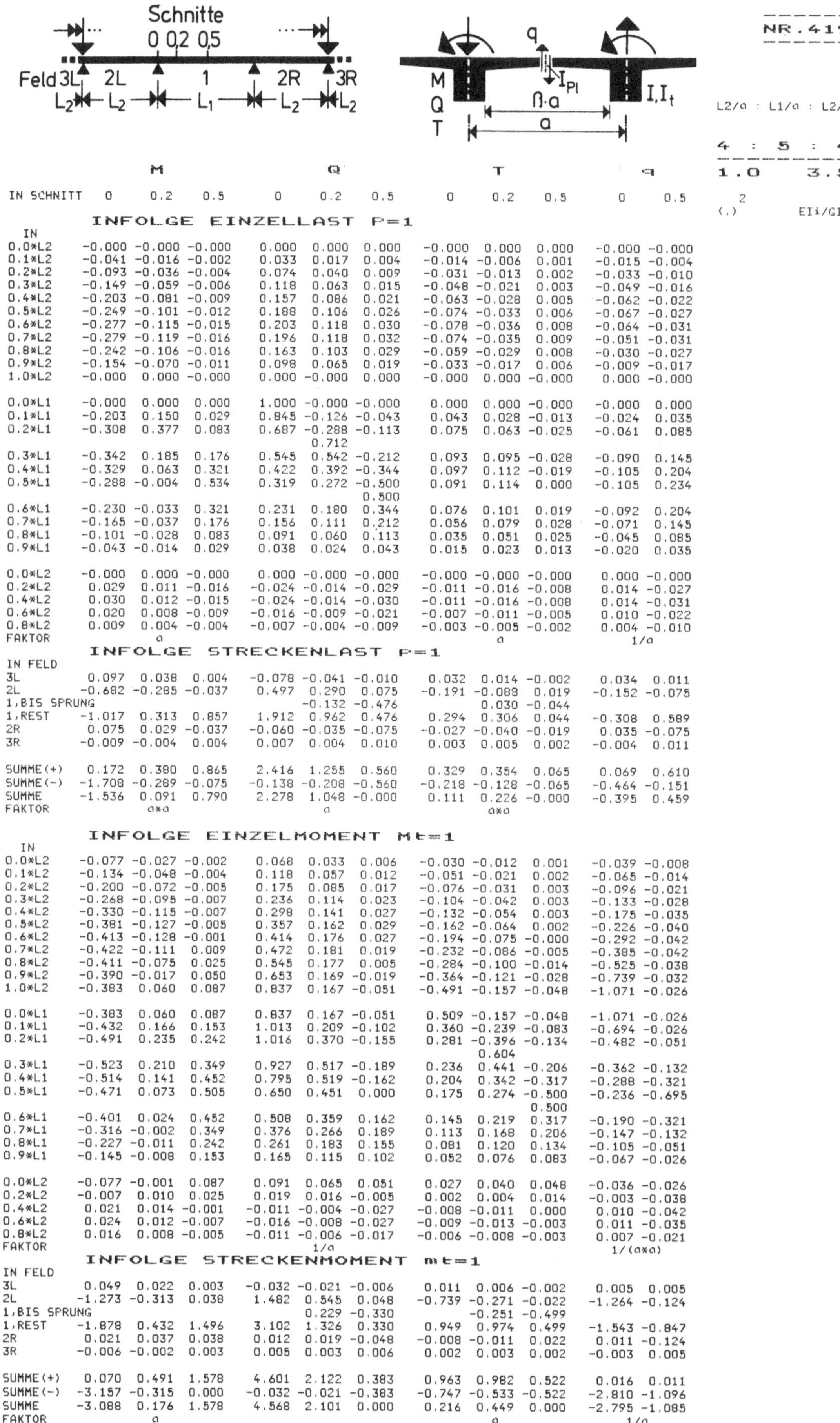

	M 0	M 0.2	M 0.5	Q 0	Q 0.2	Q 0.5	T 0	T 0.2	T 0.5	q 0	q 0.5

INFOLGE EINZELLAST P=1

IN

	M 0	M 0.2	M 0.5	Q 0	Q 0.2	Q 0.5	T 0	T 0.2	T 0.5	q 0	q 0.5
0.0*L2	-0.000	-0.000	-0.000	0.000	0.000	0.000	-0.000	0.000	0.000	-0.000	-0.000
0.1*L2	-0.041	-0.016	-0.002	0.033	0.017	0.004	-0.014	-0.006	0.001	-0.015	-0.004
0.2*L2	-0.093	-0.036	-0.004	0.074	0.040	0.009	-0.031	-0.013	0.002	-0.033	-0.010
0.3*L2	-0.149	-0.059	-0.006	0.118	0.063	0.015	-0.048	-0.021	0.003	-0.049	-0.016
0.4*L2	-0.203	-0.081	-0.009	0.157	0.086	0.021	-0.063	-0.028	0.005	-0.062	-0.022
0.5*L2	-0.249	-0.101	-0.012	0.188	0.106	0.026	-0.074	-0.033	0.006	-0.067	-0.027
0.6*L2	-0.277	-0.115	-0.015	0.203	0.118	0.030	-0.078	-0.036	0.008	-0.064	-0.031
0.7*L2	-0.279	-0.119	-0.016	0.196	0.118	0.032	-0.074	-0.035	0.009	-0.051	-0.031
0.8*L2	-0.242	-0.106	-0.016	0.163	0.103	0.029	-0.059	-0.029	0.008	-0.030	-0.027
0.9*L2	-0.154	-0.070	-0.011	0.098	0.065	0.019	-0.033	-0.017	0.006	-0.009	-0.017
1.0*L2	-0.000	0.000	-0.000	0.000	-0.000	0.000	-0.000	0.000	-0.000	0.000	-0.000
0.0*L1	-0.000	0.000	0.000	1.000	-0.000	-0.000	0.000	0.000	-0.000	-0.000	0.000
0.1*L1	-0.203	0.150	0.029	0.845	-0.126	-0.043	0.043	0.028	-0.013	-0.024	0.035
0.2*L1	-0.308	0.377	0.083	0.687	-0.288	-0.113	0.075	0.063	-0.025	-0.061	0.085
(Sprung)					0.712						
0.3*L1	-0.342	0.185	0.176	0.545	0.542	-0.212	0.093	0.095	-0.028	-0.090	0.145
0.4*L1	-0.329	0.063	0.321	0.422	0.392	-0.344	0.097	0.112	-0.019	-0.105	0.204
0.5*L1	-0.288	-0.004	0.534	0.319	0.272	-0.500	0.091	0.114	0.000	-0.105	0.234
(Sprung)						0.500					
0.6*L1	-0.230	-0.033	0.321	0.231	0.180	0.344	0.076	0.101	0.019	-0.092	0.204
0.7*L1	-0.165	-0.037	0.176	0.156	0.111	0.212	0.056	0.079	0.028	-0.071	0.145
0.8*L1	-0.101	-0.028	0.083	0.091	0.060	0.113	0.035	0.051	0.025	-0.045	0.085
0.9*L1	-0.043	-0.014	0.029	0.038	0.024	0.043	0.015	0.023	0.013	-0.020	0.035
0.0*L2	-0.000	0.000	-0.000	0.000	-0.000	-0.000	-0.000	-0.000	-0.000	0.000	-0.000
0.2*L2	0.029	0.011	-0.016	-0.024	-0.014	-0.029	-0.011	-0.016	-0.008	0.014	-0.027
0.4*L2	0.030	0.012	-0.015	-0.024	-0.014	-0.030	-0.011	-0.016	-0.008	0.014	-0.031
0.6*L2	0.020	0.008	-0.009	-0.016	-0.009	-0.021	-0.007	-0.011	-0.005	0.010	-0.022
0.8*L2	0.009	0.004	-0.004	-0.007	-0.004	-0.009	-0.003	-0.005	-0.002	0.004	-0.010
FAKTOR	a						a			1/a	

INFOLGE STRECKENLAST P=1

IN FELD

	M 0	M 0.2	M 0.5	Q 0	Q 0.2	Q 0.5	T 0	T 0.2	T 0.5	q 0	q 0.5
3L	0.097	0.038	0.004	-0.078	-0.041	-0.010	0.032	0.014	-0.002	0.034	0.011
2L	-0.682	-0.285	-0.037	0.497	0.290	0.075	-0.191	-0.083	0.019	-0.152	-0.075
1,BIS SPRUNG					-0.132	-0.476		0.030	-0.044		
1,REST	-1.017	0.313	0.857	1.912	0.962	0.476	0.294	0.306	0.044	-0.308	0.589
2R	0.075	0.029	-0.037	-0.060	-0.035	-0.075	-0.027	-0.040	-0.019	0.035	-0.075
3R	-0.009	-0.004	0.004	0.007	0.004	0.010	0.003	0.005	0.002	-0.004	0.011
SUMME(+)	0.172	0.380	0.865	2.416	1.255	0.560	0.329	0.354	0.065	0.069	0.610
SUMME(-)	-1.708	-0.289	-0.075	-0.138	-0.208	-0.560	-0.218	-0.128	-0.065	-0.464	-0.151
SUMME	-1.536	0.091	0.790	2.278	1.048	-0.000	0.111	0.226	-0.000	-0.395	0.459
FAKTOR	a×a			a			a×a				

INFOLGE EINZELMOMENT Mt=1

IN

	M 0	M 0.2	M 0.5	Q 0	Q 0.2	Q 0.5	T 0	T 0.2	T 0.5	q 0	q 0.5
0.0*L2	-0.077	-0.027	-0.002	0.068	0.033	0.006	-0.030	-0.012	0.001	-0.039	-0.008
0.1*L2	-0.134	-0.048	-0.004	0.118	0.057	0.012	-0.051	-0.021	0.002	-0.065	-0.014
0.2*L2	-0.200	-0.072	-0.005	0.175	0.085	0.017	-0.076	-0.031	0.003	-0.096	-0.021
0.3*L2	-0.268	-0.095	-0.007	0.236	0.114	0.023	-0.104	-0.042	0.003	-0.133	-0.028
0.4*L2	-0.330	-0.115	-0.007	0.298	0.141	0.027	-0.132	-0.054	0.003	-0.175	-0.035
0.5*L2	-0.381	-0.127	-0.005	0.357	0.162	0.029	-0.162	-0.064	0.002	-0.226	-0.040
0.6*L2	-0.413	-0.128	-0.001	0.414	0.176	0.027	-0.194	-0.075	-0.000	-0.292	-0.042
0.7*L2	-0.422	-0.111	0.009	0.472	0.181	0.019	-0.232	-0.086	-0.005	-0.385	-0.042
0.8*L2	-0.411	-0.075	0.025	0.545	0.177	0.005	-0.284	-0.100	-0.014	-0.525	-0.038
0.9*L2	-0.390	-0.017	0.050	0.653	0.169	-0.019	-0.364	-0.121	-0.028	-0.739	-0.032
1.0*L2	-0.383	0.060	0.087	0.837	0.167	-0.051	-0.491	-0.157	-0.048	-1.071	-0.026
0.0*L1	-0.383	0.060	0.087	0.837	0.167	-0.051	0.509	-0.157	-0.048	-1.071	-0.026
0.1*L1	-0.432	0.166	0.153	1.013	0.209	-0.102	0.360	-0.239	-0.083	-0.694	-0.026
0.2*L1	-0.491	0.235	0.242	1.016	0.370	-0.155	0.281	-0.396	-0.134	-0.482	-0.051
(Sprung)									0.604		
0.3*L1	-0.523	0.210	0.349	0.927	0.517	-0.189	0.236	0.441	-0.206	-0.362	-0.132
0.4*L1	-0.514	0.141	0.452	0.795	0.519	-0.162	0.204	0.342	-0.317	-0.288	-0.321
0.5*L1	-0.471	0.073	0.505	0.650	0.451	0.000	0.175	0.274	-0.500	-0.236	-0.695
(Sprung)									0.500		
0.6*L1	-0.401	0.024	0.452	0.508	0.359	0.162	0.145	0.219	0.317	-0.190	-0.321
0.7*L1	-0.316	-0.002	0.349	0.376	0.266	0.189	0.113	0.168	0.206	-0.147	-0.132
0.8*L1	-0.227	-0.011	0.242	0.261	0.183	0.155	0.081	0.120	0.134	-0.105	-0.051
0.9*L1	-0.145	-0.008	0.153	0.165	0.115	0.102	0.052	0.076	0.083	-0.067	-0.026
0.0*L2	-0.077	-0.001	0.087	0.091	0.065	0.051	0.027	0.040	0.048	-0.036	-0.026
0.2*L2	-0.007	0.010	0.025	0.019	0.016	-0.005	0.002	0.004	0.014	-0.003	-0.038
0.4*L2	0.021	0.014	-0.001	-0.011	-0.004	-0.027	-0.008	-0.011	0.000	0.010	-0.042
0.6*L2	0.024	0.012	-0.007	-0.016	-0.008	-0.027	-0.009	-0.013	-0.003	0.011	-0.035
0.8*L2	0.016	0.008	-0.005	-0.011	-0.004	-0.017	-0.006	-0.008	-0.003	0.007	-0.021
FAKTOR				1/a						1/(a×a)	

INFOLGE STRECKENMOMENT mt=1

IN FELD

	M 0	M 0.2	M 0.5	Q 0	Q 0.2	Q 0.5	T 0	T 0.2	T 0.5	q 0	q 0.5
3L	0.049	0.022	0.003	-0.032	-0.021	-0.006	0.011	0.006	-0.002	0.005	0.005
2L	-1.273	-0.313	0.038	1.482	0.545	0.048	-0.739	-0.271	-0.022	-1.264	-0.124
1,BIS SPRUNG					0.229	-0.330		-0.251	-0.499		
1,REST	-1.878	0.432	1.496	3.102	1.326	0.330	0.949	0.974	0.499	-1.543	-0.847
2R	0.021	0.037	0.038	0.012	0.019	-0.048	-0.008	-0.011	0.022	0.011	-0.124
3R	-0.006	-0.002	0.003	0.005	0.003	0.006	0.002	0.003	0.002	-0.003	0.005
SUMME(+)	0.070	0.491	1.578	4.601	2.122	0.383	0.963	0.982	0.522	0.016	0.011
SUMME(-)	-3.157	-0.315	0.000	-0.032	-0.021	-0.383	-0.747	-0.533	-0.522	-2.810	-1.096
SUMME	-3.088	0.176	1.578	4.568	2.101	0.000	0.216	0.449	0.000	-2.795	-1.085
FAKTOR	a			a						1/a	

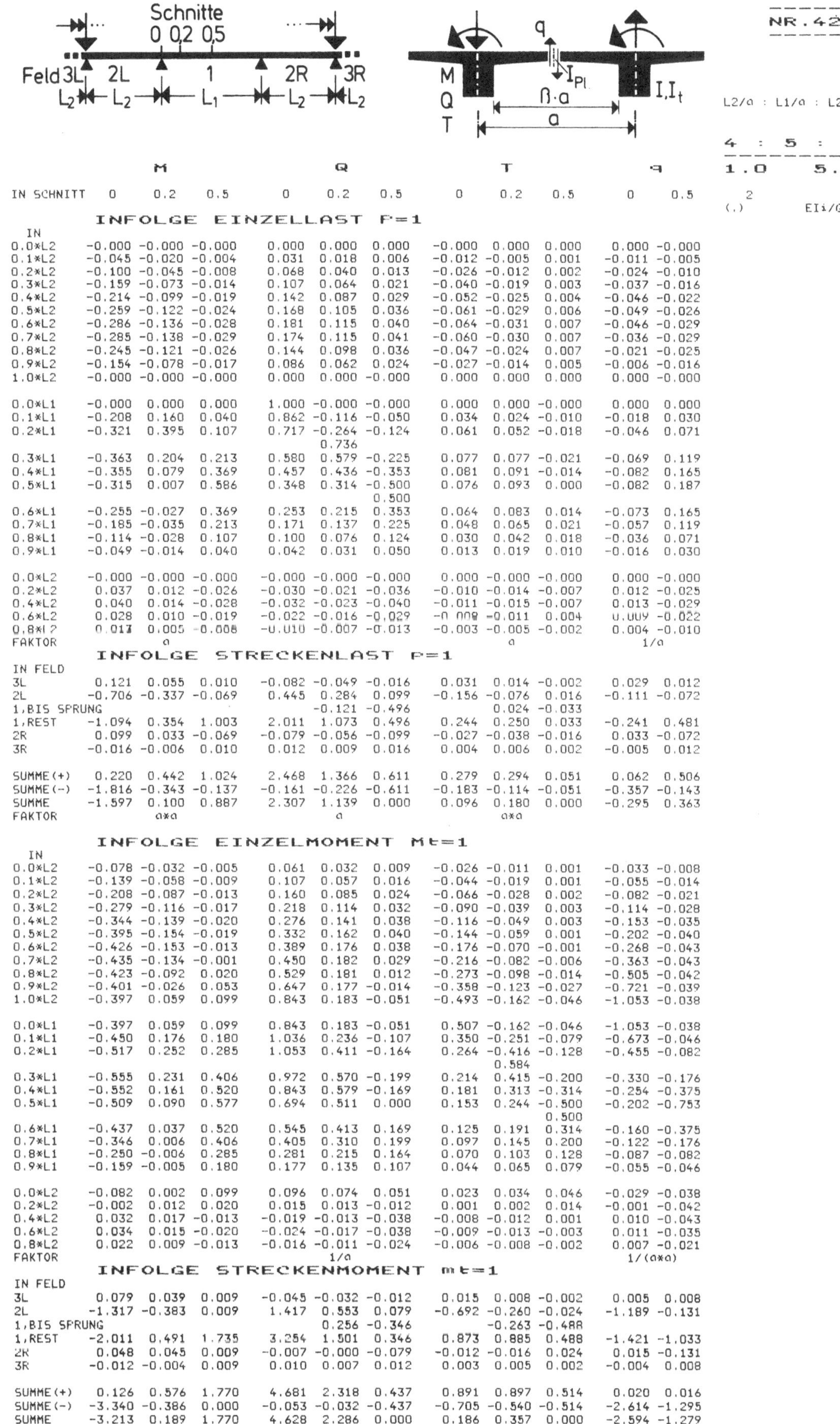

| | M | | | Q | | | T | | | q | |
IN SCHNITT	0	0.2	0.5	0	0.2	0.5	0	0.2	0.5	0	0.5

INFOLGE EINZELLAST P=1

IN	M 0	M 0.2	M 0.5	Q 0	Q 0.2	Q 0.5	T 0	T 0.2	T 0.5	q 0	q 0.5
0.0*L2	-0.000	-0.000	-0.000	0.000	0.000	0.000	-0.000	0.000	0.000	0.000	-0.000
0.1*L2	-0.045	-0.020	-0.004	0.031	0.018	0.006	-0.012	-0.005	0.001	-0.011	-0.005
0.2*L2	-0.100	-0.045	-0.008	0.068	0.040	0.013	-0.026	-0.012	0.002	-0.024	-0.010
0.3*L2	-0.159	-0.073	-0.014	0.107	0.064	0.021	-0.040	-0.019	0.003	-0.037	-0.016
0.4*L2	-0.214	-0.099	-0.019	0.142	0.087	0.029	-0.052	-0.025	0.004	-0.046	-0.022
0.5*L2	-0.259	-0.122	-0.024	0.168	0.105	0.036	-0.061	-0.029	0.006	-0.049	-0.026
0.6*L2	-0.286	-0.136	-0.028	0.181	0.115	0.040	-0.064	-0.031	0.007	-0.046	-0.029
0.7*L2	-0.285	-0.138	-0.029	0.174	0.115	0.041	-0.060	-0.030	0.007	-0.036	-0.029
0.8*L2	-0.245	-0.121	-0.026	0.144	0.098	0.036	-0.047	-0.024	0.007	-0.021	-0.025
0.9*L2	-0.154	-0.078	-0.017	0.086	0.062	0.024	-0.027	-0.014	0.005	-0.006	-0.016
1.0*L2	-0.000	-0.000	-0.000	0.000	0.000	-0.000	0.000	0.000	0.000	0.000	-0.000
0.0*L1	-0.000	0.000	0.000	1.000	-0.000	-0.000	0.000	0.000	-0.000	0.000	0.000
0.1*L1	-0.208	0.160	0.040	0.862	-0.116	-0.050	0.034	0.024	-0.010	-0.018	0.030
0.2*L1	-0.321	0.395	0.107	0.717	-0.264	-0.124	0.061	0.052	-0.018	-0.046	0.071
				0.736							
0.3*L1	-0.363	0.204	0.213	0.580	0.579	-0.225	0.077	0.077	-0.021	-0.069	0.119
0.4*L1	-0.355	0.079	0.369	0.457	0.436	-0.353	0.081	0.091	-0.014	-0.082	0.165
0.5*L1	-0.315	0.007	0.586	0.348	0.314	-0.500	0.076	0.093	0.000	-0.082	0.187
						0.500					
0.6*L1	-0.255	-0.027	0.369	0.253	0.215	0.353	0.064	0.083	0.014	-0.073	0.165
0.7*L1	-0.185	-0.035	0.213	0.171	0.137	0.225	0.048	0.065	0.021	-0.057	0.119
0.8*L1	-0.114	-0.028	0.107	0.100	0.076	0.124	0.030	0.042	0.018	-0.036	0.071
0.9*L1	-0.049	-0.014	0.040	0.042	0.031	0.050	0.013	0.019	0.010	-0.016	0.030
0.0*L2	-0.000	-0.000	-0.000	-0.000	-0.000	-0.000	0.000	-0.000	-0.000	0.000	-0.000
0.2*L2	0.037	0.012	-0.026	-0.030	-0.021	-0.036	-0.010	-0.014	-0.007	0.012	-0.025
0.4*L2	0.040	0.014	-0.028	-0.032	-0.023	-0.040	-0.011	-0.015	-0.007	0.013	-0.029
0.6*L2	0.028	0.010	-0.019	-0.022	-0.016	-0.029	-0.008	-0.011	0.004	0.009	-0.022
0.8*L2	0.013	0.005	-0.008	-0.010	-0.007	-0.013	-0.003	-0.005	-0.002	0.004	-0.010
FAKTOR	a						a			1/a	

INFOLGE STRECKENLAST P=1

IN FELD	M 0	M 0.2	M 0.5	Q 0	Q 0.2	Q 0.5	T 0	T 0.2	T 0.5	q 0	q 0.5
3L	0.121	0.055	0.010	-0.082	-0.049	-0.016	0.031	0.014	-0.002	0.029	0.012
2L	-0.706	-0.337	-0.069	0.445	0.284	0.099	-0.156	-0.076	0.016	-0.111	-0.072
1,BIS SPRUNG					-0.121	-0.496		0.024	-0.033		
1,REST	-1.094	0.354	1.003	2.011	1.073	0.496	0.244	0.250	0.033	-0.241	0.481
2R	0.099	0.033	-0.069	-0.079	-0.056	-0.099	-0.027	-0.038	-0.016	0.033	-0.072
3R	-0.016	-0.006	0.010	0.012	0.009	0.016	0.004	0.006	0.002	-0.005	0.012
SUMME(+)	0.220	0.442	1.024	2.468	1.366	0.611	0.279	0.294	0.051	0.062	0.506
SUMME(-)	-1.816	-0.343	-0.137	-0.161	-0.226	-0.611	-0.183	-0.114	-0.051	-0.357	-0.143
SUMME	-1.597	0.100	0.887	2.307	1.139	0.000	0.096	0.180	0.000	-0.295	0.363
FAKTOR	a*a						a			a*a	

INFOLGE EINZELMOMENT Mt=1

IN	M 0	M 0.2	M 0.5	Q 0	Q 0.2	Q 0.5	T 0	T 0.2	T 0.5	q 0	q 0.5
0.0*L2	-0.078	-0.032	-0.005	0.061	0.032	0.009	-0.026	-0.011	0.001	-0.033	-0.008
0.1*L2	-0.139	-0.058	-0.009	0.107	0.057	0.016	-0.044	-0.019	0.001	-0.055	-0.014
0.2*L2	-0.208	-0.087	-0.013	0.160	0.085	0.024	-0.066	-0.028	0.002	-0.082	-0.021
0.3*L2	-0.279	-0.116	-0.017	0.218	0.114	0.032	-0.090	-0.039	0.003	-0.114	-0.028
0.4*L2	-0.344	-0.139	-0.020	0.276	0.141	0.038	-0.116	-0.049	0.003	-0.153	-0.035
0.5*L2	-0.395	-0.154	-0.019	0.332	0.162	0.040	-0.144	-0.059	0.001	-0.202	-0.040
0.6*L2	-0.426	-0.153	-0.013	0.389	0.176	0.038	-0.176	-0.070	-0.001	-0.268	-0.043
0.7*L2	-0.435	-0.134	-0.001	0.450	0.182	0.029	-0.216	-0.082	-0.006	-0.363	-0.043
0.8*L2	-0.423	-0.092	0.020	0.529	0.181	0.012	-0.273	-0.098	-0.014	-0.505	-0.042
0.9*L2	-0.401	-0.026	0.053	0.647	0.177	-0.014	-0.358	-0.123	-0.027	-0.721	-0.039
1.0*L2	-0.397	0.059	0.099	0.843	0.183	-0.051	-0.493	-0.162	-0.046	-1.053	-0.038
0.0*L1	-0.397	0.059	0.099	0.843	0.183	-0.051	0.507	-0.162	-0.046	-1.053	-0.038
0.1*L1	-0.450	0.176	0.180	1.036	0.236	-0.107	0.350	-0.251	-0.079	-0.673	-0.046
0.2*L1	-0.517	0.252	0.285	1.053	0.411	-0.164	0.264	-0.416	-0.128	-0.455	-0.082
									0.584		
0.3*L1	-0.555	0.231	0.406	0.972	0.570	-0.199	0.214	0.415	-0.200	-0.330	-0.176
0.4*L1	-0.552	0.161	0.520	0.843	0.579	-0.169	0.181	0.313	-0.314	-0.254	-0.375
0.5*L1	-0.509	0.090	0.577	0.694	0.511	0.000	0.153	0.244	-0.500	-0.202	-0.753
									0.500		
0.6*L1	-0.437	0.037	0.520	0.545	0.413	0.169	0.125	0.191	0.314	-0.160	-0.375
0.7*L1	-0.346	0.006	0.406	0.405	0.310	0.199	0.097	0.145	0.200	-0.122	-0.176
0.8*L1	-0.250	-0.006	0.285	0.281	0.215	0.164	0.070	0.103	0.128	-0.087	-0.082
0.9*L1	-0.159	-0.005	0.180	0.177	0.135	0.107	0.044	0.065	0.079	-0.055	-0.046
0.0*L2	-0.082	0.002	0.099	0.096	0.074	0.051	0.023	0.034	0.046	-0.029	-0.038
0.2*L2	-0.002	0.012	0.020	0.015	0.013	-0.012	0.001	0.002	0.014	-0.001	-0.042
0.4*L2	0.032	0.017	-0.013	-0.019	-0.013	-0.038	-0.008	-0.012	0.001	0.010	-0.043
0.6*L2	0.034	0.015	-0.020	-0.024	-0.017	-0.038	-0.009	-0.013	-0.003	0.011	-0.035
0.8*L2	0.022	0.009	-0.013	-0.016	-0.011	-0.024	-0.006	-0.008	-0.002	0.007	-0.021
FAKTOR				1/a						1/(a*a)	

INFOLGE STRECKENMOMENT mt=1

IN FELD	M 0	M 0.2	M 0.5	Q 0	Q 0.2	Q 0.5	T 0	T 0.2	T 0.5	q 0	q 0.5
3L	0.079	0.039	0.009	-0.045	-0.032	-0.012	0.015	0.008	-0.002	0.005	0.008
2L	-1.317	-0.383	0.009	1.417	0.553	0.079	-0.692	-0.260	-0.024	-1.189	-0.131
1,BIS SPRUNG					0.256	-0.346		-0.263	-0.488		
1,REST	-2.011	0.491	1.735	3.254	1.501	0.346	0.873	0.885	0.488	-1.421	-1.033
2R	0.048	0.045	0.009	-0.007	-0.000	-0.079	-0.012	-0.016	0.024	0.015	-0.131
3R	-0.012	-0.004	0.009	0.010	0.007	0.012	0.003	0.005	0.002	-0.004	0.008
SUMME(+)	0.126	0.576	1.770	4.681	2.318	0.437	0.891	0.897	0.514	0.020	0.016
SUMME(-)	-3.340	-0.386	0.000	-0.053	-0.032	-0.437	-0.705	-0.540	-0.514	-2.614	-1.295
SUMME	-3.213	0.189	1.770	4.628	2.286	0.000	0.186	0.357	0.000	-2.594	-1.279
FAKTOR	a						a			1/a	

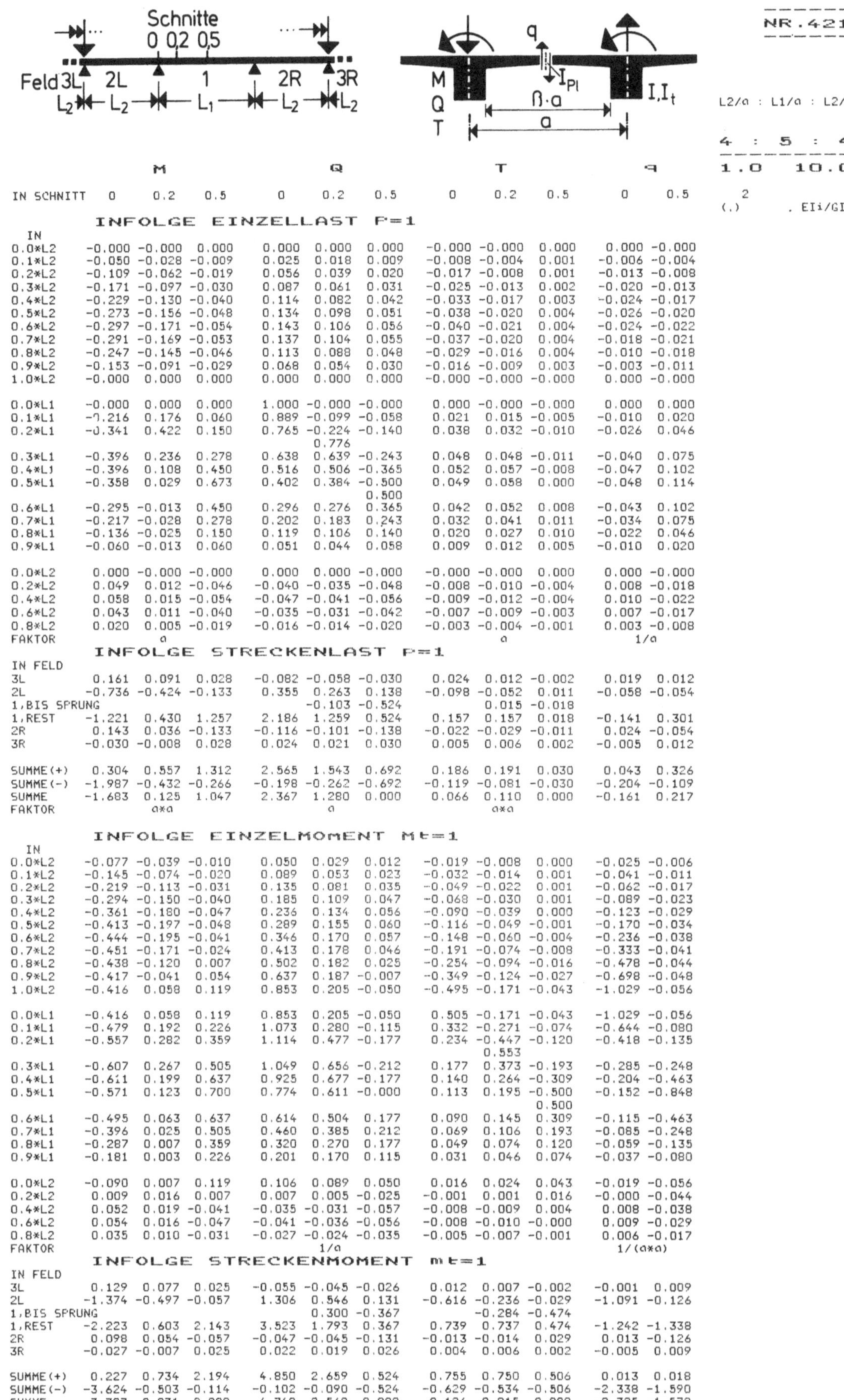

Column groups: **M** (0, 0.2, 0.5) · **Q** (0, 0.2, 0.5) · **T** (0, 0.2, 0.5) · **q** (0, 0.5)

INFOLGE EINZELLAST P=1

IN	M 0	M 0.2	M 0.5	Q 0	Q 0.2	Q 0.5	T 0	T 0.2	T 0.5	q 0	q 0.5
0.0*L2	-0.000	-0.000	0.000	0.000	0.000	0.000	-0.000	-0.000	0.000	0.000	-0.000
0.1*L2	-0.050	-0.028	-0.009	0.025	0.018	0.009	-0.008	-0.004	0.001	-0.006	-0.004
0.2*L2	-0.109	-0.062	-0.019	0.056	0.039	0.020	-0.017	-0.008	0.001	-0.013	-0.008
0.3*L2	-0.171	-0.097	-0.030	0.087	0.061	0.031	-0.025	-0.013	0.002	-0.020	-0.013
0.4*L2	-0.229	-0.130	-0.040	0.114	0.082	0.042	-0.033	-0.017	0.003	-0.024	-0.017
0.5*L2	-0.273	-0.156	-0.048	0.134	0.098	0.051	-0.038	-0.020	0.004	-0.026	-0.020
0.6*L2	-0.297	-0.171	-0.054	0.143	0.106	0.056	-0.040	-0.021	0.004	-0.024	-0.022
0.7*L2	-0.291	-0.169	-0.053	0.137	0.104	0.055	-0.037	-0.020	0.004	-0.018	-0.021
0.8*L2	-0.247	-0.145	-0.046	0.113	0.088	0.048	-0.029	-0.016	0.004	-0.010	-0.018
0.9*L2	-0.153	-0.091	-0.029	0.068	0.054	0.030	-0.016	-0.009	0.003	-0.003	-0.011
1.0*L2	-0.000	0.000	0.000	0.000	0.000	0.000	-0.000	-0.000	-0.000	0.000	-0.000
0.0*L1	-0.000	0.000	0.000	1.000	-0.000	-0.000	0.000	-0.000	-0.000	0.000	0.000
0.1*L1	-1.216	0.176	0.060	0.889	-0.099	-0.058	0.021	0.015	-0.005	-0.010	0.020
0.2*L1	-0.341	0.422	0.150	0.765	-0.224	-0.140	0.038	0.032	-0.010	-0.026	0.046
					0.776						
0.3*L1	-0.396	0.236	0.278	0.638	0.639	-0.243	0.048	0.048	-0.011	-0.040	0.075
0.4*L1	-0.396	0.108	0.450	0.516	0.506	-0.365	0.052	0.057	-0.008	-0.047	0.102
0.5*L1	-0.358	0.029	0.673	0.402	0.384	-0.500	0.049	0.058	0.000	-0.048	0.114
						0.500					
0.6*L1	-0.295	-0.013	0.450	0.296	0.276	0.365	0.042	0.052	0.008	-0.043	0.102
0.7*L1	-0.217	-0.028	0.278	0.202	0.183	0.243	0.032	0.041	0.011	-0.034	0.075
0.8*L1	-0.136	-0.025	0.150	0.119	0.106	0.140	0.020	0.027	0.010	-0.022	0.046
0.9*L1	-0.060	-0.013	0.060	0.051	0.044	0.058	0.009	0.012	0.005	-0.010	0.020
0.0*L2	0.000	-0.000	-0.000	0.000	0.000	-0.000	-0.000	-0.000	0.000	0.000	-0.000
0.2*L2	0.049	0.012	-0.046	-0.040	-0.035	-0.048	-0.008	-0.010	-0.004	0.008	-0.018
0.4*L2	0.058	0.015	-0.054	-0.047	-0.041	-0.056	-0.009	-0.012	-0.004	0.010	-0.022
0.6*L2	0.043	0.011	-0.040	-0.035	-0.031	-0.042	-0.007	-0.009	-0.003	0.007	-0.017
0.8*L2	0.020	0.005	-0.019	-0.016	-0.014	-0.020	-0.003	-0.004	-0.001	0.003	-0.008
FAKTOR	a						a			1/a	

INFOLGE STRECKENLAST P=1

IN FELD	M 0	M 0.2	M 0.5	Q 0	Q 0.2	Q 0.5	T 0	T 0.2	T 0.5	q 0	q 0.5
3L	0.161	0.091	0.028	-0.082	-0.058	-0.030	0.024	0.012	-0.002	0.019	0.012
2L	-0.736	-0.424	-0.133	0.355	0.263	0.138	-0.098	-0.052	0.011	-0.058	-0.054
1,BIS SPRUNG					-0.103	-0.524		0.015	-0.018		
1,REST	-1.221	0.430	1.257	2.186	1.259	0.524	0.157	0.157	0.018	-0.141	0.301
2R	0.143	0.036	-0.133	-0.116	-0.101	-0.138	-0.022	-0.029	-0.011	0.024	-0.054
3R	-0.030	-0.008	0.028	0.024	0.021	0.030	0.005	0.006	0.002	-0.005	0.012
SUMME(+)	0.304	0.557	1.312	2.565	1.543	0.692	0.186	0.191	0.030	0.043	0.326
SUMME(-)	-1.987	-0.432	-0.266	-0.198	-0.262	-0.692	-0.119	-0.081	-0.030	-0.204	-0.109
SUMME	-1.683	0.125	1.047	2.367	1.280	0.000	0.066	0.110	0.000	-0.161	0.217
FAKTOR	a*a			a			a*a				

INFOLGE EINZELMOMENT Mt=1

IN	M 0	M 0.2	M 0.5	Q 0	Q 0.2	Q 0.5	T 0	T 0.2	T 0.5	q 0	q 0.5
0.0*L2	-0.077	-0.039	-0.010	0.050	0.029	0.012	-0.019	-0.008	0.000	-0.025	-0.006
0.1*L2	-0.145	-0.074	-0.020	0.089	0.053	0.023	-0.032	-0.014	0.001	-0.041	-0.011
0.2*L2	-0.219	-0.113	-0.031	0.135	0.081	0.035	-0.049	-0.022	0.001	-0.062	-0.017
0.3*L2	-0.294	-0.150	-0.040	0.185	0.109	0.047	-0.068	-0.030	0.001	-0.089	-0.023
0.4*L2	-0.361	-0.180	-0.047	0.236	0.134	0.056	-0.090	-0.039	0.000	-0.123	-0.029
0.5*L2	-0.413	-0.197	-0.048	0.289	0.155	0.060	-0.116	-0.049	-0.001	-0.170	-0.034
0.6*L2	-0.444	-0.195	-0.041	0.346	0.170	0.057	-0.148	-0.060	-0.004	-0.236	-0.038
0.7*L2	-0.451	-0.171	-0.024	0.413	0.178	0.046	-0.191	-0.074	-0.008	-0.333	-0.041
0.8*L2	-0.438	-0.120	0.007	0.502	0.182	0.025	-0.254	-0.094	-0.016	-0.478	-0.044
0.9*L2	-0.417	-0.041	0.054	0.637	0.187	-0.007	-0.349	-0.124	-0.027	-0.698	-0.048
1.0*L2	-0.416	0.058	0.119	0.853	0.205	-0.050	-0.495	-0.171	-0.043	-1.029	-0.056
0.0*L1	-0.416	0.058	0.119	0.853	0.205	-0.050	0.505	-0.171	-0.043	-1.029	-0.056
0.1*L1	-0.479	0.192	0.226	1.073	0.280	-0.115	0.332	-0.271	-0.074	-0.644	-0.080
0.2*L1	-0.557	0.282	0.359	1.114	0.477	-0.177	0.234	-0.447	-0.120	-0.418	-0.135
									0.553		
0.3*L1	-0.607	0.267	0.505	1.049	0.656	-0.212	0.177	0.373	-0.193	-0.285	-0.248
0.4*L1	-0.611	0.199	0.637	0.925	0.677	-0.177	0.140	0.264	-0.309	-0.204	-0.463
0.5*L1	-0.571	0.123	0.700	0.774	0.611	-0.000	0.113	0.195	-0.500	-0.152	-0.848
									0.500		
0.6*L1	-0.495	0.063	0.637	0.614	0.504	0.177	0.090	0.145	0.309	-0.115	-0.463
0.7*L1	-0.396	0.025	0.505	0.460	0.385	0.212	0.069	0.106	0.193	-0.085	-0.248
0.8*L1	-0.287	0.007	0.359	0.320	0.270	0.177	0.049	0.074	0.120	-0.059	-0.135
0.9*L1	-0.181	0.003	0.226	0.201	0.170	0.115	0.031	0.046	0.074	-0.037	-0.080
0.0*L2	-0.090	0.007	0.119	0.106	0.089	0.050	0.016	0.024	0.043	-0.019	-0.056
0.2*L2	0.009	0.016	0.007	0.007	0.005	-0.025	-0.001	0.001	0.016	-0.000	-0.044
0.4*L2	0.052	0.019	-0.041	-0.035	-0.031	-0.057	-0.008	-0.009	0.004	0.008	-0.038
0.6*L2	0.054	0.016	-0.047	-0.041	-0.036	-0.056	-0.008	-0.010	-0.000	0.009	-0.029
0.8*L2	0.035	0.010	-0.031	-0.027	-0.024	-0.035	-0.005	-0.007	-0.001	0.006	-0.017
FAKTOR				1/a						1/(a*a)	

INFOLGE STRECKENMOMENT mt=1

IN FELD	M 0	M 0.2	M 0.5	Q 0	Q 0.2	Q 0.5	T 0	T 0.2	T 0.5	q 0	q 0.5
3L	0.129	0.077	0.025	-0.055	-0.045	-0.026	0.012	0.007	-0.002	-0.001	0.009
2L	-1.374	-0.497	-0.057	1.306	0.546	0.131	-0.616	-0.236	-0.029	-1.091	-0.126
1,BIS SPRUNG					0.300	-0.367		-0.284	-0.474		
1,REST	-2.223	0.603	2.143	3.523	1.793	0.367	0.739	0.737	0.474	-1.242	-1.338
2R	0.098	0.054	-0.057	-0.047	-0.045	-0.131	-0.013	-0.014	0.029	0.013	-0.126
3R	-0.027	-0.007	0.025	0.022	0.019	0.026	0.004	0.006	0.002	-0.005	0.009
SUMME(+)	0.227	0.734	2.194	4.850	2.659	0.524	0.755	0.750	0.506	0.013	0.018
SUMME(-)	-3.624	-0.503	-0.114	-0.102	-0.090	-0.524	-0.629	-0.534	-0.506	-2.338	-1.590
SUMME	-3.397	0.231	2.080	4.748	2.569	0.000	0.126	0.215	0.000	-2.325	-1.572
FAKTOR	a						a			1/a	

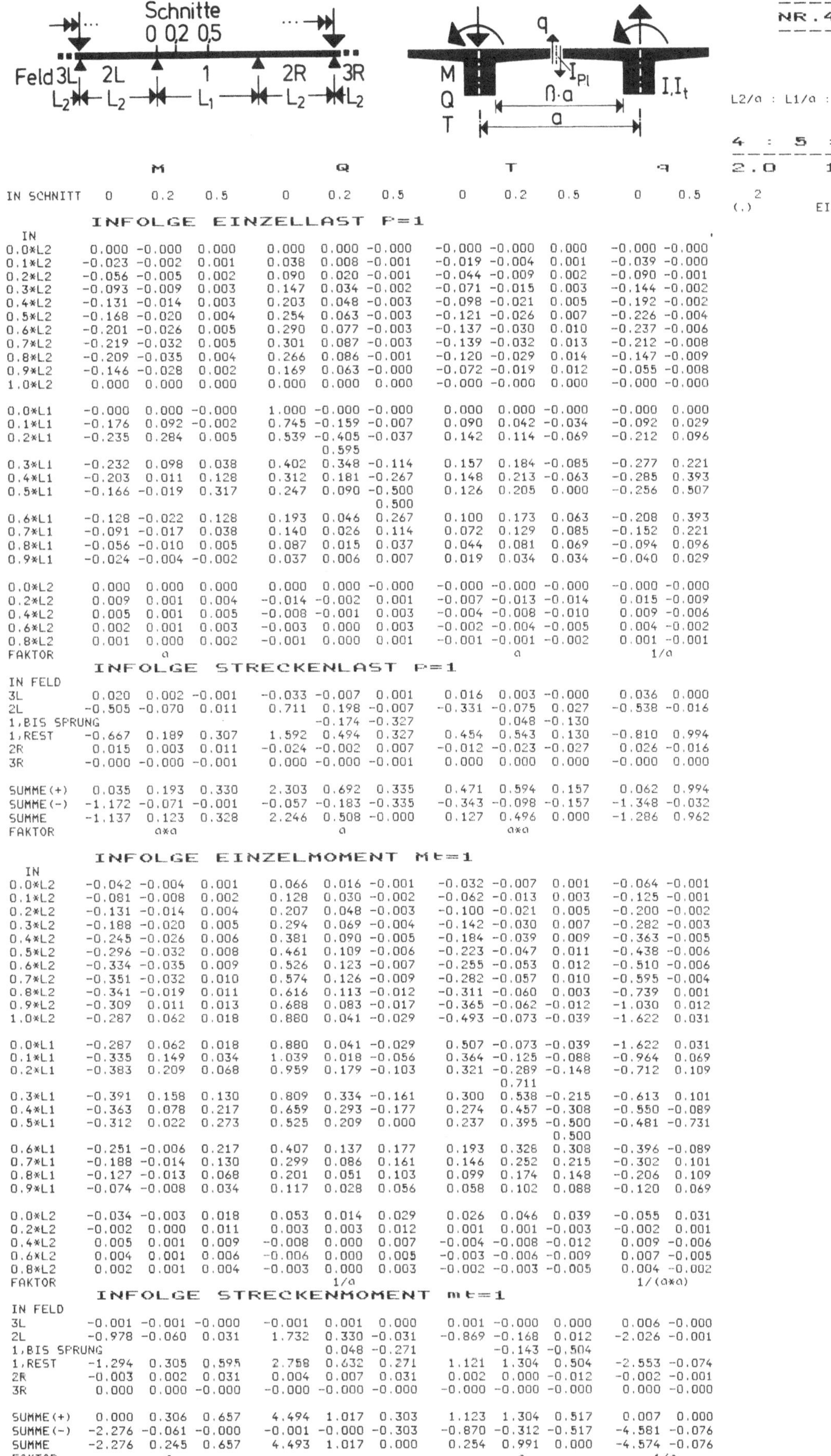

		M			Q			T		q	
IN SCHNITT	0	0.2	0.5	0	0.2	0.5	0	0.2	0.5	0	0.5

INFOLGE EINZELLAST P=1

IN

		M			Q			T		q	
0.0*L2	0.000	-0.000	0.000	0.000	0.000	-0.000	-0.000	-0.000	0.000	-0.000	-0.000
0.1*L2	-0.023	-0.002	0.001	0.038	0.008	-0.001	-0.019	-0.004	0.001	-0.039	-0.000
0.2*L2	-0.056	-0.005	0.002	0.090	0.020	-0.001	-0.044	-0.009	0.002	-0.090	-0.001
0.3*L2	-0.093	-0.009	0.003	0.147	0.034	-0.002	-0.071	-0.015	0.003	-0.144	-0.002
0.4*L2	-0.131	-0.014	0.003	0.203	0.048	-0.003	-0.098	-0.021	0.005	-0.192	-0.002
0.5*L2	-0.168	-0.020	0.004	0.254	0.063	-0.003	-0.121	-0.026	0.007	-0.226	-0.004
0.6*L2	-0.201	-0.026	0.005	0.290	0.077	-0.003	-0.137	-0.030	0.010	-0.237	-0.006
0.7*L2	-0.219	-0.032	0.005	0.301	0.087	-0.003	-0.139	-0.032	0.013	-0.212	-0.008
0.8*L2	-0.209	-0.035	0.004	0.266	0.086	-0.001	-0.120	-0.029	0.014	-0.147	-0.009
0.9*L2	-0.146	-0.028	0.002	0.169	0.063	-0.000	-0.072	-0.019	0.012	-0.055	-0.008
1.0*L2	0.000	0.000	0.000	0.000	0.000	0.000	-0.000	-0.000	0.000	-0.000	-0.000
0.0*L1	-0.000	0.000	-0.000	1.000	-0.000	-0.000	0.000	0.000	-0.000	-0.000	0.000
0.1*L1	-0.176	0.092	-0.002	0.745	-0.159	-0.007	0.090	0.042	-0.034	-0.092	0.029
0.2*L1	-0.235	0.284	0.005	0.539	-0.405	-0.037	0.142	0.114	-0.069	-0.212	0.096
						0.595					
0.3*L1	-0.232	0.098	0.038	0.402	0.348	-0.114	0.157	0.184	-0.085	-0.277	0.221
0.4*L1	-0.203	0.011	0.128	0.312	0.181	-0.267	0.148	0.213	-0.063	-0.285	0.393
0.5*L1	-0.166	-0.019	0.317	0.247	0.090	-0.500	0.126	0.205	0.000	-0.256	0.507
						0.500					
0.6*L1	-0.128	-0.022	0.128	0.193	0.046	0.267	0.100	0.173	0.063	-0.208	0.393
0.7*L1	-0.091	-0.017	0.038	0.140	0.026	0.114	0.072	0.129	0.085	-0.152	0.221
0.8*L1	-0.056	-0.010	0.005	0.087	0.015	0.037	0.044	0.081	0.069	-0.094	0.096
0.9*L1	-0.024	-0.004	-0.002	0.037	0.006	0.007	0.019	0.034	0.034	-0.040	0.029
0.0*L2	0.000	0.000	0.000	0.000	0.000	-0.000	-0.000	-0.000	-0.000	-0.000	-0.000
0.2*L2	0.009	0.001	0.004	-0.014	-0.002	0.001	-0.007	-0.013	-0.014	0.015	-0.009
0.4*L2	0.005	0.001	0.005	-0.008	-0.001	0.003	-0.004	-0.008	-0.010	0.009	-0.006
0.6*L2	0.002	0.001	0.003	-0.003	0.000	0.003	-0.002	-0.004	-0.005	0.004	-0.002
0.8*L2	0.001	0.000	0.002	-0.001	0.000	0.001	-0.001	-0.001	-0.002	0.001	-0.001
FAKTOR		a						a			1/a

INFOLGE STRECKENLAST P=1

IN FELD

		M			Q			T		q	
3L	0.020	0.002	-0.001	-0.033	-0.007	0.001	0.016	0.003	-0.000	0.036	0.000
2L	-0.505	-0.070	0.011	0.711	0.198	-0.007	-0.331	-0.075	0.027	-0.538	-0.016
1,BIS SPRUNG					-0.174	-0.327		0.048	-0.130		
1,REST	-0.667	0.189	0.307	1.592	0.494	0.327	0.454	0.543	0.130	-0.810	0.994
2R	0.015	0.003	0.011	-0.024	-0.002	0.007	-0.012	-0.023	-0.027	0.026	-0.016
3R	-0.000	-0.000	-0.001	0.000	-0.000	-0.001	0.000	0.000	0.000	-0.000	0.000
SUMME(+)	0.035	0.193	0.330	2.303	0.692	0.335	0.471	0.594	0.157	0.062	0.994
SUMME(-)	-1.172	-0.071	-0.001	-0.057	-0.183	-0.335	-0.343	-0.098	-0.157	-1.348	-0.032
SUMME	-1.137	0.123	0.328	2.246	0.508	-0.000	0.127	0.496	0.000	-1.286	0.962
FAKTOR		a*a			a			a*a			

INFOLGE EINZELMOMENT Mt=1

IN

		M			Q			T		q	
0.0*L2	-0.042	-0.004	0.001	0.066	0.016	-0.001	-0.032	-0.007	0.001	-0.064	-0.001
0.1*L2	-0.081	-0.008	0.002	0.128	0.030	-0.002	-0.062	-0.013	0.003	-0.125	-0.001
0.2*L2	-0.131	-0.014	0.004	0.207	0.048	-0.003	-0.100	-0.021	0.005	-0.200	-0.002
0.3*L2	-0.188	-0.020	0.005	0.294	0.069	-0.004	-0.142	-0.030	0.007	-0.282	-0.003
0.4*L2	-0.245	-0.026	0.006	0.381	0.090	-0.005	-0.184	-0.039	0.009	-0.363	-0.005
0.5*L2	-0.296	-0.032	0.008	0.461	0.109	-0.006	-0.223	-0.047	0.011	-0.438	-0.006
0.6*L2	-0.334	-0.035	0.009	0.526	0.123	-0.007	-0.255	-0.053	0.012	-0.510	-0.006
0.7*L2	-0.351	-0.032	0.010	0.574	0.126	-0.009	-0.282	-0.057	0.010	-0.595	-0.004
0.8*L2	-0.341	-0.019	0.011	0.616	0.113	-0.012	-0.311	-0.060	0.003	-0.739	0.001
0.9*L2	-0.309	0.011	0.013	0.688	0.083	-0.017	-0.365	-0.062	-0.012	-1.030	0.012
1.0*L2	-0.287	0.062	0.018	0.880	0.041	-0.029	-0.493	-0.073	-0.039	-1.622	0.031
0.0*L1	-0.287	0.062	0.018	0.880	0.041	-0.029	0.507	-0.073	-0.039	-1.622	0.031
0.1*L1	-0.335	0.149	0.034	1.039	0.018	-0.056	0.364	-0.125	-0.088	-0.964	0.069
0.2*L1	-0.383	0.209	0.068	0.959	0.179	-0.103	0.321	-0.289	-0.148	-0.712	0.109
									0.711		
0.3*L1	-0.391	0.158	0.130	0.809	0.334	-0.161	0.300	0.538	-0.215	-0.613	0.101
0.4*L1	-0.363	0.078	0.217	0.659	0.293	-0.177	0.274	0.457	-0.308	-0.550	-0.089
0.5*L1	-0.312	0.022	0.273	0.525	0.209	0.000	0.237	0.395	-0.500	-0.481	-0.731
									0.500		
0.6*L1	-0.251	-0.006	0.217	0.407	0.137	0.177	0.193	0.328	0.308	-0.396	-0.089
0.7*L1	-0.188	-0.014	0.130	0.299	0.086	0.161	0.146	0.252	0.215	-0.302	0.101
0.8*L1	-0.127	-0.013	0.068	0.201	0.051	0.103	0.099	0.174	0.148	-0.206	0.109
0.9*L1	-0.074	-0.008	0.034	0.117	0.028	0.056	0.058	0.102	0.088	-0.120	0.069
0.0*L2	-0.034	-0.003	0.018	0.053	0.014	0.029	0.026	0.046	0.039	-0.055	0.031
0.2*L2	-0.002	0.000	0.011	0.003	0.003	0.012	0.001	0.001	-0.003	-0.002	0.001
0.4*L2	0.005	0.001	0.009	-0.008	0.000	0.007	-0.004	-0.008	-0.012	0.009	-0.006
0.6*L2	0.004	0.001	0.006	-0.006	0.000	0.005	-0.003	-0.006	-0.009	0.007	-0.005
0.8*L2	0.002	0.001	0.004	-0.003	0.000	0.003	-0.002	-0.003	-0.005	0.004	-0.002
FAKTOR					1/a						1/(a*a)

INFOLGE STRECKENMOMENT mt=1

IN FELD

		M			Q			T		q	
3L	-0.001	-0.001	-0.000	-0.001	0.001	0.000	0.001	-0.000	0.000	0.006	-0.000
2L	-0.978	-0.060	0.031	1.732	0.330	-0.031	-0.869	-0.168	0.012	-2.026	-0.001
1,BIS SPRUNG					0.048	-0.271		-0.143	-0.504		
1,REST	-1.294	0.305	0.595	2.758	0.632	0.271	1.121	1.304	0.504	-2.553	-0.074
2R	-0.003	0.002	0.031	0.004	0.007	0.031	0.002	-0.000	-0.012	-0.002	-0.001
3R	0.000	0.000	-0.000	-0.000	-0.000	-0.000	-0.000	-0.000	-0.000	0.000	-0.000
SUMME(+)	0.000	0.306	0.657	4.494	1.017	0.303	1.123	1.304	0.517	0.007	0.000
SUMME(-)	-2.276	-0.061	-0.000	-0.001	-0.000	-0.303	-0.870	-0.312	-0.517	-4.581	-0.076
SUMME	-2.276	0.245	0.657	4.493	1.017	0.000	0.254	0.991	0.000	-4.574	-0.076
FAKTOR		a						a			1/a

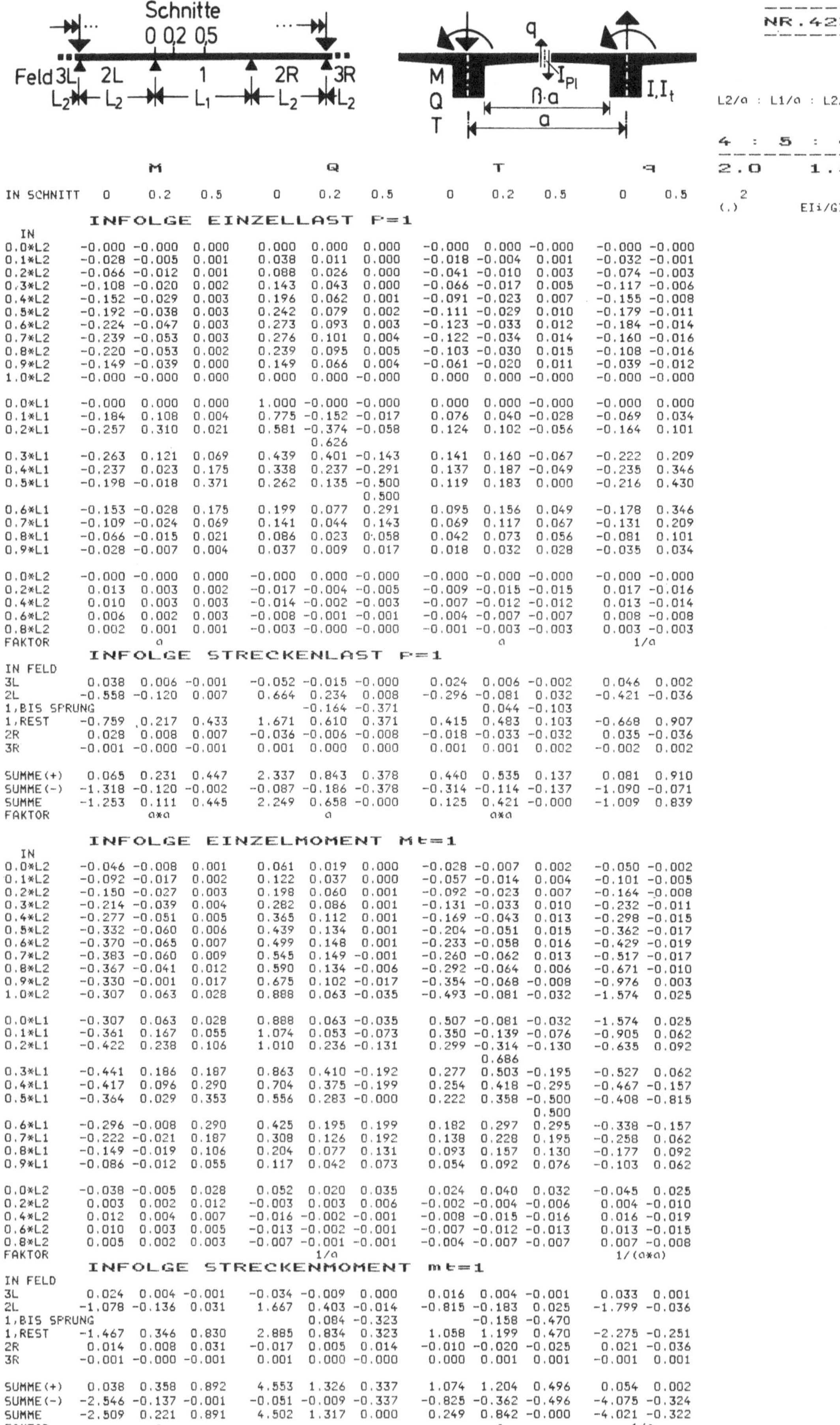

	M 0	M 0.2	M 0.5	Q 0	Q 0.2	Q 0.5	T 0	T 0.2	T 0.5	q 0	q 0.5
IN SCHNITT	0	0.2	0.5	0	0.2	0.5	0	0.2	0.5	0	0.5

INFOLGE EINZELLAST P=1

IN

	M 0	M 0.2	M 0.5	Q 0	Q 0.2	Q 0.5	T 0	T 0.2	T 0.5	q 0	q 0.5
0.0*L2	-0.000	-0.000	0.000	0.000	0.000	0.000	-0.000	0.000	-0.000	-0.000	-0.000
0.1*L2	-0.028	-0.005	0.001	0.038	0.011	0.000	-0.018	-0.004	0.001	-0.032	-0.001
0.2*L2	-0.066	-0.012	0.001	0.088	0.026	0.000	-0.041	-0.010	0.003	-0.074	-0.003
0.3*L2	-0.108	-0.020	0.002	0.143	0.043	0.000	-0.066	-0.017	0.005	-0.117	-0.006
0.4*L2	-0.152	-0.029	0.003	0.196	0.062	0.001	-0.091	-0.023	0.007	-0.155	-0.008
0.5*L2	-0.192	-0.038	0.003	0.242	0.079	0.002	-0.111	-0.029	0.010	-0.179	-0.011
0.6*L2	-0.224	-0.047	0.003	0.273	0.093	0.003	-0.123	-0.033	0.012	-0.184	-0.014
0.7*L2	-0.239	-0.053	0.003	0.276	0.101	0.004	-0.122	-0.034	0.014	-0.160	-0.016
0.8*L2	-0.220	-0.053	0.002	0.239	0.095	0.005	-0.103	-0.030	0.015	-0.108	-0.016
0.9*L2	-0.149	-0.039	0.000	0.149	0.066	0.004	-0.061	-0.020	0.011	-0.039	-0.012
1.0*L2	-0.000	-0.000	0.000	0.000	0.000	-0.000	0.000	0.000	-0.000	-0.000	-0.000
0.0*L1	-0.000	0.000	0.000	1.000	-0.000	-0.000	0.000	0.000	-0.000	-0.000	0.000
0.1*L1	-0.184	0.108	0.004	0.775	-0.152	-0.017	0.076	0.040	-0.028	-0.069	0.034
0.2*L1	-0.257	0.310	0.021	0.581	-0.374 0.626	-0.058	0.124	0.102	-0.056	-0.164	0.101
0.3*L1	-0.263	0.121	0.069	0.439	0.401	-0.143	0.141	0.160	-0.067	-0.222	0.209
0.4*L1	-0.237	0.023	0.175	0.338	0.237	-0.291	0.137	0.187	-0.049	-0.235	0.346
0.5*L1	-0.198	-0.018	0.371	0.262	0.135	-0.500 0.500	0.119	0.183	0.000	-0.216	0.430
0.6*L1	-0.153	-0.028	0.175	0.199	0.077	0.291	0.095	0.156	0.049	-0.178	0.346
0.7*L1	-0.109	-0.024	0.069	0.141	0.044	0.143	0.069	0.117	0.067	-0.131	0.209
0.8*L1	-0.066	-0.015	0.021	0.086	0.023	0.058	0.042	0.073	0.056	-0.081	0.101
0.9*L1	-0.028	-0.007	0.004	0.037	0.009	0.017	0.018	0.032	0.028	-0.035	0.034
0.0*L2	-0.000	-0.000	0.000	-0.000	0.000	-0.000	-0.000	-0.000	-0.000	-0.000	-0.000
0.2*L2	0.013	0.003	0.002	-0.017	-0.004	-0.005	-0.009	-0.015	-0.015	0.017	-0.016
0.4*L2	0.010	0.003	0.003	-0.014	-0.002	-0.003	-0.007	-0.012	-0.012	0.013	-0.014
0.6*L2	0.006	0.002	0.003	-0.008	-0.001	-0.001	-0.004	-0.007	-0.007	0.008	-0.008
0.8*L2	0.002	0.001	0.001	-0.003	-0.000	-0.000	-0.001	-0.003	-0.003	0.003	-0.003
FAKTOR		a						a		1/a	

INFOLGE STRECKENLAST P=1

IN FELD

	M 0	M 0.2	M 0.5	Q 0	Q 0.2	Q 0.5	T 0	T 0.2	T 0.5	q 0	q 0.5
3L	0.038	0.006	-0.001	-0.052	-0.015	-0.000	0.024	0.006	-0.002	0.046	0.002
2L	-0.558	-0.120	0.007	0.664	0.234	0.008	-0.296	-0.081	0.032	-0.421	-0.036
1,BIS SPRUNG					-0.164	-0.371		0.044	-0.103		
1,REST	-0.759	0.217	0.433	1.671	0.610	0.371	0.415	0.483	0.103	-0.668	0.907
2R	0.028	0.008	0.007	-0.036	-0.006	-0.008	-0.018	-0.033	-0.032	0.035	-0.036
3R	-0.001	-0.000	-0.001	0.001	0.000	0.000	0.001	0.001	0.002	-0.002	0.002
SUMME(+)	0.065	0.231	0.447	2.337	0.843	0.378	0.440	0.535	0.137	0.081	0.910
SUMME(-)	-1.318	-0.120	-0.002	-0.087	-0.186	-0.378	-0.314	-0.114	-0.137	-1.090	-0.071
SUMME	-1.253	0.111	0.445	2.249	0.658	-0.000	0.125	0.421	-0.000	-1.009	0.839
FAKTOR		a*a			a			a*a			

INFOLGE EINZELMOMENT Mt=1

IN

	M 0	M 0.2	M 0.5	Q 0	Q 0.2	Q 0.5	T 0	T 0.2	T 0.5	q 0	q 0.5
0.0*L2	-0.046	-0.008	0.001	0.061	0.019	0.000	-0.028	-0.007	0.002	-0.050	-0.002
0.1*L2	-0.092	-0.017	0.002	0.122	0.037	0.000	-0.057	-0.014	0.004	-0.101	-0.005
0.2*L2	-0.150	-0.027	0.003	0.198	0.060	0.001	-0.092	-0.023	0.007	-0.164	-0.008
0.3*L2	-0.214	-0.039	0.004	0.282	0.086	0.001	-0.131	-0.033	0.010	-0.232	-0.011
0.4*L2	-0.277	-0.051	0.005	0.365	0.112	0.001	-0.169	-0.043	0.013	-0.298	-0.015
0.5*L2	-0.332	-0.060	0.006	0.439	0.134	0.001	-0.204	-0.051	0.015	-0.362	-0.017
0.6*L2	-0.370	-0.065	0.007	0.499	0.148	0.001	-0.233	-0.058	0.016	-0.429	-0.019
0.7*L2	-0.383	-0.060	0.009	0.545	0.149	-0.001	-0.260	-0.062	0.013	-0.517	-0.017
0.8*L2	-0.367	-0.041	0.012	0.590	0.134	-0.006	-0.292	-0.064	0.006	-0.671	-0.010
0.9*L2	-0.330	-0.001	0.017	0.675	0.102	-0.017	-0.354	-0.068	-0.008	-0.976	0.003
1.0*L2	-0.307	0.063	0.028	0.888	0.063	-0.035	-0.493	-0.081	-0.032	-1.574	0.025
0.0*L1	-0.307	0.063	0.028	0.888	0.063	-0.035	0.507	-0.081	-0.032	-1.574	0.025
0.1*L1	-0.361	0.167	0.055	1.074	0.053	-0.073	0.350	-0.139	-0.076	-0.905	0.062
0.2*L1	-0.422	0.238	0.106	1.010	0.236	-0.131	0.299	-0.314 0.686	-0.130	-0.635	0.092
0.3*L1	-0.441	0.186	0.187	0.863	0.410	-0.192	0.277	0.503	-0.195	-0.527	0.062
0.4*L1	-0.417	0.096	0.290	0.704	0.375	-0.199	0.254	0.418	-0.295	-0.467	-0.157
0.5*L1	-0.364	0.029	0.353	0.556	0.283	-0.000	0.222	0.358	-0.500 0.500	-0.408	-0.815
0.6*L1	-0.296	-0.008	0.290	0.425	0.195	0.199	0.182	0.297	0.295	-0.338	-0.157
0.7*L1	-0.222	-0.021	0.187	0.308	0.126	0.192	0.138	0.228	0.195	-0.258	0.062
0.8*L1	-0.149	-0.019	0.106	0.204	0.077	0.131	0.093	0.157	0.130	-0.177	0.092
0.9*L1	-0.086	-0.012	0.055	0.117	0.042	0.073	0.054	0.092	0.076	-0.103	0.062
0.0*L2	-0.038	-0.005	0.028	0.052	0.020	0.035	0.024	0.040	0.032	-0.045	0.025
0.2*L2	0.003	0.002	0.012	-0.003	0.003	0.006	-0.002	-0.004	-0.006	0.004	-0.010
0.4*L2	0.012	0.004	0.007	-0.016	-0.002	-0.001	-0.008	-0.015	-0.016	0.016	-0.019
0.6*L2	0.010	0.003	0.005	-0.013	-0.002	-0.001	-0.007	-0.012	-0.013	0.013	-0.015
0.8*L2	0.005	0.002	0.003	-0.007	-0.001	-0.001	-0.004	-0.007	-0.007	0.007	-0.008
FAKTOR					1/a					1/(a*a)	

INFOLGE STRECKENMOMENT mt=1

IN FELD

	M 0	M 0.2	M 0.5	Q 0	Q 0.2	Q 0.5	T 0	T 0.2	T 0.5	q 0	q 0.5
3L	0.024	0.004	-0.001	-0.034	-0.009	0.000	0.016	0.004	-0.001	0.033	0.001
2L	-1.078	-0.136	0.031	1.667	0.403	-0.014	-0.815	-0.183	0.025	-1.799	-0.036
1,BIS SPRUNG					0.084	-0.323		-0.158	-0.470		
1,REST	-1.467	0.346	0.830	2.885	0.834	0.323	1.058	1.199	0.470	-2.275	-0.251
2R	0.014	0.008	0.031	-0.017	0.005	0.014	-0.010	-0.020	-0.025	0.021	-0.036
3R	-0.001	-0.000	-0.001	0.001	0.000	-0.000	0.000	0.001	0.001	-0.001	0.001
SUMME(+)	0.038	0.358	0.892	4.553	1.326	0.337	1.074	1.204	0.496	0.054	0.002
SUMME(-)	-2.546	-0.137	-0.001	-0.051	-0.009	-0.337	-0.825	-0.362	-0.496	-4.075	-0.324
SUMME	-2.509	0.221	0.891	4.502	1.317	0.000	0.249	0.842	-0.000	-4.021	-0.322
FAKTOR		a						a		1/a	

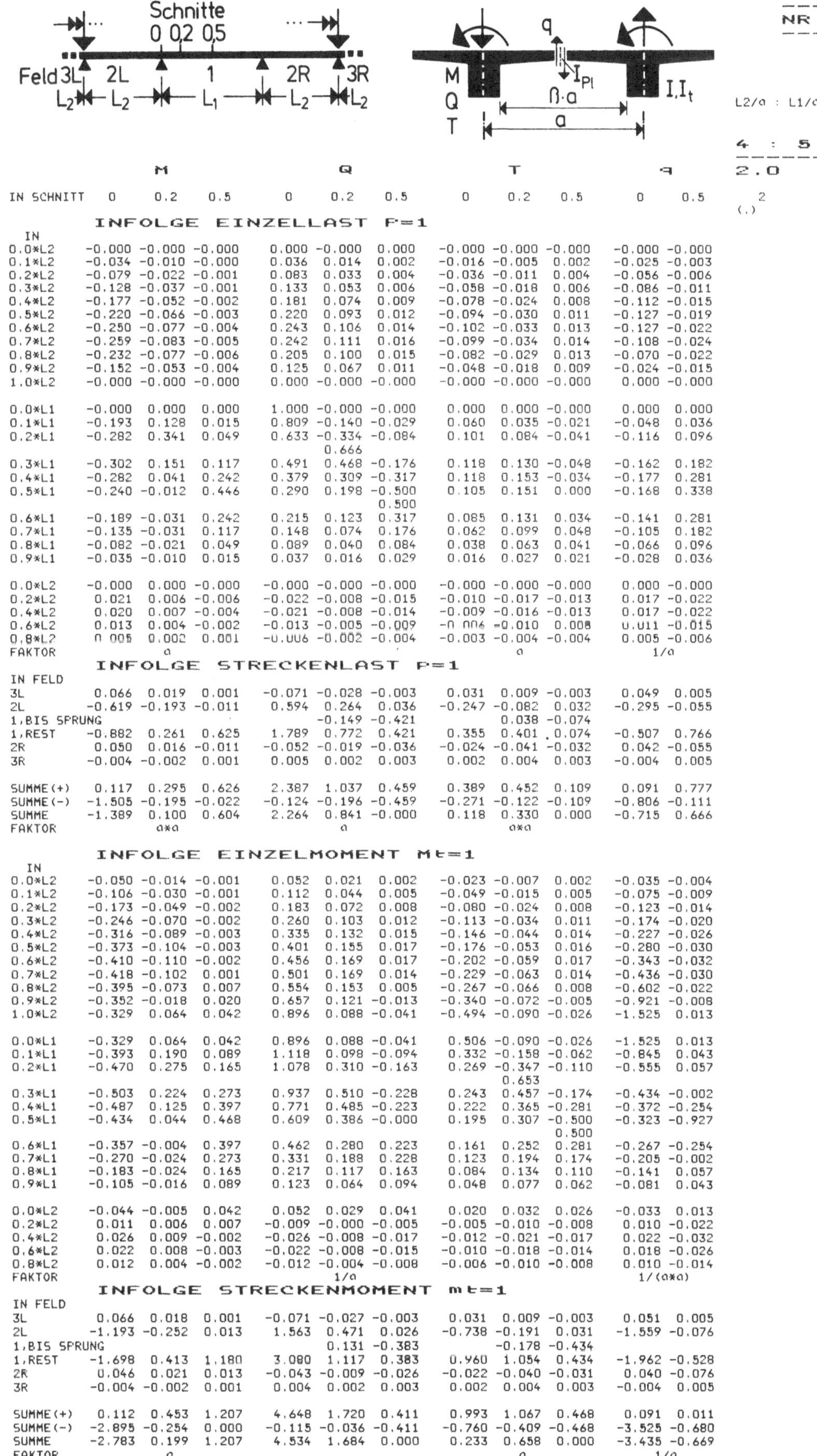

	M 0	M 0.2	M 0.5	Q 0	Q 0.2	Q 0.5	T 0	T 0.2	T 0.5	q 0	q 0.5
IN SCHNITT	0	0.2	0.5	0	0.2	0.5	0	0.2	0.5	0	0.5

INFOLGE EINZELLAST P=1

IN	M 0	M 0.2	M 0.5	Q 0	Q 0.2	Q 0.5	T 0	T 0.2	T 0.5	q 0	q 0.5
0.0*L2	-0.000	-0.000	-0.000	0.000	-0.000	0.000	-0.000	-0.000	-0.000	-0.000	-0.000
0.1*L2	-0.034	-0.010	-0.000	0.036	0.014	0.002	-0.016	-0.005	0.002	-0.025	-0.003
0.2*L2	-0.079	-0.022	-0.001	0.083	0.033	0.004	-0.036	-0.011	0.004	-0.056	-0.006
0.3*L2	-0.128	-0.037	-0.001	0.133	0.053	0.006	-0.058	-0.018	0.006	-0.086	-0.011
0.4*L2	-0.177	-0.052	-0.002	0.181	0.074	0.009	-0.078	-0.024	0.008	-0.112	-0.015
0.5*L2	-0.220	-0.066	-0.003	0.220	0.093	0.012	-0.094	-0.030	0.011	-0.127	-0.019
0.6*L2	-0.250	-0.077	-0.004	0.243	0.106	0.014	-0.102	-0.033	0.013	-0.127	-0.022
0.7*L2	-0.259	-0.083	-0.005	0.242	0.111	0.016	-0.099	-0.034	0.014	-0.108	-0.024
0.8*L2	-0.232	-0.077	-0.006	0.205	0.100	0.015	-0.082	-0.029	0.013	-0.070	-0.022
0.9*L2	-0.152	-0.053	-0.004	0.125	0.067	0.011	-0.048	-0.018	0.009	-0.024	-0.015
1.0*L2	-0.000	-0.000	-0.000	0.000	-0.000	-0.000	-0.000	-0.000	-0.000	0.000	-0.000
0.0*L1	-0.000	0.000	0.000	1.000	-0.000	-0.000	0.000	0.000	-0.000	0.000	0.000
0.1*L1	-0.193	0.128	0.015	0.809	-0.140	-0.029	0.060	0.035	-0.021	-0.048	0.036
0.2*L1	-0.282	0.341	0.049	0.633	-0.334	-0.084	0.101	0.084	-0.041	-0.116	0.096
				0.666							
0.3*L1	-0.302	0.151	0.117	0.491	0.468	-0.176	0.118	0.130	-0.048	-0.162	0.182
0.4*L1	-0.282	0.041	0.242	0.379	0.309	-0.317	0.118	0.153	-0.034	-0.177	0.281
0.5*L1	-0.240	-0.012	0.446	0.290	0.198	-0.500	0.105	0.151	0.000	-0.168	0.338
						0.500					
0.6*L1	-0.189	-0.031	0.242	0.215	0.123	0.317	0.085	0.131	0.034	-0.141	0.281
0.7*L1	-0.135	-0.031	0.117	0.148	0.074	0.176	0.062	0.099	0.048	-0.105	0.182
0.8*L1	-0.082	-0.021	0.049	0.089	0.040	0.084	0.038	0.063	0.041	-0.066	0.096
0.9*L1	-0.035	-0.010	0.015	0.037	0.016	0.029	0.016	0.027	0.021	-0.028	0.036
0.0*L2	-0.000	0.000	-0.000	-0.000	-0.000	-0.000	-0.000	-0.000	-0.000	0.000	-0.000
0.2*L2	0.021	0.006	-0.006	-0.022	-0.008	-0.015	-0.010	-0.017	-0.013	0.017	-0.022
0.4*L2	0.020	0.007	-0.004	-0.021	-0.008	-0.014	-0.009	-0.016	-0.013	0.017	-0.022
0.6*L2	0.013	0.004	-0.002	-0.013	-0.005	-0.009	-0.006	-0.010	0.008	0.011	-0.015
0.8*L2	0.005	0.002	0.001	-0.006	-0.002	-0.004	-0.003	-0.004	-0.004	0.005	-0.006
FAKTOR	a						a			1/a	

INFOLGE STRECKENLAST P=1

IN FELD	M 0	M 0.2	M 0.5	Q 0	Q 0.2	Q 0.5	T 0	T 0.2	T 0.5	q 0	q 0.5
3L	0.066	0.019	0.001	-0.071	-0.028	-0.003	0.031	0.009	-0.003	0.049	0.005
2L	-0.619	-0.193	-0.011	0.594	0.264	0.036	-0.247	-0.082	0.032	-0.295	-0.055
1,BIS SPRUNG					-0.149	-0.421		0.038	-0.074		
1,REST	-0.882	0.261	0.625	1.789	0.772	0.421	0.355	0.401	0.074	-0.507	0.766
2R	0.050	0.016	-0.011	-0.052	-0.019	-0.036	-0.024	-0.041	-0.032	0.042	-0.055
3R	-0.004	-0.002	0.001	0.005	0.002	0.003	0.002	0.004	0.003	-0.004	0.005
SUMME(+)	0.117	0.295	0.626	2.387	1.037	0.459	0.389	0.452	0.109	0.091	0.777
SUMME(-)	-1.505	-0.195	-0.022	-0.124	-0.196	-0.459	-0.271	-0.122	-0.109	-0.806	-0.111
SUMME	-1.389	0.100	0.604	2.264	0.841	-0.000	0.118	0.330	0.000	-0.715	0.666
FAKTOR	a*a			a			a*a				

INFOLGE EINZELMOMENT Mt=1

IN	M 0	M 0.2	M 0.5	Q 0	Q 0.2	Q 0.5	T 0	T 0.2	T 0.5	q 0	q 0.5
0.0*L2	-0.050	-0.014	-0.001	0.052	0.021	0.002	-0.023	-0.007	0.002	-0.035	-0.004
0.1*L2	-0.106	-0.030	-0.001	0.112	0.044	0.005	-0.049	-0.015	0.005	-0.075	-0.009
0.2*L2	-0.173	-0.049	-0.002	0.183	0.072	0.008	-0.080	-0.024	0.008	-0.123	-0.014
0.3*L2	-0.246	-0.070	-0.002	0.260	0.103	0.012	-0.113	-0.034	0.011	-0.174	-0.020
0.4*L2	-0.316	-0.089	-0.003	0.335	0.132	0.015	-0.146	-0.044	0.014	-0.227	-0.026
0.5*L2	-0.373	-0.104	-0.003	0.401	0.155	0.017	-0.176	-0.053	0.016	-0.280	-0.030
0.6*L2	-0.410	-0.110	-0.002	0.456	0.169	0.017	-0.202	-0.059	0.017	-0.343	-0.032
0.7*L2	-0.418	-0.102	0.001	0.501	0.169	0.014	-0.229	-0.063	0.014	-0.436	-0.030
0.8*L2	-0.395	-0.073	0.007	0.554	0.153	0.005	-0.267	-0.066	0.008	-0.602	-0.022
0.9*L2	-0.352	-0.018	0.020	0.657	0.121	-0.013	-0.340	-0.072	-0.005	-0.921	-0.008
1.0*L2	-0.329	0.064	0.042	0.896	0.088	-0.041	-0.494	-0.090	-0.026	-1.525	0.013
0.0*L1	-0.329	0.064	0.042	0.896	0.088	-0.041	0.506	-0.090	-0.026	-1.525	0.013
0.1*L1	-0.393	0.190	0.089	1.118	0.098	-0.094	0.332	-0.158	-0.062	-0.845	0.043
0.2*L1	-0.470	0.275	0.165	1.078	0.310	-0.163	0.269	-0.347	-0.110	-0.555	0.057
							0.653				
0.3*L1	-0.503	0.224	0.273	0.937	0.510	-0.228	0.243	0.457	-0.174	-0.434	-0.002
0.4*L1	-0.487	0.125	0.397	0.771	0.485	-0.223	0.222	0.365	-0.281	-0.372	-0.254
0.5*L1	-0.434	0.044	0.468	0.609	0.386	-0.000	0.195	0.307	-0.500	-0.323	-0.927
									0.500		
0.6*L1	-0.357	-0.004	0.397	0.462	0.280	0.223	0.161	0.252	0.281	-0.267	-0.254
0.7*L1	-0.270	-0.024	0.273	0.331	0.188	0.228	0.123	0.194	0.174	-0.205	-0.002
0.8*L1	-0.183	-0.024	0.165	0.217	0.117	0.163	0.084	0.134	0.110	-0.141	0.057
0.9*L1	-0.105	-0.016	0.089	0.123	0.064	0.094	0.048	0.077	0.062	-0.081	0.043
0.0*L2	-0.044	-0.005	0.042	0.052	0.029	0.041	0.020	0.032	0.026	-0.033	0.013
0.2*L2	0.011	0.006	0.007	-0.009	-0.000	-0.005	-0.005	-0.010	-0.008	0.010	-0.022
0.4*L2	0.026	0.009	-0.002	-0.026	-0.008	-0.017	-0.012	-0.021	-0.017	0.022	-0.032
0.6*L2	0.022	0.008	-0.003	-0.022	-0.008	-0.015	-0.010	-0.018	-0.014	0.018	-0.026
0.8*L2	0.012	0.004	-0.002	-0.012	-0.004	-0.008	-0.006	-0.010	-0.008	0.010	-0.014
FAKTOR				1/a						1/(a*a)	

INFOLGE STRECKENMOMENT mt=1

IN FELD	M 0	M 0.2	M 0.5	Q 0	Q 0.2	Q 0.5	T 0	T 0.2	T 0.5	q 0	q 0.5
3L	0.066	0.018	0.001	-0.071	-0.027	-0.003	0.031	0.009	-0.003	0.051	0.005
2L	-1.193	-0.252	0.013	1.563	0.471	0.026	-0.738	-0.191	0.031	-1.559	-0.076
1,BIS SPRUNG					0.131	-0.383		-0.178	-0.434		
1,REST	-1.698	0.413	1.180	3.080	1.117	0.383	0.960	1.054	0.434	-1.962	-0.528
2R	0.046	0.021	0.013	-0.043	-0.009	-0.026	-0.022	-0.040	-0.031	0.040	-0.076
3R	-0.004	-0.002	0.001	0.004	0.002	0.003	0.002	0.004	0.003	-0.004	0.005
SUMME(+)	0.112	0.453	1.207	4.648	1.720	0.411	0.993	1.067	0.468	0.091	0.011
SUMME(-)	-2.895	-0.254	0.000	-0.115	-0.036	-0.411	-0.760	-0.409	-0.468	-3.525	-0.680
SUMME	-2.783	0.199	1.207	4.534	1.684	0.000	0.233	0.658	0.000	-3.435	-0.669
FAKTOR				a						1/a	

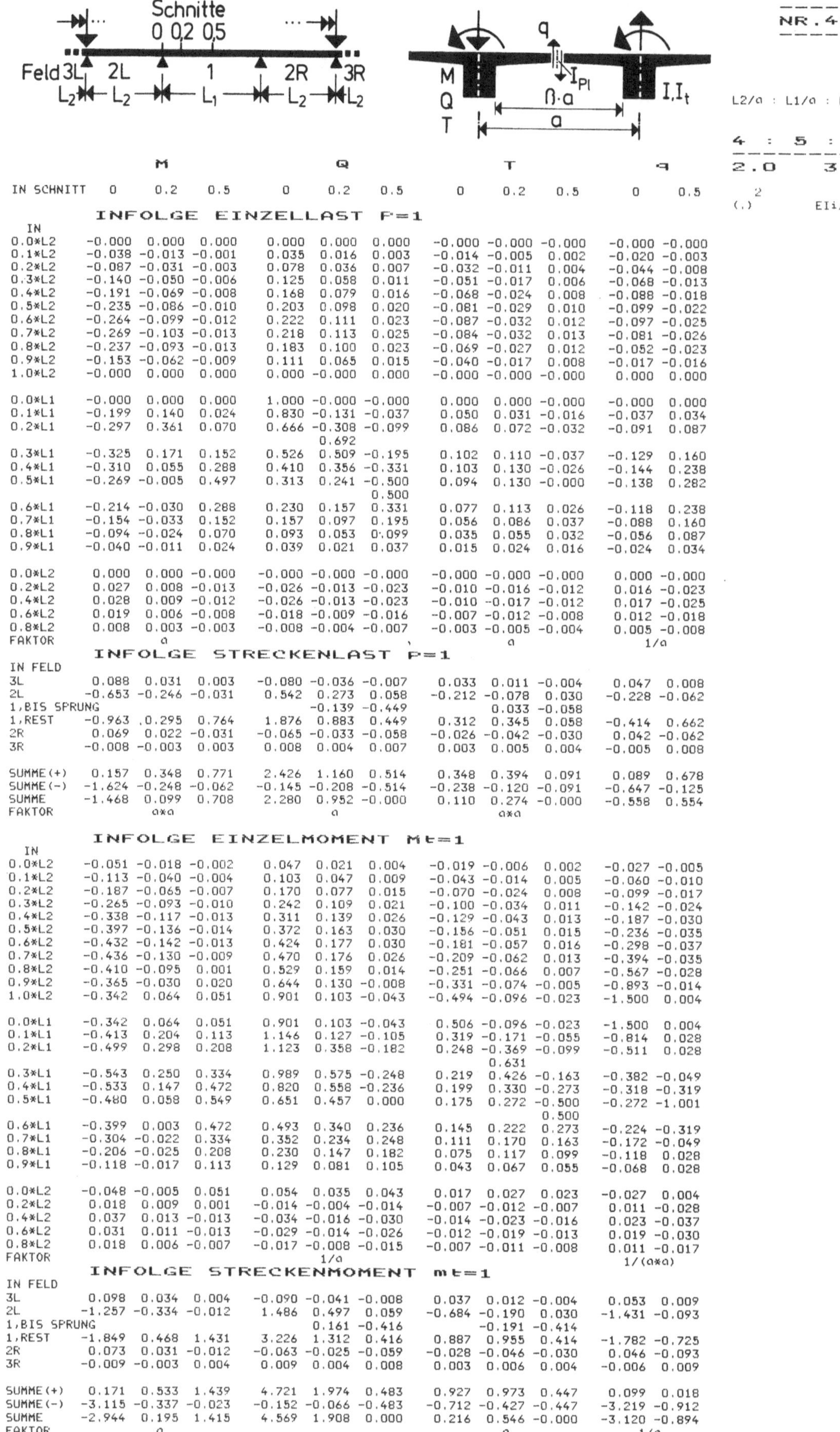

Column groups: **M** (0, 0.2, 0.5) · **Q** (0, 0.2, 0.5) · **T** (0, 0.2, 0.5) · **q** (0, 0.5)

INFOLGE EINZELLAST P=1

IN

	M 0	M 0.2	M 0.5	Q 0	Q 0.2	Q 0.5	T 0	T 0.2	T 0.5	q 0	q 0.5
0.0*L2	-0.000	0.000	0.000	0.000	0.000	0.000	-0.000	-0.000	-0.000	-0.000	-0.000
0.1*L2	-0.038	-0.013	-0.001	0.035	0.016	0.003	-0.014	-0.005	0.002	-0.020	-0.003
0.2*L2	-0.087	-0.031	-0.003	0.078	0.036	0.007	-0.032	-0.011	0.004	-0.044	-0.008
0.3*L2	-0.140	-0.050	-0.006	0.125	0.058	0.011	-0.051	-0.017	0.006	-0.068	-0.013
0.4*L2	-0.191	-0.069	-0.008	0.168	0.079	0.016	-0.068	-0.024	0.008	-0.088	-0.018
0.5*L2	-0.235	-0.086	-0.010	0.203	0.098	0.020	-0.081	-0.029	0.010	-0.099	-0.022
0.6*L2	-0.264	-0.099	-0.012	0.222	0.111	0.023	-0.087	-0.032	0.012	-0.097	-0.025
0.7*L2	-0.269	-0.103	-0.013	0.218	0.113	0.025	-0.084	-0.032	0.013	-0.081	-0.026
0.8*L2	-0.237	-0.093	-0.013	0.183	0.100	0.023	-0.069	-0.027	0.012	-0.052	-0.023
0.9*L2	-0.153	-0.062	-0.009	0.111	0.065	0.015	-0.040	-0.017	0.008	-0.017	-0.016
1.0*L2	-0.000	0.000	0.000	0.000	-0.000	0.000	-0.000	-0.000	-0.000	0.000	0.000
0.0*L1	-0.000	0.000	0.000	1.000	-0.000	-0.000	0.000	0.000	-0.000	-0.000	0.000
0.1*L1	-0.199	0.140	0.024	0.830	-0.131	-0.037	0.050	0.031	-0.016	-0.037	0.034
0.2*L1	-0.297	0.361	0.070	0.666	-0.308	-0.099	0.086	0.072	-0.032	-0.091	0.087
(Sprung)						0.692					
0.3*L1	-0.325	0.171	0.152	0.526	0.509	-0.195	0.102	0.110	-0.037	-0.129	0.160
0.4*L1	-0.310	0.055	0.288	0.410	0.356	-0.331	0.103	0.130	-0.026	-0.144	0.238
0.5*L1	-0.269	-0.005	0.497	0.313	0.241	-0.500	0.094	0.130	-0.000	-0.138	0.282
(Sprung)						0.500					
0.6*L1	-0.214	-0.030	0.288	0.230	0.157	0.331	0.077	0.113	0.026	-0.118	0.238
0.7*L1	-0.154	-0.033	0.152	0.157	0.097	0.195	0.056	0.086	0.037	-0.088	0.160
0.8*L1	-0.094	-0.024	0.070	0.093	0.053	0.099	0.035	0.055	0.032	-0.056	0.087
0.9*L1	-0.040	-0.011	0.024	0.039	0.021	0.037	0.015	0.024	0.016	-0.024	0.034
0.0*L2	0.000	0.000	-0.000	-0.000	-0.000	-0.000	-0.000	-0.000	-0.000	0.000	-0.000
0.2*L2	0.027	0.008	-0.013	-0.026	-0.013	-0.023	-0.010	-0.016	-0.012	0.016	-0.023
0.4*L2	0.028	0.009	-0.012	-0.026	-0.013	-0.023	-0.010	-0.017	-0.012	0.017	-0.025
0.6*L2	0.019	0.006	-0.008	-0.018	-0.009	-0.016	-0.007	-0.012	-0.008	0.012	-0.018
0.8*L2	0.008	0.003	-0.003	-0.008	-0.004	-0.007	-0.003	-0.005	-0.004	0.005	-0.008

FAKTOR: M → a, T → a, q → 1/a

INFOLGE STRECKENLAST P=1

IN FELD

	M 0	M 0.2	M 0.5	Q 0	Q 0.2	Q 0.5	T 0	T 0.2	T 0.5	q 0	q 0.5
3L	0.088	0.031	0.003	-0.080	-0.036	-0.007	0.033	0.011	-0.004	0.047	0.008
2L	-0.653	-0.246	-0.031	0.542	0.273	0.058	-0.212	-0.078	0.030	-0.228	-0.062
1,BIS SPRUNG					-0.139	-0.449		0.033	-0.058		
1,REST	-0.963	0.295	0.764	1.876	0.883	0.449	0.312	0.345	0.058	-0.414	0.662
2R	0.069	0.022	-0.031	-0.065	-0.033	-0.058	-0.026	-0.042	-0.030	0.042	-0.062
3R	-0.008	-0.003	0.003	0.008	0.004	0.007	0.003	0.005	0.004	-0.005	0.008
SUMME(+)	0.157	0.348	0.771	2.426	1.160	0.514	0.348	0.394	0.091	0.089	0.678
SUMME(-)	-1.624	-0.248	-0.062	-0.145	-0.208	-0.514	-0.238	-0.120	-0.091	-0.647	-0.125
SUMME	-1.468	0.099	0.708	2.280	0.952	-0.000	0.110	0.274	-0.000	-0.558	0.554

FAKTOR: M → a×a, Q → a, T → a×a

INFOLGE EINZELMOMENT Mt=1

IN

	M 0	M 0.2	M 0.5	Q 0	Q 0.2	Q 0.5	T 0	T 0.2	T 0.5	q 0	q 0.5
0.0*L2	-0.051	-0.018	-0.002	0.047	0.021	0.004	-0.019	-0.006	0.002	-0.027	-0.005
0.1*L2	-0.113	-0.040	-0.004	0.103	0.047	0.009	-0.043	-0.014	0.005	-0.060	-0.010
0.2*L2	-0.187	-0.065	-0.007	0.170	0.077	0.015	-0.070	-0.024	0.008	-0.099	-0.017
0.3*L2	-0.265	-0.093	-0.010	0.242	0.109	0.021	-0.100	-0.034	0.011	-0.142	-0.024
0.4*L2	-0.338	-0.117	-0.013	0.311	0.139	0.026	-0.129	-0.043	0.013	-0.187	-0.030
0.5*L2	-0.397	-0.136	-0.014	0.372	0.163	0.030	-0.156	-0.051	0.015	-0.236	-0.035
0.6*L2	-0.432	-0.142	-0.013	0.424	0.177	0.030	-0.181	-0.057	0.016	-0.298	-0.037
0.7*L2	-0.436	-0.130	-0.009	0.470	0.176	0.026	-0.209	-0.062	0.013	-0.394	-0.035
0.8*L2	-0.410	-0.095	0.001	0.529	0.159	0.014	-0.251	-0.066	0.007	-0.567	-0.028
0.9*L2	-0.365	-0.030	0.020	0.644	0.130	-0.008	-0.331	-0.074	-0.005	-0.893	-0.014
1.0*L2	-0.342	0.064	0.051	0.901	0.103	-0.043	-0.494	-0.096	-0.023	-1.500	0.004
0.0*L1	-0.342	0.064	0.051	0.901	0.103	-0.043	0.506	-0.096	-0.023	-1.500	0.004
0.1*L1	-0.413	0.204	0.113	1.146	0.127	-0.105	0.319	-0.171	-0.055	-0.814	0.028
0.2*L1	-0.499	0.298	0.208	1.123	0.358	-0.182	0.248	-0.369	-0.099	-0.511	0.028
(Sprung)								0.631			
0.3*L1	-0.543	0.250	0.334	0.989	0.575	-0.248	0.219	0.426	-0.163	-0.382	-0.049
0.4*L1	-0.533	0.147	0.472	0.820	0.558	-0.236	0.199	0.330	-0.273	-0.318	-0.319
0.5*L1	-0.480	0.058	0.549	0.651	0.457	0.000	0.175	0.272	-0.500	-0.272	-1.001
(Sprung)									0.500		
0.6*L1	-0.399	0.003	0.472	0.493	0.340	0.236	0.145	0.222	0.273	-0.224	-0.319
0.7*L1	-0.304	-0.022	0.334	0.352	0.234	0.248	0.111	0.170	0.163	-0.172	-0.049
0.8*L1	-0.206	-0.025	0.208	0.230	0.147	0.182	0.075	0.117	0.099	-0.118	0.028
0.9*L1	-0.118	-0.017	0.113	0.129	0.081	0.105	0.043	0.067	0.055	-0.068	0.028
0.0*L2	-0.048	-0.005	0.051	0.054	0.035	0.043	0.017	0.027	0.023	-0.027	0.004
0.2*L2	0.018	0.009	0.001	-0.014	-0.004	-0.014	-0.007	-0.012	-0.007	0.011	-0.028
0.4*L2	0.037	0.013	-0.013	-0.034	-0.016	-0.030	-0.014	-0.023	-0.016	0.023	-0.037
0.6*L2	0.031	0.011	-0.013	-0.029	-0.014	-0.026	-0.012	-0.019	-0.013	0.019	-0.030
0.8*L2	0.018	0.006	-0.007	-0.017	-0.008	-0.015	-0.007	-0.011	-0.008	0.011	-0.017

FAKTOR: Q → 1/a, q → 1/(a×a)

INFOLGE STRECKENMOMENT mt=1

IN FELD

	M 0	M 0.2	M 0.5	Q 0	Q 0.2	Q 0.5	T 0	T 0.2	T 0.5	q 0	q 0.5
3L	0.098	0.034	0.004	-0.090	-0.041	-0.008	0.037	0.012	-0.004	0.053	0.009
2L	-1.257	-0.334	-0.012	1.486	0.497	0.059	-0.684	-0.190	0.030	-1.431	-0.093
1,BIS SPRUNG					0.161	-0.416		-0.191	-0.414		
1,REST	-1.849	0.468	1.431	3.226	1.312	0.416	0.887	0.955	0.414	-1.782	-0.725
2R	0.073	0.031	-0.012	-0.063	-0.025	-0.059	-0.028	-0.046	-0.030	0.046	-0.093
3R	-0.009	-0.003	0.004	0.009	0.004	0.008	0.003	0.006	0.004	-0.006	0.009
SUMME(+)	0.171	0.533	1.439	4.721	1.974	0.483	0.927	0.973	0.447	0.099	0.018
SUMME(-)	-3.115	-0.337	-0.023	-0.152	-0.066	-0.483	-0.712	-0.427	-0.447	-3.219	-0.912
SUMME	-2.944	0.195	1.415	4.569	1.908	0.000	0.216	0.546	-0.000	-3.120	-0.894

FAKTOR: M → a, T → a, q → 1/a

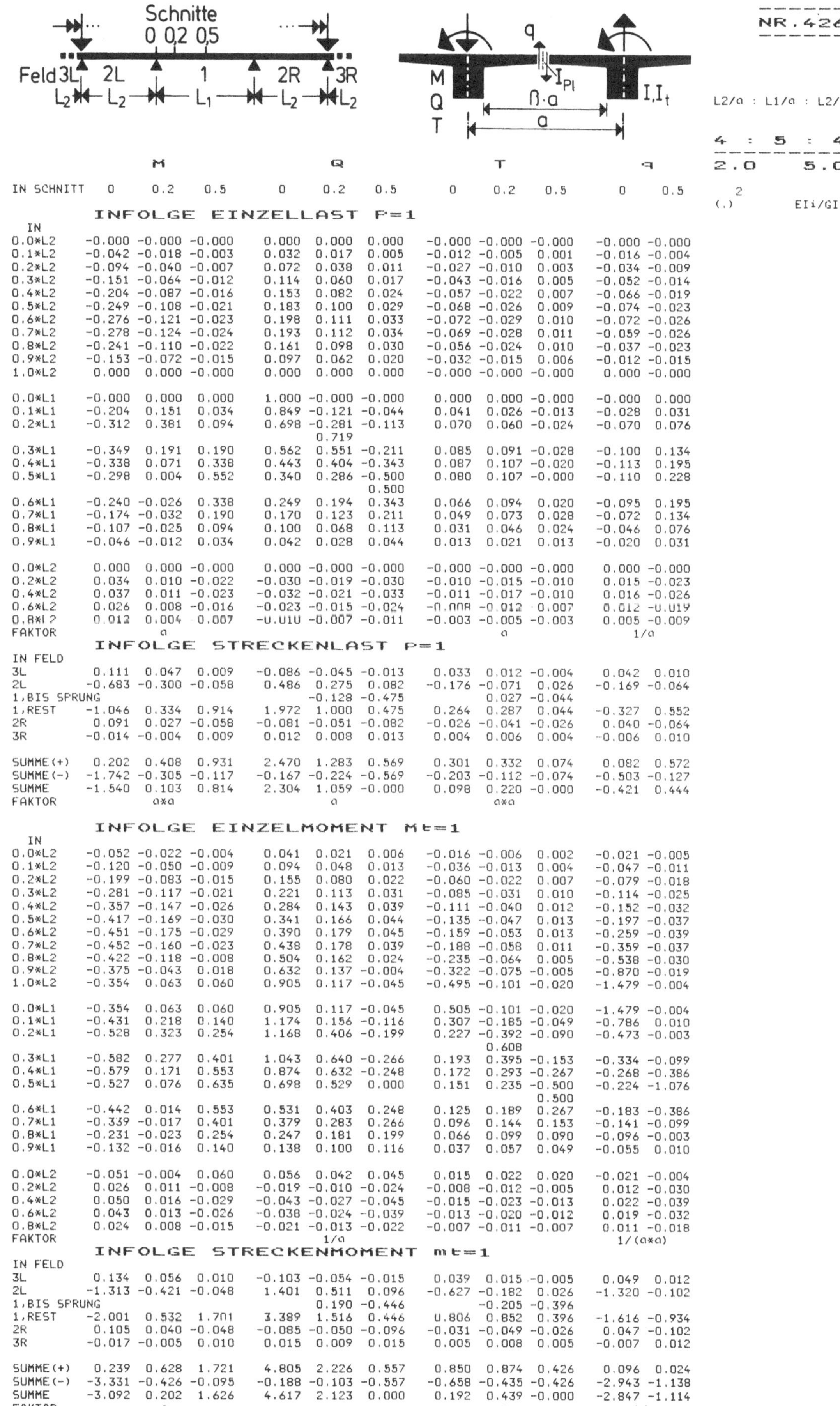

	M			Q			T			q	
IN SCHNITT	0	0.2	0.5	0	0.2	0.5	0	0.2	0.5	0	0.5

INFOLGE EINZELLAST P=1

IN

IN	M:0	M:0.2	M:0.5	Q:0	Q:0.2	Q:0.5	T:0	T:0.2	T:0.5	q:0	q:0.5
0.0*L2	-0.000	-0.000	-0.000	0.000	0.000	0.000	-0.000	-0.000	-0.000	-0.000	-0.000
0.1*L2	-0.042	-0.018	-0.003	0.032	0.017	0.005	-0.012	-0.005	0.001	-0.016	-0.004
0.2*L2	-0.094	-0.040	-0.007	0.072	0.038	0.011	-0.027	-0.010	0.003	-0.034	-0.009
0.3*L2	-0.151	-0.064	-0.012	0.114	0.060	0.017	-0.043	-0.016	0.005	-0.052	-0.014
0.4*L2	-0.204	-0.087	-0.016	0.153	0.082	0.024	-0.057	-0.022	0.007	-0.066	-0.019
0.5*L2	-0.249	-0.108	-0.021	0.183	0.100	0.029	-0.068	-0.026	0.009	-0.074	-0.023
0.6*L2	-0.276	-0.121	-0.023	0.198	0.111	0.033	-0.072	-0.029	0.010	-0.072	-0.026
0.7*L2	-0.278	-0.124	-0.024	0.193	0.112	0.034	-0.069	-0.028	0.011	-0.059	-0.026
0.8*L2	-0.241	-0.110	-0.022	0.161	0.098	0.030	-0.056	-0.024	0.010	-0.037	-0.023
0.9*L2	-0.153	-0.072	-0.015	0.097	0.062	0.020	-0.032	-0.015	0.006	-0.012	-0.015
1.0*L2	0.000	0.000	-0.000	0.000	0.000	0.000	-0.000	-0.000	-0.000	0.000	-0.000
0.0*L1	-0.000	0.000	0.000	1.000	-0.000	-0.000	0.000	0.000	-0.000	-0.000	0.000
0.1*L1	-0.204	0.151	0.034	0.849	-0.121	-0.044	0.041	0.026	-0.013	-0.028	0.031
0.2*L1	-0.312	0.381	0.094	0.698	-0.281	-0.113	0.070	0.060	-0.024	-0.070	0.076
(Sprung)				0.719							
0.3*L1	-0.349	0.191	0.190	0.562	0.551	-0.211	0.085	0.091	-0.028	-0.100	0.134
0.4*L1	-0.338	0.071	0.338	0.443	0.404	-0.343	0.087	0.107	-0.020	-0.113	0.195
0.5*L1	-0.298	0.004	0.552	0.340	0.286	-0.500	0.080	0.107	-0.000	-0.110	0.228
(Sprung)						0.500					
0.6*L1	-0.240	-0.026	0.338	0.249	0.194	0.343	0.066	0.094	0.020	-0.095	0.195
0.7*L1	-0.174	-0.032	0.190	0.170	0.123	0.211	0.049	0.073	0.028	-0.072	0.134
0.8*L1	-0.107	-0.025	0.094	0.100	0.068	0.113	0.031	0.046	0.024	-0.046	0.076
0.9*L1	-0.046	-0.012	0.034	0.042	0.028	0.044	0.013	0.021	0.013	-0.020	0.031
0.0*L2	0.000	0.000	-0.000	0.000	-0.000	-0.000	-0.000	-0.000	-0.000	0.000	-0.000
0.2*L2	0.034	0.010	-0.022	-0.030	-0.019	-0.030	-0.010	-0.015	-0.010	0.015	-0.023
0.4*L2	0.037	0.011	-0.023	-0.032	-0.021	-0.033	-0.011	-0.017	-0.010	0.016	-0.026
0.6*L2	0.026	0.008	-0.016	-0.023	-0.015	-0.024	-0.008	-0.012	0.007	0.012	-0.019
0.8*L2	0.012	0.004	0.007	-0.010	-0.007	-0.011	-0.003	-0.005	-0.003	0.005	-0.009
FAKTOR		a						a			1/a

INFOLGE STRECKENLAST P=1

IN FELD

IN FELD	M:0	M:0.2	M:0.5	Q:0	Q:0.2	Q:0.5	T:0	T:0.2	T:0.5	q:0	q:0.5
3L	0.111	0.047	0.009	-0.086	-0.045	-0.013	0.033	0.012	-0.004	0.042	0.010
2L	-0.683	-0.300	-0.058	0.486	0.275	0.082	-0.176	-0.071	0.026	-0.169	-0.064
1,BIS SPRUNG					-0.128	-0.475		0.027	-0.044		
1,REST	-1.046	0.334	0.914	1.972	1.000	0.475	0.264	0.287	0.044	-0.327	0.552
2R	0.091	0.027	-0.058	-0.081	-0.051	-0.082	-0.026	-0.041	-0.026	0.040	-0.064
3R	-0.014	-0.004	0.009	0.012	0.008	0.013	0.004	0.006	0.004	-0.006	0.010
SUMME(+)	0.202	0.408	0.931	2.470	1.283	0.569	0.301	0.332	0.074	0.082	0.572
SUMME(-)	-1.742	-0.305	-0.117	-0.167	-0.224	-0.569	-0.203	-0.112	-0.074	-0.503	-0.127
SUMME	-1.540	0.103	0.814	2.304	1.059	-0.000	0.098	0.220	-0.000	-0.421	0.444
FAKTOR		a*a			a			a*a			

INFOLGE EINZELMOMENT Mt=1

IN

IN	M:0	M:0.2	M:0.5	Q:0	Q:0.2	Q:0.5	T:0	T:0.2	T:0.5	q:0	q:0.5
0.0*L2	-0.052	-0.022	-0.004	0.041	0.021	0.006	-0.016	-0.006	0.002	-0.021	-0.005
0.1*L2	-0.120	-0.050	-0.009	0.094	0.048	0.013	-0.036	-0.013	0.004	-0.047	-0.011
0.2*L2	-0.199	-0.083	-0.015	0.155	0.080	0.022	-0.060	-0.022	0.007	-0.079	-0.018
0.3*L2	-0.281	-0.117	-0.021	0.221	0.113	0.031	-0.085	-0.031	0.010	-0.114	-0.025
0.4*L2	-0.357	-0.147	-0.026	0.284	0.143	0.039	-0.111	-0.040	0.012	-0.152	-0.032
0.5*L2	-0.417	-0.169	-0.030	0.341	0.166	0.044	-0.135	-0.047	0.013	-0.197	-0.037
0.6*L2	-0.451	-0.175	-0.029	0.390	0.179	0.045	-0.159	-0.053	0.013	-0.259	-0.039
0.7*L2	-0.452	-0.160	-0.023	0.438	0.178	0.039	-0.188	-0.058	0.011	-0.359	-0.037
0.8*L2	-0.422	-0.118	-0.008	0.504	0.162	0.024	-0.235	-0.064	0.005	-0.538	-0.030
0.9*L2	-0.375	-0.043	0.018	0.632	0.137	-0.004	-0.322	-0.075	-0.005	-0.870	-0.019
1.0*L2	-0.354	0.063	0.060	0.905	0.117	-0.045	-0.495	-0.101	-0.020	-1.479	-0.004
0.0*L1	-0.354	0.063	0.060	0.905	0.117	-0.045	0.505	-0.101	-0.020	-1.479	-0.004
0.1*L1	-0.431	0.218	0.140	1.174	0.156	-0.116	0.307	-0.185	-0.049	-0.786	0.010
0.2*L1	-0.528	0.323	0.254	1.168	0.406	-0.199	0.227	-0.392	-0.090	-0.473	-0.003
(Sprung)								0.608			
0.3*L1	-0.582	0.277	0.401	1.043	0.640	-0.266	0.193	0.395	-0.153	-0.334	-0.099
0.4*L1	-0.579	0.171	0.553	0.874	0.632	-0.248	0.172	0.293	-0.267	-0.268	-0.386
0.5*L1	-0.527	0.076	0.635	0.698	0.529	0.000	0.151	0.235	-0.500	-0.224	-1.076
(Sprung)									0.500		
0.6*L1	-0.442	0.014	0.553	0.531	0.403	0.248	0.125	0.189	0.267	-0.183	-0.386
0.7*L1	-0.339	-0.017	0.401	0.379	0.283	0.266	0.096	0.144	0.153	-0.141	-0.099
0.8*L1	-0.231	-0.023	0.254	0.247	0.181	0.199	0.066	0.099	0.090	-0.096	-0.003
0.9*L1	-0.132	-0.016	0.140	0.138	0.100	0.116	0.037	0.057	0.049	-0.055	0.010
0.0*L2	-0.051	-0.004	0.060	0.056	0.042	0.045	0.015	0.022	0.020	-0.021	-0.004
0.2*L2	0.026	0.011	-0.008	-0.019	-0.010	-0.024	-0.008	-0.012	-0.005	0.012	-0.030
0.4*L2	0.050	0.016	-0.029	-0.043	-0.027	-0.045	-0.015	-0.023	-0.013	0.022	-0.039
0.6*L2	0.043	0.013	-0.026	-0.038	-0.024	-0.039	-0.013	-0.020	-0.012	0.019	-0.032
0.8*L2	0.024	0.008	-0.015	-0.021	-0.013	-0.022	-0.007	-0.011	-0.007	0.011	-0.018
FAKTOR					1/a						1/(a*a)

INFOLGE STRECKENMOMENT mt=1

IN FELD

IN FELD	M:0	M:0.2	M:0.5	Q:0	Q:0.2	Q:0.5	T:0	T:0.2	T:0.5	q:0	q:0.5
3L	0.134	0.056	0.010	-0.103	-0.054	-0.015	0.039	0.015	-0.005	0.049	0.012
2L	-1.313	-0.421	-0.048	1.401	0.511	0.096	-0.627	-0.182	0.026	-1.320	-0.102
1,BIS SPRUNG					0.190	-0.446		-0.205	-0.396		
1,REST	-2.001	0.532	1.701	3.389	1.516	0.446	0.806	0.852	0.396	-1.616	-0.934
2R	0.105	0.040	-0.048	-0.085	-0.050	-0.096	-0.031	-0.049	-0.026	0.047	-0.102
3R	-0.017	-0.005	0.010	0.015	0.009	0.015	0.005	0.008	0.005	-0.007	0.012
SUMME(+)	0.239	0.628	1.721	4.805	2.226	0.557	0.850	0.874	0.426	0.096	0.024
SUMME(-)	-3.331	-0.426	-0.095	-0.188	-0.103	-0.557	-0.658	-0.435	-0.426	-2.943	-1.138
SUMME	-3.092	0.202	1.626	4.617	2.123	0.000	0.192	0.439	-0.000	-2.847	-1.114
FAKTOR		a			a			a			1/a

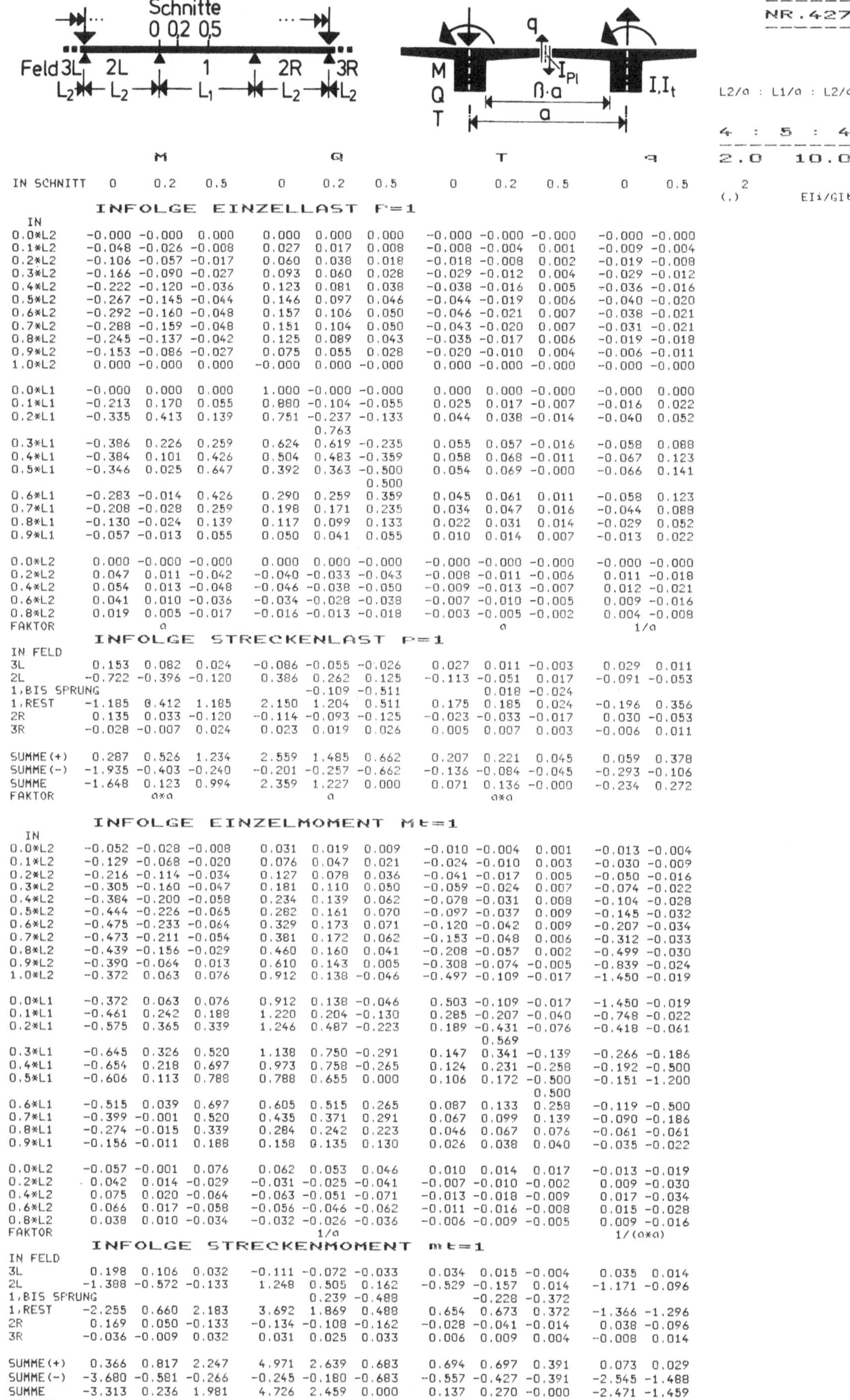

	M 0	M 0.2	M 0.5	Q 0	Q 0.2	Q 0.5	T 0	T 0.2	T 0.5	q 0	q 0.5
IN SCHNITT	0	0.2	0.5	0	0.2	0.5	0	0.2	0.5	0	0.5

INFOLGE EINZELLAST F=1

IN	M 0	M 0.2	M 0.5	Q 0	Q 0.2	Q 0.5	T 0	T 0.2	T 0.5	q 0	q 0.5
0.0*L2	-0.000	-0.000	0.000	0.000	0.000	0.000	-0.000	-0.000	-0.000	-0.000	-0.000
0.1*L2	-0.048	-0.026	-0.008	0.027	0.017	0.008	-0.008	-0.004	0.001	-0.009	-0.004
0.2*L2	-0.106	-0.057	-0.017	0.060	0.038	0.018	-0.018	-0.008	0.002	-0.019	-0.008
0.3*L2	-0.166	-0.090	-0.027	0.093	0.060	0.028	-0.029	-0.012	0.004	-0.029	-0.012
0.4*L2	-0.222	-0.120	-0.036	0.123	0.081	0.038	-0.038	-0.016	0.005	-0.036	-0.016
0.5*L2	-0.267	-0.145	-0.044	0.146	0.097	0.046	-0.044	-0.019	0.006	-0.040	-0.020
0.6*L2	-0.292	-0.160	-0.048	0.157	0.106	0.050	-0.046	-0.021	0.007	-0.038	-0.021
0.7*L2	-0.288	-0.159	-0.048	0.151	0.104	0.050	-0.043	-0.020	0.007	-0.031	-0.021
0.8*L2	-0.245	-0.137	-0.042	0.125	0.089	0.043	-0.035	-0.017	0.006	-0.019	-0.018
0.9*L2	-0.153	-0.086	-0.027	0.075	0.055	0.028	-0.020	-0.010	0.004	-0.006	-0.011
1.0*L2	0.000	-0.000	0.000	-0.000	0.000	-0.000	0.000	-0.000	-0.000	-0.000	-0.000
0.0*L1	-0.000	0.000	0.000	1.000	-0.000	-0.000	0.000	0.000	-0.000	-0.000	0.000
0.1*L1	-0.213	0.170	0.055	0.880	-0.104	-0.055	0.025	0.017	-0.007	-0.016	0.022
0.2*L1	-0.335	0.413	0.139	0.751	-0.237	-0.133	0.044	0.038	-0.014	-0.040	0.052
				0.763							
0.3*L1	-0.386	0.226	0.259	0.624	0.619	-0.235	0.055	0.057	-0.016	-0.058	0.088
0.4*L1	-0.384	0.101	0.426	0.504	0.483	-0.359	0.058	0.068	-0.011	-0.067	0.123
0.5*L1	-0.346	0.025	0.647	0.392	0.363	-0.500	0.054	0.069	-0.000	-0.066	0.141
						0.500					
0.6*L1	-0.283	-0.014	0.426	0.290	0.259	0.359	0.045	0.061	0.011	-0.058	0.123
0.7*L1	-0.208	-0.028	0.259	0.198	0.171	0.235	0.034	0.047	0.016	-0.044	0.088
0.8*L1	-0.130	-0.024	0.139	0.117	0.099	0.133	0.022	0.031	0.014	-0.029	0.052
0.9*L1	-0.057	-0.013	0.055	0.050	0.041	0.055	0.010	0.014	0.007	-0.013	0.022
0.0*L2	0.000	-0.000	-0.000	0.000	0.000	-0.000	-0.000	-0.000	-0.000	-0.000	-0.000
0.2*L2	0.047	0.011	-0.042	-0.040	-0.033	-0.043	-0.008	-0.011	-0.006	0.011	-0.018
0.4*L2	0.054	0.013	-0.048	-0.046	-0.038	-0.050	-0.009	-0.013	-0.007	0.012	-0.021
0.6*L2	0.041	0.010	-0.036	-0.034	-0.028	-0.038	-0.007	-0.010	-0.005	0.009	-0.016
0.8*L2	0.019	0.005	-0.017	-0.016	-0.013	-0.018	-0.003	-0.005	-0.002	0.004	-0.008
FAKTOR	a						a			1/a	

INFOLGE STRECKENLAST P=1

IN FELD	M 0	M 0.2	M 0.5	Q 0	Q 0.2	Q 0.5	T 0	T 0.2	T 0.5	q 0	q 0.5
3L	0.153	0.082	0.024	-0.086	-0.055	-0.026	0.027	0.011	-0.003	0.029	0.011
2L	-0.722	-0.396	-0.120	0.386	0.262	0.125	-0.113	-0.051	0.017	-0.091	-0.053
1,BIS SPRUNG					-0.109	-0.511		0.018	-0.024		
1,REST	-1.185	0.412	1.185	2.150	1.204	0.511	0.175	0.185	0.024	-0.196	0.356
2R	0.135	0.033	-0.120	-0.114	-0.093	-0.125	-0.023	-0.033	-0.017	0.030	-0.053
3R	-0.028	-0.007	0.024	0.023	0.019	0.026	0.005	0.007	0.003	-0.006	0.011
SUMME(+)	0.287	0.526	1.234	2.559	1.485	0.662	0.207	0.221	0.045	0.059	0.378
SUMME(-)	-1.935	-0.403	-0.240	-0.201	-0.257	-0.662	-0.136	-0.084	-0.045	-0.293	-0.106
SUMME	-1.648	0.123	0.994	2.359	1.227	0.000	0.071	0.136	-0.000	-0.234	0.272
FAKTOR	a*a			a			a*a				

INFOLGE EINZELMOMENT Mt=1

IN	M 0	M 0.2	M 0.5	Q 0	Q 0.2	Q 0.5	T 0	T 0.2	T 0.5	q 0	q 0.5
0.0*L2	-0.052	-0.028	-0.008	0.031	0.019	0.009	-0.010	-0.004	0.001	-0.013	-0.004
0.1*L2	-0.129	-0.068	-0.020	0.076	0.047	0.021	-0.024	-0.010	0.003	-0.030	-0.009
0.2*L2	-0.216	-0.114	-0.034	0.127	0.078	0.036	-0.041	-0.017	0.005	-0.050	-0.016
0.3*L2	-0.305	-0.160	-0.047	0.181	0.110	0.050	-0.059	-0.024	0.007	-0.074	-0.022
0.4*L2	-0.384	-0.200	-0.058	0.234	0.139	0.062	-0.078	-0.031	0.008	-0.104	-0.028
0.5*L2	-0.444	-0.226	-0.065	0.282	0.161	0.070	-0.097	-0.037	0.009	-0.145	-0.032
0.6*L2	-0.475	-0.233	-0.064	0.329	0.173	0.071	-0.120	-0.042	0.009	-0.207	-0.034
0.7*L2	-0.473	-0.211	-0.054	0.381	0.172	0.062	-0.153	-0.048	0.006	-0.312	-0.033
0.8*L2	-0.439	-0.156	-0.029	0.460	0.160	0.041	-0.208	-0.057	0.002	-0.499	-0.030
0.9*L2	-0.390	-0.064	0.013	0.610	0.143	0.005	-0.308	-0.074	-0.005	-0.839	-0.024
1.0*L2	-0.372	0.063	0.076	0.912	0.138	-0.046	-0.497	-0.109	-0.017	-1.450	-0.019
0.0*L1	-0.372	0.063	0.076	0.912	0.138	-0.046	0.503	-0.109	-0.017	-1.450	-0.019
0.1*L1	-0.461	0.242	0.188	1.220	0.204	-0.130	0.285	-0.207	-0.040	-0.748	-0.022
0.2*L1	-0.575	0.365	0.339	1.246	0.487	-0.223	0.189	-0.431	-0.076	-0.418	-0.061
								0.569			
0.3*L1	-0.645	0.326	0.520	1.138	0.750	-0.291	0.147	0.341	-0.139	-0.266	-0.186
0.4*L1	-0.654	0.218	0.697	0.973	0.758	-0.265	0.124	0.231	-0.258	-0.192	-0.500
0.5*L1	-0.606	0.113	0.788	0.788	0.655	0.000	0.106	0.172	-0.500	-0.151	-1.200
									0.500		
0.6*L1	-0.515	0.039	0.697	0.605	0.515	0.265	0.087	0.133	0.258	-0.119	-0.500
0.7*L1	-0.399	-0.001	0.520	0.435	0.371	0.291	0.067	0.099	0.139	-0.090	-0.186
0.8*L1	-0.274	-0.015	0.339	0.284	0.242	0.223	0.046	0.067	0.076	-0.061	-0.061
0.9*L1	-0.156	-0.011	0.188	0.158	0.135	0.130	0.026	0.038	0.040	-0.035	-0.022
0.0*L2	-0.057	-0.001	0.076	0.062	0.053	0.046	0.010	0.014	0.017	-0.013	-0.019
0.2*L2	0.042	0.014	-0.029	-0.031	-0.025	-0.041	-0.007	-0.010	-0.002	0.009	-0.030
0.4*L2	0.075	0.020	-0.064	-0.063	-0.051	-0.071	-0.013	-0.018	-0.009	0.017	-0.034
0.6*L2	0.066	0.017	-0.058	-0.056	-0.046	-0.062	-0.011	-0.016	-0.008	0.015	-0.028
0.8*L2	0.038	0.010	-0.034	-0.032	-0.026	-0.036	-0.006	-0.009	-0.005	0.009	-0.016
FAKTOR				1/a						1/(a*a)	

INFOLGE STRECKENMOMENT mt=1

IN FELD	M 0	M 0.2	M 0.5	Q 0	Q 0.2	Q 0.5	T 0	T 0.2	T 0.5	q 0	q 0.5
3L	0.198	0.106	0.032	-0.111	-0.072	-0.033	0.034	0.015	-0.004	0.035	0.014
2L	-1.388	-0.572	-0.133	1.248	0.505	0.162	-0.529	-0.157	0.014	-1.171	-0.096
1,BIS SPRUNG					0.239	-0.488		-0.228	-0.372		
1,REST	-2.255	0.660	2.183	3.692	1.869	0.488	0.654	0.673	0.372	-1.366	-1.296
2R	0.169	0.050	-0.133	-0.134	-0.108	-0.162	-0.028	-0.041	-0.014	0.038	-0.096
3R	-0.036	-0.009	0.032	0.031	0.025	0.033	0.006	0.009	0.004	-0.008	0.014
SUMME(+)	0.366	0.817	2.247	4.971	2.639	0.683	0.694	0.697	0.391	0.073	0.029
SUMME(-)	-3.680	-0.581	-0.266	-0.245	-0.180	-0.683	-0.557	-0.427	-0.391	-2.545	-1.488
SUMME	-3.313	0.236	1.981	4.726	2.459	0.000	0.137	0.270	-0.000	-2.471	-1.459
FAKTOR	a			a						1/a	

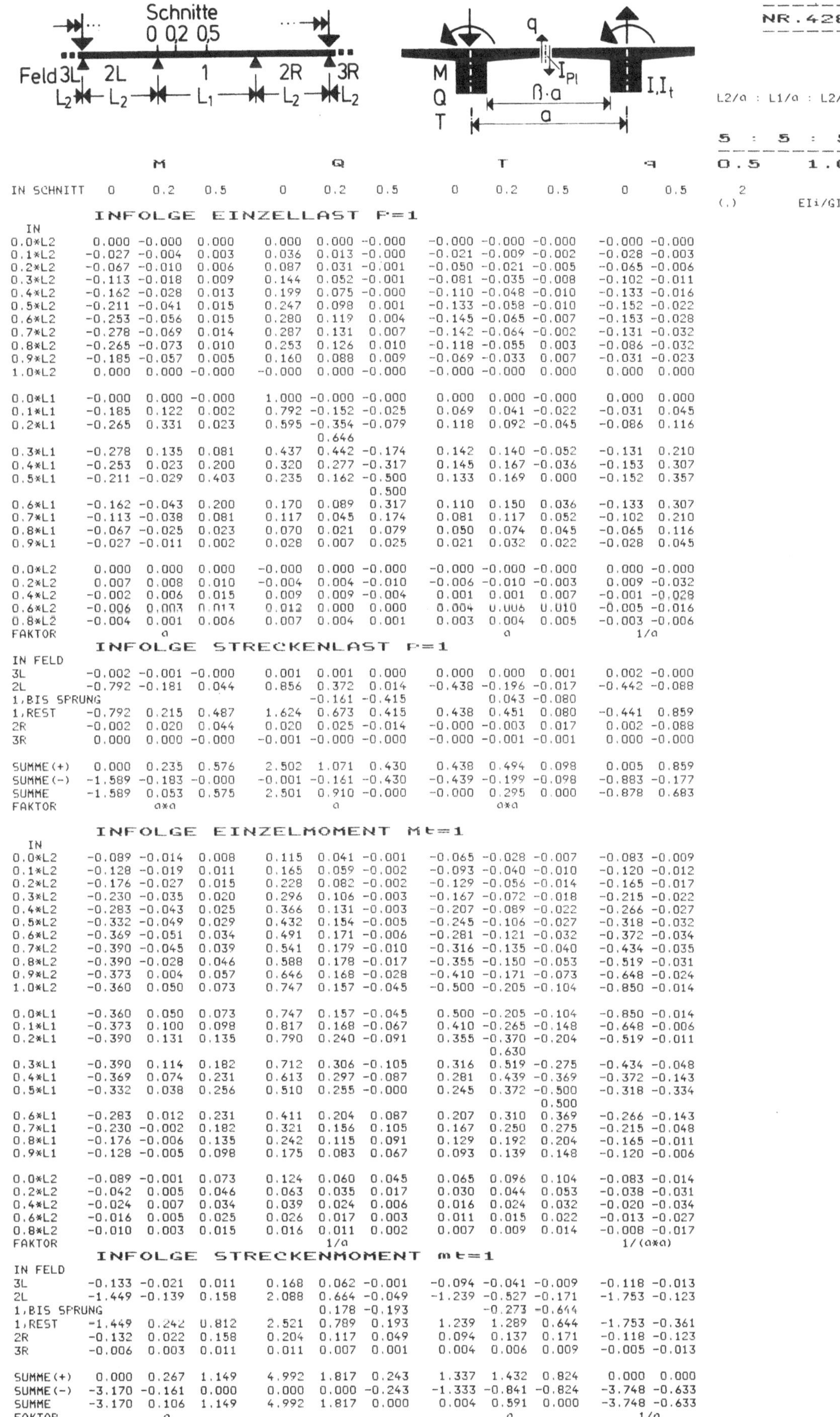

IN SCHNITT	M 0	M 0.2	M 0.5	Q 0	Q 0.2	Q 0.5	T 0	T 0.2	T 0.5	q 0	q 0.5
INFOLGE EINZELLAST P=1											
IN											
0.0*L2	0.000	-0.000	0.000	0.000	0.000	-0.000	-0.000	-0.000	-0.000	-0.000	-0.000
0.1*L2	-0.027	-0.004	0.003	0.036	0.013	-0.000	-0.021	-0.009	-0.002	-0.028	-0.003
0.2*L2	-0.067	-0.010	0.006	0.087	0.031	-0.001	-0.050	-0.021	-0.005	-0.065	-0.006
0.3*L2	-0.113	-0.018	0.009	0.144	0.052	-0.001	-0.081	-0.035	-0.008	-0.102	-0.011
0.4*L2	-0.162	-0.028	0.013	0.199	0.075	-0.000	-0.110	-0.048	-0.010	-0.133	-0.016
0.5*L2	-0.211	-0.041	0.015	0.247	0.098	0.001	-0.133	-0.058	-0.010	-0.152	-0.022
0.6*L2	-0.253	-0.056	0.015	0.280	0.119	0.004	-0.145	-0.065	-0.007	-0.153	-0.028
0.7*L2	-0.278	-0.069	0.014	0.287	0.131	0.007	-0.142	-0.064	-0.002	-0.131	-0.032
0.8*L2	-0.265	-0.073	0.010	0.253	0.126	0.010	-0.118	-0.055	0.003	-0.086	-0.032
0.9*L2	-0.185	-0.057	0.005	0.160	0.088	0.009	-0.069	-0.033	0.007	-0.031	-0.023
1.0*L2	0.000	0.000	-0.000	-0.000	0.000	-0.000	-0.000	-0.000	0.000	0.000	0.000
0.0*L1	-0.000	0.000	-0.000	1.000	-0.000	-0.000	0.000	0.000	0.000	0.000	0.000
0.1*L1	-0.185	0.122	0.002	0.792	-0.152	-0.025	0.069	0.041	-0.022	-0.031	0.045
0.2*L1	-0.265	0.331	0.023	0.595	-0.354	-0.079	0.118	0.092	-0.045	-0.086	0.116
(Sprung)				0.646							
0.3*L1	-0.278	0.135	0.081	0.437	0.442	-0.174	0.142	0.140	-0.052	-0.131	0.210
0.4*L1	-0.253	0.023	0.200	0.320	0.277	-0.317	0.145	0.167	-0.036	-0.153	0.307
0.5*L1	-0.211	-0.029	0.403	0.235	0.162	-0.500	0.133	0.169	0.000	-0.152	0.357
(Sprung)						0.500					
0.6*L1	-0.162	-0.043	0.200	0.170	0.089	0.317	0.110	0.150	0.036	-0.133	0.307
0.7*L1	-0.113	-0.038	0.081	0.117	0.045	0.174	0.081	0.117	0.052	-0.102	0.210
0.8*L1	-0.067	-0.025	0.023	0.070	0.021	0.079	0.050	0.074	0.045	-0.065	0.116
0.9*L1	-0.027	-0.011	0.002	0.028	0.007	0.025	0.021	0.032	0.022	-0.028	0.045
0.0*L2	0.000	0.000	0.000	-0.000	0.000	-0.000	-0.000	-0.000	-0.000	0.000	-0.000
0.2*L2	0.007	0.008	0.010	-0.004	0.004	-0.010	-0.006	-0.010	-0.003	0.009	-0.032
0.4*L2	-0.002	0.006	0.015	0.009	0.009	-0.004	0.001	0.001	0.007	-0.001	-0.028
0.6*L2	-0.006	0.003	0.013	0.012	0.000	0.000	0.004	0.006	0.010	-0.005	-0.016
0.8*L2	-0.004	0.001	0.006	0.007	0.004	0.001	0.003	0.004	0.005	-0.003	-0.006
FAKTOR		a			a			a			1/a
INFOLGE STRECKENLAST P=1											
IN FELD											
3L	-0.002	-0.001	-0.000	0.001	0.001	0.000	0.000	0.000	0.001	0.002	-0.000
2L	-0.792	-0.181	0.044	0.856	0.372	0.014	-0.438	-0.196	-0.017	-0.442	-0.088
1,BIS SPRUNG					-0.161	-0.415		0.043	-0.080		
1,REST	-0.792	0.215	0.487	1.624	0.673	0.415	0.438	0.451	0.080	-0.441	0.859
2R	-0.002	0.020	0.044	0.020	0.025	-0.014	-0.000	-0.003	0.017	0.002	-0.088
3R	0.000	0.000	-0.000	-0.001	-0.000	-0.000	-0.000	-0.001	-0.001	0.000	-0.000
SUMME(+)	0.000	0.235	0.576	2.502	1.071	0.430	0.438	0.494	0.098	0.005	0.859
SUMME(-)	-1.589	-0.183	-0.000	-0.001	-0.161	-0.430	-0.439	-0.199	-0.098	-0.883	-0.177
SUMME	-1.589	0.053	0.575	2.501	0.910	-0.000	-0.000	0.295	0.000	-0.878	0.683
FAKTOR		a*a			a			a*a			
INFOLGE EINZELMOMENT Mt=1											
IN											
0.0*L2	-0.089	-0.014	0.008	0.115	0.041	-0.001	-0.065	-0.028	-0.007	-0.083	-0.009
0.1*L2	-0.128	-0.019	0.011	0.165	0.059	-0.002	-0.093	-0.040	-0.010	-0.120	-0.012
0.2*L2	-0.176	-0.027	0.015	0.228	0.082	-0.002	-0.129	-0.056	-0.014	-0.165	-0.017
0.3*L2	-0.230	-0.035	0.020	0.296	0.106	-0.003	-0.167	-0.072	-0.018	-0.215	-0.022
0.4*L2	-0.283	-0.043	0.025	0.366	0.131	-0.003	-0.207	-0.089	-0.022	-0.266	-0.027
0.5*L2	-0.332	-0.049	0.029	0.432	0.154	-0.005	-0.245	-0.106	-0.027	-0.318	-0.032
0.6*L2	-0.369	-0.051	0.034	0.491	0.171	-0.006	-0.281	-0.121	-0.032	-0.372	-0.034
0.7*L2	-0.390	-0.045	0.039	0.541	0.179	-0.010	-0.316	-0.135	-0.040	-0.434	-0.035
0.8*L2	-0.390	-0.028	0.046	0.588	0.178	-0.017	-0.355	-0.150	-0.053	-0.519	-0.031
0.9*L2	-0.373	0.004	0.057	0.646	0.168	-0.028	-0.410	-0.171	-0.073	-0.648	-0.024
1.0*L2	-0.360	0.050	0.073	0.747	0.157	-0.045	-0.500	-0.205	-0.104	-0.850	-0.014
0.0*L1	-0.360	0.050	0.073	0.747	0.157	-0.045	0.500	-0.205	-0.104	-0.850	-0.014
0.1*L1	-0.373	0.100	0.098	0.817	0.168	-0.067	0.410	-0.265	-0.148	-0.648	-0.006
0.2*L1	-0.390	0.131	0.135	0.790	0.240	-0.091	0.355	-0.370	-0.204	-0.519	-0.011
(Sprung)								0.630			
0.3*L1	-0.390	0.114	0.182	0.712	0.306	-0.105	0.316	0.519	-0.275	-0.434	-0.048
0.4*L1	-0.369	0.074	0.231	0.613	0.297	-0.087	0.281	0.439	-0.369	-0.372	-0.143
0.5*L1	-0.332	0.038	0.256	0.510	0.255	-0.000	0.245	0.372	-0.500	-0.318	-0.334
(Sprung)									0.500		
0.6*L1	-0.283	0.012	0.231	0.411	0.204	0.087	0.207	0.310	0.369	-0.266	-0.143
0.7*L1	-0.230	-0.002	0.182	0.321	0.156	0.105	0.167	0.250	0.275	-0.215	-0.048
0.8*L1	-0.176	-0.006	0.135	0.242	0.115	0.091	0.129	0.192	0.204	-0.165	-0.011
0.9*L1	-0.128	-0.005	0.098	0.175	0.083	0.067	0.093	0.139	0.148	-0.120	-0.006
0.0*L2	-0.089	-0.001	0.073	0.124	0.060	0.045	0.065	0.096	0.104	-0.083	-0.014
0.2*L2	-0.042	0.005	0.046	0.063	0.035	0.017	0.030	0.044	0.053	-0.038	-0.031
0.4*L2	-0.024	0.007	0.034	0.039	0.024	0.006	0.016	0.024	0.032	-0.020	-0.034
0.6*L2	-0.016	0.005	0.025	0.026	0.017	0.003	0.011	0.015	0.022	-0.013	-0.027
0.8*L2	-0.010	0.003	0.015	0.016	0.011	0.002	0.007	0.009	0.014	-0.008	-0.017
FAKTOR					1/a						1/(a*a)
INFOLGE STRECKENMOMENT mt=1											
IN FELD											
3L	-0.133	-0.021	0.011	0.168	0.062	-0.001	-0.094	-0.041	-0.009	-0.118	-0.013
2L	-1.449	-0.139	0.158	2.088	0.664	-0.049	-1.239	-0.527	-0.171	-1.753	-0.123
1,BIS SPRUNG					0.178	-0.193		-0.273	-0.644		
1,REST	-1.449	0.242	0.812	2.521	0.789	0.193	1.239	1.289	0.644	-1.753	-0.361
2R	-0.132	0.022	0.158	0.204	0.117	0.049	0.094	0.137	0.171	-0.118	-0.123
3R	-0.006	0.003	0.011	0.011	0.007	0.001	0.004	0.006	0.009	-0.005	-0.013
SUMME(+)	0.000	0.267	1.149	4.992	1.817	0.243	1.337	1.432	0.824	0.000	0.000
SUMME(-)	-3.170	-0.161	0.000	0.000	0.000	-0.243	-1.333	-0.841	-0.824	-3.748	-0.633
SUMME	-3.170	0.106	1.149	4.992	1.817	0.000	0.004	0.591	0.000	-3.748	-0.633
FAKTOR		a			a			a			1/a

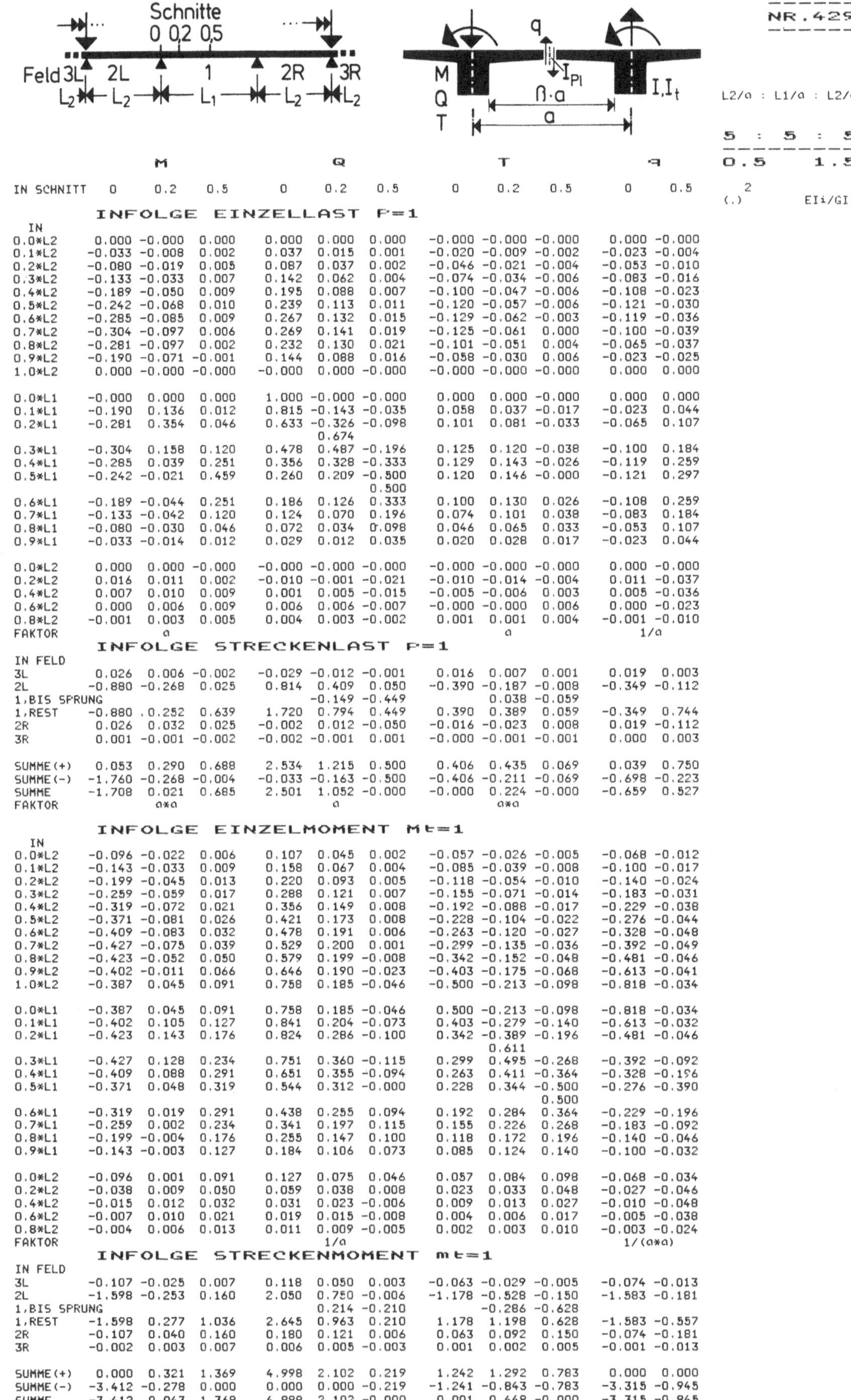

	M			Q			T			q	
IN SCHNITT	0	0.2	0.5	0	0.2	0.5	0	0.2	0.5	0	0.5

INFOLGE EINZELLAST P=1

IN	M 0	M 0.2	M 0.5	Q 0	Q 0.2	Q 0.5	T 0	T 0.2	T 0.5	q 0	q 0.5
0.0*L2	0.000	-0.000	0.000	0.000	0.000	0.000	-0.000	-0.000	-0.000	0.000	-0.000
0.1*L2	-0.033	-0.008	0.002	0.037	0.015	0.001	-0.020	-0.009	-0.002	-0.023	-0.004
0.2*L2	-0.080	-0.019	0.005	0.087	0.037	0.002	-0.046	-0.021	-0.004	-0.053	-0.010
0.3*L2	-0.133	-0.033	0.007	0.142	0.062	0.004	-0.074	-0.034	-0.006	-0.083	-0.016
0.4*L2	-0.189	-0.050	0.009	0.195	0.088	0.007	-0.100	-0.047	-0.006	-0.108	-0.023
0.5*L2	-0.242	-0.068	0.010	0.239	0.113	0.011	-0.120	-0.057	-0.006	-0.121	-0.030
0.6*L2	-0.285	-0.085	0.009	0.267	0.132	0.015	-0.129	-0.062	-0.003	-0.119	-0.036
0.7*L2	-0.304	-0.097	0.006	0.269	0.141	0.019	-0.125	-0.061	0.000	-0.100	-0.039
0.8*L2	-0.281	-0.097	0.002	0.232	0.130	0.021	-0.101	-0.051	0.004	-0.065	-0.037
0.9*L2	-0.190	-0.071	-0.001	0.144	0.088	0.016	-0.058	-0.030	0.006	-0.023	-0.025
1.0*L2	0.000	-0.000	-0.000	-0.000	-0.000	-0.000	-0.000	-0.000	-0.000	0.000	0.000
0.0*L1	-0.000	0.000	0.000	1.000	-0.000	-0.000	0.000	0.000	-0.000	0.000	0.000
0.1*L1	-0.190	0.136	0.012	0.815	-0.143	-0.035	0.058	0.037	-0.017	-0.023	0.044
0.2*L1	-0.281	0.354	0.046	0.633	-0.326	-0.098	0.101	0.081	-0.033	-0.065	0.107
				0.674							
0.3*L1	-0.304	0.158	0.120	0.478	0.487	-0.196	0.125	0.120	-0.038	-0.100	0.184
0.4*L1	-0.285	0.039	0.251	0.356	0.328	-0.333	0.129	0.143	-0.026	-0.119	0.259
0.5*L1	-0.242	-0.021	0.459	0.260	0.209	-0.500	0.120	0.146	-0.000	-0.121	0.297
						0.500					
0.6*L1	-0.189	-0.044	0.251	0.186	0.126	0.333	0.100	0.130	0.026	-0.108	0.259
0.7*L1	-0.133	-0.042	0.120	0.124	0.070	0.196	0.074	0.101	0.038	-0.083	0.184
0.8*L1	-0.080	-0.030	0.046	0.072	0.034	0.098	0.046	0.065	0.033	-0.053	0.107
0.9*L1	-0.033	-0.014	0.012	0.029	0.012	0.035	0.020	0.028	0.017	-0.023	0.044
0.0*L2	0.000	0.000	-0.000	-0.000	-0.000	-0.000	-0.000	-0.000	-0.000	0.000	-0.000
0.2*L2	0.016	0.011	0.002	-0.010	-0.001	-0.021	-0.010	-0.014	-0.004	0.011	-0.037
0.4*L2	0.007	0.010	0.009	0.001	0.005	-0.015	-0.005	-0.006	0.003	0.005	-0.036
0.6*L2	0.000	0.006	0.009	0.006	0.006	-0.007	-0.000	-0.000	0.006	0.000	-0.023
0.8*L2	-0.001	0.003	0.005	0.004	0.003	-0.002	0.001	0.001	0.004	-0.001	-0.010
FAKTOR		a						a			1/a

INFOLGE STRECKENLAST P=1

IN FELD	M 0	M 0.2	M 0.5	Q 0	Q 0.2	Q 0.5	T 0	T 0.2	T 0.5	q 0	q 0.5
3L	0.026	0.006	-0.002	-0.029	-0.012	-0.001	0.016	0.007	0.001	0.019	0.003
2L	-0.880	-0.268	0.025	0.814	0.409	0.050	-0.390	-0.187	-0.008	-0.349	-0.112
1,BIS SPRUNG				-0.149	-0.449			0.038	-0.059		
1,REST	-0.880	0.252	0.639	1.720	0.794	0.449	0.390	0.389	0.059	-0.349	0.744
2R	0.026	0.032	0.025	-0.002	0.012	-0.050	-0.016	-0.023	0.008	0.019	-0.112
3R	0.001	-0.001	-0.002	-0.002	-0.001	0.001	-0.000	-0.001	-0.001	0.000	0.003
SUMME(+)	0.053	0.290	0.688	2.534	1.215	0.500	0.406	0.435	0.069	0.039	0.750
SUMME(-)	-1.760	-0.268	-0.004	-0.033	-0.163	-0.500	-0.406	-0.211	-0.069	-0.698	-0.223
SUMME	-1.708	0.021	0.685	2.501	1.052	-0.000	-0.000	0.224	-0.000	-0.659	0.527
FAKTOR		a*a			a			a*a			

INFOLGE EINZELMOMENT Mt=1

IN	M 0	M 0.2	M 0.5	Q 0	Q 0.2	Q 0.5	T 0	T 0.2	T 0.5	q 0	q 0.5
0.0*L2	-0.096	-0.022	0.006	0.107	0.045	0.002	-0.057	-0.026	-0.005	-0.068	-0.012
0.1*L2	-0.143	-0.033	0.009	0.158	0.067	0.004	-0.085	-0.039	-0.008	-0.100	-0.017
0.2*L2	-0.199	-0.045	0.013	0.220	0.093	0.005	-0.118	-0.054	-0.010	-0.140	-0.024
0.3*L2	-0.259	-0.059	0.017	0.288	0.121	0.007	-0.155	-0.071	-0.014	-0.183	-0.031
0.4*L2	-0.319	-0.072	0.021	0.356	0.149	0.008	-0.192	-0.088	-0.017	-0.229	-0.038
0.5*L2	-0.371	-0.081	0.026	0.421	0.173	0.008	-0.228	-0.104	-0.022	-0.276	-0.044
0.6*L2	-0.409	-0.083	0.032	0.478	0.191	0.006	-0.263	-0.120	-0.027	-0.328	-0.048
0.7*L2	-0.427	-0.075	0.039	0.529	0.200	0.001	-0.299	-0.135	-0.036	-0.392	-0.049
0.8*L2	-0.423	-0.052	0.050	0.579	0.199	-0.008	-0.342	-0.152	-0.048	-0.481	-0.046
0.9*L2	-0.402	-0.011	0.066	0.646	0.190	-0.023	-0.403	-0.175	-0.068	-0.613	-0.041
1.0*L2	-0.387	0.045	0.091	0.758	0.185	-0.046	-0.500	-0.213	-0.098	-0.818	-0.034
0.0*L1	-0.387	0.045	0.091	0.758	0.185	-0.046	0.500	-0.213	-0.098	-0.818	-0.034
0.1*L1	-0.402	0.105	0.127	0.841	0.204	-0.073	0.403	-0.279	-0.140	-0.613	-0.032
0.2*L1	-0.423	0.143	0.176	0.824	0.286	-0.100	0.342	-0.389	-0.196	-0.481	-0.046
								0.611			
0.3*L1	-0.427	0.128	0.234	0.751	0.360	-0.115	0.299	0.495	-0.268	-0.392	-0.092
0.4*L1	-0.409	0.088	0.291	0.651	0.355	-0.094	0.263	0.411	-0.364	-0.328	-0.196
0.5*L1	-0.371	0.048	0.319	0.544	0.312	-0.000	0.228	0.344	-0.500	-0.276	-0.390
									0.500		
0.6*L1	-0.319	0.019	0.291	0.438	0.255	0.094	0.192	0.284	0.364	-0.229	-0.196
0.7*L1	-0.259	0.002	0.234	0.341	0.197	0.115	0.155	0.226	0.268	-0.183	-0.092
0.8*L1	-0.199	-0.004	0.176	0.255	0.147	0.100	0.118	0.172	0.196	-0.140	-0.046
0.9*L1	-0.143	-0.003	0.127	0.184	0.106	0.073	0.085	0.124	0.140	-0.100	-0.032
0.0*L2	-0.096	0.001	0.091	0.127	0.075	0.046	0.057	0.084	0.098	-0.068	-0.034
0.2*L2	-0.038	0.009	0.050	0.059	0.038	0.008	0.023	0.033	0.048	-0.027	-0.046
0.4*L2	-0.015	0.012	0.032	0.031	0.023	-0.006	0.009	0.013	0.027	-0.010	-0.048
0.6*L2	-0.007	0.010	0.021	0.019	0.015	-0.008	0.004	0.006	0.017	-0.005	-0.038
0.8*L2	-0.004	0.006	0.013	0.011	0.009	-0.005	0.002	0.003	0.010	-0.003	-0.024
FAKTOR		1/a						1/(a*a)			

INFOLGE STRECKENMOMENT mt=1

IN FELD	M 0	M 0.2	M 0.5	Q 0	Q 0.2	Q 0.5	T 0	T 0.2	T 0.5	q 0	q 0.5
3L	-0.107	-0.025	0.007	0.118	0.050	0.003	-0.063	-0.029	-0.005	-0.074	-0.013
2L	-1.598	-0.253	0.160	2.050	0.750	-0.006	-1.178	-0.528	-0.150	-1.583	-0.181
1,BIS SPRUNG				0.214	-0.210			-0.286	-0.628		
1,REST	-1.598	0.277	1.036	2.645	0.963	0.210	1.178	1.198	0.628	-1.583	-0.557
2R	-0.107	0.040	0.160	0.180	0.121	0.006	0.063	0.092	0.150	-0.074	-0.181
3R	-0.002	0.003	0.007	0.006	0.005	-0.003	0.001	0.002	0.005	-0.001	-0.013
SUMME(+)	0.000	0.321	1.369	4.998	2.102	0.219	1.242	1.292	0.783	0.000	0.000
SUMME(-)	-3.412	-0.278	0.000	0.000	0.000	-0.219	-1.241	-0.843	-0.783	-3.315	-0.945
SUMME	-3.412	0.043	1.369	4.998	2.102	-0.000	0.001	0.449	-0.000	-3.315	-0.945
FAKTOR		a						a			1/a

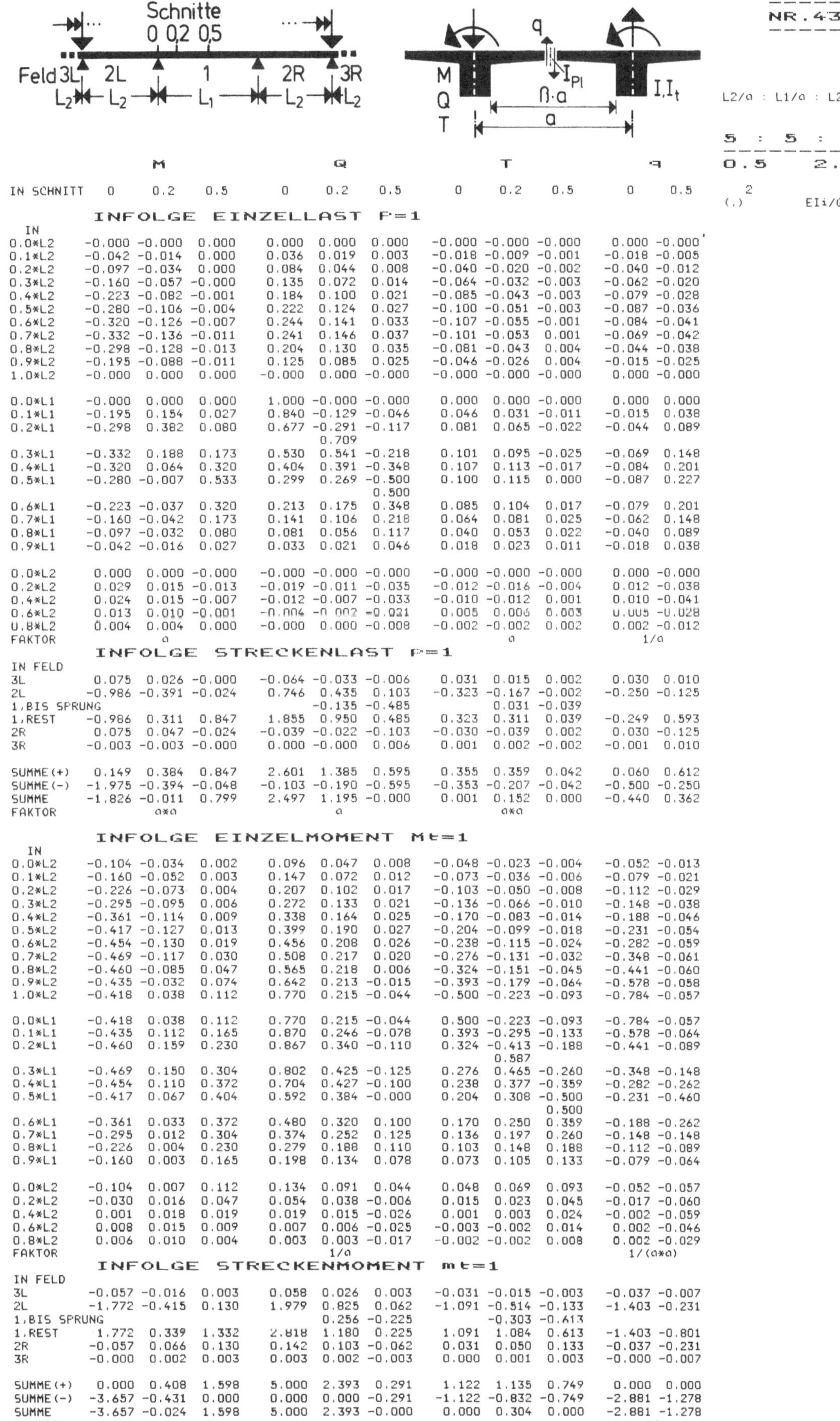

IN SCHNITT	0	0.2	0.5	0	0.2	0.5	0	0.2	0.5	0	0.5
	M			Q			T			q	

INFOLGE EINZELLAST P=1

IN

	M 0	M 0.2	M 0.5	Q 0	Q 0.2	Q 0.5	T 0	T 0.2	T 0.5	q 0	q 0.5
0.0*L2	-0.000	-0.000	0.000	0.000	0.000	0.000	-0.000	-0.000	-0.000	0.000	-0.000
0.1*L2	-0.042	-0.014	0.000	0.036	0.019	0.003	-0.018	-0.009	-0.001	-0.018	-0.005
0.2*L2	-0.097	-0.034	0.000	0.084	0.044	0.008	-0.040	-0.020	-0.002	-0.040	-0.012
0.3*L2	-0.160	-0.057	-0.000	0.135	0.072	0.014	-0.064	-0.032	-0.003	-0.062	-0.020
0.4*L2	-0.223	-0.082	-0.001	0.184	0.100	0.021	-0.085	-0.043	-0.003	-0.079	-0.028
0.5*L2	-0.280	-0.106	-0.004	0.222	0.124	0.027	-0.100	-0.051	-0.003	-0.087	-0.036
0.6*L2	-0.320	-0.126	-0.007	0.244	0.141	0.033	-0.107	-0.055	-0.001	-0.084	-0.041
0.7*L2	-0.332	-0.136	-0.011	0.241	0.146	0.037	-0.101	-0.053	0.001	-0.069	-0.042
0.8*L2	-0.298	-0.128	-0.013	0.204	0.130	0.035	-0.081	-0.043	0.004	-0.044	-0.038
0.9*L2	-0.195	-0.088	-0.011	0.125	0.085	0.025	-0.046	-0.026	0.004	-0.015	-0.025
1.0*L2	-0.000	0.000	0.000	-0.000	0.000	-0.000	-0.000	-0.000	-0.000	0.000	-0.000
0.0*L1	-0.000	0.000	0.000	1.000	-0.000	-0.000	0.000	0.000	-0.000	0.000	0.000
0.1*L1	-0.195	0.154	0.027	0.840	-0.129	-0.046	0.046	0.031	-0.011	-0.015	0.038
0.2*L1	-0.298	0.382	0.080	0.677	-0.291	-0.117	0.081	0.065	-0.022	-0.044	0.089
					0.709						
0.3*L1	-0.332	0.188	0.173	0.530	0.541	-0.218	0.101	0.095	-0.025	-0.069	0.148
0.4*L1	-0.320	0.064	0.320	0.404	0.391	-0.348	0.107	0.113	-0.017	-0.084	0.201
0.5*L1	-0.280	-0.007	0.533	0.299	0.269	-0.500	0.100	0.115	0.000	-0.087	0.227
						0.500					
0.6*L1	-0.223	-0.037	0.320	0.213	0.175	0.348	0.085	0.104	0.017	-0.079	0.201
0.7*L1	-0.160	-0.042	0.173	0.141	0.106	0.218	0.064	0.081	0.025	-0.062	0.148
0.8*L1	-0.097	-0.032	0.080	0.081	0.056	0.117	0.040	0.053	0.022	-0.040	0.089
0.9*L1	-0.042	-0.016	0.027	0.033	0.021	0.046	0.018	0.023	0.011	-0.018	0.038
0.0*L2	0.000	0.000	-0.000	-0.000	-0.000	-0.000	-0.000	-0.000	-0.000	0.000	-0.000
0.2*L2	0.029	0.015	-0.013	-0.019	-0.011	-0.035	-0.012	-0.016	-0.004	0.012	-0.038
0.4*L2	0.024	0.015	-0.007	-0.012	-0.007	-0.033	-0.010	-0.012	0.001	0.010	-0.041
0.6*L2	0.013	0.010	-0.001	-0.004	-0.002	-0.021	0.005	0.006	0.003	0.005	-0.028
0.8*L2	0.004	0.004	0.000	-0.000	0.000	-0.008	-0.002	-0.002	0.002	0.002	-0.012
FAKTOR	a						a			1/a	

INFOLGE STRECKENLAST P=1

IN FELD

	M 0	M 0.2	M 0.5	Q 0	Q 0.2	Q 0.5	T 0	T 0.2	T 0.5	q 0	q 0.5
3L	0.075	0.026	-0.000	-0.064	-0.033	-0.006	0.031	0.015	0.002	0.030	0.010
2L	-0.986	-0.391	-0.024	0.746	0.435	0.103	-0.323	-0.167	-0.002	-0.250	-0.125
1,BIS SPRUNG					-0.135	-0.485		0.031	-0.039		
1,REST	-0.986	0.311	0.847	1.855	0.950	0.485	0.323	0.311	0.039	-0.249	0.593
2R	0.075	0.047	-0.024	-0.039	-0.022	-0.103	-0.030	-0.039	0.002	0.030	-0.125
3R	-0.003	-0.003	-0.000	0.000	-0.000	0.006	0.001	0.002	-0.002	-0.001	0.010
SUMME(+)	0.149	0.384	0.847	2.601	1.385	0.595	0.355	0.359	0.042	0.060	0.612
SUMME(-)	-1.975	-0.394	-0.048	-0.103	-0.190	-0.595	-0.353	-0.207	-0.042	-0.500	-0.250
SUMME	-1.826	-0.011	0.799	2.497	1.195	-0.000	0.001	0.152	0.000	-0.440	0.362
FAKTOR	a*a			a			a*a			1/a	

INFOLGE EINZELMOMENT Mt=1

IN

	M 0	M 0.2	M 0.5	Q 0	Q 0.2	Q 0.5	T 0	T 0.2	T 0.5	q 0	q 0.5
0.0*L2	-0.104	-0.034	0.002	0.096	0.047	0.008	-0.048	-0.023	-0.004	-0.052	-0.013
0.1*L2	-0.160	-0.052	0.003	0.147	0.072	0.012	-0.073	-0.036	-0.006	-0.079	-0.021
0.2*L2	-0.226	-0.073	0.004	0.207	0.102	0.017	-0.103	-0.050	-0.008	-0.112	-0.029
0.3*L2	-0.295	-0.095	0.006	0.272	0.133	0.021	-0.136	-0.066	-0.010	-0.148	-0.038
0.4*L2	-0.361	-0.114	0.009	0.338	0.164	0.025	-0.170	-0.083	-0.014	-0.188	-0.046
0.5*L2	-0.417	-0.127	0.013	0.399	0.190	0.027	-0.204	-0.099	-0.018	-0.231	-0.054
0.6*L2	-0.454	-0.130	0.019	0.456	0.208	0.026	-0.238	-0.115	-0.024	-0.282	-0.059
0.7*L2	-0.469	-0.117	0.030	0.508	0.217	0.020	-0.276	-0.131	-0.032	-0.348	-0.061
0.8*L2	-0.460	-0.085	0.047	0.565	0.218	0.006	-0.324	-0.151	-0.045	-0.441	-0.060
0.9*L2	-0.435	-0.032	0.074	0.642	0.213	-0.015	-0.393	-0.179	-0.064	-0.578	-0.058
1.0*L2	-0.418	0.038	0.112	0.770	0.215	-0.044	-0.500	-0.223	-0.093	-0.784	-0.057
0.0*L1	-0.418	0.038	0.112	0.770	0.215	-0.044	0.500	-0.223	-0.093	-0.784	-0.057
0.1*L1	-0.435	0.112	0.165	0.870	0.246	-0.078	0.393	-0.295	-0.133	-0.578	-0.064
0.2*L1	-0.460	0.159	0.230	0.867	0.340	-0.110	0.324	-0.413	-0.188	-0.441	-0.089
								0.587			
0.3*L1	-0.469	0.150	0.304	0.802	0.425	-0.125	0.276	0.465	-0.260	-0.348	-0.148
0.4*L1	-0.454	0.110	0.372	0.704	0.427	-0.100	0.238	0.377	-0.359	-0.282	-0.262
0.5*L1	-0.417	0.067	0.404	0.592	0.384	-0.000	0.204	0.308	-0.500	-0.231	-0.460
									0.500		
0.6*L1	-0.361	0.033	0.372	0.480	0.320	0.100	0.170	0.250	0.359	-0.188	-0.262
0.7*L1	-0.295	0.012	0.304	0.374	0.252	0.125	0.136	0.197	0.260	-0.148	-0.148
0.8*L1	-0.226	0.004	0.230	0.279	0.188	0.110	0.103	0.148	0.188	-0.112	-0.089
0.9*L1	-0.160	0.003	0.165	0.198	0.134	0.078	0.073	0.105	0.133	-0.079	-0.064
0.0*L2	-0.104	0.007	0.112	0.134	0.091	0.044	0.048	0.069	0.093	-0.052	-0.057
0.2*L2	-0.030	0.016	0.047	0.054	0.038	-0.006	0.015	0.023	0.045	-0.017	-0.060
0.4*L2	0.001	0.018	0.019	0.019	0.015	-0.026	0.001	0.003	0.024	-0.002	-0.059
0.6*L2	0.008	0.015	0.009	0.007	0.006	-0.025	-0.003	-0.002	0.014	0.002	-0.046
0.8*L2	0.006	0.010	0.004	0.003	0.003	-0.017	-0.002	-0.002	0.008	0.002	-0.029
FAKTOR				1/a						1/(a*a)	

INFOLGE STRECKENMOMENT mt=1

IN FELD

	M 0	M 0.2	M 0.5	Q 0	Q 0.2	Q 0.5	T 0	T 0.2	T 0.5	q 0	q 0.5
3L	-0.057	-0.016	0.003	0.058	0.026	0.003	-0.031	-0.015	-0.003	-0.037	-0.007
2L	-1.772	-0.415	0.130	1.979	0.825	0.062	-1.091	-0.514	-0.133	-1.403	-0.231
1,BIS SPRUNG					0.256	-0.225		-0.303	-0.613		
1,REST	1.772	0.339	1.332	2.818	1.180	0.225	1.091	1.084	0.613	-1.403	-0.801
2R	-0.057	0.066	0.130	0.142	0.103	-0.062	0.031	0.050	0.133	-0.037	-0.231
3R	-0.000	0.002	0.003	0.003	0.002	-0.003	0.000	0.001	0.003	-0.000	-0.007
SUMME(+)	0.000	0.408	1.598	5.000	2.393	0.291	1.122	1.135	0.749	0.000	0.000
SUMME(-)	-3.657	-0.431	0.000	0.000	0.000	-0.291	-1.122	-0.832	-0.749	-2.881	-1.278
SUMME	-3.657	-0.024	1.598	5.000	2.393	-0.000	0.000	0.304	0.000	-2.881	-1.278
FAKTOR	a						a			1/a	

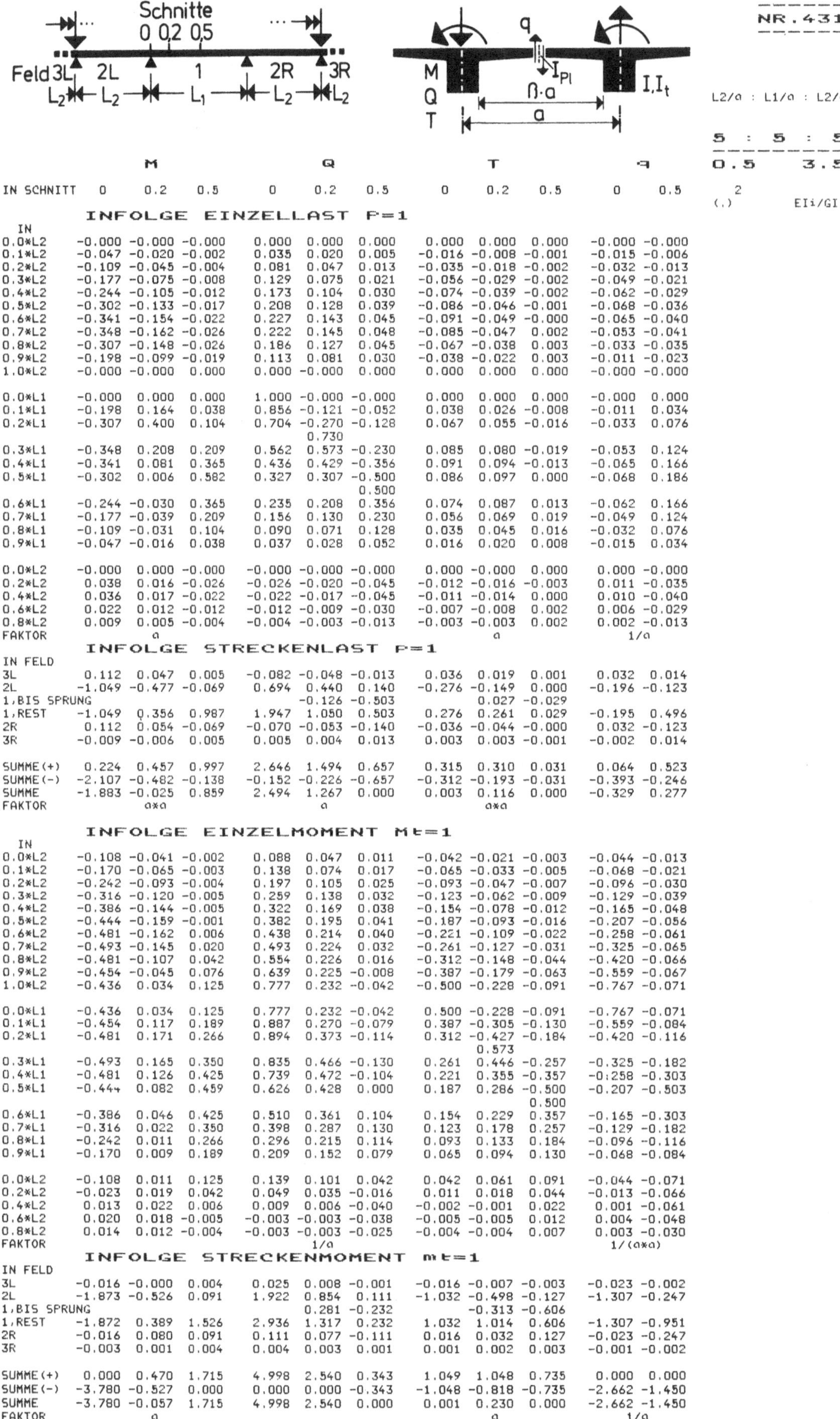

		M			Q			T			q
IN SCHNITT	0	0.2	0.5	0	0.2	0.5	0	0.2	0.5	0	0.5

INFOLGE EINZELLAST P=1

IN	M:0	M:0.2	M:0.5	Q:0	Q:0.2	Q:0.5	T:0	T:0.2	T:0.5	q:0	q:0.5
0.0*L2	-0.000	-0.000	-0.000	0.000	0.000	0.000	0.000	0.000	0.000	-0.000	-0.000
0.1*L2	-0.047	-0.020	-0.002	0.035	0.020	0.005	-0.016	-0.008	-0.001	-0.015	-0.006
0.2*L2	-0.109	-0.045	-0.004	0.081	0.047	0.013	-0.035	-0.018	-0.002	-0.032	-0.013
0.3*L2	-0.177	-0.075	-0.008	0.129	0.075	0.021	-0.056	-0.029	-0.002	-0.049	-0.021
0.4*L2	-0.244	-0.105	-0.012	0.173	0.104	0.030	-0.074	-0.039	-0.002	-0.062	-0.029
0.5*L2	-0.302	-0.133	-0.017	0.208	0.128	0.039	-0.086	-0.046	-0.001	-0.068	-0.036
0.6*L2	-0.341	-0.154	-0.022	0.227	0.143	0.045	-0.091	-0.049	-0.000	-0.065	-0.040
0.7*L2	-0.348	-0.162	-0.026	0.222	0.145	0.048	-0.085	-0.047	0.002	-0.053	-0.041
0.8*L2	-0.307	-0.148	-0.026	0.186	0.127	0.045	-0.067	-0.038	0.003	-0.033	-0.035
0.9*L2	-0.198	-0.099	-0.019	0.113	0.081	0.030	-0.038	-0.022	0.003	-0.011	-0.023
1.0*L2	-0.000	-0.000	0.000	0.000	-0.000	0.000	0.000	0.000	1.000	-0.000	-0.000
0.0*L1	-0.000	0.000	0.000	1.000	-0.000	-0.000	0.000	0.000	0.000	-0.000	0.000
0.1*L1	-0.198	0.164	0.038	0.856	-0.121	-0.052	0.038	0.026	-0.008	-0.011	0.034
0.2*L1	-0.307	0.400	0.104	0.704	-0.270	-0.128	0.067	0.055	-0.016	-0.033	0.076
					0.730						
0.3*L1	-0.348	0.208	0.209	0.562	0.573	-0.230	0.085	0.080	-0.019	-0.053	0.124
0.4*L1	-0.341	0.081	0.365	0.436	0.429	-0.356	0.091	0.094	-0.013	-0.065	0.166
0.5*L1	-0.302	0.006	0.582	0.327	0.307	-0.500	0.086	0.097	0.000	-0.068	0.186
						0.500					
0.6*L1	-0.244	-0.030	0.365	0.235	0.208	0.356	0.074	0.087	0.013	-0.062	0.166
0.7*L1	-0.177	-0.039	0.209	0.156	0.130	0.230	0.056	0.069	0.019	-0.049	0.124
0.8*L1	-0.109	-0.031	0.104	0.090	0.071	0.128	0.035	0.045	0.016	-0.032	0.076
0.9*L1	-0.047	-0.016	0.038	0.037	0.028	0.052	0.016	0.020	0.008	-0.015	0.034
0.0*L2	-0.000	0.000	-0.000	-0.000	-0.000	-0.000	0.000	-0.000	0.000	0.000	-0.000
0.2*L2	0.038	0.016	-0.026	-0.026	-0.020	-0.045	-0.012	-0.016	-0.003	0.011	-0.035
0.4*L2	0.036	0.017	-0.022	-0.022	-0.017	-0.045	-0.011	-0.014	0.000	0.010	-0.040
0.6*L2	0.022	0.012	-0.012	-0.012	-0.009	-0.030	-0.007	-0.008	0.002	0.006	-0.029
0.8*L2	0.009	0.005	-0.004	-0.004	-0.003	-0.013	-0.003	-0.003	0.002	0.002	-0.013
FAKTOR		a						a			1/a

INFOLGE STRECKENLAST P=1

IN FELD	M:0	M:0.2	M:0.5	Q:0	Q:0.2	Q:0.5	T:0	T:0.2	T:0.5	q:0	q:0.5
3L	0.112	0.047	0.005	-0.082	-0.048	-0.013	0.036	0.019	0.001	0.032	0.014
2L	-1.049	-0.477	-0.069	0.694	0.440	0.140	-0.276	-0.149	0.000	-0.196	-0.123
1,BIS SPRUNG					-0.126	-0.503		0.027	-0.029		
1,REST	-1.049	0.356	0.987	1.947	1.050	0.503	0.276	0.261	0.029	-0.195	0.496
2R	0.112	0.054	-0.069	-0.070	-0.053	-0.140	-0.036	-0.044	-0.000	0.032	-0.123
3R	-0.009	-0.006	0.005	0.005	0.004	0.013	0.003	0.003	-0.001	-0.002	0.014
SUMME(+)	0.224	0.457	0.997	2.646	1.494	0.657	0.315	0.310	0.031	0.064	0.523
SUMME(-)	-2.107	-0.482	-0.138	-0.152	-0.226	-0.657	-0.312	-0.193	-0.031	-0.393	-0.246
SUMME	-1.883	-0.025	0.859	2.494	1.267	0.000	0.003	0.116	0.000	-0.329	0.277
FAKTOR		a*a			a			a*a			1/a

INFOLGE EINZELMOMENT Mt=1

IN	M:0	M:0.2	M:0.5	Q:0	Q:0.2	Q:0.5	T:0	T:0.2	T:0.5	q:0	q:0.5
0.0*L2	-0.108	-0.041	-0.002	0.088	0.047	0.011	-0.042	-0.021	-0.003	-0.044	-0.013
0.1*L2	-0.170	-0.065	-0.003	0.138	0.074	0.017	-0.065	-0.033	-0.005	-0.068	-0.021
0.2*L2	-0.242	-0.093	-0.004	0.197	0.105	0.025	-0.093	-0.047	-0.007	-0.096	-0.030
0.3*L2	-0.316	-0.120	-0.005	0.259	0.138	0.032	-0.123	-0.062	-0.009	-0.129	-0.039
0.4*L2	-0.386	-0.144	-0.005	0.322	0.169	0.038	-0.154	-0.078	-0.012	-0.165	-0.048
0.5*L2	-0.444	-0.159	-0.001	0.382	0.195	0.041	-0.187	-0.093	-0.016	-0.207	-0.056
0.6*L2	-0.481	-0.162	0.006	0.438	0.214	0.040	-0.221	-0.109	-0.022	-0.258	-0.061
0.7*L2	-0.493	-0.145	0.020	0.493	0.224	0.032	-0.261	-0.127	-0.031	-0.325	-0.065
0.8*L2	-0.481	-0.107	0.042	0.554	0.226	0.016	-0.312	-0.148	-0.044	-0.420	-0.066
0.9*L2	-0.454	-0.045	0.076	0.639	0.225	-0.008	-0.387	-0.179	-0.063	-0.559	-0.067
1.0*L2	-0.436	0.034	0.125	0.777	0.232	-0.042	-0.500	-0.228	-0.091	-0.767	-0.071
0.0*L1	-0.436	0.034	0.125	0.777	0.232	-0.042	0.500	-0.228	-0.091	-0.767	-0.071
0.1*L1	-0.454	0.117	0.189	0.887	0.270	-0.079	0.387	-0.305	-0.130	-0.559	-0.084
0.2*L1	-0.481	0.171	0.266	0.894	0.373	-0.114	0.312	-0.427	-0.184	-0.420	-0.116
								0.573			
0.3*L1	-0.493	0.165	0.350	0.835	0.466	-0.130	0.261	0.446	-0.257	-0.325	-0.182
0.4*L1	-0.481	0.126	0.425	0.739	0.472	-0.104	0.221	0.355	-0.357	-0.258	-0.303
0.5*L1	-0.444	0.082	0.459	0.626	0.428	0.000	0.187	0.286	-0.500	-0.207	-0.503
									0.500		
0.6*L1	-0.386	0.046	0.425	0.510	0.361	0.104	0.154	0.229	0.357	-0.165	-0.303
0.7*L1	-0.316	0.022	0.350	0.398	0.287	0.130	0.123	0.178	0.257	-0.129	-0.182
0.8*L1	-0.242	0.011	0.266	0.296	0.215	0.114	0.093	0.133	0.184	-0.096	-0.116
0.9*L1	-0.170	0.009	0.189	0.209	0.152	0.079	0.065	0.094	0.130	-0.068	-0.084
0.0*L2	-0.108	0.011	0.125	0.139	0.101	0.042	0.042	0.061	0.091	-0.044	-0.071
0.2*L2	-0.023	0.019	0.042	0.049	0.035	-0.016	0.011	0.018	0.044	-0.013	-0.066
0.4*L2	0.013	0.022	0.006	0.009	0.006	-0.040	-0.002	-0.001	0.022	0.001	-0.061
0.6*L2	0.020	0.018	-0.005	-0.003	-0.003	-0.038	-0.005	-0.005	0.012	0.004	-0.048
0.8*L2	0.014	0.012	-0.004	-0.003	-0.003	-0.025	-0.004	-0.004	0.007	0.003	-0.030
FAKTOR		1/a						1/(a*a)			

INFOLGE STRECKENMOMENT mt=1

IN FELD	M:0	M:0.2	M:0.5	Q:0	Q:0.2	Q:0.5	T:0	T:0.2	T:0.5	q:0	q:0.5
3L	-0.016	-0.000	0.004	0.025	0.008	-0.001	-0.016	-0.007	-0.003	-0.023	-0.002
2L	-1.873	-0.526	0.091	1.922	0.854	0.111	-1.032	-0.498	-0.127	-1.307	-0.247
1,BIS SPRUNG					0.281	-0.232		-0.313	-0.606		
1,REST	-1.872	0.389	1.526	2.936	1.317	0.232	1.032	1.014	0.606	-1.307	-0.951
2R	-0.016	0.080	0.091	0.111	0.077	-0.111	0.016	0.032	0.127	-0.023	-0.247
3R	-0.003	0.001	0.004	0.004	0.003	0.001	0.001	0.002	0.003	-0.001	-0.002
SUMME(+)	0.000	0.470	1.715	4.998	2.540	0.343	1.049	1.048	0.735	0.000	0.000
SUMME(-)	-3.780	-0.527	0.000	0.000	0.000	-0.343	-1.048	-0.818	-0.735	-2.662	-1.450
SUMME	-3.780	-0.057	1.715	4.998	2.540	0.000	0.001	0.230	0.000	-2.662	-1.450
FAKTOR		a			a						1/a

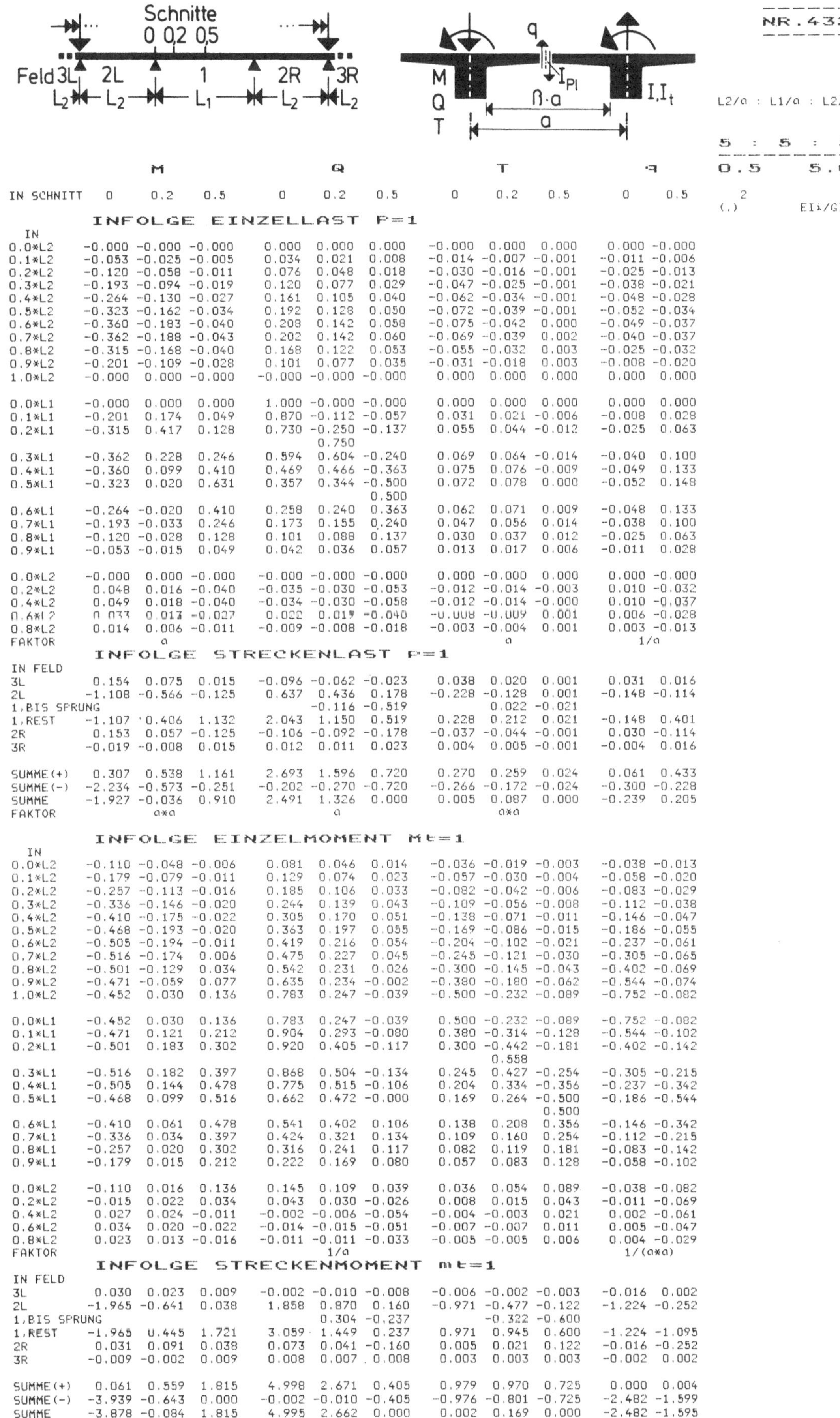

	M 0	M 0.2	M 0.5	Q 0	Q 0.2	Q 0.5	T 0	T 0.2	T 0.5	q 0	q 0.5
IN SCHNITT	0	0.2	0.5	0	0.2	0.5	0	0.2	0.5	0	0.5

INFOLGE EINZELLAST P=1

IN

	M 0	M 0.2	M 0.5	Q 0	Q 0.2	Q 0.5	T 0	T 0.2	T 0.5	q 0	q 0.5
0.0*L2	-0.000	-0.000	-0.000	0.000	0.000	0.000	-0.000	0.000	0.000	0.000	-0.000
0.1*L2	-0.053	-0.025	-0.005	0.034	0.021	0.008	-0.014	-0.007	-0.001	-0.011	-0.006
0.2*L2	-0.120	-0.058	-0.011	0.076	0.048	0.018	-0.030	-0.016	-0.001	-0.025	-0.013
0.3*L2	-0.193	-0.094	-0.019	0.120	0.077	0.029	-0.047	-0.025	-0.001	-0.038	-0.021
0.4*L2	-0.264	-0.130	-0.027	0.161	0.105	0.040	-0.062	-0.034	-0.001	-0.048	-0.028
0.5*L2	-0.323	-0.162	-0.034	0.192	0.128	0.050	-0.072	-0.039	-0.001	-0.052	-0.034
0.6*L2	-0.360	-0.183	-0.040	0.208	0.142	0.058	-0.075	-0.042	0.000	-0.049	-0.037
0.7*L2	-0.362	-0.188	-0.043	0.202	0.142	0.060	-0.069	-0.039	0.002	-0.040	-0.037
0.8*L2	-0.315	-0.168	-0.040	0.168	0.122	0.053	-0.055	-0.032	0.003	-0.025	-0.032
0.9*L2	-0.201	-0.109	-0.028	0.101	0.077	0.035	-0.031	-0.018	0.003	-0.008	-0.020
1.0*L2	-0.000	0.000	-0.000	-0.000	-0.000	-0.000	0.000	0.000	1.000	0.000	0.000
0.0*L1	-0.000	0.000	0.000	1.000	-0.000	-0.000	0.000	0.000	0.000	0.000	0.000
0.1*L1	-0.201	0.174	0.049	0.870	-0.112	-0.057	0.031	0.021	-0.006	-0.008	0.028
0.2*L1	-0.315	0.417	0.128	0.730	-0.250	-0.137	0.055	0.044	-0.012	-0.025	0.063
						0.750					
0.3*L1	-0.362	0.228	0.246	0.594	0.604	-0.240	0.069	0.064	-0.014	-0.040	0.100
0.4*L1	-0.360	0.099	0.410	0.469	0.466	-0.363	0.075	0.076	-0.009	-0.049	0.133
0.5*L1	-0.323	0.020	0.631	0.357	0.344	-0.500	0.072	0.078	0.000	-0.052	0.148
						0.500					
0.6*L1	-0.264	-0.020	0.410	0.258	0.240	0.363	0.062	0.071	0.009	-0.048	0.133
0.7*L1	-0.193	-0.033	0.246	0.173	0.155	0.240	0.047	0.056	0.014	-0.038	0.100
0.8*L1	-0.120	-0.028	0.128	0.101	0.088	0.137	0.030	0.037	0.012	-0.025	0.063
0.9*L1	-0.053	-0.015	0.049	0.042	0.036	0.057	0.013	0.017	0.006	-0.011	0.028
0.0*L2	-0.000	0.000	-0.000	-0.000	-0.000	-0.000	0.000	-0.000	0.000	0.000	-0.000
0.2*L2	0.048	0.016	-0.040	-0.035	-0.030	-0.053	-0.012	-0.014	-0.003	0.010	-0.032
0.4*L2	0.049	0.018	-0.040	-0.034	-0.030	-0.058	-0.012	-0.014	-0.003	0.010	-0.037
0.6*L2	0.033	0.013	-0.027	0.022	0.017	-0.040	-0.008	-0.009	0.001	0.006	-0.028
0.8*L2	0.014	0.006	-0.011	-0.009	-0.008	-0.018	-0.003	-0.004	0.001	0.003	-0.013
FAKTOR	a						a			1/a	

INFOLGE STRECKENLAST P=1

IN FELD

	M 0	M 0.2	M 0.5	Q 0	Q 0.2	Q 0.5	T 0	T 0.2	T 0.5	q 0	q 0.5
3L	0.154	0.075	0.015	-0.096	-0.062	-0.023	0.038	0.020	0.001	0.031	0.016
2L	-1.108	-0.566	-0.125	0.637	0.436	0.178	-0.228	-0.128	0.001	-0.148	-0.114
1,BIS SPRUNG					-0.116	-0.519		0.022	-0.021		
1,REST	-1.107	0.406	1.132	2.043	1.150	0.519	0.228	0.212	0.021	-0.148	0.401
2R	0.153	0.057	-0.125	-0.106	-0.092	-0.178	-0.037	-0.044	-0.001	0.030	-0.114
3R	-0.019	-0.008	0.015	0.012	0.011	0.023	0.004	0.005	-0.001	-0.004	0.016
SUMME(+)	0.307	0.538	1.161	2.693	1.596	0.720	0.270	0.259	0.024	0.061	0.433
SUMME(-)	-2.234	-0.573	-0.251	-0.202	-0.270	-0.720	-0.266	-0.172	-0.024	-0.300	-0.228
SUMME	-1.927	-0.036	0.910	2.491	1.326	0.000	0.005	0.087	0.000	-0.239	0.205
FAKTOR	a×a			a			a×a				

INFOLGE EINZELMOMENT Mt=1

IN

	M 0	M 0.2	M 0.5	Q 0	Q 0.2	Q 0.5	T 0	T 0.2	T 0.5	q 0	q 0.5
0.0*L2	-0.110	-0.048	-0.006	0.081	0.046	0.014	-0.036	-0.019	-0.003	-0.038	-0.013
0.1*L2	-0.179	-0.079	-0.011	0.129	0.074	0.023	-0.057	-0.030	-0.004	-0.058	-0.020
0.2*L2	-0.257	-0.113	-0.016	0.185	0.106	0.033	-0.082	-0.042	-0.006	-0.083	-0.029
0.3*L2	-0.336	-0.146	-0.020	0.244	0.139	0.043	-0.109	-0.056	-0.008	-0.112	-0.038
0.4*L2	-0.410	-0.175	-0.022	0.305	0.170	0.051	-0.138	-0.071	-0.011	-0.146	-0.047
0.5*L2	-0.468	-0.193	-0.020	0.363	0.197	0.055	-0.169	-0.086	-0.015	-0.186	-0.055
0.6*L2	-0.505	-0.194	-0.011	0.419	0.216	0.054	-0.204	-0.102	-0.021	-0.237	-0.061
0.7*L2	-0.516	-0.174	0.006	0.475	0.227	0.045	-0.245	-0.121	-0.030	-0.305	-0.065
0.8*L2	-0.501	-0.129	0.034	0.542	0.231	0.026	-0.300	-0.145	-0.043	-0.402	-0.069
0.9*L2	-0.471	-0.059	0.077	0.635	0.234	-0.002	-0.380	-0.180	-0.062	-0.544	-0.074
1.0*L2	-0.452	0.030	0.136	0.783	0.247	-0.039	-0.500	-0.232	-0.089	-0.752	-0.082
0.0*L1	-0.452	0.030	0.136	0.783	0.247	-0.039	0.500	-0.232	-0.089	-0.752	-0.082
0.1*L1	-0.471	0.121	0.212	0.904	0.293	-0.080	0.380	-0.314	-0.128	-0.544	-0.102
0.2*L1	-0.501	0.183	0.302	0.920	0.405	-0.117	0.300	-0.442	-0.181	-0.402	-0.142
									0.558		
0.3*L1	-0.516	0.182	0.397	0.868	0.504	-0.134	0.245	0.427	-0.254	-0.305	-0.215
0.4*L1	-0.505	0.144	0.478	0.775	0.515	-0.106	0.204	0.334	-0.356	-0.237	-0.342
0.5*L1	-0.468	0.099	0.516	0.662	0.472	-0.000	0.169	0.264	-0.500	-0.186	-0.544
									0.500		
0.6*L1	-0.410	0.061	0.478	0.541	0.402	0.106	0.138	0.208	0.356	-0.146	-0.342
0.7*L1	-0.336	0.034	0.397	0.424	0.321	0.134	0.109	0.160	0.254	-0.112	-0.215
0.8*L1	-0.257	0.020	0.302	0.316	0.241	0.117	0.082	0.119	0.181	-0.083	-0.142
0.9*L1	-0.179	0.015	0.212	0.222	0.169	0.080	0.057	0.083	0.128	-0.058	-0.102
0.0*L2	-0.110	0.016	0.136	0.145	0.109	0.039	0.036	0.054	0.089	-0.038	-0.082
0.2*L2	-0.015	0.022	0.034	0.043	0.030	-0.026	0.008	0.015	0.043	-0.011	-0.069
0.4*L2	0.027	0.024	-0.011	-0.002	-0.006	-0.054	-0.004	-0.003	0.021	0.002	-0.061
0.6*L2	0.034	0.020	-0.022	-0.014	-0.015	-0.051	-0.007	-0.007	0.011	0.005	-0.047
0.8*L2	0.023	0.013	-0.016	-0.011	-0.011	-0.033	-0.005	-0.005	0.006	0.004	-0.029
FAKTOR				1/a						1/(a×a)	

INFOLGE STRECKENMOMENT mt=1

IN FELD

	M 0	M 0.2	M 0.5	Q 0	Q 0.2	Q 0.5	T 0	T 0.2	T 0.5	q 0	q 0.5
3L	0.030	0.023	0.009	-0.002	-0.010	-0.008	-0.006	-0.002	-0.003	-0.016	0.002
2L	-1.965	-0.641	0.038	1.858	0.870	0.160	-0.971	-0.477	-0.122	-1.224	-0.252
1,BIS SPRUNG					0.304	-0.237		-0.322	-0.600		
1,REST	-1.965	0.445	1.721	3.059	1.449	0.237	0.971	0.945	0.600	-1.224	-1.095
2R	0.031	0.091	0.038	0.073	0.041	-0.160	0.005	0.021	0.122	-0.016	-0.252
3R	-0.009	-0.002	0.009	0.008	0.007	0.008	0.003	0.003	0.003	-0.002	0.002
SUMME(+)	0.061	0.559	1.815	4.998	2.671	0.405	0.979	0.970	0.725	0.000	0.004
SUMME(-)	-3.939	-0.643	0.000	-0.002	-0.010	-0.405	-0.976	-0.801	-0.725	-2.482	-1.599
SUMME	-3.878	-0.084	1.815	4.995	2.662	0.000	0.002	0.169	0.000	-2.482	-1.595
FAKTOR	a						a			1/a	

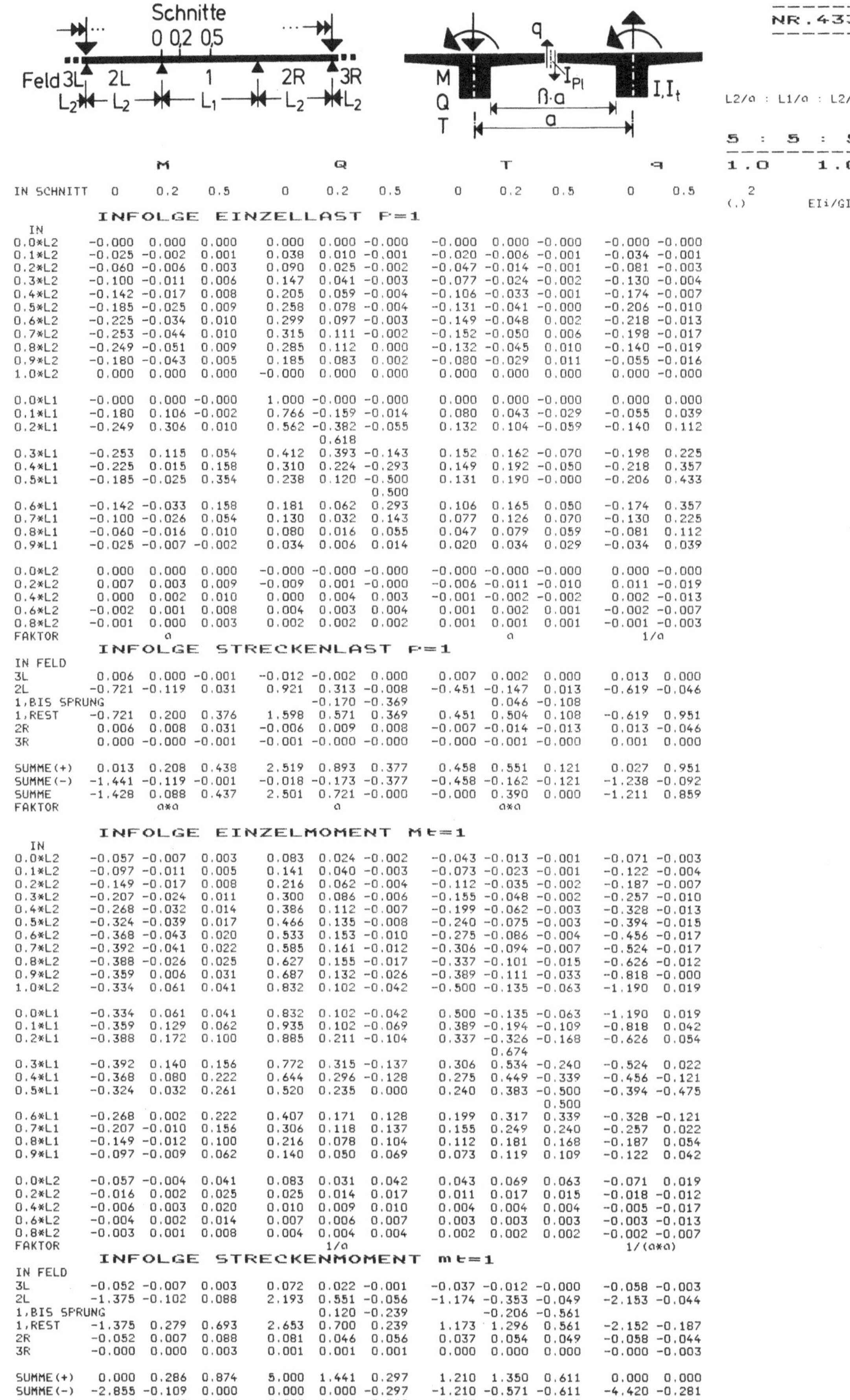

	M			Q			T			q			
IN SCHNITT	0	0.2	0.5	0	0.2	0.5	0	0.2	0.5	0	0.5	2	(.) EIi/GIt

INFOLGE EINZELLAST P=1

IN	0	0.2	0.5	0	0.2	0.5	0	0.2	0.5	0	0.5
0.0*L2	-0.000	0.000	0.000	0.000	0.000	-0.000	-0.000	0.000	-0.000	-0.000	-0.000
0.1*L2	-0.025	-0.002	0.001	0.038	0.010	-0.001	-0.020	-0.006	-0.001	-0.034	-0.001
0.2*L2	-0.060	-0.006	0.003	0.090	0.025	-0.002	-0.047	-0.014	-0.001	-0.081	-0.003
0.3*L2	-0.100	-0.011	0.006	0.147	0.041	-0.003	-0.077	-0.024	-0.002	-0.130	-0.004
0.4*L2	-0.142	-0.017	0.008	0.205	0.059	-0.004	-0.106	-0.033	-0.001	-0.174	-0.007
0.5*L2	-0.185	-0.025	0.009	0.258	0.078	-0.004	-0.131	-0.041	-0.000	-0.206	-0.010
0.6*L2	-0.225	-0.034	0.010	0.299	0.097	-0.003	-0.149	-0.048	0.002	-0.218	-0.013
0.7*L2	-0.253	-0.044	0.010	0.315	0.111	-0.002	-0.152	-0.050	0.006	-0.198	-0.017
0.8*L2	-0.249	-0.051	0.009	0.285	0.112	0.000	-0.132	-0.045	0.010	-0.140	-0.019
0.9*L2	-0.180	-0.043	0.005	0.185	0.083	0.002	-0.080	-0.029	0.011	-0.055	-0.016
1.0*L2	0.000	0.000	0.000	-0.000	0.000	0.000	0.000	0.000	0.000	0.000	0.000
0.0*L1	-0.000	0.000	-0.000	1.000	-0.000	-0.000	0.000	0.000	-0.000	0.000	0.000
0.1*L1	-0.180	0.106	-0.002	0.766	-0.159	-0.014	0.080	0.043	-0.029	-0.055	0.039
0.2*L1	-0.249	0.306	0.010	0.562	-0.382	-0.055	0.132	0.104	-0.059	-0.140	0.112
					0.618						
0.3*L1	-0.253	0.115	0.054	0.412	0.393	-0.143	0.152	0.162	-0.070	-0.198	0.225
0.4*L1	-0.225	0.015	0.158	0.310	0.224	-0.293	0.149	0.192	-0.050	-0.218	0.357
0.5*L1	-0.185	-0.025	0.354	0.238	0.120	-0.500	0.131	0.190	-0.000	-0.206	0.433
						0.500					
0.6*L1	-0.142	-0.033	0.158	0.181	0.062	0.293	0.106	0.165	0.050	-0.174	0.357
0.7*L1	-0.100	-0.026	0.054	0.130	0.032	0.143	0.077	0.126	0.070	-0.130	0.225
0.8*L1	-0.060	-0.016	0.010	0.080	0.016	0.055	0.047	0.079	0.059	-0.081	0.112
0.9*L1	-0.025	-0.007	-0.002	0.034	0.006	0.014	0.020	0.034	0.029	-0.034	0.039
0.0*L2	0.000	0.000	0.000	-0.000	-0.000	-0.000	-0.000	-0.000	-0.000	0.000	-0.000
0.2*L2	0.007	0.003	0.009	-0.009	0.001	-0.000	-0.006	-0.011	-0.010	0.011	-0.019
0.4*L2	0.000	0.002	0.010	0.000	0.004	0.003	-0.001	-0.002	-0.002	0.002	-0.013
0.6*L2	-0.002	0.001	0.008	0.004	0.003	0.004	0.001	0.002	0.001	-0.002	-0.007
0.8*L2	-0.001	0.000	0.003	0.002	0.002	0.002	0.001	0.001	0.001	-0.001	-0.003
FAKTOR		a						a			1/a

INFOLGE STRECKENLAST P=1

IN FELD	0	0.2	0.5	0	0.2	0.5	0	0.2	0.5	0	0.5
3L	0.006	0.000	-0.001	-0.012	-0.002	0.000	0.007	0.002	0.000	0.013	0.000
2L	-0.721	-0.119	0.031	0.921	0.313	-0.008	-0.451	-0.147	0.013	-0.619	-0.046
1,BIS SPRUNG				-0.170	-0.369		0.046	-0.108			
1,REST	-0.721	0.200	0.376	1.598	0.571	0.369	0.451	0.504	0.108	-0.619	0.951
2R	0.006	0.008	0.031	-0.006	0.009	0.008	-0.007	-0.014	-0.013	0.013	-0.046
3R	0.000	-0.000	-0.001	-0.001	-0.000	-0.000	-0.000	-0.001	-0.000	0.001	0.000
SUMME(+)	0.013	0.208	0.438	2.519	0.893	0.377	0.458	0.551	0.121	0.027	0.951
SUMME(-)	-1.441	-0.119	-0.001	-0.018	-0.173	-0.377	-0.458	-0.162	-0.121	-1.238	-0.092
SUMME	-1.428	0.088	0.437	2.501	0.721	-0.000	-0.000	0.390	0.000	-1.211	0.859
FAKTOR		a*a			a			a*a			1/a

INFOLGE EINZELMOMENT Mt=1

IN	0	0.2	0.5	0	0.2	0.5	0	0.2	0.5	0	0.5
0.0*L2	-0.057	-0.007	0.003	0.083	0.024	-0.002	-0.043	-0.013	-0.001	-0.071	-0.003
0.1*L2	-0.097	-0.011	0.005	0.141	0.040	-0.003	-0.073	-0.023	-0.001	-0.122	-0.004
0.2*L2	-0.149	-0.017	0.008	0.216	0.062	-0.004	-0.112	-0.035	-0.002	-0.187	-0.007
0.3*L2	-0.207	-0.024	0.011	0.300	0.086	-0.006	-0.155	-0.048	-0.002	-0.257	-0.010
0.4*L2	-0.268	-0.032	0.014	0.386	0.112	-0.007	-0.199	-0.062	-0.003	-0.328	-0.013
0.5*L2	-0.324	-0.039	0.017	0.466	0.135	-0.008	-0.240	-0.075	-0.003	-0.394	-0.015
0.6*L2	-0.368	-0.043	0.020	0.533	0.153	-0.010	-0.275	-0.086	-0.004	-0.456	-0.017
0.7*L2	-0.392	-0.041	0.022	0.585	0.161	-0.012	-0.306	-0.094	-0.007	-0.524	-0.017
0.8*L2	-0.388	-0.026	0.025	0.627	0.155	-0.017	-0.337	-0.101	-0.015	-0.626	-0.012
0.9*L2	-0.359	0.006	0.031	0.687	0.132	-0.026	-0.389	-0.111	-0.033	-0.818	-0.000
1.0*L2	-0.334	0.061	0.041	0.832	0.102	-0.042	-0.500	-0.135	-0.063	-1.190	0.019
0.0*L1	-0.334	0.061	0.041	0.832	0.102	-0.042	0.500	-0.135	-0.063	-1.190	0.019
0.1*L1	-0.359	0.129	0.062	0.935	0.102	-0.069	0.389	-0.194	-0.109	-0.818	0.042
0.2*L1	-0.388	0.172	0.100	0.885	0.211	-0.104	0.337	-0.326	-0.168	-0.626	0.054
								0.674			
0.3*L1	-0.392	0.140	0.156	0.772	0.315	-0.137	0.306	0.534	-0.240	-0.524	0.022
0.4*L1	-0.368	0.080	0.222	0.644	0.296	-0.128	0.275	0.449	-0.339	-0.456	-0.121
0.5*L1	-0.324	0.032	0.261	0.520	0.235	0.000	0.240	0.383	-0.500	-0.394	-0.475
									0.500		
0.6*L1	-0.268	0.002	0.222	0.407	0.171	0.128	0.199	0.317	0.339	-0.328	-0.121
0.7*L1	-0.207	-0.010	0.156	0.306	0.118	0.137	0.155	0.249	0.240	-0.257	0.022
0.8*L1	-0.149	-0.012	0.100	0.216	0.078	0.104	0.112	0.181	0.168	-0.187	0.054
0.9*L1	-0.097	-0.009	0.062	0.140	0.050	0.069	0.073	0.119	0.109	-0.122	0.042
0.0*L2	-0.057	-0.004	0.041	0.083	0.031	0.042	0.043	0.069	0.063	-0.071	0.019
0.2*L2	-0.016	0.002	0.025	0.025	0.014	0.017	0.011	0.017	0.015	-0.018	-0.012
0.4*L2	-0.006	0.003	0.020	0.010	0.009	0.010	0.004	0.004	0.004	-0.005	-0.017
0.6*L2	-0.004	0.002	0.014	0.007	0.006	0.007	0.003	0.003	0.003	-0.003	-0.013
0.8*L2	-0.003	0.001	0.008	0.004	0.004	0.004	0.002	0.002	0.002	-0.002	-0.007
FAKTOR					1/a						1/(a*a)

INFOLGE STRECKENMOMENT mt=1

IN FELD	0	0.2	0.5	0	0.2	0.5	0	0.2	0.5	0	0.5
3L	-0.052	-0.007	0.003	0.072	0.022	-0.001	-0.037	-0.012	-0.000	-0.058	-0.003
2L	-1.375	-0.102	0.088	2.193	0.551	-0.056	-1.174	-0.353	-0.049	-2.153	-0.044
1,BIS SPRUNG				0.120	-0.239		-0.206	-0.561			
1,REST	-1.375	0.279	0.693	2.653	0.700	0.239	1.173	1.296	0.561	-2.152	-0.187
2R	-0.052	0.007	0.088	0.081	0.046	0.056	0.037	0.054	0.049	-0.058	-0.044
3R	-0.000	0.000	0.003	0.001	0.001	0.001	0.000	0.000	0.000	-0.000	-0.003
SUMME(+)	0.000	0.286	0.874	5.000	1.441	0.297	1.210	1.350	0.611	0.000	0.000
SUMME(-)	-2.855	-0.109	0.000	0.000	0.000	-0.297	-1.210	-0.571	-0.611	-4.420	-0.281
SUMME	-2.855	0.177	0.874	5.000	1.441	0.000	-0.000	0.780	0.000	-4.420	-0.281
FAKTOR		a			a			a			1/a

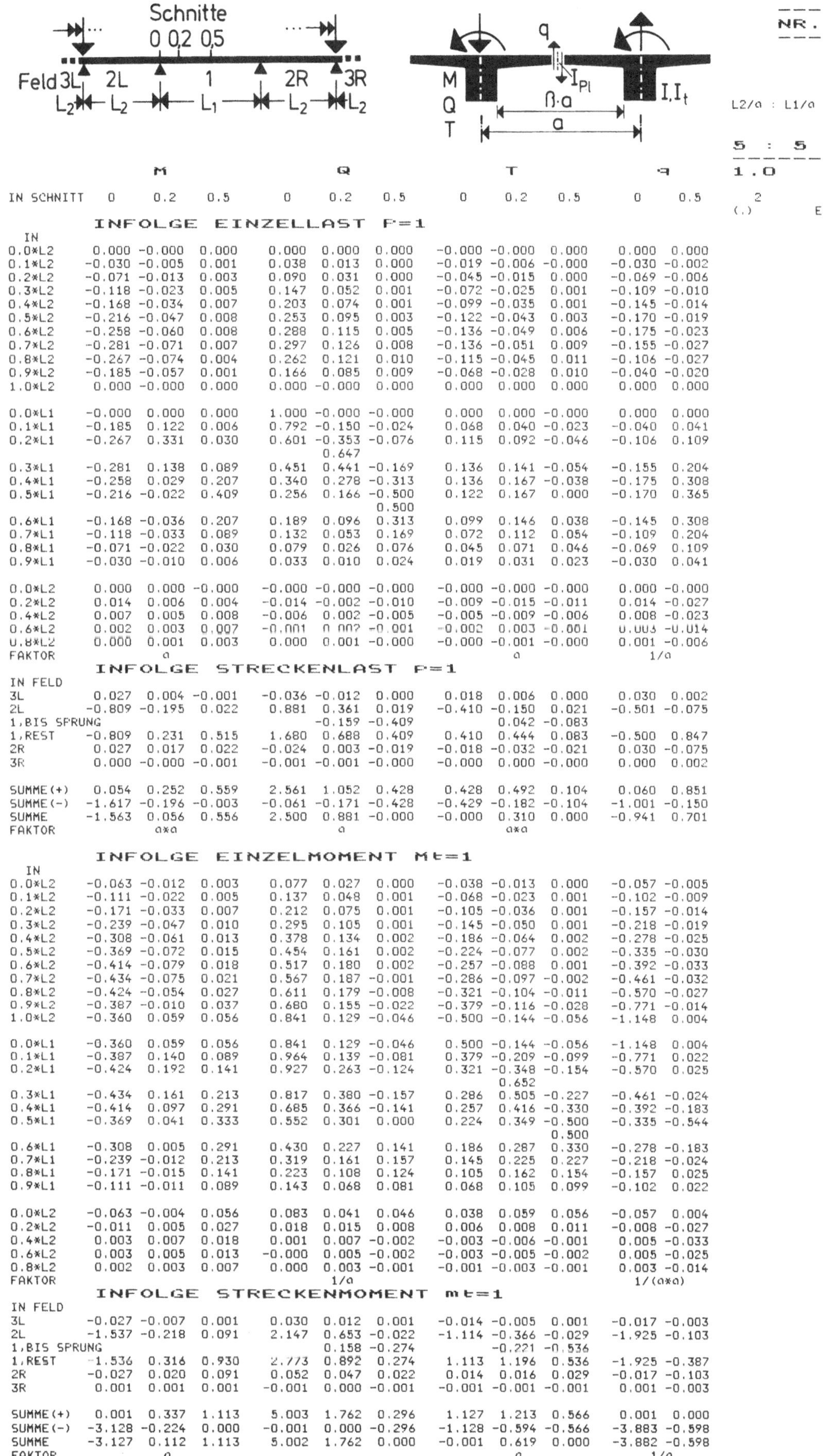

IN SCHNITT	M 0	M 0.2	M 0.5	Q 0	Q 0.2	Q 0.5	T 0	T 0.2	T 0.5	q 0	q 0.5

INFOLGE EINZELLAST P=1

IN

IN	M 0	M 0.2	M 0.5	Q 0	Q 0.2	Q 0.5	T 0	T 0.2	T 0.5	q 0	q 0.5
0.0*L2	0.000	-0.000	0.000	0.000	0.000	0.000	-0.000	-0.000	0.000	0.000	0.000
0.1*L2	-0.030	-0.005	0.001	0.038	0.013	0.000	-0.019	-0.006	-0.000	-0.030	-0.002
0.2*L2	-0.071	-0.013	0.003	0.090	0.031	0.000	-0.045	-0.015	0.000	-0.069	-0.006
0.3*L2	-0.118	-0.023	0.005	0.147	0.052	0.001	-0.072	-0.025	0.001	-0.109	-0.010
0.4*L2	-0.168	-0.034	0.007	0.203	0.074	0.001	-0.099	-0.035	0.001	-0.145	-0.014
0.5*L2	-0.216	-0.047	0.008	0.253	0.095	0.003	-0.122	-0.043	0.003	-0.170	-0.019
0.6*L2	-0.258	-0.060	0.008	0.288	0.115	0.005	-0.136	-0.049	0.006	-0.175	-0.023
0.7*L2	-0.281	-0.071	0.007	0.297	0.126	0.008	-0.136	-0.051	0.009	-0.155	-0.027
0.8*L2	-0.267	-0.074	0.004	0.262	0.121	0.010	-0.115	-0.045	0.011	-0.106	-0.027
0.9*L2	-0.185	-0.057	0.001	0.166	0.085	0.009	-0.068	-0.028	0.010	-0.040	-0.020
1.0*L2	0.000	-0.000	0.000	0.000	-0.000	0.000	0.000	0.000	0.000	0.000	0.000
0.0*L1	-0.000	0.000	0.000	1.000	-0.000	-0.000	0.000	0.000	-0.000	0.000	0.000
0.1*L1	-0.185	0.122	0.006	0.792	-0.150	-0.024	0.068	0.040	-0.023	-0.040	0.041
0.2*L1	-0.267	0.331	0.030	0.601	-0.353	-0.076	0.115	0.092	-0.046	-0.106	0.109
(Sprung)				0.647							
0.3*L1	-0.281	0.138	0.089	0.451	0.441	-0.169	0.136	0.141	-0.054	-0.155	0.204
0.4*L1	-0.258	0.029	0.207	0.340	0.278	-0.313	0.136	0.167	-0.038	-0.175	0.308
0.5*L1	-0.216	-0.022	0.409	0.256	0.166	-0.500	0.122	0.167	0.000	-0.170	0.365
(Sprung)						0.500					
0.6*L1	-0.168	-0.036	0.207	0.189	0.096	0.313	0.099	0.146	0.038	-0.145	0.308
0.7*L1	-0.118	-0.033	0.089	0.132	0.053	0.169	0.072	0.112	0.054	-0.109	0.204
0.8*L1	-0.071	-0.022	0.030	0.079	0.026	0.076	0.045	0.071	0.046	-0.069	0.109
0.9*L1	-0.030	-0.010	0.006	0.033	0.010	0.024	0.019	0.031	0.023	-0.030	0.041
0.0*L2	0.000	0.000	-0.000	-0.000	-0.000	-0.000	-0.000	-0.000	-0.000	0.000	-0.000
0.2*L2	0.014	0.006	0.004	-0.014	-0.002	-0.010	-0.009	-0.015	-0.011	0.014	-0.027
0.4*L2	0.007	0.005	0.008	-0.006	0.002	-0.005	-0.005	-0.009	-0.006	0.008	-0.023
0.6*L2	0.002	0.003	0.007	-0.001	0.002	-0.001	-0.002	0.003	-0.001	0.003	-0.014
0.8*L2	0.000	0.001	0.003	0.000	0.001	-0.000	-0.000	-0.001	-0.000	0.001	-0.006
FAKTOR	a						a			1/a	

INFOLGE STRECKENLAST P=1

IN FELD

IN FELD	M 0	M 0.2	M 0.5	Q 0	Q 0.2	Q 0.5	T 0	T 0.2	T 0.5	q 0	q 0.5
3L	0.027	0.004	-0.001	-0.036	-0.012	0.000	0.018	0.006	0.000	0.030	0.002
2L	-0.809	-0.195	0.022	0.881	0.361	0.019	-0.410	-0.150	0.021	-0.501	-0.075
1,BIS SPRUNG					-0.159	-0.409		0.042	-0.083		
1,REST	-0.809	0.231	0.515	1.680	0.688	0.409	0.410	0.444	0.083	-0.500	0.847
2R	0.027	0.017	0.022	-0.024	0.003	-0.019	-0.018	-0.032	-0.021	0.030	-0.075
3R	0.000	-0.000	-0.001	-0.001	-0.001	0.000	-0.000	0.000	-0.000	0.000	0.002
SUMME(+)	0.054	0.252	0.559	2.561	1.052	0.428	0.428	0.492	0.104	0.060	0.851
SUMME(-)	-1.617	-0.196	-0.003	-0.061	-0.171	-0.428	-0.429	-0.182	-0.104	-1.001	-0.150
SUMME	-1.563	0.056	0.556	2.500	0.881	-0.000	-0.000	0.310	0.000	-0.941	0.701
FAKTOR	a*a			a			a*a				

INFOLGE EINZELMOMENT Mt=1

IN

IN	M 0	M 0.2	M 0.5	Q 0	Q 0.2	Q 0.5	T 0	T 0.2	T 0.5	q 0	q 0.5
0.0*L2	-0.063	-0.012	0.003	0.077	0.027	0.000	-0.038	-0.013	0.000	-0.057	-0.005
0.1*L2	-0.111	-0.022	0.005	0.137	0.048	0.001	-0.068	-0.023	0.001	-0.102	-0.009
0.2*L2	-0.171	-0.033	0.007	0.212	0.075	0.001	-0.105	-0.036	0.001	-0.157	-0.014
0.3*L2	-0.239	-0.047	0.010	0.295	0.105	0.001	-0.145	-0.050	0.001	-0.218	-0.019
0.4*L2	-0.308	-0.061	0.013	0.378	0.134	0.002	-0.186	-0.064	0.002	-0.278	-0.025
0.5*L2	-0.369	-0.072	0.015	0.454	0.161	0.002	-0.224	-0.077	0.002	-0.335	-0.030
0.6*L2	-0.414	-0.079	0.018	0.517	0.180	0.002	-0.257	-0.088	0.001	-0.392	-0.033
0.7*L2	-0.434	-0.075	0.021	0.567	0.187	-0.001	-0.286	-0.097	-0.002	-0.461	-0.032
0.8*L2	-0.424	-0.054	0.027	0.611	0.179	-0.008	-0.321	-0.104	-0.011	-0.570	-0.027
0.9*L2	-0.387	-0.010	0.037	0.680	0.155	-0.022	-0.379	-0.116	-0.028	-0.771	-0.014
1.0*L2	-0.360	0.059	0.056	0.841	0.129	-0.046	-0.500	-0.144	-0.056	-1.148	0.004
0.0*L1	-0.360	0.059	0.056	0.841	0.129	-0.046	0.500	-0.144	-0.056	-1.148	0.004
0.1*L1	-0.387	0.140	0.089	0.964	0.139	-0.081	0.379	-0.209	-0.099	-0.771	0.022
0.2*L1	-0.424	0.192	0.141	0.927	0.263	-0.124	0.321	-0.348	-0.154	-0.570	0.025
(Sprung)							0.652				
0.3*L1	-0.434	0.161	0.213	0.817	0.380	-0.157	0.286	0.505	-0.227	-0.461	-0.024
0.4*L1	-0.414	0.097	0.291	0.685	0.366	-0.141	0.257	0.416	-0.330	-0.392	-0.183
0.5*L1	-0.369	0.041	0.333	0.552	0.301	0.000	0.224	0.349	-0.500	-0.335	-0.544
(Sprung)									0.500		
0.6*L1	-0.308	0.005	0.291	0.430	0.227	0.141	0.186	0.287	0.330	-0.278	-0.183
0.7*L1	-0.239	-0.012	0.213	0.319	0.161	0.157	0.145	0.225	0.227	-0.218	-0.024
0.8*L1	-0.171	-0.015	0.141	0.223	0.108	0.124	0.105	0.162	0.154	-0.157	0.025
0.9*L1	-0.111	-0.011	0.089	0.143	0.068	0.081	0.068	0.105	0.099	-0.102	0.022
0.0*L2	-0.063	-0.004	0.056	0.083	0.041	0.046	0.038	0.059	0.056	-0.057	0.004
0.2*L2	-0.011	0.005	0.027	0.018	0.015	0.008	0.006	0.008	0.011	-0.008	-0.027
0.4*L2	0.003	0.007	0.018	0.001	0.007	-0.002	-0.003	-0.006	-0.001	0.005	-0.033
0.6*L2	0.003	0.005	0.013	-0.000	0.005	-0.002	-0.003	-0.005	-0.002	0.005	-0.025
0.8*L2	0.002	0.003	0.007	0.000	0.003	-0.001	-0.001	-0.003	-0.001	0.003	-0.014
FAKTOR				1/a						1/(a*a)	

INFOLGE STRECKENMOMENT mt=1

IN FELD

IN FELD	M 0	M 0.2	M 0.5	Q 0	Q 0.2	Q 0.5	T 0	T 0.2	T 0.5	q 0	q 0.5
3L	-0.027	-0.007	0.001	0.030	0.012	0.001	-0.014	-0.005	0.001	-0.017	-0.003
2L	-1.537	-0.218	0.091	2.147	0.653	-0.022	-1.114	-0.366	-0.029	-1.925	-0.103
1,BIS SPRUNG					0.158	-0.274		-0.221	-0.536		
1,REST	-1.536	0.316	0.930	2.773	0.892	0.274	1.113	1.196	0.536	-1.925	-0.387
2R	-0.027	0.020	0.091	0.052	0.047	0.022	0.014	0.016	0.029	-0.017	-0.103
3R	0.001	0.001	0.001	-0.001	0.000	-0.001	-0.001	-0.001	-0.001	0.001	-0.003
SUMME(+)	0.001	0.337	1.113	5.003	1.762	0.296	1.127	1.213	0.566	0.001	0.000
SUMME(-)	-3.128	-0.224	0.000	-0.001	0.000	-0.296	-1.128	-0.594	-0.566	-3.883	-0.598
SUMME	-3.127	0.112	1.113	5.002	1.762	0.000	-0.001	0.619	0.000	-3.882	-0.598
FAKTOR	a						a			1/a	

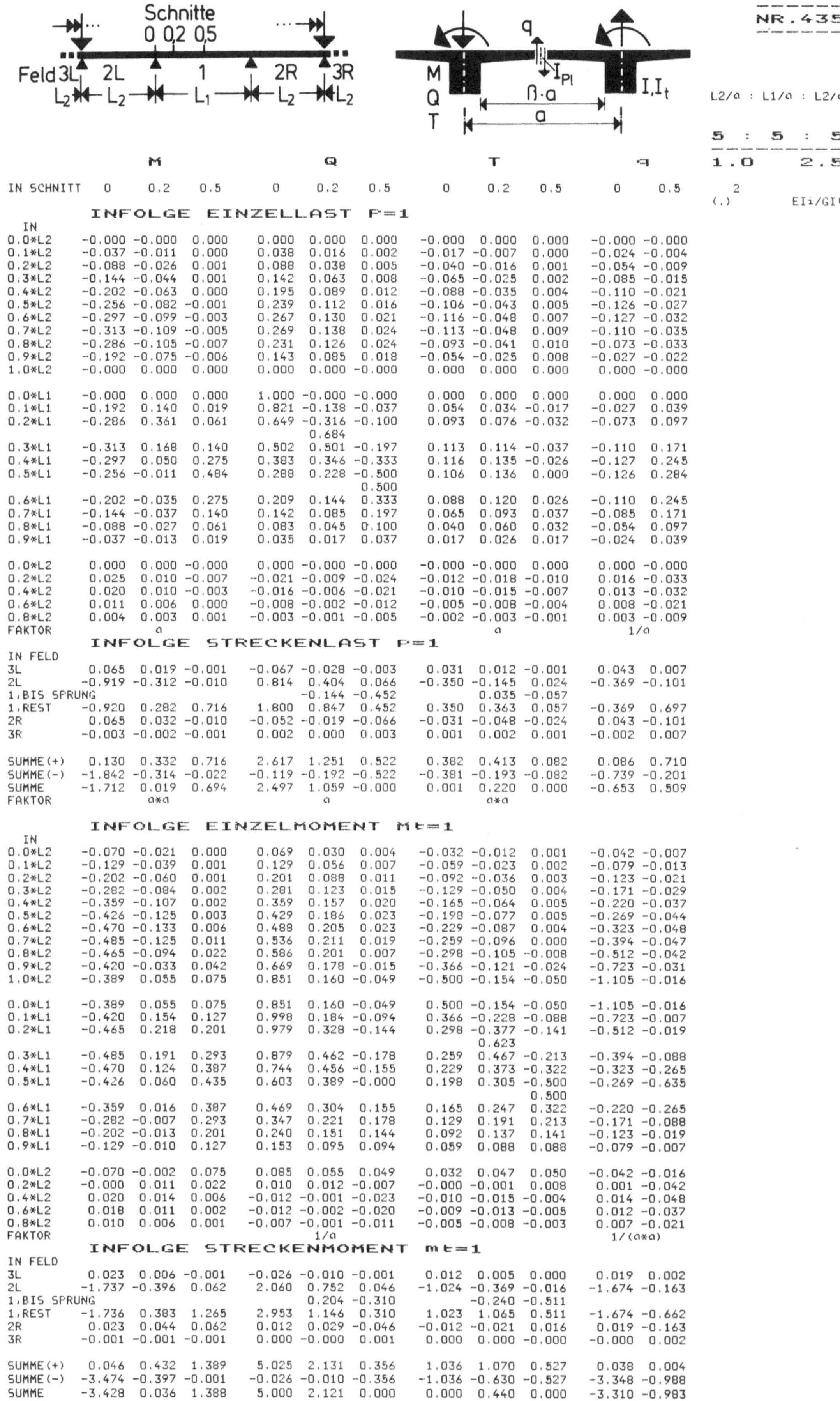

	M			Q			T			q	
IN SCHNITT	0	0.2	0.5	0	0.2	0.5	0	0.2	0.5	0	0.5

INFOLGE EINZELLAST P=1

IN	M(0)	M(0.2)	M(0.5)	Q(0)	Q(0.2)	Q(0.5)	T(0)	T(0.2)	T(0.5)	q(0)	q(0.5)
0.0*L2	-0.000	-0.000	0.000	0.000	0.000	0.000	-0.000	0.000	0.000	-0.000	-0.000
0.1*L2	-0.037	-0.011	0.000	0.038	0.016	0.002	-0.017	-0.007	0.000	-0.024	-0.004
0.2*L2	-0.088	-0.026	0.001	0.088	0.038	0.005	-0.040	-0.016	0.001	-0.054	-0.009
0.3*L2	-0.144	-0.044	0.001	0.142	0.063	0.008	-0.065	-0.025	0.002	-0.085	-0.015
0.4*L2	-0.202	-0.063	0.000	0.195	0.089	0.012	-0.088	-0.035	0.004	-0.110	-0.021
0.5*L2	-0.256	-0.082	-0.001	0.239	0.112	0.016	-0.106	-0.043	0.005	-0.126	-0.027
0.6*L2	-0.297	-0.099	-0.003	0.267	0.130	0.021	-0.116	-0.048	0.007	-0.127	-0.032
0.7*L2	-0.313	-0.109	-0.005	0.269	0.138	0.024	-0.113	-0.048	0.009	-0.110	-0.035
0.8*L2	-0.286	-0.105	-0.007	0.231	0.126	0.024	-0.093	-0.041	0.010	-0.073	-0.033
0.9*L2	-0.192	-0.075	-0.006	0.143	0.085	0.018	-0.054	-0.025	0.008	-0.027	-0.022
1.0*L2	-0.000	0.000	0.000	0.000	0.000	-0.000	0.000	0.000	0.000	0.000	-0.000
0.0*L1	-0.000	0.000	0.000	1.000	-0.000	-0.000	0.000	0.000	0.000	0.000	0.000
0.1*L1	-0.192	0.140	0.019	0.821	-0.138	-0.037	0.054	0.034	-0.017	-0.027	0.039
0.2*L1	-0.286	0.361	0.061	0.649	-0.316	-0.100	0.093	0.076	-0.032	-0.073	0.097
(0.2*L1)					0.684						
0.3*L1	-0.313	0.168	0.140	0.502	0.501	-0.197	0.113	0.114	-0.037	-0.110	0.171
0.4*L1	-0.297	0.050	0.275	0.383	0.346	-0.333	0.116	0.135	-0.026	-0.127	0.245
0.5*L1	-0.256	-0.011	0.484	0.288	0.228	-0.500	0.106	0.136	0.000	-0.126	0.284
(0.5*L1)						0.500					
0.6*L1	-0.202	-0.035	0.275	0.209	0.144	0.333	0.088	0.120	0.026	-0.110	0.245
0.7*L1	-0.144	-0.037	0.140	0.142	0.085	0.197	0.065	0.093	0.037	-0.085	0.171
0.8*L1	-0.088	-0.027	0.061	0.083	0.045	0.100	0.040	0.060	0.032	-0.054	0.097
0.9*L1	-0.037	-0.013	0.019	0.035	0.017	0.037	0.017	0.026	0.017	-0.024	0.039
0.0*L2	0.000	0.000	-0.000	0.000	-0.000	-0.000	-0.000	-0.000	0.000	0.000	-0.000
0.2*L2	0.025	0.010	-0.007	-0.021	-0.009	-0.024	-0.012	-0.018	-0.010	0.016	-0.033
0.4*L2	0.020	0.010	-0.003	-0.016	-0.006	-0.021	-0.010	-0.015	-0.007	0.013	-0.032
0.6*L2	0.011	0.006	0.000	-0.008	-0.002	-0.012	-0.005	-0.008	-0.004	0.008	-0.021
0.8*L2	0.004	0.003	0.001	-0.003	-0.001	-0.005	-0.002	-0.003	-0.001	0.003	-0.009
FAKTOR	a						a			1/a	

INFOLGE STRECKENLAST P=1

IN FELD	M(0)	M(0.2)	M(0.5)	Q(0)	Q(0.2)	Q(0.5)	T(0)	T(0.2)	T(0.5)	q(0)	q(0.5)
3L	0.065	0.019	-0.001	-0.067	-0.028	-0.003	0.031	0.012	-0.001	0.043	0.007
2L	-0.919	-0.312	-0.010	0.814	0.404	0.066	-0.350	-0.145	0.024	-0.369	-0.101
1,BIS SPRUNG					-0.144	-0.452		0.035	-0.057		
1,REST	-0.920	0.282	0.716	1.800	0.847	0.452	0.350	0.363	0.057	-0.369	0.697
2R	0.065	0.032	-0.010	-0.052	-0.019	-0.066	-0.031	-0.048	-0.024	0.043	-0.101
3R	-0.003	-0.002	-0.001	0.002	0.000	0.003	0.001	0.002	0.001	-0.002	0.007
SUMME(+)	0.130	0.332	0.716	2.617	1.251	0.522	0.382	0.413	0.082	0.086	0.710
SUMME(-)	-1.842	-0.314	-0.022	-0.119	-0.192	-0.522	-0.381	-0.193	-0.082	-0.739	-0.201
SUMME	-1.712	0.019	0.694	2.497	1.059	-0.000	0.001	0.220	0.000	-0.653	0.509
FAKTOR	a*a			a			a*a				

INFOLGE EINZELMOMENT Mt=1

IN	M(0)	M(0.2)	M(0.5)	Q(0)	Q(0.2)	Q(0.5)	T(0)	T(0.2)	T(0.5)	q(0)	q(0.5)
0.0*L2	-0.070	-0.021	0.000	0.069	0.030	0.004	-0.032	-0.012	0.001	-0.042	-0.007
0.1*L2	-0.129	-0.039	0.001	0.129	0.056	0.007	-0.059	-0.023	0.002	-0.079	-0.013
0.2*L2	-0.202	-0.060	0.001	0.201	0.088	0.011	-0.092	-0.036	0.003	-0.123	-0.021
0.3*L2	-0.282	-0.084	0.002	0.281	0.123	0.015	-0.129	-0.050	0.004	-0.171	-0.029
0.4*L2	-0.359	-0.107	0.002	0.359	0.157	0.020	-0.165	-0.064	0.005	-0.220	-0.037
0.5*L2	-0.426	-0.125	0.003	0.429	0.186	0.023	-0.198	-0.077	0.005	-0.269	-0.044
0.6*L2	-0.470	-0.133	0.006	0.488	0.205	0.023	-0.229	-0.087	0.004	-0.323	-0.048
0.7*L2	-0.485	-0.125	0.011	0.536	0.211	0.019	-0.259	-0.096	0.000	-0.394	-0.047
0.8*L2	-0.465	-0.094	0.022	0.586	0.201	0.007	-0.298	-0.105	-0.008	-0.512	-0.042
0.9*L2	-0.420	-0.033	0.042	0.669	0.178	-0.015	-0.366	-0.121	-0.024	-0.723	-0.031
1.0*L2	-0.389	0.055	0.075	0.851	0.160	-0.049	-0.500	-0.154	-0.050	-1.105	-0.016
0.0*L1	-0.389	0.055	0.075	0.851	0.160	-0.049	0.500	-0.154	-0.050	-1.105	-0.016
0.1*L1	-0.420	0.154	0.127	0.998	0.184	-0.094	0.366	-0.228	-0.088	-0.723	-0.007
0.2*L1	-0.465	0.218	0.201	0.979	0.328	-0.144	0.298	-0.377	-0.141	-0.512	-0.019
(0.2*L1)								0.623			
0.3*L1	-0.485	0.191	0.293	0.879	0.462	-0.178	0.259	0.467	-0.213	-0.394	-0.088
0.4*L1	-0.470	0.124	0.387	0.744	0.456	-0.155	0.229	0.373	-0.322	-0.323	-0.265
0.5*L1	-0.426	0.060	0.435	0.603	0.389	-0.000	0.198	0.305	-0.500	-0.269	-0.635
(0.5*L1)									0.500		
0.6*L1	-0.359	0.016	0.387	0.469	0.304	0.155	0.165	0.247	0.322	-0.220	-0.265
0.7*L1	-0.282	-0.007	0.293	0.347	0.221	0.178	0.129	0.191	0.213	-0.171	-0.088
0.8*L1	-0.202	-0.013	0.201	0.240	0.151	0.144	0.092	0.137	0.141	-0.123	-0.019
0.9*L1	-0.129	-0.010	0.127	0.153	0.095	0.094	0.059	0.088	0.088	-0.079	-0.007
0.0*L2	-0.070	-0.002	0.075	0.085	0.055	0.049	0.032	0.047	0.050	-0.042	-0.016
0.2*L2	-0.000	0.011	0.022	0.010	0.012	-0.007	-0.000	-0.001	0.008	0.001	-0.042
0.4*L2	0.020	0.014	0.006	-0.012	-0.001	-0.023	-0.010	-0.015	-0.004	0.014	-0.048
0.6*L2	0.018	0.011	0.002	-0.012	-0.002	-0.020	-0.009	-0.013	-0.005	0.012	-0.037
0.8*L2	0.010	0.006	0.001	-0.007	-0.001	-0.011	-0.005	-0.008	-0.003	0.007	-0.021
FAKTOR				1/a						1/(a*a)	

INFOLGE STRECKENMOMENT mt=1

IN FELD	M(0)	M(0.2)	M(0.5)	Q(0)	Q(0.2)	Q(0.5)	T(0)	T(0.2)	T(0.5)	q(0)	q(0.5)
3L	0.023	0.006	-0.001	-0.026	-0.010	-0.001	0.012	0.005	0.000	0.019	0.002
2L	-1.737	-0.396	0.062	2.060	0.752	0.046	-1.024	-0.369	-0.016	-1.674	-0.163
1,BIS SPRUNG					0.204	-0.310		-0.240	-0.511		
1,REST	-1.736	0.383	1.265	2.953	1.146	0.310	1.023	1.065	0.511	-1.674	-0.662
2R	0.023	0.044	0.062	0.012	0.029	-0.046	-0.012	-0.021	0.016	0.019	-0.163
3R	-0.001	-0.001	-0.001	0.000	-0.000	0.001	0.000	0.000	-0.000	-0.000	0.002
SUMME(+)	0.046	0.432	1.389	5.025	2.131	0.356	1.036	1.070	0.527	0.038	0.004
SUMME(-)	-3.474	-0.397	-0.001	-0.026	-0.010	-0.356	-1.036	-0.630	-0.527	-3.348	-0.988
SUMME	-3.428	0.036	1.388	5.000	2.121	0.000	0.000	0.440	0.000	-3.310	-0.983
FAKTOR	a			1/a			a			1/a	

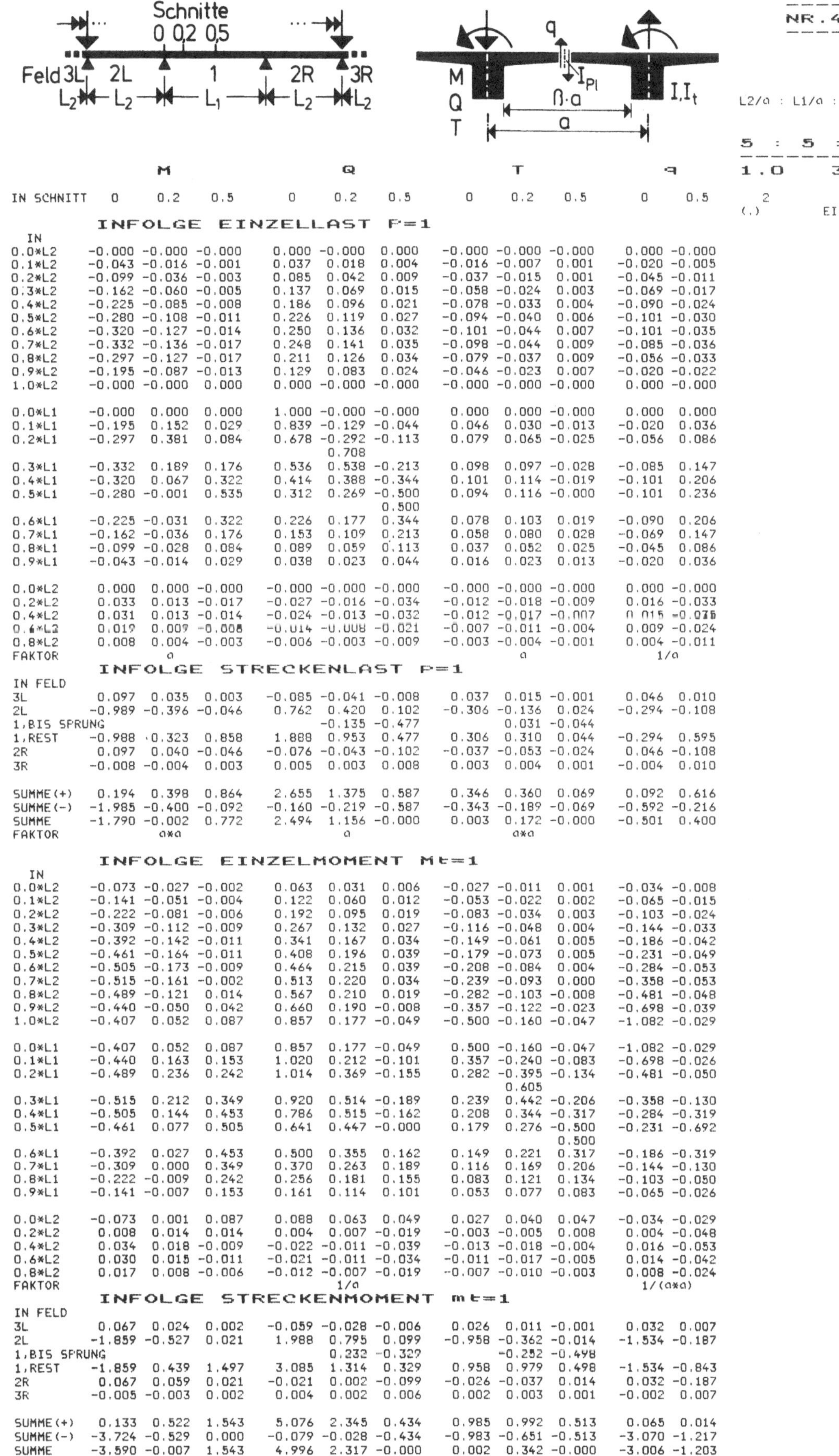

		M			Q			T		q	
IN SCHNITT	0	0.2	0.5	0	0.2	0.5	0	0.2	0.5	0	0.5

INFOLGE EINZELLAST P=1

IN

Schnitt	M 0	M 0.2	M 0.5	Q 0	Q 0.2	Q 0.5	T 0	T 0.2	T 0.5	q 0	q 0.5
0.0*L2	-0.000	-0.000	-0.000	0.000	-0.000	0.000	-0.000	-0.000	-0.000	0.000	-0.000
0.1*L2	-0.043	-0.016	-0.001	0.037	0.018	0.004	-0.016	-0.007	0.001	-0.020	-0.005
0.2*L2	-0.099	-0.036	-0.003	0.085	0.042	0.009	-0.037	-0.015	0.001	-0.045	-0.011
0.3*L2	-0.162	-0.060	-0.005	0.137	0.069	0.015	-0.058	-0.024	0.003	-0.069	-0.017
0.4*L2	-0.225	-0.085	-0.008	0.186	0.096	0.021	-0.078	-0.033	0.004	-0.090	-0.024
0.5*L2	-0.280	-0.108	-0.011	0.226	0.119	0.027	-0.094	-0.040	0.006	-0.101	-0.030
0.6*L2	-0.320	-0.127	-0.014	0.250	0.136	0.032	-0.101	-0.044	0.007	-0.101	-0.035
0.7*L2	-0.332	-0.136	-0.017	0.248	0.141	0.035	-0.098	-0.044	0.009	-0.085	-0.036
0.8*L2	-0.297	-0.127	-0.017	0.211	0.126	0.034	-0.079	-0.037	0.009	-0.056	-0.033
0.9*L2	-0.195	-0.087	-0.013	0.129	0.083	0.024	-0.046	-0.023	0.007	-0.020	-0.022
1.0*L2	-0.000	-0.000	0.000	0.000	-0.000	-0.000	-0.000	-0.000	-0.000	0.000	-0.000
0.0*L1	-0.000	0.000	0.000	1.000	-0.000	-0.000	0.000	0.000	-0.000	0.000	0.000
0.1*L1	-0.195	0.152	0.029	0.839	-0.129	-0.044	0.046	0.030	-0.013	-0.020	0.036
0.2*L1	-0.297	0.381	0.084	0.678	-0.292	-0.113	0.079	0.065	-0.025	-0.056	0.086
(0.708 unter Q 0)				0.708							
0.3*L1	-0.332	0.189	0.176	0.536	0.538	-0.213	0.098	0.097	-0.028	-0.085	0.147
0.4*L1	-0.320	0.067	0.322	0.414	0.388	-0.344	0.101	0.114	-0.019	-0.101	0.206
0.5*L1	-0.280	-0.001	0.535	0.312	0.269	-0.500	0.094	0.116	-0.000	-0.101	0.236
(0.500 unter Q 0.5)						0.500					
0.6*L1	-0.225	-0.031	0.322	0.226	0.177	0.344	0.078	0.103	0.019	-0.090	0.206
0.7*L1	-0.162	-0.036	0.176	0.153	0.109	0.213	0.058	0.080	0.028	-0.069	0.147
0.8*L1	-0.099	-0.028	0.084	0.089	0.059	0.113	0.037	0.052	0.025	-0.045	0.086
0.9*L1	-0.043	-0.014	0.029	0.038	0.023	0.044	0.016	0.023	0.013	-0.020	0.036
0.0*L2	0.000	0.000	-0.000	-0.000	-0.000	-0.000	-0.000	-0.000	-0.000	0.000	-0.000
0.2*L2	0.033	0.013	-0.017	-0.027	-0.016	-0.034	-0.012	-0.018	-0.009	0.016	-0.033
0.4*L2	0.031	0.013	-0.014	-0.024	-0.013	-0.032	-0.012	-0.017	-0.007	0.015	-0.035
0.6*L2	0.019	0.009	-0.008	-0.014	-0.008	-0.021	-0.007	-0.011	-0.004	0.009	-0.024
0.8*L2	0.008	0.004	-0.003	-0.006	-0.003	-0.009	-0.003	-0.004	-0.001	0.004	-0.011
FAKTOR	a			a			a			1/a	

INFOLGE STRECKENLAST P=1

IN FELD

Feld	M 0	M 0.2	M 0.5	Q 0	Q 0.2	Q 0.5	T 0	T 0.2	T 0.5	q 0	q 0.5
3L	0.097	0.035	0.003	-0.085	-0.041	-0.008	0.037	0.015	-0.001	0.046	0.010
2L	-0.989	-0.396	-0.046	0.762	0.420	0.102	-0.306	-0.136	0.024	-0.294	-0.108
1,BIS SPRUNG					-0.135	-0.477		0.031	-0.044		
1,REST	-0.988	0.323	0.858	1.888	0.953	0.477	0.306	0.310	0.044	-0.294	0.595
2R	0.097	0.040	-0.046	-0.076	-0.043	-0.102	-0.037	-0.053	-0.024	0.046	-0.108
3R	-0.008	-0.004	0.003	0.005	0.003	0.008	0.003	0.004	0.001	-0.004	0.010
SUMME(+)	0.194	0.398	0.864	2.655	1.375	0.587	0.346	0.360	0.069	0.092	0.616
SUMME(-)	-1.985	-0.400	-0.092	-0.160	-0.219	-0.587	-0.343	-0.189	-0.069	-0.592	-0.216
SUMME	-1.790	-0.002	0.772	2.494	1.156	-0.000	0.003	0.172	-0.000	-0.501	0.400
FAKTOR	a*a			a			a*a				

INFOLGE EINZELMOMENT Mt=1

IN

Schnitt	M 0	M 0.2	M 0.5	Q 0	Q 0.2	Q 0.5	T 0	T 0.2	T 0.5	q 0	q 0.5
0.0*L2	-0.073	-0.027	-0.002	0.063	0.031	0.006	-0.027	-0.011	0.001	-0.034	-0.008
0.1*L2	-0.141	-0.051	-0.004	0.122	0.060	0.012	-0.053	-0.022	0.002	-0.065	-0.015
0.2*L2	-0.222	-0.081	-0.006	0.192	0.095	0.019	-0.083	-0.034	0.003	-0.103	-0.024
0.3*L2	-0.309	-0.112	-0.009	0.267	0.132	0.027	-0.116	-0.048	0.004	-0.144	-0.033
0.4*L2	-0.392	-0.142	-0.011	0.341	0.167	0.034	-0.149	-0.061	0.005	-0.186	-0.042
0.5*L2	-0.461	-0.164	-0.011	0.408	0.196	0.039	-0.179	-0.073	0.005	-0.231	-0.049
0.6*L2	-0.505	-0.173	-0.009	0.464	0.215	0.039	-0.208	-0.084	0.004	-0.284	-0.053
0.7*L2	-0.515	-0.161	-0.002	0.513	0.220	0.034	-0.239	-0.093	0.000	-0.358	-0.053
0.8*L2	-0.489	-0.121	0.014	0.567	0.210	0.019	-0.282	-0.103	-0.008	-0.481	-0.048
0.9*L2	-0.440	-0.050	0.042	0.660	0.190	-0.008	-0.357	-0.122	-0.023	-0.698	-0.039
1.0*L2	-0.407	0.052	0.087	0.857	0.177	-0.049	-0.500	-0.160	-0.047	-1.082	-0.029
0.0*L1	-0.407	0.052	0.087	0.857	0.177	-0.049	0.500	-0.160	-0.047	-1.082	-0.029
0.1*L1	-0.440	0.163	0.153	1.020	0.212	-0.101	0.357	-0.240	-0.083	-0.698	-0.026
0.2*L1	-0.489	0.236	0.242	1.014	0.369	-0.155	0.282	-0.395	-0.134	-0.481	-0.050
(0.605 unter T 0.5)									0.605		
0.3*L1	-0.515	0.212	0.349	0.920	0.514	-0.189	0.239	0.442	-0.206	-0.358	-0.130
0.4*L1	-0.505	0.144	0.453	0.786	0.515	-0.162	0.208	0.344	-0.317	-0.284	-0.319
0.5*L1	-0.461	0.077	0.505	0.641	0.447	-0.000	0.179	0.276	-0.500	-0.231	-0.692
(0.500 unter T 0.5)									0.500		
0.6*L1	-0.392	0.027	0.453	0.500	0.355	0.162	0.149	0.221	0.317	-0.186	-0.319
0.7*L1	-0.309	0.000	0.349	0.370	0.263	0.189	0.116	0.169	0.206	-0.144	-0.130
0.8*L1	-0.222	-0.009	0.242	0.256	0.181	0.155	0.083	0.121	0.134	-0.103	-0.050
0.9*L1	-0.141	-0.007	0.153	0.161	0.114	0.101	0.053	0.077	0.083	-0.065	-0.026
0.0*L2	-0.073	0.001	0.087	0.088	0.063	0.049	0.027	0.040	0.047	-0.034	-0.029
0.2*L2	0.008	0.014	0.014	0.004	0.007	-0.019	-0.003	-0.005	0.008	0.004	-0.048
0.4*L2	0.034	0.018	-0.009	-0.022	-0.011	-0.039	-0.013	-0.018	-0.004	0.016	-0.053
0.6*L2	0.030	0.015	-0.011	-0.021	-0.011	-0.034	-0.011	-0.017	-0.005	0.014	-0.042
0.8*L2	0.017	0.008	-0.006	-0.012	-0.007	-0.019	-0.007	-0.010	-0.003	0.008	-0.024
FAKTOR				1/a						1/(a*a)	

INFOLGE STRECKENMOMENT mt=1

IN FELD

Feld	M 0	M 0.2	M 0.5	Q 0	Q 0.2	Q 0.5	T 0	T 0.2	T 0.5	q 0	q 0.5
3L	0.067	0.024	0.002	-0.059	-0.028	-0.006	0.026	0.011	-0.001	0.032	0.007
2L	-1.859	-0.527	0.021	1.988	0.795	0.099	-0.958	-0.362	-0.014	-1.534	-0.187
1,BIS SPRUNG					0.232	-0.329		-0.252	-0.498		
1,REST	-1.859	0.439	1.497	3.085	1.314	0.329	0.958	0.979	0.498	-1.534	-0.843
2R	0.067	0.059	0.021	-0.021	0.002	-0.099	-0.026	-0.037	0.014	0.032	-0.187
3R	-0.005	-0.003	0.002	0.004	0.002	0.006	0.002	0.003	0.001	-0.002	0.007
SUMME(+)	0.133	0.522	1.543	5.076	2.345	0.434	0.985	0.992	0.513	0.065	0.014
SUMME(-)	-3.724	-0.529	0.000	-0.079	-0.028	-0.434	-0.983	-0.651	-0.513	-3.070	-1.217
SUMME	-3.590	-0.007	1.543	4.996	2.317	-0.000	0.002	0.342	-0.000	-3.006	-1.203
FAKTOR	a			a			a			1/a	

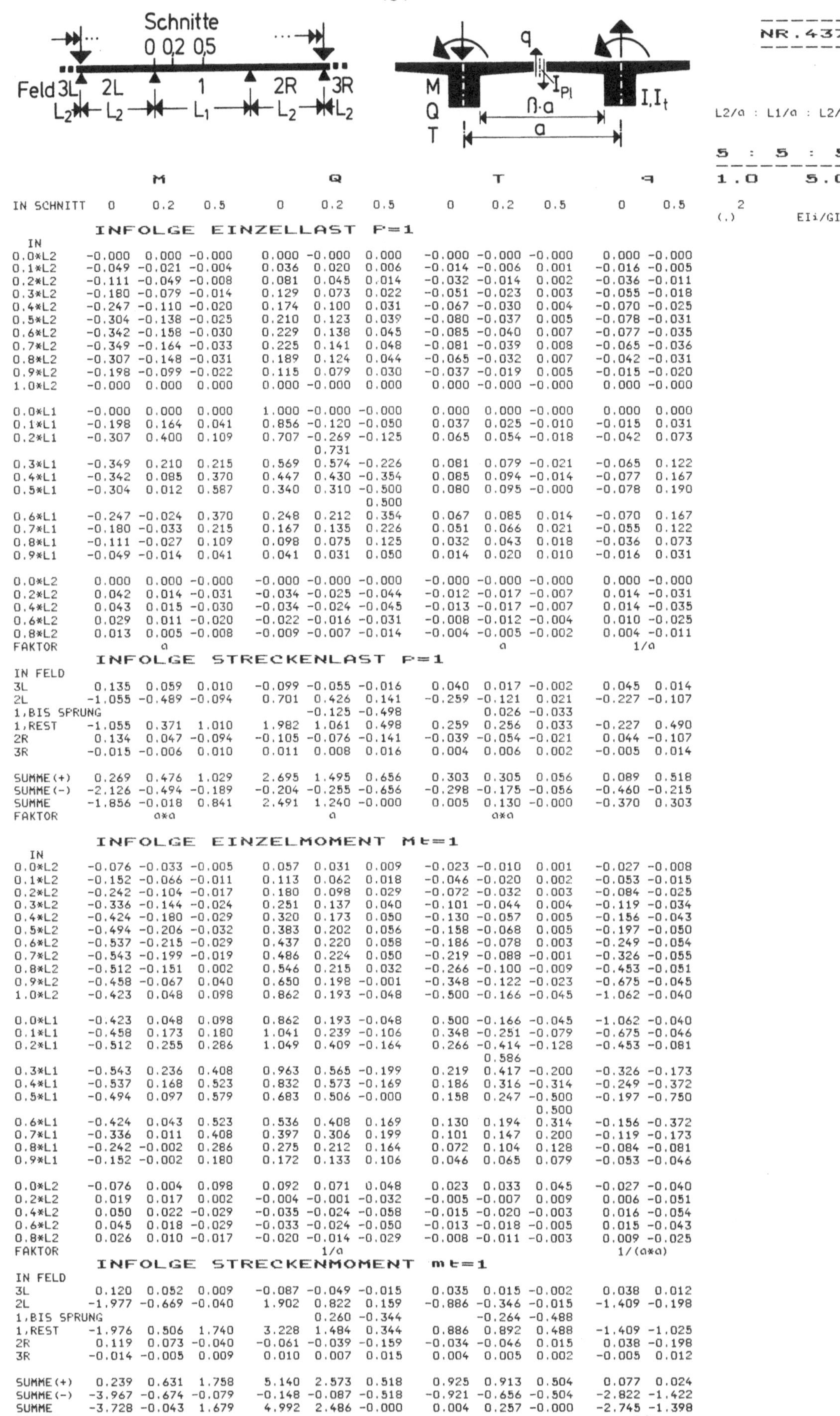

		M			Q			T		q	
IN SCHNITT	0	0.2	0.5	0	0.2	0.5	0	0.2	0.5	0	0.5

INFOLGE EINZELLAST P=1

IN	M 0	M 0.2	M 0.5	Q 0	Q 0.2	Q 0.5	T 0	T 0.2	T 0.5	q 0	q 0.5
0.0*L2	-0.000	0.000	-0.000	0.000	-0.000	0.000	-0.000	-0.000	-0.000	0.000	-0.000
0.1*L2	-0.049	-0.021	-0.004	0.036	0.020	0.006	-0.014	-0.006	0.001	-0.016	-0.005
0.2*L2	-0.111	-0.049	-0.008	0.081	0.045	0.014	-0.032	-0.014	0.002	-0.036	-0.011
0.3*L2	-0.180	-0.079	-0.014	0.129	0.073	0.022	-0.051	-0.023	0.003	-0.055	-0.018
0.4*L2	-0.247	-0.110	-0.020	0.174	0.100	0.031	-0.067	-0.030	0.004	-0.070	-0.025
0.5*L2	-0.304	-0.138	-0.025	0.210	0.123	0.039	-0.080	-0.037	0.005	-0.078	-0.031
0.6*L2	-0.342	-0.158	-0.030	0.229	0.138	0.045	-0.085	-0.040	0.007	-0.077	-0.035
0.7*L2	-0.349	-0.164	-0.033	0.225	0.141	0.048	-0.081	-0.039	0.008	-0.065	-0.036
0.8*L2	-0.307	-0.148	-0.031	0.189	0.124	0.044	-0.065	-0.032	0.007	-0.042	-0.031
0.9*L2	-0.198	-0.099	-0.022	0.115	0.079	0.030	-0.037	-0.019	0.005	-0.015	-0.020
1.0*L2	-0.000	0.000	0.000	0.000	0.000	0.000	0.000	-0.000	-0.000	0.000	-0.000
0.0*L1	-0.000	0.000	0.000	1.000	-0.000	-0.000	0.000	0.000	0.000	0.000	0.000
0.1*L1	-0.198	0.164	0.041	0.856	-0.120	-0.050	0.037	0.025	-0.010	-0.015	0.031
0.2*L1	-0.307	0.400	0.109	0.707	-0.269	-0.125	0.065	0.054	-0.018	-0.042	0.073
				0.731							
0.3*L1	-0.349	0.210	0.215	0.569	0.574	-0.226	0.081	0.079	-0.021	-0.065	0.122
0.4*L1	-0.342	0.085	0.370	0.447	0.430	-0.354	0.085	0.094	-0.014	-0.077	0.167
0.5*L1	-0.304	0.012	0.587	0.340	0.310	-0.500	0.080	0.095	-0.000	-0.078	0.190
						0.500					
0.6*L1	-0.247	-0.024	0.370	0.248	0.212	0.354	0.067	0.085	0.014	-0.070	0.167
0.7*L1	-0.180	-0.033	0.215	0.167	0.135	0.226	0.051	0.066	0.021	-0.055	0.122
0.8*L1	-0.111	-0.027	0.109	0.098	0.075	0.125	0.032	0.043	0.018	-0.036	0.073
0.9*L1	-0.049	-0.014	0.041	0.041	0.031	0.050	0.014	0.020	0.010	-0.016	0.031
0.0*L2	0.000	0.000	-0.000	-0.000	-0.000	-0.000	-0.000	-0.000	-0.000	0.000	-0.000
0.2*L2	0.042	0.014	-0.031	-0.034	-0.025	-0.044	-0.012	-0.017	-0.007	0.014	-0.031
0.4*L2	0.043	0.015	-0.030	-0.034	-0.024	-0.045	-0.013	-0.017	-0.007	0.014	-0.035
0.6*L2	0.029	0.011	-0.020	-0.022	-0.016	-0.031	-0.008	-0.012	-0.004	0.010	-0.025
0.8*L2	0.013	0.005	-0.008	-0.009	-0.007	-0.014	-0.004	-0.005	-0.002	0.004	-0.011
FAKTOR	a						a			1/a	

INFOLGE STRECKENLAST P=1

IN FELD	M 0	M 0.2	M 0.5	Q 0	Q 0.2	Q 0.5	T 0	T 0.2	T 0.5	q 0	q 0.5
3L	0.135	0.059	0.010	-0.099	-0.055	-0.016	0.040	0.017	-0.002	0.045	0.014
2L	-1.055	-0.489	-0.094	0.701	0.426	0.141	-0.259	-0.121	0.021	-0.227	-0.107
1,BIS SPRUNG					-0.125	-0.498		0.026	-0.033		
1,REST	-1.055	0.371	1.010	1.982	1.061	0.498	0.259	0.256	0.033	-0.227	0.490
2R	0.134	0.047	-0.094	-0.105	-0.076	-0.141	-0.039	-0.054	-0.021	0.044	-0.107
3R	-0.015	-0.006	0.010	0.011	0.008	0.016	0.004	0.006	0.002	-0.005	0.014
SUMME(+)	0.269	0.476	1.029	2.695	1.495	0.656	0.303	0.305	0.056	0.089	0.518
SUMME(-)	-2.126	-0.494	-0.189	-0.204	-0.255	-0.656	-0.298	-0.175	-0.056	-0.460	-0.215
SUMME	-1.856	-0.018	0.841	2.491	1.240	-0.000	0.005	0.130	-0.000	-0.370	0.303
FAKTOR	a*a			a			a*a				

INFOLGE EINZELMOMENT Mt=1

IN	M 0	M 0.2	M 0.5	Q 0	Q 0.2	Q 0.5	T 0	T 0.2	T 0.5	q 0	q 0.5
0.0*L2	-0.076	-0.033	-0.005	0.057	0.031	0.009	-0.023	-0.010	0.001	-0.027	-0.008
0.1*L2	-0.152	-0.066	-0.011	0.113	0.062	0.018	-0.046	-0.020	0.002	-0.053	-0.015
0.2*L2	-0.242	-0.104	-0.017	0.180	0.098	0.029	-0.072	-0.032	0.003	-0.084	-0.025
0.3*L2	-0.336	-0.144	-0.024	0.251	0.137	0.040	-0.101	-0.044	0.004	-0.119	-0.034
0.4*L2	-0.424	-0.180	-0.029	0.320	0.173	0.050	-0.130	-0.057	0.005	-0.156	-0.043
0.5*L2	-0.494	-0.206	-0.032	0.383	0.202	0.056	-0.158	-0.068	0.005	-0.197	-0.050
0.6*L2	-0.537	-0.215	-0.029	0.437	0.220	0.058	-0.186	-0.078	0.003	-0.249	-0.054
0.7*L2	-0.543	-0.199	-0.019	0.486	0.224	0.050	-0.219	-0.088	-0.001	-0.326	-0.055
0.8*L2	-0.512	-0.151	0.002	0.546	0.215	0.032	-0.266	-0.100	-0.009	-0.453	-0.051
0.9*L2	-0.458	-0.067	0.040	0.650	0.198	-0.001	-0.348	-0.122	-0.023	-0.675	-0.045
1.0*L2	-0.423	0.048	0.098	0.862	0.193	-0.048	-0.500	-0.166	-0.045	-1.062	-0.040
0.0*L1	-0.423	0.048	0.098	0.862	0.193	-0.048	0.500	-0.166	-0.045	-1.062	-0.040
0.1*L1	-0.458	0.173	0.180	1.041	0.239	-0.106	0.348	-0.251	-0.079	-0.675	-0.046
0.2*L1	-0.512	0.255	0.286	1.049	0.409	-0.164	0.266	-0.414	-0.128	-0.453	-0.081
								0.586			
0.3*L1	-0.543	0.236	0.408	0.963	0.565	-0.199	0.219	0.417	-0.200	-0.326	-0.173
0.4*L1	-0.537	0.168	0.523	0.832	0.573	-0.169	0.186	0.316	-0.314	-0.249	-0.372
0.5*L1	-0.494	0.097	0.579	0.683	0.506	-0.000	0.158	0.247	-0.500	-0.197	-0.750
									0.500		
0.6*L1	-0.424	0.043	0.523	0.536	0.408	0.169	0.130	0.194	0.314	-0.156	-0.372
0.7*L1	-0.336	0.011	0.408	0.397	0.306	0.199	0.101	0.147	0.200	-0.119	-0.173
0.8*L1	-0.242	-0.002	0.286	0.275	0.212	0.164	0.072	0.104	0.128	-0.084	-0.081
0.9*L1	-0.152	-0.002	0.180	0.172	0.133	0.106	0.046	0.065	0.079	-0.053	-0.046
0.0*L2	-0.076	0.004	0.098	0.092	0.071	0.048	0.023	0.033	0.045	-0.027	-0.040
0.2*L2	0.019	0.017	0.002	-0.004	-0.001	-0.032	-0.005	-0.007	0.009	0.006	-0.051
0.4*L2	0.050	0.022	-0.029	-0.035	-0.024	-0.058	-0.015	-0.020	-0.003	0.016	-0.054
0.6*L2	0.045	0.018	-0.029	-0.033	-0.024	-0.050	-0.013	-0.018	-0.005	0.015	-0.043
0.8*L2	0.026	0.010	-0.017	-0.020	-0.014	-0.029	-0.008	-0.011	-0.003	0.009	-0.025
FAKTOR				1/a						1/(a*a)	

INFOLGE STRECKENMOMENT mt=1

IN FELD	M 0	M 0.2	M 0.5	Q 0	Q 0.2	Q 0.5	T 0	T 0.2	T 0.5	q 0	q 0.5
3L	0.120	0.052	0.009	-0.087	-0.049	-0.015	0.035	0.015	-0.002	0.038	0.012
2L	-1.977	-0.669	-0.040	1.902	0.822	0.159	-0.886	-0.346	-0.015	-1.409	-0.198
1,BIS SPRUNG					0.260	-0.344		-0.264	-0.488		
1,REST	-1.976	0.506	1.740	3.228	1.484	0.344	0.886	0.892	0.488	-1.409	-1.025
2R	0.119	0.073	-0.040	-0.061	-0.039	-0.159	-0.034	-0.046	0.015	0.038	-0.198
3R	-0.014	-0.005	0.009	0.010	0.007	0.015	0.004	0.005	0.002	-0.005	0.012
SUMME(+)	0.239	0.631	1.758	5.140	2.573	0.518	0.925	0.913	0.504	0.077	0.024
SUMME(-)	-3.967	-0.674	-0.079	-0.148	-0.087	-0.518	-0.921	-0.656	-0.504	-2.822	-1.422
SUMME	-3.728	-0.043	1.679	4.992	2.486	-0.000	0.004	0.257	-0.000	-2.745	-1.398
FAKTOR	a						a			1/a	

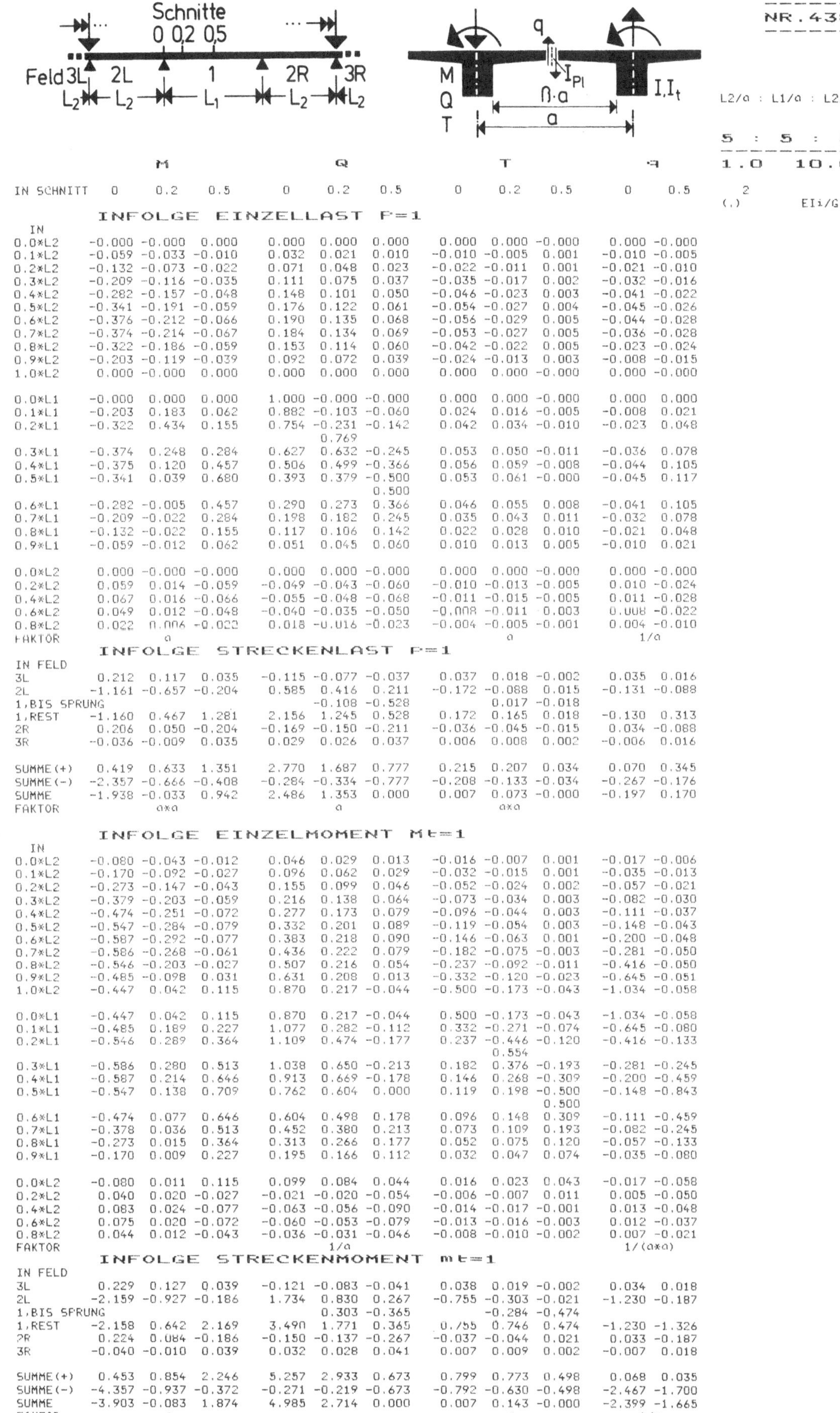

	M 0	M 0.2	M 0.5	Q 0	Q 0.2	Q 0.5	T 0	T 0.2	T 0.5	q 0	q 0.5

INFOLGE EINZELLAST P=1

IN	M 0	M 0.2	M 0.5	Q 0	Q 0.2	Q 0.5	T 0	T 0.2	T 0.5	q 0	q 0.5
0.0×L2	-0.000	-0.000	0.000	0.000	0.000	0.000	0.000	0.000	-0.000	0.000	-0.000
0.1×L2	-0.059	-0.033	-0.010	0.032	0.021	0.010	-0.010	-0.005	0.001	-0.010	-0.005
0.2×L2	-0.132	-0.073	-0.022	0.071	0.048	0.023	-0.022	-0.011	0.001	-0.021	-0.010
0.3×L2	-0.209	-0.116	-0.035	0.111	0.075	0.037	-0.035	-0.017	0.002	-0.032	-0.016
0.4×L2	-0.282	-0.157	-0.048	0.148	0.101	0.050	-0.046	-0.023	0.003	-0.041	-0.022
0.5×L2	-0.341	-0.191	-0.059	0.176	0.122	0.061	-0.054	-0.027	0.004	-0.045	-0.026
0.6×L2	-0.376	-0.212	-0.066	0.190	0.135	0.068	-0.056	-0.029	0.005	-0.044	-0.028
0.7×L2	-0.374	-0.214	-0.067	0.184	0.134	0.069	-0.053	-0.027	0.005	-0.036	-0.028
0.8×L2	-0.322	-0.186	-0.059	0.153	0.114	0.060	-0.042	-0.022	0.005	-0.023	-0.024
0.9×L2	-0.203	-0.119	-0.039	0.092	0.072	0.039	-0.024	-0.013	0.003	-0.008	-0.015
1.0×L2	0.000	-0.000	0.000	0.000	0.000	0.000	0.000	0.000	-0.000	0.000	-0.000
0.0×L1	-0.000	0.000	0.000	1.000	-0.000	-0.000	0.000	0.000	-0.000	0.000	0.000
0.1×L1	-0.203	0.183	0.062	0.882	-0.103	-0.060	0.024	0.016	-0.005	-0.008	0.021
0.2×L1	-0.322	0.434	0.155	0.754	-0.231	-0.142	0.042	0.034	-0.010	-0.023	0.048
(Sprung)				0.769							
0.3×L1	-0.374	0.248	0.284	0.627	0.632	-0.245	0.053	0.050	-0.011	-0.036	0.078
0.4×L1	-0.375	0.120	0.457	0.506	0.499	-0.366	0.056	0.059	-0.008	-0.044	0.105
0.5×L1	-0.341	0.039	0.680	0.393	0.379	-0.500	0.053	0.061	-0.000	-0.045	0.117
(Sprung)						0.500					
0.6×L1	-0.282	-0.005	0.457	0.290	0.273	0.366	0.046	0.055	0.008	-0.041	0.105
0.7×L1	-0.209	-0.022	0.284	0.198	0.182	0.245	0.035	0.043	0.011	-0.032	0.078
0.8×L1	-0.132	-0.022	0.155	0.117	0.106	0.142	0.022	0.028	0.010	-0.021	0.048
0.9×L1	-0.059	-0.012	0.062	0.051	0.045	0.060	0.010	0.013	0.005	-0.010	0.021
0.0×L2	0.000	-0.000	-0.000	0.000	0.000	-0.000	0.000	0.000	-0.000	0.000	-0.000
0.2×L2	0.059	0.014	-0.059	-0.049	-0.043	-0.060	-0.010	-0.013	-0.005	0.010	-0.024
0.4×L2	0.067	0.016	-0.066	-0.055	-0.048	-0.068	-0.011	-0.015	-0.005	0.011	-0.028
0.6×L2	0.049	0.012	-0.048	-0.040	-0.035	-0.050	-0.008	-0.011	0.003	0.008	-0.022
0.8×L2	0.022	0.006	-0.022	0.018	-0.016	-0.023	-0.004	-0.005	-0.001	0.004	-0.010
FAKTOR		a						a			1/a

INFOLGE STRECKENLAST P=1

IN FELD	M 0	M 0.2	M 0.5	Q 0	Q 0.2	Q 0.5	T 0	T 0.2	T 0.5	q 0	q 0.5
3L	0.212	0.117	0.035	-0.115	-0.077	-0.037	0.037	0.018	-0.002	0.035	0.016
2L	-1.161	-0.657	-0.204	0.585	0.416	0.211	-0.172	-0.088	0.015	-0.131	-0.088
1,BIS SPRUNG					-0.108	-0.528		0.017	-0.018		
1,REST	-1.160	0.467	1.281	2.156	1.245	0.528	0.172	0.165	0.018	-0.130	0.313
2R	0.206	0.050	-0.204	-0.169	-0.150	-0.211	-0.036	-0.045	-0.015	0.034	-0.088
3R	-0.036	-0.009	0.035	0.029	0.026	0.037	0.006	0.008	0.002	-0.006	0.016
SUMME(+)	0.419	0.633	1.351	2.770	1.687	0.777	0.215	0.207	0.034	0.070	0.345
SUMME(-)	-2.357	-0.666	-0.408	-0.284	-0.334	-0.777	-0.208	-0.133	-0.034	-0.267	-0.176
SUMME	-1.938	-0.033	0.942	2.486	1.353	0.000	0.007	0.073	-0.000	-0.197	0.170
FAKTOR		axa			a			axa			

INFOLGE EINZELMOMENT Mt=1

IN	M 0	M 0.2	M 0.5	Q 0	Q 0.2	Q 0.5	T 0	T 0.2	T 0.5	q 0	q 0.5
0.0×L2	-0.080	-0.043	-0.012	0.046	0.029	0.013	-0.016	-0.007	0.001	-0.017	-0.006
0.1×L2	-0.170	-0.092	-0.027	0.096	0.062	0.029	-0.032	-0.015	0.001	-0.035	-0.013
0.2×L2	-0.273	-0.147	-0.043	0.155	0.099	0.046	-0.052	-0.024	0.002	-0.057	-0.021
0.3×L2	-0.379	-0.203	-0.059	0.216	0.138	0.064	-0.073	-0.034	0.003	-0.082	-0.030
0.4×L2	-0.474	-0.251	-0.072	0.277	0.173	0.079	-0.096	-0.044	0.003	-0.111	-0.037
0.5×L2	-0.547	-0.284	-0.079	0.332	0.201	0.089	-0.119	-0.054	0.003	-0.148	-0.043
0.6×L2	-0.587	-0.292	-0.077	0.383	0.218	0.090	-0.146	-0.063	0.001	-0.200	-0.048
0.7×L2	-0.586	-0.268	-0.061	0.436	0.222	0.079	-0.182	-0.075	-0.003	-0.281	-0.050
0.8×L2	-0.546	-0.203	-0.027	0.507	0.216	0.054	-0.237	-0.092	-0.011	-0.416	-0.050
0.9×L2	-0.485	-0.098	0.031	0.631	0.208	0.013	-0.332	-0.120	-0.023	-0.645	-0.051
1.0×L2	-0.447	0.042	0.115	0.870	0.217	-0.044	-0.500	-0.173	-0.043	-1.034	-0.058
0.0×L1	-0.447	0.042	0.115	0.870	0.217	-0.044	0.500	-0.173	-0.043	-1.034	-0.058
0.1×L1	-0.485	0.189	0.227	1.077	0.282	-0.112	0.332	-0.271	-0.074	-0.645	-0.080
0.2×L1	-0.546	0.289	0.364	1.109	0.474	-0.177	0.237	-0.446	-0.120	-0.416	-0.133
(Sprung)									0.554		
0.3×L1	-0.586	0.280	0.513	1.038	0.650	-0.213	0.182	0.376	-0.193	-0.281	-0.245
0.4×L1	-0.587	0.214	0.646	0.913	0.669	-0.178	0.146	0.268	-0.309	-0.200	-0.459
0.5×L1	-0.547	0.138	0.709	0.762	0.604	0.000	0.119	0.198	-0.500	-0.148	-0.843
(Sprung)									0.500		
0.6×L1	-0.474	0.077	0.646	0.604	0.498	0.178	0.096	0.148	0.309	-0.111	-0.459
0.7×L1	-0.378	0.036	0.513	0.452	0.380	0.213	0.073	0.109	0.193	-0.082	-0.245
0.8×L1	-0.273	0.015	0.364	0.313	0.266	0.177	0.052	0.075	0.120	-0.057	-0.133
0.9×L1	-0.170	0.009	0.227	0.195	0.166	0.112	0.032	0.047	0.074	-0.035	-0.080
0.0×L2	-0.080	0.011	0.115	0.099	0.084	0.044	0.016	0.023	0.043	-0.017	-0.058
0.2×L2	0.040	0.020	-0.027	-0.021	-0.020	-0.054	-0.006	-0.007	0.011	0.005	-0.050
0.4×L2	0.083	0.024	-0.077	-0.063	-0.056	-0.090	-0.014	-0.017	-0.001	0.013	-0.048
0.6×L2	0.075	0.020	-0.072	-0.060	-0.053	-0.079	-0.013	-0.016	-0.003	0.012	-0.037
0.8×L2	0.044	0.012	-0.043	-0.036	-0.031	-0.046	-0.008	-0.010	-0.002	0.007	-0.021
FAKTOR					1/a						1/(axa)

INFOLGE STRECKENMOMENT mt=1

IN FELD	M 0	M 0.2	M 0.5	Q 0	Q 0.2	Q 0.5	T 0	T 0.2	T 0.5	q 0	q 0.5
3L	0.229	0.127	0.039	-0.121	-0.083	-0.041	0.038	0.019	-0.002	0.034	0.018
2L	-2.159	-0.927	-0.186	1.734	0.830	0.267	-0.755	-0.303	-0.021	-1.230	-0.187
1,BIS SPRUNG					0.303	-0.365		-0.284	-0.474		
1,REST	-2.158	0.642	2.169	3.490	1.771	0.365	0.755	0.746	0.474	-1.230	-1.326
2R	0.224	0.084	-0.186	-0.150	-0.137	-0.267	-0.037	-0.044	0.021	0.033	-0.187
3R	-0.040	-0.010	0.039	0.032	0.028	0.041	0.007	0.009	0.002	-0.007	0.018
SUMME(+)	0.453	0.854	2.246	5.257	2.933	0.673	0.799	0.773	0.498	0.068	0.035
SUMME(-)	-4.357	-0.937	-0.372	-0.271	-0.219	-0.673	-0.792	-0.630	-0.498	-2.467	-1.700
SUMME	-3.903	-0.083	1.874	4.985	2.714	0.000	0.007	0.143	-0.000	-2.399	-1.665
FAKTOR		a			a						1/a

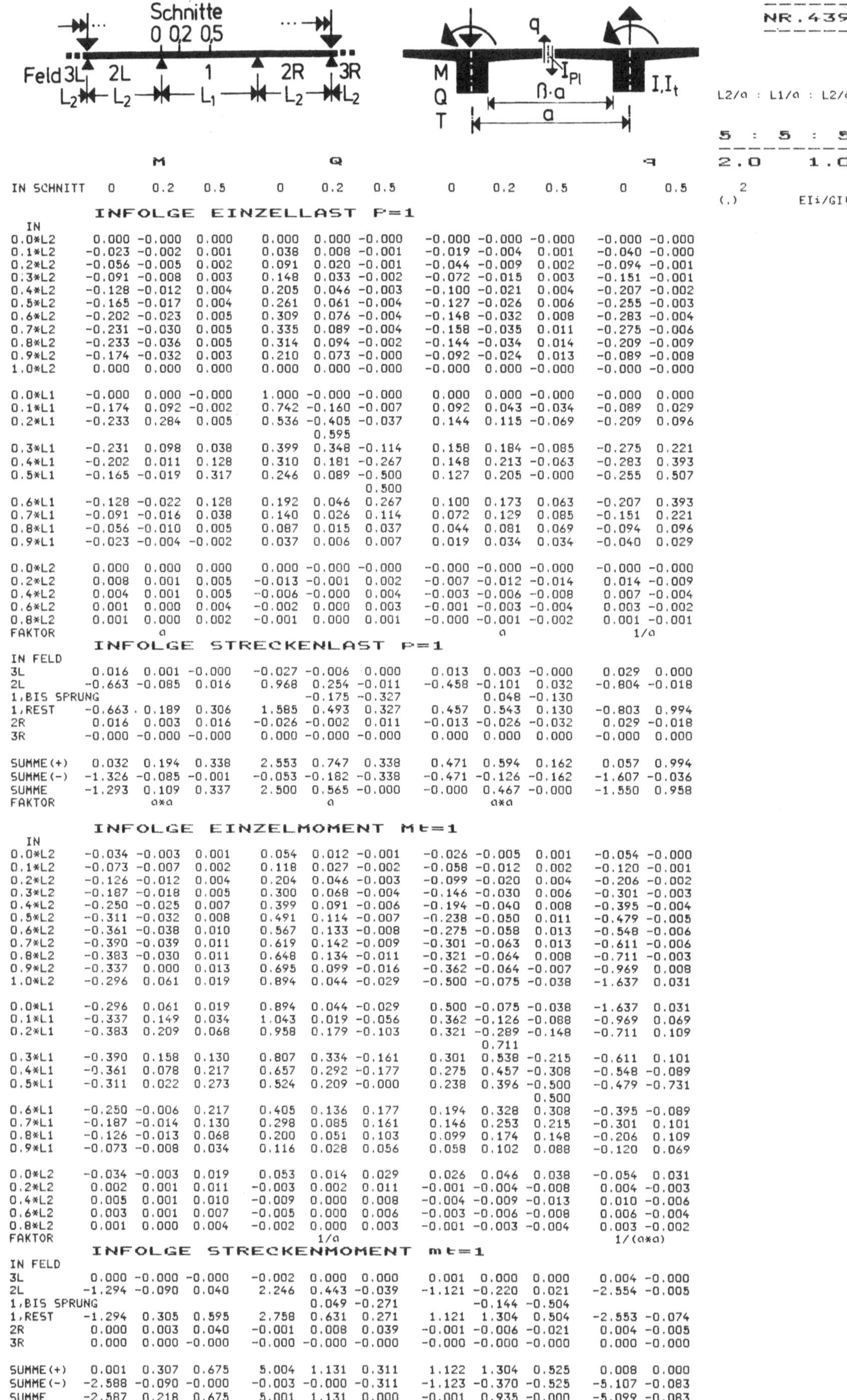

		M			Q			q			
IN SCHNITT	0	0.2	0.5	0	0.2	0.5	0	0.2	0.5	0	0.5

INFOLGE EINZELLAST P=1

IN	0	0.2	0.5	0	0.2	0.5	0	0.2	0.5	0	0.5
0.0*L2	0.000	-0.000	0.000	0.000	0.000	-0.000	-0.000	-0.000	-0.000	-0.000	-0.000
0.1*L2	-0.023	-0.002	0.001	0.038	0.008	-0.001	-0.019	-0.004	0.001	-0.040	-0.000
0.2*L2	-0.056	-0.005	0.002	0.091	0.020	-0.001	-0.044	-0.009	0.002	-0.094	-0.001
0.3*L2	-0.091	-0.008	0.003	0.148	0.033	-0.002	-0.072	-0.015	0.003	-0.151	-0.001
0.4*L2	-0.128	-0.012	0.004	0.205	0.046	-0.003	-0.100	-0.021	0.004	-0.207	-0.002
0.5*L2	-0.165	-0.017	0.004	0.261	0.061	-0.004	-0.127	-0.026	0.006	-0.255	-0.003
0.6*L2	-0.202	-0.023	0.005	0.309	0.076	-0.004	-0.148	-0.032	0.008	-0.283	-0.004
0.7*L2	-0.231	-0.030	0.005	0.335	0.089	-0.004	-0.158	-0.035	0.011	-0.275	-0.006
0.8*L2	-0.233	-0.036	0.005	0.314	0.094	-0.002	-0.144	-0.034	0.014	-0.209	-0.009
0.9*L2	-0.174	-0.032	0.003	0.210	0.073	-0.000	-0.092	-0.024	0.013	-0.089	-0.008
1.0*L2	0.000	0.000	0.000	0.000	0.000	-0.000	-0.000	0.000	-0.000	-0.000	-0.000
0.0*L1	-0.000	0.000	-0.000	1.000	-0.000	-0.000	0.000	0.000	-0.000	-0.000	0.000
0.1*L1	-0.174	0.092	-0.002	0.742	-0.160	-0.007	0.092	0.043	-0.034	-0.089	0.029
0.2*L1	-0.233	0.284	0.005	0.536	-0.405	-0.037	0.144	0.115	-0.069	-0.209	0.096
					0.595						
0.3*L1	-0.231	0.098	0.038	0.399	0.348	-0.114	0.158	0.184	-0.085	-0.275	0.221
0.4*L1	-0.202	0.011	0.128	0.310	0.181	-0.267	0.148	0.213	-0.063	-0.283	0.393
0.5*L1	-0.165	-0.019	0.317	0.246	0.089	-0.500	0.127	0.205	-0.000	-0.255	0.507
						0.500					
0.6*L1	-0.128	-0.022	0.128	0.192	0.046	0.267	0.100	0.173	0.063	-0.207	0.393
0.7*L1	-0.091	-0.016	0.038	0.140	0.026	0.114	0.072	0.129	0.085	-0.151	0.221
0.8*L1	-0.056	-0.010	0.005	0.087	0.015	0.037	0.044	0.081	0.069	-0.094	0.096
0.9*L1	-0.023	-0.004	-0.002	0.037	0.006	0.007	0.019	0.034	0.034	-0.040	0.029
0.0*L2	0.000	0.000	0.000	0.000	-0.000	-0.000	-0.000	-0.000	-0.000	-0.000	-0.000
0.2*L2	0.008	0.001	0.005	-0.013	-0.001	0.002	-0.007	-0.012	-0.014	0.014	-0.009
0.4*L2	0.004	0.001	0.005	-0.006	-0.000	0.004	-0.003	-0.006	-0.008	0.007	-0.004
0.6*L2	0.001	0.000	0.004	-0.002	0.000	0.003	-0.001	-0.003	-0.004	0.003	-0.002
0.8*L2	0.001	0.000	0.002	-0.001	0.000	0.001	-0.000	-0.001	-0.002	0.001	-0.001
FAKTOR		a			a			1/a			

INFOLGE STRECKENLAST P=1

IN FELD	0	0.2	0.5	0	0.2	0.5	0	0.2	0.5	0	0.5
3L	0.016	0.001	-0.000	-0.027	-0.006	0.000	0.013	0.003	-0.000	0.029	0.000
2L	-0.663	-0.085	0.016	0.968	0.254	-0.011	-0.458	-0.101	0.032	-0.804	-0.018
1,BIS SPRUNG					-0.175	-0.327		0.048	-0.130		
1,REST	-0.663	0.189	0.306	1.585	0.493	0.327	0.457	0.543	0.130	-0.803	0.994
2R	0.016	0.003	0.016	-0.026	-0.002	0.011	-0.013	-0.026	-0.032	0.029	-0.018
3R	-0.000	-0.000	-0.000	0.000	-0.000	-0.000	0.000	0.000	0.000	-0.000	0.000
SUMME(+)	0.032	0.194	0.338	2.553	0.747	0.338	0.471	0.594	0.162	0.057	0.994
SUMME(-)	-1.326	-0.085	-0.001	-0.053	-0.182	-0.338	-0.471	-0.126	-0.162	-1.607	-0.036
SUMME	-1.293	0.109	0.337	2.500	0.565	-0.000	-0.000	0.467	-0.000	-1.550	0.958
FAKTOR		a*a			a			a*a			

INFOLGE EINZELMOMENT Mt=1

IN	0	0.2	0.5	0	0.2	0.5	0	0.2	0.5	0	0.5
0.0*L2	-0.034	-0.003	0.001	0.054	0.012	-0.001	-0.026	-0.005	0.001	-0.054	-0.000
0.1*L2	-0.073	-0.007	0.002	0.118	0.027	-0.002	-0.058	-0.012	0.002	-0.120	-0.001
0.2*L2	-0.126	-0.012	0.004	0.204	0.046	-0.003	-0.099	-0.020	0.004	-0.206	-0.002
0.3*L2	-0.187	-0.018	0.005	0.300	0.068	-0.004	-0.146	-0.030	0.006	-0.301	-0.003
0.4*L2	-0.250	-0.025	0.007	0.399	0.091	-0.006	-0.194	-0.040	0.008	-0.395	-0.004
0.5*L2	-0.311	-0.032	0.008	0.491	0.114	-0.007	-0.238	-0.050	0.011	-0.479	-0.005
0.6*L2	-0.361	-0.038	0.010	0.567	0.133	-0.008	-0.275	-0.058	0.013	-0.548	-0.006
0.7*L2	-0.390	-0.039	0.011	0.619	0.142	-0.009	-0.301	-0.063	0.013	-0.611	-0.006
0.8*L2	-0.383	-0.030	0.011	0.648	0.134	-0.011	-0.321	-0.064	0.008	-0.711	-0.003
0.9*L2	-0.337	0.000	0.013	0.695	0.099	-0.016	-0.362	-0.064	-0.007	-0.969	0.008
1.0*L2	-0.296	0.061	0.019	0.894	0.044	-0.029	-0.500	-0.075	-0.038	-1.637	0.031
0.0*L1	-0.296	0.061	0.019	0.894	0.044	-0.029	0.500	-0.075	-0.038	-1.637	0.031
0.1*L1	-0.337	0.149	0.034	1.043	0.019	-0.056	0.362	-0.126	-0.088	-0.969	0.069
0.2*L1	-0.383	0.209	0.068	0.958	0.179	-0.103	0.321	-0.289	-0.148	-0.711	0.109
								0.711			
0.3*L1	-0.390	0.158	0.130	0.807	0.334	-0.161	0.301	0.538	-0.215	-0.611	0.101
0.4*L1	-0.361	0.078	0.217	0.657	0.292	-0.177	0.275	0.457	-0.308	-0.548	-0.089
0.5*L1	-0.311	0.022	0.273	0.524	0.209	-0.000	0.238	0.396	-0.500	-0.479	-0.731
									0.500		
0.6*L1	-0.250	-0.006	0.217	0.405	0.136	0.177	0.194	0.328	0.308	-0.395	-0.089
0.7*L1	-0.187	-0.014	0.130	0.298	0.085	0.161	0.146	0.253	0.215	-0.301	0.101
0.8*L1	-0.126	-0.013	0.068	0.200	0.051	0.103	0.099	0.174	0.148	-0.206	0.109
0.9*L1	-0.073	-0.008	0.034	0.116	0.028	0.056	0.058	0.102	0.088	-0.120	0.069
0.0*L2	-0.034	-0.003	0.019	0.053	0.014	0.029	0.026	0.046	0.038	-0.054	0.031
0.2*L2	0.002	0.001	0.011	-0.003	0.002	0.011	-0.001	-0.004	-0.008	0.004	-0.003
0.4*L2	0.005	0.001	0.010	-0.009	0.000	0.008	-0.004	-0.009	-0.013	0.010	-0.006
0.6*L2	0.003	0.001	0.007	-0.005	0.000	0.006	-0.003	-0.006	-0.008	0.006	-0.004
0.8*L2	0.001	0.000	0.004	-0.002	0.000	0.003	-0.001	-0.003	-0.004	0.003	-0.002
FAKTOR					1/a						1/(a*a)

INFOLGE STRECKENMOMENT mt=1

IN FELD	0	0.2	0.5	0	0.2	0.5	0	0.2	0.5	0	0.5
3L	0.000	-0.000	-0.000	-0.002	0.000	0.000	0.001	0.000	0.000	0.004	-0.000
2L	-1.294	-0.090	0.040	2.246	0.443	-0.039	-1.121	-0.220	0.021	-2.554	-0.005
1,BIS SPRUNG					0.049	-0.271		-0.144	-0.504		
1,REST	-1.294	0.305	0.595	2.758	0.631	0.271	1.121	1.304	0.504	-2.553	-0.074
2R	0.000	0.003	0.040	-0.001	0.008	0.039	-0.001	-0.006	-0.021	0.004	-0.005
3R	0.000	0.000	-0.000	-0.000	-0.000	-0.000	-0.000	-0.000	-0.000	0.000	-0.000
SUMME(+)	0.001	0.307	0.675	5.004	1.131	0.311	1.122	1.304	0.525	0.008	0.000
SUMME(-)	-2.588	-0.090	-0.000	-0.003	-0.000	-0.311	-1.123	-0.370	-0.525	-5.107	-0.083
SUMME	-2.587	0.218	0.675	5.001	1.131	0.000	-0.001	0.935	-0.000	-5.099	-0.083
FAKTOR		a			a						1/a

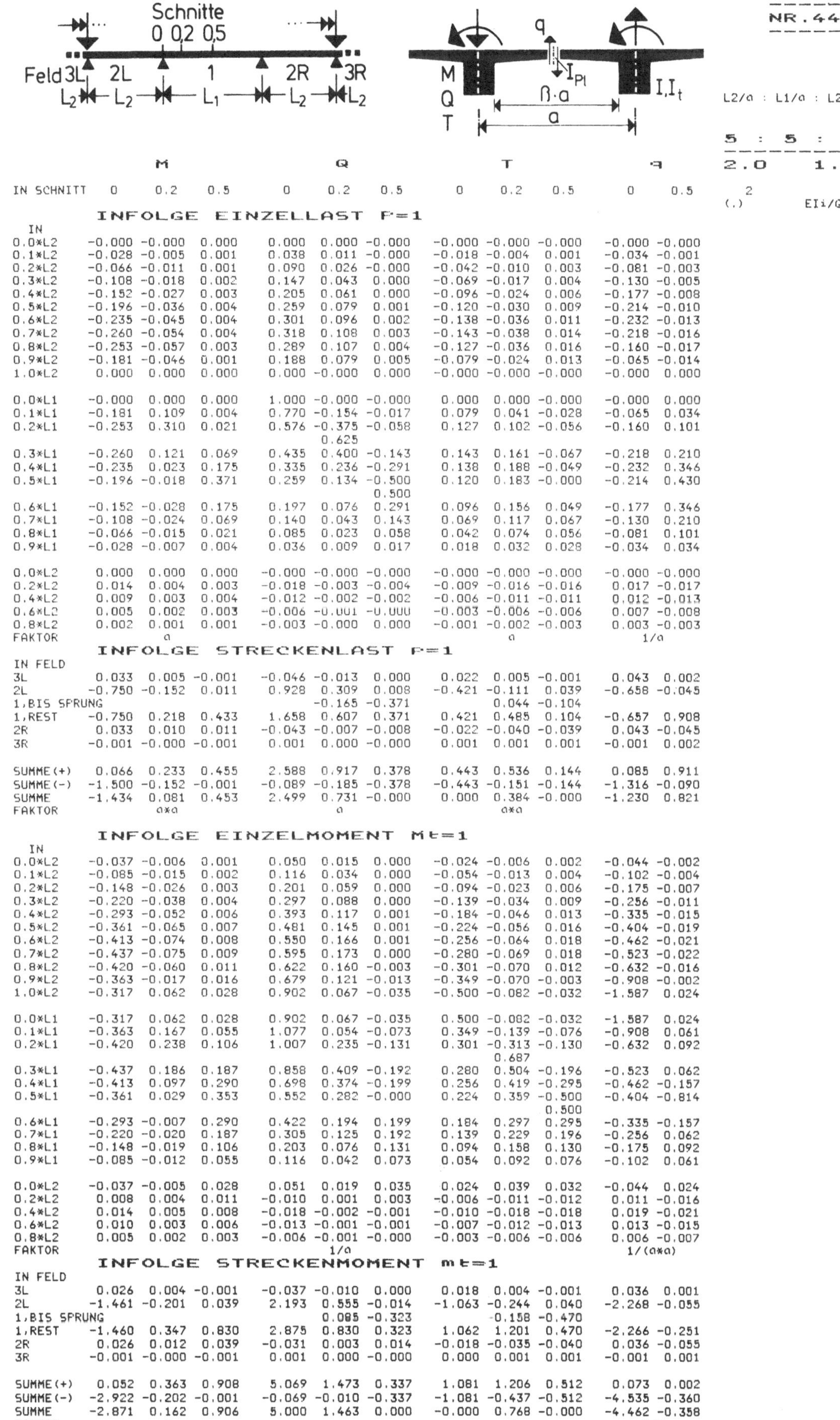

INFOLGE EINZELLAST P=1

IN SCHNITT	M 0	M 0.2	M 0.5	Q 0	Q 0.2	Q 0.5	T 0	T 0.2	T 0.5	q 0	q 0.5
IN											
0.0*L2	-0.000	-0.000	0.000	0.000	0.000	-0.000	-0.000	-0.000	-0.000	-0.000	-0.000
0.1*L2	-0.028	-0.005	0.001	0.038	0.011	-0.000	-0.018	-0.004	0.001	-0.034	-0.001
0.2*L2	-0.066	-0.011	0.001	0.090	0.026	-0.000	-0.042	-0.010	0.003	-0.081	-0.003
0.3*L2	-0.108	-0.018	0.002	0.147	0.043	0.000	-0.069	-0.017	0.004	-0.130	-0.005
0.4*L2	-0.152	-0.027	0.003	0.205	0.061	0.000	-0.096	-0.024	0.006	-0.177	-0.008
0.5*L2	-0.196	-0.036	0.004	0.259	0.079	0.001	-0.120	-0.030	0.009	-0.214	-0.010
0.6*L2	-0.235	-0.045	0.004	0.301	0.096	0.002	-0.138	-0.036	0.011	-0.232	-0.013
0.7*L2	-0.260	-0.054	0.004	0.318	0.108	0.003	-0.143	-0.038	0.014	-0.218	-0.016
0.8*L2	-0.253	-0.057	0.003	0.289	0.107	0.004	-0.127	-0.036	0.016	-0.160	-0.017
0.9*L2	-0.181	-0.046	0.001	0.188	0.079	0.005	-0.079	-0.024	0.013	-0.065	-0.014
1.0*L2	0.000	0.000	0.000	0.000	-0.000	0.000	-0.000	-0.000	-0.000	-0.000	0.000
0.0*L1	-0.000	0.000	0.000	1.000	-0.000	-0.000	0.000	0.000	-0.000	-0.000	0.000
0.1*L1	-0.181	0.109	0.004	0.770	-0.154	-0.017	0.079	0.041	-0.028	-0.065	0.034
0.2*L1	-0.253	0.310	0.021	0.576	-0.375	-0.058	0.127	0.102	-0.056	-0.160	0.101
				0.625							
0.3*L1	-0.260	0.121	0.069	0.435	0.400	-0.143	0.143	0.161	-0.067	-0.218	0.210
0.4*L1	-0.235	0.023	0.175	0.335	0.236	-0.291	0.138	0.188	-0.049	-0.232	0.346
0.5*L1	-0.196	-0.018	0.371	0.259	0.134	-0.500	0.120	0.183	-0.000	-0.214	0.430
						0.500					
0.6*L1	-0.152	-0.028	0.175	0.197	0.076	0.291	0.096	0.156	0.049	-0.177	0.346
0.7*L1	-0.108	-0.024	0.069	0.140	0.043	0.143	0.069	0.117	0.067	-0.130	0.210
0.8*L1	-0.066	-0.015	0.021	0.085	0.023	0.058	0.042	0.074	0.056	-0.081	0.101
0.9*L1	-0.028	-0.007	0.004	0.036	0.009	0.017	0.018	0.032	0.028	-0.034	0.034
0.0*L2	0.000	0.000	0.000	-0.000	-0.000	-0.000	-0.000	-0.000	-0.000	-0.000	-0.000
0.2*L2	0.014	0.004	0.003	-0.018	-0.003	-0.004	-0.009	-0.016	-0.016	0.017	-0.017
0.4*L2	0.009	0.003	0.004	-0.012	-0.002	-0.002	-0.006	-0.011	-0.011	0.012	-0.013
0.6*L2	0.005	0.002	0.003	-0.006	-0.001	-0.000	-0.003	-0.006	-0.006	0.007	-0.008
0.8*L2	0.002	0.001	0.001	-0.003	-0.000	0.000	-0.001	-0.002	-0.003	0.003	-0.003
FAKTOR	a						a			1/a	

INFOLGE STRECKENLAST P=1

IN FELD	M 0	M 0.2	M 0.5	Q 0	Q 0.2	Q 0.5	T 0	T 0.2	T 0.5	q 0	q 0.5
3L	0.033	0.005	-0.001	-0.046	-0.013	0.000	0.022	0.005	-0.001	0.043	0.002
2L	-0.750	-0.152	0.011	0.928	0.309	0.008	-0.421	-0.111	0.039	-0.658	-0.045
1,BIS SPRUNG					-0.165	-0.371		0.044	-0.104		
1,REST	-0.750	0.218	0.433	1.658	0.607	0.371	0.421	0.485	0.104	-0.657	0.908
2R	0.033	0.010	0.011	-0.043	-0.007	-0.008	-0.022	-0.040	-0.039	0.043	-0.045
3R	-0.001	-0.000	-0.001	0.001	0.000	-0.000	0.001	0.001	0.001	-0.001	0.002
SUMME(+)	0.066	0.233	0.455	2.588	0.917	0.378	0.443	0.536	0.144	0.085	0.911
SUMME(-)	-1.500	-0.152	-0.001	-0.089	-0.185	-0.378	-0.443	-0.151	-0.144	-1.316	-0.090
SUMME	-1.434	0.081	0.453	2.499	0.731	-0.000	0.000	0.384	-0.000	-1.230	0.821
FAKTOR	a×a			a			a×a				

INFOLGE EINZELMOMENT Mt=1

IN SCHNITT	M 0	M 0.2	M 0.5	Q 0	Q 0.2	Q 0.5	T 0	T 0.2	T 0.5	q 0	q 0.5
IN											
0.0*L2	-0.037	-0.006	0.001	0.050	0.015	0.000	-0.024	-0.006	0.002	-0.044	-0.002
0.1*L2	-0.085	-0.015	0.002	0.116	0.034	0.000	-0.054	-0.013	0.004	-0.102	-0.004
0.2*L2	-0.148	-0.026	0.003	0.201	0.059	0.000	-0.094	-0.023	0.006	-0.175	-0.007
0.3*L2	-0.220	-0.038	0.004	0.297	0.088	0.000	-0.139	-0.034	0.009	-0.256	-0.011
0.4*L2	-0.293	-0.052	0.006	0.393	0.117	0.001	-0.184	-0.046	0.013	-0.335	-0.015
0.5*L2	-0.361	-0.065	0.007	0.481	0.145	0.001	-0.224	-0.056	0.016	-0.404	-0.019
0.6*L2	-0.413	-0.074	0.008	0.550	0.166	0.001	-0.256	-0.064	0.018	-0.462	-0.021
0.7*L2	-0.437	-0.075	0.009	0.595	0.173	0.000	-0.280	-0.069	0.018	-0.523	-0.022
0.8*L2	-0.420	-0.060	0.011	0.622	0.160	-0.003	-0.301	-0.070	0.012	-0.632	-0.016
0.9*L2	-0.363	-0.017	0.016	0.679	0.121	-0.013	-0.349	-0.070	-0.003	-0.908	-0.002
1.0*L2	-0.317	0.062	0.028	0.902	0.067	-0.035	-0.500	-0.082	-0.032	-1.587	0.024
0.0*L1	-0.317	0.062	0.028	0.902	0.067	-0.035	0.500	-0.082	-0.032	-1.587	0.024
0.1*L1	-0.363	0.167	0.055	1.077	0.054	-0.073	0.349	-0.139	-0.076	-0.908	0.061
0.2*L1	-0.420	0.238	0.106	1.007	0.235	-0.131	0.301	-0.313	-0.130	-0.632	0.092
									0.687		
0.3*L1	-0.437	0.186	0.187	0.858	0.409	-0.192	0.280	0.504	-0.196	-0.523	0.062
0.4*L1	-0.413	0.097	0.290	0.698	0.374	-0.199	0.256	0.419	-0.295	-0.462	-0.157
0.5*L1	-0.361	0.029	0.353	0.552	0.282	-0.000	0.224	0.359	-0.500	-0.404	-0.814
									0.500		
0.6*L1	-0.293	-0.007	0.290	0.422	0.194	0.199	0.184	0.297	0.295	-0.335	-0.157
0.7*L1	-0.220	-0.020	0.187	0.305	0.125	0.192	0.139	0.229	0.196	-0.256	0.062
0.8*L1	-0.148	-0.019	0.106	0.203	0.076	0.131	0.094	0.158	0.130	-0.175	0.092
0.9*L1	-0.085	-0.012	0.055	0.116	0.042	0.073	0.054	0.092	0.076	-0.102	0.061
0.0*L2	-0.037	-0.005	0.028	0.051	0.019	0.035	0.024	0.039	0.032	-0.044	0.024
0.2*L2	0.008	0.004	0.011	-0.010	0.001	0.003	-0.006	-0.011	-0.012	0.011	-0.016
0.4*L2	0.014	0.005	0.008	-0.018	-0.002	-0.001	-0.010	-0.018	-0.018	0.019	-0.021
0.6*L2	0.010	0.003	0.006	-0.013	-0.001	-0.001	-0.007	-0.012	-0.013	0.013	-0.015
0.8*L2	0.005	0.002	0.003	-0.006	-0.001	-0.000	-0.003	-0.006	-0.006	0.006	-0.007
FAKTOR				1/a						1/(a×a)	

INFOLGE STRECKENMOMENT mt=1

IN FELD	M 0	M 0.2	M 0.5	Q 0	Q 0.2	Q 0.5	T 0	T 0.2	T 0.5	q 0	q 0.5
3L	0.026	0.004	-0.001	-0.037	-0.010	0.000	0.018	0.004	-0.001	0.036	0.001
2L	-1.461	-0.201	0.039	2.193	0.555	-0.014	-1.063	-0.244	0.040	-2.268	-0.055
1,BIS SPRUNG					0.085	-0.323		-0.158	-0.470		
1,REST	-1.460	0.347	0.830	2.875	0.830	0.323	1.062	1.201	0.470	-2.266	-0.251
2R	0.026	0.012	0.039	-0.031	0.003	0.014	-0.018	-0.035	-0.040	0.036	-0.055
3R	-0.001	-0.000	-0.001	0.001	0.000	-0.000	0.000	0.001	0.001	-0.001	0.001
SUMME(+)	0.052	0.363	0.908	5.069	1.473	0.337	1.081	1.206	0.512	0.073	0.002
SUMME(-)	-2.922	-0.202	-0.001	-0.069	-0.010	-0.337	-1.081	-0.437	-0.512	-4.535	-0.360
SUMME	-2.871	0.162	0.906	5.000	1.463	0.000	-0.000	0.768	-0.000	-4.462	-0.358
FAKTOR	a			a						1/a	

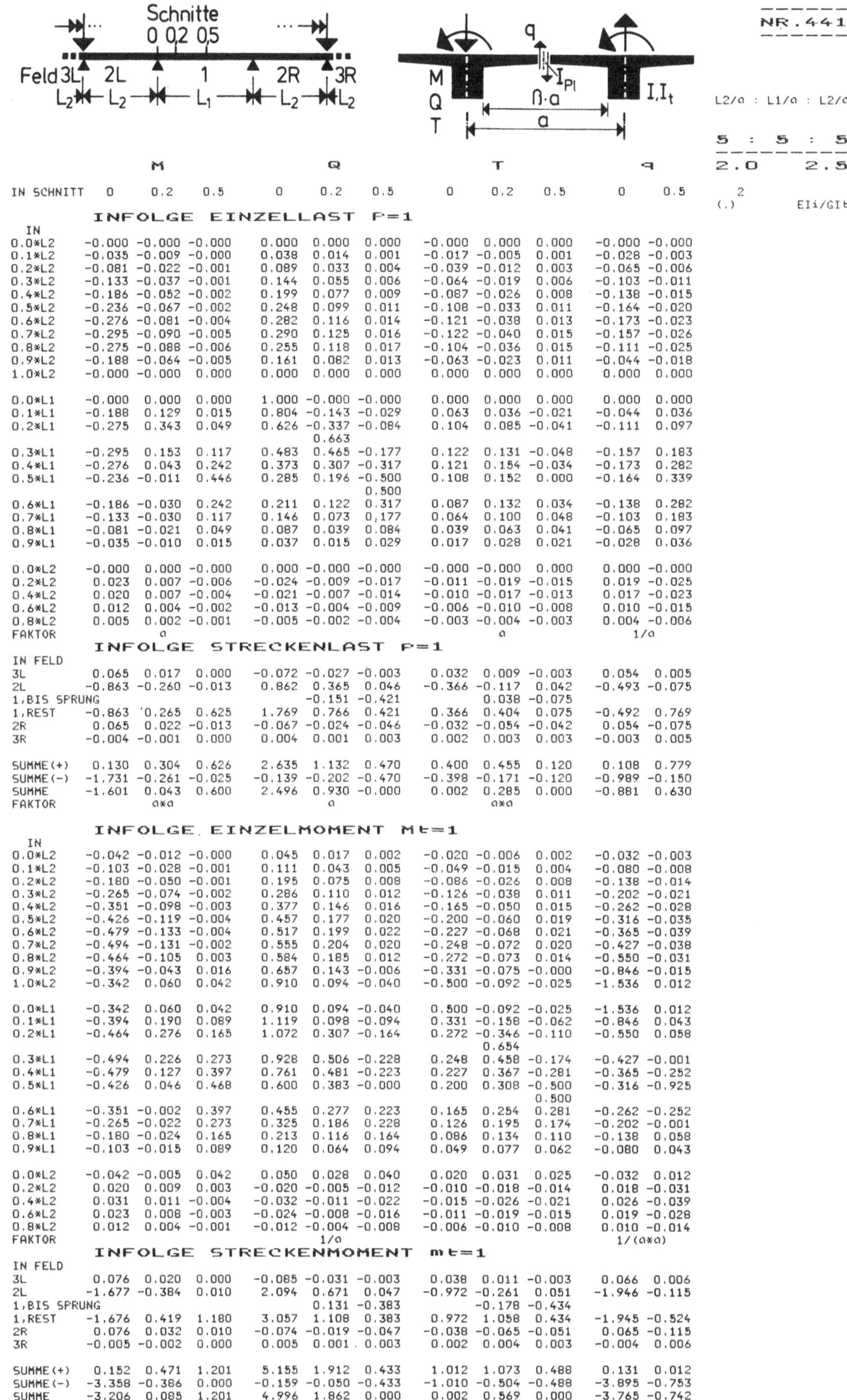

IN SCHNITT	M (0)	M (0.2)	M (0.5)	Q (0)	Q (0.2)	Q (0.5)	T (0)	T (0.2)	T (0.5)	q (0)	q (0.5)

INFOLGE EINZELLAST P=1

IN

	M (0)	M (0.2)	M (0.5)	Q (0)	Q (0.2)	Q (0.5)	T (0)	T (0.2)	T (0.5)	q (0)	q (0.5)
0.0*L2	-0.000	-0.000	-0.000	0.000	0.000	0.000	-0.000	0.000	0.000	-0.000	-0.000
0.1*L2	-0.035	-0.009	-0.000	0.038	0.014	0.001	-0.017	-0.005	0.001	-0.028	-0.003
0.2*L2	-0.081	-0.022	-0.001	0.089	0.033	0.004	-0.039	-0.012	0.003	-0.065	-0.006
0.3*L2	-0.133	-0.037	-0.001	0.144	0.055	0.006	-0.064	-0.019	0.006	-0.103	-0.011
0.4*L2	-0.186	-0.052	-0.002	0.199	0.077	0.009	-0.087	-0.026	0.008	-0.138	-0.015
0.5*L2	-0.236	-0.067	-0.002	0.248	0.099	0.011	-0.108	-0.033	0.011	-0.164	-0.020
0.6*L2	-0.276	-0.081	-0.004	0.282	0.116	0.014	-0.121	-0.038	0.013	-0.173	-0.023
0.7*L2	-0.295	-0.090	-0.005	0.290	0.125	0.016	-0.122	-0.040	0.015	-0.157	-0.026
0.8*L2	-0.275	-0.088	-0.006	0.255	0.118	0.017	-0.104	-0.036	0.015	-0.111	-0.025
0.9*L2	-0.188	-0.064	-0.005	0.161	0.082	0.013	-0.063	-0.023	0.011	-0.044	-0.018
1.0*L2	-0.000	-0.000	0.000	0.000	0.000	0.000	0.000	0.000	1.000	0.000	0.000
0.0*L1	-0.000	0.000	0.000	1.000	-0.000	-0.000	0.000	0.000	0.000	0.000	0.000
0.1*L1	-0.188	0.129	0.015	0.804	-0.143	-0.029	0.063	0.036	-0.021	-0.044	0.036
0.2*L1	-0.275	0.343	0.049	0.626	-0.337	-0.084	0.104	0.085	-0.041	-0.111	0.097
						0.663					
0.3*L1	-0.295	0.153	0.117	0.483	0.465	-0.177	0.122	0.131	-0.048	-0.157	0.183
0.4*L1	-0.276	0.043	0.242	0.373	0.307	-0.317	0.121	0.154	-0.034	-0.173	0.282
0.5*L1	-0.236	-0.011	0.446	0.285	0.196	-0.500	0.108	0.152	0.000	-0.164	0.339
						0.500					
0.6*L1	-0.186	-0.030	0.242	0.211	0.122	0.317	0.087	0.132	0.034	-0.138	0.282
0.7*L1	-0.133	-0.030	0.117	0.146	0.073	0.177	0.064	0.100	0.048	-0.103	0.183
0.8*L1	-0.081	-0.021	0.049	0.087	0.039	0.084	0.039	0.063	0.041	-0.065	0.097
0.9*L1	-0.035	-0.010	0.015	0.037	0.015	0.029	0.017	0.028	0.021	-0.028	0.036
0.0*L2	-0.000	0.000	-0.000	0.000	-0.000	-0.000	-0.000	-0.000	0.000	0.000	-0.000
0.2*L2	0.023	0.007	-0.006	-0.024	-0.009	-0.017	-0.011	-0.019	-0.015	0.019	-0.025
0.4*L2	0.020	0.007	-0.004	-0.021	-0.007	-0.014	-0.010	-0.017	-0.013	0.017	-0.023
0.6*L2	0.012	0.004	-0.002	-0.013	-0.004	-0.009	-0.006	-0.010	-0.008	0.010	-0.015
0.8*L2	0.005	0.002	-0.001	-0.005	-0.002	-0.004	-0.003	-0.004	-0.003	0.004	-0.006
FAKTOR	a						a			1/a	

INFOLGE STRECKENLAST P=1

IN FELD

	M (0)	M (0.2)	M (0.5)	Q (0)	Q (0.2)	Q (0.5)	T (0)	T (0.2)	T (0.5)	q (0)	q (0.5)
3L	0.065	0.017	0.000	-0.072	-0.027	-0.003	0.032	0.009	-0.003	0.054	0.005
2L	-0.863	-0.260	-0.013	0.862	0.365	0.046	-0.366	-0.117	0.042	-0.493	-0.075
1,BIS SPRUNG					-0.151	-0.421		0.038	-0.075		
1,REST	-0.863	0.265	0.625	1.769	0.766	0.421	0.366	0.404	0.075	-0.492	0.769
2R	0.065	0.022	-0.013	-0.067	-0.024	-0.046	-0.032	-0.054	-0.042	0.054	-0.075
3R	-0.004	-0.001	0.000	0.004	0.001	0.003	0.002	0.003	0.003	-0.003	0.005
SUMME(+)	0.130	0.304	0.626	2.635	1.132	0.470	0.400	0.455	0.120	0.108	0.779
SUMME(-)	-1.731	-0.261	-0.025	-0.139	-0.202	-0.470	-0.398	-0.171	-0.120	-0.989	-0.150
SUMME	-1.601	0.043	0.600	2.496	0.930	-0.000	0.002	0.285	0.000	-0.881	0.630
FAKTOR	a*a			a			a*a				

INFOLGE EINZELMOMENT Mt=1

IN

	M (0)	M (0.2)	M (0.5)	Q (0)	Q (0.2)	Q (0.5)	T (0)	T (0.2)	T (0.5)	q (0)	q (0.5)
0.0*L2	-0.042	-0.012	-0.000	0.045	0.017	0.002	-0.020	-0.006	0.002	-0.032	-0.003
0.1*L2	-0.103	-0.028	-0.001	0.111	0.043	0.005	-0.049	-0.015	0.004	-0.080	-0.008
0.2*L2	-0.180	-0.050	-0.001	0.195	0.075	0.008	-0.086	-0.026	0.008	-0.138	-0.014
0.3*L2	-0.265	-0.074	-0.002	0.286	0.110	0.012	-0.126	-0.038	0.011	-0.202	-0.021
0.4*L2	-0.351	-0.098	-0.003	0.377	0.146	0.016	-0.165	-0.050	0.015	-0.262	-0.028
0.5*L2	-0.426	-0.119	-0.004	0.457	0.177	0.020	-0.200	-0.060	0.019	-0.316	-0.035
0.6*L2	-0.479	-0.133	-0.004	0.517	0.199	0.022	-0.227	-0.068	0.021	-0.365	-0.039
0.7*L2	-0.494	-0.131	-0.002	0.555	0.204	0.020	-0.248	-0.072	0.020	-0.427	-0.038
0.8*L2	-0.464	-0.105	0.003	0.584	0.185	0.012	-0.272	-0.073	0.014	-0.550	-0.031
0.9*L2	-0.394	-0.043	0.016	0.657	0.143	-0.006	-0.331	-0.075	-0.000	-0.846	-0.015
1.0*L2	-0.342	0.060	0.042	0.910	0.094	-0.040	-0.500	-0.092	-0.025	-1.536	0.012
0.0*L1	-0.342	0.060	0.042	0.910	0.094	-0.040	0.500	-0.092	-0.025	-1.536	0.012
0.1*L1	-0.394	0.190	0.089	1.119	0.098	-0.094	0.331	-0.158	-0.062	-0.846	0.043
0.2*L1	-0.464	0.276	0.165	1.072	0.307	-0.164	0.272	-0.346	-0.110	-0.550	0.058
									0.654		
0.3*L1	-0.494	0.226	0.273	0.928	0.506	-0.228	0.248	0.458	-0.174	-0.427	-0.001
0.4*L1	-0.479	0.127	0.397	0.761	0.481	-0.223	0.227	0.367	-0.281	-0.365	-0.252
0.5*L1	-0.426	0.046	0.468	0.600	0.383	-0.000	0.200	0.308	-0.500	-0.316	-0.925
									0.500		
0.6*L1	-0.351	-0.002	0.397	0.455	0.277	0.223	0.165	0.254	0.281	-0.262	-0.252
0.7*L1	-0.265	-0.022	0.273	0.325	0.186	0.228	0.126	0.195	0.174	-0.202	-0.001
0.8*L1	-0.180	-0.024	0.165	0.213	0.116	0.164	0.086	0.134	0.110	-0.138	0.058
0.9*L1	-0.103	-0.015	0.089	0.120	0.064	0.094	0.049	0.077	0.062	-0.080	0.043
0.0*L2	-0.042	-0.005	0.042	0.050	0.028	0.040	0.020	0.031	0.025	-0.032	0.012
0.2*L2	0.020	0.009	0.003	-0.020	-0.005	-0.012	-0.010	-0.018	-0.014	0.018	-0.031
0.4*L2	0.031	0.011	-0.004	-0.032	-0.011	-0.022	-0.015	-0.026	-0.021	0.026	-0.039
0.6*L2	0.023	0.008	-0.003	-0.024	-0.008	-0.016	-0.011	-0.019	-0.015	0.019	-0.028
0.8*L2	0.012	0.004	-0.001	-0.012	-0.004	-0.008	-0.006	-0.010	-0.008	0.010	-0.014
FAKTOR				1/a						1/(a*a)	

INFOLGE STRECKENMOMENT mt=1

IN FELD

	M (0)	M (0.2)	M (0.5)	Q (0)	Q (0.2)	Q (0.5)	T (0)	T (0.2)	T (0.5)	q (0)	q (0.5)
3L	0.076	0.020	0.000	-0.085	-0.031	-0.003	0.038	0.011	-0.003	0.066	0.006
2L	-1.677	-0.384	0.010	2.094	0.671	0.047	-0.972	-0.261	0.051	-1.946	-0.115
1,BIS SPRUNG					0.131	-0.383		-0.178	-0.434		
1,REST	-1.676	0.419	1.180	3.057	1.108	0.383	0.972	1.058	0.434	-1.945	-0.524
2R	0.076	0.032	0.010	-0.074	-0.019	-0.047	-0.038	-0.065	-0.051	0.065	-0.115
3R	-0.005	-0.002	0.000	0.005	0.001	0.003	0.002	0.004	0.003	-0.004	0.006
SUMME(+)	0.152	0.471	1.201	5.155	1.912	0.433	1.012	1.073	0.488	0.131	0.012
SUMME(-)	-3.358	-0.386	0.000	-0.159	-0.050	-0.433	-1.010	-0.504	-0.488	-3.895	-0.753
SUMME	-3.206	0.085	1.201	4.996	1.862	0.000	0.002	0.569	0.000	-3.765	-0.742
FAKTOR	a			a						1/a	

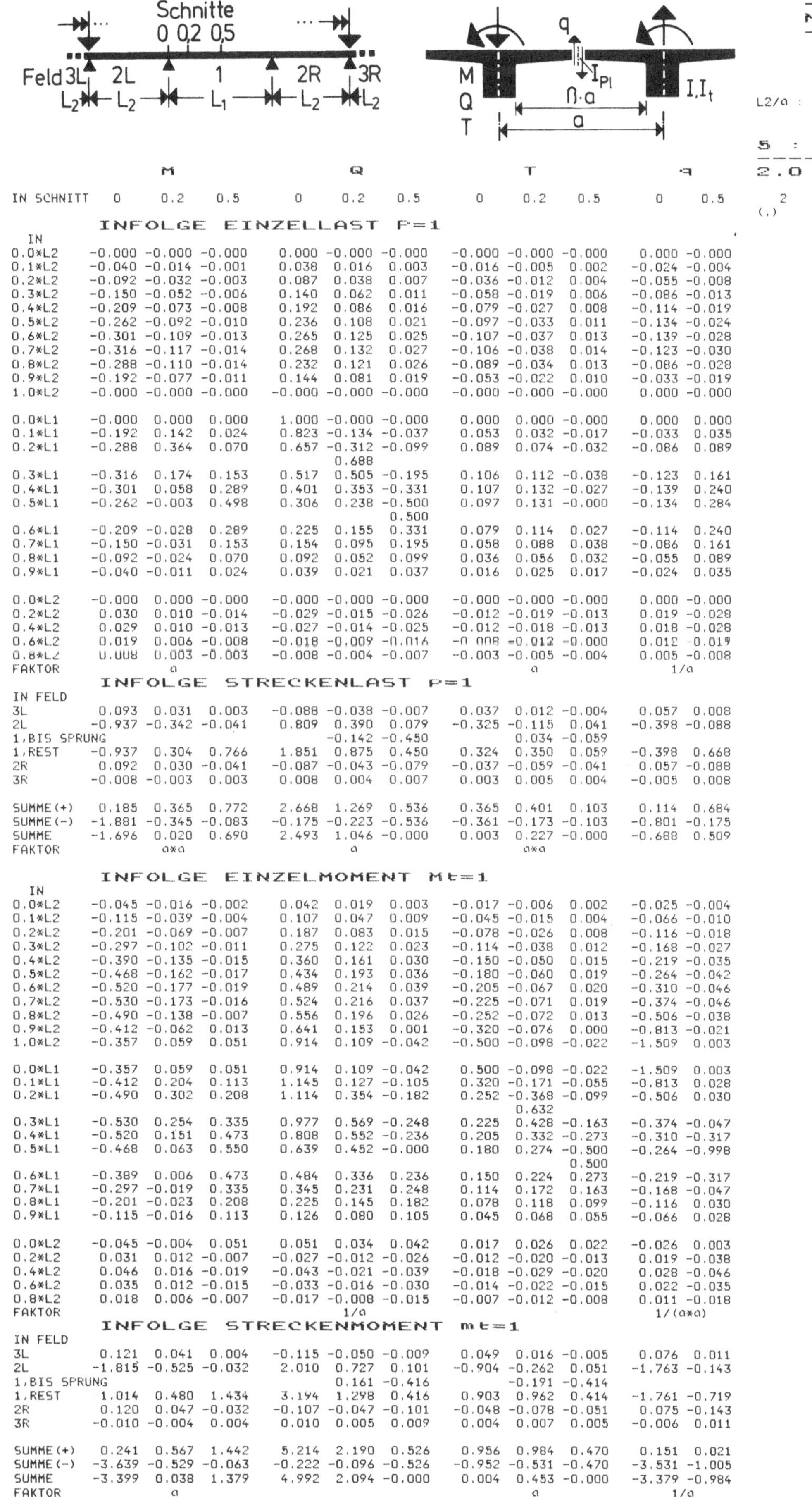

		M			Q			T		q	
IN SCHNITT	0	0.2	0.5	0	0.2	0.5	0	0.2	0.5	0	0.5

INFOLGE EINZELLAST P=1

IN											
0.0*L2	-0.000	-0.000	-0.000	0.000	-0.000	-0.000	-0.000	-0.000	-0.000	0.000	-0.000
0.1*L2	-0.040	-0.014	-0.001	0.038	0.016	0.003	-0.016	-0.005	0.002	-0.024	-0.004
0.2*L2	-0.092	-0.032	-0.003	0.087	0.038	0.007	-0.036	-0.012	0.004	-0.055	-0.008
0.3*L2	-0.150	-0.052	-0.006	0.140	0.062	0.011	-0.058	-0.019	0.006	-0.086	-0.013
0.4*L2	-0.209	-0.073	-0.008	0.192	0.086	0.016	-0.079	-0.027	0.008	-0.114	-0.019
0.5*L2	-0.262	-0.092	-0.010	0.236	0.108	0.021	-0.097	-0.033	0.011	-0.134	-0.024
0.6*L2	-0.301	-0.109	-0.013	0.265	0.125	0.025	-0.107	-0.037	0.013	-0.139	-0.028
0.7*L2	-0.316	-0.117	-0.014	0.268	0.132	0.027	-0.106	-0.038	0.014	-0.123	-0.030
0.8*L2	-0.288	-0.110	-0.014	0.232	0.121	0.026	-0.089	-0.034	0.013	-0.086	-0.028
0.9*L2	-0.192	-0.077	-0.011	0.144	0.081	0.019	-0.053	-0.022	0.010	-0.033	-0.019
1.0*L2	-0.000	-0.000	-0.000	-0.000	-0.000	-0.000	-0.000	-0.000	-0.000	0.000	-0.000
0.0*L1	-0.000	0.000	0.000	1.000	-0.000	-0.000	0.000	0.000	-0.000	0.000	0.000
0.1*L1	-0.192	0.142	0.024	0.823	-0.134	-0.037	0.053	0.032	-0.017	-0.033	0.035
0.2*L1	-0.288	0.364	0.070	0.657	-0.312	-0.099	0.089	0.074	-0.032	-0.086	0.089
					0.688						
0.3*L1	-0.316	0.174	0.153	0.517	0.505	-0.195	0.106	0.112	-0.038	-0.123	0.161
0.4*L1	-0.301	0.058	0.289	0.401	0.353	-0.331	0.107	0.132	-0.027	-0.139	0.240
0.5*L1	-0.262	-0.003	0.498	0.306	0.238	-0.500	0.097	0.131	-0.000	-0.134	0.284
						0.500					
0.6*L1	-0.209	-0.028	0.289	0.225	0.155	0.331	0.079	0.114	0.027	-0.114	0.240
0.7*L1	-0.150	-0.031	0.153	0.154	0.095	0.195	0.058	0.088	0.038	-0.086	0.161
0.8*L1	-0.092	-0.024	0.070	0.092	0.052	0.099	0.036	0.056	0.032	-0.055	0.089
0.9*L1	-0.040	-0.011	0.024	0.039	0.021	0.037	0.016	0.025	0.017	-0.024	0.035
0.0*L2	-0.000	0.000	-0.000	-0.000	-0.000	-0.000	-0.000	-0.000	-0.000	0.000	-0.000
0.2*L2	0.030	0.010	-0.014	-0.029	-0.015	-0.026	-0.012	-0.019	-0.013	0.019	-0.028
0.4*L2	0.029	0.010	-0.013	-0.027	-0.014	-0.025	-0.012	-0.018	-0.013	0.018	-0.028
0.6*L2	0.019	0.006	-0.008	-0.018	-0.009	-0.016	-0.008	-0.012	-0.000	0.012	-0.019
0.8*L2	0.008	0.003	-0.003	-0.008	-0.004	-0.007	-0.003	-0.005	-0.004	0.005	-0.008
FAKTOR		a						a		1/a	

INFOLGE STRECKENLAST P=1

IN FELD											
3L	0.093	0.031	0.003	-0.088	-0.038	-0.007	0.037	0.012	-0.004	0.057	0.008
2L	-0.937	-0.342	-0.041	0.809	0.390	0.079	-0.325	-0.115	0.041	-0.398	-0.088
1,BIS SPRUNG					-0.142	-0.450		0.034	-0.059		
1,REST	-0.937	0.304	0.766	1.851	0.875	0.450	0.324	0.350	0.059	-0.398	0.668
2R	0.092	0.030	-0.041	-0.087	-0.043	-0.079	-0.037	-0.059	-0.041	0.057	-0.088
3R	-0.008	-0.003	0.003	0.008	0.004	0.007	0.003	0.005	0.004	-0.005	0.008
SUMME(+)	0.185	0.365	0.772	2.668	1.269	0.536	0.365	0.401	0.103	0.114	0.684
SUMME(-)	-1.881	-0.345	-0.083	-0.175	-0.223	-0.536	-0.361	-0.173	-0.103	-0.801	-0.175
SUMME	-1.696	0.020	0.690	2.493	1.046	-0.000	0.003	0.227	-0.000	-0.688	0.509
FAKTOR		a*a			a			a*a			

INFOLGE EINZELMOMENT Mt=1

IN											
0.0*L2	-0.045	-0.016	-0.002	0.042	0.019	0.003	-0.017	-0.006	0.002	-0.025	-0.004
0.1*L2	-0.115	-0.039	-0.004	0.107	0.047	0.009	-0.045	-0.015	0.004	-0.066	-0.010
0.2*L2	-0.201	-0.069	-0.007	0.187	0.083	0.015	-0.078	-0.026	0.008	-0.116	-0.018
0.3*L2	-0.297	-0.102	-0.011	0.275	0.122	0.023	-0.114	-0.038	0.012	-0.168	-0.027
0.4*L2	-0.390	-0.135	-0.015	0.360	0.161	0.030	-0.150	-0.050	0.015	-0.219	-0.035
0.5*L2	-0.468	-0.162	-0.017	0.434	0.193	0.036	-0.180	-0.060	0.019	-0.264	-0.042
0.6*L2	-0.520	-0.177	-0.019	0.489	0.214	0.039	-0.205	-0.067	0.020	-0.310	-0.046
0.7*L2	-0.530	-0.173	-0.016	0.524	0.216	0.037	-0.225	-0.071	0.019	-0.374	-0.046
0.8*L2	-0.490	-0.138	-0.007	0.556	0.196	0.026	-0.252	-0.072	0.013	-0.506	-0.038
0.9*L2	-0.412	-0.062	0.013	0.641	0.153	0.001	-0.320	-0.076	0.000	-0.813	-0.021
1.0*L2	-0.357	0.059	0.051	0.914	0.109	-0.042	-0.500	-0.098	-0.022	-1.509	0.003
0.0*L1	-0.357	0.059	0.051	0.914	0.109	-0.042	0.500	-0.098	-0.022	-1.509	0.003
0.1*L1	-0.412	0.204	0.113	1.145	0.127	-0.105	0.320	-0.171	-0.055	-0.813	0.028
0.2*L1	-0.490	0.302	0.208	1.114	0.354	-0.182	0.252	-0.368	-0.099	-0.506	0.030
								0.632			
0.3*L1	-0.530	0.254	0.335	0.977	0.569	-0.248	0.225	0.428	-0.163	-0.374	-0.047
0.4*L1	-0.520	0.151	0.473	0.808	0.552	-0.236	0.205	0.332	-0.273	-0.310	-0.317
0.5*L1	-0.468	0.063	0.550	0.639	0.452	-0.000	0.180	0.274	-0.500	-0.264	-0.998
									0.500		
0.6*L1	-0.389	0.006	0.473	0.484	0.336	0.236	0.150	0.224	0.273	-0.219	-0.317
0.7*L1	-0.297	-0.019	0.335	0.345	0.231	0.248	0.114	0.172	0.163	-0.168	-0.047
0.8*L1	-0.201	-0.023	0.208	0.225	0.145	0.182	0.078	0.118	0.099	-0.116	0.030
0.9*L1	-0.115	-0.016	0.113	0.126	0.080	0.105	0.045	0.068	0.055	-0.066	0.028
0.0*L2	-0.045	-0.004	0.051	0.051	0.034	0.042	0.017	0.026	0.022	-0.026	0.003
0.2*L2	0.031	0.012	-0.007	-0.027	-0.012	-0.026	-0.012	-0.020	-0.013	0.019	-0.038
0.4*L2	0.046	0.016	-0.019	-0.043	-0.021	-0.039	-0.018	-0.029	-0.020	0.028	-0.046
0.6*L2	0.035	0.012	-0.015	-0.033	-0.016	-0.030	-0.014	-0.022	-0.015	0.022	-0.035
0.8*L2	0.018	0.006	-0.007	-0.017	-0.008	-0.015	-0.007	-0.012	-0.008	0.011	-0.018
FAKTOR					1/a					1/(a*a)	

INFOLGE STRECKENMOMENT mt=1

IN FELD											
3L	0.121	0.041	0.004	-0.115	-0.050	-0.009	0.049	0.016	-0.005	0.076	0.011
2L	-1.815	-0.525	-0.032	2.010	0.727	0.101	-0.904	-0.262	0.051	-1.763	-0.143
1,BIS SPRUNG					0.161	-0.416		-0.191	-0.414		
1,REST	1.014	0.480	1.434	3.194	1.298	0.416	0.903	0.962	0.414	-1.761	-0.719
2R	0.120	0.047	-0.032	-0.107	-0.047	-0.101	-0.048	-0.078	-0.051	0.075	-0.143
3R	-0.010	-0.004	0.004	0.010	0.005	0.009	0.004	0.007	0.005	-0.006	0.011
SUMME(+)	0.241	0.567	1.442	5.214	2.190	0.526	0.956	0.984	0.470	0.151	0.021
SUMME(-)	-3.639	-0.529	-0.063	-0.222	-0.096	-0.526	-0.952	-0.531	-0.470	-3.531	-1.005
SUMME	-3.399	0.038	1.379	4.992	2.094	-0.000	0.004	0.453	-0.000	-3.379	-0.984
FAKTOR		a						a		1/a	

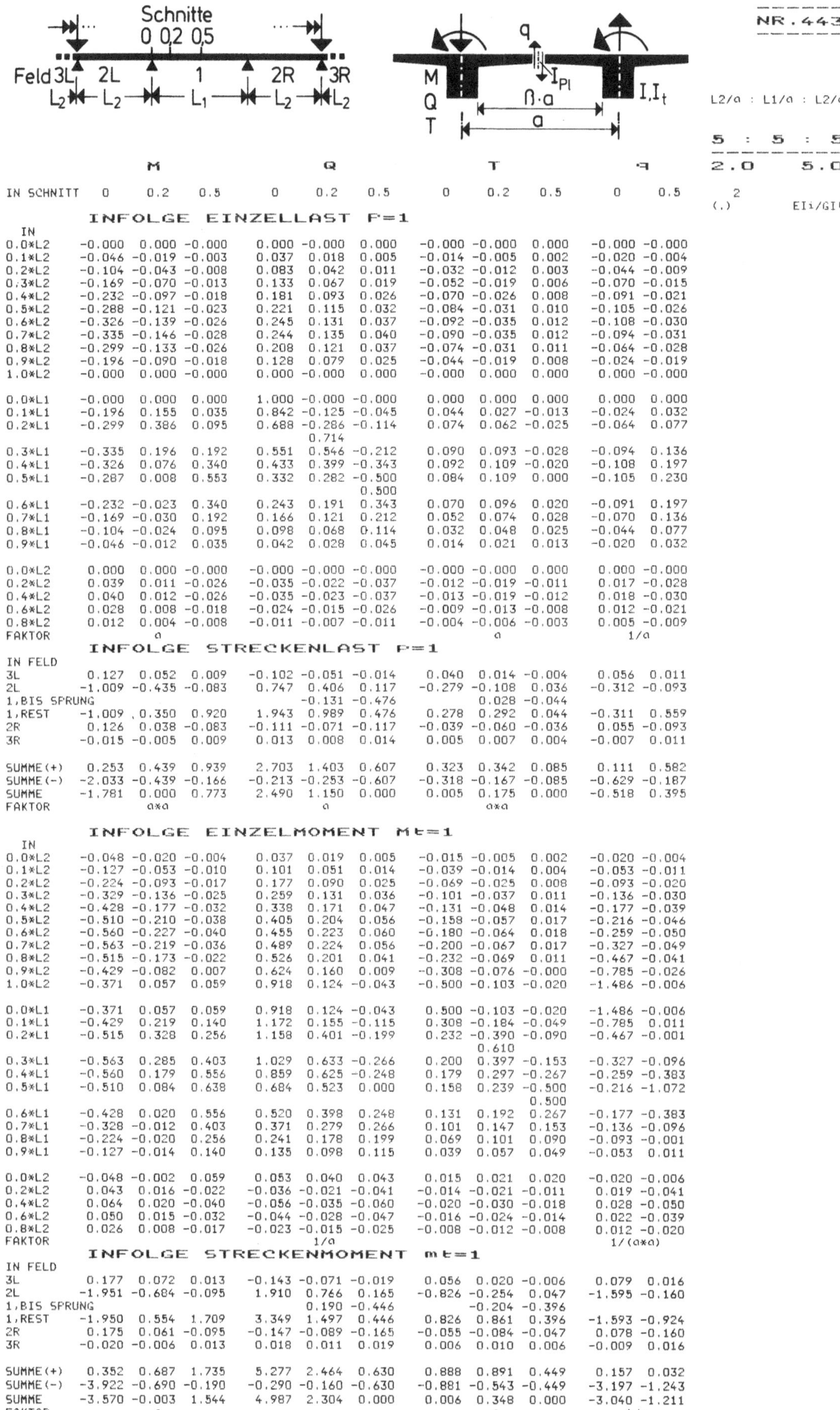

	M			Q			T			q	
IN SCHNITT	0	0.2	0.5	0	0.2	0.5	0	0.2	0.5	0	0.5

INFOLGE EINZELLAST P=1

IN

	M			Q			T			q	
0.0*L2	-0.000	0.000	-0.000	0.000	-0.000	0.000	-0.000	-0.000	0.000	-0.000	-0.000
0.1*L2	-0.046	-0.019	-0.003	0.037	0.018	0.005	-0.014	-0.005	0.002	-0.020	-0.004
0.2*L2	-0.104	-0.043	-0.008	0.083	0.042	0.011	-0.032	-0.012	0.003	-0.044	-0.009
0.3*L2	-0.169	-0.070	-0.013	0.133	0.067	0.019	-0.052	-0.019	0.006	-0.070	-0.015
0.4*L2	-0.232	-0.097	-0.018	0.181	0.093	0.026	-0.070	-0.026	0.008	-0.091	-0.021
0.5*L2	-0.288	-0.121	-0.023	0.221	0.115	0.032	-0.084	-0.031	0.010	-0.105	-0.026
0.6*L2	-0.326	-0.139	-0.026	0.245	0.131	0.037	-0.092	-0.035	0.012	-0.108	-0.030
0.7*L2	-0.335	-0.146	-0.028	0.244	0.135	0.040	-0.090	-0.035	0.012	-0.094	-0.031
0.8*L2	-0.299	-0.133	-0.026	0.208	0.121	0.037	-0.074	-0.031	0.011	-0.064	-0.028
0.9*L2	-0.196	-0.090	-0.018	0.128	0.079	0.025	-0.044	-0.019	0.008	-0.024	-0.019
1.0*L2	-0.000	0.000	-0.000	0.000	-0.000	0.000	-0.000	0.000	0.000	0.000	-0.000
0.0*L1	-0.000	0.000	0.000	1.000	-0.000	-0.000	0.000	0.000	0.000	0.000	0.000
0.1*L1	-0.196	0.155	0.035	0.842	-0.125	-0.045	0.044	0.027	-0.013	-0.024	0.032
0.2*L1	-0.299	0.386	0.095	0.688	-0.286	-0.114	0.074	0.062	-0.025	-0.064	0.077
					0.714						
0.3*L1	-0.335	0.196	0.192	0.551	0.546	-0.212	0.090	0.093	-0.028	-0.094	0.136
0.4*L1	-0.326	0.076	0.340	0.433	0.399	-0.343	0.092	0.109	-0.020	-0.108	0.197
0.5*L1	-0.287	0.008	0.553	0.332	0.282	-0.500	0.084	0.109	0.000	-0.105	0.230
						0.500					
0.6*L1	-0.232	-0.023	0.340	0.243	0.191	0.343	0.070	0.096	0.020	-0.091	0.197
0.7*L1	-0.169	-0.030	0.192	0.166	0.121	0.212	0.052	0.074	0.028	-0.070	0.136
0.8*L1	-0.104	-0.024	0.095	0.098	0.068	0.114	0.032	0.048	0.025	-0.044	0.077
0.9*L1	-0.046	-0.012	0.035	0.042	0.028	0.045	0.014	0.021	0.013	-0.020	0.032
0.0*L2	0.000	0.000	-0.000	-0.000	-0.000	-0.000	-0.000	-0.000	0.000	0.000	-0.000
0.2*L2	0.039	0.011	-0.026	-0.035	-0.022	-0.037	-0.012	-0.019	-0.011	0.017	-0.028
0.4*L2	0.040	0.012	-0.026	-0.035	-0.023	-0.037	-0.013	-0.019	-0.012	0.018	-0.030
0.6*L2	0.028	0.008	-0.018	-0.024	-0.015	-0.026	-0.009	-0.013	-0.008	0.012	-0.021
0.8*L2	0.012	0.004	-0.008	-0.011	-0.007	-0.011	-0.004	-0.006	-0.003	0.005	-0.009
FAKTOR	a						a			1/a	

INFOLGE STRECKENLAST P=1

IN FELD

	M			Q			T			q	
3L	0.127	0.052	0.009	-0.102	-0.051	-0.014	0.040	0.014	-0.004	0.056	0.011
2L	-1.009	-0.435	-0.083	0.747	0.406	0.117	-0.279	-0.108	0.036	-0.312	-0.093
1,BIS SPRUNG					-0.131	-0.476		0.028	-0.044		
1,REST	-1.009	0.350	0.920	1.943	0.989	0.476	0.278	0.292	0.044	-0.311	0.559
2R	0.126	0.038	-0.083	-0.111	-0.071	-0.117	-0.039	-0.060	-0.036	0.055	-0.093
3R	-0.015	-0.005	0.009	0.013	0.008	0.014	0.005	0.007	0.004	-0.007	0.011
SUMME(+)	0.253	0.439	0.939	2.703	1.403	0.607	0.323	0.342	0.085	0.111	0.582
SUMME(-)	-2.033	-0.439	-0.166	-0.213	-0.253	-0.607	-0.318	-0.167	-0.085	-0.629	-0.187
SUMME	-1.781	0.000	0.773	2.490	1.150	0.000	0.005	0.175	0.000	-0.518	0.395
FAKTOR	a×a			a			a×a				

INFOLGE EINZELMOMENT Mt=1

IN

	M			Q			T			q	
0.0*L2	-0.048	-0.020	-0.004	0.037	0.019	0.005	-0.015	-0.005	0.002	-0.020	-0.004
0.1*L2	-0.127	-0.053	-0.010	0.101	0.051	0.014	-0.039	-0.014	0.004	-0.053	-0.011
0.2*L2	-0.224	-0.093	-0.017	0.177	0.090	0.025	-0.069	-0.025	0.008	-0.093	-0.020
0.3*L2	-0.329	-0.136	-0.025	0.259	0.131	0.036	-0.101	-0.037	0.011	-0.136	-0.030
0.4*L2	-0.428	-0.177	-0.032	0.338	0.171	0.047	-0.131	-0.048	0.014	-0.177	-0.039
0.5*L2	-0.510	-0.210	-0.038	0.405	0.204	0.056	-0.158	-0.057	0.017	-0.216	-0.046
0.6*L2	-0.560	-0.227	-0.040	0.455	0.223	0.060	-0.180	-0.064	0.018	-0.259	-0.050
0.7*L2	-0.563	-0.219	-0.036	0.489	0.224	0.056	-0.200	-0.067	0.017	-0.327	-0.049
0.8*L2	-0.515	-0.173	-0.022	0.526	0.201	0.041	-0.232	-0.069	0.011	-0.467	-0.041
0.9*L2	-0.429	-0.082	0.007	0.624	0.160	0.009	-0.308	-0.076	-0.000	-0.785	-0.026
1.0*L2	-0.371	0.057	0.059	0.918	0.124	-0.043	-0.500	-0.103	-0.020	-1.486	-0.006
0.0*L1	-0.371	0.057	0.059	0.918	0.124	-0.043	0.500	-0.103	-0.020	-1.486	-0.006
0.1*L1	-0.429	0.219	0.140	1.172	0.155	-0.115	0.308	-0.184	-0.049	-0.785	0.011
0.2*L1	-0.515	0.328	0.256	1.158	0.401	-0.199	0.232	-0.390	-0.090	-0.467	-0.001
								0.610			
0.3*L1	-0.563	0.285	0.403	1.029	0.633	-0.266	0.200	0.397	-0.153	-0.327	-0.096
0.4*L1	-0.560	0.179	0.556	0.859	0.625	-0.248	0.179	0.297	-0.267	-0.259	-0.383
0.5*L1	-0.510	0.084	0.638	0.684	0.523	0.000	0.158	0.239	-0.500	-0.216	-1.072
									0.500		
0.6*L1	-0.428	0.020	0.556	0.520	0.398	0.248	0.131	0.192	0.267	-0.177	-0.383
0.7*L1	-0.328	-0.012	0.403	0.371	0.279	0.266	0.101	0.147	0.153	-0.136	-0.096
0.8*L1	-0.224	-0.020	0.256	0.241	0.178	0.199	0.069	0.101	0.090	-0.093	-0.001
0.9*L1	-0.127	-0.014	0.140	0.135	0.098	0.115	0.039	0.057	0.049	-0.053	0.011
0.0*L2	-0.048	-0.002	0.059	0.053	0.040	0.043	0.015	0.021	0.020	-0.020	-0.006
0.2*L2	0.043	0.016	-0.022	-0.036	-0.021	-0.041	-0.014	-0.021	-0.011	0.019	-0.041
0.4*L2	0.064	0.020	-0.040	-0.056	-0.035	-0.060	-0.020	-0.030	-0.018	0.028	-0.050
0.6*L2	0.050	0.015	-0.032	-0.044	-0.028	-0.047	-0.016	-0.024	-0.014	0.022	-0.039
0.8*L2	0.026	0.008	-0.017	-0.023	-0.015	-0.025	-0.008	-0.012	-0.008	0.012	-0.020
FAKTOR				1/a						1/(a×a)	

INFOLGE STRECKENMOMENT mt=1

IN FELD

	M			Q			T			q	
3L	0.177	0.072	0.013	-0.143	-0.071	-0.019	0.056	0.020	-0.006	0.079	0.016
2L	-1.951	-0.684	-0.095	1.910	0.766	0.165	-0.826	-0.254	0.047	-1.595	-0.160
1,BIS SPRUNG					0.190	-0.446		-0.204	-0.396		
1,REST	-1.950	0.554	1.709	3.349	1.497	0.446	0.826	0.861	0.396	-1.593	-0.924
2R	0.175	0.061	-0.095	-0.147	-0.089	-0.165	-0.055	-0.084	-0.047	0.078	-0.160
3R	-0.020	-0.006	0.013	0.018	0.011	0.019	0.006	0.010	0.006	-0.009	0.016
SUMME(+)	0.352	0.687	1.735	5.277	2.464	0.630	0.888	0.891	0.449	0.157	0.032
SUMME(-)	-3.922	-0.690	-0.190	-0.290	-0.160	-0.630	-0.881	-0.543	-0.449	-3.197	-1.243
SUMME	-3.570	-0.003	1.544	4.987	2.304	0.000	0.006	0.348	0.000	-3.040	-1.211
FAKTOR	a						a			1/a	

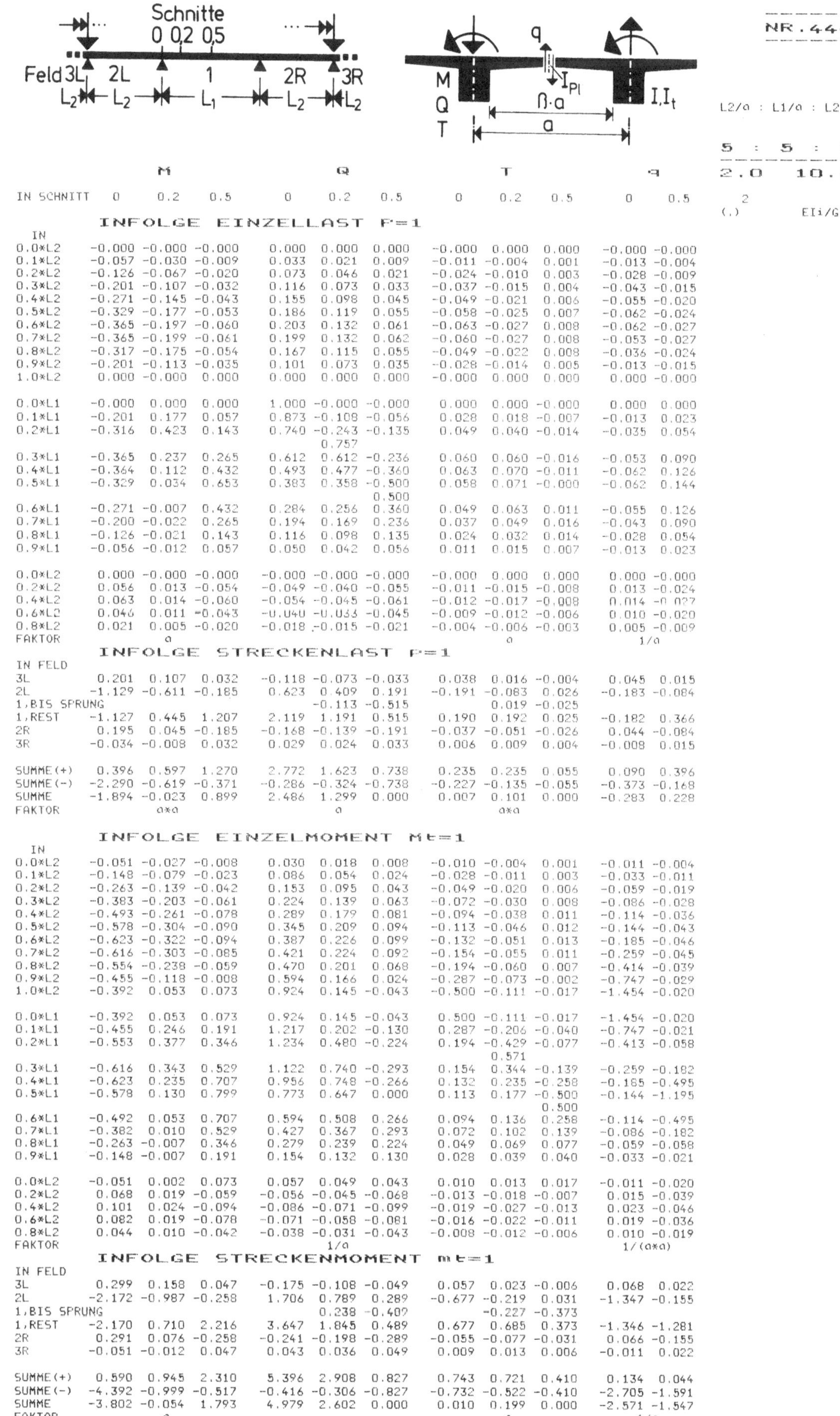

IN SCHNITT	M 0	M 0.2	M 0.5	Q 0	Q 0.2	Q 0.5	T 0	T 0.2	T 0.5	q 0	q 0.5

INFOLGE EINZELLAST P=1

IN

Schnitt	M 0	M 0.2	M 0.5	Q 0	Q 0.2	Q 0.5	T 0	T 0.2	T 0.5	q 0	q 0.5
0.0*L2	-0.000	-0.000	-0.000	0.000	0.000	0.000	-0.000	0.000	0.000	-0.000	-0.000
0.1*L2	-0.057	-0.030	-0.009	0.033	0.021	0.009	-0.011	-0.004	0.001	-0.013	-0.004
0.2*L2	-0.126	-0.067	-0.020	0.073	0.046	0.021	-0.024	-0.010	0.003	-0.028	-0.009
0.3*L2	-0.201	-0.107	-0.032	0.116	0.073	0.033	-0.037	-0.015	0.004	-0.043	-0.015
0.4*L2	-0.271	-0.145	-0.043	0.155	0.098	0.045	-0.049	-0.021	0.006	-0.055	-0.020
0.5*L2	-0.329	-0.177	-0.053	0.186	0.119	0.055	-0.058	-0.025	0.007	-0.062	-0.024
0.6*L2	-0.365	-0.197	-0.060	0.203	0.132	0.061	-0.063	-0.027	0.008	-0.062	-0.027
0.7*L2	-0.365	-0.199	-0.061	0.199	0.132	0.062	-0.060	-0.027	0.008	-0.053	-0.027
0.8*L2	-0.317	-0.175	-0.054	0.167	0.115	0.055	-0.049	-0.022	0.008	-0.036	-0.024
0.9*L2	-0.201	-0.113	-0.035	0.101	0.073	0.035	-0.028	-0.014	0.005	-0.013	-0.015
1.0*L2	0.000	-0.000	0.000	0.000	0.000	0.000	-0.000	0.000	0.000	0.000	-0.000
0.0*L1	-0.000	0.000	0.000	1.000	-0.000	-0.000	0.000	0.000	-0.000	0.000	0.000
0.1*L1	-0.201	0.177	0.057	0.873	-0.108	-0.056	0.028	0.018	-0.007	-0.013	0.023
0.2*L1	-0.316	0.423	0.143	0.740	-0.243	-0.135	0.049	0.040	-0.014	-0.035	0.054
				0.757							
0.3*L1	-0.365	0.237	0.265	0.612	0.612	-0.236	0.060	0.060	-0.016	-0.053	0.090
0.4*L1	-0.364	0.112	0.432	0.493	0.477	-0.360	0.063	0.070	-0.011	-0.062	0.126
0.5*L1	-0.329	0.034	0.653	0.383	0.358	-0.500	0.058	0.071	-0.000	-0.062	0.144
						0.500					
0.6*L1	-0.271	-0.007	0.432	0.284	0.256	0.360	0.049	0.063	0.011	-0.055	0.126
0.7*L1	-0.200	-0.022	0.265	0.194	0.169	0.236	0.037	0.049	0.016	-0.043	0.090
0.8*L1	-0.126	-0.021	0.143	0.116	0.098	0.135	0.024	0.032	0.014	-0.028	0.054
0.9*L1	-0.056	-0.012	0.057	0.050	0.042	0.056	0.011	0.015	0.007	-0.013	0.023
0.0*L2	0.000	-0.000	-0.000	-0.000	-0.000	-0.000	-0.000	0.000	0.000	0.000	-0.000
0.2*L2	0.056	0.013	-0.054	-0.049	-0.040	-0.055	-0.011	-0.015	-0.008	0.013	-0.024
0.4*L2	0.063	0.014	-0.060	-0.054	-0.045	-0.061	-0.012	-0.017	-0.008	0.014	-0.027
0.6*L2	0.046	0.011	-0.043	-0.040	-0.033	-0.045	-0.009	-0.012	-0.006	0.010	-0.020
0.8*L2	0.021	0.005	-0.020	-0.018	-0.015	-0.021	-0.004	-0.006	-0.003	0.005	-0.009
FAKTOR		a						a		1/a	

INFOLGE STRECKENLAST P=1

IN FELD

Feld	M 0	M 0.2	M 0.5	Q 0	Q 0.2	Q 0.5	T 0	T 0.2	T 0.5	q 0	q 0.5
3L	0.201	0.107	0.032	-0.118	-0.073	-0.033	0.038	0.016	-0.004	0.045	0.015
2L	-1.129	-0.611	-0.185	0.623	0.409	0.191	-0.191	-0.083	0.026	-0.183	-0.084
1,BIS SPRUNG					-0.113	-0.515		0.019	-0.025		
1,REST	-1.127	0.445	1.207	2.119	1.191	0.515	0.190	0.192	0.025	-0.182	0.366
2R	0.195	0.045	-0.185	-0.168	-0.139	-0.191	-0.037	-0.051	-0.026	0.044	-0.084
3R	-0.034	-0.008	0.032	0.029	0.024	0.033	0.006	0.009	0.004	-0.008	0.015
SUMME(+)	0.396	0.597	1.270	2.772	1.623	0.738	0.235	0.235	0.055	0.090	0.396
SUMME(-)	-2.290	-0.619	-0.371	-0.286	-0.324	-0.738	-0.227	-0.135	-0.055	-0.373	-0.168
SUMME	-1.894	-0.023	0.899	2.486	1.299	0.000	0.007	0.101	0.000	-0.283	0.228
FAKTOR		a*a			a			a*a			

INFOLGE EINZELMOMENT Mt=1

IN

Schnitt	M 0	M 0.2	M 0.5	Q 0	Q 0.2	Q 0.5	T 0	T 0.2	T 0.5	q 0	q 0.5
0.0*L2	-0.051	-0.027	-0.008	0.030	0.018	0.008	-0.010	-0.004	0.001	-0.011	-0.004
0.1*L2	-0.148	-0.079	-0.023	0.086	0.054	0.024	-0.028	-0.011	0.003	-0.033	-0.011
0.2*L2	-0.263	-0.139	-0.042	0.153	0.095	0.043	-0.049	-0.020	0.006	-0.059	-0.019
0.3*L2	-0.383	-0.203	-0.061	0.224	0.139	0.063	-0.072	-0.030	0.008	-0.086	-0.028
0.4*L2	-0.493	-0.261	-0.078	0.289	0.179	0.081	-0.094	-0.038	0.011	-0.114	-0.036
0.5*L2	-0.578	-0.304	-0.090	0.345	0.209	0.094	-0.113	-0.046	0.012	-0.144	-0.043
0.6*L2	-0.623	-0.322	-0.094	0.387	0.226	0.099	-0.132	-0.051	0.013	-0.185	-0.046
0.7*L2	-0.616	-0.303	-0.085	0.421	0.224	0.092	-0.154	-0.055	0.011	-0.259	-0.045
0.8*L2	-0.554	-0.238	-0.059	0.470	0.201	0.068	-0.194	-0.060	0.007	-0.414	-0.039
0.9*L2	-0.455	-0.118	-0.008	0.594	0.166	0.024	-0.287	-0.073	-0.002	-0.747	-0.029
1.0*L2	-0.392	0.053	0.073	0.924	0.145	-0.043	-0.500	-0.111	-0.017	-1.454	-0.020
0.0*L1	-0.392	0.053	0.073	0.924	0.145	-0.043	0.500	-0.111	-0.017	-1.454	-0.020
0.1*L1	-0.455	0.246	0.191	1.217	0.202	-0.130	0.287	-0.206	-0.040	-0.747	-0.021
0.2*L1	-0.553	0.377	0.346	1.234	0.480	-0.224	0.194	-0.429	-0.077	-0.413	-0.058
									0.571		
0.3*L1	-0.616	0.343	0.529	1.122	0.740	-0.293	0.154	0.344	-0.139	-0.259	-0.182
0.4*L1	-0.623	0.235	0.707	0.956	0.748	-0.266	0.132	0.235	-0.258	-0.185	-0.495
0.5*L1	-0.578	0.130	0.799	0.773	0.647	0.000	0.113	0.177	-0.500	-0.144	-1.195
									0.500		
0.6*L1	-0.492	0.053	0.707	0.594	0.508	0.266	0.094	0.136	0.258	-0.114	-0.495
0.7*L1	-0.382	0.010	0.529	0.427	0.367	0.293	0.072	0.102	0.139	-0.086	-0.182
0.8*L1	-0.263	-0.007	0.346	0.279	0.239	0.224	0.049	0.069	0.077	-0.059	-0.058
0.9*L1	-0.148	-0.007	0.191	0.154	0.132	0.130	0.028	0.039	0.040	-0.033	-0.021
0.0*L2	-0.051	0.002	0.073	0.057	0.049	0.043	0.010	0.013	0.017	-0.011	-0.020
0.2*L2	0.068	0.019	-0.059	-0.056	-0.045	-0.068	-0.013	-0.018	-0.007	0.015	-0.039
0.4*L2	0.101	0.024	-0.094	-0.086	-0.071	-0.099	-0.019	-0.027	-0.013	0.023	-0.046
0.6*L2	0.082	0.019	-0.078	-0.071	-0.058	-0.081	-0.016	-0.022	-0.011	0.019	-0.036
0.8*L2	0.044	0.010	-0.042	-0.038	-0.031	-0.043	-0.008	-0.012	-0.006	0.010	-0.019
FAKTOR					1/a					1/(a*a)	

INFOLGE STRECKENMOMENT mt=1

IN FELD

Feld	M 0	M 0.2	M 0.5	Q 0	Q 0.2	Q 0.5	T 0	T 0.2	T 0.5	q 0	q 0.5
3L	0.299	0.158	0.047	-0.175	-0.108	-0.049	0.057	0.023	-0.006	0.068	0.022
2L	-2.172	-0.987	-0.258	1.706	0.789	0.289	-0.677	-0.219	0.031	-1.347	-0.155
1,BIS SPRUNG					0.238	-0.402		-0.227	-0.373		
1,REST	-2.170	0.710	2.216	3.647	1.845	0.489	0.677	0.685	0.373	-1.346	-1.281
2R	0.291	0.076	-0.258	-0.241	-0.198	-0.289	-0.055	-0.077	-0.031	0.066	-0.155
3R	-0.051	-0.012	0.047	0.043	0.036	0.049	0.009	0.013	0.006	-0.011	0.022
SUMME(+)	0.590	0.945	2.310	5.396	2.908	0.827	0.743	0.721	0.410	0.134	0.044
SUMME(-)	-4.392	-0.999	-0.517	-0.416	-0.306	-0.827	-0.732	-0.522	-0.410	-2.705	-1.591
SUMME	-3.802	-0.054	1.793	4.979	2.602	0.000	0.010	0.199	0.000	-2.571	-1.547
FAKTOR		a			a			a		1/a	

	M			Q			T			q	
IN SCHNITT	0	0.2	0.5	0	0.2	0.5	0	0.2	0.5	0	0.5

INFOLGE EINZELLAST P=1

IN

	M 0	M 0.2	M 0.5	Q 0	Q 0.2	Q 0.5	T 0	T 0.2	T 0.5	q 0	q 0.5
0.0*L2	-0.000	-0.000	0.000	0.000	0.000	-0.000	-0.000	-0.000	0.000	0.000	-0.000
0.1*L2	-0.030	-0.003	0.002	0.036	0.011	-0.001	-0.019	-0.007	-0.001	-0.023	-0.001
0.2*L2	-0.072	-0.008	0.004	0.084	0.026	-0.002	-0.045	-0.016	-0.002	-0.052	-0.002
0.3*L2	-0.119	-0.015	0.007	0.136	0.043	-0.003	-0.072	-0.025	-0.002	-0.080	-0.004
0.4*L2	-0.167	-0.023	0.009	0.185	0.061	-0.003	-0.096	-0.034	-0.001	-0.102	-0.007
0.5*L2	-0.211	-0.032	0.011	0.225	0.078	-0.004	-0.113	-0.040	0.001	-0.111	-0.009
0.6*L2	-0.243	-0.041	0.012	0.247	0.092	-0.003	-0.121	-0.044	0.004	-0.106	-0.012
0.7*L2	-0.254	-0.048	0.011	0.243	0.097	-0.002	-0.115	-0.042	0.007	-0.084	-0.013
0.8*L2	-0.229	-0.048	0.009	0.206	0.089	-0.000	-0.093	-0.035	0.010	-0.051	-0.013
0.9*L2	-0.151	-0.035	0.005	0.126	0.060	0.001	-0.054	-0.021	0.009	-0.015	-0.010
1.0*L2	0.000	0.000	0.000	-0.000	0.000	0.000	-0.000	-0.000	0.000	-0.000	-0.000
0.0*L1	-0.000	0.000	-0.000	1.000	-0.000	-0.000	0.000	0.000	-0.000	0.000	0.000
0.1*L1	-0.215	0.120	-0.007	0.759	-0.162	-0.010	0.083	0.043	-0.033	-0.049	0.033
0.2*L1	-0.289	0.355	-0.000	0.542	-0.394	-0.047	0.139	0.107	-0.066	-0.120	0.097
				0.606							
0.3*L1	-0.286	0.125	0.045	0.386	0.372	-0.133	0.162	0.169	-0.078	-0.168	0.196
0.4*L1	-0.247	0.009	0.163	0.283	0.200	-0.286	0.160	0.202	-0.055	-0.183	0.314
0.5*L1	-0.199	-0.034	0.395	0.216	0.097	-0.500	0.142	0.201	0.000	-0.173	0.382
						0.500					
0.6*L1	-0.151	-0.039	0.163	0.166	0.044	0.286	0.115	0.176	0.055	-0.146	0.314
0.7*L1	-0.106	-0.029	0.045	0.121	0.020	0.133	0.084	0.135	0.078	-0.109	0.196
0.8*L1	-0.063	-0.017	-0.000	0.076	0.009	0.047	0.052	0.085	0.066	-0.068	0.097
0.9*L1	-0.026	-0.006	-0.007	0.032	0.003	0.010	0.022	0.036	0.033	-0.029	0.033
0.0*L2	0.000	0.000	0.000	-0.000	0.000	-0.000	-0.000	-0.000	-0.000	0.000	-0.000
0.2*L2	0.007	0.003	0.009	-0.008	0.001	0.000	-0.006	-0.010	-0.010	0.008	-0.013
0.4*L2	0.001	0.003	0.012	-0.001	0.003	0.003	-0.002	-0.004	-0.004	0.003	-0.012
0.6*L2	-0.002	0.001	0.009	0.003	0.003	0.003	0.001	0.001	0.001	-0.001	-0.007
0.8*L2	-0.002	0.001	0.004	0.003	0.002	0.002	0.001	0.002	0.002	-0.002	-0.002
FAKTOR		a						a		1/a	

INFOLGE STRECKENLAST p=1

IN FELD

	M 0	M 0.2	M 0.5	Q 0	Q 0.2	Q 0.5	T 0	T 0.2	T 0.5	q 0	q 0.5
3L	0.024	0.004	-0.001	-0.026	-0.009	0.000	0.013	0.005	0.000	0.013	0.001
2L	-0.598	-0.103	0.029	0.601	0.226	-0.007	-0.293	-0.106	0.011	-0.250	-0.029
1,BIS SPRUNG					-0.209	-0.425		0.056	-0.144		
1,REST	-0.966	0.264	0.447	1.838	0.617	0.425	0.581	0.639	0.144	-0.629	0.998
2R	0.004	0.006	0.029	-0.004	0.008	0.007	-0.005	-0.011	-0.011	0.008	-0.029
3R	0.000	-0.000	-0.001	-0.000	-0.000	-0.000	-0.000	-0.000	-0.000	0.000	0.001
SUMME(+)	0.029	0.274	0.504	2.439	0.851	0.432	0.594	0.700	0.154	0.021	1.000
SUMME(-)	-1.564	-0.103	-0.003	-0.030	-0.218	-0.432	-0.299	-0.117	-0.154	-0.880	-0.058
SUMME	-1.535	0.171	0.502	2.408	0.633	-0.000	0.296	0.584	0.000	-0.858	0.942
FAKTOR		a*a			a			a*a			

INFOLGE EINZELMOMENT Mt=1

IN

	M 0	M 0.2	M 0.5	Q 0	Q 0.2	Q 0.5	T 0	T 0.2	T 0.5	q 0	q 0.5
0.0*L2	-0.098	-0.007	0.007	0.126	0.034	-0.004	-0.070	-0.024	-0.005	-0.092	-0.002
0.1*L2	-0.135	-0.010	0.009	0.173	0.047	-0.005	-0.096	-0.033	-0.007	-0.125	-0.003
0.2*L2	-0.177	-0.013	0.012	0.227	0.061	-0.007	-0.126	-0.043	-0.009	-0.164	-0.004
0.3*L2	-0.222	-0.016	0.016	0.286	0.077	-0.008	-0.159	-0.054	-0.011	-0.208	-0.005
0.4*L2	-0.266	-0.018	0.019	0.346	0.092	-0.010	-0.193	-0.065	-0.014	-0.256	-0.006
0.5*L2	-0.304	-0.017	0.022	0.405	0.104	-0.013	-0.227	-0.077	-0.019	-0.308	-0.006
0.6*L2	-0.333	-0.013	0.026	0.459	0.112	-0.015	-0.262	-0.088	-0.024	-0.368	-0.005
0.7*L2	-0.349	-0.004	0.029	0.512	0.114	-0.019	-0.298	-0.099	-0.033	-0.440	-0.002
0.8*L2	-0.353	0.013	0.033	0.567	0.110	-0.024	-0.340	-0.112	-0.045	-0.534	0.002
0.9*L2	-0.350	0.039	0.039	0.635	0.101	-0.030	-0.395	-0.128	-0.062	-0.664	0.009
1.0*L2	-0.351	0.073	0.047	0.735	0.091	-0.039	-0.473	-0.151	-0.086	-0.844	0.018
0.0*L1	-0.351	0.073	0.047	0.735	0.091	-0.039	0.527	-0.151	-0.086	-0.844	0.018
0.1*L1	-0.384	0.132	0.066	0.825	0.094	-0.059	0.424	-0.210	-0.134	-0.626	0.033
0.2*L1	-0.413	0.168	0.099	0.788	0.177	-0.084	0.370	-0.325	-0.194	-0.505	0.041
									0.675		
0.3*L1	-0.414	0.137	0.149	0.695	0.253	-0.107	0.333	0.554	-0.266	-0.433	0.020
0.4*L1	-0.387	0.082	0.208	0.586	0.237	-0.098	0.298	0.473	-0.360	-0.379	-0.070
0.5*L1	-0.340	0.036	0.242	0.480	0.190	0.000	0.260	0.405	-0.500	-0.329	-0.285
									0.500		
0.6*L1	-0.284	0.008	0.208	0.383	0.140	0.098	0.217	0.339	0.360	-0.276	-0.070
0.7*L1	-0.223	-0.005	0.149	0.294	0.099	0.107	0.173	0.270	0.266	-0.220	0.020
0.8*L1	-0.165	-0.008	0.099	0.215	0.068	0.084	0.128	0.202	0.194	-0.164	0.041
0.9*L1	-0.114	-0.006	0.066	0.148	0.046	0.059	0.089	0.140	0.134	-0.114	0.033
0.0*L2	-0.074	-0.003	0.047	0.096	0.031	0.039	0.057	0.090	0.086	-0.073	0.018
0.2*L2	-0.040	-0.000	0.033	0.052	0.019	0.024	0.030	0.047	0.045	-0.038	0.002
0.4*L2	-0.023	0.001	0.026	0.030	0.013	0.015	0.017	0.026	0.024	-0.021	-0.005
0.6*L2	-0.014	0.001	0.019	0.019	0.009	0.010	0.010	0.015	0.014	-0.013	-0.006
0.8*L2	-0.009	0.001	0.012	0.012	0.006	0.007	0.006	0.009	0.009	-0.008	-0.004
FAKTOR					1/a					1/(a*a)	

INFOLGE STRECKENMOMENT mt=1

IN FELD

	M 0	M 0.2	M 0.5	Q 0	Q 0.2	Q 0.5	T 0	T 0.2	T 0.5	q 0	q 0.5
3L	-0.110	-0.006	0.008	0.148	0.038	-0.005	-0.083	-0.028	-0.007	-0.113	-0.002
2L	-1.086	-0.004	0.093	1.614	0.353	-0.060	-0.944	-0.313	-0.107	-1.408	-0.005
1,BIS SPRUNG					0.129	-0.229		-0.263	-0.741		
1,REST	-1.765	0.350	0.801	2.910	0.690	0.229	1.545	1.653	0.741	-2.089	-0.101
2R	-0.097	0.002	0.093	0.128	0.050	0.060	0.073	0.112	0.107	-0.092	-0.005
3R	-0.006	0.000	0.008	0.009	0.004	0.005	0.005	0.007	0.007	-0.006	-0.002
SUMME(+)	0.000	0.352	1.002	4.808	1.263	0.294	1.623	1.773	0.855	0.000	0.000
SUMME(-)	-3.064	-0.010	0.000	0.000	0.000	-0.294	-1.027	-0.604	-0.855	-3.709	-0.116
SUMME	-3.064	0.342	1.002	4.808	1.263	0.000	0.596	1.168	0.000	-3.709	-0.116
FAKTOR		a						a		1/a	

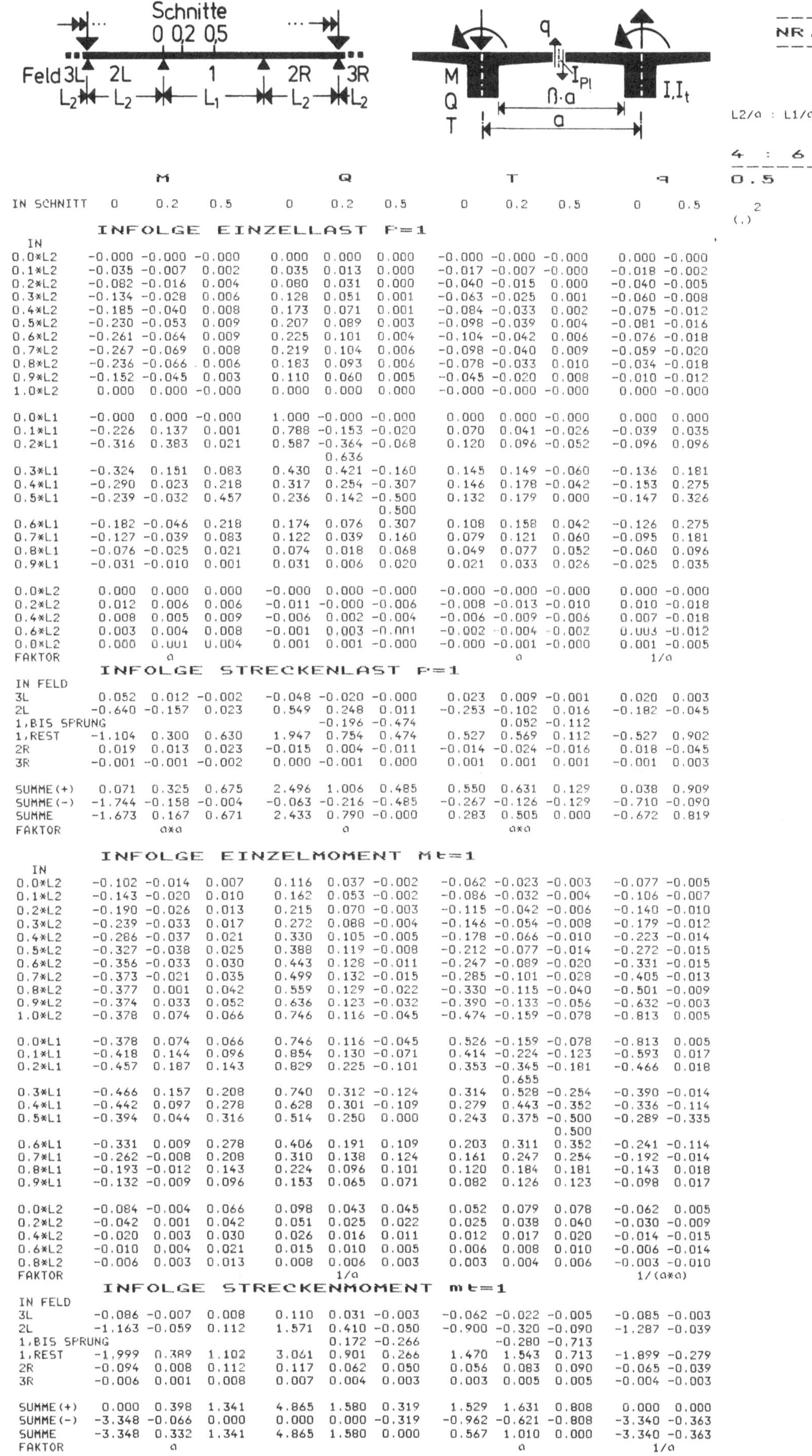

NR.446

L2/a : L1/a : L2/a

4 : 6 : 4

0.5   1.5

(.)^2 EIi/GIt

	M 0	M 0.2	M 0.5	Q 0	Q 0.2	Q 0.5	T 0	T 0.2	T 0.5	q 0	q 0.5
IN SCHNITT	0	0.2	0.5	0	0.2	0.5	0	0.2	0.5	0	0.5

INFOLGE EINZELLAST F=1

IN

	M 0	M 0.2	M 0.5	Q 0	Q 0.2	Q 0.5	T 0	T 0.2	T 0.5	q 0	q 0.5
0.0*L2	-0.000	-0.000	-0.000	0.000	0.000	0.000	-0.000	-0.000	-0.000	0.000	-0.000
0.1*L2	-0.035	-0.007	0.002	0.035	0.013	0.000	-0.017	-0.007	-0.000	-0.018	-0.002
0.2*L2	-0.082	-0.016	0.004	0.080	0.031	0.000	-0.040	-0.015	0.000	-0.040	-0.005
0.3*L2	-0.134	-0.028	0.006	0.128	0.051	0.001	-0.063	-0.025	0.001	-0.060	-0.008
0.4*L2	-0.185	-0.040	0.008	0.173	0.071	0.001	-0.084	-0.033	0.002	-0.075	-0.012
0.5*L2	-0.230	-0.053	0.009	0.207	0.089	0.003	-0.098	-0.039	0.004	-0.081	-0.016
0.6*L2	-0.261	-0.064	0.009	0.225	0.101	0.004	-0.104	-0.042	0.006	-0.076	-0.018
0.7*L2	-0.267	-0.069	0.008	0.219	0.104	0.006	-0.098	-0.040	0.009	-0.059	-0.020
0.8*L2	-0.236	-0.066	0.006	0.183	0.093	0.006	-0.078	-0.033	0.010	-0.034	-0.018
0.9*L2	-0.152	-0.045	0.003	0.110	0.060	0.005	-0.045	-0.020	0.008	-0.010	-0.012
1.0*L2	0.000	0.000	-0.000	0.000	0.000	0.000	-0.000	-0.000	-0.000	0.000	-0.000
0.0*L1	-0.000	0.000	-0.000	1.000	-0.000	-0.000	0.000	0.000	-0.000	0.000	0.000
0.1*L1	-0.226	0.137	0.001	0.788	-0.153	-0.020	0.070	0.041	-0.026	-0.039	0.035
0.2*L1	-0.316	0.383	0.021	0.587	-0.364	-0.068	0.120	0.096	-0.052	-0.096	0.096
				0.636							
0.3*L1	-0.324	0.151	0.083	0.430	0.421	-0.160	0.145	0.149	-0.060	-0.136	0.181
0.4*L1	-0.290	0.023	0.218	0.317	0.254	-0.307	0.146	0.178	-0.042	-0.153	0.275
0.5*L1	-0.239	-0.032	0.457	0.236	0.142	-0.500	0.132	0.179	0.000	-0.147	0.326
						0.500					
0.6*L1	-0.182	-0.046	0.218	0.174	0.076	0.307	0.108	0.158	0.042	-0.126	0.275
0.7*L1	-0.127	-0.039	0.083	0.122	0.039	0.160	0.079	0.121	0.060	-0.095	0.181
0.8*L1	-0.076	-0.025	0.021	0.074	0.018	0.068	0.049	0.077	0.052	-0.060	0.096
0.9*L1	-0.031	-0.010	0.001	0.031	0.006	0.020	0.021	0.033	0.026	-0.025	0.035
0.0*L2	0.000	0.000	0.000	-0.000	0.000	-0.000	-0.000	-0.000	-0.000	0.000	-0.000
0.2*L2	0.012	0.006	0.006	-0.011	-0.000	-0.006	-0.008	-0.013	-0.010	0.010	-0.018
0.4*L2	0.008	0.005	0.009	-0.006	0.002	-0.004	-0.006	-0.009	-0.006	0.007	-0.018
0.6*L2	0.003	0.004	0.008	-0.001	0.003	-0.001	-0.002	-0.004	-0.002	0.003	-0.012
0.8*L2	0.000	0.001	0.004	0.001	0.001	-0.000	-0.000	-0.001	-0.000	0.001	-0.005
FAKTOR		a						a			1/a

INFOLGE STRECKENLAST P=1

IN FELD

	M 0	M 0.2	M 0.5	Q 0	Q 0.2	Q 0.5	T 0	T 0.2	T 0.5	q 0	q 0.5
3L	0.052	0.012	-0.002	-0.048	-0.020	-0.000	0.023	0.009	-0.001	0.020	0.003
2L	-0.640	-0.157	0.023	0.549	0.248	0.011	-0.253	-0.102	0.016	-0.182	-0.045
1,BIS SPRUNG					-0.196	-0.474		0.052	-0.112		
1,REST	-1.104	0.300	0.630	1.947	0.754	0.474	0.527	0.569	0.112	-0.527	0.902
2R	0.019	0.013	0.023	-0.015	0.004	-0.011	-0.014	-0.024	-0.016	0.018	-0.045
3R	-0.001	-0.001	-0.002	0.000	-0.001	0.000	0.001	0.001	0.001	-0.001	0.003
SUMME(+)	0.071	0.325	0.675	2.496	1.006	0.485	0.550	0.631	0.129	0.038	0.909
SUMME(-)	-1.744	-0.158	-0.004	-0.063	-0.216	-0.485	-0.267	-0.126	-0.129	-0.710	-0.090
SUMME	-1.673	0.167	0.671	2.433	0.790	-0.000	0.283	0.505	0.000	-0.672	0.819
FAKTOR		a×a			a			a×a			

INFOLGE EINZELMOMENT Mt=1

IN

	M 0	M 0.2	M 0.5	Q 0	Q 0.2	Q 0.5	T 0	T 0.2	T 0.5	q 0	q 0.5
0.0*L2	-0.102	-0.014	0.007	0.116	0.037	-0.002	-0.062	-0.023	-0.003	-0.077	-0.005
0.1*L2	-0.143	-0.020	0.010	0.162	0.053	-0.002	-0.086	-0.032	-0.004	-0.106	-0.007
0.2*L2	-0.190	-0.026	0.013	0.215	0.070	-0.003	-0.115	-0.042	-0.006	-0.140	-0.010
0.3*L2	-0.239	-0.033	0.017	0.272	0.088	-0.004	-0.146	-0.054	-0.008	-0.179	-0.012
0.4*L2	-0.286	-0.037	0.021	0.330	0.105	-0.005	-0.178	-0.066	-0.010	-0.223	-0.014
0.5*L2	-0.327	-0.038	0.025	0.388	0.119	-0.008	-0.212	-0.077	-0.014	-0.272	-0.015
0.6*L2	-0.356	-0.033	0.030	0.443	0.128	-0.011	-0.247	-0.089	-0.020	-0.331	-0.015
0.7*L2	-0.373	-0.021	0.035	0.499	0.132	-0.015	-0.285	-0.101	-0.028	-0.405	-0.013
0.8*L2	-0.377	0.001	0.042	0.559	0.129	-0.022	-0.330	-0.115	-0.040	-0.501	-0.009
0.9*L2	-0.374	0.033	0.052	0.636	0.123	-0.032	-0.390	-0.133	-0.056	-0.632	-0.003
1.0*L2	-0.378	0.074	0.066	0.746	0.116	-0.045	-0.474	-0.159	-0.078	-0.813	0.005
0.0*L1	-0.378	0.074	0.066	0.746	0.116	-0.045	0.526	-0.159	-0.078	-0.813	0.005
0.1*L1	-0.418	0.144	0.096	0.854	0.130	-0.071	0.414	-0.224	-0.123	-0.593	0.017
0.2*L1	-0.457	0.187	0.143	0.829	0.225	-0.101	0.353	-0.345	-0.181	-0.466	0.018
								0.655			
0.3*L1	-0.466	0.157	0.208	0.740	0.312	-0.124	0.314	0.528	-0.254	-0.390	-0.014
0.4*L1	-0.442	0.097	0.278	0.628	0.301	-0.109	0.279	0.443	-0.352	-0.336	-0.114
0.5*L1	-0.394	0.044	0.316	0.514	0.250	0.000	0.243	0.375	-0.500	-0.289	-0.335
									0.500		
0.6*L1	-0.331	0.009	0.278	0.406	0.191	0.109	0.203	0.311	0.352	-0.241	-0.114
0.7*L1	-0.262	-0.008	0.208	0.310	0.138	0.124	0.161	0.247	0.254	-0.192	-0.014
0.8*L1	-0.193	-0.012	0.143	0.224	0.096	0.101	0.120	0.184	0.181	-0.143	0.018
0.9*L1	-0.132	-0.009	0.096	0.153	0.065	0.071	0.082	0.126	0.123	-0.098	0.017
0.0*L2	-0.084	-0.004	0.066	0.098	0.043	0.045	0.052	0.079	0.078	-0.062	0.005
0.2*L2	-0.042	0.001	0.042	0.051	0.025	0.022	0.025	0.038	0.040	-0.030	-0.009
0.4*L2	-0.020	0.003	0.030	0.026	0.016	0.011	0.012	0.017	0.020	-0.014	-0.015
0.6*L2	-0.010	0.004	0.021	0.015	0.010	0.005	0.006	0.008	0.010	-0.006	-0.014
0.8*L2	-0.006	0.003	0.013	0.008	0.006	0.003	0.003	0.004	0.006	-0.003	-0.010
FAKTOR					1/a						1/(a×a)

INFOLGE STRECKENMOMENT mt=1

IN FELD

	M 0	M 0.2	M 0.5	Q 0	Q 0.2	Q 0.5	T 0	T 0.2	T 0.5	q 0	q 0.5
3L	-0.086	-0.007	0.008	0.110	0.031	-0.003	-0.062	-0.022	-0.005	-0.085	-0.003
2L	-1.163	-0.059	0.112	1.571	0.410	-0.050	-0.900	-0.320	-0.090	-1.287	-0.039
1,BIS SPRUNG					0.172	-0.266		-0.280	-0.713		
1,REST	-1.999	0.389	1.102	3.061	0.901	0.266	1.470	1.543	0.713	-1.899	-0.279
2R	-0.094	0.008	0.112	0.117	0.062	0.050	0.056	0.083	0.090	-0.065	-0.039
3R	-0.006	0.001	0.008	0.007	0.004	0.003	0.003	0.005	0.005	-0.004	-0.003
SUMME(+)	0.000	0.398	1.341	4.865	1.580	0.319	1.529	1.631	0.808	0.000	0.000
SUMME(-)	-3.348	-0.066	0.000	0.000	0.000	-0.319	-0.962	-0.621	-0.808	-3.340	-0.363
SUMME	-3.348	0.332	1.341	4.865	1.580	0.000	0.567	1.010	0.000	-3.340	-0.363
FAKTOR		a						a			1/a

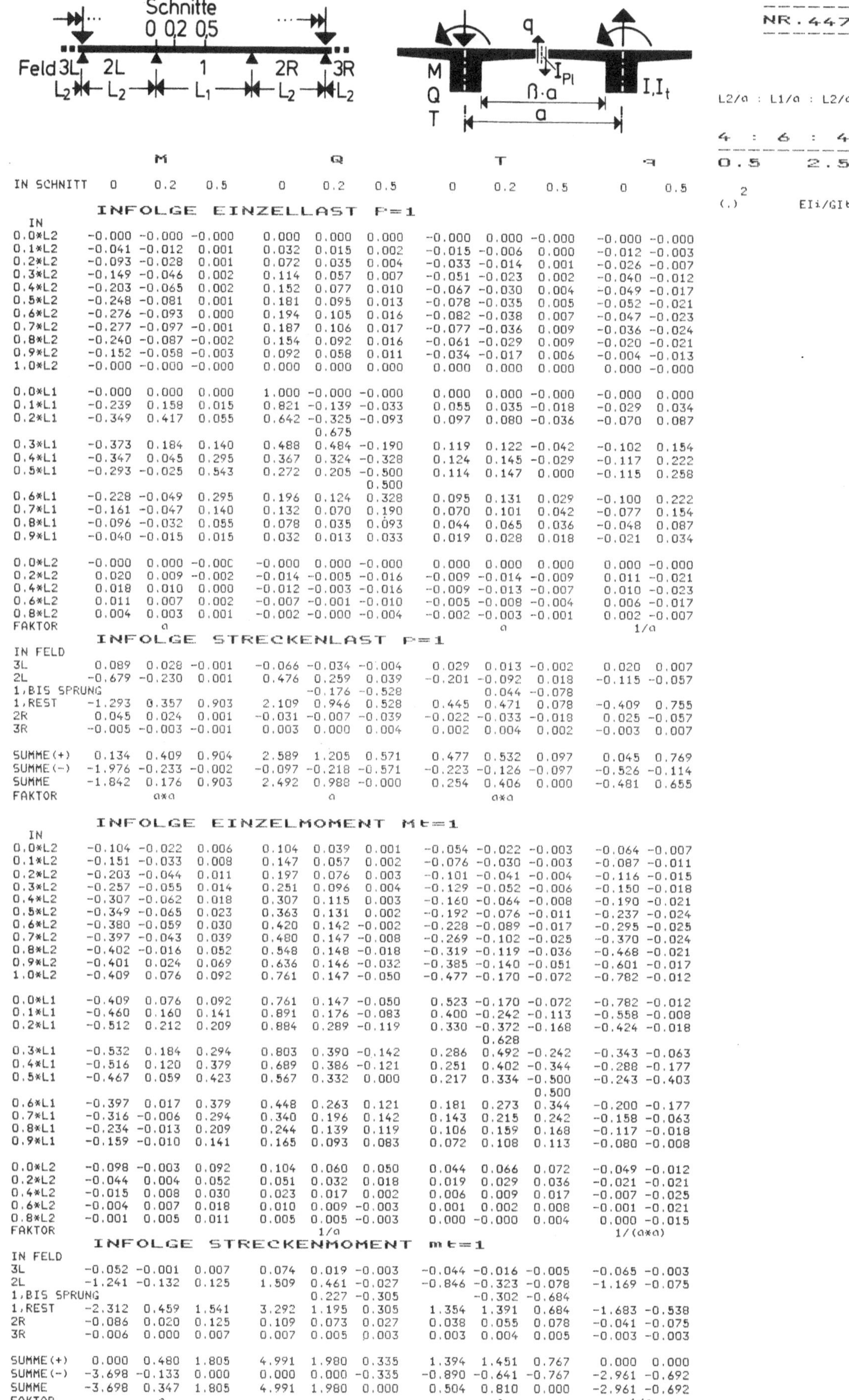

IN SCHNITT — M: 0, 0.2, 0.5 | Q: 0, 0.2, 0.5 | T: 0, 0.2, 0.5 | q: 0, 0.5

INFOLGE EINZELLAST P=1

IN

	M 0	M 0.2	M 0.5	Q 0	Q 0.2	Q 0.5	T 0	T 0.2	T 0.5	q 0	q 0.5
0.0*L2	-0.000	-0.000	-0.000	0.000	0.000	0.000	-0.000	0.000	-0.000	-0.000	-0.000
0.1*L2	-0.041	-0.012	0.001	0.032	0.015	0.002	-0.015	-0.006	0.000	-0.012	-0.003
0.2*L2	-0.093	-0.028	0.001	0.072	0.035	0.004	-0.033	-0.014	0.001	-0.026	-0.007
0.3*L2	-0.149	-0.046	0.002	0.114	0.057	0.007	-0.051	-0.023	0.002	-0.040	-0.012
0.4*L2	-0.203	-0.065	0.002	0.152	0.077	0.010	-0.067	-0.030	0.004	-0.049	-0.017
0.5*L2	-0.248	-0.081	0.001	0.181	0.095	0.013	-0.078	-0.035	0.005	-0.052	-0.021
0.6*L2	-0.276	-0.093	0.000	0.194	0.105	0.016	-0.082	-0.038	0.007	-0.047	-0.023
0.7*L2	-0.277	-0.097	-0.001	0.187	0.106	0.017	-0.077	-0.036	0.009	-0.036	-0.024
0.8*L2	-0.240	-0.087	-0.002	0.154	0.092	0.016	-0.061	-0.029	0.009	-0.020	-0.021
0.9*L2	-0.152	-0.058	-0.003	0.092	0.058	0.011	-0.034	-0.017	0.006	-0.004	-0.013
1.0*L2	-0.000	-0.000	-0.000	0.000	0.000	0.000	0.000	0.000	1.000	0.000	-0.000
0.0*L1	-0.000	0.000	0.000	1.000	-0.000	-0.000	0.000	0.000	-0.000	-0.000	0.000
0.1*L1	-0.239	0.158	0.015	0.821	-0.139	-0.033	0.055	0.035	-0.018	-0.029	0.034
0.2*L1	-0.349	0.417	0.055	0.642	-0.325	-0.093	0.097	0.080	-0.036	-0.070	0.087
(Sprung)				0.675							
0.3*L1	-0.373	0.184	0.140	0.488	0.484	-0.190	0.119	0.122	-0.042	-0.102	0.154
0.4*L1	-0.347	0.045	0.295	0.367	0.324	-0.328	0.124	0.145	-0.029	-0.117	0.222
0.5*L1	-0.293	-0.025	0.543	0.272	0.205	-0.500	0.114	0.147	0.000	-0.115	0.258
(Sprung)						0.500					
0.6*L1	-0.228	-0.049	0.295	0.196	0.124	0.328	0.095	0.131	0.029	-0.100	0.222
0.7*L1	-0.161	-0.047	0.140	0.132	0.070	0.190	0.070	0.101	0.042	-0.077	0.154
0.8*L1	-0.096	-0.032	0.055	0.078	0.035	0.093	0.044	0.065	0.036	-0.048	0.087
0.9*L1	-0.040	-0.015	0.015	0.032	0.013	0.033	0.019	0.028	0.018	-0.021	0.034
0.0*L2	-0.000	0.000	-0.000	-0.000	0.000	-0.000	0.000	0.000	0.000	0.000	-0.000
0.2*L2	0.020	0.009	-0.002	-0.014	-0.005	-0.016	-0.009	-0.014	-0.009	0.011	-0.021
0.4*L2	0.018	0.010	0.000	-0.012	-0.003	-0.016	-0.009	-0.013	-0.007	0.010	-0.023
0.6*L2	0.011	0.007	0.002	-0.007	-0.001	-0.010	-0.005	-0.008	-0.004	0.006	-0.017
0.8*L2	0.004	0.003	0.001	-0.002	-0.000	-0.004	-0.002	-0.003	-0.001	0.002	-0.007
FAKTOR	a						a			1/a	

INFOLGE STRECKENLAST P=1

IN FELD

	M 0	M 0.2	M 0.5	Q 0	Q 0.2	Q 0.5	T 0	T 0.2	T 0.5	q 0	q 0.5
3L	0.089	0.028	-0.001	-0.066	-0.034	-0.004	0.029	0.013	-0.002	0.020	0.007
2L	-0.679	-0.230	0.001	0.476	0.259	0.039	-0.201	-0.092	0.018	-0.115	-0.057
1,BIS SPRUNG					-0.176	-0.528		0.044	-0.078		
1,REST	-1.293	0.357	0.903	2.109	0.946	0.528	0.445	0.471	0.078	-0.409	0.755
2R	0.045	0.024	0.001	-0.031	-0.007	-0.039	-0.022	-0.033	-0.018	0.025	-0.057
3R	-0.005	-0.003	-0.001	0.003	0.000	0.004	0.002	0.004	0.002	-0.003	0.007
SUMME(+)	0.134	0.409	0.904	2.589	1.205	0.571	0.477	0.532	0.097	0.045	0.769
SUMME(-)	-1.976	-0.233	-0.002	-0.097	-0.218	-0.571	-0.223	-0.126	-0.097	-0.526	-0.114
SUMME	-1.842	0.176	0.903	2.492	0.988	-0.000	0.254	0.406	0.000	-0.481	0.655
FAKTOR	a*a			a			a*a				

INFOLGE EINZELMOMENT Mt=1

IN

	M 0	M 0.2	M 0.5	Q 0	Q 0.2	Q 0.5	T 0	T 0.2	T 0.5	q 0	q 0.5
0.0*L2	-0.104	-0.022	0.006	0.104	0.039	0.001	-0.054	-0.022	-0.003	-0.064	-0.007
0.1*L2	-0.151	-0.033	0.008	0.147	0.057	0.002	-0.076	-0.030	-0.003	-0.087	-0.011
0.2*L2	-0.203	-0.044	0.011	0.197	0.076	0.003	-0.101	-0.041	-0.004	-0.116	-0.015
0.3*L2	-0.257	-0.055	0.014	0.251	0.096	0.004	-0.129	-0.052	-0.006	-0.150	-0.018
0.4*L2	-0.307	-0.062	0.018	0.307	0.115	0.003	-0.160	-0.064	-0.008	-0.190	-0.021
0.5*L2	-0.349	-0.065	0.023	0.363	0.131	0.002	-0.192	-0.076	-0.011	-0.237	-0.024
0.6*L2	-0.380	-0.059	0.030	0.420	0.142	-0.002	-0.228	-0.089	-0.017	-0.295	-0.025
0.7*L2	-0.397	-0.043	0.039	0.480	0.147	-0.008	-0.269	-0.102	-0.025	-0.370	-0.024
0.8*L2	-0.402	-0.016	0.052	0.548	0.148	-0.018	-0.319	-0.119	-0.036	-0.468	-0.021
0.9*L2	-0.401	0.024	0.069	0.636	0.146	-0.032	-0.385	-0.140	-0.051	-0.601	-0.017
1.0*L2	-0.409	0.076	0.092	0.761	0.147	-0.050	-0.477	-0.170	-0.072	-0.782	-0.012
0.0*L1	-0.409	0.076	0.092	0.761	0.147	-0.050	0.523	-0.170	-0.072	-0.782	-0.012
0.1*L1	-0.460	0.160	0.141	0.891	0.176	-0.083	0.400	-0.242	-0.113	-0.558	-0.008
0.2*L1	-0.512	0.212	0.209	0.884	0.289	-0.119	0.330	-0.372	-0.168	-0.424	-0.018
(Sprung)							0.628				
0.3*L1	-0.532	0.184	0.294	0.803	0.390	-0.142	0.286	0.492	-0.242	-0.343	-0.063
0.4*L1	-0.516	0.120	0.379	0.689	0.386	-0.121	0.251	0.402	-0.344	-0.288	-0.177
0.5*L1	-0.467	0.059	0.423	0.567	0.332	0.000	0.217	0.334	-0.500	-0.243	-0.403
(Sprung)									0.500		
0.6*L1	-0.397	0.017	0.379	0.448	0.263	0.121	0.181	0.273	0.344	-0.200	-0.177
0.7*L1	-0.316	-0.006	0.294	0.340	0.196	0.142	0.143	0.215	0.242	-0.158	-0.063
0.8*L1	-0.234	-0.013	0.209	0.244	0.139	0.119	0.106	0.159	0.168	-0.117	-0.018
0.9*L1	-0.159	-0.010	0.141	0.165	0.093	0.083	0.072	0.108	0.113	-0.080	-0.008
0.0*L2	-0.098	-0.003	0.092	0.104	0.060	0.050	0.044	0.066	0.072	-0.049	-0.012
0.2*L2	-0.044	0.004	0.052	0.051	0.032	0.018	0.019	0.029	0.036	-0.021	-0.021
0.4*L2	-0.015	0.008	0.030	0.023	0.017	0.002	0.006	0.009	0.017	-0.007	-0.025
0.6*L2	-0.004	0.007	0.018	0.010	0.009	-0.003	0.001	0.002	0.008	-0.001	-0.021
0.8*L2	-0.001	0.005	0.011	0.005	0.005	-0.003	0.000	-0.000	0.004	0.000	-0.015
FAKTOR				1/a						1/(a*a)	

INFOLGE STRECKENMOMENT mt=1

IN FELD

	M 0	M 0.2	M 0.5	Q 0	Q 0.2	Q 0.5	T 0	T 0.2	T 0.5	q 0	q 0.5
3L	-0.052	-0.001	0.007	0.074	0.019	-0.003	-0.044	-0.016	-0.005	-0.065	-0.003
2L	-1.241	-0.132	0.125	1.509	0.461	-0.027	-0.846	-0.323	-0.078	-1.169	-0.075
1,BIS SPRUNG					0.227	-0.305		-0.302	-0.684		
1,REST	-2.312	0.459	1.541	3.292	1.195	0.305	1.354	1.391	0.684	-1.683	-0.538
2R	-0.086	0.020	0.125	0.109	0.073	0.027	0.038	0.055	0.078	-0.041	-0.075
3R	-0.006	0.000	0.007	0.007	0.005	0.003	0.003	0.004	0.005	-0.003	-0.003
SUMME(+)	0.000	0.480	1.805	4.991	1.980	0.335	1.394	1.451	0.767	0.000	0.000
SUMME(-)	-3.698	-0.133	0.000	0.000	0.000	-0.335	-0.890	-0.641	-0.767	-2.961	-0.692
SUMME	-3.698	0.347	1.805	4.991	1.980	0.000	0.504	0.810	0.000	-2.961	-0.692
FAKTOR	a						a			1/a	

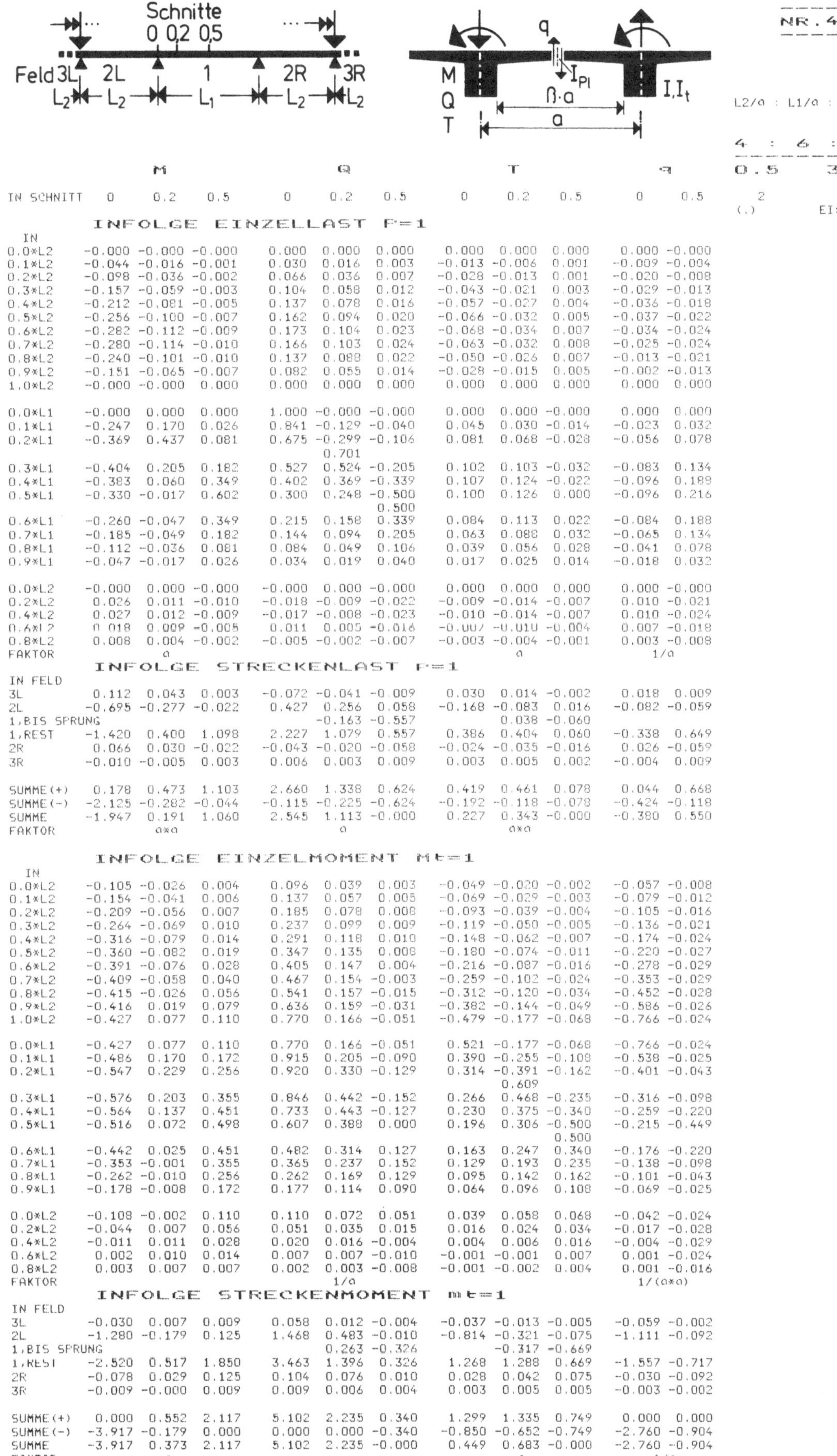

	M			Q			T			q	
IN SCHNITT	0	0.2	0.5	0	0.2	0.5	0	0.2	0.5	0	0.5

INFOLGE EINZELLAST P=1

IN

	M 0	M 0.2	M 0.5	Q 0	Q 0.2	Q 0.5	T 0	T 0.2	T 0.5	q 0	q 0.5
0.0*L2	-0.000	-0.000	-0.000	0.000	0.000	0.000	0.000	0.000	0.000	0.000	-0.000
0.1*L2	-0.044	-0.016	-0.001	0.030	0.016	0.003	-0.013	-0.006	0.001	-0.009	-0.004
0.2*L2	-0.098	-0.036	-0.002	0.066	0.036	0.007	-0.028	-0.013	0.001	-0.020	-0.008
0.3*L2	-0.157	-0.059	-0.003	0.104	0.058	0.012	-0.043	-0.021	0.003	-0.029	-0.013
0.4*L2	-0.212	-0.081	-0.005	0.137	0.078	0.016	-0.057	-0.027	0.004	-0.036	-0.018
0.5*L2	-0.256	-0.100	-0.007	0.162	0.094	0.020	-0.066	-0.032	0.005	-0.037	-0.022
0.6*L2	-0.282	-0.112	-0.009	0.173	0.104	0.023	-0.068	-0.034	0.007	-0.034	-0.024
0.7*L2	-0.280	-0.114	-0.010	0.166	0.103	0.024	-0.063	-0.032	0.008	-0.025	-0.024
0.8*L2	-0.240	-0.101	-0.010	0.137	0.088	0.022	-0.050	-0.026	0.007	-0.013	-0.021
0.9*L2	-0.151	-0.065	-0.007	0.082	0.055	0.014	-0.028	-0.015	0.005	-0.002	-0.013
1.0*L2	-0.000	-0.000	-0.000	0.000	0.000	0.000	0.000	0.000	0.000	0.000	0.000
0.0*L1	-0.000	0.000	0.000	1.000	-0.000	-0.000	0.000	0.000	-0.000	0.000	0.000
0.1*L1	-0.247	0.170	0.026	0.841	-0.129	-0.040	0.045	0.030	-0.014	-0.023	0.032
0.2*L1	-0.369	0.437	0.081	0.675	-0.299	-0.106	0.081	0.068	-0.028	-0.056	0.078
				0.701							
0.3*L1	-0.404	0.205	0.182	0.527	0.524	-0.205	0.102	0.103	-0.032	-0.083	0.134
0.4*L1	-0.383	0.060	0.349	0.402	0.369	-0.339	0.107	0.124	-0.022	-0.096	0.189
0.5*L1	-0.330	-0.017	0.602	0.300	0.248	-0.500	0.100	0.126	0.000	-0.096	0.216
						0.500					
0.6*L1	-0.260	-0.047	0.349	0.215	0.158	0.339	0.084	0.113	0.022	-0.084	0.188
0.7*L1	-0.185	-0.049	0.182	0.144	0.094	0.205	0.063	0.088	0.032	-0.065	0.134
0.8*L1	-0.112	-0.036	0.081	0.084	0.049	0.106	0.039	0.056	0.028	-0.041	0.078
0.9*L1	-0.047	-0.017	0.026	0.034	0.019	0.040	0.017	0.025	0.014	-0.018	0.032
0.0*L2	-0.000	0.000	-0.000	-0.000	0.000	-0.000	0.000	0.000	0.000	0.000	-0.000
0.2*L2	0.026	0.011	-0.010	-0.018	-0.009	-0.022	-0.009	-0.014	-0.007	0.010	-0.021
0.4*L2	0.027	0.012	-0.009	-0.017	-0.008	-0.023	-0.010	-0.014	-0.007	0.010	-0.024
0.6*L2	0.018	0.009	-0.005	0.011	0.005	-0.016	-0.007	-0.010	-0.004	0.007	-0.018
0.8*L2	0.008	0.004	-0.002	-0.005	-0.002	-0.007	-0.003	-0.004	-0.001	0.003	-0.008
FAKTOR	a						a			1/a	

INFOLGE STRECKENLAST P=1

IN FELD

	M 0	M 0.2	M 0.5	Q 0	Q 0.2	Q 0.5	T 0	T 0.2	T 0.5	q 0	q 0.5
3L	0.112	0.043	0.003	-0.072	-0.041	-0.009	0.030	0.014	-0.002	0.018	0.009
2L	-0.695	-0.277	-0.022	0.427	0.256	0.058	-0.168	-0.083	0.016	-0.082	-0.059
1,BIS SPRUNG					-0.163	-0.557		0.038	-0.060		
1,REST	-1.420	0.400	1.098	2.227	1.079	0.557	0.386	0.404	0.060	-0.338	0.649
2R	0.066	0.030	-0.022	-0.043	-0.020	-0.058	-0.024	-0.035	-0.016	0.026	-0.059
3R	-0.010	-0.005	0.003	0.006	0.003	0.009	0.003	0.005	0.002	-0.004	0.009
SUMME(+)	0.178	0.473	1.103	2.660	1.338	0.624	0.419	0.461	0.078	0.044	0.668
SUMME(-)	-2.125	-0.282	-0.044	-0.115	-0.225	-0.624	-0.192	-0.118	-0.078	-0.424	-0.118
SUMME	-1.947	0.191	1.060	2.545	1.113	-0.000	0.227	0.343	-0.000	-0.380	0.550
FAKTOR	a×a			a			a×a				

INFOLGE EINZELMOMENT Mt=1

IN

	M 0	M 0.2	M 0.5	Q 0	Q 0.2	Q 0.5	T 0	T 0.2	T 0.5	q 0	q 0.5
0.0*L2	-0.105	-0.026	0.004	0.096	0.039	0.003	-0.049	-0.020	-0.002	-0.057	-0.008
0.1*L2	-0.154	-0.041	0.006	0.137	0.057	0.005	-0.069	-0.029	-0.003	-0.079	-0.012
0.2*L2	-0.209	-0.056	0.007	0.185	0.078	0.008	-0.093	-0.039	-0.004	-0.105	-0.016
0.3*L2	-0.264	-0.069	0.010	0.237	0.099	0.009	-0.119	-0.050	-0.005	-0.136	-0.021
0.4*L2	-0.316	-0.079	0.014	0.291	0.118	0.010	-0.148	-0.062	-0.007	-0.174	-0.024
0.5*L2	-0.360	-0.082	0.019	0.347	0.135	0.008	-0.180	-0.074	-0.011	-0.220	-0.027
0.6*L2	-0.391	-0.076	0.028	0.405	0.147	0.004	-0.216	-0.087	-0.016	-0.278	-0.029
0.7*L2	-0.409	-0.058	0.040	0.467	0.154	-0.003	-0.259	-0.102	-0.024	-0.353	-0.029
0.8*L2	-0.415	-0.026	0.056	0.541	0.157	-0.015	-0.312	-0.120	-0.034	-0.452	-0.028
0.9*L2	-0.416	0.019	0.079	0.636	0.159	-0.031	-0.382	-0.144	-0.049	-0.586	-0.026
1.0*L2	-0.427	0.077	0.110	0.770	0.166	-0.051	-0.479	-0.177	-0.068	-0.766	-0.024
0.0*L1	-0.427	0.077	0.110	0.770	0.166	-0.051	0.521	-0.177	-0.068	-0.766	-0.024
0.1*L1	-0.486	0.170	0.172	0.915	0.205	-0.090	0.390	-0.255	-0.108	-0.538	-0.025
0.2*L1	-0.547	0.229	0.256	0.920	0.330	-0.129	0.314	-0.391	-0.162	-0.401	-0.043
									0.609		
0.3*L1	-0.576	0.203	0.355	0.846	0.442	-0.152	0.266	0.468	-0.235	-0.316	-0.098
0.4*L1	-0.564	0.137	0.451	0.733	0.443	-0.127	0.230	0.375	-0.340	-0.259	-0.220
0.5*L1	-0.516	0.072	0.498	0.607	0.388	0.000	0.196	0.306	-0.500	-0.215	-0.449
									0.500		
0.6*L1	-0.442	0.025	0.451	0.482	0.314	0.127	0.163	0.247	0.340	-0.176	-0.220
0.7*L1	-0.353	-0.001	0.355	0.365	0.237	0.152	0.129	0.193	0.235	-0.138	-0.098
0.8*L1	-0.262	-0.010	0.256	0.262	0.169	0.129	0.095	0.142	0.162	-0.101	-0.043
0.9*L1	-0.178	-0.008	0.172	0.177	0.114	0.090	0.064	0.096	0.108	-0.069	-0.025
0.0*L2	-0.108	-0.002	0.110	0.110	0.072	0.051	0.039	0.058	0.068	-0.042	-0.024
0.2*L2	-0.044	0.007	0.056	0.051	0.035	0.015	0.016	0.024	0.034	-0.017	-0.028
0.4*L2	-0.011	0.011	0.028	0.020	0.016	-0.004	0.004	0.006	0.016	-0.004	-0.029
0.6*L2	0.002	0.010	0.014	0.007	0.007	-0.010	-0.001	-0.001	0.007	0.001	-0.024
0.8*L2	0.003	0.007	0.007	0.002	0.003	-0.008	-0.001	-0.002	0.004	0.001	-0.016
FAKTOR				1/a						1/(a×a)	

INFOLGE STRECKENMOMENT mt=1

IN FELD

	M 0	M 0.2	M 0.5	Q 0	Q 0.2	Q 0.5	T 0	T 0.2	T 0.5	q 0	q 0.5
3L	-0.030	0.007	0.009	0.058	0.012	-0.004	-0.037	-0.013	-0.005	-0.059	-0.002
2L	-1.280	-0.179	0.125	1.468	0.483	-0.010	-0.814	-0.321	-0.075	-1.111	-0.092
1,BIS SPRUNG					0.263	-0.326		-0.317	-0.669		
1,REST	-2.520	0.517	1.850	3.463	1.396	0.326	1.268	1.288	0.669	-1.557	-0.717
2R	-0.078	0.029	0.125	0.104	0.076	0.010	0.028	0.042	0.075	-0.030	-0.092
3R	-0.009	-0.000	0.009	0.009	0.006	0.004	0.003	0.005	0.005	-0.003	-0.002
SUMME(+)	0.000	0.552	2.117	5.102	2.235	0.340	1.299	1.335	0.749	0.000	0.000
SUMME(-)	-3.917	-0.179	0.000	0.000	0.000	-0.340	-0.850	-0.652	-0.749	-2.760	-0.904
SUMME	-3.917	0.373	2.117	5.102	2.235	-0.000	0.449	0.683	-0.000	-2.760	-0.904
FAKTOR	a						a			1/a	

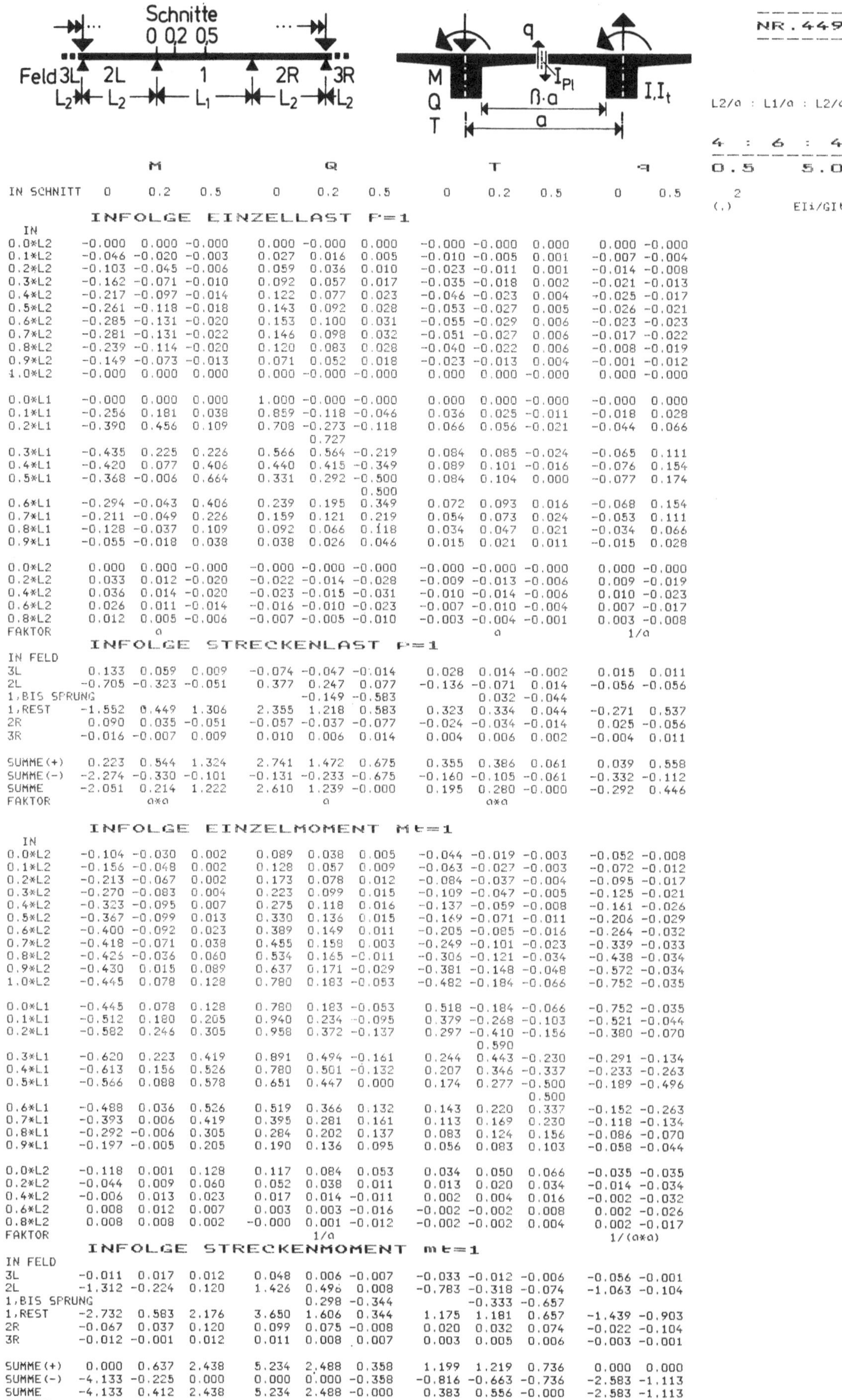

	M			Q			T			q	
IN SCHNITT	0	0.2	0.5	0	0.2	0.5	0	0.2	0.5	0	0.5

INFOLGE EINZELLAST P=1

IN	M:0	M:0.2	M:0.5	Q:0	Q:0.2	Q:0.5	T:0	T:0.2	T:0.5	q:0	q:0.5
0.0*L2	-0.000	0.000	-0.000	0.000	-0.000	0.000	-0.000	-0.000	0.000	0.000	-0.000
0.1*L2	-0.046	-0.020	-0.003	0.027	0.016	0.005	-0.010	-0.005	0.001	-0.007	-0.004
0.2*L2	-0.103	-0.045	-0.006	0.059	0.036	0.010	-0.023	-0.011	0.001	-0.014	-0.008
0.3*L2	-0.162	-0.071	-0.010	0.092	0.057	0.017	-0.035	-0.018	0.002	-0.021	-0.013
0.4*L2	-0.217	-0.097	-0.014	0.122	0.077	0.023	-0.046	-0.023	0.004	-0.025	-0.017
0.5*L2	-0.261	-0.118	-0.018	0.143	0.092	0.028	-0.053	-0.027	0.005	-0.026	-0.021
0.6*L2	-0.285	-0.131	-0.020	0.153	0.100	0.031	-0.055	-0.029	0.006	-0.023	-0.023
0.7*L2	-0.281	-0.131	-0.022	0.146	0.098	0.032	-0.051	-0.027	0.006	-0.017	-0.022
0.8*L2	-0.239	-0.114	-0.020	0.120	0.083	0.028	-0.040	-0.022	0.006	-0.008	-0.019
0.9*L2	-0.149	-0.073	-0.013	0.071	0.052	0.018	-0.023	-0.013	0.004	-0.001	-0.012
1.0*L2	-0.000	0.000	0.000	0.000	-0.000	-0.000	0.000	0.000	-0.000	0.000	-0.000
0.0*L1	-0.000	0.000	0.000	1.000	-0.000	-0.000	0.000	0.000	-0.000	0.000	-0.000
0.1*L1	-0.256	0.181	0.038	0.859	-0.118	-0.046	0.036	0.025	-0.011	-0.018	0.028
0.2*L1	-0.390	0.456	0.109	0.708	-0.273	-0.118	0.066	0.056	-0.021	-0.044	0.066
(Sprung)				0.727							
0.3*L1	-0.435	0.225	0.226	0.566	0.564	-0.219	0.084	0.085	-0.024	-0.065	0.111
0.4*L1	-0.420	0.077	0.406	0.440	0.415	-0.349	0.089	0.101	-0.016	-0.076	0.154
0.5*L1	-0.368	-0.006	0.664	0.331	0.292	-0.500	0.084	0.104	0.000	-0.077	0.174
(Sprung)						0.500					
0.6*L1	-0.294	-0.043	0.406	0.239	0.195	0.349	0.072	0.093	0.016	-0.068	0.154
0.7*L1	-0.211	-0.049	0.226	0.159	0.121	0.219	0.054	0.073	0.024	-0.053	0.111
0.8*L1	-0.128	-0.037	0.109	0.092	0.066	0.118	0.034	0.047	0.021	-0.034	0.066
0.9*L1	-0.055	-0.018	0.038	0.038	0.026	0.046	0.015	0.021	0.011	-0.015	0.028
0.0*L2	0.000	0.000	-0.000	-0.000	-0.000	-0.000	-0.000	-0.000	-0.000	0.000	-0.000
0.2*L2	0.033	0.012	-0.020	-0.022	-0.014	-0.028	-0.009	-0.013	-0.006	0.009	-0.019
0.4*L2	0.036	0.014	-0.020	-0.023	-0.015	-0.031	-0.010	-0.014	-0.006	0.010	-0.023
0.6*L2	0.026	0.011	-0.014	-0.016	-0.010	-0.023	-0.007	-0.010	-0.004	0.007	-0.017
0.8*L2	0.012	0.005	-0.006	-0.007	-0.005	-0.010	-0.003	-0.004	-0.001	0.003	-0.008
FAKTOR	a						a			1/a	

INFOLGE STRECKENLAST P=1

IN FELD	M:0	M:0.2	M:0.5	Q:0	Q:0.2	Q:0.5	T:0	T:0.2	T:0.5	q:0	q:0.5
3L	0.133	0.059	0.009	-0.074	-0.047	-0.014	0.028	0.014	-0.002	0.015	0.011
2L	-0.705	-0.323	-0.051	0.377	0.247	0.077	-0.136	-0.071	0.014	-0.056	-0.056
1,BIS SPRUNG					-0.149	-0.583		0.032	-0.044		
1,REST	-1.552	0.449	1.306	2.355	1.218	0.583	0.323	0.334	0.044	-0.271	0.537
2R	0.090	0.035	-0.051	-0.057	-0.037	-0.077	-0.024	-0.034	-0.014	0.025	-0.056
3R	-0.016	-0.007	0.009	0.010	0.006	0.014	0.004	0.006	0.002	-0.004	0.011
SUMME(+)	0.223	0.544	1.324	2.741	1.472	0.675	0.355	0.386	0.061	0.039	0.558
SUMME(-)	-2.274	-0.330	-0.101	-0.131	-0.233	-0.675	-0.160	-0.105	-0.061	-0.332	-0.112
SUMME	-2.051	0.214	1.222	2.610	1.239	-0.000	0.195	0.280	-0.000	-0.292	0.446
FAKTOR	a*a			a			a*a				

INFOLGE EINZELMOMENT Mt=1

IN	M:0	M:0.2	M:0.5	Q:0	Q:0.2	Q:0.5	T:0	T:0.2	T:0.5	q:0	q:0.5
0.0*L2	-0.104	-0.030	0.002	0.089	0.038	0.005	-0.044	-0.019	-0.003	-0.052	-0.008
0.1*L2	-0.156	-0.048	0.002	0.128	0.057	0.009	-0.063	-0.027	-0.003	-0.072	-0.012
0.2*L2	-0.213	-0.067	0.002	0.173	0.078	0.012	-0.084	-0.037	-0.004	-0.095	-0.017
0.3*L2	-0.270	-0.083	0.004	0.223	0.099	0.015	-0.109	-0.047	-0.005	-0.125	-0.021
0.4*L2	-0.323	-0.095	0.007	0.275	0.118	0.016	-0.137	-0.059	-0.008	-0.161	-0.026
0.5*L2	-0.367	-0.099	0.013	0.330	0.136	0.015	-0.169	-0.071	-0.011	-0.206	-0.029
0.6*L2	-0.400	-0.092	0.023	0.389	0.149	0.011	-0.205	-0.085	-0.016	-0.264	-0.032
0.7*L2	-0.418	-0.071	0.038	0.455	0.158	0.003	-0.249	-0.101	-0.023	-0.339	-0.033
0.8*L2	-0.425	-0.036	0.060	0.534	0.165	-0.011	-0.306	-0.121	-0.034	-0.438	-0.034
0.9*L2	-0.430	0.015	0.089	0.637	0.171	-0.029	-0.381	-0.148	-0.048	-0.572	-0.034
1.0*L2	-0.445	0.078	0.128	0.780	0.183	-0.053	-0.482	-0.184	-0.066	-0.752	-0.035
0.0*L1	-0.445	0.078	0.128	0.780	0.183	-0.053	0.518	-0.184	-0.066	-0.752	-0.035
0.1*L1	-0.512	0.180	0.205	0.940	0.234	-0.095	0.379	-0.268	-0.103	-0.521	-0.044
0.2*L1	-0.582	0.246	0.305	0.958	0.372	-0.137	0.297	-0.410	-0.156	-0.380	-0.070
(Sprung)							0.590				
0.3*L1	-0.620	0.223	0.419	0.891	0.494	-0.161	0.244	0.443	-0.230	-0.291	-0.134
0.4*L1	-0.613	0.156	0.526	0.780	0.501	-0.132	0.207	0.346	-0.337	-0.233	-0.263
0.5*L1	-0.566	0.088	0.578	0.651	0.447	0.000	0.174	0.277	-0.500	-0.189	-0.496
(Sprung)									0.500		
0.6*L1	-0.488	0.036	0.526	0.519	0.366	0.132	0.143	0.220	0.337	-0.152	-0.263
0.7*L1	-0.393	0.006	0.419	0.395	0.281	0.161	0.113	0.169	0.230	-0.118	-0.134
0.8*L1	-0.292	-0.006	0.305	0.284	0.202	0.137	0.083	0.124	0.156	-0.086	-0.070
0.9*L1	-0.197	-0.005	0.205	0.190	0.136	0.095	0.056	0.083	0.103	-0.058	-0.044
0.0*L2	-0.118	0.001	0.128	0.117	0.084	0.053	0.034	0.050	0.066	-0.035	-0.035
0.2*L2	-0.044	0.009	0.060	0.052	0.038	0.011	0.013	0.020	0.034	-0.014	-0.034
0.4*L2	-0.006	0.013	0.023	0.017	0.014	-0.011	0.002	0.004	0.016	-0.002	-0.032
0.6*L2	0.008	0.012	0.007	0.003	0.003	-0.016	-0.002	-0.002	0.008	0.002	-0.026
0.8*L2	0.008	0.008	0.002	-0.000	0.001	-0.012	-0.002	-0.002	0.004	0.002	-0.017
FAKTOR	1/a									1/(a*a)	

INFOLGE STRECKENMOMENT mt=1

IN FELD	M:0	M:0.2	M:0.5	Q:0	Q:0.2	Q:0.5	T:0	T:0.2	T:0.5	q:0	q:0.5
3L	-0.011	0.017	0.012	0.048	0.006	-0.007	-0.033	-0.012	-0.006	-0.056	-0.001
2L	-1.312	-0.224	0.120	1.426	0.496	0.008	-0.783	-0.318	-0.074	-1.063	-0.104
1,BIS SPRUNG					0.298	-0.344		-0.333	-0.657		
1,REST	-2.732	0.583	2.176	3.650	1.606	0.344	1.175	1.181	0.657	-1.439	-0.903
2R	-0.067	0.037	0.120	0.099	0.075	-0.008	0.020	0.032	0.074	-0.022	-0.104
3R	-0.012	-0.001	0.012	0.011	0.008	0.007	0.003	0.005	0.006	-0.003	-0.001
SUMME(+)	0.000	0.637	2.438	5.234	2.488	0.358	1.199	1.219	0.736	0.000	0.000
SUMME(-)	-4.133	-0.225	0.000	0.000	0.000	-0.358	-0.816	-0.663	-0.736	-2.583	-1.113
SUMME	-4.133	0.412	2.438	5.234	2.488	-0.000	0.383	0.556	-0.000	-2.583	-1.113
FAKTOR	a						a			1/a	

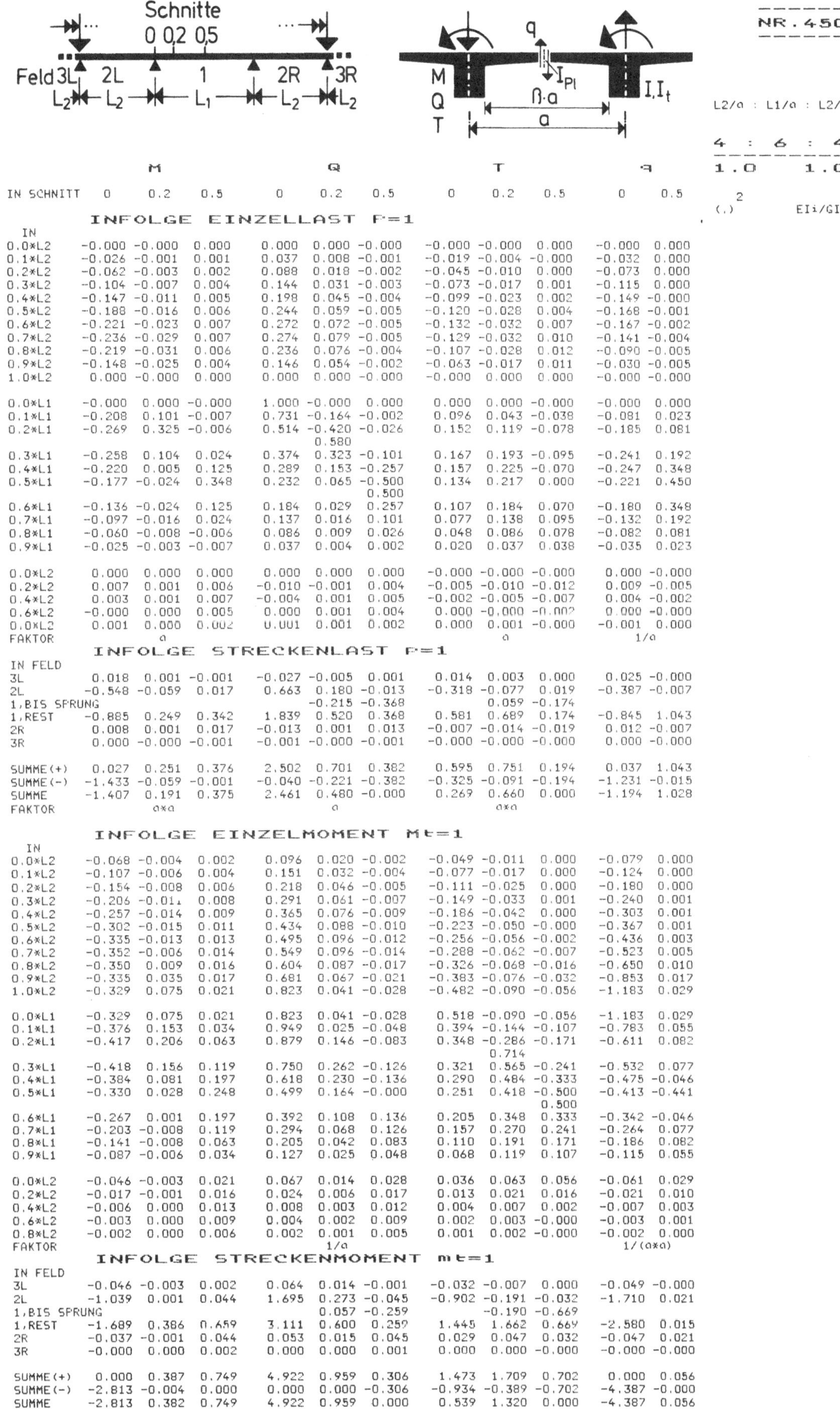

IN SCHNITT	M 0	M 0.2	M 0.5	Q 0	Q 0.2	Q 0.5	T 0	T 0.2	T 0.5	q 0	q 0.5

INFOLGE EINZELLAST P=1

IN	M 0	M 0.2	M 0.5	Q 0	Q 0.2	Q 0.5	T 0	T 0.2	T 0.5	q 0	q 0.5
0.0*L2	-0.000	-0.000	0.000	0.000	0.000	-0.000	-0.000	-0.000	0.000	-0.000	0.000
0.1*L2	-0.026	-0.001	0.001	0.037	0.008	-0.001	-0.019	-0.004	-0.000	-0.032	0.000
0.2*L2	-0.062	-0.003	0.002	0.088	0.018	-0.002	-0.045	-0.010	0.000	-0.073	0.000
0.3*L2	-0.104	-0.007	0.004	0.144	0.031	-0.003	-0.073	-0.017	0.001	-0.115	0.000
0.4*L2	-0.147	-0.011	0.005	0.198	0.045	-0.004	-0.099	-0.023	0.002	-0.149	-0.000
0.5*L2	-0.188	-0.016	0.006	0.244	0.059	-0.005	-0.120	-0.028	0.004	-0.168	-0.001
0.6*L2	-0.221	-0.023	0.007	0.272	0.072	-0.005	-0.132	-0.032	0.007	-0.167	-0.002
0.7*L2	-0.236	-0.029	0.007	0.274	0.079	-0.005	-0.129	-0.032	0.010	-0.141	-0.004
0.8*L2	-0.219	-0.031	0.006	0.236	0.076	-0.004	-0.107	-0.028	0.012	-0.090	-0.005
0.9*L2	-0.148	-0.025	0.004	0.146	0.054	-0.002	-0.063	-0.017	0.011	-0.030	-0.005
1.0*L2	0.000	-0.000	0.000	0.000	0.000	-0.000	-0.000	0.000	0.000	-0.000	-0.000
0.0*L1	-0.000	0.000	-0.000	1.000	-0.000	0.000	0.000	0.000	-0.000	-0.000	0.000
0.1*L1	-0.208	0.101	-0.007	0.731	-0.164	-0.002	0.096	0.043	-0.038	-0.081	0.023
0.2*L1	-0.269	0.325	-0.006	0.514	-0.420	-0.026	0.152	0.119	-0.078	-0.185	0.081
					0.580						
0.3*L1	-0.258	0.104	0.024	0.374	0.323	-0.101	0.167	0.193	-0.095	-0.241	0.192
0.4*L1	-0.220	0.005	0.125	0.289	0.153	-0.257	0.157	0.225	-0.070	-0.247	0.348
0.5*L1	-0.177	-0.024	0.348	0.232	0.065	-0.500	0.134	0.217	0.000	-0.221	0.450
						0.500					
0.6*L1	-0.136	-0.024	0.125	0.184	0.029	0.257	0.107	0.184	0.070	-0.180	0.348
0.7*L1	-0.097	-0.016	0.024	0.137	0.016	0.101	0.077	0.138	0.095	-0.132	0.192
0.8*L1	-0.060	-0.008	-0.006	0.086	0.009	0.026	0.048	0.086	0.078	-0.082	0.081
0.9*L1	-0.025	-0.003	-0.007	0.037	0.004	0.002	0.020	0.037	0.038	-0.035	0.023
0.0*L2	0.000	0.000	0.000	-0.000	-0.000	0.000	-0.000	-0.000	-0.000	0.000	-0.000
0.2*L2	0.007	0.001	0.006	-0.010	-0.001	0.004	-0.005	-0.010	-0.012	0.009	-0.005
0.4*L2	0.003	0.001	0.007	-0.004	0.001	0.005	-0.002	-0.005	-0.007	0.004	-0.002
0.6*L2	-0.000	0.000	0.005	0.000	0.001	0.004	0.000	-0.000	-0.002	0.000	-0.000
0.0*L2	0.001	0.000	0.002	0.001	0.001	0.002	0.000	0.001	-0.000	-0.001	0.000
FAKTOR		a						a		1/a	

INFOLGE STRECKENLAST P=1

IN FELD	M 0	M 0.2	M 0.5	Q 0	Q 0.2	Q 0.5	T 0	T 0.2	T 0.5	q 0	q 0.5
3L	0.018	0.001	-0.001	-0.027	-0.005	0.001	0.014	0.003	0.000	0.025	-0.000
2L	-0.548	-0.059	0.017	0.663	0.180	-0.013	-0.318	-0.077	0.019	-0.387	-0.007
1,BIS SPRUNG					-0.215	-0.368		0.059	-0.174		
1,REST	-0.885	0.249	0.342	1.839	0.520	0.368	0.581	0.689	0.174	-0.845	1.043
2R	0.008	0.001	0.017	-0.013	0.001	0.013	-0.007	-0.014	-0.019	0.012	-0.007
3R	0.000	-0.000	-0.001	-0.001	-0.000	-0.001	-0.000	-0.000	-0.000	0.000	-0.000
SUMME(+)	0.027	0.251	0.376	2.502	0.701	0.382	0.595	0.751	0.194	0.037	1.043
SUMME(-)	-1.433	-0.059	-0.001	-0.040	-0.221	-0.382	-0.325	-0.091	-0.194	-1.231	-0.015
SUMME	-1.407	0.191	0.375	2.461	0.480	-0.000	0.269	0.660	0.000	-1.194	1.028
FAKTOR		a*a			a			a*a			

INFOLGE EINZELMOMENT Mt=1

IN	M 0	M 0.2	M 0.5	Q 0	Q 0.2	Q 0.5	T 0	T 0.2	T 0.5	q 0	q 0.5
0.0*L2	-0.068	-0.004	0.002	0.096	0.020	-0.002	-0.049	-0.011	0.000	-0.079	0.000
0.1*L2	-0.107	-0.006	0.004	0.151	0.032	-0.004	-0.077	-0.017	0.000	-0.124	0.000
0.2*L2	-0.154	-0.008	0.006	0.218	0.046	-0.005	-0.111	-0.025	0.000	-0.180	0.000
0.3*L2	-0.206	-0.011	0.008	0.291	0.061	-0.007	-0.149	-0.033	0.001	-0.240	0.001
0.4*L2	-0.257	-0.014	0.009	0.365	0.076	-0.009	-0.186	-0.042	0.000	-0.303	0.001
0.5*L2	-0.302	-0.015	0.011	0.434	0.088	-0.010	-0.223	-0.050	-0.000	-0.367	0.001
0.6*L2	-0.335	-0.013	0.013	0.495	0.096	-0.012	-0.256	-0.056	-0.002	-0.436	0.003
0.7*L2	-0.352	-0.006	0.014	0.549	0.096	-0.014	-0.288	-0.062	-0.007	-0.523	0.005
0.8*L2	-0.350	0.009	0.016	0.604	0.087	-0.017	-0.326	-0.068	-0.016	-0.650	0.010
0.9*L2	-0.335	0.035	0.017	0.681	0.067	-0.021	-0.383	-0.076	-0.032	-0.853	0.017
1.0*L2	-0.329	0.075	0.021	0.823	0.041	-0.028	-0.482	-0.090	-0.056	-1.183	0.029
0.0*L1	-0.329	0.075	0.021	0.823	0.041	-0.028	0.518	-0.090	-0.056	-1.183	0.029
0.1*L1	-0.376	0.153	0.034	0.949	0.025	-0.048	0.394	-0.144	-0.107	-0.783	0.055
0.2*L1	-0.417	0.206	0.063	0.879	0.146	-0.083	0.348	-0.286	-0.171	-0.611	0.082
									0.714		
0.3*L1	-0.418	0.156	0.119	0.750	0.262	-0.126	0.321	0.565	-0.241	-0.532	0.077
0.4*L1	-0.384	0.081	0.197	0.618	0.230	-0.136	0.290	0.484	-0.333	-0.475	-0.046
0.5*L1	-0.330	0.028	0.248	0.499	0.164	-0.000	0.251	0.418	-0.500	-0.413	-0.441
									0.500		
0.6*L1	-0.267	0.001	0.197	0.392	0.108	0.136	0.205	0.348	0.333	-0.342	-0.046
0.7*L1	-0.203	-0.008	0.119	0.294	0.068	0.126	0.157	0.270	0.241	-0.264	0.077
0.8*L1	-0.141	-0.008	0.063	0.205	0.042	0.083	0.110	0.191	0.171	-0.186	0.082
0.9*L1	-0.087	-0.006	0.034	0.127	0.025	0.048	0.068	0.119	0.107	-0.115	0.055
0.0*L2	-0.046	-0.003	0.021	0.067	0.014	0.028	0.036	0.063	0.056	-0.061	0.029
0.2*L2	-0.017	-0.001	0.016	0.024	0.006	0.017	0.013	0.021	0.016	-0.021	0.010
0.4*L2	-0.006	0.000	0.013	0.008	0.003	0.012	0.004	0.007	0.002	-0.007	0.003
0.6*L2	-0.003	0.000	0.009	0.004	0.002	0.009	0.002	0.003	-0.000	-0.003	0.001
0.8*L2	-0.002	0.000	0.006	0.002	0.001	0.005	0.001	0.002	-0.000	-0.002	0.000
FAKTOR					1/a					1/(a*a)	

INFOLGE STRECKENMOMENT mt=1

IN FELD	M 0	M 0.2	M 0.5	Q 0	Q 0.2	Q 0.5	T 0	T 0.2	T 0.5	q 0	q 0.5
3L	-0.046	-0.003	0.002	0.064	0.014	-0.001	-0.032	-0.007	0.000	-0.049	-0.000
2L	-1.039	0.001	0.044	1.695	0.273	-0.045	-0.902	-0.191	-0.032	-1.710	0.021
1,BIS SPRUNG					0.057	-0.259		-0.190	-0.669		
1,REST	-1.689	0.386	0.659	3.111	0.600	0.259	1.445	1.662	0.669	-2.580	0.015
2R	-0.037	-0.001	0.044	0.053	0.015	0.045	0.029	0.047	0.032	-0.047	0.021
3R	-0.000	0.000	0.002	0.000	0.000	0.001	0.000	0.000	-0.000	-0.000	-0.000
SUMME(+)	0.000	0.387	0.749	4.922	0.959	0.306	1.473	1.709	0.702	0.000	0.056
SUMME(-)	-2.813	-0.004	0.000	0.000	0.000	-0.306	-0.934	-0.389	-0.702	-4.387	-0.000
SUMME	-2.813	0.382	0.749	4.922	0.959	0.000	0.539	1.320	0.000	-4.387	0.056
FAKTOR		a						a		1/a	

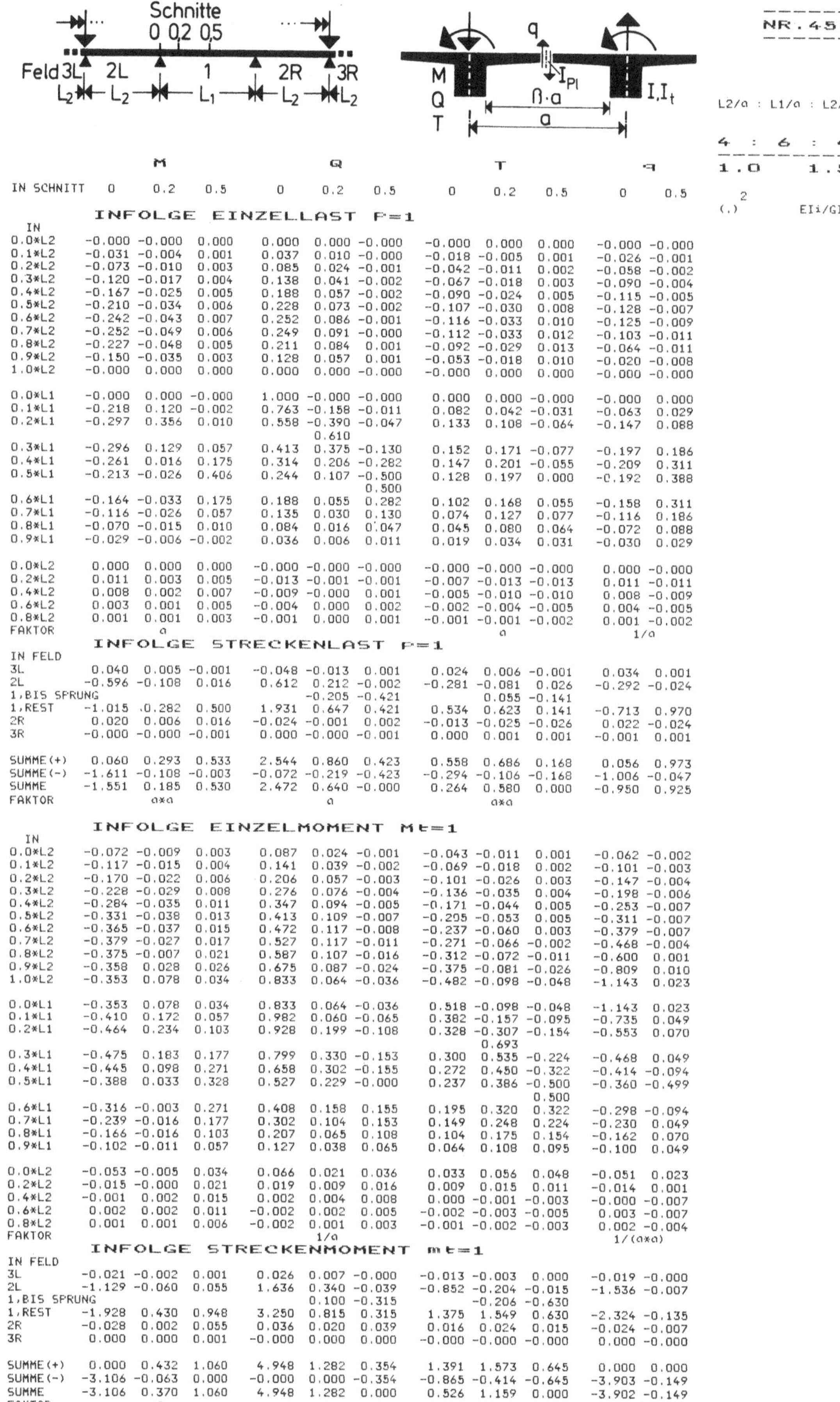

| | M | | | Q | | | T | | | q | |
IN SCHNITT	0	0.2	0.5	0	0.2	0.5	0	0.2	0.5	0	0.5

INFOLGE EINZELLAST P=1

IN	M 0	M 0.2	M 0.5	Q 0	Q 0.2	Q 0.5	T 0	T 0.2	T 0.5	q 0	q 0.5
0.0*L2	-0.000	-0.000	0.000	0.000	0.000	-0.000	-0.000	0.000	0.000	-0.000	-0.000
0.1*L2	-0.031	-0.004	0.001	0.037	0.010	-0.000	-0.018	-0.005	0.001	-0.026	-0.001
0.2*L2	-0.073	-0.010	0.003	0.085	0.024	-0.001	-0.042	-0.011	0.002	-0.058	-0.002
0.3*L2	-0.120	-0.017	0.004	0.138	0.041	-0.002	-0.067	-0.018	0.003	-0.090	-0.004
0.4*L2	-0.167	-0.025	0.005	0.188	0.057	-0.002	-0.090	-0.024	0.005	-0.115	-0.005
0.5*L2	-0.210	-0.034	0.006	0.228	0.073	-0.002	-0.107	-0.030	0.008	-0.128	-0.007
0.6*L2	-0.242	-0.043	0.007	0.252	0.086	-0.001	-0.116	-0.033	0.010	-0.125	-0.009
0.7*L2	-0.252	-0.049	0.006	0.249	0.091	-0.000	-0.112	-0.033	0.012	-0.103	-0.011
0.8*L2	-0.227	-0.048	0.005	0.211	0.084	0.001	-0.092	-0.029	0.013	-0.064	-0.011
0.9*L2	-0.150	-0.035	0.003	0.128	0.057	0.001	-0.053	-0.018	0.010	-0.020	-0.008
1.0*L2	-0.000	0.000	0.000	0.000	0.000	-0.000	-0.000	0.000	0.000	-0.000	-0.000
0.0*L1	-0.000	0.000	-0.000	1.000	-0.000	-0.000	0.000	0.000	-0.000	-0.000	0.000
0.1*L1	-0.218	0.120	-0.002	0.763	-0.158	-0.011	0.082	0.042	-0.031	-0.063	0.029
0.2*L1	-0.297	0.356	0.010	0.558	-0.390	-0.047	0.133	0.108	-0.064	-0.147	0.088
(Sprung)				0.610							
0.3*L1	-0.296	0.129	0.057	0.413	0.375	-0.130	0.152	0.171	-0.077	-0.197	0.186
0.4*L1	-0.261	0.016	0.175	0.314	0.206	-0.282	0.147	0.201	-0.055	-0.209	0.311
0.5*L1	-0.213	-0.026	0.406	0.244	0.107	-0.500	0.128	0.197	0.000	-0.192	0.388
(Sprung)						0.500					
0.6*L1	-0.164	-0.033	0.175	0.188	0.055	0.282	0.102	0.168	0.055	-0.158	0.311
0.7*L1	-0.116	-0.026	0.057	0.135	0.030	0.130	0.074	0.127	0.077	-0.116	0.186
0.8*L1	-0.070	-0.015	0.010	0.084	0.016	0.047	0.045	0.080	0.064	-0.072	0.088
0.9*L1	-0.029	-0.006	-0.002	0.036	0.006	0.011	0.019	0.034	0.031	-0.030	0.029
0.0*L2	0.000	0.000	0.000	-0.000	-0.000	-0.000	-0.000	-0.000	-0.000	0.000	-0.000
0.2*L2	0.011	0.003	0.005	-0.013	-0.001	-0.001	-0.007	-0.013	-0.013	0.011	-0.011
0.4*L2	0.008	0.002	0.007	-0.009	-0.000	0.001	-0.005	-0.010	-0.010	0.008	-0.009
0.6*L2	0.003	0.001	0.005	-0.004	0.000	0.002	-0.002	-0.004	-0.005	0.004	-0.005
0.8*L2	0.001	0.001	0.003	-0.001	0.000	0.001	-0.001	-0.001	-0.002	0.001	-0.002
FAKTOR	a						a			1/a	

INFOLGE STRECKENLAST p=1

IN FELD	M 0	M 0.2	M 0.5	Q 0	Q 0.2	Q 0.5	T 0	T 0.2	T 0.5	q 0	q 0.5
3L	0.040	0.005	-0.001	-0.048	-0.013	0.001	0.024	0.006	-0.001	0.034	0.001
2L	-0.596	-0.108	0.016	0.612	0.212	-0.002	-0.281	-0.081	0.026	-0.292	-0.024
1,BIS SPRUNG					-0.205	-0.421		0.055	-0.141		
1,REST	-1.015	0.282	0.500	1.931	0.647	0.421	0.534	0.623	0.141	-0.713	0.970
2R	0.020	0.006	0.016	-0.024	-0.001	0.002	-0.013	-0.025	-0.026	0.022	-0.024
3R	-0.000	-0.000	-0.001	0.000	-0.000	-0.001	0.000	0.001	0.001	-0.001	0.001
SUMME(+)	0.060	0.293	0.533	2.544	0.860	0.423	0.558	0.686	0.168	0.056	0.973
SUMME(-)	-1.611	-0.108	-0.003	-0.072	-0.219	-0.423	-0.294	-0.106	-0.168	-1.006	-0.047
SUMME	-1.551	0.185	0.530	2.472	0.640	-0.000	0.264	0.580	0.000	-0.950	0.925
FAKTOR	a×a			a			a×a				

INFOLGE EINZELMOMENT Mt=1

IN	M 0	M 0.2	M 0.5	Q 0	Q 0.2	Q 0.5	T 0	T 0.2	T 0.5	q 0	q 0.5
0.0*L2	-0.072	-0.009	0.003	0.087	0.024	-0.001	-0.043	-0.011	0.001	-0.062	-0.002
0.1*L2	-0.117	-0.015	0.004	0.141	0.039	-0.002	-0.069	-0.018	0.002	-0.101	-0.003
0.2*L2	-0.170	-0.022	0.006	0.206	0.057	-0.003	-0.101	-0.026	0.003	-0.147	-0.004
0.3*L2	-0.228	-0.029	0.008	0.276	0.076	-0.004	-0.136	-0.035	0.004	-0.198	-0.006
0.4*L2	-0.284	-0.035	0.011	0.347	0.094	-0.005	-0.171	-0.044	0.005	-0.253	-0.007
0.5*L2	-0.331	-0.038	0.013	0.413	0.109	-0.007	-0.295	-0.053	0.005	-0.311	-0.007
0.6*L2	-0.365	-0.037	0.015	0.472	0.117	-0.008	-0.237	-0.060	0.003	-0.379	-0.007
0.7*L2	-0.379	-0.027	0.017	0.527	0.117	-0.011	-0.271	-0.066	-0.002	-0.468	-0.004
0.8*L2	-0.375	-0.007	0.021	0.587	0.107	-0.016	-0.312	-0.072	-0.011	-0.600	0.001
0.9*L2	-0.358	0.028	0.026	0.675	0.087	-0.024	-0.375	-0.081	-0.026	-0.809	0.010
1.0*L2	-0.353	0.078	0.034	0.833	0.064	-0.036	-0.482	-0.098	-0.048	-1.143	0.023
0.0*L1	-0.353	0.078	0.034	0.833	0.064	-0.036	0.518	-0.098	-0.048	-1.143	0.023
0.1*L1	-0.410	0.172	0.057	0.982	0.060	-0.065	0.382	-0.157	-0.095	-0.735	0.049
0.2*L1	-0.464	0.234	0.103	0.928	0.199	-0.108	0.328	-0.307	-0.154	-0.553	0.070
(Sprung)								0.693			
0.3*L1	-0.475	0.183	0.177	0.799	0.330	-0.153	0.300	0.535	-0.224	-0.468	0.049
0.4*L1	-0.445	0.098	0.271	0.658	0.302	-0.155	0.272	0.450	-0.322	-0.414	-0.094
0.5*L1	-0.388	0.033	0.328	0.527	0.229	-0.000	0.237	0.386	-0.500	-0.360	-0.499
(Sprung)									0.500		
0.6*L1	-0.316	-0.003	0.271	0.408	0.158	0.155	0.195	0.320	0.322	-0.298	-0.094
0.7*L1	-0.239	-0.016	0.177	0.302	0.104	0.153	0.149	0.248	0.224	-0.230	0.049
0.8*L1	-0.166	-0.016	0.103	0.207	0.065	0.108	0.104	0.175	0.154	-0.162	0.070
0.9*L1	-0.102	-0.011	0.057	0.127	0.038	0.065	0.064	0.108	0.095	-0.100	0.049
0.0*L2	-0.053	-0.005	0.034	0.066	0.021	0.036	0.033	0.056	0.048	-0.051	0.023
0.2*L2	-0.015	-0.000	0.021	0.019	0.009	0.016	0.009	0.015	0.011	-0.014	0.001
0.4*L2	-0.001	0.002	0.015	0.002	0.004	0.008	0.000	-0.001	-0.003	-0.000	-0.007
0.6*L2	0.002	0.002	0.011	-0.002	0.002	0.005	-0.002	-0.003	-0.005	0.003	-0.007
0.8*L2	0.001	0.001	0.006	-0.002	0.001	0.003	-0.001	-0.002	-0.003	0.002	-0.004
FAKTOR					1/a					1/(a×a)	

INFOLGE STRECKENMOMENT mt=1

IN FELD	M 0	M 0.2	M 0.5	Q 0	Q 0.2	Q 0.5	T 0	T 0.2	T 0.5	q 0	q 0.5
3L	-0.021	-0.002	0.001	0.026	0.007	-0.000	-0.013	-0.003	0.000	-0.019	-0.000
2L	-1.129	-0.060	0.055	1.636	0.340	-0.039	-0.852	-0.204	-0.015	-1.536	-0.007
1,BIS SPRUNG					0.100	-0.315		-0.206	-0.630		
1,REST	-1.928	0.430	0.948	3.250	0.815	0.315	1.375	1.549	0.630	-2.324	-0.135
2R	-0.028	0.002	0.055	0.036	0.020	0.039	0.016	0.024	0.015	-0.024	-0.007
3R	0.000	0.000	0.001	-0.000	0.000	0.000	-0.000	-0.000	-0.000	0.000	-0.000
SUMME(+)	0.000	0.432	1.060	4.948	1.282	0.354	1.391	1.573	0.645	0.000	0.000
SUMME(-)	-3.106	-0.063	0.000	-0.000	0.000	-0.354	-0.865	-0.414	-0.645	-3.903	-0.149
SUMME	-3.106	0.370	1.060	4.948	1.282	0.000	0.526	1.159	0.000	-3.902	-0.149
FAKTOR	a						a			1/a	

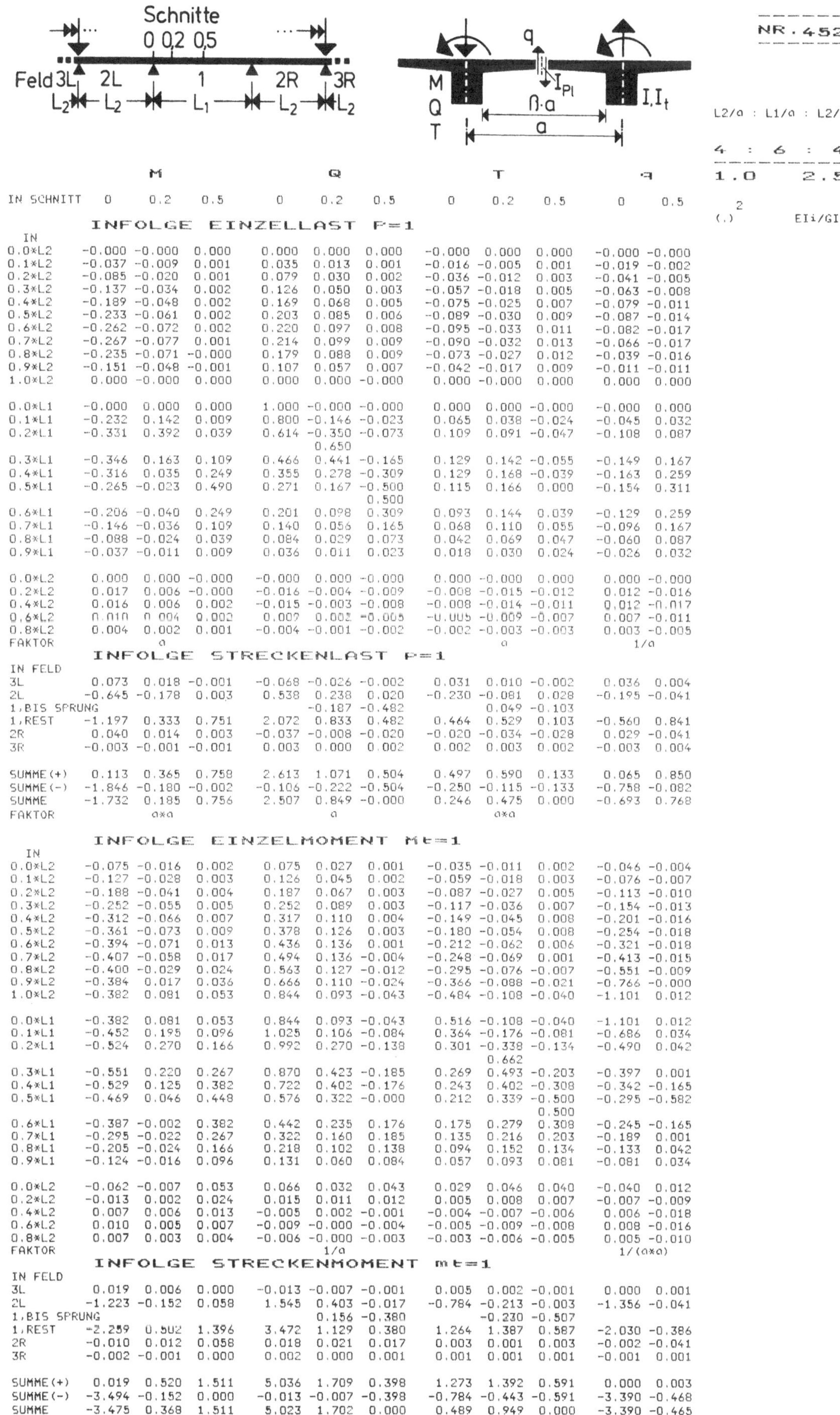

	M			Q			T			q	
IN SCHNITT	0	0.2	0.5	0	0.2	0.5	0	0.2	0.5	0	0.5

INFOLGE EINZELLAST P=1

IN	M 0	M 0.2	M 0.5	Q 0	Q 0.2	Q 0.5	T 0	T 0.2	T 0.5	q 0	q 0.5
0.0*L2	-0.000	-0.000	0.000	0.000	0.000	0.000	-0.000	0.000	0.000	-0.000	-0.000
0.1*L2	-0.037	-0.009	0.001	0.035	0.013	0.001	-0.016	-0.005	0.001	-0.019	-0.002
0.2*L2	-0.085	-0.020	0.001	0.079	0.030	0.002	-0.036	-0.012	0.003	-0.041	-0.005
0.3*L2	-0.137	-0.034	0.002	0.126	0.050	0.003	-0.057	-0.018	0.005	-0.063	-0.008
0.4*L2	-0.189	-0.048	0.002	0.169	0.068	0.005	-0.075	-0.025	0.007	-0.079	-0.011
0.5*L2	-0.233	-0.061	0.002	0.203	0.085	0.006	-0.089	-0.030	0.009	-0.087	-0.014
0.6*L2	-0.262	-0.072	0.002	0.220	0.097	0.008	-0.095	-0.033	0.011	-0.082	-0.017
0.7*L2	-0.267	-0.077	0.001	0.214	0.099	0.009	-0.090	-0.032	0.013	-0.066	-0.017
0.8*L2	-0.235	-0.071	-0.000	0.179	0.088	0.009	-0.073	-0.027	0.012	-0.039	-0.016
0.9*L2	-0.151	-0.048	-0.001	0.107	0.057	0.007	-0.042	-0.017	0.009	-0.011	-0.011
1.0*L2	0.000	-0.000	0.000	0.000	0.000	-0.000	0.000	-0.000	0.000	0.000	0.000
0.0*L1	-0.000	0.000	0.000	1.000	-0.000	-0.000	0.000	0.000	-0.000	-0.000	0.000
0.1*L1	-0.232	0.142	0.009	0.800	-0.146	-0.023	0.065	0.038	-0.024	-0.045	0.032
0.2*L1	-0.331	0.392	0.039	0.614	-0.350	-0.073	0.109	0.091	-0.047	-0.108	0.087
				0.650							
0.3*L1	-0.346	0.163	0.109	0.466	0.441	-0.165	0.129	0.142	-0.055	-0.149	0.167
0.4*L1	-0.316	0.035	0.249	0.355	0.278	-0.309	0.129	0.168	-0.039	-0.163	0.259
0.5*L1	-0.265	-0.023	0.490	0.271	0.167	-0.500	0.115	0.166	0.000	-0.154	0.311
						0.500					
0.6*L1	-0.206	-0.040	0.249	0.201	0.098	0.309	0.093	0.144	0.039	-0.129	0.259
0.7*L1	-0.146	-0.036	0.109	0.140	0.056	0.165	0.068	0.110	0.055	-0.096	0.167
0.8*L1	-0.088	-0.024	0.039	0.084	0.029	0.073	0.042	0.069	0.047	-0.060	0.087
0.9*L1	-0.037	-0.011	0.009	0.036	0.011	0.023	0.018	0.030	0.024	-0.026	0.032
0.0*L2	0.000	0.000	-0.000	-0.000	0.000	-0.000	0.000	-0.000	0.000	0.000	-0.000
0.2*L2	0.017	0.006	-0.000	-0.016	-0.004	-0.009	-0.008	-0.015	-0.012	0.012	-0.016
0.4*L2	0.016	0.006	0.002	-0.015	-0.003	-0.008	-0.008	-0.014	-0.011	0.012	-0.017
0.6*L2	0.010	0.004	0.002	0.007	0.002	-0.005	-0.005	-0.009	-0.007	0.007	-0.011
0.8*L2	0.004	0.002	0.001	-0.004	-0.001	-0.002	-0.002	-0.003	-0.003	0.003	-0.005
FAKTOR	a			a			a			1/a	

INFOLGE STRECKENLAST P=1

IN FELD	M 0	M 0.2	M 0.5	Q 0	Q 0.2	Q 0.5	T 0	T 0.2	T 0.5	q 0	q 0.5
3L	0.073	0.018	-0.001	-0.068	-0.026	-0.002	0.031	0.010	-0.002	0.036	0.004
2L	-0.645	-0.178	0.003	0.538	0.238	0.020	-0.230	-0.081	0.028	-0.195	-0.041
1,BIS SPRUNG					-0.187	-0.482		0.049	-0.103		
1,REST	-1.197	0.333	0.751	2.072	0.833	0.482	0.464	0.529	0.103	-0.560	0.841
2R	0.040	0.014	0.003	-0.037	-0.008	-0.020	-0.020	-0.034	-0.028	0.029	-0.041
3R	-0.003	-0.001	-0.001	0.003	0.000	0.002	0.002	0.003	0.002	-0.003	0.004
SUMME(+)	0.113	0.365	0.758	2.613	1.071	0.504	0.497	0.590	0.133	0.065	0.850
SUMME(-)	-1.846	-0.180	-0.002	-0.106	-0.222	-0.504	-0.250	-0.115	-0.133	-0.758	-0.082
SUMME	-1.732	0.185	0.756	2.507	0.849	-0.000	0.246	0.475	0.000	-0.693	0.768
FAKTOR	a×a			a			a×a			1/a	

INFOLGE EINZELMOMENT Mt=1

IN	M 0	M 0.2	M 0.5	Q 0	Q 0.2	Q 0.5	T 0	T 0.2	T 0.5	q 0	q 0.5
0.0*L2	-0.075	-0.016	0.002	0.075	0.027	0.001	-0.035	-0.011	0.002	-0.046	-0.004
0.1*L2	-0.127	-0.028	0.003	0.126	0.045	0.002	-0.059	-0.018	0.003	-0.076	-0.007
0.2*L2	-0.188	-0.041	0.004	0.187	0.067	0.003	-0.087	-0.027	0.005	-0.113	-0.010
0.3*L2	-0.252	-0.055	0.005	0.252	0.089	0.003	-0.117	-0.036	0.007	-0.154	-0.013
0.4*L2	-0.312	-0.066	0.007	0.317	0.110	0.004	-0.149	-0.045	0.008	-0.201	-0.016
0.5*L2	-0.361	-0.073	0.009	0.378	0.126	0.003	-0.180	-0.054	0.008	-0.254	-0.018
0.6*L2	-0.394	-0.071	0.013	0.436	0.136	0.001	-0.212	-0.062	0.006	-0.321	-0.018
0.7*L2	-0.407	-0.058	0.017	0.494	0.136	-0.004	-0.248	-0.069	0.001	-0.413	-0.015
0.8*L2	-0.400	-0.029	0.024	0.563	0.127	-0.012	-0.295	-0.076	-0.007	-0.551	-0.009
0.9*L2	-0.384	0.017	0.036	0.666	0.110	-0.024	-0.366	-0.088	-0.021	-0.766	-0.000
1.0*L2	-0.382	0.081	0.053	0.844	0.093	-0.043	-0.484	-0.108	-0.040	-1.101	0.012
0.0*L1	-0.382	0.081	0.053	0.844	0.093	-0.043	0.516	-0.108	-0.040	-1.101	0.012
0.1*L1	-0.452	0.195	0.096	1.025	0.106	-0.084	0.364	-0.176	-0.081	-0.686	0.034
0.2*L1	-0.524	0.270	0.166	0.992	0.270	-0.138	0.301	-0.338	-0.134	-0.490	0.042
								0.662			
0.3*L1	-0.551	0.220	0.267	0.870	0.423	-0.185	0.269	0.493	-0.203	-0.397	0.001
0.4*L1	-0.529	0.125	0.382	0.722	0.402	-0.176	0.243	0.402	-0.308	-0.342	-0.165
0.5*L1	-0.469	0.046	0.448	0.576	0.322	-0.000	0.212	0.339	-0.500	-0.295	-0.582
									0.500		
0.6*L1	-0.387	-0.002	0.382	0.442	0.235	0.176	0.175	0.279	0.308	-0.245	-0.165
0.7*L1	-0.295	-0.022	0.267	0.322	0.160	0.185	0.135	0.216	0.203	-0.189	0.001
0.8*L1	-0.205	-0.024	0.166	0.218	0.102	0.138	0.094	0.152	0.134	-0.133	0.042
0.9*L1	-0.124	-0.016	0.096	0.131	0.060	0.084	0.057	0.093	0.081	-0.081	0.034
0.0*L2	-0.062	-0.007	0.053	0.066	0.032	0.043	0.029	0.046	0.040	-0.040	0.012
0.2*L2	-0.013	0.002	0.024	0.015	0.011	0.012	0.005	0.008	0.007	-0.007	-0.009
0.4*L2	0.007	0.006	0.013	-0.005	0.002	-0.001	-0.004	-0.007	-0.006	0.006	-0.018
0.6*L2	0.010	0.005	0.007	-0.009	-0.000	-0.004	-0.005	-0.009	-0.008	0.008	-0.016
0.8*L2	0.007	0.003	0.004	-0.006	-0.000	-0.003	-0.003	-0.006	-0.005	0.005	-0.010
FAKTOR				1/a						1/(a×a)	

INFOLGE STRECKENMOMENT mt=1

IN FELD	M 0	M 0.2	M 0.5	Q 0	Q 0.2	Q 0.5	T 0	T 0.2	T 0.5	q 0	q 0.5
3L	0.019	0.006	0.000	-0.013	-0.007	-0.001	0.005	0.002	-0.001	0.000	0.001
2L	-1.223	-0.152	0.058	1.545	0.403	-0.017	-0.784	-0.213	-0.003	-1.356	-0.041
1,BIS SPRUNG					0.156	-0.380		-0.230	-0.507		
1,REST	-2.259	0.502	1.396	3.472	1.129	0.380	1.264	1.387	0.587	-2.030	-0.386
2R	-0.010	0.012	0.058	0.018	0.021	0.017	0.003	0.001	0.003	-0.002	-0.041
3R	-0.002	-0.001	0.000	0.002	0.000	0.001	0.001	0.001	0.001	-0.001	0.001
SUMME(+)	0.019	0.520	1.511	5.036	1.709	0.398	1.273	1.392	0.591	0.000	0.003
SUMME(-)	-3.494	-0.152	0.000	-0.013	-0.007	-0.398	-0.784	-0.443	-0.591	-3.390	-0.468
SUMME	-3.475	0.368	1.511	5.023	1.702	0.000	0.489	0.949	0.000	-3.390	-0.465
FAKTOR	a			a			a			1/a	

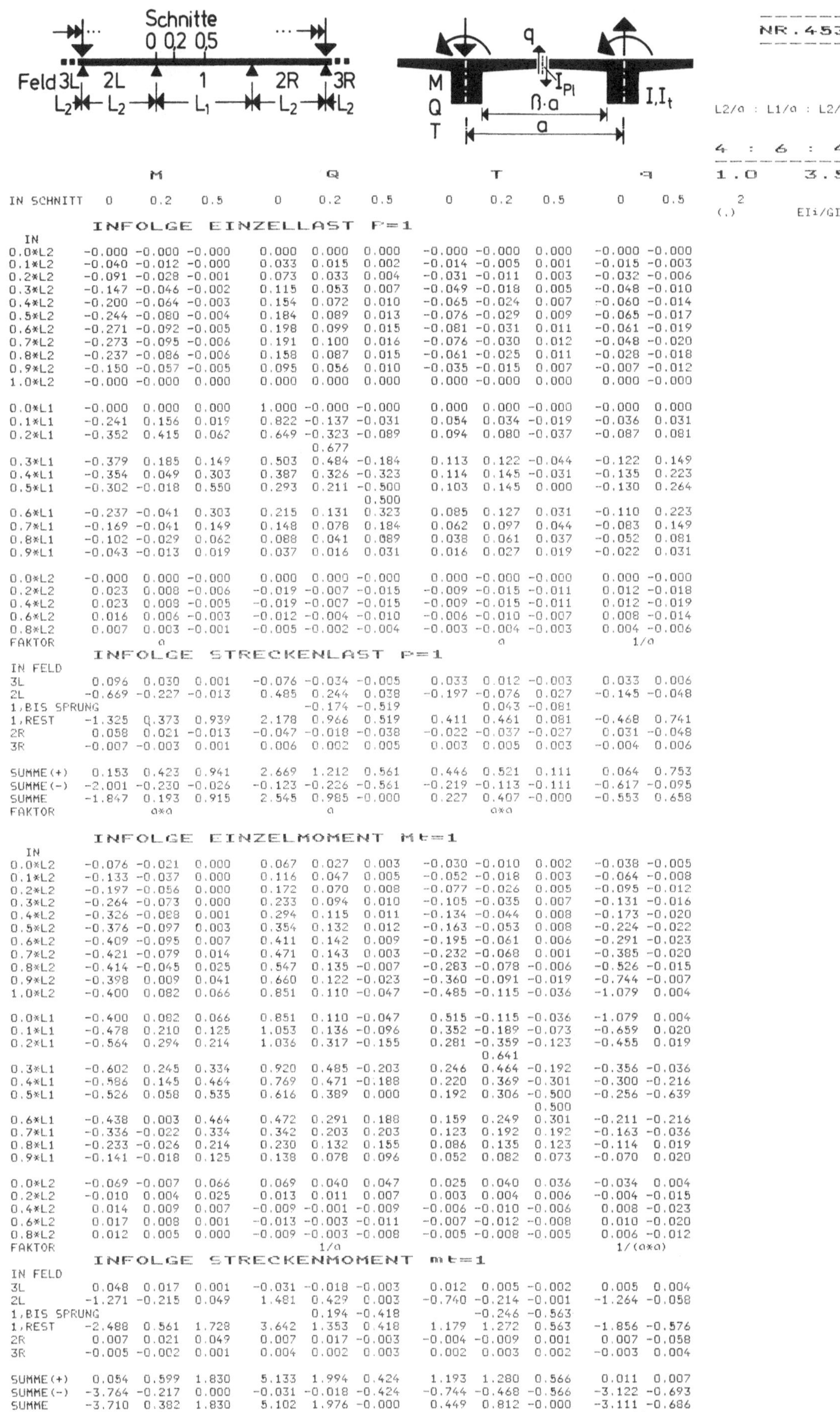

	M			Q			T			q	
IN SCHNITT	0	0.2	0.5	0	0.2	0.5	0	0.2	0.5	0	0.5

INFOLGE EINZELLAST P=1

IN	M 0	M 0.2	M 0.5	Q 0	Q 0.2	Q 0.5	T 0	T 0.2	T 0.5	q 0	q 0.5
0.0*L2	-0.000	-0.000	-0.000	0.000	0.000	0.000	-0.000	-0.000	0.000	-0.000	-0.000
0.1*L2	-0.040	-0.012	-0.000	0.033	0.015	0.002	-0.014	-0.005	0.001	-0.015	-0.003
0.2*L2	-0.091	-0.028	-0.001	0.073	0.033	0.004	-0.031	-0.011	0.003	-0.032	-0.006
0.3*L2	-0.147	-0.046	-0.002	0.115	0.053	0.007	-0.049	-0.018	0.005	-0.048	-0.010
0.4*L2	-0.200	-0.064	-0.003	0.154	0.072	0.010	-0.065	-0.024	0.007	-0.060	-0.014
0.5*L2	-0.244	-0.080	-0.004	0.184	0.089	0.013	-0.076	-0.029	0.009	-0.065	-0.017
0.6*L2	-0.271	-0.092	-0.005	0.198	0.099	0.015	-0.081	-0.031	0.011	-0.061	-0.019
0.7*L2	-0.273	-0.095	-0.006	0.191	0.100	0.016	-0.076	-0.030	0.012	-0.048	-0.020
0.8*L2	-0.237	-0.086	-0.006	0.158	0.087	0.015	-0.061	-0.025	0.011	-0.028	-0.018
0.9*L2	-0.150	-0.057	-0.005	0.095	0.056	0.010	-0.035	-0.015	0.007	-0.007	-0.012
1.0*L2	-0.000	-0.000	0.000	0.000	0.000	0.000	0.000	-0.000	1.000	0.000	-0.000
0.0*L1	-0.000	0.000	0.000	1.000	-0.000	-0.000	0.000	0.000	-0.000	-0.000	0.000
0.1*L1	-0.241	0.156	0.019	0.822	-0.137	-0.031	0.054	0.034	-0.019	-0.036	0.031
0.2*L1	-0.352	0.415	0.062	0.649	-0.323	-0.089	0.094	0.080	-0.037	-0.087	0.081
				0.677							
0.3*L1	-0.379	0.185	0.149	0.503	0.484	-0.184	0.113	0.122	-0.044	-0.122	0.149
0.4*L1	-0.354	0.049	0.303	0.387	0.326	-0.323	0.114	0.145	-0.031	-0.135	0.223
0.5*L1	-0.302	-0.018	0.550	0.293	0.211	-0.500	0.103	0.145	0.000	-0.130	0.264
						0.500					
0.6*L1	-0.237	-0.041	0.303	0.215	0.131	0.323	0.085	0.127	0.031	-0.110	0.223
0.7*L1	-0.169	-0.041	0.149	0.148	0.078	0.184	0.062	0.097	0.044	-0.083	0.149
0.8*L1	-0.102	-0.029	0.062	0.088	0.041	0.089	0.038	0.061	0.037	-0.052	0.081
0.9*L1	-0.043	-0.013	0.019	0.037	0.016	0.031	0.016	0.027	0.019	-0.022	0.031
0.0*L2	-0.000	0.000	-0.000	0.000	0.000	-0.000	0.000	-0.000	-0.000	0.000	-0.000
0.2*L2	0.023	0.008	-0.006	-0.019	-0.007	-0.015	-0.009	-0.015	-0.011	0.012	-0.018
0.4*L2	0.023	0.008	-0.005	-0.019	-0.007	-0.015	-0.009	-0.015	-0.011	0.012	-0.019
0.6*L2	0.016	0.006	-0.003	-0.012	-0.004	-0.010	-0.006	-0.010	-0.007	0.008	-0.014
0.8*L2	0.007	0.003	-0.001	-0.005	-0.002	-0.004	-0.003	-0.004	-0.003	0.004	-0.006
FAKTOR	a						a			1/a	

INFOLGE STRECKENLAST P=1

IN FELD	M 0	M 0.2	M 0.5	Q 0	Q 0.2	Q 0.5	T 0	T 0.2	T 0.5	q 0	q 0.5
3L	0.096	0.030	0.001	-0.076	-0.034	-0.005	0.033	0.012	-0.003	0.033	0.006
2L	-0.669	-0.227	-0.013	0.485	0.244	0.038	-0.197	-0.076	0.027	-0.145	-0.048
1,BIS SPRUNG					-0.174	-0.519		0.043	-0.081		
1,REST	-1.325	0.373	0.939	2.178	0.966	0.519	0.411	0.461	0.081	-0.468	0.741
2R	0.058	0.021	-0.013	-0.047	-0.018	-0.038	-0.022	-0.037	-0.027	0.031	-0.048
3R	-0.007	-0.003	0.001	0.006	0.002	0.005	0.003	0.005	0.003	-0.004	0.006
SUMME(+)	0.153	0.423	0.941	2.669	1.212	0.561	0.446	0.521	0.111	0.064	0.753
SUMME(-)	-2.001	-0.230	-0.026	-0.123	-0.226	-0.561	-0.219	-0.113	-0.111	-0.617	-0.095
SUMME	-1.847	0.193	0.915	2.545	0.985	-0.000	0.227	0.407	-0.000	-0.553	0.658
FAKTOR	a×a			a			a×a				

INFOLGE EINZELMOMENT Mt=1

IN	M 0	M 0.2	M 0.5	Q 0	Q 0.2	Q 0.5	T 0	T 0.2	T 0.5	q 0	q 0.5
0.0*L2	-0.076	-0.021	0.000	0.067	0.027	0.003	-0.030	-0.010	0.002	-0.038	-0.005
0.1*L2	-0.133	-0.037	0.000	0.116	0.047	0.005	-0.052	-0.018	0.003	-0.064	-0.008
0.2*L2	-0.197	-0.056	0.000	0.172	0.070	0.008	-0.077	-0.026	0.005	-0.095	-0.012
0.3*L2	-0.264	-0.073	0.000	0.233	0.094	0.010	-0.105	-0.035	0.007	-0.131	-0.016
0.4*L2	-0.326	-0.088	0.001	0.294	0.115	0.011	-0.134	-0.044	0.008	-0.173	-0.020
0.5*L2	-0.376	-0.097	0.003	0.354	0.132	0.012	-0.163	-0.053	0.008	-0.224	-0.022
0.6*L2	-0.409	-0.095	0.007	0.411	0.142	0.009	-0.195	-0.061	0.006	-0.291	-0.023
0.7*L2	-0.421	-0.079	0.014	0.471	0.143	0.003	-0.232	-0.068	0.001	-0.385	-0.020
0.8*L2	-0.414	-0.045	0.025	0.547	0.135	-0.007	-0.283	-0.078	-0.006	-0.526	-0.015
0.9*L2	-0.398	0.009	0.041	0.660	0.122	-0.023	-0.360	-0.091	-0.019	-0.744	-0.007
1.0*L2	-0.400	0.082	0.066	0.851	0.110	-0.047	-0.485	-0.115	-0.036	-1.079	0.004
0.0*L1	-0.400	0.082	0.066	0.851	0.110	-0.047	0.515	-0.115	-0.036	-1.079	0.004
0.1*L1	-0.478	0.210	0.125	1.053	0.136	-0.096	0.352	-0.189	-0.073	-0.659	0.020
0.2*L1	-0.564	0.294	0.214	1.036	0.317	-0.155	0.281	-0.359	-0.123	-0.455	0.019
								0.641			
0.3*L1	-0.602	0.245	0.334	0.920	0.485	-0.203	0.246	0.464	-0.192	-0.356	-0.036
0.4*L1	-0.586	0.145	0.464	0.769	0.471	-0.188	0.220	0.369	-0.301	-0.300	-0.216
0.5*L1	-0.526	0.058	0.535	0.616	0.389	0.000	0.192	0.306	-0.500	-0.256	-0.639
									0.500		
0.6*L1	-0.438	0.003	0.464	0.472	0.291	0.188	0.159	0.249	0.301	-0.211	-0.216
0.7*L1	-0.336	-0.022	0.334	0.342	0.203	0.203	0.123	0.192	0.192	-0.163	-0.036
0.8*L1	-0.233	-0.026	0.214	0.230	0.132	0.155	0.086	0.135	0.123	-0.114	0.019
0.9*L1	-0.141	-0.018	0.125	0.138	0.078	0.096	0.052	0.082	0.073	-0.070	0.020
0.0*L2	-0.069	-0.007	0.066	0.069	0.040	0.047	0.025	0.040	0.036	-0.034	0.004
0.2*L2	-0.010	0.004	0.025	0.013	0.011	0.007	0.003	0.004	0.006	-0.004	-0.015
0.4*L2	0.014	0.009	0.007	-0.009	-0.001	-0.009	-0.006	-0.010	-0.006	0.008	-0.023
0.6*L2	0.017	0.008	0.001	-0.013	-0.003	-0.011	-0.007	-0.012	-0.008	0.010	-0.020
0.8*L2	0.012	0.005	0.000	-0.009	-0.003	-0.008	-0.005	-0.008	-0.005	0.006	-0.012
FAKTOR				1/a						1/(a×a)	

INFOLGE STRECKENMOMENT mt=1

IN FELD	M 0	M 0.2	M 0.5	Q 0	Q 0.2	Q 0.5	T 0	T 0.2	T 0.5	q 0	q 0.5
3L	0.048	0.017	0.001	-0.031	-0.018	-0.003	0.012	0.005	-0.002	0.005	0.004
2L	-1.271	-0.215	0.049	1.481	0.429	0.003	-0.740	-0.214	-0.001	-1.264	-0.058
1,BIS SPRUNG					0.194	-0.418		-0.246	-0.563		
1,REST	-2.488	0.561	1.728	3.642	1.353	0.418	1.179	1.272	0.563	-1.856	-0.576
2R	0.007	0.021	0.049	0.007	0.017	-0.003	-0.004	-0.009	0.001	0.007	-0.058
3R	-0.005	-0.002	0.001	0.004	0.002	0.003	0.002	0.003	0.002	-0.003	0.004
SUMME(+)	0.054	0.599	1.830	5.133	1.994	0.424	1.193	1.280	0.566	0.011	0.007
SUMME(-)	-3.764	-0.217	0.000	-0.031	-0.018	-0.424	-0.744	-0.468	-0.566	-3.122	-0.693
SUMME	-3.710	0.382	1.830	5.102	1.976	-0.000	0.449	0.812	-0.000	-3.111	-0.686
FAKTOR	a						a			1/a	

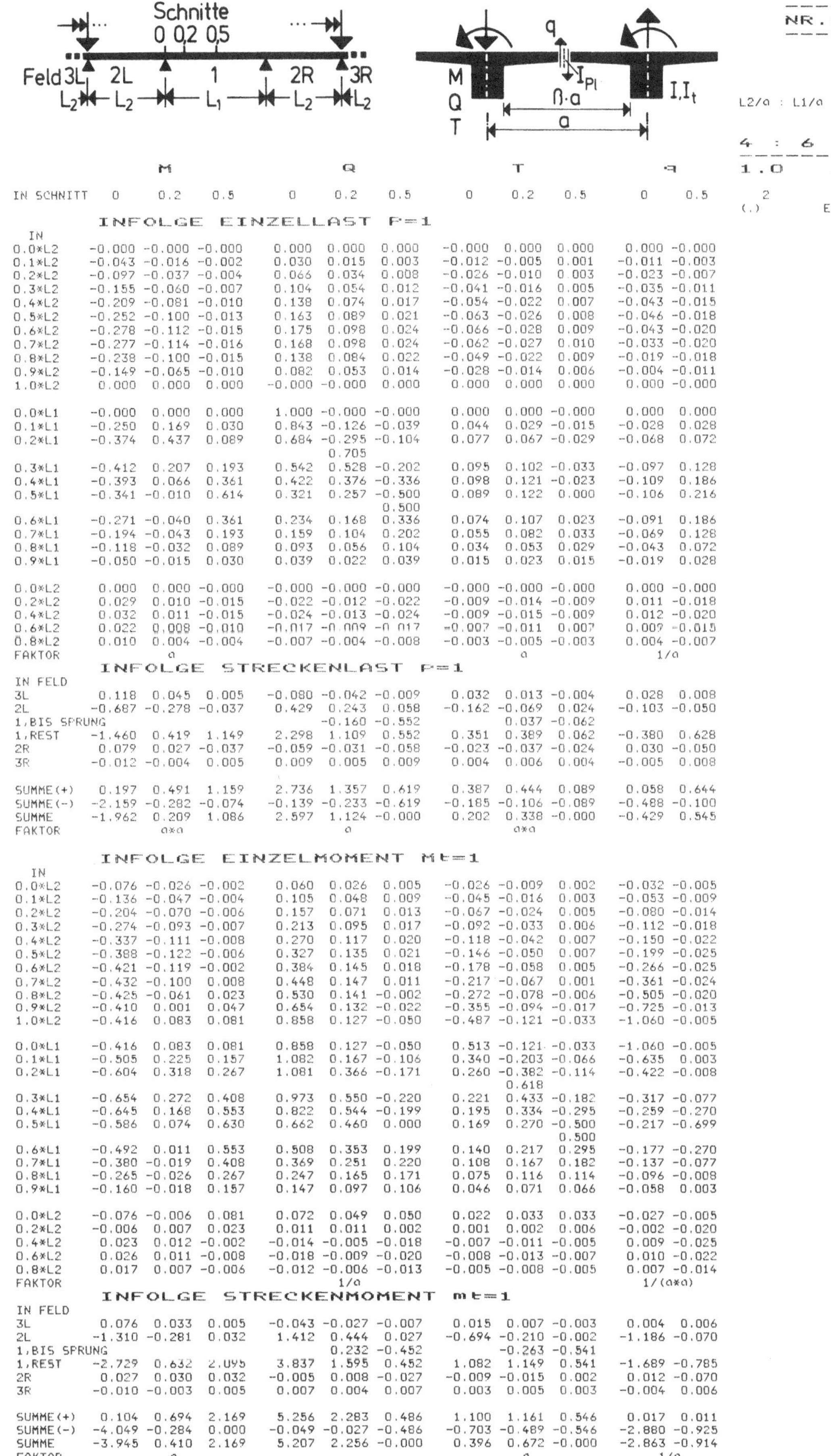

IN SCHNITT	M 0	M 0.2	M 0.5	Q 0	Q 0.2	Q 0.5	T 0	T 0.2	T 0.5	q 0	q 0.5

INFOLGE EINZELLAST P=1

IN

	M 0	M 0.2	M 0.5	Q 0	Q 0.2	Q 0.5	T 0	T 0.2	T 0.5	q 0	q 0.5
0.0*L2	-0.000	-0.000	-0.000	0.000	0.000	0.000	-0.000	0.000	0.000	0.000	-0.000
0.1*L2	-0.043	-0.016	-0.002	0.030	0.015	0.003	-0.012	-0.005	0.001	-0.011	-0.003
0.2*L2	-0.097	-0.037	-0.004	0.066	0.034	0.008	-0.026	-0.010	0.003	-0.023	-0.007
0.3*L2	-0.155	-0.060	-0.007	0.104	0.054	0.012	-0.041	-0.016	0.005	-0.035	-0.011
0.4*L2	-0.209	-0.081	-0.010	0.138	0.074	0.017	-0.054	-0.022	0.007	-0.043	-0.015
0.5*L2	-0.252	-0.100	-0.013	0.163	0.089	0.021	-0.063	-0.026	0.008	-0.046	-0.018
0.6*L2	-0.278	-0.112	-0.015	0.175	0.098	0.024	-0.066	-0.028	0.009	-0.043	-0.020
0.7*L2	-0.277	-0.114	-0.016	0.168	0.098	0.024	-0.062	-0.027	0.010	-0.033	-0.020
0.8*L2	-0.238	-0.100	-0.015	0.138	0.084	0.022	-0.049	-0.022	0.009	-0.019	-0.018
0.9*L2	-0.149	-0.065	-0.010	0.082	0.053	0.014	-0.028	-0.014	0.006	-0.004	-0.011
1.0*L2	0.000	0.000	0.000	-0.000	-0.000	0.000	0.000	0.000	0.000	0.000	-0.000
0.0*L1	-0.000	0.000	0.000	1.000	-0.000	-0.000	0.000	0.000	-0.000	0.000	0.000
0.1*L1	-0.250	0.169	0.030	0.843	-0.126	-0.039	0.044	0.029	-0.015	-0.028	0.028
0.2*L1	-0.374	0.437	0.089	0.684	-0.295	-0.104	0.077	0.067	-0.029	-0.068	0.072
					0.705						
0.3*L1	-0.412	0.207	0.193	0.542	0.528	-0.202	0.095	0.102	-0.033	-0.097	0.128
0.4*L1	-0.393	0.066	0.361	0.422	0.376	-0.336	0.098	0.121	-0.023	-0.109	0.186
0.5*L1	-0.341	-0.010	0.614	0.321	0.257	-0.500	0.089	0.122	0.000	-0.106	0.216
						0.500					
0.6*L1	-0.271	-0.040	0.361	0.234	0.168	0.336	0.074	0.107	0.023	-0.091	0.186
0.7*L1	-0.194	-0.043	0.193	0.159	0.104	0.202	0.055	0.082	0.033	-0.069	0.128
0.8*L1	-0.118	-0.032	0.089	0.093	0.056	0.104	0.034	0.053	0.029	-0.043	0.072
0.9*L1	-0.050	-0.015	0.030	0.039	0.022	0.039	0.015	0.023	0.015	-0.019	0.028
0.0*L2	0.000	0.000	-0.000	-0.000	-0.000	-0.000	-0.000	-0.000	-0.000	0.000	-0.000
0.2*L2	0.029	0.010	-0.015	-0.022	-0.012	-0.022	-0.009	-0.014	-0.009	0.011	-0.018
0.4*L2	0.032	0.011	-0.015	-0.024	-0.013	-0.024	-0.009	-0.015	-0.009	0.012	-0.020
0.6*L2	0.022	0.008	-0.010	-0.017	-0.009	-0.017	-0.007	-0.011	0.007	0.009	-0.015
0.8*L2	0.010	0.004	-0.004	-0.007	-0.004	-0.008	-0.003	-0.005	-0.003	0.004	-0.007
FAKTOR	a						a			1/a	

INFOLGE STRECKENLAST P=1

IN FELD

	M 0	M 0.2	M 0.5	Q 0	Q 0.2	Q 0.5	T 0	T 0.2	T 0.5	q 0	q 0.5
3L	0.118	0.045	0.005	-0.080	-0.042	-0.009	0.032	0.013	-0.004	0.028	0.008
2L	-0.687	-0.278	-0.037	0.429	0.243	0.058	-0.162	-0.069	0.024	-0.103	-0.050
1,BIS SPRUNG					-0.160	-0.552		0.037	-0.062		
1,REST	-1.460	0.419	1.149	2.298	1.109	0.552	0.351	0.389	0.062	-0.380	0.628
2R	0.079	0.027	-0.037	-0.059	-0.031	-0.058	-0.023	-0.037	-0.024	0.030	-0.050
3R	-0.012	-0.004	0.005	0.009	0.005	0.009	0.004	0.006	0.004	-0.005	0.008
SUMME(+)	0.197	0.491	1.159	2.736	1.357	0.619	0.387	0.444	0.089	0.058	0.644
SUMME(-)	-2.159	-0.282	-0.074	-0.139	-0.233	-0.619	-0.185	-0.106	-0.089	-0.488	-0.100
SUMME	-1.962	0.209	1.086	2.597	1.124	-0.000	0.202	0.338	-0.000	-0.429	0.545
FAKTOR	a*a			a			a*a				

INFOLGE EINZELMOMENT Mt=1

IN

	M 0	M 0.2	M 0.5	Q 0	Q 0.2	Q 0.5	T 0	T 0.2	T 0.5	q 0	q 0.5
0.0*L2	-0.076	-0.026	-0.002	0.060	0.026	0.005	-0.026	-0.009	0.002	-0.032	-0.005
0.1*L2	-0.136	-0.047	-0.004	0.105	0.048	0.009	-0.045	-0.016	0.003	-0.053	-0.009
0.2*L2	-0.204	-0.070	-0.006	0.157	0.071	0.013	-0.067	-0.024	0.005	-0.080	-0.014
0.3*L2	-0.274	-0.093	-0.007	0.213	0.095	0.017	-0.092	-0.033	0.006	-0.112	-0.018
0.4*L2	-0.337	-0.111	-0.008	0.270	0.117	0.020	-0.118	-0.042	0.007	-0.150	-0.022
0.5*L2	-0.388	-0.122	-0.006	0.327	0.135	0.021	-0.146	-0.050	0.007	-0.199	-0.025
0.6*L2	-0.421	-0.119	-0.002	0.384	0.145	0.018	-0.178	-0.058	0.005	-0.266	-0.025
0.7*L2	-0.432	-0.100	0.008	0.448	0.147	0.011	-0.217	-0.067	0.001	-0.361	-0.024
0.8*L2	-0.425	-0.061	0.023	0.530	0.141	-0.002	-0.272	-0.078	-0.006	-0.505	-0.020
0.9*L2	-0.410	0.001	0.047	0.654	0.132	-0.022	-0.355	-0.094	-0.017	-0.725	-0.013
1.0*L2	-0.416	0.083	0.081	0.858	0.127	-0.050	-0.487	-0.121	-0.033	-1.060	-0.005
0.0*L1	-0.416	0.083	0.081	0.858	0.127	-0.050	0.513	-0.121	-0.033	-1.060	-0.005
0.1*L1	-0.505	0.225	0.157	1.082	0.167	-0.106	0.340	-0.203	-0.066	-0.635	0.003
0.2*L1	-0.604	0.318	0.267	1.081	0.366	-0.171	0.260	-0.382	-0.114	-0.422	-0.008
								0.618			
0.3*L1	-0.654	0.272	0.408	0.973	0.550	-0.220	0.221	0.433	-0.182	-0.317	-0.077
0.4*L1	-0.645	0.168	0.553	0.822	0.544	-0.199	0.195	0.334	-0.295	-0.259	-0.270
0.5*L1	-0.586	0.074	0.630	0.662	0.460	0.000	0.169	0.270	-0.500	-0.217	-0.699
									0.500		
0.6*L1	-0.492	0.011	0.553	0.508	0.353	0.199	0.140	0.217	0.295	-0.177	-0.270
0.7*L1	-0.380	-0.019	0.408	0.369	0.251	0.220	0.108	0.167	0.182	-0.137	-0.077
0.8*L1	-0.265	-0.026	0.267	0.247	0.165	0.171	0.075	0.116	0.114	-0.096	-0.008
0.9*L1	-0.160	-0.018	0.157	0.147	0.097	0.106	0.046	0.071	0.066	-0.058	0.003
0.0*L2	-0.076	-0.006	0.081	0.072	0.049	0.050	0.022	0.033	0.033	-0.027	-0.005
0.2*L2	-0.006	0.007	0.023	0.011	0.011	0.002	0.001	0.002	0.006	-0.002	-0.020
0.4*L2	0.023	0.012	-0.002	-0.014	-0.005	-0.018	-0.007	-0.011	-0.005	0.009	-0.025
0.6*L2	0.026	0.011	-0.008	-0.018	-0.009	-0.020	-0.008	-0.013	-0.007	0.010	-0.022
0.8*L2	0.017	0.007	-0.006	-0.012	-0.006	-0.013	-0.005	-0.008	-0.005	0.007	-0.014
FAKTOR				1/a						1/(a*a)	

INFOLGE STRECKENMOMENT mt=1

IN FELD

	M 0	M 0.2	M 0.5	Q 0	Q 0.2	Q 0.5	T 0	T 0.2	T 0.5	q 0	q 0.5
3L	0.076	0.033	0.005	-0.043	-0.027	-0.007	0.015	0.007	-0.003	0.004	0.006
2L	-1.310	-0.281	0.032	1.412	0.444	0.027	-0.694	-0.210	-0.002	-1.186	-0.070
1,BIS SPRUNG					0.232	-0.452		-0.263	-0.541		
1,REST	-2.729	0.632	2.095	3.837	1.595	0.452	1.082	1.149	0.541	-1.689	-0.785
2R	0.027	0.030	0.032	-0.005	0.008	-0.027	-0.009	-0.015	0.002	0.012	-0.070
3R	-0.010	-0.003	0.005	0.007	0.004	0.007	0.003	0.005	0.003	-0.004	0.006
SUMME(+)	0.104	0.694	2.169	5.256	2.283	0.486	1.100	1.161	0.546	0.017	0.011
SUMME(-)	-4.049	-0.284	0.000	-0.049	-0.027	-0.486	-0.703	-0.489	-0.546	-2.880	-0.925
SUMME	-3.945	0.410	2.169	5.207	2.256	-0.000	0.396	0.672	-0.000	-2.863	-0.914
FAKTOR	a						a			1/a	

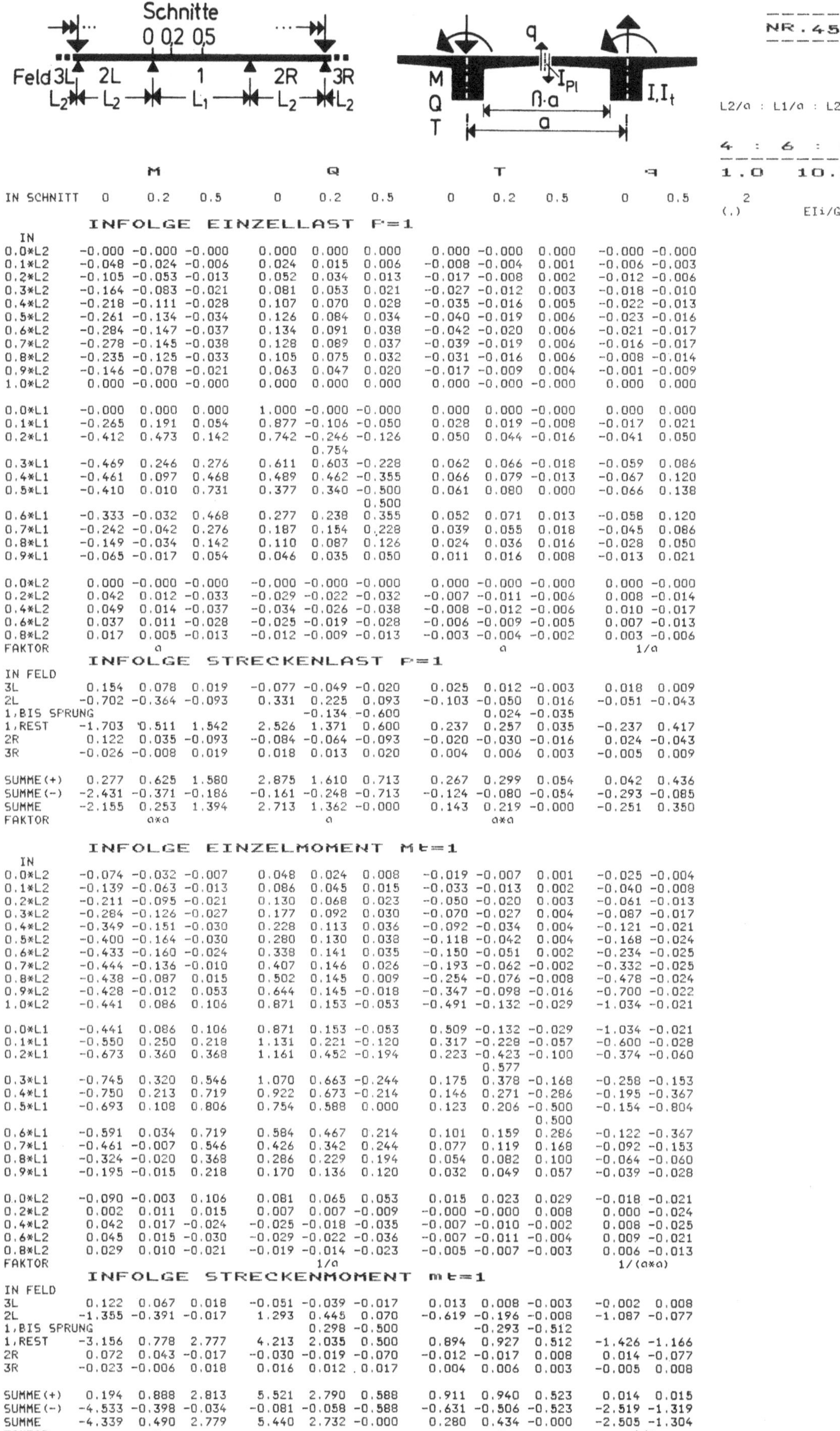

	M			Q			T			q	
IN SCHNITT	0	0.2	0.5	0	0.2	0.5	0	0.2	0.5	0	0.5

INFOLGE EINZELLAST P=1

IN	M 0	M 0.2	M 0.5	Q 0	Q 0.2	Q 0.5	T 0	T 0.2	T 0.5	q 0	q 0.5
0.0*L2	-0.000	-0.000	-0.000	0.000	0.000	0.000	0.000	-0.000	0.000	-0.000	-0.000
0.1*L2	-0.048	-0.024	-0.006	0.024	0.015	0.006	-0.008	-0.004	0.001	-0.006	-0.003
0.2*L2	-0.105	-0.053	-0.013	0.052	0.034	0.013	-0.017	-0.008	0.002	-0.012	-0.006
0.3*L2	-0.164	-0.083	-0.021	0.081	0.053	0.021	-0.027	-0.012	0.003	-0.018	-0.010
0.4*L2	-0.218	-0.111	-0.028	0.107	0.070	0.028	-0.035	-0.016	0.005	-0.022	-0.013
0.5*L2	-0.261	-0.134	-0.034	0.126	0.084	0.034	-0.040	-0.019	0.006	-0.023	-0.016
0.6*L2	-0.284	-0.147	-0.037	0.134	0.091	0.038	-0.042	-0.020	0.006	-0.021	-0.017
0.7*L2	-0.278	-0.145	-0.038	0.128	0.089	0.037	-0.039	-0.019	0.006	-0.016	-0.017
0.8*L2	-0.235	-0.125	-0.033	0.105	0.075	0.032	-0.031	-0.016	0.006	-0.008	-0.014
0.9*L2	-0.146	-0.078	-0.021	0.063	0.047	0.020	-0.017	-0.009	0.004	-0.001	-0.009
1.0*L2	0.000	-0.000	-0.000	0.000	0.000	0.000	0.000	-0.000	-0.000	0.000	0.000
0.0*L1	-0.000	0.000	0.000	1.000	-0.000	-0.000	0.000	0.000	-0.000	0.000	0.000
0.1*L1	-0.265	0.191	0.054	0.877	-0.106	-0.050	0.028	0.019	-0.008	-0.017	0.021
0.2*L1	-0.412	0.473	0.142	0.742	-0.246	-0.126	0.050	0.044	-0.016	-0.041	0.050
				0.754							
0.3*L1	-0.469	0.246	0.276	0.611	0.603	-0.228	0.062	0.066	-0.018	-0.059	0.086
0.4*L1	-0.461	0.097	0.468	0.489	0.462	-0.355	0.066	0.079	-0.013	-0.067	0.120
0.5*L1	-0.410	0.010	0.731	0.377	0.340	-0.500	0.061	0.080	0.000	-0.066	0.138
						0.500					
0.6*L1	-0.333	-0.032	0.468	0.277	0.238	0.355	0.052	0.071	0.013	-0.058	0.120
0.7*L1	-0.242	-0.042	0.276	0.187	0.154	0.228	0.039	0.055	0.018	-0.045	0.086
0.8*L1	-0.149	-0.034	0.142	0.110	0.087	0.126	0.024	0.036	0.016	-0.028	0.050
0.9*L1	-0.065	-0.017	0.054	0.046	0.035	0.050	0.011	0.016	0.008	-0.013	0.021
0.0*L2	0.000	-0.000	-0.000	-0.000	-0.000	-0.000	0.000	-0.000	-0.000	0.000	-0.000
0.2*L2	0.042	0.012	-0.033	-0.029	-0.022	-0.032	-0.007	-0.011	-0.006	0.008	-0.014
0.4*L2	0.049	0.014	-0.037	-0.034	-0.026	-0.038	-0.008	-0.012	-0.006	0.010	-0.017
0.6*L2	0.037	0.011	-0.028	-0.025	-0.019	-0.028	-0.006	-0.009	-0.005	0.007	-0.013
0.8*L2	0.017	0.005	-0.013	-0.012	-0.009	-0.013	-0.003	-0.004	-0.002	0.003	-0.006
FAKTOR	a						a			1/a	

INFOLGE STRECKENLAST P=1

IN FELD	M 0	M 0.2	M 0.5	Q 0	Q 0.2	Q 0.5	T 0	T 0.2	T 0.5	q 0	q 0.5
3L	0.154	0.078	0.019	-0.077	-0.049	-0.020	0.025	0.012	-0.003	0.018	0.009
2L	-0.702	-0.364	-0.093	0.331	0.225	0.093	-0.103	-0.050	0.016	-0.051	-0.043
1,BIS SPRUNG					-0.134	-0.600		0.024	-0.035		
1,REST	-1.703	0.511	1.542	2.526	1.371	0.600	0.237	0.257	0.035	-0.237	0.417
2R	0.122	0.035	-0.093	-0.084	-0.064	-0.093	-0.020	-0.030	-0.016	0.024	-0.043
3R	-0.026	-0.008	0.019	0.018	0.013	0.020	0.004	0.006	0.003	-0.005	0.009
SUMME(+)	0.277	0.625	1.580	2.875	1.610	0.713	0.267	0.299	0.054	0.042	0.436
SUMME(-)	-2.431	-0.371	-0.186	-0.161	-0.248	-0.713	-0.124	-0.080	-0.054	-0.293	-0.085
SUMME	-2.155	0.253	1.394	2.713	1.362	-0.000	0.143	0.219	-0.000	-0.251	0.350
FAKTOR	a×a			a			a×a				

INFOLGE EINZELMOMENT Mt=1

IN	M 0	M 0.2	M 0.5	Q 0	Q 0.2	Q 0.5	T 0	T 0.2	T 0.5	q 0	q 0.5
0.0*L2	-0.074	-0.032	-0.007	0.048	0.024	0.008	-0.019	-0.007	0.001	-0.025	-0.004
0.1*L2	-0.139	-0.063	-0.013	0.086	0.045	0.015	-0.033	-0.013	0.002	-0.040	-0.008
0.2*L2	-0.211	-0.095	-0.021	0.130	0.068	0.023	-0.050	-0.020	0.003	-0.061	-0.013
0.3*L2	-0.284	-0.126	-0.027	0.177	0.092	0.030	-0.070	-0.027	0.004	-0.087	-0.017
0.4*L2	-0.349	-0.151	-0.030	0.228	0.113	0.036	-0.092	-0.034	0.004	-0.121	-0.021
0.5*L2	-0.400	-0.164	-0.030	0.280	0.130	0.038	-0.118	-0.042	0.004	-0.168	-0.024
0.6*L2	-0.433	-0.160	-0.024	0.338	0.141	0.035	-0.150	-0.051	0.002	-0.234	-0.025
0.7*L2	-0.444	-0.136	-0.010	0.407	0.146	0.026	-0.193	-0.062	-0.002	-0.332	-0.025
0.8*L2	-0.438	-0.087	0.015	0.502	0.145	0.009	-0.254	-0.076	-0.008	-0.478	-0.024
0.9*L2	-0.428	-0.012	0.053	0.644	0.145	-0.018	-0.347	-0.098	-0.016	-0.700	-0.022
1.0*L2	-0.441	0.086	0.106	0.871	0.153	-0.053	-0.491	-0.132	-0.029	-1.034	-0.021
0.0*L1	-0.441	0.086	0.106	0.871	0.153	-0.053	0.509	-0.132	-0.029	-1.034	-0.021
0.1*L1	-0.550	0.250	0.218	1.131	0.221	-0.120	0.317	-0.228	-0.057	-0.600	-0.028
0.2*L1	-0.673	0.360	0.368	1.161	0.452	-0.194	0.223	-0.423	-0.100	-0.374	-0.060
									0.577		
0.3*L1	-0.745	0.320	0.546	1.070	0.663	-0.244	0.175	0.378	-0.168	-0.258	-0.153
0.4*L1	-0.750	0.213	0.719	0.922	0.673	-0.214	0.146	0.271	-0.286	-0.195	-0.367
0.5*L1	-0.693	0.108	0.806	0.754	0.588	0.000	0.123	0.206	-0.500	-0.154	-0.804
									0.500		
0.6*L1	-0.591	0.034	0.719	0.584	0.467	0.214	0.101	0.159	0.286	-0.122	-0.367
0.7*L1	-0.461	-0.007	0.546	0.426	0.342	0.244	0.077	0.119	0.168	-0.092	-0.153
0.8*L1	-0.324	-0.020	0.368	0.286	0.229	0.194	0.054	0.082	0.100	-0.064	-0.060
0.9*L1	-0.195	-0.015	0.218	0.170	0.136	0.120	0.032	0.049	0.057	-0.039	-0.028
0.0*L2	-0.090	-0.003	0.106	0.081	0.065	0.053	0.015	0.023	0.029	-0.018	-0.021
0.2*L2	0.002	0.011	0.015	0.007	0.007	-0.009	-0.000	-0.000	0.008	0.000	-0.024
0.4*L2	0.042	0.017	-0.024	-0.025	-0.018	-0.035	-0.007	-0.010	-0.002	0.008	-0.025
0.6*L2	0.045	0.015	-0.030	-0.029	-0.022	-0.036	-0.007	-0.011	-0.004	0.009	-0.021
0.8*L2	0.029	0.010	-0.021	-0.019	-0.014	-0.023	-0.005	-0.007	-0.003	0.006	-0.013
FAKTOR				1/a						1/(a×a)	

INFOLGE STRECKENMOMENT mt=1

IN FELD	M 0	M 0.2	M 0.5	Q 0	Q 0.2	Q 0.5	T 0	T 0.2	T 0.5	q 0	q 0.5
3L	0.122	0.067	0.018	-0.051	-0.039	-0.017	0.013	0.008	-0.003	-0.002	0.008
2L	-1.355	-0.391	-0.017	1.293	0.445	0.070	-0.619	-0.196	-0.008	-1.087	-0.077
1,BIS SPRUNG					0.298	-0.500		-0.293	-0.512		
1,REST	-3.156	0.778	2.777	4.213	2.035	0.500	0.894	0.927	0.512	-1.426	-1.166
2R	0.072	0.043	-0.017	-0.030	-0.019	-0.070	-0.012	-0.017	0.008	0.014	-0.077
3R	-0.023	-0.006	0.018	0.016	0.012	0.017	0.004	0.006	0.003	-0.005	0.008
SUMME(+)	0.194	0.888	2.813	5.521	2.790	0.588	0.911	0.940	0.523	0.014	0.015
SUMME(-)	-4.533	-0.398	-0.034	-0.081	-0.058	-0.588	-0.631	-0.506	-0.523	-2.519	-1.319
SUMME	-4.339	0.490	2.779	5.440	2.732	-0.000	0.280	0.434	-0.000	-2.505	-1.304
FAKTOR	a						a			1/a	

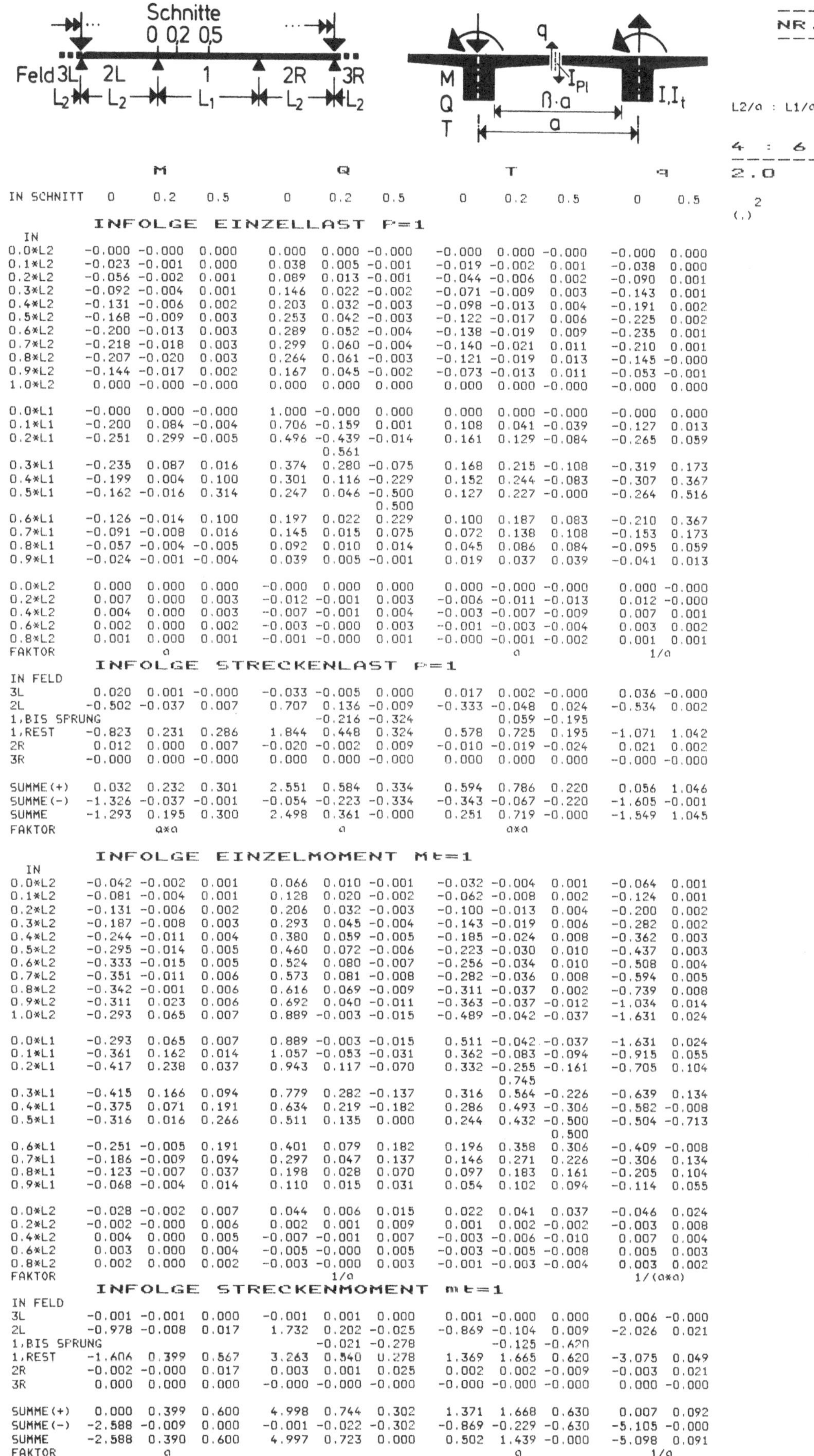

	M			Q			T			q	
IN SCHNITT	0	0.2	0.5	0	0.2	0.5	0	0.2	0.5	0	0.5

INFOLGE EINZELLAST P=1

IN

IN	M 0	M 0.2	M 0.5	Q 0	Q 0.2	Q 0.5	T 0	T 0.2	T 0.5	q 0	q 0.5
0.0*L2	-0.000	-0.000	0.000	0.000	0.000	-0.000	-0.000	0.000	-0.000	-0.000	0.000
0.1*L2	-0.023	-0.001	0.000	0.038	0.005	-0.001	-0.019	-0.002	0.001	-0.038	0.000
0.2*L2	-0.056	-0.002	0.001	0.089	0.013	-0.001	-0.044	-0.006	0.002	-0.090	0.001
0.3*L2	-0.092	-0.004	0.001	0.146	0.022	-0.002	-0.071	-0.009	0.003	-0.143	0.001
0.4*L2	-0.131	-0.006	0.002	0.203	0.032	-0.003	-0.098	-0.013	0.004	-0.191	0.002
0.5*L2	-0.168	-0.009	0.003	0.253	0.042	-0.003	-0.122	-0.017	0.006	-0.225	0.002
0.6*L2	-0.200	-0.013	0.003	0.289	0.052	-0.004	-0.138	-0.019	0.009	-0.235	0.001
0.7*L2	-0.218	-0.018	0.003	0.299	0.060	-0.004	-0.140	-0.021	0.011	-0.210	0.001
0.8*L2	-0.207	-0.020	0.003	0.264	0.061	-0.003	-0.121	-0.019	0.013	-0.145	-0.000
0.9*L2	-0.144	-0.017	0.002	0.167	0.045	-0.002	-0.073	-0.013	0.011	-0.053	-0.001
1.0*L2	0.000	-0.000	-0.000	0.000	0.000	0.000	0.000	0.000	-0.000	-0.000	0.000
0.0*L1	-0.000	0.000	-0.000	1.000	-0.000	0.000	0.000	0.000	-0.000	-0.000	0.000
0.1*L1	-0.200	0.084	-0.004	0.706	-0.159	0.001	0.108	0.041	-0.039	-0.127	0.013
0.2*L1	-0.251	0.299	-0.005	0.496	-0.439	-0.014	0.161	0.129	-0.084	-0.265	0.059
(Sprung)					0.561						
0.3*L1	-0.235	0.087	0.016	0.374	0.280	-0.075	0.168	0.215	-0.108	-0.319	0.173
0.4*L1	-0.199	0.004	0.100	0.301	0.116	-0.229	0.152	0.244	-0.083	-0.307	0.367
0.5*L1	-0.162	-0.016	0.314	0.247	0.046	-0.500	0.127	0.227	-0.000	-0.264	0.516
(Sprung)						0.500					
0.6*L1	-0.126	-0.014	0.100	0.197	0.022	0.229	0.100	0.187	0.083	-0.210	0.367
0.7*L1	-0.091	-0.008	0.016	0.145	0.015	0.075	0.072	0.138	0.108	-0.153	0.173
0.8*L1	-0.057	-0.004	-0.005	0.092	0.010	0.014	0.045	0.086	0.084	-0.095	0.059
0.9*L1	-0.024	-0.001	-0.004	0.039	0.005	-0.001	0.019	0.037	0.039	-0.041	0.013
0.0*L2	0.000	0.000	0.000	-0.000	0.000	0.000	0.000	-0.000	-0.000	0.000	-0.000
0.2*L2	0.007	0.000	0.003	-0.012	-0.001	0.003	-0.006	-0.011	-0.013	0.012	-0.000
0.4*L2	0.004	0.000	0.003	-0.007	-0.001	0.004	-0.003	-0.007	-0.009	0.007	0.001
0.6*L2	0.002	0.000	0.002	-0.003	-0.000	0.003	-0.001	-0.003	-0.004	0.003	0.002
0.8*L2	0.001	0.000	0.001	-0.001	-0.000	0.001	-0.000	-0.001	-0.002	0.001	0.001
FAKTOR	a						a			1/a	

INFOLGE STRECKENLAST P=1

IN FELD

IN	M 0	M 0.2	M 0.5	Q 0	Q 0.2	Q 0.5	T 0	T 0.2	T 0.5	q 0	q 0.5
3L	0.020	0.001	-0.000	-0.033	-0.005	0.000	0.017	0.002	-0.000	0.036	-0.000
2L	-0.502	-0.037	0.007	0.707	0.136	-0.009	-0.333	-0.048	0.024	-0.534	0.002
1,BIS SPRUNG					-0.216	-0.324		0.059	-0.195		
1,REST	-0.823	0.231	0.286	1.844	0.448	0.324	0.578	0.725	0.195	-1.071	1.042
2R	0.012	0.000	0.007	-0.020	-0.002	0.009	-0.010	-0.019	-0.024	0.021	0.002
3R	-0.000	0.000	-0.000	0.000	0.000	-0.000	0.000	0.000	0.000	-0.000	-0.000
SUMME(+)	0.032	0.232	0.301	2.551	0.584	0.334	0.594	0.786	0.220	0.056	1.046
SUMME(-)	-1.326	-0.037	-0.001	-0.054	-0.223	-0.334	-0.343	-0.067	-0.220	-1.605	-0.001
SUMME	-1.293	0.195	0.300	2.498	0.361	-0.000	0.251	0.719	-0.000	-1.549	1.045
FAKTOR	a*a			a			a*a				

INFOLGE EINZELMOMENT Mt=1

IN

IN	M 0	M 0.2	M 0.5	Q 0	Q 0.2	Q 0.5	T 0	T 0.2	T 0.5	q 0	q 0.5
0.0*L2	-0.042	-0.002	0.001	0.066	0.010	-0.001	-0.032	-0.004	0.001	-0.064	0.001
0.1*L2	-0.081	-0.004	0.001	0.128	0.020	-0.002	-0.062	-0.008	0.002	-0.124	0.001
0.2*L2	-0.131	-0.006	0.002	0.206	0.032	-0.003	-0.100	-0.013	0.004	-0.200	0.002
0.3*L2	-0.187	-0.008	0.003	0.293	0.045	-0.004	-0.143	-0.019	0.006	-0.282	0.002
0.4*L2	-0.244	-0.011	0.004	0.380	0.059	-0.005	-0.185	-0.024	0.008	-0.362	0.003
0.5*L2	-0.295	-0.014	0.005	0.460	0.072	-0.006	-0.223	-0.030	0.010	-0.437	0.003
0.6*L2	-0.333	-0.015	0.005	0.524	0.080	-0.007	-0.256	-0.034	0.010	-0.508	0.004
0.7*L2	-0.351	-0.011	0.006	0.573	0.081	-0.008	-0.282	-0.036	0.008	-0.594	0.005
0.8*L2	-0.342	-0.001	0.006	0.616	0.069	-0.009	-0.311	-0.037	0.002	-0.739	0.008
0.9*L2	-0.311	0.023	0.006	0.692	0.040	-0.011	-0.363	-0.037	-0.012	-1.034	0.014
1.0*L2	-0.293	0.065	0.007	0.889	-0.003	-0.015	-0.489	-0.042	-0.037	-1.631	0.024
0.0*L1	-0.293	0.065	0.007	0.889	-0.003	-0.015	0.511	-0.042	-0.037	-1.631	0.024
0.1*L1	-0.361	0.162	0.014	1.057	-0.053	-0.031	0.362	-0.083	-0.094	-0.915	0.055
0.2*L1	-0.417	0.238	0.037	0.943	0.117	-0.070	0.332	-0.255	-0.161	-0.705	0.104
(Sprung)									0.745		
0.3*L1	-0.415	0.166	0.094	0.779	0.282	-0.137	0.316	0.564	-0.226	-0.639	0.134
0.4*L1	-0.375	0.071	0.191	0.634	0.219	-0.182	0.286	0.493	-0.306	-0.582	-0.008
0.5*L1	-0.316	0.016	0.266	0.511	0.135	-0.000	0.244	0.432	-0.500	-0.504	-0.713
(Sprung)									0.500		
0.6*L1	-0.251	-0.005	0.191	0.401	0.079	0.182	0.196	0.358	0.306	-0.409	-0.008
0.7*L1	-0.186	-0.009	0.094	0.297	0.047	0.137	0.146	0.271	0.226	-0.306	0.134
0.8*L1	-0.123	-0.007	0.037	0.198	0.028	0.070	0.097	0.183	0.161	-0.205	0.104
0.9*L1	-0.068	-0.004	0.014	0.110	0.015	0.031	0.054	0.102	0.094	-0.114	0.055
0.0*L2	-0.028	-0.002	0.007	0.044	0.006	0.015	0.022	0.041	0.037	-0.046	0.024
0.2*L2	-0.002	-0.000	0.006	0.002	0.001	0.009	0.001	0.004	-0.002	-0.003	0.008
0.4*L2	0.004	0.000	0.005	-0.007	-0.001	0.007	-0.003	-0.006	-0.010	0.007	0.004
0.6*L2	0.003	0.000	0.004	-0.005	-0.000	0.005	-0.003	-0.005	-0.008	0.005	0.003
0.8*L2	0.002	0.000	0.002	-0.003	-0.000	0.003	-0.001	-0.003	-0.004	0.003	0.002
FAKTOR				1/a						1/(a*a)	

INFOLGE STRECKENMOMENT mt=1

IN FELD

IN	M 0	M 0.2	M 0.5	Q 0	Q 0.2	Q 0.5	T 0	T 0.2	T 0.5	q 0	q 0.5
3L	-0.001	-0.001	0.000	-0.001	0.001	0.000	0.001	-0.000	0.000	0.006	-0.000
2L	-0.978	-0.008	0.017	1.732	0.202	-0.025	-0.869	-0.104	0.009	-2.026	0.021
1,BIS SPRUNG					-0.021	-0.278		-0.125	-0.620		
1,REST	-1.606	0.399	0.567	3.263	0.540	0.278	1.369	1.665	0.620	-3.075	0.049
2R	-0.002	-0.000	0.017	0.003	0.001	0.025	0.002	0.002	-0.009	-0.003	0.021
3R	0.000	0.000	0.000	-0.000	-0.000	-0.000	-0.000	-0.000	-0.000	0.000	-0.000
SUMME(+)	0.000	0.399	0.600	4.998	0.744	0.302	1.371	1.668	0.630	0.007	0.092
SUMME(-)	-2.588	-0.009	0.000	-0.001	-0.022	-0.302	-0.869	-0.229	-0.630	-5.105	-0.000
SUMME	-2.588	0.390	0.600	4.997	0.723	0.000	0.502	1.439	-0.000	-5.098	0.091
FAKTOR	a						a			1/a	

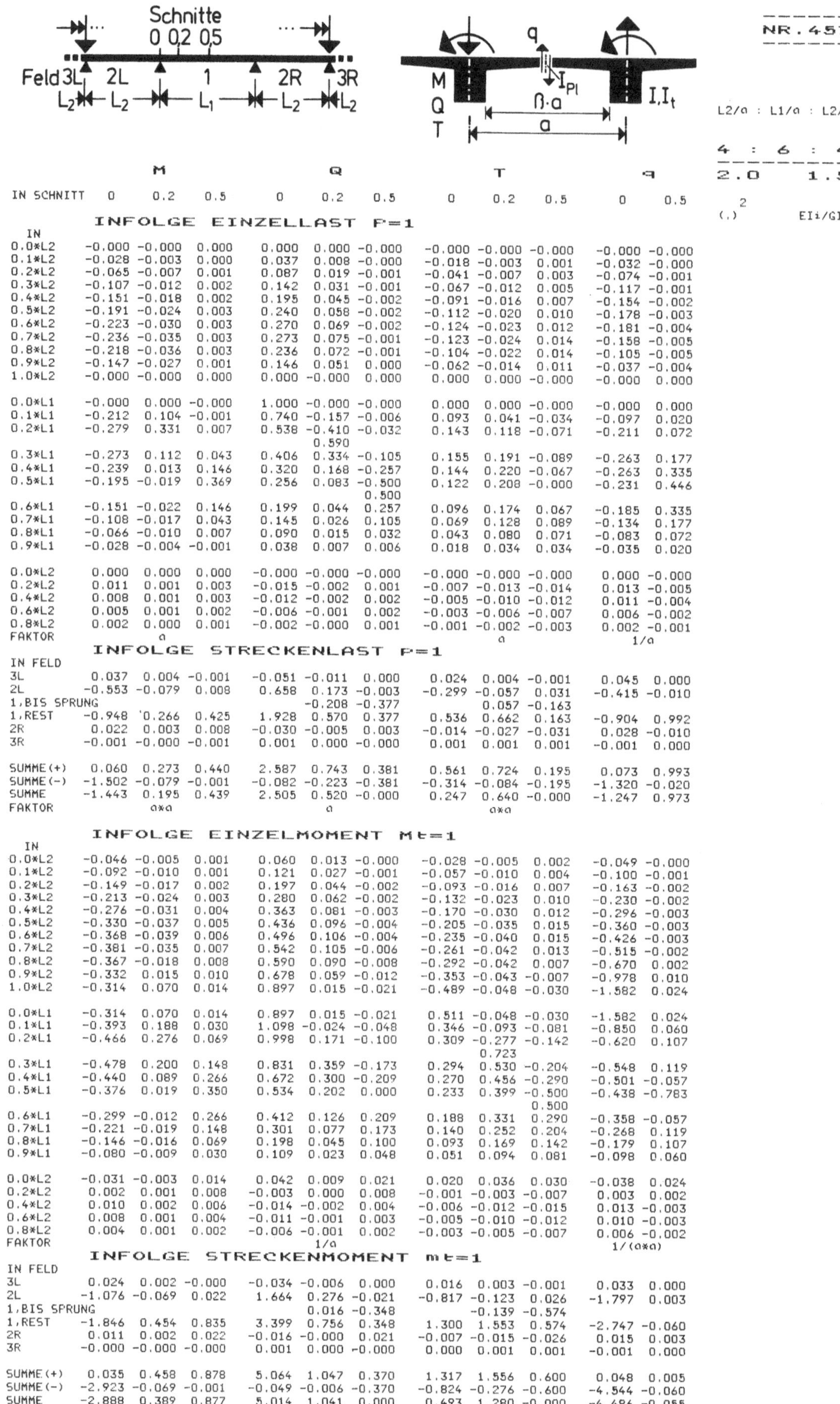

IN SCHNITT	M 0	M 0.2	M 0.5	Q 0	Q 0.2	Q 0.5	T 0	T 0.2	T 0.5	q 0	q 0.5

INFOLGE EINZELLAST P=1

IN

IN	M 0	M 0.2	M 0.5	Q 0	Q 0.2	Q 0.5	T 0	T 0.2	T 0.5	q 0	q 0.5
0.0*L2	-0.000	-0.000	0.000	0.000	0.000	-0.000	-0.000	-0.000	-0.000	-0.000	-0.000
0.1*L2	-0.028	-0.003	0.000	0.037	0.008	-0.000	-0.018	-0.003	0.001	-0.032	-0.000
0.2*L2	-0.065	-0.007	0.001	0.087	0.019	-0.001	-0.041	-0.007	0.003	-0.074	-0.001
0.3*L2	-0.107	-0.012	0.002	0.142	0.031	-0.001	-0.067	-0.012	0.005	-0.117	-0.001
0.4*L2	-0.151	-0.018	0.002	0.195	0.045	-0.002	-0.091	-0.016	0.007	-0.154	-0.002
0.5*L2	-0.191	-0.024	0.003	0.240	0.058	-0.002	-0.112	-0.020	0.010	-0.178	-0.003
0.6*L2	-0.223	-0.030	0.003	0.270	0.069	-0.002	-0.124	-0.023	0.012	-0.181	-0.004
0.7*L2	-0.236	-0.035	0.003	0.273	0.075	-0.001	-0.123	-0.024	0.014	-0.158	-0.005
0.8*L2	-0.218	-0.036	0.003	0.236	0.072	-0.001	-0.104	-0.022	0.014	-0.105	-0.005
0.9*L2	-0.147	-0.027	0.001	0.146	0.051	0.000	-0.062	-0.014	0.011	-0.037	-0.004
1.0*L2	-0.000	-0.000	0.000	0.000	-0.000	0.000	0.000	0.000	-0.000	-0.000	0.000
0.0*L1	-0.000	0.000	-0.000	1.000	-0.000	-0.000	0.000	0.000	-0.000	-0.000	0.000
0.1*L1	-0.212	0.104	-0.001	0.740	-0.157	-0.006	0.093	0.041	-0.034	-0.097	0.020
0.2*L1	-0.279	0.331	0.007	0.538	-0.410	-0.032	0.143	0.118	-0.071	-0.211	0.072
				0.590							
0.3*L1	-0.273	0.112	0.043	0.406	0.334	-0.105	0.155	0.191	-0.089	-0.263	0.177
0.4*L1	-0.239	0.013	0.146	0.320	0.168	-0.257	0.144	0.220	-0.067	-0.263	0.335
0.5*L1	-0.195	-0.019	0.369	0.256	0.083	-0.500	0.122	0.208	-0.000	-0.231	0.446
						0.500					
0.6*L1	-0.151	-0.022	0.146	0.199	0.044	0.257	0.096	0.174	0.067	-0.185	0.335
0.7*L1	-0.108	-0.017	0.043	0.145	0.026	0.105	0.069	0.128	0.089	-0.134	0.177
0.8*L1	-0.066	-0.010	0.007	0.090	0.015	0.032	0.043	0.080	0.071	-0.083	0.072
0.9*L1	-0.028	-0.004	-0.001	0.038	0.007	0.006	0.018	0.034	0.034	-0.035	0.020
0.0*L2	0.000	0.000	0.000	-0.000	-0.000	-0.000	-0.000	-0.000	-0.000	0.000	-0.000
0.2*L2	0.011	0.001	0.003	-0.015	-0.002	0.001	-0.007	-0.013	-0.014	0.013	-0.005
0.4*L2	0.008	0.001	0.003	-0.012	-0.002	0.002	-0.005	-0.010	-0.012	0.011	-0.004
0.6*L2	0.005	0.001	0.002	-0.006	-0.001	0.002	-0.003	-0.006	-0.007	0.006	-0.002
0.8*L2	0.002	0.000	0.001	-0.002	-0.000	0.001	-0.001	-0.002	-0.003	0.002	-0.001
FAKTOR	a						a			1/a	

INFOLGE STRECKENLAST P=1

IN FELD

IN FELD	M 0	M 0.2	M 0.5	Q 0	Q 0.2	Q 0.5	T 0	T 0.2	T 0.5	q 0	q 0.5
3L	0.037	0.004	-0.001	-0.051	-0.011	0.000	0.024	0.004	-0.001	0.045	0.000
2L	-0.553	-0.079	0.008	0.658	0.173	-0.003	-0.299	-0.057	0.031	-0.415	-0.010
1,BIS SPRUNG					-0.208	-0.377		0.057	-0.163		
1,REST	-0.948	0.266	0.425	1.928	0.570	0.377	0.536	0.662	0.163	-0.904	0.992
2R	0.022	0.003	0.008	-0.030	-0.005	0.003	-0.014	-0.027	-0.031	0.028	-0.010
3R	-0.001	-0.000	-0.001	0.001	0.000	-0.000	0.001	0.001	0.001	-0.001	0.000
SUMME(+)	0.060	0.273	0.440	2.587	0.743	0.381	0.561	0.724	0.195	0.073	0.993
SUMME(-)	-1.502	-0.079	-0.001	-0.082	-0.223	-0.381	-0.314	-0.084	-0.195	-1.320	-0.020
SUMME	-1.443	0.195	0.439	2.505	0.520	-0.000	0.247	0.640	-0.000	-1.247	0.973
FAKTOR	a*a			a			a*a				

INFOLGE EINZELMOMENT Mt=1

IN

IN	M 0	M 0.2	M 0.5	Q 0	Q 0.2	Q 0.5	T 0	T 0.2	T 0.5	q 0	q 0.5
0.0*L2	-0.046	-0.005	0.001	0.060	0.013	-0.000	-0.028	-0.005	0.002	-0.049	-0.000
0.1*L2	-0.092	-0.010	0.001	0.121	0.027	-0.001	-0.057	-0.010	0.004	-0.100	-0.001
0.2*L2	-0.149	-0.017	0.002	0.197	0.044	-0.002	-0.093	-0.016	0.007	-0.163	-0.002
0.3*L2	-0.213	-0.024	0.003	0.280	0.062	-0.002	-0.132	-0.023	0.010	-0.230	-0.002
0.4*L2	-0.276	-0.031	0.004	0.363	0.081	-0.003	-0.170	-0.030	0.012	-0.296	-0.003
0.5*L2	-0.330	-0.037	0.005	0.436	0.096	-0.004	-0.205	-0.035	0.015	-0.360	-0.003
0.6*L2	-0.368	-0.039	0.006	0.496	0.106	-0.004	-0.235	-0.040	0.015	-0.426	-0.003
0.7*L2	-0.381	-0.035	0.007	0.542	0.105	-0.006	-0.261	-0.042	0.013	-0.515	-0.002
0.8*L2	-0.367	-0.018	0.008	0.590	0.090	-0.008	-0.292	-0.042	0.007	-0.670	0.002
0.9*L2	-0.332	0.015	0.010	0.678	0.059	-0.012	-0.353	-0.043	-0.007	-0.978	0.010
1.0*L2	-0.314	0.070	0.014	0.897	0.015	-0.021	-0.489	-0.048	-0.030	-1.582	0.024
0.0*L1	-0.314	0.070	0.014	0.897	0.015	-0.021	0.511	-0.048	-0.030	-1.582	0.024
0.1*L1	-0.393	0.188	0.030	1.098	-0.024	-0.048	0.346	-0.093	-0.081	-0.850	0.060
0.2*L1	-0.466	0.276	0.069	0.998	0.171	-0.100	0.309	-0.277	-0.142	-0.620	0.107
									0.723		
0.3*L1	-0.478	0.200	0.148	0.831	0.359	-0.173	0.294	0.530	-0.204	-0.548	0.119
0.4*L1	-0.440	0.089	0.266	0.672	0.300	-0.209	0.270	0.456	-0.290	-0.501	-0.057
0.5*L1	-0.376	0.019	0.350	0.534	0.202	0.000	0.233	0.399	-0.500	-0.438	-0.783
									0.500		
0.6*L1	-0.299	-0.012	0.266	0.412	0.126	0.209	0.188	0.331	0.290	-0.358	-0.057
0.7*L1	-0.221	-0.019	0.148	0.301	0.077	0.173	0.140	0.252	0.204	-0.268	0.119
0.8*L1	-0.146	-0.016	0.069	0.198	0.045	0.100	0.093	0.169	0.142	-0.179	0.107
0.9*L1	-0.080	-0.009	0.030	0.109	0.023	0.048	0.051	0.094	0.081	-0.098	0.060
0.0*L2	-0.031	-0.003	0.014	0.042	0.009	0.021	0.020	0.036	0.030	-0.038	0.024
0.2*L2	0.002	0.001	0.008	-0.003	0.000	0.008	-0.001	-0.003	-0.007	0.003	0.002
0.4*L2	0.010	0.002	0.006	-0.014	-0.002	0.004	-0.006	-0.012	-0.015	0.013	-0.003
0.6*L2	0.008	0.001	0.004	-0.011	-0.001	0.003	-0.005	-0.010	-0.012	0.010	-0.003
0.8*L2	0.004	0.001	0.002	-0.006	-0.001	0.002	-0.003	-0.005	-0.007	0.006	-0.002
FAKTOR				1/a						1/(a*a)	

INFOLGE STRECKENMOMENT mt=1

IN FELD

IN FELD	M 0	M 0.2	M 0.5	Q 0	Q 0.2	Q 0.5	T 0	T 0.2	T 0.5	q 0	q 0.5
3L	0.024	0.002	-0.000	-0.034	-0.006	0.000	0.016	0.003	-0.001	0.033	0.000
2L	-1.076	-0.069	0.022	1.664	0.276	-0.021	-0.817	-0.123	0.026	-1.797	0.003
1,BIS SPRUNG					0.016	-0.348		-0.139	-0.574		
1,REST	-1.846	0.454	0.835	3.399	0.756	0.348	1.300	1.553	0.574	-2.747	-0.060
2R	0.011	0.002	0.022	-0.016	-0.000	0.021	-0.007	-0.015	-0.026	0.015	0.003
3R	-0.000	-0.000	-0.000	0.001	0.000	-0.000	0.000	0.001	0.001	-0.001	0.000
SUMME(+)	0.035	0.458	0.878	5.064	1.047	0.370	1.317	1.556	0.600	0.048	0.005
SUMME(-)	-2.923	-0.069	-0.001	-0.049	-0.006	-0.370	-0.824	-0.276	-0.600	-4.544	-0.060
SUMME	-2.888	0.389	0.877	5.014	1.041	0.000	0.493	1.280	-0.000	-4.496	-0.055
FAKTOR	a						a			1/a	

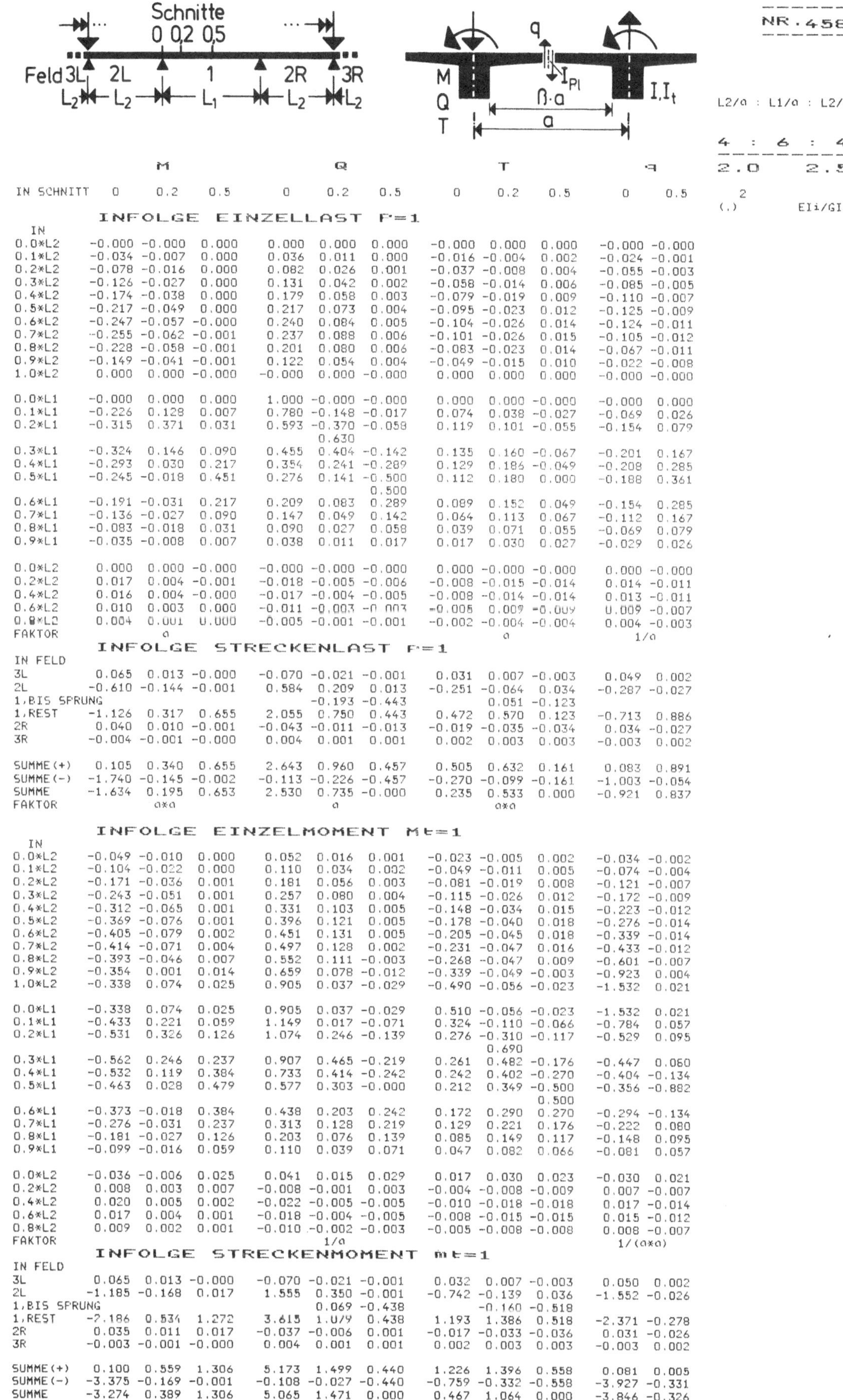

IN SCHNITT	M 0	M 0.2	M 0.5	Q 0	Q 0.2	Q 0.5	T 0	T 0.2	T 0.5	q 0	q 0.5

INFOLGE EINZELLAST P=1

IN	M 0	M 0.2	M 0.5	Q 0	Q 0.2	Q 0.5	T 0	T 0.2	T 0.5	q 0	q 0.5
0.0*L2	-0.000	-0.000	0.000	0.000	0.000	0.000	-0.000	0.000	0.000	-0.000	-0.000
0.1*L2	-0.034	-0.007	0.000	0.036	0.011	0.000	-0.016	-0.004	0.002	-0.024	-0.001
0.2*L2	-0.078	-0.016	0.000	0.082	0.026	0.001	-0.037	-0.008	0.004	-0.055	-0.003
0.3*L2	-0.126	-0.027	0.000	0.131	0.042	0.002	-0.058	-0.014	0.006	-0.085	-0.005
0.4*L2	-0.174	-0.038	0.000	0.179	0.058	0.003	-0.079	-0.019	0.009	-0.110	-0.007
0.5*L2	-0.217	-0.049	0.000	0.217	0.073	0.004	-0.095	-0.023	0.012	-0.125	-0.009
0.6*L2	-0.247	-0.057	-0.000	0.240	0.084	0.005	-0.104	-0.026	0.014	-0.124	-0.011
0.7*L2	-0.255	-0.062	-0.001	0.237	0.088	0.006	-0.101	-0.026	0.015	-0.105	-0.012
0.8*L2	-0.228	-0.058	-0.001	0.201	0.080	0.006	-0.083	-0.023	0.014	-0.067	-0.011
0.9*L2	-0.149	-0.041	-0.001	0.122	0.054	0.004	-0.049	-0.015	0.010	-0.022	-0.008
1.0*L2	0.000	0.000	-0.000	-0.000	0.000	-0.000	0.000	0.000	0.000	-0.000	-0.000
0.0*L1	-0.000	0.000	0.000	1.000	-0.000	-0.000	0.000	0.000	-0.000	-0.000	0.000
0.1*L1	-0.226	0.128	0.007	0.780	-0.148	-0.017	0.074	0.038	-0.027	-0.069	0.026
0.2*L1	-0.315	0.371	0.031	0.593	-0.370	-0.058	0.119	0.101	-0.055	-0.154	0.079
					0.630						
0.3*L1	-0.324	0.146	0.090	0.455	0.404	-0.142	0.135	0.160	-0.067	-0.201	0.167
0.4*L1	-0.293	0.030	0.217	0.354	0.241	-0.289	0.129	0.186	-0.049	-0.208	0.285
0.5*L1	-0.245	-0.018	0.451	0.276	0.141	-0.500	0.112	0.180	0.000	-0.188	0.361
						0.500					
0.6*L1	-0.191	-0.031	0.217	0.209	0.083	0.289	0.089	0.152	0.049	-0.154	0.285
0.7*L1	-0.136	-0.027	0.090	0.147	0.049	0.142	0.064	0.113	0.067	-0.112	0.167
0.8*L1	-0.083	-0.018	0.031	0.090	0.027	0.058	0.039	0.071	0.055	-0.069	0.079
0.9*L1	-0.035	-0.008	0.007	0.038	0.011	0.017	0.017	0.030	0.027	-0.029	0.026
0.0*L2	0.000	0.000	-0.000	-0.000	-0.000	-0.000	0.000	-0.000	-0.000	0.000	-0.000
0.2*L2	0.017	0.004	-0.001	-0.018	-0.005	-0.006	-0.008	-0.015	-0.014	0.014	-0.011
0.4*L2	0.016	0.004	-0.000	-0.017	-0.004	-0.005	-0.008	-0.014	-0.014	0.013	-0.011
0.6*L2	0.010	0.003	0.000	-0.011	-0.003	-0.003	-0.005	0.009	-0.009	0.009	-0.007
0.8*L2	0.004	0.001	0.000	-0.005	-0.001	-0.001	-0.002	-0.004	-0.004	0.004	-0.003
FAKTOR	a						a			1/a	

INFOLGE STRECKENLAST P=1

IN FELD	M 0	M 0.2	M 0.5	Q 0	Q 0.2	Q 0.5	T 0	T 0.2	T 0.5	q 0	q 0.5
3L	0.065	0.013	-0.000	-0.070	-0.021	-0.001	0.031	0.007	-0.003	0.049	0.002
2L	-0.610	-0.144	-0.001	0.584	0.209	0.013	-0.251	-0.064	0.034	-0.287	-0.027
1,BIS SPRUNG					-0.193	-0.443		0.051	-0.123		
1,REST	-1.126	0.317	0.655	2.055	0.750	0.443	0.472	0.570	0.123	-0.713	0.886
2R	0.040	0.010	-0.001	-0.043	-0.011	-0.013	-0.019	-0.035	-0.034	0.034	-0.027
3R	-0.004	-0.001	-0.000	0.004	0.001	0.001	0.002	0.003	0.003	-0.003	0.002
SUMME(+)	0.105	0.340	0.655	2.643	0.960	0.457	0.505	0.632	0.161	0.083	0.891
SUMME(-)	-1.740	-0.145	-0.002	-0.113	-0.226	-0.457	-0.270	-0.099	-0.161	-1.003	-0.054
SUMME	-1.634	0.195	0.653	2.530	0.735	-0.000	0.235	0.533	0.000	-0.921	0.837
FAKTOR	a×a			a			a×a				

INFOLGE EINZELMOMENT Mt=1

IN	M 0	M 0.2	M 0.5	Q 0	Q 0.2	Q 0.5	T 0	T 0.2	T 0.5	q 0	q 0.5
0.0*L2	-0.049	-0.010	0.000	0.052	0.016	0.001	-0.023	-0.005	0.002	-0.034	-0.002
0.1*L2	-0.104	-0.022	0.000	0.110	0.034	0.002	-0.049	-0.011	0.005	-0.074	-0.004
0.2*L2	-0.171	-0.036	0.001	0.181	0.056	0.003	-0.081	-0.019	0.008	-0.121	-0.007
0.3*L2	-0.243	-0.051	0.001	0.257	0.080	0.004	-0.115	-0.026	0.012	-0.172	-0.009
0.4*L2	-0.312	-0.065	0.001	0.331	0.103	0.005	-0.148	-0.034	0.015	-0.223	-0.012
0.5*L2	-0.369	-0.076	0.001	0.396	0.121	0.005	-0.178	-0.040	0.018	-0.276	-0.014
0.6*L2	-0.405	-0.079	0.002	0.451	0.131	0.005	-0.205	-0.045	0.018	-0.339	-0.014
0.7*L2	-0.414	-0.071	0.004	0.497	0.128	0.002	-0.231	-0.047	0.016	-0.433	-0.012
0.8*L2	-0.393	-0.046	0.007	0.552	0.111	-0.003	-0.268	-0.047	0.009	-0.601	-0.007
0.9*L2	-0.354	0.001	0.014	0.659	0.078	-0.012	-0.339	-0.049	-0.003	-0.923	0.004
1.0*L2	-0.338	0.074	0.025	0.905	0.037	-0.029	-0.490	-0.056	-0.023	-1.532	0.021
0.0*L1	-0.338	0.074	0.025	0.905	0.037	-0.029	0.510	-0.056	-0.023	-1.532	0.021
0.1*L1	-0.433	0.221	0.059	1.149	0.017	-0.071	0.324	-0.110	-0.066	-0.784	0.057
0.2*L1	-0.531	0.326	0.126	1.074	0.246	-0.139	0.276	-0.310	-0.117	-0.529	0.095
								0.690			
0.3*L1	-0.562	0.246	0.237	0.907	0.465	-0.219	0.261	0.482	-0.176	-0.447	0.060
0.4*L1	-0.532	0.119	0.384	0.733	0.414	-0.242	0.242	0.402	-0.270	-0.404	-0.134
0.5*L1	-0.463	0.028	0.479	0.577	0.303	-0.000	0.212	0.349	-0.500	-0.356	-0.882
									0.500		
0.6*L1	-0.373	-0.018	0.384	0.438	0.203	0.242	0.172	0.290	0.270	-0.294	-0.134
0.7*L1	-0.276	-0.031	0.237	0.313	0.128	0.219	0.129	0.221	0.176	-0.222	0.080
0.8*L1	-0.181	-0.027	0.126	0.203	0.076	0.139	0.085	0.149	0.117	-0.148	0.095
0.9*L1	-0.099	-0.016	0.059	0.110	0.039	0.071	0.047	0.082	0.066	-0.081	0.057
0.0*L2	-0.036	-0.006	0.025	0.041	0.015	0.029	0.017	0.030	0.023	-0.030	0.021
0.2*L2	0.008	0.003	0.007	-0.008	-0.001	0.003	-0.004	-0.008	-0.009	0.007	-0.007
0.4*L2	0.020	0.005	0.002	-0.022	-0.005	-0.005	-0.010	-0.018	-0.018	0.017	-0.014
0.6*L2	0.017	0.004	0.001	-0.018	-0.004	-0.005	-0.008	-0.015	-0.015	0.015	-0.012
0.8*L2	0.009	0.002	0.001	-0.010	-0.002	-0.003	-0.005	-0.008	-0.008	0.008	-0.007
FAKTOR				1/a						1/(a×a)	

INFOLGE STRECKENMOMENT mt=1

IN FELD	M 0	M 0.2	M 0.5	Q 0	Q 0.2	Q 0.5	T 0	T 0.2	T 0.5	q 0	q 0.5
3L	0.065	0.013	-0.000	-0.070	-0.021	-0.001	0.032	0.007	-0.003	0.050	0.002
2L	-1.185	-0.168	0.017	1.555	0.350	-0.001	-0.742	-0.139	0.036	-1.552	-0.026
1,BIS SPRUNG					0.069	-0.438		-0.160	-0.518		
1,REST	-2.186	0.534	1.272	3.615	1.079	0.438	1.193	1.386	0.518	-2.371	-0.278
2R	0.035	0.011	0.017	-0.037	-0.006	0.001	-0.017	-0.033	-0.036	0.031	-0.026
3R	-0.003	-0.001	-0.000	0.004	0.001	0.001	0.002	0.003	0.003	-0.003	0.002
SUMME(+)	0.100	0.559	1.306	5.173	1.499	0.440	1.226	1.396	0.558	0.081	0.005
SUMME(-)	-3.375	-0.169	-0.001	-0.108	-0.027	-0.440	-0.759	-0.332	-0.558	-3.927	-0.331
SUMME	-3.274	0.389	1.306	5.065	1.471	0.000	0.467	1.064	0.000	-3.846	-0.326
FAKTOR	a						a			1/a	

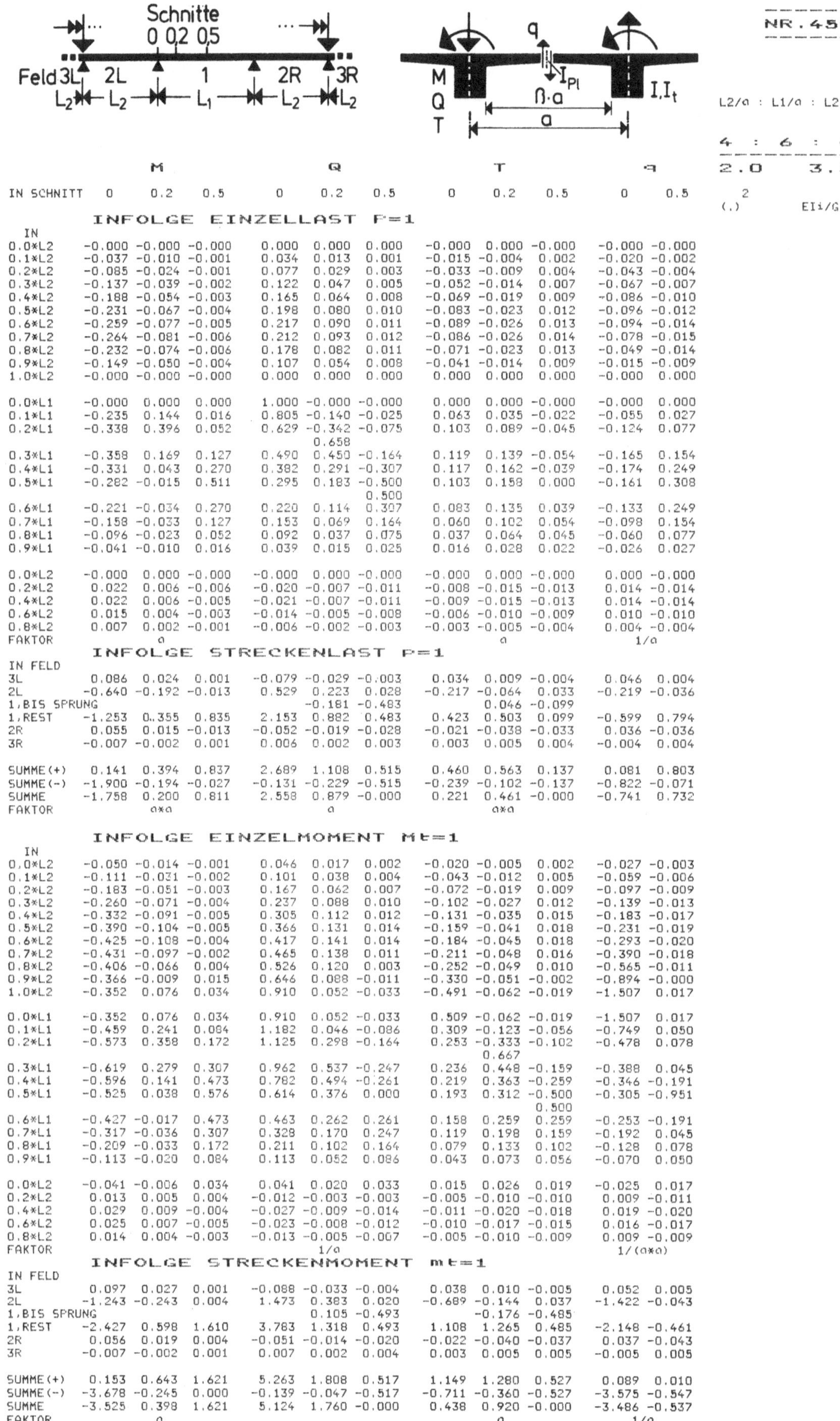

		M			Q			T		q	
IN SCHNITT	0	0.2	0.5	0	0.2	0.5	0	0.2	0.5	0	0.5

INFOLGE EINZELLAST P=1

IN		M			Q			T		q	
0.0*L2	-0.000	-0.000	-0.000	0.000	0.000	0.000	-0.000	0.000	-0.000	-0.000	-0.000
0.1*L2	-0.037	-0.010	-0.001	0.034	0.013	0.001	-0.015	-0.004	0.002	-0.020	-0.002
0.2*L2	-0.085	-0.024	-0.001	0.077	0.029	0.003	-0.033	-0.009	0.004	-0.043	-0.004
0.3*L2	-0.137	-0.039	-0.002	0.122	0.047	0.005	-0.052	-0.014	0.007	-0.067	-0.007
0.4*L2	-0.188	-0.054	-0.003	0.165	0.064	0.008	-0.069	-0.019	0.009	-0.086	-0.010
0.5*L2	-0.231	-0.067	-0.004	0.198	0.080	0.010	-0.083	-0.023	0.012	-0.096	-0.012
0.6*L2	-0.259	-0.077	-0.005	0.217	0.090	0.011	-0.089	-0.026	0.013	-0.094	-0.014
0.7*L2	-0.264	-0.081	-0.006	0.212	0.093	0.012	-0.086	-0.026	0.014	-0.078	-0.015
0.8*L2	-0.232	-0.074	-0.006	0.178	0.082	0.011	-0.071	-0.023	0.013	-0.049	-0.014
0.9*L2	-0.149	-0.050	-0.004	0.107	0.054	0.008	-0.041	-0.014	0.009	-0.015	-0.009
1.0*L2	-0.000	-0.000	-0.000	0.000	0.000	0.000	0.000	0.000	0.000	-0.000	0.000
0.0*L1	-0.000	0.000	0.000	1.000	-0.000	-0.000	0.000	0.000	-0.000	-0.000	0.000
0.1*L1	-0.235	0.144	0.016	0.805	-0.140	-0.025	0.063	0.035	-0.022	-0.055	0.027
0.2*L1	-0.338	0.396	0.052	0.629	-0.342	-0.075	0.103	0.089	-0.045	-0.124	0.077
					0.658						
0.3*L1	-0.358	0.169	0.127	0.490	0.450	-0.164	0.119	0.139	-0.054	-0.165	0.154
0.4*L1	-0.331	0.043	0.270	0.382	0.291	-0.307	0.117	0.162	-0.039	-0.174	0.249
0.5*L1	-0.282	-0.015	0.511	0.295	0.183	-0.500	0.103	0.158	0.000	-0.161	0.308
						0.500					
0.6*L1	-0.221	-0.034	0.270	0.220	0.114	0.307	0.083	0.135	0.039	-0.133	0.249
0.7*L1	-0.158	-0.033	0.127	0.153	0.069	0.164	0.060	0.102	0.054	-0.098	0.154
0.8*L1	-0.096	-0.023	0.052	0.092	0.037	0.075	0.037	0.064	0.045	-0.060	0.077
0.9*L1	-0.041	-0.010	0.016	0.039	0.015	0.025	0.016	0.028	0.022	-0.026	0.027
0.0*L2	-0.000	0.000	-0.000	-0.000	0.000	-0.000	-0.000	0.000	-0.000	0.000	-0.000
0.2*L2	0.022	0.006	-0.006	-0.020	-0.007	-0.011	-0.008	-0.015	-0.013	0.014	-0.014
0.4*L2	0.022	0.006	-0.005	-0.021	-0.007	-0.011	-0.009	-0.015	-0.013	0.014	-0.014
0.6*L2	0.015	0.004	-0.003	-0.014	-0.005	-0.008	-0.006	-0.010	-0.009	0.010	-0.010
0.8*L2	0.007	0.002	-0.001	-0.006	-0.002	-0.003	-0.003	-0.005	-0.004	0.004	-0.004
FAKTOR		a						a		1/a	

INFOLGE STRECKENLAST P=1

IN FELD		M			Q			T		q	
3L	0.086	0.024	0.001	-0.079	-0.029	-0.003	0.034	0.009	-0.004	0.046	0.004
2L	-0.640	-0.192	-0.013	0.529	0.223	0.028	-0.217	-0.064	0.033	-0.219	-0.036
1,BIS SPRUNG					-0.181	-0.483		0.046	-0.099		
1,REST	-1.253	0.355	0.835	2.153	0.882	0.483	0.423	0.503	0.099	-0.599	0.794
2R	0.055	0.015	-0.013	-0.052	-0.019	-0.028	-0.021	-0.038	-0.033	0.036	-0.036
3R	-0.007	-0.002	0.001	0.006	0.002	0.003	0.003	0.005	0.004	-0.004	0.004
SUMME(+)	0.141	0.394	0.837	2.689	1.108	0.515	0.460	0.563	0.137	0.081	0.803
SUMME(-)	-1.900	-0.194	-0.027	-0.131	-0.229	-0.515	-0.239	-0.102	-0.137	-0.822	-0.071
SUMME	-1.758	0.200	0.811	2.558	0.879	-0.000	0.221	0.461	-0.000	-0.741	0.732
FAKTOR		a*a			a			a*a			

INFOLGE EINZELMOMENT Mt=1

IN		M			Q			T		q	
0.0*L2	-0.050	-0.014	-0.001	0.046	0.017	0.002	-0.020	-0.005	0.002	-0.027	-0.003
0.1*L2	-0.111	-0.031	-0.002	0.101	0.038	0.004	-0.043	-0.012	0.005	-0.059	-0.006
0.2*L2	-0.183	-0.051	-0.003	0.167	0.062	0.007	-0.072	-0.019	0.009	-0.097	-0.009
0.3*L2	-0.260	-0.071	-0.004	0.237	0.088	0.010	-0.102	-0.027	0.012	-0.139	-0.013
0.4*L2	-0.332	-0.091	-0.005	0.305	0.112	0.012	-0.131	-0.035	0.015	-0.183	-0.017
0.5*L2	-0.390	-0.104	-0.005	0.366	0.131	0.014	-0.159	-0.041	0.018	-0.231	-0.019
0.6*L2	-0.425	-0.108	-0.004	0.417	0.141	0.014	-0.184	-0.045	0.018	-0.293	-0.020
0.7*L2	-0.431	-0.097	-0.002	0.465	0.138	0.011	-0.211	-0.048	0.016	-0.390	-0.018
0.8*L2	-0.406	-0.066	0.004	0.526	0.120	0.003	-0.252	-0.049	0.010	-0.565	-0.011
0.9*L2	-0.366	-0.009	0.015	0.646	0.088	-0.011	-0.330	-0.051	-0.002	-0.894	-0.000
1.0*L2	-0.352	0.076	0.034	0.910	0.052	-0.033	-0.491	-0.062	-0.019	-1.507	0.017
0.0*L1	-0.352	0.076	0.034	0.910	0.052	-0.033	0.509	-0.062	-0.019	-1.507	0.017
0.1*L1	-0.459	0.241	0.084	1.182	0.046	-0.086	0.309	-0.123	-0.056	-0.749	0.050
0.2*L1	-0.573	0.358	0.172	1.125	0.298	-0.164	0.253	-0.333	-0.102	-0.478	0.078
								0.667			
0.3*L1	-0.619	0.279	0.307	0.962	0.537	-0.247	0.236	0.448	-0.159	-0.388	0.045
0.4*L1	-0.596	0.141	0.473	0.782	0.494	-0.261	0.219	0.363	-0.259	-0.346	-0.191
0.5*L1	-0.525	0.038	0.576	0.614	0.376	0.000	0.193	0.312	-0.500	-0.305	-0.951
									0.500		
0.6*L1	-0.427	-0.017	0.473	0.463	0.262	0.261	0.158	0.259	0.259	-0.253	-0.191
0.7*L1	-0.317	-0.036	0.307	0.328	0.170	0.247	0.119	0.198	0.159	-0.192	0.045
0.8*L1	-0.209	-0.033	0.172	0.211	0.102	0.164	0.079	0.133	0.102	-0.128	0.078
0.9*L1	-0.113	-0.020	0.084	0.113	0.052	0.086	0.043	0.073	0.056	-0.070	0.050
0.0*L2	-0.041	-0.006	0.034	0.041	0.020	0.033	0.015	0.026	0.019	-0.025	0.017
0.2*L2	0.013	0.005	0.004	-0.012	-0.003	-0.003	-0.005	-0.010	-0.010	0.009	-0.011
0.4*L2	0.029	0.009	-0.004	-0.027	-0.009	-0.014	-0.011	-0.020	-0.018	0.019	-0.020
0.6*L2	0.025	0.007	-0.005	-0.023	-0.008	-0.012	-0.010	-0.017	-0.015	0.016	-0.017
0.8*L2	0.014	0.004	-0.003	-0.013	-0.005	-0.007	-0.005	-0.010	-0.009	0.009	-0.009
FAKTOR					1/a					1/(a*a)	

INFOLGE STRECKENMOMENT mt=1

IN FELD		M			Q			T		q	
3L	0.097	0.027	0.001	-0.088	-0.033	-0.004	0.038	0.010	-0.005	0.052	0.005
2L	-1.243	-0.243	0.004	1.473	0.383	0.020	-0.689	-0.144	0.037	-1.422	-0.043
1,BIS SPRUNG					0.105	-0.493		-0.176	-0.485		
1,REST	-2.427	0.598	1.610	3.783	1.318	0.493	1.108	1.265	0.485	-2.148	-0.461
2R	0.056	0.019	0.004	-0.051	-0.014	-0.020	-0.022	-0.040	-0.037	0.037	-0.043
3R	-0.007	-0.002	0.001	0.007	0.002	0.004	0.003	0.005	0.005	-0.005	0.005
SUMME(+)	0.153	0.643	1.621	5.263	1.808	0.517	1.149	1.280	0.527	0.089	0.010
SUMME(-)	-3.678	-0.245	0.000	-0.139	-0.047	-0.517	-0.711	-0.360	-0.527	-3.575	-0.547
SUMME	-3.525	0.398	1.621	5.124	1.760	-0.000	0.438	0.920	-0.000	-3.486	-0.537
FAKTOR		a						a		1/a	

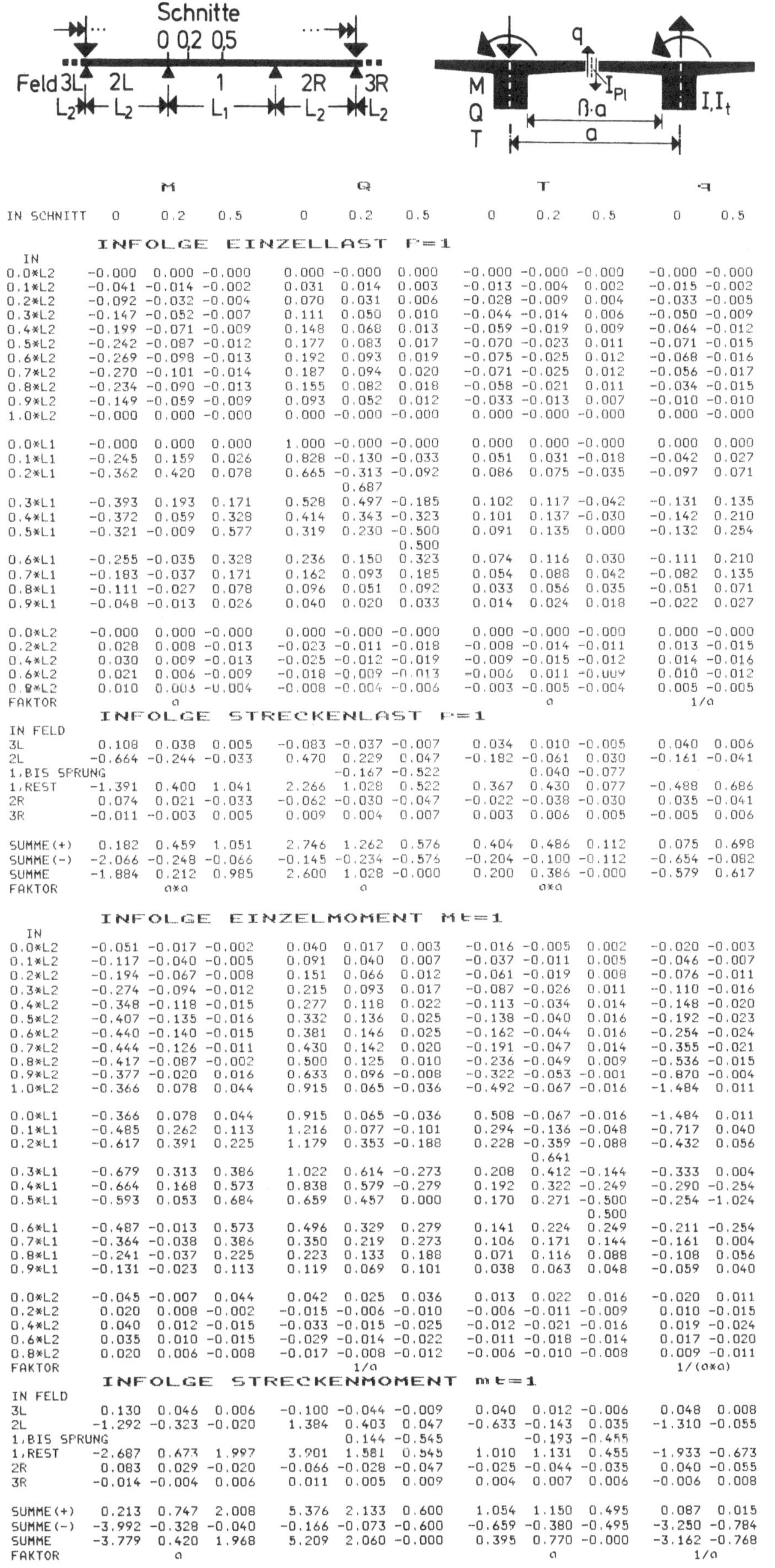

IN SCHNITT 0 0.2 0.5 — 0 0.2 0.5 — 0 0.2 0.5 — 0 0.5 — 2 — (.) EIi/GIt

INFOLGE EINZELLAST P=1

IN	M 0	M 0.2	M 0.5	Q 0	Q 0.2	Q 0.5	T 0	T 0.2	T 0.5	q 0	q 0.5
0.0*L2	-0.000	0.000	-0.000	0.000	-0.000	0.000	-0.000	-0.000	-0.000	-0.000	-0.000
0.1*L2	-0.041	-0.014	-0.002	0.031	0.014	0.003	-0.013	-0.004	0.002	-0.015	-0.002
0.2*L2	-0.092	-0.032	-0.004	0.070	0.031	0.006	-0.028	-0.009	0.004	-0.033	-0.005
0.3*L2	-0.147	-0.052	-0.007	0.111	0.050	0.010	-0.044	-0.014	0.006	-0.050	-0.009
0.4*L2	-0.199	-0.071	-0.009	0.148	0.068	0.013	-0.059	-0.019	0.009	-0.064	-0.012
0.5*L2	-0.242	-0.087	-0.012	0.177	0.083	0.017	-0.070	-0.023	0.011	-0.071	-0.015
0.6*L2	-0.269	-0.098	-0.013	0.192	0.093	0.019	-0.075	-0.025	0.012	-0.068	-0.016
0.7*L2	-0.270	-0.101	-0.014	0.187	0.094	0.020	-0.071	-0.025	0.012	-0.056	-0.017
0.8*L2	-0.234	-0.090	-0.013	0.155	0.082	0.018	-0.058	-0.021	0.011	-0.034	-0.015
0.9*L2	-0.149	-0.059	-0.009	0.093	0.052	0.012	-0.033	-0.013	0.007	-0.010	-0.010
1.0*L2	-0.000	0.000	-0.000	0.000	-0.000	-0.000	-0.000	-0.000	-0.000	0.000	-0.000
0.0*L1	-0.000	0.000	0.000	1.000	-0.000	-0.000	0.000	0.000	-0.000	0.000	0.000
0.1*L1	-0.245	0.159	0.026	0.828	-0.130	-0.033	0.051	0.031	-0.018	-0.042	0.027
0.2*L1	-0.362	0.420	0.078	0.665	-0.313	-0.092	0.086	0.075	-0.035	-0.097	0.071
				0.687							
0.3*L1	-0.393	0.193	0.171	0.528	0.497	-0.185	0.102	0.117	-0.042	-0.131	0.135
0.4*L1	-0.372	0.059	0.328	0.414	0.343	-0.323	0.101	0.137	-0.030	-0.142	0.210
0.5*L1	-0.321	-0.009	0.577	0.319	0.230	-0.500	0.091	0.135	0.000	-0.132	0.254
						0.500					
0.6*L1	-0.255	-0.035	0.328	0.236	0.150	0.323	0.074	0.116	0.030	-0.111	0.210
0.7*L1	-0.183	-0.037	0.171	0.162	0.093	0.185	0.054	0.088	0.042	-0.082	0.135
0.8*L1	-0.111	-0.027	0.078	0.096	0.051	0.092	0.033	0.056	0.035	-0.051	0.071
0.9*L1	-0.048	-0.013	0.026	0.040	0.020	0.033	0.014	0.024	0.018	-0.022	0.027
0.0*L2	-0.000	0.000	-0.000	0.000	-0.000	-0.000	0.000	-0.000	-0.000	0.000	-0.000
0.2*L2	0.028	0.008	-0.013	-0.023	-0.011	-0.018	-0.008	-0.014	-0.011	0.013	-0.015
0.4*L2	0.030	0.009	-0.013	-0.025	-0.012	-0.019	-0.009	-0.015	-0.012	0.014	-0.016
0.6*L2	0.021	0.006	-0.009	-0.018	-0.009	-0.013	-0.006	0.011	-0.009	0.010	-0.012
0.8*L2	0.010	0.003	-0.004	-0.008	-0.004	-0.006	-0.003	-0.005	-0.004	0.005	-0.005
FAKTOR	a						a			1/a	

INFOLGE STRECKENLAST P=1

IN FELD	M 0	M 0.2	M 0.5	Q 0	Q 0.2	Q 0.5	T 0	T 0.2	T 0.5	q 0	q 0.5
3L	0.108	0.038	0.005	-0.083	-0.037	-0.007	0.034	0.010	-0.005	0.040	0.006
2L	-0.664	-0.244	-0.033	0.470	0.229	0.047	-0.182	-0.061	0.030	-0.161	-0.041
1,BIS SPRUNG					-0.167	-0.522		0.040	-0.077		
1,REST	-1.391	0.400	1.041	2.266	1.028	0.522	0.367	0.430	0.077	-0.488	0.686
2R	0.074	0.021	-0.033	-0.062	-0.030	-0.047	-0.022	-0.038	-0.030	0.035	-0.041
3R	-0.011	-0.003	0.005	0.009	0.004	0.007	0.003	0.006	0.005	-0.005	0.006
SUMME(+)	0.182	0.459	1.051	2.746	1.262	0.576	0.404	0.486	0.112	0.075	0.698
SUMME(-)	-2.066	-0.248	-0.066	-0.145	-0.234	-0.576	-0.204	-0.100	-0.112	-0.654	-0.082
SUMME	-1.884	0.212	0.985	2.600	1.028	-0.000	0.200	0.386	-0.000	-0.579	0.617
FAKTOR	a*a			a			a*a			1/a	

INFOLGE EINZELMOMENT Mt=1

IN	M 0	M 0.2	M 0.5	Q 0	Q 0.2	Q 0.5	T 0	T 0.2	T 0.5	q 0	q 0.5
0.0*L2	-0.051	-0.017	-0.002	0.040	0.017	0.003	-0.016	-0.005	0.002	-0.020	-0.003
0.1*L2	-0.117	-0.040	-0.005	0.091	0.040	0.007	-0.037	-0.011	0.005	-0.046	-0.007
0.2*L2	-0.194	-0.067	-0.008	0.151	0.066	0.012	-0.061	-0.019	0.008	-0.076	-0.011
0.3*L2	-0.274	-0.094	-0.012	0.215	0.093	0.017	-0.087	-0.026	0.011	-0.110	-0.016
0.4*L2	-0.348	-0.118	-0.015	0.277	0.118	0.022	-0.113	-0.034	0.014	-0.148	-0.020
0.5*L2	-0.407	-0.135	-0.016	0.332	0.136	0.025	-0.138	-0.040	0.016	-0.192	-0.023
0.6*L2	-0.440	-0.140	-0.015	0.381	0.146	0.025	-0.162	-0.044	0.016	-0.254	-0.024
0.7*L2	-0.444	-0.126	-0.011	0.430	0.142	0.020	-0.191	-0.047	0.014	-0.355	-0.021
0.8*L2	-0.417	-0.087	-0.002	0.500	0.125	0.010	-0.236	-0.049	0.009	-0.536	-0.015
0.9*L2	-0.377	-0.020	0.016	0.633	0.096	-0.008	-0.322	-0.053	-0.001	-0.870	-0.004
1.0*L2	-0.366	0.078	0.044	0.915	0.065	-0.036	-0.492	-0.067	-0.016	-1.484	0.011
0.0*L1	-0.366	0.078	0.044	0.915	0.065	-0.036	0.508	-0.067	-0.016	-1.484	0.011
0.1*L1	-0.485	0.262	0.113	1.216	0.077	-0.101	0.294	-0.136	-0.048	-0.717	0.040
0.2*L1	-0.617	0.391	0.225	1.179	0.353	-0.188	0.228	-0.359	-0.088	-0.432	0.056
							0.641				
0.3*L1	-0.679	0.313	0.386	1.022	0.614	-0.273	0.208	0.412	-0.144	-0.333	0.004
0.4*L1	-0.664	0.168	0.573	0.838	0.579	-0.279	0.192	0.322	-0.249	-0.290	-0.254
0.5*L1	-0.593	0.053	0.684	0.659	0.457	0.000	0.170	0.271	-0.500	-0.254	-1.024
									0.500		
0.6*L1	-0.487	-0.013	0.573	0.496	0.329	0.279	0.141	0.224	0.249	-0.211	-0.254
0.7*L1	-0.364	-0.038	0.386	0.350	0.219	0.273	0.106	0.171	0.144	-0.161	0.004
0.8*L1	-0.241	-0.037	0.225	0.223	0.133	0.188	0.071	0.116	0.088	-0.108	0.056
0.9*L1	-0.131	-0.023	0.113	0.119	0.069	0.101	0.038	0.063	0.048	-0.059	0.040
0.0*L2	-0.045	-0.007	0.044	0.042	0.025	0.036	0.013	0.022	0.016	-0.020	0.011
0.2*L2	0.020	0.008	-0.002	-0.015	-0.006	-0.010	-0.006	-0.011	-0.009	0.010	-0.015
0.4*L2	0.040	0.012	-0.015	-0.033	-0.015	-0.025	-0.012	-0.021	-0.016	0.019	-0.024
0.6*L2	0.035	0.010	-0.015	-0.029	-0.014	-0.022	-0.011	-0.018	-0.014	0.017	-0.020
0.8*L2	0.020	0.006	-0.008	-0.017	-0.008	-0.012	-0.006	-0.010	-0.008	0.009	-0.011
FAKTOR				1/a						1/(a*a)	

INFOLGE STRECKENMOMENT mt=1

IN FELD	M 0	M 0.2	M 0.5	Q 0	Q 0.2	Q 0.5	T 0	T 0.2	T 0.5	q 0	q 0.5
3L	0.130	0.046	0.006	-0.100	-0.044	-0.009	0.040	0.012	-0.006	0.048	0.008
2L	-1.292	-0.323	-0.020	1.384	0.403	0.047	-0.633	-0.143	0.035	-1.310	-0.055
1,BIS SPRUNG					0.144	-0.545		-0.193	-0.455		
1,REST	-2.687	0.673	1.997	3.901	1.581	0.545	1.010	1.131	0.455	-1.933	-0.673
2R	0.083	0.029	-0.020	-0.066	-0.028	-0.047	-0.025	-0.044	-0.035	0.040	-0.055
3R	-0.014	-0.004	0.006	0.011	0.005	0.009	0.004	0.007	0.006	-0.006	0.008
SUMME(+)	0.213	0.747	2.008	5.376	2.133	0.600	1.054	1.150	0.495	0.087	0.015
SUMME(-)	-3.992	-0.328	-0.040	-0.166	-0.073	-0.600	-0.659	-0.380	-0.495	-3.250	-0.784
SUMME	-3.779	0.420	1.968	5.209	2.060	-0.000	0.395	0.770	-0.000	-3.162	-0.768
FAKTOR	a						a			1/a	

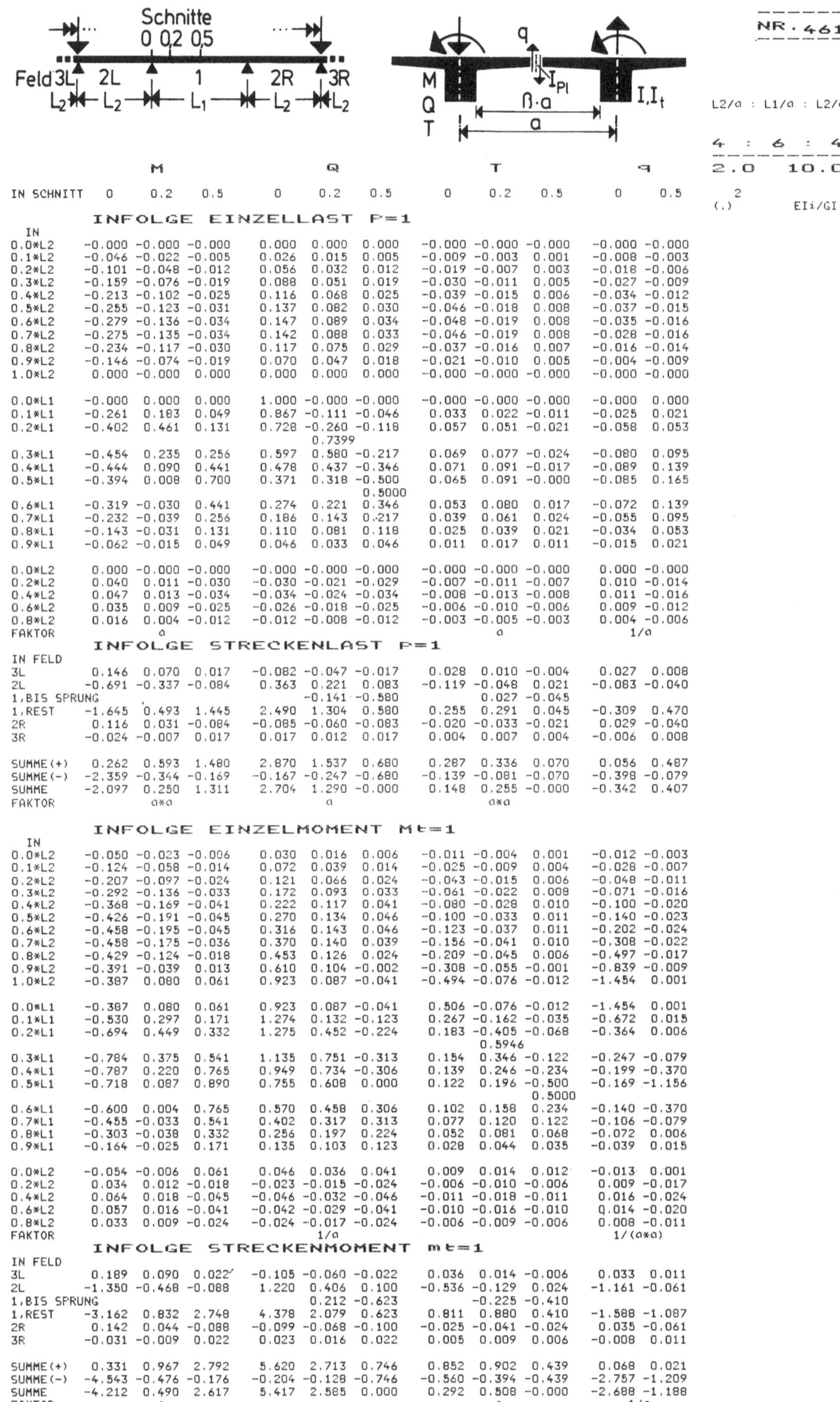

IN SCHNITT	M 0	M 0.2	M 0.5	Q 0	Q 0.2	Q 0.5	T 0	T 0.2	T 0.5	q 0	q 0.5

INFOLGE EINZELLAST P=1

IN

IN SCHNITT	M 0	M 0.2	M 0.5	Q 0	Q 0.2	Q 0.5	T 0	T 0.2	T 0.5	q 0	q 0.5
0.0*L2	-0.000	-0.000	-0.000	0.000	0.000	0.000	-0.000	-0.000	-0.000	-0.000	-0.000
0.1*L2	-0.046	-0.022	-0.005	0.026	0.015	0.005	-0.009	-0.003	0.001	-0.008	-0.003
0.2*L2	-0.101	-0.048	-0.012	0.056	0.032	0.012	-0.019	-0.007	0.003	-0.018	-0.006
0.3*L2	-0.159	-0.076	-0.019	0.088	0.051	0.019	-0.030	-0.011	0.005	-0.027	-0.009
0.4*L2	-0.213	-0.102	-0.025	0.116	0.068	0.025	-0.039	-0.015	0.006	-0.034	-0.012
0.5*L2	-0.255	-0.123	-0.031	0.137	0.082	0.030	-0.046	-0.018	0.008	-0.037	-0.015
0.6*L2	-0.279	-0.136	-0.034	0.147	0.089	0.034	-0.048	-0.019	0.008	-0.035	-0.016
0.7*L2	-0.275	-0.135	-0.034	0.142	0.088	0.033	-0.046	-0.019	0.008	-0.028	-0.016
0.8*L2	-0.234	-0.117	-0.030	0.117	0.075	0.029	-0.037	-0.016	0.007	-0.016	-0.014
0.9*L2	-0.146	-0.074	-0.019	0.070	0.047	0.018	-0.021	-0.010	0.005	-0.004	-0.009
1.0*L2	0.000	-0.000	0.000	0.000	0.000	0.000	-0.000	-0.000	-0.000	-0.000	-0.000
0.0*L1	-0.000	0.000	0.000	1.000	-0.000	-0.000	-0.000	-0.000	-0.000	-0.000	0.000
0.1*L1	-0.261	0.183	0.049	0.867	-0.111	-0.046	0.033	0.022	-0.011	-0.025	0.021
0.2*L1	-0.402	0.461	0.131	0.728	-0.260	-0.118	0.057	0.051	-0.021	-0.058	0.053
						0.7399					
0.3*L1	-0.454	0.235	0.256	0.597	0.580	-0.217	0.069	0.077	-0.024	-0.080	0.095
0.4*L1	-0.444	0.090	0.441	0.478	0.437	-0.346	0.071	0.091	-0.017	-0.089	0.139
0.5*L1	-0.394	0.008	0.700	0.371	0.318	-0.500	0.065	0.091	-0.000	-0.085	0.165
						0.5000					
0.6*L1	-0.319	-0.030	0.441	0.274	0.221	0.346	0.053	0.080	0.017	-0.072	0.139
0.7*L1	-0.232	-0.039	0.256	0.186	0.143	0.217	0.039	0.061	0.024	-0.055	0.095
0.8*L1	-0.143	-0.031	0.131	0.110	0.081	0.118	0.025	0.039	0.021	-0.034	0.053
0.9*L1	-0.062	-0.015	0.049	0.046	0.033	0.046	0.011	0.017	0.011	-0.015	0.021
0.0*L2	0.000	-0.000	-0.000	-0.000	-0.000	-0.000	-0.000	-0.000	-0.000	0.000	-0.000
0.2*L2	0.040	0.011	-0.030	-0.030	-0.021	-0.029	-0.007	-0.011	-0.007	0.010	-0.014
0.4*L2	0.047	0.013	-0.034	-0.034	-0.024	-0.034	-0.008	-0.013	-0.008	0.011	-0.016
0.6*L2	0.035	0.009	-0.025	-0.026	-0.018	-0.025	-0.006	-0.010	-0.006	0.009	-0.012
0.8*L2	0.016	0.004	-0.012	-0.012	-0.008	-0.012	-0.003	-0.005	-0.003	0.004	-0.006
FAKTOR	a						a			1/a	

INFOLGE STRECKENLAST P=1

IN FELD

IN FELD	M 0	M 0.2	M 0.5	Q 0	Q 0.2	Q 0.5	T 0	T 0.2	T 0.5	q 0	q 0.5
3L	0.146	0.070	0.017	-0.082	-0.047	-0.017	0.028	0.010	-0.004	0.027	0.008
2L	-0.691	-0.337	-0.084	0.363	0.221	0.083	-0.119	-0.048	0.021	-0.083	-0.040
1,BIS SPRUNG					-0.141	-0.580		0.027	-0.045		
1,REST	-1.645	0.493	1.445	2.490	1.304	0.580	0.255	0.291	0.045	-0.309	0.470
2R	0.116	0.031	-0.084	-0.085	-0.060	-0.083	-0.020	-0.033	-0.021	0.029	-0.040
3R	-0.024	-0.007	0.017	0.017	0.012	0.017	0.004	0.007	0.004	-0.006	0.008
SUMME(+)	0.262	0.593	1.480	2.870	1.537	0.680	0.287	0.336	0.070	0.056	0.487
SUMME(-)	-2.359	-0.344	-0.169	-0.167	-0.247	-0.680	-0.139	-0.081	-0.070	-0.398	-0.079
SUMME	-2.097	0.250	1.311	2.704	1.290	-0.000	0.148	0.255	-0.000	-0.342	0.407
FAKTOR	a*a			a			a*a				

INFOLGE EINZELMOMENT Mt=1

IN

IN SCHNITT	M 0	M 0.2	M 0.5	Q 0	Q 0.2	Q 0.5	T 0	T 0.2	T 0.5	q 0	q 0.5
0.0*L2	-0.050	-0.023	-0.006	0.030	0.016	0.006	-0.011	-0.004	0.001	-0.012	-0.003
0.1*L2	-0.124	-0.058	-0.014	0.072	0.039	0.014	-0.025	-0.009	0.004	-0.028	-0.007
0.2*L2	-0.207	-0.097	-0.024	0.121	0.066	0.024	-0.043	-0.015	0.006	-0.048	-0.011
0.3*L2	-0.292	-0.136	-0.033	0.172	0.093	0.033	-0.061	-0.022	0.008	-0.071	-0.016
0.4*L2	-0.368	-0.169	-0.041	0.222	0.117	0.041	-0.080	-0.028	0.010	-0.100	-0.020
0.5*L2	-0.426	-0.191	-0.045	0.270	0.134	0.046	-0.100	-0.033	0.011	-0.140	-0.023
0.6*L2	-0.458	-0.195	-0.045	0.316	0.143	0.046	-0.123	-0.037	0.011	-0.202	-0.024
0.7*L2	-0.458	-0.175	-0.036	0.370	0.140	0.039	-0.156	-0.041	0.010	-0.308	-0.022
0.8*L2	-0.429	-0.124	-0.018	0.453	0.126	0.024	-0.209	-0.045	0.006	-0.497	-0.017
0.9*L2	-0.391	-0.039	0.013	0.610	0.104	-0.002	-0.308	-0.055	-0.001	-0.839	-0.009
1.0*L2	-0.387	0.080	0.061	0.923	0.087	-0.041	-0.494	-0.076	-0.012	-1.454	0.001
0.0*L1	-0.387	0.080	0.061	0.923	0.087	-0.041	0.506	-0.076	-0.012	-1.454	0.001
0.1*L1	-0.530	0.297	0.171	1.274	0.132	-0.123	0.267	-0.162	-0.035	-0.672	0.015
0.2*L1	-0.694	0.449	0.332	1.275	0.452	-0.224	0.183	-0.405	-0.068	-0.364	0.006
									0.5946		
0.3*L1	-0.784	0.375	0.541	1.135	0.751	-0.313	0.154	0.346	-0.122	-0.247	-0.079
0.4*L1	-0.787	0.220	0.765	0.949	0.734	-0.306	0.139	0.246	-0.234	-0.199	-0.370
0.5*L1	-0.718	0.087	0.890	0.755	0.608	0.000	0.122	0.196	-0.500	-0.169	-1.156
									0.5000		
0.6*L1	-0.600	0.004	0.765	0.570	0.458	0.306	0.102	0.158	0.234	-0.140	-0.370
0.7*L1	-0.455	-0.033	0.541	0.402	0.317	0.313	0.077	0.120	0.122	-0.106	-0.079
0.8*L1	-0.303	-0.038	0.332	0.256	0.197	0.224	0.052	0.081	0.068	-0.072	0.006
0.9*L1	-0.164	-0.025	0.171	0.135	0.103	0.123	0.028	0.044	0.035	-0.039	0.015
0.0*L2	-0.054	-0.006	0.061	0.046	0.036	0.041	0.009	0.014	0.012	-0.013	0.001
0.2*L2	0.034	0.012	-0.018	-0.023	-0.015	-0.024	-0.006	-0.010	-0.006	0.009	-0.017
0.4*L2	0.064	0.018	-0.045	-0.046	-0.032	-0.046	-0.011	-0.018	-0.011	0.016	-0.024
0.6*L2	0.057	0.016	-0.041	-0.042	-0.029	-0.041	-0.010	-0.016	-0.010	0.014	-0.020
0.8*L2	0.033	0.009	-0.024	-0.024	-0.017	-0.024	-0.006	-0.009	-0.006	0.008	-0.011
FAKTOR				1/a						1/(a*a)	

INFOLGE STRECKENMOMENT mt=1

IN FELD

IN FELD	M 0	M 0.2	M 0.5	Q 0	Q 0.2	Q 0.5	T 0	T 0.2	T 0.5	q 0	q 0.5
3L	0.189	0.090	0.022	-0.105	-0.060	-0.022	0.036	0.014	-0.006	0.033	0.011
2L	-1.350	-0.468	-0.088	1.220	0.406	0.100	-0.536	-0.129	0.024	-1.161	-0.061
1,BIS SPRUNG					0.212	-0.623		-0.225	-0.410		
1,REST	-3.162	0.832	2.748	4.378	2.079	0.623	0.811	0.880	0.410	-1.588	-1.087
2R	0.142	0.044	-0.088	-0.099	-0.068	-0.100	-0.025	-0.041	-0.024	0.035	-0.061
3R	-0.031	-0.009	0.022	0.023	0.016	0.022	0.005	0.009	0.006	-0.008	0.011
SUMME(+)	0.331	0.967	2.792	5.620	2.713	0.746	0.852	0.902	0.439	0.068	0.021
SUMME(-)	-4.543	-0.476	-0.176	-0.204	-0.128	-0.746	-0.560	-0.394	-0.439	-2.757	-1.209
SUMME	-4.212	0.490	2.617	5.417	2.585	0.000	0.292	0.508	-0.000	-2.688	-1.188
FAKTOR	a						a			1/a	

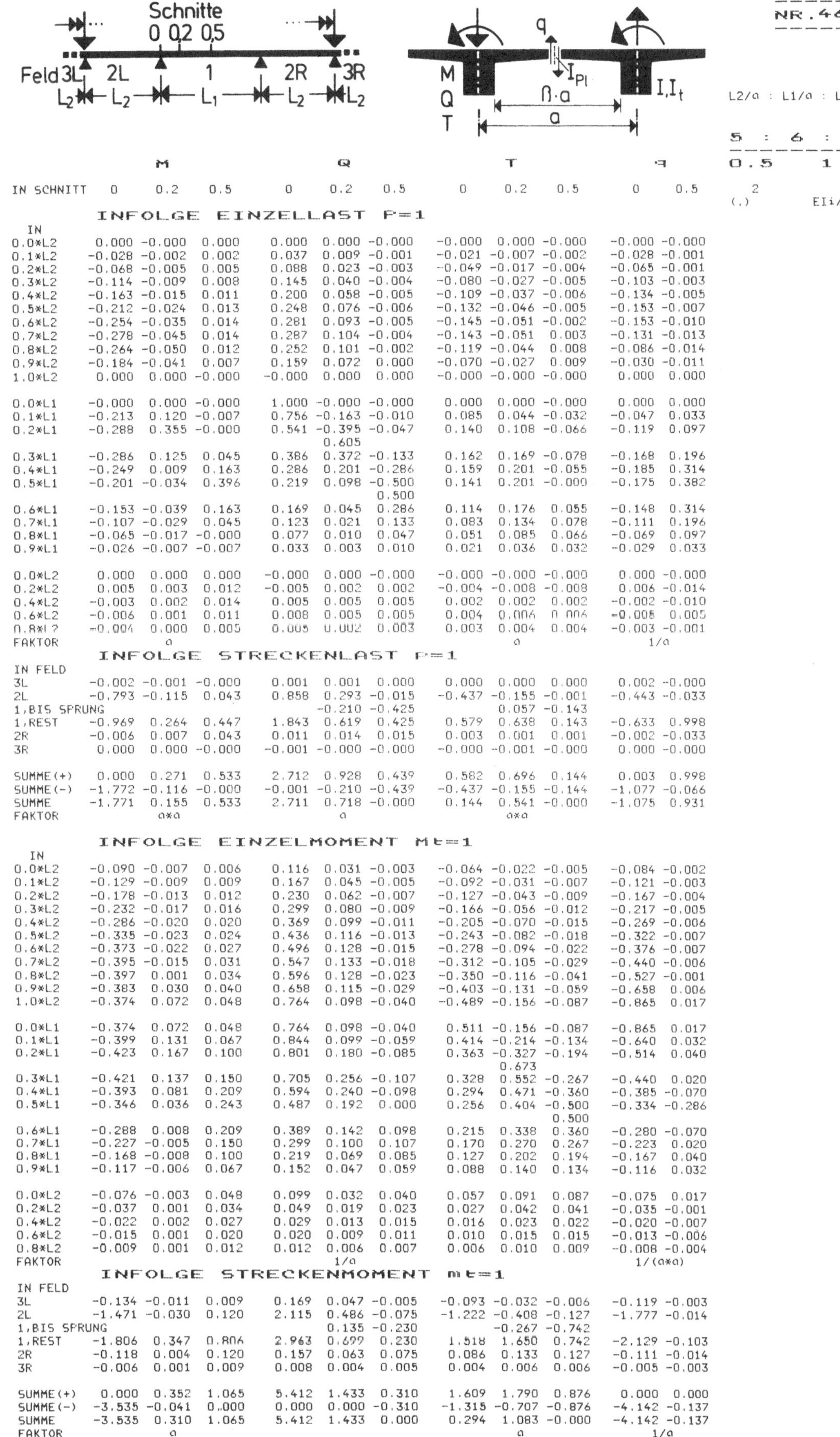

IN SCHNITT	M 0	M 0.2	M 0.5	Q 0	Q 0.2	Q 0.5	T 0	T 0.2	T 0.5	q 0	q 0.5

INFOLGE EINZELLAST P=1

IN

IN	M 0	M 0.2	M 0.5	Q 0	Q 0.2	Q 0.5	T 0	T 0.2	T 0.5	q 0	q 0.5
0.0*L2	0.000	-0.000	0.000	0.000	0.000	-0.000	-0.000	0.000	-0.000	-0.000	-0.000
0.1*L2	-0.028	-0.002	0.002	0.037	0.009	-0.001	-0.021	-0.007	-0.002	-0.028	-0.001
0.2*L2	-0.068	-0.005	0.005	0.088	0.023	-0.003	-0.049	-0.017	-0.004	-0.065	-0.001
0.3*L2	-0.114	-0.009	0.008	0.145	0.040	-0.004	-0.080	-0.027	-0.005	-0.103	-0.003
0.4*L2	-0.163	-0.015	0.011	0.200	0.058	-0.005	-0.109	-0.037	-0.006	-0.134	-0.005
0.5*L2	-0.212	-0.024	0.013	0.248	0.076	-0.006	-0.132	-0.046	-0.005	-0.153	-0.007
0.6*L2	-0.254	-0.035	0.014	0.281	0.093	-0.005	-0.145	-0.051	-0.002	-0.153	-0.010
0.7*L2	-0.278	-0.045	0.014	0.287	0.104	-0.004	-0.143	-0.051	0.003	-0.131	-0.013
0.8*L2	-0.264	-0.050	0.012	0.252	0.101	-0.002	-0.119	-0.044	0.008	-0.086	-0.014
0.9*L2	-0.184	-0.041	0.007	0.159	0.072	0.000	-0.070	-0.027	0.009	-0.030	-0.011
1.0*L2	0.000	0.000	-0.000	-0.000	0.000	0.000	-0.000	-0.000	-0.000	0.000	0.000
0.0*L1	-0.000	0.000	-0.000	1.000	-0.000	-0.000	0.000	0.000	-0.000	0.000	0.000
0.1*L1	-0.213	0.120	-0.007	0.756	-0.163	-0.010	0.085	0.044	-0.032	-0.047	0.033
0.2*L1	-0.288	0.355	-0.000	0.541	-0.395	-0.047	0.140	0.108	-0.066	-0.119	0.097
						0.605					
0.3*L1	-0.286	0.125	0.045	0.386	0.372	-0.133	0.162	0.169	-0.078	-0.168	0.196
0.4*L1	-0.249	0.009	0.163	0.286	0.201	-0.286	0.159	0.201	-0.055	-0.185	0.314
0.5*L1	-0.201	-0.034	0.396	0.219	0.098	-0.500	0.141	0.201	-0.000	-0.175	0.382
						0.500					
0.6*L1	-0.153	-0.039	0.163	0.169	0.045	0.286	0.114	0.176	0.055	-0.148	0.314
0.7*L1	-0.107	-0.029	0.045	0.123	0.021	0.133	0.083	0.134	0.078	-0.111	0.196
0.8*L1	-0.065	-0.017	-0.000	0.077	0.010	0.047	0.051	0.085	0.066	-0.069	0.097
0.9*L1	-0.026	-0.007	-0.007	0.033	0.003	0.010	0.021	0.036	0.032	-0.029	0.033
0.0*L2	0.000	0.000	0.000	-0.000	0.000	-0.000	-0.000	-0.000	-0.000	0.000	-0.000
0.2*L2	0.005	0.003	0.012	-0.005	0.002	0.002	-0.004	-0.008	-0.008	0.006	-0.014
0.4*L2	-0.003	0.002	0.014	0.005	0.005	0.005	0.002	0.002	0.002	-0.002	-0.010
0.6*L2	-0.006	0.001	0.011	0.008	0.005	0.005	0.004	0.006	0.006	-0.005	0.005
0.8*L2	-0.004	0.000	0.005	0.005	0.002	0.003	0.003	0.004	0.004	-0.003	-0.001
FAKTOR		a						a		1/a	

INFOLGE STRECKENLAST P=1

IN FELD

IN FELD	M 0	M 0.2	M 0.5	Q 0	Q 0.2	Q 0.5	T 0	T 0.2	T 0.5	q 0	q 0.5
3L	-0.002	-0.001	-0.000	0.001	0.001	0.000	0.000	0.000	0.000	0.002	-0.000
2L	-0.793	-0.115	0.043	0.858	0.293	-0.015	-0.437	-0.155	-0.001	-0.443	-0.033
1,BIS SPRUNG					-0.210	-0.425		0.057	-0.143		
1,REST	-0.969	0.264	0.447	1.843	0.619	0.425	0.579	0.638	0.143	-0.633	0.998
2R	-0.006	0.007	0.043	0.011	0.014	0.015	0.003	0.001	0.001	-0.002	-0.033
3R	0.000	0.000	-0.000	-0.001	-0.000	-0.000	-0.000	-0.001	-0.000	0.000	-0.000
SUMME(+)	0.000	0.271	0.533	2.712	0.928	0.439	0.582	0.696	0.144	0.003	0.998
SUMME(-)	-1.772	-0.116	-0.000	-0.001	-0.210	-0.439	-0.437	-0.155	-0.144	-1.077	-0.066
SUMME	-1.771	0.155	0.533	2.711	0.718	-0.000	0.144	0.541	-0.000	-1.075	0.931
FAKTOR		a*a			a			a*a			

INFOLGE EINZELMOMENT Mt=1

IN

IN	M 0	M 0.2	M 0.5	Q 0	Q 0.2	Q 0.5	T 0	T 0.2	T 0.5	q 0	q 0.5
0.0*L2	-0.090	-0.007	0.006	0.116	0.031	-0.003	-0.064	-0.022	-0.005	-0.084	-0.002
0.1*L2	-0.129	-0.009	0.009	0.167	0.045	-0.005	-0.092	-0.031	-0.007	-0.121	-0.003
0.2*L2	-0.178	-0.013	0.012	0.230	0.062	-0.007	-0.127	-0.043	-0.009	-0.167	-0.004
0.3*L2	-0.232	-0.017	0.016	0.299	0.080	-0.009	-0.166	-0.056	-0.012	-0.217	-0.005
0.4*L2	-0.286	-0.020	0.020	0.369	0.099	-0.011	-0.205	-0.070	-0.015	-0.269	-0.006
0.5*L2	-0.335	-0.023	0.024	0.436	0.116	-0.013	-0.243	-0.082	-0.018	-0.322	-0.007
0.6*L2	-0.373	-0.022	0.027	0.496	0.128	-0.015	-0.278	-0.094	-0.022	-0.376	-0.007
0.7*L2	-0.395	-0.015	0.031	0.547	0.133	-0.018	-0.312	-0.105	-0.029	-0.440	-0.006
0.8*L2	-0.397	0.001	0.034	0.596	0.128	-0.023	-0.350	-0.116	-0.041	-0.527	-0.001
0.9*L2	-0.383	0.030	0.040	0.658	0.115	-0.029	-0.403	-0.131	-0.059	-0.658	0.006
1.0*L2	-0.374	0.072	0.048	0.764	0.098	-0.040	-0.489	-0.156	-0.087	-0.865	0.017
0.0*L1	-0.374	0.072	0.048	0.764	0.098	-0.040	0.511	-0.156	-0.087	-0.865	0.017
0.1*L1	-0.399	0.131	0.067	0.844	0.099	-0.059	0.414	-0.214	-0.134	-0.640	0.032
0.2*L1	-0.423	0.167	0.100	0.801	0.180	-0.085	0.363	-0.327	-0.194	-0.514	0.040
									0.673		
0.3*L1	-0.421	0.137	0.150	0.705	0.256	-0.107	0.328	0.552	-0.267	-0.440	0.020
0.4*L1	-0.393	0.081	0.209	0.594	0.240	-0.098	0.294	0.471	-0.360	-0.385	-0.070
0.5*L1	-0.346	0.036	0.243	0.487	0.192	0.000	0.256	0.404	-0.500	-0.334	-0.286
									0.500		
0.6*L1	-0.288	0.008	0.209	0.389	0.142	0.098	0.215	0.338	0.360	-0.280	-0.070
0.7*L1	-0.227	-0.005	0.150	0.299	0.100	0.107	0.170	0.270	0.267	-0.223	0.020
0.8*L1	-0.168	-0.008	0.100	0.219	0.069	0.085	0.127	0.202	0.194	-0.167	0.040
0.9*L1	-0.117	-0.006	0.067	0.152	0.047	0.059	0.088	0.140	0.134	-0.116	0.032
0.0*L2	-0.076	-0.003	0.048	0.099	0.032	0.040	0.057	0.091	0.087	-0.075	0.017
0.2*L2	-0.037	0.001	0.034	0.049	0.019	0.023	0.027	0.042	0.041	-0.035	-0.001
0.4*L2	-0.022	0.002	0.027	0.029	0.013	0.015	0.016	0.023	0.022	-0.020	-0.007
0.6*L2	-0.015	0.001	0.020	0.020	0.009	0.011	0.010	0.015	0.015	-0.013	-0.006
0.8*L2	-0.009	0.001	0.012	0.012	0.006	0.007	0.006	0.010	0.009	-0.008	-0.004
FAKTOR					1/a					1/(a*a)	

INFOLGE STRECKENMOMENT mt=1

IN FELD

IN FELD	M 0	M 0.2	M 0.5	Q 0	Q 0.2	Q 0.5	T 0	T 0.2	T 0.5	q 0	q 0.5
3L	-0.134	-0.011	0.009	0.169	0.047	-0.005	-0.093	-0.032	-0.006	-0.119	-0.003
2L	-1.471	-0.030	0.120	2.115	0.486	-0.075	-1.222	-0.408	-0.127	-1.777	-0.014
1,BIS SPRUNG					0.135	-0.230		-0.267	-0.742		
1,REST	-1.806	0.347	0.806	2.963	0.699	0.230	1.518	1.650	0.742	-2.129	-0.103
2R	-0.118	0.004	0.120	0.157	0.063	0.075	0.086	0.133	0.127	-0.111	-0.014
3R	-0.006	0.001	0.009	0.008	0.004	0.005	0.004	0.006	0.006	-0.005	-0.003
SUMME(+)	0.000	0.352	1.065	5.412	1.433	0.310	1.609	1.790	0.876	0.000	0.000
SUMME(-)	-3.535	-0.041	0.000	0.000	0.000	-0.310	-1.315	-0.707	-0.876	-4.142	-0.137
SUMME	-3.535	0.310	1.065	5.412	1.433	0.000	0.294	1.083	-0.000	-4.142	-0.137
FAKTOR		a						a		1/a	

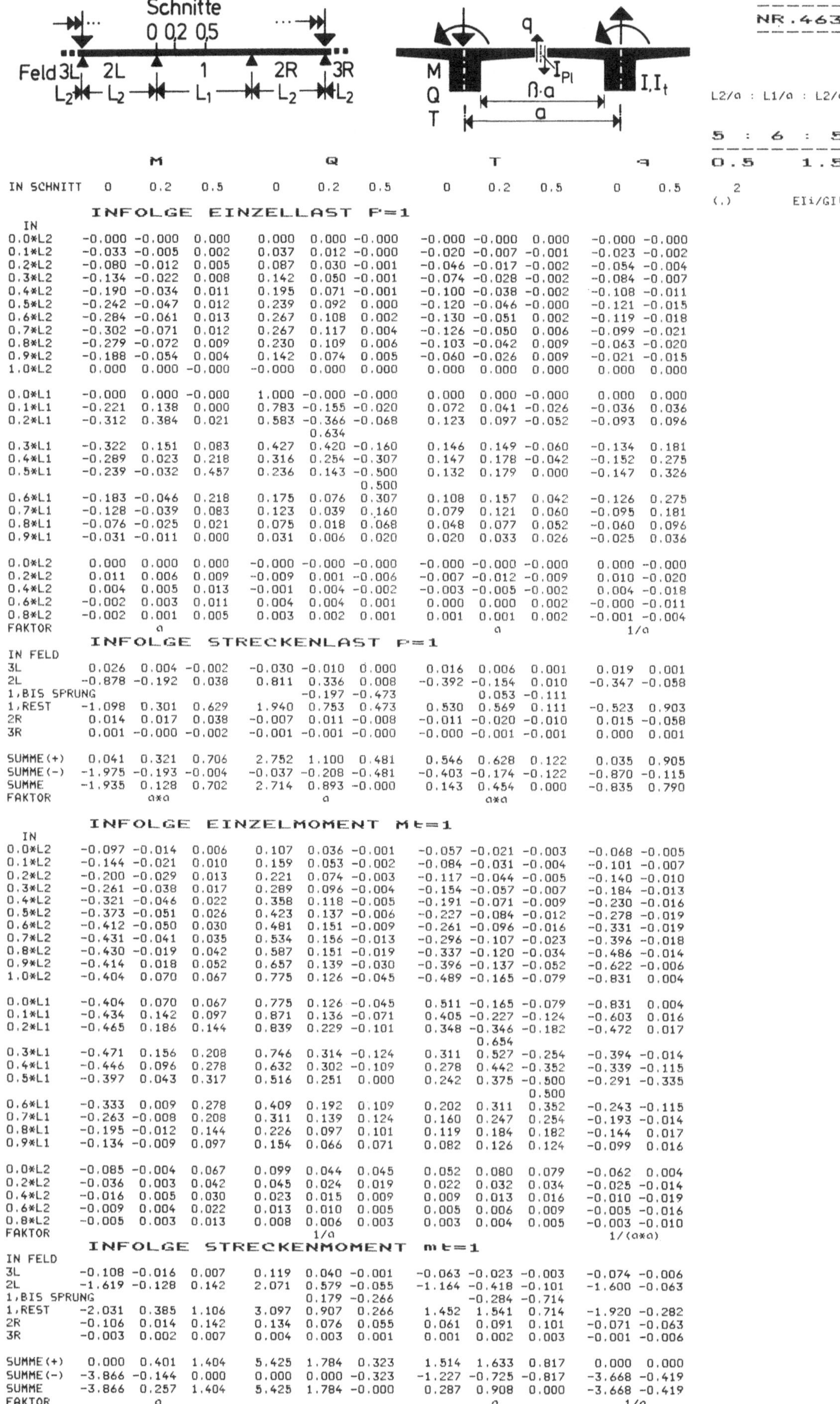

	M			Q			T			q	
IN SCHNITT	0	0.2	0.5	0	0.2	0.5	0	0.2	0.5	0	0.5

INFOLGE EINZELLAST P=1

IN

IN	M(0)	M(0.2)	M(0.5)	Q(0)	Q(0.2)	Q(0.5)	T(0)	T(0.2)	T(0.5)	q(0)	q(0.5)
0.0*L2	-0.000	-0.000	0.000	0.000	0.000	-0.000	-0.000	-0.000	0.000	-0.000	-0.000
0.1*L2	-0.033	-0.005	0.002	0.037	0.012	-0.000	-0.020	-0.007	-0.001	-0.023	-0.002
0.2*L2	-0.080	-0.012	0.005	0.087	0.030	-0.001	-0.046	-0.017	-0.002	-0.054	-0.004
0.3*L2	-0.134	-0.022	0.008	0.142	0.050	-0.001	-0.074	-0.028	-0.002	-0.084	-0.007
0.4*L2	-0.190	-0.034	0.011	0.195	0.071	-0.001	-0.100	-0.038	-0.002	-0.108	-0.011
0.5*L2	-0.242	-0.047	0.012	0.239	0.092	0.000	-0.120	-0.046	-0.000	-0.121	-0.015
0.6*L2	-0.284	-0.061	0.013	0.267	0.108	0.002	-0.130	-0.051	0.002	-0.119	-0.018
0.7*L2	-0.302	-0.071	0.012	0.267	0.117	0.004	-0.126	-0.050	0.006	-0.099	-0.021
0.8*L2	-0.279	-0.072	0.009	0.230	0.109	0.006	-0.103	-0.042	0.009	-0.063	-0.020
0.9*L2	-0.188	-0.054	0.004	0.142	0.074	0.005	-0.060	-0.026	0.009	-0.021	-0.015
1.0*L2	0.000	0.000	-0.000	-0.000	0.000	0.000	0.000	0.000	0.000	0.000	0.000
0.0*L1	-0.000	0.000	-0.000	1.000	-0.000	-0.000	0.000	0.000	-0.000	0.000	0.000
0.1*L1	-0.221	0.138	0.000	0.783	-0.155	-0.020	0.072	0.041	-0.026	-0.036	0.036
0.2*L1	-0.312	0.384	0.021	0.583	-0.366	-0.068	0.123	0.097	-0.052	-0.093	0.096
					0.634						
0.3*L1	-0.322	0.151	0.083	0.427	0.420	-0.160	0.146	0.149	-0.060	-0.134	0.181
0.4*L1	-0.289	0.023	0.218	0.316	0.254	-0.307	0.147	0.178	-0.042	-0.152	0.275
0.5*L1	-0.239	-0.032	0.457	0.236	0.143	-0.500	0.132	0.179	0.000	-0.147	0.326
						0.500					
0.6*L1	-0.183	-0.046	0.218	0.175	0.076	0.307	0.108	0.157	0.042	-0.126	0.275
0.7*L1	-0.128	-0.039	0.083	0.123	0.039	0.160	0.079	0.121	0.060	-0.095	0.181
0.8*L1	-0.076	-0.025	0.021	0.075	0.018	0.068	0.048	0.077	0.052	-0.060	0.096
0.9*L1	-0.031	-0.011	0.000	0.031	0.006	0.020	0.020	0.033	0.026	-0.025	0.036
0.0*L2	0.000	0.000	0.000	-0.000	-0.000	-0.000	-0.000	-0.000	-0.000	0.000	-0.000
0.2*L2	0.011	0.006	0.009	-0.009	0.001	-0.006	-0.007	-0.012	-0.009	0.010	-0.020
0.4*L2	0.004	0.005	0.013	-0.001	0.004	-0.002	-0.003	-0.005	-0.002	0.004	-0.018
0.6*L2	-0.002	0.003	0.011	0.004	0.004	0.001	0.000	0.000	0.002	-0.000	-0.011
0.8*L2	-0.002	0.001	0.005	0.003	0.002	0.001	0.001	0.001	0.002	-0.001	-0.004
FAKTOR	a						a			1/a	

INFOLGE STRECKENLAST P=1

IN FELD

IN FELD	M(0)	M(0.2)	M(0.5)	Q(0)	Q(0.2)	Q(0.5)	T(0)	T(0.2)	T(0.5)	q(0)	q(0.5)
3L	0.026	0.004	-0.002	-0.030	-0.010	0.000	0.016	0.006	0.001	0.019	0.001
2L	-0.878	-0.192	0.038	0.811	0.336	0.008	-0.392	-0.154	0.010	-0.347	-0.058
1,BIS SPRUNG					-0.197	-0.473		0.053	-0.111		
1,REST	-1.098	0.301	0.629	1.940	0.753	0.473	0.530	0.569	0.111	-0.523	0.903
2R	0.014	0.017	0.038	-0.007	0.011	-0.008	-0.011	-0.020	-0.010	0.015	-0.058
3R	0.001	-0.000	-0.002	-0.001	-0.001	-0.000	-0.000	-0.001	-0.001	0.000	0.001
SUMME(+)	0.041	0.321	0.706	2.752	1.100	0.481	0.546	0.628	0.122	0.035	0.905
SUMME(-)	-1.975	-0.193	-0.004	-0.037	-0.208	-0.481	-0.403	-0.174	-0.122	-0.870	-0.115
SUMME	-1.935	0.128	0.702	2.714	0.893	-0.000	0.143	0.454	0.000	-0.835	0.790
FAKTOR	a*a			a			a*a				

INFOLGE EINZELMOMENT Mt=1

IN

IN	M(0)	M(0.2)	M(0.5)	Q(0)	Q(0.2)	Q(0.5)	T(0)	T(0.2)	T(0.5)	q(0)	q(0.5)
0.0*L2	-0.097	-0.014	0.006	0.107	0.036	-0.001	-0.057	-0.021	-0.003	-0.068	-0.005
0.1*L2	-0.144	-0.021	0.010	0.159	0.053	-0.002	-0.084	-0.031	-0.004	-0.101	-0.007
0.2*L2	-0.200	-0.029	0.013	0.221	0.074	-0.003	-0.117	-0.044	-0.005	-0.140	-0.010
0.3*L2	-0.261	-0.038	0.017	0.289	0.096	-0.004	-0.154	-0.057	-0.007	-0.184	-0.013
0.4*L2	-0.321	-0.046	0.022	0.358	0.118	-0.005	-0.191	-0.071	-0.009	-0.230	-0.016
0.5*L2	-0.373	-0.051	0.026	0.423	0.137	-0.006	-0.227	-0.084	-0.012	-0.278	-0.019
0.6*L2	-0.412	-0.050	0.030	0.481	0.151	-0.009	-0.261	-0.096	-0.016	-0.331	-0.019
0.7*L2	-0.431	-0.041	0.035	0.534	0.156	-0.013	-0.296	-0.107	-0.023	-0.396	-0.018
0.8*L2	-0.430	-0.019	0.042	0.587	0.151	-0.019	-0.337	-0.120	-0.034	-0.486	-0.014
0.9*L2	-0.414	0.018	0.052	0.657	0.139	-0.030	-0.396	-0.137	-0.052	-0.622	-0.006
1.0*L2	-0.404	0.070	0.067	0.775	0.126	-0.045	-0.489	-0.165	-0.079	-0.831	0.004
0.0*L1	-0.404	0.070	0.067	0.775	0.126	-0.045	0.511	-0.165	-0.079	-0.831	0.004
0.1*L1	-0.434	0.142	0.097	0.871	0.136	-0.071	0.405	-0.227	-0.124	-0.603	0.016
0.2*L1	-0.465	0.186	0.144	0.839	0.229	-0.101	0.348	-0.346	-0.182	-0.472	0.017
								0.654			
0.3*L1	-0.471	0.156	0.208	0.746	0.314	-0.124	0.311	0.527	-0.254	-0.394	-0.014
0.4*L1	-0.446	0.096	0.278	0.632	0.302	-0.109	0.278	0.442	-0.352	-0.339	-0.115
0.5*L1	-0.397	0.043	0.317	0.516	0.251	0.000	0.242	0.375	-0.500	-0.291	-0.335
									0.500		
0.6*L1	-0.333	0.009	0.278	0.409	0.192	0.109	0.202	0.311	0.352	-0.243	-0.115
0.7*L1	-0.263	-0.008	0.208	0.311	0.139	0.124	0.160	0.247	0.254	-0.193	-0.014
0.8*L1	-0.195	-0.012	0.144	0.226	0.097	0.101	0.119	0.184	0.182	-0.144	0.017
0.9*L1	-0.134	-0.009	0.097	0.154	0.066	0.071	0.082	0.126	0.124	-0.099	0.016
0.0*L2	-0.085	-0.004	0.067	0.099	0.044	0.045	0.052	0.080	0.079	-0.062	0.004
0.2*L2	-0.036	0.003	0.042	0.045	0.024	0.019	0.022	0.032	0.034	-0.025	-0.014
0.4*L2	-0.016	0.005	0.030	0.023	0.015	0.009	0.009	0.013	0.016	-0.010	-0.019
0.6*L2	-0.009	0.004	0.022	0.013	0.010	0.005	0.005	0.006	0.009	-0.005	-0.016
0.8*L2	-0.005	0.003	0.013	0.008	0.006	0.003	0.003	0.004	0.005	-0.003	-0.010
FAKTOR	1/a						1/(a*a)				

INFOLGE STRECKENMOMENT mt=1

IN FELD

IN FELD	M(0)	M(0.2)	M(0.5)	Q(0)	Q(0.2)	Q(0.5)	T(0)	T(0.2)	T(0.5)	q(0)	q(0.5)
3L	-0.108	-0.016	0.007	0.119	0.040	-0.001	-0.063	-0.023	-0.003	-0.074	-0.006
2L	-1.619	-0.128	0.142	2.071	0.579	-0.055	-1.164	-0.418	-0.101	-1.600	-0.063
1,BIS SPRUNG					0.179	-0.266		-0.284	-0.714		
1,REST	-2.031	0.385	1.106	3.097	0.907	0.266	1.452	1.541	0.714	-1.920	-0.282
2R	-0.106	0.014	0.142	0.134	0.076	0.055	0.061	0.091	0.101	-0.071	-0.063
3R	-0.003	0.002	0.007	0.004	0.003	0.001	0.001	0.002	0.003	-0.001	-0.006
SUMME(+)	0.000	0.401	1.404	5.425	1.784	0.323	1.514	1.633	0.817	0.000	0.000
SUMME(-)	-3.866	-0.144	0.000	0.000	0.000	-0.323	-1.227	-0.725	-0.817	-3.668	-0.419
SUMME	-3.866	0.257	1.404	5.425	1.784	-0.000	0.287	0.908	0.000	-3.668	-0.419
FAKTOR	a						a			1/a	

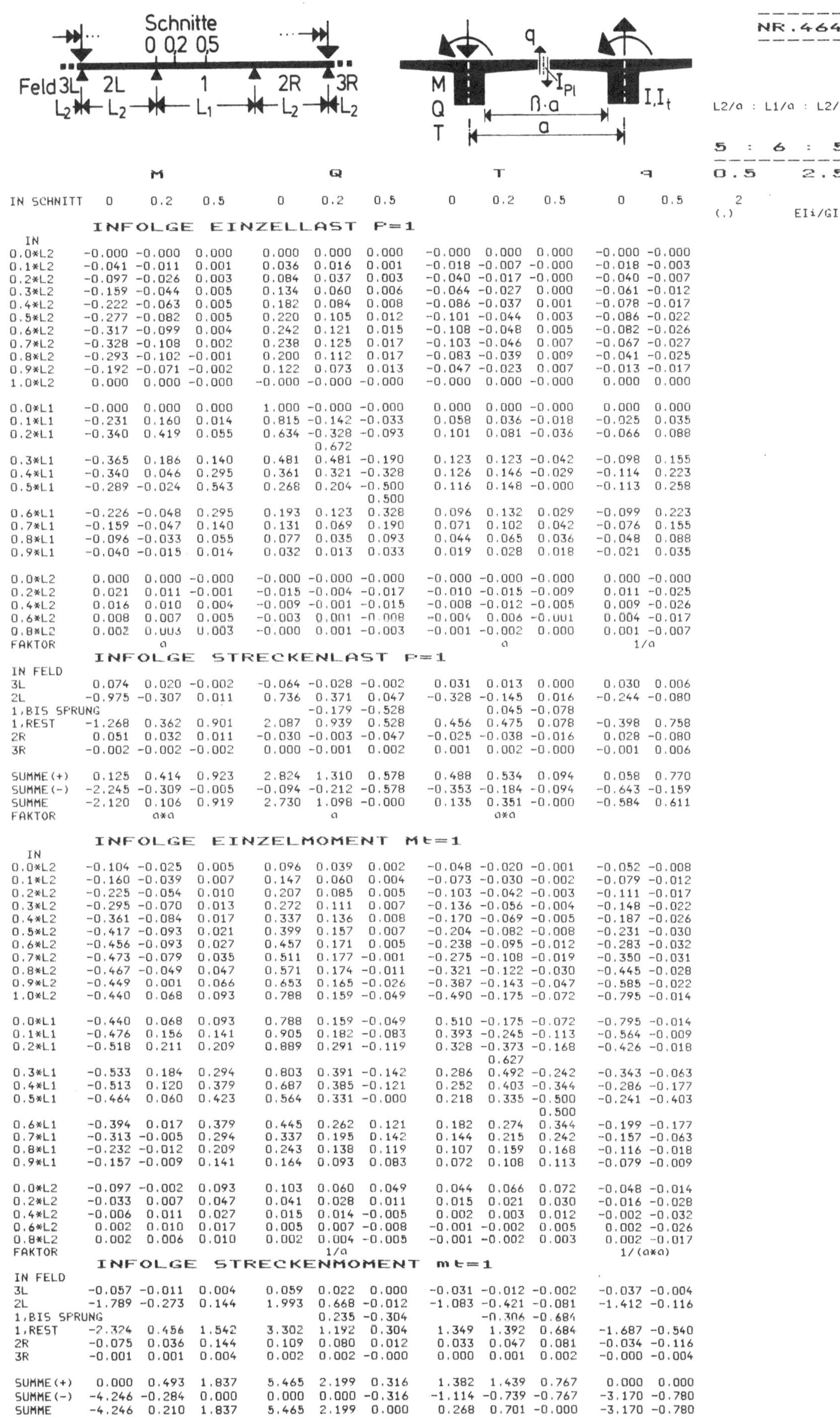

INFOLGE EINZELLAST P=1

IN	M 0	M 0.2	M 0.5	Q 0	Q 0.2	Q 0.5	T 0	T 0.2	T 0.5	q 0	q 0.5
0.0*L2	-0.000	-0.000	0.000	0.000	0.000	0.000	-0.000	0.000	0.000	-0.000	-0.000
0.1*L2	-0.041	-0.011	0.001	0.036	0.016	0.001	-0.018	-0.007	-0.000	-0.018	-0.003
0.2*L2	-0.097	-0.026	0.003	0.084	0.037	0.003	-0.040	-0.017	-0.000	-0.040	-0.007
0.3*L2	-0.159	-0.044	0.005	0.134	0.060	0.006	-0.064	-0.027	0.000	-0.061	-0.012
0.4*L2	-0.222	-0.063	0.005	0.182	0.084	0.008	-0.086	-0.037	0.001	-0.078	-0.017
0.5*L2	-0.277	-0.082	0.005	0.220	0.105	0.012	-0.101	-0.044	0.003	-0.086	-0.022
0.6*L2	-0.317	-0.099	0.004	0.242	0.121	0.015	-0.108	-0.048	0.005	-0.082	-0.026
0.7*L2	-0.328	-0.108	0.002	0.238	0.125	0.017	-0.103	-0.046	0.007	-0.067	-0.027
0.8*L2	-0.293	-0.102	-0.001	0.200	0.112	0.017	-0.083	-0.039	0.009	-0.041	-0.025
0.9*L2	-0.192	-0.071	-0.002	0.122	0.073	0.013	-0.047	-0.023	0.007	-0.013	-0.017
1.0*L2	0.000	0.000	-0.000	-0.000	-0.000	-0.000	-0.000	0.000	-0.000	0.000	0.000
0.0*L1	-0.000	0.000	0.000	1.000	-0.000	-0.000	0.000	0.000	-0.000	0.000	0.000
0.1*L1	-0.231	0.160	0.014	0.815	-0.142	-0.033	0.058	0.036	-0.018	-0.025	0.035
0.2*L1	-0.340	0.419	0.055	0.634	-0.328	-0.093	0.101	0.081	-0.036	-0.066	0.088
				0.672							
0.3*L1	-0.365	0.186	0.140	0.481	0.481	-0.190	0.123	0.123	-0.042	-0.098	0.155
0.4*L1	-0.340	0.046	0.295	0.361	0.321	-0.328	0.126	0.146	-0.029	-0.114	0.223
0.5*L1	-0.289	-0.024	0.543	0.268	0.204	-0.500	0.116	0.148	-0.000	-0.113	0.258
						0.500					
0.6*L1	-0.226	-0.048	0.295	0.193	0.123	0.328	0.096	0.132	0.029	-0.099	0.223
0.7*L1	-0.159	-0.047	0.140	0.131	0.069	0.190	0.071	0.102	0.042	-0.076	0.155
0.8*L1	-0.096	-0.033	0.055	0.077	0.035	0.093	0.044	0.065	0.036	-0.048	0.088
0.9*L1	-0.040	-0.015	0.014	0.032	0.013	0.033	0.019	0.028	0.018	-0.021	0.035
0.0*L2	0.000	0.000	-0.000	-0.000	-0.000	-0.000	-0.000	-0.000	-0.000	0.000	-0.000
0.2*L2	0.021	0.011	-0.001	-0.015	-0.004	-0.017	-0.010	-0.015	-0.009	0.011	-0.025
0.4*L2	0.016	0.010	0.004	-0.009	-0.001	-0.015	-0.008	-0.012	-0.005	0.009	-0.026
0.6*L2	0.008	0.007	0.005	-0.003	0.001	-0.008	-0.004	0.006	-0.001	0.004	-0.017
0.8*L2	0.002	0.003	0.003	-0.000	0.001	-0.003	-0.001	-0.002	0.000	0.001	-0.007
FAKTOR	a						a			1/a	

INFOLGE STRECKENLAST P=1

IN FELD	M 0	M 0.2	M 0.5	Q 0	Q 0.2	Q 0.5	T 0	T 0.2	T 0.5	q 0	q 0.5
3L	0.074	0.020	-0.002	-0.064	-0.028	-0.002	0.031	0.013	0.000	0.030	0.006
2L	-0.975	-0.307	0.011	0.736	0.371	0.047	-0.328	-0.145	0.016	-0.244	-0.080
1,BIS SPRUNG					-0.179	-0.528		0.045	-0.078		
1,REST	-1.268	0.362	0.901	2.087	0.939	0.528	0.456	0.475	0.078	-0.398	0.758
2R	0.051	0.032	0.011	-0.030	-0.003	-0.047	-0.025	-0.038	-0.016	0.028	-0.080
3R	-0.002	-0.002	-0.002	0.000	-0.001	0.002	0.001	0.002	-0.000	-0.001	0.006
SUMME(+)	0.125	0.414	0.923	2.824	1.310	0.578	0.488	0.534	0.094	0.058	0.770
SUMME(-)	-2.245	-0.309	-0.005	-0.094	-0.212	-0.578	-0.353	-0.184	-0.094	-0.643	-0.159
SUMME	-2.120	0.106	0.919	2.730	1.098	-0.000	0.135	0.351	-0.000	-0.584	0.611
FAKTOR	a*a			a			a*a				

INFOLGE EINZELMOMENT Mt=1

IN	M 0	M 0.2	M 0.5	Q 0	Q 0.2	Q 0.5	T 0	T 0.2	T 0.5	q 0	q 0.5
0.0*L2	-0.104	-0.025	0.005	0.096	0.039	0.002	-0.048	-0.020	-0.001	-0.052	-0.008
0.1*L2	-0.160	-0.039	0.007	0.147	0.060	0.004	-0.073	-0.030	-0.002	-0.079	-0.012
0.2*L2	-0.225	-0.054	0.010	0.207	0.085	0.005	-0.103	-0.042	-0.003	-0.111	-0.017
0.3*L2	-0.295	-0.070	0.013	0.272	0.111	0.007	-0.136	-0.056	-0.004	-0.148	-0.022
0.4*L2	-0.361	-0.084	0.017	0.337	0.136	0.008	-0.170	-0.069	-0.005	-0.187	-0.026
0.5*L2	-0.417	-0.093	0.021	0.399	0.157	0.007	-0.204	-0.082	-0.008	-0.231	-0.030
0.6*L2	-0.456	-0.093	0.027	0.457	0.171	0.005	-0.238	-0.095	-0.012	-0.283	-0.032
0.7*L2	-0.473	-0.079	0.035	0.511	0.177	-0.001	-0.275	-0.108	-0.019	-0.350	-0.031
0.8*L2	-0.467	-0.049	0.047	0.571	0.174	-0.011	-0.321	-0.122	-0.030	-0.445	-0.028
0.9*L2	-0.449	0.001	0.066	0.653	0.165	-0.026	-0.387	-0.143	-0.047	-0.585	-0.022
1.0*L2	-0.440	0.068	0.093	0.788	0.159	-0.049	-0.490	-0.175	-0.072	-0.795	-0.014
0.0*L1	-0.440	0.068	0.093	0.788	0.159	-0.049	0.510	-0.175	-0.072	-0.795	-0.014
0.1*L1	-0.476	0.156	0.141	0.905	0.182	-0.083	0.393	-0.245	-0.113	-0.564	-0.009
0.2*L1	-0.518	0.211	0.209	0.889	0.291	-0.119	0.328	-0.373	-0.168	-0.426	-0.018
								0.627			
0.3*L1	-0.533	0.184	0.294	0.803	0.391	-0.142	0.286	0.492	-0.242	-0.343	-0.063
0.4*L1	-0.513	0.120	0.379	0.687	0.385	-0.121	0.252	0.403	-0.344	-0.286	-0.177
0.5*L1	-0.464	0.060	0.423	0.564	0.331	-0.000	0.218	0.335	-0.500	-0.241	-0.403
									0.500		
0.6*L1	-0.394	0.017	0.379	0.445	0.262	0.121	0.182	0.274	0.344	-0.199	-0.177
0.7*L1	-0.313	-0.005	0.294	0.337	0.195	0.142	0.144	0.215	0.242	-0.157	-0.063
0.8*L1	-0.232	-0.012	0.209	0.243	0.138	0.119	0.107	0.159	0.168	-0.116	-0.018
0.9*L1	-0.157	-0.009	0.141	0.164	0.093	0.083	0.072	0.108	0.113	-0.079	-0.009
0.0*L2	-0.097	-0.002	0.093	0.103	0.060	0.049	0.044	0.066	0.072	-0.048	-0.014
0.2*L2	-0.033	0.007	0.047	0.041	0.028	0.011	0.015	0.021	0.030	-0.016	-0.028
0.4*L2	-0.006	0.011	0.027	0.015	0.014	-0.005	0.002	0.003	0.012	-0.002	-0.032
0.6*L2	0.002	0.010	0.017	0.005	0.007	-0.008	-0.001	-0.002	0.005	0.002	-0.026
0.8*L2	0.002	0.006	0.010	0.002	0.004	-0.005	-0.001	-0.002	0.003	0.002	-0.017
FAKTOR				1/a						1/(a*a)	

INFOLGE STRECKENMOMENT mt=1

IN FELD	M 0	M 0.2	M 0.5	Q 0	Q 0.2	Q 0.5	T 0	T 0.2	T 0.5	q 0	q 0.5
3L	-0.057	-0.011	0.004	0.059	0.022	0.000	-0.031	-0.012	-0.002	-0.037	-0.004
2L	-1.789	-0.273	0.144	1.993	0.668	-0.012	-1.083	-0.421	-0.081	-1.412	-0.116
1,BIS SPRUNG					0.235	-0.304		-0.306	-0.684		
1,REST	-2.324	0.456	1.542	3.302	1.192	0.304	1.349	1.392	0.684	-1.687	-0.540
2R	-0.075	0.036	0.144	0.109	0.080	0.012	0.033	0.047	0.081	-0.034	-0.116
3R	-0.001	0.001	0.004	0.002	0.002	-0.000	0.000	0.001	0.002	-0.000	-0.004
SUMME(+)	0.000	0.493	1.837	5.465	2.199	0.316	1.382	1.439	0.767	0.000	0.000
SUMME(-)	-4.246	-0.284	0.000	0.000	0.000	-0.316	-1.114	-0.739	-0.767	-3.170	-0.780
SUMME	-4.246	0.210	1.837	5.465	2.199	0.000	0.268	0.701	-0.000	-3.170	-0.780
FAKTOR	a						a			1/a	

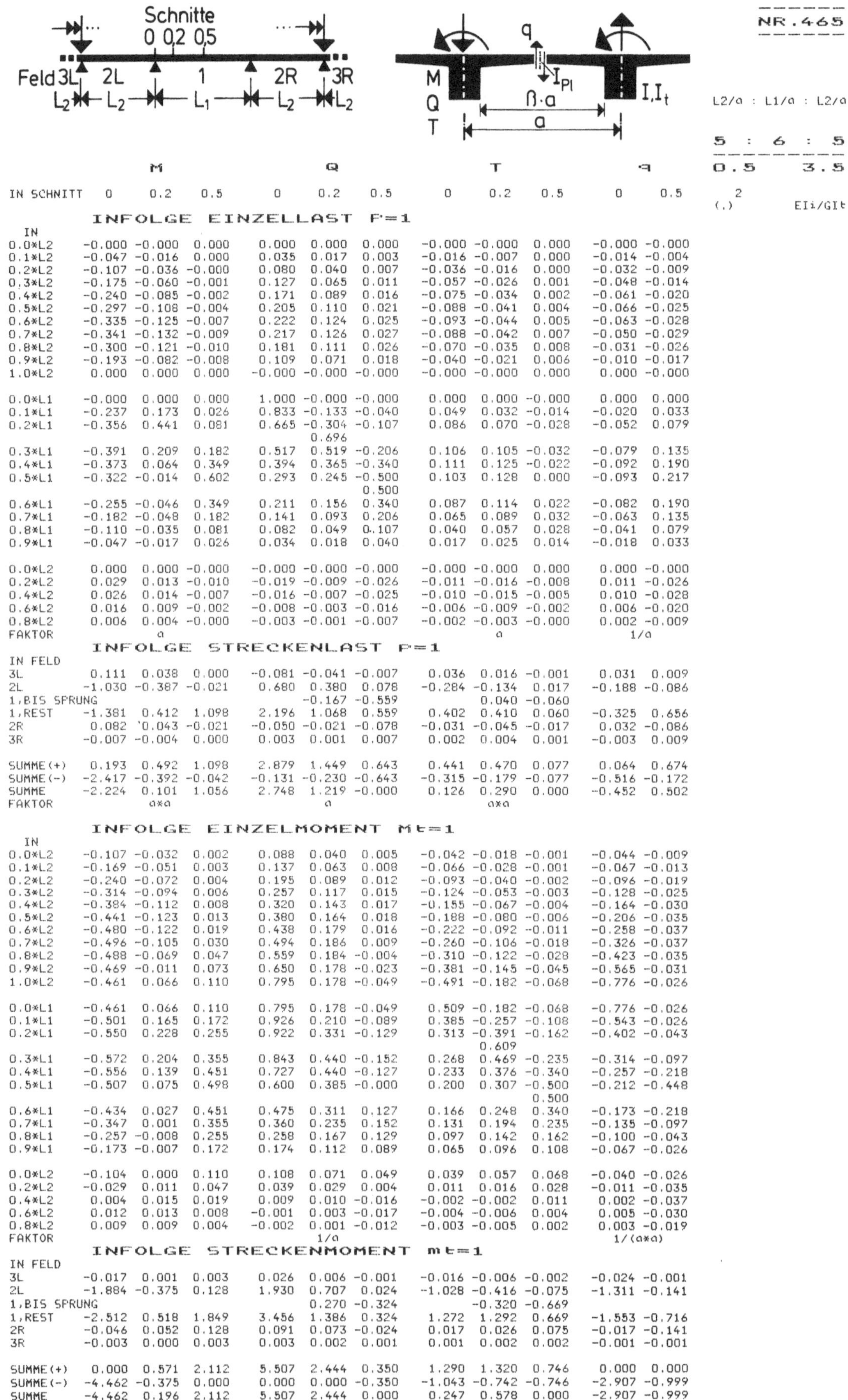

IN SCHNITT	M 0	M 0.2	M 0.5	Q 0	Q 0.2	Q 0.5	T 0	T 0.2	T 0.5	q 0	q 0.5

INFOLGE EINZELLAST P=1

IN	M 0	M 0.2	M 0.5	Q 0	Q 0.2	Q 0.5	T 0	T 0.2	T 0.5	q 0	q 0.5
0.0*L2	-0.000	-0.000	0.000	0.000	0.000	0.000	-0.000	-0.000	0.000	-0.000	-0.000
0.1*L2	-0.047	-0.016	0.000	0.035	0.017	0.003	-0.016	-0.007	0.000	-0.014	-0.004
0.2*L2	-0.107	-0.036	-0.000	0.080	0.040	0.007	-0.036	-0.016	0.000	-0.032	-0.009
0.3*L2	-0.175	-0.060	-0.001	0.127	0.065	0.011	-0.057	-0.026	0.001	-0.048	-0.014
0.4*L2	-0.240	-0.085	-0.002	0.171	0.089	0.016	-0.075	-0.034	0.002	-0.061	-0.020
0.5*L2	-0.297	-0.108	-0.004	0.205	0.110	0.021	-0.088	-0.041	0.004	-0.066	-0.025
0.6*L2	-0.335	-0.125	-0.007	0.222	0.124	0.025	-0.093	-0.044	0.005	-0.063	-0.028
0.7*L2	-0.341	-0.132	-0.009	0.217	0.126	0.027	-0.088	-0.042	0.007	-0.050	-0.029
0.8*L2	-0.300	-0.121	-0.010	0.181	0.111	0.026	-0.070	-0.035	0.008	-0.031	-0.026
0.9*L2	-0.193	-0.082	-0.008	0.109	0.071	0.018	-0.040	-0.021	0.006	-0.010	-0.017
1.0*L2	0.000	0.000	0.000	-0.000	-0.000	-0.000	-0.000	-0.000	0.000	0.000	-0.000
0.0*L1	-0.000	0.000	0.000	1.000	-0.000	-0.000	0.000	0.000	-0.000	0.000	0.000
0.1*L1	-0.237	0.173	0.026	0.833	-0.133	-0.040	0.049	0.032	-0.014	-0.020	0.033
0.2*L1	-0.356	0.441	0.081	0.665	-0.304	-0.107	0.086	0.070	-0.028	-0.052	0.079
				0.696							
0.3*L1	-0.391	0.209	0.182	0.517	0.519	-0.206	0.106	0.105	-0.032	-0.079	0.135
0.4*L1	-0.373	0.064	0.349	0.394	0.365	-0.340	0.111	0.125	-0.022	-0.092	0.190
0.5*L1	-0.322	-0.014	0.602	0.293	0.245	-0.500	0.103	0.128	0.000	-0.093	0.217
						0.500					
0.6*L1	-0.255	-0.046	0.349	0.211	0.156	0.340	0.087	0.114	0.022	-0.082	0.190
0.7*L1	-0.182	-0.048	0.182	0.141	0.093	0.206	0.065	0.089	0.032	-0.063	0.135
0.8*L1	-0.110	-0.035	0.081	0.082	0.049	0.107	0.040	0.057	0.028	-0.041	0.079
0.9*L1	-0.047	-0.017	0.026	0.034	0.018	0.040	0.017	0.025	0.014	-0.018	0.033
0.0*L2	0.000	0.000	-0.000	-0.000	-0.000	-0.000	-0.000	-0.000	0.000	0.000	-0.000
0.2*L2	0.029	0.013	-0.010	-0.019	-0.009	-0.026	-0.011	-0.016	-0.008	0.011	-0.026
0.4*L2	0.026	0.014	-0.007	-0.016	-0.007	-0.025	-0.010	-0.015	-0.005	0.010	-0.028
0.6*L2	0.016	0.009	-0.002	-0.008	-0.003	-0.016	-0.006	-0.009	-0.002	0.006	-0.020
0.8*L2	0.006	0.004	-0.000	-0.003	-0.001	-0.007	-0.002	-0.003	-0.000	0.002	-0.009
FAKTOR		a						a		1/a	

INFOLGE STRECKENLAST P=1

IN FELD	M 0	M 0.2	M 0.5	Q 0	Q 0.2	Q 0.5	T 0	T 0.2	T 0.5	q 0	q 0.5
3L	0.111	0.038	0.000	-0.081	-0.041	-0.007	0.036	0.016	-0.001	0.031	0.009
2L	-1.030	-0.387	-0.021	0.680	0.380	0.078	-0.284	-0.134	0.017	-0.188	-0.086
1,BIS SPRUNG					-0.167	-0.559		0.040	-0.060		
1,REST	-1.381	0.412	1.098	2.196	1.068	0.559	0.402	0.410	0.060	-0.325	0.656
2R	0.082	0.043	-0.021	-0.050	-0.021	-0.078	-0.031	-0.045	-0.017	0.032	-0.086
3R	-0.007	-0.004	0.000	0.003	0.001	0.007	0.002	0.004	0.001	-0.003	0.009
SUMME(+)	0.193	0.492	1.098	2.879	1.449	0.643	0.441	0.470	0.077	0.064	0.674
SUMME(-)	-2.417	-0.392	-0.042	-0.131	-0.230	-0.643	-0.315	-0.179	-0.077	-0.516	-0.172
SUMME	-2.224	0.101	1.056	2.748	1.219	-0.000	0.126	0.290	0.000	-0.452	0.502
FAKTOR		a*a			a			a*a			

INFOLGE EINZELMOMENT Mt=1

IN	M 0	M 0.2	M 0.5	Q 0	Q 0.2	Q 0.5	T 0	T 0.2	T 0.5	q 0	q 0.5
0.0*L2	-0.107	-0.032	0.002	0.088	0.040	0.005	-0.042	-0.018	-0.001	-0.044	-0.009
0.1*L2	-0.169	-0.051	0.003	0.137	0.063	0.008	-0.066	-0.028	-0.001	-0.067	-0.013
0.2*L2	-0.240	-0.072	0.004	0.195	0.089	0.012	-0.093	-0.040	-0.002	-0.096	-0.019
0.3*L2	-0.314	-0.094	0.006	0.257	0.117	0.015	-0.124	-0.053	-0.003	-0.128	-0.025
0.4*L2	-0.384	-0.112	0.008	0.320	0.143	0.017	-0.155	-0.067	-0.004	-0.164	-0.030
0.5*L2	-0.441	-0.123	0.013	0.380	0.164	0.018	-0.188	-0.080	-0.006	-0.206	-0.035
0.6*L2	-0.480	-0.122	0.019	0.438	0.179	0.016	-0.222	-0.092	-0.011	-0.258	-0.037
0.7*L2	-0.496	-0.105	0.030	0.494	0.186	0.009	-0.260	-0.106	-0.018	-0.326	-0.037
0.8*L2	-0.488	-0.069	0.047	0.559	0.184	-0.004	-0.310	-0.122	-0.028	-0.423	-0.035
0.9*L2	-0.469	-0.011	0.073	0.650	0.178	-0.023	-0.381	-0.145	-0.045	-0.565	-0.031
1.0*L2	-0.461	0.066	0.110	0.795	0.178	-0.049	-0.491	-0.182	-0.068	-0.776	-0.026
0.0*L1	-0.461	0.066	0.110	0.795	0.178	-0.049	0.509	-0.182	-0.068	-0.776	-0.026
0.1*L1	-0.501	0.165	0.172	0.926	0.210	-0.089	0.385	-0.257	-0.108	-0.543	-0.026
0.2*L1	-0.550	0.228	0.255	0.922	0.331	-0.129	0.313	-0.391	-0.162	-0.402	-0.043
							0.609				
0.3*L1	-0.572	0.204	0.355	0.843	0.440	-0.152	0.268	0.469	-0.235	-0.314	-0.097
0.4*L1	-0.556	0.139	0.451	0.727	0.440	-0.127	0.233	0.376	-0.340	-0.257	-0.218
0.5*L1	-0.507	0.075	0.498	0.600	0.385	-0.000	0.200	0.307	-0.500	-0.212	-0.448
									0.500		
0.6*L1	-0.434	0.027	0.451	0.475	0.311	0.127	0.166	0.248	0.340	-0.173	-0.218
0.7*L1	-0.347	0.001	0.355	0.360	0.235	0.152	0.131	0.194	0.235	-0.135	-0.097
0.8*L1	-0.257	-0.008	0.255	0.258	0.167	0.129	0.097	0.142	0.162	-0.100	-0.043
0.9*L1	-0.173	-0.007	0.172	0.174	0.112	0.089	0.065	0.096	0.108	-0.067	-0.026
0.0*L2	-0.104	-0.000	0.110	0.108	0.071	0.049	0.039	0.057	0.068	-0.040	-0.026
0.2*L2	-0.029	0.011	0.047	0.039	0.029	0.004	0.011	0.016	0.028	-0.011	-0.035
0.4*L2	0.004	0.015	0.019	0.009	0.010	-0.016	-0.002	-0.002	0.011	0.002	-0.037
0.6*L2	0.012	0.013	0.008	-0.001	0.003	-0.017	-0.004	-0.006	0.004	0.005	-0.030
0.8*L2	0.009	0.009	0.004	-0.002	0.001	-0.012	-0.003	-0.005	0.002	0.003	-0.019
FAKTOR		1/a								1/(a*a)	

INFOLGE STRECKENMOMENT mt=1

IN FELD	M 0	M 0.2	M 0.5	Q 0	Q 0.2	Q 0.5	T 0	T 0.2	T 0.5	q 0	q 0.5
3L	-0.017	0.001	0.003	0.026	0.006	-0.001	-0.016	-0.006	-0.002	-0.024	-0.001
2L	-1.884	-0.375	0.128	1.930	0.707	0.128	-1.028	-0.416	-0.075	-1.311	-0.141
1,BIS SPRUNG					0.270	-0.324		-0.320	-0.669		
1,REST	-2.512	0.518	1.849	3.456	1.386	0.324	1.272	1.292	0.669	-1.553	-0.716
2R	-0.046	0.052	0.128	0.091	0.073	-0.024	0.017	0.026	0.075	-0.017	-0.141
3R	-0.003	0.000	0.003	0.003	0.002	0.001	0.001	0.002	0.002	-0.001	-0.001
SUMME(+)	0.000	0.571	2.112	5.507	2.444	0.350	1.290	1.320	0.746	0.000	0.000
SUMME(-)	-4.462	-0.375	0.000	0.000	0.000	-0.350	-1.043	-0.742	-0.746	-2.907	-0.999
SUMME	-4.462	0.196	2.112	5.507	2.444	0.000	0.247	0.578	0.000	-2.907	-0.999
FAKTOR		a						a		1/a	

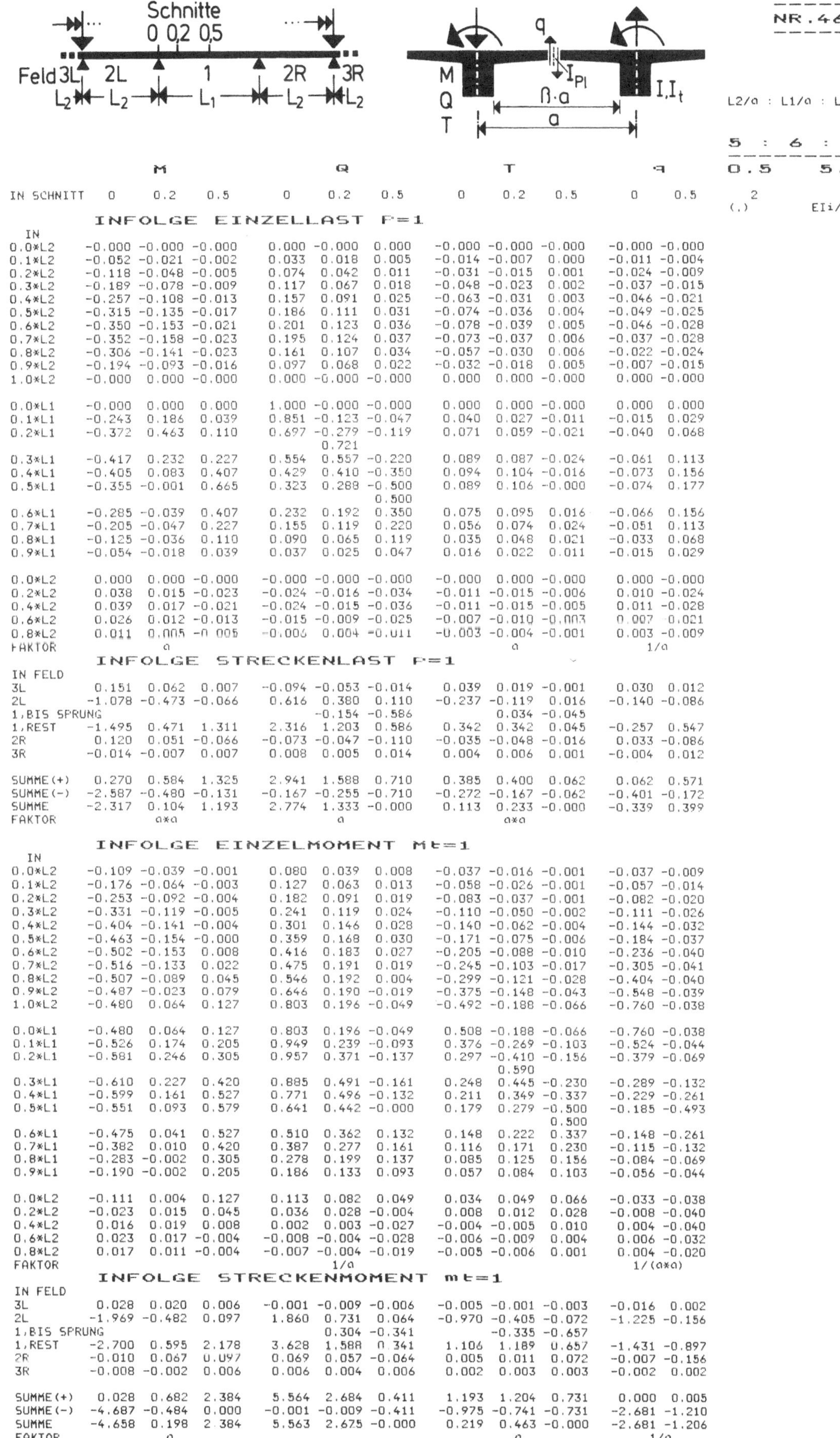

	M			Q			T			q	
IN SCHNITT	0	0.2	0.5	0	0.2	0.5	0	0.2	0.5	0	0.5

INFOLGE EINZELLAST P=1

IN

IN	M0	M0.2	M0.5	Q0	Q0.2	Q0.5	T0	T0.2	T0.5	q0	q0.5
0.0*L2	-0.000	-0.000	-0.000	0.000	-0.000	0.000	-0.000	-0.000	-0.000	-0.000	-0.000
0.1*L2	-0.052	-0.021	-0.002	0.033	0.018	0.005	-0.014	-0.007	0.000	-0.011	-0.004
0.2*L2	-0.118	-0.048	-0.005	0.074	0.042	0.011	-0.031	-0.015	0.001	-0.024	-0.009
0.3*L2	-0.189	-0.078	-0.009	0.117	0.067	0.018	-0.048	-0.023	0.002	-0.037	-0.015
0.4*L2	-0.257	-0.108	-0.013	0.157	0.091	0.025	-0.063	-0.031	0.003	-0.046	-0.021
0.5*L2	-0.315	-0.135	-0.017	0.186	0.111	0.031	-0.074	-0.036	0.004	-0.049	-0.025
0.6*L2	-0.350	-0.153	-0.021	0.201	0.123	0.036	-0.078	-0.039	0.005	-0.046	-0.028
0.7*L2	-0.352	-0.158	-0.023	0.195	0.124	0.037	-0.073	-0.037	0.006	-0.037	-0.028
0.8*L2	-0.306	-0.141	-0.023	0.161	0.107	0.034	-0.057	-0.030	0.006	-0.022	-0.024
0.9*L2	-0.194	-0.093	-0.016	0.097	0.068	0.022	-0.032	-0.018	0.005	-0.007	-0.015
1.0*L2	-0.000	0.000	-0.000	0.000	-0.000	-0.000	0.000	0.000	-0.000	0.000	-0.000
0.0*L1	-0.000	0.000	0.000	1.000	-0.000	-0.000	0.000	0.000	-0.000	0.000	0.000
0.1*L1	-0.243	0.186	0.039	0.851	-0.123	-0.047	0.040	0.027	-0.011	-0.015	0.029
0.2*L1	-0.372	0.463	0.110	0.697	-0.279	-0.119	0.071	0.059	-0.021	-0.040	0.068
					0.721						
0.3*L1	-0.417	0.232	0.227	0.554	0.557	-0.220	0.089	0.087	-0.024	-0.061	0.113
0.4*L1	-0.405	0.083	0.407	0.429	0.410	-0.350	0.094	0.104	-0.016	-0.073	0.156
0.5*L1	-0.355	-0.001	0.665	0.323	0.288	-0.500	0.089	0.106	-0.000	-0.074	0.177
						0.500					
0.6*L1	-0.285	-0.039	0.407	0.232	0.192	0.350	0.075	0.095	0.016	-0.066	0.156
0.7*L1	-0.205	-0.047	0.227	0.155	0.119	0.220	0.056	0.074	0.024	-0.051	0.113
0.8*L1	-0.125	-0.036	0.110	0.090	0.065	0.119	0.035	0.048	0.021	-0.033	0.068
0.9*L1	-0.054	-0.018	0.039	0.037	0.025	0.047	0.016	0.022	0.011	-0.015	0.029
0.0*L2	0.000	0.000	-0.000	-0.000	-0.000	-0.000	-0.000	0.000	-0.000	0.000	-0.000
0.2*L2	0.038	0.015	-0.023	-0.024	-0.016	-0.034	-0.011	-0.015	-0.006	0.010	-0.024
0.4*L2	0.039	0.017	-0.021	-0.024	-0.015	-0.036	-0.011	-0.015	-0.005	0.011	-0.028
0.6*L2	0.026	0.012	-0.013	-0.015	-0.009	-0.025	-0.007	-0.010	-0.003	0.007	-0.021
0.8*L2	0.011	0.005	-0.005	-0.006	0.004	-0.011	-0.003	-0.004	-0.001	0.003	-0.009
FAKTOR	a						a			1/a	

INFOLGE STRECKENLAST P=1

IN FELD

IN FELD	M0	M0.2	M0.5	Q0	Q0.2	Q0.5	T0	T0.2	T0.5	q0	q0.5
3L	0.151	0.062	0.007	-0.094	-0.053	-0.014	0.039	0.019	-0.001	0.030	0.012
2L	-1.078	-0.473	-0.066	0.616	0.380	0.110	-0.237	-0.119	0.016	-0.140	-0.086
1,BIS SPRUNG					-0.154	-0.586		0.034	-0.045		
1,REST	-1.495	0.471	1.311	2.316	1.203	0.586	0.342	0.342	0.045	-0.257	0.547
2R	0.120	0.051	-0.066	-0.073	-0.047	-0.110	-0.035	-0.048	-0.016	0.033	-0.086
3R	-0.014	-0.007	0.007	0.008	0.005	0.014	0.004	0.006	0.001	-0.004	0.012
SUMME(+)	0.270	0.584	1.325	2.941	1.588	0.710	0.385	0.400	0.062	0.062	0.571
SUMME(-)	-2.587	-0.480	-0.131	-0.167	-0.255	-0.710	-0.272	-0.167	-0.062	-0.401	-0.172
SUMME	-2.317	0.104	1.193	2.774	1.333	-0.000	0.113	0.233	-0.000	-0.339	0.399
FAKTOR	a*a			a			a*a			a	

INFOLGE EINZELMOMENT Mt=1

IN

IN	M0	M0.2	M0.5	Q0	Q0.2	Q0.5	T0	T0.2	T0.5	q0	q0.5
0.0*L2	-0.109	-0.039	-0.001	0.080	0.039	0.008	-0.037	-0.016	-0.001	-0.037	-0.009
0.1*L2	-0.176	-0.064	-0.003	0.127	0.063	0.013	-0.058	-0.026	-0.001	-0.057	-0.014
0.2*L2	-0.253	-0.092	-0.004	0.182	0.091	0.019	-0.083	-0.037	-0.001	-0.082	-0.020
0.3*L2	-0.331	-0.119	-0.005	0.241	0.119	0.024	-0.110	-0.050	-0.002	-0.111	-0.026
0.4*L2	-0.404	-0.141	-0.004	0.301	0.146	0.028	-0.140	-0.062	-0.004	-0.144	-0.032
0.5*L2	-0.463	-0.154	-0.000	0.359	0.168	0.030	-0.171	-0.075	-0.006	-0.184	-0.037
0.6*L2	-0.502	-0.153	0.008	0.416	0.183	0.027	-0.205	-0.088	-0.010	-0.236	-0.040
0.7*L2	-0.516	-0.133	0.022	0.475	0.191	0.019	-0.245	-0.103	-0.017	-0.305	-0.041
0.8*L2	-0.507	-0.089	0.045	0.546	0.192	0.004	-0.299	-0.121	-0.028	-0.404	-0.040
0.9*L2	-0.487	-0.023	0.079	0.646	0.190	-0.019	-0.375	-0.148	-0.043	-0.548	-0.039
1.0*L2	-0.480	0.064	0.127	0.803	0.196	-0.049	-0.492	-0.188	-0.066	-0.760	-0.038
0.0*L1	-0.480	0.064	0.127	0.803	0.196	-0.049	0.508	-0.188	-0.066	-0.760	-0.038
0.1*L1	-0.526	0.174	0.205	0.949	0.239	-0.093	0.376	-0.269	-0.103	-0.524	-0.044
0.2*L1	-0.581	0.246	0.305	0.957	0.371	-0.137	0.297	-0.410	-0.156	-0.379	-0.069
								0.590			
0.3*L1	-0.610	0.227	0.420	0.885	0.491	-0.161	0.248	0.445	-0.230	-0.289	-0.132
0.4*L1	-0.599	0.161	0.527	0.771	0.496	-0.132	0.211	0.349	-0.337	-0.229	-0.261
0.5*L1	-0.551	0.093	0.579	0.641	0.442	-0.000	0.179	0.279	-0.500	-0.185	-0.493
									0.500		
0.6*L1	-0.475	0.041	0.527	0.510	0.362	0.132	0.148	0.222	0.337	-0.148	-0.261
0.7*L1	-0.382	0.010	0.420	0.387	0.277	0.161	0.116	0.171	0.230	-0.115	-0.132
0.8*L1	-0.283	-0.002	0.305	0.278	0.199	0.137	0.085	0.125	0.156	-0.084	-0.069
0.9*L1	-0.190	-0.002	0.205	0.186	0.133	0.093	0.057	0.084	0.103	-0.056	-0.044
0.0*L2	-0.111	0.004	0.127	0.113	0.082	0.049	0.034	0.049	0.066	-0.033	-0.038
0.2*L2	-0.023	0.015	0.045	0.036	0.028	-0.004	0.008	0.012	0.028	-0.008	-0.040
0.4*L2	0.016	0.019	0.008	0.002	0.003	-0.027	-0.004	-0.005	0.010	0.004	-0.040
0.6*L2	0.023	0.017	-0.004	-0.008	-0.004	-0.028	-0.006	-0.009	0.004	0.006	-0.032
0.8*L2	0.017	0.011	-0.004	-0.007	-0.004	-0.019	-0.005	-0.006	0.001	0.004	-0.020
FAKTOR	1/a									1/(a*a)	

INFOLGE STRECKENMOMENT mt=1

IN FELD

IN FELD	M0	M0.2	M0.5	Q0	Q0.2	Q0.5	T0	T0.2	T0.5	q0	q0.5
3L	0.028	0.020	0.006	-0.001	-0.009	-0.006	-0.005	-0.001	-0.003	-0.016	0.002
2L	-1.969	-0.482	0.097	1.860	0.731	0.064	-0.970	-0.405	-0.072	-1.225	-0.156
1,BIS SPRUNG					0.304	-0.341		-0.335	-0.657		
1,REST	-2.700	0.595	2.178	3.628	1.588	0.341	1.106	1.189	0.657	-1.431	-0.897
2R	-0.010	0.067	0.097	0.069	0.057	-0.064	0.005	0.011	0.072	-0.007	-0.156
3R	-0.008	-0.002	0.006	0.006	0.004	0.006	0.002	0.003	0.003	-0.002	0.002
SUMME(+)	0.028	0.682	2.384	5.564	2.684	0.411	1.193	1.204	0.731	0.000	0.005
SUMME(-)	-4.687	-0.484	0.000	-0.001	-0.009	-0.411	-0.975	-0.741	-0.731	-2.681	-1.210
SUMME	-4.658	0.198	2.384	5.563	2.675	-0.000	0.219	0.463	-0.000	-2.681	-1.206
FAKTOR	a						a			1/a	

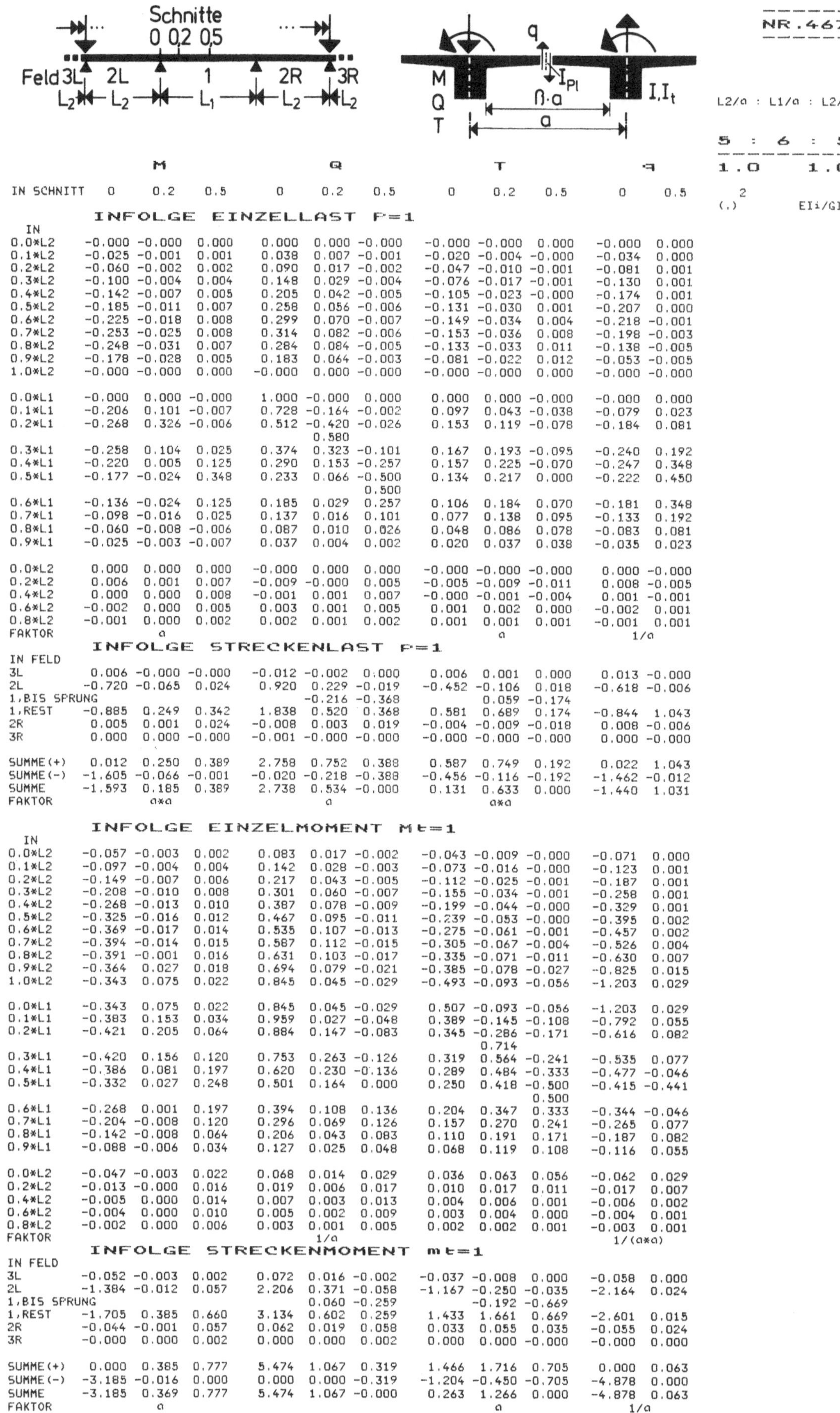

NR.467

L2/a : L1/a : L2/a

5 : 6 : 5

1.0   1.0

( ) 2   EIi/GIt

IN SCHNITT	M 0	M 0.2	M 0.5	Q 0	Q 0.2	Q 0.5	T 0	T 0.2	T 0.5	q 0	q 0.5

INFOLGE EINZELLAST P=1

IN	M 0	M 0.2	M 0.5	Q 0	Q 0.2	Q 0.5	T 0	T 0.2	T 0.5	q 0	q 0.5
0.0*L2	-0.000	-0.000	0.000	0.000	0.000	-0.000	-0.000	-0.000	0.000	-0.000	0.000
0.1*L2	-0.025	-0.001	0.001	0.038	0.007	-0.001	-0.020	-0.004	-0.000	-0.034	0.000
0.2*L2	-0.060	-0.002	0.002	0.090	0.017	-0.002	-0.047	-0.010	-0.001	-0.081	0.001
0.3*L2	-0.100	-0.004	0.004	0.148	0.029	-0.004	-0.076	-0.017	-0.001	-0.130	0.001
0.4*L2	-0.142	-0.007	0.005	0.205	0.042	-0.005	-0.105	-0.023	-0.000	-0.174	0.001
0.5*L2	-0.185	-0.011	0.007	0.258	0.056	-0.006	-0.131	-0.030	0.001	-0.207	0.000
0.6*L2	-0.225	-0.018	0.008	0.299	0.070	-0.007	-0.149	-0.034	0.004	-0.218	-0.001
0.7*L2	-0.253	-0.025	0.008	0.314	0.082	-0.006	-0.153	-0.036	0.008	-0.198	-0.003
0.8*L2	-0.248	-0.031	0.007	0.284	0.084	-0.005	-0.133	-0.033	0.011	-0.138	-0.005
0.9*L2	-0.178	-0.028	0.005	0.183	0.064	-0.003	-0.081	-0.022	0.012	-0.053	-0.005
1.0*L2	-0.000	-0.000	0.000	-0.000	0.000	-0.000	-0.000	-0.000	0.000	-0.000	-0.000
0.0*L1	-0.000	0.000	-0.000	1.000	-0.000	0.000	0.000	0.000	-0.000	-0.000	0.000
0.1*L1	-0.206	0.101	-0.007	0.728	-0.164	-0.002	0.097	0.043	-0.038	-0.079	0.023
0.2*L1	-0.268	0.326	-0.006	0.512	-0.420	-0.026	0.153	0.119	-0.078	-0.184	0.081
						0.580					
0.3*L1	-0.258	0.104	0.025	0.374	0.323	-0.101	0.167	0.193	-0.095	-0.240	0.192
0.4*L1	-0.220	0.005	0.125	0.290	0.153	-0.257	0.157	0.225	-0.070	-0.247	0.348
0.5*L1	-0.177	-0.024	0.348	0.233	0.066	-0.500	0.134	0.217	0.000	-0.222	0.450
						0.500					
0.6*L1	-0.136	-0.024	0.125	0.185	0.029	0.257	0.106	0.184	0.070	-0.181	0.348
0.7*L1	-0.098	-0.016	0.025	0.137	0.016	0.101	0.077	0.138	0.095	-0.133	0.192
0.8*L1	-0.060	-0.008	-0.006	0.087	0.010	0.026	0.048	0.086	0.078	-0.083	0.081
0.9*L1	-0.025	-0.003	-0.007	0.037	0.004	0.002	0.020	0.037	0.038	-0.035	0.023
0.0*L2	0.000	0.000	0.000	-0.000	0.000	0.000	-0.000	-0.000	-0.000	0.000	-0.000
0.2*L2	0.006	0.001	0.007	-0.009	-0.000	0.005	-0.005	-0.009	-0.011	0.008	-0.005
0.4*L2	0.000	0.000	0.008	-0.001	0.001	0.007	-0.000	-0.001	-0.004	0.001	-0.001
0.6*L2	-0.002	0.000	0.005	0.003	0.001	0.005	0.001	0.002	0.000	-0.002	0.001
0.8*L2	-0.001	0.000	0.002	0.002	0.001	0.002	0.001	0.001	0.001	-0.001	0.001
FAKTOR	a						a			1/a	

INFOLGE STRECKENLAST P=1

IN FELD	M 0	M 0.2	M 0.5	Q 0	Q 0.2	Q 0.5	T 0	T 0.2	T 0.5	q 0	q 0.5
3L	0.006	-0.000	-0.000	-0.012	-0.002	0.000	0.006	0.001	0.000	0.013	-0.000
2L	-0.720	-0.065	0.024	0.920	0.229	-0.019	-0.452	-0.106	0.018	-0.618	-0.006
1,BIS SPRUNG					-0.216	-0.368		0.059	-0.174		
1,REST	-0.885	0.249	0.342	1.838	0.520	0.368	0.581	0.689	0.174	-0.844	1.043
2R	0.005	0.001	0.024	-0.008	0.003	0.019	-0.004	-0.009	-0.018	0.008	-0.006
3R	0.000	0.000	-0.000	-0.001	-0.000	-0.000	-0.000	-0.000	-0.000	0.000	-0.000
SUMME(+)	0.012	0.250	0.389	2.758	0.752	0.388	0.587	0.749	0.192	0.022	1.043
SUMME(-)	-1.605	-0.066	-0.001	-0.020	-0.218	-0.388	-0.456	-0.116	-0.192	-1.462	-0.012
SUMME	-1.593	0.185	0.389	2.738	0.534	-0.000	0.131	0.633	0.000	-1.440	1.031
FAKTOR	a*a			a			a*a				

INFOLGE EINZELMOMENT Mt=1

IN	M 0	M 0.2	M 0.5	Q 0	Q 0.2	Q 0.5	T 0	T 0.2	T 0.5	q 0	q 0.5
0.0*L2	-0.057	-0.003	0.002	0.083	0.017	-0.002	-0.043	-0.009	-0.000	-0.071	0.000
0.1*L2	-0.097	-0.004	0.004	0.142	0.028	-0.003	-0.073	-0.016	-0.000	-0.123	0.001
0.2*L2	-0.149	-0.007	0.006	0.217	0.043	-0.005	-0.112	-0.025	-0.001	-0.187	0.001
0.3*L2	-0.208	-0.010	0.008	0.301	0.060	-0.007	-0.155	-0.034	-0.001	-0.258	0.001
0.4*L2	-0.268	-0.013	0.010	0.387	0.078	-0.009	-0.199	-0.044	-0.000	-0.329	0.001
0.5*L2	-0.325	-0.016	0.012	0.467	0.095	-0.011	-0.239	-0.053	-0.000	-0.395	0.002
0.6*L2	-0.369	-0.017	0.014	0.535	0.107	-0.013	-0.275	-0.061	-0.001	-0.457	0.002
0.7*L2	-0.394	-0.014	0.015	0.587	0.112	-0.015	-0.305	-0.067	-0.004	-0.526	0.004
0.8*L2	-0.391	-0.001	0.016	0.631	0.103	-0.017	-0.335	-0.071	-0.011	-0.630	0.007
0.9*L2	-0.364	0.027	0.018	0.694	0.079	-0.021	-0.385	-0.078	-0.027	-0.825	0.015
1.0*L2	-0.343	0.075	0.022	0.845	0.045	-0.029	-0.493	-0.093	-0.056	-1.203	0.029
0.0*L1	-0.343	0.075	0.022	0.845	0.045	-0.029	0.507	-0.093	-0.056	-1.203	0.029
0.1*L1	-0.383	0.153	0.034	0.959	0.027	-0.048	0.389	-0.145	-0.108	-0.792	0.055
0.2*L1	-0.421	0.205	0.064	0.884	0.147	-0.083	0.345	-0.286	-0.171	-0.616	0.082
							0.714				
0.3*L1	-0.420	0.156	0.120	0.753	0.263	-0.126	0.319	0.564	-0.241	-0.535	0.077
0.4*L1	-0.386	0.081	0.197	0.620	0.230	-0.136	0.289	0.484	-0.333	-0.477	-0.046
0.5*L1	-0.332	0.027	0.248	0.501	0.164	0.000	0.250	0.418	-0.500	-0.415	-0.441
									0.500		
0.6*L1	-0.268	0.001	0.197	0.394	0.108	0.136	0.204	0.347	0.333	-0.344	-0.046
0.7*L1	-0.204	-0.008	0.120	0.296	0.069	0.126	0.157	0.270	0.241	-0.265	0.077
0.8*L1	-0.142	-0.008	0.064	0.206	0.043	0.083	0.110	0.191	0.171	-0.187	0.082
0.9*L1	-0.088	-0.006	0.034	0.127	0.025	0.048	0.068	0.119	0.108	-0.116	0.055
0.0*L2	-0.047	-0.003	0.022	0.068	0.014	0.029	0.036	0.063	0.056	-0.062	0.029
0.2*L2	-0.013	-0.000	0.016	0.019	0.006	0.017	0.010	0.017	0.011	-0.017	0.007
0.4*L2	-0.005	0.000	0.014	0.007	0.003	0.013	0.004	0.006	0.001	-0.006	0.002
0.6*L2	-0.004	0.000	0.010	0.005	0.002	0.009	0.003	0.004	0.000	-0.004	0.001
0.8*L2	-0.002	0.000	0.006	0.003	0.001	0.005	0.002	0.002	0.001	-0.003	0.001
FAKTOR				1/a						1/(a*a)	

INFOLGE STRECKENMOMENT mt=1

IN FELD	M 0	M 0.2	M 0.5	Q 0	Q 0.2	Q 0.5	T 0	T 0.2	T 0.5	q 0	q 0.5
3L	-0.052	-0.003	0.002	0.072	0.016	-0.002	-0.037	-0.008	0.000	-0.058	0.000
2L	-1.384	-0.012	0.057	2.206	0.371	-0.058	-1.167	-0.250	-0.035	-2.164	0.024
1,BIS SPRUNG					0.060	-0.259		-0.192	-0.669		
1,REST	-1.705	0.385	0.660	3.134	0.602	0.259	1.433	1.661	0.669	-2.601	0.015
2R	-0.044	-0.001	0.057	0.062	0.019	0.058	0.033	0.055	0.035	-0.055	0.024
3R	-0.000	0.000	0.002	0.000	0.000	0.002	0.000	0.000	-0.000	-0.000	0.000
SUMME(+)	0.000	0.385	0.777	5.474	1.067	0.319	1.466	1.716	0.705	0.000	0.063
SUMME(-)	-3.185	-0.016	0.000	0.000	0.000	-0.319	-1.204	-0.450	-0.705	-4.878	0.000
SUMME	-3.185	0.369	0.777	5.474	1.067	-0.000	0.263	1.266	0.000	-4.878	0.063
FAKTOR	a						a			1/a	

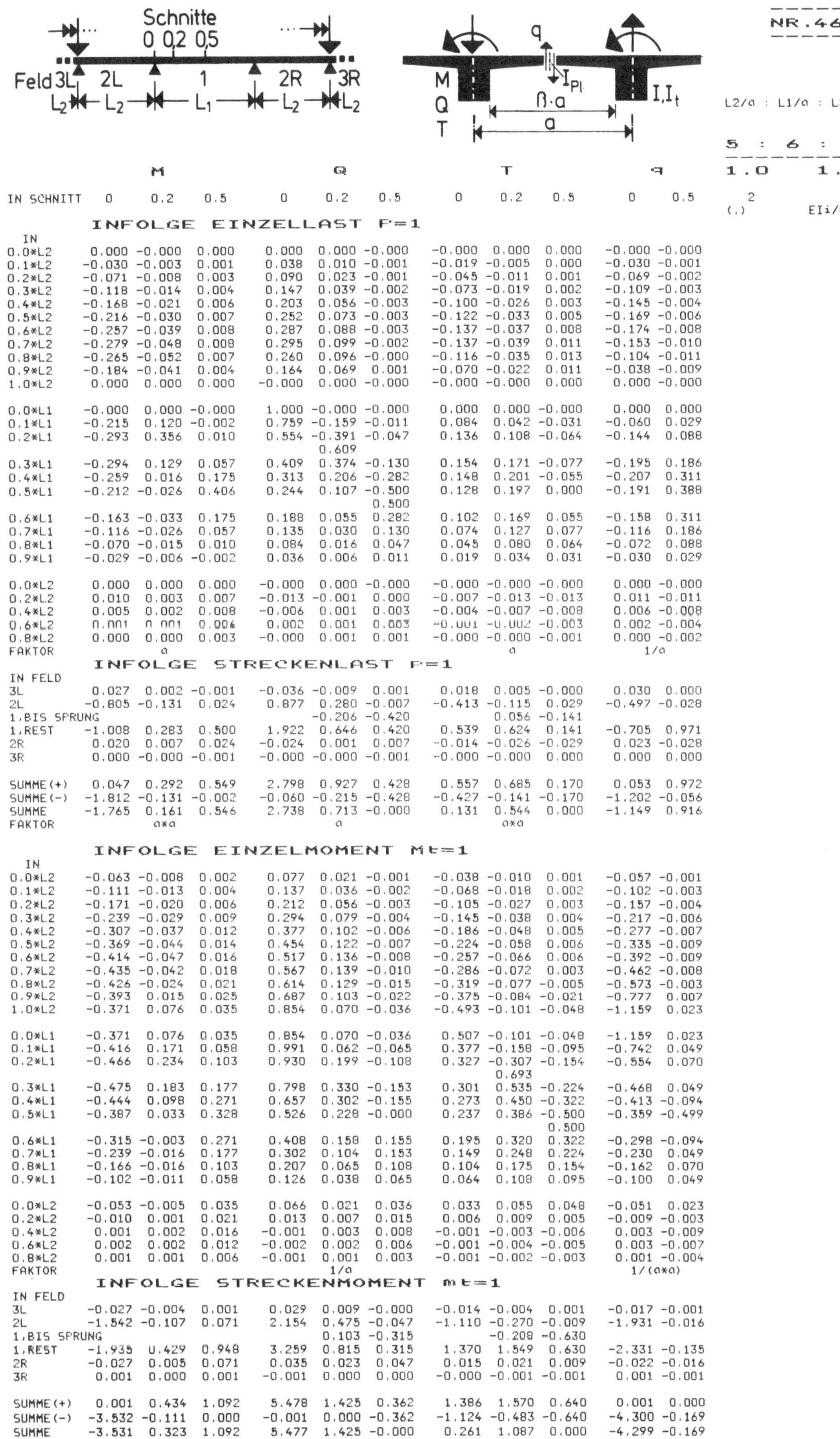

IN SCHNITT	M: 0	M: 0.2	M: 0.5	Q: 0	Q: 0.2	Q: 0.5	T: 0	T: 0.2	T: 0.5	q: 0	q: 0.5

INFOLGE EINZELLAST P=1

IN

IN SCHNITT	M: 0	M: 0.2	M: 0.5	Q: 0	Q: 0.2	Q: 0.5	T: 0	T: 0.2	T: 0.5	q: 0	q: 0.5
0.0*L2	0.000	-0.000	0.000	0.000	0.000	-0.000	-0.000	0.000	0.000	-0.000	-0.000
0.1*L2	-0.030	-0.003	0.001	0.038	0.010	-0.001	-0.019	-0.005	0.000	-0.030	-0.001
0.2*L2	-0.071	-0.008	0.003	0.090	0.023	-0.001	-0.045	-0.011	0.001	-0.069	-0.002
0.3*L2	-0.118	-0.014	0.004	0.147	0.039	-0.002	-0.073	-0.019	0.002	-0.109	-0.003
0.4*L2	-0.168	-0.021	0.006	0.203	0.056	-0.003	-0.100	-0.026	0.003	-0.145	-0.004
0.5*L2	-0.216	-0.030	0.007	0.252	0.073	-0.003	-0.122	-0.033	0.005	-0.169	-0.006
0.6*L2	-0.257	-0.039	0.008	0.287	0.088	-0.003	-0.137	-0.037	0.008	-0.174	-0.008
0.7*L2	-0.279	-0.048	0.008	0.295	0.099	-0.002	-0.137	-0.039	0.011	-0.153	-0.010
0.8*L2	-0.265	-0.052	0.007	0.260	0.096	-0.000	-0.116	-0.035	0.013	-0.104	-0.011
0.9*L2	-0.184	-0.041	0.004	0.164	0.069	0.001	-0.070	-0.022	0.011	-0.038	-0.009
1.0*L2	0.000	-0.000	0.000	-0.000	-0.000	-0.000	-0.000	-0.000	0.000	-0.000	0.000
0.0*L1	-0.000	0.000	-0.000	1.000	-0.000	-0.000	0.000	0.000	-0.000	0.000	0.000
0.1*L1	-0.215	0.120	-0.002	0.759	-0.159	-0.011	0.084	0.042	-0.031	-0.060	0.029
0.2*L1	-0.293	0.356	0.010	0.554	-0.391	-0.047	0.136	0.108	-0.064	-0.144	0.088
(Sprung)				0.609							
0.3*L1	-0.294	0.129	0.057	0.409	0.374	-0.130	0.154	0.171	-0.077	-0.195	0.186
0.4*L1	-0.259	0.016	0.175	0.313	0.206	-0.282	0.148	0.201	-0.055	-0.207	0.311
0.5*L1	-0.212	-0.026	0.406	0.244	0.107	-0.500	0.128	0.197	0.000	-0.191	0.388
(Sprung)						0.500					
0.6*L1	-0.163	-0.033	0.175	0.188	0.055	0.282	0.102	0.169	0.055	-0.158	0.311
0.7*L1	-0.116	-0.026	0.057	0.135	0.030	0.130	0.074	0.127	0.077	-0.116	0.186
0.8*L1	-0.070	-0.015	0.010	0.084	0.016	0.047	0.045	0.080	0.064	-0.072	0.088
0.9*L1	-0.029	-0.006	-0.002	0.036	0.006	0.011	0.019	0.034	0.031	-0.030	0.029
0.0*L2	0.000	0.000	0.000	-0.000	0.000	-0.000	-0.000	-0.000	-0.000	0.000	-0.000
0.2*L2	0.010	0.003	0.007	-0.013	-0.001	0.000	-0.007	-0.013	-0.013	0.011	-0.011
0.4*L2	0.005	0.002	0.008	-0.006	0.001	0.003	-0.004	-0.007	-0.008	0.006	-0.008
0.6*L2	0.001	0.001	0.006	0.002	0.001	0.003	-0.001	-0.002	-0.003	0.002	-0.004
0.8*L2	0.000	0.000	0.003	-0.000	0.001	0.001	-0.000	-0.000	-0.001	0.000	-0.002
FAKTOR	a						a			1/a	

INFOLGE STRECKENLAST P=1

IN FELD

IN FELD	M: 0	M: 0.2	M: 0.5	Q: 0	Q: 0.2	Q: 0.5	T: 0	T: 0.2	T: 0.5	q: 0	q: 0.5
3L	0.027	0.002	-0.001	-0.036	-0.009	0.001	0.018	0.005	-0.000	0.030	0.000
2L	-0.805	-0.131	0.024	0.877	0.280	-0.007	-0.413	-0.115	0.029	-0.497	-0.028
1,BIS SPRUNG					-0.206	-0.420		0.056	-0.141		
1,REST	-1.008	0.283	0.500	1.922	0.646	0.420	0.539	0.624	0.141	-0.705	0.971
2R	0.020	0.007	0.024	-0.024	0.001	0.007	-0.014	-0.026	-0.029	0.023	-0.028
3R	0.000	-0.000	-0.001	-0.000	-0.000	-0.001	-0.000	-0.000	0.000	0.000	0.000
SUMME(+)	0.047	0.292	0.549	2.798	0.927	0.428	0.557	0.685	0.170	0.053	0.972
SUMME(-)	-1.812	-0.131	-0.002	-0.060	-0.215	-0.428	-0.427	-0.141	-0.170	-1.202	-0.056
SUMME	-1.765	0.161	0.546	2.738	0.713	-0.000	0.131	0.544	0.000	-1.149	0.916
FAKTOR	a×a			a			a×a				

INFOLGE EINZELMOMENT Mt=1

IN

IN SCHNITT	M: 0	M: 0.2	M: 0.5	Q: 0	Q: 0.2	Q: 0.5	T: 0	T: 0.2	T: 0.5	q: 0	q: 0.5
0.0*L2	-0.063	-0.008	0.002	0.077	0.021	-0.001	-0.038	-0.010	0.001	-0.057	-0.001
0.1*L2	-0.111	-0.013	0.004	0.137	0.036	-0.002	-0.068	-0.018	0.002	-0.102	-0.003
0.2*L2	-0.171	-0.020	0.006	0.212	0.056	-0.003	-0.105	-0.027	0.003	-0.157	-0.004
0.3*L2	-0.239	-0.029	0.009	0.294	0.079	-0.004	-0.145	-0.038	0.004	-0.217	-0.006
0.4*L2	-0.307	-0.037	0.012	0.377	0.102	-0.006	-0.186	-0.048	0.005	-0.277	-0.007
0.5*L2	-0.369	-0.044	0.014	0.454	0.122	-0.007	-0.224	-0.058	0.006	-0.335	-0.009
0.6*L2	-0.414	-0.047	0.016	0.517	0.136	-0.008	-0.257	-0.066	0.006	-0.392	-0.009
0.7*L2	-0.435	-0.042	0.018	0.567	0.139	-0.010	-0.286	-0.072	0.003	-0.462	-0.008
0.8*L2	-0.426	-0.024	0.021	0.614	0.129	-0.015	-0.319	-0.077	-0.005	-0.573	-0.003
0.9*L2	-0.393	0.015	0.025	0.687	0.103	-0.022	-0.375	-0.084	-0.021	-0.777	0.007
1.0*L2	-0.371	0.076	0.035	0.854	0.070	-0.036	-0.493	-0.101	-0.048	-1.159	0.023
0.0*L1	-0.371	0.076	0.035	0.854	0.070	-0.036	0.507	-0.101	-0.048	-1.159	0.023
0.1*L1	-0.416	0.171	0.058	0.991	0.062	-0.065	0.377	-0.158	-0.095	-0.742	0.049
0.2*L1	-0.466	0.234	0.103	0.930	0.199	-0.108	0.327	-0.307	-0.154	-0.554	0.070
(Sprung)									0.693		
0.3*L1	-0.475	0.183	0.177	0.798	0.330	-0.153	0.301	0.535	-0.224	-0.468	0.049
0.4*L1	-0.444	0.098	0.271	0.657	0.302	-0.155	0.273	0.450	-0.322	-0.413	-0.094
0.5*L1	-0.387	0.033	0.328	0.526	0.228	-0.000	0.237	0.386	-0.500	-0.359	-0.499
(Sprung)									0.500		
0.6*L1	-0.315	-0.003	0.271	0.408	0.158	0.155	0.195	0.320	0.322	-0.298	-0.094
0.7*L1	-0.239	-0.016	0.177	0.302	0.104	0.153	0.149	0.248	0.224	-0.230	0.049
0.8*L1	-0.166	-0.016	0.103	0.207	0.065	0.108	0.104	0.175	0.154	-0.162	0.070
0.9*L1	-0.102	-0.011	0.058	0.126	0.038	0.065	0.064	0.108	0.095	-0.100	0.049
0.0*L2	-0.053	-0.005	0.035	0.066	0.021	0.036	0.033	0.055	0.048	-0.051	0.023
0.2*L2	-0.010	0.001	0.021	0.013	0.007	0.015	0.006	0.009	0.005	-0.009	-0.003
0.4*L2	0.001	0.002	0.016	-0.001	0.003	0.008	-0.001	-0.003	-0.006	0.003	-0.009
0.6*L2	0.002	0.002	0.012	-0.002	0.002	0.006	-0.001	-0.004	-0.005	0.003	-0.007
0.8*L2	0.001	0.001	0.006	-0.001	0.001	0.003	-0.001	-0.002	-0.003	0.001	-0.004
FAKTOR					1/a					1/(a×a)	

INFOLGE STRECKENMOMENT mt=1

IN FELD

IN FELD	M: 0	M: 0.2	M: 0.5	Q: 0	Q: 0.2	Q: 0.5	T: 0	T: 0.2	T: 0.5	q: 0	q: 0.5
3L	-0.027	-0.004	0.001	0.029	0.009	-0.000	-0.014	-0.004	0.001	-0.017	-0.001
2L	-1.542	-0.107	0.071	2.154	0.475	-0.047	-1.110	-0.270	-0.009	-1.931	-0.016
1,BIS SPRUNG					0.103	-0.315		-0.208	-0.630		
1,REST	-1.935	0.429	0.948	3.259	0.815	0.315	1.370	1.549	0.630	-2.331	-0.135
2R	-0.027	0.005	0.071	0.035	0.023	0.047	0.015	0.021	0.009	-0.022	-0.016
3R	0.001	0.000	0.001	-0.001	0.000	0.000	-0.000	-0.001	-0.001	0.001	-0.001
SUMME(+)	0.001	0.434	1.092	5.478	1.425	0.362	1.386	1.570	0.640	0.001	0.000
SUMME(-)	-3.532	-0.111	0.000	-0.001	0.000	-0.362	-1.124	-0.483	-0.640	-4.300	-0.169
SUMME	-3.531	0.323	1.092	5.477	1.425	-0.000	0.261	1.087	0.000	-4.299	-0.169
FAKTOR	a			a			a			1/a	

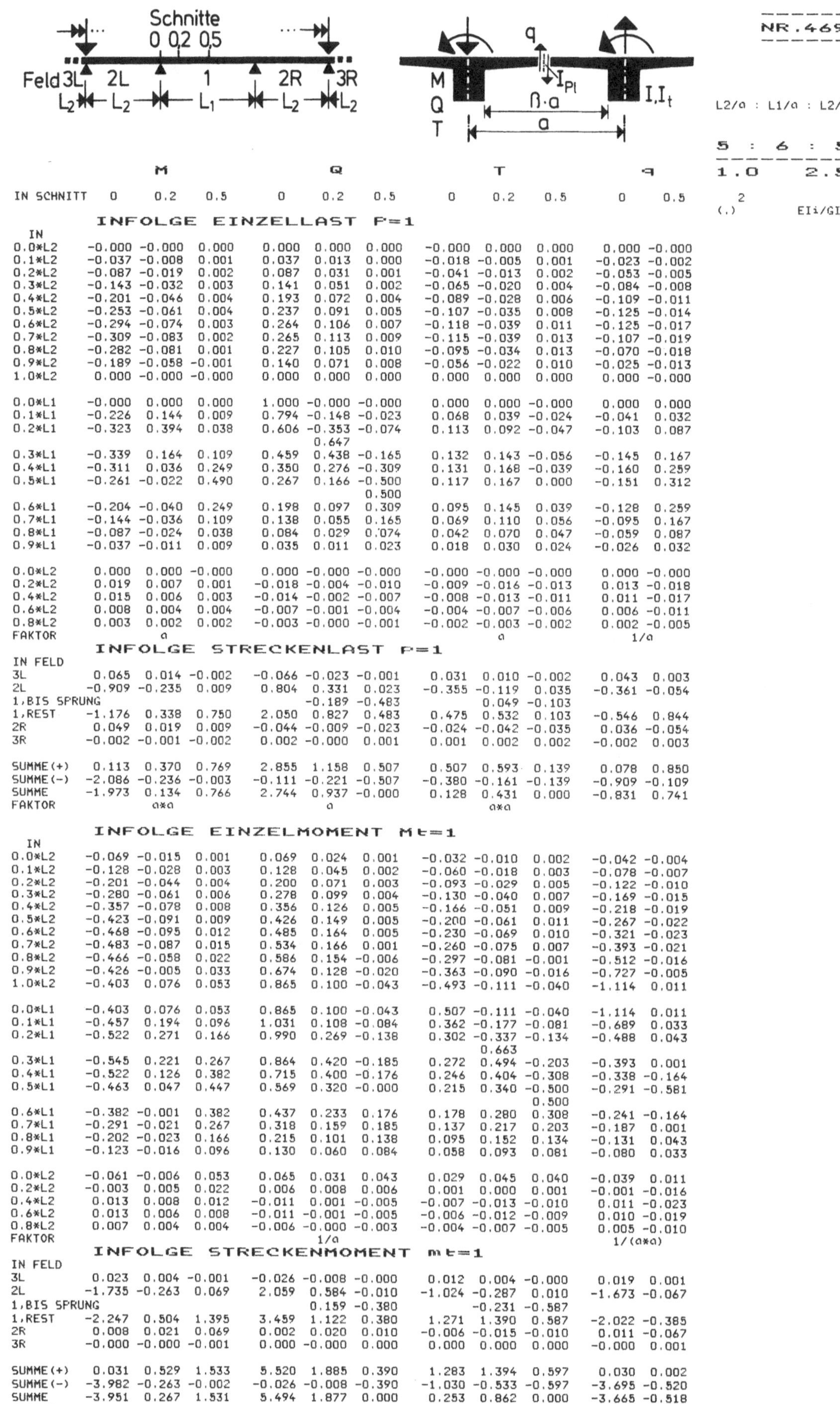

	M			Q			T			q	
IN SCHNITT	0	0.2	0.5	0	0.2	0.5	0	0.2	0.5	0	0.5

INFOLGE EINZELLAST P=1

IN

	M 0	0.2	0.5	Q 0	0.2	0.5	T 0	0.2	0.5	q 0	0.5
0.0*L2	-0.000	-0.000	0.000	0.000	0.000	0.000	-0.000	0.000	0.000	0.000	-0.000
0.1*L2	-0.037	-0.008	0.001	0.037	0.013	0.000	-0.018	-0.005	0.001	-0.023	-0.002
0.2*L2	-0.087	-0.019	0.002	0.087	0.031	0.001	-0.041	-0.013	0.002	-0.053	-0.005
0.3*L2	-0.143	-0.032	0.003	0.141	0.051	0.002	-0.065	-0.020	0.004	-0.084	-0.008
0.4*L2	-0.201	-0.046	0.004	0.193	0.072	0.004	-0.089	-0.028	0.006	-0.109	-0.011
0.5*L2	-0.253	-0.061	0.004	0.237	0.091	0.005	-0.107	-0.035	0.008	-0.125	-0.014
0.6*L2	-0.294	-0.074	0.003	0.264	0.106	0.007	-0.118	-0.039	0.011	-0.125	-0.017
0.7*L2	-0.309	-0.083	0.002	0.265	0.113	0.009	-0.115	-0.039	0.013	-0.107	-0.019
0.8*L2	-0.282	-0.081	0.001	0.227	0.105	0.010	-0.095	-0.034	0.013	-0.070	-0.018
0.9*L2	-0.189	-0.058	-0.001	0.140	0.071	0.008	-0.056	-0.022	0.010	-0.025	-0.013
1.0*L2	0.000	-0.000	-0.000	0.000	0.000	0.000	0.000	0.000	0.000	0.000	-0.000
0.0*L1	-0.000	0.000	0.000	1.000	-0.000	-0.000	0.000	0.000	-0.000	0.000	0.000
0.1*L1	-0.226	0.144	0.009	0.794	-0.148	-0.023	0.068	0.039	-0.024	-0.041	0.032
0.2*L1	-0.323	0.394	0.038	0.606	-0.353	-0.074	0.113	0.092	-0.047	-0.103	0.087
					0.647						
0.3*L1	-0.339	0.164	0.109	0.459	0.438	-0.165	0.132	0.143	-0.056	-0.145	0.167
0.4*L1	-0.311	0.036	0.249	0.350	0.276	-0.309	0.131	0.168	-0.039	-0.160	0.259
0.5*L1	-0.261	-0.022	0.490	0.267	0.166	-0.500	0.117	0.167	0.000	-0.151	0.312
						0.500					
0.6*L1	-0.204	-0.040	0.249	0.198	0.097	0.309	0.095	0.145	0.039	-0.128	0.259
0.7*L1	-0.144	-0.036	0.109	0.138	0.055	0.165	0.069	0.110	0.056	-0.095	0.167
0.8*L1	-0.087	-0.024	0.038	0.084	0.029	0.074	0.042	0.070	0.047	-0.059	0.087
0.9*L1	-0.037	-0.011	0.009	0.035	0.011	0.023	0.018	0.030	0.024	-0.026	0.032
0.0*L2	0.000	0.000	-0.000	0.000	-0.000	-0.000	-0.000	-0.000	-0.000	0.000	-0.000
0.2*L2	0.019	0.007	0.001	-0.018	-0.004	-0.010	-0.009	-0.016	-0.013	0.013	-0.018
0.4*L2	0.015	0.006	0.003	-0.014	-0.002	-0.007	-0.008	-0.013	-0.011	0.011	-0.017
0.6*L2	0.008	0.004	0.004	-0.007	-0.001	-0.004	-0.004	-0.007	-0.006	0.006	-0.011
0.8*L2	0.003	0.002	0.002	-0.003	-0.000	-0.001	-0.002	-0.003	-0.002	0.002	-0.005
FAKTOR		a			a			a			1/a

INFOLGE STRECKENLAST P=1

IN FELD

	M 0	0.2	0.5	Q 0	0.2	0.5	T 0	0.2	0.5	q 0	0.5
3L	0.065	0.014	-0.002	-0.066	-0.023	-0.001	0.031	0.010	-0.002	0.043	0.003
2L	-0.909	-0.235	0.009	0.804	0.331	0.023	-0.355	-0.119	0.035	-0.361	-0.054
1,BIS SPRUNG					-0.189	-0.483		0.049	-0.103		
1,REST	-1.176	0.338	0.750	2.050	0.827	0.483	0.475	0.532	0.103	-0.546	0.844
2R	0.049	0.019	0.009	-0.044	-0.009	-0.023	-0.024	-0.042	-0.035	0.036	-0.054
3R	-0.002	-0.001	-0.002	0.002	-0.000	0.001	0.001	0.002	0.002	-0.002	0.003
SUMME(+)	0.113	0.370	0.769	2.855	1.158	0.507	0.507	0.593	0.139	0.078	0.850
SUMME(-)	-2.086	-0.236	-0.003	-0.111	-0.221	-0.507	-0.380	-0.161	-0.139	-0.909	-0.109
SUMME	-1.973	0.134	0.766	2.744	0.937	-0.000	0.128	0.431	0.000	-0.831	0.741
FAKTOR		a*a			a			a*a			1

INFOLGE EINZELMOMENT Mt=1

IN

	M 0	0.2	0.5	Q 0	0.2	0.5	T 0	0.2	0.5	q 0	0.5
0.0*L2	-0.069	-0.015	0.001	0.069	0.024	0.001	-0.032	-0.010	0.002	-0.042	-0.004
0.1*L2	-0.128	-0.028	0.003	0.128	0.045	0.002	-0.060	-0.018	0.003	-0.078	-0.007
0.2*L2	-0.201	-0.044	0.004	0.200	0.071	0.003	-0.093	-0.029	0.005	-0.122	-0.010
0.3*L2	-0.280	-0.061	0.006	0.278	0.099	0.004	-0.130	-0.040	0.007	-0.169	-0.015
0.4*L2	-0.357	-0.078	0.008	0.356	0.126	0.005	-0.166	-0.051	0.009	-0.218	-0.019
0.5*L2	-0.423	-0.091	0.009	0.426	0.149	0.005	-0.200	-0.061	0.011	-0.267	-0.022
0.6*L2	-0.468	-0.095	0.012	0.485	0.164	0.005	-0.230	-0.069	0.010	-0.321	-0.023
0.7*L2	-0.483	-0.087	0.015	0.534	0.166	0.001	-0.260	-0.075	0.007	-0.393	-0.021
0.8*L2	-0.466	-0.058	0.022	0.586	0.154	-0.006	-0.297	-0.081	-0.001	-0.512	-0.016
0.9*L2	-0.426	-0.005	0.033	0.674	0.128	-0.020	-0.363	-0.090	-0.016	-0.727	-0.005
1.0*L2	-0.403	0.076	0.053	0.865	0.100	-0.043	-0.493	-0.111	-0.040	-1.114	0.011
0.0*L1	-0.403	0.076	0.053	0.865	0.100	-0.043	0.507	-0.111	-0.040	-1.114	0.011
0.1*L1	-0.457	0.194	0.096	1.031	0.108	-0.084	0.362	-0.177	-0.081	-0.689	0.033
0.2*L1	-0.522	0.271	0.166	0.990	0.269	-0.138	0.302	-0.337	-0.134	-0.488	0.043
								0.663			
0.3*L1	-0.545	0.221	0.267	0.864	0.420	-0.185	0.272	0.494	-0.203	-0.393	0.001
0.4*L1	-0.522	0.126	0.382	0.715	0.400	-0.176	0.246	0.404	-0.308	-0.338	-0.164
0.5*L1	-0.463	0.047	0.447	0.569	0.320	-0.000	0.215	0.340	-0.500	-0.291	-0.581
									0.500		
0.6*L1	-0.382	-0.001	0.382	0.437	0.233	0.176	0.178	0.280	0.308	-0.241	-0.164
0.7*L1	-0.291	-0.021	0.267	0.318	0.159	0.185	0.137	0.217	0.203	-0.187	0.001
0.8*L1	-0.202	-0.023	0.166	0.215	0.101	0.138	0.095	0.152	0.134	-0.131	0.043
0.9*L1	-0.123	-0.016	0.096	0.130	0.060	0.084	0.058	0.093	0.081	-0.080	0.033
0.0*L2	-0.061	-0.006	0.053	0.065	0.031	0.043	0.029	0.045	0.040	-0.039	0.011
0.2*L2	-0.003	0.005	0.022	0.006	0.008	0.006	0.001	0.000	0.001	-0.001	-0.016
0.4*L2	0.013	0.008	0.012	-0.011	0.001	-0.005	-0.007	-0.013	-0.010	0.011	-0.023
0.6*L2	0.013	0.006	0.008	-0.011	-0.001	-0.005	-0.006	-0.012	-0.009	0.010	-0.019
0.8*L2	0.007	0.004	0.004	-0.006	-0.000	-0.003	-0.004	-0.007	-0.005	0.005	-0.010
FAKTOR		1/a			1/a						1/(a*a)

INFOLGE STRECKENMOMENT mt=1

IN FELD

	M 0	0.2	0.5	Q 0	0.2	0.5	T 0	0.2	0.5	q 0	0.5
3L	0.023	0.004	-0.001	-0.026	-0.008	-0.000	0.012	0.004	-0.000	0.019	0.001
2L	-1.735	-0.263	0.069	2.059	0.584	-0.010	-1.024	-0.287	0.010	-1.673	-0.067
1,BIS SPRUNG					0.159	-0.380		-0.231	-0.587		
1,REST	-2.247	0.504	1.395	3.459	1.122	0.380	1.271	1.390	0.587	-2.022	-0.385
2R	0.008	0.021	0.069	0.002	0.020	0.010	-0.006	-0.015	-0.010	0.011	-0.067
3R	-0.000	-0.000	-0.001	0.000	-0.000	0.000	0.000	0.000	0.000	-0.000	0.001
SUMME(+)	0.031	0.529	1.533	5.520	1.885	0.390	1.283	1.394	0.597	0.030	0.002
SUMME(-)	-3.982	-0.263	-0.002	-0.026	-0.008	-0.390	-1.030	-0.533	-0.597	-3.695	-0.520
SUMME	-3.951	0.267	1.531	5.494	1.877	0.000	0.253	0.862	0.000	-3.665	-0.518
FAKTOR		a			a			a			1/a

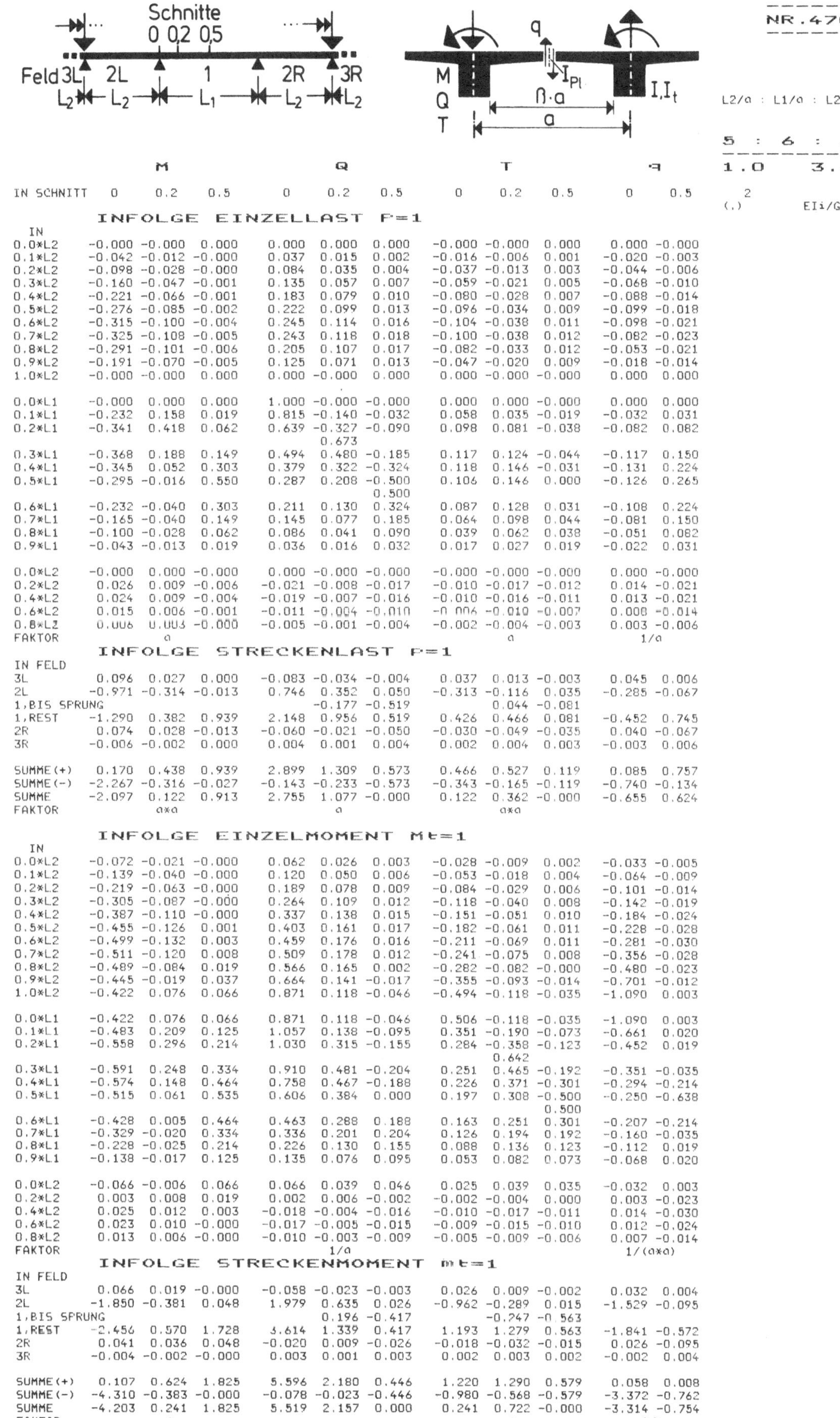

		M			Q			T		q	
IN SCHNITT	0	0.2	0.5	0	0.2	0.5	0	0.2	0.5	0	0.5

INFOLGE EINZELLAST P=1

IN	M 0	M 0.2	M 0.5	Q 0	Q 0.2	Q 0.5	T 0	T 0.2	T 0.5	q 0	q 0.5
0.0*L2	-0.000	-0.000	0.000	0.000	0.000	0.000	-0.000	-0.000	0.000	0.000	-0.000
0.1*L2	-0.042	-0.012	-0.000	0.037	0.015	0.002	-0.016	-0.006	0.001	-0.020	-0.003
0.2*L2	-0.098	-0.028	-0.000	0.084	0.035	0.004	-0.037	-0.013	0.003	-0.044	-0.006
0.3*L2	-0.160	-0.047	-0.001	0.135	0.057	0.007	-0.059	-0.021	0.005	-0.068	-0.010
0.4*L2	-0.221	-0.066	-0.001	0.183	0.079	0.010	-0.080	-0.028	0.007	-0.088	-0.014
0.5*L2	-0.276	-0.085	-0.002	0.222	0.099	0.013	-0.096	-0.034	0.009	-0.099	-0.018
0.6*L2	-0.315	-0.100	-0.004	0.245	0.114	0.016	-0.104	-0.038	0.011	-0.098	-0.021
0.7*L2	-0.325	-0.108	-0.005	0.243	0.118	0.018	-0.100	-0.038	0.012	-0.082	-0.023
0.8*L2	-0.291	-0.101	-0.006	0.205	0.107	0.017	-0.082	-0.033	0.012	-0.053	-0.021
0.9*L2	-0.191	-0.070	-0.005	0.125	0.071	0.013	-0.047	-0.020	0.009	-0.018	-0.014
1.0*L2	-0.000	-0.000	0.000	0.000	-0.000	0.000	-0.000	-0.000	-0.000	0.000	0.000
0.0*L1	-0.000	0.000	0.000	1.000	-0.000	-0.000	0.000	0.000	-0.000	0.000	0.000
0.1*L1	-0.232	0.158	0.019	0.815	-0.140	-0.032	0.058	0.035	-0.019	-0.032	0.031
0.2*L1	-0.341	0.418	0.062	0.639	-0.327	-0.090	0.098	0.081	-0.038	-0.082	0.082
					0.673						
0.3*L1	-0.368	0.188	0.149	0.494	0.480	-0.185	0.117	0.124	-0.044	-0.117	0.150
0.4*L1	-0.345	0.052	0.303	0.379	0.322	-0.324	0.118	0.146	-0.031	-0.131	0.224
0.5*L1	-0.295	-0.016	0.550	0.287	0.208	-0.500	0.106	0.146	0.000	-0.126	0.265
						0.500					
0.6*L1	-0.232	-0.040	0.303	0.211	0.130	0.324	0.087	0.128	0.031	-0.108	0.224
0.7*L1	-0.165	-0.040	0.149	0.145	0.077	0.185	0.064	0.098	0.044	-0.081	0.150
0.8*L1	-0.100	-0.028	0.062	0.086	0.041	0.090	0.039	0.062	0.038	-0.051	0.082
0.9*L1	-0.043	-0.013	0.019	0.036	0.016	0.032	0.017	0.027	0.019	-0.022	0.031
0.0*L2	-0.000	0.000	-0.000	0.000	-0.000	-0.000	-0.000	-0.000	-0.000	0.000	-0.000
0.2*L2	0.026	0.009	-0.006	-0.021	-0.008	-0.017	-0.010	-0.017	-0.012	0.014	-0.021
0.4*L2	0.024	0.009	-0.004	-0.019	-0.007	-0.016	-0.010	-0.016	-0.011	0.013	-0.021
0.6*L2	0.015	0.006	-0.001	-0.011	-0.004	-0.010	-0.006	-0.010	-0.007	0.008	-0.014
0.8*L2	0.006	0.003	-0.000	-0.005	-0.001	-0.004	-0.002	-0.004	-0.003	0.003	-0.006
FAKTOR	a						a			1/a	

INFOLGE STRECKENLAST P=1

IN FELD	M 0	M 0.2	M 0.5	Q 0	Q 0.2	Q 0.5	T 0	T 0.2	T 0.5	q 0	q 0.5
3L	0.096	0.027	0.000	-0.083	-0.034	-0.004	0.037	0.013	-0.003	0.045	0.006
2L	-0.971	-0.314	-0.013	0.746	0.352	0.050	-0.313	-0.116	0.035	-0.285	-0.067
1,BIS SPRUNG					-0.177	-0.519		0.044	-0.081		
1,REST	-1.290	0.382	0.939	2.148	0.956	0.519	0.426	0.466	0.081	-0.452	0.745
2R	0.074	0.028	-0.013	-0.060	-0.021	-0.050	-0.030	-0.049	-0.035	0.040	-0.067
3R	-0.006	-0.002	0.000	0.004	0.001	0.004	0.002	0.004	0.003	-0.003	0.006
SUMME(+)	0.170	0.438	0.939	2.899	1.309	0.573	0.466	0.527	0.119	0.085	0.757
SUMME(-)	-2.267	-0.316	-0.027	-0.143	-0.233	-0.573	-0.343	-0.165	-0.119	-0.740	-0.134
SUMME	-2.097	0.122	0.913	2.755	1.077	-0.000	0.122	0.362	-0.000	-0.655	0.624
FAKTOR	a×a			a			a×a				

INFOLGE EINZELMOMENT Mt=1

IN	M 0	M 0.2	M 0.5	Q 0	Q 0.2	Q 0.5	T 0	T 0.2	T 0.5	q 0	q 0.5
0.0*L2	-0.072	-0.021	-0.000	0.062	0.026	0.003	-0.028	-0.009	0.002	-0.033	-0.005
0.1*L2	-0.139	-0.040	-0.000	0.120	0.050	0.006	-0.053	-0.018	0.004	-0.064	-0.009
0.2*L2	-0.219	-0.063	-0.000	0.189	0.078	0.009	-0.084	-0.029	0.006	-0.101	-0.014
0.3*L2	-0.305	-0.087	-0.000	0.264	0.109	0.012	-0.118	-0.040	0.008	-0.142	-0.019
0.4*L2	-0.387	-0.110	-0.000	0.337	0.138	0.015	-0.151	-0.051	0.010	-0.184	-0.024
0.5*L2	-0.455	-0.126	0.001	0.403	0.161	0.017	-0.182	-0.061	0.011	-0.228	-0.028
0.6*L2	-0.499	-0.132	0.003	0.459	0.176	0.016	-0.211	-0.069	0.011	-0.281	-0.030
0.7*L2	-0.511	-0.120	0.008	0.509	0.178	0.012	-0.241	-0.075	0.008	-0.356	-0.028
0.8*L2	-0.489	-0.084	0.019	0.566	0.165	0.002	-0.282	-0.082	-0.000	-0.480	-0.023
0.9*L2	-0.445	-0.019	0.037	0.664	0.141	-0.017	-0.355	-0.093	-0.014	-0.701	-0.012
1.0*L2	-0.422	0.076	0.066	0.871	0.118	-0.046	-0.494	-0.118	-0.035	-1.090	0.003
0.0*L1	-0.422	0.076	0.066	0.871	0.118	-0.046	0.506	-0.118	-0.035	-1.090	0.003
0.1*L1	-0.483	0.209	0.125	1.057	0.138	-0.095	0.351	-0.190	-0.073	-0.661	0.020
0.2*L1	-0.558	0.296	0.214	1.030	0.315	-0.155	0.284	-0.358	-0.123	-0.452	0.019
									0.642		
0.3*L1	-0.591	0.248	0.334	0.910	0.481	-0.204	0.251	0.465	-0.192	-0.351	-0.035
0.4*L1	-0.574	0.148	0.464	0.758	0.467	-0.188	0.226	0.371	-0.301	-0.294	-0.214
0.5*L1	-0.515	0.061	0.535	0.606	0.384	0.000	0.197	0.308	-0.500	-0.250	-0.638
									0.500		
0.6*L1	-0.428	0.005	0.464	0.463	0.288	0.188	0.163	0.251	0.301	-0.207	-0.214
0.7*L1	-0.329	-0.020	0.334	0.336	0.201	0.204	0.126	0.194	0.192	-0.160	-0.035
0.8*L1	-0.228	-0.025	0.214	0.226	0.130	0.155	0.088	0.136	0.123	-0.112	0.019
0.9*L1	-0.138	-0.017	0.125	0.135	0.076	0.095	0.053	0.082	0.073	-0.068	0.020
0.0*L2	-0.066	-0.006	0.066	0.066	0.039	0.046	0.025	0.039	0.035	-0.032	0.003
0.2*L2	0.003	0.008	0.019	0.002	0.006	-0.002	-0.002	-0.004	0.000	0.003	-0.023
0.4*L2	0.025	0.012	0.003	-0.018	-0.004	-0.016	-0.010	-0.017	-0.011	0.014	-0.030
0.6*L2	0.023	0.010	-0.000	-0.017	-0.005	-0.015	-0.009	-0.015	-0.010	0.012	-0.024
0.8*L2	0.013	0.006	-0.000	-0.010	-0.003	-0.009	-0.005	-0.009	-0.006	0.007	-0.014
FAKTOR				1/a						1/(a×a)	

INFOLGE STRECKENMOMENT mt=1

IN FELD	M 0	M 0.2	M 0.5	Q 0	Q 0.2	Q 0.5	T 0	T 0.2	T 0.5	q 0	q 0.5
3L	0.066	0.019	-0.000	-0.058	-0.023	-0.003	0.026	0.009	-0.002	0.032	0.004
2L	-1.850	-0.381	0.048	1.979	0.635	0.026	-0.962	-0.289	0.015	-1.529	-0.095
1,BIS SPRUNG					0.196	-0.417		-0.247	-0.563		
1,REST	-2.456	0.570	1.728	3.614	1.339	0.417	1.193	1.279	0.563	-1.841	-0.572
2R	0.041	0.036	0.048	-0.020	0.009	-0.026	-0.018	-0.032	-0.015	0.026	-0.095
3R	-0.004	-0.002	-0.000	0.003	0.001	0.003	0.002	0.003	0.002	-0.002	0.004
SUMME(+)	0.107	0.624	1.825	5.596	2.180	0.446	1.220	1.290	0.579	0.058	0.008
SUMME(-)	-4.310	-0.383	-0.000	-0.078	-0.023	-0.446	-0.980	-0.568	-0.579	-3.372	-0.762
SUMME	-4.203	0.241	1.825	5.519	2.157	0.000	0.241	0.722	-0.000	-3.314	-0.754
FAKTOR	a			a			a			1/a	

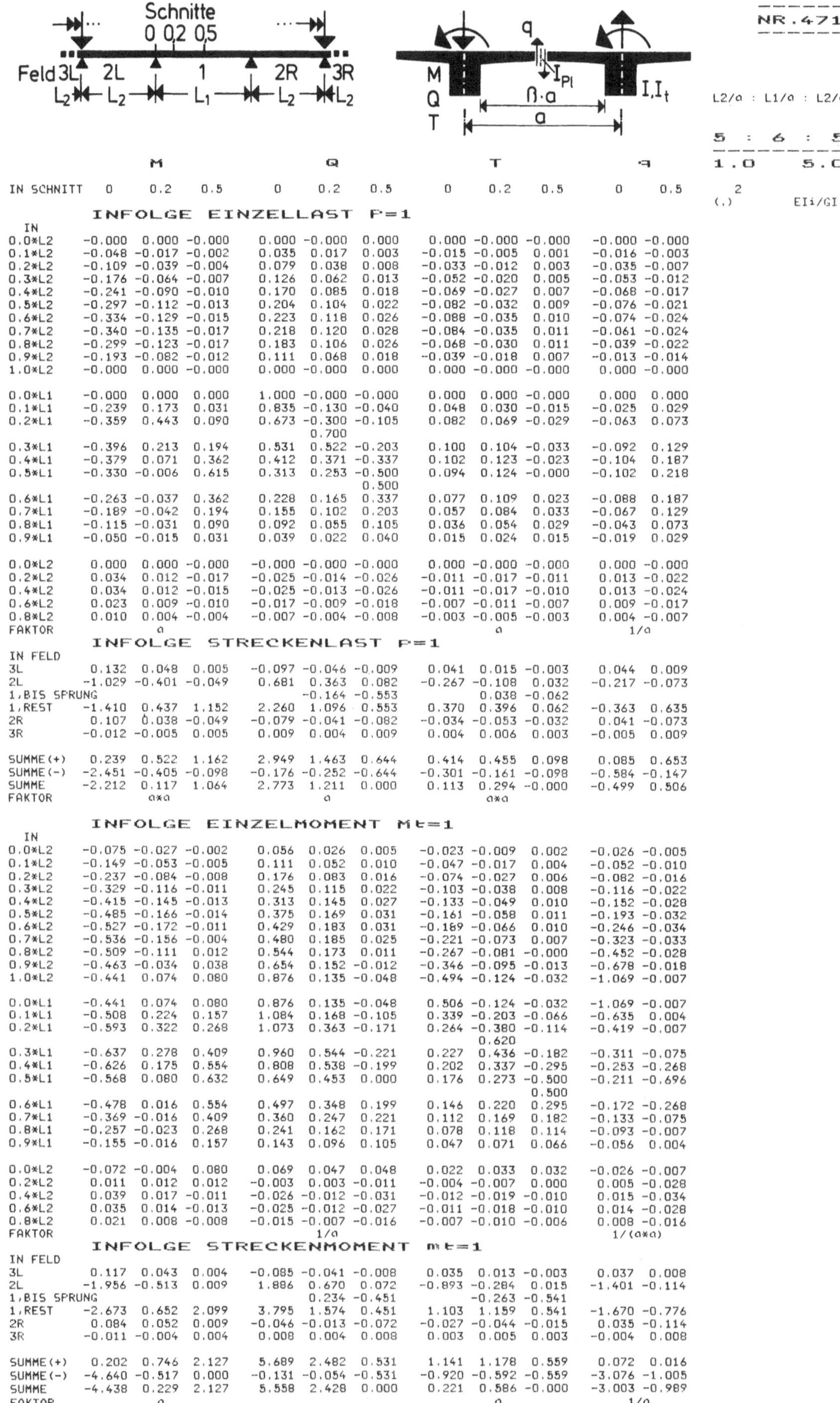

NR.471

L2/a : L1/a : L2/a

5 : 6 : 5

1.0   5.0

(.)²   EIi/GIt

IN SCHNITT	M 0	M 0.2	M 0.5	Q 0	Q 0.2	Q 0.5	T 0	T 0.2	T 0.5	q 0	q 0.5

INFOLGE EINZELLAST P=1

IN	M 0	M 0.2	M 0.5	Q 0	Q 0.2	Q 0.5	T 0	T 0.2	T 0.5	q 0	q 0.5
0.0*L2	-0.000	0.000	-0.000	0.000	-0.000	0.000	0.000	-0.000	-0.000	-0.000	-0.000
0.1*L2	-0.048	-0.017	-0.002	0.035	0.017	0.003	-0.015	-0.005	0.001	-0.016	-0.003
0.2*L2	-0.109	-0.039	-0.004	0.079	0.038	0.008	-0.033	-0.012	0.003	-0.035	-0.007
0.3*L2	-0.176	-0.064	-0.007	0.126	0.062	0.013	-0.052	-0.020	0.005	-0.053	-0.012
0.4*L2	-0.241	-0.090	-0.010	0.170	0.085	0.018	-0.069	-0.027	0.007	-0.068	-0.017
0.5*L2	-0.297	-0.112	-0.013	0.204	0.104	0.022	-0.082	-0.032	0.009	-0.076	-0.021
0.6*L2	-0.334	-0.129	-0.015	0.223	0.118	0.026	-0.088	-0.035	0.010	-0.074	-0.024
0.7*L2	-0.340	-0.135	-0.017	0.218	0.120	0.028	-0.084	-0.035	0.011	-0.061	-0.024
0.8*L2	-0.299	-0.123	-0.017	0.183	0.106	0.026	-0.068	-0.030	0.011	-0.039	-0.022
0.9*L2	-0.193	-0.082	-0.012	0.111	0.068	0.018	-0.039	-0.018	0.007	-0.013	-0.014
1.0*L2	-0.000	0.000	-0.000	0.000	-0.000	0.000	0.000	-0.000	-0.000	0.000	-0.000
0.0*L1	-0.000	0.000	0.000	1.000	-0.000	-0.000	0.000	0.000	-0.000	0.000	0.000
0.1*L1	-0.239	0.173	0.031	0.835	-0.130	-0.040	0.048	0.030	-0.015	-0.025	0.029
0.2*L1	-0.359	0.443	0.090	0.673	-0.300	-0.105	0.082	0.069	-0.029	-0.063	0.073
						0.700					
0.3*L1	-0.396	0.213	0.194	0.531	0.522	-0.203	0.100	0.104	-0.033	-0.092	0.129
0.4*L1	-0.379	0.071	0.362	0.412	0.371	-0.337	0.102	0.123	-0.023	-0.104	0.187
0.5*L1	-0.330	-0.006	0.615	0.313	0.253	-0.500	0.094	0.124	-0.000	-0.102	0.218
						0.500					
0.6*L1	-0.263	-0.037	0.362	0.228	0.165	0.337	0.077	0.109	0.023	-0.088	0.187
0.7*L1	-0.189	-0.042	0.194	0.155	0.102	0.203	0.057	0.084	0.033	-0.067	0.129
0.8*L1	-0.115	-0.031	0.090	0.092	0.055	0.105	0.036	0.054	0.029	-0.043	0.073
0.9*L1	-0.050	-0.015	0.031	0.039	0.022	0.040	0.015	0.024	0.015	-0.019	0.029
0.0*L2	0.000	0.000	-0.000	-0.000	-0.000	-0.000	0.000	-0.000	-0.000	0.000	-0.000
0.2*L2	0.034	0.012	-0.017	-0.025	-0.014	-0.026	-0.011	-0.017	-0.011	0.013	-0.022
0.4*L2	0.034	0.012	-0.015	-0.025	-0.013	-0.026	-0.011	-0.017	-0.010	0.013	-0.024
0.6*L2	0.023	0.009	-0.010	-0.017	-0.009	-0.018	-0.007	-0.011	-0.007	0.009	-0.017
0.8*L2	0.010	0.004	-0.004	-0.007	-0.004	-0.008	-0.003	-0.005	-0.003	0.004	-0.007
FAKTOR		a						a		1/a	

INFOLGE STRECKENLAST P=1

IN FELD	M 0	M 0.2	M 0.5	Q 0	Q 0.2	Q 0.5	T 0	T 0.2	T 0.5	q 0	q 0.5
3L	0.132	0.048	0.005	-0.097	-0.046	-0.009	0.041	0.015	-0.003	0.044	0.009
2L	-1.029	-0.401	-0.049	0.681	0.363	0.082	-0.267	-0.108	0.032	-0.217	-0.073
1,BIS SPRUNG					-0.164	-0.553		0.038	-0.062		
1,REST	-1.410	0.437	1.152	2.260	1.096	0.553	0.370	0.396	0.062	-0.363	0.635
2R	0.107	0.038	-0.049	-0.079	-0.041	-0.082	-0.034	-0.053	-0.032	0.041	-0.073
3R	-0.012	-0.005	0.005	0.009	0.004	0.009	0.004	0.006	0.003	-0.005	0.009
SUMME(+)	0.239	0.522	1.162	2.949	1.463	0.644	0.414	0.455	0.098	0.085	0.653
SUMME(-)	-2.451	-0.405	-0.098	-0.176	-0.252	-0.644	-0.301	-0.161	-0.098	-0.584	-0.147
SUMME	-2.212	0.117	1.064	2.773	1.211	0.000	0.113	0.294	-0.000	-0.499	0.506
FAKTOR		a*a			a			a*a			

INFOLGE EINZELMOMENT Mt=1

IN	M 0	M 0.2	M 0.5	Q 0	Q 0.2	Q 0.5	T 0	T 0.2	T 0.5	q 0	q 0.5
0.0*L2	-0.075	-0.027	-0.002	0.056	0.026	0.005	-0.023	-0.009	0.002	-0.026	-0.005
0.1*L2	-0.149	-0.053	-0.005	0.111	0.052	0.010	-0.047	-0.017	0.004	-0.052	-0.010
0.2*L2	-0.237	-0.084	-0.008	0.176	0.083	0.016	-0.074	-0.027	0.006	-0.082	-0.016
0.3*L2	-0.329	-0.116	-0.011	0.245	0.115	0.022	-0.103	-0.038	0.008	-0.116	-0.022
0.4*L2	-0.415	-0.145	-0.013	0.313	0.145	0.027	-0.133	-0.049	0.010	-0.152	-0.028
0.5*L2	-0.485	-0.166	-0.014	0.375	0.169	0.031	-0.161	-0.058	0.011	-0.193	-0.032
0.6*L2	-0.527	-0.172	-0.011	0.429	0.183	0.031	-0.189	-0.066	0.010	-0.246	-0.034
0.7*L2	-0.536	-0.156	-0.004	0.480	0.185	0.025	-0.221	-0.073	0.007	-0.323	-0.033
0.8*L2	-0.509	-0.111	0.012	0.544	0.173	0.011	-0.267	-0.081	-0.000	-0.452	-0.028
0.9*L2	-0.463	-0.034	0.038	0.654	0.152	-0.012	-0.346	-0.095	-0.013	-0.678	-0.018
1.0*L2	-0.441	0.074	0.080	0.876	0.135	-0.048	-0.494	-0.124	-0.032	-1.069	-0.007
0.0*L1	-0.441	0.074	0.080	0.876	0.135	-0.048	0.506	-0.124	-0.032	-1.069	-0.007
0.1*L1	-0.508	0.224	0.157	1.084	0.168	-0.105	0.339	-0.203	-0.066	-0.635	0.004
0.2*L1	-0.593	0.322	0.268	1.073	0.363	-0.171	0.264	-0.380	-0.114	-0.419	-0.007
									0.620		
0.3*L1	-0.637	0.278	0.409	0.960	0.544	-0.221	0.227	0.436	-0.182	-0.311	-0.075
0.4*L1	-0.626	0.175	0.554	0.808	0.538	-0.199	0.202	0.337	-0.295	-0.253	-0.268
0.5*L1	-0.568	0.080	0.632	0.649	0.453	0.000	0.176	0.273	-0.500	-0.211	-0.696
									0.500		
0.6*L1	-0.478	0.016	0.554	0.497	0.348	0.199	0.146	0.220	0.295	-0.172	-0.268
0.7*L1	-0.369	-0.016	0.409	0.360	0.247	0.221	0.112	0.169	0.182	-0.133	-0.075
0.8*L1	-0.257	-0.023	0.268	0.241	0.162	0.171	0.078	0.118	0.114	-0.093	-0.007
0.9*L1	-0.155	-0.016	0.157	0.143	0.096	0.105	0.047	0.071	0.066	-0.056	0.004
0.0*L2	-0.072	-0.004	0.080	0.069	0.047	0.048	0.022	0.033	0.032	-0.026	-0.007
0.2*L2	0.011	0.012	0.012	-0.003	0.003	-0.011	-0.004	-0.007	0.000	0.005	-0.028
0.4*L2	0.039	0.017	-0.011	-0.026	-0.012	-0.031	-0.012	-0.019	-0.010	0.015	-0.034
0.6*L2	0.035	0.014	-0.013	-0.025	-0.012	-0.027	-0.011	-0.018	-0.010	0.014	-0.028
0.8*L2	0.021	0.008	-0.008	-0.015	-0.007	-0.016	-0.007	-0.010	-0.006	0.008	-0.016
FAKTOR					1/a					1/(a*a)	

INFOLGE STRECKENMOMENT mt=1

IN FELD	M 0	M 0.2	M 0.5	Q 0	Q 0.2	Q 0.5	T 0	T 0.2	T 0.5	q 0	q 0.5
3L	0.117	0.043	0.004	-0.085	-0.041	-0.008	0.035	0.013	-0.003	0.037	0.008
2L	-1.956	-0.513	0.009	1.886	0.670	0.072	-0.893	-0.284	0.015	-1.401	-0.114
1,BIS SPRUNG					0.234	-0.451		-0.263	-0.541		
1,REST	-2.673	0.652	2.099	3.795	1.574	0.451	1.103	1.159	0.541	-1.670	-0.776
2R	0.084	0.052	0.009	-0.046	-0.013	-0.072	-0.027	-0.044	-0.015	0.035	-0.114
3R	-0.011	-0.004	0.004	0.008	0.004	0.008	0.003	0.005	0.003	-0.004	0.008
SUMME(+)	0.202	0.746	2.127	5.689	2.482	0.531	1.141	1.178	0.559	0.072	0.016
SUMME(-)	-4.640	-0.517	0.000	-0.131	-0.054	-0.531	-0.920	-0.592	-0.559	-3.076	-1.005
SUMME	-4.438	0.229	2.127	5.558	2.428	0.000	0.221	0.586	-0.000	-3.003	-0.989
FAKTOR		a						a		1/a	

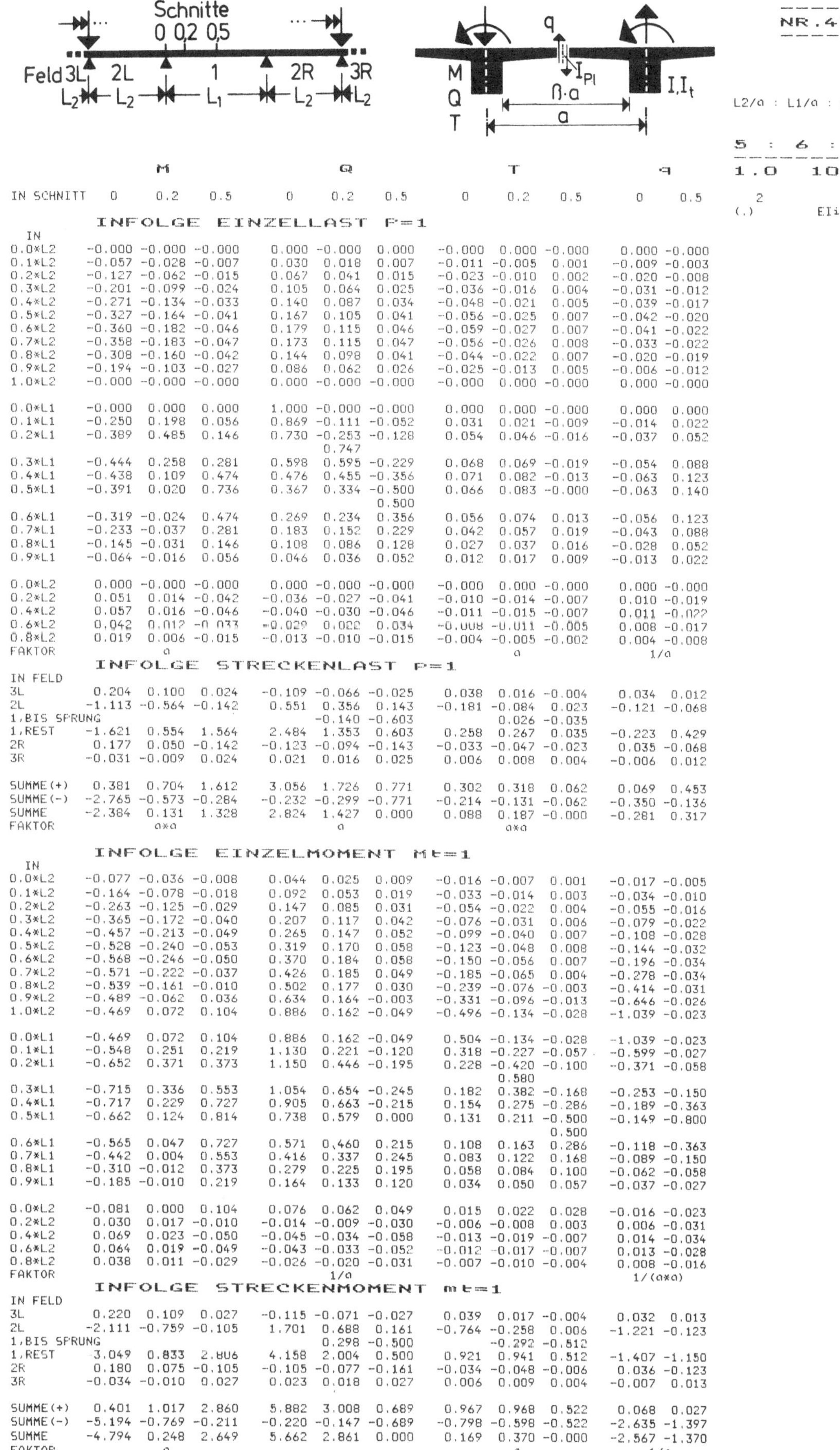

	M 0	M 0.2	M 0.5	Q 0	Q 0.2	Q 0.5	T 0	T 0.2	T 0.5	q 0	q 0.5
IN SCHNITT	0	0.2	0.5	0	0.2	0.5	0	0.2	0.5	0	0.5

INFOLGE EINZELLAST P=1

IN

	M 0	M 0.2	M 0.5	Q 0	Q 0.2	Q 0.5	T 0	T 0.2	T 0.5	q 0	q 0.5
0.0*L2	-0.000	-0.000	-0.000	0.000	-0.000	0.000	-0.000	0.000	-0.000	0.000	-0.000
0.1*L2	-0.057	-0.028	-0.007	0.030	0.018	0.007	-0.011	-0.005	0.001	-0.009	-0.003
0.2*L2	-0.127	-0.062	-0.015	0.067	0.041	0.015	-0.023	-0.010	0.002	-0.020	-0.008
0.3*L2	-0.201	-0.099	-0.024	0.105	0.064	0.025	-0.036	-0.016	0.004	-0.031	-0.012
0.4*L2	-0.271	-0.134	-0.033	0.140	0.087	0.034	-0.048	-0.021	0.005	-0.039	-0.017
0.5*L2	-0.327	-0.164	-0.041	0.167	0.105	0.041	-0.056	-0.025	0.007	-0.042	-0.020
0.6*L2	-0.360	-0.182	-0.046	0.179	0.115	0.046	-0.059	-0.027	0.007	-0.041	-0.022
0.7*L2	-0.358	-0.183	-0.047	0.173	0.115	0.047	-0.056	-0.026	0.008	-0.033	-0.022
0.8*L2	-0.308	-0.160	-0.042	0.144	0.098	0.041	-0.044	-0.022	0.007	-0.020	-0.019
0.9*L2	-0.194	-0.103	-0.027	0.086	0.062	0.026	-0.025	-0.013	0.005	-0.006	-0.012
1.0*L2	-0.000	-0.000	-0.000	0.000	0.000	-0.000	0.000	0.000	-0.000	0.000	-0.000
0.0*L1	-0.000	0.000	0.000	1.000	-0.000	-0.000	0.000	0.000	-0.000	0.000	0.000
0.1*L1	-0.250	0.198	0.056	0.869	-0.111	-0.052	0.031	0.021	-0.009	-0.014	0.022
0.2*L1	-0.389	0.485	0.146	0.730	-0.253	-0.128	0.054	0.046	-0.016	-0.037	0.052
					0.747						
0.3*L1	-0.444	0.258	0.281	0.598	0.595	-0.229	0.068	0.069	-0.019	-0.054	0.088
0.4*L1	-0.438	0.109	0.474	0.476	0.455	-0.356	0.071	0.082	-0.013	-0.063	0.123
0.5*L1	-0.391	0.020	0.736	0.367	0.334	-0.500	0.066	0.083	-0.000	-0.063	0.140
						0.500					
0.6*L1	-0.319	-0.024	0.474	0.269	0.234	0.356	0.056	0.074	0.013	-0.056	0.123
0.7*L1	-0.233	-0.037	0.281	0.183	0.152	0.229	0.042	0.057	0.019	-0.043	0.088
0.8*L1	-0.145	-0.031	0.146	0.108	0.086	0.128	0.027	0.037	0.016	-0.028	0.052
0.9*L1	-0.064	-0.016	0.056	0.046	0.036	0.052	0.012	0.017	0.009	-0.013	0.022
0.0*L2	0.000	-0.000	-0.000	0.000	-0.000	-0.000	-0.000	0.000	-0.000	0.000	-0.000
0.2*L2	0.051	0.014	-0.042	-0.036	-0.027	-0.041	-0.010	-0.014	-0.007	0.010	-0.019
0.4*L2	0.057	0.016	-0.046	-0.040	-0.030	-0.046	-0.011	-0.015	-0.007	0.011	-0.022
0.6*L2	0.042	0.012	-0.033	-0.029	0.022	0.034	-0.008	-0.011	-0.005	0.008	-0.017
0.8*L2	0.019	0.006	-0.015	-0.013	-0.010	-0.015	-0.004	-0.005	-0.002	0.004	-0.008
FAKTOR		a						a			1/a

INFOLGE STRECKENLAST P=1

IN FELD

	M 0	M 0.2	M 0.5	Q 0	Q 0.2	Q 0.5	T 0	T 0.2	T 0.5	q 0	q 0.5
3L	0.204	0.100	0.024	-0.109	-0.066	-0.025	0.038	0.016	-0.004	0.034	0.012
2L	-1.113	-0.564	-0.142	0.551	0.356	0.143	-0.181	-0.084	0.023	-0.121	-0.068
1,BIS SPRUNG					-0.140	-0.603		0.026	-0.035		
1,REST	-1.621	0.554	1.564	2.484	1.353	0.603	0.258	0.267	0.035	-0.223	0.429
2R	0.177	0.050	-0.142	-0.123	-0.094	-0.143	-0.033	-0.047	-0.023	0.035	-0.068
3R	-0.031	-0.009	0.024	0.021	0.016	0.025	0.006	0.008	0.004	-0.006	0.012
SUMME(+)	0.381	0.704	1.612	3.056	1.726	0.771	0.302	0.318	0.062	0.069	0.453
SUMME(-)	-2.765	-0.573	-0.284	-0.232	-0.299	-0.771	-0.214	-0.131	-0.062	-0.350	-0.136
SUMME	-2.384	0.131	1.328	2.824	1.427	0.000	0.088	0.187	-0.000	-0.281	0.317
FAKTOR		a×a				a		a×a			

INFOLGE EINZELMOMENT Mt=1

IN

	M 0	M 0.2	M 0.5	Q 0	Q 0.2	Q 0.5	T 0	T 0.2	T 0.5	q 0	q 0.5
0.0*L2	-0.077	-0.036	-0.008	0.044	0.025	0.009	-0.016	-0.007	0.001	-0.017	-0.005
0.1*L2	-0.164	-0.078	-0.018	0.092	0.053	0.019	-0.033	-0.014	0.003	-0.034	-0.010
0.2*L2	-0.263	-0.125	-0.029	0.147	0.085	0.031	-0.054	-0.022	0.004	-0.055	-0.016
0.3*L2	-0.365	-0.172	-0.040	0.207	0.117	0.042	-0.076	-0.031	0.006	-0.079	-0.022
0.4*L2	-0.457	-0.213	-0.049	0.265	0.147	0.052	-0.099	-0.040	0.007	-0.108	-0.028
0.5*L2	-0.528	-0.240	-0.053	0.319	0.170	0.058	-0.123	-0.048	0.008	-0.144	-0.032
0.6*L2	-0.568	-0.246	-0.050	0.370	0.184	0.058	-0.150	-0.056	0.007	-0.196	-0.034
0.7*L2	-0.571	-0.222	-0.037	0.426	0.185	0.049	-0.185	-0.065	0.004	-0.278	-0.034
0.8*L2	-0.539	-0.161	-0.010	0.502	0.177	0.030	-0.239	-0.076	-0.003	-0.414	-0.031
0.9*L2	-0.489	-0.062	0.036	0.634	0.164	-0.003	-0.331	-0.096	-0.013	-0.646	-0.026
1.0*L2	-0.469	0.072	0.104	0.886	0.162	-0.049	-0.496	-0.134	-0.028	-1.039	-0.023
0.0*L1	-0.469	0.072	0.104	0.886	0.162	-0.049	0.504	-0.134	-0.028	-1.039	-0.023
0.1*L1	-0.548	0.251	0.219	1.130	0.221	-0.120	0.318	-0.227	-0.057	-0.599	-0.027
0.2*L1	-0.652	0.371	0.373	1.150	0.446	-0.195	0.228	-0.420	-0.100	-0.371	-0.058
								0.580			
0.3*L1	-0.715	0.336	0.553	1.054	0.654	-0.245	0.182	0.382	-0.168	-0.253	-0.150
0.4*L1	-0.717	0.229	0.727	0.905	0.663	-0.215	0.154	0.275	-0.286	-0.189	-0.363
0.5*L1	-0.662	0.124	0.814	0.738	0.579	0.000	0.131	0.211	-0.500	-0.149	-0.800
									0.500		
0.6*L1	-0.565	0.047	0.727	0.571	0.460	0.215	0.108	0.163	0.286	-0.118	-0.363
0.7*L1	-0.442	0.004	0.553	0.416	0.337	0.245	0.083	0.122	0.168	-0.089	-0.150
0.8*L1	-0.310	-0.012	0.373	0.279	0.225	0.195	0.058	0.084	0.100	-0.062	-0.058
0.9*L1	-0.185	-0.010	0.219	0.164	0.133	0.120	0.034	0.050	0.057	-0.037	-0.027
0.0*L2	-0.081	0.000	0.104	0.076	0.062	0.049	0.015	0.022	0.028	-0.016	-0.023
0.2*L2	0.030	0.017	-0.010	-0.014	-0.009	-0.030	-0.006	-0.008	0.003	0.006	-0.031
0.4*L2	0.069	0.023	-0.050	-0.045	-0.034	-0.058	-0.013	-0.019	-0.007	0.014	-0.034
0.6*L2	0.064	0.019	-0.049	-0.043	-0.033	-0.052	-0.012	-0.017	-0.007	0.013	-0.028
0.8*L2	0.038	0.011	-0.029	-0.026	-0.020	-0.031	-0.007	-0.010	-0.004	0.008	-0.016
FAKTOR					1/a						1/(a×a)

INFOLGE STRECKENMOMENT mt=1

IN FELD

	M 0	M 0.2	M 0.5	Q 0	Q 0.2	Q 0.5	T 0	T 0.2	T 0.5	q 0	q 0.5
3L	0.220	0.109	0.027	-0.115	-0.071	-0.027	0.039	0.017	-0.004	0.032	0.013
2L	-2.111	-0.759	-0.105	1.701	0.688	0.161	-0.764	-0.258	0.006	-1.221	-0.123
1,BIS SPRUNG					0.298	-0.500		-0.292	-0.512		
1,REST	3.049	0.833	2.806	4.158	2.004	0.500	0.921	0.941	0.512	-1.407	-1.150
2R	0.180	0.075	-0.105	-0.105	-0.077	-0.161	-0.034	-0.048	-0.006	0.036	-0.123
3R	-0.034	-0.010	0.027	0.023	0.018	0.027	0.006	0.009	0.004	-0.007	0.013
SUMME(+)	0.401	1.017	2.860	5.882	3.008	0.689	0.967	0.968	0.522	0.068	0.027
SUMME(-)	-5.194	-0.769	-0.211	-0.220	-0.147	-0.689	-0.798	-0.598	-0.522	-2.635	-1.397
SUMME	-4.794	0.248	2.649	5.662	2.861	0.000	0.169	0.370	-0.000	-2.567	-1.370
FAKTOR		a						a			1/a

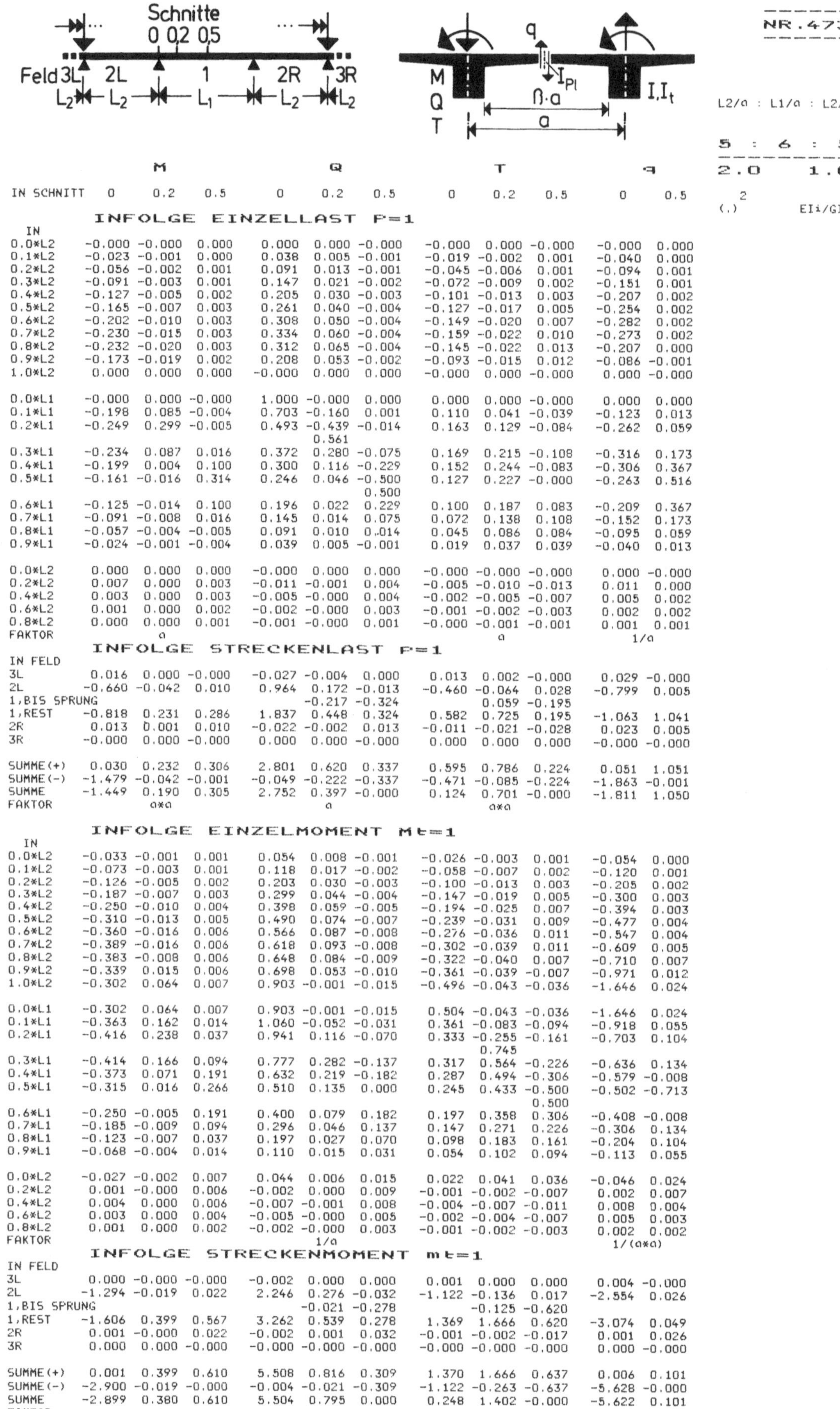

NR.473

L2/a : L1/a : L2/a

5 : 6 : 5

2.0   1.0

(.)²   EIi/GIt

INFOLGE EINZELLAST P=1

IN	M·0	M·0.2	M·0.5	Q·0	Q·0.2	Q·0.5	T·0	T·0.2	T·0.5	φ·0	φ·0.5
0.0*L2	-0.000	-0.000	0.000	0.000	0.000	-0.000	-0.000	0.000	-0.000	-0.000	0.000
0.1*L2	-0.023	-0.001	0.000	0.038	0.005	-0.001	-0.019	-0.002	0.001	-0.040	0.000
0.2*L2	-0.056	-0.002	0.001	0.091	0.013	-0.001	-0.045	-0.006	0.001	-0.094	0.001
0.3*L2	-0.091	-0.003	0.001	0.147	0.021	-0.002	-0.072	-0.009	0.002	-0.151	0.001
0.4*L2	-0.127	-0.005	0.002	0.205	0.030	-0.003	-0.101	-0.013	0.003	-0.207	0.002
0.5*L2	-0.165	-0.007	0.003	0.261	0.040	-0.004	-0.127	-0.017	0.005	-0.254	0.002
0.6*L2	-0.202	-0.010	0.003	0.308	0.050	-0.004	-0.149	-0.020	0.007	-0.282	0.002
0.7*L2	-0.230	-0.015	0.003	0.334	0.060	-0.004	-0.159	-0.022	0.010	-0.273	0.002
0.8*L2	-0.232	-0.020	0.003	0.312	0.065	-0.004	-0.145	-0.022	0.013	-0.207	0.000
0.9*L2	-0.173	-0.019	0.002	0.208	0.053	-0.002	-0.093	-0.015	0.012	-0.086	-0.001
1.0*L2	0.000	0.000	0.000	-0.000	0.000	0.000	0.000	0.000	0.000	0.000	-0.000
0.0*L1	-0.000	0.000	-0.000	1.000	-0.000	0.000	0.000	0.000	-0.000	0.000	0.000
0.1*L1	-0.198	0.085	-0.004	0.703	-0.160	0.001	0.110	0.041	-0.039	-0.123	0.013
0.2*L1	-0.249	0.299	-0.005	0.493	-0.439	-0.014	0.163	0.129	-0.084	-0.262	0.059
0.2*L1 (Sprung)						0.561					
0.3*L1	-0.234	0.087	0.016	0.372	0.280	-0.075	0.169	0.215	-0.108	-0.316	0.173
0.4*L1	-0.199	0.004	0.100	0.300	0.116	-0.229	0.152	0.244	-0.083	-0.306	0.367
0.5*L1	-0.161	-0.016	0.314	0.246	0.046	-0.500	0.127	0.227	-0.000	-0.263	0.516
0.5*L1 (Sprung)						0.500					
0.6*L1	-0.125	-0.014	0.100	0.196	0.022	0.229	0.100	0.187	0.083	-0.209	0.367
0.7*L1	-0.091	-0.008	0.016	0.145	0.014	0.075	0.072	0.138	0.108	-0.152	0.173
0.8*L1	-0.057	-0.004	-0.005	0.091	0.010	0.014	0.045	0.086	0.084	-0.095	0.059
0.9*L1	-0.024	-0.001	-0.004	0.039	0.005	-0.001	0.019	0.037	0.039	-0.040	0.013
0.0*L2	0.000	0.000	0.000	-0.000	0.000	0.000	-0.000	-0.000	-0.000	0.000	-0.000
0.2*L2	0.007	0.000	0.003	-0.011	-0.001	0.004	-0.005	-0.010	-0.013	0.011	0.000
0.4*L2	0.003	0.000	0.003	-0.005	-0.000	0.004	-0.002	-0.005	-0.007	0.005	0.002
0.6*L2	0.001	0.000	0.002	-0.002	-0.000	0.003	-0.001	-0.002	-0.003	0.002	0.002
0.8*L2	0.000	0.000	0.001	-0.001	-0.000	0.001	-0.000	-0.001	-0.001	0.001	0.001
FAKTOR	a						a			1/a	

INFOLGE STRECKENLAST P=1

IN FELD	M·0	M·0.2	M·0.5	Q·0	Q·0.2	Q·0.5	T·0	T·0.2	T·0.5	φ·0	φ·0.5
3L	0.016	0.000	-0.000	-0.027	-0.004	0.000	0.013	0.002	-0.000	0.029	-0.000
2L	-0.660	-0.042	0.010	0.964	0.172	-0.013	-0.460	-0.064	0.028	-0.799	0.005
1,BIS SPRUNG					-0.217	-0.324		0.059	-0.195		
1,REST	-0.818	0.231	0.286	1.837	0.448	0.324	0.582	0.725	0.195	-1.063	1.041
2R	0.013	0.001	0.010	-0.022	-0.002	0.013	-0.011	-0.021	-0.028	0.023	0.005
3R	-0.000	0.000	-0.000	0.000	0.000	-0.000	0.000	0.000	0.000	-0.000	-0.000
SUMME(+)	0.030	0.232	0.306	2.801	0.620	0.337	0.595	0.786	0.224	0.051	1.051
SUMME(-)	-1.479	-0.042	-0.001	-0.049	-0.222	-0.337	-0.471	-0.085	-0.224	-1.863	-0.001
SUMME	-1.449	0.190	0.305	2.752	0.397	-0.000	0.124	0.701	-0.000	-1.811	1.050
FAKTOR	a*a			a			a*a				

INFOLGE EINZELMOMENT Mt=1

IN	M·0	M·0.2	M·0.5	Q·0	Q·0.2	Q·0.5	T·0	T·0.2	T·0.5	φ·0	φ·0.5
0.0*L2	-0.033	-0.001	0.001	0.054	0.008	-0.001	-0.026	-0.003	0.001	-0.054	0.000
0.1*L2	-0.073	-0.003	0.001	0.118	0.017	-0.002	-0.058	-0.007	0.002	-0.120	0.001
0.2*L2	-0.126	-0.005	0.002	0.203	0.030	-0.003	-0.100	-0.013	0.003	-0.205	0.002
0.3*L2	-0.187	-0.007	0.003	0.299	0.044	-0.004	-0.147	-0.019	0.005	-0.300	0.003
0.4*L2	-0.250	-0.010	0.004	0.398	0.059	-0.005	-0.194	-0.025	0.007	-0.394	0.003
0.5*L2	-0.310	-0.013	0.005	0.490	0.074	-0.007	-0.239	-0.031	0.009	-0.477	0.004
0.6*L2	-0.360	-0.016	0.006	0.566	0.087	-0.008	-0.276	-0.036	0.011	-0.547	0.004
0.7*L2	-0.389	-0.016	0.006	0.618	0.093	-0.008	-0.302	-0.039	0.011	-0.609	0.005
0.8*L2	-0.383	-0.008	0.006	0.648	0.084	-0.009	-0.322	-0.040	0.007	-0.710	0.007
0.9*L2	-0.339	0.015	0.006	0.698	0.053	-0.010	-0.361	-0.039	-0.007	-0.971	0.012
1.0*L2	-0.302	0.064	0.007	0.903	-0.001	-0.015	-0.496	-0.043	-0.036	-1.646	0.024
0.0*L1	-0.302	0.064	0.007	0.903	-0.001	-0.015	0.504	-0.043	-0.036	-1.646	0.024
0.1*L1	-0.363	0.162	0.014	1.060	-0.052	-0.031	0.361	-0.083	-0.094	-0.918	0.055
0.2*L1	-0.416	0.238	0.037	0.941	0.116	-0.070	0.333	-0.255	-0.161	-0.703	0.104
0.2*L1 (Sprung)									0.745		
0.3*L1	-0.414	0.166	0.094	0.777	0.282	-0.137	0.317	0.564	-0.226	-0.636	0.134
0.4*L1	-0.373	0.071	0.191	0.632	0.219	-0.182	0.287	0.494	-0.306	-0.579	-0.008
0.5*L1	-0.315	0.016	0.266	0.510	0.135	0.000	0.245	0.433	-0.500	-0.502	-0.713
0.5*L1 (Sprung)									0.500		
0.6*L1	-0.250	-0.005	0.191	0.400	0.079	0.182	0.197	0.358	0.306	-0.408	-0.008
0.7*L1	-0.185	-0.009	0.094	0.296	0.046	0.137	0.147	0.271	0.226	-0.306	0.134
0.8*L1	-0.123	-0.007	0.037	0.197	0.027	0.070	0.098	0.183	0.161	-0.204	0.104
0.9*L1	-0.068	-0.004	0.014	0.110	0.015	0.031	0.054	0.102	0.094	-0.113	0.055
0.0*L2	-0.027	-0.002	0.007	0.044	0.006	0.015	0.022	0.041	0.036	-0.046	0.024
0.2*L2	0.001	-0.000	0.006	-0.002	0.000	0.009	-0.001	-0.002	-0.007	0.002	0.007
0.4*L2	0.004	0.000	0.006	-0.007	-0.001	0.008	-0.004	-0.007	-0.011	0.008	0.004
0.6*L2	0.003	0.000	0.004	-0.005	-0.000	0.005	-0.002	-0.004	-0.007	0.005	0.003
0.8*L2	0.001	0.000	0.002	-0.002	-0.000	0.003	-0.001	-0.002	-0.003	0.002	0.002
FAKTOR				1/a						1/(a*a)	

INFOLGE STRECKENMOMENT mt=1

IN FELD	M·0	M·0.2	M·0.5	Q·0	Q·0.2	Q·0.5	T·0	T·0.2	T·0.5	φ·0	φ·0.5
3L	0.000	-0.000	-0.000	-0.002	0.000	0.000	0.001	0.000	0.000	0.004	-0.000
2L	-1.294	-0.019	0.022	2.246	0.276	-0.032	-1.122	-0.136	0.017	-2.554	0.026
1,BIS SPRUNG					-0.021	-0.278		-0.125	-0.620		
1,REST	-1.606	0.399	0.567	3.262	0.539	0.278	1.369	1.666	0.620	-3.074	0.049
2R	0.001	-0.000	0.022	-0.002	0.001	0.032	-0.001	-0.002	-0.017	0.001	0.026
3R	0.000	0.000	-0.000	-0.000	-0.000	-0.000	-0.000	-0.000	-0.000	0.000	-0.000
SUMME(+)	0.001	0.399	0.610	5.508	0.816	0.309	1.370	1.666	0.637	0.006	0.101
SUMME(-)	-2.900	-0.019	-0.000	-0.004	-0.021	-0.309	-1.122	-0.263	-0.637	-5.628	-0.000
SUMME	-2.899	0.380	0.610	5.504	0.795	0.000	0.248	1.402	-0.000	-5.622	0.101
FAKTOR	a			a						1/a	

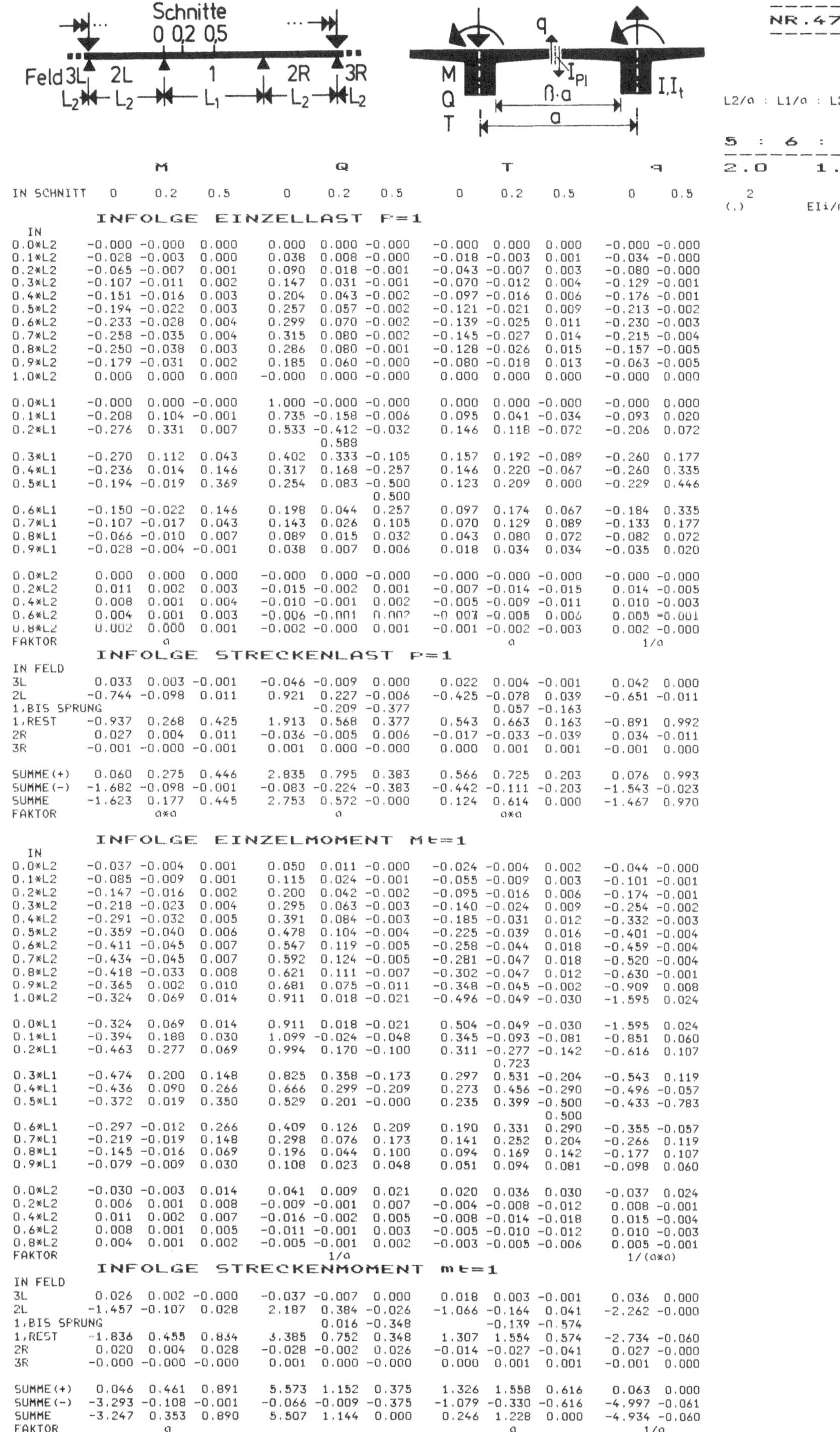

	M			Q			T			q	
IN SCHNITT	0	0.2	0.5	0	0.2	0.5	0	0.2	0.5	0	0.5

INFOLGE EINZELLAST P=1

IN

	M(0)	M(0.2)	M(0.5)	Q(0)	Q(0.2)	Q(0.5)	T(0)	T(0.2)	T(0.5)	q(0)	q(0.5)
0.0*L2	-0.000	-0.000	0.000	0.000	0.000	-0.000	-0.000	0.000	0.000	-0.000	-0.000
0.1*L2	-0.028	-0.003	0.000	0.038	0.008	-0.000	-0.018	-0.003	0.001	-0.034	-0.000
0.2*L2	-0.065	-0.007	0.001	0.090	0.018	-0.001	-0.043	-0.007	0.003	-0.080	-0.000
0.3*L2	-0.107	-0.011	0.002	0.147	0.031	-0.001	-0.070	-0.012	0.004	-0.129	-0.001
0.4*L2	-0.151	-0.016	0.003	0.204	0.043	-0.002	-0.097	-0.016	0.006	-0.176	-0.001
0.5*L2	-0.194	-0.022	0.003	0.257	0.057	-0.002	-0.121	-0.021	0.009	-0.213	-0.002
0.6*L2	-0.233	-0.028	0.004	0.299	0.070	-0.002	-0.139	-0.025	0.011	-0.230	-0.003
0.7*L2	-0.258	-0.035	0.004	0.315	0.080	-0.002	-0.145	-0.027	0.014	-0.215	-0.004
0.8*L2	-0.250	-0.038	0.003	0.286	0.080	-0.001	-0.128	-0.026	0.015	-0.157	-0.005
0.9*L2	-0.179	-0.031	0.002	0.185	0.060	-0.001	-0.080	-0.018	0.013	-0.063	-0.005
1.0*L2	0.000	0.000	0.000	-0.000	0.000	-0.000	0.000	0.000	0.000	-0.000	0.000
0.0*L1	-0.000	0.000	-0.000	1.000	-0.000	-0.000	0.000	0.000	-0.000	-0.000	0.000
0.1*L1	-0.208	0.104	-0.001	0.735	-0.158	-0.006	0.095	0.041	-0.034	-0.093	0.020
0.2*L1	-0.276	0.331	0.007	0.533	-0.412	-0.032	0.146	0.118	-0.072	-0.206	0.072
						0.588					
0.3*L1	-0.270	0.112	0.043	0.402	0.333	-0.105	0.157	0.192	-0.089	-0.260	0.177
0.4*L1	-0.236	0.014	0.146	0.317	0.168	-0.257	0.146	0.220	-0.067	-0.260	0.335
0.5*L1	-0.194	-0.019	0.369	0.254	0.083	-0.500	0.123	0.209	0.000	-0.229	0.446
						0.500					
0.6*L1	-0.150	-0.022	0.146	0.198	0.044	0.257	0.097	0.174	0.067	-0.184	0.335
0.7*L1	-0.107	-0.017	0.043	0.143	0.026	0.105	0.070	0.129	0.089	-0.133	0.177
0.8*L1	-0.066	-0.010	0.007	0.089	0.015	0.032	0.043	0.080	0.072	-0.082	0.072
0.9*L1	-0.028	-0.004	-0.001	0.038	0.007	0.006	0.018	0.034	0.034	-0.035	0.020
0.0*L2	0.000	0.000	0.000	-0.000	0.000	-0.000	-0.000	-0.000	-0.000	-0.000	-0.000
0.2*L2	0.011	0.002	0.003	-0.015	-0.002	0.001	-0.007	-0.014	-0.015	0.014	-0.005
0.4*L2	0.008	0.001	0.004	-0.010	-0.001	0.002	-0.005	-0.009	-0.011	0.010	-0.003
0.6*L2	0.004	0.001	0.003	-0.006	-0.001	0.002	-0.003	-0.006	-0.006	0.005	-0.001
0.8*L2	0.002	0.000	0.001	-0.002	-0.000	0.001	-0.001	-0.002	-0.003	0.002	-0.000
FAKTOR	a						a			1/a	

INFOLGE STRECKENLAST p=1

IN FELD

	M(0)	M(0.2)	M(0.5)	Q(0)	Q(0.2)	Q(0.5)	T(0)	T(0.2)	T(0.5)	q(0)	q(0.5)
3L	0.033	0.003	-0.001	-0.046	-0.009	0.000	0.022	0.004	-0.001	0.042	0.000
2L	-0.744	-0.098	0.011	0.921	0.227	-0.006	-0.425	-0.078	0.039	-0.651	-0.011
1,BIS SPRUNG					-0.209	-0.377		0.057	-0.163		
1,REST	-0.937	0.268	0.425	1.913	0.568	0.377	0.543	0.663	0.163	-0.891	0.992
2R	0.027	0.004	0.011	-0.036	-0.005	0.006	-0.017	-0.033	-0.039	0.034	-0.011
3R	-0.001	-0.000	-0.000	0.001	0.000	-0.000	0.000	0.001	0.001	-0.001	0.000
SUMME(+)	0.060	0.275	0.446	2.835	0.795	0.383	0.566	0.725	0.203	0.076	0.993
SUMME(-)	-1.682	-0.098	-0.001	-0.083	-0.224	-0.383	-0.442	-0.111	-0.203	-1.543	-0.023
SUMME	-1.623	0.177	0.445	2.753	0.572	-0.000	0.124	0.614	0.000	-1.467	0.970
FAKTOR	a*a			a			a*a				

INFOLGE EINZELMOMENT Mt=1

IN

	M(0)	M(0.2)	M(0.5)	Q(0)	Q(0.2)	Q(0.5)	T(0)	T(0.2)	T(0.5)	q(0)	q(0.5)
0.0*L2	-0.037	-0.004	0.001	0.050	0.011	-0.000	-0.024	-0.004	0.002	-0.044	-0.000
0.1*L2	-0.085	-0.009	0.001	0.115	0.024	-0.001	-0.055	-0.009	0.003	-0.101	-0.001
0.2*L2	-0.147	-0.016	0.002	0.200	0.042	-0.002	-0.095	-0.016	0.006	-0.174	-0.001
0.3*L2	-0.218	-0.023	0.004	0.295	0.063	-0.003	-0.140	-0.024	0.009	-0.254	-0.002
0.4*L2	-0.291	-0.032	0.005	0.391	0.084	-0.003	-0.185	-0.031	0.012	-0.332	-0.003
0.5*L2	-0.359	-0.040	0.006	0.478	0.104	-0.004	-0.225	-0.039	0.016	-0.401	-0.004
0.6*L2	-0.411	-0.045	0.007	0.547	0.119	-0.005	-0.258	-0.044	0.018	-0.459	-0.004
0.7*L2	-0.434	-0.045	0.007	0.592	0.124	-0.005	-0.281	-0.047	0.018	-0.520	-0.004
0.8*L2	-0.418	-0.033	0.008	0.621	0.111	-0.007	-0.302	-0.047	0.012	-0.630	-0.001
0.9*L2	-0.365	0.002	0.010	0.681	0.075	-0.011	-0.348	-0.045	-0.002	-0.909	0.008
1.0*L2	-0.324	0.069	0.014	0.911	0.018	-0.021	-0.496	-0.049	-0.030	-1.595	0.024
0.0*L1	-0.324	0.069	0.014	0.911	0.018	-0.021	0.504	-0.049	-0.030	-1.595	0.024
0.1*L1	-0.394	0.188	0.030	1.099	-0.024	-0.048	0.345	-0.093	-0.081	-0.851	0.060
0.2*L1	-0.463	0.277	0.069	0.994	0.170	-0.100	0.311	-0.277	-0.142	-0.616	0.107
									0.723		
0.3*L1	-0.474	0.200	0.148	0.825	0.358	-0.173	0.297	0.531	-0.204	-0.543	0.119
0.4*L1	-0.436	0.090	0.266	0.666	0.299	-0.209	0.273	0.456	-0.290	-0.496	-0.057
0.5*L1	-0.372	0.019	0.350	0.529	0.201	-0.000	0.235	0.399	-0.500	-0.433	-0.783
									0.500		
0.6*L1	-0.297	-0.012	0.266	0.409	0.126	0.209	0.190	0.331	0.290	-0.355	-0.057
0.7*L1	-0.219	-0.019	0.148	0.298	0.076	0.173	0.141	0.252	0.204	-0.266	0.119
0.8*L1	-0.145	-0.016	0.069	0.196	0.044	0.100	0.094	0.169	0.142	-0.177	0.107
0.9*L1	-0.079	-0.009	0.030	0.108	0.023	0.048	0.051	0.094	0.081	-0.098	0.060
0.0*L2	-0.030	-0.003	0.014	0.041	0.009	0.021	0.020	0.036	0.030	-0.037	0.024
0.2*L2	0.006	0.001	0.008	-0.009	-0.001	0.007	-0.004	-0.008	-0.012	0.008	-0.001
0.4*L2	0.011	0.002	0.007	-0.016	-0.002	0.005	-0.008	-0.014	-0.018	0.015	-0.004
0.6*L2	0.008	0.001	0.005	-0.011	-0.001	0.003	-0.005	-0.010	-0.012	0.010	-0.003
0.8*L2	0.004	0.001	0.002	-0.005	-0.001	0.002	-0.003	-0.005	-0.006	0.005	-0.001
FAKTOR				1/a						1/(a*a)	

INFOLGE STRECKENMOMENT mt=1

IN FELD

	M(0)	M(0.2)	M(0.5)	Q(0)	Q(0.2)	Q(0.5)	T(0)	T(0.2)	T(0.5)	q(0)	q(0.5)
3L	0.026	0.002	-0.000	-0.037	-0.007	0.000	0.018	0.003	-0.001	0.036	0.000
2L	-1.457	-0.107	0.028	2.187	0.384	-0.026	-1.066	-0.164	0.041	-2.262	-0.000
1,BIS SPRUNG					0.016	-0.348		-0.139	-0.574		
1,REST	-1.836	0.455	0.834	3.385	0.752	0.348	1.307	1.554	0.574	-2.734	-0.060
2R	0.020	0.004	0.028	-0.028	-0.002	0.026	-0.014	-0.027	-0.041	0.027	-0.000
3R	-0.000	-0.000	-0.000	0.001	0.000	-0.000	0.000	0.001	0.001	-0.001	0.000
SUMME(+)	0.046	0.461	0.891	5.573	1.152	0.375	1.326	1.558	0.616	0.063	0.000
SUMME(-)	-3.293	-0.108	-0.001	-0.066	-0.009	-0.375	-1.079	-0.330	-0.616	-4.997	-0.061
SUMME	-3.247	0.353	0.890	5.507	1.144	0.000	0.246	1.228	0.000	-4.934	-0.060
FAKTOR	a			a						1/a	

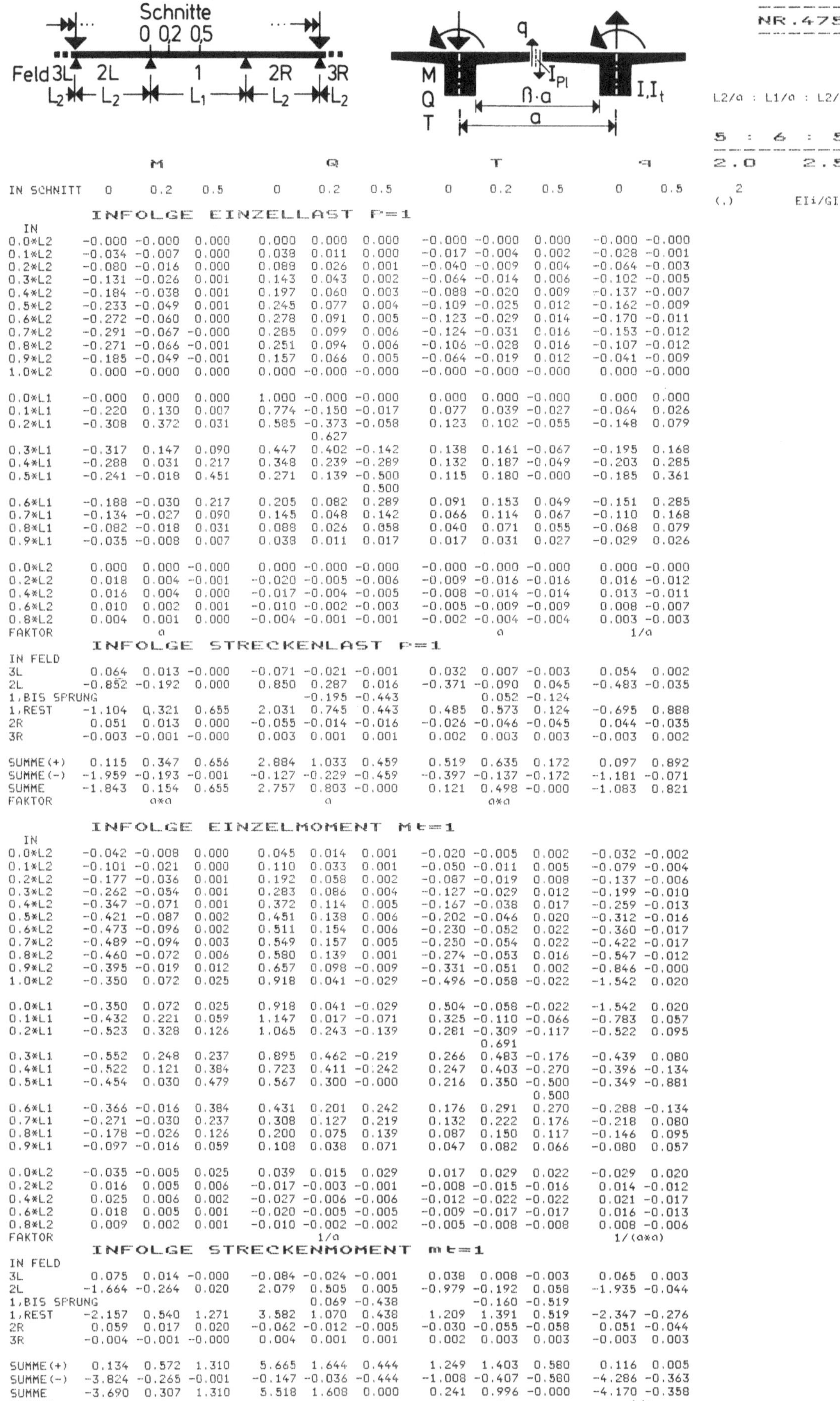

NR.475

L2/a : L1/a : L2/a

5 : 6 : 5

2.0   2.5

$(.)^2$ EIi/GIt

IN SCHNITT	M 0	M 0.2	M 0.5	Q 0	Q 0.2	Q 0.5	T 0	T 0.2	T 0.5	q 0	q 0.5

INFOLGE EINZELLAST P=1

IN

IN SCHNITT	M 0	M 0.2	M 0.5	Q 0	Q 0.2	Q 0.5	T 0	T 0.2	T 0.5	q 0	q 0.5
0.0*L2	-0.000	-0.000	0.000	0.000	0.000	0.000	-0.000	-0.000	0.000	-0.000	-0.000
0.1*L2	-0.034	-0.007	0.000	0.038	0.011	0.000	-0.017	-0.004	0.002	-0.028	-0.001
0.2*L2	-0.080	-0.016	0.000	0.088	0.026	0.001	-0.040	-0.009	0.004	-0.064	-0.003
0.3*L2	-0.131	-0.026	0.001	0.143	0.043	0.002	-0.064	-0.014	0.006	-0.102	-0.005
0.4*L2	-0.184	-0.038	0.001	0.197	0.060	0.003	-0.088	-0.020	0.009	-0.137	-0.007
0.5*L2	-0.233	-0.049	0.001	0.245	0.077	0.004	-0.109	-0.025	0.012	-0.162	-0.009
0.6*L2	-0.272	-0.060	0.000	0.278	0.091	0.005	-0.123	-0.029	0.014	-0.170	-0.011
0.7*L2	-0.291	-0.067	-0.000	0.285	0.099	0.006	-0.124	-0.031	0.016	-0.153	-0.012
0.8*L2	-0.271	-0.066	-0.001	0.251	0.094	0.006	-0.106	-0.028	0.016	-0.107	-0.012
0.9*L2	-0.185	-0.049	-0.001	0.157	0.066	0.005	-0.064	-0.019	0.012	-0.041	-0.009
1.0*L2	0.000	-0.000	0.000	0.000	-0.000	-0.000	-0.000	-0.000	-0.000	0.000	-0.000
0.0*L1	-0.000	0.000	0.000	1.000	-0.000	-0.000	0.000	0.000	-0.000	0.000	0.000
0.1*L1	-0.220	0.130	0.007	0.774	-0.150	-0.017	0.077	0.039	-0.027	-0.064	0.026
0.2*L1	-0.308	0.372	0.031	0.585	-0.373	-0.058	0.123	0.102	-0.055	-0.148	0.079
					0.627						
0.3*L1	-0.317	0.147	0.090	0.447	0.402	-0.142	0.138	0.161	-0.067	-0.195	0.168
0.4*L1	-0.288	0.031	0.217	0.348	0.239	-0.289	0.132	0.187	-0.049	-0.203	0.285
0.5*L1	-0.241	-0.018	0.451	0.271	0.139	-0.500	0.115	0.180	-0.000	-0.185	0.361
						0.500					
0.6*L1	-0.188	-0.030	0.217	0.205	0.082	0.289	0.091	0.153	0.049	-0.151	0.285
0.7*L1	-0.134	-0.027	0.090	0.145	0.048	0.142	0.066	0.114	0.067	-0.110	0.168
0.8*L1	-0.082	-0.018	0.031	0.088	0.026	0.058	0.040	0.071	0.055	-0.068	0.079
0.9*L1	-0.035	-0.008	0.007	0.038	0.011	0.017	0.017	0.031	0.027	-0.029	0.026
0.0*L2	0.000	0.000	-0.000	0.000	-0.000	-0.000	-0.000	-0.000	-0.000	0.000	-0.000
0.2*L2	0.018	0.004	-0.001	-0.020	-0.005	-0.006	-0.009	-0.016	-0.016	0.016	-0.012
0.4*L2	0.016	0.004	0.000	-0.017	-0.004	-0.005	-0.008	-0.014	-0.014	0.013	-0.011
0.6*L2	0.010	0.002	0.001	-0.010	-0.002	-0.003	-0.005	-0.009	-0.009	0.008	-0.007
0.8*L2	0.004	0.001	0.000	-0.004	-0.001	-0.001	-0.002	-0.004	-0.004	0.003	-0.003
FAKTOR	a						a			1/a	

INFOLGE STRECKENLAST P=1

IN FELD

IN FELD	M 0	M 0.2	M 0.5	Q 0	Q 0.2	Q 0.5	T 0	T 0.2	T 0.5	q 0	q 0.5
3L	0.064	0.013	-0.000	-0.071	-0.021	-0.001	0.032	0.007	-0.003	0.054	0.002
2L	-0.852	-0.192	0.000	0.850	0.287	0.016	-0.371	-0.090	0.045	-0.483	-0.035
1,BIS SPRUNG					-0.195	-0.443		0.052	-0.124		
1,REST	-1.104	0.321	0.655	2.031	0.745	0.443	0.485	0.573	0.124	-0.695	0.888
2R	0.051	0.013	0.000	-0.055	-0.014	-0.016	-0.026	-0.046	-0.045	0.044	-0.035
3R	-0.003	-0.001	-0.000	0.003	0.001	0.001	0.002	0.003	0.003	-0.003	0.002
SUMME(+)	0.115	0.347	0.656	2.884	1.033	0.459	0.519	0.635	0.172	0.097	0.892
SUMME(-)	-1.959	-0.193	-0.001	-0.127	-0.229	-0.459	-0.397	-0.137	-0.172	-1.181	-0.071
SUMME	-1.843	0.154	0.655	2.757	0.803	-0.000	0.121	0.498	-0.000	-1.083	0.821
FAKTOR	a×a			a			a×a				

INFOLGE EINZELMOMENT Mt=1

IN

IN SCHNITT	M 0	M 0.2	M 0.5	Q 0	Q 0.2	Q 0.5	T 0	T 0.2	T 0.5	q 0	q 0.5
0.0*L2	-0.042	-0.008	0.000	0.045	0.014	0.001	-0.020	-0.005	0.002	-0.032	-0.002
0.1*L2	-0.101	-0.021	0.000	0.110	0.033	0.001	-0.050	-0.011	0.005	-0.079	-0.004
0.2*L2	-0.177	-0.036	0.001	0.192	0.058	0.002	-0.087	-0.019	0.008	-0.137	-0.006
0.3*L2	-0.262	-0.054	0.001	0.283	0.086	0.004	-0.127	-0.029	0.012	-0.199	-0.010
0.4*L2	-0.347	-0.071	0.001	0.372	0.114	0.005	-0.167	-0.038	0.017	-0.259	-0.013
0.5*L2	-0.421	-0.087	0.002	0.451	0.138	0.006	-0.202	-0.046	0.020	-0.312	-0.016
0.6*L2	-0.473	-0.096	0.002	0.511	0.154	0.006	-0.230	-0.052	0.022	-0.360	-0.017
0.7*L2	-0.489	-0.094	0.003	0.549	0.157	0.005	-0.230	-0.054	0.022	-0.422	-0.017
0.8*L2	-0.460	-0.072	0.006	0.580	0.139	0.001	-0.274	-0.053	0.016	-0.547	-0.012
0.9*L2	-0.395	-0.019	0.012	0.657	0.098	-0.009	-0.331	-0.051	0.002	-0.846	-0.000
1.0*L2	-0.350	0.072	0.025	0.918	0.041	-0.029	-0.496	-0.058	-0.022	-1.542	0.020
0.0*L1	-0.350	0.072	0.025	0.918	0.041	-0.029	0.504	-0.058	-0.022	-1.542	0.020
0.1*L1	-0.432	0.221	0.059	1.147	0.017	-0.071	0.325	-0.110	-0.066	-0.783	0.057
0.2*L1	-0.523	0.328	0.126	1.065	0.243	-0.139	0.281	-0.309	-0.117	-0.522	0.095
								0.691			
0.3*L1	-0.552	0.248	0.237	0.895	0.462	-0.219	0.266	0.483	-0.176	-0.439	0.080
0.4*L1	-0.522	0.121	0.384	0.723	0.411	-0.242	0.247	0.403	-0.270	-0.396	-0.134
0.5*L1	-0.454	0.030	0.479	0.567	0.300	-0.000	0.216	0.350	-0.500	-0.349	-0.881
									0.500		
0.6*L1	-0.366	-0.016	0.384	0.431	0.201	0.242	0.176	0.291	0.270	-0.288	-0.134
0.7*L1	-0.271	-0.030	0.237	0.308	0.127	0.219	0.132	0.222	0.176	-0.218	0.080
0.8*L1	-0.178	-0.026	0.126	0.200	0.075	0.139	0.087	0.150	0.117	-0.146	0.095
0.9*L1	-0.097	-0.016	0.059	0.108	0.038	0.071	0.047	0.082	0.066	-0.080	0.057
0.0*L2	-0.035	-0.005	0.025	0.039	0.015	0.029	0.017	0.029	0.022	-0.029	0.020
0.2*L2	0.016	0.005	0.006	-0.017	-0.003	-0.001	-0.008	-0.015	-0.016	0.014	-0.012
0.4*L2	0.025	0.006	0.002	-0.027	-0.006	-0.006	-0.012	-0.022	-0.022	0.021	-0.017
0.6*L2	0.018	0.005	0.001	-0.020	-0.005	-0.005	-0.009	-0.017	-0.017	0.016	-0.013
0.8*L2	0.009	0.002	0.001	-0.010	-0.002	-0.002	-0.005	-0.008	-0.008	0.008	-0.006
FAKTOR				1/a						1/(a×a)	

INFOLGE STRECKENMOMENT mt=1

IN FELD

IN FELD	M 0	M 0.2	M 0.5	Q 0	Q 0.2	Q 0.5	T 0	T 0.2	T 0.5	q 0	q 0.5
3L	0.075	0.014	-0.000	-0.084	-0.024	-0.001	0.038	0.008	-0.003	0.065	0.003
2L	-1.664	-0.264	0.020	2.079	0.505	0.005	-0.979	-0.192	0.058	-1.935	-0.044
1,BIS SPRUNG					0.069	-0.438		-0.160	-0.519		
1,REST	-2.157	0.540	1.271	3.582	1.070	0.438	1.209	1.391	0.519	-2.347	-0.276
2R	0.059	0.017	0.020	-0.062	-0.012	-0.005	-0.030	-0.055	-0.058	0.051	-0.044
3R	-0.004	-0.001	-0.000	0.004	0.001	0.001	0.002	0.003	0.003	-0.003	0.003
SUMME(+)	0.134	0.572	1.310	5.665	1.644	0.444	1.249	1.403	0.580	0.116	0.005
SUMME(-)	-3.824	-0.265	-0.001	-0.147	-0.036	-0.444	-1.008	-0.407	-0.580	-4.286	-0.363
SUMME	-3.690	0.307	1.310	5.518	1.608	0.000	0.241	0.996	-0.000	-4.170	-0.358
FAKTOR	a						a			1/a	

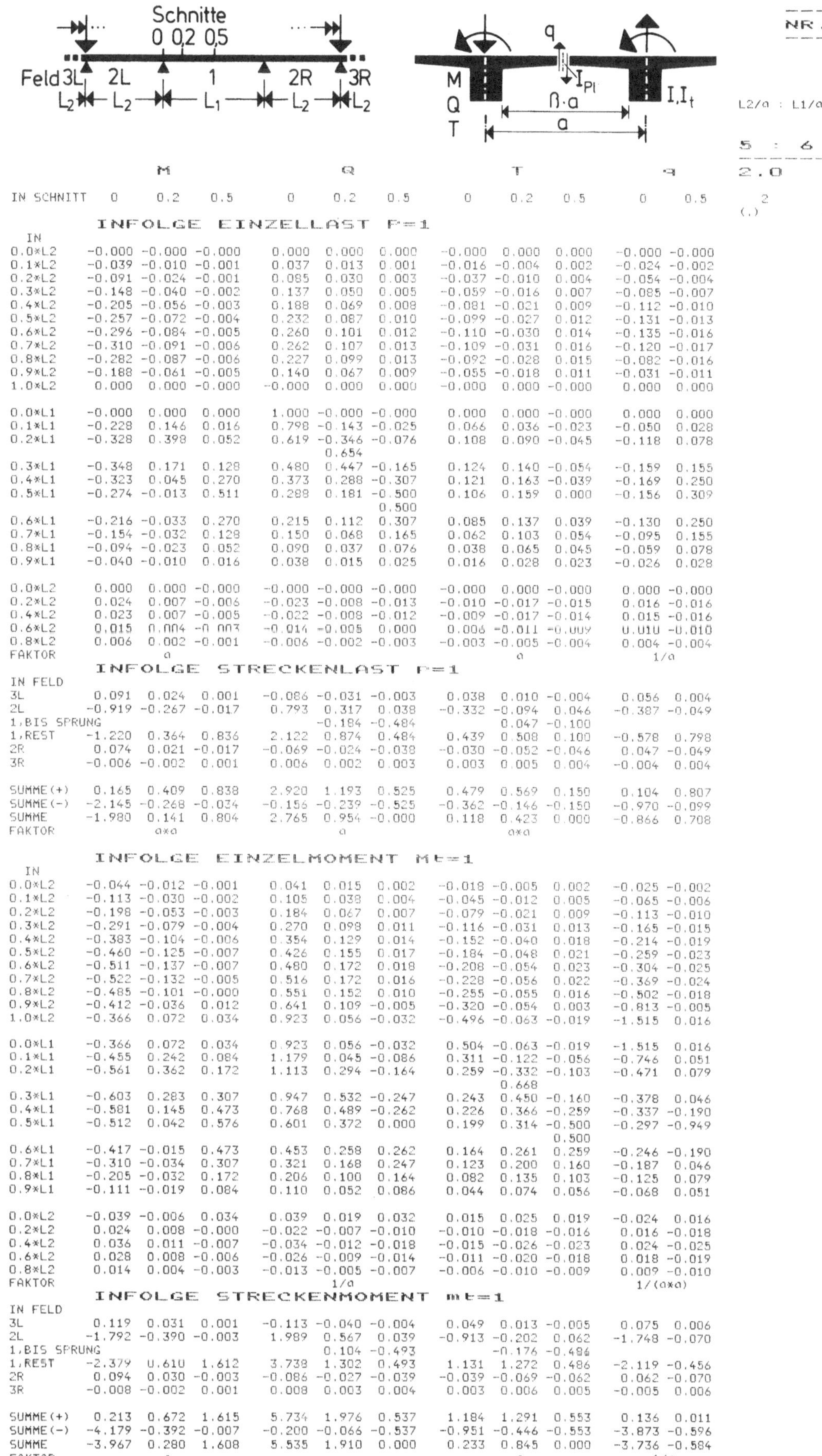

	M			Q			T			q	
IN SCHNITT	0	0.2	0.5	0	0.2	0.5	0	0.2	0.5	0	0.5

INFOLGE EINZELLAST P=1

IN	M 0	M 0.2	M 0.5	Q 0	Q 0.2	Q 0.5	T 0	T 0.2	T 0.5	q 0	q 0.5
0.0*L2	-0.000	-0.000	-0.000	0.000	0.000	0.000	-0.000	0.000	0.000	-0.000	-0.000
0.1*L2	-0.039	-0.010	-0.001	0.037	0.013	0.001	-0.016	-0.004	0.002	-0.024	-0.002
0.2*L2	-0.091	-0.024	-0.001	0.095	0.030	0.003	-0.037	-0.010	0.004	-0.054	-0.004
0.3*L2	-0.148	-0.040	-0.002	0.137	0.050	0.005	-0.059	-0.016	0.007	-0.085	-0.007
0.4*L2	-0.205	-0.056	-0.003	0.188	0.069	0.008	-0.081	-0.021	0.009	-0.112	-0.010
0.5*L2	-0.257	-0.072	-0.004	0.232	0.087	0.010	-0.099	-0.027	0.012	-0.131	-0.013
0.6*L2	-0.296	-0.084	-0.005	0.260	0.101	0.012	-0.110	-0.030	0.014	-0.135	-0.016
0.7*L2	-0.310	-0.091	-0.006	0.262	0.107	0.013	-0.109	-0.031	0.016	-0.120	-0.017
0.8*L2	-0.282	-0.087	-0.006	0.227	0.099	0.013	-0.092	-0.028	0.015	-0.082	-0.016
0.9*L2	-0.188	-0.061	-0.005	0.140	0.067	0.009	-0.055	-0.018	0.011	-0.031	-0.011
1.0*L2	0.000	0.000	-0.000	-0.000	0.000	0.000	-0.000	0.000	-0.000	0.000	0.000
0.0*L1	-0.000	0.000	0.000	1.000	-0.000	-0.000	0.000	0.000	-0.000	0.000	0.000
0.1*L1	-0.228	0.146	0.016	0.798	-0.143	-0.025	0.066	0.036	-0.023	-0.050	0.028
0.2*L1	-0.328	0.398	0.052	0.619	-0.346	-0.076	0.108	0.090	-0.045	-0.118	0.078
				0.654							
0.3*L1	-0.348	0.171	0.128	0.480	0.447	-0.165	0.124	0.140	-0.054	-0.159	0.155
0.4*L1	-0.323	0.045	0.270	0.373	0.288	-0.307	0.121	0.163	-0.039	-0.169	0.250
0.5*L1	-0.274	-0.013	0.511	0.288	0.181	-0.500	0.106	0.159	0.000	-0.156	0.309
						0.500					
0.6*L1	-0.216	-0.033	0.270	0.215	0.112	0.307	0.085	0.137	0.039	-0.130	0.250
0.7*L1	-0.154	-0.032	0.128	0.150	0.068	0.165	0.062	0.103	0.054	-0.095	0.155
0.8*L1	-0.094	-0.023	0.052	0.090	0.037	0.076	0.038	0.065	0.045	-0.059	0.078
0.9*L1	-0.040	-0.010	0.016	0.038	0.015	0.025	0.016	0.028	0.023	-0.026	0.028
0.0*L2	0.000	0.000	-0.000	-0.000	-0.000	-0.000	-0.000	0.000	-0.000	0.000	-0.000
0.2*L2	0.024	0.007	-0.006	-0.023	-0.008	-0.013	-0.010	-0.017	-0.015	0.016	-0.016
0.4*L2	0.023	0.007	-0.005	-0.022	-0.008	-0.012	-0.009	-0.017	-0.014	0.015	-0.016
0.6*L2	0.015	0.004	-0.003	-0.014	-0.005	0.000	0.006	-0.011	-0.009	0.010	-0.010
0.8*L2	0.006	0.002	-0.001	-0.006	-0.002	-0.003	-0.003	-0.005	-0.004	0.004	-0.004
FAKTOR		a						a			1/a

INFOLGE STRECKENLAST P=1

IN FELD	M 0	M 0.2	M 0.5	Q 0	Q 0.2	Q 0.5	T 0	T 0.2	T 0.5	q 0	q 0.5
3L	0.091	0.024	0.001	-0.086	-0.031	-0.003	0.038	0.010	-0.004	0.056	0.004
2L	-0.919	-0.267	-0.017	0.793	0.317	0.038	-0.332	-0.094	0.046	-0.387	-0.049
1,BIS SPRUNG					-0.184	-0.484		0.047	-0.100		
1,REST	-1.220	0.364	0.836	2.122	0.874	0.484	0.439	0.508	0.100	-0.578	0.798
2R	0.074	0.021	-0.017	-0.069	-0.024	-0.038	-0.030	-0.052	-0.046	0.047	-0.049
3R	-0.006	-0.002	0.001	0.006	0.002	0.003	0.003	0.005	0.004	-0.004	0.004
SUMME(+)	0.165	0.409	0.838	2.920	1.193	0.525	0.479	0.569	0.150	0.104	0.807
SUMME(-)	-2.145	-0.268	-0.034	-0.156	-0.239	-0.525	-0.362	-0.146	-0.150	-0.970	-0.099
SUMME	-1.980	0.141	0.804	2.765	0.954	-0.000	0.118	0.423	0.000	-0.866	0.708
FAKTOR		axa			a			axa			

INFOLGE EINZELMOMENT Mt=1

IN	M 0	M 0.2	M 0.5	Q 0	Q 0.2	Q 0.5	T 0	T 0.2	T 0.5	q 0	q 0.5
0.0*L2	-0.044	-0.012	-0.001	0.041	0.015	0.002	-0.018	-0.005	0.002	-0.025	-0.002
0.1*L2	-0.113	-0.030	-0.002	0.105	0.038	0.004	-0.045	-0.012	0.005	-0.065	-0.006
0.2*L2	-0.198	-0.053	-0.003	0.184	0.067	0.007	-0.079	-0.021	0.009	-0.113	-0.010
0.3*L2	-0.291	-0.079	-0.004	0.270	0.098	0.011	-0.116	-0.031	0.013	-0.165	-0.015
0.4*L2	-0.383	-0.104	-0.006	0.354	0.129	0.014	-0.152	-0.040	0.018	-0.214	-0.019
0.5*L2	-0.460	-0.125	-0.007	0.426	0.155	0.017	-0.184	-0.048	0.021	-0.259	-0.023
0.6*L2	-0.511	-0.137	-0.007	0.480	0.172	0.018	-0.208	-0.054	0.023	-0.304	-0.025
0.7*L2	-0.522	-0.132	-0.005	0.516	0.172	0.016	-0.228	-0.056	0.022	-0.369	-0.024
0.8*L2	-0.485	-0.101	-0.000	0.551	0.152	0.010	-0.255	-0.055	0.016	-0.502	-0.018
0.9*L2	-0.412	-0.036	0.012	0.641	0.109	-0.005	-0.320	-0.054	0.003	-0.813	-0.005
1.0*L2	-0.366	0.072	0.034	0.923	0.056	-0.032	-0.496	-0.063	-0.019	-1.515	0.016
0.0*L1	-0.366	0.072	0.034	0.923	0.056	-0.032	0.504	-0.063	-0.019	-1.515	0.016
0.1*L1	-0.455	0.242	0.084	1.179	0.045	-0.086	0.311	-0.122	-0.056	-0.746	0.051
0.2*L1	-0.561	0.362	0.172	1.113	0.294	-0.164	0.259	-0.332	-0.103	-0.471	0.079
							0.668				
0.3*L1	-0.603	0.283	0.307	0.947	0.532	-0.247	0.243	0.450	-0.160	-0.378	0.046
0.4*L1	-0.581	0.145	0.473	0.768	0.489	-0.262	0.226	0.366	-0.259	-0.337	-0.190
0.5*L1	-0.512	0.042	0.576	0.601	0.372	0.000	0.199	0.314	-0.500	-0.297	-0.949
									0.500		
0.6*L1	-0.417	-0.015	0.473	0.453	0.258	0.262	0.164	0.261	0.259	-0.246	-0.190
0.7*L1	-0.310	-0.034	0.307	0.321	0.168	0.247	0.123	0.200	0.160	-0.187	0.046
0.8*L1	-0.205	-0.032	0.172	0.206	0.100	0.164	0.082	0.135	0.103	-0.125	0.079
0.9*L1	-0.111	-0.019	0.084	0.110	0.052	0.086	0.044	0.074	0.056	-0.068	0.051
0.0*L2	-0.039	-0.006	0.034	0.039	0.019	0.032	0.015	0.025	0.019	-0.024	0.016
0.2*L2	0.024	0.008	-0.000	-0.022	-0.007	-0.010	-0.010	-0.018	-0.016	0.016	-0.018
0.4*L2	0.036	0.011	-0.007	-0.034	-0.012	-0.018	-0.015	-0.026	-0.023	0.024	-0.025
0.6*L2	0.028	0.008	-0.006	-0.026	-0.009	-0.014	-0.011	-0.020	-0.018	0.018	-0.019
0.8*L2	0.014	0.004	-0.003	-0.013	-0.005	-0.007	-0.006	-0.010	-0.009	0.009	-0.010
FAKTOR					1/a						1/(axa)

INFOLGE STRECKENMOMENT mt=1

IN FELD	M 0	M 0.2	M 0.5	Q 0	Q 0.2	Q 0.5	T 0	T 0.2	T 0.5	q 0	q 0.5
3L	0.119	0.031	0.001	-0.113	-0.040	-0.004	0.049	0.013	-0.005	0.075	0.006
2L	-1.792	-0.390	-0.003	1.989	0.567	0.039	-0.913	-0.202	0.062	-1.748	-0.070
1,BIS SPRUNG					0.104	-0.493		-0.176	-0.484		
1,REST	-2.379	0.610	1.612	3.738	1.302	0.493	1.131	1.272	0.486	-2.119	-0.456
2R	0.094	0.030	-0.003	-0.086	-0.027	-0.039	-0.039	-0.069	-0.062	0.062	-0.070
3R	-0.008	-0.002	0.001	0.008	0.003	0.004	0.003	0.006	0.005	-0.005	0.006
SUMME(+)	0.213	0.672	1.615	5.734	1.976	0.537	1.184	1.291	0.553	0.136	0.011
SUMME(-)	-4.179	-0.392	-0.007	-0.200	-0.066	-0.537	-0.951	-0.446	-0.553	-3.873	-0.596
SUMME	-3.967	0.280	1.608	5.535	1.910	0.000	0.233	0.845	0.000	-3.736	-0.584
FAKTOR		a			a						1/a

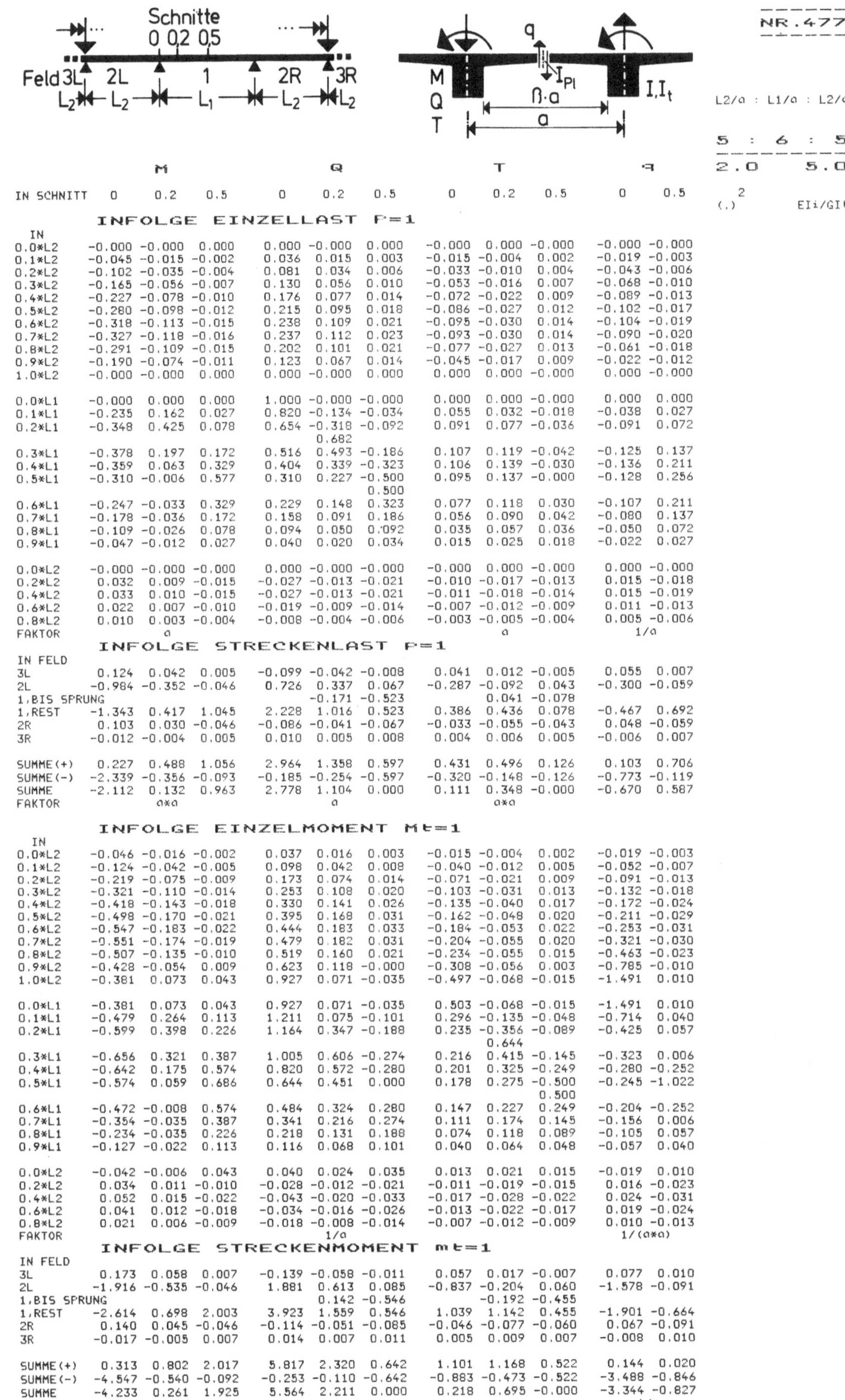

INFOLGE EINZELLAST F=1

IN SCHNITT	M 0	M 0.2	M 0.5	Q 0	Q 0.2	Q 0.5	T 0	T 0.2	T 0.5	q 0	q 0.5
0.0*L2	-0.000	-0.000	0.000	0.000	-0.000	0.000	-0.000	0.000	-0.000	-0.000	-0.000
0.1*L2	-0.045	-0.015	-0.002	0.036	0.015	0.003	-0.015	-0.004	0.002	-0.019	-0.003
0.2*L2	-0.102	-0.035	-0.004	0.081	0.034	0.006	-0.033	-0.010	0.004	-0.043	-0.006
0.3*L2	-0.165	-0.056	-0.007	0.130	0.056	0.010	-0.053	-0.016	0.007	-0.068	-0.010
0.4*L2	-0.227	-0.078	-0.010	0.176	0.077	0.014	-0.072	-0.022	0.009	-0.089	-0.013
0.5*L2	-0.280	-0.098	-0.012	0.215	0.095	0.018	-0.086	-0.027	0.012	-0.102	-0.017
0.6*L2	-0.318	-0.113	-0.015	0.238	0.109	0.021	-0.095	-0.030	0.014	-0.104	-0.019
0.7*L2	-0.327	-0.118	-0.016	0.237	0.112	0.023	-0.093	-0.030	0.014	-0.090	-0.020
0.8*L2	-0.291	-0.109	-0.015	0.202	0.101	0.021	-0.077	-0.027	0.013	-0.061	-0.018
0.9*L2	-0.190	-0.074	-0.011	0.123	0.067	0.014	-0.045	-0.017	0.009	-0.022	-0.012
1.0*L2	-0.000	-0.000	0.000	0.000	-0.000	0.000	0.000	0.000	-0.000	0.000	-0.000
0.0*L1	-0.000	0.000	0.000	1.000	-0.000	-0.000	0.000	0.000	-0.000	0.000	0.000
0.1*L1	-0.235	0.162	0.027	0.820	-0.134	-0.034	0.055	0.032	-0.018	-0.038	0.027
0.2*L1	-0.348	0.425	0.078	0.654	-0.318	-0.092	0.091	0.077	-0.036	-0.091	0.072
				0.682							
0.3*L1	-0.378	0.197	0.172	0.516	0.493	-0.186	0.107	0.119	-0.042	-0.125	0.137
0.4*L1	-0.359	0.063	0.329	0.404	0.339	-0.323	0.106	0.139	-0.030	-0.136	0.211
0.5*L1	-0.310	-0.006	0.577	0.310	0.227	-0.500	0.095	0.137	-0.000	-0.128	0.256
						0.500					
0.6*L1	-0.247	-0.033	0.329	0.229	0.148	0.323	0.077	0.118	0.030	-0.107	0.211
0.7*L1	-0.178	-0.036	0.172	0.158	0.091	0.186	0.056	0.090	0.042	-0.080	0.137
0.8*L1	-0.109	-0.026	0.078	0.094	0.050	0.092	0.035	0.057	0.036	-0.050	0.072
0.9*L1	-0.047	-0.012	0.027	0.040	0.020	0.034	0.015	0.025	0.018	-0.022	0.027
0.0*L2	-0.000	-0.000	-0.000	0.000	-0.000	-0.000	-0.000	0.000	-0.000	0.000	-0.000
0.2*L2	0.032	0.009	-0.015	-0.027	-0.013	-0.021	-0.010	-0.017	-0.013	0.015	-0.018
0.4*L2	0.033	0.010	-0.015	-0.027	-0.013	-0.021	-0.011	-0.018	-0.014	0.015	-0.019
0.6*L2	0.022	0.007	-0.010	-0.019	-0.009	-0.014	-0.007	-0.012	-0.009	0.011	-0.013
0.8*L2	0.010	0.003	-0.004	-0.008	-0.004	-0.006	-0.003	-0.005	-0.004	0.005	-0.006
FAKTOR	a						a			1/a	

INFOLGE STRECKENLAST F=1

IN FELD	M 0	M 0.2	M 0.5	Q 0	Q 0.2	Q 0.5	T 0	T 0.2	T 0.5	q 0	q 0.5
3L	0.124	0.042	0.005	-0.099	-0.042	-0.008	0.041	0.012	-0.005	0.055	0.007
2L	-0.984	-0.352	-0.046	0.726	0.337	0.067	-0.287	-0.092	0.043	-0.300	-0.059
1,BIS SPRUNG					-0.171	-0.523		0.041	-0.078		
1,REST	-1.343	0.417	1.045	2.228	1.016	0.523	0.386	0.436	0.078	-0.467	0.692
2R	0.103	0.030	-0.046	-0.086	-0.041	-0.067	-0.033	-0.055	-0.043	0.048	-0.059
3R	-0.012	-0.004	0.005	0.010	0.005	0.008	0.004	0.006	0.005	-0.006	0.007
SUMME(+)	0.227	0.488	1.056	2.964	1.358	0.597	0.431	0.496	0.126	0.103	0.706
SUMME(-)	-2.339	-0.356	-0.093	-0.185	-0.254	-0.597	-0.320	-0.148	-0.126	-0.773	-0.119
SUMME	-2.112	0.132	0.963	2.778	1.104	0.000	0.111	0.348	-0.000	-0.670	0.587
FAKTOR	a*a			a			a*a				

INFOLGE EINZELMOMENT Mt=1

IN	M 0	M 0.2	M 0.5	Q 0	Q 0.2	Q 0.5	T 0	T 0.2	T 0.5	q 0	q 0.5
0.0*L2	-0.046	-0.016	-0.002	0.037	0.016	0.003	-0.015	-0.004	0.002	-0.019	-0.003
0.1*L2	-0.124	-0.042	-0.005	0.098	0.042	0.008	-0.040	-0.012	0.005	-0.052	-0.007
0.2*L2	-0.219	-0.075	-0.009	0.173	0.074	0.014	-0.071	-0.021	0.009	-0.091	-0.013
0.3*L2	-0.321	-0.110	-0.014	0.253	0.108	0.020	-0.103	-0.031	0.013	-0.132	-0.018
0.4*L2	-0.418	-0.143	-0.018	0.330	0.141	0.026	-0.135	-0.040	0.017	-0.172	-0.024
0.5*L2	-0.498	-0.170	-0.021	0.395	0.168	0.031	-0.162	-0.048	0.020	-0.211	-0.029
0.6*L2	-0.547	-0.183	-0.022	0.444	0.183	0.033	-0.184	-0.053	0.022	-0.253	-0.031
0.7*L2	-0.551	-0.174	-0.019	0.479	0.182	0.031	-0.204	-0.055	0.020	-0.321	-0.030
0.8*L2	-0.507	-0.135	-0.010	0.519	0.160	0.021	-0.234	-0.055	0.015	-0.463	-0.023
0.9*L2	-0.428	-0.054	0.009	0.623	0.118	-0.000	-0.308	-0.056	0.003	-0.785	-0.010
1.0*L2	-0.381	0.073	0.043	0.927	0.071	-0.035	-0.497	-0.068	-0.015	-1.491	0.010
0.0*L1	-0.381	0.073	0.043	0.927	0.071	-0.035	0.503	-0.068	-0.015	-1.491	0.010
0.1*L1	-0.479	0.264	0.113	1.211	0.075	-0.101	0.296	-0.135	-0.048	-0.714	0.040
0.2*L1	-0.599	0.398	0.226	1.164	0.347	-0.188	0.235	-0.356	-0.089	-0.425	0.057
								0.644			
0.3*L1	-0.656	0.321	0.387	1.005	0.606	-0.274	0.216	0.415	-0.145	-0.323	0.006
0.4*L1	-0.642	0.175	0.574	0.820	0.572	-0.280	0.201	0.325	-0.249	-0.280	-0.252
0.5*L1	-0.574	0.059	0.686	0.644	0.451	0.000	0.178	0.275	-0.500	-0.245	-1.022
									0.500		
0.6*L1	-0.472	-0.008	0.574	0.484	0.324	0.280	0.147	0.227	0.249	-0.204	-0.252
0.7*L1	-0.354	-0.035	0.387	0.341	0.216	0.274	0.111	0.174	0.145	-0.156	0.006
0.8*L1	-0.234	-0.035	0.226	0.218	0.131	0.188	0.074	0.118	0.089	-0.105	0.057
0.9*L1	-0.127	-0.022	0.113	0.116	0.068	0.101	0.040	0.064	0.048	-0.057	0.040
0.0*L2	-0.042	-0.006	0.043	0.040	0.024	0.035	0.013	0.021	0.015	-0.019	0.010
0.2*L2	0.034	0.011	-0.010	-0.028	-0.012	-0.021	-0.011	-0.019	-0.015	0.016	-0.023
0.4*L2	0.052	0.015	-0.022	-0.043	-0.020	-0.033	-0.017	-0.028	-0.022	0.024	-0.031
0.6*L2	0.041	0.012	-0.018	-0.034	-0.016	-0.026	-0.013	-0.022	-0.017	0.019	-0.024
0.8*L2	0.021	0.006	-0.009	-0.018	-0.008	-0.014	-0.007	-0.012	-0.009	0.010	-0.013
FAKTOR				1/a						1/(a*a)	

INFOLGE STRECKENMOMENT mt=1

IN FELD	M 0	M 0.2	M 0.5	Q 0	Q 0.2	Q 0.5	T 0	T 0.2	T 0.5	q 0	q 0.5
3L	0.173	0.058	0.007	-0.139	-0.058	-0.011	0.057	0.017	-0.007	0.077	0.010
2L	-1.916	-0.535	-0.046	1.881	0.613	0.085	-0.837	-0.204	0.060	-1.578	-0.091
1,BIS SPRUNG					0.142	-0.546		-0.192	-0.455		
1,REST	-2.614	0.698	2.003	3.923	1.559	0.546	1.039	1.142	0.455	-1.901	-0.664
2R	0.140	0.045	-0.046	-0.114	-0.051	-0.085	-0.046	-0.077	-0.060	0.067	-0.091
3R	-0.017	-0.005	0.007	0.014	0.007	0.011	0.005	0.009	0.007	-0.008	0.010
SUMME(+)	0.313	0.802	2.017	5.817	2.320	0.642	1.101	1.168	0.522	0.144	0.020
SUMME(-)	-4.547	-0.540	-0.092	-0.253	-0.110	-0.642	-0.883	-0.473	-0.522	-3.488	-0.846
SUMME	-4.233	0.261	1.925	5.564	2.211	0.000	0.218	0.695	-0.000	-3.344	-0.827
FAKTOR	a						a			1/a	

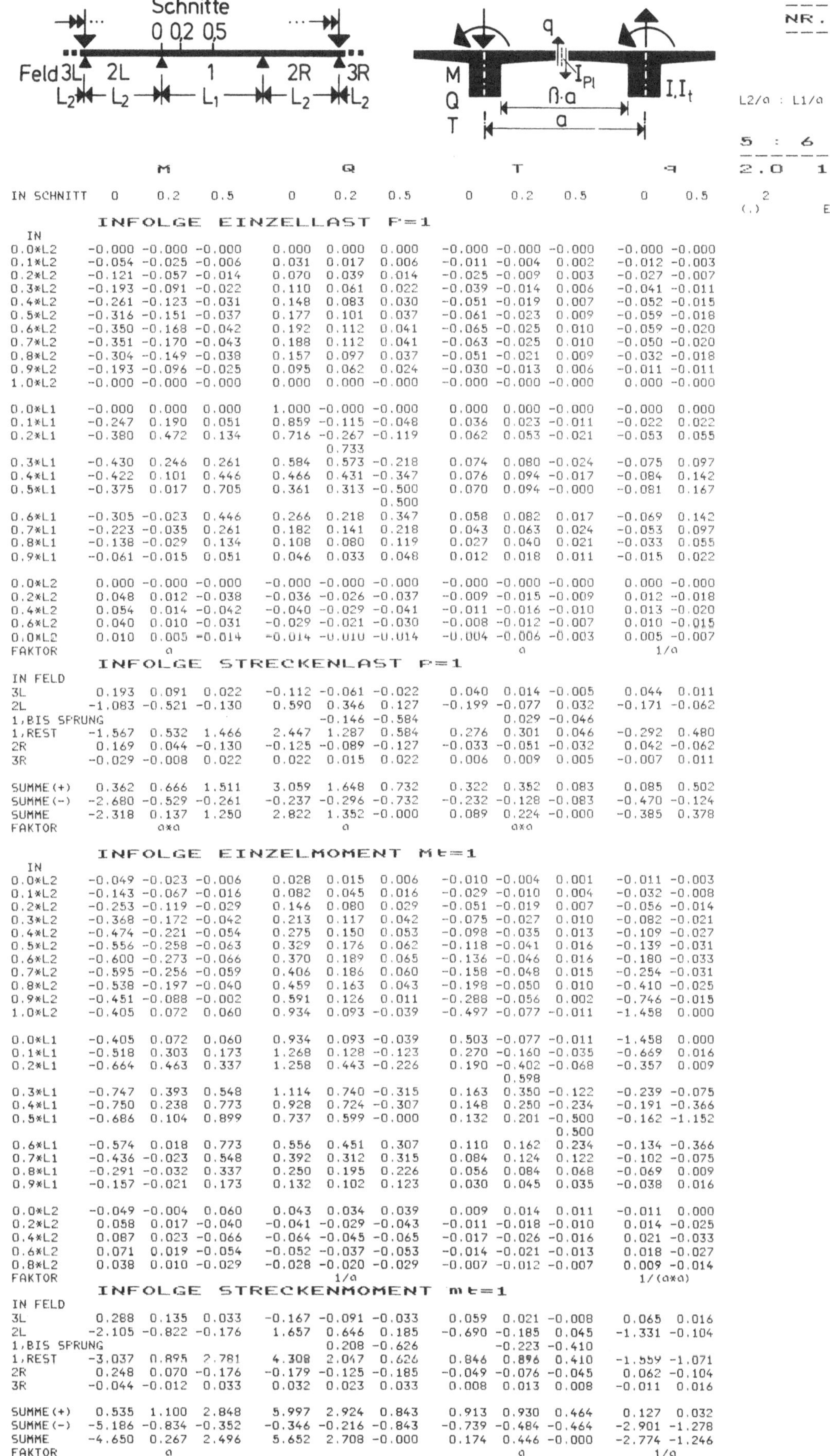

IN SCHNITT	M 0	M 0.2	M 0.5	Q 0	Q 0.2	Q 0.5	T 0	T 0.2	T 0.5	q 0	q 0.5

INFOLGE EINZELLAST P=1

IN	M 0	M 0.2	M 0.5	Q 0	Q 0.2	Q 0.5	T 0	T 0.2	T 0.5	q 0	q 0.5
0.0*L2	-0.000	-0.000	-0.000	0.000	0.000	0.000	-0.000	-0.000	-0.000	-0.000	-0.000
0.1*L2	-0.054	-0.025	-0.006	0.031	0.017	0.006	-0.011	-0.004	0.002	-0.012	-0.003
0.2*L2	-0.121	-0.057	-0.014	0.070	0.039	0.014	-0.025	-0.009	0.003	-0.027	-0.007
0.3*L2	-0.193	-0.091	-0.022	0.110	0.061	0.022	-0.039	-0.014	0.006	-0.041	-0.011
0.4*L2	-0.261	-0.123	-0.031	0.148	0.083	0.030	-0.051	-0.019	0.007	-0.052	-0.015
0.5*L2	-0.316	-0.151	-0.037	0.177	0.101	0.037	-0.061	-0.023	0.009	-0.059	-0.018
0.6*L2	-0.350	-0.168	-0.042	0.192	0.112	0.041	-0.065	-0.025	0.010	-0.059	-0.020
0.7*L2	-0.351	-0.170	-0.043	0.188	0.112	0.041	-0.063	-0.025	0.010	-0.050	-0.020
0.8*L2	-0.304	-0.149	-0.038	0.157	0.097	0.037	-0.051	-0.021	0.009	-0.032	-0.018
0.9*L2	-0.193	-0.096	-0.025	0.095	0.062	0.024	-0.030	-0.013	0.006	-0.011	-0.011
1.0*L2	-0.000	-0.000	-0.000	0.000	0.000	-0.000	-0.000	-0.000	-0.000	0.000	-0.000
0.0*L1	-0.000	0.000	0.000	1.000	-0.000	-0.000	0.000	0.000	-0.000	-0.000	0.000
0.1*L1	-0.247	0.190	0.051	0.859	-0.115	-0.048	0.036	0.023	-0.011	-0.022	0.022
0.2*L1	-0.380	0.472	0.134	0.716	-0.267	-0.119	0.062	0.053	-0.021	-0.053	0.055
				0.733							
0.3*L1	-0.430	0.246	0.261	0.584	0.573	-0.218	0.074	0.080	-0.024	-0.075	0.097
0.4*L1	-0.422	0.101	0.446	0.466	0.431	-0.347	0.076	0.094	-0.017	-0.084	0.142
0.5*L1	-0.375	0.017	0.705	0.361	0.313	-0.500	0.070	0.094	-0.000	-0.081	0.167
						0.500					
0.6*L1	-0.305	-0.023	0.446	0.266	0.218	0.347	0.058	0.082	0.017	-0.069	0.142
0.7*L1	-0.223	-0.035	0.261	0.182	0.141	0.218	0.043	0.063	0.024	-0.053	0.097
0.8*L1	-0.138	-0.029	0.134	0.108	0.080	0.119	0.027	0.040	0.021	-0.033	0.055
0.9*L1	-0.061	-0.015	0.051	0.046	0.033	0.048	0.012	0.018	0.011	-0.015	0.022
0.0*L2	0.000	-0.000	-0.000	-0.000	-0.000	-0.000	-0.000	-0.000	-0.000	0.000	-0.000
0.2*L2	0.048	0.012	-0.038	-0.036	-0.026	-0.037	-0.009	-0.015	-0.009	0.012	-0.018
0.4*L2	0.054	0.014	-0.042	-0.040	-0.029	-0.041	-0.011	-0.016	-0.010	0.013	-0.020
0.6*L2	0.040	0.010	-0.031	-0.029	-0.021	-0.030	-0.008	-0.012	-0.007	0.010	-0.015
0.8*L2	0.010	0.005	-0.014	-0.014	-0.010	-0.014	-0.004	-0.006	-0.003	0.005	-0.007
FAKTOR		a						a		1/a	

INFOLGE STRECKENLAST P=1

IN FELD	M 0	M 0.2	M 0.5	Q 0	Q 0.2	Q 0.5	T 0	T 0.2	T 0.5	q 0	q 0.5
3L	0.193	0.091	0.022	-0.112	-0.061	-0.022	0.040	0.014	-0.005	0.044	0.011
2L	-1.083	-0.521	-0.130	0.590	0.346	0.127	-0.199	-0.077	0.032	-0.171	-0.062
1,BIS SPRUNG					-0.146	-0.584		0.029	-0.046		
1,REST	-1.567	0.532	1.466	2.447	1.287	0.584	0.276	0.301	0.046	-0.292	0.480
2R	0.169	0.044	-0.130	-0.125	-0.089	-0.127	-0.033	-0.051	-0.032	0.042	-0.062
3R	-0.029	-0.008	0.022	0.022	0.015	0.022	0.006	0.009	0.005	-0.007	0.011
SUMME(+)	0.362	0.666	1.511	3.059	1.648	0.732	0.322	0.352	0.083	0.085	0.502
SUMME(-)	-2.680	-0.529	-0.261	-0.237	-0.296	-0.732	-0.232	-0.128	-0.083	-0.470	-0.124
SUMME	-2.318	0.137	1.250	2.822	1.352	-0.000	0.089	0.224	-0.000	-0.385	0.378
FAKTOR		a*a			a			a*a			

INFOLGE EINZELMOMENT Mt=1

IN	M 0	M 0.2	M 0.5	Q 0	Q 0.2	Q 0.5	T 0	T 0.2	T 0.5	q 0	q 0.5
0.0*L2	-0.049	-0.023	-0.006	0.028	0.015	0.006	-0.010	-0.004	0.001	-0.011	-0.003
0.1*L2	-0.143	-0.067	-0.016	0.082	0.045	0.016	-0.029	-0.010	0.004	-0.032	-0.008
0.2*L2	-0.253	-0.119	-0.029	0.146	0.080	0.029	-0.051	-0.019	0.007	-0.056	-0.014
0.3*L2	-0.368	-0.172	-0.042	0.213	0.117	0.042	-0.075	-0.027	0.010	-0.082	-0.021
0.4*L2	-0.474	-0.221	-0.054	0.275	0.150	0.053	-0.098	-0.035	0.013	-0.109	-0.027
0.5*L2	-0.556	-0.258	-0.063	0.329	0.176	0.062	-0.118	-0.041	0.016	-0.139	-0.031
0.6*L2	-0.600	-0.273	-0.066	0.370	0.189	0.065	-0.136	-0.046	0.016	-0.180	-0.033
0.7*L2	-0.595	-0.256	-0.059	0.406	0.186	0.060	-0.158	-0.048	0.015	-0.254	-0.031
0.8*L2	-0.538	-0.197	-0.040	0.459	0.163	0.043	-0.198	-0.050	0.010	-0.410	-0.025
0.9*L2	-0.451	-0.088	-0.002	0.591	0.126	0.011	-0.288	-0.056	0.002	-0.746	-0.015
1.0*L2	-0.405	0.072	0.060	0.934	0.093	-0.039	-0.497	-0.077	-0.011	-1.458	0.000
0.0*L1	-0.405	0.072	0.060	0.934	0.093	-0.039	0.503	-0.077	-0.011	-1.458	0.000
0.1*L1	-0.518	0.303	0.173	1.268	0.128	-0.123	0.270	-0.160	-0.035	-0.669	0.016
0.2*L1	-0.664	0.463	0.337	1.258	0.443	-0.226	0.190	-0.402	-0.068	-0.357	0.009
									0.598		
0.3*L1	-0.747	0.393	0.548	1.114	0.740	-0.315	0.163	0.350	-0.122	-0.239	-0.075
0.4*L1	-0.750	0.238	0.773	0.928	0.724	-0.307	0.148	0.250	-0.234	-0.191	-0.366
0.5*L1	-0.686	0.104	0.899	0.737	0.599	-0.000	0.132	0.201	-0.500	-0.162	-1.152
									0.500		
0.6*L1	-0.574	0.018	0.773	0.556	0.451	0.307	0.110	0.162	0.234	-0.134	-0.366
0.7*L1	-0.436	-0.023	0.548	0.392	0.312	0.315	0.084	0.124	0.122	-0.102	-0.075
0.8*L1	-0.291	-0.032	0.337	0.250	0.195	0.226	0.056	0.084	0.068	-0.069	0.009
0.9*L1	-0.157	-0.021	0.173	0.132	0.102	0.123	0.030	0.045	0.035	-0.038	0.016
0.0*L2	-0.049	-0.004	0.060	0.043	0.034	0.039	0.009	0.014	0.011	-0.011	0.000
0.2*L2	0.058	0.017	-0.040	-0.041	-0.029	-0.043	-0.011	-0.018	-0.010	0.014	-0.025
0.4*L2	0.087	0.023	-0.066	-0.064	-0.045	-0.065	-0.017	-0.026	-0.016	0.021	-0.033
0.6*L2	0.071	0.019	-0.054	-0.052	-0.037	-0.053	-0.014	-0.021	-0.013	0.018	-0.027
0.8*L2	0.038	0.010	-0.029	-0.028	-0.020	-0.029	-0.007	-0.012	-0.007	0.009	-0.014
FAKTOR					1/a					1/(a*a)	

INFOLGE STRECKENMOMENT mt=1

IN FELD	M 0	M 0.2	M 0.5	Q 0	Q 0.2	Q 0.5	T 0	T 0.2	T 0.5	q 0	q 0.5
3L	0.288	0.135	0.033	-0.167	-0.091	-0.033	0.059	0.021	-0.008	0.065	0.016
2L	-2.105	-0.822	-0.176	1.657	0.646	0.185	-0.690	-0.185	0.045	-1.331	-0.104
1,BIS SPRUNG					0.208	-0.626		-0.223	-0.410		
1,REST	-3.037	0.895	2.781	4.308	2.047	0.626	0.846	0.896	0.410	-1.559	-1.071
2R	0.248	0.070	-0.176	-0.179	-0.125	-0.185	-0.049	-0.076	-0.045	0.062	-0.104
3R	-0.044	-0.012	0.033	0.032	0.023	0.033	0.008	0.013	0.008	-0.011	0.016
SUMME(+)	0.535	1.100	2.848	5.997	2.924	0.843	0.913	0.930	0.464	0.127	0.032
SUMME(-)	-5.186	-0.834	-0.352	-0.346	-0.216	-0.843	-0.739	-0.484	-0.464	-2.901	-1.278
SUMME	-4.650	0.267	2.496	5.652	2.708	-0.000	0.174	0.446	-0.000	-2.774	-1.246
FAKTOR		a						a		1/a	

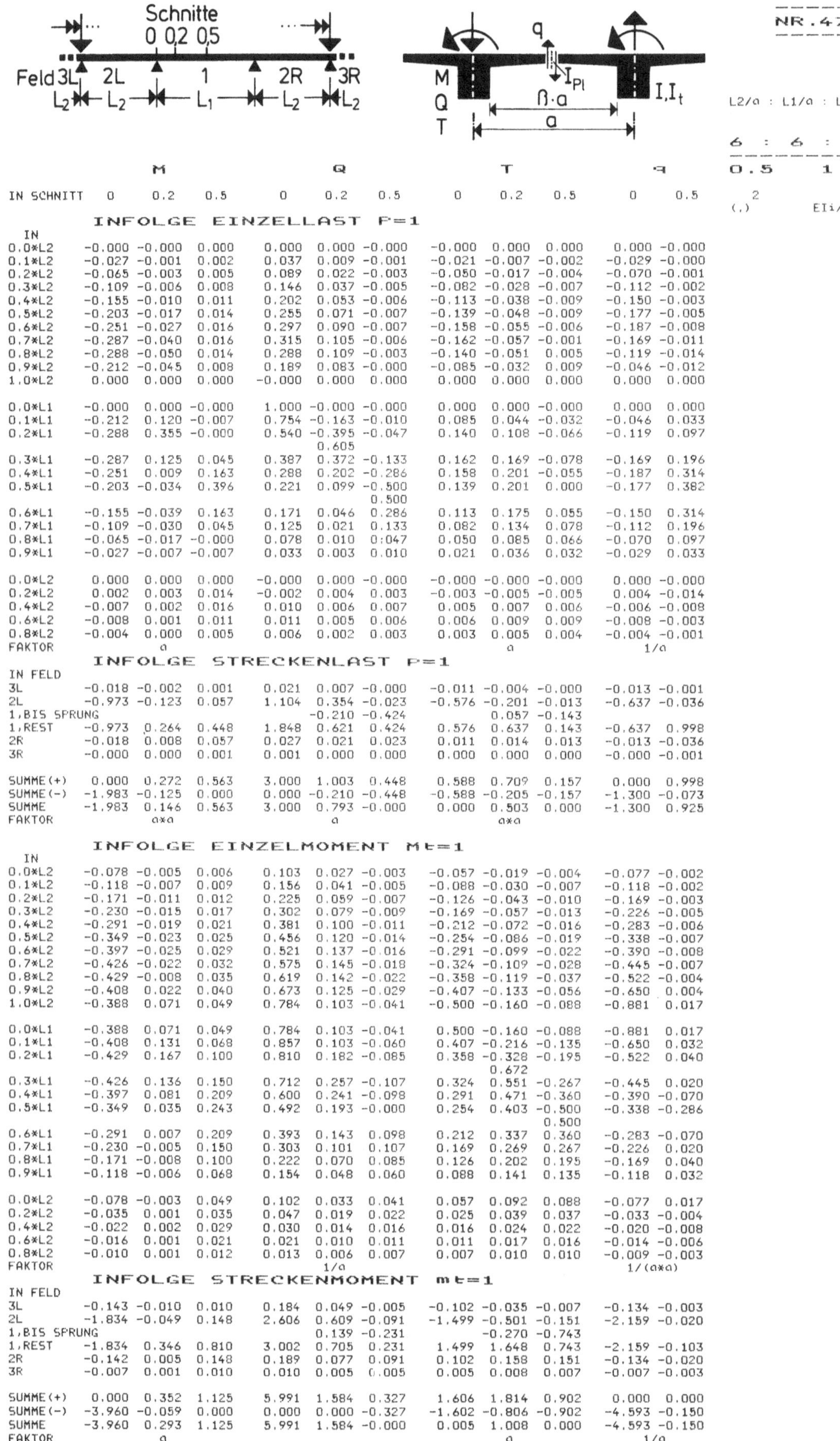

	M			Q			T			q	
IN SCHNITT	0	0.2	0.5	0	0.2	0.5	0	0.2	0.5	0	0.5

INFOLGE EINZELLAST P=1

IN	M 0	M 0.2	M 0.5	Q 0	Q 0.2	Q 0.5	T 0	T 0.2	T 0.5	q 0	q 0.5
0.0*L2	-0.000	-0.000	0.000	0.000	0.000	-0.000	-0.000	0.000	0.000	0.000	-0.000
0.1*L2	-0.027	-0.001	0.002	0.037	0.009	-0.001	-0.021	-0.007	-0.002	-0.029	-0.000
0.2*L2	-0.065	-0.003	0.005	0.089	0.022	-0.003	-0.050	-0.017	-0.004	-0.070	-0.001
0.3*L2	-0.109	-0.006	0.008	0.146	0.037	-0.005	-0.082	-0.028	-0.007	-0.112	-0.002
0.4*L2	-0.155	-0.010	0.011	0.202	0.053	-0.006	-0.113	-0.038	-0.009	-0.150	-0.003
0.5*L2	-0.203	-0.017	0.014	0.255	0.071	-0.007	-0.139	-0.048	-0.009	-0.177	-0.005
0.6*L2	-0.251	-0.027	0.016	0.297	0.090	-0.007	-0.158	-0.055	-0.006	-0.187	-0.008
0.7*L2	-0.287	-0.040	0.016	0.315	0.105	-0.006	-0.162	-0.057	-0.001	-0.169	-0.011
0.8*L2	-0.288	-0.050	0.014	0.288	0.109	-0.003	-0.140	-0.051	0.005	-0.119	-0.014
0.9*L2	-0.212	-0.045	0.008	0.189	0.083	-0.000	-0.085	-0.032	0.009	-0.046	-0.012
1.0*L2	0.000	0.000	0.000	-0.000	0.000	0.000	0.000	0.000	1.000	0.000	0.000
0.0*L1	-0.000	0.000	-0.000	1.000	-0.000	-0.000	0.000	0.000	-0.000	0.000	0.000
0.1*L1	-0.212	0.120	-0.007	0.754	-0.163	-0.010	0.085	0.044	-0.032	-0.046	0.033
0.2*L1	-0.288	0.355	-0.000	0.540	-0.395	-0.047	0.140	0.108	-0.066	-0.119	0.097
				0.605							
0.3*L1	-0.287	0.125	0.045	0.387	0.372	-0.133	0.162	0.169	-0.078	-0.169	0.196
0.4*L1	-0.251	0.009	0.163	0.288	0.202	-0.286	0.158	0.201	-0.055	-0.187	0.314
0.5*L1	-0.203	-0.034	0.396	0.221	0.099	-0.500	0.139	0.201	0.000	-0.177	0.382
						0.500					
0.6*L1	-0.155	-0.039	0.163	0.171	0.046	0.286	0.113	0.175	0.055	-0.150	0.314
0.7*L1	-0.109	-0.030	0.045	0.125	0.021	0.133	0.082	0.134	0.078	-0.112	0.196
0.8*L1	-0.065	-0.017	-0.000	0.078	0.010	0:047	0.050	0.085	0.066	-0.070	0.097
0.9*L1	-0.027	-0.007	-0.007	0.033	0.003	0.010	0.021	0.036	0.032	-0.029	0.033
0.0*L2	0.000	0.000	0.000	-0.000	0.000	-0.000	-0.000	-0.000	-0.000	0.000	-0.000
0.2*L2	0.002	0.003	0.014	-0.002	0.004	0.003	-0.003	-0.005	-0.005	0.004	-0.014
0.4*L2	-0.007	0.002	0.016	0.010	0.006	0.007	0.005	0.007	0.006	-0.006	-0.008
0.6*L2	-0.008	0.001	0.011	0.011	0.005	0.006	0.006	0.009	0.009	-0.008	-0.003
0.8*L2	-0.004	0.000	0.005	0.006	0.002	0.003	0.003	0.005	0.004	-0.004	-0.001
FAKTOR	a						a			1/a	

INFOLGE STRECKENLAST P=1

IN FELD	M 0	M 0.2	M 0.5	Q 0	Q 0.2	Q 0.5	T 0	T 0.2	T 0.5	q 0	q 0.5
3L	-0.018	-0.002	0.001	0.021	0.007	-0.000	-0.011	-0.004	-0.000	-0.013	-0.001
2L	-0.973	-0.123	0.057	1.104	0.354	-0.023	-0.576	-0.201	-0.013	-0.637	-0.036
1,BIS SPRUNG					-0.210	-0.424		0.057	-0.143		
1,REST	-0.973	0.264	0.448	1.848	0.621	0.424	0.576	0.637	0.143	-0.637	0.998
2R	-0.018	0.008	0.057	0.027	0.021	0.023	0.011	0.014	0.013	-0.013	-0.036
3R	-0.000	0.000	0.001	0.001	0.000	0.000	0.000	0.000	0.000	-0.000	-0.001
SUMME(+)	0.000	0.272	0.563	3.000	1.003	0.448	0.588	0.709	0.157	0.000	0.998
SUMME(-)	-1.983	-0.125	0.000	0.000	-0.210	-0.448	-0.588	-0.205	-0.157	-1.300	-0.073
SUMME	-1.983	0.146	0.563	3.000	0.793	-0.000	0.000	0.503	0.000	-1.300	0.925
FAKTOR	a*a			a			a*a				

INFOLGE EINZELMOMENT Mt=1

IN	M 0	M 0.2	M 0.5	Q 0	Q 0.2	Q 0.5	T 0	T 0.2	T 0.5	q 0	q 0.5
0.0*L2	-0.078	-0.005	0.006	0.103	0.027	-0.003	-0.057	-0.019	-0.004	-0.077	-0.002
0.1*L2	-0.118	-0.007	0.009	0.156	0.041	-0.005	-0.088	-0.030	-0.007	-0.118	-0.002
0.2*L2	-0.171	-0.011	0.012	0.225	0.059	-0.007	-0.126	-0.043	-0.010	-0.169	-0.003
0.3*L2	-0.230	-0.015	0.017	0.302	0.079	-0.009	-0.169	-0.057	-0.013	-0.226	-0.005
0.4*L2	-0.291	-0.019	0.021	0.381	0.100	-0.011	-0.212	-0.072	-0.016	-0.283	-0.006
0.5*L2	-0.349	-0.023	0.025	0.456	0.120	-0.014	-0.254	-0.086	-0.019	-0.338	-0.007
0.6*L2	-0.397	-0.025	0.029	0.521	0.137	-0.016	-0.291	-0.099	-0.022	-0.390	-0.008
0.7*L2	-0.426	-0.022	0.032	0.575	0.145	-0.018	-0.324	-0.109	-0.028	-0.445	-0.007
0.8*L2	-0.429	-0.008	0.035	0.619	0.142	-0.022	-0.358	-0.119	-0.037	-0.522	-0.004
0.9*L2	-0.408	0.022	0.040	0.673	0.125	-0.029	-0.407	-0.133	-0.056	-0.650	0.004
1.0*L2	-0.388	0.071	0.049	0.784	0.103	-0.041	-0.500	-0.160	-0.088	-0.881	0.017
0.0*L1	-0.388	0.071	0.049	0.784	0.103	-0.041	0.500	-0.160	-0.088	-0.881	0.017
0.1*L1	-0.408	0.131	0.068	0.857	0.103	-0.060	0.407	-0.216	-0.135	-0.650	0.032
0.2*L1	-0.429	0.167	0.100	0.810	0.182	-0.085	0.358	-0.328	-0.195	-0.522	0.040
				0.672							
0.3*L1	-0.426	0.136	0.150	0.712	0.257	-0.107	0.324	0.551	-0.267	-0.445	0.020
0.4*L1	-0.397	0.081	0.209	0.600	0.241	-0.098	0.291	0.471	-0.360	-0.390	-0.070
0.5*L1	-0.349	0.035	0.243	0.492	0.193	-0.000	0.254	0.403	-0.500	-0.338	-0.286
									0.500		
0.6*L1	-0.291	0.007	0.209	0.393	0.143	0.098	0.212	0.337	0.360	-0.283	-0.070
0.7*L1	-0.230	-0.005	0.150	0.303	0.101	0.107	0.169	0.269	0.267	-0.226	0.020
0.8*L1	-0.171	-0.008	0.100	0.222	0.070	0.085	0.126	0.202	0.195	-0.169	0.040
0.9*L1	-0.118	-0.006	0.068	0.154	0.048	0.060	0.088	0.141	0.135	-0.118	0.032
0.0*L2	-0.078	-0.003	0.049	0.102	0.033	0.041	0.057	0.092	0.088	-0.077	0.017
0.2*L2	-0.035	0.001	0.035	0.047	0.019	0.022	0.025	0.039	0.037	-0.033	-0.004
0.4*L2	-0.022	0.002	0.029	0.030	0.014	0.016	0.016	0.024	0.022	-0.020	-0.008
0.6*L2	-0.016	0.001	0.021	0.021	0.010	0.011	0.011	0.017	0.016	-0.014	-0.006
0.8*L2	-0.010	0.001	0.012	0.013	0.006	0.007	0.007	0.010	0.010	-0.009	-0.003
FAKTOR				1/a						1/(a*a)	

INFOLGE STRECKENMOMENT mt=1

IN FELD	M 0	M 0.2	M 0.5	Q 0	Q 0.2	Q 0.5	T 0	T 0.2	T 0.5	q 0	q 0.5
3L	-0.143	-0.010	0.010	0.184	0.049	-0.005	-0.102	-0.035	-0.007	-0.134	-0.003
2L	-1.834	-0.049	0.148	2.606	0.609	-0.091	-1.499	-0.501	-0.151	-2.159	-0.020
1,BIS SPRUNG					0.139	-0.231		-0.270	-0.743		
1,REST	-1.834	0.346	0.810	3.002	0.705	0.231	1.499	1.648	0.743	-2.159	-0.103
2R	-0.142	0.005	0.148	0.189	0.077	0.091	0.102	0.158	0.151	-0.134	-0.020
3R	-0.007	0.001	0.010	0.010	0.005	0.005	0.005	0.008	0.007	-0.007	-0.003
SUMME(+)	0.000	0.352	1.125	5.991	1.584	0.327	1.606	1.814	0.902	0.000	0.000
SUMME(-)	-3.960	-0.059	0.000	0.000	0.000	-0.327	-1.602	-0.806	-0.902	-4.593	-0.150
SUMME	-3.960	0.293	1.125	5.991	1.584	-0.000	0.005	1.008	0.000	-4.593	-0.150
FAKTOR	a						a			1/a	

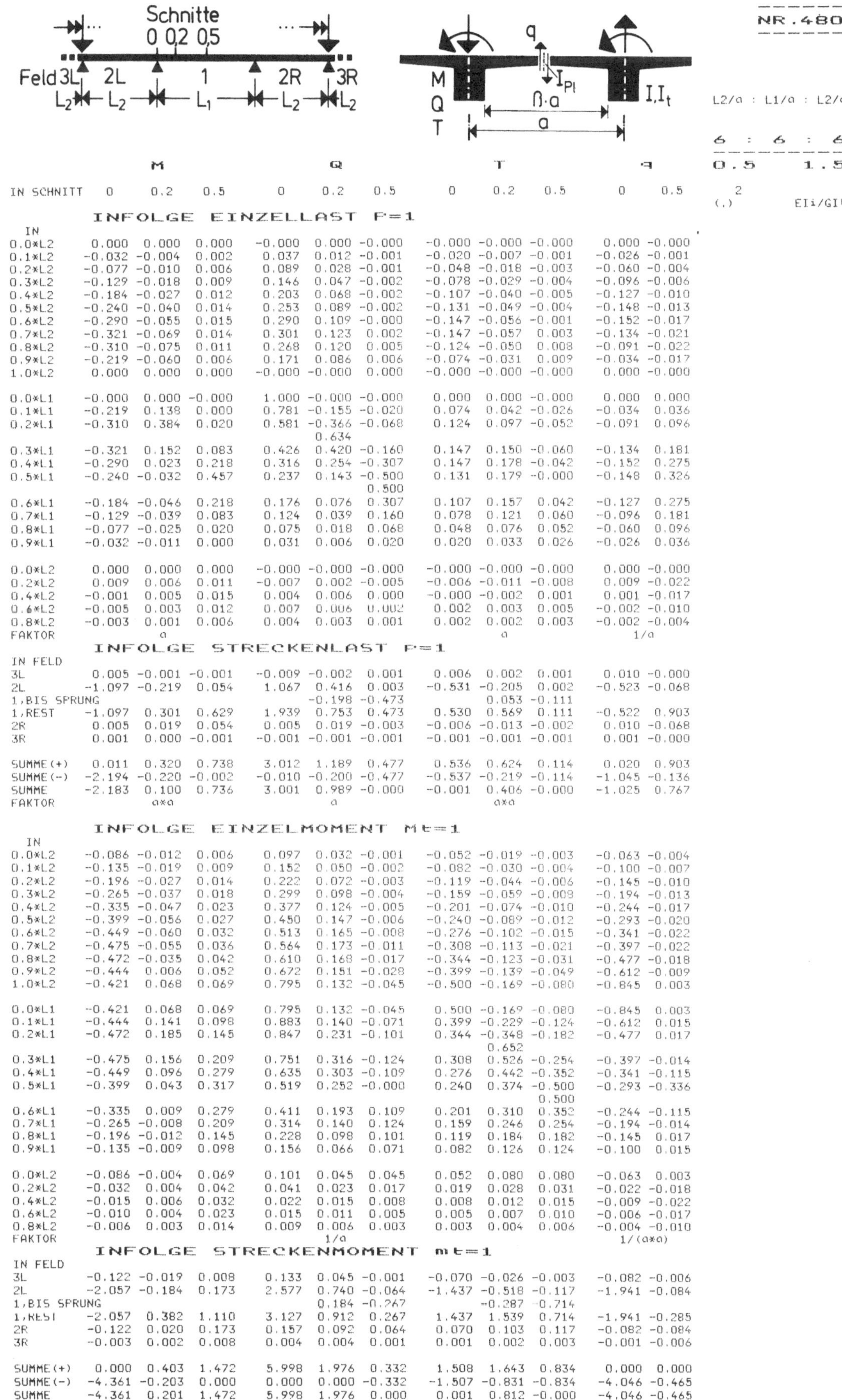

	M			Q			T			q	
IN SCHNITT	0	0.2	0.5	0	0.2	0.5	0	0.2	0.5	0	0.5

INFOLGE EINZELLAST P=1

IN	M-0	M-0.2	M-0.5	Q-0	Q-0.2	Q-0.5	T-0	T-0.2	T-0.5	q-0	q-0.5
0.0*L2	0.000	0.000	0.000	-0.000	0.000	-0.000	-0.000	-0.000	-0.000	0.000	-0.000
0.1*L2	-0.032	-0.004	0.002	0.037	0.012	-0.001	-0.020	-0.007	-0.001	-0.026	-0.001
0.2*L2	-0.077	-0.010	0.006	0.089	0.028	-0.001	-0.048	-0.018	-0.003	-0.060	-0.004
0.3*L2	-0.129	-0.018	0.009	0.146	0.047	-0.002	-0.078	-0.029	-0.004	-0.096	-0.006
0.4*L2	-0.184	-0.027	0.012	0.203	0.068	-0.002	-0.107	-0.040	-0.005	-0.127	-0.010
0.5*L2	-0.240	-0.040	0.014	0.253	0.089	-0.002	-0.131	-0.049	-0.004	-0.148	-0.013
0.6*L2	-0.290	-0.055	0.015	0.290	0.109	-0.000	-0.147	-0.056	-0.001	-0.152	-0.017
0.7*L2	-0.321	-0.069	0.014	0.301	0.123	0.002	-0.147	-0.057	0.003	-0.134	-0.021
0.8*L2	-0.310	-0.075	0.011	0.268	0.120	0.005	-0.124	-0.050	0.008	-0.091	-0.022
0.9*L2	-0.219	-0.060	0.006	0.171	0.086	0.006	-0.074	-0.031	0.009	-0.034	-0.017
1.0*L2	0.000	0.000	0.000	-0.000	-0.000	0.000	-0.000	-0.000	-0.000	0.000	-0.000
0.0*L1	-0.000	0.000	-0.000	1.000	-0.000	-0.000	0.000	0.000	-0.000	0.000	0.000
0.1*L1	-0.219	0.138	0.000	0.781	-0.155	-0.020	0.074	0.042	-0.026	-0.034	0.036
0.2*L1	-0.310	0.384	0.020	0.581	-0.366	-0.068	0.124	0.097	-0.052	-0.091	0.096
						0.634					
0.3*L1	-0.321	0.152	0.083	0.426	0.420	-0.160	0.147	0.150	-0.060	-0.134	0.181
0.4*L1	-0.290	0.023	0.218	0.316	0.254	-0.307	0.147	0.178	-0.042	-0.152	0.275
0.5*L1	-0.240	-0.032	0.457	0.237	0.143	-0.500	0.131	0.179	-0.000	-0.148	0.326
						0.500					
0.6*L1	-0.184	-0.046	0.218	0.176	0.076	0.307	0.107	0.157	0.042	-0.127	0.275
0.7*L1	-0.129	-0.039	0.083	0.124	0.039	0.160	0.078	0.121	0.060	-0.096	0.181
0.8*L1	-0.077	-0.025	0.020	0.075	0.018	0.068	0.048	0.076	0.052	-0.060	0.096
0.9*L1	-0.032	-0.011	0.000	0.031	0.006	0.020	0.020	0.033	0.026	-0.026	0.036
0.0*L2	0.000	0.000	0.000	-0.000	-0.000	-0.000	-0.000	-0.000	-0.000	0.000	-0.000
0.2*L2	0.009	0.006	0.011	-0.007	0.002	-0.005	-0.006	-0.011	-0.008	0.009	-0.022
0.4*L2	-0.001	0.005	0.015	0.004	0.006	0.000	-0.000	-0.002	0.001	0.001	-0.017
0.6*L2	-0.005	0.003	0.012	0.007	0.006	0.002	0.002	0.003	0.005	-0.002	-0.010
0.8*L2	-0.003	0.001	0.006	0.004	0.003	0.001	0.002	0.002	0.003	-0.002	-0.004
FAKTOR	a						a			1/a	

INFOLGE STRECKENLAST P=1

IN FELD	M-0	M-0.2	M-0.5	Q-0	Q-0.2	Q-0.5	T-0	T-0.2	T-0.5	q-0	q-0.5
3L	0.005	-0.001	-0.001	-0.009	-0.002	0.001	0.006	0.002	0.001	0.010	-0.000
2L	-1.097	-0.219	0.054	1.067	0.416	0.003	-0.531	-0.205	0.002	-0.523	-0.068
1,BIS SPRUNG					-0.198	-0.473	0.053	-0.111			
1,REST	-1.097	0.301	0.629	1.939	0.753	0.473	0.530	0.569	0.111	-0.522	0.903
2R	0.005	0.019	0.054	0.005	0.019	-0.003	-0.006	-0.013	-0.002	0.010	-0.068
3R	0.001	0.000	-0.001	-0.001	-0.001	-0.001	-0.001	-0.001	-0.001	0.001	-0.000
SUMME(+)	0.011	0.320	0.738	3.012	1.189	0.477	0.536	0.624	0.114	0.020	0.903
SUMME(-)	-2.194	-0.220	-0.002	-0.010	-0.200	-0.477	-0.537	-0.219	-0.114	-1.045	-0.136
SUMME	-2.183	0.100	0.736	3.001	0.989	-0.000	-0.001	0.406	-0.000	-1.025	0.767
FAKTOR	a*a			a			a*a			1/a	

INFOLGE EINZELMOMENT Mt=1

IN	M-0	M-0.2	M-0.5	Q-0	Q-0.2	Q-0.5	T-0	T-0.2	T-0.5	q-0	q-0.5
0.0*L2	-0.086	-0.012	0.006	0.097	0.032	-0.001	-0.052	-0.019	-0.003	-0.063	-0.004
0.1*L2	-0.135	-0.019	0.009	0.152	0.050	-0.002	-0.082	-0.030	-0.004	-0.100	-0.007
0.2*L2	-0.196	-0.027	0.014	0.222	0.072	-0.003	-0.119	-0.044	-0.006	-0.145	-0.010
0.3*L2	-0.265	-0.037	0.018	0.299	0.098	-0.004	-0.159	-0.059	-0.008	-0.194	-0.013
0.4*L2	-0.335	-0.047	0.023	0.377	0.124	-0.005	-0.201	-0.074	-0.010	-0.244	-0.017
0.5*L2	-0.399	-0.056	0.027	0.450	0.147	-0.006	-0.240	-0.089	-0.012	-0.293	-0.020
0.6*L2	-0.449	-0.060	0.032	0.513	0.165	-0.008	-0.276	-0.102	-0.015	-0.341	-0.022
0.7*L2	-0.475	-0.055	0.036	0.564	0.173	-0.011	-0.308	-0.113	-0.021	-0.397	-0.022
0.8*L2	-0.472	-0.035	0.042	0.610	0.168	-0.017	-0.344	-0.123	-0.031	-0.477	-0.018
0.9*L2	-0.444	0.006	0.052	0.672	0.151	-0.028	-0.399	-0.139	-0.049	-0.612	-0.009
1.0*L2	-0.421	0.068	0.069	0.795	0.132	-0.045	-0.500	-0.169	-0.080	-0.845	0.003
0.0*L1	-0.421	0.068	0.069	0.795	0.132	-0.045	0.500	-0.169	-0.080	-0.845	0.003
0.1*L1	-0.444	0.141	0.098	0.883	0.140	-0.071	0.399	-0.229	-0.124	-0.612	0.015
0.2*L1	-0.472	0.185	0.145	0.847	0.231	-0.101	0.344	-0.348	-0.182	-0.477	0.017
								0.652			
0.3*L1	-0.475	0.156	0.209	0.751	0.316	-0.124	0.308	0.526	-0.254	-0.397	-0.014
0.4*L1	-0.449	0.096	0.279	0.635	0.303	-0.109	0.276	0.442	-0.352	-0.341	-0.115
0.5*L1	-0.399	0.043	0.317	0.519	0.252	-0.000	0.240	0.374	-0.500	-0.293	-0.336
									0.500		
0.6*L1	-0.335	0.009	0.279	0.411	0.193	0.109	0.201	0.310	0.352	-0.244	-0.115
0.7*L1	-0.265	-0.008	0.209	0.314	0.140	0.124	0.159	0.246	0.254	-0.194	-0.014
0.8*L1	-0.196	-0.012	0.145	0.228	0.098	0.101	0.119	0.184	0.182	-0.145	0.017
0.9*L1	-0.135	-0.009	0.098	0.156	0.066	0.071	0.082	0.126	0.124	-0.100	0.015
0.0*L2	-0.086	-0.004	0.069	0.101	0.045	0.045	0.052	0.080	0.080	-0.063	0.003
0.2*L2	-0.032	0.004	0.042	0.041	0.023	0.017	0.019	0.028	0.031	-0.022	-0.018
0.4*L2	-0.015	0.006	0.032	0.022	0.015	0.008	0.008	0.012	0.015	-0.009	-0.022
0.6*L2	-0.010	0.004	0.023	0.015	0.011	0.005	0.005	0.007	0.010	-0.006	-0.017
0.8*L2	-0.006	0.003	0.014	0.009	0.006	0.003	0.003	0.004	0.006	-0.004	-0.010
FAKTOR				1/a						1/(a*a)	

INFOLGE STRECKENMOMENT mt=1

IN FELD	M-0	M-0.2	M-0.5	Q-0	Q-0.2	Q-0.5	T-0	T-0.2	T-0.5	q-0	q-0.5
3L	-0.122	-0.019	0.008	0.133	0.045	-0.001	-0.070	-0.026	-0.003	-0.082	-0.006
2L	-2.057	-0.184	0.173	2.577	0.740	-0.064	-1.437	-0.518	-0.117	-1.941	-0.084
1,BIS SPRUNG					0.184	-0.267	-0.287	-0.714			
1,REST	-2.057	0.382	1.110	3.127	0.912	0.267	1.437	1.539	0.714	-1.941	-0.285
2R	-0.122	0.020	0.173	0.157	0.092	0.064	0.070	0.103	0.117	-0.082	-0.084
3R	-0.003	0.002	0.008	0.004	0.004	0.001	0.001	0.002	0.003	-0.001	-0.006
SUMME(+)	0.000	0.403	1.472	5.998	1.976	0.332	1.508	1.643	0.834	0.000	0.000
SUMME(-)	-4.361	-0.203	0.000	0.000	0.000	-0.332	-1.507	-0.831	-0.834	-4.046	-0.465
SUMME	-4.361	0.201	1.472	5.998	1.976	0.000	0.001	0.812	-0.000	-4.046	-0.465
FAKTOR	a						a			1/a	

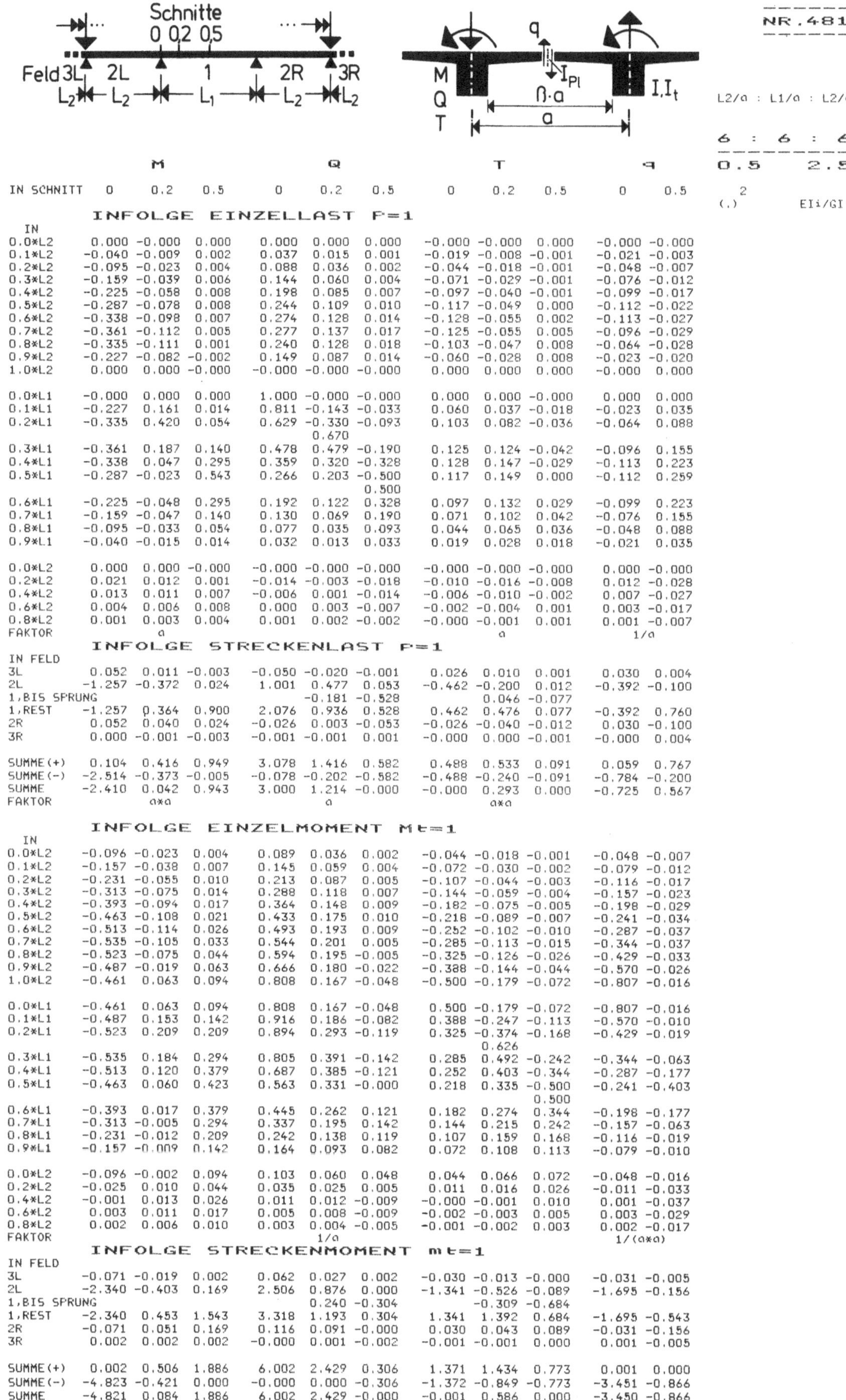

	M			Q			T			q	
IN SCHNITT	0	0.2	0.5	0	0.2	0.5	0	0.2	0.5	0	0.5

INFOLGE EINZELLAST P=1

IN	M 0	M 0.2	M 0.5	Q 0	Q 0.2	Q 0.5	T 0	T 0.2	T 0.5	q 0	q 0.5
0.0*L2	0.000	-0.000	0.000	0.000	0.000	0.000	-0.000	-0.000	0.000	-0.000	-0.000
0.1*L2	-0.040	-0.009	0.002	0.037	0.015	0.001	-0.019	-0.008	-0.001	-0.021	-0.003
0.2*L2	-0.095	-0.023	0.004	0.088	0.036	0.002	-0.044	-0.018	-0.001	-0.048	-0.007
0.3*L2	-0.159	-0.039	0.006	0.144	0.060	0.004	-0.071	-0.029	-0.001	-0.076	-0.012
0.4*L2	-0.225	-0.058	0.008	0.198	0.085	0.007	-0.097	-0.040	-0.001	-0.099	-0.017
0.5*L2	-0.287	-0.078	0.008	0.244	0.109	0.010	-0.117	-0.049	0.000	-0.112	-0.022
0.6*L2	-0.338	-0.098	0.007	0.274	0.128	0.014	-0.128	-0.055	0.002	-0.113	-0.027
0.7*L2	-0.361	-0.112	0.005	0.277	0.137	0.017	-0.125	-0.055	0.005	-0.096	-0.029
0.8*L2	-0.335	-0.111	0.001	0.240	0.128	0.018	-0.103	-0.047	0.008	-0.064	-0.028
0.9*L2	-0.227	-0.082	-0.002	0.149	0.087	0.014	-0.060	-0.028	0.008	-0.023	-0.020
1.0*L2	0.000	0.000	-0.000	-0.000	-0.000	-0.000	0.000	0.000	0.000	-0.000	0.000
0.0*L1	-0.000	0.000	0.000	1.000	-0.000	-0.000	0.000	0.000	-0.000	0.000	0.000
0.1*L1	-0.227	0.161	0.014	0.811	-0.143	-0.033	0.060	0.037	-0.018	-0.023	0.035
0.2*L1	-0.335	0.420	0.054	0.629	-0.330	-0.093	0.103	0.082	-0.036	-0.064	0.088
					0.670						
0.3*L1	-0.361	0.187	0.140	0.478	0.479	-0.190	0.125	0.124	-0.042	-0.096	0.155
0.4*L1	-0.338	0.047	0.295	0.359	0.320	-0.328	0.128	0.147	-0.029	-0.113	0.223
0.5*L1	-0.287	-0.023	0.543	0.266	0.203	-0.500	0.117	0.149	0.000	-0.112	0.259
						0.500					
0.6*L1	-0.225	-0.048	0.295	0.192	0.122	0.328	0.097	0.132	0.029	-0.099	0.223
0.7*L1	-0.159	-0.047	0.140	0.130	0.069	0.190	0.071	0.102	0.042	-0.076	0.155
0.8*L1	-0.095	-0.033	0.054	0.077	0.035	0.093	0.044	0.065	0.036	-0.048	0.088
0.9*L1	-0.040	-0.015	0.014	0.032	0.013	0.033	0.019	0.028	0.018	-0.021	0.035
0.0*L2	0.000	0.000	-0.000	-0.000	-0.000	-0.000	-0.000	-0.000	-0.000	0.000	-0.000
0.2*L2	0.021	0.012	0.001	-0.014	-0.003	-0.018	-0.010	-0.016	-0.008	0.012	-0.028
0.4*L2	0.013	0.011	0.007	-0.006	0.001	-0.014	-0.006	-0.010	-0.002	0.007	-0.027
0.6*L2	0.004	0.006	0.008	0.000	0.003	-0.007	-0.002	-0.004	0.001	0.003	-0.017
0.8*L2	0.001	0.003	0.004	0.001	0.002	-0.002	-0.000	-0.001	0.001	0.001	-0.007
FAKTOR		a						a			1/a	

INFOLGE STRECKENLAST P=1

IN FELD	M 0	M 0.2	M 0.5	Q 0	Q 0.2	Q 0.5	T 0	T 0.2	T 0.5	q 0	q 0.5
3L	0.052	0.011	-0.003	-0.050	-0.020	-0.001	0.026	0.010	0.001	0.030	0.004
2L	-1.257	-0.372	0.024	1.001	0.477	0.053	-0.462	-0.200	0.012	-0.392	-0.100
1,BIS SPRUNG					-0.181	-0.528		0.046	-0.077		
1,REST	-1.257	0.364	0.900	2.076	0.936	0.528	0.462	0.476	0.077	-0.392	0.760
2R	0.052	0.040	0.024	-0.026	0.003	-0.053	-0.026	-0.040	-0.012	0.030	-0.100
3R	0.000	-0.001	-0.003	-0.001	-0.001	0.001	-0.000	0.000	-0.001	-0.000	0.004
SUMME(+)	0.104	0.416	0.949	3.078	1.416	0.582	0.488	0.533	0.091	0.059	0.767
SUMME(-)	-2.514	-0.373	-0.005	-0.078	-0.202	-0.582	-0.488	-0.240	-0.091	-0.784	-0.200
SUMME	-2.410	0.042	0.943	3.000	1.214	-0.000	-0.000	0.293	0.000	-0.725	0.567
FAKTOR		a*a			a			a*a			1/a	

INFOLGE EINZELMOMENT Mt=1

IN	M 0	M 0.2	M 0.5	Q 0	Q 0.2	Q 0.5	T 0	T 0.2	T 0.5	q 0	q 0.5
0.0*L2	-0.096	-0.023	0.004	0.089	0.036	0.002	-0.044	-0.018	-0.001	-0.048	-0.007
0.1*L2	-0.157	-0.038	0.007	0.145	0.059	0.004	-0.072	-0.030	-0.002	-0.079	-0.012
0.2*L2	-0.231	-0.055	0.010	0.213	0.087	0.005	-0.107	-0.044	-0.003	-0.116	-0.017
0.3*L2	-0.313	-0.075	0.014	0.288	0.118	0.007	-0.144	-0.059	-0.004	-0.157	-0.023
0.4*L2	-0.393	-0.094	0.017	0.364	0.148	0.009	-0.182	-0.075	-0.005	-0.198	-0.029
0.5*L2	-0.463	-0.108	0.021	0.433	0.175	0.010	-0.218	-0.089	-0.007	-0.241	-0.034
0.6*L2	-0.513	-0.114	0.026	0.493	0.193	0.009	-0.252	-0.102	-0.010	-0.287	-0.037
0.7*L2	-0.535	-0.105	0.033	0.544	0.201	0.005	-0.285	-0.113	-0.015	-0.344	-0.037
0.8*L2	-0.523	-0.075	0.044	0.594	0.195	-0.005	-0.325	-0.126	-0.026	-0.429	-0.033
0.9*L2	-0.487	-0.019	0.063	0.666	0.180	-0.022	-0.388	-0.144	-0.044	-0.570	-0.026
1.0*L2	-0.461	0.063	0.094	0.808	0.167	-0.048	-0.500	-0.179	-0.072	-0.807	-0.016
0.0*L1	-0.461	0.063	0.094	0.808	0.167	-0.048	0.500	-0.179	-0.072	-0.807	-0.016
0.1*L1	-0.487	0.153	0.142	0.916	0.186	-0.082	0.388	-0.247	-0.113	-0.570	-0.010
0.2*L1	-0.523	0.209	0.209	0.894	0.293	-0.119	0.325	-0.374	-0.168	-0.429	-0.019
								0.626			
0.3*L1	-0.535	0.184	0.294	0.805	0.391	-0.142	0.285	0.492	-0.242	-0.344	-0.063
0.4*L1	-0.513	0.120	0.379	0.687	0.385	-0.121	0.252	0.403	-0.344	-0.287	-0.177
0.5*L1	-0.463	0.060	0.423	0.563	0.331	-0.000	0.218	0.335	-0.500	-0.241	-0.403
									0.500		
0.6*L1	-0.393	0.017	0.379	0.445	0.262	0.121	0.182	0.274	0.344	-0.198	-0.177
0.7*L1	-0.313	-0.005	0.294	0.337	0.195	0.142	0.144	0.215	0.242	-0.157	-0.063
0.8*L1	-0.231	-0.012	0.209	0.242	0.138	0.119	0.107	0.159	0.168	-0.116	-0.019
0.9*L1	-0.157	-0.009	0.142	0.164	0.093	0.082	0.072	0.108	0.113	-0.079	-0.010
0.0*L2	-0.096	-0.002	0.094	0.103	0.060	0.048	0.044	0.066	0.072	-0.048	-0.016
0.2*L2	-0.025	0.010	0.044	0.035	0.025	0.005	0.011	0.016	0.026	-0.011	-0.033
0.4*L2	-0.001	0.013	0.026	0.011	0.012	-0.009	-0.000	-0.001	0.010	0.001	-0.037
0.6*L2	0.003	0.011	0.017	0.005	0.008	-0.003	-0.002	-0.003	0.005	0.003	-0.029
0.8*L2	0.002	0.006	0.010	0.003	0.004	-0.005	-0.001	-0.002	0.003	0.002	-0.017
FAKTOR					1/a						1/(a*a)	

INFOLGE STRECKENMOMENT mt=1

IN FELD	M 0	M 0.2	M 0.5	Q 0	Q 0.2	Q 0.5	T 0	T 0.2	T 0.5	q 0	q 0.5
3L	-0.071	-0.019	0.002	0.062	0.027	0.002	-0.030	-0.013	-0.000	-0.031	-0.005
2L	-2.340	-0.403	0.169	2.506	0.876	0.000	-1.341	-0.526	-0.089	-1.695	-0.156
1,BIS SPRUNG					0.240	-0.304		-0.309	-0.684		
1,REST	-2.340	0.453	1.543	3.318	1.193	0.304	1.341	1.392	0.684	-1.695	-0.543
2R	-0.071	0.051	0.169	0.116	0.091	-0.089	0.030	0.043	0.089	-0.031	-0.156
3R	0.002	0.002	0.002	-0.000	0.001	-0.002	-0.001	-0.001	0.000	0.001	-0.005
SUMME(+)	0.002	0.506	1.886	6.002	2.429	0.306	1.371	1.434	0.773	0.001	0.000
SUMME(-)	-4.823	-0.421	0.000	-0.000	0.000	-0.306	-1.372	-0.849	-0.773	-3.451	-0.866
SUMME	-4.821	0.084	1.886	6.002	2.429	-0.000	-0.001	0.586	0.000	-3.450	-0.866
FAKTOR		a						a			1/a	

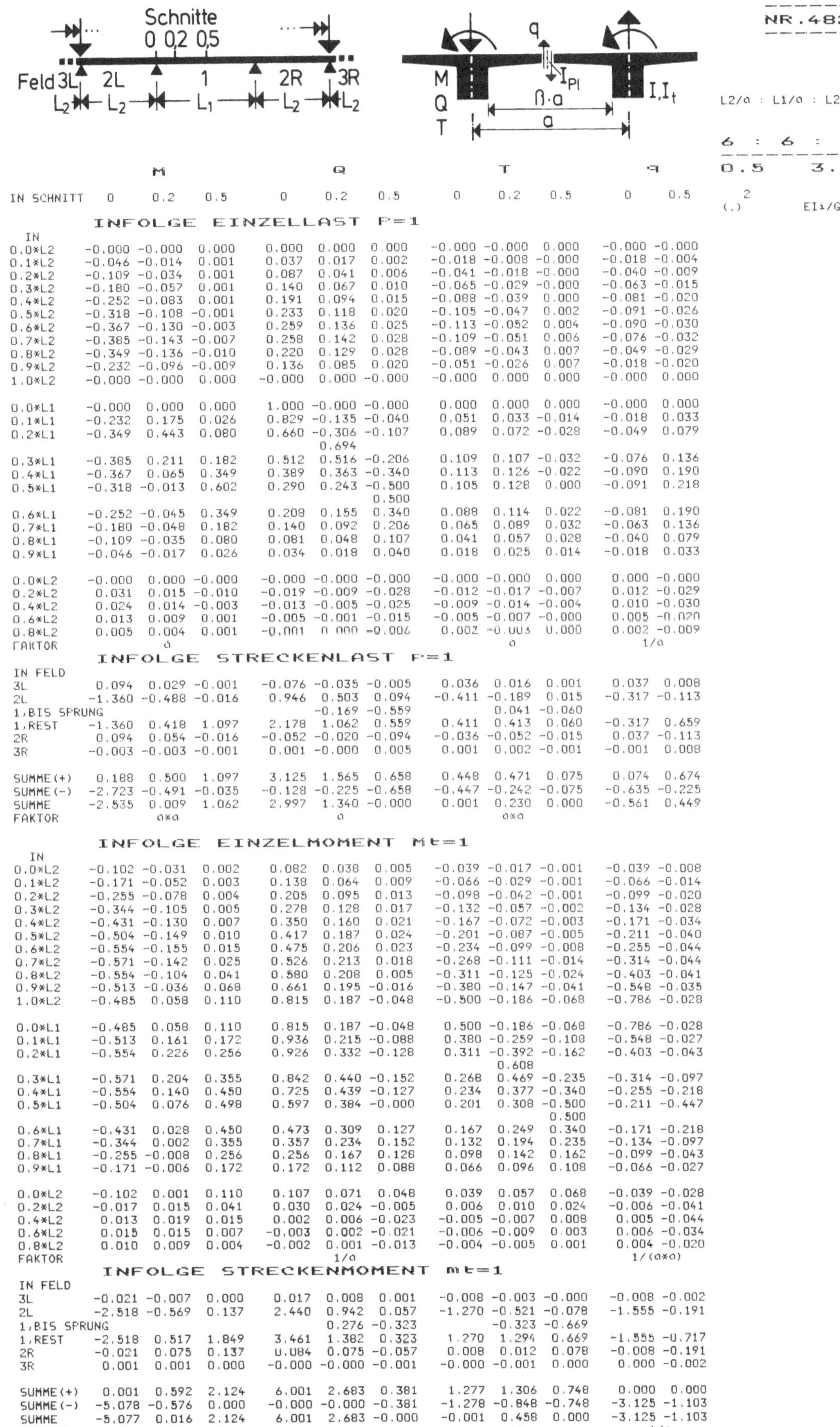

	M (0)	M (0.2)	M (0.5)	Q (0)	Q (0.2)	Q (0.5)	T (0)	T (0.2)	T (0.5)	q (0)	q (0.5)

INFOLGE EINZELLAST F=1

IN	M (0)	M (0.2)	M (0.5)	Q (0)	Q (0.2)	Q (0.5)	T (0)	T (0.2)	T (0.5)	q (0)	q (0.5)
0.0*L2	-0.000	-0.000	0.000	0.000	0.000	0.000	-0.000	-0.000	0.000	-0.000	-0.000
0.1*L2	-0.046	-0.014	0.001	0.037	0.017	0.002	-0.018	-0.008	-0.000	-0.018	-0.004
0.2*L2	-0.109	-0.034	0.001	0.087	0.041	0.006	-0.041	-0.018	-0.000	-0.040	-0.009
0.3*L2	-0.180	-0.057	0.001	0.140	0.067	0.010	-0.065	-0.029	-0.000	-0.063	-0.015
0.4*L2	-0.252	-0.083	0.001	0.191	0.094	0.015	-0.088	-0.039	0.000	-0.081	-0.020
0.5*L2	-0.318	-0.108	-0.001	0.233	0.118	0.020	-0.105	-0.047	0.002	-0.091	-0.026
0.6*L2	-0.367	-0.130	-0.003	0.259	0.136	0.025	-0.113	-0.052	0.004	-0.090	-0.030
0.7*L2	-0.385	-0.143	-0.007	0.258	0.142	0.028	-0.109	-0.051	0.006	-0.076	-0.032
0.8*L2	-0.349	-0.136	-0.010	0.220	0.129	0.028	-0.089	-0.043	0.007	-0.049	-0.029
0.9*L2	-0.232	-0.096	-0.009	0.136	0.085	0.020	-0.051	-0.026	0.007	-0.018	-0.020
1.0*L2	-0.000	-0.000	0.000	-0.000	0.000	-0.000	-0.000	0.000	0.000	-0.000	0.000
0.0*L1	-0.000	0.000	0.000	1.000	-0.000	-0.000	0.000	0.000	0.000	-0.000	0.000
0.1*L1	-0.232	0.175	0.026	0.829	-0.135	-0.040	0.051	0.033	-0.014	-0.018	0.033
0.2*L1	-0.349	0.443	0.080	0.660	-0.306	-0.107	0.089	0.072	-0.028	-0.049	0.079
						0.694					
0.3*L1	-0.385	0.211	0.182	0.512	0.516	-0.206	0.109	0.107	-0.032	-0.076	0.136
0.4*L1	-0.367	0.065	0.349	0.389	0.363	-0.340	0.113	0.126	-0.022	-0.090	0.190
0.5*L1	-0.318	-0.013	0.602	0.290	0.243	-0.500	0.105	0.128	0.000	-0.091	0.218
						0.500					
0.6*L1	-0.252	-0.045	0.349	0.208	0.155	0.340	0.088	0.114	0.022	-0.081	0.190
0.7*L1	-0.180	-0.048	0.182	0.140	0.092	0.206	0.065	0.089	0.032	-0.063	0.136
0.8*L1	-0.109	-0.035	0.080	0.081	0.048	0.107	0.041	0.057	0.028	-0.040	0.079
0.9*L1	-0.046	-0.017	0.026	0.034	0.018	0.040	0.018	0.025	0.014	-0.018	0.033
0.0*L2	-0.000	0.000	-0.000	-0.000	-0.000	-0.000	-0.000	-0.000	0.000	0.000	-0.000
0.2*L2	0.031	0.015	-0.010	-0.019	-0.009	-0.028	-0.012	-0.017	-0.007	0.012	-0.029
0.4*L2	0.024	0.014	-0.003	-0.013	-0.005	-0.025	-0.009	-0.014	-0.004	0.010	-0.030
0.6*L2	0.013	0.009	0.001	-0.005	-0.001	-0.015	-0.005	-0.007	-0.000	0.005	-0.020
0.8*L2	0.005	0.004	0.001	-0.001	0.000	-0.006	0.002	-0.003	0.000	0.002	-0.009
FAKTOR		a			a						1/a

INFOLGE STRECKENLAST F=1

IN FELD	M (0)	M (0.2)	M (0.5)	Q (0)	Q (0.2)	Q (0.5)	T (0)	T (0.2)	T (0.5)	q (0)	q (0.5)
3L	0.094	0.029	-0.001	-0.076	-0.035	-0.005	0.036	0.016	0.001	0.037	0.008
2L	-1.360	-0.488	-0.016	0.946	0.503	0.094	-0.411	-0.189	0.015	-0.317	-0.113
1,BIS SPRUNG					-0.169	-0.559		0.041	-0.060		
1,REST	-1.360	0.418	1.097	2.178	1.062	0.559	0.411	0.413	0.060	-0.317	0.659
2R	0.094	0.054	-0.016	-0.052	-0.020	-0.094	-0.036	-0.052	-0.015	0.037	-0.113
3R	-0.003	-0.003	-0.001	0.001	-0.000	0.005	0.001	0.002	-0.001	-0.001	0.008
SUMME(+)	0.188	0.500	1.097	3.125	1.565	0.658	0.448	0.471	0.075	0.074	0.674
SUMME(-)	-2.723	-0.491	-0.035	-0.128	-0.225	-0.658	-0.447	-0.242	-0.075	-0.635	-0.225
SUMME	-2.535	0.009	1.062	2.997	1.340	-0.000	0.001	0.230	0.000	-0.561	0.449
FAKTOR		a*a			a			a*a			

INFOLGE EINZELMOMENT Mt=1

IN	M (0)	M (0.2)	M (0.5)	Q (0)	Q (0.2)	Q (0.5)	T (0)	T (0.2)	T (0.5)	q (0)	q (0.5)
0.0*L2	-0.102	-0.031	0.002	0.082	0.038	0.005	-0.039	-0.017	-0.001	-0.039	-0.008
0.1*L2	-0.171	-0.052	0.003	0.138	0.064	0.009	-0.066	-0.029	-0.001	-0.066	-0.014
0.2*L2	-0.255	-0.078	0.004	0.205	0.095	0.013	-0.098	-0.042	-0.001	-0.099	-0.020
0.3*L2	-0.344	-0.105	0.005	0.278	0.128	0.017	-0.132	-0.057	-0.002	-0.134	-0.028
0.4*L2	-0.431	-0.130	0.007	0.350	0.160	0.021	-0.167	-0.072	-0.003	-0.171	-0.034
0.5*L2	-0.504	-0.149	0.010	0.417	0.187	0.024	-0.201	-0.087	-0.005	-0.211	-0.040
0.6*L2	-0.554	-0.155	0.015	0.475	0.206	0.023	-0.234	-0.099	-0.008	-0.255	-0.044
0.7*L2	-0.571	-0.142	0.025	0.526	0.213	0.018	-0.268	-0.111	-0.014	-0.314	-0.044
0.8*L2	-0.554	-0.104	0.041	0.580	0.208	0.005	-0.311	-0.125	-0.024	-0.403	-0.041
0.9*L2	-0.513	-0.036	0.068	0.661	0.195	-0.016	-0.380	-0.147	-0.041	-0.548	-0.035
1.0*L2	-0.485	0.058	0.110	0.815	0.187	-0.048	-0.500	-0.186	-0.068	-0.786	-0.028
0.0*L1	-0.485	0.058	0.110	0.815	0.187	-0.048	0.500	-0.186	-0.068	-0.786	-0.028
0.1*L1	-0.513	0.161	0.172	0.936	0.215	-0.088	0.380	-0.259	-0.108	-0.548	-0.027
0.2*L1	-0.554	0.226	0.256	0.926	0.332	-0.128	0.311	-0.392	-0.162	-0.403	-0.043
									0.608		
0.3*L1	-0.571	0.204	0.355	0.842	0.440	-0.152	0.268	0.469	-0.235	-0.314	-0.097
0.4*L1	-0.554	0.140	0.450	0.725	0.439	-0.127	0.234	0.377	-0.340	-0.255	-0.218
0.5*L1	-0.504	0.076	0.498	0.597	0.384	-0.000	0.201	0.308	-0.500	-0.211	-0.447
									0.500		
0.6*L1	-0.431	0.028	0.450	0.473	0.309	0.127	0.167	0.249	0.340	-0.171	-0.218
0.7*L1	-0.344	0.002	0.355	0.357	0.234	0.152	0.132	0.194	0.235	-0.134	-0.097
0.8*L1	-0.255	-0.008	0.256	0.256	0.167	0.128	0.098	0.142	0.162	-0.099	-0.043
0.9*L1	-0.171	-0.006	0.172	0.172	0.112	0.088	0.066	0.096	0.108	-0.066	-0.027
0.0*L2	-0.102	0.001	0.110	0.107	0.071	0.048	0.039	0.057	0.068	-0.039	-0.028
0.2*L2	-0.017	0.015	0.041	0.030	0.024	-0.005	0.006	0.010	0.024	-0.006	-0.041
0.4*L2	0.013	0.019	0.015	0.002	0.006	-0.023	-0.005	-0.007	0.008	0.005	-0.044
0.6*L2	0.015	0.015	0.007	-0.003	0.002	-0.021	-0.006	-0.009	0.003	0.006	-0.034
0.8*L2	0.010	0.009	0.004	-0.002	0.001	-0.013	-0.004	-0.005	0.001	0.004	-0.020
FAKTOR		1/a									1/(a*a)

INFOLGE STRECKENMOMENT mt=1

IN FELD	M (0)	M (0.2)	M (0.5)	Q (0)	Q (0.2)	Q (0.5)	T (0)	T (0.2)	T (0.5)	q (0)	q (0.5)
3L	-0.021	-0.007	0.000	0.017	0.008	0.001	-0.008	-0.003	-0.000	-0.008	-0.002
2L	-2.518	-0.569	0.137	2.440	0.942	0.057	-1.270	-0.521	-0.078	-1.555	-0.191
1,BIS SPRUNG					0.276	-0.323		-0.323	-0.669		
1,REST	-2.518	0.517	1.849	3.461	1.382	0.323	1.270	1.294	0.669	-1.555	-0.717
2R	-0.021	0.075	0.137	0.084	0.075	-0.057	0.008	0.012	0.078	-0.008	-0.191
3R	0.001	0.001	0.000	-0.000	-0.000	-0.001	-0.000	-0.001	0.000	0.000	-0.002
SUMME(+)	0.001	0.592	2.124	6.001	2.683	0.381	1.277	1.306	0.748	0.000	0.000
SUMME(-)	-5.078	-0.576	0.000	-0.000	-0.000	-0.381	-1.278	-0.848	-0.748	-3.125	-1.103
SUMME	-5.077	0.016	2.124	6.001	2.683	-0.000	-0.001	0.458	0.000	-3.125	-1.103
FAKTOR		a			a						1/a

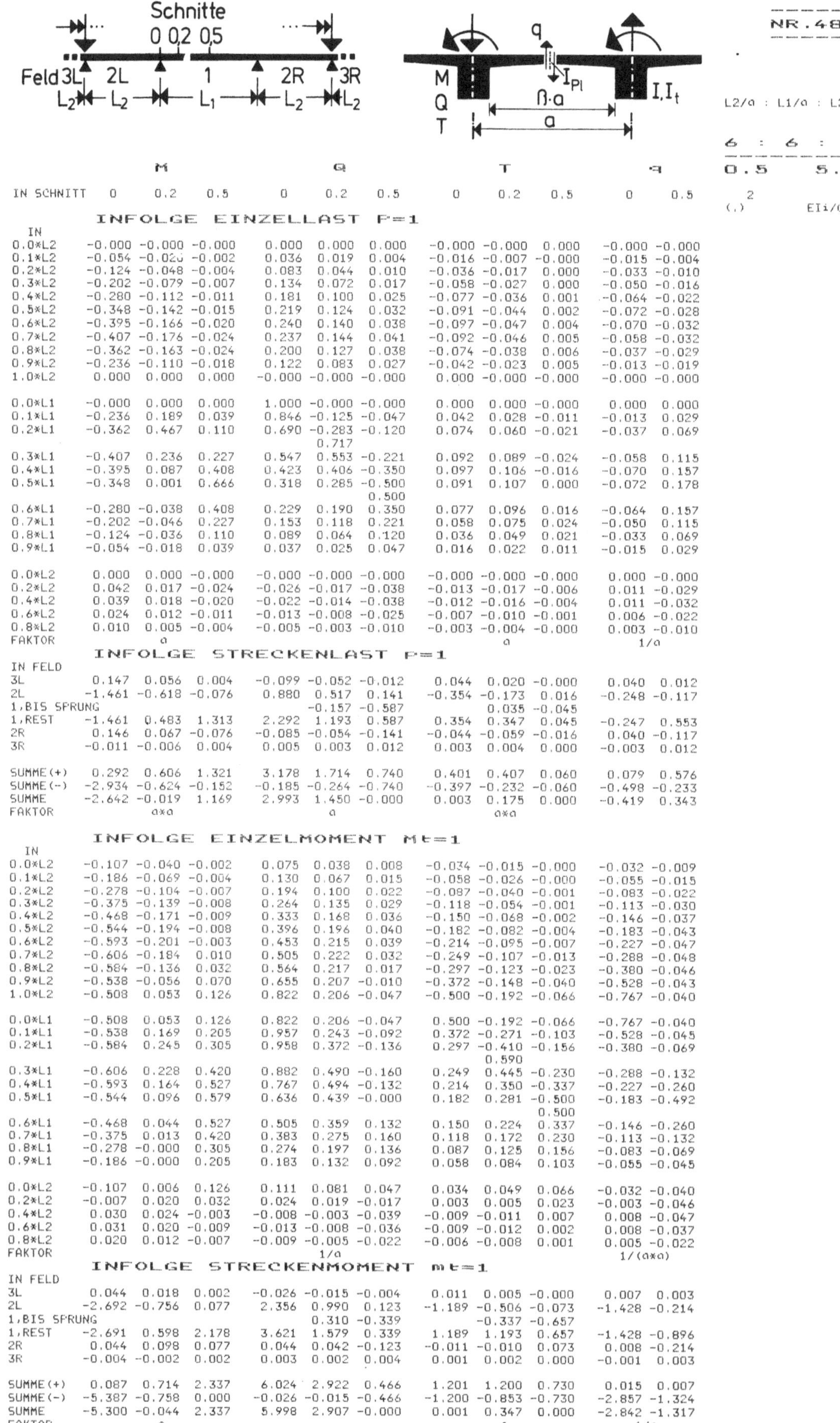

	M 0	M 0.2	M 0.5	Q 0	Q 0.2	Q 0.5	T 0	T 0.2	T 0.5	q 0	q 0.5
IN SCHNITT	0	0.2	0.5	0	0.2	0.5	0	0.2	0.5	0	0.5

INFOLGE EINZELLAST P=1

IN	M 0	M 0.2	M 0.5	Q 0	Q 0.2	Q 0.5	T 0	T 0.2	T 0.5	q 0	q 0.5
0.0*L2	-0.000	-0.000	-0.000	0.000	0.000	0.000	-0.000	-0.000	0.000	-0.000	-0.000
0.1*L2	-0.054	-0.026	-0.002	0.036	0.019	0.004	-0.016	-0.007	-0.000	-0.015	-0.004
0.2*L2	-0.124	-0.048	-0.004	0.083	0.044	0.010	-0.036	-0.017	0.000	-0.033	-0.010
0.3*L2	-0.202	-0.079	-0.007	0.134	0.072	0.017	-0.058	-0.027	0.000	-0.050	-0.016
0.4*L2	-0.280	-0.112	-0.011	0.181	0.100	0.025	-0.077	-0.036	0.001	-0.064	-0.022
0.5*L2	-0.348	-0.142	-0.015	0.219	0.124	0.032	-0.091	-0.044	0.002	-0.072	-0.028
0.6*L2	-0.395	-0.166	-0.020	0.240	0.140	0.038	-0.097	-0.047	0.004	-0.070	-0.032
0.7*L2	-0.407	-0.176	-0.024	0.237	0.144	0.041	-0.092	-0.046	0.005	-0.058	-0.032
0.8*L2	-0.362	-0.163	-0.024	0.200	0.127	0.038	-0.074	-0.038	0.006	-0.037	-0.029
0.9*L2	-0.236	-0.110	-0.018	0.122	0.083	0.027	-0.042	-0.023	0.005	-0.013	-0.019
1.0*L2	0.000	0.000	0.000	-0.000	-0.000	-0.000	0.000	-0.000	-0.000	-0.000	-0.000
0.0*L1	-0.000	0.000	0.000	1.000	-0.000	-0.000	0.000	0.000	-0.000	0.000	0.000
0.1*L1	-0.236	0.189	0.039	0.846	-0.125	-0.047	0.042	0.028	-0.011	-0.013	0.029
0.2*L1	-0.362	0.467	0.110	0.690	-0.283	-0.120	0.074	0.060	-0.021	-0.037	0.069
(Sprung)						0.717					
0.3*L1	-0.407	0.236	0.227	0.547	0.553	-0.221	0.092	0.089	-0.024	-0.058	0.115
0.4*L1	-0.395	0.087	0.408	0.423	0.406	-0.350	0.097	0.106	-0.016	-0.070	0.157
0.5*L1	-0.348	0.001	0.666	0.318	0.285	-0.500	0.091	0.107	0.000	-0.072	0.178
(Sprung)						0.500					
0.6*L1	-0.280	-0.038	0.408	0.229	0.190	0.350	0.077	0.096	0.016	-0.064	0.157
0.7*L1	-0.202	-0.046	0.227	0.153	0.118	0.221	0.058	0.075	0.024	-0.050	0.115
0.8*L1	-0.124	-0.036	0.110	0.089	0.064	0.120	0.036	0.049	0.021	-0.033	0.069
0.9*L1	-0.054	-0.018	0.039	0.037	0.025	0.047	0.016	0.022	0.011	-0.015	0.029
0.0*L2	0.000	0.000	-0.000	-0.000	-0.000	-0.000	-0.000	-0.000	-0.000	0.000	-0.000
0.2*L2	0.042	0.017	-0.024	-0.026	-0.017	-0.038	-0.013	-0.017	-0.006	0.011	-0.029
0.4*L2	0.039	0.018	-0.020	-0.022	-0.014	-0.038	-0.012	-0.016	-0.004	0.011	-0.032
0.6*L2	0.024	0.012	-0.011	-0.013	-0.008	-0.025	-0.007	-0.010	-0.001	0.006	-0.022
0.8*L2	0.010	0.005	-0.004	-0.005	-0.003	-0.010	-0.003	-0.004	-0.000	0.003	-0.010
FAKTOR		a						a		1/a	

INFOLGE STRECKENLAST P=1

IN FELD	M 0	M 0.2	M 0.5	Q 0	Q 0.2	Q 0.5	T 0	T 0.2	T 0.5	q 0	q 0.5
3L	0.147	0.056	0.004	-0.099	-0.052	-0.012	0.044	0.020	-0.000	0.040	0.012
2L	-1.461	-0.618	-0.076	0.880	0.517	0.141	-0.354	-0.173	0.016	-0.248	-0.117
1,BIS SPRUNG					-0.157	-0.587		0.035	-0.045		
1,REST	-1.461	0.483	1.313	2.292	1.193	0.587	0.354	0.347	0.045	-0.247	0.553
2R	0.146	0.067	-0.076	-0.085	-0.054	-0.141	-0.044	-0.059	-0.016	0.040	-0.117
3R	-0.011	-0.006	0.004	0.005	0.003	0.012	0.003	0.004	0.000	-0.003	0.012
SUMME(+)	0.292	0.606	1.321	3.178	1.714	0.740	0.401	0.407	0.060	0.079	0.576
SUMME(-)	-2.934	-0.624	-0.152	-0.185	-0.264	-0.740	-0.397	-0.232	-0.060	-0.498	-0.233
SUMME	-2.642	-0.019	1.169	2.993	1.450	-0.000	0.003	0.175	0.000	-0.419	0.343
FAKTOR		a×a			a			a×a			

INFOLGE EINZELMOMENT Mt=1

IN	M 0	M 0.2	M 0.5	Q 0	Q 0.2	Q 0.5	T 0	T 0.2	T 0.5	q 0	q 0.5
0.0*L2	-0.107	-0.040	-0.002	0.075	0.038	0.008	-0.034	-0.015	-0.000	-0.032	-0.009
0.1*L2	-0.186	-0.069	-0.004	0.130	0.067	0.015	-0.058	-0.026	-0.000	-0.055	-0.015
0.2*L2	-0.278	-0.104	-0.007	0.194	0.100	0.022	-0.087	-0.040	-0.001	-0.083	-0.022
0.3*L2	-0.375	-0.139	-0.008	0.264	0.135	0.029	-0.118	-0.054	-0.001	-0.113	-0.030
0.4*L2	-0.468	-0.171	-0.009	0.333	0.168	0.036	-0.150	-0.068	-0.002	-0.146	-0.037
0.5*L2	-0.544	-0.194	-0.008	0.396	0.196	0.040	-0.182	-0.082	-0.004	-0.183	-0.043
0.6*L2	-0.593	-0.201	-0.003	0.453	0.215	0.039	-0.214	-0.095	-0.007	-0.227	-0.047
0.7*L2	-0.606	-0.184	0.010	0.505	0.222	0.032	-0.249	-0.107	-0.013	-0.288	-0.048
0.8*L2	-0.584	-0.136	0.032	0.564	0.217	0.017	-0.297	-0.123	-0.023	-0.380	-0.046
0.9*L2	-0.538	-0.056	0.070	0.655	0.207	-0.010	-0.372	-0.148	-0.040	-0.528	-0.043
1.0*L2	-0.508	0.053	0.126	0.822	0.206	-0.047	-0.500	-0.192	-0.066	-0.767	-0.040
0.0*L1	-0.508	0.053	0.126	0.822	0.206	-0.047	0.500	-0.192	-0.066	-0.767	-0.040
0.1*L1	-0.538	0.169	0.205	0.957	0.243	-0.092	0.372	-0.271	-0.103	-0.528	-0.045
0.2*L1	-0.584	0.245	0.305	0.958	0.372	-0.136	0.297	-0.410	-0.156	-0.380	-0.069
(Sprung)								0.590			
0.3*L1	-0.606	0.228	0.420	0.882	0.490	-0.160	0.249	0.445	-0.230	-0.288	-0.132
0.4*L1	-0.593	0.164	0.527	0.767	0.494	-0.132	0.214	0.350	-0.337	-0.227	-0.260
0.5*L1	-0.544	0.096	0.579	0.636	0.439	-0.000	0.182	0.281	-0.500	-0.183	-0.492
(Sprung)									0.500		
0.6*L1	-0.468	0.044	0.527	0.505	0.359	0.132	0.150	0.224	0.337	-0.146	-0.260
0.7*L1	-0.375	0.013	0.420	0.383	0.275	0.160	0.118	0.172	0.230	-0.113	-0.132
0.8*L1	-0.278	-0.000	0.305	0.274	0.197	0.136	0.087	0.125	0.156	-0.083	-0.069
0.9*L1	-0.186	-0.000	0.205	0.183	0.132	0.092	0.058	0.084	0.103	-0.055	-0.045
0.0*L2	-0.107	0.006	0.126	0.111	0.081	0.047	0.034	0.049	0.066	-0.032	-0.040
0.2*L2	-0.007	0.020	0.032	0.024	0.019	-0.017	0.003	0.005	0.023	-0.003	-0.046
0.4*L2	0.030	0.024	-0.003	-0.008	-0.003	-0.039	-0.009	-0.011	0.007	0.008	-0.047
0.6*L2	0.031	0.020	-0.009	-0.013	-0.008	-0.036	-0.009	-0.012	0.002	0.008	-0.037
0.8*L2	0.020	0.012	-0.007	-0.009	-0.005	-0.022	-0.006	-0.008	0.001	0.005	-0.022
FAKTOR					1/a					1/(a×a)	

INFOLGE STRECKENMOMENT mt=1

IN FELD	M 0	M 0.2	M 0.5	Q 0	Q 0.2	Q 0.5	T 0	T 0.2	T 0.5	q 0	q 0.5
3L	0.044	0.018	0.002	-0.026	-0.015	-0.004	0.011	0.005	-0.000	0.007	0.003
2L	-2.692	-0.756	0.077	2.356	0.990	0.123	-1.189	-0.506	-0.073	-1.428	-0.214
1,BIS SPRUNG					0.310	-0.339		-0.337	-0.657		
1,REST	-2.691	0.598	2.178	3.621	1.579	0.339	1.189	1.193	0.657	-1.428	-0.896
2R	0.044	0.098	0.077	0.044	0.042	-0.123	-0.011	-0.010	0.073	0.008	-0.214
3R	-0.004	-0.002	0.002	0.003	0.002	0.004	0.001	0.002	0.000	-0.001	0.003
SUMME(+)	0.087	0.714	2.337	6.024	2.922	0.466	1.201	1.200	0.730	0.015	0.007
SUMME(-)	-5.387	-0.758	0.000	-0.026	-0.015	-0.466	-1.200	-0.853	-0.730	-2.857	-1.324
SUMME	-5.300	-0.044	2.337	5.998	2.907	-0.000	0.001	0.347	0.000	-2.842	-1.317
FAKTOR		a			a					1/a	

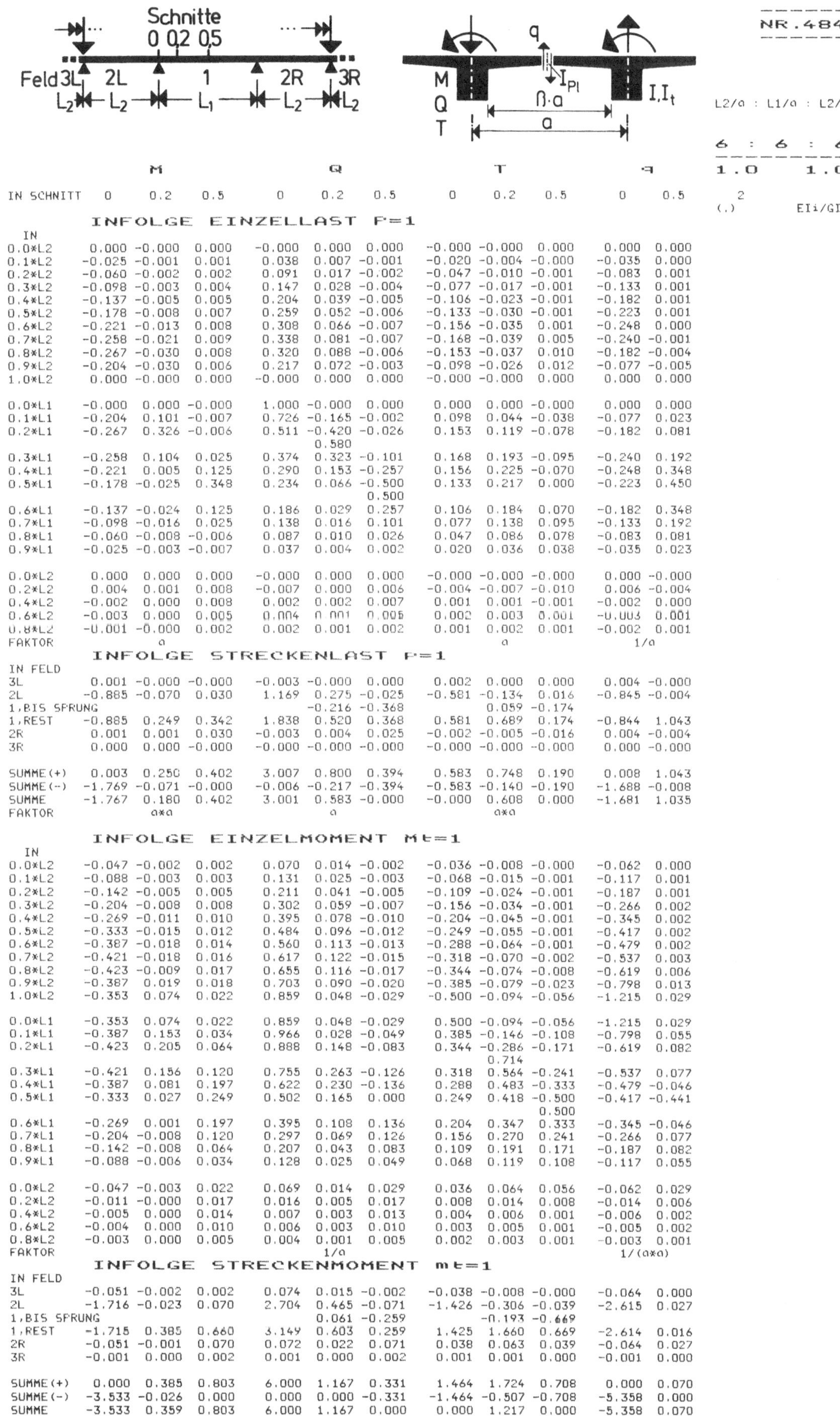

	M			Q			T			q	
IN SCHNITT	0	0.2	0.5	0	0.2	0.5	0	0.2	0.5	0	0.5

INFOLGE EINZELLAST F=1

IN	M:0	M:0.2	M:0.5	Q:0	Q:0.2	Q:0.5	T:0	T:0.2	T:0.5	q:0	q:0.5
0.0*L2	0.000	-0.000	0.000	-0.000	0.000	0.000	-0.000	-0.000	0.000	0.000	0.000
0.1*L2	-0.025	-0.001	0.001	0.038	0.007	-0.001	-0.020	-0.004	-0.001	-0.035	0.000
0.2*L2	-0.060	-0.002	0.002	0.091	0.017	-0.002	-0.047	-0.010	-0.001	-0.083	0.001
0.3*L2	-0.098	-0.003	0.004	0.147	0.028	-0.004	-0.077	-0.017	-0.001	-0.133	0.001
0.4*L2	-0.137	-0.005	0.005	0.204	0.039	-0.005	-0.106	-0.023	-0.001	-0.182	0.001
0.5*L2	-0.178	-0.008	0.007	0.259	0.052	-0.006	-0.133	-0.030	-0.001	-0.223	0.001
0.6*L2	-0.221	-0.013	0.008	0.308	0.066	-0.007	-0.156	-0.035	0.001	-0.248	-0.000
0.7*L2	-0.258	-0.021	0.009	0.338	0.081	-0.007	-0.168	-0.039	0.005	-0.240	-0.001
0.8*L2	-0.267	-0.030	0.008	0.320	0.088	-0.006	-0.153	-0.037	0.010	-0.182	-0.004
0.9*L2	-0.204	-0.030	0.006	0.217	0.072	-0.003	-0.098	-0.026	0.012	-0.077	-0.005
1.0*L2	0.000	-0.000	0.000	-0.000	0.000	0.000	-0.000	-0.000	-0.000	0.000	0.000
0.0*L1	-0.000	0.000	-0.000	1.000	-0.000	0.000	0.000	-0.000	-0.000	-0.000	0.000
0.1*L1	-0.204	0.101	-0.007	0.726	-0.165	-0.002	0.098	0.044	-0.038	-0.077	0.023
0.2*L1	-0.267	0.326	-0.006	0.511	-0.420	-0.026	0.153	0.119	-0.078	-0.182	0.081
					0.580						
0.3*L1	-0.258	0.104	0.025	0.374	0.323	-0.101	0.168	0.193	-0.095	-0.240	0.192
0.4*L1	-0.221	0.005	0.125	0.290	0.153	-0.257	0.156	0.225	-0.070	-0.248	0.348
0.5*L1	-0.178	-0.025	0.348	0.234	0.066	-0.500	0.133	0.217	0.000	-0.223	0.450
						0.500					
0.6*L1	-0.137	-0.024	0.125	0.186	0.029	0.257	0.106	0.184	0.070	-0.182	0.348
0.7*L1	-0.098	-0.016	0.025	0.138	0.016	0.101	0.077	0.138	0.095	-0.133	0.192
0.8*L1	-0.060	-0.008	-0.006	0.087	0.010	0.026	0.047	0.086	0.078	-0.083	0.081
0.9*L1	-0.025	-0.003	-0.007	0.037	0.004	0.002	0.020	0.036	0.038	-0.035	0.023
0.0*L2	0.000	0.000	0.000	-0.000	0.000	0.000	-0.000	-0.000	-0.000	0.000	-0.000
0.2*L2	0.004	0.001	0.008	-0.007	0.000	0.006	-0.004	-0.007	-0.010	0.006	-0.004
0.4*L2	-0.002	0.000	0.008	0.002	0.002	0.007	0.001	0.001	-0.001	-0.002	0.000
0.6*L2	-0.003	0.000	0.005	0.004	0.001	0.005	0.002	0.003	0.001	-0.003	0.001
0.8*L2	-0.001	-0.000	0.002	0.002	0.001	0.002	0.001	0.002	0.001	-0.002	0.001
FAKTOR	a						a			1/a	

INFOLGE STRECKENLAST P=1

IN FELD	M:0	M:0.2	M:0.5	Q:0	Q:0.2	Q:0.5	T:0	T:0.2	T:0.5	q:0	q:0.5
3L	0.001	-0.000	-0.000	-0.003	-0.000	0.000	0.002	0.000	0.000	0.004	-0.000
2L	-0.885	-0.070	0.030	1.169	0.275	-0.025	-0.581	-0.134	0.016	-0.845	-0.004
1,BIS SPRUNG					-0.216	-0.368		0.059	-0.174		
1,REST	-0.885	0.249	0.342	1.838	0.520	0.368	0.581	0.689	0.174	-0.844	1.043
2R	0.001	0.001	0.030	-0.003	0.004	0.025	-0.002	-0.005	-0.016	0.004	-0.004
3R	0.000	0.000	-0.000	-0.000	-0.000	-0.000	-0.000	-0.000	-0.000	0.000	-0.000
SUMME(+)	0.003	0.250	0.402	3.007	0.800	0.394	0.583	0.748	0.190	0.008	1.043
SUMME(-)	-1.769	-0.071	-0.000	-0.006	-0.217	-0.394	-0.583	-0.140	-0.190	-1.688	-0.008
SUMME	-1.767	0.180	0.402	3.001	0.583	-0.000	-0.000	0.608	0.000	-1.681	1.035
FAKTOR	a*a			a			a*a				

INFOLGE EINZELMOMENT Mt=1

IN	M:0	M:0.2	M:0.5	Q:0	Q:0.2	Q:0.5	T:0	T:0.2	T:0.5	q:0	q:0.5
0.0*L2	-0.047	-0.002	0.002	0.070	0.014	-0.002	-0.036	-0.008	-0.000	-0.062	0.000
0.1*L2	-0.088	-0.003	0.003	0.131	0.025	-0.003	-0.068	-0.015	-0.001	-0.117	0.001
0.2*L2	-0.142	-0.005	0.005	0.211	0.041	-0.005	-0.109	-0.024	-0.001	-0.187	0.001
0.3*L2	-0.204	-0.008	0.008	0.302	0.059	-0.007	-0.156	-0.034	-0.001	-0.266	0.002
0.4*L2	-0.269	-0.011	0.010	0.395	0.078	-0.010	-0.204	-0.045	-0.001	-0.345	0.002
0.5*L2	-0.333	-0.015	0.012	0.484	0.096	-0.012	-0.249	-0.055	-0.001	-0.417	0.002
0.6*L2	-0.387	-0.018	0.014	0.560	0.113	-0.013	-0.288	-0.064	-0.001	-0.479	0.002
0.7*L2	-0.421	-0.018	0.016	0.617	0.122	-0.015	-0.318	-0.070	-0.002	-0.537	0.003
0.8*L2	-0.423	-0.009	0.017	0.655	0.116	-0.017	-0.344	-0.074	-0.008	-0.619	0.006
0.9*L2	-0.387	0.019	0.018	0.703	0.090	-0.020	-0.385	-0.079	-0.023	-0.798	0.013
1.0*L2	-0.353	0.074	0.022	0.859	0.048	-0.029	-0.500	-0.094	-0.056	-1.215	0.029
0.0*L1	-0.353	0.074	0.022	0.859	0.048	-0.029	0.500	-0.094	-0.056	-1.215	0.029
0.1*L1	-0.387	0.153	0.034	0.966	0.028	-0.049	0.385	-0.146	-0.108	-0.798	0.055
0.2*L1	-0.423	0.205	0.064	0.888	0.148	-0.083	0.344	-0.286	-0.171	-0.619	0.082
									0.714		
0.3*L1	-0.421	0.156	0.120	0.755	0.263	-0.126	0.318	0.564	-0.241	-0.537	0.077
0.4*L1	-0.387	0.081	0.197	0.622	0.230	-0.136	0.288	0.483	-0.333	-0.479	-0.046
0.5*L1	-0.333	0.027	0.249	0.502	0.165	0.000	0.249	0.418	-0.500	-0.417	-0.441
									0.500		
0.6*L1	-0.269	0.001	0.197	0.395	0.108	0.136	0.204	0.347	0.333	-0.345	-0.046
0.7*L1	-0.204	-0.008	0.120	0.297	0.069	0.126	0.156	0.270	0.241	-0.266	0.077
0.8*L1	-0.142	-0.008	0.064	0.207	0.043	0.083	0.109	0.191	0.171	-0.187	0.082
0.9*L1	-0.088	-0.006	0.034	0.128	0.025	0.049	0.068	0.119	0.108	-0.117	0.055
0.0*L2	-0.047	-0.003	0.022	0.069	0.014	0.029	0.036	0.064	0.056	-0.062	0.029
0.2*L2	-0.011	-0.000	0.017	0.016	0.005	0.017	0.008	0.014	0.008	-0.014	0.006
0.4*L2	-0.005	0.000	0.014	0.007	0.003	0.013	0.004	0.006	0.001	-0.006	0.002
0.6*L2	-0.004	0.000	0.010	0.006	0.003	0.010	0.003	0.005	0.001	-0.005	0.002
0.8*L2	-0.003	0.000	0.005	0.004	0.001	0.005	0.002	0.003	0.001	-0.003	0.001
FAKTOR				1/a						1/(a*a)	

INFOLGE STRECKENMOMENT mt=1

IN FELD	M:0	M:0.2	M:0.5	Q:0	Q:0.2	Q:0.5	T:0	T:0.2	T:0.5	q:0	q:0.5
3L	-0.051	-0.002	0.002	0.074	0.015	-0.002	-0.038	-0.008	-0.000	-0.064	0.000
2L	-1.716	-0.023	0.070	2.704	0.465	-0.071	-1.426	-0.306	-0.039	-2.615	0.027
1,BIS SPRUNG					0.061	-0.259		-0.193	-0.669		
1,REST	-1.715	0.385	0.660	3.149	0.603	0.259	1.425	1.660	0.669	-2.614	0.016
2R	-0.051	-0.001	0.070	0.072	0.022	0.071	0.038	0.063	0.039	-0.064	0.027
3R	-0.001	0.000	0.002	0.001	0.000	0.002	0.001	0.001	0.000	-0.001	0.000
SUMME(+)	0.000	0.385	0.803	6.000	1.167	0.331	1.464	1.724	0.708	0.000	0.070
SUMME(-)	-3.533	-0.026	0.000	0.000	0.000	-0.331	-1.464	-0.507	-0.708	-5.358	0.000
SUMME	-3.533	0.359	0.803	6.000	1.167	0.000	0.000	1.217	0.000	-5.358	0.070
FAKTOR	a						a			1/a	

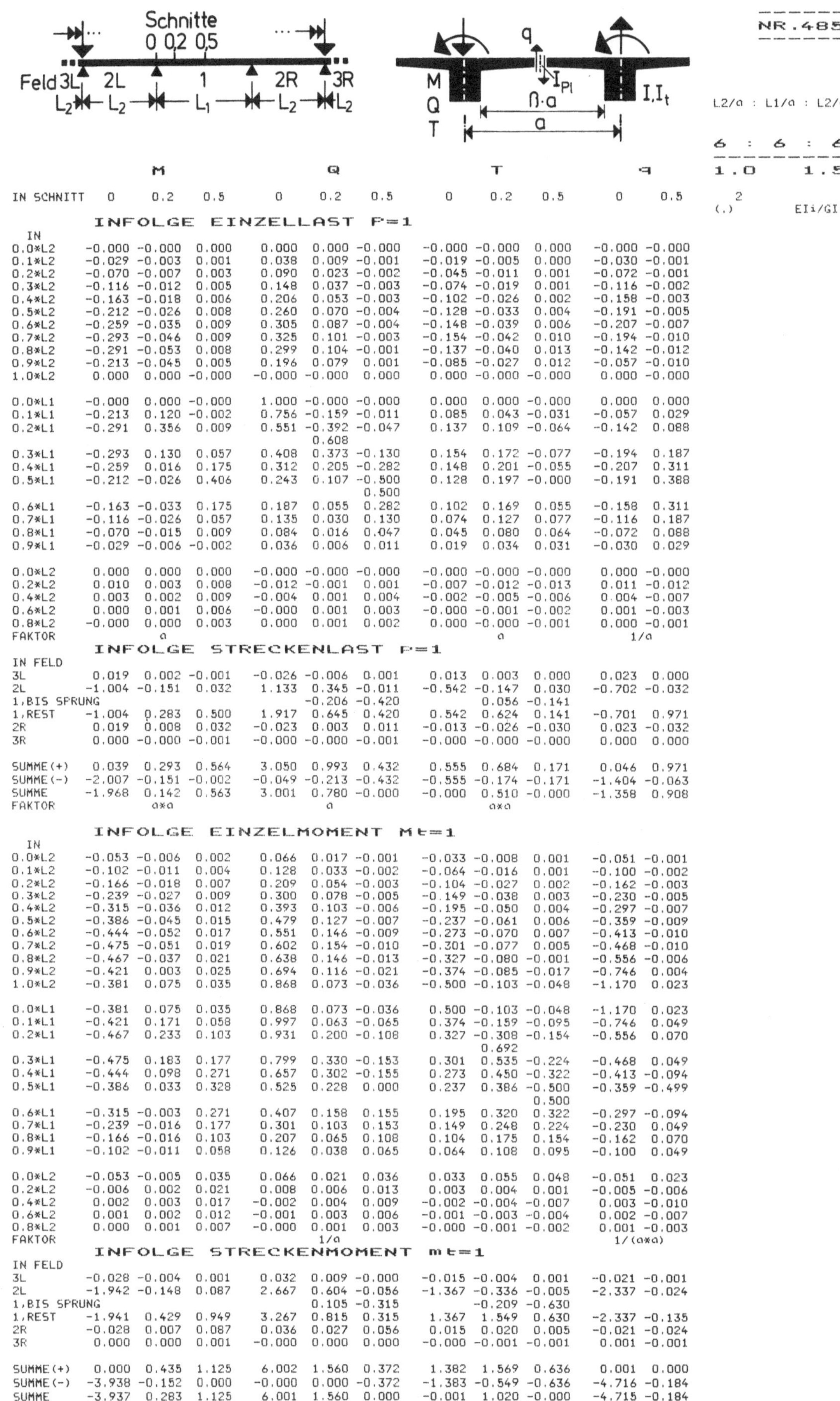


```
                   M                     Q                     T                q          1.0    1.5
                                                                                           2
IN SCHNITT  0    0.2    0.5     0    0.2    0.5      0    0.2    0.5     0    0.5     (.)       EIi/GIt

          INFOLGE  EINZELLAST  P=1
  IN
0.0*L2   -0.000 -0.000  0.000   0.000  0.000 -0.000  -0.000 -0.000  0.000  -0.000 -0.000
0.1*L2   -0.029 -0.003  0.001   0.038  0.009 -0.001  -0.019 -0.005  0.000  -0.030 -0.001
0.2*L2   -0.070 -0.007  0.003   0.090  0.023 -0.002  -0.045 -0.011  0.001  -0.072 -0.001
0.3*L2   -0.116 -0.012  0.005   0.148  0.037 -0.003  -0.074 -0.019  0.001  -0.116 -0.002
0.4*L2   -0.163 -0.018  0.006   0.206  0.053 -0.003  -0.102 -0.026  0.002  -0.158 -0.003
0.5*L2   -0.212 -0.026  0.008   0.260  0.070 -0.004  -0.128 -0.033  0.004  -0.191 -0.005
0.6*L2   -0.259 -0.035  0.009   0.305  0.087 -0.004  -0.148 -0.039  0.006  -0.207 -0.007
0.7*L2   -0.293 -0.046  0.009   0.325  0.101 -0.003  -0.154 -0.042  0.010  -0.194 -0.010
0.8*L2   -0.291 -0.053  0.008   0.299  0.104 -0.001  -0.137 -0.040  0.013  -0.142 -0.012
0.9*L2   -0.213 -0.045  0.005   0.196  0.079  0.001  -0.085 -0.027  0.012  -0.057 -0.010
1.0*L2    0.000  0.000 -0.000  -0.000 -0.000  0.000   0.000 -0.000 -0.000   0.000 -0.000

0.0*L1   -0.000  0.000 -0.000   1.000 -0.000 -0.000   0.000  0.000 -0.000   0.000  0.000
0.1*L1   -0.213  0.120 -0.002   0.756 -0.159 -0.011   0.085  0.043 -0.031  -0.057  0.029
0.2*L1   -0.291  0.356  0.009   0.551 -0.392 -0.047   0.137  0.109 -0.064  -0.142  0.088
                                0.608
0.3*L1   -0.293  0.130  0.057   0.408  0.373 -0.130   0.154  0.172 -0.077  -0.194  0.187
0.4*L1   -0.259  0.016  0.175   0.312  0.205 -0.282   0.148  0.201 -0.055  -0.207  0.311
0.5*L1   -0.212 -0.026  0.406   0.243  0.107 -0.500   0.128  0.197 -0.000  -0.191  0.388
                                              0.500
0.6*L1   -0.163 -0.033  0.175   0.187  0.055  0.282   0.102  0.169  0.055  -0.158  0.311
0.7*L1   -0.116 -0.026  0.057   0.135  0.030  0.130   0.074  0.127  0.077  -0.116  0.187
0.8*L1   -0.070 -0.015  0.009   0.084  0.016  0.047   0.045  0.080  0.064  -0.072  0.088
0.9*L1   -0.029 -0.006 -0.002   0.036  0.006  0.011   0.019  0.034  0.031  -0.030  0.029

0.0*L2    0.000  0.000  0.000  -0.000 -0.000 -0.000  -0.000 -0.000 -0.000   0.000 -0.000
0.2*L2    0.010  0.003  0.008  -0.012 -0.001  0.001  -0.007 -0.012 -0.013   0.011 -0.012
0.4*L2    0.003  0.002  0.009  -0.004  0.001  0.004  -0.002 -0.005 -0.006   0.004 -0.007
0.6*L2    0.000  0.001  0.006  -0.000  0.001  0.003  -0.000 -0.001 -0.002   0.001 -0.003
0.8*L2   -0.000  0.000  0.003   0.000  0.001  0.002   0.000 -0.000 -0.001   0.000 -0.001
FAKTOR           a                                          a               1/a

          INFOLGE  STRECKENLAST  P=1
IN FELD
3L        0.019  0.002 -0.001  -0.026 -0.006  0.001   0.013  0.003  0.000   0.023  0.000
2L       -1.004 -0.151  0.032   1.133  0.345 -0.011  -0.542 -0.147  0.030  -0.702 -0.032
1,BIS SPRUNG                           -0.206 -0.420          0.056 -0.141
1,REST   -1.004  0.283  0.500   1.917  0.645  0.420   0.542  0.624  0.141  -0.701  0.971
2R        0.019  0.008  0.032  -0.023  0.003  0.011  -0.013 -0.026 -0.030   0.023 -0.032
3R        0.000 -0.000 -0.001  -0.000 -0.000 -0.001  -0.000 -0.000 -0.000   0.000  0.000

SUMME(+)  0.039  0.293  0.564   3.050  0.993  0.432   0.555  0.684  0.171   0.046  0.971
SUMME(-) -2.007 -0.151 -0.002  -0.049 -0.213 -0.432  -0.555 -0.174 -0.171  -1.404 -0.063
SUMME    -1.968  0.142  0.563   3.001  0.780 -0.000  -0.000  0.510 -0.000  -1.358  0.908
FAKTOR          a*a                     a                    a*a

          INFOLGE  EINZELMOMENT  Mt=1
  IN
0.0*L2   -0.053 -0.006  0.002   0.066  0.017 -0.001  -0.033 -0.008  0.001  -0.051 -0.001
0.1*L2   -0.102 -0.011  0.004   0.128  0.033 -0.002  -0.064 -0.016  0.001  -0.100 -0.002
0.2*L2   -0.166 -0.018  0.007   0.209  0.054 -0.003  -0.104 -0.027  0.002  -0.162 -0.003
0.3*L2   -0.239 -0.027  0.009   0.300  0.078 -0.005  -0.149 -0.038  0.003  -0.230 -0.005
0.4*L2   -0.315 -0.036  0.012   0.393  0.103 -0.006  -0.195 -0.050  0.004  -0.297 -0.007
0.5*L2   -0.386 -0.045  0.015   0.479  0.127 -0.007  -0.237 -0.061  0.006  -0.359 -0.009
0.6*L2   -0.444 -0.052  0.017   0.551  0.146 -0.009  -0.273 -0.070  0.007  -0.413 -0.010
0.7*L2   -0.475 -0.051  0.019   0.602  0.154 -0.010  -0.301 -0.077  0.005  -0.468 -0.010
0.8*L2   -0.467 -0.037  0.021   0.638  0.146 -0.013  -0.327 -0.080 -0.001  -0.556 -0.006
0.9*L2   -0.421  0.003  0.025   0.694  0.116 -0.021  -0.374 -0.085 -0.017  -0.746  0.004
1.0*L2   -0.381  0.075  0.035   0.868  0.073 -0.036  -0.500 -0.103 -0.048  -1.170  0.023

0.0*L1   -0.381  0.075  0.035   0.868  0.073 -0.036   0.500 -0.103 -0.048  -1.170  0.023
0.1*L1   -0.421  0.171  0.058   0.997  0.063 -0.065   0.374 -0.159 -0.095  -0.746  0.049
0.2*L1   -0.467  0.233  0.103   0.931  0.200 -0.108   0.327 -0.308 -0.154  -0.556  0.070
                                                      0.692
0.3*L1   -0.475  0.183  0.177   0.799  0.330 -0.153   0.301  0.535 -0.224  -0.468  0.049
0.4*L1   -0.444  0.098  0.271   0.657  0.302 -0.155   0.273  0.450 -0.322  -0.413 -0.094
0.5*L1   -0.386  0.033  0.328   0.525  0.228  0.000   0.237  0.386 -0.500  -0.359 -0.499
                                                             0.500
0.6*L1   -0.315 -0.003  0.271   0.407  0.158  0.155   0.195  0.320  0.322  -0.297 -0.094
0.7*L1   -0.239 -0.016  0.177   0.301  0.103  0.153   0.149  0.248  0.224  -0.230  0.049
0.8*L1   -0.166 -0.016  0.103   0.207  0.065  0.108   0.104  0.175  0.154  -0.162  0.070
0.9*L1   -0.102 -0.011  0.058   0.126  0.038  0.065   0.064  0.108  0.095  -0.100  0.049

0.0*L2   -0.053 -0.005  0.035   0.066  0.021  0.036   0.033  0.055  0.048  -0.051  0.023
0.2*L2   -0.006  0.002  0.021   0.008  0.006  0.013   0.003  0.004  0.001  -0.005 -0.006
0.4*L2    0.002  0.003  0.017  -0.002  0.004  0.009  -0.002 -0.004 -0.007   0.003 -0.010
0.6*L2    0.001  0.002  0.012  -0.001  0.003  0.006  -0.001 -0.003 -0.004   0.002 -0.007
0.8*L2    0.000  0.001  0.007  -0.000  0.001  0.003  -0.000 -0.001 -0.002   0.001 -0.003
FAKTOR                          1/a                                         1/(a*a)

          INFOLGE  STRECKENMOMENT  mt=1
IN FELD
3L       -0.028 -0.004  0.001   0.032  0.009 -0.000  -0.015 -0.004  0.001  -0.021 -0.001
2L       -1.942 -0.148  0.087   2.667  0.604 -0.056  -1.367 -0.336 -0.005  -2.337 -0.024
1,BIS SPRUNG                           0.105 -0.315         -0.209 -0.630
1,REST   -1.941  0.429  0.949   3.267  0.815  0.315   1.367  1.549  0.630  -2.337 -0.135
2R       -0.028  0.007  0.087   0.036  0.027  0.056   0.015  0.020  0.005  -0.021 -0.024
3R        0.000  0.000  0.001  -0.000  0.000  0.000  -0.000 -0.001 -0.001   0.001 -0.001

SUMME(+)  0.000  0.435  1.125   6.002  1.560  0.372   1.382  1.569  0.636   0.001  0.000
SUMME(-) -3.938 -0.152  0.000  -0.000  0.000 -0.372  -1.383 -0.549 -0.636  -4.716 -0.184
SUMME    -3.937  0.283  1.125   6.001  1.560  0.000  -0.001  1.020 -0.000  -4.715 -0.184
FAKTOR           a                      a                                   1/a
```

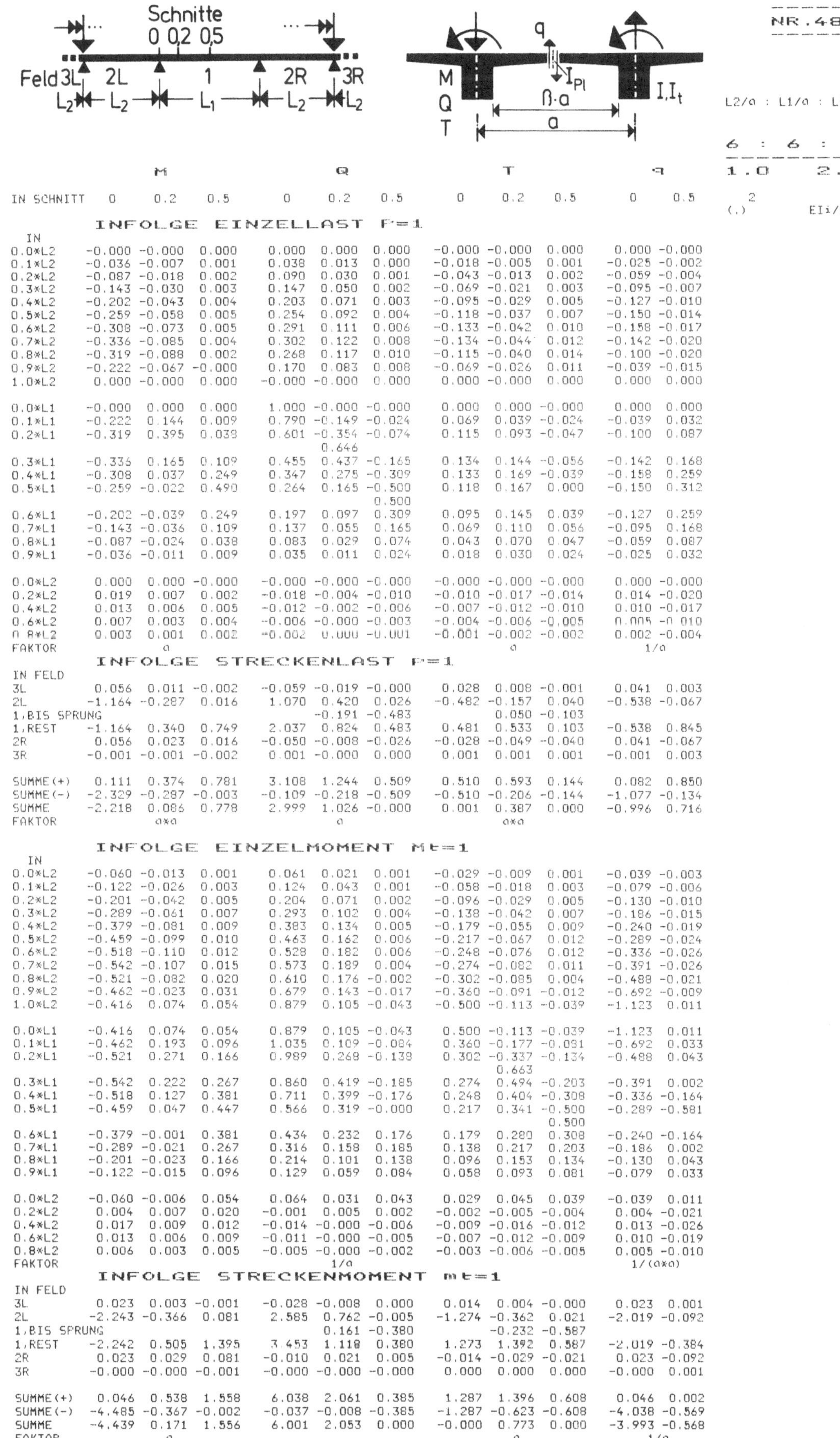

	M			Q			T			q	
IN SCHNITT	0	0.2	0.5	0	0.2	0.5	0	0.2	0.5	0	0.5

INFOLGE EINZELLAST F=1

IN

	M			Q			T			q	
0.0×L2	-0.000	-0.000	0.000	0.000	0.000	0.000	-0.000	-0.000	0.000	0.000	-0.000
0.1×L2	-0.036	-0.007	0.001	0.038	0.013	0.000	-0.018	-0.005	0.001	-0.025	-0.002
0.2×L2	-0.087	-0.018	0.002	0.090	0.030	0.001	-0.043	-0.013	0.002	-0.059	-0.004
0.3×L2	-0.143	-0.030	0.003	0.147	0.050	0.002	-0.069	-0.021	0.003	-0.095	-0.007
0.4×L2	-0.202	-0.043	0.004	0.203	0.071	0.003	-0.095	-0.029	0.005	-0.127	-0.010
0.5×L2	-0.259	-0.058	0.005	0.254	0.092	0.004	-0.118	-0.037	0.007	-0.150	-0.014
0.6×L2	-0.308	-0.073	0.005	0.291	0.111	0.006	-0.133	-0.042	0.010	-0.158	-0.017
0.7×L2	-0.336	-0.085	0.004	0.302	0.122	0.008	-0.134	-0.044	0.012	-0.142	-0.020
0.8×L2	-0.319	-0.088	0.002	0.268	0.117	0.010	-0.115	-0.040	0.014	-0.100	-0.020
0.9×L2	-0.222	-0.067	-0.000	0.170	0.083	0.008	-0.069	-0.026	0.011	-0.039	-0.015
1.0×L2	0.000	-0.000	0.000	-0.000	-0.000	0.000	0.000	-0.000	0.000	0.000	0.000
0.0×L1	-0.000	0.000	0.000	1.000	-0.000	-0.000	0.000	0.000	-0.000	0.000	0.000
0.1×L1	-0.222	0.144	0.009	0.790	-0.149	-0.024	0.069	0.039	-0.024	-0.039	0.032
0.2×L1	-0.319	0.395	0.039	0.601	-0.354	-0.074	0.115	0.093	-0.047	-0.100	0.087
					0.646						
0.3×L1	-0.336	0.165	0.109	0.455	0.437	-0.165	0.134	0.144	-0.056	-0.142	0.168
0.4×L1	-0.308	0.037	0.249	0.347	0.275	-0.309	0.133	0.169	-0.039	-0.158	0.259
0.5×L1	-0.259	-0.022	0.490	0.264	0.165	-0.500	0.118	0.167	0.000	-0.150	0.312
						0.500					
0.6×L1	-0.202	-0.039	0.249	0.197	0.097	0.309	0.095	0.145	0.039	-0.127	0.259
0.7×L1	-0.143	-0.036	0.109	0.137	0.055	0.165	0.069	0.110	0.056	-0.095	0.168
0.8×L1	-0.087	-0.024	0.038	0.083	0.029	0.074	0.043	0.070	0.047	-0.059	0.087
0.9×L1	-0.036	-0.011	0.009	0.035	0.011	0.024	0.018	0.030	0.024	-0.025	0.032
0.0×L2	0.000	0.000	-0.000	-0.000	-0.000	-0.000	-0.000	-0.000	-0.000	0.000	-0.000
0.2×L2	0.019	0.007	0.002	-0.018	-0.004	-0.010	-0.010	-0.017	-0.014	0.014	-0.020
0.4×L2	0.013	0.006	0.005	-0.012	-0.002	-0.006	-0.007	-0.012	-0.010	0.010	-0.017
0.6×L2	0.007	0.003	0.004	-0.006	-0.000	-0.003	-0.004	-0.006	-0.005	0.005	-0.010
0.8×L2	0.003	0.001	0.002	-0.002	0.000	-0.001	-0.001	-0.002	-0.002	0.002	-0.004
FAKTOR		a						a			1/a

INFOLGE STRECKENLAST F=1

IN FELD

	M			Q			T			q	
3L	0.056	0.011	-0.002	-0.059	-0.019	-0.000	0.028	0.008	-0.001	0.041	0.003
2L	-1.164	-0.287	0.016	1.070	0.420	0.026	-0.482	-0.157	0.040	-0.538	-0.067
1,BIS SPRUNG				-0.191	-0.483		0.050	-0.103			
1,REST	-1.164	0.340	0.749	2.037	0.824	0.483	0.481	0.533	0.103	-0.538	0.845
2R	0.056	0.023	0.016	-0.050	-0.008	-0.026	-0.028	-0.049	-0.040	0.041	-0.067
3R	-0.001	-0.001	-0.002	0.001	0.001	0.000	0.001	0.001	0.001	-0.001	0.003
SUMME(+)	0.111	0.374	0.781	3.108	1.244	0.509	0.510	0.593	0.144	0.082	0.850
SUMME(-)	-2.329	-0.287	-0.003	-0.109	-0.218	-0.509	-0.510	-0.206	-0.144	-1.077	-0.134
SUMME	-2.218	0.086	0.778	2.999	1.026	-0.000	0.001	0.387	0.000	-0.996	0.716
FAKTOR		a×a			a			a×a			1/a

INFOLGE EINZELMOMENT Mt=1

IN

	M			Q			T			q	
0.0×L2	-0.060	-0.013	0.001	0.061	0.021	0.001	-0.029	-0.009	0.001	-0.039	-0.003
0.1×L2	-0.122	-0.026	0.003	0.124	0.043	0.001	-0.058	-0.018	0.003	-0.079	-0.006
0.2×L2	-0.201	-0.042	0.005	0.204	0.071	0.002	-0.096	-0.029	0.005	-0.130	-0.010
0.3×L2	-0.289	-0.061	0.007	0.293	0.102	0.004	-0.138	-0.042	0.007	-0.186	-0.015
0.4×L2	-0.379	-0.081	0.009	0.383	0.134	0.005	-0.179	-0.055	0.009	-0.240	-0.019
0.5×L2	-0.459	-0.099	0.010	0.463	0.162	0.006	-0.217	-0.067	0.012	-0.289	-0.024
0.6×L2	-0.518	-0.110	0.012	0.528	0.182	0.006	-0.248	-0.076	0.012	-0.336	-0.026
0.7×L2	-0.542	-0.107	0.015	0.573	0.189	0.004	-0.274	-0.082	0.011	-0.391	-0.026
0.8×L2	-0.521	-0.082	0.020	0.610	0.176	-0.002	-0.302	-0.085	0.004	-0.488	-0.021
0.9×L2	-0.462	-0.023	0.031	0.679	0.143	-0.017	-0.360	-0.091	-0.012	-0.692	-0.009
1.0×L2	-0.416	0.074	0.054	0.879	0.105	-0.043	-0.500	-0.113	-0.039	-1.123	0.011
0.0×L1	-0.416	0.074	0.054	0.879	0.105	-0.043	0.500	-0.113	-0.039	-1.123	0.011
0.1×L1	-0.462	0.193	0.096	1.035	0.109	-0.084	0.360	-0.177	-0.091	-0.692	0.033
0.2×L1	-0.521	0.271	0.166	0.989	0.268	-0.139	0.302	-0.337	-0.134	-0.488	0.043
								0.663			
0.3×L1	-0.542	0.222	0.267	0.860	0.419	-0.185	0.274	0.494	-0.203	-0.391	-0.164
0.4×L1	-0.518	0.127	0.381	0.711	0.399	-0.176	0.248	0.404	-0.308	-0.336	-0.164
0.5×L1	-0.459	0.047	0.447	0.566	0.319	-0.000	0.217	0.341	-0.500	-0.289	-0.581
									0.500		
0.6×L1	-0.379	-0.001	0.381	0.434	0.232	0.176	0.179	0.280	0.308	-0.240	-0.164
0.7×L1	-0.289	-0.021	0.267	0.316	0.158	0.185	0.138	0.217	0.203	-0.186	0.002
0.8×L1	-0.201	-0.023	0.166	0.214	0.101	0.138	0.096	0.153	0.134	-0.130	0.043
0.9×L1	-0.122	-0.015	0.096	0.129	0.059	0.084	0.058	0.093	0.081	-0.079	0.033
0.0×L2	-0.060	-0.006	0.054	0.064	0.031	0.043	0.029	0.045	0.039	-0.039	0.011
0.2×L2	0.004	0.007	0.020	-0.001	0.005	0.002	-0.002	-0.005	-0.004	0.004	-0.021
0.4×L2	0.017	0.009	0.012	-0.014	-0.000	-0.006	-0.009	-0.016	-0.012	0.013	-0.026
0.6×L2	0.013	0.006	0.009	-0.011	-0.000	-0.005	-0.007	-0.012	-0.009	0.010	-0.019
0.8×L2	0.006	0.003	0.005	-0.005	-0.000	-0.002	-0.003	-0.006	-0.005	0.005	-0.010
FAKTOR					1/a						1/(a×a)

INFOLGE STRECKENMOMENT mt=1

IN FELD

	M			Q			T			q	
3L	0.023	0.003	-0.001	-0.028	-0.008	0.000	0.014	0.004	-0.000	0.023	0.001
2L	-2.243	-0.366	0.081	2.585	0.762	-0.005	-1.274	-0.362	0.021	-2.019	-0.092
1,BIS SPRUNG				0.161	-0.380		-0.232	-0.587			
1,REST	-2.242	0.505	1.395	3.453	1.118	0.380	1.273	1.392	0.587	-2.019	-0.384
2R	0.023	0.029	0.081	-0.010	0.021	0.005	-0.014	-0.029	-0.021	0.023	-0.092
3R	-0.000	-0.000	-0.001	-0.000	-0.000	-0.000	0.000	0.000	0.000	-0.000	0.001
SUMME(+)	0.046	0.538	1.558	6.038	2.061	0.385	1.287	1.396	0.608	0.046	0.002
SUMME(-)	-4.485	-0.367	-0.002	-0.037	-0.008	-0.385	-1.287	-0.623	-0.608	-4.038	-0.569
SUMME	-4.439	0.171	1.556	6.001	2.053	0.000	-0.000	0.773	0.000	-3.993	-0.568
FAKTOR		a			a			a			1/a

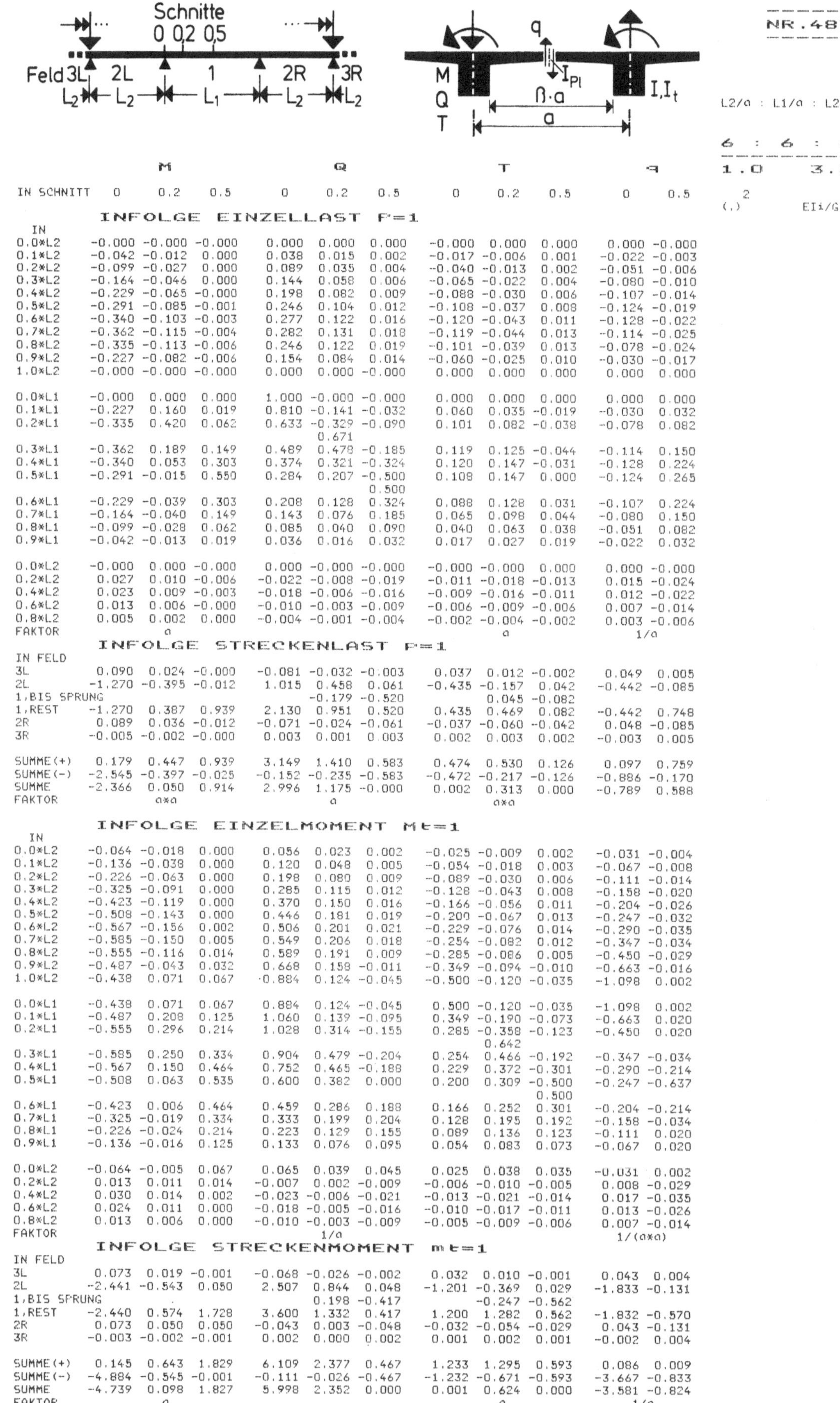

	M			Q			T			q	
IN SCHNITT	0	0.2	0.5	0	0.2	0.5	0	0.2	0.5	0	0.5

INFOLGE EINZELLAST F=1

IN	0	0.2	0.5	0	0.2	0.5	0	0.2	0.5	0	0.5
0.0*L2	-0.000	-0.000	-0.000	0.000	0.000	0.000	-0.000	0.000	0.000	0.000	-0.000
0.1*L2	-0.042	-0.012	0.000	0.038	0.015	0.002	-0.017	-0.006	0.001	-0.022	-0.003
0.2*L2	-0.099	-0.027	0.000	0.089	0.035	0.004	-0.040	-0.013	0.002	-0.051	-0.006
0.3*L2	-0.164	-0.046	0.000	0.144	0.058	0.006	-0.065	-0.022	0.004	-0.080	-0.010
0.4*L2	-0.229	-0.065	-0.000	0.198	0.082	0.009	-0.088	-0.030	0.006	-0.107	-0.014
0.5*L2	-0.291	-0.085	-0.001	0.246	0.104	0.012	-0.108	-0.037	0.008	-0.124	-0.019
0.6*L2	-0.340	-0.103	-0.003	0.277	0.122	0.016	-0.120	-0.043	0.011	-0.128	-0.022
0.7*L2	-0.362	-0.115	-0.004	0.282	0.131	0.018	-0.119	-0.044	0.013	-0.114	-0.025
0.8*L2	-0.335	-0.113	-0.006	0.246	0.122	0.019	-0.101	-0.039	0.013	-0.078	-0.024
0.9*L2	-0.227	-0.082	-0.006	0.154	0.084	0.014	-0.060	-0.025	0.010	-0.030	-0.017
1.0*L2	-0.000	-0.000	-0.000	0.000	0.000	-0.000	0.000	0.000	0.000	0.000	0.000
0.0*L1	-0.000	0.000	0.000	1.000	-0.000	-0.000	0.000	0.000	0.000	0.000	0.000
0.1*L1	-0.227	0.160	0.019	0.810	-0.141	-0.032	0.060	0.035	-0.019	-0.030	0.032
0.2*L1	-0.335	0.420	0.062	0.633	-0.329	-0.090	0.101	0.082	-0.038	-0.078	0.082
					0.671						
0.3*L1	-0.362	0.189	0.149	0.489	0.478	-0.185	0.119	0.125	-0.044	-0.114	0.150
0.4*L1	-0.340	0.053	0.303	0.374	0.321	-0.324	0.120	0.147	-0.031	-0.128	0.224
0.5*L1	-0.291	-0.015	0.550	0.284	0.207	-0.500	0.108	0.147	0.000	-0.124	0.265
						0.500					
0.6*L1	-0.229	-0.039	0.303	0.208	0.128	0.324	0.088	0.128	0.031	-0.107	0.224
0.7*L1	-0.164	-0.040	0.149	0.143	0.076	0.185	0.065	0.098	0.044	-0.080	0.150
0.8*L1	-0.099	-0.028	0.062	0.085	0.040	0.090	0.040	0.063	0.038	-0.051	0.082
0.9*L1	-0.042	-0.013	0.019	0.036	0.016	0.032	0.017	0.027	0.019	-0.022	0.032
0.0*L2	-0.000	-0.000	-0.000	0.000	-0.000	-0.000	-0.000	-0.000	0.000	0.000	-0.000
0.2*L2	0.027	0.010	-0.006	-0.022	-0.008	-0.019	-0.011	-0.018	-0.013	0.015	-0.024
0.4*L2	0.023	0.009	-0.003	-0.018	-0.006	-0.016	-0.009	-0.016	-0.011	0.012	-0.022
0.6*L2	0.013	0.006	0.000	-0.010	-0.003	-0.009	-0.006	-0.009	-0.006	0.007	-0.014
0.8*L2	0.005	0.002	0.000	-0.004	-0.001	-0.004	-0.002	-0.004	-0.002	0.003	-0.006
FAKTOR	a						a			1/a	

INFOLGE STRECKENLAST p=1

IN FELD	0	0.2	0.5	0	0.2	0.5	0	0.2	0.5	0	0.5
3L	0.090	0.024	-0.000	-0.081	-0.032	-0.003	0.037	0.012	-0.002	0.049	0.005
2L	-1.270	-0.395	-0.012	1.015	0.458	0.061	-0.435	-0.157	0.042	-0.442	-0.085
1,BIS SPRUNG					-0.179	-0.520		0.045	-0.082		
1,REST	-1.270	0.387	0.939	2.130	0.951	0.520	0.435	0.469	0.082	-0.442	0.748
2R	0.089	0.036	-0.012	-0.071	-0.024	-0.061	-0.037	-0.060	-0.042	0.048	-0.085
3R	-0.005	-0.002	0.000	0.003	0.001	0.003	0.002	0.003	0.002	-0.003	0.005
SUMME(+)	0.179	0.447	0.939	3.149	1.410	0.583	0.474	0.530	0.126	0.097	0.759
SUMME(-)	-2.545	-0.397	-0.025	-0.152	-0.235	-0.583	-0.472	-0.217	-0.126	-0.886	-0.170
SUMME	-2.366	0.050	0.914	2.996	1.175	-0.000	0.002	0.313	0.000	-0.789	0.588
FAKTOR	axa			a			axa			1/a	

INFOLGE EINZELMOMENT Mt=1

IN	0	0.2	0.5	0	0.2	0.5	0	0.2	0.5	0	0.5
0.0*L2	-0.064	-0.018	0.000	0.056	0.023	0.002	-0.025	-0.009	0.002	-0.031	-0.004
0.1*L2	-0.136	-0.038	0.000	0.120	0.048	0.005	-0.054	-0.018	0.003	-0.067	-0.008
0.2*L2	-0.226	-0.063	0.000	0.198	0.080	0.005	-0.089	-0.030	0.006	-0.111	-0.014
0.3*L2	-0.325	-0.091	0.000	0.285	0.115	0.012	-0.128	-0.043	0.008	-0.158	-0.020
0.4*L2	-0.423	-0.119	0.000	0.370	0.150	0.016	-0.166	-0.056	0.011	-0.204	-0.026
0.5*L2	-0.508	-0.143	0.000	0.446	0.181	0.019	-0.200	-0.067	0.013	-0.247	-0.032
0.6*L2	-0.567	-0.156	0.002	0.506	0.201	0.021	-0.229	-0.076	0.014	-0.290	-0.035
0.7*L2	-0.585	-0.150	0.005	0.549	0.206	0.018	-0.254	-0.082	0.012	-0.347	-0.034
0.8*L2	-0.555	-0.116	0.014	0.589	0.191	0.009	-0.285	-0.086	0.005	-0.450	-0.029
0.9*L2	-0.487	-0.043	0.032	0.668	0.159	-0.011	-0.349	-0.094	-0.010	-0.663	-0.016
1.0*L2	-0.438	0.071	0.067	0.884	0.124	-0.045	-0.500	-0.120	-0.035	-1.098	0.002
0.0*L1	-0.438	0.071	0.067	0.884	0.124	-0.045	0.500	-0.120	-0.035	-1.098	0.002
0.1*L1	-0.487	0.208	0.125	1.060	0.139	-0.095	0.349	-0.190	-0.073	-0.663	0.020
0.2*L1	-0.555	0.296	0.214	1.028	0.314	-0.155	0.285	-0.358	-0.123	-0.450	0.020
								0.642			
0.3*L1	-0.585	0.250	0.334	0.904	0.479	-0.204	0.254	0.466	-0.192	-0.347	-0.034
0.4*L1	-0.567	0.150	0.464	0.752	0.465	-0.188	0.229	0.372	-0.301	-0.290	-0.214
0.5*L1	-0.508	0.063	0.535	0.600	0.382	0.000	0.200	0.309	-0.500	-0.247	-0.637
									0.500		
0.6*L1	-0.423	0.006	0.464	0.459	0.286	0.188	0.166	0.252	0.301	-0.204	-0.214
0.7*L1	-0.325	-0.019	0.334	0.333	0.199	0.204	0.128	0.195	0.192	-0.158	-0.034
0.8*L1	-0.226	-0.024	0.214	0.223	0.129	0.155	0.089	0.136	0.123	-0.111	0.020
0.9*L1	-0.136	-0.016	0.125	0.133	0.076	0.095	0.054	0.083	0.073	-0.067	0.020
0.0*L2	-0.064	-0.005	0.067	0.065	0.039	0.045	0.025	0.038	0.035	-0.031	0.002
0.2*L2	0.013	0.011	0.014	-0.007	0.002	-0.009	-0.006	-0.010	-0.005	0.008	-0.029
0.4*L2	0.030	0.014	0.002	-0.023	-0.006	-0.021	-0.013	-0.021	-0.014	0.017	-0.035
0.6*L2	0.024	0.011	0.000	-0.018	-0.005	-0.016	-0.010	-0.017	-0.011	0.013	-0.026
0.8*L2	0.013	0.006	0.000	-0.010	-0.003	-0.009	-0.005	-0.009	-0.006	0.007	-0.014
FAKTOR				1/a						1/(axa)	

INFOLGE STRECKENMOMENT mt=1

IN FELD	0	0.2	0.5	0	0.2	0.5	0	0.2	0.5	0	0.5
3L	0.073	0.019	-0.001	-0.068	-0.026	-0.002	0.032	0.010	-0.001	0.043	0.004
2L	-2.441	-0.543	0.050	2.507	0.844	0.048	-1.201	-0.369	0.029	-1.833	-0.131
1,BIS SPRUNG					0.198	-0.417		-0.247	-0.562		
1,REST	-2.440	0.574	1.728	3.600	1.332	0.417	1.200	1.282	0.562	-1.832	-0.570
2R	0.073	0.050	0.050	-0.043	0.003	-0.048	-0.032	-0.054	-0.029	0.043	-0.131
3R	-0.003	-0.002	-0.001	0.002	0.000	0.002	0.001	0.002	0.001	-0.002	0.004
SUMME(+)	0.145	0.643	1.829	6.109	2.377	0.467	1.233	1.295	0.593	0.086	0.009
SUMME(-)	-4.884	-0.545	-0.001	-0.111	-0.026	-0.467	-1.232	-0.671	-0.593	-3.667	-0.833
SUMME	-4.739	0.098	1.827	5.998	2.352	0.000	0.001	0.624	0.000	-3.581	-0.824
FAKTOR	a						a			1/a	

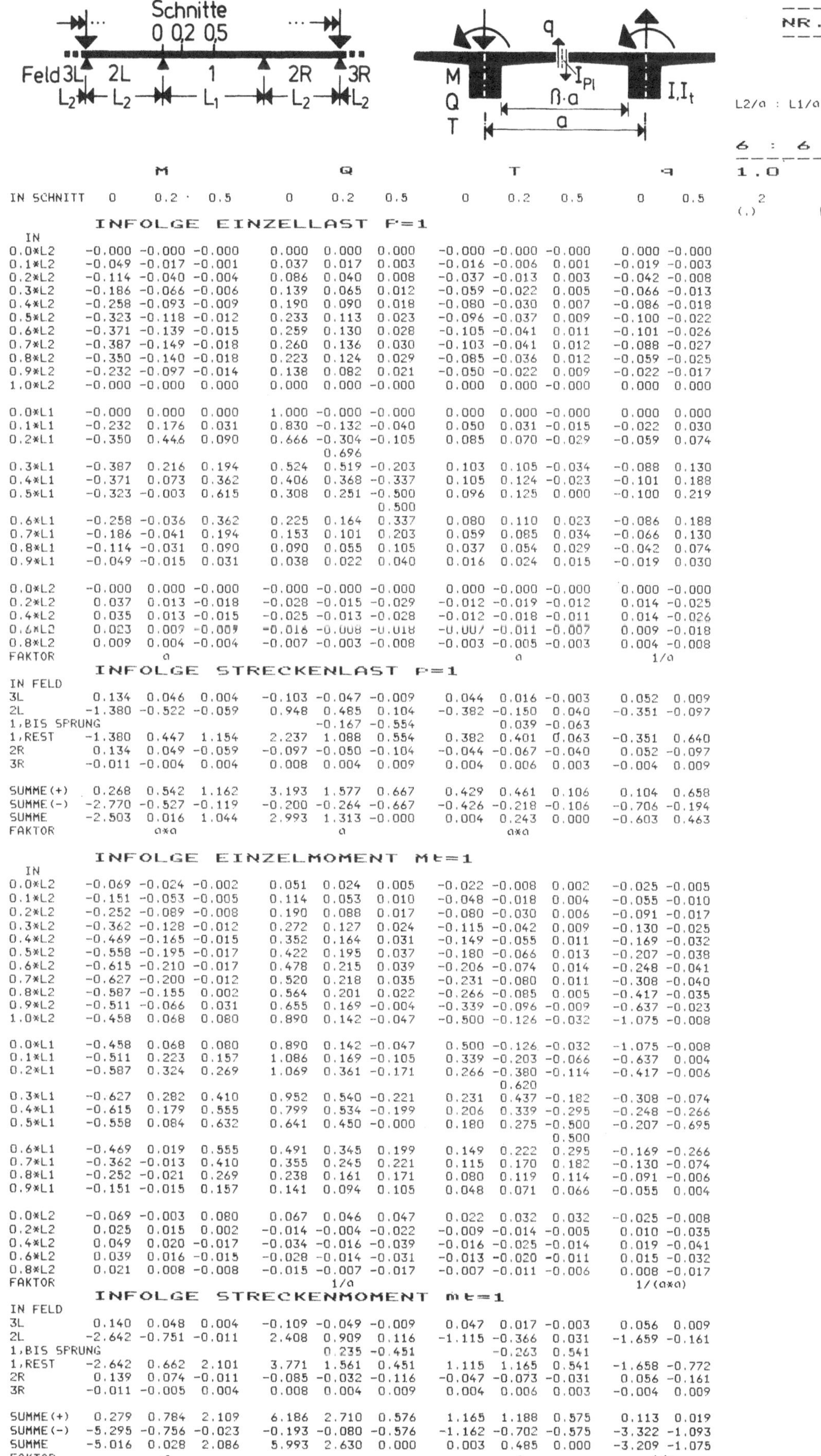

	M			Q			T			q	
IN SCHNITT	0	0.2	0.5	0	0.2	0.5	0	0.2	0.5	0	0.5

INFOLGE EINZELLAST F=1

IN	M			Q			T			q	
0.0*L2	-0.000	-0.000	-0.000	0.000	0.000	0.000	-0.000	-0.000	-0.000	0.000	-0.000
0.1*L2	-0.049	-0.017	-0.001	0.037	0.017	0.003	-0.016	-0.006	0.001	-0.019	-0.003
0.2*L2	-0.114	-0.040	-0.004	0.086	0.040	0.008	-0.037	-0.013	0.003	-0.042	-0.008
0.3*L2	-0.186	-0.066	-0.006	0.139	0.065	0.012	-0.059	-0.022	0.005	-0.066	-0.013
0.4*L2	-0.258	-0.093	-0.009	0.190	0.090	0.018	-0.080	-0.030	0.007	-0.086	-0.018
0.5*L2	-0.323	-0.118	-0.012	0.233	0.113	0.023	-0.096	-0.037	0.009	-0.100	-0.022
0.6*L2	-0.371	-0.139	-0.015	0.259	0.130	0.028	-0.105	-0.041	0.011	-0.101	-0.026
0.7*L2	-0.387	-0.149	-0.018	0.260	0.136	0.030	-0.103	-0.041	0.012	-0.088	-0.027
0.8*L2	-0.350	-0.140	-0.018	0.223	0.124	0.029	-0.085	-0.036	0.012	-0.059	-0.025
0.9*L2	-0.232	-0.097	-0.014	0.138	0.082	0.021	-0.050	-0.022	0.009	-0.022	-0.017
1.0*L2	-0.000	-0.000	0.000	0.000	0.000	-0.000	0.000	0.000	-0.000	0.000	0.000
0.0*L1	-0.000	0.000	0.000	1.000	-0.000	-0.000	0.000	0.000	-0.000	0.000	0.000
0.1*L1	-0.232	0.176	0.031	0.830	-0.132	-0.040	0.050	0.031	-0.015	-0.022	0.030
0.2*L1	-0.350	0.446	0.090	0.666	-0.304	-0.105	0.085	0.070	-0.029	-0.059	0.074
					0.696						
0.3*L1	-0.387	0.216	0.194	0.524	0.519	-0.203	0.103	0.105	-0.034	-0.088	0.130
0.4*L1	-0.371	0.073	0.362	0.406	0.368	-0.337	0.105	0.124	-0.023	-0.101	0.188
0.5*L1	-0.323	-0.003	0.615	0.308	0.251	-0.500	0.096	0.125	0.000	-0.100	0.219
						0.500					
0.6*L1	-0.258	-0.036	0.362	0.225	0.164	0.337	0.080	0.110	0.023	-0.086	0.188
0.7*L1	-0.186	-0.041	0.194	0.153	0.101	0.203	0.059	0.085	0.034	-0.066	0.130
0.8*L1	-0.114	-0.031	0.090	0.090	0.055	0.105	0.037	0.054	0.029	-0.042	0.074
0.9*L1	-0.049	-0.015	0.031	0.038	0.022	0.040	0.016	0.024	0.015	-0.019	0.030
0.0*L2	-0.000	0.000	-0.000	-0.000	-0.000	-0.000	0.000	-0.000	-0.000	0.000	-0.000
0.2*L2	0.037	0.013	-0.018	-0.028	-0.015	-0.029	-0.012	-0.019	-0.012	0.014	-0.025
0.4*L2	0.035	0.013	-0.015	-0.025	-0.013	-0.028	-0.012	-0.018	-0.011	0.014	-0.026
0.6*L2	0.023	0.009	-0.009	-0.016	-0.008	-0.018	-0.007	-0.011	-0.007	0.009	-0.018
0.8*L2	0.009	0.004	-0.004	-0.007	-0.003	-0.008	-0.003	-0.005	-0.003	0.004	-0.008
FAKTOR		a						a		1/a	

INFOLGE STRECKENLAST P=1

IN FELD	M			Q			T			q	
3L	0.134	0.046	0.004	-0.103	-0.047	-0.009	0.044	0.016	-0.003	0.052	0.009
2L	-1.380	-0.522	-0.059	0.948	0.485	0.104	-0.382	-0.150	0.040	-0.351	-0.097
1,BIS SPRUNG					-0.167	-0.554		0.039	-0.063		
1,REST	-1.380	0.447	1.154	2.237	1.088	0.554	0.382	0.401	0.063	-0.351	0.640
2R	0.134	0.049	-0.059	-0.097	-0.050	-0.104	-0.044	-0.067	-0.040	0.052	-0.097
3R	-0.011	-0.004	0.004	0.008	0.004	0.009	0.004	0.006	0.003	-0.004	0.009
SUMME(+)	0.268	0.542	1.162	3.193	1.577	0.667	0.429	0.461	0.106	0.104	0.658
SUMME(-)	-2.770	-0.527	-0.119	-0.200	-0.264	-0.667	-0.426	-0.218	-0.106	-0.706	-0.194
SUMME	-2.503	0.016	1.044	2.993	1.313	-0.000	0.004	0.243	0.000	-0.603	0.463
FAKTOR		a×a			a			a×a			

INFOLGE EINZELMOMENT Mt=1

IN	M			Q			T			q	
0.0*L2	-0.069	-0.024	-0.002	0.051	0.024	0.005	-0.022	-0.008	0.002	-0.025	-0.005
0.1*L2	-0.151	-0.053	-0.005	0.114	0.053	0.010	-0.048	-0.018	0.004	-0.055	-0.010
0.2*L2	-0.252	-0.089	-0.008	0.190	0.088	0.017	-0.080	-0.030	0.006	-0.091	-0.017
0.3*L2	-0.362	-0.128	-0.012	0.272	0.127	0.024	-0.115	-0.042	0.009	-0.130	-0.025
0.4*L2	-0.469	-0.165	-0.015	0.352	0.164	0.031	-0.149	-0.055	0.011	-0.169	-0.032
0.5*L2	-0.558	-0.195	-0.017	0.422	0.195	0.037	-0.180	-0.066	0.013	-0.207	-0.038
0.6*L2	-0.615	-0.210	-0.017	0.478	0.215	0.039	-0.206	-0.074	0.014	-0.248	-0.041
0.7*L2	-0.627	-0.200	-0.012	0.520	0.218	0.035	-0.231	-0.080	0.011	-0.308	-0.040
0.8*L2	-0.587	-0.155	0.002	0.564	0.201	0.022	-0.266	-0.085	0.005	-0.417	-0.035
0.9*L2	-0.511	-0.066	0.031	0.655	0.169	-0.004	-0.339	-0.096	-0.009	-0.637	-0.023
1.0*L2	-0.458	0.068	0.080	0.890	0.142	-0.047	-0.500	-0.126	-0.032	-1.075	-0.008
0.0*L1	-0.458	0.068	0.080	0.890	0.142	-0.047	0.500	-0.126	-0.032	-1.075	-0.008
0.1*L1	-0.511	0.223	0.157	1.086	0.169	-0.105	0.339	-0.203	-0.066	-0.637	0.004
0.2*L1	-0.587	0.324	0.269	1.069	0.361	-0.171	0.266	-0.380	-0.114	-0.417	-0.006
								0.620			
0.3*L1	-0.627	0.282	0.410	0.952	0.540	-0.221	0.231	0.437	-0.182	-0.308	-0.074
0.4*L1	-0.615	0.179	0.555	0.799	0.534	-0.199	0.206	0.339	-0.295	-0.248	-0.266
0.5*L1	-0.558	0.084	0.632	0.641	0.450	-0.000	0.180	0.275	-0.500	-0.207	-0.695
									0.500		
0.6*L1	-0.469	0.019	0.555	0.491	0.345	0.199	0.149	0.222	0.295	-0.169	-0.266
0.7*L1	-0.362	-0.013	0.410	0.355	0.245	0.221	0.115	0.170	0.182	-0.130	-0.074
0.8*L1	-0.252	-0.021	0.269	0.238	0.161	0.171	0.080	0.119	0.114	-0.091	-0.006
0.9*L1	-0.151	-0.015	0.157	0.141	0.094	0.105	0.048	0.071	0.066	-0.055	0.004
0.0*L2	-0.069	-0.003	0.080	0.067	0.046	0.047	0.022	0.032	0.032	-0.025	-0.008
0.2*L2	0.025	0.015	0.002	-0.014	-0.004	-0.022	-0.009	-0.014	-0.005	0.010	-0.035
0.4*L2	0.049	0.020	-0.017	-0.034	-0.016	-0.039	-0.016	-0.025	-0.014	0.019	-0.041
0.6*L2	0.039	0.016	-0.015	-0.028	-0.014	-0.031	-0.013	-0.020	-0.011	0.015	-0.032
0.8*L2	0.021	0.008	-0.008	-0.015	-0.007	-0.017	-0.007	-0.011	-0.006	0.008	-0.017
FAKTOR					1/a					1/(a×a)	

INFOLGE STRECKENMOMENT mt=1

IN FELD	M			Q			T			q	
3L	0.140	0.048	0.004	-0.109	-0.049	-0.009	0.047	0.017	-0.003	0.056	0.009
2L	-2.642	-0.751	-0.011	2.408	0.909	0.116	-1.115	-0.366	0.031	-1.659	-0.161
1,BIS SPRUNG					0.235	-0.451		-0.263	0.541		
1,REST	-2.642	0.662	2.101	3.771	1.561	0.451	1.115	1.165	0.541	-1.658	-0.772
2R	0.139	0.074	-0.011	-0.085	-0.032	-0.116	-0.047	-0.073	-0.031	0.056	-0.161
3R	-0.011	-0.005	0.004	0.008	0.004	0.009	0.004	0.006	0.003	-0.004	0.009
SUMME(+)	0.279	0.784	2.109	6.186	2.710	0.576	1.165	1.188	0.575	0.113	0.019
SUMME(-)	-5.295	-0.756	-0.023	-0.193	-0.080	-0.576	-1.162	-0.702	-0.575	-3.322	-1.093
SUMME	-5.016	0.028	2.086	5.993	2.630	0.000	0.003	0.485	0.000	-3.209	-1.075
FAKTOR		a			a					1/a	

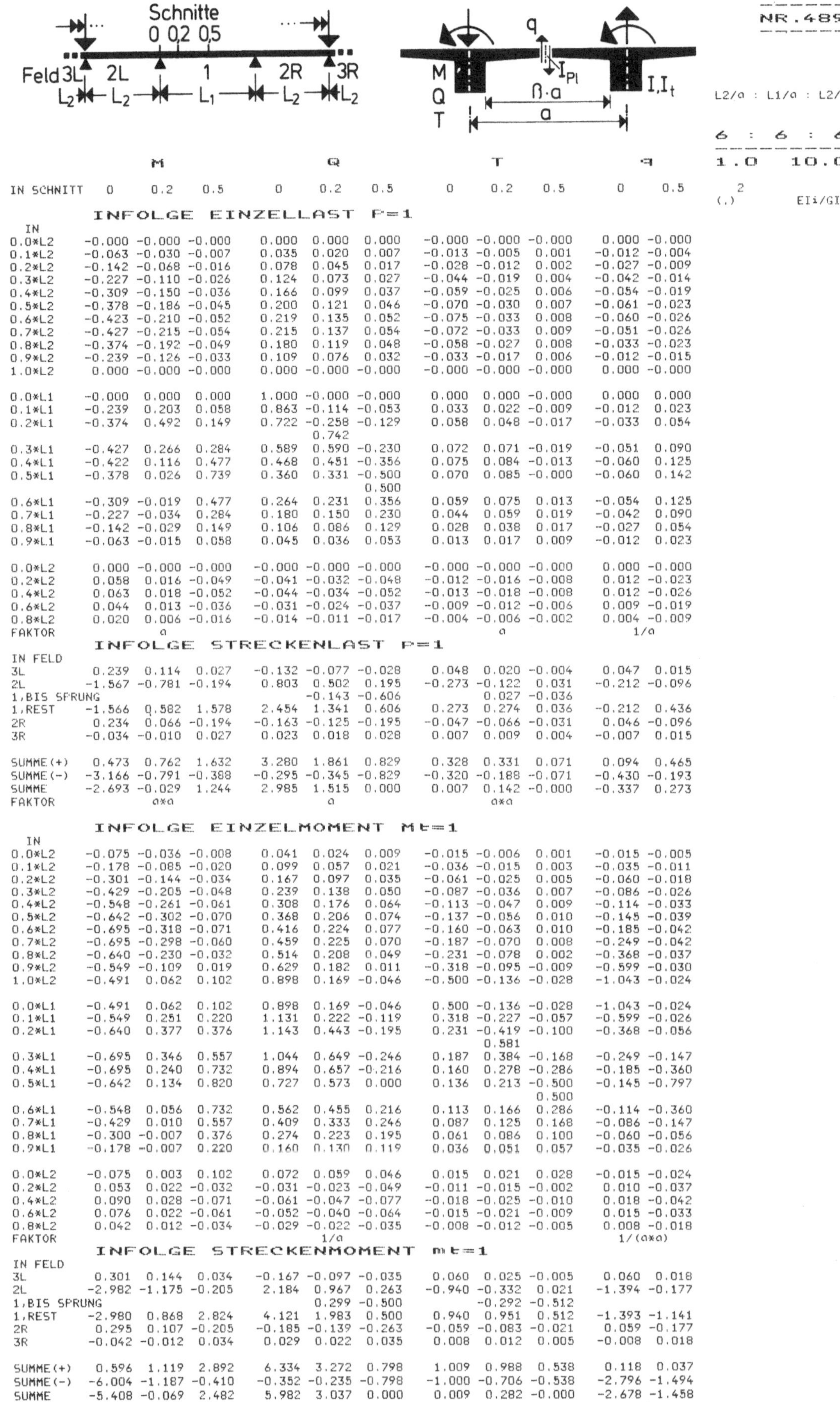

	M 0	M 0.2	M 0.5	Q 0	Q 0.2	Q 0.5	T 0	T 0.2	T 0.5	q 0	q 0.5

INFOLGE EINZELLAST P=1

IN

0.0*L2	-0.000	-0.000	-0.000	0.000	0.000	0.000	-0.000	-0.000	-0.000	0.000	-0.000
0.1*L2	-0.063	-0.030	-0.007	0.035	0.020	0.007	-0.013	-0.005	0.001	-0.012	-0.004
0.2*L2	-0.142	-0.068	-0.016	0.078	0.045	0.017	-0.028	-0.012	0.002	-0.027	-0.009
0.3*L2	-0.227	-0.110	-0.026	0.124	0.073	0.027	-0.044	-0.019	0.004	-0.042	-0.014
0.4*L2	-0.309	-0.150	-0.036	0.166	0.099	0.037	-0.059	-0.025	0.006	-0.054	-0.019
0.5*L2	-0.378	-0.186	-0.045	0.200	0.121	0.046	-0.070	-0.030	0.007	-0.061	-0.023
0.6*L2	-0.423	-0.210	-0.052	0.219	0.135	0.052	-0.075	-0.033	0.008	-0.060	-0.026
0.7*L2	-0.427	-0.215	-0.054	0.215	0.137	0.054	-0.072	-0.033	0.009	-0.051	-0.026
0.8*L2	-0.374	-0.192	-0.049	0.180	0.119	0.048	-0.058	-0.027	0.008	-0.033	-0.023
0.9*L2	-0.239	-0.126	-0.033	0.109	0.076	0.032	-0.033	-0.017	0.006	-0.012	-0.015
1.0*L2	0.000	-0.000	-0.000	0.000	-0.000	-0.000	-0.000	-0.000	-0.000	0.000	-0.000
0.0*L1	-0.000	0.000	0.000	1.000	-0.000	-0.000	0.000	0.000	-0.000	0.000	0.000
0.1*L1	-0.239	0.203	0.058	0.863	-0.114	-0.053	0.033	0.022	-0.009	-0.012	0.023
0.2*L1	-0.374	0.492	0.149	0.722	-0.258	-0.129	0.058	0.048	-0.017	-0.033	0.054
					0.742						
0.3*L1	-0.427	0.266	0.284	0.589	0.590	-0.230	0.072	0.071	-0.019	-0.051	0.090
0.4*L1	-0.422	0.116	0.477	0.468	0.451	-0.356	0.075	0.084	-0.013	-0.060	0.125
0.5*L1	-0.378	0.026	0.739	0.360	0.331	-0.500	0.070	0.085	-0.000	-0.060	0.142
					0.500						
0.6*L1	-0.309	-0.019	0.477	0.264	0.231	0.356	0.059	0.075	0.013	-0.054	0.125
0.7*L1	-0.227	-0.034	0.284	0.180	0.150	0.230	0.044	0.059	0.019	-0.042	0.090
0.8*L1	-0.142	-0.029	0.149	0.106	0.086	0.129	0.028	0.038	0.017	-0.027	0.054
0.9*L1	-0.063	-0.015	0.058	0.045	0.036	0.053	0.013	0.017	0.009	-0.012	0.023
0.0*L2	0.000	-0.000	-0.000	-0.000	-0.000	-0.000	-0.000	-0.000	-0.000	0.000	-0.000
0.2*L2	0.058	0.016	-0.049	-0.041	-0.032	-0.048	-0.012	-0.016	-0.008	0.012	-0.023
0.4*L2	0.063	0.018	-0.052	-0.044	-0.034	-0.052	-0.013	-0.018	-0.008	0.012	-0.026
0.6*L2	0.044	0.013	-0.036	-0.031	-0.024	-0.037	-0.009	-0.012	-0.006	0.009	-0.019
0.8*L2	0.020	0.006	-0.016	-0.014	-0.011	-0.017	-0.004	-0.006	-0.002	0.004	-0.009
FAKTOR		a						a		1/a	

INFOLGE STRECKENLAST P=1

IN FELD

3L	0.239	0.114	0.027	-0.132	-0.077	-0.028	0.048	0.020	-0.004	0.047	0.015
2L	-1.567	-0.781	-0.194	0.803	0.502	0.195	-0.273	-0.122	0.031	-0.212	-0.096
1,BIS SPRUNG				-0.143	-0.606			0.027	-0.036		
1,REST	-1.566	0.582	1.578	2.454	1.341	0.606	0.273	0.274	0.036	-0.212	0.436
2R	0.234	0.066	-0.194	-0.163	-0.125	-0.195	-0.047	-0.066	-0.031	0.046	-0.096
3R	-0.034	-0.010	0.027	0.023	0.018	0.028	0.007	0.009	0.004	-0.007	0.015
SUMME(+)	0.473	0.762	1.632	3.280	1.861	0.829	0.328	0.331	0.071	0.094	0.465
SUMME(-)	-3.166	-0.791	-0.388	-0.295	-0.345	-0.829	-0.320	-0.188	-0.071	-0.430	-0.193
SUMME	-2.693	-0.029	1.244	2.985	1.515	0.000	0.007	0.142	-0.000	-0.337	0.273
FAKTOR		a×a			a			a×a		1/a	

INFOLGE EINZELMOMENT Mt=1

IN

0.0*L2	-0.075	-0.036	-0.008	0.041	0.024	0.009	-0.015	-0.006	0.001	-0.015	-0.005
0.1*L2	-0.178	-0.085	-0.020	0.099	0.057	0.021	-0.036	-0.015	0.003	-0.035	-0.011
0.2*L2	-0.301	-0.144	-0.034	0.167	0.097	0.035	-0.061	-0.025	0.005	-0.060	-0.018
0.3*L2	-0.429	-0.205	-0.048	0.239	0.138	0.050	-0.087	-0.036	0.007	-0.086	-0.026
0.4*L2	-0.548	-0.261	-0.061	0.308	0.176	0.064	-0.113	-0.047	0.009	-0.114	-0.033
0.5*L2	-0.642	-0.302	-0.070	0.368	0.206	0.074	-0.137	-0.056	0.010	-0.145	-0.039
0.6*L2	-0.695	-0.318	-0.071	0.416	0.224	0.077	-0.160	-0.063	0.010	-0.185	-0.042
0.7*L2	-0.695	-0.298	-0.060	0.459	0.225	0.070	-0.187	-0.070	0.008	-0.249	-0.042
0.8*L2	-0.640	-0.230	-0.032	0.514	0.208	0.049	-0.231	-0.078	0.002	-0.368	-0.037
0.9*L2	-0.549	-0.109	0.019	0.629	0.182	0.011	-0.318	-0.095	-0.009	-0.599	-0.030
1.0*L2	-0.491	0.062	0.102	0.898	0.169	-0.046	-0.500	-0.136	-0.028	-1.043	-0.024
0.0*L1	-0.491	0.062	0.102	0.898	0.169	-0.046	0.500	-0.136	-0.028	-1.043	-0.024
0.1*L1	-0.549	0.251	0.220	1.131	0.222	-0.119	0.318	-0.227	-0.057	-0.599	-0.026
0.2*L1	-0.640	0.377	0.376	1.143	0.443	-0.195	0.231	-0.419	-0.100	-0.368	-0.056
								0.581			
0.3*L1	-0.695	0.346	0.557	1.044	0.649	-0.246	0.187	0.384	-0.168	-0.249	-0.147
0.4*L1	-0.695	0.240	0.732	0.894	0.657	-0.216	0.160	0.278	-0.286	-0.185	-0.360
0.5*L1	-0.642	0.134	0.820	0.727	0.573	0.000	0.136	0.213	-0.500	-0.145	-0.797
									0.500		
0.6*L1	-0.548	0.056	0.732	0.562	0.455	0.216	0.113	0.166	0.286	-0.114	-0.360
0.7*L1	-0.429	0.010	0.557	0.409	0.333	0.246	0.087	0.125	0.168	-0.086	-0.147
0.8*L1	-0.300	-0.007	0.376	0.274	0.223	0.195	0.061	0.086	0.100	-0.060	-0.056
0.9*L1	-0.178	-0.007	0.220	0.160	0.130	0.119	0.036	0.051	0.057	-0.035	-0.026
0.0*L2	-0.075	0.003	0.102	0.072	0.059	0.046	0.015	0.021	0.028	-0.015	-0.024
0.2*L2	0.053	0.022	-0.032	-0.031	-0.023	-0.049	-0.011	-0.015	-0.002	0.010	-0.037
0.4*L2	0.090	0.028	-0.071	-0.061	-0.047	-0.077	-0.018	-0.025	-0.010	0.018	-0.042
0.6*L2	0.076	0.022	-0.061	-0.052	-0.040	-0.064	-0.015	-0.021	-0.009	0.015	-0.033
0.8*L2	0.042	0.012	-0.034	-0.029	-0.022	-0.035	-0.008	-0.012	-0.005	0.008	-0.018
FAKTOR					1/a					1/(a×a)	

INFOLGE STRECKENMOMENT mt=1

IN FELD

3L	0.301	0.144	0.034	-0.167	-0.097	-0.035	0.060	0.025	-0.005	0.060	0.018
2L	-2.982	-1.175	-0.205	2.184	0.967	0.263	-0.940	-0.332	0.021	-1.394	-0.177
1,BIS SPRUNG				0.299	-0.500			-0.292	-0.512		
1,REST	-2.980	0.868	2.824	4.121	1.983	0.500	0.940	0.951	0.512	-1.393	-1.141
2R	0.295	0.107	-0.205	-0.185	-0.139	-0.263	-0.059	-0.083	-0.021	0.059	-0.177
3R	-0.042	-0.012	0.034	0.029	0.022	0.035	0.008	0.012	0.005	-0.008	0.018
SUMME(+)	0.596	1.119	2.892	6.334	3.272	0.798	1.009	0.988	0.538	0.118	0.037
SUMME(-)	-6.004	-1.187	-0.410	-0.352	-0.235	-0.798	-1.000	-0.706	-0.538	-2.796	-1.494
SUMME	-5.408	-0.069	2.482	5.982	3.037	0.000	0.009	0.282	-0.000	-2.678	-1.458
FAKTOR		a			a					1/a	

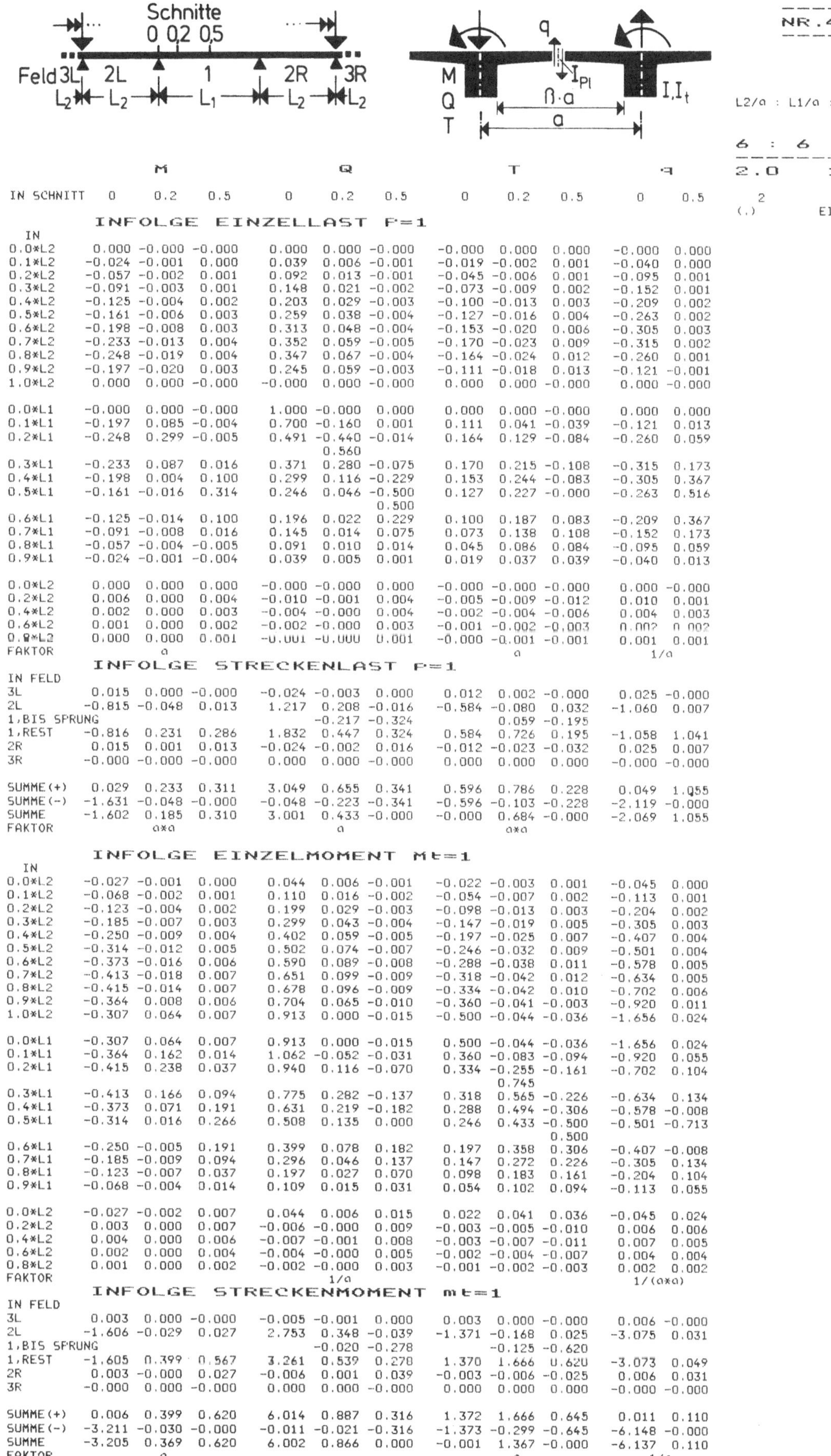

| | M | | | Q | | | T | | | q | |
IN SCHNITT	0	0.2	0.5	0	0.2	0.5	0	0.2	0.5	0	0.5

INFOLGE EINZELLAST F=1

IN

	M 0	M 0.2	M 0.5	Q 0	Q 0.2	Q 0.5	T 0	T 0.2	T 0.5	q 0	q 0.5
0.0*L2	0.000	-0.000	-0.000	0.000	0.000	-0.000	-0.000	0.000	0.000	-0.000	0.000
0.1*L2	-0.024	-0.001	0.000	0.039	0.006	-0.001	-0.019	-0.002	0.001	-0.040	0.000
0.2*L2	-0.057	-0.002	0.001	0.092	0.013	-0.001	-0.045	-0.006	0.001	-0.095	0.001
0.3*L2	-0.091	-0.003	0.001	0.148	0.021	-0.002	-0.073	-0.009	0.002	-0.152	0.001
0.4*L2	-0.125	-0.004	0.002	0.203	0.029	-0.003	-0.100	-0.013	0.003	-0.209	0.002
0.5*L2	-0.161	-0.006	0.003	0.259	0.038	-0.004	-0.127	-0.016	0.004	-0.263	0.002
0.6*L2	-0.198	-0.008	0.003	0.313	0.048	-0.004	-0.153	-0.020	0.006	-0.305	0.003
0.7*L2	-0.233	-0.013	0.004	0.352	0.059	-0.005	-0.170	-0.023	0.009	-0.315	0.002
0.8*L2	-0.248	-0.019	0.004	0.347	0.067	-0.004	-0.164	-0.024	0.012	-0.260	0.001
0.9*L2	-0.197	-0.020	0.003	0.245	0.059	-0.003	-0.111	-0.018	0.013	-0.121	-0.001
1.0*L2	0.000	0.000	-0.000	-0.000	0.000	-0.000	0.000	0.000	-0.000	0.000	-0.000
0.0*L1	-0.000	0.000	-0.000	1.000	-0.000	0.000	0.000	0.000	-0.000	0.000	0.000
0.1*L1	-0.197	0.085	-0.004	0.700	-0.160	0.001	0.111	0.041	-0.039	-0.121	0.013
0.2*L1	-0.248	0.299	-0.005	0.491	-0.440	-0.014	0.164	0.129	-0.084	-0.260	0.059
					0.560						
0.3*L1	-0.233	0.087	0.016	0.371	0.280	-0.075	0.170	0.215	-0.108	-0.315	0.173
0.4*L1	-0.198	0.004	0.100	0.299	0.116	-0.229	0.153	0.244	-0.083	-0.305	0.367
0.5*L1	-0.161	-0.016	0.314	0.246	0.046	-0.500	0.127	0.227	-0.000	-0.263	0.516
						0.500					
0.6*L1	-0.125	-0.014	0.100	0.196	0.022	0.229	0.100	0.187	0.083	-0.209	0.367
0.7*L1	-0.091	-0.008	0.016	0.145	0.014	0.075	0.073	0.138	0.108	-0.152	0.173
0.8*L1	-0.057	-0.004	-0.005	0.091	0.010	0.014	0.045	0.086	0.084	-0.095	0.059
0.9*L1	-0.024	-0.001	-0.004	0.039	0.005	0.001	0.019	0.037	0.039	-0.040	0.013
0.0*L2	0.000	0.000	0.000	-0.000	-0.000	0.000	-0.000	-0.000	-0.000	0.000	-0.000
0.2*L2	0.006	0.000	0.004	-0.010	-0.001	0.004	-0.005	-0.009	-0.012	0.010	0.001
0.4*L2	0.002	0.000	0.003	-0.004	-0.000	0.004	-0.002	-0.004	-0.006	0.004	0.003
0.6*L2	0.001	0.000	0.002	-0.002	-0.000	0.003	-0.001	-0.002	-0.003	0.002	0.002
0.8*L2	0.000	0.000	0.001	-0.001	-0.000	0.001	-0.000	-0.001	-0.001	0.001	0.001
FAKTOR	a			a			a			1/a	

INFOLGE STRECKENLAST p=1

IN FELD

	M 0	M 0.2	M 0.5	Q 0	Q 0.2	Q 0.5	T 0	T 0.2	T 0.5	q 0	q 0.5
3L	0.015	0.000	-0.000	-0.024	-0.003	0.000	0.012	0.002	-0.000	0.025	-0.000
2L	-0.815	-0.048	0.013	1.217	0.208	-0.016	-0.584	-0.080	0.032	-1.060	0.007
1,BIS SPRUNG					-0.217	-0.324		0.059	-0.195		
1,REST	-0.816	0.231	0.286	1.832	0.447	0.324	0.584	0.726	0.195	-1.058	1.041
2R	0.015	0.001	0.013	-0.024	-0.002	0.016	-0.012	-0.023	-0.032	0.025	0.007
3R	-0.000	-0.000	-0.000	0.000	0.000	-0.000	0.000	0.000	0.000	-0.000	-0.000
SUMME(+)	0.029	0.233	0.311	3.049	0.655	0.341	0.596	0.786	0.228	0.049	1.055
SUMME(-)	-1.631	-0.048	-0.000	-0.048	-0.223	-0.341	-0.596	-0.103	-0.228	-2.119	-0.000
SUMME	-1.602	0.185	0.310	3.001	0.433	-0.000	-0.000	0.684	-0.000	-2.069	1.055
FAKTOR	a×a			a			a×a				

INFOLGE EINZELMOMENT Mt=1

IN

	M 0	M 0.2	M 0.5	Q 0	Q 0.2	Q 0.5	T 0	T 0.2	T 0.5	q 0	q 0.5
0.0*L2	-0.027	-0.001	0.000	0.044	0.006	-0.001	-0.022	-0.003	0.001	-0.045	0.000
0.1*L2	-0.068	-0.002	0.001	0.110	0.016	-0.002	-0.054	-0.007	0.002	-0.113	0.001
0.2*L2	-0.123	-0.004	0.002	0.199	0.029	-0.003	-0.098	-0.013	0.003	-0.204	0.002
0.3*L2	-0.185	-0.007	0.003	0.299	0.043	-0.004	-0.147	-0.019	0.005	-0.305	0.003
0.4*L2	-0.250	-0.009	0.004	0.402	0.059	-0.005	-0.197	-0.025	0.007	-0.407	0.004
0.5*L2	-0.314	-0.012	0.005	0.502	0.074	-0.007	-0.246	-0.032	0.009	-0.501	0.004
0.6*L2	-0.373	-0.016	0.006	0.590	0.089	-0.008	-0.288	-0.038	0.011	-0.578	0.005
0.7*L2	-0.413	-0.018	0.007	0.651	0.099	-0.009	-0.318	-0.042	0.012	-0.634	0.005
0.8*L2	-0.415	-0.014	0.007	0.678	0.096	-0.009	-0.334	-0.042	0.010	-0.702	0.006
0.9*L2	-0.364	0.008	0.006	0.704	0.065	-0.010	-0.360	-0.041	-0.003	-0.920	0.011
1.0*L2	-0.307	0.064	0.007	0.913	0.000	-0.015	-0.500	-0.044	-0.036	-1.656	0.024
0.0*L1	-0.307	0.064	0.007	0.913	0.000	-0.015	0.500	-0.044	-0.036	-1.656	0.024
0.1*L1	-0.364	0.162	0.014	1.062	-0.052	-0.031	0.360	-0.083	-0.094	-0.920	0.055
0.2*L1	-0.415	0.238	0.037	0.940	0.116	-0.070	0.334	-0.255	-0.161	-0.702	0.104
								0.745			
0.3*L1	-0.413	0.166	0.094	0.775	0.282	-0.137	0.318	0.565	-0.226	-0.634	0.134
0.4*L1	-0.373	0.071	0.191	0.631	0.219	-0.182	0.288	0.494	-0.306	-0.578	-0.008
0.5*L1	-0.314	0.016	0.266	0.508	0.135	0.000	0.246	0.433	-0.500	-0.501	-0.713
									0.500		
0.6*L1	-0.250	-0.005	0.191	0.399	0.078	0.182	0.197	0.358	0.306	-0.407	-0.008
0.7*L1	-0.185	-0.009	0.094	0.296	0.046	0.137	0.147	0.272	0.226	-0.305	0.134
0.8*L1	-0.123	-0.007	0.037	0.197	0.027	0.070	0.098	0.183	0.161	-0.204	0.104
0.9*L1	-0.068	-0.004	0.014	0.109	0.015	0.031	0.054	0.102	0.094	-0.113	0.055
0.0*L2	-0.027	-0.002	0.007	0.044	0.006	0.015	0.022	0.041	0.036	-0.045	0.024
0.2*L2	0.003	0.000	0.007	-0.006	-0.000	0.009	-0.003	-0.005	-0.010	0.006	0.006
0.4*L2	0.004	0.000	0.006	-0.007	-0.001	0.008	-0.003	-0.007	-0.011	0.007	0.005
0.6*L2	0.002	0.000	0.004	-0.004	-0.000	0.005	-0.002	-0.004	-0.007	0.004	0.004
0.8*L2	0.001	0.000	0.002	-0.002	-0.000	0.003	-0.001	-0.002	-0.003	0.002	0.002
FAKTOR				1/a						1/(a×a)	

INFOLGE STRECKENMOMENT mt=1

IN FELD

	M 0	M 0.2	M 0.5	Q 0	Q 0.2	Q 0.5	T 0	T 0.2	T 0.5	q 0	q 0.5
3L	0.003	0.000	-0.000	-0.005	-0.001	0.000	0.003	0.000	-0.000	0.006	-0.000
2L	-1.606	-0.029	0.027	2.753	0.348	-0.039	-1.371	-0.168	0.025	-3.075	0.031
1,BIS SPRUNG					-0.020	-0.278		-0.125	-0.620		
1,REST	-1.605	0.399	0.567	3.261	0.539	0.278	1.370	1.666	0.620	-3.073	0.049
2R	0.003	-0.000	0.027	-0.006	0.001	0.039	-0.003	-0.006	-0.025	0.006	0.031
3R	-0.000	0.000	-0.000	0.000	0.000	-0.000	0.000	0.000	0.000	-0.000	-0.000
SUMME(+)	0.006	0.399	0.620	6.014	0.887	0.316	1.372	1.666	0.645	0.011	0.110
SUMME(-)	-3.211	-0.030	-0.000	-0.011	-0.021	-0.316	-1.373	-0.299	-0.645	-6.148	-0.000
SUMME	-3.205	0.369	0.620	6.002	0.866	0.000	-0.001	1.367	-0.000	-6.137	0.110
FAKTOR	a			a			a			1/a	

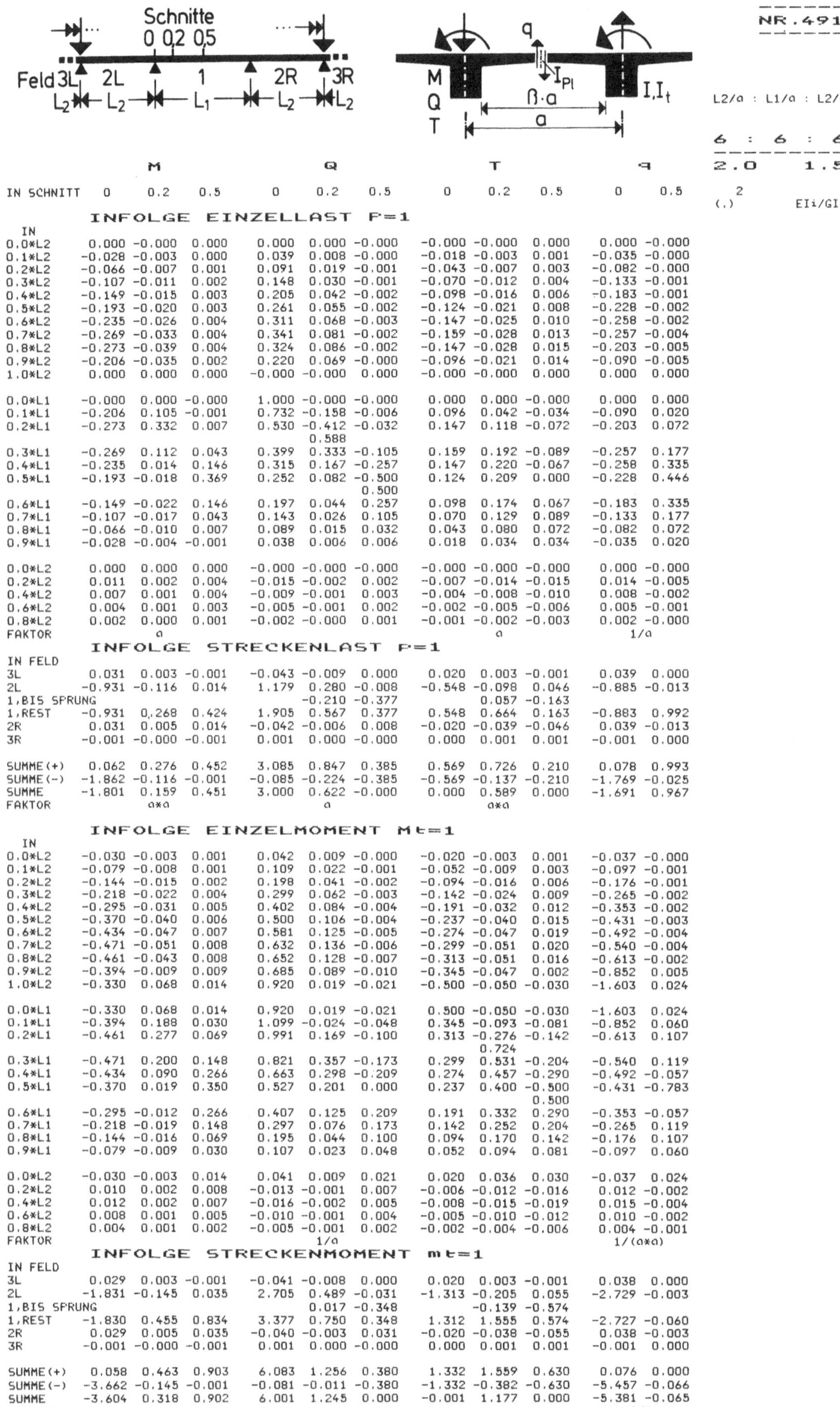

	M			Q			T			q	
IN SCHNITT	0	0.2	0.5	0	0.2	0.5	0	0.2	0.5	0	0.5

INFOLGE EINZELLAST P=1

IN	M 0	M 0.2	M 0.5	Q 0	Q 0.2	Q 0.5	T 0	T 0.2	T 0.5	q 0	q 0.5
0.0*L2	0.000	-0.000	0.000	0.000	0.000	-0.000	-0.000	-0.000	0.000	0.000	-0.000
0.1*L2	-0.028	-0.003	0.000	0.039	0.008	-0.000	-0.018	-0.003	0.001	-0.035	-0.000
0.2*L2	-0.066	-0.007	0.001	0.091	0.019	-0.001	-0.043	-0.007	0.003	-0.082	-0.000
0.3*L2	-0.107	-0.011	0.002	0.148	0.030	-0.001	-0.070	-0.012	0.004	-0.133	-0.001
0.4*L2	-0.149	-0.015	0.003	0.205	0.042	-0.002	-0.098	-0.016	0.006	-0.183	-0.001
0.5*L2	-0.193	-0.020	0.003	0.261	0.055	-0.002	-0.124	-0.021	0.008	-0.228	-0.002
0.6*L2	-0.235	-0.026	0.004	0.311	0.068	-0.003	-0.147	-0.025	0.010	-0.258	-0.002
0.7*L2	-0.269	-0.033	0.004	0.341	0.081	-0.002	-0.159	-0.028	0.013	-0.257	-0.004
0.8*L2	-0.273	-0.039	0.004	0.324	0.086	-0.002	-0.147	-0.028	0.015	-0.203	-0.005
0.9*L2	-0.206	-0.035	0.002	0.220	0.069	-0.000	-0.096	-0.021	0.014	-0.090	-0.005
1.0*L2	0.000	0.000	0.000	-0.000	-0.000	0.000	-0.000	-0.000	0.000	0.000	0.000
0.0*L1	-0.000	0.000	-0.000	1.000	-0.000	-0.000	0.000	0.000	-0.000	0.000	0.000
0.1*L1	-0.206	0.105	-0.001	0.732	-0.158	-0.006	0.096	0.042	-0.034	-0.090	0.020
0.2*L1	-0.273	0.332	0.007	0.530	-0.412	-0.032	0.147	0.118	-0.072	-0.203	0.072
					0.588						
0.3*L1	-0.269	0.112	0.043	0.399	0.333	-0.105	0.159	0.192	-0.089	-0.257	0.177
0.4*L1	-0.235	0.014	0.146	0.315	0.167	-0.257	0.147	0.220	-0.067	-0.258	0.335
0.5*L1	-0.193	-0.018	0.369	0.252	0.082	-0.500	0.124	0.209	0.000	-0.228	0.446
						0.500					
0.6*L1	-0.149	-0.022	0.146	0.197	0.044	0.257	0.098	0.174	0.067	-0.183	0.335
0.7*L1	-0.107	-0.017	0.043	0.143	0.026	0.105	0.070	0.129	0.089	-0.133	0.177
0.8*L1	-0.066	-0.010	0.007	0.089	0.015	0.032	0.043	0.080	0.072	-0.082	0.072
0.9*L1	-0.028	-0.004	-0.001	0.038	0.006	0.006	0.018	0.034	0.034	-0.035	0.020
0.0*L2	0.000	0.000	0.000	-0.000	-0.000	-0.000	-0.000	-0.000	-0.000	0.000	-0.000
0.2*L2	0.011	0.002	0.004	-0.015	-0.002	0.002	-0.007	-0.014	-0.015	0.014	-0.005
0.4*L2	0.007	0.001	0.004	-0.009	-0.001	0.003	-0.004	-0.008	-0.010	0.008	-0.002
0.6*L2	0.004	0.001	0.003	-0.005	-0.001	0.002	-0.002	-0.005	-0.006	0.005	-0.001
0.8*L2	0.002	0.000	0.001	-0.002	-0.000	0.001	-0.001	-0.002	-0.003	0.002	-0.000
FAKTOR		a						a			1/a

INFOLGE STRECKENLAST p=1

IN FELD	M 0	M 0.2	M 0.5	Q 0	Q 0.2	Q 0.5	T 0	T 0.2	T 0.5	q 0	q 0.5
3L	0.031	0.003	-0.001	-0.043	-0.009	0.000	0.020	0.003	-0.001	0.039	0.000
2L	-0.931	-0.116	0.014	1.179	0.280	-0.008	-0.548	-0.098	0.046	-0.885	-0.013
1,BIS SPRUNG					-0.210	-0.377		0.057	-0.163		
1,REST	-0.931	0.268	0.424	1.905	0.567	0.377	0.548	0.664	0.163	-0.883	0.992
2R	0.031	0.005	0.014	-0.042	-0.006	0.008	-0.020	-0.039	-0.046	0.039	-0.013
3R	-0.001	-0.000	-0.001	0.001	0.000	-0.000	0.000	0.001	0.001	-0.001	0.000
SUMME(+)	0.062	0.276	0.452	3.085	0.847	0.385	0.569	0.726	0.210	0.078	0.993
SUMME(-)	-1.862	-0.116	-0.001	-0.085	-0.224	-0.385	-0.569	-0.137	-0.210	-1.769	-0.025
SUMME	-1.801	0.159	0.451	3.000	0.622	-0.000	0.000	0.589	0.000	-1.691	0.967
FAKTOR		a*a			a			a*a			1/a

INFOLGE EINZELMOMENT Mt=1

IN	M 0	M 0.2	M 0.5	Q 0	Q 0.2	Q 0.5	T 0	T 0.2	T 0.5	q 0	q 0.5
0.0*L2	-0.030	-0.003	0.001	0.042	0.009	-0.000	-0.020	-0.003	0.001	-0.037	-0.000
0.1*L2	-0.079	-0.008	0.001	0.109	0.022	-0.001	-0.052	-0.009	0.003	-0.097	-0.001
0.2*L2	-0.144	-0.015	0.002	0.198	0.041	-0.002	-0.094	-0.016	0.006	-0.176	-0.001
0.3*L2	-0.218	-0.022	0.004	0.299	0.062	-0.003	-0.142	-0.024	0.009	-0.265	-0.002
0.4*L2	-0.295	-0.031	0.005	0.402	0.084	-0.004	-0.191	-0.032	0.012	-0.353	-0.002
0.5*L2	-0.370	-0.040	0.006	0.500	0.106	-0.004	-0.237	-0.040	0.015	-0.431	-0.003
0.6*L2	-0.434	-0.047	0.007	0.581	0.125	-0.005	-0.274	-0.047	0.019	-0.492	-0.004
0.7*L2	-0.471	-0.051	0.008	0.632	0.136	-0.006	-0.299	-0.051	0.020	-0.540	-0.004
0.8*L2	-0.461	-0.043	0.008	0.652	0.128	-0.007	-0.313	-0.051	0.016	-0.613	-0.002
0.9*L2	-0.394	-0.009	0.009	0.685	0.089	-0.010	-0.345	-0.047	0.002	-0.852	0.005
1.0*L2	-0.330	0.068	0.014	0.920	0.019	-0.021	-0.500	-0.050	-0.030	-1.603	0.024
0.0*L1	-0.330	0.068	0.014	0.920	0.019	-0.021	0.500	-0.050	-0.030	-1.603	0.024
0.1*L1	-0.394	0.188	0.030	1.099	-0.024	-0.048	0.345	-0.093	-0.081	-0.852	0.060
0.2*L1	-0.461	0.277	0.069	0.991	0.169	-0.100	0.313	-0.276	-0.142	-0.613	0.107
							0.724				
0.3*L1	-0.471	0.200	0.148	0.821	0.357	-0.173	0.299	0.531	-0.204	-0.540	0.119
0.4*L1	-0.434	0.090	0.266	0.663	0.298	-0.209	0.274	0.457	-0.290	-0.492	-0.057
0.5*L1	-0.370	0.019	0.350	0.527	0.201	0.000	0.237	0.400	-0.500	-0.431	-0.783
									0.500		
0.6*L1	-0.295	-0.012	0.266	0.407	0.125	0.209	0.191	0.332	0.290	-0.353	-0.057
0.7*L1	-0.218	-0.019	0.148	0.297	0.076	0.173	0.142	0.252	0.204	-0.265	0.119
0.8*L1	-0.144	-0.016	0.069	0.195	0.044	0.100	0.094	0.170	0.142	-0.176	0.107
0.9*L1	-0.079	-0.009	0.030	0.107	0.023	0.048	0.052	0.094	0.081	-0.097	0.060
0.0*L2	-0.030	-0.003	0.014	0.041	0.009	0.021	0.020	0.036	0.030	-0.037	0.024
0.2*L2	0.010	0.002	0.008	-0.013	-0.001	0.007	-0.006	-0.012	-0.016	0.012	-0.002
0.4*L2	0.012	0.002	0.007	-0.016	-0.002	0.005	-0.008	-0.015	-0.019	0.015	-0.004
0.6*L2	0.008	0.001	0.005	-0.010	-0.001	0.004	-0.005	-0.010	-0.012	0.010	-0.002
0.8*L2	0.004	0.001	0.002	-0.005	-0.001	0.002	-0.002	-0.004	-0.006	0.004	-0.001
FAKTOR					1/a						1/(a*a)

INFOLGE STRECKENMOMENT mt=1

IN FELD	M 0	M 0.2	M 0.5	Q 0	Q 0.2	Q 0.5	T 0	T 0.2	T 0.5	q 0	q 0.5
3L	0.029	0.003	-0.001	-0.041	-0.008	0.000	0.020	0.003	-0.001	0.038	0.000
2L	-1.831	-0.145	0.035	2.705	0.489	-0.031	-1.313	-0.205	0.055	-2.729	-0.003
1,BIS SPRUNG					0.017	-0.348		-0.139	-0.574		
1,REST	-1.830	0.455	0.834	3.377	0.750	0.348	1.312	1.555	0.574	-2.727	-0.060
2R	0.029	0.005	0.035	-0.040	-0.003	0.031	-0.020	-0.038	-0.055	0.038	-0.003
3R	-0.001	-0.000	-0.001	0.001	0.000	-0.000	0.000	0.001	0.001	-0.001	0.000
SUMME(+)	0.058	0.463	0.903	6.083	1.256	0.380	1.332	1.559	0.630	0.076	0.000
SUMME(-)	-3.662	-0.145	-0.001	-0.081	-0.011	-0.380	-1.332	-0.382	-0.630	-5.457	-0.066
SUMME	-3.604	0.318	0.902	6.001	1.245	0.000	-0.001	1.177	0.000	-5.381	-0.065
FAKTOR		a						a			1/a

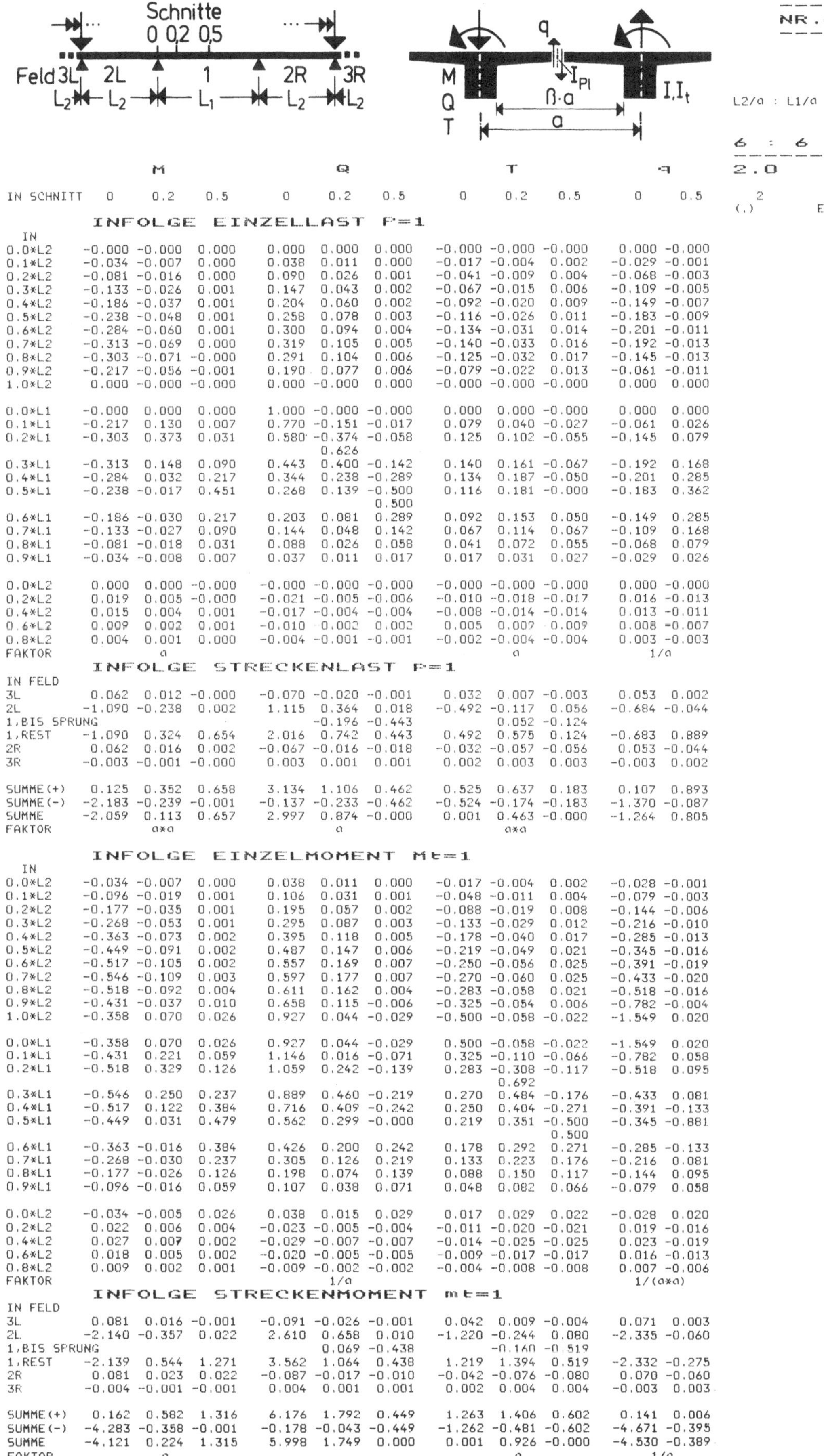

L2/a : L1/a : L2/a

6 : 6 : 6

2.0   2.5

(.)²   EIi/GIt

	M			Q			T			q	
IN SCHNITT	0	0.2	0.5	0	0.2	0.5	0	0.2	0.5	0	0.5

INFOLGE EINZELLAST P=1

IN

	M 0	M 0.2	M 0.5	Q 0	Q 0.2	Q 0.5	T 0	T 0.2	T 0.5	q 0	q 0.5
0.0*L2	-0.000	-0.000	0.000	0.000	0.000	0.000	-0.000	-0.000	-0.000	0.000	-0.000
0.1*L2	-0.034	-0.007	0.000	0.038	0.011	0.000	-0.017	-0.004	0.002	-0.029	-0.001
0.2*L2	-0.081	-0.016	0.000	0.090	0.026	0.001	-0.041	-0.009	0.004	-0.068	-0.003
0.3*L2	-0.133	-0.026	0.001	0.147	0.043	0.002	-0.067	-0.015	0.006	-0.109	-0.005
0.4*L2	-0.186	-0.037	0.001	0.204	0.060	0.002	-0.092	-0.020	0.009	-0.149	-0.007
0.5*L2	-0.238	-0.048	0.001	0.258	0.078	0.003	-0.116	-0.026	0.011	-0.183	-0.009
0.6*L2	-0.284	-0.060	0.001	0.300	0.094	0.004	-0.134	-0.031	0.014	-0.201	-0.011
0.7*L2	-0.313	-0.069	0.000	0.319	0.105	0.005	-0.140	-0.033	0.016	-0.192	-0.013
0.8*L2	-0.303	-0.071	-0.000	0.291	0.104	0.006	-0.125	-0.032	0.017	-0.145	-0.013
0.9*L2	-0.217	-0.056	-0.001	0.190	0.077	0.006	-0.079	-0.022	0.013	-0.061	-0.011
1.0*L2	0.000	-0.000	-0.000	0.000	-0.000	0.000	-0.000	-0.000	-0.000	0.000	0.000
0.0*L1	-0.000	0.000	0.000	1.000	-0.000	-0.000	0.000	0.000	-0.000	0.000	0.000
0.1*L1	-0.217	0.130	0.007	0.770	-0.151	-0.017	0.079	0.040	-0.027	-0.061	0.026
0.2*L1	-0.303	0.373	0.031	0.580	-0.374	-0.058	0.125	0.102	-0.055	-0.145	0.079
				0.626							
0.3*L1	-0.313	0.148	0.090	0.443	0.400	-0.142	0.140	0.161	-0.067	-0.192	0.168
0.4*L1	-0.284	0.032	0.217	0.344	0.238	-0.289	0.134	0.187	-0.050	-0.201	0.285
0.5*L1	-0.238	-0.017	0.451	0.268	0.139	-0.500	0.116	0.181	-0.000	-0.183	0.362
						0.500					
0.6*L1	-0.186	-0.030	0.217	0.203	0.081	0.289	0.092	0.153	0.050	-0.149	0.285
0.7*L1	-0.133	-0.027	0.090	0.144	0.048	0.142	0.067	0.114	0.067	-0.109	0.168
0.8*L1	-0.081	-0.018	0.031	0.088	0.026	0.058	0.041	0.072	0.055	-0.068	0.079
0.9*L1	-0.034	-0.008	0.007	0.037	0.011	0.017	0.017	0.031	0.027	-0.029	0.026
0.0*L2	0.000	0.000	-0.000	-0.000	-0.000	-0.000	-0.000	-0.000	-0.000	0.000	-0.000
0.2*L2	0.019	0.005	-0.000	-0.021	-0.005	-0.006	-0.010	-0.018	-0.017	0.016	-0.013
0.4*L2	0.015	0.004	0.001	-0.017	-0.004	-0.004	-0.008	-0.014	-0.014	0.013	-0.011
0.6*L2	0.009	0.002	0.001	-0.010	-0.002	-0.002	0.005	0.007	0.009	0.008	-0.007
0.8*L2	0.004	0.001	0.000	-0.004	-0.001	-0.001	-0.002	-0.004	-0.004	0.003	-0.003
FAKTOR		a						a		1/a	

INFOLGE STRECKENLAST P=1

IN FELD

	M 0	M 0.2	M 0.5	Q 0	Q 0.2	Q 0.5	T 0	T 0.2	T 0.5	q 0	q 0.5
3L	0.062	0.012	-0.000	-0.070	-0.020	-0.001	0.032	0.007	-0.003	0.053	0.002
2L	-1.090	-0.238	0.002	1.115	0.364	0.018	-0.492	-0.117	0.056	-0.684	-0.044
1,BIS SPRUNG				-0.196	-0.443		0.052	-0.124			
1,REST	-1.090	0.324	0.654	2.016	0.742	0.443	0.492	0.575	0.124	-0.683	0.889
2R	0.062	0.016	0.002	-0.067	-0.016	-0.018	-0.032	-0.057	-0.056	0.053	-0.044
3R	-0.003	-0.001	-0.000	0.003	0.001	0.001	0.002	0.003	0.003	-0.003	0.002
SUMME(+)	0.125	0.352	0.658	3.134	1.106	0.462	0.525	0.637	0.183	0.107	0.893
SUMME(-)	-2.183	-0.239	-0.001	-0.137	-0.233	-0.462	-0.524	-0.174	-0.183	-1.370	-0.087
SUMME	-2.059	0.113	0.657	2.997	0.874	-0.000	0.001	0.463	-0.000	-1.264	0.805
FAKTOR		a*a			a			a*a			

INFOLGE EINZELMOMENT Mt=1

IN

	M 0	M 0.2	M 0.5	Q 0	Q 0.2	Q 0.5	T 0	T 0.2	T 0.5	q 0	q 0.5
0.0*L2	-0.034	-0.007	0.000	0.038	0.011	0.000	-0.017	-0.004	0.002	-0.028	-0.001
0.1*L2	-0.096	-0.019	0.001	0.106	0.031	0.001	-0.048	-0.011	0.004	-0.079	-0.003
0.2*L2	-0.177	-0.035	0.001	0.195	0.057	0.002	-0.088	-0.019	0.008	-0.144	-0.006
0.3*L2	-0.268	-0.053	0.001	0.295	0.087	0.003	-0.133	-0.029	0.012	-0.216	-0.010
0.4*L2	-0.363	-0.073	0.002	0.395	0.118	0.005	-0.178	-0.040	0.017	-0.285	-0.013
0.5*L2	-0.449	-0.091	0.002	0.487	0.147	0.006	-0.219	-0.049	0.021	-0.345	-0.016
0.6*L2	-0.517	-0.105	0.002	0.557	0.169	0.007	-0.250	-0.056	0.025	-0.391	-0.019
0.7*L2	-0.546	-0.109	0.003	0.597	0.177	0.007	-0.270	-0.060	0.025	-0.433	-0.020
0.8*L2	-0.518	-0.092	0.004	0.611	0.162	0.004	-0.283	-0.058	0.021	-0.518	-0.016
0.9*L2	-0.431	-0.037	0.010	0.658	0.115	-0.006	-0.325	-0.054	0.006	-0.782	-0.004
1.0*L2	-0.358	0.070	0.026	0.927	0.044	-0.029	-0.500	-0.058	-0.022	-1.549	0.020
0.0*L1	-0.358	0.070	0.026	0.927	0.044	-0.029	0.500	-0.058	-0.022	-1.549	0.020
0.1*L1	-0.431	0.221	0.059	1.146	0.016	-0.071	0.325	-0.110	-0.066	-0.782	0.058
0.2*L1	-0.518	0.329	0.126	1.059	0.242	-0.139	0.283	-0.308	-0.117	-0.518	0.095
								0.692			
0.3*L1	-0.546	0.250	0.237	0.889	0.460	-0.219	0.270	0.484	-0.176	-0.433	0.081
0.4*L1	-0.517	0.122	0.384	0.716	0.409	-0.242	0.250	0.404	-0.271	-0.391	-0.133
0.5*L1	-0.449	0.031	0.479	0.562	0.299	-0.000	0.219	0.351	-0.500	-0.345	-0.881
									0.500		
0.6*L1	-0.363	-0.016	0.384	0.426	0.200	0.242	0.178	0.292	0.271	-0.285	-0.133
0.7*L1	-0.268	-0.030	0.237	0.305	0.126	0.219	0.133	0.223	0.176	-0.216	0.081
0.8*L1	-0.177	-0.026	0.126	0.198	0.074	0.139	0.088	0.150	0.117	-0.144	0.095
0.9*L1	-0.096	-0.016	0.059	0.107	0.038	0.071	0.048	0.082	0.066	-0.079	0.058
0.0*L2	-0.034	-0.005	0.026	0.038	0.015	0.029	0.017	0.029	0.022	-0.028	0.020
0.2*L2	0.022	0.006	0.004	-0.023	-0.005	-0.004	-0.011	-0.020	-0.021	0.019	-0.016
0.4*L2	0.027	0.007	0.002	-0.029	-0.007	-0.007	-0.014	-0.025	-0.025	0.023	-0.019
0.6*L2	0.018	0.005	0.002	-0.020	-0.005	-0.005	-0.009	-0.017	-0.017	0.016	-0.013
0.8*L2	0.009	0.002	0.001	-0.009	-0.002	-0.002	-0.004	-0.008	-0.008	0.007	-0.006
FAKTOR					1/a					1/(a*a)	

INFOLGE STRECKENMOMENT mt=1

IN FELD

	M 0	M 0.2	M 0.5	Q 0	Q 0.2	Q 0.5	T 0	T 0.2	T 0.5	q 0	q 0.5
3L	0.081	0.016	-0.001	-0.091	-0.026	-0.001	0.042	0.009	-0.004	0.071	0.003
2L	-2.140	-0.357	0.022	2.610	0.658	0.010	-1.220	-0.244	0.080	-2.335	-0.060
1,BIS SPRUNG				0.069	-0.438		-0.160	-0.519			
1,REST	-2.139	0.544	1.271	3.562	1.064	0.438	1.219	1.394	0.519	-2.332	-0.275
2R	0.081	0.023	0.022	-0.087	-0.017	-0.010	-0.042	-0.076	-0.080	0.070	-0.060
3R	-0.004	-0.001	-0.001	0.004	0.001	0.001	0.002	0.004	0.004	-0.003	0.003
SUMME(+)	0.162	0.582	1.316	6.176	1.792	0.449	1.263	1.406	0.602	0.141	0.006
SUMME(-)	-4.283	-0.358	-0.001	-0.178	-0.043	-0.449	-1.262	-0.481	-0.602	-4.671	-0.395
SUMME	-4.121	0.224	1.315	5.998	1.749	0.000	0.001	0.926	-0.000	-4.530	-0.389
FAKTOR		a			a			a		1/a	

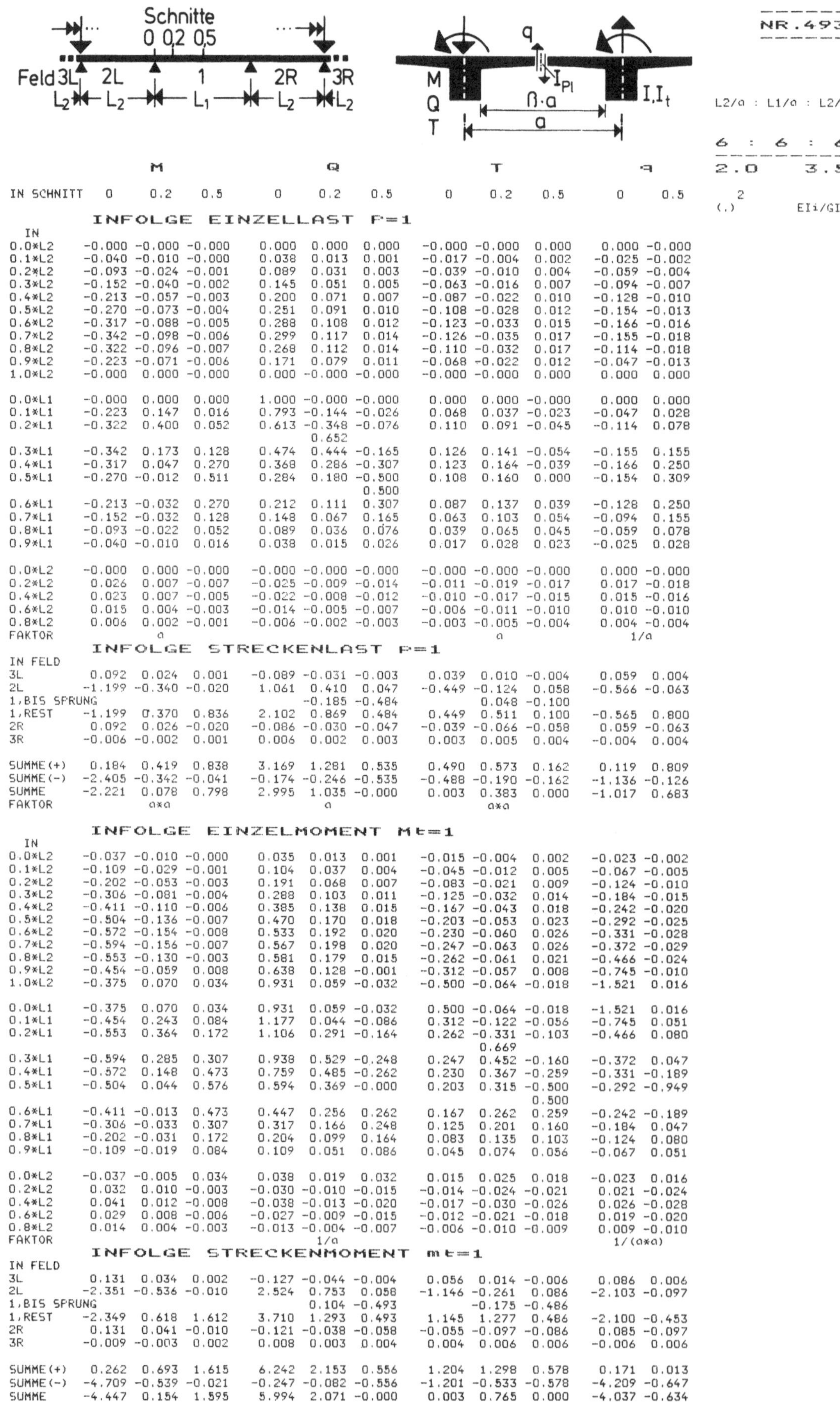

		M			Q			T			q	
IN SCHNITT	0	0.2	0.5	0	0.2	0.5	0	0.2	0.5	0	0.5	

INFOLGE EINZELLAST P=1

IN	0	0.2	0.5	0	0.2	0.5	0	0.2	0.5	0	0.5
0.0*L2	-0.000	-0.000	-0.000	0.000	0.000	0.000	-0.000	-0.000	0.000	0.000	-0.000
0.1*L2	-0.040	-0.010	-0.000	0.038	0.013	0.001	-0.017	-0.004	0.002	-0.025	-0.002
0.2*L2	-0.093	-0.024	-0.001	0.089	0.031	0.003	-0.039	-0.010	0.004	-0.059	-0.004
0.3*L2	-0.152	-0.040	-0.002	0.145	0.051	0.005	-0.063	-0.016	0.007	-0.094	-0.007
0.4*L2	-0.213	-0.057	-0.003	0.200	0.071	0.007	-0.087	-0.022	0.010	-0.128	-0.010
0.5*L2	-0.270	-0.073	-0.004	0.251	0.091	0.010	-0.108	-0.028	0.012	-0.154	-0.013
0.6*L2	-0.317	-0.088	-0.005	0.288	0.108	0.012	-0.123	-0.033	0.015	-0.166	-0.016
0.7*L2	-0.342	-0.098	-0.006	0.299	0.117	0.014	-0.126	-0.035	0.017	-0.155	-0.018
0.8*L2	-0.322	-0.096	-0.007	0.268	0.112	0.014	-0.110	-0.032	0.017	-0.114	-0.018
0.9*L2	-0.223	-0.071	-0.006	0.171	0.079	0.011	-0.068	-0.022	0.012	-0.047	-0.013
1.0*L2	-0.000	-0.000	-0.000	0.000	-0.000	-0.000	-0.000	-0.000	0.000	0.000	0.000
0.0*L1	-0.000	0.000	0.000	1.000	-0.000	-0.000	0.000	0.000	-0.000	0.000	0.000
0.1*L1	-0.223	0.147	0.016	0.793	-0.144	-0.026	0.068	0.037	-0.023	-0.047	0.028
0.2*L1	-0.322	0.400	0.052	0.613	-0.348	-0.076	0.110	0.091	-0.045	-0.114	0.078
					0.652						
0.3*L1	-0.342	0.173	0.128	0.474	0.444	-0.165	0.126	0.141	-0.054	-0.155	0.155
0.4*L1	-0.317	0.047	0.270	0.368	0.286	-0.307	0.123	0.164	-0.039	-0.166	0.250
0.5*L1	-0.270	-0.012	0.511	0.284	0.180	-0.500	0.108	0.160	0.000	-0.154	0.309
						0.500					
0.6*L1	-0.213	-0.032	0.270	0.212	0.111	0.307	0.087	0.137	0.039	-0.128	0.250
0.7*L1	-0.152	-0.032	0.128	0.148	0.067	0.165	0.063	0.103	0.054	-0.094	0.155
0.8*L1	-0.093	-0.022	0.052	0.089	0.036	0.076	0.039	0.065	0.045	-0.059	0.078
0.9*L1	-0.040	-0.010	0.016	0.038	0.015	0.026	0.017	0.028	0.023	-0.025	0.028
0.0*L2	-0.000	0.000	-0.000	-0.000	-0.000	-0.000	-0.000	-0.000	-0.000	0.000	-0.000
0.2*L2	0.026	0.007	-0.007	-0.025	-0.009	-0.014	-0.011	-0.019	-0.017	0.017	-0.018
0.4*L2	0.023	0.007	-0.005	-0.022	-0.008	-0.012	-0.010	-0.017	-0.015	0.015	-0.016
0.6*L2	0.015	0.004	-0.003	-0.014	-0.005	-0.007	-0.006	-0.011	-0.010	0.010	-0.010
0.8*L2	0.006	0.002	-0.001	-0.006	-0.002	-0.003	-0.003	-0.005	-0.004	0.004	-0.004
FAKTOR		a						a		1/a	

INFOLGE STRECKENLAST P=1

IN FELD	0	0.2	0.5	0	0.2	0.5	0	0.2	0.5	0	0.5
3L	0.092	0.024	0.001	-0.089	-0.031	-0.003	0.039	0.010	-0.004	0.059	0.004
2L	-1.199	-0.340	-0.020	1.061	0.410	0.047	-0.449	-0.124	0.058	-0.566	-0.063
1,BIS SPRUNG				-0.185	-0.484			0.048	-0.100		
1,REST	-1.199	0.370	0.836	2.102	0.869	0.484	0.449	0.511	0.100	-0.565	0.800
2R	0.092	0.026	-0.020	-0.086	-0.030	-0.047	-0.039	-0.066	-0.058	0.059	-0.063
3R	-0.006	-0.002	0.001	0.006	0.002	0.003	0.003	0.005	0.004	-0.004	0.004
SUMME(+)	0.184	0.419	0.838	3.169	1.281	0.535	0.490	0.573	0.162	0.119	0.809
SUMME(-)	-2.405	-0.342	-0.041	-0.174	-0.246	-0.535	-0.488	-0.190	-0.162	-1.136	-0.126
SUMME	-2.221	0.078	0.798	2.995	1.035	-0.000	0.003	0.383	0.000	-1.017	0.683
FAKTOR		a×a			a			a×a			

INFOLGE EINZELMOMENT Mt=1

IN	0	0.2	0.5	0	0.2	0.5	0	0.2	0.5	0	0.5
0.0*L2	-0.037	-0.010	-0.000	0.035	0.013	0.001	-0.015	-0.004	0.002	-0.023	-0.002
0.1*L2	-0.109	-0.029	-0.001	0.104	0.037	0.004	-0.045	-0.012	0.005	-0.067	-0.005
0.2*L2	-0.202	-0.053	-0.003	0.191	0.068	0.007	-0.083	-0.021	0.009	-0.124	-0.010
0.3*L2	-0.306	-0.081	-0.004	0.288	0.103	0.011	-0.125	-0.032	0.014	-0.184	-0.015
0.4*L2	-0.411	-0.110	-0.006	0.385	0.138	0.015	-0.167	-0.043	0.018	-0.242	-0.020
0.5*L2	-0.504	-0.136	-0.007	0.470	0.170	0.018	-0.203	-0.053	0.023	-0.292	-0.025
0.6*L2	-0.572	-0.154	-0.008	0.533	0.192	0.020	-0.230	-0.060	0.026	-0.331	-0.028
0.7*L2	-0.594	-0.156	-0.007	0.567	0.198	0.020	-0.247	-0.063	0.026	-0.372	-0.029
0.8*L2	-0.553	-0.130	-0.003	0.581	0.179	0.015	-0.262	-0.061	0.021	-0.466	-0.024
0.9*L2	-0.454	-0.059	0.008	0.638	0.128	-0.001	-0.312	-0.057	0.008	-0.745	-0.010
1.0*L2	-0.375	0.070	0.034	0.931	0.059	-0.032	-0.500	-0.064	-0.018	-1.521	0.016
0.0*L1	-0.375	0.070	0.034	0.931	0.059	-0.032	0.500	-0.064	-0.018	-1.521	0.016
0.1*L1	-0.454	0.243	0.084	1.177	0.044	-0.086	0.312	-0.122	-0.056	-0.745	0.051
0.2*L1	-0.553	0.364	0.172	1.106	0.291	-0.164	0.262	-0.331	-0.103	-0.466	0.080
								0.669			
0.3*L1	-0.594	0.285	0.307	0.938	0.529	-0.248	0.247	0.452	-0.160	-0.372	0.047
0.4*L1	-0.572	0.148	0.473	0.759	0.485	-0.262	0.230	0.367	-0.259	-0.331	-0.189
0.5*L1	-0.504	0.044	0.576	0.594	0.369	-0.000	0.203	0.315	-0.500	-0.292	-0.949
									0.500		
0.6*L1	-0.411	-0.013	0.473	0.447	0.256	0.262	0.167	0.262	0.259	-0.242	-0.189
0.7*L1	-0.306	-0.033	0.307	0.317	0.166	0.248	0.125	0.201	0.160	-0.184	0.047
0.8*L1	-0.202	-0.031	0.172	0.204	0.099	0.164	0.083	0.135	0.103	-0.124	0.080
0.9*L1	-0.109	-0.019	0.084	0.109	0.051	0.086	0.045	0.074	0.056	-0.067	0.051
0.0*L2	-0.037	-0.005	0.034	0.038	0.019	0.032	0.015	0.025	0.018	-0.023	0.016
0.2*L2	0.032	0.010	-0.003	-0.030	-0.010	-0.015	-0.014	-0.024	-0.021	0.021	-0.024
0.4*L2	0.041	0.012	-0.008	-0.038	-0.013	-0.020	-0.017	-0.030	-0.026	0.026	-0.028
0.6*L2	0.029	0.008	-0.006	-0.027	-0.009	-0.015	-0.012	-0.021	-0.018	0.019	-0.020
0.8*L2	0.014	0.004	-0.003	-0.013	-0.004	-0.007	-0.006	-0.010	-0.009	0.009	-0.010
FAKTOR					1/a					1/(a×a)	

INFOLGE STRECKENMOMENT mt=1

IN FELD	0	0.2	0.5	0	0.2	0.5	0	0.2	0.5	0	0.5
3L	0.131	0.034	0.002	-0.127	-0.044	-0.004	0.056	0.014	-0.006	0.086	0.006
2L	-2.351	-0.536	-0.010	2.524	0.753	0.058	-1.146	-0.261	0.086	-2.103	-0.097
1,BIS SPRUNG					0.104	-0.493		-0.175	-0.486		
1,REST	-2.349	0.618	1.612	3.710	1.293	0.493	1.145	1.277	0.486	-2.100	-0.453
2R	0.131	0.041	-0.010	-0.121	-0.038	-0.058	-0.055	-0.097	-0.086	0.085	-0.097
3R	-0.009	-0.003	0.002	0.008	0.003	0.004	0.004	0.006	0.006	-0.006	0.006
SUMME(+)	0.262	0.693	1.615	6.242	2.153	0.556	1.204	1.298	0.578	0.171	0.013
SUMME(-)	-4.709	-0.539	-0.021	-0.247	-0.082	-0.556	-1.201	-0.533	-0.578	-4.209	-0.647
SUMME	-4.447	0.154	1.595	5.994	2.071	-0.000	0.003	0.765	0.000	-4.037	-0.634
FAKTOR		a			a					1/a	

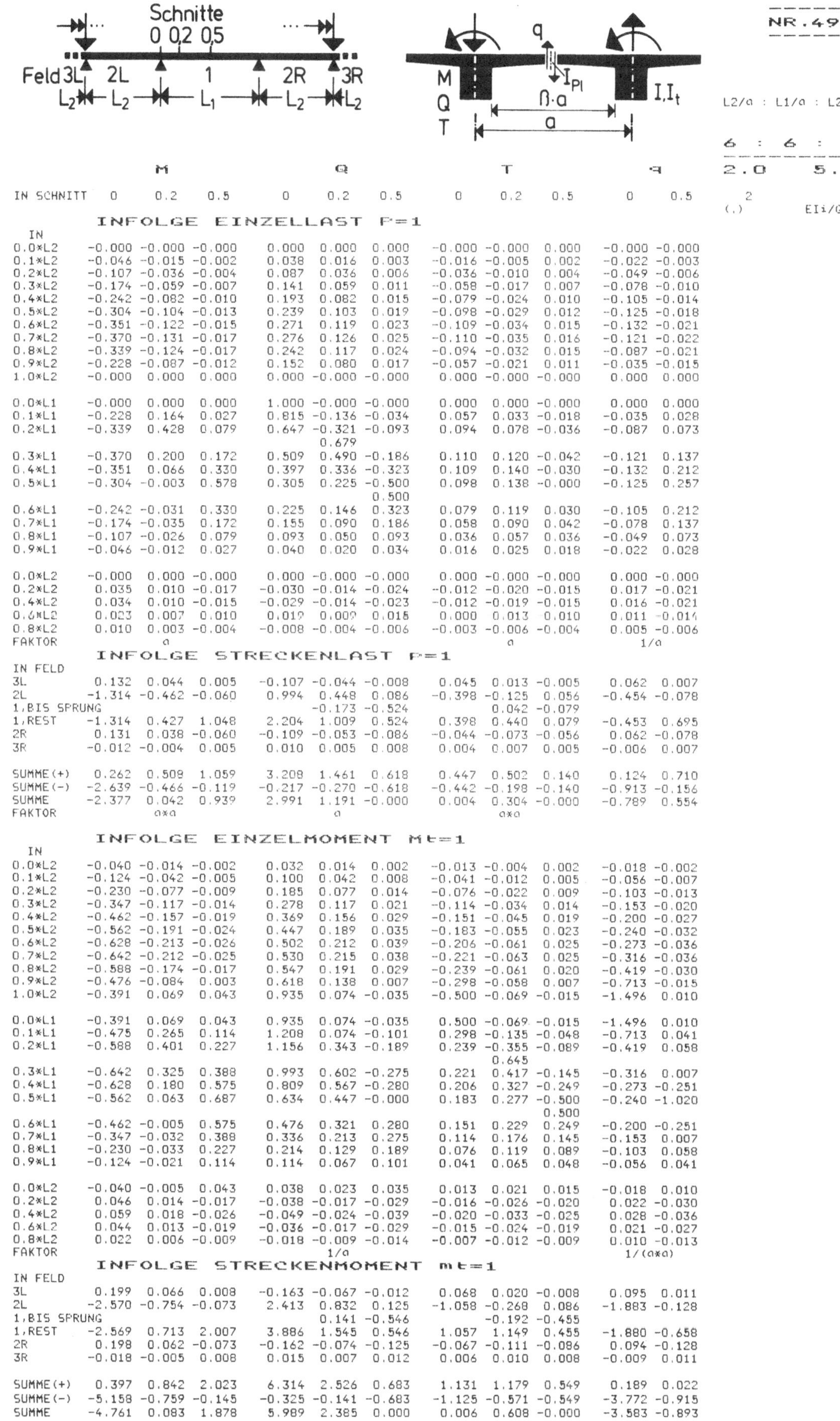

	M 0	M 0.2	M 0.5	Q 0	Q 0.2	Q 0.5	T 0	T 0.2	T 0.5	q 0	q 0.5

IN SCHNITT   0   0.2   0.5   0   0.2   0.5   0   0.2   0.5   0   0.5

INFOLGE EINZELLAST P=1

IN

Pos	M 0	M 0.2	M 0.5	Q 0	Q 0.2	Q 0.5	T 0	T 0.2	T 0.5	q 0	q 0.5
0.0*L2	-0.000	-0.000	-0.000	0.000	0.000	0.000	-0.000	-0.000	0.000	-0.000	-0.000
0.1*L2	-0.046	-0.015	-0.002	0.038	0.016	0.003	-0.016	-0.005	0.002	-0.022	-0.003
0.2*L2	-0.107	-0.036	-0.004	0.087	0.036	0.006	-0.036	-0.010	0.004	-0.049	-0.006
0.3*L2	-0.174	-0.059	-0.007	0.141	0.059	0.011	-0.058	-0.017	0.007	-0.078	-0.010
0.4*L2	-0.242	-0.082	-0.010	0.193	0.082	0.015	-0.079	-0.024	0.010	-0.105	-0.014
0.5*L2	-0.304	-0.104	-0.013	0.239	0.103	0.019	-0.098	-0.029	0.012	-0.125	-0.018
0.6*L2	-0.351	-0.122	-0.015	0.271	0.119	0.023	-0.109	-0.034	0.015	-0.132	-0.021
0.7*L2	-0.370	-0.131	-0.017	0.276	0.126	0.025	-0.110	-0.035	0.016	-0.121	-0.022
0.8*L2	-0.339	-0.124	-0.017	0.242	0.117	0.024	-0.094	-0.032	0.015	-0.087	-0.021
0.9*L2	-0.228	-0.087	-0.012	0.152	0.080	0.017	-0.057	-0.021	0.011	-0.035	-0.015
1.0*L2	-0.000	0.000	0.000	0.000	-0.000	-0.000	0.000	-0.000	-0.000	0.000	0.000
0.0*L1	-0.000	0.000	0.000	1.000	-0.000	-0.000	0.000	0.000	-0.000	0.000	0.000
0.1*L1	-0.228	0.164	0.027	0.815	-0.136	-0.034	0.057	0.033	-0.018	-0.035	0.028
0.2*L1	-0.339	0.428	0.079	0.647	-0.321	-0.093	0.094	0.078	-0.036	-0.087	0.073
					0.679						
0.3*L1	-0.370	0.200	0.172	0.509	0.490	-0.186	0.110	0.120	-0.042	-0.121	0.137
0.4*L1	-0.351	0.066	0.330	0.397	0.336	-0.323	0.109	0.140	-0.030	-0.132	0.212
0.5*L1	-0.304	-0.003	0.578	0.305	0.225	-0.500	0.098	0.138	-0.000	-0.125	0.257
						0.500					
0.6*L1	-0.242	-0.031	0.330	0.225	0.146	0.323	0.079	0.119	0.030	-0.105	0.212
0.7*L1	-0.174	-0.035	0.172	0.155	0.090	0.186	0.058	0.090	0.042	-0.078	0.137
0.8*L1	-0.107	-0.026	0.079	0.093	0.050	0.093	0.036	0.057	0.036	-0.049	0.073
0.9*L1	-0.046	-0.012	0.027	0.040	0.020	0.034	0.016	0.025	0.018	-0.022	0.028
0.0*L2	-0.000	0.000	-0.000	0.000	-0.000	-0.000	0.000	-0.000	-0.000	0.000	-0.000
0.2*L2	0.035	0.010	-0.017	-0.030	-0.014	-0.024	-0.012	-0.020	-0.015	0.017	-0.021
0.4*L2	0.034	0.010	-0.015	-0.029	-0.014	-0.023	-0.012	-0.019	-0.015	0.016	-0.021
0.6*L2	0.023	0.007	0.010	0.019	0.009	0.015	0.000	0.013	0.010	0.011	-0.014
0.8*L2	0.010	0.003	-0.004	-0.008	-0.004	-0.006	-0.003	-0.006	-0.004	0.005	-0.006
FAKTOR		a						a		1/a	

INFOLGE STRECKENLAST P=1

IN FELD

Pos	M 0	M 0.2	M 0.5	Q 0	Q 0.2	Q 0.5	T 0	T 0.2	T 0.5	q 0	q 0.5
3L	0.132	0.044	0.005	-0.107	-0.044	-0.008	0.045	0.013	-0.005	0.062	0.007
2L	-1.314	-0.462	-0.060	0.994	0.448	0.086	-0.398	-0.125	0.056	-0.454	-0.078
1,BIS SPRUNG					-0.173	-0.524		0.042	-0.079		
1,REST	-1.314	0.427	1.048	2.204	1.009	0.524	0.398	0.440	0.079	-0.453	0.695
2R	0.131	0.038	-0.060	-0.109	-0.053	-0.086	-0.044	-0.073	-0.056	0.062	-0.078
3R	-0.012	-0.004	0.005	0.010	0.005	0.008	0.004	0.007	0.005	-0.006	0.007
SUMME(+)	0.262	0.509	1.059	3.208	1.461	0.618	0.447	0.502	0.140	0.124	0.710
SUMME(-)	-2.639	-0.466	-0.119	-0.217	-0.270	-0.618	-0.442	-0.198	-0.140	-0.913	-0.156
SUMME	-2.377	0.042	0.939	2.991	1.191	-0.000	0.004	0.304	-0.000	-0.789	0.554
FAKTOR		a×a			a			a×a			

INFOLGE EINZELMOMENT Mt=1

IN

Pos	M 0	M 0.2	M 0.5	Q 0	Q 0.2	Q 0.5	T 0	T 0.2	T 0.5	q 0	q 0.5
0.0*L2	-0.040	-0.014	-0.002	0.032	0.014	0.002	-0.013	-0.004	0.002	-0.018	-0.002
0.1*L2	-0.124	-0.042	-0.005	0.100	0.042	0.008	-0.041	-0.012	0.005	-0.056	-0.007
0.2*L2	-0.230	-0.077	-0.009	0.185	0.077	0.014	-0.076	-0.022	0.009	-0.103	-0.013
0.3*L2	-0.347	-0.117	-0.014	0.278	0.117	0.021	-0.114	-0.034	0.014	-0.153	-0.020
0.4*L2	-0.462	-0.157	-0.019	0.369	0.156	0.029	-0.151	-0.045	0.019	-0.200	-0.027
0.5*L2	-0.562	-0.191	-0.024	0.447	0.189	0.035	-0.183	-0.055	0.023	-0.240	-0.032
0.6*L2	-0.628	-0.213	-0.026	0.502	0.212	0.039	-0.206	-0.061	0.025	-0.273	-0.036
0.7*L2	-0.642	-0.212	-0.025	0.530	0.215	0.038	-0.221	-0.063	0.025	-0.316	-0.036
0.8*L2	-0.588	-0.174	-0.017	0.547	0.191	0.029	-0.239	-0.061	0.020	-0.419	-0.030
0.9*L2	-0.476	-0.084	0.003	0.618	0.138	0.007	-0.298	-0.058	0.007	-0.713	-0.015
1.0*L2	-0.391	0.069	0.043	0.935	0.074	-0.035	-0.500	-0.069	-0.015	-1.496	0.010
0.0*L1	-0.391	0.069	0.043	0.935	0.074	-0.035	0.500	-0.069	-0.015	-1.496	0.010
0.1*L1	-0.475	0.265	0.114	1.208	0.074	-0.101	0.298	-0.135	-0.048	-0.713	0.041
0.2*L1	-0.588	0.401	0.227	1.156	0.343	-0.189	0.239	-0.355	-0.089	-0.419	0.058
								0.645			
0.3*L1	-0.642	0.325	0.388	0.993	0.602	-0.275	0.221	0.417	-0.145	-0.316	0.007
0.4*L1	-0.628	0.180	0.575	0.809	0.567	-0.280	0.206	0.327	-0.249	-0.273	-0.251
0.5*L1	-0.562	0.063	0.687	0.634	0.447	-0.000	0.183	0.277	-0.500	-0.240	-1.020
									0.500		
0.6*L1	-0.462	-0.005	0.575	0.476	0.321	0.280	0.151	0.229	0.249	-0.200	-0.251
0.7*L1	-0.347	-0.032	0.388	0.336	0.213	0.275	0.114	0.176	0.145	-0.153	0.007
0.8*L1	-0.230	-0.033	0.227	0.214	0.129	0.189	0.076	0.119	0.089	-0.103	0.058
0.9*L1	-0.124	-0.021	0.114	0.114	0.067	0.101	0.041	0.065	0.048	-0.056	0.041
0.0*L2	-0.040	-0.005	0.043	0.038	0.023	0.035	0.013	0.021	0.015	-0.018	0.010
0.2*L2	0.046	0.014	-0.017	-0.038	-0.017	-0.029	-0.016	-0.026	-0.020	0.022	-0.030
0.4*L2	0.059	0.018	-0.026	-0.049	-0.024	-0.039	-0.020	-0.033	-0.025	0.028	-0.036
0.6*L2	0.044	0.013	-0.019	-0.036	-0.017	-0.029	-0.015	-0.024	-0.019	0.021	-0.027
0.8*L2	0.022	0.006	-0.009	-0.018	-0.009	-0.014	-0.007	-0.012	-0.009	0.010	-0.013
FAKTOR		1/a						1/(a×a)			

INFOLGE STRECKENMOMENT mt=1

IN FELD

Pos	M 0	M 0.2	M 0.5	Q 0	Q 0.2	Q 0.5	T 0	T 0.2	T 0.5	q 0	q 0.5
3L	0.199	0.066	0.008	-0.163	-0.067	-0.012	0.068	0.020	-0.008	0.095	0.011
2L	-2.570	-0.754	-0.073	2.413	0.832	0.125	-1.058	-0.268	0.086	-1.883	-0.128
1,BIS SPRUNG					0.141	-0.546		-0.192	-0.455		
1,REST	-2.569	0.713	2.007	3.886	1.545	0.546	1.057	1.149	0.455	-1.880	-0.658
2R	0.198	0.062	-0.073	-0.162	-0.074	-0.125	-0.067	-0.111	-0.086	0.094	-0.128
3R	-0.018	-0.005	0.008	0.015	0.007	0.012	0.006	0.010	0.008	-0.009	0.011
SUMME(+)	0.397	0.842	2.023	6.314	2.526	0.683	1.131	1.179	0.549	0.189	0.022
SUMME(-)	-5.158	-0.759	-0.145	-0.325	-0.141	-0.683	-1.125	-0.571	-0.549	-3.772	-0.915
SUMME	-4.761	0.083	1.878	5.989	2.385	0.000	0.006	0.608	-0.000	-3.583	-0.893
FAKTOR		a						a		1/a	

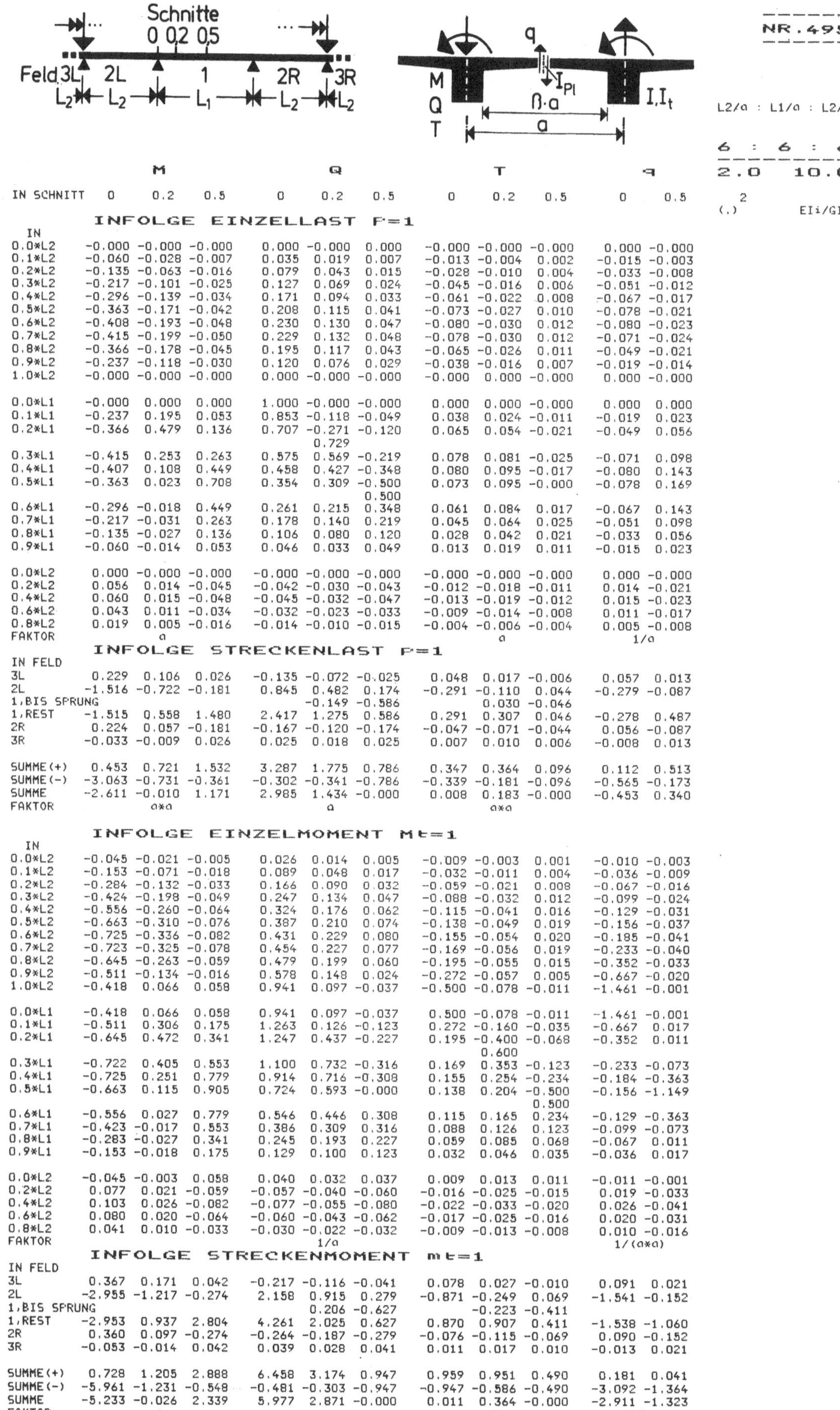

| | M | | | Q | | | T | | | q | |
IN SCHNITT	0	0.2	0.5	0	0.2	0.5	0	0.2	0.5	0	0.5

INFOLGE EINZELLAST P=1

IN	M 0	M 0.2	M 0.5	Q 0	Q 0.2	Q 0.5	T 0	T 0.2	T 0.5	q 0	q 0.5
0.0*L2	-0.000	-0.000	-0.000	0.000	-0.000	0.000	-0.000	-0.000	-0.000	0.000	-0.000
0.1*L2	-0.060	-0.028	-0.007	0.035	0.019	0.007	-0.013	-0.004	0.002	-0.015	-0.003
0.2*L2	-0.135	-0.063	-0.016	0.079	0.043	0.015	-0.028	-0.010	0.004	-0.033	-0.008
0.3*L2	-0.217	-0.101	-0.025	0.127	0.069	0.024	-0.045	-0.016	0.006	-0.051	-0.012
0.4*L2	-0.296	-0.139	-0.034	0.171	0.094	0.033	-0.061	-0.022	0.008	-0.067	-0.017
0.5*L2	-0.363	-0.171	-0.042	0.208	0.115	0.041	-0.073	-0.027	0.010	-0.078	-0.021
0.6*L2	-0.408	-0.193	-0.048	0.230	0.130	0.047	-0.080	-0.030	0.012	-0.080	-0.023
0.7*L2	-0.415	-0.199	-0.050	0.229	0.132	0.048	-0.078	-0.030	0.012	-0.071	-0.024
0.8*L2	-0.366	-0.178	-0.045	0.195	0.117	0.043	-0.065	-0.026	0.011	-0.049	-0.021
0.9*L2	-0.237	-0.118	-0.030	0.120	0.076	0.029	-0.038	-0.016	0.007	-0.019	-0.014
1.0*L2	-0.000	-0.000	-0.000	0.000	-0.000	-0.000	-0.000	0.000	-0.000	0.000	-0.000
0.0*L1	-0.000	0.000	0.000	1.000	-0.000	-0.000	0.000	0.000	-0.000	0.000	0.000
0.1*L1	-0.237	0.195	0.053	0.853	-0.118	-0.049	0.038	0.024	-0.011	-0.019	0.023
0.2*L1	-0.366	0.479	0.136	0.707	-0.271	-0.120	0.065	0.054	-0.021	-0.049	0.056
					0.729						
0.3*L1	-0.415	0.253	0.263	0.575	0.569	-0.219	0.078	0.081	-0.025	-0.071	0.098
0.4*L1	-0.407	0.108	0.449	0.458	0.427	-0.348	0.080	0.095	-0.017	-0.080	0.143
0.5*L1	-0.363	0.023	0.708	0.354	0.309	-0.500	0.073	0.095	-0.000	-0.078	0.169
						0.500					
0.6*L1	-0.296	-0.018	0.449	0.261	0.215	0.348	0.061	0.084	0.017	-0.067	0.143
0.7*L1	-0.217	-0.031	0.263	0.178	0.140	0.219	0.045	0.064	0.025	-0.051	0.098
0.8*L1	-0.135	-0.027	0.136	0.106	0.080	0.120	0.028	0.042	0.021	-0.033	0.056
0.9*L1	-0.060	-0.014	0.053	0.046	0.033	0.049	0.013	0.019	0.011	-0.015	0.023
0.0*L2	0.000	-0.000	-0.000	-0.000	-0.000	-0.000	-0.000	-0.000	-0.000	0.000	-0.000
0.2*L2	0.056	0.014	-0.045	-0.042	-0.030	-0.043	-0.012	-0.018	-0.011	0.014	-0.021
0.4*L2	0.060	0.015	-0.048	-0.045	-0.032	-0.047	-0.013	-0.019	-0.012	0.015	-0.023
0.6*L2	0.043	0.011	-0.034	-0.032	-0.023	-0.033	-0.009	-0.014	-0.008	0.011	-0.017
0.8*L2	0.019	0.005	-0.016	-0.014	-0.010	-0.015	-0.004	-0.006	-0.004	0.005	-0.008
FAKTOR		a						a		1/a	

INFOLGE STRECKENLAST p=1

IN FELD	M 0	M 0.2	M 0.5	Q 0	Q 0.2	Q 0.5	T 0	T 0.2	T 0.5	q 0	q 0.5
3L	0.229	0.106	0.026	-0.135	-0.072	-0.025	0.048	0.017	-0.006	0.057	0.013
2L	-1.516	-0.722	-0.181	0.845	0.482	0.174	-0.291	-0.110	0.044	-0.279	-0.087
1,BIS SPRUNG					-0.149	-0.586		0.030	-0.046		
1,REST	-1.515	0.558	1.480	2.417	1.275	0.586	0.291	0.307	0.046	-0.278	0.487
2R	0.224	0.057	-0.181	-0.167	-0.120	-0.174	-0.047	-0.071	-0.044	0.056	-0.087
3R	-0.033	-0.009	0.026	0.025	0.018	0.025	0.007	0.010	0.006	-0.008	0.013
SUMME(+)	0.453	0.721	1.532	3.287	1.775	0.786	0.347	0.364	0.096	0.112	0.513
SUMME(-)	-3.063	-0.731	-0.361	-0.302	-0.341	-0.786	-0.339	-0.181	-0.096	-0.565	-0.173
SUMME	-2.611	-0.010	1.171	2.985	1.434	-0.000	0.008	0.183	-0.000	-0.453	0.340
FAKTOR		a*a			a			a*a			

INFOLGE EINZELMOMENT Mt=1

IN	M 0	M 0.2	M 0.5	Q 0	Q 0.2	Q 0.5	T 0	T 0.2	T 0.5	q 0	q 0.5
0.0*L2	-0.045	-0.021	-0.005	0.026	0.014	0.005	-0.009	-0.003	0.001	-0.010	-0.003
0.1*L2	-0.153	-0.071	-0.018	0.089	0.048	0.017	-0.032	-0.011	0.004	-0.036	-0.009
0.2*L2	-0.284	-0.132	-0.033	0.166	0.090	0.032	-0.059	-0.021	0.008	-0.067	-0.016
0.3*L2	-0.424	-0.198	-0.049	0.247	0.134	0.047	-0.088	-0.032	0.012	-0.099	-0.024
0.4*L2	-0.556	-0.260	-0.064	0.324	0.176	0.062	-0.115	-0.041	0.016	-0.129	-0.031
0.5*L2	-0.663	-0.310	-0.076	0.387	0.210	0.074	-0.138	-0.049	0.019	-0.156	-0.037
0.6*L2	-0.725	-0.336	-0.082	0.431	0.229	0.080	-0.155	-0.054	0.020	-0.185	-0.041
0.7*L2	-0.723	-0.325	-0.078	0.454	0.227	0.077	-0.169	-0.056	0.019	-0.233	-0.040
0.8*L2	-0.645	-0.263	-0.059	0.479	0.199	0.060	-0.195	-0.055	0.015	-0.352	-0.033
0.9*L2	-0.511	-0.134	-0.016	0.578	0.148	0.024	-0.272	-0.057	0.005	-0.667	-0.020
1.0*L2	-0.418	0.066	0.058	0.941	0.097	-0.037	-0.500	-0.078	-0.011	-1.461	-0.001
0.0*L1	-0.418	0.066	0.058	0.941	0.097	-0.037	0.500	-0.078	-0.011	-1.461	-0.001
0.1*L1	-0.511	0.306	0.175	1.263	0.126	-0.123	0.272	-0.160	-0.035	-0.667	0.017
0.2*L1	-0.645	0.472	0.341	1.247	0.437	-0.227	0.195	-0.400	-0.068	-0.352	0.011
						0.600					
0.3*L1	-0.722	0.405	0.553	1.100	0.732	-0.316	0.169	0.353	-0.123	-0.233	-0.073
0.4*L1	-0.725	0.251	0.779	0.914	0.716	-0.308	0.155	0.254	-0.234	-0.184	-0.363
0.5*L1	-0.663	0.115	0.905	0.724	0.593	-0.000	0.138	0.204	-0.500	-0.156	-1.149
									0.500		
0.6*L1	-0.556	0.027	0.779	0.546	0.446	0.308	0.115	0.165	0.234	-0.129	-0.363
0.7*L1	-0.423	-0.017	0.553	0.386	0.309	0.316	0.088	0.126	0.123	-0.099	-0.073
0.8*L1	-0.283	-0.027	0.341	0.245	0.193	0.227	0.059	0.085	0.068	-0.067	0.011
0.9*L1	-0.153	-0.018	0.175	0.129	0.100	0.123	0.032	0.046	0.035	-0.036	0.017
0.0*L2	-0.045	-0.003	0.058	0.040	0.032	0.037	0.009	0.013	0.011	-0.011	-0.001
0.2*L2	0.077	0.021	-0.059	-0.057	-0.040	-0.060	-0.016	-0.025	-0.015	0.019	-0.033
0.4*L2	0.103	0.026	-0.082	-0.077	-0.055	-0.080	-0.022	-0.033	-0.020	0.026	-0.041
0.6*L2	0.080	0.020	-0.064	-0.060	-0.043	-0.062	-0.017	-0.025	-0.016	0.020	-0.031
0.8*L2	0.041	0.010	-0.033	-0.030	-0.022	-0.032	-0.009	-0.013	-0.008	0.010	-0.016
FAKTOR					1/a					1/(a*a)	

INFOLGE STRECKENMOMENT mt=1

IN FELD	M 0	M 0.2	M 0.5	Q 0	Q 0.2	Q 0.5	T 0	T 0.2	T 0.5	q 0	q 0.5
3L	0.367	0.171	0.042	-0.217	-0.116	-0.041	0.078	0.027	-0.010	0.091	0.021
2L	-2.955	-1.217	-0.274	2.158	0.915	0.279	-0.871	-0.249	0.069	-1.541	-0.152
1,BIS SPRUNG					0.206	-0.627		-0.223	-0.411		
1,REST	-2.953	0.937	2.804	4.261	2.025	0.627	0.870	0.907	0.411	-1.538	-1.060
2R	0.360	0.097	-0.274	-0.264	-0.187	-0.279	-0.076	-0.115	-0.069	0.090	-0.152
3R	-0.053	-0.014	0.042	0.039	0.028	0.041	0.011	0.017	0.010	-0.013	0.021
SUMME(+)	0.728	1.205	2.888	6.458	3.174	0.947	0.959	0.951	0.490	0.181	0.041
SUMME(-)	-5.961	-1.231	-0.548	-0.481	-0.303	-0.947	-0.947	-0.586	-0.490	-3.092	-1.364
SUMME	-5.233	-0.026	2.339	5.977	2.871	-0.000	0.011	0.364	-0.000	-2.911	-1.323
FAKTOR		a						a		1/a	

4.4 Ergänzungsmomente der Fahrbahnplatte

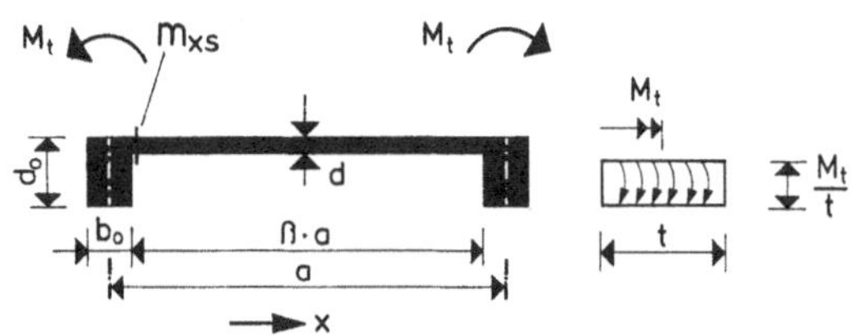

d : b_0 : d_0 : a	ω_s^2	t/a							
		0,05	0,10	0,25	0,50	0,75	1,00	1,25	1,50
0,20	0,133	−0,071	−0,052	−0,026	−0,010	−0,001	0,006	0,012	0,018
0,25 1 1 5,00	0,248	−0,119	−0,087	−0,044	−0,016	0,000	0,013	0,024	0,034
0,30	0,402	−0,179	−0,132	−0,066	−0,023	0,003	0,024	0,040	0,054
0,35	0,593	−0,247	−0,182	−0,090	−0,028	0,009	0,038	0,061	0,081
0,20	0,168	−0,095	−0,071	−0,039	−0,018	−0,005	0,005	0,014	0,021
0,25 1 1 6,67	0,311	−0,160	−0,120	−0,066	−0,028	−0,005	0,013	0,028	0,040
0,30	0,500	−0,238	−0,179	−0,097	−0,039	−0,002	0,025	0,047	0,065
0,35	0,725	−0,328	−0,246	−0,130	−0,047	0,003	0,041	0,071	0,095
0,25	0,101	−0,124	−0,087	−0,040	−0,016	−0,006	0,001	0,007	0,011
0,35 1 2 6,67	0,259	−0,268	−0,190	−0,089	−0,034	−0,009	0,008	0,021	0,032
0,45	0,496	−0,458	−0,329	−0,154	−0,056	−0,010	0,021	0,044	0,063
0,25	0,145	−0,162	−0,113	−0,054	−0,023	−0,009	0,002	0,010	0,016
0,35 1 2 10,00	0,363	−0,355	−0,251	−0,120	−0,049	−0,014	0,010	0,029	0,044
0,45	0,676	−0,606	−0,431	−0,203	−0,075	−0,013	0,029	0,060	0,085
0,30	0,100	−0,183	−0,128	−0,059	−0,024	−0,009	−0,001	0,005	0,010
0,40 1 3 6,67	0,223	−0,351	−0,250	−0,117	−0,046	−0,017	0,002	0,015	0,025
0,50	0,401	−0,563	−0,405	−0,191	−0,074	−0,024	0,008	0,030	0,047
0,30	0,144	−0,232	−0,160	−0,071	−0,029	−0,011	0,000	0,009	0,015
0,40 1 3 10,00	0,316	−0,451	−0,315	−0,143	−0,056	−0,019	0,005	0,023	0,036
0,50	0,545	−0,667	−0,468	−0,210	−0,076	−0,017	0,021	0,049	0,071
Faktor		1/a							

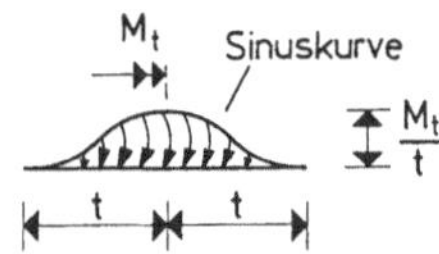

d : b_0 : d_0 : a	ω_s^2	t/a							
		0,05	0,10	0,25	0,50	0,75	1,00	1,25	1,50
0,20	0,133	−0,067	−0,047	−0,024	−0,008	0,002	0,010	0,016	0,022
0,25 1 1 5,00	0,248	−0,113	−0,080	−0,040	−0,012	0,006	0,019	0,031	0,041
0,30	0,402	−0,169	−0,121	−0,059	−0,016	0,012	0,033	0,050	0,065
0,35	0,593	−0,233	−0,167	−0,080	−0,018	0,021	0,050	0,074	0,094
0,20	0,168	−0,090	−0,065	−0,036	−0,015	−0,001	0,010	0,018	0,026
0,25 1 1 6,67	0,311	−0,151	−0,111	−0,060	−0,022	0,002	0,021	0,036	0,048
0,30	0,500	−0,226	−0,166	−0,088	−0,029	0,009	0,036	0,058	0,077
0,35	0,725	−0,311	−0,227	−0,117	−0,034	0,018	0,056	0,085	0,110
0,25	0,101	−0,116	−0,079	−0,037	−0,014	−0,004	0,004	0,010	0,015
0,35 1 2 6,67	0,259	−0,252	−0,173	−0,081	−0,029	−0,004	0,014	0,028	0,039
0,45	0,496	−0,431	−0,299	−0,140	−0,047	0,000	0,031	0,055	0,074
0,25	0,145	−0,152	−0,103	−0,050	−0,021	−0,005	0,005	0,014	0,021
0,35 1 2 10,00	0,363	−0,334	−0,229	−0,110	−0,042	−0,006	0,018	0,037	0,053
0,45	0,676	−0,570	−0,393	−0,185	−0,063	0,000	0,041	0,073	0,098
0,30	0,100	−0,172	−0,117	−0,054	−0,022	−0,008	0,001	0,008	0,013
0,40 1 3 6,67	0,223	−0,330	−0,228	−0,107	−0,042	−0,012	0,006	0,020	0,031
0,50	0,401	−0,530	−0,369	−0,175	−0,066	−0,016	0,015	0,038	0,056
0,30	0,144	−0,217	−0,144	−0,066	−0,026	−0,008	0,003	0,012	0,020
0,40 1 3 10,00	0,316	−0,423	−0,286	−0,131	−0,050	−0,013	0,012	0,030	0,044
0,50	0,545	−0,625	−0,424	−0,192	−0,066	−0,007	0,031	0,059	0,082
Faktor		1/a							

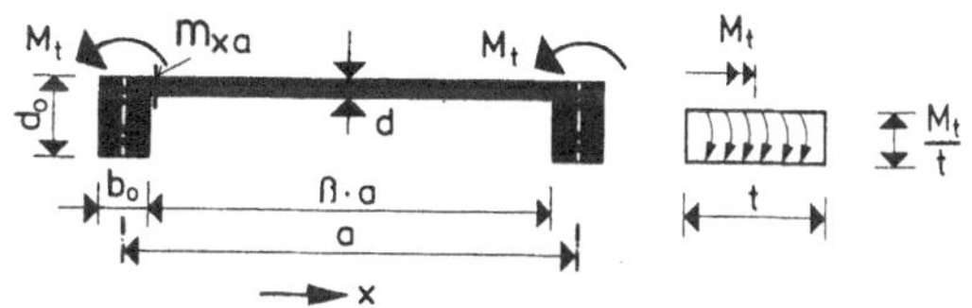

d : b_O : d_O : a	ω_a^2	\multicolumn{8}{c}{t/a}

d : b_O : d_O : a	ω_a^2	0,05	0,10	0,25	0,50	0,75	1,00	1,25	1,50
0,20	0,545	-0,057	-0,033	0,000	0,020	0,034	0,045	0,055	0,064
0,25 1 1 5,00	0,985	-0,095	-0,055	0,000	0,036	0,059	0,078	0,094	0,108
0,30	1,560	-0,141	-0,082	0,000	0,056	0,091	0,119	0,143	0,163
0,35	2,241	-0,195	-0,115	0,000	0,078	0,127	0,166	0,197	0,222
0,20	0,632	-0,071	-0,043	-0,005	0,021	0,039	0,054	0,066	0,077
0,25 1 1 6,67	1,143	-0,119	-0,072	-0,008	0,038	0,069	0,093	0,114	0,131
0,30	1,800	-0,176	-0,107	-0,010	0,061	0,107	0,143	0,172	0,196
0,35	2,559	-0,245	-0,149	-0,012	0,086	0,149	0,196	0,234	0,264
0,25	0,373	-0,122	-0,079	-0,023	0,006	0,020	0,031	0,040	0,048
0,35 1 2 6,67	0,915	-0,260	-0,170	-0,050	0,016	0,049	0,073	0,093	0,109
0,45	1,689	-0,442	-0,291	-0,087	0,030	0,089	0,130	0,162	0,188
0,25	0,495	-0,146	-0,091	-0,025	0,010	0,029	0,043	0,056	0,067
0,35 1 2 10,00	1,208	-0,316	-0,201	-0,055	0,026	0,069	0,101	0,127	0,149
0,45	2,186	-0,541	-0,347	-0,094	0,050	0,124	0,176	0,217	0,250
0,30	0,361	-0,195	-0,131	-0,049	-0,006	0,013	0,026	0,036	0,045
0,40 1 3 6,67	0,744	-0,368	-0,250	-0,094	-0,009	0,029	0,055	0,076	0,092
0,50	1,342	-0,585	-0,401	-0,151	-0,012	0,051	0,094	0,125	0,151
0,30	0,485	-0,227	-0,146	-0,048	0,001	0,024	0,040	0,054	0,065
0,40 1 3 10,00	1,038	-0,435	-0,284	-0,093	0,006	0,052	0,084	0,109	0,130
0,50	1,740	-0,631	-0,412	-0,126	0,026	0,096	0,145	0,182	0,213
Faktor		\multicolumn{8}{c}{1/a}							

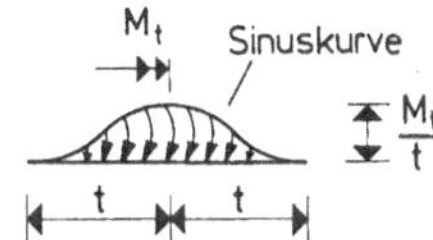

d : b_O : d_O : a	ω_a^2	0,05	0,10	0,25	0,50	0,75	1,00	1,25	1,50
0,20	0,545	-0,052	-0,027	0,003	0,024	0,039	0,051	0,062	0,071
0,25 1 1 5,00	0,985	-0,087	-0,046	0,005	0,042	0,067	0,087	0,104	0,118
0,30	1,560	-0,129	-0,069	0,009	0,066	0,103	0,132	0,155	0,174
0,35	2,241	-0,179	-0,096	0,012	0,092	0,143	0,182	0,212	0,235
0,20	0,632	-0,065	-0,036	-0,001	0,026	0,045	0,061	0,074	0,085
0,25 1 1 6,67	1,143	-0,109	-0,061	-0,001	0,047	0,079	0,104	0,125	0,142
0,30	1,800	-0,162	-0,091	0,001	0,074	0,122	0,158	0,186	0,209
0,35	2,559	-0,225	-0,126	0,003	0,104	0,168	0,215	0,251	0,279
0,25	0,373	-0,113	-0,069	-0,019	0,009	0,024	0,036	0,046	0,055
0,35 1 2 6,67	0,915	-0,242	-0,150	-0,041	0,023	0,058	0,083	0,103	0,120
0,45	1,689	-0,411	-0,257	-0,070	0,043	0,103	0,144	0,177	0,202
0,25	0,495	-0,135	-0,080	-0,021	0,014	0,035	0,050	0,064	0,075
0,35 1 2 10,00	1,208	-0,293	-0,177	-0,044	0,036	0,081	0,114	0,141	0,163
0,45	2,186	-0,501	-0,305	-0,074	0,066	0,142	0,195	0,235	0,267
0,30	0,361	-0,182	-0,117	-0,043	-0,003	0,017	0,031	0,042	0,052
0,40 1 3 6,67	0,774	-0,344	-0,224	-0,082	-0,002	0,037	0,064	0,085	0,103
0,50	1,342	-0,547	-0,357	-0,132	-0,001	0,064	0,107	0,139	0,165
0,30	0,485	-0,210	-0,129	-0,041	0,005	0,030	0,047	0,061	0,074
0,40 1 3 10,00	1,038	-0,404	-0,252	-0,080	0,014	0,062	0,096	0,122	0,144
0,50	1,740	-0,586	-0,364	-0,106	0,039	0,112	0,161	0,199	0,230
Faktor		\multicolumn{8}{c}{1/a}							

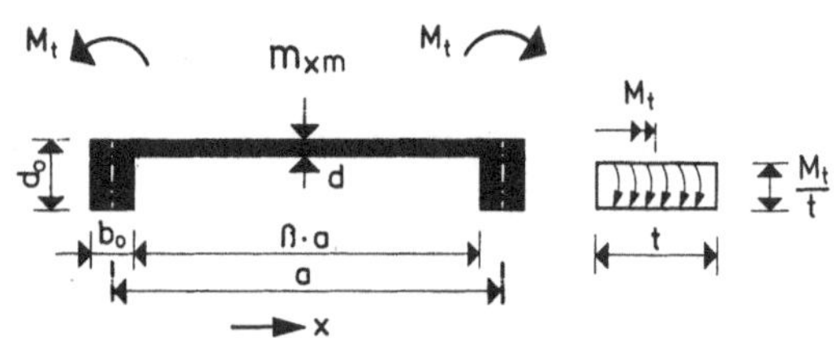

d	: b_0	: d_0	: a	ω_s^2	t/a							
					0,05	0,10	0,25	0,50	0,75	1,00	1,25	1,50
0,20				0,133	0,018	0,019	0,019	0,019	0,021	0,023	0,025	0,028
0,25	1	1	5,00	0,248	0,034	0,034	0,035	0,036	0,038	0,041	0,045	0,050
0,30				0,402	0,054	0,054	0,055	0,057	0,060	0,065	0,071	0,078
0,35				0,593	0,079	0,079	0,080	0,082	0,087	0,094	0,102	0,111
0,20				0,168	0,024	0,024	0,024	0,025	0,027	0,029	0,032	0,035
0,25	1	1	6,67	0,311	0,044	0,044	0,044	0,046	0,048	0,052	0,057	0,062
0,30				0,500	0,069	0,070	0,070	0,072	0,076	0,082	0,088	0,096
0,35				0,725	0,099	0,099	0,100	0,103	0,108	0,115	0,124	0,134
0,25				0,101	0,014	0,014	0,014	0,014	0,015	0,017	0,019	0,021
0,35	1	2	6,67	0,259	0,035	0,035	0,036	0,037	0,039	0,043	0,047	0,051
0,45				0,496	0,067	0,067	0,067	0,069	0,073	0,079	0,086	0,094
0,25				0,145	0,021	0,021	0,021	0,022	0,023	0,025	0,028	0,030
0,35	1	2	10,00	0,363	0,052	0,052	0,052	0,054	0,057	0,061	0,066	0,072
0,45				0,676	0,095	0,095	0,096	0,098	0,102	0,109	0,117	0,127
0,30				0,100	0,012	0,012	0,012	0,013	0,014	0,015	0,017	0,020
0,40	1	3	6,67	0,223	0,028	0,028	0,028	0,029	0,031	0,034	0,038	0,043
0,50				0,401	0,049	0,049	0,050	0,051	0,055	0,060	0,067	0,074
0,30				0,144	0,020	0,020	0,021	0,021	0,022	0,024	0,027	0,030
0,40	1	3	10,00	0,316	0,044	0,044	0,044	0,045	0,048	0,052	0,056	0,062
0,50				0,545	0,079	0,079	0,080	0,081	0,085	0,091	0,098	0,107
Faktor								1/a				

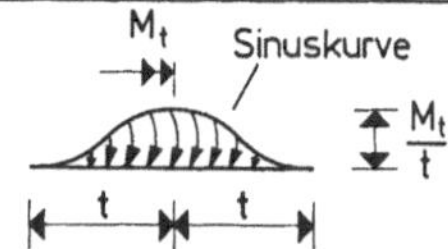

d	: b_0	: d_0	: a	ω_s^2	t/a							
					0,05	0,10	0,25	0,50	0,75	1,00	1,25	1,50
0,20				0,133	0,018	0,019	0,019	0,020	0,022	0,025	0,028	0,031
0,25	1	1	5,00	0,248	0,034	0,034	0,035	0,037	0,041	0,045	0,050	0,056
0,30				0,402	0,054	0,054	0,055	0,058	0,064	0,070	0,078	0,086
0,35				0,593	0,079	0,079	0,080	0,085	0,092	0,101	0,111	0,122
0,20				0,168	0,024	0,024	0,024	0,026	0,028	0,031	0,035	0,039
0,25	1	1	6,67	0,311	0,044	0,044	0,044	0,047	0,051	0,056	0,062	0,069
0,30				0,500	0,069	0,070	0,070	0,074	0,080	0,088	0,096	0,105
0,35				0,725	0,099	0,099	0,101	0,105	0,113	0,123	0,135	0,146
0,25				0,100	0,014	0,014	0,014	0,015	0,016	0,019	0,021	0,024
0,35	1	2	6,67	0,259	0,035	0,035	0,036	0,038	0,042	0,046	0,052	0,057
0,45				0,496	0,067	0,067	0,067	0,071	0,077	0,085	0,094	0,103
0,25				0,145	0,021	0,021	0,022	0,023	0,025	0,028	0,031	0,034
0,35	1	2	10,00	0,363	0,052	0,052	0,053	0,055	0,060	0,066	0,072	0,079
0,45				0,676	0,095	0,095	0,096	0,100	0,107	0,117	0,127	0,138
0,30				0,100	0,012	0,012	0,012	0,013	0,015	0,017	0,020	0,023
0,40	1	3	6,67	0,223	0,028	0,028	0,028	0,030	0,033	0,038	0,043	0,048
0,50				0,401	0,049	0,049	0,050	0,053	0,059	0,066	0,074	0,083
0,30				0,144	0,020	0,020	0,021	0,022	0,024	0,027	0,030	0,033
0,40	1	3	10,00	0,316	0,044	0,044	0,044	0,046	0,051	0,056	0,062	0,069
0,50				0,545	0,079	0,079	0,080	0,083	0,090	0,098	0,107	0,117
Faktor								1/a				

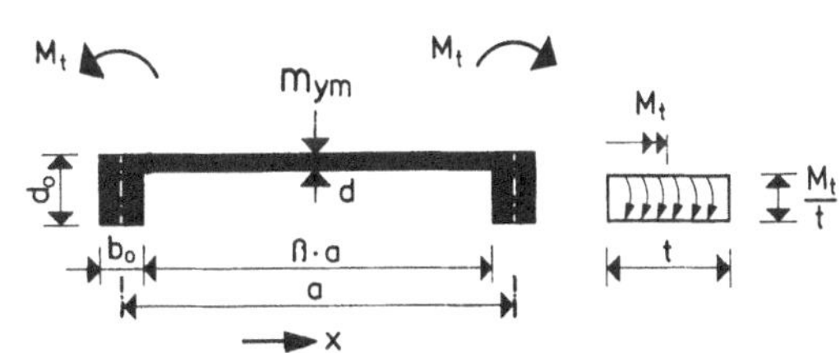

d : b_O : d_O : a	ω_s^2	t/a							
		0,05	0,10	0,25	0,50	0,75	1,00	1,25	1,50
0,20	0,133	-0,044	-0,044	-0,043	-0,042	-0,040	-0,038	-0,036	-0,034
0,25 1 1 5,00	0,248	-0,065	-0,065	-0,064	-0,061	-0,057	-0,054	-0,051	-0,048
0,30	0,402	-0,087	-0,086	-0,085	-0,081	-0,075	-0,069	-0,064	-0,060
0,35	0,593	-0,109	-0,109	-0,106	-0,100	-0,092	-0,084	-0,077	-0,071
0,20	0,168	-0,052	-0,052	-0,052	-0,050	-0,047	-0,044	-0,042	-0,040
0,25 1 1 6,67	0,311	-0,077	-0,077	-0,075	-0,072	-0,067	-0,062	-0,058	-0,054
0,30	0,500	-0,102	-0,102	-0,100	-0,094	-0,087	-0,080	-0,073	-0,068
0,35	0,725	-0,126	-0,126	-0,124	-0,116	-0,106	-0,096	-0,087	-0,079
0,25	0,101	-0,039	-0,039	-0,039	-0,037	-0,035	-0,033	-0,031	-0,030
0,35 1 2 6,67	0,259	-0,073	-0,072	-0,071	-0,067	-0,062	-0,057	-0,053	-0,050
0,45	0,496	-0,109	-0,108	-0,106	-0,098	-0,090	-0,081	-0,074	-0,068
0,25	0,145	-0,050	-0,050	-0,049	-0,047	-0,044	-0,042	-0,039	-0,037
0,35 1 2 10,00	0,363	-0,090	-0,090	-0,088	-0,083	-0,077	-0,070	-0,065	-0,060
0,45	0,676	-0,131	-0,131	-0,128	-0,119	-0,108	-0,097	-0,087	-0,079
0,30	0,100	-0,042	-0,042	-0,041	-0,038	-0,036	-0,033	-0,031	-0,030
0,40 1 3 6,67	0,223	-0,072	-0,072	-0,070	-0,065	-0,060	-0,055	-0,050	-0,047
0,50	0,401	-0,105	-0,105	-0,102	-0,094	-0,084	-0,076	-0,069	-0,063
0,30	0,144	-0,052	-0,052	-0,051	-0,048	-0,045	-0,042	-0,040	-0,037
0,40 1 3 10,00	0,316	-0,087	-0,087	-0,085	-0,079	-0,073	-0,067	-0,061	-0,057
0,50	0,545	-0,121	-0,120	-0,117	-0,109	-0,098	-0,089	-0,080	-0,073
Faktor		1/a							

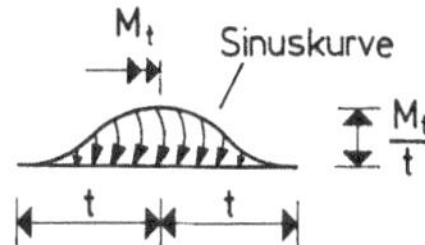

d : b_O : d_O : a	ω_s^2	t/a							
		0,05	0,10	0,25	0,50	0,75	1,00	1,25	1,50
0,20	0,133	-0,044	-0,044	-0,043	-0,041	-0,039	-0,036	-0,035	-0,033
0,25 1 1 5,00	0,248	-0,065	-0,065	-0,063	-0,059	-0,055	-0,052	-0,048	-0,046
0,30	0,402	-0,087	-0,086	-0,084	-0,078	-0,072	-0,066	-0,061	-0,057
0,35	0,593	-0,109	-0,108	-0,105	-0,097	-0,088	-0,080	-0,073	-0,067
0,20	0,168	-0,052	-0,052	-0,051	-0,049	-0,046	-0,043	-0,040	-0,038
0,25 1 1 6,67	0,311	-0,077	-0,076	-0,075	-0,070	-0,065	-0,060	-0,056	-0,052
0,30	0,500	-0,102	-0,101	-0,099	-0,091	-0,083	-0,076	-0,069	-0,064
0,35	0,725	-0,126	-0,126	-0,122	-0,112	-0,100	-0,090	-0,082	-0,075
0,25	0,101	-0,039	-0,039	-0,038	-0,036	-0,034	-0,032	-0,030	-0,029
0,35 1 2 6,67	0,259	-0,073	-0,072	-0,070	-0,065	-0,060	-0,055	-0,051	-0,048
0,45	0,496	-0,109	-0,108	-0,104	-0,095	-0,085	-0,077	-0,070	-0,065
0,25	0,145	-0,050	-0,050	-0,049	-0,046	-0,043	-0,040	-0,038	-0,036
0,35 1 2 10,00	0,363	-0,090	-0,089	-0,087	-0,080	-0,073	-0,067	-0,062	-0,057
0,45	0,676	-0,131	-0,130	-0,126	-0,114	-0,102	-0,091	-0,082	-0,075
0,30	0,100	-0,042	-0,041	-0,040	-0,037	-0,035	-0,032	-0,030	-0,029
0,40 1 3 6,67	0,223	-0,072	-0,071	-0,069	-0,063	-0,057	-0,052	-0,048	-0,045
0,50	0,401	-0,105	-0,104	-0,100	-0,090	-0,080	-0,072	-0,065	-0,060
0,30	0,144	-0,052	-0,052	-0,050	-0,047	-0,044	-0,041	-0,038	-0,036
0,40 1 3 10,00	0,316	-0,087	-0,086	-0,084	-0,077	-0,070	-0,063	-0,058	-0,054
0,50	0,545	-0,121	-0,120	-0,116	-0,105	-0,093	-0,084	-0,076	-0,069
Faktor		1/a							

Literaturverzeichnis

1 Tölke, F.: Praktische Funktions-
   lehre. Berlin/Göttingen/Heidel-
   berg: Springer 1950.

2 Beck, H.: Ein Beitrag zum Problem
   des zweistegigen symmetrischen
   Plattenbalkens unter einseiti-
   ger Belastung. Dissertation: TH
   Darmstadt 1953.

3 Pucher, A.: Über die Biegemomente
   der Randträger von kreuzweise
   bewehrten Fahrbahnplatten. Bautechnik-Archiv, Heft 10. Berlin:
   Ernst & Sohn 1955.

4 Lindner, H.: Über die Einspannung
   von Stahlbetonfahrbahnplatten
   in drillsteife Randträger. Be-
   ton- und Stahlbetonbau 10/1955.

5 Bechert, H.: Einflußflächen zwei-
   stegiger Plattenbalken. Beton-
   und Stahlbetonbau 1/1957.

6 Köller, O.: Einflußfelder für die
   Hauptträgerschnittkräfte zwei-
   stegiger Plattenbalkensysteme.
   Bautechnik-Archiv, Heft 16. Berlin: Ernst & Sohn 1958.

7 Sommerfeld, W.: Beitrag zur Theorie
   der Plattenbalkenbrücke. Dissertation: TU Berlin 1960.

8 Trost, H.: Lastverteilung bei Plattenbalkenbrücken. Düsseldorf:
   Werner 1961.

9 Bieger, K.W.: Vorberechnung zwei-
   stegiger Plattenbalken. Beton-
   und Stahlbetonbau 8/1962.

10 Homberg, H., u. K. Trenks: Dreh-
   steife Kreuzwerke. Berlin/Göt-
   tingen/Heidelberg: Springer
   1962.

11 Liptak, L.: Über die Einspannung
   der Stahlbetonfahrbahnplatte in
   drillsteife Randträger. Beton-
   und Stahlbetonbau 9/1962.

12 Homberg, H., u. W. Ropers: Fahrbahnplatten mit veränderlicher
   Dicke. Berlin: Springer 1965.

13 Bretthauer, G., u. H. Kappei: Querverteilung bei unsymmetrisch geraden und gekrümmten zweistegigen Plattenbalken. Beton- und
   Stahlbetonbau 12/1963.

14 Nötzold, F.: Zur Berechnung des
   zweistegigen Plattenbalkens ohne
   Querträger. Beton- und Stahlbetonbau 2/1969.

15 Müller, K.: Torsionsmomente und
   Plattenrandmomente bei durchlaufenden zweistegigen Plattenbalken. Beton- und Stahlbetonbau 4/1969.

16 Zies, K.W.: Der zweistegige symmetrische Plattenbalken mit gera-
   der und schiefer Punktlagerung.
   Randstörungsmethode am unendlich
   langen System. Stahlbau 4/1969
   und 5/1969.

17 Homberg, H.: Platten mit zwei Ste-
    gen. Berlin/Heidelberg/New York:
    Springer 1973.

18 Graßhoff, St.: Einflußflächen für
    Plattenanschnittsmomente zwei-
    stegiger Plattenbalkenbrücken.
    Düsseldorf: Werner 1973.

19 Graßhoff, St.: Einflußflächen für
    Plattenmomente zweistegiger Plat-
    tenbalkenbrücken. Düsseldorf:
    Werner 1975.

20 Schmidt, H., u. U. Peil: Berechnung
    von Balken mit breiten Gurten.
    Berlin/Heidelberg/New York:
    Springer 1976.

21 Eibl, J., u. G. Iványi: Ein Beitrag
    zur Torsion des zweistegigen
    Plattenbalkens. Beton- und Stahl-
    betonbau 1977 S. 193.

22 Diettrich: Querverteilung von La-
    sten bei zweistegigen Platten-
    balkenbrücken. Lehrstuhl für
    Stahlbeton- und Massivbau: TU
    Braunschweig.

23 Ropers, W.: Die Berechnung zweiste-
    giger Plattenbalken im Lichte
    moderner numerischer Verfahren.
    Vorgesehen als Dissertation an
    der Universität Dortmund.

Berichtigung

Die fehlenden Überschriften zu den Tafeln 496–497 auf den Seiten 544–547 lauten:

Seite 544 Tafel 496:

`Plattenbiegemoment` Δm_{xs} `infolge symmetrischer Belastung` $M_t = 1$

Seite 545 Tafel 497:

`Plattenbiegemoment` Δm_{xa} `infolge antimetrischer Belastung` $M_t = 1$

Seite 546 Tafel 498:

`Plattenbiegemoment` Δm_{xm} `infolge symmetrischer Belastung` $M_t = 1$

Seite 547 Tafel 499:

`Plattenbiegemoment` m_{ym} `infolge symmetrischer Belastung` $M_t = 1$

Ropers, Mehrfeldrige zweistegige Plattenbalkenbrücken
© Springer-Verlag, Berlin/Heidelberg 1979